催化裂化工艺与工程

（第三版·下册）

陈俊武　许友好　主编

中国石化出版社

内 容 提 要

本书由多位炼油专家撰写而成。系统总结了世界范围内催化裂化技术的发展，也详细介绍了我国催化裂化技术的工业实践和我国学者的贡献。具体内容包括催化裂化发展历史、催化裂化过程反应化学、裂化催化剂和助剂、催化裂化原料和产品以及产品的精制与利用、气固流态化、装置操作变量与热平衡、裂化反应工程、催化剂再生工程和催化裂化生产过程的清洁化与能量合理使用等，同时还对催化裂化装置在炼油厂的作用，尤其是催化裂化技术与加氢处理技术的相互作用进行了论述。

本书内容新颖、系统，学术性和实用性强，是一本具有一定理论水平的专著。读者对象是从事炼油行业的广大科技工作者，包括教育、科研、设计、基建和生产等方面的专业人员以及高等院校学生。

图书在版编目(CIP)数据

催化裂化工艺与工程/陈俊武，许友好主编．—3版．—北京：中国石化出版社，2015.4(2022.5重印)
ISBN 978-7-5114-3239-1

Ⅰ.①催… Ⅱ.①陈… ②许… Ⅲ.①石油炼制-催化裂化 Ⅳ.①TE624.4

中国版本图书馆CIP数据核字(2015)第053550号

中国石化出版社出版发行

地址：北京市东城区安定门外大街58号
邮编：100011 电话：(010)57512500
发行部电话：(010)57512575
http://www.sinopec-press.com
E-mail:press@sinopec.com
北京富泰印刷有限责任公司印刷
全国各地新华书店经销

*

787×1092毫米 16开本 102.25印张 2516千字
2022年5月第3版第3次印刷
定价：480.00元(上、下册)

目　　录

第五章　流态化与气固分离

第六章 操作变量与热平衡

第七章　裂化反应工程

第八章 结焦催化剂的再生

第九章　催化裂化装置节能与环境保护

第五章　流态化与气固分离

第一节　气固流态化概述

气固流态化技术与流化催化裂化技术的发展关系密切。催化裂化装置反应-再生系统的生产操作、工艺设计、已有装置改造、挖潜以及建立反应器、再生器的数学模型等方面无一不与流态化技术有关。例如，分析立管中催化剂输送不正常的原因需要垂直立管输送技术；提升管反应器、床层再生器与烧焦罐的工艺设计需要A类颗粒鼓泡床、湍动床、快速床及输送床的流态化规律。通过气-固流态化的规律可建立相应的流动模型，流动模型则是反应器、再生器数学模型中物料衡算与热量衡算的基础。只有利用适宜的反应器(再生器)的数学模型才可确定优化状态的操作参数，达到挖潜的目的。因此，从事催化裂化的工作者需要了解并掌握催化裂化催化剂的气固流态化技术，不断提高装置的生产操作与管理水平。

一、气-固流态化过程中颗粒的物理特性与分类

颗粒不同，其气固流态化特性也有所不同。因此，讨论气固流态化行为应先了解影响气固流态化特性的颗粒主要物性，如粒径、颗粒密度、颗粒的流化与脱气性能；进而按流态化特性进行颗粒分类。

(一) 颗粒尺寸与形状因子

对于任意颗粒(球形与非球形)的颗粒尺寸，在流态化过程中通常使用以下的定义：

d_p——筛分尺寸：通过最小方筛孔的宽度尺寸；

d_v——体积直径：与颗粒具有相同体积的圆球直径；

d_{sv}——面积/体积直径：与颗粒具有相同的外表面和体积比的圆球直径；

d_s——面积直径：与颗粒具有相同面积的圆球直径。

对于圆球形颗粒：$d_v \approx d_{sv} = d_p$

对于非圆球形颗粒：$d_v \neq d_{sv} \neq d_s$

因此常用形状因子 ψ 表示非圆球形颗粒的非球形程度，也称为球形度：

$$\psi = d_{sv}/d_v = \frac{\text{与颗粒体积相等的球表面积}}{\text{颗粒实际表面积}} \tag{5-1}$$

对典型的非圆球形颗粒，一般有：$d_v \approx 1.13d_p$；$d_{sv} \approx 0.773d_v$；$d_{sv} \approx 0.87d_p$。

颗粒物料通常都不是单一粒径的，而是由不同粒径颗粒组成的混合物，即非均一粒径的颗粒群。常用粒径分布来表示非均一粒径颗粒群的粒径。催化裂化催化剂的粒径分布大体近于正态分布。新鲜催化剂筛分组成一般为0~40μm≤25%；40~80μm≥50%。一般采用激光粒度仪或气动筛分仪来测定催化剂颗粒粒径分布。值得注意的是，不同仪器测定的筛分组成(粒径分布)有一定出入。

颗粒群的粒径用粒径分布表示在关联式计算中不太方便，常用一“代表”粒径来表达这

个颗粒群的粒径。在流态化过程中常用的“代表”粒径是颗粒群的调和平均粒径，其定义如下：

$$d_p = \frac{1}{\sum x_i / d_{pi}} \tag{5-2}$$

式中 x_i——粒径 d_{pi} 颗粒的质量分率。

此外，还有用中径 $d_{p50\%}$ 及扩展径 σ 表示颗粒群的粒径分布情况。$d_{p50\%}$ 是粒径分布累积值为 50%时的颗粒粒径，σ 为粒径分布累积值为 84%和 16%之差的平均值。

$$\sigma = \frac{d_{p84\%} - d_{p16\%}}{2} \tag{5-3}$$

$\sigma/d_{p50\%}$ 可用来表示粒度分布的宽窄；$\sigma/d_{p50\%} \leqslant 0.03$，表示粒度分布窄；0.25～0.41，表示粒度分布宽；≥0.6，表示粒度分布很宽。在正态分布图纸上可以得出 $d_{p50\%}$、$d_{p84\%}$ 及 $d_{p16\%}$，从而计算出 σ 及 $\sigma/d_{p50\%}$ 的值，依 $\sigma/d_{p50\%}$ 可判断该催化剂颗粒属哪一种分布类型。而“代表”粒径（简称粒径）d_p 则按式（5-2）计算。

小于 45μm 粒径的质量分率以 F_{45} 表示。小于 40μm 粒径的质量分率以 F_{40} 表示。通式可写 F_i，F_i 表示 $d_p < i$μm 的粒径的质量分率。

（二）颗粒密度、空隙率及颗粒散体的流动特性

密度的定义为单位体积的质量。随单位体积意义的不同则有不同的密度。对于催化裂化催化剂有骨架密度 ρ_s、颗粒密度 ρ_p、堆积密度 ρ_B、充气密度 ρ_{BLP}、沉降密度 ρ_{BS} 及压紧密度 ρ_{BT}。

由于颗粒中具有孔隙，则颗粒的体积有包括颗粒中孔隙体积与不含孔隙体积的单纯固体体积之分。堆积颗粒物料的体积则包括颗粒本身的体积与颗粒间空隙的体积。为此上述六种颗粒密度的定义为：

骨架密度 ρ_s：单位颗粒（不含孔隙）固体体积的质量，或称材料密度。

颗粒密度 ρ_p：单位颗粒（包含孔隙）体积的质量。

堆积密度 ρ_B：单位堆积颗粒体积（包含颗粒之间空隙体积）的质量。

充气密度 ρ_{BLP}：催化剂装入量筒内经摇动后，待催化剂刚则全部落下时，按立即读出的体积计算的密度；它是最小的床层密度。

沉降密度 ρ_{BS}：上述量筒中催化剂静置两分钟后，由读取的体积计算的密度。

压紧密度 ρ_{BT}：将量筒振动数次至体积不再变时，由读出的体积计算的密度，是最大床层密度。

ρ_{BLP} 及 ρ_{BT} 均可用颗粒测试仪测量。

床层密度（包括堆积密度）中的体积 V_B 应包括颗粒体积 V_p 与颗粒之间空隙的体积 V_A。

$$V_B = V_p + V_A$$

以 ε 表示空隙率，则：

$$\varepsilon = \frac{V_A}{V_B} = \frac{V_A}{V_p + V_A} \tag{5-4}$$

如果忽略空隙中气体的质量 $\rho_g \cdot V_A$，则有：

$$\rho_p V_p = V_B \rho_B \tag{5-5}$$

如果精确计算是：

$$\rho_p V_p + \rho_g V_A = V_B \rho_B$$

$$\varepsilon = \frac{V_B - V_p}{V_B} = 1 - \frac{V_p}{V_B} = 1 - \frac{\rho_B}{\rho_p} \tag{5-6}$$

式(5-5)和式(5-6)同样适用于骨架密度 ρ_s 与颗粒密度 ρ_P 之间的换算。

$$\rho_p = \frac{1}{V_s + \frac{1}{\rho_s}} \tag{5-7}$$

式中　V_s——颗粒(催化剂)孔体积。

催化裂化常用催化剂的主要性质如表 5-1。

表 5-1　若干催化剂的颗粒性质

项　目	3A		Y-15		CRC-1		LB-1		LCS-7		CHZ(USY)	
	新鲜	平衡	新鲜	平衡	新鲜	平衡	新鲜	平衡	新鲜	平衡	新鲜	平衡
比表面/(m^2/g)							320	131	418	98		
孔体积/(mL/g)	0.62	0.332	0.675	0.35	0.28	0.20	0.31	0.166	0.48	0.182		0.12
充气密度/(kg/m^3)	440	729	500	750	806	943		1030	592	730		
沉降密度/(kg/m^3)	480	729	530	790	847	963	850	1060	597	740	760	
压紧密度/(kg/m^3)	560	829	650	870	1081	1083	870	1190	641	830		929
颗粒密度/(kg/m^3)	930	1335	948	1355	1475	1600	1440	1786	1120	1739		1860
筛分/%(质量分数)												
0~20μm	0	0.34	2	0.1	0.8	0.16		1.1	1.5	0.4	2.6	0.2
20~40μm	19	17.96	10.8	13.0	16.3	8.64		14.1	5.6		14.3	9
40~80μm	64	80.10	57.2	70.9	64.9	63.2		50.0	23.3	59.2	55.9	65.5
80~110μm	15	1.52	21.7	12.8	17.1	28		20.6	32.1	27	26.2	25.3
>110μm	2	0.08	8.3	3.2	0.9			14.2		13.4	1.0	
平均颗粒直径/μm	53.34	50.39	55.22	55.97	52.84	60.53		56.84		70.79		59.89
磨损指数	3.9	2.5	2.4	2.2			3.0		2.7	2.4	1.6	

颗粒物料的流动特性常用在密相输送中。颗粒物料的流动特性有：①颗粒内摩擦角 θ_F；②颗粒休止角 θ_R；③颗粒与器壁摩擦角 ϕ_W；④颗粒滑动角 ϕ_S。具体定义如下：

1. 休止角：θ_R

颗粒堆积层的自由表面在静止平衡状态下，与水平面形成的最大角度。

2. 内摩擦角 θ_F

内摩擦角表示堆积颗粒内部颗粒层间的摩擦特性，可通过下面式(5-9)表示，若垂直方向的总作用力 ΔW，料层切断的剪切力为 F。

$$\xi_i = F/\Delta W \tag{5-8}$$

内摩擦角 θ_F

$$\theta_F = \tan^{-1}\xi_i \tag{5-9}$$

例如料仓底部开一个小孔，仓内物料可以通过该孔自由降落，流动颗粒移动的部分与水平面的交角，即内摩擦角 θ_F。

3. 壁面摩擦角 ϕ_W

壁面摩擦角表示颗粒物料与其壁面之间的摩擦特性，可通过下面式(5-11)表示，若垂直作用于壁面总作用力ΣW，水平牵引的总水平力ΣF。

$$\xi_W = \Sigma F / \Sigma W \tag{5-10}$$

$$\phi_W = \tan^{-1}\xi_W \tag{5-11}$$

4. 滑动角 ϕ_S

滑动角表示颗粒物料与倾斜固体表面的摩擦特性，即颗粒堆积在平面上，使平面倾斜到一定角度时，所有的堆积颗粒全部滑落时板与水平面的最小夹角。

(三) 颗粒流化及流化床膨胀

颗粒在气流中运动，设颗粒真实速度为 U_s、气流真实速度为 U_f，且 U_s、U_f 在立管中"+"值向上，"-"值向下。一般情况 $U_f \neq U_s$，$U_f - U_s$ 之差值称为气-固相对速度 U_{sl}，有时在垂直立管中称为滑移速度。

当 $U_s = U_f$ 时，则颗粒受流体的作用力 f_s 为零。当 U_{sl}不为零时，颗粒则受流体两种作用力，即形状阻力 f_x 与摩擦阻力 f_m，

$$f_s = f_x + f_m \tag{5-12}$$

形状阻力 f_x 与颗粒横截面 A_s 成正比，摩擦阻力 f_m 与颗粒外表面及边界层黏滞力成正比。故

$$f_s = C_D A_s \rho_g \frac{U_{sl}^2}{2} \tag{5-13}$$

式中　C_D——称为曳力系数。

C_D 经因次分析得：$C_D = KRe_t^{-\alpha}$，其中 $Re_t = \dfrac{d_p U_{sl} \rho_g}{\mu}$。对于球形颗粒，$C_D$ 与 Re_t 的关联式列于表 5-2(Clift，1978)。

表 5-2　球形颗粒 C_D 与 Re_t 的部分关联式

Re_t 范围	C_D 关联式
$Re_t<0.1$	$C_D = \dfrac{24}{Re_t}$　称 Stokes 公式
$Re_t<800$	$C_D = \dfrac{24}{Re_t} + \dfrac{3.6}{Re_t^{0.313}}$
$0.01<Re_t<20$	$C_D = \dfrac{24}{Re_t}(1+0.1315Re_t^{(0.82-0.02\omega)})$，其中 $\omega = \lg Re_t$
$20<Re_t<260$	$C_D = \dfrac{24}{Re_t}(1+0.1935Re_t^{0.6305})$
$260<Re_t<1500$	$\lg C_D = 1.6435 - 1.1242\omega + 0.1558\omega^2$
$1500<Re_t<1.2\times10^4$	$\lg C_D = -2.4571 + 2.5558\omega - 0.9295\omega^2 + 0.1049\omega^3$
$1<Re_t<500$	$C_D = 18.5/Re_t^{0.6}$　称 Allen 公式
$Re_t>500$	$C_D \approx 0.44$　称 Newton 公式

当流体向上运动时，$U_f>U_s$，即 $U_{sl}>0$，这是颗粒受重力作用的结果。此时，颗粒在流体中运动，颗粒将受三个作用力即浮力、重力与流体作用力。颗粒在上述三种力达到平衡时，颗粒以等速运动，即 U_{sl}为定值。对于球形颗粒：

$$U_{sl}=\left(\frac{4}{3}\frac{gd_p}{C_D}\frac{\rho_p-\rho_g}{\rho_g}\right)^{0.5} \tag{5-14}$$

在流体呈静止状态时，$U_f=0$；则：

$$U_{sl}=-U_s$$

此时 U_s 为负值表示颗粒向下运动，称为沉降速度，以 u_t 表示。这是讨论在较大空间中单颗粒运动的规律。

对于 $Re_t<0.1$、$d_p<100\mu m$，以 Stokes 公式代入得：

$$u_t=\frac{(\rho_p-\rho_g)d_p^2}{18\mu}g \tag{5-15}$$

对于 $Re_t>500$，以 Newton 公式代入得：

$$u_t=1.74\left(\frac{gd_p(\rho_p-\rho_g)}{\rho_g}\right)^{0.5} \tag{5-16}$$

如果将均一粒径的颗粒群堆放在一个容器中，气体自下向上流动，此时气体在颗粒间流动的真实速度为 U_f。由于起始颗粒处于静止状态 $U_s=0$，气体只在颗粒间空隙中运动，此时床层称为固定床。当 U_f 增大，使 $U_{sl}>u_t$ 时，则堆积在表面的颗粒就要悬浮，使空隙率增大；当 $U_{sl}=u_t$，此时从表面起逐渐使表面以下各层颗粒悬浮，容器内呈现出颗粒处于松散状态，颗粒间相互脱离接触，这时的床层称为流化床。在开始流化时以床层截面为基准的流体表观速度 u_f 就称为起始流化速度 u_{mf}。

将上述试验用 ΔP 与 u_f 坐标表示成 $\Delta P-u_f$ 的曲线，如图 5-1 所示。

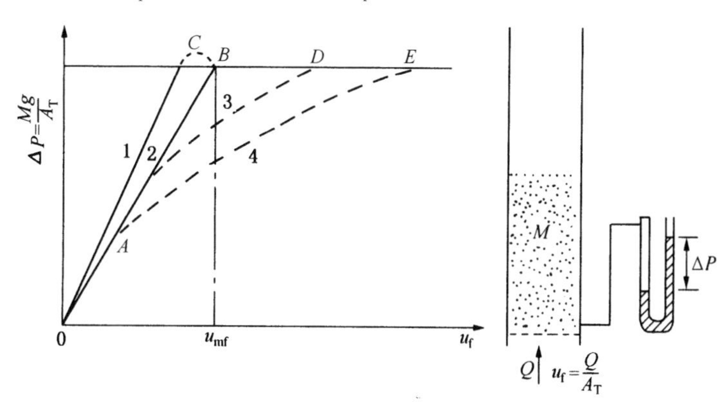

图 5-1　不同情况固定床与流化床的 $\Delta P-u_f$ 曲线

图 5-1 中 1、2 线为固定床 $\Delta P-u_f$ 的关系曲线，CBDE 为流化床 u_f 与 ΔP 的曲线。图中 1 线为细管或紧密填充，2 线为窄粒度分布较好混合的床层，3 线为较宽粒度分布，4 线比 3 线粒度的扩展径更大。由此可知，粒度分布对流化状态是有影响的。在 d_p 较小时，当 u_f 增大到一定范围，床层内出现气泡。开始出现气泡的 u_f 称为表观起始气泡速度 u_{mb}。$u_f>u_{mb}$时床层就有气泡存在。u_f 在 u_{mf}与 u_{mb}之间，床层没有气泡。如 d_p 较大，$u_{mb}=u_{mf}$，从起始流化速度以后就有气泡出现。因此，流化床体积 V_B 除颗粒占有的体积 V_P 之外应当有颗粒之间空隙气体占有的体积 V_A 与气泡的体积 V_b。

$$V_B=V_P+V_A+V_b$$

对于等直径床，截面为 A_T，

$$L_f A_T = L_P A_T + L_A A_T + L_{Bb} A_T \tag{5-17}$$

$$L_f = L_p + L_A + L_{Bb}$$

式中，L_f 为床层高度；L_p 为净颗粒当量高度；L_A 为颗粒间空隙体积当量高度；L_{Bb}为床中气泡体积当量高度；L_D为乳化相高度。

$$L_P + L_A = L_D \tag{5-18}$$

$d_p = 60\mu m$ 催化剂颗粒流化过程中的床层高度 L_f 与 u_f 的变化如图 5-2 所示。图中，L_f 随 u_f 增大而增高，L_f 增高，一般称为床膨胀。

一般将图 5-2 中最高床层处的 u_f 定义为 u_{mb}。该 u_{mb}定义值与开始出现气泡的 u_f 值略有出入。u_{mb}与 u_{mf}之间的流化床称为散式流化床。散式流化床中固体颗粒具有流体流动的特征。

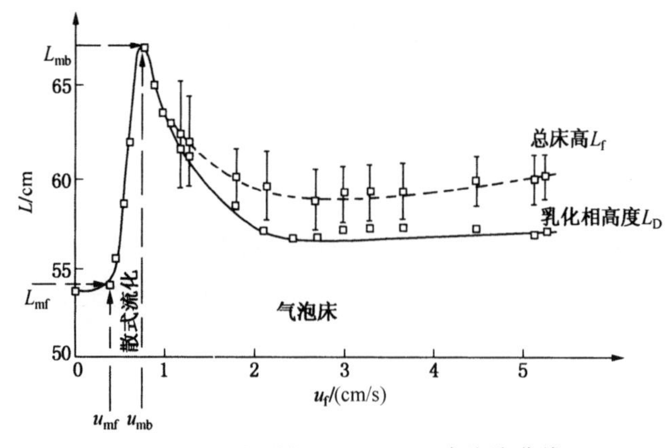

图 5-2　A 类颗粒（$d_p = 60\mu m$）床膨胀曲线

（四）颗粒分类

上述的颗粒流化性能与颗粒粒径、颗粒密度等性质有关。Geldart（1973）由试验数据总结，依流态化特征将颗粒分为四类，即 A、B、C 及 D 类。

1. Geldart 分类及分界线

A 类颗粒，一般为小粒径、低密度（如小于 1400kg/m³）的颗粒。

裂化催化剂是 A 类的典型颗粒，存在颗粒间作用力。其特征为：①在床层起始流化速度 u_{mf}与首次出现气泡的表观起始气泡速度 u_{mb}之间，床层出现散式流化，因此 $u_{mb}/u_{mf}>1$；②气泡径小，床层膨胀较大，流化较为平稳；③固体的返混较为严重。

B 类颗粒，平均粒径大致为 40～500μm，颗粒密度大致在 1400～4000kg/m³。

典型颗粒为硅砂。其特征为：①超过起始流化速度 u_{mf}即出现气泡，故 $u_{mb}=u_{mf}$；②气泡较大，并沿床高而增大；③床层不甚平稳。

C 类颗粒，为细颗粒，具有明显黏性。

进入三旋的裂化催化剂就是这类的典型颗粒，颗粒间存在黏着力。其特征为：①颗粒平均粒径 $d_p<30\mu m$；②颗粒间作用力较大，所以不易实施流化操作；③在搅拌或振动、外场等辅助作用下，可以实现流化操作。

D 类颗粒，一般为尺寸大或比较重的颗粒。

典型颗粒平均粒径 d_p 约大于 600μm，麦粒和粗玻璃珠均属于此类。其特征为床层易产生喷动。

Geldart 四类颗粒性质可总结于表 5-3(Geldart，1986b)。

表 5-3　颗粒分类性质总结

颗粒尺寸与密度→增加				
分　类	C	A	B	D
最显著特征	具有黏着力，难以流化	具有散式流化	在 u_{mf} 开始鼓泡	粗颗粒
典型颗粒	三旋的细粉、面粉	催化裂化催化剂	建筑用硅砂	碎石灰石
1. 床层膨胀	当床层沟流时：低 当流化时：高	高	中	低
2. 脱气速度	起初快，呈幂曲线	慢，呈线性	快	快
3. 气泡性质	无气泡、沟流	大尾迹，存在最大气泡尺寸，能分裂、合并	无大小限制	尾迹很小
4. 固体混合①	极低	高	中	低
5. 气体返混②	极低	高	中	低
6. 节涌性质	固体栓	与轴线对称	与轴线对称，不对称	固体栓、器壁栓
7. 喷射	无	在很薄床层时有	仅在薄床层	有，即使在深床层
对 1~7 性质的效应：1. d_p	d_p 减小，黏着力增加	d_p 减小，性质改善	d_p 减小，性质改善	不知道
对 1~7 性质的效应：2. 颗粒分布	不知道	增加<45μm，性质得以改善	无	增加离析
对 1~7 性质的效应：3. 增加温度、压力、气体黏度与密度	大概可以改善	肯定能改善	不一定，也许有些可能	不一定，也许有些可能

注：①有同一的 u_f-u_{mf}；②在相同的 d_p 时。

Geldart 依试验数据大致做出四类颗粒分界线，如图 5-3 中的实线。Geldart 同时指出图中的分界线是定性的，不是严格的分界线，故有不同的分界线方法。Geldart 的分界线如下：

(1) A/B 分界线

A 类颗粒与 B 类颗粒流化特征的区别在于是 $u_{mb}=u_{mf}(u_{mb}/u_{mf}=1)$，还是 $u_{mb}/u_{mf}>1$。当 $u_{mb}/u_{mf}>1$ 时，应当是 A 或 C 类颗粒。Geldart 为了明确该分界线，采用了 $d_p<100\mu m$ 的 Baeyens 的关联式计算 u_{mf}(Geldart，1981)

$$u_{mf}=\frac{9\times10^{-4}(\rho_p-\rho_g)^{0.934}g^{0.934}d_p^{1.8}}{\mu^{0.87}\rho_g^{0.066}} \tag{5-19}$$

u_{mb} 采用 Geldart 等(1978)关联式：

$$u_{mb}=2.07\exp(0.716F_{45})\frac{d_p\rho_g^{0.06}}{\mu^{0.347}} \tag{5-20}$$

因此，
$$u_{mb}/u_{mf}=\frac{2300\rho_g^{0.126}\mu^{0.523}\exp(0.716F_{45})}{d_p^{0.8}g^{0.934}(\rho_p-\rho_g)^{0.934}}>1 \tag{5-21}$$

时是 A 或 C 类颗粒。

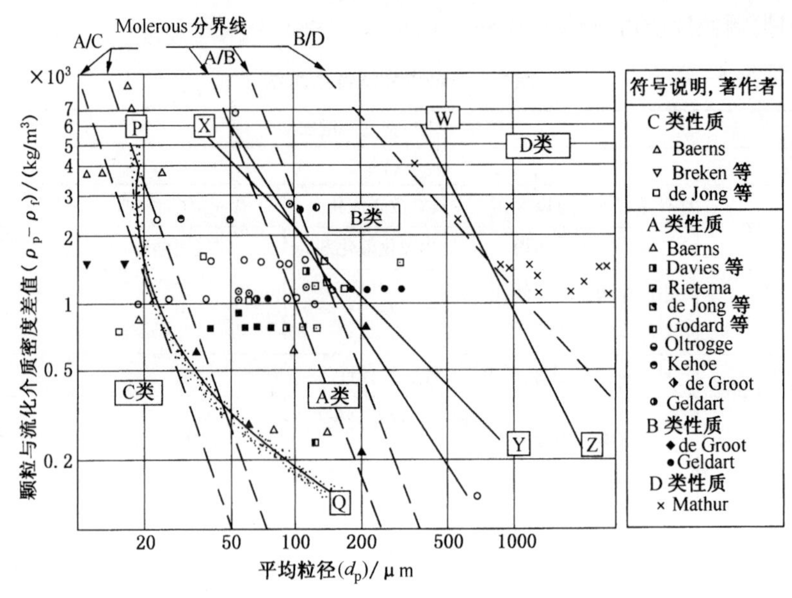

图 5-3　Geldart(1986b)与 Molerus(1982)颗粒分布图(流化介质为空气)

如果在室温下将空气的物理性质代入上式，当 F_{45} 等于 0.1 时，与 ρ_p 比较可忽略 ρ_g 的影响，上式简化为

$$\rho_p^{0.934} d_p^{0.8} < 1 \tag{5-22}$$

依式(5-22)在图 5-3 上有 X-Y 线，在该线的下左方为 A 或 C 颗粒。

通过式(5-19)、式(5-20)、式(5-21)可以得出流化介质性质对 A、B 分界线的影响。因此，流化介质的组成、温度、压力发生改变时，都直接影响 A/B 的分界线。

Molerus(1982)认为 B 类颗粒不受黏着力 F_H 影响，只受曳力影响，其 A/B 分界线可以用下式

$$(\rho_p - \rho_g)\frac{\pi d_p^3}{6} g = K_2 F_H \tag{5-23}$$

假如 $d_p = 100\mu m$，$\rho_p = 2.5\times10^3 kg/m^3$，$F_H = 8.76\times10^{-8}N$，求得 $K_2 = 0.16$，得图 5-3 中的 A/B 虚线，其斜率为-3。

(2) A/C 分界线

Molerus 从颗粒间的黏着力对 A、C 类颗粒进行研究，用 Van der Waals 力估算黏着力 F_H，经实验得：硬度大的催化裂化催化剂 $F_H = 8.76\times10^{-8}N$，而硬度小的聚丙烯颗粒 $F_H = 3.71\times10^{-1}N$。用下式给出 A/C 的分界线：

$$\frac{10(\rho_p - \rho_g) d_p^3 g}{F_H} < 10^{-2} \tag{5-24}$$

属于 C 类颗粒。依着不同硬度在图 5-3 中 A/C 分界线为二条虚线，右边虚线用于大型流化床或较软颗粒，左边虚线为小型流化床或较硬颗粒。

Geldart 考虑低密度颗粒较软、高密度颗粒硬度较硬的情况，在图 5-3 中绘出 P-Q 曲线做 A/C 分界线。

(3) B/D 分界线

在小粒径颗粒系统中，所有的较小气泡相对上升速度 u_b 都比气泡周围乳化相中气体上升速度 u_{mf}/ε_{mf} 更快，即快速气泡：

$$u_b > u_{mf}/\varepsilon_{mf} \tag{5-25}$$

对于大粒径颗粒系统，所有较大气泡的上升速度都比周围乳化相中气体上升速度要慢，称为慢气泡：

$$u_b < u_{mf}/\varepsilon_{mf} \tag{5-26}$$

当气泡上升速度比周围介质中气体快时，则气体受周围介质影响，气泡内外气体形成循环气流。而当气泡上升速度比周围介质中气体速度慢时，则气泡形成介质中一个空穴，成为介质中气体的一个通道。而 D 类颗粒属于 $u_b<u_{mf}/\varepsilon_{mf}$。一般，大粒径 D 类颗粒 $0.5>\varepsilon_{mf}>0.4$，约为 0.45，气泡直径在深床层中约为 0.1~0.25m。当气泡直径小于 0.25m 时，其 $u_b<1.1\text{m/s}$。此时 $u_{mf}>0.5\text{m/s}$。气泡直径小于 0.1m 时，其 $u_b<0.7\text{m/s}$，$u_{mf}>0.3\text{m/s}$。B、D 类颗粒的 u_{mf} 计算可采用下式(Wen，1966a)：

$$u_{mf} = \frac{\mu}{\rho_g d_p}\{(1135.7 + 0.0408Ar)^{1/3} - 33.7\} \tag{5-27}$$

式中

$$Ar = \frac{\rho_g d_p^3(\rho_p - \rho_g)g}{\mu^2} \tag{5-28}$$

式(5-27)以室温条件下空气的性质及 $u_{mf}=0.3\text{m/s}$，得图 5-3 中的 W-Z 线。对于 D 类颗粒 $u_{mf}>0.3\text{m/s}$，故 D 类颗粒应在 W-Z 线右侧，而 B 类颗粒应在 W-Z 线左侧。

Molerus 依 D 类颗粒具有喷动的特征，得

$$(\rho_p - \rho_g)d_p g = \text{常数} \tag{5-29}$$

按 $d_p=600\mu\text{m}$，$\rho_p=2600\text{kg/m}^3$ 喷射砂颗粒为

$$(\rho_p - \rho_g)d_p g = 15.3\text{N/m}^2$$

此时斜率为-1，即图 5-3 中 B/D 虚线。在此线右上方区域为 D 类颗粒区。

2. Grace 分类与分界线

为适应高温高压下操作条件的需要，Grace(1986)在收集分析大量非常温、非常压、非空气流态化系统数据的基础上，考虑流态化状态应与 Ar 数及 Re 数有关，提出新的参数：d_p^* 与 u_f^*，即无因次粒径与无因次表观气速。

$$d_p^* = (Ar)^{1/3} = d_p(\rho_g g\Delta\rho/\mu^2)^{1/3} \tag{5-30}$$

$$u_f^* = Re/d_p^* = u_f(\rho_g^2/\mu g\Delta\rho)^{1/3} \tag{5-31}$$

C/A 类分界值：

$$(d_p^*)_{C/A} = 0.6 \sim 1.1 \tag{5-32}$$

一般取 1.1。Kunii 等(1991)认为 d_p^* 在 0.6~1.1 为 AC 类，AC 类与 A 类分界为 1.1。

A/B 类分界值：

当 $\Delta\rho=1000\sim2000$ 时

$$(d_p^*)_{A/B} \approx 5 \tag{5-33}$$

Kunii 认为 A/B 分界值

$$(d_p^*)_{A/B} = 101[\rho_g/(\rho_p-\rho_g)]^{0.425} \tag{5-33a}$$

Grace 进一步考虑流化颗粒分类，将 A、B 类分为 A、AB 及 B 类，其判别标准：

$$\left.\begin{array}{ll} \text{A 类} & u_{mb}/u_{mf} \geqslant 1.2 \\ \text{AB 类} & 1.1 < \dfrac{u_{mb}}{u_{mf}} < 1.2 \\ \text{B 类} & u_{mb}/u_{mf} < 1.1 \end{array}\right\} \tag{5-34}$$

（五）颗粒脱气性能及流化性能

从图 5-2 可以得 $L_f>L_D>L_{mf}$，由式(5-17)和式(5-18)得 L_f-L_D 为 L_{Bb}。因此，$u_f>u_{mb}$，在 u_f 的某一定值时突然停止流化气体，首先减少 L_{Bb}，在减少 L_{Bb} 的同时，L_D 也要减小。由于 L_{Bb} 减少得快，也就是气泡脱气快，而乳化相脱气慢，因而，出现脱气三个阶段，如图 5-4 所示。脱气时床层高度 L 随脱气时间 t 的变化曲线称塌落曲线。

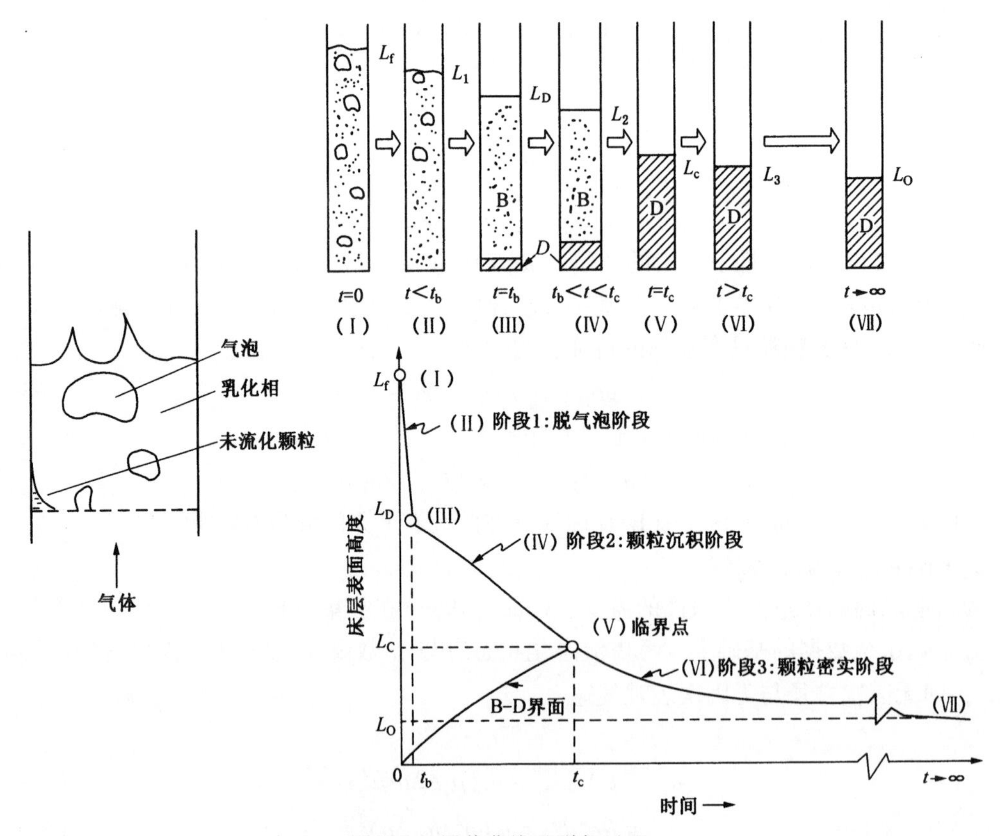

图 5-4　塌落曲线及脱气过程

塌落曲线三个阶段为脱气泡阶段、颗粒沉积阶段及颗粒密实阶段。颗粒沉积阶段呈直线。因此，将颗粒沉积线延伸与 $t=0$ 线相交的 L 高度应当为流化床的 L_D 值。Abrahamsen 等

(1980a)给出：

$$\frac{L_D}{L_{mf}}=\frac{2.54\rho_g^{0.016}\mu^{0.066}\exp(0.09F_{45})}{d_p^{0.1}g^{0.118}(\rho_p-\rho_g)^{0.118}L_{mf}^{0.043}} \tag{5-35}$$

如果将 L_D 沿颗粒沉积线的时间及对应高度可以得到 ΔL 与相应 Δt，令：

$$\frac{\Delta L}{\Delta t}=u_D$$

u_D 为颗粒乳化相脱气速度，

$$\frac{u_D}{u_{mf}}=\frac{188\rho_g^{0.089}\mu^{0.371}\exp(0.508F_{45})}{d_p^{0.568}g^{0.663}(\rho_p-\rho_g)^{0.663}L^{0.244}} \tag{5-36}$$

式中　L 为距离分布板的高度。

从式(5-35)和式(5-36)可以看出 d_p 及 F_{45} 对 L_D 及 u_D 均有影响。u_D 具有使颗粒处于散式流化状态，使该流化状态颗粒具有流体流动的特征，这对于颗粒流化输送是极为重要的。u_D 值应在 u_{mf} 与 u_{mb} 之间。因为，$u_{mb}=u_{mf}$ 时为非散式流化状态，即达流化状态时就有气泡存在，在颗粒流化输送过程存在气泡对输送过程中是有干扰的。一般希望输送过程中气泡的干扰愈小愈好，无气泡干扰输送最为理想，即 u_{mb}/u_{mf} 值大，或 u_D/u_{mf} 值大为好。Raterman (1985)重新定义：

$$FP\approx u_D/u_{mf}$$

$$FP=\frac{\exp(0.508F_{45})}{d_p^{0.568}(\rho_p)^{0.663}} \tag{5-37}$$

FP 称为脉动因子(Fluctuation Factor)。关于 FP 的详细讨论请阅本章第八节。

郭慕孙(Kwauk, 1991)从塌落曲线定义无因次沉积时间 θ：

$$\theta=\frac{d_p g}{u_t u_D}\left(\frac{L_D-L_C}{L_0}\right) \tag{5-38}$$

式中，L_C 为乳化相消失时床层高度；L_0 为固定床床层高度。依 12 种颗粒实验得出 u_{mb}/u_{mf} 与 θ 的关联式

$$\ln(u_{mb}/u_{mf})=4\theta^{1/4} \tag{5-39}$$

$u_{mb}/u_{mf}=1$ 时 $\theta=0$，因此，θ 愈大则 u_{mb}/u_{mf} 比值大，说明流化性能愈好。并给出 A-A 类颗粒 $d_p=104\mu m$ 与 $d_p=66\mu m$ 的不同质量分数比例混合物的塌落曲线图 5-5a，$d_p=201\mu m$ 粗颗粒与 $d_p=27\mu m$ 细颗粒 B-A 类颗粒混合的塌落曲线图 5-5b。从图 5-5 可以看出掺兑细颗粒后对颗粒流化性能的影响。依图 5-5b 在纯粗颗粒 $d_p=201\mu m$ 时，$u_D\approx\infty$，$\theta=0$，$u_{mb}/u_{mf}=1$。脱气过快，流化性能不好，加入细颗粒 $d_p=27\mu m$ 后随加入 F_{27} 值增加，u_D 值逐渐下降，L_D-L_C 值增加，θ 增大，说明流化性能变好。同样于图 5-5a 中 A-A 类细颗粒 $d_p=104\mu m$ 与 $d_p=66\mu m$ 二组掺兑，随着 F_{66} 的增加具有相同的规律。这说明掺加细颗粒后可以改善原来颗粒的流化性能。但在 A、B 类颗粒中加入 C 类颗粒 $d_p=7\mu m$ 时，塌落曲线就发生新的变化，如图 5-5c 所示。

依实验，A-A、A-B 类颗粒混合时，θ 与细颗粒质量分率 x_2 的曲线如图 5-5d，稍向下凹；但 A-C、B-C 类颗粒混合时 θ 与 x_2 的曲线有明显的向上凸起，如图 5-5d 中凸起曲线，说明加入 C 类颗粒后 θ 将迅速增大，使流化性能得到改善。

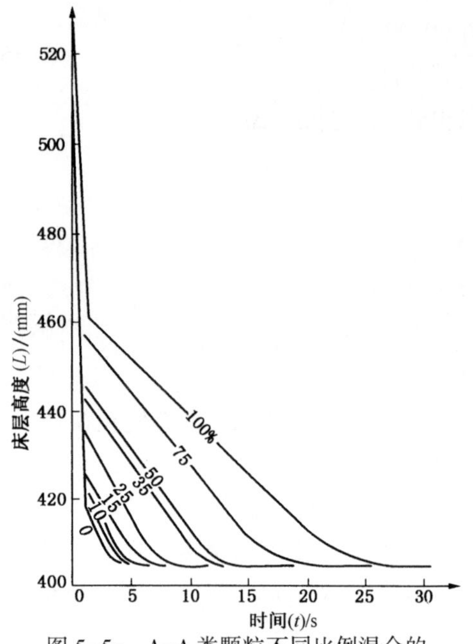

图 5-5a　A-A 类颗粒不同比例混合的床层塌落曲线变化

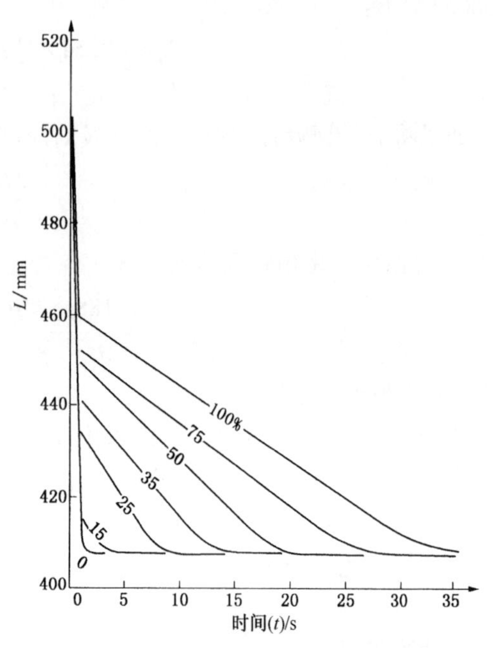

图 5-5b　B-A 类颗粒不同比例混合的床层塌落曲线变化

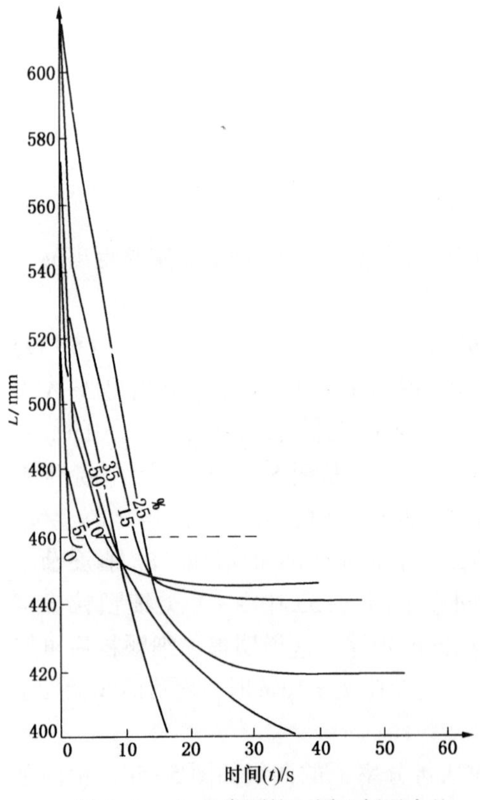

图 5-5c　A-C 类颗粒不同比例混合的床层塌落曲线变化

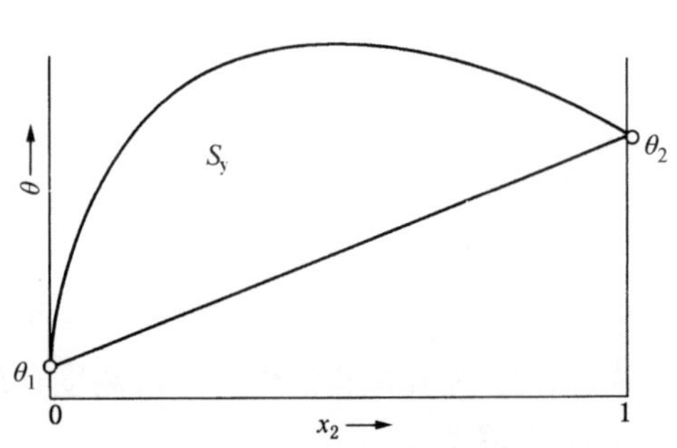

图 5-5d　二种颗粒混合时 θ 的变化

$$S_y = \frac{1}{\theta_1 + \theta_2}\left[\int_0^1 \theta \mathrm{d}x - \frac{1}{2}(\theta_1 + \theta_2)\right]$$

S_y 说明流化性能改善情况

二、气-固流态化域及域图

不同类型颗粒的流态化特性是有差别的，这种差别首先表现在流态化域上。

（一）流态化域分类

A 类细颗粒流化床的流化状态与床层内表观气速 u_f 有关。随着 u_f 的增长，床层可出现不同的流化状态。Yerushalmi 等(1976)将其划分为五类：

固定床：固定颗粒相互接触，呈堆积状态。

散式流化床：固体颗粒脱离接触，但颗粒均匀分布，颗粒间充满流体，无颗粒与流体的集聚状态，此时已具有一些流体特性。

鼓泡床：随着 u_f增长，固体颗粒脱离接触，但流化介质气体出现集聚相，称为气泡。此时由于气泡在床层表面处破裂，将部分颗粒带到稀相空间，出现床层表面下的密相区与床层表面上稀相空间的稀相区，此时稀相区内颗粒含量较少。

湍动床：气速 u_f增大到一定限度时，由于气泡不稳定使气泡分裂产生更多小气泡，床层内循环加剧，气泡分布较前为均匀，床层由气泡引起的压力波动减小，床层表面夹带颗粒量大增。床层表面界面变得模糊不清，但床层密度与固体循环量无关。在稀相空间的稀相区内由于颗粒浓度增大，在细颗粒较多时出现固体颗粒聚集现象，也称絮团。催化裂化的流化床再生器属此种。

快速床：气速 u_f再增大使密相床层要靠固体循环量来维持，当无固体循环量，密相床层就会被气体带走。气体夹带固体达到饱和夹带量，此时已达到快速床。在快速床阶段密相出现大量絮团的颗粒聚集体，密相床层密度与循环量有密切关系。催化裂化装置中的烧焦罐操作就属于快速床。

输送床：靠循环量也无法维持床层，已达到气力输送状态，称为输送床。提升管反应器就属于输送床流化。

Yerushalmi 等(1976)采用催化裂化催化剂：$\rho_p=880kg/m^3$，沉降密度 $510kg/m^3$，体面平均粒径 $d_{vs}=60\mu m$。试验流化床 $\phi=343mm$，快速床 $\phi15.2mm$ 高 7.3m，试验得到床层压力降梯度 $\Delta P/L$ 与表观气速 u_f 之间的关系曲线，如图 5-6 所示。

由于图 5-6 也表现了不同流化状态与参变量 u_f、$\Delta P/L$ 等的关系曲线，也称此种关系图为流化域图。

广义的循环流态化应包括：①固体颗粒不断补充，不断排出；②利用旋风分离器等回收颗粒再送入床层中。这两种情况都使颗粒循环流动，都称为循环流化床。催化裂化装置的反应-再生系统是一个典型广义循环流态化系统。广义的循环流态化系统可分为鼓泡床流化、湍动床流化、快速床流化、密相及稀相气力输送。

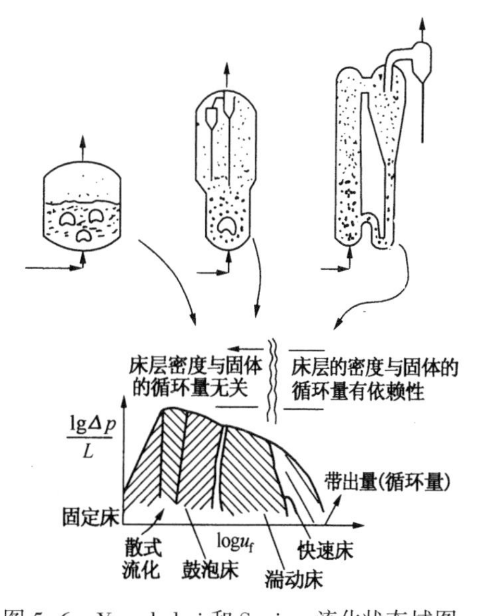

图 5-6 Yerushalmi 和 Squires 流化状态域图

李静海等(1988)在能量最小多尺度(EMMS)模型基础上揭示颗粒-流体两相流系统中全部流化状态转变的理论判据，并通过实验验证。EMMS 模型的多尺度是指颗粒流体系统中存在三种尺度的作用，即流体与单颗粒之间相互作用的微尺度；气泡与乳化相或聚团与稀乳相之间，即稀相与密相之间的宏尺度作用；以及整个颗粒流体系统与外界的作用的宇尺度作用。所谓能量最小原理就是根据平衡系统总是保持最小位能，在并流向上的颗粒流体两相流中，流体趋向选择最小阻力的途径流动，而颗粒总是尽可能处于位能最小的位置。为了说明全部流化状态转变规律，提出流化状态变化的四个概念：即系统的基本属性“相”，随操作参数变化的“域”，随物性变化的“型”和随边界变化的“区”。总结各种流化状态：“相”可分密相与稀相，对于宏尺度的不均匀系统，相又分连续相与分散相。对于床层及快速床可做如下分类：

	连续相	分散相
密相	乳化相(床层)	絮团相(快速床)
稀相	稀乳相(快速床)	气泡相(床层)

“区”常在轴向上分顶区与底区，在径向上分中心区(核心区)与边壁区。

“域”则分为固定床、散式流化床、鼓泡床、湍动床、快速床及输送床等。

“型”则分为气-固系统与液-固系统，而气-固系统中又可分细颗粒与粗颗粒系统。

为此，EMMS 模型域、相、区及型的分类关系如图 5-7 所示。

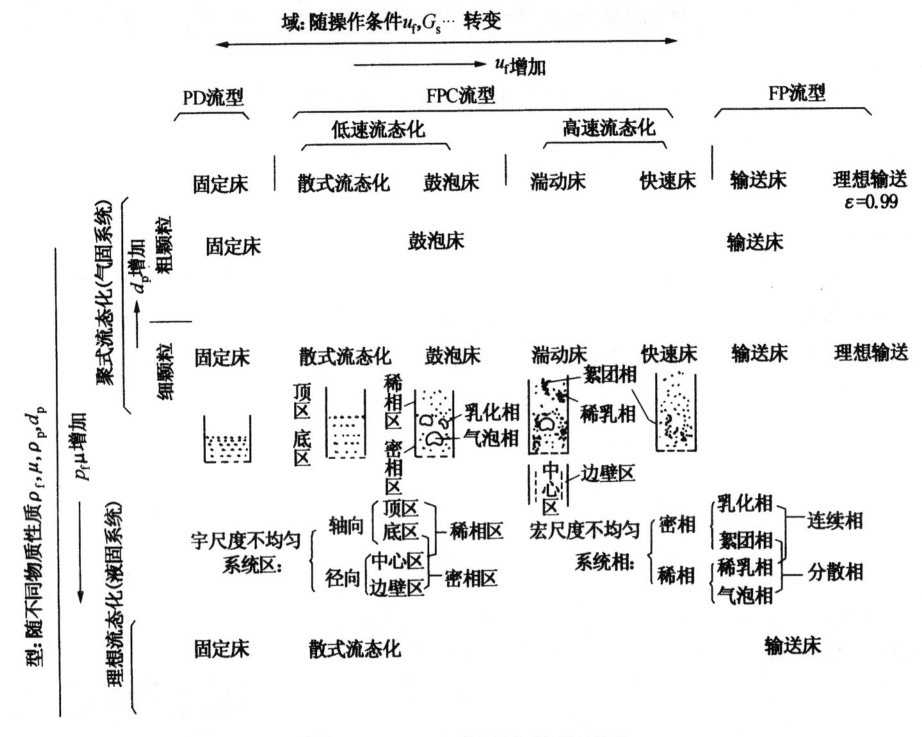

图 5-7　EMMS 模型分类关系图

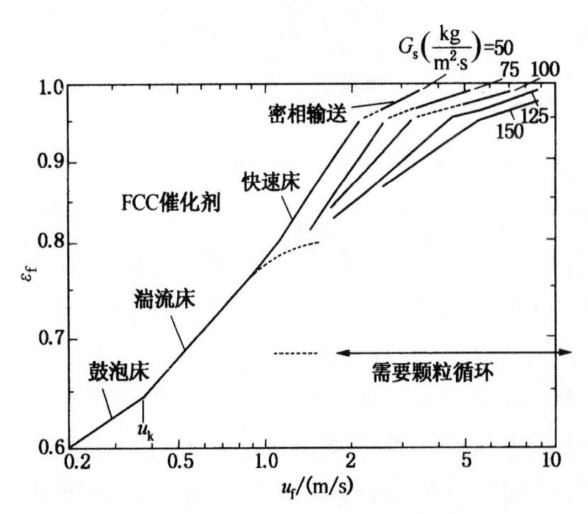

图 5-8　Yerushalmi FCC 催化剂流态化域图

（二）流态化域图

Yerushalmi 等(1976)在提出流态化状态分类图(图 5-6)的同时还给出了流态化域图(图5-8)，表明了 FCC 催化剂 ε_f 与 u_f 的关系曲线。

郭慕孙等(1980)用包括裂化催化剂等三种颗粒以平均空隙率 ε 与表观气速 u_f 表明各种流态化状态的关系曲线，简称郭慕孙流态化域图，见图 5-9。

通过图 5-9 说明气体通过床层向上流动，逐渐增大气体表观线速 u_f，由固定床开始，逐渐增大到 A 点达到起始流化速度 u_{mf}，床层呈现散式

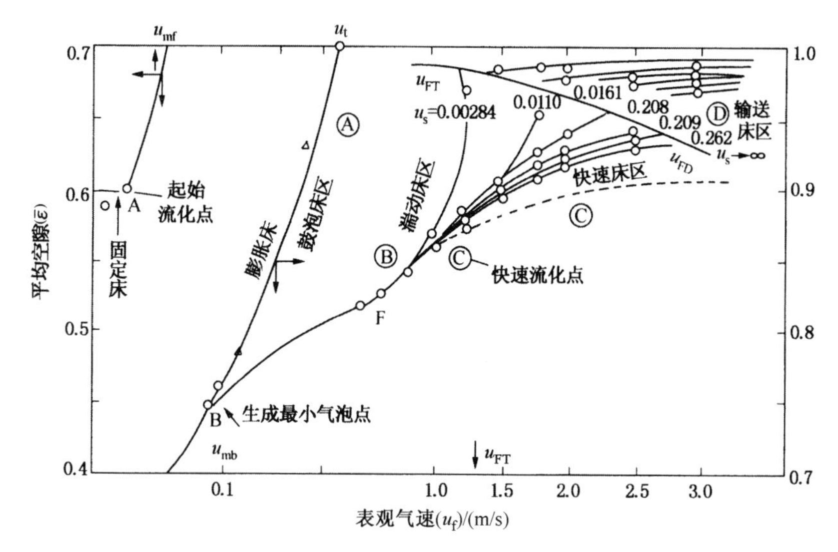

图 5-9　郭慕孙流态化域图(FCC/空气系统)在催化裂化装置及再生系统的应用场所

A—第二密相再生器；*B*—流化床层再生器；*C*—烧焦罐；*D*—稀相管(烧焦罐)与提升管反应器

流化。继续增大到 u_{mb}，则床层出现气泡，进入鼓泡床，此点线速称为表观起始气泡速度(即 B 点)。AB 段为散式流化膨胀区，自 B 点以后，随着气速的增大，气泡数量增多，气泡尺寸也变大，床层的膨胀规律不再按散式流化规律进行，而是偏离散式流化膨胀线向右突出，一直达到 u_c，床层内压降波动达到最大点。在此阶段气泡在密相床界面处破裂，于是把床层颗粒喷溅到稀相空间，形成稀相空间。但密相床床层界面清晰，床层界面波动很大，气速超过 u_c、u_k 以后，床层波动趋于平稳，进入湍流床，气泡数量增多，气泡直径变小，稀相颗粒携带量增大，床层界面变得模糊不清。当 u_f 大于快速床流化速度 u_{FT}，床层气泡已经消失，床层空隙率将随气速增加而急剧上升，带出固体量达到最大，若使床层保持一定的密度，必须不断地向床层底部补充与带出速度相同的固体量，此时已形成快速床。若 $u_f<u_{FT}$，床层又恢复到湍流床与鼓泡床。在快速床时，一部分固体颗粒分散于气体中形成稀薄的固体连续相。床内还有一部分固体颗粒集聚成絮状粒团，构成分散相。絮状粒团在床内上下飘浮，时而解体，时而形成。当气速增加到 u_{FT}以后，快速床被破坏，进入气力输送阶段，u_{FT}称为载流速度。u_{FT}与物料属性、加料速度有关。在快速床操作范围，一定的物料流率有一对应的 u_{FT}值。因此，快速床的范围可以通过固体流率调整。床层浓相高度也由固体循环量进行调节。快速床与气力输送属于两种流动状态。

因此，可以得出气-固系统与液-固系统的主要差别。在固定床、散式流化床无差别，规律完全相同，在 u_{mb}以后，气-固系统形成气泡床，液-固系统仍保持颗粒均匀分布。超过 u_{FT}以后，气-固系统不连续气泡相转变为含稀疏固体的连续相，其他固体集聚为快速跳动的絮状物，絮团又不断解体，不断形成。液-固系统则在带出速度以内只是不断膨胀。

许多研究者研究过气固流态化域图(Kunii，1991；Grace，1997；陈俊武，2005)，但大多为依据冷态试验结果归纳。工业流化床反应器都是在高温状态，高温状态下确定各流化状态，最好使用准数为参数的流态化域图。图 5-10 就是两个以准数为参数的流态化域图(Kunii，1991)。

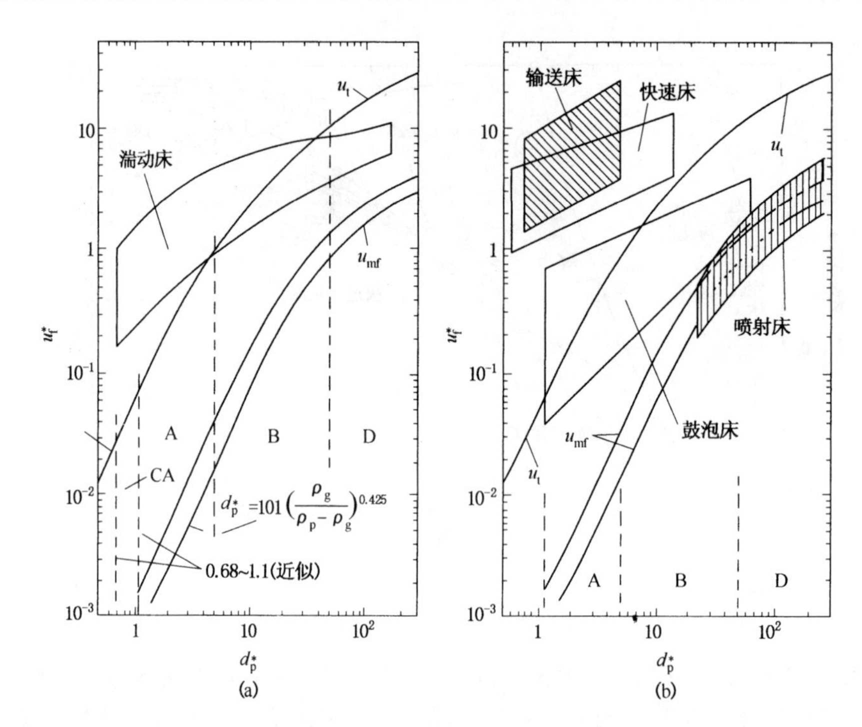

图 5-10　(a)为 Kunii 流态化域图；(b)为 Grace 流态化域图

三、A 类颗粒流态化域转变速度的关联式

对于催化裂化催化剂有 u_{mf}、u_{mb}、u_c、u_{FT}、u_{FD}及 u_{DT}的关联式，兹讨论如下：

(一) 起始流化速度 u_{mf}

起始流化速度 u_{mf}关联式可以分为以物性进行关联的物性关联式，还有在高温高压工况下使用的以准数进行关联的准数关联式。

1. 物性关联式

物性关联式最早的研究以 Leva(1959)为代表。假定条件如下：

(1) u_{mf}既符合固定床规律又符合散式流化床的规律；

(2) 起始流化时起始流化床层高度为 L_{mf}，截面积为 A_T，起始流化空隙率为 ε_{mf}，其床层受力平衡：

$$\text{床层颗粒重力 } F_p - \text{浮力 } F_f = \text{整个床层压力降对床层的作用力 } \Delta P \cdot A_T \tag{5-40}$$

式中，$F_p = L_{mf}A_T(1-\varepsilon_{mf})\rho_p g$，$F_f = L_{mf}A_T(1-\varepsilon_{mf})\rho_g g$

$$\Delta P = (1-\varepsilon_{mf})L_{mf}(\rho_p - \rho_g)g \tag{5-41}$$

(3) 固定床内流动压降用 Darcy-Fanning 方程

$$\Delta P = \lambda \frac{L}{d} \cdot \frac{u_f^2}{2g}\rho_g g \tag{5-42}$$

$$\lambda = f(Re) \tag{5-43}$$

式(5-42)中 d 采用床层空隙当量直径 d_e，L 使用实际流体流过平均长度 L_e，u_f 用实际空隙间真实平均速度 U_e，当 $L=L_{mf}$，$u_f=u_{mf}$时为起始流化状态。则式(5-42)改写为：

$$\Delta P=\lambda_{p}\frac{L_{mf}}{d_{p}}\frac{u_{mf}^{2}\rho_{g}}{2g}\frac{(1-\varepsilon_{mf})^{2}}{\varepsilon_{mf}^{3}}\cdot\frac{1}{\psi_{0}^{2}} \tag{5-44}$$

式中　ψ_0——颗粒形状因数。

由于 ΔP 为一定值，则式(5-44)与式(5-41)关联，得

$$(1-\varepsilon_{mf})(\rho_{p}-\rho_{g})L_{mf}=\lambda_{p}\frac{L_{mf}}{d_{p}}\frac{u_{mf}^{2}\rho_{g}}{2g}\frac{(1-\varepsilon_{mf})^{2}}{\varepsilon_{mf}^{3}}\cdot\frac{1}{\psi_{0}} \tag{5-45}$$

当 $Re<10$ 时，$\lambda_p=400/Re_p$，$Re_p=\frac{d_p u_f \rho_g}{\mu}$，依实验得 $\frac{\varepsilon_{mf}^3\psi_0^2}{1-\varepsilon_{mf}}=C'd_p$

经整理得

$$G_{mf}=u_{mf}\cdot\rho_{g}=0.0093\frac{d_{p}^{1.82}[\rho_{g}(\rho_{p}-\rho_{g})]^{0.94}}{\mu^{0.88}} \tag{5-46}$$

$$u_{mf}=\frac{0.0093d_{p}^{1.82}(\rho_{p}-\rho_{g})^{0.94}}{\mu^{0.88}\rho_{g}^{0.06}} \tag{5-47}$$

此式颗粒的粒径 d_p 范围为51~970μm，流化介质为空气，CO_2及He。

类似上式的关联式还有许多，其中如：

Davies 等（1966)的公式

$$G_{mf}=0.00078\frac{d_{p}^{2}\rho_{g}(\rho_{p}-\rho_{g})g}{\mu} \tag{5-48}$$

或

$$u_{mf}=0.00078\frac{d_{p}^{2}(\rho_{p}-\rho_{g})g}{\mu} \tag{5-48a}$$

以及前面 Baeyens 的关联式(5-19)。这些关联式均为包括以 FCC 催化剂试验所得。通常认为 Leva 关联式偏差较小(Grewal，1980)。

2. 准数关联式

准数关联式常以 Wen 等(1966a)关联式为代表。使用固定床内流体流动压力降关联式 Ergun 方程：

当 $\psi_0=1$ 时：

$$\frac{\Delta P}{gL}\cdot g\frac{d_{p}}{\rho_{g}u_{f}^{2}}\cdot\frac{\varepsilon^{2}}{1-\varepsilon}=\psi(Re)$$

依实验数据整理 Ergun 方程得

$$\frac{\Delta P}{gL}\cdot g\frac{d_{p}}{\rho_{g}u_{f}^{2}}\cdot\frac{\varepsilon^{3}}{1-\varepsilon}=150\frac{1-\varepsilon}{Re_{p}}+1.75 \tag{5-49}$$

当 $\psi_0\neq 1$ 时

$$\frac{\Delta P}{gL}g\frac{d_{p}}{\rho_{g}u_{f}^{2}}\cdot\frac{\varepsilon^{3}\psi_{0}}{1-\varepsilon}=150\frac{1-\varepsilon}{\psi_{0}Re_{p}}+1.75 \tag{5-50}$$

即

$$\frac{\Delta P}{L}=150\frac{(1-\varepsilon)^2\mu u_f}{\psi_0^2\varepsilon^3 d_p^2}+1.75\frac{(1-\varepsilon)u_f^2\rho_g}{\varepsilon^3\psi_0 d_p} \tag{5-51}$$

在起始流化状态下式(5-51)与式(5-41)关联，得

$$(1-\varepsilon_{mf})(\rho_p-\rho_g)g=\frac{150(1-\varepsilon_{mf})^2\mu G_{mf}}{\varepsilon_{mf}^3\rho_g\psi_0^2 d_p^2}+\frac{1.75(1-\varepsilon_{mf})G_{mf}^2}{\varepsilon_{mf}^3\rho_g\psi_0 d_p}$$

令

$$Ar=\frac{\rho_g\Delta\rho g d_p^3}{\mu^2}$$

$$Re_{mf}=\frac{d_p u_{mf}\rho_g}{\mu}$$

得准数式

$$Ar=1.75A(Re_{mf})^2+150B(Re_{mf}) \tag{5-52}$$

式中，$A=\frac{1}{\psi_0\varepsilon_{mf}^3}\approx 14$；$B=\frac{1-\varepsilon_{mf}}{\psi_0^2\varepsilon_{mf}^3}\approx 11$。

以式(5-52)表示 u_{mf}，得式(5-27)，因此

$$Re_{Pmf}<20 \qquad u_{mf}=d_p^2(\rho_p-\rho_f)g/(1650\mu) \tag{5-52a}$$

$$Re_{Pmf}>1000 \qquad u_{mf}=d_p(\rho_p-\rho_f)/(24.5\rho_g) \tag{5-52b}$$

解式(5-52)得

$$Re_{mf}=(C_1^2+C_2 Ar)^{1/2}-C_1 \tag{5-53}$$

对式中 C_1、C_2，不同研究者其值也不同，如，Wen 等(1966a)：$C_1=33.7$，$C_2=0.0408$；Grace(1986)：$C_1=27.2$，$C_2=0.408$。

1986 年以后各国学者对高温高压流态化研究多采用准数关联式(5-53)的形式。

(二) 表观起始气泡速度 u_{mb}

文献中关于 u_{mb}的定义不完全一致。Simone 等（1980)是以气速 u_f与床层高度 L 的膨胀曲线最高处的 u_f定义为 u_{mb}。王樟茂(孙光林，1983)提出应以塌落实验中的浓相段床高 L_D与床层料面高度 L_f的分离点的表观气速 u_f定义为 u_{mb}。赵君等(1990)实验证实 u_{mb}不在膨胀曲线最高处，而在发生最大床膨胀出现前，床中就已出现气泡。

u_{mb}通常可用经验公式计算，如王樟茂(孙光林，1983)给出：

$$u_{mb}=[(0.1823+1.74\times 10^{-11}F_a d_p^{-2.2})/d_p^{0.2}]\cdot(1-0.289F_a)u_{mf} \tag{5-54}$$

$$F_a=\sum\left(\frac{\bar{d}_p}{d_{pi}}x_i\right) \tag{5-55}$$

式中　F_a——细粒作用因子；

$\bar{d}_p$——混合粒子平均直径，m；

d_{pi}，x_i——分别为粒径小于平均粒径的各细粒子的粒径与质量分率。

Geldart 等(1978；1979)测量了 23 种颗粒($d_p=20\sim72\mu m$，$\rho_p=1100\sim4600 kg/m^3$)，用空气、氦气、氩气、$CO_2$及氟里昂-12 流化的 u_{mb}，归纳出同样有细粉含量影响的 u_{mb}关联式(5-20)，但式(5-20)计算所得的 u_{mb}值小于 u_{mf}时不能应用。粗略估算 u_{mb}时可以采用 $u_{mb}\geq 2u_{mf}=3u_{mf}$。

（三）鼓泡床向湍动床转变速度 u_c

自 Kehoe 等(1970)提出湍动流态化的概念以来，绝大多数研究者采用测床层压力脉动幅度来判别鼓泡床向湍动床的转变气速。但对于湍动流态化域的确定一直有争议。Yerushalmi 等(1979)对 FCC 颗粒在 0.15m 直径的流化床实验得到流化床压力波动值与表观气速的关系图，如图 5-11 所示。对于 $\rho_g = 1070 kg/m^3$ 的催化剂(图 5-11a)，当 u_f 为 0.6m/s 以下时，压力波动随气速 u_f 增加而增加，0.6m/s 以上突然平稳，近于一个稳定值。此最大压力波动气速以 u_c 表示。u_c 以下的流化床为鼓泡床。对于 $\rho_p = 1450 kg/m^3$ 密度大的催化剂颗粒床层压力波动不像密度小的 FCC 催化剂那样马上达到平稳，而有一段过渡状态，压力波动开始达到平稳的气速以 u_k 表示，如图 5-11b，认为从 u_c 到 u_k，鼓泡流化向湍动流化转化是渐进的。大部分人以 u_c 为湍动流化的初始气速，u_k 则是湍动流化的操作上限。但一些粗颗粒体系的 u_k 很不明显，气速增加压力脉动幅度一直下降(Bi，1992)。Cai(1989)依据鼓泡流化向湍动流化发生在床中气泡从合并为主转为破碎为主时的机理，建立了一 u_c 计算式：

$$\frac{u_c}{\sqrt{gd_p}} = \left(\frac{\mu_0}{\mu}\right)^{0.2}\left(\frac{0.211}{D^{0.27}} + \frac{2.42 \times 10^{-3}}{D^{1.27}}\right)\left(\frac{\rho_{f0}}{\rho_f}\frac{\rho_p - \rho_f}{\rho_f}\frac{D}{d_p}\right)^{0.27} \tag{5-56}$$

式中，D 为流化床直径(m)；μ_0、ρ_{f0} 为常压 20℃下流化气体的黏度(Pa·s)和密度(kg/m³)；μ、ρ_f 为流化气体的黏度和密度。该式适用范围较宽[粒径 $d_p = 53 \sim 1057\mu m$，$\rho_p = 711 \sim 2630 kg/m^3$，$T = 20 \sim 500°C$，$p = 1 \sim 8atm$(约 100～800kPa)]。

EMMS 模型(李静海，1988)认为：当 $u_f > u_{mb}$、$\frac{\partial W_{st}}{\partial G_s} = 0$、$N_{st} = \min$ 时即为鼓泡床向湍动床转变的分界条件，但求取 u_c 比较复杂。

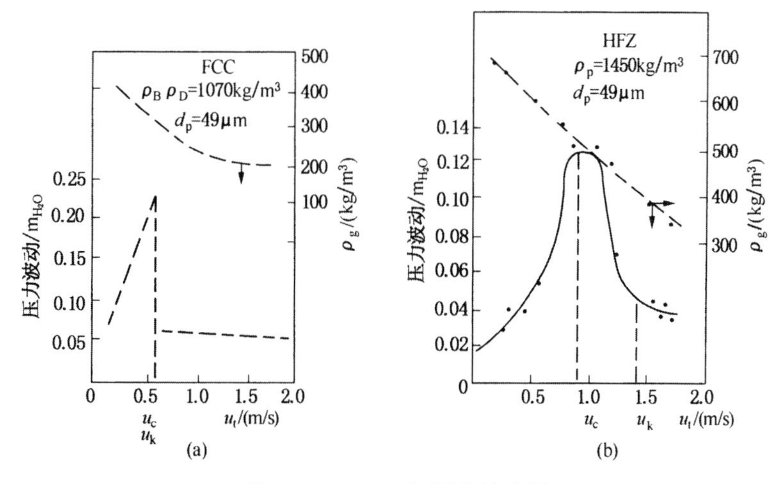

图 5-11　u_c-u_k 与压力波动图

（四）最小循环流态化条件 G_{str} 和 u_{tr}

李佑楚等(1980)以 5 种颗粒的实验结果得

$$\left.\begin{aligned} G_{str} &= u_{tr}^{2.25}\rho_g^{1.627}/\{0.164[gd_p(\rho_p - \rho_g)]^{0.627}\} \\ u_{tr} &= 1.10[(\rho_p - \rho_g)^2 g^2/(\rho_g\mu)]^{\frac{1}{3}} d_p - 0.328 \end{aligned}\right\} \tag{5-57}$$

白丁荣等(1991)提出

$$(u_{tr}/u_t) = 8.98Re_t^{-0.415} \quad (5-58)$$

依实验数据对比式(5-57)和式(5-58)与数据吻合较好。

(五) 快速床流化速度 u_{FT} 及快速床流态化向密相气力输送转变速度 u_{FD}

u_{FT} 是湍动床流态化向快速床流态化转变速度。从实验证明 u_{FT} 不仅与气、固相物性有关，也与颗粒输送强度(或颗粒循环速率) G_s 以及床层直径等因素有关，湍动流化向快速流化的转变点很难确定。

Karri 等(1991)提出用噎射速度 u_{gc} 关联式作为 u_{FT} 的计算式：

$$\frac{u_{gc}}{\sqrt{gd_p}} = 32Re_t^{-0.06}\left(\frac{G_s}{G_g}\right)^{0.25} \quad (5-59)$$

白丁荣等(1991)依文献数据进一步整理得：

$$\frac{u_{TF}}{\sqrt{gD_T}} = 1.463\left[\left(\frac{G_sD_T}{\mu}\right)\left(\frac{\rho_p-\rho_g}{\rho_g}\right)\right]^{0.288}\left(\frac{D_T}{d_p}\right)^{-0.69}Re_t^{-0.2} \quad (5-60)$$

$$\frac{u_{FD}}{\sqrt{gD_T}} = 0.684\left[\left(\frac{G_sD_T}{\mu}\right)\left(\frac{\rho_p-\rho_g}{\rho_g}\right)\right]^{0.442}\left(\frac{D_T}{d_p}\right)^{-0.96}Re_t^{-0.344} \quad (5-61)$$

式中　$Re_t = \frac{d_p u_t \rho_g}{\mu}$。

上两式相关系数均为0.93，平均偏差小于19%。适用范围为 $d_p = 30 \sim 1041\mu m$，$\rho_p = 700 \sim 3160kg/m^3$，床径 $D_T = 0.03 \sim 0.3m$，$G_s = 0 \sim 200kg/(m^2 \cdot s)$。

EMMS 模型(李静海等，1988)以 $u_f > u_{mb}$、$N_{st} = \min\left(\frac{\partial W_{st}}{\partial G_s}\right)_{G_S} = 0$ 对应的 u_f 值为 u_{FT}。$W_{st(N_{st})\min} = W_{st(N_{st})\max}$ 对应的 u_f 值为 u_{FD}。

(六) 密相气力输送向稀相气力输送转变速度 u_{DT}

依 $\left[\frac{\partial\left(-\frac{dp}{dx}\right)}{\partial u_f}\right]_{G_s} = 0$ 来确定 u_{DT}。

白丁荣实验得出：

$$u_{DT} = 0.508\sqrt{gd_p}\left[\left(\frac{G_sD_T}{\mu}\right)\left(\frac{\rho_p-\rho_g}{\rho_g}\right)\right]^{0.138}\left(\frac{D_T}{d_p}\right)^{0.471} \quad (5-62)$$

Knowlton 等(1976)等给出：

$$u_{DT} = 69.7\sqrt{gd_p}\left(\frac{\rho_p}{\rho_g}\right)^{0.273}\left(\frac{G_sd_p}{\mu}\right)^{0.147}\left(\frac{d_p}{D_T}\right)^{0.272} \quad (5-63)$$

Bai 等(1994)给出另一个计算式

$$u_{PT} = u_t + 681.6G_s/\rho_p \quad (5-64)$$

EMMS 模型认为 $N_{st} = \max$ 同时 $W_{st} = G_s \cdot g$，则由密相气力输送转入稀相气力输送。

四、不同流态化域的流态化行为

上述流态化域图说明 u_f、$\bar{\varepsilon}$、压力波动以及气-固颗粒集聚状态等行为，并以此主要现象作为不同流态化域的分界。但还有一些流态化行为如轴、径向空隙率分布，气-固滑动速度等行为都关系到对流态化流动的认识，进而关系到数学模型的建立。

(一) 轴、径向空隙率分布

由于气速不同，不同流态化域的床层高度以及沿轴向的空隙率分布有显著区别(白丁荣，1991；李静海，1990)，图 5-12 表明固体分率在轴向分布的对比情况。不同流态化密相固体分率如下：

鼓泡床：$\varepsilon_{sd}=0.55\sim0.40$

湍动床：$\varepsilon_{sd}=0.4\sim0.22$

快速床：$\varepsilon_{sd}=0.22\sim0.05$

ε_{sd}为密相或浓相固体分率。

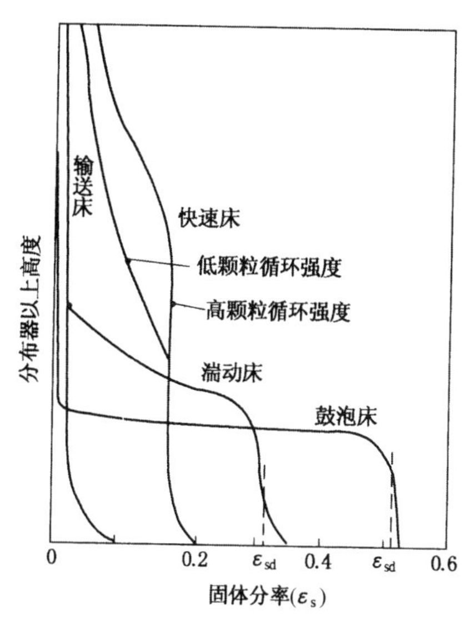

图 5-12 不同流态化域空隙率轴向分布

鼓泡床中由于气流动量不足，空隙率分布仅由于气泡向中心的汇合而产生，所以径向分布并不突出。随着湍动流化的开始，气流获得足够的动量，导致系统内固体循环，壁面颗粒向下运动，中心则向上运动，从而产生突出的径向分布。因此，中心空隙率明显增加，这表明中心连续稀相流动逐渐形成。在快速床流态化域，壁面向下流动越来越剧烈，中心连续稀相流动逐渐向外扩展。直到稀相输送床发生时，径向分布趋于平坦。对于 FCC 催化剂/空气系统如图 5-13 所示。

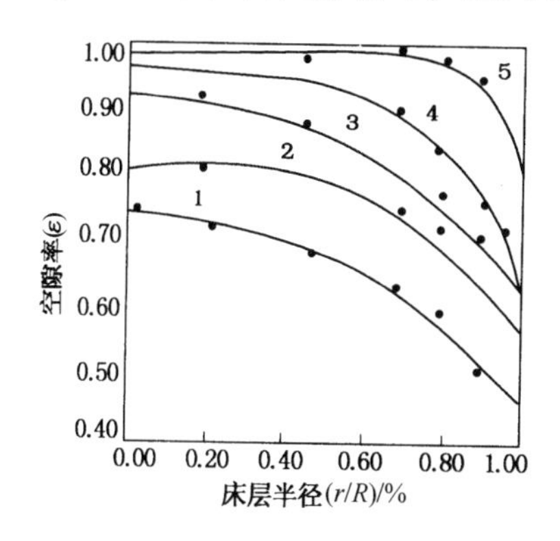

图 5-13 不同流态化域空隙率径向分布

1—鼓泡床；2—腾涌床；3—湍动床；4—快速床；5—输送床

(二) 气-固滑移速度

从实验中得到气-固相速度随空隙率不同而变化。不同研究者所用滑移速度定义不同。总的规律：

$$U_{sl}=U_f-U_s=\frac{u_f}{\varepsilon}-\frac{u_s}{1-\varepsilon} \tag{5-65}$$

Yerushalmi 等(1979)在 $\phi15.2$cm 床中以 FCC 催化剂(密度 $\rho_p=1070\text{kg/m}^3$)试验得图 5-14。

图 5-14 中的 $U_s=\frac{G_s}{\rho_B}\doteq\frac{G_s}{\rho_p(1-\varepsilon)}$，从图上认为湍动床与鼓泡床 U_{sl}只与 ε 有关。

李静海等(1990)将式(5-65)改写为

$$u_{sl}=\varepsilon U_{sl}=u_f-G_s\varepsilon/[(1-\varepsilon)\rho_p] \tag{5-66}$$

在 FCC 催化剂空气系统得图 5-15，表明 u_{sl}不仅随 ε 变化，也受 u_f 的影响。在流化床内空隙率 ε 的轴向分布为 S 形分布，分别测定密相区与稀相区的空隙率。在虚线的下方鞍形区域中的状态是不可能存在的。在虚线上的两个状态，在特定的气速下是共存的。在湍动床与快速床中滑移速度是连续变化的，并没有突变。当输送床发生时，空隙率与滑移速度同时发生突变。而 ε 继续增大，u_{sl}迅速下降直到接近于带出速度 u_t。

在垂直管密相流动中，以下式来确定流化状态。当 $U_{sl}\geqslant u_{mf}/\varepsilon_{mf}$为流化流动区域。当 U_{sl}

$<u_{mf}/\varepsilon_{mf}$为填充流动区。同时以$\left(\dfrac{\partial u_f}{\partial \varepsilon}\right)_{u_s}=0$为分界线。$U_{sl}>u_{mf}/\varepsilon_{mf}$时，$\left(\dfrac{\partial u_f}{\partial \varepsilon}\right)_{u_s}<0$为密相流动，$\left(\dfrac{\partial u_f}{\partial \varepsilon}\right)_{u_s}>0$为稀相流动。

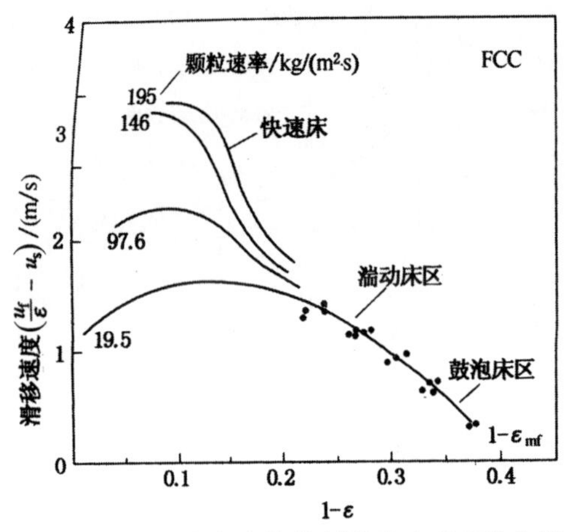

图 5-14　FCC 小密度催化剂滑移速度系数曲线

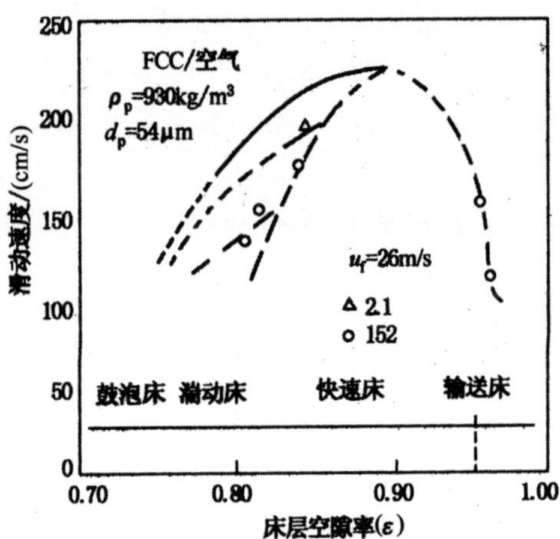

图 5-15　气固滑移速度随空隙率的变化

对于快速床，白丁荣等(1988)给出其滑移速度关联式：

$$\frac{U_{sl}}{u_t}=0.9145\left(\frac{Ly}{Ar}\right)^{0.304}\left(\frac{G_s D_T}{\mu}\right)^{0.044} \tag{5-67}$$

式中　Ly——李森科数，$Ly=\dfrac{u_f^3\rho_g^3}{\mu g(\rho_p-\rho_g)}=Re^3/Ar$；

Ar——阿基米德数，$Ar=\dfrac{d_p^3\rho_g g(\rho_p-\rho_g)}{\mu^2}$。

Matsen(1982)给出 $\varepsilon\to1$ 的稀相气力输送的关联式

$$\frac{U_{sl}}{u_t}=10.8(1-\varepsilon)^{0.293} \tag{5-68}$$

对于密相气力输送常用

$$\frac{u_f}{u_s}=K_{sl} \tag{5-69}$$

式中　K_{sl}——滑落系数。

关于垂直管内密相流动与滑落系数将在第八节详细阐述。

以上讨论的各种滑移速度均以宏观而言，如果从径向空隙率分布产生原因来认识，不难发现在流化床内局部的空隙率不均匀性的原因是局部气固两相的滑移速度有差异。因此，在流化床中使用滑移速度时，应注意研究的对象与环境是宏观还是局部。关于局部滑动速度将在第四节中论述。

(三) 气体与颗粒轴、径向返混

气体与颗粒轴向返混关系到非理想流动模型，特别是对反应器进行优化设计也显得很重要。

李佑楚等(1990)以氢示踪剂测定了 FCC 催化剂在不同流化状态下的气体返混。结果表明，快速床中气体返混明显低于湍动床。给定气速时，快速床的气体返混随固体循环量增加而增大；同时气体返混量沿径向而逐渐增大，这与快速床中心稀薄、边壁稍密的固体径向浓度分布有关。当给定固体循环量时，气体返混随气速增加而减小，气力输送状态下，气体返混进一步减小。

对轴向气体扩散系数 E_x 而言，以 FCC 催化剂测试结果：湍动床气体速度增加可使 E_x 明显减少，一般为 $0.4m^2/s$ 以上。Van Deemter(1980)估计工业装置径向扩散 E_r 为 E_x 的 10%。输送床 E_x 在 $0.3m^2/s$ 以下；快速床气速增大使 E_x 减小，而固体循环量增加使 E_x 增大，E_x 在 $0.3 \sim 0.5m^2/s$ 之间。快速床径向扩散系数 E_r 很小，仅为 $3\times10^{-4} \sim 7\times10^{-3}m^2/s$。由于 E_x 与气速、固体循环量有关，将 E_x 与 ε 相关联(李佑楚等，1990)见图 5-16，进而得出湍动床、快速床与输送床的统一关联式为：

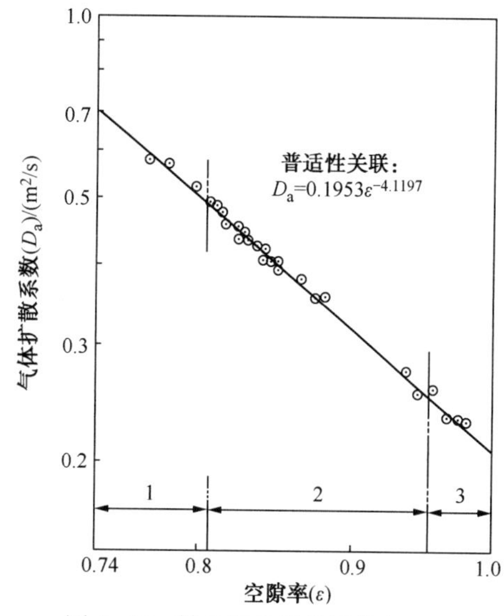

图 5-16　轴向气体扩散系数与床层平均空隙率的关系

1—湍动区；2—快速流态化；3—输送区

$$E_x = 0.1953\varepsilon^{-4.1197} \quad (m^2/s) \tag{5-70}$$

上式平均误差为±2.67%。

对于鼓泡床颗粒轴向扩散系数 E_{xs}，Miyauchi 等(1981)给出：

$$E_{xs} = 75.7u_f^{1/2}D_T^{0.9} \quad (m^2/s) \tag{5-71}$$

式(5-71)已有表观气速 u_f 在 0.5m/s 以下、小床层直径 D_T 的 FCC 实验数据支持。对于大型床 u_f=0.5m/s 以下，Kunii 等(1991)给出：

$$E_{xs} = 0.30D_T^{0.65} \tag{5-71a}$$

对于鼓泡床气体扩散系数(Miyauchi，1981)，

$$E_x = m\varepsilon_e E_{xs} \tag{5-72}$$

式中　m——乳化相吸附平衡常数；

ε_e——乳化相分率，$\varepsilon_e+\varepsilon_b=1$，$\varepsilon_b$ 为气泡相分率。

Van Deemter(1980)曾对大直径流化床的气、固返混进行过总结，提出气体轴向扩散系数 E_x、反向返混系数 E_B 和径向返混系数 E_r，以及固体颗粒轴向扩散系数 E_{xs}。E_x、E_B、E_r 三者之间的关系为：

$$\frac{E_x}{u_f D_T} = \frac{E_B}{u_f D_T} + \beta\frac{u_f D_T}{E_r} \tag{5-73}$$

β 为不均匀流动分布特性因子；$\beta = (E_x - E_B)/E_r/(D_T^2 u_f^2)$；对于均匀速度分布：$\beta$=0；对于层流 Tayler 分布：$\beta$=1/196；对于湍流 Tayler 分布：$\beta=0.5\times10^{-3}$；对于湍动流态化：$5\times10^{-3}<\beta<5\times10^{-4}$；对于快速床 Tayler 分布：$\beta$=0。

图 5-17 为 Geldart A 类颗粒的结果。从图可以得出窄组分 E_i 值较低，主要由腾涌与死区所造成。E_i 随 u_f 增加而增加。图 5-18 为气体在密相床层内的轴向涡流扩散 E 与颗粒轴向扩散 E_{xs}，不少研究者认为实际上两者是相等。对小直径设备 E 稍微大于 E_{xs}。一般工业装置 E_{xs} 在 0.02～0.4m^2/s 之间。

从图 5-17、图 5-18 的实际数据与式(5-71)计算值对比，大体上可以认为式(5-71)是基本可以使用的。将式(5-71)改成 $E_{xs}/(u_fD_T)$ 分散准数形式：

$$E_{xs}/(u_fD_T) = 75.7u_f^{-0.5}D_T^{-0.1} \tag{5-74}$$

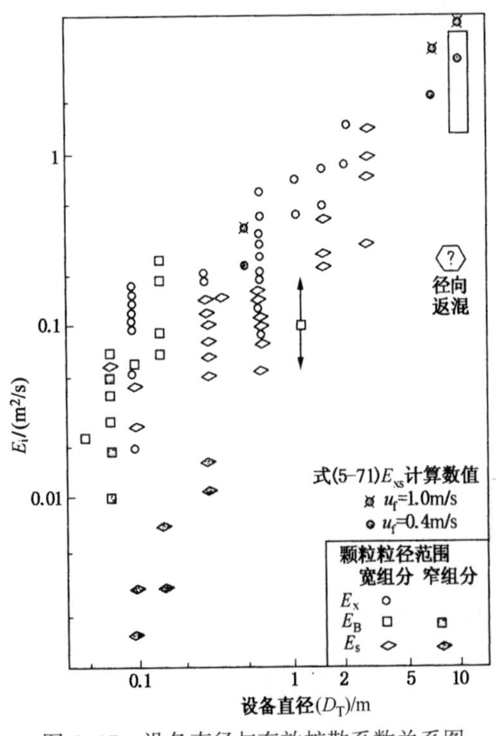

图 5-17　设备直径与有效扩散系数关系图

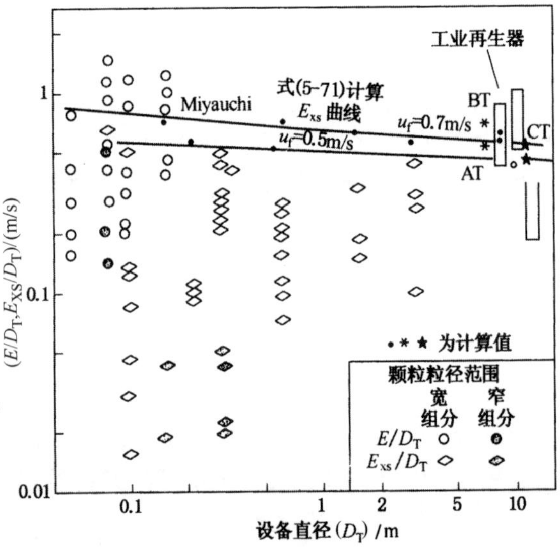

图 5-18　E_i/D_T 与设备直径关系图

依流动分散模型 $E_{xs}/(uD_T)<0.01$ 为接近于平推流，$E_{xs}/(uD_T)>0.01$ 偏离平推流。

当然 $E_{xs}/(uD_T)$ 中应用 $u=u_s$ 计算可能更说明是否为平推流，但 u_s 不易计算，故暂用 u_f 代替说明返混情况。依工业装置流化床层数据整理

$$u_s = 0.68u_f - 0.03 \tag{5-75}$$

对湍动床、快速床的气体与颗粒有效扩散系数在第二、四节中讨论。

Lakshmanan 等(1990)对固体颗粒返混的研究，在流化床密相床层中常采用气泡尾迹、密相与器壁回流相三相进行描述。Chesonis 等(1990)对快速床则采用核环模型进行描述。Van Deemter 等(1980)给出了涡流扩散系数 E 与 D_T 的关系，见表 5-4。

表 5-4　涡流扩散系数 E 与 D_T 的关系

D_T/m	0.1	0.3	0.6	1.5	3.0
$E/(m^2/s)$	0.002～0.03	0.01～0.1	0.05～0.2	0.2～0.5	0.3～1.0

细粉含量 F_{40}对 E_{xs}也有影响，图 5-19a 显示了这种影响。

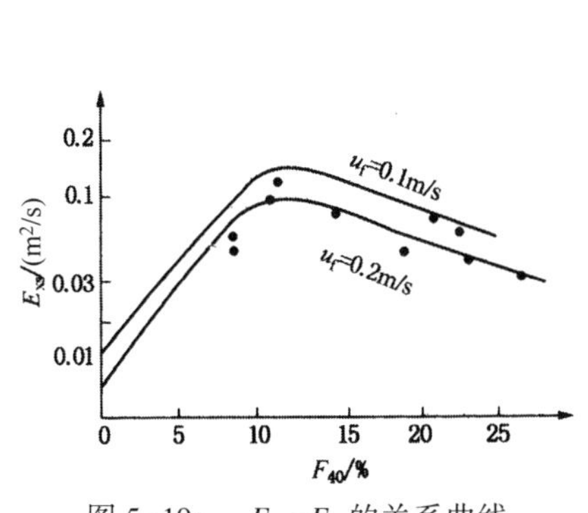

图 5-19a　F_{40}-E_{xs}的关系曲线

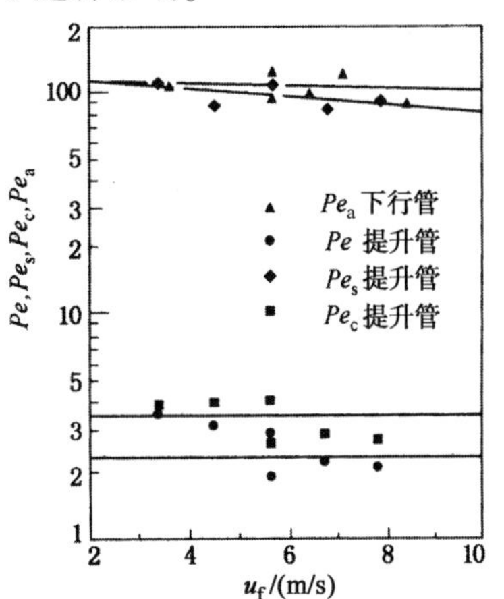

图 5-19b　下行管及提升管中轴向颗粒 Peclet 准数操作条件的变化

对于快速床的气体径向扩散也有实验研究。一般来说，快速床的气体径向扩散系数 E_r 都很小，比气体轴向扩散系数小 1~2 个数量级。Yang 等(1984)用氦做示踪物得：

$$E_r = 43.4\left[\frac{u_f}{\frac{u_f}{\varepsilon} - u_s}\right]\left(\frac{1-\varepsilon}{\varepsilon}\right) + 0.7 \tag{5-76}$$

Kunii 等(1991)给出鼓泡床颗粒径向扩散系数 E_{rs}：

$$E_{rs} = \frac{3}{16}\left(\frac{\varepsilon_b}{1-\varepsilon_b}\right)\frac{u_{mf}D_{be}}{\varepsilon_{mf}} \quad (\mathrm{m^2/s}) \tag{5-77}$$

式中　ε_b——气泡占鼓泡床的体积分率。

魏飞等(1996)给出不同气速下下行管与提升管中轴向颗粒 Peclet 数 Pe_a 及 Pe 与 u_f 的关系如图 5-19b 所示，同时给出提升管中弥散颗粒与颗粒团的轴向 Peclet 数 Pe_s、Pe_c 与 u_f 的关系。

下行管中轴向颗粒 Pe_a 与气速、平均空隙率的关系：

$$Pe_a = [(8.93\times10^{-7}Re)/(1-\varepsilon) + 101] \tag{5-78}$$

下行管中径向颗粒混合　$Pe_r = 140Re^{0.61}(1-\varepsilon)^{1.33}$　(5-79)

提升管中径向颗粒混合　$Pe_{rs} = 6.69Re^{0.43}(1-\varepsilon)^{0.3}$　(5-80)

下行管中径向气体混合　$Pe_{rg} = 4.54\times10^{-3}Re^{0.95}\varepsilon^{-73.4}$　(5-81)

提升管中径向气体扩散系数与下行管中径向气体扩散系数相当。

五、温度、压力对流化系统的影响

工业流化床一般都在一定温度、压力下操作。温度、压力对气固流态化的影响是由于温度、压力影响气体的密度、黏度，而气体的密度、黏度影响气固流化行为(Yang, 1999)。在流化系统中，除考虑气体的密度与黏度的影响，还要考虑颗粒大小对气体与颗粒之间的相互作用。譬如与气体黏度有关的动量及曳力，如当动量为主要影响时，黏度影响不起重要作用，但在曳力占主要影响时，则黏度的影响就重要。

以下就温度、压力对流化床影响的有关方面进行讨论。

1. 对起始流化速度的影响

温度、压力对起始流化速度的影响，可以从 Wen 和 Yu 的 Ar、Re_{mf}关联式(5-52)分析，即

$$Ar = 1650Re_{mf} + 24.5(Re_{mf})^2 \tag{5-82}$$

将式(5-52)改写成 u_{mf}关联式：

$$u_{mf} = \mu/(d_p\rho_g)\{[(33.7)^2 + 0.0408d_p\rho_g(\rho_p - \rho_g)\rho_g]/(\mu^2)\tag{5-83}$$

对于细粉颗粒：$Re_{mf}<20$ 时，则式(5-52)简化为

$$u_{mf} = d_p^2(\rho_p - \rho_g)g/(1650\mu) \tag{5-84}$$

对于粗颗粒：$Re_{mf}>1000$ 时，则式(5-52)简化为

$$u_{mf}^2 = d_p(\rho_p - \rho_g)g/(24.5\rho_g^2) \tag{5-85}$$

从以上公式可以得出温度、压力对起始流化速度 u_{mf}的影响。

由于压力主要影响气体密度 ρ_g，对气体黏度 μ 影响较小。在式(5-84)中气体黏度 μ 变化较小，同时由于 ρ_p 远大于 ρ_g，ρ_g 的增加对($\rho_p-\rho_g$)数值的影响很小，故此，压力对细颗粒的 u_{mf}无太大影响。对于粗颗粒，其 u_{mf}与 ρ_g 成反比；因此，压力增加，气体密度 ρ_g 增加，故 u_{mf}减少。这一结论已被实验证实(Rowe，1984)。

温度对起始流化速度 u_{mf}的影响也可由式(5-84)及式(5-85)得知，对于细颗粒：$Re_{mf}<20$ 时，u_{mf}与 $1/\mu$ 成正比，温度增加，气体黏度 μ 增加，故 u_{mf}减少。对于不同粒径的粗颗粒，可用式(5-83)计算出温度对起始流化速度 u_{mf}的影响(Wen，1966a)。

由于起始流化速度 u_{mf}一般是用颗粒平均粒径计算的，往往有一些误差，需要有一个校正系数，校正系数关系到颗粒形状因子及平均粒径，即床层空隙率 ε。Yang 等(1985)给出另外一种确定不同温度、压力下起始流化速度 u_{mf}的方法，即先用实验确定环境条件下的 u_{mf}，再通过图 5-20(Yang，1985)，用修正 Re_ε 及 Cd_ε 求得 ε_{mf}，再以此求得 u_{mf}。

$$Re_\varepsilon = Re[1/\{\varepsilon\exp[5(1-\varepsilon)/(3\varepsilon)]\}] \tag{5-86}$$

$$Cd_\varepsilon = Cd[\varepsilon^3/\{1+(1-\varepsilon)^{1/3}\}] \tag{5-87}$$

2. 对起始鼓泡速度的影响

对 A 类颗粒，式(5-20)已经表达了起始鼓泡速度 u_{mb}、气体密度 ρ_g 与气体黏度 μ 的关系。Varadi 等(1978)以实验表明压力对起始鼓泡速度 u_{mb}的影响，如图 5-21 所示。压力增大，起始鼓泡速度 u_{mb}增加，气泡变扁、尺寸变小、更不稳定，密相床层内气泡破裂频繁。由式(5-21)，$u_{mb}/u_{mf}>1$ 为 A 类颗粒，$u_{mb}/u_{mf}=1$ 为 B 类颗粒，因为压力对 u_{mf}影响很小，故此，通过提高压力可以使 B 类颗粒进入 A 类颗粒分界线内，具有 A 类颗粒行为。增加温度，A 类颗粒流化更平稳，气泡频率增加，气泡尺寸显著减小。对 B 类颗粒，温度和压力增加，

ε_{mf}及气泡尺寸似乎变化不大，流化质量改善。温度增加，D 类颗粒的流化特性不变或气泡尺寸增大。

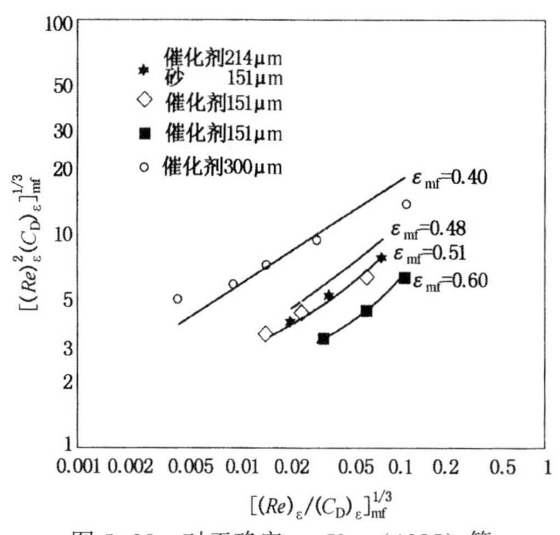

图 5-20　对于确定 u_{mf} Yang(1985) 等方法与实验数据对比

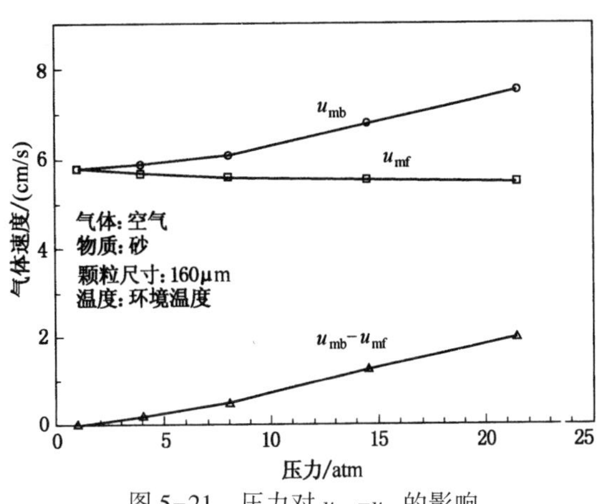

图 5-21　压力对 u_{mb}-u_{mf}的影响

3. 乳化相空隙率 ε_d

温度、压力对 B 类颗粒的乳相空隙率 ε_d 影响不明显。对 A 类颗粒，实验表明压力从 0.08MPa 升高到 0.69MPa，乳相空隙率 ε_d 增加 20%~40%(Weimer，1985)。Kmiec(1982)给出乳相空隙率 ε_d 关联式：

$$\varepsilon_d = (18Re_p + 2.7Re_p^{1.687})^{0.209}/Ga^{0.209} \tag{5-88}$$

Yang(1999)给出床层稳定与鼓泡的分界关联式：

$$\underbrace{[gd_p(\rho_p - \rho_g)/(u_t^2\rho_p)]^{0.5}}_{\text{第一项}} - \underbrace{0.56n(1-\varepsilon_{mb})^{0.5}\varepsilon_{mb}^{n-1}}_{\text{第二项}} = C \tag{5-89}$$

如 $C>0$(即第一项>第二项)，床层为稳定；

如 $C<0$(即第一项<第二项)，床层为鼓泡。n 用式(5-92)计算。

4. 对 u_{BT} 的影响

对于 A 类颗粒，鼓泡流化向湍动流化的转变气速 u_{BT}决定于 u_c，而 B 类颗粒决定于 u_k。Cai(1989)发现 A、B、D 类颗粒在 50~450℃ 和0.1~0.8MPa 条件下，其 u_c 随温度增加而增加，u_c、u_k均随压力增加而减少，并给出了包含温度、压力影响 u_{ch}的计算式。Marzocchella (1996)给出不同压力下 u_c、u_k的变化，如图 5-22 所示。

此外，Chan 等(1984)试验发现，压力和温度增加，颗粒的夹带和扬析也显著增加。除上述的影响外，温度、压力还影响 u_{ch}、颗粒与床层的传热系数、提升管压降等。

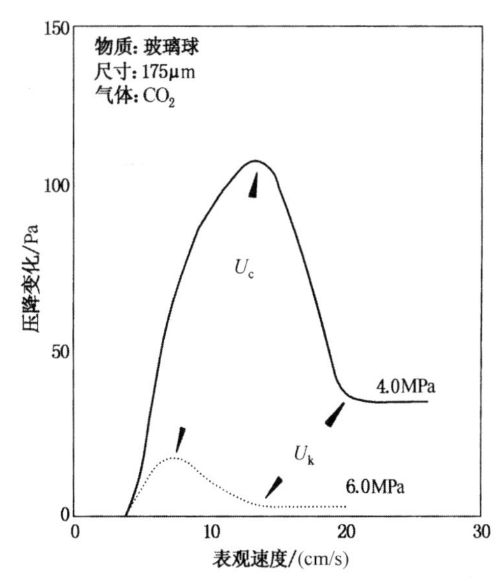

图 5-22　压力与表观气速的关系

六、气固流态化的模拟方法简述

气固流态化属于颗粒流体两相流的一个分支，其模拟研究方法宏观上看和一般颗粒流体两相流的相同，大体上有经验及半经验模型、两相模型和计算流体模型三类。经验模型是基于实验数据的直接关联；半经验模型是根据对研究对象的物理认识建立模型，然后对模型进行必要的简化并根据实验数据确定模型中的某些参数。经验及半经验模型由于其简单实用，在工程上得到了广泛的应用，但是这类模型受到实验数据关联范围的限制，预测能力有限。两相模型则依据对颗粒流体系统内非均匀流动结构的认识，通过对系统进行适当的分解建立结构的机理模型，例如经典的两相模型以及描述提升管内两相流动的团聚物扩散模型（李佑楚等，1980）、环核模型（Capes，1973；Ishii，1989）、能量最小多尺度（EMMS）模型（李静海等，1988）等。但是上述两类模型只能用来描述两相流中某些参数的时间平均行为，而详细的流场信息及随时间变化的动态行为的分析则需要借助于计算流体力学模型。计算流体力学模型一般以 Navier-Stokes 方程为基础，结合质量、动量和能量守恒规律，建立气固两相的流体力学方程组，再加上必需的气固相间作用方程对模型进行封闭求解。随着两相流理论研究的深入和计算机的发展，计算流体力学将在颗粒流体两相流的研究中得到广泛的应用。

两相模型（two-phase model）是以系统内的两相不均匀结构为核心，将整体流动分解为颗粒聚集的密相和流体聚集的稀相，分析稀相和密相的流动行为以及两相之间的相互关系，引入反映两相相互作用的相间参数，建立耦合两相动力学参数和相间参数的模型。Toomey 等（1952）最早提出了两相模型的理论，将鼓泡流化系统分解为乳化相（密相）和气泡相（稀相）组成的混合物，假定超过最小流态化速度以上的气体都以气泡形式通过床层，而颗粒聚集于保持在最小流化状态下的乳化相中，密相为连续相，稀相为分散相。Davidson 等（1963）建立了描述鼓泡流化床中气泡行为的 Davidson 模型，该模型成功地说明了上升气泡周围气体和固体的运动以及压力分布。Grace 等（1974）则用两相模型分析了流体在气泡相和乳化相间的分配。

循环流化床中，系统由单一颗粒存在的稀相和以颗粒聚集体（团聚物）形式存在的密相组成，稀相为连续相，密相为分散相，局部相结构发生了根本性的转变。因此，适用于鼓泡床的两相模型不再适用于循环流态化系统。李静海等（1988）和 Hartge 等（1988）分别建立了描述循环流化床中颗粒流体两相流动规律的两相模型。他们根据循环流态化的流动结构特征，将流动系统分解为团聚物相（密相）和稀相，两相的运动特征由各相内的颗粒浓度、气固相速度来描述。Hartge 等建立了质量守恒方程和速度关系方程，稀相和密相的局部气固滑移速度采用 Richardson-Zaki 公式与终端速度关联，结合实验结果分析了循环流化床中的局部流动结构。李静海等采用多尺度分析方法对系统进行动量和质量守恒分析，并运用能量最小原理提出了实现模型封闭的稳定性条件，建立了能量最小多尺度（EMMS）模型，分析了流型过渡、局部不均匀流动结构、饱和夹带量、轴向和径向空隙率分布。

计算流体力学模型一般将颗粒两相流动系统分解为流体相和颗粒相，根据对两相的离散化和连续化处理方法不同，气固流态化系统的计算流体力学模型又可分为：双流体模型和颗粒轨道模型等。

双流体模型（two-fluid model）将颗粒相处理为类似流体的连续相；认为颗粒与流体是同时占据于同一空间且相互渗透的连续介质，对流体相、颗粒相在欧拉坐标系中建立质量、动量和能量守恒方程。颗粒相方程组和气相方程组的形式相同，因而颗粒相应具有类似气体的黏度和压力。如何计算颗粒相黏度、压力是封闭双流体模型的一个关键问题。Gidaspow(1994)基于稠密气体动力学理论提出了颗粒动力学理论模型，从理论上求出颗粒相黏度和压力等特性参数，模拟了鼓泡床的流动行为；Nieuwland 等(1996)等应用动力学理论模拟了循环床提升管部分的流动行为。双流体模型是目前流化床流动模拟的主流模型。

颗粒轨道模型(particle-trajectory model)，又称为离散颗粒模型(discrete particle model)，将流体相处理为连续相，颗粒相处理为离散相；对流体相采用和双流体模型类似的计算，而对颗粒相的每个粒子的运动轨迹分别跟踪。颗粒与流体相的相互作用有两种处理方式。当颗粒的质量和体积份额以及粒径都较小时，可只考虑流体相对颗粒的作用(单向耦合)，计算较简单；另一种是考虑颗粒相对流体的反作用(双向耦合)，需要在每个时间步上交替计算流场和颗粒的运动轨迹。当颗粒的体积浓度低时，可以忽略颗粒之间的碰撞；需要考虑颗粒间的相互作用时，主要有两种处理方法。一种是软球模型(Tsuji，1993)，比较典型的是所谓“离散单元法”(DEM)，它将颗粒之间的作用简化为弹性、阻尼和滑移三部分，并表达为颗粒变形和速度的连续函数，从而通过对时间的数值积分得到颗粒轨迹。另一种是硬球模型(Hoomans，1996)，即将颗粒之间的作用视为瞬间的碰撞，通过守恒定律和本构关系直接得到碰撞前后颗粒的运动状态。软球模型更具普遍性，能考虑更细致的颗粒间作用，而硬球模型适用面较窄。对颗粒本身运动处理上，则有确定性轨道模型和随机轨道模型两种。前者中颗粒受到的各种作用都有显式而确定的表达，而后者可引入随机处理。颗粒轨道模型物理概念明确，符合颗粒流体两相流动的结构特征，目前主要用于稀相流动的模拟，模拟密相流时，计算量巨大。颗粒轨道模型现在已经能对气固流化床中的鼓泡、节涌和团聚物等现象进行计算模拟，随着计算机硬件水平的提高、算法的发展，颗粒轨模型也将会得到更广泛的应用。

第二节 散式流化床与鼓泡床和湍动床

催化裂化催化剂是典型的 A 类颗粒，表观气速 u_f从 u_{mf}增加，其床层流态化状态依次经历散式流化、鼓泡、湍动、快速床及输送床各阶段。B 类颗粒与 A 类颗粒的区别之一就在于 B 类颗粒流化床 u_{mb}与 u_{mf}非常接近，气速刚超过 u_{mf}，床层就出现气泡，无散式流态化域存在。因此，讨论催化裂化催化剂的流化规律，应分别讨论散式流化、鼓泡床、湍动床、快速床及输送床的规律，而上述各流态化域的规律既有区别，又有紧密联系。

一、散式流化床

(一) 散式流化床流态化的特征

① 在散式流化床中，颗粒与颗粒之间已脱离相互接触，颗粒间充满流化介质(在气固流化中为气体)，形成颗粒悬浮状态。

② 流化介质气体在颗粒间隙中流动，并无聚集状态，具有平稳的床层界面。

③ 床层空隙率 ε 随气体的表观速度 u_f增加而增加，床层压降 ΔP 为定值，即：

$$\Delta P = L_{mf}(1-\varepsilon_{mf})(\rho_p-\rho_g)g = L_f(1-\varepsilon)(\rho_p-\rho_g)g \tag{5-90}$$

如将 ΔP、ε 与 u_f关系绘成曲线，可得图 5-23。

④流态化后的床层具有某些流体的性能特征，如易于流动，充满容器等。

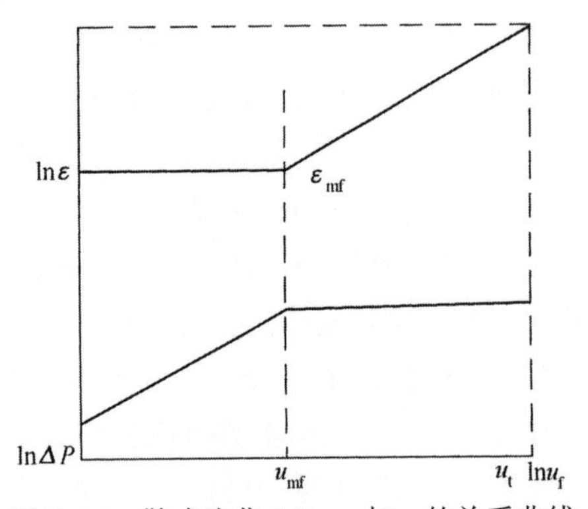

图 5-23　散式流化 ΔP、ε 与 u_f 的关系曲线

(二) 均一颗粒与非均一颗粒的散式流化

由粒径大小相等、形状相似的颗粒构成的颗粒群物料称为均一颗粒物料(简称均一颗粒)；如粒径等颗粒性质不同，则称为非均一颗粒物料。

1. 均一颗粒的散式流态化

在均一颗粒中每个颗粒的带出速度 u_t(或称沉降速度)都相同。当 U_{sl} 滑移速度等于 u_t 时，则颗粒开始出现悬浮状态，此时表观气速 u_f 为 u_{mf}。

对于 A 类颗粒，再增大气速，当达到散式流化床床层高度最高点时，将出现床层高度的不稳定，此时出现气泡。Simone(1980)定义在散式流化床的最高床层时的表观气速为 u_{mb}，如图 5-24 所示。表观气速在 u_{mf} 至 u_{mb} 之间的均一颗粒流化床称为散式流化床。王樟茂(孙光林，1983)则根据床层塌落试验定义 u_{mb}。

2. 非均一颗粒散式流态化

由于颗粒粒径的不同，颗粒的沉降速度也随之而异。粒径小的颗粒沉降速度小，也易于流化，u_{mf} 较低；反之，粒径大的颗粒 u_{mf} 也较高。因此，与均一颗粒散式流化不同，对于非均一粒径混合颗粒绘制的 u_{mf}、u_{mb} 如图 5-25 所示。

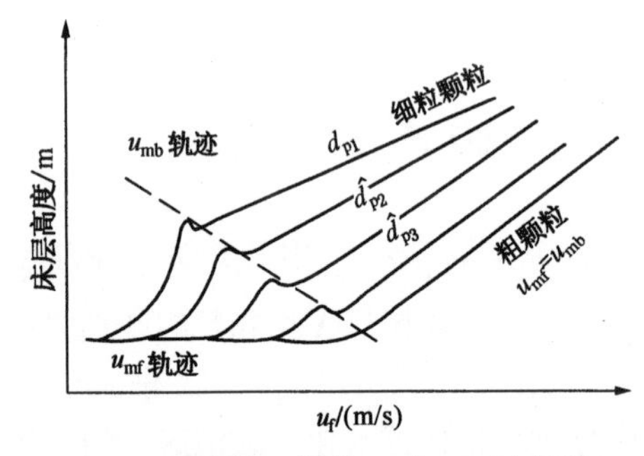

图 5-25　非均一颗粒 u_{mf} 与 u_{mb} 示意图

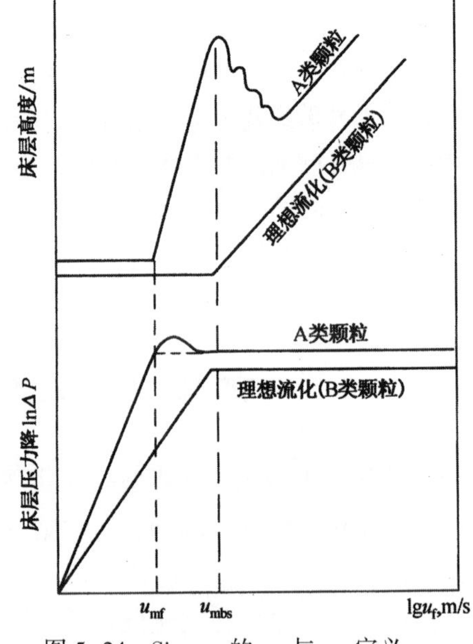

图 5-24　Simone 的 u_{mf} 与 u_{mb} 定义

工程上采用调和平均粒径 $\bar{d}_p$(或称颗粒群代表粒径)作为非均一混合颗粒的粒径 d_p。以此平均粒径按均一颗粒来归纳和计算 u_{mf} 与 u_{mb}。

(三) 散式流态化在催化裂化系统的作用

散式流态化使颗粒在流体介质的作用下具有流动性能。因此，为在催化裂化反应-再生系统中催化剂能够顺利地密相输送，必须维持散式流态化状态。由于在散式流化状态中没有气泡，所以也不会产生气泡阻碍固体颗粒流动的问题，所以管路中催化剂密相输送为最好。

当 $U_{sl}<u_{mf}/\varepsilon_{mf}$ 则不会发生流态化现象，输送为固定床或移动床。

当 $U_{sl}>u_{mb}/\varepsilon_{mf}$ 则产生气泡。因此，$\dfrac{u_{mb}-u_{mf}}{u_{mf}}$ 或 $\dfrac{u_{mb}}{u_{mf}}$ 可作为衡量颗粒流动好坏的参量。

(四) 床层膨胀

依散式流化床的定义，由图 5-23 可以得出：

$$u_f = u_t \varepsilon^n \tag{5-91}$$

上式称为 Richardson-Zaki 方程。n 为 d_p/D 和 Re_t 的函数，但 Re_t 很低或很高时，n 与 Re_t 无关。n 的计算关系式如下：

$$\begin{aligned} n &= 4.65 + 20\frac{d_p}{D_T} \qquad Re_t < 0.2 \\ n &= \left(4.4 + 18\frac{d_p}{D_T}\right)Re_t^{-0.03} \qquad 0.2 < Re_t < 1.0 \\ n &= \left(4.4 + 18\frac{d_p}{D_T}\right)Re_t^{-0.1} \qquad 1 < Re_t < 200 \\ n &= 4.4Re_t^{-0.1} \qquad 200 < Re_t < 500 \\ n &= 2.4 \qquad Re_t > 500 \end{aligned} \tag{5-92}$$

对于球球形颗粒，Garside 等(1977)提出关联式(5-93)，与文献中许多数据相比，其误差在 10%之内。

$$n = \frac{5.1 + 0.28Re_t^{0.9}}{1 + 0.1Re_t^{0.9}} \tag{5-93}$$

随着 ε 的增加，床层高度也增加。由于散式流化床表观气速在 u_{mf} 与 u_{mb} 之间，其床层高度也对应有高度 L_{mf}、L_{mb}。通常以床层膨胀率 R 表示。

$$R = \frac{L_f}{L_{mf}} = \frac{\rho_{mf}}{\rho_B} \tag{5-94}$$

式中　ρ_B，ρ_{mf}——u_f 及 u_{mf} 时，床层高度为 L_f、L_{mf} 的密度；

ρ_{mb}——u_{mb} 时的床层密度。

相应的床层空隙率为：

$$\left.\begin{aligned} \varepsilon &= 1 - \frac{\rho_B}{\rho_p} \\ \varepsilon_{mf} &= 1 - \frac{\rho_{mf}}{\rho_p} \\ \varepsilon_{mb} &= 1 - \frac{\rho_{mb}}{\rho_p} \end{aligned}\right\} \tag{5-95}$$

Abrahamsen 等(1980a)实验得出：

$$R_{mb} = \frac{L_{mb}}{L_{mf}} = \left(\frac{1 - \varepsilon_{mf}}{1 - \varepsilon_{mb}}\right) = \left(\frac{u_{mb}}{u_{mf}}\right)^{0.22} \tag{5-96}$$

式中，$\varepsilon_{mf} = 1.005\varepsilon_{BT}$，$\varepsilon_{BT}$ 为充气密度时的空隙率。

Abrahamsen 等(1980a)进一步给出细粉散式流化床的床层空隙率

$$\frac{\varepsilon^3}{1-\varepsilon}\frac{(\rho_p - \rho_g)gd_p^2}{\mu} = 210(u_f - u_{mf}) + \frac{\varepsilon_{mf}^3}{1-\varepsilon_{mf}}\frac{(\rho_p - \rho_g)gd_p^2}{\mu} \tag{5-97}$$

(五) 颗粒带出速度

一般催化裂化催化剂颗粒 $Re_p<1$，因此带出速度 u_t 按 Stokes 定律计算：

$$u_t = \frac{gd_p^2\rho_p}{18\mu} \tag{5-98}$$

对于床层中颗粒群，由于颗粒之间产生相互作用，使垂直运动的带出速度 u_{tt} 发生改变，一般需要在 u_t 式上进行修正。

Maude 等(1958)给出

$$u_{tt}/u_t = (\varepsilon)^{\beta} \tag{5-99}$$

式中 β——颗粒形状的函数，4.67<β<4.2；

u_t，u_{tt}——单一颗粒与床层中颗粒群的带出速度。

Richardson 等(1954)提出，$1<Re<200$ 时，$\beta=4.65$，并进一步提出下式(Richardson，1961)：

$$\beta = \left(4.45 + 18\frac{d_p}{D_T}\right)Re_t^{-0.1} \tag{5-100}$$

通常采用$\beta=4.65$来修正所有流态化颗粒群的带出速度，李静海(1988)采用$\beta=4.7$。还有建议用下式估算流化床层颗粒群的带出速度 u_{tt}(陈俊武，2005)：

$$u_{tt} = \beta^{-4.2}u_t \times 10^4/7 \tag{5-101}$$

u_{tt}也可以采用类似式(5-15)的关系式计算(李静海，1988)：

$$u_{tt} = \left(\frac{4}{3}\frac{gd_p}{C_{Dtt}}\frac{\rho_p - \rho_g}{\rho_g}\right)^{1/2} \tag{5-102}$$

$$C_{Dtt} = C_D \cdot \varepsilon^{-4.7} \tag{5-103}$$

二、鼓泡床与湍动床

(一) 鼓泡床与湍动床流化性能的基本特性

① 对于 A 类颗粒，当 u_f 大于 u_{mb} 时在床层内出现气泡，即除 u_{mb} 的气体使床层呈现散式流化外，超过 u_{mb} 的(u_f-u_{mb})气量在床层内以气体聚集相——气泡相存在，气泡相以外为散式流化的乳化相。鼓泡床与湍动床层内都具有气泡相与乳化相两相共存，气泡与乳化相各自有其独特的行为。郭慕孙(1980)提出的流态化域图(图 5-9)表示了鼓泡床与湍动床中 U_{sl}、ε 与 u_f 的差异，另外气泡尺寸、床层内的流动也有明显的差别。

② 气泡在床层内由分布器形成，气泡在床层内依靠浮力由下向上运动，气泡在床层界面处破裂。气泡破裂时将床层内的颗粒向稀相空间喷溅，并且稀相空间的气流将喷溅的颗粒携带向上，形成颗粒浓度较稀的稀相空间，此空间称为稀相区。相对于稀相区的床层被称为密相区，也有时称为密相床层。因此，鼓泡床与湍动床是稀、密两相区共存的体系。

③ 由于气体分布器孔口流出的气流受分布器结构的影响，从分布器口喷射出的气流形式与床层气流形式有较大的差异，形成分布器作用区。因此，密相床层可以分为分布器作用区与气泡、乳化相两相区。

④ 鼓泡床内气泡随床高而增大。湍动床内气泡直径较小、空间分布广；气泡尺寸几乎不随气速和床高变化；气速增加，气泡数迅速增加。

⑤ 与鼓泡床不同，湍动床密相内不均匀，具有“粒子束”的结构，粒子束具有大颗粒的某些性质，湍动床颗粒夹带量远比预计值小。

(二) 鼓泡床流态化

1. 气泡行为

对于 B 类颗粒，$u_f>u_{mf}$ 时，气体流化介质通过分布器就产生气泡。而 A 类颗粒只有 $u_f>$

u_{mb}时才有气泡发生。在催化裂化这样的化学反应过程中，催化剂为固体颗粒，反应物质为气态，因此，反应物质大部分在气泡内，气泡行为直接影响反应物质的反应过程，同时气泡行为也影响固体催化剂颗粒在床层内循环。

(1) 气泡的形状

流化床中典型的气泡形状为球帽形，如图 5-26 所示。底部微向上凸起，凸起部分夹带呈乳化相状态的颗粒束。这部分颗粒束与气泡一起运动，称为尾迹，尾迹随气泡运动时，边运动边脱落。由于尾迹存在，气泡内有 0.2v%~1v%的细颗粒。尾迹与气泡(包括尾迹)的体积比称为尾迹分率f_w。若气泡半径为r_b、气泡中空穴体积为V_b、尾迹体积为V_w，则气泡体积$V_w+V_b=\frac{3}{4}\pi r_b^3$。

$$f_w = \frac{V_w}{V_w + V_b} \tag{5-104}$$

f_w的数值与颗粒物料的种类、粒径及颗粒形状有关。如对 A 类颗粒，$d_p=52\mu m$，$f_w=0.40$；$d_p=60\mu m$，$f_w=0.38$；$d_p=80\mu m$，$f_w=0.33$。对 B 类颗粒，$f_w=0.25$。d_p与f_w关系见图 5-27。

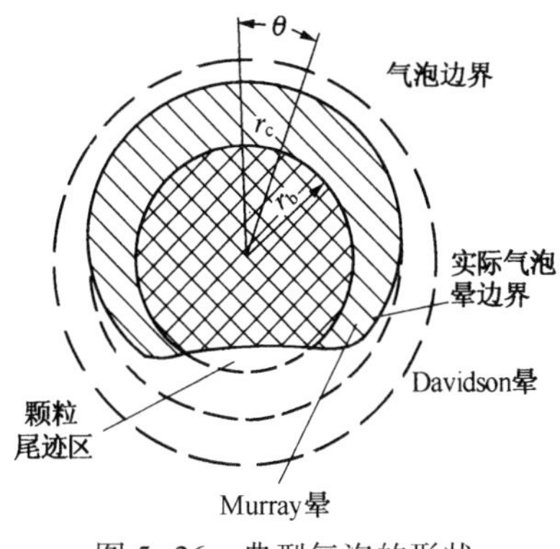

图 5-26 典型气泡的形状

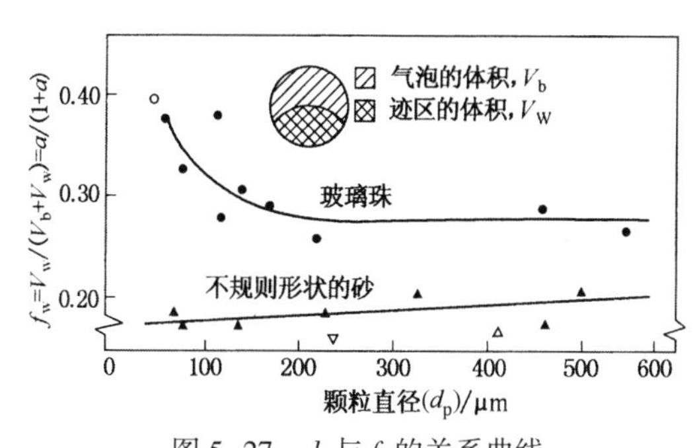

图 5-27 d_p与f_w的关系曲线

●—玻璃球；▲—不规则形状的天然砂；
○—Synclyst 催化剂；▽—菱镁矿；△—碎煤

Woollard 等(1968)给出f_w与d_p(单位 m)的关联式为：

$$f_w = 0.476\exp(-6.634\times10^3 d_p) \tag{5-105}$$

Werther(1976)给出f_w的关联式为：

$$f_w = \frac{1-\varphi}{\varphi} \tag{5-106}$$

$$\varphi = [1-0.3\exp(-8(u_f-u_{mf}))]\cdot e^{\phi h}$$
$$\phi = 7.2(u_f-u_{mf})\exp[-4.1(u_f-u_{mf})] \tag{5-107}$$

式中 φ——气泡形状系数；

h——高度(位置)，m。

为了计算方便常采用气泡当量直径D_{be}表示：

$$V_b = \frac{\pi}{6}D_{be}^3 \tag{5-108}$$

(2) 气泡晕

在粗颗粒床内，密相的颗粒间气体速度大于气泡上升速度，在气泡附近的气体自气泡底部进入，由顶部流出。事实上气泡只起一个空穴作用，使气体走短路，也无气泡晕存在，称为慢气泡，如图5-28(b)所示。对于细颗粒，床层中气泡上升速度大于乳化相中颗粒间气体速度，气体由气泡底进入气泡后，受气泡与周围滑落的固体颗粒流的作用，由气泡顶部流出的气体在气泡与周围形成环流场，构成气泡外围的气体环流，该环流有一定厚度，此环流称为气泡晕，如图5-28(a)所示。气泡晕在乳化相内，气泡晕厚度常用气泡晕与气泡体积之和 V_c 表征。如果以当量球形体积计算时，则：

$$V_c = \frac{3}{4} r_{ce}^3 \tag{5-109}$$

气泡晕厚度 δ

$$\delta = r_{ce} - r_{be} = (D_{ce} - D_{be})/2 \tag{5-110}$$

式中　r_{ce}，D_{ce}——当量气泡与气泡晕之和的半径与直径。

δ 直接影响气泡内反应物质与乳化相间的气体交换或传质速度。

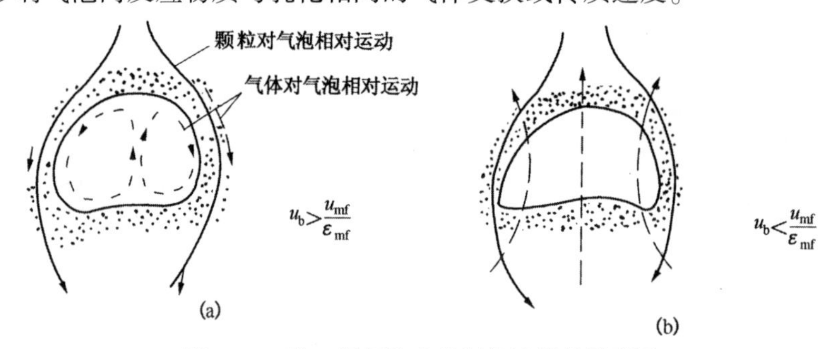

图5-28　快、慢气泡内外气体流场的示意图

Davidson 等(1963)和 Murray 等(1965)从理论上分别预测了气泡晕的大小。实验证明，Murray 的预测更接近实际，但更为复杂。

依 Davidson 模型得：

$$\frac{r_{ce}}{r_{be}} = \left(\frac{\alpha_b + 1}{\alpha_b - 1}\right)^{1/2} \quad \text{(二维床)} \tag{5-111}$$

$$\frac{r_{ce}}{r_{be}} = \left(\frac{\alpha_b + 2}{\alpha_b - 1}\right)^{1/3} \quad \text{(三维床)} \tag{5-112}$$

$$V_{ce_D} = V_b\left(\frac{3}{\alpha_b - 1}\right) = \frac{\pi}{2} \frac{D_{be}^3}{(\alpha_b - 1)} \tag{5-113}$$

依 Murray 模型，Partrige 等得出(Geldart，1986b)：

$$V_{ce_M} = V_b\left(\frac{1.17}{\alpha_b - 1}\right) = 0.195 \frac{\pi D_{be}^3}{(\alpha_b - 1)} \tag{5-114}$$

这里：$V_b = \frac{\pi D_{be}^3}{6}$，$\alpha_b = u_b / u_f$。

对于 FCC 催化剂，当 $d_p = 80\mu m$，$u_{mf} = 0.005 m/s$，$\varepsilon_{mf} = 0.50$ 和 $D_{be} = 0.1m$ 时，$V_{ce_D} \approx 3V_{ce_M}$。

(3) 气泡尺寸——气泡径 D_{be}

床层中的气泡尺寸是个重要的参数。但基于气泡运动机理的模型尚不能预测气泡的尺寸，所以多用经验公式计算气泡尺寸。文献中的经验公式很多，大多适用于 B 类颗粒和达到最大稳定气泡尺寸前的 A 类颗粒以及 D 类中较细的颗粒。气泡径 D_{be} 与分布器孔口直径、孔口气速、分布器的形式以及气泡沿着床层高度上升过程中的合并与分裂等多种因素有关。在分布器孔口形成的初始气泡称为原生气泡，原生气泡径以 D_{beo} 表示。下面介绍几个经验公式。

A. 原生气泡径

Kunii 等(1990b)给出，在低气体线速时，

$$u_f - u_{mf} = v_{or}N_{or} \tag{5-115}$$

式中，N_{or} 为单位面积孔数；v_{or} 为过孔体积流速，m^3/s。

当气体线速低到原生气泡与另外的原生气泡不相接触，或 $d_{beo}<l_{or}$，l_{or} 为分布器孔间距，则原生气泡径 d_{beo} 为

$$d_{beo} = 1.30\frac{v_{or}^{0.4}}{g^{0.2}},\ \text{cm} \tag{5-116}$$

关联式(5-115)、(5-116)得到原生气泡径为

$$d_{beo} = \frac{1.30}{g^{0.2}}\left(\frac{u_f - u_{mf}}{N_{or}}\right)^{0.4},\ \text{cm} \tag{5-117}$$

N_{or} 可以用下式估算：

对于正方形排列：

$$N_{or} = \frac{1}{l_{or}^{2}} \tag{5-118}$$

对于等三角形排列：

$$N_{or} = \frac{2}{\sqrt{3}l_{or}^{2}} \tag{5-119}$$

高气体线速时，$d_{beo}>l_{or}$，则

$$d_{beo} = \frac{2.78}{g}(u_f - u_{mf})^2,\ \text{cm} \tag{5-120}$$

对于多孔板分布器 d_{beo} 采用式(5-120)计算。

B. 气泡尺寸与气泡径增长

对于 A 类颗粒：

依据 FCC 颗粒、床径 $D_T=0.5$m 的试验，Kunii 等(1990b)给出气泡径增长随孔口流速变化，如图 5-29。图 5-30 为压力对 A、B 类颗粒气泡径的影响。

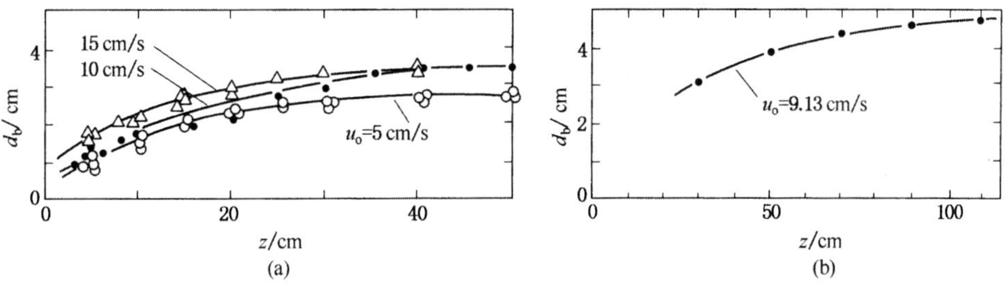

图 5-29　(a) Werther 多孔板分布器；(b) Yamazaki 微孔板分布器

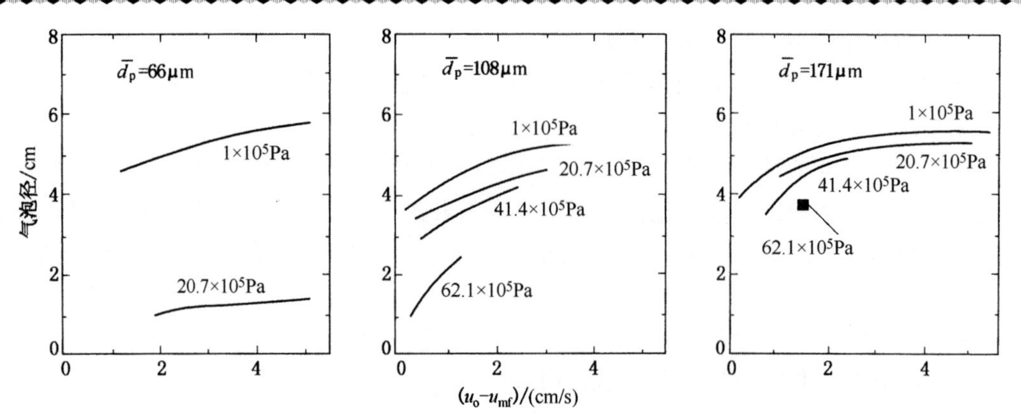

图 5-30 压力对 A、B 类颗粒气泡径的影响

对于 B、D 类颗粒原生气泡径，Mori 等(1975)实验得到关联式：

$$D_{be} = D_{bem} - (D_{bem} - D_{be0})e^{-0.3L/D_T} \tag{5-121}$$

$$D_{bem} = 0.8716\{\pi D_T^2(u_f - u_{mf})\}^{0.4} \tag{5-122}$$

$$D_{beo} = 0.8716\{A_0(u_f - u_{mf})\}^{0.4} \quad (多孔板) \tag{5-123}$$

$$D_{beo} = 3.76 \times 10^{-3}(u_f - u_{mf})^2 \quad (密孔板) \tag{5-124}$$

分布器的形式不同，D_{beo}的关联式也不同。如多管式分布器以原生气泡体积 V_{bo}表示(金涌，1984)：

$$V_{b0} = 1.17q_0^{1.2}/g^{0.6},\ \mathrm{m}^3 \tag{5-125}$$

式中 q_0——孔口通过气体流量，m^3/s。

除上述因素外，Cazes(1983)以照像对比的方法发现，有吸附性能与无吸附性能的气体在多孔硅铝催化剂中气泡的直径不同。当注入强吸附的 Freon-12 时，比无吸附作用的氦气的气泡要小的多。这一点对 FCC 催化剂床层中的 D_{be}也是值得注意的问题。

Werther(1984)以 FCC 催化剂 $d_p = 60\mu m$、$F_{44} = 16\%$、床径 $D_T = 0.45 \sim 1.0$m 进行试验，得出床层高度 L_f、气泡径最大时高度 h^* 对 D_{be}的影响。当 $h^* = 0.25 \sim 0.30$m 时，

$$D_{be} = D_{beo}\sqrt[3]{1 + 27.2(u_f - u_{mf})}(1 + 6.84L_f)^{1.21} \quad L_f \leqslant h^* \tag{5-126}$$

$$D_{be} = D_{beo}\sqrt[3]{1 + 27.2(u_f - u_{mf})}(1 + 6.84h^*)^{1.21} \quad L_f > h^* \tag{5-127}$$

关于床层直径对颗粒 A 类或 B 类气泡径 D_{be}的影响，Roes 等(1986)给出：

$$D_{be} = \frac{\alpha(u_f - u_{mf})^{0.4}(L + 3.37\lambda\sqrt{A_0})^{4/5}}{g^{1/5}} \tag{5-128}$$

式中 $\alpha = \dfrac{0.537}{\lambda^{4/5}\phi^{2/5}}$；$A_0 = \dfrac{A_T}{N_0}$；

λ——气泡寿命时间；

ϕ——气泡上升速度系数；

N_0——分布器孔口数。

Weimer 等(1999)给出 A、B 类颗粒在不同压力下 $u-u_{mf}$ 与气泡径的关系曲线，如图 5-31 所示。

上述关联式的适用范围都较窄。Horio 等(1987)对式(5-121)进行了修正，使之可用于 A 类到 D 类更广范围的颗粒。Cai 等(1994)提出了一适用范围较广的气泡尺寸 D_{be} 关联式：

$$D_{be}=0.38H^{0.8}p_r^a(u-u_{mf})^b\exp[-cp_r^2-d(u-u_{mf})^2-ep_r(u-u_{mf})] \quad (5-128a)$$

其中：$p_r=p/p_{常压}$，$a=0.06$，$b=0.42$，$c=1.4\times10^{-4}$，$d=0.25$，$e=0.1$。

式(5-128a)适用条件：鼓泡床和湍动床、100~700kPa、常温和高温，Geldart B 类及 D 类细颗粒、床层高度不很低的流化床，因为式中未反映分布器的影响。

(4) 稳定最大气泡径 $D_{be_{max}}$

气泡径大到一定尺寸以后，气泡就要分裂为二个以上的小气泡。因此，有稳定最大气泡径 $D_{be_{max}}$，当气泡尺寸大于 $D_{be_{max}}$ 时要分裂。$D_{be_{max}}$ 与气泡周围介质的黏度有关，当介质动力黏度增大时气泡分裂也加快。由于干扰使气泡分裂；或者是由于气泡内循环气流速度 U 过大，$U>u_t$ 时，气泡要消失。而 $U<u_t$ 时，则气泡稳定。对于具有一定床层高度的 A 类颗粒流化床，一般可以达到其最大稳定气泡尺寸。只有在较浅的 A 类颗粒床中才可能有气泡尺寸随床高增加的现象。

Geldart(1986b)针对 A 类颗粒，得：

$$D_{be_{max}}=\frac{2u_t'^2}{g} \quad (5-129)$$

式中　u'_t——$d_p'=2.7\cdot d_p$ 时的带出速度，m/s。

依式(5-129)计算，不同粒径、不同温度和不同压力的 $D_{be_{max}}$ 如图 5-32 所示。

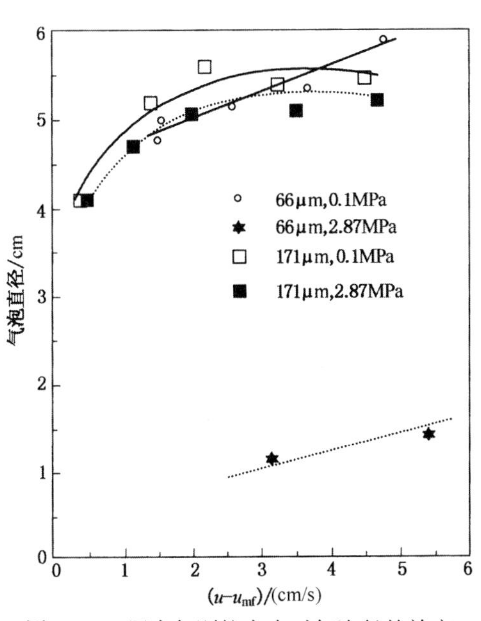

图 5-31　压力与颗粒大小对气泡径的效应

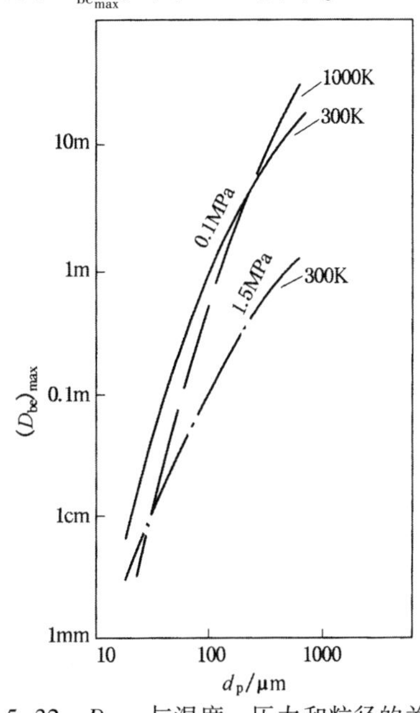

图 5-32　$D_{be_{max}}$ 与温度、压力和粒径的关系

对于 A 类颗粒，若增高温度、增大压力，则 $D_{be_{max}}$ 减小。图 5-32 中 $D_{be_{max}}$ 的变化主要受流化介质物性随温度、压力变化的影响。介质物性影响 u'_t。因此，$D_{be_{max}}$ 为 d_p、ρ_p、ρ_g、μ 等物性及 T、P、u_f 等操作条件的综合函数。

(5) 气泡上升速度

气泡上升速度可以分单独气泡相对上升速度与绝对上升速度。所谓相对上升速度是指在静止床层中单独气泡上升速度，简称为气泡上升速度，以 u_b 表示。绝对上升速度是以设备为参照物的气泡上升速度，以 u_B 表示。实验表明，在无内构件的自由流化床中，单个孤立气泡的上升速度尽管较分散，但有如下简单的关系：

$$u_b = (0.57 \sim 0.85)\sqrt{gD_{be}} \approx 0.711\sqrt{gD_{be}} \tag{5-130}$$

在流化床床层膨胀中的平均气泡上升速度：

$$\bar{u}_b = \frac{1}{\alpha}\left[\frac{(1-\varepsilon_s)(2-\varepsilon_{mf})gL_s}{3\varepsilon_{mf}(1-\varepsilon_{mf})}\right]^{0.5} \tag{5-130a}$$

$$\alpha = \frac{785\exp(-66.3d_p)}{(1-\varepsilon_{mf})\rho_p} \tag{5-130b}$$

其中，ε_s、L_s为固定床的稳定空隙率、高度。

若操作气速 u_b高于 u_{mb}，Davidson 等(1963)认为气泡的绝对上升速度应加上流化床的气体向上的平均速度 u_f-u_{mb}，故：

$$u_B = u_b + (u_f - u_{mb}) \tag{5-131}$$

尽管床层中局部的气泡上升速度会在一定范围内波动，总体上上式适用于计算各种条件下的全床气泡的平均上升速度。还有一些考虑床径 D_T与床高 Z 等影响的更为复杂的关联式，如 Werther(1992)提出：

$$u_B = \psi(u_f - u_{mf}) + \alpha u_b \tag{5-132}$$

式中，ψ 是气泡的分率，ψ 与 Z/D_T 的关系如图 5-33 所示。α 为考虑床层气泡偏离单一孤立气泡程度的因子。此式适用于 A 到 D 类颗粒，并可考虑床径 D_T的影响。

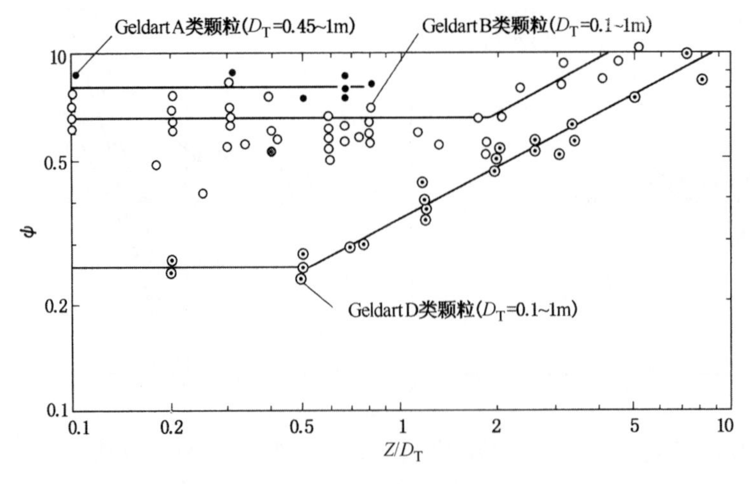

图 5-33　ψ 与 Z/D_T的关系图

Bellgardt 等(1986)在直径 0.1~1m 床层中采用 u_f=0.1~0.3m/s 试验，发现 A 类、B 类颗粒床层中气泡速度有所不同，同时也受 D_T的影响。结果是：

$$u_B = \psi(u_f - u_{mf}) + 0.711\theta\sqrt{gD_{be}} \tag{5-132a}$$

A 类颗粒：$\psi = 0.8$（Werther，1984）；$\theta = 3.2D_T^{0.33}$（Bellgardt，1986）

B 类颗粒：$\psi = 0.715$；$\theta = 2.0D_T^{0.5}$

Kunii 等(1991)根据实验数据总结出图 5-34 并得到 α 值，α 值列于表 5-5。

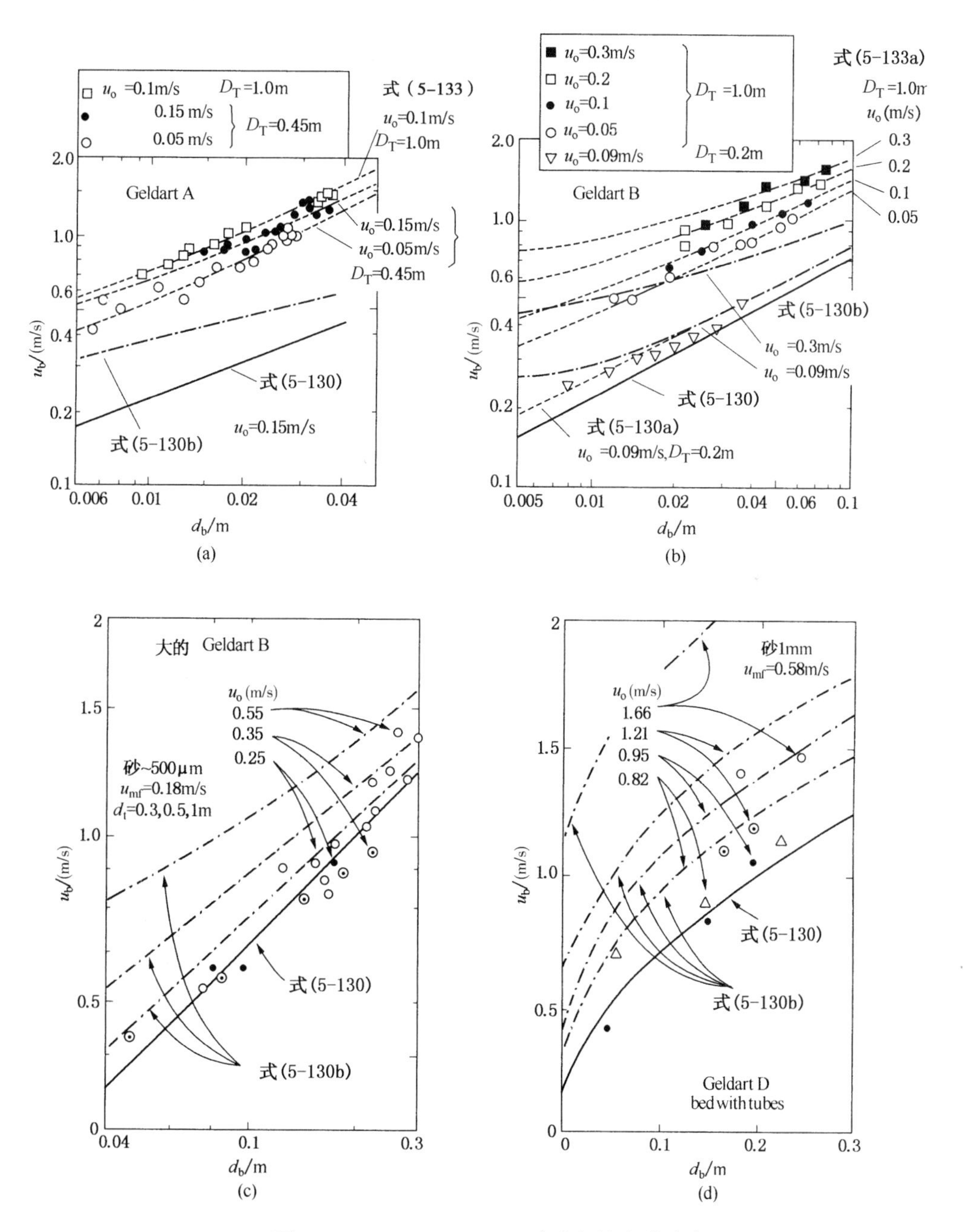

图 5-34　Geldatr A、B、D 床中气泡上升速度

(a) A 类颗料 FCC 催化剂，u_{mf}=0.002m/s；(b) B 类颗粒 u_{mf}=0.025m/s；

(c) B 类颗粒 u_{mf}=0.18m/s；(d) D 类颗粒 u_{mf}=0.58m/s，垂直管内；

(a)(b)(c)采用 Hilligardt 等(1986)数据；(d) 为 A、D 类颗粒采用 Glicksman(1987)数据

表 5-5 床层气泡偏离单一孤立气泡程度的因子 α 值

Geldart 类颗粒	A	B	D
α	$3.2D_T^{1/3}$	$2.0D_T^{1/2}$	0.87
D_T	0.05~1.0	0.1~1.0	0.1~1.0

当流化床床径 $D_T \leqslant 1m$，气泡速度关联式：

A 类颗粒：$u_B = 1.55[(u_f - u_{mf}) + 14.1(D_{be} + 0.005)]D_T^{0.32} + u_b$ (5-133)

B 类颗粒：$u_B = 1.6[(u_f - u_{mf}) + 1.13D_{be}^{0.5}]D_T^{1.35} + u_b$ (5-133a)

对于催化裂化反应器与再生器，u_b的经验关联为：

$$u_b = K_R \cdot f(\rho_p, \rho_{mf}, \rho_f, F_{45}, d_p) \quad (5-134)$$

式中的 K_R 为反应器、再生器系数，二者不同，$K_{R_{反应器}} = 2.12K_{R_{再生器}}$。$\rho_p$ 增大、ρ_f 减小、F_{45}减小和 d_p 增大，均使 u_b 增加。K_R 可能与 μ 有关。

对于循环鼓泡床的催化裂化反应-再生系统与旋风分离器的回收系统，均使催化剂在床层内产生移动，由于 u_b为相对于床层不移动时的上升速度，因此，催化剂在容器的移动速度 u_s也应给予考虑。

$$u_s = \frac{F_s}{[\rho_p(1 - \varepsilon_b)A_T]} \quad (5-135)$$

$$u_B = u_b + \psi(u_f - u_{mf}) \pm u_s \quad (5-136)$$

式中，F_s为固体流量，“+”为颗粒运动方向与气泡上升方向同向，“-”与之相反。

2. 乳化相行为

乳化相行为直接关系到流动模型、传质过程以及床层颗粒返混现象，这些都是流化床层再生器数学模型中的重要参数。

(1) 乳化相气速

在 B 类颗粒进行人工气泡试验时，当 $u_f = u_{mf}$时，另外再输入气体就产生气泡，故而，通常将乳化相气速 $u_e = u_{mf}$，其乳化相真实气体线速 $U_e = \frac{u_{mf}}{\varepsilon_{mf}}$。这对于 A 类颗粒是不适用，应以 $u_e = u_{mb}$或 $U_e = \frac{u_{mb}}{\varepsilon_{mb}}$为宜。即在 $u_f = u_{mb}$时，再超过此气体量即出现气泡。对 FCC 催化剂的流化床层内一些 u_{mf}的参数应改为 u_{mb}。因此，在使用公式时应注意研究所用颗粒是否为 A 类颗粒。也有采用 $u_e = u_D$。

Davidson 等(1966)提出

$$u_e = K_e u_{mf} \quad (5-137)$$

Lodett (1967)提出：

$$K_e = 1 + 2\varepsilon_b \quad (5-138)$$

式中 ε_b——气泡相体积分率。

Abrahamsen 等(1980b)对于 A、AB 类颗粒：

$$\left(\frac{\varepsilon_e}{\varepsilon_{mf}}\right)^3\left(\frac{1-\varepsilon_{mf}}{1-\varepsilon_e}\right)=\left(\frac{u_e}{u_{mf}}\right)^{0.7} \tag{5-139}$$

对于 ε_e、u_e，Weimer 等(1985)给出 A、AB 类颗粒与压力的关系曲线，如图 5-35 所示。

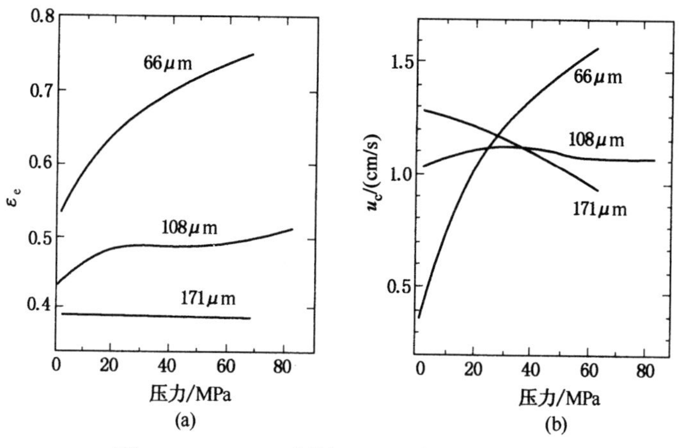

图 5-35 A、AB 颗粒 ε_e、u_e 与压力的关系图

在鼓泡床中，气泡在通过床层时，气泡的尾迹在气泡上升时不断脱落与更新。Rowe 通过试验证实气泡的尾迹对固体颗粒运动起很大作用。因为气泡上升到床层界面时，一部分尾迹被气泡弹溅到自由空间，大部分尾迹带的固体颗粒在气泡破裂时留在床层表面，这部分颗粒在气泡间或靠器壁向下运动，在乳化相形成颗粒运动。从物料平衡角度，气泡尾迹带向上的颗粒量应等于向下的颗粒量。由于尾迹不断脱落，颗粒运动是相当复杂的。从统计的概念出发，乳化相中颗粒存在向下运动的速度为 U_{seR}。Kunii 等(1991)给出在乳化相为 u_{mf} 和空隙率为 ε_{mf} 时

$$U_e=\frac{u_{mf}}{\varepsilon_{mf}}-U_{seR} \tag{5-140}$$

若

$$U_{seR}=\frac{\alpha\varepsilon_b U_b}{1-\varepsilon_b-\alpha\varepsilon_b}$$

则

$$U_b=\frac{1}{\varepsilon_b}(u_f-u_{mf}) \tag{5-141}$$

$$U_e=\frac{u_{mf}}{\varepsilon_{mf}}-\left(\frac{\alpha u_f}{1-\varepsilon_b-\alpha\varepsilon_b}-\alpha u_{mf}\right) \tag{5-142}$$

如果考虑 U_e 不用 u_{mf} 而用 u_{mb} 时，则式(5-142)应改为

$$U_e=\frac{u_{mb}}{\varepsilon_{mb}}-\left(\frac{\alpha u_f}{1-\varepsilon_b-\alpha\varepsilon_b}-\alpha u_{mb}\right) \tag{5-143}$$

式中，α 值见图 5-27。

随着 u_f 的增加，u_e 可能出现负值。此时出现气流循环，因此，出现固体颗粒返混与气体返混现象。

(2) 颗粒循环、有效扩散系数及相间颗粒交换系数

Baeyens 等(1973)以催化剂(47μm)、砂(106~470μm)进行实验得尾迹 V_w 和气泡曳力携带颗粒体积 V_d 与气泡体积的关系。以气泡尾迹分率 β_w 及气泡曳带分率 β_d 表示如下。

$$\beta_w = \frac{V_w}{V_b} \tag{5-144}$$

$$\beta_d = \frac{V_d}{V_b} \tag{5-145}$$

β_w、β_d 与 Ar 数的关系如图 5-36、图 5-37 所示(Geldart, 1986b)。

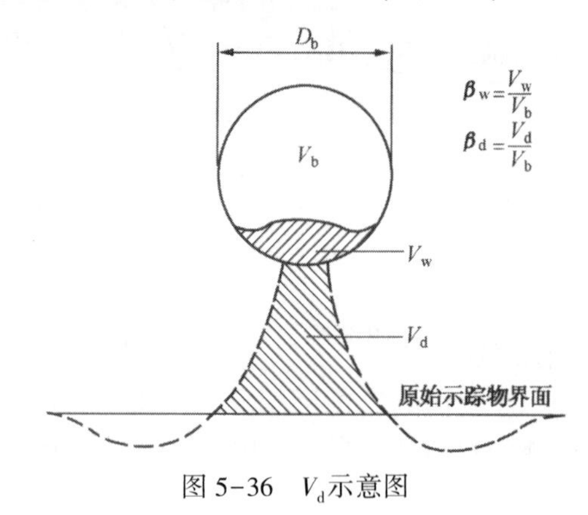

图 5-36　V_d示意图

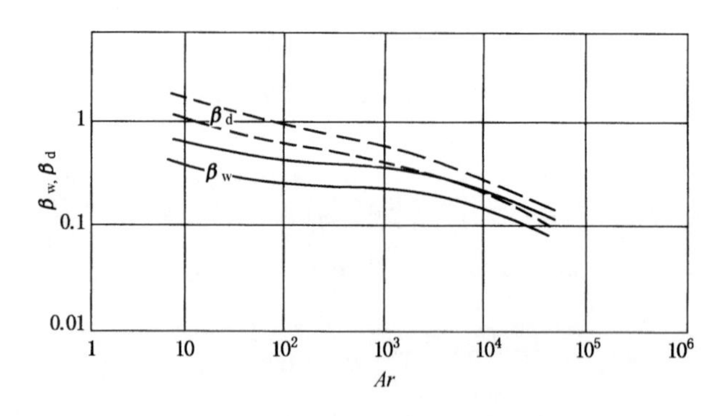

图 5-37　β_w、β_d 与 Ar 关系图

图 5-37 中的上限为 A 类颗粒。颗粒循环流率 J_s[kg/(m²·s)]为

$$J_s = \frac{[\rho_p(1-\varepsilon_{mb})]}{\text{床层密度}} \times \frac{(u_B\beta_w\varepsilon_b + 0.38u_B\beta_d\varepsilon_b)}{\text{固体向上移动物流占床层的体积分率} \times \text{向上固体颗粒速度} \times \text{床层断面}} \tag{5-146}$$

式中

$$\varepsilon_b = \frac{Q_b/A_T}{u_B} \tag{5-147}$$

可见气泡流率

$$Q_b = Y(u_f - u_{mb})A_T,\ m^3/s \tag{5-148}$$

$$\varepsilon_{\mathrm{b}}=\frac{Y(u_{\mathrm{f}}-u_{\mathrm{mb}})}{u_{\mathrm{B}}} \tag{5-149}$$

其中 Y 为颗粒径修正系数。对 A 类颗粒 $Y=1$，Y 随 d_{p} 增加而减少。Y 与 Ar 关系如图 5-38 所示(Geldart，1986b)。式(5-146)中 $0.38\beta_{\mathrm{d}}$ 表示气泡曳带的真正携带量仅为 $0.38V_{\mathrm{d}}$。

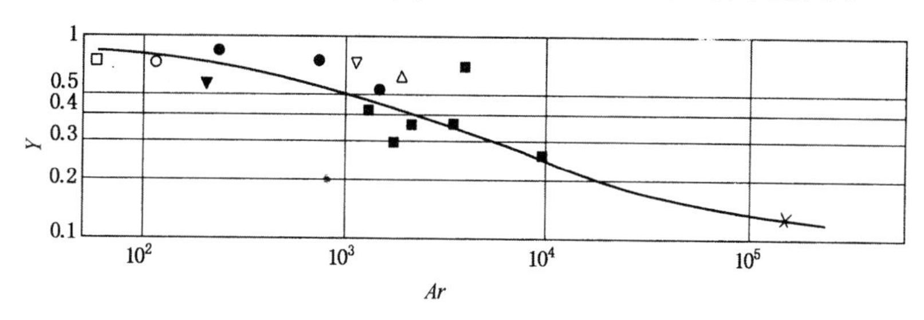

图 5-38　Y 与 Ar 关系

依上述规律，由截面的颗粒质量衡算，可以计算颗粒向下平均速度 u_{seR}：

$$\underset{\text{向下颗粒运动量}}{\underline{[1-\varepsilon_{\mathrm{b}}-(\beta_{\mathrm{w}}+\beta_{\mathrm{d}})\varepsilon_{\mathrm{b}}]u_{\mathrm{seR}}}}=\underset{\text{向上颗粒运动量}}{\underline{u_{\mathrm{B}}\beta_{\mathrm{w}}\varepsilon_{\mathrm{b}}+0.38u_{\mathrm{B}}\beta_{\mathrm{d}}\varepsilon_{\mathrm{b}}}}$$

$$u_{\mathrm{seR}}=\left\{\frac{\beta_{\mathrm{w}}+0.38\beta_{\mathrm{d}}}{1-\varepsilon_{\mathrm{b}}-\varepsilon_{\mathrm{b}}(\beta_{\mathrm{w}}+\beta_{\mathrm{d}})}\cdot Y\right\}(u_{\mathrm{f}}-u_{\mathrm{mb}}) \tag{5-150}$$

除此以外，对于 FCC 催化剂鼓泡床的颗粒轴向有效扩散系数 E_{xs} 的关联式为式(5-71)；气体床层内轴向有效扩散系数 E_{x} 的关联式为式(5-72)。

Kunii 等(1991)引用 Van Deemter(1980)的固体循环模型，该模型将颗粒分为上流与下流两相，其颗粒平均流速分别为 u_{seu} 和 u_{seR}，颗粒固体占床层分率为 $\varepsilon_{\mathrm{seu}}$ 及 $\varepsilon_{\mathrm{seR}}$($\mathrm{m^3}$颗粒/$\mathrm{m^3}$床层)，两相间颗粒交换系数为 K_{suR}($\mathrm{m^3}$颗粒/$\mathrm{m^3}$床层)，上流相颗粒上带有反应物浓度为 C_{seu}，下流相颗粒上浓度为 C_{seR}($\mathrm{m^3}$反应物/$\mathrm{m^3}$颗粒)(见图 5-39)，对上、下流作物料衡量得：

$$\left.\begin{aligned}\varepsilon_{\mathrm{seu}}\frac{\partial C_{\mathrm{seu}}}{\partial t}+\varepsilon_{\mathrm{seu}}u_{\mathrm{seu}}\frac{\partial C_{\mathrm{seu}}}{\partial x}+K_{\mathrm{suR}}(C_{\mathrm{seu}}-C_{\mathrm{seR}})=0\\ \varepsilon_{\mathrm{seR}}\frac{\partial C_{\mathrm{seR}}}{\partial t}+\varepsilon_{\mathrm{seR}}u_{\mathrm{seR}}\frac{\partial C_{\mathrm{seR}}}{\partial x}+K_{\mathrm{suR}}(C_{\mathrm{seR}}-C_{\mathrm{seu}})=0\end{aligned}\right\} \tag{5-151}$$

对照有效扩散方程 Van Deemter(1980)解得 E_{xs} 与 K_{suR}。

$$E_{\mathrm{xs}}=\frac{\varepsilon_{\mathrm{seR}}^{2}u_{\mathrm{seR}}^{2}}{K_{\mathrm{suR}}(\varepsilon_{\mathrm{seR}}+\varepsilon_{\mathrm{seu}})} \tag{5-152}$$

在 E_{xs} 计算得后，可用式(5-152)计算 K_{suR} 值。

同时给出：

$$K_{\mathrm{suR}}=\frac{3}{2}\left(\frac{f_{\mathrm{w}}}{1+f_{\mathrm{w}}}\right)\frac{u_{\mathrm{mf}}}{\varepsilon_{\mathrm{mf}}D_{\mathrm{b}}} \tag{5-153}$$

$$E_{\mathrm{xs}}\approx\frac{f_{\mathrm{w}}^{2}\varepsilon_{\mathrm{mf}}\varepsilon_{\mathrm{b}}D_{\mathrm{b}}u_{\mathrm{b}}^{2}}{3\varepsilon_{\mathrm{mf}}} \tag{5-154}$$

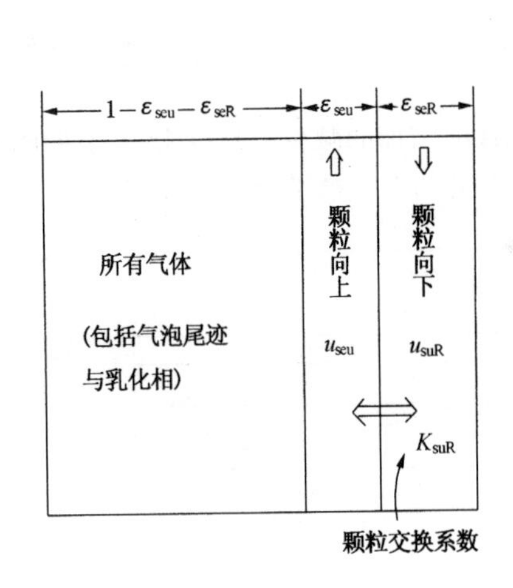

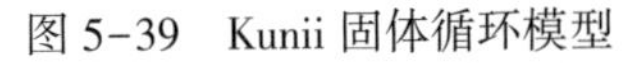
图 5-39　Kunii 固体循环模型

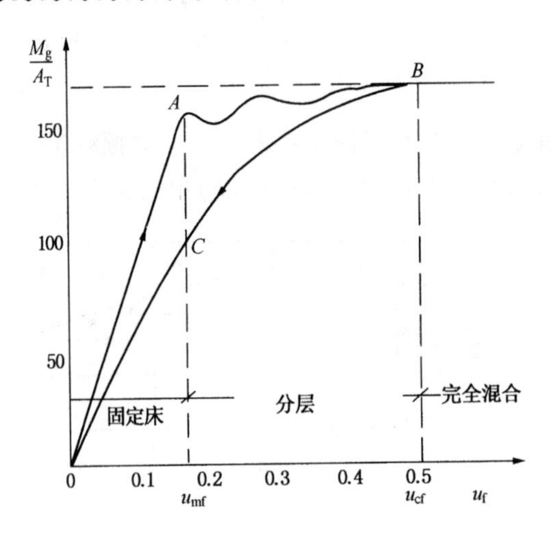

图 5-40　宽颗粒分布的 ΔP-u_f曲线

（3）颗粒分层

由于床层内气泡流动，经尾迹与气泡曳力携带造成乳化相内颗粒形成上流相与回流相以及两相间颗粒交换，使床层内颗粒形成混合。这种颗粒流动与混合对于气-固接触、相间传质与传热、消除死区都有一定的作用。但由于流化床催化剂常为非均一颗粒，常常遇到“分层”、“死区”及“均匀混合”现象。所谓均匀混合就是在非均一颗粒流化床系统中床内各处的颗粒分布是相同的。所谓分层就是非均一颗粒系统在床层内颗粒分布并不统一，而是粒径小的、颗粒密度小的颗粒“飘浮”在床层顶部较多，而粒径大、密度大的“沉集”在底部，形成轴向上、下部不一致的分层现象。死区就是局部没有形成流态化，仍保持固定床状态，是分层的一个特别形式。一般定量地确定分层现象时，常用以下两个参数：

① 分层系数 C_s

$$C_s = \left(\frac{x_B - x_T}{x_B + x_T}\right) \times 100 \tag{5-155}$$

式中　x_B、x_T——底、顶部有关物质的浓度。

C_s 值在-100%～+100%之间，$C_s=0$ 为完全混合。

② 混合指数 M_I

$$M_I = \frac{x}{\bar{x}} \tag{5-156}$$

式中　x——任一截面处物质的浓度；

$\bar{x}$——平均浓度。

$M_I=0$ 为完全分层；$M_I=1$ 为完全混合。在流化床中的完全混合、分层与死床可以用床层压降与表观气速曲线来说明，如图 5-40 所示。

在 u_f增加超过 u_{mf}后，ΔP 随 u_f增加出现的波动为 AB 线。这是由于在宽粒度分布床层中流化、分层及局部死区综合形成的。当 $u_f=u_{cf}$以后，颗粒全部悬浮并且分布器处没有死区存在，由于气速较大，气泡穿过床层达到完全混合。如果气速不够大，则床层仍可能存在分层现象。以混合指数概念来进行完全混合与分层分类，也可以用轴向浓度分布图表示，如图 5-41所示。

形成分层的主要原因是颗粒密度差别或颗粒粒径不同，或者两者兼而有之。现就因颗粒密度差别与粒径差异造成分层进行讨论。Geldart(1986b)综合关于密度与粒径差异形成分层实验，得出四方面机理性解释：

a. 由于床层的沟流或气泡，使其速度超过细粉或小密度颗粒的沉降速度，形成向上夹带；

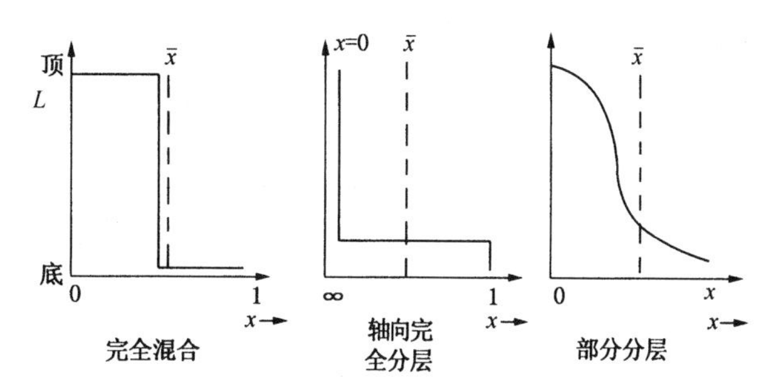

图 5-41　以轴向浓度分布数据对分层现象分类

b. 由于气泡的尾迹与曳力携带使细粉或小密度的颗粒更易向上运动；

c. 在乳化相中细粉颗粒穿过颗粒间空隙向上运动；

d. 在乳化相中由于回流作用，使细粉颗粒随回流相向下流动。

从上分析看出，由于增加表观气体速度将因 a 和 b 增加细粉向上运动，因 d 又增加细粉向下运动，从而互有抵销作用。但在增加气速时因 c 是否增加，要看 u_{mb}/ε_{mb}是否增加。

对由密度或颗粒差异形成分层的混合指数 M_I，综合对轻、重密度颗粒流化实验得到经验的关联式

$$\frac{u_{T0}}{u_{mf_s}}=\left(\frac{u_{mf_B}}{u_{mf_s}}\right)^{1.2}+0.9\left(\frac{\rho_{pH}}{\rho_{pL}}-1\right)^{1.1}\left(\frac{d_{pH}}{d_{pL}}\right)^{4.7}-2.2\sqrt{\bar{x}}\,(1-e^{-L/D_T})^{1.4} \qquad (5-157)$$

式中　u_{T0}——从分层提供的混合的临界速度，m/s，一般 $u_{T0}>u_{cf}$；

u_{mf_B}，u_{mf_s}——大与小颗粒的起始流化速度，m/s；

ρ_{pH}，ρ_{pL}，d_{pH}，d_{pL}——密度大与密度小的颗粒密度(kg/m^3)与粒径(m)；

L，D_T——床层的高度与直径，m；

$\bar{x}$——全部床层中重颗粒的质量分率。

混合指数 M_I

$$M_I=\frac{x}{\bar{x}}=(1+e^{-z})^{-1} \qquad (5-158)$$

$$z=\frac{u_f-u_{T0}}{u_f-u_{mf_s}}e^{u_f\cdot u_{T0}} \qquad (5-159)$$

在已知密度与颗粒粒径时，通过式(5-157)计算 u_{T0}即 u_{cf}，可以在 u_{cf}流速时达到完全混合。并可以计算 M_I与 u_f的关系，找出不同 u_f时的 M_I对应值，了解其分层情况。

(三)湍动床流态化

催化裂化床层再生器的密相床层线速约在 0.5m/s 以上，不少炼厂达到 1.1m/s 左右，属于湍动床流态化操作。湍动床的气泡行为、乳化相行为与鼓泡床近似，但仍有不少区别。

对于湍流床床层内气泡直径不少研究者按下述的观点进行处理：

假定 1：除乳化相气速 u_{mb}，其余气体全体以气泡形式通过床层；

假定 2：床层内气泡用平均球形直径作为气泡当量直径 $\bar{D}_{be}$ 。

故

$$N_bV_b=(L_f-L_{mf})/L_f \qquad (5-160)$$

式中　V_b——每个气泡的平均体积。

$$V_b = \frac{\pi}{6}(D_{be})^3 \tag{5-161}$$

u_f 超过 u_{mb} 的气体均以气泡形式运动。

$$u_f - u_{mb} = N_b V_b u_B \tag{5-162}$$

$$u_B = \frac{u_f - u_{mb}}{N_b V_b} = (u_f - u_{mb}) + u_b \pm u_s = (u_f - u_{mb}) + \phi D_{be}^{1/2} g^{1/2} \pm u_s \tag{5-163}$$

进行整理，将(5-160)式代入，得

$$D_{be} = \left\{\left[\frac{u_f - u_{mb}}{\phi \cdot g^{0.5}} \cdot \frac{L_{mb}}{(L_f - L_{mb})}\right] \mp \frac{u_s}{\phi g^{0.5}}\right\}^2$$

$$= \left\{\left[\frac{u_f - u_{mb}}{\phi \cdot g^{0.5}} \cdot \frac{1}{\left(\frac{\rho_{mb}}{\rho_B} - 1\right)}\right] \mp \frac{u_s}{\phi g^{0.5}}\right\}^2 \tag{5-164}$$

式中，“±”u_s 的“-”为颗粒运动方向与气泡上升方向同向，“+”与之相反。

在催化剂循环量及床层内部颗粒循环量的影响可以忽略时，式(5-164)简化为

$$D_{be} = \left[\frac{u_f}{\phi g^{0.5}} \cdot \frac{1}{\left(\frac{\rho_{mb}}{\rho_B} - 1\right)}\right]^2 \tag{5-165}$$

由式(5-165)计算再生器的 D_{be} 值，以 ϕ=0.711 计算，在 0.03~0.18m 之间；以 ϕ=0.5 计算则在 0.08~0.38m 之间。这里值得注意的是：数值 ϕ=0.711 的 0.18m 与 ϕ=0.5 时的 0.38m，均是受 β_B=500kg/m^3 和 $\frac{\rho_{mb}}{\rho_B}$ 影响的结果。当 ρ_B 测定值过大时，使 ρ_{mb}/ρ_B 值小，则 D_{be} 值偏大。气泡大小直接影响到气泡-乳化相间传质的数量。当传质控制时，气泡大小对数学模型计算结果影响很大。从式(5-164)也可得出 u_s 的影响是不可忽略的因素，再生器的催化剂流动速度 u_s 受两器间催化剂循环量、催化剂在再生器中出口、入口方位以及旋风分离器回收催化剂量的影响。因此，在再生器标定时应注意准确测定 ρ_B 及旋风分离器入口浓度值，但在再生器内由于出入口方位所引起催化剂流动速度造成的影响有待研究，故通常在模型中为了调整 D_{be} 值，常采用将 ϕ 乘以装置因数 F_ϕ。如用式(5-136)考虑颗粒种类影响时，也可用式(5-131)。式(5-165)可改写为：

$$D_{be} = \left[\frac{\phi u_f}{0.711\theta g^{0.5}} \cdot \frac{1}{\left(\frac{\rho_{mb}}{\rho_B} - 1\right)}\right]^2 \tag{5-166}$$

D_{be} 也可以采用床层及起始流化空隙率 ε_B 及 ε_{mf} 值来估算。若气泡占床层体积分率为 ε_b，则：

$$u_f = \varepsilon_b u_B + (1 - \varepsilon_b) u_{mf}$$

$$\varepsilon_B = (1 - \varepsilon_b)\varepsilon_{mf} + \varepsilon_b = \varepsilon_b(1 - \varepsilon_{mf}) + \varepsilon_{mf}$$

$$\varepsilon_b = \frac{u_f - u_{mf}}{u_B - u_{mf}} \approx \frac{u_f}{u_B}$$

将 ε_b 式代入 ε_B 式中，经整理得到：

$$\frac{\varepsilon_B - \varepsilon_{mf}}{1 - \varepsilon_{mf}} = \frac{u_f}{u_B} \approx \frac{u_f}{u_f + u_b}$$

因此

$$u_b = \frac{u_f}{\dfrac{1 - \varepsilon_{mf}}{1 - \varepsilon_B} - 1} \tag{5 - 166a}$$

将式 $u_b = \phi\sqrt{gD_{be}}$ 代入式(5-166a)，得到

$$D_{be} = \frac{1}{g}\left(\frac{u_b}{\phi}\right)^2 = \frac{1}{g}\left[\frac{u_f}{\phi\left(\dfrac{1 - \varepsilon_{mf}}{1 - \varepsilon_B} - 1\right)}\right]^2 \tag{5 - 166b}$$

对 ε_B 值的估算考虑用式(5-231)。

蔡平等(1990)认为鼓泡床中气泡的聚并占主导地位。因此，随气速增加气泡数目减少，气泡直径随床高增大。湍动床层气泡破碎占主导地位，在气速增大时，气泡数量增加。因此，流型的转变是在气泡聚并与气泡破碎相当的条件下，数字表达为$\left(\dfrac{d^2N_b}{du_f^2}\right)=0$。而湍动床$\dfrac{d^2N_b}{du_f^2}>0$。

依式(5-160)、(5-161)及 $\varepsilon_B=[1-(\rho_p-\rho_B)(L_{mf}/L_f)]$得到 N_b。

对 N_b 式求取二阶导数$\dfrac{\partial^2N_b}{\partial u_f^2}$，可以计算 $\dfrac{\partial^2N_b}{\partial u_f^2}=0$ 时的 u_f 即为 u_{BT}，同时可以计算 N_b、D_{be}值。

Avidan(1982)研究了在湍流床中的气体与催化剂颗粒返混，结果如图 5-42 和图 5-43 所示，图中的有效轴向扩散系数以 E_{xe}和 E_{xse}表示。有效扩散系数 E_{ie}与表观扩散系数 E_i之间关系为：

$$E_i = (1 - \varepsilon)E_{ie} \tag{5 - 167}$$

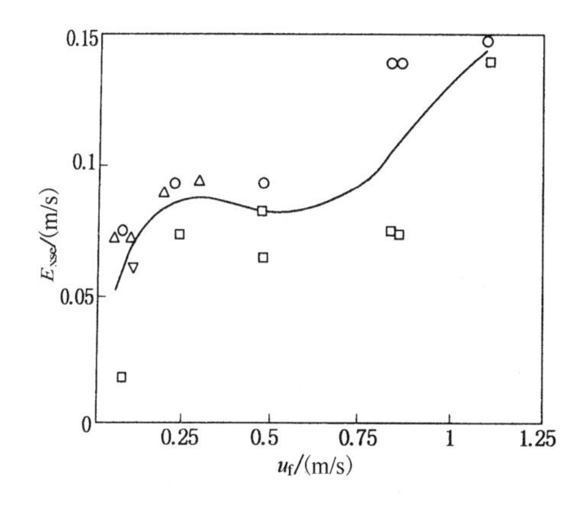

图 5-42　催化剂颗粒返混与 u_f 关系

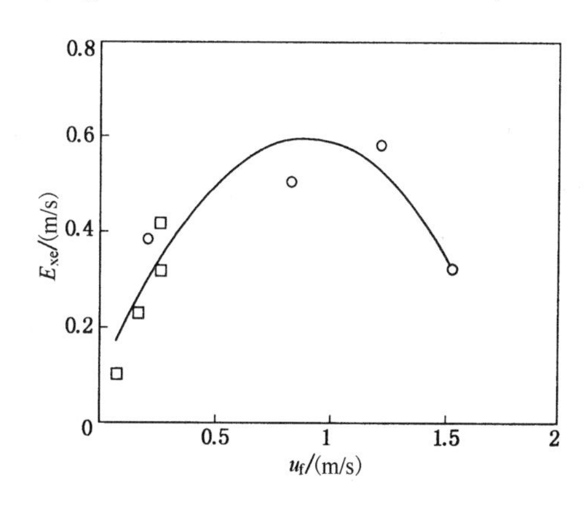

图 5-43　气体返混与 u_f 关系

式中　E_i——E_x、E_{xs}；

E_{ie}——E_{xe}、E_{xse}。

图 5-43 实验数据系在 $D_T=0.15\text{m}$ 床层中得到的。

Kunii 等(1991)根据 $D_T=0.15\text{m}$ 床层得到的实验数据(图 5-44a)得出 E_{xs}的经验式为：

$$E_{xs}=0.06+0.1u_f \tag{5-168}$$

同时又给出 E_{xs}与 D_T的曲线，见图 5-44b。该曲线最大直径为 $D_T=10\text{m}$，表观气速可以达到 0.5m/s。

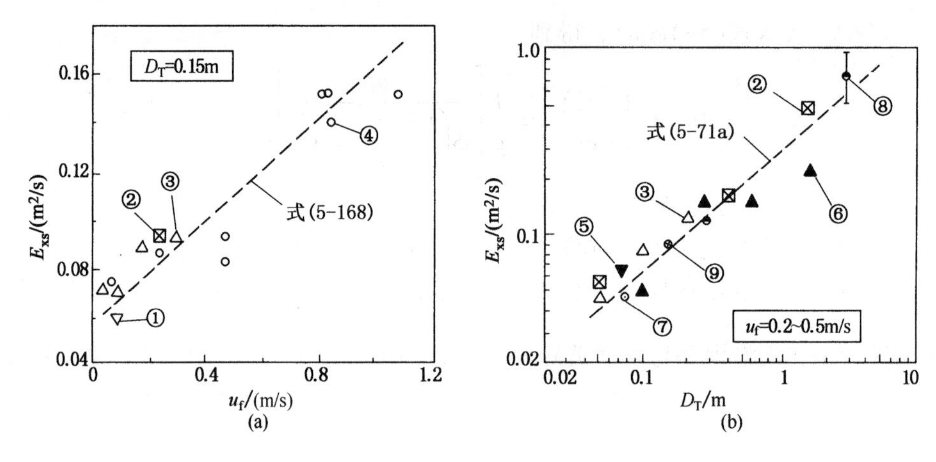

图 5-44　在细颗粒床层固体颗粒轴向有效扩散系数

E_{xs}与 u_f关系(a)和 D_T的关系(b)

从图 5-43 的实验数据可以看出，随气速 u_f增大，E_{xs}也增加，在 $u_f=0.8\text{m/s}$ 时 E_{xs}达到最大。如 u_f再增大，则 E_{xs}逐渐减小。

由于式(5-168)或式(5-70)都是在小直径床层实验得到的，在大径床层使用时，应考虑对其进行修正。

随着 u_f增加达到湍动床，床层内颗粒混合情况从 E_{xs}值已经可以定性地估计出，可以认为，分层现象应当消失，已经趋于完全混合的程度。

综上所述，湍动床床层内流动模型应表现为多区多相模型。

(四) 分布器

1. 一般情况

流化床气体分布器是保证床层具有良好而稳定流化状态的重要构件，它涉及床层内气泡分布与稀相的浓度分布。由于气-固流化床固有的不均匀性和不稳定性，因而研究分布器的流化规律对合理设计与开发有着一定的意义。

分布器的作用如下：

① 它必须具有均匀分布气体的作用，同时希望压降要小。

② 它必须使流化床有一个良好流态化状态，颗粒输入床层后应迅速完全流化，并在分布器附近创造一个良好的气-固接触条件，防止经分布器筛出大颗粒。

③ 它必须能在操作条件下有足够的强度，以抗变形，并能承受静床的负荷，能经受热膨胀等作用力，能长期操作不堵塞、不腐蚀和不漏料，易于启用。

④ 分布器的设计应尽可能减少颗粒的粉碎。

分布器通常不能全部满足上述的要求，但上述内容相互间存在着一定关系，随着工况和催化剂性能不同，对分布器的要求也会因之而异。总之，催化裂化装置中的分布器要考虑反应器总体效果如床层反应接触效率、稀相夹带等。

已经开发了许多类型的分布器，其中比较重要的有多孔板式、喷嘴式、泡罩式、风帽式和管栅式等，其中多孔板式和管栅式等是流化催化裂化装置再生器和反应器中常用的分布器（图 5-45）。不同分布器的喷射长度 L_j 如图 5-46（Karri，2003）。其不同分布器喷射长度 L_j 的关系，Karri 等（2003）给出

$$L_{j_{up}} \approx 2L_{j_{hor}} \approx L_{j_{down}} \tag{5-169}$$

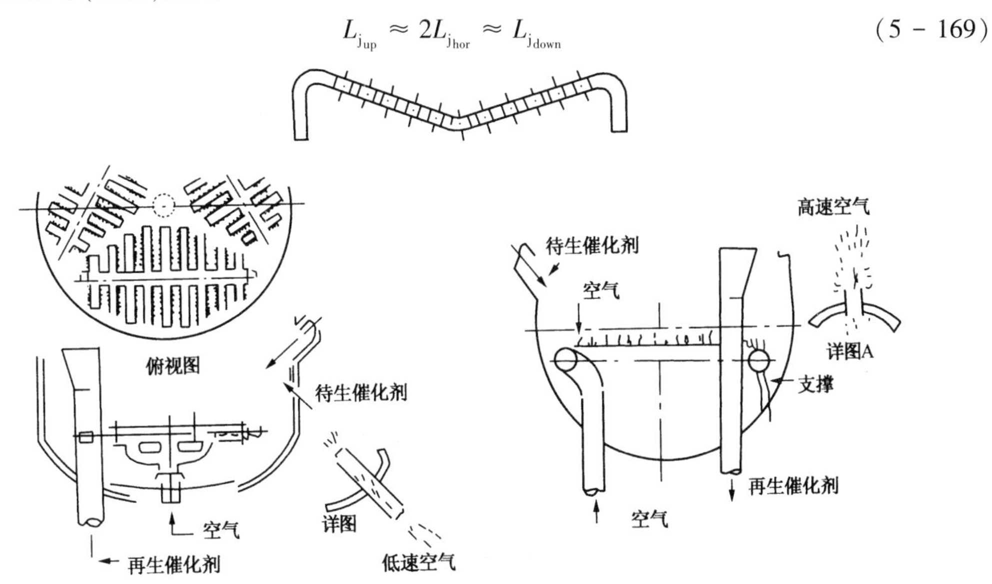

图 5-45　分布器示意图

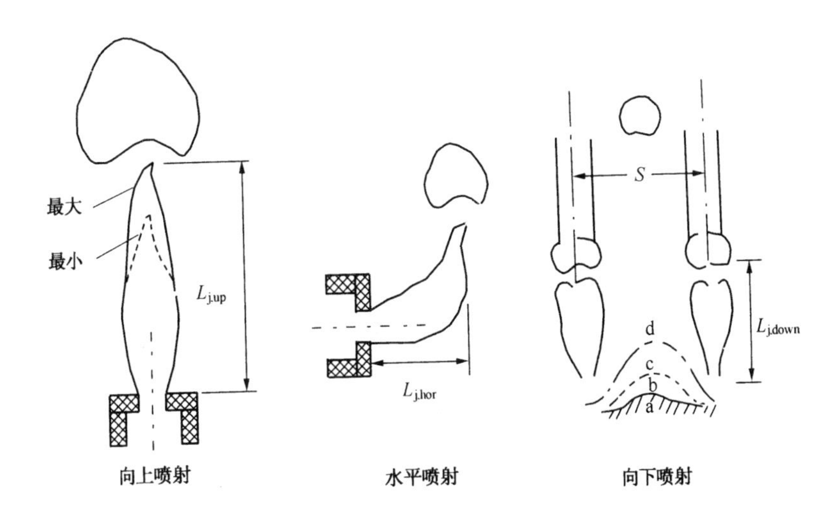

图 5-46　不同分布器的喷射长度

a—粒子沉积区；b—粒子滑动区；c—间歇混合区；d—起始气泡聚并区

2. 分布器作用区长度及流动模型

分布器的结构不同，各孔口喷出射流也各自不同。射流穿透床层的深度称为喷射长度，

以 L_j 表示。因此，将喷射长度的区域称为分布器作用区，在作用区内反应物浓度较大，同时由于喷射作用，气流与颗粒混合比较激烈，对反应有较大影响。因而，应讨论不同形式分布器作用区问题。

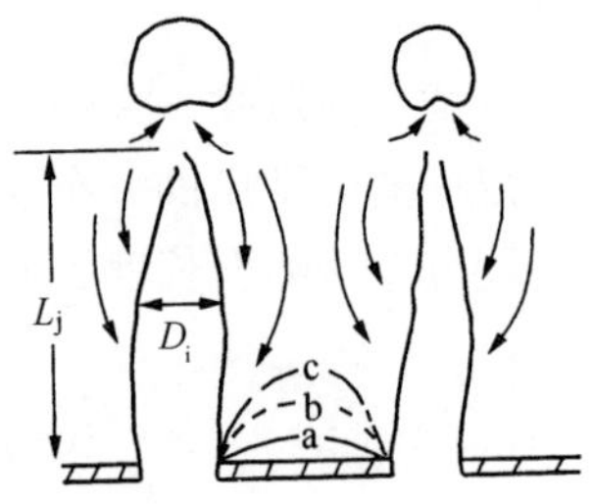

图 5-47　Yang 模型

a—粒子沉积区；
b—粒子滑动区；c—间歇混合区

(1) 多孔板分布器作用区的流动模型

多孔板分布器作用区流动模型均采用 Yang 模型(Yang, 2003)，对 B 类颗粒由实验得到证实，如图 5-47 所示。

a. 喷射长度 L_j

实验观察喷射长度有三种(Hirsan, 1980)：L_{jmax}、L_{jmin} 及 L_B，通常以 L_{jmax} 为 L_j。L_j 估算有许多关联式。Kimura 等(1994)、Yang (2003)等认为，这些关联式计算差别很大，随操作气速或压力的不同，相差可超过一个数量级。对大型床以 FCC 催化剂 $d_p=52\mu m$ 在 1×1m 床内进行实验，其关联式如表 5-6 所列(陈俊武, 2005)。

表 5-6　多孔板分布器喷射长度关联式

著　作　者	关　　联　　式
桐荣(Toci)	$L_j = 0.6q_o^{1/3}$
田中(Tanaka)	$L_j = 1.5q_o^{0.4}$　$(u_f/u_{mf} = 1 \sim 9)$
堀尾(Horio)	$L_j = S\dfrac{0.322}{\sqrt{k}}(1-\dfrac{D_j}{S})(S/D_j)^{0.157} \times \cosh^{-1}\left(\dfrac{u_{mf}}{\delta_{uf}}\right)$ 式中，$k=(1-\sin\phi_i)/(1+\sin\phi_i)$ S：孔间距；$\delta_{uf}=0.004$m/s；D_j：喷射最大径，m；ϕ_i 为颗粒内摩擦角
Basov	$L_j = \dfrac{1.26d_p q_0^{0.35}}{7\times10^{-6}+0.566d_p}$
Merry	$L_j = 5.2d_0\left(\dfrac{\rho_g d_0}{\rho_p d_p}\right)^{0.3}\left[1.3\left(\dfrac{u_0^2}{gd_0}\right)^{0.2}-1\right]$
Zenz	$L_j \approx 2D_{be}$

b. 喷射最大径 D_j

有关喷射最大径 D_j 的关联式，如表 5-7 所列(陈俊武, 2005)。

表 5-7　多孔板分布器喷射最大径关联式

著　作　者	关　　联　　式
Malek	$D_j = (0.0931\lg S + 0.105)\sqrt{\rho_g u_f}$
田中	$D_j = 0.88(\omega d_p S^2)^{1/3}(\tan\phi_r)^{1/3}(u_f/u_{mf})^{3/5}$　$u_f/u_{mf} \leq 5$ $D_j = 2.50(\omega d_p S^2)^{1/3}(\tan\phi_r)^{1/3}$　$u_f/u_{mf} > 5.0$ ω：排列参数，正方形排列 $\omega=1$，三角形排列 $\omega=\sqrt{3}/2$；ϕ_r：为安息角
Horio	$D_j = d_o\left(\dfrac{8.84f_j}{\sqrt{k}\tan\phi_i}\right)^{0.3}\left(\dfrac{\rho_g u_0^2}{2(1-\varepsilon_{mf})\rho_p d_p g}\right)^{0.3}\left(\dfrac{d_0}{S}\right)$ ϕ_i 为颗粒内摩擦角；$k=(1-\sin\phi_i)/(1+\sin\phi_i)$；$f_j=1.2\times10^3 d_p^{1.4}$　喷射与壁的摩擦系数

从表5-6和表5-7看出L_j和D_j都与孔间距S有关，同时S也与死区有关，为了消除分布器上的死区，经实验给出S值。

Geldart(1986b)给出：

$$u_f - u_{mf} > \frac{(gS)^{0.5}}{2.45\lambda} \tag{5-170}$$

式中，λ对A类颗粒为1.5，对B、D类为1。

(2) 多管式分布器作用区的流动模型

金涌等(1984)对多管式分布器进行研究，得到类似与多孔板分布器的流动模型，如图5-46所示。

从图5-46可以看出同样存在L_j及S消除死区问题。依实验得出：

$$L_j = 5.53\left(\rho_g g \frac{\pi}{4} d_0^2 u_0^2\right)^{0.329}\left(\frac{\rho_p}{\rho_g}\right)^{0.412} \tag{5-171}$$

当S以cm为单位和在距离底Z=0.09m时：

$$q_0 - q_{mf} = 80.3(S + 2.7d_0) + 7.79(S + 2.7d_0)^2 - 346.6 \tag{5-172}$$

式中　q_0——孔口通过气体流量，cm^3/s；

d_0——孔口直径，cm。

S与Z的关系：

$$S = Z + 2.5 \quad (cm) \tag{5-173}$$

在三维床，实际S应为：

$$S = (1.2 \sim 2)S_k \tag{5-174}$$

式中，S_k为临界管距。当$S^2(u_f-u_{mf}) \leqslant 3\times10^{-4}m/s$时，

$$S_k = 0.93(u_f - u_{mf})^2 \tag{5-175}$$

当$S^2(u_f-u_{mf}) > 3\times10^{-4}m/s$时，

$$S_k = \frac{0.5}{\pi}(u_f - u_{mf}) \tag{5-176}$$

(3) 横向喷射长度$L_{j,hor}$

Merry(Geldart，1986b)给出水平方向横向喷射长度$L_{j,hor}$的关联式：

$$L_{j,hor}/d_0 = 5.25\{(\rho_g u_0^2)/[(1-\varepsilon)\rho_p g d_p]\}^{0.4}[\rho_g/\rho_p]^{0.2}[d_p/d_g]^{0.2} \tag{5-177}$$

Zenz(1990)给出向上方向与水平、向下方向L_j的L_j/d_0关系曲线，如图5-48所示。由于分布器结构不同，气泡发生的频率n_b也有差异，但与床层高度及颗粒性质无关。

对孔板，低速时：

$$n_b = u_f/u_{b0} = \frac{g^{3/4}}{1.14u_f^{1/5}} = 54.8/u_f^{1/5} \quad (个/s) \tag{5-178}$$

高速时：

$$n_b = 18 \sim 21(个/s)$$

对于多管式分布器

当$q_0<300cm^3/s$时，$n_b=36.5q_0^{-0.2}$　(个/s)　(5-179)

当$q_0>300cm^3/s$时，$n_b\approx12$(个/s)　(5-180)

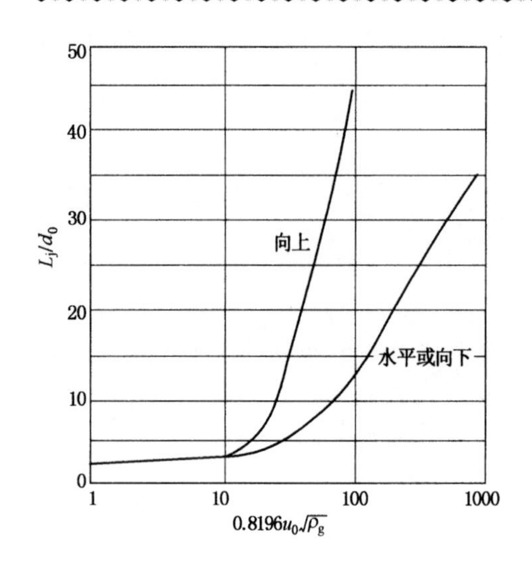

图 5-48　Zenz 关系图

3. 分布器压力降、临界压降及设计关联式

(1) 分布器压力降

a. 分布板的压力降

气体通过分布板的压力降可按下式计算

$$\Delta P = \frac{\xi}{2g}u_0^2\rho_g \times 10^{-5} \qquad (5-181)$$

式中　ΔP——气体经过分布板的压降，MPa；

ξ——分布板的阻力系数，2.1。

b. 分布管的压力降

气体经过分布管的压降同样可按式(5-181)计算。分布管的压降和开孔面积 A_c 有关，将式(5-181)变形可得

$$A_c = 0.00266Q\sqrt{\frac{\xi\rho_g \times 10}{\Delta P}} \qquad (5-182)$$

式中　ΔP——气体经过分布管的压降，MPa；

ξ——分布管阻力系数。

除了上式简化计算以外，还有考虑摩擦、流动动量损失等因素的较为详细的计算方法(Greskovich，1968)，其计算方法如下。

设在长度为 L 的主管上均匀地设置 n 个管嘴，并且希望从每一个管嘴流出的气体量相等。因此，主管被分成 L/n 长度的 n 段，管嘴的截面为 A_0，通过每个管嘴的体积流速为 u_0。在流体分布器中第一段流体质量衡算：

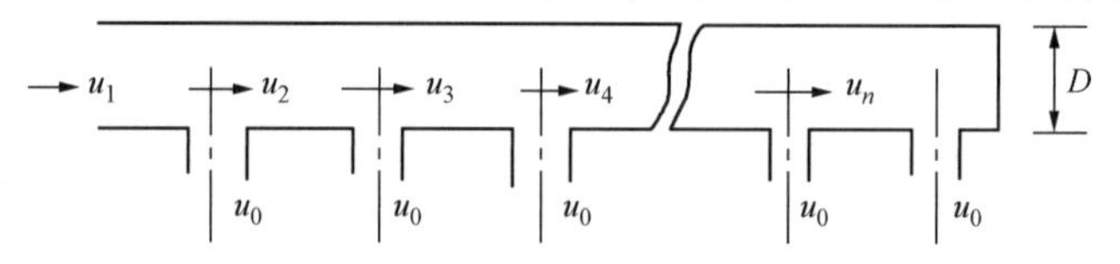

图 5-49　管式分布器的放大

$$\rho_g u_1 A_1 = \rho_g u_2 A_1 + \rho_g u_0 A_0 \qquad (5-183)$$

对于流量均匀分布时，第二段流速 u_2

$$u_2 = \left(1 - \frac{1}{n}\right)u_1 \qquad (5-184)$$

第 i 段中的流速

$$u_i = \left(1 - \frac{i-1}{n}\right)u_1 \qquad (5-185)$$

若只考虑摩擦阻力对压力的影响，对 i 段可以写出

$$\left(\frac{P_i - P_{i+1}}{\rho_g}\right) = \lambda\frac{L_i}{2D}\frac{u_i^2}{g} \qquad (5-186)$$

式中　λ——管路摩擦系数。

从入口到第 i 段的总压降

$$\left(\frac{P_1 - P_i}{\rho_g}\right) = \frac{\lambda\left(\frac{L}{n}\right)}{2gD}u_1^2\left[\sum_{i=1}^{i}\left(\frac{n-(i-1)}{n}\right)^2\right] \tag{5-187}$$

若只考虑动量恢复作用，依动量守恒，则速度降低必然伴随压力增加，对 i 段

$$\left(\frac{P_{i+1} - P_i}{\rho_g}\right) \xlongequal{\text{动量恢复}} \left(\frac{u_i^2 - u_{i+1}^2}{g}\right) \tag{5-188}$$

由于在每一点，流体不完全按 90°改变方向，而且未减速为零，因此式(5-188)必须修改，并考虑这种因素，引入恢复系数 k

$$\left(\frac{P_{i+1} - P_i}{\rho_g}\right) = \frac{k}{g}(u_i^2 - u_{i+1}^2) \tag{5-189}$$

这里 $0<k<1$。

对从入口到第 i 段的总压力变化为：

$$\left(\frac{P_i - P_1}{\rho_g}\right) = \frac{ku_1^2}{g}\left[1 - \left(\frac{i-1}{n}\right)^2\right] \tag{5-190}$$

考虑到上述两个因素共同作用，则

$$\left(\frac{P_1 - P_i}{\rho_g}\right)_{总} = \frac{u_1^2}{g}\left\{\frac{\lambda}{2D}\frac{L}{n}\sum_{i=1}^{i}\left(\frac{n-(i-1)}{n}\right)^2 - k\left[1-\left(\frac{i-1}{n}\right)^2\right]\right\} \tag{5-191}$$

依据管嘴直径 $d_0=4.5\sim12$mm、$d_0^2/D^2=0.031\sim0.22$、孔间距=91mm 和主管进口流量 30 ~100m³/h 等实验条件得出如下的计算式：

$$k = 0.6041 - 0.1561\frac{u_i^2 - u_{i+1}^2}{u_i^2} \tag{5-192}$$

在计算管嘴几何尺寸时需知道管嘴的阻力系数 ζ。由于侧流管嘴流速 u 与直流管嘴流速 u' 不同，当 $d_0/D=0.234$，管嘴长度 q 与管嘴直径 d_0 比不同时得不同的 ζ 值。

$q/d_0=0.4\sim3.8$

$$\zeta = a\left(\frac{u'}{u}\right)^{-1.3} + c \tag{5-193}$$

式中　$a=1.559-0.50(q/d_0)+0.0516(q/d_0)^2$；

$c=1.36+0.153(0.2+q/d_0)^{-1.715}$。

$q/d>3.8$

$$\zeta = \left[0.404\left(\frac{u'}{u}\right)^{-1.3} + 1.374\right] + \left[\lambda\frac{q-3.8d_0}{d_0}\right] \tag{5-194}$$

$$\lambda = \left[1.14 - 2\lg\left(\frac{\Delta}{d_0}\right)\right]^{-2} \tag{5-195}$$

式中　Δ/d_0——相对粗糙度。

(2) 分布板的临界压降$(\Delta P_D)_c$

分布板之所以能均匀分布气体，并能长期稳定地保持下去，最重要的原因是它对于通过的流体具有一定的阻力。只有当此阻力大于气体流股沿整个床截面重排的阻力时，分布板才能起到破坏流股而均匀分布的作用，也只有当分布板阻力大到足以克服聚式流化原生不稳定

性的恶性引发时，分布板才有可能将已经建立的良好起始流态化条件稳定下来。因此在其他条件相同的情况下，增大分布板压降能起到改善分布气体和增加稳定性的作用。但压降过大将无谓地消耗动力，这样就引出了分布板临界压降的概念。

所谓临界压降，即是分布板能起到均匀分布气体并具有良好稳定性的最小压降。这个最小压降与分布板下面的气体引入及分布板上床层状况有关。应当指出，均匀分布气体并具有良好稳定性这两点，对分布板临界压降的要求是不一样的，前者是由分布板下面的气体引入状况所决定，后者由流化床层所决定。分布板均匀分布气体是流化床具有良好稳定性的前提，否则就根本谈不上流化床会有良好的稳定性。但是分布板即使具备了均匀分布气体的条件，流化床也不一定能稳定下来。它们两者既有联系，又有区分。因此，把分布板的临界压降区分为分布气体临界压降和稳定性临界压降两种。在设计中，分布板的压降应该大于或等于这两个临界压降。

a. 布气临界压降

王尊孝等(1989)测定了直径0.5~1m和不同开孔率的多孔板(空床层)的径向速度分布，发现多孔板径向速度分布均与分布板开孔率有关，与气流速度无关。当开孔率<1%时，径向速度分布趋于均匀。把试验所用的多孔板阻力系数和开孔率代入式(5-181)得到分布气体临界压降$(\Delta P_D)_{dc}$为

$$(\Delta P_D)_{dc} \approx 1.8 \times 10^4 \rho_g u_f^2/(2g) \qquad (Pa) \qquad (5-196)$$

当分布板上有流化固体时，气体速度一旦超过料层的临界流化速度，就有一部分孔开始工作。进一步增加气速，最终将导致所有的孔都以u_0的气速进行运转(参见图5-50)。如果降低气速u_m，这时部分孔开始由工作状态变成非工作状态。进一步减小气速，非工作状态的孔数增加，有些甚至变成“永不工作”的孔。此临界速度u_m称之为保证分布板小孔全部工作的最小流化表观速度。Whitehead(王尊孝，1989)在实验的基础上，得到计算u_m的经验关联式

$$\frac{u_m}{u_{mf}} = 0.7 + \left(0.49 + 0.00605 \frac{\alpha^2 g}{\xi} \frac{N_0^{0.22} \rho_p L_f}{u_{mf}^2 \rho_g}\right)^{0.5} \qquad (5-197)$$

式中　$\alpha = N_0\left(\frac{d_0}{D_T}\right)$；

α ——开孔率；

ξ ——阻力系数，多孔板约为1.6。

图5-50所示的非工作态孔的气体流量约为$1.3u_{mf}A_T/N_0(m^3/s)$，其中的N_0为分布板上分布嘴总数。

b. 稳定性临界压降

稳定性临界压降由流化床的状态所决定，它将随床层的变化而变化。为此，稳定性临界压降通常用床层压降的分率来表示。分布板的稳定性原理最早在1959年由郭慕孙提出(王尊孝，1989)。

气体通过分布板和床层的压降分别为ΔP_D和ΔP_B

$$\Delta P_D = \xi \frac{\rho_g u_f^2}{\alpha^2 2g} \qquad (5-198)$$

$$\Delta P_B = \Delta\rho L_f(1-\varepsilon) \tag{5-199}$$

系统总压降

$$\sum \Delta P = \Delta P_D + \Delta P_B = \xi \frac{\rho_g u_f^2}{\alpha^2 2g} + \Delta\rho L_f(1-\varepsilon) \tag{5-200}$$

分布板压降随气体速度 u_f的平方而增加，而床层压降在流化以后随 u_f的增大而减小，因此，$\sum\Delta P$ 随 u_f的变化取决于 ΔP_D的增加和 ΔP_B的减小的叠加结果。图 5-51 表示两种可能的叠加结果。一种是分布板开孔率很小，压降很大，$\sum\Delta P$ 始终随 u_f上升，称为高压降分布板；另一种称为低压降分布板。低压降分布板在操作上是不稳定的。

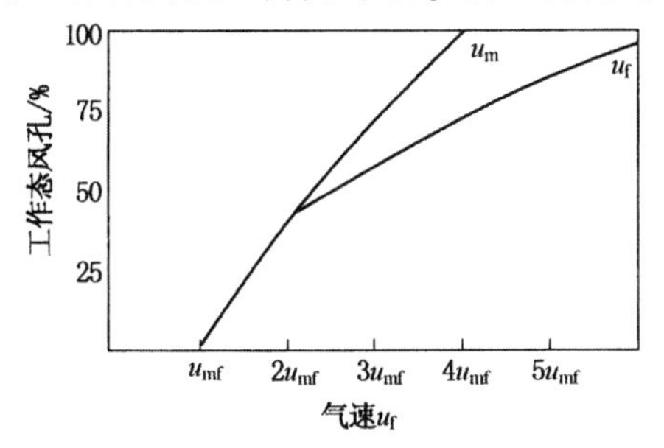

图 5-50 工作状态的小孔百分数与气速的关系

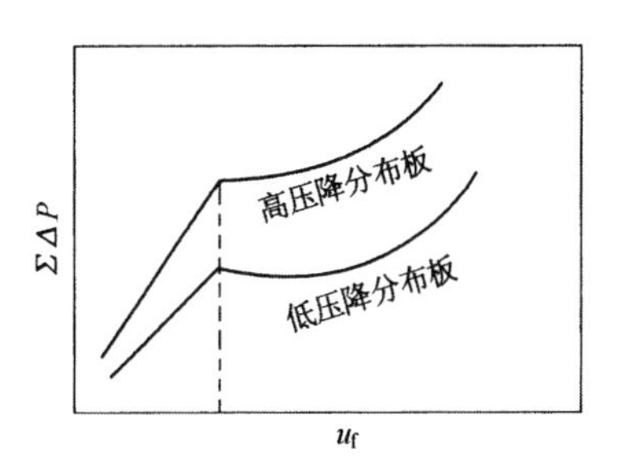

图 5-51 低压降分布板与高压降分布板

郭慕孙(王志刚，1987)提出新的分布板稳定性判据——归原准数 R。R 愈大稳定性愈差，R 愈小稳定性愈好。$R=1$ 为理想分布器。从实验表明影响稳定性因素有 u_{mf}、$d_p(\rho_p-\rho_g)$、u_m、$(\Delta P_D)_{dc}$、μ 及 ρ_g。经数据回归得出

$$R = 0.255\left(\frac{d_p u_{mf}(\rho_p-\rho_g)}{\mu}\right)^{-0.149}\left(\frac{(\Delta P_D)_{dc}}{\rho_g u_{mf}^2}\right)^{-0.0527}\left(\frac{u_m}{u_{mf}}\right)^{0.662}\left(\frac{\rho_p-\rho_g}{\rho_g}\right)^{0.479} \tag{5-201}$$

4. 分布器设计的标准

(1) 分布器压降的设计标准(Yang，2003)

依照经验，分布器能否使气体均匀地通过床层，与床层压降 ΔP_{bed}有关。

a. 对于向上及水平喷射压降 ΔP_{grid}：

$$\Delta P_{grid} \geqslant 0.3\Delta P_{bed} \tag{5-202}$$

b. 对于向下喷射压降 ΔP_{grid}：

$$\Delta P_{grid} \geqslant 0.1\Delta P_{bed} \tag{5-202a}$$

c. 在工业装置上，无论何方向喷射，分布器喷射压降 ΔP_{grid}应小于 2500Pa：

$$\Delta P_{grid} \leqslant 2500\text{Pa} \tag{5-203}$$

对于中凹的、凸状面、圆锥型的分布器使用式(5-202)、式(5-202a)时，必须使用最小过孔气速，即必须使用分布器上最低处孔的压降，如图 5-52 所示。

通过上述分布器的压力平衡，可以写出最高处的孔压降 $\Delta P_{h(最高孔)}$ 与最低处的孔压降 $\Delta P_{h(最低孔)}$ 的关系：

$$\Delta P_{h(最高孔)} = \Delta P_{h(最低孔)} + \rho_b g(L_{high} - L_{low}) \tag{5-204}$$

式(5-204)可以写成：

$$\Delta P_{h(最高孔)} = \Delta P_{h(最低孔)} + 480\times 9.8\times 0.9 \tag{5-204a}$$

$$\Delta P_{h(最高孔)} = \Delta P_{h(最低孔)} + 4235\text{Pa} \tag{5-204b}$$

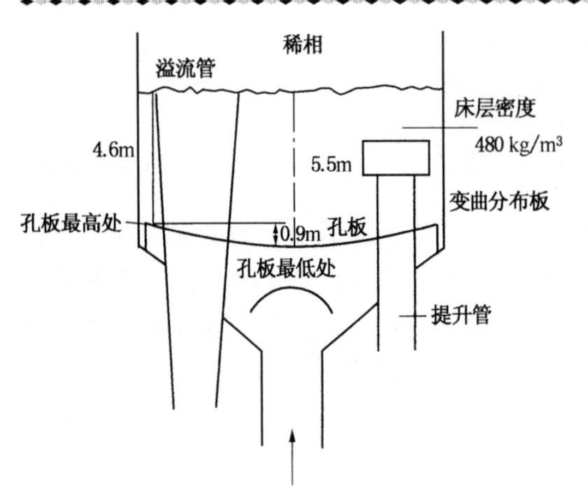

图 5-52　流化床中凹式分布器

(2)分布器设计使用的关联式

以下的关联式适用于多孔板、喷射式(spargers)及泡帽型分布器设计。

a. 分布器压降 ΔP_{grid}:

$$\Delta P_{grid} = Kg\rho_B L_B \tag{5-205}$$

式中　ρ_B——操作中床层密度，kg/m³;

L_B——操作中床层高度，m;

K——分布器压降系数，对于向上喷射及水平喷射为0.3，向下喷射为0.1。

气体过孔速度 u_o(孔口方程)

$$u_o = C_d\sqrt{\frac{2\Delta P_{grid}}{\rho_{g,o}}} \tag{5-206}$$

分布器过孔气体体积流率 Q

$$Q = N\pi d_o^2 u_o/4 \tag{5-207}$$

式中　N——分布器孔口数;

$\rho_{g,o}$——气体过孔密度，kg/m³;

C_d——孔口流量系数。

孔口流量系数一般为0.6，而0.6为锐边孔口，分布器为非锐边孔口，一般在0.8左右，实际上 C_d与孔口厚度与直径比有关，其关系图如图5-53所示。

b. 孔径 d_o

为了增加气体在床层停留时间，期望床层内有大量小气泡，依式(5-207) N 与 d_o的关系，尽量增加分布器孔口数。

c. 孔间距 L_o

为了增加流化的均匀程度，在工业上常采用三角形或正方形孔分布，如图5-54所示。所有分布器上的三角形或正方形孔排列均为等孔间距。分布器上的孔间距 L_o与孔密度(每单位床层面积上的孔数) N_d的关系见图5-54。

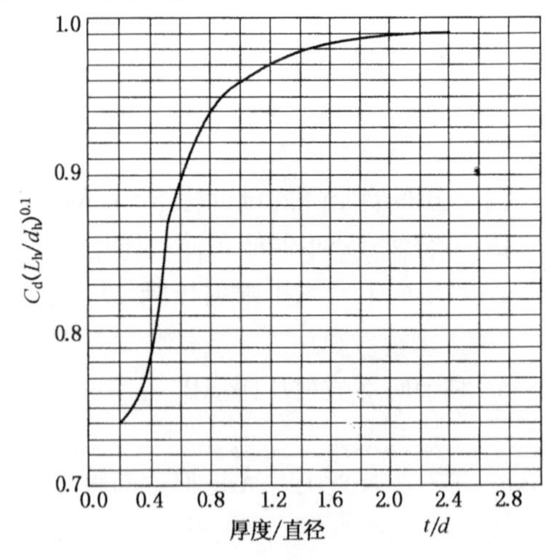

图 5-53　流量系数 C_d与孔口厚度/直径的关系

(3) 对于分布管的附加标准

为了使分布管的气体达到更好的分布，做如下附加标准:

a. 分枝分布管的尺寸应依照下列方程:

$$[D_m^2/(N_h \cdot d_o^2)]^2 > 5 \tag{5-208}$$

式中，参数定义见图5-55。

与此相似，主气管的尺寸应依照下列方程:

$$[D_{head}^2/(N_m \cdot D_m^2)]^2 > 5 \tag{5-209}$$

b. 在有些分枝分布管上为了更好地使气体分布，采用两、三种不同的口径;

c. 为了更好的分布气体，主气管与分枝分布管内的气速必须小于25m/s;

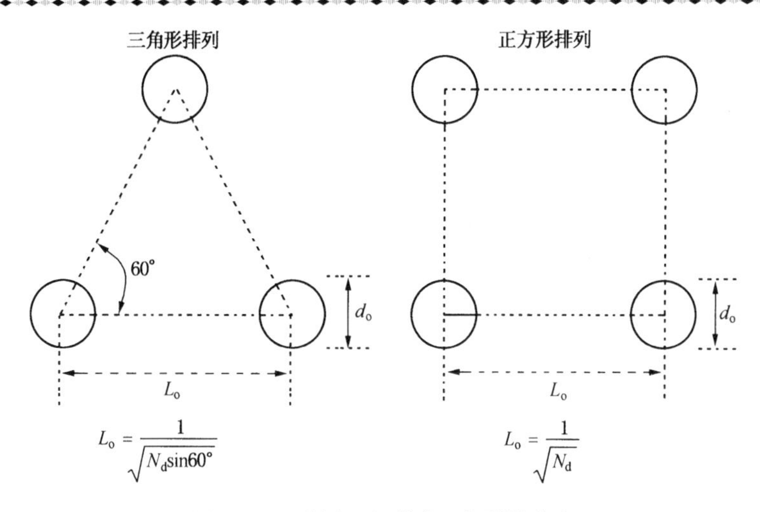

图 5-54　采用三角形或正方形孔分布

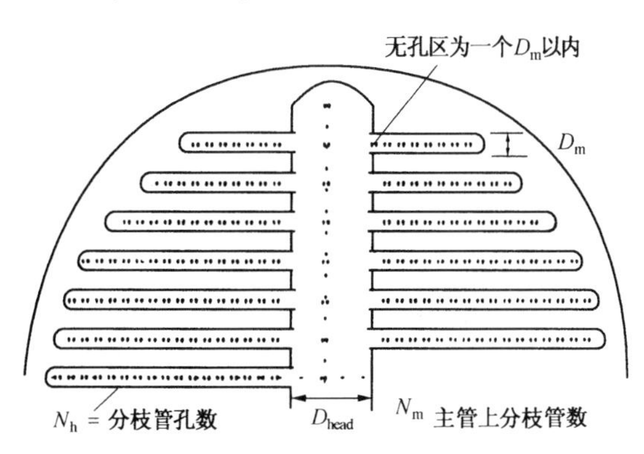

图 5-55　分枝分布管参数定义

d. 为了防止颗粒　由于喷射的最小截面效应(vena contracta effect)而吸入分枝分布管内，对于管接头或主管与分枝管的 T 型接头孔的位置不能在 D_m距离以内。

(4) 喷射孔套管和喷射孔尺寸

通常在喷射孔周围设置喷射孔套管以减少气固接触面处的速度，从而减少固体颗粒磨损。确定喷射孔套管中的分布器小孔尺寸及数量的操作速度由式(5-206)计算。

为了达到效果，喷射孔套管须按气体离开喷射孔的喷射角(角度为 11°)确定高度，如图 5-56 所示。

依图 5-56，喷射孔套管最小高度：

$$L_{min}=(D_s-d_o)/(2\tan5.5°) \tag{5-210}$$

事实上，为了慎重起见，需增加 L_{min} 的 50%～100%的系数。如果喷射孔套管长度小于 L_{min}，则腐蚀与磨损比没有喷射孔套管时更加严重。

分布管分布器的喷射管与喷射孔套管和喷射孔如图 5-57 所示。

如在正常的尺寸和设备情况下，Karri 给出颗粒磨损的计算系数：

$$\text{无喷射孔套管颗粒磨损}/\text{有喷射孔套管颗粒磨损}=(D_s/d_o)^{1.6} \tag{5-211}$$

(5) 在分布器上颗粒磨损(参阅第三章第六节)。

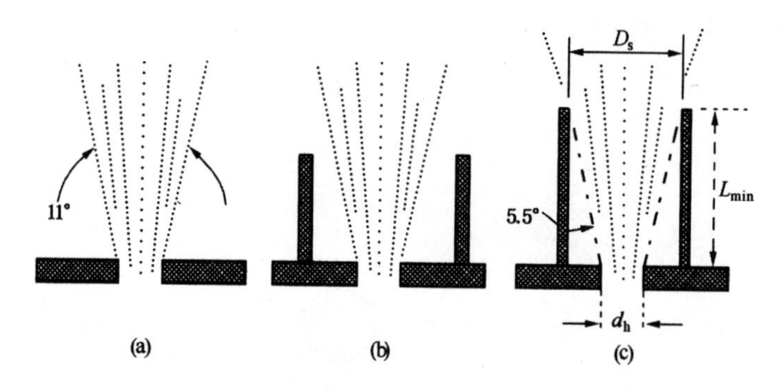

图 5-56　喷射孔和喷射孔套管及其最小高度

(a)自由喷射孔；(b)套管喷射孔；(c)喷射孔套管最小高度

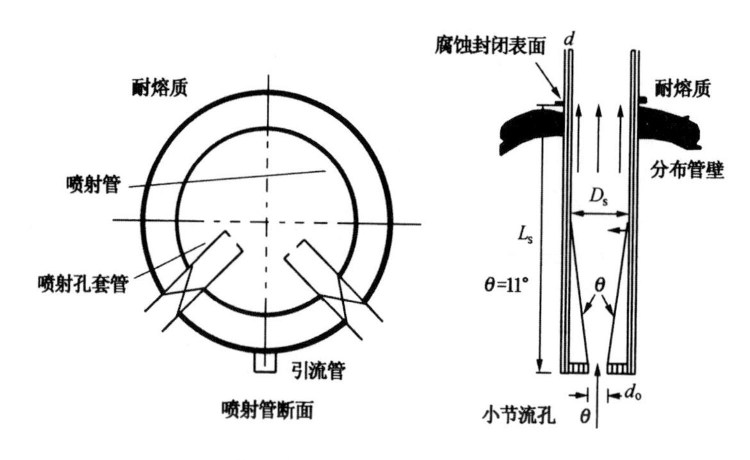

图 5-57　分布管的喷射管与喷射孔套管和喷射孔

5. 再生器颗粒流动模型与分布板布孔

鼓泡床与湍动床广泛用于催化裂化装置反应-再生系统的再生器。再生器催化剂的进出口设计大体有两种：一种是进出口呈 180°夹角的横穿流向(Cross Flow)，另一种是进出口夹角呈 270°的旋涡流向(Swirl Flow)。Sapre 等(1990)研究得出如图 5-58a 所示的催化剂流线图。旋涡流的流线图随 *Re* 值不同而改变，当 *Re* 高到一定值后出现另外的旋涡，如图 5-58b 所示。由于固体催化剂的流线不同，并且按再生催化烧焦动力学与 E_{rs} 径向扩散系数可以得出横穿流向的氧气等穿透率(%)的曲线，如图 5-59 所示。从图 5-59 可以看出，分布板应在入口处多布孔以增大供氧，而出口处应少布孔以减少供氧量。

再生器分布器的分布效果直接影响到床层的稳定性。前者主要与分布器的压降有关；后者可通过分布器压降、床层藏量和床直径等参数表达如下：

$$F = \frac{D_T \cdot \Delta P_d}{W_s} \tag{5-212}$$

式中　W_s——床层藏量，t；

ΔP_d——分布器压降，kPa；

F——床层稳定性指数。

经验的 F 值应在 0.75 以上为宜。

分布器压降至少为床层压差的40%，如床层在8~10m之间，则应为床层压差的50%~60%。

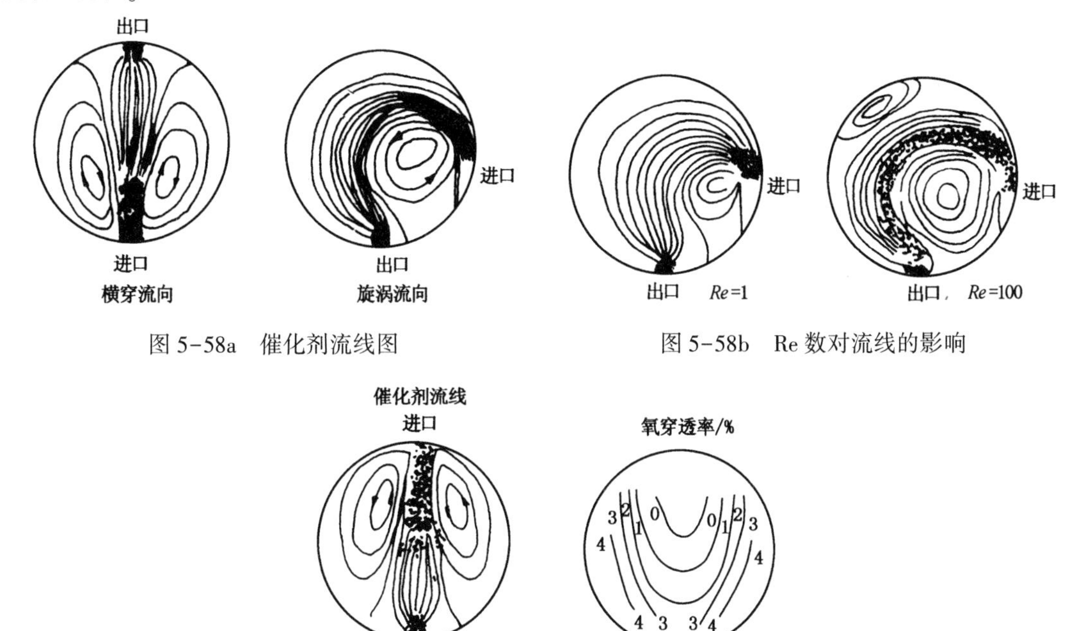

图5-58a　催化剂流线图　　图5-58b　Re数对流线的影响

图5-59　横穿流向再生器内O_2穿透率曲线

（五）鼓泡床与湍动床床层空隙率及密度

流化催化裂化再生器与反应器的床层密度及其分布，对催化剂损失、两器压力平衡、再生器烧焦强度和反应器的裂化强度都有重要影响，是两器的重要操作参数之一，是生产和设计经常要用的数据。

1. 密相床层密度分布（或空隙率ε分布）

床层内由于气泡运动及乳化相气体的返混，使床层内密度不可能是均一的，应以分布形式存在。某炼厂工业装置上现场标定的轴向分布如图5-60所示，冷态三维床测试的轴、径向ε分布如图5-61所示。从这两幅图可以看出轴向与径向密度分布的概况。根根空隙率定义：

$$\bar{\varepsilon}_B = 1 - \frac{\rho_B}{\rho_P} \tag{5-213}$$

床层空隙率ε_B分布即为床层密度ρ_B分布。

2. 床层平均密度的估算

除了密度分布外，在工程计算中需要床层的平均密度。计算床层平均密度可以通过以下方法得出：

（1）半机理法

① 秦雾光（1980）法　这种方法曹汉昌（1983）也采用过，现以秦雾光法为例说明。但需指出秦氏的气泡增长关联式只适用于B类颗粒，不能用于FCC催化剂颗粒。其方法如下：

a. 气泡沿床层高度逐渐长大，且在任一高度水平面上气泡直径D_b相等。

b. 超过起始流化速度 u_{mf}的所有气体均以气泡形式通过床层，且床层膨胀由气泡的存在所造成。因此，在任一高度上

$$N_b V_b u_b = u_f - u_{mf}$$

$$L_f - L_{mf} = \int_0^{L_f} \frac{u_f - u_{mf}}{u_b} dL \tag{5-214}$$

$$u_b = 0.711 g^{1/2} D_{be}^{1/2} \tag{5-215}$$

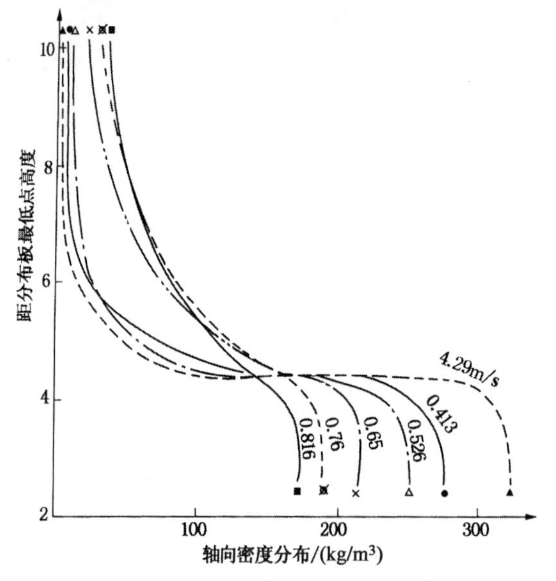

图 5-60　FCC 催化剂沿高度的密度变化

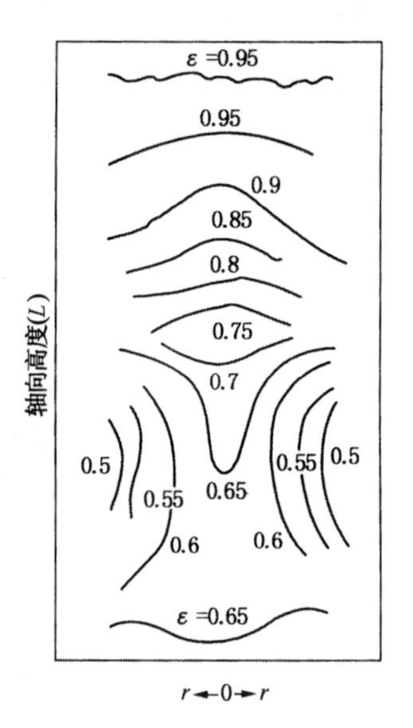

图 5-61　轴、径向 ε 分布图

对于 FCC 催化剂床层，曹汉昌(1983)修改秦霁光气泡增长关联式，获得计算床层密度关联。

$$L_f = \frac{u_f^{0.685} u_{mf}^{0.315} \mu^{0.6326} L_f^{0.5}}{11.2 \rho_p^{0.5} d_p^{1.1}} + L_{mf} \tag{5-216}$$

$$L_{mf} = \frac{\alpha W_s}{A_T \rho_{mf}} \tag{5-217}$$

式中　W_s——反应器内催化剂藏量，kg。

对于反应器　$a = 1 - 0.05 u_f^{0.5} - 0.08 u_f^{0.85}$　(5-218)

对于再生器　$a = 1 - 0.25 u_f^{0.25} - 0.15 u_f^{0.33}$　(5-219)

以上方法因为考虑 D_b随 L 的增长较适用于鼓泡床，且仅适用于微球硅铝和全合成沸石催化剂。为了能适用于包括半合成大密度在内的所有催化剂，曹汉昌(陈俊武，2005)进一步修改了式(5-216)得：

$$L_f = \frac{u_f^{0.685} \mu_{mf}^{0.315} (\mu \times 10^3)^{0.6326} L_f^{0.5}}{9.05 \rho_p^{0.54} d_p^{1.1}} + L_{mf} \tag{5-220}$$

② 以气泡速度来计算　当床层藏量为 W_s，床层体积为 V_B，气泡占体积为 V_b，乳化相占体积为 V_e，则床层密度 ρ_B：

$$\rho_B = \frac{W_s}{V_B} = \frac{W_s}{V_e + V_b} = \frac{W_s/V_e}{1 + \frac{V_b}{V_e}} \tag{5-221}$$

假定气泡中不含有催化剂颗粒

$$W_s/V_e = \rho_{mb} \approx \rho_{mf}$$

由式(5-221)得：

$$\rho_B = \frac{\rho_{mf}}{1 + \frac{V_b}{V_e}} \tag{5-222}$$

$V_b = V_B \varepsilon_b$； $V_e = V_B(1-\varepsilon_b)$

上式为

$$\rho_B = \frac{\rho_{mf}}{1 + \frac{\varepsilon_b}{1 - \varepsilon_b}} \tag{5-223}$$

依物料衡算

$$A_T u_f = A_T \varepsilon_b u_B + A_T(1 - \varepsilon_b) u_e \tag{5-224}$$

忽略乳化相气量时

$$A_T u_f = A_T \varepsilon_b u_B$$

$$\varepsilon_b \approx u_f / u_B \tag{5-225}$$

Pell(1990)对 ε_b 做了大量研究工作给出：

$$\varepsilon_b = \frac{CI(u_f - u_{mf}) \cdot F_3(L_f h^*)}{\phi_{A或B}(D_T)[1 + 27.2(u_f - u_{mf})]^{0.67}} \tag{5-226}$$

式中 CI——A 类颗粒 3.27，B 类颗粒 2.47；

$\phi_{A或B}(D_T)$——与床径 D_T 有关，A、B 类颗粒取值如下：

$$\left.\begin{array}{ll} \phi = \phi' & D_T \leqslant 0.1\text{m} \\ \phi = \phi'' D_T^{0.4} & 0.1\text{m} < D_T \leqslant 1.0\text{m} \\ \phi = \phi'' & D_T > 1.0\text{m} \end{array}\right\} \begin{array}{l} \phi'：\text{A 类颗粒 1.0；B 类颗粒 0.64} \\ \phi''：\text{A 类颗粒 2.5；B 类颗粒 1.60} \end{array} \tag{5-226a}$$

$$F_3(L_f h^*) = 0.37[(1 + 6.84L_f)^{0.4} - 1]/L_f \quad L_f \leqslant h^* \tag{5-227}$$

$$F_3(L_f h^*) = 0.37[(1 + 6.84L_f)^{0.4} - 1]/L_f + (1 + 6.84h^*)^{-0.6}/L_f \qquad L_f > h^* \tag{5-228}$$

h^* 与式(5-127)中意义相同。

将式(5-225)代入式(5-223)整理得：

$$\rho_B = \frac{\rho_{mf}}{1 + \frac{u_f}{u_B - u_f}} = \frac{\rho_{mf}}{1 + \frac{u_f}{u_b}} \tag{5-229}$$

对于催化裂化 ρ_B，按式(5-134)计算 u_b 更佳。

考虑上述因素，可以通过图表查出不同催化剂的催化裂化再生器床层密度，如图 5-62

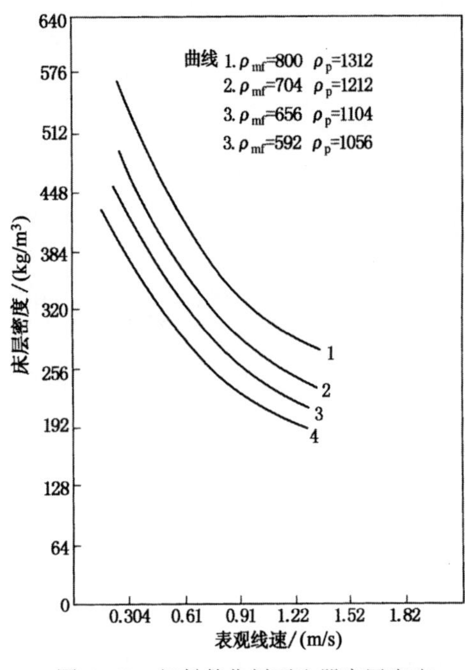

图 5-62　细粉催化剂再生器床层密度

所示（McKetta，1980）。此图为国外 FCC 再生器床层设计使用。

（2）经验式计算

许多设计工程公司用工业装置或生产实验装置的标定数据进行关联，得到计算公式。曹汉昌(陈俊武，2005)还提出用下列公式计算再生器密度：

$$\rho_{B}=\frac{\rho_{p}}{[(\rho_{p}-\rho_{mf})/\rho_{mf}]+(6u_{f}/L_{mf})+1} \tag{5-230}$$

蔡平等(1990)在 D_T 为 47～475mm、温度 50～500℃和压力 0.1～0.8MPa 下，对 11 种 A、B 类颗粒，通过实验数据得出：

$$\varepsilon_{B}=G\left(\frac{Ly}{Ar}\right)^{n} \tag{5-231}$$

对于自由床

$n=0.0653$；$G=0.796+\dfrac{8.94\times10^{-3}}{D_{T}}$，金涌(1985)给出 $G=0.848$；

式中　Ly(李森科数) $=\dfrac{u_{f}^{3}\rho_{g}^{2}}{\mu g(\rho_{p}-\rho_{g})}=Re^{3}/Ar$；

Ar(阿基米德数) $=\dfrac{d_{p}^{3}\rho_{g}g(\rho_{p}-\rho_{g})}{\mu^{2}}$。

并可推导出 ε_B 随 u_f 的变化规律

$$\left(\frac{\partial\varepsilon_{B}}{\partial u_{f}}\right)=\frac{3n}{u_{f}}G\left(\frac{Ly}{Ar}\right)^{n}=\frac{3n}{u_{f}}\varepsilon_{B} \tag{5-232}$$

对于催化裂化催化剂，应经过工业再生器数据整理和修正 G 值，初步修正得 $G=0.874$。式(5-232)可用于 u_f 变化时 ε_B 的计算。对过渡段及锥形床层也可以用此式进行估算。

Al-Zahrani 等(1996)在研究流化床床层膨胀 E：

$$E=\frac{L-L_{mf}}{L_{mf}} \tag{5-233}$$

$$E=\alpha(u_{f}-u_{mf})\left[\frac{3\varepsilon_{mf}(1-\varepsilon_{mf})}{(1-\varepsilon_{mf})(2-\varepsilon_{mf})gL_{s}}\right]^{1/2} \tag{5-233a}$$

其中
$$\alpha=\frac{786\exp(-66.3d_{p})}{(1-\varepsilon_{mf})\rho_{s}}$$

（六）鼓泡床与湍动床床层流动模型

化学反应器数学模型包括反应机理模型、流动模型和化工热力学，如图 5-63 所示。

从图 5-63 可以看出，化学反应器数学模型是以不同反应器结构中的流动模型为基础，

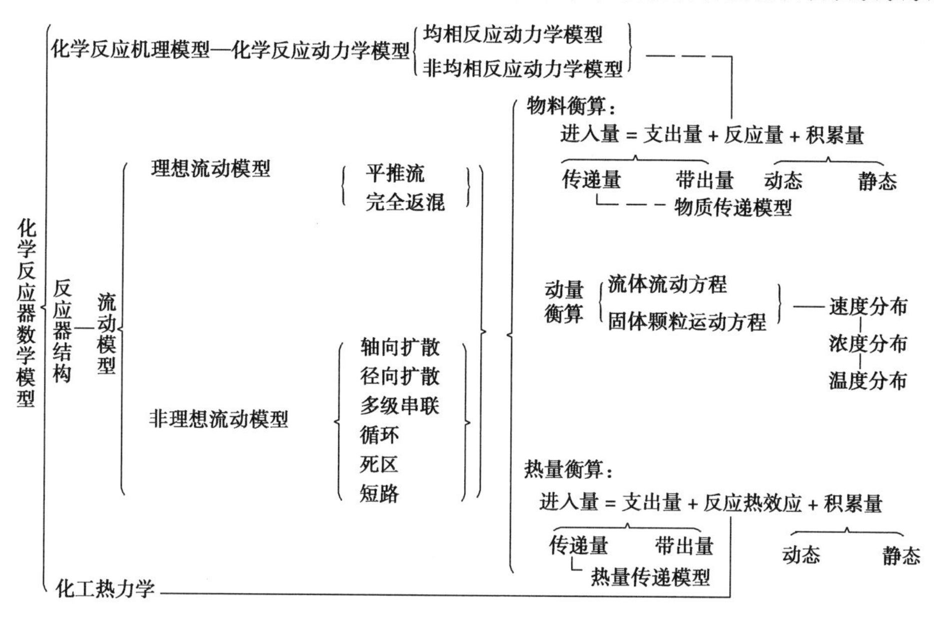

图 5-63　反应器数学模型与其他数模的关系

即化学反应器数模中物料衡算、热量衡算方程都是依照流动模型才能进行数学描述。

物料衡算与热量衡算的通式为：

$$\underbrace{\text{进入量}}_{\text{流入量+传递进入量}} = \underbrace{\text{支出量}}_{\text{流出量+传递传出量}}\text{+反应量+积累量} \tag{5-234}$$

在上式中传递量由物质传递模型与热量传递模型描述，反应量(包括反应热效应)为反应动力学描述。因此，流动模型主要描述进入量与支出量。当然，也关系到传递模型的描述，这将在第六、七节中讨论。依照流动规律也可描述为气体与颗粒动量衡算中的运动方程。因此，需总结各种流化床床层反应器数学模型用的流动模型以资讨论催化裂化装置再生器的床层模型。Grace(1986)对反应器床层流动模型进行了较为系统的分类，其中 Rowe 的模型分类如图 5-64 所示。

Grace 的模型是在 Rowe 的基础上进一步分为：

(1) 气泡相

① 气泡相内完全无颗粒；②气泡相内含若干悬浮颗粒；③气泡相含有气晕。

(2) 相间气体

① 以流态化两相理论去分配；②气体在气泡中带出；③在乳化相中有若干气体向下流动。

(3) 气泡相流动模式

① 平推流；② 带有轴向扩散的平推流。

(4) 乳化相流动模式

① 平推流；② 带有轴向扩散的平推流；③ 不流动；④ 多级串联混合槽；⑤ 完全返混；⑥ 具有向下流动；⑦ 气泡引起湍动。

(5) 气晕尺寸

① Davidson 理论；② Murray 模式；③ 不包括尾迹；④ 尾迹计入气晕内；⑤ 不考虑或

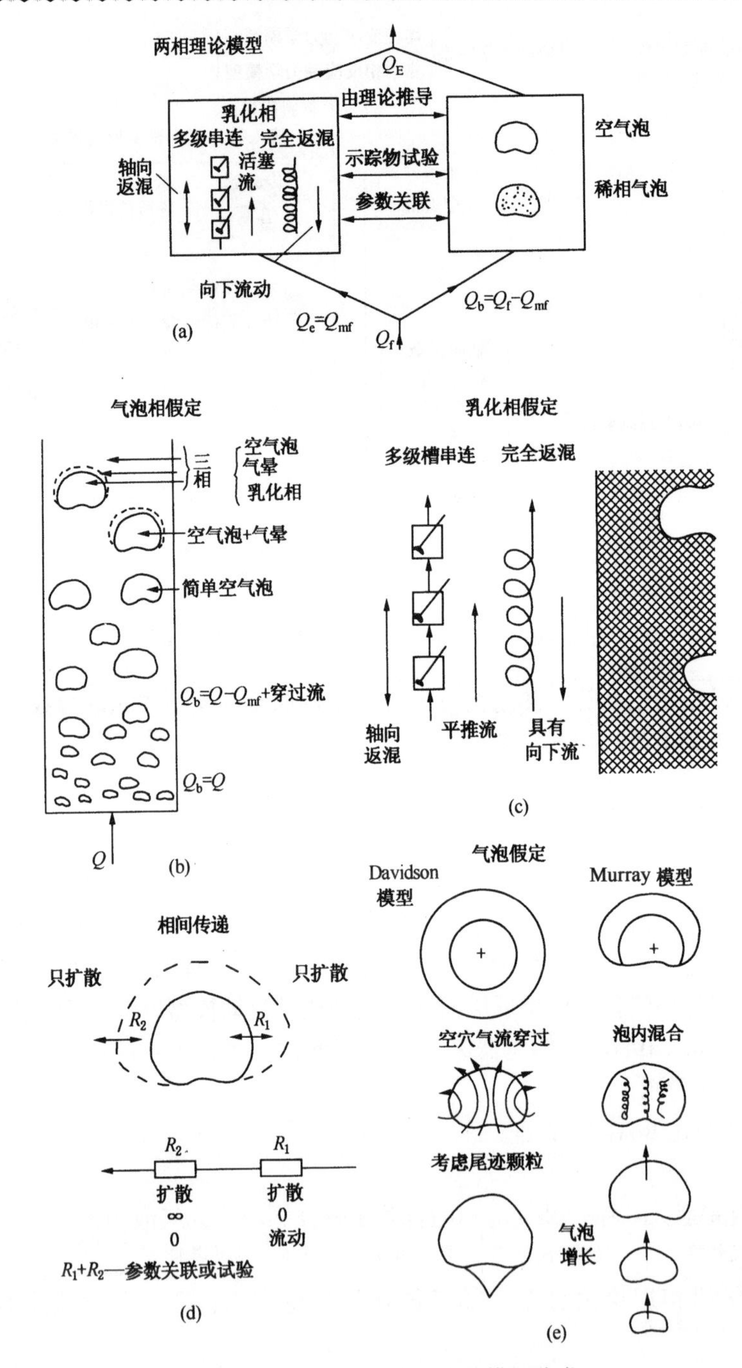

图 5-64　Rowe 流化床反应器模型分类

可以忽略。

（6）气泡大小

① 没有特殊规定；② 对全部床层以单一尺寸为代表；③ 允许随高度增加；④ 从个别的关联式确定；⑤ 保持适宜的参数。

对于相间传质的分类将在第七节中讨论，这里不再罗列。

由于流动模型等的假定通常体现在模型的物料衡算式及假定条件内，因此下面的介绍中只写出各种典型模型中物料衡算式的进入量、支出量及积累量，舍去反应量。例如：具有一级反应轴向扩散的乳化相物料衡算式：

$$E_x \frac{d^2 C_e}{dx^2} - u_e \frac{dC_e}{dx} + K_{ob} a_b (C_b - C_e) - k_r C_e = 0 \quad (5-235)$$

这里仅写出流动模型的物料衡算式

$$E_x \frac{d^2 C_e}{dx^2} - u_e \frac{dC_e}{dx} + K_{ob} a_b (C_b - C_e) = 0 \quad (5-235a)$$

式中，舍去反应量 $k_r C_e$ 项。在上述物料衡算式中加入反应量关联式即为反应器模型。

为了便于区分模型，将流动模型分为床层一区模型(即不考虑分布器作用区)与床层二区模型(即分布器作用区与床层区)；二相(气泡相、乳化相)、三相(气泡、气晕及乳化相)及四相(气泡、气晕、上流乳化相及下流乳化相)模型。按区、相模型分类见表5-8(陈俊武，2005)。

表5-8　流化床反应器流动模型

区别	相别		气泡情况	流动情况	模型的作者
一区	两相	气泡相 乳化相	不含颗粒	气泡、乳化相均为平推流	Shen-Johnstone
			含有催化剂占床层体积分率 ν	气泡、乳化相均为平推流	Lewis-Gilliland-Glass
			气泡为均一	气泡相平推流 乳化相为完全返混或平推流	Davidson-Harrison
			气泡为均一	气泡相平推流 乳化相为轴向扩散流动	May， Van Deemter
			气泡径增长 气泡内包含气晕	气泡相平推流 乳化相不移动	Kato-Wen
	三相	气泡相 气晕相 乳化相	气泡为均一 气泡不包含气晕	气泡相平推流 乳化相流动受颗粒向下流动影响，可以引起向下流动	Kunii-Levenspiel Stephen-Sinclair-Potter
		气泡相 上流乳化相 下流乳化相	气泡包气晕 气泡内颗粒忽略	三相均为平推流	宫内照胜-诸冈成治
	四相	气泡相 气晕相 上流乳化相 下流乳化相	气泡为均一	四相均为平推流	陈甘棠

续表

区别	相别		气泡情况	流动情况	模型的作者
二区	二相	气泡相 乳化相 喷射相	气泡为均一不含颗粒	分布器作用区：喷射为平推流，密相的乳化相为完全返混 气泡，乳化相区　气泡相为平推流 乳化相为完全返混	Errazu

陈俊武(2005)对各类流动模型进行了详细论述。下面仅介绍一个比较经典的 Kunii-Levespiel 模型(Kunii，1991)。

这是一个一区三相模型。Kunii-Levespiel 模型的假定条件：

(1) 气泡相为平推流流型，并且气泡大小均匀，以当量气泡径 D_{be}运动；

(2) 乳化相为起始流化状态，大于此气速的气体量以气泡形式通过床层；

(3) 传质过程考虑气泡向气晕传递，气晕向乳化相传递；

(4) u_f大到适当程度时，可能由于颗粒向下流动引起乳化相气体向下流动。

床层的物料衡算式：

① 反应物总反应量=在气泡中反应量+传递到气晕及尾迹的量；

② 传递到气晕及尾迹的量=在气晕及尾迹的反应量+传递到乳化相的量；

③ 传递到乳化相的量=在乳化相的反应量。

由于传递规律与反应规律均在以下各节讨论，这里只介绍其主要流动模型。

对 Kunii-Levenspiel 模型的假定(4)，又做如下的假定条件：

① 每一个上升气泡后面拖曳一股尾迹，其空隙率为乳化相空隙率 ε_{mf}，尾迹与气泡的体积比为f_w。

② 气泡上升时携带尾迹以 u_b速度上升到床层表面，在上升过程中与乳化相中固体不断地进行交换。在床层表面处气泡破裂，尾迹中的固体颗粒以乳化相空隙率和 U_{seR}速度向床层下部运动，其示意图见图 5-65。

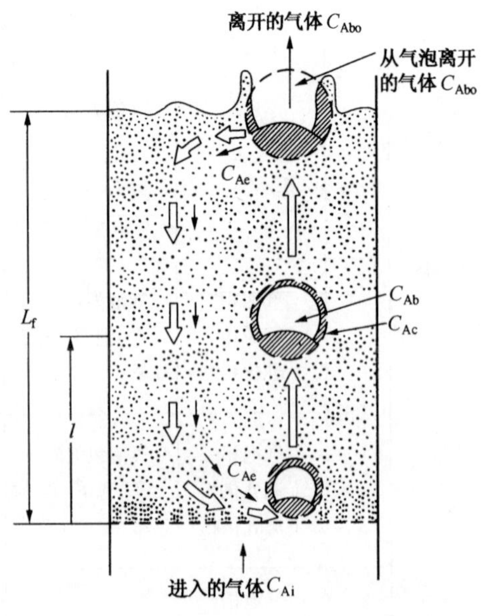

图 5-65　Kunii-Levenspiel 流动模型

③ 由于有以 U_{seR}向下流动的固体颗粒，因此，乳化相中向上运动的气体速度为 U_e与 U_{seR}之差值。

$$U_e = \frac{u_{mf}}{\varepsilon_{mf}} - U_{seR} \qquad (5-236)$$

④ 当 $u_b/u_f>5$ 时，则气晕的厚度很薄，尾迹的气体看作气泡的一部分。

依上述条件：

$$u_f = (1-\varepsilon_b - f_w\varepsilon_b)\varepsilon_{mf}u_e + (\varepsilon_b - f_w\varepsilon_b\varepsilon_{mf})u_b \qquad (5-237)$$

$$U_{seR} = \frac{f_w\varepsilon_b u_b}{1-\varepsilon_b - f_w\varepsilon_b} \qquad (5-238)$$

对于气泡在床层占有体积分率 ε_b：

对于慢气泡或 $u_B<u_e$：

$$\varepsilon_b=\frac{u_f-u_{mf}}{u_B+2u_{mf}},\ \mathrm{m^3}\text{ 气泡}/\mathrm{m^3}\text{ 床层} \tag{5-239}$$

对于中间气泡或 $u_{mf}/\varepsilon_{mf}<u_b<5u_{mf}/\varepsilon_{mf}$：

当 $u_B\approx u_{mf}/\varepsilon_{mf}$　　$\varepsilon_b=\dfrac{u_f-u_{mf}}{u_B+u_{mf}}$

当 $u_B\approx 5u_{mf}/\varepsilon_{mf}$　　$\varepsilon_b=\dfrac{u_f-u_{mf}}{u_B}$　　(5－240)

对于快气泡或 $u_B>5u_{mf}/\varepsilon_{mf}$　$\varepsilon_b=(u_f-u_{mf})/(u_B-u_{mf})\approx u_f/u_b$

关于气晕、尾迹、占有气泡体积分率及乳化相占床层体积分率分别为 f_c、f_w、f_e。

气晕占有气泡体积分率 f_c：

$$f_c=\frac{3}{u_b\varepsilon_{mf}/u_{mf}-1} \tag{5-241}$$

尾迹占有气泡体积分率 f_w：f_w查图 5-27。

乳化相占床层体积分率 f_e：

$$f_e=1-\varepsilon_b-f_w\varepsilon_b \tag{5-242}$$

定义颗粒在不同区域分布，γ_b、γ_c、γ_e=(颗粒在 b、c、e 中的体积/气泡体积)

$$\varepsilon_b(\gamma_b+\gamma_c+\gamma_e)=(1-\varepsilon_{mf})(1-\varepsilon_b) \tag{5-243}$$

$$\gamma_b=0.005 \tag{5-244}$$

$$\gamma_c=[(1-\varepsilon_{mf})(1-\varepsilon_b)/\varepsilon_b]-\gamma_b-\gamma_e \tag{5-245}$$

$$\gamma_e=(1-\varepsilon_{mf})(f_c+f_w)=(1-\varepsilon_{mf})\left[\frac{3}{u_b\varepsilon_{mf}/u_{mf}-1}+f_w\right] \tag{5-246}$$

尾迹颗粒上升速度 $u_{s,wake}$：

$$u_{s,\ wake}=u_B\qquad(\text{对于 } u_{s,\ wake}\text{ 上升为 }+) \tag{5-247}$$

乳化相颗粒下降速度 U_{seR}，U_{seR}以式(5-238)计算；乳化相气体上升速度 u_e，u_e以式(5-236)计算。当 u_e 出现负值，说明乳化相中气体发生倒转，此时出现气体在乳化相中循环，即：

$$\frac{u_B}{u_{mf}}>\frac{1-\varepsilon_b-f_w\varepsilon_b}{f_w\varepsilon_{mf}\varepsilon_b} \tag{5-248}$$

依据气泡大小及颗粒性质，流动发生倒转的气体速率为：

$$\frac{u_f}{u_{mf}}=6\sim 20 \tag{5-249}$$

为比较不同的两相模型的有效性，Chavarie 等(1975)曾在一两维流化床上进行了臭氧催化分解试验，将模型预测值与试验值比较，得出以下结果：

① Davidson 等(1963)模型，密相假设为全混合时计算的反应转化率严重低于试验值；密相假设为活塞流时总转化率的预测较好，但各相中的浓度预测与试验吻合较差。

② Kunii 等(1991)鼓泡床模型可以较好地重现试验数据。不但很好地预测了总转化率，预测的泡相分布与测量的分布几乎重叠，大部分床层内的密相分布也基本吻合。

③ Kato 等(1969)模型给出的泡相分布与试验吻合很好，但预测的密相分布和出口反应产物浓度都过高。

另外，这些模型还不能考虑反应器两端的效应，即靠近分布器区和床面之上的自由空间区。很多研究者观察到分布器附近的反应速率非常高，原因是这里的相间传质速率非常高；同样，许多研究发现自由空间存在温升，表明这是个另外的反应区。贴合实际的流化床反应器模型理应考虑底部的分布器区、中部的床层区和床面之上的自由空间区(Behie，1973；Grace，1978；Sit，1986；Yates，1977)。Errazu 等(1979)模型将床层分为分布器作用区、密相区乳化相与气泡相。Errazu 考虑到分布器作用区气固接触良好，反应浓度高，推动力大，在快速反应时尤为重要。

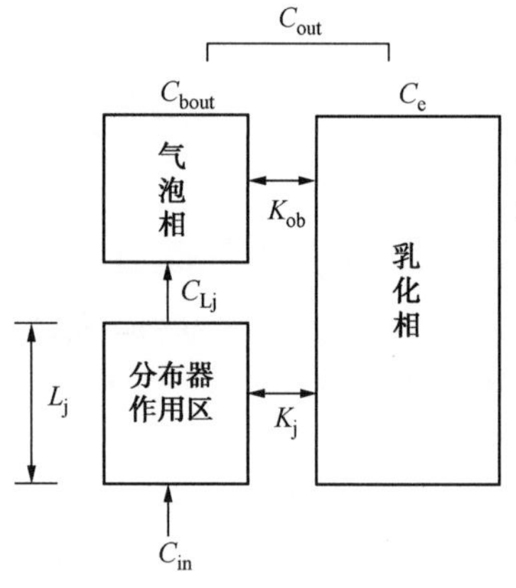

图 5-66　Errazu 模型示意图

Errazu 模型假定条件：

① 气体以射流形式通过分布器作用区，超过起始流化速度所需的气体在通过分布器作用区后，以气泡形式通过床层，形成气泡相与乳化相，构成二区二相流动模型；

② 喷射为平推流；

③ 分布器作用区与密相区的乳化相为完全返混流动；

④ 假定喷射流与气泡相不含固体颗粒。

流动模型与传递过程的示意图见图 5-66。

物料衡算式：

分布器作用区：

$$-\frac{dC_j}{dx} = K_j a_j (C_j - C_e) \tag{5-250}$$

气泡相：

$$-\frac{dC_b}{dx} = K_{ob} a_b (C_b - C_e) \tag{5-251}$$

乳化相：

$$u_{mf}(C_{Lj} - C_e) + K_j a_j \int_0^{L_j} (C_j - C_e)dx + K_{ob} a_b \int_0^{t_R} (C_b - C_e)dt = 反应量 \tag{5-252}$$

式中　L_j——分布器作用区高度，m；

t_R——停留时间，s；

K_j——分布器作用区射流与乳化相间传质系数，m/s。

流化床模型发展是从简单到复杂，从粗略到较为精确。但是各种模型的假定条件各异，对某些反应过程应用较好，对另一些过程则不适用，目前还没有模型能适用于所有的流化床反应器。然而，在发展模型的过程中不断加深了对反应器行为的认识，从而不断改进流化床设计与操作。理想的设计数学模型应包含各种主要流化性能参数，同时模型的参数估值应只与设备结构有关。

第三节　颗粒夹带和扬析

有些流态化容器，例如催化裂化装置的常规再生器和早期的反应器，通常包括两个区域：即下部的鼓泡床或湍动床密相区和它上面的稀相区。稀相区包括从密相表面到流化容器出口或旋风分离器入口间的一段容器，其高度称为稀相高度。稀相区设置的目的是尽可能通过重力沉降使固体颗粒从气流中分离出来。

当气泡在流化容器密相床中上升到床层表面破裂时，将大量催化剂抛向稀相空间，加上流化床内气流的不均匀性，使催化剂带出量很大。气速愈高，夹带量愈多。但是，随着高度的增加，气流变得愈来愈均匀，喷射和过量夹带的催化剂逐渐沉降下来，因而夹带量愈来愈小。此后，随着高度进一步增加，稀相的颗粒夹带量基本上保持不变；这时的高度称为输送分离高度(*TDH*)，相应的稀相中的固体颗粒浓度称为气相饱和夹带量。

扬析表示从混合物中分离和夹带细粉。这一现象不论低于或高于 *TDH* 时均存在。因为在密相床表面气体的射流或气泡破裂使大量不能被气流夹带的粒子也被掷到稀相空间里去了，所以在低于 *TDH* 以下的稀相空间里也有扬析现象，此时夹带量大于扬析量。在 *TDH* 以上，夹带量与扬析量相等。

一、颗粒夹带机理和影响夹带的因素

(一)夹带机理

颗粒夹带现象十分复杂，目前还没有完整的理论和准确的公式描述这一过程。甚至一些相当基础的问题也在争论之中。例如，当气泡在流化床表面迸裂时，颗粒上抛的机理就存在着以下三种不同的看法(Wen，1961；Kunii，1991)，见图 5-67。

① 由于气泡的压力高于床层表面的压力，因而床表面的固体成为气泡迸裂的“圆盖”，当“圆盖”迸破时，固体就被抛掷而去(图 5-67a)。

② 由于气泡和其尾迹的速度大于其周围物料的速度，因而气泡在床面迸裂时，处在气泡尾迹的某些固体被抛掷而出。

③ 当两个气泡在床层表面合并后破裂时，尾随气泡的尾迹被猛烈抛掷而出。

Fournol 等(1973)指出，如将夹带的细粉回到床层表面而不是回到深层，可以发现夹带量的激增。这一结果似乎支持了第一种机理，即夹带来自床层表面。George 等(1981)收集了抛掷而出的颗粒，发觉它们大多来自尾迹，而表面的细颗粒则甚少贡献。Lin(1980)在 610mm×610mm 的矩形床内作了细粒焦炭的夹带实验。采用两种方案：第一方案是将焦炭与石灰石混在一起，并于低速下流化，直到床层表面建立一层黑色的焦炭为止，然后突然加大气速，与此同时，测量焦炭的夹带量；第二方案是将焦炭和石灰石混合以后，突然加大气速，同时测定焦炭的夹带量。实验结果发现，从两种方案得到的固体夹带量几乎相等，从而有力地支持了后两种机理。

以上三种不同的机理似乎都已得到实验的证明。实际情况可能是以上三种机理同时存在，只是在某种条件下某种机理占优势，而另外一种情况下，其他机理占支配地位。

Kunii 等(1991)亦曾提出一种模型，认为夹带量和稀相密度均随高度而减小。根据模型，稀相空间的固体需分布于三个相。为了计算夹带量和密度分布又要求知道六个常数。这

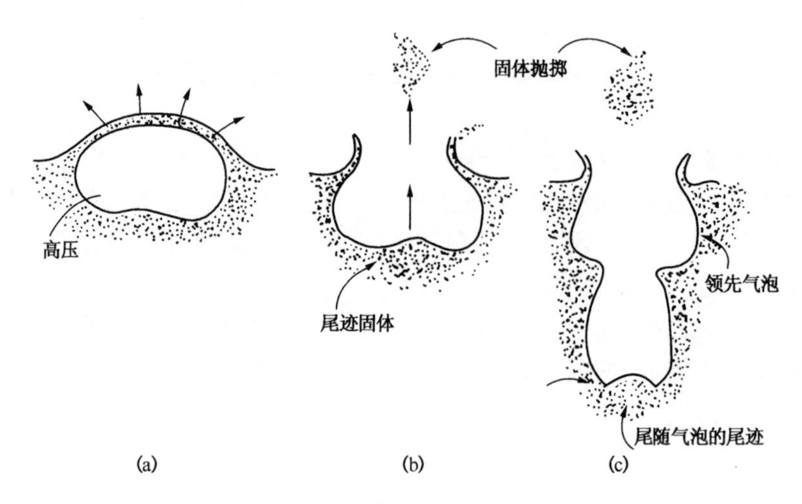

图 5-67　固体夹带机理示意图

一机理模型可推广用于快速床，下面将予以介绍。

Horio 等(1980)提出的颗粒夹带机理模型比较全面地考虑了下面几项因素：

① 气泡在床层表面的迸裂；

② 由气泡的消散而引起的自由空间的湍动；

③ 近壁处颗粒的向下流动；

④ 颗粒由其上升区传递到下降区。

根据上述气体和固体的行为，以及现象的随机本质，Horio 等提出了稀相空间颗粒输送的模型并发现其与实验相当吻合。

Baeyens 等(1992)提出临界粒径 d_{crit} 概念，即扬析速度常数 K_{ei}^* 最大的颗粒粒径，大于临界粒径 d_{crit} 的颗粒的 K_{ei}^* 开始降低，并被 Tasirin 等(2002)在细粉 A 类、AC 类混合颗粒夹带研究中得到进一步证实。

(二) 影响夹带的因素

Lewis 等(1962)对夹带有关的许多因素之间的复杂相互作用作了透彻的研究。他们的实验限于微细颗粒的窄馏分的床层(6 种粒度，两种不同物质，见图 5-68)，同时他们特别考察了密相对夹带的作用。他们的发现简要地归纳如下：

① 床层直径：图 5-68 表明，在给定的 u_f 和 L_1 值下，小直径床层时，夹带的增加与腾涌有关；中等床层直径时，夹带有一最小值与沟流有关；在床层直径超过 0.08～0.1m 以上时，夹带量变成常数而和容器直径无关。而床层过高导致产生节涌，或者床层过浅导致产生沟流。更大直径的容器和更高床层的实验数据尚欠缺。

② 床层高度：对微细颗粒，除了在很浅的床层内，夹带随密相床的床层高度变化不显著。在浅床层中，到达床层表面的气泡变小，同时进口效应变得重要。对粗而重的固体颗粒，深床层常常流化不好，由此而引起的严重的沟流和腾涌使夹带率增加。

③ 内部构件：Lewis 等认为，在密相床中设置挡板和金属丝网，一方面可使床层的有效直径减小，因而增大夹带；另一方面，也减少气泡尺寸，因而减少夹带。这两种效应在不同的床层中都已经观察到了。当这些内部构件恰好放置在密相床层上部表面之下时，最能有效地减少夹带量。

床层中的搅拌器将夹带减少到只有常量的1/2~1/5，当提高气体速度、增加搅拌器的叶片数和提高转数时，更显著。搅拌器打碎气泡，使流化过程平稳，降低在床层表面上气泡破裂的激烈程度，从而降低了夹带。

王尊孝等(Zhang，1982)ϕ0.5m×7m 及ϕ0.5m×10m 有机玻璃塔进行试验，固体颗粒为 FCC 催化剂，在密相和稀相分别设置了内部构件，考察它们对夹带的影响，试验结果列于表 5-9。从表 5-9 可大致看出：对密相构件，不论垂直管束或斜片挡板，只 u_f>0.5m/s 后才有抑制夹带的作用，而且速度越大，效果越明显；挡板间距 L_2 = 0.5m 和 0.25m，作用没有什么差异，但当量直径 d_e = 0.24m 时夹带明显多于 d_e = 0.1m 时。总的说来，斜片挡板抑制夹带的作用似乎比垂直管束要好。对稀相构件，抑制夹带的作用要比密相构件显著得多，实验观察到，当稀相构件放在流化床上表面之上 0.3~0.4m 时，抑制夹带的效果最好[注：对 FCC 催化剂，在流化时会有大量粒子滞留在稀相空间内，此时密相的颗粒量远小于 L_{mf}，不考虑这一点，就不易理解给出的(L_p-L_f)数值]。

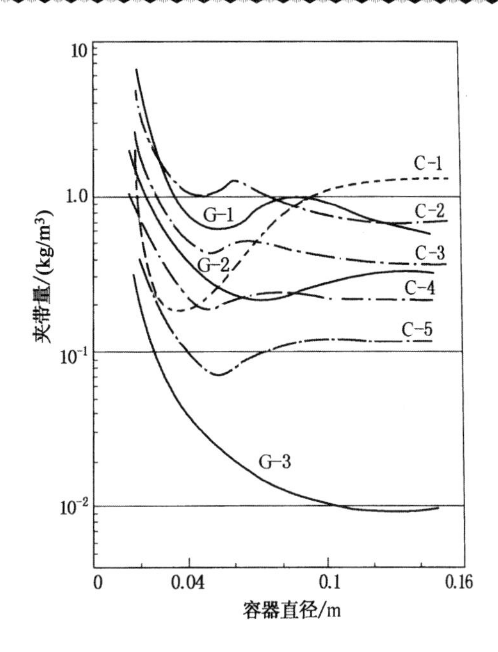

图 5-68 容器直径对夹带的影响

静止床高 0.102m，稀相高 1.12m

玻璃球：

G－1－d_p 51×10^{-6}m，u_f 0.52m/s；

G－2－d_p 74×10^{-6}m，u_f 0.52m/s；

G－3－d_p 94×10^{-6}m，u_f 0.58m/s；

裂化催化剂：

C－1－d_p 70×10^{-6}m，u_f 0.396m/s；

C－2－d_p 61.2×10^{-6}m，u_f 1.04m/s；

C－3－d_p 162×10^{-6}m，u_f 0.91m/s；

C－4－d_p 162×10^{-6}m，u_f 0.855m/s；

C－5－d_p 162×10^{-6}m，u_f 0.795m/s。

表 5-9 各种构件对减少夹带的效应比较

表观气速 u_f/(m/s)	自由床夹带	密相构件，L_1=8m				稀相构件，L_1=5.5m		
		垂直管束		斜片挡板		L_{mf}=0.9m L_p=1.7m	0.6 1.7	0.6 1.4
		当量直径 d_e/m		挡板间距 L_2/m		L_p-L_f=0.25~1m	0.7~1.1	0.25~1.0
		0.24	0.10	0.5	0.25			
0.30	1	1.54	1.16	1.04	1.08	0.30	0.66	0.42
0.40	1	1.05	1.08	0.81	1.06	0.42	0.48	0.29
0.50	1	1.1	0.88	0.89	0.89	0.52	0.34	0.27
0.62	1	0.91	0.75	0.72	0.70	0.71	0.43	0.36
0.72	1	0.91	0.78	0.71	0.67	0.85	0.63	0.78

④ 稀相空间高度：对于一个给定的稀相空间，分散相密度随高度而减小，增大稀相空间会使任一水平面上的密度增加。当稀相空间高度高于 *TDH* 时，或当高度达到使夹带可以忽略时，任一水平面上的密度达到最大值 $\bar{\rho}_R$，这种情况称为全回流。

在全回流时，密相床上任一水平面 L_1 上的密度由式(5-253)求出

$$\bar{\rho}_R = \bar{\rho}_{R0}\exp(-aL_1) \tag{5-253}$$

式中 a 为常数，而 $\bar{\rho}_{R0}$ 为恰在密相表面上的稀相密度。在非全回流的情况下，Lewis 等(1962)发现，密度要比全回流条件下低一个固定值，而且与自由空域所在的水平面无关。

因此 $\bar{\rho}_R-\bar{\rho}$ 在整个稀相空间内都是常数，图 5-69 表明这些结论。

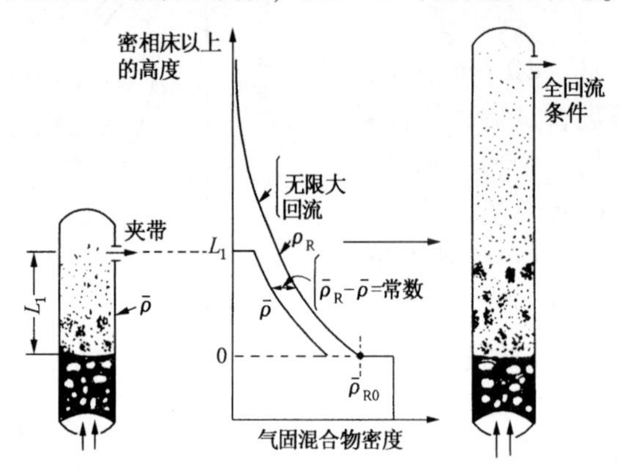

图 5-69　稀相密度随流化床不同水平和自由空域高度的变化

王尊孝(Zhang，1982)在 $\phi=0.5$m，$L_1=3.5$m、5.5m 和 8m 设备中进行试验，发现 $\bar{\rho}_R-\bar{\rho}\neq$常数，而是随 L_f 的增加而减小。

⑤ 表观气体速度：Tasirin 等(1998)以 FCC 催化剂在速度 0.2~0.8m/s，152mm 容器中进行实验，得出总带出量与表观气体速度呈指数关系 $G_{S0}\propto u_f^n$，n 值随粒径不同而改变。d_p 为 124μm，n 值为 2.9；d_p 为 101μm，n 值为 3.2；在 0.2~0.4m/s，n 平均值为 4.0；0.4~0.8m/s，n 平均值为 2.0。对于扬析速度常数 K_{ei}^* 在 7.6~152mm 容器中 $K_{ei}^*\propto u_f^m$ 关系，m 值与粒径有关，见表 5-10。

表 5-10　$K_{ei}^*\propto u_f^m$ 关系中不同粒径的 m 值

d_p/μm	77	57	49	43	37	17
u_f^m 的 m 值	5.1	4.5	4.1	3.8	3.2	2.6

Geldart 提出 $K_{ei}^*\propto(u_f-u_{ti})^p$ 关系，p 值对上述实验所有的颗粒为 2~3。

Smolders 等(1997)等认为可以用上述关系推测容器形状效应，因为容器直径影响表观气体速度，再用 $K_{ei}^*\propto u_f^m$ 与 $K_{S0}\propto u_f^n$ 关系，便可得出容器形状效应。

二、输送分离高度

输送分离高度(TDH)概念是由 Zenz 等(1958)于 1958 年提出的。他认为在床层表面气泡破裂的影响主要和两个因素有关，即床层线速和床层直径。床层线速提高，则气泡数量增多，气泡破裂时的动能增大。Zenz 发现，夹带量对气速很敏感，大约正比于 u_t^2~u_t^4，而 TDH 不那么敏感，大约气速增加一倍，TDH 增加 70%；床层直径增加，整个床层的不均匀性也会增加，因此，随着床层线速和床层直径的提高，所需的 TDH 也会增加。此外，TDH 还随操作压力的增加而线性增大(Chan，1984)。TDH 的估算式多用床径 D_T 和操作气速 u_f 来关联

（陈俊武，2005；Yang，2003）。不同计算式之间差距较大。其中与实际偏差较小的有 Zenz 的 *TDH* 估算图及曹汉昌（1983）关联式。如果已知在一气速下 u_1 下的 *TDH*，则在另一气速 u_2 下的 *TDH* 还可用下式估算（Fournol，1973）。

$$\frac{TDH_1}{TDH_2}=\frac{u_1^2}{u_2^2} \qquad (5-254)$$

Zenz（1958）给出的估算 *TDH* 见图 5-70。

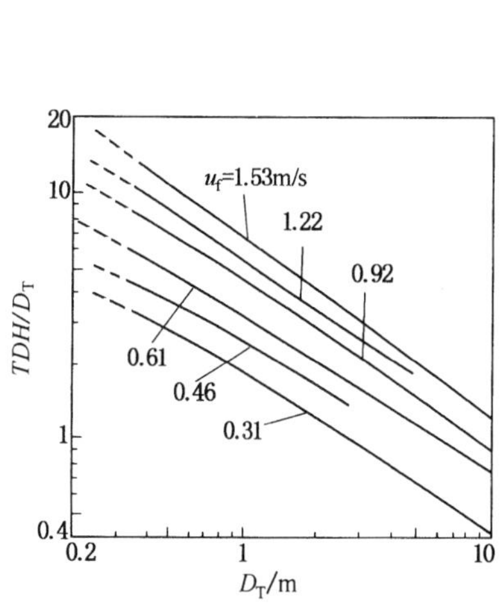

图 5-70　Zenz 的 *TDH* 估算图

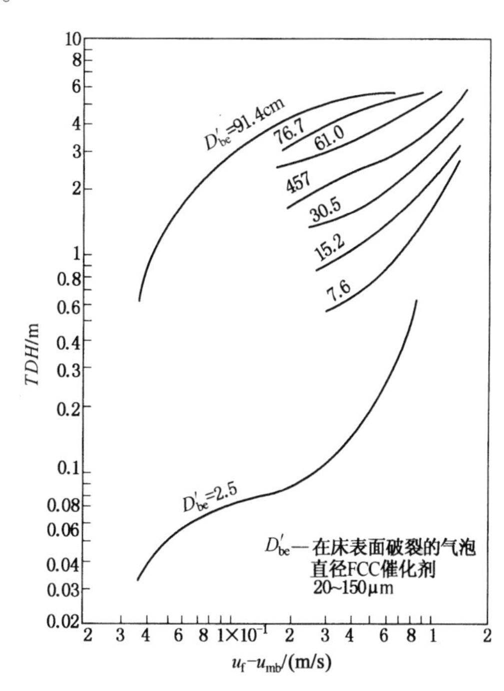

图 5-71　Zenz 提出的用 D'_{be} 估算 *TDH* 的关联图

Horio 将 Zenz 的经验算图数式化得：

$$TDH/D_T=(2.7D_T^{-0.36}-0.7)\times\exp(0.7u_f\cdot D_T^{-0.23}) \qquad (5-255)$$

曹汉昌（1983）的公式（适用于 4～8m 的工业再生器）

$$TDH=10.4u_f^{0.5}D_T^{(0.47-0.42u_f)}-2.4 \qquad (5-256)$$

Zenz（1983）又提出了气泡直径和 *TDH* 之间关系，见图 5-71。

其他研究者用 D'_{be} 估算 *TDH* 的关联式，如 Horio 等（1980）的公式：

$$TDH=4.47D'^{0.5}_{be} \qquad (5-257)$$

式中　D'_{be}——床层表面的气泡直径（FCC 催化剂 20～150μm）。

三、气相饱和夹带量

Lewis 等（1962）发现，对于单一粒度的颗粒，来自一个粒度接近的固体颗粒床层的夹带，在表观速度 u_f 超过终端速度相当多以前是不明显的，然后，随 u_f 增加夹带率增加很快。每当气流速度增加一倍时，夹带率约增加 100 倍，见图 5-72。

夹带量估算的一个简单的方法是，以所有 $u_t<u_f$ 的固体颗粒的 50%质量的点为基准，求

出此粒度的夹带率，然后将此夹带率乘以具有 $u_t<u_f$ 的固体颗粒的质量分率。计算结果见图5-73，计算值与实测值吻合比较好。

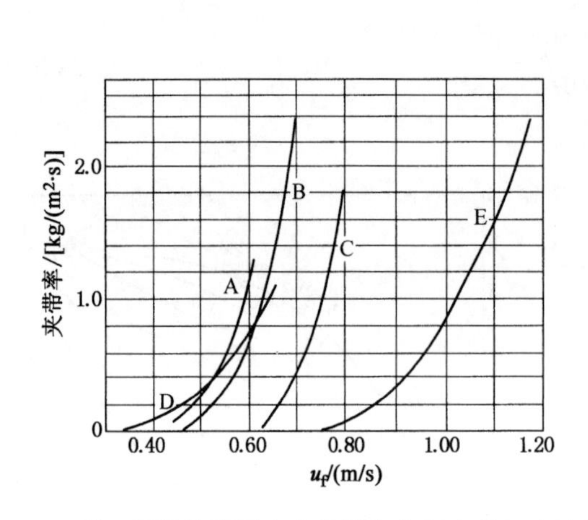

图 5-72　单一颗粒的床层中夹带量和空气表观气速的关系

容器直径 0.051m；静止床层高度 0.102m；稀相空间高度 1.12m；

玻璃球：A—0.051mm；B—0.074mm；C—0.094mm；

裂化催化剂：D—0.07mm；E—0.162mm

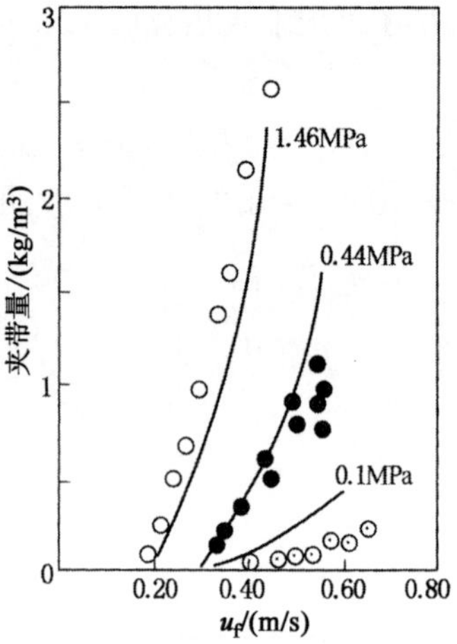

图 5-73　不同压力下，计算携带量与实测夹带量

值得一提的是：由 Zenz 的方法算出的催化裂化再生器的饱和夹带量比实测值偏低很多。例如，某工业装置再生器稀相内径约 4.2m，稀相高度约 11m，超过 *TDH*。当再生器稀相线速为 0.4~0.48m/s 时，多次测得旋风分离器入口催化剂浓度为 5~5.8kg/m³。而按 Zenz 的方法计算，只有 1~1.5kg/m³，计算值比实测值偏低很多。另一方面，用 Zenz 的计算方法算出的催化裂化反应器的饱和夹带量又比实际值偏高很多。例如某一催化裂化装置的反应器，其稀相线速为 0.6m/s，按 Zenz 的方法计算得旋风分离器入口催化剂浓度竟高达 18kg/m³，而实测值为 5kg/m³，计算值比实测值又偏高很多。

为关联不同稀相高度的固体分布，Zenz 引入"有效速度 u_e"的概念。u_e 定义为在该沉降高度（*DH*）处，颗粒浓度为"饱和夹带量"时所对应的饱和夹带速度，其计算公式为：

$$\lg(u_e/u_f) = -0.25\lg(DH/TDH) + 0.214[\lg(DH/TDH)]^2 \qquad (5-258)$$

夹带到旋风分离器入口的量 ρ^* 为

$$\lg Y = 0.8548 - 1.456\lg X - 0.445(\lg X)^2 \qquad (5-259)$$

$$Y = \frac{\rho^*}{\rho_g},\quad X = \frac{u_f^2}{g d_p \rho_p^2}$$

用这一方法计算的结果比现场实测结果同样也偏低很多。例如某厂实测的 *TDH* 约为 8m，该处的"饱和夹带量"是 6kg/m³，而计算结果仅为 3kg/m³。造成上述偏差的原因在于流化介质的性质。查阅 Zenz 的原始试验数据可知，它只用了一种流化介质，介质性质的影响没有充分反映出来。20℃的空气黏度为 1.85×10^{-5} Pa·s，600℃的再生烟气黏度约为 3.8×10^{-5} Pa·s，比常温下的空气黏度大了一倍，而 470℃的反应油气的黏度约为 1×10^{-5} Pa·s，几乎只有常温下空气黏度的一半。显然流化介质黏度的差别是显著的。

通过对现场实测数据的分析，张立新(1981)发现采用操作速度和催化剂颗粒平均带出速度的比值 u_f/u_t 来关联，可以较好地反映出流化介质的性质和其他各种因素对饱和夹带量的影响，可以得到对再生器和反应器都适用的统一关联式，结果是比较满意的。

$$\frac{\rho^*}{\rho_g}=0.1545\left(\frac{u_f}{u_t}\right)^2-0.4132\left(\frac{u_f}{u_t}\right)+1.091 \tag{5-260}$$

式中　ρ^*——旋风分离器入口催化剂浓度，kg/m^3。

张立新的公式用于计算粒径大(≥65μm)和粒径小(≤50μm)的裂化催化剂的气相饱和夹带量时，误差较大，只适用于中等粒径颗粒。曹汉昌(1983)根据国内再生器的操作数据关联出如下公式：

$$\lg\frac{\rho^*}{\rho_g}=10.5+4\lg\frac{u_f^2\mu}{10^{-3}d_p\rho_p^2}+0.3965\left[\lg\left(\frac{u_f^3\mu}{10^{-3}d_p\rho_p^2}\right)\right]^2 \tag{5-261}$$

用上式计算8个炼厂的18个饱和夹带量，计算值与实测值的绝对平均误差为8.1%，最大误差为+21.8%，说明上述计算公式准确度较好。

Giuricich 等(1982)提出了催化裂化再生器饱和携带量准数(ρ^*/ρ_g)和稀相有效气速与颗粒密度的比值(u_e/ρ_p)的关联曲线，近似的表达式为

$$\rho^*/\rho_g=30.3(1000u_e/\rho_p)^{2.6} \tag{5-262}$$

式中，u_e——可由图5-74查得。

关于再生器床层和旋风分离器入口催化剂粒度分布，Tesoriero (1984)曾作过计算，计算结果列于表5-11和见图5-75。计算中采用 $u_f=0.78m/s$，$L_1=12.8m$，ρ_R/ρ_g 由图5-76查出。

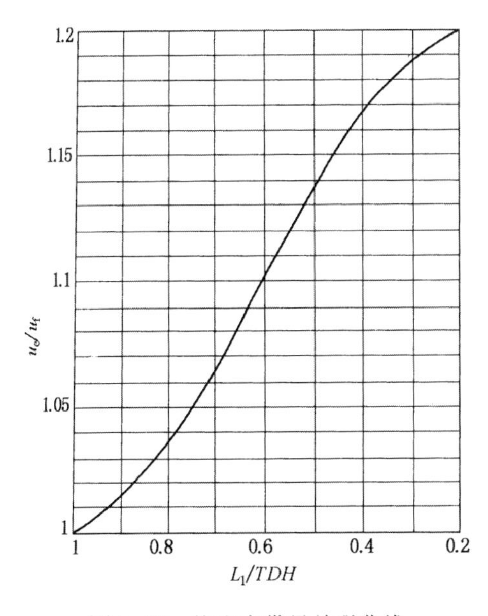

图5-74　饱和夹带量关联曲线

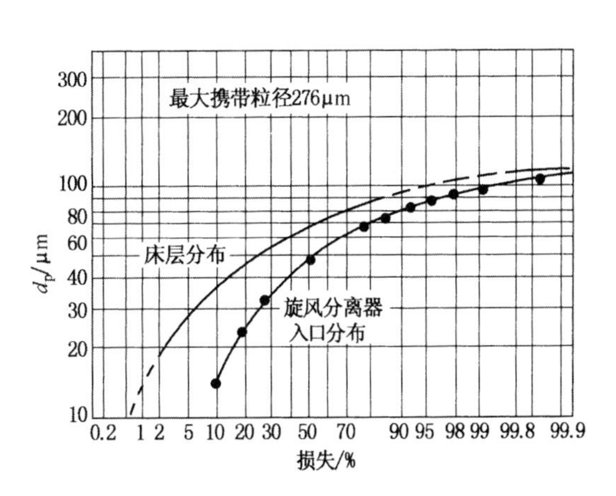

图5-75　再生器内催化剂粒度分布

表 5-11　再生器内催化剂粒度分布

质量分率	d_p/μm	$\frac{u_f^2}{gd_p\rho_p^2}$	$\frac{\rho_R}{\rho_g}$	ρ_R	质量/(kg/m³)	质量分率	累计质量分率
0.02	14	2.83×10^{-3}	41	29.554	0.5911	0.0930	0.0930
0.03	26	1.52×10^{-3}	22	15.858	0.4757	0.0748	0.1678
0.05	34	1.16×10^{-3}	17	12.254	0.6277	0.0963	0.261
0.10	42	0.94×10^{-3}	13	9.370	0.9370	0.1475	0.4118
0.10	50	0.79×10^{-3}	10	7.208	0.7208	0.1134	0.5250
0.10	56	0.70×10^{-3}	9	6.488	0.6488	0.1021	0.6271
0.10	63	0.63×10^{-3}	7.3	5.254	0.5254	0.0827	0.7098
0.10	68	0.58×10^{-3}	6.5	4.677	0.4677	0.0736	0.7834
0.10	75	0.52×10^{-3}	5.6	4.039	0.4039	0.0635	0.8469
0.10	82	0.48×10^{-3}	5.1	3.668	0.3668	0.0577	0.9046
0.10	88	0.45×10^{-3}	4.6	3.316	0.3316	0.0521	0.9567
0.05	96	0.41×10^{-3}	4.1	2.947	0.1474	0.0232	0.9799
0.03	100	0.39×10^{-3}	3.6	2.595	0.0779	0.0121	0.9920
0.02	108	0.36×10^{-3}	3.4	2.451	0.0490	0.0075	0.9995
1.00					6.3529		

四、扬析和夹带率

(一) 扬析

扬析是指从各种颗粒直径的混合物形成的床层中选择性地夹带出细粉颗粒的过程。早在1951年Leva(1951)就进行了研究，并提出用类似于一级反应的速率方程来估算扬析速率：

$$-\frac{dx_i}{dt} = K_{ei}x_i \tag{5-263}$$

积分式(5-263)，可得

$$x_i = x_{i0}\exp(-K_{ei}t) \tag{5-264}$$

式中　x_{i0}，x_i——分别为 $t=0$ 和 $t>0$ 时，i 筛分在床中的质量分率；

K_{ei}——筛分 i 的扬析速度常数，s^{-1}。

图5-77和表5-12表示在特定的系统中的典型测定结果(Leva，1951)。

表 5-12　图 5-77 的附表

作　　者	固体	d_p 微粒/μm	x_{io}	空气速度 (u_f)/(m/s)
(a) Osberg and charlesworth	玻璃球	17.78	<0.01	0.122
(b) Hymun	玻璃球	68.58	0.50	0.558
(c) Leva	铁 F-T 催化剂	40.64	0.078	0.405

Yagi等(1955)对扬析速率给出了另一种表达式：

$$\frac{dx_i}{dt} = K_{ei}^* \frac{A_T}{W'_S}x_i \tag{5-265}$$

显然 $K_{ei}^* = K_{ei}W'_s/A_T$。

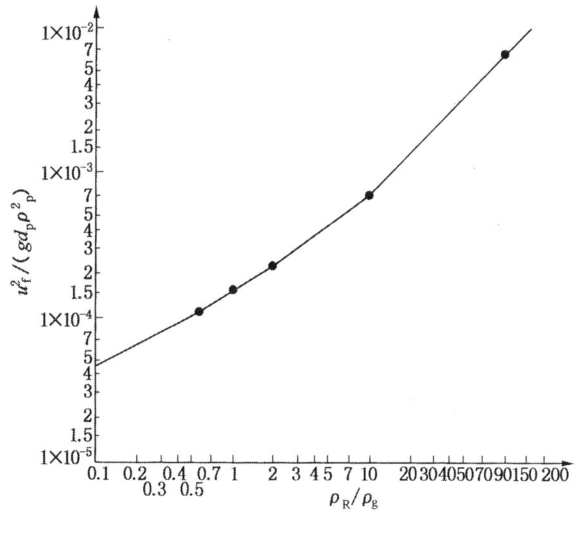

图 5-76　固体夹带量

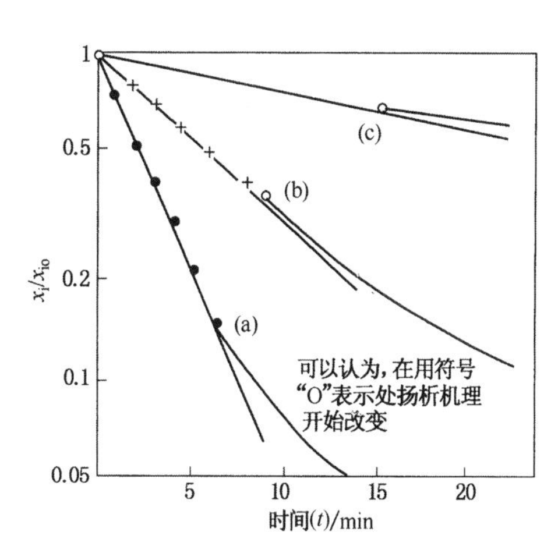

图 5-77　在扬析时典型的床层细粉变化情况

随后，不少流态化研究者为了估计 K_{ei}^* 作了大量工作，提出了许多各具特色的关联式(陈俊武，2005；Kunii，1991；Yang，2003)，但各关联式的计算值相差非常大。其中，针对 FCC 流化床，Zenz 等(1958)提出的关联式为：

$$\frac{K_{ei}^*}{\rho_g u_f} = 5.362 \times 10^6 \left(\frac{u_f^2}{gd_{pi}\rho_p^2}\right)^{1.75} \qquad \frac{u_f^2}{gd_{pi}\rho_p^2} \leqslant 4.8 \times 10^{-4} \tag{5-266}$$

$$\frac{K_{ei}^*}{\rho_g u_f} = 4.808 \times 10^4 \left(\frac{u_f^2}{gd_{pi}\rho_p^2}\right)^{1.16} \qquad \frac{u_f^2}{gd_{pi}\rho_p^2} \geqslant 4.8 \times 10^{-4} \tag{5-266a}$$

Tasirin 等(1998)关联式，对于层流气体流动 $Re<3000$：

$$K_{ei}^* = 23.7\rho_g u_f^{2.5} \exp\left(-5.4\frac{u_{ti}}{u_f}\right) \tag{5-267}$$

对于湍流并用于工业装置 $Re>3000$：

$$K_{ei}^* = 14.5\rho_g u_f^{2.5} \exp\left(-5.4\frac{u_{ti}}{u_f}\right) \tag{5-267a}$$

此关联式的计算值与实验值的误差为±50%。该关联式与原 Geldart 等关联式及 Zenz 等(1958)关联式比较见图 5-78、图 5-79。

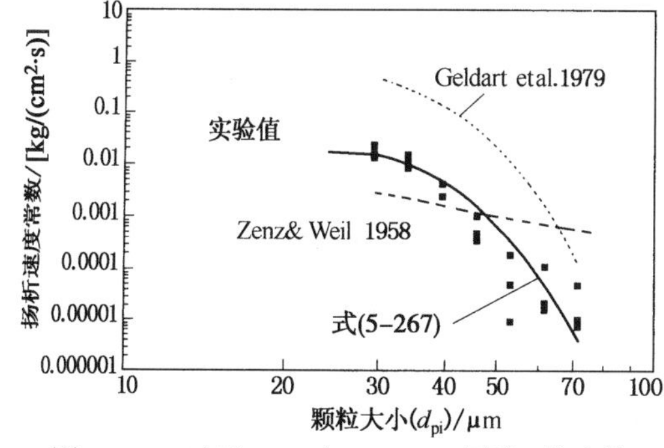

图 5-78　对于 FCC 在 0.1m/s(层流)的比较

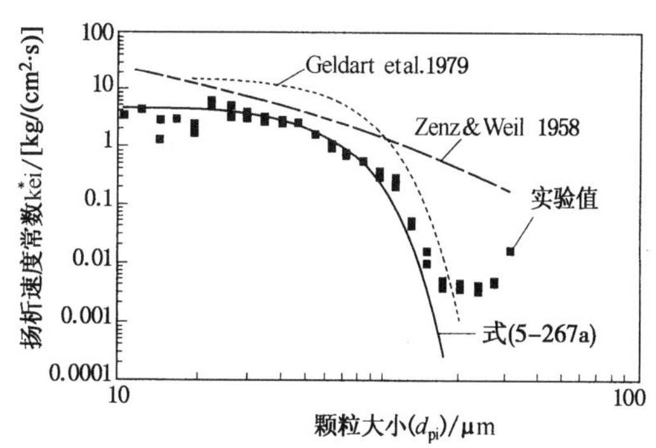

图 5-79　对于 FCC 在 0.6m/s(层流)的比较

（二）夹带速率关联式

1. Lewis 关联式

Lewis 等(1962)定性地认为，夹带量的变化情况和稀相内的密度变化相似。因此当 u_f 一定时，夹带随稀相空间高度的变化为：

$$G'_s = G_{so}'\exp(-aL_1) \tag{5-268}$$

式中，C'_{so}为一常数，a 为式(5-268)中的另一常数，a 和 G_{so}'的关系见表 5-13。

表 5-13　a 和 G'_{so}的数值

项　　目	au_f/s^{-1} $D_T=0.05\sim0.15m$	$(G'_{so}/A_T)/[kg/(m^2 \cdot s)]$ $D_T>0.08m$
0.075mm 玻璃球	0.6~0.8	0.7~1.1(u_f=0.52m/s)
0.07mm 裂化催化剂	0.4~0.6	1.5(u_f=0.4m/s)

若把气速和稀相空间高度对夹带量的总影响关联起来，可得出下式：

$$\frac{G'_s}{A_T u_f} = B \times \exp\left\{-\left[\left(\frac{b}{u_f}\right)^2 + aL_1\right]\right\} \tag{5-269}$$

式中，B 由表 5-14 给出，$b = 2.8 \times 10^3\rho_p^{0.5}d_p$。

表 5-14　式(5-269)中的 B 值

D_T/m	裂化催化剂 0.07mm	玻璃球 0.075mm
0.05		3.6
0.076	3.1	5.3
0.146	2.0	8.3

2. Wen 关联式

Wen 等(1960)在总结前人的工作后，得出下列关联式：

$$G_s = G_s^* + [G_{so} - G_s^* \cdot \exp(-aL_1)] \tag{5-268a}$$

床层表面带出通量 G_{so}及 G_s^* 关联式也在 Wen 等(1982)同一文献中给出：

$$\frac{G_{so}}{A_F D_{be}} = 3.07 \times 10^{-9}\frac{\rho_g^{3.5}}{\mu^{2.5}}(u_f - u_{mf})^{2.5} \tag{5-270}$$

$$G_{si}^* = x_{Bj}K_{ei}^* \tag{5-270a}$$

式(5-268a)中指数 a 值，取决于床层表面以上扬析通量下落高度。Wen 等(1982)在颗粒带出速度大于气体速度时研究，归纳成表 5-15，在条件差别很大的情况下，a 在3.5~6.4m^{-1}之间变动。鉴于 a 是个不很敏感的参数，在没有准确数据的情况下，可取值 4.0，一般在 2.2~6.6 范围内。如果式(5-268)中 α 取 4.0，计算的扬析通量应在床层表面 2m 以上。

对于大的颗粒，在 *TDH* 以上的夹带速率 G_s^* 较之在床表面的夹带速率 G_{so}要小得多，可以忽略不计，式(5-268)可以简化为：

$$G_s = G_{so}\exp(1 - aL_1) \tag{5-268b}$$

相反，对于小的颗粒，夹带速率 G_s 近似地等于 *TDH* 以上的扬析速率 G_s^*，因此

$$G_s = G_s^*$$

表 5-15 根据几位研究者数据算出的 a 值

研究者	物料	$\bar{d}_p$/μm	ρ_p/(kg/m³)	$D_T/(L_f+L_1)$/m	u_f/(m/s)	a/m⁻¹	$\bar{a}$/m⁻¹
Nazemi 等(1974)	FCC 催化剂	59	840	$\frac{0.61}{7.92}$	0.0914 0.1524 0.2134 0.2743 0.3353	3.5 3.3 3.7 3.6 3.9	3.6
Zenz 和 Weil (1958)	FCC 催化剂	60	940	$\frac{0.0508\times0.61}{0.254\sim2.8}$	0.3048 0.4572 0.6096 0.7163	5.0 3.6 4.2 4.1	4.2

3. George 关联式

George 等(1978)把在床表面的夹带速率 G_{so} 与气泡直径 D_{be} 和(u_f-u_{mf})关联起来，得出下式：

$$\frac{G_{so}}{A_T D_{be}} = 3.07 \times 10^{-9} \frac{\rho_g^{3.5} g^{0.5}}{\mu^{0.5}}(u_f - u_{mf})^{2.5} \tag{5-271}$$

上式的 D_{be} 可采用 Mori 的公式：

$$D_{be} = D_{bem} - (D_{bem} - D_{beo})e^{-0.3\frac{L}{D_T}} \tag{5-272}$$

$$D_{bem} = 0.8716[\pi D_T^2(u_f - u_{mf})]^{0.4} \tag{5-272a}$$

4. 王尊孝关联式

王尊孝(Zhang, 1982)在 ϕ0.5m×5m、ϕ0.5m×7m 及 ϕ0.5m×10m 的有机玻璃流化床内，在常温常压下流化微球形硅胶(d_p=189μm)和 FCC 催化剂(d_p=58μm)，在无内部构件时测定夹带速率沿稀相空间高度的变化，获得一系列关联式。

微球形硅胶、FCC 催化剂 } $u_f = 0.2$m/s，$L_f = 3.5 \sim 8.0$m

$$G_s = 0.12u_f\exp(-0.167L_1) \tag{5-273}$$

球形硅胶：$u_f = 0.3 \sim 0.5$m/s，$L_f = 3.5 \sim 5.5$m

$$G_s = 2.54u_f^{2.896}\exp[-(0.063u_f^{-0.769})L_1] \tag{5-274}$$

FCC 催化剂：$u_f = 0.25 \sim 0.7$m/s，$L_f = 5.5$m

$$G_s = 340.8u_f^{4.08} \cdot \exp[-(0.1842u_f^{-0.423}) \cdot L_1] \tag{5-275}$$

$u_f = 0.3 \sim 0.7$m/s，$L_f = 8.0$m

$$G_s = (92.3 + 162\lg u_f)u_f\exp[-0.37(1 - u_f) \cdot L_1] \tag{5-276}$$

5. 杨贵林关联式

杨贵林等(1987)在 ϕ0.3×4.55m 的有机玻璃流化床内，在常温常压下流化 FCC 催化剂(d_p=66.7μm)和硅小球(d_p=157.0μm)等物料，研究了稀相空间中的浓度。根据轴向颗粒浓度分布的实验结果，将稀相空间分成三个区域。对于具有一定粒度分布的颗粒，床面的气泡破裂把颗粒喷射到稀相空间。在离床面一定高度 Z_C 的区域内，颗粒除了受气泡破裂引起的湍动的影响外，对于一些终端速度大于表观气速的颗粒或颗粒团，由于本身的重力作用，上升到一定高度后要返回床内，因此颗粒浓度下降很快，这一区域称为颗粒的弹溅区，其高度定义为临界高度 Z_C。在 Z_C 以上，颗粒弹溅的影响基本消失，在这一区域中，颗粒会由于湍流扩散而横向传递到靠近边壁的慢气流中，最后沿边壁返回床内，这一区域称为扩散区。在 *TDH* 以上的区域，颗粒浓度基本不变，故称为饱和夹带区。

Z_C 是气速、颗粒物性的函数，其经验关联式为：

$$Z_c = 8.417 \times 10^{-3} Re^{0.6517} \left(\frac{\rho_p - \rho_g}{\rho_g} \right)^{0.5231} \qquad (5-277)$$

稀相空间颗粒浓度分布关系为：

$$\rho_R = 16.98 \times Re_{mf}^{0.0578} \left(\frac{\rho_p - \rho_g}{\rho_g} \right)^{-0.5609} \exp\left[0.901 Fr^{0.2186} \times \left(\frac{\rho_p - \rho_g}{\rho_g} \right)^{0.1859} Z \right] \quad (Z \leqslant Z_c) \qquad (5-278)$$

$$\rho_R = 1.018 \times 10^{-7} Fr^{2.237} \left(\frac{\rho_p - \rho_g}{\rho_g} \right)^{-0.4407} \exp\left[58.67 d_p^{0.6624} \times \left(\frac{\rho_p - \rho_g}{\rho_g} \right)^{-0.4618} / Z \right] \quad (Z \geqslant Z_c) \qquad (5-279)$$

6. Kunii 关联式

Kunii 等(1990a)假定 1：在密相流化床上的稀相中存在着三个显然不同的相：

相 1：带有完全分散固体颗粒的气体流，以 u_1 的速度向上流动，而粗颗粒则返回床层；

相 2：以 u_2 的速度向上运动抛射出来的颗粒团；

相 3：以 u_3 的速度向下运动的下沉颗粒团和稠厚的分散相的颗粒。

假定 2：在床层的任一水平面上，颗粒团消失成相 1 的分散固体颗粒，其速率和这一水平面上的固体颗粒团的浓度成正比。

假定 3：向上运动的颗粒团时而改变方向向下运动，并且在任一水平面上由相 2 变到相 3 的频率和这一水平面上相 2 中固体浓度成正比。

Kunii 关联式中各符号的意义参见图 5-80。令 G_{s1}、G_{s2}、G_{s3}[kg/(m^2 · s)]为每一相的质量流量，ρ_1，ρ_2，ρ_3 为稀相空间每一相的密度(kg/m^3)，因而稳定状态下有：

$$G_s = G_{s1} + G_{s2} - G_{s3} = \rho_1 u_1 + \rho_2 u_2 - \rho_3 u_3 \qquad (5-280)$$

任一水平面上平均颗粒浓度为

$$\bar{\rho} = \rho_1 + \rho_2 + \rho_3 \qquad (5-281)$$

同时，令上升的固体夹带率为 G_{su}，下降的固体夹带率为 G_{sd}，则有：

$$G_{su} = G_{s1} + G_{s2} \qquad G_{sd} = G_{s3}$$

设 K_1为相 2、相 3 到相 1 的速度系数，K_2为相 2 到相 3 的速度系数，x 为细粉在床层中的分率，Z_f为稀相任一高度，则有：

$$u_1 \frac{d\rho_1}{dZ_f} = xK_1(\rho_2 + \rho_3) \qquad (5-282)$$

$$-u_2 \frac{d\rho_2}{dZ_f} = (xK_1 + K_2)\rho_2 \qquad (5-283)$$

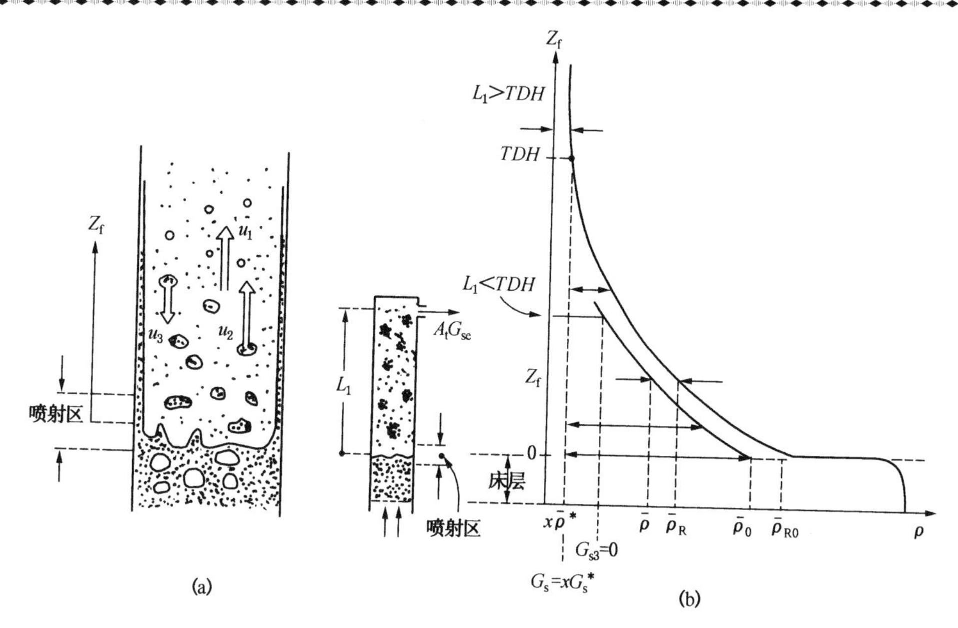

图 5-80　Kunii 关联式中各种符号的意义

$$-u_3\frac{d\rho_3}{dZ_f}=K_2\rho_2-xK_1\rho_3 \tag{5-284}$$

当所有固体达到 L_1 离开容器时，没有下降的固体，故：

$$\rho_3=0\qquad(Z_f=L_1)$$

床层表面用下标 0 表示，此时仅有颗粒团抛向稀相空间，故：

$$\rho_1=0\qquad\rho_2=\frac{G_{su0}}{u_2}\qquad(Z_f=0)$$

利用上述边界条件联解式(5-282)~式(5-284)可得：

$$\frac{G_s-xG_s^*}{G_{su0}-xG_s^*}=\exp(-aL_1) \tag{5-285}$$

高容器出口夹带率与床层表面夹带率之比为：

$$\frac{xG_s^*}{G_{su0}}=\frac{\frac{xK_1}{K_2}\left(1+\frac{u_2}{u_3}\right)}{1+\frac{xK_1}{K_2}\left(1+\frac{u_2}{u_3}\right)} \tag{5-286}$$

$$a=\frac{K_2}{u_2}\left[1+\frac{xK_1}{K_2}\left(1+\frac{u_2}{u_3}\right)\right],\ m^{-1} \tag{5-287}$$

在特殊情况下，具有少量细粉的激烈搅动的鼓泡床和湍动床中，抛掷到稀相空间的固体远远大于从床层中带走的固体，因而：$xG_s^*\ll G_{su0}^*$，此时：

$$\frac{xK_1}{K_2}\left(1+\frac{u_2}{u_3}\right)\ll 1\ 或\ \frac{xK_1}{K_2}\ll 1$$

因此，从式(5-287)可得：

$$a \approx K_2/u_2 \tag{5-288}$$

由此，式(5-285)可写成：

$$\frac{G_s - xG_s^*}{G_{su0}} \approx \exp\left(\frac{-K_2L_1}{u_2}\right) \tag{5-289}$$

显然：

$$G_{su} = \rho_1 u_1 + \rho_2 u_2 \tag{5-290}$$

由此可得：

$$\frac{G_{su} - xG_s^*}{G_{su0} - xG_s^*} = e^{-aL_1} + e^{-bZ_f} - e^{-[aL_1-(a-b)Z_f]} \tag{5-291}$$

式中，$b = \frac{xK_1 + K_2}{u_2}$，$a - b = \frac{xK_1}{u_3}$。

在特殊情况下 $xG_s^* \ll G_{u0}$，可得 $xK_1 \ll K_2$，因而 $a-b \ll$a。因此当 $Z_f \leq L_1$ 时有：

$$(a - b)Z_f \ll aL_1$$

因而，式(5-291)可写成：

$$\frac{G_{su} - xG_s^*}{G_{su0}} = \exp(-aZ_f) \tag{5-292}$$

从 Kunii 的关联式也可得到稀相密度分布，即当 $xG_s^* \ll G_{su0}$，$L_1 > TDH$ 时，固体在 Z_f 时的密度 $\bar{\rho}_R$ 为：

$$\bar{\rho}_R - x\bar{\rho}^* \approx G_{su0}\left(\frac{1}{u_2} - \frac{1}{u_3}\right)\exp(-aZ_f) \tag{5-293}$$

当高于 TDH 并在气力输送情况时：

$$x\bar{\rho}^* = xG_s^*/u_1 \tag{5-294}$$

当 $L_1 < TDH$ 时，固体密度 $\bar{\rho}$ 与全回流之差为一常数，且与 L_1 有关：

$$\bar{\rho}_R - \bar{\rho} = \frac{G_{su0}}{u_3}\exp(-aL_1) \tag{5-295}$$

在稀相空间 $G_s/G_{su0} \ll 1$，因而 $\exp(-aL_1) \ll 1$，因此当 $L_1 < TDH$ 时有：

$$\frac{\bar{\rho} - x\bar{\rho}^*}{\bar{\rho}_o - x\bar{\rho}^*} \approx \exp(-aZ_f) \tag{5-296}$$

式中：

$$\bar{\rho}_o - x\bar{\rho}^* \approx G_{su0}\left[\left(\frac{1}{u_2} + \frac{1}{u_3}\right) - \frac{1}{u_3}\exp(-aL_1)\right] \tag{5-297}$$

Kunii 模型中的 G_{su0}和 G_{sd0}参见图 5-81，a 值参见图 5-82。

上面介绍的六种计算夹带率的关联式，大多是以床层表面夹带率作为主要参数，由于这一参数很难获得，因而这些关联式很难在实际中应用。所以有的人转向研究饱和夹带率作为主要参数的关联式。

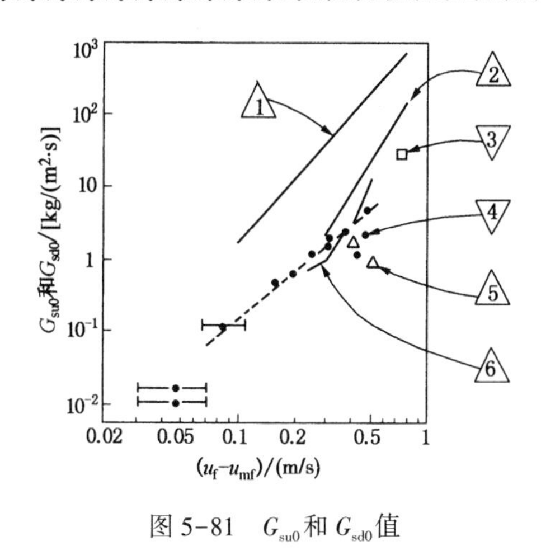

图 5-81　G_{su0}和G_{sd0}值

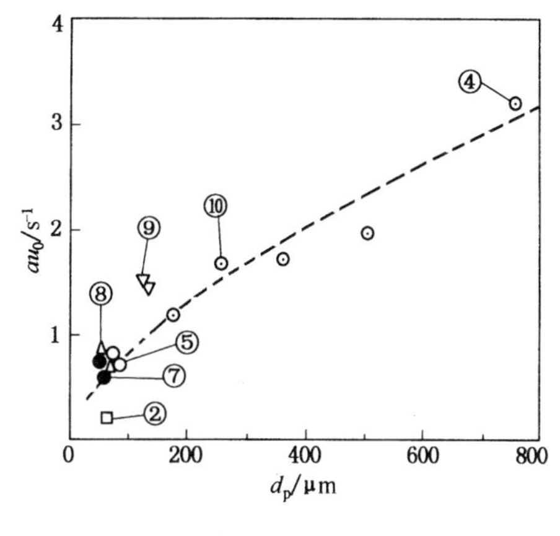

图 5-82　a 值

7. 张立新关联式

催化剂颗粒被气泡高速抛出床层后，随着高度的增加，密度逐渐降低，直到高度达到 *TDH* 后，催化剂在稀相的密度即趋于稳定；在 *TDH* 以下，稀相催化剂密度沿高度的变化符合指数函数规律。张立新(1981)对现场催化裂化装置再生器的数据进行关联后，可得出以下关系：

$$\rho_R = \rho^* \exp(aL_1) \qquad (5-298)$$

式中，a 为和稀相线速有关的常数，见图 5-83。

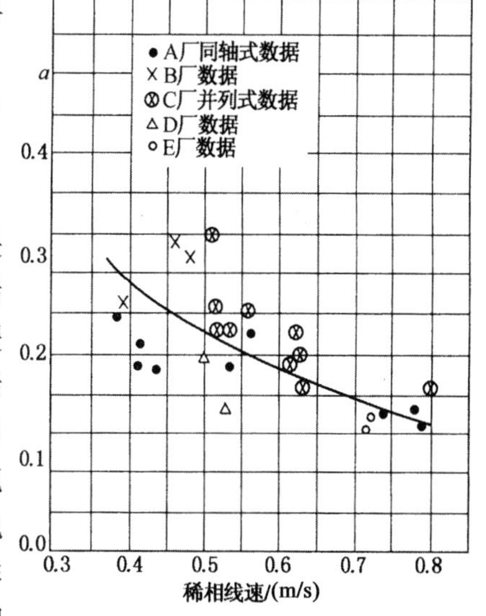

图 5-83　式(5-298)中常数 a 值

8. 曹汉昌关联式

稀相气体夹带的催化剂量应分为两部分：一部分是稀相线速下气体的夹带量，由于有过量夹带，并随着稀相高度的增加而逐渐减少，呈指数规律变化，但较为缓慢。当达到 *TDH* 后，即为饱和夹带量。此夹带量只是稀相高度、稀相直径、稀相线速和饱和夹带量的函数。另一部分是由于气泡在床层表面爆破，以及流化床内气流不均匀而喷射到稀相空间的催化剂。喷射的催化剂量也随稀相高度的增加而逐渐减少，呈指数规律变化，但非常陡。当达到 *TDH* 后，其量为零。此种喷射量除与稀相高度、密相线速、密相平均密度有关外，还与再生器密相与稀相截面积之比有关。按照上述设想，曹汉昌(1983)对国内催化裂化再生器现场数据进行关联，求得低于 *TDH* 的稀相催化剂密度计算公式为：

$$\rho_R = \rho^* \exp[a_1(TDH - \Delta L)] + \frac{2.69 \times 10^{-3} \rho_B^{1.2} (TDH - \Delta L) \exp[a_2(TDH - \Delta L)]}{TDH} \qquad (5-299)$$

式中　$a_1 = 0.07 u_R^{-1.5} D_R^{-1.1}$

$$a_2 = 0.419 u_R^{0.5} \left(\frac{A_T}{0.785 D_R^2} \right)^{0.05}$$

应用上列公式计算四个炼厂工业再生器的 17 套稀相密度分布，精确度较高，绝对平均误差为 9.22%，最大误差为-33.6%。

稀相平均密度(ρ_{RC})可以从密相床面($\Delta L=0$)到一级旋风分离器入口($\Delta L=L_1$)作为积分上下限，对式(5-299)进行积分，然后将积分结果除以 L_1，即得稀相平均密度。

$$\rho_{RC}=\left\{\rho^*\int_0^{L_1}\exp[a_1(TDH-\Delta L)]\mathrm{d}\Delta L+\frac{2.69\times10^{-3}\rho_B^{1.2}}{TDH}\times\int_0^{L_1}(TDH-\Delta L)\exp[a_2(TDH-\Delta L)\mathrm{d}\Delta L\right\}/L_1$$

$$=\frac{\rho^*\{\exp(a_1TDH)-\exp[a_1(TDH-L_1)]\}}{a_1L_1}+\frac{2.69\times10^{-3}\rho_B^{1.2}\{\exp(a_2TDH)-\exp[a_2(TDH-L_1)]\}}{a_2L_1}+\frac{2.69\times10^{-3}\rho_B^{1.2}\{\exp[a_2(TDH-L_1)]\}(1+a_2L_1)-\exp[a_2TDH)\}}{a_2^2L_1TDH}\quad(5-300)$$

故稀相藏量占总藏量的质量分率为

$$W_{CR}=\frac{0.7\rho_{RC}V}{W}\quad(5-301)$$

曹汉昌和张立新的关联式均系以工业数据关联的结果。在关联时，由于床层表面处的夹带量很难测定，因而采用旋风分离器的进口为起始点，以饱和夹带量作为关联参数。因此，他们公式中的 a 值与其他作者公式中的 a 值差异很大是必然的。

另外，从曹汉昌的公式可知，若 $TDH=0$，夹带量为无穷大，即在床层表面处的催化剂床层密度为无穷大，这显然与实际不符。出现这种情况的主要原因是接近床层表面处的夹带量数据太少，关联得不够准确所致，这一点在计算中应予以注意。

第四节 快 速 床

高效再生器烧焦罐，气速可在 1.0~3m/s 之间，$G_s=15\sim50\mathrm{kg/(m^2\cdot s)}$。按 Squires 分类法大部分属于快速流化(fast fluidization)，简称快速床。快速流态化是操作气速大于等于某一临界速度 u_{tr}(Yerushalmi，1979)或 u_{se}(Bi，1995)的一种流态化操作。在此气速下操作，颗粒的夹带量较大，如果没有颗粒补充，床层颗粒将很快被吹空。如果有新的颗粒不断补充进入床内或通过气固分离设备将吹出的颗粒返回床内，操作就可维持。

流化床颗粒输送速度 u_{tr} 可用式(5-302a)(Bai，1995a)或式(5-302b)(Bi，1991)来估算：

$$u_{tr}/u_t=15.17\left(\frac{d_p}{D}\right)^{0.121}Re_t^{-0.4687}\quad(5-302a)$$

$$Re_t=\frac{d_pu_{tr}\rho_g}{u_g}=2.28Ar^{0.419}\quad(5-302b)$$

夹带速度 u_{se} 可用下式(Bi，1995)预测：

$$Re_{se}=\frac{d_pu_{se}\rho_g}{u_g}=1.53Ar^{0.5}\quad(5-303)$$

快速流态化操作一般需要在循环流化床中才能实现。循环流化床则是专指带有颗粒循环返床设施的一类流化床设备系统。对于一给定的颗粒循环速率 G_S，快速流态化的操作气速应介于转变气速 u_{TF}和 u_{FD}之间。u_{TF}和 u_{FD}的计算见本章第一节。Horio(1997)、金涌(2001)、Yang(2003)和 Pannala(2011)等对快速床或循环床的流化特性进行过综述。下面简要介绍快速床流化特性。

一、快速床的流态化特性

快速床中颗粒在高气速下发生聚集与分散，气体绕颗粒聚团流动，气固滑移速度高，返混大，稀相与密相(颗粒聚团)分布不均匀、动态共存。其流动规律可归纳为：局部颗粒聚集体的时空不均匀性和整体颗粒浓度(空隙率)等的轴、径向分布不均匀性，且受气速、颗粒循环量、气固物性、设备条件、操作温度、压力等因素影响，相当复杂。

1. *局部流动结构及其规律*

流动结构是指气固流化床中气固两相的存在形式，一般可以通过测定和分析床内局部颗粒浓度、速度等参数随时间的变化来确定。通常所用的测定技术有光纤探头、电容探头、动量探头以及激光测速仪等。图 5-84 为用光纤探针在一快速床不同位置测量的颗粒密度信号，其中，0 线表示纯空气流动，信号峰值越高，颗粒浓度越大(Horio，1997)。可见，在床层中心与上部区域，信号高频脉动较多，颗粒聚集体数量较少，颗粒多为均匀分散，称为稀相；而床下部和接近床层壁面处颗粒聚集体的数量较多且较大。

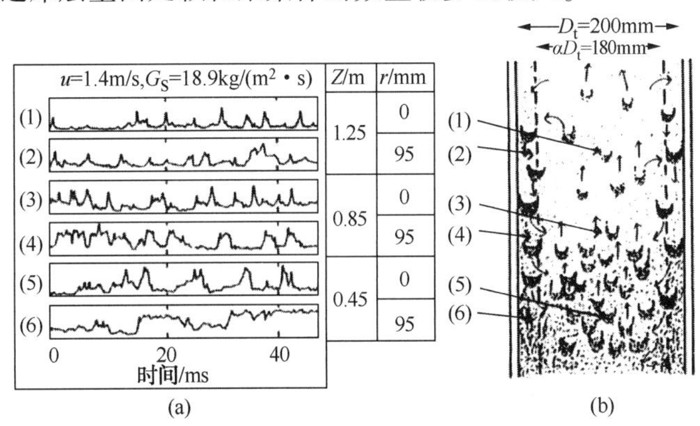

图 5-84　光探针测得的颗粒密度脉动信号

床径 $D_t=200$mm，FCC 催化剂，$d_p=61.3\mu$m，$\rho_p=1780$kg/m^3

因此，快速流化床的局部流动结构是稀相为连续相、浓相(颗粒聚集体)为分散相的气固两相结构。这种特殊的相结构是快速流态化气固流动的自然属性。当操作条件、气固物性和设备结构变化时，这种稀、浓两相的局部结构并不发生根本的变化，只是稀、浓两相的比例及其在空间的分布发生相应的变化。

早期有关快速流化床中颗粒聚集体(cluster)的概念，是基于对床中气、固两相间存在的高滑落速度现象的解释而提出的(Lewis，1949；Yerushalmi，1979；Li，1980)。实际上，颗粒之间的相互作用和流体与颗粒的相互作用是颗粒聚集体形成和分解的主要原因。基于这一认识，陈爱华等(1993)还分析过颗粒聚集体存在的临界条件及形成的原因。

采用可视化技术，如摄像、高速摄影、光纤技术及激光偏振(Laser Sheet)等，可提供有关颗粒聚集体的形成、解体、形状、大小及其变化等重要信息。图 5-85 为采用激光偏振技术所摄得的颗粒聚集体图像(Horio, 1997)。

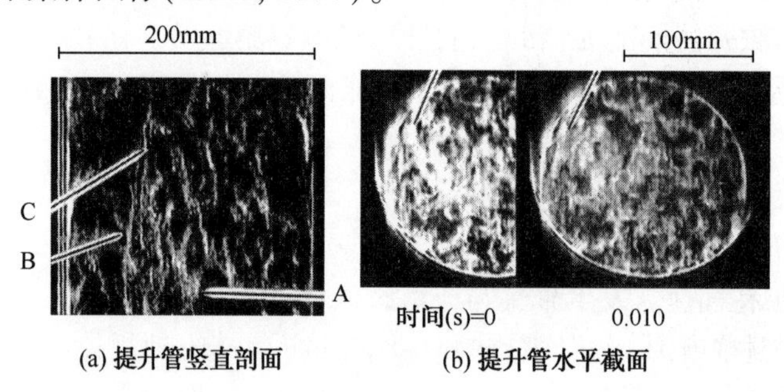

图 5-85 用激光偏振技术摄得的颗粒聚集体(明亮部分)图像

FCC 催化剂，$u_g=0.67\text{m/s}$，$G_S=0.018\text{kg/(m}^2\cdot\text{s)}$；A、B 为颗粒聚集体，C 为气体袋

有关实验的观察发现，颗粒聚集体无论是在形状、尺寸，还是在空间分布上，都是动态变化的。为了定量地描述颗粒聚集体的特性，文献将快速床中气、固两相的悬浮流动等效为流体、颗粒聚集体的两相流动，从而求出所谓“等效聚集体”的直径、终端速度以及等效聚集体中所含颗粒的个数等(Yerushalmi, 1976; 李静海, 1987)。这种等效处理方法，虽在流体力学模型和传热中有所应用，但由于未考虑床中实际处于分散的部分颗粒以及颗粒聚集体的动态行为，因而尚不能确切描述床内颗粒聚集体的真实状况。

Zou 等(1994)采用微观图像摄像法及颗粒图像处理技术，研究了快速流化床内不同操作条件下颗粒聚集体(cluster)的大小及其概率密度分布，提出了颗粒聚集体线尺寸分布的统计数学模型。他们的实验结果表明，在快速流化床中，由于颗粒间的聚合及颗粒聚集体的破碎两种趋势同时存在，大量颗粒以弥散的单颗粒形式存在，且随颗粒聚集体的当量直径增大，其概率密度分布函数随之减小。同时，当局部空隙率减小时，小聚团的比例减小，大聚团的数量增多；当局部空隙率相同时，其他操作参数的变化基本不影响颗粒团的概率密度分布函数，参见图 5-86。对 FCC 催化剂颗粒，Zou 等(1994)得出颗粒团的平均当量直径：

$$\overline{D}_{cl}=\left[1.8543\frac{(1-\varepsilon)^{0.25}}{(\varepsilon-\varepsilon_{mf})^{2.41}}\varepsilon^{-1.5}+1\right]d_p \tag{5-304}$$

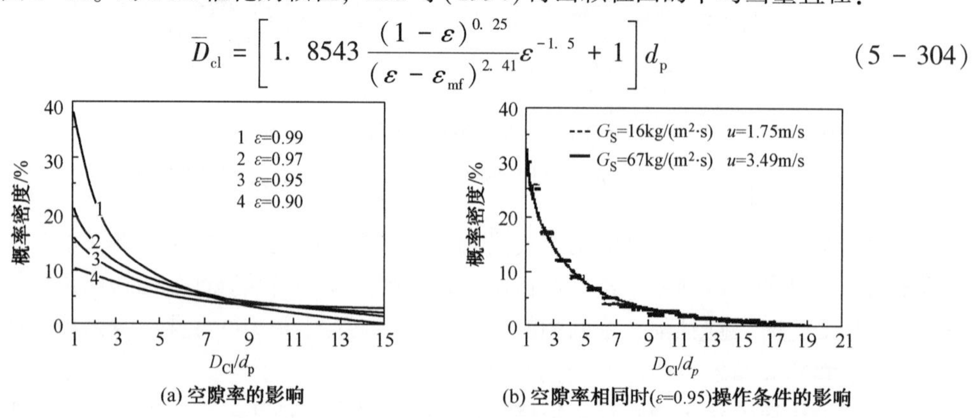

图 5-86 颗粒团尺寸的概率密度分布

2. 轴向流动规律

快速床空隙率轴向分布是不均匀的。早期的研究(Yerushalmi, 1979; Li, 1980)表明，空隙率沿轴向呈上稀下浓的不均匀分布，并受操作气速及颗粒循环速率的影响。在典型流动状

态下。床层轴向可以用底部浓相、顶部稀相、中间有一拐点的 S 型分布来描述。Weinstein 等(1984)和李静海(1987)发现，床层截面平均空隙率轴向分布受系统内颗粒储料量的影响。颗粒储料量增大，稀浓两区间的拐点位置上移，但床层底部及出口处的空隙率基本不变。李静海(1987)进一步指出，S 型空隙率轴向分布只有当颗粒循环速率等于颗粒饱和夹带速率时才能出现。一些研究者在实验中并未得到 S 型轴向空隙率分布，而是一个简单的指数函数分布。另外，在快速流化床出口具有强约束(即对气固流动有较大阻碍)作用时，还会形成床层中部空隙率高，两端空隙率低的 C 型分布。Bai 等(1992)系统地研究了影响空隙率轴向分布的因素，并对快速床空隙率的各种轴向分布做了较完整的描述，见图 5-87。此外，Grace 等(Yang，2003)还描述了循环床几何结构和操作变量的影响。

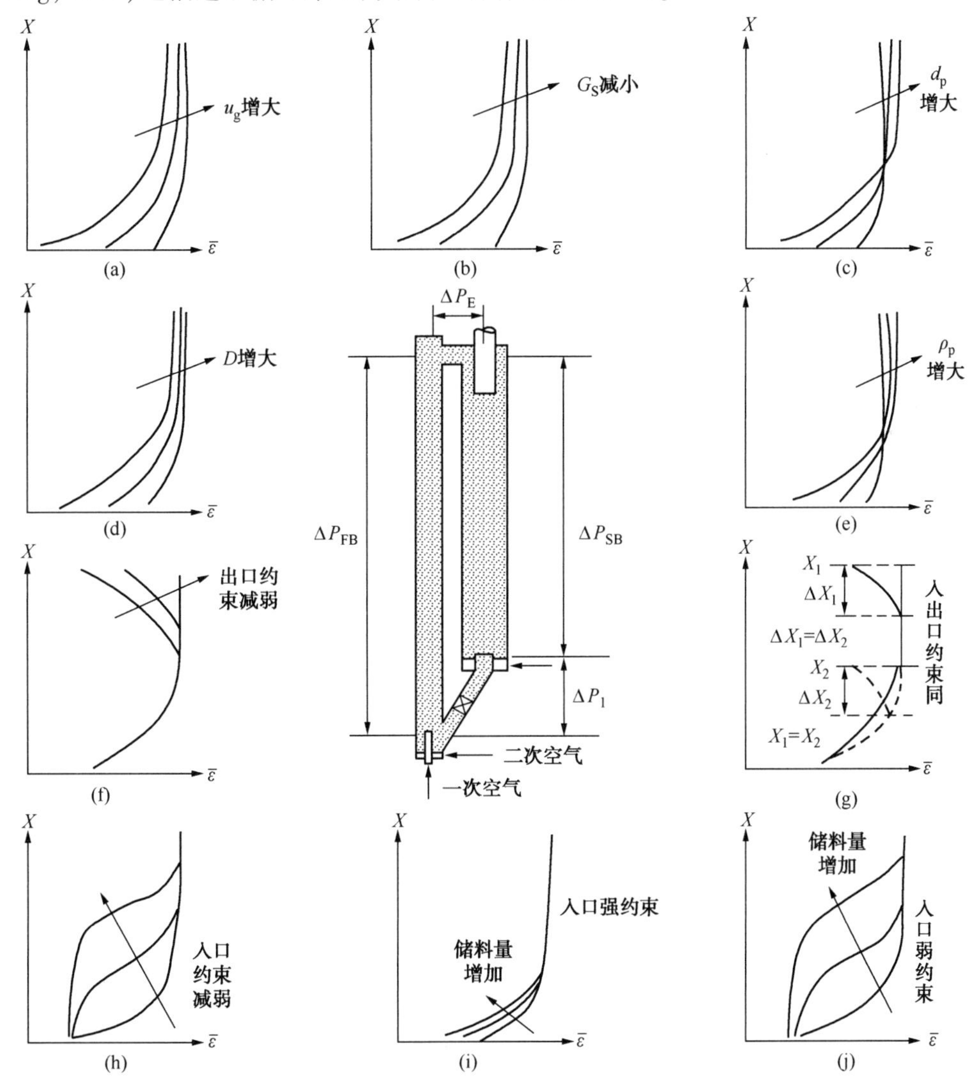

图 5-87 快速流化床截面平均空隙率轴向分布形态及其变化规律

Bai 等(1994)认为，除在入口有二次进气之外，床层底部颗粒的含率 ε_{sd} 随颗粒循环速率的变化可分为两种情况：一种是当颗粒循环速率 $G_s<G_s^*$ 时，即空隙率呈单调指数函数分

布时，ε_{sd}随 G_s 增大而增大；另一种是当 $G_s \geqslant G_s^*$ 时，即空隙率呈 S 型分布时，ε_{sd}与 G_s 无关，且几乎不受颗粒储量、快速床直径、伴床直径等因素的影响，而只取决于气体速度及气、固物性。据此，Bai 等(1994)对文献数据进行了归纳整理，提出了如下预测 ε_{sd}的普遍关联式：

$$\frac{\varepsilon_{sd}}{\varepsilon'_s} = 1 + 6.14 \times 10^{-3}\left(\frac{\rho_p - \rho_g}{\rho_g}\right)^{1.21}\left(\frac{u_g}{\sqrt{gD}}\right)^{-0.383} \quad (G_s < G_s^*) \tag{5-305a}$$

以及

$$\frac{\varepsilon_{sd}}{\varepsilon'_s} = 1 + 0.103\left(\frac{u_g}{u_p}\right)^{1.13}\left(\frac{\rho_p - \rho_g}{\rho_g}\right)^{-0.013} \quad (G_s \geqslant G_s^*) \tag{5-305b}$$

其中 $u_p = G_s/\rho_p$。ε'_s 为气固滑落速度等于颗粒终端速度时的颗粒含率，即

$$\varepsilon'_s = \frac{G_s}{\rho_p(u_g - u_t)} \tag{5-306}$$

气体饱和夹带量 G_s^* 可用式(5-307)(Bai，1995a)预测。

$$\frac{G_s^* d_p}{u_g} = 0.125Fr^{1.85}Ar^{0.63}\left(\frac{\rho_p - \rho_g}{\rho_g}\right)^{-0.44} \tag{5-307}$$

与相关文献实验数据比较，式(5-305a)和式(5-305b)的相对误差均小于±17%；比文献中有关 ε_{sd}的计算式(如 Wong，1992；高士秋，1990；Kwauk，1986)准确，这是由于 Bai 等(1994，1995a)所提出的关联式，区分了 ε_{sd}与颗粒循环速率的不同变化规律，并建立在大量文献数据的基础上的缘故。

与 ε_{sd}相同，床层顶部出口处的颗粒含率 ε_s^*(=1-ε^*)随颗粒循环速率的变化也可以分为两种情况，如图 5-88 所示(Bai，1994)：当 $G_s<G_s^*$ 时，ε_s^* 随颗粒循环速率增大而增大；而当 $G_s \geqslant G_s^*$ 时，ε_s^* 变为常数，其值几乎不受床层直径等其他因素的影响。

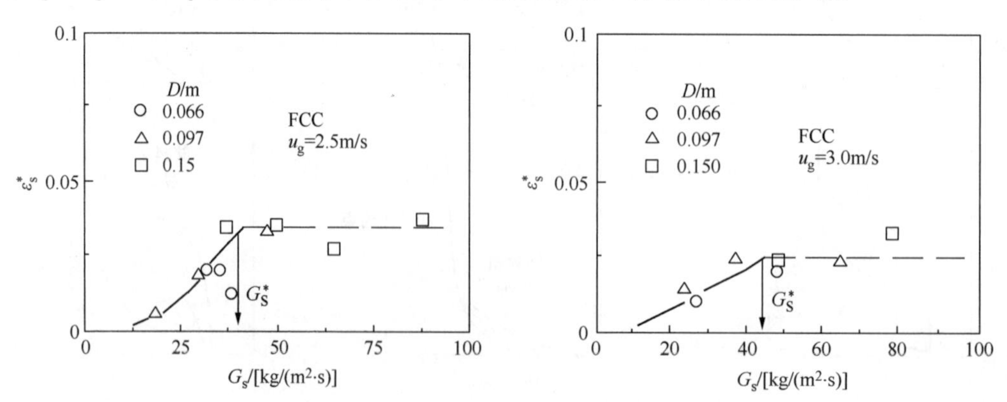

图 5-88　床层顶部出口处颗粒含率 ε_s^* 随颗粒循环速率的变化

根据相关文献的实验数据，Bai 等(1994)整理得到：

当 $G_s<G_s^*$ 时，

$$\varepsilon_s^* = 4.04(\varepsilon'_s)^{1.214} \tag{5-308a}$$

当 $G_s \geqslant G_s^*$ 时，

$$\frac{\varepsilon_s^*}{\varepsilon'_s} = 1.0 + 0.208\left(\frac{u_g}{u_p}\right)^{0.5}\left(\frac{\rho_p - \rho_g}{\rho_g}\right)^{-0.082} \tag{5-308b}$$

值得指出，ε_s^* 显然受床层高度的影响，但目前尚缺乏系统的研究。

在确定了床层入口处及出口的颗粒含率(空隙率)后，便可采用有关经验关联式或轴向一维模型计算空隙率的轴向分布。有关方法将在后面流动模型部分叙述。

总之，快速床内的气固流动的不均匀性，是其流动的自然属性。然而，这种不均匀性并不总是实际反应过程所需要的。为此，力图改善循环流化床内不均匀流动的工作一直在进行，如在提升管内加入内构件(夏亚沈，1988；甘宁俊，1990；Jiang，1991；Zhu，1997)、改变提升管截面形状(李静海，1991；Davies，1988)、多孔壁提升管(孙国刚，1998a)。这些研究表明，这些措施一般都可降低快速床内流动不均匀性，减少气固返混，使气固混合及接触得以强化，因而有可能提高化学反应器的效率(Jiang，1991)。但是，由于快速床内气、固流动速度均较高，通常在高温下操作，对构件的磨损以及由构件存在造成的床层压降的增加，在工业应用中可能会成为问题，必须加以考虑。

颗粒轴向的加速运动是快速床气固轴向流动的另一重要特征。实验结果表明，当床层出口为弱约束作用时，截面平均颗粒速度沿床层轴向增高而增大。由床层入口到截面平均颗粒速度达到常数位置的距离，即为颗粒加速段长度，一般可达 3~5 m 甚至更长。实验表明，截面平均颗粒速度随气速增大而增大，随颗粒循环速率增大而减小。

关于颗粒的加速运动已有不少研究(如白丁荣，1990；Weinstein，1989)。由系统压力分布分析可知，颗粒加速段应当对应于轴向压力分布在床层底部的非线性变化区。据此，白丁荣等(1990)结合大量实验数据，得到如下的加速段长度随操作条件、颗粒物性以及床层直径的变化关系：

$$\frac{L_A}{D} = A_0\left(\frac{G_s D}{\mu}\right) + A_1\left(\frac{u_g D \rho_g}{\mu}\right) + A_2 \tag{5-309a}$$

式中：

$$A_0 = 2.589 \times 10^5\left(\frac{D^3\rho_g^2 g}{\mu^2}\right)^{-0.938}\left(\frac{\rho_p d_p}{\rho_g D}\right)^{-0.813} \tag{5-309b}$$

$$A_1 = -4.5 \times 10^{-4}; \quad A_2 = 33.56 + 1.18/D$$

3. 径向流动规律

(1) 空隙率的径向分布

快速床空隙率的径向分布一般是床中心区的空隙率较大、壁面处的空隙率较小。大量研究表明，空隙率径向分布与气速、颗粒循环速率、颗粒物性以及床层直径等因素有关。只要截面平均空隙率一定，空隙率径向分布可表达为径向位置(以无因次半径 $\phi=r/R$ 表征)的函数，而与操作条件无关(Tung，1988；Zhang，1991)。典型的实验数据示于图 5-89。Zhang 等(1991)提出的经验关联式为

$$\varepsilon = \bar{\varepsilon}^{(0.191+\phi^{2.5}+3\phi^{11})} \tag{5-310}$$

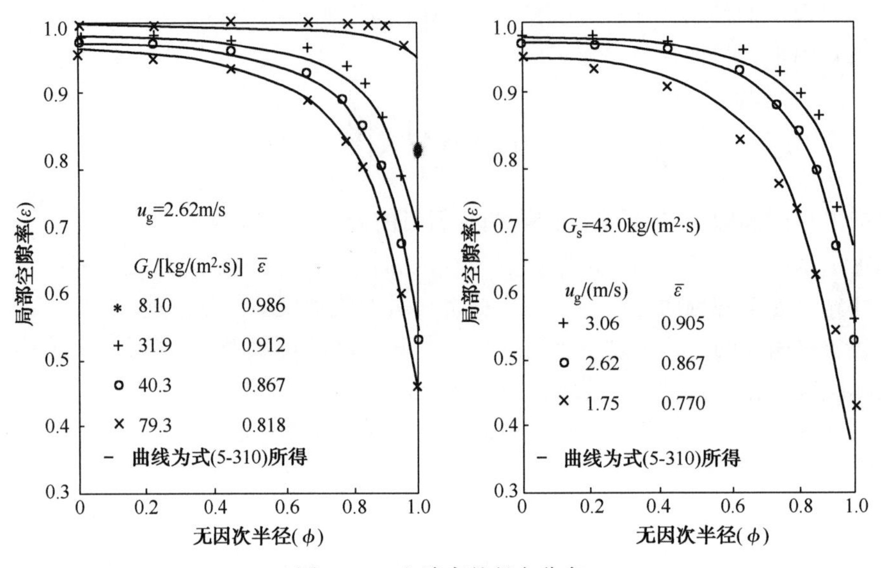

图 5-89　空隙率的径向分布

Patience 等(1996)认为，由这一关系预测的床层中心处的颗粒通量太小。因此，他们假设床层中心处的局部空隙率为截面平均空隙率 $\bar{\varepsilon}$ 的 0.4 次方，进而提出了一个类似的关联式：

$$\frac{\bar{\varepsilon}^{0.4} - \varepsilon}{\bar{\varepsilon}^{0.4} - \bar{\varepsilon}} = 4\phi^6 \tag{5-311}$$

式(5-310)、式(5-311)的优点在于，如果通过实验(如压降测定)得到操作条件下的截面平均空隙率 $\bar{\varepsilon}$，便可方便地得到空隙率的二维分布。但 Wei 等(1998)认为，以上两式均过高地估计了壁面的颗粒密度。特别是在床层密度较高时，这种情况尤为突出。为此，Wei 等(1998)提出用下面统一的关联式来计算上部稀相及下部浓相的空隙率的径向分布：

$$\frac{1 - \varepsilon}{1 - \bar{\varepsilon}} = 0.202 + 1.95\sin^{10}\left(\frac{\pi r}{2R}\right) \tag{5-312}$$

(2) 颗粒速度的径向分布

颗粒速度的测量表明，由于颗粒的湍动、返混以及聚集与解体等原因，在床层的几乎所有径向位置，都可能测到颗粒的正、负向速度，在床层中心区，颗粒主要向上运动，其时均速度约为表观气速的 1.5~5 倍；在边壁区颗粒速度较小，当颗粒主要向下运动时，其时均向下速度一般约为-1.0~-2.0m/s(Hartge，1988；Bader，1988；杨勇林，1991)；而颗粒时均速度为零的径向位置就给出了中心区与边壁区的分界点(Bi，1996)。

在密相气力输送状态下，颗粒在整个床层截面，其时均颗粒速度几乎均为正值，表明颗粒均向上流动。当操作气速一定时，颗粒循环速率增大，使得颗粒浓度，尤其是壁面处的浓度增大，进而导致颗粒聚集倾向明显增强。结果使颗粒在边壁处运动速度减慢。这时大量气体将更加集中于床层中心。携带颗粒以更快的速度向上运动，从而维持颗粒通量沿截面的平衡。当颗粒循环速率一定时，增大操作气速，床层任一点的颗粒速度均随之增大。这是由于气速增大、床层径向各点颗粒浓度减小，气、固相互作用力增大所致。

（3）气体速度的径向分布

由于测量困难，目前仅有少量快速床中气体速度的实验报道。对快速流化床稀相段（张斌，1990）以及稀相输送时（Lodes，1990；杨勇林，1991；孙国刚，1998b）气体速度径向分布的测定结果表明，气体速度在床层径向也具有很大的不均匀性。当表观气速一定，减少截面平均空隙率或增大颗粒循环速率时，由于在床层壁面处颗粒浓度相对于床层中心处增加较大，对气体产生较大阻力，致使气流更加集中于床层中心稀相区，因而局部气体速度在中心区增大，在边壁处减小。当表观气速增大时，床层径向各点局部气体速度均增大，但是由于床层中心稀相区的局部气体速度比边壁处增大更加明显，因此气体速度径向分布愈趋于不平坦。当颗粒直径增大时，Lodes 等（1990）发现，局部气体速度径向分布愈趋于平坦。

根据对局部气体速度径向分布实验结果，颗粒浓度较稀（$\bar{\varepsilon} \geqslant 0.95$）时，快速床内气体速度的径向分布可用下式计算：

$$\frac{u}{u_g} = \frac{n+2}{n}(1-\phi^n) \tag{5-313a}$$

式中 $\phi = r/R$，为无因次半径。

$$n = \frac{1}{7} + 1133.7(1-\bar{\varepsilon})^{0.55} Re_D^{-0.67} \tag{5-313b}$$

$$Re_D = D u_g \rho_g / \mu$$

式（5-313b）表明，当（$1-\bar{\varepsilon}$）→0 或 $Re_D \to \infty$ 时，$n \to 1/7$，即气体速度分布趋于单一气流流动时的 1/7 次方法则。

（4）气固滑落速度的径向分布

气固滑落速度（slip velocity）是指气、固之间的相对速度。常用的气固滑落速度为床截面平均的一维滑落速度，又称表观滑落速度（apparent slip velocity）$\bar{u}_{slip}$：

$$\bar{u}_{slip} = \bar{v}_g - \bar{v}_p = \frac{u_g}{\bar{\varepsilon}} - \frac{G_s}{\rho_p(1-\bar{\varepsilon})} \tag{5-314}$$

在不同操作气速、颗粒循环速率以及与之对应的截面平均空隙率轴向分布下，Yerushalmi 等（1979）等研究了表观滑落速度 $\bar{u}_{slip}$ 的变化。结果表明，$\bar{u}_{slip}$ 远远大于单颗粒的终端速度 u_t。造成这一结果的主要原因，是颗粒在床内的聚集以及床层径向存在的环-核流动结构。颗粒的聚团使局部滑落速度大于单颗粒终端速度，而径向气固流动的不均匀性又造成表观平均滑落速度远远大于局部滑落速度的平均值。因此，一维滑落速度并不完全反映气、固间的相互运动。为了解气、固间的相互运动规律，必须研究气固局部滑落速度的特性。气固局部滑落速度是描述气固流动（如动量平衡等）、气固间传热与传质、固相含率以及扩散控制的气固反应的重要参数。类似于表观滑落速度，局部滑落速度可表示为：

$$u_{slip} = v_g - v_p = \frac{u}{\varepsilon} - \frac{G_{sr}}{\rho_p(1-\bar{\varepsilon})} \tag{5-315}$$

式中，G_{sr} 为局部颗粒通量，ε 为局部空隙率，u 为局部表观气速。

由于测试技术上的困难，目前关于局部滑落速度的实验研究还很少。杨勇林（1991）用激光测速仪、孙国刚（1998c）采用 PDPA，分别测量了提升管中稀疏的气固流动（截面平均空

隙率 $\bar{\varepsilon}>0.95$)，获得了提升管中径向局部颗粒速度及气体速度的分布，进而获得了气固局部滑落速度。

图 5-90 表示了一组典型的局部滑落速度的径向变化及其受操作气速和颗粒循环速率的影响。可见，局部滑落速度在床层中心较小，随着 r/R 增加，u_{slip} 随之增大，直至达到一个最大值，然后在近壁面处下降。在床层中心部位，由于颗粒浓度小，大部分颗粒以单颗粒形式或较小的丝束型颗粒聚团运动，所以气固滑落速度较小。随着 r/R 的增大，颗粒浓度增大，致使颗粒聚集趋势增强，局部滑落速度也随之增大。但是，当接近床层壁面处时，由于壁面的影响，气、固两相速度同时减小，使局部滑落速度减小，其结果使局部滑落速度在某 r/R 位置出现极大值，局部滑落速度最大值的位置对应于环-核流动的界面。

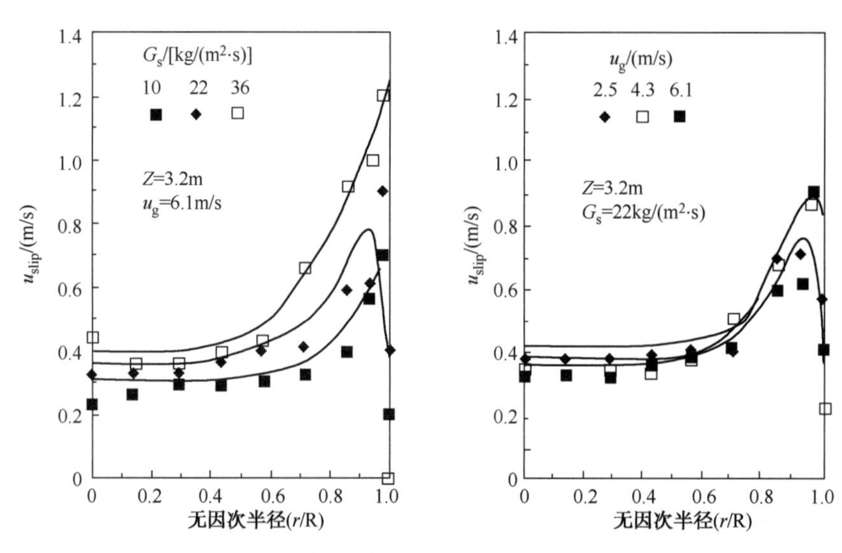

图 5-90　局部滑落速度的径向分布

由图 5-90 还可以看出，局部滑落速度随气速增大而减小，随颗粒循环速率增大而增大。这一变化规律与局部颗粒浓度变化规律相类似。

对于 $\bar{\varepsilon}<0.95$，颗粒浓度较大的情况，由于测试技术的困难，尚未见有关实验报道。不过从 Tanner 等(1994)采用 EMMS 模型的计算结果看，高颗粒浓度时，气固滑落速度径向分布会很不均匀，并可能在 $r/R=0.6\sim0.9$ 间出现一极大值。

二、气固混合及停留时间分布

气固混合过程的预测与控制是快速流化床反应器设计与操作的关键之一。特别是对于要求高转化率、高选择性的非零级快速复杂反应过程尤为重要。快速床内有较严重的气固返混，主要原因是：①气、固流动速度沿床层径向的不均匀分布；②颗粒沿床层的内循环流动；③中心稀相区与边壁浓相区之间的交换；④颗粒聚集物的不断形成与解体。

1. 气体混合及其停留时间分布

在快速流化床中，由于气体以连续相形式流动，因而可将气体混合过程处理为拟均相的扩散过程。于是，气体混合程度即可用轴向扩散系数 $D_{a,g}$ 及径向扩散系数 $D_{r,g}$ 来表征。在实

验中，通常用气体示踪技术（稳态示踪或脉冲示踪）来确定。描述扩散过程的基本方程为

$$\frac{\partial c}{\partial t}+\frac{u}{\varepsilon}\frac{\partial c}{\partial Z}=D_{a,G}\frac{\partial^2 c}{\partial Z^2}+\frac{D_{r,G}}{r}\frac{\partial}{\partial r}\left(r\frac{\partial c}{\partial r}\right) \tag{5-316}$$

求解这一方程的边界条件及初始条件根据实验方法而定。理论上，求解上式时还应考虑气体速度 u 及空隙率 ε 的轴、径向分布，这样才能给出真实的气体扩散系数。

（1）气体停留时间分布

气体停留时间分布（*RTD*）描述气体通过循环流化床时总的混合程度。图 5-91 给出了一组典型的气体停留时间分布曲线。其中图 5-91（a）是在一个直径 1.3m，高 39m 的工业规模催化裂化提升管中得到的（Viitanen，1993），图 5-91（b）是在直径 0.15m，高 27m 的中型试验装置的提升管中得到的（Contractor，1994）。由图可见，在快速流态化条件下，气体流动明显偏离平推流，其 *RTD* 曲线具有一定的拖尾及不对称现象。

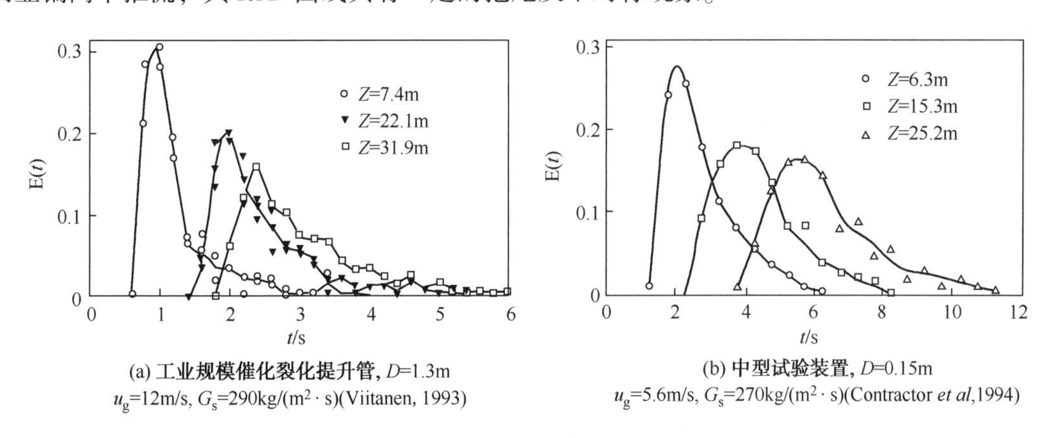

(a) 工业规模催化裂化提升管, D=1.3m
u_g=12m/s, G_s=290kg/(m²·s)(Viitanen, 1993)

(b) 中型试验装置, D=0.15m
u_g=5.6m/s, G_s=270kg/(m²·s)(Contractor *et al*,1994)

图 5-91　气体停留时间分布

实验表明，气体平均停留时间随操作气速增大而减小，随颗粒循环速率增大而增大（李佑楚，1990）。

（2）气体轴向扩散系数

宏观上讲，气体在快速流化床中的轴向返混是很小的，尤其是在高操作气速下，气体轴向流动可近似为平推流。然而，这一结论并不意味着在快速流化床中，不存在气体的轴向混合或扩散。研究表明，在快速流化床中，表征气体扩散的贝克来（Peclet）数 $pe_{zg}=\frac{u_g H}{D_{a,g}}=5\sim30$；相对于气体单相流动，颗粒的存在使气体流动不均匀程度增加，因此随颗粒循环速率增大，气体轴向扩散系数增加。

关于操作气速对轴向扩散系数的影响，目前尚存在不同的观点：①认为气速增加导致气体湍动程度增加，因而 $D_{a,g}$ 随气速增大而增大（罗国华，1990）；②认为气速增加将抑制气体轴向混合，因而 $D_{a,g}$ 随之减小（李佑楚，1990）；③认为气速小于 4~5m/s 时，$D_{a,g}$ 随气速增大而增大，而在气速大于 4~5m/s 时，$D_{a,g}$ 随气速增大而减小（Dry，1989）。这表明对气速变化引起床内湍动程度以及流动不均匀性的变化，还有许多不清楚之处，尚需进行大量的工作。

颗粒物性对气体轴向混合的影响，也是一个非常复杂的问题。一般认为，对小颗粒，由于其能追随流体的涡流而脉动，吸收了流体的涡能，从而削弱了流体湍流，因而使气体轴向

扩散系数减小；对大颗粒，由于其存在的尾迹效应增加了流体湍能，因而增强了气体的轴向扩散(Tsuji，1984)。然而有关上述粒径的定量判据，目前还不能给出。因此，根据实际使用的颗粒的直径及密度，有可能得到 $D_{a,g}$ 随粒径增大而增大的结果，也可能相反。

(3) 气体径向扩散系数

快速流化床中的气体径向扩散是很明显的。其原因主要是由于径向气体速度的不均匀分布以及环-核两区间的相互作用。Van Zoonen(1962)最早对提升管反应器中气体的径向扩散进行了研究，表明与单一气相流动相比，颗粒的存在使气体径向扩散系数减小。除在入口附近外，他发现 $D_{r,g}/(u_g/R)=(30\pm10)\times10^{-4}$。这说明 $D_{r,g}/(u_g/R)$ 几乎不受气体速度及颗粒循环速率的影响。Yang 等(1984)对气体径向扩散进行了较系统的研究。他们发现 $D_{r,g}$ 随气速增大而减小($D_{r,g}=2\sim8cm^2/s$)；而 Werther 等(1991)却得到 $D_{r,g}$ 随气速增大而增大的结果($D_{r,g}=20\sim180cm^2/s$)。Bader 等(1988)报道气体径向扩散系数为 $25\sim67cm^2/s$。当操作气速一定时，增大颗粒循环速率，Yang 等(1984)的结果表明，气体径向扩散系数增大，而 Bader 等(1988)的结果却显示了正好相反的趋势。这些矛盾现象固然与各研究者的实验条件不同有关，但更重要的是反映了颗粒对气体湍流程度影响的复杂性。

值得指出的是，上述所有研究结果均是假设气体速度沿径向均匀分布的情况下得到的，这将极大程度地过高估计气体径向扩散系数(Berruti，1995)。只有 Martin 等(1992)考虑了气体速度的径向分布，并采用一维径向扩散模型得到气体径向扩散系数为 $20\sim30cm^2/s$、且随颗粒循环速率减小而增大的结论。

综上所述，在快速流化床中，颗粒的存在对气固流动不均匀性及湍动强度带来了很大的影响，因而使气体混合程度与单相气流相比发生了很大的变化。一般情况下，气体轴向扩散系数比径向扩散系数大 2~3 个数量级。但从对气体混合的贡献而言，径向扩散也不容忽视。有关的研究结果还相当分散，需要继续进行大量系统的研究。

2. 固体混合及其停留时间分布

快速流化床中的固体混合主要是由于颗粒聚集造成返混、边壁区颗粒向下流动以及横向颗粒交换所引起的。有关颗粒混合的研究，由于其实验技术的困难性，目前发表的实验结果甚少。

(1) 颗粒停留时间分布

由于内循环流动的存在，床层中心区颗粒近于平推流，很快通过床层。因此其 RTD 曲线出峰早，见图 5-92(b)；而在边壁区 *RTD* 曲线呈出峰晚，长拖尾的现象，表明具有较长的平均停留时间及较宽的停留时间分布，见图 5-92(a)(Bader，1988)。

颗粒在快速流化床中的内循环流动，通常表现在床层出口处的 *RTD* 曲线为双峰。其中第一峰预示着由于操作气速较高，一部分颗粒以近乎于平推流的方式快速从床层中心区流出床层；第二个峰则表示由于横向交换，由中心区到边壁区的颗粒再次循环进入中心区而流出床层。对这一现象，Patience 等(1991)和 Kojima 等(1989)均有报道。Ambler 等(1990)提出了一个环-核模型，成功地预测了这一现象，并研究了操作条件对颗粒停留时间分布的影响。

(2) 颗粒轴向扩散系数

颗粒的轴向扩散系数远大于气体轴向扩散系数。Van Zoonen(1962)的结果表明，一般情况下，$D_{a,p}/(u_gH)=0.15\pm0.09$。Wolny 等(1985)发现在床层底部，$D_{a,p}$ 值最大；随床层高度

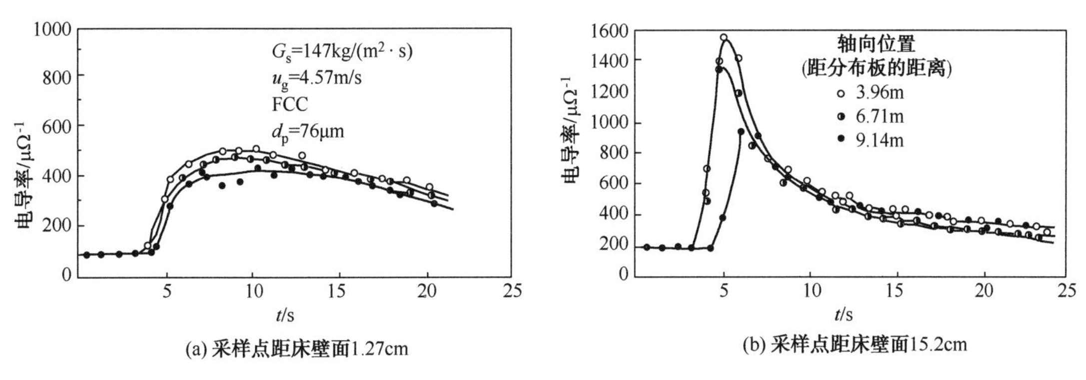

图 5-92　颗粒停留时间分布随床层位置的变化

增加，$D_{a,p}$逐渐减小。根据对 Van Zoonen(1962)、Patience 等(1991)报道的实验数据的归纳得到的颗粒轴向扩散系数随操作气速的变化示于图 5-93(白丁荣，1992b)。

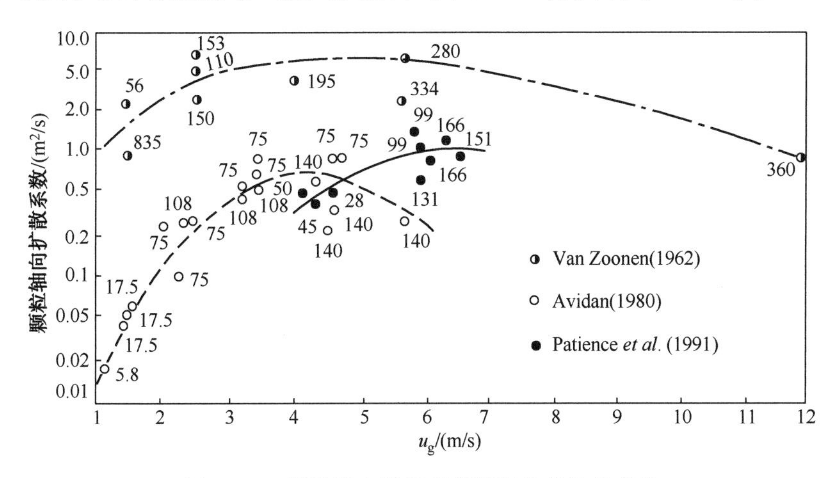

图 5-93　颗粒轴向扩散系数随操作条件的变化

图中数字表示颗粒循环速率，G_s/[kg/(m²·s)]

另外，采用磷光颗粒示踪法，Wei 等(1995)研究了颗粒的轴向扩散。他们所得轴向扩散系数比 Avidan(1980)及 Rhodes(1990)的数据约小一个数量级。Wei 等(1995)认为，他们所测的轴向扩散系数是对应于分散颗粒的，并且可用下式表示：

$$Pe_{a,p} = 71.86(1 - \bar{\varepsilon})^{0.67} Re_D^{0.23} \tag{5-317}$$

而 Rhodes(1990)的结果为

$$Pe_{a,p} = 9.2D(G_s D)^{0.33} \tag{5-318}$$

但值得注意的是，上述两式均是在忽略了颗粒速度及浓度具有径向分布的假设条件下得到的。由此可见，有关颗粒轴向扩散的研究还远未成熟，需要大量开展进一步的工作。

(3) 颗粒径向扩散系数

颗粒径向混合主要是由于气固流动沿径向的不均匀性及中心稀相区与边壁浓密区之间的粒子交换所造成的。Van Zoonen(1962)的研究表明，颗粒径向扩散系数与气体径向扩散系数具有同一量级，且有 $D_{r,p}/(u_g R) = (20 \pm 10) \times 10^{-4}$。Koenigsdorff 等(1995)发现，颗粒径向扩散的贝克来数与床层中稀相颗粒浓度有关，可表示为

$$Pe_{r,p}=\frac{u_gD}{D_{r,p}}=150+5.6\times10^4(1-\varepsilon_1) \tag{5-319}$$

Wei 等(1995)采用磷光颗粒示踪法，得到

$$Pe_{r,p}=225.7(1-\bar{\varepsilon})^{0.29}Re_D^{0.3} \tag{5-320}$$

该式表明，在循环流化床中，颗粒径向扩散系数受操作气速及颗粒浓度的影响。在气速 1.5~1.8m/s 范围内，$D_{r,p}/(u_gR)=0.006\sim0.02$，这与 Van Zoonen(1962)的实验结果基本一致。

三、快速流态化气固流动模型

快速床气固流动模型的基本问题是如何描述气、固两相流动的局部不均匀行为及宏观不均匀行为。除纯经验性模型(如用于描述空隙率轴向分布的经验关联式)外，快速床气固流动模型一般均考虑了这种不均匀性行为。这些模型可以分为：①局部结构性模型；②一维轴向流动模型；③环—核流动模型；④两维流体力学模型。

1. 局部结构模型

这类模型的基本出发点是假定快速床内任一局部点上均存在颗粒聚集体(浓相，以下标 d 表示)和弥散颗粒(稀相，以下标 l 表示)。气体以不同速度流过浓相与稀相，于是局部质量衡算可写为

$$u=f_d\varepsilon_du_{gd}+(1-f_d)\varepsilon_1u_{gl} \tag{5-321}$$

$$G_{sr}=f_d\rho_p(1-\varepsilon_d)v_d+(1-f_d)\rho_p(1-\varepsilon_1)v_1 \tag{5-322}$$

$$\varepsilon=f_d\varepsilon_d+(1-f_d)\varepsilon_1 \tag{5-323}$$

对于提升管内的稳定流动，进一步有以下衡算方程式：

$$u_g=2\int_0^1u\phi\mathrm{d}\phi \tag{5-324}$$

$$G_s=2\int_0^1G_{sr}\phi\mathrm{d}\phi \tag{5-325}$$

$$\bar{\varepsilon}=2\int_0^1\varepsilon\phi\mathrm{d}\phi \tag{5-326}$$

式中 $\phi=r/R$，为无因次床层半径；f_d 为颗粒聚集体(浓相的体积分数)。由此可见，气固局部流动结构特征参数f_d，ε_d，ε_1，u_{gd}，u_{gl}，v_d 及 v_1 不仅与操作条件及气固物性有关，而且也是床层位置的函数。为了得到这些参数，还需要进行大量的、仔细的实验研究。由于目前尚没有完整可靠的数据可供利用，文献上通常采用一些近似的处理方法。Hartge 等(1986a，1986b)以及 Koenigsdorff 等(1995)认为稀、浓两相的局部滑落速度满足 Richardson-Zaki 公式，即

$$\frac{u_{gd}-v_d}{u_t}=\varepsilon_d^{n-1} \tag{5-327a}$$

$$\frac{u_{gl}-v_1}{u_t}=\varepsilon_1^{n-1} \tag{5-327b}$$

式中 n 已由 Richardson 等(1954)给出，为雷诺数的函数。此外，Koenigsdorff 等(1995)进一步假设稀相颗粒速度的径向分布为床中心稀相颗粒速度 v_{l0} 和 ϕ 的函数：

$$v_l = v_{l0}(1 - \phi^4) \tag{5-328}$$

最后模型的求解是借助实验测定的空隙率径向分布以及实验确定的浓相颗粒速度 v_d、浓相空隙率 ε_d 而完成的。Koenigsdorff 等(1995)用此模型进一步研究循环流化床内的径向混合行为。

考虑到气体与稀相及浓相颗粒间的相互作用，李静海(1987)等引入等效颗粒聚团直径的计算式，发展了多尺度能量最小方法。该方法在不引入任何经验参数的情况下，预测了气、固两相流动的局部特征参数。并基于这些参数的变化，探讨了气固流型的定义及其相互转变。另外，该方法在气速、空隙率径向分布给定的情况下，可计算出颗粒速度以及颗粒聚团直径的径向分布。但完全由局部结构性模型预测流动行为尚需进一步的工作。

2. 一维轴向流动模型

一维轴向流动模型是将床内气固流动作为一维拟均相处理而得到的，主要描述快速流化床内空隙率轴向的不均匀分布。

(1) Li-Kwauk 模型(李佑楚-郭慕孙模型)

李佑楚等(1980)根据快速流化床内颗粒的聚集以及 S 型空隙率分布特征，提出了描述空隙率轴向分布的聚集-分散模型。按该模型，在床层任一高度 Z 处，存在着颗粒聚团由下部相对浓密区按扩散机理上浮，以及由上部相对稀薄区按沉浮原理下沉两种运动(参见图 5-94a))。在稳定条件下。这两种相反的流动通量相等，从而得到空隙率轴向分布方程为：

$$\ln \frac{\varepsilon^* - \bar{\varepsilon}}{\bar{\varepsilon} - \varepsilon_a} = -\frac{1}{Z_0}(Z - Z_i) \tag{5-329}$$

上式包含 4 个模型参数：ε_a、ε^*、Z_0 及 Z_i。ε_a 及 ε^* 为床层底部($Z \to -\infty$)及顶部($Z \to +\infty$)的极限空隙率，Z_i 表示稀浓两区间拐点的高度。Z_0 为特征长度(对应于稀浓两相间转变区域的高度)。这 4 个参数的估值或关联式是模型能否与实际吻合的关键。Kwauk 等(1986)曾给出计算这 4 个参数的经验关联式，但由于其所依据的实验数据有限，仅在一定范围适用，后又提出 ε_a、ε^* 应按 EMMS 模型局部动力学模型计算。

作为一种近似，作者建议采用以下步骤来确定这 4 个参数：

① 设 $Z \to -\infty$，$\bar{\varepsilon} = \varepsilon_a = \varepsilon_{mf}$。

② 设 $Z \to +\infty$，床层颗粒浓度极小以致于气固滑落速度接近于单颗粒终端速度，因而有 $\bar{\varepsilon} = \varepsilon^* = 1 - G_s / [\rho_p(u_g - u_t)]$。

③ 在 $Z = H$(床层出口处)，$\bar{\varepsilon} = \varepsilon_d$。根据颗粒循环速率，$\varepsilon_d$ 可分别由式(5-305a)或式(5-305b)计算。

④ 忽略颗粒在连接提升管出口与旋风分离器之间的存量，结合整个循环系统的物料平衡及压力平衡，可以得到提升管的平均空隙率为：

$$\overline{\varepsilon_v} = 1 - \frac{Mg - (\Delta p_{Lv} + \Delta p_{Lb} + \Delta p_{Lh} + \Delta p_{cy})A_s - A_L(1 - \varepsilon_{mf})(L_v + L_h)\rho_p g}{\rho_p g(A_r + A_s)H} \tag{5-330}$$

式中，M 为床内总颗粒储量，kg；A_s 为伴床截面积，m^2；A_r 为提升管截面积，m^2；Δp_{Lv} 为 L 型阀垂直段的压降，Pa；Δp_{Lb} 为 L 型阀弯头处的压降，Pa；Δp_{Lh} 为 L 型阀水平段的压降，

Pa；Δp_{cy}为旋风分离器压降，Pa；A_L 为 L 型阀截面积，m^2；L_h 为 L 型阀水平段长度，m^2；L_v 为 L 型阀垂直段长度，m；H 为床，m。

而这一空隙率应等于式(5-329)沿床高平均而得到的$\overline{\varepsilon_v}$：

$$\frac{\overline{\varepsilon_v}-\varepsilon_a}{\varepsilon^*-\varepsilon_a}=\frac{Z_0}{H}\ln\left\{\frac{1+\exp[(H-Z_i)/Z_0]}{1+\exp(-Z_i/Z_0)}\right\} \tag{5-331}$$

⑤ 在上述①及②的假设条件下，求解由上述③及④形成的方程组，即可得到未知参数 Z_0 及 Z_i。

（2）Kunii 和 Levenspiek 颗粒夹带模型

在很多情况下，快速流化床上部稀相区的空隙率轴向分布按指数规律变化。这时颗粒在稀相区的流动特征非常类似于颗粒在密相流化床顶部的稀相空间的流动。据此，Rhodes 等(1987)、Yang(1988)均提出了描述空隙率轴向分布的夹带模型，见图 5-94(b)。Kunii 等(1991)分析了有关文献的实验数据，在他们发展的鼓泡流化床模型的基础上得到了稀相区空隙率的轴向分布：

$$\frac{\varepsilon^*-\overline{\varepsilon}}{\varepsilon^*-\varepsilon_a}=e^{-\gamma(Z-Z_i)} \tag{5-332}$$

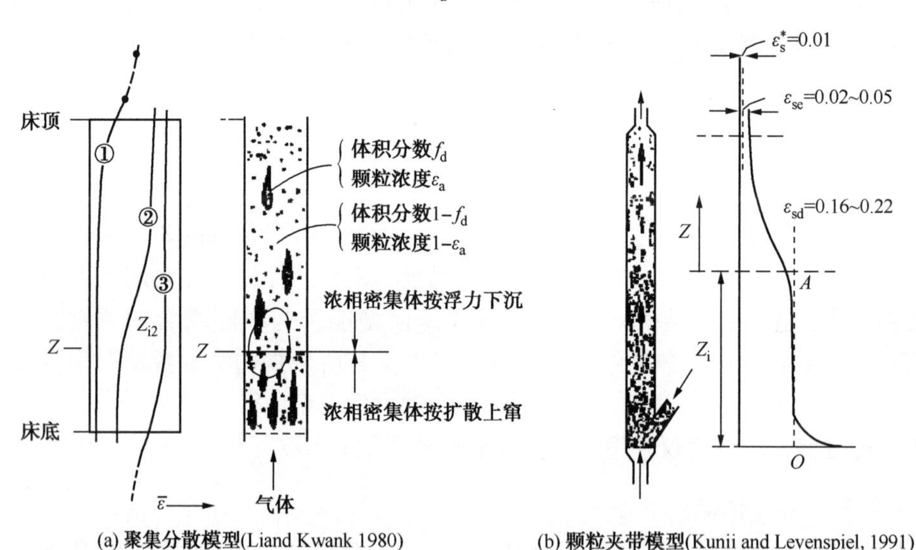

(a) 聚集分散模型(Liand Kwank 1980)　　(b) 颗粒夹带模型(Kunii and Levenspiel, 1991)

图 5-94　一维轴向流动模型

式中 γ 为衰减常数，Z_i 为底部浓相区高度。Kunii 等(1991)以及 Rhodes 等(1987)推荐了有关衰减常数 γ 的计算方法。Adanez 等(1994)通过对大量数据的分析得到：

$$\gamma=\frac{0.88-420d_p}{(u_g-u_t)^2D^{0.6}} \tag{5-333}$$

式中 D 为床径。但在实际应用中，仍可仿照前节所述的方法，由具体系统的物料及压力平衡关系求出 γ 及 Z_i。此时，由式(5-305a)及(5-305b)求出的$\overline{\varepsilon_d}$可作为 ε_a，而 $\varepsilon^*=1-G_s/[\rho_p(u-u_t)]$。由此，床层平均空隙率可表示为：

$$\bar{\varepsilon}_v = 1 - (1 - \varepsilon_a) + \frac{1}{\gamma H}\left[(\varepsilon_e - \varepsilon_a) - (\varepsilon^* - \varepsilon_a)\ln\left(\frac{\varepsilon^* - \varepsilon_a}{\varepsilon^* - \varepsilon_e}\right)\right] \tag{5-334}$$

式中 ε_e 为提升管出口处的空隙率，建议由式(5-308a)及(5-308b)预测。此时，提升管底部密相区高度可表示为

$$Z_i = H - \frac{1}{\gamma}\ln\left(\frac{\varepsilon^* - \varepsilon_a}{\varepsilon^* - \varepsilon_e}\right) \tag{5-335}$$

(3) 拟均相一维流体力学模型

虽然上述两种模型可很好地描述循环流化床内的空隙率轴向分布，但难以估计床内存在的颗粒轴向加速作用。为此，采用拟均相假设，气固两相一维轴向流动方程可写为：

气体连续性方程

$$\frac{d(\bar{\varepsilon}\rho_g\bar{v}_g)}{dZ} = 0 \tag{5-336}$$

颗粒连续性方程

$$\frac{d[(1 - \bar{\varepsilon})\rho_g\bar{v}_g]}{dZ} = 0 \tag{5-337}$$

气体动量方程

$$\frac{d(\bar{\varepsilon}\rho_g\bar{v}_g^2)}{dZ} = -\frac{dp}{dZ} - F_D - F_{G_g} - F_g \tag{5-338}$$

颗粒动量方程

$$\frac{d[(1 - \bar{\varepsilon})\rho_g\bar{v}_g]}{dZ} = F_D - F_{G_g} - F_p \tag{5-339}$$

式中，$F_D = \frac{3}{4}\frac{1 - \bar{\varepsilon}}{d_p}C_D\rho_g(\bar{v}_g - \bar{v}_p)^2$，$F_{Gg} = \bar{\varepsilon}\rho_g g$，$F_{Gp} = (1 - \bar{\varepsilon})\rho_g g$，$F_g = \frac{1}{2}\lambda_g\frac{\rho_g\bar{v}_g^2}{D}$，$F_p = \frac{1}{2}\lambda_p\frac{\rho_g(1 - \bar{\varepsilon})\bar{v}_p^2}{D}$

考虑到循环流化床中颗粒的聚集作用及气固流动的不均匀性，描述气固相互作用的曳力系数 C_D 比单颗粒的曳力系数明显减小。通过对实验数据的分析，Bai 等(1991b)建议用下式来关联：

$$\frac{C_D}{C_{Ds}} = 1.68\bar{\varepsilon}^{0.253}\left(\frac{Re_r}{Re_{st}}\right)^{-1.213}\left(\frac{d_p}{D}\right)^{0.105} \tag{5-340}$$

其中单颗粒在均匀气流中的标准曳力系数 C_D 可由下式求得

$$C_{Ds} = \frac{24}{Re_r} + \frac{3.6}{Re_r^{0.313}} \qquad Re_r \leqslant 2000 \tag{5-341}$$

$$C_{Ds} = 0.44 \qquad Re_r > 2000 \tag{5-342}$$

采用上述方法已研究了快速流化床内的空隙率轴向分布及颗粒加速作用(Bai，1991b)，并藉此建立了催化裂化提升管再生器的数学模型(甘俊，1992；1993；1995)，成功地模拟

了催化剂在快速流态化条件下的再生行为。

3. 环-核流动模型

环-核流动(core-annulus)模型最早是基于快速床内颗粒在床层中心浓度较小，向上流动；在边壁附近浓度较大，通常向下流动的实验事实而建立的一种简化模型。这种模型不仅可以描述气固流动的轴向不均匀性，也可以一定程度地描述气固流动在径向的变化，因而有时又被称为1.5维模型。环-核流动模型的基本概念是将气固流动沿床层截面划分为两个区域(或称通道)，即中部核心区及边壁环隙区，如图5-95所示(Bai，1995b)。然后假定在每个区域内气体速度、颗粒速度以及颗粒浓度为均匀分布，两区之间通常存在着气、固两相的质量及动量交换。环-核流动模型的基本方程式就是根据对环核两区的物料及动量衡算而得到的。

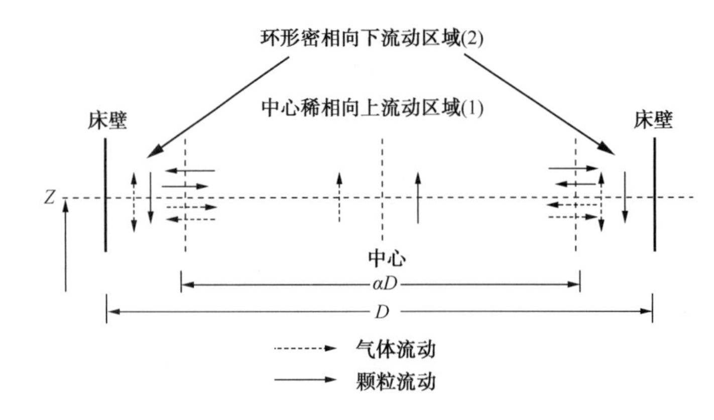

	空隙率	气体速度	颗粒速度	压力降
中心稀相向上流动区域	ε_1	u_1	v_1	$\left(-\frac{dp}{dZ}\right)_1$
环形密相向下流动区域	ε_2	u_2	v_2	$\left(-\frac{dp}{dZ}\right)_2$
截面平均	$\bar{\varepsilon}$	u_g	$G_s/\rho_p(1-\bar{\varepsilon})$	$\left(-\frac{dp}{dZ}\right)_w$

图5-95　环-核流动模型

环-核流动模型大多只建立在简单物料衡算的基础上，常未考虑在环、核两区内以及两区之间的动量平衡，而且也往往包含过于简化的假设条件，因而缺乏应有的有效性及普遍性。Ishii等(1989)认为，不考虑颗粒聚集体的存在就难以解释循环流化床内的环-核流动的形成与存在。因此，他们在Capes等(1973)的模型的基础上，提出了clustering annulus模型。他们采用Richardson-Zaki(1954)方程式预测颗粒聚集体尺寸(Richardson，1954)，并用压力梯度最小的方法推导出核心区半径。该模型由于需要絮状物空隙率、颗粒聚集体直径、颗粒聚集体终端速度等实验难以确定的参数，实际使用时有一定困难。

Harris等(1994)提出了一个环-核析出模型(core/annulus deposition model)，认为颗粒由床层中心稀相区向边壁浓相区的净移动是由于床层中心区的气流湍动所引起的，其移动速度可用一个析出模型来描述。该模型仍然存在经验参数的选择问题，因而将其应用于其他操作系统时也存在一定的困难。

Bai 等(1995b，1995c)根据气、固相互作用最小原理认为，环核流动结构是气、固两相在不均匀流动状态下为使气、固之间相互作用最小而形成的。对单位质量颗粒，气、固之间相互作用功为

$$E=\frac{1}{(1-\bar{\varepsilon})\rho_{p}}\left[\alpha^{2}F_{D1}\varepsilon_{1}u_{1}+(1-\alpha^{2})F_{D2}\varepsilon_{2}u_{2}\right] \tag{5-343}$$

其中，下标 1，2 分别表示核心区及环隙区(参见图 5-95)。式中 F_{D1} 及 F_{D2} 可分别表示为

$$\begin{cases}F_{D1}=(1-\varepsilon_{1})\rho_{p}g+\dfrac{2}{\alpha R}\tau_{pi}\\ F_{D2}=(1-\varepsilon_{2})\rho_{p}g+\dfrac{2}{(1-\alpha^{2})R}(\alpha\tau_{pi}-\tau_{pw})\end{cases} \tag{5-344}$$

由于对于稳定的环-核流动，气、固两相必须满足物料平衡和动量平衡，以及两区间等压力梯度的事实，因此有

$$\begin{cases}G_{g}=\alpha^{2}\rho_{p}\varepsilon_{1}v_{g1}+(1-\alpha^{2})\rho_{p}\varepsilon_{2}v_{g2}\\ G_{s}=\alpha^{2}\rho_{p}(1-\varepsilon_{1})v_{p1}+(1-\alpha^{2})\rho_{p}(1-\varepsilon_{2})v_{p2}\\ \bar{\varepsilon}=\alpha^{2}\varepsilon_{1}+(1-\alpha^{2})\varepsilon_{2}\\ \left(\dfrac{-\mathrm{d}p}{\mathrm{d}Z}\right)_{1}=\left(\dfrac{-\mathrm{d}p}{\mathrm{d}Z}\right)_{w}\\ \left(\dfrac{-\mathrm{d}p}{\mathrm{d}Z}\right)_{2}=\left(\dfrac{-\mathrm{d}p}{\mathrm{d}Z}\right)_{w}\end{cases} \tag{5-345}$$

以及

$$\begin{cases}v_{g1}-v_{p1}\geqslant u_{t}\\ v_{g2}-v_{p2}\geqslant u_{t}\end{cases} \tag{5-346}$$

式中，$\left(\dfrac{-\mathrm{d}p}{\mathrm{d}Z}\right)_{1}$，$\left(\dfrac{-\mathrm{d}p}{\mathrm{d}Z}\right)_{2}$ 以及 $\left(\dfrac{-\mathrm{d}p}{\mathrm{d}Z}\right)_{w}$ 分别表示气体流过中心区、环形区和在床层壁面处测得的压力梯度。根据动量平衡关系有

$$\begin{cases}\left(\dfrac{-\mathrm{d}p}{\mathrm{d}Z}\right)_{1}=(1-\varepsilon_{1})\rho_{p}g+\varepsilon_{1}\rho_{p}g+\dfrac{2}{\alpha R}(\tau_{gi}+\tau_{pi})\\ \left(\dfrac{-\mathrm{d}p}{\mathrm{d}Z}\right)_{2}=(1-\varepsilon_{2})\rho_{p}g+\varepsilon_{2}\rho_{p}g-\dfrac{2\alpha}{(1-\alpha^{2})R}(\tau_{gi}+\tau_{pi})+\dfrac{2\alpha}{(1-\alpha^{2})R}(\tau_{gw}+\tau_{pw})\\ \left(\dfrac{-\mathrm{d}p}{\mathrm{d}Z}\right)_{w}=(1-\bar{\varepsilon})\rho_{p}g+\bar{\varepsilon}\rho_{p}g+\dfrac{2}{R}(\tau_{gw}+\tau_{pw})\end{cases} \tag{5-347}$$

式中环-核两区之间及环隙区与壁面之间的气、固摩擦力可以用以下方程预测：

$$
\begin{cases}
\tau_{gi} = \dfrac{1}{2} f_{gi} \rho_p (v_{g1} - v_{g2}) |v_{g1} - v_{g2}| \\
\tau_{pi} = \dfrac{1}{2} f_{pi} \rho_p (1 - \varepsilon_1)(v_{p1} - v_{p2}) |v_{p1} - v_{p2}| \\
\tau_{gw} = \dfrac{1}{2} f_{gw} \rho_g \varepsilon_2 v_{g2} |v_{g2}| \\
\tau_{pw} = \dfrac{1}{2} f_{pw} \rho_g (1 - \varepsilon_2) v_{p2} |v_{p2}| \\
f_{gi} = \begin{cases} 16/Re_1 & (Re_1 \leqslant 2000) \\ 0.079/Re_1^{0.313} & (Re_1 > 2000) \\ Re_1 = \alpha D u_1 \rho_g / \mu \end{cases} \\
f_{gw} = \begin{cases} 16/Re_2 & (Re_2 \leqslant 2000) \\ 0.079/Re_2^{0.313} & (Re_2 > 2000) \\ Re_2 = (1 - \alpha) D v_{g2} \rho_g / \mu \end{cases} \\
f_{pi} = 0.046/|v_{p1} - v_{p2}| \\
f_{pw} = 0.046/|v_{p2}|
\end{cases}
\tag{5-348}
$$

于是，以式(5-345)为等式约束条件，式(5-346)为不等式约束条件来最小化 E，见式(5-343)，即可求得环-核流动的基本参数 α，ε_1，ε_2，v_{g1}，v_{g2}，v_{p1} 及 v_{p2} 并进而求得：

① 环、核区内气体局部通量：

$$G_{g1} = \alpha^2 \rho_g \varepsilon_1 v_{g1}, \quad G_{g2} = (1 - \alpha^2) \rho_g \varepsilon_2 v_{g2}$$

② 环、核区内颗粒局部通量：

$$G_{s1} = \alpha^2 \rho_p (1 - \varepsilon_1) v_{p1}, \quad G_{s2} = (1 - \alpha^2) \rho_p (1 - \varepsilon_2) v_{p2}$$

③ 气、固返混比：

$$k_g = |G_{g2}|/|G_g| = \frac{(1 - \alpha^2)\rho_p |v_{g2}| \varepsilon_2}{\rho_g u_g},$$

$$k_p = |G_{s2}|/|G_s| = \frac{(1 - \alpha^2)\rho_p (1 - \varepsilon_2) |v_{p2}|}{G_s}$$

④ 气、固在环-核两区间的净交换速率：

$$R_g = \frac{\mathrm{d}(\alpha^2 \rho_g \varepsilon_1 v_{g1})}{\mathrm{d}Z}, \quad R_p = \frac{\mathrm{d}(\alpha^2 \rho_g (1 - \varepsilon_1) v_{p1})}{\mathrm{d}Z}$$

⑤ 气、固两相的“析出常数”(deposition coefficients)：

$$k_{dg} = \frac{D}{4\alpha \rho_g \varepsilon_1} R_g, \quad k_{dp} = \frac{D}{4\alpha \rho_p (1 - \varepsilon_1)} R_p$$

⑥ 曳力系数及滑落速度

按上述计算的结果与有关实验结果吻合良好(Bai，1995b；1995c)，另外，模型计算还指出了某些尚未测定的流动现象，如在较高平均截面颗粒浓度时，环隙区内气体也同颗粒一样向下流动；在较低颗粒浓度时，颗粒在壁面由向下流动转为向上流动等。Bai 还认为上述环-核流动模型不仅可用于循环流化床提升管，也可应用于密相流化床上部的稀相区、气力输送以及存在环-核结构的其他两相流系统。它的优点是只要提供给定操作条件下的截面平均空隙率 $\bar{\varepsilon}$，就可以给出描述环-核流动的有关参数，优于以往的环-核模型。

4. 两相流体力学模型

从原理上讲，两相流体力学模型是描述流化床内气、固两相不均匀流动的最佳模型。这类模型一般将气、固两相分别作为可相互穿透、不可压缩的流体，因而气、固两相分别具有各自的有效黏度。一般，两相流模型由气、固连续性方程(2 个方程式)，气、固两相在床层轴、径向的动量衡算方程(4 个方程式)构成。这类模型成功的关键在于能否正确考虑各种气、固之间的相互作用，包括：

① 气体及颗粒平均速度间的相互作用：它导致曳力，引起颗粒湍动；

② 气体平均速度及脉动速度间的相互作用：这个作用造成气相雷诺应力；

③ 颗粒平均速度及脉动速度间的相互作用：这种作用产生颗粒相剪切应力；

④ 颗粒与气体速度脉动速度间的相互作用：这一作用产生抑制或强化气、固相湍动的动能。

早期发展的两相流模型一般只考虑了上述(1)和(2)两种相互作用。这些模型中的固体黏度一般取实验得到的数值(通常为颗粒浓度的函数)(Gidaspow，1994；Sinclair，1989；Pita，1993)。Louge 等(1991)将这些模型推广，开发了适用于低颗粒浓度系统的，考虑了气、固两相湍流的流体力学模型。在这类模型中，用低雷诺数 k-ε 湍流模型描述气相湍动动能及其耗散速率，同时指出，由于颗粒的随机脉动，产生一种作用于固相的有效压力。颗粒的随机脉动的能量可用类比于气流中分子热运动的方法来处理，因此可用“颗粒温度”(particle temperature)来表征。

但目前两相流模型仅用于颗粒浓度较小的气固稀相系统，用于颗粒浓度较大的流化床操作系统，仍有许多问题需解决。有关流化床气固两相流动模型的理论、模拟技术及实践的详细论述可参阅相关文献（如，Pannala，2011）。

第五节 输送床与气固并流下行循环床

当床层气体表观速度超过 u_{FD}时，流态化域进入气力输送床。在 FCC 反再系统中提升管反应器气体速度入口处为 4~7m/s、出口处为 12~18m/s。颗粒质量速度 G_S入口处为 240~440kg/(m^2·s)、出口处为 120kg/(m^2·s)左右。以气固流动方向分类为气固并流上行循环床，以流态化域分类属密相气力输送床与稀相气力输送床范畴。为了解输送床的特性，需要考察不同轴向位置各流体力学参数的径向变化行为。

一、气固并流上行循环床、密相气力输送床与稀相气力输送床的流态化特性

不少学者对密相气力输送床流态化域进行研究。杨勇林(1991)对气固并流上行循环床进行广泛的研究，研究范围气体表观速度 $\bar{u}_f$=1.80、3.75、4.33、5.45、6.5m/s，颗粒质量速度 G_S=6、8.3、12、13.8、22.5、32、44、70、92、108、134kg/(m^2·s)，平均空隙率 $\bar{\varepsilon}_g$：高颗粒浓度为 0.8818、0.8796，低颗粒浓度为 0.9969。试验装置提升管直径 0.14m、0.186m，高度 8m、11m。从他的研究中得到输送床各种流体力学参数随气体表观速度、颗

粒质量速度变化在径向分布的变化。

（一）颗粒速度分布

循环床提升管局部颗粒速度径向分布具有以下特点：

① 局部颗粒速度径向分布中心区颗粒速度最大，分布比较平坦；器壁区颗粒速度接近零或负值，分布比较陡峭。与快速床相似，见图5-96、图5-97。

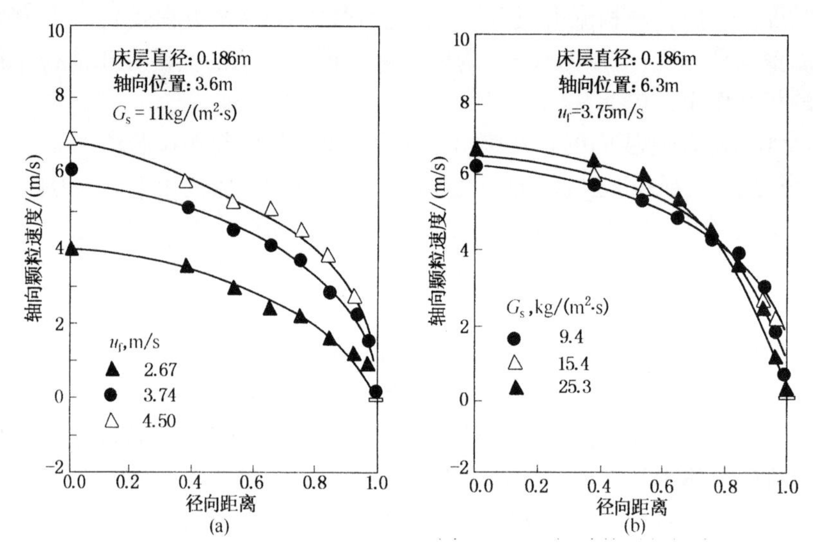

图5-96　提升管稀相操作时局部颗粒速度的径向分布

② 随表观气速增加，局部颗粒速度径向分布变化明显，导致分布更不均匀，见图5-97(b)和(d)。

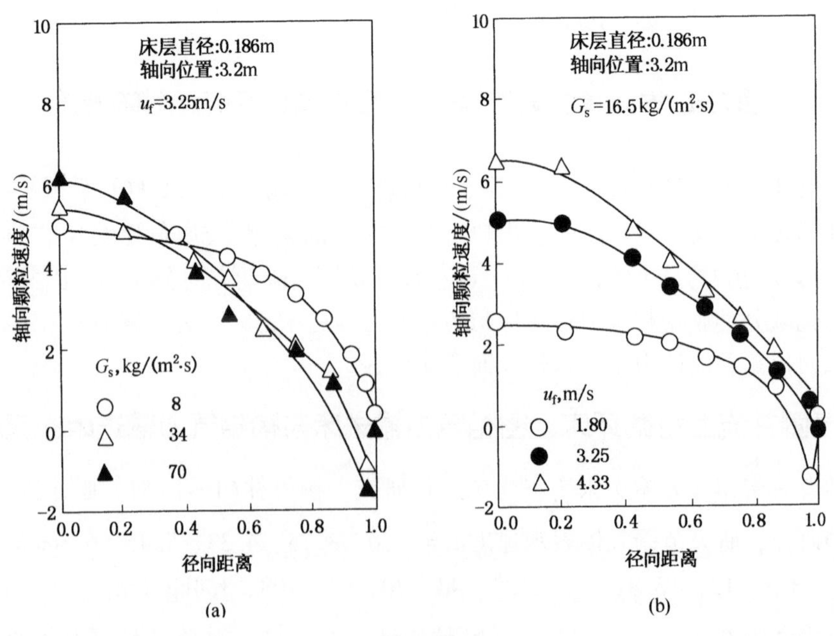

图5-97

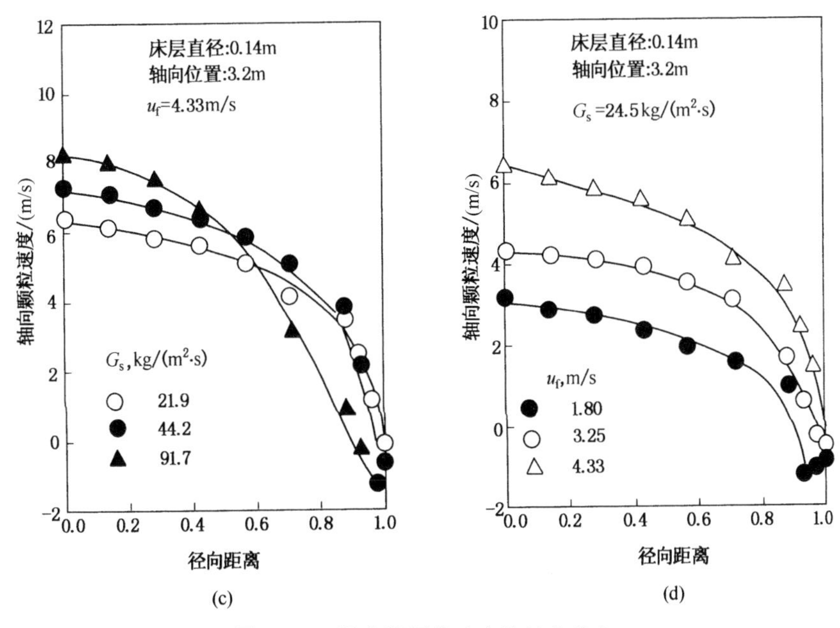

图 5-97　提升管颗粒速度的径向分布

③ 颗粒质量速度影响局部颗粒速度径向分布，随颗粒质量速度增加，中心区颗粒速度增大，器壁区颗粒速度相应减小，回流速度有所增大，图 5-97(a)和(c)、图 5-98(a)和(b)。

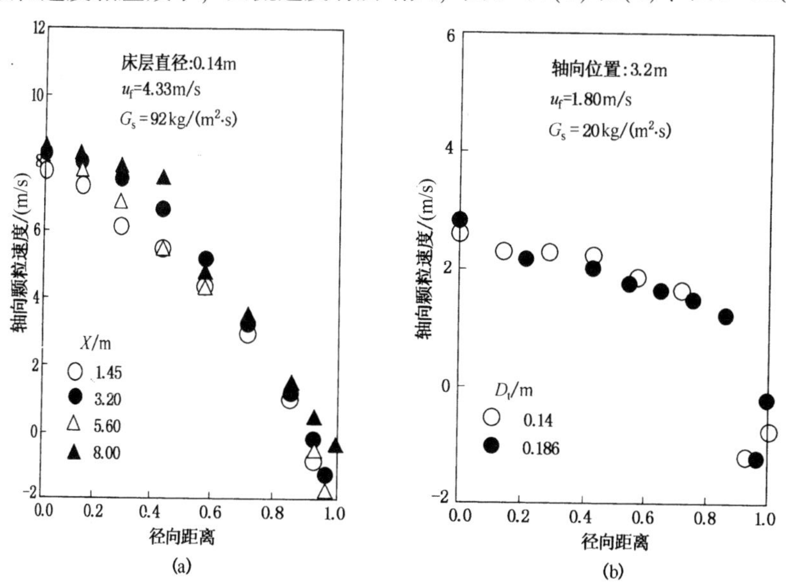

图 5-98　提升管局部颗粒速度的径向分布

(a)轴向位置的影响；(b)床径的影响

④ 提升管局部颗粒速度沿径向分布也是不均匀的，提升管颗粒在重力的作用下，颗粒与颗粒之间、颗粒与器壁之间动量传递过程显著，因而，保持相当大的湍流强度。在提升管气固湍流运动过程，由于颗粒之间存在集聚、碰撞作用，湍流旋涡间相互作用，必然使颗粒速度发生脉动。中心区颗粒脉冲速度较小，随径向比 r/R 增大，脉动速度平缓增加，在接近器壁环形区内出现一最大值，此点正好和颗粒速度径向分布、颗粒径向浓度分布和气体速度

径向分布变化最陡的区域相对应，如图 5-99 所示。图 5-100 给出截面平均颗粒速度沿轴向位置变化关系，G_S一定时，截面平均颗粒速度沿轴向位置的提高而提高，约在 3~5m 处趋于恒定。这说明颗粒运动沿轴向呈加速运动过程，截面平均颗粒速度随 G_S 的增加而减小。

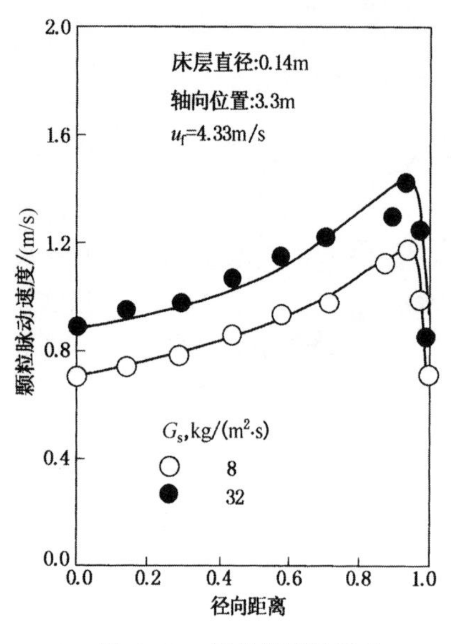

图 5-99　提升管颗粒脉动速度的径向分布

（二）气体速度分布

1. 局部气流速度的径向分布

在密相气力输送状态下，局部轴向气体速度如图 5-101。图 5-101(a)给出 u_f一定时，G_S对局部气流速度的径向分布的影响。G_S增加，中心区气流速度增加，器壁区气流速度减小，主要由于 G_S增加，器壁区颗粒浓度增加显著，器壁区气流流动阻力增大，使气流速度减小，致使中心区气流速度增加。图 5-101(b)给出 Gs 一定时，u_f对局部气流速度的径向分布的影响，u_f增大床层所有径向气流速度随之增大，由于 u_f增大，气固两相流与器壁之间的剪切应力增加，使局部气流速度的径向分布变得更不均匀。图 5-102 给出一定操作条件下不同轴向位置上气流速度的径向分布，在 3~5m 处已趋于稳定流场分布。

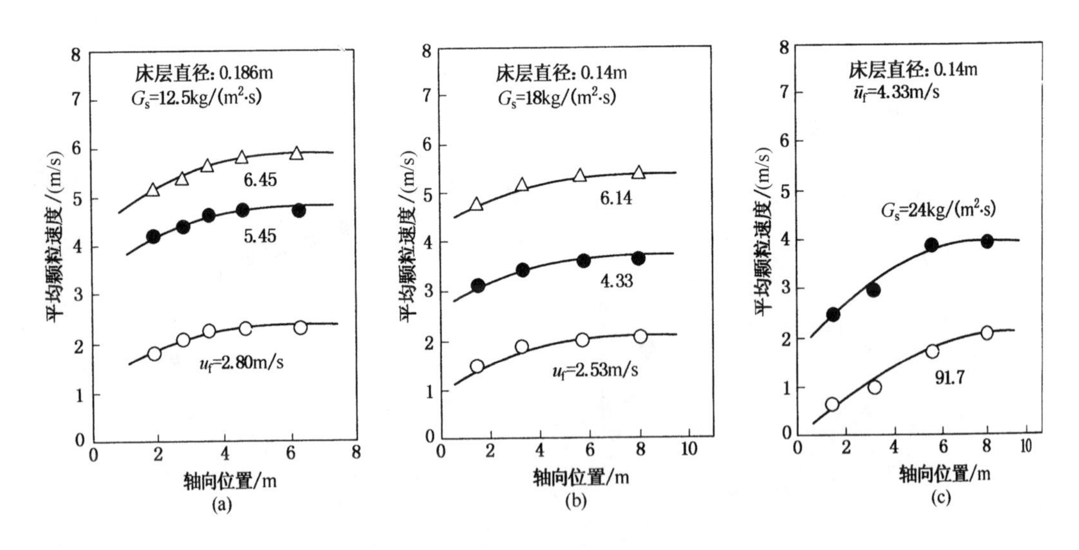

图 5-100　提升管截面平均颗粒速度随轴向位置的变化规律

2. 气流脉动速度的径向分布

提升管气流脉动速度的径向分布类似于颗粒脉动速度的径向分布，如图 5-103 所示。对于了解气固两相流在床内湍动运动具有重要意义。在气固两相悬浮运动过程中，颗粒的脉动会引起气流速度的脉动，因而引起气流与器壁剪切应力的改变，导致气流速度的径向分布不同于单相流中气流速度分布。

（三）局部滑落速度分布

局部滑落速度指气、固间相对速度。局部滑落速度的径向分布如图 5-104 所示。滑落速度最大值恰在颗粒向上流动和向下流动的边界区域内，局部滑落速度随 G_s 增大而略有增大，随 u_f 增大而略有减小。

（四）颗粒浓度径向分布与颗粒速度分布、气体速度分布的关系

1. 颗粒浓度的径向分布

在循环床提升管内颗粒浓度中心区稀、器壁浓的抛物线型分布状态，如图 5-105 所示。以空隙率 ε 径向分布表示如图 5-106 所示。

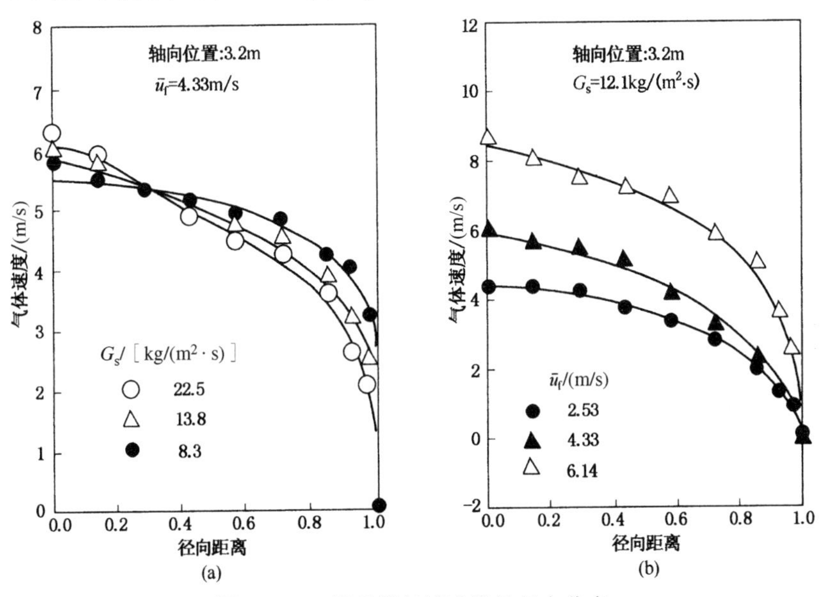

图 5-101　提升管气流速度的径向分布

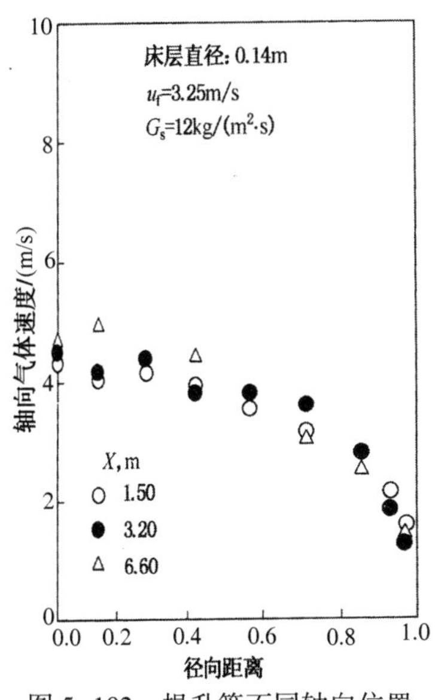

图 5-102　提升管不同轴向位置局部气流速度的径向分布

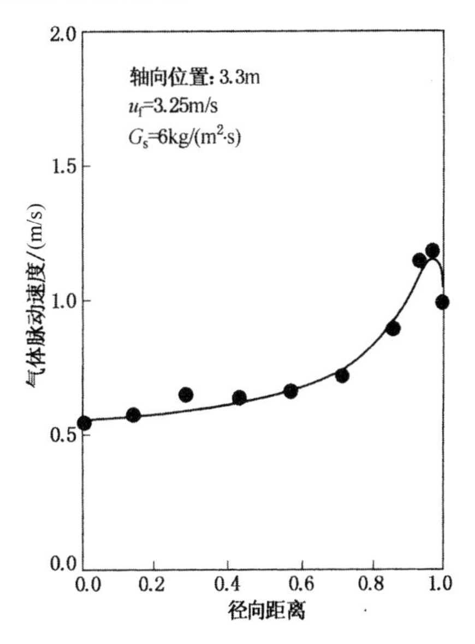

图 5-103　提升管气流脉动速度的径向分布

$$\varepsilon = \bar{\varepsilon}^{-F(\phi)} \tag{5-349}$$

对于 $\phi=\dfrac{r}{R}\leqslant 0.75$　　$-F(\phi)=\phi^2+0.191$

对于 $\phi\geqslant 0.75$　　$-F(\phi)=3062\phi^{6.47}+0.191$　　(5-350)

当 $\bar{u}_f$ 一定，G_s 增大，床层径向各点颗粒浓度都增大，径向分布更不均匀。当 G_S 一定，$\bar{u}_f$ 增加，床层径向各点颗粒浓度减小径向分布趋于均匀。操作条件一定，轴向位置提高，床层径向各点颗粒浓度减小径向分布趋于均匀。

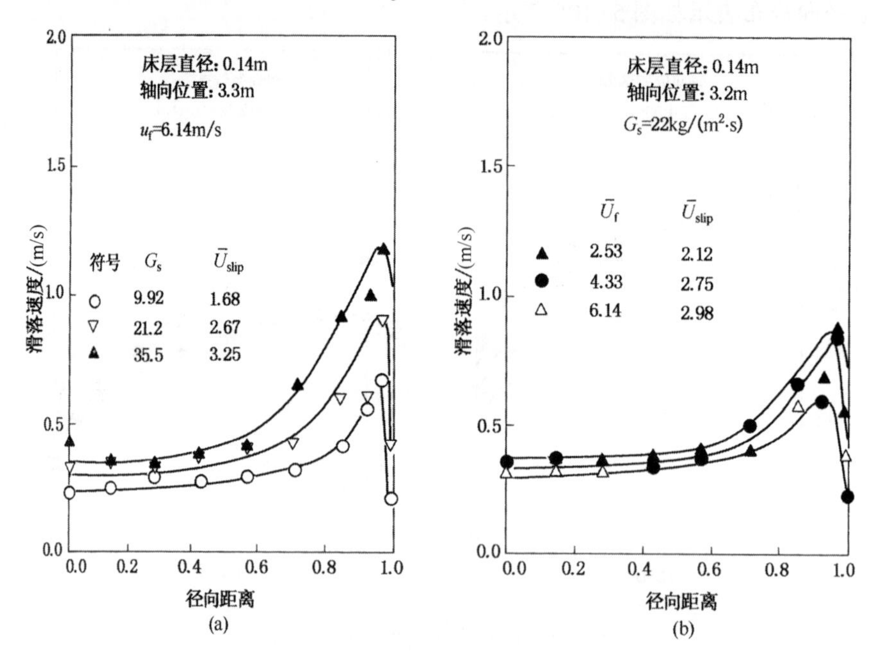

图 5-104　提升管局部滑落速度的径向分布

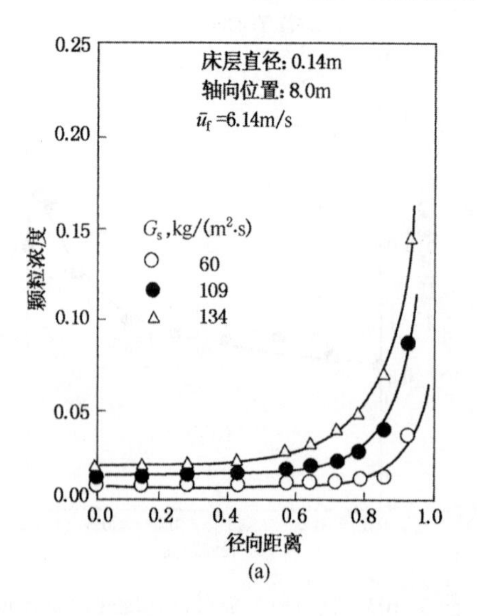

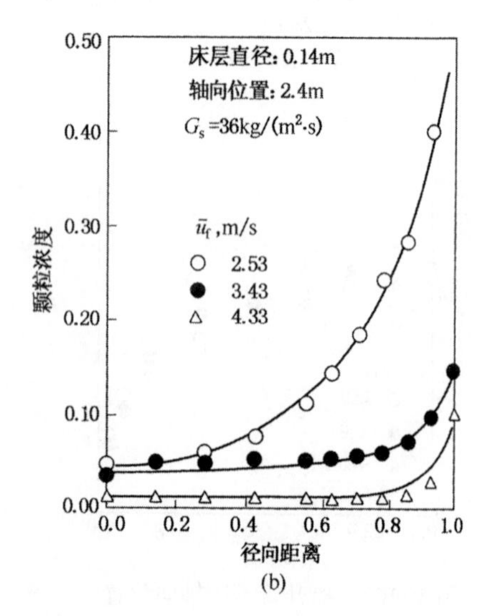

图 5-105

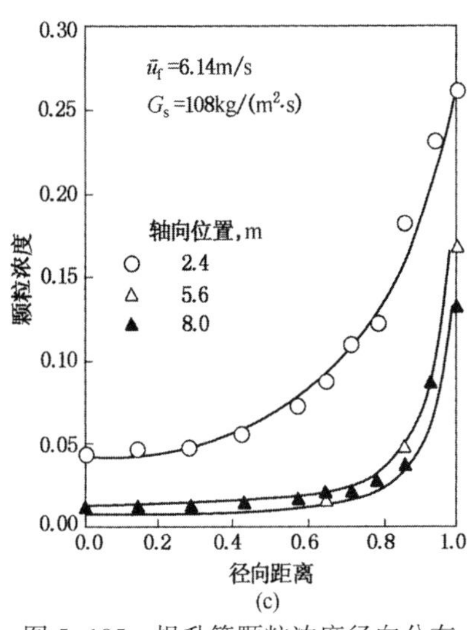

图 5-105　提升管颗粒浓度径向分布

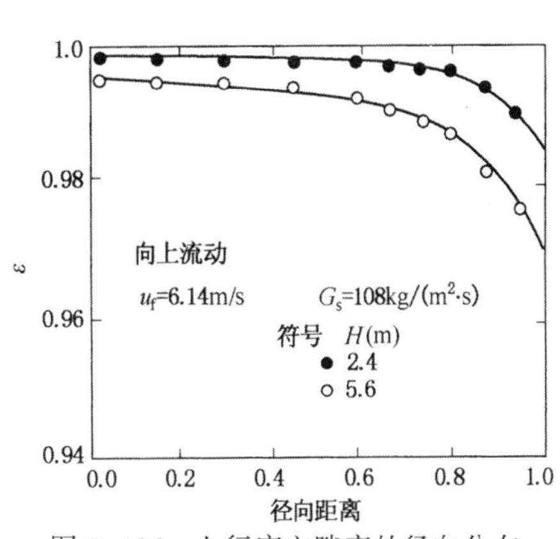

图 5-106　上行床空隙率的径向分布

2. 颗粒浓度、颗粒速度与气流速度径向分布的关系

循环床提升管气固两相流动的一个显著特征是气固两相流动参数在空间分布上的不均匀性，这种不均匀性在局部表现为颗粒的聚集现象，在整体上表现为径向气固两相体积分率和运动速度的不均匀分布。揭示这种不均匀结构产生的机理，要深入考察局部颗粒浓度、颗粒速度和气体径向分布间的关系。

图 5-107、图 5-108 是两种不同操作状态下的局部气速、颗粒速度和颗粒浓度径向分布曲线。颗粒浓度径向分布不均匀程度与局部气速、颗粒速度径向分布的不均匀性彼此相对应。颗粒截面平均浓度较高时，局部颗粒浓度径向分布更不均匀，局部气流速度、颗粒速度径向分布明显变化。这种流体力学参数分布形式是和气固相互作用强度相匹配的，并达到稳定的流场分布。其不均匀的原因是由于气固相湍流结构的变化所造成的。气固两相流中湍动剪切应力才是气体速度、颗粒速度径向分布明显的内在原因。在单相气流中加入颗粒后，改变了流体湍流强度，随之产生湍动剪切应力，随着颗粒浓度增加，湍流结构和颗粒浓度分布相互影响，加剧了颗粒的内循环流动。

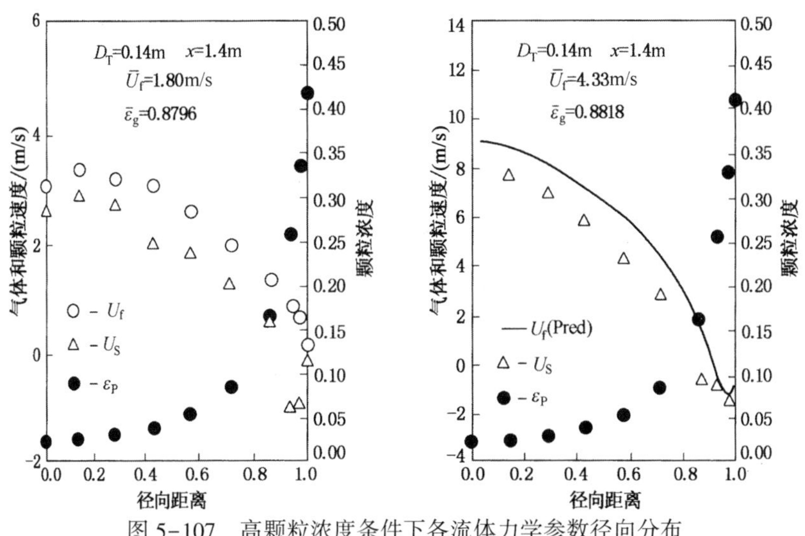

图 5-107　高颗粒浓度条件下各流体力学参数径向分布

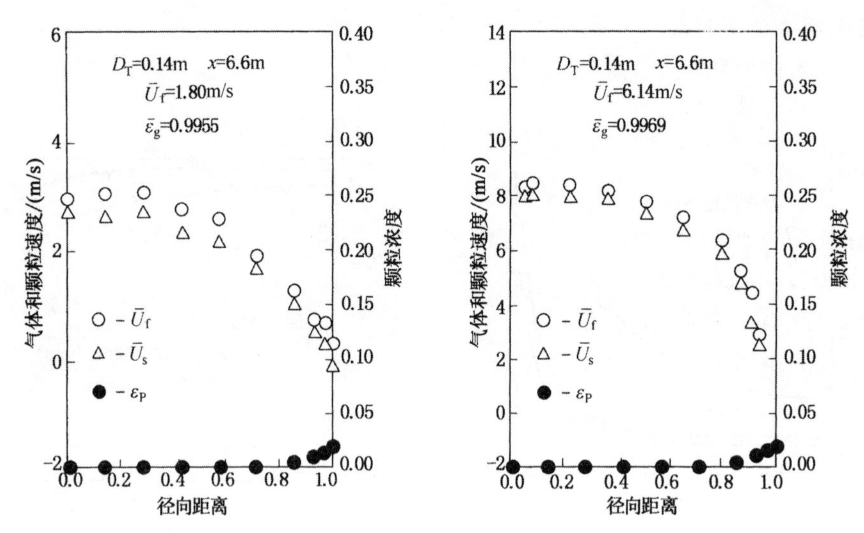

图 5-108　低颗粒浓度条件下各流体力学参数径向分布

总之，循环床提升管颗粒浓度、颗粒速度及气流速度径向分布间的相互作用从总体上反映了气固间的相互作用、气固两相的湍动运动以及颗粒与颗粒之间的相互碰撞作用，构成循环床提升管气固流动的基本特征。因此，目前已经用气固两相湍动理论描述循环床提升管输送床的数学模型。

二、气固并流下行循环床的流态化特性

工业上 FCC 采用的是提升管反应器气固并流上行操作，催化剂逆重力场运动。由于颗粒聚集而造成颗粒大量返混，不能及时移出反应器，导致转化率下降、选择性变差、轻质油收率降低、焦炭与干气产率增加。采用颗粒顺重力场运动，形成气固并流下行循环床，以消除颗粒轴向返混、改善颗粒浓度及颗粒速度径向分布，强化气固两相接触，称为气固并流下行循环床反应器。对于 FCC 和 DCC 工艺，Jin 等(2002)介绍了提升管与气固并流下行循环床反应器对比情况，表明汽油产率气固并流下行循环床反应器比提升管提高 5%，干气与焦炭产率减少 5%。为此，需要了解气固并流下行与气固并流上行在流体力学的特性。图 5-109 给出气固流动二维流动模型。按照气固并流下行循环床的流动规律分别介绍如下：

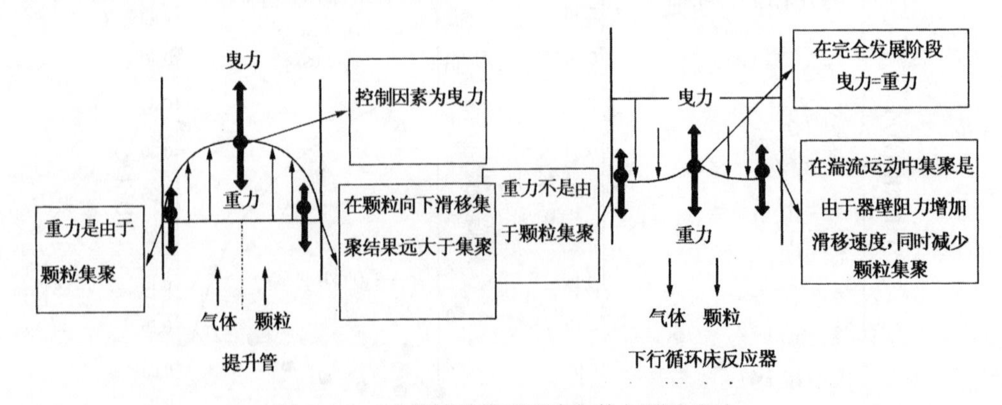

图 5-109　二维流动模型垂直气体与颗粒流动

（一）气固并流下行运动过程

在下行床入口处颗粒速度小于气体速度，颗粒在气体曳力及重力作用下逐渐加速，根据气固速度之间的关系，可以将颗粒和气体运动过程分为第Ⅰ加速段、第Ⅱ加速段及第Ⅲ恒速段，如图 5-110 所示(祁春鸣，1990)。

第Ⅰ加速段：颗粒在向下的重力及曳力共同作用下，具有很高的下行加速度。在加速过程中气固之间的速度差减小，当颗粒速度等于气体速度时，颗粒所受曳力为零，此点定义为第Ⅰ加速段的终点，由下行床入口到此点的距离定义为第Ⅰ加速段长。

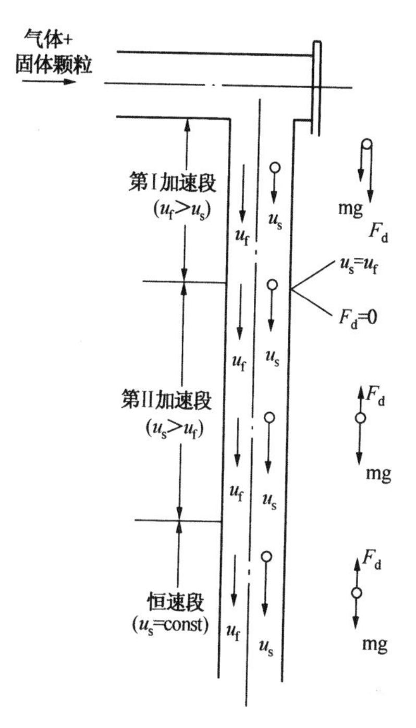

图 5-110　气-固并流向下运动过程示意图

在此段距离内气体压力沿管程不断下降，并通过曳力对颗粒作功，并克服两相流与器壁的摩擦阻力，即表现为：

$$\left(\frac{\partial P}{\partial L}\right)_{G_s,\ ug} < 0;\ u_f > u_s \qquad (5-351)$$

第Ⅰ加速段终点处：

$$\left(\frac{\partial P}{\partial L}\right)_{G_s,\ ug} = 0 \qquad (5-352)$$

第Ⅱ加速段：由于受重力作用，颗粒通过第Ⅰ加速段之后，继续加速，其速度将超过气体速度，而且，与气体速度之差又逐渐增加，直至颗粒进入恒速运动，这一过程称为第Ⅱ加速段过程。在该段内，气体作用于颗粒的曳力方向向上，其值随着颗粒速度增加而逐渐加大。气体受颗粒的作用力方向向下。气体与颗粒能量交换的结果，使系统压力沿气固运动方向逐渐增加，即：

$$\left(\frac{\partial P}{\partial L}\right)_{G_s,\ ug} > 0;\ u_f < u_s \qquad (5-353)$$

第Ⅲ恒速段：在恒速段中，颗粒所受向上的气体曳力及浮力与向下重力大小相等方向相反，速度不再发生变化。压力梯度为正值，并保持为一常数，故

$$\left(\frac{\partial^2 P}{\partial L^2}\right)_{G_s,\ ug} = 0,\ \left(\frac{\partial P}{\partial L}\right)_{G_s,\ ug} > 0 \qquad (5-354)$$

系统压力随气固运动方向继续增加。

（二）颗粒速度分布

气固并流上行与下行循环床内颗粒速度的径向分布如图 5-111 和图 5-112 所示。上行床局部颗粒速度沿径向呈抛物线型分布中心区颗粒速度最大，约为表观气体速度 1.5~3 倍。器壁处局部颗粒速度在 G_S较大时，会出现负值。上行床中颗粒速度的不均匀分布，同时床内颗粒的严重返混，造成颗粒停留时间分布的不均匀。下行床中由于颗粒在顺重力场作用下运动，其局部颗粒速度比逆重力场的上行床局部颗粒速度均匀，整个床层颗粒速度分布比较平坦。中心区颗粒速度随径比的增大而增大，在靠器壁处出现一最大值，是由于器壁处颗粒与器壁的摩擦作用使颗粒速度下降。当 G_S增大时，局部颗粒速度将略有增加是由于存在颗

粒的聚集现象。G_S增大，颗粒聚集倾向增强，径向颗粒脉动速度 v_P'增大，使局部颗粒速度增大，如图 5-113 所示。气体速度对局部颗粒速度径向分布的影响如图 5-114 和图 5-115，随气体速度增大而增大。预测局部颗粒速度 v_P径向分布的关联式(Bai，1991b)：

$$\frac{v_P}{u_t} = 6.309\left(\frac{u_f - u_t}{\sqrt{gD}}\right)^{0.97} \varepsilon^{-b}$$

$$b = -2.246 - 5.086\phi + 18.262\phi^2 - 13.1999\phi^3 \tag{5-355}$$

（三）颗粒浓度径向分布

气固并流上行与下行循环床内颗粒浓度的径向分布见图 5-105 和图 5-116(Jin，2002)，上行床颗粒浓度呈中心区稀、器壁浓的分布状态。下行床比上行床颗粒浓度分布均匀，在上行床中颗粒在器壁处聚集形成一个环形密相区，而中心区浓度较低(Bai，1991a)。

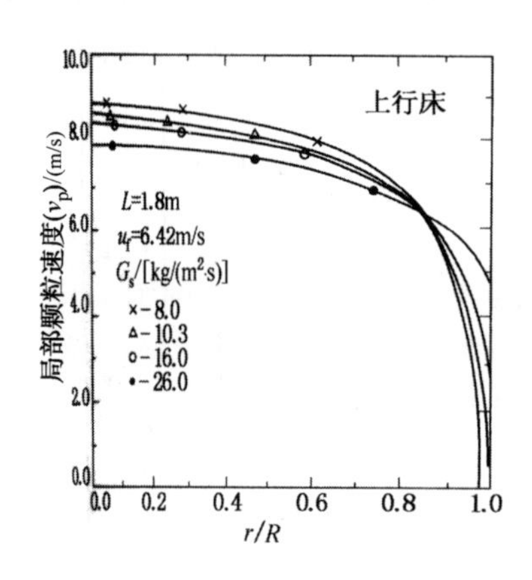

图 5-111　上行床局部颗粒速度的径向分布

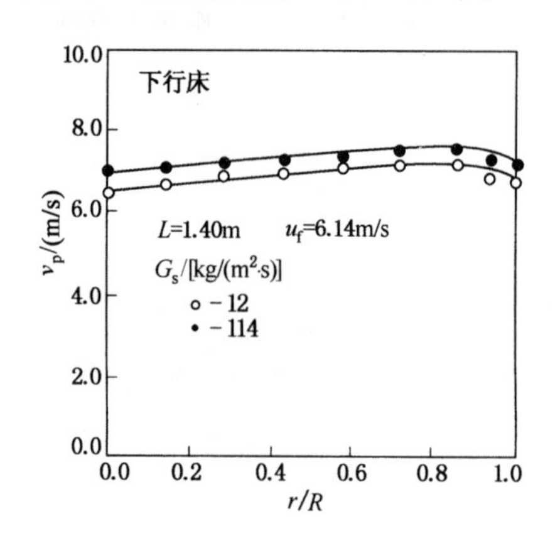

图 5-112　下行床局部颗粒速度的径向分布

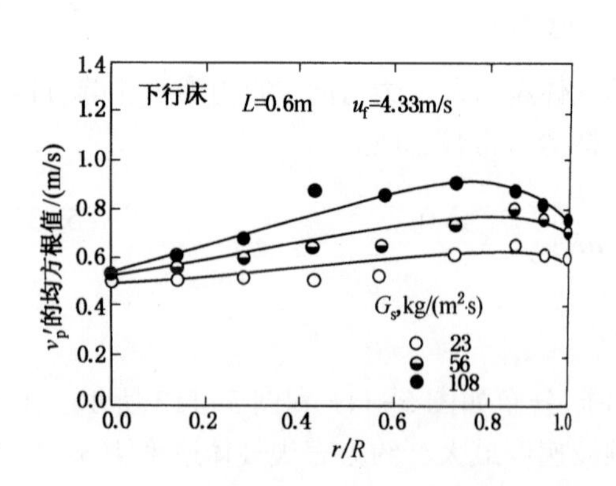

图 5-113　下行床局部颗粒均方根速度的径向分布
(颗粒径向脉动速度 v_p'的均方根值反映颗粒与颗粒间相互碰撞聚集程度)

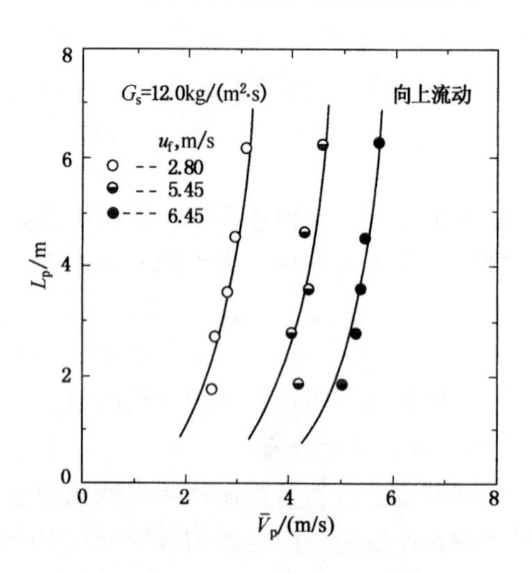

图 5-114　床层截面平均颗粒速度沿轴向的变化(上行床)

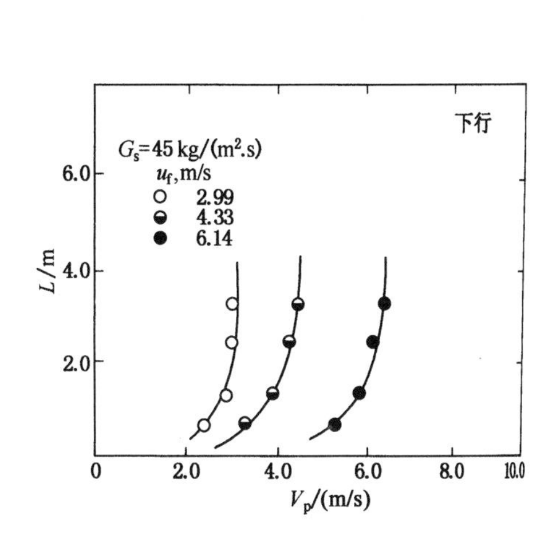

图 5-115　床层截面平均颗粒速度沿轴向的变化(下行床)

图 5-116　下行床颗粒浓度的径向分布

当操作气速一定时，G_S增大，使局部颗粒浓度径向分布增大，其中环形密相区增加幅度最大，其他各点变化相应较小，如图 5-117(a)所示。当 G_S一定，操作气速增大，使局部颗粒浓度径向分布降低，如图 5-117(b)所示，其中环形密相区颗粒浓度的变化幅度明显大于径向其他各点。在相同操作条件下，随轴向位置下移，颗粒浓度径向分布趋于均匀。其局部空隙率 ε 与$\bar{\varepsilon}$关系如图 5-118 所示。其关联式：

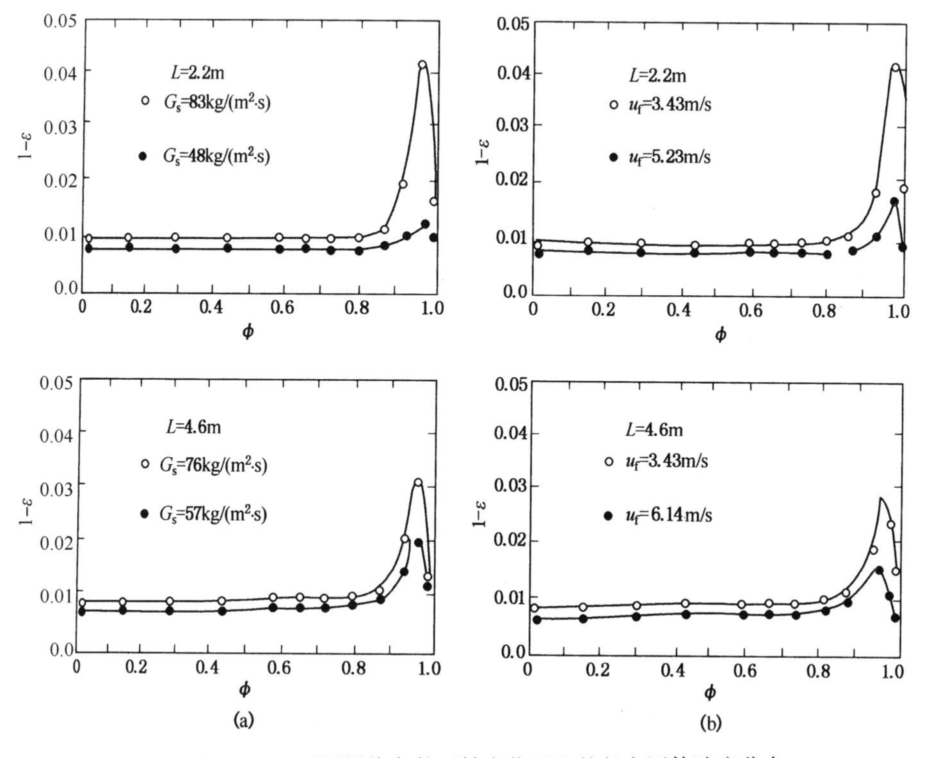

图 5-117　不同操作条件下轴向位置上的径向固体浓度分布

$$\varepsilon = \bar{\varepsilon}^{F(\phi)}$$

$$F(\phi) = 30.62(1-\phi)\exp[-127.6(1-\phi)^2] + \frac{22.8}{36.7 + 1(1-\phi)} \quad (5-356)$$

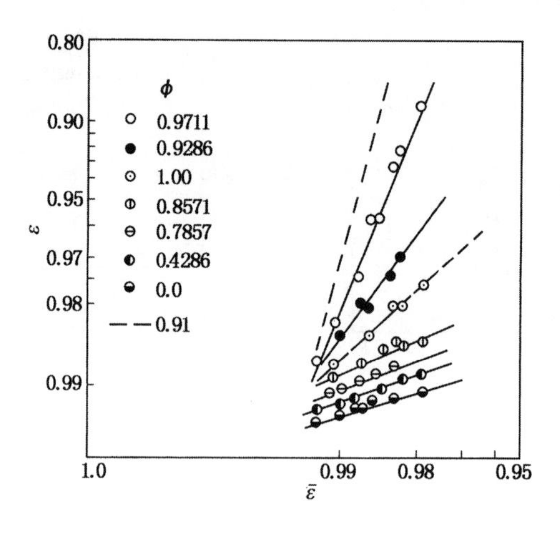

图 5-118 局部空隙率和截面平均空隙率之间的关系

颗粒浓度径向分布还受喷嘴角度的影响(Jin, 2002)如图 5-119 所示。

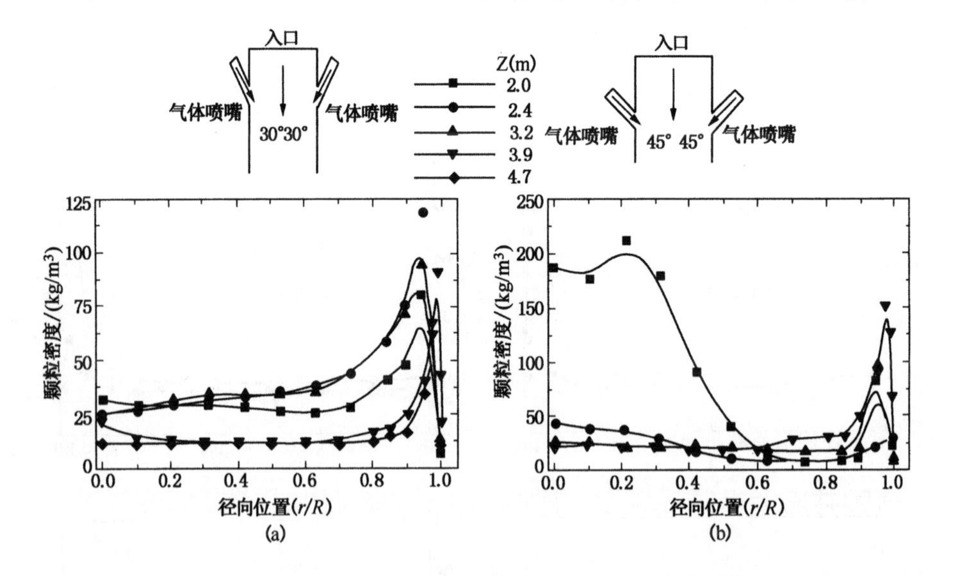

图 5-119 颗粒浓度径向分布还受喷嘴角度的影响

(a)30°气体喷嘴;(b)45°气体喷嘴

(四) 颗粒脉动速度分布

下行床管内颗粒脉动速度的径向分布见图 5-120,图中同时标出上行提升管的颗粒脉动速度径向分布(杨勇林,1991)。下行床类似上行床提升管的分布,但比提升管分布均匀,且数值小于相同条件下的提升管的颗粒脉动速度。说明下行床中颗粒间碰撞、聚集程度弱于提升管(杨勇林,1991)。

（五）局部颗粒质量通量径向分布

颗粒质量通量 $M_S=u_s(1-\varepsilon)g\rho_p$ 于不同气体速度 u_f 与不同颗粒循环速度 G_S 的径向分布如图 5-121、图 5-122 所示（杨勇林，1991；Bai，1991b）。由图可以看出与颗粒浓度径向分布类似，从床层中心向器壁移动颗粒浓度与颗粒速度沿径向先是逐步增大，因而颗粒质量通量 M_S 逐渐增大；在器壁附近颗粒浓度随 r/R 增大反而有所减小，颗粒速度在此区域与中心区相比变化不大，在器壁区内形成一最大的颗粒质量通量环。

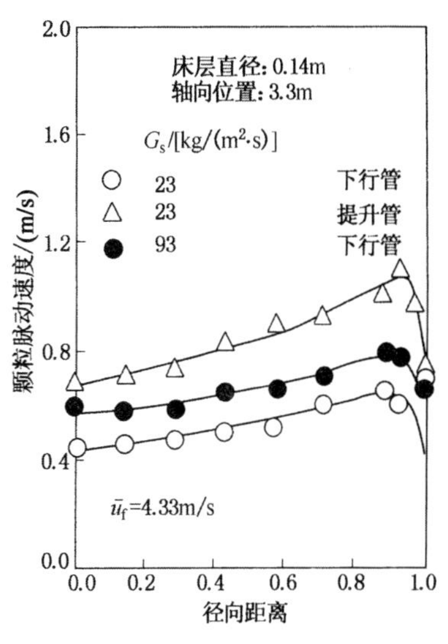

图 5-120　下行床管内颗粒脉动速度的径向分布图

由图 5-121 可见，轴向位置不变，操作气速一定时，颗粒循环速度 G_S 增大，径向颗粒质量通量增大，在 $r/R<0.94$ 时，随 r/R 增大而增大。在 $r/R>0.94$ 时，随 r/R 增大而减小。由图 5-122 表明，轴向位置不变，颗粒循环速度 G_S 一定时，操作气速增大，由于颗粒速度增加大于颗粒浓度减小，使颗粒质量通量增大。在器壁区由于操作气速增大，使 $(1-\varepsilon)$ 的减小程度较大，而颗粒速度几乎与中心区相同，因此，颗粒质量通量随操作气速增大而减小。

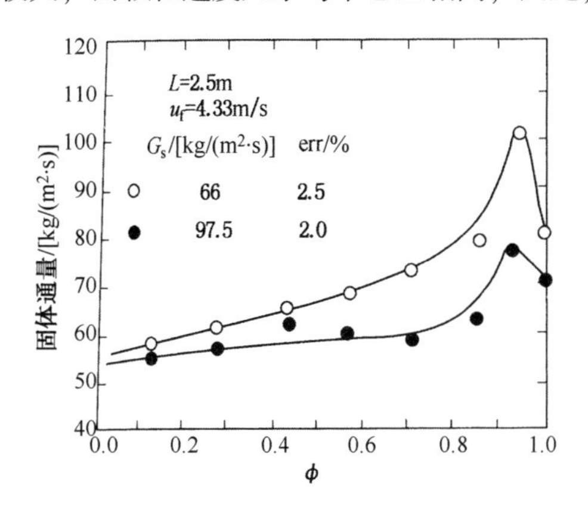

图 5-121　不同固体循环速度下径向固体质量通量分布

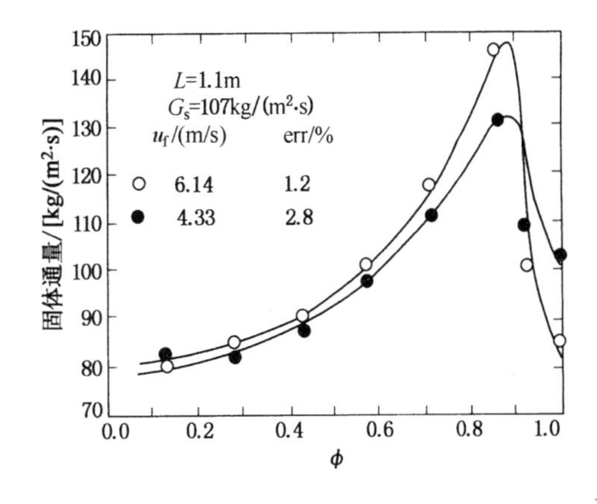

图 5-122　不同气速下径向固体质量通量分布

三、气固并流上行循环床及气固并流下行循环床反应器流动模型

（一）气固并流上行循环床提升管流动模型

气固并流上行提升管输送床是快速床流动特性的延续，提升管密相输送床与快速床流动相似，因此，气固并流上行提升管密相输送床流动模型可以用快速床一维模型、轴向扩散模型及径向扩散模型等描述。对于稀相输送床一维模型介绍如下：稀相输送床一维模型：

1. Nieuwland-Delnoij-Kuipers-van Swaaij 模型

该模型描述稳态流体动力学关键变量（例如截面平均压力、颗粒浓度、两相流速），在提升管内对于轴向对称流动是轴向位置函数（Nieuwland，1997）。它可以给出操作变量（例如气体流速、颗粒质量通量、操作压力及颗粒直径）变化的效应。模型忽略颗粒团的存在、颗粒离析及在器壁附近颗粒向下流动。模型中唯一的自变量是提升管高度方向的变量 z，因此模型方程是一个常微分方程组，可以用 Runge-Kutta 等方法求解。这个模型适用于稀相系统。模型方程：

1）基本方程

基本方程是由 Kuipers 等(1992)在上述假设下，由基本双流体模型稳态气固两相质量、动量守恒方程得出。稳态气固两相质量、动量守恒方程如下：

气相连续性方程

$$\frac{d(\varepsilon_f \rho_f u_f)}{dz} = 0 \tag{5-357}$$

固相连续性方程

$$\frac{d(\varepsilon_s \rho_s u_s)}{dz} = 0 \tag{5-358}$$

气相 z 向动量方程

$$\frac{d(\varepsilon_f \rho_f u_f^2)}{dz} = -\varepsilon_f \frac{dP}{dz} - \beta(u_f - u_s) + \varepsilon_f \rho_f g_z + F_{f,\ wall} \tag{5-359}$$

固相 z 向动量方程

$$\frac{d(\varepsilon_s \rho_s u_s^2)}{dz} = -\varepsilon_s \frac{dP}{dz} + \beta(u_f - u_s) + \varepsilon_s \rho_s g_z + F_{s,\ wall} \tag{5-360}$$

式中，ε 为体积分率，β 为相间动量传递系数 kg/(m^3 · s)，F 为单位体积的摩擦力 kg/(m^2 · s^2)，在动量方程中，$F_{f,wall}$ 和 $F_{s,wall}$ 表示每立方米气固混合物器壁作用于气体和颗粒上的摩擦力。对于两相在轴向黏滞动量传递已经忽略，因为提升管流动轴向动量传递控制轴向黏滞动量传递。

从模型方程式(5-357)至式(5-360)，对于两相单位体积总压力梯度可以推导下式：

$$-\frac{dP}{dz} = G_f \frac{du_f}{dz} - \varepsilon_f \rho_f g_z - F_{f,\ wall} + G\frac{du_s}{sdz} - \varepsilon_s \rho_s g_z - F_{s,\ wall} \tag{5-361}$$

从该方程可以计算压力梯度平衡单位气固混合物体积的力有两相加速度、重力和摩擦力。

系统是在高气速和低固体浓度情况下出现，例如在提升管气力输送区，支配控制压力梯度为器壁摩擦力。在该区当颗粒质量通量不变，提高气速结果压力梯度增加。比较起来，用高颗粒浓度的系统特性，称为快速床，此时在颗粒重力作用下确定压力梯度的数量级。在该区，当颗粒质量通量不变，提高气速结果压力梯度下降，这里可以基于此减少颗粒浓度。

如果依基本关系说明可以了解式(5-357)至式(5-358)，其关系主要未知变量为 ε_f、P、u_f 及 u_s。

2）基本关联式

(1) 两相密度

气体可以用理想气体定律计算压力下气相密度：

$$\rho_f = \frac{M}{R_g T} P \tag{5-362}$$

固体密度为定值。

(2) 相间动量传递系数

对空隙率 $\varepsilon_f < 0.80$，可能发生在低部，相间动量传递系数 β 由 Ergun 方程求得：

$$\beta = 150\frac{(1-\varepsilon_f)^2\mu_f}{\varepsilon_f d_p^2} + 1.75(1-\varepsilon_f)\frac{\rho_f}{d_p}|\bar{u}_f - \bar{u}_s| \tag{5-363}$$

对于 $\varepsilon_f \geqslant 0.80$，由 Wen 等(1966b)推导的关系式来表达相间动量传递系数 β：

$$\beta = \frac{3}{4}C_{d,s}\frac{\varepsilon_f(1-\varepsilon_f)}{d_p}\rho_f|\bar{u}_f - \bar{u}_s|\varepsilon_f^{-2.65} \tag{5-364}$$

式(5-364)中单颗粒理想的曳力系数 $C_{d,s}$依赖 Re_p由下式给出(Schiller，1935)：

$$C_{d,s} = \frac{24}{Re_p} + \frac{3.6}{Re_p^{0.313}} \qquad Re_p < 1000$$

$$C_{d,s} = 0.44 \qquad Re_p \geqslant 1000 \tag{5-365}$$

(3) 气相与器壁之间的摩擦力

气相与器壁之间的摩擦力采用 Fanning 关联式(Bird，1960)，忽略气相中颗粒相影响，对于单颗粒摩擦系数 f_t由实验得到无因次数群关系式：

$$F_{f,wall} = -4f_f\frac{\varepsilon_f}{D}\frac{1}{2}\rho_f u_f^2 \tag{5-366}$$

$$4f_f = C_1 Re^{-C_2} \tag{5-367}$$

对于非常光滑器壁并且 $2000<Re<5\times10^5$，依 Blasius 关联式 $C_1=0.316$，$C_2=0.25$；如果器壁粗糙度增加，则 C_2减少。在相同平均气体流速下，气相与器壁之间的摩擦力增大。

(4) 固相与器壁之间的摩擦力

在单位体积气固混合物中，固相与器壁之间摩擦力，常用 Fanning 关联式：

$$F_{s,wall} = -4f_s\frac{\varepsilon_s}{D}\frac{1}{2}\rho_s u_s^2 \tag{5-368}$$

对于摩擦系数 f_s，文献中有若干关联式，以简单轴向模型为基础计算压力梯度，同时以实验压力降数据得到固相与器壁之间摩擦力。表 5-16 总结实验固相摩擦系数关联式，表 5-17 为他们的实验操作条件(陈俊武，2005)。

表 5-16　实验固相摩擦系数 $4f_s$ 关联式(陈俊武，2005)

研究者	$4f_s$ 关联式
Stemerding	0.012
Reddy，et al	$\frac{0.184}{u_s}$
Capes，et al	$\frac{0.206}{u_s^{1.22}}$
Yang	$A\frac{\varepsilon_S}{(1-\varepsilon_S)^3}\left[\varepsilon_S\frac{Re_t}{Re_p}\right]^{-B}$ $\frac{u_f}{u_s}<1.5$；$A=0.0410$，$B=1.021$ $\frac{u_f}{u_s}>1.5$；$A=0.0126$，$B=0.979$
Kerker	$\frac{3.13\times10^{-5}Ga^{0.26}}{217\varepsilon_s+1}\left[\left(\frac{u_{sound}}{u_s}\right)^{1/2}\frac{D}{d_p}Ga^{0.16}\left(\frac{u_s^2}{gd_p}\right)^{-0.25}+1.55\times10^{-3}\left(\frac{u_{sound}^2}{gd_p}\right)^{1/2}\right]$
Breault，et al	$\frac{48.8\varepsilon_s}{u_s(1-\varepsilon_s)^3}$

表 5-17　颗粒性质及操作条件(陈俊武, 2005)

文献	D/mm	颗粒物质	d_p/μm	u_f/(m/s)	G_s/[kg/(m²·s)]	在压力梯度分析时忽略项
Stemerding	51	FCC	65	4~12		完全气相影响
Reddy, et al	100	玻璃球	100、270	8~14	130~430	完全气相影响
Capes, et al	75	玻璃、钢	300~3000	2.5~30		气相重力作用和两相加速度
Yang	7、14、27、47、76	玻璃、钢、铜、沙子	100~3000			气相重力作用和气相加速度
Kerker	83	玻璃	640	10~35	16.7~245	
Breault, et al	38	沙子、石灰石	300、452、296	3.9~7.6		两相加速度

(5) 数值解

基本方程解，用四阶 Runge-Kutta 数值积分程序可调步长。

3) 实验

实验设备：流化床 $L=1.2$m，$D=0.12$m，提升管 $L=3.0$m，$D=0.03$m，颗粒物质：玻璃球，直径 275($\rho_s=3060$kg/m³)和 655μm($\rho_s=3060$ kg/m³)，压力降测量计底部为水平管，管内以水表明压差。

(1) 实验

(2) 模型证实

以实验数据修改 L. Kerker 试验关系为：

$$4f_s=\frac{7.0\times10^{-5}\rho_s u_s^{0.6}}{G_s}\tag{5-369}$$

通过模型计算与试验数据基本吻合。

前面式中：Ga：Galieo number，$Ga=\dfrac{|g|d_p^3\rho_f(\rho_s-\rho_f)}{\mu_f^2}$

$$Re=\frac{\rho_f u_f D}{\mu_f}$$

$$Re_p=\frac{\rho_f\varepsilon_f\,|\,\bar{u}_f-\bar{u}_s\,|\,d_p}{\mu_f}$$

μ：kg/(m·s)

2. Lim-Peeler-Joyee-Zakhari-Close 模型

该模型以 A 类颗粒为基础，得到了 0.6m 内径床高 10.7m 冷态提升管、0.91m 内径 18.3m 热态提升管试验数据的证实(Lim, 2002)。在提升管内压力降

$$\mathrm{d}P/\mathrm{d}x=(1-\varepsilon)\rho_p g\tag{5-370}$$

滑落系数

$$K_{sl}=U_f\rho_p(1-\varepsilon)/\varepsilon G_s\tag{5-371}$$

关联式(5-370)、式(5-371)得出 CFB 压力梯度关联式

$$\frac{\mathrm{d}P}{\mathrm{d}x}=\left[K_{sl}g\Big/\left(K_{sl}\frac{G_s}{\rho_p}+U_f\right)\right]G_s\ \text{或}\left[K_{sl}U_f\rho_p\Big/\left(K_{sl}\frac{G_s}{\rho_p}\right)\right]SCR\tag{5-372}$$

$$\text{SCR 为颗粒循环比} = G_s/\rho_g U_f = \frac{\dfrac{dP}{dx}\rho_p}{K_{sl}\rho_p g - K_{sl}\dfrac{dP}{dx}}\frac{1}{\rho_g} \tag{5-373}$$

图 5-123 给出冷、热态 CFB 及冷态高密度 CFB 的实验与计算数据比较。

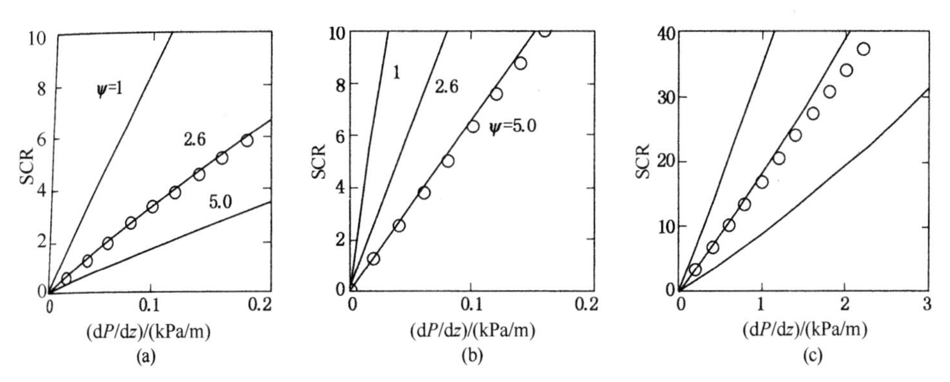

图 5-123　冷、热态 CFB 及冷态高密度 CFB 的实验与计算数据比较

(a)冷态 CFB；(b)热态 CFB；(c)冷态高密度 CFB

(二) 气固并流下行循环床反应器流动模型

1. 气固并流下行循环床流动及其基本方程——一维稳态两相流动模型基本方程(金涌，1990)

质量守恒方程：

气相

$$\frac{\partial(\varepsilon\rho_g U_f)}{\partial x} = 0 \tag{5-374}$$

固相

$$\frac{\partial[(1-\varepsilon)\rho_p U_s]}{\partial x} = 0 \tag{5-375}$$

动量守恒方程：

气相

$$\frac{\partial(\varepsilon\rho_g U_f^2)}{\partial x} = -\frac{\partial P}{\partial x} \pm F_D - F_{Gf} - F_{\lambda f} \tag{5-376}$$

固相

$$\frac{\partial[(1-\varepsilon)\rho_p U_s^2]}{\partial x} = \pm F_D - F_{Gs} - F_{\lambda s} \tag{5-377}$$

式中，F_D：曳力阻力

$$F_D = \left[(1-\varepsilon)/\left(\frac{\pi}{6}d_p^3\right)\right]C_D\frac{\pi d_p^2}{4}\cdot\frac{\rho_g}{2}u_f^2 \tag{5-378}$$

F_{Gf}：气体重力

$$F_{Gf} = \varepsilon\rho_g g \tag{5-379}$$

F_{Gs}：固相重力

$$F_{Gs} = (1-\varepsilon)(\rho_p - \rho_g)g \tag{5-380}$$

$F_{\lambda f}$：气体摩擦力

$$F_{\lambda f} = \lambda_f\left(\frac{1}{2D}\right)\rho_g U_f^2 \tag{5-381}$$

$F_{\lambda s}$：颗粒摩擦力

$$F_{\lambda s} = \lambda_S\frac{\rho_g U_f^2}{2D} = \lambda_f\left[\left(1+\frac{G_S}{G_f}\right)^{0.3} - 1\right]\rho_g U_f^2/2D \tag{5-382}$$

如忽略气速轴向变化，即$(\partial u_g/\partial L) = 0$，和气体重力，则上述方程组可简化为

$$G_g = \varepsilon\rho_g u_f = \text{常数},\ G_S = (1-\varepsilon)\rho_p u_s = \text{常数} \tag{5-383}$$

式(5-376)简化为　　$-(\partial P/\partial L)=\pm F_{D}-F_{\lambda g}$　　(5-384)

式(5-377)简化为　　$G_{S}(\partial u_{s}/\partial L)=\pm F_{D}-F_{Gs}-F_{\lambda s}$　　(5-385)

式中，±号，“+”为第一加速段；“-”为第二加速段

引入以下数组：　$L^{*}=\dfrac{4d_{p}\rho_{p}}{3\rho_{g}}$；$P^{*}=\dfrac{\mu G_{S}^{2}}{d_{p}\rho_{g}}$；$F_{g}^{*}=\dfrac{2}{3}\dfrac{\mu\rho_{p}}{\rho_{g}}\lambda_{s}\dfrac{1}{G_{S}D}$；

$$Re_{g}=d_{p}(0-U_{f})\rho_{g}/\mu;$$

$$Re_{r}=d_{p}(U_{f}-U_{s})\rho_{g}/\mu;\ P_{g}^{*}=\frac{2\lambda_{fg}}{3D}\cdot\frac{\rho_{g}u_{f}^{2}d_{p}^{2}\rho_{p}}{\mu G_{S}};$$

得到加速段沿程压力与速度的变化关系：

$$\mathrm{d}\frac{L}{L^{*}}=\frac{Re_{r}-Re_{g}}{Ar\pm C_{D}Re_{r}^{2}-F_{g}^{*}(Re_{r}-Re_{g})Re_{g}^{2}}\mathrm{d}Re_{r}\tag{5-386}$$

$$\mathrm{d}(P/P^{*})=\{[C_{D}Re_{r}^{2}\pm P_{g}^{*}(Re_{r}-Re_{g})]/[Ar\pm C_{D}Re_{r}^{2}-F_{g}^{*}(Re_{r}-Re_{g})Re_{g}^{2}]\}\mathrm{d}Re_{r}\tag{5-387}$$

对于恒速段 $\mathrm{d}L=U_{s}\cdot\mathrm{d}t$；

$$\mathrm{d}P=(1-\varepsilon)\rho_{p}\mathrm{d}L-[\lambda_{f}\rho_{g}U_{f}^{2}/(2D)]\mathrm{d}L\tag{5-388}$$

$$C_{D}/C_{DS}=(14.1/Fr)\cdot(1+2.78\rho_{g}u_{f}/G_{s});\ Fr=u_{f}/\sqrt{gd_{p}}\tag{5-389}$$

2. 气固并流下行循环床颗粒轴向返混模型(Wei，1994)

以一维轴向扩散模型描述：　$E_{x}\dfrac{\partial^{2}C}{\partial x^{2}}-u_{S}\dfrac{\partial C}{\partial x}=\dfrac{\partial C}{\partial t}$　　(5-390)

开-开式边界条件：

$$x=-\infty,\ C=0.0$$

$$x=0.0,\ C=C_{0}\delta(t)$$

式中　E_{x}——颗粒轴向扩散系数，m^{2}/s。

上述方程解析解为：　$C=2\sqrt{\dfrac{Pe}{\theta}}\exp\left[-\dfrac{(1-\theta)Pe}{4\theta}\right]$　　(5-391)

$$Pe=\frac{4.415\times10^{-5}Re-2.005}{Gc-6.678\times10^{-3}}+114.64\tag{5-392}$$

$$Gc=G_{s}/u_{i}\cdot\rho_{p}$$

3. 气固并流下行循环床颗粒轴向及径向返混模型(Wei，1994)

下行循环床颗粒轴径向混合模型考虑由于气固并流下行床颗粒速度分布均匀，混合模型采用二维平推扩散模型。其描述方程：

$$E_{x}\frac{\partial^{2}C}{\partial x^{2}}+\frac{E_{r}}{r}\cdot\frac{\partial}{\partial r}\left(r\frac{\partial C}{\partial r}\right)-u_{S}\cdot\frac{\partial C}{\partial x}=\frac{\partial C}{\partial t}\tag{5-393}$$

开-开式边界条件：

$$r=R,\ \frac{\partial C}{\partial r}=0;\ x=-\infty,\ C=0.0$$

在上述边界条件下，其解析解：

$$\frac{C}{C_0}=\frac{e^{\varphi\xi}}{2\pi\sqrt{\pi\theta}}\cdot\sum_{n=0}^{\infty}\frac{J_0(\beta_n\rho)}{J_0^2(\beta_n)}\cdot\exp\left[-\frac{\xi^2}{4\theta}-(\varphi^2+\beta_n^2)\theta\right] \tag{5-394}$$

$$\rho=\frac{r}{R},\ \xi=\frac{t\sqrt{E_r}}{R\sqrt{E_x}},\ \varphi=\frac{u_sR}{2\sqrt{E_xE_r}},\ \theta=\frac{E_rt}{R^2}$$

上述模型解析解，利用马夸特非线性参数估值方法拟合试验数据，得出颗粒轴、径向返混准数：

轴向颗粒无因次返混准数 Pe_x

$$Pe_x=\frac{u_S\times L}{E_x}=\frac{8.93\times10^{-4}\cdot Re}{1-\varepsilon}+101.47 \tag{5-395}$$

径向颗粒无因次返混准数 Pe_r

$$Pe_r=\frac{u_S\cdot L}{E_r}=3.14Re^{0.95}\varepsilon^{-73.4} \tag{5-396}$$

(三) 湍流气粒两相流动模型

在单相流动控制方程及湍流模型基础上，发展了多相流控制方程及湍流模型。工程上的单相流计算，对湍流的处理多采用湍流黏性系数法(包括混合长度模型、单方程模型、k-ε 双方程模型)以及 RSM 模型。对多相流的计算，最初采用单相流的 k-ε 双方程湍流模型来处理多相流湍流问题，随后考虑到颗粒脉动，引入颗粒湍动能 k_p 方程，建立了 k_g—ε_g—k_p 模型。在此基础上，为了计算气固液三相流体，液滴存在下气固液三相的相互作用，提出了 k_g—ε_g—k_p—k_k 模型(Zhang，2001；Zhou，2001)。对于一些较稠密流动(如流化床)中的不稳定现象，除了考虑颗粒群的脉动外(颗粒湍动能)，又考虑了单颗粒的随机脉动，引入了颗粒拟温度 Θ，建立了 k_g—ε_g—k_p—ε_p—Θ 模型。为了全面考虑多相流中连续相与离散相的相互作用，周力行等(1991)将单相流二阶矩输运模型推广到气粒两相流动，建立了多相流统一二阶矩封闭模型，或雷诺应力输运模型。这些湍流气粒两相流动模型介绍可参见催化裂化工艺与工程(第二版)第五节(陈俊武，2005)。

第六节 流化床的传热

催化裂化反应-再生系统中再生器的供热量有时超过反应器的需热量。因此，在再生器内外设置了取热设备。因此，颗粒与气体间传热问题日益重要。本节主要讨论流化床的传热问题，涉及颗粒与气相的传热、流化床与器壁传热。传热过程仍为对流、导热及辐射三种形式，只是不同条件下常可忽略其中部分传热形式。

一、颗粒与气相传热

在流化床中只要颗粒与流化介质(气体)存在温度差，就存在颗粒与气相间传热。例如，结焦的待生催化剂在再生器内烧焦，催化剂温度远大于周围流化介质空气的温度；烧焦罐内预混合段由第二再生器循环来的再生剂温度远大于待生剂温度；提升管内再生剂与雾化原料油液滴以及油气、水蒸气之间有温差。在流化床内存在颗粒与气相传热，在床层流化床再生器分布器上部也存在催化剂与主风(空气)的传热。

讨论气-固传热时，由于气体比热容与固体比热容相比很小，固体颗粒内的气体温度与固体温度相同，因此，只考虑颗粒与周围气体的传热即可。

在静止介质中颗粒与周围气体的传热，依导热与对流传热的机理，Nu 的值为最小，等于 2。由于周围介质不可能处于静止状态，造成流动的原因可能是自然对流或强制对流，因此，Nu 应大于 2。Ranz 和 Marshall 给出：

$$Nu = 2.0 + 0.6Re_p^{1/2}Pr^{1/3} \tag{5-397}$$

式中 $Nu=\dfrac{hd_p}{\lambda_g}$；

$Pr=\dfrac{C_g\mu}{\lambda_g}$；

$Re_p=\dfrac{d_p\mu_f\rho_g}{\mu}$；

h——传热系数，W/(m² · K)；

λ_g——气体导热系数，W/(m · K)；

C_g——气体比热容，J/(kg · K)。

莫伟坚(1989)采用式(5-397)计算过油滴在提升管反应器内强制气流中蒸发、气体与油滴之间的传热。

颗粒、液滴与气体之间传热关联式请参阅文献(周力行，1986)的表 4-1。

如以式(5-397)计算再生器温度与颗粒表面温度差，可以估计催化剂因温度影响失活的情况。以在 970K、0.24MPa 下操作的再生器为例，对 $d_P=60\mu m$ 单颗粒计算，当藏量为 27t、燃烧发热量 11000J/h 时，按式(5-397)计算的颗粒表面与烟气温度相差不到 1K。

对于细粉颗粒，Kunii 等(1991)建议采用：

$$Nu = 2 + (0.6 \sim 1.8)Re_p^{1/2}Pr^{1/3} \tag{5-398}$$

二、散式流化床内气体颗粒间传热

对流化床内颗粒与气体间的传热，常采用 Kunii 等提出的假定：气体穿过床层为平推流，忽略由于气体温度而引起的变化，其传热关联式为：

$$Nu_{gp} = 0.03Re_p^{1.3} \tag{5-399}$$

式中，Nu_{gp} 为气固间的 Nusselt 数，$Nu_{gp}=h_{gp}d_p/\lambda_g$。

Zenz(1960)给出：

$$Nu_{gp} = 2.0 + 1.3Pr^{0.15} + 0.66P_r^{0.31}Re_p^{0.5} \tag{5-399a}$$

对于低 Biot 数颗粒(忽略颗粒内部传热)，在充分混合的床层中，气体温度变化可由微元高度 dL 的微元段热平衡计算。假定气体以平推流流过床层

$$C_g u_f \rho_g \Delta T_g = h_{gp}S_p(T_g - T_p)\mathrm{d}L \tag{5-400}$$

式中 ΔT_g——气体的温度变化，K；

S_p——单位床层体积内颗粒表面积，m²/m³。

经过积分得：

$$\ln\left(\frac{T_g - T_p}{T_{gin} - T_p}\right) = -\left(\frac{h_{gp}S_p}{u_f\rho_g C_g}\right)L \tag{5-401}$$

在这里 $S_p = \frac{6(1-\varepsilon)}{d_p}$，$m^2/m^3$；$\varepsilon$ 为床层空隙率。

$$h_{gp} = \frac{0.03d_p^{0.3}\rho_g^{1.3}u_f^{1.3}\lambda_g}{\mu^{1.3}}, \ \text{W/(m·K)} \tag{5-402}$$

当气体从进入温度 T_{gin}上升到 T_g 时，气体经过的床层高度为 L，令

$$n = \frac{T_{gin} - T_p}{T_g - T_p} \tag{5-403}$$

达到 n 的床层高度为 L_n，则：

$$L_n = \frac{5.5\ln n\mu^{1.3}d_p^{0.7}C_g}{\rho_g^{0.3}u_f^{0.3}\lambda_g(1-\varepsilon)}, \ \text{m} \tag{5-404}$$

Gunn 给出 $\varepsilon=0.35\sim1$ 时，

$$Nu_{gp} = (7 - 10\varepsilon + 5\varepsilon^2)(1 + 0.7Re_p^{0.2}Pr^{1/3}) + (1.33 - 2.4\varepsilon + 1.2\varepsilon^2)Re_p^{0.7}Pr^{1/3} \tag{5-405}$$

三、鼓泡床传热

鼓泡床传热模型：

Kunii 等(1991)依照鼓泡床传质模型规律，进一步应用到鼓泡床内气晕气泡间传热系数 h_{bc}、气泡气体与颗粒之间传热 Nu_{bed}、h_{bed}。依气泡与气晕间的交换系数式(5-507)得到以气泡单位体积的气泡与气晕间的传热系数 H_{bc}：

$$H_{bc} = 4.5\left(\frac{u_{mf}\rho_g C_{pg}}{D_{be}}\right) + 5.85\frac{(\lambda_g\rho_g C_{pg})^{1/2}g^{1/4}}{D_{be}^{5/4}}, \ \text{W/(m}^3\text{bubble·K)} \tag{5-406}$$

与式(5-498)相对应气泡与气晕间的传热系数 h_{bc}：

$$h_{bc} = 0.975\rho_g C_{pg}\left(\frac{\lambda_g}{\rho_g C_{pg}}\right)^{1/2}\left(\frac{g}{D_{be}}\right)^{1/4}, \ \text{W/(m}^2\text{·K)} \tag{5-407}$$

依照式(5-499)传质模型，Kunii 等(1991)得出总传热速率(包括气泡中的颗粒)h_{total}：

$$h_{total} = \gamma_b\frac{6(Nu^*)\lambda_g}{\phi_s d_p^2}\eta_h + h_{bc}, \ \text{W/(m}^3\text{bubble·K)} \tag{5-408}$$

式中，Nu^* 见式(5-397)。

依传热系数定义：

$$\frac{6}{\phi_s d_p}(1-\varepsilon_f)h_{bed} = \varepsilon_b h_{total} \tag{5-409}$$

式中，ε_f 为床层空隙率。

由式(5-408)、式(5-409)得到：

$$Nu_{bed} = \frac{h_{bed}d_p}{\lambda_g} = \frac{\varepsilon_b}{1-\varepsilon_f}\left[\gamma_b(Nu^*)\eta_h + \frac{\phi_s d_p^2}{6\lambda_g}h_{bc}\right] \tag{5-410}$$

式中，η_h 为传热系数因子，等于 0.91~0.98。

四、鼓泡床与器壁传热

在鼓泡床层操作的条件下，鼓泡床与器壁传热为三个部分之和：

① 颗粒对流传热 Q_{pc}：由于颗粒移动使床层与邻近区域进行传热，对于 d_p>40μm 颗粒起主要作用；

② 相间气体对流传热 Q_{gc}：由于颗粒与表面之间的气体对流传热，在高压下及对 d_p>800μm 颗粒作用显著；

③ 辐射放热 Q_R：一般温度高于 900K 才显著发生作用。

$$Q = Q_{pc} + Q_{gc} + Q_R \tag{5-411}$$

依据

$$Q = hA\Delta T \tag{5-412}$$

$$h = h_{pc} + h_{gc} + h_R \tag{5-413}$$

式中，h_{pc}、h_{gc}、h_R 为 Q_{pc}、Q_{gc}及 Q_R 的传热系数。

（一）颗粒对流传热系数 h_{pc}

颗粒对流传热主要是在产生气泡以后，随着气泡运动使颗粒循环，床层与壁表面(包括内外换热管壁面)之间传热系数增大，因而，颗粒对流传热成为主要部分。随着表观速度的增加，对 B、D 类颗粒出现最大传热系数 h_{max}。对于 A 类颗粒在传热系数上升曲线中出现小的峰值区，如图 5-124 所示。对于 C 类颗粒由于颗粒间的黏着力作用，使颗粒循环减弱，因此，颗粒粒径愈细，则床层与壁表面的传热系数 h 愈小。d_p与 h 的一般规律如图 5-125、图 5-126 所示(Botterill，1986)。

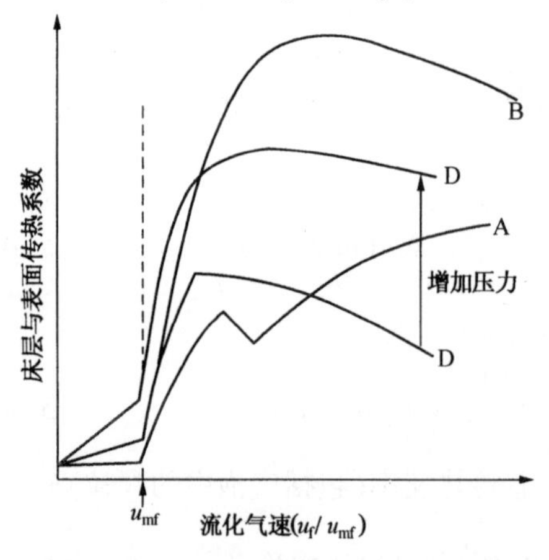

图 5-124　A、B、D 颗粒 h 与 u_f 的曲线

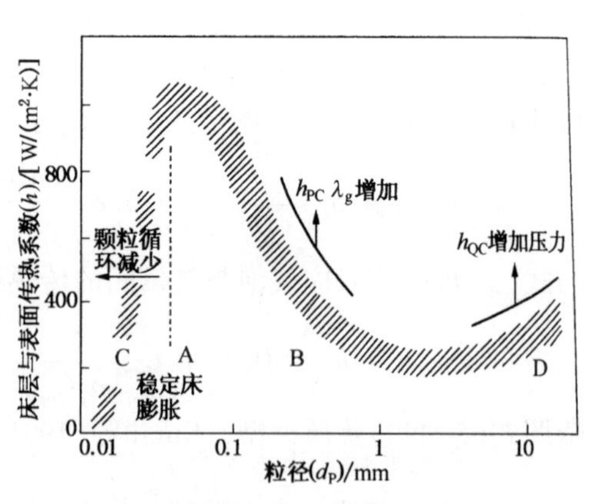

图 5-125　h 与 d_p 的关系曲线

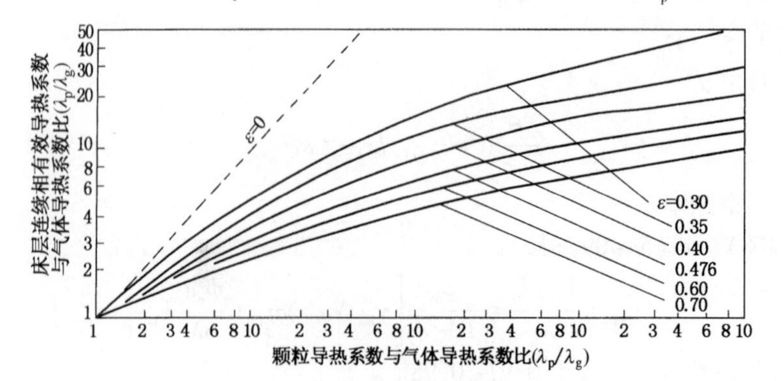

图 5-126　估算床层连续相有效导热系数

对于 h_{max} 及 h_{pc}，多以 B、D 类颗粒研究为主，对 A 类颗粒较少。对于 A 类低密度 40~96μm 颗粒，Khan 等(1978)给出

$$Nu_{max} = 0.157Ar^{0.475} \tag{5-414}$$

对于 B 类颗粒，平均粒径在 100~800μm 时

$$h_{max} = 35.8\rho_p^{0.2}\lambda_g^{0.6}d_p^{-0.36} \tag{5-415}$$

对于 A 类与 B 类颗粒增加气体流速，由于气泡增加，床层加大膨胀，促进床层内混合，使颗粒在壁表面上停留时间减少，并产生气泡覆盖表面效应，致使 h_{max} 发生在 u_{mf} 附近。对于 h_{pc}，Botterill (1986)给了壁表面传热阻力 R_w 与粒团(Packet phase)热阻 R_a 模型：

$$h_{pc} = \frac{1}{R_a}\left[1 - \frac{R_w}{2R_a}\ln\left(1 + \frac{2R_a}{R_w}\right)\right],\ \mathrm{W/(m^2 \cdot K)} \tag{5-416}$$

$$R_a = \left(\frac{\tau\pi}{4\lambda_{mf}\rho_{mf}C_p}\right)^{1/2} \tag{5-417}$$

式中　λ_{mf}——u_{mf} 时的粒团导热系数，由图 5-172 查得；

τ——粒团在管壁面的停留时间，s，对于 B 类颗粒：

$$\tau = 0.44\left[\frac{d_p g}{u_{mf}^2(u_f/u_{mf} - A)^2}\right]^{0.14}\frac{d_p}{D_0} \tag{5-418}$$

$$R_w = \frac{d_p}{2\lambda_{ew}} \approx \frac{0.1d_p}{\lambda_g} \tag{5-419}$$

λ_{ew}——壁附近区的导热系数；

λ_g——气体导热系数，W/(m·K)；

C_p——颗粒比热容，J/(kg·K)。

对 A 类颗粒，在增大气速使气泡变小或使乳化相逐渐消失的条件下，由于颗粒与壁表面接触增加，反而使 h_{pc} 增加。在大直径的床层中，气泡上升较集中于床层中心部位，而向下流的固体大部由周围向下流动，也影响 h_{pc} 值，因此，床层直径也是有影响的。对于床层高度 L_f 对 h_{pc} 的影响，Botterill 等(1986)给出：

$$h_{pc} \propto \left(\frac{L_{mf}}{L_f}\right)^{2/3} \tag{5-420}$$

(二) 相间气体对流传热系数 h_{gc}

相间气体对流传热，在大颗粒粒径 D 类颗粒 $d_p>800\mu m$，高压操作条件下，如图 5-124 所示。气体在此条件下穿过床层时出现湍流区。

Botterill(1981)提出：

$$\frac{h_{gc}d_p^{1/2}}{\lambda_g} = 0.86Ar^{0.39},\ 10^3 < Ar < 2\times10^6 \tag{5-421}$$

对于 A 类颗粒无相应的关联式。

(三) 辐射放热系数 h_R

在床层与壁表面传热系数 h 中，随床层温度增高，辐射放热系数 h_R 所占的比重随之增大。颗粒粒径愈大影响也愈显著。当然也受颗粒的黑度 ε_p 影响，Al_2O_3 颗粒的 $\varepsilon_p=0.27$。通常温度在 600°C 以上，h_R 才有比较明显的效应，如图 5-127 所示。

一般计算采用通用关联式

$$h_R = \frac{5.673 \times 10^{-8}\varepsilon_T(T_B^4 - T_s^4)}{T_B - T_s},\ W/(m^2 \cdot K) \tag{5-422}$$

式中　T_s，T_B——表面与床层温度，K。

$$\varepsilon_T = \frac{1}{\left(\frac{1}{\varepsilon_s} + \frac{1}{\varepsilon_B}\right) - 1} \tag{5-423}$$

式中　ε_s，ε_B——表面与床层黑度。

ε_T 也可近似计算为 $\varepsilon_T \approx \varepsilon_{app}$。$\varepsilon_{app}$ 为近似黑度值。Al_2O_3 颗粒的 ε_{app} 如图5-128所示（Botterill，1986）。Panov等（Botterill，1986）给出 h_R 的近似估算关联式

$$h_R = 7.3 \times 5.673 \times 10^{-8}\varepsilon_B\varepsilon_s T_s^3 \tag{5-424}$$

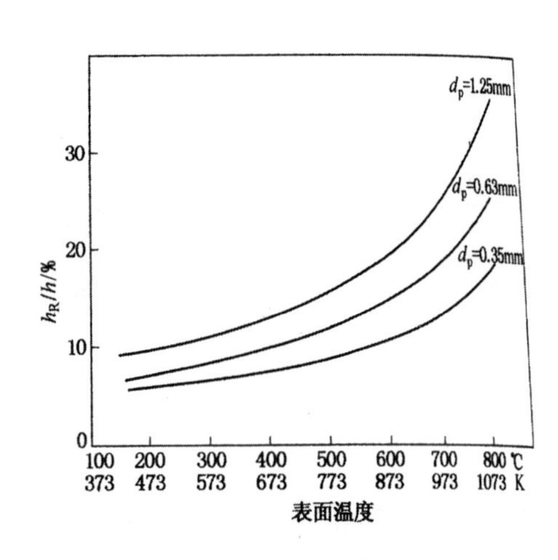

图5-127　850℃床层温度与不同表面温度下的 h_R/h 之分率

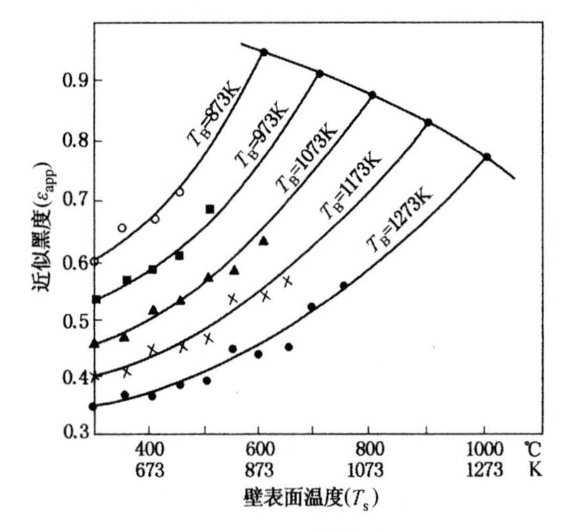

图5-128　Al_2O_3 颗粒的 ε_{app}

（四）浸没于流化床的垂直管传热

前面已经讨论了流化床与壁表面的传热规律，但研究多为B、D类颗粒的规律，对于A类颗粒的定量规律仍很少。目前计算床层内、外取热量仍采用床层与壁表面总传热系数 h 的办法。

流化床层与管壁间的传热系数可由下式计算：

$$Q = hA\Delta T \tag{5-425}$$

$$h = \frac{1}{\left(\frac{1}{h_1} + M_1\right)\frac{A_2}{A_1} + M_2 + \frac{1}{h_2}},\ W/(m^2 \cdot K) \tag{5-426}$$

式中　h_1，h_2——管内、外膜传热系数，$W/(m^2 \cdot K)$；

A_1，A_2——管内、外表面积，m^2；

M_1，M_2——管内，外积垢热阻，$m^2 \cdot K/W$；

ΔT——流化床换热面平均温差，K。

由于浸没于床层中的垂直管与水平管换热有差异，所以需分别计算。

对于垂直管，Wender 等(1958)除了关联一些研究工作者的数据，还包括了 Kellogg 公司建造的一个催化裂化再生器床层中取热器的数据，其条件为：

$$Re_p = \frac{d_p \rho_g u_f}{\mu} = 10^{-2} \sim 10^2$$

关联式为：

$$\frac{h_2 d_p}{\lambda_g (1-\varepsilon)} = 3.514 \times 10^{-4} C_R \left(\frac{C_g \rho_f}{\lambda_g}\right)^{0.43} Re_p^{0.23} \left(\frac{C_p}{C_g}\right)^{0.8} \left(\frac{\rho_p}{\rho_g}\right)^{0.66} \tag{5-427}$$

对非中心位置，排管的 C_R 校正因数如图 5-129a 所示。

秦霁光等(1980)提出：

$$\left.\begin{aligned} \frac{h_2 d_p}{\lambda_g} &= Nu = 0.075(1-\varepsilon)\left(\frac{C_p \rho_p d_p u_f}{\lambda_g}\right)^{0.5} R^n \\ R &= \frac{7.8}{1-\varepsilon_{mf}}\left(\frac{g d_p}{u_f^2}\right)^{0.15}\left(\frac{\rho_g}{\rho_p}\right)^{0.2}\left(\frac{R_r}{R_T}\right)^{0.06} \end{aligned}\right\} \tag{5-428}$$

式中　R_r——流化床的当量半径 $=\dfrac{2\times\text{流通截面}}{\text{整个床层浸润周边}}$，m；

n——传热管在非轴心位置时的校正系数，n 与 $\left(1-\dfrac{r}{R_T}\right)$ 的关系如图 5-129b 所示；

R_T——流化床半径，m。

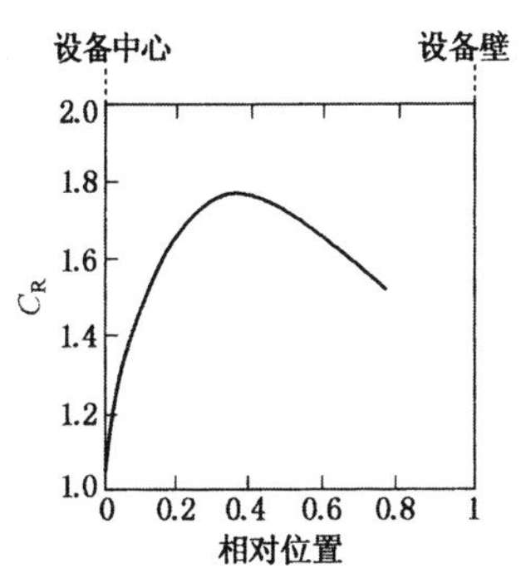

图 5-129a　C_R 与 r/R 关系

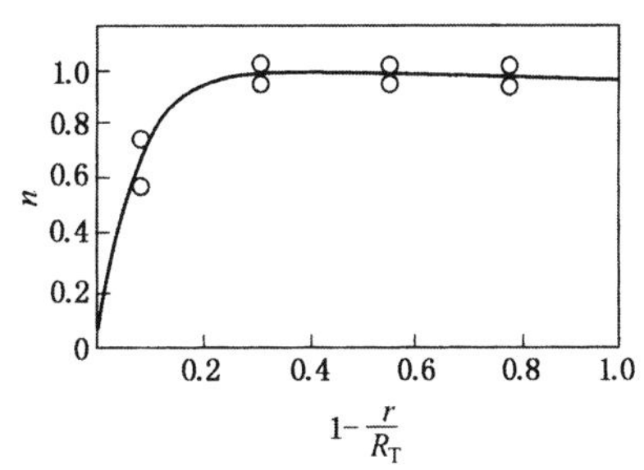

图 5-129b　n 与 $\left(1-\dfrac{r}{R_T}\right)$ 的关系曲线

（五）浸没于床层的水平管传热

Botterill(1975)探索过水平浸没管的管径、颗粒大小、形状、密度以及气速对传热系数 h_2 的影响，这一研究还包括了大型床层的数据。

对细颗粒、低密度：$\dfrac{u_f d_{ti} \rho_g}{\mu} < 2050$

$$\left(\frac{h_2 d_{ti}}{\lambda_g}\right)\left(\frac{C_g \mu}{\lambda_g}\right)^{-0.3} = 0.66\left[\frac{u_f d_{ti} \rho_p (1-\varepsilon_f)}{\mu \varepsilon_f}\right]^{0.04} \tag{5-429}$$

对细颗粒、高密度：$\dfrac{u_f d_{ti} \rho_g}{\mu} > 2550$

$$\left(\frac{h_2 d_{ti}}{\lambda_g}\right)\left(\frac{C_g \mu}{\lambda_g}\right)^{-0.3} = 420\left[\left(\frac{u_f d_{ti} \rho_g}{\mu}\right)\left(\frac{\mu^2}{d_p^3 \rho_p^2 g}\right)\left(\frac{\rho_p}{\rho_g}\right)\right]^{0.3} \tag{5-430}$$

式中　d_{ti}——浸没管外径，m。

Andeen 等(1976)给出类似于式(5-430)的关联式：

$$h_2 = \frac{900\lambda_g(1-\varepsilon)}{d_{ti}}\left[\left(\frac{u_f d_{ti} \rho_g}{\mu}\right)\left(\frac{\rho_p}{\rho_g}\right)\left(\frac{\mu^2}{d_p^3 \rho_p^2 g}\right)\right]^{0.326} Pr^{0.3} \tag{5-431}$$

国外一些设计公司提供的再生器内 h_2 数据为 390~450W/(m^2·K)，总传热系数 h 为 310~400W/(m^2·K)。国内一些炼厂实测水平管总传热系数在 390~490W/(m^2·K)之间，垂直管总传热系数 h 为 340~530W/(m^2·K)，其中包括下流式外取热器。

为了增加传热面，也可以采用翅片管，此时有效传热面为 A_e。

$$A_e = A_p + \eta_f A_s \tag{5-432}$$

式中　A_p——裸管面积，m^2；

A_s——翅片面积，m^2；

η_f——翅片效率。

(六) 在有限空间具有轴向扩散流动的床层对管壁传热

在再生器取热器中除利用床层内取热，即浸没于床层的垂直管与水平管外，还采用返混式催化剂冷却器(或称返混式外取热器)和气控循环式外取热器。返混式外取热器与再生器连成一体，取消了带衬里的热催化剂管道及昂贵的滑阀，因而造价低廉。气控循环式外取热器可以消除由于冷热催化剂在返混式取热器底部置换不良，导致平均热强度较低之弊。同时可以利用流化介质的表观线速调节取热器内颗粒返混程度以调节热负荷。返混式外取热器以颗粒返混向管壁传热为主；而气控式循环式外取热器，不仅有颗粒返混对管壁传热，同时经提升风将冷催化剂从取热器低部返回到再生器，由控制提升风量调节催化剂循环量，因而形成近于平推流动的颗粒向管壁的传热。由于外取热器空间较小，故为有限空间具有轴向扩散流动床层对管壁传热。如上所述，该传热应分为部分颗粒进行轴向返混(扩散)的传热 Q_D 及平推流向管壁传热 Q_u，即：

$$Q = Q_u + Q_D \tag{5-433}$$

将式(5-433)以微元体 $A_T dz$ 热平衡方程表示：

$$A_T \rho_p C_p E_{xs} \frac{d^2 T}{dz^2} - A_T F_s C_p \frac{dT}{dz} = hn\pi d_t (T - t) \tag{5-434}$$

即

$$A_T \rho_p C_p E_{xs} \frac{d^2 T}{dz^2} - A_T F_s C_p \frac{dT}{dz} - hn\pi d_t (T - t) = 0 \tag{5-435}$$

边界条件：若换热管长为 L_B，进口颗粒温度为 T_1，颗粒平均温度为 T，冷流体平均温度为 t，则：

$$\left.\begin{aligned} z = 0 \quad & T = T_1 \\ z = L_B \quad & \frac{dT}{dz} = 0 \end{aligned}\right\} \tag{5-436}$$

令

$$Pe = \frac{F_s L_B}{E_{xs} \rho_p},\ B = \frac{L_B}{F_s C_p} \cdot \frac{n\pi d_t h}{A_T},\ X = \frac{z}{L_B},\ \theta = T/T_1$$

式(5-435)改写为：

$$\theta'' - Pe\theta' - BPe\left(\theta - \frac{t}{T_1}\right) = 0 \tag{5-437}$$

边界条件：

$$\left.\begin{aligned} X = 0 \qquad & \theta = 1 \\ X = 1 \qquad & \frac{d\theta}{dX} = 0 \end{aligned}\right\} \tag{5-438}$$

设 t=定值。特征方程为：

$$\lambda^2 - Pe\lambda - BPe = 0 \tag{5-439}$$

特征根：

$$\lambda_{1,\ 2} = \frac{Pe \pm \sqrt{Pe^2 + 4PeB}}{2} \tag{5-440}$$

$$\theta_2 = a\mathrm{e}^{\lambda_1 X} + b\mathrm{e}^{\lambda_2 X}$$

$$\theta_1 = \frac{t}{T_1}$$

$$\theta = \theta_1 + \theta_2 = a\mathrm{e}^{\lambda_1 X} + b\mathrm{e}^{\lambda_2 X} + t/T_1 \tag{5-441}$$

由边界条件解出：

$$\left.\begin{aligned} X = 0 \qquad & a + b + t/T_1 = 1 \\ X = 1 \qquad & \lambda_1 a\mathrm{e}^{\lambda_1} + \lambda_2 b\mathrm{e}^{\lambda_2} = 0 \end{aligned}\right\} \tag{5-442}$$

$$a = \frac{1 - t/T_1}{1 - \dfrac{\lambda_1}{\lambda_2}\mathrm{e}^{\sqrt{Pe^2+4BPe}}}$$

$$b = -a\frac{\lambda_1}{\lambda_2}\mathrm{e}^{\sqrt{Pe^2+4BPe}}$$

因此

$$\begin{aligned} Q_u &= A_T F_s C_p T_1(\theta_{X=0} - \theta_{X=1}) \\ &= A_T F_s C_p(T_1 - t)\left[1 - \frac{\left(1 - \dfrac{\lambda_1}{\lambda_2}\right)\mathrm{e}^{\lambda_1}}{1 - \dfrac{\lambda_1}{\lambda_2}\mathrm{e}^{(\lambda_1-\lambda_2)}}\right] \end{aligned} \tag{5-443}$$

$$\begin{aligned} Q_D &= -A_T\frac{E_{xs}\rho_p C_p}{L_B}\left.\frac{d\theta}{dX}\right|_{X=0} \\ &= -A_T\frac{E_{xs}\rho_p C_p}{L_B}(a\lambda_1 + b\lambda_2) \\ &= -\frac{A_T C_p\rho_p E_{xs}}{L_B}\frac{\lambda_1[1 - \mathrm{e}^{(\lambda_1-\lambda_2)}]}{1 - \dfrac{\lambda_1}{\lambda_2}\mathrm{e}^{(\lambda_1-\lambda_2)}}\cdot(T_1 - t) \end{aligned} \tag{5-444}$$

从式(5-443)及式(5-444)可以分析 Q_u/Q_D 对平推流传热的贡献。一般 u_f 增大，h_1 及 E_{xs}增大；F_s 增大也将使 Q_u 增大。D_T 及 L_B 也会影响 Q_D 值，u_f 及 D_T 对 E_{xs}的关联式可参阅

式(5-74)、式(5-71)及式(5-71a)。为了说明 Q_D 与 Q_u 的贡献情况，令：

$$y_u = \alpha Q_u;\ y_D = \alpha Q_D;\ \alpha = \frac{L_B}{A_T C_p \rho_p E_{xs}(T - t)}$$

y_u、y_D 与 G_s 的关联曲线如图 5-130a 所示，而与 u_f 的关系如图 5-130b 所示。

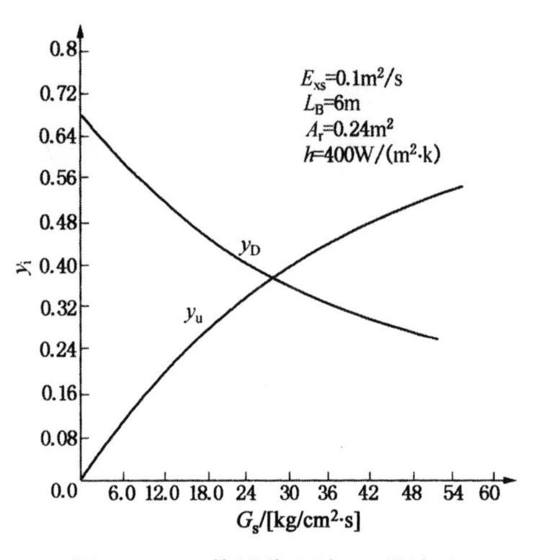

图 5-130a　热量分配随 G_B 的关系

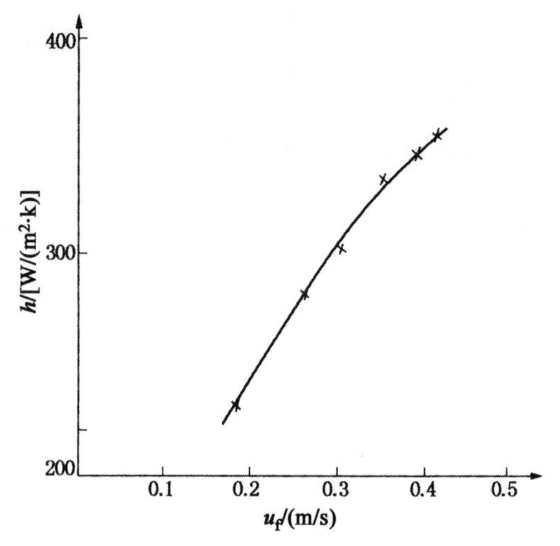

图 5-130b　床层线速与 h 的关系

五、快速床传热

重油催化裂化工艺中上流式外取热器中的传热及快速床再生器内的取热，都属于快速床传热范围。Glicksman(1997)对快速床传热问题进行了总结，依照快速床的特性，不同高度的局部床层与器壁间传热是有差别的。适当的传热速率对于流化床设计十分重要。如果过低地估计了传热速率，则导致多加传热面积或采用较高的床层密度，从而使操作能耗增大。目前还不能保证从实验床或工业示范装置获得的传热结果一定可以成功地用于工业设计。为此快速床传热问题还需要深入研究。

(一) 一般观察的结果

气-固循环流化床中，床层与传热面之间的传热一般认为是由三部分组成：①颗粒对流传热(h_{pc})；②气体对流传热(h_{gc})；③辐射传热(h_r)。

总的传热率为：

$$q = hA(T_{bed} - T_{wall}) \tag{5-445}$$

式中　T_{bed}——床层的截面平均温度；

T_{wall}——器壁温度；

A——传热面积。

传热量 q、传热系数 h 可以定义为一很小的区域或很大表面上的平均值。

小尺寸实验设备或大型工业床层的观察都表明，h 随床层截面平均的颗粒密度增加而增大，也随温度而增加。改变床层表观气速，如果通过调节颗粒循环率使床层截面平均的颗粒密度保持不变，则 h 变化很小。某些情况下，粒径减小时，h 增大。实际传热表面垂直长度对 h 的影响：传热表面越长，h 值越低，如同减小粒径的影响一样。当床层截面平均颗粒浓度固定时，h 随床层直径增大；h 也是表面粗糙度的函数，即使表面粗糙度很小幅度的变化

可能引起可观的 h 变化。

Golriz 等(2002)给出大型循环流化床燃烧器的总传热系数 h_{tol} 与床层总悬浮密度 ρ_{susp} 的关系如下：

$$h_{tol} = a\rho_{susp}^{n} + b \tag{5-446}$$

式中 a、b、n 的对应条件列于表 5-18(Golriz, 2002)。

表 5-18　大型流化床传热关联式系数汇总(Golriz, 2002)

研究者	关联式	ρ_{susp}/(kg/m³)	T_b/℃
Basu 和 Nag	$h_{tol}=40\rho_{susp}^{0.5}$	$5<\rho_{susp}<20$	$750<Tsus<850$
Andersson 和 Leckner	$h_{tol}=30\rho_{susp}^{0.5}$	5~80	750~895
Golriz 和 Sunden	$h_{tol}=88+9.45\rho_{susp}^{0.5}$	7~70	800~850
Andersson	$h_{tol}=70\rho_{susp}^{0.085}$	>2	637~883
	$h_{tol}=58\rho_{susp}^{0.36}$	≤2	

Nag 等(1990)发现由于细粉增加表面积提高传热达 70%~90%。

(二) 颗粒对流传热

由于在快速流化床中气体与颗粒之间具有强烈的混合作用，所以一般认为在床中心区域，颗粒与气体的温度是均匀一致的。这样，颗粒团的起始温度就可以认为等于床温。它们由床中心区域向床壁的运动如图 5-131 所示，当漂移到床壁的某个位置 x_1 时和床壁开始接触，紧接着它们沿着床壁向下运动并在下移过程中将热能传递给床壁。经过一段距离 L_1 后，这个颗粒团在 x_2 位置离开床壁重新混入床层流体中。这个过程被新的颗粒团不断地更新和重复。这个传热过程称为颗粒对流传热。

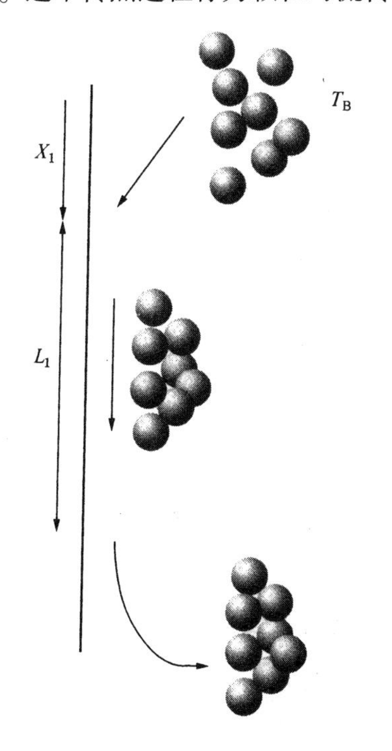

图 5-131　颗粒对流传热过程示意图

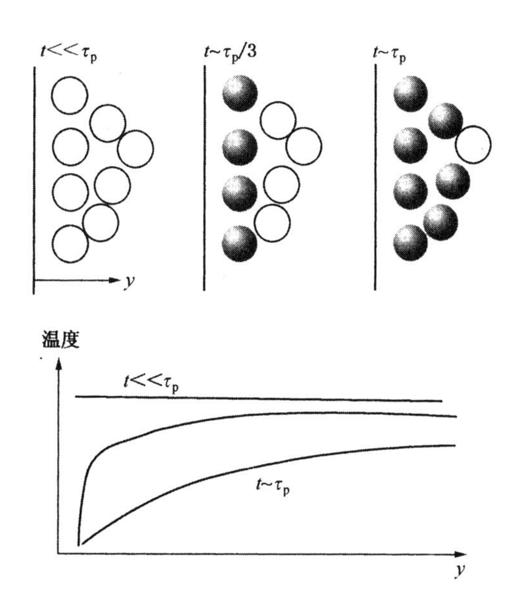

图 5-132　颗粒温度与颗粒在表面滞流时间的关系

在一般的快速流化床中，颗粒对流传热是非常重要的传热机理，尤其在床温较低的情况下，颗粒对流传热占主导地位(Lints，1994)。颗粒对流传热发生在被相对稠密的颗粒团或颗粒流覆盖的床壁上。实际上，颗粒与床壁之间的固体与固体直接的接触只发生在极小的面积上，因而颗粒团与床壁面之间的气体必然参与传热过程。

颗粒对流传热与床壁附近颗粒团的聚集浓度有密切的关系。Wu 等(1990b)、Louge 等(1990)都曾同时测定了区域瞬时传热系数和颗粒的区域密度。他们发现在二者的信号曲线上几乎同时出现尖峰，这显示了在传热表面上颗粒浓度的高低对颗粒的对流传热起着决定性的作用。

为了解释快速床内的传热机理，帮助建立传热系数的计算公式，一些研究者已依据此机理提出了多种传热模型，其中主要集中在颗粒团的更新机制和气模的作用上。

(1) 单颗粒碰撞模型

单颗粒模型最初由 Ziegler 等(1964)发展起来用于解释鼓泡床的传热机理。后来也运用到循环床中。它的重点是考虑与壁面相邻的第一层颗粒的传热行为，认为颗粒沿壁面往下流动时，热量从紧靠壁面的颗粒传递到包围其周围的气体上，然后再传至壁面。包围着颗粒的气体温度为床层与床壁的平均温度。在不考虑辐射传热的情况下，单个颗粒在颗粒团中的能量平衡式如下：

$$\frac{\rho_{\rm p} c_{\rm pp} \pi d_{\rm p}^3}{6} \frac{{\rm d}T}{{\rm d}t} = \frac{4\lambda_{\rm g}}{d_{\rm p}} \frac{\pi d_{\rm p}^2}{4}(T_{\rm w} - T) \tag{5-447}$$

颗粒热平衡时间为

$$\tau_p = \frac{\rho_{\rm p} c_{\rm pp} \pi d_{\rm p}^2}{6\lambda_{\rm g}} \tag{5-448}$$

图 5-132 显示了在这种传热过程中，如果颗粒与传热表面的接触时间远小于 $\tau_{\rm p}$，颗粒的更新速度就很快，颗粒的温度能基本上保持不变，颗粒的对流传热通过第一层颗粒团与传热面之间的气膜来完成；如果颗粒与传热表面接触时间在$\frac{1}{3}\tau_{\rm p}$ 左右，颗粒的温度就会有所降低，传热则可能发生在床壁与一层或多层颗粒之间；如果颗粒在传热表面上的滞留时间接近于 $\tau_{\rm p}$，颗粒温度将接近于传热表面温度，传热系数也有所下降。

Martin(1984)基于颗粒运动及分子碰撞理论建立了一个分子碰撞模型。提出了传热系数的计算公式为：

$$h_{\rm pc} = (1 - \varepsilon)\lambda_{\rm g}[1 - \exp(-Nu_{\rm pc}/2.6Z)]/d_{\rm p} \tag{5-449}$$

这里 $Nu_{\rm pc}$是颗粒与床壁间传热的努塞尔数，Z 是介质的热性质函数。

Sekthira 等(1988)提出颗粒对流传热系数可简单地表示为

$$h_{\rm pc} = 1.574\varepsilon\lambda_{\rm g}/d_{\rm p}(1 - \varepsilon)^{0.5} \tag{5-450}$$

Nowak 等(1992)假设热量从颗粒经过比热容为 $\pi\lambda_{\rm g}$ 的气膜传至传热面上，其传热系数可表示为

$$h_{\rm pc} = 3\pi(1 - \varepsilon)\lambda_{\rm g}/d_{\rm p} \tag{5-451}$$

在这里 Sekthira 等(1988)没有考虑气体对传热的影响，而 Nowak 等(1992)则加入了气体的作用。单分子颗粒碰撞模型可较好地反映颗粒对传热的影响，与实验数据较为吻合(Stromberg，1983；Fraley，1983)。但对于小颗粒及操作温度较低时，计算结果与实验结果偏差比较大。

(2) 颗粒团–气膜更新模型

快速床中形成颗粒团是它的一个主要特征。颗粒在床壁附近聚集形成具有不同空隙度的颗粒团，又称为颗粒絮状物。这些絮状物沿床壁往下运动，与壁面发生非稳态对流传热，然后离开床壁重新混入床层流体中，这个过程不断被新的颗粒絮状物所更新代替。因而在解释循环流化床内传热的众多机理中颗粒团更新模型较为常用，它是从 Mickley 等(1955)的颗粒团模型逐步发展而成的。

Baskakov(1964)，Gelperin 等(1971)等人通过引进颗粒团与壁面间气体的热阻，对 Mickley 等(1955)的颗粒团模型进行了一些修正。考虑到快速床中颗粒团与壁面间的气体膜对传热的影响作用，进而发展成颗粒团–气膜更新模型。

Rhodes 等(1992)在用高速摄像技术研究床壁附近颗粒团的运动规律时，发现颗粒团在形成及向下运动的过程中确实与床壁间保持有一定的距离，Wirth 等(1991)也通过实验证实了气膜的存在。其他实验也发现在循环流化床及大型流化床燃烧炉中，床壁上主要流动的是不连续的颗粒团。因而一些研究者采用以下表达式来计算这些颗粒团的对流传热系数(Gelperin，1971；Lints，1994)：

$$h_{pc}=\left(\frac{1}{h_g}+\frac{1}{h_c}\right)^{-1}=\frac{1}{\dfrac{d_p}{n\lambda_g}+\left(\dfrac{\tau\pi}{4\lambda_c c_{pc}\rho_c}\right)_{0.5}} \tag{5-452}$$

式中，h_{pc}为颗粒团的对流传热系数，h_g为气体传热系数，h_c为颗粒团传热系数，λ_c为颗粒团的导热系数，c_{pc}为颗粒团的比热容，ρ_c为颗粒团的密度。

这里有 5 个方面的因素需要考虑：

① 气膜的厚度(d_p/n)；

② 床壁的覆盖率(f)；

③ 颗粒团与床壁的接触时间(τ)；

④ 颗粒团的空隙率(ε_c)；

⑤ 颗粒团的导热系数(λ_c)。

对于气膜厚度的研究，不同的研究者有不同的结果。例如：Basu(1990)与 Maljalingam 等(1991)认为气膜厚度为 $0.1d_p$；Wu 等(1990a)则认为气膜厚度应为 $0.4d_p$。Lints 等(1994)发现气膜厚度随床层密度的增加而减小。从实验数据中，他们还得出以下关系式：

$$n=34.84\rho_{susp}^{0.581} \tag{5-453}$$

床层与传热表面间总的传热系数中，颗粒团传热部分和气体传热部分与传热表面被颗粒团所覆盖的比例有以下关系：

$$h=fh_{pc}+(1-f)h_{gc} \tag{5-454}$$

床壁的覆盖率(f)与床层密度有关，Lints et al(1994)提出以下关系式：

$$f=3.5\rho_{susp}^{0.37} \tag{5-455}$$

它显示了床壁的覆盖率随区域颗粒平均浓度的增加而增加。

要确定颗粒团在表面上的接触时间，首先要了解颗粒团的特征长度 L。Wu 等(1990a)提出了 L 与床层区域平均密度的关系：

$$L=0.0178\rho_{susp}^{0.596} \tag{5-456}$$

用此关系式可推算颗粒团的特征长度，并发现与实验结果吻合得很好。除此以外，Glicksman(1997)也提出过有关 L 的关系式。与 Wu 等(1990a)不同的是，他提出颗粒团从开始在床壁上运动直至达到最大速度 u_m，接触时间 τ 和特征长度 L 有如下关系：

$$L = u_m^2/g[\exp(-gt/u_m) - 1] + u_m\tau \tag{5-457}$$

Lints(1992)发现，当颗粒浓度增加时，颗粒团的空隙率有上升的趋势：

$$\varepsilon_c = 1.23\rho_{susp}^{0.54} \tag{5-458}$$

气体的导热系数 λ_g 可从气膜的平均温度推算出，颗粒团的比热容 c_{pc}、密度 ρ_c 和空隙率 ε_c 之间有以下关系：

$$c_{pc} = (1 - \varepsilon_c)c_{pp}\frac{\rho_p}{\rho_c} + \varepsilon_c c_{pg}\frac{\rho_g}{\rho_c} \tag{5-459}$$

$$\rho_c = (1 - \varepsilon_c)\rho_p + \varepsilon_c c_g \tag{5-460}$$

关于颗粒团的导热系数 λ_c，Gelperin 等(1971)提出以下关系式(该式已被很多研究者所运用)：

$$\frac{\lambda_c}{\lambda_g} = 1 + \frac{(1 - \varepsilon_c)(1 - \lambda_g/\lambda_p)}{\frac{\lambda_p}{\lambda_g} + 0.28\varepsilon_c^{0.63}(\lambda_g/\lambda_p)^{0.18}} \tag{5-461}$$

用此气膜-颗粒团更新模型可解释很多传热实验的数据，计算所得的传热系数与一些实验结果的吻合也较好，但是用以全面预测传热系数还有一些问题。

（三）气体对流传热

一般情况下，快速床中气体对流传热不是主要的传热作用。气体与床壁之间的对流传热只有在床层密度较小，流化床床壁没有被颗粒团大量覆盖的情况下，才比较明显。这是因为在床层密度很低时，床壁上有较多的面积没有被颗粒团所覆盖，这样床壁就有更多的机会与气体或稀薄的气体-颗粒悬浮物相接触。虽然此时仍不能忽略颗粒对传热的帮助作用，但气体对流传热已成为不可忽视的能量传递方式。它将热量从床中心区域传至床壁，同时也会将能量传递给床壁附近的颗粒，这种传热机理称为气体对流传热。气体对流传热与气体的运动状态有关，同时颗粒的运动对其也有很大的影响。实验发现(Ebert，1993)，即使存在非常少的颗粒也能促进气体对流传热的进行。

大量实验结果也证明气体对流传热在总传热系数中的比例比较小。Lints(1992)和 Ebert 等(1993)进行了这方面的研究，他们在室温条件下的快速流化床中，当床层密度分别为 12kg/m^{3}和 79kg/m^{3}时，测得气体对流传热在总传热中的比例分别只占 20%和 10%。此外，他们还发现气体对流传热与气体表观速度并无直接联系。Tuzla 等(1991)也曾作过相似的测试，他们在高 10.8m、直径 152mm 的流化床中，在气体速度为 1～8m/s 和颗粒流率为 10～80kg/(m^2·s)情况下所得的实验结果亦表明气体对流传热的作用很小。

Eckert 等(1972)提出，气体对流传热系数 h_{gc} 可用下式计算：

$$Nu_{gc} = 0.009Pr^{1/3}Ar^{1/2} \tag{5-462}$$

在此式中也显示了气体对流传热系数与气体表观速度并无直接关系。

此外，气体对流传热中颗粒运动的影响作用也不可忽略。这些颗粒被向上运动的气体悬浮起来，因而可用 Wen 等(1961)提出的以下关系式来计算气体对流传热系数：

$$h_{gc} = \frac{\lambda_g c_{pp}}{d_p c_{pg}}(\rho_{disp}/\rho_p)^{0.3}(u_t^2/gd_p)^{0.21}Pr \tag{5-463}$$

其中 ρ_{disp} 是向上运动的带有悬浮颗粒的气体密度，u_t 是颗粒的终端速度。

（四）辐射传热

床层与床壁之间的辐射传热和气体对流传热一样，也是发生在热颗粒与未被颗粒覆盖的床壁之间。颗粒与床壁的辐射传热与床壁的温度密切相关。床层密度的高低对颗粒与床壁间的辐射传热也有很大影响。在低床层密度下，颗粒与床壁可发生直接的辐射传热；在高床层密度下，这种辐射传热就会被高浓度的颗粒所阻隔。当颗粒团接近床壁时，颗粒团的起始温度是均匀的，基本上保持为床层温度。如果沿床壁往下流动的颗粒团浓度较低，靠近床壁的颗粒团与床壁间发生辐射及对流传热而使温度迅速下降；与床壁相距较远的颗粒仍保持起始温度，它们可继续与床壁发生辐射传热。如果下流的颗粒团浓度较高，辐射传热就会受阻。因此颗粒团与床壁间的辐射传热能否保持较高的效率与辐射传热的自由通径直接相关。辐射传热的效率还依赖于颗粒团和床壁的温度，床层温度越高，其辐射传热作用越大。因此，当温度 600°C 以上、床层密度较低时，辐射传热的作用就较重要。

大多数的辐射传热计算都是基于气膜-颗粒团更新模型，认为颗粒团和壁面都是黑体，气膜为透明体，壁面处的气膜厚度决定了辐射传热的热量（Zhang，1985）。然而气膜厚度的确定具有一定的任意性。Flamant 等（1992）根据壁面附近测得的温度分布提出非均相模型。他们测定了颗粒尺寸、壁表面和颗粒的辐射系数，研究了床层和壁表面的温度、热流方向等因素对辐射传热的影响。发现当床温为 1075K，壁面温度为 1135K 时，辐射传热的贡献为 22.1%。他们的研究结果表明传热系数还取决于热流的方向，即床温高于壁温与壁温高于床温所得到的结果并不一致。

假定颗粒团有效辐射系数是 $\varepsilon_{\mathrm{eff}}$，流化床床壁和颗粒团都是灰体，并且认为流化床中心区域和床壁为两个无限大的平行体，则辐射传热可表示为

$$Q_{\mathrm{r}}=\frac{\sigma(T_{\mathrm{b}}^{4}-T_{\mathrm{w}}^{4})A}{\dfrac{1}{\varepsilon_{\mathrm{w}}}+\dfrac{1}{\varepsilon_{\mathrm{eff}}}-1} \tag{5-464}$$

这样，辐射传热系数也可写成：

$$h_{\mathrm{r}}=\frac{\sigma(T_{\mathrm{b}}^{4}-T_{\mathrm{w}}^{4})}{(1/\varepsilon_{\mathrm{eff}}+1/\varepsilon_{\mathrm{w}}-1)(T_{\mathrm{b}}-T_{\mathrm{w}})} \tag{5-465}$$

颗粒团的有效辐射系数有可能高于颗粒本身的辐射传热系数，这与床体的形状和颗粒团内部的颗粒排列有关。Hottel 等（1967）提出：

$$\varepsilon_{\mathrm{eff}}=1-\exp(-KL_{\mathrm{m}}) \tag{5-466}$$

式中 L_{m} 是平均光波长，对长圆柱形提升管，L_{m} 大约是床直径的 88%；对其他形状的床体，约为床体积与截面积之比的 3.5 倍。K 是平均衰减系数。假定颗粒的直径远远大于辐射波长，就有

$$K=n\,\frac{\pi d_{\mathrm{p}}^{2}}{4}=\frac{3(1-\varepsilon)}{2d_{\mathrm{p}}} \tag{5-467}$$

n 是单位体积内的颗粒数目，ε 是空隙率。在床层密度非常稀薄的流化床中，由式（5-466）计算所得的 $\varepsilon_{\mathrm{eff}}$ 值大约为 0.5~0.8。有关 $\varepsilon_{\mathrm{eff}}$ 的详细介绍，请参阅（Baskakov，1997）。

为了进一步深入研究辐射传热的机理，文献中还提出了另外一些模型，如双流体模型（two flux model）（Chen，1988）。这个模型对于具有光滑床壁的流化床比较适用，而对于粗

糙床壁的流化床，多流体模型(multi-flux model)则更为适用(Leckner，1991)。

快速床中，床层与传热表面间的总平均传热系数可表示为：

$$h_{tol}=fh_{pc}+(1-f)h_{gc}+h_r=\frac{f}{\frac{d_p}{n\lambda_g}+\left(\frac{\tau\pi}{4\lambda_c c_{pc}\rho_c}\right)^{0.5}}+(1-f)\left(\frac{\lambda_g}{d_p}\right)\left(\frac{c_{pp}}{c_{pg}}\right)\left(\frac{\rho_{susp}}{\rho_p}\right)^{0.3}\left(\frac{u_t^2}{gd_p}\right)^{0.21Pr}$$

$$+\frac{\sigma(T_b^4-T_w^4)}{(1/\varepsilon_{eff}+1/\varepsilon_w-1)(T_b-T_w)} \tag{5-468}$$

Golriz 等(2002)结合大型循环流化床燃烧器的传热系数和温度分布，提出了一个较简单计算大型循环床总传热系数 h_{tol}的机理模型，据称计算与文献中大型床数据吻合较好。陈俊武(2005)搜集了2002年前文献报道的总传热系数 h_{tol}、气体对流传热系数 h_{gc}、颗粒传热系数 h_{pc}的关联计算式，计算快速床传热时可参考。

六、气动输送与壁面传热

有的再生器外取热器部分采用管内为气-固流化混合物通过，即固体与气体同向流动——气力输送形式运动。该流动形式中固体颗粒运动速度引起的湍动对传热影响不大，而固体颗粒的密度对传热影响较大，它不断撞击管壁，减薄滞流层膜厚度。因此，固体颗粒密度愈高，传热系数愈大(王尊孝，1989)。空气产品公司 Murphy 介绍的再生器外取热器内气体表观速度与传热系数 h 的关系如图 5-133 所示。该图覆盖了快速床和气力输送两个流态化域。一般，垂直管输送与水平管输送传热机理相同，故此图可以通用。

目前可推荐的计算公式为 Wen 等(1961)的关联式[$18<d_p<450\mu m$，$660<G_g<680000kg/(h\cdot m^2)$，$1.19<\rho_{sup}<1120$，$1360<\rho_p<2840kg/m^3$]。

$$Nu=\frac{hd_p}{\lambda_f}=\left(\frac{C_p}{C_g}\right)\left(\frac{\rho_{sup}}{\rho_p}\right)^{0.3}\left(\frac{u_t^2}{gd_p}\right)^{0.21}Pr \tag{5-469}$$

式中，$\rho_{sup}=\frac{(R_{sf}+1)\rho_p\rho_g}{(R_{sf}\rho_g+\rho_p)}$，$R_{sf}=G_s/G_g$ 为固-气质量流速比。

总之，气固两相流动特性是影响气固流化床传热的决定因素，其中最主要的是床层密度，此外还有床温、传热面的结构与尺寸、颗粒大小等都对传热过程有影响。目前对流化床传热的研究还不很充分，特别是对大型流化床的研究。虽已提出一些机理性模型，但全面预测传热效率还存在一些困难。设计还是主要依靠实验结果和经验关联式。由于流化床的床体规模、壁面形状等都对传热有重要影响，因此将实验室中小流化床实验结果应用到工业装置传热设计时应特别注意。还需要开展深入的研究来揭示流化床内气固两相的流动规律和传热规律。

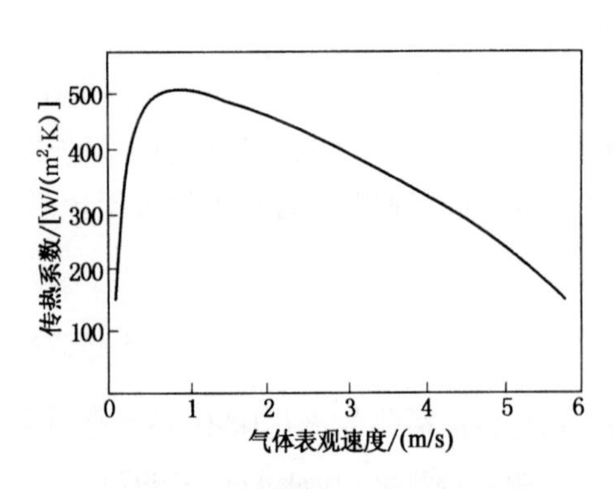

图 5-133　再生器外取热器内气体表观速度与水平管传热系数的关系

第七节 流化床的传质

流化床反应器模型及流动模型的物料衡算式中都涉及流化床的传质速率，同时在非均相反应过程中，总是气相反应物质从气相主体经过外扩散传递到催化剂外表面，再经孔内扩散到达催化剂孔内表面，与表面的活性中心起反应生成产物；生成的产物由内表面再依次传递到气相主体中。因此，反应的快慢不仅受反应速率的影响，也受传质速率的影响，对快速反应更是如此。本节主要讨论流化床各种流动模型所涉及的传质以及相应的理论。

一、流体与固体颗粒间传质与传热的类比律

传质研究的难度往往大于传热研究，通常传热有结论，而传质没有相应的关联式。在化学工程学中常用类比律的方法解决这样的问题，最为简便的是 Chilton-Colburn 类比律或称 J 因子法。

例如，圆管内膜传热系数 h 为：

$$Nu=0.023Re^{0.8}\cdot Pr^{0.33} \tag{5-470}$$

将上式两端除以 $Re\cdot Pr$，得：

$$\frac{Nu}{Re\cdot Pr}Pr^{2/3}=0.023Re^{-0.2} \tag{5-471}$$

式中，$\frac{Nu}{Re\cdot Pr}=St$，称为 Stanton 数。

令 $St\cdot Pr^{2/3}=J$ 称为 J 因子。对传热过程，此 J 因子以 J_H 表示：

$$J_H=0.023Re^{-0.2} \tag{5-472}$$

在传质过程与传热过程准数关联式中，有如下对应的准数关系：

	传热准数	传质准数
物性	Prandtl：$Pr=\frac{C_g\mu}{\lambda_g}$	Schmidt：$Sc=\frac{\mu}{\rho_g D_g}$
传递系数	Nusselt：$Nu=\frac{hd_p}{\lambda_g}$	Sherwood：$Sh=\frac{Kd_p}{D_g}$
J 因子	J_H	J_M

上式中 K、D_g 为传质系数(m/s)与扩散系数(m^2/s)。由于传质系数 K 所在的传质速率关联式中的推动力单位(分压或浓度)不同，K 的单位也随之而异。在以压力为推动力时，

$$J_M=\frac{Kd_p}{D_g\frac{d_p u_f\rho_g}{\mu}\cdot\frac{\mu}{\rho_g D_g}}\cdot Sc^{2/3}\approx\frac{K}{u_f}Sc^{2/3} \tag{5-473}$$

对于湍流传递过程的传质，

$$J_M=0.023Re^{-0.20} \tag{5-474}$$

对比式(5-472)与式(5-474)，形式相似，仅 J_H 换为对应的 J_M。

对于单颗粒圆球的传热与传质，

传热：Ranz 关联式

$$Nu = 2.0 + 0.6 Pr^{1/3} Re_p^{1/2} \tag{5-397}$$

传质：Froessling 关联式

$$Sh = 2.0 + 0.6 Sc^{1/3} Re_p^{1/2} \tag{5-475}$$

对于固定床中传热与传质，

传热：

$$Nu = 2.0 + 1.8 Pr^{1/3} Re_p^{1/2} \tag{5-476}$$

传质：

$$Sh = 2.0 + 1.8 Sc^{1/3} Re_p^{1/2} \tag{5-477}$$

因此，利用类比律可以解决一些目前只有传热规律而无传质规律的问题，但其准确度略差。

二、散式流化床传质

Beek(1971)提出散式流化床床层与壁之间的传质，假定为不规则的渠道模型，以固定床传质为基础进行推导，得：

$$\frac{K}{U_f} Sc^{2/3} = C\left(\frac{U_f d_H}{\nu}\right)^{-m} \tag{5-478}$$

式中 d_H——床层颗粒间平均水力直径，$d_H = \frac{\varepsilon d_p}{1-\varepsilon}$。

因为 $U_f = \frac{u_f}{\varepsilon}$，故可得：

$$\frac{K}{u_f} \varepsilon Sc^{2/3} = C'\left(\frac{u_f d_p}{\nu(1-\varepsilon)}\right)^{-m} \tag{5-479}$$

当$\left(\frac{u_f d_p}{\varepsilon \nu}\right)^{1/2} Sc^{1/3} \gg 4$ 时，由实验得出：

$$\frac{K}{u_f} \varepsilon Sc^{2/3} = (0.60 \pm 0.05)\left(\frac{u_f d_p}{\nu}\right)^{-0.5} \tag{5-480}$$

三、鼓泡床与湍动床传质

鼓泡床与湍动床中气体与颗粒的流态化规律，在床层再生器数学模型中有着重要意义。再生器内的 u_{mb} 的气体量经乳化相流过床层，而$(u_f - u_{mb})$的气体量以气泡形式通过床层。由于催化剂颗粒上载有焦炭，颗粒绝大部分在乳化相，极小量催化剂在气泡中携带，因而，再生器床层内的烧焦速度取决于乳化相反应物(氧)的浓度与催化剂接触状况。乳化相中氧与焦炭反应，使反应物氧在乳化相中浓度降低，引起气泡中氧向乳化相传递，乳化相得以补充氧，再进行氧化反应。当反应速率大于传质速率时，整个过程受传质速率控制，此时，传质速率成为提高反应能力的关键。鼓泡床与湍动床床中表观气速增大，乳化相颗粒与气体循环增加，床内旋涡加剧，不仅使气泡直径变小，气泡数量增多，气泡相与乳化相相间界面扩大。同时，气固相返混，出现气体、颗粒轴向返混，存在气固轴向有效扩散，导致上流乳化相与下流乳化相之间的相间扩散。对此，应分以下几方面讨论。

① 通过气泡壁向乳化相的总传质；

② 气泡-乳化相间的传质；

③ 乳化相中上流与下流乳化相相间传质；

④ 稀相区传质；

⑤ 分布器作用区传质。

(一) 通过气泡壁向乳化相的总传质

由于反应主要在乳化相中进行，气泡与乳化相间反应物浓度产生差异，所以出现反应物通过气泡壁向乳化相传质。不少流化床数学模型采用的传质过程为二相总传质系数；也有采用气泡等膜传质系数分别计算气泡-气晕相间、气泡-乳化相间、气晕-乳化相间等传质系数，以串联通过的形式求得总传质系数。本段讨论前者，总传质系数通常以单位体积床层为基础，故写成 $K_{ob}a_b$。K_{ob} 为气泡与乳化相总传质系数(m/s)，a_b 为单位体积床层中气泡具有的表面积(m^2/m^3)。

不同研究者实验发现不同粒径得到的 K_{ob} 值不同。对于 A 类颗粒，实验所得的 K_{ob} 关联式如下：

Vollert 等(1994)给出：

A 类颗粒　$K_{ob}\approx 0.0159m/s$；

B 类颗粒　$K_{ob}\approx 0.0088m/s$。

Chavarie 等(1976)的实验以 A 类颗粒得：$K_{ob}=0.016m/s$

Miyauchi 等(1988)以 FCC 催化剂颗粒和 $u_f=0.1\sim0.5m/s$ 实验得：

$$\frac{K_{ob}a_b}{\varepsilon_b}=25.2u_f^{0.75}s^{-1} \tag{5-481}$$

依其实验 $\varepsilon_b\approx 0.32$，$\frac{K_{ob}a_b}{\varepsilon_b}=2.8\sim11.9s^{-1}$

Lewies 对 FCC 催化剂实验得(Miyauchi 等，1988)：$\frac{K_{ob}a_b}{\varepsilon_b}=0.88s^{-1}$

这说明除了 d_p 影响外，u_f 也影响 $K_{ob}a_b/\varepsilon_b$ 值。

Sit 等(1978；1981)以臭氧分解进行实验，考虑到气泡在床层上升过程中有分裂与合并以及尾迹脱落等问题，对二个气泡进行合并实验，发现应以下式计算。若以单位气泡体积为基准，则：

$$(K_{ob})_b=\frac{1.5u_{mf}}{D_{be}}+\frac{12}{D_{be}^{3/2}}\left(\frac{D_g\varepsilon_{mf}u_b}{\pi}\right)^{1/2} \tag{5-482}$$

若以 a_b 为基准，则：

$$K_{ob}=\frac{u_{mf}}{3}+\left(\frac{4D_g\varepsilon_{mf}u_b}{\pi D_{be}}\right)^{1/2} \tag{5-483}$$

上式所得结果为单个气泡传质系数的 1.32 倍。

Van Swaaij 等(1973)以细粉颗粒进行实验，同时考虑床径 D_T、床层高度 L_f 的影响，最大 L_f 及 D_T 为 10m。以传质单元高度 H_a(或 HTU)表示总传质系数，当细粉含量=15%时，

$$H_a=\frac{u_f}{K_{ob}a_b}=\left(1.8-\frac{1.06}{D_T^{0.25}}\right)\left(3.5-\frac{2.5}{L_f^{0.25}}\right)m \tag{5-484}$$

当 $F_{44}<10\%$ 时，De Groot(1967)给出：

$$H_a=\frac{u_f}{K_{ob}a_b}=0.67L_f^{0.5}D_T^{0.25} \tag{5-485}$$

图 5-134 表明了 L_f、D_T 对 $\frac{k_{ob}a_b}{\varepsilon_b}$ 的影响。

De Vries 等(1972)将 F_{44} 与温度对 H_α 及 $\frac{u_f}{K_{ob}a_b}$ 的关系分别作图，如图 5-135 和图 5-136 所示。

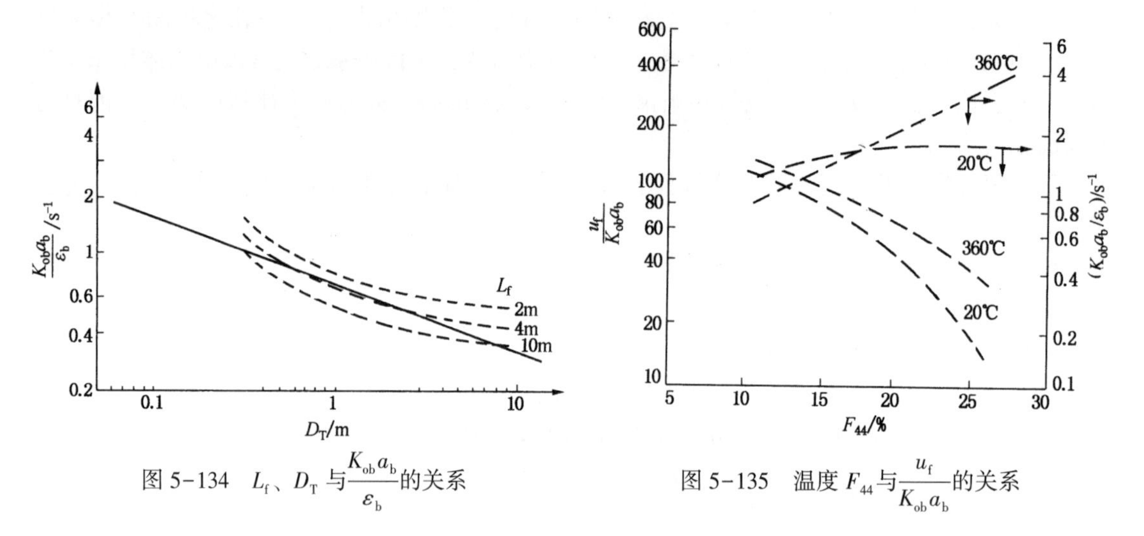

图 5-134 L_f、D_T 与 $\frac{K_{ob}a_b}{\varepsilon_b}$ 的关系

图 5-135 温度 F_{44} 与 $\frac{u_f}{K_{ob}a_b}$ 的关系

Werther(1984)对于轴向扩散模型常用的 H_a，考虑 D_T、颗粒类别、L_f 及 U_f 的影响，给出以下关联式：

对于 A 类(FCC 催化剂，$d_p=60\mu m$，$F_{44}=16\%$)：

$$H_a=0.015\phi_A(D_T)\cdot F_1(L_f,\ h^*)\cdot F_2(u_f-u_{mf}) \tag{5-486}$$

对于 B 类(砂)：

$$H_a=0.05\phi_B(D_T)\cdot F_1(L_f,\ h^*)\cdot F_2(u_f-u_{mf}) \tag{5-487}$$

式中的 $\phi_A(D_T)$、$\phi_B(D_T)$ 即式(5-226a)中的 $\phi_{A或B}(D_T)$；h^* 与式(5-126)、式(5-127)相同。

当 $L_f>h^*$ 时，

$$F_1(L_f,\ h^*)=\frac{L_f}{0.18[1-(1+6.84L_f)^{-0.815}]+(1+6.84h^*)^{-1.815}(L_f-h^*)} \tag{5-488a}$$

当 $L_f\leqslant h^*$ 时，

$$F_1(L_f,\ h^*)=\frac{L_f}{0.18[1-(1+6.84L_f)^{-0.815}]} \tag{5-488b}$$

$F_2(u_f-u_{mf})$ 表明粒径与表观线速的影响：

$$F_2(u_f-u_{mf})=[1+27.2(u_f-u_{mf})]^{0.5} \tag{5-489}$$

上述各 K_{ob} 关联式均未考虑气体与颗粒有无吸附影响。Chiba 等(1970)研究有吸附作用的总传质系数 K_{ob}' 与无吸附作用的 K_{ob} 关系

$$\frac{K_{ob}'}{K_{ob}}=\left[1+\frac{2}{3}m_s\left(\frac{1-\varepsilon_{mf}}{\varepsilon_{mf}}\right)\left(\frac{1}{2}\frac{B}{B+1}\right)\right]^{1/2} \tag{5-490}$$

式中　m_s——吸附平衡常数，$m_s \approx \dfrac{C_s}{C_f}$；

C_s，C_f——颗粒表面上浓度和气体浓度；

B——$u_b \varepsilon_{mf}/u_{mf}$。

K'_{ob}和K_{ob}的差别主要因为吸附作用使乳化相中气泡径变小造成。

Bohle 等(1978)实验证明，以硅酸铝为吸附颗粒对不同气体物质在流化床中得到不同的K_{ob}值，如图 5-137 所示。

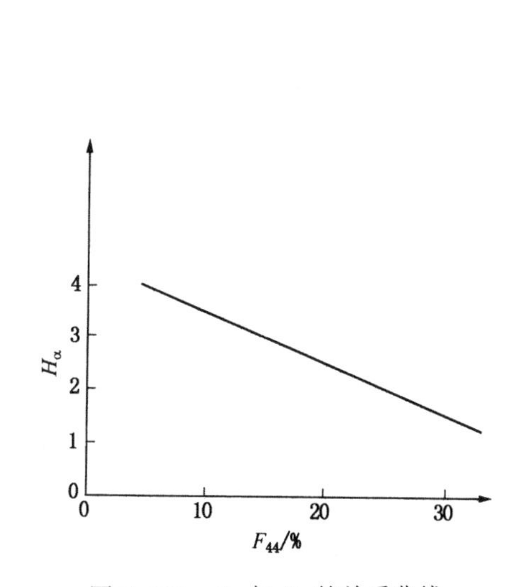

图 5-136　F_{44}与H_a的关系曲线

D_T =60cm；L_f=3m；u_f=8~16cm/s；ρ_s=2.2g/cm³

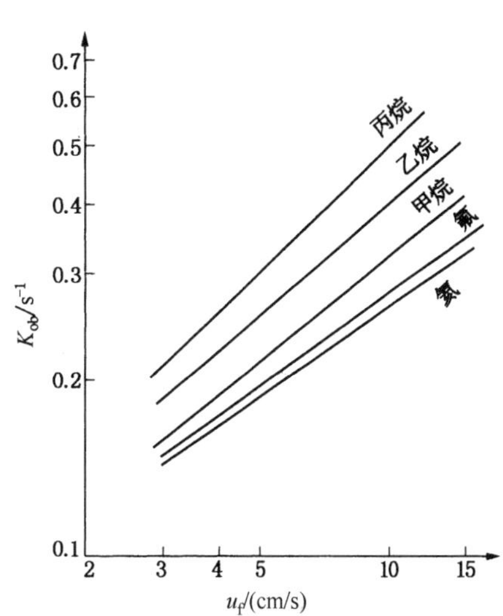

图 5-137　K_{ob}与不同物质u_f的关系

（二）气泡、气晕、乳化相之间的传质

随着两相理论的发展，对气泡、气晕及乳化相规律不断加深认识，同时，气、固之间气泡传质与气、液间的气泡传质又如此相似，因此，从 20 世纪 60 年代提出以传质机理为基础进行气泡、气晕、乳化相相间传质规律的研究。最常引用 Davidson-Harrison 传质模型(Davidson，1963；Harrison，1961)、Kunii-Levenspiel 传质模型(Kunii，1991)。这一类模型是以非定态扩散物理吸收理论中的 Higbie 渗透理论为基础，加以与气晕理论综合而成。另外一种以 Miyauchi(1981)传质理论为典型，它以非定态化学吸收一级不可逆反应时的 Danckwort 理论为基础推导得出。不同理论得的模型计算K_{ob}值也不相同，其数值对比如图 5-138 所示。从不同的模型中可以进一步认识其传质规律，以便选用有关$K_{ob}a_b$的合适关联式。

1. 以非定态扩散物理吸收理论——Higbie 渗透机理为基础的传质模型

(1) Higbie 渗透机理简述

Higbie 对纯气体与静置的液体接触的扩散过程，认为此时液体浓度为C，其C浓度分布如图 5-139 所示。

在$x \sim x+dx$两截面间，时间τ与$\tau+d\tau$的物料衡算式为：

$$\frac{\partial C}{\partial \tau}=D\frac{\partial^2 C}{\partial x^2} \tag{5-491}$$

其边界条件：

$$\tau=0 \qquad C=C_L$$
$$x=0 \qquad C=C^*$$
$$x=\infty \qquad C=C_\infty$$

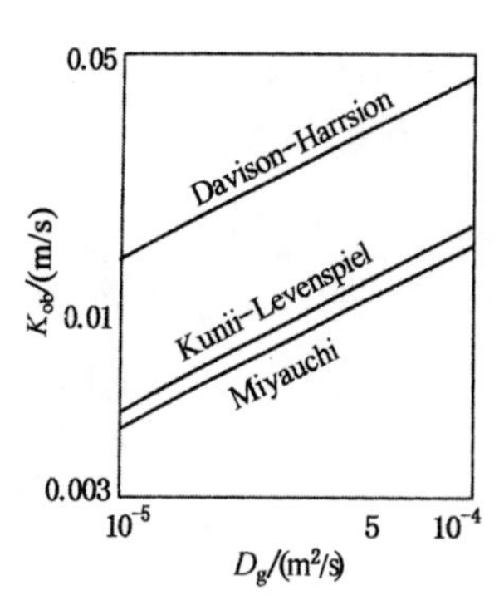

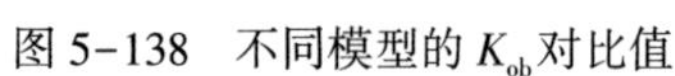

图 5-138　不同模型的 K_{ob} 对比值

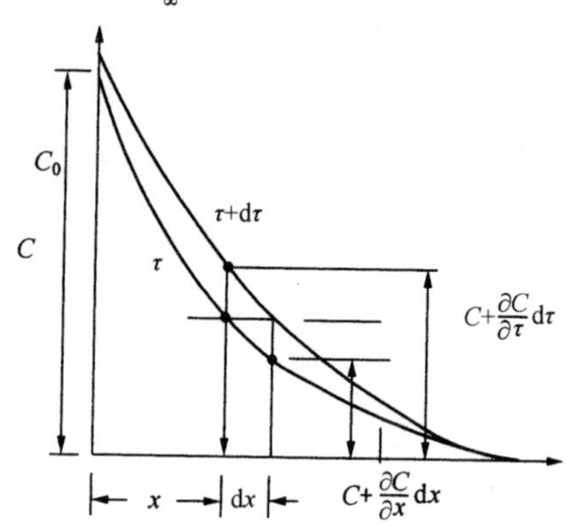

图 5-139　对不同时间 τ 的 C 分布

得到满足上述条件解：

$$C-C_L=(C^*-C_L)\left\{1-\text{erf}\left(\frac{x}{2\sqrt{D\tau}}\right)\right\} \tag{5-492}$$

式中　erf(x)——Guss 误差函数，$\text{erf}(x)=\frac{2}{\sqrt{\pi}}\int_0^x e^{-u^2}du$。

对任意时间 τ 吸收速率 N_i[kmol/(m² · h)]，接触面 $x=0$

$$N_i=D\left(\frac{\partial C}{\partial x}\right)_{x=0}=\sqrt{\frac{D}{\pi\tau}}(C^*-C_L) \tag{5-493}$$

在 $\tau=0\sim\tau$ 之间平均吸收速率 N：

$$N=\frac{1}{\tau}\int_0^\tau N_i d\tau=2\sqrt{\frac{D_L}{\pi\tau}}(C^*-C_L) \tag{5-494}$$

如液膜控制吸收，接触面浓度为 C_i 时：

$$N=2\sqrt{\frac{D_L}{\pi\tau}}(C_i-C_L) \tag{5-495}$$

根据膜传质系数 k_L 定义：

$$k_L=2\sqrt{\frac{D_L}{\pi\tau}} \tag{5-496}$$

式中　D_L——液体中的扩散系数。

（2）Higbie 理论在流化床传质中的应用

Kunii-Levenspiel 模型（Kunii，1991）的气晕-乳化相的传质系数和 Miyauchi 模型（Miyauchi，1981）中的气泡膜传质系数都按式(5-496)写出的。以 Miyauchi 模型气泡膜传质系数 k_b 为例，根据式(5-496)：

$$k_b=\frac{2}{\sqrt{\pi}}\left(\frac{D_g}{\tau_b}\right)^{1/2} \tag{5-497}$$

式中　τ_b——气泡壁的接触时间，$\tau_b=\dfrac{D_{be}}{u_b}$。根据 $u_b=0.711\sqrt{gD_{be}}$，代入后得：

$$\tau_b=\frac{D_{be}}{0.711g^{1/2}D_{be}^{1/2}}=\frac{D_{oe}^{1/2}}{0.711g^{1/2}}=1.406(D_{be}/g)^{1/2}$$

$$k_b=0.951D_g^{1/2}(g/D_{be})^{1/4} \qquad (5-497a)$$

式中　D_g——气体扩散系数。

Davidson-Harrison 传质模型(Davidson，1963)的气泡与气晕间的传质系数 k_{bc}：

$$k_{bc}=0.975D_g^{1/2}(g/D_{be})^{1/4} \qquad (5\text{-}498)$$

上式非常接近于式(5-497)。

(3) Kunii-Levenspiel 传质模型

Kunii-Levenspiel 模型(Kunii，1991)是考虑由气泡经气晕再传递到乳化相，并且作为串联传递的形式，即气体物质 A 在气泡中浓度为 C_{Ab}，气晕中浓度为 C_{Ac}，乳化相浓为 C_{Ae}。由于浓度差形成气泡-气晕间的传质系数为 k_{be}，气晕-乳化相间的传质系数为 k_{ce}。气泡的界面面积为 S_{be}，气晕-乳化相界面面积为 S_{ce}。

① 气泡-气晕间传质。

根据 Davidson-Harrison 传质模型

$$\frac{dN'_{Ab}}{d\tau}=(q+k_{bc}S_{bc})(C_{Ab}-C_{Ac}) \qquad (5\text{-}499)$$

式中　N'_{Ab}——气泡中 A 物质的 kmol 数；

　　q——一个单独气泡进入或流出的气体体积流量，m^3/s。

依 Davidson 对气泡模型流线的推导得：

$$q=\frac{3\pi}{4}u_{mf}D_{be}^2 \qquad (5\text{-}500)$$

若 k_{bc}用式(5-498)，则

$$\frac{dN'_{Ab}}{d\tau}=k_bS_{bc}(C_{Ab}-C_{Ac}) \qquad (5\text{-}501)$$

$$k_b=(q+k_{bc}S_{bc})/S_{bc}$$
$$=0.75u_{mf}+0.975(D_g^{1/2}g^{1/4}D_{be}^{-1/4}) \qquad (5\text{-}502)$$

式(5-502)中的 k_b为 Davidson-Harrison 传质系数。

② 气晕-乳化相间传质。

气晕-乳化相之间的传质速率为：

$$\frac{dN'_{Ac}}{d\tau}=k_{ce}S_{ce}(C_{Ac}-C_{Ae}) \qquad (5\text{-}503)$$

Kuni-Lavenspiel 以 Higbie 模型表达式，用相当于一个垂直圆柱体与乳化相接触，该圆柱体的垂直高度与气晕的球形相等，乳化相的有效扩散系数 D_{ef}，在静止乳化相气固不移动时：

$$D_{ef}=D_g\varepsilon_{mf} \qquad (5\text{-}504)$$

故

$$k_{ce}\approx\left(\frac{4D_g\varepsilon_{mf}^{\ 2}}{\pi\tau}\right)^{1/2} \qquad (5\text{-}505)$$

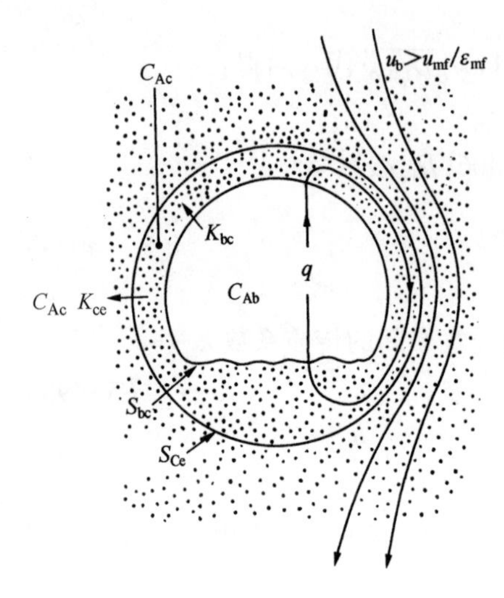

图 5-140　气泡与乳化相间气流流线示意图

为了计算方便，该模型常以气泡的单位体积为基准，将此传质系数称为交换系数，即气泡-气晕间的交换系数$(K_{bc})_b$、气晕-乳化相间交换系数$(K_{ce})_b$和气泡-乳化相间总交换系数$(K_{be})_b$见图 5-140。

$$-\frac{1}{V_b}\frac{dN'_{Ab}}{d\tau} = -u_b\frac{dC_{Ab}}{dL} = (K_{be})_b(C_{Ab}-C_{Ae}) = (K_{bc})_b(C_{Ab}-C_{Ac}) = (K_{ce})_b(C_{Ac}-C_{Ae})$$

因此，
$$\frac{1}{(K_{be})_b} = \frac{1}{(K_{bc})_b} + \frac{1}{(K_{ce})_b} \tag{5-506}$$

与之相应的关联式为：

$$(K_{bc})_b = 4.5\left(\frac{u_{mf}}{D_{be}}\right) + 5.85\left(\frac{D_g^{1/2}g^{1/4}}{D_{be}^{5/4}}\right) \tag{5-507}$$

$$(K_{ce})_b = 6.78\left(\frac{\varepsilon_{mf}^2 D_g u_b}{D_{be}^3}\right)^{1/2} \tag{5-508}$$

2. 以非定态化学吸收的 Danckwert 理论为基础的传质模型

(1) 化学吸收的特征

当气体溶解于液体的同时，气体与液体发生化学反应，将使液体中的气体物质浓度减少，从而使气液相间浓度差增大，所以化学吸收要大于纯物理吸收速率。在流化床两相理论中，气泡中物质为反应物，而反应过程大部分在乳化相中进行，这与化学吸收有相似之处。Miyauchi 等就利用化学吸收找出膜传质系数的原理获得 Miyauchi 传质模型。

(2) 化学吸收 Hatta 机理简述(陈俊武，2005)

以纯气体 A 在完全返混反应器中与液体进行化学吸收，气体以气泡流形式通过反应器。液体流率为 Q，反应器体积为 V，接触面浓度为 C_i，气体 A 与液体反应为一级不可逆反应。在定态情况下的物料衡算：

$$k'_L aV(C_i - C) = QC + Vk_r C$$

液体停留时间 $\theta = \frac{V}{Q}$

k'_L 为化学吸收膜传质系数，令 k'_L 与物理吸收膜传质系数 k_L之比为 Ha，即

$$Ha = k'_L / k_L$$

Ha 称为反应因子(reactor factor)或称 Hatta 数。

对于出口浓度 C 的解：

$$C = \frac{k_L a\theta Ha}{1 + k_r\theta + k_L a\theta Ha}C_i \tag{5-509}$$

对于非定态化学吸收，当只考虑垂直与界面方向扩散时，若反应为一级不可逆反应，则其物料衡算式为：

$$-D_L\frac{\partial C}{\partial x} + D_L\left(\frac{\partial C}{\partial x} + \frac{\partial^2 C}{\partial x^2}dx\right) = \frac{\partial C}{\partial \tau}dx + k_r C dx$$

即
$$D_L \frac{\partial^2 C}{\partial x^2}=\frac{\partial C}{\partial \tau}+k_r C$$

在定态时，
$$\tau \cong D_{be}/u_b$$
$$D_L \frac{\partial^2 C}{\partial x^2} = k_r C$$

边界条件：$x=0$，$C=C_i$；$x=x_L$，$C=C$。

解为：
$$C = \frac{\sinh\alpha(x_L - x)}{\sinh\alpha x_L}$$
$$\alpha = \sqrt{\frac{k_r}{D_L}}$$

因而
$$Ha = \left(\frac{\alpha x_L}{\tanh\alpha x_L}\right) = \frac{\gamma}{\tanh\gamma};\qquad \gamma = \frac{\sqrt{k_r D_L}}{k_L}$$
$$N = Hak_L(C_i - 0) \tag{5-510}$$

Danckwert(1988)以 Higbie 渗透理论进行处理得：
$$Ha=\left(\gamma+\frac{\pi}{8\gamma}\right)\mathrm{erf}\left(\frac{2\gamma}{\pi^{1/2}}\right)+\frac{1}{2}\exp\left(-\frac{4}{\pi}\gamma^2\right) \tag{5-511}$$

Miyauchi 传质模型用上述相似的办法得流化床中气、固两相的传质机理。

(3) Miyauchi-Morooka 传质模型

Miyauchi-Morooka 模型与 Kunii-Levenspiel 模型之区别是增加化学吸附过程(Miyauchi, 1981)。Miyauchi 证明颗粒与流体间很快即达到吸附平衡。

Miyauchi 模型做如下假定：

① 对于循环在气泡内的气体大部分未与外部颗粒接触；

② 在气泡中心轴向上升的气流从气泡顶部流出，在气晕内沿气泡壁下降，然后再从气泡底部进入气泡形成循环，其体积流率为 q_f；

③ 循环气流穿过气晕层同时以扩散传质，通过交换使反应气体从气泡传递到乳化相内，如图 5-141 所示；

④ 气体与颗粒在瞬时达到相间局部吸附平衡，$m_s=\left(\frac{C_s}{C_f}\right)_{eq}$ 为催化剂吸附平衡常数，C_s、C_f 为颗粒表面，气体中反应物浓度(kmol/m^3)；

⑤ 忽略气泡壁弯曲影响，以一维扩散处理；

⑥ 假定气晕层很薄，厚度为 δ，因此 $S_{x=0}=S_{x=\delta}=S$，气晕层内外面积 $S_{x=0}$、$S_{x=\delta}$ 相等。按化学吸收类似方法写出物料衡算式。

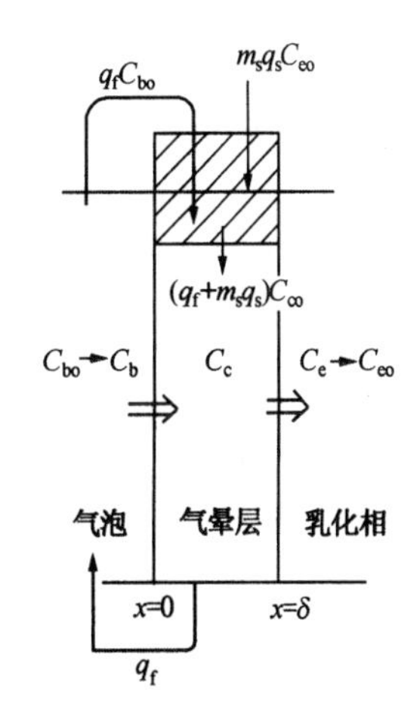

图 5-141　Miyauchi 模型

对于气泡相：

$$\frac{\partial C_b}{\partial \tau}=D_g\frac{\partial C_b}{\partial x} \tag{5-512}$$

对于气晕层：气体反应为一级不可逆反应时，

$$m\frac{\partial C_c}{\partial \tau}=D_{ef}\frac{\partial^2 C_c}{\partial x^2}-k_r C \tag{5-513}$$

对于乳化相：

$$m\frac{\partial C_e}{\partial \tau}=D_{ef}\frac{\partial^2 C_e}{\partial x^2}-k_r C_e \tag{5-514}$$

$$m=\varepsilon_{fe}+m_s\varepsilon_{se}$$

$$m\approx C_p\rho_s/C_g\rho_g$$

式中　ε_{fe}，ε_{se}——乳化相气体与颗粒体积分率，$\varepsilon_{fe}+\varepsilon_{se}=1$；

D_{ef}——有效扩散系数，$D_{ef}=\varepsilon_{fe}D_g$；

C_b，C_c，C_e——气泡相、气晕相及乳化相中的浓度，kmol/m^3。

初始条件与边界条件：

$$\left.\begin{array}{ll}\text{当}\ \tau=0\ \text{时} & C_b=C_{bo}\quad C_c=C_{co}\quad C_e=C_{eo}\\ \text{当}\ \tau>0\ \text{时} & x=-\infty\quad C_b=C_{bo}\\ \text{在}\ x=0\ \text{处} & -D_g\dfrac{\partial C_b}{\partial x}=-D_{ef}\dfrac{\partial C_c}{\partial x}\quad C_b=C_c\\ \text{在}\ x=\delta\ \text{处} & -D_{ef}\dfrac{\partial C_c}{\partial x}=-D_{ef}\dfrac{\partial C_e}{\partial x}\quad C_c=C_e\\ x=+\infty & C_e=C_{eo}\end{array}\right\} \tag{5-515}$$

气晕层初始浓度 C_{co} 可由气泡顶部气体浓度 C_{bo} 以及催化剂由乳化相流入气晕层体积流率 q_s 所能提供的气体进行计算，即：

$$C_{bo}q_f+m_s q_s C_{eo}=(q_f+m_s q_s)C_{co} \tag{5-516}$$

当 $u_b/u_{mf}>5$ 时

$$q_f/\varepsilon_{fe}=q_s/\varepsilon_{se}$$

此时

$$C_{co}=(C_{bo}\varepsilon_{fe}+m_s\varepsilon_{se}C_{eo})/m \tag{5-517}$$

在上述条件下解：

$$N_{x=0}=K_{ob}(C_{bo}-C_{eo})$$

$$\frac{1}{K_{ob}a_b}=\frac{1}{k_b a_b}+\frac{1}{Ha_r k_e a_b} \tag{5-518}$$

$$Ha_r=Ha-(\varepsilon_{fe}/m)J \tag{5-519}$$

式中的 k_b 符合式(5-497)，$k_b=2\sqrt{\frac{D_g}{\pi\tau}}$；$k_e$ 符合式(5-505)，$k_e=2\sqrt{\frac{mD_{ef}}{\pi\tau}}=2\sqrt{\frac{m\varepsilon_{fe}D_g}{\pi\tau}}$；

$\tau=\frac{D_{be}}{u_b}$；Ha 为 Hatta 准数，按式(5-511)计算。

$$J=\frac{\pi}{4\gamma}\mathrm{erf}\left(\frac{2\gamma}{\pi^{1/2}}\right)-\int_0^1\frac{1}{2x^{1/2}}\exp\left[-\left(\frac{4\gamma^2}{\pi}x+\frac{Pe}{x}\right)\right]\mathrm{d}x$$

其中：
$$\gamma=\frac{\sqrt{k_\mathrm{r}D_\mathrm{ef}}}{k_\mathrm{e}}$$

$$Pe=\frac{m\delta^2u_\mathrm{b}}{4D_\mathrm{be}D_\mathrm{ef}}$$

对于细粉催化剂，当 $0\leqslant Pe<0.1$，$0<\gamma\leqslant 2$ 时，用下式已足够精确：

$$J=(\pi Pe)^{1/2}-Pe-0.454\gamma^{1.4}Pe^{0.84} \tag{5-520}$$

当 $Pe\leqslant 0.01$，$\gamma\geqslant 3$ 时，

$$Ha_\mathrm{r}\approx Ha\approx\gamma \tag{5-521}$$

因此，

$$K_\mathrm{ob}^{-1}=K_\mathrm{b}^{-1}+(k_\mathrm{r}D_\mathrm{ef})^{-1/2} \tag{5-522}$$

对于催化裂化催化剂，$Pe=\dfrac{d_\mathrm{p}u_\mathrm{mf}}{D_\mathrm{g}}$值很小，如果采用 $d_\mathrm{p}=120\mu\mathrm{m}$、$D_\mathrm{g}=0.09\mathrm{cm^2/s}$ 和$u_\mathrm{mf}=0.73\mathrm{cm/s}$，则 $Pe=0.1\sim0.01$；如果采用 $d_\mathrm{p}=58\mu\mathrm{m}$ 和 $u_\mathrm{mf}=0.16\mathrm{cm/s}$，则 $Pe=0.001\sim0.01$。故可用式(5-522)计算 K_ob值。

（三）乳化相内传质

乳化相内的传质主要由于鼓泡床与湍动床的气泡流动，使乳化相内颗粒与气体产生轴、径向返混，引起了乳化相内出现上流乳化相与下流乳化相，这部分乳化相内传质可以用轴向扩散模型表示，也可以由上流乳化相与下流乳化相相间传质表示。前者为 Van Deemter 模型，后者为 Miyauchi 模型。陈甘棠模型也是后一类型的模型之一。乳化相内传质就是采用上述两种方法对比，按乳化相内传质模型中上流与下流乳化相相间传质系数 $K_\mathrm{ex}a_\mathrm{ex}$形式，得到相间传质与轴向扩散系数 E_x之间的关系。

按轴向扩散模型表示：

$$\frac{\partial C}{\partial\tau}=E_\mathrm{x}\frac{\partial^2C}{\partial x^2}-u_\mathrm{f}\frac{\partial C}{\partial x}-\phi(C) \tag{5-523}$$

上式中 $\phi(C)$为化学反应的消耗速率或生成速率，或者为传递速率。当不考虑化学反应与传递速率时，处理 $K_\mathrm{ex}a_\mathrm{ex}$与 E_x关系更为方便。

Van der Lean(1958)处理：

$$\frac{\partial C}{\partial\tau}=E_\mathrm{x}\frac{\partial^2C}{\partial x^2}-u_\mathrm{f}\frac{\partial C}{\partial x} \tag{5-524}$$

得停留时间方差：

$$\frac{\sigma^2}{2}=\frac{1}{(Pe_\mathrm{B})_\mathrm{f}}\left\{1-\frac{1}{(Pe_\mathrm{B})_\mathrm{f}}[-\exp(-(Pe_\mathrm{B})_\mathrm{f})]\right\} \tag{5-525}$$

式中，$(Pe_\mathrm{B})_\mathrm{f}=\dfrac{u_\mathrm{f}L_\mathrm{f}}{E_\mathrm{x}}$。

按一维两相轴向扩散模型：

气泡相：
$$\varepsilon_b \frac{\partial C_b}{\partial \tau} = -u_f \frac{\partial C_b}{\partial x} - K_{be} a_b (C_b - C_e) \tag{5-526}$$

乳化相：
$$m\varepsilon_e \frac{\partial C_e}{\partial \tau} = E_e \frac{\partial^2 C_e}{\partial x^2} + K_{be} a_b (C_b - C_e) \tag{5-527}$$

将式(5-523)与式(5-527)对比，由于乳化相 u_e很低而忽略，故
$$E_e = m\varepsilon_e E_x \tag{5-528}$$

按 Van Deemter(1961)处理的方法，用相同的边界条件得：
$$\frac{\sigma^2}{2} = \frac{1}{N_{ob}}\left(\frac{m\varepsilon_e}{\varepsilon_b + m\varepsilon_e}\right)^2 + \frac{1}{(Pe_B)_s}\left\{1 - \frac{q}{(Pe_B)_s}\left[\frac{\cosh\lambda - \cosh\left(\frac{N_{ob}}{2}\right)}{\sinh\lambda}\right]\right\} \tag{5-529}$$

式中　$(Pe_B)_s = u_f L_f/(m\varepsilon_e E_x)$；

$q = [1 + 4(Pe_B)_s/N_{ob}]^{1/2}$；

$\lambda = qN_{ob}/2$；

$N_{ob} = K_{be} a_b L_f / u_f$。

Miyauchi 根据流动模型写出物料衡算式：

气泡相：
$$-\varepsilon_b \frac{\partial C_b}{\partial \tau} = -u_f \frac{\partial C_b}{\partial x} - K_{be} a_b (C_b - C_{eu}) \tag{5-530}$$

上流乳化相：
$$m\varepsilon_{eu} \frac{\partial C_{eu}}{\partial \tau} = -mu_e \frac{\partial C_{eu}}{\partial x} + mK_{be} a_b (C_b - C_{eu}) - mK_{ex} a_{ex} (C_{eu} - C_{eR}) \tag{5-531}$$

下流乳化相：
$$m\varepsilon_{eR} \frac{\partial C_{eR}}{\partial \tau} = mu_e \frac{\partial C_{eR}}{\partial x} + mK_{ex} a_{ex} (C_{eu} - C_{eR}) \tag{5-532}$$

$$\varepsilon_{eu} + \varepsilon_{eR} = \varepsilon_e \tag{5-533}$$

$$u_e = \varepsilon_{eu} u_{eu} = \varepsilon_{eR} u_{eR} \tag{5-534}$$

式中　K_{ex}，a_{ex}——上流乳化相和下流乳化相间虚拟传质系数与虚拟传质界面；

K_{be}——即为 K_{ob}。

初始条件与边界条件：
$$\left.\begin{array}{l} \text{在 } \tau < 0 \text{ 时} \quad C_b = C_{eu} = C_{eR} = 0 \\ \text{在 } \tau \geqslant 0 \text{ 时} \quad x = 0 \quad C_b = C_{bo} \quad C_{eu} = C_{eR} \\ \qquad\qquad\qquad x = L_f \quad C_{eu} = C_{eR} \end{array}\right\} \tag{5-535}$$

依 Van der Lean 处理的方法得出停留时间方差
$$\frac{\sigma^2}{2} = \frac{1}{N_{ob}}\left(\frac{m\varepsilon_e}{\varepsilon_b + m\varepsilon_e}\right)^2 + \frac{1}{N_{ex}}\left[N_v + \frac{m\varepsilon_e}{2(\varepsilon_b + m\varepsilon_e)}\right]^2 \times\left[1 - \frac{N_v^2}{N_{ob}N_{ex}} \cdot \frac{(\lambda_1 - \lambda_2)(1 - e^{-\lambda_1})(1 - e^{-\lambda_2})}{(e^{-\lambda_1} - e^{-\lambda_2})}\right] \tag{5-536}$$

式中　$N_{ob} = K_{ob} a_b L_f / u_f = K_{be} a_b L_f / u_f$；

$N_{ex}=mK_{ex}a_{ex}L_f/u_f$；

$N_v=mu_e/u_f$；

$\lambda_1=N_{ob}\left(1+\frac{1}{N_v}\right)(1+\beta)/2$；

$\lambda_2=N_{ob}\left(1+\frac{1}{N_v}\right)(1-\beta)/2$；

$\beta=[1+4N_{ex}/(1+N_v^2)\cdot N_{ob}]^{1/2}$。

对比式(5-526)~式(5-528)和式(5-530)~式(5-534)二组方程，因在同一个流化床内，$\frac{\sigma^2}{2}$应相等。对照式(5-529)与式(5-536)忽略部分次要项时，发现

$$\frac{u_e^2}{K_{ex}a_{ex}}=\varepsilon_e E_x$$

即

$$K_{ex}a_{ex}=\frac{u_e^2}{\varepsilon_e E_x} \tag{5-537}$$

故可以从 E_x 值求出 $K_{ex}a_{ex}$值。

用类似的方法 Gwyn 等(1970)得到：

$$E_x=-\frac{u_{eu}\varepsilon_{eu}\varepsilon_{eR}u_{eR}}{(\varepsilon_{eu}+\varepsilon_{eR})K_{uR}} \tag{5-538}$$

$$E_{xs}=\frac{\varepsilon_{seu}\varepsilon_{seR}u_{seu}u_{seR}}{(\varepsilon_{seu}+\varepsilon_{seR})K_{suR}}=\frac{(\varepsilon_{seu}u_{seR})^2}{(\varepsilon_{seu}+\varepsilon_{seR})K_{suR}} \tag{5-539}$$

也可以得出相应的 K_{suR}及 K_{uR}。

(四) 分布器作用区传质

在流化床层反应器(包括再生器)中气体通过分布器的孔口进入反应器，在分布器孔口处形成射流。由于孔口处反应物浓度最大，同时射流周围的乳化相产生较强的质量交换，对于传质控制的反应过程，显得十分重要。对于多区多相流动模型分布器作用区传质是不能忽略的。Behie(1978)于直径 0.61m、高 1.22m 的圆形三维床，以空气为流化介质，研究了 FCC 催化剂。分布板孔口直径 d_0=0.0064~0.019m，孔口气速为 15.2~91.5m/s。假定：

① 射流气体为圆柱体，直径等于 d_0；

② 气体为均匀气流；

③ 气体以平推流流动。

试验射流与乳化相传质系数 K_j=2500~7000kg/(m^2·s)，经整理得：

$$\frac{4K_j}{d_0\rho_g u_0}(L_j-L_0)=1.92Fr^{-0.504}N_0^{0.905}Re_0^{0.068} \tag{5-540}$$

式中 $Fr=u_0^2/gL$；

$N_0=L_j/d_0$；

$Re_0=d_0u_0\rho_g/\mu$。

Behie 等(1973)给出传质单元数 N_{aj}：

$$N_{aj}=L_j/H_{aj}=10L_j/H_{ab}$$

式中　H_{ab}，H_{aj}——床层与分布板的传质单元高度 H_a。

施立才(1985)以 Behie 数据按鼓泡床相间气体交换理论推理修正得

$$K_j=(0.7123+0.108u_0+0.01245d_0)\left(\frac{D_{ef}}{0.26}\right)^{0.5}\left(\frac{M}{44}\right) \quad (5-541)$$

式中　D_{ef}——气体有效扩散系数，cm^2/s；

M——相对分子质量。

张蕴壁(1989)用 $\phi=0.19m$ 的流化床，以 $d_p=77.6\mu m$、$\rho_p=1565kg/m^3$ 的 FCC 催化剂，进行竖直下喷的射流传质试验，射流速度 21.5~60.8m/s，乳化相气速 $u_e=(2\sim4)u_{mf}$，得：

$$K_j=3.065[1-\exp(-0.028u_0)] \quad (m/s) \quad (5-542)$$

或

$$Sh_j=2.4359Re_j^{0.5813}$$

$$Sh_j=\frac{K_j d_0}{D_{AB}}$$

$$Re_j=\frac{u_0 d_0 \rho_g}{\mu}$$

式中　D_{AB}——氧在空气中的扩散系数，m^2/s。

（五）稀相空间的传质

在稀相区的反应不能忽略，在不少反应器模型中忽略其传质过程。因此，稀相区传质规律研究的不多。例如 Miyauchi 等(1981)模型、De Lasa 等(1979)模型等都不考虑有传质因素。在稀相的物料衡算式通常以平推流流动模型写出：

$$-u_f\frac{\partial C}{\partial x}-\varepsilon k_r c=0 \quad (5-543)$$

式中，无传质项，只考虑反应项。

也有一些模型考虑传质过程，如 Yate-Rowe 模型(Yate，1977)考虑传质过程，见图 5-142，其传质方程如下：

$$-\frac{dC}{d\tau}=\frac{K_F A_p}{V_c}(C_{AF}-C_{Ap}) \quad (5-544)$$

上式假定稀相空间被夹带的颗粒是分散的，每个颗粒周围被一个气体膜所包围，气体膜的体积为 V_c，颗粒表面积为 A_p，传质系数为 K_F。Yate-Rowe 采用式(5-475)计算 K_F。式(5-475)中的：

$$Sh=\frac{K_F d_p}{D_g}$$

$$Re=\frac{u_t d_p \rho_g}{\mu}$$

四、快速床传质

有关快速床文献很少，白丁荣等(1992a)曾以 Shen 等(1985)在 0.024m 的快速床内以 CCl_4 为示踪剂进行气-固传质实验的数据，以气体定为平推流和颗粒为完全返混的模型得传质系数与高度的分布，如图 5-143 所示。

图 5-143 表明在颗粒聚集及强烈混合时传质系数增大，随着颗粒聚集程度减弱传质系数也减小，随 u_f 增大传质系数也略有增加。

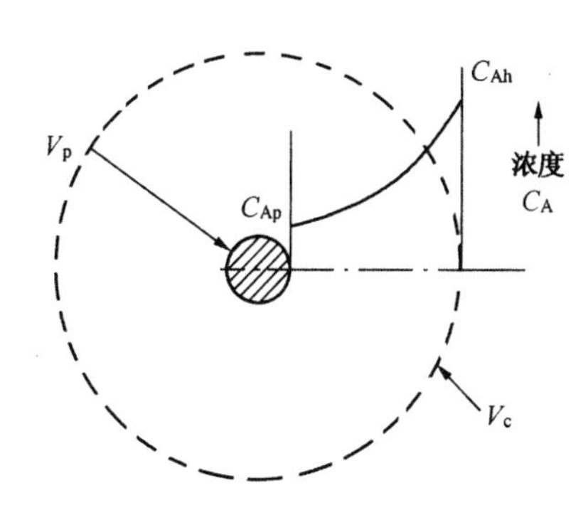

图 5-142　Yate-Rowe 稀相传质模型

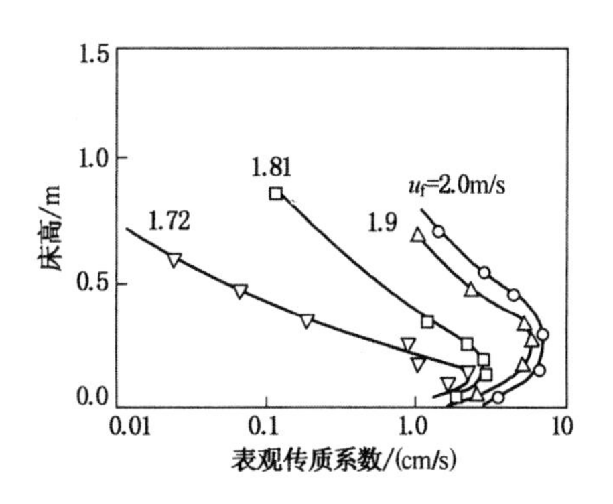

图 5-143　气-固传质系数的轴向分布

Wang 等(2002)介绍 Basu 给出 CFB 传质关联式(包括 i=相间 b，密相 d，稀相 1，动力相 m)：

$$Sh_i = 2 \cdot \varepsilon_i + 0.69 \cdot [U_{sli} d_p \rho_g / (\mu \varepsilon_i)]^{0.5} \cdot Sc^{0.3} \quad (5-545)$$

Subbarao 等(2002)给出气固间传质 Sh_p 与 $u_f \rho_p / G_s$ 的关联式：

$$Sh_p = 8.314 \times 10^{-5} \left(\frac{u_f \rho_p}{G_s} \right)^{1.34} \quad 200 < u_f \rho_p / G_s < 1100 \quad (5-546)$$

催化裂化床层再生器内催化剂再生主要是传质控制过程，应注意传质速率的影响因素，提高传质速率是改进再生器烧焦强度的有力措施之一。床层内传质主要分气泡壁向乳化相总传质与相间传质两大类。总传质多以实验为基础总结归纳获得的规律。以单位体积床层为单位时以 $K_{ob}a_b$ 来表达。涉及 $K_{ob}a_b$ 的有 u_f，ε_b，D_{be}，D_g，F_{40}，d_p，ρ_p，ρ_g，μ 以及 D_T 与 L_{fo} 诸因素。在诸因素中 D_{be} 占主导作用，减小 D_{be} 一方面提高 a_b 值，同时也增加 K_{ob} 值。D_{be} 值在鼓泡床可以由 D_{bemax} 值确定，而湍动床通常采用 $\overline{D}_{be}$ 的计算方法分析。由第二节的规律分析，D_{bemax} 减小应使 d_p，ρ_g 减小，μ 增大更为有利。湍动床 $\overline{D}_{be}$ 的减小除从颗粒与流化介质影响 ε_{mf} 减小外，主要使 ε_b 增大。u_f 增加是使 ε_b 增大的主要因素。因此，增大表观气体速率，改善床层流化状况，都将提高总传质系数。相间传质研究中主要以非定态扩散物理吸收 Higbie 理论及化学吸收一级不可逆反应的 Danckwort 理论二种机理为基础推导出，分别以 Davidson-Harrison 传质模型和 Miyauchi 传质模型为代表。因此，模型的选取应以具体情况做适当的选择。对于再生动力学一般以一级不可逆反应处理，故此，二者均可选用。

在考虑床层乳化相颗粒与气流返混时，应考虑上、下流乳化相相间传质过程，对于湍动床可能更符合实际，一般需从 E_x、E_{sx} 计算 $k_{ex}a_{ex}$ 或 K_{uR} 和 K_{suR}。依某些炼厂再生器的 $K_{ob}a_b$ 与 $K_{ex}a_{ex}$ 对比，$K_{ex}a_{ex}$ 占的比例很小。

对于快速反应，因其又是传质控制过程，分布器作用区的传质过程是不能忽略的，所欠缺的是 K_j 研究的太少和精确度较差。需对不同分布器 K_j 做进一步研究。稀相空间在许多模型中被忽略不计，但在湍动床稀相空间颗粒浓度较大，同时颗粒表面传质速度小于反应速度时，应考虑传质过程的影响。

第八节 工业立管与立管内颗粒下行流动

一、工业立管的应用

(一) 催化裂化装置中的立管

在催化裂化装置的反应器和再生器内存在着多个催化剂颗粒循环过程，即催化剂颗粒沿着一个设定的闭合回路流动。这种催化剂颗粒的循环既有在反应器与再生器之间的循环，也有反应器或再生器内部的催化剂颗粒循环，见图 5-144 和图 5-145。反应器与再生器之间的颗粒循环路线是沿着再生斜管、提升管、汽提器、待生斜管(或立管)、再生斜管进行的；反应器或再生器内部的催化剂颗粒循环路线主要是内部旋风分离器入口和料腿出口之间的颗粒循环。这些颗粒循环是保证催化裂化装置工艺正常操作的必要前提。在上述循环回路中，颗粒由上向下的垂直流动管道称为立管；连接旋风分离器灰斗输送捕集催化剂返回流化床的管道称为料腿。反应器与再生器之间的催化剂输送管道的倾斜部分称为待生斜管或再生斜管，垂直部分亦称为立管。虽然三种管道的结构不同，但这三种管道内颗粒流动的形式是相同的，均是颗粒的下行流动，也统称为立管。立管另一个特点是通常安装有孔板、滑阀、翼阀或塞阀，控制立管内的颗粒质量流率和回路的压力平衡。

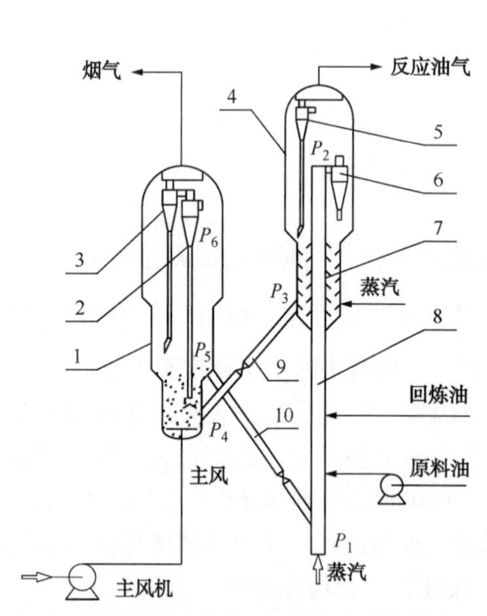

图 5-144 并列式催化裂化装置内的颗粒循环

1—再生器；2—一级旋风分离器；3—二级旋风分离器；4—沉降器；5—顶旋；6—粗旋；7—汽提器；8—提升管；9—待生斜管；10—再生斜管

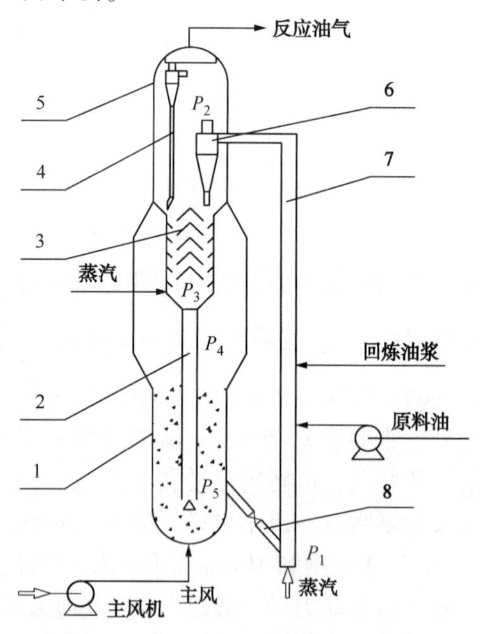

图 5-145 同轴式催化裂化装置内的颗粒循环

1—再生器；2—立管；3—汽提器；4—顶旋；5—沉降器；6—粗旋；7—提升管；8—再生斜管

立管有两个作用，一个是将颗粒从高处的低压端输送至低处的高压端，另一个是保持颗粒循环回路的压力平衡。立管内催化剂颗粒是下行流动的，与颗粒向下流动密切相关的流动参数是气体的流动方向和流量大小，以及管道进出口两端的压差。在图 5-144 并列式催化裂化装置中，提升管的入口压力P_1大于出口压力P_2，颗粒流动是正压差流动。而待生斜管的入口压力P_3小于出口压力P_4，再生斜管的入口压力P_5小于出口压力P_1，旋风分离器料腿的入口压力小于出口压力，这些颗粒流动均是负压差流动。同样在图 5-145 同轴式催化裂化装置中，提升管的入口压力P_1大于出口压力P_2，颗粒流动是正压差流动。立管的入口压力P_3小于出口压力P_5，再生斜管的入口压力P_5小于出口压力P_1，属于负压差流动。

催化裂化装置催化剂循环系统出现的很多问题可能源于立管，如颗粒循环的不稳定、颗粒循环量的快速下降、回路压力的脉动、管线的振动等。其主要原因一方面是立管内气固流动的复杂性所致，如立管内多种流态共存，流态可以互相转变；另一方面是影响立管流态的因素较多，如颗粒粒径分布、滑阀开度、立管两端的压力变化、松动风和松动点参数等。

（二）立管中气体和颗粒的流动形式

催化剂颗粒在立管内下行流动形式与一般管道内的气固两相流的流动形式是不同的。通常输送管道内的气固两相流是气体的速度大于颗粒速度，气体携带颗粒流动。而颗粒在立管中的下行流动是颗粒在重力作用下伴随着气体的流动。虽然颗粒是向下流动的，但气体的流动方向可以是向上流动，也可以是向下流动。颗粒和气体同时向上流动主要发生在提升管内，或气力输送管道中，将在第九节叙述。本节主要论述颗粒向下流动的情况，此时气体的流动方向则取决于管道两端的压差和颗粒质量流率。立管内存在三种不同的流动形式，见图 5-146。

（1）负压差颗粒向下，气体向上

立管的上端压力低，下端压力高。颗粒由压力较低的上端流向压力较高的下端，但气体向上流动，见图 5-146(a)。催化裂化装置中的溢流管、汽提段，二级旋风分离器料腿中的气固两相流属于这种流态。

（2）负压差颗粒向下，气体向下

颗粒质量流率比较大时，颗粒由压力较低的上端快速流向压力较高的下端，同时夹带的气体向下流动，见图 5-146(b)。催化裂化装置中的立管、待生斜管、再生斜管，一级旋风分离器料腿中的气固两相流属于这种流态。

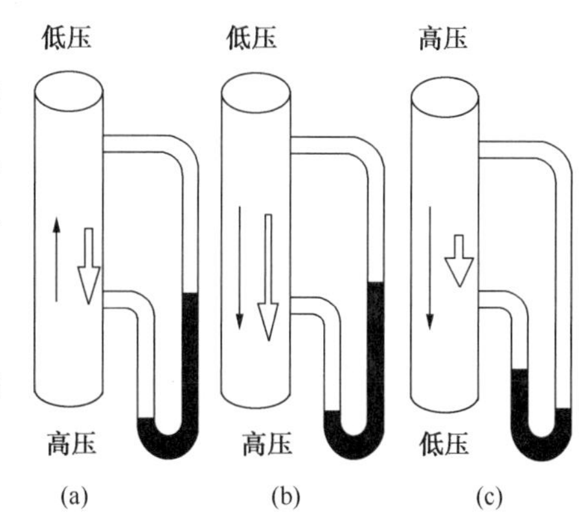

图 5-146　颗粒下行流动的形式

（实心箭头代表气体，空心箭头代表颗粒。）

（3）正压差颗粒向下，气体向下

垂直管的上端压力高，下端压力低形成正压差。颗粒由压力较高的上端流向压力较低的下端，见图 5-146(c)，此时颗粒和气体均向下流动。催化裂化装置中提升管出口粗旋料腿中的气固两相流是典型的实例。

负压差立管内颗粒下行流动的动力主要是颗粒自身的重力势能，以及由此形成的颗粒下行的速度动能，同时还有立管内的料柱静压，最后形成足够的蓄压能力抵抗外部的负压差作用，保证颗粒的下行流动。对于颗粒质量流率比较小的立管，由于颗粒自身的重力势能不足以建立有效的蓄压来平衡负压差，需要在立管出口建立约束，或插入密相床层或安装翼阀，在立管内建立一定高度的密相料柱料位平衡负压差；对于颗粒质量流率比较大的立管，有时依靠颗粒的下行速度和浓度可以平衡压差的作用。

二、立管内颗粒下行流动

（一）气固滑落速度

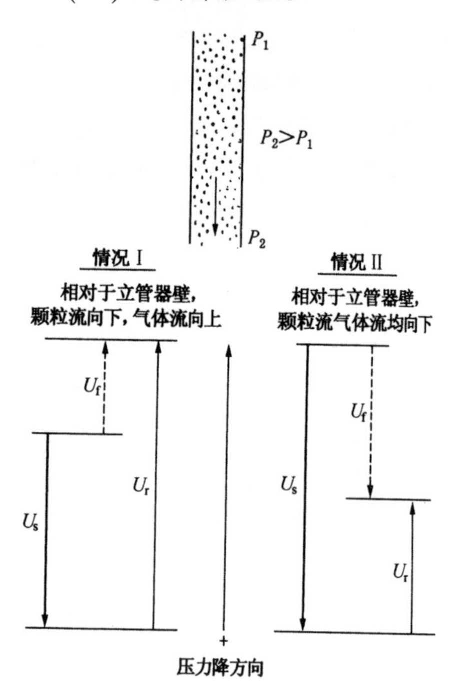

图 5-147　立管中的滑落速度

设一个负压差立管($P_2>P_1$)，见图 5-147。立管内颗粒真实速度为 U_s，气体真实速度为 U_f，若规定向上为正，则气固两相之间的相对速度 U_r 为

$$U_r=U_f-U_s \tag{5-547}$$

U_r 有时也称为气固滑落速度 U_{sl}。图 5-147 表明了颗粒真实速度 U_s、气体真实速度 U_f 和相对速度 U_r 三者之间的关系。

立管中颗粒总是向下流动的，气体可以向上也可以向下。假设相对速度向上为正。

情况Ⅰ，气体向上颗粒向下，气固相对速度等于气体速度与颗粒速度之和，即

$$U_r=U_f-(-U_s)=U_f+U_s \tag{5-548}$$

上式表明相对速度是向上的。

情况Ⅱ，气体向下颗粒向下，气固相对速度等于气体速度与颗粒速度之差，即

$$U_f=-U_f-(-U_s)=U_s-U_f \tag{5-549}$$

此时负压差立管中的颗粒是携带气体下行流动的，因此立管中颗粒下行的速度总是大于气体下行的速度，上式表明气固相对速度是向上的。

两种情况中立管的相对速度总是向上的，这是负压差立管内气固两相流的基本特征。这一点完全不同于下行流化床，下行床通常在入口端需要向内部注气(金涌，2001)。表 5-19 是立管、提升管、下行床和鼓泡床内气固两相流动特性的对比。

表 5-19　立管、提升管、下行床、鼓泡床内气固两相流动特性的对比

项　目	立　管	提　升　管	下　行　床	鼓　泡　床
颗粒流动驱动力	重力	气体曳力	气体曳力和重力	气体曳力
颗粒方向	向下	向上	向下	
气体方向	向上或向下	向上	向下	向上
压差(颗粒流动方向)	负压差	正压差	正或负压差	正压差
滑落速度(向上为正) $U_r=U_f-U_s$	向上	向上	向下	

（二）立管流态的形式

图 5-148 是一个负压差立管内流态随颗粒质量流率 G_s 或颗粒下行速度 U_s 增加从非流化流动到流化流动的演变过程（Geldart，1986a；魏耀东，2003a；2003b）。气体总是试图在负压差的作用下从下端出口进入立管，形成上行气流，其流态判断的依据是气固相对滑落速度 U_r 与一些表征流态化特征速度的关系。

1. 填充床流动

开始阶段是一个密相填充床，颗粒质量流率和颗粒下行速度均很小。立管内相对速度 U_r 小于颗粒最小流化速度 U_{mf}，颗粒处于填充床流态，颗粒的流动属于移动床，见图 5-148（a）。这是一种非流化流动，也称黏附滑移流动，或蠕动流动，表现为整个管内充满颗粒蠕动缓慢下行，呈现一停一动的缓慢下行流动，颗粒浓度接近松堆积密度，颗粒与颗粒之间相互接触，保持相对固定的位置关系，同时伴有“嚓、嚓”的颗粒与器壁的摩擦声音，密相料面下行后在壁面上留有一定残留颗粒沉积波纹。这种流动形式接近失流化流动，颗粒质量流率非常小。

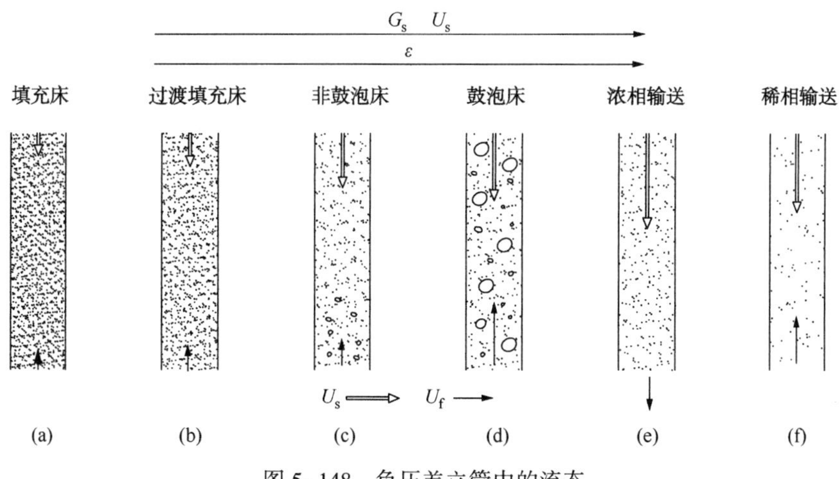

图 5-148　负压差立管中的流态

2. 过渡填充床流动

随着颗粒质量流率和颗粒下行速度的增大，而立管内相对速度 U_r 仍小于颗粒最小流化速度 U_{mf}，此时处于过渡填充床流态，见图 5-148（b）。这是一种非流化流动，与填充床不同的是颗粒下行的速度是连续的。虽然颗粒与颗粒之间保持接触，但接触压力开始减小，空隙率也开始增加。这种流动形式也接近失流化流动，颗粒质量流率非常小，立管应避免在这个流动区域操作。

3. 非鼓泡流化床流动

随着颗粒质量流率和颗粒的下行速度进一步增大，立管内相对速度 U_r 大于最小流化速度 U_{mf}，但小于鼓泡速度 U_{mb}，操作相对速度处于 U_{mf} 与 U_{mb} 之间，颗粒与颗粒之间处于悬浮状态，即颗粒处于流化流动状态，见图 5-148（c）。此时上升气体量增大，没有气泡发生，颗粒浓度降低，颗粒与颗粒之间脱离接触，不能维持相互固定的位置关系，空隙率也开始显著增加。由于这种流动形式的颗粒质量流率非常小，气固相对速度 U_r 接近最小流化速度

U_{mf}，易于形成失流化流态，立管不适宜在这个流动区域操作。

4. 鼓泡流化床流动

当颗粒质量流率和颗粒的下行速度增加到使立管内相对速度 U_r 大于鼓泡速度 U_{mb}，开始出现气泡，并存在激烈的气固两相返混，颗粒与颗粒之间不保持相对固定的位置关系，此时立管的操作处于鼓泡床流化流动，见图 5-148(d)。对于立管内的鼓泡流化流动，根据颗粒和气泡的流动方向不同划分为 4 种流化流动类型，见图 5-149。

类型 1　乳化相气体向上，气泡向上，净气体向上；

类型 2　乳化相气体向下，气泡向上，净气体向上；

类型 3　乳化相气体向下，气泡向上，净气体向下；

类型 4　乳化相气体向下，气泡向下，净气体向下。

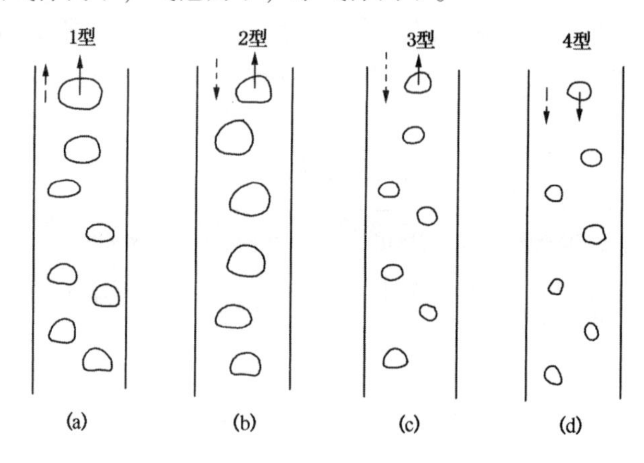

图 5-149　立管内 4 种流化流动类型

这里乳化相气体指没有形成气泡，存在颗粒之间夹带的气体，乳化相中的气体速度为 U_{mf}。当气体速度超过 U_{mb}，超过的气体量以气泡形式穿过颗粒床层。

类型 1：穿过乳化相的气体以气泡流动形式向上流动，乳化相内的气体也是向上流动，净气体是上行流动，见图 5-149(a)。立管中的颗粒速度 U_s 小于 U_{mf}，即

$$U_s<U_{mf} \tag{5-550}$$

类型 2：气体以气泡流动形式向上流动，但乳化相内的气体向下流动，见图 5-149(b)。立管中的颗粒速度 U_s 小于气泡上升速度 u_b，才能使气泡上升流动。结果向上的气泡体积流率 Q_b 大于下移颗粒密相夹带的气体体积流率 Q_d，净气体是上行流动，即：

$$U_{mf}<U_s<u_b \tag{5-551}$$

$$Q_b>Q_d \tag{5-552}$$

类型 3：近似于类型 2 的流动。颗粒速度 U_s 大于 U_{mf}，小于 u_b，但乳化相内的向下气体量大于上行气泡的气体量，见图 5-149(c)。结果向上的气泡体积流率 Q_b 小于下移颗粒密相夹带的气体体积流率 Q_d，净气体是下行流动，即：

$$U_{mf}<U_s<u_b \tag{5-553a}$$

$$Q_b<Q_d \tag{5-553b}$$

类型 4：在这种鼓泡流动中，立管中的颗粒速度 U_s 大于气泡上升速度 u_b，气泡不能以

上行的流动形式存在，向下的速度是 U_s-u_b，见图 5-149(d)。这种流动形式存在于立管中注入松动气的情况。松动气形成气泡被下行颗粒夹带向下流动，结果净气体是下行流动，净气量是 Q_b 与 Q_d 之和，即：

$$U_s>u_b \tag{5-554}$$

立管中的气泡对颗粒的下行流动有一定的阻碍作用，尤其是立管的直径比较小的场合。在类型 3 的流动中，气泡上升并合并增大形成气节，阻碍颗粒的下行流动，限制了立管的颗粒质量流率。对类型 4 的流动，颗粒下行的速度大于气泡上升的速度，颗粒也会受到气泡合并的影响，阻碍在立管中的流动。因此需要限制立管中的气泡尺寸。

立管中气泡的存在使得立管中的颗粒浓度减小，空隙率增加，蓄压能力降低，立管的平衡负压差能力下降，立管的长度需要更长。

5. 浓相输送流动

当颗粒质量流率和颗粒的下行速度比较大时，立管中的颗粒速度 U_s 大于气泡上升速度 u_b，气泡不能以上行的流动形式存在，立管内没有气泡存在，密相的颗粒快速下行，这是一种浓相输送流态，见图 5-148(e)。这种流动形式实际上是鼓泡流化床流动的类型 4。气体以乳化相的形式被颗粒夹带下行流动，这个气体来自立管的入口。对于这种流动形式，当颗粒的下行速度比较大时，夹带气量过多需要进行脱气处理。

6. 稀相输送流动

当立管内的颗粒浓度比较低，此时颗粒质量流率比较小，立管中的颗粒以雨状形式下落，立管出口的气体在负压差作用下上行，气固两相逆向流动，这是一种负压差的稀相输送流态，见图 5-148(f)。此时气固滑落速度小于颗粒的终端速度，不足以携带大颗粒上行。若负压差较大，或滑落速度比较大，则会夹带颗粒上行，使一些下行颗粒上行流动，立管的作用失效。例如旋风分离器料腿漏风比较严重时，造成被分离催化剂的逃逸，旋风分离器的分离效率急剧下降。

7. 立管中的气体流动

立管中的气体有两个来源，一是立管出口在负压差作用下进入立管的气体，另一个是入口颗粒夹带进入立管的气体。影响气体流量和流动方向的主要参数是立管的负压差和颗粒质量流率。填充床、过渡填充床、非鼓泡流化床和鼓泡流化床、稀相输送流态的气体是上行的，浓相输送流态的气体是下行的，见图 5-148。

为防止外部的气体从立管出口进入，要求立管出口处能锁气排料。锁气排料是要求立管外面的气体不能进入立管，防止气体倒流发生。例如沉降器的油气不能通过再生斜管进入再生器，再生器的烟气也不能通过待生斜管进入沉降器，料腿外部的烟气或油气不能反窜进入料腿上行进入旋风分离器内部。这就要求在立管出口处形成一定的密相料封或安装单向阀，阻止外部的气体进入立管，例如在旋风分离器料腿出口安装翼阀或插入密相床内。

为防止过多的气体从立管入口进入，对立管入口处要求脱气进料。脱气进料是要求颗粒进入立管过程中不能夹带过多的气体，尽可能脱出所夹带的气体。例如，待生催化剂脱出油气后再通过待生斜管进入再生器，再生催化剂脱出烟气后再通过再生斜管进入反应器。这就要求在立管入口处完成密相脱气过程，使催化剂颗粒减速增浓，防止颗粒夹带气体进入立管，例如再生器的溢流管、输送催化剂的脱气罐等。

(三) 立管流态的划分

根据滑落速度 U_{sl} 的定义，在临界流化状态时，固体颗粒速度 U_s 为零，则滑落速度等于气体速度 $U_f=u_{mf}/\varepsilon_{mf}$。以此，Leung 等(1978)将立管的流态区域划分为两大类，即：

填充流动区　$U_{sl}<u_{mf}/\varepsilon_{mf}$　(5-555)

流化流动区　$U_{sl}\geqslant u_{mf}/\varepsilon_{mf}$　(5-556)

实际上由填充流动区转变为流化流动区是逐渐过渡的，因此在填充床流动区还可以划分为一个过渡填充流动区。而流化流动区又可以划分为密相流动和稀相流动。

1. 填充流动区

填充床流动是一种非流化流动，也称移动床流动、黏滑流动。填充床流动时颗粒之间互相接触，气体穿过颗粒之间的空隙，滑落速度很小，见式(5-555)。颗粒空隙率维持不变，与气固滑落速度无关。

填充流动由于颗粒与器壁的摩擦效应使颗粒下行的速度具有明显的脉动特性，即流动和停顿周期变化，频率在 0.1~1Hz。图 5-150 是在 ϕ150mm×6000mm 立管测量的不同颗粒质量流率时颗粒下行速度的曲线(闫雪，2014)。当颗粒质量流率比较小[如 8.56kg/(m² · s)]时，颗粒速度间歇式脉动。当颗粒质量流率增大[如 22.25kg/(m² · s)]后，颗粒速度增大，虽然存在快慢大小的波动，但颗粒速度停滞时间几乎为 0，甚至消失[如 25.13kg/(m² · s)]。当颗粒质量流率进一步增大[如 30.64kg/(m² · s)]，颗粒速度波动的幅度显著减小，呈现平稳的颗粒下行流动。

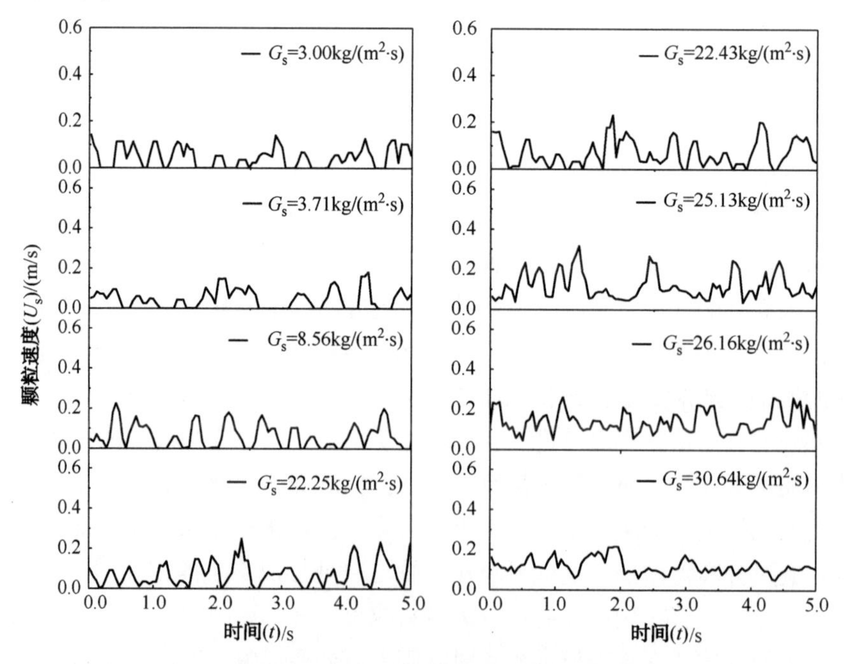

图 5-150　颗粒速度随颗粒质量流率的变化

将颗粒速度取平均值，结果见图 5-151。颗粒下行的时均速度随着颗粒质量流率的增加而增大，但增加的幅度有所不同，可以划分为 3 个区域。在颗粒质量流率 G_s<16.25kg/(m² · s)

区间，时均速度增幅缓慢，是填充床流动区域；颗粒质量流率在 16.25~26.16kg/(m^2·s)区间，时均速度有增幅，是过渡填充床流动区域，这表明过渡填充床流动的颗粒空隙率开始增大，并与气固滑落速度有关；当颗粒质量流率 G_s>26.16kg/(m^2·s)后，时均速度快速上升，进入流化流动区域。

李洪钟等(2002)则根据颗粒之间的接触应力 σ 分析了移动床流动。填充床时空隙率不变与此时的接触应力 σ_c 无关；过渡填充床的接触应力与空隙率呈线性减小变化。当接触应力为零时，进入流化流动。即

当 $\sigma>\sigma_c$ 时，填充床流动，$\varepsilon=\varepsilon_c$；

当 $\sigma\leqslant\sigma_c$ 时，过渡填充床流动，$\varepsilon=\varepsilon_{mf}-(\varepsilon_{mf}-\varepsilon_c)\dfrac{\sigma}{\sigma_c}$；

当 $\sigma=0$ 时，流化流动。

式中，ε_c 是移动床输送过程最小空隙率。

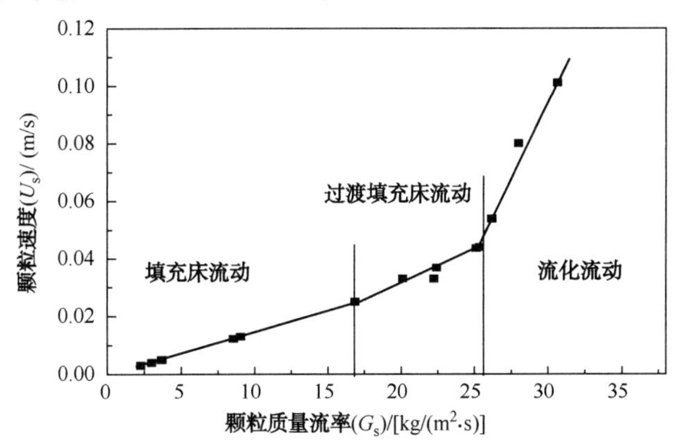

图 5-151　颗粒时均速度随颗粒质量流率的变化

2. 流化流动区

与填充流动相比，流化流动颗粒呈悬浮状态流动，颗粒质量流率高，颗粒输送性能好。如在直径 12.7mm 的垂直管中，用平均粒径 60μm 的催化剂做颗粒下行实验，填充流动的最大颗粒质量流率为 26.31kg/(m^2·s)，流化流动的颗粒质量流率为 986.76kg/(m^2·s)(Kunii，1991)。

流化流动区可以划分为两个类型，即

Ⅰ型流化流动区：

$$\left(\frac{\partial u_f}{\partial \varepsilon}\right)_{u_s}<0 \tag{5-557}$$

$$U_{sl}\geqslant u_{mf}/\varepsilon_{mf} \tag{5-558}$$

Ⅰ型流化流动也称密相流化流动，特点是颗粒质量流率高，气体向空隙率减小的方向流动，向下流动。

Ⅱ型流化流动区：

$$\left(\frac{\partial u_f}{\partial \varepsilon}\right)_{u_s}>0 \tag{5-559}$$

$$U_{sl} \geqslant u_{mf}/\varepsilon_{mf} \tag{5-560}$$

Ⅱ型流化流动也称稀相流化流动，特点是颗粒质量流率比较低，气体向空隙率增大的方向流动，向上流动。

密相流动和稀相流动分别对应图5-148的(e)和(f)。两类流化流动区的划分界线是

$$\left(\frac{\partial u_f}{\partial \varepsilon}\right)_{u_s} = 0 \tag{5-561}$$

对于给定的气固系统，U_{sl}与ε的关系可由实验确定。例如空气为流化介质，硅铝催化剂颗粒为实验颗粒，有

$$U_{sl} = 8.4\varepsilon^2 - 6.66\varepsilon + 1.36 \quad (\varepsilon_{mf} < \varepsilon < 0.75) \tag{5-562}$$

则密相流化流动区和稀相流化流动区的划分标准是：

Ⅰ型流化流动区 $$(1-\varepsilon)^2(25-2\varepsilon^2-13.3\varepsilon+1.36) < -\frac{G_s}{\rho_p} \tag{5-563}$$

Ⅱ型流化流动区 $$(1-\varepsilon)^2(25-2\varepsilon^2-13.3\varepsilon+1.36) > -\frac{G_s}{\rho_p} \tag{5-564}$$

根据式(5-563)和式(5-564)作出的流动区域划分见图5-152。

对于鼓泡流化床，Matsen(1973)从气固两相流理论给出流动区域的划分，根据气体速度u_f

$$u_f = \left(\frac{1-\varepsilon_{mf}}{1-\varepsilon}\right)\left[u_b + \frac{G_s}{\rho_p(1-\varepsilon_{mf})}\right] - u_b + u_{mf} - \frac{G_s}{\rho_p} \tag{5-565}$$

假设u_b为常量，则由式(5-561)和式(5-565)得到另一种Ⅰ型流化流动区和Ⅱ型流化流动区的划分标准，即：

Ⅰ型流化流动区 $$-G_s > u_b\rho_p(1-\varepsilon_{mf}) \tag{5-566}$$

Ⅱ型流化流动区 $$-G_s < u_b\rho_p(1-\varepsilon_{mf}) \tag{5-567}$$

式中的u_b对于小直径立管用下式计算(Davidson，1963)：

$$u_b = 0.35(gD_T)^{0.5} \tag{5-568}$$

式(5-566)和式(5-567)划分标准与颗粒质量流率有关，见图5-153中的直线ABCD，这种划分过于简单。

① u_b在总滑落速度范围内是常数，与滑落速度无关。

② 方程式延伸至空隙率接近1的无气泡情况。

当滑落速度接近或稍大于u_{mf}/ε_{mf}时，立管中的气泡尚未达到典型尺寸，因此u_b是滑落速度的函数，当空隙率接近ε_{mf}时尤其如此。当空隙率接近1(大于0.85)时，气泡破裂，式(5-565)已不适用。因此直线ABCD不能作为划分界线，实际上划分界线是图5-153中的MBCE。

(四) 多种流态共存的立管

实际操作过程中，立管的流态受到负压差和出口约束的作用，有时是一个多种流态共存的流化流动，是图5-148中一些流态的组合(魏耀东，2004a)。这种组合流态的基本特点是立管下部的颗粒浓度要高于上部的颗粒浓度。在图5-154中，设立管出口插入到鼓泡床中，立管出口下部密相部分形成了出口约束，插入深度H_d构成了立管的初始负压差。在没有颗粒下行流动时，立管下部呈现出鼓泡床的流态，有气泡不断上窜，表明气体上行，稀密两相

的分界面高出管外流化床的密相料面 H_p，形成了操作负压差，见图 5-154(a)。当立管内有颗粒下行流动时，立管上部是稀相下落流，下部仍是鼓泡床流态。随着颗粒质量流率的逐渐增加，稀密两相分界面向下移动，但密相部分仍有气泡上窜，见图 5-154(b)。继续增加颗粒质量流率超过 200~250kg/(m^2·s)时，立管下部的稀密两相分界面向下移动消失，看不到上行的气泡，见图 5-154(c)，流态由稀密两相共存流态演变为浓相输送流态，立管内是高浓度的颗粒下行流，气体也由上行转变为下行，这个气体是下行颗粒夹带的气体。当颗粒质量流率更大[如>400kg/(m^2·s)]时，立管内颗粒浓度增大空隙率减小，由于颗粒压缩所夹带的气体产生低频压力脉动，立管下部的颗粒呈现出波浪式的下行流动，见图 5-154(d)。再继续增加颗粒质量流率，颗粒浓度也不断增大，气固之间的滑落速度进一步减小，当颗粒质量流率达到极限时，颗粒浓度增大空隙率接近 ε_{mf}，颗粒质量流率急剧减小，形成移动床流动，甚至形成堵塞。立管内这种流态变化是立管出口无约束阀直接淹没在密相床层内所特有的。

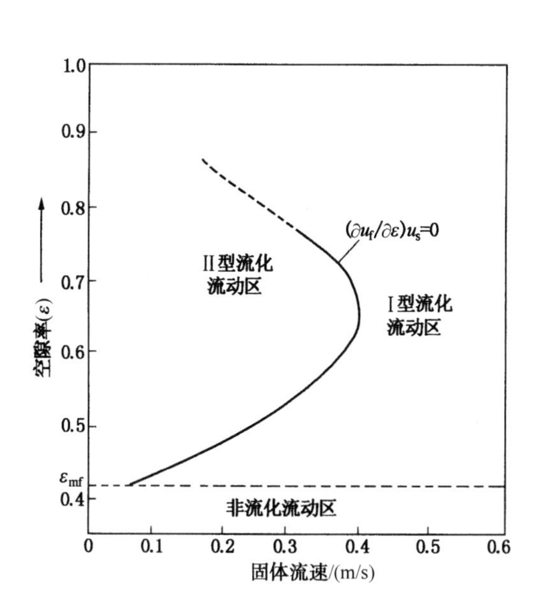

图 5-152 Ⅰ型流化流动区和Ⅱ型流化流动区的划分

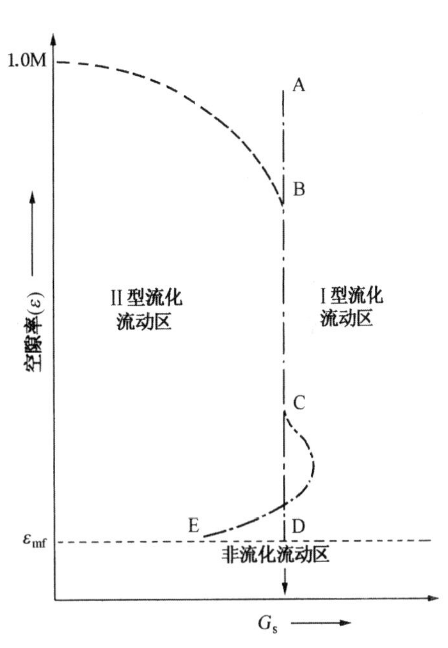

图 5-153 Ⅰ型流化流动区和Ⅱ型流化流动区的划分

负压差立管气固两相下行流动固有流动的不稳定性，表现为颗粒流下行的颗粒速度和浓度周期性的脉动变化，压力的低频高幅脉动(Wang，2001；Sun，2008；魏耀东，2003a；2003b；刘小成，2012)。这种压力脉动变化可以沿立管进行传递(张峰，2012)，这是导致立管发生振动的震源。立管通常是一种细长的柔性结构，固有频率比较低，气固流动的脉动压力可能会产生立管的共振，产生大幅度的晃动，造成管线的疲劳断裂。

Davison 等(1985)对立管的流动稳定性问题给出了机理上的论述。实际上立管内气固两相流动是一种动态的稳定，流动参数在一个小范围内波动，维持流动的运行。造成这种波动的因素比较复杂，有颗粒的团聚和股流，气体的气泡和压缩，颗粒与器壁的滑动磨擦，立管出口约束的架拱和排料，负压差产生的气体上窜等。这些流动现象是立管气固流动所固有的，是不可避免的。但当运行中某个流动参数在操作中偏离了操作范围，单方向的增大或减小，就会出现失稳现象，使立管失去输送颗粒的功能。具体表现为入口进料的噎塞、出口排料的堵塞、中部的颗粒架桥，甚至当出口约束消失和负压差过大造成立管的气体吹通等。

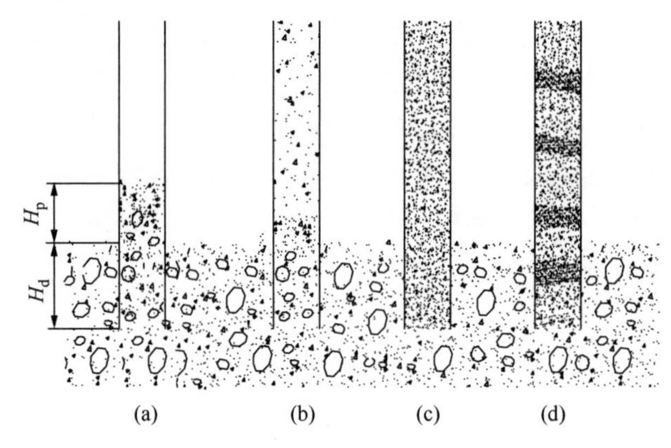

图 5-154　立管内的流态变化与颗粒质量流率的关系

三、立管内颗粒下行流动的压力和压力降

（一）流化流动立管的轴向压力和轴向空隙率

立管的轴向压力分布表征了立管的蓄压能力。Li 等(1997)，Herbert 等(1998)分别对立管的轴向压力进行了测量。图 5-155 是立管内轴向压力分布的测量曲线(魏耀东，2004a)。立管的出口插入到密相鼓泡床内，当颗粒质量流率比较小时，流态是稀密两相共存流态，轴向压力由两个近似线性部分构成，连接处的压力转折点接近稀密相的分界面位置，见图 5-154(a，b)。转折点以上的稀相部分压力低变化小，转折点以下的密相部分压力变化较大，是平衡负压差的主要部分。逐渐增加颗粒质量流率，稀相的颗粒浓度增加，压力值增大，压力转折点在图 5-155 中向右下方移动。当流态由稀密两相共存流态演变为浓相输送流态时，见图 5-154(c，d)，转折点消失，稀相部分的颗粒浓度增大，原密相部分颗粒浓度减小，整个立管内的轴向压力曲线趋于光滑分布。立管的蓄压长度由原来的密相部分扩展为整个立管。

立管入口压力和出口处压力随颗粒质量流率的增加而增大，尤其是立管出口压力 P_e 大于该处的流化床压力 P_b，以维持立管出口排料的压降要求。立管的轴向压力一直是单调增大的，这是立管内气固两相流动的一个基本特征。

立管的轴向压力也说明了立管内的空隙率的变化。图 5-156 是立管截面平均空隙率的轴向分布。颗粒质量流率低时，稀相部分空隙率大且基本恒定；下端的密相部分以密相鼓泡床的形式存在，空隙率小。稀相和密相的过渡区域空隙率陡降。随着颗粒质量流率的增加，稀相部分的空隙率减小而密相部分的空隙率增大，过渡区域空隙率向均匀光滑发展。当形成浓相输送流态时，仍是上稀下密分布，在立管出口处空隙率最小，但仍大于插入流化床的空隙率 ε_f。随着颗粒质量流率的增加，立管空隙率沿轴向的分布曲线从 Z 型向 S 型变化。

根据连续性方程 $G_s=(1-\varepsilon)\rho_s U_s$，这种空隙率分布表明：颗粒下落是一个减速过程，也是负压差立管内气固两相流的一个主要特征。

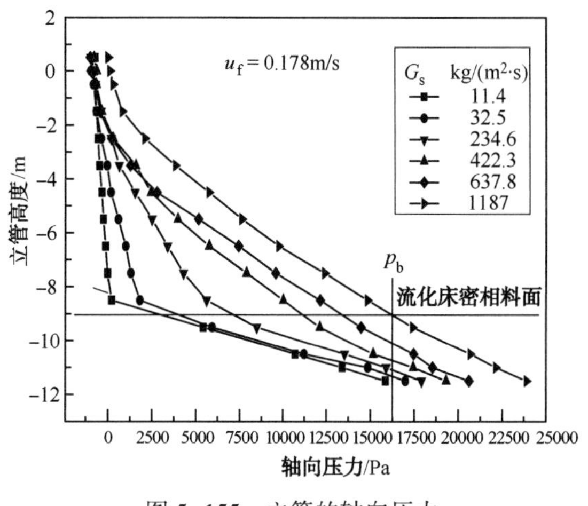

图 5-155 立管的轴向压力

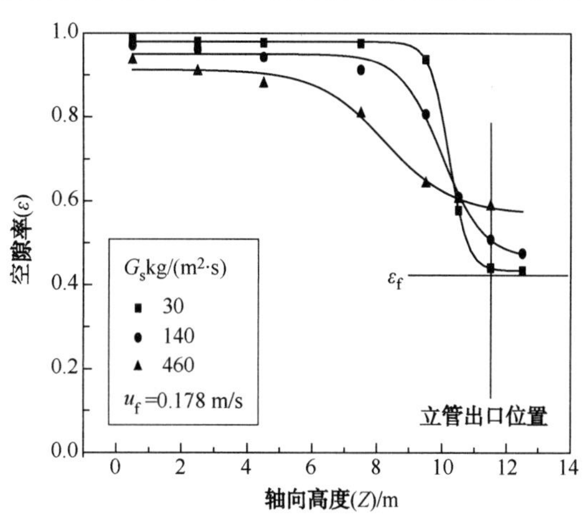

图 5-156 立管轴向空隙率

(二) 填充流动立管的压降

填充流动时的压降主要是气体相对于固体颗粒的流动速度产生的，气固之间的摩擦阻力大于气体和器壁之间的摩擦阻力。立管任意两点间的压降可以用 Ergun 方程计算

$$\Delta P=150L\times\frac{(1-\varepsilon)^2}{\varepsilon^3}\times\frac{\mu U_{sl}}{(\phi_s d_p)^2}+1.75L\times\frac{(1-\varepsilon)}{\varepsilon^3}\times\frac{\rho_g U_{sl}^2}{\phi_s d_p} \quad (5-569)$$

对于球形颗粒 $\phi_s=1$，上式可以简化为：

$$\Delta P=150L\times\frac{(1-\varepsilon)^2}{\varepsilon^3}\times\frac{\mu U_{sl}}{d_p^2}+1.75L\times\frac{(1-\varepsilon)}{\varepsilon^3}\times\frac{\rho_g U_{sl}^2}{d_p} \quad (5-570)$$

当滑落速度 U_{sl} 比较小时，以层流阻力为主，上式的右边的第一项起支配作用。当滑落速度 U_{sl} 比较大时，湍流阻力为主，上式的右边的第二项起支配作用。上式中的系数 150 和 1.75 是 Ergun 根据实验数据近似求得的。

(三) 流化流动立管的压降

1. 方法一

流化流动时的压降包括两项，一项为静压头，一项为摩擦损失。立管上端入口 1 和下端出口 2 之间的压降为

$$\Delta P=P_2-P_1=\bar{\rho}g\Delta L\pm\Delta P_f \quad (5-571)$$

式中 $\bar{\rho}$ 是气固混合密度。气体向上流动时，ΔP_f 为正值；气体向下流动时，ΔP_f 为负值。假设气固混合物为层流时，可由 Darcy 公式得到

$$\Delta P_f=\frac{32\bar{\mu}U_{sl}L}{d_T^2} \quad (5-572)$$

适用的雷诺数范围 $Re=\frac{d_T\bar{\rho}u_f}{\bar{\mu}}\leqslant 1300\sim2000$。气固混合黏度按下式求取：

$$\bar{\mu}=\mu\left[\frac{1+0.5(1-\varepsilon)}{\varepsilon^4}\right]\left(\frac{1-\varepsilon}{\varepsilon}\right)^3$$

2. 方法二

Leung(1978)提出了计算立管流化流动的压降方法，包括颗粒质量流率和阀门开度参

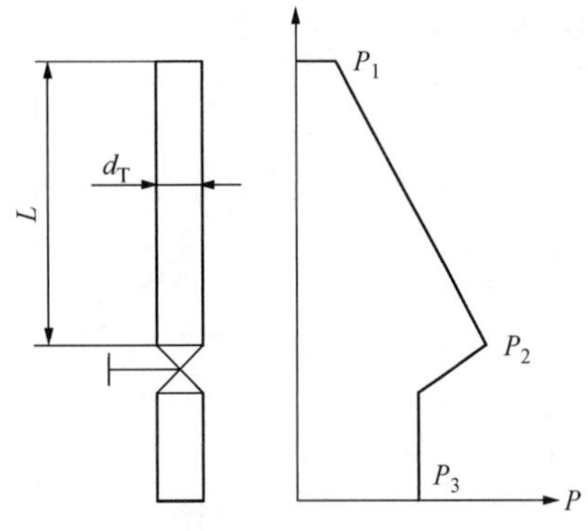

图 5-157　立管轴向压力示意图

数。假设立管的高度为 L，直径为 d_T，立管上端入口压力 P_1，下端压力 P_2，出口端连接滑阀的出口压力 P_3，见图 5-157。则立管上端入口 1 和下端出口 2 之间的压降为：

$$\Delta P=P_2-P_1=(1-\varepsilon)\rho_p gL+\frac{G_s^2}{\rho_p(1-\varepsilon)}-\frac{2f_s G_s^2\left(\frac{L}{d_T}\right)}{\rho_p(1-\varepsilon)} \tag{5-573}$$

上式的第一项为静压项，第二项为动压项，第三项为摩擦项。

当滑阀的压降已知，则通过滑阀的颗粒流率

$$F_s=C_D A_2\sqrt{2\rho_p(1-\varepsilon_{mf})(P_2-P_3)} \tag{5-574}$$

换算成颗粒质量流率，上式为

$$P_2-P_3=G_s^2\left(\frac{A_1}{A_2}\right)^2/[2C_D^2\rho_p(1-\varepsilon_{mf})] \tag{5-575}$$

从式(5-573)和式(5-575)消去 P_2，可以得到通过滑阀和立管的压降：

$$\Delta P=P_3-P_1=(1-\varepsilon)\rho_p gL-\frac{G_s^2}{\rho_p(1-\varepsilon)}+\frac{2f_s G_s^2\left(\frac{L}{d_T}\right)}{\rho_p(1-\varepsilon)}-\frac{G_s^2\left(\frac{A_1}{A_2}\right)^2}{2C_D^2\rho_p(1-\varepsilon_{mf})} \tag{5-576}$$

摩擦阻力系数 f_s 可由表 5-43 所列公式计算。式(5-576)包含有空隙率 ε 和颗粒质量流率 G_s 两个未知数，Leung 建议用下列公式联解：

$$G_s=\{-(1-\varepsilon_{mf})\rho_p C_D^2[b/A_1+2au_f/\varepsilon_{mf}]+(1-\varepsilon_{mf})\rho_p C_D\sqrt{4au_f^2/\varepsilon_{mf}^2+4bu_f/\varepsilon_{mf}A_1+C_D^2 b^2/A_1^2}\}/[2(1-aC_D^2)] \tag{5-577}$$

$$a=1.75\,\frac{\rho_g d_0}{12d_p\rho_p\varepsilon_{mf}}$$

$$b=150\,\frac{\pi\mu d_0^3(1-\varepsilon_{mf})}{8d_p^2\rho_p\varepsilon_{mf}^2}$$

$$\frac{1-\varepsilon}{1-\varepsilon_{mf}}=[u_b-G_s/\rho_p(1-\varepsilon_{mf})]/[u_f+u_b-u_{mf}-G_s/\rho_p] \tag{5-578}$$

式中 d_0 是孔口当量直径。联解式(5-576)、式(5-577)和式(5-578)可以求出空隙率 ε，颗粒质量流率 G_s 和气体速度 u_f。

现设计一个立管，其已知数据列于表 5-20，求立管直径和滑阀开度。

表 5-20　设计立管已知参数

项　目	数　值	项　目	数　值
立管顶部压力(P_1)/kPa	232	气泡速度(u_b)/(m/s)	0.32
立管底部(滑阀出口)压力(P_3)/kPa	239	催化剂起始流化密度(d_{mf})/(kg/m^3)	760

续表

项　目	数　值	项　目	数　值
立管长度(L)/m	9.8	催化剂起始流化孔隙率(ε_{mf})	0.4
催化剂流率(F_s)/(kg/s)	250	颗粒摩擦系数(f_s)	0.003
立管操作温度/K	930	曳力系数(C_D)	0.5
催化剂起始流化速度(u_{mf})/(m/s)	0.02	催化剂颗粒直径(d_p)/m	80×10^{-6}

选用两种立管的直径，0.813m 和 0.508m，计算结果见表 5-21。

表 5-21　两种立管直径计算结果

立管内径/m	滑阀开度$\left(\frac{A_1}{A_2}\right)$/%	催化剂流率(F_s)/(kg/s)	气体携带量/(m^3/s)	空隙率(ε)
0.508	50	470	0.20	0.42
	25	240	0.14	0.43
	10	90	0.05	0.49
	6.7		流化流动区无解	
0.813	50	1190	0.65	0.41
	25	620	0.34	0.42
	10	240	0.14	0.48
	6.7		流化流动区无解	

计算结果表明，两个立管均可以满足要求。对于 0.813m 直径的立管，滑阀开度要求约 10%；对于 0.508m 直径的立管，滑阀开度要求约 25%。一般要求滑阀正常开度 10%～30%。根据计算结果还可以看出，对于一个给定直径的立管，存在着一个最小颗粒流率的滑阀开度值，小于这个开度不能保持稳定操作。

Masten(1977)用催化裂化催化剂在直径 200mm 的立管中做摩擦损失实验，得出图 5-158。立管的摩擦损失是催化剂混合密度的函数，当颗粒密度小于ρ_{mf}时，摩擦损失很小；当密度大于ρ_{mf}时，催化剂颗粒在立管中与管壁的滑动摩擦增大，摩擦损失急剧增大。一般立管中的催化剂密度均小于ρ_{mf}，因而粗略估算密相输送压降时，摩擦损失可以忽略不计。

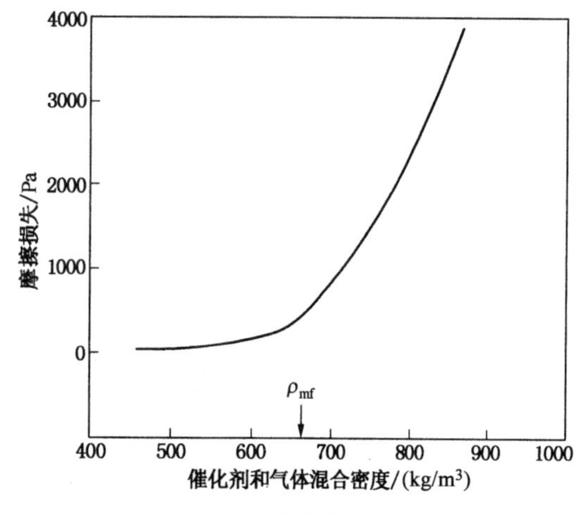

图 5-158　立管中的摩擦损失

四、工业立管输送计算

(一) 工业立管的颗粒质量流率

虽然立管在工业装置上已使用多年，但立管的设计主要还是依靠经验，通常选择流化流动具有较大的催化剂密度，以获得较大的蓄压。Matsen(1977)考察了65个催化裂化装置和流化焦化装置的立管，给出了48个催化裂化装置不同立管直径的颗粒质量流率数据，见图5-159。直径为0.3~1.5m的立管，当颗粒质量流率600~1500kg/(m^2·s)时，立管浓度为最小流化密度的70%~80%时，可平稳操作。Matsen(1973)还从气泡模型给出立管下料稳定性的判据，当颗粒的下行速度G_s/ρ_{mf}等于气泡的上升速度u_b时，或当催化剂的细颗粒组分跑损严重时出现大气泡形成气节，就会出现不稳定的流动。

实际上立管内的颗粒质量流率不仅与立管的直径有关，还与立管的负压差密切相关。由于立管的应用不同，立管的负压差也有变化。催化裂化装置催化剂颗粒在立管中的颗粒质量范围见表5-22。

表5-22　催化裂化装置中立管的颗粒质量流率

装置类型	管线名称	颗粒质量流率/[kg/(m^2·s)]		
		最小	正常	最大
同高并列	U型管	208	894	1341~1641
同高并列	立管	208~350	416~894	1341~1641
同轴	立管	208	416~894	1641
高低并列	斜管	167	583~666	
高低并列	一级料腿		244~366	694
同轴	一级料腿		≯733	
同轴	二级料腿		≯244	

（二）溢流立管和下流立管

根据立管入口处颗粒进入立管的形式，有溢流立管和下流立管，见图5-160。溢流立管的入口颗粒从流化床料面上溢流进入立管。下流立管的入口颗粒从流化床底部进入立管。

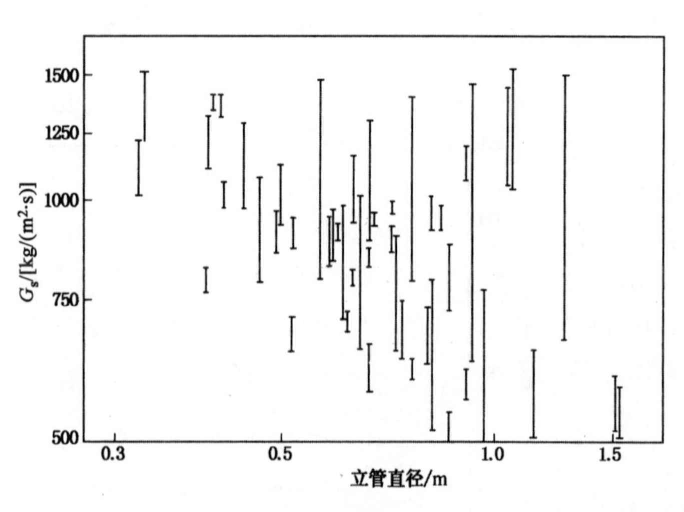

图5-159　立管的颗粒质量流率

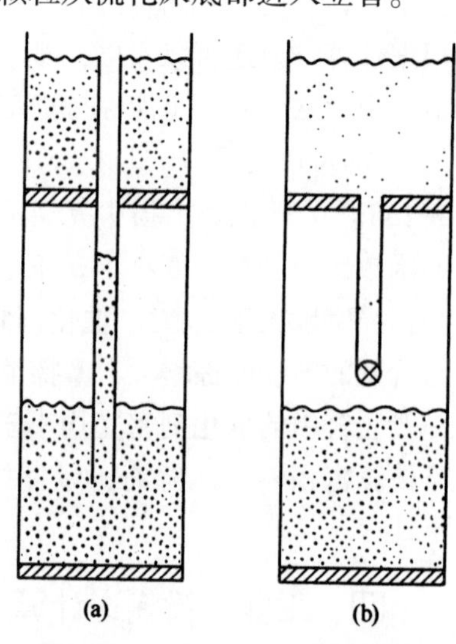

图5-160　溢流立管和下流立管

(a)溢流立管；(b)下流立管

立管的轴向压力分布是颗粒循环回路压力平衡的非独立部分。立管的轴向压力分布根据回路中其他部分的压力变化而变化，压力自动进行平衡调整。但这种调整方式取决于是溢流立管，还是下流立管。

溢流立管的调整过程如图 5-161 所示。立管内的升压是 P_2-P_1，立管外的压差由三部分构成：立管出口到下面流化床床顶的压降 ΔP_{LB}，上面流化床分布器的压降 ΔP_{grid}，上面流化床的压降 ΔP_{UB}。立管内外的压力维持平衡关系式是

$$P_2-P_1=\Delta P_{LB}+\Delta P_{grid}+\Delta P_{UB} \tag{5-579}$$

如果立管内的操作模式是 $\Delta P/L=(\Delta P/L)_{mf}$，立管内颗粒密相高度 L_{sp}，见图 5-161(a)，则立管的升压 ΔP_{sp} 为

$$\Delta P_{sp}=(\Delta P/L)_{mf}L_{sp} \tag{5-580}$$

立管内的升压 ΔP_{sp} 必须大于管外的压降 P_2-P_1，才能维持排料。

如果穿过两个流化床的气体流率增加，ΔP_{grid} 将增大，而穿过两个流化床的压降不变，则立管外的压差由 P_2-P_1 内增大为 P'_2-P_1，立管内的升压也随之调整，颗粒密相高度 L_{sp} 增加到 L'_{sp}，见图 5-161(b)，立管的升压 ΔP_{sp} 为

$$\Delta P_{sp}=(\Delta P/L)_{mf}L'_{sp}\geqslant P'_2-P_1 \tag{5-581}$$

因此颗粒循环系统中任何一部分的压降增加，必然使 L_{sp} 增加。如果 L_{sp} 大于立管的总高度就不能操作了。

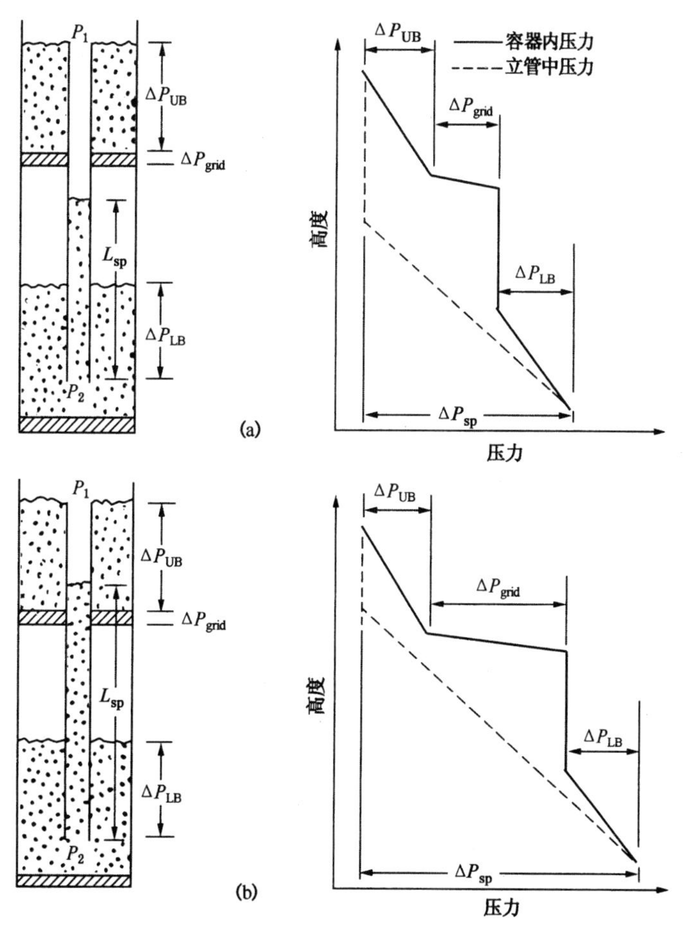

图 5-161　溢流立管的压力平衡图

下流立管的调整过程如图 5-162(a)所示。立管内的升压是 ΔP_{sp}，

$$\Delta P_{sp}=P_2-P_1-\Delta P_{UB}+\Delta P_v \tag{5-582}$$

P_1是上流化床面压力，P_2是阀前的压力。立管外的压降由两部分构成，立管出口控制阀的压降 ΔP_v，上面流化床分布器的压降 ΔP_{grid}，即

$$\Delta P_v+\Delta P_{grid} \tag{5-583}$$

立管内的升压 ΔP_{sp}必须大于管外的压降 $\Delta P_v+\Delta P_{grid}$，才能维持排料，见图 5-162(b)中的情况Ⅰ。

如果穿过两个流化床的气体流率增加，ΔP_{grid}将增大，假设 ΔP_v不变，则管内升压 ΔP_{sp}必须增加以平衡管外的压降增加。但下流立管不同于溢流立管，颗粒密相高度 L_{sp}不能增加，只有增加($\Delta P/L$)的斜率才能平衡压力的变化，见图 5-162(b)中的情况Ⅱ，这实际上是改变了立管中的颗粒浓度。

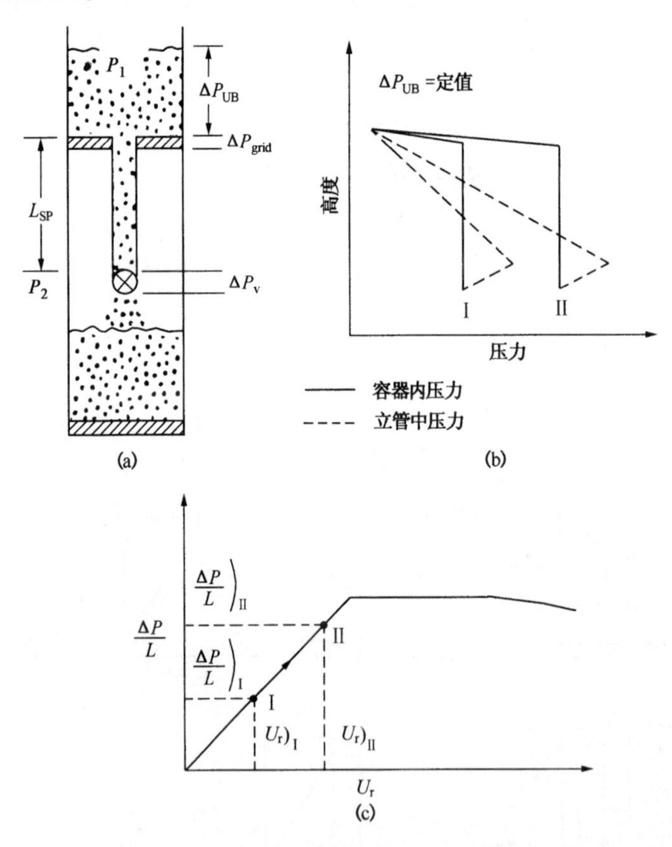

图 5-162　下流立管的压力平衡图

通过改变立管中的气固相对速度 U_r也可以调整立管的升压 ΔP_{sp}。如图 5-162(c)所示，对于情况Ⅰ，立管操作中的$(\Delta P/L)_{Ⅰ}$与$(U_r)_{Ⅰ}$关系曲线上Ⅰ点已经满足压力平衡。当系统的压降增加后，U_r增加自动调整为曲线上的Ⅱ点，达到新的平衡点$(\Delta P/L)_{Ⅱ}$与$(U_r)_{Ⅱ}$。

如果穿过分布器的压降增到使$(\Delta P/L)_{mf}$与L_{sp}的乘积小于 ΔP_v与 ΔP_{grid}之和，立管就不能操作了。

从上述两种立管调整颗粒循环回路的方式可以看出，溢流立管是调整立管中密相料面的

高度 L_{sp}，填充床下流立管是借助于调整气固相对速度 U_r 使($\Delta P/L$)改变。此外，溢流立管和下流立管还有以下特性。

(1) 溢流立管

① 溢流立管的出口必须淹没在流化床中。如果不淹没在流化床内，立管出口不能形成料封，立管内是空管。

② 溢流立管可以进行自动操作。进入立管的颗粒流率与排出的颗粒流率一致，立管出口不需要安装阀。

③ 溢流立管通常在流化状态下操作，也可以在填充床状态下操作。

④ 溢流立管内部颗粒的密相高度为立管高度的25%~30%。多余部分的立管高度用于压降调整的扩展。

⑤ 溢流立管的入口在流化床的顶部，因此上部流化床底部的颗粒无法卸料。

(2) 下流立管

① 下流立管的入口在流化床的底部，立管的出口必须安装阀控制颗粒流率，不能自动操作。

② 下流立管操作时，内部充满颗粒。

③ 下流立管对于 A 类颗粒，可以在流化状态下操作，也可以在填充床状态下操作。对于 B 类颗粒通常在填充床状态下操作。

④ 下流立管的出口安装有阀，不需要淹没在流化床内。

⑤ 下流立管的入口在流化床的顶部，上部流化床可以卸料。

催化裂化装置中的立管通常采用下流立管，见图 5-144 和图 5-145。立管内流态是流化流动，不能自动调整回路的压力变化，因此设计立管的长度比较大，升压的压头也比较大。多余的压头消耗在控制阀上，通过控制阀的压降来调整回路的压力变化。

立管的蓄压能力与立管内的流态有关。对于流化流动操作的立管，立管的蓄压主要是颗粒料柱的静压头和颗粒流动的动压头，颗粒与器壁的摩擦损失可以忽略不计，因此浓相输送流态的蓄压能力最大，稀密相共存流态的蓄压能力主要是密相部分的料柱压力。对于填充床流动的立管操作，气固相对速度 U_r 小于 U_{mf}，颗粒与器壁的摩擦力比较大，颗粒的支撑是由颗粒与器壁的滑动摩擦维持的，蓄压能力比较小。

(三) 松动气

当立管比较长时，压力对气体压缩的作用不可忽略。由于气体的压缩会导致空隙率的减小，造成失流化发生。向立管中注入松动气的目的是补偿由于压力上升产生的气体体积损失，使颗粒处于流化状态。在维持立管内部颗粒高浓度的同时，防止立管中由于气体压缩或脱气导致的失流化，也使颗粒与器壁的摩擦损失减小。

对于 A 类颗粒的立管，注入松动气主要是防止由于气体压缩导致的失流化。例如，立管的长度 30~40m，在低压操作时，立管顶部的气体密度到底部可以增加 2.5 倍，造成立管下部的空隙率降低，甚至可由流化流动转变为填充床流动，此时颗粒循环流率急剧下降。图 5-163 是 Leung 等(1973，1978)给出的立管几种可能存在的压力分布。

图 5-163(a)是整个立管内颗粒处于流化状态的压力分布。在向气固两相向下流动过程中，压力增大，空隙率减小，气固滑落速度 U_{sl} 也减小。当 U_{sl} 减小到小于 U_{mf}/ε 时流态转化为填充床流动，见图 5-163(b)，此时立管的蓄压能力比流化流动[图 5-160(a)]小。在某

些情况下，空隙率减小到使气固滑落速度 U_{sl} 减小到负值。气体向下流动的速度比颗粒速度大，则压力分布变成图 5-163(c)。罗保林等(2005)将最大压力点以上称为脱气段，以下称为持气段。此时立管填充床部分已经没有蓄压能力，负压差转变为正压差，颗粒循环流率很小，形成了堵塞。在立管的操作中应使立管底部的空隙率不减小，防止其向填充床流态转变，通常采用注入松动气的方法。向立管内注入松动气可以使立管的空隙率和压力分布有较大的改变，具有明显的增加蓄压能力的作用。

对于气泡流化流动区域，注入松动气后，根据图 5-149，松动气有时只影响立管松动点的上部，有时只影响立管松动点的下部，这些分别对应稀相流化流动和密相流化流动，见图 5-164(a)和图 5-164(b)。对于溢流立管，当在流化状态操作时，颗粒质量流率过大，造成空隙率减小，形成失流化。此时若颗粒速度 $U_s<u_b$，在立管底部注入松动气。此时若颗粒速度 $U_s>u_b$，在立管上部注入松动气。在实际操作中，由于立管的颗粒质量流率比较大，蓄压要求比较高，通常采用密相流化流动。

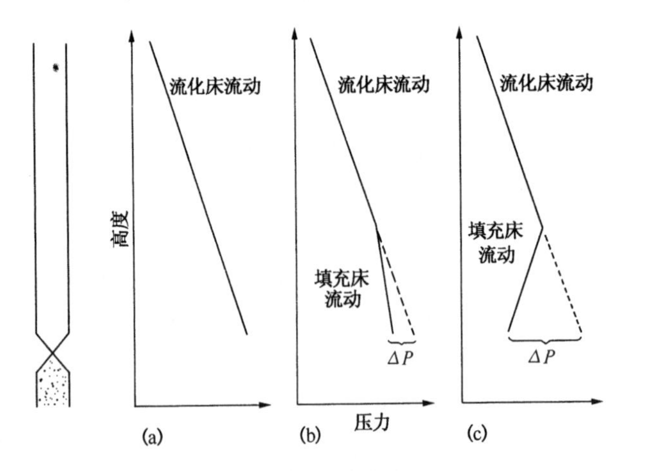

图 5-163　立管的几种压力分布

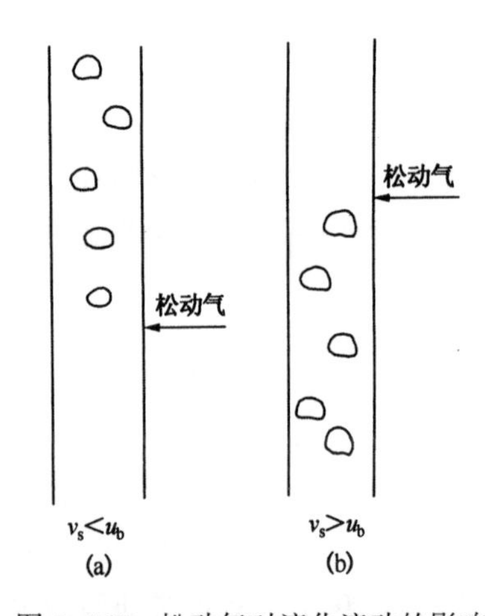

图 5-164　松动气对流化流动的影响

(a)流化床流动 1，2，3 型；(b)流化床流动 4 型

松动气存在一个最佳松动气量(石爱军，2001a)。松动气量过大，产生的大气泡阻碍颗粒的向下流动，导致下料发生间断变化不稳定，蓄压能力差。松动气量过小，不足以使填充床流态发生转变，下料不稳定。最佳松动气量足以抵消气体压缩效应，使立管中的表观气体速度维持均匀一致，立管的蓄压能力和颗粒循环流率都是最佳的。

Bodin 等(2002)根据立管中三部分气体的来源，气泡气体、颗粒间隙气体和催化剂内部孔隙气体，给出了松动气量的计算式。对一个工业装置立管计算的松动气量与颗粒质量流率的关系见图 5-165，表明松动气量随着颗粒质量流率的增加而增加。

卢春喜等(2002)认为松动气量是由催化剂循环量 *W*s、立管直径 *D*、立管长度 *L* 确定的，给出的松动气量的计算式：

$$F_g = k\ln(W_S)(D/B)(L/C) \tag{5-584}$$

式中 F_g 为总松动气量，m^3/h；k 为比例系数；B 为模型参数，mm；C 为模型参数，m。邢颖春等(2008)按上式计算的某个催化裂化装置半再生、再生和待生催化剂循环立管通入的总松动气量结果见表 5-23。

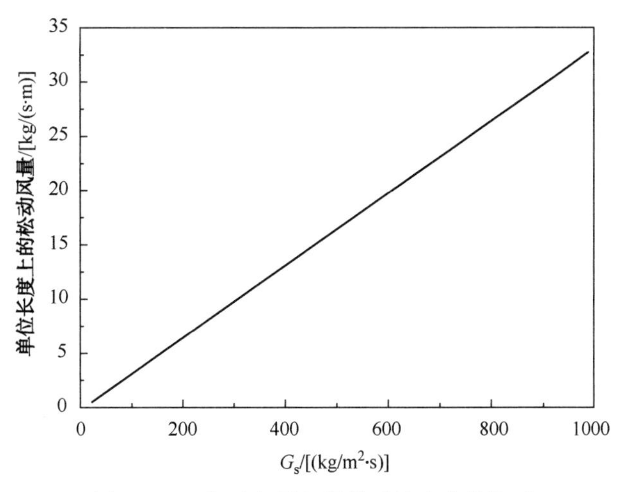

图 5-165　松动气量与颗粒质量流率的关系

表 5-23　松动气计算参数和计算结果

项　　目	直径（D）/mm	长度（L）/m	循环量（W_s）/（t/h）	总松动气量/（m^3/h）	标准状态风量/（m^3/h）	松动气质量流量/（kg/h）	当量松动气点个数/个	每个松动气点气量/（kg/h）
半再生立管	1050	19.00	1580	1243.30	864.30	1338.30	21	63.72
再生立管及斜管	1050	23.00	1580	1505.59	1098.10	1620.00	27	60.00
待生斜管	1082	8.78	1580	610.50	534.00	656.90		

松动气的设计包括松动气点的位置、松动气量的计算和松动气量的分配。松动气点分为一般松动气点和主要(敏感)松动气点。主要松动气点是不可缺少的，其位置、安装角度和管线的结构有直接关系。在确定松动气点位置时，首先确定主要松动气点，即将管线拐弯、变径、滑阀以上的松动气点确定，然后按计算的一般松动气点等距排列其他松动气点。将总松动气量分配到设置的每个松动气点上，同时要考虑一般松动气点和主要松动气点的气量分配有所不同。需要将主要松动气点气量折算成一般松动气点的气量，求出总松动气点数，最后计算出每个松动气点通入的松动气量(卢春喜，2002)。

在立管底部形成填充床操作时，松动气点在立管底部时易于形成架桥，见图 5-166，这是由于松动气过度集中引起的，将松动气点向上均匀分布就可以消除这种架桥现象。

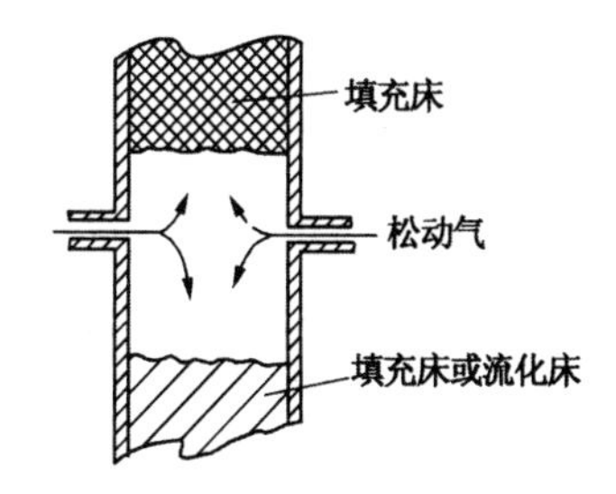

图 5-166　立管的架桥现象

每个松动点通气量是通过限流孔板实现的。催化裂化装置的松动气通常为空气和过热水蒸气，在稳定的总管路压力下利用限流孔板限定各个松动气点的气体流量。

（四）斜管

立管倾斜一定角度后形成斜管颗粒输送。高低并列式催化裂化装置在再生器和沉降器之间的催化剂颗粒是利用斜管进行输送的。斜管输送的动力是颗粒形成的静压头，克服流动的阻力和斜管两端的负压差。斜管上有时安装单动滑阀控制催化剂的颗粒循环流率。

斜管内的流态有三种形式：填充床流动，密相分层流和满管流化流。在填充床流态时与立管的相同，颗粒密度接近 ρ_{mf}，如图 5-167(a)所示，这也是一种黏附滑移流动。在密相流化流动时，颗粒流率比较小，由于重力的作用，气固两相出现上下分离形成分层流动。斜管上部的气泡上行，下部是颗粒的密相流动，如图 5-167(b，c)所示。这种流动通常发生在滑阀前，气体走短路蓄压能力差。当完全流化流动时重力的作用比较小，消除了分层的作用，形成了满管流化输送流动，如图 5-167(d)所示。此时颗粒质量流率急剧增大，颗粒夹带气体下行。例如黏附滑移流动的颗粒质量流率是 5~12kg/(m^2·s)，流化流动是 992kg/(m^2·s)(卢春喜，2002)。

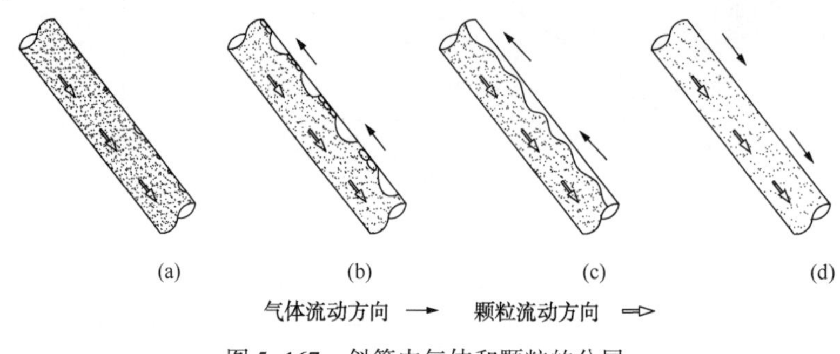

图 5-167　斜管中气体和颗粒的分层

催化裂化装置斜管中流动的介质为催化剂和油气或烟气。催化剂在斜管内的流动必须是流化流动才能完成输送，需要设置松动气避免形成填充床流动。若斜管上松动点布置不合理，松动点通气量不合适，或催化剂本身流化性能变差，就会引起催化剂在斜管中流动不稳定，形成“股流”或“脉冲”流动。松动点布置过密形成“节状流”亦能引起“脉冲”流动。另外，松动通气量过多会形成气阻或形成的气泡过大，流通面积减小，造成催化剂时多时少而严重阻碍催化剂的平稳流动。

斜管与水平面倾角大小直接影响斜管的输送性能。流化流动的条件下，对于一个给定的输送浓度存在一个对应的最大压降值临界夹角(Levy，1997)。临界夹角正比于输送速度和颗粒的终端速度。在最大临界角度区域，斜管的压力梯度是同样条件下水平管压降的 1.5~1.6 倍。通常再生斜管和待生斜管与垂直的夹角均小于 40°，其他部位采用 27°~35°。

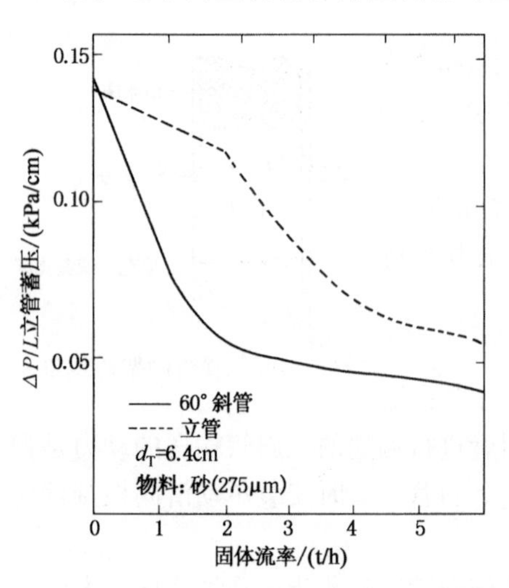

图 5-168　斜管与立管建立静压头的对比

斜管输送颗粒的能力小于垂直立管。斜管输送过程由于存在气固分层，流动相对稳定，上行的气体不会阻碍颗粒的下移。但这也使斜管的蓄压能力比立管小，这是因为颗粒受到重力的影响，斜管内颗粒浓度不均匀，斜管上部气体形成沟流，气体走短路。图 5-168 是斜管与立管建立静压头的对比。

气泡流化区域的输送管尽可能采用垂直输送，稀相流动区域的输送管可以采用斜管，但斜管内稀相流动易于产生颗粒下行流动的不稳定性，尤其是负压差比较大和通过节流控制阀时。这种不稳定表现为下行流动形成阵发式股流，通过斜管截面的颗粒浓度发生周期性的变化，表现为压力的低频脉动(张毅，2007；2008)。De Martin 等(2012)利用这种颗粒浓度变化形成的脉动压力测量和监视斜管输送的颗粒质量流率。

斜管下行颗粒流动产生的压力脉动是导致斜管发生振动的震源。斜管内部催化剂流动不顺畅、不平稳、不均匀形成“脉冲”流动，对斜管管壁造成脉冲激振，这是一种低频脉冲振动，同时斜管的振动又会影响管内的颗粒下行流动。由于立管和斜管的支撑是一种柔性结构，固有频率比较低，最后导致斜管和立管发生低频高幅振动。当激振的脉动压力频率接近管线的一阶固有频率时，就会形成共振，斜管产生大幅度的晃动，易于使管线在支撑点或高应力部位产生疲劳断裂。此时可以通过改变松动气点的布置解决催化剂流动问题，消除颗粒下行流动的不稳定性，消除形成振动的震源；也可以辅助配合管线的支撑加固改变斜管的一阶固有频率。

（五）U 型管

U 型管通常用于两个容器之间的催化剂输送。U 型管内的颗粒输送是依靠 U 型管两端的颗粒密度差产生的静推动压力输送颗粒的。通常是在出口端通入流化介质使颗粒密度降低，维持 U 型管两端的推动力，用于克服催化剂的流动阻力，得到恒定的催化剂颗粒循环流率。催化裂化装置 U 型管催化剂输送对两个容器之间的压力平衡很敏感，要求两个容器顶部的压力接近，允许压力差的波动范围在 0～±0.01MPa 之间。

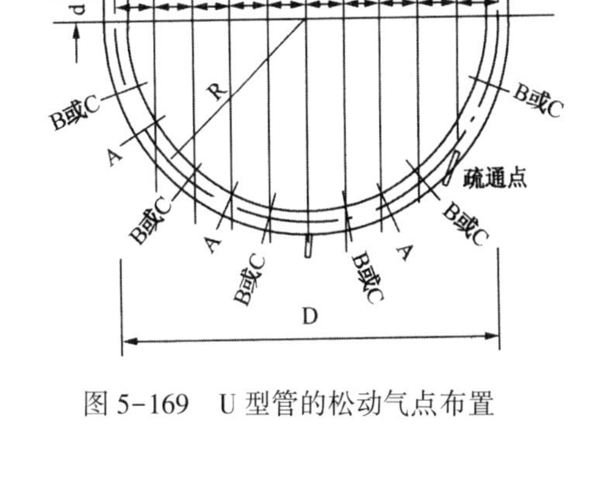

图 5-169　U 型管的松动气点布置

为了维持 U 型管内颗粒在流化状态下输送，需要用松动气进行松动，参见图 5-169。具体的规定如下：

① U 型管的半圆投影长度上，每隔 1.5 管径处设一松动气点。

② 松动气点有单点、双点、三点。U 型管的管径超过 760mm 时，采用双点、三点交替布置。U 型管的管径小于 760mm 时，采用单点、双点交替布置。

③ 若催化剂出口和临近松动气点的距离超过一个管径时，出口设置两个松动气点。

④ 在管径变化的部位，在较小直径管部位的最小距离处设松动气点。

⑤ 松动气气量按下式确定

$$Q=0.0305d_{T}\times D \tag{5-585}$$

式中　D——U 型管的半圆直径，m。

（六）孔口流

立管底部设置节流孔构成立管孔口系统，一方面是控制颗粒循环流率和系统的压力平衡，另一方面是建立顶部到底部的密相流化流动，获得足够的蓄压。滑阀可以假定为适当的孔口流模型。气固两相流通过立管孔口系统时，根据孔口上的流态分为流化流动和非流化流动的操作，根据孔口上下的压差分为正压差操作、负压差操作和无压差操作。

1. 流化流动通过孔口

孔口上部由于密相颗粒的蓄压，孔口内的压力大于孔口外的压力，形成正压差排料。将气固两相流作为非黏性流体，应用伯努利方程得到孔口下行颗粒速度(Leung，1978)：

$$U_s = C_D(A_0/A)\sqrt{2\rho_B \Delta P_0} \tag{5-586}$$

式中，C_D 为孔口系数；ρ_B 为颗粒堆积密度；ΔP_0 为过孔压降。A_0/A 为孔口面积与立管面积之比。C_D 是由孔口几何结构和颗粒物性确定的孔口系数，$C_D = 0.5 \sim 0.6$。

当 ΔP_0 过孔压降比较低时，Leung 将式(5-586)修正为

$$U_S = (A_0/A)\rho_s(1-\varepsilon_{mf})\sqrt{gD_0/\tan\alpha} \pm C_D(A_0/A)\sqrt{2\rho_B \Delta P_0} \tag{5-587}$$

式中，α 为颗粒内摩擦角；±用于正压差或负压差工况。

气固两相通过孔口时，气体通过孔口的流量是夹带在颗粒空隙中 $u_s\varepsilon/(1-\varepsilon)$ 的气体部分，可以应用 Ergun 方程的修正形式计算：

$$\Delta P_0 = \pm\{K_1 D_0(A/A_0)/4|U_{sl}| + K_2 D_0(A/A_0)^2/24|U_{sl}|^2\} \tag{5-588}$$

式中 $U_{sl} = -[U_g/\rho_g\varepsilon] + U_s/[\rho_s(1-\varepsilon)]$

$K_1 = [150\mu(1-\varepsilon)^2]/(\phi d\varepsilon)^2$

$K_2 = 1.75\rho_g(1-\varepsilon)/(\phi d\varepsilon)$

2. 非流化流动通过孔口

移动床孔口排料不仅与孔口面积有关，而且与负压差的大小有关。Nagashima 等(2009)和 Zhang 等(1992)分别研究了孔口的排料过程，给出了立管-孔口系统排料过程与负压差变化的关系，见图 5-170。随着负压差的增大，排料有如下三种形式。

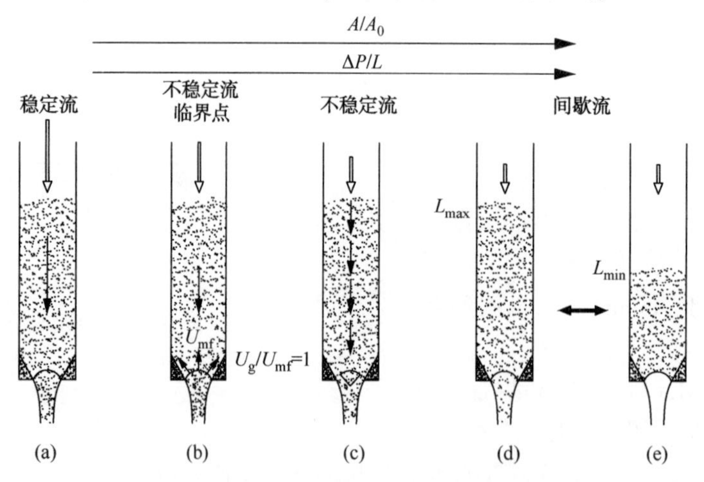

图 5-170 立管-孔口系统排料与负压差的关系

① 稳定排料，排料是连续和平稳的，如图 5-170(a)所示；

② 不稳定排料，在孔口上出现气泡，使排料出现波动，如图 5-170(c)所示；

③ 间歇式排料，排料过程是间歇的，交替出现排料和堵塞，如图 5-170(d)(e)所示。

处于不稳定临界点时，如图 5-170(b)所示，在孔口架供的球面上 $U_g = U_{mf}$，颗粒的流率不稳定，颗粒的架供和坍塌交替进行。影响这个临界点的主要参数是孔口的直径比率 A/A_0 和负压差 $\Delta P/L$。

对于顺重力无压差立管孔口系统，颗粒以非流态化流动形式通过孔口时的流率，

Beverloo 等(1961)从孔口自由应力表面的受力分析出发，对单一尺寸颗粒得出如下计算公式：

$$W_s = C\rho_p(1-\varepsilon)g^{0.5}(D_0-kd_p)^{2.5} \tag{5-589}$$

式中的 C 和 k 均为孔口附近锥形收缩区中的颗粒流动与非流动颗粒之间的摩擦力有关的系数，需要实验确定。C 值在 0.55~0.65 之间，k 值 1.5±0.1。

Zhang 等(1998)给出了一个修正的公式：

$$W_s = C\rho_p(1-\varepsilon)g^{0.5}\tau^{0.5}(D_0-Kd_p)^{2.5} \tag{5-590}$$

式中的 τ 为孔口附近锥形收缩区中的颗粒流动与非流动颗粒之间的摩擦力有关的系数，需要实验确定。K 值一般在 1.4~2.9 之间。

当为有正压差或负压差操作时，需要考虑压力差对孔口流率造成的影响。Grewdson 等(1977)将 Beverloo 公式修正为

$$W_s = C\rho_p(1-\varepsilon)\sqrt{g+\left(\frac{\mathrm{d}p}{\mathrm{d}h}\right)_0\frac{1}{\rho_p(1-\varepsilon)}}(D_0-Kd_p)^{2.5} \tag{5-591}$$

式中$\left(\frac{\mathrm{d}p}{\mathrm{d}h}\right)$为孔口附近的压力梯度。

Nagashima 等(2009)提出稳定排料时，通过孔口的颗粒流率的计算关系式

$$\frac{W_0-W_s}{W_s} = \alpha\left[\left(\frac{\Delta P}{L\rho_s(1-\varepsilon)g}\right)\left(\frac{D}{D_0}\right)^2\right]^\beta \tag{5-592}$$

式中 W_s 采用 Beverloo 提出的式(5-589)计算，α 和 β 是关于颗粒的实验常数，对于 A 类颗粒分别是 0.55 和 0.5。

Kozeny-Carman 方程也可以用于移动床的稳定排料过程，即

$$\frac{\Delta P}{L} = 180\frac{(1-\varepsilon)^2}{\varepsilon^3}\frac{\mu}{d_p}U_{sl} \tag{5-593}$$

3. 插板阀对颗粒循环流率的调整

上述孔口流的流通面积是固定不变的。但对于立管上的阀门而言，由于闸板的移动，孔口面积发生变化，如再生斜管滑阀和待生斜管滑阀。气固两相流阀门的调控机制不同于一般流体的阀门，阀门开度变化会影响到立管内阀前和阀后的气固两相流的流态，影响到阀门的调控效果。

陈勇等(2012b)在立管上进行插板阀的实验，在图 5-171 中，保持立管内稀相下料的颗粒质量流率 G_s 不变，逐渐减小插板阀的开度 A_0/A，在一定的开度范围内对下料过程没有影响，见图 5-171(a)。但当减小到某一个开度值时，在阀板上面形成一定高度的颗粒堆积层见图 5-171(b)，这个颗粒堆积层很不稳定，料面上下起伏。此时颗粒质量流率 G_s 仍保持不变，说明阀门没有调节颗粒质量流率的作用。当进一步减小插板阀的开度，阀板上的堆积层料面上升，在阀板表面上形成了一个密相鼓泡床，而阀板之下颗粒呈现出一种低频波动式的排料，见图 5-171(c)，颗粒质量流率开始减小，说明阀门具有调节颗粒质量流率的作用。因此阀门对颗粒流动的约束作用与阀门开度的变化不是一种线性关系。另外，插板阀对颗粒质量流率的调节过程，仅仅是对固相颗粒流率的调节，而对气相流率无法调节。

Ahn 等(2008)固定孔口的面积改变颗粒质量流率得到与上述类似的三种排料状态。颗粒质量流率比较小时，相当于图 5-171(c)，孔口的颗粒下料的冲击载荷与颗粒质量流率成

线性正比关系。当下料增大到某一最大值后，下料呈现不稳定状态，冲击载荷开始与下料无关，见图 5-171(b)。此后颗粒质量流率维持恒定，但冲击载荷增大，如图 5-171(a)所示。

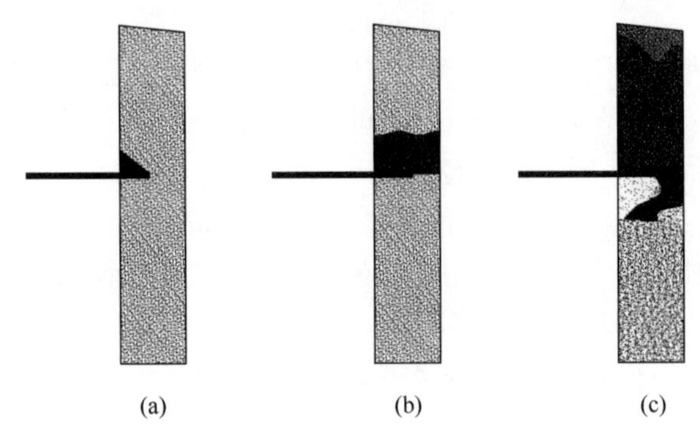

图 5-171　插板阀开度对颗粒质量流率的影响

(七) 翼阀

再生器二级旋风分离器和沉降器顶部旋风分离器(顶旋)料腿出口一般安装有翼阀，形成料腿翼阀系统。料腿翼阀的作用是锁气排料。翼阀主要有两种形式，板式翼阀和重锤阀，见图 5-172。这里主要讨论翼阀。翼阀结构简单，适于高温高压操作，但存在磨损和堵塞故障。

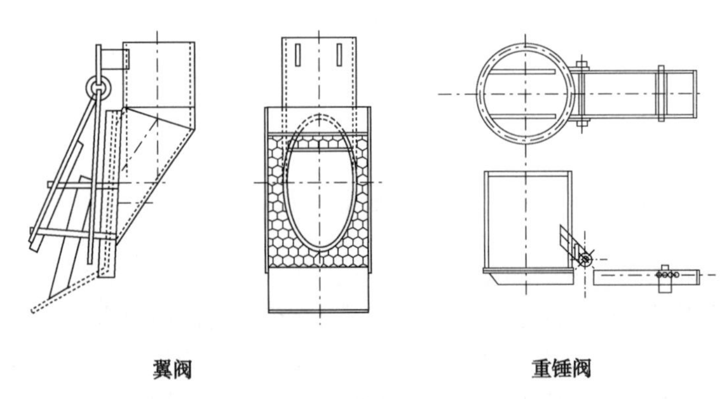

图 5-172　翼阀和重锤阀

1. 料腿内的流态

再生器和沉降器旋风分离器料腿内流态与一般立管的流态相比，除去入口端受旋风分离器的影响有一段旋转流外，与一般立管内的流态一致，是流化流动流态。Geldart(1993)、Wang(2001)、魏耀东等(2004b)的实验表明一级旋风分离器的颗粒质量流率比较大，流态通常是浓相输送流态或稀密共存流态，二级旋风分离器的颗粒质量流率比较小，流态是稀密共存流态，见图 5-173。Gil(2002)实验分析了旋转段的长度随着颗粒循环流率的增大逐渐缩短的过程。料腿内的流态随着颗粒质量流率的增大可以发生转变，由稀密共存流态向浓相输送流态转变，见图 5-154。一级料腿和二级料腿的排料有很大的不同。一级旋风分离器的出口插入密相床内，颗粒质量流率比较大，料腿出口一般不安装翼阀。而二级旋风分离器的颗粒质量流率比较小，为了能满足锁气排料的要求通常安装翼阀，防止外部的气体进入料腿。翼阀安装的位置有时淹没在密相床内，有时悬空在密相床的料面之上。

2. 料腿的负压差

料腿的负压差是料腿外部入口与出口的压力之差，蓄压是料腿内部颗粒形成的压力上升值。如图 5-173 所示，由于料腿入口的压力与旋风分离器内空间的压力近似相同，一级料腿的负压差是 P_e-P_1，二级料腿的负压差是 P_b-P_2。一级料腿的颗粒质量流率比较大，颗粒出口速度比较大，出口压力 P_e 大于床层内同位置的压力 P_b，见图 5-155。而二级料腿的颗粒质量流率比较小，颗粒出口速度比较小，出口压力与床层内同位置的压力 P_b 近似相同。

旋风分离器的料腿负压差与旋风分离器的压降密切相关，受到多个流动参数和几何参数的影响(Geldart，1993，Gil，2001，魏耀东，2006)。旋风分离器内部高速旋转的气流形成了中心区域的低压力区，这个低压力区沿轴向基本一致。由于料腿的入口处于旋风分离器的中心区域，料腿直径 D_d 一般小于旋风分离器的出气管直径 D_e，压力更低。考虑到旋风分离器轴向高度变化和旋转速度的衰减变化，可以认为旋风分离器料腿的入口压力近似等于旋风分离器的出口压力 P_1。设一级旋风分离器的压降是 $\Delta P_{c1}=P_o-P_1$，二级旋风分离器的压降是 $\Delta P_{c2}=P_1-P_2$，密相床面的压力到旋风分离器入口的压降忽略不计，则可以根据图 5-173 料腿内外的压力平衡计算一级旋风分离器的内部蓄压和外部负压差。

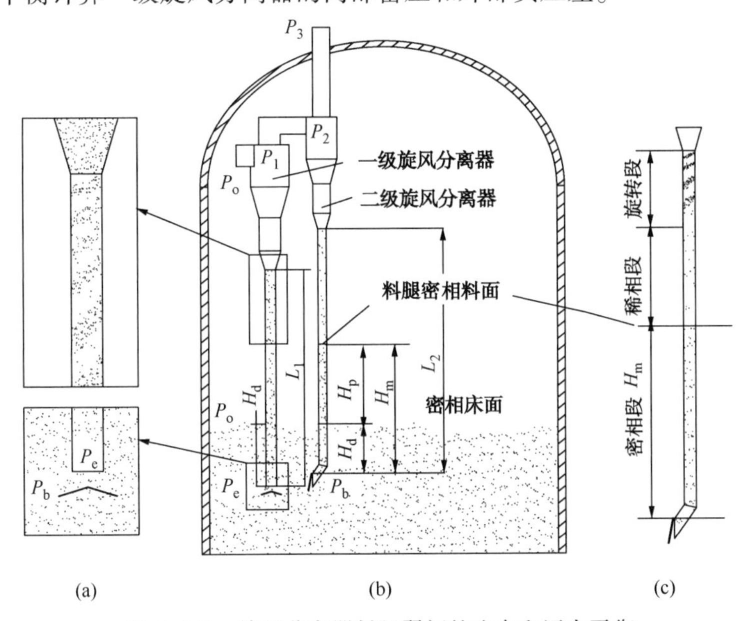

图 5-173 旋风分离器料腿翼阀的流态和压力平衡

(1) 一级料腿内部蓄压计算

根据 Geldart(1993)给出的料腿计算压降公式

$$\Delta P_{1i}=P_e-P_1=\Delta P_{as}+\Delta P_{ag}+\Delta P_h-\Delta P_{fs}-\Delta P_{fg} \tag{5-594}$$

式中的 ΔP_{as} 和 ΔP_{ag} 是颗粒相和气相的动压项，ΔP_h 是颗粒相的静压项，ΔP_{fs} 和 ΔP_{fg} 是颗粒相和气相的摩擦损失项。考虑到气相的密度比较小，气体相部分忽略不计，其余颗粒相的各项计算如下

$$\Delta P_{as}=0.5G_sU_e$$

$$\Delta P_h=\rho(1-\varepsilon_d)gL_1$$

$$\Delta P_{fs}=0.057G_sL_1g/(gD_d)^{0.5}$$

或

$$\Delta P_{fs}=[106(G_s/D_d)^{0.83}(\mu/\rho)^{0.4}]L_1/U_e \qquad \text{(Geldart, 1992)}$$

式中，L_1 是料腿的长度，ε_d 是料腿内平均空隙率，U_e 是料腿出口颗粒速度。

(2) 一级料腿外部负压差计算

$$\Delta P_{1o}=P_e-P_1=P_e-P_b+\rho_p(1-\varepsilon_b)gH_d+\Delta P_{c1} \tag{5-595}$$

式中，P_e-P_b 是料腿出口排料的压降，$\rho_p(1-\varepsilon)_b gH_d$ 是料腿插入密相床的深度压差，ΔP_{c1}是一级旋风分离器的压降。

同样，二级旋风分离器的负压差计算如下。

(1) 二级料腿内部蓄压计算

$$\Delta P_{2i}=P_b-P_2=\rho_p(1-\varepsilon_d)gH_m \tag{5-596}$$

(2)二级料腿外部负压差计算

$$\Delta P_{2o}=P_b-P_2=\rho_p(1-\varepsilon_b)gH_d+\Delta P_{c1}+\Delta P_{c2}+\Delta P_v \tag{5-597}$$

ΔP_v是翼阀排料阻力压降。若料腿翼阀悬空在密相床面之上，则 $H_d=0$。式(5-597)表明二级料腿的负压差主要是两级旋风分离器的压降之和，二级料腿的负压差大于一级料腿的负压差。

料腿负压差是由于料腿外气固两相流流动产生的，需要依靠料腿内颗粒流动的蓄压来平衡负压差保证排料。一级料腿主要是料柱的静压部分，其次是动压部分[式(5-594)]，二级料腿主要是料腿内的料柱静压力[式(5-596)]。

3. 料腿的料封

料腿料封作用主要是锁气排料。以二级料腿为例说明料封的作用，见图 5-174。当料腿外部负压差 ΔP_{20}大于料腿内蓄压 ΔP_{2i}，

$$\rho_p(1-\varepsilon_b)gH_d+\Delta P_{c1}+\Delta P_{c2}+\Delta P_v>\rho_p(1-\varepsilon_d)gH_m \tag{5-598}$$

此时料腿出口排料受到影响，失去锁气排料功能，外部的气体就会上窜进入料腿，形成料腿漏风现象，使排料过程出现不稳定排料，颗粒速度不均匀、气泡上窜、发生气节，料封的锁气作用被破坏。

此时料腿内部料柱的颗粒密度增加或料柱高度上升，使料腿内部蓄压 ΔP_{2i}大于或等于料腿外部负压差 ΔP_{2o}；

$$\rho_p(1-\varepsilon_d)gH_m\geqslant\rho_p(1-\varepsilon_b)gH_d+\Delta P_{c1}+\Delta P_{c2}+\Delta P_v \tag{5-599}$$

此时可以消除料腿漏风，蓄压自动平衡管外的负压差。

料腿内颗粒速度、气体速度和蓄压与颗粒质量流率的关系见图 5-174。

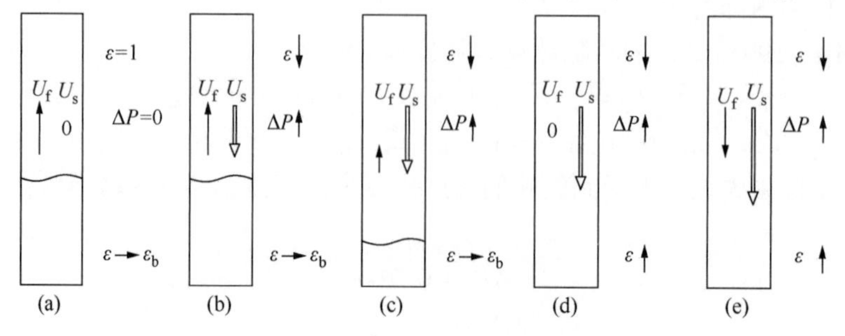

图 5-174　料腿内气固两相流的流态

初始无颗粒循环状态，料腿出口由于插入密相床内或翼阀的约束作用，立管出口形成了初始料柱蓄压平衡料腿外的负压差，如图5-174(a)所示。料柱的密度接近插入床层的密度，有气体上行，这部分气体来自密相床。料柱的蓄压主要在下部，上部的蓄压ΔP为0。开始颗粒循环后，料柱上部形成稀相下落流，蓄压开始增加，见图5-174(b)。随着颗粒循环流率的增加，料柱上部稀相部分浓度增大，上行气体速度降低，下部料柱的料面下降，总体蓄压能力增大，见图5-174(c)。当颗粒循环流率的增加使料柱的密相料面消失，上行气体速度为零，见图5-174(d)，达到理想料封状态(李洪钟，2002)，完全锁气排料，此时蓄压长度扩展到整个料腿。进一步增大颗粒循环流率，上部稀相部分颗粒浓度增大，下部密相部分降低，蓄压的静压部分和动压部分均达到最大，见图5-174(e)。此时颗粒夹带气体下行，这部分气体是来自旋风分离器。

催化裂化装置再生器一级旋风分离器料腿的流态见图5-174(c)或图5-174(e)，再生器二级旋风分离器料腿和沉降器顶部旋风分离器料腿的流态见图5-174(b)(c)。从上述分析可知，料腿的蓄压能力主要是流动颗粒的静压和动压两部分构成。随着颗粒质量流率的增加，静压和动压部分同时增大，但静压是主要部分。在实际运行过程中，当操作参数引起料腿外部负压差产生变化时，料腿内部蓄压和负压差之间会自动进行调节，即通过料柱高度H_m变化，料腿内部的颗粒浓度$\rho_p(1-\varepsilon_d)$变化，颗粒的下行速度U_e平衡负压差变化。

4. 料腿的气相流动的计算

料腿的排料过程直接影响到料腿内的气相流动特性。Geldart(1993)和Wang(2001)实验分析了料腿内颗粒下行夹带的气体，魏耀东等(2004a，2006)和Li等(1997)分别测量了料腿内不同颗粒质量流率下气体速度和方向的变化。实验结果表明气体下行流量随着颗粒质量流率的增大而增大，随着料腿负压差的增大而减小。

设料腿内的气体来源于出口端进入的流化风Q_f和入口端下行颗粒夹带的气量Q_d，则料腿内气体净流量Q_g为

$$Q_g = Q_f - Q_d \tag{5-600}$$

式中流化风$Q_f=A_0u_f$，A_0是料腿面积，m²；u_f是流化床表观流化速度，m/s。下行颗粒夹带的气量Q_d与颗粒相对气体的滑落速度U_{sl}有关。根据滑落速度和颗粒相连续性方程$G_s=(1-\varepsilon)\rho_sU_s$，有

$$Q_d = \varepsilon AU_f = \varepsilon A(U_{sl} - U_s) = \varepsilon A\left(U_{sl} - \frac{G_s}{(1-\varepsilon)\rho_s}\right) \tag{5-601}$$

根据Li等(1997)和Herbert等(1998)的立管实验，滑落速度与空隙率为线性关系，则

$$U_{sl} = \frac{u_{mf} - u_t\varepsilon_{mf}}{1-\varepsilon_{mf}} - \frac{u_{mf} - u_t}{1-\varepsilon_{mf}}\varepsilon \tag{5-602}$$

将式(5-602)代入式(5-601)，再代入式(5-600)，得料腿内净气体流量Q_g为：

$$Q_g = Au_f + \varepsilon A\left(u_t + \frac{u_{mf} - u_t}{1-\varepsilon_{mf}}\frac{G_s}{U_s\rho_s}\right) - A\frac{\varepsilon G_s}{(1-\varepsilon)\rho_s} \tag{5-603}$$

公式中有三项对总流量Q_g有贡献。公式中的第一项是料腿出口的上行流化风A_0u_f，第三项是与颗粒速度Us相同的颗粒夹带气体量$A\varepsilon U_s$，第二项是气固之间相互作用产生的附加气量。稀相流化流动时，颗粒质量流率G_s比较小，总气体流量主要受u_f影响，气体上行。随着颗粒质量流率G_s的增加，式(5-603)后两项之和逐渐上升，当超过前一项时，气流上

行转变为下行。将式(5-603)中的空隙率取料腿入口处的空隙率 ε_i 得：

$$G_s = (1 - \varepsilon_i)\rho_s U_{si} \tag{5-604}$$

式中 U_{si} 是料腿入口处的颗粒速度，m/s。将式(5-604)代入式(5-603)，得到计算料腿内净气体速度 u_g 与颗粒质量流率 G_s 的关系：

$$u_g = \frac{Q_g}{A} = u_f + k\varepsilon_i\left(u_t + \frac{u_{mf} - u_f}{1 - \varepsilon_{mf}}\frac{G_s}{U_{si}\rho_s}\right) - \frac{\varepsilon_i G_s}{(1 - \varepsilon_i)\rho_s} \tag{5-605}$$

k 是附加气量修正系数。上式表明料腿内的气体速度与颗粒质量流率成正比关系，而颗粒质量流率又决定了料腿上下的负压差变化。当 $u_g=0$ 时，可以得到理想料封时的颗粒质量流率 G_{sc}：

$$G_{sc} = \frac{u_f + k\varepsilon_i u_t}{\dfrac{\varepsilon_i}{(1 - \varepsilon_i)\rho_s} - k\varepsilon_i\left(\dfrac{u_{mf} - u_f}{1 - \varepsilon_{mf}}\dfrac{1}{U_{si}\rho_s}\right)} \tag{5-606}$$

图 5-175 是式(5-605)计算结果与实验数据的对比，对于 FCC 平衡催化剂系数 $k=7.8$。净气体速度转向的颗粒质量流率大致范围在 150kg/(m² · s)附近。当颗粒质量流率 $G_s<150$ kg/(m² · s)时，净气体速度 u_g 是绝对上行的，是来自料腿底部进入的流化气。随着颗粒质量流率的增加，颗粒速度增大，夹带气体的能力增强，上行气量减小，下行气量增加，上行的净气体速度 u_g 减小。当颗粒质量流率 $G_s>150$kg/(m² · s)时，净气体速度 u_g 是绝对下行的，是颗粒夹带的下行气体。式(5-605)的计算误差平均小于 10%。

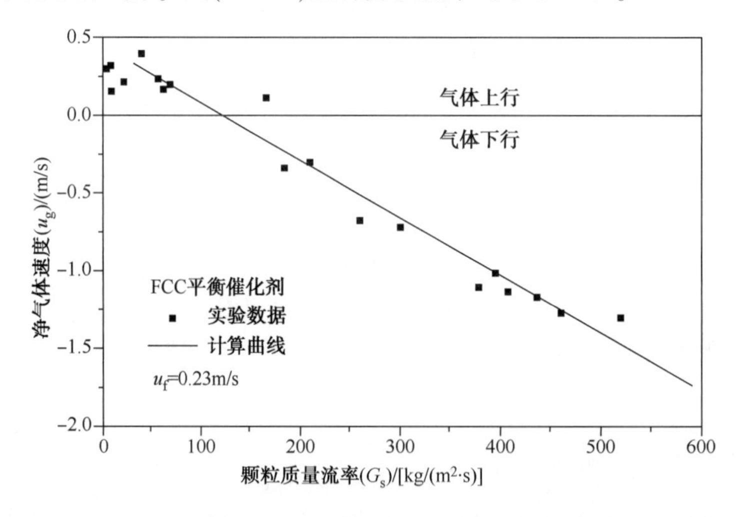

图 5-175　料腿内气体流量的计算值与实验对比

5. 翼阀排料的形式

料腿排料的流态是处于流化流动。Geldart(1993)，Smolders 等(2001a)，石爱军等(2001a)和刘人峰(2013)的实验表明：翼阀排料有两种形式，一种是滴流式排料，另一种是间歇式排料，见图 5-176。滴流式排料是颗粒连续的流出翼阀，阀板一直处在开启状态。滴流式排料主要发生在负压差比较小，或颗粒质量流率较大时。当负压差和颗粒质量流率均比较小时，翼阀打开后流通面积增大，翼阀外侧气体会从阀板四周反窜进入料腿形成漏风现象。间歇式排料是排料呈现阵发式周期性下料，当料腿内的料柱升到一定高度后，阀门开启排料，颗粒呈涌状下排，随着料柱下降推动力减小，阀门在负压差作用下关闭，料柱增高重新蓄压开始下一个排料过程。间歇式排料发生在负压差比较大时。间歇式排料也会产生漏风问题，漏风的位置主要在翼阀的上半部分。

翼阀漏风会导致翼阀阀板严重冲蚀磨损，甚至磨穿阀板。磨损发生在阀板的内表面，呈现沟槽式的冲蚀磨损。漏风量越大磨损越严重。阀板磨穿后不能建立有效的料封，翼阀失去锁气排料的功能，漏风量激增，使旋风分离器的分离效率剧降。

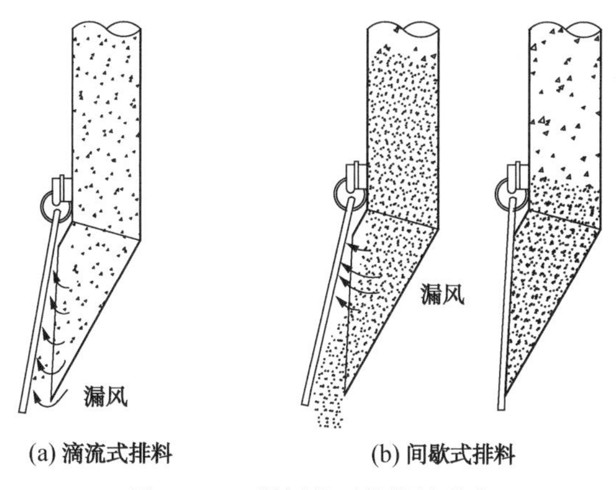

图 5-176　翼阀的两种排料形式

翼阀的两种排料形式可以通过动态压力的变化进行识别。图 5-177 是实验测量的料腿内蓄压压力随着时间的变化。滴流式排料压力脉动曲线相对平缓。间歇式排料压力是一种低频高幅的波动曲线，该锯齿型曲线的上升部分的斜率与下料量有关。

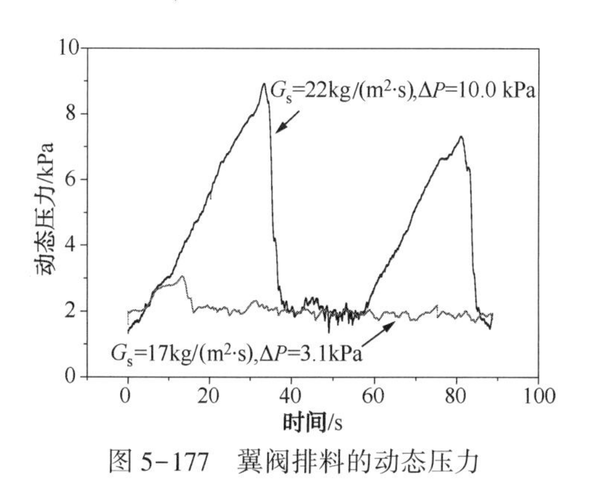

图 5-177　翼阀排料的动态压力

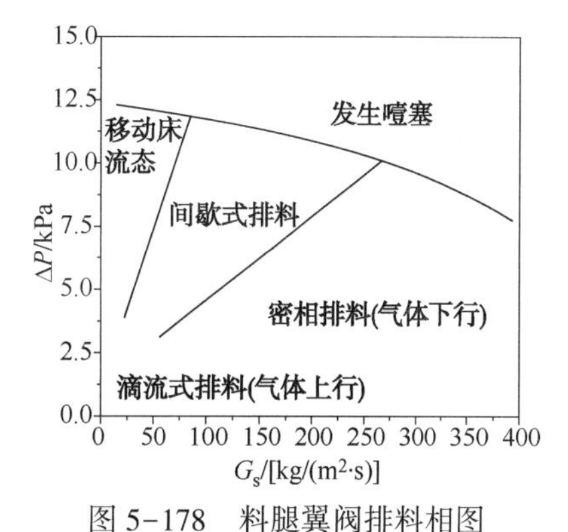

图 5-178　料腿翼阀排料相图

影响翼阀排料的参数主要有负压差和颗粒质量流率，Wang（2001），Smolders 等（2001a），刘人锋（2013）分别做出了翼阀排料的相图。这些相图上存在有填充床流动区、滴流区、间歇式排料区、密相排料区和堵塞区等。图 5-178 是刘人峰（2013）在 ϕ150mm 料腿翼阀系统上做出的排料相图。从图 5-178 可以看出，翼阀排料形式是随着负压差与质量流率的不同而发生转变。在相同的质量流率条件下，负压差越小，其排料形式越趋于连续式滴流排料状态；负压差越大，排料形式越趋于间歇式周期性排料特点。根据催化裂化装置现场的操作数据可以判断，再生器一级旋风分离器的料腿翼阀的操作在密相排料区，再生器二级旋风分离器的料腿翼阀的操作在间歇式排料区，沉降器顶部旋风分离器的操作在间歇式排料区或滴流式排料区，取决于负压差的大小。

Karri 等(2004)对翼阀是否插入密相床进行了对比实验，表明悬空安装翼阀的颗粒质量流率大于淹没安装翼阀的颗粒质量流率。当负压差或颗粒质量流率很大时，存在一个料腿的下料极限，此时继续增大颗粒质量流率则形成噎塞，料腿失去排料功能。Talavera(1995)依据立管内颗粒物料的推动力和阻力的平衡关系给出料腿的密相输送的极限下料值 G_{sm} 和对应的颗粒下行速度 u_s：

$$G_{sm}=\frac{3.610}{\sqrt{C_D}}\rho_d\sqrt{gD}\sqrt{(1-\varepsilon_d)+\mathrm{tg}\phi} \tag{5-607}$$

$$u_s=\frac{0.2254}{\sqrt{C_D}}\sqrt{gD(1-\varepsilon_d)} \tag{5-608}$$

催化剂颗粒的阻力系数 C_D 取平均值 0.65，ρ_d 是料腿内密相颗粒浓度，ε_d 是料腿内密相空隙率。若取催化剂颗粒的内摩擦角是 77°，空隙率 0.63，则给出 Zenz 计算公式

$$G_{sm}=30.39\rho_d\sqrt{D} \tag{5-609}$$

6. 料腿翼阀系统的设计

料腿翼阀的设计主要是确定料腿的直径 D_d 和长度 L_d，其中料腿的直径 D_d 可根据选择的颗粒循环流率确定。Geldart(1993)，Smolders 等(2001a)，Shaw(2007)，Hunt 等(2001)，石爱军等(2001b)分别提出各自的设计方法。

料腿内的料柱高度或蓄压能力决定料腿的长度，也决定着翼阀阀板的开启。翼阀阀板的开启与阀内外的作用力密切相关，可以划分为阻力和推动力，见图 5-179。设阀板的密封面积是 S，则

阻力(阀板外侧垂直作用于阀板将阀板关闭的力) F_1：

$$F_1=\underbrace{G_F\sin\theta}_{\text{阀板重量的垂直分力}}+\underbrace{p_1S}_{\text{阀板外侧流化床作用的压力}} \tag{5-610}$$

推动力(阀板内侧垂直作用于阀板将阀板打开的力) F_2：

$$F_2=\underbrace{p_2S}_{\text{立管内料封面上的压力}}+\underbrace{\rho_b gH_mS}_{\text{立管中料封的重力}}+\underbrace{0.5G_sU_sS}_{\text{固体颗粒流动的冲力}}-\underbrace{\sum\Delta p_fS}_{\text{立管-翼阀系统的流动阻力}} \tag{5-611}$$

阻力 F_1 与推动力 F_2 形成的弯矩 F_1L 和 F_2L 大小决定了翼阀阀板的开关。

$F_1L>F_2L$ 时，阀板开度减小，排料停滞，立管内料封高度上升，推动力增大，直到开启阀板。若立管内的颗粒完全脱气，形成架桥，则系统有可能堵塞。

$F_1L<F_2L$ 时，阀板开启，立管内料封高度下降，若下降过快，则料腿有可能吹通。若是滴流式排料，依靠颗粒下行的冲力打开阀板。

$F_1L=F_2L$ 时，阀板处于平衡状态。

设 $F_1L=F_2L$，忽略流动阻力项，有

$$\Delta PSL=(\rho_b gH_mS+0.5G_sU_sS-G_F\sin\theta)L \tag{5-612}$$

式中 $\Delta P=(p_1-p_2)$ 是料腿的负压差，见式(5-595)、式(5-597)，L 是力矩，见图 5-179。根据立管内的流态(图 5-174)则有两种情况：

(1) 稀密相排料

此时密相移动床的颗粒速度 $U_s\approx0$，料腿内的颗粒浓度是下面流化床的鼓泡床颗粒浓度

ρ_b，则由式(5-612)解出 H'_m：

$$H'_m = \frac{G_F \sin\theta + \Delta PS}{\rho_b g S} \tag{5-613}$$

式中，H'_m 是密相段的料面高度；ρ_b 是密相段的颗粒密度，可取 460 kg/m^3。

(2) 浓相输送排料

此时料腿蓄压高度 H''_m，颗粒浓度是输送平均浓度 ρ_p，则由式(5-612)解出 H''_m：

$$H''_m = \frac{G_F \sin\theta + \Delta PS - 0.5 G_s V_s}{\rho_p g S} \tag{5-614}$$

式中 ρ_p 可根据 $\rho_p = G_s/U_s$ 估算。颗粒的下行速度与颗粒质量流率 G_s 有关，按图 5-180 选取。

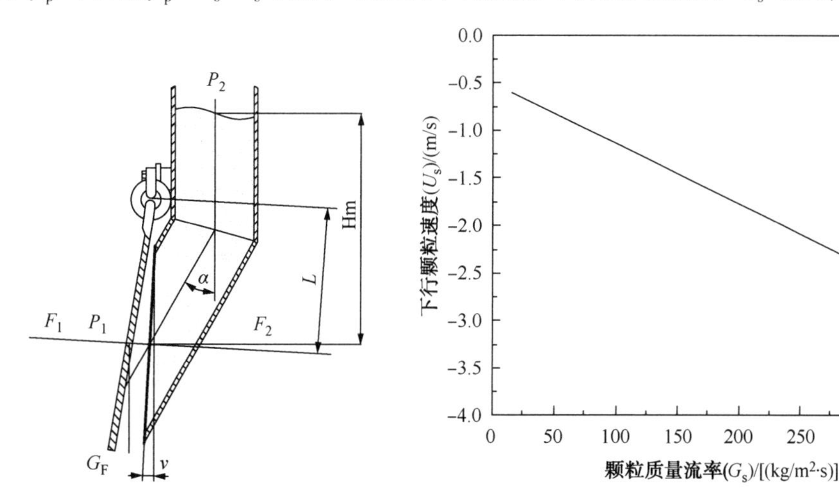

图 5-179　翼阀阀板的受力分析　　图 5-180　料腿内下行的颗粒速度

料腿的长度 L_d 取上述两种工况计算结果的最大值，入口段的旋转长度取 1m，出口处翼阀的阻力取 0.5m，设计长度：

$$L_d \geqslant 1\text{m} + \max(H'_m,\ H''_m) + 0.5\text{m} \tag{5-615}$$

五、汽提段

汽提是一个典型的气固逆流接触过程。在此过程中实现油气与水蒸气之间的质量传递，使油气从催化剂表面脱附。汽提效率与汽提蒸汽用量、汽提温度、催化剂性质及汽提器的结构型式等多种因素有关，其中汽提蒸汽与催化剂之间的接触状况直接影响汽提器的效率，这主要取决于汽提器的结构型式。汽提器的结构型式在第七章详细论述，在此只论述汽提段内气固流动状态。

(一) 汽提段内的气固流动

汽提段内无论是流化流动还是填充床流动均可以注入汽提蒸汽。流化流动的气体是上行的，而填充床流动分为两种情况：气体与颗粒同流向下；或气体向上颗粒向下。

1. 气体向下

如图 5-181(a)所示，虚线箭头表示气体的流动方向，“0”表示未注入汽提气。“0”操作时，气体是向下的，汽提气注入后，压力分布发生变化，注入点位置的压力增大。由于总的压降不变，导致上部的压降上升，下部的压降减小。结果注入点上部的气流速度减小，下部的气流速度增加，如 1、2、3、4、5 虚线所示。根据滑落速度的定义，上部的气固滑落速度增大，下部的气固滑落速度减小。虚线“3”时，注入点上部的下行气体速度为 0，注入的汽提气隔断了下行气体。

2. 气体向上

如图 5-181(b) 所示，汽提气注入后，注入点位置的压力增大，导致上部的压降增大，下部的压降减小。注入的汽提气在注入点上部起到稀释作用，上部的气体速度增大，下部的气体速度减小，如 1、2、3、4、5 虚线所示。虚线“3”时，注入点下部的上行气体速度为 0，下部的气体不再上行，使注入点下部的得到了有效的汽提。

因此，不论汽提段内的气体是上行还是下行，均可以采用汽提的方法进行汽提，前者的有效汽提位置在注入点的上部，后者的有效汽提位置在注入点的下部。由于注入点的位置影响立管的压力分布，因而影响汽提气的气量。对于气体上行的汽提段，注入点向上移，可以减少汽提气量。同样，对于气体下行的汽提段，注入点向下移，也可以减少汽提气量。在实际应用中为保证有效的汽提效率，提供足够的停留时间进行混合、扩散和汽提，注入点的位置不能靠近上部和下部。

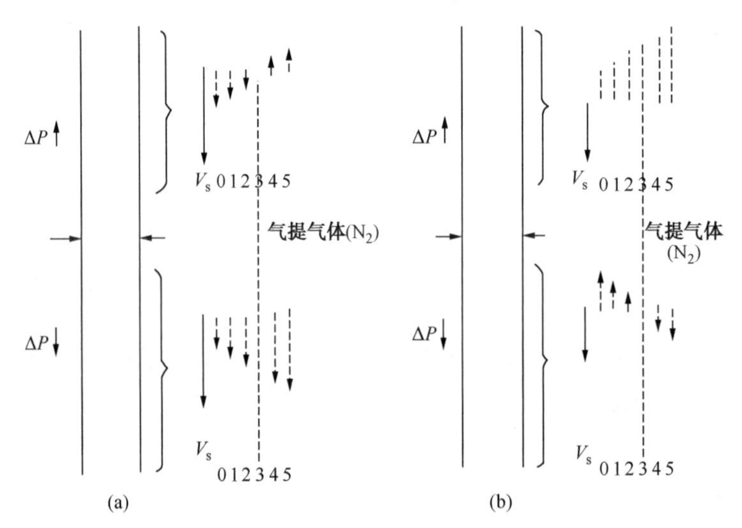

图 5-181　汽提时的气体速度变化

(二) 汽提段汽提参数计算(李松年，1982)

设气体上行速度或下行速度为 0 时，流动状态是临界状态。此时的空隙率和气固滑落速度是临界空隙率 ε_{cr} 和临界气固滑落速度 U_{cr}，则有

$$U_{cr}=\frac{u_f}{\varepsilon_{cr}}-\frac{u_s}{1-\varepsilon_{cr}} \tag{5-616}$$

设　$u'_f=\dfrac{u_f}{U_{cr}}$

$u'_s=\dfrac{u_s}{U_{cr}}$

则式(5-616)变成无量纲形式

$$\frac{u'_f}{\varepsilon_{cr}} - \frac{u'_s}{1-\varepsilon_{cr}} = 1 \quad (0 < \varepsilon_{cr} < 1)$$

或写成

$$\varepsilon_{cr}^2 - (u'_f + u'_s + 1)\varepsilon_{cr} + u'_f = 0 \tag{5-617}$$

方程式(5-617)有解的条件式是

$$(u'_f + u'_s + 1)^2 - 4u'_f \geqslant 0$$

临界状态时解的条件是

$$(u'_f + u'_s + 1)^2 - 4u'_f = 0 \tag{5-618}$$

对应的解为

$$\varepsilon_{cr} = \frac{u'_f + u'_s + 1}{2} \tag{5-619}$$

式(5-617)也可以写成

$$u'^2_s + 2(u'_f + 1)u'_s + (u'_f - 1)^2 = 0$$

解得

$$u'_s = (u'_f + 1) \pm 2\sqrt{u'_f} \tag{5-620}$$

将式(5-620)代入式(5-619)得到

$$\varepsilon_{cr} = \pm\sqrt{u'_f}$$

根据 ε_{cr} 的物理意义 $0<\varepsilon_{cr}<1$，取正值

$$\varepsilon_{cr} = \sqrt{u'_f} \leqslant 1 \tag{5-621}$$

最后由式(5-620)得到

$$u'_s = -(1 - \sqrt{u'_f})^2 \tag{5-622}$$

式(5-620)和式(5-622)是临界状态时无量纲颗粒速度 u'_s、气体速度 u'_f 和空隙率 ε_{cr} 之间的关系。由此也可以求得颗粒质量流率和气体速度之间的关系式。根据颗粒质量流率的定义 $G_s=-(1-\varepsilon)\rho_p u_s$，则临界状态下

$$\frac{G_{cr}}{\rho_p u_{cr}} = -(1 - \varepsilon_{cr})u'_s \tag{5-623}$$

将式(5-621)和式(5-622)代入式(5-623)，得

$$\frac{G_{cr}}{\rho_p u_{cr}} = -(1 - \sqrt{u_f})^3 \tag{5-624}$$

已知平衡催化剂的颗粒骨架密度 $\rho_s=2380\text{kg/m}^3$，孔体积为0.47mL/g，则颗粒密度为1120kg/m³。当 $u_{cr}=1.2\text{m/s}$ 时，按照式(5-621)、式(5-622)和式(5-623)计算的结果见表5-24，绘图5-182。

这里 u_{cr} 与颗粒的物料性质有关。对于微球催化剂近似取 $u_{cr}=1.1\sim1.5\text{m/s}$。若上述计算中 u_{cr} 改用1.5m/s，则与工业装置数据接近。

工业实际操作采用的 u_f 与 G_s 数据见表5-25(使用低密度催化剂)。

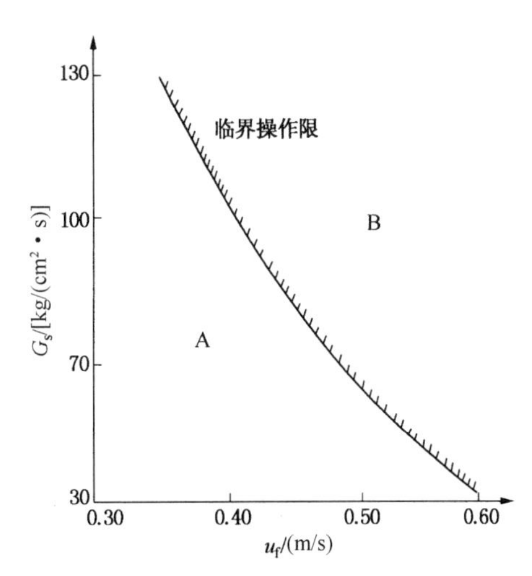

图5-182　气体速度与颗粒速度的临界曲线
A-可操作区；B-不可操作区

表 5-25 中的流速值是对汽提段全部截面而言。如果按照人字形挡板或阵伞结构，气体和颗粒通道的垂直空隙面积计算，则表 5-25 中的流速值可比空塔面积计算值提高一倍左右。

表 5-24　气固流速与床层密度

u_f/(m/s)	u_s/(m/s)	G_{CR}/[kg/(m^2·s)]	ε_{CR}	ρ_B/(kg/m^3)
0.35	-0.212	130	0.540	515
0.36	-0.205	124	0.548	507
0.40	-0.179	100	0.577	473
0.44	-0.156	83	0.606	442
0.48	-0.135	67	0.632	412
0.52	-0.117	54	0.658	383
0.56	-0.100	43	0.683	355
0.60	-0.086	34	0.707	328

表 5-25　工业汽提器(汽提段两相流速)

项　　目	工　况　1	工　况　2
蒸汽流速 u_f(向上)/(m/s)	0.61	0.37
催化剂质量流速 G_s/[kg/(m^2·s)]	65	113
催化剂流速 u_s(向下)/(m/s)	0.20	0.22

表 5-26 是一个采用高密度催化剂的汽提段操作数据。

表 5-26　典型汽提器操作参数

项　　目	工　况			备　　注
	1	2	3	
循环剂循环量/(t/min)	6.9	9.6	15	汽提段尺寸 ϕ1.067m×3.05m；温度：538℃；压力：0.16MPa(表压)；催化剂牌号：GRZ
蒸汽用量/(kg/t)	2	3.13	4.35	
催化剂密度/(kg/m^3)	658	666	674	
蒸汽流速/(m/s)	0.13	0.13	0.13	
催化剂流速/(m/s)	0.031	0.043	0.067	
蒸汽与催化剂夹带气体之体积比	6	4.2	2.7	

六、再生器催化剂的输入和输出

再生器需要待生催化剂的输入和再生催化剂的输出。输入和输出的方式与反应、再生系统采用的结构形式有关。对于待生催化剂的输入要求避免含碳量高的待生催化剂和大量的新鲜空气接触，防止局部过热导致催化剂活性降低，应使含碳量低的催化剂与新鲜空气接触。例如，某同轴式催化裂化装置待生催化剂进入密相床，在距分布板 2.13m 处冲到再生器分布板上，造成了催化剂烧结，将待生催化剂的位置提高到距分布板 4.26m 处，有效改善了催化剂的再生。

颗粒进入密相流化床后颗粒的停留时间不均匀。有的颗粒停留时间超过了平均停留时间，有的颗粒比平均停留时间短。因此待生催化剂入口和再生催化剂出口的位置不宜相距过近，以免出现短路，必要时应在出入口之间加隔板。在催化剂的出口处，还应使再生催化剂充分脱气，一方面可避免过多的惰性气被带到反应系统，另一方面也可以提高再生立管的推动力。

(一) 待生催化剂进入再生器的形式

1. 高低并列式

高低并列式催化裂化装置的待生催化剂均是由再生器的侧壁进入的。在小型设备的试验表明，在斜管两端压降相同时，不同入口管形式，颗粒流量不尽相同。图 5-183 为几种入口管形式与颗粒流量的关系(Kunii，1991)，但该图不能简单地放大到大型设备上。

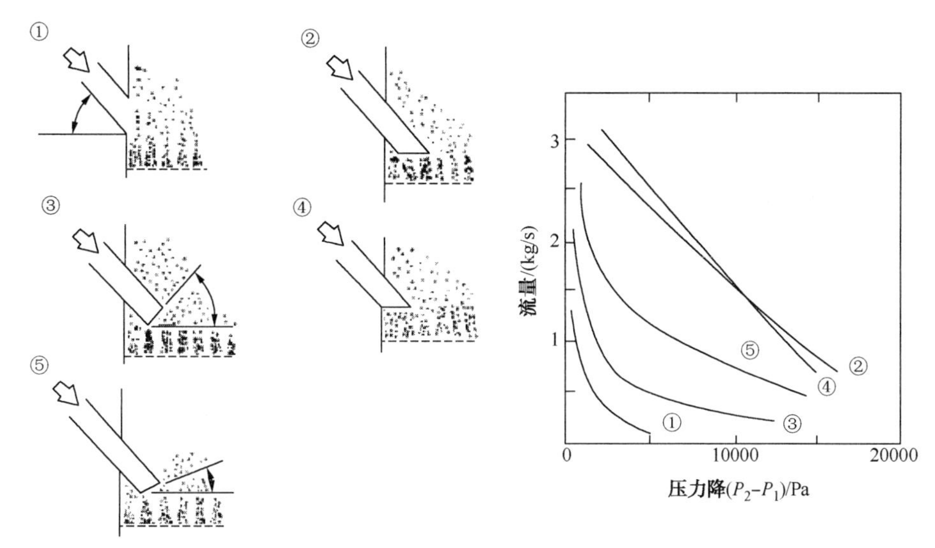

图 5-183　入口管形式与颗粒流量的关系

待生催化剂在密相床中的均匀分布和均匀接触空气是有效烧焦、避免后燃和局部过热的重要方法。待生催化剂由侧壁进入再生器有直进和切线进入两种形式。切线进入可使大部分催化剂在再生器密相床内的停留时间接近于平均停留时间。当催化剂入口和出口相距较近时，为了避免待生催化剂走短路，未经充分再生就由出口管输出，可在与切线入口成 20°处设置垂直挡板，改善待生催化剂的停留时间。通过设置船型分配器和槽式分配器，如图 5-184 所示，实现向床内均匀分布催化剂。船型分配器中的待生催化剂从再生器侧壁进入，向下倾斜 30°~35°的斜管，通过下开的槽口均匀分布。这种分配器多用于高低并列式催化裂化装置。槽式分配器中的待生催化剂来自提升套筒和待生立管。在提升套筒中的待生催化剂通过提升风输送到槽式分配器中，再分布到密相床中。槽式分配器多用于同轴式催化裂化装置。张永民等(2013)的研究表明：船型分配器的分配效果较差，颗粒往往从接近催化剂进

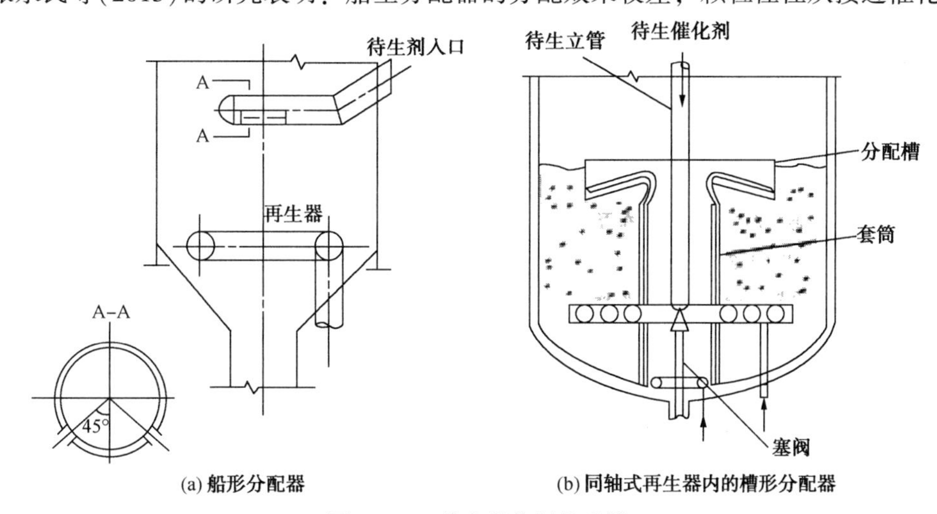

图 5-184　待生催化剂分配器

口的几个槽口中流出，管式分配器虽然在较高的输送风量下能够改善颗粒横向分配的均匀性问题，但输送风的消耗较大，增加了装置能耗及其他一些再生操作问题。随着催化裂化装置的大型化，需要开发分配效果好，能长周期可靠运行的新型待生剂分配器。几种高低并列式催化裂化装置待生催化剂进入再生器侧壁的形式及尺寸列于表 5-27。

表 5-27　几种催化裂化装置待生催化剂进入再生器的形式

项目	生产能力/(kt/a)	入口形式	待生催化剂管线直径/mm	待生催化剂管线中心距分布板最高点或分布管中心尺寸/mm
1	1100	切线进入与水平成 20° 与垂直成 27°	950	4500
2	1200	切线进入与水平成 20° 与垂直成 32°	820	5250
3	120	直接进入再生器内 有防冲板与垂直成 30°	377	750
4	50	直接进入再生器内	326	3600

2. 同高并列式

同高并列式催化裂化装置的待生催化剂是通过待生催化剂密相提升管由再生器底部输入的，见图 5-185。有人认为向待生催化剂密相提升管通入新鲜空气容易引起催化剂局部高温，但也有人认为待生催化剂在密相提升管中升温仅 10℃左右，不致引起局部高温。提升风量约为总风量的 20%，具体的风量数值应根据压力平衡而定。待生催化剂提升管进入再生器底部的形式见表 5-28。

待生催化剂提升管的最小长度为 10.5m。提升管的出口应在分布板以上 0.61m 处。提升管出口应设置平挡板，起到分散催化剂的作用，见图 5-185。平挡板的直径与提升管相等，平挡板与提升管出口的距离等于直径的一半。当提升管出口与溢流管出口相距过近时，可在两者之间加垂直挡板，也可将挡板斜向溢流管的对侧，以免待生催化剂未经充分再生由溢流管输出。

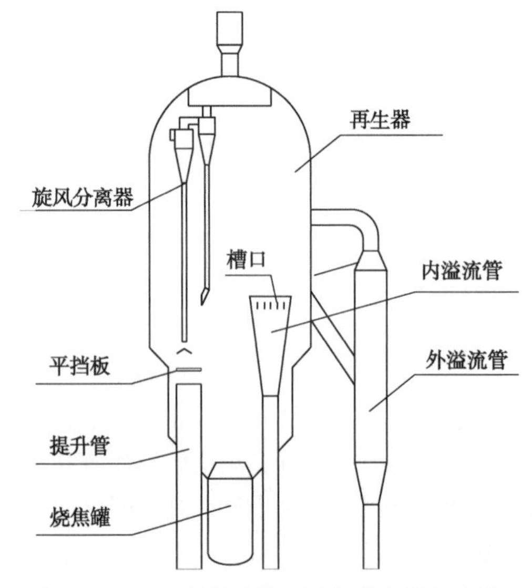

图 5-185　密相提升管和内外溢流管的结构

表 5-28　同高并列式催化裂化装置待生催化剂提升管进入再生器底部的形式

项目	生产能力/(kt/a)	提升管直径/mm	提升管顶面高出分布板/mm	挡板与顶面距离/mm
1	600	890	610	510
2	1200	1400	610	700

3. 同轴式

同轴式催化裂化装置的待生催化剂经过再生器中心的垂直立管进入再生器下方，利用塞阀调节循环量，如图 5-184(b)所示。待生催化剂先进入立管外的环形套筒内，再由输送空气提升到套筒上部，最后用分配槽均匀分配到再生器密相床层内。这种催化剂进入方式可以改善颗粒的停留时间分布，并使含碳量高的待生催化剂与氧气浓度较低的烟气接触，有利于提高烧焦效率。

（二）再生催化剂输出再生器的形式

1. 高低并列式和同轴式

高低并列式催化裂化装置中再生催化剂循环量的调节主要依靠再生单动滑阀。一般不设较高的溢流管，而在密相床内位置较高处设淹流管，或者在分布管附近设淹流管。在密相床内位置较低处的淹流管，有的略高于分布管，有的略低于分布管，此种淹流管的颗粒质量速率约在 116~166 kg/(m^2·s)。几个催化裂化装置的低淹流管参数列于表 5-29。

表 5-29　几个催化裂化装置的低淹流管参数

项目	淹流管面积/m^2	淹流管距分布板顶或分布管中心距离/mm	催化剂循环量/(t/h)	质量速度/[t/(m^2·min)]
1	2.55	1.2	1393	9.1
2	0.195	平齐	120	10.7
3	2.55	平齐	1120	7.3
4	2.61	0	750~1020	4.8~6.5

一般再生器均在湍流床范围内操作，由密相床底到密相床顶面密度逐渐下降，底部密度较上部高。因此由上部淹流管引出的再生催化剂浓度小，再生立管的推动力比较低。具有高淹流管的催化裂化装置的情况列于表 5-30。

表 5-30　催化裂化装置高淹流管的参数

项目	淹流口面积/m^2	淹流口与分布板顶面距离/m	催化剂循环量/(t/h)	质量速度/[t/(m^2·min)]	斜管密度/(kg/m^3)
1	2.16	5.308	834	6.42	350①
2	0.505	6.843	148	4.83	180~200

① 测定密度的下部引压点在脱气罐上，故密度偏高。

2. 同高并列式

同高并列式催化裂化装置中溢流管的料位有调节再生线路推动力的作用，溢流管的高度实际上也限制了密相床的料位。由于密相床面附近催化剂浓度较下部低，溢流管还必须有使催化剂在管内脱气的作用。溢流管上口直径和槽口面积根据下述规定进行计算，见图 5-185。

①溢流管顶部速度最大 0.24m/s(按立管催化剂密度)。

②在催化剂最大循环量时，高出溢流管顶的料柱应接近 150mm，此高度可由下式确定

$$h = 0.0184\left(\frac{W}{\rho_B L}\right)^{0.067} \quad (5-625)$$

式中　W——催化剂最大循环量，t/min；

L——溢流管顶的圆周周长，m；

h——高出溢流管顶端的料柱，m。

③距离溢流管顶 50~100mm 以下，溢流管上开有长方形槽口，槽口总面积为溢流管顶面积的 30%。当高出溢流管上料柱大于 150mm 时，槽口总面积应为溢流管顶面积的 50%。槽口宽 40~60mm，槽口长 400~600mm。

④溢流管呈圆台形，下口与立管直径相同。溢流管高度和藏量、线速有密切关系。线速较低的装置溢流管要短一些，一般接近 6100mm。

由于溢流管高度是决定催化剂循环量的关键尺寸，密相床料面为溢流管高度所决定。根据现场操作经验，如果再生器密相床层线速低，床层膨胀比小，料面低，溢流管过高，则催化剂循环量就减少。1.2Mt/a 催化裂化装置普遍存在溢流管高度过高的问题，其他规模的装置当处理量不足或再生器提高压力操作时，密相床线速降低后也存在溢流管的问题。因此，大多数装置的内溢流管增开了两排以上的槽口，有的装置将溢流管降低 700mm 来提高催化剂循环量。但是对于溢流管加开槽口或降低溢流管应有一个适当的限度，要从处理量的变化、再生器密相线速，以及密相床层密度分布情况等方面综合考虑。一些催化裂化装置的溢流管情况见表 5-31。

表 5-31　一些催化裂化装置的溢流管情况

项目	装置能力/(kt/a)	再生器密相尺寸/m	溢流口面积/m^2	溢流口与分布板距离/m	密相线速/(m/s)	催化剂循环量/(t/h)	质量速度/[t/(m^2·min)]
1	800	5.0	2.54	6.83	1.17	700	4.63
2	1200	8.0	5.3	6.19	1.04	800	2.50
3	1200	9.4	6.15	6.65	0.64	1200	2.77
4	1200	9.4	6.15	6.00	0.88	960	2.67

3. 外溢流管及脱气罐

对于催化剂下进上出的再生器，再生催化剂可用内溢流管或外溢流管引出。采用内溢流管时，如图 5-185 所示，溢流管的高度实际上限制了密相床的料位，而且内溢流管占用再生器内的容积，使再生器内的结构较为复杂，也影响流化质量。采用外溢流管时，催化剂引出口处于密相床较高的位置，催化剂密度较小，为提高推动力，改善脱气情况，还要设脱气罐。脱出的烟气经脱气罐顶部的烟气返回管线回到再生器稀相。只要外溢流管引出口位于密相床的一个适当的高度(具有 3.9kPa 催化剂静压)，且脱气罐设计适当，则再生器和反应器间的流化输送就能正常操作。

有关外溢流管和脱气罐的尺寸和操作参数见表 5-32 和表 5-33。

表 5-32　外溢流管尺寸和操作参数

项目	外溢流管口面积/m^2	外溢流口顶点与溢流口顶距离/m	外溢流口与分布板顶距离/m	外溢流斜管截面积/m^2	催化剂循环量/(t/h)	溢流口截面溢流强度/[kg/(m^2·min)]	斜管质量流速/[t/(m^2·h)]
1	1.482	0.2	5.67	0.835	180~770	2.02~8.66	215~922
2	0.9	低 0.6	5.59	0.835	320~853	5.93~15.8	383~1021
3	2.16	3.33	5.5	0.874	710~1160	5.48~8.95	812~1327

表 5-33　脱气罐的尺寸和操作参数

项目	筒体尺寸($\phi \times L$)/mm	立管直径/mm	催化剂循环量/(t/h)	催化剂密度/(kg/m^3)	质量速度/[t/(m^2·h)]	催化剂流速/(m/s)	催化剂停留时间/s
1	1800×8300	584	433~600	378~655	149~257	0.109~0.19	44~46
2	1800×10582	564	320~852	431	126~355	0.081~0.216	49~130
3	1400×10651	585	710~834	353~435	461~542	0.294~0.346	31~36
4	1560×10700	800	700		366		
5	1096×12660	610	750	610	795	0.362	35
6	1500×15660	696	750	400	424	0.295	53
7	1276×12220	680	750	610	587	0.267	46

脱气罐操作好坏直接影响提升管操作稳定，同时要注意下列问题：

① 催化剂流速不宜大于 0.3m/s，颗粒质量流率应保持在 80～160kg/($m^2 \cdot s$)之间；

② 高径比要小于 10；

③ 有效容积与实际容积之比保持 1∶2；

④ 脱气罐底部要平缓变径，立管要短，要注意加松动风；

⑤ 脱气罐顶部的排气管与再生器稀相段连通。

七、催化剂的流化质量

（一）流化床的流化质量

催化剂的流化质量以流体与颗粒的混合、气固接触状态等一系列参数来表征。在气固流化床中，气泡的生成、长大和崩裂会引起床层密度的不均匀和床层压力的波动。大气泡的存在和运动破坏气固两相的良好接触，会造成气体的短路，或发生腾涌，因而降低了气固接触效果。所以通常用床层压力的波动、局部床层浓度变化、床层料面起伏比等参数来评价流化状态的质量。另外床层颗粒的分级、温度的分布、传热和传质系数的大小、流化床床身的振动等，也可以用来判断流化状态的质量。所以需要综合多种因素判断流化质量的优劣。

对于流化床反应器，一般以转化率的高低、收率的高低、副产物的多少判断流化质量。对于流化床再生器，一般以床层温度是否均匀、温度是否容易控制和再生催化剂碳含量的多少判断流化质量。

催化剂颗粒在流化系统中所出现流化质量恶化，或发生颗粒循环故障，与操作条件、催化剂性质和设备结构等有关。这些通过实验容易判断产生故障的原因。就大多数情况而言，催化剂性质是其中一个重要因素。这里催化剂性质是指系统中平衡催化剂的性质，而不是新鲜催化剂的性质。人们总是希望通过直接分析和测试，再通过一些参数关联式得到流化性能的指标，先在实验室的小型冷模装置中进行关联，然后在大型工业装置上进行验证。

（二）细粉含量对流化质量的影响

催化剂中粒径细小的颗粒，黏附在大颗粒的表面，减小了大颗粒之间的摩擦力，具有润滑效应，可以改善催化剂颗粒的流化性能。这主要体现在 0～40μm 的细粉含量上。一般认为当该细粉含量在 10%以上时，可以保持流化良好、操作稳定、循环量容易控制。也有用粗糙度系数，即粒度在 80μm 以上含量与粒度在 40μm 以下含量的比值作为流化性能的判据。

某装置流化正常和异常时再生催化剂的筛分组成见表 5-34(周国明，2009)。从表 5-34 可以看出，与流化正常时相比，流化异常时粒径小于 40μm 的催化剂量大大减少。其主要原因是由于再生器旋风分离器的分离效率下降，造成大量的催化剂细粉跑损。

表 5-34　再生催化剂筛分组成

催化剂粒径/μm	0～40	40～80	80～110	>110
流化正常/%	6.0～10.5	56.52	22.35	10.92
流化异常/%	<6.0	41.12	34.82	17.85

实际上催化剂的流化性能不仅取决于粒度，而且与其分散性、黏性、流动角、休止角和压缩系数等有关，并可利用这些性能计算出流化性能指标。

Raterman(1985)提出一种用关联式计算流化因子(F-PROP)表征流化质量的方法。通过某些装置流动正常和失常情况下的数据，得出装置的最小流化因子数值，作为流化性能的判据。流化因子(F-PROP)的计算公式为：

$$F - PROP = \frac{\exp(0.508F_{45})}{d_{p}^{0.568}\rho_{b}^{0.663}} \qquad (5-626)$$

式中 F_{45}是小于45μm 细粉含量。从上式可以看出，催化剂的堆密度越大，细粉含量越少；平均颗粒直径越大，流化因子就越小。通常催化剂堆密度小、颗粒直径小、催化剂细粉含量高有利于催化剂的流化。流化因子小说明催化剂的流化可能一直处于临界状态，流化系统稍有改变就会使均匀流化状态遭到破坏。

利用F-PROP 对一个大型催化裂化装置的数据进行分析，结果见图5-186。从装置运转正常的1月份到由于旋风分离器逐渐损坏使滑阀差压波动大的3月份，流化因子由1.0降到0.8，以后问题进一步严重，降到0.8以下，4月下旬被迫停止全部进料。该装置的最小流化因子应在0.8以上。当然每一装置有不同的设备结构特点，所要求的最低流化因子是不相同的，因此，这种方法使用起来不大方便。

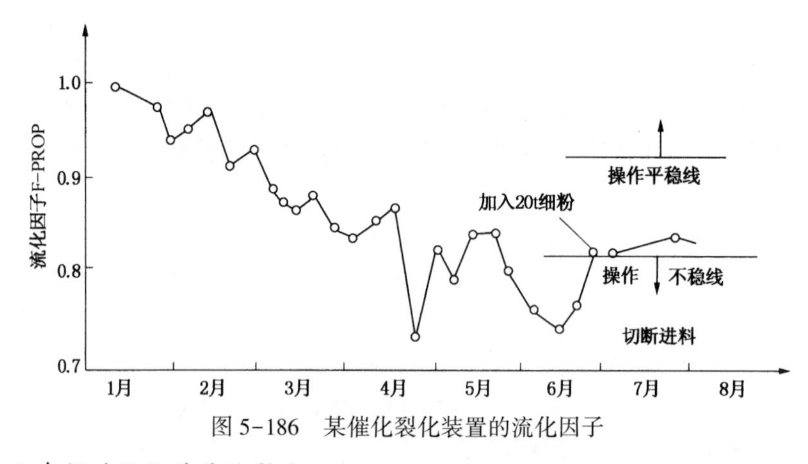

图5-186　某催化裂化装置的流化因子

(三)流化参数对流化质量的影响

随着流态化工程研究的深入，提出用起始鼓泡速度和初始流化速度的比值 u_{mb}/u_{mf}表征颗粒的流化和输送性能。但是由于实验设备的限制以及试验方法比较繁琐，于是采用了关联式计算 u_{mb}和 u_{mf}。

Raterman(1985)在提出流化因子指标时，已经强调了低流化数下密相流化床脱气速度 u_{d}^{*} 与起始流化速度 u_{mf}比值的重要意义。从理论上分析，如果 u_{d}^{*} 大于 u_{mf}，则床层在脱气过程仍可保持流化；反之，则床层在非流化状态脱气。为此引用 Abramsen 关联式：

$$\left(\frac{u_{d}^{*}}{u_{mf}}\right) = 0.77\left(\frac{u_{mb}}{u_{mf}}\right)^{0.71} L_{f}^{-0.244} \qquad (5-627)$$

在 $L_{f}=0.3\sim0.9$m 的实验条件下，催化剂的 u_{mb}/u_{mf}一般等于或大于2，则由上式计算出的 u_{d}^{*}/u_{mf}总是大于1.4，这样就难以说明问题。Steenge 等(1987)不用式(5-626)，而用 u_{d}^{*} 和 u_{mf}的实验数据，发现 u_{d}^{*}/u_{mf}值是一个很可靠的判断指标，对于流化性能好的催化剂，该值大于1，而流化性能差者则小于1，并且找出颗粒直径较大的原因。例如在80μm 以上或者细粉含量(<40μm)在3%以下的催化剂的 u_{d}^{*}/u_{mf}值总是低于1。典型 u_{d}^{*} 的测试曲线见图5-187。

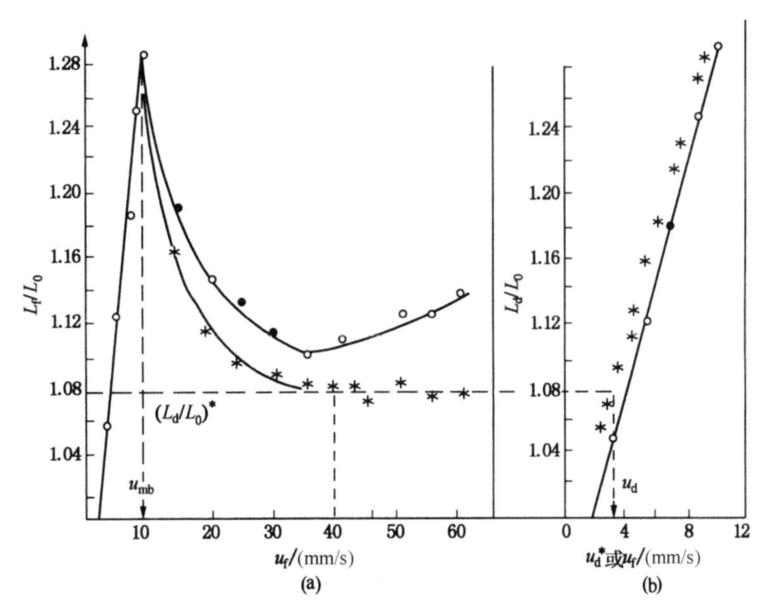

图 5-187　(a)流化床膨胀曲线和(b)脱气曲线

(a) ○—总床膨胀比(含气泡)L_d/L_0；＊—净床膨胀比(扫除气泡)L_d/L_0

(b) ●—L_d/L_0 对 u_f；＊—L_d/L_0 对 $u_d{}^*$

不同催化剂流化性能的有关参数见表 5-35。

表 5-35　不同催化剂流化性能

催化剂样品编号	$\bar{d}_p$/μm	F_{40}/%	u_{mf}/(mm/s)	u_{mb}/(mm/s)	$L_d/L_0$①	u_d^*/(mm/s)	u_d^*/u_{mf}
A	54	13.0	1.0	5.5	1.100	1.6	1.6
B	61	5.0	1.7	5.5	1.052	1.8	1.1
C	77	1.4	2.8	6.0	1.035	2.0~2.5	0.7~0.9
D	77	2.7	3.5	7.0	1.042	2.5~3.2	0.7~0.9
E	69	6.8	2.0	10.0	1.068	3.0~3.5	1.5~1.8
F	66	8.5	1.9	5.8	1.054	2.2~2.4	1.2~1.7
G	87	0.4	3.1	8.0	1.028	2.2	0.7
H	69	3.2	2.5	6.0	1.060	2.5~3.0	1.0~1.2
I	72	1.4	2.0	7.5	1.070	2.7	1.4
J	81	0.3	3.6	7.0	1.040	2.1~3.0	0.6~0.8
K	69	5.0	2.1	7.0	1.075	2.9	1.4
L	66	7.9	1.7	6.5	1.090	2.7~3.1	1.6~1.8
M	60	10.6	1.6	5.5	1.095	3.0~3.3	1.9~2.1

① L_0 为沉降床高，m。

Geldart 等(1986a)提出用标准塌落时间公式：

$$\left(\frac{L_d}{L_0}-1\right)/u_w = 6.4\left(\frac{u_{mb}}{u_{mf}}\right)^{1.5} \tag{5-628}$$

以及最大稳定气泡直径 d_{bemax} 计算公式：

$$d_{bemax} = \frac{2}{g}(u_t')^2 \tag{5-629}$$

式中　u_w——校正塌落速度，m/s；

u'_t——2.7d_p 的终端速率，m/s。

比较了五种不同平衡催化剂的立管操作稳定性，结果见表 5-36 和表 5-37。稳定操作的催化剂必须具备：

① u_{mb}/u_{mf}较大；

②d_{bemax}要小。

表 5-36　平衡催化剂的基本性质

催化剂	A	B	C	D	F
表观密度/(kg/m³)	960	995	955	854	875
颗粒密度/(kg/m³)	1722	1793	1725	1593	1559
平均颗粒直径/μm	64	60	70	55	62.5
<45μm 的细粉量	0.19	0.21	0.105	0.18	0.17

表 5-37　不同参数预测的催化剂流化性能

项　目	最好←				→最坏
膨胀百分数	D	A	F	B	C
$\left(\frac{L_{mb}}{L_0}-1\right)\times100$	31.4	27.2	22.3	19.4	19.3
标准塌落时间	D	A	F	B	C
$\left(\frac{L_{mb}}{L_0}-1\right)/u_w$	53.6	42.7	40.6	22.8	21.4
无气泡速度范围	D	A	F	B	C
u_{mb}/u_{mf}	4.28	3.21	3.17	2.65	2.64
催化剂相对密度	D	F	A	B	C
	0.734	0.791	0.862	0.917	0.934
F-PROP	D	F	B	A	C
	3.27	2.98	2.85	2.81	2.54
最大稳定气泡直径/m	0.08	0.122	0.133	0.147	0.195
现场实际操作情况	D	A	F	B	C

在流化床反应器内加设挡网、挡板等内部构件，可以改善气相或固相停留时间分布，抑制气泡的生成和破碎气泡、强化两相接触、降低床层压力波动、减小床层料面的起伏比、使高床层操作成为可能等，都会起到提高流化质量的作用。

八、提高催化裂化装置催化剂循环速率的技术

催化裂化装置改造的两个工艺目标是增加装置的加工能力和提高转化率或选择性。催化剂循环速率的提高往往成为催化裂化装置改造的瓶颈。按常规的办法，要提高催化剂的循环速率，需要改造催化剂的输送管线和滑阀，其费用是高昂的；而且对一个具体的 FCC 装置，有时会受到空间的限制和其他一些因素的制约。因此，开发出一种简便易行、费用不高的提高 FCC 装置催化剂循环速率的技术是很有意义的。

催化剂在反应器和再生器之间的循环是由催化裂化装置的压力平衡推动的。虽然催化裂

化装置的压力平衡受多个参数影响，但大多数参数取决于装置的布局和工艺条件，因而压力平衡很难改变。相反，在输送立管内的压力易于改变。输送立管压力决定了控制滑阀开度的压差。滑阀开度控制了催化剂的循环速率，因而控制了反应温度和裂化苛刻度，也控制了反应器催化剂料位，防止颗粒倒流。

增加立管推动力主要有两个要点。其一是沿立管的松动气。立管内催化剂下行流动的静压增大，气体被压缩。为了维持催化剂的流化流动，继续增大压力，补充松动气抵消由于静压增加的体积损失。立管的松动气量要适当，过量则催化剂颗粒流不稳定，这是因为形成了大的气泡；立管松动气量不足，流动亦不稳定。其二是立管入口的设计，入口结构决定了立管顶部催化剂流的初始条件。如果进入立管的催化剂颗粒流的状态不佳，沿立管的松动气也是无效的。

常规的立管入口设计在立管顶部有溢流斗。这个设计是基于从流化床进入立管的催化剂颗粒流带入了气泡。入口溢流斗为小气泡聚集和增长成为大气泡提供了停留时间；由于大气泡有更高的上升速度，有更好的机会逃逸出流化床，因而减少了立管内的气体夹带。

但这个设计概念本身就是矛盾的，一方面是为了减少立管内的气体夹带；另一方面常规设计要在溢流斗引入许多气泡以造成气泡聚集。这个矛盾从本质上决定了这种设计的效果差。如果入口溢流斗太小，进入溢流斗的许多气泡没有足够的停留时间聚集和长大，气泡流直接进入立管，造成较高的气体夹带。如果进口溢流斗允许小气泡长大，大的气泡会在溢流斗内待一段时间，可能暂时限制催化剂流进入立管。当气泡增大到能够逃逸时，大气泡的释放造成催化剂流量的突然变化，形成立管压力的波动。因而，即便是溢流斗的功能如所想的那样，大气泡的增长和释放会导致立管的不稳定操作，这是立管操作所应该避免的。立管的入口要求在比较大的操作范围工作，即不能太小满足不了催化剂高循环量的要求，也不能太大超出了催化剂低循环量的需要。

Shell 公司提高 FCC 装置催化剂循环速率技术(CCET, catalyst circulation enhancement technology)采用新型的立管入口设计(Chen, 2006)，如图 5-188 所示。CCET 的设计概念是让来自流化床的颗粒进入立管前除去多余的气体，结构上利用立管外的圆环阻拦流化气体，在立管入口处形成一个密相床区，即图 5-188 中的圆圈部分。在圆环之上引入少量的流化气体，根据工艺操作优化控制立管入口区的流化条件。在几套 FCC 装置采用了 CCET 立管入口设计，已证明了立管蓄压能力增大，立管的操作稳定性改进，大大增强了催化剂的循环，对细粉含量低的催化剂亦如此。CCET 技术对再生器和汽提器的立管有普遍的适应性。Shell 公司的 CCET 对消除催化裂化装置催化剂循环的瓶颈十分有效，几套装置的应用结果表明，催化剂循环速率大致可提高 50%。

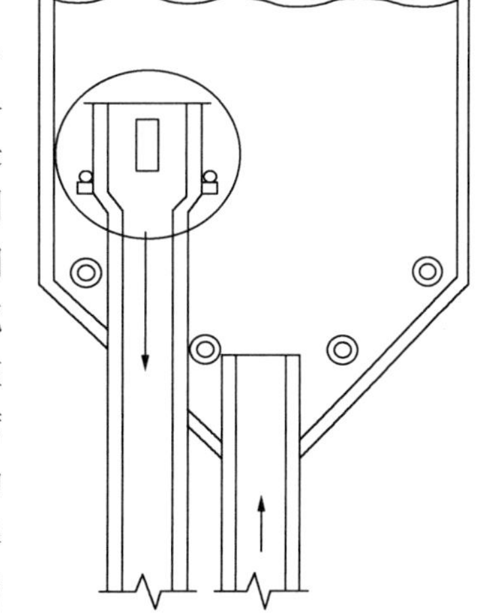

图 5-188　Shell 公司的 CCET 技术

再生剂立管的出口通常与提升管底部相连，改变提升管底部预提升段结构，也可改变再生剂立管出口的阻力，减少再生剂立管-提升管系统的阻力损失，提高提升管输送催化剂的能力(刘献玲, 2001)。关于预提升结构的更多内容可参阅第七章。

第九节 工业提升管与管道内颗粒气力输送

一、稀相气力输送的基本特点

(一) 垂直管稀相输送的流态

在循环床垂直气力输送系统中，垂直管气固流动特性与一般气固流化床特性是一致的。随着垂直管内上行气体速度的不断增加，流态逐渐发生变化，经历了固定床、散式床、鼓泡床、湍动床、快速流化床和气力输送(Smolders, 2001b)，见图 5-189。对于 A 类颗粒，当流化速度超过快速流态化区域后，就进入了密相气力输送区域，此时 $u>u_{FD}$，颗粒悬浮与颗粒加速的力等于颗粒静压力，$\varepsilon\approx0.95$，$G_s<G_s^*$(G_s^* 为饱和夹带量)。再继续增加流化气速就进入稀相气力输送区域，此时 $u>u_{DT}$，气固两相与器壁摩擦的作用明显增加，摩擦压降与颗粒静压头相当，$\varepsilon\approx1.0$，$G_s<G_s^*$。

Smolders 等(2001b)根据垂直输送管的轴向浓度分布曲线划分为三种类型：稀相输送(Ⅰ型，指数型曲线)、快速流化(Ⅱ型，S-型曲线)、密相输送(Ⅲ型，直线型曲线)，见图 5-190。

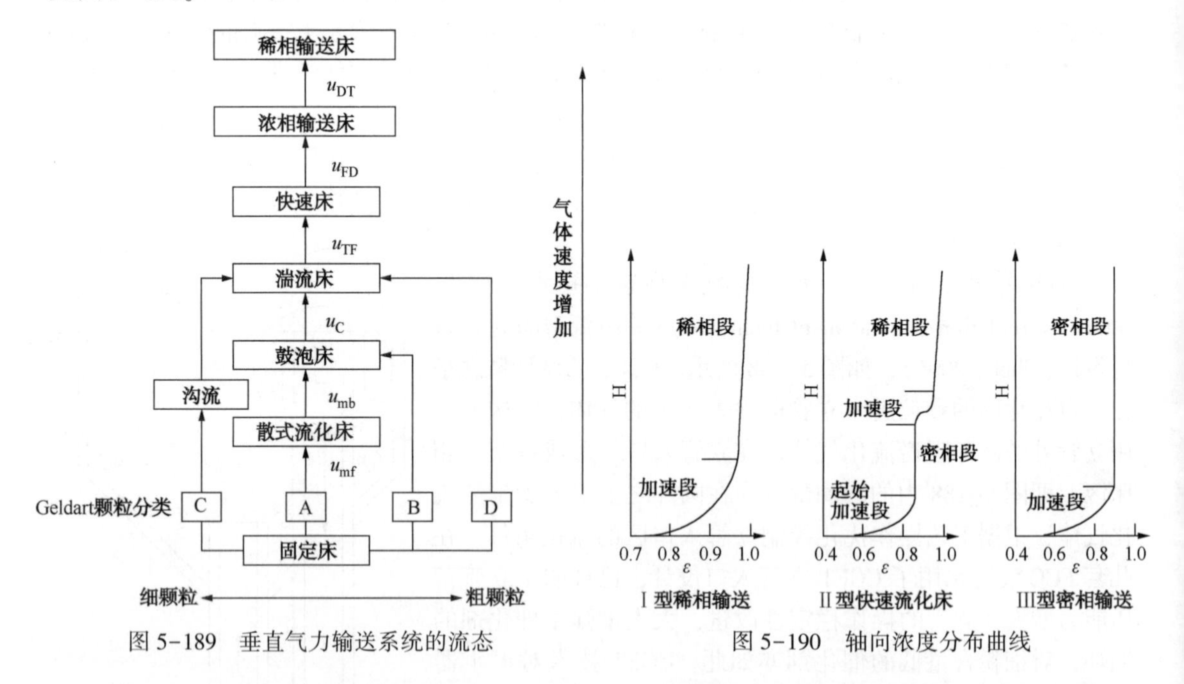

图 5-189 垂直气力输送系统的流态　　图 5-190 轴向浓度分布曲线

Rhodes(1999)给出了稀相和密相的主要不同点。稀相输送的颗粒质量流率比较小(<100~125kg/(m^2·s))，浓度比较低(体积浓度<1%)，气体速度比较高(>20m/s)，颗粒浓度呈线性分布，单位长度上的压降比较小(<500Pa/m)。密相输送的颗粒质量流率比较大(>500kg/(m^2·s))，浓度比较高(体积浓度>30%)，气体速度相对低一些(<6~10m/s)，颗粒浓度呈直线分布，单位长度上的压降比较大(>2000Pa/m)，其特点是没有返混。快速流化的气体速度大于 U_{TR}，轴向浓度呈 S 型曲线，转折点取决于颗粒循环回路结构和颗粒循环率。Konrad(1986)提出可以从以下几个方面确定密相输送：气固质量比，颗粒的浓度，颗粒是否完全充满管道，水平输送时气体速度不足以悬浮所有的颗粒，垂直输送时是否存在下行的颗粒。

输送气体速度变化对压降的作用见图 5-191(Drahoš，1988)。在稀相气力输送区域，随着气速的增加，压降上升，主要是摩擦阻力损失。在密相气力输送区域，随着气速的减小，压降上升，主要是静压阻力损失。实际上密相气力输送是快速床中轴向颗粒浓度均匀的部分(图 5-191 中 D—F 段)。

稀相气力输送和密相气力输送的划分没有一个明确的定义，但从图 5-191 可以看出稀相气力输送为正压力梯度，而密相气力输送为负压力梯度。对于比较细长的垂直输送管，在鼓泡流化床上进一步提高气速，则气泡在上升中逐渐长大，接近管道截面的尺寸，形成气栓。此时气栓像活塞一样向上移动，颗粒从气栓上面的颗粒层下落。当气栓到床面时，气栓破裂。后续的气栓不断形成、上升、破裂，输送管出现剧烈的有规律的脉动，这种现象称为腾涌或节涌。因此当垂直输送管道较细时，B、D 类颗粒在鼓泡床常出现腾涌现象，此时称为腾涌密相流动，而 A 类颗粒出现非腾涌密相流动现象，由快速流化床过渡到气力输送。

(二) 垂直管稀相输送的特征

在稀相输送中，管道的形式有垂直管道和水平管道。颗粒由于受到重力作用的方向与流动的方向不一致，垂直管输送与水平管输送是有一定差别的。

颗粒群在垂直管内受气流的曳力作用向上运动，同时气流速度的大小也直接影响颗粒空隙率。由于气体与颗粒在管道运动过程中存在摩擦损失、加速、碰撞等，形成了管路压降。该压降与气速、气体中颗粒夹带量有直接关系。

假设供料的颗粒质量流率不变，在气体速度很高的情况下，颗粒均匀分布，属于稀相气力输送流动。当气体速度逐渐降低时，颗粒浓度增加，得到压降和气体速度的关系曲线 CDE，见图 5-192。从 C 点开始，气速开始逐渐降低，空隙率减小，摩擦阻力下降，静压头升高。但从 C 点到 D 点，摩擦阻力的下降占主要地位，所以总压降减小。通过 D 点以后，气速进一步降低，管内颗粒的储存量和静压头迅速增加。在接近 E 点时，压降陡增，气固混合物的密度变得使颗粒之间不能再保持分散状态，悬浮物分布不均匀，且不稳定，这种现象称为噎塞现象，E 点所对应的表观气速称为噎塞速度 u_{ch}。对于小尺寸管道颗粒形成了腾涌，对于大尺寸管道呈现非腾涌的密相流化床，如上述的湍流流化床。同样，逐步增加气体速度，也可以从腾涌密相输送过渡到稀相输送。在垂直管的操作中，气速应远离噎塞速度 u_{ch}。

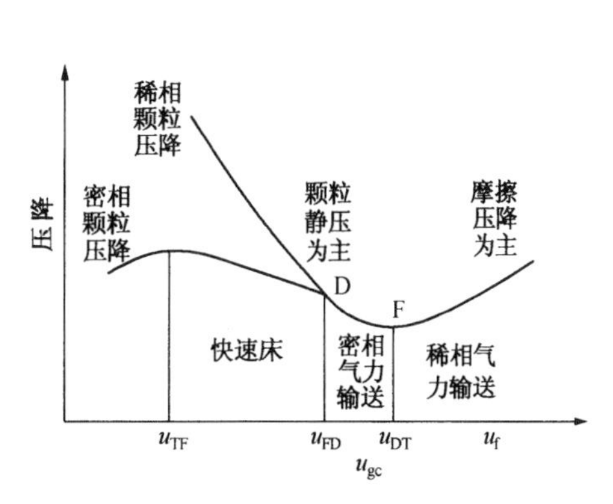

图 5-191　输送气速变化对压降的作用

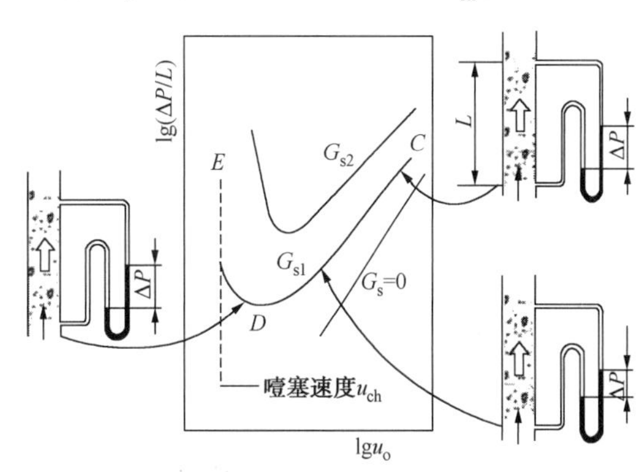

图 5-192　垂直管稀相输送的特征

稀相输送过程中，压降 $\Delta P/\Delta L$ 不仅随 u_f 的增加而增加，而且随 G_s 增加而增加。$G_s=0$ 时的压降为气体摩擦阻力所形成，$G_s>0$ 时的压降除气体摩擦阻力外，尚有颗粒重力作用及颗粒与器壁的摩擦阻力，故 G_s 增加 $\Delta P/\Delta L$ 也增加。依上述现象稀相输送时应有如下的能量损耗：

① 气体与管壁的摩损；

② 固体颗粒与管壁的摩损；

③ 加速气体运动与加速颗粒群所消耗的能量；

④ 克服垂直管中气体与固体颗粒群自身重力作用，或称静压。

前三项随气速增加而增加，第四项在一定管长时，随输送气速减小空隙率降低，$\Delta P/\Delta L$ 减小。因此，在气速较小时静压起主导作用，气速较大时，则摩擦阻力起主要作用，以图 5-191 中 F 点为界。

（三）水平管稀相输送的特征

水平管稀相输送时，管内气固两相流的垂直方向静压为零，因此压降 $\Delta P/\Delta L$ 与气体速度 u_f 的变化规律与垂直稀相输送的有所不同。水平管稀相输送的能量消耗，仅有垂直管稀相输送特征中的①、②和③项，没有第④项。

水平管输送只有颗粒处于悬浮或流化状态时才有可能实现水平流动。假设颗粒是在没有附加充气的条件下供料，从流化状态进入水平管，流动速度足够高，颗粒保持着均匀密度的流化状态，则出现如图 5-193(a)所示的均匀输送现象。如果流动速度不够高，颗粒就会在管的下部沉积，此时气体速度称为沉积速度 u_{gs}，此时管内形成像沙丘一样的突起，如图 5-193(b)所示，称为跳跃现象。随着固体颗粒在管内进一步沉降，颗粒沉积厚度不断增加。此时，气体通过截面不断减少，气体的速度增加，管上部还有一薄层的颗粒在悬浮流动，管下部的固体颗粒实际上已经停止流动，形成分层流，有时这种突起的流动可以充满整个管道，如图 5-193(c)所示。依据气固比的不同，还有可能在突起形成的地方呈现间断流动，如图 5-193(d)。极限状态堵塞管道，输送失效。类似的现象也会出现在倾斜管的流动中。

图 5-194 是水平管内气体速度与压降的关系曲线。在曲线 G_{s1} 上，点 C 表示有足够高的气速，致使颗粒全部处于悬浮状态，而不会出现沉积和跳跃现象。继续以不变的供料速度 G_{s1} 供料，并缓慢降低气体速度，则摩擦损失下降，压力梯度也出现下降到达 D 点，此时颗粒向管下部沉积，颗粒在沉积层上部悬浮输送。继续减小气速，沉积层增厚其结果是流通截面积减小，形成沙丘流或段塞流，表现为压降突然升高直到 E 点。D 点所对应的速度称为跳跃速度 u_{cs}。对应 E 点气速再下降，流通截面积进一步减小，压降表现为稳定上升。显然，在工程操作时采用的气速不应低于跳跃速度 u_{cs}。Herbreteau 等(2000)认为跳跃速度 u_{cs} 与管道直径、颗粒密度、颗粒形状有关，气力输送管道系统存在一个能耗最小的输送速度。

Rhodes(1999)根据上述颗粒是否悬浮在气流中来划分稀相输送和密相输送，水平输送是跳跃速度 u_{cs}，垂直输送是噎塞速度 u_{ch}。实际输送过程都要求远离这两个速度值。水平管比垂直管需要更高的气速。

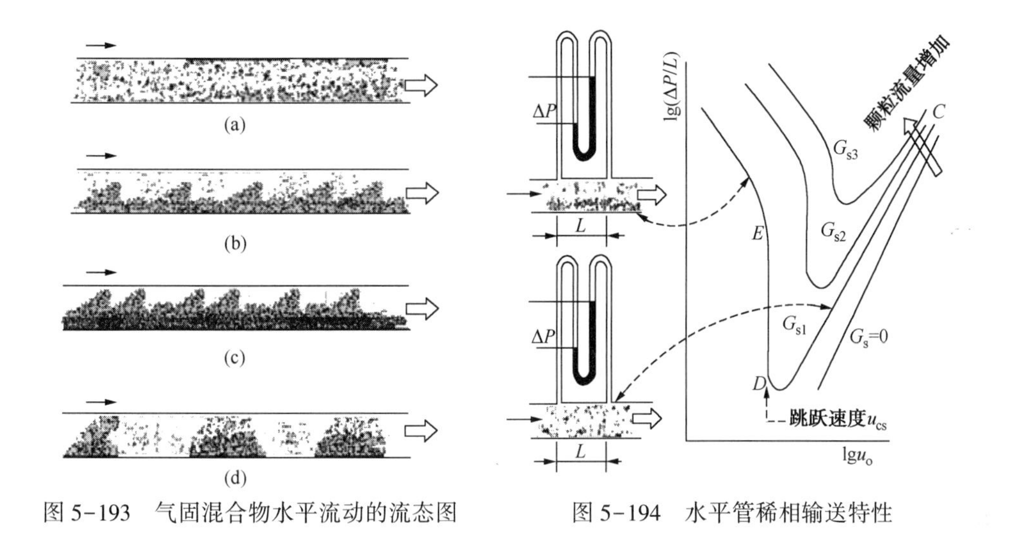

图 5-193　气固混合物水平流动的流态图　　图 5-194　水平管稀相输送特性

二、颗粒输送系统的不稳定性

颗粒输送系统的不稳定表现为两个方面，一个是气固流动过程自身的不稳定，表现为颗粒输送速度和浓度的不均匀变化；另一个是颗粒输送系统的不稳定，即整个输送管路或回路发生压力的波动，或是输送失效。前者是由气体和颗粒性质所决定的，后者与风机和管线系统有关。

（一）颗粒流动过程的不稳定

垂直管内的气固两相流是一种复杂的、不稳定的流动。这种不稳定气固流动过程表现出压力、浓度、温度等不同形式的脉动（Jaworski，2002，Zhu，2008）。气固两相流动过程主要受输送气速、颗粒物性、管道结构等多种因素影响，造成气固相之间的相互作用和流动的瞬变性很强，其中颗粒团聚是输送过程中的典型特征。团聚物内部的颗粒浓度显著高于当地的时均颗粒浓度；团聚物的存在时间长于颗粒的随机波动；团聚物的存在体积大于单个颗粒体积一到两个数量级（漆小波，2005）。

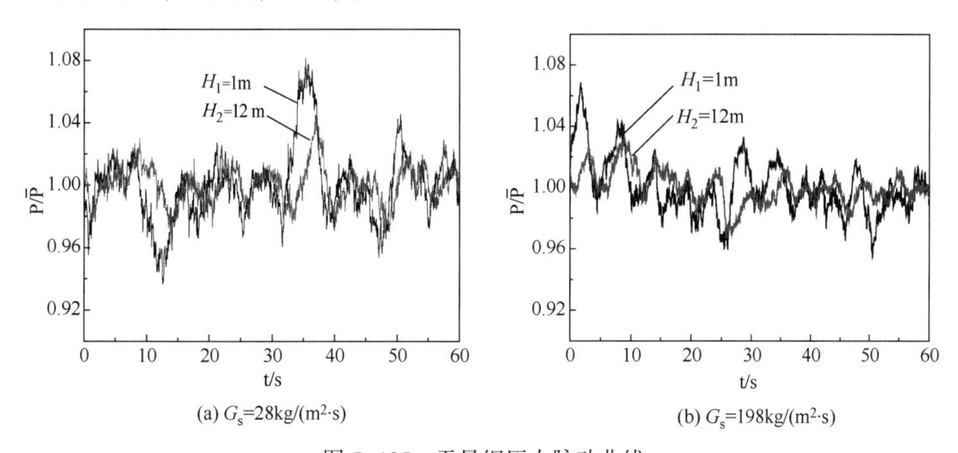

图 5-195　无量纲压力脉动曲线

胡小康等（2010）通过对压力脉动的测量分析了垂直管内气固两相流动的这种不稳定特性。图 5-195 是输送气速为 5.6m/s 时，在 ϕ200mm×12.5m 垂直输送管轴向 H_1 = 1m 和 H_2 =

12m 测量的动态压力曲线，纵坐标是以测量点的平均压力为特征量，将动态压力进行了无量纲处理。脉动压力曲线由两种不同成分的脉动叠加构成。一种脉动频率较低(周期约为8～10s)，幅值较大；另一种脉动频率较高(约为毫秒级周期)，但幅值相对很小，曲线呈锯齿型。出口区域的压力脉动幅值比入口区域明显减小，但频率变化不大，两组无量纲压力曲线具有很好的相似性，脉动周期基本相同，出口区峰值的出现略滞后于入口区，且幅值有一定的衰减。压力曲线的低频高幅值部分是由进料的不稳定进料引起的，例如颗粒不是均匀地进入输送管，而是阵发式地进入，这些呈股状流动的颗粒群在上升过程中浓度和尺寸只发生较小的变化，因此产生相似的压力脉动波形。对于曲线中高频低幅值的部分，其产生原因是复杂的。Van der Schaaf 等(1999)认为颗粒输送过程中，无论是稀相还是密相，气体速度的脉动和颗粒团聚是压力脉动的主要来源。颗粒团聚形态有絮状、带状、簇状及片状，这是颗粒聚集体为适应高速上升气流剪切作用存在的最佳形态(金涌，2001)。除了存在大尺度的颗粒团聚外，还存在许多小尺寸的颗粒簇和分散的颗粒，而且颗粒聚集体也是由颗粒簇和分散颗粒构成的。这些颗粒簇在运动过程中很不稳定，时聚时散，具有很大的随机性，始终处于动态变化中。由于分散的颗粒相和气体相有较强的相互作用，这些过程的耦合作用将会造成压力、浓度等瞬态信号的高频低幅脉动，即曲线上表现的锯齿型小峰值。在管道的径向方向上，受到器壁的影响，Issangya 等(2000)实验表明径向方向的浓度分布有很大的不同，中心区域空隙率高有低幅脉动，随着向器壁移动空隙率趋于减小，但变化幅度大，靠近器壁的浓度脉动消失，形成比较均匀的密相流。

(二) 压力平衡引起的系统不稳定性

Smolders 等(2001b)、Bi 等(1993a)、金涌等(2001)均对颗粒循环系统的压力平衡引起的系统不稳定性进行了分析。循环流化床系统的压力平衡，受系统中各个组成部分的结构及操作状况的制约。在稳定状态下，整个循环回路的压力状态应保持平衡。但在实际操作中，由于系统内某一部分的结构限制或操作的变化，如系统颗粒藏量的变化、颗粒循环控制装置操作状况的变化等，使系统压力平衡不能维持，从而使输送出现颗粒噎塞、堵塞、架桥、腾涌等不稳定现象。

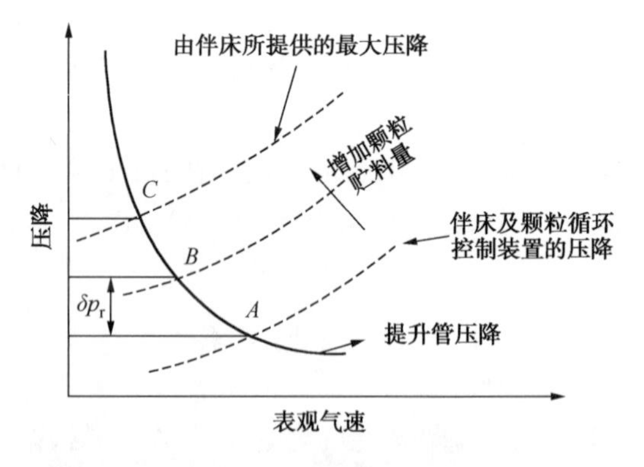

图 5-196　系统压力不平衡造成的输送不稳定性

例如对一个给定颗粒藏量及颗粒循环流率的循环流化床，提升管的压降随气速的变化见图 5-196。在稳定操作条件下(点 A)，系统压力处于平衡状态，即

$$\Delta p_r = \Delta p_{sb} - \Delta p_v - \Delta p_{Lh} - \Delta p_{cy} \tag{5-630}$$

式中　Δp_r——提升管压降，Pa；

Δp_{sb}——伴床的压降，Pa；

Δp_v——气固流过机械(或非机械式)阀的压降，Pa；

Δp_{Lh}——L 型阀弯头处的压降，Pa；

Δp_{cy}——旋风分离器压降，Pa。

假设有一个很小的气速波动使操作气速降至点 B，则提升管压降随之增大 δp_r。增加的压降必须通过系统的自身调节而平衡。在一定范围内，系统会自动调节使操作达到一个新的平衡点 B。但是当气速进一步减小，以致 δp_r 大到超过了系统的最大调节能力(点 C)时，由伴床及颗粒控制装置所提供的压力将不足以支持提升管内的气固两相流动，颗粒在提升管内随即发生塌落，造成不稳定输送。

通过分析循环流化床系统各个组成部分的压力特性[即式(5-630)中的各项]，可以预测上述不稳定操作所发生的条件。Bi 等(1993a)给出了一个典型的分析过程，通过分析可以得到给定操作系统达到稳定操作的条件，以及各个结构和操作参数的影响。结果表明增加颗粒藏量及减小颗粒循环控制设备(如蝶阀等)的压降，可以有效地增加循环流化床操作的稳定性。

(三) 气源压头限制引起的系统不稳定性

为循环流化床提供气源的通常是空气压缩机或鼓风机。空气压缩机的压头可以在不同气体流率下保持为常数。而一般鼓风机，当气体流率增大时，其所提供的压头随之减小。图 5-197 表示了鼓风机压降与提升管压降随气速的变化。在 A 点压力处于平衡状态，提升管为稳定操作。若气体流量减小 δQ；提升管压降将增加 δp_r，同时，风机压降增加 δp_b；如果 $\delta p_r > \delta p_b$，则提升管所增加的压降不能由鼓风机压头的增加所补偿，因而造成气体流量进一步下降，并有可能造成气体流量过低而不能悬浮输送颗粒。在此情况下，系统出现不稳定操作。然而，若 $\delta p_r < \delta p_b$，则气体流量减小所引起提升管压降的减小完全可由风机压头的增加所补偿，系统会重新实现稳态操作。

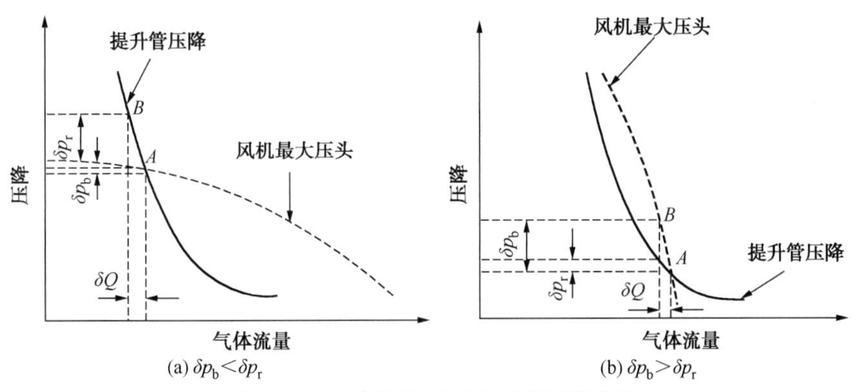

(a) $\delta p_b < \delta p_r$　　(b) $\delta p_b > \delta p_r$

图 5-197 气源压力不足造成的不稳定性

因此，对于排气量减少排出压力增加的鼓风机，颗粒输送从稀相流动区过渡到密相流动区容易引发由于突然增加固体流率或减少气体流率而产生的不稳定输送。图 5-198 实线表示不同固体流率时，输送系统的压降和气体流率的关系；虚线代表输送系统中鼓风机的特性曲线。从图可知，当颗粒流率固定为 G_{si} 时，有两个可能的操作点 A 和 B。B 点是不稳定的。从敏感度分析来看，局部气体流率的搅动将导致不稳定，在 B 点若稍稍降低气体流率将使压力降增加，因而气体流率将进一步减少，最后导致管线堵塞。这不同于噎塞。

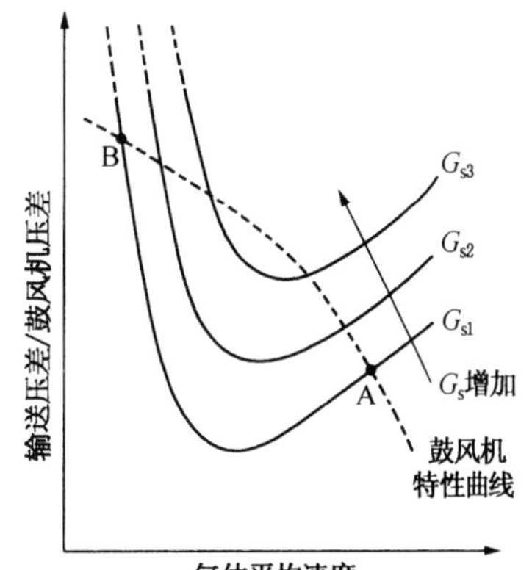

图 5-198 鼓风机和气力输送由于操作引起的不稳定

三、垂直管稀相输送中的噎塞问题

(一) 噎塞判据

迄今为止，文献上关于噎塞有各种各样的定义。这些定义其概念不尽一致，差异有时较大，Bi 等(1993b)将噎塞分为 3 种类型。

1. C 型噎塞——传统型噎塞

气力输送处于操作状态，降低输送气速，由于气栓或颗粒栓的形成，床层出现严重的不稳定性，从而造成流动的“噎塞”，使输送中断。这种噎塞的发生主要取决于颗粒物性、床层尺寸及几何形状。

一般在细颗粒、大床径的情况下，气泡尺寸远小于床层直径，节涌或固体栓难以形成，气固流动由稀相到密相间的转变相当平稳。这种操作系统通常称为非噎塞系统。对粗重颗粒(如 Geldart B，D 类颗粒)，由于气泡直径可无限长大(无最大气泡直径)，因此当床层直径较小时，床层极易形成节涌和固体栓不稳定流动导致噎塞。要定量地确定噎塞与非噎塞系统的条件，是一件相当困难的工作。表 5-38 列举了常用的 3 个定量判据。值得指出的是，这 3 个判据所基于的物理现象不同，因此在使用时应当慎重。

表 5-38　形成非噎塞的条件

作　　者	判　别　式	理论依据
Yousfi et al(1974)	$\dfrac{u_t^2}{gd_p}<140$　　(5-631)	不均匀理论，未考虑床径的影响
Yang(1975)	$\dfrac{u_t^2}{gD}<0.123$　　(5-632)	气泡从后部破碎
Smith(1978)	$\dfrac{u_t\varepsilon^{n-1}n(1-\varepsilon)}{\sqrt{gD}}<0.41$　　(5-633)	连续波理论

2. A 型噎塞——沉积型噎塞

这种噎塞的出现，伴随着颗粒在床层底部的沉积，颗粒在管道壁面处由向上转为向下流动，以及空隙率或压降的突变等现象。沉积型噎塞通常对应于最小输送条件，即小于沉积型噎塞速度时，床层将由上下均一的气力输送状态向上稀下浓的不均匀流动状态(快速流态化)转变。因此，A 型噎塞的出现，并不伴有床层操作不稳定性的出现，也不会真的使操作系统“噎塞”而阻断流动。

3. B 型噎塞——由风机或立管引起的噎塞

这是一种由于循环装置限制所造成的不稳定现象。当供气系统(风机等)提供的压头不足以悬浮和输送所给定的颗粒循环量，或者由于提升管与伴床(或立管)之间的压力不平衡，伴床不能向提升管提供所要求的颗粒循环流率时，颗粒也会发生“塌落”而沉积于床层底部。这时，尽管床内并不一定出现节涌，但还是破坏了床层的稳定操作。

(二) 噎塞速度关联式

关于噎塞速度的预测，文献上已提出了许多计算公式。由于存在着各种类型的噎塞现象，其定义与物理概念大不相同，很难期望有一个普遍适用的关联式。表 5-39 给出了目前几个常用的噎塞速度关联式。通过对大量有关文献数据的验算，Bi 等推荐用 Yousfi 和 Gau

的关联式(5-636)预测C型噎，而用Yang及Bi的关联式(5-637)、式(5-639)预测A型噎塞速度。此外，式(5-632)也可用于A型噎塞速度的预测。对B型噎塞速度，由于受设备条件的影响因素很多，尚无法得到有效的关联式，但可采用前述的颗粒输送系统的不稳定性分析方法来预测。

表5-39　常用的噎塞速度关联式

作　者	判别式	推荐的适用性
Wiles et al(1971) Chong et al(1986)	$u_{ch}=32.2\dfrac{G_s}{\rho_p}+0.97u_t$　(5-634)	
Matsen(1982)	$u_{ch}=10.74u_t\left(\dfrac{G_s}{\rho_p}\right)^{0.227}$　(5-635)	
Yousfi et al(1974)	$\dfrac{u_{ch}}{\sqrt{gd_p}}=32Re_t^{-0.06}\left(\dfrac{G_s}{\rho_p u_{ch}}\right)^{0.28}$　(5-636)	A，B类颗粒 C型噎塞
Yang(1975，1983)	$\dfrac{2gD(\varepsilon_{ch}^{-0.47}-1)}{\left(\dfrac{u_{ch}}{\varepsilon_{ch}-1}\right)}=6.81\times10^5\left(\dfrac{\rho_g}{\rho_p}\right)^{2.2}$　(5-637)	D类颗粒 C型噎塞或A型噎塞
Punwani et al(1976)	$\dfrac{2gD(\varepsilon_{ch}^{-0.47}-1)}{\left(\dfrac{u_{ch}}{\varepsilon_{ch}-1}\right)^2}=0.008743\rho_g^{0.77}$　(5-638)	
Bi et al(1991)	$\dfrac{u_{ch}}{\sqrt{gd_p}}=21.6\left(\dfrac{G_s}{\rho_p u_{ch}}\right)^{0.542}A_r^{0.105}$　(5-639)	A型噎塞

在上述的噎塞速度关联式中，Yang提出的式(5-637)和Punwani提出的式(5-638)，关联出噎塞时摩擦因素随气体密度变化的经验式，给出气体密度、颗粒质量流率与噎塞速度的关系图，见图5-199。对预测结果和实验数据比较后可知，噎塞速度预测的误差在±50%之内。在垂直输送的稀相流动管线中，气体速度一般采用计算噎塞速度的1~5倍。

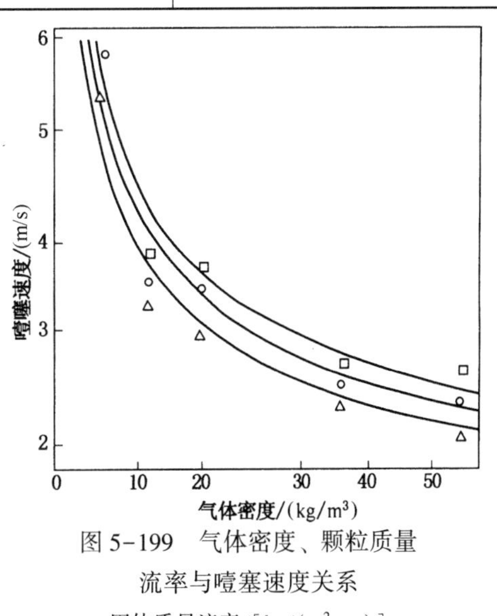

图5-199　气体密度、颗粒质量流率与噎塞速度关系

固体质量流率/[kg/(m²·s)]

○—146.5；△—97.7；□—195.3

应当指出，上述有的试验结果是在直径小于80mm的管道内，甚至是直径小于40mm的管道内进行的，因而这些经验式不一定适应于大管径。此外，混合颗粒关联数据也不充分，垂直管线的弯头对于噎塞速度的影响尚未系统地研究，因此对噎塞现象的理论尚需继续工作，对于经验公式应用范围的延伸也要进行工作。

四、垂直气力输送的滑落速度

颗粒开始加入稀相提升管时，其上升速度为零 $u_s = 0$，而气流速度为 u_f，颗粒不断加速形成稀相气力输送。若在提升管反应器中，催化剂与油气接触发生油品裂化反应，引起急剧气体膨胀，气流速度 u_f增加，因而催化剂颗粒在上升气流中速度 u_s不断加速。在气固两相上行流动过程中，颗粒与油气之间的滑落速度随之减少，直至气相和颗粒之间的滑落速度等于颗粒的终端速度时，颗粒即不再加速，进入等速运动。在此之前称为加速运动。加速段长度与管道直径、气体速度、颗粒浓度等操作条件有关，加速段的长度一般为 2 ~5m。

实际上在提升管的入口区域，根据气固流动的加速特性，在轴向上可以分为混合加速区、均匀加速区、充分发展区三个部分。混合加速区内颗粒速度和浓度沿径向和轴向存在比较大的变化。均匀加速区内颗粒速度和浓度沿轴向有变化。充分发展区的颗粒速度及浓度均呈对称分布，颗粒速度不再增加。

一般气力输送以滑落系数来表示气体速度和颗粒速度的相互关系。滑落系数定义为气体速度和颗粒速度之比。在加速段颗粒速度小，滑落系数大。在等速段颗粒速度和气速比已经接近恒定。提升管中油气速度和滑落系数的关系见图 5-200，可见在气速 25m/s 左右滑落系数已接近于 1。

当颗粒浓度低于 30kg/m³时，滑落系数实际上与固体颗粒的浓度无关。当颗粒浓度在 1.98~5.7kg/m³和 $d_p/D_T \leqslant 0.06$ 时，颗粒直径和管道直径之比值对滑落系数没有影响。实验结果表明，滑落系数取决于携带颗粒介质的速度，以及输送管加速段中固体颗粒和气体的物理性质。大小相同的固体颗粒速度几乎与输送介质（空气或水蒸气）类型无关，见图 5-201，只决定于介质速度。

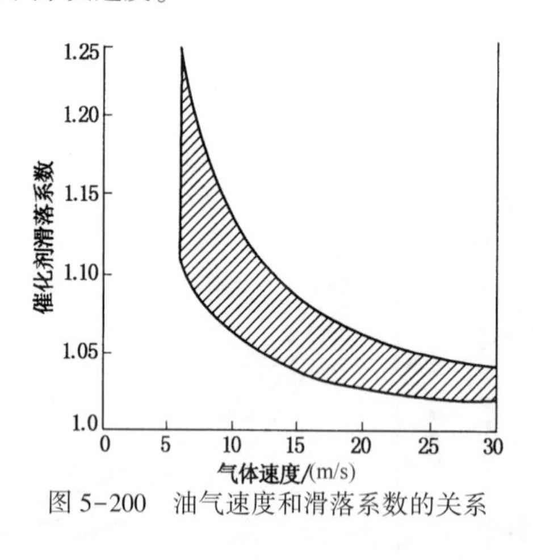

图 5-200　油气速度和滑落系数的关系

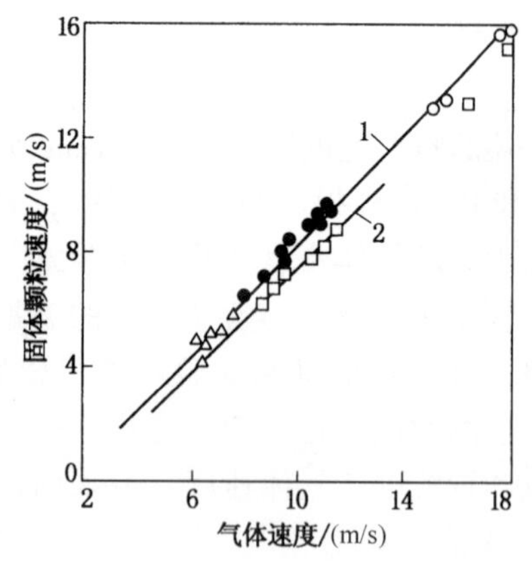

图 5-201　固体颗粒速度与气体速度的关系
1-空气；2-水蒸气

图 5-202 是提升管中催化剂密度、催化剂质量流率与气体表观速度的关系。图 5-203 是滑落系数与催化剂颗粒质量流率和颗粒直径的关系。

Rautiainen 等（1999）在小直径并流输送管的试验结果（气体速度从 4m/s 增加到 12m/s）得到固体流动的负荷对滑落系数的影响见图 5-204。多颗粒滑落速度大于单颗粒的终端速度，滑落系数随着提升气体速度的增大而降低。在输送气体不变的情况下，增加颗粒相的负荷，则滑落速度增大。

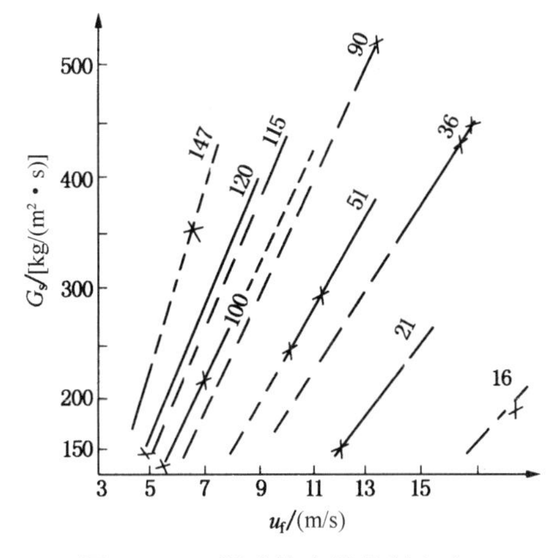

图 5-202　提升管中催化剂密度、催化剂质量流率与气体表观速度的关系

×表示测得的结果；----表示外推的结果；—表示恒密度的数据

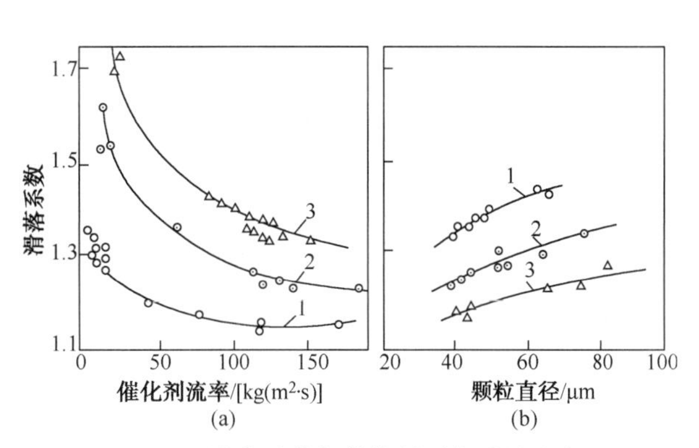

图 5-203　滑落系数与催化剂颗粒质量流率(a)和颗粒直径(b)的关系

1. $u_f=10$m/s，$d_T=0.4$m；$d_p=40\sim80\mu$m；2. $u_f=8$m/s，$d_T=0.6$m；$d_p=40\sim80\mu$m；3. $u_f=7$m/s，$d_T=1.0$m；$d_p=40\sim80\mu$m

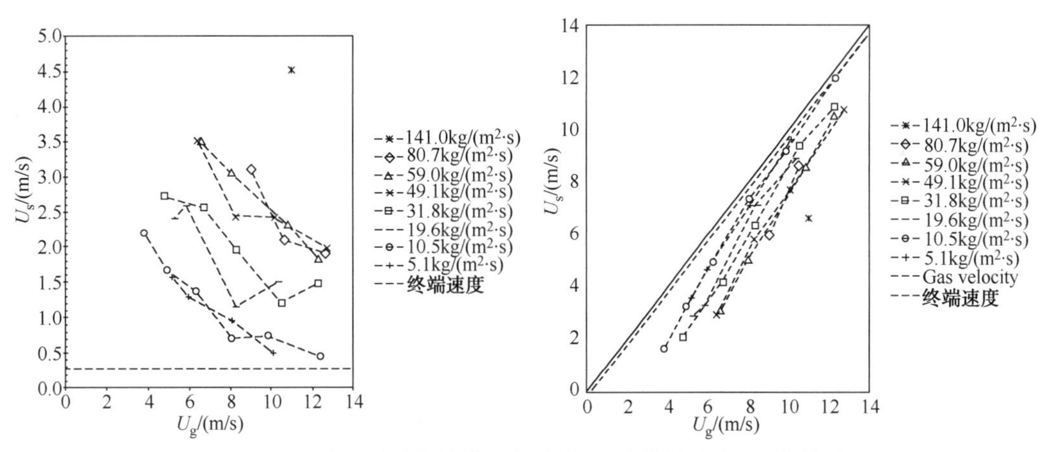

图 5-204　表观速度与滑落滑落速度(a)和颗粒速度(b)的关系

目前还没有一个预测滑落系数的统一关联式。典型的工业数据见表 5-40 和表 5-41。在提升管气速 2.0~6.0m/s，颗粒质量流率 150~440kg/(m²·s)的范围内，滑落系数变化范围见图 5-205，滑落系数随气速和颗粒质量速度的增加而减少。

表 5-40　油气提升管滑落系数

项目	提升管横截面积/m³	气体线速/(m/s)	催化剂循环强度/[kg/(m²·s)]	催化剂密度/(kg/m³)	催化剂流速/(m/s)	滑落系数
1　入口	0.453	6.16	320	67	4.71	1.29
出口	0.656	18.89	221	14.6	15.1	1.25
2　入口	0.453	5.80	501	10.7	4.68	1.23
出口	0.656	18.89	346	25.8	13.41	1.41
1　入口	0.453	6.39	229	57.3	3.99	1.60
出口	0.656	18.89	159	10.7	14.85	1.27

表 5-41　空气提升管滑落系数

项目	提升管横截面积/m^3	气体线速/(m/s)	催化剂循环强度/[kg/(m^2·s)]	催化剂密度/(kg/m^3)	催化剂流速/(m/s)	滑落系数
1	0.456	8.95	220	64	3.4	2.63
2	0.456	10.45	220	54.4	4.04	2.59
3	0.456	11.32	497	85.44	5.81	1.94
4	0.456	14.23	497	71.52	6.95	2.05

五、垂直气力输送系统的压降

垂直管稀相输送系统压降计算是确定输送系统动力消耗的主要内容。压降主要取决于气力输送的方式和基本参数，工程上通常仅单独进行气固输送的管路设计，不考虑气固之间的化学反应过程。

（一）总压力梯度方程

在气力稀相输送过程中，气体的密度和速度在运动过程中，基本上是不变化的(或压力、温度变化很小)，因此可将气体的密度与速度当定值处理。对于颗粒而言在输送过程中，颗粒的速度逐渐增加，最后达到输送速度，即保持匀速运动。

在垂直管道中，见图 5-206，颗粒运动系统的运动方程根据牛顿第二运动定律：

$$m\frac{\mathrm{d}u_s}{\mathrm{d}t}=F_1-F_2-G \tag{5-640}$$

式中　m——管段内颗粒的质量，kg；

F_1——气体对颗粒的曳力，N；

F_2——颗粒与器壁的摩擦力，N；

G——颗粒自身的重力，N；

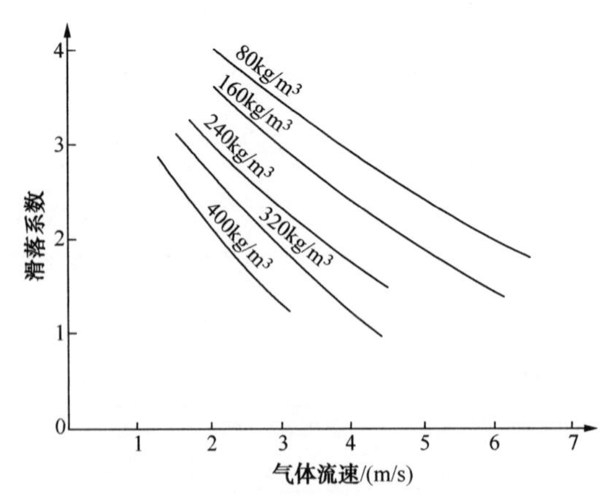

图 5-205　气体速度与滑落系数的关系

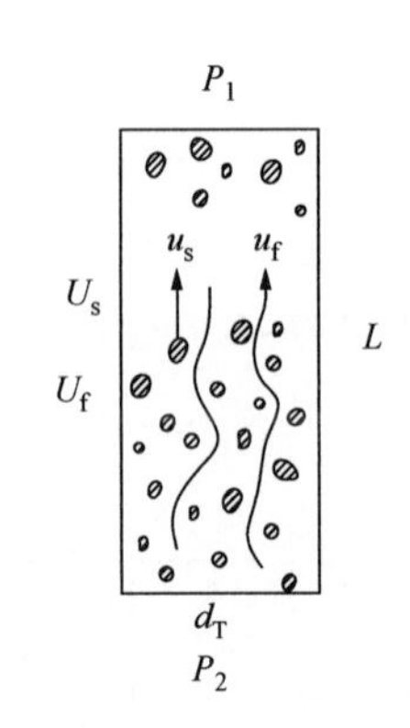

图 5-206　垂直管颗粒运动模型

由此可得单位体积颗粒系统的运动方程为：

$$\rho_m\cdot\frac{du_s}{dt}=\frac{3}{2}C_D\cdot\frac{\rho_g}{\rho_p}\cdot\frac{\rho_m}{d_p}\cdot\frac{u_r^2}{2}-2f_s\cdot\frac{\rho_m u_s^2}{d_T}-\rho_m g \tag{5-641}$$

式中　u_s——气体与颗粒的相对速度，m/s；

ρ_m——任意截面上颗粒系统的分布密度，kg/m^3。

同理可得单位体积气相系统的运动方程为：

$$\varepsilon\rho_g\frac{du_f}{dt}=\frac{-dP}{dL}-\frac{3}{2}C_D\cdot\frac{\rho_g}{\rho_p}\cdot\frac{\rho_m}{d_p}\cdot\frac{u_f^2}{2}-2f_g\cdot\frac{\rho_m u_g^2}{d_T}-\varepsilon\rho_g g \tag{5-642}$$

对于稳定状态，只有位变加速度，式(5-641)和式(5-642)可写成：

$$u_s\cdot\rho_m\frac{du_s}{dL}=\frac{3}{2}C_D\cdot\frac{\rho_g}{\rho_p}\cdot\frac{\rho_m}{d_p}\cdot\frac{u_r^2}{2}-2f_s\cdot\frac{\rho_m u_s^2}{d_T}-\rho_m g \tag{5-643}$$

$$\varepsilon u_f\cdot\rho_g\frac{du_f}{dL}=-\frac{dp}{dL}-\frac{3}{2}C_D\cdot\frac{\rho_g}{\rho_p}\cdot\frac{\rho_m}{d_p}\cdot\frac{u_f^2}{2}-2f_g\cdot\frac{\rho_g u_f^2}{d_T}-\varepsilon\rho_g g \tag{5-644}$$

式(5-643)和式(5-644)相加得总压力梯度方程：

$$-\frac{dP}{dL}=\left(\varepsilon\rho_g u_f\frac{du_f}{dL}+\rho_m u_s\frac{du_s}{dL}\right)+2\left(f_g\frac{\rho_g u_f^2}{d_T}+f_s\frac{\rho_m u_s^2}{d_T}\right)+(\rho_m+\varepsilon\rho_g)g \tag{5-645}$$

上式表明总压力梯度等于气固加速损失，气体与管壁、颗粒与管壁的摩擦损失以及气固系统的重力总和。由于$\rho_g \ll \rho_m$，则式(5-645)可以近似表示为

$$-\frac{dP}{dL}=\left(\varepsilon\rho_g u_f\frac{du_f}{dL}+\rho_m u_s\frac{du_s}{dL}\right)+2\left(f_g\frac{\rho_g u_f^2}{d_T}+f_s\frac{\rho_m u_s^2}{d_T}\right)+\rho_m g \tag{5-646}$$

当系统处于匀速状态，则：

$$\frac{du_f}{dL}=0,\ \frac{du_s}{dL}=0$$

式(5-646)可以简化为

$$-\frac{dP}{dL}=2f_g\frac{\rho_g u_f^2}{d_T}+2f_s\frac{\rho_m u_s^2}{d_T}+\rho_m g \tag{5-647}$$

垂直气力稀相输送过程，一般属于短距离输送，输送高度通常为10~30m或更短，加速段一般在2~5m左右。在加速段由于加速效应的影响，其压力梯度比等速段大得多。在短距离输送中，由于总压降小，加速压降不可忽视(Qi，2008)。

若考虑加速作用，用式(5-647)则各压力梯度公式难于积分，为此不同作者提出了不同的计算方法。

(二) 分段分项计算法

1. 气体与输送管道的摩擦压降 ΔP_{gf}

压降的计算方法一般有

$$\Delta P_{gf}=2f_g\frac{L}{d_T}\rho_g u_f^2 \tag{5-648}$$

式中　f_g——摩擦系数，与雷诺数有关。

$Re\leqslant 2320$，$f_g=16/Re$

$Re>2320$，$f_g=0.0796/Re^{0.25}$

$$Re=\frac{d_T u_f\rho_g}{\mu}$$

2. 气体重力压降 ΔP_{gh}

$$\Delta P_{gh} = \rho_g L g \tag{5-649}$$

3. 颗粒加速度压降 ΔP_{sa}

$$\Delta P_{sa} = G_s u_{se} \tag{5-650}$$

式中　u_{se}——等速段颗粒速度，m/s。

4. 颗粒重力压降 ΔP_{sh}

颗粒重力压降等于加速段与等速段颗粒重力压降之和

$$\Delta P_{sh} = (\rho_e L_e + \rho_a L_a) g = G_s (t_a + t_e) g \tag{5-651}$$

式中　ρ_a——加速段颗粒浓度，kg/m^3；

ρ_e——等速段颗粒浓度，kg/m^3；

L_a——加速段长度，m；

L_e——等速度段长度，m。

5. 颗粒与输送管道的摩擦压降 ΔP_{sf}

ΔP_{sf}计算与固体粒子和气体的混合浓度及速度有关。由于颗粒的浓度及速度在等速段为常量，而在加速段为变量，所以 ΔP_{sf}应分别按等速段与加速段计算。

等速段采用通用的公式：

$$\Delta P_{sfe} = 2 f_s \cdot \frac{L_e}{d_T} \cdot \rho_e \cdot u_{se}^2 = 2 f_s \cdot R \cdot \frac{L_e}{d_T} \cdot \rho_g \cdot u_{se} \cdot u_f \tag{5-652}$$

加速段颗粒与管道之间的摩擦压降 ΔP_{sfa}须用积分法计算，即

$$\mathrm{d}P_{sfa} = 2 f_s \frac{\rho_a}{\mathrm{d}_T} u_s^2 \mathrm{d}L \tag{5-653}$$

式中，f_s 与 ρ_a 均随 u_s 的变化而变化，其中 $\rho_a = G_s / u_s$。

若取

$$f_s = \frac{g d_T (u_f - u_s)^2}{2 u_t^2 u_s^2}$$

则

$$\mathrm{d}P_{sfa} = \frac{G_s (u_f - u_s)^2 g}{A_T u_t^2 u_s} \mathrm{d}L$$

$$P_{sfa} = \int_0^{L_a} \frac{G_s (u_f - u_s)^2 g}{A_T u_t^2 u_s} \mathrm{d}L = \frac{G_{sfa}}{u_t^2} t_a \left(u_f - \frac{L_a}{t_a} \right)^2 g \tag{5-654}$$

6. 总压降 ΔP

总压降等于加速段压降与等速段之和，或等于各项压降之和。

$$\begin{aligned} \Delta P &= \Delta P_{gf} + \Delta P_{gh} + \Delta P_{sa} + \Delta P_{sh} + \Delta P_{sfe} + \Delta P_{sfa} \\ &= 2 f_g \frac{L}{d_T} \rho_g u_f^2 + \rho_g L_g + G_s u_{se} + G_s (t_a + t_e) g \\ &\quad + 2 f_s \frac{L_e}{d_T} \rho_e u_{se}^2 + \frac{G_s t_a}{u_t^2} \left(u_f - \frac{L_a}{t_a} \right)^2 g \end{aligned} \tag{5-655}$$

在上述总压降的计算中，必须首先求出加速段与等速段的高度，及颗粒在各段的停留时间 t_a、t_e，这是一个较为复杂的过程，因此出现了各种简化计算公式。

（三）简化法

1. 方法一

静压头 $$\Delta P_1 = 1.5\rho_m Lg \tag{5-656}$$

颗粒加速压降 $$\Delta P_1 = \rho_m \frac{u_{f2}^2}{2} \tag{5-657}$$

磨擦压降 $$\Delta P_3 = 79\times10^{-5}\times L\rho_m \frac{u_f^2 g}{d_T} \tag{5-658}$$

2. 方法二

静压头 $$\Delta P_1 = \frac{G_s Lg}{u_s} \tag{5-659}$$

颗粒加速压降 $$\Delta P_1 = G_s u_f \tag{5-660}$$

摩擦压降 $$\Delta P_3 = 2\cdot f_g \frac{L}{d_T}\rho_g u_f^2\left(1+\frac{G_s}{G_g}\right) \tag{5-661}$$

3. 方法三

$$\Delta P = \rho_g u_f^2\left(1+\frac{G_s}{G_g}\right)+\rho_g Lg\left(1+\frac{G_s}{G_g}\right)\times\left(1+17.5\sqrt{\frac{d_T}{L}}\right) \tag{5-662}$$

4. 方法四

IGT（美国气体工艺研究院）比较了20多种稀相气动输送压降计算公式，并推荐低压下采用改进的Konno和Saito关联式（Konno，1969）。

$$\Delta P = \frac{\rho_g u_f^2}{2} + G_s U_{sl} + \frac{2f_g\rho_g u_f^2 L}{d_T} + \frac{0.057u_f\rho_g\theta Lg}{\sqrt{gd_T}} + \frac{G_s Lg}{U_s} + \rho_g Lg \tag{5-663}$$

式中 $\theta = G_s/(u_f\rho_g)$。

右边第1项为加速气体的压降，第2项为加速固体的压降，第3项为气体与管壁摩擦压降，第4项为固体与管壁摩擦压降，第5和第6项分别为固体和气体的静压头。

例如，某催化裂化装置油气提升管高度23m，直径0.525m，其操作条件如下：

出口气体线速 $u_{f2}=12.67\text{m/s}$； 平均气体密度 $\rho_g=4.67\text{kg/m}^3$；

平均气体线速 $u_f=9.62\text{m/s}$； 气固混合密度 $\rho_m=19.5\text{kg/m}^3$；

滑移速度 $U_{sl}=3.16\text{m/s}$； 催化剂循环量 134t/h。

用上述数据计算出来的提升管压降见表5-42。由计算结果可知，四种简化计算方法都比较接近实际。

表5-42 提升管压降计算结果

项目	方法一	方法二	方法三	方法四	实测	项目	方法一	方法二	方法三	方法四	实测
ΔP_1	6800	6400				ΔP_3	630	780			
ΔP_2	920	2220				ΔP	8350	9400	7680	9514	8850

（四）颗粒摩擦系数

固体摩擦系数计算公式很多，均列于表5-43。

表 5-43　固体摩擦系数计算公式

关　联　式	参考文献	关　联　式	参考文献
$f_s = 0.048 u_s^{-1.23}$	Capes 和 Nakamur	$f_s = 0.0015 \sim 0.003$	Maeda 等
$f_s = 0.0135(d_T - 0.013)$	Jotak	$f_s = 0.046 u_s^{-1}$	Reddy 和 Pe
$f_s = 2.66 C_D \frac{u_f}{u_s}\left(\frac{R_e}{Fr}\right)^{0.5}\left(\frac{d_p}{d_T}\right)^2 \cdot \frac{\rho_g}{\rho_p}$	Khan 和 Pe	$f_s = 0.003$	Stemerdin
$f_s = 0.287 u_f - 1.15 u_t^{0.51}(1-\varepsilon)^{4.1} 0.0304 u_s^{-0.75}$	Klinzing 和 Mathu	$f_s = 0.08 u_s^{-1}$	Van Swaaij
$f_s = \frac{0.0285}{(Fr^{0.5})_s}$	Konno 和 Sati	$f_s = 0.001 \sim 0.003$	Van Zuillichem
		$f_s = 0.0015$	Yousfi 和 Ga

(五) 局部阻力引起的压降

上述各种计算压力降的方法只涉及直管段的压力降，未考虑弯头、出口和截面收缩所造成的压力损失，如系统中有此结构，阻力则应考虑。

弯头使稀相气力输送系统复杂化，增加管路压力降，同时产生器壁磨蚀和颗粒磨损。无论在水平或垂直管线中，颗粒通过弯头时，由于离心力的作用，都会产生固体沉积，沉积下来的颗粒通过弯头后再加速，因而弯头的压降较大。一般颗粒向下流动时，其垂直到水平的弯头，在水平管将有较长的一段管底沉积颗粒。当固体颗粒是向上运动时，由于重力的原因，颗粒容易分散，因而其垂直到水平的弯头沉积的颗粒少。因此，在颗粒向下流动，且由垂直变成水平时，应尽量不使用弯头。

为了使稀相输送减少磨损，过去一般都采用大曲率半径的弯头，后来发现盲板式 T 形弯头在盲板处形成了缓冲的停滞固体，因而输送的颗粒与停滞的颗粒摩擦而不与管壁摩擦，故管线寿命增长。根据 Bodner(1982)分析了各种弯管的使用寿命，T 形弯头的寿命为一般弯头的 15 倍，而压降接近于一般弯头。关于稀相输送管线弯头的压降，虽经多人研究，但迄今尚未找到可靠的计算方法，在工业设计中，Geldart(1986a)建议弯头的压降可按 7.5m 直管段压降估算。

对于催化裂化装置中的大型加料和小型加料，其弯头压降可按下式计算：

$$\Delta P = 2 f_b \rho_T u_f^2 \tag{5-664}$$

式中　ρ_T——弯头处的气固平均浓度，kg/m^3；

　　f_b——摩擦系数，按下表 5-44 查得。

表 5-44　摩擦系数 f_b

曲率半径管径比	2	4	6	7
f_b	0.375	0.188	0.125	0.095

输送管出口处的压力降为突涨损失，可用下式计算：

$$\Delta P = \frac{\rho_T u_f^2}{2} \tag{5-665}$$

若出口与旋风分离器直接相接，应根据旋风分离器形式采用有关公式计算。

六、稀相水平管、斜管及弯头输送压降

(一) 水平管压降

水平管稀相输送不存在垂直管稀相输送克服颗粒自身重力作用产生的静压。因此水平管压降可以在垂直管压降方程中删除气体与固体颗粒群的自身重力作用项。稀相水平输送管线的压力降计算公式很多，IGT(美国气体工艺研究院)经过几种计算方法的比较，认为 Yang 和 Hinkle 的公式计算结果误差较小，特别是 Hinkl 的公式比较简单：

$$\Delta P = \frac{\rho_g u_f^2}{2} + G_s U_s + \frac{2f_g \rho_g u_f^2 L}{d_T}\left[1 + \frac{f_s U_s G_s}{f_g u_f^2 \rho_g}\right] \tag{5-666}$$

$$f_s = \frac{3}{8} \times \frac{\rho_g}{\rho_p} C_D \times \frac{d_T}{d_p}\left(\frac{u_f - U_s}{U_s}\right)^2$$

$$U_s = u_f(1 - 0.0638 d_p^{0.3} \rho_p^{0.5})$$

例如，某裂化催化剂水平输送管线 $L=24\text{m}$，$d_T = 0.075\text{m}$，$\mu = 1.84\times10^{-5}\text{Pa}\cdot\text{s}$，$u_f = 18\text{m/s}$，$\rho_g = 2.83\text{kg/m}^3$，$G_s = 114\text{kg/(m}^2\cdot\text{s)}$，$\rho_p = 1200\text{kg/m}^3$，$d_p = 60\times10^{-6}\text{m}$，$C_D = 0.43$，可以得出

$U_S = 15.9\text{m/s}$，$f_S = 0.00828$，$f_g = 0.004$，因而 $f_s U_s/(f_g u_f) = 1.828$。

Zenz 指出，当 $f_s U_s/(f_g u_f) > 1$ 时，则假定 $f_s U_s/(f_g u_f) = 1$，可以得到

$$\Delta P = 459 + 1813 + 7599 = 9871\text{Pa}$$

(二) 90°弯管压降

稀相输送弯管处弯管压降 ΔP 计算方法，Kunii 等(1991)推荐采用下式：

$$\Delta P = 2f_b \cdot \bar{\rho} u_f^2 \tag{5-667}$$

式中，f_b 为弯管摩擦阻力，跟弯管半径与管径之比 r_b/D_T 有关。可用 r_b/D_T 值从表 5-44 中查出 f_b。$\bar{\rho}$ 为平均浓度，计算方法如下：

$$\bar{\rho} = \rho_p(1 - \varepsilon) + \rho_f \varepsilon = \frac{G_s}{u_s} + \frac{G_f}{u_f} = \rho_f \varepsilon\left(1 + \frac{G_s}{G_f}\frac{u_f}{u_s}\right)$$

(三) T 型弯头压降

陈勇等(2012a)的实验表明 T 型弯头的压降随着提升气体速度和含催化剂浓度的上升而增加，见图 5-207。

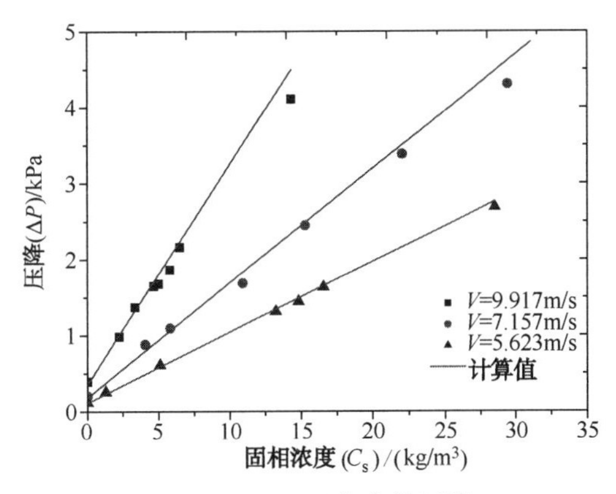

图 5-207 T 型弯头的压降

在T型弯头中，上行催化剂颗粒在流经T型结构时，部分催化剂颗粒由于惯性作用在上盖区域产生了催化剂颗粒的堆积，形成一个高颗粒浓度区。在这个区域内存在着强烈的颗粒返混和颗粒局部循环现象。这种悬浮的催化剂颗粒依靠上行的气流的托举，消耗了气流的能量，导致了T型弯头的压降增加。建立T型弯头进口和出口之间的气固两相流的伯努利方程给出：

$$\Delta P = P_1 - P_2 = (\xi + \zeta)\frac{\rho_g + C_s}{2}u_f^2 \tag{5-668}$$

式中，C_s 是平均颗粒浓度，$\xi=\left(\frac{D}{d}\right)^4-1$。

ξ 为截面变化阻力系数，ξ 为弯管阻力系数。通过实验值回归后得出 $\xi=2.75$。按式(5-668)计算结果与实验测量的结果对比见图5-207，相对误差范围在10%内。式(5-668)表明T型出口结构的压降与提升管内的催化剂浓度1次方成正比，与提升管内的气体速度成2次方关系。

（四）斜管压降

斜管输送压力降计算是以垂直管稀相输送管路压力降计算进行修正得出的，常用垂直管压降的关联式进行修正得到：

$$\Delta P = \frac{\bar{\rho} g L \sin\theta}{g_c} + \frac{u_s G_s}{g_c} + \Delta P_f \tag{5-669}$$

ΔP_f 为摩擦损失项。

$$\Delta P_f = \Delta P_{fg} + \Delta P_{fs} = \frac{2 f_g \rho_f u_f^2 L}{g_c D_T} + \frac{2 f_s \rho_s u_s^2 L}{g_c D_T} \tag{5-670}$$

气体摩擦系数 f_g 为管 Re_t 的函数，

$$f_g = 0.0791 Re_t^{-0.25} \qquad 3\times10^3 < Re_t < 10^5 \tag{5-671}$$

$$f_g = 0.008 Re_t^{-0.237} \qquad 10^5 < Re_t < 10^8 \tag{5-672}$$

$$Re_t = \frac{D_T u_f \rho_g}{\mu}$$

颗粒摩擦系数 f_s 在常压系统，Leung 和 Wiles 给出下式(Wiles，1971)：

$$f_s = \frac{0.05}{u_s} \tag{5-673}$$

在高压系统，Knowlton 和 Bachovchin 给出4MPa以上的关联式如下：

$$f_s = 0.0252\left(\frac{G_s}{\rho_g u_f}\right)^{0.0415}\left(\frac{u_s}{u_f}\right)^{-0.859} - 0.03 \tag{5-674}$$

七、稀相输送适宜速度的选择

前面列出了一些 u_{cs}、u_{gc} 及稀相水平和垂直输送管线压降计算公式，但因这些公式都是用有限数据关联出来的，不同研究者所推荐的公式不尽相同，最好的关联式误差也在30%～40%之间，加上这些关联式都是用常温常压下的数据关联的，若应用到高压、高温则误差会更大，因而应用时要特别小心。有鉴于此，推荐一些经验数据是很必要的。

前面已经谈到，颗粒的噎塞速度是颗粒在垂直输送中所需要的最低速度，颗粒的沉积速度是颗粒在水平管中输送时所需最低速度。但在输送过程中，由于气流在管路输送中分布不均匀，物料之间的黏附、团聚、碰撞，气固之间的摩擦，要达到均匀、稳定输送必须选用较高的气速。适宜气速可用终端速度的倍数或噎塞速度的倍数计算。

气速按颗粒群终端速度计算的经验系数如下：

松散物料在垂直输送管中 $u_f \geqslant (1.3 \sim 1.7)u'_t$

松散物料在倾斜管中 $u_f \geqslant (1.5 \sim 1.9)u'_t$

松散物料在水平管中 $u_f \geqslant (1.8 \sim 2.0)u'_t$

有一个管头的上升管 $u_f \geqslant 2.2u'_t$

有两个弯头的垂直或倾斜管 $u_f \geqslant (2.4 \sim 4.0)u'_t$

管路布置复杂时 $u_f \geqslant (2.6 \sim 5.0)u'_t$

大密度成团的黏结性物料 $u_f \geqslant (5.0 \sim 10.0)u'_t$

细粉状物料 $u_f \geqslant (50 \sim 100)u'_t$

裂化催化剂的最大粒径为149μm，终端速度0.6m/s左右。实际上在以空气输送催化剂时线速约8~10m/s，为终端速度的8~10倍。

第十节 反应器-再生器间的压力平衡

一、概述

为了使流化催化裂化装置中的催化剂和气体按照预定方向作稳定流动，不出现倒流、架桥和窜气等现象，保持各设备之间的压力平衡是十分重要的。通过压力平衡的计算可以确定两器的相对位置，并确定在各种不同处理量条件下两器顶部应采取的压力，而两器顶部压力的变化，又会引起藏量、循环量的变化。

同高并列式装置两器的顶部保持着大致相同的压力，两根U型管很像两根连通管，在U型管的一端施加压力时，催化剂就会从另一端流出。同祥U型管一端的压力降低时，催化剂就可由这根U型管的另一端压过来。使U型管的一条腿为重腿，另一条腿为轻腿，就可以达到这一目的。改变提升管的进料量，改变密相提升管的增压风量，都可以使催化剂循环量改变，但习惯上是采用改变增压风来调节的。提升管的出口还有分布板和床层。因此藏量对循环量也有一些影响。但是反应器藏量与再生器藏量是根据裂化反应和烧焦过程的需要而确定的，不论同高并列式装置还是高低并列式装置都不能用改变藏量作为改变循环量的手段。再生器设有溢流管的装置，料面已为溢流管高度所限定，溢流管内的料面可以自由升降，以平衡U型管压力分布，控制催化剂循环量。

高低并列式装置的两器保持着较大的压差，再生催化剂斜管相当于同高并列式装置U型管的重腿，提升管则相当于U型管的轻腿。改变两类装置的两器压差都可以改变藏量和循环量。再生器压力是用调节再生器顶部的双动滑阀来控制的，反应器压力则用调节气体压缩机入口压力来控制。但对高低并列式装置来说，改变藏量和循环量主要是靠改变待生斜管和再生斜管上滑阀的开度来调节的。因为滑阀受高温催化剂的冲刷，特别是再生滑阀要用耐高温耐磨的材料制造。

对具有两根提升管或两个以上密相床的装置，更要做好各种不同处理量情况下的压力平衡，以保证投产后稳定操作，满足生产要求。

同轴式催化裂化装置的两器间催化剂输送系统是由待生立管、再生立管和再生斜管，采用待生和再生塞阀，构成两个循环回路。

待生立管和并列式的待生斜管一样，都是靠催化剂颗粒本身重力克服摩擦阻力，以密相输送方式向下流动，先经过待生塞阀流入套筒内，用占主风量5%的空气，使催化剂在流化状态下流入再生器密相床。由于待生立管长，蓄压能力大，其静压比待生斜管大0.02~0.03MPa，故使两器差压调节幅度在-0.01~+0.07MPa之间变化，仍能保持催化剂输送稳定，而不会发生催化剂倒流，说明同轴式抗事故能力强。

为了保持催化剂在立管内稳定流动，以防止催化剂架桥、节涌和气体上窜等现象，除了具有足够静压外，还必须充分松动。另外，可以采用改变吹气点或松动点的位置来调节立管的密度，以达到两器合理的差压和适宜的塞阀压降。因此，在待生立管上设有多个松动点，进行吹气松动。

同轴式结构的催化裂化装置再生催化剂不是直接由淹流管流入再生斜管，而是经塞阀后，以流化状态溢流到再生斜管。再生斜管进入提升管预提升的结构有两种形式：一种是下流式斜管结构(习惯称为Y型斜管)，另一种是上流式斜管结构，与再生立管的夹角为45°向上倾斜，称J型斜管。下流式斜管与并列式装置相同，依靠催化剂的重力向下流动。J型斜管内催化剂流动状态与U型管上升段相似。在斜管内小量充气松动，催化剂呈密相流化状态，再依靠两端的压差，造成输送的推动力。斜管内密度较大，一般为500~550kg/m^3，而成为再生线路的阻力。因此，两器正差压比下流式斜管大20~30kPa，从而降低了再生线路的推动力，这是一个损失，但J型斜管可降低提升管长度和再生器框架高度。以600kt/a装置为例，可缩短提升管长度6~7m，减少再生器框架高度3.0m左右。并对高压再生的装置来讲，可降低反应压力，减少油气分压。再生斜管还作为密相料封，可以使再生器与提升管油喷嘴之间用密相流动催化剂隔断，防止催化剂倒流事故。

二、由待生和再生催化剂线路分别计算系统压力平衡法

这种方法可以归纳为下列几点：

①将催化裂化装置反应器、再生器间压力平衡系统分别按再生和待生两条独立线路的压力平衡来计算。

②在再生催化剂(或待生催化剂)输送线路上，以线路标高的低点为基准，按催化剂流动方向确定或划分该线路的上、下游。上游的压力及静压头总和为催化剂流动的推动力，下游的压力、静压头及滑阀压降之总和为催化剂流动的阻力。

③维持催化剂平衡循环流动的条件为：

推动力=阻力

用这一方法计算的同高并列式的典型实例见表5-45、图5-208和图5-209；高低并列式的典型实例见表5-46、图5-210、图5-211和图5-212；同轴式的典型实例见表5-47、图5-213和图5-214。关于双器两段再生提升管催化裂化装置，表5-48也列出了其压力分布。

表 5-45　同高并列式装置典型压力平衡表　MPa

项　　目	数　　据	项　　目	数　　据
再生线路		待生线路	
推动力		推动力	
再生器顶压力	0.0769	反应器顶压力	0.0748
稀相段静压 溢流管静压	0.0197	稀相段静压 密相段静压	}0.0116
再生立管静压	0.0312	汽提段静压	0.0556
小计	0.1278	小计	0.1420
阻力		阻力	
反应器顶压力	0.0748	阻力再生器顶压力	0.0769
稀相段静压 密相段静压	}0.0116	稀相段静压 密相段静压	}0.0128
分布板压降	0.0100	密相提升管静压	0.0287
稀相提升管总压降 再生滑阀压降	0.0172 0.0060	增压风进料点静压 待生滑阀压降	}0.0102
U 型管压降	0.0082	U 型管压降	0.0134
小计	0.1278	小计	0.1420

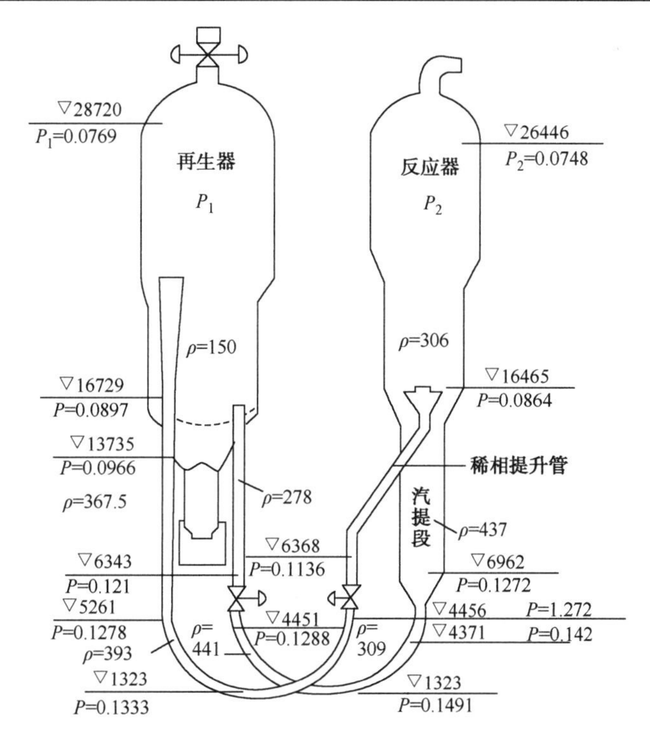

图 5-208　同高并列式装置典型压力平衡图

单位：标高-mm；压力 P-MPa；密度 ρ-kg/m³

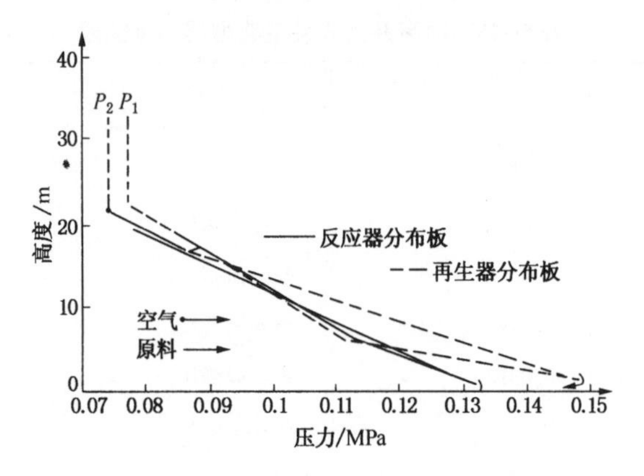

图 5-209　同高并列式装置压力平衡示意图

表 5-46　高低并列式装置典型压力平衡表　MPa

项目 \ 顺序号	1	2	项目 \ 顺序号	1	2
再生线路			待生线路		
推动力			推动力		
再生器顶压力	0.1729	0.1450	沉降器顶压力	0.1437	0.1200
稀相上静压头	0.0022	0.0008	沉降器静压	0.0008	0.0029
密相静压	0.0160	0.0107	汽提段静压	0.0351	0.0422
溢流管静压			待生斜管静压	0.0330	0.0320
再生斜管静压	0.0220	0.0545	小计	0.2126	0.1971
小计	0.2131	0.2109	阻力		
阻力			再生器顶压力	0.1727	0.1450
沉降器顶压力	0.1437	0.1200	稀相静压	0.0014	0.0008
稀相静压	0.0003	0.0029	过渡段静压	0.0009	
分布板			再生器密相静压	0.0067	0.0123
提升管总压降	0.0175	0.0360	待生滑阀压降	0.0308	0.0390
帽压降	0.0001		小计	0.2126	0.1971
再生滑阀压降	0.0514	0.0520			
小计	0.2131	0.2109			

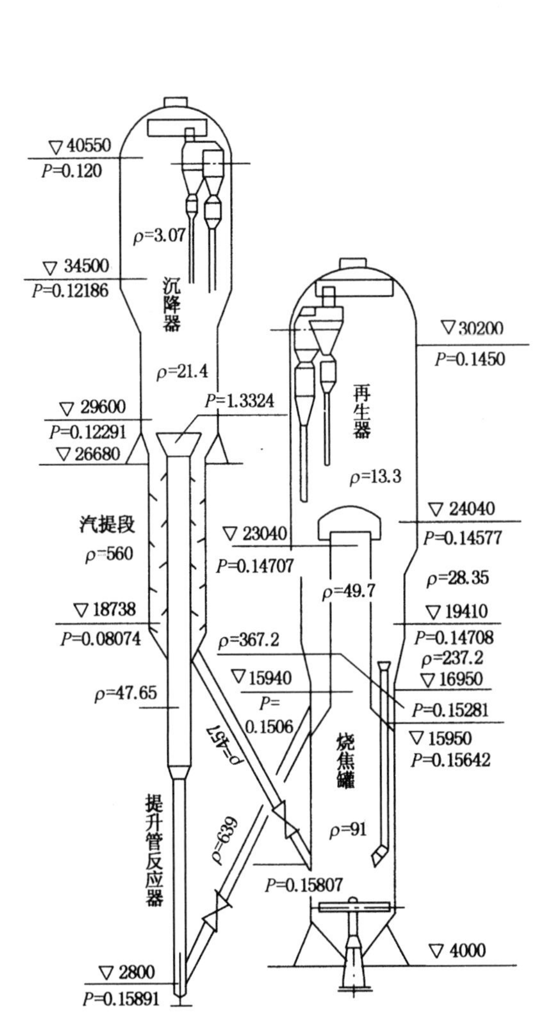

图 5-210　高低并列式(带烧焦罐)典型压力平衡图

表 5-46 顺序 2；单位：同图 5-208

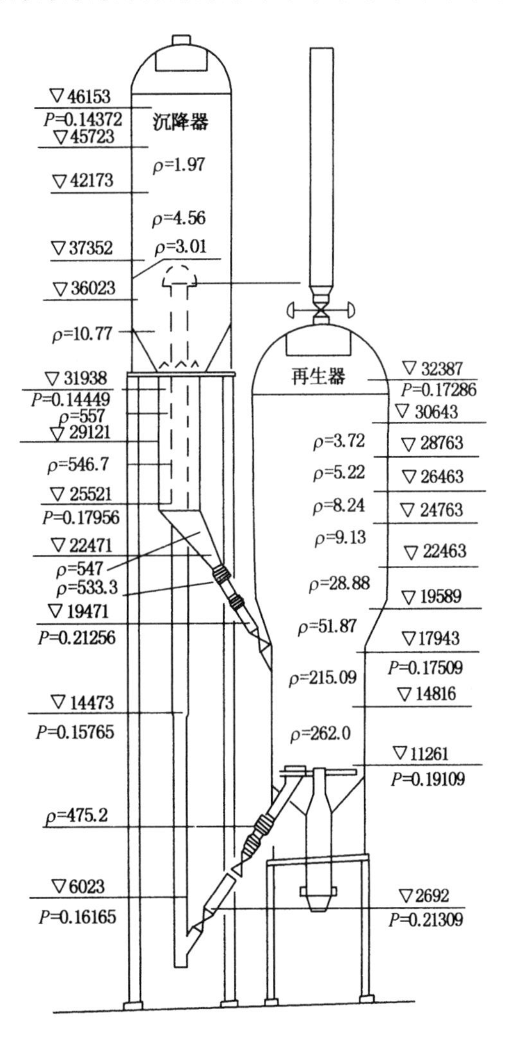

图 5-211　高低并列式典型压力平衡图

表 5-46 顺序 1；单位：同图 5-208

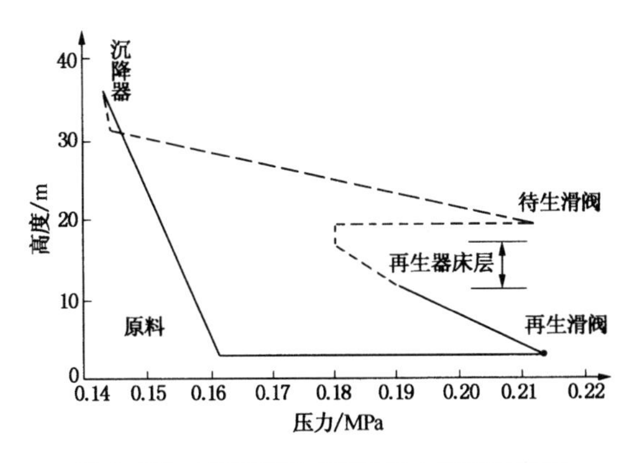

图 5-212　高低并列式装置压力平衡示意图

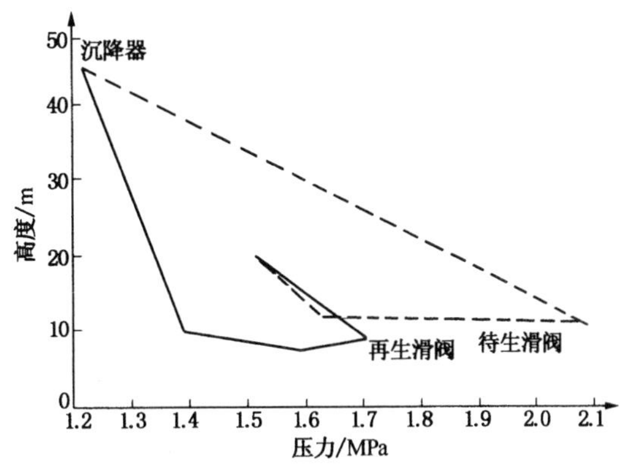

图 5-213　同轴式装置压力平衡示意图

表 5-47　同轴式装置典型压力平衡表

项　目	馏分油标定		项　目	馏分油标定	
	压差/MPa	密度/(kg/m³)		压差/MPa	密度/(kg/m³)
再生线路			待生线路		
推动力			推动力		
再生器顶压力	0.15007		沉降器顶压力	0.11565	
再生器稀相压差	0.00094	9.82	沉降器稀相压差	0.00023	3.1
再生器过渡段压差	0.00177	89	沉降器锥体压差	0.00039	10.7
再生器二段上压差	0.00458	122	汽提段静压	0.02816	368
再生器二段密相压差	0.00697	142	汽提段锥体静压	0.01755	547
再生器立管静压	0.00721	437	待生立管静压	0.05088	325
小计	0.17154		小计	0.21286	
阻力			阻力		
沉降器顶压力	0.11565		再生器顶压力	0.15007	
再生斜管静压	0.01633	499	再生器稀相压差	0.00094	9.82
再生立管压降	0.00721		再生器一段过渡段压差	0.00098	49
提升管压降	0.00958	31.7	再生器一段上压差	0.00435	140
提升管下静压	0.00803	243	再生器一段密相压差	0.00776	151
快速分离压降	0.00218		待生塞阀压降	0.04245	
提升管直角弯头压降	0.0027		小计	0.20655	
再生塞阀压降	0.01225				
小计	0.17393				

表 5-48　两器两段再生压力分布

位　置	压力/MPa	位　置	压力/MPa
提升管反应器		反应沉降器	
再生剂立管底部	0.270	沉降器顶部	0.190
再生滑阀压降	0.035	沉降器底部	0.191
提升管底	0.235	汽提段底部	0.234
进料喷嘴	0.216	待生剂立管	0.239
提升管压降	0.025	待生剂立管底部	0.271
沉降器	0.191	待生滑阀压降	0.033
第一再生器		第二再生器	
再生器顶	0.237	再生器顶部	0.143
密相床顶	0.238	密相床顶部	0.144
密相床底	0.253	分布环间隙中心	0.160
塞阀压降	0.033	密相床底部	0.165
再生剂提升管顶部	0.220	外溢流管口	0.144
		外溢流管底部	0.169
		再生剂立管底部	0.270

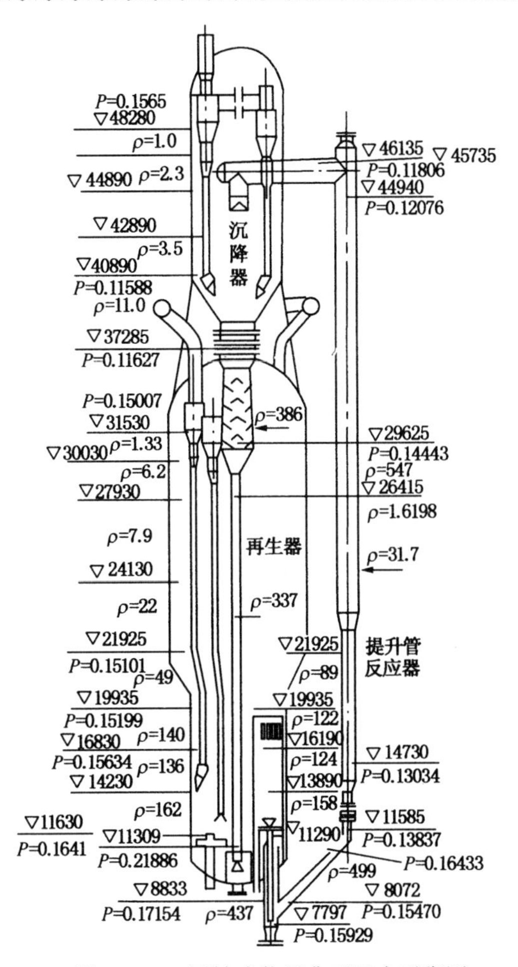

图 5-214　同轴式装置典型压力平衡图

单位：同图 5-208

三、实际生产装置压力平衡核算实例

(1) 由生产标定数据确定密相床高度。

由于生产装置沿轴向的测点较少，因此密相床高只能进行估算，基本原理见图 5-215。

按照文献(Kunii，1991)的原理有：

$$H_f/\Delta h_1 = (\Delta P_1 + \Delta P_2 + \Delta P_3)/\Delta P_1$$

$$H_f = (\Delta P_1 + \Delta P_2 + \Delta P_3) \cdot \Delta h_1/\Delta P_1$$

(2) 由各处压降数据计算相应位置的视密度。

$$\rho_{视} = \Delta P_i/(\Delta h_i \cdot g)$$

式中，ΔP_i、$\rho_{视}$、Δh_i 的单位分别是 Pa、kg/m^3、m，$g=9.8m/s^2$。

(3) 作出反再系统流程及相应标高示意图。

(4) 将第(2)步计算出的视密度值标注在示意图的相应位置上。

(5) 分再生剂输送线路和待生剂输送线路计算压力平衡。

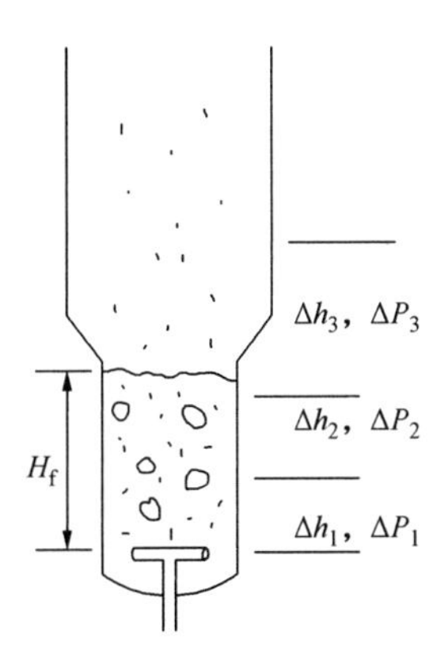

图 5-215　密相床高的估算图

例如，某 800kt/a 两器两段再生催化裂化装置各处视密度及结构尺寸见图 5-216，各测点间距见表 5-49，试核算其压力平衡。

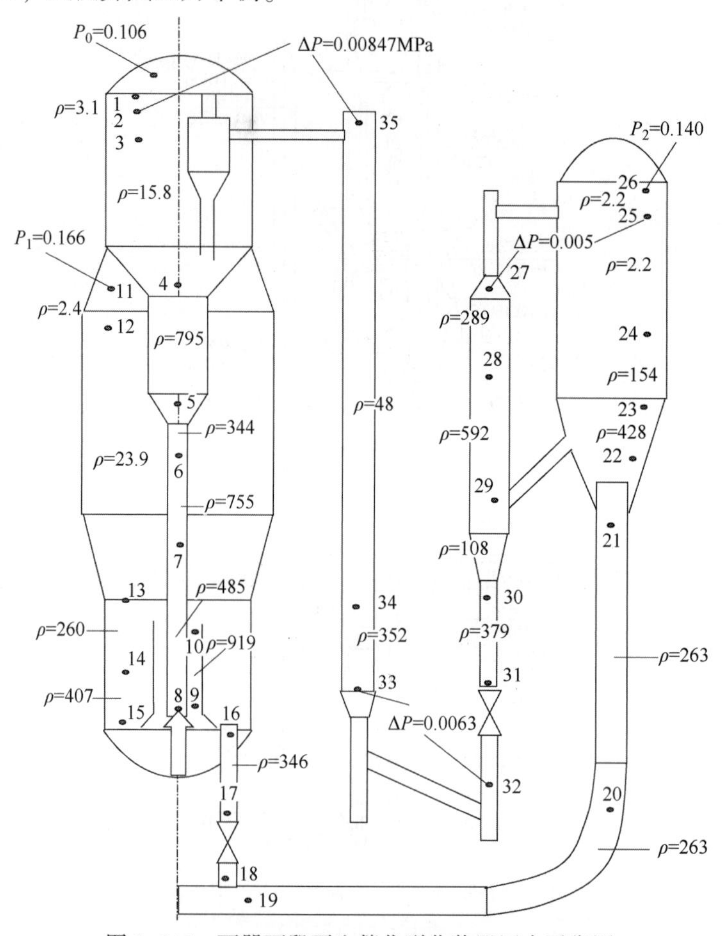

图 5-216　两器两段再生催化裂化装置压力平衡图

表 5-49　反再系统各测点间距

测　点	间距/mm	测　点	间距/mm
1—2	1600	19-20	5700
2—3	3220	20-21	12500
3—4	11780	22-23	2000
4—5	4500	23-24	4604
5—6	2400	24-25	4700
6—7	8670	25-26	2000
7—8	4200	27-28	9900
9-10	1900	28-29	1000
11-12	1950	29-30	3000
12-13	12950	30-31	1180
13-14	2000	33-34	9950
14-15	2000	34-35	15000
16-17	8310		

解:

1. 待生线路

(1) 推动力

① 沉降器顶压：$P_0=0.106+0.103=0.209\text{MPa}$

② 沉降器静压：$\Delta P_{s1}=(\Delta h_{1-2}+\Delta h_{2-3})\times3.1\times9.8+\Delta h_{3-4}\times15.8\times9.8=(1.6+3.22)\times3.1\times9.8+11.78\times15.8\times9.8=1970.5\text{Pa}\approx0.0020\text{MPa}$

③ 汽提段静压：$\Delta P_{s2}=\Delta h_{4-5}\times795\times9.8+\Delta h_{5-6}\times344\times9.8=4.5\times795\times9.8+2.4\times344\times9.8=43150.4\text{Pa}\approx0.043\text{MPa}$

④ 待生立管静压：$\Delta P_{s3}=\Delta h_{6-7}\times755\times9.8+\Delta h_{7-8}\times485\times9.8=8.67\times755\times9.8+4.2\times485\times9.8=84111.93\text{Pa}\approx0.084\text{MPa}$

合计：$\Sigma P_{推}=0.338\text{MPa}$

(2) 阻力

① 一再顶压：$P_1=0.166+0.103=0.269\text{MPa}$

② 稀相静压：$\Delta P_{s1}=\Delta h_{11-12}\times2.4\times9.8+\Delta h_{12-13}\times23.9\times9.8=1.95\times2.4\times9.8+12.95\times23.9\times9.8=3079.0\text{Pa}\approx0.0031\text{MPa}$

③ 密相静压：$\Delta P_{s2}=\Delta h_{13-14}\times260\times9.8+\Delta h_{14-15}\times407\times9.8=2.0\times260\times9.8+2.0\times407\times9.8=13073.2\text{Pa}\approx0.0131\text{MPa}$

④ 套筒内外差压：$\Delta P_{s3}=\Delta h_{9-10}\times(919-407)\times9.8=1.9\times(919-407)\times9.8=9533.4\text{Pa}\approx0.00095\text{MPa}$

⑤ 待塞压降 $\Delta P_{待塞}$

合计：$\sum P_{阻}=0.2947+\Delta P_{待塞}$

由：推动力=阻力，可求得：$\Delta P_{待塞}=0.0433\text{MPa}$

2. 半再生线路

(1) 推动力

① 一再顶压：$P_1=0.269\text{MPa}$

② 稀相静压：$\Delta P_{s1}=0.0031\text{MPa}$

③ 密相静压：$\Delta P_{s2}=0.0131\text{MPa}$

④ 半再立管静压(假定半再立管入口到测点 16 的间距为 1m)

$\Delta P_{s3}=(\Delta h_{16-17}+1)\times346\times9.8=(8.31+1)\times346\times9.8=31568.3\text{Pa}\approx0.0316\text{MPa}$

合计：$\sum\Delta P_{推}=0.3168\text{MPa}$

(2) 阻力

① 二再顶压：$P_2=0.140+0.103=0.243\text{MPa}$

② 稀相静压：$\Delta P_{s1}=(\Delta h_{25-26}+\Delta h_{24-25})\times2.2\times9.8=(2+4.7)\times2.2\times9.8=144.5\text{Pa}\approx0.00014\text{MPa}$

③ 密相静压：$\Delta P_{s2}=(\Delta h_{23-24}\times154+\Delta h_{22-23}\times428)\times9.8=(4.604\times154+2\times428)\times9.8=15337.2\text{MPa}\approx0.0153\text{MPa}$

④ 半再提升管差压：$\Delta P_{s3}=\Delta h_{19-20}\times263\times9.8+(\Delta h_{20-21}+1)\times85.3\times9.8=5.7\times263\times9.8+(12.5+1)\times85.3\times9.8=25976.4\text{Pa}\approx0.0260\text{MPa}$

⑤ 半再滑阀压降 $\Delta P_{半滑}$：$\sum\Delta P_{阻}=0.2844+\Delta P_{半滑}$

由：推动力=阻力，可求得：$\Delta P_{半滑}=0.0324\text{MPa}$

3. 再生线路

（1）推动力

① 二再顶压：$P_2=0.243\text{MPa}$

② 外溢流管脱气罐出口以上静压：$\Delta P_{27-25}=0.005\text{MPa}$（实测）

③ 脱气罐静压：$\Delta P_{s1}=(\Delta h_{27-28}\times289+\Delta P_{28-29}\times592)\times9.8=(9.9\times289+1\times592)\times9.8=33840.4\text{Pa}\approx0.0338\text{MPa}$

④ 再生立管静压：$\Delta P_{s2}=(\Delta h_{29-30}\times108+\Delta h_{30-31}\times379)\times9.8=(3\times108+1.18\times379)\times9.8=7558.0\text{Pa}\approx0.0076\text{MPa}$

合计：$\sum\Delta P_{推}=0.2894\text{MPa}$

（2）阻力

① 沉降器顶压：$P_0=0.209\text{MPa}$

② 稀相静压：$\Delta P_{s1}=(\Delta h_{1-2}+\Delta h_{2-3})\times3.1\times9.8=(1.6+3.22)\times3.1\times9.8=146.4\text{Pa}\approx0.00015\text{MPa}$

③ 粗旋压降：$\Delta P_{粗}=0.00847\text{MPa}$（实测）

④ 提升管总压降：$\Delta P_{提}=(\Delta h_{34-85}\times48+\Delta h_{33-34}\times352)\times9.8=(15\times48+9.95\times352)\times9.8=41379.5\text{Pa}\approx0.0414\text{MPa}$

⑤ 预提升差压：$\Delta P_{预}=0.0063\text{MPa}$（实测）

⑥ 再生滑阀压降：$\Delta P_{再滑}$

合计：$\sum\Delta P_{阻}=0.2653+\Delta P_{再滑}$

由推动力=阻力，可求得：$\Delta P_{再滑}=0.0241\text{MPa}$

第十一节　气-固分离

在催化裂化装置的流态化反应设备内，通过气-固两相接触，完成了预期的化学反应之后，就需要将气体（反应油气或烟气）与所携带的固体颗粒（催化剂）分离，气体作为反应产物，进一步进行处理，催化剂则在反应设备内循环使用。由于气体携带的固体量很大（5～30kg/m^3），往往需要不同形式的分离设备多级分离，才能保证催化剂的损失在限定范围之内。催化裂化装置的分离设备主要应用在提升管末端、沉降器与再生器内及烟气能量回收系统中，现分述于下。

一、提升管末端分离器

催化裂化提升管反应器出口的分离设备习惯上也称作快速分离器（简称为快分），它的作用是使反应油气与催化剂迅速分离，达到快速中止汽油等产物进一步裂化生成气体等不利的二次反应以提高反应选择性。工业中的快分结构通常采用惯性分离器和旋风分离器两种型式。

（一）惯性分离器

在惯性分离器内主要发生气流的急速转向，或先冲击在挡板上再急速转向，其中固体颗粒由于惯性效应，其运动轨迹和气流轨迹不一样，从而使两者获得分离。流速高，惯性效应就大，所以这类分离器占据空间较小，投资省，气流的压降也较低，只是分离效率不够高。

惯性分离器的形式多种多样，现列举几种如下：

（1）伞帽型　如图5-217(a)所示，上行气流经伞帽的环形面积反转向下，大部分颗粒也随之向下落入密相床层，少部分颗粒被气流携带向上至稀相区。某装置的环形面积与提升管出口面积比为3.35，颗粒浓度由40kg/m^{3}降至10kg/m^3，上升3m后又降到5.5kg/m^3，分离效率在75%左右。

（2）倒L型　曾用于从沉降器侧面布置的提升管水平段出口端，倒L型弯头出口一般向下延伸0.6～1.0m，以防偏流，见图5-217(b)。出口下方设有锥形挡板，某装置实测的分离效率达85%。

（3）T型　如图5-217(c)所示，装在与沉降器同轴布置的提升管出口端，上行气流经T型的水平段短管(2～4根)下面的圆喷口向下流出，实现固体颗粒利用本身惯性与气体分离，这一形式的分离效率约为85%。

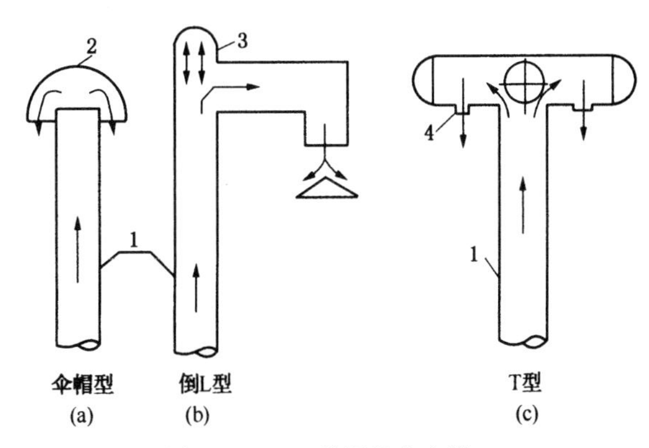

图5-217　三种惯性分离器

1—提升管；2—伞帽；3—气垫弯头；4—喷头

（4）三叶型　也是装在上行的直提升管出口端，气流经过三个侧面的矩形(高宽比b/a约为3)喷口流入三个蝶形环室，然后从环室下侧横截面向下流出，见图5-218。这种形式的结构参数(包括叶面角度α、喷口截面积比ab/D^2和环室外端与内端直径比$2R/D_0$)如设计得当，在提升管出口气速14～16m/s时，分离效率可达90%左右(冷模试验)，压降3～5kPa，并可用下式表达：

$$\Delta P = 1000m \cdot \mu_f^{n_1} \cdot G_s^{n_2} \tag{5-675}$$

式中　m，n_1，n_2——系数(随结构参数而异)，某一种结构的冷模回归值为：$m=0.82$，$n_1=0.37$，$n_2=1.48$。

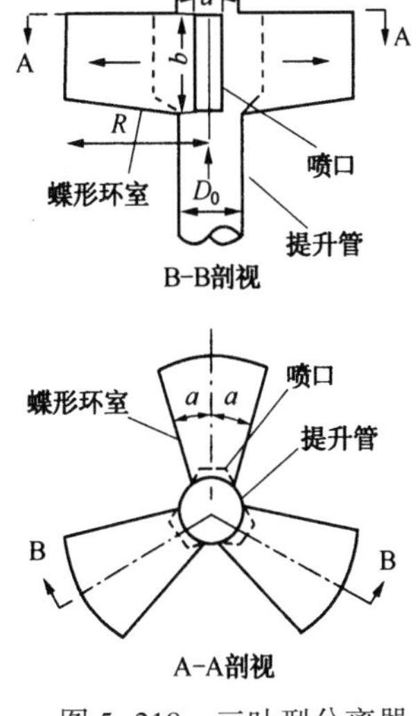

图5-218　三叶型分离器

（5）弹射式　在上行直提升管出口端外面套以上口敞开的环形室，气流向上喷出后，催化剂颗粒由于惯性作用沿抛物线喷射到离环室较远处落入床层，而气体则急转入环室，并从其侧面的多组水平导出管引出，再经垂直和水平管段与旋风分离器入口连结，见图5-219。弹射式操作气速应在14m/s以上，环口截面积不应大于提升管出口截面积，水平导气管中心线与出口上缘的距离不大于提升管出口直径。这种结构的冷模实验分离效率在95%以上，工业应用可使一级旋风分离器入口浓度降低到3kg/m^3，估算效率当在90%以上。但这种结构的压降较大，对旋风分离系统的压力平衡，特别是二级斜腿的密封有不利影响，尤其在开工阶段提升管内只有水汽时更为突出，因此必须把弹射式分离器作为整个反应器催化剂回收系统的一个环节予以综合考虑。

（6）倒U型弯　如图5-220所示，Shell公司20世纪90年代提出的结构，安装在提升管末端(Van Den Akker，1990)。提升管上行的催化剂和油气分成两股进入两个倒U型弯，固体颗粒转180°后沉降到分离器排料口排出，油气则由两个倒U弯中心的水平出气管排出，气体出口相对提升管出口转了90°。Andreux等(2007)用FCC催化剂固定入口气速7.3m/s，进行小型冷模试验，测试了这种单个倒U型弯在不同加载固气比和料腿背压条件下的固体捕集效率、气体回收率及压降。结果显示，固体捕集效率随入口固气比增加，固气比5kg/kg以上，到达95%；气体回收效率，单相流时约62%，固气比1~5kg/kg间增至73%，15kg/kg后又降至62%。压降在单相流时最大，300~500Pa，固气比2.5kg/kg时最小，15~200Pa。调整排料口背压，可使气体回收率在62%~100%间变化。

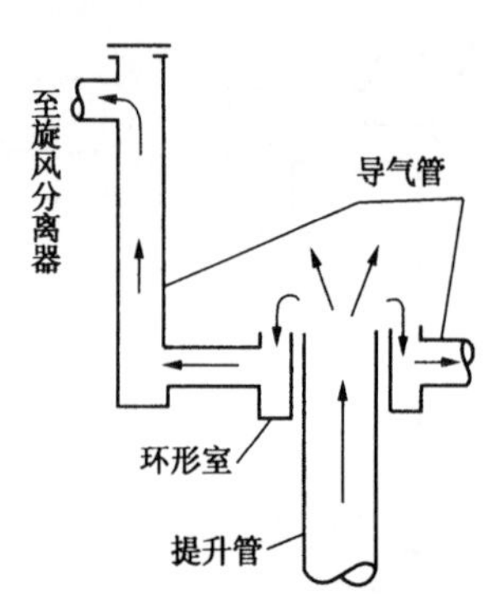

图5-219 弹射式分离器

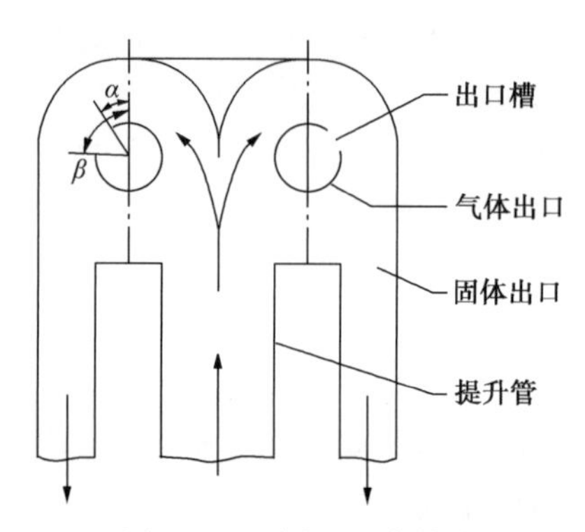

图5-220 倒U型弯快分

S&W公司对上述倒U型弯快分进行了改进，将侧面的水平排气管插入气固分离室，并开了一些排气缝，优选的排气缝位置是$\alpha = 0° \sim 30°$，$\beta = 30° \sim 90°$，见图5-220。Ross等(1993)报告改进后的结构催化剂分离的效率95%~99%，分离器内停留时间约0.1~0.2s。经过进一步开发，S&W公司提出了Ramshorn Riser Termination系统。国内也对这种结构的分离器进行了研究开发(刘显成，2006)。

以上介绍的几种惯性分离器内部应有耐磨衬里，在直角转弯处设气垫弯头，以防止磨蚀。喷射出来的油气要避免朝向旋风分离器料腿等内件，必要时要加保护板，以防止冲蚀。

(二) 旋风分离器

在提升管出口充当快速分离作用的旋风分离器通常直径较大，入口线速为15m/s左右，也习惯称之为粗旋风分离器(Roughcut Cyclone，或简称粗旋)。粗旋是一种排气口和排料口都敞开在沉降器中的入口高颗粒浓度的旋风分离器，其分离原理和基本结构和本节第二部分“沉降器与再生器内的高效旋风分离器”基本相同，但由于其工作条件及工艺目标与常规的旋风分离器的差异，粗旋的结构设计和工作性能又有其特殊性；特别是在重油催化沉降器中，为使反应油气不串入沉降器空间，减少提升管后反应，改善产品分布，且减少沉降器内结焦，国内外对提升管末端充当快速分离作用的旋风分离器做了大量研究改进，有关工艺细节将在本书第七章进行系统介绍，本节只从单体设备结构方面进行介绍。

1. 改进的粗旋风分离器

粗旋风分离器是最经典的提升管末端分离器。它结构简单、分离催化剂效率高(约99%)、操作可靠，但从排料管下泄的油气量大(有报道称可达入口气量的30%~40%)，即油气分离效率不高，因而进入沉降器底部空间的油气量大，造成重油催化沉降器系统二次反应与结焦严重。中国石油大学对粗旋内部流场及工作性能进行了一系列的试验与数值模拟研究(晁忠喜, 2004; 刘书贤, 2008), 提出了通过粗旋各部分结构尺寸的优化匹配可显著减少油气从粗旋料腿下行排出的改进设计, 特别是通过粗旋升气管和料腿尺寸的合理匹配等措施使油气下排量大为减少, 从而大大缩短油气在沉降器空间的停留时间, 达到和采用 VQS、FSC、CSC 快分等几乎相同的减少结焦与增加轻收的效果, 但设备结构却比 FSC、CSC 快分等简单得多。

2. 卧式旋风分离器(Ramshorn Riser Termination)

S&W 公司开发的卧式旋风分离器系统采用一个蜗壳使油气和催化剂混合物围绕气体出口管产生 180°的转弯, 当混合物围绕气体出口管旋转时, 离心力和黏滞力使油气和催化剂分离, 气体出口管内部导向侧有槽, 催化剂经由料腿通过汽提段顶部的槽出去。不含固体的气体产物通过升气管一直延伸到一级旋分入口, 见图 5-221。料腿下端有汽提管, 可及时汽提出部分油气。它属于开式系统, 操作弹性好, 但只适用于内提升管, 料腿内油气返混问题未彻底解决。

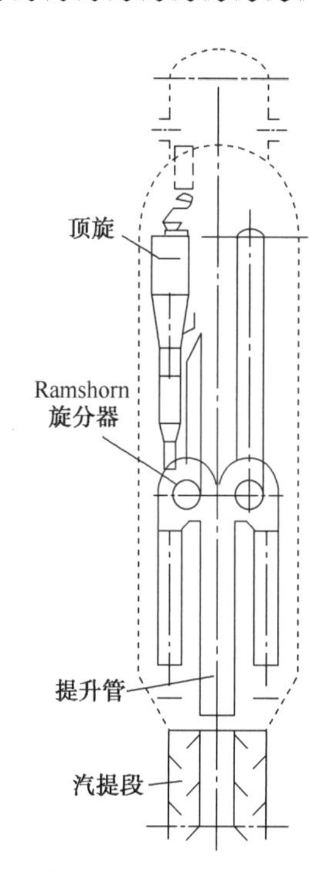

图 5-221　Ramshorn 型提升管出口快速分离系统

3. RS^2 或 RSS(Riser Separation System)

S&W 公司开发的 RS^2 系统见图 5-222, 它是一个包含快速分离室和高效汽提室的球型结构。气固混合流从提升管进入分离室, 在离心作用下将催化剂分离并进入与提升管同轴的料腿。油气在分离室内旋转由两个口进到汽提室, 与汽提蒸汽接触, 然后从气体出口流出。该分离器压降低, 分离效率高, 操作弹性大。但 RS^2 系统的压力平衡会影响催化剂的分离效率和分离室进汽提室的两个口的气量分配。据 S&W 公司报道, 国外已有 28 套工业装置使用了 RS^2 系统。

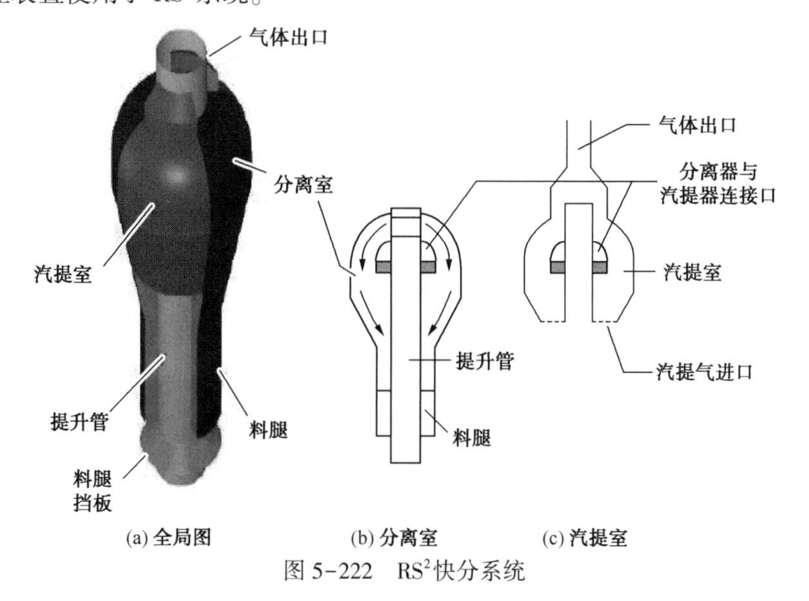

图 5-222　RS^2快分系统

4. UOP 公司的 VDS 旋风分离器与国内的 FSC 和 CSC 系统

VDS 是在常规粗旋下面增加一个预汽提器, 可防止粗旋内油气向下逸出。升气管则与一级旋分入口直联, 其上有开口可导入沉降器内的汽提气和防焦汽, 见图 5-223。而 FSC 是在预汽提器内设置几块高效挡板，CSC 则是设置一段或两段套筒，引入蒸汽进行催化剂密相环流预汽提，见图 5-224。汽提气以平均 4~5m/s 的速度在粗旋汽提段内上升并与主气流汇合，对粗旋效率无明显干扰。料腿很短，可实现微负压差排料，防止油气向下返混。

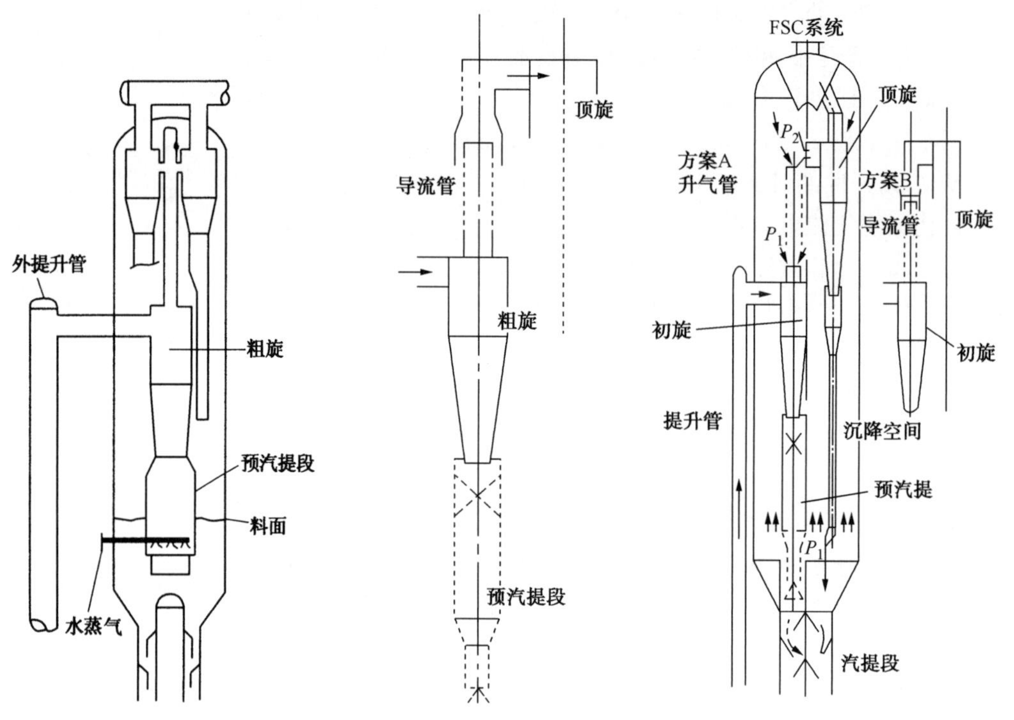

图 5-223　VDS 型提升管出口快速分离系统

图 5-224　FSC 型提升管出口快速分离系统

5. UOP 公司的 VSS 旋风分离器与国内的 VQS 系统

VSS 旋风分离器是将提升管出口端与旋涡式分离器联接，催化剂是从提升管顶部的水平方向上进行离心分离，并沿旋涡室的器壁旋转向下流动。该器底部设有密相床层快速汽提段，可降低料腿中催化剂夹带的油气，从而降低干气和焦炭产率。这项技术也可称为旋涡式分离技术，它是与旋风分离器不同的另一种分离技术(Couch，2004)。其特点是结构紧凑，在提升管出口处引出几根弯臂，使油气和催化剂混合物以旋流形式喷出，弯臂被封闭在一个罩内，保持旋流的形成，罩上导管与一级旋分入口直联，下部有预汽提，见图 5-225。VQS 系统大体和 VSS 相似，不同之处在于旋臂、汽提挡板和导流管的结构，见图 5-226。使用汽提气时的旋流头分离效率可达 99%以上。

上述 UOP 公司开发的两种和国内开发的三种快分系统均已在我国催化裂化装置上得到成功应用。

6. 其他类型的旋风分离器

芬兰 Fortum Oil & Gas Oy 公司设计了多进口式旋风分离器(Multi-entry Cyclone)，其特点是在圆周环形截面处设有多个气体进口通道，经过特制导流叶片使气体产生较大的切线速度，有足够的离心力在小空间内实现气固高效分离。根据计算流体力学(CFD)分析(Majander，2001)，认为入口处流场均匀，分离器总体磨蚀小，对催化剂的磨损也小于常规旋风分离器。

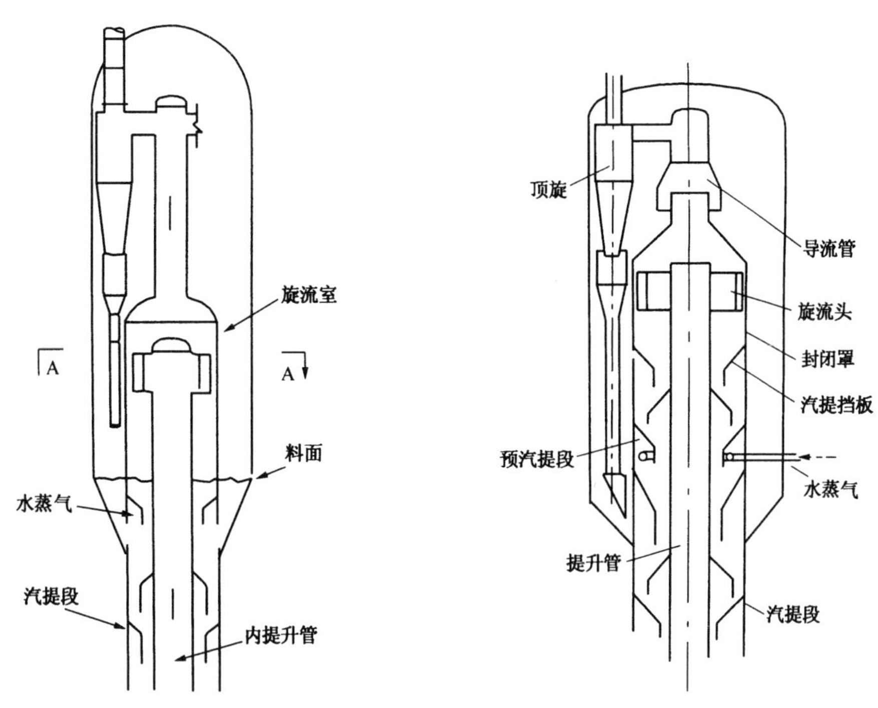

图 5-225 VSS 型提升管出口快速分离系统　　图 5-226 VQS 型提升管出口快速分离系统

该旋分器入口流速约 5~7m/s，远低于常规旋风分离器。虽然入口颗粒浓度大，但压降只有 5kPa 左右。估计两级串联的分离效率达 99.99%以上(Majander，2001)。中试装置(500kg/h)再生器两级旋风分离器出口颗粒浓度为 $53mg/m^3$，折合标准状态为 $21mg/m^3$(Hiltunen，2002)。Fortum Oil & Gas Oy 公司推荐此种分离器用于已有 FCC 装置的改造，改造方案参见图 5-227(a)和图 5-227(b)(Jakkula，2002)。

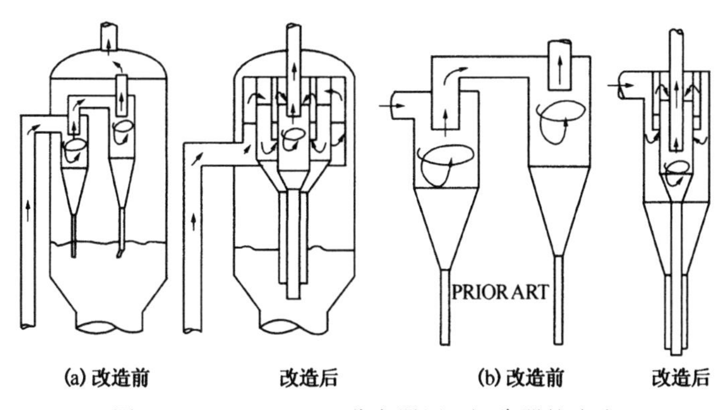

图 5-227(a) NExCC 分离器用于沉降器的改造

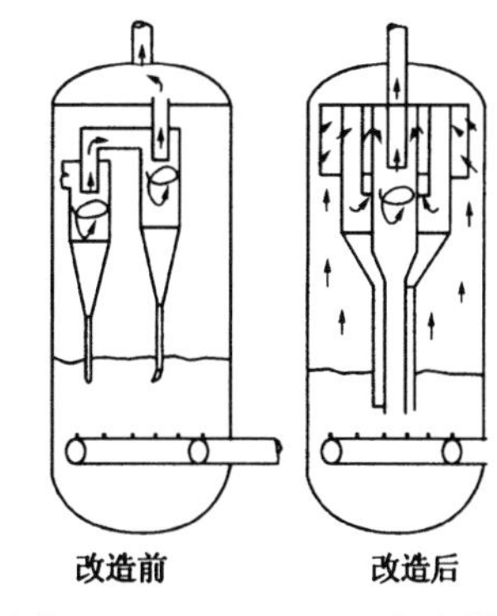

图 5-227(b) NExCC 分离器用于再生器的改造

二、沉降器与再生器内的高效旋风分离器

催化裂化装置中沉降器与再生器内设有多组并联的高效旋风分离器，其中沉降器中的旋风分离器的主要作用是从反应后的油气中回收催化剂以控制油浆中催化剂浓度在 2g/L 左右。为实现该分离效率，沉降器中的旋风分离系统一般采用快分(惯性分离器或粗旋)+顶旋的串

联组合方式。再生器中的旋风分离器的主要作用是从烟气中回收再生后的催化剂，同时保持再生器出口高温烟气中催化剂浓度在0.4~1.5g/Nm^3(湿)之内以利于下游第三级旋风分离器的分离，通常采用两级串联组合方式。

沉降器与再生器内的旋风分离器(包括粗旋与顶旋、一旋与二旋)结构基本相同，主要分离原理是使气体通过特定的入口结构产生高速旋转运动，颗粒所受到的离心力比其重力大数百甚至几千倍，比在惯性分离器中颗粒的惯性力要大一个数量级以上，所以可分离的最小粒径为5~10μm，分离效率大大提高。此外它的结构简单，造价低，维护方便，又可承受高温高压和高的固体颗粒浓度。缺点是压降较高，对于粒径小于5~10μm的细颗粒分离效率不高。

旋风分离器按气体从入口到出口的流向可分为逆流式和顺流式两大类，按分离颗粒的方式还可分为切流式和旋流式两大类。在催化裂化装置应用中以前者为主。

旋风分离器内两相流动的主导作用是气流运动。在切流式器内有三维湍流的强旋流。主流是由向下旋转的外侧旋流和转向相同但向上旋转的中心旋流构成的双层旋流，此外还伴有许多局部的二次涡流。器内的切向速度、径向速度、轴向速度、静压和全压等流场已经有许多研究。二次涡流中如环形空间的纵向环流、排气管下口附近的短路流和锥体下部排尘口附近的偏流都引起了研究者的重视。颗粒在器内一方面受到气体曳力和重力的影响，另一方面还受到颗粒与器壁、颗粒与颗粒间的碰撞弹跳以及扩散作用和脉动速度(对细颗粒)的各种复杂影响，它的运动带有很大随机性，轨迹十分紊乱。因此学者只能在测定气体流场的基础上对颗粒在主流中受气体影响的运动速度做定量的关联，而对其他影响只能在实测颗粒浓度场的基础上对颗粒运动轨迹进行定性分析。

毛羽等(2002)用数值模拟方法对分离器内的紊流过程进行研究，发现采用应力输运模型(RSM)的计算结果与实测值吻合较好。

由于旋风分离器内的气体和颗粒运动十分复杂，在颗粒分离机理研究中就不得不进行简化假设。这方面的理论和模型可参阅有关文献，下面侧重于从工艺和工程的实用角度对工业催化裂化装置采用过的旋风分离器结构特点和工作性能加以叙述。

(一) 结构特点

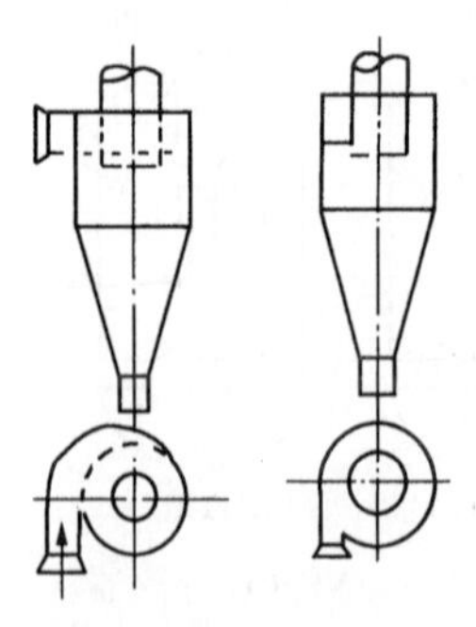

图5-228　两种旋风分离器的入口形式

切流式旋风分离器的切向入口为矩形截面，随入口管与分离器筒身的位置关系不同可分为直切式和蜗壳式两种，见图5-228。后者采用90°及180°渐开线形状以减少进口处气流间的相互干扰，还可略降低流体压降，提高处理气量，但外形尺寸稍大。

为了消除上部灰环对分离效率的不利影响，可以在筒体外装设一条螺旋状排尘通道将浓集在器壁处的颗粒及时排出，称为“外旁路式”，见图5-229，国外早期的Van-Tongerin即属于这种；还可以采用在上灰环紧靠顶板处开设“内旁室”的方法引走浓集的颗粒，见图5-230，国外Buell公司采用了这种型式。以上的结构虽然效率较高，但制造均较复杂且维修不便。后来根据旋风分离器环形空间内部形成纵向环流的原因分析，并与弯曲管道内的气固流动对比，找出有效抑制纵向环流，同时基本满足自由涡流动规律的方法，即将矩形管道截面改为如图5-231所示的异形截面，使$a\times b=c\times d=c'\times d'$，使截面内流速较高处相应有较大的流通面积，如国外开发的GE Catclone Ⅱ型。

通常旋风分离器采用平顶式，也有采用螺旋形顶板以减少上灰环影响的结构，如 Ducon 公司生产的 SDC-M 系列，见图 5-232。

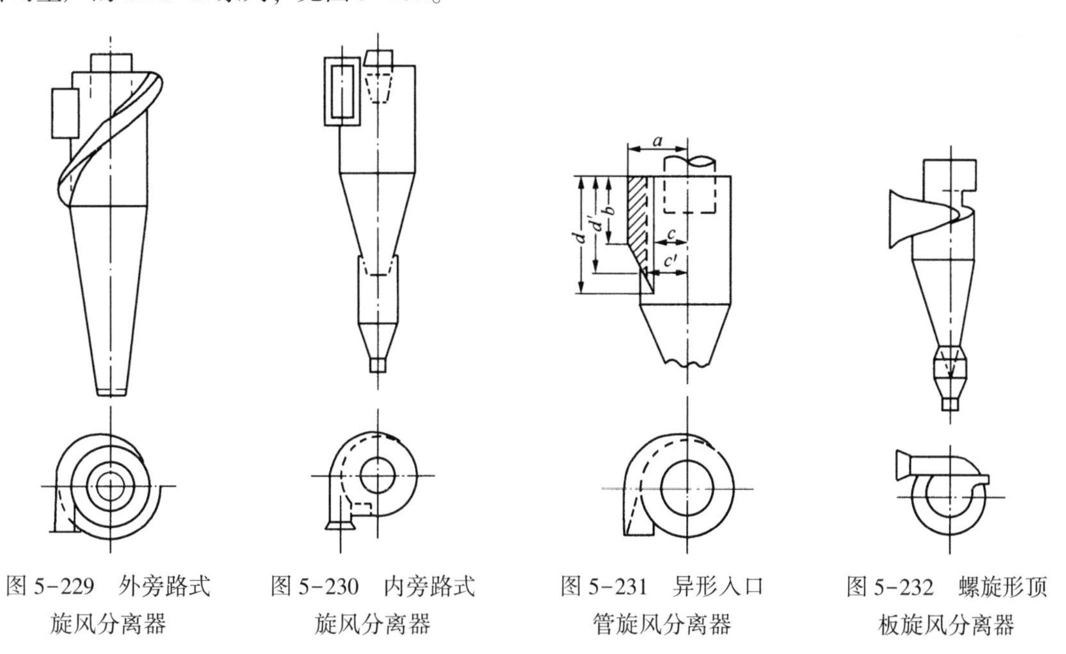

图 5-229　外旁路式旋风分离器　　图 5-230　内旁路式旋风分离器　　图 5-231　异形入口管旋风分离器　　图 5-232　螺旋形顶板旋风分离器

应当指出，有些系列近年经过更新已经趋向采用较大高径比、出口处有缩径的高效型。外旁路、内旁室和螺旋顶结构大部分已淘汰。国内曾研制过多种形式，催化裂化装置曾普遍采用Ⅰ型和Ⅱ型（侯祥麟，1991），随后被 PV 型所替代，并引进了国外 GE 公司和 Emtrol 公司的高效旋分器。在 PV 型旋风分离器的基础上，中国石油大学又开发了两种新型高效旋风分离器：一是升气管表面设置弧形螺旋片、适用于沉降器顶旋的防结焦型旋风分离器（魏耀东，2004b）；二是采用倾斜入口、排气管切口及排尘口倒锥等结构组合的第二代 PV 型高效旋风分离器（简称 PS 型），PS 型的分离性能全面优于 PV 型（孙国刚，2006）。

各种类型旋风分离器的结构尺寸符号的定义示于图 5-233，催化裂化装置常用的几种类型的主要结构参数见表 5-50。尽管各系列的具体尺寸不同，但重要的结构参数即该尺寸与筒体内径（衬里后）的比值彼此接近。时铭显（1990）在研究了主要结构参数的优化匹配关系后指出 $K_A=\dfrac{\pi D^2}{4ab}$ 和 $\tilde{d}_r=\dfrac{d_r}{D}$ 是影响分离效率和压降的两个关键参数，将其与入口气速和筒体直径进行优化组合就能选出在一定压降下效率最高的结构参数。

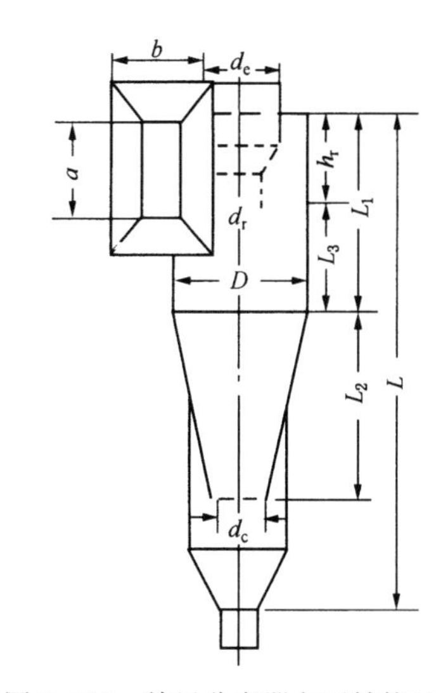

图 5-233　旋风分离器主要结构尺寸

D——筒体直径；a——入口管高度；b——入口管宽度；h_r——排气管插入深度；d_e——排气管上口直径；d_r——排气管下口直径；d_c——排尘口直径；L_1——圆柱段高度；L_2——圆锥段高度；L_3——分离空间高度。

注：所有尺寸均为衬里后数值

表 5-50　工业旋风分离器的结构参数

结构参数＼类型	Ducon SDM	Ducon VM，M	Buell AC430	Van Tongeren AC435	GE Catclone	PV
a/D	0.58	0.64	0.64	0.64	0.61	
b/D	0.225	0.28	0.28	0.28	0.27	
K_A	5.5~5.8		4.3		4.4~7.5	2.5~6
d_r/D	0.54	0.47	0.56	0.56	0.25~0.54	0.25~0.6
d_c/D	0.40	0.40	0.40	0.40	0.40	0.40
h/a			0.35		0.80	1.0~1.1
L_1/D		1.33	1.33	1.42	1.33	1.35
L_2/D		1.33	1.33	2.05	2.05	2.12
L/D	2.83	3.2	3.66	~5.6	4	5

K_A 数值的常用范围为 4~6。大的数值可提高效率并降低压降，但在一定气量下也加大了分离器直径。d_r/D 值决定了外旋流区的大小与离心力场的强弱，此值越小，分离效率越高，但压降也越大。但过小时则会将下口处颗粒夹带进入排气管，所以通常选取 d_r/D 为 0.25~0.50，第一级取较大值，第二级取较小值。

其他的主要结构尺寸和参数有：①壳体直径衬里后以 1.5m 以内为宜。直径大则不便安装拆卸。②分离器的高径比，其中从排气管下口到排尘口的距离 L_s 称为分离空间高度，是一个重要尺寸。在一定范围内 L_s/D 值越大，效率越高，但压降增加并不显著。过去有些型号的比值偏低，现在高效系列一般在 3.0~3.2，当然过大的比值徒然加大了旋风分离器和再生器稀相空间的高度，增大了投资。③排气管插入深度 h_r，与入口管高度 b 的比值 h_r/b 较大时有利于缓和下口处的短路流，所以一般取 0.8 以上的数值。④排尘口直径 d_c 对内旋流的稳定性有影响，一般要求它大于内旋流直径（约为 d_r 的 60%~75%），才不致影响回收效率，d_c 过大又造成窜入灰斗的气体增多，因而通常取 $d_c/D=0.4$。⑤灰斗的直径和高度有足够大的容量即可，但其高度应使分离器锥体的投影顶点离料腿顶端不少于 0.1D 以减少旋转气流对料腿上部的磨蚀，同时料腿上部耐磨衬里高度应不少于 0.6m。

孙国刚等（2002）就如何确定旋风分离器直径和高径比进行了讨论，并列出评价旋风分离器的四项指标，即要用同样的颗粒粉料（颗粒密度及粒径分布都一样）全面地比较：①分离器的效率（包括总效率和粒径效率）、②压降、③单位处理气量的设备体积或造价、④操作弹性（处理气量变化引起的分离效率与压降变化量）。

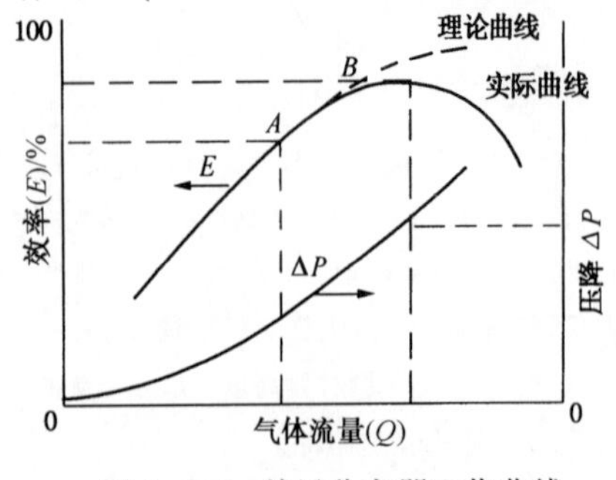

图 5-234　旋风分离器工作曲线

（二）工作性能

旋风分离器的工作性能主要是在不同气体负荷率下的分离效率 E_t 和压降 ΔP，它们之间的关系可以绘成如图 5-234 所示的曲线。实际的效率曲线有一个效率峰值，如负荷超过 B 点，则由于颗粒被二次夹带，使实际曲线与理论曲线偏离。所以正常操作范围应把气体负荷限制在 A 和 B 两点之间。

如果单级旋风分离器的效率不能满足要求，就需要两级串联的旋风分离器。两级的结构尺寸需根据具体情况优化设计，通常是第二级的筒体、入口和出口尺寸均小于第一级。两级串联的性能曲线可以分别计算然后加和在一起，这时$E-Q$曲线和$\Delta P-Q$曲线均比单级陡峭。

除了结构参数之外，气体入口和出口流速是影响效率和压降的重要因素，它们的最大值见表5-51(Tenney，1982)。

表5-51　出入口流速上限值

项　目	入口流速/(m/s)	出口流速/(m/s)	高径比(L/D)
第一级	21	30	
第二级	24	45	3.6
		54	4.8

入口和出口速度过高对设备产生较严重的磨蚀，影响使用周期。关于操作参数对磨蚀的定量影响经过Storch(1979)的研究已明确了五项最重要参数：按筒体截面计算的气体流速U；颗粒运动方向(以轨迹的曲率半径R表示)；颗粒数目和尺寸(两者合并用固体浓度C表示)和时间。在固体颗粒性质和旋分器结构不变的情况下给出磨蚀指数AI的定义为：

$$AI = U^n C/R \tag{5-676}$$

n值一般为4~5，可见速度对磨蚀影响很大。对于高固体浓度的再生烟气宜分为两级串联操作，第一级入口浓度高，速度稍低，第二级入口浓度低、速度稍高，这样就在同等分离效率前提下减轻了对旋风分离器的磨蚀，由此可延长设备的运行周期。

(三) 分离效率

旋风分离器的分离效率与其结构参数以及气流入口速度有密切的关系，典型的曲线见图5-234。此外，颗粒的尺寸和性质(如几何形状和颗粒密度)以及气体性质(密度、黏度)对分离效率也有一定影响。特别应提到的是在其他条件相同时，不同的颗粒直径具有不同的分离效率。关于分离效率的理论研究，很多学者基于不同假设提出了计算式。

早期Rosin等基于如下简单假设：①所有颗粒均匀分散在入口截面；②直的入口管和圆筒筒身相切；③进口颗粒的抛物线不和出口管碰撞；④向下旋转的气流速度保持恒定；⑤筒身有足够的长度使外旋转气流折返为内旋转气流；⑥颗粒浓度低于7g/m³，其在流向筒壁的行程中互不干扰，服从单一颗粒的空气动力学规律，然后按传统的Stokes定律，计算出能够100%被捕集的最小颗粒直径d_{th}(Rosin，1932)。

$$d_{th} = 3\left[\frac{\mu b}{2\pi N\rho_p V_i}\left(1+\frac{r_e}{r_0}\right)\right]^{0.5} \tag{5-677}$$

式中　r_0，r_e——旋风分离器半径和排气管半径，m；

b——分离器入口宽度，m；

μ——气体黏度，Pa·s；

ρ_p——颗粒密度，kg/m³；

V_i——旋风分离器入口气速，m/s；

N——气流旋转圈数，作者取$N=4$。

通过实测大量工业旋风分离器的粒级效率，绘成多组曲线，发现颗粒直径为2~10倍的d_{th}时才能接近100%的捕集效率，因此计算d_{th}的意义不大。对应于某一分离器的不同粒径颗粒的分离效率曲线见图5-235。

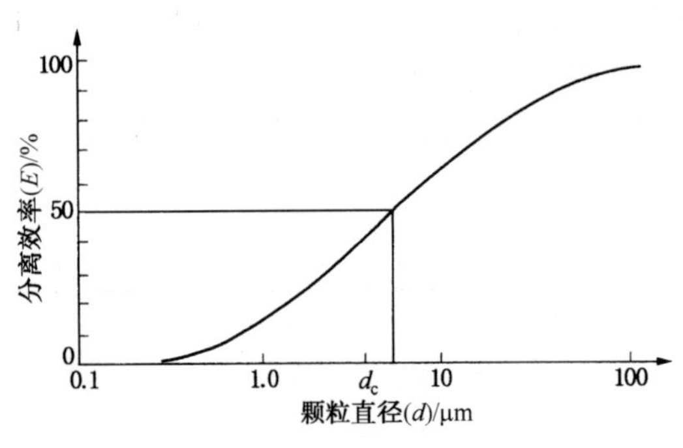

图 5-235　不同颗粒直径的分离效率示意曲线

按照 Barth(1956)等人提出的平衡轨道假说，设旋风分离器内某处有一直径为 d_p 的颗粒受离心力向外(器壁)移动，同时受向心气流力而向中心移动。设不考虑其他作用力(紊流扩散、碰撞等)，当以上两种力相等时，则该颗粒不会发生径向移动，而在所处的半径上做圆周运动，这个半径就称“平衡轨道半径”。如该轨道半径位于下行气流(外旋涡)处，颗粒可以分离出来，而位于上行气流(内旋涡)处的颗粒就分离不下来。因此假设在内外旋涡交界处的颗粒只有50%的可能性被分离出来，这种分离效率为50%的颗粒直径被称为“切割粒径”d_c^{50}。应用平衡轨道假说计算 d_c^{50} 需要确定气流的轴向和径向速度以及内外旋涡交界处的半径，虽然通过流场测定即可得到，但各类型、各操作工况的流场互有出入，只得采用一些简化假设来计算粒级效率，例如 Barth-Muschelknautz 的方法(Muschelknautz，1970)。1990 年 Iozia 等(1990)等提出的公式为：

$$d_c^{50}=\left(\frac{9\mu Q}{\pi\rho_p Z_c {V_{tm}}^2}\right)^{0.5} \tag{5-678}$$

$$V_{tm}=5.26u_i K_A^{-0.61}(d_r/D)^{-0.74}(H_T/D)^{-0.33} \tag{5-679}$$

式中　Q——进入旋风分离器的气量，m^3/s；

Z_c——分离空间有效高度，m。

若

$$d_t<d_e,\ Z_c=L_1+L_2-h_r \tag{5-680}$$

$$d_t>d_e,\ Z_c=L_1+L_2-h_r-[(L_1+L_2-h_r)/(D/d_c-1)](d_t/d_e-1) \tag{5-681}$$

式中　d_t——内旋流直径，m。

$$d_t=0.5DK_A^{0.25}(d_r/D)^{1.4} \tag{5-682}$$

$K_A=\pi D^2/(4ab)$，其他符号说明见图 5-233。

平衡轨道假说没有考虑湍流扩散等影响，而这种影响对于细小颗粒是不可忽视的。为此，Leith 等(1972)提出“横向掺混模型”，认为湍流的横向脉动速度一般大于细颗粒的终端沉降速度，所以在分离器横截面上，颗粒浓度是近似均匀的；但在近壁处的边界层内是层流流动，无掺混现象，只要颗粒在离心力作用下进入边界层内，就可以100%被捕集下来，这就是“边界层假说”。基于此假说的切割粒径可按式(5-683)计算。

$$d_c^{50}=3(0.3465)^{n+1}\sqrt{\frac{\mu D}{5(n+1)\rho_p u_i K_A K_V}} \tag{5-683}$$

$$n=1-(1-0.67D^{0.14})\left(\frac{T}{283}\right)^{0.3} \tag{5-684}$$

$$K_V=\frac{\pi}{8}\left[(1-\tilde{d}_e^2)(2\tilde{h}-\tilde{a})+(\tilde{L}_1-\tilde{h})+\frac{1}{3}(\tilde{b}+\tilde{L}-\tilde{L}_1)(1+\tilde{B}+\tilde{B}^2)-\tilde{L}\cdot\tilde{d}_r^2\right] \tag{5-685}$$

$$\tilde{B}=1-\frac{(1-\tilde{d}_c)(\tilde{h}+\tilde{L}-\tilde{L}_1)}{\tilde{L}_2} \tag{5-686}$$

$$\left.\begin{aligned}
&\tilde{L}=2.3\tilde{d}_r\left(\frac{D^2}{ab}\right)^{\frac{1}{3}}\\
&\tilde{L}_3=L_3/D,\ \tilde{d}_r=d_r/D\\
&\tilde{d}_e=d_e/D,\ \tilde{d}_c=d_c/D\\
&\tilde{a}=a/D,\ \tilde{b}=b/D\\
&\tilde{L}_1=L_1/D,\ \tilde{L}_2=L_2/D\\
&\tilde{h}=h/D
\end{aligned}\right\}\tag{5-687}$$

上述各式中符号定义见图5-233，其他的为：

R_i——入口宽度的中心线到分离器轴线距离，m；

u_i——入口管气体平均流速，m/s；

u_{tm}——内外旋流分界面的气速，m/s；

n——外旋流速度指数，m/s；

C_i——入口处颗粒浓度，kg/m^3；

N——气流旋转圈数，一般$N=4\sim5$，详见文献(陈明绍，1981)；

F_i——入口面积，$F_i=ab$，m^2；

F_s——与气流接触的分离器面积，m^2；

K_A——结构参数，$K_A=\dfrac{\pi}{4}D^2/F_i$。

A、B、$\tilde{B}$、K_V、$\tilde{L}$、a、ϕ_B、ϕ_s均为无因次系数。在以上各式中，因$\rho_g \ll \rho_p$，故以ρ_p代替$(\rho_p-\rho_g)$。

在关联E_i与d_p/d_c^{50}时通常采用以下公式：

$$E_i=1-\exp\left[-0.693\left(\frac{d_p}{d_c^{50}}\right)^{\frac{1}{1+n}}\right]\tag{5-688a}$$

$$E_i=1-\exp\left[1-0.693\left(\frac{d_p}{d_c^{50}}\right)\left(\frac{d_p}{d_c^{50}}\right)^{\frac{1}{1+n}}\right]\tag{5-688b}$$

$$E_i=1-\exp(1-a\cdot St_{50}^m)\tag{5-688c}$$

$$E_i=\left[1+\left(\frac{d_c^{50}}{d_p}\right)^y\right]^{-1}\tag{5-688d}$$

y为指数，由实验定，例如有下列形式：

$$y=1.05(\ln K_A)^2-4.7\ln K_A-0.87\ln d_c^{50}-4.585\tag{5-689}$$

式(5-689)计算比较麻烦。比较式(5-688)、式(5-689)和Zenz发表的曲线(Zenz，1975)可以看出d_p/d_c^{50}比值在4~9时，三者出入均大，而在$d_p/d_c^{50}=2$时式(5-688)与Zenz图接近(参考表5-52)。

表 5-52　不同公式和图表的$(1-E_i)$的值

d_p/d_c^{50}	0.5	1	2	4	6	8	9	10
式(5-688)	0.71	0.50	0.25	0.06	0.016	0.004	0.002	0.001
式(5-689)①	0.64	0.50	0.34	0.18	0.11	0.071	0.057	0.047
Zenz 图	0.78	0.50	0.28	0.14	0.07	0.033	0.010	0.001

① 采用 $m=0.55$。

Dietz(1981)以横混模型为基础，提出了分区模型。粒级计算效率公式如下：

$$E_i = 1 - \left\{k_0 - (k_1^2 + k_2)^{0.5}\exp\left[\frac{-\pi D(h-a)}{ab}St\right]\right\} \tag{5-690}$$

式中　$k_0 = \frac{1}{2}\left[1 + \left(\frac{de}{D}\right)^{2n}\left(1 + \frac{ab}{2\pi HD}\cdot\frac{1}{St}\right)\right]$

$k_1 = \frac{1}{2}\left[1 - \left(\frac{de}{D}\right)^{2n}\left(1 + \frac{ab}{2\pi HD}\cdot\frac{1}{St}\right)\right]$

$k_2 = \left(\frac{de}{D}\right)^{2n}$

$St=\rho_p V_i dp^2/(18\mu D)$

n、a、b 定义同前。

金有海等(1995)根据气固两相运动方程的相似分析，用影响旋风分离器性能的相似准数 $Re=Du_i\rho_g/K_A\, d$，μ，Fr，St 以及单值性条件 $D=d_p/d_m$，$p=\rho_p/\rho$，$D_t=d_m/D$，$c=c_i/\rho_g$，还有两个结构参数的无量纲准数与试验参数关联，得到粒级效率计算公式为：

$$E_i = 1 - \exp(-4.21\phi^{1.26}) \qquad \phi > 0.9 \tag{5-691a}$$

$$E_i = 1 - \exp(-3.95\phi^{1.04}) \qquad 0.6 \leqslant \phi \leqslant 0.9 \tag{5-691b}$$

$$E_i = 1 - \exp(-0.925\phi) \qquad \phi < 0.6 \tag{5-691c}$$

式中　$\phi=St^d Re^b Fr^c D_d{}^d D_t{}^e d_r{}^f$；$\phi=St^g Re^h Fr^j d_r{}^k(d_p/D)^m$；

a，b，c，d，e，f，g，h，j，k，m 等常数均由实验确定；

d_m——入口颗粒群的中位粒径，m。

上述公式的适用范围为 $St\leqslant 2$；$10^5\leqslant Re\leqslant 2\times10^6$；$0.1\leqslant Fr\leqslant 18$；$0.2\leqslant d_r\leqslant 0.6$；$C_i=10\text{g/m}^3$。

E_i 大多在入口浓度 C_o 很低的情况下测定，当 C_i 值高到 4~10kg/m³时，由于颗粒的集聚机会增大很多，故效率随浓度升高而增高。有的作者(Licht，1984)提出了下列修正式：

$$\frac{1-E_{ic}}{1-E_{io}} = \left(\frac{C_o}{C_i}\right)^n \tag{5-692}$$

根据一些文献(Stern，1955)的数据关联，n 值在 0.18~0.27 范围。

Zenz 用多组曲线表示了入口浓度对回收效率的修正，参见图 5-236(Zenz，1975)，此图只用于综合效率的修正。

由粒级效率和粒级组成可以计算总分离效率 E，公式如下：

$$E = 1 - \sum_{i=0}^{n}(1-E_i)x_i \tag{5-693}$$

对于两级串联的分离器，总分离效率 E_t 和第一级效率 E_1 及第二级效率 E_2 的关系是：

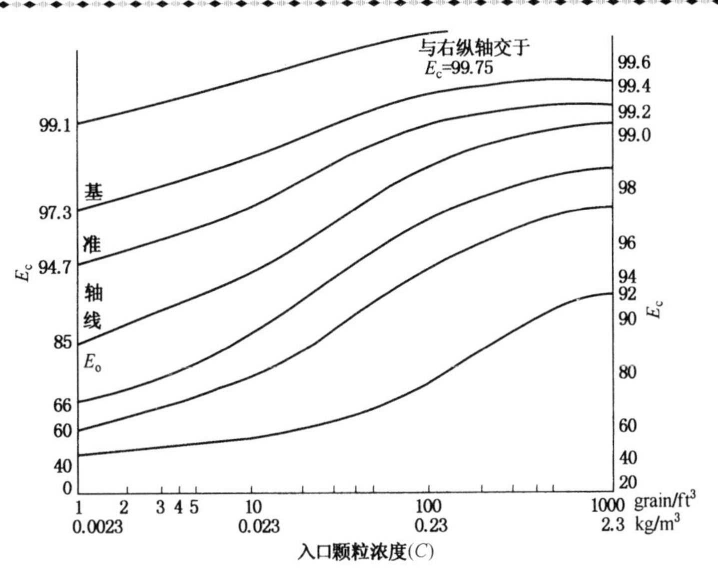

图 5-236 入口颗粒浓度对分离效率的影响

$$E_t = 1 - (1 - E_i)(1 - E_2) \tag{5-694}$$

例如，已知第一级入口催化剂筛分组成 x_i(见表 5-53)，入口浓度 $C_1=5$，切割粒径：第一级 4μm，第二级 3μm，用式(5-688b)计算粒级效率。取 $\frac{1}{1+n}=0.64$，有关计算数据见表 5-53，可以看出总效率已达 99.99%，如用式(5-688a)或 Zenz 图计算分级效率，总效率还要高。

表 5-53 两级串联旋风分离器的总分离效率计算示例

	粒级	x_i	d_{pi}	d_{pi}/d_c^{50}	$1-E_i$	$x_i(1-E_i)$	
第一级	0~20	0.01	10	2.5	0.30	0.003	$E_m=1-0.0342$
	20~40	0.20	30	7.5	0.081	0.016	$=0.966$
	40~80	0.74	60	15.0	0.020	0.015	$C_1=5$
	80⁺	0.05	100	25.0	0.0043	0.0002	$E_{1c}=0.994$
	Σ	1.00				0.0342	
第二级	0~20	0.088	10	3.3	0.20	0.018	$E_{20}=1-0.040$
	20~40	0.47	30	10	0.04	0.019	$=0.966$
	40~80	0.44	60	20	0.006	0.003	$C_2=5(1-0.994)$
	80^+	0.001	100	33	0	0	$=0.03$
	Σ	1.00				0.040	$E_{2c}=0.983$
	总效率 $E_t=1-(1-0.994)(1-0.983)=0.9999$						

以上介绍的综合分离效率的计算方法较繁琐。如入口的颗粒群粒度分布符合对数分布规律，Leith 在式(5-688)的基础上通过数值积分方法，得出直接从 δ_{84}/δ_m 及 δ_m/d_c^{50} 和 $\frac{1}{1+n}$ 三项参数求出 E 的曲线(Leith，1972)，见图 5-237。其中 δ_{84} 及 δ_m 分别为入口颗粒群中相应于累计率 $D=84\%$ 及 $D=50\%$ 的粒径，n 为外旋流指数。

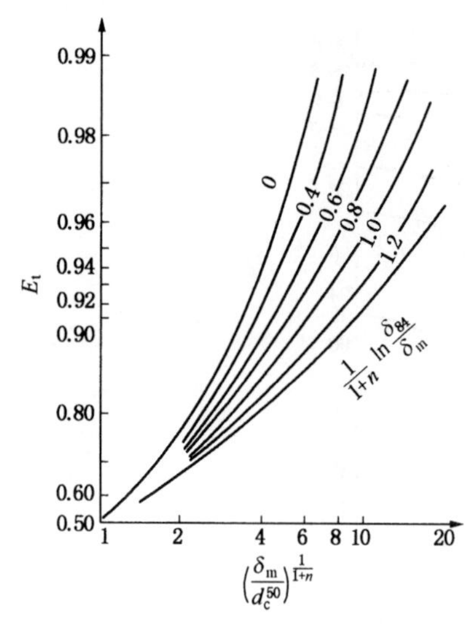

图 5-237　中位粒径与分离效率

还有一种制造商提供的简化关联曲线，如 Emtrol 公司曾公布了这种曲线(Giuricich，1982)，其主要目的是计算在不同工况时使用该公司产品的正常催化剂损失量。经过变换该关联曲线的表达形式并改用 SI 制单位，可得出如下的关联式。

$$E_t = 1 - \frac{1.66\times10^{-4}\rho_g^{\ 1.5}A}{\left(\dfrac{\rho_p}{1000}\right)^{2.8}(1000C\cdot\Delta P\cdot L/D)^{0.5}} \tag{5-695}$$

式中　E_t——两级串联总效率，以回收颗粒质量分率计；

C——一级入口颗粒浓度，kg/m^3；

L/D——旋风分离器的高径比(L 为器顶至圆锥体顶端的高度)；

A——与旋风分离器型号和稀相流速有关的系数，见表 5-54。

工业装置旋风分离器组合实际达到的效率在 99.98%以上，其中再生器一级的效率在 99.9%以上，二级也达到 98%。国外某装置的数据见表 5-55。

表 5-54　系数 A 值

型　号	44		52		60	
稀相气速/(m/s)	0.61	0.76	0.61	0.76	0.61	0.76
A 值	3.6	4.6	4.7	6.1	6.1	7.9

表 5-55　工业装置旋风分离器典型操作数据

项　目	反应器	再生器
温度/℃	525	700
压力/MPa	0.3	0.3
气体密度/(kg/m^3)	2.9	1.0
旋风分离器组入口固/气比/(kg/kg)	7~10	5~10
旋风分离器组出口固/气比/(mg/kg)	100~200	150~250
旋风分离器组入口颗粒平均直径/μm	Ca. 75	Ca. 50

此外，颗粒直径 5μm 以内的细粉效率存在一条马鞍形曲线。当颗粒直径低于某临界值，分离效率随粒径的减少而上升。图 5-238 为使用平均粒径 10μm 的硅粉在直径 300mm、入口面积 175mm×75mm 的旋风分离器，于入口速度 20m/s 时测得的效率曲线(Chen，2003)。当温度升高时，整条曲线下移，临界粒径增加。马鞍现象可解释为：小于临界的颗粒由于静电作用，当相互碰撞时容易聚团，从而提高其分离效率。

(四) 压降

携带颗粒的气体进入旋风分离器后产生的压力损失包括：①入口的摩擦力和颗粒加速度；②进入分离器后的突然变大；③器壁摩擦阻力；④器内旋流引起的动能损失；⑤进入排

气管的突然缩小；⑥排气管内的摩擦阻力等项。其中前三项和第四项的大部分构成入口到灰斗上方的损失，又称为灰斗抽力，以 ΔP_s 表示。全部六项之和扣除在排气管内由于速度降低的能量回收项构成旋风分离器总压降，以 ΔP_T 表示。由于颗粒的存在加大了入口部分的压降，但却因颗粒群能降低气流的切向速度减少速度指数 n，从而减少了第③、④项损失。严格说来，压降还应包括进出口的静压（位能）变化，但一般可忽略不计。

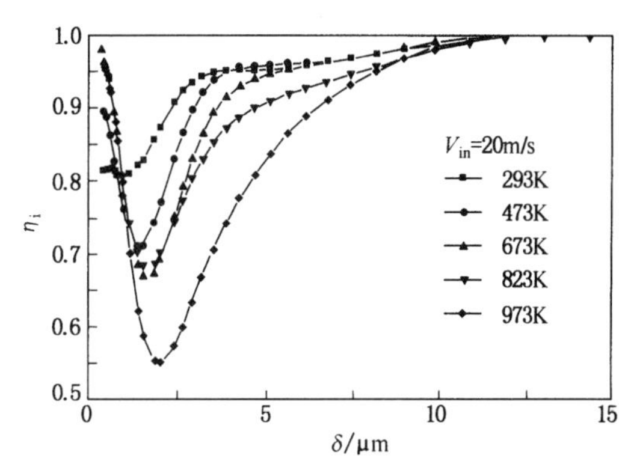

图 5-238　细粉的马鞍形效率曲线

总压降 ΔP_T（单位 Pa）可用下式计算：

$$\Delta P = K(\Delta P_1 + \Delta P_2 + \Delta P_3 + \Delta P_4 + \Delta P_5) \tag{5-696}$$

入口收缩压降　$\Delta P_1 = \rho_g(u^2 - u_0 + K_c u^2)/2$

入口颗粒加速压降 $\Delta P_2 = Cu(u_p - u_{p0})$

筒体气流旋转压降 $\Delta P_3 = 2\pi f \rho_g DN/d_{eq}$

旋流反转压降 $\Delta P_4 = \rho_g u^2/2$

出口收缩压降 $\Delta P_5 = \rho_g(u_e^2 - u_v + K_c u_e^2)/2$

式中 u_e、u_0、u_v 和 u_p、u_{p0} 分别是气体入口、气体入口前稀相、气体出口前筒体内流速和颗粒入口、颗粒入口稀相的速度；K_c 是面积收缩比的函数，见表 5-56；d_{eq} 是入口的当量直径；f 是气体摩擦阻力系数，通常在 0.003 和 0.008 之间，由 Re 数（按入口条件）求出；K 是入口颗粒负荷（uC）的函数，$uC>50$ 时 $K=1.0$，$uC=5$ 时 $K=1.3$。

表 5-56　K_c 值

收缩比	-0	0.1	0.2	0.3	0.4
K_c	0.5	0.47	0.43	0.395	0.35

早期的压降关联式比较简单，例如 20 世纪 60 年代曾采用以下公式：

$$\Delta P_T = \frac{u_1^2}{2}(1.5C + \rho_g) + \frac{u_1^n}{2}(f \cdot K\rho_g) \quad （对单级） \tag{5-697}$$

$$\Delta P_T = \frac{u_1^2}{2}(1.5C + \rho_g) + \frac{u_1^n}{2}(K\rho_g) + \frac{u_2^n}{2}(f \cdot K\rho_g) \quad （对两级串联） \tag{5-698}$$

式中　u_1，u_2——第一级或第二级的入口气体流速，m/s；

C——第一级入口颗粒浓度，kg/m^3；

f，K，n——常数，见表 5-57。

表 5-57　f，K 和 n 数值

类　型	Buell	Ducon
f	1.25	1.30
K	7.0	9.7
n	2.0	1.8

20 世纪 70 年代以来，由于采用高效旋风分离器，K 值由单一变成几种，而且分别与操作参数及结构参数关联，其中有些采用了不同学者早期工作中得出的函数式(Alexander，1949)，下面举其中一种：

对于单级

$$\Delta P_s = \frac{u^2}{2}[K_1(C + \rho_g) + K_4 K_3 \rho_g] \tag{5-699}$$

$$\Delta P_T = \frac{u^2}{2}[K_1(C + \rho_g) + K_4 K_2 \rho_g] \tag{5-700}$$

对于两级串联

$$\Delta P_s = \frac{1}{2}\{u_1^2[K_1(C + \rho_g) + K_4 K_3 \rho_g] + u_2^2 K_3 \rho_g\} \tag{5-701}$$

$$\Delta P_T = \frac{1}{2}\{u_1^2[K_1(C + \rho_g) + K_4 K_2 \rho_g] + u_2^2 K_2 \rho_g\} \tag{5-702}$$

式中 K_1——与固体粒子加速度有关的压降系数，一般采用 1.1；

$$K_2 = \frac{3.67}{K_A \cdot \tilde{d}_r}\left[\left(\frac{1-n}{n}\right)(\tilde{d}_r^{-2n} - 1) + f \cdot \tilde{d}_r^{-2n}\right]$$

$$K_3 = \frac{3.67}{K_A \cdot \tilde{d}_c}\left[\frac{1}{n}\tilde{d}_c^{-2n} - \frac{1}{n}\right]$$

$$f = 0.88n + 1.70$$

n——旋流指数，定义见式(5-684)；

K_4——与 C 有关的系数，见表 5-58。

表 5-58　K_4 与 C 的关联

C	0.1	0.5	1.0	3.0	5.0	10.0
K_4	0.896	0.850	0.812	0.686	0.595	0.450

Emtrol 公司发表了 ΔP_s 与 ΔP_T 的曲线，分别与 C 及结构参数 $\tilde{d}_r$，L/D 和型号参数 M 关联(Giuricich，1982)。经变换为阻力系数形式：

$$\Delta P_s = \frac{u^2}{2}(K_s \rho_g) + \frac{u^2}{2}[K_a(C_i + \rho_g)] \tag{5-703}$$

$$\Delta P_T = \frac{u^2}{2}(K_T \rho_g) + \frac{u^2}{2}[K_a(C_i + \rho_g)] \tag{5-704}$$

$$K_s = 32.2(1 - 0.075 C_i^{0.65})\tilde{d}_r^{-0.74} L_s^{-0.74} K_A^{-0.6}$$

$$K_T = 8.55(1 - 0.075 C_i^{0.65})\tilde{d}_r^{-2.3} K_A^{-1.0}$$

式中 K_a——与颗粒加速度有关的系数，可取 1.0。

从 PV 型旋风分离器实验中得到的压降关联式(罗晓兰，1992)：

$$\Delta P = \frac{u^2(C + \rho_g)}{2} + (C/0.01)^{0.045}(\xi \rho_g u^2)/2 \tag{5-705}$$

式中 $\xi = 8.54 K_A^{-0.833} \tilde{d}_r^{-1.745} D^{0.161} Re^{0.036} - 1$

$Re = D u \rho_g / \mu_g$

另一种压降关联式为：
$$\Delta P=\frac{\rho_{g}U^{2}}{2}\cdot E_{u} \tag{5-706}$$

因
$$U=u/K_{A}$$

故
$$E_{u}=K\cdot K_{A}^{2}$$

对于大多数工业旋风分离器存在以下关系（Geldart，1986b）：

$$E_{u}=\sqrt{\frac{12}{St_{50}}} \tag{5-707}$$

$$St_{50}=\frac{(d_{c}^{50})^{2}\rho_{p}U}{18\mu D} \tag{5-708}$$

从以上各式可得出阻力系数 K 的关联式：

$$K=\frac{14.7}{K_{A}^{1.5}d_{c}^{50}}\sqrt{\frac{\mu D}{\rho_{p}u}} \tag{5-709}$$

将 d_{c}^{50} 的关联式(5-683)代入得出：

$$K=\frac{10.96\sqrt{(n+1)K_{V}}}{(0.3465)^{n+1}K_{A}} \tag{5-710}$$

三、烟气能量回收系统中的旋风分离器

为了回收高温烟气的压力能，大中型催化裂化工业装置通常装备有烟气轮机。它和工业燃气轮机工作条件的主要差别是气流中含有一定浓度的固体颗粒，在高的气速下会给轮机的叶片(静叶和动叶)及轮盘等部件造成磨蚀，从而影响其使用寿命和运行周期。因此对烟气的含尘浓度及颗粒尺寸均提出严格的要求，即总量不大于200mg/Nm^3，且其中直径10μm以上颗粒数量不大于5%。10μm颗粒的磨蚀程度比5μm颗粒大几十倍甚至上百倍。一般再生器出口烟气中含催化剂在1g/Nm^{3}以上，其中大于10μm的颗粒占70%左右。这就需要采用处理气量很大且对细颗粒分离效率很高的气-固分离设备，而专门为此设计的旋风分离器可以满足要求。这种旋风分离器体积较大，安装在再生器外部，但习惯上仍按再生器内气-固分离的顺序称之为第三级旋风分离器（简称为三旋）。在催化裂化能量回收系统中，三旋从高温烟气中分离下来的催化剂，是通过气流输送的方式由三旋底部的卸剂管道排放到废催化剂罐中。安装在三旋下游烟道上的临界流速喷嘴控制着输送气流的流量大小，还需要一台分离器将废催化剂从输送气流中分离出来最终排放到废催化剂罐中。这台安装在三旋卸剂系统中的分离器通常为常规的旋风分离器，被称为第四级旋风分离器（简称为四旋）。

（一）第三级旋风分离器

（1）结构特点

早期的三旋分离器曾沿用再生器第一、二级分离器的形式，例如Buell型，国内某装置(1.2Mt/a)曾用了6台旋风分离器并联运行。烟气进口总管位于旋风分离器中间，净化后的烟气经由两根出口集合管并到出口总管。分离出来的催化剂颗粒由料腿进入沉降料斗，其下方有气动滑阀可定时开启把粉料卸到下面的大卸料斗中。这种形式的三级旋风分离器在整体系统设计上要考虑气流分配均匀、料腿排料通畅（底部的重锤式逆止阀要启闭灵活），操作管理上要精心（料腿表面温度要保持在100℃以上防止堵塞），但分离效果并不理想，未能得

到推广应用。

大处理量和高分离效率设计方案的思路是采用小直径的多个旋风分离器并联运行。如果把旋风分离器直径进一步缩小，例如 0.25~0.30m，就成为管式旋风分离器(简称旋风管)。因为数量达几十个甚至上百个，为了简化进出口管路联接，使设备紧凑合理，就需要采用公用的进气、排气室及灰斗，组合成为具有单一壳体的多管式旋风分离器。这种类型的总分离性能取决于每个旋风管，这就一方面要求提高旋风管的效率，另一方面要使各个旋风管全部尺寸完全一样，在进气量相同时产生相同的压降。同时进气、出气室要有足够大的容积以保证气流分配均匀。此外还采取从灰斗向外抽气(回收的固体细粉与气体一并排出)的措施，可以防止部分含尘气倒流入某些压降偏大的旋风管，形成窜流返混而导致效率下降。典型的立置多管式三级旋风分离器结构示于图 5-239。

Shell 石油公司 20 世纪 60 年代开发的高效旋风管(见图 5-240b)是由 20 世纪 50 年代中期燃气轮机用的高温除尘旋风管(见图 5-240a)演变而成。其内径为 0.25m，高径比约 4，直筒形导叶式轴向进气，底板上开设两个 10mm×20mm 的排尘孔，对称布置，底板上缘与管内壁间有宽约 15mm 的环隙。这种旋风管已成功地应用在催化裂化装置的旋风分离器上。

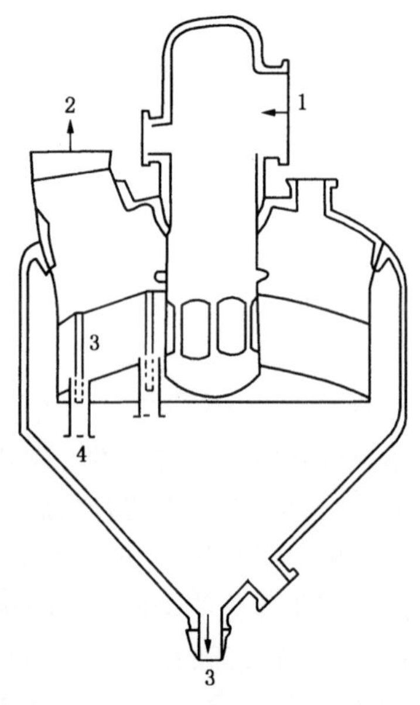

图 5-239　多管式三级旋风分离器

1—烟气入口；2—烟气出口；3—含催化剂排气；4—旋风单管；5—排尘孔

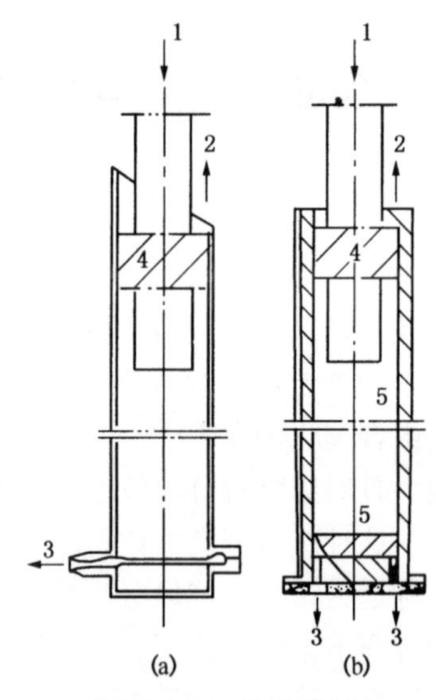

图 5-240　旋风单管

1—烟气入口；2—烟气出口；3—含尘气出口；4-叶片；5-耐磨蚀材料

20 世纪 70 年代 Shell 公司进一步改进了原有的旋风管，去掉了排尘底板，利用排尘气排出旋风管底部所产生的旋转气流的屏障作用阻止窜流返混。这种改进型(见图 5-241)的特点是结构简单且操作弹性较大，但是截面气速也要选得大。

1996 年 Mobil/Kellogg 公司 CycloFines 的第三级旋风分离器根据冷模实验，采取足够长的旋风单管以防止颗粒再携带，避免过量气体通过除尘结构后再度返回分离器。工业应用证实了它的高效率和极大的抗冲击能力。某装置曾因故障造成持续 5h 的催化剂跑损(3.5t/h)，但“三旋”和“四旋”工作正常，烟囱排气浑浊度未见增加(四旋灰斗体积大)。这种分离器的示意图见图 5-242。

国内中国石油大学陆续开发了一系列高性能的旋风管。20 世纪 80 年代主要是 EPVC 型（图 5-244），它的关键技术是分流型芯管（见图 5-243），可提高细粉分离效率而不增加压降，其次是优化导向叶片参数。开始底部带泄料盘，后来将其取消，可防止堵塞。20 世纪 90 年代进一步开发成功 PDC 型和 PSC 型，如图 5-245 所示，在排尘口处增设“防返混锥”或“防返混泄料槽孔”，解决了排尘口返混影响效率以及排尘锥磨损、防高温冲击、排尘口结垢堵塞的工业应用难题。以上的几次改进使旋风管分离性能不断提高。

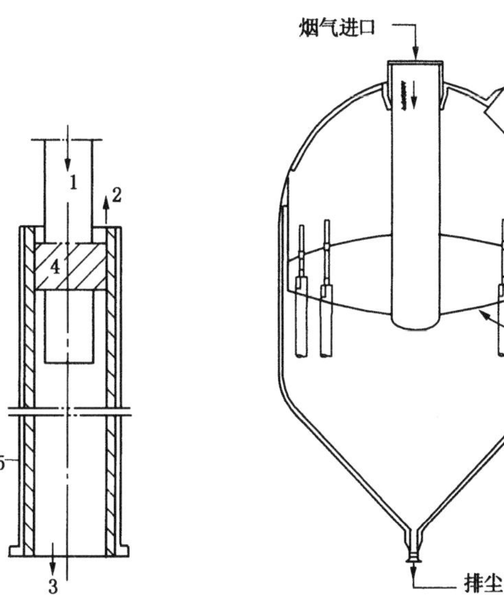

图 5-241 改进型旋风单管

1—烟气入口；2—烟气出口；3—含尘气出口；4—叶片；5—耐磨蚀材料

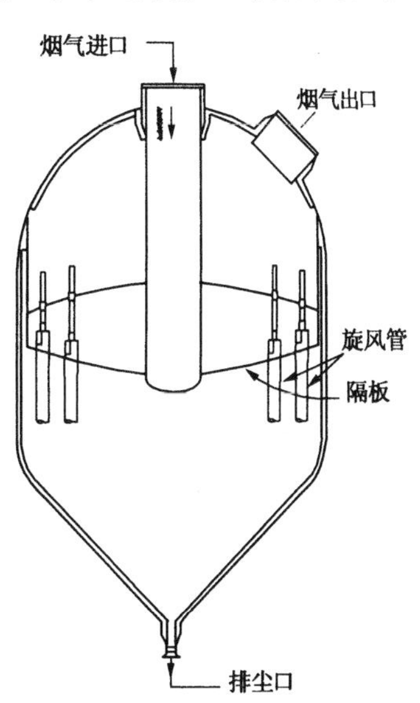

图 5-242 CycloFine 第三级旋风分离器

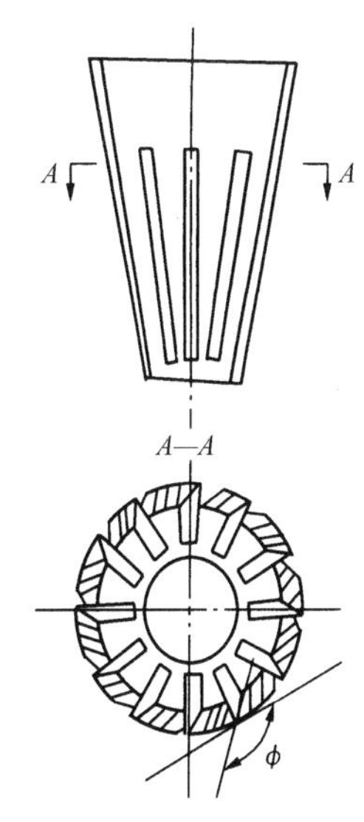

图 5-243 EPVC-Ⅰ型分流芯管

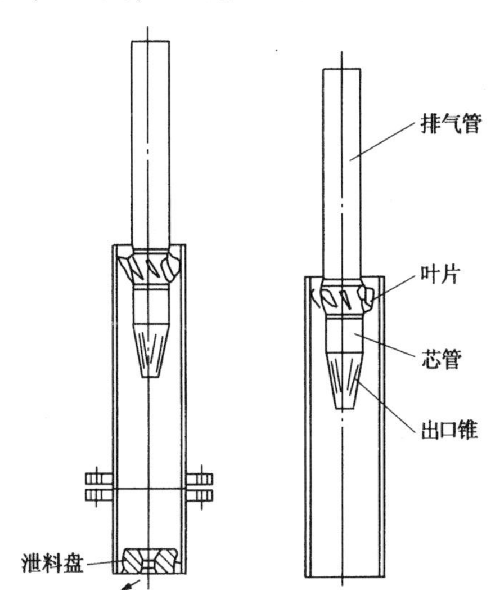

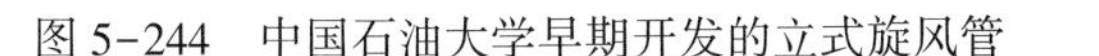

图 5-244 中国石油大学早期开发的立式旋风管

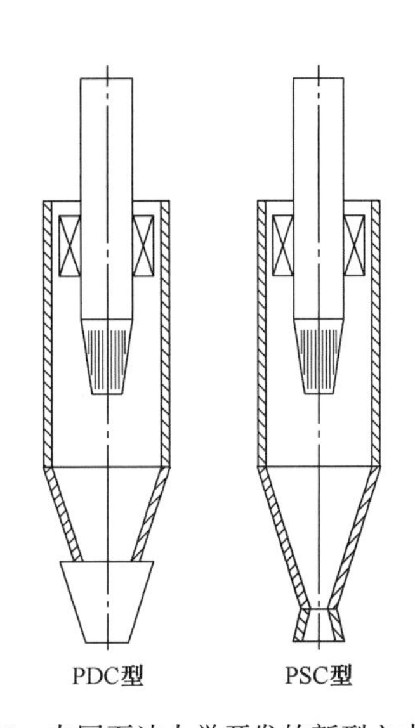

图 5-245 中国石油大学开发的新型立式旋风管

UOP 公司对三级旋风分离器单管结构做了重大改进，将出口的净化气体从单管中下部轴向引出，而回收的颗粒随少量烟气从位于单管下部侧壁的细长槽口以切线方向引出，参见图 5-246 和图 5-247。由于进出烟气气流同一方向，减少了出口气体对回收细粉的夹带，使

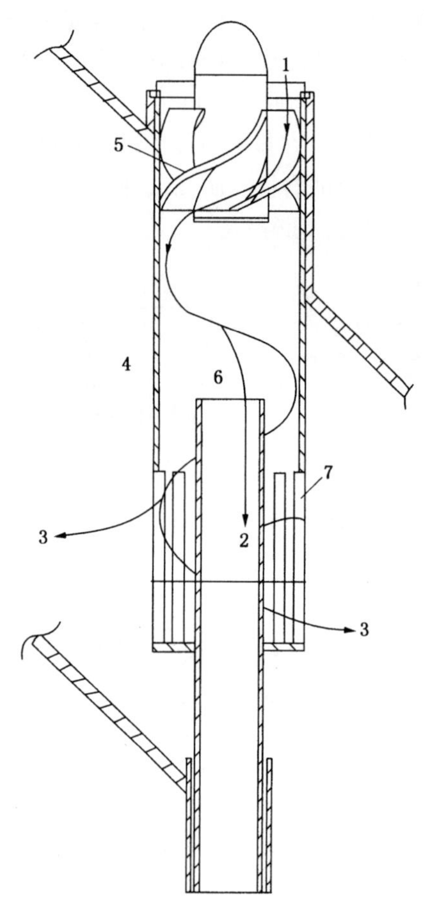

图 5-246　UOP 公司三级旋风分离器单管结构

1—烟气入口；2—烟气出口；3—回收颗粒出口；4—单管；5—叶片；6—出口管；7—细颗粒排出槽口

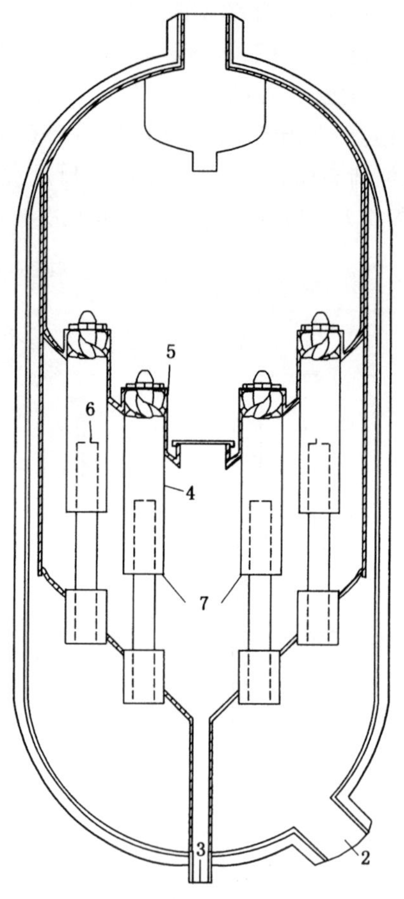

图 5-247　UOP 公司三级旋风分离器整体结构

1—烟气总入口；2—烟气总出口；3—回收颗粒总出口；4—单管；5—叶片；6—出口管；7—细颗粒排出槽口

三级旋风分离器分离效率明显提高，参见图 5-248a 和图 5-248b（Memmott 2003；Couch，2004）。

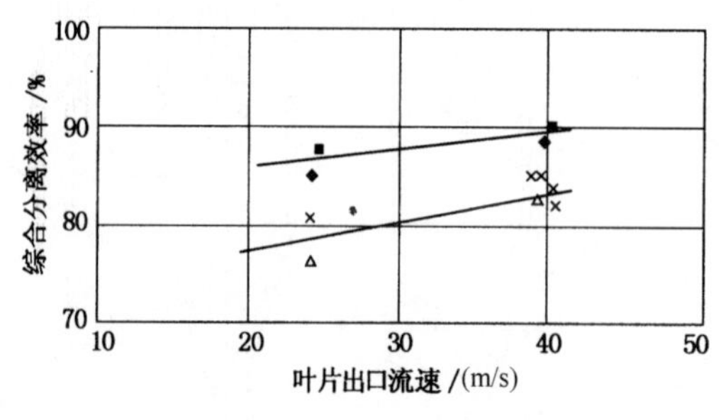

图 5-248a　颗粒回收效率对比

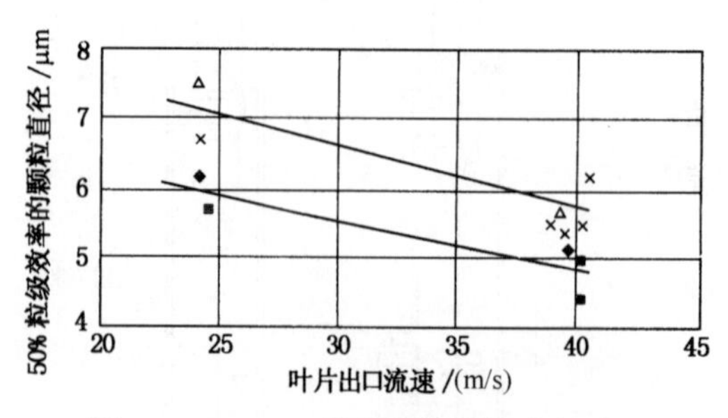

图 5-248b　50%回收率的颗粒直径对比

◆—同向流结构 1%随颗粒排出烟气量；

■—同向流结构 3%随颗粒排出烟气量；

△—逆向流结构 1%随颗粒排出烟气量；

×—逆向流结构 3%随颗粒排出烟气量

中国石化工程建设公司开发出 BSX 型三旋系统，采用直径介于三旋单管和再生器两级旋分器之间的旋分器作为分离元件，多组并联使用，结构如图 5-249 所示(黄荣臻，2008)。工业标定结果表明，三旋出口烟气中催化剂浓度为 64~76mg/m^3，粒径大于 7μm 的催化剂细粉基本除尽(谢凯云，2010)。

国外的 Buell 型和 Emtrol 型三旋也有采用这种大处理量的多管并联式的旋分器，如图 5-250 所示。

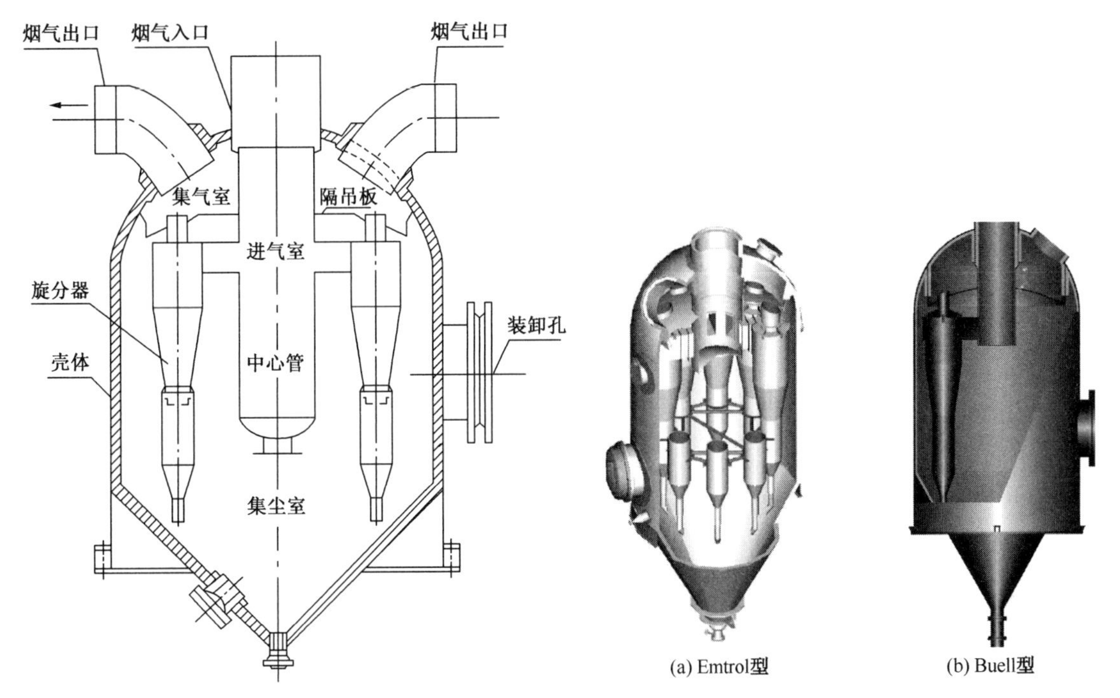

图 5-249　BSX 型三级旋风分离器　　图 5-250　国外的旋分式三旋

以上介绍的多管式三级旋风分离器采用立置式的旋风管。20 世纪 80 年代美国 Polutrol Ind. 公司推出卧置式旋风管的新型高效分离器，名为 Europos 型，如图 5-251 所示。进气中的颗粒在进入各卧置式旋风管前先利用惯性分离作用将其中 10μm 以上的较粗颗粒在空间 B 内预分离出来，然后从切向进入各个分离单管。上百个分离单管沿分离器本体的圆周方向和轴向呈螺旋形安装在内部锥体 C 和出口集合管壁上，按准水平位置布置。分离单管为整体铸造，其结构如图 5-252 所示。入口有斜面迫使颗粒集中于外壁运动，并有一个对大颗粒起到屏蔽作用的特殊挡板。斜面的斜角 θ 太小会使颗粒分离不好，太大时粗颗粒易和外壁碰撞，也影响分离效果，因此 θ 角要根据颗粒大小确定。

进入分离单管的颗粒粒度和浓度经预分离降低到彼此不会在单管内由于相互碰撞而影响它们各自的运动轨迹的最大许可程度，因而分离效率很高。由于采用了两级分离，使整个分离器的综合分离效率高于立式的多管式三级分离器。

卧管式与立管式多管旋风分离器比较还有这样特点：内构件全是圆壳，没有受力不均的板结构，单管沿圆周方向均匀分布可使径向热膨胀比较均匀，又可沿轴向自由膨胀。因此系统产生的热应力很小，可以承受较大的温度波动。某厂由于事故在 10min 内有 10t 催化剂从再生器进入该种类型的三级旋风分离器，一度超温高达 982℃并未使设备损坏。

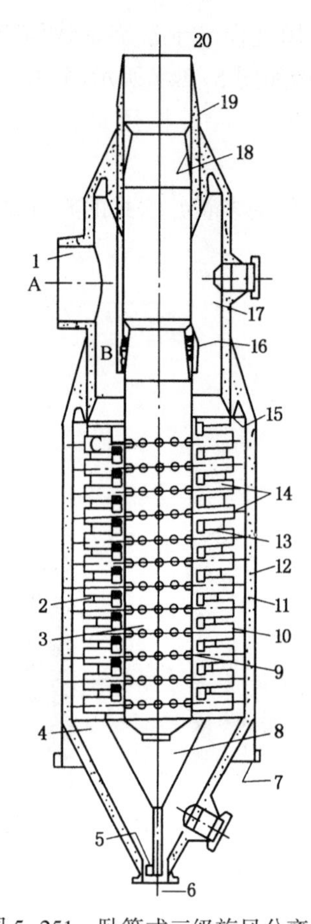

图 5-251　卧管式三级旋风分离器

1—气体入口；2—内部锥体；3—净化器出口集合管；4—细催化剂存放空间；5—催化剂出口；6—粗催化剂出口；7—裙座；8—粗催化剂收集器；9—分离管气体出口；10—分离管催化剂出口；11—壳体外壁；12—隔热衬里；13—分离管气体入口；14—分离管；15—金属接头；16—膨胀节保护罩；17—膨胀空间；18—气体挡板；19—过渡段；20—净化气体出口

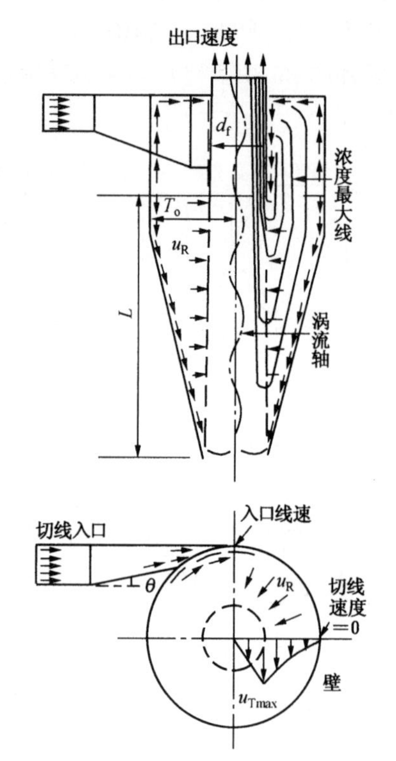

图 5-252　卧管式分离单管结构示意图

u_R—径向速度；u_{Tmax}—最大切线速度

卧置多管式三级旋风分离器外形尺寸较小，占地较省。例如一个 2.35Mt/a 的 FCC 装置，烟气流量 3350m^3/min，设备外径仅为 4.88m，切线高 17.7m，而同样能力的立式多管三级旋风分离器直径在 7.5m 以上。另外设备直径基本不受旋风管数量的影响，所以特别适合于大处理能力的装置。以 40000m^3/h 的三旋外形尺寸为例：立管式为 ϕ9m×17m，卧管式为 ϕ6.6m×23.3m。大装置还可缓解检修空间小的矛盾。

中国石油大学开发成功了两种类型的卧置式旋风管（PT-Ⅱ型和 PT-Ⅲ型），见图 5-253。PT-Ⅱ型旋风管具有双道双切向入口和排尘口防返混锥，内径 ϕ250mm 的单管处理工况下气量为 1000m^3/h，低于 PDC 型立管式的 2400 m^3/h，但效率很好。1997 年开发的 PT-Ⅲ型旋风管将直径增加到 ϕ300mm，并增用了分流型芯管、优化防返混锥结构，入口改用弧形板通道，增加防堵塞措施，使单管截面积负荷比 PT-Ⅱ 型提高 35%，达到 2000m^3/h 左右，使单管同一负荷造价比 PDC 型立管少 15%，总处理气量为 400000m^3/h 的三旋总造价减少 23%。

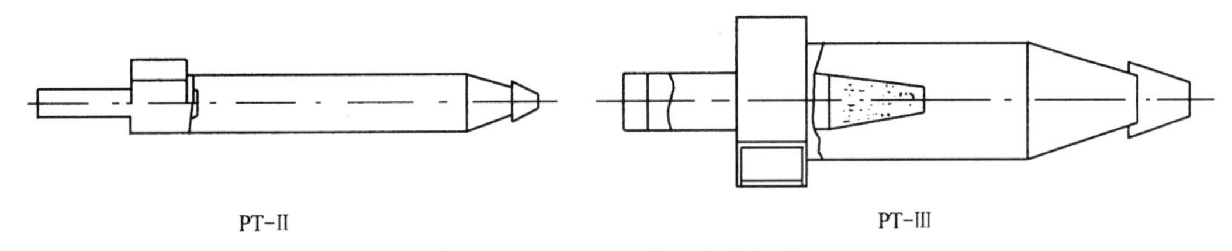

图 5-253　PT 型卧置式旋风管

最后要提一下德国 Siemens 公司 20 世纪 60 年代开发的旋流式分离器，国内又称龙卷风型。它的基本原理与切向入口的旋风分离器大同小异，差别在于含尘气体从下部中间引入，经导向叶片转变为高速旋转的向上气流，上部引入沿器壁向下旋转但方向与上述含尘气流方向一样的二次风，使前者的旋转得到加强，把颗粒甩向器壁，被二次风带下经排尘环隙进入灰斗，净化气体自中心向上排出。这种结构可消除切流式旋风分离器排气管下口处的短路流，减少灰斗的返混气流，因而效率较高。但结构、布置较复杂，耗能也大，国内只有一个装置应用(经过改进停用了二次风)。

(2) 分离效率

三级旋风分离器入口烟气中固体颗粒含量一般为 0.4~1.5g/Nm^3(湿)，近年来推广高效旋风分离器后此数值有所降低。颗粒的粒径分布大致在如下范围：<2.5μm，2%~10%；<5μm，16%~23%；<10μm，28%~34%；<15μm，38%~45%；<20μm，64%~73%。入口浓度低时，粒径趋于减小；浓度高时，粒径趋于增大。某装置的再生器出口颗粒粒径分布曲线如图 5-254 所示。

三级旋风分离器的实测出口浓度一般为 0.4~0.25g/Nm^3(湿)，总效率在 75%~92%范围内。总效率与入口浓度和粒度分布有关，也和旋风分离器的结构形式和操作条件有关。大体上效率按普通型、多管立置式、多管卧置式和旋流型的顺序递增，也按设计负荷率的高低而增减。但入口气速在 15~25m/s 范围内冷模试验效率变化不大，冷模实验效率高于热态。不同类型的旋风管具有不同效率，单管效率高于多管。

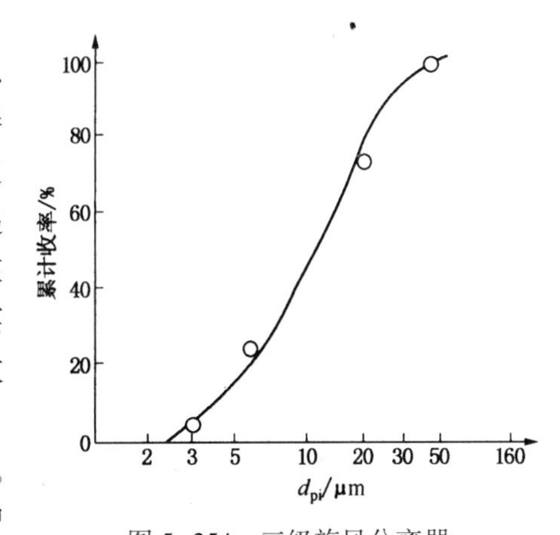

图 5-254　三级旋风分离器入口颗粒粒度分布

某装置第一再生器出口实测数据；催化剂：ZCM-7

单管分离效率可用粒径分级效率 E_i 综合求出。E_i 可用指数函数形式或对数概率分布形式表达。中国石油大学将常温下用滑石粉测得的分级效率关联成前一种形式的公式[参见式(5-688c)]，其中 a=10~13.5，m=0.69。

据报道 Shell 公司的旋风管的粒级效率约为：>16μm，100%；12μm，99%；10μm，97%；5μm，90%。

但工业使用的三旋效率一般偏低。Mobil 公司三类六套的操作数据表明，10μm 颗粒分离效率为 91%~96%，而总效率只 75%~82%，详见表 5-59(Ratermann，1998)。

Shell 公司 1980~2000 年间售出 50 套三旋，但经常了解运行状况的只有 15 套。根据介绍，一个良好的设备其 d_c^{50} 在 2μm 左右，而长期不维修者 d_c^{50} 则高达 10μm。见表 5-59。该公司通过冷模实验发现旋风管有一最佳长度，此时分离效率最高而压降最低。经过改进以后，三旋出口颗粒浓度已从 20 世纪 80 年代平均 120mg/Nm^3，下降到 90 年代末的 50mg/Nm^3。

表 5-59　Shell 三旋典型粒级效率　　%

粒径/μm	2	3	4	5	6	8	10	15
良好	30~50	50~65	70~75	80	90~92	94~95	96	~100
失修			20	30	35	45	65	~90

根据三次工业标定结果，CycloFines 三旋可基本除净 4μm 的颗粒，远低于通常要求的 10μm 水平，回收颗粒平均直径为 29μm，烟囱浑浊度 7%~10%，完全符合美国 MACT Ⅱ 排放标准。有关数据详见表 5-60(陈俊武，2005)。

表 5-60　CycloFines 型三旋工业标定数据

标定号	1	2	3
操作温度/℃	713	710	705
操作压力/kPa	122.4	118.5	114.6
烟气流量/(kg/h)	135581	130755	134017
压降/kPa	9.4	9.4	9.4
泄放量/%	1.5	1.5	
入口颗粒浓度/(mg/Nm^3)	80.5	118.1	109.3
出口颗粒浓度/(mg/Nm^3)	7.3	10.3	10.2
三旋效率/%	90.9	91.3	90.7
除净粒径/μm	4<除净粒径<<10	4<除净粒径<<10	4<除净粒径<<10

我国的 EPVC 型三旋可基本除净 7~8μm 颗粒，烟气中催化剂浓度可降到 100mg/Nm^{3}以下，PDC 型及 PSC 型三旋不仅效率高，而且操作弹性好。工业标定的数据表明：当入口浓度突然升高到 2000mg/Nm^{3}时，出口浓度也没有超过 120mg/Nm^3，其中大于 9.6μm 颗粒只有 1%以下，大于 7.2μm 者也不超过 4%，工业装置典型运行性能见表 5-61。

表 5-61　我国开发的立管式三旋工业运行性能

旋风管型号	EPVC Ⅰ	EPVC Ⅱ	PDC 和 PSC
入口颗粒浓度/(mg/Nm^3)	~700	~500	400~1000
入口中位粒径/μm		~7	6.2~8.3
出口颗粒浓度/(mg/Nm^3)	70~138	58~75	28~59
出口粒径>10μm/%	3.3~4.4	0~1.7	0
粒径>7μm/%		3~5	0~1.4
总效率/%	82~89	~86	85~90

卧置式旋风管的 Europos 分离器的分离效率高于立置多管式。该分离器可以把直径大于 5μm 的颗粒全部回收。对于入口<20μm 颗粒占 80%和浓度约 490mg/m^{3}的烟气，总效率达

92%，出口中 2~5μm 的颗粒仅占 10%。由于分离效率高，美国 ARCO 公司 Philadelphia 炼油厂 FCC 装置的烟气轮机叶片运行 6 年后仍无明显磨蚀。据介绍该分离器的烟气流量可在 60%~120%范围内操作，分离效率无大变化，优于其他形式的三级旋风分离器。

我国研制的卧置多管式分离器在某工业装置上实测的粒级效率曲线见图 5-255。从图中可看出 d_c^{50} 约为 3μm，10μm 的粒级效率达 99%。大于 6μm 颗粒含量只有 5%~8%，而大于 8μm 颗粒含量不到 0.7%。当入口颗粒中位直径为 5μm，出口颗粒浓度可保持在 150mg/Nm^3 以下，当入口颗粒中位直径上升到 11μm，出口颗粒浓度可降低到 80mg/Nm^{3}上下。

(3) 压力降

采用再生器内通用的切线入口形式用于第三级旋风分离器时，压降计算可采用前面介绍过的高效分离器的公式。

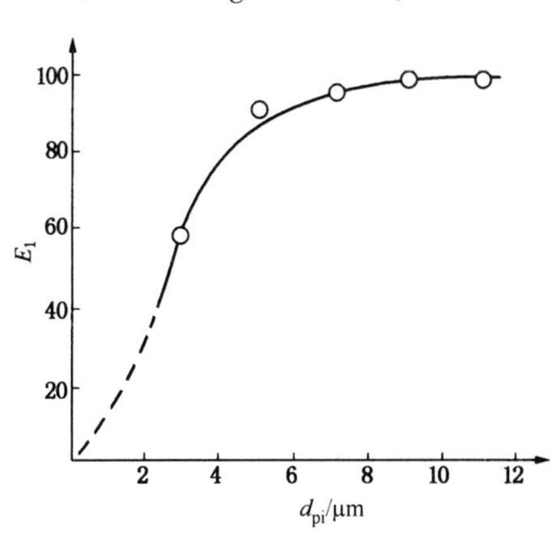

图 5-255　卧置多管式三级旋风分离器粒级效率曲线(某装置实测数据)

采用多管式三级旋风分离器时，压降包括壳体的出入口管和集气室的阻力和旋风管阻力两大部分。由于各部的气速均较高，总压降一般在 10~15kPa 之间。

旋风管的阻力主要由导向叶片和出口管两部分构成。叶片出口速度(按有效截面计算)和出口角度对流动阻力影响很大。一般角度为 20°~30°，叶片角度越小，叶片根箍直径越大，分离效率越高，但阻力也越大。出口管(升气管)直径一般为旋风管内径的 0.4~0.6 倍，此值越小分离效率越高，但阻力也越大。升气管的入口压降一般占单管总压降的主要部分，叶片压降次之。

时铭显(1990)从实验数据归纳的经验公式为：

$$\Delta P = K_p \frac{\rho_g u_i^2}{2000} \tag{5-711}$$

式中　ΔP——单管压降，kPa；

ρ_g——气体密度，kg/m^3；

u_i——入口气速，m/s；

K_p——阻力系数，$K_p = K_1 \cdot K_2 \cdot K_3 \cdot K_4$。

其中的 K_1是叶片出口角 $\beta=20°$时的基本阻力系数，是叶片根径比 d_b 与 $A \cdot \cos\beta$ 的函数，见表 5-62。A 为叶片进气面积与气体流出叶片面积之比，与叶片内外半径、叶片厚度、叶片数、叶片内准线的圆弧半径、叶片出口直边长、叶片出口角和叶片包弧角等有关。一般对 $\beta=20°\sim26°$的叶片，选取 $A=2.7\sim3.3$。K_2是升气管直径比 d_T的修正系数。当 $d_T=0.58$ 时，$K_2=1$；$d_T=0.50$，$K_2=1.2$；$d_T=0.47$，$K_2=1.3$。K_3是叶片出口角 β 的修正系数。当 $\beta=20°$时，$K_3=1$；$\beta=26°$，$K_3=0.86$。K_4是升气管入口结构的修正系数。如 $d_T=0.33$ 的百叶锥结构，$K_4=1.77$。

实际工业装置的 K_P 值在 150~270 之间。

卧管式旋风分离器比立置式压降稍低，一般为 9~11kPa。

PT-Ⅱ型、PT-Ⅲ型旋风管压降(kPa)可用下式计算：

$$\Delta P = 6.5 K_A^{0.83} d_T^{-1.74} \rho_g u^2 / 2 \tag{5-712}$$

旋流式第三级旋风分离器截面气速在 4.3~7.0m/s 时，总压降约为 8~12kPa。

表 5-62　基本阻力系数 K_1 值($\beta=20°$，$d_T=0.59$)

d_b	0.72				0.76			
$A\cdot\cos\beta$	2.0	2.5	3.0	3.5	2.0	2.5	3.0	3.5
K_1	19	25	29	32	16	22	27	30

(二) 第四级旋风分离器

为了减小烟气作功的损失，三旋输送废剂的泄气量由临界喷嘴严格控制在三旋入口流量的3%~5%，因此，四旋的处理气量不大，直径一般在800~1200mm左右，结构型式常选用与沉降器和再生器内相同的PV型旋风分离器。四旋的作用不仅是净化输送气流，更重要的是保证三旋的排剂通畅，合理的三旋卸剂系统布置尤为关键。典型的系统布置如图5-256所示。由于四旋是切向入口，往往与三旋底部的卸剂口中心线成90°，因此现场需要复杂的管道实现转向；同时旋风分离器带有较长的料腿，在实际运行中很容易出现催化剂堵塞的情况。图5-257是中国石化工程建设公司改进的三旋卸剂系统，采用水平放置四旋分离器；图5-258是中国石油大学开发的内置式四旋及三旋卸剂系统，四旋采用PSC型旋风单管结构，分离效率高，结构简单，工业应用结果表明彻底解决了四旋料腿堵塞的问题。

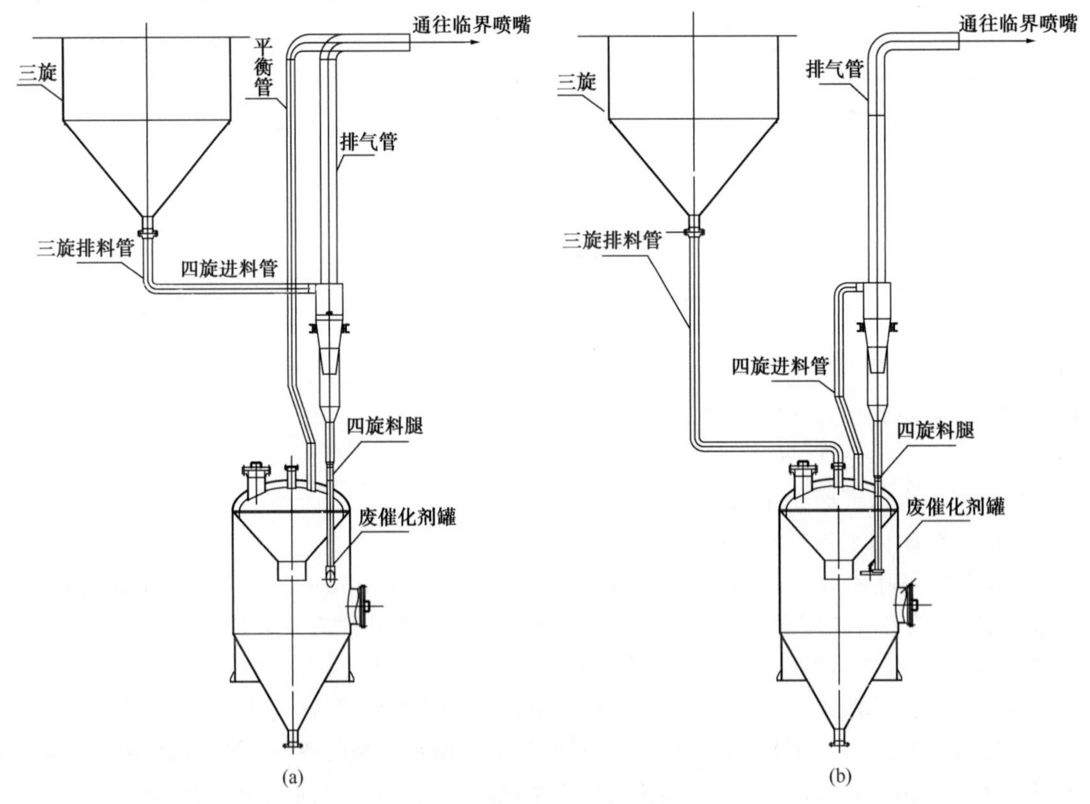

图 5-256　典型的三旋卸剂系统布置图

最后应指出，三旋效率只是用于判断是否能保护下游烟气轮机，而从环境角度还要考虑整体系统(包括四旋)对大气排放的颗粒数量与浓度。因为三旋回收的细颗粒靠气流从底部携带到第四级旋风分离器(效率约为75%~80%)中气固分离，其排气最终并入主流烟气。现举一例，国外某三旋、四旋的分离效率数据见表5-63。

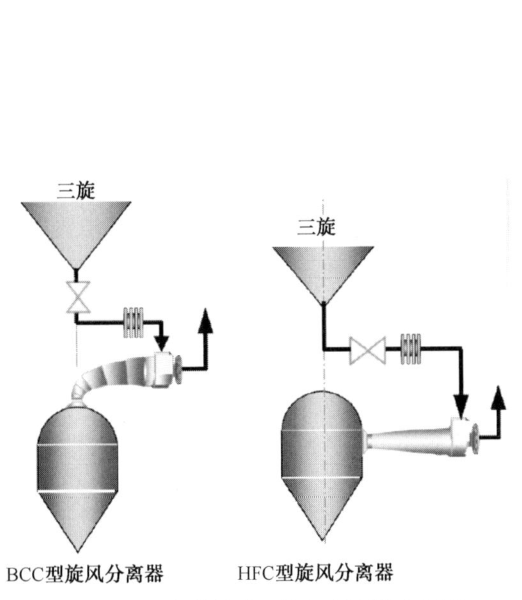

图 5-257　改进的的三旋卸剂系统布置图

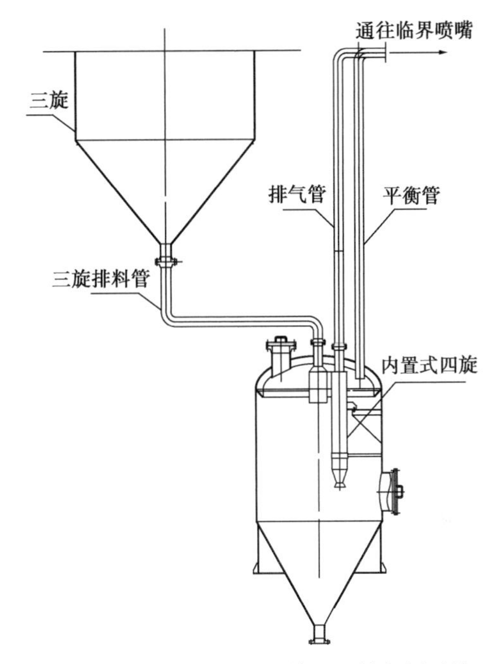

图 5-258　采用内置式四旋的三旋卸剂系统

表 5-63　三旋、四旋的综合效率

部　　位	三旋入	三旋上出	四旋入	四旋上出	四旋下出	烟气总出
颗粒浓度/(mg/Nm^3)	150	29	2450	630		50
平均颗粒直径/μm		4.5			15	
颗粒流量/(kg/d)	1200	220	980	250	730	470

符　号　表

A——式(5-52)的系数，面积

A_1——管线截面积，m^2

A_2——孔板(或滑阀)孔面积，m^2

A_0——A_T/N_0，m^2

A_p——裸管面积，m^2

A_e——有效传热面积，m^2

Ar——阿基米德数，$\frac{\rho_p d_p^3(\rho_p-\rho_g)g}{\mu^2}$

A_s——翅片面积，m^2

A_F——床层截面积，m^2

α——稀相夹带量衰变常数

α_b——单位床层体积的气泡表面积，m^2/m^{3}床层

α_{ex}——上流乳化相与下流乳化相虚拟传质面积，m^2/m^{3}床层

B——式(5-52)的系数

C——浓度，kmol/m^3

C_1——式(5-53)的系数

C_2——式(5-53)的系数
C_b——气泡相浓度，kmol/m^3
C_c——气晕相浓度，kmol/m^3
C_e——乳化相浓度，kmol/m^3
C_D——广义流态化曳力系数
C_{Dtt}——颗粒群曳力系数，式(5-103)
CI——式(5-226)的系数
C_R——管排非中心位置的校正系数，图5-129，式(5-427)
C_S——分层系数
C_{seu}——上流相颗粒上带有反应物浓度，m^3反应物/m^3颗粒
C_{seR}——下流相颗粒上带有反应物浓度，m^3反应物/m^3颗粒
C_z——颗粒团聚度系数
C_{in}——入口浓度，kmol/m^3
C_{out}——出口浓度，kmol/m^3
D_c——絮团直径，m
D_g——扩散系数，m^2/s
D_v——最大稳定空隙大小当量直径，m
D_j——喷射最大径，m
D_R——容器稀相直径，m
D_T——床层内径，m
D_{be}——当量气泡直径，m
D_{beo}——原始气泡直径，m
D_{bemax}——稳定最大气泡直径，m
d_o——孔口直径，m
d_e——空隙当量直径，m
d_s——面积直径，m
d_p——颗粒直径，m
d_v——体积直径，m
d_{sv}——面积/体积直径，m
d_{vs}——体积/面积直径，m
$d_{p50\%}$——中径，m
$d_{p16\%}$——粒径分布累计值为16%的粒径，m
$d_{p84\%}$——粒径分布累计值为84%的粒径，m
d_{ti}——管外径，m
d_p^*——无因次颗粒粒径，$d_p(\rho_g g\Delta\rho/\mu^2)^{1/3}$
d_T——管线内径，m
E_x——气体轴向扩散系数，m^2/s
E_r——气体径向扩散系数，m^2/s
E_{xs}——气体轴向扩散系数，m^2/s
E_{rs}——气体径向扩散系数，m^2/s
F——床层稳定性指数，式(5-212)
F_i——$d_p=i\mu m$的细粉含量,%
F_{40}——$d_p=40\mu m$的细粉含量,%
F_{44}——$d_p=44\mu m$的细粉含量,%
F_{45}——$d_p=45\mu m$的细粉含量,%

F_H——黏着力，N

F_s——固体流量，kg/s

F_g——气体流量，kg/s

F_D——曳力阻力，N

F_a——细粉作用因子

F_f——浮力，N

F_p——床层颗粒重力，N

F_t——颗粒的阻力，N

FP——脉动因子

Fr——Froude 数

F_{so}——床层表面处的固体夹带量，kg/s

f——核心区向环形区颗粒传递速率，m/s

f'——环心区向核心区颗粒传递速率，m/s

f_g——气体摩擦系数

f_s——固体摩擦系数或颗粒受流体作用力，N

f_m——摩擦阻力，N

f_x——形状阻力，N

f_w——尾迹占气泡(包括尾迹)的体积分率

$F_1(L_f, h^*)$——参变量，式(5-488)

G_g——气体质量速率，kg/(m^2·s)

G_s、(G'_s)——颗粒循环强度；颗粒质量速度，kg/(m^2·s)，t/(m^2·h)

(G_s^*)——饱和夹带量，kg/(m^2·s)

G_{mf}——$\mu_{mf}\cdot\rho_g$，kg/(m^2·s)

G_{str}——最小循环流态化颗粒质量流速，kg/(m^2·s)

g——重力加速度，m^2/s

H_a——传质单位高度，m

Ha——Hatta 数(八田数)

HR——ρ_{BT}/ρ_{BLP}

h——经过床层高度，m，总传热系数，W/(m^2·K)

h_1——管内膜传热系数，W/(m^2·K)

h_2——管外膜传热系数，W/(m^2·K)

h_{pc}——颗粒对流传热系数，W/(m^2·K)

h_{gc}——流体对流传热系数，W/(m^2·K)

h_R——辐射放热系数，W/(m^2·K)

J——传热或传质因子；Hatta 数校正因子，式(5-519)

J_H——传热 J 因子，$St\cdot Pr^{2/3}$

J_M——传质 J 因子，$Sh\cdot(Re)^{-1}\cdot(Sc)^{-1/3}$

J_s——颗粒循环流率，式(5-146)，kg/(m^2·s)

K——传质系数，m/s

K_j——分布器作用区域射流与乳化相间传质系数，m/s

K_{ob}——气泡乳化相间总传质系数(以 a_b 为基准)，m/s

$(K_{ob})_b$——气泡乳化相间总传质系数(以单位气泡体积为基础)，l/s

K'_{ob}—— 气泡乳化相间有吸附作用下总传质系数，m/s

$(K_{bc})_b$——气泡相-气晕相间交换系数(以气泡单位体积为基准)，l/s

$(K_{ce})_b$——气晕相-乳化相间交换系数(以气泡单位体积为基准)，l/s

$(K_{be})_b$——气泡相-乳化相间交换系数(以气泡单位体积为基准)，l/s
K_{ex}——上流乳化相与下流乳化想间虚拟传质系数，m/s
K_{suR}——上、下流两相颗粒交换系数，m^3颗粒/m^3床层
K_2——式(5-23)的常数
K_e——式(5-137)的系数
K_{sl}——滑落系数
$K_{ei}(K_{ei}^*)$——扬析速度常数，l/s 或 kg/(m^2·s)
k_r——反应速率常数
k_b——气泡膜传质系数，m/s
k_L——物理吸收膜传质系数，m/s
k'_L——化学吸收膜传质系数，m/s
k_{bc}——气泡相-乳化相间传质系数，m/s
k_{ce}——气晕相-乳化相间传质系数，m/s
k_e——乳化相膜传质系数，m/s
L——从分布板算起的高度，m
L_0——沉降高度，m
L_1——稀相高度，m
L_2——挡板间距，m
L_c——乳化相消失的床层高度，m
L_D——塌落实验浓相段高度，m
L_f——床层料面高度，m
L_e——流体流过平均长度，m
L_A——颗粒空隙体积当量高度，m
L_j——分布器孔喷射高度，即分布器作用区高度，m
L_p——净颗粒当量高度、稀相旋流板至分布器距离，m
Ly——李森科数，$u_f^3\rho_g^3/[\mu_g(\rho_p-\rho_g)]$
L_{Bb}——床层气泡体积当量高度，m
L_{mf}——起始流化床层高度，m
L_{mb}——u_{mb}时床层高度，m
ΔL——两点间的高度(或距离)差，m
M——相对分子质量
M_I——混合指数
M_1——管内结垢热阻，(m^2·K)/W
M_2——管外结垢热阻，(m^2·K)/W
m——乳化相吸附平衡常数
m_s——颗粒与气体平衡常数
N——平均吸收速率，kmol/(m^2·h)
N_0——分布器孔口数
N_b—— 单位体积床层气泡个数，个/m^3
N_d——颗粒加速循环碰撞能耗，J/(s·kg)
N_T——气体通过床层总能耗，J/(s·kg)
Nu——Nusselt 数(努塞尔数)，hd_p/λ_g
N_v——式(5-536)的参数，mu_e/u_f
N_a——传质单元数
N_{ob}——式(5-536)的参数，$K_{0b}a_bL_f/u_f$
N_{ex}——式(5-536)的参数，$mK_{ex}a_{ex}L_f/u_f$

N_{st}——颗粒悬浮输送能耗，J/(s · kg)

$(N_{st})_{dilute}$——稀相颗粒悬浮输送能耗，J/(s · kg)

$(N_{st})_{dense}$——密相颗粒悬浮输送能耗，J/(s · kg)

$(N_{st})_{inter}$——相互作用相颗粒悬浮输送能耗，J/(s · kg)

n——Richardson-Zaka 方程中 ε 的指数

n_b——气泡发生频率，个/s

P——压强；Pa

Pe——$\frac{m\delta^2 u_b}{4D_{ba}D_{cf}}$；Peclet 数(贝克来数)，$\frac{d_p C_g C_g}{\lambda}$；$\overline{U}_s L/E_{xs}$

Pe_a——下行管颗粒轴向 Peclet 准数($\overline{U}_s L/E_{xs}$)

Pe_c——提升管颗粒团轴向 Peclet 准数($\overline{U}_{sc} L/E_{xc}$)

Pe_r——下行管颗粒径向 Peclet 准数($\overline{U}_s L/E_{rs}$)

Pe_{rg}——下行管气体径向 Peclet 准数($\overline{U}_{fL}/E_r$)

Pe_{rs}——提升管弥散颗粒径向 Peclet 准数($\overline{U}_{ss} L/E_{rs}$)

Pe_s——提升管弥散颗粒轴向 Peclet 准数($\overline{U}_{ss} L/E_{xs}$)

Pr——Prandtl 数(普朗特数)，($C^g\mu/\lambda$)

ΔP——压降，Pa

$(\Delta P_D)_c$——分布板临界压降，Pa

$(\Delta P_b)_{dc}$——布气临界压降，Pa

ΔP_{imp}——设备两端压力降，Pa

Q——操作条件下经过分布管的气体流量，m^3/s；总传热量，W

Q_b——可见气泡流率，m^3/s

Q_R——辐射传热量，W

Q_{pc}——颗粒对流传热量，W

q——气泡进入流出气体体积流量，m^3/s

q_0——孔口通过气体流量，m^3/s

R——床层膨胀率

R_a——粒团热阻，$(m^2 \cdot K)/W$

Re——Reynold 数(雷诺数)

R_W——壁表面传热热阻，$(m^2 \cdot K)/W$

Re_p——$d_p u_f \rho_g/\mu$

Re_t——$\frac{d_p u_t \rho_g}{\mu}$或 $d_p U_{st} \rho_g/\mu$

R_{sf}——固气质量流速比，G_s/G_g

r——反应速率

r_b——气泡相单位体积反应速率

r_e——乳化相单位体积反应速率

r_{be}——气泡半径，m

r_{ce}——气晕半径，m

r'_{cr}——上流、下流乳化相分界处半径，m

S——孔间距

Sc——Schmidt 数(施密特数)，$\mu/(\rho_g D_g)$

Sh——Sherwood 数(舍伍德数)，Kd_p/D_g

S_k——临界管距，m

S_p——单位床层体积内颗粒表面积，m^2/m^3

T——温度，K

T_B——床层温度，K

T_g——气体温度，K

T_p——颗粒温度，K

T_s——表面温度，K

t——时间，s

U——真实速度，m/s

U_f——流体真是速度，m/s

U_s——颗粒真实速度，m/s

U_m——临界速度 m/s

$U_{sl}(u_{sl})$——气固滑移速度(向上为正)m/s

u_B，u'_B——气泡绝对上升速度，m/s

u_b——气泡相对上升速度，m/s

u_D，u_d^*——脱气速度，m/s

u_e——乳化相气体速度；有效气速，m/s

u_f——流体表观速度，m/s

u_s——颗粒表观速度，m/s

u_t——颗粒带出速度；沉降速度，m/s

u'_t——带出速度，m/s

u_0——气体经过分布板孔口速度，m/s

u_c，u_k，u_{BT}——鼓泡床向湍动床转变速度，m/s

u'_c——气晕上升速度，m/s

u_f^*——无因次表现速度，m/s

u_R——稀相速度，m/s

u_{cr}——临界气速，m/s

u_{DT}——密相气力输送向稀相气力转变速度，m/s

u_{FD}——快速床向密相气力输送转变速度，m/s

u_{FT}——载流速度，m/s

u_{mf}——起始流化速度，m/s

u_{mb}——表观起始流化速度，m/s

u_{cs}——沉积速度，m/s

u_{gc}——噎射速度，m/s

u_{TF}——湍动床向快速床转变速度，m/s

u_{tt}——颗粒的带出速度，m/s

u_{tr}——最小循环流态化速度，m/s

u_{seu}——乳化相颗粒向上平均速度，m/s

u_{seR}——乳化相颗粒向下平均速度，m/s

V_e——颗粒胞体积，气晕体积，m^3

V_b——气泡体积，m^3

V_d——气泡拽力携带颗粒体积，m^3

V_w——尾迹体积，m^3

V_s——催化剂孔体积，m^3

V_P——颗粒体积，m^3

V_A——颗粒间空隙体积，m^3

V_B——床层密度的体积，m^3

V_b——床层气泡体积，m^3

W——快速床下沉系数

W_s——总藏量，kg(t)

W'_s——固体量，kg

W_{so}——单位体积颗粒悬浮、颗粒的能量，J/(m·s)

W_{st}——单位体积颗粒消耗于悬浮输送的能量，J/(m·s)

W_{tr}——单位体积消耗输送颗粒的能量，J/(m·s)

X——距离，m

x——距离，m

Y——距离，m

Y——颗粒径修正系数，图 5-38

Z_f——稀相空间沿轴向高度，m

α——$\frac{V_w}{V_b}$比值；开孔率

β——式(5-536)的参数

β_w——气泡尾迹分率

β_d——气泡曳带分率

γ——Ha 数式中的参数

δ——气晕层厚度，m

ε——空隙率

ε_b——气泡相占床层体积分率

ε_c——絮状物空隙率

ε_e——乳化相空隙率

ε_a——快速床密相空隙率

ε_f——u_f 时床层空隙率

ε_g——稀相空隙率

ε^*——快速床稀相空隙率

ε_p——固体体积分率

ε_B——床层黑度系数

ε_s——表面黑度系数

ε_T——总黑度系数

ε_{mf}——u_{mf}时床层空隙率

ε_{mb}——u_{mb}时床层空隙率

ε_{sd}——密相固体分率

ε_{seu}——乳化相上流颗粒占床层体积分率，m^3 颗粒/m^3 床层

ε_{seR}——乳化相下流颗粒占床层体积分率，m^3 颗粒/m^3 床层

ζ——管嘴阻力系数

η——u_t/u_u 比值

η_f——翅片效率

θ——无因次沉积时间；式(5-132a)中的系数

λ——导热系数，W/(m·K)；式(5-194)、式(5-195)中的系数

λ_g——气体导热系数，W/(m·K)

λ_P——颗粒导热系数，W/(m·K)；阻力系数

λ_{ew}——壁附近区导热系数，W/(m·K)

μ_e——流体有效黏度，Pa·s

$\mu(\mu_f)$——气体黏度，Pa·s

$\bar{\mu}$——气固混合物的视黏度，Pa·s

ν——气泡中催化剂占床层体积分率；运动黏度，m^2/s

ν_T——气体湍流运动黏度，m^2/s

ξ——快速度上窜系数；分布板阻力系数

ρ——固体平均密度，kg/m^3

ρ^*——饱和夹带时密度，kg/m^3

ρ_B——床层密度；堆积密度，kg/m^3

ρ_P——颗粒密度，kg/m^3

ρ_P^*——催化剂的沉降密度，kg/m^3

ρ_s——骨架密度，kg/m^3

ρ_g——气体密度，kg/m^3

ρ_R——固体夹带量；全回流时固体夹带量；稀相固体密度，kg/m^3

ρ_{BT}——压紧密度；最大床层密度，kg/m^3

ρ_{mf}——起始流化时密度，kg/m^3

ρ_{RO}——密相表面上的固体夹带量，kg/m^3

ρ_{BLP}——充气密度或最小床层视密度，kg/m^3

ρ_m——气固混合密度，kg/m^3

σ——扩展径，m

σ_k——湍能 Prandtl 数

σ_ε——耗散率 Prandtl 数

τ——时间，s

τ_h——气泡接触时间，s

τ_P——絮状物贴壁时间，s

τ_s——颗粒与器壁间的剪切力，N

τ_T——气相湍流脉动时间，s

τ'_{rp}——颗粒群弛豫时间，s

τ_{rp}——Stokes 颗粒弛豫时间，s

ϕ——气泡上升速度系数

φ——气泡形状系数

ψ——式(5-132a)中的系数；球形度

ψ_0——颗粒形状因数

参 考 文 献

白丁荣,金涌,俞芷青,等.1988.一个新的快速流态化气-固流动模型探讨[C]//第四届全国流态化会议文集.兰州.

白丁荣,金涌,俞芷青.1990.快速流化床内颗粒加速运动段长度[J].化学反应工程与工艺,3(6):34-39.

白丁荣,金涌,俞芷青.1991.循环流态化(Ⅰ)[J].化学反应工程与工艺,7(2):202-213.

白丁荣,金涌,俞芷青.1992a.循环流态化:(Ⅴ)传递规律[J].化学反应工程与工艺,8(2):224-235.

白丁荣,金涌,俞芷青.1992b.循环流化床:(Ⅳ)气、固混合[J].化学反应工程与工艺,8(1):116-125.

蔡平,金涌,俞芷青,等.1990.气固密相流化床流型转变机理模[C]//第五届全国流态化会议文集.北京:28-32.

曹汉昌.1983.流化催化裂化反应器和再生器催化剂密度的预测[J].石油炼制与化工,14(11):12-21.

晁忠喜,孙国刚,龚兵,等.2004.粗旋风分离器内气相流场研究与数值模拟[J].石油炼制与化工,35(7):57-61.

陈爱华,李静海.1993.颗粒流体两相流中的颗粒团聚[C]//第六届全国流态化会议文集.武汉.77-81.

陈俊武.2005.催化裂化工艺与工程.2 版.北京:中国石化出版社.

陈明绍.1981.除尘技术的基本理论与应用[M].北京:中国建筑工业出版社.

陈勇,汪贵磊,韩天竹,等.2012a.催化裂化装置提升管T型出口结构压力降的实验分析[J].炼油技术与工程,42(1):38-40.
陈勇,汪贵磊,徐俊,等.2012b.负压差立管插板阀调节颗粒质量流率的实验分析[J].化工学报,63(11):3402-3406.
甘俊,白丁荣,金涌,等.1992.催化裂化提升管烧焦的主要影响因素[J].石油炼制,22(4):26-33.
甘俊,白丁荣,俞芷青,等.1993.催化裂化提升管再生器多段进气及其模拟[J].石油炼制,23(11):49-56.
甘俊,金涌,俞芷青,等.1995.催化裂化提升管再生器两级串联烧焦的计算机模拟[J].石油炼制与化工,26(2):1-6.
甘宁俊,蒋大洲,等.1990.内置钝体对快速流化床中颗粒浓度分布的影响[J].高校化学工程学报,39(3):273-277.
高士秋.1990.快速流化床颗粒循环速率及轴向空隙率分布[D].沈阳:沈阳化工研究院.
郭慕孙.1980.统一关联化工流态化体系的设想[J].化工冶金,9(1):29-47.
侯祥麟.1991.中国炼油技术[M].北京:中国石化出版社.
胡小康,刘小成,徐俊,等.2010.循环流化床提升管内压力脉动特性[J].化工学报,61(4):828-831.
黄荣臻,杨启业,闫涛等.2008.一种大处理量第三级旋风分离器:中国,ZL200810113376.8[P].
金涌,俞芷青,孙竹范,等.1984.流化床多管式气流分布器的研究:(Ⅱ)分布器设计参数的确定[J].化工学报,(3):203-213.
金涌,汪展文,蔡平.1985.对高、低堆比重裂化催化剂流体力学行为的研究[J].石油学报:石油加工,1(2):15-26.
金涌,俞芷青,白丁荣,等.1990.并流下行快速流态化气-固两相流动模型的研究[J].化学反应工程与工艺,6(2):17-23.
金涌,祝京旭,汪展文,等.2001.流态化工程原理[M].北京:清华大学出版社.
金有海,陈建义,时铭显.1995.PV型旋风分离器捕集效率计算方法的研究[J].石油学报:石油加工,11(2):93-99.
李洪钟,郭慕孙.2002.非流态化气固两相流:理论及应用[M].北京:北京大学出版社.
李静海.1987.两相流多尺度作用模型和能量最小方法[D].北京:中国科学院化工冶金研究所.
李静海,董元吉,郭慕孙.1988.颗粒流体两相流数学模型多尺度作用模型和能量最小化方法[J].化工冶金,9(1):29-40.
李静海,Reh L,董元吉,等.1990.不同流态化区域中多方面行为的交叉比较[C]//第五届全国流态化会议文集.北京.
李静海,别如山,郭慕孙,等.1991.流场均匀无壁效应循环流化床反应器:中国,ZL91216163.9[P].
李松年,徐亦方.1982.流化催化裂化中的流化问题[J].石油炼制,(9):17-21.
李佑楚,陈丙瑜,王凤鸣,等.1980.(一)快速流态化流动模型参数的关联[J].化工冶金,(4):20-30.
李佑楚,吴培.1990.快速床中气体轴向混合特性[C]//第五届全国流态化会议文集.北京.159-163.
刘人锋,刘晓欣,王仲霞,等.2013.FCC沉降器旋风分离器翼阀磨损实验分析[J].炼油技术与工程,43(12):38-41.
刘书贤,孙国刚,时铭显.2008.催化裂化装置沉降器粗旋结构设计探讨[J].炼油技术与工程,38(10):25-30.
刘显成,卢春喜,严超宇,等.2006.一种新型气固分离装置结构的优化研究[J].化学反应工程与工艺,22(2):120-124.
刘献玲.2001.催化裂化提升管新型预提升器的开发[J].炼油设计,31(9):31-35.
刘小成,胡小康,马媛媛,等.2012.FCCU立管内催化剂流动的脉动压力分析[J].石油学报:石油加工,28(3):445-450.
卢春喜,王祝安.2002.催化裂化流态化技术[M].北京:中国石化出版社.

罗保林,宗祥荣,王中礼,等.2005.垂直立管中催化剂流动特性的实验研究[J].过程工程学报,5(2):119-124.
罗国华,杨贵林.1990.快速流化床中轴向气体扩散[C]//第五届全国流态化会议文集.北京.115-158.
罗晓兰,陈建义,金有海.1992.固粒相浓度对旋风分离器性能影响的试验研究[J].工程物理学报,13(3):282-285.
毛羽,庞磊,王小伟,等.2002.旋风分离器内三维紊流场的数值模拟[J].石油炼制与化工,33(2):1-6.
莫伟坚.1989.并流下行式中型装置中大庆常压渣油催化裂化初期的过程动力学研究[D].北京:石油大学.
漆小波,曾涛,黄卫星,等.2005.循环流化床提升管中团聚物颗粒浓度的实验研究[J].四川大学学报:工程科学版,37(5):46-50.
祁春鸣,俞芷青,金涌,等.1990.气-固并流下行快速流态化的研究[J].化工学报,41(3):273-280.
秦霁光.1980.流化床中气泡的汇合长大和床层膨胀[J].化工学报,(1):83-94.
施立才.1985.细颗粒流化床分布板区射流与相邻乳化相的气体质量交换[J].化学反应工程与工艺,(1-2):62-69.
石爱军,陈丙瑜,夏麟培,等.2001a.立管-翼阀系统的研究 I.负压差下旋风分离器料腿内的气固流动[J].石油学报:石油加工,17(3):46-56.
石爱军,陈丙瑜,夏麟培,等.2001b.立管-翼阀系统的研究 II.负压下立管-翼阀系统的最小松动气量[J].石油学报:石油加工,17(增刊):66-72.
孙光林,王樟茂,陈甘棠.1983.固体颗粒系统的起始鼓泡速度与空隙率[J].浙江大学学报,(4):97-108.
孙国刚,李静海.1998a.一种采用管壁补气与排气实现循环流化床多段化操作的方法及其装置:中国,ZL98108512.1.[P]
孙国刚,李静海.1998b.粒径分布对循环流化床内颗粒速度分布的影响[J].粉体技术,4(1):1-5.
孙国刚.1998c.循环流化床提升管气固流动的非均匀特性[D].北京:中国科学院化工冶金研究所.
孙国刚,时铭显.2002.PV 型旋风分离器设计与应用中的几个问题[J].炼油设计,32(9):4-7.
孙国刚,李双权,时铭显.2006.PX 型高效旋风分离器的研究开发[J].炼油技术与工程,36(6):30-34.
王志刚,郭慕孙.1987.气固流化床分布板稳定性的研究[C]//第四届全国流态化会议论文集.兰州.71-73.
王尊孝,等.1989.化学工程手册(第 20 篇):流态化[M].北京:化学工业出版社.
魏飞,祝京旭.1996.气固下行流化床反应器:Ⅲ.气、固混合[J].化学反应工程与工艺,12(4):429-437.
魏耀东,刘仁桓,孙国刚,等.2003a.负压差立管内气固两相流的流态特性及分析[J].过程工程学报,3(5):385-389.
魏耀东,刘仁桓,孙国刚,等.2003b.负压差立管内气固流动的不稳定性实验分析[J].过程工程学报,3(6):493-497.
魏耀东,刘仁桓,孙国刚,等.2004a.负压差立管内的气固两相流[J].化工学报,55(6):898-901.
魏耀东,宋健斐,刘仁桓,等.2004b.一种抑制结焦的旋风分离器:中国,ZL200420058444.2[P].
魏耀东,刘仁桓,时铭显.2006.负压差立管内气固两相流的气相流动特性[J].中国石油大学学报:自然科学版,30(6):89-91.
夏亚沈,董元吉,郭慕孙.1988.快速流化床进出口结构对流的影响[J].化工冶金,9(3):14-24.
谢凯云,闫涛.2010.BSX 新型三级旋风分离器在催化裂化装置上的应用[J].炼油技术与工程,40(4):30-32.
邢颖春,卢春喜.2008.某催化裂化装置催化剂循环管线松动点的改造[J].石化技术与应用,26(1):49-54.
时铭显.1990.PV 型旋风分离器的性能及工业应用[J].石油炼制,21(1):37-42.
闫雪,张万松,刘人锋,等.2014.垂直立管中颗粒移动床蠕动流动特性的实验研究[J].过程工程学报,14(3):383-387.
杨贵林,黄哲,陈大保,等.1987.快速流化床 H-198 催化剂丁烯氧化脱氢制丁二烯[J].石油化工,16(10):680-685.
杨勇林.1991.循环流化床气固并流上行和下行运动规律的研究[D].北京:清华大学.

张峰,胡小康,陈建义,等.2012.负压差立管下料过程压力脉动的传递性实验与分析[J].高校化学工程学报,26(3):282-287.

张斌.1990.快速流化床反应器线流流动模型[D].北京:中国科学院化工冶金研究所.

张立新.1981.催化裂化反应器和再生器设计中若干问题的探讨[J].石油学报,2(1):111-121.

张毅,魏耀东,时铭显.2007.气固循环流化床负压差下料立管的压力脉动特性[J].化工学报,58(6):1417-1420.

张毅,彭园园,魏耀东,等.2008.循环流化床下料立管内气固两相流动状态与压力脉动的关系[J].过程工程学报,8(1):23-27.

张永民,赵超,禹淞元,等.2013.催化裂化待生剂分配器性能的冷模实验评价[J].石油学报:石油加工,29(5):799-806.

张蕴壁.1989.流态化选论[M].西安:西北大学出版社.

赵君,刘辉,许贺卿.1990.细粉流化床及其膨胀特性研究[C]//第五届全国流态化会议文集.北京.25-29.

周国明,张嵬.2009.外溢流管流化异常现象分析及应对措施[J].石油化工技术与经济,25(6):48-51.

周力行.1986.燃烧理论和化学流体力学[M].北京:科学出版社.

周力行.1991.湍流两相流和燃烧的统一关联矩封闭模型[J].工程热物理学报,12(2):203-209.

Abrahamsen A R,Geldart D.1980a.Behaviour of gas-fluidized beds of fine powders:Part I.Homogeneous expansion[J].Powder Technology,26(1):35-46.

Abrahamsen A R,Geldart D.1980b.Behaviour of gas-fluidized beds of fine powders:Part II.Voidage of the dense phase[J].Powder Technology,26(1):47-55.

Adúnez J, Gayún P, García-Labiano F, et al. 1994. Axial voidage profiles in fast fluidized beds[J]. Powder Technology,81(3):259-268.

Ahn H, Başaranoğlu Z, Yilmaz M, et al.2008. Experimental investigation of granular flow through an orifice[J]. Powder Technology,186(1):65-71.

Alexander R M.1949.Fundamentals of cyclone design and operation[J].Proceedings of Australian Institute of Mining and Metallurgy,152-153:203.

Al-Zahrani A A,Daous M A.1996.Bed expansion and average bubble rise velocity in a gas-solid fluidized bed[J]. Powder Technology,87(3):255-257.

Ambler P A,Miline B S,Berruti F,et al.1990.Residence time distribution of solids in a circulating fluidized bed:Experimental and modeling studies[J].Chemical Engineering Science,45(8):2179-2186.

Andeen B R, Glicksman L R.1976. Heat transferto horizontal tubes in shallow fluidized[R]. ASME/AIChE Heat Transfer Conference.Missouri,ASME paper 76- HT-67.

Andreux R,Ferschneider G,Hémati M,et al.2007.Experimental study of a fast gas-solid separator[J].Chemical Engineering Research and Design,85(6A):808-814.

Avidan A.1980.Bed expansion and solid minxing in high velocity fluidized beds[D].New York:The City College of New York.

Avidan A.1982.Turbulent fluid bed reactors using fine powder catalysts[C]//Proceedings of AIChE-CIESC Meeting. Beijing:Chemical Industry Press:411-423.

Bader R,Findley J,Knowlton T M,1988.Gas/Solids flow patterns in a 30.5cm diameter circulating fluidized bed[M]//Basu P,Large J F.Circulating fluidized bed technology II.Toronto:Pergamon Press:123-137.

Baeyens J,Geldart D,Wu S Y.1992.Elutriation of fines from gas fluidized beds of Geldarta type powders - effect of adding superfines[J].Powder technology,71(1):71-80.

Baeyens J.Geldart D.1973.Predictive calculations of flow parameters in gas fluidised beds and fluidisation behaviour of various powders[C]//Proc Conf of Fluidisation and its Applications.Toulouse.

Bai D-R, Jin Y, Yu Z-Q, et al.1991a.Radial profiles of local solid concentration and velocity in a concurrent downflow fast fluidized bed[G]//Ed.By Basu P, Horio M, Hasatani M.Circulating fluidized bed technology.Oxford: Pergamon Press: 157-162.

Bai D-R, Jin Y, Yu Z-Q.1991b.Acceleration of particles and moment exchange between gas and solids in fast fluidized Beds[M]//Kwauk M, Hasatani M.Fluidization' 91-Science and Technology.Beijing: Science Press: 46-55.

Bai D-R, Jin Y, Yu Z-Q, et al.1992.The axial distribution of the cross-sectionally averaged voidage in fast fluidized beds[J].Powder Technology, 71(1): 51-58.

Bai D-R, Kato K.1994.Generalized correlations of solids holdups at dense and dilute regions of circulating fluidized beds[C]//Proceedings 7th SCEJ Symp on CFB.Tokyo Japan: 137-144.

Bai D-R, Kato K.1995a.Saturation carrying capacity of gas and flow regimes in CFB[J].Journal of Chemical Engineering of Japan, 28(2): 179-185.

Bai D-R, Zhu J, Jin Y, et al.1995b.Internal recirculation flow structure in vertical upward flowing gas-solids suspensions: Part I.A core/annular model[J].Powder Technology, 85(2): 171-177.

Bai D-R, Zhu J, Jin Y, et al.1995c.Internal recirculation flow structure in vertical upward flowing gas-solids suspensions: Part II.Flow structrue predictions[J].Powder Technology, 85(2): 179-188

Barth W.1956.Design and layout of the cyclone separator on the basis of new investigations.Brenn.Warme Kraft, 8: 1-9.

Baskakov A P.1964.The Mechanism of heat transfer between a fluidized Bbed and a surface[J].Intern Chem Eng, 4: 320-324.

Baskakov A P, Leckner B. 1997. Radiative Heat Transfer in Circulating Fluidized Bed Furnaces [J]. Powder Technology, 90(3): 213-218.

Basu P.1990. Heat transfer in high temperature fast fluidized beds [J]. Chemical Engineering Science, 45 (10): 3123-3136.

Beek W J.1971.Mass transfer in fluidized beds[M]//Davidson J F, Harrison D.Fluidization.London: Academic Press: 431-470.

Behie L A, Kehoe P.1973, The grid region in a fluidized bed reactor[J].AIChE Journal, 19(5): 1070-1072.

Behie L A.1978.Fluidization Techonogy Vol 1[M].Washington DC: Hemusphere Publishing Corp.

Bellgardt D, Werther J.1986.Heat and mass transfer in fixed and fluidized beds[M].Ed by van Swaaij W P M, Afgan N H.Washington: Hemisphere Publishing Corp: 557.

Berruti F, Chaouki J, et al, 1995.Hydrodynamics of circulating fluidized bed Riser: A Review[J].Canadian Journal of Chemical Engineering, 73(5): 579-602.

Beverloo W A, Leniger H A, Van de Velde J.1961.The flow of granular solids through orifices[J].Chemical Engineering Science, 15(4): 260-269.

Bi H, Fan L S.1991.Regime Transitions in Gas-solid Circulating Fluidized Beds[C]//AIChE Annual Meeting.Los Angeles.Nov: 17-22.

Bi H, Fan L S.1992.Existence of turbulent regime in gas-solid fluidization[J].AIChE Journal, 38(2): 297-301.

Bi H, Zhu J.1993a.Static instability analysis of circulating fluidized bed and concept of high density risers[J]. AIChE Journal, 39(8): 1272-1280.

Bi H, Grace J R, Zhu J.1993b.On types of choking in vertical pneumatic systems[J].International Journal of Multiphase Flow, 19(6): 1077-1092.

Bi H, Grace J R.1995.Flowregime diagrams for gas-solid fluidization and upward transport[J].International Journal of Multiphase Flow, 21(6): 1229-1236.

Bi H, Zhou J, Qin S, et al.1996.Annular wall layer thickness in circulating fluidized bed risers[J].Canadian Journal of

Chemical Engineering,74(5):811-814.

Bird R B,Stewart W E,Lightfoot E N.1960 Transport phenomena[M].New York:Wiley.

Bodin S,Briens C,Bergougnou M A,et al.2002.Standpipe flow modeling,experimental validation and design recommendations[J].Powder Technology,124(1-2):8-17.

Bodner S.1982.Proceedings of pneumatech I.International Conference on Pneumatic Transport Technology.Powder Advisory center.London.

Bohle W,Van Swaaij W P M.1978.The influence of gas adsorption on mass transfer and gas mixing in a fluidized bed [M]// Davidson J F,Keairns D L.Fluidization.Cambridge:Cambridge University Press:167-172.

Botterill J S M.1975.Fluidized bed heat transfer[M].London:Academic Press.

Botterill J S M,Teoman Y,Yueregir K R.1981.Temperature effects on the heat transfer behaviour of gas-fluidized beds[C]//AIChE Symp Ser,77(208):330-340.

Botterill J S M.1986.Gas fluidization technology[M].Ed Geldart D.John Wiley & Sons Ltd:219-258.

Cai P.1989.Flow regime transition in dense-phase fluidized Beds[D].Beijing:Tsinghua University.

Cai P,Schiavetti M,DeMichele G,et al.1994.Quantitative estimation of bubble size in PFBC[J].Powder Technology, 80(2):99-109.

Capes C E,Nakamura K.1973.Vertical pneumatic conveying:a theoretical study of uniform and annular particle flow models[J].Canadian Journal of Chemical Engineering,51:39-46.

Cazes R C.1983.Fundemental of fluidized bed chemical process[M].EdYate J R.London:Butterworths.

Chan I H,Knowlton T M.1984.The effect of pressure on entrainment from bubbling gas fluidized beds[M]//Kunii D, Toei R.Fluidization.New York:Engineering Foundation:283-290

Chavarie C,Grace JR.1975.Performance analysis of a fluidized bed reactor:II.Observed reactor behavior compared with simple two-phase models[J].Industrial & Engineering Chemistry Research Fundamentals,14(2):79-86.

Chavarie C,Grace J R.1976,Interphase masstransfer in a gas fluidized bed[J].Chemical Engineering Science,31 (9):741-749.

Chen J C,Cirnini RJ,Dou S S.1988.A Theoretical model for simultaneous convective and radiative heat transfer in circulating fluidized bed[G]//Basu P,Large J F.Circulating Fluidized Bed Technology.Oxford:Pergamon Pressn: 255-262.

Chen J Y,Shi M X.2003.Analysis on cyclone collection efficiencies at high temperatures[J].China Particuology,1 (1):20-26.

Chen Y M.2006.Recent advances in FCC technology[J].Powder Technology,163(1-2):2-8.

Chesonis D C,Klinzing G E,et al.1990.Hydrodynamics and mixing of solids in a recirculating fluidized bed[J]. Industrial & Engineering Chemistry Research,29(9):1785-1792.

Chiba T,Kobayashi H.1970.Gas exchange between the bubble and emulsion phases in gas-solid fluidized beds[J]. Chemical Engineering Science,25(9):1375-1385.

Chong Y O,Leung L S.1986.Comparison of choking velocity correlation in vertical pneumatic conveying[J].Powder Technology,47(1):43-50.

Clift R,Grace J R,Weber M E.1978.Bubbles drops and particles[M].New York:Academic Press.

Contractor R,Patience G S,et al.1994.A new process for n-butane oxidation to maleic anhydride using a circulating fluidized bed reactor[G]// Avidan A A.Circulating fluidized bed technology IV.New York:AIChE.387-391.

Couch K A,Seibert K D,Van Opdorp P J.2004.Improve FCC yields to meet changing environment-part 2:Controlling emissions is another vital component for revamp projects[J].Hydrocarbon Processing,83(10):85-88,90,92.

Danckwert P V,Sherwood T K.1988.传质学[M].北京:化学工业出版社.

Davidson J F,Harrison D.1963.Fluidised particles[M].London:Cambridge University Press.

Davidson J F, Harrison D.1966.The behaviour of a continuously bubbling fluidised bed[J].Chemical Engineering Science, 21(9):731-738.

Davidson J F, Clift R, Harrison D.1985.Fluidization 2nd edition[M].London: Academic Press:317-323.

Davies C E, Graham K H.1988.Pressure drop reduction by wall baffles in vertical pneumatic conveying tubes[C]// CHFMECA '88, Austrilia's Bicenternial Int.Conf for the Process Industries, Vo12:644-651.

Davies L, Richardson J F.1966.Gas interchange between bubbles and the continuous phase in a fluidized bed[J]. Trans Inst Chem Eng, 44(8):293-305.

De Groot J H.1967.Scaling-up of gas-fluidized bed reactors[C]//Proc of the Int SympOn Fluidization. Amsterdam: Netherlands University Press:348-358.

De Lasa H I, Grace J R.1979.The influence of the freeboard region in a fluidized bed catalytic cracking regenerator [J].AIChE Journal, 25(6):984-991.122.

De Martin L, Ruud van Ommen J.2012.Estimation of the overall mass flux in inclined standpipes by means of pressure fluctuation measurements[J].Chemical Engineering Journal, 204-206:125-130.

De Vries R J, Van Swaaij W P M, Mantovani C, et al.1972.Design criteria and performance of the commercial reactor for the shell chlorine process[C]//Proceedings of the Fifth European Second International Symposium on Chemical Reaction Engineering. Amsterdam: Elsevier, B.9:59-69.

Dietz PW.1981.Collection efficiency of cyclone separators[J].AIChE Journal, 27(6):888-892.

Drahoš J, Cermák J, Guardani R, et al.1988.Characterization of flow regime transitions in a circulating fluidized bed [J].Powder Technology, 56(1):41-48.

Dry R J, White C C.1989.Gas residence time characteristics in a high-velocity circulating fluidized bed of FCC catalyst[J].Powder Technology, 58(1):17-23.

Ebert T A, Glicksman L R, Lints M.1993.Determination of particle and gas convective heat transfer component in circulating fluidized bed[J].Chemical Engineering Science, 48(12):2179-2188.

Eckert E R G, Drake R M.1972.Analysis ofheat and mass transfer[M].New York: McGraw-Hill.

Errazu A F, de Lasa H I, Sarti F.1979.A fluidized bed catalytic cracking regenerator model: grid effects[J].Canadian Journal of Chemical Engineering, 57(2):191-197.

Flamantt G, Fatah N, Olade G, et al.1992.Temperature distribution near a heat exchanger wall Immersed in high-temperature packed and fluidized beds[J].J Heat Transfer-Transactions of the ASME, 114(1):50-55.

Fournol A B, BergougnouM A, Baker C G J.1973.Solids entrainment in a large gas fluidized bed[J].Canadian Journal of Chemical Engineering, 51:401-404.

Fraley L D, Lin Y, Hsiao K H, et al.1983.Heat transfer coefficient in circulating bed reactor [R], ASME Paper 83-HT-92, Seattle, USA.

Garside J, Ai Dibouni M R.1977.Velocity-voidage relationships for fluidization and sedimentation in solid-liquid systems[J].Ind Eng Chem Pro Des Dev, 16(2):206-214.

Geldart D.1973.Types of gas fluidization[J].Powder Technology, 7(5):285-292.

Geldart D, Abrahamsen A R.1978.Homogeneous fluidization of fine powders using various gases and pressures[J]. Powder Technology, 19(1):133-136.

Geldart D, et al.1979 Effect of fines on entrainment from gas-fluidized beds[J].Tran Inst ChemEng.57:269-275.

Geldart D, Abrahamsen A R.1981.Fluidization of fine porous powders[C]// Chem Eng Prog Symp Ser, 77(205): 160-165.

Geldart D, Radtke A L.1986a.The effect of particle properties on the behaviour of equilibrium cracking catalysts in standpipe flow[J].Powder Technology, 47(2):157-165.

Geldart D.1986b.Gas fluidization technology[M], New Jersey: Wiley.

Geldart D,Ling S J.1992.Saltation velocities in high pressure conveying of fine coal[J].Powder Technology,69(2):157-172.

Geldart D,Broodryk N,Kerdoncuff A.1993.Studies on the flow of solid down cyclone diplegs[J].Powder Technology,76(2):175-183.

Gelperin N I,Einstein V G.1971.Heat transfer in fluidized beds[M]//Davidson J F,Harrison D.Fluidization.London:Academic Press:471-540.

George S E, Grace J R. 1978. Entrainment of Particlesfrom Aggregative Fluidized Beds [C]. AIChE Symp Ser, 74 (176):67-74.

George S E. Grace J R. 1981 . Entrainment of particles from a pilot scale fluidized bed [J]. Canadian Journal of Chemical Engineering,59(3):279-284.

Gidaspow D. 1994. Multiphaseflow and fluidization: Continuum and kinetic theory descriptions [M]. New York: Academic Press.

Gil A,Romeo L M,Cortés C.2001.Cold flow model of a PFBC cyclone[J].Powder Technology,117(3):207-220.

Gil A Cortés C,Romeo L M,Velilla J.2002.Gas-particle flow inside cyclone diplegs with pneumatic extraction[J]. Powder Technology,128(1):78-91.

Giuricich N L,Kalen B.1982.Dominantcriteria in FCC cyclone design[C]// Katalistiks' 3rd Annual Fluid Cat Cracking Symposium.

Glicksman L R,Lord W K,Sakagami M.1987.Bubble properties in large-particle fluidized beds[J].Chemical Engineering Science,42(3):479-491.

Glicksman L R.1997.Heat transfer in circulating fluidized beds[M]//Grace J R et al.Circulating fluidized beds.London:Chapman and Hall:261-311.

Golriz M R,Grace J R.2002.Predicting heat transfer in large-scale CFB boilers[M]//Grace J R et al.Circulating fluidized bed technology VII.Canadian society for chemical engineering.Gilmore Printing Services Inc:121-128.

Grace J R,Clift R.1974.On the two-phase theory of fluidization[J].Chemical Engineering Science,29(2):327.

Grace J R,De Lasa HI.1978.Reaction near the grid in fluidized beds[J].AIChE Journal,24(2):364-366.

Grace J R.1986.Contacting modes and behaviour classification of gas-solid and other two-phase suspensions[J].Canadian Journal of Chemical Engineering,64(3):353-363.

Grace J R,Bi H.1997.Circulating fluidized beds[M].London:Chapman and Hall:1-18.

Greskovich E J,O'Bara J T.1968.Perforated-pipe distributors[J].Ind Eng Chem Proc Des Dev,7(4):593-595.

Grewal N S,Saxena S C.1980.Comparison of commonly used correlations for minimum fluidization velocity of small solid particles[J].Powder Technology,26(2):229-234.

Grewdson B J,Ormond A L,Neddermam R M.1977.Air impeded discharge of fine particle from a hopper[J]. Powder Technology,16(2):197-207.

Gwyn J E,Moser J H,Parker W A.1970,A three-phase model for gas-fluidized beds[C]//Chem Engng Prog Symp Ser,66:19-27.

Harris B J,Davidson J F, Xue Y.1994.Axial andradial variation of flow in circulating fluidized bed risers[M]//Avidan A A.Circulating fluidized bed technology IV.New York:AIChE:103-110.

Harrison D,Davidson J F,DeKock J W.1961.The nature of aggregative and particulate fluidisation[J].Trans Inst Chem Eng,39:202-211.

Hartge E U,Li Y,Werther J.1986a.Analysis of the local structures of the two-phase flow in fast fluidized bed[M]//Basu P.Circulating fluidized bed technology IV.Oxford:Pergamon Press:153-160.

Hartge E U, Li Y, Werther J. 1986b. Flow stuuctures in fast fluidized beds [M]//Ostergaard M, Sorensen A. Fluidization V.New York:Engineering Foundation:345-352.

Hartge E U, Resner D, Werther J.1988. Solids concentration and velocity patters in circulating fluidized beds[M]// Basu P, Large J F. Circulating fluidized bed technology II. Oxford: Pergamon Press: 165-180.

Herbert P M, Gauthier T A, Briens C L, et al.1998. Flow study of a 0.05m diameter downflow circulating fluidized bed [J]. Powder Technology, 96(3): 255-261.

Herbreteau C, Bouard R. 2000. Experimental study of parameters which influence the energy minimum in horizontal gas-solid conveying[J]. Powder Technology, 112(3): 213-220.

Hilligardt K. Werther J.1986. Local bubble gas hold-up and expansion of gas/ solid fluidized beds[J]. German Chemical Engineering, 9(4): 215-221.

Hiltunen J, Eilos I, Niemi V M.2002. Novel short contact time FCC unit: NExCC experience[C]//7th International Conference on Circulating Fluidized Beds. Nigara Falls, Ontario Canada.

Hirsan I C, Sishtla C, Knowlton T M.1980. The effect of bed and jet parameters on vertical jet penetration length in gas fluidized beds[C]//73rd Annual AIChE Meeting. Chicago.

Hoomans B P B, Kuipers J A M, Briels W J, et al.1996. Discrete particle simulation of bubble and slug formation in a two-dimensional gas-fluidised bed: a hard-sphere approach[J]. Chemical Engineering Science, 51(1): 99-108.

Horio M, Taki A, Hsieh Y, et al.1980. Elutriation and particle transport through the freeboard of a gas-solid fluidized bed[M]//Grace J R, Matsen J R. Fluidization. New York: Plenum Press: 509-518.

Horio M, Nonaka A.1987. Ageneralized bubble diameter correlation for gas solid fluidized beds[J]. AIChE Journal, 33 (11): 1865-1872.

Horio M, 1997. Hydrodynamics[M]//Grace J R, et al. Circulating fluidized beds. London: Chapman & Hall.

Hottel H C, Sarofim A F.1967. Radiativetransfer[M]. New York: Mcgraw-Hill.

Hunt D A, Krishnaiah G.2001. Optimizing FCC regenerator can minimize catalyst losses[J]. Oil and Gas Journal, 99 (49): 56-61.

Iozia D L, Leith D.1990. The logisticfunction and cyclone Fractional efficiency[J]. Aerosol Sci Technol, 12(3): 598 -606.

Ishii H, Nakajima T, Horio M. 1989. The clustering annular flow model of circulating fluidized beds[J]. Journal of Chemical Engineering of Japan, 22(5): 484-490.

Issangya A S, Grace J R, Bai D, et al.2000. Further measurements of flow dynamics in a high-density circulating fluidized bed riser[J]. Powder Technology, 111(1-2): 104-113.

Jakkula J, Makkonen J, Lindblad M, et al.2002. New CFB reactor design and applications using multi-entry cyclones [C]//7th International Conference on Circulating Fluidized Beds. Nigara Falls, Ontario Canada.

Jaworski A J, Dyakowski T.2002. Investigations of flow instabilities within the dense pneumatic conveying system[J]. Powder Technology, 125(2-3): 279-291.

Jiang P J, Bi H T, Jean R H, et al.1991. Baffle effects on performance of catalytic circulating fluidized bed reactor[J]. AIChE Journal, 37(9): 1392-1400.

Jin Y, et al.2002. State-on-the-art review of downer reactors[M]//Grace J R, et al. Circulating fluidized bed technology VII. Ottawa: Can Soc Chem Engng: 40-60.

Karri S B R, Knowlton T M.1991. A practical definition of fast fluidization regime[M]//Basu P, Horio M , Hastani M. Circulating fluidized bed technology III. Oxford: Pergaman Press: 67-72.

Karri S B R, Werther.2003. Chap 6, Gas distributor and plenum design in fluidized beds[M]//Yang W C. Handbook of fluidization and fluid-particle systems. New York: Taylor & Francis Group LLC.

Karri S B R, Khowlton T M.2004. Effect of aeration on the operation of cyclone diplegs fitted with trickle valves[J]. Industrial & Engineering Chemistry Research, 43(18): 5783-5789.

Kato K, Wen C Y.1969. Bubble assemblage model for fluidized bed catalytic reactors[J]. Chemical Engineering Science,24(8):1351-1369.

Kehoe P W K,Davidson J F.1970.Continuously slugging fluidized beds[G].Inst Chem Eng Symp Ser,33:97-116.

Khan A R,Richardson J F,Shakiri K J.1978.Heat transfer between a fluidized bed and a small immersed surface [C]//Davidson J F,Kearrnsin D L.Fluidization-proceedings of the second engineering foundation conference.Cambridge University Press:345.

Kimura T,Matsuo H,Uemiya S,et al.1994.Measurement of jet shape and its dynamic change in three-dimensional jetting fluidized beds[J].Journal of Chemical Engineering of Japan,27(5):602-609.

Kmiec A.1982.Equilibrium of forces in fluidized bed - experimental verification[J].The Chemical Engineering Journal,23(2):133-136.

Knowlton T M,Bachovchin D M.1976.The determination of gas-solids pressure drop and choking velocity as a function of gas density in a vertical pneumatic conveying line[G]//Fluidization technology.New York:Hemisphere Publishing Corporation,2:253-282.

Koenigsdorff R,Werther J.1995.Gas-solidsmixing and flow structure modeling of upper dilute zone of a circulating fluidized bed[J].Powder Technology,82(3):317-329.

Kojima T,Ishihara K,Yang G L,et al.1989.Measurement of solid behaviour in a fast fluidized bed[J].Journal of Chemical Engineering of Japan,22(4):341-346.

Konno H,Saito S.1969.Pneumatic conveying of solid through straight pipes[J].Journal of Chemical Engineering of Japan,2 (2):211-217.

Konrad K.1986.Dense phase conveying:a review[J].Powder Technology,49(1):1-35.

Kuipers J A M,Tammes H,Prins W,et al.1992,Experimental and theoretical porosity profiles in a two-dimensional gas-fluidized bed with a central jet[J].Powder Technology,71(1):87-99.

Kunii D,Levenspiel O.1990a.Fluidized reactor models:1.For bubbling beds of fine,intermediate,and large particles:2.For the lean phase.Freeboard and fast fluidization[J].Industrial & Engineering Chemistry Research,29(7):1226-1234.

Kunii D,Levenspiel O.1990b.Entrainment of solids from fluidized beds:I.Hold-up of solids in the freeboard,II.Operation of fast fluidized beds[J].Powder Technology,61(2):193-206.

Kunii D,Levenspiel O.1991.Fluidization engineering[M].2nd ed.Boston:Butterworth-Heinemann.

Kwauk M,Wang N D,Li Y,et al.1986.Fast fluidization at ICM[M]//Basu P.Circulating Fluidized Bed Technology.Oxford:Pergamon Press:33-62.

Kwauk M.1991.Conicalfluidized beds[M]//Wei J.Advance in chemical engineering.Vol 17.New York:Academic Press.

Lakshmanan C C,Potter O E.1990.Numerical simulation of the dynamics of solids mixing in fluidized beds[J].Chemical Engineering Science,45(2):519-528.

Leckner B,Golriz M R,Zhang W,et al.1991.Boundary layer-first measurement in the 12mw,b Research plant at Chalmers University[C]//Anthony E I.Proceedings lth Int Conf on Fluidized Bed Combustion.Montreal:ASME,1771-1776.

Leith D,Licht W.1972.The collection efficiency of cyclone type particle collectors:a new theoretical approach[C]//AIChE Symp Series,126(68):196-206.

Leung L S,Wilson L A.1973.Downflow of solids in standpipes[J].Powder Technology,7:343-349.

Leung L S,Jones P J.1978.Flow of gas-solid mixtures in standpipes:A review[J].Powder Technology,20(2):145-160.

Leva M.1951.Elutriation of fines from fluidized systems[J].Chemical Engineering Progress,47(1):39-45.

Leva M.1959.Fluidization[M].New York:McGraw-Hill.

Levy A, Mooney T, Marjanovic P, et al.1977.A comparison of analytical and numerical models with experimental data for gas-solid flow through a straight pipe at different inclinations[J].Powder Technology, 93(3):253-260.

Lewis W K, Gilliland E R, Bauer W C.1949.Characteristics offluidized particles[J].Industrial & Engineering Chemistry, 41:1104-1117.

Lewis W K, Gilliland E R, Lang P M.1962, Entrainment from fluidized beds[C]//Chem Eng Prog Symp Ser, 58(38):65.

Li Y, Kwauk M.1980.The Dynamics offast fluidization[M]//Grace J R, Matsen J M.Fluidization.New York: Plenum Press.537-544.

Li Y, Lu Y, Wang F, et al.1997.Behavior of gas-solid flow in the downcomer of a circulating fluidized bed reactor with a V-valve[J].Powder Technology, 91(1):11-16.

Licht W.1984.Airpollution engineering-basic calculation for particulate collection[M].New York: Marcel Dekker Inc:477.

Lim K S, Pleeler P, Joyee T, et al.2002.Estimation of solids circulation rate in a large pilot-scale CFB[C]//Gas Fluidization.New York: Elsevier Science Publishers B V.

Lin L, Sears J T, Wen C Y.1980.Elutriation and attrition of char from a large fluidized bed[J].Powder Technology, 27(1):105-115.

Lints M C, Glicksman L R.1994.Parameters governing particle-to-wall heat transfer in airculating fluidized bed[M]//Avidan A.Circulating fluidized bed technology IV.New York: AIChE.297-304.

Lints M.1992.Particle-to-wall heat transfer in circulating fluidized beds [D].Boston: Massachusetts Institute of Technology.

Lodes A, Mierka O.1990.Thevelocity field in a vertical gas-solid suspension flow[J].International Journal of Multiphase Flow, 16(2):201-209.

Lodett M J, Davidson J F, Harrison D.1967.On the two-phase theory of fluidisation[J].Chemical Engineering Science, 22(8):1059-1066.

Louge M, Lischer J, Chang H.1990.Measurement of voidage near the wall of a circulatingfluidized bed riser[J]. Powder Technology, 62(3):269-276.

Louge M, Mastorakos E, Jenkins J T.1991.The role of particle collisions in pneumatic transport[J].Journal of Fluid Mechanics, 231:345-359.

Majander J, Roppanen J, Eilos I.2001.CFD simulation of a two-stage multi-entry cyclone at high load rates[M]//Kwauk M.Fluidization X.Engineering Foundation.May 20-25, Beijing.

Maljalingam M, Kolar A K.1991.Emulsion layer model for wall heat transferin a circulating fluidized bed[J]. AIChE Journal, 37(8):1139-1150.

Martin H.1984.Heat transfer between gas fluidized beds of solid particles and surfaces of immerse heat exchanger Elements[J].Chem Eng Proc, 18(3,4):157-169;199-223.

Martin M P, Turlier P, Bernard J R, et al.1992.Gas and solid behaviour in cracking circulating fluidized beds[J]. Power Technology, 70(3):249-258.

Marzocchella A, Salatino P.1996.The dynamics of fluidized beds under pressure[C]//AIChE symposium series.American Institute of Chemical Engineers, 92(313):25-30.

Matsen J M.1973.Flow of fiuidized solids and bubbles in standpipes and risers[J].Powder Technology, 7:93-96.

Matsen J M.1977.Some characteristics of large solids circulating systems[M]//Keairns D LEd., Fluidization Technology, Vol II.New York: Hemisphere Publishing Corp, 135.

Matsen J M.1982.Mechanisms of choking and entrainment[J].Powder Technology, 32(1):21-33.

Maude A D, Whitmore R L.1958.A generalized theory of sedimentation[J].British Journal of Appl Physics, Bristol, 9,

Dec:477-482.

McKetta J J.1980.Encyclopedia of chemical processing and design,V13.New York:Marcel Dekker.

Memmott V J,Dadds B.2003.Innovative technology meets processing and environmental goals:flying J commissions new MSCC and TSS[C]//NPRA Annual Meeting.March 23-25,San Antonio,TX.

Mickley H S,Fairbanks D F.1955.Mechanism of heat transfer to fluidized beds[J].AIChE Journal,1:374-384.

Miyauchi T,Furusaki S,Morooka S,et al.1981.Transport phenomena and reaction in fluidized catalyst beds.Advance in Chemical Engineering,Vol 11.Academic Press:275-448.

Miyauchi T,Masao Y.1988.Correction of the temperature difference between bubble and emulsion phases and revised gas exchange rate in fluidized beds[J].Journal of Chemical Engineering of Japan,21(6):663-667.

Molerus O.1982.Interpretation of Geldart′s type A,B,C and D powders by taking into account interparticle cohesion forces[J].Powder Technology,33(1):81-87.

Mori S,Wen C Y.1975.Estimation of bubble diameter in gaseous fluidized beds[J].AIChE Journal,21(1):109-115.

Murray J D.1965.On the Mathematics of fluidization.2:Steady motion of fully developed bubbles[J].Journal of Fluid Mechanics,22:57-80.

Muschelknautz E.1970.Design of cyclone separators in the engineering practice[J].Staub-Reinhaltung der Luft,30(5):187-195.

Nag P K,Moral M N A H,Basu P.1990.Effect of fins on heat transfer in circulating fluidized beds[J].International Journal of Heat and Mass Transfer,12(2):123-130.

Nagashima H,Ishikura T,Ide M.2009.Flow characteristics of a small moving bed downcomer with an orifice under negative pressure gradient[J].Powder Technology,192(1):110-115.

Nieuwland J J,Annaland M V,Kuipers J A M,et al.1996.Hydrodynamic modeling of gas/particle flows in riser reactors[J].AIChE Journal,42(6):1569-1582.

Nieuwland J J,Delnoij E,Kuipers J A M,et al.1997.An engineering model for dilute riser flow[J].Powder Technology,90(2):115-123.

Nowak W,Arai N,Hasatani M,et al.1992.Stochastic model of heat transfer in circulating fluidized bed[C]//Proceedings 4th SCEJ Symposium on Circulating Fluidized Bed.Tokyo,Dec,1991:19-26.

Pannala S,Syamlal M,O′Brien T J.2011.Computationalgas-solids flows and reacting systems:Theory,methods and practice[M].IGI Global.

Patience G S,Chaouki J,Kennedy G.1991.Solids residence time distribution in CFB reactors[M]//Basu P,Horio M,Hasatani M.Circulating fluidized bed technology III.Oxford:Pergamon Press.575-580.

Patience G S,Chaouki J.1996.Solids hydrodynamics in the fully developed region of CFB riser[M]//Large J F,Laguerie C.Preprints of Fluidization VIII.New York:Engineering Foundation.

Pell M.1990.Gas Fluidization[M].New York:Elsevier Science Publishers B V.

Pita J A,Sundaresen S.1993.Developing flow of a gas-particle mixture in vertical riser[J].AIChE Journal,39(4):541-552.

Punwani D V,Modi M V,Tarman P B.1976.A generalized correlation for estimating choking velocity in vertical solids transport[C]//Int Powder Bulk Solids Handling and Processing Conf.Chicago.

Qi X B,Zhu J,Huang W X.2008.A new correlation for predicting solids concentration in the fully developed zone of circulating fluidized bed risers[J].Powder Technology,188(1):64-72.

Raterman M F.1985.FCC catalyst flow problem predictions[J].Oil and Gas J,83(1):87-88;90-92.

Ratermann M,Chitnis G K,Holtan T,et al.1998.A post audit of the new mobil/M W Kellogg Cyclofines™ Third Stage Separator[C]//NPRA AnnualMeeting.AM-98-19.San Francisco,California,March 15-17:1998.

Rautiainen A,Stewart G,Poikolainen V,et al.1999.An experimental study of vertical pneumatic conveying[J].

Powder Technology,104(2):139-150.

Rhodes M J,Geldart D.1987.A model for the circulating fluidized bed[J].Powder Technology,53(3):155-162.

Rhodes M J.1990.Modeling the flow structure of upward-flowing gas-solid suspensions[J].Powder Technology,60(1):27-38.

Rhodes M,Mineo H,Hirama T.1992.Particle motion at the wall of a circulating fluidized bed[J].Powder Technology,70(3):207-214.

Rhodes M.1999.Introduction to particle technology[M].Chichester in England:Wiley:139-173.

Richardson J F,Szekely J.1961.Mass transfer in a fluidized bed[J].Transactions of the Institution of Chemical Engineers,39:212-222.

Richardson J F,Zaki W N.1954.Sedimentation and fluidization,part I[J].Trans,Institute of Chemical Engineers,32:35-53.

Roes A W M,Garnier C N.1986.Investigation into thebubble-to-dense-phase mass transfer rate in a gas-solid fluidized bed with cohesive powders[M]//W P M van Swaaij,N Afgan Ed.Heat and mass transfer in fixed and fluidized beds.Washington:Hemisphere:417.

Rosin P,Rammler E,Intelmann W.1932.Principles and limits of cyclone dust removal[J].Zeit Ver Deutscher Ing,76:433-437.

Ross Jr J L,et al.1993.Apparatus for separating fluidized cracking catalysts from hydrocarbon vapor:US,5259855[P].

Rowe P N ,Foscolo P U,Hoffman A C,et al.1984.X-ray observation of gas fluidized beds under pressure[M]//Kunii D,Toei R.Fluidization IV.New York:Engineering Foundation:53-60.

Sapre A V,Anderson D H,Krambeck F J.1990,Heater probe technique to measure flow maldistribution in large scale trickle bed reactors[J].Chemical Engineering Science,45(8):2263-2268.

Schiller L,Naumann Z.1935.A drag coefficient correlation.Vdi Zeitung,77(318):51.

Sekthira A,Lee Y Y,Genetti W E.1988.Heat Transfer in a Circulating Fluidized Bed[C]//Presented at 25th National Heat Transfer Conference.Houston,USA,July24-27.

Shaw D F,Walter R E.2007.How FCCU trickle valves affect catalyst losses[J].Hydrocarbon Processing,86(5):75-76;78;80;82;84.

Shen Z,Kwauk M.1985.Masstransfer between gas and solids in fast fluidization[M]//Basu PEd.Circulating Fluidized Bed Technology.Canada:PergamonPress.

Simone S,Harriott P.1980.Fluidization of fine powders with air in the particulate and the bubbling regions[J]. Powder Technology,26(2):161-167.

Sinclair J L,Jackson R.1989.Gas-particle flow in a vertical pipe with particle-particle interactions[J].AIChE Journal,35(9):1473-1486.

Sit S P,Grace J R.1978.Interphase mass transfer in an aggregative fluidized bed[J].Chemical Engineering Science,33(8):1115-1122.

Sit S P,Grace J R.1981,Effect of bubble interaction on interphase mass transfer in gas fluidized beds[J]. Chemical Engineering Science,36(2):327-335.

Sit S P,Grace J R.1986.Interphase mass transfer during bubble formation in fluidized beds[G]//Ostergaard K,Soorensen A.Fluidization V.Elsionore,Denmark,New York:Engineering Foundation:39-46.

Smith T N.1978.Limitingvolume fractions in vertical pneumatic transport[J].Chemical Engineering Science,33(6):745-750.

Smolders K,Baeyens J.1997.Elutriation of fines from gas fluidized beds:mechanisms of elutriation and effect of freeboard geometry[J].Powder Technology,92(1):35-46.

Smolders K,Geldart D,Baeyens J.2001a.The physical models of cyclone diplegs in fluidized beds[J].Chinese Journal of Chemical Engineering,9(4):337-347.

Smolders K,Baeyens J.2001b.Gas fluidized beds operating at high velocities:a critical review of occurring regimes [J].Powder Technology,119(2-3):269-291.

Steenge W D E,Dane F,Parker W A.1987.Fluidization behavior of FCC catalyst:Effects of catalyst properties and gas distribution[C]//Katalistiks′ 8th Annual Fluid Catalytic Cracking Symposium.Budapest,Hungary.

Stern A C,Caplan K J,Bush P D.1955.Cyclone dustcollectors[S].API report.Washington,DC:American Petroleu-mInstitute.

Storch O.1979.Industrial separators for gas cleaning[M].Amsterdam:Elsevier.

Stromberg L.1983.Fast fluidized bed combustion of coal[C]//Proceedings 7th Int Conf on Fluidized Bed Combustion. US Department of Energy.Pennsylvania,October,Vol 2:1152-1163.

Subbarao D,Gambhir S.2002.Gas to particle mass transfer in risers[M]//Grace J R,Zhu J X,H de Lass.Circulating Fluidized Technology VII.Niagara Falls,Ontario,Canada,May 5-8,97-104.

Sun M,Liu S,Li Z H,et al.2008.Application of electrical capacitance tomography to the concentration measurement in a cyclone dipleg[J].Chinese Journal of Chemical Engineering,16(4):635-639.

Talavera G.1995.Calculate nonfluidized flow in cyclone diplegs and transition pipes[J].Hydrocarbon Processing,December:89-92.

Tanner H,Li J,Reh L.1994.Radialprofiles of slip velocity between gas and solid in circulating fluidized beds[M]// Weimer AW Ed.AIChE Symp Ser,30(301):105-113.

Tasirin S M, Geldart D. 1998. Entrainment of FCC from fluidized beds - a new correlation for the elutriation rateconstants Ki infinity * [J].Powder Technology,95(3):240-247.

Tasitin S M,et al.2002.Entrainment of fines (Group C particles) from fluidized beds[M]// Kwauk M,et al.Fluidization X.New York:Engineering Foundation:445-452.

Tenney E, Magnabosco LM, Powell JW. 1983. Commercial Evaluation of SO_x Catalysts[C]//Katalistiks′ 4th Annual FCC Symp.Amsterdam,the Netherlands.

Tesoriero A.1984.Predict particle size distribution from FCC beds[J].Hydrocarbon Processing,63(11):139-141.

Toomey R D,Johnstone H F.1952.Gaseous fluidization of solid particles[J].Chem Eng Prog,48(5):220-237.

Tsuji Y,Kawaguchi T,Tanaka T.1993.Discrete particle simulation of two-dimensional fluidized bed[J].Powder Technology,77(1):79-97.

Tsuji Y,Morikawa A,Shiomi H.1984.LDV Measurement of anair-solid two phase flow in a vertical pipe[J]. Journal of Fluid Mechanics,139:417.

Tung Y,Li J,Kwauk M.1988.Radial voidage profiles of fast fluidized bed[M]//Kwauk M,Kunii D K.Fluidization-science and technology.Beijing:Science Press:139-145.

Tuzla K,Dou S,Herb B E,et al.1991.Experimental study of heat transfer in circulating fluidized bed combustors[J]. PD(American Society of Mechanical Engineers),33(Fossil Fuel Combust-1991):35-40.

Van Deemter J J.1961.Mixing and contacting in gas-solid fluidized beds[J].Chemical Engineering Science,13(3): 143-154.

Van Deemter J J.1980.Mixing patterns in large-scale fluidized beds[M].New York:Plenum Press:69-89.

Van Den Akker H E A,Everts R,Woudstra J J,et al.1990.Process for the separation of solids from a mixture of solids and fluid:US,4961863[P].

Van der Lean.1958.Notes on the diffusion-type model for the longitudinal mixing[J].Chemical Engineering Science,7 (3):187-191.

Van der Schaaf J,Johnsson F,Schouten J C,et al.1999.Fourier analysis of nonlinear pressure fluctuations in gas-solids flow in CFB risers-Observing solids structures and gas / particle turbulence[J].Chemical Engineering Science,54(22):5541-5546.

Van Swaaij W P M,Zuiderweg F J.1973.The design of gas-solids fluidized beds-prediction of chemical conversion [C]//Proceedings International Symposium on Fluidization and its Appl.Ste Chimie Industrielle,Toulouse.

Van Zoonen D.1962.Measurement of diffusional phenomena and velocity profiles in a vertical riser[C]// Proceedings of the Symp.on the Interaction between fluids and particles.London:64-71.

Varadi T,Grace J R.1978.High pressure fluidization in a two dimensional bed[M]// Davidson J F,Keairns D L.Fluidization.Cambridge University Press:55-58.

Viitanen P I.1993.Tracer Study on a Riser Reactor of a Fluidized Catalyst Cracking Plant[J].Industrial &Engineering Chemistry Research,32(4):577-583.

Vollert J,Werther J.1994.Mass transfer and reaction behaviour of a circulating fluidized bed reactor[J].Chemical Engineering & Technology,17(3):201-209.

Wang J,Bouma J H,Dries H.2001.An experimental study of cyclone dipleg flow in fluidized catalytic cracking[J]. Powder Technology,112(3):221-228.

Wang L,Li J.2002.Concentration distributions during mass transfer in circulating fluidized beds[M]//Grace J R,Zhu J X,de lass H Ed.Circulating Fluidized BedsTechnology VII.Canadaian Society for Chemical Engineering,Ontario, Canada,90-96.

Wei F,Wang Z W,Jin Y,et al.1994.Dispersion of lateral and axial solids mixing in cocurrent downflow circulating fluidized bed[J].Powder Technology,81(1):25-30.

Wei F,Jin Y,YuZ Q,et al.1995.Lateral and axial mixing of the dispersed particles in CFB[J].Journal of Chemical Engineering of Japan,28(5):506-510.

Wei F,Lin H F,Cheng Y,et al.1998.Profiles of particle velocity and solids fraction in a high density riser[J].Powder Technology,100(2,3):183-189.

Weimer A W,Quarderer G J.1985.On dense phase voidage and bubble size in high pressure fluidized beds of fine powders[J].AIChE Journal 31(6):1019-1028.

Weimer A W,Quarderer G J.1999.Pressure and temperature effects in fluid particle system[M]//Yang W C.Fluidization:Solid handing and processing.New Jersey:Noyes Publication:127.

Weinstein H,Graff R A,Meller M,et al.1984.The Influence of the impose pressure drop across a fast fluidized bed [M]//Kunii D,Toei R.Fluidization IV.New York:Engineering Foundation:299-306.

Weinstein H,Li J.1989.An Evaluation of theacturaldensity in the acceleration section of vertical risers[J].Powder Technology,57(1):77-79.

Wen C Y,Hashinger R F.1960.Elutriation of solid particles from a dense-phase fluidized bed[J].AIChE Journal,6(2):220-226.

Wen C Y,Miller E N.1961.Heattransfer in solid-gas transport lines[J].Industrial & Engineering Chemistry Research Fundamentals,53:51-53.

Wen C Y,Yu Y H.1966a.A generalized method for predicting the minimum fluidization velocity[J].AIChE Journal, 12(3):610-612.

Wen C Y,Yu Y H.1966b.Mechanics of fluidization[M]//Chem Eng Prog Symp Ser,62:100-111.

Wen C Y,Chen L H.1982.Fluidized bed freeboard phenomena:entrainment and elutriation[J].AIChE Journal,28(1):117-128.

Wender L,Cooper G T.1958.Heat transfer between fluidized-solids beds and boundary surfaces-correlation of data [J].AIChE Journal,4(1):15-23.

Werther J.1976.Convective solids transport in large diameter gas fluidized beds[J].Powder Technology,15(2):

155-167.

Werther J.1984.Hydrodynamics and mass transfer between the bubble and emulsion phases in fluidized beds for sand and cracking catalyst[M]//Kunii D,Toei R.Fluidization IV.New York:Engineering Foundation.

Werther J,Hartge E U,Kruse M,Nowak W.1991.Radialmixing of gas in the core zone of a pilot scale CFB[M]// Basu P,Horio M,Hasatani M.Circulating fluidized bed technology III.Oxford:Pergamon Press:593-598.

Werther J. 1992. Scale-up modeling for fluidized bed reactors[J]. Chemical Engineering Science, 47(9-11): 2457-2462.

Wiles R J,Leung L S,Nicklin D.1971.Correlation for predicting choking flowrate in vertical pneumatic conveying[J]. Ind Eng Chem Proc Des Dev,10(2):183-189.

Wirth K E, Seiter M. 1991. Solid sconcentration and solids velocity in the wall region of circulating fluidized beds [C]//Anthony E J.Proceedings 11th int conf on fluidized bed combustion.Montreal,ASME:331-315.

Wolny A,Kabata M.1985.Mixing of solid particle in a vertical pneumatic transport line[J].Chemical Engineering Science,40(11):2113-2118

Wong R,Pugsley T,Berruti F.1992.Modeling the axial voidage profile and flow structure in risers of circulating fluidized beds[J].Chemical Engineering Science,47(9-11):2301-2306.

Woollard I N M,Potter O E.1968.Solids mixing in fluidized beds[J].AIChE Journal,14(3):388-391.

Wu R,Grace J R,Lim C J.1990a.A model for heat transfer in circulating fluidized bed[J].Chemical Engineering Science,45(12):3389-3398.

Wu R,Lim C J,Chauki J,et al.1990b.Instantaneous local heat transfer and hydrodynamics in a circulating fluidized bed[J].International Journal of Heat and Mass Transfer,34(8):2019-2027.

Yagi S,Aochi T.1955.Elutriation of particles from a batch fluidized bed[C].Paper Presented at the Society of Chemical Engineers (Japan)Spring Meeting.

Yang W C.1975.A Mathematical definition of choking phenomenon and a mathematical model for predicting choking velocity and choking voidage[J].AIChE Journal,21(5):1013-1015.

Yang W C.1983.Criteria forchoking in vertical pneumatic conveying lines[J].Powder Technology,35(2):143-150.

Yang G L,Huang Z,Zao L Z.1984.Radial gas dispersion in a fast fluidized bed[M]//Kunii D,Toei R.Fluidization IV.New York:Engineering Foundation:145-152.

Yang W C,Chitester D C.1985.A generalized methodology for estimating minimum fluidization velocity at elevated pressure and temperature[J].AIChE Journal,31(7):1086-1092.

Yang W C.1988.A Model for thedynamics of a circulating fluidized bed loop[M]//Basu P,Large J F.Circulating Fluidized Bed Technology II.New York:Pergamon Press:181-191.

Yang W C.1999.Fluidization Solids Handing and Processing[M].New Jersey:Noyes Publication.

Yang W C.2003.Handbook of Fluidization and Fluid-Particle Systems[M].New York:Taylor & Francis.

Yates J G,Rowe P N.1977.A model for chemical reaction in the freeboard region above a fluidized bed[J].Trans Inst Chem Eng,55(2):137-142.

Yerushalmi J,Cankurt N T.1979.Further studies of the regimes of fluidization[J].Powder Technology,24(2): 187-205.

Yerushalmi J,Turner D H,Squires A M.1976.The fast fluidized bed[J].Ind Eng Chem Proc Des Dev,15(1):47-52.

Yousfi Y,Gau G.1974.Aerodynamique de l´ecoulement vertical de suspensions concentrees gaz-solides-I.Regimes d´ecoulement et stabilite aerodynamique[J].Chemical Engineering Science,29(9):1939-1946.

Zenz F A,Weil N A.1958,A theoretical-empirical approach to the mechanism of particle entrainment from fluidized beds[J].AIChE Journal,4(4):472-479.

Zenz F A,Othmer D F.1960.Fluidization and fluid-particle systems[M].New York:Reinhold.

Zenz FA.1975.Chapter 11 Cyclone separators[M]//Manual on Disposal of Refinery Wastes; Volume on Atmospheric Emissions, API Publication 931.Washington: Pet Inst Refining.

Zenz F A.1983, Particulate solids.The third fluid phase in chemical engineering[J].Chemical Engineering, 90(24): 61-67.

Zenz F A.1990.Gas Fluidization[M].Ed by Mel Pell.Amsterdam: Published Elsevier: 69-72.

Zhang H, Xie C.1985.The Radiativeheat transfer of the immersed tube in a fluidized bed combustion boiler[C]// Proceedings 8th Int Conf on Fluidized Bed Combustion, vol1.Houston: US Dept of Energy: 142-148.

Zhang J Y, Rudolph V.1992.Packed solids down flow in standpipe[M]// Potter O E, Nicklin D J.Fluidization VII. New York: Engineering Foundation: 371-379.

Zhang J Y, Rudolph V. 1998. Flow instability in non-fluidized standpipe flow[J]. Powder Technology, 97(2): 109-117.

Zhang Q, Liang Z Y, Qui SN, et al. 1982. Entrainment of fluidized beds: Part 1. Entrainment rate from free fluidized beds[C]//Proceedings-CIESC/AIChE Joint Meeting of Chemical Engineering, Beijing: Chemical Industry Press: 374-381.

Zhang W, Tung Y, Johnsson F.1991.Radialvoidage profile in fast fluidized beds of different diameter[J].Chemical Engineering Science, 46(12): 3045-3052.

Zhang Y, Wan X T, Qian Z, et al.2001.Numerical simulation of the gas-particle turbulent flow in riser reactor based on $k_g-\varepsilon_g-k_p-\varepsilon_p-\theta$ two-fluid model[J].Chemical Engineering Science, 56 (24): 6813-6822.

Zhou L X, Chen T.2001.Simulation of strongly swirling gas-particle flows using USM and $k_g-\varepsilon_g-k_p$ two-phase turbulence model[J].Powder Technology, 114 (1-3): 1-11.

Zhu H, Zhu J, Li G, et al.2008.Detailed measurements of flow structure inside a dense gas-solids fluidized bed[J]. Powder Technology, 180(3): 339-349.

Zhu J X, Salah M, Zhou Y M.1997.Radial and axial voidage distributions in circulating fluidized bed with ring-type internals.[J].Journal of Chemical Engineering of Japan, 30(5): 928-937.

Ziegler E N, Koppel L B, Brazelon W T.1964.Effects of solid thermal properties on the heat transfer to gas fluidized beds[J].Industrial and Engineering Chemistry Research Fundamentals, 3(4): 342-348.

Zou B, Li H, Xia Y, et al. 1994. Cluster structure in a circulating fluidized bed[J]. Powder Technology, 78(2): 173-178.

第六章　操作变量与热平衡

催化裂化反应是平行顺序反应，汽油和轻循环油是中间产物，裂化气和焦炭是最终产物。汽油、轻循环油、液化气是目的产品，干气(H_2、H_2S、C_1、C_2)和焦炭是副产物。即便是在原料油性质和催化剂类型确定的前提下，改变操作变量，将给产品分布和产品性质带来显著的变化。因此，了解各个操作变量的作用及其相互关联是十分必要的。

在工业催化裂化装置上，由于热平衡的制约，各操作变量相互关联，不可能把某一操作变量孤立出来进行研究。操作变量的相互关联虽然复杂，但它们的任何组合都必须服从于装置的热平衡。通过热平衡可以把主要的操作变量都关联起来，并加深对它们的理解。与工业催化裂化装置相反，中型催化裂化装置是靠电加热的，其操作变量能够独立于热平衡而改变，反应温度、再生温度、催化剂循环量(或剂油比)均可以是独立操作变量；改变某一操作变量，维持其他操作变量恒定成为可能。本章论述关键的操作变量所用的试验数据大部分来自中型催化裂化装置，虽然力图突出某一操作变量的影响，但在论述中也难以与其他操作变量截然分开。催化裂化的操作变量相互关联，只有深刻地理解了这种相互关联，才能深刻理解操作变量对催化裂化的影响。

第一节　裂化和再生反应的热平衡

催化剂烧焦再生过程释放出大量高温位的热能恰好能够满足较低温位的裂化反应过程的需要。在反应器和再生器之间，循环的催化剂具有足够的数量和热容量，因而在某种意义上来说，又是传递热能的热载体。热载体在两器间流动，不断地从一端获取热量，又向另一端供应热量。热平衡的建立需要一定的条件，在此基础上才能保持裂化和再生达到规定的温度。馏分油和重油催化裂化反应再生系统的热平衡条件见图 6-1 和图 6-2，采用两段再生的反应再生系统的热平衡条件见图 6-3 和图 6-4(Mauleon，1985；曹汉昌，2000)。

一、基本热平衡

催化裂化装置反再系统的热平衡，对合理的工程设计和维护装置经济有效地运转都是非常重要的，而压力平衡保证催化剂往返循环，物料平衡影响裂化反应和正常流化。热平衡、压力平衡和物料平衡构成了催化裂化装置设计和操作的核心。

几乎所有与流化催化裂化装置操作有关的工艺变量都会影响热平衡。初始变量的变化改变着热量的需要，导致其他变量同时发生变化。可以这样认为：难以掌握流化催化裂化装置操作的主要因素在于对装置热平衡所造成的干扰还不够清楚。下面讨论热平衡如何影响催化裂化的操作以及各变量间的相互关系。

图 6-5 所示为反应-再生系统两个热平衡区划分示意图。整个系统所需要的热量由焦炭燃烧所放出的热量来提供。在反应器中，热再生催化剂提供进料所需要的显热、进料汽化热、反应热和其他一些用量不大的热量，如雾化蒸汽、汽提蒸汽的显热及反应器的热损失，

其热量分配为：进料的加热和汽化占 60% ~85%，反应热占 10% ~35%，热损失约占 5%。

在再生器一方，焦炭燃烧热的 60% ~ 70% 被催化剂带走，其余的热量转移到燃烧产物(烟气)，大部分被烟气回收，少部分被低温烟气带走而损失掉。在再生器所燃烧的焦炭，并非 100%的碳，也不是纯碳氢化合物，它是由下列两种物质组合：①由热裂化和催化裂化所生成的真正焦炭，它是一种高度贫氢的烃类物质；②存在于气体与催化剂颗粒之孔隙内的重质烃类混合物，这些混合物含氢较多，它的成分决定于汽提条件。上述两种物质组成了所谓的焦炭，其氢含量为 6% ~ 8%。因此，焦炭燃烧所放出的热量并非构成焦炭各元素(C、H、S)的燃烧热的简单加和，而应对其燃烧热进行校正。此外焦炭燃烧热还取决于焦炭中的氢含量和烟气中 CO_2 和 CO 摩尔比，如表 6-1 所列。

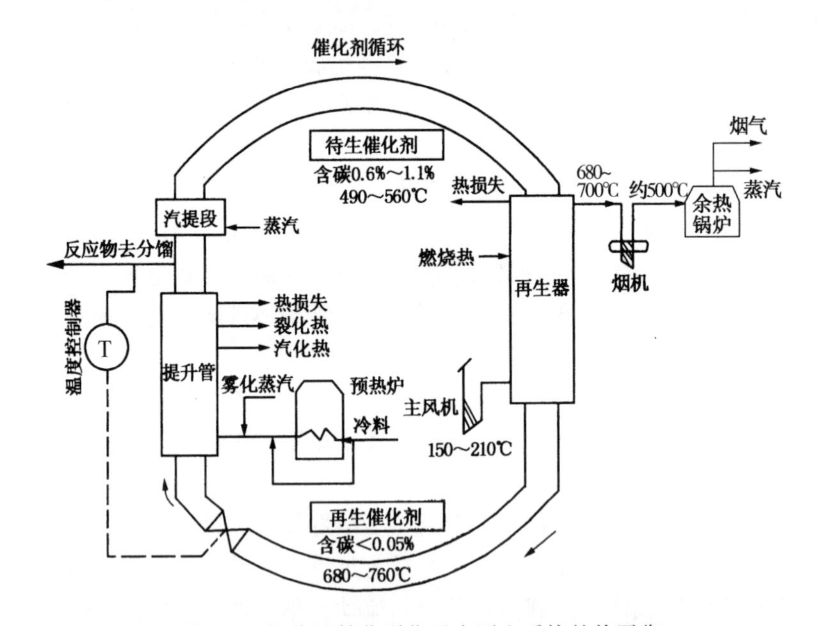

图 6-1　馏分油催化裂化反应再生系统的热平衡

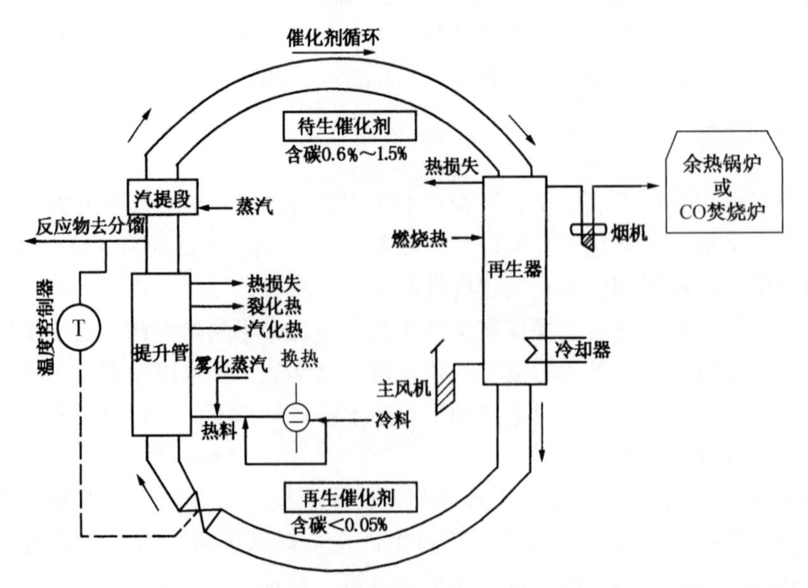

图 6-2　单段再生或重叠式两段再生重油催化裂化反应再生系统的热平衡

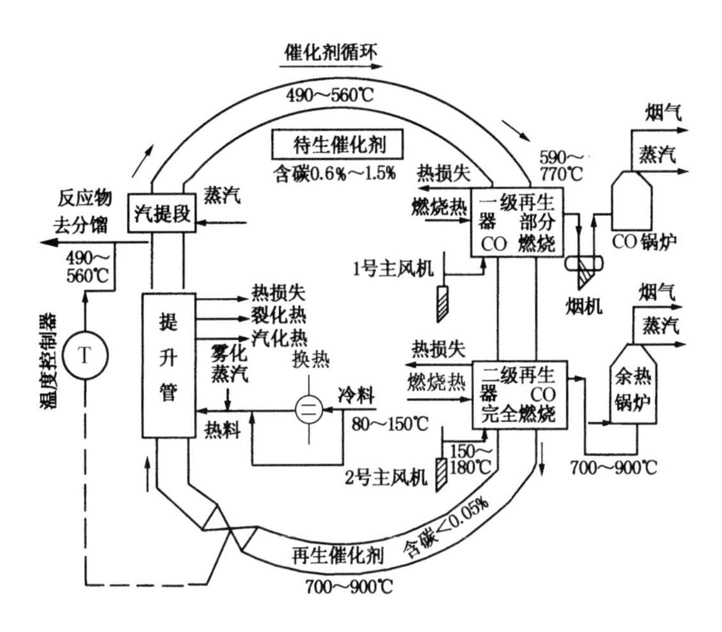

图6-3 采用两段再生的反应再生系统热平衡(一)

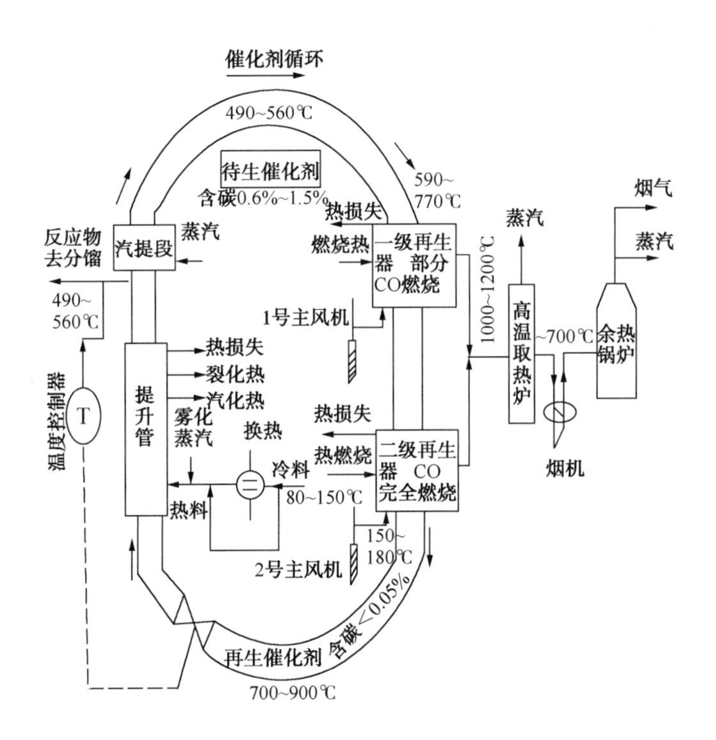

图6-4 采用两段再生的反应再生系统热平衡(二)

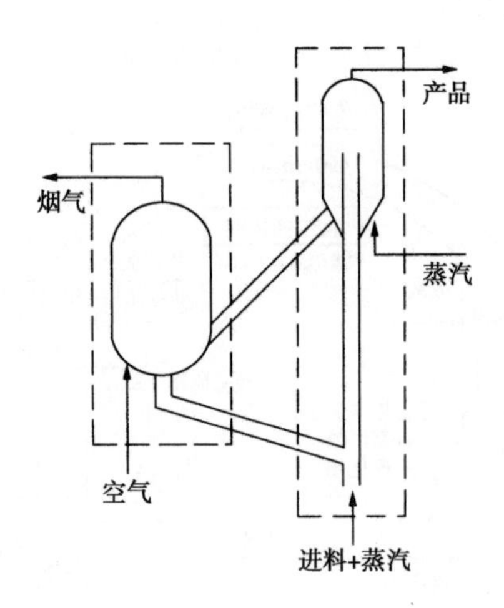

图 6-5　反应-再生系统热平衡区域划分图

表 6-1　焦炭的燃烧热(15.6℃)　kJ/kg

CO_2/CO	焦炭中的氢碳质量比			
	0.06	0.08	0.10	0.12
1	27469	28650	29787	30887
1.5	29693	30834	31932	32993
2	31176	32289	33362	34396
50	38155	39139	40087	41001

反应-再生系统的热平衡可用式(6-1)~式(6-3)表示(以 100kg 新鲜原料为基准)(陈俊武，2005)

$$Y_C \cdot Q_E = \Sigma Q_R + Q_X \tag{6-1}$$

$$Q_E = Q_C + G_A \Delta H_A - G_B \Delta H_B - Q_S - Q_{L1} \tag{6-2}$$

$$\Sigma Q_R = 100\Delta H_F + 100R_F\Delta H_R + W\Delta H_W - Y_C Q_S + 100Q_A + Q_{L2} \tag{6-3}$$

式中　Y_C——焦炭产物,%;

Q_E——焦炭在催化剂上燃烧放出的有效热，kJ/kg;

Q_C——焦炭燃烧热(按规定的基准温度)，kJ/kg;

Q_A——原料油裂化反应热(以反应温度为基准)，kJ/kg;

Q_X——再生器床层取热，kJ/100kg(原料);

Q_S——焦炭吸附/脱附热，kJ/kg(焦)，参阅第七章第七节;

Q_{L1}——再生部分热损失，kJ/kg(焦);

Q_{L2}——裂化部分热损失，kJ/100kg(原料);

ΣQ_R——裂化部分所需热量的总和，kJ/100kg(原料);

G_A——烧焦空气量，kg/kg(焦);

G_B——再生烟气量，kg/kg(焦);

R_F——回炼比;

W——反应部分蒸汽总用量，kg/100kg(原料)；

ΔH_K——焦对基准温度的热容，kJ/kg；

ΔH_A——进再生器烧焦空气对基准温度的热容，kJ/kg；

ΔH_B——再生烟气对基准温度的热容，kJ/kg；

ΔH_F——新鲜原料油从预热温度到反应温度加热和汽化所需热量，kJ/kg；

ΔH_R——回炼油从进料温度到反应温度加热和汽化所需热量，kJ/kg；

ΔH_W——水蒸气从进料温度到反应温度加热所需热量，kJ/kg(水蒸气)。

表6-2和表6-3分别列出以馏分油为原料和以重油为原料的两套工业装置的热平衡数据。由于资料来源不同，一套考虑了焦炭吸附热，另一套把它并入反应热。因催化剂性能和反应苛刻度不同，反应热也有很大差异。

表6-2　馏分油催化裂化装置反应-再生部分热平衡

基础数据			
新鲜原料量/(t/h)	328.9	反应温度/℃	500.5
总进料量/(t/h)	337.9	再生温度/℃	732.8
烧焦量/(t/h)	17.3	主风温度/℃	188
焦中　C/%	91.8	焦炭吸附/脱附热/(kJ/kg)	3359
H/%	8.2	热平衡基准温度/℃	15.6
烟气中　CO_2/%	16.0	热量单位/(kJ/h)	10^6
CO/%	0.01		
O_2/%	1.6		
再生器侧			
入方		出方	
项目	热量	项目	热量
碳燃烧成CO_2放热	522.03	烟气显热及潜热	236.10
碳燃烧成CO放热	0.09	其中　CO_2	46.70
氢燃烧成H_2O放热	169.55	CO	0.02
焦炭显热	18.81	O_2	3.16
主风显热	44.55	N_2	166.73
		H_2O	19.49
		焦炭脱附热	53.68
		热损失	27.66
		供给反应器热	437.59
合计	755.03	合计	755.03
反应器侧			
入方		出方	
项目	热量	项目	热量
新鲜原料热焓	148.93	反应油气热焓	489.89
回炼原料热焓	3.79	蒸汽热焓	68.43
水蒸气热焓	59.21	反应热	133.94
再生器供热	437.59	热损失	10.94
焦炭吸附热	53.68		
合计	703.20	合计	703.20

注：计算数据：催化剂循环量2084t/h；剂油比6.21；反应热(500.5℃)407.2kJ/kg。

表 6-3　带取热的重油裂化装置反应-再生部分热平衡

基础数据			
新鲜原料量/(t/h)	212.9	焦中	
油浆回炼量/(t/h)	12.8	C/%	92.7
雾化蒸汽量/(t/h)	10	H/%	7.3(S 忽略不计)
回炼油量/(t/h)	6.5	烟气中	
烧焦量/(t/h)	21.1	CO_2/%	14
产蒸汽量/(t/h)	135.6	CO/%	0.03
反应温度/℃	531.7	O_2/%	2.8
再生温度/℃	706.1	热量单位/(kJ/h)	10^6
再　生　器　侧			
入　方		出　方	
项　目	热　量	项　目	热　量
碳燃烧成 CO_2 放热	638.66	烟气显热及潜热	254.51
碳燃烧成 CO 放热	1.47	其中　干烟气	227.24
氢燃烧成 H_2O 放热	187.12	水蒸气	27.27
焦炭显热	10.00	发生蒸汽取热	272.21
主风显热	64.23	冷却水和蒸汽取热	14.62
		热损失	54.10
		供给反应器热量	306.02
合计	901.48	合计	901.48
反　应　器　侧			
入　方		出　方	
项　目	热　量	项　目	热　量
新鲜原料热焓	106.50	反应油气热焓	354.17
回炼原料热焓	9.85	水蒸气热焓	46.63
水蒸气热焓	42.10	反应热	46.81
再生器供热	306.02	热损失	16.86
合计	464.47	合计	464.47

注：计算数据：催化剂循环量：1508t/h；剂油比：6.48；反应热：220kJ/kg，反应热是在 531.7℃下，扣除焦炭吸附热之净值。

双器主风逆流的重叠式两段再生烧焦工艺流程为第一再生器(简称一再)与第二再生器(简称二再)同轴布置，均为湍流床操作，一再在二再的上部，中间用低压降大孔径分布板隔开。一再为贫氧操作，CO 部分燃烧。二再为高过剩氧高温完全再生，二再顶部没有旋风分离设施，烟气携带一部分催化剂向上穿过顶部的大孔径分布板进入一再床层，其过剩氧与一再主风一道供一再床层烧焦。烟气从一再顶部经两级旋分后，再经三旋进入烟气轮机，回收压力能，然后进入余热锅炉回收其显热和 CO 化学能。半再生催化剂经外循环管进入二再继续烧焦。为了提高装置对劣质原料的适应能力和操作灵活性，通常采用取热量可调的下流式外取热器，一再催化剂流经外取热器后进入二再密相床，或提升返回一再。

对于双器主风逆流的重叠式两段再生烧焦工艺，反再系统的热平衡计算要复杂一些。在进行热平衡计算时，先将再生系统的两段主风逆流再生视作一个虚拟的再生器进行热量衡算。然后再分别按二再、一再进行热平衡计算。在进行二再、一再的热平衡计算时，必须知道一再半再生催化剂经半再生外循环斜管进入二再继续烧焦的量和二再烟气携带一部分催化剂向上穿过顶部的大孔径分布板进入一再床层的催化剂量。设计计算时，需要先根据一再、二再的烧焦比例，计算各自所需的主风，初步设定一再、二再的操作温度、压力等条件，根据反应与再生之间的热平衡，先估算出反应再生之间的催化剂循环量和剂油比以及外取热器的催化剂循环量，在适宜的二再设备尺寸条件下，得到设计条件下的二再气相线速，根据流态化的理论，计算出由二再烟气通过低压降分布板挟带往一再的催化剂量，根据初算的反应再生催化剂循环量和外取热催化剂循环量得到一再至二再半再生循环斜管的催化剂流量，再将此数据代入一再、二再的热平衡方程式，对先期假设的一再和二再温度、反应再生催化剂循环量、外取热、一再二再之间催化剂内循环量等参数进行迭代计算，契合后得到最终的反应再生热平衡与一再、二再之间热平衡及温度分布。由实际运行装置操作数据进行反再热平衡计算时，需先根据一再、二再烟气组成、各自主风量或待生、半再生、再生催化剂的定碳，确定一再和二再的烧焦比例。由一再、二再的热平衡方程式联解可求得上述催化剂内循环量，再将它们代入一再、二再的热平衡方程式，就完成了一再、二再的热量衡算。徐振岭按表6-4列出了按一个虚拟再生器计算的逆流两段再生工艺的反应再生系统的热平衡数据，并列出了一再、二再的热平衡数据(陈俊武，2005)。

表6-4　逆流重叠两段再生重油催化裂化装置反应再生系统热平衡

基础数据				
新鲜原料量/(t/h)	74	焦中		
回炼油量/(t/h)	10.7	C/%		90.5
终止剂(粗汽油)注入量/(t/h)	3.53	H/%		6.3
雾化蒸汽量/(t/h)	5.15	S/%		0.9
预提升蒸汽量/(t/h)	1.98	N/%		2.3
烧焦量/(t/h)	7.3			
外取热器产蒸汽量/(t/h)	29.9	烟气中		
反应温度/℃	506.9		一再	二再
再生温度/℃		CO/%	3.7	0
一再：稀相	675.5	CO_2/%	15.4	15
密相	696	O_2/%	0.2	4.7
二再：稀相	725			
密相	689	热平衡基础温度/℃		25
一再烟气出口温度/℃	656	热量单位/(kJ/h)		10^6

再生器侧			
入方		出方	
项目	热量	项目	热量
碳燃烧成 CO_2 放热	175.30	烟气显热及潜热	67.3
碳燃烧成 CO 放热	11.83	其中：干烟气	60.77
氢燃烧成 H_2O 放热	55.74	水蒸气	6.53
硫燃烧成 SO_x 放热	0.01	注入蒸汽升温热	0.42
焦炭显热	5.74	外取热器取热	63.10
主风显热	14.87	散热损失	8.91
		焦炭脱附热	16.26
		供给反应器热量	107.5
合计	263.49	合计	263.49

续表

反应器侧			
入方		出方	
项目	热量	项目	热量
新鲜原料热焓	32.44	反应油气热焓	131.79
回炼原油热焓	7.88	预提升干气热焓	5.45
终止剂热焓	0.51	水蒸气热焓	36.52
水蒸气热焓	31.38	反应热	18.76
再生器供热	107.5	热损失	5.81
预提升干气热焓	2.36		
焦炭吸附热	16.26		
合计	198.33	合计	198.33

一再生器、二再生器的热平衡					
入方			出方		
项目	一再热量	二再热量	项目	一再热量	二再热量
碳燃烧成 CO_2 放热		91.86	烟气显热及潜热	69.82	39.22
碳燃烧成 CO 放热			注入蒸汽升温热	0.23	0.22
碳燃烧成 H_2O 放热		12.41	散热损失	6.21	2.72
硫燃烧成 SO_x 放热		0.22	焦炭脱附热	9.61	6.65
(以上四项共计)	138.39		二再烟气携带催化剂升温热		8.46
二再烟气带入催化剂放热	6.81		催化剂吸热	110.01	60.59
由外循环管进入催化剂放热		2.52			
焦炭显热	3.39	3.37			
主风显热	6.13	7.98			
外取热器流化风显热	2.58				
二再烟气显热	38.58				
合计	195.88	118.36	合计	195.88	118.36

注：计算数据：催化剂循环量：503.4t/h，剂油比：6.8，反应热(506℃时)：253.51kJ/kg；
催化剂共吸热 170.6kJ/kg，外取热器取热 63.1kJ/kg，供给反应器热 107.5kJ/kg；
一再烧碳 57.76%，烧氢 77.74%，烧焦 59.09%。

二、影响热平衡的变量

影响反应-再生系统热平衡的因素很多，在需热方面有反应热、反应温度、热损失、回炼比、水蒸气流量和产品方案等。在供热方面有焦炭产率、原料油预热温度、焦炭中 H/C 比，烟气中 CO_2与 CO 之比以及燃烧油使用与否等。这些因素的变化随时随地都在影响着反应-再生系统的热平衡。

式(6-1)~式(6-3)的热平衡方程中，列出了影响装置热平衡的操作变量。这些变量可分成独立变量和非独立变量。独立变量一般可通过仪表控制，而且可由操作人员在一定范围内调整，如流量、温度和压力。由于独立变量的改变而为维持装置的能量或热平衡随之而改变的变量叫非独立变量。这两种变量都分别列入表 6-5 中。有些操作变量与热负荷没有直接关系，但可通过生焦量影响热量输出，催化剂活性就是一例。还有一些变量既改变装置热负荷，也通过生焦量影响热量输出，例如反应温度。为了能清楚地说明问题，都列入表 6-5 中。对重油催化裂化(VGO 掺炼减压渣油，或常压渣油、减压渣油直接催化裂化)而言，由于热量过剩，再生器往往有取热设施。在这种情况下，再生温度可以是独立变量，给催化装置的操作带来了灵活性。

表 6-5　催化裂化装置各变量的分类

变量分类	变量
影响热负荷的独立变量	原料预热温度、反应温度、新鲜进料量、回炼油量、蒸汽量、烧焦空气温度、CO_2/CO
影响热负荷的非独立变量	回炼油温度、转化率、焦炭产率
影响焦炭产率但对热负荷没有影响的独立变量	原料性质、催化剂活性、催化剂选择性、压力
影响焦炭产率或热输出的非独立变量	剂油比(在有再生剂冷却器时成为独立变量)
影响焦炭产率或影响热输出及热负荷的独立变量	反应温度、回炼油量、汽提及雾化蒸汽量
既影响热输出又影响热负荷的非独立变量	再生温度

焦炭产率对热量的供给有决定性的影响。但并非焦炭的燃烧热全部通过循环催化剂传输到反应部分，只有所谓焦炭的有效热才提供反应所需之热量，见式(6-2)。在式(6-2)中，有些变量变化很小或影响不大，可以视为常数，例如当氢碳比取 0.08，主风温度取 180℃时，焦炭的有效燃烧热的计算值列于表 6-6。应指出表中所列的数据是 Q_E+Q_S之数值。因为焦炭的脱附热在反应器中可以以吸附热形式回收，所以从反应-再生系统出发应该这样考虑。此外从下式还可算出供反应的焦炭热利用率：

$$\eta=\frac{Q_E+Q_S}{Q_C} \tag{6-4}$$

式中 Q_C按完全燃烧，即 $CO_2/CO\to\infty$ 计算。η 值一并列入表 6-6。

表 6-6　不同再生温度时的焦炭有效热

再　生　方　式		A	B	C
烟气组成	CO_2/CO	1.0	1.5	50
	O_2/v%	0.5	0.5	2.0
有效热/(kJ/kg)	670℃	22060	23950	30650
	700℃	21670	23520	30120
η	670℃	0.55	0.60	0.77
	700℃	0.54	0.59	0.76

从表 6-6 所列数据可以看出，提高焦炭有效燃烧热的关键是 CO 完全燃烧程度。CO 完全燃烧比常规再生的焦炭有效燃烧热约高 40%左右。

为了简化热平衡关系，选定以下条件：新鲜原料油和回炼油入提升管温度分别为 250℃和 350℃，水蒸气用量为新鲜原料的 10%，提升管出口 500℃，回炼比 0.1，反应热和反应器热损失为 30000kJ/100kg 原料，此时：

$$\Sigma Q_R=140000-Y_C\cdot Q_S \tag{6-5}$$

由式(6-1)可知，焦炭产率对热量平衡有很大的影响。反应-再生系统处于自身热平衡状态(即 $Q_X=0$)时的焦炭产率 Y_C可由式(6-1)和式(6-5)联解求得(陈俊武，2005)：

$$Y_C=\frac{140000}{Q_E} \tag{6-6}$$

把表 6-6 中的有效热值代入式(6-6)，即可求得不同再生方式的焦炭产率数值，见表 6-7(陈俊武，2005)。若反应条件和前述设计有出入时，表 6-7 的数据将相应改变。

表 6-7 反应-再生系统处于热平衡状态时的焦炭产率 %

烟气温度 \ 再生方式	A	B	C
670℃	6.35	5.84	4.57
700℃	6.46	5.95	4.65

当 $Q_X>0$，即需要从再生床层取热时，同样也可用式(6-1)和式(6-4)求出 Q_X：

$$Q_X=Y_C \cdot Q_E-140000 \quad (6-7)$$

将表 6-6 中的 Q_E 值代入式(6-7)，即可求得三种再生方式下 Q_X 与 Y_C 的关系，如表 6-8 所列。

原料预热温度对焦炭产率也有影响。前述的条件中，若预热温度有变化，则反应-再生系统处于自身热平衡状态的焦炭产率的变化见表 6-9。

表 6-8 不同再生条件下的 Q_X 值(每 100kg 原料)

焦炭产率 \ 再生方式	A		B		C	
	670℃	700℃	670℃	700℃	670℃	700℃
4.5%	-40730	-42490	-32230	-34160	-2080	-4460
5.0%	-29700	-31650	-20250	-22400	13250	10600
5.5%	-18670	-20820	-9280	-10640	28580	25660
6.0%	-7640	-9980	3700	1120	43900	40720
6.5%	3390	860	15680	12880	59230	55980
7.0%	14420	11690	27650	24640	74550	70840
8.0%	36480	33360	51600	48160	105200	100960
9.0%	58540	45030	75550	71680	135850	131080
10.0%	80600	76700	99500	95200	166500	161200

表 6-9 原料预热温度对焦炭产率的影响(回炼比 0.1) %

预热温度 \ 再生方式	A		B		C	
	670℃	700℃	670℃	700℃	670℃	700℃
200℃	6.89	7.02	6.35	6.47	4.96	5.07
250℃	6.35	6.46	5.84	5.95	4.57	4.65
300℃	5.68	5.76	5.21	5.31	4.08	4.16
350℃	5.05	5.11	4.63	4.71	3.62	3.68
400℃	4.33	4.57	3.97	4.02	3.10	3.15

需要说明的是，上述表格是按原料反应热为251kJ/kg计算的，不同反应深度相应的反应热对热平衡焦炭产率是有影响的，反应热每增加(或降低)84kJ/kg，则热平衡需要的焦炭产率相应增加(或降低)0.3~0.4个百分点。

三、热平衡操作区

以焦炭产率和原料预热温度和燃烧方式为主要变量的热平衡见图6-6(陈俊武，2005)。在图6-6中，纵坐标为原料油预热温度，在工业装置上有上、下限，上限一般取400℃，超过400℃将发生热裂化反应，对轻油收率和产品分布不利；下限一般取200℃，低于200℃会不利于原料油雾化，尤其是掺炼渣油的原料油更影响油剂接触，同样不利于反应。预热温度的上、下限加上常规再生和完全燃烧两种燃烧方式，图6-6存在着三个不同的区域，即热平衡区、热量不足区和取热区。

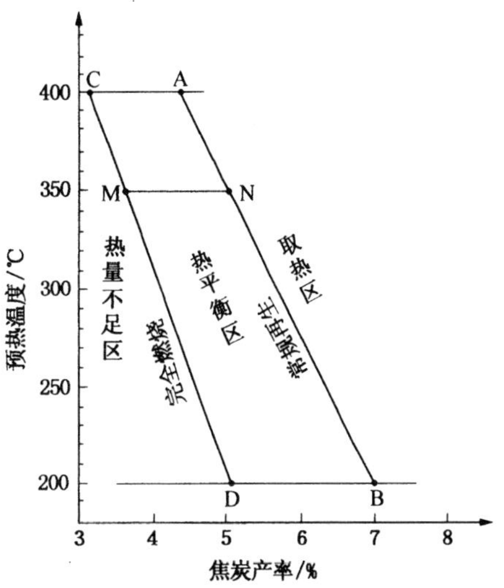

图6-6　反应再生系统热平衡图
(回炼比：0.1；回炼油温度：350℃；再生温度：670℃；反应温度：500℃)

图6-6系回炼比为0.1时绘制的，如果回炼比增加，则操作区向右平行移动。回炼比对热平衡也有较大的影响，见表6-10。

表6-10　回炼比与实现自身热平衡时的焦炭产率的关联(预热温度恒定)

再生方式 / 回炼比	A		B		C	
	670℃	700℃	670℃	700℃	670℃	700℃
	焦炭产率/%					
0.1	6.30	6.56	5.86	6.04	4.6	4.75
0.5	7.61	7.86	7.02	7.24	5.52	5.70
1	9.24	9.54	8.52	8.78	6.70	6.95

设计一套新的流化催化裂化工业装置，设计点最好是在热平衡区或取热区内，并有一定的波动能力，而不希望它处于热量不足区或热量平衡区边缘，以免稍有波动操作就不稳定。

一套装置的热平衡情况固然受原料性质和操作条件的制约与控制，但也不是完全固定，没有客观可调手段。一般来说，改善供热不足，可以采用的措施有：

① 采用助燃剂，达到CO完全燃烧或部分燃烧；

② 采用高活性催化剂提高转化率，降低回炼比；

③ 油浆回炼，或掺炼部分渣油增加生焦；

④ 尽量提高原料油和回炼油的预热温度；

⑤ 提高装置的负荷率，使之满负荷运转。

第二节　关键操作变量对转化率和产品分布的影响

一、独立变量

(一) 反应温度

反应温度对反应速度、产品产率和质量都有很大影响。根据 Arrhenius 公式：

$$\frac{k_2}{k_1}=\exp\left[\frac{E}{R}\left(\frac{T_2-T_1}{T_1T_2}\right)\right] \tag{6-8}$$

式中　k_1，k_2——分别为温度 T_1、T_2时的反应速度常数；

T_1，T_2——反应温度，K；

E——反应活化能，kJ/kmol；

R——气体常数，8.33kJ/(kmol·K)。

表 6-11 列出文献所发表的活化能数据，大体都在 40000～85000kJ/kmol 之间。通过计算可知，温度每升高 10℃，反应速度可提高 10%～20%。

表 6-11　催化裂化反应活化能

数据来源	催化剂类型	温度范围/℃	活化能/(kJ/kmol)
Exxon 公司	无定形	371～593	44382
Amoco 公司	沸石	454～550	58199
石油化工科学研究院(大庆油)	REY-2 沸石	480～550	83300
石油化工科学研究院(任丘油)	Y-5 沸石	511～535	68668

为了深入了解反应温度这一关键的操作参数对催化裂化转化率和产物分布的影响，Greghton(1985)以减压馏分油为原料，选用微反活性为 72 的工业平衡剂，反应温度分别取 427℃、510℃、538℃和 566℃，在中型提升管装置上进行试验，试验结果见图 6-7 至图 6-14 和表 6-12 至表 6-14。

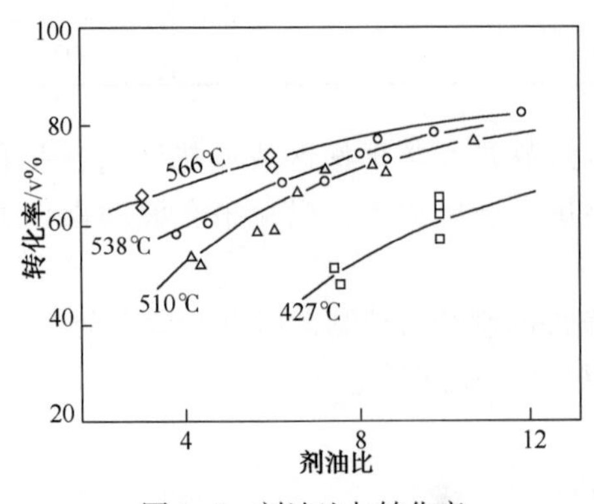

图 6-7　剂油比与转化率

□—427℃；△—510℃；○—538℃；◇—566℃

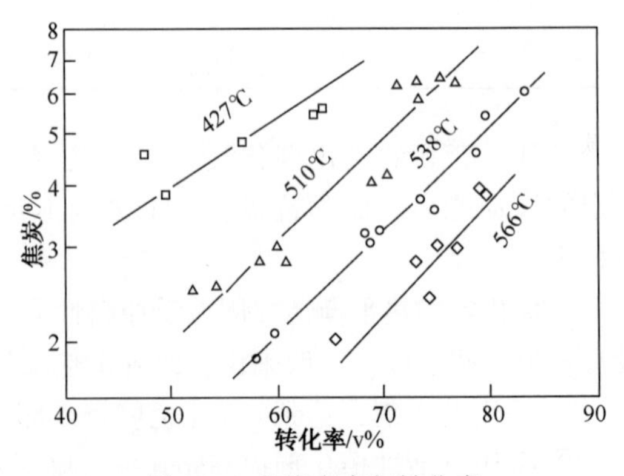

图 6-8　焦炭产率与转化率

□—427℃；△—510℃；○—538℃；◇—566℃

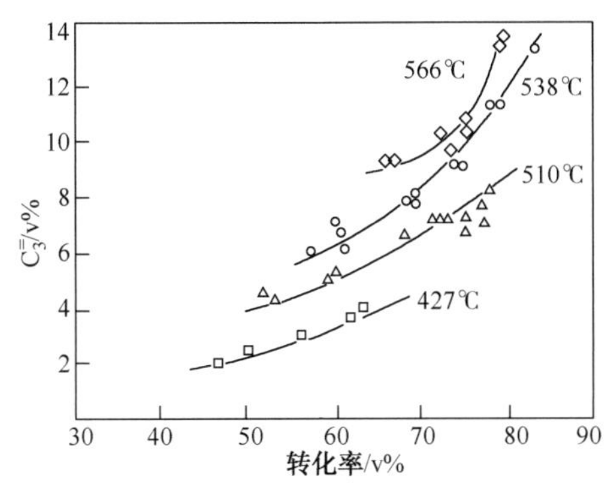

图 6-9　$C_3^=$产率与转化率

□—427℃；△—510℃；○—538℃；◇—566℃

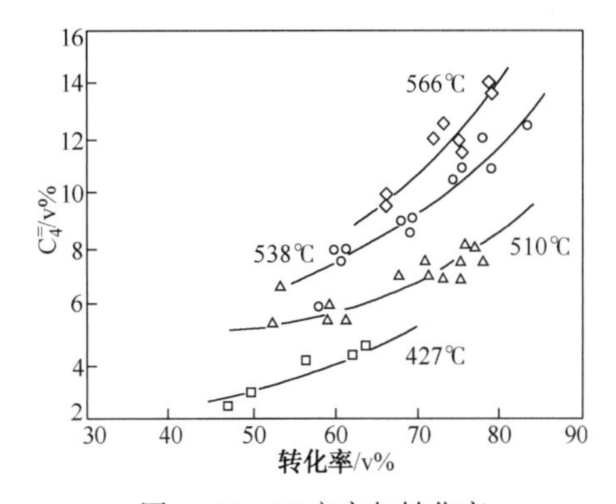

图 6-10　$C_4^=$产率与转化率

□—427℃；△—510℃；○—538℃；◇—566℃

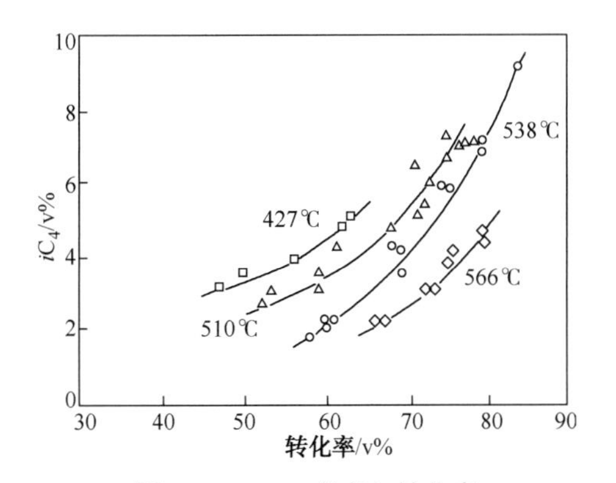

图 6-11　i-C_4产率与转化率

□—427℃；△—510℃；○—538℃；◇—566℃

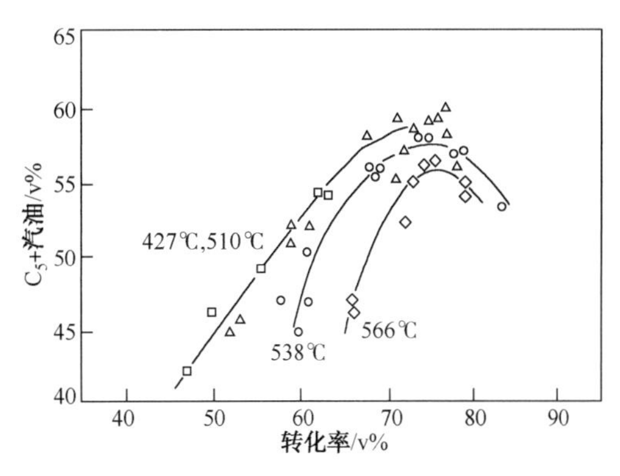

图 6-12　C_5^+汽油产率与转化率

□—427℃；△—510℃；○—538℃；◇—566℃

表 6-12　不同反应温度下裂化气产率和焦炭产率(转化率 65%)

反应温度/℃	427	510	538	566
条件：剂油比	11. 2	6. 2	5. 1	2. 9
重时空速/h^{-1}	33	59	72	127
焦炭/%	6. 4	3. 8	2. 4	1. 7
H_2/%	0. 08	0. 08	0. 08	0. 08
C_1+C_2/%	0. 7	1. 1	1. 8	7. 1
$C_3^=$/v%	4. 0	5. 7	7. 0	8. 9
n-C_3/v%	1. 2	1. 2	1. 2	1. 8
$C_4^=$/v%	4. 7	6. 3	8. 3	9. 7
i-C_4/v%	5. 5	4. 3	2. 7	2. 1
n-C_4/v%	1. 1	1. 0	0. 7	0. 5
$C_4^=$/i-C_4	0. 9	1. 5	3. 1	4. 6

表 6-13 不同反应温度下汽油、轻循环油、重循环油产率及其性质(转化率 65%)

反应温度/℃	427	510	538	566
C_5^+汽油/v%	55.1	55.4	53.4	45.9
密度(20℃)/(g/cm^3)	0.7375	0.7375	0.6995	0.7519
RON	81.4	85.7	88.4	89.8
MON	74.5	77.3	77.3	77.3
苯胺点/℃	32.8	30	27.8	34.4
溴价	33	57	82	94
转循环油/v%	28.8	26.0	26.0	26.0
密度(20℃)/(g/cm^3)	0.8916	0.8916	0.8916	0.8916
苯胺点/℃	42.2	42.2	42.2	42.2
重循环油/v%	6.2	9.0	9.0	9.0
密度(20℃)/(g/cm^3)	1.0107	1.0107	1.0107	1.0107
苯胺点/℃	50.6	50.6	50.6	50.6

表 6-14 等转化率(含轻循环油)下的产品产率和性质

转化率(含轻循环油)/v%	90			
反应温度/℃	427	510	538	566
C_3+C_4/v%	13.0	15.0	19.0	21.0
焦炭/%	4.6	3.0	2.9	2.1
C_5^+汽油/v%	48.0	49.0	49.4	47.5
抗爆指数[(MON+RON)/2]	75.5	82.5	83.0	83.0
轻循环油/v%	33.0	29.0	26.0	25.0
十六烷值指数	42	39	34	26
重循环油/v%	10.0	10.0	10.0	10.0
密度(20℃)/(g/cm^3)	0.9557	0.9724	0.9979	1.0294

关联实验数据时用到了两种转化率，其一为“100－沸点高于 221℃馏分的产率(v%)”，即转化为裂化气、汽油、焦炭的总计百分数；其二为“100－沸点高于 338℃馏分的产率(v%)”，即转化为裂化气、汽油、轻循环油、焦炭的总计百分数，称之为转化率(含轻循环油)。

表 6-12 至表 6-14、图 6-13、图 6-14 是根据图 6-8 至图 6-12 各反应温度下的产品产率、产品性质与转化率的关系曲线内推的等转化率下，各对应反应温度下的产品产率和产品性质。

魏晓丽等(2007)以大庆减压蜡油为原料，在小型固定流化床装置上进行试验，得出反应温度与干气产率和干气组成的关系，见图 6-15、图 6-16。

从图 6-15 可以看出，干气产率随反应温度上升而增加，500℃以后，呈指数增加；从图 6-16 可以看出，干气中 H_2和 C_1、C_2与反应温度的关系不同，主要体现在随着反应温度升高，干气中 H_2浓度下降而 C_1、C_2浓度增加。

根据以上图线和数据作如下讨论：

① 在等转化率下，随着反应温度升高，焦炭产率下降，H_2产率几乎无变化，C_1+C_2产率显著增加，这可能是热裂化倾向增大的结果，因为热裂化中的自由基传递决定了裂化气中

C_1+C_2产率高。Voorhies 在 1945 年就指出，焦炭产率主要是催化剂停留时间的函数，在高温下达到等转化率，需要较短的接触时间，焦炭产率低是预料中事。

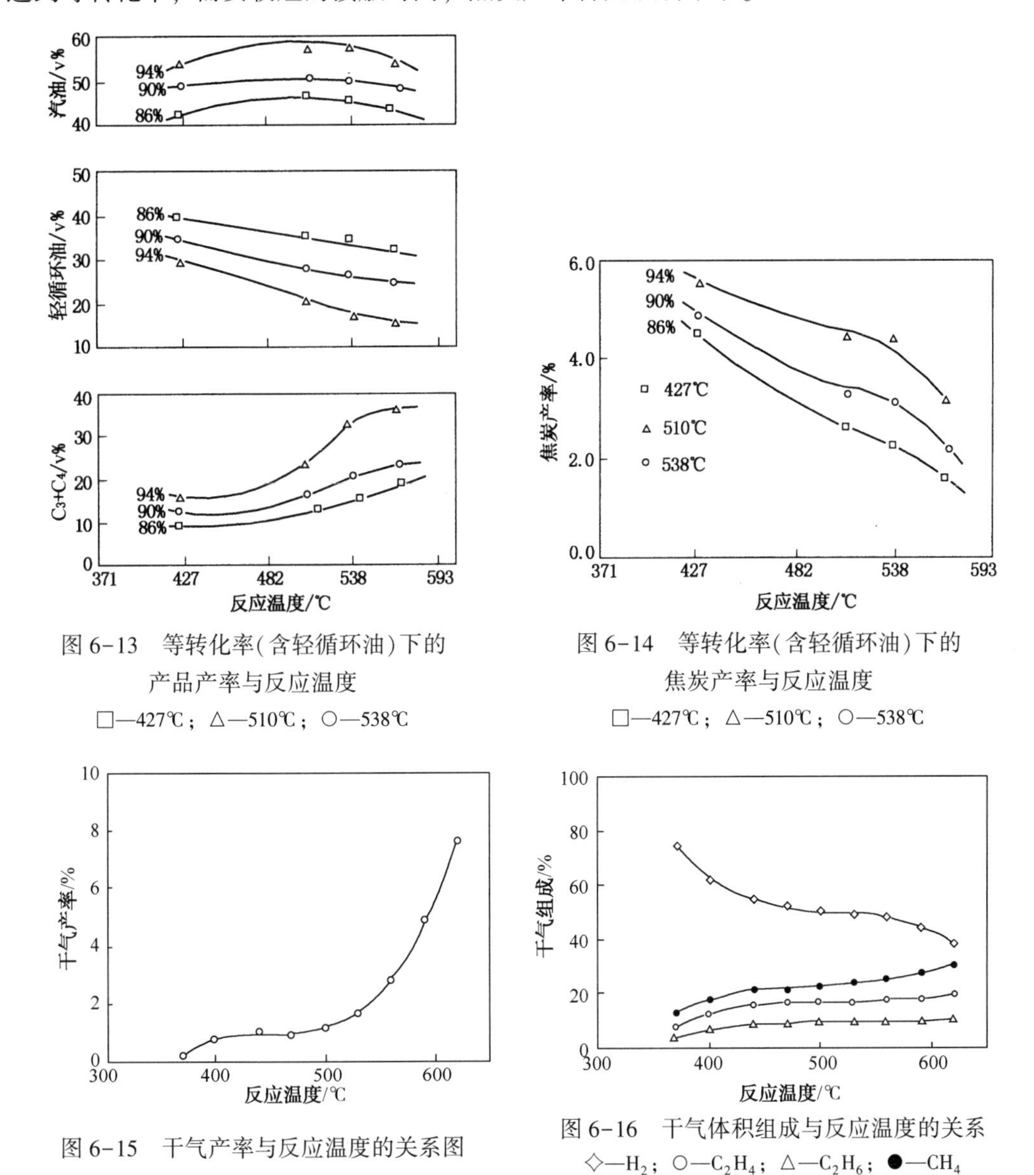

图 6-13 等转化率(含轻循环油)下的产品产率与反应温度

□—427℃；△—510℃；○—538℃

图 6-14 等转化率(含轻循环油)下的焦炭产率与反应温度

□—427℃；△—510℃；○—538℃

图 6-15 干气产率与反应温度的关系图

图 6-16 干气体积组成与反应温度的关系

◇—H_2；○—C_2H_4；△—C_2H_6；●—CH_4

② 在等转化率下，随着反应温度增加，C_3产率显著增加，这主要是 $C_3^=$ 大量增加的结果。C_4产率稍有增加，但 $C_4^=$ 显著增加，而 C_4° 却降低了。在高反应温度下烯烃产率高，是由于在等转化率下，高温反应所需时间短，裂化反应速度的提高超过了氢转移速度的提高，表现为抑制了氢转移反应。

③ 在等转化率下，反应温度提高，汽油产率增加不多，当超过某一温度时，汽油产率显著下降，因为裂化气大大增加。

④ 在等转化率下，随着反应温度的升高，轻循环油和重循环油的收率、密度、苯胺点几乎无变化。

⑤ 在等转化率(含轻循环油)下，随着反应温度升高，轻循环油收率下降；在相同的反

应温度下，随着转化率(含轻循环油)的提高，轻循环油收率下降。随着轻循环油收率下降，其苯胺点下降、密度增大。

⑥ 重循环油的密度在等转化率(含轻循环油)下随反应温度升高而增加；在相同反应温度下，随着转化率(含轻循环油)升高而增高。重循环油的苯胺点决定于转化率(含轻循环油馏分)，与反应温度几乎无关。

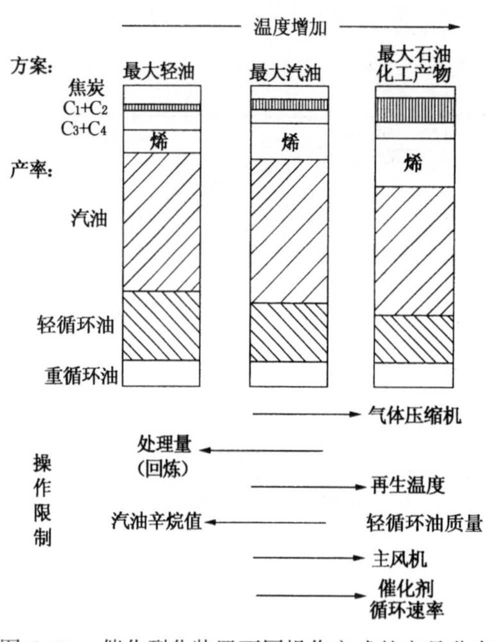

图 6-17　催化裂化装置不同操作方式的产品分布

以上是中型提升管装置和小型固定流化床装置的研究结果，其结果对工业催化裂化装置亦有指导意义。反应温度是催化裂化装置的主要调节手段，由于催化装置自身要维持热平衡，提高反应温度，催化剂的循环速率增大。图 6-17 示出了催化裂化装置在不同操作方案下的产品分布，同时示出了工业装置的诸多限制因素，可以看出操作方案是由反应温度来决定的。对于工业催化裂化装置的操作应该指出以下几点：

① 对于给定的催化剂和原料油，调整操作变量，可以在一定范围内改变焦炭产率，催化装置自身仍能维持热平衡。当再生温度处于极限状态时，虽然催化焦只是总焦的一部分，升高反应温度可改善焦炭的选择性。

② 高反应温度可大大提高液化气中的烯烃($C_3^=$、$C_4^=$)产率。

③ 低反应温度、大回炼比和应用低活性催化剂，可显著提高轻循环油收率。

④ 在缓和的裂解条件下(低反应温度、大回炼比)，轻循环油的十六烷值和汽油的诱导期更高。

⑤ 提高反应温度可提高汽油的辛烷值，但随着反应温度的提高，转化率也随之提高。汽油选择性先升后降，存在一个最大值，因此，为提高汽油辛烷值而提高反应温度的幅度要适当。若反应温度提得过高，则有可能使汽油产率降幅过大而使经济效益受损。若能利用国外常用的“辛烷值桶”的概念，以控制最大辛烷值桶数值为控制方案进行操作，则能获得较高的经济效益。如果有叠合、双聚、烷基化和醚化等装置，则可利用这些装置进一步加工催化裂化气体中的 C_3、C_4组分，使其转化成高辛烷值汽油组分，从而可进一步提高汽油的辛烷值和收率。在工业催化裂化装置上，随着反应温度的提高，汽油产率、气体产率、转化率的变化见表 6-15。

表 6-15　反应温度对工业催化裂化装置产品分布的影响

原油名称	大庆+坦比斯		大庆+阿曼		胜利+阿曼	
原油混合比	4∶1		3∶1		3∶1	
标定日期(1989 年)	07-02	06-30	06-08	06-21	06-12	06-23
反应温度/℃	475	490	462	488	470	488

续表

原油名称	大庆+坦比斯		大庆+阿曼		胜利+阿曼	
原油混合比	4∶1		3∶1		3∶1	
原料油组成/%						
馏分油	86.4	82.5	96.6	86.6	100	91.7
大庆减压渣油	13.6	17.5	3.4	13.4	0	8.3
回炼比	0.3	0	0.5	0	0.3	0.1
产品分布/%						
损失	0.34	0.14				
干气	1.32	1.47	1.49	1.43	1.51	1.47
液化气	9.03	10.36	8.65	9.63	8.01	7.96
汽油	50.99	52.17	53.04	60.12	51.53	56.29
轻循环油	29.16	27.61	28.38	22.61	30.24	25.07
油浆	4.67	3.88	4.17	2.26	4.13	5.14
焦炭	4.49	4.37	4.27	3.95	4.58	4.07
转化率/%	66.17	68.51	67.45	75.13	65.63	69.79

当催化裂化装置掺炼渣油时，如果热量过剩，采用高的反应温度有利于催化裂化装置维持热平衡。即使热量不过剩，采用高反应温度也可以提高掺炼比，如图 6-18 所示(Elvin, 1983)。提高反应温度，反应油气带走的热量增加，只要维持转化率不变，催化焦降低，其结果是催化裂化装置所能处理的原料油的残炭值可增加。当然，为了维持转化率不变，油气停留时间或催化剂活性必须降低。

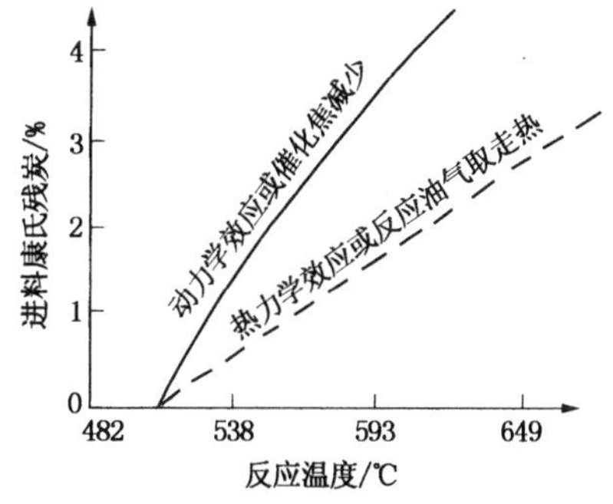

图 6-18　反应温度与热平衡

（二）反应压力

反应压力虽然是独立操作变量，由于装置加工能力、分馏和吸收稳定系统以及气压机的限制，在操作中，压力一般是固定不变的，压力不作为调节操作的变量。由于压力平衡的要求，反应压力和再生压力之间应保持一定的压差，不能任意改变。催化裂化反应是核心，直接影响产品收率，再生为反应服务。一般而言，对于分子膨胀类的有气体参与的反应，在相同的水蒸气注入条件下，降低压力对反应有利，而反应和再生压力又应根据全装置的情况综合考虑决定。在工业催化裂化装置上，反应压力通常在 0.2~0.4MPa(绝压)之间。

Blanding(1953)很早就注意到，如果反应速度与压力成正比，由于焦炭产率的增加，造成催化剂结炭失活，会抵消这种影响，并提出转化率应与压力的平方根($\sqrt{p}$)成正比。Pohlenz(1963)认为在工业装置操作范围内，反应压力对转化率和产品的选择性影响不是很大。而 Forissier 等(1991)和张执刚(2010)研究表明，反应压力对焦炭产率影响明显。

工业催化裂化装置是加压操作，而中型催化裂化装置基本上是常压操作，这种差异给催化裂化的产品分布和转化率带来的影响还很少进行研究。Forissier 等(1991)在改进的微反活性测试装置(MAT)上，选用了 SUPER D 平衡催化剂和工业催化进料 A(K 值 12.02，康氏残炭值 0.18%)，改变反应压力，进行了催化裂化试验，图 6-19 就是由试验数据所绘出的图线。图中带圈的试验点是选用 NOVA D 平衡催化剂和工业催化装置的进料 B(K 值 11.95，康氏残炭 0.25%)进行改变反应压力的催化裂化试验所获得的数据。试验是在 483℃下进行的，热裂化可以忽略(<4%)。从图 6-19 可见，反应压力对于转化率和产品(裂化气、汽油)选择性影响不大，在试验的压力范围内几乎不变；但是，反应压力对焦炭产率有明显的影响。图 6-19 的数据证实由于催化剂的结炭失活，抵消了反应压力对反应速率的影响。

在工业催化裂化装置上，如果改变反应压力，其他操作变量亦相应要变，因此，反应压力改变所带来的影响大大不同于试验装置的结果。某工业催化装置，反应压力(绝压)从 0.3MPa 降低到 0.2MPa，转化率和汽油的增加量多于 2%，此时剂油比大致增加了 1(Wollaston，1975)。

应该注意到，反应压力和油气分压是两个概念，同一反应压力下，如果原料油的雾化蒸汽量增加，油气分压下降，对催化裂化反应真正起作用的是油气分压。在重油催化裂化中，为了原料油的良好雾化，需要大量的雾化蒸汽，提升管内总的蒸汽量可以高达 10%左右，低的油气分压操作可以降低焦炭产率，增加汽油产率，对干气和液化气产率则无明显影响。低的油气分压使汽油和气体中烯烃增加，有助于汽油辛烷值的提高。Kellogg 公司在中型提升管装置上曾对油气分压做了系统的研究。改变油气分压是靠改变总压实现的，转化率则由改变进料量调节，这样就可保持反应温度、再生温度、进料预热温度和剂油比不变，使转化率和油气分压成为独立变量。试验的结果见图 6-20、图 6-21 和图 6-22。

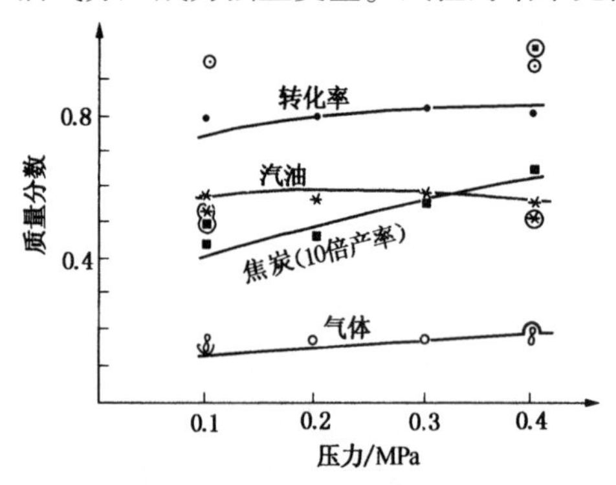

图 6-19　转化率及裂化气、汽油、焦炭产率与反应压力的关系

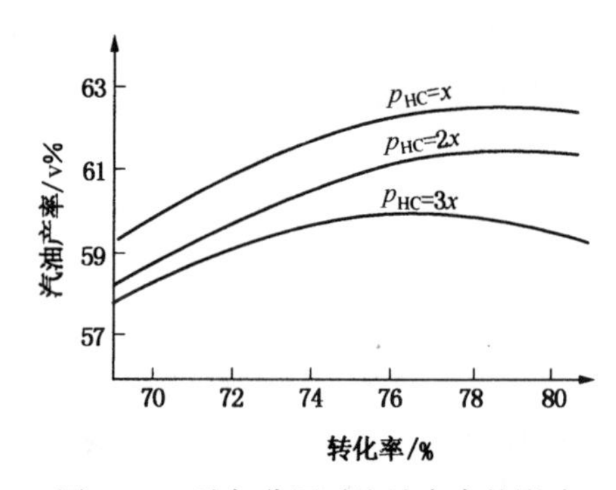

图 6-20　油气分压对汽油产率的影响

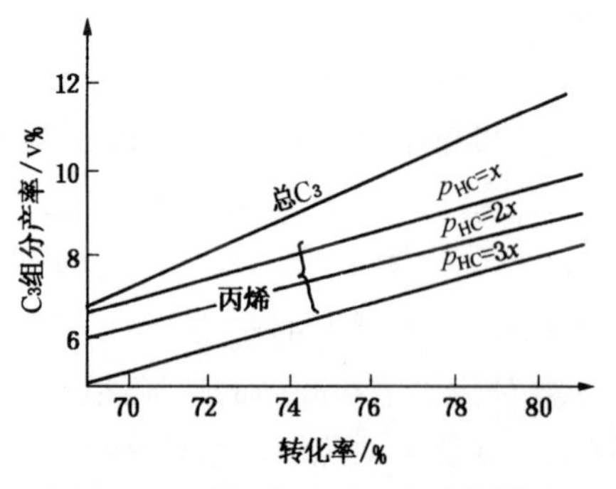

图 6-21　油气分压对 C_3 产率的影响

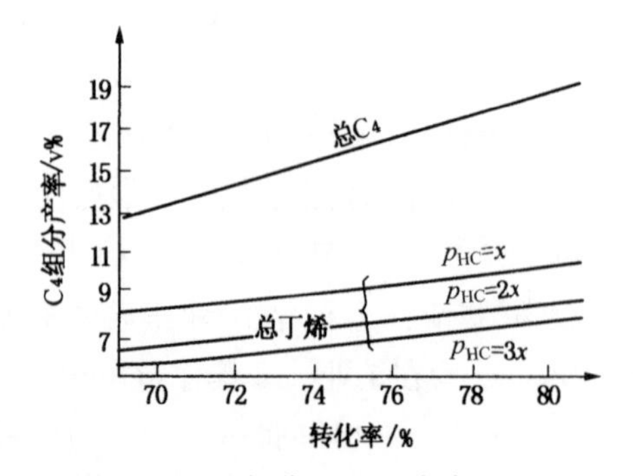

图 6-22　油气分压对 C_4 产率的影响

在较大苛刻度条件下，反应压力对转化率和产品分布有较大的影响。张执刚(2010)以安庆蜡油为原料，采用水热处理后的 DCC 专用催化剂，在中型催化裂解装置上研究了反应压力与转化率和产品分布之间的关系，试验结果见图 6-23 至图 6-26。

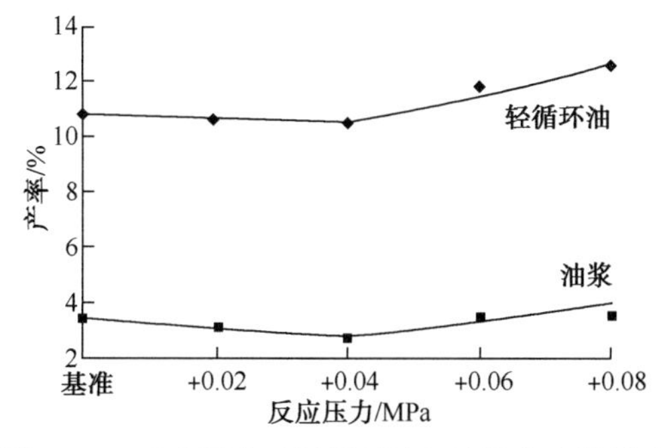

图 6-23　反应压力对轻循环油和油浆产率的影响

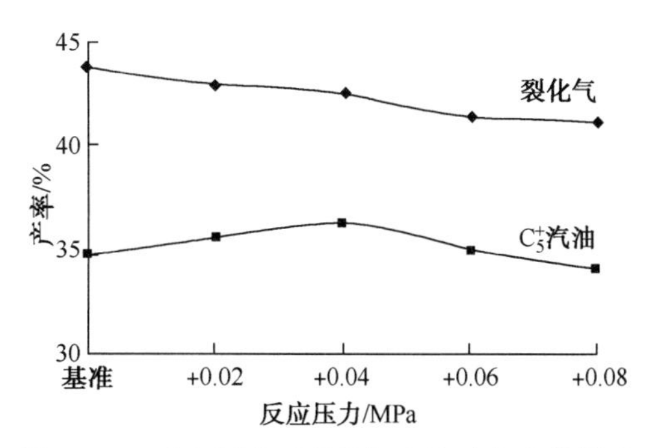

图 6-24　反应压力对裂化气和汽油产率的影响

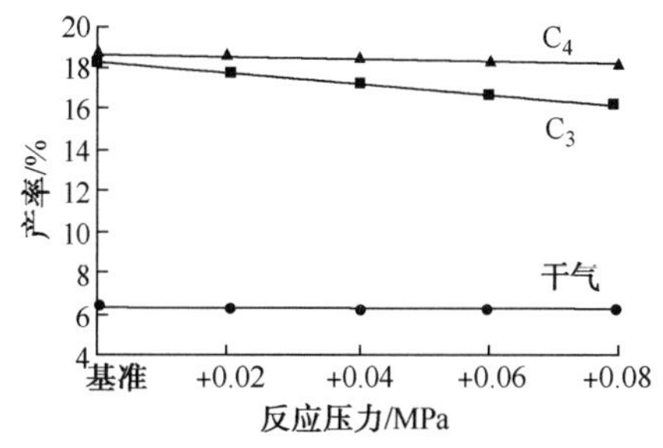

图 6-25　反应压力对干气和液化气产率的影响

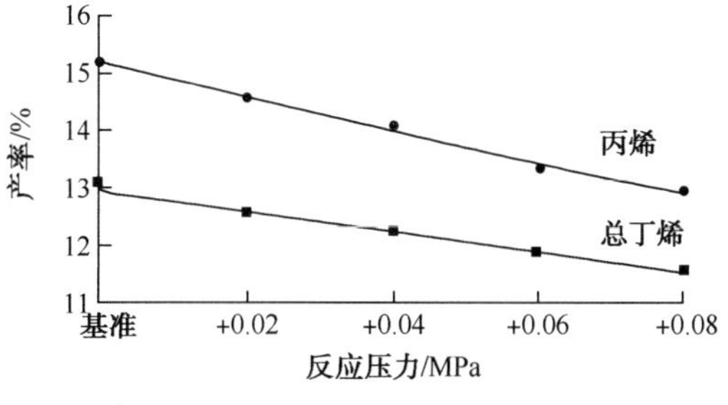

图 6-26　反应压力对丙烯和总丁烯产率的影响

可以看出，在较高苛刻度条件下，提高反应压力，转化率会有所降低，轻循环油和油浆产率升高，汽油产率先升后降，气体产率包括丙烯、丁烯产率降低；此外，焦炭产率明显提高，符合压力对分子膨胀反应的影响规律。

提高反应压力，再生压力也要相应提高，氧分压增高，有利于再生，同时对再生烟气的能量回收有利；但是，对催化裂化反应而言，如前所述的工业数据，适当降低反应压力对裂化反应是有利的。因此，反应压力的确定，在工程设计时应权衡利弊。

（三）空速和反应时间

空速与反应时间有对应关系，一般而言，低空速，反应时间长（油剂接触时间长），高空速则反之。空速分为重时空速 *WHSV* 和体积小时空速 *VHSV* 两种。每小时进油的质量除以反应器内催化剂的藏量所得之值定义为重时空速；体积空速为进料之体积流率与反应器的有效体积之比。$VHSV=WHSV\cdot\dfrac{d_R}{d_F}$，其中 d_F 和 d_R 分别为进料和反应器内催化剂的床层密度。重时空速、剂油比、催化剂停留时间对转化率和焦炭产率的综合影响见表 6-16；重时空速、剂油比对转化率函数（$\dfrac{x}{1-x}$）的影响见图 6-27（Wollaston，1975）。

表 6-16　剂油比和重时空速的影响

试验号	1	2	3	4	5	6
转化率/v%	65.0	73.0	48.2	50.0	73.7	67.5
焦炭产率/%	3.74	5.16	2.14	2.06	5.31	4.07
剂油比	3.84	5.80	6.49	3.68	7.05	15.56
重时空速（总进料）/h^{-1}	3.9	3.9	122.7	21.7	4.7	54.8
催化剂停留时间/min	4.00	2.65	0.08	0.75	1.81	0.07

对于提升管催化裂化，催化剂在提升管中稀相输送，采用反应时间的概念更为直观。反应时间就是油气在提升管中的停留时间，它不同于催化剂的停留时间，后者与前者之比值称为催化剂在提升管中的滑落系数。

图 6-28 表明，油气停留时间增长，转化率上升，超过某一数值后，转化率不再上升。图 6-29 表明，对沸石催化剂而言，增加油气停留时间，汽油产率增加超过某一数值后，汽油产率反而下降了，就是说对汽油收率而言，存在着一个最佳油气停留时间（Strother，1972）。由图 6-30 可见（Ritter，1981），在等转化率下，提高催化剂活性就得降低油气停留时间才能维持等转化率；对轻循环油收率而言，存在着一个最佳的停留时间。

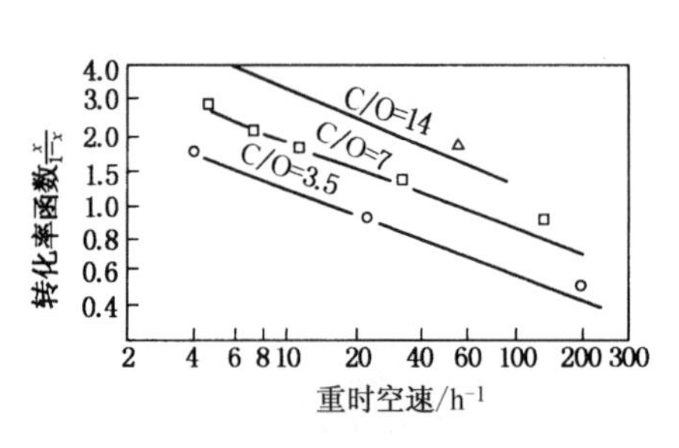

图 6-27　剂油比和重时空速对转化率的影响

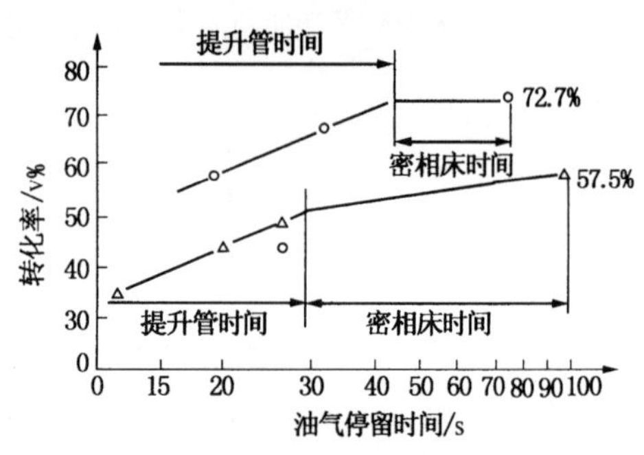

图 6-28　转化率与油气停留时间
（工业装置操作数据）
○—沸石催化剂；△—无定催化剂

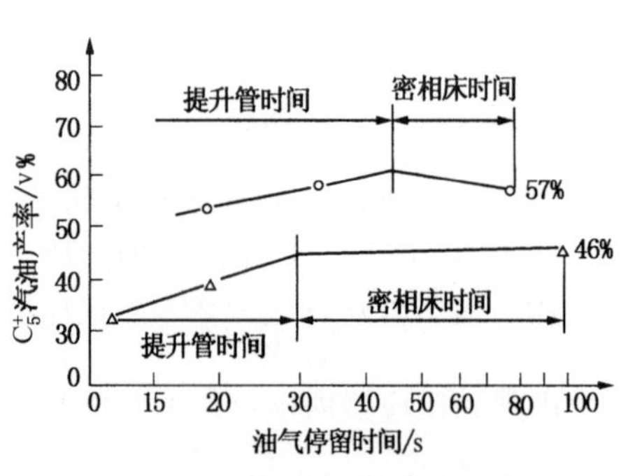

图 6-29　汽油收率与油气停留时间
（工业装置操作数据）
○—沸石催化剂；△—无定催化剂

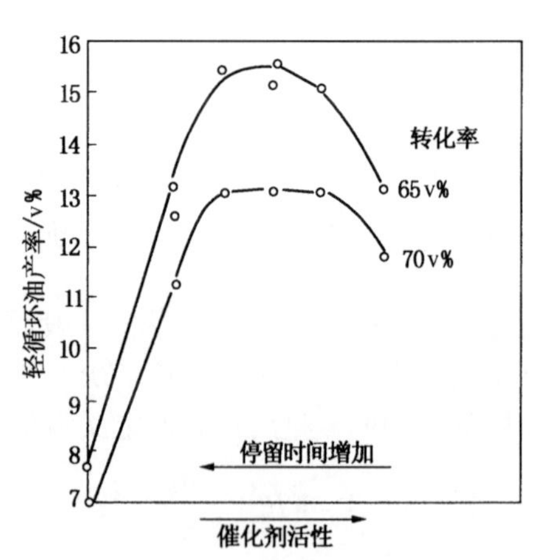

图 6-30　催化剂活性和油气停留时间对轻循环油收率的影响

从以上讨论可见，油气停留时间显著地影响催化裂化的产品分布。油气停留时间太短，单程转化率太低；太长，则出现过度裂化。提升管催化裂化的油气停留时间一般是 2～4s，见表 6-17。

在此，着重讨论一下缩短反应时间对产品分布的影响。季根忠等在 5kg/h 小型提升管催化裂化装置上，以中原馏分油为原料进行了试验研究，操作条件和产品分布见表 6-18（曹汉昌，2000）。

表 6-17　油气停留时间对产品分布的影响

停留时间/s	1.89	2.1	3.75	4.17	5~6
反应温度/℃	472	500	495	491	488
压力/MPa(g)	0.132	0.140	0.185	0.130	0.135
再生温度/℃	701	716	712	688	670~680
预热温度/℃	315	310	300	274	
残炭/%	0.6	0.10	0.11	0.24	0.35
剂油比	3.31	4.6	3.8	4.0	6.2
回炼比	0.50	0.72	0.26	0.24	0.23
产品分布/%					
干气	4.67	3.88	3.00	5.57	6.90
液化气	7.19	10.07	11.00	8.52	11.40
汽油	52.49	45.27	49.02	53.29	46.00
轻循环油	25.36	30.57	24.11	27.82	17.10
重循环油	4.96	0	7.04	0	7.10
油浆	0	4.74	0	0	5.40
焦炭	4.65	5.17	5.00	4.49	6.10
损失	0.68	0.30	0.83	0.31	0
轻油收率/%	77.85	75.84	73.13	81.11	63.10
转化率/%	69.68	64.69	68.85	72.18	70.40
轻油收率/转化率	1.12	1.17	1.06	1.12	0.90

注：催化剂使用 CRC-1 与偏 Y-15。

表 6-18　不同反应时间的产品分布

项　　目	1	2	3	4	5	6
主要操作条件						
反应时间/s	1.3	1.4	1.4	1.5	2.9	3.2
反应温度/℃	470	470	470	470	470	470
进油量/(kg/h)	5.0	5.1	5.0	5.0	2.2	2.1
雾化蒸汽量/(kg/h)	0.48	0.48	0.48	0.48	0.12	0.12
汽提蒸汽量/(kg/h)	0.18	0.18	0.18	0.18	0.18	0.18
剂油比	7.3	7.2	4.4	3.4	3.5	3.5
回炼比	0.11	0.21	0.48	0.84	0.71	0.46
产品分布/%						
干气	0.92	1.00	1.02	1.23	1.70	1.58
其中 H_2	0.14	0.20	0.21	0.22	0.42	0.35
液化气	11.02	10.40	11.41	11.81	12.27	13.15
汽油(C_5~204℃)	60.01	55.10	52.25	51.22	51.98	52.94
轻循环油(204~350℃)	21.56	25.40	27.70	27.74	26.54	23.86
焦炭	4.41	4.74	5.10	5.74	5.56	5.94
损失	2.08	3.36	2.52	2.26	1.95	2.53
其他指标						
$C_3^=/\Sigma C_3$	0.80	0.80	0.80	0.82	0.79	0.79
$C_4^=/\Sigma C_4$	0.64	0.67	0.68	0.68	0.64	0.62
轻质油收率/%	81.57	80.5	79.95	78.96	78.52	76.80
转化率/%	78.44	74.50	72.30	72.26	73.46	76.14
汽油 RON	88.5		88.1	88.2		87.1
轻循环油十六烷值指数	38.4	39.8	41.8	41.3	93.0	38.1

注：(1) 使用 RHZ-300 与共 Y-15 催化剂；

(2) 催化剂上 Ni 含量为 3071μg/g，V 含量为 3318μg/g。

从表 6-18 中可以看出，在同一反应温度下，反应时间缩短后有以下几个好处：

① 反应时间从 3.2s 缩短到 1.3s 时，轻质油收率提高 4.77 个百分点，提高幅度相当大。

② 干气产率随反应时间的缩短急剧下降，说明干气产率主要是反应时间的函数，与催化剂活性和剂油比关系不大。氢气产率的下降归因于反应时间缩短抑制了金属镍的脱氢活性，由于污染金属镍必须呈还原态时才能表现出脱氢活性，从再生系统来的镍呈氧化态，进入反应系统后，变成还原态需要一定时间。因此，当反应时间缩短到一定程度时，金属镍的污染作用就表现不出来。

③ 由于氢转移反应是二次反应，需等反应进行到一定程度时才逐步发生，且比裂解反应速度要慢。因此，缩短反应时间气体中烯烃含量增加，汽油辛烷值提高。

由以上研究结果可见，在催化裂化装置的操作中，适当缩短反应时间，相应提高剂油比和反应温度，对产品分布是极为有利的。在催化裂化装置的设计中，在保证反应线路有足够推动力的情况下，采取措施缩短提升管的长度，提高提升管气体线速或适当加高预提升段的高度等措施，可有效地缩短反应时间，从而为高温、大剂油比操作创造条件。

④ 上述研究表明，高温短接触是催化裂化反应优化产品分布的研究方向之一。传统的上行式提升管由于存在油气与催化剂逆重力流动，催化剂与油气的重度差，使提升管内存在一定程度的催化剂滑落和返混现象，导致油气与催化剂接触时间过长，提升管上部发生过多的二次裂化反应，致使轻质油产率下降，气体产率提高，焦炭产率增加。因此，渣油 FCC 工艺在缩短催化剂与油气的接触时间、减少二次裂化反应方面开发了较多的技术，如提升管末端快速分离技术，这些技术清楚地表明缩短油气与催化剂的接触时间具有明显的优越性，减少了二次反应，从而降低了干气的产率和焦炭产率以及提高了生成轻质油的选择性。最为典型的工艺就是 UOP 公司代理 BAR-CO 公司开发了毫秒催化裂化工艺(MSCC)。MSCC 工艺采用了新的雾化系统，据称油气与催化剂的接触时间小到以毫秒计。其催化剂与进料的接触设计与传统提升管系统不同，进料垂直地喷刷到下行的催化剂帘幕中，经过反应后催化剂与油气快速分离。其优点在于：在反应区内，催化剂没有滑落现象，大大减少了二次裂化反应，从而可以获得高选择性的产品；再生温度较低，可以取消取热设施；焦炭、干气和液化气产率低，液体产率高，汽油收率和辛烷值均得到提高，催化剂损耗低。1994 年美国的新泽西州 CEPOC 公司炼油厂将一套加工能力为 0.5Mt/a 的常规催化裂化装置改造为 MSCC 装置，到 1998 年 1 月共运转了 37 个月，开工率达 98.2%，渣油处理量、液体产品收率提高，干气产率下降，液化气的烯烃度提高，汽油辛烷值和轻循环油(馏分)十六烷值提高，催化剂的补充量减少(杨朝合，2003；闫平祥，2004)。MSCC 工艺在工业化装置上设置了两个反应区，一个为适应轻质油品裂化的超短时间接触下行反应区，另一个为适应重质油裂化的返混区。据了解现有 3 套 MSCC 装置正在运转：一套位于 Coastal 公司的 Eagle Point 炼油厂，处理能力为 2.8Mt/a；另一套在 Tran American 炼油公司，处理能力为 5.0Mt/a；另外还有一套全新的 MSCC 装置在土库曼斯坦炼油厂建成投产。由 Exxon 公司开发的 SCT(Short Contact Time Processing)也是短时间接触的催化裂化新工艺。国内石油大学、清华大学等相关单位也进行了该领域内的研究和开发工作。

⑤ 多产异构烷烃的催化裂化(简称 MIP 工艺)采用变径串联提升管反应器，其反应段表观停留时间是常规催化裂化提升管油气停留时间 2~3 倍。尽管 MIP 工艺反应时间较长，

但高温区(裂化反应)的时间却大幅度降低，只是低温区(氢转移反应)的时间大幅度增加。由于低温区采用高催化剂密度和长反应时间，从而强化了负氢离子转移反应。由于负氢离子转移反应是氢转移反应和双分子裂化反应的基元反应，因此，强化负氢离子转移反应导致氢转移反应和双分子裂化反应速率同时增加，促进了汽油中小分子烯烃转化为异构烷烃，同时强化了柴油和油浆中的大分子饱和烃发生双分子裂化反应，造成柴油产率和油浆产率降低，汽油产率增加，且汽油烯烃含量降低(许友好，2003；2013；2014)。对于性质相近的石蜡基常压渣油，MIP 工艺与常规 FCC 工艺产物分布和产品性质的差异列于表 6-19。

表 6-19　不同类型的催化裂化工艺产物分布及产品性质

工艺类型	FCC	FCC	变化幅度	FCC	MIP	变化幅度
反应器类型	密相流化床①	提升管①		提升管②	变径提升管②	
催化剂	无定形硅铝	沸石		沸石	沸石	
反应时间	长	短	—	短	长	+
原料性质						
密度(20℃)/(g/cm³)	0.8410	0.8722		0.8967	0.8966	
残炭/%	0.15	0.13		4.0	4.68	
操作条件						
反应(提升管出口)温度/℃	467	493	+26	515	497	-18
回炼比/%	100	82	-18	5.5	1.15	-4.35
产率分布/%						
干气	1.48	1.42	-0.06	3.79	2.88	-0.91
液化气	11.6	10.92	-0.68	15.44	14.63	-0.81
汽油	44.20	49.63	+5.43	44.14	49.28	5.14
柴油	35.50	31.30	-4.20	22.57	21.22	-1.35
油浆				4.64	3.04	-1.60
焦炭	6.00	5.35	-0.65	8.92	8.64	-0.28
损失	1.22	1.38		0.50	0.31	
合计	100.00	100.00		100.00	100.00	
转化率	64.50	68.70	+4.20	72.79	75.74	+2.95
液体产品收率	91.30	91.85	+0.55	82.15	85.13	+2.98
汽油性质						
烯烃/%	54.8	29.6	-25.2	43.1	34.3	-8.8
芳烃/%	8.4	10.6	2.2		14.8	
MON	82.2	77.3	-4.9	79.2	80.2	+1.0

① 抚顺二厂第一套装置的标定数据。

② 高桥分公司渣油催化裂化装置标定数据。

⑥ 从表 6-19 可以看出，反应时间只是一个工艺参数，时间长短对反应结果的影响受其他因素限制。如何确定最佳反应时间，需要考虑其他操作参数的影响。当催化剂活性高，剂油比大，反应温度高，原料油易裂化时，应选择较短的反应时间；反之，当催化剂活性低，剂油比小，反应温度低，原料油难裂化时，应选择较长的反应时间。工艺参数只是调节手段，关键是要控制适宜的转化率，就是说，在相当高的转化率的前提下，仍然要保持目的产品具有较高的选择性。

(四) 原料油的预热温度

提升管出口温度(反应温度)、原料油预热温度、再生温度相互之间关系密切。在同一反应温度下，原料油预热温度提高，再生温度提高，转化率降低，焦炭产率降低，汽油收率下降，汽油的研究法辛烷值上升，轻循环油收率变化不大(Yen，1985)。

提高原料油预热温度，提升管出口温度不变，催化剂的循环速率下降，在进料速率不变时，剂油比下降，这必然会带来产品分布的变化。一般而言，原料预热温度增加50℃，再生温度会增加10℃左右，转化率下降约2%，焦炭产率下降5%~10%(以原有焦炭产率为基准)。

表6-20示出了Toledo炼厂工业催化裂化装置的试验数据(Greghton，1985)。在三组数据中，原料油预热温度提高，同时反应温度也提高了，维持了相同的转化率。从表6-20可以看出：

① 在相同的转化率下，原料油预热温度升高，汽油收率增加，焦炭产率却下降。

② C_4以下馏分(裂化气)产率不变，但C_1、C_2增加，C_3、C_4减少。

表6-20　原料预热温度的影响(Toledo炼厂工业试验)

操作条件			
新鲜进料温度/℃	212	298	370
联合进料温度/℃	260	297	327
联合进料比	2.30	2.30	2.30
反应温度/℃	466	472	476
再生温度/℃	620	631	641
反应压力/MPa(表)	0.1034	0.1034	0.1034
转化率/v%	69.2	68.9	69.6
催化剂循环速率/(t/h)	2041.2	1723.6	1496.9
产品产率			
$\leqslant C_3$/%	7.6	7.8	9.1
$\sum C_4$/%	8.8	8.6	7.7
脱丁烷汽油/v%	49.6	50.1	51.2
轻循环油/v%	26.1	27.6	26.7
油浆/%	4.2	3.5	3.7
焦炭/%	9.4	8.6	7.9
$\leqslant C_3$组成/v%			
H_2	17	16	14
C_1	26	27	29
C_2	19	22	24
$C_3^=$	25	24	23
C_3	13	11	10
$\sum \leqslant C_3$	100	100	100
C_4组成/v%			
C_4H_8	46	50	53
i-C_4H_{10}	43	40	37
n-C_4H_{10}	11	10	10
$\sum C_4$	100	100	100

③ C_3、C_4组分中烯烃比例加大，尤以 C_4最明显，而 C_2中 $C_2^=$的比例几乎无变化。

④ 在丁烷中，异丁烷所占比例不变。

还应当说明的是，改变原料预热温度，液体产品的性质看不出大的变化。

重油催化裂化装置焦炭产率高，焦炭燃烧放出的热量增加，降低原料预热温度有利于催化装置的热平衡是显而易见的。原料预热温度降低，剂油比焦亦增加，但总的来说对装置热平衡有利，如图 6-31 和图 6-32 所示(Elvin，1983)。

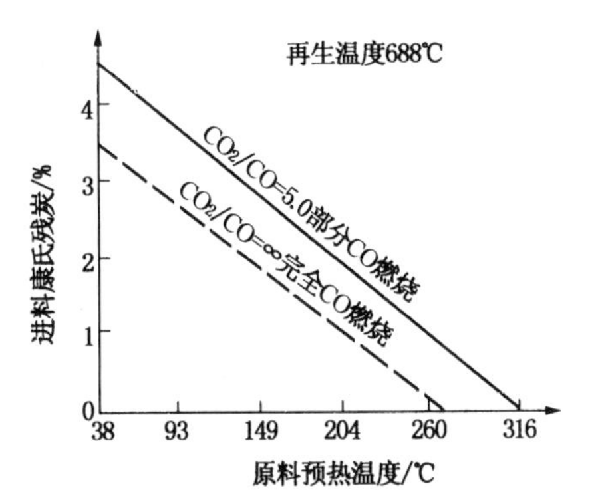

图 6-31　原料油预热温度与热平衡(低再生温度)

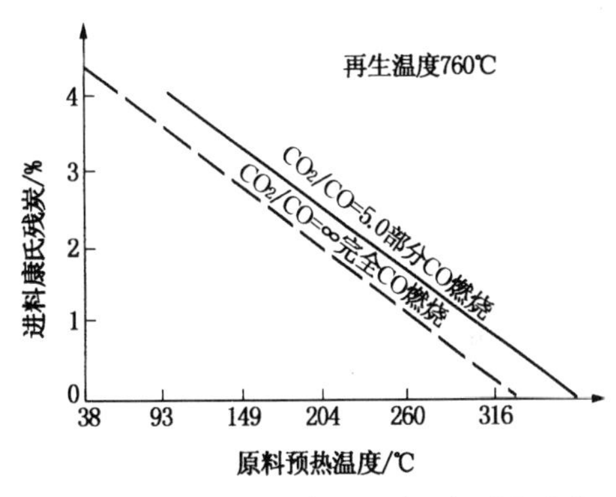

图 6-32　原料预热温度与热平衡(高再生温度)

对馏分油催化裂化，采用常规再生，一般来说热量不足，需提高原料油预热温度，可高达 380℃。渣油催化裂化装置焦炭产率高，需要设置取热设施取出过剩的热量。为了多掺炼渣油(特别是无取热设施的装置)，采用低的原料油预热温度是可行的。但是，原料油预热温度降低是有限度的。表 6-21 列出了预热温度对原料油黏度和剂油比的影响；表 6-22 列出了预热温度对喷嘴雾化效果的影响(曹汉昌)。从表 6-21 和表 6-22 可以看出，原料预热温度降低，原料油运动黏度增加，表面张力增大，雾化效果变差。雾化效果差到一定程度必然要使产品分布变差；原料预热温度降低，剂油比增大，剂油比焦也要上升。这两个因素就决定了原料预热温度有一个下限。对不同的装置、原料油、催化剂以及操作条件，该下限是不同的，对渣油催化裂化装置，一般以不低于 150℃ 为宜。表 6-23 的数据表明，低的原料油预热温度可能造成产品分布变差。因此，对不同的装置，情况不一样，所采用的原料预热温度也不一样。

表 6-21　原料油预热温度对原料油黏度和剂油比的影响

原料油预热温度/℃	120	140	160	180	200	220
原料油运动黏度/(mm^2/s)	18	11	6.6	4.4	3.2	1.5
剂油比	7.10	6.83	6.57	6.31	6.05	5.79

表 6-22　原料油预热温度对雾化效果的影响

原料油预热温度/℃	120	140	160	180	200	220
原料油表面张力/(N/m)	0.028	0.027	0.026	0.024	0.023	0.021
原料油密度/(g/cm^3)	0.880	0.870	0.860	0.840	0.830	0.823
油滴平均直径/μm	202	135	91	67	53	32

注：冷态关联式计算值，不同喷嘴差别大，只供参考。

表 6-23　不同原料油预热温度的产品分布(我国某炼厂)

项　目	1981 年 9 月 18~25 日	1982 年 5 月 30 日	项　目	1981 年 9 月 18~25 日	1982 年 5 月 30 日
原料油预热温度/℃	219	360	汽提蒸汽量/(t/h)	2.3	2.2
回炼油预热温度/℃	360	380	产品分布/%		
过热蒸汽温度/℃	308	400	干气	3.02	3.0
原料油	大庆馏分油+常压渣油	大庆馏分油+常压渣油	液化气	8.64	8.8
常压渣油掺炼率/%	14.02	13.37	汽油	51.5	52.0
反应温度/℃	462	460	轻循环油	29.23	29.80
再生温度/℃	602	635	焦炭	7.33	6.00
再生压力/MPa(a)	0.240	0.235	损失	0.28	0.4
反应压力/MPa(a)	0.223	0.218	轻质油收率/%	80.73	81.8
雾化和预提升蒸汽量/(t/h)	5.63	5.88			

(五) 催化剂

1. 平衡催化剂的活性

催化裂化催化剂的活性和选择性，对催化裂化的产品分布有特别重要的作用，并非催化剂的单耗越小越好，平衡催化剂的活性存在着优化的问题，为了维持最佳活性水平，催化装置应该适时地卸出部分催化剂和补充新鲜催化剂。

(1) 提高平衡剂活性是提高汽油产率最有效的方法

通常催化裂化装置生产方案就是追求最大汽油产率和高的汽油辛烷值。催化剂的平衡活性维持在汽油选择性处于最高水平下，增加催化剂循环速率和反应温度，直到装置的约束条件限制了转化率的提高为止，此时催化裂化装置将获得最大的辛烷值桶。图 6-33 表明：平衡催化剂活性太高将出现过度裂化；图 6-34 表明：平衡催化剂活性高到产生过度裂化之前，增加平衡催化剂活性是提高汽油产率最有效的方法(Leuenberger，1988)。平衡催化剂活性应该维持在最佳范围，否则要提高汽油产率，而又要求裂化气产率增加不多是不可能的。在活性 64~71 之间，活性每增加 1 个单位，汽油产率增加 0.8 个百分点。在活性更高时，活性增加 1 个单位，液化气增加 0.8 个百分点，虽然转化率增加，而汽油产率不再增加。剂油比和反应温度增加，单程转化率增加，汽油产率上升，但汽油产率增加幅度低于平衡催化剂活性增加所产生的幅度。对于具体的裂化原料油和催化裂化装置，最佳的平衡活性范围往往会有所变化，视具体情况而定。

(2) 平衡催化剂活性的优化

Wichers 等(1984)利用催化裂化数学模型，在确定的操作约束条件下，研究转化率、汽油和裂化气产率与催化剂活性之间的关系。研究结果表明，由于催化裂化的操作条件有一定的约束范围，平衡催化剂的活性升高，转化率不一定升高。为了优化产品分布，平衡催化剂的活性应当优化。图 6-35 为再生温度为约束条件(固定为 756℃)的情况下，数学模型的模拟结果。图 6-35 表明：为了满足约束条件，平衡催化剂活性提高，反应温度必须降低，随着平衡催化剂活性提高，转化率下降，汽油产率存在着极大值，即开始上升，其后下降。数学模型的计算表明，在再生温度为约束条件时，随着平衡催化剂活性提高，丙烯、丁烯、异丁烷产率下降；在主风机的能力为约束条件时，平衡催化剂活性提高，再生温度上升，剂油比下降，转化率下降，汽油产率上升，裂化气产率下降。当催化裂化装置是以富气压缩机为约束条件，在最高汽油产率的生产方案时，平衡催化剂活性70，反应温度496℃；为了增加丁烯产率而又不减小装置处理量，平衡催化剂活性应该降到65，反应温度增加12℃。

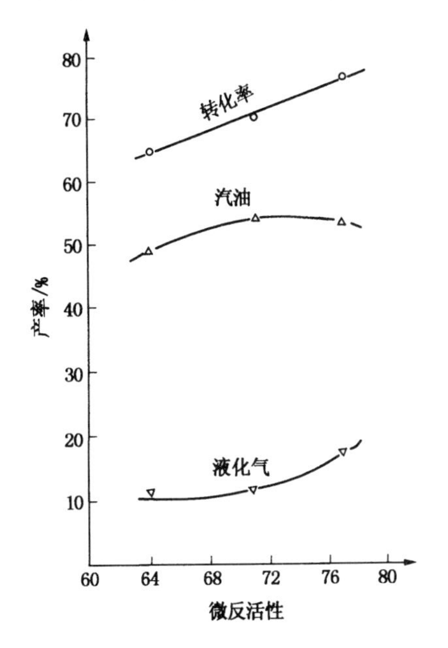

图6-33　催化剂活性与过度裂化

（中试装置剂油比7.0，反应温度521℃）

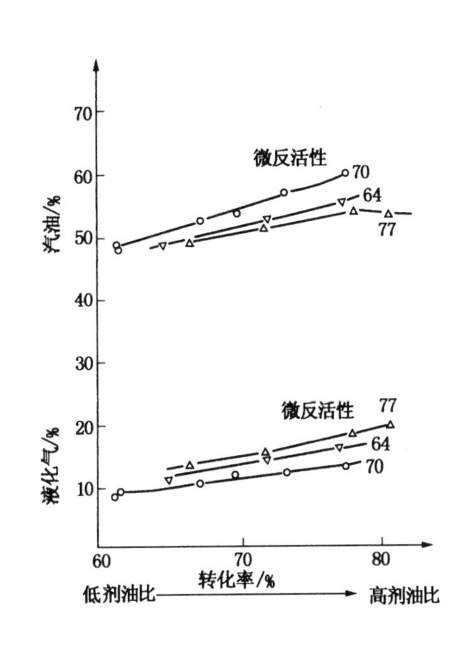

图6-34　催化剂活性与剂油比的影响

（3）平衡催化剂活性与金属污染和水热环境的关系

对重油催化裂化而言，催化剂的重金属污染严重；由于焦炭产率高，再生温度比减压馏分油高，因而催化剂的水热失活更严重。

有关实验室金属污染和水热环境对催化剂活性的影响，以及工业装置的平衡催化剂失活规律见本书第三章。这里只介绍Kellogg公司Strother等(1972)在总结大量工业装置(也包括中型提升管装置)使用多种催化剂的平衡活性数据，得出图6-36所示的曲线。该图表明，如果(Ni+V)含量达到了8000μg/g，尽管再生温度低于710℃，平衡催化剂活性大致只有53左右。我国的中原原油的钒含量偏高，从我国某炼厂的工业数据看，平衡催化剂活性与金属污染水平的关系与Kellogg公司提供的图线相吻合。因而，在重油催化裂化时，催化剂单耗必须较高才可能维持恰当的活性。如对馏分油催化裂化，催化剂单耗在0.5~0.8kg/t；而对重油催化裂化，单耗可高达1.3kg/t以上。

2. 催化剂的焦炭差

焦炭差定义为待生催化剂与再生催化剂焦炭含量的差值。它是催化裂化装置热平衡的主要贡献者，直接影响再生温度、催化剂的稳定性和剂油比(R_C)(Mauleon，1985)。焦炭产率Y_C可以表示为：

$$Y_C = \Delta C_K \cdot R_C \tag{6-9}$$

式中　ΔC_K——催化剂的焦炭差，%。

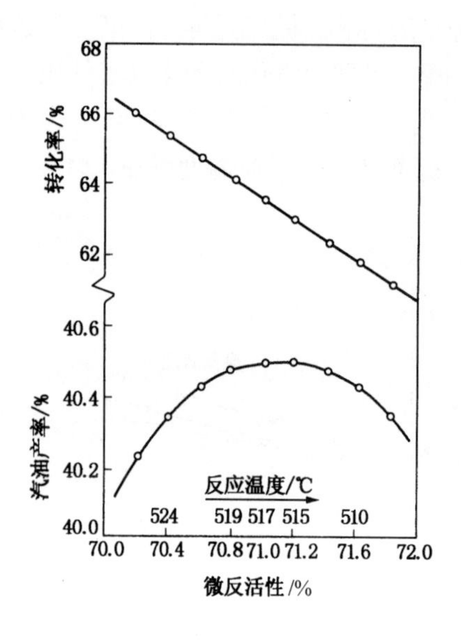

图 6-35 转化率和汽油产率与微反活性的关系(再生温度 756℃)

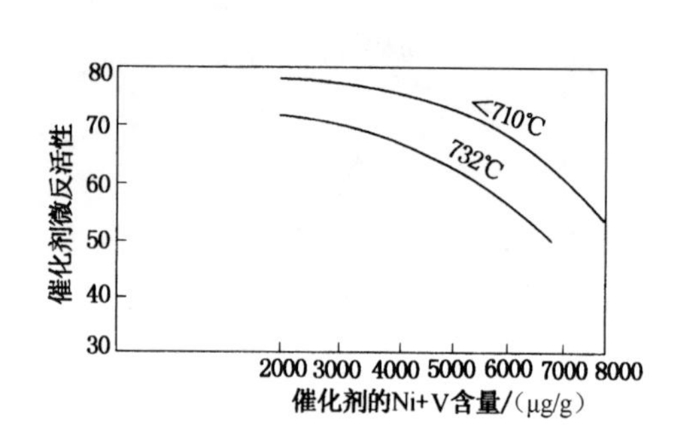

图 6-36 催化剂的金属含量和水热失活的关系

当焦炭产率确定时，焦炭差增加，R_C 下降，这是不希望的。催化剂的循环量一定时，焦炭差增加，要烧掉的焦炭量增多，再生温度势必提高，催化剂的水热失活会更严重。为了维持平衡催化剂的活性，催化裂化装置需要经常补充新鲜催化剂，由于新鲜催化剂活性很高，比表面很大，吸附能力很强，与平衡催化剂相比，它的焦炭差大，再生时新鲜催化剂的温度高得多，可能出现烧结现象，或者更为严重的水热失活。由于这个原因，补充高活性的新鲜催化剂，还不如补充中等活性的新鲜催化剂，起到维持平衡催化剂活性的作用。限制焦炭差，特别是新鲜催化剂的焦炭差，在重油催化裂化中具有特殊的意义。在重油催化裂化中，选择有良好的焦炭选择性和高反应热的 USY 催化剂，改进工艺条件，比如高效的喷雾进料和短的油气停留时间，对降低焦炭差很起作用。表 6-24 列出了再生催化剂碳含量对焦炭差的影响，可以看出再生条件对焦炭差有很大影响。实际上几乎所有的操作变量，包括进料性质、进料雾化、提升管设计、反应和汽提条件、催化剂性质都影响焦炭差。从表 6-24 可见，对馏分油而言，催化剂上大致沉积 1%的焦炭就丧失了大部分活性，焦炭差与再生催化剂碳含量(CRC)之和近于一个常数。

表 6-24 再生剂碳含量对焦炭差的影响

CRC/%	ΔC_K/%	CRC/%	ΔC_K/%
0.06	0.91	0.15	0.84
0.09	0.87	0.36	0.57

MZ-7 催化剂在两套催化裂化装置上均降低焦炭差 0.2%左右，从而对产品分布带来良好的影响，如表 6-25 所列。在焦炭产率几乎不变的前提下，转化率增加 4%～5%，这表明低焦炭差可以使 MZ-7 具有良好的目的产品选择性(Van Keulen，1983)。

表 6-25　低焦炭差催化剂对两个装置的影响

项　　目	装置 A		装置 B	
进料	催化剂 A	MZ-7	催化剂 B	MZ-7
流率/(m^3/h)	265	286	258	255
密度/(g/cm^3)	0.925	0.924	0.926	0.924
硫含量/%	1.9	1.9	1.9	1.9
ASTM 馏程/℃				
初馏点	319	306	352	341
50%	456	475	449	443
终馏点	557	568	564	553
产品产率/%				
燃料气	6.0	5.2	4.5	4.2
C_3	4.2	5.2	4.9	6.2
C_4	7.4	8.3	8.1	9.8
汽油(C_5~221℃)	41.3	44.7	44.0	45.3
轻循环油	22.2	20.8	15.1	13.5
油浆	14.4	11.1	18.7	16.3
焦炭	4.5	4.7	4.7	4.7
RON(净)	90.3	92.3	90.9	91.8
热平衡				
进料温度/℃	267	239	266	262
提升管温度/℃	511	527	522	527
再生温度/℃	751	710	751	725
剂油比	4.4	6.6	4.6	5.9
ΔT_1/焦炭产率	54	61	54	56
$\Delta T_2/\Delta C_K$	233	241	227	251
ΔC_K	1.03	0.76	1.01	0.79
雾化蒸汽/(kg/t 进料)	6	9	22	21
汽提蒸汽/(kg/t 进料)	4	2	2	1

注：燃气包括 C_2以下的气体；装置 B 的油浆包括部分回炼油；ΔT_1=提升管出口温度-联合进料温度,℃；ΔT_2=再生温度-提升管出口温度,℃。

由于待生催化剂与再生催化剂上焦炭中的氢含量不一样，而且用常规分析方法难以测定，所以在热平衡计算中使用的是碳差而不是焦炭差。碳差的概念见本节后面部分。

3. 再生催化剂碳含量

对于无定形硅铝催化剂，不论是低铝的还是高铝的，当再生催化剂碳含量低于 0.7%以后，碳含量对催化剂的裂化活性没有显著影响，因此不必追求过低的再生催化剂碳含量。对沸石催化剂，裂化反应主要是在沸石上进行，因而生成的焦炭主要沉积在沸石的活性中心上，再生催化剂碳含量增加后，相当于减少了催化剂中沸石的含量，使其性能向无定形硅铝催化剂接近，使转化率下降，氢转移速度减慢，烯烃含量增加，汽油的溴价上升。因此，对于沸石催化剂，再生催化剂含碳量对催化剂的实际使用活性影响很大，见图 6-37。为了充分发挥沸石催化剂的性能，其再生催化剂碳含量应保持在 0.2%以下，最好在 0.05%以下。由于再生催化剂含碳量对活性的影响，对裂化产品分布和产品收率也相应带来变化。表 6-26 列举了三组对比数据。

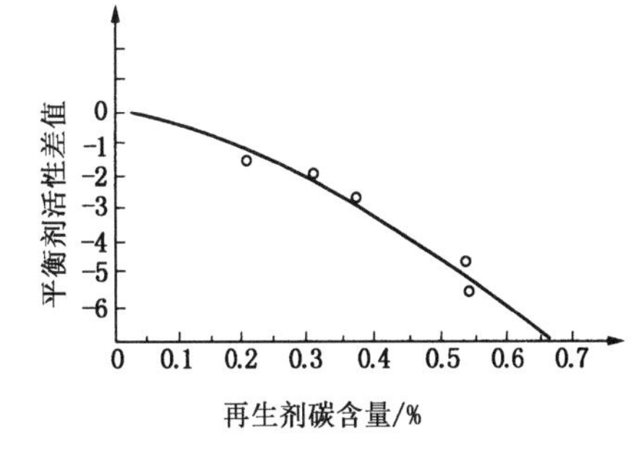

图 6-37　再生催化剂碳含量与催化剂活性关系

表 6-26　再生催化剂碳含量对提升管裂化反应的影响

项目 \ 再生剂碳含量/%	0.16	0.46	0.62
产品收率/%			
C_2及C_2以下	1.3	1.4	1.5
ΣC_3	6.0	4.8	4.3
$C_3^=$	5.0	4.1	3.5
ΣC_4	11.3	9.3	7.6
$C_4^=$	7.0	6.4	5.3
汽油	47.1	38.6	31.6
轻循环油	13.5	12.9	13.3
重循环油	18.3	30.6	39.9
焦炭	2.4	1.8	1.5
损失	0.1	0.6	0.3
转化率	78.2	56.5	46.8
产品性质			
汽油辛烷值(MON)	—	—	79.0
汽油溴价/(gBr/100g)	8.4	107	115
轻循环油十六烷值	33	37	40
轻循环油凝点/℃	-14	-14	-14

注：原料油为大庆原油减压二、三线；催化剂为稀土 Y-2 型；提升管温度为出口/入口 500/530℃；反应压力为 0.07MPa(表)；剂油比为 10。

在其他操作条件不变的情况下，再生催化剂上碳含量上升，转化率下降，如图 6-38 所示；当转化率保持一定时，若再生催化剂碳含量上升，则汽油产率下降，气体和焦炭产率上升，如图 6-39 所示(Decroocq，1984)。

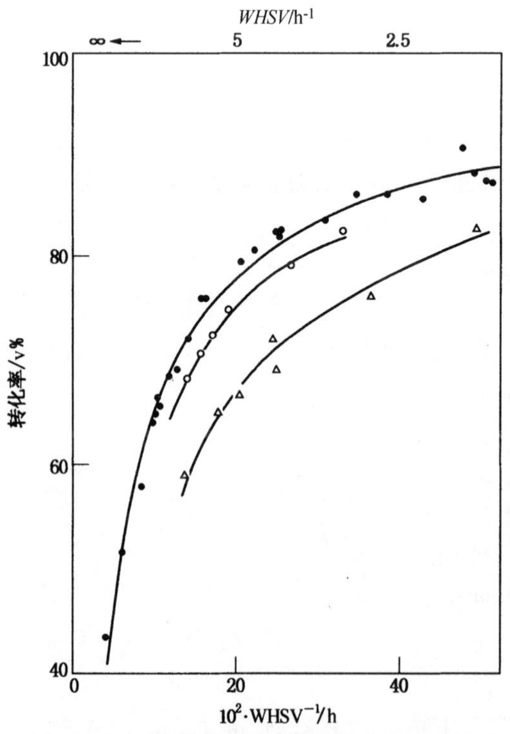

图 6-38　再生催化剂碳含量与转化率的关系

再生催化剂碳含量/%●—0.1；○—0.2；△—0.4

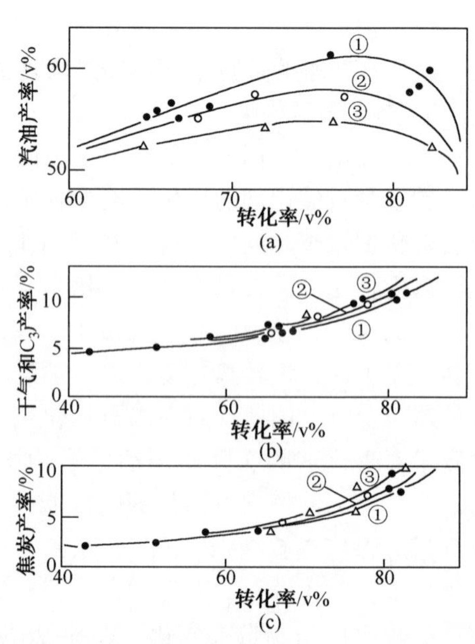

图 6-39　再生催化剂碳含量与产品产率的关系

再生催化剂碳含量/%①—0.1；②—0.2；③—0.4

Ritter 等(1975)在中型催化裂化装置上进行试验，再生催化剂碳含量水平在 0.07%~0.5%之间变动，重时空速 $40h^{-1}$，剂油比 4.0，反应温度 493℃，利用水热老化的 AGZ-50 催化剂，原料油为西得克萨斯馏分油。实验数据表明：随着再生催化剂碳含量增加，转化率减小，C_3、$C_3^=$的产率下降，$n-C_4$、$i-C_4$产率下降，$C_4^=$产率增加，汽油(C_5~221℃)产率下降，汽油的密度增加，汽油的苯胺点下降，汽油的溴价上升，见图 6-40。

在相同的转化率下，再生催化剂碳含量增加，汽油产率下降，干气和 C_3产率、焦炭产率增加。图 6-41 为 Gulf 公司 Campagna 等(1983)在中型催化裂化装置上得到的一组图线。可以看出，再生催化剂上碳含量变化，剂油比和再生温度都要变。再生催化剂碳含量增加，剂油比亦增大，当后者的影响占优势时，转化率增加，反之转化率下降，转化率曲线存在着极大值。同理，汽油产率，或汽油加烷基化油产率也存在着极大值。

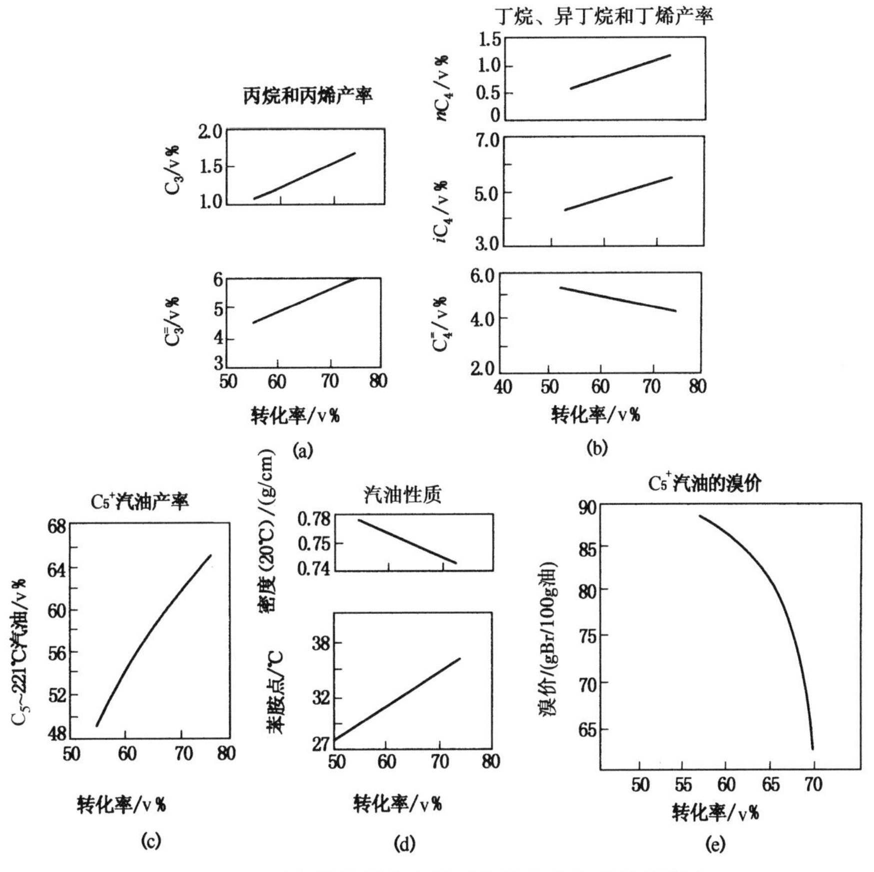

图 6-40　再生催化剂碳含量对产品产率和质量的影响

(改变再生催化剂碳含量；剂油比保持为 4)

Kellogg 公司在中型催化裂化装置上，通过改变进料量和催化剂循环量以改变转化率，这样除再生催化剂碳含量作为变量外，其他参数均保持恒定，得到了汽油产率与转化率之间关系，如图 6-42 所示。Wilson(1985)给出了工业装置在不同的再生催化剂碳含量操作时的汽油和焦炭选择性的变化曲线，如图 6-43 和图 6-44 所示。

基于不同目的产品的生产方案，对再生催化剂的碳含量要求有相应的区别。对于轻循环油方案，再生催化剂的碳含量在 0.15%~0.2%时，可以获得较好的轻循环油选择性；对于汽油方案，再生催化剂的定碳需要在0.1%以下；而追求汽油+液化气的产品方案，再生催化剂的定碳需要更低，达0.05%，以充分恢复催化剂的活性。

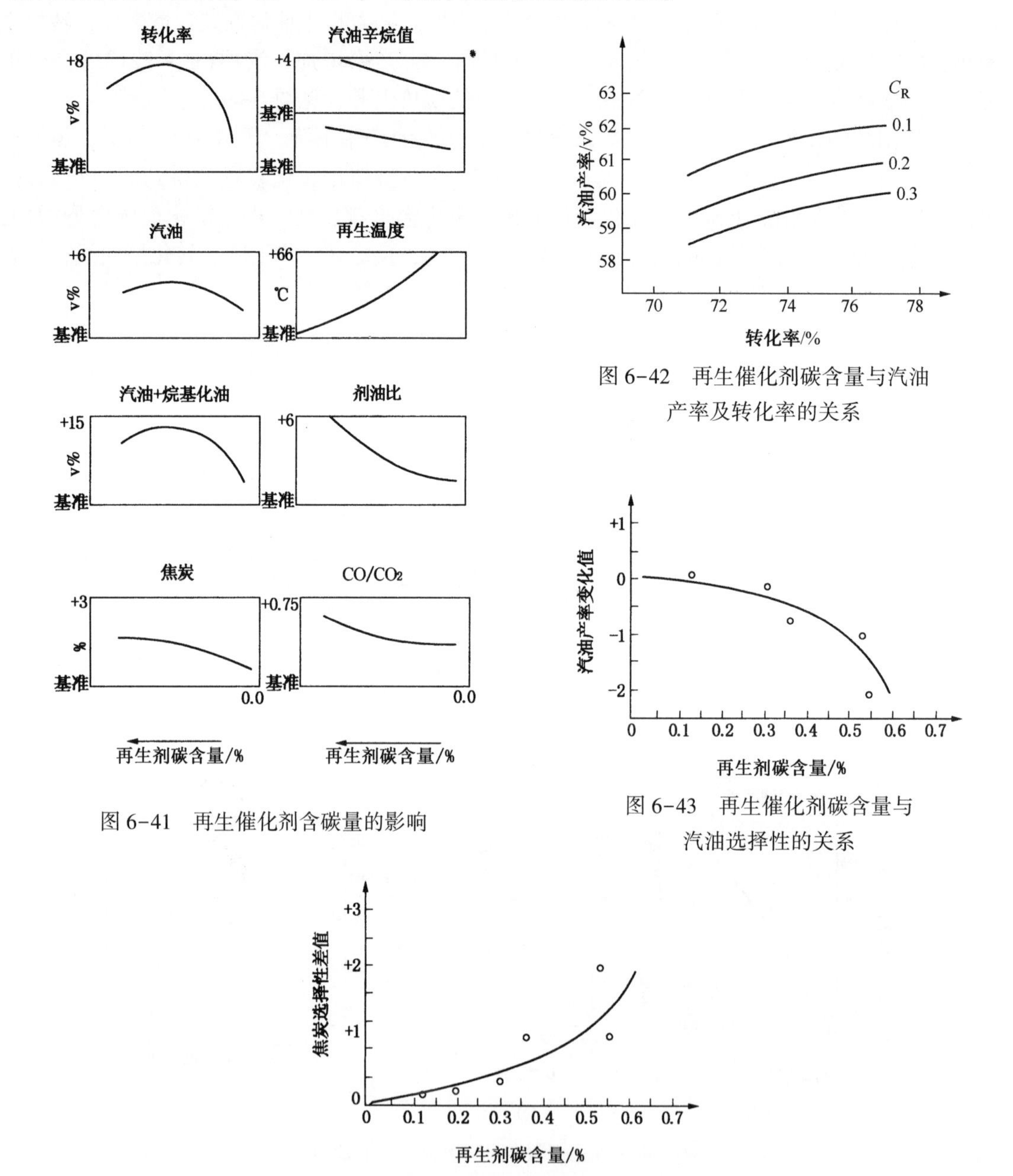

图6-41　再生催化剂含碳量的影响

图6-42　再生催化剂碳含量与汽油产率及转化率的关系

图6-43　再生催化剂碳含量与汽油选择性的关系

图6-44　再生催化剂碳含量与焦炭选择性的关系

4. 催化剂的金属污染

催化剂的金属污染主要是指镍和钒的污染。镍起催化脱氢的作用，钒的脱氢活性通常认为只有镍的1/4，但它破坏催化剂的沸石结构，尤其是与钠共存的。随着金属污染水平的提高，由于催化剂的活性降低，单程转化深度会降低；产品的选择性变差，表现为氢气和焦炭增加，汽油产率下降，干气产率增加，产品的烯烃度增加。催化剂的金属污染使焦炭中污染焦的比例加大，由于维持催化裂化装置热平衡的焦炭产率基本是一个定值，其结果导致催化剂的循环速率会下降，剂油比下降，反应的苛刻度下降。

Katalistiks 公司的 Upson 等(1982)在原料中掺入 10%渣油，用 EKZ 工业平衡剂，在微反装置上进行试验，考察金属含量(Ni+V/4)对产品分布的影响，如图 6-45 至图 6-49 所示，其数据是在等转化率 65%下获得的。

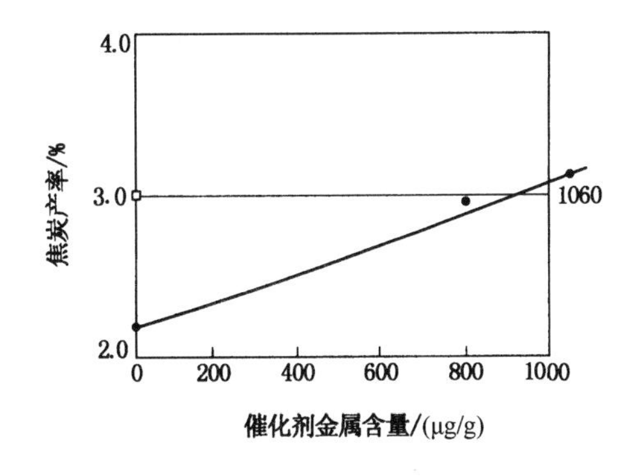

图 6-45　金属含量与生焦的关系

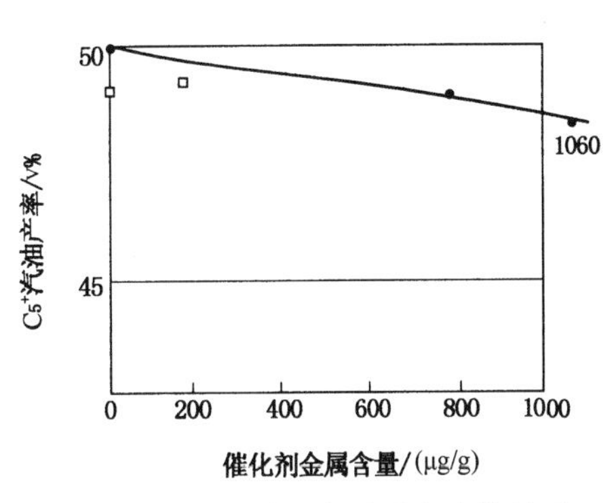

图 6-46　金属含量与汽油产率的关系

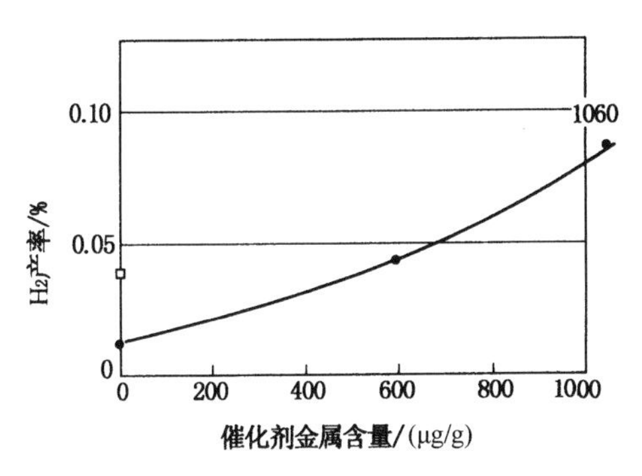

图 6-47　金属含量与氢气产率的关系

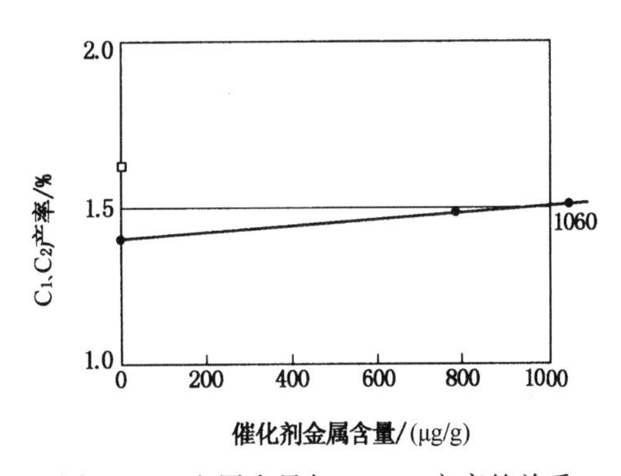

图 6-48　金属含量与 C_1、C_2产率的关系

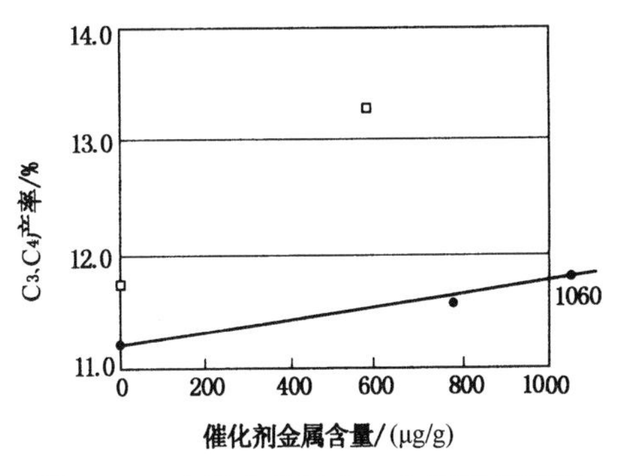

图 6-49　金属含量与 C_3、C_4产率的关系

对工业平衡催化剂而言，裂化原料所带入的重金属几乎 100%沉积在催化剂上，但由于工业装置中反复多次的反应-再生会使部分金属钝化，真正有脱氢活性的金属，在正常的催化剂补充速度下，大致只有总金属量的 1/3。当然，重金属对产品分布的影响，真正起作用的是有效金属之含量。有效金属的概念已在本书第三章中阐述。有效金属含量对产品分布的

影响如图 6-50 至图 6-53 所示(Thiel，1982)。

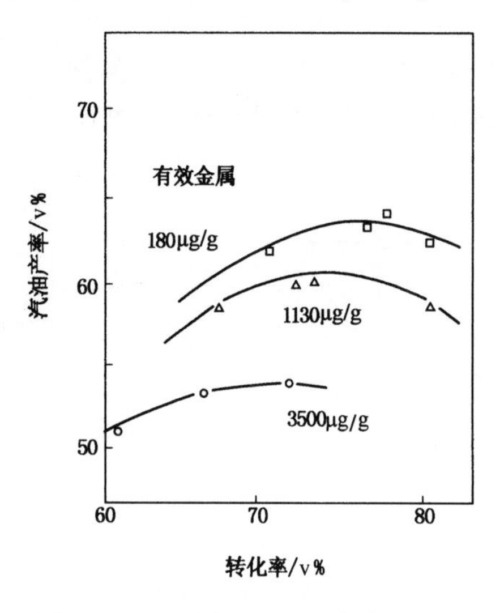

图 6-50　金属含量对汽油产率的影响

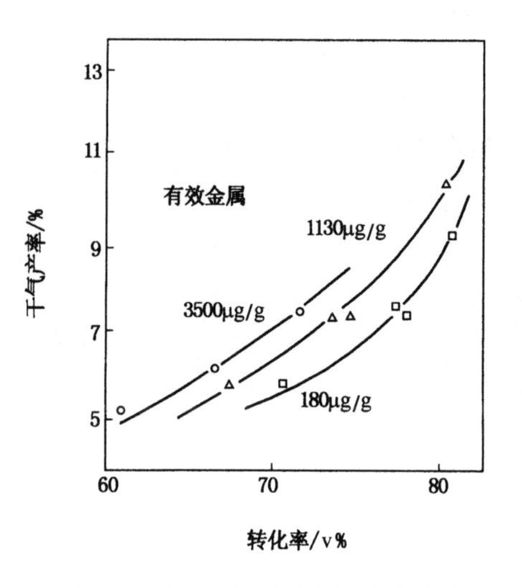

图 6-51　金属含量对干气产率的影响

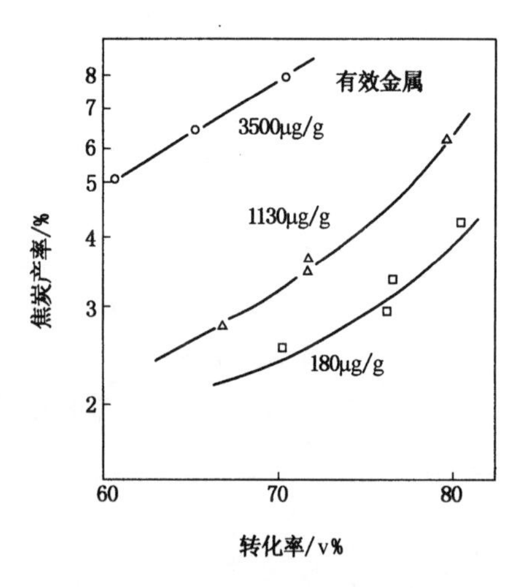

图 6-52　金属含量对焦炭产率的影响

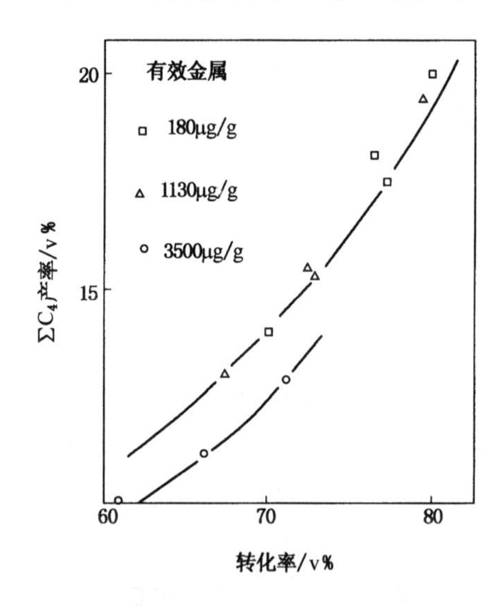

图 6-53　金属含量对 $\sum C_4$ 产率的影响

测试催化剂金属污染程度的灵敏指标是干气中的 H_2/CH_4 或 $H_2/(C_1+C_2)$ 的摩尔比，污染很轻的工业装置，一般 H_2/CH_4 摩尔比为 0.2~0.3，而采用渣油为原料时，上述比例会大于 1，甚至达到 3。H_2/CH_4 摩尔比与有效金属含量的关系如图 6-54 所示。重金属(Ni、V)污染催化裂化催化剂，是重油催化裂化工艺必然面临的问题。如前所述，催化剂的金属污染恶化了产品分布；不仅如此，当富气中氢的含量太高时，由于富气压缩机能力的限制，催化裂化装置不得不降低处理量。尽管氢气占催化进料的质量分率并不高，但由于氢气的相对分子质量仅为 2，其体积是很大的。工业装置所用的富气压缩机多为离心式气压机，富气中氢气的含量过高，富气的密度降低。因而，离心式气压机的每一级所能获得的最大压力比下降，即气压机的效率下降。在重油催化裂化中，为了解决金属污染问题，或者采用原料预精制工艺，如渣油加氢处理工艺等；或者采用抗重金属污染的催化剂，在催化剂的基质中加入金属捕集剂；或者增加催化剂的排放和补充速率；或者加注金属钝化剂，锑剂钝化镍，锡剂钝化钒。加注金属钝化剂和适当增大催化剂的单耗是简单可行的方法，但进料金属含量太高时，则应考虑其他的解决途径。

我国催化裂化装置普遍掺炼渣油，甚至全常压渣油催化裂化。在这种情况下，金属污染是严重的。例如，某催化裂化装置的平衡催化剂上的镍含量经常在8000～10000μg/g，但仍不加注金属钝化剂，氢产率低于0.8%，产品分布尚在正常范围之内。另一催化裂化装置处理高金属含量的大港油，使用共Y-15催化剂，掺炼部分渣油，镍在平衡催化剂上的含量经常大于10000μg/g，除氢产率高（低于0.8%）之外，产品分布亦未太恶化，装置维持正常的长周期运转。至于是否使用钝化剂得视具体情况而定。

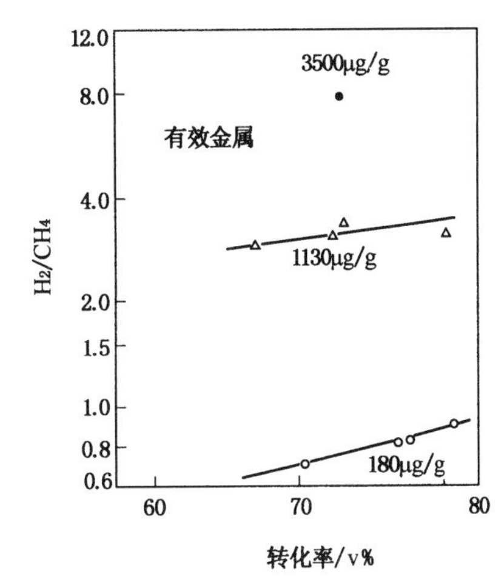

图6-54　H_2/CH_4摩尔比与金属含量的关系

二、非独立变量

（一）回炼比

$$回炼比=\frac{回炼油量}{新鲜油量} \tag{6-10}$$

$$联合进料比=\frac{新鲜油量+回炼油量}{新鲜油量}=1+回炼比 \tag{6-11}$$

在沸石催化剂应用之前，由于催化剂的活性较低，在轻循环油方案等反应苛刻度不高的条件下，反应单程转化率不高，回炼比在催化裂化反应过程中占有重要地位。在一定的总转化率下，回炼比是单程转化率的反映，单程转化率高，回炼比就小。从另一个角度讲，采用全回炼或部分回炼，甚至单程通过可以根据具体情况来定。因此，回炼比成为在一定范围内可调整的独立变量。

在当前催化剂活性大幅度提升，尤其是在汽油生产方案等条件下，随着反应温度等苛刻度的提高，为维持回炼油罐的液位不下降，提升管反应回炼量需相应减少，回炼比降低，此现象从宏观上说明在现实条件下，回炼比已在一定程度上变为非独立操作变量。

回炼操作通常采用较为缓和的条件，单程转化率不高，先裂化较易裂化的油品组分，再将难裂化的油品组分回炼，达到所需的总转化率，进而可得到较好的产品分布和较高的轻质油收率，但这种回炼操作使新鲜原料油处理能力下降，能耗增加。在应用沸石催化剂后，由于其具有较高活性和对目的产物的高选择性，过去用高回炼比才能达到的总转化率，现在用低回炼比，甚至单程转化就可达到。

在转化率一定的情况下，联合进料比（CFR）上升，汽油产率增加，如图6-55所示（Pohlenz，1963）；在转化率一定的情况下，CFR上升，轻循环油在总循环油中的比例增大（Pohlenz，1970），以上是中型催化裂化装置的研究结果。催化裂化是平行-顺序反应，回炼比加大，裂化所生成的汽油、轻循环油的油气分压下降，抑制了二次裂化的发生，所以说，其结果是易于理解的。

在工业催化裂化装置上，回炼比增大是降低单程转化深度的结果，不可能既增大回炼比又维持单程转化率不变。实际的情况是，裂化条件趋于缓和，单程转化率下降，回炼比加大，轻循环油的产率增大，汽油的产率有所下降，总的轻油收率增加，轻循环油收率与单程转化率的关系如图 6-56 所示(陈俊武，2005)。

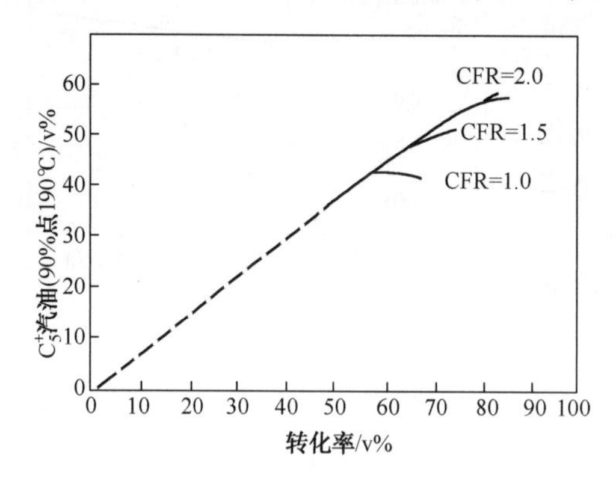

图 6-55　联合进料比对汽油收率的影响

密度(20℃)0.874g/cm^3；中州馏分油；

反应温度 482℃；合成无定形硅铝催化剂

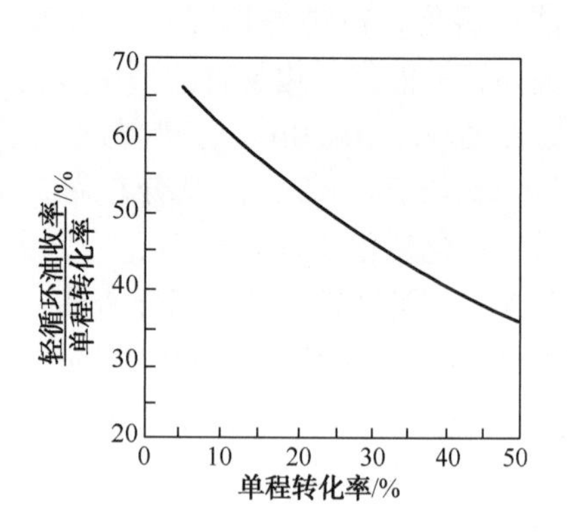

图 6-56　轻循环油收率与单程转化率的关系

实践证明，单程转化率降低，轻循环油的十六烷值增加。此外，降低单程转化率和增加回炼比，使轻循环油的凝点上升(Pohlenz，1970)。

从轻循环油的收率和质量看，增大回炼比都是有利的，但是回炼比增加后，反应所需热量大大增加，原料预热炉负荷、反应器和分馏塔等的负荷都会随之增加。由于反应所需热量增加，剂油比加大，再生温度降低，再生剂碳含量增加，使单程转化深度进一步降低，有时不得不被迫降低处理量或出重循环油以减少回炼比，所以回炼比增加是有限度的。对减压馏分油催化裂化而言，回炼比高，反应系统热量不足成为突出问题，尽管原料预热温度已高达 400℃，再生温度还常常较低，严重影响烧焦效果，有时不得不被迫往再生器内喷燃烧油。当然，使用 CO 助燃剂可以改进上述的热量不足问题。

对重油催化裂化而言，热量过剩成为主要矛盾，回炼油和油浆中富含稠环芳烃，外甩油浆可以显著降低焦炭产率，控制油浆密度大于 1.0g/cm^3，外甩量适度，轻油收率下降并不多，汽油产率增加。

大回炼比操作降低了催化裂化装置的处理能力，增大了能耗，但确实能提高轻质油收率和产品质量，是否采用全回炼或大回炼比操作得视具体情况而定。尽管是减压馏分油催化裂化，对于中间基油或环烷基油，由于油浆和回炼油中稠环芳烃含量很高，原料油本身就难裂化，就不一定采用大回炼比操作。美国炼厂催化裂化装置的平均回炼比，1964 年为 0.41，1972 年为 0.27，1976 年后已降到 0.16~0.19，2002 年后已近于单程操作，这与沸石催化剂沸石含量大幅度增加，从而活性迅速提高有关，目的是多产汽油。小回炼比，两器热平衡很容易满足，这样可以尽可能地降低焦炭产率，从而减少再生器的投资和操作费用。

(二) 催化剂的循环速率和剂油比

中型催化裂化装置的试验表明，随着剂油比增大，在再生催化剂碳含量恒定(0.1%)的情况下，转化率增大，C_3、$C_3^=$、n-C_4、i-C_4、$C_4^=$、C_5～221℃汽油产率和汽油的辛烷值（包括加铅和不加铅的 RON 和 MON）随之增加，汽油的密度、苯胺点和溴价随之下降（Ritter，1975），如图 6-57 所示。

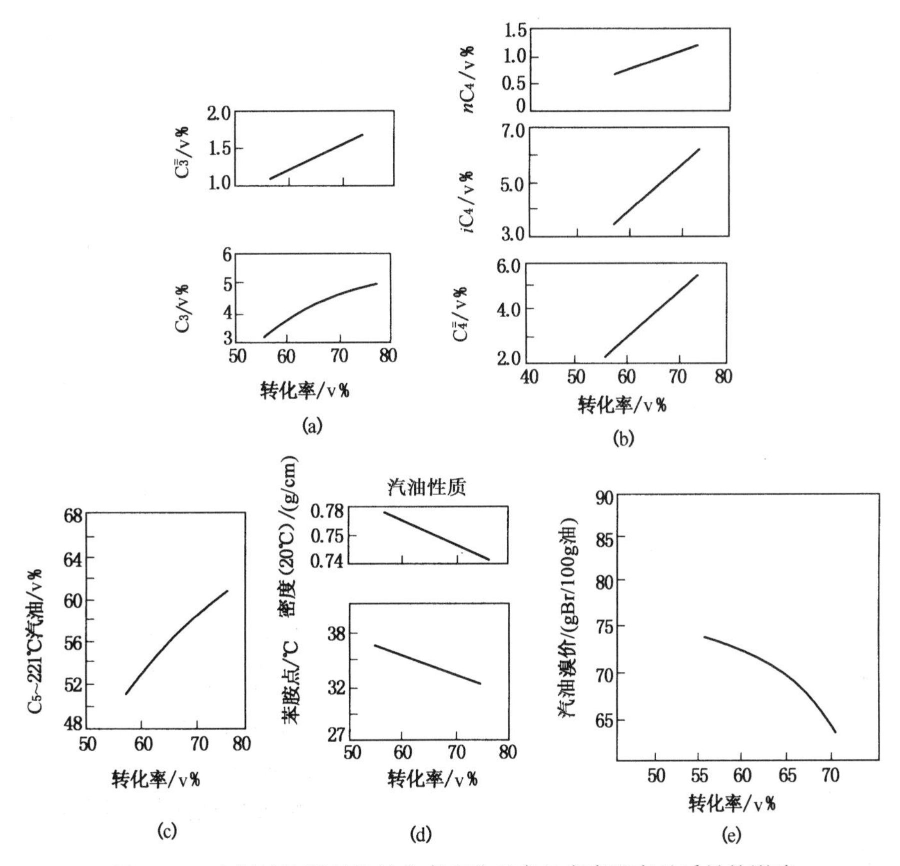

图 6-57　由剂油比引起的转化率变化对产品产率和产品质量的影响

催化剂循环速率的变化对催化裂化装置带来的影响，一是改变了剂油比（进料速度不变）；二是改变了再生温度。催化剂的循环速率决定于两器的热平衡，比如，反应温度升高，催化剂循环速率自动加大；原料油预热温度增加，催化剂循环速率减小。

原料油预热温度、催化剂在再生器和反应器间的循环速率以及再生温度三者之间的依从关系十分重要。正如 Pohlenz（1963）所说，反应-再生系统宛如一个"飞轮"在起作用，生焦速率与再生温度的移动方向相反。因而，进料的性质和操作条件只要不是太大的波动，再生温度是稳定的。换言之，为了达到需要的再生温度，原料油的预热温度与原料油的生焦倾向应该协调。通常，在满足进料雾化要求的前提下，原料油质量更优，原料油预热温度应该高一些。

对于高残炭、高氮含量原料应该维持高的剂油比，一般应在 4～7 之间，甚至更高。高剂油比必然有高的催化剂循环速率，从而在提升管底部造成高的混合温度，这对重油催化裂化是很重要的。高剂油比弥补了高温再生所造成的催化剂水热失活，维持催化剂高的动态活性。高剂油比使剂油比焦上升，但在重油催化裂化中利大于弊。为了获得高的剂油比，提升管出口温度应该高，原料油预热温度应该低，催化剂应有良好的焦炭选择性，维持相对低的碳差。

在特定原料和操作条件下，达到一定的转化率和产品分布，反应部分所需热量基本是固定的，主要由高温再生催化剂提供。反应温度受产品方案决定，在热量自平衡型的馏分油催化裂化装置，再生温度主要受焦炭产率决定；热量过剩的重油催化裂化装置，再生温度受内、外取热负荷决定。再生温度不可过高或过低，受设备设计条件与再生效果决定。通常催化裂化装置的反应温度、再生温度基本变化不大，从而催化剂循环量和剂油比基本一定。因此，剂油比是非独立变量。

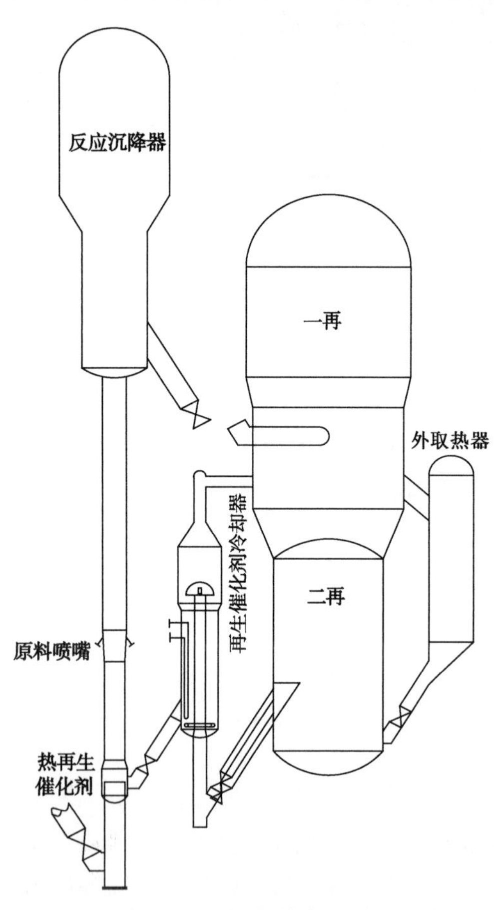

图 6-58　MZCC 技术原则流程

降低再生催化剂的温度，提高剂油比，可以降低再生催化剂与原料油的接触温差，增加原料油与催化剂的雾化接触面积，从而减少催化裂化反应过程中的质子化裂化反应和热裂化反应的比例，实现降低干气和焦炭产率以提高产品总液体收率的目的(龚剑洪，2013)。

降低再生催化剂的温度可以有多种方法，主要采用的是通过对再生催化剂取热，以达到降低再生催化剂温度的目的。再生催化剂经取热冷却后，降低了温度，从而有效地提高催化剂循环量和剂油比。在此种情况下，剂油比就成为一个在一定范围内不受反应再生热平衡制约的灵活可调的独立变量(在焦炭燃烧放热和反应所需热量相同的情况下，再生催化剂冷却与原有外取热总负荷不变)。

中国石油大学(北京)与 SEI、济南分公司合作在济南 1.40Mt/a 重油催化裂化装置上应用了以再生催化剂冷却器系统为核心的“催化裂化反应多区协控技术(MZCC™)”，该技术原则流程见图 6-58(高金森，2006)。

石油化工科学研究院与 LPEC、九江石化合作对九江石化 1.0Mt/a 催化裂化装置进行了 MIP-DCR 技术改造，其核心是对再生取热系统和冷热再生催化剂与原料油的混合系统进行改造，见图 6-59(龚剑洪，2013)。

MIP-DCR 工业应用结果表明，干气和焦炭产率分别有较大幅度降低，见表 6-27。

国内同类的再生剂取热技术还包括辽宁石油化工大学提出的再生催化剂输送管路取热技术，见图 6-60，LPEC 开发的主风与再生催化剂换热的 ECC 技术(见图 6-61)等(孟凡东，2011)。

国外同类技术有 Kellogg 公司设计的再生催化剂调温技术(见图 6-62)和 Petrobras 提出的 Isocat 技术(见图 6-63)等(孟凡东，2011)。

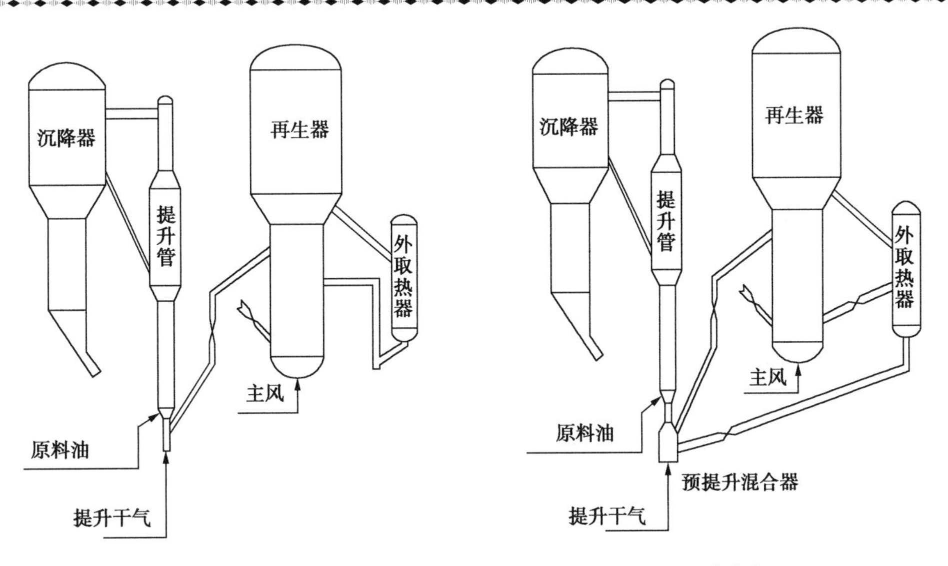

图 6-59　MIP-DCR 技术改造前后原则流程

表 6-27　MIP-DCR 工业标定结果

项　　目	MIP-DCR 工况	对比工况	项　　目	MIP-DCR 工况	对比工况
原料油性质			产品分布/%		
密度(20℃)/(g/cm³)	0.9256	0.9205	液化气	14.94	14.56
残炭/%	1.58	1.40	汽油	36.39	35.23
饱和烃/%	53.32	50.36	轻循环油	34.85	36.08
氢/%	12.40	12.36	油浆	4.78	4.43
操作条件			焦炭	6.32	6.59
第一反应区出口温度/℃	506	507	酸性气	0.28	0.28
第二反应区温度/℃	485	482	损失	0.31	0.31
再生器密相温度/℃	700	700	合计	100	100
预提升混合器温度/℃	664	684	液体产品收率/%	86.18	85.87
原料油预热温度/℃	252	225	转化率/%	60.37	59.49
产品分布/%			能耗/(MJ/t)	2337.07	2549.34
干气	2.13	2.52			

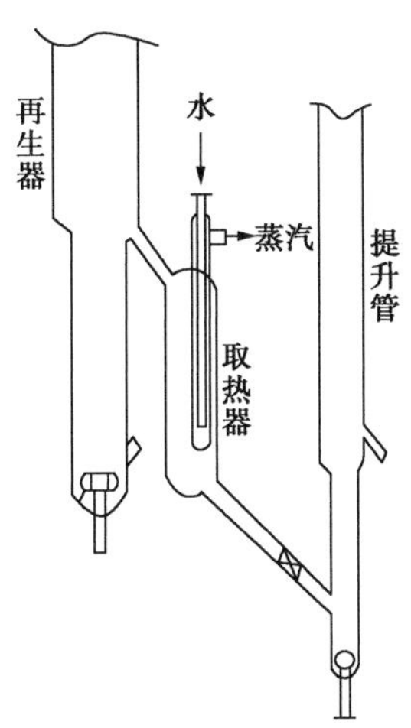

图 6-60　斜管取热技术

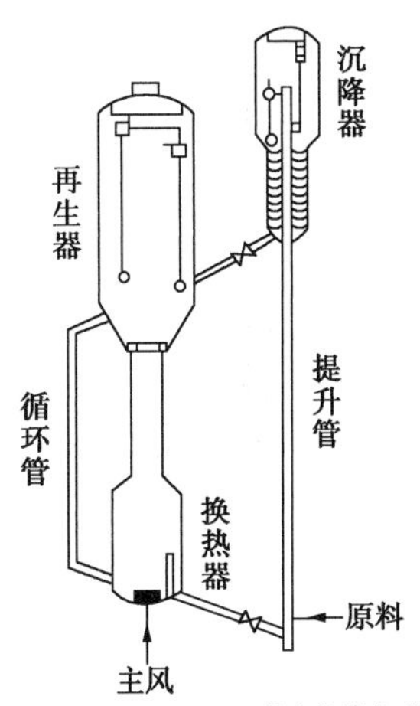

图 6-61　ECC 工艺原则流程

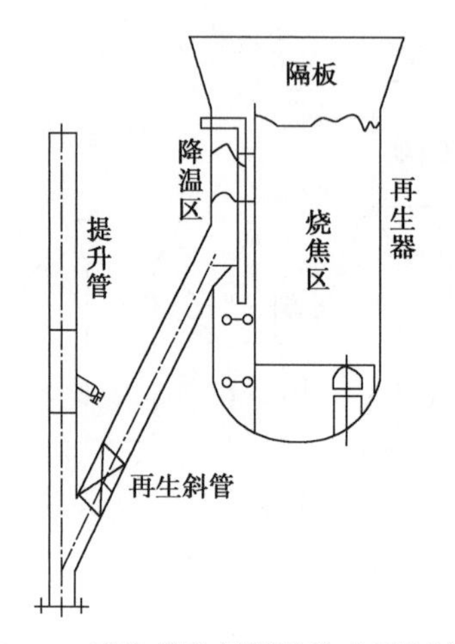

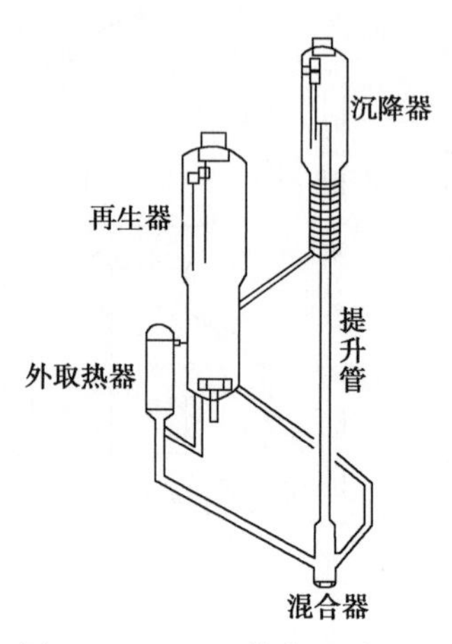

图 6-62　再生催化剂调温技术原则流程

图 6-63　Isocat 技术原则流程

（三）再生温度

再生器烧焦供热和反应需要热量之间，若在热平衡自适应情况下，其结果最终都反映在再生温度上，如果烧焦的热量满足不了反应的需要，而且又没有采取其他措施及时调整，再生温度将下降，再生烟气带走的热量减少，在较低的再生温度下达到新的热平衡。此时再生器烧焦效果恶化，再生催化剂含碳量上升，有时可能会引起碳堆积事故。如果烧焦的热量过剩而又没有采取其他的措施及时调整，则再生温度将上升，烟气离开再生器带走的热量增加，在较高的再生温度下达到热平衡，此时容易发生二次燃烧和再生器超温等事故。因此，在热平衡自适应情况下，再生温度是一个非独立变量。若再生器设有取热设施，则可用取热的多少来控制热平衡。因而，再生温度在一定范围可以人工控制，故再生温度是一个独立变量。下面将分别予以讨论。

1. 再生温度的上下限

催化裂化再生技术的发展，主要是尽量降低再生催化剂的碳含量(C_R)和提高烧焦强度。前者主要是充分发挥沸石催化剂高活性的特点，后者主要是提高再生效率。高再生温度增加焦炭燃烧的动力学速度，同时，提高再生温度通常也会降低催化剂循环量，因而使催化剂在再生器内的停留时间加长，这两个因素都将导致再生催化剂碳含量降低。

因此，无论是增加烧焦强度还是降低 C_R，都必须提高再生温度，然而再生温度不能过高。过高的再生温度，除了材料的限制外，还将引起催化剂水热失活。为了避免过快地减活，一般再生温度不应超过 730℃。另一方面再生温度也不能过低。低的再生温度使焦炭燃烧速度过慢，增大了催化剂藏量，藏量过多也在一定程度上加快失活，使有利因素向不利转化。再生温度低，剂油比随之上升，导致焦炭产率增加。此外，当采用完全再生方式操作时，为保证烧焦生成的 CO 能充分燃烧，防止尾燃，若不使用助燃剂，密相床温度不应低于 700℃。如果使用助燃剂，为了达到较低的 C_R值，再生温度也不宜低于 650℃。

从再生器的热量平衡可得出(Upson，1982)：

$$\Delta T=\frac{\Delta C(Q_E-Q_X/Y_C)(1+\beta)}{100C_p} \tag{6-12}$$

在再生器不取出(或供入)热量的情况下，若取催化剂比热容 $C_p=1.13$，则再生温度与

反应汽提后温度差 ΔT 和碳差 ΔC 之关系可简化为：

$$\Delta T=0.0096Q_E\cdot\Delta C \tag{6-13}$$

从式(6-2)得知 Q_E所包含的 ΔH_B一项是再生温度的函数，因而也是 ΔT 的函数。但当再生温度变化范围不超过 50℃时，Q_E值变化不超过 4%。若假设 Q_E只随再生方式改变而不随再生温度改变，可定义一个系数 $a(a=0.0096Q_E)$，于是有

$$\Delta T=a\Delta C \tag{6-14}$$

式(6-14)中引进了 ΔC 这一指标，ΔC 系待生催化剂与再生催化剂含碳量的差值(简称碳差)。碳差由裂化反应和汽提的许多因素所决定，在工程方面它是装置热平衡的一项判据。待生催化剂上焦炭所含的元素氢在再生过程中几乎被烧净，剩下的碳存在于再生催化剂中，因而下式成立：

$$\Delta C=\frac{Y_C}{R_C(1+R_F)(1+\beta)} \tag{6-15}$$

式中　R_C——剂油比(质量比)；

β——焦中氢碳元素比(质量比)。

在实际操作中，由于原料油性质、催化剂类型和活性，以及操作条件(主要为剂油比和反应时间)的差别，ΔC 值在 0.5~2.0 之间。

采用表 6-6 的有效热数值减去吸附热就可以计算出不同再生方式下 ΔC 和 ΔT 的关系，见表 6-28。待生催化剂温度即反应汽提段出口处温度，通常只比提升管出口温度低几度，因而 ΔT 大致代表了再生器密相床温度和提升管顶部温度的差值。

表 6-28　ΔC 和 ΔT 的关系　℃

再生方式 / ΔC/%	A	B	C
0.8	153	167	208
0.8	171	187	232
1.0	189	207	256
1.2	224	246	303

注：Q_E数值取自表 6-6，Q_S=2200kJ/kg。

式(6-14)、式(6-15)虽然是从再生器一侧的热平衡得出，但它也必须同时满足反应器一侧的热平衡条件，即符合式(6-1)的要求。如果裂化反应的操作范围变化较大，例如转化率的变化将带来焦炭产率和反应热的变化，同时剂油比既要满足裂化反应动力学的需要，又要能传递足够的热量，这时 ΔC 和 ΔT 都将在较大幅度内变化，因而再生温度也将上下浮动，成为一个非独立变量。以阿拉伯轻质原油的减压馏出油为原料，采用同一种催化剂(同一活性)，进行模拟计算(Yen，1985)，模拟计算结果见图 6-64 和图 6-65。从图中可以看出，在同一反应温度下，转化率变化 25%，焦炭产率变化近一倍；预热温度变化超过 200℃，再生温度变化也达 40~60℃，ΔC 的变化(图中未示出)约 20%。

如果反应转化率基本不变，只是影响反应器一侧热平衡的某些参数——例如预热温度或回炼比有所变化，那么催化剂循环量，即剂油比就要相应调整，由此带来焦炭产率 Y_C的变化，使系统达到新的热量平衡。根据第七章有关生焦动力学可得以下的简化关联式：

$$Y_C=m\cdot R_C^{0.65} \tag{6-16}$$

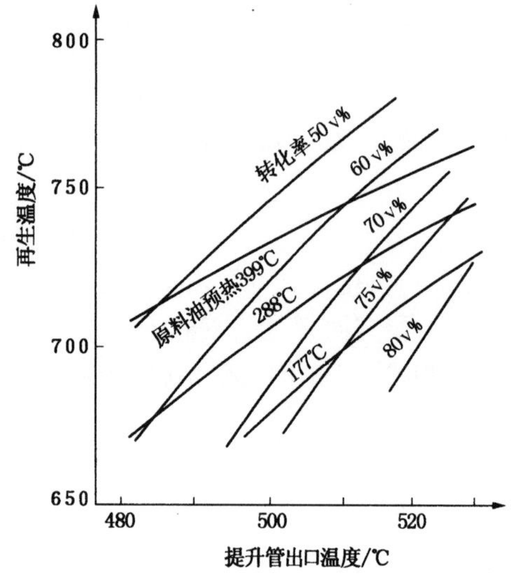

图 6-64　再生温度和反应温度及转化率的关系

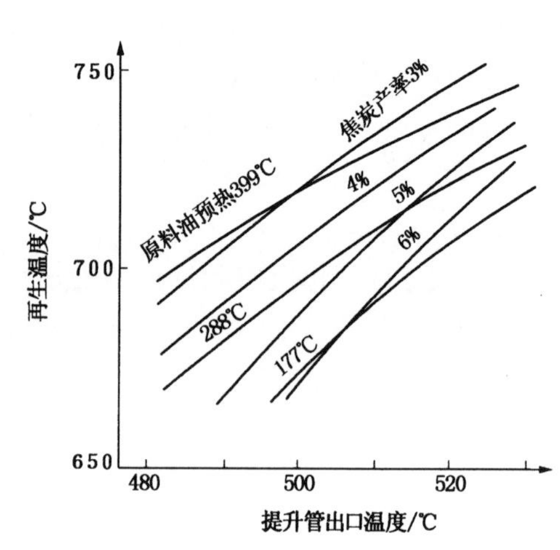

图 6-65　再生温度和反应温度及焦产率的关系

$$\Delta C = m' \cdot R_{\mathrm{C}}{}^{-0.35} \tag{6-17}$$

把式(6-17)代入式(6-14)，得

$$\Delta T = am' \cdot R_{\mathrm{C}}{}^{-0.35} = b \cdot R_{\mathrm{C}}{}^{-0.35} \tag{6-18}$$

式中 m、m'、b 为比例常数。

例如反应器一侧需热增加(或减少)10%，则剂油比要增加(或减少)15%，相应地 ΔC 和 ΔT 都要减少(或增加)5%，即再生温度变化±(20~25℃)。由于烧焦负荷和再生温度的变化，再生剂碳含量也会有一定幅度的变化。

再生温度作为一个非独立变量和其他变量间的相互关系已如上述。因为再生温度是烧焦的一项重要工艺系数，不宜在较大范围内波动，也不宜受其他因素影响经常陷入被动状态。所以，要通过有关调控手段尽量保持再生温度的基本稳定，例如反应热较大时，要提高原料预热温度来补偿，除非催化剂活性较低，必须增加剂油比，才能以降低再生温度为代价(同时根据情况增加再生器藏量)。

掺炼渣油的单段再生如果没有床层取热设施，则再生温度对原料残炭十分敏感。图 6-66为阿拉伯轻质原油减压馏出油掺炼部分减压渣油，在固定的预热温度、CO 完全燃烧时，再生温度与进料残炭的关系(Yen，1985)。不难发现，在转化率不变时，残炭变化 1 个百分点，再生温度变化在 30℃左右，从而增加了平稳操作难度。

为了方便操作控制并适应更大的残炭，通常掺渣油的装置设有床层取热设施。从图 6-67可以看出，尽管残炭大幅度变化，通过取热很容易把再生温度维持在既定范围，和不取热对照形成明显的差别(Yen，1985)。因此，再生器具有取热设施的催化裂化装置能够调节再生温度，其混合进料康氏残炭可高达 9%，取热量和残炭的关系见图 6-68(Yen，1985)。

2. 取热操作区边界

以上从不同侧面分析了反应-再生系统热平衡条件和操作参数、反应工艺参数以及物性参数等的关系。应指出，这些参数之间既是互相联系又是互相制约的，而且都存在一定的上限或下限，可归纳为取热操作区的几条边界线，见图 6-69(Upson，1982)。

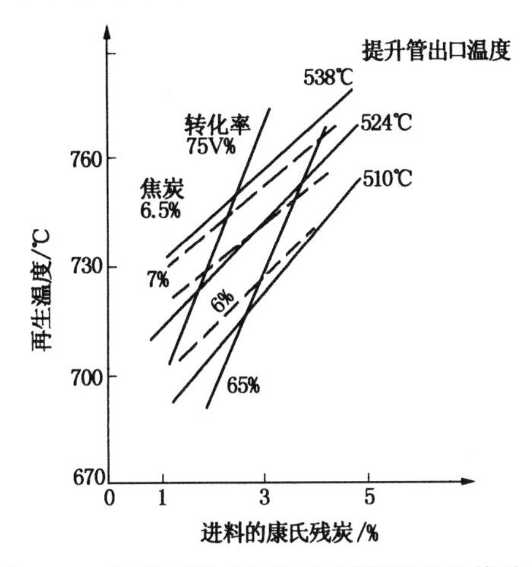

图 6-66　无床层取热时再生温度和残炭值关系

原料预热温度不变，CO 完全燃烧，

再生器不取热

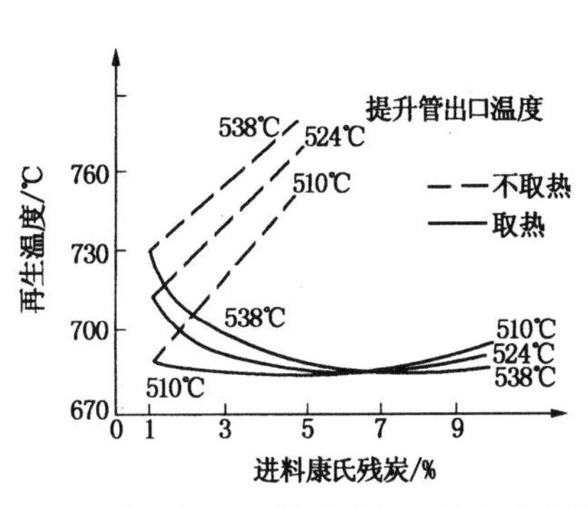

图 6-67　有无床层取热时再生温度和残炭关系

原料预热温度不变，CO 完全燃烧，

最大汽油产率方案操作

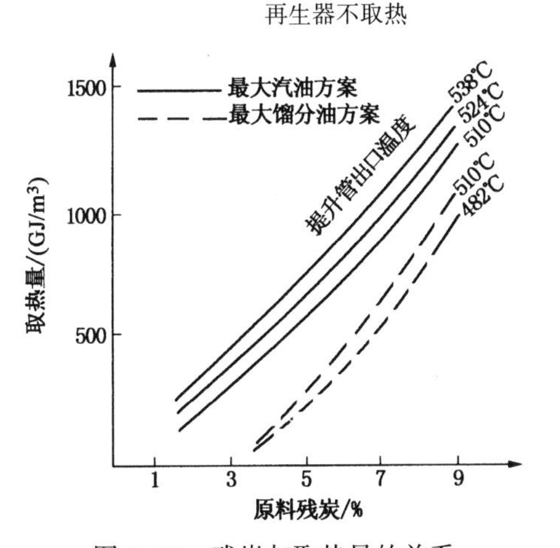

图 6-68　残炭与取热量的关系

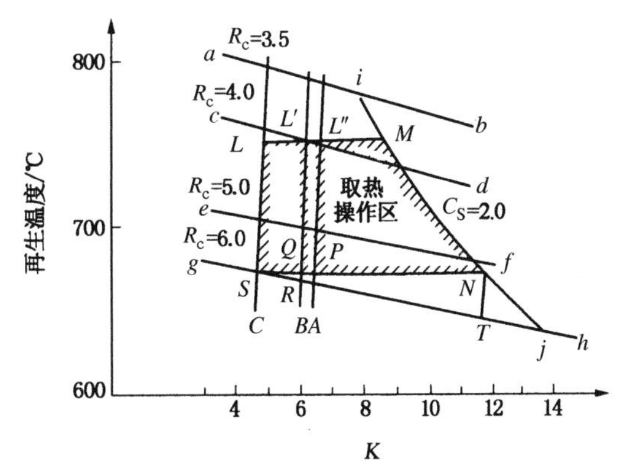

图 6-69　取热操作区边界图

反应条件：提升管出口温度 $T_{RX}=500$℃；回炼比 0.1；

原料油预热温度 250℃；回炼油温度 350℃

ab、*gh* 及其间的两条平行线是按催化剂输送热量与反应部分需热量恒等的关系确定：

$$100C_p \cdot R_C \Delta T(1+R)=\Sigma Q_R \tag{6-19}$$

取前面采用过的若干条件，上式简化为：

$$124(T_{RG}-500)R_C=140000-Y_C \cdot Q_S \tag{6-20}$$

式中　T_{RG}——再生密相床温度，℃。

ab 为 $R_C=3.5$ 的最小剂油比线，*gh* 为 $R_C=6.0$ 的最大剂油比线。剂油比过小或过大会降低反应速度或增加产焦率，故不宜采用。A、B、C 分别是三种再生方式(见表 6-6)在不取热时的操作线。*ij* 线是待生催化剂碳含量 $C_s=2.0$ 时的等值线，线的右侧碳含量高于 2，不宜操作。

从式(6-15)取 $R_F=0.1$，$\beta=0.08$，再生催化剂碳含量 $C_R=C_s-\Delta C=0.1$ 可得出：

$$C_s=0.84Y_C/R_C+0.1 \tag{6-21}$$

即为 *ij* 线方程式。

NT 为最大产焦率线。一般认为最大产焦率不宜超过 12%，否则取热设施将受限制。LM 和 RN 分别为最高和最低再生床温线，即 750℃和 670℃。$L''MNP$、$L'MNQ$ 和 $LMNRS$ 所围成的区域分别为 A、B、C 三种再生方式的取热操作区。

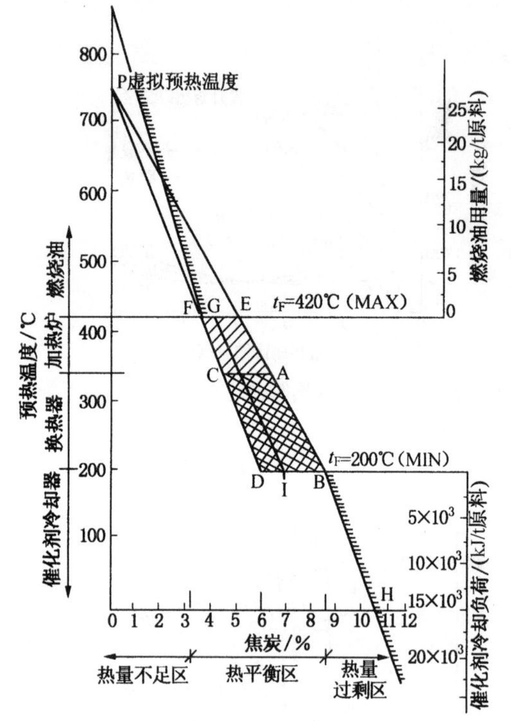

图 6-70　不同操作区的供热和取热量

另一种能够反映预热温度和供热/取热负荷与焦炭产率关系的热平衡图见图 6-70（陈俊武，2005）。该图充实了图 6-6 的内容，并着重反映了在不变的反应、再生温度和回炼比时，焦炭产率随原料性质变化对热平衡带来的影响。图中左纵轴表示原料油预热温度，上限定为 420℃，下限定为 200℃，并把 340℃定为换热后的最高终温。图中 BAE 为常规再生线，DCF 为完全再生线。被 $EBDF$ 包围的面积即为热平衡操作区，在此区间内通过调节原料预热温度，其中 $ABDC$ 范围内不需采用加热炉即可维持反应-再生系统的热平衡。FP 线表示焦炭产率小于 3.5%时需用燃烧油补充热量的情况，其用量相对值见右纵轴。BH 线表示焦炭产率大于 8%时需用催化剂冷却器从床层取热的情况，右纵轴代表取热负荷的相对值，每一种焦炭产率对应于一种取热负荷。

如果采用两段再生，第一段为常规再生，而第二段为完全再生时，此时 B 点向左移动到某一位置 I 点（具体位置视第一段烧焦比例而定），此时的热平衡操作区缩小为 $GIDF$ 的范围。采用两段再生时增加了一个温度变量，温差和碳差关系如图 6-71。

$$\Delta T=\Delta t_1+\Delta t_2 \tag{6-22}$$

$$\Delta C=\Delta C_1+\Delta C_2 \tag{6-23}$$

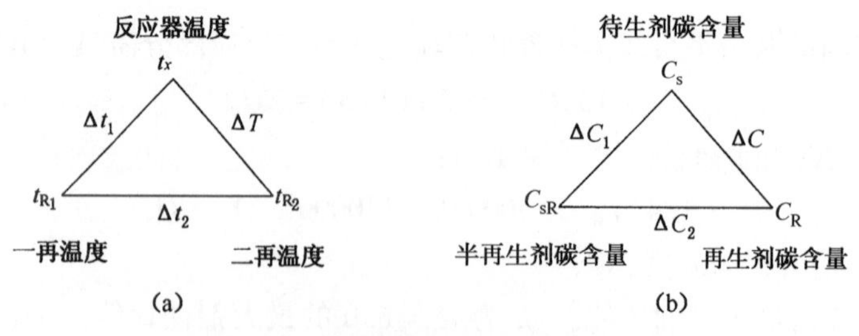

图 6-71　两段再生的温差和碳差关系

$$\Delta t_1=\frac{\Delta C_1(Q_{E1}-Q'_X)(1+\beta_1)}{100Cp}=a_1\Delta C_1-bQ_X \tag{6-24}$$

$$\Delta t_2=\frac{\Delta C_2\cdot Q_{E2}(1+\beta_2)}{100Cp}=a_2\Delta C_2 \tag{6-25}$$

$$\Delta C(1+\beta)=\Delta C_1(1+\beta_1)+\Delta C_2(1+\beta_2) \tag{6-26}$$

$$Q'_X=\frac{Q_X\cdot\Delta C(1+\beta)}{K\cdot\Delta C_1(1+\beta_1)} \tag{6-27}$$

以上关系式中未考虑从第二段取热。

式中 Q_{E1}，Q_{E2}——第一段或第二段烧焦的有效热量，kJ/kg 焦；

β_1，β_2——第一段或第二段烧去焦炭中的氢碳质量比；

Q'_X——折算为第一段烧去焦炭的床层取热量，kJ/kg 焦；

a_1，a_2——比例系数。

现在分别讨论两种情况：第一种情况是两个再生器按自身热平衡操作，即 $Q'_X=Q_X=0$，这时 $\Delta t_1=a_1\Delta C_1$，$\Delta t_2=a_2\Delta C_2$，a_1 和 a_2 都是再生温度、烟气中 CO_2/CO、O_2 和 β 值的函数，但在一定条件下可取近似的常数值，这时反应-再生系数的 $C-t$ 关系示意于图 6-72。从 $t=500℃$，$C=C_s$ 的 K 点出发，选定一种再生方式，例如常规再生条件下的 a 值为斜率作直线与 $C=C_R$ 的垂线交于 G_o，如果 G_o 的纵坐标低于 t_{2max} 则可按不取热方式操作。此时从 G 点（$t=t_{2max}$，$C=C_R$）按完全再生条件下的 d_2 值为斜率作直线与 KG_0 线交于 H 点，则对应于 H 点的 $t=t_1$，$C=C_{sR}$，两个再生器的烧碳比例即为（C_s-C_{sR}）：（$C_{sR}-C_R$）。如果不按这个烧碳比例操作，而用（$C_s-C'_{sR}$）：（$C'_{sR}-C'_R$），那么从 H' 点以 a_2 为斜率作的直线将与 $C=C_R$ 线交于 G' 点，则第二再生器温度将超过 t_{2max}。第二种情况是从第一再生器床层取热见图 6-73。同样从 K 点出发，按两种再生方式（a_1 值不同）的不同斜率作直线，与 $t=t_{1min}$ 线分别相交于 I、J 点。另从 G 点（$C=C_R$，$t=t_{2max}$）按完全再生方式的斜率 a_2 作直线，与 $t=t_{1min}$ 线交于 H 点，则对应于 H 点的 C 值即为 C_{sR}，两个再生器烧碳比例为（C_s-C_{sR}）：（$C_{sR}-C_R$），第一再生器的取热量 $Q=R_C\cdot C_p\cdot a_1(1+R_F)\Delta C_x$ kJ/kg（原料）。

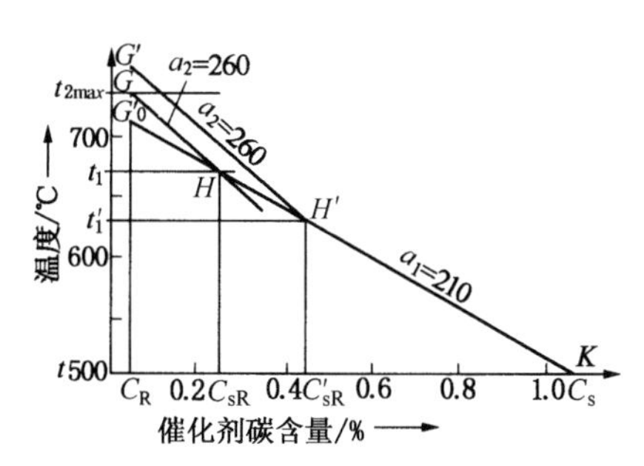

图 6-72 不取热时催化剂碳含量和反应-再生温度的关系

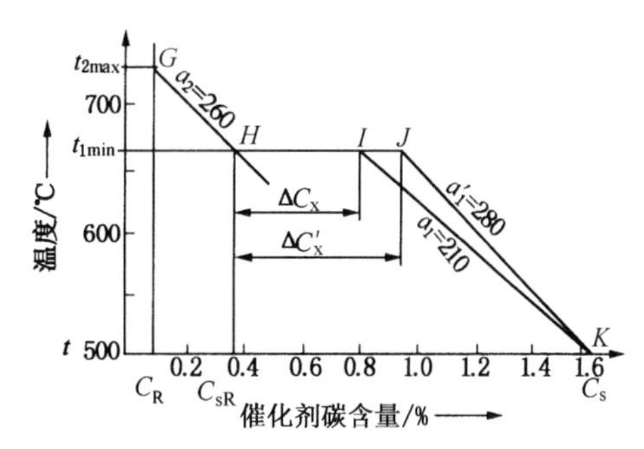

图 6-73 取热时催化剂碳含量和反应-再生温度的关系

采用循环床再生的装置通常从第二密相床取热，图 6-74 和图 6-75 是两种不同的取热流程（Wilson，1985）。一种是冷却后的催化剂与待生催化剂混合后进入第一段快速床入口；另一种是冷却后的催化剂返回第二密相床。两种流程在同一取热负荷下的两个再生床层温度有所差别。有关热平衡和物料平衡式如下：

$$t_R-t_s=a(C_s-C_R)-q_X \tag{6-28}$$

$$C_m=(R_iC_R+C_s)/(R_i+1) \tag{6-29}$$

$$(R_i+1)(C_e-C_R)=f(C_s-C_R) \tag{6-30}$$

$$q_X=\frac{Q_X}{100R_C(1+R_F)C_P} \tag{6-28a}$$

式中　C_m，C_e——快速床入口和出口处催化剂平均碳含量，%；

f——第二密相床烧碳占再生器总烧碳比率；

q_X——折算为单位待生剂的取热温度，℃；

R_i——再生催化剂内循环比；

a——比例常数。

其他符号的意义同前。

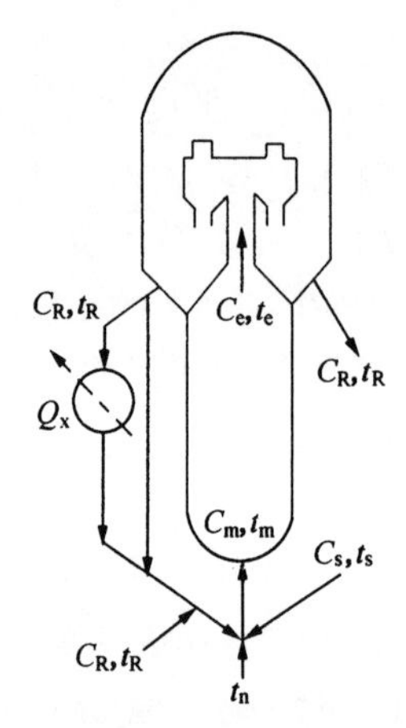

图 6-74　循环床再生取热流程之一

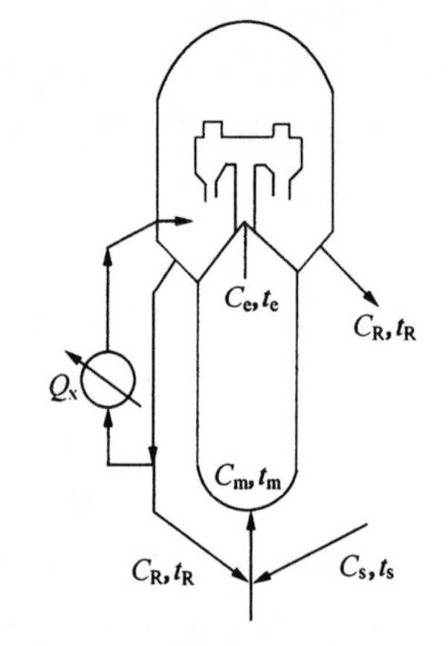

图 6-75　循环床再生取热流程之二

对于图 6-75 所示流程有：

$$t_R-t_m=a(C_m-C_R) \tag{6-31}$$

$$t_R-t_e=a'(C_e-C_R) \tag{6-32}$$

由式(6-31)

$$C_m=\frac{t_R-t_m}{a}+C_R \tag{6-33}$$

代入式(6-29)

$$R_i=\frac{a(C_s-C_R)}{t_R-t_m}-1 \tag{6-34}$$

代入式(6-30)，并与式(6-32)联解得：

$$t_e=t_R-\frac{a'f}{a}(t_R-t_m) \tag{6-35}$$

对于图 6-78 所示流程有：

$$t_R-t_m=a(C_m-C_R)-q_X/(R_i+1) \tag{6-36}$$

$$t_R-t_e=a'(C_e-C_R)-q_X/(R_i+1) \tag{6-37}$$

由式(6-36)

$$C_m=\frac{t_R-t_m}{a}-\frac{q_X}{a(R_i+1)}+C_R \tag{6-38}$$

代入式(6-29)

$$R_i=\frac{a(C_s-C_R)-q_X}{t_R-t_m}-1=\frac{t_R-t_s}{t_R-t_m}-1 \tag{6-39}$$

代入式(6-30)，并与式(6-37)联解得

$$t_e = t_R - \frac{a'f(C_s - C_R) - q_X}{a(C_s - C_R) - q_X}(t_R - t_m) = t_R - \frac{a'f(C_s - C_R) - q_X}{(R_i + 1)} \tag{6-40}$$

以上涉及再生温度的四个变量，即 t_R、t_m、t_e和 R_i，其中有两个是独立变量。一般把 t_R 维持在一个上限值，t_m维持在一个下限值，则两种流程的 R 和 t_e的数值可从上述方程式计算得出。例如当 $t_s=500$℃，$t_R=720$℃，$t_m \nless 600$℃，$C_R=0.1$，$f=0.15$，并取 $a=250$，$a'=220$，则对应于不同 C_s数值的有关两种流程的再生系数见表 6-29。

表 6-29 两种循环床取热流程的操作参数对比

固定条件	变动参数	流程 1(图 6-74)	流程 2(图 6-75)[①]		
$C_s=1.2$ $q_X=55$	R_i	1.29	0.83	1.29	1.10
	t_m	600	600	622	605
	t_e	704	730	733	708
$C_s=1.5$ $q_X=130$	R_i	1.92	0.83	1.92	1.92
	t_m	600	600	644	631
	t_e	704	765	749	726
$C_s=1.8$ $q_X=205$	R_i	2.54		2.54	2.54
	t_m	600		657	643
	t_e	704		762	739

① 最右栏为 $t_R=700$℃，剂油比相应增大的条件。

表 6-29 反映出两个流程的差别是 t_e与 t_R值的相对高低。流程 1 中 $t_e<t_R$，而流程 2 中 $t_e>t_R$。t_e较高有助于动力学速度，但也会引起催化剂失活。鉴于快速床上部藏量只有第二密相床的三分之一左右，所以可以容许前者温度稍高于后者。在这种情况下，流程 2 的平均烧焦强度高于流程 1。如果使两个流程的综合烧焦强度大体相同，那么流程 2 的再生温度 T_R可以降低(参见表 6-29 的最后一栏列举的数据)，这时催化剂的失活程度也将减少，使流程 2 趋于有利。

还应注意再生剂内循环比 R_i的数值。在 t_m值相同时，流程 1 的 R_i值甚大；在 R_i值相同时，流程 2 的 t_m值较高。适当的 R_i对保持快速床的合理密度是必要的，但过高的 R_i会加剧快速床的返混程度，使烧焦强度下降；还会增大粗旋风分离器的固体负荷，同时增加催化剂的磨损。

通过以上的简短分析可以说明，结合具体情况全面地进行工程技术分析是选择流程的重要步骤。

(四) 转化率及产品分布

从图 6-40 和图 6-57 清楚地看出，由改变剂油比和改变再生催化剂碳含量虽然得到相同的转化率，但产品的收率和性质均有较大差异。表 6-30 为工业催化裂化装置的试验数据(Pohlenz，1963)，由此可以看出，反应温度、原料油预热温度、联合进料比、再生温度的不同组合影响着转化率和焦炭产率。试验 1 比试验 2 转化率低了 9.3v%，但焦炭产率却增加了 0.69%；试验 1、试验 3 和试验 4 的工艺条件之组合不一样，但达到了相同的转化率，焦炭产率却差得较远。表 6-30 的数据说明，操作变量的优化组合可以改善产品分布，不能仅仅只看转化率，由于工艺条件不一样，即使在达到相同的转化率情况下，其产品分布差别较大。

表 6-30　不同操作变量的组合对转化率和产品分布的影响

试验	转化率/%	联合进料比	原料预热温度/℃	反应温度/℃	再生温度/℃	焦炭产率/%
1	62.2	1.58	259	478	601	6.23
2	71.5	1.48	375	505	629	5.54
3	63.5	1.15	258	489	602	5.78
4	63.1	1.12	374	503	618	4.39
5	67.0	1.46	374	497	621	5.36

第三节　操作变量对汽油、轻循环油的产率和质量的影响

一、操作变量影响汽油产率和辛烷值

(一) 影响辛烷值的操作变量

1. 反应温度的影响

一般情况下，反应温度每增加 10℃，汽油辛烷值(RON 和 MON)大致上升 0.7~1.8 个单位。在估计反应温度的影响时，通常认为反应温度每增加 10℃，RON 上升 1 个单位。图 6-76 收集了大量工业数据，每增加反应温度 10℃，RON 上升 0.45~1.95 个单位(Andreasson，1985)，这种分散被解释为汽油沸点范围的影响。图 6-77 是根据图 6-76 的数据绘出，斜线表示各汽油馏分 50%点(中平均沸点)的轨迹。可以看出，温度升高对重汽油的辛烷值影响大，对轻汽油则影响更小。这可能是由于反应温度增高，增加了汽油的烯烃度，轻汽油烯烃本来就多，所以对它的影响就更小。从图 6-76 可以看出，反应温度升高，MON 上升，但是这种影响要定量化，数据尚嫌不足。值得注意的是，反应温度升高，仍然是对重汽油馏分的 MON 影响大。这是由于反应温度升高，氢转移和裂化反应速度的比值下降，有利于烯烃的保留，从而提高了汽油的辛烷值。表 6-31 示出了反应温度影响辛烷值的工业数据(曹汉昌，2000)。

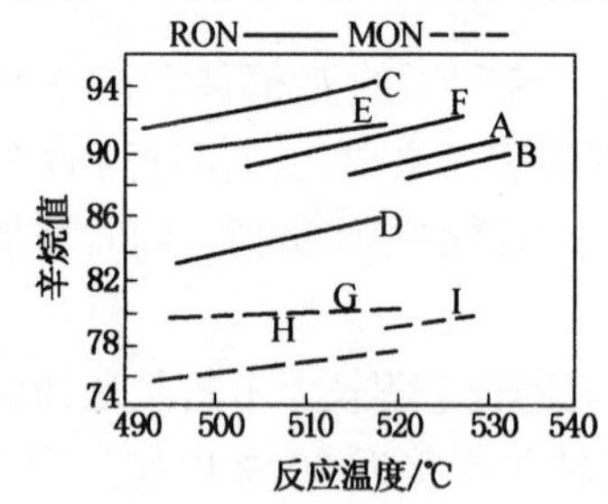

图 6-76　反应温度对辛烷值的影响

	沸点范围/℃	ΔRON/10℃	ΔMON/10℃
A	C_5~205	0.88	—
B	C_5~205	1.0	—
C	C_5~120	0.64	—
D	80~180	0.93	—
E	C_5~160	0.45	—
F	C_5~205	1.25	—
G	C_5~120	—	0
H	90~180	—	0.78
I	C_5~215	—	1.4

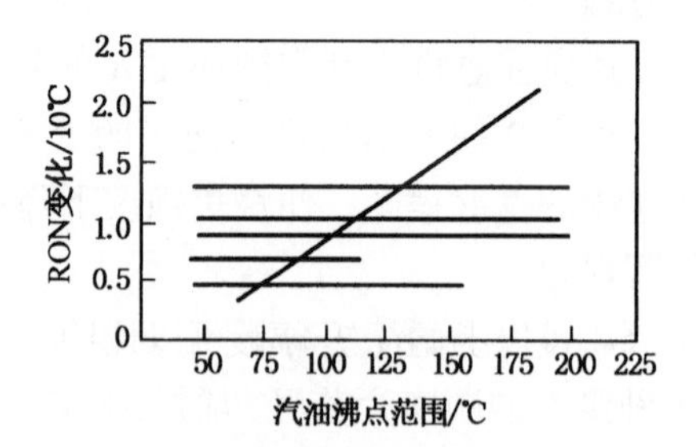

图 6-77　汽油沸点范围对辛烷值变化的影响

表 6-31　反应温度对汽油辛烷值的影响

项　　目	JN 炼厂		FS 炼厂	
操作条件				
反应温度/℃	505	530	505	520
剂油比	6.6	7.8	4.4	4.5
原料油	中间基 VGO+DAO		VGO+DAO+VR	
密度/(g/cm^3)	0.8983	0.8986		
残炭/%	0.62	0.39		
特性因数	12.1	12.1		
氢含量/%	12.63	12.48		
汽油辛烷值				
RON	95.8	97.0	87.1	88.8
MON	82.2	82.1	77.5	77.9

MIP 系列工艺将反应提升管分为两个具有不同侧重功能的反应区，第一反应区具有典型的催化裂化反应特征，即高温、短接触时间、较高剂油比等，生成较多的烯烃，为第二反应区的反应提供物质条件，该区反应以吸热的裂化反应为主，提升管温度梯度遵循常规催化裂化的温度分布规律；第二反应区由烯烃经氢转移和异构化生成异构烷烃和芳烃，从而达到降低催化汽油中烯烃含量的目的。由于氢转移和异构化反应均为放热反应，因此降低反应温度对异构化、氢转移反应有利，但在不采用外注介质急冷或取热的情况下，二反的反应温度仍较一反出口降低约 10℃，与以往常规工艺稀相氢转移反应导致反应沉降器稀相有一定温升的情况不同，表明二反在客观上仍有较多的裂化反应行为发生，二反的温度分布是未完成的一次裂化、二次裂化与异构化、氢转移反应综合发生作用的结果。对于多产汽油的 MIP 工艺，即使反应温度降低，汽油烯烃含量较低，但汽油的 RON 基本不变，而 MON 增加约 1 个单位；对于多产丙烯和汽油的 MIP 工艺，汽油的 RON 增加 1~2 个单位，MON 增加约 2 个单位。

2. 转化率的影响

转化率对汽油的组成和辛烷值有很大的影响。这里所说的转化率定义为焦炭+裂化气+汽油的质量分数。

一般情况下，转化率每增加 10%，RON 大致上升 0.6~2 个单位。图 6-78 示出了不同转化率下的汽油 PONA 分析数据。可以看出，在转化率 60v%以前，随着转化率上升，芳烃、烯烃增加，烷烃几乎保持不变，环烷烃当然减少。转化率在 60v%~75v%之间时，烯烃下降幅度与芳烃上升幅度几乎相等，烷烃增加不多，当然环烷烃减少不多。对 RON 而言，各种烃类的顺序为芳烃>烯烃>环烷烃>烷烃。因此，在转化率接近 80v%以前，随着转化率的提高，RON 应当上升。图 6-79 是在微反活性测试装置上进行的试验，辛烷值是借助于气相色谱技术获得的，图中的数据证实了上述推断。

在工业装置上要单独确定转化率对辛烷值的影响往往是困难的，因为反应温度本身影响辛烷值，同时也影响转化深度。因此，在关联转化率的影响时，需要扣除反应温度和进料性质对转化率的影响。

图 6-80 为工业数据，可以看出转化率对重汽油的 RON 有很大的影响，转化率每增加 10%，RON 上升 3 个单位。通过计算，对整个汽油馏分而言，转化率每增加 10%，RON 上升 0.4~0.5 个单位。图 6-81 示出了高转化率下汽油的 RON，可以看出，转化率每增加 10%，RON 上升约 3 个单位，这与图 6-79 的高转化率区的实验室数据基本吻合。

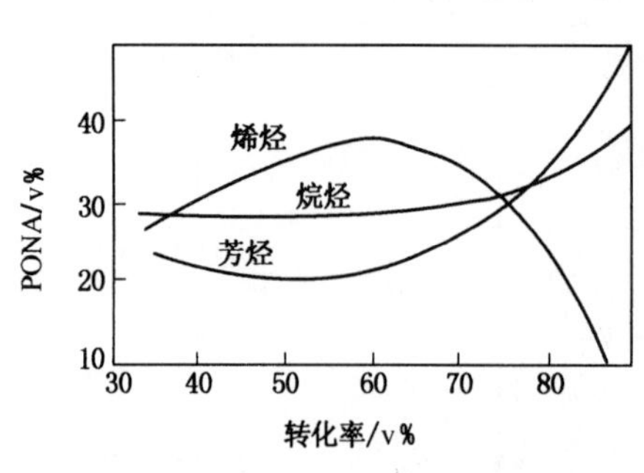

图 6-78　转化率对汽油 PONA 组成的影响
中试数据，恒反应温度和剂油比

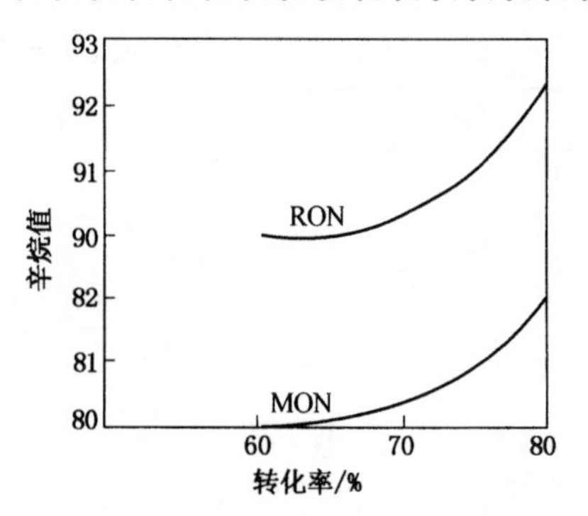

图 6-79　转化率与汽油辛烷值的关系
（MAT 数据）

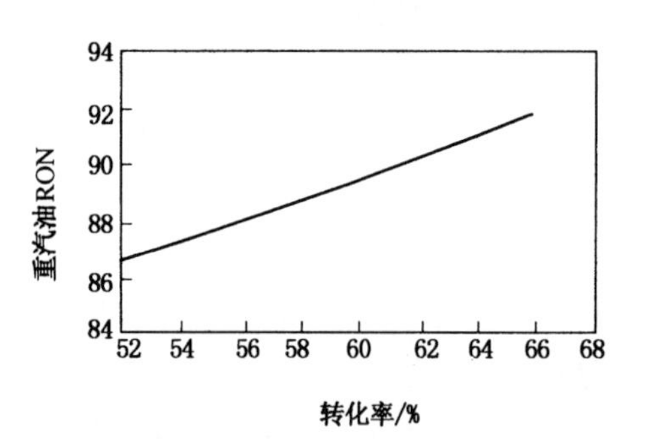

图 6-80　转化率与重汽油 RON 的关系
（炼厂工业数据，恒反应温度，
汽油馏程范围 160~205℃）

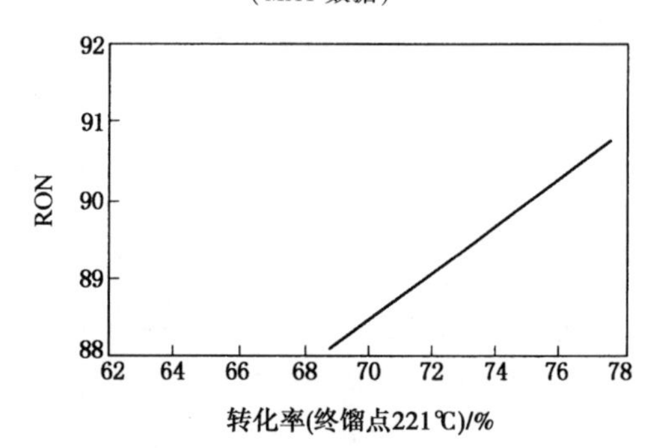

图 6-81　高转化率下的汽油 RON
（辛烷值已校正到恒反应温度和进料密度；
汽油馏程范围 C_5~205℃）

转化率增高，汽油的芳香性增加，因此辛烷值增加。芳烃的沸点相对而言更高，主要集中在重汽油馏分中，转化率增高对重汽油馏分的 RON 影响大，这是显然的。汽油的芳香性增加对 RON 和 MON 的影响是接近的。因此，随着转化率升高，汽油的 MON 也应上升，图 6-79 的实验数据证实了这一点。

图 6-82、图 6-83 分别为在不同反应温度下，汽油的苯胺点和溴价与转化率的关系（Greghton，1985）。可以看出，在达到相同的转化率下，反应温度增高（剂油比相应降低），汽油的芳烃含量增加，汽油苯胺点降低，同时汽油烯烃含量增加，汽油溴价增高。在同一反应温度下，剂油比增加，转化率增加，汽油的苯胺点有一极大值，相应的汽油芳烃含量有一极小值，同时汽油溴价下降，汽油烯烃含量减少。

3. 其他工艺参数的影响

（1）油气停留时间

对于常规催化裂化，减少油气停留时间，可减少过度裂化和抑制氢转移反应，有利于辛烷值的提高。通过提升管的设计缩短油气停留时间，同时依据原料油的组成不一样，可以采用不同的油气停留时间，RON 可以增加 2~3 个单位左右。

由于 MIP 系列工艺将提升管反应器分为两个反应区，且反应机理与常规催化裂化有一定差异，因此反应油气停留时间对汽油组成和辛烷值的影响与常规催化裂化工艺有所不同，反应油气停留时间的延长主要在氢转移和异构化反应发生的二反区域，使催化汽油烯烃降低而异构烷烃和芳烃有所增加，使汽油的 RON 基本维持不变或稍有降低而 MON 有所增加。

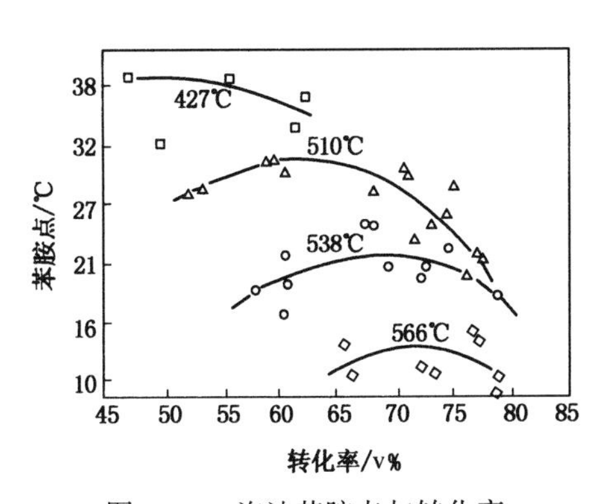

图 6-82 汽油苯胺点与转化率

□—427℃；△—510℃；○—538℃；◇—566℃

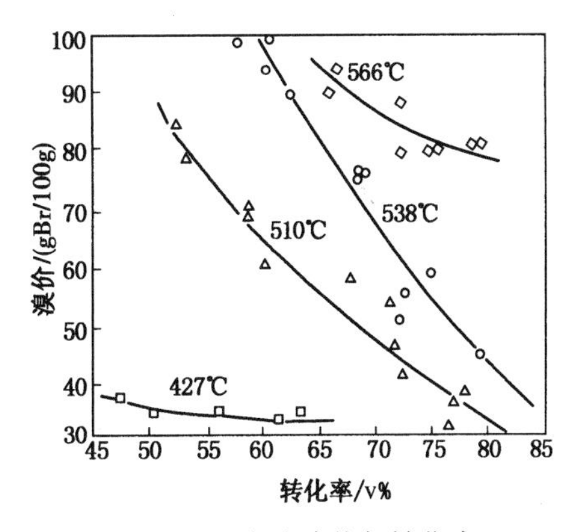

图 6-83 汽油溴价与转化率

□—427℃；△—510℃；○—538℃；◇—566℃

(2) 再生催化剂碳含量

再生剂碳含量增加，减小了沸石的有效性，从而抑制了氢转移反应。再生催化剂碳含量每增加 0.1%，RON 上升约 0.5 个单位，同时生焦选择性变差。由于再生催化剂碳含量变化引起转化率改变对汽油辛烷值的影响如图 6-84 所示(Ritter，1975)。

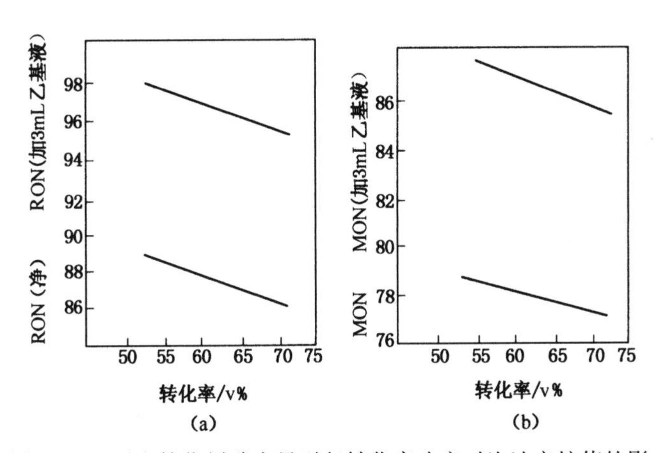

图 6-84 再生催化剂碳含量引起转化率改变对汽油辛烷值的影响

(3) 油气分压

当反应器中的油气分压升高 0.035MPa 时，汽油 RON 下降约 2 个单位。这是由于压力升高，反应速度增加，造成汽油中的烯烃含量下降。不同转化率下油气分压的影响示于图 6-85。

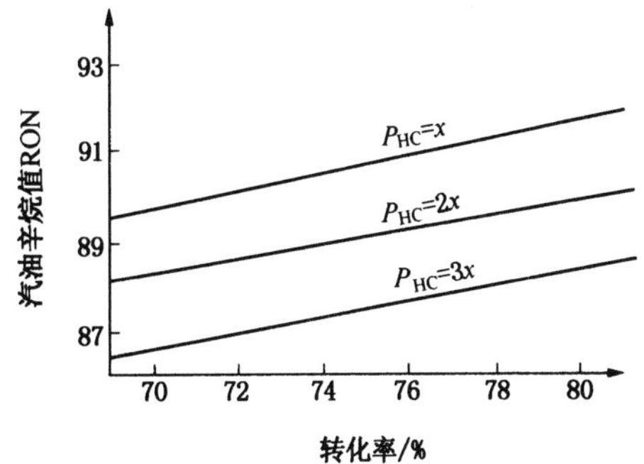

图 6-85 油气分压对汽油辛烷值的影响

(4) 联合进料比

增加回炼比，新鲜进料的油气分压降低，回炼比增大，汽油的辛烷值增加。联合进料比每增加 0.5，汽油 RON 上升约 1.0 个单位。

(5) 剂油比

剂油比的变化会造成汽油烃类组成发生变化，相应地对汽油辛烷值产生影响，如图 6-86 和图 6-87 所示。又如前述，由于剂油比的变化带来了转化率的变化，从而也影响了汽油的辛烷值，如图 6-88 所示(Ritter，1975)。值得注意的是，图中曲线的变化趋势和前述的再生剂碳含量引起的变化趋势相反，但和反应温度引起的变化趋势相同。

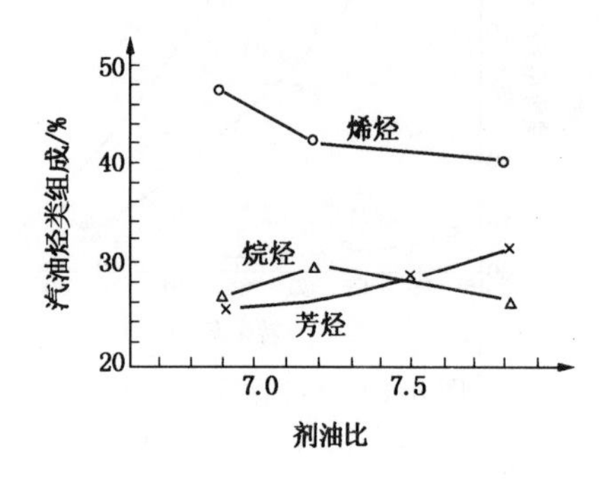

图 6-86　剂油比对汽油烃类组成的影响

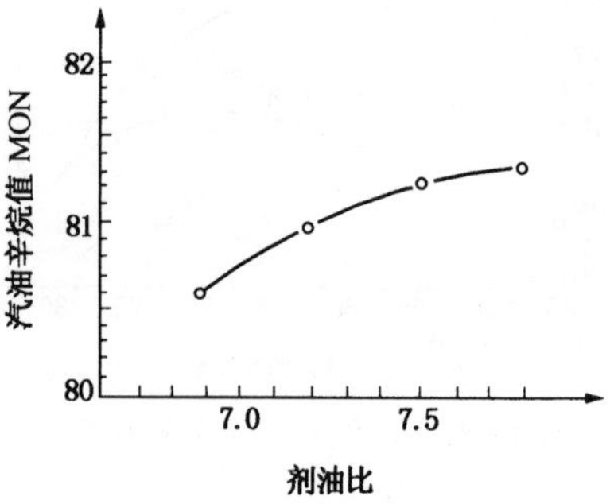

图 6-87　剂油比对汽油辛烷值的影响

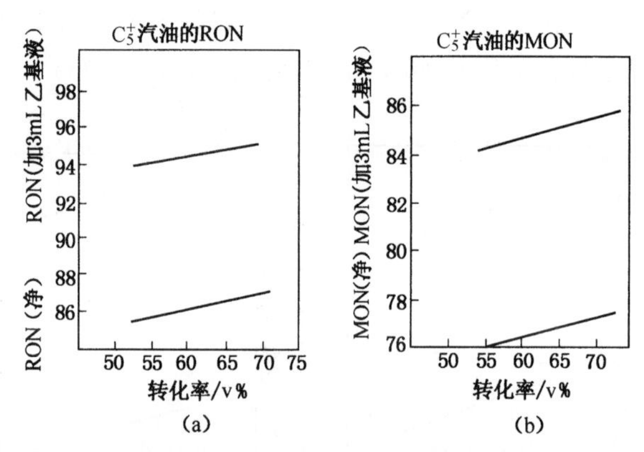

图 6-88　剂油比改变引起的转化率变化及其对汽油辛烷值的影响

(二) 优化操作参数兼顾汽油产率和辛烷值

如前所述，反应温度升高对提高汽油产率作用不明显，在增加汽油产率之同时，裂化气产率大大增加，但它是增加汽油辛烷值最有效的方法之一。平衡催化剂活性的提高是增加汽油产率的最佳途径。在表 6-32 和表 6-33 中所列数据均是工业数据，由此可以看出，高剂油比对于提高汽油产率也很有效，而且并不增大干气产率。因此，为了兼顾汽油产率和辛烷值，反应温度适当地升高，平衡催化剂的活性应高一些(68～70)，并设法提高剂油比(Leuenberger，1988)。

表 6-32　剂油比和反应温度的影响

增加单位转化率的产率变化	增加反应温度	增加剂油比
干气/%	+0.3	−0.1
液化气/v%	+0.7	+0.5
汽油/v%	+0.1	+0.8
液体产品收率/v%	−0.2	+0.3
焦炭/%	0	+0.1

表 6-33　剂油比影响产品选择性

条　　件	炼厂 1	炼厂 2	炼厂 3	工业数据平均
剂油比变化/%	+25%	+13%	+15%	
转化率增加/v%	+2.7	+4.4	+6.0	
再生温度变化/℃	-18	-24	-2	
增加单位转化率的产率变化				
干气/%	-0.1	-0.2	0	-0.1
液化气/v%	+1.0	+0.9	+0.8	+0.9
$C_3^=$	+0.39	—	+0.15	+0.27
C_3^0	+0.12	—	+0.02	+0.07
$C_4^=$	+0.21	—	+0.27	+0.24
C_4^0	+0.23	—	+0.35	+0.29
n-C_4	+0.06	—	0	+0.3
汽油/v%	+0.4	+0.7	+0.4	+0.5
轻循环油/v%	-0.9	-0.9	-0.3	-0.7
油浆/v%	-0.1	-0.1	-0.7	-0.3
焦炭/%	+0.2	+0.0	+0.1	+0.1
液体产品收率/v%	+0.5	+0.7	+0.9	+0.7

提高反应温度以实现最大辛烷值桶的操作方法，对于有烷基化、叠合装置的炼厂，或者对液化气进行利用的炼厂，或者液化气的价格很高的炼厂，是可行的。对于液化气未找到很好出路的炼厂，得视具体情况确定操作方案，比如改变原料配比使之有利于提高辛烷值，采用高辛烷值催化剂等，是否采用高反应温度应进行综合考虑。

二、操作变量对汽油烯烃含量的影响

车用汽油的烯烃来源于催化汽油。降低催化汽油的烯烃含量，可以采用降低烯烃的催化裂化工艺、催化剂和助剂。这里，仅叙述其他操作变量对烯烃含量的影响。

(一) 平衡催化剂活性的影响

表 6-34 示出了汽油烯烃含量与平衡催化剂活性的关系。平衡催化剂活性越高，汽油烯烃含量越低，同时，汽油和液化气的收率上升，轻循环油收率下降。在工业生产装置上应寻求最佳的平衡活性，既达到降低汽油烯烃含量的目的，又有良好的产品分布(田勇，2001)。

表 6-34　平衡催化剂活性与汽油烯烃含量的关系

项　　目	平衡催化剂活性				项　　目	平衡催化剂活性			
	50.0	55.0	58.6	60.8		50.0	55.0	58.6	60.8
提升管出口温度/℃	501	499	497	496	液化气	15.20	15.63	16.23	17.32
汽油烯烃/v%	67.46	60.1	56.1	55.53	干气	4.09	3.96	4.13	3.40
产品分布/%					油浆	6.28	5.30	5.00	4.04
汽油	37.40	33.82	40.50	41.01	液体产品收率/%	81.30	76.80	82.93	84.04
轻循环油	28.70	27.35	26.20	25.71					

(二) 反应温度的影响

反应温度对汽油烯烃含量的影响见表 6-35。表 6-35 为中型提升管装置试验数据，原料油为胜利 VGO 掺 10% VR，反应压力 0.15MPa，剂油比 5.8~6.2(张瑞驰，2001)。

表 6-35　反应温度对汽油烯烃含量的影响

项　　目	提升管出口温度/℃				项　　目	提升管出口温度/℃			
	500	515	530	544		500	515	530	544
产品分布/%					转化率/%	68.93	72.98	74.88	76.04
干气	2.76	2.94	3.23	3.68	异丁烷/丁烯(体积比)	0.92	0.9	0.73	0.4
液化气	15.63	16.92	17.8	18.83	异丁烷/异丁烯(体积比)	3.15	2.31	1.73	1.15
汽油	43.23	45.69	46.27	45.91	汽油组成(色谱法)/%				
轻循环油	22.45	21.3	20.04	19.3	烯烃	28.85	31.51	33.72	34.18
重油	8.62	5.72	5.08	4.66	芳烃	28.47	30.48	33.92	38.5
焦炭	7.31	7.43	7.58	7.62					

表 6-35 的数据表明，反应温度升高，汽油烯烃含量增加；反应温度超过 530℃时，再增高反应温度，汽油烯烃含量增幅已很小。裂化是吸热反应，氢转移是放热反应，升高反应温度对裂化反应有利，对氢转移反应是抑制。而裂化反应是产生汽油烯烃的源头，氢转移反应是消耗汽油的烯烃。所以，反应温度升高，汽油烯烃含量增加是必然结果。反应温度过高，汽油中的烷烃和烯烃部分裂化为液化气，表现为汽油产率增幅不大，甚至有所下降；而汽油烯烃也增幅不大，甚至下降。

(三) 剂油比的影响

剂油比增大，单位质量原料油接触的催化活性中心数增加，有利于裂化，单程转化率增加。同时活性中心数增加也有利于氢转移反应和芳构化反应，从而汽油烯烃含量减少。表 6-36列出了剂油比对汽油烯烃含量的影响。中型提升管装置采用 LV-23 催化剂，反应温度 500℃，反应压力 0.15MPa。可以看出，以剂油比 4.8 为基准，剂油比每提高一个单位，汽油烯烃含量降低 2.9～3.4 个百分点。剂油比上升，焦炭中剂油比焦的比例增大。因此，在高剂油比的同时，应考虑增加催化剂的汽提效果(张瑞驰，2001)。

表 6-36　剂油比对汽油烯烃含量的影响

剂油比	4.8	6.1	7.8	剂油比	4.8	6.1	7.8
产品分布/%				异丁烷/丁烯(体积比)	0.43	0.46	0.52
干气	2.51	2.66	2.80	异丁烷/异丁烯(体积比)	1.41	1.53	1.77
液化气	13.75	15.19	20.89	汽油性质			
汽油	43.21	45.40	45.21	烯烃/v%(FIA 法)	54.6	50.3	44.4
轻循环油	23.37	21.68	17.46	辛烷值(实测)　RON	88.9	88.8	89.7
重油	9.54	7.04	3.43	MON	78.0	78.2	79.0
焦炭	7.62	8.03	10.21	烯烃/%(色谱法)	43.45	40.66	37.04
转化率/%	67.09	71.28	79.11				

(四) 反应时间的影响

提升管催化反应的反应时间增长，原料油的单程转化深度增加，液化气、汽油产率增加；芳构化、氢转移反应更彻底。其结果，汽油的烯烃含量下降，而辛烷值变化不大。表 6-37列出了反应时间对汽油烯烃含量的影响(张瑞驰，2001)。

(五) 分馏和吸收稳定系统操作的影响

表 6-38 列出了汽油切割点对烯烃含量的影响。可以看出汽油烯烃主要集中在 C_5、C_6、

C_7、C_8组分中，C_9以后的组分烯烃很少。因此，汽油的终馏点提高，烯烃含量降低。汽油终馏点降低20℃，汽油烯烃增加3.2v%~6.1v%。

表6-37　反应时间对汽油烯烃含量的影响

项　　目	提升管反应时间/s				项　　目	提升管反应时间/s			
	1.10	1.29	1.77	3.29		1.10	1.29	1.77	3.29
产品分布/%					异丁烷/丁烯(体积比)	0.56	0.57	0.57	0.84
干气	2.19	2.28	2.97	3.08	异丁烷/异丁烯(体积比)	1.55	1.64	1.60	2.76
液化气	11.59	12.86	15.33	16.92	汽油性质				
汽油	37.77	44.05	43.70	45.08	辛烷值(实测)　RON	92.10	91.70	91.70	91.70
轻循环油	25.63	23.83	21.59	22.02	MON	78.60	78.90	78.50	79.80
重油	17.50	11.54	10.14	6.44	烯烃/%	38.97	35.91	33.03	24.64
焦炭	5.33	5.43	6.17	6.47	芳烃/%	26.78	29.37	31.76	37.78
转化率/%	56.87	64.62	68.17						

表6-38　汽油切割点对汽油烯烃含量的影响

项　　目	大庆		胜利		项　　目	大庆		胜利	
馏程/℃					色谱法烯烃含量/%				
50%	84	98	112	122	C_4	5.10	4.04	1.02	0.88
90%	137	156	153	174	C_5	11.64	8.95	3.07	2.60
终馏点	185	201	182	208	C_6	16.06	12.78	6.51	5.47
FIA法组成/v%					C_7	12.61	11.25	8.46	7.11
饱和烃	28.4	30.9	46.8	45.4	C_8	8.43	8.51	8.10	6.74
烯烃	64.4	58.3	36.4	33.2	C_9	2.94	4.52	3.92	3.59
芳烃	7.2	10.8	16.8	21.4	C_{10}	0.62	1.01	1.61	1.69
色谱法烯烃含量/%					C_{11}	0.05	0.19	0.19	0.40
C_3	0.70	0.61	0.15	0.13	C_{12}	0	0	0	0

在工业生产操作中，调整分馏塔的操作，适当提高汽油的90%馏出点和终馏点，汽油烯烃含量降低。在吸收稳定系统中，适当提高稳定塔底和塔顶温度，使汽油深度稳定，降低汽油中的气体含量，特别是$C_4^=$含量，有利于汽油烯烃含量的降低。

此外，在反应操作条件中，降低油气分压有利于裂化反应的进行，汽油的烯烃含量会有所增加。因此，以降低汽油烯烃为目的，原料雾化蒸汽和预提升蒸汽用量应适当。

MIP技术工业应用表明，增加第二反应区催化剂藏量，对降低汽油烯烃含量的作用明显，如图6-89所示(杨瑞林，2005)。

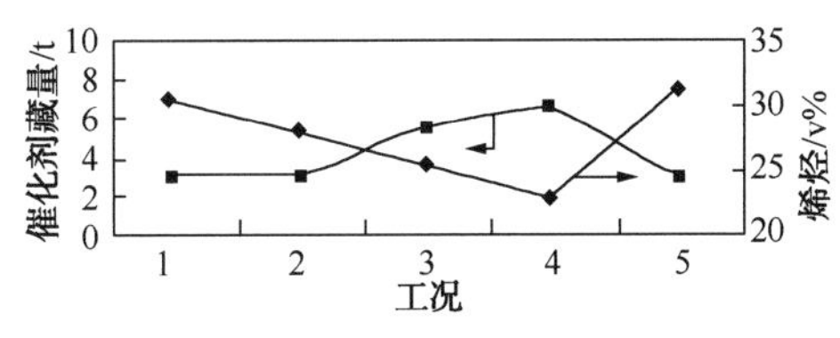

图6-89　第二反应区催化剂藏量和汽油烯烃含量的关系

三、操作变量影响轻循环油的产率和性质

(一) 转化率的影响

改变平衡催化剂活性(包括再生催化剂上碳含量水平)、操作苛刻度(剂油比、重时空速)、反应温度和回炼比均可改变转化率。这里所考虑的转化率改变，仅由反应温度和操作苛刻度引起。转化率升高，轻循环油收率和质量都下降，如图6-90所示。转化率升高，轻

循环油苯胺点下降，说明轻循环油中芳烃含量增加，轻循环油的密度相应增大。图 6-90 还说明，轻循环油质量决定于转化率，几乎不受反应温度的影响。在反应温度 510℃、538℃、566℃时，轻循环油产率决定于转化率，不受反应温度影响。但当反应温度为 427℃时，得出稍高的轻循环油收率，这是因为 427℃反应温度太低，要达到相同的转化率，势必采用更高的苛刻度(长的反应时间或高剂油比)。轻循环油产率随转化率升高而下降，由图 6-91 的数据也可得出这一结论(Ritter，1984)。

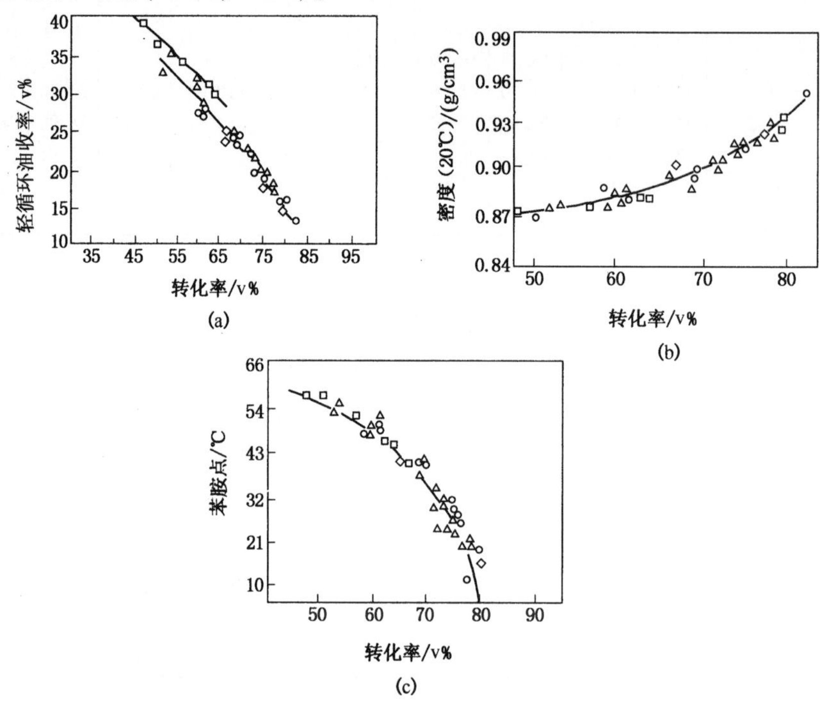

图 6-90　温度和反应苛刻度对轻循环油产量和质量的影响

平衡 DAS-250 催化剂；进料性质：密度(20℃)0.9067g/cm³，K=12.1；

Davison 中型提升管装置；重时空速：20~160；剂油比：3~15

□—427℃；△—510℃；○—534℃；◇—566℃

(二) 回炼比的影响

回炼比是改变操作苛刻度的非独立变量。把未被转化的>338℃馏分与新鲜原料混合在一起再进反应器，轻循环油的收率增加，如图 6-92 所示。当转化率为 70v%时，联合进料比从 1.0 增加到 1.8，轻循环油产率增加 11.7v%，而新鲜原料的处理量下降 44.4%。增加回炼比，轻循环油收率增加，是由两个因素决定的：一是增大回炼比，新鲜进料的分压和停留时间降低，从而降低了新鲜进料的裂化苛刻度和转化率，因而轻循环油产率增加；二是一部分回炼油裂化，产生汽油、轻循环油、裂化气和焦炭。当采用高的联合进料比和低活性催化剂时，轻循环油收率接近

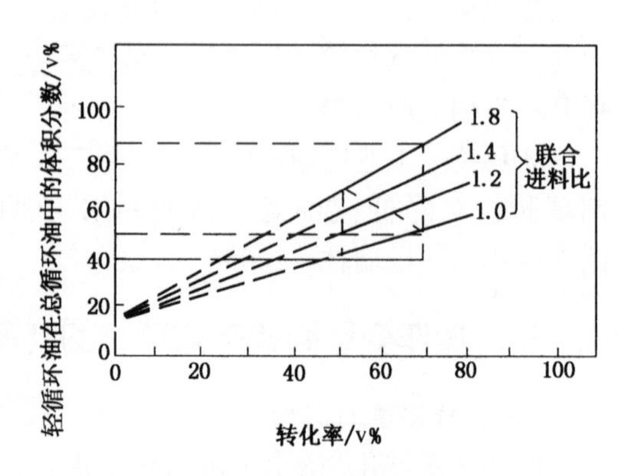

图 6-91　轻循环油产率、转化率和联合进料比的关系

60v%(以新鲜原料为基准)。

为了进一步弄清回炼操作的影响，Davison 公司在中型提升管装置上进行了一系列的试验。把新鲜原料与>338℃的回炼油，按要求的联合进料比进行掺配，作为试验用油。试验所用催化剂为 LCO-1(一种多产轻循环油的催化剂)，试验反应温度分别为 454℃、482℃、510℃，采用两个不同的剂油比；试验所用的新鲜进料和回炼油的密度(20℃)分别为 0.9067 和 1.002g/cm^3，苯胺点分别为 92℃和 62℃，K 值分别为 11.9 和 10.6，康氏残炭分别为 0.2%和 3.1%。试验结果分别绘于图 6-92 至图 6-94 中。

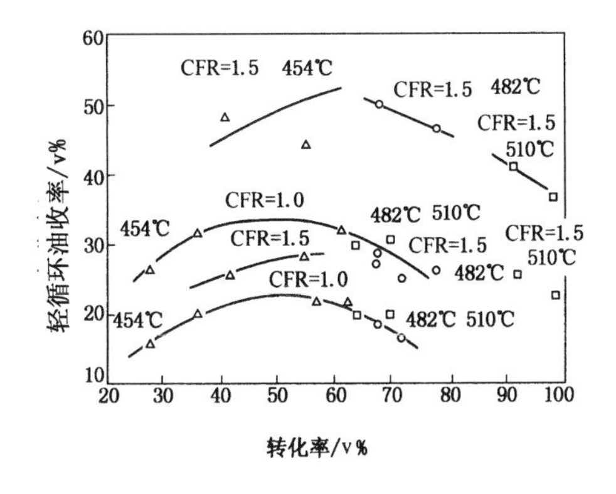

图 6-92 沸程改变对轻循环油产率的影响

△—454℃；○—482℃；□—510℃

——193~371℃轻循环油；----221~338℃轻循环油

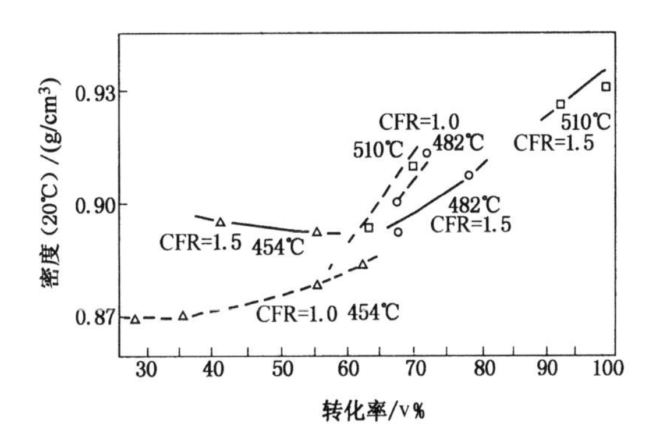

图 6-93 联合进料比、轻循环油密度与转化率的关系

△—454℃；○—482℃；□—510℃

轻循环油联合进料比(CFR)——1.5；----1.0

图 6-92 表明，联合进料比从 1.0 增加到 1.5，轻循环油产率大约增加 30%~40%，最大轻循环油产率所对应的转化率更高(Ritter，1984)。从图 6-92 和图 6-94 可以看出，虽然在联合进料比 1.5 时，最大轻循环油产率出现在更高的转化率处，但是较之于联合进料比 1.0 所得轻循环油的密度上升和苯胺点下降并不多。转化率提高，轻循环油质量有所下降是合乎规律的。在转化率相同时，增大联合进料比，实际上改进了轻循环油的质量，苯胺点应该更高，密度应该更低。应该注意到，在低的反应温度(454℃)下，联合进料比 1.5 时，轻循环油质量明显差于联合进料比 1.0 的情况。这是由于试验所掺配的回炼油(>338℃)是在高苛刻度操作下获得的，质量很差，裂化生成的轻循环油质量肯定差，而在 454℃的反应温度下，新鲜进料裂化生成的轻循环油也不会太多，综合结果是这种操作的轻循环油质量低。

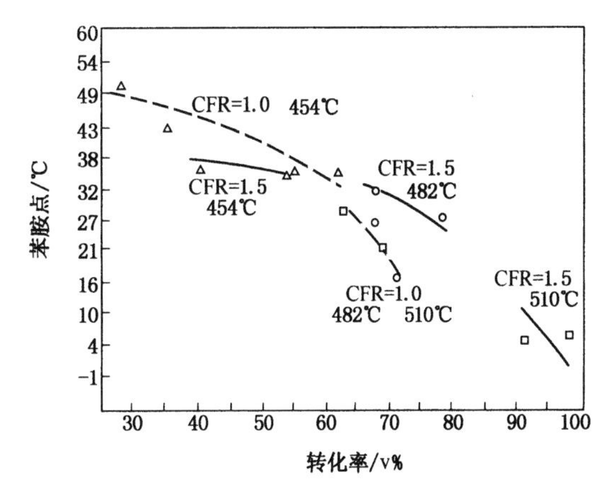

图 6-94 转化率与轻循环油苯胺点的关系

△—454℃；○—482℃；□—510℃

联合进料比 ——1.5；----1.0

在连续运转的工业催化装置上，反应温度低，回炼油质量高，因为单程转化深度低，就不会出现上述情况。

第四节　操作变量的相互关联

催化裂化反应和再生数学模型是催化裂化操作变量相互关联的高度概括，以数学表达式的形式揭示了其相互关联的本质。本节的内容是要叙述催化裂化装置在若干约束条件下，如何通过热平衡把主要的操作变量关联起来，进而确定了各主要操作变量对产品分布的平均影响。

一、催化裂化装置的操作“窗”

催化裂化装置可以非常灵活地调整操作变量以实现不同的生产方案的要求，但操作变量的调整受到热平衡、压力平衡和化学平衡的制约。催化裂化装置的操作是复杂的，几个变量可以独立地改变，但装置仍处于稳定运行中，因为一个工艺变量的改变总要引起其他变量的相应改变，催化裂化装置自身能够自动地实现热平衡。例如，焦炭燃烧速率的改变，将通过一系列操作变量之变化，引起生焦速率的等同变化。工业催化裂化装置必须在一系列的约束条件下进行操作，图 6-95 示出了催化裂化装置的约束条件(Venuto，1979)。在进料的性质、催化剂的性质、产品方案(产品分布、产品性质)和催化裂化装置的设备状态(硬件)之间存在着复杂的内在联系；此外，催化裂化装置的操作受到热力学限制(热平衡和化学平衡)和环境保护有关法规的限制。由于这种约束条件的限制，催化裂化装置的各操作变量只能在一定范围内取值。如果把催化裂化的一组操作变量视为多维空间的一点，则操作变量在该多维空间内有一确定的边界，只能在边界所限定的区域内取值，此时，这组操作变量才是可行的，这个确定的区域称之为催化裂化装置的操作“窗”。

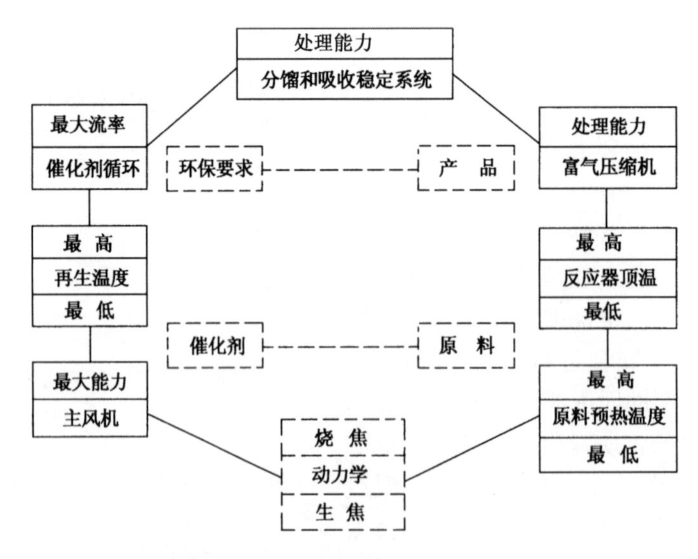

图 6-95　催化裂化装置的约束条件

二、利用简化热平衡方程关联操作变量

Murphy 等(1984)利用催化裂化装置简化的热平衡方程式，编制了计算机程序，对 FCC

操作变量的内在联系进行了研究。表 6-39 列出了 FCC 操作变量的平均影响。

表 6-39　FCC 装置操作变量的平均影响

项　　目	提升管出口温度	再生器床层温度	剂油比	活性	再生催化剂碳含量	烃分压	进料康氏残炭
变量变化							
提升管出口温度/℃	21						
再生器床层温度/℃		44					
剂油比(对总进料)			1.3				
催化剂微活				4			
再生剂碳含量/%					-0.13		
进料喷嘴处烃分压/MPa(绝)						0.059	
进料康氏残炭/%							1.0
转化率差/%(对新鲜进料质量)	5	2.0	5.0	5.0	5.0	2.0	-0.32
产率差/%							
脱丁烷汽油	0.51	0.70	2.29	3.20	2.86	0.52	-0.89
丁烷-丁烯	2.31	0.55	1.17	1.06	1.10	0.35	-0.47
异丁烷	0.13	0.05	0.63	0.60	0.61	0.46	-0.47
正丁烷	0.14	0.05	0.16	0.15	0.16	0.17	-0.47
丁烯	2.08	0.45	0.38	0.31	0.33	-0.28	-0.47
丙烷-丙烯	1.18	0.27	0.36	0.43	0.53	0.26	-0.47
丙烷	0.16	0.02	0.09	0.08	0.13	0.27	-0.47
丙烯	1.02	0.25	0.27	0.35	0.40	-1.01	-0.47
轻循环油	-2.23	-0.08	-2.23	-1.07	-2.28	-0.80	0.17
油浆	-2.77	-1.20	-2.77	-3.03	-2.27	-1.20	0.15
干气	0.67	0.43	0.34	-0.06	-0.16	0.08	0.03
氢	0.01	0.0	0.01	-0.01	-0.02	-0.01	
甲烷	0.23	0.20	0.13	-0.05	-0.15	-0.01	
乙烷	0.19	0.13	0.13	0.0	0.02	0.08	
乙烯	0.24	0.10	0.07	0.0	-0.01	0.02	
焦炭	0.29	0.05	0.84	0.37	0.67	0.79	0.01
辛烷值(净)							
RON	1.6	1.1	0.3	0.0	-1.2	-1.2	0.04
MON	1.8	0.9	0.9	0.4	0.1	-0.9	-0.02

注：估计的影响是基于下面的进料：

馏分油：密度(20℃)0.8775g/cm³，体积平均沸点 385℃，康氏残炭 0.05%，Ni+V 0.08μg/g；

渣油：密度(20℃)0.9963g/cm³，体积平均沸点 579.4℃，康氏残炭 17%，Ni+V 58.0μg/g；催化剂停留时间不变，康氏残炭的增加是在馏分油中加入了渣油。

表 6-39 中数据的求取，是假定了在通常的操作条件范围内，操作变量之间、操作变量和进料之间的内在联系可以不予考虑，而且是对特定的原料油而言。尽管如此，表中数据所提示的趋势和变化量的相对比值仍有很大的参考价值。

对于催化裂化装置的操作变量作如下说明：

① 能够影响热输入的变量均能引起焦炭产率的变化。

② FCC 装置总是处于热平衡状态，任何打破热平衡的变化将引起非独立变量(剂油比、再生温度)的相应变化，使装置恢复热平衡。但是，FCC 装置有时面临不能解决的热平衡问

题，只能采取相应措施，比如进行装置改造或控制进料质量等。例如，有时为了满足热平衡，剂油比不得不下降到很低的值，这是不妥当的。

③ 引起焦炭产率和热输出变化，但不影响热输入的独立变量的苛刻度增加，将引起非独立变量(剂油比和再生温度)相应改变，使装置恢复热平衡。此时，焦炭产率仅稍高一些。这样的变量包括催化剂活性和再生催化剂碳含量等。

④ 既影响热输入，也影响热输出的独立变量将引起焦炭之变化。维持热平衡所需要的焦炭产率是由非独立变量(剂油比和再生温度)来调整。提升管出口温度和循环物料的流率是这样的独立变量的例子。

⑤ 如水蒸气流率和催化剂冷却之类的变量，增加装置的热输入，但不引起焦炭产率或热输出之改变，它们变化时，必然引起非独立变量(剂油比和再生温度)的改变，使装置恢复热平衡。因而，蒸汽流率或催化剂冷却增加，其结果是焦炭产率增加，再生温度下降，转化率增加。

Murphy 等(1984)在研究催化裂化操作变量的相互关联时，使用了简化的热平衡方程式。这个简化的热平衡方程式是在假定了反应热是转化率的线性函数，而且有一个固定的焦炭吸附/脱附热的前提下，推导出来的。满足热平衡所需的焦炭产率 Y_C(对新鲜进料的%)的计算方程式为：

$$Y_C = a(\Delta H_F + \Delta H_R + \Delta H_W + Q_X) + bX \tag{6-41}$$

再生器床层温度与提升管(反应器)出口温度之差可用下式计算：

$$\Delta T(℃) = (c - 839\times10^{-3}Q_X)Y_C/[R_C(1+R_F)] \tag{6-42}$$

此处 a、b、c 为系数，其取值见表 6-40；其他各符号含义同前。不同之处在于，各 ΔH 的单位均为 kJ/kg 新鲜进料，Q_X的单位为 kJ/kg 焦炭。

表 6-40　a、b、c 的取值

再生温度	烟气中 CO_2/CO 的体积比								
	1			10			∞		
	a	b	c	a	b	c	a	b	c
677℃	5.332×10^{-3}	0.0291	130.6	3.784×10^{-3}	0.0205	194.4	3.569×10^{-3}	0.0195	207.8
815℃	5.943×10^{-3}	0.0324	115	4.128×10^{-3}	0.0226	174.4	3.193×10^{-3}	0.0215	186.1

这个简化的热平衡方程式适合于提升管催化裂化装置，当进料流率固定时，提升管的操作变量可以简化为仅只是剂油比。就热平衡的观点而言，可以把催化裂化装置比喻为一个加热炉，一些物流供热，一些物流被加热。在简化的热平衡方程式中，对热输入只有小的影响的诸多变量均被省略。例如，在 CO 完全燃烧时，过剩氧不变，空气流率是焦炭产率的简单函数。一旦再生压力设定，空气温度几乎不变。雾化蒸汽、汽提蒸汽和其他的蒸汽流率，在通常的操作条件下没有太大波动，也不出现于简化的热平衡方程式中。

可以认为表 6-39 中 FCC 装置操作变量的平均影响是由计算产品分布的数学模型完成的，计算时只改变一个变量，其他变量固定。当改变一个独立操作变量时，从简化热平衡方程式可以计算出剂油比和再生温度的改变，用同样的方法可以计算出由于它们的改变对产品分布的平均影响。这样一来，由于一个独立操作变量的改变，使用热平衡关联式，就可以求出对产品分布的综合影响，而不是一个孤立变量之平均影响。例如，表 6-41 和表 6-42 分别列出了压力降低和进料康氏残炭增加对FCC装置的产品分布的影响。

表6-41　压力降低对FCC装置的影响

变量变化	基　　准	烃分压	剂油比	再生温度	综合影响
操作条件					
温度/℃					
进料预热	171				171
提升管出口	527				527
再生器床层	732			-41	692
剂油比	5.94		+1.42		7.36
烃分压/MPa(绝)	0.193	-0.069			0.124
转化率/%	74.8	-2.35	5.46	-1.83	76.1
产率/%					
脱丁烷汽油	46.1	-0.61	2.50	-0.64	47.4
丁烷-丁烯	9.7	-0.41	1.28	-0.51	10.1
异丁烷	3.2	-0.54	0.69	-0.05	3.3
正丁烷	0.7	-0.20	0.17	-0.05	0.6
丁烯	5.8	0.33	0.42	-0.41	6.2
丙烷-丙烯	7.5	-0.31	0.39	-0.24	7.3
丙烷	1.7	-0.32	0.10	-0.02	1.4
丙烯	5.8	0.01	0.29	-0.22	5.9
轻循环油	16.3	0.94	-2.43	0.73	15.5
油浆	8.9	1.41	-3.03	1.10	8.4
H_2S	0.8	0.0	0.0	0.0	0.8
干气	4.6	-0.09	0.37	-0.39	4.5
焦炭	6.1	-0.93	0.92	-0.05	6.0
辛烷值					
RON	91	+1.4	+0.3	-1.0	91.7
MON	80	+1.1	+1.0	-0.8	81.3

表6-42　增加进料康氏残炭对FCC装置的影响

变量改变	基　　准	进料康氏残炭/%	剂油比	再生温度	综合影响
进料康氏残炭/%	0.2	+1.6			1.8
温度/℃					
进料预热	204				204
提升管出口	514				514
再生器	686			+79	765
剂油比	6.66		-2.24		4.42
转化率/%	81.85	-0.51	-8.61	3.15	76.28
产率/%					
脱丁烷汽油	53.60	-1.43	-3.94	1.24	49.47
C_3+C_4	18.51	-0.75	-2.63	1.45	16.59
轻循环油	10.96	0.27	3.84	1.42	13.65
油浆	7.19	0.24	4.77	-2.13	10.07
干气	4.16	0.05	-0.59	0.76	4.38
焦炭	5.58	1.62	-1.45	0.09	5.84

下面根据计算机模拟的结果，对几个重要的操作参数进行简要的说明：

提升管出口温度——它是调节 FCC 装置转化率的主要控制变量，如表 6-39 所列，提高提升管出口温度使轻烃大幅度增加，相对而言，汽油和焦炭只有小量的增长。在所有的操作变量中，温度对汽油辛烷值的影响最大。在所有的情况下，提升管出口温度升高对焦炭的影响很小，以至于剂油比必须增大，以满足热平衡的需求。

再生器床层温度——在出现 CO 完全燃烧以前，在考虑 FCC 装置操作变量的相互关联时，不把再生器床层温度作为一个独立的变量，仅认为它影响剂油比。由于 CO 完全燃烧，再生温度升高，再生器床层的温度，更确切地说是再生催化剂与催化原料油接触的那个温度对催化裂化的产品分布有大的影响，必须单独地进行论述。再生温度的影响当然与原料喷雾系统的效率有关。由于良好的喷雾，催化剂与油滴的接触良好，催化剂的温度迅速降低，油滴快速气化，从而提高了汽油的选择性，即汽油收率增高。表 6-39 中的数据表明，再生器床层温度增高，裂化气中的烯烃大幅度增加，而焦炭仅有少量的增加。显而易见，高再生温度实现的转化率，热转化的比例增加。

剂油比——与提升管出口温度相反，增大剂油比，焦炭产率增加较多，但干气只有少量增加。由于剂油比的改变，焦炭产率随之改变，从而平衡了能量需求。剂油比增加，单位质量的进料将与更多的催化剂活性中心接触，其结果是汽油产率增加了。但是，较之于催化剂的活性和再生催化剂上含碳量的改变，剂油比造成的汽油产率的变化要小得多。

平衡催化剂活性和再生催化剂上碳含量——增加平衡催化剂活性和降低再生催化剂碳含量对产品分布有相似的和很有利的影响。但是，如前所述，催化剂的活性存在着一个优化问题，并非越高越好。对给定的转化率增加而言，它们使汽油产率增加许多，同时引起焦炭产率增加，但不影响热输入。因而，当升高平衡催化剂活性或降低再生催化剂碳含量使转化率增加时，剂油比下降，再生温度升高。

烃分压——表 6-41 的数据表明，要使转化率有大的变化，烃分压必须有相当大的改变。烃分压升高 0.059MPa，转化率仅升高 2%。但对于给定的转化率，烃分压升高，焦炭产率增大许多。与此同时，C_4中丁烷对丁烯的比例升高。

应该说明的是，表 6-39、表 6-41、表 6-42 数据的得出，是在若干假定条件下，用简化的热平衡方程式进行的影响因素分析结果，得出的结论部分反映各操作变量的影响效果，而有部分结果与实际情况有一定出入。随着计算机应用的成熟，在研究各操作变量的影响效果时，应在试验数据的基础上，用正交分析法，结合适当的催化裂化反应再生数学模型，经全面系统的模拟运算，得到更加符合实际规律的结论。

第五节　催化裂化工业装置的操作数据

表 6-43 列出了 93 套工业催化裂化装置 2012 年统计的生产运行数据，表中数据包括了这些工业催化裂化装置所加工的原料性质、所用的催化剂、反应再生系统主要操作条件、产品产率、产品主要性质等。表 6-43 涵盖了国内主要类型原油加工炼厂催化裂化装置，所加工的原料包括了石蜡基油、中间基油和环烷基油；原料组成包括了减压馏分油(VGO)、焦化蜡油(CGO)、常压三线油(AGO)、常压渣油(AR)、减压渣油(VR)、渣油

加氢脱硫生成油(VRDS-AR)。国内催化裂化装置在20世纪八九十年代以原料重质化、劣质化为主要发展趋势，期间开发的大庆减渣催化裂化，所报道的减渣最大掺炼比例已达85%，同期个别装置的原料密度已超过0.9300g/cm^3。进入21世纪以后，国内催化裂化装置原料以适度轻质化为主要的发展趋势，以适应装置长周期稳定运行和满足生产运行环节与产品应用环节的环保要求。在生产目标上，国内催化裂化装置的发展相继经历了汽油+液化气、追求LCO与汽油比的轻循环油方案。根据车用汽油质量标准要求，围绕催化汽油降烯烃要求，开发出以应用较为广泛的MIP系列工艺和双提升管系列工艺为代表的多种新工艺、新技术，在改善汽油质量方面起到了重要作用。催化剂的发展和应用方面，从过去适应性较为广泛的、品种相对较少的应用模式，发展到"量体裁衣"、针对不同的原料和不同的生产方案以及不同的产品质量要求，开发和组配了针对性更强的催化剂解决方案，四五十种催化剂组配方案适应了不同的生产需求。因催化汽油降烯烃的作用，轻油收率受到影响，轻油收率最高达79.29%，总液体收率超过90%。表6-43的数据体现了目前我国催化裂化工艺技术的进步和所达到的水平。我国催化裂化的原料适应性和产品结构，由于催化剂技术和工艺技术的进步，已变得相当灵活。表中数据包括了多种工艺，包括多产液化气的ARGG、DCC-II；以降低催化汽油烯烃含量并多产液化气中的异构烷烃为目的的MIP(包括多产丙烯和低烯烃汽油的MIP-CGP)，以及以降低催化汽油烯烃含量为目的而开发的多种双提升管反应技术(包括两段提升管TSRFCC、双提升管FDFCC和辅助反应器等)。通过对上述工业装置运行数据分析，可以作如下讨论：

① 在通常的操作条件下，催化裂化原料油性质对产品分布和产品性质起决定性作用。石蜡基原料的氢含量高，K值高，饱和烃含量高，易于裂化，是催化裂化的优质原料。裂化产品中，汽油产率高，液化气产率高；汽油辛烷值稍低，轻循环油十六烷值较高。但进料中烷烃含量高，单程转化深度不一定高，回炼比反而偏大，因为最易裂化的是环烷烃而不是烷烃。中间基油难以裂化，由于芳烃含量高，轻油收率较之于石蜡基油往往更高，汽油辛烷值更高，轻循环油的十六烷值更低，汽油收率低。随着渣油的掺炼比加大，轻质油收率、汽油收率下降，焦炭产率增加，轻循环油的十六烷值下降，汽油的辛烷值会略有提高。

② 焦炭产率影响催化裂化装置的热平衡，焦炭产率在4%~5%时，装置可维持自身热平衡，即可以不喷燃烧油或设置取热措施。尽管操作条件有所变动，原料油性质有所波动，在自身热平衡情况下，石蜡基蜡油进料的焦炭产率在4%~5%，中间基蜡油进料的焦炭产率在6%左右。当渣油掺炼比加大，进料的残炭上升，又无取热措施，装置要维持自身热平衡，往往是以降低转化率为代价，排出少量油浆，同时采取别的工艺措施，如使用低焦炭产率的超稳沸石催化剂、降低原料预热温度、加大雾化水蒸气量，再生器采用CO部分燃烧的再生方式等。有取热设施的重油催化裂化装置，给操作带来了灵活性，可以实现高转化率操作，与无取热设施装置比较，轻质油收率更高。裂化气的产率取决于裂化苛刻度，它是过度裂化的结果，干气产率大小是热裂化倾向大小的标志。

③ 在原料油性质和催化剂性质确定的前提下，改变工艺操作变量，对产品分布和产品性质带来较大的影响。在缓和裂化条件下，实行大回炼比，甚至全回炼操作是提高轻油收率

和增产轻循环油的有效手段，且汽油诱导期长，轻循环油十六烷值更高。但是，缓和裂化条件增产轻循环油是以降低装置处理量为代价的。如何在不降低单程转化深度的前提下多产轻循环油是重要的研究课题，其解决方法是使用多产轻循环油的专用催化剂，在提升管上采用MGD工艺进料方式，采用高温短停留时间工艺等。如果原料油质量太差，外甩部分油浆是明智之举。

④催化剂性质对催化裂化的产品分布和产品性质有很大影响。对渣油催化裂化工艺而言，有重油裂化能力高的催化剂；有抗重金属污染能力强的催化剂；对于多产液化气和丙烯，可采用含有择形沸石的催化剂。应该加强对平衡剂性能的日常分析，基于平衡剂的性能，选择合理的操作条件，以实现装置处于较优的运行状态。各个工业催化裂化装置之间，操作变量和产品分布各异，这固然与原料不一样密切相关，但是，对特定的原料油而言，选择最适宜的催化剂和优化操作变量应该受到重视，这将给催化裂化装置带来明显的经济效益。

⑤重油催化裂化工艺核心包括高温两段再生、高效喷雾进料、超稳沸石催化剂的使用、外甩油浆调节热平衡、取热器使用和提升管出口快速分离以及高效汽提。合理使用这些技术，既保证装置长周期运行，又可以降低装置的焦炭产率，提高液体产品收率。

⑥ 进入21世纪以来，中国的催化裂化工艺仍然有较大的发展，从装置处理量、原料适应性、产品方案灵活性、产品质量、运行周期到能耗等多方面都有较大的进步。以中国石化为例，自2001~2011年期间，催化裂化加工能力提高约50%，汽油产量增加近65%，同期原料平均API度自23.22逐渐降低至22.38，但残炭由4.33%逐步降低至2.86%，体现了原料在一定程度上有所轻质化，但族组成有不利于裂化的趋势。由于环境保护对催化裂化烟气排放和产品质量要求的提高，催化裂化装置原料预处理工艺的应用，催化裂化原料性质有所好转，但随着环境保护要求的进一步严苛，催化裂化原料预处理已不可能完成对催化烟气和产品质量方面的保障作用，催化裂化产品的后精制与催化裂化烟气净化技术必须加以采用，催化裂化原料的预处理将以满足催化裂化工艺的技术需求为依据，催化裂化原料的再度劣质化、重质化是可能的。随着以MIP、MIP-CGP和多种双提升管技术的应用，催化裂化汽油的烯烃含量得以有效降低，但带来的轻质油收率等技术经济指标受到影响，上述同期内，轻质油收率降低1.4个百分点以上，但包括液化气在内的总液收提高1.8个百分点。产品质量方面，催化裂化汽油总体上MON提高2个单位，RON基本持平，烯烃含量降低17个百分点，轻循环油的十六烷值有较大程度的降低，降幅达6个单位以上。随着工艺与工程技术的进步，上述同期内，催化裂化装置平均能耗自65.06kg EO/t原料降低至47.83kg EO/t原料，降幅达17kg EO/t原料，节能效果显著。

⑦ 表6-43所列出的工业数据中，有的不符合一般的规律，这是催化装置标定、统计的误差，或者分析的误差所造成。比如，在裂化气的组分产率中，一般丙烯应占丙烯和丙烷总量的60%~80%，而表中有些数据不在此范围内。裂化气中应该有H_2S，有的数据因未加分析而无法列出。

表 6-43　93 套工业催化裂化装置 2012 年统计的操作数据

序　号	1	2	3	4	5	6	7	8	9	10	11	12
装置代码	AQ1	AQ2	BH	CL1	CL2	CQ	CZ	DG	DL1	DL2	DL3	DLXT
工艺类型	同轴式 MIP-CGP，单段逆流	DCC，管式烧焦	MIP-CGP，烧焦罐串联湍流床	FDFCC，单段完全再生	MIP，前置烧焦罐	TSRFCC，快速床湍流床串联再生	MIP，完全再生	RFCC，并列式两段再生	烧焦罐高效再生	RFCC，并列式两段再生	快速床湍流床串联再生	反再同轴，后置烧焦罐，OCC-IV 型
催化剂牌号	CGP-C（AQ）	DMMC-1	CRMI-2	DFC-1	HGYP-S1	LBO-16	CGP-1Z	LDO-70/助辛剂	CDOS-P/LOSA-1/LBO-16	LRC-99/LDO-75	LDO-75/Super OlefinsMax	Endurance/Corv/DACS-WPM
主要操作条件												
加工能力/(万 t/a)	140	65	170	120	280	140	140	160	80	140	350	280
加工量/(万 t/a)	102. 25	66. 46	149. 25	114. 34	246. 37	154. 75	139. 58	138	89. 31	153. 57	302. 99	245. 7
原料预热温度/℃	200	270	188	190	195	275	200	240	249	203	189	200
反应温度/℃	509	543	495	515	500	510	507	515	495	506	515	522
反应压力/MPa(g)	0. 16	0. 188	0. 244	0. 16	0. 265	0. 216	0. 209	0. 26	0. 199	0. 209	0. 25	0. 16
剂油比	6. 5	8. 5	6. 02	8. 5	5. 51	7. 52	6	7	3. 97	6. 45	6. 16	6
回炼比	0. 1	0. 045	0. 02	0. 15	0	0. 4	0	0. 09	0. 02	0		0
待生剂碳含量/%	0. 7	0. 76	0. 92	0. 7	1. 43	1. 4	1. 35	1. 22	1. 06	1. 37	0. 68	
再生剂碳含量/%	0. 04	0. 04	0. 02	0. 1	0. 02	0. 05	0. 09	0. 1	0. 03		0. 05	0. 01
平衡剂微反活性	62. 5	71. 6	61. 1	65	62. 2	71. 5	60. 3	61	64	58	57	62. 5/63. 5
烧焦罐温度/℃		650	683		675	666			673		710	
第一(单)再生器密相温度/℃	670	685	691	700	680	677	700	653	697	704	700	690
第一(单)再生器稀相温度/℃	680	686	690	705	700		708	680	720	658	699	685
第二再生器密相温度/℃								715		712		735
第二再生器稀相温度/℃								780		721		736
第一(单)再生器压力/MPa(g)	0. 195	0. 2	0. 298	0. 192	0. 3	0. 25	0. 26	0. 28	0. 199	0. 241	0. 288	0. 2
第二再生器压力/MPa(g)								0. 275		0. 235		0. 185
原料油性质												
密度(20℃)/(kg/m³)	924. 3	902. 5	931	926	925. 1	911. 6	928. 1	917. 9	899. 5	909	901. 8	930
馏程/℃　IBP	293	283	298	257	260	373	226	346	321	315	296	
10%	364	364	376	384	385	494	370	388	380		364	
50%	422	420	446	465	468	595	461	463			513	
90%	497	470	545			712						
FBP	543	520	605			742					531	
<350℃馏出量/v%	5	8	7. 5	4	4			3. 2				
<500℃馏出量/v%	95	93	73. 3	65. 1	64. 5		69. 9					
烃族组成/%												
饱和烃	58. 1	59. 2	55	65. 4	67. 07	61. 5			62. 84	60. 79	65. 25	

续表

序　号	1	2	3	4	5	6	7	8	9	10	11	12
芳香烃	33.6	34.55	36	25.4	24.49	23.1			22.45	24.33	20.76	
胶质	8	5.5	8.7	7.35	6.94	15			14.61	13.88	13.27	
沥青质			0.3	1.04	0.98	0.5						
残炭/%	2.3	0.15	1.07	2.95	2.74	4.39	2.1	4	5.77	6.07	4.57	5.3
元素组成/%												
C			86	86.6	86.8	86.2			87.8	87.1	87.2	
H			12.1	12.1	12.2	12.6			12.7	12.6	12.4	
S	0.37	0.2	1.03	0.51	0.44	0.16	0.81	0.19	0.26	0.22	0.23	0.52
N	0.2514	0.0689	0.2886			0.35		0.23	0.32	0.18	0.17	
金属含量/(μg/g)												
Ni	6.46	1.85	2.34	4.95	4.71	0.18	8.76	15	5.81	5.71	6.01	4.85
V	1.89	0.79	1.49	0.98	1.22	0.38	9.07	0	4.84	5.5	4.88	6.2
Fe	3.3	3.31	1.91	5.92	2.13	0.36	72.56	6.5	2.83	2.3	4.08	4
Na	4.08	3.98	0.32	1.41	1.3	4		0	2.09	1.79	2.84	0.55
产品分布/%												
干气	3.54	7.25	3.44	4.5	3.96	4.57	3.53	3.97	2.86	3.42	3.47	3.63
液化气	21.06	34.78	18.26	16.2	14.81	14.71	14.65	16.06	18.52	17.94	15.34	15.48
汽油	42.65	33.68	39.42	40.72	42.95	48.97	39.48	44.68	42.25	40.61	40.81	43.55
轻循环油	24.82	17.5	24.43	25.29	25.74	18.43	27.26	12.38	22.29	20.84	23.64	19.51
重循环油						0		10.05				
油浆	1.44	0.24	6.76	5.57	4.13	3.59	6.9	3.76	6.75	8.77	8.75	9.72
焦炭	6.38	6.22	6.72	7.3	7.79	9.03	8.06	8.79	7.03	8.12	7.68	7.99
其他		0	0.85		0.51	0.22	0					0.05
损失	0.11	0.33	0.12	0.12	0.1	0.48	0.12	0.35	0.3	0.3	0.3	0.07
轻质油收率/%	67.47	51.18	63.85	66.01	68.69	67.4	66.74	57.06	64.54	61.45	64.45	63.06
液体产品收率/%	88.53	85.96	82.11	82.21	83.5	82.11	81.39	73.12	83.06	79.39	79.79	78.54
转化率/%	73.74	82.26	68.81	69.14	70.13	77.98	65.84	73.81	70.96	70.39	67.61	70.77
焦炭/转化率	0.0865	0.0756	0.0977	0.1056	0.1111	0.1158	0.1224	0.1191	0.0991	0.1154	0.1136	0.1129
汽油/转化率	0.5784	0.4094	0.5729	0.5889	0.6124	0.6280	0.5996	0.6053	0.5954	0.5769	0.6036	0.6154
气体/转化率	0.3336	0.5109	0.3154	0.2994	0.2676	0.2472	0.2761	0.2714	0.3013	0.3035	0.2782	0.2700
柴汽比	0.5819	0.5196	0.6197	0.6211	0.5993	0.3764	0.6905	0.5020	0.5276	0.5132	0.5793	0.4480
回炼油性质												
密度(20℃)/(kg/m^3)	1027	996	1063	1045	1033.9	984.6	1005.5	1034	996.8	979.3	953.8	
硫含量/%		0.33	3.12	0.7		0.3	1.13	0.44	0.33	0.33	0.26	
油浆性质												
密度(20℃)/(kg/m^3)	1071	1028	1175	1140	1122.6	976.6	1078.6	1035	1005	982.7	979.9	1055

续表

序　号	1	2	3	4	5	6	7	8	9	10	11	12
残炭/%			11.95	24	24.5	14.6	8.31	16	10.18	9.78	8.83	
硫含量/%	0.79	0.29	4.1	0.84	0.94		1.17	0.45	0.36	0.35	0.31	
汽油性质												
密度(20℃)/(kg/m^3)	730.8	747.7	739.1	734	736.5	722.8	728.8	728	716.6	719	717.8	744.5
馏程/℃　IBP	36	36	37	36	31	36	35	31		32	34	37
10%	47	47	50	50	49	56	49	46	48	47	50	56
50%	90	91	95	100	100	100	92	82	86	87	87	96
90%	174	175	176	171	176	178	173	166	159	162	158	168
FBP	202	203	201	198	201	201	200	198	182	186	189	208
诱导期/min	1146	362	372	950			707		361	335	218	
蒸气压/kPa	58.2	61.1	49.7	67	66.2		69.2	75		74	67.5	
辛烷值												
MON	82	83	82	82	81		82	80.2	79.3	91.1	79.6	
RON	94	96	94	93	92	89.1	92	91.6	90.6	79.4	92.2	
硫含量/%	0.013	0.04	0.1	0.03	0.032		0.056	0.02	0.0076	0.0083	0.007	
烯烃含量/v%	23.2	35.53	15	24	20.51	35.7	30.91	38.5	31.7	34	41.4	
轻循环油性质												
密度(20℃)/(kg/m^3)	945.1	954.5	958	950	951.8	911.1	930	901.9	908.4	911.2	897.8	920.5
凝点/℃	-8	-10	-16	-20	-20	-9	-6	-18	-11	-8	-1	
闪点/℃	77	82	97	64	79	67	38	72	65	90	74	68
十六烷值	26		20.6	22	20.3		29.2	27.8	30	32	35	20
硫含量/%	0.2	0.19	2.84	0.67			0.78	0.101	0.159	0.172	0.151	0.361
馏程/℃　IBP	186	199	205	193	190	182	142	182	134	201	184	168
10%	230	233	236	235	231		228		211	234	219	208
50%	273	273	281	280	275	271	282	238	266	276	279	258
90%	348	342	352	350	350	347	349	296	357	360	368	315
FBP	372	361	361	364	365	362	362	318	383	387	391	342
干气组成/v%												
H_2	21.7	11.16	39.9	33.64	34.81	9.96	31.38	34.15	37.99	32.96	14.77	29.25
CO_2	3.4	2.6	2.91	2.66	2.37	4.28	3.13	2.43	3.19	3.63	2.79	0.56
CO	0	0		0.86	0.59	1.27	0	1.25	0	0	0.84	0.64
N_2+O_2	16.57	10.1	14.93	16.8	15.19	20.72	19.35	17.83	13.9	15.18	32.8	9.3
甲烷	29	40.02	19.74	22.11	23.1	33.4	21.83	21.24	19.39	25.22	27.29	28.1
乙烷	12.7	11.72	9.5	10.67	10.51	14.8	10.79	19.66	10.25	7.6	9.27	12.28
乙烯	12.41	21.33	9.03	10.03	10.58	14.1	7.34		14.5	15.16	11.93	16.55
丙烷	0.2	0.17	0.12	0.25	0.23	0.27	0.47	0.29	0	0	0.01	0.4

续表

序　号	1	2	3	4	5	6	7	8	9	10	11	12
丙烯	0.6	0.92	0.63	1.02	0.46	0.6	1.25	1.06	0.44	0.1	0.21	2.1
丁烷	0.1	0.07	0.06	0.42	1.08	0.37	0.47	0.05	0.12	0.16	0.04	0.76
丁烯	0.21	0.02	0.09	0.34	0.74	0.15	0.13	0.32	0	0	0	0.67
C_5^+	1.51	1.1	1.91	2.18	2.55	0.11	2.64	0.01	0.75	0.16	0.04	0.1
H_2S(脱前)/(μg/g)	16000	7900	14909	15800	5070		58843	1223	8147.8	2619.8	12886.7	18000
液化气组成/v%												
乙烷	0.24	0.02	0	0.1	0.04	0.44	0.16		0	0.02		0.01
乙烯	0.3	0.01	0		0	0	0	0.95	0			0
丙烷	11.74	8.38	7.88	12.36	15.3	13.91	15.11	13.45	8.6	11.28	9.58	12.05
丙烯	39.54	49.34	36.34	38.56	39.2	39.12	36.28	38.02	31.71	37.96	34.62	36.88
正丁烷	6.95	2.77	3.64	5.06	7.42	5.45	5.94	6.91	7.34	4.71	4.73	5.95
异丁烷	19.7	12.04	17.4	20.31	19.09	18.61	20.54	19.98	21.2	20.42	16.41	18.52
2-丁烯	3.93	7.08	16.7	9.82	5.08	8.95	5.4	5.91	15.41	15	15.31	13.55
异丁烯	11.7	15.73	8.85	7.35	5.46	0.33	12.64	0.21		9.98	0	
1-丁烯	5.9	3.88		6.42	4.71	11.23	3.83	12.46	15.74		18.37	13
戊烷		0.2	0	0.07	0.01	0.53	0.03	0.59	0		0	
戊烯		0.32	0		0		0.07	0	0		0	
总硫(脱前)/(mg/m³)		4400	21926	1337			5198	3811				5118
H_2S(脱前)/(μg/g)	2417	2297	24090	900	17516			3811	466.9	184.5	2466.9	5000

续表 6-43

序号	13	14	15	16	17	18	19	20	21	22	23	24
装置代码	DQL1	DQL2	DQS1	DQS2	DSZ1	DSZ2	FS1	FS2	GERM	GQ1	GQ2	GQ3
工艺类型	TMP，烧焦罐高效再生	MIP，管式烧焦	快速床湍流床串联再生	重叠式两段再生	高低并列，单段再生	高低并列，单段再生	快速床湍流床串联再生	辅助提升管，重叠式两段再生	反再同轴，后置烧焦罐两段再生	RFCC，一再贫氧二再富氧	RFCC/ARGG，两段主风串联烧焦	MIP，单段逆流完全再生
催化剂牌号	RAG-6	CGP-1DQ	CRMI-2	CGP-C	LDO-75	LBO-16	LBO-16	CGP	CDOS	CARC-1	COKE-1GQ	MLC-500/C R022
主要操作条件												
加工能力/(万 t/a)	116	240	100	152.1	80	50	121	150	90	90	60	140
加工量/(万 t/a)	110.76	255.37	94.84	131.7	79.18	14.85	115.3	170.1	67.86	2.57	74.71	143.5
原料预热温度/℃	185	194	150	230	265	246	180	196	245	184	180	187

续表

序号	13	14	15	16	17	18	19	20	21	22	23	24
反应温度/℃	512	512	510	485	496	492	501	503	499	517	517	518
反应压力/MPa(g)	0. 216	0. 162	0. 224	0. 224	0. 135	0. 135	0. 21	0. 218	0. 22	0. 16	0. 195	0. 162
剂油比	6. 67	5. 87	6. 2	6. 3	5. 1	4. 56	6. 52		6. 7	5. 6	6. 8	7
回炼比	0. 115	0. 014	0. 092	0	0. 1	0. 15	0. 22	0. 02	0	0. 08	0. 11	0
待生剂碳含量/%		1. 15	1. 4	1. 42	0. 81	0. 87	0. 76	0. 75	1. 01	1. 68		
再生剂碳含量/%	0. 02	0. 04	0. 19	0. 21	0. 09	0. 1	0. 02	0. 02	0. 15	0. 06	0. 04	0. 05
平衡剂微反活性	65. 4	62. 3	62. 8	62. 6	67	67	68	59. 6	60	60	59. 2	60. 5
烧焦罐温度/℃		635	660				692		688		720	
第一(单)再生器密相温度/℃	706	700	680	701	692	695	704	668	690	697	724	695
第一(单)再生器稀相温度/℃	721	707	682	692	701	692	694	671	695	677	727	702
第二再生器密相温度/℃				668				655	680	681		
第二再生器稀相温度/℃				732				668	686	690		
第一(单)再生器压力/MPa(g)	0. 252	0. 198	0. 25	0. 254	0. 16	0. 165	0. 198	0. 25	0. 25	0. 145	0. 24	0. 238
第二再生器压力/MPa(g)				0. 296				0. 276	0. 23	0. 145		
原料油性质												
密度(20℃)/(kg/m^3)	896	900. 9	896	903. 6	901. 3	899. 7	862. 1	896. 5	910. 2	902. 6	909. 8	910. 1
馏程/℃ IBP	274		257		128	125	245	226	352	162	226	226
10%	371		406	412	395	355	378	388	428	306	345	339
50%	451		469	537	465	484	450	493	530	454	424	406
90%			557		494		525				520	
FBP							537				536	
<350℃馏出量/v%	8		1	2. 8	4. 5	6. 5	4	3. 5				
<500℃馏出量/v%	41		40	32. 5	8. 5	64. 5	81	52				
烃族组成/%												
饱和烃	61. 4			53. 74	78. 8	79. 31	93. 08	61. 39	54. 2	65. 5	72. 12	70. 9
芳香烃	22. 1			34. 48	18. 67	17. 52	6. 19	31. 37	25. 3	19	20. 52	22. 1
胶质	16. 45			11. 78	0. 17	3. 17		7. 24	20. 3	12. 8	6. 9	6. 45
沥青质	0. 05								0. 2	2. 7	0. 46	0. 55
残炭/%	3. 96	4. 72	3. 23	4. 7	0. 72	0. 82	0. 07	2. 44	5. 53	6. 37	3. 73	3. 97
元素组成/%												
C	86. 3			86. 8	79. 5	85. 6			86. 6			
H	13. 3			12. 9	13. 1	13. 2			12. 6			
S	0. 15	0. 14		0. 07	0. 64	0. 6	0. 09	0. 14	0. 67	0. 36	0. 39	0. 37
N					0. 16	0. 14		0. 01	0. 33	0. 1575		
金属含量/(μg/g)												
Ni	4. 31	6. 22	2. 08	3. 13	0	0. 21	1. 75	2. 92	19. 25	28. 44	9. 93	9. 22

续表

序号	13	14	15	16	17	18	19	20	21	22	23	24
V	0. 1	1. 5		0. 05	0. 76	0. 13	0. 13	0. 48	1. 01	3. 55	4. 41	4. 42
Fe			3. 04	1. 75	0. 09	1. 78	7	4. 64	11. 5	6. 82	2. 67	1. 98
Na			1. 02	1. 47	0. 76	2. 8	4. 63	0	2. 46	3. 8		1
产品分布/%												
干气	3. 81	3. 81	2. 78	2. 64	3. 58	5. 42	4. 43	2. 89	5. 14	3. 1	2. 34	4. 5
液化气	21. 71	26. 81	15. 44	20. 66	11. 76	12. 25	13. 31	19. 82	14. 25	13. 49	9. 5	13. 22
汽油	49. 73	38. 99	47. 05	43. 28	53. 52	51. 83	52. 35	44. 99	40. 13	45. 55	46. 88	46. 59
轻循环油	13. 92	8. 46	19. 8	16. 46	22. 01	20. 48	24. 44	18. 75	25. 82	26. 04	31. 36	24. 97
重循环油	0	8. 56	2. 31	3. 68					0			
油浆	4. 05	4. 9	4. 64	4. 66	3. 93	4. 89		6. 08	6. 04	3. 46	3	3. 91
焦炭	6. 53	8. 16	7. 52	8. 15	4. 8	4. 72	5. 17	7. 1	8. 07	7. 99	6. 76	6. 62
其他		0. 07							0	0		0
损失	0. 24	0. 24	0. 46	0. 47	0. 4	0. 4	0. 3	0. 37	0. 55	0. 37	0. 16	0. 18
轻质油收率/%	63. 65	47. 45	66. 85	59. 74	75. 53	72. 31	76. 79	63. 74	65. 95	71. 59		71. 56
液体产品收率/%	85. 36	74. 26	82. 29	80. 4	87. 29	84. 56	90. 1	83. 56	80. 2	85. 08	9. 5	84. 78
转化率/%	82. 03	78. 08	73. 25	75. 2	74. 06	74. 63	75. 56	75. 17	68. 14	70. 5	65. 64	71. 12
焦炭/转化率	0. 0796	0. 1045	0. 1027	0. 1084	0. 0648	0. 0632	0. 0684	0. 0945	0. 1184	0. 1133	0. 1030	0. 0931
汽油/转化率	0. 6062	0. 4994	0. 6423	0. 5755	0. 7227	0. 6945	0. 6928	0. 5985	0. 5889	0. 6461	0. 7142	0. 6551
气体/转化率	0. 3111	0. 3922	0. 2487	0. 3098	0. 2071	0. 2368	0. 2348	0. 3021	0. 2846	0. 2353	0. 1804	0. 2492
柴汽比	0. 2799	0. 4365	0. 4699	0. 4653	0. 4112	0. 3951	0. 4669	0. 4168	0. 6434	0. 5717	0. 6689	0. 5360
回炼油性质												
密度(20℃)/(kg/m³)	967. 8			1052. 9	988. 8	1001. 1	929. 5	966. 4	915			
硫含量/%				0. 07	1. 41	1. 23	0. 24		0. 39			
油浆性质												
密度(20℃)/(kg/m³)	977	1004. 3	980. 6		1042. 7	1058. 8	962. 9	1074. 8	986. 6	1002. 2	1041. 9	1053. 4
残炭/%				23. 02	6. 04	4. 18	1. 24	8. 37	6. 43			
硫含量/%				0. 07	1. 9	1. 44	0. 27	0. 44	0. 78		0. 72	
汽油性质												
密度(20℃)/(kg/m³)	713. 4	715. 5	717	703. 7	728. 9	719. 2	711. 3	715. 4	721. 3			
馏程/℃ IBP	37	39	36	35	38	29	34	37	32	29	32	31
10%	47	48	51	47	53	48	48	49	44	46	49	46
50%	74	75	88	77	101	94	83	66	76	90	98	90
90%	159	169	167	160	173	168	170	168	154	169	178	173
FBP	191	197	187	187	197	196	195	198	185	198	198	197
诱导期/min	650	914		1003	600	600	417	1437	849			
蒸气压/kPa	67. 5	62. 6	61. 9	65. 5	61	70. 5	60	58. 7	69	82. 2	76. 6	80

续表

序号	13	14	15	16	17	18	19	20	21	22	23	24
辛烷值												
MON	82.2		78.8	80.3	79.6	79.4	78.1	80.4		88	81	82
RON	92.2	93.3	88.8	90.9	89.4	88.2	86.2	89.9	91.5	90	92	93
硫含量/%	0.0108			0.031	0.046	0.0397	0.0075	0.008	0.117	0.033	0.06	0.024
烯烃含量/v%	32.27	36.5	31.21	37	40.6	35.2	42.2	26.85	56.1	36.7	43.54	33.3
轻循环油性质												
密度(20℃)/(kg/m^3)	915.3	911.8	872.8	898.7	905.5	896.9	855	917.7	867			943.2
凝点/℃	-4	-25	-12	-27	-22		-2	-14	12	-1	-2	-8
闪点/℃	66	66	74	67		62	68	65	45	62	71	67
十六烷值				28		31	40.8	23.3	33			
硫含量/%	0.113				0.85	0.593	0.115	0.15	0.235	0.5	0.375	0.496
馏程/℃　IBP	167	178	181	172	173	176	193	190	163	175	190	165
10%	224	224	223	212	227	220	220	220	177	217	236	217
50%	273	250	262	249	270	258	268	245	257	273	297	277
90%	350	296	330	302	341	317	333	326	359	350	362	358
FBP	389	344		314	365	335	346	354	381	363	372	372
干气组成/v%												
H_2	20.59	23.25	41.2	21.52	9.64	6.98	8.09	15.68	35.96	31.97	21.47	22.01
CO_2	3.17	2.94	0.8	3.03	4.2	2.73	5.36	3.15	1.32	1.5	1.92	1.84
CO	0.32	0.33	0.5	1.49	2.54	2.3	2.04	1.72	0.21	0	0.72	0.38
N_2+O_2	21.82	18.19	12.4	18.35	25.59	20.28	32.91	33.32	23.51	13.07	14.46	14.15
甲烷	25.98	27.21	18.4	25.75	26.24	29.85	23.83	21.71	15.22	24.42	30.36	32.3
乙烷	10.61	11.3	23.7	15.06	12.63	16.49	10.87	21.29	8.05	10.26	12.8	13.74
乙烯	12.69	15.01		12.02	16.12	17.74	16.35		9.09	15.01	12.84	11.33
丙烷	0.36	0.14	2	0.46	0.4	0.53	0.02	0.3	0.4	0.5	0.58	0.35
丙烯	2.33	0.99		2.52	2.16	2.99	0.05	1.61	1.66	1.42	2.76	1.05
丁烷	0.31	0.1	0.2	0.73	0.3	0.11	0.31	0.7	1.12	0.85	0.57	1.01
丁烯	0.61	0.3	0.6	0	0		0.15	0.52	1.26	0.99	0.18	1.6
C_5^+	1.21	0.24		0	0.15	1.69	0.02	0	0.2	1.86	2.08	2.82
H_2S(脱前)/(μg/g)		1673	3000	3666.67	32000	45000	1000	3000	20000	6000	8750	7800
液化气组成/v%												
乙烷	0	0			0	0.1	0	0.06	0.81	0		0.2
乙烯	0	0			0	0.04	12.91		0	0.01	0.74	0.2
丙烷	8.31	8.68	6	9.19	7.18	8.06	10.69	7.64	13.58	9.61	8.55	11.21
丙烯	37.86	37.59	19.4	32.48	44.73	32.02	48.76	29.95	33.19	44.32	45.14	42.52
正丁烷	4.3	5.16	6.4	5	2.6	5.79	3.15	4.85	50.83	4.23	3.47	4.02

续表

序号	13	14	15	16	17	18	19	20	21	22	23	24
异丁烷	19.78	18.43	29.8	22.37	17.66	21.02	18.25	25.68		15.9	13.03	16.97
2-丁烯	13.64	5.73	17.1	12.81	9.87	10.23	7.91	5.46		10.03	7.21	10.85
异丁烯		15.91	11.7	10.5	16.2	7.68		14.21		9.32	9.92	7.93
1-丁烯	15.53	8.19	9.6	7.57		13.5		7.39		6.46	6.67	6.05
戊烷		0.31			0	1.56	0.19	4.76	1.53	0.01	0.14	0.01
戊烯					0	0				0		0
总硫(脱前)/(mg/m^3)		3066		816.92			290.9	678.8	38.66			
H_2S(脱前)/(μg/g)		507		170.66	3900	40000	100	400	5800	2405	5249	5100

续表 6-43

序号	25	26	27	28	29	30	31	32	33	34	35	36
装置代码	GX	GZ1	GZ2	HAIN	HB1	HB2	HEN	HHHT	HRB1	HRB2	HZ	JIL1
工艺类型	逆流两段再生	MIP-CGP，完全再生	MGD，高低并列两段再生	MIP-CGP，重叠式两段再生	重叠式两段再生	反再同轴，辅助反应器，单段逆流完全再生	高低并列	MIP，烧焦罐高效再生	MIP-CGP，反再同轴单段再生	MIP，重叠式两段再生	ARGG，烧焦罐完全再生	ROCC-IIB
催化剂牌号	LDO-75	CGP-1GZ	CDC/GOR-GS	CGP-1HN/CGP-1C/ENDURANCE	RGD-1	LVR-60R	GOR-II/RICC-2	CGP-C	CGP-1(HRB)	MAC	RAG-1HZ/RAG-6HZ/ZC-7000	LBO-16
主要操作条件												
加工能力/(万 t/a)	365	200	100	280	120	160	25	278.9	65	130	40	140
加工量/(万 t/a)	325.4	192.01	111.86	324.21	111.95	149.09	19.81	33.98	63.78	127.05	33.18	138.83
原料预热温度/℃	191	202	199	200	205	210	210	230	197	205	204	201
反应温度/℃	515	515	517	500	495	508	502	514	491	515	495	499
反应压力/MPa(g)	0.124	0.24	0.215	0.233	0.19	0.213	0.15	0.234	0.179		0.201	0.21
剂油比	7.85	6.3	7.2	6.8	6.25	5.37		5.55	6.8	6.62	7	5.75
回炼比	0.19	0.04		0	0.04	0.08	0.02	0.1	0	0	0	0.06
待生剂碳含量/%		1.24	1.3	1.63	0.82	0.9	0.85	0.68	1.37	1.2	1.4	1.25
再生剂碳含量/%	0.01	0.11	0.04	0.01	0.03	0.05	0.15	0.01	0.14	0.07	0.03	0.05
平衡剂微反活性	63	64	71	59.8	65	63	60.4	62.1	62	63.7	67	72.9
烧焦罐温度/℃							620	690			702	651
第一(单)再生器密相温度/℃	735	702	658	698	695	693	675	695	696	722	703	675
第一(单)再生器稀相温度/℃	718	700	648	678	680	698	683	630	693	680	702	660

续表

序号	25	26	27	28	29	30	31	32	33	34	35	36
第二再生器密相温度/℃	685		730	674	661					670		
第二再生器稀相温度/℃	701		760	705	658					675		
第一(单)再生器压力/MPa(g)	0.164	0.283	0.195	0.3	0.227	0.25	0.151	0.24	0.235	0.277	0.215	0.235
第二再生器压力/MPa(g)			0.212	0.33	0.249					0.292		
原料油性质												
密度(20℃)/(kg/m³)	935.9	913	921	928.1	904.7	900	924.2	907	904.9	904.9	904.4	893.2
馏程/℃　IBP	302	198	217		320	332	275	206	355	355		267
10%	418	251	371		401	409	331	350	457	457	366	406
50%	527	435			499	509	424	452			451	491
90%		501					524				589	573
FBP		547			540							
<350℃馏出量/v%	1.8		4.5	9.5			5	11.5	0	0	9	2.7
<500℃馏出量/v%	43.3			44.2			42	63.7	23.1	23.3	70	55
烃族组成/%												
饱和烃	56.25	79.34	77.02		55.9	58.7					85.5	
芳香烃	31.48	18.01	11.78		25.6	25.6					4.31	
胶质	7.77	2.54	10.98		18.4	15.5						
沥青质	7.03	0.1	0.22		0.1	0.2					6.1	
残炭/%	6.96	0.18	1.96	6.53	4.83	4.5	2.74	5.65	5.15	5.15	3.46	3.69
元素组成/%												
C		86.3			86.5	86.3						
H		12.4			12.9	12.9						
S	0.24	0.26	1.14	0.47	0.4	0.36	0.17	0.14	0.13	0.13	0.19	0.28
N	0.25	0.0682			0.25	0.25	0.1934					
金属含量/(μg/g)												
Ni	18.25	0.33	3.09	9.55	9.2	8.4	4.77	6.15	6.68	6.68	8.62	3.1
V	3.07	0.02	2.78	6.67	0.5	0.4	0.64				0.4	11.89
Fe	10.36	0.83	0.59	5.35	6	6.2	6.13	9.82	11.03	11.03	11.8	5.78
Na	3.1	0.91	4.82	1.23	0.5	0.8					4	
产品分布/%												
干气	3.14	2.98	3.75	3.05	2.5	2.7	7.94	3.48	4.04	3.44	3.41	3.64
液化气	17.11	21.37	14.04	21.45	20.06	18.51	12.57	14.34	17.71	16.72	21.34	14.26
汽油	32.21	44.72	42.55	41.06	35.68	34.46	50.99	41.82	42.4	47.41	46.64	43.46
轻循环油	13.24	21.7	26.01	20.69	27.45	30.54	18.38	24.47	23.17	19.65	17.64	24.69
重循环油	17.1				0	0						
油浆	7.99	4.21	7.66	4.81	4.56	3.95	0.05	4.27	4.42	4.59	3.3	5.79

续表

序号	25	26	27	28	29	30	31	32	33	34	35	36
焦炭	9.04	4.8	5.75	8.73	7.98	8.15	8.98	9.25	7.81	7.78	7.13	7.86
其他	0		0		1.27	1.19		1.23	0.05			
损失	0.3	0.22	0.24	0.21	0.51	0.5	1.03	1.14	0.4	0.41	0.54	0.3
轻质油收率/%	45.45	66.42	68.56	61.74	63.13	65	69.37	66.29	65.57	67.06	64.28	68.15
液体产品收率/%	62.56	87.79	82.6	83.19	83.19	83.51	81.94	80.63	83.28	83.78	85.62	82.41
转化率/%	61.67	74.09	66.33	74.5	67.99	65.51	81.57	71.26	72.41	75.76	79.06	69.52
焦炭/转化率	0.1466	0.0648	0.0867	0.1172	0.1174	0.1244	0.1101	0.1298	0.1079	0.1027	0.0902	0.1131
汽油/转化率	0.5223	0.6036	0.6415	0.5511	0.5248	0.5260	0.6251	0.5869	0.5856	0.6258	0.5899	0.6251
气体/转化率	0.3284	0.3287	0.2682	0.3289	0.3318	0.3238	0.2514	0.2501	0.3004	0.2661	0.3131	0.2575
柴汽比	0.9419	0.4852	0.6113	0.5039	0.7693	0.8862	0.3605	0.5851	0.5465	0.4145	0.3782	0.5681
回炼油性质												
密度(20℃)/(kg/m^3)		1003		1025.9	983		926.3	948.3	978.4			918.2
硫含量/%		1.09						0.19	0.3			
油浆性质												
密度(20℃)/(kg/m^3)	1068.3	1128.5	1086.5	1099.9	985	1000	947.9	1020	1041.6	1042.7	1130.7	978
残炭/%		18.6	7.1		18			13.58	11.45	11.4		4.25
硫含量/%		1.09	1.55	0.86		0.63			0.34	0.35	0.4	0.42
汽油性质												
密度(20℃)/(kg/m^3)	715	725.7	738.2	728.8	712.9	720	732.7	711.7	711.4	709.4	710	706.8
馏程/℃ IBP	37	34	27	30	38	42	36	31	31	32	22	39
10%	49	48	43	42	52	50	55	46	47	44	43	54
50%	82	88	101	93	84	81	90	90	79	79	87	88
90%	141	163	171	174	148	137	155	155	154	159	181	148
FBP	165	191	194	200	160	165	200	180	181	195	201	178
诱导期/min			299		711			838	609	1074	600	334
蒸气压/kPa	56	70.6	68.5	66	60.6	58	45.6	69.4	70.2	70.8	50	64
辛烷值												
MON				83			83		80.8			83.6
RON	92.8	90	94	93	91.1		92	90.4	91.2	87.9	94	87.5
硫含量/%		0.01	0.079	0.021	0.053	0.051	0.022	0.0007	0.0068		0.015	0.0142
烯烃含量/v%	43	13.6	29.8	29.65	43.9	35	44.6	39.83	44.2	28.1	30	34.3
轻循环油性质												
密度(20℃)/(kg/m^3)	848.6	958.4	948	936.6	896		888.3	880	892.9	895.5	896	870.1
凝点/℃		-10	-10	-15	3	-5	-4	-11	-5	-8	-8	-14
闪点/℃		59	82	76	30	40	72	64	68	61	66	60
十六烷值		23.5	23.7		32	32		33	26.8	21.9	28	33

续表

序号	25	26	27	28	29	30	31	32	33	34	35	36
硫含量/%	0.055	0.395	1.005	0.296			0.12		0.129	0.115	0.1	0.221
馏程/℃　IBP	150	157	174	189	149	153	166	180	170	163	169	160
10%	172	213	229	238	192	182		208	210	201		193
50%	195	264	272	269	293	246	269	256	262	257	258	237
90%	223	351	349	341	343	332	343	324	351	342	336	321
FBP	246		364	372	355	353	370		370	372	352	
干气组成/v%												
H_2	27.9	6.98	19.3	30.24	28.65	37.42	44	34.15	22.94	21.71	46.58	25.42
CO_2	1.22	3.72	2.96	3.44	0.85	37.1		1.73	2.98	2.75		3.05
CO	1.94	0.85	1.14	2.07	2.93			0.78	1.33	0.59		
N_2+O_2	13.01	19.91	14.28	16	19.27			15.56	36.23	29.92		17.8
甲烷	26.08	32.25	25.78	21.31	23.02		30	24.84	14.1	17.01	25.46	23.86
乙烷	12	15.89	14.24	12.25	9.81	23.69	13.9	11.82	9.34	9.3		11.51
乙烯	15.31	17.48	12.78	12.19	14.29			9.87	11.07	15.15	21.34	13.24
丙烷	0.16	0.63	0.45	0.31	0.16	0.23	1.28	0.19	0.08	0.4		0.92
丙烯	1.72	1.54	1.78	0.45	0.78	1.05	5.06	0.81	0.54	1.18	3.78	1.3
丁烷	0.07	0.55	1.09	0.33	0.2	0.47		0.22	0.3	0.38		0.54
丁烯	0.12	0.03	1.19	0.22	0.03			0.06	0.56	0.23	2.13	1.78
C_5^+	0.09	2.74	4.66	1.19	0.23	0.04		0.25		2.59	3.38	
H_2S(脱前)/(μg/g)		2251	4850	4500	13248	25327	2840	3553	500	6000	1100	5250
液化气组成/v%												
乙烷	0	0.18			0.29	0.64		0.01	0	0		
乙烯	0			0.24				0	0	0		
丙烷	8.85	16.47	11.06	11.06	9.53	9.73	16.08	15.51	8.12	13.15	6.85	14.24
丙烯	41.51	32.25	50.18	47.3	37.67	39.07	28.24	31.35	34.18	29.56	16.52	36.75
正丁烷	3.77	7.14	2.44	3.14	4.76	49.47	5.37	7.4	4.27	7.86	17.78	5.75
异丁烷	16.04	30.02	13	18.33	17.41		17.78	19.4	21.75	25.73	3.14	24.8
2-丁烯	15.32	6.99	3	7.22	11.08		7.6	10.97	13.56	10.96	14.98	9.03
异丁烯		6.73	7.45	8.87	10.94		5.8	8.06	11.03	6.72	6.12	
1-丁烯			3.99	3.83	7.68		8.3	7.14	7.06	5.99	4.3	8.58
戊烷			0.05	0.1	0.48	0.05	0.27		0	0	0.11	
戊烯					0		0.3		0	0		
总硫(脱前)/(mg/m³)			556						123		550	185
H_2S(脱前)/(μg/g)		3964	15260	8250	4548	7325		52.37	100	1200	950	3030

续表 6-43

序号	37	38	39	40	41	42	43	44	45	46	47	48
装置代码	JIL2	JIL3	JINL1	JINL2	JINL3	JJ1	JJ2	JM1	JM2	JN1	JN2	JS
工艺类型	RFCC	MIP-CGP	MIP，前置烧焦罐	RFCC，同轴两段再生	MIP，烧焦罐串联湍流床	MIP-DCR，前置烧焦罐	MIP-CGP，前置烧焦罐	DCC-II，烧焦罐	常规 RFCC，重叠式两段再生	FDFCC-III，前置烧焦罐	RFCCU，重叠式两段再生	MIP，前置烧焦罐完全再生
催化剂牌号	lBO-16	CGP-C	CGP-1JL	LDO-70L	CGP-JL	ABC-1	CGP-1J	RSC-2006JM	RSC-2006	COKC-1JN/CDC	MLC-500/CDC	OMT
主要操作条件												
加工能力/(万 t/a)	70	140	130	100	350	120	100	80	120	80	140	25
加工量/(万 t/a)	66.25	137.29	137.98	92.56	77.53	114.15	103.3	77	101.31	80.03	134.55	26.27
原料预热温度/℃	198	215	197	190	214	220	225	200	245	225	220	220
反应温度/℃	496	510	515	523	520	520	518	530	532	504	506	522
反应压力/MPa(g)	0.167	0.208	0.195	0.213	0.26	0.17	0.22	0.165	0.2	0.205	0.177	0.12
剂油比	5.5	6.2	6.1	6.5	4.41	7	7.5	7.6	9	8.8	5.75	10.5
回炼比					0.05	0.11	0.133	0.18	0.02	0.05	0.11	0.05
待生剂碳含量/%	1.25	1.35	1.04	2.6	1.12	1.32	1.25	0.8		0.8	1.3	0.9
再生剂碳含量/%	0.05	0.05	0.02	0.03	0.02	0.12	0.1	0.15	0.06	0.02	0.02	0.04
平衡剂微反活性	69.4	65	51.7	62.3	50.1	66	63	64	61.6	60.8	64	75
烧焦罐温度/℃		660	708		689	670	675	685		690		690
第一(单)再生器密相温度/℃	670	685	722	680	703	680	690	705	670	695	700	700
第一(单)再生器稀相温度/℃	680	680	712	682	700	670	685	710	660	685	675	705
第二再生器密相温度/℃	685			718					660		675	
第二再生器稀相温度/℃	680			678					672		710	
第一(单)再生器压力/MPa(g)	0.206	0.25	0.215	0.237	0.292	0.19	0.23	0.176	0.22	0.215	0.24	0.12
第二再生器压力/MPa(g)	0.197			0.144					0.26		0.26	
原料油性质												
密度(20℃)/(kg/m^3)	901.2	916.3	912.5	913.9	913.1	933.5	928	923.7	925	925.1	927	895
馏程/℃　IBP	335	317		320		288	252	241	232		315	256
10%	404	444	355	354	371	358	328	374	367	361	368	390
50%	530	520	442	444	457	421	429	429	446	457	453	503
90%	573	573			496	516	517	490				
FBP			531	534	542		570					
<350℃馏出量/v%	0.5	1					9.1	5.9	6			9
<500℃馏出量/v%	43	40	76.1	75.7	68.2		77.3	72.4	66	67	69.9	49.5

续表

序号	37	38	39	40	41	42	43	44	45	46	47	48
烃族组成/%												
饱和烃						46.55	52.87	61.79	56.75			57.1
芳香烃						45.01	38.23	24.86	26.24			20.2
胶质						8.43	5	13.35	17.01			22.5
沥青质							3.9					0.2
残炭/%	3.97	3.8	3.05	2.47	3.67	2.13	2.48	2.6	4.1	3.81	4.2	5.96
元素组成/%												
C						86.3	86.4		88.1			86.3
H						12	12.4		11.5			13.1
S	0.32	0.48	0.29	0.22	0.43	0.8	0.81	0.56	0.84	0.54	0.55	0.38
N						0.2134	0.2111	0.1454	0.117	0.5056	0.5031	
金属含量/(μg/g)												
Ni	4.8	1.04	21.64	18.7	4.12	5	5	9.73	11.8	8.65	10.14	18.3
V	0.07		6.12	4	6.37	2	4	0.64	0.78	3.53	4.1	0.27
Fe	12.85	13.02	4.47	3.7	1.45	4	4	25.75	12.2	12.05	8.78	10.6
Na			0.78	0.9	0.94	1.8	2.5	2.49	2.06	0.75	0.81	1.5
产品分布/%												
干气	4.95	3.36	4.48	2.52	4.67	2.97	3.11	2.74	2.24	3.76	3.55	6.1
液化气	11.51	24.06	18.6	16.8	18.96	13.29	17.79	24.63	18.97	20.48	13.3	30.54
汽油	43.84	38.02	46.74	49.08	44.04	46.79	37.03	39	44.53	34.15	43.92	38
轻循环油	26.44	19.28	19.39	19.86	19.83	24.61	30.54	18.46	18.01	28.58	26.6	10.97
重循环油												
油浆	5.73	6.34	4.86	5.54	3.97	4.01	3.95	8.54	7	4.95	4.32	4.36
焦炭	7.23	8.64	5.78	6.15	8.43	7.27	6.88	5.89	8.15	7.83	8.08	9.24
其他						0.79	0	0	0.72	0	0	
损失	0.3	0.3	0.15	0.05	0.1	0.27	0.27	0.37	0.37	0.24	0.23	0.8
轻质油收率/%	70.28	57.3	66.13		63.87	71.41		82.09	63	62.73	70.52	48.97
液体产品收率/%	81.79	81.36	84.73	16.8	82.83	84.7	17.79	106.72	81.97	83.21	83.82	79.51
转化率/%	67.83	74.38	75.75	74.6	76.2	71.38	65.51	73	74.99	66.47	69.08	84.67
焦炭/转化率	0.1066	0.1162	0.0763	0.0824	0.1106	0.1018	0.1050	0.0807	0.1087	0.1178	0.1170	0.1091
汽油/转化率	0.6463	0.5112	0.6170	0.6579	0.5780	0.6555	0.5653	0.5342	0.5938	0.5138	0.6358	0.4488
气体/转化率	0.2427	0.3686	0.3047	0.2590	0.3101	0.2278	0.3190	0.3749	0.2828	0.3647	0.2439	0.4327
柴汽比	0.6031	0.5071	0.4148	0.4046	0.4503	0.5260	0.8247	0.4733	0.4044	0.8369	0.6056	0.2887
回炼油性质												
密度(20℃)/(kg/m^3)	927	988.8	1043			986	1009	1015.9	998		1034	951
硫含量/%						1.2	0.88	0.54	0.51	0.85	0.92	0.46

续表

序号	37	38	39	40	41	42	43	44	45	46	47	48
油浆性质												
密度(20℃)/(kg/m^3)	965	1132	1043	1042	1042.3	1102	1105	1069.1	1058	1100	1085	1012
残炭/%	11.9	10.19				16.18	8.2	7.54	9.71		19.71	6
硫含量/%	0.58	0.74				1.3	1.25	0.58	1.07	1.01	0.99	0.61
汽油性质												
密度(20℃)/(kg/m^3)	704.4	709.5	729.4	731.1	727.4	721	720	730.7	729	726.9	727.9	720
馏程/℃ IBP	36	36	32	36	28	33	34	38	35	33	32	40
10%	54	47	48	54	46	48	49	50	52	50	50	50
50%	91	77	89	99	86	84	88	82	92	91	95	73
90%	149	161	174	178	174	173	171	170	172	165	170	164
FBP	180	196	204	203	200	199	200	202	201	196	195	198
诱导期/min	386	314	407			1000	1000					
蒸气压/kPa	70	62	69.1	62	77.5	75	66	54.6	48	67.7	70.8	70
辛烷值												
MON	83.6	87.2	82		82		82	82	81	82	81	82
RON	87.6	92.7	93	92	94	89	94	95	94	92	92	95
硫含量/%	0.018	0.022	0.025		0.28	0.63	0.045	0.079	0.011	0.05	0.061	0.069
烯烃含量/v%	36.2	29	27.8	33.8	29.72	26.5	32	42.7	43.4	23	24	50
轻循环油性质												
密度(20℃)/(kg/m^3)	873	937.5	951.1	937.8	950	940	940	957.8	934	927.6	921.7	850
凝点/℃	-16	-30	-20		-20	20	-8	-2	-7	-2	-1	-5
闪点/℃	33	56	70		82	81	88	87	82	77	76	80
十六烷值	33	23.5				21	24	21.6	24			25
硫含量/%	0.29	0.308	0.35	0.25	0.209	0.72	0.65	0.563	0.853	0.5	0.52	0.4
馏程/℃ IBP	137	162	195	212	195	200	188	188	191	194	177	219
10%	189	209	233	245	237	233	231	228	228	233	229	230
50%	246	259	276	286	278	277	287	280	280	281	281	269
90%	332	330	354	353	345	346	350	356	353	345	351	319
FBP		345		376	358	358	360	373	377	363	364	360
干气组成/v%												
H_2	23.02	32.18	45.81	37.5	44.73	23.07	21.26	32.01	40.47	31.25	34.05	31.4
CO_2	2.5	2.43	2.27	2.4	2.6	4.66	2.06	0.86	0.77	3.25	1.61	1.54
CO						1.78	0.78	0.64	0.56	0	0	
N_2+O_2	30.62	13.85	12.73	14.9	12.5	15.45	26.2	18.6	18.93	24.6	22.9	20
甲烷	19.34	25.01	21.76	23.4	18.7	26.62	26	23.14	17.49	18.89	22.25	23.2
乙烷	10.55	11.68	6.36	8.4	8.5	12.69	10.26	9.57	9.37	9.35	9.95	0

续表

序号	37	38	39	40	41	42	43	44	45	46	47	48
乙烯	11.49	10.93	6.27	11	8.1	12.72	11.97	11.17	9.73	8.9	7.96	23.47
丙烷	0.66	0.76	0.2	0.2	0.24	0.23	0.06	0.26	0.16	0.42	0.17	0.03
丙烯	0.91	1.28	0.79	0.9	0.91	0.88	0.29	1.05	0.68	1.32	0.73	0.36
丁烷		0.24	0.18	0.2	0.43	0.3	0.17	0.33	0.19	0.12	0.03	0
丁烯	0.14	0.36	0.37	0.1	0.49	0.35	0.25	0.81	0.18	0.01	0.09	0
C_5^+	0.33	0.7	1.62	0.5	2.16	1.82	0.77	2.99	2.2	1.6	1.2	0
H_2S(脱前)/(μg/g)	800	9000	16370	5000	6400	2698	58000	11505.17	9145	13000	16038	4500
液化气组成/v%												
乙烷				0.1	0.06	0.56	0		0	0.05	0.08	
乙烯					0		0					0.01
丙烷	9.14	9.15	12.5	13.7	11.67	10.57	8.1	14.34	13.3	11.22	9.86	6.11
丙烯	34.92	37.18	41.23	42.9	44.14	36	38.2	37.55	40.78	36.59	43.43	46.37
正丁烷	4.85	4.52	5.19	3.5	3.96	6.37	3.71	8.02	3.96	7.47	3.9	2.63
异丁烷	25.22	24.08	17.07	16.8	17.88	18.87	19.19	11.31	16.91	19.29	16.07	8.72
2-丁烯	11.38	6.3	0.18	10	8.59	13.43	14.12	10.42	9.82	6.54	12.2	8.51
异丁烯	13.5	14.25	13.69		12.62	6.22	10.75	12.36	9.86	14.24	9.4	20.49
1-丁烯		4.52		12.4		8.93	5.51	5.22	5.23		4.7	6.17
戊烷				0.1		0	0		0.14	0.07	0.28	0.01
戊烯						0	0				0	1
总硫(脱前)/(mg/m³)		110			54.7				12356			
H_2S(脱前)/(μg/g)	160	24	1400	5000	775	27548	7000	13818	12021	3500	7182	1800

续表 6-43

序号	49	50	51	52	53	54	55	56	57	58	59	60
装置代码	JX1	JX2	JZ2	JZ3	KLMY	LH	LY1	LY2	LZ1	LZ2	MM1	MM2
工艺类型	TSRFCC，烧焦罐完全再生	反再同轴，后置烧焦罐两段再生	烧焦罐高效再生	反再同轴，后置烧焦罐两段再生	烧焦罐高效再生	反再同轴，ROCC-Ⅲ型	高低并列，完全再生	同轴，完全再生	并列式两段再生	重叠式两段再生	蜡油催化	MIP，前置烧焦罐完全再生
催化剂牌号	LVR-60R/COKC-1	LV-33/LDR-100	LBO-16/GOR-Ⅱ	GOR-C/LBO-16	LRC-99B	LDO-70/CDC	CORH	CRSC	LDO-70	LDO-70	ZC-7000MM	CDOS-M3
主要操作条件												
加工能力/(万 t/a)	100	180.6	100	160	80	72	160	140	120	300	80	100

续表

序号	49	50	51	52	53	54	55	56	57	58	59	60
加工量/(万 t/a)	106. 74	176. 41	102. 79	137. 76	70. 77	63. 61	164. 06	158. 76	51. 98	306. 93	71. 62	94. 3
原料预热温度/℃	186	180		200	270	188	230	244	195	205	230	220
反应温度/℃	502	492	492	505	496	496	505	511	505	505	480	515
反应压力/MPa(g)	0. 196	0. 189	0. 21	0. 183	0. 127	0. 173	0. 14	0. 15	0. 23	0. 205	0. 132	0. 197
剂油比	5. 65	5. 89	5. 11	4. 7	6		6. 2	8. 06	6. 7	8	4. 3	5. 8
回炼比	0. 38	0. 1	0. 16	0. 06	0. 29	0. 41	0. 01		0	0. 06	0. 18	0
待生剂碳含量/%	0. 98	1. 38	1. 23	1. 15	0. 9	1. 34	0. 48	1. 08		1. 44	0. 92	1. 85
再生剂碳含量/%	0. 02	0. 02	0. 05	0. 1	0. 08	0. 04	0. 08	0. 02	0. 1	0. 11	0. 03	0. 02
平衡剂微反活性	63	68	66	69. 6	65	70	64. 2	63. 3	61. 8	71	65	62
烧焦罐温度/℃	708		690		697							685
第一(单)再生器密相温度/℃	714	684	685	664	705	662	659	660	660	697	672	686
第一(单)再生器稀相温度/℃	712	685	684	676	708	670	682	695	628	674	678	660
第二再生器密相温度/℃		701		700		698			690	688		
第二再生器稀相温度/℃		714		655		695			676	702		
第一(单)再生器压力/MPa(g)	0. 219	0. 245	0. 185	0. 221	0. 157	0. 22	0. 17	0. 17	0. 26	0. 25	0. 134	0. 21
第二再生器压力/MPa(g)		0. 22		0. 205		0. 2			0. 25			
原料油性质												
密度(20℃)/(kg/m^3)	904. 8	899. 3	884. 6	909. 5	902. 8	886. 2	899. 9	897. 2	890. 9	874. 8	888. 5	913. 1
馏程/℃ IBP	292	287	293	296	306		201	215	229	271	182	247
10%	344	299	376	384	384		297	292	388	385	336	347
50%	417	413	450	476	447		415	326	456	470	425	477
90%	479						578	667			478	
FBP											502	
<350℃馏出量/v%	7	8					14. 6	14. 8	4. 2	2. 3	16	10. 7
<500℃馏出量/v%	92		78. 5	56. 6	82		80. 5	64. 3	68. 9	61	92	55. 3
烃族组成/%												
饱和烃	61. 4			53. 1		71. 8			60. 44	60. 8	78. 6	65. 74
芳香烃	34. 6			39. 4		18. 4			33. 81	34. 2	19. 13	25. 5
胶质	4. 1			5. 7		8. 54			5. 8	5. 1	2. 1	8. 15
沥青质	0. 9			1. 8						0	0. 17	0. 61
残炭/%	0. 26	4. 21	2. 46	4. 83	2. 34	4. 61	0. 8	2. 54	3. 56	3. 66	0. 13	5. 06
元素组成/%												
C									85. 5	86. 1		
H									12. 7	12. 6		
S	0. 23	0. 16	0. 21	0. 22	0. 68	0. 2	0. 22	0. 32	0. 53	0. 4	0. 15	0. 33
N	0. 26	0. 14	0. 25		1. 9					0. 18	0. 0597	0. 1697

续表

序号	49	50	51	52	53	54	55	56	57	58	59	60
金属含量/(μg/g)												
Ni	0.89	0.42	4.9	11.19	4.37	8.3	1.46	6.51	5.4	5.28	0.3	13.06
V	0.3	0.33	0.4	0.86	0.35	0.05	0.69	2.39	16.49	6.03	0.95	5.16
Fe	11.12	25.83	2.3	4.21	5.25	12.4	1.03	10.18	9.1	11.22	2.78	11.69
Na			0.6	1.22	11.86	2.7			0.16	1	0.22	0.87
产品分布/%												
干气	3.32	3.45	3.72	3.59	3.02	3.91	1.38	2.52	3.75	3.78	3.41	3.12
液化气	13.14	17.13	18.22	15.21	11.35	14.55	15.91	16.98	15.64	16.12	14.56	13.88
汽油	44.61	41.68	42.19	44.11	46.28	45.89	49.77	48.36	45.99	46.43	49.62	46.03
轻循环油	30.88	25.63	24.86	23.46	33.01	22.03	24.45	20.85	20.85	0.65	24.58	20.03
重循环油					0				0	20.11		
油浆	2.61	3.55	4.45	6.15	2.78	3.46	3.4	3.85	5.12	4.4	3.55	7.48
焦炭	5.12	7.5	6.18	7.08	5.19	9.2	4.49	6.82	8.32	8.21	4.05	7.36
其他	0.02	0.2			0		0.29	0.34		0		2.02
损失	0.3	0.28	0.39	0.39	0.4	0.28	0.31	0.28	0.32	0.3	0.11	0.1
轻质油收率/%	75.49	67.31	67.05	67.57	79.29	67.92	74.22	69.21	66.84	47.08	74.2	66.06
液体产品收率/%	88.63	84.44	85.27	82.78	90.64	82.47	90.13	86.19	82.48	63.2	88.76	79.94
转化率/%	66.51	70.82	70.69	70.39	64.21	74.51	72.15	75.3	74.03	74.84	71.87	72.49
焦炭/转化率	0.0770	0.1059	0.0874	0.1006	0.0808	0.1235	0.0622	0.0906	0.1124	0.1097	0.0564	0.1015
汽油/转化率	0.6707	0.5885	0.5968	0.6267	0.7208	0.6159	0.6898	0.6422	0.6212	0.6204	0.6904	0.6350
气体/转化率	0.2475	0.2906	0.3104	0.2671	0.2238	0.2478	0.2396	0.2590	0.2619	0.2659	0.2500	0.2345
柴汽比	0.6922	0.6149	0.5892	0.5319	0.7133	0.4801	0.4913	0.4311	0.4534	0.4471	0.4954	0.4352
回炼油性质												
密度(20℃)/(kg/m³)	1006.5	894.1	961	979.7	914.6		1013.8	1023.2		993	912.8	
硫含量/%	0.35	0.21	0.33	0.37			0.77	0.42		0.87	0.24	
油浆性质												
密度(20℃)/(kg/m³)	1050.7	1017.3	1008	1037.1	936.3	942.5	1087.8	1038.6	1015.2	1047	1054	1085
残炭/%	4.84	8.93	7.9	9.72	1.36		10.53		3.09	8.28	5.18	12
硫含量/%	0.39	0.42	0.36	0.42			1		1.13	1	0.51	1.08
汽油性质												
密度(20℃)/(kg/m³)	724.8	715.6	725	728.2	721	720	725.4	729.3	709.8	716.6	732.5	714.3
馏程/℃　IBP	28	34	40	38	35	34	33	30	32	38	38	38
10%	59	53	53	54	55	50	43	46	48	50	52	52
50%	90	88	90	94	98	88	100	103	92	92	115	95
90%	151	168	167	167	161	157	181	179	168	166	176	168
FBP	190	195	200	198	185	191	204	201	195	193	205	204

续表

序号	49	50	51	52	53	54	55	56	57	58	59	60
诱导期/min			660	780	335		602	1400		500	750	1083
蒸气压/kPa	63.8	65.6		58			74	65.9		62.7	69	71
辛烷值												
MON	79		80.8	90.4		86	81	81		81		
RON	90.5	90.6	92.4	79.4	90.2		91	91	90.7	91	89	87
硫含量/%	0.0277	0.0187	0.0205	0.0204	0.01	0.01	0.007	0.035	0.0388	0.0235	0.006	0.129
烯烃含量/v%	37	37.3	45.8	41.8	44.2	36	27.86	31.28	34.75	35	21	15
轻循环油性质												
密度(20℃)/(kg/m^3)	900.4	887.1	898	900.7	884.2	876.1	938.3	922.3		898.1	914.9	933.7
凝点/℃	-8	0	-5	1		-2	-10	-10	-8	-30	-10	-10
闪点/℃	35		64	52	61	70	83	74		25		
十六烷值	31.8	36.7	30	30.7	37.8		25	28		30.4		
硫含量/%	0.157	0.167	0.22	0.22	0.05		0.33	0.36		0.462	0.2	0.28
馏程/℃ IBP	150	138	170	166	173	177	189	190		112	200	165
10%	202	227	216	219	217		237	240		198	233	226
50%	266	283	275	275	272	263	276	279	263	258	274	265
90%	337	346	344	348	347	329	349	351	337	341	348	322
FBP	356	366			370	349	375	369		363	365	351
干气组成/v%												
H_2	8.76	16.49	38.8	23.9	26.03	18.72	46.55	42.84	17.16	13.59	25.35	43.88
CO_2	5.29	1.14	3.9	4.2	2.68	6.17	1.41	1.86	3.98	6.14	3.09	1.6
CO	2.61	0.09	1.3	1.9	1.03		1.39	1.11	3.18	3.42	0.99	
N_2+O_2	20.97	10.51	19.5	25.5	1.73	30.07	13.06	18.63	20.51	19.73	12.08	8.9
甲烷	29.12	36.4	17	20.4	33.61	18.06	15.84	17.24	28.49	25.34	31.11	21.15
乙烷	14.52	16.37	7.9	10.1	16.1	11.11	10.85	7.72	9.96	12.1	7.73	9.08
乙烯	18.36	18.31	10	11.9	17.8	11.79	9.35	9.68	12.29	14.68	17.62	11.01
丙烷	0.06	0.34	0.2	0.3	0.11	3.93	0.21	0.1	0.57	0.29	0.12	0.2
丙烯	0.12	0.33	1.3	1.7	0.37		0.87	0.56	2.07	1.72	0.52	0.48
丁烷	0.06	0		0.1	0.19		0.27	0.17	0.17	1.13	0.79	1.7
丁烯		0		0	0.1		0.15	0.07	0.22	1.31	0.45	0.86
C_5^+		0.02			0.2			0.67	0.14	0.55	2.03	3.24
H_2S(脱前)/(μg/g)	186	3500	4000	600	1755		3730	9088		10000	54000	44000
液化气组成/v%												
乙烷	0	0		0.5	0.37	0.42		0.07		0.14	0.78	0.66
乙烯	0	0			0			0		0		
丙烷	10.7	13.2	7.7	9.5	12.96	14.27	12.43	13.18	10.5	6.93	12.22	17.8

续表

序号	49	50	51	52	53	54	55	56	57	58	59	60
丙烯	38.2	31.9	42.8	43.1	35.08	39.43	38.41	36.88	38	50.37	45.37	32.29
正丁烷	3.4	5.7	5	4.8	7.26	6.11	4.64	5.84	6.4	3.35	2.98	7.04
异丁烷	22.5	18.9	18.1	18.9	19.91	20.13	20.85	15.51	17.3	16.98	21.68	24.63
2-丁烯	10.7	15.7	11.4	9	4.7	9.44	10.32	7.63	13	10.05	4.3	4.54
异丁烯	2.5	8	8.7	9.1	9.14	5.42	7.18	7.36	7	6.3	9.42	8.2
1-丁烯	14	6.6	6.3	5.1	10.22	6.27	5.44	5.84	6.9	5.62	2.8	2.83
戊烷	0	0			0.58	0.25	0.43	1.91		0.26	0.23	0.02
戊烯	0	0			0.12			0.01		0		
总硫(脱前)/(mg/m^3)	450	1736			1287							
H_2S(脱前)/(μg/g)	1300	1000	300	2000	930		6866	6230		700	22000	19000

续表 6-43

序号	61	62	63	64	65	66	67	68	69	70	71	72
装置代码	MM3	MM4	NC	NX	QDL	QDS	QJ1	QJ2	QL1	QL2	QY	SH1
工艺类型	两段再生	MIP，单段逆流再生	烧焦罐高效再生	重叠式两段再生	MIP-CGP，烧焦罐加床层	MIP，两段再生	双提升管，完全再生	MIP，完全再生	外置提升管，前置烧焦罐	MIP-CGP，前置烧焦罐	辅助提升管，反再同轴单段再生	提升管反应，S&W 同轴两段再生
催化剂牌号	LV-23	CDOS-M3	LVR-60R/LDO-75	MLC-500/LVR-60R	HCGP-1	CGP-1QD	GOR-II/CGP-I	RICC-5/GOR-II	COKC-1	RICC-1	MLC-500	LANK-98/CHZ-4A
主要操作条件												
加工能力/(万 t/a)	140	215	50	260	290	140	12	50	140	80	174	100
加工量/(万 t/a)	141.39	219.33	38.66	226	394.4	106.5	10.56	46.75	132	103.26	154.28	82.88
原料预热温度/℃	220	232	190	197	200	200	200	195	200	210	209	191
反应温度/℃	522	515	518	500	508	515	496	495	508	515	494	521
反应压力/MPa(g)	0.152	0.251	0.148	0.26	0.25	0.19	0.128	0.2	0.16	0.215	0.212	0.184
剂油比	5.8	5.21		7.8	6.5	5.2	6.2	7.2	3.7	4.5	6.5	5.9
回炼比	0	0	0.1	0.16	0	0.08			0.02		0.29	0
待生剂碳含量/%	1.13	0.9		1.19	0.89	1.2	1.55		0.8	1.47	1	1.04
再生剂碳含量/%	0.1	0.01	0.02	0.04	0.02	0.1	0.19	0.06	0.02	0.03	0.05	0.07
平衡剂微反活性	68	63	61	69	53.5	66	59.7	64	64	60	65.1	63.2
烧焦罐温度/℃		670	648		670				700	710	686	
第一(单)再生器密相温度/℃	679	665	706	690	685	660	695	695	728	720	687	689
第一(单)再生器稀相温度/℃	694	685	680	650	685	670	695		718	715	691	685

续表

序号	61	62	63	64	65	66	67	68	69	70	71	72
第二再生器密相温度/℃	714			630		675						725
第二再生器稀相温度/℃	725			705		680						727
第一(单)再生器压力/MPa(g)	0.21	0.273	0.125	0.26	0.275	0.22	0.178	0.235	0.175	0.235	0.238	0.234
第二再生器压力/MPa(g)	0.195					0.257						0.158
原料油性质												
密度(20℃)/(kg/m^3)	930	940	910	906	898	936	902.1	903.4	917.1	934.6	908.6	919.1
馏程/℃ IBP	267	179	287	220	228	250	263		273	295	304	208
10%	383	376	382	365	334	388			392		399	334
50%	486	483	493	459	390	450			467	490	495	392
90%		571			517	547					666	
FBP		602			566	550	360				694	
<350℃馏出量/v%	1.3	5.3	3.5	2	15.6		5.8					8.5
<500℃馏出量/v%	2.4	52	52	64	84.9				71.3		61	75.6
烃族组成/%												
饱和烃	69.45			58.4	56.5				67.78	62.75	74	61.31
芳香烃	26.92			30.4	43.5				25.57	29.97	18.8	24.37
胶质	1.84			11.3	0				5.79	5.7	7.4	13.46
沥青质	1.79	0.57			0				0.86	1.58	0.76	0.86
残炭/%	4.69	4.2	4.56	5.2	0.24	0.95	5.92	5.66	1.63	4.17	5.1	2.21
元素组成/%												
C				86.7	87.2	86.5					86.6	
H				12.2	12.7	11.6					12.5	
S	0.29	0.3	0.06	0.15	0.35	0.8	0.28	0.28	0.64	0.5	0.18	0.59
N	0.1357	0.13		0.38	0.0816	0.2					0.15	0.1696
金属含量/(μg/g)												
Ni	3.45	8	4.8	3.3	1.58	3.03		15.2	10.74	4.68	2.7	5.76
V	4.31	8	2.28	0.1	1.67	7.7			11.6	4.82	0.96	3.8
Fe	4.69	3	12.37	1.8	2.55	2			13.05	2.01	21.1	4.1
Na	0.52	0.24		1.2	0.18	3			1.3	1.01	18.6	1.05
产品分布/%												
干气	3.16	4.35	4.15	2.7	3.17	3.37	6.78	3.81	3.59	5.61	3.41	4.49
液化气	13.78	16.64	12.84	14.78	19.04	19.29	21.41	18.08	15.27	14.68	15.71	18.29
汽油	42.74	43.08	48.9	46.31	49.89	40.13	41.52	43.6	44	42.5	42.41	42.76
轻循环油	25.92	20.69	18.98	22.79	20.75	27.37	19.21	20.32	25.48	20.23	27.28	20.04
重循环油				0							0	
油浆	6.48	5.79	5.9	4.6	2.08	4.35	3.92	3.74	5.01	5.18	2.08	8.69

续表

序号	61	62	63	64	65	66	67	68	69	70	71	72
焦炭	7.55	7.92	8.42	8.9	5.05	5.3	6.66	9.83	4.57	7.7	7.57	5.44
其他	0.28	1.39		1.6	0	0.12			1.98	3.98	3.17	
损失	0.09	0.1	0.81	0.2	0.03	0.07	0.5	0.62	0.1	0.13	0.45	0.29
轻质油收率/%	68.65	80.41	67.88	69.1	70.64	67.5	60.73	63.92	69.48	62.73	69.69	62.8
液体产品收率/%	82.43	97.05	80.72	83.88	89.68	86.79	82.14	82	84.75	77.41	85.4	81.09
转化率/%	67.6	73.52	75.12	72.61	77.17	68.28	76.87	75.94	69.51	74.59	70.64	71.27
焦炭/转化率	0.1117	0.1077	0.1121	0.1226	0.0654	0.0776	0.0866	0.1294	0.0657	0.1032	0.1072	0.0763
汽油/转化率	0.6322	0.5860	0.6510	0.6378	0.6465	0.5877	0.5401	0.5741	0.6330	0.5698	0.6004	0.6000
气体/转化率	0.2506	0.2855	0.2262	0.2407	0.2878	0.3319	0.3667	0.2883	0.2713	0.2720	0.2707	0.3196
柴汽比	0.6065	0.4803	0.3881	0.4921	0.4159	0.6820	0.4627	0.4661	0.5791	0.4760	0.6432	0.4687
回炼油性质												
密度(20℃)/(kg/m³)	962.9		955.7	990.7	1040	1078			999.9	1050	924	
硫含量/%	0.26			0.38	0.99	1.34				1.06	0.19	
油浆性质												
密度(20℃)/(kg/m³)	1076.9	1091	999.5	1025	1117	1143	1086	1083	1048.1	1075.7	966	1063.2
残炭/%	14.67			12.8	4.5	17.4					5.36	
硫含量/%	0.79	0.56		0.18	1.83	1.34				1.22	0.34	1.29
汽油性质												
密度(20℃)/(kg/m³)	731.5	720	729.8	717.2	760	720	725	724	731.2	732.7	720.6	736.8
馏程/℃ IBP	37	32		33	31	35		40	36	36	34	36
10%	54	47	59	49	43	48		54	53	51	49	55
50%	102	97	104	93	91	92		91	94	95	107	97
90%	173	173	168	163	178	180		166	171	177	158	174
FBP	203	202	198	193	203	204		203	199	200	187	200
诱导期/min	250		410	275	545				574	283	498	
蒸气压/kPa		76		74	77.9	73	62.1	60.3	58.3	64.2	72.3	57.7
辛烷值												
MON	81			79.2	83				80	81	82.9	73
RON	92		91.5	90.1	94	94		89	92	92	90.3	84
硫含量/%	0.012	0.006	0.0152	0.03	0.015	0.07		0.04	0.043	0.02	0.05	0.048
烯烃含量/v%	24.49		41.32	36.9	20.45	20		32.5	35.12	27.82	37	32.59
轻循环油性质												
密度(20℃)/(kg/m³)	959.3	950		883.9	945	970		887	929	955.1	852.6	930.7
凝点/℃	−10	−10	4	0	−21	−14	−2	−4	−3	−20	−3	−5
闪点/℃	61	65	82	59	66	94		68	68	67	72	
十六烷值	22.6	23	32	34	22.7	22			25		38	

续表

序号	61	62	63	64	65	66	67	68	69	70	71	72
硫含量/%	0.27	0.225		0.126	0.71	0.897			0.623	0.46	0.07	0.743
馏程/℃　IBP	186	173	198	176	193	198	188	183	171	174	207	142
10%	230	224		212	234	236	219	216	226	230	228	227
50%	262	261	288	260	279	285	261	257	280	276	278	274
90%	354	338	383	339	343	354	327	325	355	351	335	339
FBP	360	352	394		356	368	354	355	365	365	357	360
干气组成/v%												
H_2	16.33	30	19.4	11.9	7.46	37	41.82	37.64	18.8	30.53	16.07	25.65
CO_2	2.61	1.3			3.28	2	2.88	4.29	2.03	3.4	1.67	2.58
CO	1.84	0.4			0.89	3	1.85	1.42	2.4	2.09	0	
N_2+O_2	10.23	13.5		27.6	16.26	14	16.25	18.5	16.24	15.37	22.9	13.22
甲烷	35.77	24.3	41.5	25.6	34.24	22	19.08	20.18	30.99	25.67	19.26	26.44
乙烷	12.48	11	33.2	23.5	15.99	11	6.62	7.7	12.15	10.76	16.35	10.68
乙烯	16.97	12			17.38	8	10.51	8.89	12.23	8.27	22.16	16.92
丙烷	0.27	0.5	0.5	0.36	0.76	0.1			0.2	0.28	0.21	0.35
丙烯	1.05	1.23	1.9	1.42	2061	0.4	1.18	1.38	1.03	0.94	0.2	1.63
丁烷	0.56	0.5	1.4	1.48	0.5	0.25			0.39	0.41	0.16	0
丁烯	0.17	0.08	1.6		0.2	0.3			0.51	0.49	0.24	0
C_5^+	3.73	7.5	0.5	10	0.62	1.05			2.21	2.3	0	1.98
H_2S(脱前)/(μg/g)		130	462	2200	2121	10000	3434	6150	40	23000	8648	25300
液化气组成/v%												
乙烷	0.12	1.3	0.5		0.19	0.4	0.79	0.67	0	0.03	2.56	
乙烯		0	0.2	11.27	0	0.3			0.01	0.03	0.91	
丙烷	12.65	13.3	10.8	31.76	12.31	13.2	6.44	6.86	10.2	12.83	11.3	9.49
丙烯	41.17	38.7	42.9	56.96	39.65	39.4	40.56	37.58	41.8	41.81	38.4	42.06
正丁烷	4.06	6.2	3.5		4.27	5	3.77	4.34	3.95	6.07	18.57	3.14
异丁烷	19.6	10.3	16		22.52	16	15.46	20.55	16.74	18.33	17.38	16.28
2-丁烯	12.09	5.3	4.8		8.23	9.1	14.06	14.14	11.64	8.07	5.39	8.58
异丁烯	5.98	10.5	14		6.82	8.1	18.26	15.51	14.67	7	0.2	14.94
1-丁烯		3.2	6.5		5.04	5.4				5.48	4.12	4.86
戊烷	0.22	0.18	0.8		0.06	0.03	0.66		0.79	0.03	0.1	
戊烯		0		0	0.07	0.04		0.34	0.16	0	0	
总硫(脱前)/(mg/m³)		19950					5565				8621	
H_2S (脱前)/(μg/g)		10678			6628	20000		6880	62	2600	8139	9700

续表 6-43

序号	73	74	75	76	77	78	79	80	81	82	83	84
装置代码	SH2	SJZ1	SJZ2	SL	TJ	TZ2	WH1	WH2	WLMQ2	XA	YH	YM
工艺类型	MIP，重叠式两段再生	MIP-CGP，单段再生	前置烧焦罐再生	FDFCC-III，重叠式两段再生	MIP，前置烧焦罐再生		并列式两段再生	重叠式两段再生	RFCC，并列式两段再生	MIP-CGP，不完全再生	MIP-CGP，不完全再生	TSRFCC，烧焦罐完全再生
催化剂牌号	CRMI-2	MIP-1SJ	CC-20DV（SL2）	COKC-1JN/稀土	CRMI-2	RICC-5	CDOS	DACS-WH	LDO-70	CGP-1XA	CGP-YH	LDO-75/CDC
主要操作条件												
加工能力/(万 t/a)	350	90	80	80	130	18	110	100	140	80	105	80
加工量/(万 t/a)	356. 1	101. 35	68. 44	83. 98	103. 65	18. 38	91. 06	90. 82	121. 21	57. 07	104. 62	82. 03
原料预热温度/℃	200	195	204	220	252	200	187	196	180	208	183	238
反应温度/℃	515	490	515	495	504	510	521	509	498		521	510
反应压力/MPa(g)	0. 254	0. 15	0. 18	0. 145	0. 165	0. 137	0. 155	0. 201	0. 185		0. 114	0. 2
剂油比	8. 5	1. 35	5. 8	8. 2	5. 25		6. 21	6. 5	5. 7		7	6. 11
回炼比		0. 04	0. 16	0. 15	0. 07	0	0	0. 09	0. 19		0	0. 37
待生剂碳含量/%	2		1. 2	1. 34	1. 3	1. 45	0. 9	1. 2	1	1. 2	1. 1	
再生剂碳含量/%	0. 03		0. 01	0. 06	0. 08	0. 14	0. 05	0. 07	0. 03	0. 1	0. 06	0. 04
平衡剂微反活性	61. 9		62. 6	63. 4	66	67	72. 3	63. 3	65	61. 2	67	60
烧焦罐温度/℃			687		706					646		661
第一(单)再生器密相温度/℃	690	657	706	689	704	690	660	683	679	681	690	695
第一(单)再生器稀相温度/℃	680	672	716	676	715	706	640	669	642	698	696	678
第二再生器密相温度/℃	720			682			719	671	701			
第二再生器稀相温度/℃	700			687			761	714	758			
第一(单)再生器压力/MPa(g)	0. 281	0. 188	0. 2	0. 185	0. 166	0. 17	0. 177	0. 223	0. 199	0. 28	0. 148	0. 26
第二再生器压力/MPa(g)	0. 323			0. 209			0. 12	0. 248	0. 189			
原料油性质												
密度(20℃)/(kg/m^3)	929. 4	918. 7	934	903. 8	901. 2	916	928. 6	926. 2	898. 9	904. 1	902	937. 7
馏程/℃ IBP	330	219	267	283	211		324	288	250	233	221	
10%	372	365	388	364	346	405	355	359	374	398	332	403
50%	483	445	470	436	449	520	447	448	482	479	354	437
90%				498	521						448	464
FBP				526	553					540		473
<350℃馏出量/v%		8. 3	2. 5	4. 2	13	4. 8		6. 6	5	5. 8		

续表

序号	73	74	75	76	77	78	79	80	81	82	83	84
<500℃馏出量/v%	60	72.3	62	75	98	48	75	54.2	50			
烃族组成/%												
饱和烃	55.85			64.2	74.5		46.99	52.3	64.18	62.3		
芳香烃	31.27			16.44	22.6		42.41	34.08	25.7	22.3		
胶质	10.43			10.31	3.34		9.66	13.2	9.08	13.9		
沥青质	2.45			0.26			0.94	0.42	2.01	1.5		
残炭/%	4.88	3.52	4.5	3.55	0.11	5.99	2.76	2.1	3.96	5.46	4.67	5.25
元素组成/%												
C	87.2			86						86.7	83.8	
H	12.1			12.7						12.8	12.7	
S	0.52	1.19	1.16	0.72	0.38	0.39	0.79	0.78	0.24	0.16	0.16	
N	0.1736			0.36	0.01		0.3		8.24	0.39	0.2109	
金属含量/(μg/g)												
Ni	7.68	11.9	13	15.32	0.11	4.3	2.9	3.9	7.51	5.3	5.04	
V	7.95	9.85	8	1.02	0.12	5.5	1.2	1.57	4.11	2.6	0.96	
Fe	4.79	5.3	7.5	22.02	0.42	25	2.2	1.5	5.7	4.1	7.57	
Na	1			10.94			1	1	1.38	6.5		
产品分布/%												
干气	5.13	3.6	4.4	5.71	3.03	8.29	3.47	4.31	3.03	3.1	3.33	6.98
液化气	16.85	23.54	10.65	17.43	16.21	15.7	19.18	15.36	11.7	18.23	29.09	12.72
汽油	42.64	36.13	37.5	38.56	47.34	40.19	40.82	42.01	48.28	42.81	41.39	38.49
轻循环油	22.04	25.19	29.81	26.31	22.76	24.14	23.32	24.86	23.6	22	12.46	31.96
重循环油									0			0
油浆	4.98	3.93	7.97	4.33	5.49	2.24	6.77	5.64	5.65	4.43	3.61	1.89
焦炭	8.06	7.33	9.38	7.28	5.1	8.93	5.81	6.94	7.38	8.38	9.65	7.66
其他				0.08		0		0	0	0.39		0
损失	0.3	0.28	0.29	0.29	0.08	0.51	0.13	0.12	0.32	0.66	0.46	0.3
轻质油收率/%	64.68	61.32	67.31	64.87	70.1	64.33	64.14	66.87	71.88	64.81	53.86	70.45
液体产品收率/%	81.53	84.86	77.96	82.3	86.31	80.03	83.32	82.23	83.58	83.04	82.95	83.17
转化率/%	72.98	70.88	62.22	69.36	71.75	73.62	69.91	69.5	70.75	73.57	83.93	66.15
焦炭/转化率	0.1104	0.1034	0.1508	0.1050	0.0711	0.1213	0.0831	0.0999	0.1043	0.1139	0.1150	0.1158
汽油/转化率	0.5843	0.5097	0.6027	0.5559	0.6598	0.5459	0.5839	0.6045	0.6824	0.5819	0.4931	0.5819
气体/转化率	0.3012	0.3829	0.2419	0.3336	0.2682	0.3259	0.3240	0.2830	0.2082	0.2899	0.3863	0.2978
柴汽比	0.5169	0.6972	0.7949	0.6823	0.4808	0.6006	0.5713	0.5918	0.4888	0.5139	0.3010	0.8303
回炼油性质												
密度(20℃)/(kg/m³)	1067.4	1054.8	998	939.6	1035				964.9		1051.3	942.8

续表

序号	73	74	75	76	77	78	79	80	81	82	83	84
硫含量/%		1.32	1.57	0.66							0.38	0.3
油浆性质												
密度(20℃)/(kg/m^3)	1125	1150.6	1048.6	1036.9	1060	990.9	1055.7	1054.8	993.1	1000	1136	996.7
残炭/%				6.87	4.4				5.7		11.9	6.2
硫含量/%		1.47	1.71	0.85	1.8		1.47	1.39	0.46	0.35	0.48	0.46
汽油性质												
密度(20℃)/(kg/m^3)	737.5	726.9	732	717.7	724	723.8	737	733.1	726.4	717		720.2
馏程/℃ IBP	32	35	29	38	36	34	38	35	38	38	34	35
10%	48	45	49	52	78	51	53	51	54	49	47	41
50%	94	81	107	89	95	83	94	88	93	87	73	86
90%	174	170	172	155	170	151	168	171	167	170	162	148
FBP	199	205	198	177	201	189	195	194	196	202	203	173
诱导期/min				1200	600				860			540
蒸气压/kPa	74	75		65	69	53.9	61.5	64.5	41.1	66	66.8	
辛烷值												
MON	81			84	81		83	82	89.8		82	
RON	91	94	92	91	89	91	93	92	90.4	90	94	91.3
硫含量/%	0.026	0.063	0.085	0.088	0.006	0.08	0.075	0.064	0.0033	0.009	0.01	0.0206
烯烃含量/v%	17.47	24.41	37	26.74	15	43.43	23.9	29.95	35.4	24.74	33.2	46.46
轻循环油性质												
密度(20℃)/(kg/m^3)	954.4	952.9	918	895.8	918.5	896	948	937	898.5	914.5	927.7	865.5
凝点/℃	-15	-20	-15	0	-25	-2			-8	-8	-9	-2
闪点/℃		78			81	63	47	45	65	63	74	62
十六烷值		22.4	28	36	28			28	32.4	31.7	26	
硫含量/%	0.46	1.06	0.99	0.447	0.2	0.29			0.235	0.203	0.178	0.231
馏程/℃ IBP	165	188	148	179	186	183	156	158	139	178	184	
10%	224	224	225	220	220	223	221	223		217	218	188
50%	274	273	280	271	259	273	270	274	272	269	266	268
90%	346	344	350	355	308	353	347	343	335	343	330	355
FBP	350			361	339	360	358	353	357	358	355	373
干气组成/v%												
H_2	28.75	42		30.36	8.56	25.14	30.35	40.75	22.34	21.79	30.79	37
CO_2	2.57	1.79		3.71	1.82		2.55	2.61	1.45	2.41	0	0
CO	0.1	0		1.35	0.14		1.25	1.58	0	0.35	0	0
N_2+O_2	12.59	18.3		29.09	21.88	31.74	14.05	13.45	0	22.36	18.79	18.49
甲烷	21.98	19.23		17.01	35.22	12.5	23.34	21.26	36.7	27.69	24.28	18.48

续表

序号	73	74	75	76	77	78	79	80	81	82	83	84
乙烷	11.39	8.37		10.98	14.18	26.63	10.35	10.23	18.15	13.03	9.88	11.69
乙烯	11.3	10.38		6.1	12.52		11.83	8.26	17.81	8.7	13.68	11.69
丙烷	0.51	0.64		0.24	0.56	2.35	0.2	0.14	0.85	0.5	0.19	0.25
丙烯	1.71	0.89		0.6	0.35		0.64	0.44	2.02	0.95	1.11	0.59
丁烷	1.49	0.38		0.22	0.57	1.64	0.78	0.29	1.1	1.16	0.45	0.89
丁烯	1.51	0.3		0.34	0.25		0.84	0.29	0.44	0.61	0.46	0.89
C_5^+	6.1			1.08	3.95		0.9	1.16	0.11	3.67	2.64	0
H_2S(脱前)/(μg/g)	26397		27505	20000	8600	10001	21800	7100	27508	3425	5908	1590.88
液化气组成/v%												
乙烷	0.1	0.05			0	0.29			0.09	0	0	0.11
乙烯	0.1			0.02	0.02				0.09	0	0	1.25
丙烷	7.7	13.15		7.42	11.12	6.09	11.85	16.87	13.88	16.36	8.34	6.67
丙烯	23.41	36		38.83	33.18	32.75	38.05	39.27	36.98	40.33	43.7	45.61
正丁烷	7.59	6.01		5.21	4.78	3.8	8.23	6.5	9	4.62	3.97	3.99
异丁烷	26.59	22.85		19.83	27.9	17.79	18.4	15.56	19.96	23.09	17.53	13.11
2-丁烯	17.4	9.63		13.06	7.43	10.3	10.29	8.11	8.78	6.1	11.35	10.26
异丁烯	7.92	8.91		5.2	11.25	21.8	6.06	12.27	6.2	4.77	9.16	7.26
1-丁烯	7.98			9.37	4.22	7.09	7.23		5.02	4.42	5.42	12.26
戊烷		0.03		0.43	0.1	0.09	0.61	0.99	0	0		1.2
戊烯				0	0		0.04		0	0.31		0
总硫(脱前)/(mg/m^3)	152			10000		186.3	275			22		
H_2S (脱前)/(μg/g)	8509	9973	31887	6000	1730		21420	21420	4119	3.94	119.27	13809

续表 6-43

序　号	85	86	87	88	89	90	91	92	93
装置代码	YS2	YS3	YZ	ZH1	ZH2	ZJ1	ZJ2	ZP	ZY
工艺类型	VRFCC，单段富氧再生	MIP-CGP，并列两段再生		MIP-CGP，两段再生	MIP-CGP，前置烧焦罐单段再生	烧焦罐串联湍流床	MIP-CGP，烧焦罐串联湍流床	烧焦罐高效再生	MIP，单段逆流
催化剂牌号	VRCC-1	CGP-1YS	GOR-C	CGP-1Z	CGP-C	CTZ-1	CGP-1ZJ	LDO-75	CGP-C
主要操作条件									
加工能力/(万 t/a)	80	186	80	161	300	50	150	15	50
加工量/(万 t/a)	99.9	239.36	77.84	143.65	295.3	41.5	105.54	14.85	52.85

续表

序　号	85	86	87	88	89	90	91	92	93
原料预热温度/℃	218	205	191	190	225	218	223	230	195
反应温度/℃	515	500	493	482		519	515	491	505
反应压力/MPa(g)	0. 146	0. 244		0. 158	0. 217	0. 262	0. 259	0. 121	0. 121
剂油比	8	7. 2	7	6	5. 6	7. 4	5. 71	6. 75	5. 96
回炼比	0. 07	0. 03	0. 05	0		0. 02	0. 02	0. 17	0
待生剂碳含量/%	1. 02	1. 2	0. 78	1. 3	1. 07	0. 98	1. 3	1. 27	1. 9
再生剂碳含量/%	0. 04	0. 03	0. 03	0. 01	0. 01	0. 02	0. 01	0. 14	0. 36
平衡剂微反活性	63	60. 3	68	62. 1	56. 3	63	61	64	67. 8
烧焦罐温度/℃			674		692	683	689	694	
第一(单)再生器密相温度/℃	660	665	683	660	682	693	695	702	698
第一(单)再生器稀相温度/℃	690	625	668	640	500	668	703	655	700
第二再生器密相温度/℃		700		720					
第二再生器稀相温度/℃		703		710					
第一(单)再生器压力/MPa(g)	0. 19	0. 292	0. 195	0. 159	0. 242	0. 275	0. 273	0. 13	0. 175
第二再生器压力/MPa(g)		0. 282		0. 13					
原料油性质									
密度(20℃)/(kg/m^3)	907. 8	905	904	918. 2	905. 5	919. 1	920	897. 4	892
馏程/℃　IBP	234	235	192			285	284	317	239
10%	339	313	302	341	361	359	354		375
50%		477	429	438	451	464	459		470
90%		551					646		
FBP									
<350℃馏出量/v%				12. 7	8. 3	8. 7	9	3. 8	2. 7
<500℃馏出量/v%	47. 5	54	76	71. 4	72. 1	61. 5	65		50. 8
烃族组成/%									
饱和烃	43. 1	42. 7	65. 57			59. 3	57. 6	71. 57	
芳香烃	46	43. 26	25. 47			26. 4	27. 7	20. 69	
胶质	9. 25	13. 94	8. 46			13. 9	14. 4	6. 52	
沥青质	1. 63	0. 1	0. 5			0. 4	0. 3	1. 22	
残炭/%	3. 95	3. 5	1. 7	3. 76	2. 06	4. 11	4. 25	6. 49	
元素组成/%									
C		85. 9		87. 2	86. 9	86. 6	87	86. 4	86. 4
H		12. 6		12	12. 4	12. 3	12. 3	13. 1	13. 6
S	0. 45	0. 43	0. 44	0. 58	0. 26	0. 51	0. 56	0. 28	0. 54
N		0. 17	0. 2121	0. 2826		0. 1672	0. 1607		
金属含量/(μg/g)									

续表

序　号	85	86	87	88	89	90	91	92	93
Ni	6.47	9.51	5.8	15.39	9.49	10.6	10.98	0.55	5.89
V	2.93	2.95	3	3.15	1.84	2.62	2.63	0.06	5.96
Fe	8.5	6.52	2.8	6.79	4.82	5.01	4.77	9.35	13.46
Na	0.67	0.4	1.6	0.9	2.17	0.26	0.19		3.03
产品分布/%									
干气	5.99	5.94	6.25	3.07	3.75	4.22	3.77	10.69	4.26
液化气	12.99	16.24	20.42	22.74	21.41	13.57	18.42	11	22.01
汽油	43.75	44.25	38.74	40.21	40.94	40.88	37.86	44.28	49.37
轻循环油	27.9	21.7	24.27	22.14	23.44	26.56	23.76	26.53	11.51
重循环油									
油浆	3.92	5.23	5.08	5.15	4.83	7.49	6.95		3.96
焦炭	6.24	6.72	4.95	6.58	5.51	6.44	8.29	6.01	8.56
其他					0.01	0.54	0.65		0
损失	0.15	0.1	0.29	0.11	0.11	0.29	0.29	1	1.2
轻质油收率/%	71.65	65.95	63.01	62.26	64.28	67.44		70.81	60.88
液体产品收率/%	84.64	82.19	83.43	85	85.69	81.01	18.42	81.81	82.89
转化率/%	68.18	73.07	70.65	72.71	71.73	65.95	69.29	73.47	84.53
焦炭/转化率	0.0915	0.0920	0.0701	0.0905	0.0768	0.0976	0.1196	0.0818	0.1013
汽油/转化率	0.6417	0.6056	0.5483	0.5530	0.5708	0.6199	0.5464	0.6027	0.5841
气体/转化率	0.2784	0.3035	0.3775	0.3550	0.3508	0.2697	0.3202	0.2952	0.3108
柴汽比	0.6377	0.4904	0.6265	0.5506	0.5725	0.6497	0.6276	0.5991	0.2331
回炼油性质									
密度(20℃)/(kg/m^3)	964.5	988	1029.9	1044.2			1019	936.5	917.7
硫含量/%	0.55	0.9	0.81					0.95	0.68
油浆性质									
密度(20℃)/(kg/m^3)	1055	1089	1095.7	1101	1076.5	1043.8	1074	992.6	1012
残炭/%	5.07	6.65	7.96				13.2	9.86	10.2
硫含量/%	0.62	0.88	1.05			0.89	1.04	0.95	0.87
汽油性质									
密度(20℃)/(kg/m^3)	740.8	710	722.6	730	730.9	730.4	715.2	725.5	706.1
馏程/℃ IBP	32	29	31	34	32	28	30	39	31
10%	49	43	44	48	46	43	39	52	42
50%	103	100	79	88	87	102	74	108	88
90%	172	169	166	176	179	184	180	174	178
FBP	202	204	211	206	204	203	205	192	198
诱导期/min		1200	889	543	341		1073	205	704

续表

序　号	85	86	87	88	89	90	91	92	93
蒸气压/kPa	61	78	70	68	72.5	79	80	65	71
辛烷值									
MON	79	81				81	82		
RON	90	91	91	94	94	93	95	90.9	90
硫含量/%	0.031	0.15	0.024	0.035	0.015	0.063	0.024	0.009	0.065
烯烃含量/v%	40.7	25.62	24.8	35.4	34.51	37.9	38.84	51.25	29
轻循环油性质									
密度(20℃)/(kg/m^3)	890.3	891	924	951	941.3	919	922.2	884.3	923.3
凝点/℃	-4	2				3	2	-1	-13
闪点/℃	68	70	74		86	70	66	63	76
十六烷值	33.7	25	30			30	33.1	37.5	29.4
硫含量/%	0.48	0.255	0.451		0.56	0.553	0.618	0.356	0.343
馏程/℃　IBP	183	210	202	198	192	196	170	185	187
10%	241	271	234	241	243	239	236	224	
50%	289	308	284	290	294	296	303	285	268
90%	330	342	352	358	362	359	362	338	329
FBP	346	349	375			370	370	356	342
干气组成/v%									
H_2	35.57	30.78	19.27	43.39	41.33	29.42	36.01	45.32	25.08
CO_2	2.23	0.32	4.12	2.21	2.73	3.03	1.83		0.13
CO	0	0	1.04	1.31	0.76	0.83	2.28		0
干气组成/v%									
N_2+O_2	16	23.79	28.04	10.74	14.45	21.24	26.86		40.31
甲烷	19.7	22.62	16.56	17.39	16.74	19.73	14.71	33.55	16.43
乙烷	9.69	10.07	11.67	9.05	9.29	9.86	0.34	16.93	2.41
乙烯	10.91	9.25	15.05	13.16	11.72	12.62	9.06		9.55
丙烷	0.55	0.54	0.65	0.22	0.27	0.3	0.2	2.96	1.09
丙烯	3.94	1.99	1.71	1.09	1.36	1.36	1.43		2.11
丁烷	0.45	0.19	0.9	0.31	0.22	0.48	0.06	1.24	1.12
丁烯	0.39	0.12	0.99	0.29	0.04	0.44	0.12		1.18
C_5^+	5.03	2.84	1.89		2.4	0.93	2.53		4
H_2S(脱前)/(μg/g)	17000	8000		3200	5237	4167	10000		15000
液化气组成/v%									
乙烷	0	0.01		0.05	0.05	0.26	0.03	0.31	0.6
乙烯	0	0.01				0.01	0		0.08
丙烷	10	11.78	18.25	8.18	9.73	10.3	7.66	2.25	12.8

续表

序　号	85	86	87	88	89	90	91	92	93
丙烯	37. 6	42. 82	40. 85	39. 78	38. 14	43. 54	42. 38	52. 65	40. 73
正丁烷	4. 42	5. 2	5. 26	3. 94	4. 81	3. 1	3. 37	1. 75	3. 59
异丁烷	21. 54	20. 53	17. 31	19. 91	17. 9	15. 49	17. 54	7. 12	22. 66
2-丁烯	11	8. 77	8. 49	14. 83	12. 03	10. 35	11. 32	18. 28	4. 85
异丁烯	8. 32	5. 85	9. 25			10. 51	11. 13	17. 41	9. 12
1-丁烯	6. 9	6. 5		4. 89	16. 73	6. 24	6. 49		
戊烷	0. 01	0	0. 59	1. 08	0. 36	0. 05	0. 05	0. 23	
戊烯	0	0				0	0		
总硫(脱前)/(mg/m^3)	2200	4000	159			82. 6	10000	45. 5	
H_2S (脱前)/(μg/g)		1800	600	1140	1601	5159	7500		

注：① 数据来自部分工业装置统计资料。

② 轻质油收率(%)= 汽油收率(%)+轻循环油收率(%)，液体产品收率(%)= 轻质油收率(%)+液化气收率(%)+重循环油收率(%)。

参 考 文 献

曹汉昌，郝希仁，张韩. 2000.催化裂化工艺计算与技术分析[M].北京:石油工业出版社.

陈俊武.2005.催化裂化工艺与工程[M].2 版. 北京：中国石化出版社.

高金森,徐春明,卢春喜,等.2006.对重油催化裂化反应历程的若干再认识[J].炼油技术与工程，36(12):4-5.

龚剑洪，许友好，蔡智，等. 2013. MIP-DCR 工艺技术的开发与工业应用[J]. 石油炼制与化工，44(3)：6-11.

孟凡东，黄延召，王龙延，等. 2011.低温接触/大剂油比的催化裂化技术[J]. 石油炼制与化工，42(6)：34-39.

田勇,高金森,徐春明,等. 2001.优化工艺条件降低催化裂化汽油烯烃含量[J].石油炼制与化工,32(10):26-29.

魏晓丽,龙军,张久顺,等.2007.操作参数对 FCC 过程中干气产率及组成的影响[J].石油炼制与化工,38(4):34-37.

许友好,张久顺,徐惠,等. 2003.多产异构烷烃的催化裂化工艺的工业应用[J].石油炼制与化工，34(11)：1-5.

许友好. 2013. 催化裂化化学与工艺[M]. 北京:科学出版社：26-27.

许友好. 2014. 我国催化裂化工艺技术进展[J]. 中国科学(化学),44(1):13-23.

张瑞驰. 2001. 催化裂化操作参数对降低汽油烯烃含量的影响[J]. 石油炼制与化工，32(6)：11-16.

张执刚. 2010. 反应压力对催化裂解工艺的影响及反应机理研究[J]. 炼油技术与工程，40(3)：6-9.

杨瑞林. 2005. 多产异构烷烃催化裂化工艺 MIP 的影响因素分析[J]. 炼油技术与工程，35(9)：14-16.

杨朝合,郑俊生，钮根林,等.2003. 重油催化裂化反应工艺研究进展[J]. 炼油技术与工程,33(9):1-3.

闫平祥,刘植昌,高金森，等. 2004. 重油催化裂化工艺的新进展[J].当代化工,33(3):136-140.

Andreasson H U, Upson L L. 1985. Four main FCC factors affect octane[J]. Oil & Gas J, 83(31):91-96.

Blanding F H. 1953. Reaction rates in catalytic cracking of petroleum[J]. Industrial & Engineering Chemistry, 45(6): 1186-1197.

Campagna R J, Krishna A S, Yanik S J. 1983. Research and development directed at resid cracking[J]. Oil & Gas J,83(31):128-134.

Decroocq D. 1984. Catalytic cracking of heavy petroleum fractions[M]. Paris: Editions Technip.

Elvin F J. 1983. Answers to four basic questions provide key to successful resid cracking in FCC units[J]. Oil & Gas J, 81(19): 100-102.

Forissier M, Formenti M, Bernard J R. 1991. Effect of the total pressure on catalytic cracking reactions[J]. Catalysis Today, 11(1): 73-83.

Greghton J E. 1985. Effect of reactor temperature on FCC yield[J]. Davison Catalagram,(71).

Leuenberger E L. 1988. Optimum FCC conditions give maximum gasoline and octane[J]. Oil & Gas J, 86(12): 45-46, 50.

Mauleon J L, Courcelle J C. 1985. FCC heat balance critical for heavy fuels[J]. Oil & Gas J, 83(42): 64-70.

Murphy J R, Cheng Y L. 1984. Interaction of FCC variables can be predicted[J]. Oil & Gas J, 82(36):89-94.

Pohlenz J B. 1963. How operational variables affect fluid catalytic cracking[J]. Oil & Gas J, 61(13):124-126;131-132;135;137;139-143.

Pohlenz J B. 1970. New development boosts production of middle distillate from FCC[J]. Oil & Gas J, 68(32): 158.

Thiel P G. 1982. Survey of residuum fluid catalytic cracking in the United States[J]. Q & A, Davison Catalagram, (66).

Ritter R E. 1975. Tests make case for coke-free regenerated FCC catalyst[J]. Oil & Gas J, 73(36): 41-43.

Ritter R E, Rheaume L, Welsh W A, et al. 1981. A look at new FCC catalysts for resid[J]. Oil & Gas J,79(22): 103-110.

Ritter R E, Creighton J E. 1984. Cat cracker LCO yield can be increased[J]. Oil & Gas J, 82(22):71-79.

Strother C W, Vermillion W L, Conner A J. 1972. Riser cracking gives advantages[J]. Hydrocarbon Processing, 51

(5): 89-92.

Upson L, Jaras S, Dalin I. 1982. Metals-resistant FCC catalyst gets field test[J]. Oil & Gas J, 80(38): 135-140.

Van Keulen B. 1983. Model shows reducing delta coke benefits FCC operation[J]. Oil & Gas J, 81(39): 102-105.

Venuto P B, Habib Jr E T. 1979. Fluid catalytic cracking with zeolite catalysts[M]. New York: Marcel Dekker Inc.

Wichers W R, Upson L. 1984. Too much FCC catalyst activity can cut yields[J]. Oil & Gas J, 82(12): 157; 159-164.

Wilson J W, Wrench R E, Yen L C. 1985. Improving flexibility of resid cracking[J]. Chem Eng Prog, 81(7): 33-40.

Wollaston E G, Haflin W J, Ford W D, et al. 1975. FCC model valuable operating tool[J]. Oil & Gas J, 73(38): 87-94.

Yen L C, Wrench R E, Kuo C M. 1985. FCCU regenerator temperature effects evaluated[J]. Oil & Gas J, 83(37): 87-92.

第七章　裂化反应工程

第一节　催化裂化反应数学模型

催化裂化反应数学模型在催化裂化工艺研究、开发和设计以及生产操作中均起着关键性的作用，它主要具有以下特点：

1. 缩短新工艺过程的研究开发周期

有了数学模型，在计算机上就可以“试验”各种工艺参数和原料油组成的变化对催化裂化工艺过程的影响。只要变更输入的数据即可，所需的分析、试验工作量很少。而传统由微型试验、小型试验、中型试验、大型试验、工业装置这种逐级放大过程，则要花费大量的人力、物力和财力，并且需要较长的研究开发周期。

2. 优化工艺方案

有了数学模型，在计算机上就可以对不同的原料油和工艺参数，进行多方案的计算和比较。往往只需要一、二桶原料油，通过必要的分析化验和少量的试验工作，就可以得到所需的基础数据，并确定优化的工艺方案和给出预测数据。

3. 优化催化裂化装置的操作

在原料油确定时，在计算机上可以应用数学模型来计算各种工艺参数的影响，以实现最优化的生产操作。当市场的需要和原料油的组成发生变化时，还可以及时调整工艺条件，以获得最大的目的产品产率和经济效益。

在实际的工程应用中，催化裂化数学模型不仅要包括反应数学模型、烧焦动力学模型和产品性质预测模型，而且还应包括描述气-固分布和流动状况的流动模型以及热平衡、压力平衡等。本节将着重介绍裂化反应数学模型，它是反应器模型的核心。

一、各类烃化合物的裂化反应能力

催化裂化反应包括了外扩散、内扩散、吸附、表面化学反应及脱附等步骤，是一种典型的非均相催化反应。Blanding（1953）研究表明：在通常工业生产条件下，催化裂化反应属于非扩散控制，因此催化剂的颗粒直径和反应器的线速度对裂化反应速度影响较小。例如，对于无定形催化剂，其颗粒直径由 10μm 变到 1000μm，对裂化速度没有明显的影响。

早在 20 世纪 40 年代人们就已经开始研究各种纯烃化合物在固体酸催化剂上的相对裂化反应速度，并一直持续至今（Greensfelder，1945a；1945b；1945c；Nace，1970；Van Hook，1962；Hightower，1965；Poutsma，1976；Venuto，1977；许友好，2013），第二章第五节对此已作详细论述。在碳原子数相同时，各种纯烃的相对裂化速度高低顺序大致如下：

烯烃>带 C_3或 C_3^+烷基链的芳烃>异构烷烃和环烷烃>多甲基芳烃>正构烷烃>芳香环。芳香环非常难于开环裂化，而其烷基侧链的断裂则比较容易。

通常各种烃类的裂化速度都随相对分子质量的增加而增加。例如，以相对分子质量为

500 的烷烃裂化速度为 1，而相对分子质量为 300 时烷烃的裂化速度就降为 0.63 左右。但沸石催化剂的裂化速度和相对分子质量的关系较小，不仅原料油很快裂化，而且生成的轻循环油和汽油也能相当快地裂化。各种纯烃的相对裂化速度随碳原子数和烃结构的变化情况见第二章的图 2-42 和表 2-38（Good，1947）。

（一）烷烃的反应能力

第二章第五节已论述正构烷烃在 REHX 沸石上的裂化速度常数随碳原子数的增多而增加，直至 C_{16} 达到最大值然后下降（Nace，1969）；对于异构烃来说，由于分子中存在叔碳原子，通过负氢离子的去除很容易形成稳定的叔正碳离子，所以裂化速度很快，这是因为烃类 C—H 键在催化剂上的相对反应能力大致是伯碳：仲碳：叔碳为 1：2：20。Greensfelder（1949）在 550℃下，测定了己烷各异构体的相对转化率，也充分说明了叔碳原子的反应能力。Nace（1969）在酸性沸石催化剂上裂化四甲基十五烷的数据，也证明多支链烷烃的反应能力大为增加。但当季碳原子存在时，反应能力发生了明显的退化，其原因除了存在结构效应外，还有缺少叔碳原子，生成正碳离子的速度也就很慢。

总的来看，相对分子质量大的长链烃由于容易被吸附而形成较高的表面浓度，显然其正碳离子的生成速度较高（Gates，1979）；而异构烷烃中由于存在叔碳原子，也很容易形成正碳离子。因此它们都具有较高的裂化速率。该结果与正碳离子的生成是一系列表面催化反应中最慢步骤的概念相一致。

（二）烯烃的反应能力

碳十六烷烃和烯烃在无定形催化剂或沸石催化剂上的试验结果表明：烯烃的裂化速度远较烷烃快，并易于迅速地异构化。在相同的反应条件下，1-十六碳烯（$C_{16}H_{32}$）和十六碳烷烃（$C_{16}H_{34}$）的转化率分别为 90%和 42%（Voge，1958；Nace，1969；Venuto，1968）。

这种结果是由于烯烃比初始烷烃更容易接受质子（碱性较强），也就更易于转化为正碳离子：

$$—CH═CH—CH_2— + H^{\oplus} \longrightarrow —CH^{\oplus}—CH_2—CH_2—$$

正碳离子一旦形成，就与其来源无关，从烷烃或相应烯烃必然生成同样的产物，只是烯烃以更高的速度按 β 规则进行裂化。

（三）环烷烃的反应能力

由于存在叔碳原子（例如烷基环己烷、十氢萘等）和较大量的仲碳原子，环烷烃比相应的直链烷烃裂化速度快得多（Greensfelder，1949）。环烷烃裂化时，由于氢转移反应而生成大量异构化和芳构化产物。

同样，环烯烃比相应的环烷烃具有更快的 β 位断裂速度，并具有更强的异构化和氢转移反应趋势。此外，环烷烃如果带有较长烷基侧链，则由于叔碳原子的存在，断侧链反应要比开环裂化快，并且生成低级环烷烃和芳烃（Greensfelder，1945b）。

（四）芳烃的反应能力

芳香环很难发生开环裂化反应。苯环几乎不裂化，萘环只发生轻微的裂化，三环以上的芳环虽能发生少量的裂化反应，但主要是通过缩合反应而生成焦炭。因此，烷基芳烃（带 C_3 或 C_3^+ 烷基链）在催化裂化中，主要发生的是脱烷基反应。脱烷基反应的速度很高，这种高选择性是与苯环的高质子亲合势有关。裂化速度随裂化生成的正碳离子的稳定性而变化，其顺序为：

叔丁基>异丙基>乙基>甲基

对同一种类而言，裂化速度随烷基的增大而增加。而烷基断裂的位置主要发生在与芳香环连接的键上。

二、催化裂化反应数学模型的特点

催化裂化过程反应是相当复杂的反应体系，要建立能够比较完整和准确地描述该反应体系的数学模型是十分困难的，其复杂性主要有以下四个方面。

（一）原料油组成的复杂性

如前所述，在裂化反应能力上，不同烃类之间的差别是较大的。催化裂化原料油中存在着成千上万种不同类型、不同结构的化合物，要想通过研究每一种化合物的动力学特征，来描述整个复杂反应体系的动力学行为是不可能的，也是不必要的。

常用的原料油主要是减压馏分油（VGO）和渣油，此外还有脱沥青油、焦化馏分油（CGO）和加氢处理油等，这些原料油的烃族组成有很大的差异。即使同一类油品，由于原油的不同，其烃族组成也会有很大的差异。以减压馏分油为例，第四章表4-21列举了我国某些不同原油所得减压馏分油的质谱分析数据。

由表4-21的数据可看出不同减压馏分油的烃族组成有很大差异。大庆油的链烷烃含量在50%以上，而羊三木油则基本上不含链烷烃；相反，羊三木油的总芳烃含量（包括胶质）高达45%以上，而大庆油只有13.4%，任丘油的总芳烃含量也不到20%。此外，在总环烷烃含量上，各种减压馏分油之间的差别也是较大的。

因此，在开发催化裂化反应数学模型时，首先要对原料油的裂化性能进行关联。早期仅用特性因数K值、芳碳C_A值等来关联，随后又提出了原料关联系数α和可裂化度F_F等指标，更为复杂地与各个馏分的烃族组成和结构族组成直接进行关联。

当采用渣油原料时，渣油中胶质、沥青质的含量一般较高，因此其残炭值、重金属和硫、氮杂质含量都比较高，这些含量的变化对裂化性能和焦炭产率均有影响，关联也就更为复杂，所以，渣油催化裂化反应数学模型的开发最为困难。

（二）化学反应的复杂性

原料油中各种烃类在固体酸催化剂上发生的平行-顺序反应可以用图7-1（Magee，1980）来表示。

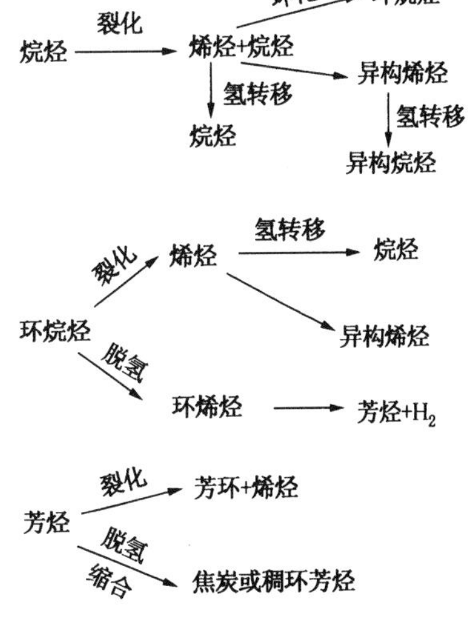

图7-1 各种烃类的基本反应过程

原料油是各种烃类的混合物，在化学反应中各种烃类之间必然会产生相互影响。对其他烃类裂化影响最大的是烯烃和芳烃。由于烯烃易于转化成正碳离子，所以在很多情况下能够促进烷烃的裂化，从而使转化率大为增加（Gates，1979）；此外，烯烃还能促进氢转移反应的进行。芳烃（特别是稠环芳烃）对饱和烃裂化也有影响，这主要是因为它们的吸附能力和生焦能力大。大量的芳烃吸附在催化剂表面上会使饱和烃的浓度下降，而使饱和烃的裂化速度相应减慢。各种烃类在裂化催化剂表面上存在竞争吸附，其强弱顺序大致如下：

稠环芳烃>稠环环烷烃>烯烃>单侧链的单环芳烃>环烷烃>烷烃

各种烃类之间的相互影响和竞争吸附，将会给催化裂化反应数学模型的开发增加复杂性。催化裂化反应数学模型的开发主要考察的是裂化反应，同时对于缩合生焦反应和氢转移反应也给予了足够的重视，因为它们分别对焦炭产率和汽油的辛烷值有较大的影响。根据裂化反应相对分子质量由大到小的顺序，石油馏分的复杂平行-顺序反应可用图 7-2 进行大致地描述（林世雄，1989）。

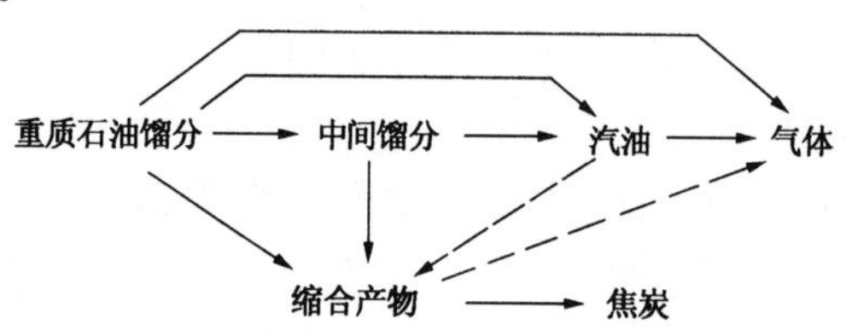

图 7-2　石油馏分的催化裂化反应（虚线表示不重要的反应）

平行-顺序反应的一个重要特点是反应深度对各产品产率的分配有重要影响。随着反应时间的增长，转化率不断提高，最终产物气体和焦炭的产率一直增加，而汽油的产率开始增加，经过一最高点后又下降。这是因为到一定反应深度后，汽油分解成气体的速度已高于生成汽油的速度（实际上汽油也是重馏分裂化时的中间产物）。同样，对于轻循环油产率来说，也像汽油产率曲线那样有一最高点，只是这个最高点出现在转化率较低的时候。通常把初次反应产物再继续进行的反应叫二次反应。催化裂化的二次反应是多种多样的，它们对产率分布的影响较大，其中有些反应对产品质量是有利的，而有些则是不利的，因此对二次反应必须适当地控制。在催化裂化反应数学模型的开发中对二次反应要给予足够的重视。

（三）各种操作条件影响的复杂性

各种工艺操作条件对催化裂化反应的影响也是十分复杂的。第六章中已经比较详细地阐述了各个关键的操作参数，以及它们相互之间的影响。其中独立变量有反应温度、反应压力、重时空速、原料油预热温度、汽提和雾化蒸汽量等；非独立变量有回炼比、催化剂循环量（包括剂油比 R_C）、再生温度和转化率（包括产品分布）等；还有其他工艺参数的影响，包括油气的反应（停留）时间、油气分压等。

这些操作参数对产物分布、产品质量以及热平衡等的影响是错综复杂的，各操作参数之间的相互影响也是较大的，因此，在催化裂化反应数学模型的开发中必须很好地关联这些操作参数，以期对裂化反应的规律进行较好的描述。在某些产率关联式中，是用反应温度因数 F_T、反应压力因数 F_P、空速因数 F_{SW} 等来进行关联的，而某些动力学模型（例如，Mobil 公司的十集总动力学模型）中，则是将温度 T、压力 P 和空速 S_{WH} 等直接代入动力学方程中进行计算的。总之，由于各种操作参数对产品分布、产品质量以及热平衡等影响的复杂性，仍有大量的研究工作需要进行。

（四）催化剂活性、选择性以及失活的影响

催化剂的活性和选择性在催化裂化反应过程中有着举足轻重的影响，本书第三、六章从不同的角度阐述了这个问题。不同种类催化剂（例如，无定形、Y 型沸石、USY 型沸石、ZSM-5 型沸石等催化剂）的活性和选择性是有很大差别的，即使同一类催化剂，但由于化学组成（例如，无定形催化剂的 Al_2O_3 含量、沸石催化剂中沸石的类型和含量等）、物性结构以及制备方法等的不同，其活性和选择性也会有很大差异，由此出现了各种各样商业牌号的催化剂。

在工业运转中由于原料油中钠和重金属镍、钒等沉积在催化剂表面以及表面的烧结和水热失活等因素，催化剂的活性和选择性均受到永久性的损害。因此，工业平衡剂的活性和选择性与新鲜催化剂也有很大的不同。此外，再生催化剂的含碳量也会严重影响平衡催化剂的活性。

催化剂的暂时失活也十分重要，比如裂化反应过程中生成的焦炭会占据催化剂的活性中心，引起催化剂的迅速失活，在催化裂化反应数学模型的开发中还必须重视积炭失活动力学的研究，以期对催化剂活性的衰变过程有比较好的描述。此外，碱性氮的中毒和重芳烃的吸附（严重影响催化剂的酸性中心）引起的失活也应该引起重视。

在动力学模型中是用反应速度常数、失活函数等来关联的；而早期的产率关联式仅用催化剂的相对活性、活性因数等来关联的。对催化剂活性、选择性以及失活进行关联的好坏程度，将直接影响到整个催化裂化反应数学模型的准确性。

综合上述四个方面建立起来的反应数学模型，如产率关联式或动力学模型，可能仍然不能完整地描述整个催化裂化反应过程，因为各种催化裂化反应器本身的工程因素对反应结果有重要影响，难以确切地描述，例如，反应器的尺寸和结构、原料油的雾化情况、入口处催化剂和油气的混合状况、提升管中催化剂的滑落和径向分布以及提升管出口处催化剂和油气的分离方式等，都会明显影响催化裂化的产品分布和产品质量。

要建立比较完善的反应器模型仍然是很困难的，在工程应用中通常的办法是设置一些装置因数，以期校正模型的计算产率和实测产率之间的偏差。随着反应器模型的不断深入研究，催化裂化反应数学模型也将日趋完善。

开发催化裂化反应数学模型通常有两种典型的方法：

（1）基于 Blanding 方程的数学模型（简称关联模型）

关联模型常以某种动力学方程式（例如 Blanding 方程）为基础，依据各种试验数据和生产装置的实测数据，采用数学回归等工具，整理出计算各产品产率和有关性质的关联式。对于催化裂化这样一种难于进行理论解析的复杂过程来说，这种方法还是有效的。此外，由于其数学形式上通常比较简单，因此使用方便，尤为自控方面所采用。但是，这种关联式不能较完整地描述过程的内在规律，往往只能在实测范围内有效，外推性较差。

（2）基于集总动力学的数学模型（简称集总模型）

集总（Lumping）方法是按各类分子的动力学特性，将催化裂化的复杂反应体系划分成若干个集总组分，并作为虚拟的单一组分来分别考察，建立起集总动力学模型。由于该方法能够对过程的机理进行基本的描述，而模型的参数都具有一定的物理意义，因此一般可以外推，适应范围较广。

总之，开发催化裂化反应数学模型的工作是十分艰巨的，是在不断地逼近实际的工艺过程，并建立在越来越科学的基础上。在工业应用中，模型应该能预测出误差在 3%以内的转化率。为了满足这一准确度，模型必须具备以下特点（陈俊武，2005）：

① 能够较好地表征原料油性质的影响（特别对渣油，还应确立康氏残炭对生焦的影响）。

② 能够充分描述在转化率、产率分布方面的动力学，以及合适的流动模型（例如，提升管以滑落系数为重点）。

③ 充分考虑催化剂的影响和提升管反应器的工程因素。

④ 在某些限制因素既定的情况下，能够预测如反应压力、反应温度、进料温度等工艺参数发生变化时的产品收率及产品质量，以达到优化的目的。

三、Blanding 方程及其应用

催化裂化反应动力学的开创性研究工作是由美国 Standard 石油公司的 Blanding 开始的，于 1953 年发表了著名的 Blanding 方程（Blanding，1953）。

（一）转化率定义

在确定转化率时，进料和产品蒸馏数据均以 15/5 蒸馏（即理论塔板数为 15，回流比为 5 的实沸点蒸馏）为基础。粗汽油馏分系指沸程低于 221℃（即 430℉）的馏分。

（1）未校正 221 转化率

$$未校正221转化率=100-大于221℃馏分（占进料的\%）$$

（2）校正 221 转化率

如果进料中含有小于 221℃的馏分，则用：

$$校正221转化率=100-\frac{产品中大于221℃馏分(占进料的\%)\times 100}{100-进料中小于221℃馏分(\%)}$$

（3）20^+转化率

在裂化沸点很高的馏分油时，例如一个沸程为 427～600℃的原料，其大部分裂化产物的沸程仍在 221～427℃之间。而校正的 221 转化率则把这些产物定义为未转化的物料。因此，与真正的转化率含义（即转化成低于进料沸程的产物百分比）相比，221 转化率对不同沸程的进料，可能会有较大的出入。

为了弥补这个缺陷，研究了许多表示转化率的方法。在试验中用得相当成功的方法之一，即“20^+转化率”。它是考虑沸点高于 20%馏出温度的那部分进料，转化为沸点低于 20%馏出温度的产物的转化率。所以定义：

$$20^+转化率=100-\frac{沸点高于20\%馏出温度的产物(占进料的\%)}{0.8}$$

精确测定的转化率研究表明，“20^+转化率”在数值上更接近于石油馏分转化为低沸点产物的实际转化率。但实际应用中，221 转化率则更为方便，校正的 221 转化率与“20^+转化率”之间的普遍关联见图 7-3。

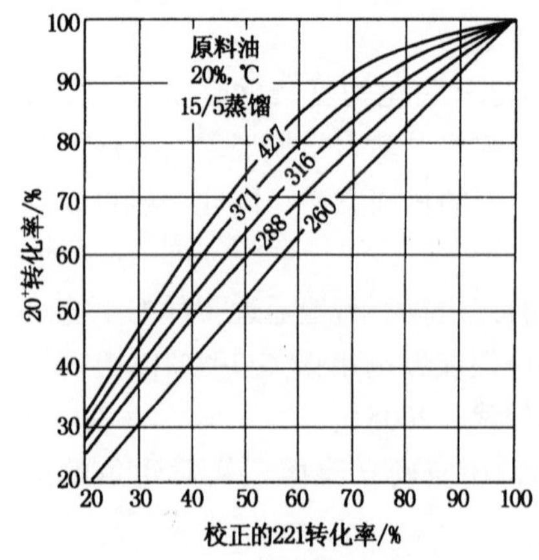

图 7-3　20^+转化率与 221 转化率的相互关系

（二）反应级数

Voge（1958）对催化裂化的基本动力学原理作了极好的评定，其重点是纯烃化合物在固定床上的反应。许多经验表明，纯烃裂化的数据符合一级反应速度规律（Wollaston，1975a），其方程式如下：

$$-\frac{dn_A}{dt}=k_1 n_A \tag{7-1}$$

式中　n_A——反应物 A 的摩尔数。

Satterfield 等（1973）也观察到在有限的转化率范围

内，反应性能相似的一组分子会表现出一级反应规律。但是，Blanding（1953）指出，随着反应的进行，主要由于二次反应的结果，会使每摩尔原料生成产物的摩尔数大大增加。数据表明，由于反应物被裂化产品所稀释，虽然基本反应是一级的，但在恒压下，未转化原料的反应级数会接近于二级。Blanding还进一步观察到裂化深度效应，即容易裂化的原料首先裂化，而未转化原料的裂化难度会增加，因此反应级数要上升。实际上，当转化率为30%~80%，所研究的大部分原料的反应级数为1.6~1.9。

后来，Weekman等（1968a；1970）、Nace等（1971）和Voltz等（1971；1972）用不同的方法在沸石催化剂上进行试验研究，也证明了馏分油裂化的动力学可以用带有催化剂活性衰减的拟二级反应来表示。尽管纯烃按一级反应速度规律裂化，而馏分油是由裂化速度差异较大的烃类组成，其总的裂化速度可近似地用二级反应式来表达。此外，由于转化率增加后，未转化原料的平均反应性将降低，尽管还存在许多非线性的影响，但裂化深度效应将使反应级数增加。

Luss等（1971）、Golikeri等（1972）和Hutchinson（1970）研究了混合物的确切和近似的分组方法后，从理论上证明了在有很多个平行的一级不可逆反应情况下，如果转化率范围很宽，尽管每一个反应都是真实的一级反应，但总的反应级数也会高于1。Wojciechowski（1974）也指出，馏分油在高温裂化时（由于原料裂化难度的增加），反应级数要上升。

（三）动力学方程式

Blanding认为只有在催化剂表面上或接近表面的反应物，才会影响反应速度，所以其动力学方程式如下：

$$-\frac{dn_A}{dt}=k_1(n_{AC}) \tag{7-2}$$

式中　n_{AC}——反应情况下，催化剂上A的摩尔数；

t——相对反应时间。

在反应情况下，催化剂上的物料量是一个吸附层，它和反应物分压的某次方（如m次）成正比，并与催化剂质量也成正比，因此：

$$n_{AC}=k_2w_c\left(\frac{pn_A}{N}\right)^m \tag{7-3}$$

代入式（7-2）得：

$$-\frac{dn_A}{dt}=\frac{k_3w_cn_A^mp^m}{N^m} \tag{7-4}$$

式中　p——总压；

w_c——催化剂质量；

N——反应体系中的总摩尔数。

由于裂化反应中每摩尔原料生成产物的摩尔数会大大增加，Blanding根据实验数据归纳出如下的近似关系：

$$\frac{n_A}{N}=k_4\left(\frac{n_A}{n_{AO}}\right)^2 \tag{7-5}$$

所以

$$-\frac{dn_A}{dt}=k_5\left(\frac{n_A}{n_{AO}}\right)^2 p^m w_c \tag{7-6}$$

式中　n_{AO}——反应物 A 的初始摩尔数。

由 Blanding 的平均试验数据表明，对馏分油裂化反应采用拟二级反应处理比较合适：

$$-\frac{dn_A}{dt}=k_6\left[\frac{n_A}{n_{AO}}\right]^2 \tag{7-7}$$

这说明方程（7-6）中的指数 m 近似等于 1。因此：

$$-\frac{dn_A}{dt}=k_5 p w_c\left[\frac{n_A}{n_{AO}}\right]^2 \tag{7-8}$$

对上式进行积分，并用 $1-f$ 代替 n_A：

$$\frac{k_5 p w_c t}{n_{AO}}=\frac{f}{1-f} \tag{7-9}$$

用百分转化率 C 来表示 f。此外，在催化裂化反应中 $t=k_6 n_{AO}/W_H$。这样就得到了 Blanding 方程的最终表达式（亦称转化率函数）：

$$\frac{C}{100-C}=\frac{kp}{S_W} \tag{7-10}$$

式中　f——已转化的反应物 A 的分率；

W_H——进油速率；

S_W——重时空速，h^{-1}；

C——转化率，$C=100f$（以 20^+ 转化率为基准）；

k_i——常数，$i=1, 2, \cdots, 6$。

式中 k 为综合反应速度常数，其数值可由大量的试验和工业装置数据回归得到。该方程适用于反应物为平推流的反应器。

同时，要说明的是该方程是高度经验性的，只是近似地表示了平均的实验结果。在高转化率范围（例如 80%~90%），式（7-2）是不适用的。Blanding 通过大量的实验，测定了新鲜天然白土催化剂和合成硅铝催化剂的瞬时活性，图 7-4 表示了催化剂运转时间与瞬时 k 值的关系曲线。

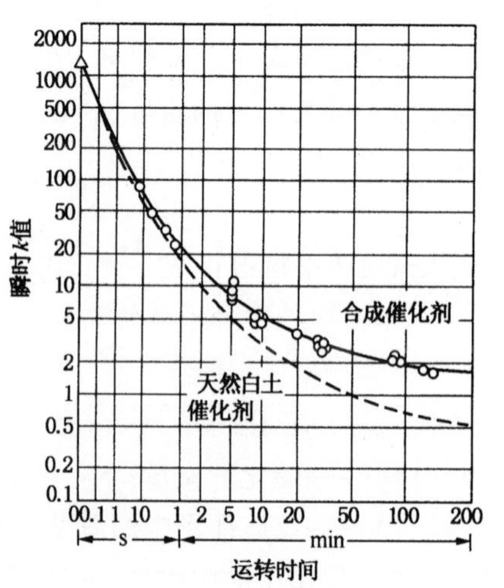

图 7-4　瞬时活性与运转时间的关系（新鲜合成催化剂）

由图 7-4 可以看出，由于焦炭在催化剂上的沉积，瞬时 k 值随运转时间的延长会迅速下降。Voorhies（1945）研究证明，对于给定的进料和催化剂，沉积在裂化催化剂上的焦炭量基本上是运转时间的函数，而与进料速度无关。因此，在实验工作中，Blanding 认为在给定的进料和裂化条件下，催化剂上真实的结焦程度应该一样，可以不考虑进料速度。同时 Blanding 又考察了原料油类型、催化剂初始活性、反应温度和反应压力等操作条件的影响，并认为压力对“积累 k 值（k_{cum}）”的影响非常接近于 $P^{0.5}$。总之，Blanding 方程的建立为催化裂化各种关联模型的开发以及集总模型的研究奠定了基础。

（四）转化率关联式

在工业生产装置中，对转化率函数的影响远不止温度、压力和空速等参数；此外，要求得到不同催化剂、不同温度下的“运转时间-瞬时 k”曲线，也相当费事。因此在工程应用中，常常以 Blanding 方程为基础，广泛关联各种有影响的参数，从而开发出比较实用的产率关联式。下面着重介绍在工程应用中的转化率关联式的基本形式。

关联式的推导是从 Blanding 转化率函数的基本表达式出发，将式（7-10）中的参数与工业装置中对产率分布有影响的各种因数关联，其关联式如下：

$$X = \frac{C}{100 - C} = \frac{kp}{S_W} = kpS_W^{-1} \tag{7-11}$$

由于工业装置的复杂性，压力 p 和空速 S_W 对转化率函数 X 的影响，不可能正好符合由实验室研究所得的一次方和负一次方的关系。而式（7-11）中的 k 是综合反应速度常数，它不仅和反应温度有关，而且直接受到催化剂的活性、再生催化剂的含碳量以及进料的组成、物性等因素的影响。因此，在工程应用中必须依据中型试验和工业生产中所取得的大量可靠数据，来广泛关联各种有影响的因数。对于流化床反应器，通用的转化率关联式可以写为：

$$X = \frac{C}{100 - C} = F_P \cdot F_{SW} \cdot F_T \cdot F_A \cdot F_C \cdot F_F \tag{7-12}$$

式中 X——转化率函数；

F_P——反应压力因数；

F_{SW}——剂油比、空速因数；

F_T——反应温度因数；

F_A——催化剂相对活性；

F_C——再生催化剂含碳因数；

F_F——进料的物性因数。

上式的前五项也可以称为操作强度 F_S（即 $F_P \cdot F_{SW} \cdot F_T \cdot F_A \cdot F_C$），它与进料的物性因数无关。当求出转化率函数 X 后，则 20^+转化率可由下面的关系式求得：

$$20^+ \text{转化率} = \frac{100X}{1 + X} \tag{7-13}$$

如果要求得校正 221 转化率，则根据“20^+转化率”由图 7-3 查出。

（五）各种影响因数的关联

1. 反应压力因数 F_P

压力是指当量平均油分压而言，它与反应器出口压力、有效蒸汽量和转化率有关，可由专用图表查得。

当平均油分压为 100kPa 时，定义 F_P 值为 1.0。根据工业和实验数据，可以归纳出：$F_P = 0.1p^{0.528}$，即反应压力因数 F_P 之值大约等于平均油分压的 0.5 次幂。

2. 剂油比-空速因数 F_{SW}

剂油比和空速是对转化率起着重要影响的两个操作参数。F_{SW} 是综合了剂油比和空速两者的一个复合参数，其值可按催化剂的类型由专用图表查得。对 3A 催化剂，其 F_{SW} 值还可由下式求得（王宗祥，1977）：

$$F_{SW} = 8.05 \frac{R_C^m}{S_W^{1-m}}(1 - 0.2851 \cdot \lg R_c) \tag{7-14}$$

式中　R_C——剂油比；

S_W——重时空速，h^{-1}。

$m=1-0.42R_C^{0.0472}$，当 R_c 为 1~40 时，m 值为 0.58~0.50，平均值为 0.54。

3. 反应温度因数 F_T

当反应温度为 455℃时，定义 F_T 值为 1.0，并取活化能 E=47260J/mol，则可根据反应器密相床层平均温度，由下式求得 F_T：

$$F_T = 2460\exp(-47260/RT) \tag{7-15}$$

式中　R——气体常数，8.3143J/（mol·K）；

T——反应温度，K。

4. 相对活性因数 F_A

早期的工业催化裂化装置所用的裂化催化剂均为无定形硅铝催化剂，其活性较低，通常采用戴维森（Davison）公司的（D+L）活性测试方法来测定其活性，具体测定方法见第三章。试验体积转化率系指 100 减去未转化油的体积分数。某待定催化剂的相对活性 A_1 系指在除空速以外的其他操作条件均相同的情况下，得到相同的转化率（未校正 221 转化率）时，新鲜催化剂与待定催化剂两者用量之比，即两种催化剂在试验时空速的反比。例如，对于某无定形硅铝催化剂，可由一系列试验转化率与其对应的相对活性 A_1 作图，典型的曲线如图 7-5 所示（王宗祥，1977）。

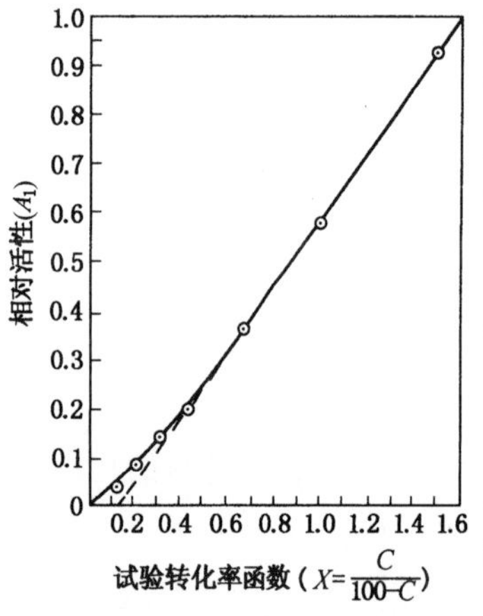

图 7-5　3A 催化剂的相对活性 A_1

由图 7-5 可看出，当催化剂的试验转化率函数 $X \nless 0.4$，即试验转化率 $\nless 0.3$ 时，A_1 与 X 有直线关系，即：

$$A_1 = 0.653X - 0.067 \tag{7-16}$$

当新鲜催化剂的试验转化率为 61.5%（或试验转化率函数 X 为 1.60）时，代入式（7-16）则可得 A_1 近似于 1.0，即相对活性 A_1 是以新鲜催化剂为比较的标准。

此外，原料油中的胶质、沥青质对焦炭沉积影响甚大，也会影响到相对活性。而这些物质的含量可用原料的残炭关联，因此可归纳出相对活性 A_2 与原料残炭的关系，如表 7-1 所列。

表 7-1　康氏残炭与相对活性因数 A_2 的关系

康氏残炭/%	因数 A_2	康氏残炭/%	因数 A_2
0.0	1.00	5.0	0.52
1.0	0.88	6.0	0.45
2.0	0.77	7.0	0.40
3.0	0.67	8.0	0.35
4.0	0.59	9.0	0.30

由表 7-1 中的数据可归纳成：

$$A_2 = 10^{-0.054}C_{CR} \tag{7-17}$$

当原料油的残炭 C_{CR} 为零时，则 $A_2=1$，随着残炭的增大，A_2 逐渐减小。这说明随着焦炭沉积增加，则催化剂的相对活性下降，转化率函数也随之减小。

于是，相对活性因数 F_A 可由下式求得：

$$F_A = A_1 \times A_2 \quad (7-18)$$

5. 再生催化剂碳含量因数 F_C

对于无定形硅铝催化剂，当剂油比和再生剂碳含量均较高时，则可按估计的待生催化剂碳含量与反应器停留时间，由图 7-6 查出 F_C 的数值。

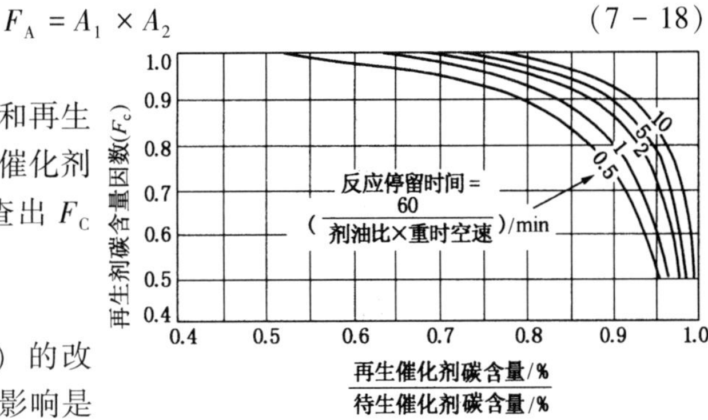

图 7-6 再生剂碳含量因数 F_C

6. 进料的物性因数 F_F

原料油性质（主要指馏程和组成）的改变会影响反应速度常数，这对转化率的影响是至关重要的，但原料油性质与转化率的关系很复杂，数据有很大的经验性。通常可用裂化度因数 $f_T \cdot f_A \cdot f_N$ 的乘积来表示进料的物性因数 F_F，即：

$$F_F = f_T \cdot f_A \cdot f_N \quad (7-19)$$

（1）f_T

进料的实沸点蒸馏的 20% 点温度 T_{20}，能相对地反映原料油的轻重。T_{20} 越高则进料愈重，裂化度因数 f_T 随 T_{20} 的递增也愈大，并是 T_{20} 的一个幂函数。表 7-2 给出了裂化度因数 f_T 的某些数据，并可归纳得：

$$f_T = \left(\frac{T_{20}}{100}\right)^{4.16} \times 10^{-2} + 0.18 \quad (7-20)$$

表 7-2 裂化度因数 f_T

T_{20}/℃	f_T	T_{20}/℃	f_T
177	0.29	316	1.32
204	0.39	343	1.80
232	0.53	371	2.42
260	0.72	399	3.35
288	0.97	427	4.50

（2）f_A

进料的芳烃指数 AI（芳烃含量的标志）愈大，芳烃含量越高，则越难裂化，裂化度因数 f_A 随 AI 的递增而减小。表 7-3 给出了某些裂化度因数 f_A 的数据，并可归纳得：

$$f_A = 0.919 \times 10^{-0.0108AI} \quad (7-21)$$

表 7-3 芳烃裂化度因数 f_A

芳烃指数（AI）	f_A	芳烃指数（AI）	f_A
0	0.920	50	0.266
10	0.718	60	0.207
20	0.559	70	0.161
30	0.437	80	0.126
40	0.341		

(3) f_N

进料的环烷烃指数 NI（环烷烃含量的标志）越大，环烷烃含量越高，则越易裂化，裂化度因数 f_N 随 NI 的递增而增大。表 7-4 给出了某些裂化度因数 f_N 的数据，并可归纳得：

$$f_N = 10^{0.0121NI} \tag{7-22}$$

表 7-4　环烷烃裂化度因数 f_N

环烷烃指数（NI）	f_N	环烷烃指数（NI）	f_N
0	1.000	40	3.05
10	1.325	50	4.04
20	1.750	60	5.34
30	2.310		

7. 其他影响因数

除了上述几种主要影响因数外，还有水蒸气影响因数，它表示水蒸气对催化剂活性中心的影响。若以有效水蒸气量 5%作为比较标准，则该因数通常为 0.9~1.1（有效水蒸气量为 1%~15%），因此影响不大。

此外，当有循环油回炼时，还必须考虑由于总进料性质的变化所带来的影响。通常可按实测或估算的 20^+转化率，由关联出来的图表查得油浆因数。

最后，由于流化床反应器效率要受设备形式、机械结构、床层线速和催化剂粒度等的影响，且反应器内还存在一定程度的油气返混，使浓度效率降低，因此有一个效率因数问题。早期的产率关联式中，通常仅用反应床层线速（基于空反应器）来关联反应器的效率因数 F_E（一般为 0.35~0.40），这虽然比较粗糙，但可以作为一种相对的比较标准。

（六）计算产品产率的方案

计算出转化率后，可用另一套图表计算出气体和液体产物的产率（焦炭产率的计算参见后面的有关叙述），计算回炼裂化产品产率要采用多元法。在多元法中，每种进料不管是直馏的还是回炼的，都分别加以考虑，并在同一裂化强度下单独计算其裂化结果。进料裂化的总结果可根据各种进料的裂化结果，以及各种进料所占的体积分数或质量分数算出。总的结果可按需要，以新鲜进料或总进料为基础来表示。

Blanding 方程及其转化率关联式是许多近代催化裂化关联模型或关联式的基础。此外，ΦPOCT 等认为烃类催化裂化的反应产物对裂化反应的进行有阻滞作用，而把它看作是一级自阻反应，并推导出积分形式的佛罗斯特公式（陈俊武，2005）。如果需粗略估算催化裂化转化率时，常可采用纳尔逊经验图（Nelson，1985）；也可参照 Gary 等（1975）发表的一组产率关联曲线，来估算馏分油催化裂化的产品产率和某些性质。

四、关联模型

（一）关联模型的基本要素

关联模型由两部分组成：第一部分是关联原料油特性参数的计算；第二部分是催化裂化反应-再生系统的数学模型。尽管各种关联模型在形式上有所不同，但是这些模型的建立都要依据大量的中型试验和工业生产数据，广泛关联各种有影响的因数，其差别只是在选用的关联因数和影响程度上有所不同。这些模型中包括了床层反应器，提升管加床层以及全提升管等各种形式的反应-再生系统。

关联模型既能用于装置设计工艺计算，也可预测生产装置的产品产率及主要性质；同时还能根据对产品的要求，寻求优化的操作条件。关联模型具备以下四种基本要素。

1. 转化率

由于高活性沸石催化剂和提升管催化裂化工艺的出现，在产率关联模型中，又增加了沸石催化剂活性及提升管反应器的计算程序，本章仅介绍计算转化率的基本方法。

关联模型仍采用 Blanding 提出的计算转化率函数 X 的基本方程式，其基本形式与关联式（7-12）类同，只是在各影响因数的关联方法和内容上进行改进：

$$X = \frac{C}{100 - C} = F_P \cdot F_{SW} \cdot F_T \cdot F_A \cdot F_C \cdot F_F \cdots\cdots \tag{7-23}$$

式中，C 代表转化率，即<221℃裂化产物及焦炭产率（%）；前五项的乘积仍可称作操作强度 F_S，由于存在提升管和床层两种反应器，因此某些关联模型中还增设了反应器类型的因数 F_K。各影响因数的关联概述如下。

（1）平均油气分压因数 F_P

用油气分压（以 kPa 为单位）的平方根作为油气分压因数。采用进、出口压力和油气摩尔流率的线性平均方法，计算提升管内的平均油气分压。即：

$$\text{平均油气分压 } p_0 = \left(\frac{\text{平均油气摩尔流率}}{\text{平均油气摩尔流率} + \text{惰性气体摩尔流率}}\right) \cdot \left(\frac{\text{入口压力} + \text{出口压力}}{2}\right) \tag{7-24}$$

$$F_P = 0.1 p_0^{0.5}$$

（2）剂油比-空速因数 F_{SW}

该值主要根据试验数据求得，但由于沸石催化剂和提升管的出现，F_{SW} 的形式与早期的也有所不同：

$$F_{SW} = R_C^{0.61} \cdot S_w^{-0.29} \tag{7-25}$$

式中，R_C 为剂油比，S_w 为重时空速，由于床层和提升管的催化剂藏量不同，因此 S_w 必须分开计算。

（3）平均反应温度因数 F_T

该值是考虑从油与催化剂混合开始，到反应器出口的平均温度。混合点的温度按油完全汽化，无反应的情况来计算。平均提升管温度取为出口温度加上混合点与出口温度之间温差的 0.4 倍；对于平均床层温度，可采用密相温度，它是反应器进、出口温度的中间值。动力学平均温度与 F_T 的关联式与式（7-15）类同，但定义反应温度为 500℃时，F_T 的值为 1.0。

$$F_T = 1560\exp\left(\frac{-47260}{RT}\right) \tag{7-26}$$

对于提升管：

$$t_{\text{反}} = t_{\text{出口}} + 0.4(t_{\text{混合}} - t_{\text{出口}}) \tag{7-27}$$

（4）相对活性因数 F_A

由于实验时（催化剂上的焦炭基本上烧完）原料油、温度、压力、时间、剂油比和空速等均固定，只有催化剂和转化率这两项变化，因此：

$$F_A = C/(100 - C) \tag{7-28}$$

式中，C 为所测得的质量转化率，对多数 REY 沸石催化剂，$F_A = 5.0$（即以活性为 83.3 的催化剂为基准）。

(5) 再生催化剂碳含量因数 F_C（适用于 REY 沸石催化剂）

$$F_C = 0.7252 - 0.115\ln C_R \tag{7-29}$$

式中，C_R为再生剂碳含量。F_C和 F_A的乘积给出了再生催化剂的活性。

(6) 进料的性质因数 F_F

原料的可裂化性 F_F与原料的组成和性质有密切的联系，是指在一定操作条件下原料油裂化能力的相对趋势。因此 F_F与原料油的内在性质有关，而与操作条件和所用的催化剂无关。如果采用回炼操作时，除新鲜原料油的可裂化性外，还应考虑回炼油和油浆的可裂化性。

此外，原料油中的碱性氮化物会降低催化剂的有效活性，而不是降低原料的可裂化性，但通常认为把碱性氮含量作为原料参数（占新鲜原料的质量百分比）比较好。烯烃可以增加原料油的可裂化性，直馏原料的烯烃含量很低，溴价的校正值较小，而对经过热裂化的原料（如 CGO），校正就比较重要。

通常，测定可裂化性的标准试验条件为：固定床，反应温度 482℃、空速 $16h^{-1}$、剂油比 3.0、催化剂停留时间 75s，并要以某种油品为标准试验油。

① 新鲜原料油的基本可裂化性 F_F（生成低于 210℃馏分）可表示为：

$$F_F = f_{CA}\cdot f_{BP}\cdot f_{NB}\cdot f_{Br} \tag{7-30}$$

式中，f_{CA}表示原料油芳香度（C_A,%）的影响，f_{BP}表示体积平均沸点（$VABP$,℃）的影响，f_{NB}表示碱性氮（N_B,%）的影响，f_{Br}表示溴价（Br，gBr/100g）的影响，其影响的关联式分别为：

$$f_{CA} = 10^{-0.011C_A} \tag{7-31}$$

$$f_{BP} = 10^{0.0023VABP-0.8843} \tag{7-32}$$

$$f_{NB} = 10.0^{-1.548N_B} \tag{7-33}$$

$$f_{Br} = 1.1875 - 0.1875f'_{Br} \tag{7-34}$$

式中

$$f'_{Br} = \frac{-0.199(Br-25.3) - 0.001458(Br-25.3)^3}{\{1.0+[-0.199(Br-25.3)-0.001458(Br-25.3)^3]^2\}^{0.5}} \tag{7-35}$$

② 循环油（回炼油、油浆）的 210℃可裂化性：

$$F_F = 10^{-0.8843-0.011C_A+0.0023VABP} \tag{7-36}$$

计算该项可裂化性时不必用 f_{NB}和 f_{Br}进行校正。此外，要计算轻循环油（LCO）的 210℃可裂化性时可采用式（7-36）。

③ 循环油（回炼油、油浆）产生轻循环油馏分的可裂化性：

$$F_F = 10^{-0.3850-0.011C_A} \tag{7-37}$$

同样，这里也不必用f_{NB}和f_{Br}进行校正。此外，要计算油浆产生回炼油的可裂化性时可采用式（7-37）。

④ 循环油计算中的操作强度。

在计算循环油裂化转化率时，如已知原料油的可裂化性 F_F和低于 210℃转化率 C，则可由式（7-23）计算出操作强度 F_S^{210}。那么，轻、重循环油的 F_S^{LCO}、F_S^{HCO} 可由下式求得：

$$F_S^{LCO} \cdot F_E = \exp\{[0.1560 + 0.4\ln(F_S^{210} \cdot F_E)] + 0.0018[3.69 + 0.2786(F_S^{210} \cdot F_E)]\} \cdot (t_{icp} - 210) \quad (7-38)$$

式中　t_{icp}——LCO 或 HCO 的终馏点，℃；

F_E——反应器效率因数。

（7）反应器类型因数 F_K 及提升管计算

工业装置中有四个反应区：提升管、锥形区、密相床、分散相，可以分别计算各段的操作强度然后相加。对每一段必须分别计算温度、空速和油分压的数值。平衡催化剂的活性（$F_A \cdot F_C$）取提升管入口处的值；对于连续的各裂化段，剂油比均取相同的值。

在工程应用中要设置一些装置因数，以校正不同装置的差别。装置因数的变化一方面与反应器的结构特点以及气固接触效率（例如原料油雾化情况，固体粒子在管内轴向和径向分布及其返混情况）有关，另一方面也和各个参数的取值以及各个因数的表达式是否精确（例如反应活化能，剂油比和空速的指数值以及不同类型催化剂的活性与含碳关系等）有关。以上众多影响因数十分错综复杂，很难逐一分析。在转化率函数的计算中，可以增设反应器类型的因数 F_K。通常 F_K 对提升管为 1.2~2.0，而对床层则<1。说明在同样的剂油比、空速和反应温度下，提升管反应器的操作强度是床层的近两倍。

提升管计算的目的是决定提升管内催化剂藏量、重时空速、动力学平均温度和平均油气分压，这些都是计算提升管操作强度所需要的，提升管的压力降可由能量平衡来计算。根据压力降数据可以计算出提升管内的平均压力，但更重要的是用来计算装置的滑落因数。在压力降方程中，除压力降和滑落因数外，其余各项均可计算出，因此根据实测的压力降数据，就可计算出该装置的滑落系数。

在按式（7-25）计算剂油比-空速因数 F_{SW} 时，剂油比 R_C 的数值可以从反应-再生系统的热平衡算出，误差约±10%（由于焦炭脱附热或烟气分析数据不精确所致）。而重时空速要依据提升管反应段的催化剂藏量来计算，但该量无法直接测出（单纯测压差不能得出静压差），提升管内的催化剂藏量是平均油气流速的函数，而它随转化率变化。因此提升管内的催化剂藏量和转化率的计算在计算机程序中应是一个猜算过程。

采用催化剂在反应段的停留时间 τ_S（s）来估算其藏量，为此将式（7-25）改写如下：

$$F_{SW} = 0.093\, R_C^{0.9} \tau_S^{0.29} \quad (7-39)$$

τ_S 用反应段长度 H 与催化剂颗粒平均流速 U_S 算出，即 $\tau_s = H/U_S$，而 $U_S = 0.4U_{入口} + 0.6U_{出口}$，且 $U_S = U_G - U_{SL}$，$U_{入口}$ 可取 4m/s，这一方法计算 τ_S 的误差约为±15%。

使用前述转化率关联式对不同原料的工业提升管进行核算，以馏分油为原料的基础数据见表 7-5（取自标定报告），核算得出的各函数和因数见表 7-6。以掺炼渣油为原料的基础数据和核算结果分别见表 7-7 及表 7-8。因为标定报告中数据不够齐全，有些是经查找该装置的日常数据补列，或按类似装置的数据估计，势必会产生某些误差。但从表 7-6 和表 7-8 列出的各装置因数 F_K 看，其范围约为 1.2~2.0，馏分油装置平均值为 1.33，掺炼渣油装置为 1.78，上下变化幅度均在 15%以内，可认为有关方程式和方法的可信度是较高的。掺炼渣油的装置因数高于馏分油可能与渣油的热裂化较多有关。

表 7-5 馏分油原料提升管反应工程基础数据

项　目	1	2	3	4	5	6	7	8	9	10	11
原油品种	大庆	大庆	大庆	大庆	胜利	鲁宁	辽河	辽河	新疆	新疆	大庆
原料组成	VGO/CGO	VGO	VGO/CGO	VGO/DAO	VGO/CGO	VGO/CGO	VGO/DAO	VGO/CGO	VGO	VGO	VGO/DAO
原料密度/(g/cm^3)	0.843	0.864	0.857	0.861	0.903	0.916	0.901		0.871		0.864
原料残炭/%	0.12	0.36		0.68	0.20	0.43			0.24	0.38	0.52
催化剂牌号	CRC/Y-15	Y-15			RHZ-200		LC-7	Y-15	Y-5/LC-7		Y-15 Y-9
催化剂活性(*MA*)/%	63	58	64	62	64	57	58	62	64	60	65
再生剂含碳/%	0.11	0.20	0.23	0.20	0.27	0.11	0.24	0.15	0.08	0.18	0.20
转化率/%	74.4	72.3	68.9	72.0	66.3	65.6	63.2	61.0	71.9	63.1	72.1
新鲜原料量/(L/h)	150.6	97.5	114.0	145.5	159.3	124.8	112.5	104.9	100.7	94.2	112.5
回炼比	0.57	0.57	0.26	0.48	0.32	0.42	0.45	0.47	0.24	0.48	0.36
剂油比	3.66	4.30	3.81	3.74	3.74	4.67	4.0	3.6	4.0	3.1	3.8
提升管压力/MPa	0.21	0.27	0.29	0.26	0.25	0.18	0.26	0.24	0.23	0.27	0.26
提升管出口温度/℃	498	496	495	488	500	506	508	508	491	495	488
提升管水汽量/(L/h)	4.6			2.4	2.2		4.5	2.6			
提升管出口气速/(m/s)	17.1	13.8	13.1	13.0	10.8		13.1	14.7	13.0	11.9	18.9
提升管下部气速/(m/s)	5.3	7.6	3.4	6.6	7.2		7.4	6.7	4.3	5.4	5.2

表 7-6 馏分油裂化提升管动力学因数

项　目	1	2	3	4	5	6	7	8	9	10	11
F_T	1.08	1.06	1.05	0.98	1.10	1.16	1.18	1.15	1.01	1.05	0.98
F_P	1.35	1.51	1.55	1.44	1.27	1.20	1.38	1.28	1.35	1.48	1.49
F_{SW}	0.42	0.50	0.46	0.44	0.51	0.57	0.50	0.43	0.53	0.42	0.40
F_{OP}	0.61	0.80	0.75	0.62	0.71	0.79	0.81	0.63	0.72	0.65	0.58
F_C	0.98	0.91	0.89	0.90	0.82	0.98	0.89	0.94	1.02	0.92	0.91
F_A	1.70	1.36	1.78	1.55	2.18	1.32	1.38	1.57	1.78	1.50	1.86
F_{CT}	1.67	1.24	1.58	1.40	1.79	1.29	1.23	1.46	1.82	1.38	1.69
F_{CA}	0.74	0.74	0.80	0.76	0.63	0.65	0.54	0.53	0.76	0.72	0.80
F_{BP}	1.09	1.09	1.09	1.09	1.09	1.09	1.09	1.09	1.09	1.09	1.09
F_{NB}	0.92	0.92	0.93	0.93	0.85	0.87	0.90	0.90	0.90	0.90	0.94
F_F	0.74	0.74	0.81	0.77	0.59	0.62	0.53	0.52	0.74	0.71	0.82
X	0.90	0.85	1.21	0.95	1.01	0.86	0.77	0.71	1.38	0.74	1.13
$F_{OP}F_{CT}F_F$	0.75	0.75	0.96	0.67	0.75	0.63	0.53	0.44	0.97	0.64	0.81
F_K	1.21	1.17	1.26	1.41	1.35	1.36	1.46	1.44	1.42	1.16	1.39

注:操作参数因数:$F_{OP}=F_T\cdot F_P\cdot F_{SW}$;催化剂性质因数:$F_{CT}=F_C\cdot F_A$;原料油性质因数:$F_F=F_{CA}\cdot F_{BP}\cdot F_{NB}$。

表 7-7 掺渣油裂化提升管反应工程基础数据

项　目	1	2	3	4	5	6	7	8
原油品种	大庆	大庆	大庆	吉林	鲁宁	鲁宁	二连	中原
原料油组成	VGO/VR	VGO/VR	VGO/VR	AR	VGO/VR	VGO/VR	VGO/VR	AR
原料油密度/(g/cm^3)	0.894	0.870	0.886	0.891	0.909	0.895	0.881	0.887
原料油残炭/%	3.76	2.90	1.50	5.09	4.36	2.54	4.45	6.36
催化剂牌号	LSC-7		Y-15	CRC-1	OC	CRC-3	CGY/CRC	CC15

续表

项　　目	1	2	3	4	5	6	7	8
催化剂活性(*MA*)/%	60	56	57	70	64	53	62	62
再生剂含碳/%	0.15	0.25	0.03	0.07		0.21	0.10	0.21
转化率/%	69.7	70.3	71.1	74.4	74.8	65.1	74.0	76.7
新鲜原料量/(L/h)	102.9	106.0	77.8	58.0	115.8	134.8	114.2	138.0
回炼比	0.24	0.57	0.22	0.08	0	0.28	0.20	0.065
剂油比	4.1	4.2	4.3	5.5	6.6	4.8	6.2	7.8
提升管出口压力/MPa		0.25	0.28	0.23	0.24	0.22	0.24	0.24
提升管出口温度/℃	505	501	498	495	521	493	491	509
提升管水汽量/(L/h),(%)				7.7		(5.8)	(5.8)	17.7
干气量/(Nm^3/h)				1320				1100
提升管出口气速/(m/s)	16.6	17.8	12.9	17.4	16.3	17.0	16.1	
提升管下部气速/(m/s)	9.7	7.5	5.9	8.1	7.8	7.5	8.9	

表 7-8　掺渣油裂化提升管动力学因数

项　　目	1	2	3	4	5	6	7	8
F_T	1.15	1.11	1.08	1.05	1.22	1.03	1.10	1.19
F_P	1.30	1.32	1.34	1.0	1.17	1.14	0.94	1.04
F_{SW}	0.47	0.51	0.52	0.62	0.73	0.54	0.73	0.83
F_{OP}	0.70	0.75	0.75	0.65	1.04	0.63	0.69	1.03
F_C	0.94	0.88	1.13	1.03	1.07	0.93	0.99	0.90
F_A	1.50	1.26	1.33	2.30	1.78	1.13	1.63	1.63
F_{CT}	1.41	1.11	1.50	2.37	1.91	1.05	1.61	1.47
F_{CA}	0.67	0.55	0.68	0.70	0.68	0.65	0.57	0.67
F_{BP}	1.41	1.19	1.26	1.68	1.50	1.39	1.41	1.88
F_{NB}	0.80	0.85	0.87	0.82	0.78	0.80	0.82	0.80
F_F	0.75	0.55	0.75	0.90	0.79	0.72	0.80	1.0
X	1.28	0.81	1.40	2.21	2.79	1.03	1.61	2.57
$F_{OP}F_{CT}F_F$	0.74	0.46	0.84	1.39	1.58	0.48	0.89	1.51
F_K	1.72	1.76	1.66	1.59	1.88	2.14	1.81	1.70

应指出表中转化率数值没有严格按221℃的实沸点干点计算，如果加以校正，则转化率函数将增加5%~10%。此外转化率均系反应器出口产品分布的计算值，无疑其中也包括热裂化转化率，尤其从提升管出口至沉降分离器出口一段热裂化较多(老式快分结构可达到3%~6%)，但前述关联式均只适用于催化转化，如进行校正则转化率函数将减少15%~30%，以上都会影响装置因数的大小。但总的来看，各装置因数 F_K 的数值基本上仍在1.2~2.0的范围内。

2. 产品选择性

催化裂化的目的产品(汽油或轻质油)或非目的产品(焦炭或干气)与转化率的比值即为选择性，选择性并非恒定值，而是转化率等的函数，应该从动力学角度对它进行分析。

(1) 汽油选择性

当转化率低时，汽油按质量分数计算的选择性在0.8~0.9之间，当转化率增加，汽油选择性逐渐下降，而汽油收率逐渐上升到一个最大值，此时的选择性随原料油的裂化性能(C_A，C_P/C_N)与操作条件而异，通常在 0.62～0.70 范围内。早期我国多数工业装置是按最大轻质油方案操作，与最大汽油产率相比，转化率较低，从而汽油选择性较高。

表 7-9 列出从生产年报统计的国内几十套工业装置的汽油产率和转化率算出的选择性数据。从表 7-9 可以看出，当以馏分油为原料时，除了加工辽河原油的两套装置平均为 0.63 外，其余装置都在 0.70～0.74 之间，初步看出汽油选择性随原料性质的 C_A 值的增加而下降。由于产品方案的差别，尚难作出定量的关联式，当同时生产重循环油时，汽油选择性大体增多 0.01～0.02；加工胜利原油、鲁宁管输原油或辽河原油的催化裂化装置一般要排放少量油浆以保持两器的热平衡，这种情况的汽油选择性比不排油浆略高；在不产重油品时，该几种原料的汽油选择性低于 0.70；轻质沙特原油 VGO 作为原料时，汽油选择性约为 0.65～0.66(排油浆)。从表 7-9 还可看出，掺渣油原料的汽油选择性下降 0.04～0.06，对大庆原油和中原原油为 0.67～0.68，而对胜利原油和鲁宁管输原油则为 0.65 左右。应指出渣油中的残炭部分转化为焦炭，并计入了转化率，如果从转化率中扣除“附加焦”，那时掺渣油原料与 VGO 原料的选择性差别将缩小。

表 7-9　工业装置的汽油选择性

原油品种	原料组分	装置代号	选择性范围	选择性均值	备　注
新　疆	VGO	DS，UR	0.74～0.75	0.74	全回炼
大　港	VGO	TJ，TJ1	0.73～0.74	0.73	全回炼
大　庆	VGO	YS1，DL1，GQ1，FF	0.70～0.75	0.72	全回炼
大　庆	VGO	LY，DQ，FS1	0.70～0.75	0.73	出重柴
吉　林	VGO	QG		0.73	全回炼
南　阳	VGO	JM	0.70～0.72	0.71	全回炼
胜　利	VGO	QL1，QL2，GZ1	0.69～0.74	0.71	出油浆
鲁　宁	VGO	AQ，JL1	0.70～0.71	0.71	出油浆
辽　河	VGO	JZ1，JZ2	0.62～0.63	0.63	全回炼
大　庆	VGO-VR	YS2，DL2，GQ2，DQ2，LY2	0.65～0.73	0.68	出油浆
中　原	AR	LP	0.66～0.68	0.67	出油浆
胜利，鲁宁	VGO-VR	FJ，WH，GZ2，JL2，GL2	0.63～0.69	0.65	出油浆

(2) 焦炭选择性

从实验室数据可以看出，焦炭产率随转化率的增加而加速上升，在超越最大汽油产率后升势更陡然，所以焦炭选择性也是保持同一趋势，其具体数值约为 0.06～0.11(馏分油原料)和 0.09～0.14(掺炼油原料)。从动力学的角度研究焦炭选择性，首先要从焦炭产率关联式开始：

$$Y_{CK} = F'_{F} \cdot F'_{CT} \cdot F'_{OP} \cdot F'_{K} \tag{7-40}$$

以上符号的定义与用于转化率时基本一致(参见表 7-6 注)，但方程式不同，生焦反应的活化能较低，而压力的影响却较大。现在重点讨论 F'_{OP} 中的空速因数，F'_{SW} 也可用与(7-39)相似的方程式表示：

$$F'_{SW} = 0.093R_c^M\tau_S^N \tag{7-41}$$

焦炭产率定义为：

$$Y_{CK} = R_C\Delta C_k \tag{7-42}$$

Voorhies 方程式为：

$$\Delta C_{k} = A'\tau_{S}^{N'} \qquad (7-43)$$

从式(7-40)至式(7-43)得出 $M=1$，$N=N'$。M 和 N 值与转化率因数的相应指数接近，可认为焦炭产率与转化率函数成正比，即为：

$$Y_{CK} = ZX \qquad (7-44)$$

Z 是原料油性质、催化剂性质、反应温度、油气分压和装置因数的函数，在以 X 为横轴，Y_{CK}为纵轴标绘的直线上，斜率 Z 即是焦炭选择性的表征，它恰好也是 UOP 公司提出的动态活性(用于催化剂的一种表征)的定义。但在此则延伸到焦炭选择性方面，即在同一催化剂和同一反应条件下，Z 值可与原料油性质关联。

焦炭产率还与原料油的残炭 C_{CR}和油浆产率 Y_{SO}密切有关，严格说来只有催化焦的产率才可用式(7-44)，而原料焦 Y_{CA}(附加焦)有其自身的动力学规律，为此对残炭值高的原料，式(7-44)应修正如下：

$$Y_{CA} = C_{CR} - \alpha Y_{SO} \qquad (7-45)$$

$$Y_{CK} - Y_{CA} = Z(C - Y_{CA})/(100 - C) \qquad (7-46)$$

α 是残炭前身转化为油浆中胶质和芳烃的分率，通常约为 0.30~0.35。

C_{A}值较高的馏分油原料一般要排出油浆产品，这时焦产率和油浆产率密切相关，式(7-44)要作如下改动：

$$Y_{CK} + \alpha Y_{SO} = Z(C - \beta Y_{SO})/(100 - C + \beta Y_{SO}) \qquad (7-47)$$

式(7-44)至式(7-47)应严格按总进料为基准计算，但因生产年报中数据不全，暂按新鲜原料为基准计算，有关的工业装置的 Z 值列于表 7-10 和表 7-11。可见该值与原料性质明显有关，大庆原油为 1.5~2.0，胜利、鲁宁为 2.0~2.9，而辽河则高达 3.5，即随着原料油的 C_{A}值增大，Z 也相应增大。同一原油的 Z 值并不因掺渣油而增加，可以用已对残炭的影响作过修正来解释。

表 7-10　馏分油裂化的焦炭选择性

原油品种	装置代号	焦炭产率/%	油浆产率/%	转化率/%	选择性系数(Z)
大　庆	YS1	4.25	0	69.8	1.84
	FF	5.10	0	77.1	1.51
	FS1	5.16	0	72.0	2.00
	FS2	5.13	0	73.5	1.85
	DL1	4.70	0	71.7	1.86
	DQ1	4.47	0	70.5	1.87
	GQ1	4.05	0	72.8	1.51
吉　林	QG1	4.50	0	72.9	1.67
新　疆	UR	4.66	0.5	69.7	2.10
	DS	4.60	0	72.0	1.79
大　港	TJ	4.50	0	68.6	2.06
	TJ1	4.19	0	73.3	1.53
南　阳	JM	5.56	0	71.3	2.24
胜　利	QL1	4.06	6.4	64.1	2.86
	QL2	4.41	7.1	65.1	2.93

续表

原油品种	装置代号	焦炭产率/%	油浆产率/%	转化率/%	选择性系数(Z)
鲁宁管输	QZ1	4.57	2.4	70.1	2.12
	JL1	4.80	3.3	70.6	2.43
	AQ	4.58	2.9	66.2	2.59
辽　河	JZ1	7.50	2.6	68.9	3.48
	JZ2	7.17	2.8	68.4	3.42

注：① 原始数据取自原中石化总公司生产部1993年催化裂化装置数据表，只对转化率统一修正。

② 注选择性系数按式(7-44)计算。

表 7-11　掺渣油裂化的焦炭选择性

原油品种	装置代号	原料残炭/%	焦炭产率/%	油浆产率/%	转化率/%	选择性系数(Z)
大　庆	DL2	3.8	7.28	3.98	69.7	2.11
	GQ2	1.6	6.61	0	71.4	2.05
	FT	4.52	8.96	0	72.7	1.78
吉　林	QG2	4.62	8.76	4.90	75.3	2.02
大　港	TJ2	3.97	8.60	6.16	74.0	2.41
任　丘	SJ	4.45	10.76	0	74.0	2.36
鲁　宁	JJ	2.54	7.00	2.28	65.1	2.92
	WH	4.36	7.48	10.82	74.8	2.29
	JL2	2.89	6.54	7.60	75.2	2.15
	CL2	5.37	7.16	11.34	73.3	2.07

3. 强化提升管处理能力

在前述转化率和选择性的基础上进一步研究如何强化提升管的处理能力问题。

(1)单位体积的处理能力

从进料注入点以上直至提升管出口的全部体积为基准的单位体积新鲜原料处理能力[$(t/h)/m^3$]是一项反应工程指标，国内工业装置该指标在4~6之间，可推导出关联式如下：

$$F/V = 1/(\tau_S \cdot Y) + 4/(H \cdot Y) \tag{7-48}$$

$$Y = (3.28/M_F + 4.92/M_P + 0.0206R_F + 0.0046X_S)T_E \cdot p \tag{7-49}$$

式中　F/V——单位反应体积的新鲜原料量，$(t/h)/m^3$；

H——提升管反应段长度，m；

τ_S——催化剂在反应段停留时间，s；

M_F，M_P——原料、产品平均相对分子质量；

R_F——回炼比；

X_S——进入提升管内水蒸气量,%(对新鲜原料)；

T_E——提升管出口温度,℃；

p——提升管压力，MPa。

以上τ_S、X_S和p是主要影响因数，在表7-12中按A、B、C三种情况计算的F/V值在5~10之间，馏分油原料比掺渣油原料高，单程通过比有回炼者高，催化剂停留时间短者比长者高。当转化率不变时，缩短催化剂停留时间主要靠提高其平衡活性，其次靠提高反应温度，但都有一定限度，应结合具体条件按转化率关联式计算。

表 7-12　不同工况时提升管的处理能力

工　况	A	B	C
基础数据：M_F	400	500	500
R_F	0.2	0	0.2
X_S	1	5	5
T_E	773	790	790
Y(计算值)	0.0568	0.0687	0.0723
F/V 值：$\tau_s=2.5$，$H=25$	9.9	8.1	7.7
$\tau_s=3.5$，$H=30$	7.4	6.1	5.6
$\tau_s=4.0$，$H=33$	6.5	5.4	5.1

（2）注入终止剂技术

为了加快重质原料的一次裂化反应，延缓不利于产品选择性的二次反应，有些装置在提升管上部注入终止剂。某装置原料油为中原常渣，终止剂注入点在原料油喷嘴下游 12m 处，约为提升管反应段长度的一半，使用催化裂化粗汽油为终止剂，用量为新鲜原料的 4%，在出口温度不变或稍低时，转化率从 70%增加到 72.5%，油浆回炼比从 0.08 降到 0.03，原料喷嘴下游 6m 处的温度升高 5℃，按热平衡计算的剂油比从 7.4 增至 8.1，现试用反应工程核算：

将提升管分为前段和后段，未用终止剂时总转化率为 C，前段转化率为 C_1，对应于 C 的单程转化率函数 $X=1.84$，前段转化率函数 X_1 和 X 的比值应为两者的 F_{OP} 之比，两段温度和压力的综合影响因数可认为相同；故前段 F_{OP} 对全段之比即是两者 F_{SV} 之比或两者 $\tau_S^{0.29}$ 之比，即

$$X_1 = X(\tau_S/\tau)^{0.29} = (1.84)(0.82) = 1.51$$

$$X_2 = X - X_1 = 1.84 - 1.51 = 0.33$$

使用终止剂时前段转化率为 C'_1，转化率函数为 X'_1，X'_1/X_1 与 (F'_{OP}/F_{OP}) 及 (F'_f/F_f) 成正比，前项与 F_t 和 F_{SV} 的比值有关，后项则主要与 F_{CA} 的比值有关，初步估算 $X'_1/X_1=1.2$，$X'_1=1.84$，相应的 $C'_1=66.4$(按新鲜原料)。

在注入终止剂的后段，未转化原料的油气浓度相应下降，单程转化率的计算既要考虑全回炼油，还要考虑终止剂的稀释作用。令终止剂对新鲜原料流量比值为 Xq，相对分子质量比值为 Mq，$Rq=Xq/Mq$，则后段入口和出口处的转化率函数可表达为：

$$X'_{2i} = C'_{2i}/[100(1 + R_F + R_q) - C'_{2i}],\ X'_{2e} = C'/[100(1 + R_F + R_q) - C'] \tag{7-50}$$

上两式中 C'_{2i} 和 C' 均以新鲜原料为基准。

将 $C'_{2i}=C'_1=66.4$，$R_F=0.03$，$R_q=0.04/0.25$ 代入得到 $X'_{2i}=1.26$，$X'_{2e}=1.56$，$X'_2=X'_{2e}-X'_{2i}=0.30$。

从上述核算的结果可以看出 $X'_1/X_1=1.2$，$X'_2/X_2=0.9$，说明注入终止剂使前段反应强度增加 20%，而后段则减少 10%，综合效果是增加转化率和汽油的选择性，减少后段发生的氢转移反应。应指出如用粗汽油为终止剂不宜提高提升管出口温度，不然气体产率将上升。

4. 回炼计算

循环油的馏分范围和新鲜原料相近，但其族组成或结构族组成已发生改变，因此可裂化性有较大差别。总循环油(TCO)按馏程可分为轻循环油(LCO)、重循环油(HCO)和油浆(DCO)，需分别计算每个馏分的裂化转化率。为了说明循环油的回炼概念，现以轻循环油为例。

当忽略缩合反应时，单程转化即为由高沸点馏分向低沸点馏分的转化。因此，从原料油实沸点曲线上，将大于210℃馏分切割成210~350℃、350~500℃、>500℃三馏分，并由此更加细分成210~250℃、250~300℃、300~350℃……各馏分段，其产率分别为ΔY_{210}^{250}、ΔY_{250}^{300}……,按转化率的计算方法，可以得到各馏分段生成汽油、焦炭及裂化气的单程转化率。同时也可以计算出ΔY_{250}^{300}、ΔY_{300}^{350}……转化为ΔY_{210}^{250}的单程转化率Y_{210}^{250}，此Y_{210}^{250}为经过单程转化生产的210~250℃循环油产率，按此规律可得循环油的不同实沸点范围的单程转化率Y_i^j，并可将所有馏分的转化率汇总成循环油实沸点曲线。

由于转化率计算时，均以族组成或结构族组成为依据，所以可找出循环油相对的族组成或结构族组成曲线，并使之与馏分实沸点曲线相对应。通过循环油的分割，可得到单程转化成轻循环油的产率Y_{FF}^{LCO}，以及结构族组成C_A、C_N、C_P值。

其次，当轻、重循环油及油浆回炼时，轻循环油经过单程转化生成汽油、焦炭和裂化气外，尚有未转化的轻循环油馏分；而重循环油和油浆在单程转化时，除生成汽油、焦炭和裂化气外，还要生成轻循环油馏分，所得转化量为Y_{HCO}^{LCO}、Y_{DCO}^{LCO}，因此LCO的总生成量$Y_{LCO}=Y_{FF}^{LCO}+Y_{HCO}^{LCO}+Y_{DCO}^{LCO}$。实际上总轻循环油的物料衡算在稳态时，如图7-7所示。

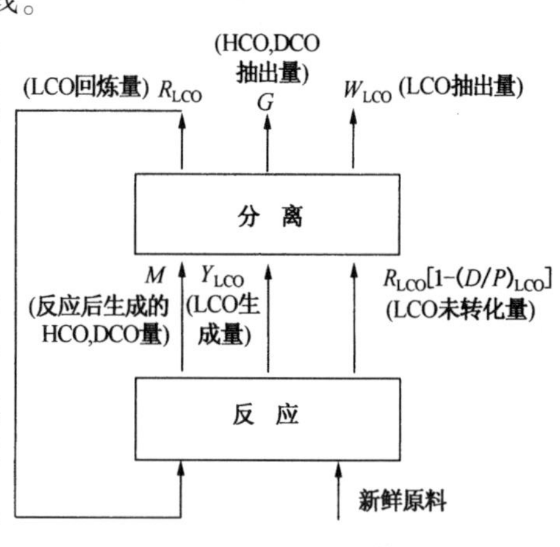

图7-7　LCO物料衡算图

依分离系统的物料衡算得：

$$M + Y_{LCO} + R_{LCO}[1 - (D/P)_{LCO}] = G + W + R_{LCO} \qquad (7-51)$$

一般$M=G$，即得：

$$Y_{LCO} + R_{LCO}[1 - (D/P)_{LCO}] = W + R_{LCO} \qquad (7-52)$$

式中，$(D/P)_{LCO}$为LCO单程转化率，可以依据LCO的结构族组成计算出生成汽油、焦炭和裂化气的产率后求得$(D/P)_{LCO}$，同样可以计算出$(D/P)_{HCO}$、$(D/P)_{DCO}$。总的回炼计算需反复迭代，直至结构族组成、Y_{LCO}、(D/P)、W和R达到允许的精度。

(二) ESSO关联模型

Pierce等(1972)采用先进的原料油分析方法和催化剂评价技术，在大量的中型试验数据的基础上，将产品的产率、质量与各种各样的操作参数进行了关联。该中型催化裂化装置的处理能力为0.21t/d，采用提升管和/或密相床反应器，操作条件变化范围为反应器温度455~538℃；221转化率40v%~90v%；再生剂碳含量0.05%~1.5%；空速3~400h^{-1}；R_C(剂油比)可做到20，并且能回炼操作；可加工30多种原料油，其组成变化范围为烷烃含量10%~55%；环烷烃含量25%~50%；芳烃含量5%~65%。可使用多种类型的催化剂，其中包括无定型和沸石催化剂及其平衡剂和水蒸气失活催化剂等。

1. 关联模型的改进

在原来的ESSO关联模型中，进料的可裂化性因数只是和芳烃指数进行了关联，关联式是基于烷烃/环烷烃/芳烃的简单分析。而在改进的关联模型中，Pierce等(1972)采用了详细的芳烃类型分析方法(即低电压，高分辨率质谱分析技术)，将芳烃组分划分成一环、二环、三环和四环及以上四种类型，从而提高了模型的预测精度。从表7-13的数据说明用改进的产率关联模型，可提高“加氢处理原料”裂化产率的预测精度。因此，对原料油组成变化的适应性将更好。

由表7-13的数据可看出：实测的转化率为69.1v%，新方法的预测值为68.5v%，而老方法的预测值仅为55.8v%；实测的焦炭产率为4.8%，新方法的预测值也为4.8%，而老方法的预测值却达5.8%。这说明通过详细的芳烃环分析，提高了模型的预测精度。

采用高分辨率质谱技术，可以对芳烃部分中的50多种化合物类型及相应的碳数分布进行定量。ESSO研究工程公司分析了500多种原料油和产物样品，并把这些信息存入了计算机的数据库。

由表7-13的数据还可看出，相对未处理的原料，加氢处理原料总芳烃含量下降了约20%，而难裂化、易生焦的三环和四环以上的芳烃含量却下降了50%多。因此其221转化率从51.3v%上升到69.1v%，而焦炭产率却从7.5%下降到4.8%。这既表明加氢处理的效果，也充分说明了详细的芳烃环分析的重要性。

表7-13　原料加氢前后性质和组成类型及其裂化性能的变化

项　目	原料油	加氢处理原料		
密度(20℃)/(g/cm^3)	0.9155	0.8853		
含硫量/%	0.82	0.10		
P/N/A/%	25/31/44	29/37/34		
芳烃组成/%				
一环芳烃	4.4	8.1		
二环芳烃	11.0	12.2		
三环芳烃	17.7	9.3		
四环及以上芳烃	10.7	4.2		
催化裂化结果：操作条件固定(一次通过，沸石催化剂)	原料油	加氢处理过的原料油		
	观察值	观察值	预测值(新方法)	预测值(老方法)
221转化率/v%	51.3	69.1	68.5	55.8
焦炭产率/%	7.5	4.8	4.8	5.8

注：原料油($221℃^+$)为：重焦化馏分油32%；重催化裂化循环油57%；润滑油抽出物11%。

2. 模型的概况

催化裂化模型输入和输出数据的概况见图7-8。关联模型的动力学网络中，存入了关键化合物类型的大量数据。输入的数据还包括催化剂的特性参数、操作条件和专门要求的平衡类型等。模型中所用的各个关联式是以回炼操作的总进料为基础的，通过反复地迭代收敛于回炼油的平衡组成。

由于各相应馏分的未转化部分的组成能够被预测，因此可以更好地关联产品的质量。模型中还采用了各种单个的动力学模型，预测总C_5以及更轻的产品产率和焦炭产率。

该模型能够进行热平衡计算，从而提出所需要的焦炭产率。此外，该模型还能提供关键的再生器设计参数，例如所需的催化剂藏量，空气流率以及 CO_2/CO 比值等。总之，在催化裂化装置的设计开发中，以及在现有装置的优化操作中，该模型均得到了有效的应用。

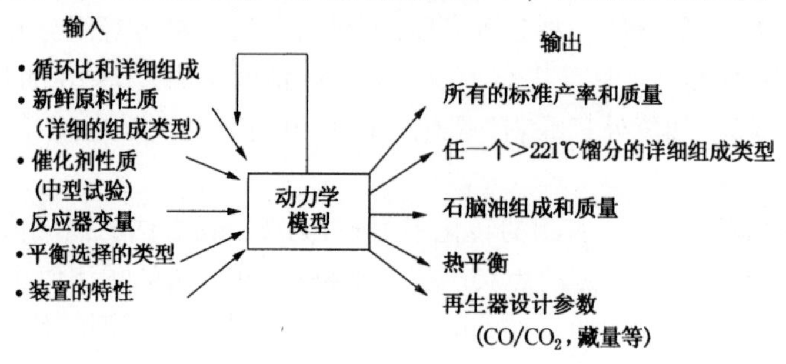

图 7-8　催化裂化模型输入/输出概况

(三) Amoco 关联模型

Amoco 石油公司的 Wollaston 等(1975a；1975b)发表了一种催化裂化工艺模型，能适用于范围较宽的原料和操作条件。该模型不仅能预测产品的产率和质量，而且还能预算出水、电、汽等的需用量和投资额。通过 180 次工业数据的验证，说明该模型是获得催化裂化装置优化操作的可靠方法。

Amoco 公司在催化裂化工艺模型的关联式开发中，采用了大量的中型试验数据。该中型催化裂化装置的处理能力为 0.28t/d，并能进行连续地回炼操作；反应器类型可采用各种结构的组合形式，既能等温操作也能绝热操作；可加工的原料油为美国和其他国家原油所得的多种馏分油，还包括了石蜡基的取暖炉用油、脱硫减压馏分油和脱沥青油等等；使用了 12 种类型催化剂，其中包括天然和合成担体的 X 型和 Y 型沸石催化剂，并考察催化剂的活性、再生剂上含碳量等因素的影响；工艺条件变化范围见表 7-14。

表 7-14　考察过的工艺参数范围

工艺参数	范　　围	工艺参数	范　　围
反应器温度/℃	455~552	C_{CR}/%	0.0~0.8
剂/油比(R_C)	3~16	催化剂停留时间/min	<0.1~4.0
重时空速(S_W)/h^{-1}	3~200	油气停留时间/s	3~25
油气分压(p_{HC})/kPa	82.8~138.3	回炼比/v%	0~100

1. 模型的方程式

转化率方程Ⅰ：

$$X = \frac{C}{100 - C} = f(Z_1,\ Z_2\cdots,\ Z_m) \cdot R_C^n \cdot S_w^{n-1} \cdot \exp\left(\frac{\Delta E}{RT_r x}\right) \tag{7-53}$$

焦炭产率方程Ⅱ：

$$C_f\% = g(Z_1,\ Z_2\cdots,\ Z_m) \cdot R_C^n \cdot S_w^{n-1} \cdot \exp(\frac{\Delta E_C}{RT_r x}) \tag{7-54}$$

式中　C——转化率，v%；

C_f——焦炭产率(对原料)；

T_{rx}——动力学平均温度，K；

n——减活指数，0.65；

R——气体常数，8.3143J/(mol·K)；

ΔE——裂化反应的活化能，约为58kJ/mol；

ΔE_C——生焦反应的活化能，约为5.8kJ/mol。

而函数$f(Z_1, Z_2\cdots, Z_m)$和$g(Z_1, Z_2\cdots, Z_m)$是进料性质、油气分压、固有的催化剂活性等参数的函数。

图7-9表明了剂油比和重时空速对转化率函数的影响，由中型试验的数据可求得指数n值约为0.65。裂化强度因数S_{CR}表明了再生剂上的含碳量(C_R)对催化剂有效活性的影响，如图7-10所示。裂化强度因数S_{CR}是工艺参数、催化剂性质以及总进料烃族组成(必要时，可用质谱分析确定芳烃的环分布)的函数。固有的催化剂活性(RMA)是用Amoco专有的微活性试验测定的。

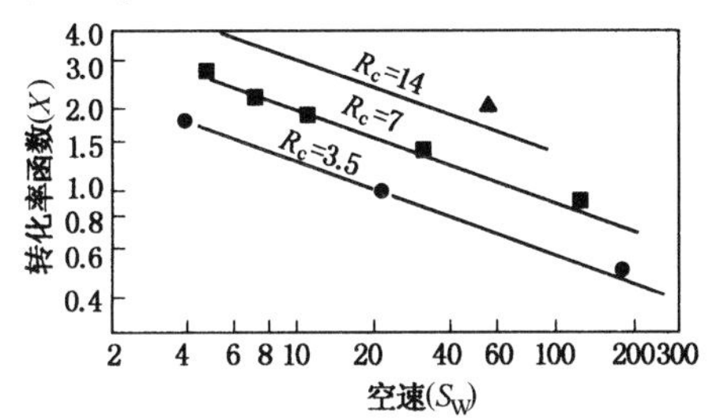

图7-9　剂油比和重时空速对转化率的影响

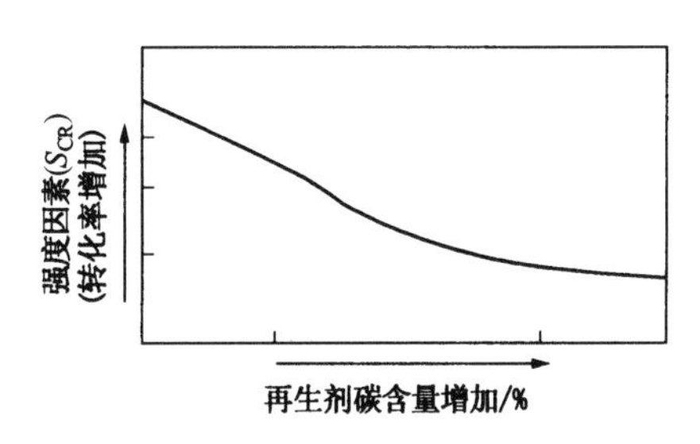

图7-10　再生催化剂碳含量(C_R)对裂化强度因数(S_{CR})的影响

焦炭产率方程(Ⅱ)与转化率函数方程(Ⅰ)具有类同性，这说明焦炭产率和转化率之间存在内在的相关性，如图7-11所示。然而，其活化能的值(ΔE_C)却很不一样，在0~11.6kJ/mol间变动。同样，可用生焦因数F_{cr}来表示再生催化剂上的碳含量(C_R)对焦炭产率的影响，如图7-12所示。

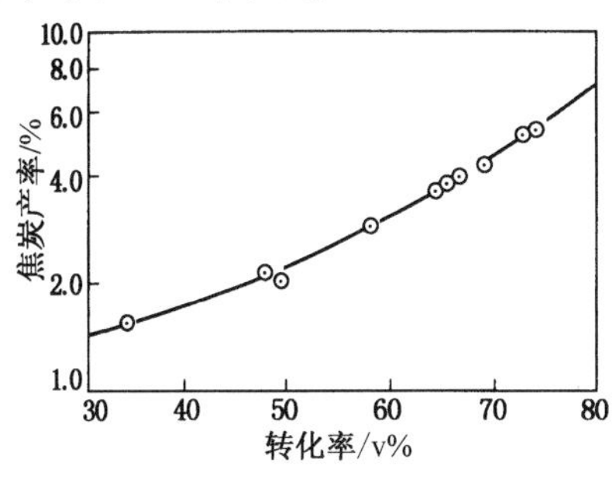

图7-11　转化率对焦炭产率的影响

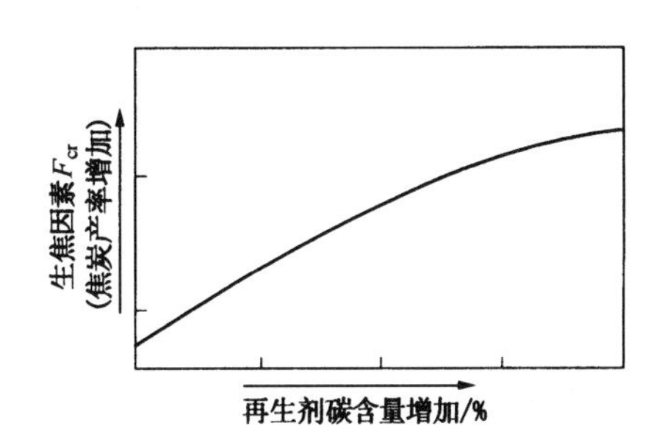

图7-12　再生催化剂碳含量(C_R)对生焦因数(F_{cr})的影响

在积分模型中还附加了描述热平衡关系的方程式，并把方程Ⅰ和方程Ⅱ联系了起来，得到了反应器和再生器方程。

反应器方程Ⅲ：

$$W_C = F(\text{进料热焓、裂化热、再生温度、反应温度}) \quad (7-55)$$

再生器方程Ⅳ：

$$W_C = G(\text{焦炭产率、焦炭燃烧热、再生温度、反应温度}) \quad (7-56)$$

式中　W_C——催化剂循环速度。

这些关系式是简单的，可利用已发表的热焓数据。唯一例外的是裂化反应热，但可用已发表的进料和产品的热焓数据，或有关的文献数据来进行估算(Dart，1949)。通过转化率/裂化强度、焦炭和热平衡关联式的联解，就可以确定各种工艺参数下的转化率和焦炭产率。在该模型的骨架上，还建立了计算复杂循环油的影响、产品质量和轻端产品产率的各种补充关联式。

2. 模型的工业应用

Amoco关联模型经过了180次工业数据的验证，考察了反应器温度、重回炼油循环、油浆循环、原料油性质、进料预热温度和超催化裂化再生等的影响。同时还考察了多种参数同时改变的影响。总的来说，模型的预测值和工业装置的实测值具有良好的一致性，并在9个炼油厂催化裂化装置的优化操作中取得良好效果。

为有利于经济分析，该模型能够提供所有重要的数据：各产品产率、操作条件、产品价格、水电汽和燃料的消耗以及投资额等。并能对不同的再生方式进行评价，也可通过几个变量(主要是烟气的体积流量)来概算再生器的投资。输入计算机程序的数据还包括劳务费和材料因数等。下面的例子将说明该模型在优化操作方面的应用。

能够用于使一个新装置最优化的众多变量，可包括像回炼油、温度、催化剂活性和CO燃烧之类的操作参数，以及像提升管体积、稀相容积和预热炉负荷之类的设计参数。本例仅限于两个操作变数：反应器温度和催化剂活性。

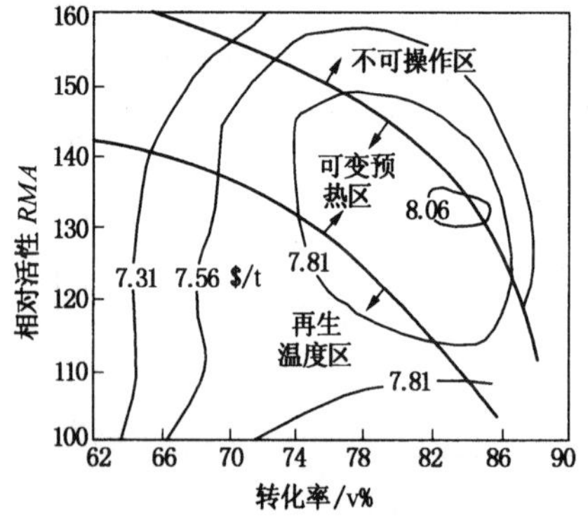

图7-13　催化剂相对活性和转化率对利润的影响

图7-13表示随着催化剂活性和转化率的变化，装置所得利润曲线的变动情况。可按所希望的转化率来计算反应器温度，转化率在62v%~88v%之间变动，相对活性*RMA*在100~155之间变动，其他的参数是固定的。

在图中有三个主要的区域：顶部区是不能实现操作的区域。它或者要求很高的反应器温度，或者需要过度的再生器取热；中间区是在保持最大的再生器温度情况下，利用原料油的预热来满足热平衡；下部区是使原料油预热温度保持在288℃，而变动再生器的温度来满足热平衡。根据模型计算而绘制的这张利润图上，存在两个局部最大值：在转化率约80%时，其中一个活性为132，另一个活性更低——约为100。这种结论对装置的优化操作很有价值。

(四) Profimatics关联模型

Profimatics公司的Kliesch等(陈俊武，2005)开发了模拟优化模型(称为FCC-SIM和FCC-SIMOPT)，采用模拟标定的方法可以定量地确定如下重要参数：①再生温度弹性；②反应器稀相催化剂藏量；③不同机理的焦炭产量；④进料和产品的氢含量差。这些参数都是该模型用来模拟和优化FCC操作的关键参数。FCC模拟优化模型是反应-再生系统的一个精确静态模型，分为再生器模型、反应器模型、焦炭模型和产品产率模型，并附有简化的分馏模型。

1. 再生器模型

再生器模型由三个动力学段组成：密相，稀相和集气室。密相按均相烧焦段处理；稀相区中要考虑CO后燃生成CO_2的反应，夹带催化剂能缓和后燃放热反应的温升，因此必须计算出催化剂的夹带量(Zenz，1965)；集气室是另一个后燃段，但无夹带催化剂。再生器分区模型请参见第八章。

2. 反应器模型

该模型包括单独的裂化进料提升管模型和反应器模型。反应器模型进一步分为密相段和稀相段。稀相包括被反应产品所夹带的催化剂。

模拟模型包括了各种比较严格的动力学表达式(含有转化率、焦炭产率等表达式)，并考虑了氢转移反应。这些表达式中包含了反应温度、压力、催化剂活性、停留时间(或空速)以及原料油性质等参数。动力学上按带有失活函数的拟二级反应来处理。

原料油性质中还包括了计算烷烃、环烷烃和芳烃等组成的程序。循环油的性质计算是依据新鲜原料性质和操作条件。FCC-SIM 中还考虑了提升管中喷入的水蒸气、预提升气等分散介质。对于提升管，油、催化剂和提升介质都使用平推流反应器模型。对反应器，催化剂使用连续搅拌槽反应器模型(CSTR)；油、提升介质和汽提蒸汽使用平推流反应器模型。每段的反应深度是有关催化剂停留时间和催化剂藏量的函数。对于提升管，由催化剂密度经过积分计算催化剂藏量。对反应器，可使用床层高度和密度计算密相床藏量。但是，反应器稀相段的催化剂藏量计算，通常缺少可靠的数据。

这里采用 Zenz 等(1965)开发的夹带关联式来计算稀相段夹带催化剂的藏量。该藏量为进料量、循环量、裂化深度以及提升介质和汽提蒸汽量的函数。若此藏量发生变化，则产品产率和选择性也会有所变化。标定的关键是调整稀相催化剂藏量的计算值与实际值相一致。例如，采用提升管出口与反应器出口的温降来计算反应器稀相藏量(由于稀相裂化为吸热反应，所以发生温降)。

调节反应器稀相藏量需要采用试差法。假设各种不同的藏量，利用模型预测每种藏量的提升管出口与反应器出口的温差。然后根据计算结果绘制出藏量和反应温度的函数关系图，利用实测的反应器出口温度，就可从横轴上读出实际藏量。

3. 焦炭模型

焦炭模型可分别计算四种生焦机理的生焦量，即附加焦、催化焦、污染焦和剂油比焦。表 7-15 为三种不同进料的焦炭分布(假定三种情况下剂油比焦相同，且单程操作)。

表 7-15　三套装置上不同机理的焦炭分率

生焦机理	FCC_1 原料经加氢精制	FCC_2 直馏瓦斯油	FCC_3 渣油
附加焦	1	2	26
催化焦	71	66	35
污染焦	13	17	24
剂油比焦	15	15	15

从表 7-15 可看出，随着进料质量的下降，附加焦和污染焦产率升高，而催化焦产率降低。剂油比焦和汽提效率有关；并认为附加焦是进料康氏残炭或兰氏残炭的线性函数(系数为 0.5~1.0)；而污染焦则可由氢气产率、平衡剂金属含量和比表面积来确定。这三种焦炭求得后，与总焦炭量之差即为催化焦。催化焦是催化剂停留时间、进料性质、工艺条件和催化剂活性的函数，因此可采用装置的实测数据和理论假设对焦炭模型进行标定。

4. 产品产率模型

原料油的性质包括密度、馏程、折光率、硫、碱性氮化物、金属和康氏残炭，并由程序计算出混合原料油的性质以及族组成(烷烃、环烷烃和芳烃)。

产品产率和性质计算所依据的参数如下：

① 氢气产率：催化剂上平衡金属的含量；

② 硫化氢产率：硫分布和硫平衡；

③ 裂化气产率(C_1~C_4)：转化率、原料油性质和反应温度；

④ 裂化气组成：催化剂选择性、反应温度和原料油性质；

⑤ 液体产率：转化率和所选择的操作条件，此外当切割点发生变化时，有能力调整液体产率和性质；

⑥ 液体产品性质(包括汽油、轻循环油、回炼油和油浆)：转化率、切割点、原料油性质和操作条件。

此外，为了准确地标定模型的产率，程序还进行原料油和产品的氢平衡计算。而多数氢平衡的误差为±0.25%，如果氢含量的误差超过1.0%，则必须校验产品产率数据的准确性。FCC模型使用理论计算和试验数据预测产品产率。而每个理论计算公式都包括一个校正因数，使其可以预测不同于试验条件的产品产率。产品产率标定过程较简单，即把产率的试验数据输入模型，就可自动计算出使产率的理论计算与试验数据相一致的校正因数。同样，还要计算出各个产物性质的校正因数；整个模型的校正因数有一百多个，其分布情况见表7-16。

表7-16　校正因数的分布情况

1. 有关反应速率常数的校正因数
再生器(1#、2#)的焦炭燃烧(一次)、二次反应($CO \rightarrow CO_2$)、后燃反应；再生器焦炭中氢的燃烧、焦炭中硫的燃烧；反应器生焦反应、芳烃反应、环烷烃反应；重循环油/澄清油反应；催化剂表面积的衰减；催化剂失活的影响-钒、钠；催化剂的时变失活；碱氮的校正
2. 有关工艺参数的校正因数
再生器(1#、2#)的稀相温度、催化剂内循环因子；离开床层烟气中的最大氧浓度；提升管停留时间；提升管入口催化剂密度；提升管(1#、2#)的压降、分布器的压降，待生剂滑阀压降，反应器床层接触因子；反应器稀相催化剂藏量；产物的体积膨胀校正；分馏塔分液罐压力校正；汽提段的特性曲线—斜率、截距；裂化反应热；夹带气体流量
3. 有关产率的校正因数
反应器转化率常数；裂化气(C_1~C_4)产率；乙烯、总C_2、丙烯、总C_3、i-C_4、n-C_4烯烃及总C_4的产率；污染焦；康氏残炭生焦系数；H_2S分布的偏差
4. 有关产物性质的校正因数
总石脑油：密度关联式的截距、斜率；硫含量；轻/重石脑油的分割 轻石脑油：50%点、干点、硫含量、MON、RONC 重石脑油：10%点、50%点、干点、MON、RONC、烷烃、烯烃、芳烃、密度 总循环油：硫含量 轻循环油：10%点、50%点、干点、密度、黏度、硫含量、浊点、倾点、LCO指数、环烷烃、残炭分布因子、碱氮分布因子 重循环油：10%点、50%点、90%点、干点、密度、黏度、硫含量、HCO指数、环烷烃、残炭分布因子、碱氮 澄清油：50%点、密度、康氏残炭、黏度、硫含量、碱氮、环烷烃 焦炭：硫含量、氢含量

(五) 国内FCC关联模型的开发和应用

国内设计和研究单位在催化裂化关联模型开发和应用方面，进行了大量数据收集、整理和研究工作，得到具有实用价值的关联式，较为典型的关联式如下。

1. 转化率函数和焦炭产率综合表达式

(1) 曹汉昌关联式

曹汉昌(1984)根据我国一些提升管催化裂化装置的现场实测数据，建立了适用于预测某些原料油转化率函数 X 和焦炭产率 C_f 的计算公式：

$$X = 65.7 \times (1 + R_F)^{0.06} \times t^{0.37} \times \exp(-7500/T) \times p^{0.75} \times (4.2 + 0.746 \times A_m^{0.9})(1.15 - 0.15C_R)(1.5 + R_C^{1.25}) \quad (7-57)$$

$$C_f = 1.48 \times 10^{-4}(1 + R_F)^{0.8} R_C^{0.9} t^{0.17} \times T \times p^{0.73} \times (0.95 - 0.2C_R)(2.8 + 0.726A_m^{0.2}) + C_{CR} \quad (7-58)$$

式中　R_C——剂油比；

R_F——回炼比；

t——反应时间，s；

T——反应温度，K；

p——反应压力，10^{-1}MPa；

C_R——再生催化剂碳含量,%；

A_m——平衡催化剂微反活性；

C_{CR}——康氏残炭,%。

该关联式的优点是比较简易，在一定范围内可作为预测我国某些原料油转化率和焦炭产率的近似计算公式。其关联数据范围见表 7-17，应用范围为：

①原料油种类主要为大庆、玉门、新疆、任丘、长庆和南阳油等。

②公式关联的数据，大部分是馏分油或掺有少量渣油的馏分油，残炭值均在 0.5%以下。

③该关联式忽略了装置因数，主要适用于提升管。因原料油在床层裂化时，油气线速为 0.3~1.2m/s，属于鼓泡床和湍流床范围，流化质量因装置不同差别很大，所以装置因数对反应的影响不能忽视。提升管入口的线速一般为 4~7m/s，属于输送床范围，流化状态不会因装置不同而差异很大。但装置因数的忽略，对难雾化的渣油进料将引起误差。

④转化率和焦炭产率的大小与油气分压有关。因缺乏注入提升管蒸汽量的数据，故在关联式中用提升管压力代替。这对雾化蒸汽量较大的渣油进料，会产生较大的误差。

关联式计算结果与 7 个炼油厂 30 多套现场实测数据比较可知：转化率的平均误差为 5.74%，最大误差为-17.2%；焦炭产率的平均误差为 7.44%，最大误差为-19.1%。

表 7-17　关联数据范围[式(7-57)、式(7-58)]

工艺参数	范　围	工艺参数	范　围
反应温度/℃	464~510	剂油比	3.0~4.88
反应压力/MPa	0.2~0.28	回炼比	0.33~1.44
反应时间/s	1.96~4.24	平衡剂微活/%	45~75
再生剂碳含量/%	0.03~0.47		
催 化 剂	13X、MZ-3、偏 Y-3、Y-5、Y-15、共交 Y		

(2) 张立新关联式

张立新(1981)根据国内外催化裂化反应动力学研究工作以及大量的实测数据，建立了计算提升管转化率函数和焦炭产率的综合表达式：

$$X = K_X\left(\frac{C_N}{100}\right)^{0.09894} \cdot \left(1 - \frac{C_A}{100}\right)^{3.69} \cdot \left(\frac{1.27 - 1.34C_R}{1.27 - 1.34C_0}\right) \cdot A \cdot R_C^{0.65} \cdot t^{0.35} \cdot P^{0.53} T_X \tag{7-59}$$

$$C_f = K_{CC}(1 + R_F)R_C t_C^{0.21} \cdot T_C \cdot P^{0.23} \cdot (1.28 - 0.936C_R) \tag{7-60}$$

式中　X——转化率函数，$X=C/(1-C)$（转化率 C 指<221℃馏分、焦炭和气体产率之和）；

C_N——原料油环烷烃指数；

C_A——原料油芳香烃指数；

C_0——微活性测定时的催化剂初始碳含重，%；

C_R——计算条件下的再生剂碳含量，%；

R_C——剂油比；

t——反应时间，s；

p——油分压，MPa；

T_X——对转化率的温度因数（可根据活化能估算）；

T_C——对焦炭产率的温度因数（可根据活化能估算）；

A——根据微活性由图 7-14 查得的催化剂相对活性因数；

C_f——对新鲜原料的焦炭产率，%；

t_C——催化剂在反应区的停留时间，s；

K_X——转化率函数的装置因数；

K_{CC}——焦炭产率的装置因数；

R_F——回炼比。

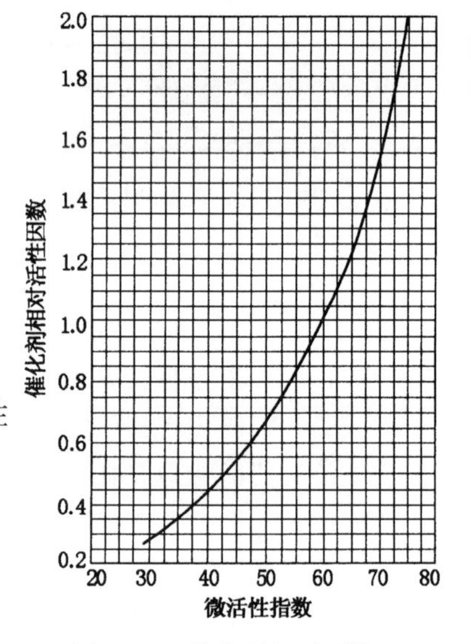

图 7-14　催化剂相对活性因数和微活性的关系

K_X和 K_{CC}包含了公式中未考虑的其他各种因数的影响。利用这两个综合表达式可以从一个操作条件下的结果推算其他操作条件下的结果，这对寻找优化的操作条件或设计工艺条件是有用的。该关联式也比较简易，所需参数不多，并设置了装置因数，因此综合表达式可以在有限的实测数据的基础上，预测转化率函数的各种变化。

2. 适用于掺炼渣油的“等价馏分油”概念

李松年等（1988）开发了一种适用于掺炼渣油的比较简捷的方法——“等价馏分油方法”。该方法认为对于纯馏分油的催化裂化，可把原料油在进料段（即原料与催化剂开始接触阶段）的过程近似看成是单一的汽化过程。实际上，当原料油与催化剂刚一接触时，不但有热过程和相变过程发生，同时也伴随着反应，特别是正碳离子引发过程。由于渣油本身与其初始裂化反应的生成物有较大的区别，因此渣油在进料段的过程应予特殊考虑，而其后在反应段的反应，则与馏分油的裂化反应类似。也就是说，将渣油在进料段中裂化-汽化所生成的气相产物称为“等价馏分油”，完全遵循馏分油催化裂化的反应规律。这样可将成熟的馏分油催化裂化的数学关联式和数学模型应用到渣油催化裂化的数学模型中去。

由于渣油中含有相当量的残炭，在进料段中会沉积在催化剂上，使其初活性显著下降。因此，要实现这种方法，必须找出催化剂初始活性降低以及“等价馏分油”组成与渣油性质的关联式。渣油性质用其密度、沥青含量和氢碳原子比来表示。表 7-18 列出四种渣油“等价馏分油”的芳碳（C_A）含量。该 C_A值随重油中胶质、沥青质含量的增加而增加，说明胶质、沥青质在裂化生焦以后生成的等价馏分油，其芳碳含量高于渣油中高分子烃类的芳碳含量。

表 7-18　“等价馏分油”的芳碳(C_A)含量

重油来源	胶质、沥青质含量/%	密度/(kg/m^3)	残炭/%	氢碳比(原子比)	C_A/%
吉林原油	20.86	947.0	8.45	1.7330	14.01
	12.91	941.6	4.61	1.7390	12.85
	4.96	936.2	0.77	1.7420	10.96
大庆原油	19.65	932.4	8.35	1.7438	13.74
	11.33	919.0	4.54	1.8106	10.84
	3.00	905.9	0.74	1.8777	8.69
下辽原油	30.01	975.2	13.12	1.5566	19.14
	12.16	938.2	5.29	1.7020	13.19
	3.23	920.7	1.37	1.7756	10.19
中原原油	29.29	963.6	12.69	1.6139	15.32
	16.21	937.8	6.87	1.7193	14.07
	3.12	913.3	1.05	1.8264	10.85

五、集总动力学模型的开发与研究

催化裂化过程是一种包含有成千上万种组分，并同时进行各种反应的高度偶联的复杂反应体系。在研究复杂反应体系的动力学规律时，将面临两个方面的问题：

① 反应体系各组分之间的强偶联；

② 参与反应的组分数可能多达成千上万种，难以处理每种化合物的反应。

因此，直到20世纪60年代初期出现了集总体系的动力学速度常数矩阵法后，才使复杂反应体系的动力学研究有了突破，也为催化裂化反应动力学的研究开创了新局面(Wei，1962)。

(一) 集总动力学基本理论概述

所谓集总(Lumping)的方法，就是按各类分子的动力学特性，将反应体系划分成若干个集总组分，在动力学研究中把每个集总作为虚拟的单一组分来考察，建立集总动力学模型。

20世纪60年代初期，Wei等(1962；1963)建立了单分子反应体系的速度理论，将高度偶联的化学反应转换成一个非偶联体系。随后Chang等(1977)又进一步发展并简化了Wei的集总方法，从试验数据来确定反应速度常数可以更精确和简便。

最初研究集总动力学的是Aris等(1966；1968)，他们认为含有很多种化合物的混合物是一种接近于连续状态的混合物，引入了速度常数分布函数的概念，建议采用积分-微分方程。Wei等(1969)和Kuo等(1969)又在单分子反应理论的基础上，对复杂单分子体系的集总进行了广泛研究，提出了单分子反应体系正确集总的理论和近似集总分析，创立了集总体系的动力学速度常数矩阵。此后，Ozawa(1973)又进一步发展了Wei的集总理论。

在这些基础上，就可以对各种复杂反应体系进行动力学分析，确定集总分族和集总反应网络，建立反应动力学模型，并用实验和数据处理来求取各动力学常数。

1. 如何解决反应体系的强偶联性

Wei等(1962)首先考察了一级单分子反应体系。假设体系中有i个组分A_i，其数量为

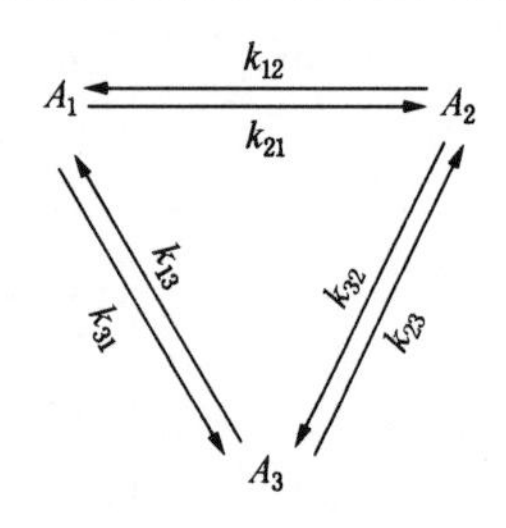

图 7-15　三组分单分子可逆反应体系

a_i，由第 i 组分到第 j 组分的反应速度常数为 k_{ji}，则最通常的三组分单分子可逆反应体系如图 7-15 所示。

各组分量的变化速度为：

$$\begin{cases} da_1/dt = -(k_{21}+k_{31})a_1 + k_{12}a_2 + k_{13}a_3 \\ da_2/dt = k_{21}a_1 - (k_{12}+k_{32})a_2 + k_{23}a_3 \\ da_3/dt = k_{31}a_1 + k_{32}a_2 - (k_{13}+k_{23})a_3 \end{cases} \tag{7-61}$$

由此方程组可看出 a_1 随时间变化的速率不仅与 a_1 有关，而且与 a_2 和 a_3 有关，当组分数增多时，情况就更复杂。这说明各变数间的偶联是很强的，是一般解法所遇困难的根源。

将式(7-61)写成矩阵形式：

$$\begin{pmatrix} \dfrac{da_1}{dt} \\ \dfrac{da_2}{dt} \\ \dfrac{da_3}{dt} \end{pmatrix} = \begin{pmatrix} -(k_{21}+k_{31}) & k_{12} & k_{13} \\ k_{21} & -(k_{12}+k_{32}) & k_{23} \\ k_{31} & k_{32} & -(k_{13}+k_{23}) \end{pmatrix} \begin{pmatrix} a_1 \\ a_2 \\ a_3 \end{pmatrix} \tag{7-62}$$

该式中列矩阵 $\begin{pmatrix} a_1 \\ a_2 \\ a_3 \end{pmatrix}$ 为组分向量，用 a 表示；而方阵为速度常数矩阵，用 $\boldsymbol{K}$ 表示。这样，上式可简写为：

$$d\boldsymbol{a}/dt = \boldsymbol{K}\boldsymbol{a} \tag{7-63}$$

在线性代数中可把式(7-63)看成为一个变换，把 $d\boldsymbol{a}/dt$ 看作一个新的向量 $\boldsymbol{a}'$，则式(7-63)变成了 $\boldsymbol{a}'=\boldsymbol{K}\boldsymbol{a}$。这样，向量 $\boldsymbol{a}$ 在矩阵 $\boldsymbol{K}$ 的作用下，不但长度发生了变化，而且发生了转动，方向也变化了。

根据线性代数的理论，在组成空间中常存在几个独立方向，使位于这些方向上的向量在 $\boldsymbol{K}$ 的作用下只发生长度变化，不发生方向变化，这些独立方向称为特征方向。

现设 $\boldsymbol{a}_j^+$ 为第 j 个特征方向上的任一向量，则：

$$\boldsymbol{K}\boldsymbol{a}_j^+ = -\lambda_j \boldsymbol{a}_j^+ \tag{7-64}$$

式中，$\boldsymbol{a}_j^+$ 是以 A 为坐标轴表示的特征向量，$-\lambda_j$ 为数量，称为矩阵 $\boldsymbol{K}$ 的特征根，它为非正实数，故前面加一负号。由式(7-63)和式(7-64)可得：

$$d\boldsymbol{a}_j^+/dt = -\lambda \boldsymbol{a}_j^+ \tag{7-65}$$

从式(7-65)可以看出，特征向量 $\boldsymbol{a}_j^+$ 的变化速度仅仅与 $\boldsymbol{a}_j^+$ 本身有关，而与其他方向上的向量无关，即完全非偶联。因此，可以利用这一特点，用几个独立的特征方向构成新的组成空间坐标轴系统 B（或称特征坐标系统）来实现解偶。B 坐标系统是把假想的新的特征物质 Bj 作为坐标轴(Wei，1962)。

Wei 等(1962)利用矩阵的特征方向，将高度偶联体系转换成一个相等的非偶联体系，这在复杂反应体系的动力学研究中是一种十分有效的方法。

2. 集总的理论分析

用集总方法处理复杂反应体系的动力学，最早可追溯到 1959 年 Smith(1959)提出的三集总催化重整模型。后来 Wei 等(Prater，1967；Silvestri，1968；1970)从理论上对集总系统进行了综合分析，对于离散体系，他们提出了可精确集总的判据。设某个由 n 种化合物组成的一级反应体系，其动力学方程可用下式表示：

$$\frac{d\boldsymbol{a}}{dt}=-\boldsymbol{K}\boldsymbol{a} \tag{7-66}$$

式中，$\boldsymbol{a}$ 为组分向量，$\boldsymbol{K}$ 为速度常数矩阵：

$$\boldsymbol{K}=\begin{pmatrix} \sum_{j=1}^{n}k_{ij} & -k_{21} & \cdots & -k_{n1} \\ -k_{12} & \sum_{j=1}^{n}k_{2j} & \cdots & -k_{n2} \\ \vdots & \vdots & \cdots & \vdots \\ -k_{1n} & -k_{2n} & \cdots & \sum_{j=1}^{n}k_{nj} \end{pmatrix}$$

对一级反应体系，k 具有下列特征：

(1) 非负的速度常数，即

$$[k]_{ij}=-k_{ij}\leqslant 0 \qquad i\neq j \tag{7-67}$$

(2) 质量守恒

$$1^{T}\boldsymbol{K}=0^{T} \tag{7-68}$$

此式表明矩阵$\boldsymbol{K}$的每一列元素之和等于 0，也即每一组分反应消失的量等于它反应生成其余各组分量之和。

(3) 存在一平衡组成，$a_i^*>0(i=1，2\cdots n)$

$$\boldsymbol{K}\boldsymbol{a}^*=0 \tag{7-69}$$

且存在微观平衡：

$$k_{ij}a_j^*=k_{ji}a_i^*(i,\ j=1,\ 2\cdots n,\ i\neq j)$$

所谓集总也就是进行线性变换，将 n 维向量通过乘上 $\hat{n}\times n$ 阶的矩阵$\boldsymbol{M}$，就会变成一个维数较低的 $\hat{n}$ 维向量：

$$\hat{\boldsymbol{a}}=\boldsymbol{M}\boldsymbol{a} \tag{7-70}$$

例如，三种组分被分成二个集总，可表示为：

$$\begin{pmatrix}1 & 1 & 0\\ 0 & 0 & 1\end{pmatrix}\begin{pmatrix}a_1\\ a_2\\ a_3\end{pmatrix}=\begin{pmatrix}\hat{a}_1\\ \hat{a}_2\end{pmatrix} \tag{7-71}$$

即 $\hat{a}_1=a_1+a_2$，$\hat{a}_2=a_3$。

Wei 等定义：对于由式(7-66)描述的体系，如果能用矩阵$\boldsymbol{M}$集总，并存在矩阵 $\hat{K}$，使集总体系的动力学能用下式计算：

$$\frac{d\hat{\boldsymbol{a}}}{dt}=-\hat{\boldsymbol{K}}\hat{\boldsymbol{a}} \tag{7-72}$$

而且由：

$$\frac{d\hat{\boldsymbol{a}}}{dt}=-\hat{\boldsymbol{K}}\hat{\boldsymbol{a}}=-\hat{\boldsymbol{K}}\boldsymbol{M}\boldsymbol{a} \tag{7-73a}$$

和由：
$$\frac{d\hat{\boldsymbol{a}}}{dt}=\boldsymbol{M}\frac{d\boldsymbol{a}}{dt}=-\boldsymbol{MKa} \tag{7-73b}$$

计算所得之值相等，则称此体系为可精确集总的。此时，显然有：

$$\boldsymbol{MK}=\hat{\boldsymbol{K}}\boldsymbol{M} \tag{7-74}$$

即为一级反应体系可精确集总的充分必要条件。

Wei 等认为，精确集总可分为三类：

① 合适集总：包含 n 种组分的体系被分成 $\hat{n}$ 个集总，每一种化合物仅属于一个固定的集总，在动力学上该集总可以作为虚拟的独立实体，并服从一级反应模型(即该集总体系的速度常数矩阵 $\hat{\boldsymbol{K}}$ 仍满足式(7-66)的三个条件)。

② 半合适集总：每种化合物不是仅仅属于唯一的集总，例如组分 A_1 可能同时属于集总 $\hat{A}_1$ 和 $\hat{A}_2$。但集总体系仍服从一级反应模型。

③ 不合适集总：每种化合物也不是只属于唯一的集总，而且集总体系不再服从一级反应模型。

应该指出，精确合适集总的条件是十分苛刻的。实际的复杂一级反应体系几乎不可能满足精确合适集总的要求，这样就面临着两种选择：①采取半合适或不合适的精确集总，但这样会面临一些新的困难，例如应按什么比例将一种组分分配给不同的集总，是难以确定的；而采用不合适精确集总时，也会面临非线性参数估计问题。②仍采用合适集总的形式，即每一组分仍仅仅属于一个固定的集总，但这样做当然不能再满足精确集总的要求。Wei 等考察了由于不精确集总造成的误差，并建立了因集总带来误差的计算方法，以此误差的大小来衡量体系的可集总性。

对于连续体系，Aris 等引入了速度常数分布函数的概念。设一集总反应混合物初始总浓度为 $\bar{A}(0)$，速度常数分布函数 $f(K)$。则在时间 t，该集总的反应速度可表示为：

$$\frac{d\bar{A}(t)}{dt}=\frac{d}{dt}\int_0^{\infty}\bar{A}(0)f(K)e^{-Kt}dK \tag{7-75}$$

后来，Kemp 等(1974)提出可引入反应难度因子 $F(x)$ 来描述虚拟组分(代表 n 种化合物的混合物)的动力学，对一级反应有：

$$\frac{dx}{dt}=K_0F(x)x \tag{7-76}$$

式中，K_0 为初始速度常数。当初始组成一定时，$F(x)$ 一般是转化率的复杂函数，但在一定的转化率范围内，可认为 $F(x)$ 具有简单幂函数形式 $F(x)=x^w$。例如，当催化裂化的转化率不超过 70%～80%时，这种方法能正确描述过程的动力学特性，所以有：

$$\frac{dx}{dt}=K_0x^{1+w} \tag{7-77}$$

引入 $F(x)$，在实际上表现为提高了表观反应级数。w 的值取决于虚拟组分代表的化合物的反应速度常数分布。

集总的方法实质上是对复杂反应体系的一种简化，合理的简化应该满足四条基本原则：

① 简化而不失真，能满足精度要求；

② 简化而满足应用要求；

③ 简化使之适应试验能力；

④ 简化使之适应计算机的能力。

（二）Mobil 石油公司三集总动力学模型

基于集总动力学基本理论，催化裂化反应动力学模型先后开发出三、四、五、六、八、十、十一和十三集总等各种集总模型，并得到广泛地应用（Weekman，1968a；1970；Paraskos，1976；Yen，1984a；Lee，1989；Oliverira，1989；Kraemer，1990；Pope，1990；Larocca，1990；Suarez，1990；任杰，1994；Baptista，2000；丁福臣，2001；陈俊武，2005）。

Mobil 石油公司的 Weekman 等首先将集总理论应用于催化裂化反应数学模型的建立，于 20 世纪 60 年代中到 70 年代初开发出三集总动力学模型（Weekman，1968a；1968b；1969；1970；Nace，1971；Voltz，1971；1972；Gross，1974）。随后 Gulf 石油公司的 Paraskos 等（1976；Shah，1977）和 Kellogg 石油公司的 Yen 等在此基础上又作了进一步的发展（Yen，1984a，1984b）。Weekman 等是将催化裂化反应系统中的所有组分，归并成三个集总：原料油—A_1，汽油—A_2，（焦炭+裂化气）—A_3，其反应网络如图 7-16 所示。

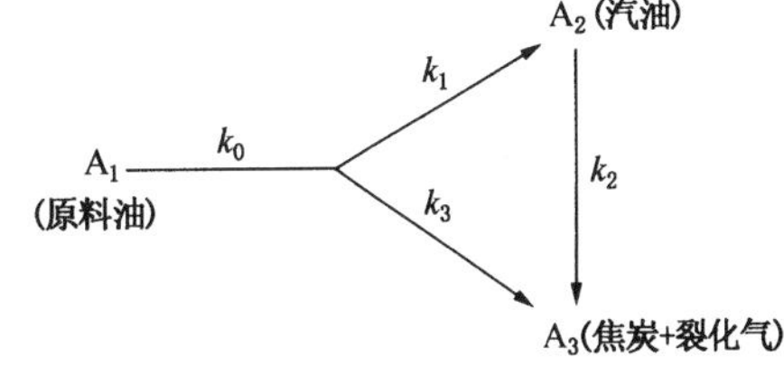

图 7-16　催化裂化三集总反应动力学网络

1. 模型的建立

该模型可用如下的简单反应式来表示：

$$A_1 \xrightarrow{k_0} a_1 A_2 + a_2 A_3$$

$$A_2 \xrightarrow{k_2} A_3$$

式中　k_0——原料裂化速度常数，$k_0 = k_1 + k_3$；

k_2——汽油裂化速度常数；

a_1，a_2——分别代表每转化一个计量的 A_1 所生成的 A_2 和 A_3 的化学计量系数。

对于等温、气相、平推流反应器，且在质点内扩散可以忽略不计的情况下，上述反应系统可用两个连续性方程式来描述：

$$\frac{\partial y_1}{\partial t} + U_V \frac{\partial y_1}{\partial Z} = - R_1(y_1, t) \tag{7-78a}$$

$$\frac{\partial y_2}{\partial t} + U_V \frac{\partial y_2}{\partial Z} = \alpha_1 R_1(y_1, t) - R_2(y_2, t) \tag{7-78b}$$

式中　Z——反应物通过床层的轴向距离；

t——反应延续时间；

U_V——油蒸气线速度；

y_1，y_2——原料和汽油的瞬时质量分率；

R_1，R_2——原料及汽油裂化的反应速度项（与时间有关），它代表反应空间微分单元中的瞬时反应速率。

三集总模型把整个原料看成为一个集总组分，而实际上它却是一个沸程较宽的复杂混合物，因此采用拟二级反应来处理比较合适。但对汽油来说，由于它的沸程较窄，各组分裂化性能差异不大，所以仍把汽油裂化看成一级反应。此外，因焦炭在催化剂上不断地沉积，反应速度也会随之下降。而生焦速度基本上是催化剂停留时间的函数，故可用 $\phi(t)$ 来表示催化剂的“时变失活函数”，简称失活函数。

根据上述结果可得：

$$R_1(y_1,\ t)=k_0\phi_1(t)y_1^{\ 2} \tag{7-79a}$$

$$R_2(y_2,\ t)=k_2\phi_2(t)y_2 \tag{7-79b}$$

如以 Z_0 表示反应器总高度，则轴向距离为 Z 的某点相对距离，即 $X=Z/Z_0$。同样当以 t_C 表示催化剂在反应器床层中的停留时间，则对某时间 t 的相对时间为 $\theta=t/t_C$。

又以 Ω 表示反应器截面积；F_0 表示原料油流率；ρ_L 为液体原料室温时的密度；ρ_0、ρ_V 分别表示在反应条件下原料油蒸气和油蒸气密度；V_r 为反应器体积。则：

油蒸气线速度

$$U_V=\frac{F_0}{\rho_V\Omega}$$

液体空速

$$S=\frac{F_0}{\rho_L V_r}$$

将这两个关系式代入式(7-78)，又因为反应时油蒸气密度不容易测得，可近似用原料油进反应器时的蒸气密度代替，即，$\rho_0\approx\rho_V$，则可得：

$$B\frac{\partial y_1}{\partial\theta}+\frac{\partial y_1}{\partial x}=-\frac{\rho_0}{\rho_L S}k_0\phi_1 y_1^2 \tag{7-80a}$$

$$B\frac{\partial y_2}{\partial\theta}+\frac{\partial y_2}{\partial x}=\frac{\rho_0}{\rho_L S}[k_1\phi_1 y_1^2-k_2\phi_2 y_2] \tag{7-80b}$$

$B=\frac{\rho_V V_r}{F_0 t_C}$；其中 $\frac{\rho_V V_r}{F_0}=t_V$ 为油蒸气通过的时间，所以 $B=t_V/t_C$；而 $k_1=a_1k_0$。

对于流化床和移动床那样的稳态反应器，组成不随时间变化，所以式(7-80)第一项中的 $\partial y/\partial\theta$ 为零。对于固定床反应器，由于油气通过的时间 t_V 远比催化剂停留时间 t_C 为短，所以 $B\approx0$。这样，方程式(7-80)中的第一项 $B\frac{\partial y_1}{\partial\theta}$ 就均为零。因此对于催化裂化三集总动力学模型，可用如下的微分方程式表示：

$$\frac{\partial y_1}{\partial x}=-\frac{K_0}{S}\phi_1 y_1^2 \tag{7-81a}$$

$$\frac{\partial y_2}{\partial x}=\frac{K_1}{S}\phi_1 y_1^2-\frac{K_2}{S}\phi_2 y_2 \tag{7-81b}$$

式中　$K_i=\frac{\rho_0 k_i}{\rho_L}$，$i=0,\ 1,\ 2$。

2. 模型的求解

求解上述的方程式，必须先确定催化剂失活函数中 ϕ_1、ϕ_2 的性质。根据研究结果，催化剂的失活速率符合一级规律：

$$\phi=e^{-\alpha t}=e^{-\alpha t}C^{\theta}=e^{-\lambda\theta} \tag{7-82}$$

式中　α——失活速度常数，s^{-1}；

　　λ——失活因子，$\lambda = \alpha t_C$。

由于催化剂上同类型的活性中心既裂化轻循环油分子也裂化汽油分子，所以失活函数没有选择性。即：$\varphi_1 = \varphi_2 = e^{-\lambda\theta}$。

于是模型方程式可改写为：

$$\frac{dy_1}{dX} = -\frac{K_0}{S}y_1^2 e^{-\lambda\theta} \tag{7-83a}$$

$$\frac{dy_2}{dX} = \frac{K_1}{S}y_1^2 e^{-\lambda\theta} - \frac{K_2}{S}y_2 e^{-\lambda\theta} \tag{7-83b}$$

可见共有四个模型参数：λ(或 α)、K_0、K_1和 K_2。

(1) 转化率的计算

令 $A = K_0/S$，则式(7-83a)变为：

$$\frac{dy_1}{dX} = -Ay_1^2 e^{-\lambda\theta} \tag{7-84}$$

根据固定床、移动床和流化床反应器的边界条件，由方程式(7-84)可求得其转化率 ε 的解。此外，催化剂的失活函数还可以用 t_C^n 的形式来表示。求解的结果也一起列入表7-19。

表7-19　式(7-84)对转化率 ε 的解

一级失活	t_C^n 失活
$A_0 = K_0/S$，$\lambda = \alpha t_C = \alpha/(\beta S)$	$A_0 = K_0/S$，$\gamma = (\beta S)^n = t_C^{-n}$
固定床	固定床
$\bar{\varepsilon} = \dfrac{A_0 e^{-\lambda}}{1 + Ae^{-\lambda}}$(瞬时值)(a)	$\varepsilon = \dfrac{A_0\gamma}{1 + A_0\gamma}$(瞬时值)(e)
$\bar{\varepsilon} = \dfrac{1}{\lambda}\ln\left(\dfrac{1 + A_0}{1 + A_0 e^{-\lambda}}\right)$(时间平均值)(b)	$\bar{\varepsilon} = \int_0^1 \dfrac{A_0\gamma}{\theta^n + A_0\gamma}d\theta$(时间平均值)(f)
移动床	移动床
$\varepsilon = \dfrac{A_0(1 - e^{-\lambda})}{\lambda + A_0(1 - e^{-\lambda})}$(c)	$\varepsilon = \dfrac{A_0\gamma}{1 - n + A_0\gamma}$(g)
流化床①	流化床①
$\varepsilon = \dfrac{A_0}{1 + \lambda + A_0}$(d)	$\varepsilon = \dfrac{A_0\gamma\Gamma(1-n)}{1 + A_0\gamma(1-n)}$(h)

① 固体相理想混合、气相活塞流。$\Gamma(1-n)$是$(1-n)$的不完全 γ 函数。

(2) 汽油产率方程式

可以用如下的变换来确定持续的(或非真实的)反应时间 u：

$$du = \frac{\phi}{S}dx$$

现在式(7-83)可以简化成如下基本形式：

$$\frac{dy_1}{du} = -K_0 y_1^2 \tag{7-85a}$$

$$\frac{dy_2}{du} = K_1 y_1^2 - K_2 y_2 \tag{7-85b}$$

持续时间 u 是催化剂失活函数和催化剂停留时间 t_C 的性质函数。表 7-20 列出了常用反应器 u 的计算公式。

表 7-20　持续反应时间 u

反应器	一级催化剂失活	t_C^n 催化剂失活
固定床	$\frac{xe^{-\lambda\theta}}{S}$	$\frac{x}{St_C^n}$
移动床(催化剂平推流)	$-\frac{e^{-\lambda x}}{\lambda S}$	$\frac{x^{(1-n)}}{(1-n)St_C^n}$
流化床(催化剂理想混合流)	$\frac{x}{(1+\lambda)S}$	$\frac{x\Gamma(1-n)}{St_C^n}$

由式(7-85)可以得到汽油的选择性方程：

$$\frac{dy_2}{dy_1} = (\frac{K_2}{K_0})\frac{y_2}{y_1} - \frac{K_1}{K_0} \tag{7-86}$$

因开始反应时原料中没有汽油，所以边界条件为：

$$x = 0,\ y_1 = 1,\ y_2 = 0$$

设 $r_1 = K_1/K_0$(初始选择性比)

$r_2 = K_2/K_0$(过度裂化比)

求解式(7-86)而得瞬时汽油产率：

$$y_2 = r_1 r_2 e^{-\frac{r_2}{y_1}}\left[\frac{1}{r_2}e^{r_2} - \frac{y_1}{r_2}e^{\frac{r_2}{y_1}} - \mathrm{Ein}(r_2) + \mathrm{Ein}\left(\frac{r_2}{y_1}\right)\right] \tag{7-87}$$

式中　$\mathrm{Ein}(x) = \int_{-\infty}^{x}\frac{e^x}{x}dx$ (指数积分函数)。

当模型的四个参数 K_0、K_1、K_2 和 α 都确定后，就可根据空速、停留时间等数据来预测转化率和汽油产率。

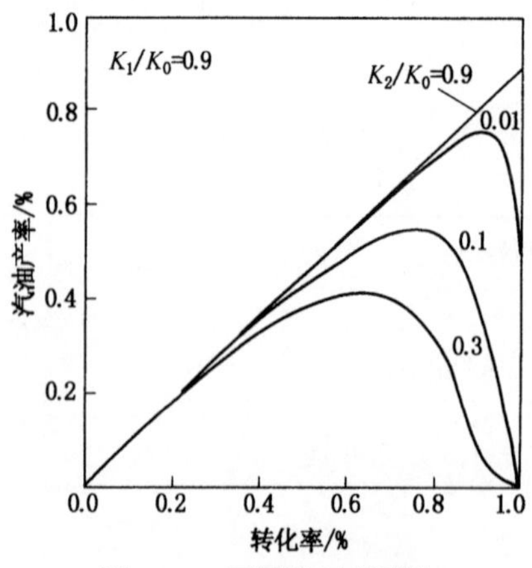

图 7-17　不同的过度裂化比 r_2 对选择性的影响

图 7-17 表明了在恒定的初始选择性比 r_1 ($K_1/K_0 = 0.9$)下，不同的过度裂化比 r_2 对选择性的影响。随着转化率的增加，汽油产率也不断增长，当达到最大值后即迅速下降。此外，随着 r_2 (即 K_2/K_0)的减少，最大汽油产率的数值也随之增大，说明减少不良的二次反应可明显提高汽油产率。

(3) 最大汽油产率

汽油产品在催化裂化中具有重大的经济意义。而函数 y_2 的极值(最大值或最小值)应在该函数的一阶导数为零处，即最大汽油产率应发生在 $dy_2/dy_1 = 0$ 处。由式(7-86)右边等于零可得：

$$y_2^* = \frac{K_1}{K_2}y_1^2 = \frac{K_1}{K_2}(1-\varepsilon^*)^2 \tag{7-88}$$

式中　y_2^*——最大汽油产率；

ε^*——最大汽油产率时的转化率。

由式(7-87)和式(7-88)，可求得相应的 K_1/K_0 和 K_2/K_0 下的最大汽油产率 y_2^*，结果示于图 7-18。有了此图就可以根据两个选择性比，直接查出最大汽油产率。将式(7-88)代入式(7-87)，消去 K_1/K_0 项，解得最大汽油产率时的转化率仅是过度裂化比的函数(而与初始选择比无关)，将其作图可得图 7-19 所示曲线。

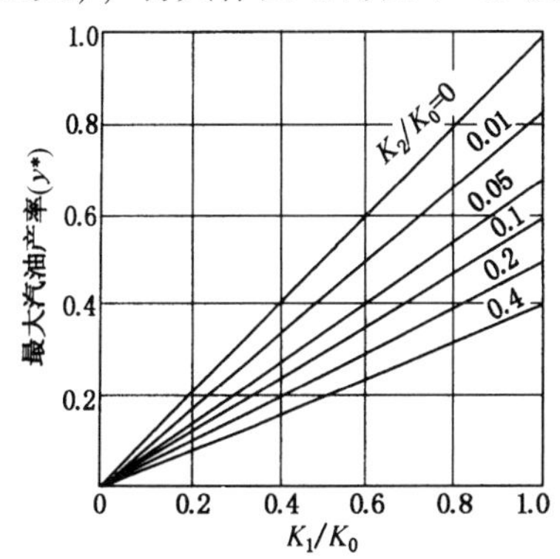

图 7-18　最大瞬时汽油产率

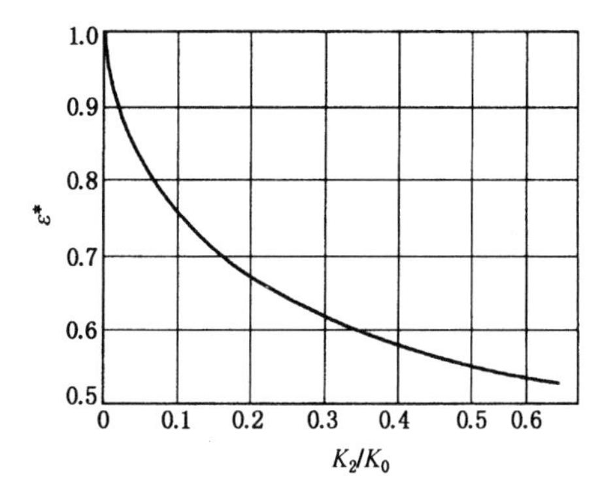

图 7-19　过度裂化比与最大汽油产率时转化率的关系

3. 三集总模型的应用

① 利用反应程度 A 和失活程度 λ 来评价催化剂性能，可使不同催化剂之间的性能差异定量化。

② 根据反应程度数群 A 和失活程度数群 λ 的大小，可以比较不同类型反应器的转化率行为，并能定量地说明各类反应器之间的差异。对于一级失活模型，可由式(7-87)和表 7-19 中列出的转化率关系式，解出各类反应器达到最大汽油产率所需的空速：

固定床

$$S^* = \frac{K_0 e^{-\alpha t_C}}{\sqrt{\dfrac{K_1}{K_2 y_2^*}} - 1} \tag{7-89a}$$

移动床

$$S^* = \frac{K_0(1-e^{-\alpha t_C})}{\alpha t_c\left[\sqrt{\dfrac{K_1}{K_2 y_2^*}} - 1\right]} \tag{7-89b}$$

流化床

$$S^* = \frac{K_0}{(1+\alpha t_C)\sqrt{\dfrac{K_1}{K_2 y_2^*}} - 1} \tag{7-89c}$$

式中　S^*——最大汽油产率时的空速。

③ 指导工业装置的优化操作。

利用三集总模型，可以比较满意地预测同一原料在不同反应条件下的转化率和产率分布。例如，Weekman(1979)曾利用三集总模型，开发了一个工业移动床装置的优化操作方案。

在催化剂的进口温度和回炼比的某个范围内，可利用三集总模型预测转化率和产率分布，然后给出各种产品的价格，并计算目标函数，从而作出了图 7-20。在所示的工艺参数范围内，图上标绘了每吨原料油增值的美分数。

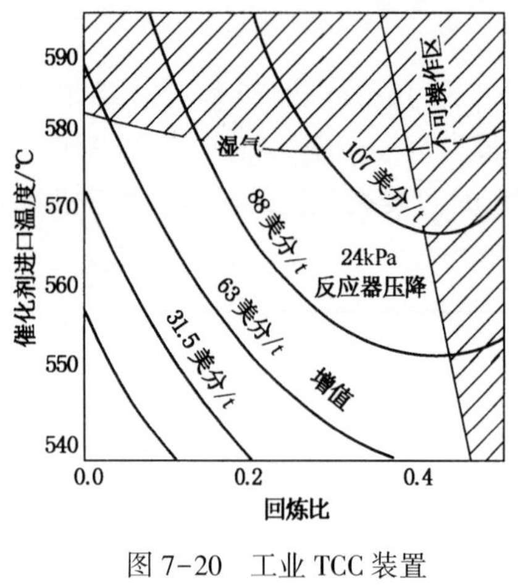

图 7-20　工业 TCC 装置原料 A 的最优方案

由图 7-20 可看出：增值是一个升向图的右上角的小山，其最大值在接近图的右上角的某处。然而，在到达最优值之前会受到两个约束条件的干扰。第一个是水平地横跨这个图的富气压缩机约束，在影线区的温度范围内，会产生过多的裂化气而使压缩机不能承受。如果试图循环过多的回炼油，则会超越另一个约束，即反应器的压力降限制。因而，右边的影线区也是不可操作区。显而易见，对于特定的进料、催化剂和装置来说，在两个约束的交接处将获得最大的利润，这对炼厂无疑是一种有价值的指导。

（三）十集总动力学模型

三集总模型的动力学常数会随原料油组成的改变而变化，虽然它们与原料油中的 C_A 和 C_P/C_N 能很好地关联，但对经二次加工的油品来说适应性仍较差。

为了使动力学模型不受原料油组成的限制而广泛地应用，Mobil 石油公司的 Weekman 等在 20 世纪 70 年代中期又开发了催化裂化十集总动力学模型（Weekman，1979；Jacob，1976）。基于“集总恒定原理”（The lumped invariant principle）探索了各种具有速度常数不变性质的潜在集总，终于找到了十集总体系，这个体系显示了必要的恒定性质。这个原理表明：当各个集总的速度常数相对于这些集总原始组分的速度常数来说，是恒定不变的话，就认为这一组集总是合适的（Golikeri，1974；Luss，1975；Weekman，1974a）。

1. 模型的建立

十集总动力学模型中，首先将原料油和产物分成重循环油（HCO，>343℃）、轻循环油（LCO，221~343℃）、汽油（G 集总）以及焦炭加裂化气（C 集总）。而 HCO 和 LCO 又分别分成烷烃（P）、环烷烃（N）、芳环中的碳原子（C_A）和芳环上的取代基团（A）等四个族（HCO 中的，下脚注 h；LCO 中的，下脚注 l）。这样就形成了十集总体系，其反应动力学网络如图 7-21所示。

构成动力学网络的四条基本假设为：

① 主要存在的是不可逆的一级裂化反应。

② 在烷烃、环烷烃和芳烃等集总之间相互没有作用，存在所谓的“互不作用”原理。例如，HCO 中的烷烃集总（P_h）将形成 LCO 中的烷烃集总（P_l）、G 集总和 C 集总等，但不生成 N_l 或 C_{Al} 等。而唯一的例外是 $A_h \rightarrow C_{Al}$。

③ 芳环本身不开环生成汽油。即 C_{Ah}、C_{Al} 主要生成焦炭和裂化气（C_{Ah} 能部分生成 C_{Al}），而本身开环生成汽油的速度常数几乎为零。但芳烃断侧链后因沸点下降，芳环本身会进入汽油或轻循环油馏分（这是它们芳烃的主要来源），模型把这种裂化反应包括在芳烃取代基团的反应中（$A_h \rightarrow C_{Al}$、$A_h \rightarrow G$ 和 $A_l \rightarrow G$）。

④ 将芳烃中的取代基团和芳环分别集总。因为芳环本身很难开环裂化，而断侧链反应却很容易发生，所以有必要把它们各自当作一种单独的组分来处理。实践证明，将芳烃划分成两个不同的集总是完全必要的，这也是十集总模型成功的关键之一，对于含有裂化循环油的原料这点格外重要。

此外，汽油馏分中的烷烃、烯烃、环烷烃和芳烃均包括在一个集总内，因馏分较窄其反应仍按一级处理。若要描述汽油馏分内部的组成变化，则需更为复杂的动力学网络。

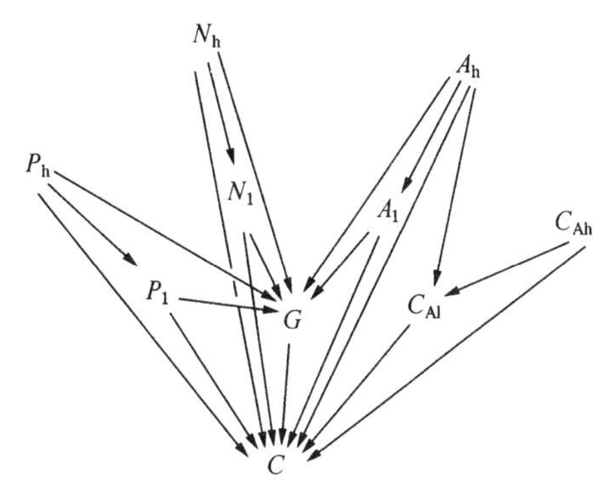

图 7-21　十集总催化裂化反应动力学网络图

P_1——烷烃分子,%(质谱分析)，221～343℃；

N_1——环烷烃分子,%(质谱分析)，221～343℃；

A_1——芳环上的取代基团,%，221～343℃；

C_{Al}——芳环中的碳原子,%，(n-d-M 法)，221～343℃；

P_h——烷烃分子,%(质谱分析)，>343℃；

N_h——环烷烃,%(质谱分析)，>343℃；

A_h——芳环上的取代基团,%，>343℃；

C_{Ah}——芳环中的碳原子,%(n-d-M 法)，>343℃；

G——G 集总(汽油：C_5～221℃),%；

C——C 集总(焦炭+裂化气),%

$P_1+N_1+A_1+C_{Al}$=LFO(221～343℃)；

$P_h+N_h+A_h+C_{Ah}=HFO$(>343℃)

2. 模型方程式的推导

对等温、气相、平推流反应器，当质点内扩散可忽略不计时，可用下述连续性方程来描述：

$$\left(\frac{\partial \rho a_j}{\partial t}\right)_x + G_V\left(\frac{\partial a_j}{\partial x}\right)_t = r_j \quad (7-90)$$

式中　a_j——j 集总浓度，mol(j)/g(气体)；

G_V——蒸气表观(横截面)质量流速，g/(cm^2·h)；

ρ——气体密度，g/cm^3，按理想气体假定：

$$\rho = \frac{P\,\overline{MW}}{RT}$$

r_j——j 集总反应速度，mol/(cm^3·h)；

t——从运转开始算起的时间，h；

x——从入口算起的进入反应器的距离，cm。

设反应器截面积和空隙分布均匀，且质量流速稳定，则：

$$G_V = \rho U = 常数$$

式中　U——气体在床层中的流速，cm/h。

在一级反应中，j 集总的消失速度应正比于 j 集总的摩尔浓度(ρa_j)和催化剂相对于气体体积的密度(ρ_C/ε)。此外，重芳烃在催化剂表面上的吸附也会影响活性中心的作用，所以反应速度 r_j 为：

$$r_j = -k'_j(\rho a)\left(\frac{\rho_C}{\varepsilon}\right)\frac{1}{1+K_h C_{Ah}} \quad (7-91)$$

式中　ρ_C——催化剂密度，g(催化剂)/cm^3(床层)；

ε——床层空隙率；

k'_j——j 集总速度常数，[g(催化剂)/cm^3]$^{-1}$·h^{-1}；

C_{Ah}——在 HCO(>343℃)中，芳环所占的质量分数,%；

K_h——重芳环的吸附平衡常数，$(\%C_{Ah})^{-1}$。

由于催化剂不断失活，因而速度常数 k'_j 不是恒定的，它随时间而衰减。由式(7-90)和式(7-91)可得：

$$\left(\frac{\partial \rho a_j}{\partial t}\right)_x + G_V\left(\frac{\partial a_j}{\partial x}\right)_t = -k'_j(\rho a_j)\left(\frac{\rho_c}{\varepsilon}\right)\frac{1}{1+K_h C_{Ah}} \tag{7-92}$$

正像三集总动力学模型那样，对稳态的移动床和流化床，上式左端对时间的偏导数项也为零。而对固定床或固定流化床反应器，由于油气通过的时间远比催化剂的停留时间短，即浓度随时间变化的速度大大地小于随位置变化的速度，故上式左端第一项仍可忽略不计。

设催化剂床层总长为 L，在某截面处距离以 x 表示，则用 $X=x/L$ 表示床层中 x 截面处的无因次相对距离。此外，用 S_{WH} 表示真实重时空速，它包括了非反应物质(如水蒸气、氮气)的影响。S_{WH} 的单位为 g 进料(油+非反应物)/[h · g(催化剂)]。

按 G_V 和 S_{WH} 的定义可得：

$$G_V = \frac{S_{WH}\rho_C L}{\varepsilon} \tag{7-93}$$

将方程式(7-92)重新整理得：

$$\frac{da_j}{dX} = -\frac{1}{1+K_h C_{Ah}} \cdot \frac{k'_j \rho a_j}{S_{WH}} \tag{7-94}$$

和三集总动力学模型一样，认为焦炭的生成仅与催化剂的停留时间有关，由生焦引起催化剂的失活是非选择性的，因此所有速度常数都以相同的速度进行衰减。这样失活函数 φ 就成为一个标量，实际速度常数 k'_j 等于本征速度常数 k_j 乘失活函数 $\varphi(t_C)$。即：

$$k'_j = k_j \phi(t_C) \tag{7-95}$$

式中，k_j 不随时间变化。

十集总动力学模型中采用的失活函数是一种时间失活的双曲线形式，它与试验数据拟合得最好，能够描述更宽范围的失活现象(Jacob，1976)。失活函数也反映了基于油分压 $\bar{p}$（指入口处)的某种综合吸附效应：

$$\phi(t_C) = \frac{\alpha}{(\bar{p})^m(1+\beta t_C^r)} \tag{7-96}$$

式中　α，β，γ——催化剂的失活常数。

按理想气体假定：

$$\rho = \frac{p\,\overline{MW}}{RT} \tag{7-97}$$

式中　$\overline{MW}$——气体混合物的平均相对分子质量。

$\overline{MW}$ 不是常数，它随床层距离而变化，因为 α_j 的单位是 mol(j)/g(气体)，所以：

$$\overline{MW} = \frac{\sum a_j M_j}{\sum a_j} = \frac{1}{\sum a_j} \tag{7-98}$$

将式(7-95)和式(7-97)代入式(7-94)得：

$$\frac{da_j}{dX} = -\frac{1}{1+K_h C_{Ah}} \cdot \frac{\phi(t_C)p\,\overline{MW}k'_j a_j}{S_{WH}RT} \tag{7-99}$$

用矩阵形式表示：

$$\frac{\mathrm{d}\boldsymbol{a}}{\mathrm{d}X}=\frac{1}{1+K_{\mathrm{h}}C_{\mathrm{Ah}}}\cdot\frac{\phi(t_{\mathrm{C}})p\,\overline{\mathrm{MW}}}{S_{\mathrm{WH}}RT}\boldsymbol{k}\boldsymbol{a} \tag{7-100}$$

式中 $\boldsymbol{k}$——速度常数矩阵，$[\mathrm{g}(催化剂)/\mathrm{cm}^3]^{-1}\cdot\mathrm{h}^{-1}$；

$\boldsymbol{a}$——组分向量，mol(集总 j)/g(气体)；

p——反应压力，MPa；

T——反应温度，K；

R——气体常数，8.3143J/(mol·K)；

X——相对距离；

S_{WH}——真实重时空速，g(原料)/[g(催化剂)·h]；

$\overline{MW}$——油气混合物平均相对分子质量；

K_{h}——重芳香环的吸附常数；

$\phi(t_{\mathrm{C}})$——失活函数，该失活函数是基于催化剂的停留时间 t_{C}：

$$\phi(t_{\mathrm{C}})=\frac{1}{1+\beta t_{\mathrm{C}}^{\gamma}} \tag{7-101}$$

对于 Weekman 的研究工作中所用沸石催化剂，$\beta=162.5$，$\gamma=0.76$(此时 t_{C}的单位为h)。

式(7-100)为催化裂化十集总动力学模型的基本方程式。速度常数矩阵$\boldsymbol{k}$ 和组分向量$\boldsymbol{a}$ 的乘积如图 7-22 所示，反应速度常数的确定将在后面阐述。

$$\boldsymbol{k}\cdot\boldsymbol{a}=\begin{bmatrix}
-(k_{\mathrm{PhP1}}+k_{\mathrm{PhG}}+k_{\mathrm{PhC}}) & 0 & 0 & 0 & 0 & 0 & 0 & 0 & 0 & 0\\
0 & -(k_{\mathrm{NhN1}}+k_{\mathrm{NhG}}+k_{\mathrm{NhC}}) & 0 & 0 & 0 & 0 & 0 & 0 & 0 & 0\\
0 & 0 & -(k_{\mathrm{AhA1}}+k_{\mathrm{AhG}}+k_{\mathrm{AhCA1}}+k_{\mathrm{AhC}}) & 0 & 0 & 0 & 0 & 0 & 0 & 0\\
0 & 0 & 0 & -(k_{\mathrm{CAhCA1}}+k_{\mathrm{CAhC}}) & 0 & 0 & 0 & 0 & 0 & 0\\
\nu_{\mathrm{h1}}k_{\mathrm{PhP1}} & 0 & 0 & 0 & -(k_{\mathrm{P1G}}+k_{\mathrm{P1C}}) & 0 & 0 & 0 & 0 & 0\\
0 & \nu_{\mathrm{h1}}k_{\mathrm{NhN1}} & 0 & 0 & 0 & -(k_{\mathrm{N1G}}+k_{\mathrm{N1C}}) & 0 & 0 & 0 & 0\\
0 & 0 & \nu_{\mathrm{h1}}k_{\mathrm{AhA1}} & 0 & 0 & 0 & -(k_{\mathrm{A1G}}+k_{\mathrm{A1C}}) & 0 & 0 & 0\\
0 & 0 & \nu_{\mathrm{h1}}k_{\mathrm{AhCA1}} & \nu_{\mathrm{h1}}k_{\mathrm{CAhCA1}} & 0 & 0 & 0 & -k_{\mathrm{CA1C}} & 0 & 0\\
\nu_{\mathrm{hG}}k_{\mathrm{PhG}} & \nu_{\mathrm{hG}}k_{\mathrm{NhG}} & \nu_{\mathrm{hG}}k_{\mathrm{AhG}} & 0 & \nu_{\mathrm{1G}}k_{\mathrm{P1G}} & \nu_{\mathrm{1G}}k_{\mathrm{N1G}} & \nu_{\mathrm{1G}}k_{\mathrm{A1G}} & 0 & -k_{\mathrm{GC}} & 0\\
\nu_{\mathrm{hC}}k_{\mathrm{PhC}} & \nu_{\mathrm{hC}}k_{\mathrm{NhC}} & \nu_{\mathrm{hC}}k_{\mathrm{AhC}} & \nu_{\mathrm{hC}}k_{\mathrm{CAhC}} & \nu_{\mathrm{1C}}k_{\mathrm{P1C}} & \nu_{\mathrm{1G}}k_{\mathrm{N1G}} & \nu_{\mathrm{1C}}k_{\mathrm{A1C}} & \nu_{\mathrm{1C}}k_{\mathrm{CA1C}} & \nu_{\mathrm{GC}}k_{\mathrm{GC}} & 0
\end{bmatrix}\begin{bmatrix}P_{\mathrm{h}}\\N_{\mathrm{h}}\\A_{\mathrm{h}}\\C_{\mathrm{Ah}}\\P_1\\N_1\\A_1\\C_{\mathrm{A1}}\\G\\C\end{bmatrix}$$

图 7-22 速度常数矩阵$\boldsymbol{k}$ 和组分向量$\boldsymbol{a}$

图中 ν_{h1}——化学计量系数[相对分子质量(HCO)/相对分子质量(LCO)]；

ν_{hG}——化学计量系数[相对分子质量(HCO)/相对分子质量(G)]；

ν_{hC}——化学计量系数[相对分子质量(HCO)/相对分子质量(C)]；

ν_{1G}——化学计量系数[相对分子质量(LCO)/相对分子质量(G)]；

ν_{1C}——化学计量系数[相对分子质量(LCO)/相对分子质量(C)]；

ν_{GC}——化学计量系数[相对分子质量(G)/相对分子质量(C)]。

3. 模型的预测能力

实践表明，十集总模型不仅能对实验数据获得满意的拟合，而且与工业提升管的产率数据也吻合得相当好，并能在较宽的反应条件范围内，对各种组成的催化裂化进料预测其裂化行为。下面通过几个例子说明模型的预测能力。

(1) 图 7-23 表示四种不同进料的汽油产率的实验值与模型预测值的比较，实线为模型预测曲线，点子为实验数据。尽管这四种进料的性质和组成完全不同，得到的汽油产率也有很大差别，然而十集总模型都能很好地进行预测。尤其值得注意的是，十集总模型能精确地预测回炼油进料的裂化性能，而三集总模型对这种进料的预测偏离较大。

(2) 图 7-24 表示 HCO 各组分的实验值与模型预测值(随转化率的变化情况)的比较，可看出其拟合情况好。此外，还可以看出一个明显的特点，即无侧链芳环 C_{Ah} 的难裂化性，其曲线的下降比较平缓，特别在较高转化率时，C_{Ah} 就占有支配的地位。而回炼油中含有较多的 C_{Ah}，因此十集总模型能较好地适用于回炼操作。

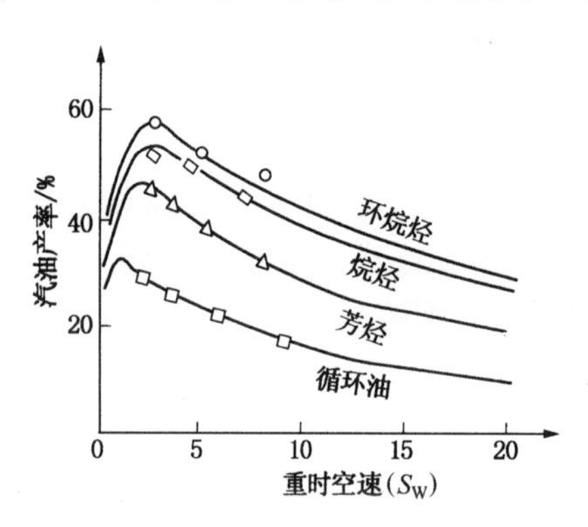

图 7-23　不同进料汽油产率的实验值与模型预测值比较

t_C：5min；温度：482℃

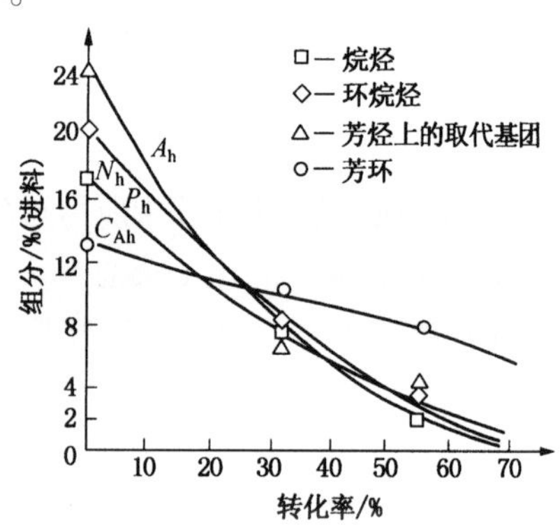

图 7-24　重燃油(HCO)模型预测值与实验值比较

(3) 图 7-25 表示用实验室测得的反应速度常数，由模型来预测产品产率(实线所示)，并与工业试验中所得的各种产率进行比较。结果表明，模型的预测值与工业提升管各取样点的产率数据拟合得相当好，这可以说是对模型的最关键考验。

一系列的比较图证明，十集总模型是经得起考验的，图 7-25 只是其中之一。这样的预测能力就可使炼油厂有足够的把握将十集总模型应用于工业装置的操作。

由于十集总模型很容易预测原料油的影响，所以对每一种特定的原料油都可以作出各种操作性能图，以预测最佳操作条件。此外，还可以和其他炼油装置的数学模型进行联合，以确定各装置之间的原料油分配方案和最优的操作范围。在开发和分析新设计时也发现十集总模型颇有应用价值，它具有使各种设计的差别定量化的能力，这就可以帮助设计者在设计新反应器时，在最有利的方向上集中进行努力。

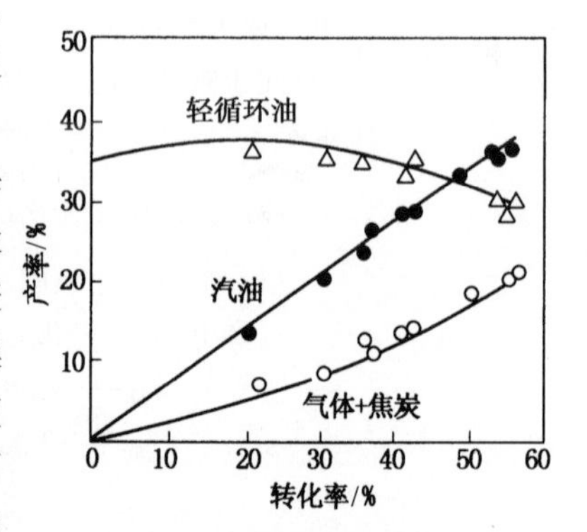

图 7-25　工业提升管样品的选择性曲线

(四)十一集总动力学模型

国外催化裂化装置一般采用小回炼比或无回炼操作，而我国早期普遍采用大回炼比，甚至是全回炼操作。由于经过一次或多次裂解后，回炼油和油浆中重芳烃含量会相当高，而且大部分是短侧链的多环芳烃，它们很难裂化并且容易缩合生焦。因此，十集总动力学网络中，把重芳烃仅仅作为一个集总(C_{Ah})仍有不足之处。它对大回炼比操作的情况，特别是要将模型推广到掺渣油原料时，可能会遇到较大的困难。为此，在十集总模型的基础上，国内开发出催化裂化十一集总动力学模型。

1. 模型的建立(沙颖逊，1985)

由于新鲜原料油中的一、二环芳烃，在催化裂化中易断掉侧链而进入汽油或轻循环油馏分，因此在大回炼比的情况下，回炼油和油浆中的多环芳烃含量必然很高。根据我国典型的催化裂化原料油烃族组成分析(详见第四章表4-21)，新鲜馏分油的芳烃中多环芳烃(三环以上)只占18%~40%左右；而一些回炼油和油浆的芳烃中多环芳烃含量高达50%~75%左右。因此，新鲜馏分油和回炼油所含芳烃的裂化性能必然会有较大的差异。

为了考察这两种类型芳烃的裂化性能，采用了编号为 A_1 和 A_2 的浓缩芳烃油作为试验原料：

A_1——任丘催化裂化回炼油糠醛抽提芳烃；

A_2——羊三木减二线和减四线(1∶1)糠醛抽提芳烃。

A_1 和 A_2 中的芳烃大致可以代表回炼油和新鲜蜡油中的芳烃部分，它们的裂化性能试验(固定流化床反应器)情况见表7-21。为了便于比较两种油中芳烃的裂化性能，还将这两种芳烃反应特性的对比数据列于表7-22。

表7-21　两种原料油的裂化试验结果

原料油		A_2		A_1	
试验条件	反应温度/℃	480	480	480	480
	重时空速/h^{-1}	8	16	8	16
	停留时间/min	1.5	1.5	1.5	1.5
产率分布/%	裂化气	6.5	3.6	3.9	2.3
	C_5~206℃汽油	31.0	23.2	4.7	3.6
	206~340℃轻循环油	33.0	24.7	16.0	15.5
	>340℃重油	22.3	44.7	68.4	73.4
	焦炭	4.4	2.7	5.9	3.4
	总收率	97.2	98.8	98.9	98.2
气体+焦炭/%		10.9	6.3	9.8	5.7
206℃转化率/%		41.9	29.5	14.5	9.3
340℃转化率/%		74.9	54.2	30.5	24.8

表7-22　两种芳烃反应特性比较

原料油		A_1	A_2	A_2/A_1	A_1	A_2	A_2/A_1
试验条件	反应温度/℃	480	480		480	480	
	重时空速/h^{-1}	12	12		16	16	
	停留时间/min	1.5	1.5		1.5	1.5	

续表

原料油		A_1	A_2	A_2/A_1	A_1	A_2	A_2/A_1
产率分布/%	裂化气	2.4	5.5	2.3	2.4	3.8	1.6
	汽油	4.7	8.3	1.8	2.5	4.8	1.9
	轻循环油	19.2	16.3	0.85	16.6	16.7	1.0
	重油	66.4	59.3	0.89	72.2	62.2	0.86
	焦炭	3.8	3.8	1.0	3.8	3.3	0.87
	总计	96.5	93.2	—	97.5	90.8	—
206℃转化率/%		10.9	17.6	1.62	8.7	11.9	1.37
340℃转化率/%		30.1	33.9	1.13	25.3	28.6	1.13
选择性/%	气体/<340℃转化率	8.0	16.2	2.0	9.5	13.3	1.4
	汽油/<340℃转化率	15.6	24.5	1.6	9.9	16.8	1.7
	轻油/<340℃转化率	63.8	48.1	0.75	65.6	58.4	0.89
	重油/<340℃转化率	12.6	11.2	0.89	15.0	11.5	0.77

注：本表的产率分布数据是以原料油芳烃(A_1芳烃含量为87.7%，A_2芳烃含量为76.8%)为基准，来计算产品中芳烃所占的百分比(裂化气是按芳烃裂化变成气体的量计算的)。

由表7-21和表7-22可见，在相同的试验条件下，A_2的汽油产率、206℃和340℃转化率均比A_1的相应值高得多，说明A_2比A_1更容易裂化。A_2芳烃生成汽油的选择性(汽油/<340℃转化率)为A_1的1.6~1.7倍，但其生成焦炭的选择性(焦炭/<340℃转化率)却只有A_1芳烃的77%~89%，说明A_1芳烃更易生焦，这是由于A_1芳烃中的短侧链多环芳烃所占比例较大(约占50%)，容易缩合生焦造成的。

由此可见，新鲜原料油和回炼油中的芳烃在裂化性能上确有较大的差别，它们的动力学特性也必然不同，考虑到新鲜原料油的芳烃是以一、二环为主(因其侧链较多较长，易发生断侧链反应)，而回炼油中的芳烃是以短侧链的多环芳烃为主(易发生缩合生焦反应)，所以按环数将原来的C_{Ah}分成一、二环芳环集总(C_{Ah})和多环芳环集总(PC_{Ah})，看来更为合适。此外，还考虑到$C_{Ah}\rightarrow PC_{Ah}$的缩合反应，最终确立了十一集总反应动力学网络，见图7-26。

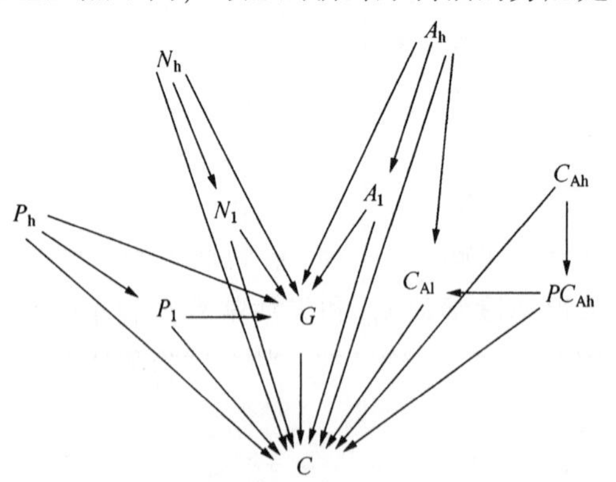

图7-26　十一集总催化裂化反应动力学模型

2. 原料油和回炼油的烃族组成分析

十一集总模型中的烃族组成分析是采用质谱法；结构族组成系采用$n-d-M$法(即折光率-相对密度-相对分子质量)或核磁共振波谱法(NMR)。胶质部分应并入多环芳烃集总，各个集总含量的确定见图7-27。

3. 反应动力学常数的测定

十一集总模型仍采用如下形式的动力学方程式：

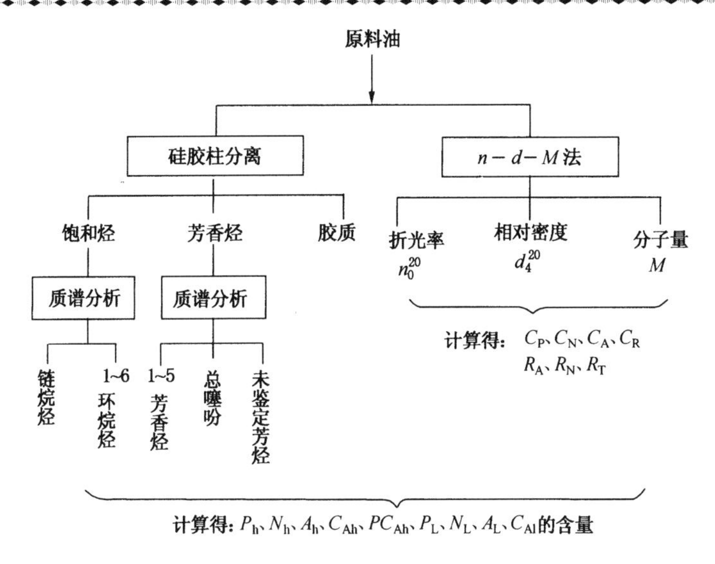

图 7-27　烃族组成分析流程框图

$$\frac{\mathrm{d}a}{\mathrm{d}x}=\frac{1}{1+k_{Ah}PC_{Ah}}\cdot\frac{P\overline{MW}}{RT}\cdot\frac{\phi(t_C)}{S_{WH}}\boldsymbol{ka} \tag{7-102}$$

式中，速度常数矩阵$\boldsymbol{k}$和组分向量$\boldsymbol{a}$，均比十集总模型增加了PC_{Ah}项。

整个反应网络中共有22个反应速度常数，但试验中不可能逐一测定单个集总的反应速度常数。这不仅实验工作量大，而且网络中的A_h、A_L等集总实际上是不单独存在的虚拟组分，难以进行实验。因此，必须兼顾实验测定和数据处理来求解反应速度常数。

借助于计算机对各种方案的可行性进行了事前模拟(朱开宏，1985)，按照分层测定的方法逐层进行，即利用裂化反应不可逆的特点，自下而上地依次测定各层的有关速度常数。通常采用非线性参数估计的改进最小二乘法来计算(Marquardt，1963)。在求取上一层的速度常数时，由于下一层的速度常数是已知的，就会简化计算和便于组织实验。又因克服了多值问题，反应速度常数的测定精度也得以提高。

整个反应网络自下而上可分为三层，分别采用G(汽油)、LCO(轻循环油)和HCO(重循环油)作为试验原料(邓先梁，1987；毛信军，1985；王顺生，1988)，以测定各层的有关速度常数。例如先以汽油为原料进行试验，即可求得速度常数k_{GC}和失活常数β和γ，当求取上一层(以柴油馏分为原料)有关速度常数时，因k_{GC}、β、γ均已知，整个试验和计算工作量就可大为减少。此外，因HCO层的速度常数较多，通常可采用不同原料分片测定。

4. 反应动力学常数的讨论

表7-23和表7-24分别列出了我国“共Y-15”催化剂的反应速度常数和活化能数据(王顺生，1988)。

讨论：

(1) 预测能力的考察

试验采用了族组成差别较大的四种原料油，其性质见表7-26，试验结果见图7-28和图7-29(王顺生，1988)。

表 7-23　反应速度常数一览表（480℃）　[kg(催化剂)/m^3]$^{-1}$ · h^{-1}

速度常数 \ 催化剂	共 Y-15 平衡剂①	速度常数 \ 催化剂	共 Y-15 平衡剂①
LCO 生成反应		C 集总生成反应	
k_{AhAl}	94.3	k_{AlC}	3.4
k_{NhNl}	105.2	k_{AhC}	41.8
k_{PhPl}	56.0	k_{NlC}	8.8
k_{AhCAl}	155.0	k_{NhC}	36.2
$k_{PCAhCAl}$	7.0	k_{PlC}	14.0
G 集总生成反应		k_{PhC}	28.9
k_{AlG}	28.5	k_{CAlC}	0.5
k_{AhG}	85.1	k_{CAhC}	12.7
k_{NlG}	86.5	$k_{P\,CAhC}$	38.2
k_{NhG}	144.1	PC_{Ah}生成反应	
k_{PlG}	50.2	$k_{CAhPCAh}$	46.6
k_{PhG}	77.8	G 集总裂化反应	
		k_{GC}	2.9

① 微反活性 MA=63.4%。

表 7-24　活化能数据一览表

反　　应	活化能/(J/mol)	反　　应	活化能/(J/mol)
A_h、$A_l \longrightarrow G$ 集总	63530	P_h、P_l、N_h、$N_l \longrightarrow C$ 集总	45980
A_h、A_l、C_{Ah}、C_{Al}、$PC_{Ah} \longrightarrow C$ 集总	81530	P_h、N_h、A_h、$PC_{Ah} \longrightarrow$LFO；$C_{Ah} \rightarrow PC_{Ah}$	38450
P_h、P_l、N_h、$N_l \longrightarrow G$ 集总	32600	G 集总$\longrightarrow C$ 集总	124140

由表 7-23 还可以计算出各种烃类组分的总裂化速度常数，列于表 7-25。

表 7-25　烃类总裂化速度常数①(480℃)　[kg(催化剂)/m^3]$^{-1}$ · h^{-1}

组　分	k_{Ah}	k_{Nh}	k_{Ph}	k_{Al}	k_{Nl}	k_{Pl}
速度常数	376.2	285.5	162.7	31.9	95.3	64.2

① 例如：$k_{Ah}=k_{AhAl}+k_{AhG}+k_{AhC}+k_{AhcAl}$

表 7-26　原料油分析数据

原料油	1#	2#	3#	4#
折光率(n_D^{70})	1.4572	1.4501	1.4805	1.5212
密度(ρ^{70})/(g/cm^3)	0.8327	0.8150	0.8728	0.9176
相对分子质量(M)	401	385	379	353
C_A	2.0	0.6	12.6	35.0
C_N	32.0	25.4	34.0	15.0
C_P	66.0	74.0	53.5	50.0
P_h	30.4	54.7	0.2	7.3
N_h	69.6	45.3	75.5	34.4
A_h	0	0	11.7	23.3
C_{Ah}	0	0	10.1	19.9
PC_{Ah}	0	0	2.5	15.1

从图 7-28 和图 7-29 可以看出，当操作条件和原料组成变化较大时，模型的计算值和实验数据都能较好地拟合，说明模型有很好的适应性。

① 由于积炭失活，转化率随催化剂停留时间的增加而迅速降低。图 7-28 表明十一集总模型能够较精确地描述催化剂时变失活规律，把时间平均的影响很好计算在内。

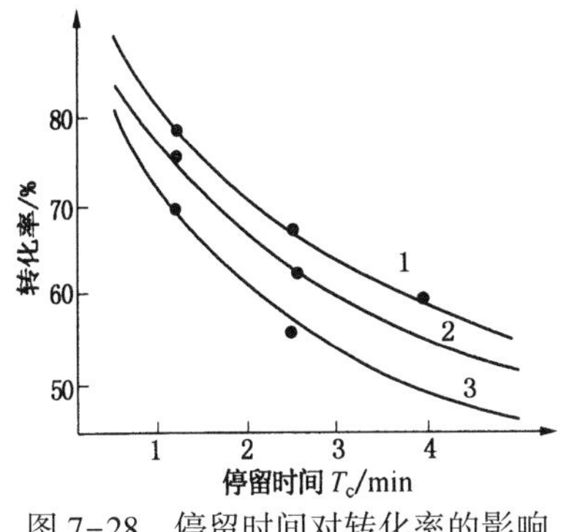

图 7-28　停留时间对转化率的影响

原料：4#；1—$S_{WH}=6.5$；2—$S_{WH}=10$；3—$S_{WH}=16$

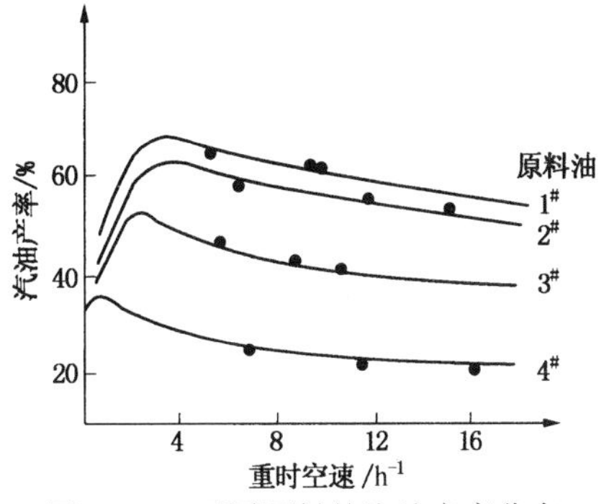

图 7-29　不同原料的汽油产率分布

t_C：2.5min；温度：753K

② 图 7-29 表明四种不同原料所得的汽油产率有较大的差别，但十一集总模型仍能很好地预测。并且汽油产率在一定的反应条件下能够达到一个最大值，而对于不同的原料组成，此最大值所对应的操作条件也不同，因此可以利用动力学模型达到优化操作的目的。

（2）各种烃类相对裂化速度的考察

根据各反应速度常数，可看出如下规律：

① 在碳原子数大致相同时，基于表 7-27 中所列数据，各种烃类相对裂化速度的高低顺序如下：

带长侧链的芳烃(断侧链)>环烷烃>烷烃>芳环(开环反应)

此外，当芳烃所带侧链变短时，其断侧链反应速度显著下降，例如表 7-28 中的 k_{Al}是比较小的。

表 7-27　不同烃类的相对裂化速度常数

规　律	$k_{Ah}>k_{Nh}>k_{Ph}>k_{PCAh}$
速度常数值	376.2　285.5　162.7　115.2

表 7-28　不同烃类的相对裂化速度常数

规　律	$k_{Nl}>k_{Pl}>k_{Al}$
速度常数值	95.3　64.2　31.9

② 重馏分的裂化反应速度，比轻馏分的相应值要大得多，见表 7-29。这符合对绝大多数的烃类，其裂化速度随相对分子质量的增加而增大的规律。

表 7-29　不同烃类的相对裂化速度常数

规　律	$k_{Ah}>k_{Al}$	$k_{Nh}>k_{Nl}$	$k_{Ph}>k_{Pl}$
速度常数值	376.2　31.9	285.5　95.3	162.7　64.2

（3）催化剂活性和选择性的评价

模型反应速度常数的测定，本身就是对试验催化剂活性和选择性的一种评价。从烃类总裂化速度常数即可比较不同催化剂的活性。而选择性也是催化剂本身内在属性的表征，与进料组成和反应程度无关，现定义如下：

$$P_h\text{ 生成汽油选择性} = \frac{k_{PhG}}{k_{Ph}} = \frac{77.8}{162.7} = 0.478 \qquad (7-103)$$

这是以“共 Y-15”催化剂上 P_h的汽油选择性为例，其他以此类推。表 7-30 列出了“共 Y

-15”催化剂和 Golikeri 等(1974)所用的催化剂(称为 P 催化剂)的选择性比较。从表 7-30 可看出:“共 Y-15”催化剂的轻循环油选择性优于 P 催化剂,而汽油选择性则相反。总之,采用反应速度常数来定量地比较催化剂的活性和选择性,是传统研究方法不能达到的。在催化剂的研制和应用中,采用反应动力学模型将具有很大的优越性。

表 7-30　两种催化剂选择性能的比较

组　分	生成选择性	公式	共 Y-15	P 催化剂
A_h	A_1	k_{AhAl}/k_{Ah}	0.251	0.114
	C_{A1}	k_{AhCAl}/k_{Ah}	0.412	0.301
	G 集总	k_{AhG}/k_{Ah}	0.226	0.379
	C 集总	k_{AhC}/k_{Ah}	0.111	0.206
N_h	N_1	k_{NhNl}/k_{Nh}	0.368	0.184
	G 集总	k_{NhG}/k_{Nh}	0.505	0.694
	C 集总	k_{NhC}/k_{Nh}	0.127	0.122
P_h	P_1	k_{PhPl}/k_{Ph}	0.344	0.248
	G 集总	k_{PhG}/k_{Ph}	0.478	0.658
	C 集总	k_{PhC}/k_{Ph}	0.178	0.094

5. 模型的工业应用

为了反映装置因数对产率分布的影响,在十一集总动力学模型中设置了 7 个装置因数(β_1~β_7)。通常依据工业装置上采集的标定数据或平稳操作数据来确定其数值;如果用小型试验装置实测工业平衡剂的反应速度常数,则可有较高的精度。所得装置因数的变化范围通常为±30%(即 0.7~1.3)以内,与其他关联模型相比,该模型的装置因数少,波动范围不大。十一集总模型在中型提升管催化裂化装置以及四个不同类型的工业催化裂化装置上进行过验证(沙颖逊,1987;郑万有,1989;康飚,1989)。考察了不同的原料油(包括掺减压渣油 15%的混合油)和工艺操作条件的影响,结果表明各个产品产率的模型计算值和实测值比较吻合,其绝对偏差一般小于 2%,相对偏差一般不超过 10%,说明该模型具有良好的预测性和外推性。在我国两个炼油厂(A、B)催化裂化装置的优化操作中曾得到较好的应用。

(1) 炼油厂 A

在工业验证中,发现炼油厂 A 催化裂化装置的轻油收率偏低,只有 75%~77%,而气体产率却高达 18%~20%。但从催化原料的烃族组成分析数据来看,其烷烃含量较高(达53%~58%),而 C_A 值较低(只有 8%~9%),说明该催化原料比较容易裂化。

在其他工艺条件基本固定时(平衡剂微反活性达 66~68),应用该模型对反应温度进行优化计算,情况如图 7-30 所示。从图 7-30 可以看出,随着提升管出口温度的升高,C 集总不断增大,轻循环油产率不断下降;汽油产率开始增加而后又逐渐下降,其最佳点在 478~480℃左右,轻质油收率的最佳点也是在 478℃左右。因此原先的反应温度(490℃左右)比较苛刻,二次裂化反应过大。

当采用优化的操作条件后,轻质油收率明显增加,其平均值高达 79.2%,比优化前增加了约 2.7%,其中汽油增加约 0.8%,LCO 油增加约 1.9%,取得了明显的经济效益。

(2) 炼油厂 B

催化裂化进料为较重的辽河减压馏分油和脱沥青油的混合油,其 C_A 值有段时间曾经增加较多,达 19.1%(芳烃含量达 36.3%)。这样,焦炭产率即上升到 6.7%~6.8%,致使再生器操作难以维持，因此采用该模型对工艺条件进行优化，以降低生焦率，情况如图 7-31 所示(A 点为原操作点，B 点为优化操作点)。

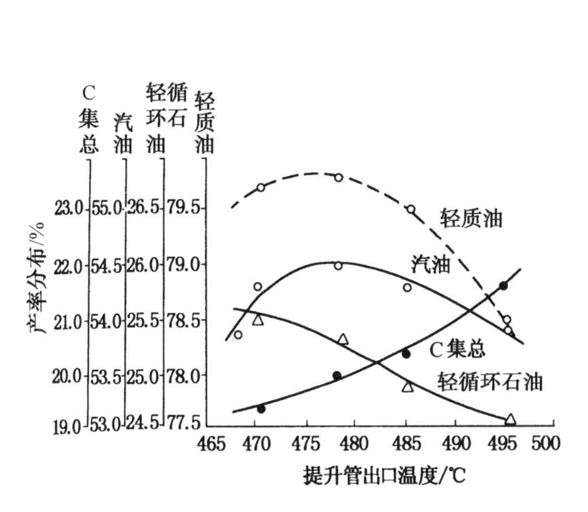

图 7-30　炼油厂 A 催化裂化装置操作性能图

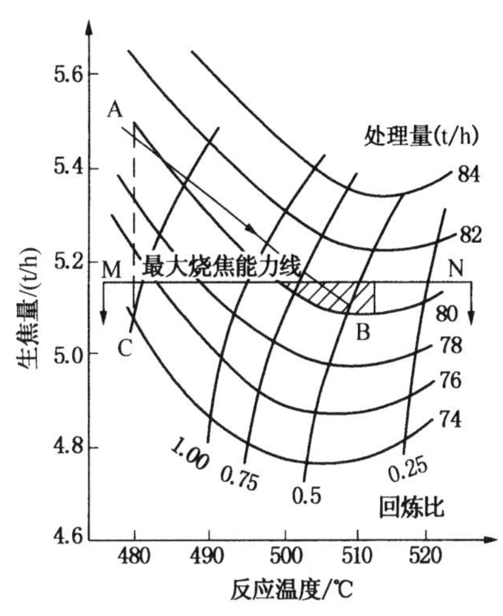

图 7-31　炼油厂 B 催化裂化装置操作性能图

优化计算得出了提高反应温度，减少回炼比，能够降低生焦率的结论。

① 如果装置仍在 480℃下进行操作，由于受到装置最大烧焦能力(线 MN)的限制，势必要降低装置的处理能力(即由 A 点到 C 点)，这是不可取的。

② 如果把反应温度提到 500~510℃左右，回炼比降到 0.5 左右(即由 A 点到 B 点)，此时装置的处理量仍可维持在 80t/h，而生焦量不会超过最大烧焦能力。因此优化的操作区为影线部分。这清楚地说明在维持同一处理量的前提下，用高温、小回炼比可以降低生焦量。

调整工艺参数的结果表明：催化装置处于良好的运转状态，其汽油收率大幅度上升(增加 4%以上)，轻油收率也略有增加，取得了明显的经济效益。

因此，应用十一集总动力学模型，可以计算出催化裂化反应的基本趋势和规律，并能绘制出装置的操作性能图，以帮助装置的技术人员和操作人员分析影响产率分布的各种因数，为优化操作提供依据。

(五) 十三集总动力学模型

为了开发适用于渣油原料的集总动力学模型，首先必须考虑渣油原料的特性和渣油催化裂化反应的特点。与馏分油催化裂化相比，渣油催化裂化的主要特点如下：

① 渣油含有较多的胶质、沥青质，残炭值高。在反应过程中这些大分子物质不可逆地吸附在催化剂表面上，且难于裂化，导致渣油催化裂化的高生焦率。

② 渣油含有较多的重金属(Ni、V)。在催化裂化过程中，重金属会沉积在催化剂上，并逐步积累。沉积在催化剂上的 V 在高温氧化气氛中会形成 V_2O_5 并能迁移到分子筛内，破坏其结构，进而导致催化剂活性降低。Ni 则是脱氢反应的活性组分，它的存在能使氢气产率和焦炭产率上升。

③ 渣油中重芳烃和硫、氮等杂原子化合物含量高，它们不仅影响产品质量，而且在反应过程中，重芳烃和碱性氮化物会吸附在沸石催化剂的活性中心上，从而降低催化剂的活性。

④ 催化裂化装置大多采用高温、大剂油比、短接触时间的操作条件。为了降低生焦，

往往采用外甩油浆的操作方案。

1. 模型的建立

在十一集总动力学模型的基础上，洛阳石化工程公司提出了如图 7-32 所示的十三集总反应动力学网络(邓先梁，1994；沙颖逊，1997)。

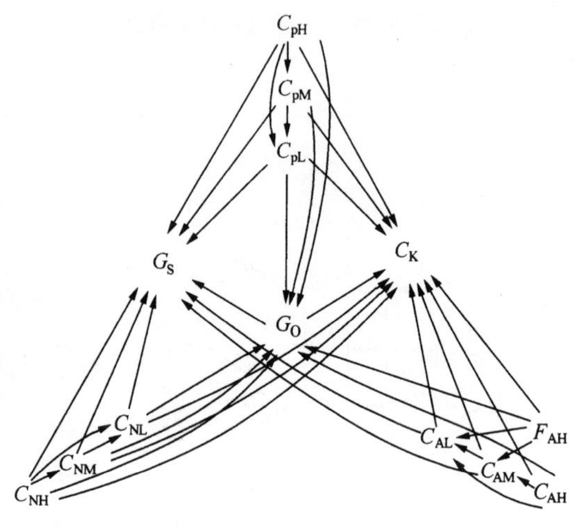

图 7-32　十三集总催化裂化反应动力学网络

图中各集总的符号：G_S为裂化气；C_K为焦炭；G_O为汽油；而C_P、C_N、C_A分别为各馏分平均分子结构中的链烷基团、环烷环基团和芳环基团，其下标 L 为轻循环油馏分、M 为馏分油和回炼油、H 为减压渣油和油浆；此外，H 层中又将胶质、沥青质中的芳环基团单独集总(F_{AH})。该反应网络有如下特点，因此能较好地模拟渣油催化裂化的反应过程：

① 完全按照结构族组成划分集总。这样各集总的反应速度常数比较恒定，有利于模型的计算精度。此外，F_{AH}的单独集总将能更好地考察胶质、沥青质的反应特性(特别是生焦性能)，而渣油的结构族组成可以通过核磁共振法(NMR)或关联式(第四章第二节)来确定。

② 按照沸程来划分反应集总的不同层次，也可使反应速度常数比较恒定。十三集总反应动力学模型将原料油分为两层(馏分油、减压渣油)；并且将裂化气以外的液体产物分为四层(汽油、LCO，回炼油和油浆)，这与渣油催化裂化分馏塔的切割方案基本一致，尤其是将回炼油和油浆区别对待，这更适合渣油催化裂化部分外甩油浆的操作方式。

③ 将裂化气和焦炭分开集总，将有利于提高模型的计算精度。由于渣油原料的残炭值较高，重金属污染一般较为严重，所以裂化气和焦炭的产率增高，特别是焦炭的产率大幅度上升，焦炭占(裂化气+焦炭)的比例通常提高到 35%左右，因此更需要提高计算精度，但这样的划分也增加了模型的计算工作量。

2. 模型的方程式

在十集总、十一集总模型的基础上，同样可由连续性方程和反应速度方程推出渣油催化裂化的十三集总数学模型。但这里还必须充分考虑到催化剂的结焦失活，重金属污染及重芳烃、碱性氮吸附对活性的影响，得到的模型基本方程式如下：

$$\frac{\mathrm{d}\boldsymbol{a}}{\mathrm{d}x} = AR \cdot BN \cdot ME \cdot \phi \cdot \overline{MW} \cdot RR \cdot \boldsymbol{K} \cdot \boldsymbol{a} \tag{7-104}$$

式中　$\boldsymbol{K}$——速度常数矩阵，$(\mathrm{g/cm^3})^{-1} \cdot \mathrm{h^{-1}}$；

$\boldsymbol{a}$——组分向量，$\boldsymbol{a} = [a_1, a_2, \cdots, a_{13}]^T$，mol/g；

x——无因次反应器长度；

AR——重芳烃减活函数；

BN——碱性氮化物减活函数；

ME——重金属(Ni、V、Na)减活函数；

ϕ——结焦失活函数；

$\overline{MW}$——气相混合物的平均相对分子质量；

RR——操作参数的函数；

$$RR = f(T, p, t_v, C/O, W_{H_2O}, R_e, S_W, C_r)$$

式中　T——反应温度，K；

p——反应压力(表)，MPa；

t_v——油气停留时间，s；

C/O——剂油比；

W_{H_2O}——水蒸气量,%；

R_e——回油比,%；

S_W——油浆外甩量,%；

C_r——再生催化剂含碳量,%。

3. 动力学参数的求取

(1) 反应动力学常数的测定

由图 7-32 可知，模型中待求反应速度常数共有 39 个，在实验设计时仍利用十一集总动力学模型求取速度常数的方法，整个反应网络可自上而下分成四层，如图 7-33。

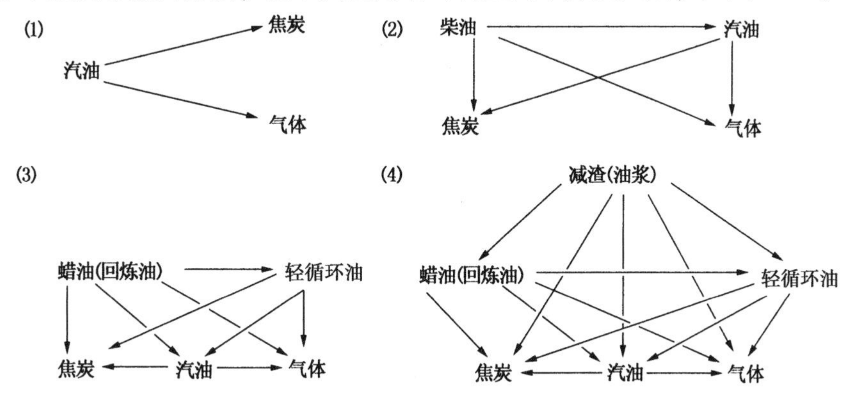

图 7-33　渣油催化裂化十三集总网络分层情况

采用四种不同馏分原料：汽油、LCO、蜡油(回炼油)、减压渣油(油浆)，按照分层测定的方法逐层进行实验，利用裂化反应不可逆的特点，就可自下而上地依次测定各层的有关速度常数。表 7-31 列出了我国 CRC-1 工业平衡剂的反应速度常数。

由表 7-31 还可以归纳出各个集总的生焦反应速度常数，列于表 7-32。从表 7-32 可看出，原料油的结构族组成对焦炭的生成影响很大，其生成速度的顺序为：芳香碳>环烷碳>烷基碳，而重质芳香碳(C_{AH})和胶质、沥青质中的芳香碳(F_{AH})的生焦速度明显高得多。

(2) 活化能的测定

要使模型能够预测不同温度的反应结果，必须测定各反应的活化能。理论上，对于图 7-32反应网络中的 39 个反应，应求取 39 个活化能。为了简化处理，通过理论分析将反应网络中的 39 个反应划分为 8 组，认为每组具有基本相同的活化能。这八组反应是：

- L、M、H 层 C_P、C_N生成汽油之活化能(E_1)；
- L、M、H 层 C_P、C_N生成气体之活化能(E_2)；
- L、M、H 层 C_P、C_N生成焦炭之活化能(E_3)；

表 7-31 反应速度常数一览表(510℃) $[kg(催化剂)/m^3]^{-1} \cdot h^{-1}$

汽油裂化反应	$k_{GOGS}=6.68$	$k_{GOCK}=0.82$		$k_{CPHGS}=28.11$	$k_{CPHCPM}=70.46$
L层裂化反应	$k_{CPLGS}=10.33$	$k_{CPLCK}=1.23$		$k_{CPHGO}=398.67$	$k_{CPHCPL}=61.51$
	$k_{CPLGO}=130.27$	$k_{CNLGS}=8.87$		$k_{CPHCK}=2.28$	$k_{CNHGS}=29.77$
	$k_{CNLGO}=183.93$	$k_{CNLCK}=1.35$		$k_{CNHGO}=241.81$	$k_{CNHCNL}=64.01$
	$k_{GALGS}=0.38$	$k_{CALCK}=3.79$		$k_{CNHCNM}=72.26$	$k_{CNHCK}=3.22$
M层裂化反应	$k_{CPNGS}=17.96$	$k_{CPMGO}=266.55$	H层裂化反应	$k_{CAHGO}=26.18$	$k_{CAHCK}=47.74$
	$k_{CPMCPL}=55.06$	$k_{CPMCK}=1.81$		$k_{CAHCAL}=20.23$	$k_{CAHCAM}=22.74$
	$k_{CNMGS}=16.32$	$k_{CNMGO}=202.48$		$k_{FAHGO}=31.31$	$k_{FAHCAM}=20.7$
	$k_{CNMCNL}=57.22$	$k_{CNMCK}=2.55$		$k_{FAHCAL}=16.30$	$k_{FAHCK}=138.7$
	$k_{CAMGS}=4.07$	$k_{CAMCAL}=10.94$			
	$k_{CAMCK}=4.55$				

注:k_{GOGS}是汽油集总到气体集总的反应速度常数,其余依此类推。

表 7-32 生焦反应速度常数一览表(510℃) $[kg(催化剂)/m^3]^{-1} \cdot h^{-1}$

生焦反应层	L层	M层	H层	汽油
k_{CPCK}	1.23	1.81	2.88	
k_{CNCK}	1.35	2.55	3.22	
k_{CACK}	3.79	4.55	47.74	
k_{FACK}			138.7	
k_{GOCk}				0.82

- L、M、H层C_A生成气体之活化能(E_4);
- L、M、H层C_A生成焦炭之活化能(E_5);
- 所有L层、M层生成反应之活化能(E_6);
- 汽油生成气体之活化能(E_7);
- 汽油生成焦炭之活化能(E_8)。

利用不同反应条件下渣油催化裂化的产率分布,估算出某一温度下的反应速度常数。由不同温度下的反应速度常数,从Arrhenius公式可以计算出各个反应活化能。由各个反应活化能分片计算平均值,以平均值作为初值,按拟合最优的原则进行拟合,得到确定的活化能数值。表7-33列出了活化能数据的测定结果。

表 7-33 反应活化能的数值 J/mol

$E_1=30386$	$E_2=63210$	$E_3=49980$	$E_4=37620$	$E_5=54420$	$E_6=72130$	$E_7=117840$	$E_8=56140$

4. 模型的工业验证和应用

为了考察渣油催化裂化十三集总动力学模型的预测性和外推性,曾对收集到的30套不同类型的中型试验物料平衡数据,进行了验证计算。结果表明,模型计算的汽油、LCO产率与实测值的绝对偏差小于1.0%,裂化气、焦炭产率的相对偏差一般小于10%,说明该模型对于不同原料油种类、不同工艺条件和不同的催化剂类型,具有良好的适应性和预测性。该模型在我国的几套渣油催化裂化装置上也曾经得到较好的验证和应用。现以炼油厂C为例:

(1) 工业验证

十三集总动力学模型在炼油厂 C 的渣油催化裂化工业装置的应用中，首先经受了较长时间的验证考察，图 7-34 示出了模型计算值与实测值的对比情况。

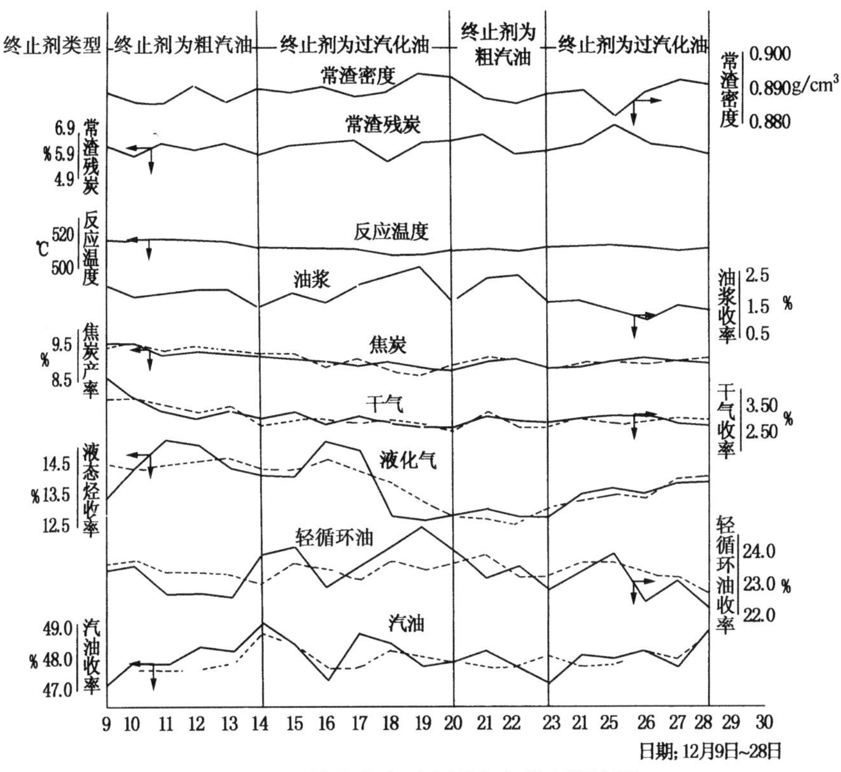

图 7-34 计算产率对实测产率的预测情况

—实测值，----计算值；油浆收率作为操作条件

计算中采用的装置因数是由该装置的两套物料平衡数据搜索得到的。从图 7-34 可以看出，尽管一段时间用直馏汽油作终止剂，另一段时间又用过汽化油作反应终止剂，并且原料油、操作条件(主要是原料油密度、残炭值、反应温度和外排油浆量等四项)均有所变化，但模型都有很好的预测性，其汽油、轻循环油的绝对偏差一般小于 1.0%，裂化气、焦炭的相对偏差一般小于 10%。由此证明，该模型具有良好的预测性和外推性，这样的计算精度完全能够满足重油催化裂化装置模拟优化计算的要求。

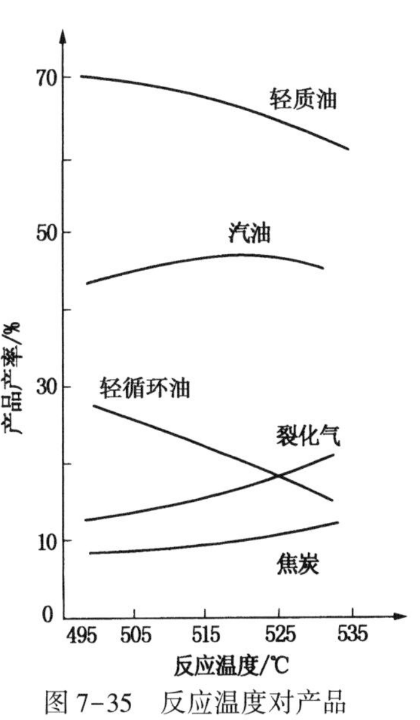

图 7-35 反应温度对产品产率的影响

(2) 工业应用

炼油厂 C 的催化裂化装置加工三种原油(中原、吐哈、库西)的混合渣油，由于催化原料逐渐变重，再生器处于卡边状态，为了提高经济效益，采用十三集总动力学模型对装置工况进行了模拟优化，其优化目标为多产轻循环油和轻质油，约束条件为最大生焦量不超过 18.6t/h。

在维持该催化裂化装置原有处理量和外甩油浆量时，考察了不同反应温度对产品分布的影响，见图 7-35。此外，还考察了改变外甩油浆量和处理量的影响。根据考察结果，在反应温度 510℃、外甩油浆量 5.0%、原料处理量 190t/h 附近进行约束条件下的优化计算。工业装置的操作向推荐的优化方向调整后，柴油的收率增加了 2.84 个百分点，而轻油收率提高了 0.74 个百分点，即每年增加 10kt 左右的轻油产量，由此带来的经济效益是非常显著的。

六、分子结构转化模型

传统的集总动力学方法已经在催化裂化、催化加氢、催化重整等石油加工过程以及其他复杂反应体系中成功地得到了广泛应用，但是集总方法对原料油和产物的划分，不是在分子级别上的划分，而是以烃类混合物及其总体性质出现的。例如在催化裂化的集总动力学模型中，主要是馏程和族组成(或结构族组成)，当产物划分成汽油、轻循环油、回炼油和油浆后，其馏程切割点就被固定了。但在工业装置的运转中，为了达到最优的经济效益，切割点可能会发生变动，为了预测较准确的产率分布和产品性质，必须对动力学参数进行调整，这样既会带来一定误差而又增大了工作量。

建立分子尺度的催化裂化反应动力学模型一直是该领域不懈努力的目标。化学反应工程的发展已能对反应网络进行越来越详尽的解析，希望对其中每一个分子的反应历程和速率常数都能进行描述，对于不太复杂的反应系统已经可以做到。而对于像催化裂化这样复杂的反应网络，还远未达到分子尺度上的模拟水平。但是，令人瞩目的计算机技术的飞速发展，已能使许多数学工具运用到复杂反应网络的动力学计算中；此外，现代分析仪器不断更新换代，采用气相色谱、高效液相色谱、质谱、核磁共振等技术，能够对催化裂化原料油和产物提供越来越详尽的分析，这些都为建立分子尺度的催化裂化反应动力学模型提供前提条件。

下面梗概介绍几种分子结构转化模型，它们几乎都是在不同深度的原料油和产物的组成分析基础上，再通过某种数学手段进行模拟计算。由于缺乏在分子水平上非常详尽的分析数据，同时为了降低模型的复杂性，因而仍然要进行一定程度的集总，只不过与传统的集总方法相比，其集总划分得更为详细，是在分子(或分子结构)尺度上的集总，能够反映出原料油的结构特性。例如在结构导向集总模型中，同一个结构向量可以代表许多具有相同结构基团的不同分子(如异构体)。此外，这些模型的建立方法，不仅适用于催化裂化过程，而且对催化加氢、催化重整等的复杂反应体系也具有普遍的指导意义，可以根据研究对象的实际情况灵活运用。

(一) 结构基团转化规律

1. 石油馏分结构基团的划分

陈俊武等(1982；1990；1992a；1992b；1993a；1993b；1994a；1994b；1994c)提出了结构基团理论，认为任何一种石油馏分都可划分成芳烃、环烷烃、烷烃、烯烃、烷基、烯基和非烃元素等结构基团，其中芳烃和环烷烃还可按其环分布划分为若干个亚族基团。在炼油过程中进行的化学反应，如裂化、加氢、缩合、氢转移和脱氢等都是基团间或基团本身发生的反应。表 7-34 列出了石油馏分结构基团的划分方法及元素组成。

表 7-34 石油馏分结构基团的划分及元素组成

基团名称	基团符号	基团中碳元素	基团中氢碳原子比	基团氢含量/%
单环芳烃	A_M	C_{AM}	1.0	7.7
双环芳烃	A_D	C_{AD}	0.8	6.3
三、四环芳烃	A_T	C_{AT}	约 0.68	约 5.4
多环芳烃	A_P	C_{AP}	0.4~0.6①	3.2~4.8
单环环烷烃	N_M	C_{NM}	2.00	14.4②
双环环烷环	N_D	C_{ND}	1.80	13.1②
多环环烷环	N_P	C_{NP}	约 1.65	约 12.2②
芳缩环烷环	N_A	C_{NA}	1.0~1.3①	7.7~9.8
烷烃	P	C_P	$(2n+2)/n_c$③	14.4~173/M
烯烃	P_O	C_{PO}	2.00	14.4
烷基	P_S	C_{PS}	2.00④	14.4
烯基	P_{OS}	C_{POS}	$(2n_c+2)/n$④	14.4~173/M
硫化物	S	C_S		-6.3⑤
氮化物	N	C_N		-14.4⑤
氧化物	O	C_O		-12.5⑤

① 视具体缩合模型而异。

② 产品中(例如油浆)还含有一定量的环烯烃，其氢含量相应低一些。

③ n_c为 1 个分子中的碳数。

④ 烷基及烯基中的一个氢已计算在相连的芳环及环烷环基团中。

⑤ 粗略计算可按每个非烃原子扣除 2 个氢原子。

(1) 原料油的结构基团

利用质谱分析可以把环烷烃、芳烃按环数分类，提供馏分油的详细族组成，因而能很容易地算出结构基团。但是胶质和沥青质的相对分子质量过大，难于分析，只有按相关数据，估算出其近似结构基团。由质谱分析结果可知，催化裂化原料油中的硫化物主要是噻吩化合物，特别是苯并噻吩和二苯并噻吩的同系物，还有一部分硫醇，这些硫化物在催化裂化后主要集中在 280~360℃的馏分中，其中的芳环噻吩硫化物的基团难以裂化。表 7-35 列出了大庆常压渣油的结构基团。

表 7-35 典型催化裂化原料油的结构基团 %

基团符号	荆门炼油厂馏分油			锦西炼油厂馏分油			大庆常压渣油		
	基团	C	H	基团	C	H	基团	C	H
A_M	3.54	3.27	0.27	3.90	3.60	0.30	2.60	2.40	0.20
A_D	3.76	3.52	0.24	6.31	5.91	0.40	2.10	1.96	0.14
A_T	1.85	1.75	0.10	3.23	3.06	0.17	3.10	2.93	0.17
A_P	1.17	1.11	0.06	1.56	1.49	0.07	4.20	4.00	0.20
N_M	6.05	5.18	0.87	2.42	2.07	0.35	2.70	2.31	0.39
N_D	3.56	3.09	0.47	6.64	5.77	0.87	2.90	2.52	0.38
N_P	5.71	5.02	0.69	13.16	11.57	1.59	4.00	3.51	0.49
N_A	3.30	2.97	0.33	2.89	2.61	0.28	3.50	3.16	0.34
P	58.62	50.0	8.62	37.62	32.09	5.53	39.50	33.70	5.80
P_S	12.37	10.60	1.77	22.20	19.04	3.16	35.31	30.27	5.04
S	0.07		-0.01	0.07		-0.01	0.09		-0.01
合计	100.0	86.51	13.41	100.0	87.21	12.71	100.0	86.76	13.14

(2) 产品的结构基团

催化裂化的产品有气体、汽油、轻循环油和油浆，有的装置还生产重柴油。焦炭虽然不是一种产品，但也影响氢碳平衡，因而把它当作多环芳烃基团。

① 气体：催化裂化的气体一般都进行组分分析，而且一般只包括烷烃和烯烃两个基团。气体中的 $C_3^=/\Sigma C_3$，一般为0.7~0.8；$C_4^=/\Sigma C_4$，一般为0.4~0.67；$i-C_4/\Sigma C_4$，一般为0.34~0.45。

② 汽油：汽油中只含有单环芳烃和单环烷烃，因而只要有 PONA 或 PIANO 分析数据，就可换算出结构基团 A_M、N_M、P、P_O等。

③ 轻循环油：按环数进行催化裂化柴油的族组成分析数据很少，而且由于原料、催化剂以及操作条件的不同而不同，不像汽油那样有一定的规律性。通常，LCO 的环烷环基团都小于10%；在芳环碳中，单环芳环碳约占15%~35%，双环芳环碳占50%~70%，三环芳环碳为10%~25%。

④ 油浆：油浆结构基团的主要特点是芳环环碳，特别是多环芳碳含量较多，而且不同装置的油浆，由于原料和转化深度不同，其结构基团差别较大。

2. 单体烃的结构基团反应

催化裂化过程中各种单体烃的化学反应已在本书第二章中详细描述，单体烃的基团反应并非单一反应，一般包括裂化、脱氢、环化、缩合和氢转移等多种基团反应。

(1) 裂化

芳环基团 A_R非常稳定，而烷基芳烃的烷基基团容易断裂，例如：$P_S \longrightarrow P_O$。

芳缩环烷环基团(N_A)裂化时可以是环烷环开环断裂成为带不饱和侧链的芳环，也可以是环烷环与芳环联接处断裂成烯烃、双烯烃：$N_A \longrightarrow P_{OS}+P_O$。

环烷环基团裂化时生成烯烃基团，例如：$N_M \longrightarrow P_O$；$N_D \longrightarrow N_M$；$P_{OS} \longrightarrow$环烯环$+P_O$。

带侧链的单环环烷催化裂化时，有时侧链断裂而六元环不开裂：$P_S \longrightarrow P_O$；烷烃基团裂化生成烯烃基团及较小分子的烷烃基团：$P \longrightarrow P_O+P_1$；烯烃基团裂化时生成两个较小的烯烃：$P_O \longrightarrow P_{O1}+P_{O2}$。

(2) 缩合

缩合是有新的C—C链生成的相对分子质量增加的反应，主要在烯烃(包括双烯烃，下同)之间、烯烃与芳烃以及芳烃之间进行：

$$nP_{O1} \longrightarrow P_{O2} \xrightarrow{-H} A_P P_S$$

$$P_O + A_D \longrightarrow P_{S1}A_D \xrightarrow{-H} P_{S2}A_T$$

$$P_S A_M \xrightarrow{-H} P_{S1}A_D \xrightarrow{-H} P_{S2}A_T \xrightarrow{-H} P_{S3}A_P \xrightarrow{-H} \text{焦炭}$$

P_S，P_{S1}，……代表几个烷基。

(3) 氢转移

氢转移主要是有烯烃基团参与的反应，氢转移的结果生成富氢的饱和烃基团以及缺氢的基团。例如，烯烃基团与环烷环基团之间产生下列氢转移反应：$P_O + N_M \longrightarrow P+A_M$；烯烃基团之间发生下列氢转移反应：$P_{O1}+P_{O2} \longrightarrow P+A_M$；烯烃基团与多环芳环基团也发生氢转移反应：$P_O+A_P \longrightarrow$焦炭$+P$。

（4）环化

烯烃基团通过环化反应生成环烷环，然后继续脱氢生成芳环：$P_O \longrightarrow N_M P_S \xrightarrow{-H} A_M P_S$。

（5）脱氢

脱氢反应在所有脱碳过程中都可能发生，原料中重金属的存在（特别是镍）会加速脱氢反应。典型的脱氢反应是 $P \longrightarrow P_O+H_2$，$N_M \longrightarrow A_M+H_2$。

此外，还有非烃元素的反应，催化裂化过程中原料油中的硫、氮较大部分转化成了 H_2S 和 NH_3：$S \longrightarrow H_2S$；$N \longrightarrow NH_3$。

3. 复杂烃的结构基团反应

工业装置中大庆油和管输油掺渣油催化裂化时的结构基团平衡情况见表 7-36 和表 7-37。前述的基团转化规律也大体适用于复杂烃在工业装置中的基团。C_{NA}转化率约为 20%～80%，差别较大，转化了的 C_{NA}生成 C_{AD}、C_{AP}、C_P、C_{PS}和 C。原料中的 C_{NM}虽然有一部分脱氢生成 C_{AM}、一部分裂化成为 C，但由于 C_{ND}、C_{NP}等开环生成 C_{NM}，加上烯烃也环化生成 C_{NM}，因而 C_{NM}总是增加的。C_{ND}、C_N一般都转化了 90%以上，其中除一部分（约 30%）开环脱氢生成 C_{AM}外，其余基本上都生成了 C_{NM}和 C。

表 7-36　大庆馏分油掺减压渣油催化裂化时的基团平衡[①]　%

项　目	原料油	产　品					产品和原料差　值
		气　体	汽　油	轻循环油	焦　炭	产品合计	
A_M	2.88		6.95	2.89		9.74	6.96
C_{AM}	2.66		6.42	2.68		9.10	6.44
H_{AM}	0.22		0.53	0.21		0.74	0.52
A_D	3.16			3.65		3.65	0.49
C_{AD}	2.96			3.42		3.42	0.46
H_{AD}	0.20			0.23		0.23	0.03
A_T	2.74			1.14		1.14	-1.60
C_{AT}	2.59			1.08		1.08	-1.51
H_{AT}	0.15			0.06		0.06	-0.09
A_P	2.10				7.40	7.40	5.30
C_{AP}	2.02				6.79	6.79	4.77
H_{AP}	0.08				0.61	0.61	0.53
N_M	3.91		3.75	2.07		5.82	1.91
C_{NM}	3.35		3.22	1.78		5.00	1.65
H_{NM}	0.56		0.53	0.29		0.82	0.26
N_D	3.45			0.43		0.43	-3.02
C_{ND}	3.00			0.38		0.38	-2.62
H_{ND}	0.45			0.05		0.05	-0.40
N_P	5.58			0.03		0.03	-5.55
C_{NP}	4.90			0.03		0.03	-4.87
H_{NP}	0.68			<0.01		<0.01	-0.68
N_A	1.90			1.59		1.59	-0.31
C_{AN}	1.72			1.47		1.47	-0.25
H_{NA}	0.18			0.12		0.12	-0.06

续表

项　目	原料油	产　品					产品和原料差　值
		气　体	汽　油	轻循环油	焦　炭	产品合计	
P	39.10	5.71	18.74	7.78		32.23	-6.87
C_P	33.31	4.76	15.75	6.59		27.10	-6.21
H_P	5.79	0.95	2.99	1.19		5.13	-0.66
P_O		5.81	20.05	2.32		28.18	28.18
C_O		4.96	17.19	1.99		24.14	24.14
H_O		0.85	2.86	0.33		4.04	4.04
P_S	35.08		1.89	7.85		9.74	-25.34
C_{PS}	30.06		1.63	6.72		8.35	-21.71
H_{PS}	5.02		0.26	1.13		1.39	-3.63
H_2							
合计							
基团	99.89	11.69	51.38	29.75	7.40	100.22	0.33
C	86.57	9.72	44.21	26.14	6.79	86.86	0.29
H	13.32	1.97	7.17	3.61	0.61	13.36	0.04

① 原料基团数据系根据 VGO 族组成分析和文献(陈俊武，1993a；1993b)有关数据估算出来的，表 7-37 相同。

表 7-37　管输油掺渣油催化裂化时的基团平衡　　%

项　目	原料油	产　品						产品和原料差　值
		气　体	汽　油	轻循环油	油　浆	焦　炭	产品合计	
A_M	3.13		8.52	2.62	0.21		11.35	8.22
C_{AM}	2.89		7.87	2.42	0.19		10.48	7.59
H_{AM}	0.24		0.65	0.20	0.02		0.87	0.63
A_D	5.99			5.55	0.75		6.30	0.31
C_{AD}	5.62			5.20	0.70		5.90	0.28
H_{AD}	0.37			0.35	0.05		0.40	0.03
A_T	6.13			0.74	2.70		3.44	-2.69
C_{AT}	5.83			0.70	2.56		3.26	-2.57
H_{AT}	0.30			0.04	0.14		0.18	-0.12
A_P	3.13				1.42	7.30	8.72	5.59
C_{AP}	3.00				1.36	6.72	8.08	5.08
H_{AP}	0.13				0.06	0.58	0.64	0.51
N_M	2.14		4.10	0.53	0.30		4.93	2.79
C_{NM}	1.84		3.51	0.45	0.26		4.22	2.38
H_{NM}	0.30		0.59	0.08	0.04		0.71	0.41
N_D	10.93			0.21	0.30		0.51	-10.42
C_{ND}	9.37			0.18	0.26		0.44	-8.93
H_{ND}	1.56			0.03	0.04		0.07	-1.49
N_P	8.15			0.10	0.40		0.50	-7.65
C_{NP}	7.08			0.09	0.38		0.47	-6.61
H_{NP}	1.07			0.01	0.02		0.03	-1.04
N_A	2.50			0.09	0.40		0.49	-2.01
C_{AN}	2.25			0.08	0.36		0.44	-1.81

续表

项目	原料油	产品						产品和原料差值
		气体	汽油	轻循环油	油浆	焦炭	产品合计	
H_{NA}	0.25			0.01	0.04		0.05	-0.20
P	28.29	7.00	13.38	3.39	1.50		25.27	-3.02
C_P	24.13	5.74	11.33	2.87	1.28		21.22	-2.91
H_P	4.16	1.26	2.05	0.52	0.22		4.05	-0.11
P_O		10.80	20.00	0.90			31.70	31.70
C_O		9.26	17.14	0.77			27.17	27.17
H_O		1.54	2.86	0.13			4.53	4.53
P_S	29.19		3.00	0.97	2.22		6.19	-23.00
C_{PS}	25.01		2.57	0.83	1.91		5.31	-19.70
H_{PS}	4.18		0.43	0.14	0.31		0.88	-3.30
H_2		0.20						
合计								
基团	99.58	18.00	49.00	15.10	10.20	7.30	99.60	0.02
C	87.02	15.00	42.42	13.59	9.26	6.72	86.99	-0.03
H	12.56	3.00	6.58	1.51	0.94	0.58	12.61	0.05

Abbot 等(1988)提出利用烷烃基团裂化的产品测量氢转移。氢转移程度用式:(产品中烷烃-原料中烷烃)/原料中烷烃来表示,单位为摩尔。

在氢转移反应中,吸收氢的反应有:C_{NDf}、C_{NPf},除转化成 C_{AMp} 和带入产品中外,其余转化成 C_{Op} 所吸收之氢。放出氢的反应有:C_{NMf}、C_{NDf} 和 C_{NPf} 转化成 C_{AMp}(下标 f、p 分别代表原料和产品);C_{NAf} 转化成 C_{ADp};C_{pf} 转化成 C_{AMp},以及 A_T、A_P 和 P_O 缩合成焦炭所放出之氢。计算方法以表 7-36 和表 7-37 数据为例,见示意图 7-36,结果见表 7-38。

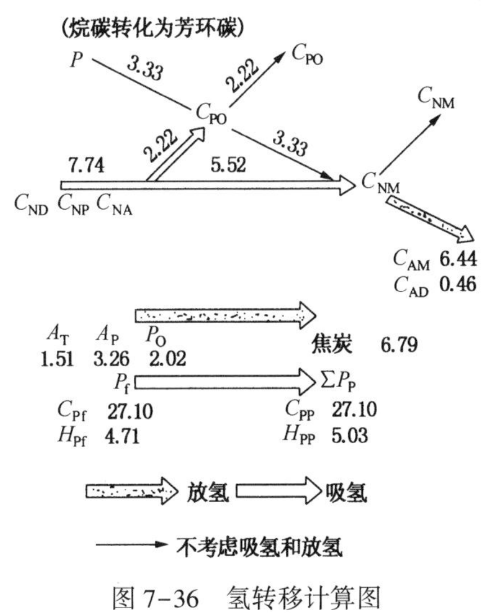

图 7-36 氢转移计算图

表 7-38 氢转移计算(以 100kg 原料为基准)

项目	表 7-36	表 7-37
放出的氢		
$C_{PO}+C_{NM}\longrightarrow C_{AM}+C_{AD}$	0.61	0.66
C_{AT}、C_{AP}、$C_{PO}\longrightarrow$焦炭	0.10	0.03
合计	0.71	0.69
吸收的氢		
$P_f\longrightarrow \Sigma P_P$	0.32	0.34
$C_{ND}\longrightarrow C_{NM}\pm P_O$	0.16	0.18
H_2	0.17	0.20
合计	0.65	0.72

4. 重油催化裂化中结构基团转化的一般规律

汤海涛等(1999a)采用五种重油催化裂化原料验证了结构基团转化的一般规律,表 7-39 列出了五种重质油在催化裂化中的结构基团转化指标。

表 7-39 催化裂化过程中的基团转化指标 %

原料	大庆 VGO/VR	二连 VGO/VR	伊朗 HAR	孤岛 VGO/HVR	苏伊士/西江 VGO/VR
芳环基团					
原料总量 A_{RF}	14.12	14.13	13.82	17.05	15.49
产品总量 A_{RP}	23.62	25.22	27.08	26.58	27.15
ΔA_R	9.50	11.09	13.26	9.53	11.66
A_R 总生成率 Y_A	67.28	78.49	95.95	55.89	75.27
A_M 和 A_D 生成率	8.95	9.60	10.40	7.97	11.60
原料总芳碳 C_{AF}	15.4	15.4	15.0	18.6	16.8
产品总芳碳 C_{AP}	25.6	27.4	29.3	29.0	29.3
ΔC_A	10.2	12.0	14.3	10.4	12.5
总芳碳生成率 X_{CA}	66.2	77.9	95.3	55.9	74.4
单双环芳碳生成率 Y_{CA}	8.29	8.9	9.66	7.38	10.77
环烷环基团					
原料总量 N_{RF}	14.57	18.93	22.27	21.26	21.45
产品总量 N_{RP}	8.31	9.21	10.34	11.25	
$-\Delta N_R$	6.26	9.72	11.93	9.39	10.20
N_R 总转化率	42.96	51.35	53.57	44.17	47.55
N_M 生成率	2.95	2.21	0.74	2.79	1.28
原料 C_{NF}	14.7	19.2	22.5	21.6	21.8
产品 C_{NP}	8.3	9.2	10.4	11.9	11.3
$-\Delta C_N$	6.4	10.0	12.1	9.7	10.5
环烷碳转化率 X_{CN}	43.5	52.1	53.8	44.9	48.2
环基团保留率 Z_{AR}	111.3	104.1	103.7	100.4	104.0
环碳产率 Z_{CR}	112.6	105.8	105.9	101.7	105.2
烷烃转化率 $-\Delta P$	5.33	2.40	-1.60	5.89	5.63
烷基取代基转化率 $-\Delta P_S$	30.42	28.34	30.90	22.87	26.55
烯烃生成率 ΔP_O	32.24	29.08	27.73	28.39	30.46
$(\Delta P_O+\Delta P+\Delta P_S)$	-3.51	-1.66	-1.57	-0.37	-1.72

注：HAR—加氢常压渣油；HVR—加氢减压渣油。

由表 7-39 中的数据可以看出：

（1）A_M在催化裂化过程中呈显著上升趋势，这是由 N_M(包括双环和多环环烷开环形成 N_M和烯烃缩合形成的 N_M)脱氢形成的。

（2）A_D在催化裂化过程中也呈增长趋势，这是由于原料中的 N_D和多环环烷开环形成的 N_D以及烯烃缩合形成的 N_D脱氢形成的。

（3）A_T在催化裂化过程中呈降低趋势，这是由于原料中三四环芳烃在催化裂化过程中一般在发生断侧链后便难以裂化，而易于缩合生焦，变成 A_{PC}。

（4）A_P在催化裂化过程中亦呈显著上升趋势，这是由于原料中的多环芳香基(生焦前身物)难以裂化，而 A_T(包括 N_P和 N_A脱氢形成的 A_T)则易于缩合生焦，因此，A_P大幅度增加，这也是脱碳工艺的显著特点。

（5）N_M在催化裂化过程中呈增长趋势，这主要是多环和双环环烷环裂化的结果。原料中的 N_M虽然有一部分脱氢生成了单环芳基，一部分裂化成为烯烃，但由于双环和多环环烷环开环以及烯烃的环化，使单环环烷基团显著增加。

（6）N_D和 N_P在催化裂化过程中显著减少，这是由于它们一方面开环生成单环环烷，并进一步脱氢生成单环芳环，另一方面又发生自身脱氢生成多环芳环基团。此外，部分 N_D和N_P也生成了烯烃。

(7) N_A的裂化性能比 N_D和 N_P的裂化性能稍差，它们主要留在催化裂化轻循环油和油浆中，提高裂化反应的强度，有利于芳缩环烷环的转化。

(8) P 在催化裂化过程中基本上也呈减少趋势，它一部分脱氢生成了烯烃，烯烃环化成环烷基团，然后再进一步脱氢生成芳环基团。但在裂化反应过程中生成的烯烃也会通过氢转移反应生成烷烃，这与裂化催化剂的氢转移反应能力有关。

(9) P_O在催化裂化过程中大量形成，它主要来源于烷烃脱氢，环烷环开环及脱氢以及芳环和环烷环上的烷基取代基断裂。裂化产品中烯烃的含量也与裂化催化剂的氢转移反应能力有关，催化剂的氢转移活性低则烯烃产量高。此外，裂化催化剂上沉积的重金属(尤其是镍)也会加速脱氢反应的进行，使得裂化产品中的烯烃含量提高。

(10) P_S在催化裂化过程中大量减少，这是由于芳环和环烷环上的烷基取代基发生断裂反应的活化能较小，易于优先进行。P_S从芳环和环烷环上断裂后，主要生成了烯烃基团。

重油催化裂化过程是各种烃类在裂化催化剂上竞争发生多种平行顺序反应的复杂反应过程，上述催化裂化过程的基团转化规律是多种反应综合平衡的表观结果；催化裂化过程中物料化学结构变化的特点是：

① 烷烃碳约有 10%转化成单环芳碳，环烷碳约有 30%转化成单环芳碳。

② 两环以上的环烷碳减少，单环环烷碳增加，但总的环烷碳减少。产品汽油和轻循环油中的环烷基团(不包括 N_A)一般不大于 10%。

③ 氢转移反应是一个重要反应。

5. 从原料油的结构基团预测催化裂化产品的结构基团

由前述的单体烃、复杂烃催化裂化基团反应所得到的一些规则，结合动力学产品产率，可以从原料油的结构基团，预测产品的部分结构基团。但应指出催化裂化产品的结构基团，除了与原料性质有关外，还与催化剂类型和操作条件有关。这里提出的预测方法只是一种思路，而采用的系数也较粗略，更精确的预测尚需进一步研究。产品基团预测方法：

(1) 产品中的 C_{AM}(%对原料)

$$C_{AMp} = C_{AMf} + a_1(C_{NMf} + C_{NDf} + C_{NPf}) + a_2 C_{Pf} - a_3 C_{NAf} \tag{7-105}$$

式中　a_1——环烷环碳转化为单环芳环碳的分率；

a_2——链烷碳转化为 C_{AM}的分率；

a_3——C_{NA}生成 C_{AD}后应扣除 C_{AM}的分率；

p，f——下标，分别代表产品和原料。

(2) 产品中的 C_{AD}(%对原料)

$$C_{ADp} = C_{ADf} + a_4 C_{NAf} \tag{7-106}$$

式中　a_4——C_{NA}转化为 C_{AD}的分率。

(3) 产品中的 C_{NM}(%对原料)

$$C_{NMp} = a_6 C_{NMf} + a_5(C_{NDf} + C_{NPf}) \tag{7-107}$$

式中　a_5——双环和多环环烷环碳转化为 C_{NM}的分率；

a_6——转化了的 C_{NMf}的分率和 C_O 环化生成的 C_{NMf}分率相抵后的数。

(4) 汽油中的 C_{AM}(%对汽油)仅适用于全回炼操作方案

$$C_{AMG} = \frac{100b_1 C_{AMp}}{G} \tag{7-108}$$

式中　b_1——汽油中的 C_{AM} 占产品中 C_{AM} 的分率；

G——汽油产率,%对原料。

(5) 汽油中的 C_{NM}(全回炼操作方案,%对汽油)

$$C_{NMG} = \frac{100b_2 C_{NMp}}{G} \tag{7-109}$$

式中　b_2——汽油中的 C_{NM} 与产品中 C_{NM} 的分率。

(6) LCO 中的 C_{AM}(%对 LCO)适用于全回炼操作方案

$$C_{ML} = \frac{100(1-b_1)C_{AMp}}{L} \tag{7-110}$$

式中　L——轻循环油产率,%对原料。

(7) LCO 中的 C_{AD}(%对 LCO)适用于全回炼操作方案

$$C_{ADL} = \frac{100C_{ADp}}{L} \tag{7-111}$$

(8) LCO 中的 C_{NM}(%对 LCO)适用于全回炼操作方案

$$C_{NML} = \frac{100(1-b_2)C_{NMp}}{L} \tag{7-112}$$

(9) LCO 中的 C_{ND}(%对 LCO)适用于全回炼操作方案

$$C_{NDL} = \frac{100b_3 C_{NDp}}{L} \tag{7-113}$$

式中　b_3——轻循环油中 C_{ND} 占原料中 C_{ND} 的分率。

利用上述公式预测表 7-36 和 7-37 数据的产品结构基团见表 7-41。计算时采用 $a_1=0.3$、$a_2=0.1$、$a_3=0.28$、$a_4=0.3$、$a_5=0.16$、$a_6=1.0$、$b_1=0.7$、$b_2=0.65$、$b_3=0.4$。

表 7-40　催化裂化装置产品结构基团预测　　%

项　目	表 7-36		表 7-37	
	预　测	实　际	预　测	实　际
C_{AMp}	8.88	9.15	10.81	10.48
C_{ADp}	3.47	3.36	6.29	5.90
C_{NMp}	4.61	5.02	4.47	4.22
C_{AMG}	12.09	12.49		
C_{NMG}	5.82	6.25		
C_{AML}	8.96	9.03		
C_{ADL}	11.68	11.49		
C_{NML}	5.43	6.02		
C_{NDL}	1.20	1.26		

(二) 结构转化模型

Liguras 等(1989a；1989b)提出了一种催化裂化结构转化模型的概念。他们把石油中的每一种烃类均看作是各类“碳中心”的集合，只要依据各类“碳中心”的反应特性，就可描述各类化合物的反应特性，而“碳中心”的反应特性又可用文献资料中纯化合物的数据来推得，由此希望将模型的预测能力推及到分子尺度。他们根据这些概念开发了一种新集总动力学模型，认为它不仅能利用纯化合物的反应数据，而且比以往的集总动力学模型具有更好的适应性和外推性。

该模型基于正碳离子反应机理。首先仍是通过合理简化将原料油分族，形成四种不同类别的化合物(类似于动力学集总)：正构烷烃、异构烷烃、环烷烃和烷基芳烃。烯烃化合物将作为中间产物和最终产品来处理，而不作为原始反应物。然后，每一类化合物都可通过一组具有代表性的化合物(称为模型化合物)来表征，这样就构成了基于“碳中心”和“碳数”的动力学模型。

1. 正构烷烃的裂化

所有的正构烷烃都可以由 CH_3、CH_2和 CH“碳中心”构成，在催化裂化中它们可分别形成正碳离子：伯(CH_2^+)、仲(CH^+)和叔(C^+)离子。Wojciechowski(1986)的研究表明 CH_2和 CH_3“碳中心”的反应速率和机理，将是“碳数”和位置的函数。反应速度常数可由某些纯化合物的裂化反应(按一级反应)数据获得。烯烃作为中间产物能大大影响正构烷烃的产品分布，按正碳离子反应机理进行裂化和聚合反应，其生焦反应并入聚合反应中考虑。对于伴随着催化裂化反应发生的热裂解反应，则仅考虑一次反应，不考虑二次反应。

假设纯烃化合物和烃类简单混合物的裂化反应是一级反应，则其反应速率方程为：

$$\mathrm{d}C_{\mathrm{p}}(t)/\mathrm{d}t = KC_{\mathrm{r}}(t)\phi(t) \tag{7-114}$$

式中　$C_{\mathrm{p}}(t)$——产物的浓度；

$C_{\mathrm{r}}(t)$——反应物的浓度；

K——反应速率常数；

$\phi(t)$——催化剂失活函数，可采用基于停留时间(t_{C})的模型：$\phi(t)=\mathrm{e}^{-\alpha t_{\mathrm{C}}}$。

2. 异构烷烃的裂化

各种异构烷烃仍可由 CH_3、CH_2和 CH“碳中心”构成，其反应速率和产品分布在很大程度上取决于正碳离子的分布。由于存在大量的各种碳类型，因此其反应比正构烷烃更复杂。一个类似于正构烷烃的反应速率方程为：

$$\mathrm{d}C_{\mathrm{r}}(t)/\mathrm{d}t = -\sum_{i}\sum_{k}KC_{\mathrm{r}}(t)\phi(t)SP_{\mathrm{i}}SPN_{\mathrm{k}} \tag{7-115}$$

$$\mathrm{d}C_{\mathrm{r}}(t)/\mathrm{d}t = KC_{\mathrm{r}}(t)\phi(t)SP_{\mathrm{i}}SPN_{\mathrm{k}} \tag{7-116}$$

式中　SP_{i}——在碳中心 i 上形成正碳离子的概率；

SPN_{k}——在碳中心 i 上，当与其相邻 k 碳原子的键发生断裂时，形成正碳离子的概率。

3. 环烷烃的裂化

环烷环的结构和烷基取代基团是影响环烷烃裂化特性的两大因素。模型中将这两种因素分别考虑：烷基取代基团从环烷环上断开以前，可认为是惰性的；而一旦断开后，则按正构烷烃和异构烷烃的反应来考虑。此外，环烷环的反应则取决于结构中的环数，可按一环、二环和三环来考虑。类似的反应速率方程为：

$$\mathrm{d}Cp(t)/\mathrm{d}t = KC_{\mathrm{r}}(t)\phi(t)PP_{\mathrm{i}} \tag{7-117}$$

式中，PP_{i}为裂化途径的概率(例如对于单环和双环环烷烃而言，其裂化途径为开环或者断侧链)。

对于单环和双环环烷烃出现断侧链反应的概率，可以假定侧链由 C_1 和 C_2 逐步增加到 C_9 或更长时，其数值从 0 线性地增加到 1。

4. 芳烃的裂化

烷基芳烃的裂化将类似于环烷烃的裂化。然而在通常的裂化条件下，芳香环是惰性的，而烷基断裂的位置主要发生在与芳香环的连接点上。在反应网络中包括了初始反应物的裂化、异构化和烷基化反应，以及一次和二次产物、生焦和缩合等。在估算其反应速率常数时，所遵循的基本规律如下：

① 连接在季碳原子中心的烷基集团最容易裂化，但异构化最困难。裂化反应的相对反应速度顺序是季碳>叔碳>仲碳>伯碳；异构化反应的相对反应速度顺序是季碳<叔碳<仲碳<伯碳。

② 如果仅有一个烷基集团连接在叔碳中心上，那么它的裂化反应是最快的。

③ 如果有两个或更多的烷基集团连结在叔碳中心上，那么最大烷基集团的裂化速度是最快的。

④ 如果连接在仲碳中心的烷基集团，至少为连结在叔碳中心的烷基集团大小的 1.7 倍以上的话，则前者的裂化速度比后者快(例如，正戊基苯与异丙基苯具有大致相同的裂化速度和裂化程度)。

⑤ 甲基和乙基集团的裂化速度非常慢，它们的主要反应是异构化和烷基转移。

5. 虚拟化合物的选择

首先要通过族组成分析、质谱、核磁共振等分析数据，将原料油转化成虚拟分子，这几百个分子具有各种各样的结构，但归根到底都是各类“碳中心”和“碳数”的组合。其步骤是：确定族组成；确定碳中心分布；确定结构参数的平均值(如芳烃取代度、支化度等)；选择合适的虚拟分子。约束条件包括分析数据、质量平衡数据以及如下假设：

① 环烷烃结构应包括取代环戊烷、取代环己烷、二环和三环环烷烃；

② 可能的芳烃结构应包括烷基苯、萘、三环和四环芳烃；

③ 每个分子最多有四条支链；

④ 每条支链最多含七个碳。

尽管如此，仍会出现多值问题，即两套不同的虚拟分子能够满足同一套约束条件。研究表明几套不同的虚拟分子对于建立模型是等效的，但是当一套虚拟分子的个数太少时，就会出现几个碳数被一个虚拟分子代表的问题，这样集总的结果会使误差增大。而只有当虚拟分子的个数至少大于 100 时，才能满足每族化合物的每个碳数有一个虚拟分子代表。

该模型采用了的 25 个模型化合物的数据，模型的计算值与实验值拟合程度良好。研究还表明模型对油品“碳中心”的分布不太敏感，但对“碳数”分布却相当敏感。因此，在确定油品裂化行为时，质谱分析也许比 NMR 分析更有价值。由于计算出的产物是以分子形式出现的，当引入基团贡献法后就可以计算出产物的各种性质。

(三) 结构导向集总模型

Moibil 公司的 Quann 等(1992；1996)提出了一种结构导向集总模型(Structure-Oriented Lumping，简称 SOL)，在 SOL 研究中的基本概念是认为任何一个石油分子，都能够用一组特定的结构基团来表述。而 SOL 的方法就是用向量表征这组结构基团，向量的元素代表了特定的结构基团的数目。这些向量元素称之为“结构增量”(Structural increments)，因为每个元素只是以完整分子的某个增量部分存在，而分子即是由这些增量构成的。这种结构向量 a 和它的 22 个结构增量以及增量化学计算矩阵见图 7-37 所示。

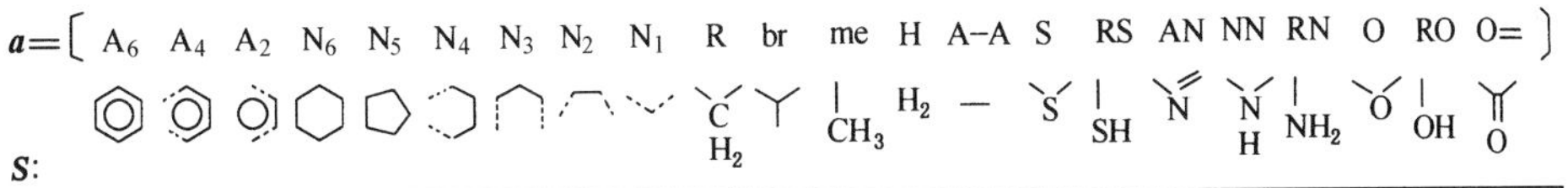

$\boldsymbol{a}$=[A_6 A_4 A_2 N_6 N_5 N_4 N_3 N_2 N_1 R br me H A-A S RS AN NN RN O RO O=]

S:

增量的化学计算法

	A_6	A_4	A_2	N_6	N_5	N_4	N_3	N_2	N_1	R	br	me	H	A-A	S	RS	AN	NN	RN	O	RO	O=
C:	6	4	2	6	5	4	3	2	1	1	0	0	0	0	-1	0	-1	-1	0	-1	0	0
H:	6	2	0	12	10	6	4	2	0	2	0	0	2	-2	-2	0	-1	-1	1	-2	0	-2
S:	0	0	0	0	0	0	0	0	0	0	0	0	0	0	1	1	0	0	0	0	0	0
N:	0	0	0	0	0	0	0	0	0	0	0	0	0	0	0	0	1	1	1	0	0	0
O:	0	0	0	0	0	0	0	0	0	0	0	0	0	0	0	0	0	0	0	1	1	1

结构组合

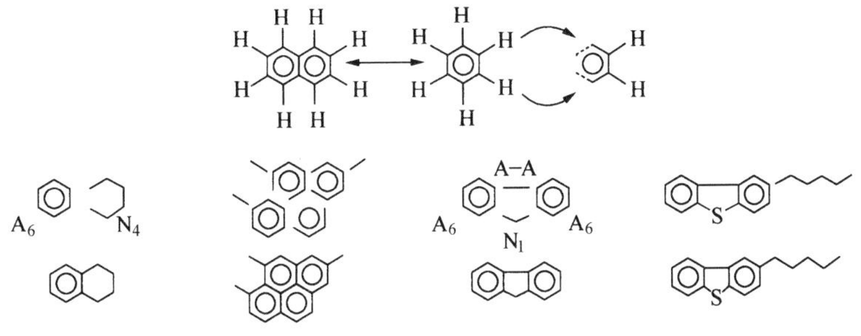

图 7-37　用 SOL 增量构成的分子

向量$\boldsymbol{a}$ 中各元素的意义如下：

A_6：代表所有芳烃分子中的 6 碳芳环；

A_4：连接在 A_6 或另一个 A_4 上的 4 碳芳环增量；

A_2：2 碳芳环增量，以构成迫位缩合多环芳烃(如芘)；

N_6、N_5：分别代表环烷烃的 6 碳环和 5 碳环增量；

N_4、N_3、N_2、N_1：分子中连接在芳环、环烷环结构上的环烷环增量，N_4代表加上 4 个碳，如此类推；

R：总的烷基结构碳数，对于连到环结构上的烷基增量，是以"—CH_2—"基来计量的；

br：连在烷基侧链 R 或烷烃、烯烃上的烷基取代基个数；

me：直接连在芳环或环烷环上的甲基个数；

H：代表分子的不饱和度，每增加 1 单位 H 值表示在分子中加上两个氢；H=1 为烷烃，H=0 为单烯，H=-1 为双烯(如有环烷环存在，则代表环烯)；

A—A：在任意两个非增量环(A_6、N_6或 N_5)之间的桥键；

S、NN、O：在环烷环或烷烃之间连接两个碳原子的硫、氮、氧原子；

RS、RN、RO：在碳原子和氢原子之间的 S、—NH—、O，以形成硫醇、胺和醇；

AN：芳环中碳的氮原子取代基，如吡啶、喹啉；

O=：—CH_2—被 C=O 取代，如酮或醛基团。

任何分子中总的 C、H、S、N、O 含量=S×$\boldsymbol{a}$ 。同一个结构向量可以代表许多具有相同结构基团的不同分子(如异构体)，虽然其结构基团的空间位置是不同的，但是这样做是认为空间异构体的化学、物理性质是类同的。这仍是一种集总方法，但它是在分子尺度上的集总。这种集总可以降低模型的复杂性，能将体系中的分子由数以百万计减少到几千。其虚拟分子从低级烷烃、环烷烃一直到 50~60 个碳原子的复杂芳烃结构，还包括通常反应开始时并不存在，而作为中间产物或一次反应产物的烯烃及环烯烃，此外还考虑了含硫、含氮化合物。图 7-38 列举了几种分子的结构向量。

分子	结构	A_6	A_4	A_2	N_6	N_5	N_4	N_3	N_2	N_1	R	br	me	H	A-A	S	RS	AN	NN	RN	O	RO	O=
2,3,4-三甲基戊烷		0	0	0	0	0	0	0	0	0	8	3	0	1	0	0	0	0	0	0	0	0	0
苯		1	0	0	0	0	0	0	0	0	0	0	0	0	0	0	0	0	0	0	0	0	0
萘		1	1	0	0	0	0	0	0	0	0	0	0	0	0	0	0	0	0	0	0	0	0
菲	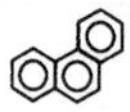	1	2	0	0	0	0	0	0	0	0	0	0	0	0	0	0	0	0	0	0	0	0
芘		1	2	1	0	0	0	0	0	0	0	0	0	0	0	0	0	0	0	0	0	0	0
咔唑	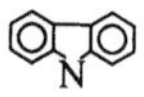	2	0	0	0	0	0	0	0	1	0	0	0	0	1	0	0	0	1	0	0	0	0
苯并呋喃	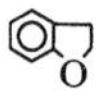	1	0	0	0	0	0	1	0	0	0	0	0	-1	0	0	0	0	0	0	1	0	0
芴酮	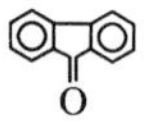	2	0	0	0	0	0	0	0	1	0	0	0	0	1	0	0	0	0	0	0	0	1
金刚烷		0	0	0	1	0	0	1	0	1	0	0	0	0	0	0	0	0	0	0	0	0	0
胆甾醇	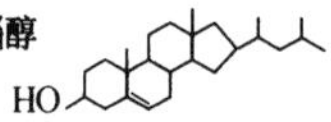	0	0	0	1	0	2	1	0	0	10	2	2	-1	0	0	0	0	0	0	0	1	0
水	H_2O	0	0	0	0	0	0	0	0	0	0	0	0	1	0	0	0	0	0	0	0	1	0

图 7-38　用 SOL 表示的几种分子的结构向量

采用一种有限的结构基团就可以描述成千上万个组元；而为了构建混合物的复杂反应网络，则需要使用一组有限的“反应规则”(reaction rules)，以确定数量庞大的基元反应。“反应规则”包括反应物选择规则和产物生成规则，按规定的“反应规则”对发生的化学反应进行计算。图 7-39 列举了芳烃饱和、开环和脱烷基的“反应规则”。

结构导向集总模型已成功地运用于加氢过程和催化裂化(Christensen，1999)。在催化裂化过程模型中，采用的原料油虚拟分子种类达 3000 以上，反应规则超过 60 条，构成复杂反应网络的基元反应超出 30000 个，其包括单分子反应加裂化、异构化、环化以及双分子反应如氢转移、结焦、歧化等，同时考虑了热裂解反应及金属催化脱氢反应。模型采用了文献中已有的相对反应速率数据，由于每一个结构增量对总的分子性质都具有一定的贡献，并且还运用了多种积累的分子结构与性质之间的关联式，因此模型具有很强的预测产品性质能力。

中试结果和工业装置的数据表明，模型具有很好的预测能力。由于采用了宽范围的操作参数、进料组成及催化剂配方来回归动力学参数，因此可以在较为宽广的范围内预测产品产率、产物组成以及产品质量，并且可以预测工业操作中一些复杂现象如多重稳态。此外，值得注意的是，尽管反应网络中焦炭只是从基本的缩合反应而得，但对焦炭产率的预测是较好的。图 7-40 和图 7-41 分别表示了模型对产品产率和产品性质的预测能力。

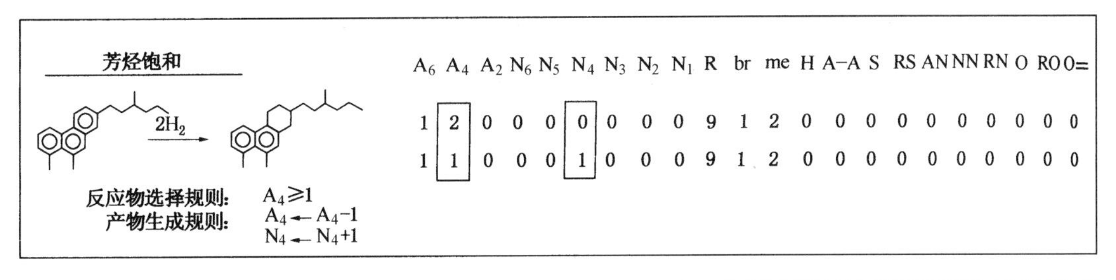

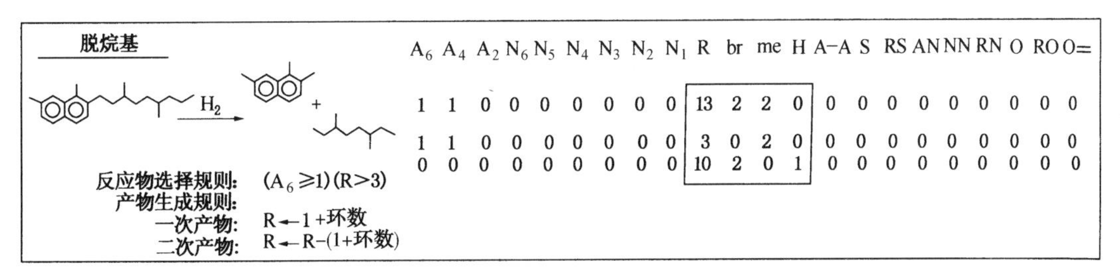

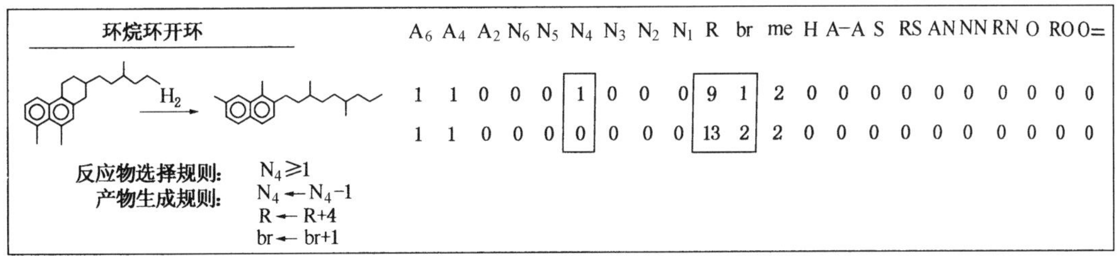

图 7-39 用在 SOL 模拟中的“反应规则”实例

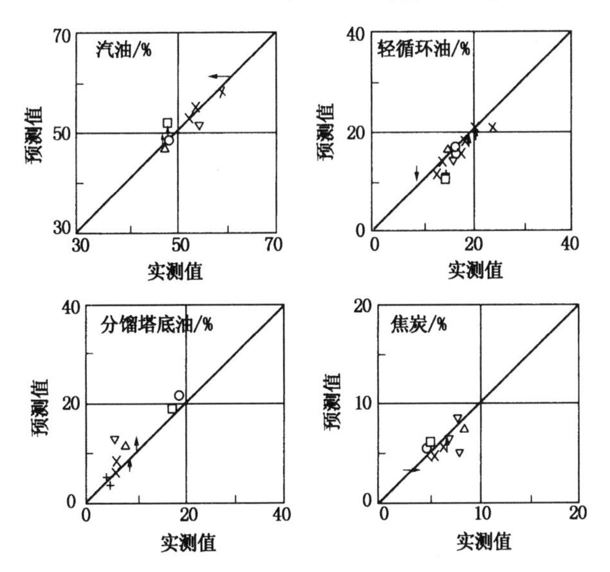

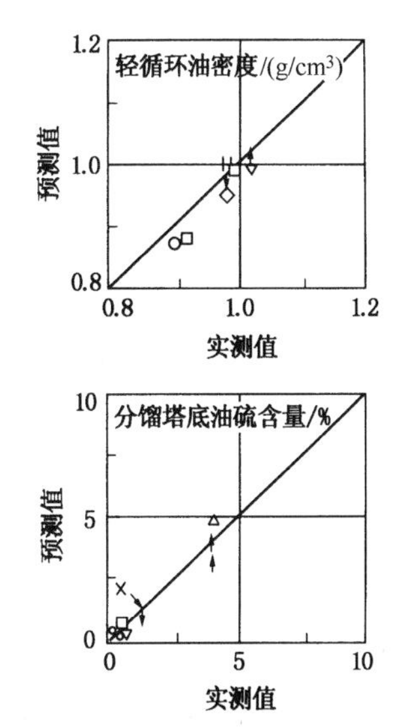

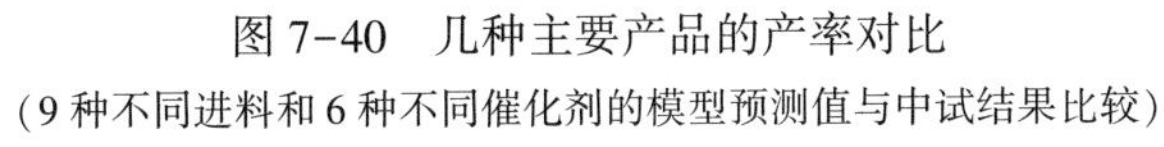

图 7-40 几种主要产品的产率对比

(9 种不同进料和 6 种不同催化剂的模型预测值与中试结果比较)

图 7-41 模型预测值与中试结果的产品性质对比

除结构转化模型和结构导向集总模型外，还有单事件动力学模型(Single event kinetic model)和采用 Monte Carlo 法对催化裂化过程反应进行模拟。

应用于石油加工过程中的单事件动力学模型是基于既要保留每个原料组分和中间产物反

应历程的全部细节，又要尽量减少所需求取的参数(Feng，1993)。因为不管反应网络如何复杂，最终都是由正碳离子化学的几类单元步骤(elementary steps)所构成的，如氢转移、甲基转移、β位断裂、异构化、烷基化、质子化、去质子化、环化、缩环等，这样就可使所要求的动力学参数大为减少。因为单元步骤中分子结构的影响主要是通过正碳离子起作用的，依据伯碳、仲碳、叔碳离子的稳定性不同，利用过渡状态理论又可将每一个单元步骤分解为若干个单事件。这样，通过模型化合物的裂化数据去求取单事件速率常数，再由单事件速率常数求取单元步骤速率常数，最后即可通过单元步骤速率常数计算整个反应网络。单事件模型可以反映每种原料组分及反应中间产物的反应历程，所需求取的速率常数的数量不会太多，实验工作量可大为减少，而且单元步骤速率常数的值是不随进料组成的变化而变化的。首先可将原料油(如VGO)的烃类混合物按碳数细分，然后对每个碳数的单个正构烷烃、异构烷烃、正构烯烃、异构烯烃，单环、双环、三环和四环环烷烃，及其相应的芳烃和环烷-芳烃分别集总，这样就能与现代分析技术联系在一起。在构建反应网络时，对每一个集总内的所有类似的化学结构形式都已考虑。由于动力学模型中的单事件速率参数，对于相互关联的单元步骤的各种类型来说，这些速率参数是恒定的。当引入了单事件动力学概念后，由于消除了空间结构的影响，就可以归结为同一个速率常数。Dewachtere等(1999)在开发蜡油催化裂化反应动力学模型时，选择了正癸烷、正十二烷、正十三烷，正十六烷、甲基环己烷、正丁基环己烷，叔丁基环己烷、己基烷、辛基苯的裂化数据，求得了50个单事件速率常数。将单事件动力学模型应用于蜡油催化裂化的复杂反应体系中，其碳数达40以上而各种组分可达700645，显然对这种情况，还必须进行一定程度的集总。即每个碳数的正构烷烃、异构烷烃、正构烯烃、异构烯烃，单环、双环、三环和四环烷烃，及其相应的芳烃和环烷-芳烃分别集总在一起；将单支链、双支链及三支链的异构体分别集总在一起。这样组分数(即集总数)就可减少至646，而相应的反应网络含44169个反应。然后再将此动力学模型并入模拟提升管催化裂化的反应器模型，这样就可以计算提升管反应器中重循环油、轻循环油、汽油、液化气、焦炭等沿轴向的产率分布情况，以及轻循环油中烷烃、烯烃和单环、双环、三环、四环环烷烃沿轴向的分布；汽油中烷烃及异构烷烃、烯烃及异构烯烃、单环环烷烃、双环环烷烃、单环芳烃、双环芳烃沿轴向的分布；液化气中丙烷、丙烯、丁烷、异丁烷、丁烯、异丁烯沿轴向的分布。Landeghem等(1996)等在建立催化裂化反应动力学模型时，还把按馏分油的传统集总与单事件动力学模型结合起来，同样达到了较满意的模拟效果，这是一种折中方案，可看作是单事件动力学模型的某种简化。

Monte Carlo法是一种随机抽样技巧或统计试验法，其首先是建立一个概率模型或随机过程，使它的期望值等于问题的解，然后通过对模型的观察或抽样试验来计算所求参数的统计特征，最后给出求解的近似值，而求解的精确度可用估计值的标准误差来衡量。Monte Carlo法与一般计算方法的主要区别在于它能比较简单地解决后者难于解决的多维(或因素复杂的)问题。对组成十分复杂的石油烃类混合物的表征，Campbell等(1997)采用了蒙特卡罗-积分法(Monte Carlo-Quadrature method)将油品分子表示成由若干组元构成的分子属性集合，这些组元例如是各种芳环的数目、各种环烷环的数目以及各种侧链的数目和长度等等。通过严密地组装原料油的各种属性，就可以形成一套能够反映其结构特性的样本分子集合，其目的是将原料油分子的间接信息转换为分子结构，要求既能得到结构特性，又能求出这些分子的质量分数，最终确保构造的分子集合的统计结构，如基团浓度、结构参数、沸点等与实测一致，即重油分子体系与重油混合物具有等效性。其基本思路是将分子的类型(例如PINA)分解成分子所含的最基本的结构(例如环、烷基链等)。例如对一个典型的渣油仅考虑碳、氢、硫三种元素时，即有以下九种属性：烷烃链长、环烷环数、侧链数、侧链长度、芳环数、噻吩环数、连在芳香核上的环烷环数、侧链中的硫原子数、沥青质的单元层数等。Neurock 等(1990)开发了一种 Monte Carlo 渣油分子构成技术，在该技术中每一种属性都可用概率分布函数(Probability Density Functions，PDF)来表征，通过对其进行随机抽样而构成石油分子，这样就形成了一个大的样本分子集合，而该集合的性质必须与分析测试数据相匹配。样本量增大可以增加样本分子的精度和准确度，但这需要增加大量的机时，因此样本量目前一般限制在 100000 以内。为了减少计算工作量，可采用属性概率分布函数的有序抽样技术(ordered sampling technique)进行合理简化，在基本不丢失分子结构信息的前提下，10~100 种分子即可以很好地表征原料油的信息。

七、提升管流动模型简述

当各种提升管反应动力学模型建立后，在应用到工业提升管装置时，由于存在一些对反应结果有重要影响，但又难以确切描述的因数，因此在工程应用中通常的办法是设置若干个装置因数，以期校正动力学模型的计算产率和实测产率之间的偏差。在工业装置中各种提升管反应器的尺寸和结构不会尽然相同，原料油经喷嘴射入后的分散雾化情况、入口处催化剂和油气的混合状况和流动传热特征都会有不少区别；此外，提升管中催化剂的滑落和径向分布、流化床反应器中的气泡分布以及反应器出口处催化剂和油气的分离速度等，都会明显影响催化裂化的产率分布和产品质量。因此在一个比较完善的提升管综合数学模型中，除了包括良好的反应动力学模型外，还应考虑流动模型、传热模型等因素。虽然建立这种比较完善的反应器模型有诸多困难，而且由于涉及大量基础数据尚难以普遍应用，但是通过该类模型可以展示提升管内部一系列复杂过程的化学工程细节。

1. 提升管反应器气固两相流动物理模型

Theologos 等(1993)提出了一种完全建立在反应工程理论基础上的，包括物质、动量和热量传递以及化学动力学的提升管三维两相流动反应模型。高金森等(1998)基于气固两相之间湍流流动、传热、传质及化学反应之间的相互耦合关系，提出了气固两相流动反应的物理模型，如图 7-42 所示。气固两相之间存在着动量传递、热量传递、质量传递以及湍能传递，两者相互作用紧密；除此之外，气相本身具有自身的湍流流动和裂化反应特性，这些特性又受到固相的强烈影响；固相本身又具有自身的湍流流动特性，同样也受到气相的强烈影响。总之，两者相互影响并耦合在一起，构成了提升管反应器内错综复杂的流动与反应状况。在这些研究中的裂化反应模型均采用集总动力学模型，对于渣油，采用十三集总动力学模型，对于馏分油可简化成九集总动力学模型；而 Theologos 等(1993)则采用了 Weekman 等三集总动力学模型。

2. 提升管反应器气液固三相流动物理模型

由于在气固两相流动反应模型中，把原料油液雾假设成在进入提升管时已瞬间汽化并达到汽化温度，而未能充分考虑原料油液雾的汽化过程及其对提升管内气固两相流动、传热及反应过程的影响，因而与提升管反应器内的实际情形有一定差别。实际上，原料油的雾化程度、与催化剂的接触方式和状况、汽化状况等初期过程是整个提升管反应过程的重要阶段，对最终反应结果的影响至关重要。高金森等(2000)把原料油液雾的流动、传热及汽化过程以及对反应结果的影响纳入模型中，对催化裂化提升管反应器进行了三维微分模拟。

在喷嘴附近存在一个原料油液雾生存区，原料边汽化边反应，所需的热量由催化剂提供，这一区域实际上是油气、液雾和催化剂的共存区。由于原料流速高，汽化吸收热量大，从而加剧了温度分布和其他分布的不均匀性，所以这是提升管中最复杂的区域。为了描述原料液雾的流动汽化过程，求解液雾生存区，模拟时将液雾作为另外一种单独的颗粒相来考虑它的流动、传热、汽化，并与气固两相耦合，建立一套原料液雾颗粒相控制方程组。其物理模型见图 7-43。

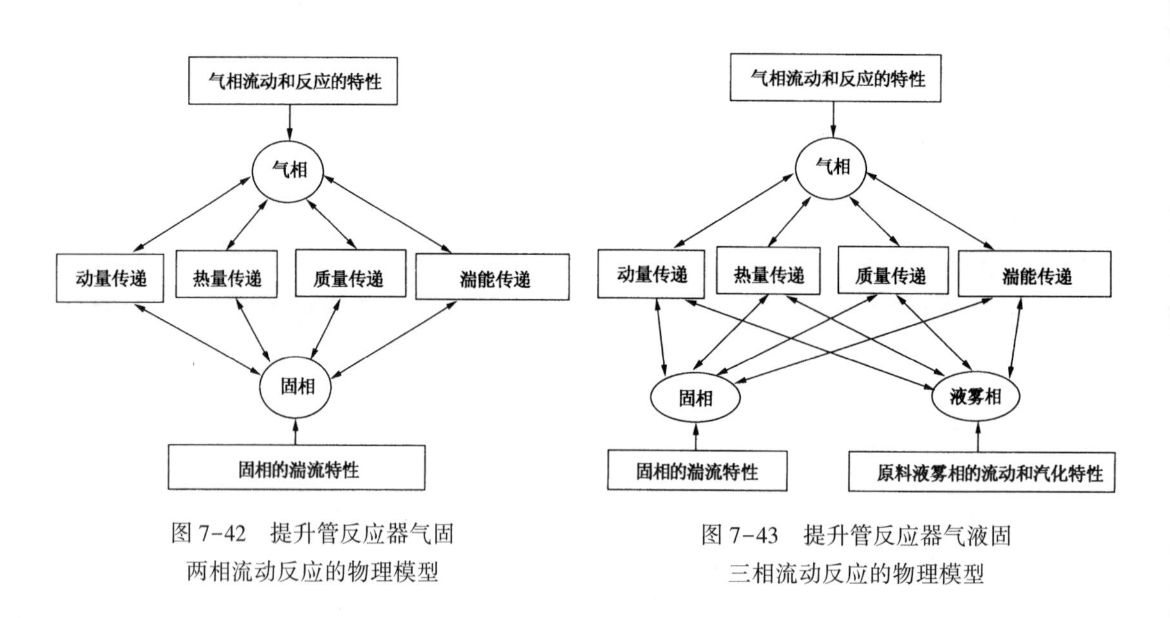

图 7-42　提升管反应器气固两相流动反应的物理模型

图 7-43　提升管反应器气液固三相流动反应的物理模型

第二节　生焦与结焦失活动力学

裂化催化剂的暂时失活主要牵涉到焦炭的沉积和碱性氮化合物的影响。特别是焦炭的沉积，对裂化催化剂的活性和选择性有着明显的影响(Venuto，1978)，而焦炭产率对于整个催化裂化装置的热平衡来说，更是至关重要的。如图 3-106 所表明的那样，催化裂化工艺发展的特点是不断地把焦炭产率降低到在完全再生的条件下，仅能维持热平衡所需要的水平。

一、焦炭的结构分布和分类

裂化催化剂上焦炭的生成和沉积是一种十分复杂的物理化学过程。这首先是因为被裂化原料的组成很复杂，它包含了极易生焦的胶质、沥青质和金属化合物，也包含了不易生焦的饱和烃组分；其次，结焦过程是一个选择性较低的过程，它可在碱性组分(金属)上结焦，也可在酸性组分上结焦；它可在大孔(>16nm)中结焦，也可在细孔(<5nm)或超细孔(~1nm)中结焦；最后，随着反应条件(如反应温度、反应时间等)的不同，焦炭形成的机理和结构也可能不同。

（一）焦炭的结构

杨光华等(林世雄，1982)根据裂化催化剂上的焦炭具有类石墨结构并在催化剂上呈“半有规律排列”的实验事实，提出了多层结焦的物理化学模型，详见第二章。多层结焦的物理化学模型是指裂化催化剂上的焦炭是逐层堆积而成的，并沿表面向上增长，形成一个三维网络结构。但是焦炭的结构绝不是均匀、单一的，因为先形成的焦炭还要承受高温等反应条件的影响，而继续发生某些变化。焦炭的结构通常可分为两部分：有序结构(具有类石墨结构)和无序结构，这两部分的比例与原料性质、催化剂性质和反应条件有关。Masai 等(1983)认为焦炭的结构在反应条件中主要受反应温度和反应时间的影响，随着温度的提高和时间的加长，有序部分的晶粒也随之增大，其关系式如下：

$$\bar{D} = a \lg t + b \tag{7-118}$$

$$\lg \bar{D} = -p(1/T) + q \tag{7-119}$$

式中 $\bar{D}$ 为晶粒的平均直径；t 为时间；T 为温度；a、b、p、q 均为常数。反应初期焦炭吸附在吸附力较强的活性中心上，因此焦炭的移动能力较低，而不易聚集在一起形成大粒的有序结构；随着反应时间的加长，焦炭吸附在吸附力较弱的位置上，因此其移动的能力提高，而易于形成大粒的有序结构。通常，反应温度越高、反应时间越长，焦炭的碳氢比就越大。总之，这种焦炭并不是单纯的“碳”，其密度与碳氢比有关。Bibby 等(1986)认为，C/H = 1.25 时，焦炭的密度为 1.22g/cm^3；C/H = 2.0 时，焦炭的密度为 1.39g/cm^3。Haldeman 等(1959)则取焦炭的密度为 1.6g/cm^3，对焦炭的结构参数进行了计算，并与炭黑的结构对比，结果表明两者有较大的差别，见表 7-41。

表 7-41　裂化焦炭和炭黑的结构参数

项　目	炭　黑	裂化焦炭	项　目	炭　黑	裂化焦炭
无序结构分率(D)	0.09	0.40~0.50	伪晶平均大小		
单层结构分率(F)	0.06	0.12	垂直层面方向(L_e)/m	15.0×10^{-10}	17×10^{-10}
平行层数平均值(N)	3.83	4.9	层的平面方向(L_n)/m	13.6×10^{-10}	$(10\sim12)\times10^{-10}$
平均层间距(d_m)/m	3.55×10^{-10}	3.47×10^{-10}			

焦炭结构的不均匀性还表现在其热性质上，Hall(1963)用差热法考察了焦炭的氧化特性，对焦炭及用氢处理后的焦炭分别考察了其氧化特性，如图 7-44 所示。由图 7-44 可看出，未经氢处理的焦炭的放热峰似乎是两个峰重叠，这更说明焦炭结构的不均匀性。

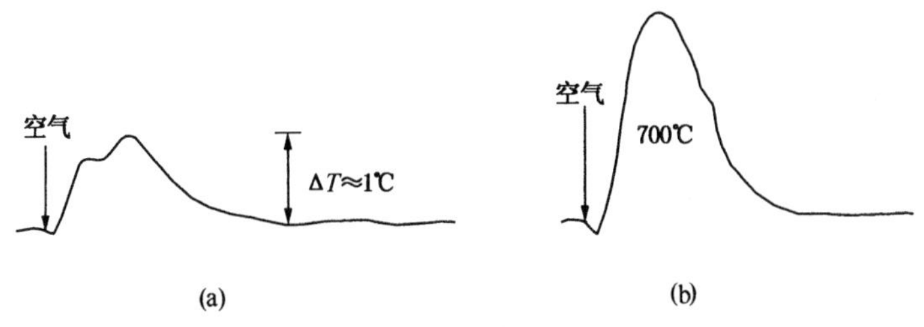

图 7-44　用氢处理前后焦炭的氧化特性

(a)未用氢处理；(b)用氢处理后

（二）焦炭在催化剂表面上的分布

焦炭在催化剂上的分布情况，并不是连续地铺满催化剂的全部表面。Weisz 等(1966)计算了铺满单分子层时的催化剂碳含量。假定一个焦炭原子面积，则在 250m²/g 的催化剂上铺满单分子层时对应的含碳量如表 7-42 所列。

表 7-42　在 250m²/g 的催化剂铺满单分子层时的催化剂碳含量

焦炭原子面积/m²	催化剂碳含量/%	焦炭原子面积/m²	催化剂碳含量/%	焦炭原子面积/m²	催化剂碳含量/%
2×10^{-20}	25	4×10^{-20}	12.5	6×10^{-20}	8.3

根据此计算说明，当催化剂上碳含量不够多时，焦炭不会铺满单分子层，这已由催化剂再生动力学试验所支持。此外，Hall 等(1963)用电子显微镜观察了碳含量为 1%的工业 3A 催化剂，发现催化剂表面有一些黑色的“小疙瘩”，而新鲜催化剂上则没有。所以认为这些“小疙瘩”就是沉积的焦炭，可见焦炭在催化剂上不是以单分子层的形式存在，而是以多分子层呈颗粒状堆积着。

魏晓丽等(2003)研究了催化裂化汽油在 RGD 裂化催化剂上的生焦，并用电子显微镜对积炭和未积炭催化剂进行了形貌分析。未积炭的催化剂图像晶粒表面轮廓清晰；而积炭催化剂的晶粒表面已稍模糊，在晶粒周围或晶粒节点上有模糊的纤维状物质存在，且积炭在催化剂上的分布深浅不一，这进一步说明焦炭在催化剂表面上不是单一分子层分布的。

Haldeman 等(1959)将焦炭从催化剂上剥离下来，用电子显微镜观察，认为焦炭大部分是由小于 10nm 的颗粒堆积而成的薄膜状物。

Добычин 等(陈俊武，2005)用颗粒大小为 0.29～3.68mm、碳含量为 1.5%～3%的催化剂做实验，得出焦炭的一半是在外表面上，其余的一半在内表面上。并认为外表面上的焦炭是由相对分子质量较大而容易结焦的烃类反应形成的，内表面上的焦炭则是由相对分子质量较小而难于分解的烃类形成的。

(三) 焦炭在催化剂颗粒内的分布

1. 焦炭在催化剂颗粒内的径向分布

焦炭的径向分布状况主要取决于两个因素：结焦的反应机理和生焦物质在孔隙内的扩散。结焦反应的机理是十分复杂的，在研究焦炭的分布时，通常仅把结焦反应分为两类：一次反应结焦和二次反应结焦(三次、四次反应结焦可归入此类)。

(1) 反应速度和扩散速度相对大小的影响

影响反应速度的主要因素是温度和催化剂的活性，而影响扩散速度的主要因素则是原料分子的大小和催化剂的孔径及孔结构等。这些因素综合起来，将对生焦物质沿颗粒径向的浓度(或分压)分布情况有较大的影响。当催化剂孔内的扩散阻力较小时，生焦物质在孔内的浓度梯度很小，可认为是均匀的。因此无论是一次反应结焦还是二次反应结焦，沿径向的焦炭分布都会是均匀的；反之，当催化剂孔内的扩散阻力较大时，生焦物质在孔内的浓度梯度就比较高，因此不同径向位置上的结焦速度也将不同，沿径向的焦炭分布就不可能均匀。

对于一次反应生焦，生焦物质的浓度是催化剂颗粒外缘高而中心低，焦炭分布将是外层多内部少；对于二次反应生焦则相反，二次生焦物质是中心高而外缘低，因此其焦炭分布也是中心多而外缘少。此外，催化剂颗粒径向温度分布的不均匀性，也会影响到焦炭的径向分布情况。

(2) 不同生焦物质的影响

烯烃和芳烃在催化剂上容易发生缩合反应，从而生成催化焦前身物(Applcby，1962；

Thomas，1944；John，1974；1975a；1975b；Levinter，1967；Venuto，1966；Walsh，1977；Eisenbach，1979；Langner，1980）。其催化焦前身物反应机理和途径已在第二章作详细论述。Левинтер 等(陈俊武，2005)考察了不同生焦物质对焦炭分布的影响，所用的原料有苯乙烯、丁二烯、α-甲基萘、异丁烯、环己烷和煤油-粗 LCO 馏分，催化剂为硅酸铝催化剂，反应温度 500℃。试验结果表明：不同原料所得的极限含碳量变化很大，从 10%(苯乙烯)到 50%(煤油-粗柴油馏分)。反应性能较差的原料，反应物能深入到颗粒内部，催化剂表面利用率较高，因而焦炭分布均匀，极限结焦量较高；反应性能较强的原料则相反，反应主要在颗粒外缘进行，焦炭集中在外层，极限结焦量也较低，例如苯乙烯，其生成的焦炭只分布在外缘 0. 1~0. 15mm 的薄层内。

对于微球催化剂，由于粒径很小，所以孔内扩散阻力较小，焦炭的分布比较容易达到均匀，但也与原料油性质有关。但采用馏分油为原料时，焦炭是均匀分布的；但以渣油为原料时，则催化剂外层焦炭较多，微球最外层(约 2μm 厚)的焦炭含量是整颗催化剂平均焦炭含量的 1. 2~1. 8 倍(李炳辉，1987)。

(3) 沉积金属的影响

金属的影响可分为两类：一类是使焦炭分布趋于均匀，例如碱金属；另一类是使焦炭分布趋于不均匀，例如镍、铬、铜等重金属。

由于碱金属降低催化剂的酸性及其催化活性，扩散速度则相对较快，所以焦炭分布趋于均匀。此外，金属多集中在催化剂外层，从而进一步减少外层的焦炭，也使焦炭分布趋于均匀。而重金属不影响催化剂的酸性，却可增加焦炭量，而重金属多集中在催化剂的外层，所以使外层焦炭量增多，焦炭分布就更加不均匀。例如，Haldeman 等(1959)用 250 倍的光学显微镜，研究了被镍污染催化剂(镍含量为 0. 15%)的结焦情况，发现颗粒边缘颜色较深，这表明边缘部位结焦较多，并认为镍在催化剂颗粒的边缘处也较多。而实际上也确实如此，当把催化剂的表面磨去半径的 10%之后，则镍含量减少 50%。当观察未被金属污染的结焦催化剂时，发现呈棕色并且是均匀的。

2. 焦炭在不同孔径内的分布

Haldeman 等(1959)通过显微镜观察，认为催化剂是由极小的初级粒子聚集而成。新鲜催化剂的粒子直径平均为 5nm，工业平衡剂的为 10~20nm，实验室水蒸气老化的催化剂为 20~30nm。未结焦和结焦(碳含量 6%)催化剂的孔径分布如图 7-45 所示。

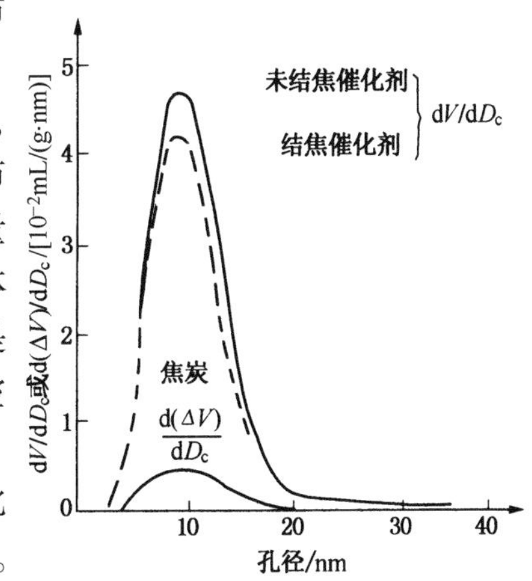

图 7-45 催化剂结焦前后的孔径分布

由图 7-45 的孔径分布曲线来看，两条曲线基本相似，两者的差值即为焦炭在不同孔径中的分布，焦炭主要分布在比例最大的孔中。此外，Ramser 等(1958)对含碳量 2. 2%催化剂测定的结果表明：比表面积下降 27%，孔体积下降 22%。这些结果说明：比表面积和孔体积的下降是接近于同步的，因此可用焦炭把催化剂初级粒子之间的空隙堵死的设想来解释。

史济群等(1986)对我国 CRC-1 催化剂结焦前后的比表面积和孔体积的变化进行了计算，结果列于表 7-43。表 7-43 数据表明：焦炭在两种孔径中的分布大约是 4 : 1

(中孔对微孔)。因微孔完全在沸石上，中孔完全在载体上，可以得出沸石焦炭含量比载体多50%左右(前者13μl/g，后者9μl/g)。

表7-43　催化剂结焦前后的表面积和孔体积

催化剂	比表面积/(m^2/g)	孔体积/(μL/g)	
		中孔 d>1.5nm	微孔 d<1.5nm
未结焦	93.6	92.5	18.7
结焦(碳含量2.47%)	28.3	84.7	16.7

在裂化反应过程中，随着结焦量的增加，焦炭在催化剂孔隙中的分布也会发生变化。Magnoux等(1989)在具有双重孔径的氢型钾沸石上，用庚烷作了实验，结果表明结焦首先在笼筐(孔径为0.45~0.50nm)内开始，随着结焦量的增加，焦炭体积增大，并进入大孔道(孔径约为0.63nm)内。当碳含量<1%时，焦炭全部在笼筐内；碳含量在1%~3%时，一部分在大孔道内；碳含量进一步增加时，孔口被堵塞，焦炭沉积在外表面，所有吸附物分子都不能进入孔内。

(四) 附加焦与原料组分的关联

第四章已论述焦炭分为催化焦(C_{cat})、附加焦(C_{add})、污染焦(C_{ct})和剂油比焦(C_{st})四种类型。在渣油催化裂化中附加焦占总焦炭的比例明显增大，而附加焦的产率和原料的组分、残炭值有直接的关系。凌珑等(陈俊武，2005)较广泛地研究了附加焦与原料组分的关系。试验采用了我国典型的常压渣油(大庆、胜利、任丘、中原、管输)作为试验样品，在中性氧化铝柱上进行吸附分离，用苯稀释所得的分离组分芳烃(AR)和胶质+沥青质(R+AT)，并分别在小型固定流化床装置上进行试验，所得的焦炭产率与原料油组分进行关联。我国典型常压渣油四组分分离结果列于表7-44。

表7-44　五种常压渣油的组成分析

组分/% \ 油样	大庆	胜利	任丘	中原	管输
饱和烃	65.5	52.4	60.7	51.3	49.7
芳烃	19.4	25.5	18.5	28.0	23.6
胶质	15.1	21.3	20.7	20.4	26.5
C_7沥青质	<0.1	0.8	0.1	0.3	0.2
C_5沥青质	2.0	7.5	5.1	9.1	8.2
饱和烃/芳烃	3.4	2.1	3.3	1.8	2.1
残炭	5.1	7.9	6.7	9.7	8.9

由于试验中所用催化剂的重金属含量较小，而试验后催化剂又经过充分汽提，因此可忽略污染焦和剂油比焦。于是，总焦炭产率(C_t)的方程为(Fisher，1986；1987)：

$$C_t = C_{cat} + C_{add} = R_C \cdot At_C^n + C_{add} \tag{7-120}$$

式中C_{cat}是Voorhies公式计算的，R_C是剂油比。如果其他试验条件不变而仅改变R_C时，则C_t(y轴)对R_C(x轴)作图可得到一条直线；若t_C也有所变化时则得到一条曲线。将直线或曲线向低剂油比方向延长，则可与 y 轴相交(即 R_C 为零)，所得截距即为附加焦产率 C_{add}。在 CRC-1 工业平衡催化剂上，三种常渣油(大庆、胜利、管输)及其组分(AR、R+AT)的试验结果，见图 7-46 至图 7-48 和表 7-45、表 7-46。

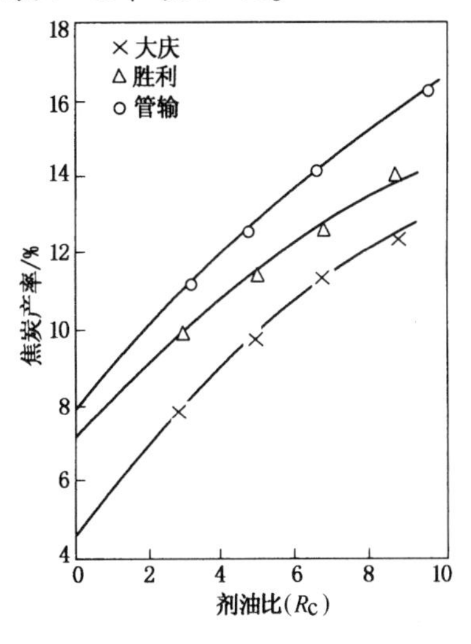

图 7-46　剂油比与焦炭产率关系(常渣)

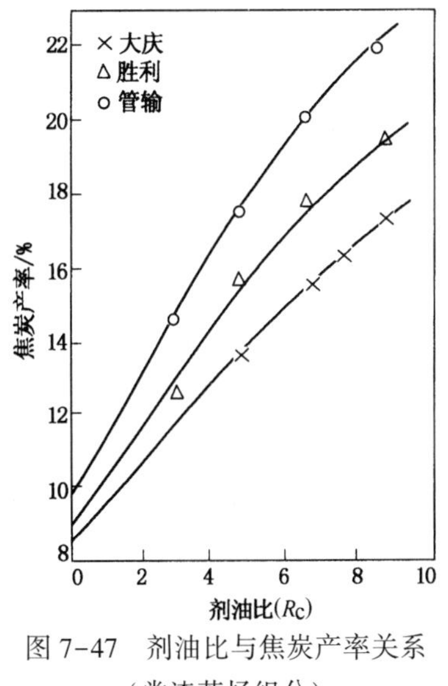

图 7-47　剂油比与焦炭产率关系(常渣芳烃组分)

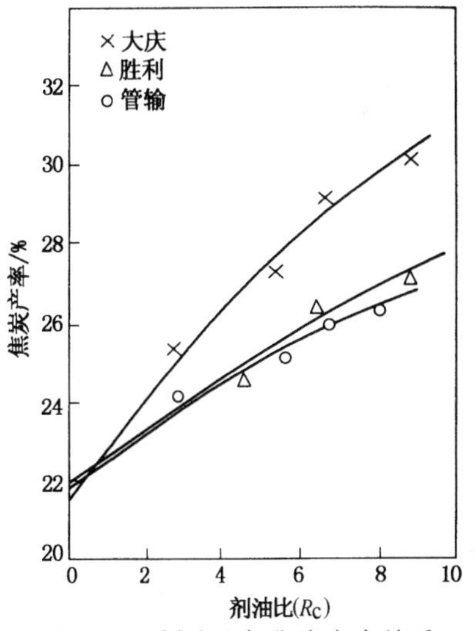

图 7-48　剂油比与焦炭产率关系(常渣 $R+A_T$ 组分)

表 7-45　附加焦与残炭的关联

油样		四组分含量/%			残炭/%	常渣油附加焦 C_{add}	组分加和附加焦 C_{add}^0	C_{add}/残炭
		饱和烃	芳烃	$R+A_T$				
常压渣油	大庆	65.5	19.4	15.1	5.1	4.6	4.9	90.2
	胜利	52.4	25.5	22.1	7.9	7.2	7.1	91.1
	管输	49.7	23.6	26.7	8.9	8.0	8.2	89.9

表 7-46 芳烃、(胶质+沥青质)组分对常压渣油附加焦的贡献

油样		由组分加和的常渣油附加焦 C^0_{add}	芳烃		胶质+沥青质	
			附加焦	占常渣油 C^0_{add}/%	附加焦	占常渣油 C^0_{add}/%
常渣油	大庆	4.9	1.65	33.7	3.25	66.3
	胜利	7.1	2.27	32.1	4.80	67.9
	管输	8.2	2.31	28.2	5.87	71.8

由试验数据可看出：

① 三种常压渣油的芳烃组分及(胶质+沥青质)组分的附加焦数值比较接近，前者在8.5%~9.8%左右，后者在21.5%~22.0%左右。

② 由实验直接得到的常压渣油附加焦炭数值，与由组分加和得到的附加焦数据较接近，说明有较好的可加性。

③ 在小型试验条件下，三种常压渣油中残炭的前身物质有90%左右在催化裂化过程中转化为附加焦，即常压渣油残炭的90%左右转化为附加焦。在工业条件下，由于残炭前身物质不可能在一次接触中完全变成焦炭，所以该比例要略低一些。

④ 常压渣油附加焦中，芳烃组分的贡献占28%~34%(约30%)；而(胶质+沥青质)组分的贡献占66%~72%(约70%)。

在工业装置中原料油的康氏残炭(指前身物质)究竟有多少变成附加焦是一个比较复杂的问题，并且存在着各种不同的看法。例如：Kellogg公司认为形成康氏残炭的前身物质均为多环芳烃，它们具有相当强的碱性，很容易吸附在酸性中心上缩合生焦。因此，不管在何种裂化条件下，原料中的康氏残炭几乎都转变成焦炭。对于固定的原料，其总生焦量只随转化率(影响催化焦)和催化剂循环量(影响剂油比焦)而变；而UOP公司认为康氏残炭大致有85%~90%转变成焦炭。如果选择合适的反应、再生条件还会使焦炭产率有所下降；但Total公司则持相反的观点，认为原料的残炭值和生焦率无直接关系，只要反应、再生条件适当，C_5不溶物可以部分裂化为中间馏分(Dean，1982a；1983)。例如采用良好的原料雾化，高温短接触时间反应和高的再生温度等办法，可以减少附加焦的生成，并能自行调节以保持热平衡而无需取热。

在上述三家公司不同观点的争论中，Total公司认为残炭与生焦率无关的说法，主要是没有考虑转化率的重要影响。若牺牲转化率，则可降低焦炭产率，但这并不能说明残炭转变成附加焦的比例有所下降。此外，渣油中存在的残炭前身物也会对转化率造成不利的影响。从动力学观点来看：渣油中的大分子是较容易裂化的，但由于空间位阻作用，特别是构成残炭的稠环芳烃能优先吸附于催化剂上，降低了催化剂的裂化性能。除生成附加焦外，还造成了转化率和汽油、LCO产率的下降。Kellogg公司的Yen等(1985)已证实了这种现象。图7-49至图7-51表明了转化率和汽油、LCO产率随着原料油康氏残炭增加而减少的情况，因此原料油的残炭值应该有一定限制。此外，图中的曲线还表明再生器采用取热措施，可以减缓这种下降的趋势。

由于工业装置中附加焦和催化焦是交织在一起的，如何分清有一定的困难，因此必须根据实际的情况，进行客观地判断。

(1) 必须考虑转化率对焦炭产率(催化焦)的影响

由于催化焦炭随转化率的增加是呈指数关系增长的，见图 7-52，特别在高转化率部分，随转化率增加焦炭产率将急剧上升。因此，在对比焦炭产率(包括附加焦、催化焦)时，必须在转化率基本相同的情况下，才能对比附加焦的大小；或者根据动力学模型和转化率计算出催化焦的数量，才能估算出附加焦的数量。

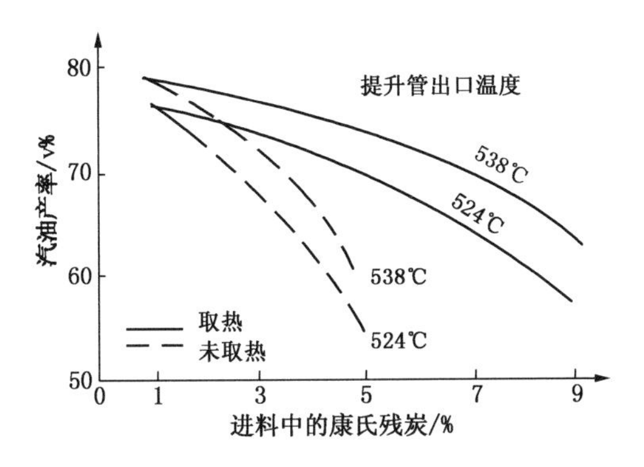

图 7-49 最大量生产汽油时转化率的比较

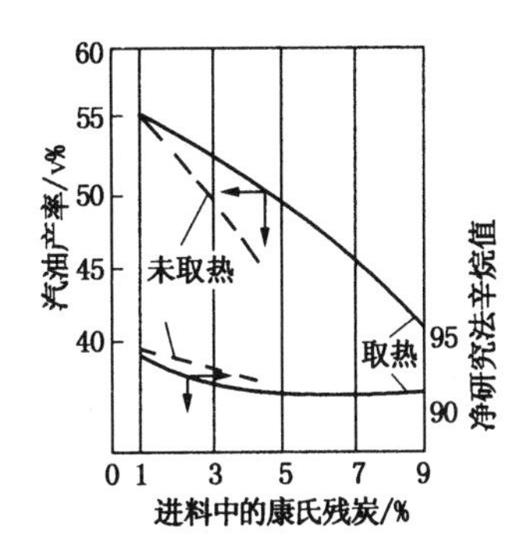

图 7-50 原料残炭对汽油产率和辛烷值的影响

提升管出口温度 524℃

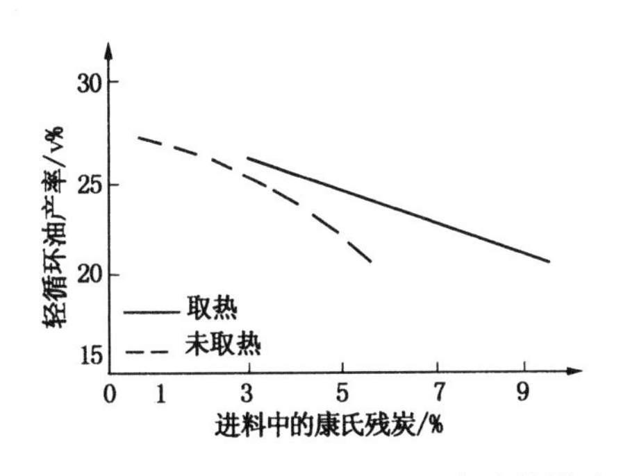

图 7-51 原料残炭对轻循环油产率的影响

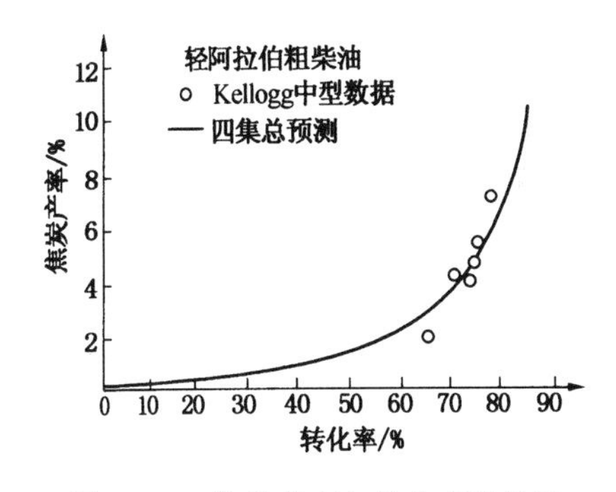

图 7-52 焦炭产率与转化率的关系

(2) 必须考虑工艺上操作方式的影响

在油浆全回炼的操作方式中，应该比较容易地判断出附加焦大体上与康氏残炭值相当(比例约 90%左右)。但外排油浆或单程裂化的操作方式，对降低焦炭产率的影响很大，是否仍符合上述规律则应更加仔细地分析。

刘舜华等(1985)曾考察了油浆回炼对生焦率的影响。表 7-47 为试验原料油(油浆)的族组成分析数据，其中“大渣油浆”是以大庆常渣油为进料在工业装置上所产生的；“管掺油浆”是以管输 VGO 掺 31.5%减渣油为进料在中型装置上所产生的。由表 7-47 可看出，油浆中芳烃含量高达 60%左右，其中多环芳烃(三环以上)含量占总芳烃的 80%左右，且其残炭值仍较高(一般达 3%~10%)，均是焦炭的前身物质，回炼这部分油浆会造成大量地生焦。图 7-53 和图 7-54 为油浆和相应直馏原料裂化时焦炭产率的对比。从图 7-53 和图 7-54 可看出：油浆的焦炭产率明显高于直馏原料，约高出 15~30 个百分点。

表 7-47　试验原料油族组成分析数值

原料油＼分析项目	残炭/%	族组成/%				芳烃组分的环分布/%(质谱法)							
		饱和烃	芳烃	胶质	沥青质	单	双	三	四	五	噻吩	未鉴定	总计
大渣油浆	5.5	31.1	64.8	4.1	—	10.8	10.8	23.8	40.1	3.4	3.4	7.7	100.0
管掺油浆	5.9	40.4	56.8	2.8	—	8.8	10.8	9.2	35.1	15.7	7.9	12.5	100.0

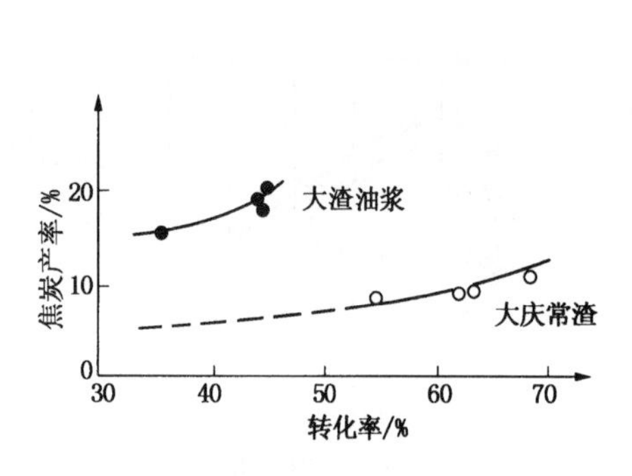

图 7-53　大庆原料油转化率与焦炭产率之间的关系

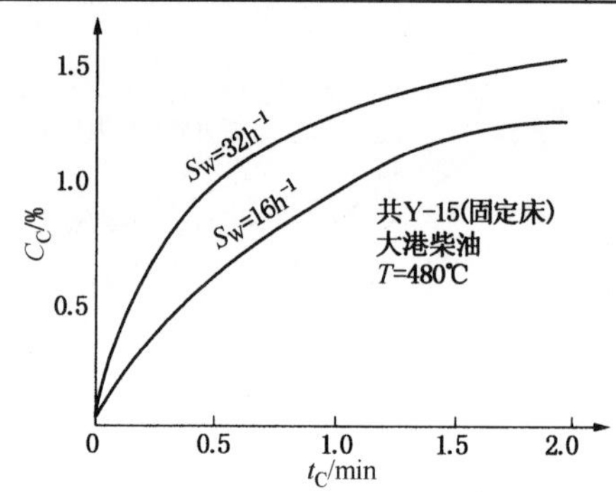

图 7-54　管输原料油转化率与焦炭产率之间的关系

因此，外排油浆可以显著降低生焦率，通常外排 5 个百分点的油浆，焦炭产率可下降 1~2 个百分点。焦炭产率的减少中既包含了催化焦，又包括了附加焦，其理由可认为是：

① 由于油浆的残炭值仍较高，随着油浆的排出，这些残炭的前身物质不会再进入提升管生成附加焦。因此不能说残炭前身物转变成附加焦的比例有所下降。

② 由于油浆的芳香度 f_A 值很高，随着油浆的排出，将使总进料的 f_A 值下降，这也会减少附加焦和催化焦的生成。

③ 由于油浆的排出会使转化率有所下降，因此催化焦也必然有所降低。

总之，因外排油浆所引起的生焦率下降(当排油浆量较大时，生焦率甚至会等于或低于残炭值)，并不能说明残炭前身物转变成附加焦的比例有所下降，而它只是将原来全回炼时的部分附加焦和催化焦“甩掉了”。由国内的催化裂化装置运转经验来看，以常压渣油或掺渣油为原料油，其残炭值高的约 6 个百分点，低的也在 2~3 个百分点。在通常的 60%~70% 转化率条件下，实际的生焦率都大于残炭值，差值的多少要看具体条件。差值低的约为 2 个百分点左右，这基本上是由于排油浆、单程转化或接近单程转化；差值高的可达 5 个百分点左右(甚至更高)，此时是基本上不排油浆(全回炼或多回炼)。因此，“生焦与残炭”应该是确有关系。当然，采用良好的原料雾化，高温短接触等适宜的操作条件，也会使附加焦的生成有所下降。此外，外排油浆太多会使轻油收率下降过大。因此最好是排出密度大、多环芳烃浓度高的适量油浆，或者将油浆中的芳烃抽提出来。

二、生焦动力学

(一) Voorhies 方程

在催化剂、原料和温度给定情况下，Voorhies 观察到原料的焦炭产率和转化率之间常有较好的关联。尽管焦炭产率和催化剂的类型、原料组成以及操作条件有关，但通过分析大量的数据发现：沉积在催化剂上的焦炭和反应时间的关系基本上是相同的。由此，Voorhies 推得催化剂上积炭的质量分数 C_C 的对数值，将正比于催化剂停留时间 t_C 的对数值。这种定量关系就是经典的 Voorhies 方程，号称“焦炭时钟”（Voorhies，1945）：

$$C_C = At_C^n \quad (7-121)$$

式中，A 是随原料油和催化剂性质以及操作条件而变的系数，其数值约为 0.2~0.8，它是特定原料生焦能力的度量，而 t_C 是催化剂的停留时间（即催化剂和原料接触的时间）。n 也是一个常数，对于沸石催化剂来说，常数 n 约为 0.12~0.30，平均约为 0.21，而无定形催化剂的 n 值则要高得多（Nace，1971）。

从上式可认为结焦过程的控制步骤，是焦炭的前身化合物在含炭催化剂中的扩散。Voorhies 曾假设扩散速度反比于焦炭的质量分数，即：

$$\frac{dC_C}{dt_C} = \frac{k}{C_C} = kC_C^{-1} \quad (7-122a)$$

其积分式则为：

$$C_C = At_C^{0.5} \quad (7-122b)$$

实际上，这是 Voorhies 方程中 n 为 0.5 的一种特殊情况。如果式（7-122a）右边 C_C 项的指数不等于-1，则 n 的数值要发生变化。

Voorhies 方程计算的是“催化焦”，由于该关联式比较简捷，在馏分油的催化裂化中已被广泛接受和应用。但由于该关联式是经验性的，因此 A 和 n 的数值必须较准确地确定，才能在工业上较好地应用。在前面介绍的关联模型和集总模型中，均较普遍地采用了 Voorhies 方程形式的关联式。例如，Amoco 关联模型中的焦炭产率方程式（7-54），经过变换也可得到 Voorhies 方程的形式。当用剂油比 R_C 除等式两边时，即得催化剂上的焦炭含量 C_C：

$$C_C = g(Z_1, Z_2, \cdots\cdots, Z_m) \cdot \exp[\Delta E_C/(RT_{rx})](S_W \cdot R_C)^{n-1} \quad (7-123)$$

催化剂停留时间 t_C 与剂油比、空速的关系式

$$R_C = \frac{1}{S_W \cdot t_C} \quad (7-124)$$

再根据式（7-124）即得：

$$C_C = g(Z_1, Z_2, \cdots, Z_m) \cdot \exp[\Delta E_c/(RT_{rx})]t_C^{1-n} \quad (7-125)$$

由于式（7-54）中的 n 为 0.65，因此上式 t_C 的指数（$1-n$）即为 0.35，该值与 Nace 等（1971）所报道的数值很接近；而式（7-125）的前二项即相当于 Voorhies 方程中的系数项 A，它也是原料油性质、催化剂性质和操作条件的某种函数。

原料油性质和催化剂的性质对 A、n 数值的影响固然很重要，但操作条件的影响也是不容忽视的。因为裂化催化剂所处的反应环境，必然会对 C_C 的数值有较大的影响。除了反应温度外，重时空速 S_W 对 C_C 值也有较大的影响。汤海涛等（1987）较广泛地研究了反应温度、重时空速和剂油比等反应条件对结焦量的影响。例如，以大港 LCO 为原料，在 480℃ 温度下，空速分别为 $16h^{-1}$ 和 $32h^{-1}$ 两种情况下进行试验，所得到的生焦量与催化剂停留时间（t_C）的关系见图 7-55。从图 7-55 可看出，在 t_C 相同时由于催化剂藏量不变，空速的增大会使剂油比减小，从而催化剂单位活性中心上的反应物分子的浓度就会增加，C_C 也随之上升。

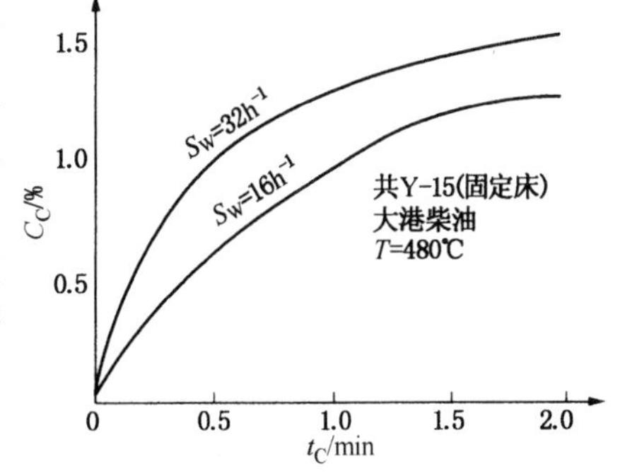

图 7-55 结焦量与催化剂停留时间的关系

(二) Панченков 结焦方程式(林世雄，1982)

根据多层结焦的物理化学模型，可假设：

$$\frac{dC_1}{dt} = k_1 S\phi_1(T,\ P) \tag{7-126a}$$

$$\frac{dC_2}{dt} = k_2 S_1\phi_2(T,\ P) \tag{7-126b}$$

则焦炭的总增量应等于多层增加量之和，经过一系列演算，最后可得：

$$C_C = At_C + B(1 - e^{-Dt_C}) \tag{7-126c}$$

式中，C_C为催化剂上的生焦量；t_C为反应时间；A、B 及 D 均为温度和压力的函数，在这两个参数恒定时均为常数。后来，Левинтер 等提出了催化剂上焦炭的形成历程如下(陈俊武，2005)：

烃类→胶质→沥青质→炭青质

最后推导出的结焦方程式为：

$$C_C = B_1(1 - e^{D_1 t_C}) + B_2(1 - e^{D_2 t_C}) \tag{7-127}$$

式中，B_1、B_2、D_1 和 D_2 为与催化剂性质、原料性质、工艺参数等有关的经验常数。$B_1(1 - e^{D_1 t_C})$ 表征原料及中间产物的吸附或缩合量；$B_2(1 - e^{D_2 t_c})$ 表征活性中心上类石墨结构的增量。当 t_C或 D_2的数值不大时，式(7-127)可以简化为式(7-126c)。这两个方程式是基于相同的物理化学模型，只有在深度结焦的情况才需要用式(7-127)，但这种情况是极少的。

(三) 不同机理的结焦方程

黄太清(1992)考察了萘、菲和芘等无侧链芳烃的生焦反应历程。试验表明，即使在大孔沸石(如 HM 和 Y 型)中，芳烃分子生焦受孔径和分子尺寸(即受择形)的影响较大。萘分子较小，以孔内表面生焦为主。菲在生焦不很快时，如在 REY 中，以孔内生焦为主，但受扩散阻力影响较大；若生焦反应较快，如在 HY 上，也会以外表面和孔口生焦为主。芘分子较大且缩合度较高，生焦反应较快，主要在外表面生焦。

如果表面酸性强，正碳离子活性高，芳烃吸附较快，为反应控制生焦。反之，如果芳烃吸附较慢或生焦反应较快，为吸附控制生焦。在反应控制生焦时，如果生焦进行到表面被焦炭覆盖较多，而使吸附速率降低较大时，则出现控制步骤转移，反应控制生焦转变为吸附控制生焦。不同机理的结焦方程为：

(1) 反应控制生焦方程

$$C_C = \frac{A}{D}(1 - e^{-Dt_C}) + \frac{B}{D}\left[\frac{1}{2}(1 + e^{-2Dt_C}) - e^{-Dt_C}\right] \tag{7-128}$$

(2) 吸附控制生焦方程

$$C_C = \frac{Q}{G}(1 - e^{-Gt_C}) \tag{7-129}$$

(3) 分子筛孔口扩散控制生焦方程

$$C_C = \frac{H}{F}(1 - e^{-Ft_C}) \tag{7-130}$$

(4) 控制步骤转变时的生焦方程

$$C_{C1} = \frac{A}{D}(1 - e^{-Dt_C}) + \frac{B}{D}\left[\frac{1}{2}(1 + e^{-2Dt_C}) - e^{-Dt_C}\right] \quad (t_C \leqslant \tau)$$

$$C_{C2} = \frac{Q}{G}(1 - e^{-Gt_C}) + C_{C1} \quad (t_C > \tau) \qquad (7-131)$$

式中 τ——控制步骤转变时间，min；

t_C——反应时间，min；

A——不可逆吸附生焦速率常数，min^{-1}；

B——缩合生焦速率常数，min^{-1}；

D——反应控制生焦时，吸附中心表面消减速率常数，min^{-1}；

F——自由孔口面积消减速率常数，min^{-1}；

G——吸附控制生焦时，吸附中心表面消减速率常数，min^{-1}；

H——扩散控制生焦速率常数，min^{-1}；

Q——吸附控制生焦速率常数，min^{-1}。

（四）Froment 方程

Froment 等认为 Voorhies 方程完全忽视了焦炭的来源，而生焦速率应取决于反应混合物的组成、温度和催化剂的活性，没有理由忽略主反应来讨论焦炭的生成速度。他们定量地将这些因素与生焦速率相关联，由此引出与动力学及反应器性能有关的结论（Froment，1961；1962），并认为焦炭生成的反应途径有以下三种：

（1）平行反应：A ⟶R

↘

中间物

↘

C↓

（2）连串反应：A ⟶R ⟶中间物⟶C↓

（3）并列反应：A ⟶中间物⟶C↓

R ⟶中间物⟶C↓

其中，A 为反应物，R 为主产物，C 为焦炭。生焦的起源不同，生焦速率的表达式也不同：

（1）平行失活：AS ⟶CS

$$r_{CA} = \frac{dC_C}{dt} = \frac{k_C^0 K_A C_{SO} \phi_C C_A}{1 + K_A C_A + K_R C_R} \qquad (7-132)$$

（2）连串失活：RS ⟶CS

$$r_{CR} = \frac{dC_C}{dt} = \frac{k_C^0 K_R C_{SO} \phi_C C_R}{1 + K_A C_A + K_R C_R} \qquad (7-133)$$

（3）并列失活：

$$r_C = r_{CA} + r_{CR} \qquad (7-134)$$

上述各式中 C_A、C_R分别表示反应物 A 和主产物 R 的浓度，AS、RS 和 CS 分别表示吸附的反应物 A、主产物 R 和焦炭分子 C，C_{SO}为总的活性位浓度，C 为对应过程的生焦失活函数，K_A、K_R分别表示 A 和 R 的吸附平衡常数，k_C^0为反应速度常数。

这清楚地表明催化剂的结焦不仅取决于结焦的机理，而且也取决于反应混合物的组成。因此，即使在等温条件下，当存在反应物和产物的浓度梯度时，那么反应器中或在催化剂颗粒内焦炭就不是均匀沉积的。

（五）集总动力学模型中的生焦动力学

在各种催化裂化集总动力学模型中，都带有比较实用的预测焦炭产率的数学公式。当焦炭和裂化气合为一个集总时（如三、八、十、十一集总等），则由动力学模型计算出该集总的总量后，再由某种形式的关联式来计算焦炭产率；而当焦炭为一个独立的集总时，则可由动力学模型直接计算出焦炭产率。此外，还有专为计算焦炭产率而开发的集总动力学模型，主要情况如下。

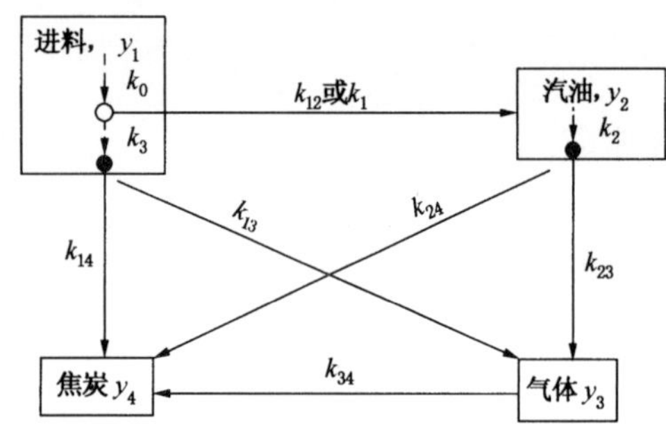

图 7-56　焦炭产率的四集总动力学网络

y—浓度（质量分数）；k—裂化速度常数

下标：1—馏分油；2—汽油；

3—裂化气（$\leq C_4$）；4—焦炭

1. 四集总焦炭产率关联式（陈俊武，2005）

Yen 和 Wrench 的计算焦炭产率（动力学焦）的数学公式是按四集总动力学模型得出的，反应网络如图 7-56 所示。按照 Weekman-Nace 模型，对于馏分油裂化可采用二级反应来处理，汽油裂化为一级反应。此外，还假设裂化气（C_4和更轻的气体）的生焦反应为一级，这样就可以得到如下的微分速率方程：

$$\left.\begin{aligned} dy_1/dt &= -k_{12}\phi y_1^2 - k_{13}\phi y_1^2 - k_{14}\phi y_1^2 \\ dy_2/dt &= k_{12}\phi y_1^2 - k_{23}\phi y_2 - k_{24}\phi y_2 \\ dy_3/dt &= k_{13}\phi y_1^2 + k_{23}\phi y_2 - k_{34}\phi y_3 \\ dy_4/dt &= k_{14}\phi y_1^2 + k_{24}\phi y_2 + k_{34}\phi y_3 \end{aligned}\right\} \tag{7-135}$$

式中 ϕ 为催化剂的时变失活函数。该方程组的解可按 Weekman 等采用的近似处理方法求得。所推导出的焦炭产率公式为：

$$\begin{aligned} y_4 = {} & 1 - a(1-r_1)(1-\varepsilon) - \frac{r_1(r_{34}-br_2)}{r_{34}-r_2}\exp\left(r_2 - \frac{r_2}{1-\varepsilon}\right) - \\ & \frac{r_1 r_2 r_{34} - br_2}{r_{34}-r_2}\exp\left(-\frac{r_2}{1-\varepsilon}\right)\left[\mathrm{Ein}\left(\frac{r_2}{1-\varepsilon}\right) - \mathrm{Ein}(r_2)\right] - \\ & \left[(1-a)(1-r_1) - \frac{r_1 r_2(1-b)}{r_{34}-r_2}\right]\exp\left(r_{34} - \frac{r_{34}}{1-\varepsilon}\right) - \\ & \left[(1-a)(1-r_1)r_{34} - \frac{r_1 r_2 r_{34}(1-b)}{r_{34}-r_2}\right]\exp\left(-\frac{r_{34}}{1-\varepsilon}\right) \times \\ & \left[\mathrm{Ein}\left(\frac{r_{34}}{1-\varepsilon}\right) - \mathrm{Ein}(r_{34})\right] \end{aligned} \tag{7-136}$$

式中　ε——馏分油转化率，$\varepsilon=1-y_1$；

a——$k_{14}/(k_{13}+k_{14})$；

b——$k_{24}/(k_{23}+k_{24})$；

r_1——$k_{12}/(k_{12}+k_{13}+k_{14})$；

r_2——$(k_{23}+k_{24})/(k_{12}+k_{13}+k_{14})$；

r_{34}——$k_{34}/(k_{12}+k_{13}+k_{14})$。

其中 Ein(x)为指数积分函数。从该方程的函数关系来看，焦炭产率和五个裂化速度比有关，即：

$$y_4 = f(\varepsilon,\ r_1,\ r_2,\ r_{34},\ a,\ b)$$

与汽油产率的公式相比，可见焦炭产率和汽油产率均取决于 ε，r_1 和 r_2，但焦炭产率公式中还有另外三个动力学参数(r_{34}，a，b)，它们也可从中型装置的数据测得，并和原料油特性、催化剂活性以及操作条件相关联。

按此四集总动力学模型计算出的焦炭产率与中型装置、工业装置的数据都比较吻合。同时，还计算出转化率对焦炭产率有显著的影响，如图 7-52 所示。此外，Kellogg 石油公司还认为常压重油催化裂化时，康氏残炭几乎百分之百地转变成焦炭，因此焦炭总产率等于康氏残炭加上动力学焦，其预测值的相对误差在 10%以内。

2. 计算焦炭产率的五集总动力学模型

Delft 大学的 Hollander 等人开发了一种催化裂化五集总动力学模型，该模型将焦炭单独作为一个集总，并将焦炭生成反应的失活函数与其他反应进行分别处理，其他集总为：重循环油(HCO，沸点>370℃)、轻循环油(LCO，沸点 221～370℃)、汽油(C_5 气体和沸点小于 221℃ 的液体)、气体(液化石油气和干气)。其动力学网络见图 7-57。

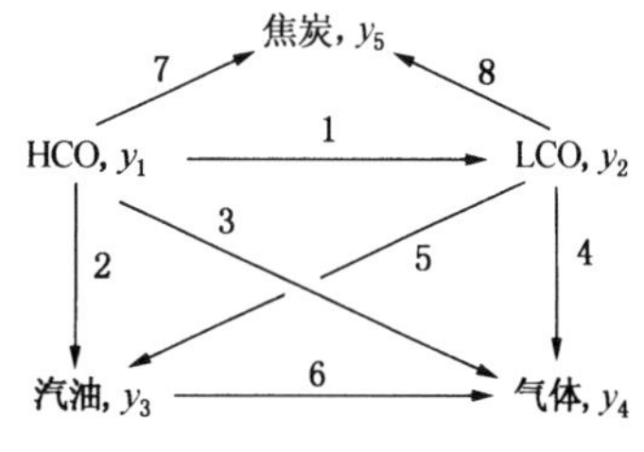

图 7-57　五集总催化裂化反应动力学网络

该模型假定：各个不同集总的催化裂化反应均按一级反应处理；焦炭仅由 HCO 和 LCO 集总产生；焦炭生成反应的失活是停留时间的函数；而其他产物生成反应的失活则是催化剂上焦炭含量的函数。以 HCO 集总的反应速率为例，可得到下列的方程式：

$$r_{HCO} = \phi_i \cdot (k_1 + k_2 + k_3) y_{HCO} + \phi_{coke} \cdot k_7 \cdot y_{HCO} \qquad (7-137)$$

其中，焦炭生成反应的失活函数为：$\phi_{coke} = e^{-\alpha t}$；其他产物生成反应的失活函数为：$\phi_i = e^{-k_d \cdot coc}$。式中，$\alpha$ 为焦炭生成反应的活性参数，其值较高(约为 $62\pm3s^{-1}$)，表明在低停留时间中，焦炭生成反应就急剧地衰减；而 k_d 为其他产物生成反应的活性参数，其值约为 10±3；coc 为催化剂上焦炭的含量。在试验中所用的最短停留时间为 0.05s，发现此时所得的焦炭产率已经较高，并接近停留时间为 4.5s 时的焦炭产率，因此在 0.05s 后催化剂的剩余活性应该是比较恒定的。当活性参数 α 为 $62s^{-1}$时，可得到焦炭生成反应的特征时间 α^{-1}约为 0.02s。

我国辽宁石油化工大学的任杰在蜡油和渣油催化裂化反应生焦动力学模型研究(任杰，1996a；1996b)的基础上，建立了渣油生焦反应的十集总动力学模型(任杰，1997)。其主要假定如下：

① 在反应过程中，汽油、轻循环油馏分(204～350℃)、重馏分油(350～500℃)处于气相，减压渣油(>500℃)处于液相。

② 在固定流化床反应器中气、液相处于活塞流流动状态，固相(催化剂)处于均匀混合状态。

③ 裂化气体的生焦速率为零。

④ 各集总互不作用，且生焦反应级数相同。

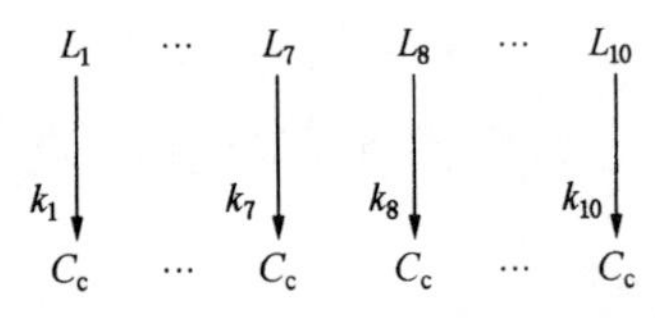

图 7-58　生焦反应物理模型

如果气相和液相各集总均进行催化生焦反应，其物理模型见图 7-58。在图中，$L_1 \sim L_7$表示反应系统气相中汽油集总 G、轻循环油馏分 3 个集总(烷烃 PL、环烷烃 NL、芳烃 AL)和重馏分油 3 个集总(烷烃 PH、环烷烃 NH、芳烃 AH)；$L_8 \sim L_{10}$表示液相减压渣油 3 个集总(烷烃 PR、环烷烃 NR、芳烃 AR)；$k_1 \sim k_{10}$为各集总的生成速率常数。

由于催化裂化生焦反应速率随着各集总摩尔浓度和催化剂结焦活性的不同而变化。由以上假设，在反应器相对高度 x 处，总生焦速率可表示为：

$$\left(\frac{\partial C_{\mathrm{C}}}{\partial t_{\mathrm{C}}}\right)_{\mathrm{x}} = \sum_{i=1}^{10} k'_{\mathrm{i}} C_{\mathrm{ix}}^{n} \alpha \qquad (7-138)$$

考虑到符合催化生焦机理各集总的生焦活性相同，其活性函数为 $\alpha = \lambda t^{-\beta}$。对式(7-138)关于 x 和 t_{C}在 0~1 和 $0 \sim t_{\mathrm{C}}$范围内积分，并考虑到剂油比(C/O)对焦炭产率的影响，可得模型的焦炭产率关系式为：

$$y = \left(\frac{C}{O}\right) \sum_{i=1}^{10} \int_0^{t_{\mathrm{C}}} \int_0^1 k_{\mathrm{i}} C_{\mathrm{ix}}^{n} t_{\mathrm{C}}^{-\beta} \mathrm{d}x \mathrm{d}t_{\mathrm{C}} \qquad (7-139)$$

式中，k_{i}为 i 集总生焦速率常数[$\%/\mathrm{h} \cdot (\mathrm{mol/L})^{-n}$]；$C_{\mathrm{ix}}$为 i 集总在反应器相对高度 x 处的摩尔浓度(mol/L)；n 为反应级数。试验的统计检验结果表明：反应系统气、液相均为催化生焦机理的生焦动力学模型具有较好的拟合能力，并具有良好的外延性和预测能力。但该模型在参数估计过程中，必须应用渣油催化裂化反应十一集总动力学模型(任杰，1994)，来计算不同油剂接触时间和反应器相对高度下的各集总摩尔浓度。

三、结焦失活动力学

在研究结焦失活动力学时，可用两种模型来描述催化剂的积炭失活。一种是直接基于催化剂生焦量的失活模型(简称 COC)，另一种是基于停留时间的失活模型(简称 TOS)。

(一) COC 失活模型

裂化催化剂的暂时失活主要是由于焦炭的沉积所引起的，而焦炭的形成速率主要取决于反应物的浓度，因此裂化催化剂的活性就不能只是简单地表征为时间的函数(Lin，1983；Hatcher，1985；任杰，1996a；1996b；1997)。建立 COC 模型的主要工作是由 Froment 等(1979；1980)和 Beekman 等(1980)进行的，他们提出生焦速率可用与处理主反应速率相同的方式来进行处理，因而裂化催化剂的失活函数与催化剂的含碳量相关，而不是停留时间，即 $\phi_{\mathrm{C}} = f(C_{\mathrm{C}})$。$\phi_{\mathrm{C}}$是仍保持活性的活性中心所占分率，也称为“活性”。

早在 20 世纪 60 年代初，Froment 等(1961，1962)基于实验观察，提出了下述公式(式中 α 为常数)：

$$\phi_{\mathrm{C}} = \exp(1 - \alpha C_{\mathrm{C}}) \qquad (7-140a)$$

$$\phi_{\mathrm{C}} = \frac{1}{1 + \alpha C_{\mathrm{C}}} \qquad (7-140b)$$

此外，Ozawa 等(1968)在研究乙烯裂化过程中，Weekman 等(1970)在研究减压馏分油催化裂化时，均得到如下线性失活函数：

$$\phi_C = 1 - \alpha C_C \tag{7-140c}$$

在确定了实际生焦过程中催化剂的失活函数后，主反应或失活(如生焦)反应的速率常数可表示为：

$$k = k_0 \phi_C \tag{7-141}$$

式中，k 和 k_0分别为生焦量等于 C_C和零时的反应速度常数。

Froment 等(1980)对复杂的失活现象作了大量的简化，采用经验性的关联式来描述焦炭沉积和催化剂活性的关系。Froment 定义 a_A为催化剂的主反应活性，a_C为生焦反应活性，然后将这些活性同参与反应的活性位分数进行关联：

$$a_A = \left(\frac{C_t - C_{c1}}{C_t}\right)^{n_A} \tag{7-142a}$$

$$a_C = \left(\frac{C_t - C_{c1}}{C_t}\right)^{n_C} \tag{7-142b}$$

式中，C_t为参与反应的活性位总浓度，C_{c1}为失活位的浓度。这二个方程所表示的，是一种不受任何实际机理限制的模型(Forment，1961；De Pauw，1975；Beekman，1979)。只要能很好地拟合所给定的数据，便可用任意一个适宜的模拟函数来取代它，例如用函数：

$$a_A = \exp(-\alpha_A C_C) \tag{7-143a}$$

$$a_C = \exp(-\alpha_C C_C) \tag{7-143b}$$

而将活性和催化剂上的生焦量 C_C联系起来。根据这种方法定义的活性，反应速率可用如下公式来表示：

$$\frac{dC_X}{dt} = r_X^0 a_A \tag{7-144a}$$

$$\frac{dC_C}{dt} = r_C^0 a_C \tag{7-144b}$$

式中 C_X——原料转化率分率；

C_C——催化剂上的生焦量；

r_X^0，r_C^0——分别为各反应在零生焦量时的速率；

t——催化剂的停留时间。

将式(7-143a)和式(7-143b)代入式(7-144a)和式(7-144b)并积分可得：

$$C_X = \frac{1}{\alpha_A}\ln(1 + \alpha_A r_X^0 t_C) \tag{7-145}$$

$$C_C = \frac{1}{\alpha_C}\ln(1 + \alpha_C r_C^0 t_C) \tag{7-146}$$

式(7-145)和式(7-146)显然离生焦量对活性影响的机理性模型相差甚远。但将它们用于实验数据的拟合，即可得到α_A、α_C、r_X^0 和 r_C^0，因而还可得到生焦量分布和活性分布的情况。

Nam 等(1984)研究了多层结焦引起的催化剂失活动力学模型，他们将多层结焦催化剂的活性与生焦量进行了关联，归纳出下述催化剂活性与总生焦量的关联式：

$$C_C = \alpha_1(1 - a) - \alpha_2 \ln a \tag{7-147}$$

而失活常数 α_1 和 α_2 分别为：

$$\alpha_1 = \frac{C_{S0}}{\rho_C} - \alpha_2 \tag{7-148a}$$

$$\alpha_2 = \frac{k_L C_{S0}(1 + K_A P_A + K_B P_B)}{\rho_C k_D K_A} \tag{7-148b}$$

式中，a 为催化剂活性；C_C 为生焦量；C_{S0} 为新鲜催化剂上活性位的数目；ρ_C 表示将焦炭质量换算成失活的活性位数目的化学计量系数；k_D 为单层结焦速率常数，h^{-1}；k_L 为多层结焦速率常数，$h^{-1} \cdot atm^{-1}$；K_A 和 K_B 分别为反应物和产物的吸附平衡常数，atm^{-1}；p_A 和 p_B 分别为反应物和产物的分压，atm。

Beekman 等(1980)和 Dumez 等(1976)等发现，对于一定的参数值，活性与生焦量的关系是常见指数函数关系，并采用了孔堵塞机理进行解释；Ozawa 等(1968)发现活性与生焦量为线性关系，而失活常数 α 与温度成指数关系；Takeuch 等(陈俊武，2005)观察到活性与生焦量成双曲线型关系，其失活常数 α 不仅与温度相关，而且与进料性质有关。

Nam 等(1984)对上述不同作者的实验数据进行拟合，发现在高活性、低生焦量情况下，用式(7-147)和用线性关系式[式(7-137)]进行拟合的效果一样令人满意；而双曲线型关系适用于中等结焦情况，指数函数关系适用于高生焦情况。可以通过调整式(7-147)的失活常数 α_1 和 α_2 的数值，来适应于各种生焦量的情况，并且不受各种生焦机理的限制。

采用催化剂活性与生焦量相关联的方式，可把机理复杂过程中的许多因数归结为一个简捷的总体方程，用来预测总生焦量与剩余活性的关系。显然，基于催化剂上生焦量的 COC 模型似乎很吸引人，因为它将活性的损失同引起失活的物质数量直接联系了起来。但遗憾的是，由于焦炭来源的不同和失活机理的复杂性，使得该方法在实验上和数学处理上均显得十分麻烦。而实践中，催化剂的生焦量是自变量，剩余活性是因变量，因此 COC 模型在工程应用中有其不便之处，其优越性并没有很好体现。

(二) TOS 失活模型

由于催化剂活性与停留时间的函数关系(TOS)中不包含与反应物局部浓度有关的焦炭含量，即与浓度无关的失活过程，也就是说，这种处理方法预示颗粒内或管式反应器内是均匀失活(至少对于等温条件是如此)。因此，根据主反应随时间衰减导出的这种失活函数，在实际应用中会有更多限制，但通常在确定所用的工艺条件范围内比较有效。

1. 概况

TOS 模型最简单的形式可能是假设催化剂活性 a 与停留时间 t_C 满足线性关系(Maxted，1951；Levenspiel，1972；Pachovsky，1973)：

$$a = a_0 - At_C \tag{7-149}$$

其微分式是对活性为零级的动力学方程：

$$-\frac{da}{dt} = A \tag{7-150}$$

更复杂的形式是一级失活方程(Lin，1983)：

$$-\frac{da}{dt}=Aa \tag{7-151}$$

$$a=a_0\exp(-At_C) \tag{7-152}$$

二级失活方程：

$$-\frac{da}{dt}=Aa^2 \tag{7-153}$$

$$1/a=1/a_0+At_C \tag{7-154}$$

而 Blanding 和 Voorhies 采用的形式为：

$$-\frac{da}{dt}=BA^{1/2}a^{(B+1)/B} \tag{7-155}$$

$$(1/\alpha)^{1/B}=常数1+常数2\cdot t_C$$

所有这些方程都是在某些特定的情况下得到成功应用的。Szepe 等（1971）和 Wojciechowski（1968）对前人的工作进行了归纳，并以主反应速率（或速率系数之比）与时间的关系来表示失活函数 ϕ。这些函数关系列于表 7-48，表的右边给出了活性变化的相应速率，也即定义了所谓的失活级数。

表 7-48　考虑催化剂失活的活性函数

$\phi=1-at_C$	$-\frac{d\phi}{dt}=a$
$\phi=\exp(-at_C)$	$=a\,\phi$
$\phi=\frac{1}{1+at_C}$	$=a\,\phi^2$
$\phi=at_C^{-0.5}$	$=\frac{\phi^3}{2a^2}$
$\phi=(1+at_C)^{-N}$	$=aN\,\phi^{1+(1/N)}$

2. Wojciechowski 关联式

Wojciechowski（1974）基于 TOS 模型对多种油品在不同催化剂上裂化的试验结果进行了总结。将催化剂的活性用其活性中心数来表示，并假设所有活性位的活性相同。与其他研究者不同的是催化剂的失活函数用通式来表示，然后再根据实验数据确定其具体形式，这样可大大提高动力学分析时所得结果的价值。任何级的失活动力学均可写成一般形式：

$$-\frac{dS}{dt}=k'_d[S]^mC_d \tag{7-156}$$

式中，$[S]$代表活性位浓度，C_d为使催化剂失活的物质浓度。将任意时刻活性位的剩余分数 $\theta(\theta=[S]/[S_0])$代入上式，得到：

$$-\frac{d\theta}{dt}=k_d\theta^m \tag{7-157}$$

式中，$k_d=k'_d[S_0]^{m-1}C_d$，而 C_d 通常假定为常量。

通常将 k_d称为失活速率常数，m 称为失活级数。对上式积分得：

当 $m=1$ 时，　　$\theta=\exp(-k_dt_C)$　　(7-158)

当 $m\neq1$ 时，　　$\theta=(1+Gt_C)^{-1/m-1}=(1+Gt_C)^{-M}$　　(7-159)

其中 $G=(m-1)k_d$，$M=1/m-1$，分别与失活速率常数和失活反应级数相对应。

Weekman 等在三集总模型中，曾采用类似于式（7-158）的一级失活函数（$\phi=e^{-dt_C}$）；在十集总模型中，又采用了双曲线形式的时间衰减函数$\left(\phi_t=\frac{1}{1+\beta t_C^{\gamma}}\right)$。这些都是典型的 TOS 模型。

由式(7-159)可得出：活性表面(或活性中心数)随催化剂与原料油的接触时间和失活反应级数的增加而下降。如果 $m\to0$，方程描述线性失活；如果 $m\to1$，失活由指数函数描述；如果 $m=2$，说明失活是双中心反应机理；如果 $m>2$，说明有两个以上的中心失活，并且可能发生孔堵塞。

将[S]代入反应级数为 n 的(A→B)反应速率表达式中，则：

$$-r_A=k[S]^n(C_A)^a \tag{7-160}$$

并由$[S]=\theta[S_0]$得出：

$$\begin{aligned}-r_A&=k[S_0]^n(1+Gt_C)^{-nM}(C_A)^a\\&=k^0(1+Gt_C)^{-N}(C_A)^a\end{aligned} \tag{7-161}$$

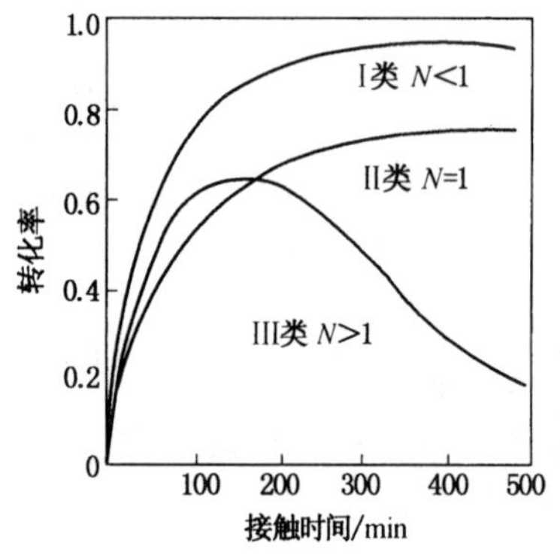

图 7-59　不同失活级数的平均转化率与催化剂及原料接触时间的关系

式中 $N=nM$。

在剂油比不变的条件下，催化剂活性随 N 值的不同而不同。在主反应为一级时，对于 $N<1$、$N=1$ 和 $N>1$ 这三种不同失活反应，其曲线形状明显的不同，见图 7-59。

实验研究结果表明，VGO 在 REHX 沸石催化剂上裂化使催化剂失活接近于Ⅲ类曲线；而异丙苯裂化的转化率与催化剂接触时间的关系可由Ⅱ类失活曲线描述；移动床或流化床反应器中催化剂的失活相当于Ⅰ类。

根据这些概念，并引入一个表示原料裂化难度的常数，可由三集总反应网络导出如下的转化率、汽油产率和气体加焦炭产率的动力学方程：

$$\frac{dx_A}{dt}=(k_{r10}+k_{r20})(1+Gt_C)^{-N}\left(\frac{1-x_A}{1+\varepsilon_Ax_A}\right)^{(W+1)} \tag{7-162}$$

$$\frac{dx_G}{dt}=(1+Gt_C)^{-N}\left[k_{r10}\left(\frac{1-x_A}{1+\varepsilon_Ax_A}\right)^{(W+1)}-k_{r30}\left(\frac{1}{1+\varepsilon_Ax_A}\right)x_G\right] \tag{7-163}$$

$$\frac{dx_C}{dt}=(1+Gt_C)^{-N}\left[k_{r20}\left(\frac{1-x_A}{1+\varepsilon_Ax_A}\right)^{(W+1)}+k_{r30}\left(\frac{1}{1+\varepsilon_Ax_A}\right)x_G\right] \tag{7-164}$$

式中　dx_A/dt——原料油的转化速率；
dx_G/dt——汽油的生成速率；
dx_C/dt——气体加焦炭的生成速率；
k_{ri}——有关反应的速度常数；
W——表示随转化率的提高，原料裂化难度增加的经验常数；
ε——考虑反应时系统内摩尔数增加的系数。

式(7-162)至式(7-164)中的有关系数可基于实验数据，采用最小二乘法来确定。

由于 $\phi_C=f(C_C)$ 中包含生焦量而不包含时间，因此在使用中需要附加一个焦炭生成速率方程，来引入过程时间。而 $\phi_t=f(t)$ 是直接以时间表示的，因此它本身就足以用来预示过程任何时间的失活。此外，时间失活函数肯定比生焦量的失活函数容易获得，因此应用比较广泛。

(三) 关联 a—C_C—t_C 的结焦失活模型

在早期的结焦失活动力学研究中，主要存在以下两个问题：

① "COC 模型"和"TOS 模型"各自侧重与一种变量进行关联，互相缺乏有机联系，往往影响其实用性和有效性。

② 早期的结焦失活模型研究仅限于馏分油催化裂化。但应用到重油催化裂化中，这些失活模型已不能适应。

孟繁东等(1989)和 Sha(1991)以"相对活性 a-催化剂含碳量 C_C-催化剂停留时间 t_C"的三角关联为基础，导出了能够适用于重油催化裂化的结焦失活模型，见图 7-60。

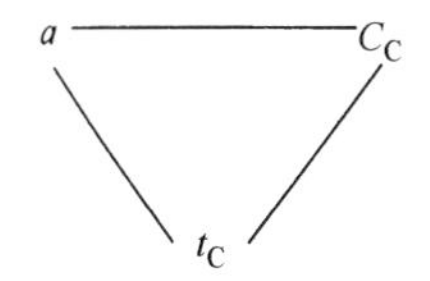

图 7-60　三角关联模型

催化剂的相对裂化活性定义为：

$$a = \frac{r}{r_0} = \frac{k}{k_0}$$

式中，r、k 分别为某生焦量时，原料油的裂化速度和裂化速度常数；r_0、k_0分别为生焦量等于零时的相应值。速度常数系采用催化裂化三集总动力学模型测定。

1. a—C_C关联式的研究

焦炭的沉积是直接引起催化剂暂时失活的主要原因，因此 a—C_C关联是最本质的。但是必须充分注意焦炭来源的不同和失活机理的复杂性：

① 催化焦(C_{cat})：直接覆盖了酸性中心，因此是引起失活的主要焦炭类型。

② 附加焦(C_{add})：既可以在活性中心上形成，也可以在其他表面上形成，因此对活性有一定影响。

③ 污染焦(C_{ct})：主要沉积在重金属活性中心上，而对裂化活性中心的影响甚微，在结焦失活模型中可忽略其影响。

④ 剂油比焦(C_{st})：并非是真正沉积在催化剂表面的焦炭，因此可不考虑其对活性的影响。

总之，在馏分油催化裂化中只需考虑催化焦对失活的影响；而在重油催化裂化中由于原料油的残炭值较高，必须同时考虑催化焦和附加焦对活性的影响。为了对比这两种焦炭对催化剂相对活性的不同影响，进行了两组试验。

(1) 分离组分试验

将常压渣油试样在中性氧化铝柱上进行吸附分离，用苯稀释所得的分离组分芳烃(AR)和胶质+沥青质(R+AT)，并分别在小型固定流化床装置上进行积炭试验，然后测定不同含碳量催化剂的微反活性(MA)。由此得到催化剂相对活性 a 和其上碳含量 C_C之间的关系，如图 7-61 所示，两者之间的关联式见式(7-165)和式(7-166)。

对 AR：　$$a = (1 + 0.44C_C)^{-2.7} \tag{7-165}$$

对 R + AT：　$$a = (1 + 0.24C_C)^{-2.5} \tag{7-166}$$

(2) 不同原料油试验

用馏分油(VGO)和常压渣油(AR)，分别在小型固定流化床装置上进行积炭试验，然后测定不同碳含量催化剂的微反活性。由此得到催化剂相对活性 a 和其上含碳量 C_C之间的关系，如图 7-62 所示，两者之间的关联式见式 (7-167)和式(7-168)。

对 VGO：　$$a = (1 + 0.51C_C)^{-2.78} \tag{7-167}$$

对 AR：

$$a = (1 + 0.23C_C)^{-2.94} \quad (7-168)$$

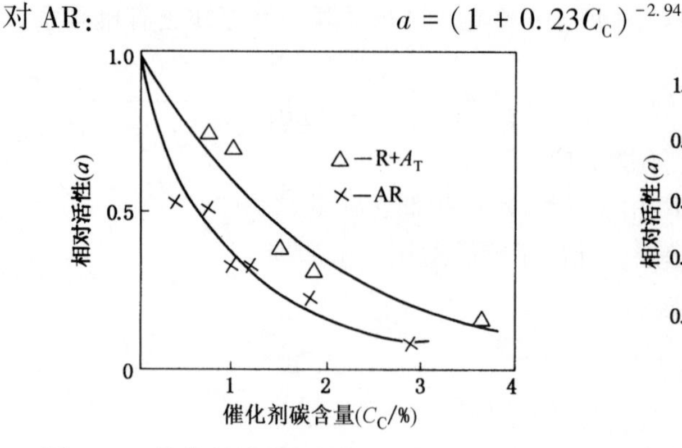

图 7-61 催化剂碳含量与相对活性 a 的关系

CRC-1 平衡催化剂，反应温度 500℃

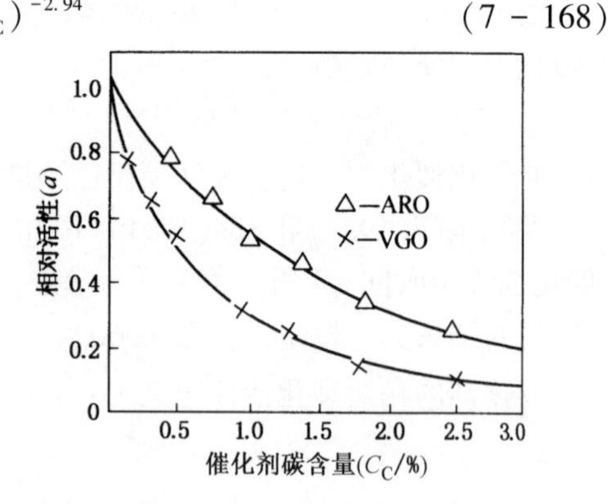

图 7-62 催化剂碳含量与相对活性 a 的关系

共 Y-15 平衡催化剂，反应温度 500，$WHSV$ 16h^{-1}

从图 7-61 和图 7-62 可以看出，附加焦对相对活性 a 的影响远小于催化焦的影响。其主要原因如下：

① Y 型沸石主要孔道的平均直径约为 0.8～0.9nm，因此，分子尺寸较大的胶质、沥青质很难接近其中的活性中心，主要在基质表面形成附加焦，所以对活性的影响较小。

② 芳烃分子尺寸较小，并具有较强的碱性，因此易于接近沸石中的酸性中心而生成催化焦，所以对活性影响较大。

③ 当馏分油进料时，由于主要形成催化焦，因此对 a 的影响要大得多，C_C 达 1.0%左右，a 即下降到 0.3 左右；而重油进料时，由于生成的附加焦比例较大，其对 a 的影响又较小，因此 C_C达 1.8%左右，a 才下降到 0.3 左右。这说明在重油催化裂化时，待生剂上的含碳量可允许较高的数值，工业上可达 1.5%～2.0%。

④ C_C由零开始增加时，相对活性 a 起始下降速度很快，以后渐趋平缓。这说明表观失活反应级数是逐步下降的。

总之，在 a—C_C关联中采用如下形式是适宜的：

$$a = (1 + \beta C_C)^{-M} \quad (7-169)$$

2. C_C—t_C关联式的引入

图 7-63 大致表明了重油催化裂化中，催化剂上各种类型焦炭(分别以 C'_{cat}、C'_{add}、C'_{ct}、C'_{st}表示)的形成情况。由于入口段中胶质、沥青质在催化剂上的快速吸附，所以 C'_{add}的形成速度比 C'_{cat}高得多。

提升管中起始转化率增长速度很快，以后迅速减慢并渐趋平缓，图 7-63 中 C'_{cat}的变化也符合此规律。这种趋势主要是因为入口段的反应剧烈，所以原料油气分压、反应温度和催化剂活性均迅速下降并渐趋平缓。要从转化率来预测焦炭产率，然后再和活性关联的整个过程，本身就包含了催化剂的结炭失活，必须采用多次迭代计算方可获得。

工业上仍普遍采用 Voorhies 关联式。Fisher(1986；1987)在忽略污染焦和剂油比焦影响时，研究了渣油结焦规律，认为催化焦仍与剂油比成正比，焦炭产率 C_f与 t_C的关系也符合 Voorhies 方程，并得出：

$$C_f = R_C(At_C^n + C'_{add}) \quad (7-170)$$

$$C_C = At_C^n + C'_{add} \quad (7-171)$$

为了便于应用，在形式上对式(7-171)进行变换。现假设 t_{Ct} 为催化剂在反应段中的总停留时间(s)。则：

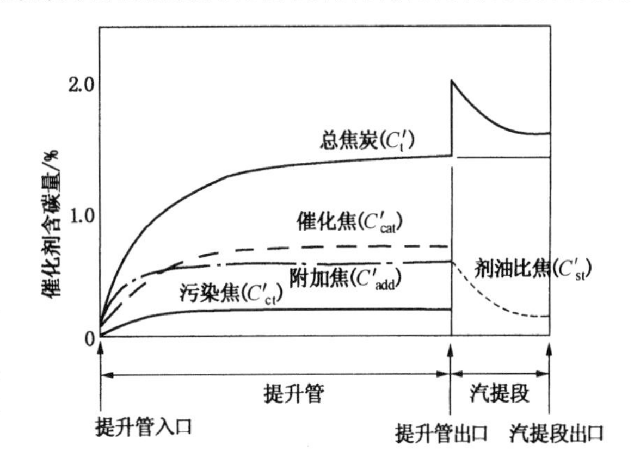

图 7-63　催化剂上各种类型焦炭的形成过程

$$C'_{cat} = At_C^n = At_{Ct}^n\left(\frac{t_C}{t_{Ct}}\right)^n = A_1T_C^n \tag{7-172}$$

式中，T_C 为催化剂的相对停留时间，而 $A_1 = At_{Ct}^n$，它实际上也是一个 Voorhies 关联式，A_1 即为提升管出口处催化剂上所含的催化焦量。利用工业提升管的数据，可较准确地校验或确定 A 和 n 的数值。

C'_{add} 主要和原料油的康氏残炭值(C_{CR})有关，即：

$$C'_{add} = \frac{\lambda C_{CR}}{R_C} \tag{7-173}$$

式中，R_C 为剂油比；λ 为 C_{CR} 转变为 C'_{add} 的分率，许多研究表明 λ 约为 0.8~1.0，它随反应深度和装置类型有一定的变化，但通常可把 C'_{add} 看成常数。于是：

$$C_C = A_1T_C^{n_1} + C'_{add} \tag{7-174}$$

若要更精确地描述附加焦的生成速率，则可得出：

$$C_C = A_1T_C^{n_1} + C'_{add}T_C^{n_2} \tag{7-175}$$

由于附加焦的生成速度比催化剂快得多，因此 $n_1 > n_2$。

3. a-t_C 关联式的导出

如果将式(7-175)代入式(7-169)，即可得出类似于式(7-159)的 a—t_C 关联式：

$$a = (1 + \beta_1A_1T_C^{n_1} + \beta_2C'_{add}T_C^{n_2})^{-M} \tag{7-176}$$

如果把附加焦看成常数，则可简化为：

$$a = (1 + \beta_1A_1T_C^{n_1} + \beta_2C'_{add})^{-M} \tag{7-177}$$

如果用于馏分油催化裂化，则可简化为：

$$a = (1 + \beta A_1T_C^n)^{-M} \tag{7-178}$$

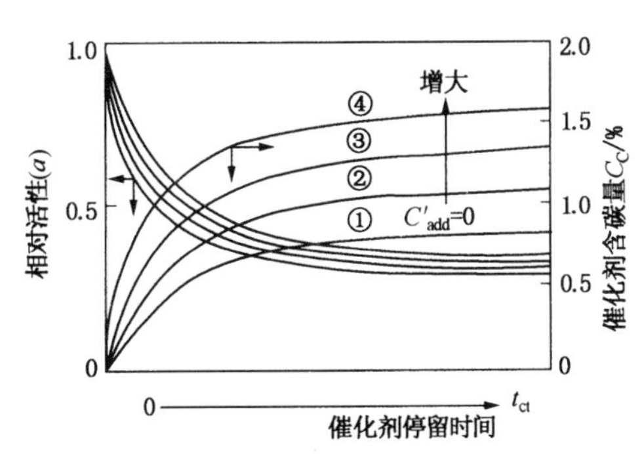

图 7-64　不同附加焦含量对相对活性 a 的影响

由于附加焦对催化剂活性的影响程度远小于催化焦，因此 $\beta_1 > \beta_2$。根据式(7-175)和式(7-176)，可计算出某种催化剂下，当原料的 C_{CR} 值增大时，C_C 值和 a 值随 t_C 变化的趋势，见图7-64。

现以某工业提升管为例，当其油气停留时间为 4.0s，剂油比为 4.0 时，测得提升管出口处催化剂上的催化焦(即 A_1)为 1.05%；原料油的康氏残炭值 C_{CR} 为 4.0%，其 $\lambda =$

0.9。式(7-176)中的常数β_1为0.46、β_2为0.09、n_1为0.38、n_2为0.12、M为2.53，则可计算出相对活性a随T_C的变化趋势，结果列于表7-49。

表7-49　相对活性a随T_C的变化趋势

油气停留时间/s	0.2	0.4	0.8	1.6	2.4	3.2	4.0
T_C	0.05	0.1	0.2	0.4	0.6	0.8	1.0
相对活性(a)	0.62	0.55	0.49	0.42	0.38	0.35	0.32

结果说明：

① 在通常的提升管出口处(油气停留时间约3~4s)，待生剂的相对活性仅为入口处初始活性的1/3左右。也可以说起始的0.1s内，催化剂的活性贡献为最后0.1s的3倍。所以提升管入口处的工艺设计是至关重要的，原料油必须良好地雾化，并迅速汽化和催化剂均匀地混合，以形成最佳的反应环境。

② 在最初的1s内(指油气停留时间)，催化剂的相对活性下降很快，到1s左右a值仅约为初始值的50%(也可称为半衰期)，而以后a的下降趋势就比较平缓。显然，a的下降趋势将与催化剂上C_C值的增长趋势相对应，这在工业提升管中已得到证实。例如Gulf石油公司Paraskos等(1976)和Shah等(1977)曾经测定了约30m高的提升管内的催化剂上的结焦量随提升管高度的变化情况，见图7-65。

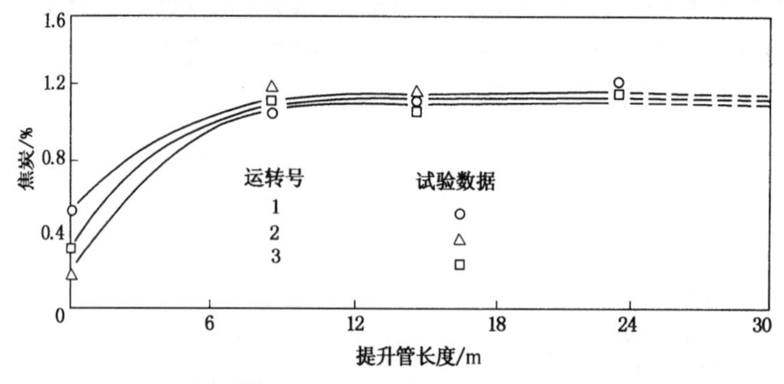

图7-65　结焦量(C_C)与提升管长度的关系曲线

4. 焦炭对不同类型催化剂活性的影响

在上述的a—C_C—t_C关联中，所用的催化剂均为REY型沸石(如CRC-1、共Y-15等)，但焦炭对催化剂相对活性的影响，会因催化剂的类型不同而有较大的差异。因此，图7-61、图7-62和式(7-165)~式(7-168)仅适用于REY型沸石催化剂。

表7-50　焦炭对不同类型催化剂有效活性的影响

催化剂类型	REY	REHY	USY
再生剂碳含量/%	0.00	0.00	0.05
带炭剂碳含量/%	0.14	0.32	0.27
再生剂微反活性(MA_0)/%	62.0	69	89.6
带炭剂微反活性(MA_C)/%	59.8	61	73.0
单位碳差微反活性损失(ΔMA/+0.1%ΔC)	-1.6	-2.5	-7.5
带炭剂活性损失/%	-3.5	-11.6	-18.5

焦炭对REHY和USY型沸石催化剂相对活性的影响，均大于对REY类型催化剂的影

响。表7-50中的数据是根据国内10套催化裂化装置所用的催化剂分析数据归纳所得的，它表明焦炭对不同类型催化剂有效活性的影响确实存在较大的差别(钟孝湘，1992)。由于USY型催化剂的有效活性受焦炭的影响，远大于其他两类催化剂，因此要求更好的再生效果，其再生剂的碳含量要求低于0.1%，最好能降到0.05%左右。此外，根据表7-50中的数据，求出带炭剂的相对活性。现以REY型催化剂为例：

$$a=\frac{MA_{C}(100-MA_{0})}{MA_{0}(100-MA_{C})}=0.912$$

该例中带炭催化剂的碳含量为0.14%，这些催化裂化装置的进料基本上都掺有较高比例(大于20%)的减压渣油或焦化馏分油，因此可采用式(7-168)来计算带炭剂的相对活性，其结果为：$a=0.911$。该值与前面由微反活性直接求得的结果颇为吻合，进一步证实了a—C_{C}—t_{C}关联的实用性和有效性。

(四) 结焦失活对选择性的影响

当不同的反应有不同的失活函数时，结焦失活可以改变选择性(Weekman，1968a；1969；1974b；Froment，1962)。在催化剂结焦失活情况下，其选择性变化规律是远不能凭直觉判断的，这方面曾出现过不少错误的观点。要全面地了解这一问题，必须注意两类基本情况：第一，在固定转化率下表观裂化选择性是反应器类型的函数。第二，在固定床反应器中，当转化率固定时，表观选择性是空速和剂油比的函数(Butt，1972；Lee，1982；Kovarik，1982；Romero，1981；Gonzalez-Valasco，1984；Frycek，1984)。这些结论对参与催化裂化不同反应的活性位的失活，无论具不具有选择性都是正确的。

Wojciechowski等(Pachovsky，1975a)广泛地研究了固定床(包括固定流化床)反应器、连续反应器(包括流化床、移动床和提升管)和工业反应器中，催化裂化的一次、二次产物以及稳定和不稳定产品的选择性规律变化情况。

在固定床或固定流化床反应器的实验中，得不到能够清楚地说明催化剂选择性失活的结果。那些初看起来催化剂的选择性似乎随停留时间而变的现象，仅仅是由于人们对积分反应器系统的性能不够熟悉而造成的错觉，而在连续反应器中就观察不到这种现象。这两类反应器的差异，往往导致实验数据和炼油厂操作结果之间存在许多不符之处。不过，现在对裂化催化剂性能的多数实验测试，都是在很短的停留时间下进行的，这就为工业装置提供了更真实的催化剂性能数据。此外，裂化催化剂非选择性失活的假设也就显得更为合理。例如，在Weekman等(1970)的三集总动力学模型中利用乘幂型的速度方程，反应速度可写为：

$$\begin{cases}r_{1}=k_{1}^{0}\phi_{1}y_{A_{1}}^{2}\\r_{2}=k_{2}^{0}\phi_{2}y_{A_{2}}\\r_{3}=k_{3}^{0}\phi_{3}y_{A_{1}}^{2}\end{cases}\tag{7-179}$$

式中$\varphi=e^{-at}$。对汽油的选择性可写为：

$$\frac{dy_{A2}}{dy_{A1}}=-\frac{r_{1}-r_{2}}{r_{1}+r_{3}}=-\frac{1}{1+(k_{3}^{0}\phi_{3}/k_{1}^{0}\phi_{1})}+\frac{k_{2}^{0}\phi_{2}}{k_{1}^{0}\phi_{1}+k_{3}^{0}\phi_{3}}\cdot\frac{y_{A_{2}}}{y_{A_{1}}^{2}}\tag{7-180}$$

积分该方程可得$y_{A_{2}}=f(y_{A_{1}},t)$。图7-66表示Weekman等(1970)的实验结果。它说明瞬时汽油产率不受过程时间的影响(也即不受催化剂焦炭含量的影响)，由此可得结论：$\phi_{1}=\phi_{2}=\phi_{3}$，这表明可以把裂化催化剂的结焦失活看成是非选择性的。这样，失活函数在实

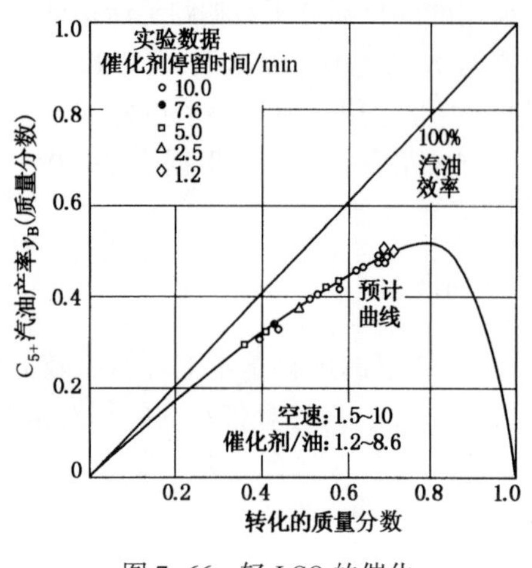

图 7-66　轻 LCO 的催化裂化瞬时汽油产率曲线

际应用中就显得比较简便。

（五）表观失活级数和活化能

在裂化催化剂的结焦失活研究中，各个研究者往往是采用不同的逼近方法和模型，来拟合失活数据的；此外，在获得失活试验数据时采用的实验方法也有较大的不同。例如 Weekman(1968a) 和 Nace 等(1971) 以及 Pachovsky 等(1975b；1978) 是在固定床和移动床反应器中，在较长的催化剂停留时间(1~40min)下来获得数据的；而 Paraskos 等(1976) 和 Shah 等(1977) 是在提升管反应器中，在很短的催化剂停留时间(0.1~10s)下进行实验的。因此，不同研究者得到的结果往往有很大的差别，即使采用相同数学函数，所得的失活动力学参数值也有较大的不同。

Corella 等(1981，1982，1985a；1985b；1986) 对裂化催化剂结焦失活的问题进行了较详细的研究。由于工业提升管催化装置中，催化剂的停留时间通常小于 10s，所以对试验研究来说开始的几秒钟是重要的。Corella 等着重研究了裂化催化剂最初几秒钟内的失活现象，此外，还在较宽的催化剂停留时间范围(2~200s)内进行试验，推导出有关失活作用的一般性方程式，对某些研究者的不同结果进行了较好的解释。Corel1a 等(1985a)假设了五种不同的失活反应网络，经过筛选并归纳出两种失活机理模型。同时，还研究了表观失活级数和活化能的变化规律。

1. 均匀表面机理模型

该模型认为催化剂具有均匀的表面，即活性位的活性都相同。其结焦失活过程如图 7-67 所示。

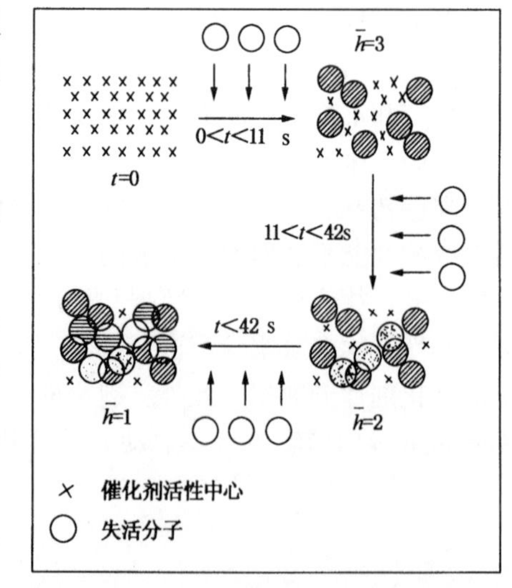

图 7-67　均匀表面的结焦失活过程

根据大量的研究结果表明：表观失活级数($\bar{d}$)就是在失活机理的控制步骤中，所包含的活性中心的平均数目($\bar{h}$)(Pachovsky，1975a；1975b；Best，1971；1977；Viner，1982)，即：

$$\bar{d} = \bar{h} \tag{7-181}$$

Viner 等(1982)接受并采用了类似的观点。Corella 等(1982)在研究中发现 $\bar{d}$ 的值随时间而下降(3→2→1)，这将意味着 $\bar{h}$ 也随停留时间而减少(3→2→1)。如果设想随着催化剂停留时间的延长，其表面不断被焦炭所覆盖，遗留下来的可以被焦炭堵塞的自由活性中心将越来越少，因此这样的结果是合乎逻辑的。

图 7-67 表明了焦炭沉积机理所发生的变化。在开始的几秒钟内催化剂的表面是“清洁”的，有着许多自由的活性中心，这样每一个能够降解为焦炭的分子，平均可以阻塞三个活性

中心。当表面的一部分被焦炭占据后，虽然焦炭分子具有相同的尺寸，但是它平均只能阻塞两个活性中心。随之，表面非常“脏”时，只剩下很少的活性中心是自由的，因此每个焦炭分子仅能覆盖一个活性中心。当然，在第1秒钟内可能存在 $\bar{h}>3$ 的情况；而当催化剂几乎完全丧失活性时(停留时间很长)，则可能 $\bar{h}\to 0$。

该模型能较好地表明有关研究者所得的不同结果。例如，在Amoco公司的Wollaston等(1975b)发表的转化率函数关联式中，其减活指数 n 为0.65，可以计算出其 $\bar{d}=2.54$，比较符合于工业提升管的情况(Corrlla，1985)。而Pachovsky等(1975a；1975b)和Best等(1971；1977)在实验中采用了长的停留时间，因此所得的 $\bar{h}$ 在1和2之间(通常接近于1)。

Corella等(1981)采用的失活方程式为：

$$-\frac{\mathrm{d}(\bar{k}_0\bar{a})}{\mathrm{d}t}=\hat{\psi}\,\bar{k}_0^{(1-\bar{d})}(\bar{k}_0\bar{a})^{\bar{d}} \tag{7-182}$$

该方程式的积分形式如下：

如果 $\bar{d}=1$：

$$\ln(\bar{k}_0\bar{a})=\ln(\bar{k}_0\bar{a}_0)-\hat{\psi}t \tag{7-183}$$

如果 $\bar{d}=2$：

$$\frac{1}{(\bar{k}_0\bar{a})}=\left[\frac{1}{(\bar{k}_0\bar{a}_0)}-\frac{\hat{\psi}}{\bar{k}_0}t_0\right]+\frac{\hat{\psi}}{\bar{k}_0}t \tag{7-184}$$

如果 $\bar{d}=3$：

$$\frac{1}{(\bar{k}_0\bar{a})^2}=\left[\frac{1}{(\bar{k}_0\bar{a}_0)^2}-\frac{2\hat{\psi}}{\bar{k}_0^2}\right]+\frac{2\hat{\psi}}{\bar{k}_0^2}t \tag{7-185}$$

当任何一个 $\bar{d}\neq 1$ 时：

$$\frac{1}{(\bar{k}_0\bar{a})^{\bar{d}-1}}=\left[\frac{1}{(\bar{k}_0\bar{a}_0)^{\bar{d}-1}}-\frac{(\bar{d}-1)\hat{\psi}}{\bar{k}_0^{\bar{d}-1}}t_0\right]+\frac{(\bar{d}-1)\hat{\psi}}{\bar{k}_0^{\bar{d}-1}}t \tag{7-186}$$

(当 $t=t_0$ 时，$a=a_0$)

式中 $\bar{a}$ 是对于所有酸强度和所有反应的平均催化剂活性；$\bar{k}_0$ 为裂化动力学常数(是所有反应的平均值)；$\hat{\psi}$ 是对于所有反应、所有酸强度和所有反应物的平均失活函数，min^{-1}。

Corella等(1985b)还观察到：失活反应的表观活化能是随着表观反应级数的下降而减少的。

表7-51　表观活化能随表观反应级数的变化

表观失活级数	停留时间/s	表观活化能/(kJ/mol)
3级	$t<11$	$E_{\mathrm{d\,III}}=100.6$
2级	$11<t<42$	$E_{\mathrm{d\,II}}=25.1$
1级	$t>42$	$E_{\mathrm{d\,I}}=2.9$

表7-51中的数据说明：在反应的初始阶段，焦炭在催化剂上发生化学吸附；后来转变

成简单的物理吸附，即焦炭层的叠加。因此，引起表观失活级数发生转折的最根本的因素，仍然是催化剂上的生焦量，而表中按停留时间的划分，只是在特定的试验中得到的。

2. 非均匀表面机理模型

在非均匀表面机理模型中，Corella 等(1985a)假定催化剂的表面是非均匀的，具有不同强度的活性中心，并按催化剂表面活性位的酸性强度，分成强(s)、中(m)和弱(w)三种类型。此外，假设每种类型的活性中心是按一级动力学失活的($\bar{d}$)，则催化剂上总的反应活性可用下式表示：

$$\bar{k}_0\bar{a} = (\bar{k}_0\bar{a}_0 y)_s e^{-\bar{\psi}_s t} + (\bar{k}_0\bar{a}_0 y)_m e^{-\bar{\psi}_m t} + (\bar{k}_0\bar{a}_0 y)_w e^{-\bar{\psi}_w t} \qquad (7-187)$$

式中，$\bar{a}$、$\bar{a}_0$ 和 $\bar{k}_0$ 分别为总裂化活性、零时刻的裂化活性和总裂化速度常数；y 为各种强度活性位的百分比；$\bar{\psi}_s$、$\bar{\psi}_m$ 和 $\bar{\psi}_w$ 为三类活性位的一级时变失活常数。

Corella 等在 480~540℃的范围内，考察了每类活性中心对总活性贡献的相对数值：s 为 64%~65%，m 为 30%~31%，w 为 4%~6%。并推算出各自的失活活化能：强酸位的 E_{ds} = 75.4kJ/mol，中等酸位的 E_{dm} = 28.5kJ/mol，弱酸位的 E_{dw} = 19.7kJ/mol。这就说明强酸位的吸附能力大，在温度提高时失活速率加快。

总之，上述两种失活模型是从不同的角度来说明催化剂结焦失活过程的瞬时特征，从而得出了催化裂化过程中，催化剂结焦失活的机理、活化能和反应级数是随停留时间而变化的结论。

四、碱性氮化物对催化剂失活的影响

在催化裂化反应中，催化剂的活性组分为沸石，其酸性位为活性位，部分基质也具有酸性，因此，反应物料中的碱性氮化物与催化剂的酸位相互作用后，会减少催化剂的活性位，从而导致催化剂活性的降低，引起催化剂中毒失活。早在 20 世纪 50 年代初期，Mills 等(1950)就进行了这方面的工作，证实了碱性氮化物对酸性裂化催化剂的严重毒害作用，以后的大量研究工作主要是围绕碱性氮化物在裂化催化剂上的吸附速率和吸附量，以及对裂化动力学的影响(Voge，1951；Viland，1957)。例如，Plank 等(1955)考察了碱性氮化物对纯烃裂化动力学的影响；而 Nace 等(1971)和 Voltz 等(1972)考察了碱性氮化物对 VGO 裂化动力学的影响；此外，Reif 等(1961)还将碱性氮化物的含量作为产率关联式中的主要参数之一，来考察其对转化率和产品分布的影响。

(一) 对裂化动力学的影响

考察碱性氮化物对裂化动力学行为的影响将会非常有必要的，图 7-68 表明，在三个 REY 沸石含量不同的催化剂上，转化率和汽油产率都随着原料油中氮含量的增加而快速降低。图 7-69 表明，在含有 REY 和 USY 的两个催化剂上，动力学转化率也随着原料油中氮含量的增加而明显降低(Scherzer，1988b)。动力学转化率(也称二级转化率)定义如下：

$$动力学转化率 = \frac{转化率\%}{100 - 转化率\%} \qquad (7-188)$$

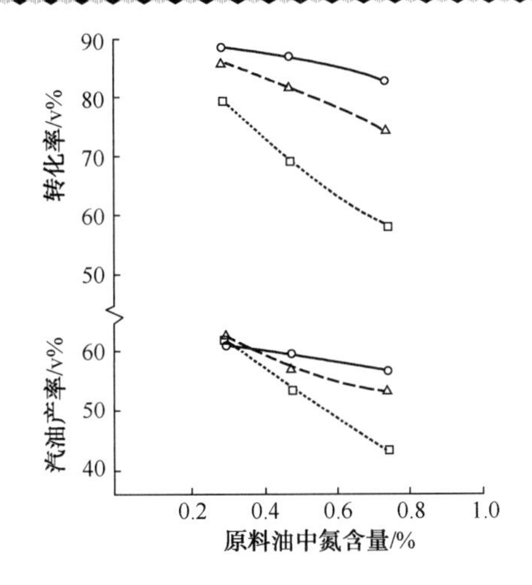

图 7-68 REY 沸石含量不同的催化剂上转化率和汽油产率随原料油中氮含量的变化
□—低含量；△—中等含量；○—高含量

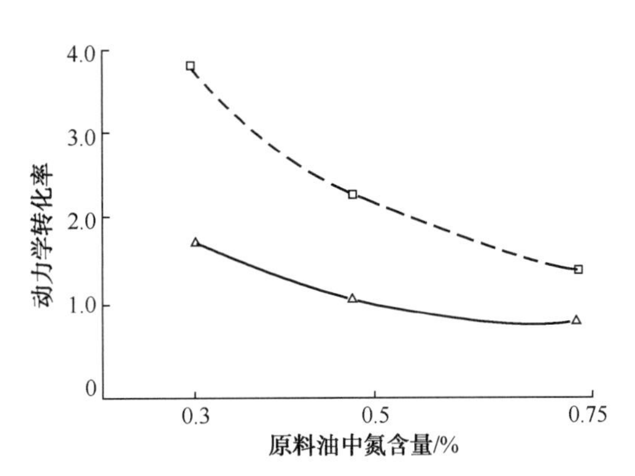

图 7-69 含不同沸石的催化剂上动力学转化率随原料油中氮含量的变化
□—REY；△—USY

早在 20 世纪 70 年代初期 Nace 等(1971)和 Voltz 等(1972)在三集总动力学模型中，就考察了碱性氮化合物对反应速度常数的影响，如表 7-52 所列。从表 7-52 可看出，在蜡油中添加 0.1%的喹啉能够降低催化剂的失活指数α，但也会降低蜡油的裂化速率常数 k_0 和汽油生成常数 k_1，而且对 k_0 和 k_1 的影响更大，使它们降低了大约 50%。此外，还降低了汽油的裂化速率常数 k_2。碱性氮化物对选择性之比 k_1/k_0 和 k_2/k_0 也有一定的影响。图 7-70 为碱性氮化物对转化率的影响，从图 7-70 可以看出，随着原料油中喹啉浓度的增加，反应物转化率快速下降。其中图标为实验数据，而曲线是由动力学模型及表 7-52 中的速率常数值计算得到的。

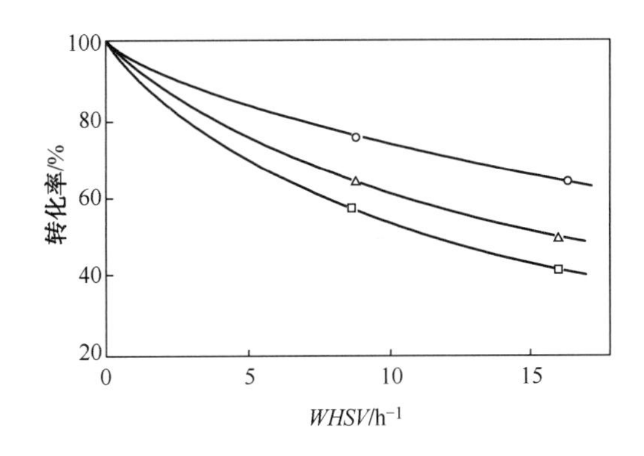

图 7-70 碱性氮化物对转化率的影响
(反应温度为 538℃，催化剂停留时间为 1.25min)
○—MCGO；△—MCGO+0.1%喹啉；□—MCGO+0.2%喹啉

表 7-52 碱性氮化物对反应速度常数的影响

原料油	温度/℃	反应速度常数				k_1/k_0	k_2/k_0
		α	k_0	k_1	k_2		
MCGO	482	32.8	28.4	24.1	2.07	0.85	0.07
	538	33.9	42.7	33.9	3.59	0.79	0.08
MCGO+0.1%碱氮	482	29.3	13.8	10.3	0.22	0.75	0.02
	538	30.5	22.5	17.2	2.21	0.76	0.10
MCGO+0.2%碱氮	538	27.3	16.3	12.7	1.97	0.78	0.12

注：MCGO 为美国中部大陆 VGO；所加的氮化物为喹啉。

Ancheyta-Juarez 等(1998)基于三集总动力学模型(Weekman, 1968)估算了总的氮化物、硫化物含量及原料油结构组成对反应速率和催化剂失活常数的影响，并提供了各动力学常数的计算公式，其中包括汽油生成的动力学常数 k_1，汽油裂解的动力学常数 k_2，汽油转化为气体和焦炭的动力学常数 k_3和催化剂失活常数 k_d，其表达式如下：

$$k_1 = 278.926C_A^{-0.9}\left(\frac{C_P}{C_N}\right)^{-0.151}S_t^{0.068}N_t^{0.018} \quad (7-189)$$

$$k_2 = 3.02 - \frac{7.583}{C_A} - 0.07\ln\left(\frac{C_P}{C_N}\right) + 0.485S_t - 16.727N_t \quad (7-190)$$

$$k_3 = 32.801C_A^{-0.708}\left(\frac{C_P}{C_N}\right)^{0.072}S_t^{0.034}N_t^{0.045} \quad (7-191)$$

$$k_d = 29.01C_A^{-0.139}\left(\frac{C_P}{C_N}\right)^{0.033}S_t^{-0.002}N_t^{0.01} \quad (7-192)$$

其中，C_P、C_N和 C_A是原料的结构组成，S_t是原料的硫含量,%；N_t是原料的氮含量,%。

后来，Weekman 等(Jacob, 1976)在十集总动力学模型中，是按化学吸附来考虑碱性氮化物影响的。在动力学模型中可在速度常数矩阵上乘一个失活函数项$f(N)$：

$$f(N) = \frac{1}{1+K_nN} = \frac{1}{1+\frac{K_n}{100}\cdot\frac{N'}{R_C}\theta} \quad (7-193)$$

通过对 14 组数据的拟合，所得的碱性氮化物失活常数 K_n为 3600(g 碱性氮化物/g 催化剂)$^{-1}$，由此方程可计算出剂油比和碱性氮化物含量的影响，见表 7-53。表 7-53 中的数据表明，催化剂的相对活性将按此失活函数的计算值进行减少，其中碱性氮化物含量的影响较大，而剂油比的提高可减小其影响。当剂油比为 5.0 时，该表所列数据接近式(7-33)计算的数值，只是略为偏低一些。

除了碱性氮化物总含量外，碱性氮化物对裂化催化剂性能产生强烈的负面影响，如杂环类型、分子大小、氮在环上的个数、分子的饱和程度等。季宁秀等(1986)用 CRC-1 催化剂对轻燃料油进行催化裂化反应，并利用 Weekman 的催化裂化十集总动力学模型，求解轻燃料油反应网络的关键参数——碱性氮吸附常数 K_N。通过计算得到了各碱性氮化物在催化剂上的吸附常数 K_N，即异喹啉为 37.00，8-羟基喹啉为 23.40，2-乙基吡啶为 45.56。由此可见，在这三个碱性氮化物中，2-乙基吡啶的毒性最强，而 8-羟基喹啉最弱。

Caeiro 等(2006)详细考察了喹啉对甲基环己烷催化裂化反应的影响。研究结果表明，喹啉在催化剂上吸附能力很强，其吸附系数 k_6高达 $4.1\times10^2\pm1.3\times10^2\,\text{atm}^{-1}\cdot\text{s}^{-1}$，从而可以认为碱氮化合物与质子酸的反应是不可逆的；喹啉生成积炭的反应的动力学常数 k_7同样很高，为 $5.2\times10^6\pm4.7\times10^6\,\text{atm}^{-1}\cdot\text{s}^{-1}$。因此可认为喹啉的加入对积炭的生成有很大影响。

表 7-53 碱性氮化物含量和剂油比对 $f(N)$ 的影响①

碱氮/(μg/g) \ 剂油比(R_C)	3.0	4.0	5.0
500	0.63	0.69	0.74
1000	0.46	0.53	0.58
2000	0.29	0.36	0.41

① 按试验运转末期(即 $\theta=1$)计算。

(二) 含氮化合物的类型及其影响

石油元素组成中氮的含量一般为万分之几到千分之几，但也有个别原油如阿尔及利亚石油和美国 California 石油氮含量可达 1.4%~2.2%。我国原油中以大庆油氮含量最少(0.15%),孤岛油氮含量最高(0.47%)。通常，随着石油馏分沸点的提高，其氮含量也增加，在沸点高于450℃的渣油中集中了约90%的氮，且渣油中的大部分氮是含在胶质、沥青质中(大部分以金属卟啉化合物的形态存在)。例如，我国大庆、任丘、中原、胜利和管输等五种常压渣油中，有65%~84%的氮是存在于胶质、沥青质中。因此，在重油催化裂化中必须重视含氮化合物的不利影响。

在通常的直馏馏分油中，总氮中碱性氮化物所占的比例约30%~67%，而碱性氮化物中约有50%~70%是喹啉及其衍生物，约有25%~40%是吖啶及其衍生物。在几种典型的中东原油中，约有75%~80%的氮是在减压渣油(>540℃)中，其中20%在沥青质中，33%为中性的，20%为碱性的，27%为弱碱性的。

蔡昕霞等(1995)研究管输油(恩氏蒸馏335~500℃)中的含氮化合物发现，分离鉴定出的碱性氮化物主要为 C_3~C_7喹啉类、C_1~C_5苯并喹啉类、C_2~C_4氮杂芘类、C_1~C_3苯并吖啶类、四氢二苯并喹啉及 C_1~C_2四氢二苯并喹啉类等；非碱性含氮化合物主要为 C_1~C_5烷基咔唑类和 C_1~C_3烷基苯并咔唑类。胜利减二线油(馏程335~500℃)中的非碱性氮化物与管输油相近，也主要为咔唑、C_1~C_5烷基咔唑类和 C_1~C_3烷基苯并咔唑(周密，1996)。石油馏分中氮化物的各种典型类型见第四章图4-9(Scherzer，1986)。加氢处理可以明显改变催化裂化原料油中氮化物的分布(Rollman，1971)。

1. 不同类型氮化物的影响

氮化物直接与催化剂表面活性中心的作用形式可能存在两种情况：一种是五元氮杂芳环，氮上的孤对电子参与环上的 π 电子云，相对苯环而言吡咯环 π 电子相对丰富，由此可以推测，高电子密度的吡咯环优先与催化剂表面的活性中心作用，而不是氮杂原子；另一种是六元氮杂芳环，氮上的未成对电子不参与环上的 π 电子云，由于吡啶环上氮原子的吸电子效应，六元氮杂环上 π 电子云密度低于相应苯环上 π 电子云密度。可以推测，这类化合物的氮杂原子优先与催化剂表面作用(假设没有立体阻碍)。氮化物的毒性不仅仅决定于它的碱性，而且取决于分子中氮原子的供电子能力、分子的大小及在反应过程中的变化(如吸附脱附性能和稳定性)等。分子的大小由相对分子质量来衡量，氮化物的碱性由质子亲和力来衡量(Ho，1992)。

Fu 等(1985)、Michael(1979)和 Lau 等(1978)选取了各种氮化物，逐个添加到原料油中，并在流化床装置上进行试验。各种氮化物对裂化催化剂活性和选择性的影响见表7-54。试验结果表明：

① 未添加氮化物、添加0.5%氮含量的五元环的吲哚和六元环的喹啉时，六元杂环的毒性比五元杂环的强。例如吲哚(转化率49.6%)和喹啉(转化率39.2%)之间的转化率差了近10%，由此可见碱氮化合物的毒害作用很强。

② 氮化物分子中缩合的芳环数越多，碱氮化合物的尺寸越大，其毒性越强。例如吡啶、喹啉和吖啶的二级转化率分别为1.06、0.64和0.53。

③ 含有两个氮原子的化合物，其毒性反而下降。这可以从比较吡嗪和吡啶、喹喔啉和喹啉、吩嗪和吖啶对转化率的影响中得知。芳烃的芳环上发生氮取代后，毒害作用加强。

④ 氮化物经加氢处理后可以大部分脱除。但留下的氮化物会部分地饱和，中性氮(吡咯)还会变成碱性氮(四氢化吡咯)。表7-54中的数据说明加氢后氮化物对裂化活性的影响

并不大，转化率反而下降了2%~4%。

⑤ 带有烷基侧链的氮化物，不但改变分子的电子性质，而且其空间位阻效应能够影响碱氮化物和催化剂表面的作用，其毒性会增加(Fu，1985)，侧链越多越长所造成的转化率下降越明显。侧链的反应性能存在很大差别，短侧链几乎不脱烷基，而长侧链和非饱和侧链的很易发生裂化，如表7-55所列。

表7-54　各种氮化物对裂化活性和选择性的影响

添加物	焦炭产率/%	汽油产率/v%	转化率 C/v%	二级转化率 $\left(\frac{C}{100-C}\right)$
空白	6.1	50.7	58.4	1.40
苯胺	5.7	48.3	52.7	1.11
苯	5.7	41.6	51.8	1.08
吡咯	6.1	44.2	54.1	1.18
四氢化吡咯	5.8	40.9	50.3	1.01
吡嗪(对二氮杂苯)	6.0	40.8	52.6	1.11
吡啶	6.0	41.7	51.4	1.06
哌啶(氮杂环己烷)	5.5	39.0	49.5	0.98
萘	6.1	42.6	52.2	1.09
吲哚	6.0	41.3	49.6	0.98
喹喔啉(对二氮杂苯)	7.2	34.1	43.2	0.76
喹啉	6.5	28.5	39.2	0.64
1，2，3，4-四氢化喹啉	6.5	27.0	38.6	0.63
5，6，7，8-四氢化喹啉	6.4	27.2	36.4	0.57
蒽	6.2	42.2	54.3	1.19
咔唑	6.7	43.8	51.7	1.07
1，2，3，4-四氢化咔唑	6.0	36.9	50.0	1.00
吩嗪(夹二氮杂蒽)	6.9	30.8	42.0	0.72
吖啶	10.0	18.0	34.7	0.53

注：试验原料油为VGO；催化剂为西得克萨斯炼厂平衡剂(F-950)；剂油比为6.3；添加物的浓度是使原料的氮含量达0.5%(若添加物含两个氮原子时，则加倍)；此外，加入与吡啶、喹啉和吖啶数量相当的苯、萘、蒽以作比较。

⑥ 由表7-54还可以看出：随着氮中毒的增强，汽油选择性会随之下降。例如无添加物、加有吡啶、喹啉和吖啶时，其汽油选择性分别为87%、81%、73%和52%。产物的选择性随着氮化物的种类而改变，如焦炭和氢气的产率，随着多环氮化物的浓度的增加而增加，但单环氮化物对其没有影响。当氮化物浓度升高时，汽油的选择性降低，而LCO和HCO的选择性升高。

⑦ 带有2~3个芳环的碱性氮化物，会使氢气产率明显增加。除了吖啶外，焦炭产率比较稳定，由于吖啶在催化剂上的不可逆吸附，造成了较高的焦炭产率。

表7-55　烷基侧链对裂化活性的影响

添加物	转化率/v%	产率				
		汽油/v%	LCO/v%	H_2/(SCF/bbl)	干气/%	焦炭/%
无	53.8	48.5	29.0	60	1	6.0
吡啶	45.8	41.1	31.8	120	11	5.1
2-甲基吡啶	43.2	38.7	31.8	120	11	5.4

续表

添加物	转化率/v%	产率				
		汽油/v%	LCO/v%	H_2/(SCF/bbl)	干气/%	焦炭/%
2-乙基吡啶	42.6	38.8	31.2	130	11	5.4
2-甲基-5-乙烯基吡啶	42.4	37.4	31.8	140	10	5.5
2-乙烯基吡啶	41.9	37.3	32.0	120	10	5.2
2，4-二甲基吡啶	41.1	33.5	31.4	150	10	5.3
5-乙基-2-甲基吡啶	39.1	34.6	32.6	140	9	4.9
2，3-环戊烯并吡啶	38.0	32.5	32.8	140	9	6.4
2-(对甲苯基)吡啶	37.2	28.6	33.5	150	9	5.6
2，6-二叔丁基吡啶	33.6	28.3	35.1	170	9	5.1
3-甲基-2-苯基吡啶	32.2	26.3	34.8	180	8	5.4
哌啶	43.8	39.3	31.5	150	11	5.2
1-乙基哌啶	40.4	36.8	33.0	200	10	4.9
2-乙基哌啶	39.2	35.2	32.9	160	9	4.5

Fu 等(1985)还发现含氮分子的气相质子亲和力 *PA* 和该分子对裂化催化剂毒害作用之间存在着较好的对应关系，如表 7-56 所列。苯胺、吡啶与苯的毒性相当，毒害作用不高，而喹啉和吖啶等多环碱性氮化物的毒性很强，对裂化催化剂的影响很大。质子亲和力(Proton affinity)能够指示碱性氮化物对催化剂的毒害程度，*PA* 越高，毒性越强。质子亲和力可以解释碱性氮化物对催化裂化反应的影响，如苯环上，N 取代数目增加，毒性下降，还可以解释在吡啶上增加芳环时，毒性增加，以及在吡啶上加入烷基侧链，增加毒性等实验结果。

由表 7-56 可见：除了少数例外，碱性氮化物的毒害能力与其 *PA* 值有关，即质子亲和力越强则其毒性也越大。此外，还可以用质子亲和力来解释碱性氮化物的结构对裂化活性的影响。例如：①当环中的氮原子数超过 1 时，其 *PA* 值减小。②当芳环数增加到 2 或 3 时，其 *PA* 值增加，这样其毒害能力也随之减小或增加。

表 7-56　质子亲和力和转化率的对应关系

化合物	质子亲和力(*PA*)/(kJ/mol)			二级转化率(见表 7-54)
	Furimski(陈俊武，2005)	Michael(1979)	Lau(1978)	
吡咯	885.9	880.9	—	1.18
吡嗪	—	882.6		1.11
苯胺	893.9	902.3	895.6	1.11
喹喔啉	—	909.0	—	0.76
四氢化吡咯	929.5	—	—	1.01
吡啶	932.8	929.5	936.2	1.06
哌啶	933.7	—	965.9	0.98
吩嗪	—	941.2	—	0.72
喹啉	956.3	952.9	—	0.64
2，6-二叔丁基吡啶	—	971.3		0.52
吖啶	978.9	975.5	—	0.53

注：*PA* 的定义为：对气相反应 $BH^+ = B+H^+$ 所产生的焓值变化。

在一些情况下，具有不同 *PA* 值的碱性氮化物在催化剂上的吸附量相同，由此可解释相对于喹啉和吡啶具有更高 *PA* 值的 2,6-二甲基吡啶的毒害作用更强，并引入了诱导性毒害的概念，即更强的碱能够对邻近的酸位产生诱导作用，引起部分毒害效应，因此毒害作用更强，如图 7-71 所示(Corma，1987)。而除了碱性之外，空间位阻同样有影响。例如，2,6-二甲基吡啶因为空间位阻更大，而只能吸附在反应活性高的质子酸位上。碱性氮化物的尺寸越大，吸附在催化剂表面，并堵住沸石孔道口的几率就越大，其毒害作用就越强(Van der Gaag，1989)。

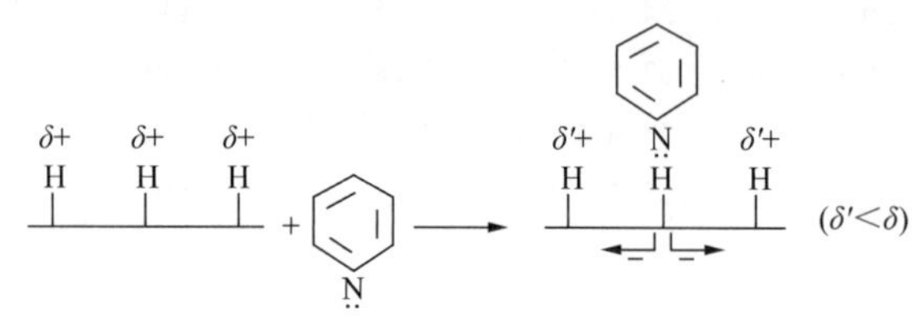

图 7-71　通过诱导效应的毒害作用示意图

Caeiro 等(2007a；2007b)研究发现，在蜡油的催化裂化反应中，碱性氮化物能够使蜡油的转化率降低 5～10 个百分点，而且蜡油中的碱性氮化物跟喹啉的毒害作用类似。在 H-USY(Si/Al=5.4)沸石上，对甲基环己烷进行催化裂化，当在原料中通入 0.5%喹啉时，产物的分布没有明显变化，但是催化剂失活速度加快，碱性的喹啉不但吸附到质子酸位上，使活性位失活，还自身生成了焦炭。在喹啉的作用下，不但生成了芘、烷基芘，还生成了庚烯基喹啉、苯基喹啉，以及包括喹啉本身的可溶于二氯甲烷的焦炭组分，此外还生成了不能溶于二氯甲烷的焦炭组分(Caeiro，2005)。而当在反应物中加入 3-甲基吡啶、2,6-二甲基吡啶和喹啉，碱氮化合物优先吸附于超笼中的酸位上，难以脱附，且 2,6-二甲基吡啶的毒害作用更强。这是因为空间位阻作用使它只吸附于超笼中的质子酸位上，而且会对邻近质子酸有诱导毒害效应，与 Corma 等(1987)观点吻合。此外，碱性氮化物比中性的积炭分子更易使催化剂失活。

陈小博等(2012)在达尔直馏蜡油中加入吡啶和喹啉，考察碱性氮化物对不同类型催化剂催化性能的影响。结果表明，喹啉的加入会降低重油的转化率，并显著改变产物的分布，且使焦炭产率明显增加，而吡啶对催化剂的毒化作用相对较小，对焦炭产率贡献较小。喹啉和吡啶毒化作用的差别在于其质子亲和力的差别，而质子亲和力与氮化物所带的芳环数有关。结果显示，USY 型催化剂对吡啶有更好的耐受性，ZSM-5 型催化剂对吡啶含量的增加较为敏感，但二者受喹啉的毒害作用基本相同，这主要是由于吡啶和喹啉的分子尺寸导致。

于道永等(2002)详细研究了催化裂化过程中吡啶氮杂环(吡啶、喹啉、吖啶)—Ⅰ类、吡咯氮杂环(吲哚、咔唑)—Ⅱ类和(苯胺、二氢吲哚、1,2,3,4-四氢喹啉、1,2,3,4-四氢异喹啉)—Ⅲ类等氮化物的催化裂化转化途径，研究结果表明：

Ⅰ类氮化物：

① 溶剂烃类供氢能力较弱时(如甲苯)，吡啶较难发生裂化开环反应，可以生成烷基吡啶；溶剂烃类供氢能力强时(如四氢萘)，吡啶可以发生裂化开环反应并生成氨。

② 溶剂烃类供氢能力较弱时，喹啉较难裂化开环，可以生成烷基喹啉；溶剂烃类供氢能力较强时，喹啉可以发生裂化开环反应，生成苯胺类和氨。

③ 溶剂烃类供氢能力较弱时，吖啶较难发生裂化开环反应，可以生成烷基吖啶；溶剂

烃类供氢能力较强时，吖啶加氢生成四氢吖啶，四氢吖啶裂化生成喹啉类，喹啉类继续裂化开环，生成苯胺类和氨。

Ⅱ类氮化物：

① 吡咯氮杂环在催化裂化实验条件下较易发生裂化开环反应，生成氨和苯胺等含氮中间产物。

② 碱氮对非碱氮的催化裂化反应具有明显的抑制作用，使得非碱氮化合物的氨氮转化率明显降低。

③ 碱氮和非碱氮共同催化裂化时，碱氮可能是失活催化剂上氮的主要贡献者，非碱氮对催化剂上的氮也有一定贡献。

Ⅲ类氮化物：

① 苯胺裂化转化为氨，需要质子酸中心的催化，以及供氢分子的供氢。

② 吲哚裂化转化为氨，需要氮杂环先加氢为二氢吲哚；二氢吲哚易脱氢转化为吲哚。

③ 喹啉裂化转化为氨，需要氮杂环先加氢为四氢喹啉；1,2,3,4-四氢喹啉易脱氢转化为喹啉。

④ 1,2,3,4-四氢异喹啉易脱氢转化为异喹啉。

⑤ 饱和氮杂环的C—N键断裂可能涉及经典的Hoffman降解反应，C—N键断裂前N被季铵化。C—N断键反应可以通过β-消除或亲核取代反应来实现。

于道永(2002)还研究了吲哚和喹啉对催化剂失活的影响，并得出了与Fu等相同的结果。胜利减一线S1、(S1+吲哚)、(S1+喹啉)在实验装置上试验结果列于表7-57。从表7-57可见，转化率、氢转移系数HTC、生焦量、气体产率、汽油产率依次降低，热裂化系数TCC、轻循环油和重油收率依次增加，这说明喹啉对催化剂的中毒能力比吲哚强。

表7-57 胜利减一线催化裂化实验结果

项　　目	S1	S1+吲哚	S1+喹啉
原料氮含量/(μg/g)	989	989+5000	989+5000
液体收率/%	72.11	80.51	87.81
生焦率/%	4.55	3.47	2.97
氨氮率/%	3.70	16.96/20.32①	1.52/1.82②
催化剂氮含量/(μg/g)	142	237	220
转化率/%	71.00	54.37	33.09
裂化气体组成/%			
甲　烷	3.05	3.98	4.22
乙　烷	3.20	4.48	4.48
乙　烯	4.02	4.39	5.19
丙　烷	9.31	8.19	8.20
丙　烯	21.49	23.04	22.58
异丁烷	24.48	21.46	19.00
正丁烷	5.60	4.58	4.67
总丁烯	12.13	16.01	18.53
C_5	16.72	13.87	13.13
HTC$(C_3^0+C_4^0)/(C_3^=+C_4^=)$	1.17	0.88	0.78
TCC$(C_1+C_2)/(C_3+C_4)$	0.1407	0.1754	0.1903

续表

项　　目	S1	S1+吲哚	S1+喹啉
液体产物组成/%			
汽油 IBP～202℃	60.33	43.33	23.80
轻循环油 202～352℃	34.17	46.67	56.70
重油>352℃	5.50	10.00	19.50

①按吲哚氮计算。②按喹啉氮计算。催化裂化反应条件：500℃，$8h^{-1}$，C/O 3.2

2. 不同氮含量的影响

Nace 等（1971）、Voltz 等（1972）和 Fu 等（1985）用喹啉、吡啶和吖啶等氮化物为添加物，而 Scherzer 等（1986）用高氮的页岩油（氮含量为 1.56%）为添加物考察了不同氮浓度对裂化活性和选择性的影响，结果见图 7-72 和图 7-73。

从图 7-72 和图 7-73 可以看出：随着氮含量的增加，转化率和汽油产率逐渐下降，而氢气产率、焦炭产率和轻循环油则逐步上升。这些变化趋势在开始比较明显，而后逐渐趋于平缓，当氮浓度高于 2000μg/g 时，转化率几乎保持不变。此外汽油的辛烷值也有一定的降低。总之，氮化物不仅使裂化催化剂活性降低，而且会使产品分布变差。

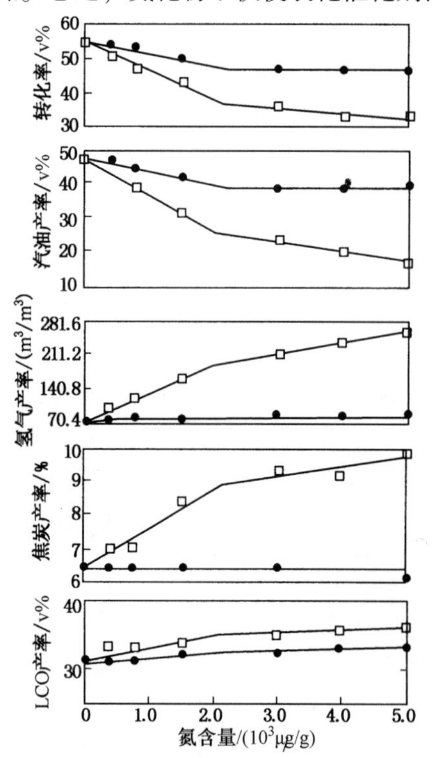

图 7-72　吡啶和吖啶浓度对裂化性能的影响

●—吡啶；□—吖啶

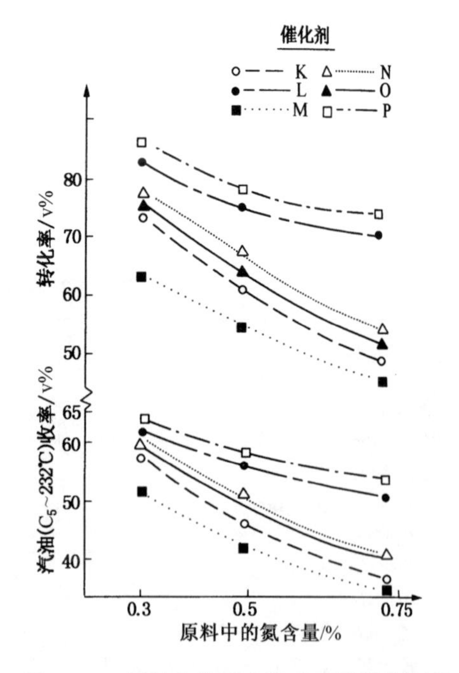

图 7-73　原料中的氮含量对不同催化剂的转化率和汽油产率的影响

（三）催化剂类型的影响

由于简单的酸碱反应机理，碱性氮化物主要是毒害裂化催化剂的酸性中心。碱性氮化物是通过其未成对的两个电子与酸性中心相互作用的。裂化催化剂上的活性中心能表现出两种酸性，一方面表现出 B 酸的性能，有能力向碱给出一个质子；同时又能表现出 L 酸的性能，能从碱中接收一个未成对的电子。

1. 沸石含量和类型的影响

沸石催化剂比无定形硅铝催化剂具有更多的酸中心，因而具有更好的抗氮性能。增加催化剂中沸石的含量可增强催化剂的抗氮性能，提高转化率，使汽油收率增加而焦炭产率降低。高硅铝比的沸石催化剂水热稳定性好、结焦少，但氮中毒失活快，因此优化沸石催化剂的硅铝比应考虑含氮化合物中毒的影响。

通常，增加催化剂中沸石的含量，并且选择高活性基质，以增加酸性中心的数量，就可以减弱碱性氮化物的影响(Ozawa，1968；Silverman，1986)，且大比表面积、宽孔径分布有利于提高抗氮性。在处理氮含量较高的原料油时，选择抗氮能力高的催化剂是很重要的，虽然碱氮引起的失活是暂时的(具有可逆性质)，但是它对转化率和产品分布的影响却很大。

Scherzer 等(1986)研究了六种催化剂的抗氮能力，由图 7-73 可看出高沸石(稀土 Y 型)含量的催化剂 P 和 L 的抗氮能力最好，而 P 催化剂的基质对抗氮来说更为适宜。此外，由于 USY 沸石和 ZSM-5 沸石的酸性中心密度比 Y 型沸石低得多，因此更易受氮化物的影响，但 ZSM-5 沸石对大分子化合物有择形性，所以大分子的氮化物(如 2,4,6-三甲基吡啶等)对其毒害反而小。

沸石催化剂中稀土含量对抗氮中毒有很大作用(Scherzer，1988a)。从表 7-58 可以看出，RELZY-82 催化剂中沸石含量较低，但它的 RE 含量高，因此在裂化高氮原料时，具有更高的活性和汽油收率。这是由于三价的稀土离子有更强的极化作用，能产生更多的质子酸；此外稀土离子半径小，电荷密度大，置换到沸石内部能形成很强的局部静电场，对吸收和极化成正碳离子具有促进作用，因此稀土沸石催化剂有更高的活性，对氮中毒有很好的抵抗性。

表 7-58　稀土含量对抗氮性的作用①

催　化　剂	LZY-82	RELZY-82	催　化　剂	LZY-82	RELZY-82
沸石含量/%	35	25	LCO 收率/v%	29.7	27.1
RE_2O_3 含量/%	—	1.53	DO 收率/v%	20.5	16.9
转化率/v%	50	56	H_2/[m^3/m^3(原料)]	17.1	4.1
汽油收率/v%	39.1	42.1	焦炭产率/%	2.9	3.6

① 氮含量为 0.48%原料油的微活试验结果。

2. 沸石催化剂基质的影响

活性基质能够提供吸附碱氮的活性中心，以牺牲这些中心为代价，来减少沸石所受的毒害。例如，Ketjen 公司 Bruch(1988)研制了称为“V”基质的新型特殊氧化铝，适用做抗氮催化剂的载体。

显然，基质酸性的强弱对沸石催化剂的抗氮性有很大作用，基质酸性越高抗氮性能就越好。此外，基质的表面积和孔结构对催化剂的抗氮性能也有很大影响。由于基质能够裂化那些不易进入沸石孔道内的大分子，其表面积越大则吸附能力越强，所以大表面基质的催化剂，能够得到高的转化率和汽油收率，对氮化物有显著的耐受性(Lance，1986)，如表 7-59 所列。但只有当基质的比表面积和酸性都高时才是最有效的(Scherzer，1988b)。

在表 7-59 中，催化剂Ⅲ和Ⅳ所含沸石组分相同，比表面积的不同是由基质引起的。含氮化合物在大比表面积基质上滞留时间长，就可减少对沸石的毒害。此外，基质比表面积的差别将导致孔分布的差异。由图 7-74 可看出，催化剂Ⅳ具有广阔的孔分布(特别是大孔)，这有利于不同尺寸的反应分子都能进入催化剂颗粒内部，从而有利于大分子裂化，包括氮化物的裂化。基质上的酸位(主要为 L 酸位)能够吸附碱性氮化物，从而减少对沸石活性位的毒害作用。因此，催化剂中的基质的酸位越多越强，催化剂的抗碱氮能力就越强；同时，基质的大表面积和宽孔分布对裂化高氮原料油是有利的。

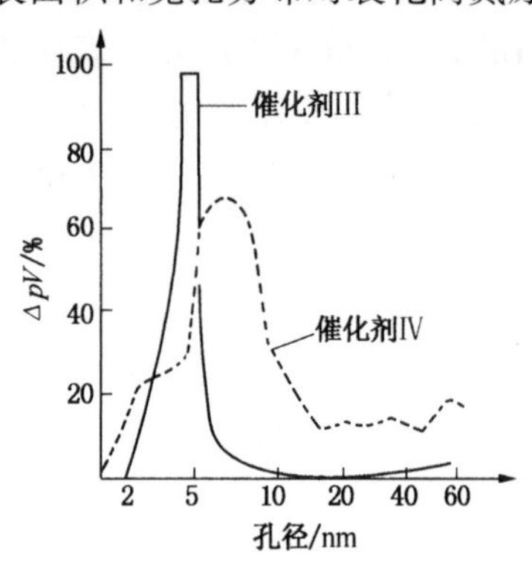

图 7-74 催化剂的孔分布

表 7-59 基质比表面积对催化剂抗氮性的影响

催化剂类型	Ⅲ	Ⅳ
Al_2O_3 含量/%	46.0	44.6
RE_2O_3 含量/%	2.74	2.76
比表面积①/(m^2/g)	158(50)	234(145)
孔体积/(cm^3/g)	0.14	0.33
转化率②/v%	68	75
汽油收率②/v%	52	59

① 括号内是基质的比表面积。

② 氮含量为 0.48%原料油的微活试验结果。

(四) 工艺条件的影响

一般来说，有利于提高转化率的操作条件都有利于加工高氮原料，而反应温度的影响尤为明显。提高反应温度不仅可增加催化剂酸性中心的数量，而且可以减弱碱性氮化合物的吸附能力(Fu，1985)，这样就降低了它们的毒害作用。Fu 等(1985)考察了三种反应温度下，4-(5-壬基)吡啶的毒害作用，列于表 7-60。

表 7-60 反应温度对氮中毒的影响

温度/℃	转化率/v%	转化率			
		汽油/v%	LCO/v%	重循环油/v%	焦炭/v%
510	-16.0	-16.2	+5.9	+10.1	-0.4
538	-12.9	-13.9	+5.6	+7.4	-0.3
566	-4.2	-5.3	+2.4	+1.8	-0.1

注：试验的剂油比为 6.5。表中的数据为加有 4-(5-壬基)吡啶(3000μg/g)的馏分油与纯馏分油之间的差值。

由表 7-60 可以看出，在三种温度下氮化物均引起转化率和汽油收率的下降以及循环油的增加。但随着反应温度的提高，其变化幅度减小，说明氮中毒效应减轻了。

因此，在加工高氮原料油时应对工艺操作条件进行优化，最好能选用抗氮催化剂或者抗氮添加剂。抗氮添加剂一般是固体酸，它能够吸附中和原料中的碱氮化合物，使沸石的酸中心不受毒害。

此外，在原料油进入反应之前，除了可采用直接脱氮的方法外(Hartley，1976)，还可与酸性物质混合反应，使所含的碱氮化合物与酸中和反应生成盐，从而减弱对催化剂酸性中心的毒害。酸性物可以是无机酸，也可以是有机酸，但无机酸容易造成设备腐蚀和环境污染等问题，所以采用有机酸比较好。其中以二羧酸为最合适[其用量一般为原料油总氮的0.5~

5.0倍(摩尔比)],效果又以乙二酸和丙二酸为最好。表7-61的数据说明了原料油用酸中和后再催化裂化的效果(Mario, 1988)。

表7-61 酸对高氮原料催化裂化的作用①

原料处理方法	不加酸	加酸量为原料氮的1.0倍(摩尔比)		
		硼 酸	乙 酸	乙二酸
转化率/v%	54	55	55	60
汽油收率/v%	45	45	44	49
焦炭产率/%	4.1	4.2	4.1	4.0
氢气/[m^3/m^3(原料)]	9.3	8.7	10.7	7.8

① 微活试验的原料总氮为0.46%;碱氮为0.18%。

综上所述,碱性氮化物会严重影响催化剂的活性和产物的选择性,在加工高氮原料时通常采取的主要技术措施有加氢预处理、溶剂精制、吸附转化脱氮工艺(DNCC)、酸处理脱氮或原料注酸、提高反应温度和增大剂油比、掺兑原料以限制进料氮含量以及采用高活性抗氮催化剂或添加剂等。

第三节 催化裂化装置的优化和控制

催化裂化数学模型在开发研究和优化设计中起着很重要的作用,而在现代催化裂化装置的优化和控制中,也得到了越来越广泛地应用。上面所述典型模型的特点和适用范围列于表7-62,这些反应数学模型与再生器数学模型(见第八章)相结合,则可构成核心的反应-再生系统数学模型。依据由这些静态模型所建立的过程模拟软件,就可实现对催化裂化装置的模拟和优化。

表7-62 典型的催化裂化反应数学模型

类 型		模型方程式	特点及适用范围
关联模型	基本形式	式(7-12)	基于Blanding方程,将转化率函数与原料可裂化度、操作强度、反应器效率等关联,是一种基本形式
	Amoco	式(7-53)~式(7-56)	基本特点同上,但对原料油、催化剂和工艺参数的适用范围较宽(参见表7-7)
	Profimatics		基本特点同上,是一个反-再系统的精确静态模型,考虑了氢转移反应,焦炭模型按4种焦计算
	转化率、焦炭产率综合表达式	式(7-57)~式(7-60)	基本特点同上,关联式比较简捷,在一定范围内可作为转化率和焦炭产率的近似计算公式
	BDL模型	—	基本特点同上,采用了等价馏分油概念,适用于掺渣油的原料油
集总模型	三集总	式(7-81)、式(7-83)	将原料油、汽油、气体加焦炭定为三个集总(LCO、焦炭气体等也可分别集总),但动力学常数会随原料组成的变化而改变
	十集总	式(7-100)	将原料油和产物按馏程、族组成、结构族组成分成了十个集总,反应速度常数矩阵恒定,对原料适应性很强
	十一集总	式(7-102)	在十集总模型基础上,将集总C_{Ah}分成一、二环芳环集总和多环芳环集总,更适合于大回炼比和掺渣油工艺
	十三集总	式(7-104)	按馏程和结构族组成划分集总,气体和焦炭分开集总,并将胶质、沥青质的芳环单独集总,更适用于渣油原料,但比较复杂

续表

类　　型	模型方程式	特点及适用范围
两种类型模型的比较	(1) 关联模型是依据大量中试、生产实测数据回归而得，通常在实测范围内比较有效，其数学形式较简单、使用方便，但所需装置因数较多(几十甚至上百个)，需实际测定	
	(2) 集总模型是按动力学特性将反应体系划分成若干个集总组分而建立的动力学模型，动力学参数具有一定物理意义，外推性较好、适应范围较广，所需装置因数较少，但需用结构族组成等分析数据	

在催化裂化工艺过程模拟中，必须充分认识并解决在其他炼油工艺模拟中没有遇到的问题：

① 催化剂不仅对于裂化主反应具有各种功能，而且在再生器中它也具有某些催化作用。此外，它还是工艺过程中主要的传质、传热介质。

② 在炼厂的使用中，催化剂的性能还不能有效地定量。平衡剂的性能仅部分地取决于加入的新鲜剂(包括类型、数量等)，它还受到所处环境中工艺条件的强烈影响。

③ 催化剂的性能是复杂的，但模型中所用的各种“活性”必须是定量的。经济效益不仅与转化率有关，而且和焦炭选择性、氢转移活性、汽油选择性、轻循环油选择性，裂化重油能力和再生器中催化剂的性能等都有密切的关系。

④ 关键的工艺条件往往是非独立变量，与其他参数的关系比较复杂。例如剂油比是最重要的工艺参数之一，而它是进料温度、反应器温度、催化剂类型和再生器温度等的函数；但再生器温度本身又是许多变量(包括剂油比)的函数。

⑤ 工艺过程特性对装置设备发生的变化是敏感的。例如反应器结构形状在机械上的较小变化，就会较大地影响到汽油和焦炭的选择性，这也是设置“装置因数”的原因之一。

⑥ 中型试验数据要较好地应用到工业装置中也并不容易，需考虑放大问题。

⑦ 用工厂的常规实验测试手段来分析重质原料油是很不充分的，但要采用昂贵的完整分析测试却常常是不及时的和不实际的。

一、催化裂化装置的优化

一般地，催化裂化生产过程的优化大体有三种类型：离线优化(或称离线调优)、在线开环优化和在线闭环优化。生产过程的优化目标通常为经济效益指标(在满足某些约束条件下)：

① 最大的经济收益(通常指毛利)。例如 Setpoint 公司提出的优化目标函数为：J=产品价值-原料成本-公用工程费-其他操作成本+产品质量增值。

② 某些产品的最大收率。例如最大汽油收率(轻循环油收率不低于某值)；最大轻循环油收率(汽油收率不低于某值)；最大汽油+LCO 收率，最大汽油+LCO+液化气收率等。

③ 其他优化目标函数。例如最优原料处理量、最优渣油掺炼比、最优催化剂置换量、最优双催化剂混合比、最优转化深度、最优焦炭产率、最优回炼比以及降低能耗等。

(一) 离线优化

离线调优是国内外广泛采用的一种调优技术，它要求对工艺过程原理、规律等有较深入的认识和理解，因此必须借助较好的催化裂化生产过程数学模型来进行模拟计算和优化计算，最终得到优化的操作方案和控制方案。离线调优对硬件方面的要求并不高，是一种投资少、效益高的调优方法。

1. 优化方法

对于不同的催化裂化反应模型，应该根据其具体特点来选择相应的优化算法，尤其是非线性优化方法的选择，需要依赖于具体模型的特点。当所选的目标函数、约束方程与独立变量间的关系很接近线性时，则采用简单的线性优化就可以了；如果关系较复杂，则应注意选择适宜的优化方法。优化的基本目的通常是选择能使经济效益最好而又不超越装置约束条件时的工艺条件，往往可把这类问题看成为一种非线性多变量约束优化问题，在处理这种非线性和约束时，采用广义简约梯度法常可得到较好的效果(Rhemann，1989)。

2. 约束条件

应用催化裂化数学模型可以预测出各种操作条件下的产品分布、产品质量、装置的运行特性以及它们的变化规律。但是在总体的优化过程中必须结合各种约束条件，才能确定出该装置的最佳操作点，而约束往往是多重性的：

① 装置能力，包括设备的能力、材质以及某些工艺参数等等的限制。例如，最大主风机能力、最大气压机能力、主分馏塔(还有脱乙烷塔、脱丙烷塔)最大负荷、最高再生温度、焦炭燃烧温度下限、再生器最大空塔线速、烟气最小氧含量(高温再生)、滑阀最小压降以及最高、最低的预热温度等。

② 产品的产率和质量也可作为约束条件。例如，汽油收率下限(在追求LCO最大收率时)、LCO收率下限(在追求汽油最大收率时)、干气产率上限、焦炭产率上限(受再生器烧焦能力的限制)等。此外，最大轻循环油回炼量也可作为约束条件。汽油的干点和轻循环油的倾点，也常常作为主分馏塔优化操作的约束条件。汽油的辛烷值指标有时也可作为一种约束条件(这就限定某些工艺条件，例如反应温度等要在一定的范围内)。总之，对于各种优化过程来说，约束条件可能是多种多样的。

3. 优化自变量

催化裂化中可用作优化参数的变量有许多，但应当根据装置的具体情况和优化要求，选择那些既显著影响反应结果，又可独立进行调节的变量作为优化自变量。最常用的优化参数有提升管出口温度、进料预热温度、新鲜进料流量、回炼油及油浆的回炼量等。反应器温度对转化率、产品分布和质量的影响都很大，而又便于经常调节，因此是最重要、最常用的优化参数；进料预热温度对反应-再生系统热平衡及产品分布有复杂的影响，但其可调范围对许多装置来说并不大；回炼量对产品分布、热平衡、装置处理量等均有相当影响，可以选作优化参数；新鲜进料量(包括渣油掺炼比)是有较大影响的调节变量，但受装置能力、市场需求和原料供应情况等的约束，一般不轻易作大幅度变动；平衡催化剂活性对生产有重要影响，但一般调节幅度不大。此外，主风流量、燃料油量(或再生器取热量)、汽提蒸汽量等，在必要时也可选作优化参数。

4. 离线调优举例

指导和优化催化裂化装置的操作是十集总动力学模型最早的工业应用之一。应用这种模型，可以用十个集总组分来描述给定原料的特征，并预测在各种可能操作条件下装置的特性；它还能描述把装置操作限制在一定范围内的约束条件，这样就可以开发出各种操作性能图。利用这些图就可以预测优化的操作方式，也可以根据改善产品产率的要求，去预测放宽各种装置约束的数值(Weekman，1979；Jacob，1976，Benjamin，1976；1980)。

图 7-75 和图 7-76 表示在一个工业提升管中，两个主要操作参数(反应温度和原料油预热温度)如何影响转化率和汽油产率的例子。从图 7-75 和图 7-76 可见，转化率和汽油产率都随提升管顶部平均温度的上升而增加，而随进料预热温度的上升而减小，这是由于催化裂化装置上所采用的热平衡控制方式所引起的。原料预热温度的增加，其结果将使反应器温度升高，并为温度控制器所感受。为了保持反应器的温度，需要降低催化剂的循环量；而带入热量的减少，则由原料预热温度的上升所平衡。这样装置将在较高的原料预热温度和较低的催化剂循环量下，达到新的稳定状态。催化剂循环量的降低将会减少反应器内活性中心的数目，从而引起转化率和汽油产率的下降。但是在反应器温度过高或预热温度过低时，会因过度裂化而损失汽油，从而存在最大的汽油产率(图中为 62%)。于是，对于特定的原料油和催化剂，可由最大汽油产率确定出最有利的操作条件。但是，装置的其他各种约束条件，可能会阻碍达到这一最优点。图 7-77 中标出了最高再生器温度、焦炭燃烧下限、最高预热温度、最低预热温度以及富气压缩机能力等约束条件(以粗实线表示)。

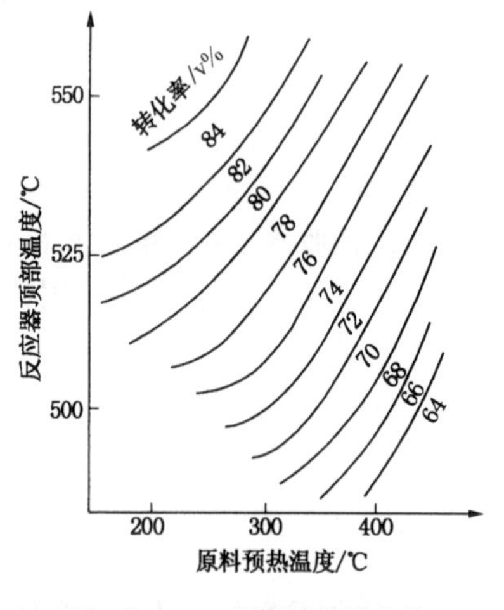

图 7-75　工业装置的转化率

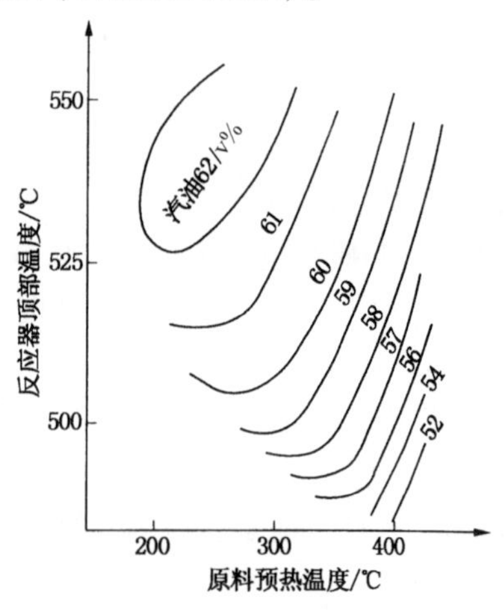

图 7-76　工业装置的汽油产率

因为汽油产率几乎决定了装置的经济效益，由图 7-77 可看出，最佳的操作范围就在压缩机约束线附近，可以获得最大汽油产率，这起到了很有用的操作指导作用。由此可以预测当用一台较大的压缩机，以放宽这种约束时将会得到多少利益。图中的虚线就是取消这种约束后的新约束条件，最低预热温度仍为一个约束条件，另一个约束是反应器温度在材质上的限制(549℃)，这样就可以确定出由于汽油产率的提高能否补偿压缩机增大的费用。

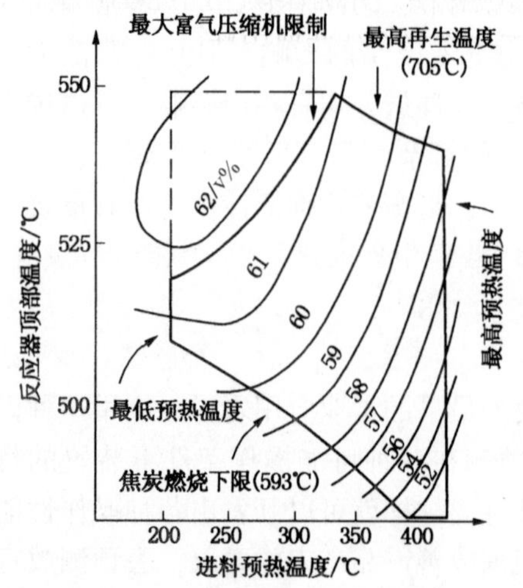

图 7-77　工业装置的操作性能图

(二) 在线优化

在线优化必须有相应的较大数额的硬件与应用软件投资。在线开环优化时，可使用数据采集系统将所需的信息直接输入计算机，按照有关模型与算法计算出最优操作方案，通过画面显示或报表打印，将其提供给生产管理人员和操作人员，作为优化生产指导。

在线闭环优化的最大好处是可直接使用大量的现场统计数据，周期性自动地进行优化计算，在开环指导取得成熟经验后可实现闭环优化控制。例如：Profimatics 公司、Setpoint 公司等使用在线优化器，周期性地进行优化计算，并按预定的顺序周期性有选择地调整与反应深度控制有关的变量(如反应温度、进料预热温度、原料流量、回炼油量、反应压力、再生压力、主风流量等)(Rhemann，1989；Kane，1992)。Combustion Engineering 公司的经济目标优化是使用在线优化器，根据原料组成的变化进行的(McDonald，1987)。我国浙江大学提出的反应-再生系统的分散鲁棒性控制系统，以及石油大学提出的反应深度预估控制系统都是属于此类闭环优化系统(周伯敏，1991；秦瑞岐，1992)。

用于在线优化的模型常是一种操作分析模型，一般设计成可依据少量数据(如进料和催化剂性能、设备尺寸、操作约束条件等)便可模拟装置操作，并能输出表示某些装置性能的技术经济数据。在优化算法中使用附有装置约束的各种输出，来确定装置的某些最佳操作点。图 7-78 表示这种求解法的框图(Rhemann，1989)。

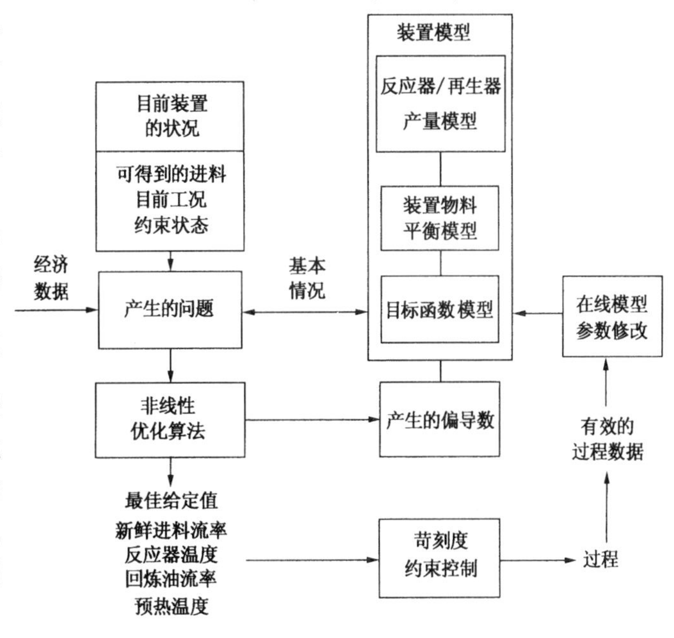

图 7-78　催化裂化装置在线优化过程

值得注意的是：即使所用的模型是精确的，但仍与真实过程有偏差。为了校正模型计算值与实测值之间的偏差，设置一些装置因数是十分重要的。但按照装置某一时刻的响应来修正模型参数是很不够的，因为过程参数是随时间变化的且存在大量随机干扰。为了补偿这些变化，根据实际装置特性应该在线自动重复评价某些关键的模型参数。参数在线修改的这种特点可给在线优化器提供自适应特性，并确保模型和过程响应总能密切匹配。这就是所谓的“自适应”功能，可以用它来更新模型中的装置因数。

总之，所有的模型都有其优点和缺点，最重要的是知道其优缺点是什么。不论独立模型的准确度如何精确，也总会有局限性，因此在优化中必须首先通过良好的工业运转数据和标定数据来校准模型参数；此外，催化裂化装置操作的变化，应与其他装置及最终产品调合组分的变化相适应，而只有应用基于模拟的总体模型，才能正确反映规划研究和全炼油厂的最优化。

催化裂化装置的动态过程模型对于操作变量分析、在线优化以及先进控制和优化控制都具有很重要的意义。1967 年，Kurihara(1967)针对 FCC 最优控制提出了一个非线性动态模型，直到 20 世纪 80 年代仍被引用(Bromley，1981)。该模型是针对流化床反应器而建立的，因而有必要开发适合提升管反应器和再生技术的动态模型，郑远扬等(1986a；1986b；1986c)、罗雄麟等(1998；1999)、裘俊红等(1995a；1995b)以及王克庭等(1998)在这方面做了大量的研究工作，并作了动态仿真研究(陈俊武，2005)。

二、催化裂化装置的控制

催化裂化生产过程控制的发展大体上分为三个阶段：基本控制阶段、先进控制(APC)和优化控制(OPC)阶段。

基本控制是过程控制的第一级，其主要功能是采用常规的PID(比例、积分、微分)调节器，将生产过程的某些工艺参数稳定在设定值附近，实现平稳操作而取得良好的效益。

在催化裂化装置的许多控制变量和控制回路中，存在着大的滞后、非线性、各变量间不同程度的相互耦合、随机干扰和噪声等，因此单纯采用基本控制往往难以达到平稳操作的目的。先进控制就是基于这种需求而迅速发展起来的。先进控制是在基本控制的基础上，运用控制理论和先进的控制方法(如统计控制、采样控制、模糊控制、多变量预估控制、非可测变量计算控制、自适应控制以及解耦、约束、前馈控制等)以改善控制品质(提高抗干扰能力、减少超调量和缩短过渡时间等)，达到基本控制难以实现的平稳操作目的(Rhemann，1989；Rowlands，1991；Kane，1992)。先进控制一般不必依赖复杂的工艺数学模型。实现先进控制的手段是采用可编程序调节仪表，或者采用具有丰富控制算法和灵活组态功能的集散控制系统(Distributed Control System，DCS)的控制站。DCS是以多微处理器为基础的控制系统，是工业自动化仪表领域中的一项重大变革，具有更强的控制运算、显示和通讯能力，实现了分散控制和集中管理的协调统一。

在线优化控制是先进控制的必然发展和进一步补充，也可以说是更高层次的先进控制。在线优化按不同的优化目标，可分为不同的层次(如单元设备优化、局部优化、装置优化和多装置间的优化等)。优化控制往往都需要能描述其目标函数的数学模型和相应的优化算法。其运行环境则要求以DCS为基础的上位机，或以常规仪表为基础的数据采集系统和相应的计算机。优化控制可分为两个层次(王立行，2000；卢治财，1997)，如图7-79所示。

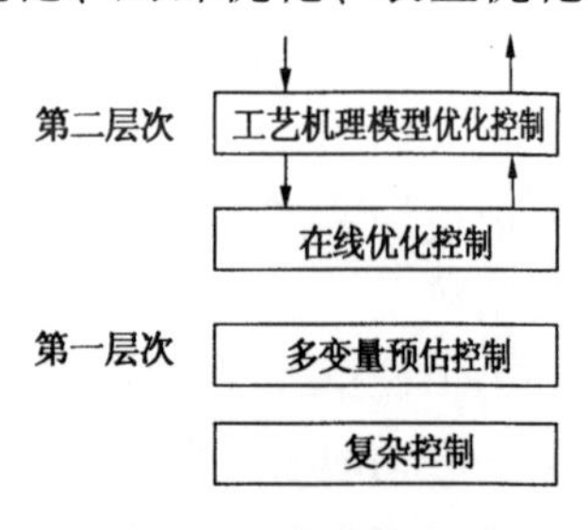

图7-79 优化控制的两个层次

第一层次优化是在线经济目标优化控制。多变量预估控制中CV(受控变量)和MV(操作变量)在规定的上下限范围内工作，有一定的自由度，调整这些变量的活动空间可实现希望达到的经济目标。多变量预估控制中有时对CV和MV规定一些期望值，调整这些变量的活动空间可达到逼近这些期望值的程度。调整这些变量的手段是在目标函数中对它们进行不同程度的加权运算。经济指标如价格因素等可以体现在加权系数中。这类优化技术简便易行，与多变量控制技术有机结合构成整体控制策略，成为商品化技术。

第二层次优化是稳态工艺模型优化控制。在先进控制层之上建立一个严格的稳态工艺机理模型，根据目标函数要求进行优化计算，计算出的优化值下传到多变量控制器中作为受控变量(简称CV)和操纵变量(简称MV)的上下限约束值和期望值。由于优化的基础是稳态模型，所以只有平稳生产工况下的各类生产操作参数才可能被模型选用。采集到的数据首先要进行物料平衡、热量平衡等数据处理和校正，然后才能参加模型的计算。在使用过程中往往需要输入如原料组成等的分析化验数据，因此这类优化控制的频数不宜太快，通常调节周期以日计算。

显然，实现 FCC 装置先进控制需要开发和应用相应软件，典型的控制软件包列于表 7-63。此外，对分馏塔等产品实现切割点控制(或称卡边控制)，是一种较为简单易行且效益显著的控制方法。在表 7-63 所列的控制软件包中，均包含有这种切割点控制软件。

催化裂化装置先进控制的主要目标通常为：提高加工能力；提高裂解深度、增加产品收率；提高汽油辛烷值；降低能耗；平稳操作，减少操作失误；快速平稳地开、停工或变更处理量等。下面将着重介绍有关的先进控制过程。

表 7-63 典型的控制软件包

公　　司	软件包名	控制策略与方法	控制项目
Honeywell 公司(美)	RMPCT	鲁棒多变量预估控制	设有反-再、分馏、吸收稳定系统三个相对独立又有联系的鲁棒多变量预估控制器
Setpoint 公司*(美)	IDCOM (Identification and Command)	多变量预估控制 (Multivariable predictive Control)	反应深度控制、再生燃烧控制、反-再系统压力平衡约束控制等
Profimatics 公司(美)	FCC-STM/SIMOPT 中的控制子包 FCC OPT、CONPAT	多变量约束控制(Multivariable Constraints Control)	反应深度控制、再生器负荷控制、反-再系统压力控制等
AspenTech 公司(美)	DMCplus	动态矩阵控制	基于过程阶跃响应模型的预估控制方法，是包括反-再和主分馏塔的大型控制器
DMC 公司(美)	DMC	动态矩阵控制	基于过程阶跃响应模型的预估控制方法
KBC Process Consultants 公司(美、英)	CATOP	优化控制	用于反应和再生系统的优化控制，并可作为全炼油厂模拟系统 PETROFINE 的组成部分
Combustion Engineering 公司(美)	Simcon	推理约束控制(Inferential Constraint Control)	反应深度控制
Treirer Controls 公司(加拿大)	DPC	优化预估控制	
浙江大学与高桥石化公司	FCCU 递阶优化控制系统	分散鲁棒性控制等	反应深度控制
石油大学与兰州炼油化工总厂	反应器控制子包 FCCRSC	反应深度预估控制	反应深度控制

注：该公司已并入 Aspen 公司。

(一) 先进控制系统概述

先进控制的主要种类有复杂控制、约束控制和多变量预估控制(王立行，2000)。

鲁棒性 PID(简称 RPID)控制就属于复杂控制。RPID 是一种根据生产过程中可能出现的各种最大变化，使其调节品质累积方差最小化的“复杂控制”技术。

任何生产装置都存在着硬、软约束条件。硬约束是指装置的设备能力、安全极限，在任何生产工况下生产操作参数都绝对不允许逾越这些边界，否则会损坏设备，造成安全事故。软约束是指生产操作的合理范围、质量指标边界，如质量指标、操作规范等。由于这些约束的存在，任何装置都存在着限制扩大处理能力、提高产品收率的约束“瓶颈”，生产操作时越靠近这些“瓶颈”，越可以挖潜增效。约束控制能够保证装置在接近约束条件时平稳操作，这就是先进控制技术能够获得效益的原因，在设备合理运行的情况下增加装置的处理能力，在保证产品质量的前提下提高目的产品的收率。

多变量预估控制是以整个工艺单元作为调节对象，根据对控制功能目标的要求，选择输出的受控变量(CV)；根据可以调整的手段选择输入的操作变量(MV)和找寻客观存在的干扰变量(DV)。通过现场测试等手段建立反映这些参数之间关系的动态数学模型，据此建立集中控制器，统一协调控制所有 MV，使单元整体稳定在 CV 的目标上。多变量模型预估控制器(简称 MPC)是先进控制系统的核心部分，它是多变量输入、多变量输出和基于模型预估的控制器(冯新国，2000)。MPC 是用一个对应于所有输出对输入的动态过程模型做出的。从控制器角度看，过程输入就是 MV 和 DV，过程输出就是 CV，每一对输入、输出都有能够描述输出对应输入变化动态响应的脉冲响应(冯新国，2000)或阶跃响应(郭锦标，2000)模型，主要强调模型能够根据过程的历史信息和未来输入来预测未来输出的功能，对其结构形式并不重视。MPC 技术的基本原理为：

(1) 模型预估

通过模型对受控变量进行长时域的预估；同时对预估进行更好的反馈修正。这样不但可使控制系统易于调整，以满足各种不同要求，更重要的是提高了系统的鲁棒性。控制模型可利用实测被控过程的脉冲响应或阶跃响应而得到，使得模型建立较容易。

(2) 滚动优化

预估控制是一种最优控制策略，它的目标是使某项性能指标最小化。模型预估时，在每个采样时刻都要根据当前的预估误差重新计算控制作用的变化量，不断滚动计算，故称为滚动优化。与一般最优控制不同，它不是一次将各时刻最优控制都计算好。

(3) 反馈修正

当被控过程因工况变化时，模型及其预估值与实际过程总是有差别的。预估控制在每个采样时刻利用可测的过程变量对模型预估值加以修正，用修正后的预估值作为计算最优指标的依据；实际上这也是对可测变量的一种负反馈，所以称此过程为反馈修正。滚动优化也是利用每一采样时刻的反馈修正，按滚动方式计算最优控制。

(4) 鲁棒性

基于模型的预估控制的稳定性和鲁棒性均较好。在实际应用中，还可以采用被控变量在一定范围内实施区域控制、预估控制器输出加入一阶滤波器和适当增大控制作用的加权系数 λ 等方法增强其鲁棒性。

多变量模型预估控制器的输入/输出由三种变量组成：受控变量(CV)、操纵变量(MV)和干扰变量(DV)。控制器的设计须选择和确定控制器的变量表，然后确定控制器的模型，在 DCS 上予以实施。对于催化裂化装置控制要着重考虑如下一些问题。

(1) 反应再生系统的模型预估控制器

反应苛刻度/转化率控制和优化；再生部分的烧焦控制；反应再生系统与分馏系统的关联，如在反应再生部分考虑分馏塔底温度的控制、回炼油和回炼油浆等；反应再生系统操作约束和设备的约束等。

(2) 分馏系统的模型预估控制器

分馏系统产品质量的控制与优化；分馏塔各段的取热平衡；分馏塔底的控制；与反应再

生系统的关联；分馏系统操作约束和设备约束等。

(3) CV 的选择

根据工艺过程和系统的控制目标、操作约束和设备约束以及优化目标，选择相应的 CV。CV 应是装置操作工习惯使用的量；CV 至少与一个 MV 有关；CV 的响应线性度要好；CV 是在线分析仪检测的量时，其延迟时间要适度。

(4) MV 的选择

MV 一般是操作工常用的操作量；MV 与 MV 和 DV 之间是独立的；MV 的变化对 CV 影响较明显；MV 要有足够的调整空间，并且 MV 调整时应是连续的。

(5) DV 的选择

DV 也是独立变量，对控制器有干扰作用，不能被多变量控制器所操纵；DV 应对控制器的 CV 影响较明显；DV 值的测量要可靠。

(二) 反应-再生系统的控制

反应-再生系统的控制是催化裂化装置自控中最复杂和最棘手的一部分。两器体积很大，对某些过程的响应会显得很滞后，而对另一些过程的响应却又很灵敏，并需要快速的控制作用。因此，必须考虑多约束控制，还应该评价控制变量变化时对这些约束的动态影响。很明显，这些变量间的相互作用是很大的，它将给自控设计增加许多困难，但也正好为采用先进控制和在线优化提供了极好的机会。

1. 反再系统的控制目标和约束

应用 MPC 控制系统首先要明确其控制目标，从而确定操作变量、受控变量及干扰变量。RFCC 装置反应再生系统的控制目标可分为两部分：一是反应系统控制目标，如调整反应深度，改变产率分布，提高目的产品的产率和质量，以获得最大的经济效益；二是再生系统控制目标，如满足装置约束，控制再生温度稳定，保障设备安全；控制烟气中过剩氧含量，避免二次燃烧；在不同的焦炭产率下达到热平衡。

2. 三种变量的选择

CV 可分为两类：约束变量和优化变量。约束变量为设备本身条件要求或工艺过程要求，如再生器温度，受催化剂热稳定性的限制，一般在 700℃左右，只要不超过上限，多变量预估控制器就不需要调节。反再系统的约束变量通常有：一再稀相和密相温度、一再烟气氧含量和 CO 含量、二再稀相和密相温度、反应压力、回炼油罐液位等(李文杰，2000)。优化变量是实施先进控制所要优化的变量，如预估汽油产量等，与经济效益密切相关。在 MV 有余量时要对优化变量进行优化，使经济效益最大化。反再系统的优化变量有：预测转化率、预测的干气、液化气、汽油、LCO、油浆产量和预测的焦炭产量等。

MV 选择必须对工艺过程深入了解，选择合适的操作变量。影响裂化深度的主要工艺指标是提升管出口温度，其常用的操作手段是分别调节再生滑阀开度、急冷油量等。而影响反应压力的变量主要是气压机转速、原料油和雾化蒸汽量。在气压机或分馏塔顶冷却器允许的情况下，预提升蒸汽或预提升干气可以灵活调节反应时间。再生系统主要的操作变量有一再主风量，它用于调节一再、二再烧焦比例；外取热器下滑阀开度用以调节二再温度。因此多变量预估控制器的优势就在于同时综合运用多个调节手段，以最小的动作达到操作目标。

反应再生系统的 DV 有：原料性质(包括密度、残炭、馏程、特性因数等)、二再主风量(或总主风量)、外取热器流化风量、回炼油量、回炼油浆量等。

3. 反再系统控制策略简述

反再系统是一种极为复杂的热量、物料与压力平衡及复杂的反应动力学过程。通常将反再系统的控制策略分解成下列5个有机相连的子功能(Cutler，1993；郭锦标，2000)。

(1) 再生器烧焦控制

再生器烧焦控制的最终目标是满足再生催化剂碳含量(CRC)小于0.1%，并向反应提供热源，烧焦控制属于热平衡控制的范围。CRC与再生器床层温度、氧含量有关。烧焦控制一般体现在两个方面：其一是总进料的流量及其性质和转化率的控制；其二是控制再生器操作，亦即通过调节再生条件保证CRC，并保证床层及烟气温度、氧含量满足规定的约束。

(2) 提升管反应苛刻度控制

控制提升管反应苛刻度即是控制裂化反应的深度，裂化深度主要受催化剂、操作条件、原料性质等三方面因素的影响。平衡催化剂活性的影响以反馈方式处理。操作条件的影响包括反应温度、反应压力、反应时间、剂油比影响等，反应温度是最重要的影响因素，它决定了裂化反应动力学速度常数。在同样的反应温度下剂油比的大小影响着催化剂的重油转化能力，因而影响剂油比的因素都应加以控制。回炼油流量的大小将影响原料的组成，如总进料的康氏残炭和芳烃组成。由于转化率与以上三方面存在着非线性关系，因而通常采用反应温度作为裂化深度的间接控制目标。正因为其他操作条件对反应深度的干扰，固定不变的反应温度并不能保证转化率的恒定，因而应直接使用转化率作为控制目标。在线工艺计算可以提供所需要的实时转化率。

(3) 分馏塔底液位、温度控制

对分馏塔底相关温度和液位进行控制的主要目的，是从塔底油浆回路取走足够的热量以保证分馏塔的总体热量分配。该控制受反应条件、分馏塔中段操作条件、分馏塔底的操作等三方面的影响，其中分馏塔中段操作条件因不属于反再系统控制，所以只能作DV来处理。该控制目标为回炼油(RCO)罐液位、分馏塔底液位、一层板下温度、塔底温度等，其中塔底液位及塔底温度应控制在较低的狭窄范围内，以防止塔底油浆的结焦。反应条件的影响，主要体现在反应深度与反应压力上。反应深度对一层板下温度、RCO罐液位、分馏塔底液位及温度均有影响，其对两个液位的影响尤为重要，为此在分馏塔底自身调节困难时，用反应深度来调节两液位。反应压力也明显影响两液位，尤其是塔底液位，这主要是由于压力改变了产品的分布。

(4) 压力平衡及阀位控制

压力平衡及阀位控制的目的是保证催化剂在各反应器间的流动，并兼顾压力对反应动力学的影响。沉降器、再生器压力会影响压力差以及相应特种阀阀位，压力平衡还在短时间内影响催化剂藏量的分布。反应压力与二再压力影响再生催化剂的流动，进而影响提升管反应温度，后者又反过来影响反应压力。反应器和再生器压力均影响旋风分离器的运行。从动力角度看，反应压力改变了油气分压与反应时间以及油与催化剂的接触面积，进而影响裂化反应。

(5) 收率极限控制(简单经济目标优化)

收率极限控制系指在满足前面各种约束控制的前提下，尽可能地调整可用的相关调节手段，按指定经济指标把产率指标(或其组合)推向极限。转化率是重要的约束，作为直接的调节手段有新鲜进料量、回炼油量、提升管出口温度和反应压力等。新鲜进料量的调整则完成了装置处理量最大化问题，这也是最重要的效益来源之一。

FCC过程优化控制系统主要包含三个层次：稳态优化、多变量约束控制和常规控制。它们之间的关系如图7-80所示，但不同的控制软件包开发公司提供的具体实施方案是多种多样的。国内多套催化裂化装置采用了不同公司开发的多变量预估控制技术，取得较好的经济效益(黄晓华，2002；徐世泰，2000；陈俊武，2005)。

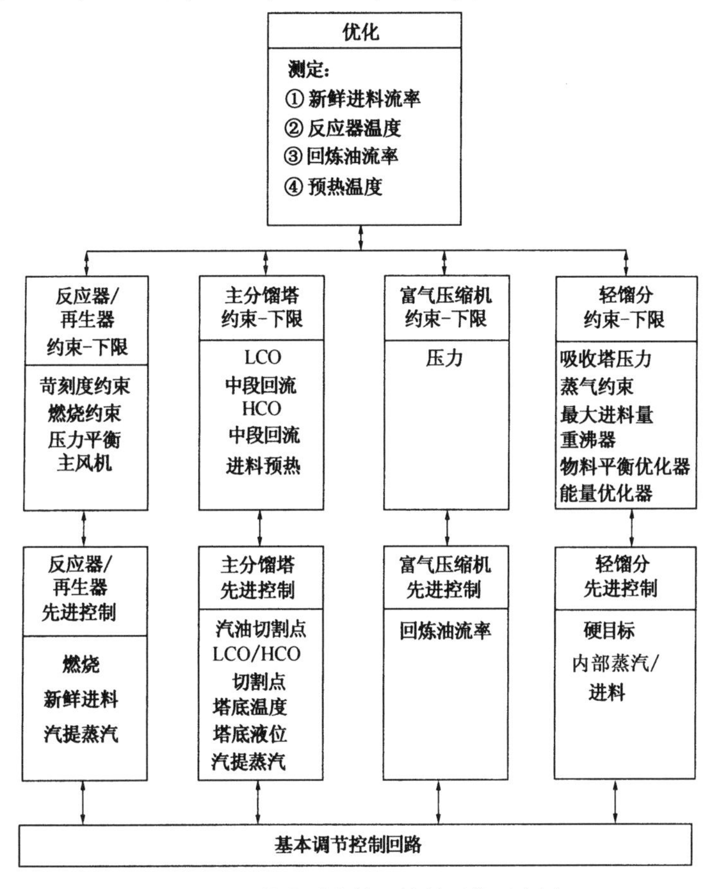

图7-80　催化裂化装置控制系统示意图

(三)在线工艺计算技术

在APC技术应用的工程环境中，除了必不可少的硬件和软件环境外，还必须有良好的在线工艺计算技术的支撑。直接快速可测的过程信息(如温度、流量、压力、液位等)只能反映被控过程的间接控制目标，而直接或最终的控制目标则往往是不可测量，或不可准确迅速测量的参数，例如原料油的转化率、目的产品的产率和质量等。除了直接控制目标外，从工艺角度看有时也需要对某些间接工艺指标进行在线计算，比如精馏塔内气液负荷等。在线分析仪虽然能部分地解决这些问题，但是由于其维护费用高以及测量滞后，从而影响了其直接应用，为此在线工艺计算成了提供这些工艺参数及时“测量”值的重要手段。

1. 在线工艺计算模型

FCC装置中一些不可测量或难以实时测出的变量，例如反应苛刻度、目的产品产率和性质、催化剂循环量和烟气组成等等，往往成为APC中直接的控制目标。由于裂化反应产物一般均由后续的分离过程进行分离才能得到最终产品，因而明显受到其后续分离操作的影响，并且明显发生滞后。所以有必要直接根据实时的反应条件，依据裂化反应动力学规律，来直接预测转化率与产率分布、产品性质，称为在线工艺计算模型（陈俊武，2005；刘现峰，2002；吴峰，2000）。

2. 在线软仪表的开发

从已实施APC控制的催化裂化装置来看，在线分析仪的使用并不尽如人意，有些装置还由于在线分析仪不能长久正常工作，不得不切下APC，回到常规控制模式，使得APC在装置应用上成为一种摆设，没能真正发挥APC的作用。因此在这种情况下可以考虑采用合适的软仪表（如回归计算模型）来替代在线分析仪，以保证APC的顺利实施（陈俊武，2005）。例如，在吸收稳定系统控制器中，受控变量有三个，分别是干气中C_3^+组分、液化石油气中的C_2^-和C_5^+组分，这三个受控变量分别有不同的控制目标，干气中C_3^+组分尽可能少一些，液化石油气中的C_2^-和C_5^+组分希望控制在一定范围内。选用常见的线性回归方法，基于现场的所测定数据，建立较为理想的数学模型，作为在线软仪表使用（许国虎，2001）。

3. 反应器流出物取样装置

优化控制催化裂化装置要求快速准确地测出操作参数对产率的影响，以便及时地反馈给控制系统。但不幸的是产品均在分馏和吸收稳定部分取出，离开反应器的时间过长，因此产生严重的滞后。此外，有时还有外来物流进入吸收稳定部分，使得装置的物料平衡难以确定。为了解决这一问题，Refining Process Service公司开发了称为RMS的反应器流出物取样装置（Chamagna，1989），它包括钻头、探头、盘管冷却器、气体流量计和取样袋等，可在15min内取出足够供分析用的气、液两相试样。自1988年以来，这一采样技术已在几百套催化裂化装置上使用，它被认为是确定催化裂化实时产率的最准确方法，对优化操作策略、评价原料、催化剂和设备改进，以及对在线优化程序数据库的更新和改进都有很大作用。

三、两器系统稳定性分析

在催化裂化装置的优化和控制中，对“反应-再生系统”的操作进行稳定性分析是一项重要的研究课题。通常，稳定的化学反应系统不仅处于压力平衡、物料平衡状态，特别还处于热平衡状态中，即系统呈现出定常态（也即在某一平衡状态下操作）。但由于外界或控制系统方面发生波动（即出现干扰）时，会破坏原来的平衡状态。当干扰的因素消除后，系统能否恢复到原来的平衡状态，就涉及到定态的“稳定性”（Stability）问题。

然而，由于反应物的反应速率方程大多数呈现出非线性，而使模拟反应体系的数学方程的解常常为多重解。因此，许多化学反应系统都会遇到多重定态（Multiple Steady States）的问题。对具有多重定态的反应系统，讨论其平衡状态（奇点）邻域上的稳定性问题，则可称为“局部稳定性”（Local Stability）问题。

在化学反应器多重定态方面已有大量的研究报道（Bilous，1955；Luss，1968；Michelsen，1972；Farr，1986；Balakotaiah，1982），而对催化裂化装置多重定态和局部稳定性的研究工作也相当活跃（Elnashaie，1979；1980；Bromley，1981）。Iscol（1970）就研究了催化裂化装置多重定态的问题，认为由两个流化床组成的反-再系统具有多个定态操作点，而在实际操作区域内操作点可能是不稳定的。Lee等（1973；1976）在较多的假设条件下，认为反-再系统仅有一个独特的定态操作点而且是稳定的，但普遍认为催化裂化装置存在“多重定态”，其操作点往往处于中间的非稳定“定态”附近（Edwards，1988；Elshishini，1990a；1990b；Seko，1982）。

(一) 化学反应系统的“多重定态”现象

若以研究较多的连续搅拌槽式反应器(CSTR)为例，当其为某种一级不可逆放热反应体系时，转化率即可表示为：

$$C = kt/(1 + kt) \tag{7-194}$$

式中，C 为转化率；t 为反应时间；k 为反应速度常数。并由下式给出：

$$k = A_0 \exp(-E_a/RT) \tag{7-195}$$

式中，E_a为活化能；R 为气体常数；T 为反应器出口温度。而生成热量速率 Q_g为转化率的函数：

$$Q_g = F(-\Delta H)C \tag{7-196}$$

取出热量速率 Q_r为：

$$Q_r = FC_p(T - T_f) + Q_L \tag{7-197}$$

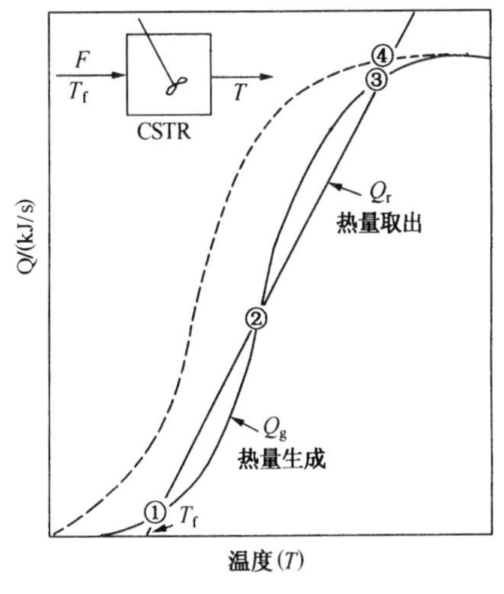

图 7-81　典型的多重定态行为

式中，F 为进料速度；C_p为比热容；T_f为进料初始温度；Q_L为体系热损失。根据方程式(7-196)和式(7-197)可以作出图 7-81。

图 7-81 中的热量生成曲线 Q_g和热量取出曲线 Q_r均为 T 的函数，只有当它们相交时反应体系才能出现满足热平衡的定态(即热量生成和取出的速率相等)。在催化裂化中除了进、出物流的显热变化外，裂化反应的吸热也是作为热量取出项考虑的。

由于 Q_g曲线呈“S”型，因此两条曲线有三个交点(标号 1、2 和 3)，也即此 CSTR 可以在三个不同的转化率下操作(即使所有的外部输入条件，如进料流量、温度和入口处反应物的浓度等都相同)。体系表现出“多重定态”特性。

图 7-81 中的点 1 称为“熄火”状态；点 3 称为“着火”状态；对于一级不可逆放热反应来说，点 2 常被认为是中间“非稳定”状态。点 2 非稳定性的必要(但不是充分)条件可由以下分析来说明，如果某种轻微的干扰使反应温度增加(即点 2 向右轻微移动)，此时 $Q_g>Q_r$，整个反应就会趋向“着火”状态。同样的道理可说明点 1 和点 3 是稳定的，因为任何的偏离都会产生使反应回到起始点的驱动力。

根据上述分析，可以推导出稳定定态的判据(即稳定条件)：

当 $dT>0$ 时，则
$$d(Q_r-Q_g)>0 \tag{7-198}$$

$dT<0$ 时，则
$$d(Q_r-Q_g)<0 \tag{7-199}$$

即
$$\frac{dQ_r - dQ_g}{dT} > 0 \tag{7-200}$$

$$\frac{dQ_r}{dT} > \frac{dQ_g}{dT} \tag{7-201}$$

为稳定定态的判据。而

$$\frac{dQ_g}{dT} > \frac{dQ_r}{dT} \tag{7-202}$$

为不稳定性的充分条件。

如果设法增加反应的本征速度，那么 Q_g 曲线就会左移至图 7-81 中的虚线位置，此时无论反应器的操作从何处开始，都会立即进入“着火”状态，点 4 就是唯一的 Q_g 与 Q_r 相等的点，即唯一的定态。这种状态有点像催化裂化装置中的完全燃烧操作方式。同样，如果 Q_r 曲线发生变化(例如斜率变化、位置左移或右移等)，也有可能使 Q_g 曲线与 Q_r 曲线仅出现一个交点。因此，不论是“多重定态”还是“唯一定态”，都是有条件的，这在反应器设计、操作条件选择和优化控制中都必须充分注意。而这些原理也完全可用于催化裂化装置的稳定性分析。

（二）FCC 装置的“多重定态”研究

FCC 装置中所有的主要反应都是在反应器中发生的，总体上其热效应是吸热的，在动力学上也是单调的。因此反应器不是系统“分叉行为”(bifurcation behavior)的根源。由于焦炭的燃烧反应而使再生器成为高度放热的，因此它才是工业装置“分叉行为”的根源。反应-再生系统中的各种化学反应和热效应是十分复杂的，而对系统热平衡有影响的种种因素也是纵横交错的。由于反应器和再生器之间存在强烈的制约关系，而使 FCC 装置呈现出复杂的瞬时动态特性，在操作波动时难以实现令人满意的操作控制，因此对装置进行稳定性分析时，必须依据较完善的动力学模型和流动模型。例如 Edwards 等(1988)研究工作是建立在关联模型基础上的；Bromley 等(1981)建立了一个结构分析控制模型；Elshishini 等(1990a；1990b)和 Elnashaie 等(1993)等则采用 Weekman 的三集总动力学模型和两相流动模型来分析反应-再生系统的非稳定特性，以指导装置的优化和控制。表 7-64 列出了七种模型的基本特征，还有 Aebel 模型(Aebel，1995a；1995b)。这些模型在复杂化程度上以及在表达不同过程速率的经验性程度上是各不相同的；这些模型的基本特征和结构也是互不相同的，而使用较多的是表 7-64 中最后的两种 E-K 和 E-E 模型。

表 7-64　用于模拟工业 FCC 装置各种模型的某些基本特征

模型 \ 特征	两相模型	汽油生成动力学	焦炭生成动力学	焦炭燃烧动力学	预测出多重性	用工业数据验证
L&L (Luyben and Lamb，1963)	NO	YES	YES	YES	NO	NO
K(Kurihara，1967)	NO	NO	YES	YES	NO	NO
I(Iscol，1970)	NO	NO	YES	YES	YES	YES
L&K(Lee and Kugelman，1973)	NO	NO	YES	YES	NO	YES
E&E(Elnashaie and El-hennawi，1979)	YES	YES	YES	YES	YES	NO
E&K(Edward and Kim，1988)	NO	NO	YES	YES	YES	YES
E&E modified(Elshishini and Elnashaie，1990)	YES	YES	YES	YES	YES	YES

1. E & K 模型

图 7-82 为 Edwards 等(1988)用数学模型计算的某工业催化裂化装置的 Q_g 和 Q_r 曲线图。装置通过“局部反馈控制回路”将下列操作变量维持恒定：F_0—进料速率(FRC)；T_f—进料温度(TRC)；T_r—提升管出口温度(TRC)和 F_a—主风流量(FRC)。但 Q_g 和 Q_r 两条曲线仍可在三种再生器床层温度 T_{rg} 下相交，分别在 896K，952K 和 997K 处，表现出催化裂化装置定态的多重性。

由于用自控将 T_r 保持恒定，因此催化剂循环量 F_c 必定随 T_{rg} 的升高而降低，总的焦炭产率 C_f 也应随 T_{rg} 的升高而减少，同时再生催化剂的含碳量(C_{rc})会相应降低，平衡剂的活性提高。由此，图 7-82 中 Q_g 曲线的形状可解释为：当装置处于 CO 完全燃烧操作时(点 3)，随

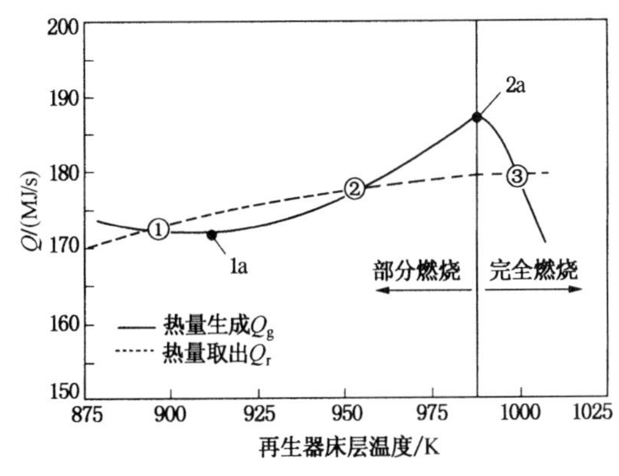

图 7-82 催化裂化装置操作中的多重定态

着 T_{rg}的降低(从点 3 到 2a)和 F_c的增加，会造成 C_f增加，因此释放的热量也迅速增加。在点 2a 处，几乎所有的过剩氧都烧掉，在烟气中开始出现 CO。而当部分燃烧操作时(点 2a 和 1a 之间)，随着 F_c的增加和 T_{rg}的下降，烟气中的 CO 含量随之上升，C_f和 C_{rc}也均增加。随着更多的 CO 产生，当操作由点 2a 移向 1a 时，总的释放热量就会减少。此外，当 T_{rg}低于点 1a 时，平衡剂的活性将随 C_{rc}的上升而迅速下降，因此生焦速率也有所下降，在这些条件下 CO_2/CO 的比例会再一次上升，而使 Q_g相应地增加。

按照上述 CSTR 中类似的局部稳定性分析，点 2 也是中间“非稳定”操作点。当有扰动使它向点 1 漂移时，最终会出现所谓的“炭堆”现象；而向点 3 漂移时则会出现“后燃”现象。Edwards 等的研究表明，这两种现象与催化剂的活性衰减特性有较大的关系，无定形硅铝催化剂比沸石催化剂更易发生“炭堆”和“后燃”。Lee 等(1976)研究表明：增加主风量将会形成唯一的稳定态(即保持在完全燃烧的状态)，这类似于图 7-81 中虚线上的点 4。此外，如果通过调节主风量，将烟气中的 CO%保持一定，则在某个限定的再生器温度范围内，点 2 附近的操作可以满足稳态的必要条件。

在 E & K 模型中包括了整个装置(反应器+再生器)总的焦炭平衡，以及再生器的热量平衡，其形式如下：

$$\mathrm{d}(I_c C_{rc})/\mathrm{d}t = R_{cf} - R_{cb} \tag{7-203}$$

$$\mathrm{d}(I_c C_{pc} T_{rg})/\mathrm{d}t = Q_{cb} - Q_r \tag{7-204}$$

式中 R_{cf}——反应器中生焦速率，kg/s；

R_{cb}——再生器中烧焦速率，kg/s；

Q_{cb}——焦炭燃烧热，kJ/s；

Q_r——再生器中取热速率，kJ/s；

I_c——催化剂总藏量，kg；

C_{rc}——再生催化剂上的含碳质量分数,%；

C_{pc}——催化剂的比热容，kJ/(kg·K)；

T_{rg}——再生器床层温度，K。

在 E & K 模型中还额外考虑了反应器中焦炭和热量的积累量，但由于 FCC 装置中提升管反应器中的催化剂藏量不足整个系统催化剂总藏量的 1%，因此在 E & K 模型中将不予考虑。方程式(7-203)的右边两相用下列两个函数形式表达：

$$R_{cf} = R(t_c,\ T_{rx},\ C_{rc})F_c + S_t(T_s,\ P_{hc})F_c + A_d(T_f,\ T_{rg},\ C_f)F_o \tag{7-205}$$

$$R_{cb} = B_c(T_{rg},\ C_{rc},\ I_c,\ P_{O_2}L_m) \tag{7-206}$$

式中 t_c——反应器中催化剂的停留时间，s；

T_{rx}——反应器温度，K；

F_c——催化剂循环速率，kg/s；

T_s——汽提器温度，K；

P_{hc}——汽提器中的烃分压，10^5Pa；

T_f——原料油温度，K；

C_f——原料油残炭的质量分数,%；

F_0——原料油进料速率，kg/s；

$P_{O_2}L_m$——再生器中氧分压的对数平均值。

方程式(7-205)右边第一项表示由裂化反应生成的“催化焦”项 R；第二项表示汽提器中夹带的“可汽提焦”项 S_t；第三项表示“附加焦”项 A_d。“催化焦”的生成主要受到装置中催化剂的活性影响，而该活性又与 C_{rc}、T_{rx}和 t_c有关联；“可汽提焦”则受 T_s和 P_{hc}的影响；而“附加焦”既是 C_f的函数，又受到原料油温度(T_f)和再生剂温度(T_{rg})的共同影响。此外，对方程式(7-206)的有关假定是；再生器中含炭催化剂颗粒是全返混的；气体以平推流的形式通过催化剂床层。

方程式(7-204)的右边两项用下列函数形式表达：

$$Q_{cb} = Q_c(F_a,\ R_{cb},\ H_{cb}) \tag{7-207}$$

$$H_{cb} = H_c + \frac{H_{co}CO_2}{CO_2 + CO} + \frac{H_h X_h}{1 - X_h} \tag{7-208}$$

$$Q_r = F_a C_{pa}(T_{rg} - T_a) + F_c C_{pc}(T_{rg} - T_{rx}) + Q_1 \tag{7-209}$$

式中　F_a——进再生器的空气流率，kg/s；

H_{cb}——燃烧的热焓，kJ/s；

H_c——炭燃烧成 CO 的热焓，kJ/kgC；

H_{co}——CO 燃烧成 CO_2的热焓，kJ/kgCO；

H_h——H_2燃烧成 H_2O 的热焓；kJ/kg；

X_h——焦炭中氢的质量分数；

C_{pa}——空气的比热容，kJ/(kg·K)；

T_a——空气的温度，K；

T_{rx}——反应器的温度，K；

Q_1——热损失，kJ/s。

此外，当假定原料油(如某馏分油)的转化率 x 是已知的，并且催化剂滑阀(或塞阀)的特征响应时间远小于整个系统的特征响应时间(I_c/F_c)时，即可使用下列拟稳态关联式来计算催化剂的循环速率：

$$F_c C_{pc}(T_{rg} - T_{rx}) + F_o C_{po}(T_f - T_{rx}) - F_o(H_v + xH(x)) = 0 \tag{7-210}$$

$$x = x(T_{rx},\ T_{rg},\ C_{rc},\ F_c,\ F_o) \tag{7-211}$$

式中　H_v——原料油蒸发的热焓，kJ/kg；

H_x——裂化反应吸热量(是转化率 x 的函数)，kJ/kg。

E & K 模型对于复杂的工业 FCC 装置比较实用，作者通过对这些装置行为的研究，认为确实存在“多重定态”现象，如图 7-82 所示，并且还阐明了由于“多重定态”的存在，装置出现的某些病态行为。但是在承认系统存在这种分叉行为的结论时，必须注意以下两点：

(1)“多重定态”与催化剂循环速率 F_c之间的关系

如果 F_c太低，则在反应器中吸热反应所需的热量将锐减，而造成裂化反应几乎停止，继而使生焦反应停顿，因此再生器的焦炭来源就会锐减，整个系统将“熄火”(quench)；当

F_c太高时，则供给反应器的热量太多，而使反应温度超高发生过度裂化，并产生大量焦炭，继而输入再生器而出现“着火”(ignition)，同时汽油产率也会大量丧失。而实际上绝大多数工业装置中，F_c采用的是中等数值，其温度适中且具有高的汽油产率，这是一种中间非稳定“定态”。“quench”可称为“低温定态”；“ignition”则称为“高温定态”。对任何固定F_c值的范围内，确实存在“多重定态”。

(2) 多重性与再生器燃烧完全程度的关系

由于高度放热的再生器是多重性的根源，因此 Elshishini 和 Elnashaie 认为实际上是再生器中炭的完全燃烧，才造成了多重性的较大范围，这一点已得到证实。

2. E & E 改良模型

E & E 改良模型采用三集总模型，其反应网络、动力学速度常数和反应热如下：

$$\text{馏分油}\xrightarrow{k_1}\text{汽油}\xrightarrow{k_2}\text{焦炭}+\text{气体}$$
$$\text{馏分油}\xrightarrow{k_3}\text{焦炭}+\text{气体}$$

$$k_1=4.468\exp(-20833.3/RT)\quad m^3/(kg\cdot s),\ \Delta H_1=601.92kJ/kg;$$

$$k_2=10773.5\exp(-75240/RT)\quad L/s,\ \Delta H_2=7524kJ/kg;$$

$$k_3=17.092\exp(-37620/RT)\quad m^3/(kg\cdot s),\ \Delta H_3=8125.92kJ/kg。$$

同时采用简化的烧焦速率方程(Kunii，1969)：

$$C_B=K_C(1-X_B)C_A\qquad \text{kg 烧去的焦}/(\text{kg 固体}\cdot s)\tag{7-212}$$

$$K_C=1.6821\times10^8\exp(-118895.9/RT_G)m^3/(kmol\cdot s)$$

式中　K_C——烧焦速率常数，$m^3/(kmol\cdot s)$；

X_B——烧焦量/总焦量；

C_A——氧浓度，kg/m^3。

并采用 Nelson 关联式(Nelson，1985)，计算焦炭的燃烧热(kJ/kg)：

$$(-\Delta H_c)=\{4100+10100[CO_2/(CO_2+CO)]+3370(H/C)\}\times2.326\tag{7-213}$$

式中，$CO_2/(CO_2+CO)$为烟气中这些气体的体积比；H/C为焦炭中的氢碳原子比。

反应器的热损失假定为催化剂带入热量的0.5%；再生器的热损失假定为焦炭燃烧放出热量的0.5%。

采用 Kunii 等(1969)的简化两相模型并作了如下假定，来计算流化床两相模型的动力学参数：

① 气泡相中没有反应发生；

② 对于质量和热量来说，密相为完全混合而气泡相为平推流；

③ 气泡相和密相间气体的交换通过气泡的流动和扩散进行；

④ 平均气泡直径适用于整个床层；

⑤ 除了馏分油的扩散系数、密度以及空气的密度(均为温度的函数)外，反应热和物理性质均为常数；

⑥ 在再生器中采用过剩空气。

E & E 改良模型基于早期由 Elnashaie 和 El-Hennawi 开发的模型并如下改进：

(1) 对反应器和再生器的气体体积流速在入口和出口之间做了平均

再生器中由于碳的不完全燃烧生产 CO 和氢的燃烧导致了摩尔数的增大，出口处气体的体积流速如下：

$$G_G = (0.5P_H + 0.5P_{CO})\frac{R_{CD}RT_G}{100P_G} + \frac{F_ART_G}{29P_G} \tag{7-214}$$

式中　P_H——焦炭中氢的质量分数；

P_{CO}——烟气中 CO 占($CO+CO_2$)的体积分数；

R_{CD}——生成的焦炭量，kg/s。

反应器出口处气体的体积流速如下：

$$G_R = \left[\frac{X_1}{M_{GO}} - \frac{X_2}{M_{GS}} - \frac{(1-X_1-X_2)(1-CORR)}{M_G}\right] \times \frac{F_GRT_R}{P_R} \tag{7-215}$$

式中，M_{GO}、M_{GS}、M_G代表馏分油、汽油和气体的相对分子质量，$CORR$ 为焦炭/(焦炭+气体)的质量分数。

(2) 汽油和馏分油会部分裂化成为更轻的烃类

由于 El-Hennawi 采用的裂化热是基于烃类完全裂化成碳和氢的，因而对裂化热的估计过高。在进行模拟研究时他们不得不乘以 0.33 的因子，这是因为馏分油和汽油的裂化是生成更轻的烃类和焦炭。修正的反应热包括了所有的裂化反应热(Nelson，1985)，它们与工业上应用的实际值很接近。

(3) 轻烃气体与焦炭一起集总

Weekman 的动力学网络中将轻烃气体与焦炭一起集总，这不适用于工业 FCC 装置的模拟，因此在计算轻烃气体数量时，可由工业装置数据中的焦炭/(焦炭+气体)的质量比来求得。

(4) 回炼量

Weekman 的动力学网络中没有考虑 HCO(重循环油)、CSO(澄清油)、LCO(轻循环油)的生成，而这三者都是馏分油裂化产物的组分。唯一的回炼组分是 HCO，这可以从工业数据获得的 HCO/(HCO+CSO+LCO)的比例来求得。

E & E 改良模型已成功地模拟了两套工业 FCC 装置，并发现这两套装置均在中间“定态”的情况下操作，最大汽油产率均出现在“多重性区域”，特别是处在不稳定的马鞍形态下，而且“多重性区域”覆盖了很宽的参数范围。图 7-83 表明了这种状况，其中图(a)为热函数 F_Y与无因次反应器出口温度 Y_R的关系图；图(b)为相应的未裂化馏分油(X_1)和汽油(X_2)产率的分布图。图中 F_Y即为(生成热量-取出热量)；而 $Y_R=T_R/T_{rf}$(T_R为反应器温度，K；T_{rf}为基准温度，K)。

图 7-83 清楚地表明两套装置均在中间的非稳定“定态”下操作，并且都不在最大汽油产率条件下操作(有轻度的飘移)。通过模型对操作参数的详细研究可以明显看出，不稳定的中间“定态”附近的优化问题，与稳定的“高温定态”附近的有明显不同。体系的汽油产率和稳定性之间存在相应关系：即在某些情况下，高产率所对应的操作点很接近于临界的分叉点。但在该点附近操作，则反应器很容易发生“着火”(ignition)—即反应温度超高而产物过度裂化。此外，Elshishini 等(1990a；1990b)还研究了催化剂循环速率 F_c、气泡直径、再生器燃烧完全程度以及原料油组成等对分叉点的影响。

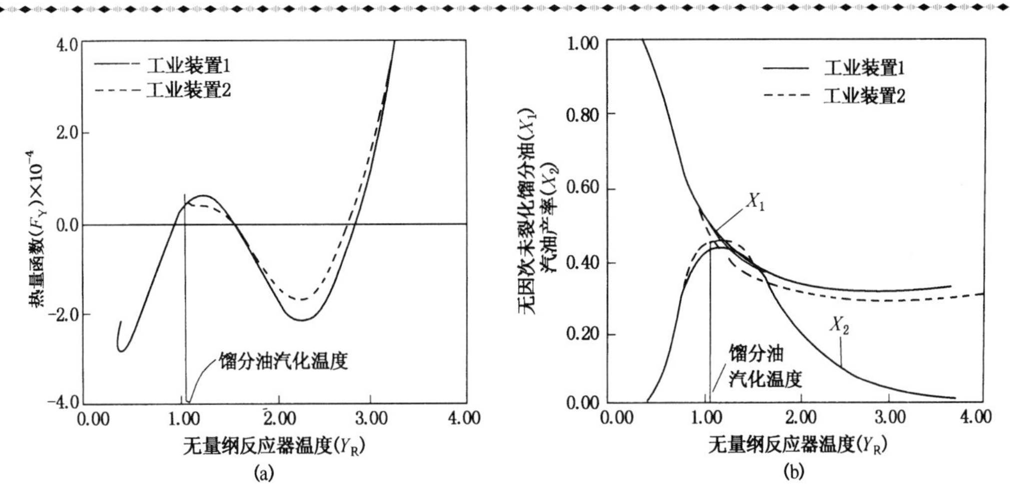

图 7-83　(a)装置 1 和 2 的热函数；(b)装置 1 和 2 的转化率和汽油产率

3. Aebel 模型

Aebel 等(1995a；1995b)在研究 FCC 装置的"多重定态"问题中，采用的 FCC 模型的主要特点如下：

(1) 反应器

由于主要目的是研究定态控制和反应器的特性，因此采用了 Jacobs 等(1976)的十集总动力学模型，它能够根据原料油性质自动调节反应速度常数。

① 原料油裂化平衡：

$$\frac{\mathrm{d}Y_{\mathrm{i}}}{\mathrm{d}h} = \tau_{\mathrm{r}} A \rho_{\mathrm{c}} \frac{(1-\varepsilon)}{\varepsilon} \phi \frac{1}{1+K_{\mathrm{h}} Y_{\mathrm{rh}}} \sum_{k=1}^{9} \alpha_{\mathrm{ik}} y_{\mathrm{k}} k_{\mathrm{ko}} \mathrm{e}^{-E_{\mathrm{k}}/RT} \qquad (7-216)$$

式中　Y_i——原料油或产物中集总 i 的质量分数；

h——无因次的提升管高度 ；

τ_r——提升管中的停留时间，s；

A——催化剂的相对活性；

ρ_c——催化剂的密度，kg/m^3；

ε——提升管或再生剂床层的空隙率；

ϕ——失活函数；

K_h——重芳烃吸附速率常数；

α_{ik}——集总 i 和集总 k 之间的化学计量系数；

K_{ko}——集总 k 裂化速率的指前系数；

E_k——集总 k 裂化速率的活化能。

② 焦炭平衡(Voorhies，1945；Benjamin，1980；Sapre，1991)：

$$\frac{\mathrm{d}C}{\mathrm{d}h} = \tau_{\mathrm{r}} A_{\mathrm{Z}} k_{\mathrm{cco}} \mathrm{e}^{-E_{\mathrm{cc}}/RT} \left(\frac{\psi}{100}\right)^{1/b} b c^{1-1/b} \qquad (7-217)$$

式中　C——裂化期间催化剂上的焦炭质量分数；

C_{rgc}——再生催化剂上的焦炭质量分数；

α——进入提升管底部时的 C_{rgc} 分数(基准情况为 1.0)；

z——催化剂的相对生焦速率，kg/s；

k_{cco}——生焦速率的指前系数；

E_{cc}——生焦速率的活化能；

ψ——原料油的生焦倾向函数；

b——生焦速率表达式中的幂(基准值为 1/3)。

式(7-216)中的 ϕ 是表示催化剂的含碳量对裂化速率影响的因子，这是假定它为 $C^{1-1/b}$，其中 b 是催化剂类型的函数，取值范围为 0.2~0.5，因此模型中催化剂的活性就不会局限于烧白催化剂。Z 是表征催化剂焦炭选择性的因子。该方程表明在一定的转化率下，生焦量与剂油比无关，只是催化剂性质、原料组成和温度的函数。

原料油的生焦倾向函数已由 Gross 等(Benjamin，1980)给出：

$$\psi=0.631Y_{pho}+0.297Y_{Nho}+0.773Y_{Aho}+2.225Y_{Rho}+0.631Y_{plo}+0.11Y_{Nlo}+1.475Y_{Alo}+0.0727Y_{Rlo}$$

③ 热平衡(Jacob，1976)：

$$\frac{dT}{dh}=-\frac{F_{tf}}{F_{rgc}C_{p,c}+F_{tf}C_{p,fv}}\sum_{i=1}^{9}\left|\frac{dy_i}{dh}\right|\Delta H_{ri} \tag{7-218}$$

$$T_{(h=0)}=\frac{F_{rgc}C_{p,c}T_{rgn}+F_{tf}C_{p,fl}T_{feed}-\Delta H_{evp}F_{tf}}{F_{rgc}C_{p,c}+F_{tf}C_{p,fv}} \tag{7-219}$$

式中　T——状态相关温度，K；

T_{rgn}——再生器密相床温度，K；

T_{feed}——原料油温度，K；

F_{tf}——原料油流率，kg/s；

F_{rgc}——再生催化剂流率，kg/s；

$C_{p,c}$——催化剂的比热容，kJ/(kg · K)；

$C_{p,fv}$——原料油蒸气的比热容，kJ/(kg · K)；

$C_{p,fl}$——液态原料油的比热容，kJ/(kg · K)；

ΔH_{evp}——原料油的汽化热，kJ/kg；

ΔH_{ri}——集总 i 的裂化热，kJ/kg。

(2) 汽提段

对汽提段进行了焦炭平衡，催化剂藏量平衡和热平衡。模型中采用了一个非常简单的汽提段模型，其未汽提烃的量 γ(占单位质量催化剂)只是(水蒸气/催化剂)之比的函数：

$$\gamma=0.0002+0.0018(1-ks) \tag{7-220}$$

式中　s——进入汽提段的蒸汽流率，kg/s；

k——表征(蒸汽/催化剂)之比影响的常数，它是汽提段设计形式的函数。

式(7-220)是假设未汽提烃的总量为 0.2%(占单位质量催化剂)，而完全汽提后的量是 0.02%(占单位质量催化剂)。

(3) 再生器

再生器的特性直接影响系统的动态特性和定态行为，这是由于绝热系统要求焦炭的生成和燃烧必须保持平衡，所以再生器内焦炭生成的热量是一个很关键的值。当主风量给定时，燃烧热就是烟气组成的函数。焦炭中所有的氢都转化成水蒸气；碳则转化成 CO 和 CO_2。而生成 CO_2 所释放的热量几乎是生成 CO 所释放热量的 3 倍，因此 CO_2/CO 比值对热平衡的影响就是非常关键，也就要求模型能正确预测操作条件变化对 CO_2/CO 比值的影响。但这种影响是相当复杂的，在催化剂表面发生的 CO 生成 CO_2 的反应中，助燃剂、催化剂类型和其表面沉积的金属都有催化作用；此外在气相中 CO 继续生成 CO_2 的均相反应，是一种复杂的自由基反应。在以往的模型中，有的采用固定的 CO_2/CO 比值，有的利用经验关联式。

而 Aebel 模型中，在基准条件下采用了 Weisz 等(1966)提出的速度常数，此外还在实验室中测定了某类催化剂对 CO 生成 CO_2 反应的催化活性并进行应用，在模型中把它作为一个可调节的参数。其动力学模型主要特点如下：

① 再生器中发生的四种反应：

Ⅰ　$C+1/2O \xrightarrow{k_1} CO$

Ⅱ　$C+O_2 \xrightarrow{k_2} CO_2$

Ⅲc　$CO+1/2O_2 \xrightarrow{k_{3c}} CO_2$

Ⅲh　$CO+1/2O_2 \xrightarrow{k_{3h}} CO_2$

Ⅳ　$H_2+1/2O_2 \xrightarrow{k_4} H_2O$

式中各项 k 值为相应各反应的速率常数，其中 k_{3c} 为反应Ⅲ的催化反应常数；k_{3h} 为反应Ⅲ的均相反应速率常数。并假定焦炭中的氢含量是固定值，而且反应Ⅳ(氢的燃烧)是完全和快速的；反应Ⅰ和Ⅱ(碳的燃烧)是正比于 C_{rgc} 和 P_{O_2}；反应Ⅲ(CO 的燃烧)是正比于 P_{O_2} 和 P_{CO}，并且按两条平行的途径(多相的和均相的)同时进行。

② 反应速率表达式：

$$r_1 = (1-\varepsilon)\rho_c k_1 \frac{Crgc}{MWc} P_{O_2} \tag{7-221}$$

$$r_2 = (1-\varepsilon)\rho_c k_2 \frac{Crgc}{MWc} P_{O_2} \tag{7-222}$$

$$r_3 = k_3 P_{O_2} P_{CO} \tag{7-223}$$

$$k_3 = X_{pt}(1-\varepsilon)\rho_c k_{3c} + \varepsilon k_{3h}$$

式中 X_{pt} 是相对燃烧速率，以模拟助燃剂的添加。在催化剂表面上 CO_2/CO 的起始比值为：

$$\left.\frac{CO}{CO_2}\right|_{表面} = \frac{k_1}{k_2} = \beta_c = \beta_{co} e^{E_\beta/RT} \tag{7-224}$$

定义 k_c 为总的焦炭燃烧速率：

$$k_c = k_1 + k_2,\ k_1 = \frac{\beta_C k_C}{\beta_C + 1},\ k_2 = \frac{k_C}{\beta_C + 1} \tag{7-225}$$

式中　β_c——再生器中催化剂表面上的 CO/CO_2 比值；

β_{co}——β_c 表达式中的指前系数；

E_β——对于催化剂表面上 CO/CO_2 比值的活化能。此外，再生器模型中还进行了气相质量平衡、碳质量平衡、催化剂藏量平衡和热量平衡等的计算。

(4) 模型的应用

Aebel 等(1995a；1995b)对模型在 FCC 操作和控制方面的应用做了全面评估。就控制来说，对系统动态特性和稳定性的详细研究是非常关键的，采用的一种考核方法为：给定催化剂和原料油性质并保持其他量恒定，观察改变催化剂流量和主风流量对计算结果的影响，最终得出的结果是一种多维的分布区域，这里只用其截面图，如图 7-84 所示。

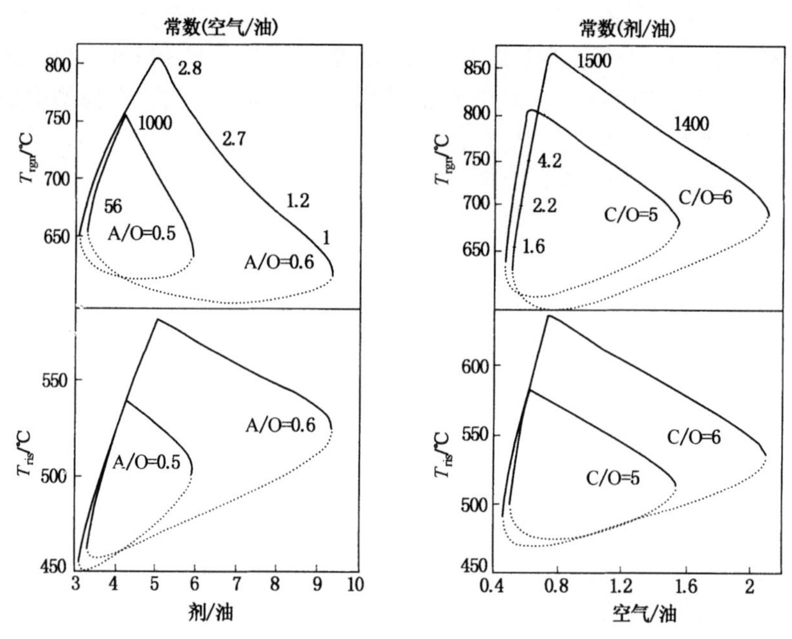

图 7-84　在固定剂油比和空气油比下的截面图

（曲线上的数字为旋分器入口的 CO_2/CO）

—稳态；┄非稳态

图 7-84 是把提升管顶端温度和再生器温度作为催化剂循环量和主风量的函数(并分别除以进油量，使其无因次化)，对应每套输入数据都有三个定态，表明装置是绝热的。因为最低温度的状态是不符合实际的，因此图中只是给出两个高温状态的曲线，而最高再生器温度的定态是稳态(实线所示)，中间温度的定态是非稳态(虚线所示)。图 7-84 中还给出了一些操作点的 CO_2/CO 比值，模型客观地描述了从 CO 部分燃烧过渡到完全燃烧的情况，反应器和再生器的最大温度值都出现在 CO 完全燃烧时。

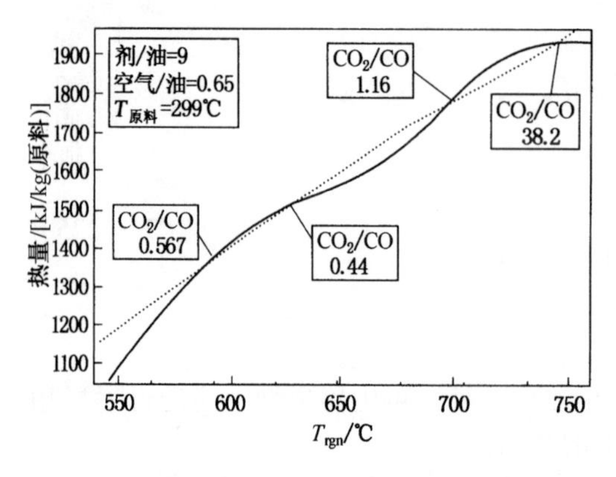

图 7-85　热量生成和取出曲线

（由于参数的变化形成五个定态）

在适当的动力学约束条件下，还可能存在五个定态的例子，如图 7-85 所示。图中没有标出低温时的定态。开始随着 T_{rgn} 的升高，CO 的催化燃烧速率放慢，其均相燃烧的活化能也增加到 210kcal/mol。而且在第三个定态时(622℃)出现了较低的 CO_2/CO 比值，其值为 0.44 而不是 1.0～1.1。由线性的稳定性分析表明第三和第五个定态是稳定的，第五个定态的出现必须在较高的温度下，此时 CO 燃烧成 CO_2 的速率发生快速的增长。图 7-85 中该温度要达到 705℃以上，而 Upson 等(1993)的数据表明该速率的快速增长要在接近 760℃时。

第四节　工艺类型及其生产方案的选择

一、影响工艺方案的因素

为了确定催化裂化装置合适的生产工艺方案而应考虑的主要问题有掺渣率、操作方式、产品数量(即多产某种目的产品)和汽油质量因素，现分述如下。

(一) 掺渣率

原料油的性质对装置类型的确定和催化剂的选择，以及对反应器、再生器的设计都有重要的影响。20世纪80年代初期，Grace Davison公司认为，原料油中大于538℃的馏分≥5%时即称为重油催化裂化，但当时的实际情况是原料油残炭一般小于2%，重金属(Ni+V)含量小于5μg/g。由于重油催化裂化技术的发展，原料油的适用范围逐步拓宽，根据原料油中康氏残炭和重金属含量，可以采用不同的催化裂化工艺方案，详见第四章表4-1和表4-2所划分。总的来说，催化裂化原料油的质量有一个优化的问题，并非任何原料都可以作为催化裂化的原料，也不是掺渣油越多越好，必须根据实际情况进行综合的技术经济评价，以对比各种可能的进料方案。因为原料油质量变差，工艺上就可能采用钝化剂、再生器取热、两段再生等技术，甚至采用溶剂脱沥青、加氢脱硫、脱金属以及ART、ROP等预处理工艺，而这些措施都会增加投资和操作费。

我国原油普遍偏重，为了提高经济效益，如何在重油催化裂化装置上掺炼好渣油的问题，已受到越来越多的炼油厂重视。从技术经济分析的角度来看，催化裂化装置掺炼渣油的动力来自于渣油与轻质油品之间可观的价差，掺渣率的提高能够明显改善炼油厂的经济效益(杨浔英，1999；胡尧良，2000；杜国盛，2000；侯海青，2000)。对于已有的RFCC装置来说，掺渣率的提高主要受到再生器烧焦能力的限制。虽然通过增加催化剂取热器、外甩油浆、主风机增容、富氧再生等措施，炼油厂能够克服这个瓶颈，但是从全厂经济效益来分析，掺渣率并非越高越好，而是存在着一个最佳比例。掺渣率的提高不仅受再生器烧焦能力的限制，而且还受产率分布、产品质量、加工费用、产品(汽油、LCO和液化气)与渣油价格差等因素的影响。现以某炼油厂1.0Mt/a的RFCC装置为例(胡尧良，2000)，其原料油主要性质见表7-65。

表7-65　RFCCU原料主要性质比较

质量指标	馏分油	渣　油
密度(20℃)/(g/cm^3)	0.9031	0.9792
残炭/%	0.4	12.1
硫质量含量/%	0.69	1.32
氮质量含量/%	0.10	0.39
重金属/(μg/g)		
Ni	0.19	22.2
V	0.16	15.63
烃质量组成/%		
饱和烃	77.24	42.42
芳　烃	15.65	36.23
胶质+沥青质	7.11	21.35

当该装置的主风机没有达到操作极限前，其掺渣率和加工量均可有所增加；但发现当掺渣率高于30%后，为维持生焦量不增加，必须逐渐加大油浆外甩量，产品分布随掺炼率的增加明显变差。此外，为了使平衡催化剂上的Ni和V总量控制在6000μg/g之内，催化剂补充速率曲线的斜率也开始明显变大，这意味着催化剂的补充量和加工费用增加显著。

1. 全厂经济效益决定最佳掺渣率

根据全厂总加工流程和RFCC装置不同掺渣率时的物料平衡，得到如表7-66

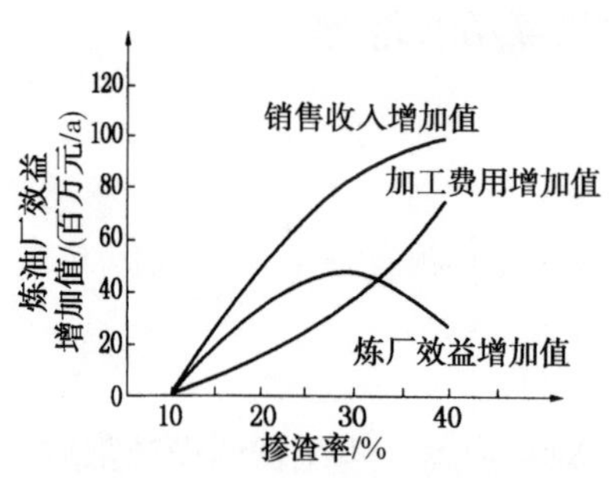

图 7-86 掺渣率与全厂效益的关系

所列的全厂主要产品增量表。根据当时的全厂价格体系所得到的全厂经济效益变化曲线见图 7-86。从图 7-86 可以看出，前期随着掺渣率的增加，全厂销售收入和加工费用随之上升，但两者的变化速率并不一致。在掺渣率低于 30%时，全厂产品的销售收入增加超过相应的加工费用的增加，所以全厂效益呈递增状态，并在掺渣率为 30%处达到最大值。与掺渣率为 10%时相比，此时该炼油厂全年可增加效益 4600 万元左右。当掺渣率超过 30%之后，油浆产量大幅度增加，使产品分布变差，轻质油总产量增加不多，但催化剂补充速率或金属钝化剂的用量上升，此时产品收入的增加小于相应的加工费用增加，所以全厂效益反而随掺渣率的继续提高而递减。

表 7-66 不同掺渣率时全厂主要产品增量 kt/a

项　目	掺渣率 10%	掺渣率 20%	掺渣率 30%	掺渣率 40%
汽油	基础	28	41	66
煤油	基础	0	0	0
柴油	基础	21	48	50
轻石脑油	基础	0	0	0
燃料油	基础	-77	-134	-165
液化气	基础	14	30	29

2. 最佳掺渣率受到价差的影响

掺炼渣油的动力既然来自于渣油与轻质油产品之间可观的价差，因此一旦它们的价格发生变化，必然会影响到全厂效益，进而影响到掺渣率的选择。如果市场上燃料油价格稳定，汽油、柴油和液化气的综合价格上升；或燃料油价格下降而汽油、LCO 和液化气的综合价格平稳；则 RFCCU 的主要产品(汽油、LCO 和液化气)与其原料(渣油)之间的价格差将上升。油品价格与掺渣率的关系见图 7-87。从图 7-87 可以看出，在所选的基础价格条件下，全厂经济效益所决定的 RFCC 装置最佳掺渣率在 30%左右。当差价上升到 10%~30%时，RFCC 装置的最佳掺渣率可提高幅度并不大，仅约 1~2 个百分点。这主要是装置本身的制约因素(主风机能力—烧焦总量)所决定的。此时所显示的经济效益的增值，主要是油品差价的贡献，而不是靠提高全厂掺渣率来获得的。但当差价分别下降 10%和 20%时，最佳掺渣率却有明显的下移，即从 30%下降到 28%和 26%，实际上此时装置的主风能力已不再制约掺渣率，而是全厂经济效益制约了掺渣率不但不能提高，反而应当有所降低。如果差价下降 30%，则掺渣率被全厂的经济效益最佳化严重制约不能超过 10%，且掺炼率越高，效益越低于基础值。

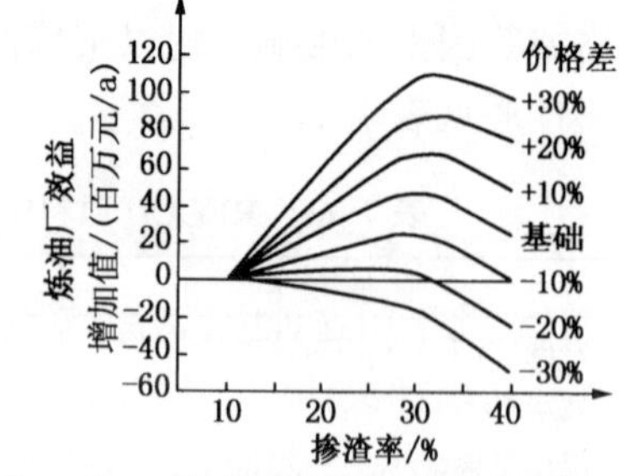

图 7-87 不同油品价格时掺渣率与全厂经济效益的关系

3. 掺渣率受到原料油性质的影响

实际上原料油的特性对掺渣率的影响是很大的。如果炼油厂加工的原油是石蜡基的，而且渣油中的残炭、重金属(Ni、V)和硫、氮等含量均比较低的话，RFCC 装置的掺渣率就可以大幅度提高，例如我国某些加工大庆原油、吉林原油的 RFCC 装置在采取了合适的技术措施后，其掺渣率可以提高到 80%~100%(杜国盛，2000；侯海青，2000；李志强，1999；刘垚，2001；王龙延，1997)。但是在高掺渣率时必须采取严格的防焦措施，以保证装置的长周期运转(布志捷，1998)。

(二) 操作方式

在操作方式上主要有两种：

(1) 单程转化(或回炼比很小)

对于汽油生产方案，反应苛刻度较高，从而单程转化率高，回炼比很小(一般不超过0.3)。在重油催化裂化装置上生产汽油，一般采用外排油浆，从而也进行单程操作。适当排出油浆对 RFCCU 运转是有利的，通常油浆外甩量一般为 5%左右，高的达 8%。外排油浆可以显著降低生焦率，当外排 5%的油浆时，焦炭产率可下降 1~2 个百分点。

(2) 油浆回炼(或大回炼比)

早期我国催化裂化装置为了提高轻质油收率，大多采用较低的裂化温度，通常为大回炼比操作。回炼比一般不超过 0.5，当催化剂活性和单程转化率较低时，回炼比就增加，个别装置甚至接近 1.0，以往采用无定形催化剂时，回炼比曾达 1.0~1.2。增加回炼比是增产轻质油的一项重要措施，但同时也降低了装置处理新鲜原料的能力并增加了装置的能耗。

(三) 产品数量(即多产某种目的产品)

提升管反应器具有较大的灵活性，通过工艺操作参数(如反应温度、反应时间等)和催化剂性质(如类型、活性等)的变化，可以实现不同的生产方案，例如：

① 多产汽油方案：宜采用较高的反应温度(国内一般为 490~510℃，国外甚至提高到530~540℃)以及较短的反应时间(2~3s)，采用较高活性的催化剂，其单程转化率可较高。汽油干点控制较高，达 203~205℃。对汽油的需求量大的国家和地区，普遍采用这种生产方案。

② 多产轻循环油方案：宜采用较低的反应温度(通常为 475~480℃左右)和较低的剂油比，以及适当的反应时间，采用较低活性的催化剂，其单程转化率控制得低一些。总之，降低催化裂化反应的操作苛刻度可以有效提高轻循环油产率，同时压低汽油的干点，最低时某炼厂 RFCC 装置的汽油干点控制在 165℃左右。20 世纪初期以前，由于国内需要较高的柴汽比，因此采用这种生产方案较多。

③ 多产液化气方案：主要是为了增产民用燃料或石油化工原料。提高反应温度可使液化气产率增加，但温度过高时干气(H_2~C_2)产率会急剧上升。因此最好是在较高的温度下，使用合适类型的催化剂或助剂。

④ 多产低碳烯烃方案：主要是为了大量地生产基本有机化工原料——低碳烯烃(乙烯、丙烯和丁烯)为目的。这些工艺要求较高的反应温度、较低的反应压力、高注入蒸汽量、高剂油比等，同时配合使用专用催化剂。

(四) 汽油质量

随着对环保要求的日趋严格，车用清洁燃料的生产技术已备受关注，因此要求催化裂化汽油和轻循环油的质量必须大幅度提高。大量的研究工作和工业实践集中在如何提高催化裂化汽油的辛烷值，以及如何降低烯烃含量和硫含量等方面，现介绍如下，以供选择工艺方案时作为参考。

1. 高辛烷值

催化裂化汽油的辛烷值与原料油组成、催化剂品种、操作参数及汽油沸程均有直接关系，本书相关章节已论述，现简述如下：

① 原料油性质：原料油密度增大，汽油辛烷值增加。密度增大 0.1g/cm^3，汽油 RON 增加 1.4；原料油特性因数(K)下降，汽油辛烷值增加。K 值每下降 0.2，汽油 RON 约增加 1.0；原料油 C_N/C_P增大，汽油辛烷值增加。C_N/C_P每增大 0.1，汽油 RON 增加 1.0，详见第四章。

② 催化剂和助剂：如要考虑高辛烷值生产方案时，就必须选择适宜的 USY 型催化剂或采用含择形沸石 ZSM-5 的助辛剂(甘俊，2000；Krishna，1994；Miller，1994)。国内外的裂化催化剂生产厂商和研究机构已做了大量的开发研究工作，详见第三章。

③ 操作参数：影响 FCC 汽油辛烷值的操作条件主要有反应温度、反应时间和剂油比等，详见第六章第三节的阐述。通常较高的反应温度、较短的反应时间和较大的剂油比将有利于催化汽油辛烷值的提高，其中反应温度是对 FCC 汽油辛烷值影响最大的因素。

2. 低烯烃含量和低硫含量

由于我国车用汽油构成中 FCC 汽油所占比例很高，而 FCC 汽油烯烃含量的降低，有利于车用汽油中的烯烃含量满足车用汽油质量指标要求。FCC 汽油的烯烃含量受到原料油组成、操作条件、催化剂类型及平衡催化剂活性等因素的影响(王国良，2000；张瑞驰，2001；Mott，1998；Nocca，2000)。采用石蜡基(C_P、K 值和氢含量都高)原料油时，其裂化转化率和汽油产率虽然一般都比较高，但汽油中的烯烃含量也相当高；降低反应温度、提高剂油比和延长反应时间均对氢转移反应有利，从而可降低 FCC 汽油烯烃含量；提高裂化催化剂的氢转移活性，可以降低 FCC 汽油的烯烃含量，如增加催化剂中的稀土含量或采用 REY 型沸石催化剂，但这同时会导致 FCC 汽油辛烷值下降，并使焦炭选择性变差；提高平衡催化剂活性可降低催化汽油烯烃含量。

车用汽油中的硫含量来源于 FCC 汽油，FCC 汽油的硫含量受到原料油中的硫含量、操作条件、催化剂类型及平衡催化剂活性等因素的影响，采用降低汽油中烯烃含量的技术措施均可以同时降低汽油中的硫含量。但要求车用汽油中硫含量小于 10μg/g 时，只能采用汽油后处理技术，目前主要有选择性吸附(S zorb)技术和加氢脱硫技术，这些技术在第一章和第四章已论述。

二、多产汽油的 FCC 工艺

催化裂化装置是以生产汽油、LCO 为主的装置。我国各炼油厂在以前很长的一段时间内，基于燃料油消费市场的需求，一直以追求高的柴汽比为生产目标，催化裂化装置多以 LCO 生产方案为主。对于大庆常压渣油来说，不更换催化剂的条件下，采用汽油生产方案时，汽油、LCO 的收率分别为 48.73%、21.44%；采用 LCO 生产方案时，汽油、LCO 的收率分别为 40.16%、28.33%，并且由于反应苛刻度的降低，LCO 生产方案的油浆及焦炭产率还要增加 2 个百分点。随着我国家用轿车数量的快速增加，汽油需求量突飞猛进，催化裂化装置尽可能地多产汽油，且满足各地汽油产品质量要求。汽油产率最大化需从全厂物料平衡、催化剂、工艺操作及馏分切割等方面来实现，以实现炼油企业最佳效益。

1. 优化全厂物料平衡，提高催化裂化装置负荷

① 配置渣(重)油加氢装置：在兼顾装置长周期运行的基础上，用足渣油加氢脱除原料金属、残炭和硫、氮含量的潜力，通过渣油平衡的优化，把渣油尽可能转移到重油催化装置加工，同时降低催化裂化装置原料苛刻度。也可以实施 RFCC 装置的回炼油进渣油加氢装置进行加工的双向组合工艺，从而增加两套装置的总液收。

② 减压渣油处理：配置焦化装置，对减压装置实施深拨操作，直馏重蜡油供渣油加氢和蜡油加氢，进催化裂化装置；或者配置溶剂脱沥青装置，尽量提高溶剂脱沥青装置负荷，重脱油或 DAO 加氢后增产催化裂化装置的原料油，DAO 去焦化装置或产沥青；或者配置溶剂脱沥青装置和渣油加氢装置，发挥组合工艺的优势，从而提高催化裂化装置负荷。

③ 馏分油、尾油处理：加氢裂化轻石脑油进催化裂化的稳定塔，降低蒸气压后调合汽油；焦化汽油进催化裂化提升管底部改质；重整 C_9^+组分进催化回炼，以降低全厂汽油池汽油干点，为催化汽油干点卡边操作创造条件；常一线十六烷值低，且大部分组分为汽油，可进催化装置做提升管急冷油；乙烯装置的 C_9也可进催化裂化装置回炼以增产汽油。

④ 处理 LCO，增产汽油：将 LCO95%点提高到 385~395℃，可以通过加氢裂化、渣油加氢或蜡油加氢装置，直接或间接地增产汽油。提高 LCO 干点可以通过减少一中循环取热量，加大 LCO 抽出量，在分馏塔稍下的抽出板位置抽出等措施。

2. 催化剂

① 优化催化剂配方，选用增产汽油的催化剂，降低催化剂上择形沸石的含量，使用超稳沸石催化剂，以增产汽油和提高重油转化能力。

② 增强催化剂的抗重金属能力。要关注平衡催化剂上的 V 含量以及 Sb/Ni。选好用好金属钝化剂，控制平衡催化剂上 Sb/Ni 在 0.2~0.4，保持平衡剂较好的动态活性。

3. 工艺操作

① 多甩油浆、多掺渣、少回炼的单程操作方案。催化裂化装置生产的油浆原则上不作为燃料油出厂，可考虑油浆过滤后进减压系统深拨、溶剂脱沥青装置，或进焦化装置回炼、或进拨头装置产沥青。

② 提高提升管出口温度，提高单程转化率。

③ 降低回炼比。

4. 馏分切割

调整催化裂化分馏塔操作，在保证出厂汽油干点合格的前提下尽可能提高 FCC 汽油干点。

三、多产轻循环油的 FCC 工艺

早期我国通过催化裂化装置提高柴汽比来增产柴油是解决当时柴油供需矛盾的主要途径

之一。催化裂化装置增产 LCO 的技术措施是在较低的反应苛刻度下，采用低活性催化剂，较低的反应温度，通过大回炼比的操作方式达到多产 LCO 的目的，但这种做法不可避免地带来了如下问题：

① 重油转化能力降低。原料掺渣量受限制。由于采用了较低的反应温度和活性较低的催化剂，其重油裂化能力降低，只能加工蜡油和掺渣较少的原料，难以适应我国催化原料日益变重变差的发展趋势。

② 装置处理量降低。由于提升管单位容积的处理能力和再生器的烧焦负荷都是一定的，若采用大回炼比的操作方式，必然影响新鲜原料的处理量。

③ 汽油品质下降。由于采用了低反应苛刻度和较低的单程转化率，使汽油品质尤其是辛烷值受到很大影响。

由于催化裂化装置所生产的 LCO 具有硫含量高、芳烃含量高和十六烷值低的特点，是柴油运输燃料中低品质的调合组分。虽然 LCO 的产率和品质可以通过降低催化裂化操作苛刻度和调整催化剂配方来提高，但这种品质提升与柴油产品质量规格要求仍然相去甚远。在全厂工作范畴内，增产高质量柴油的措施包括：

① 尽可能保存直馏馏分作为柴油的调合组分，避免其作为催化裂化装置的原料；

② 通过加氢处理技术或加氢裂化技术来降低 LCO 中的硫含量和芳烃含量，从而改善 LCO 质量。

当市场对柴油需求增加时，为快速和灵活地满足市场要求，通常将催化裂化装置切换到多产 LCO 生产方案，采用的技术措施如下(蒋福康，1997)：

① 选择增产 LCO 的专用催化剂，如提高 FCC 催化剂基质活性，降低稀土/氢转移活性，低氢转移活性催化剂的特征是低沸石稀土交换和低晶胞常数，有利于增产高品质的 LCO。国内增产 LCO 的专用催化剂有 MLC-500、RGD-1 等系列。

② 尽可能提高 LCO 终馏点，降低 FCC 汽油终馏点以提高 LCO 产率。

③ 采用较低反应温度和较大的回炼比，但必须注意在最大化 LCO 生产的 FCC 操作中，尽量保证 FCC 汽油的辛烷值。

为了使催化裂化装置增产 LCO 馏分，除了采用增产 LCO 的催化剂(例如国内的 MLC-500 和 RGD 等)、助剂以及降低操作的苛刻度等措施，在工艺上主要开发的是不同原料组分的选择性裂化技术。例如，美国 CHEVRON 公司的多产轻循环油的 FCC 工艺是在新鲜进料上方喷入油浆进行回炼的技术(Ashok，1992)，中国石化石油化工科学研究院也开发了多产 LCO 的原料组分选择性催化裂化技术(Maximizing Diesel Process，MDP)及多产液化气和轻循环油的催化裂化技术(Maximizing Gas and Diesel，MGD)。

催化裂化原料油是一种馏分由轻到重的碳氢化合物的混合物。MDP 技术就是将催化裂化原料按馏分的轻重及其可裂化性能区别处理，在提升管反应器的不同位置注入不同的原料组分，使性质不同的原料在不同的环境和适宜的裂化苛刻度下进行反应。较难裂化的渣油组分由下部进入，在较大剂油比和较高温度下反应；一部分馏分油和回炼油等组分在重组分的上部适当位置进入，既起到终止 LCO 二次裂化的目的，又有足够的时间进行反应(余祥麟，1998a；1998b)。表 7-67 列出了国内某炼油厂采用 MDP 技术的效果，其催化裂化装置的 LCO 与汽油比从 0.83 提高到 1.27(刘忠杰，1998)。

表 7-67 MDP 工业试验操作条件和产品分布

项目	汽油方案	柴油方案	项目	汽油方案	柴油方案
原料油性质			液化气	10.31	11.69
密度(20℃)/(g/cm^3)	0.8994	0.9005	汽油	35.15	29.78
残炭/%	6.3	6.9	轻循环油	29.09	37.71
氢含量/%	12.50	12.59	油浆	6.90	3.07
主要操作条件			焦炭	11.63	11.87
提升管出口温度/℃	517	518	损失	0.90	0.87
剂油比	~6	~6	轻质油收率/%	64.24	67.49
产品质量分布/%			总轻烃液收/%	74.55	79.18
干气	6.02	5.01	LCO/汽油	0.83	1.27

由于 LCO 馏分是催化裂化反应过程中的中间产品，它既是重油大分子一次裂化的产物，又是后续二次反应的原料。如果不采取任何措施任其反应下去，则会最终生成大量的气体、汽油和焦炭。因此，催化裂化增产轻循环油的关键就在于采取有效的措施终止、抑制轻循环油馏分的进一步裂化。在工业实施过程中，可以将渣油、蜡油、回炼油、回炼油浆等原料按照各自的性质，并结合各工业装置的具体情况划分为两至三个馏分段。渣油等重油组分由提升管反应器的下部注入，与高温再生剂接触，瞬间汽化并发生反应。重组分的裂化是增产 LCO 的前提保证，也是该项技术的一个重要环节。为了加强重组分的裂化，在提升管下部要有较高的剂油比、较高的油剂接触温度，喷嘴雾化重油的液滴直径要小，更为均匀，控制反应时间和转化深度，使 LCO 量最大，气体和焦炭最小。为了控制重组分的裂化深度，蜡油等轻组分在恰当的位置注入提升管反应器，降低提升管内油气和催化剂温度，尽可能地阻止已生成的中间馏分(轻循环油)的再裂化。此外，由于蜡油等轻组分具有密度小、可裂化性能好等特点，较缓和的裂化环境有利于使这部分轻组分转化为 LCO 馏分，从而达到增产轻循环油的目的。同时，在提升管反应器的适当位置注入适当的终止剂如回炼油、粗汽油或水等，使 LCO 组分在提升管中得到保留，并在提升管出口设置油气和催化剂的快速分离设施，得到较高的 LCO 产率。

MGD 技术特点是采用多产 LCO 的专用催化剂(如 RGD 等)，在常规催化裂化装置上同时多产液化气和 LCO，并可显著降低汽油烯烃含量。MGD 工艺是将汽油部分回炼和分段进料选择性裂化紧密结合为一个体系(即上游改质)，原料按轻重分别从三个进料口进入提升管，并在提升管上部适当位置注入急冷剂(水)(张久顺，1999；陈祖庇，2002)。

① 汽油反应区：部分催化裂化汽油(或外来焦化汽油、石脑油)从最下层喷嘴进入，首先接触到高温的再生剂(约 700℃)，反应的主要产物为液化气，由于汽油中烯烃的裂化速度较快，并伴随有氢转移等二次反应，能够大幅度地降低汽油中的烯烃含量，同时含硫化合物也经过裂化、氢转移反应而转化，使汽油中的硫含量降低。

② 重质油反应区：由于来自汽油反应区的催化剂温度已有所降低，催化剂的活性也略有下降，使反应苛刻度降低，有利于保留中间馏分。此外，由于 MGD 技术将原料油中的轻质部分(VGO)移到上面的反应区，因而重油反应区的剂油比大幅度提高，有利于维持较高的转化深度。在这样的反应环境下既有利于轻循环油的增产，又可降低焦炭和干气的产率。

③ 轻质油反应区：进料为 VGO 和回炼油，作用是终止重质油反应区生成物的反应，使重质油裂化生成的 LCO 馏分尽可能地保留，而轻质油在较缓和的环境中反应，也十分有利

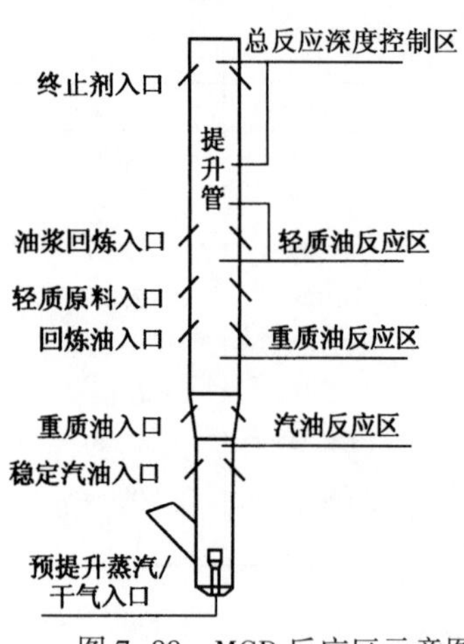

图 7-88　MGD 反应区示意图

于 LCO 馏分的生成和保留。

④ 总反应深度控制区：通过控制停留时间、剂油比、反应温度以及初始油剂接触温度，从而达到控制总的反应深度。通过注入一定量的急冷介质(水)来优化停留时间、剂油比、反应温度以及剂油初始接触温度，以控制整个提升管反应器的反应深度比较合适。

MGD 技术设计的四个反应区：汽油反应区、重质油反应区、轻质油反应区和总反应深度控制区，见示意图 7-88。

MGD 技术 20 世纪初在国内多套催化裂化装置上应用，表 7-68 列出了两套工业试验的结果(康飚，2002；胡勇仁，2000)。一般液化气产率可提高 1.3~5 个百分点；轻循环油产率可提高 3~5 个百分点，汽油的烯烃含量降低 9~11 个百分点；RON 和 MON 辛烷值分别提高 0.2~0.7 和 0.4~0.9 个单位。

表 7-68　MGD 工业试验操作条件和产品分布

项　目	炼油厂 A		炼油厂 B	
工　艺	FCC	MGD	FCC	MGD
原料油性质				
密度(20℃)/(g/cm^3)	0.9163	0.9167	0.9235	0.9208
残炭/%	3.10	3.70	4.6	5.0
主要操作条件				
反应温度/℃	516	506	515	515
剂油比	6.9	7.3	6.2	6.5
产品质量分布/%				
干气	4.67	4.62	3.31	3.96
液化气	16.70	18.00	9.14	14.04
汽油	38.00	31.95	45.41	35.65
轻循环油	25.78	31.06	28.16	32.17
油浆	6.96	6.13	6.26	6.31
焦炭	7.37	7.77	7.20	7.36
损失	0.52	0.47	0.52	0.51
总轻烃液收/%	80.48	81.01	82.71	81.86
LCO/汽油	0.68	0.97	0.62	0.90
汽油性质				
RON	93.2	93.9	92.6	93.0
MON	81.3	81.7	80.6	81.5
烯烃/v%	40.5	31.5	43.8	32.2

此外，这种上游改质技术还可应用于焦化汽油(或直馏汽油)的催化裂化改质。例如国内某炼油厂将 11%~15%的焦化汽油注入提升管预提升段与胜利管输 VGO、CGO 和 VR 混炼，由于利用了预提升段这一“高温、高剂油比、短接触时间”的特殊反应区域，而使焦化汽油得到了有效的改质(张国才，2001)。其汽油产品辛烷值可满足 90 号无铅汽油的要求，

RON 提高 28 个单位以上，MON 提高 20 个单位以上，并且催化裂化汽油的烯烃含量也明显降低。这是焦化汽油的一条经济可行的改质途径，改质后焦化汽油转化为(液化气+汽油+柴油)的产率达 84%以上。

四、高酸原油直接催化裂化工艺

高酸原油中的石油酸主要为一元羧酸，包括脂肪酸、环烷酸和芳香酸，以环烷酸为主，可用通式 $C_n H_{2n+z}O_2$表示，其中 z 为石油酸的缺氢数，$z=0$ 为脂肪酸，$z=-2$ 为单环环烷酸，$z=-4$ 为双环环烷酸，依此类推，$z=-12$ 为六环环烷酸或芳环并双环羧酸，这些石油酸的沸点主要集中在 220℃以上。国内外几种典型高酸原油馏分酸值随沸点分布见图 7-89。从图 7-89 可以看出，不同类型的高酸原油小于 250℃的轻馏分中石油酸含量均较低，其酸值小于 0.5mgKOH/g，属于低酸油范畴；但馏分沸点大于 250℃后，随着沸点的升高，其酸值快速增加，即馏分越重，其酸值越高(傅晓钦，2008)。

高酸原油在不同温度下对材料腐蚀速率的影响见图 7-90。从图 7-90 可以看出，高酸原油对设备的腐蚀性呈现随温度升高而增强的趋势，在温度低于 220℃下，石油酸对设备腐蚀速率小于 0.10mm/a；只有在温度大于 220℃后，才对碳钢材质腐蚀速率随温度升高而快速增加。由此开发出高酸原油先在温度低于 160℃下进行电脱盐，不经过常规的常减压蒸馏过程，然后直接进行催化裂化的工艺流程，如图 7-91 所示(田松柏，2005)。高酸原油直接催化裂化工艺具有流程短、无需特殊防腐设备、投资费用低和操作费用低等特点。

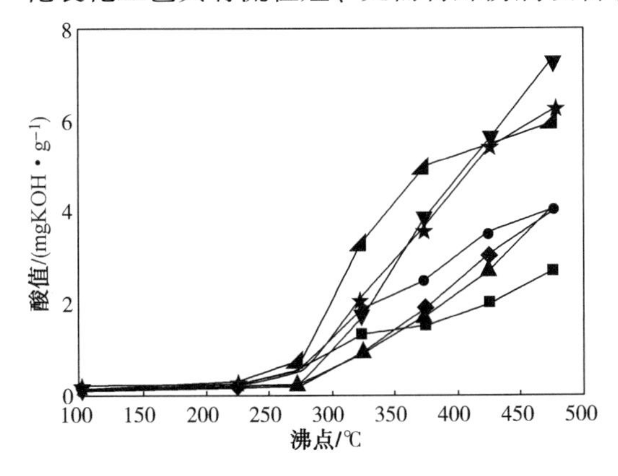

图 7-89 高酸原油馏分酸值随沸点的分布

◆—曹妃甸；■—胜利混合；▲—达混；◢—辽河；▼—多巴；●—奎度；★—旅大

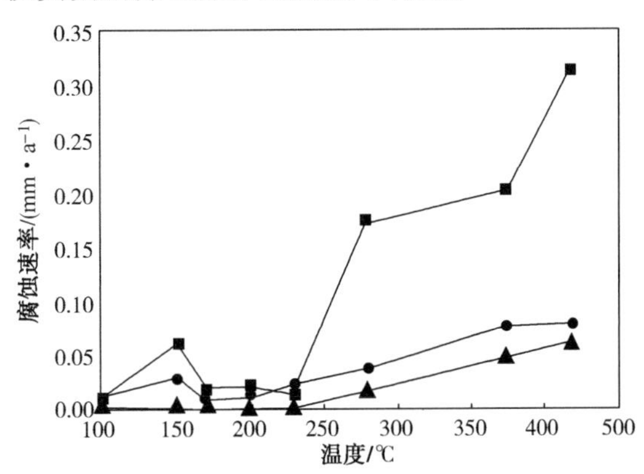

图 7-90 高酸原油在不同温度下对材料

■—碳钢；●—碳钢渗铝；▲—Cr5Mo

高酸原油电脱盐后进入催化裂化反应器前的预热温度严格控制在 220℃以下。当高酸原油在提升管反应器底部与再生热催化剂接触时，瞬间发生汽化、脱酸、裂化，在高于 480℃且有酸性裂化催化剂作用下，约 1.5s 时间内完成脱酸反应和裂化反应，生成高价值的轻质油品，同时将腐蚀性的石油酸转化为无腐蚀性的 CO_2气体和烃类化合物。图 7-91 表示酸值 2.4mgKOH/g 的高酸原油全馏分沿提升管反应器酸值变化情况，在高度 20m 处反应物酸值已降到 0.1mgKOH/g 以下，脱酸率大于 99.5%。

高酸原油直接催化裂化工业试验结果表明：对于加工酸值为 3.5mgKOH/g、密度为 0.9031g/cm³、残炭为 7.8%、盐含量为 44.6mgNaCl/L、水质量分数为 3.2%、金属钠和铁质量分数分别为 52. 3μg/ g 和 12. 5μg/ g 的高酸重质原油时，电脱盐单元的脱盐率为 87. 4%，脱水率为 97. 1%，脱钠率为 92. 7%，脱铁率为 48. 8%，污水中油浓度为 31. 4mg/L；催化裂化单元的脱酸率为 99. 8%，汽油和轻循环油的酸度分别为 0. 27mgKOH/100mL 和 1. 8mgKOH/100mL，可直接作为产品的调合组分，油浆的酸值为 0. 05mgKOH/g。即使平衡剂上金属镍含量高达 24000μg/g 和金属污染总量超过 40000μg/g 时，催化剂仍表现出良好的活性稳定性和高价值产品的选择性，液体收率(液化气+汽油+轻循环油)为 81. 74%，丙烯收率为 6. 89%。运行期间及停工检查，均未发现原油电脱盐单元和催化裂化单元等存在异常腐蚀现象(龙军，2011)。

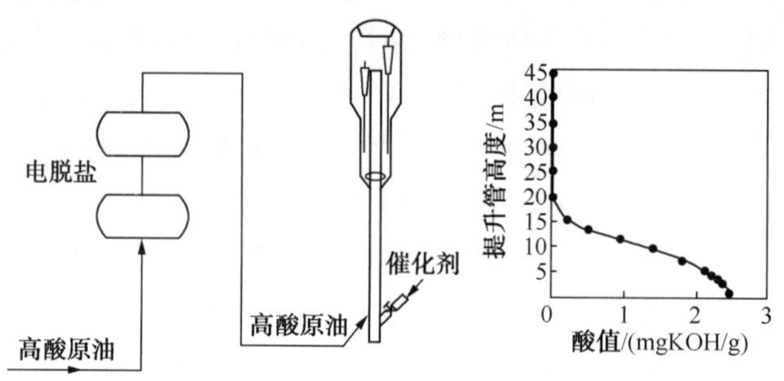

图 7-91 高酸原油直接催化裂化工艺原则流程及其酸值沿提升管高度的变化

五、生产低烯烃汽油的 FCC 工艺

采用加氢的方法虽然可以大幅度地降低催化裂化汽油的烯烃含量，但是由于烯烃被饱和成烷烃而使汽油辛烷值严重受损，除非加氢催化剂具有较高的烷烃异构化能力。即使在开发选择性加氢脱硫工艺时，也要考虑尽量减少汽油辛烷值的损失。最好从催化裂化工艺自身的改进来生产低烯烃汽油，下面简要介绍国内开发的几种降低汽油烯烃含量的有关工艺。

(一) MIP 工艺

MIP 工艺采用串联变径提升管反应器以利于两个反应区的设置和不同工艺条件的选择，从而可以选择性地进行裂化反应和氢转移反应、异构化反应来改善产品性质和产率分布(许友好，2001；2003)。由表 2-11 的热力学数据可以推断，低反应温度对生成异构烷烃有利，但异构烷烃的前身物烯烃则需要高温裂化才能得到，解决这一矛盾是 MIP 工艺的关键。由于生成异构烷烃的前身物烯烃是串联反应的中间体，故可以将烯烃的生成和反应分成 2 个反应区，如图 7-92 所示。

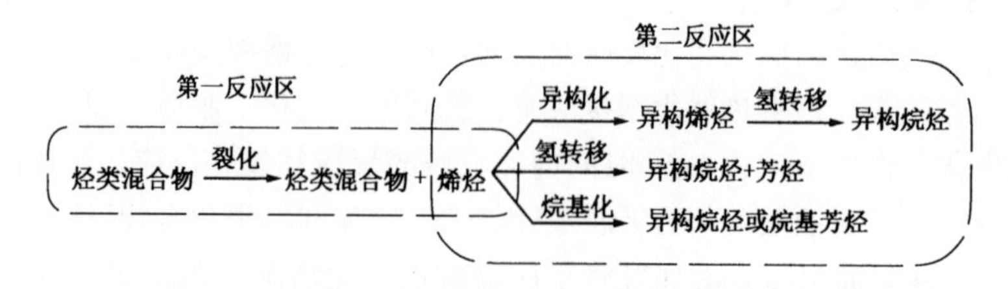

图 7-92 烃类催化裂化与转化生成异构烷烃和芳烃的反应途径

从图 7-92 可以看出，将反应分成两个部分，以烯烃为界，生成烯烃为第一反应区，烯烃反应为第二反应区。第一反应区主要作用是将烃类混合物裂化生成烯烃，故该区操作方式

类似常规催化裂化，即高温、短接触时间和高剂油比，该区反应苛刻度高于催化裂化的反应苛刻度，这样可以达到在短时间内将较重的原料油裂化生成烯烃，而烯烃不能进一步裂化，保留较大分子的烯烃，同时高反应苛刻度可以减少汽油组成中的低辛烷值组分正构烷烃和环烷烃，对提高汽油的辛烷值非常有利；第二反应区主要有利于异构化反应和氢转移反应，由于烯烃生成异构烷烃既有平行反应又有串联反应，且反应温度低对其生成有利，故该区操作方式不同于目前的催化裂化操作方式，即采用低反应温度(450℃左右)和长反应时间。这样两个反应区既保证烯烃的生成，又有利于烯烃进一步生成异构烷烃或芳烃。图7-93为按此原理设计的串联型提升管反应器示意图。

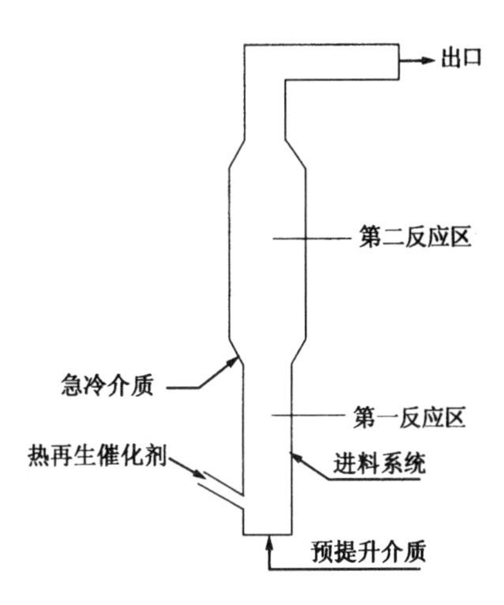

图7-93　串联型提升管反应器简图

MIP工艺在中国石化一套处理能力为1.4Mt/a的催化裂化装置上进行了工业试验(许友好，2003)，装置改造前后的反应再生系统原则流程图见图1-47，其所使用的催化剂MLC-500性质、所加工的原料油性质、主要操作条件、产品分布和有关产品组成和性质分别列于表7-69至表7-73。工业试验标定结果表明，与原有的FCC工艺相比，MIP工艺干气和油浆产率分别下降了0.41个百分点和0.99个百分点，液体收率增加了1.17个百分点，其中汽油产率增加2.14个百分点，同时汽油的烯烃含量(荧光法)下降约14.1个百分点，饱和烃含量增加约12.9个百分点，其中异构烷烃含量大于70%，硫含量下降26.5%，诱导期增加，汽油的RON下降而MON增加，总抗爆指数基本不变。但LCO密度增大，十六烷值降低。此外，油浆密度增加，芳烃、胶质和沥青质含量增加。

MIP工艺与汽油脱硫工艺(如RSDS/ OCT-M/S Zorb)具有较好的协同性，MIP工艺有利于降低汽油烯烃，增加汽油辛烷值和减少汽油中的硫，同时汽油中异构烯烃较多，从而为汽油脱硫技术提供了理想的原料。实际上，MIP和RSDS/OCT-M/S Zorb等汽油脱硫技术组合是生产国V车用汽油最具有竞争力的工艺途径，中国石化大型炼油企业车用汽油生产均采用这条工艺途径。

表7-69　MLC-500催化剂性质

项　目	MLC-500再生剂		项　目	MLC-500再生剂	
	MIP工艺	FCC工艺		MIP工艺	FCC工艺
化学组成/%			表观密度/(g/mL)	0.81	0.83
Al_2O_3	48.0	43.6	金属含量/(μg/g)		
Na_2O	0.42	0.62	Ni	~9500	~8452
RE_2O_3	1.8		V	~1650	~759
物化性质			Fe	6224(XRF)	
比表面积/(m^2/g)	106	~130	Sb	2590(XRF)	
孔体积/(cm^3/g)	0.126(BET)	0.31	Ca	1785(XRF)	
晶胞常数/nm	2.428		单耗/(kg/t)	0.65	0.89

表 7-70　原料油性质

项　　目	MIP 工艺	FCC 工艺	项　　目	MIP 工艺	FCC 工艺
密度(20℃)/(g/cm^3)	0.9019	0.9003	初馏点	274	192
折光率(20℃)	1.4896		10%	379	350
黏度/(mm^2/s)			50%	530	478
80℃	34.01		70%		586
100℃	20.35	13.86	元素组成/%		
残炭/%	4.10	3.10	C	87.06	
碱氮含量/(μg/g)		879.6	H	12.87	
凝点/℃	42	39	S	0.22	0.22
重金属含量/(μg/g)			N	0.23	0.23
Fe		2.78	四组分族组成/%		
Na		<1.0	饱和烃	57.2	64.4
Ni		4.11	芳烃	28.9	27.0
Cu		<1.0	胶质	13.8	8.4
V		0.44	沥青质	0.1	0.2
馏程/℃					

表 7-71　主要操作条件和产品组成

项　　目	MIP 工艺	FCC 工艺	项　　目	MIP 工艺	FCC 工艺
操作条件			液化气	13.41	13.13
反应总进料温度/℃	170	166	汽油	45.45	43.31
提升管出口温度/℃	499	514	LCO	25.66	26.89
再生器温度/℃	690	687	油浆	3.02	4.01
回炼油量/(t/h)	6.5	8.9	焦炭	8.75	8.60
回炼油浆量/(t/h)	1.2	7.9	损失	0.50	0.44
剂油比	6.4	6.8	合计	100.00	100.00
产品分布/%			转化率/%	71.32	69.10
干气	3.21	3.62	总液体收率/%	84.52	83.35

表 7-72　精制汽油主要性质

项　　目	MIP 工艺	FCC 工艺	项　　目	MIP 工艺	FCC 工艺
密度(20℃)/(g/cm^3)	0.7115	0.7190	N/(μg/g)	33.7	40
辛烷值			荧光法族组成/v%		
RON	89.1/89.1①	90.1/89.6②	烯烃	33.6/34.9①	47.7/48.8②
MON	80/79.9①	79.8/79.5②	芳烃	14.0/13.0①	12.8/12.3②
诱导期/min	781	609	饱和烃	52.4/52.1①	39.5/38.9②
蒸气压/kPa	60	62	色谱法族组成/%		
硫醇硫/(μg/g)	<3	5.3	正构烷烃	5.17	4.85
元素组成			异构烷烃	34.94	29.89
C/%	86.17		烯烃	33.24	41.73
H/%	14.33		环烷烃	7.29	7.04
S/(μg/g)	95.6	130	芳烃	17.55	15.15

① MIP 工艺精制汽油生产统计数据。

② FCC 工艺精制汽油生产统计数据。

表 7-73　LCO 主要性质

项　　目	MIP 工艺	FCC 工艺	项　　目	MIP 工艺	FCC 工艺
密度(20℃)/(g/cm^3)	0.9016	0.8620	50%	262	271
碱氮/(μg/g)	72		90%	362	347
实际焦质含量/(mg/100mL)	340		350℃馏出量/%	89	91
凝点/℃	-5	-1	元素组成/%		
十六烷值	30.8	36.7	C	88.76	
闪点/℃	73		H	10.96	
馏程/℃			S	0.27	0.22
初馏点	179	178	N	0.07	0.18
10%	206	210			

(二)FDFCC 工艺

FDFCC 工艺采用双提升管反应器流程，旨在降低催化裂化汽油的烯烃含量和硫含量，提高催化裂化装置的轻循环油与汽油比和汽油辛烷值，同时增产丙烯(汤海涛，2003)。

FDFCC 工艺采用双提升管即重油提升管和汽油改质提升管，分别对重油和汽油在不同的工艺条件下进行加工。由于两根提升管反应器均可以在各自最优化的反应条件下单独加工不同原料油，从而避免了汽油改质与重油裂化的相互影响。当汽油根提升管反应器以劣质汽油为原料时，可以充分利用高活性催化剂和大剂油比的操作条件，为汽油改质反应提供独立的空间和充分的反应时间。由于汽油改质操作条件相对独立，汽油改质的比例不受限制，FDFCC 工艺的汽油改质效率大幅度提高。

FDFCC 具有两种不同形式的汽油改质工艺流程，方案 A 是在汽油改质提升管反应器出口设立第二分馏塔，改质汽油直接进入吸收稳定系统，这样就避免了改质汽油与重油提升管反应器出来的未改质汽油的混合，大幅度提高了汽油改质的效率，同时也不会对重油催化裂化主分馏塔的操作带来任何不利影响，但该方案的总投资较高，操作和控制也相对复杂，如图 1-48a 所示；方案 B 是汽油改质反应器与重油提升管反应器的产物共用一个分馏塔，改质汽油返回主分馏塔与未改质汽油混合，一部分混合汽油进入汽油改质反应器进行循环改质，进行改质的汽油可以是轻汽油馏分也可以是全馏分，该方案总投资少，操作和控制相对简便，如图 1-48b 所示。

在中国石化某 120kt/a 双提升管重油催化裂化装置上进行了 FDFCC 工艺的工业试验。表 7-74 和表 7-75 分别列出了方案 A 的汽油改质提升管反应器产品分布和汽油改质前后的主要性质数据。表 7-76 列出了方案 A 的双提升管重油催化裂化产品分布和工艺效果，其中汽油改质率为改质汽油流量与进主分馏塔汽油流量之比。结果表明，随着汽油改质率的提高，汽油裂化深度和气体产率迅速提高，汽油改质效果也更加显著。因此，应用 FDFCC 工艺技术降低催化裂化汽油烯烃含量，生产低烯烃汽油时，宜采用反应温度为 450~500℃进行操作；若在生产低烯烃汽油同时，大幅度提高轻循环油与汽油比和丙烯产率，可采用反应温度为 550~600℃的苛刻条件进行操作。

表 7-74　方案 A 的汽油改质提升管反应器产品分布

反应温度/℃	450	500	550	600
剂油比	7.2	9.4	13.5	17.6
干气/%	3.25	3.90	5.42	6.78

续表

反应温度/℃	450	500	550	600
液化气/%	11.89	13.96	19.73	28.57
汽油/%	78.89	74.95	66.85	53.10
LCO/%	3.58	4.65	5.16	8.48
焦炭/%	2.17	2.27	2.64	2.86
损失/%	0.22	0.27	0.20	0.21
合计/%	100.0	100.0	100.0	100.0
丙烯/%	6.10	7.16	10.12	14.65

表 7-75　方案 A 的汽油改质前后的主要性质

反应温度/℃	未改质粗汽油	改质粗汽油		
		450	500	550
剂油比		7.2	9.4	13.5
密度(20℃)/(kg/m^3)	708.4	719.3	728.9	737.2
硫含量/(μg/g)	380	311	300	286
烯烃/%	44.5	17.3	13.7	11.5
芳烃/%	13.8	27.9	30.0	32.5
饱和烃/%	41.7	54.8	56.3	56.0
RON	90.6	91.8	92.7	92.9
MON	80.9	81.6	82.0	82.3

表 7-76　方案 A 的产品分布

重油提升管温度/℃	505				
汽油提升管温度/℃		500		600	
汽油改质率/%	0	50	100	50	100
产品分布/%					
干气	3.75	4.59	5.43	5.21	6.67
液化气	17.72	20.73	23.73	23.87	30.01
汽油	43.02	37.64	32.24	32.92	22.84
LCO	24.48	25.48	26.49	26.31	28.13
油浆	1.31	1.31	1.31	1.31	1.31
焦炭	9.22	9.70	10.19	9.83	10.45
损失	0.50	0.55	0.61	0.55	0.59
合计	100.0	100.0	100.0	100.0	100.0
丙烯	6.81	8.35	9.89	9.96	13.11
LCO 与汽油比	0.57	0.68	0.82	0.80	1.23

表 7-77 列出了方案 B 的双提升管重油催化裂化装置产品分布和工艺效果。表 7-78 列出了方案 B 的未改质粗汽油原料和部分汽油改质后混合粗汽油的主要性质分析结果。试验结果表明，随着汽油改质反应强度的提高，汽油裂化深度提高，催化裂化装置的 LCO 与汽油比和丙烯产率大幅提高；在双提升管单分馏塔的 FDFCC 工艺流程下，当汽油改质率为 50%时，该装置便可直接生产烯烃体积分数低于 35%的清洁汽油。

表 7-77 方案 B 的产品分布

重油提升管温度/℃	500				
汽油提升管温度/℃		450	500	550	600
汽油改质率/%	0	50			
产品分布/%					
干气	3.23	4.60	4.80	5.58	5.99
液化石油气	14.56	19.50	20.25	22.65	26.17
汽油	37.49	28.70	27.10	23.38	18.28
LCO	34.88	36.40	36.91	37.31	38.38
焦炭	9.42	10.30	10.41	10.54	10.61
损失	0.42	0.50	0.53	0.54	0.57
合计	100.0	100.0	100.0	100.0	100.0
丙烯	6.12	8.80	9.20	10.50	12.12
LCO/汽油	0.93	1.27	1.36	1.60	2.10

表 7-78 方案 B 的汽油原料和部分改质后混合汽油性质

反应温度/℃	未改质粗汽油	混合粗汽油		
		450	500	550
剂油比		7.0	9.2	13.1
汽油改质率/%	0	50	50	50
汽油性质				
密度(20℃)/(kg/m^3)	715.4	718.6	721.4	726.1
硫含量/(μg/g)	542	504	485	487
烯烃/%	50.3	32.8	31.7	33.4
芳烃/%	23.2	28.0	28.6	28.8
饱和烃/%	26.5	39.2	39.7	37.8
RON	90.8	91.0	91.2	91.3
MON	81.2	81.6	81.7	81.9

工业试验表明，FDFCC 工艺汽油烯烃含量可降低 30 个体积百分点以上，硫含量可降低 15%~25%，辛烷值(RON)也可提高 0.5~2 个单位。随着汽油改质操作强度和汽油改质比例的提高，对提高催化裂化装置的 LCO 与汽油比和丙烯产率的效果更加显著，LCO 与汽油比一般可提高 0.2~0.7，丙烯产率也可提高 3~6 个百分点。国内某炼油厂 1.05Mt/a 重油催化裂化装置采用 FDFCC 工艺后，经汽油改质后烯烃含量从 55v%降低至 16v%以下，RON 提高约 2 个单位，汽油脱硫率为 20%~30%，丙烯产率增加了约 4 个百分点，装置调节灵活且运转平稳。

(三)FCC 汽油辅助反应器改质降烯烃技术

高金森等(2005)和白跃华等(2004)提出了 FCC 汽油辅助反应器改质降烯烃技术(Subsidiary Riser FCC for Naphtha Olefin Reduction Technology，SRFCC)。SRFCC 技术设置单独的汽油改质反应器，采用提升管+流化床型式，床层空速 5~20h^{-1}，反应温度 380℃~460℃。回炼粗汽油，回炼比 0.3~0.5，全为催化裂化装置本身所产的高烯烃汽油，不与改质后汽油掺混，提高降烯烃效率，其烯烃转化率可达60%以上，RON不损失或略有提高；改质汽油收率为85%~95%。当改质汽油烯烃含量为35v%以下时，C_3^+液体收率大于98%；当改质汽油烯烃含量为20v%以下时，C_3^+液体收率大于97.5%。

与FDFCC工艺类似，汽油反应器出口的油气也进单独的汽油分馏塔，汽油分馏塔用主分馏塔的回炼油作为脱过热介质，取热后返回主分馏塔，设中段回流、顶循环回流和LCO侧线。进汽油分馏塔油气温度较低，且油气中含大量汽油组分，热量主要集中在塔顶，底部高温位热量较少，通过主分馏塔回炼油作为取热介质，塔底温位较高，塔内气、液相负荷分布均匀。

FDFCC、SRFCC工艺的共同特点通过汽油回炼进行改质，汽油的反应环境和条件与主提升管不同，但装置能耗增加较多。

(四)两段提升管工艺

山红红等(1997)提出了由两段提升管构成的两路循环的反应系统(TSRFCC)。TSRFCC工艺技术的特点是：催化剂接力，大剂油比，短反应时间和分段反应，其核心是催化剂接力和分段反应。

①催化剂接力是指当原料进行短时间反应后，催化剂活性下降到一定程度时，及时将催化剂与油气分离，催化剂返回再生器，需要继续进行反应的中间物料在第二段提升管与来自再生器的另一路催化剂接触，形成两路催化剂循环。显然，就整个反应过程而言，催化剂的整体活性大大提高，催化作用增强，催化反应所占比例增大，热反应及不利的二次反应得到有效控制，这对于提高轻质产品收率，降低干气和焦炭产率均十分有利。

②分段反应是指不同的馏分在不同的场所和条件下进行反应，排除相互干扰，各自都能在较优化的条件下进行裂化。例如第一段提升管只进新鲜原料，LCO从段间抽出作为最终产品以保证收率和质量，难于裂化的油浆(和回炼油)单独进入第二段提升管。此外，为了降低汽油的烯烃含量，部分粗汽油(或全部轻汽油)可以进入第二段提升管底部与再生催化剂接触进行改质。

TSRFCC工艺在国内某炼油厂的工业试验结果表明，当以馏分油掺10%减压渣油为原料油时，与常规FCC工艺相比，可大幅度提高原料转化深度，处理量增加20%以上，轻质产品收率提高约3个百分点；干气和焦炭产率大大降低，同时产品质量明显提高，汽油烯烃含量下降近12%；当汽油回炼时，汽油烯烃含量可降到35%以下，硫含量略有降低，RON下降1.3个单位，轻循环油密度减小，硫含量下降，十六烷值略有下降。

此外，清华大学、济南炼油厂和北京石油设计院等还提出了“柔性折叠式气固两相催化裂化反应器”，其由上行—下行两部分柔性组合成不同形式的两段反应器，主要用于改善产品分布和改进某些产品的质量(邓任生，2001)。

六、生产汽油+丙烯的FCC工艺

随着对液化气和低碳烯烃需求量的日益增长，国内外在流化催化裂化的基础上，相继开发了一系列以生产丙烯为主的低碳烯烃，或兼产高辛烷值汽油和液化气的技术，其中石油化工科学研究院等单位开发的多种技术已投入工业应用。这些技术特点概况如下：

（一）MGG 和 ARGG

高辛烷值汽油和气体的催化裂化工艺(Maximum Gas plus Gasoline，简称 MGG)是采用高活性专用催化剂和提升管反应器，其反应温度约为535℃，反应时间与 FCC 工艺相当，其产物特点为最大量生产液化气和高辛烷值汽油，同时干气和焦炭产率较低，液化气和汽油产率之和可达 70%~80%(霍永清，1993；钟乐桑，1995)。表 7-79 列出了 5 种原料油在中型 MGG 装置上的试验结果。

表 7-79 不同原料油的 MGG 中型试验结果

原料油编号	1	2	3	4	5
性质					
密度(20℃)/(g/cm³)	0.8546	0.8572	0.8741	0.8899	0.9230
特性因数	12.6	12.1	12.0	11.9	11.5
产品产率/%					
C_3~C_4	35.1	34.2	32.0	29.0	22.7
C_5^+汽油	46.0	44.1	46.7	44.5	42.8
液化气+汽油	81.1	78.3	78.7	73.5	65.5
汽油辛烷值					
RON	92.7	94.9	93.9	94.1	95.2
MON	81.1	82.2	81.9	81.9	82.2

当 MGG 工艺加工原料不是减压馏分油，而是常压渣油时，MGG 工艺变成 ARGG 工艺。ARGG(Atmosphereic Residue Maximum Gas plus Gasoline)工艺采用具有优良的抗镍污染和重油裂化能力的专用催化剂。表 7-80 列出了 4 种原料油在中型 ARGG 装置上的试验结果。

表 7-80 不同常压渣油的 ARGG 中试结果

原料油编号	1	2	3	4
性质				
密度(20℃)/(g/cm³)	0.8783	0.8898	0.8894	0.8719
残炭/%	2.3	4.1	4.8	4.4
镍含量/(μg/g)	1.6	5.4	3.9	11.3
产品产率/%				
C_3~C_4	25.00	27.60	25.60	30.29
C_5^+汽油	42.05	42.73	46.10	44.61
液化气+汽油	67.05	70.33	71.70	74.90
$C_3^=+C_4^=$	18.95	19.37	19.08	23.35

（二）DCC-Ⅱ

DCC-Ⅱ型催化裂解工艺(Deep Catalytic Cracking-Ⅱ，简称 DCC-Ⅱ)采用的操作条件比 DCC-Ⅰ要缓和，采用提升管反应器，可不加床层，反应温度略低，介于 DCC-Ⅰ与 FCC 之间；专用催化剂的活性较高(潘仁南，1992；谢朝钢，1995；杨勇刚，2000)，在生产丙烯、异丁烯及异戊烯的同时，兼顾生产汽油。表 7-81 列出了 4 种原料油在中型 DCC-Ⅱ装置上的试验结果，其丙烯产率为 7.8%~12.7%，异丁烯加异戊烯产率为 7.6%~11.3%，汽油产率为 36.2%~41.2%。

表 7-81　不同原料油的 DCC-Ⅱ中试结果

原料油编号	1	2	3	4
性质				
密度(20℃)/(g/cm^3)	0.8788	0.8781	0.9249	0.8800
残炭/%	0.10	0.44	0.20	3.30
特性因数(K_{UOP})	12.4	12.0	11.5	12.5
产品产率/%				
$C_3^=$	12.74	9.89	7.86	11.41
$i-C_4^=$	5.10	3.93	3.46	4.92
$i-C_5^=$	6.17	5.38	4.11	6.15
汽油	41.28	40.60	36.15	38.86

（三）MIO

多产异构烯烃的催化裂化工艺(Maximizing Iso-Olefins，简称 MIO)以重质馏分油掺炼部分渣油为原料，在短接触时间的提升管反应器里，使用具有较好的抗钒性能的专用催化剂，采用较缓和的操作条件，反应温度也介于 DCC-Ⅰ和 FCC 之间(刘怀元，1998)。表 7-82 列出了 3 种原料油在中型 MIO 装置上的试验结果，其异丁烯和异戊烯的产率之和可达 8.6%~13.1%。

表 7-82　不同原料油的 MIO 中试结果

原料油编号	1	2	3
性质			
密度(20℃)/(g/cm^3)	0.9249	0.8764	0.8788
特性因数(K_{UOP})	11.5	12.1	12.4
烯烃产率/%			
$i-C_4^=$	3.74	4.77	5.40
$i-C_5^=$	4.92	8.10	7.71

（四）MIP-CGP

多产异构烷烃和丙烯的催化裂化工艺(简称 MIP-CGP)是在 MIP 工艺的基础上开发的，在生产低烯烃含量、高辛烷值汽油的同时，最大量地生产丙烯(许友好，2004)。MIP-CGP 工艺采用专用的催化剂，具有不同孔结构和活性组分，从而在不同的反应区起着不同的作用，目的在于既能够处理较重的原料油，又能提高液化气产率及液化气中丙烯的浓度，同时还要保持汽油中含有较高的异构烷烃和较低的烯烃含量，因此专用催化剂具有较强的一次裂化反应能力、适当的二次裂化反应深度、适中的氢转移活性和较好的水热稳定性。工艺操作条件和反应系统工程结构与 MIP 工艺没有具体、严格的区别。MIP-CGP 工艺与 MIP 工艺产物分布列于表 7-83。

表 7-83 MIP-CGP 与 MIP 工艺对比

项 目	MIP-CGP 工艺	MIP 工艺	项 目	MIP-CGP 工艺	MIP 工艺
原料油性质			$C_3 \sim C_4$	22.4	15.5
密度(20℃)/(g/cm^3)	0.918	0.9123	C_5^+ 汽油	36.0	45.5
残炭/%	3.38	1.6	轻循环油	25.0	25.5
S/%	0.1804	0.236	油浆	4.4	3.5
N/%	0.2368	0.123	焦炭	8.7	7.0
产品产率/%			转化率/%	70.6	71.0
$H_2 \sim C_2$	3.5	3	丙烯收率/%	8.18	5.04

上述 4 种工艺均已实现工业化，表 7-84 列出了这几种工艺首次工业应用后的标定结果。

表 7-84 五种工艺的工业应用标定结果

工艺类型	MGG	ARGG	MIP-CGP	DCC-Ⅱ	MIO
首次应用	1992-07 兰州炼化总厂	1993-07 扬州石化厂	2004-08 镇海炼化公司	1994-08 济南炼油厂	1995-03 兰州炼化总厂
催化剂	RMG-1	RAG-1	CGP-1	CIP-1	RFC
原料油性质					
密度(20℃)/(g/cm^3)	0.8872	0.8706	0.9084	0.8983	0.8809
残炭/%	2.0	4.7	4.29	0.62	3.2
产品产率/%					
$H_2 \sim C_2$	3.97	5.24	2.58	3.54	3.66
$C_3 \sim C_4$	26.78	28.31	23.10	32.54	30.51
C_5^+汽油	48.07	49.28	39.52	40.98	39.58
LCO	12.36	6.30	22.23	15.76	18.13
油浆			4.98		
焦炭	8.20	10.40	7.11	6.40	7.68
损失	0.62	0.47	0.48	0.78	0.44
烯烃产率/%					
$C_3^=$	8.79	10.39	7.63	12.52	11.13
$C_4^=$	7.26	10.61	—	11.23	11.56
i-$C_4^=$	1.71	3.12	—	4.57	4.25
i-$C_5^=$	—	3.60	—	5.78	5.88

七、多产丙烯的 FCC 工艺

(一) DCC-Ⅰ

DCC-Ⅰ型催化裂解工艺(Deep Catalytic Cracking-Ⅰ，简称 DCC-Ⅰ)是以减压馏分油或掺炼渣油为原料，以最大量生产丙烯为主的气体烯烃为特征，其专用的催化剂具有高基质活性、高择形二次裂化能力和低氢转移活性(李再婷，1989；汪燮卿，1994)。在较苛刻的操作条件下进行裂化反应，通常在较高的反应温度(545~560℃)、较低空速($4h^{-1}$)、大剂油比(10~12)、较多的蒸汽(约为进料的 25%)、较低的压力下进行深度的催化转化，以达到多产丙烯的目的(郑铁年，1996；Chapin，1998；Fu，1998)。

为了增加油剂接触时间，反应器采用提升管加密相流化床结构。对于石蜡基原料反应温度采用 545℃左右；对于中间基原料反应温度采用 550~560℃。表 7-85 列出了不同特性原料在 Ⅰ 型催化裂解装置上的试验结果，其丙烯产率达到 13%~23%（余本德，1995；周婉华，1996；祝良富，1996；谢朝钢，1996）。

表 7-85　不同原料油的 DCC-Ⅰ中试结果

原料油编号	1	2	3	4	5	6	7
性质							
密度(20℃)/(g/cm^3)	0.8449	0.8579	0.8808	0.8815	0.8868	0.9004	0.9100
特性因数	12.7	12.4	12.0	12.2	11.9	11.7	11.6
轻烯烃产率/%							
$C_2^=$	5.79	6.10	4.93	4.06	4.29	3.51	3.58
$C_3^=$	23.73	21.03	18.39	17.86	16.71	13.57	13.16
$C_4^=$	17.78	14.30	14.16	14.89	12.73	10.11	10.60

DCC 反应油气在离开床层以后，在稀相仍有较长的停留时间，达 25~37s，存在一定的热裂化反应，干气收率高达 7.8%~8.5%，其中乙烯收率为 3.2%~4.5%。另外，由于 DCC 反应温度高、转化深度大，其反应热远远高于常规催化裂化，因此，装置能耗普遍较高，达 92kg 标油/t 原料，甚至更高，同时与工艺流程设置、低温热利用及余热锅炉排烟温度有很大关系。DCC-Ⅰ汽油研究法辛烷值可达 94~97 以上，但安定性差，需经加氢处理。分馏塔顶采用冷回流技术，增加塔顶油气分压，防止水蒸气冷凝。塔顶油气采用两段气液分离技术，防止汽油乳化。吸收塔一般设置四个中段回流，加强吸收效果。

（二）最大丙烯产率的 MAXOFIN 工艺

由 Kellgg 公司和 Mobil 公司联合开发的多产低碳烯烃技术（简称 MAXOFIN）的主要特点为：

① 设立第二提升管，自产 C_4 和轻石脑油二次裂解以增产丙烯，富含烯烃的 C_4 和轻石脑油在高苛刻度条件下裂解速度快，烯烃产品收率高；

② 主催化剂采用低氢转移活性的 REUSY 型专用催化剂，并加入 ZSM-5 含量较高的助剂（MAXOFIN-3）；

③ 采用配套的 ATOMAX-2 型进料喷嘴、密闭式旋风分离器和催化剂冷却器等设备（Niccum，1998；2001）。

该工艺具有较高的灵活性和操作弹性，可以在最大丙烯、最大油品和兼顾丙烯与油品三种工况下操作。当采用 Minas 减压馏分油为原料时，其产率分布列于表 7-86。如按最大丙烯方案操作，其丙烯产率可达 18.4%。以加氢裂化尾油为原料时，MAXOFIN 中试数据列于表 7-87。

表 7-86　MAXOFIN 工艺的主要操作条件和产率分布

项　　目	最大丙烯方案	中间方案	最大油品方案
原料	减压馏分油+轻石脑油	减压馏分油	减压馏分油
催化剂	REUSY+ZSM-5	REUSY+ZSM-5	REUSY
反应器	双提升管	单提升管	单提升管
提升管出口温度/℃	538/593	538	538
剂油比	8.9/25	8.9	8.9

续表

项 目	最大丙烯方案	中间方案	最大油品方案
进料量/(m^3/d)	4770	4770	7010
产品分布/%			
硫化氢	0.03	0.02	0.01
氢气	0.91	0.18	0.12
甲烷+乙烷	6.61	2.07	2.08
乙烯	4.30	1.96	0.91
丙烷	5.23	3.90	3.22
丙烯	18.37	14.38	6.22
正丁烷	2.25	2.16	2.17
异丁烷	8.59	8.52	7.62
总丁烯	12.92	12.33	7.33
汽油	18.81	35.53	49.78
LCO	8.44	7.33	9.36
油浆	5.19	5.24	5.26
焦炭	8.34	6.38	5.91

表 7-87 MAXOFIN 工艺中试数据(以加氢裂化尾油为原料)

产品收率	方案 A	方案 B	方案 C	方案 D
乙烯/%	3.2	3.9	6.4	8.2
丙烯/%	16.0	18.7	19.1	21.5
汽油/%	37.9	28.8	26.2	25.0
丙烯/乙烯	5.0	4.8	3.0	2.6

该公司开发的另一种多产低碳烯烃的工艺(称 SUPERFLEX)采用的原料为 C_4 ~ C_8 馏分，如蒸汽裂解装置的 C_4 或 C_5 馏分(已经过选择性加氢)，也可以是催化裂化装置的轻石脑油。产物中丙烯的产率高达 40%以上，丙烯与乙烯的产率之比约为 2；其汽油馏分富含芳烃，是高辛烷值汽油的调合组分。典型的 SUPERFLEX 工艺数据列于表 7-88。

表 7-88 SUPERFLEX 工艺数据

产品产率	蒸汽裂解装置 C_4 馏分	部分加氢的 C_5 馏分	催化裂化轻石脑油
燃料气/%	7.2	12.0	13.6
乙烯/%	22.5	22.1	20.0
丙烯/%	48.2	43.8	40.1
丙烷/%	5.3	6.5	6.6
汽油/%	16.8	15.6	19.7
丙烯/乙烯	2.1	2.0	2.0

(三) 轻烯烃催化裂化技术——LOCC

由 UOP 公司开发的多产低碳烯烃技术(称为 LOCC)的主要特点为：

① 采用双提升管反应器和双反应区构型；

② 第二提升管进行自产石脑油的二次裂化；

③ 使用高 ZSM-5 含量的助剂；

④ 第一提升管底部采用 MxCat 系统。

MxCat 系统采用部分待生催化剂循环与高温再生催化剂在位于提升管底部的 MxR 混合箱内混合，可以降低油剂接触温度，减少热裂化(Hemler，1998)。表 7-89 列出了以蜡油掺渣油为原料的 LOCC 预测结果并与常规的 FCC 工艺对比。

表 7-89 LOCC 典型产率分布

产品分布	LOCC	FCC	产品分布	LOCC	FCC
干气/%	6.5	3.0	LCO/%	12.0	15.0
丙烷+丙烯/%	21.5	6.0	重油/%	5.0	7.0
丁烷+丁烯/%	20.0	10.5	焦炭/%	8.0	6.5
汽油/%	27.0	52.0			

(四) 选择性组分裂化的 SCC 工艺

由 Lummus 公司开发的最大量生产丙烯技术(称为 SCC)的主要特点为：

① 采用高苛刻度催化裂化操作；

② 优化工艺与催化剂的选择性组分裂化；

③ 自产石脑油的回炼；

④ 乙烯和丁烯易位反应生成丙烯。

高苛刻度催化裂化的反应体系由短接触时间提升管和直连式旋风分离器组成，其丙烯产率可以由传统的 3%~4%提高到 6%~7%；选择性组分裂化通过优化工艺操作条件和催化剂配方来实现，选用高 ZSM-5 含量的催化剂，采用高温、大剂油比操作，可以将丙烯产率提高至 16%~17%；自产石脑油的选择性回炼可使丙烯产率进一步提高 2%~3%；而乙烯和丁烯在一个固定床反应器内易位反应(Lummus 公司的 OCT 技术)转化为丙烯，预计可以多产 9%~12%的丙烯。四项技术合计可以得到 25%~30%的丙烯。

综上所述，MAXOFIN 工艺、LOCC 工艺、SCC 工艺都是采用 C_4及自产轻石脑油回炼的组合工艺，设置不同于主提升管的反应器环境，如反应温度、剂油比、催化剂活性、烃分压等，达到多产丙烯的目的。在分离系统里得到混合 C_4，同时将 C_5^+轻石脑油分离出来，回炼至主提升管底部或者设置单独的第二提升管，直接与高温、高活性的再生催化剂接触与反应，可增加丙烯收率 1~1.5 个百分点。C_4、C_5烯烃回炼需要高温、大剂油比的反应环境，采用气相进料，分布均匀，强化烃、剂接触，在增产丙烯的同时，也降低了汽油产品的烯烃含量，缺点是增加了富气压缩机的负荷，使装置运行能耗增加。

八、多产乙烯和丙烯的 FCC 工艺

国内外一些研究单位对利用重油多产乙烯、丙烯的工艺和催化剂进行了大量的研究。比较典型的有德国柏林有机化学研究所开发的 TCSC(Thermo Catalytic Steam Cracking Process)工艺(汪燮卿，2014)，采用添加了促进剂 K_3VO_4的 CaO/Al_2O_3催化剂，直馏重馏分油在小型固定床反应器装置上进行裂解，可获得乙烯产率达到 27%左右。国内比较有代表的工艺是洛阳石化工程公司开发的重油接触裂化工艺(Heavy Oil Contact Cracking Process，简称 HCC)、石油化工科学研究院与中国石化工程建设公司开发的催化热裂解工艺(Catalytic Pyrolytic Process，简称 CPP)，均已工业应用。

(1) HCC 工艺

HCC 工艺借鉴成熟的重油催化裂化工艺技术，采用提升管反应器(或下行管式反应器)，来实现高温(660~700℃)、短接触时间(<2s)的工艺要求，其专用催化剂(LCM)具有良好的抗水热失活和抗重金属污染性能(沙颖逊，1995；2000a；2000b)。几种原料油的典型中试结果见表 7-90。与蒸汽裂解制乙烯工艺相比，HCC 工艺以重油作为原料，反应温度和水油比均明显降低。试验结果表明：HCC 工艺具有广泛的原料适应性，特别是能加工 BMCI 值大于 20 的重质原料油，对不同的原料(BMCI 值 20~52)，其乙烯产率(单程)可达 17%~27%，丙烯可达 12%~15.5%，总烯烃产率可超过 50%。

表 7-90　不同原料油的典型中试数据(单程)

原料油	大庆 VGO	大庆 ATB	江汉 ATB	茂名 SRHT 重油	中原 ATB	管输 ATB
BMCI 值	25	30	36	39	40	52
反应温度/℃	690	670	700	690	700	710
水油质量比	0.60	0.35	0.30	0.60	0.30	0.50
主要产品质量产率/%						
氢气	0.64	0.60	0.68	0.41	0.59	—
甲烷	10.66	11.06	10.32	9.51	10.30	—
乙烯	26.35	24.65	22.43	22.30	21.95	17.52
丙烯	15.57	14.09	13.30	13.57	12.47	11.85
丁烯+丁二烯	10.12	6.60	5.85	6.77	7.68	6.30
乙烯+丙烯	41.92	38.74	35.73	35.87	34.42	29.37
C_2~C_4烯烃	52.04	45.34	41.58	42.64	42.10	35.67

注：其他操作条件(如反应时间、剂油比等)大致相当。

此外，还用大庆常压渣油考察了水油比和反应温度的影响，如图 7-94 和图 7-95 所示。从图 7-94 和图 7-95 可以看出：随着水油比的提高，乙烯和丙烯的产率均有明显的增加；随着反应温度的提高，乙烯产率有较大提高，而丙烯产率开始略有上升而后逐渐下降。总之，对大庆常压渣油来说，水油比为 0.6 左右时，在 660~700℃的反应温度范围内，虽然比管式炉裂解温度降低 100~150℃，乙烯和丙烯产率均处于较高的水平。

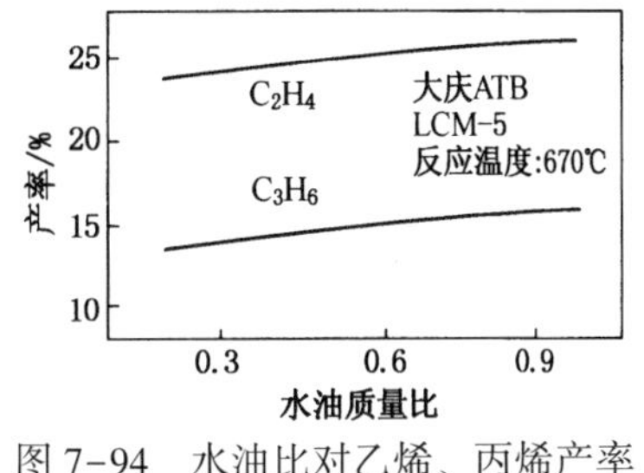

图 7-94　水油比对乙烯、丙烯产率的影响(中试)

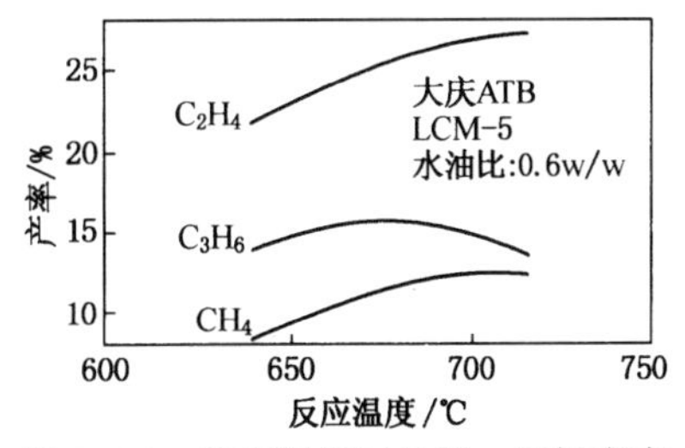

图 7-95　反应温度对乙烯、丙烯产率的影响(中试)

300kt/a 乙烯的 HCC 装置技术经济评价结果表明，用中等质量的常压渣油为原料，其乙烯生产成本仅为同等规模的石脑油管式炉裂解制乙烯工艺的 80%，具有较强的竞争能力。某石化公司进料规模为 80kt/a 的 HCC 工业试验装置的数据列于表 7-91，结果表明其气体烯烃产率基本达到了中型试验的水平，在采用大庆常压渣油为原料单程通过时，其乙烯和丙烯的产率分别达到23.5%和15.6%，若考虑乙烷回炼，则乙烯总产率可达27.0%左右，表明该工艺具有良好的经济效益，是一条从重质原料制取以乙烯为主的生产低碳烯烃的新技术路线。

表7-91 HCC工业试验的操作条件和产率分布(原料油：大庆常压渣油)

项　目	设计方案	低压方案	项　目	设计方案	低压方案
操作条件			裂解重油	12.27	12.06
反应温度/℃	678	683	焦炭	5.40	5.30
反应压力/MPa	0.125	0.102	损失	0.50	0.50
水油比(质量)	0.66	0.66	气体烯烃产率/%		
操作方式	单程通过	单程通过	乙烯	22.43	23.50
物料平衡/%			丙烯	15.45	15.60
干气	37.61	38.64	丁烯	4.67	4.16
液化气	24.02	23.50	丁二烯	3.01	2.96
裂解汽油	17.00	16.80	C_2～C_4烯烃	45.56	46.22
裂解轻油	3.20	3.20			

(2) CPP工艺

CPP工艺以重油(可掺入一定数量的减渣)或蜡油为原料，采用专门研制的具有正碳离子反应与自由基热反应双功能的酸性沸石催化剂(商品代号为CEP)，应用组合的流化催化裂化技术，在反应系统中通过催化裂化、高温热裂解、择形催化、烯烃共聚、歧化与芳构化的综合反应途径，实现最大量生产乙烯和丙烯的目的(谢朝钢，1994；2000)。

CPP工艺使用新型改性择形沸石催化剂、其活性组分具有较高的L酸/B酸中心的比值，烃类在L酸中心上既能发生正碳离子反应生成较多的丙烯和丁烯，又能促进自由基反应生成乙烯。同传统的蒸汽裂解制乙烯相比，CPP是一个以B酸为主的择形沸石催化剂，烃类裂解主要发生正碳离子反应，因而气体烯烃以丙烯和丁烯为主。

CPP工艺以重质油为原料，其适宜的反应温度在580～640℃之间，反应压力较低，反应(停留)时间较短。由于两器热平衡的需要，CPP工艺需要更大的剂油比，一般在15～25之间。CPP需要大的注水蒸气量，一般在40%～50%(对进料)。以加工大庆常压渣油为例，对于中间方案(反应温度590～610℃)，乙烯产率达到10%～14%，丙烯产率达到19%～21%；对于丙烯方案，丙烯产率可达到24.6%(张执刚，2001)。

由于CPP工艺反应温度高、反应压力低、生成气体量大、注入蒸汽量大等特点，决定了其裂解油气量相当于常规重油催化裂化装置的3倍。因此CPP工艺和工程技术特点包括：设置高温反应油气急冷器，防止高温油气结焦；为了减少其裂解气中由于再生催化剂循环而夹带的非烃，需设置高效脱气罐；裂解气中二烯烃含量少，裂解石脑油中苯、甲苯及二甲苯含量高，并且依次增多，加氢后进行芳烃抽提，大大提高副产品的附加值；借鉴乙烯装置的裂解气冷凝冷却方式，CPP工艺分馏塔油气采用直接冷却，在降低油气系统压降的同时，也充分利用蒸汽冷凝所产生的大量低温潜热。为了得到聚合级的乙烯、丙烯，裂解气需要进行深冷分离，由于气体中丙烯浓度较高，深冷分离一般采用“前脱丙烷前加氢法”。在深冷分离之前，需要对COS、RSH、RSR′、NO_x、H_2S、H_3As、Hg等微量杂质进行预精制脱除。

CPP 工艺适宜加工氢含量较高的石蜡基油，对于氢含量较低的中间基减压蜡油或焦化蜡油，以及裂解装置本身所产的轻、重循环油，可以通过适度加氢以增加原料中氢含量，改变原料油性质，从而也能达到理想的产品收率。

从全厂加工流程来看，CPP 工艺直接将重油转化为低碳烯烃，把炼油与石油化工有机地结合在一起。与传统的蒸汽裂解制乙烯相比，原料来源广泛，无论一次性投资、单位综合成本，还是装置操作难易程度、装置能耗均有极大的优越性。与其他相关裂解工艺相比，CPP 工艺的催化剂开发及工业应用成熟，工艺条件缓和，对设备材质要求不高，工程投资省。

国内某石油化工厂进料规模为 80kt/a 的 CPP 工业装置试验结果列于表 7-92(谢朝钢，2001；伊红亮，2002)。试验结果表明：CPP 工艺气体烯烃产率基本上达到了中型试验的水平，在采用大庆常压渣油为原料时，其乙烯方案的反应温度为 640℃，乙烯和丙烯的产率分别为 20.37%和 18.23%，具有良好的经济效益。

以大庆管输原油的常压渣油为原料油的实际生产标定结果列于表 7-93、表 7-94。工业平衡催化剂具有良好的流化性能和水热稳定性，反应温度较低，其乙烯产率为 18.32%，丙烯产率为 21.58%，总芳烃产率为 12.38%，其中混合轻芳烃(苯、甲苯、乙苯和二甲苯)产率为 6%，焦炭产率为 12.12%，是一项采用重质原料油直接生产乙烯、丙烯的新技术。

表 7-92 CPP 工业试验的操作条件和产率分布(原料油：大庆常压渣油)

项　　目	丙烯方案	中间方案	乙烯方案
操作条件			
反应温度/℃	576	610	640
反应压力/MPa	0.08	0.08	0.08
水油比(质量)	0.30	0.37	0.51
操作方式	裂解重油回炼	裂解重油回炼	裂解重油回炼
物料平衡/%			
干气	17.64	26.29	37.13
液化气	43.72	36.55	28.46
裂解汽油	17.84	17.61	14.82
裂解轻油	11.75	8.98	7.93
焦炭	8.41	9.67	10.66
损失	0.64	0.90	1.00
气体烯烃产率/%			
乙烯	9.77	13.71	20.37
丙烯	24.60	21.45	18.23
丁烯	13.19	11.34	7.52
$C_2 \sim C_4$烯烃	47.56	46.50	46.12

表 7-93　CPP 生产装置原料油性质、操作条件及产率分布

项　目	数　据	项　目	数　据
原料油		产率/%	
密度(20℃)/(g/cm^3)	0.8967	H_2~C_2	30.55
残炭/%	4.4	C_3~C_4	28.22
氢含量/%	13.10	裂解石脑油	15.71
质量族组成/%		裂解轻油	9.31
饱和烃	58.1	油浆	3.48
芳烃	26.3	焦炭	12.12
胶质	15.3	损失	0.61
沥青质	0.3	总计	100.00
操作条件		乙烯产率/%	18.32
反应温度/℃	610	丙烯产率/%	21.58
反应压力/MPa	0.079	乙烯+丙烯/%	39.90

表 7-94　CPP 装置裂解石脑油性质

分析项目	数　据	分析项目	数　据
密度(20℃)/(g/cm^3)	0.8426	RON	102.4
馏程/℃		MON	89.2
初馏点	47.5	族组成(荧光法)体积分数/%	
5%	71.6	饱和烃	5.6
10%	82.9	烯烃	6.5
30%	103.3	芳烃	87.9
50%	119.1	族组成(色谱法)质量分数/%	
70%	138.5	正构烷烃	1.56
90%	168.1	异构烷烃	2.99
95%	183.6	烯烃	14.23
终馏点	191.9	环烷烃	1.46
蒸气压(PVPE)/kPa	29.3	芳烃	78.79
诱导期/min	102	未检出峰	0.97

九、多产轻质油的加氢处理和催化裂化组合工艺

多产轻质油的 FGO 选择性加氢处理工艺与选择性催化裂化(或称为缓和催化裂化)工艺集成技术(Integration of FCC Gas Oil Hydrotreating and Highly Selective Catalytic Cracking for Maximizing Liquid Yield，简称 IHCC)主要思路是对重质原料油不再追求重油单程转化率最高，而是控制催化裂化单程转化率在合理的范围，使干气和焦炭选择性最佳，未转化重油经加氢处理后再采取适当的催化裂化技术来加工，从而使高价值产品收率最大化(许友好，2011)。选择性催化裂化工艺(Highly Selective Catalytic Cracking，简称 HSCC)就是充分利用反应时空约束以尽可能地保留原料中的多环芳烃芳核，而不是常规渣油 FCC 工艺为了提高转化率，降低油浆产率，尽可能地转化原料中的多环芳烃，从而造成多环芳烃芳核生焦；而 HSCC 工艺所生产的 FGO 中的芳烃和胶质经选择性加氢处理工艺进行芳烃定向饱和生成多环环烷烃，同时尽可能地保留所生成的多环环烷烃(Hydrogenation of Aromatic and Resin of FCC Gas Oil，简称 HAR)。

IHCC 中型试验分别在 3 套中型装置上进行，依次为较大的 HSCC 中型试验装置、HAR

加氢中型试验装置和较小的 HSCC 中型试验装置。IHCC 中型试验流程与 IHCC 工艺原则流程基本相同，如图 7-96 所示。

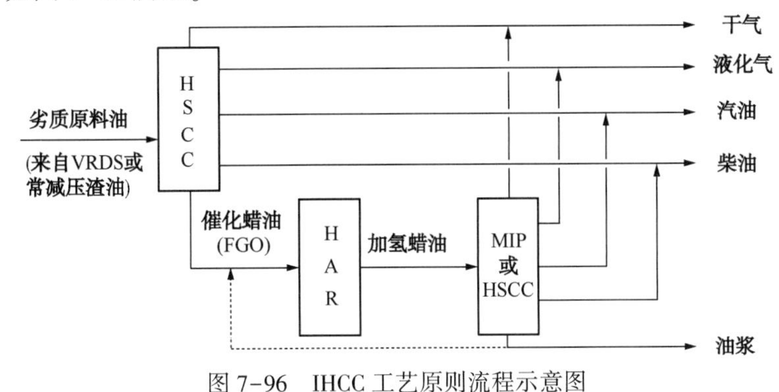

图 7-96　IHCC 工艺原则流程示意图

HSCC 中型试验所使用的原料分别为加氢渣油和石蜡基减压渣油，其性质列于表 7-95。表 7-95 同时列出 MIP 中型试验所使用的加氢渣油性质和 VRFCC 中型试验所使用的石蜡基减压渣油性质。

表 7-95　原料油性质

项　　目	IHCC 工艺	MIP 工艺	IHCC 工艺	VRFCC 工艺
原料油	加氢渣油	加氢渣油	石蜡基减压渣油	石蜡基减压渣油
密度(20℃)/(g/cm³)	0.9482	0.9477	0.9201	0.9209
残炭/%	6.54	6.16	6.55	8.2
元素组成/%				
C	87.16	87.50	86.68	86.91
H	11.62	11.60	12.70	12.55
S	0.68	0.36	0.17	0.21
N	0.21	0.20	0.27	0.33
金属含量/(μg/g)				
Fe	1.8	1.3	3.2	1.8
Na	1.9	3.6	2.5	3.0
Ni	6.0	2.4	5.9	8.8
V	5.9	1.5	<0.1	0.1
馏程/℃				
初馏点	327	314	325	415
5%	386	360	485	517
10%	409	381	519	545
30%	463	480		
50%	520	550		

加氢渣油和石蜡基减压渣油的 IHCC 产物分布及汽油组成列于表 7-96，其中 IHCC 产物分布是由两套 HSCC 和一套 HAR 中试装置的产物分布按对应的比例加和得到的。两套 HSCC 中试装置所产的汽油按对应的比例混兑，再将混兑后的汽油送样分析得到 IHCC 汽油组成。MIP 中型试验产物分布和汽油组成列于表 7-96，作为与加氢渣油 IHCC 中型试验对比的基础数据。VRFCC 中型试验的产物分布和汽油组成列于表 7-96，作为与石蜡基减压渣油 IHCC 中型试验对比的基础数据。

表 7-96　产品分布和汽油组成

项　目	IHCC 工艺	MIP 工艺	IHCC 工艺	VRFCC 工艺
原料油	加氢渣油	加氢渣油	石蜡基减压渣油	石蜡基减压渣油
催化剂	ACS-1	CGP-1	ACS-1	MLC-500
产品收率/%				
NH_3	0.05	—	0.03	—
H_2S	0.50	0.11	0.16	0.04
H_2～C_2	2.07	2.83	3.17	3.49
液化气	13.77	20.81	15.83	15.77
汽油	43.38	34.30	46.46	44.89
烃循环油	29.37	19.83	25.26	17.79
重油	2.46	9.03	1.32	7.12
焦炭	8.38	12.61	7.52	10.32
损失	0.53	0.48	0.50	0.58
总计	100.51	100.00	100.25	100.00
转化率/%	68.68	71.14	73.67	75.09
轻质油收率/%	72.75	54.13	71.72	62.68
液体收率/%	86.52	74.94	87.55	78.45
汽油组成/v%				
芳烃	23.2	30.9	15.2	15.15
烯烃	38.2	28.5	49.6	66.21

从表 7-96 可以看出，在两种加氢渣油性质相同的情况下，IHCC 工艺产物分布与 MIP 工艺相比，焦炭产率降低 4.23 百分点，降低幅度为 33.54%；油浆产率降低 6.57 百分点，降低幅度为 72.76%；干气产率降低 0.76 百分点，降低幅度为 26.86%；液体收率增加 11.58 百分点。在两种石蜡基减压渣油性质相近的情况下，IHCC 工艺产物分布与 VRFCC 工艺相比，焦炭产率降低 2.80 百分点，降低幅度为 27.13%；油浆产率降低 5.80 百分点，降低幅度为 81.46%；干气产率降低 0.32 百分点，降低幅度为 9.17%；液体收率增加 9.10 百分点。

采用大庆减压渣油的 IHCC 工艺的液体收率增加 9.10 百分点，采用齐鲁加氢渣油的 IHCC 工艺的液体收率增加 11.59 百分点。由此可以看出，原料油性质越差，采用 IHCC 工艺的液体收率增加幅度越大，说明 IHCC 最适合处理劣质的催化裂化原料油。

从表 7-96 还可以看出，对于性质相近的原料，IHCC 工艺汽油烯烃含量明显高于 MIP 汽油烯烃含量，但明显低于 VRFCC 汽油烯烃含量。此外，IHCC 工艺可以将原料油中的硫大部分转化为硫化氢，而留在焦炭中的硫较低，从而降低了硫和氮化合物由再生烟气排放所造成的污染。

IHCC 工业试验于 2014 年 7 月在中国石化某公司 100kt/a HSCC 装置和 20kt/a HAR 装置上投入运行。工业试验运转结果表明，IHCC 工艺可以大幅度地提高液体收率，与中型试验结果基本相同。

第五节　物料平衡

在反应器的物料平衡中，除了考虑烃类的平衡外，还必须考虑由再生剂带入的烟气量，以及注入反应器的各种水蒸气量等。表 7-97 列出了涉及物料平衡的有关项目。

表 7-97 反应器物料平衡项目

入方		出方	
1	原料油	1	油气
2	回炼油		其中：①干气
3	回炼油浆		②液化气
4	水蒸气		③汽油
	其中：①预提升蒸汽		④轻循环油
	②进料雾化		⑤回炼油
	③汽提蒸汽		⑥回炼油浆
	④防焦蒸汽	2	水蒸气
	⑤再生滑阀吹扫		其中：①去分馏
	⑥再生斜管松动		②带入再生器
	⑦事故蒸汽，提升暖管蒸汽	3	待生催化剂(包括焦炭)
	⑧催化剂带入蒸汽		
	⑨放空点反吹		
	⑩吹嘴保护蒸汽		
5	催化剂带入烟气		
6	再生催化剂		
7	各测压点反吹燃料气(或空气)		

在总物料平衡中是不出现损失项的。催化剂带入的烟气最终进入了干气，如要进行干气中非烃化合物(CO_2、CO、N_2等)平衡时，则还须考虑各测压点反吹风带入的空气量(如果是用空气反吹)。当进行估算时，可按每吨催化剂带1kg干烟气计算(林世雄，1989)。在进行装置设计或标定时，也常用式(7-226)来计算再生剂携带的烟气量(kmol/h)。

$$N_{烟气} = 12.0\frac{G_c P}{T}\left(\frac{1}{\rho_B} - \frac{1}{\rho_S}\right) \tag{7-226}$$

$$N_{烟} = N_{烟气} \times A \tag{7-227}$$

$$N_{水气} = N_{烟气} \times B \tag{7-228}$$

式中 A——再生器湿烟气中干烟气的摩尔分率；

B——再生器湿烟气中水蒸气的摩尔分率；

G_c——催化剂的循环量，kg/h；

ρ_B，ρ_S——再生剂在斜管中的密度和骨架密度，kg/m^3；

T——斜管中的温度,℃；

P——斜管中的压力，10^5Pa。

但反应器的总物料平衡并不能完全反映出裂化反应进行的水平，产品的收率和反应产物的产率也存在差异。要想考察催化裂化反应进行的优劣，必须排除分馏、吸收稳定操作的影响，汽提段的影响和泄漏的影响等，把总物料平衡还原为反应物料平衡，把产品收率还原为产品产率，从而做出反应器的细物料平衡(曹汉昌，2000)。

一、产品组分切割

(一) 汽油和LCO实沸点馏分重叠

汽油和LCO是相邻组分，实际生产中受回流量、换热情况以及塔盘操作情况等影响不易分割清楚，做反应细物料平衡时应予以校正。由于 FCC 汽油馏程受生产方案和汽油出厂调合要求不同而存在差异，因此不同装置在做物料平衡及产品产率比较时应注意汽油终馏点的变化。例如某催化裂化装置汽油、LCO 馏分的恩氏蒸馏数据列于表 7-98。

表 7-98 某催化裂化装置汽油、LCO 馏分的恩氏蒸馏馏程

恩氏蒸馏/v%	初馏点	10	30	50	70	90	终馏点
汽油馏分/℃	47	64	78	106	133	173	196
LCO 馏分/℃	212	241	263	280	301	327	341

可将表 7-98 恩氏蒸馏馏程换算成实沸点蒸馏馏程，如表 7-99 所列。

表 7-99 某催化裂化装置汽油、LCO 馏分的实沸点蒸馏馏程

实沸点蒸馏/v%	初馏点	10	30	50	70	90	终馏点
汽油馏分/℃	24	44	70	106	137	183	204
LCO 馏分/℃	177	229	260	274	312	342	358

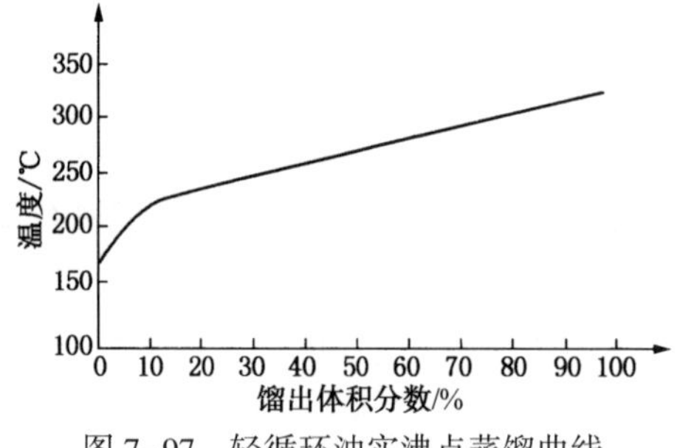

图 7-97 轻循环油实沸点蒸馏曲线

以 LCO 馏分沸点数据作图，得出实沸点馏出曲线如图 7-97 所示。由实沸点蒸馏曲线可知，LCO 馏分中约含 8v%（相当于 6.5%）的<221℃汽油组分。因此不同的催化裂化装置在做反应的转化率比较时，应注意到汽油和轻循环油馏分的组分重叠，并加以实沸点校正，取相同的汽油实沸点蒸馏的终馏点，才可以真正反映转化率的真实情况。

（二）汽油中混有液化气组分

液化气即 C_3、C_4，而 C_5以上即为汽油组分。然而在实际操作中，有时出于提高汽油收率的考虑，要保留一部分 C_4到汽油中，在做反应细物料平衡时，应把这部分校正回去。例如某催化裂化装置汽油组成分析数据列于表 7-100。

表 7-100 某催化裂化装置汽油组成及性质

项 目	数 值	项 目	数 值
组成/%		C_5^0	6.63
C_3^0	0	$C_5^=$	9.76
$C_3^=$	0.01	$\geq C_6$	77.65
i-C_4^0	1.23	性质	
n-C_4^0	0.51	辛烷值(RON)	89.3
n-$C_4^=$	2.40	密度(20℃)/(g/cm^3)	0.7295
t-$C_4^=$	1.09	蒸气压/kPa	59.5
c-$C_4^=$	0.72	流量/(kg/h)	62016

可以算出汽油中含有 C_3、C_4组分共 5.96%，其总量为：62016×5.96%＝3696kg/h。

这是一个很大的量，在做反应部分详细物料平衡计算时必须加以校正。由于作为燃料的液化气的价格不比汽油价格高，C_4组分又是高辛烷值组分，可以提高 RON 约 2～3 个单位。C_4组分进入汽油是经济因素的作用，国内一般以蒸气压 66.6kPa 为限，此时汽油中 C_4含量可达4%。由于C_4组分会加剧汽油发动机排放污染大气的挥发性有机物，因此各国正制定日益严格的标准，限制汽油蒸气压。

（三）干气和液化气分离不清

当吸收塔吸收能力不足时，干气中会夹带过多的C_3、C_4组分。当解吸塔解吸程度低时液化气中会带更多的C_2以下组分或排不凝气。因为干气和液化气的各组分数据容易得到，故物料衡算时这部分校正容易实现。例如某催化裂化装置的干气、液化气组成分析数据列于表7-101。

表7-101　某催化裂化装置的干气、液化气组成

项　目	干　气			液化气		
	v%	%	扣除非烃类组分后/%	v%	%	扣除非烃类组分后/%
H_2	21.08	2.11	3.12			
空气	19.97	29.0				
CO_2	1.55	3.42		0.04	0.04	
CH_4	29.0	23.22	34.36			
C_2H_6	9.31	13.98	20.69	1.46	0.88	0.88
C_2H_4	17.85	25.03	37.04			
C_3H_8	0.09	0.20	0.30	10.23	9.08	9.09
C_3H_6	0.47	0.99	1.46	40.28	34.15	34.16
i-C_4H_{10}	0.11	0.32	0.47	20.08	23.51	23.52
n-C_4H_{10}				4.45	5.21	5.21
n-$C_4^=$				5.58	6.31	6.31
i-$C_4^=$				6.90	7.80	7.81
t-$C_4^=$				6.12	6.91	6.91
c-$C_4^=$				4.57	5.17	5.17
$\geqslant C_5$	0.40	1.44	2.13	0.29	0.42	0.42
H_2S	0.17	0.29	0.43	0.75	0.52	0.52
合计	100	100	100	100	100	100
平均相对分子质量	19.97			49.17		

（四）外甩油浆夹带轻组分

催化裂化原料重质化使生焦和再生的矛盾日益突出，为减少生焦而采取的最为有效的措施就是外甩油浆。外甩油浆会夹带轻循环油组分，夹带多少可以大致通过分析油浆密度判断，油浆密度以1.0g/cm³为准，低于1.0g/cm³较多时，说明油浆夹带轻组分多。例如某催化裂化装置外甩油浆的密度为0.9713g/cm³，其实沸点蒸馏曲线如图7-98所示，按轻循环油馏分的规格要求，≤360℃的馏分被认为是轻循环油组分，由该蒸馏曲线可看出，夹带轻组分的量为3v%，相当于2.5%。运转经验认为外甩油浆密度控制在1.08~1.10g/cm³较为合理，MIP装置油浆密度一般在1.10g/cm³以上，最高达1.2g/cm³。

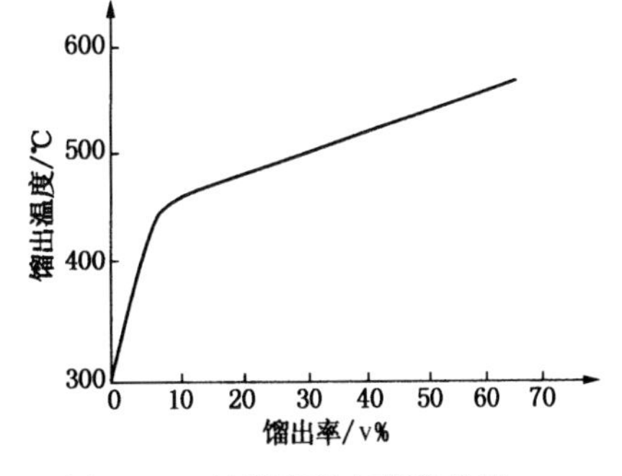

图7-98　油浆实沸点蒸馏曲线

(五) 损失

催化裂化装置的加工损失无法精确计量，但是可以通过物料衡算掌握损失的大致去向。装置的物料损失大致有以下几个方面：

① 原料油中的S、N元素部分进入再生烟气中(以 SO_x、NO_x形式存在)；

② 原料中重金属Ni、V、Na、Fe、Ca等；

③ 含硫污水中的油、硫、酚、氰等化合物；

④ 汽油精制过程中的损失包括汽油碱洗洗去的硫化物、汽油脱臭脱去的硫醇、脱硫醇后汽油排放的尾气；

⑤ 工业污水中排走的污油等污染物总量；

⑥ 采样损失等；

⑦ 原料油的含水等。

总之，通过各项物料的切割(分离)修正就可以得出各反应物的真实流率和产率，据此做出反应部分的物料平衡即细物料平衡。表7-102列出了某催化裂化装置的细物料平衡数据和产率数据及对应的粗物料平衡数据。

表7-102　某催化裂化装置反应部分的物料平衡

项　目	详细物料平衡		粗物料平衡	
	kg/h	%	kg/h	%
馏分油	33370	73.76	33370	73.76
渣油	11870	26.24	11870	26.24
合计	45240	100	45240	100
H_2S	54.67	0.12		
H_2	58.66	0.13		
CH_4	645.97	1.43		
C_2H_6	467.82	1.03		
C_2H_4	696.35	1.54		
H_2~C_2小计	1923.47	4.25	1880	4.16
C_3H_8	820.1	1.81		
C_3H_6	3088.19	6.83		
i-C_4H_{10}	2167.64	4.79		
n-C_4H_{10}	550.60	1.22		
C_4H_8-1	610.12	1.34		
i-C_4H_8-2	744.53	1.65		
t-C_4H_8-2	750.82	1.66		
c-C_4H_8-2	590.79	1.31		
C_3~C_4小计	9322.79	20.61	8960	19.8
C_5~221℃汽油	19461.74	43.02	19040	42.09
>221℃LCO	9522	21.05	10350	22.88
油浆	1730	3.82	1730	3.82
焦炭	3070	6.79	3070	6.79
损失	210	0.46	210	0.46
合计	45240	100	45240	100

除此之外，氢平衡、硫平衡、氮平衡计算也是很重要的，特别是可以估算出进入下游系统的H_2S、NH_3数量，为H_2S和NH_3的平衡提供依据。

二、氢平衡

催化裂化属于脱碳过程，轻质产品的高氢含量必须由重质产品的低氢含量予以补偿，因而轻质产品不能无限增加。不能设想一个脱碳过程可以无限制地得到轻质产品，或者从一种低氢含量原料得到高收率的轻质产品，因此原料和产品之间必须保持氢的平衡。通过氢平衡计算可以检验总物料平衡数据的可靠性，通常氢平衡数据须在 98.5%~101.5%之间。一般用物料平衡来检验催化裂化装置的产率分布数据，若物料平衡在 98%~102%之间，则认为数据是可靠的。但如果装置得到很差的物料平衡数据，需要对产率进行大幅度调整时，氢平衡将是很有用的。而在评价炼油工艺过程的氢效率时，氢平衡更是一个重要的手段。

催化裂化原料和产品的氢含量可参见第四章。裂化气各组分的氢含量直接由其分子式计算，原料油、液体产品和焦炭的氢含量可在实验室直接测定，也可用其他性质进行关联（陈俊武，1990；Valeri，1987；徐惠，1999a）。产品的氢含量除与原料性质有关外，也与催化裂化工艺条件及操作方式有关，如单程转化深度较高时，液体产品的氢含量都会有所降低。此外，值得注意的是焦炭的氢含量，它与汽提效果和原料油性质关系很大，通常在 6%~10%内变化。陈俊武等（1990）计算了我国某些催化裂化装置的氢平衡数据，计算结果列于表 7-103。由此可以看出：

① 对于直馏原料油，沸石催化剂的氢利用率比 3A 无定形硅铝催化剂好。

② 渣油催化裂化的氢利用率比馏分油裂化差。

③ 不取热的渣油催化裂化的氢利用率比取热的差。由于不取热而外甩油浆所带走的氢，即占原料氢的 6.8%。

④ LCO 生产方案的氢利用率应该比汽油生产方案的好。

表 7-103　催化裂化反应氢平衡　kg

原　　料	大庆馏分油				大庆常压重油		管输油掺渣油			
催化剂及工艺特点	3A		沸石催化剂		沸石催化剂，取热		沸石催化剂，掺减压渣油 23.22%，不取热		沸石催化剂，掺减压渣油 32.44%，取热	
项　　目	总物料	氢	总物料	氢	总物料	氢	总物料	氢	总物料	氢
原料油	100	13.32	100	13.32	100	12.9	100	12.50		12.60
干　气	1.80	0.40	1.40	0.28	2.54	0.64	3.36	0.83	3.01	0.86
液化石油气	17.10	2.64	12.67	1.99	10.85	1.70	10.65	1.65	9.94	1.50
汽　油	47.50	6.59	44.15	6.12	46.61	6.38	44.82	5.84	48.17	6.29
LCO	25.20	2.95	36.28	4.42	29.5	3.39	16.63	1.78	27.63	3.14
HCO	—	—	—	—	—	—	7.21	0.81	—	—
油　浆	—	—	—	—	—	—	8.37	0.85	—	—
焦　炭	7.60	0.76	5.5	0.55	10.5	0.66	7.24	0.48	10.21	0.70
损　失	0.80	0.16	0	0	0	0	1.72	0.26	1.04	0.76
合　计	100.00	13.50	100	13.36	100	12.77	100	12.50	100	12.65
$\left(\frac{液化气中氢+轻油中氢}{原料中氢}\right)/\%$		91.44		94.07		88.91		74.16		86.74
$\left(\frac{轻油中氢}{原料中氢}\right)/\%$		71.62		79.13		75.74		61.00		74.84

注：大庆原油馏分油催化裂化数据取自 FS 炼油厂 1965 年和 1978 年标定报告；大庆原油常压重油数据取自 SJZ 炼油厂 1983 年标定报告；管输原油掺渣油数据取自 JJ 炼油厂 1985 年标定报告和 WH 石化厂 1988 年标定报告。

从氢平衡的观点来看，应该促进生成富含芳烃和烯烃的轻质产品(氢碳比低)，并最大限度地避免生成过量的焦炭和干气，同时限制油浆的甩出量。如果原料油较重，适当排出部分油浆也是合理的，但油浆不能太轻，以免氢损失过大。

总之，对装置进行氢平衡计算可以验证装置物料平衡的可信度，而对产物氢分布的分析则可进一步认识原料油质量和产品分布、产品质量之间的关系，为进一步改善装置的运行提供重要的基础数据。表 7-104 列出了国内 8 套工业 FCC 装置的氢平衡计算数据。

表 7-104　氢平衡计算数据汇总表

装置名称	QL2	ZY	LL1	LL2	JJ	MM	GQ	YZ
原料油氢含量/%	12.53	13.20	12.38	12.84	12.61	12.03	13.57	12.34
氢分布(原料油=100)								
干气	6.41	2.9	3.69	5.41	7.28	4.72	5.65	23.53（干气+液化气）
液化气	13.52	17.43	12.97	16.11	15.08	11.99	13.29	
汽油	48.88	60.03	46.81	45.53	43.95	50.82	51.08	45.39
LCO	23.71	9.62	26.01	19.97	19.97	22.49	25.98	20.19
油浆	3.69	2.52	3.72	6.87	6.87	5.72	—	5.18
焦炭	3.26	6.32	4.56	5.67	5.67	4.66	3.53	5.69
损失	0.51	1.19	1.44	0.4	0.4	0.68	0.47	—
平衡计算误差 100(入-出)/出	0.02	0	0.81	-0.2	1.2	1.06	0	0.02

三、硫平衡

在催化裂化工艺过程中，原料油中的硫化物以不同的形式转化并分布到裂化产物中，对产品质量和环境造成一定影响。采用硫平衡的方法可以预估烟气中的 SO_x 排放量、H_2S 的产率和液体产品的硫含量，以及为了满足产品规格要求所需的精制深度(或原料油脱硫深度)和为了满足环保要求所需采取的相应措施等。

Huling 等(1975)和 Wening 等(1983)在硫分布方面进行了较详细的研究，他们在一套中型提升管装置上，研究了 11 种不同种类的原料油和产品之间的硫平衡，而汤海涛等(1998；1999b)等也进行了国内外原料油的催化裂化过程硫分布的研究。研究表明影响催化裂化硫分布的主要因素有：

① 原料油的硫含量和硫化物类型；

② 裂化反应的深度和产率分布；

③ 催化剂的性质和基质活性。

1. 原料油性质和转化深度的影响

(1) 原料油硫含量的影响

显然随原料油硫含量的增加，物料平衡中 H_2S 的产率以及汽油、LCO、澄清油和焦炭中的硫含量均会增高，如图 7-99 和图 7-100 所示。

(2) 直馏馏分油催化裂化硫分布规律

在以直馏馏分油(包括少量掺渣油)为原料的常规催化裂化反应过程中，在通常的转化率水平下，原料中硫化物在裂化产品中的大致分布规律是：约 50%的硫以 H_2S 的形式进入气体产品中；约 40%的硫进入液体产品中；其余 10%左右的硫进入焦炭中。表 7-105 列出了国内外几种典型直馏馏分油催化裂化反应的硫分布规律(Huling，1975；Campagna，1983)。

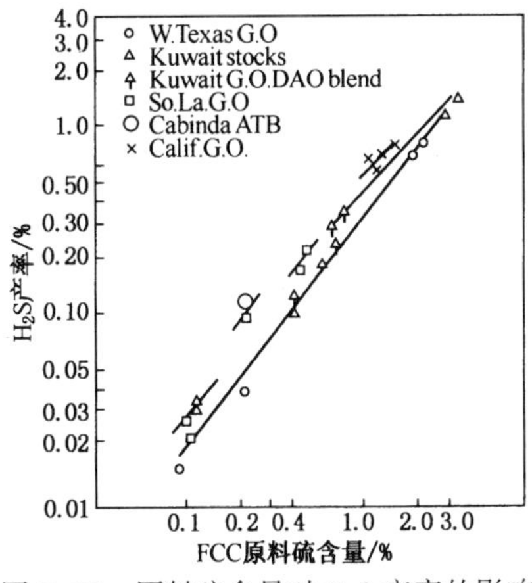

图 7-99　原料硫含量对 H_2S 产率的影响

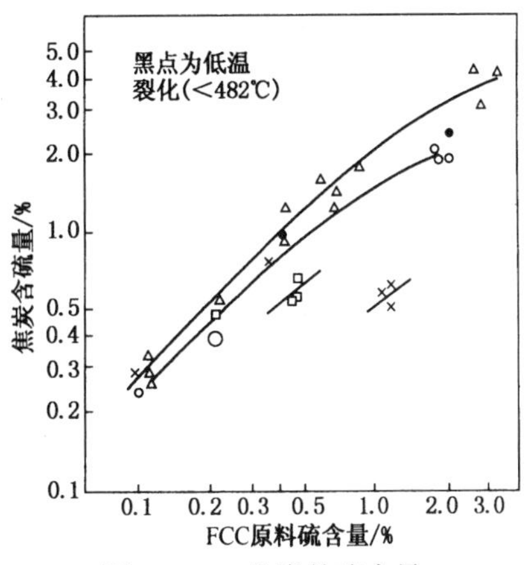

图 7-100　焦炭的硫含量

表 7-105　直馏原料油催化裂化硫分布规律　%

项　　目	原料硫含量	硫分布					硫回收率
		H_2S	汽油	柴油	油浆	焦炭	
加利福尼亚原油 VGO	1.15	60.2	9.5	20.7	6.8	2.8	98.8
卡宾达原油 ATB	0.21	53.6	6.8	10.9	9.4	19.3	97.9
科威特原油 VGO	2.66	46.5	3.8	21.1	17.3	11.3	125.3
科威特原油 VGO+GO	3.14	50.0	6.9	17.3	15.3	10.5	91.5
路易斯安娜原油 VGO	0.46	46.5	4.4	15.0	27.5	6.6	101.5
西德克萨斯原油 VGO	1.75	42.9	3.5	28.0	20.5	5.1	100.0
德克萨斯原油 GO	0.70	40.7	7.5	28.8	19.5	3.5	100.0
德克萨斯原油 GO+10%VTB	1.0	38.2	5.8	21.6	20.6	13.8	100.0
德克萨斯原油 GO+20%VTB	1.32	39.1	5.5	18.6	18.2	18.6	100.0
管输原油 VGO+ATB	0.80	31.3	8.7	16.3	15.0	28.7	100.0
大庆原油 ATB	0.43	48.5	5.1	23.8	10.0	12.3	99.7
大庆原油 VGO+DAO+VTB	0.13	50.9	5.7	11.6	12.4	17.7	98.3
威明顿原油 VGO	1.97	54.6	8.4	13.9	10.8	12.3	100.0
美国中部大陆原油 VGO	1.75	41.0	7.0	21.0	19.0	12.0	100.0
沙特阿拉伯轻质原油 VGO	2.54	45.12	2.14	22.96	22.38	7.40	100.0
德克萨斯原油 VGO	2.46	47.11	2.18	23.69	20.02	7.00	100.0

由表 7-105 的数据可看出，硫在产品中的分布范围变化很大：H_2S 为 31%~60%，大部分为 40%~50%；汽油为 2%~10%，大部分为 4%~7%；LCO 为 11%~29%，大部分为 15%~24%；油浆为 7%~28%，大部分为 10%~20%；焦炭为 3%~28%，大部分为 7%~20%。此外，随着掺渣油量的增加，由于焦炭产率增加并且生焦母体硫含量也增加的综合效应，使

得进入焦炭的硫也显著增加，其数量可达18%~28%左右。

（3）非直馏油品催化裂化的硫分布规律

催化裂化原料油中硫化物的类型对裂化产品中硫分布的影响十分显著。在典型的转化率水平下，气体中的H_2S大部分是非噻吩类硫化物的C—S键断裂而形成的。当原料油中非噻吩类硫化物比例增加时，则H_2S的产率和汽油中的硫分率都增大，进入焦炭的硫变少。Hemler等(1973)还观察到VGO裂化时，进料中的硫有3.8%转化为硫醇，提高裂化温度会提高汽油的硫醇含量。而难裂化的噻吩类硫化物则大量进入LCO、回炼油、油浆和焦炭中。由于噻吩类硫化物在二次馏分油、加氢处理原料和重油原料中的比例通常较高，而且裂化速度甚慢，这就使得裂化反应中分布到重质产品和焦炭中的硫分率显著提高。表7-106列出了经预处理的原料油催化裂化的硫分布规律。

表7-106　非直馏原料油催化裂化硫分布规律　%

项　目	原料硫含量	硫分布					硫回收率
		H_2S	汽油	柴油	油浆	焦炭	
科威特重油HDS大于360℃产品	0.005	35.9	3.3	18.0	20.9	21.9	101.5
科威特重油HDS大于190℃产品	0.55	33.6	2.3	21.2	15.2	27.7	107.7
沙特轻质原油HDS产品	0.21	8.3	5.1	18.4	40.1	28.1	100.0
沙特重质原油HDS产品	0.37	6.9	2.1	11.3	31.5	48.2	100.0
玛雅原油HDS产品	0.71	15.0	2.4	10.3	28.6	43.7	100.0
美国混合原油缓和HDS产品	0.01	0.0	2.0	21.0	23.0	54.0	100.0
美国混合原油深度HDS产品	0.0033	0.0	<1	26.0	17.0	56.0	100.0
沙特(ATB+VTB)HDS产品	0.65	8.7	5.6	22.2	17.8	44.8	99.1
VGO缓和脱硫产品	0.014	0.0	2.0	30.0	38.0	30.0	100.0
VGO深度脱硫产品	0.0043	0.0	2.0	28.0	34.0	36.0	100.0
威明顿VGO缓和HDS产品	0.236	19.1	3.2	16.8	17.8	43.1	100.0
威明顿VGO深度HDS产品	0.016	9.5	3.4	21.1	19.7	46.3	100.0
沙特轻质原油VGO缓和HDS产品	0.30	31.4	2.24	22.62	15.60	28.17	100.0
沙特轻质原油VGO深度HDS产品	0.15	25.0	1.88	20.40	14.30	38.33	100.00
德克萨斯原油VGO缓和HDS产品	0.69	36.83	2.16	13.62	12.34	35.05	100.0

由表7-106的数据可以看出，原料经预处理后，由于减少了原料中生成H_2S的母体(如硫醇、硫醚)，所以裂化反应过程中生成H_2S的硫分率比直馏油品要低得多，而进入重油产品和焦炭中硫的百分比则明显增加。原料油经深度加氢脱硫后，这种趋势更加明显，进入焦炭中的硫分率为原料硫的30%以上，甚至达到50%左右。而表7-107和表7-108则进一步说明硫化物的类型对裂化产品中硫分布的影响是相当显著的。表7-107数据表明，直馏VGO和渣油的噻吩类硫约占总硫的65%~70%，而在焦化馏分油(CGO)和渣油加氢生成油等非直馏油中，噻吩类硫占总硫的比例高达80%以上，说明直馏原料油中的非噻吩类硫化物在二次加工过程中比噻吩类硫化物易先脱除。

表 7-107　典型含硫重油的类型硫分布　%

原料油	总硫含量	类型硫分布	
		非噻吩类硫	噻吩类硫
胜利 VGO	0.65	33.7	66.3
孤岛 VGO	1.11	30.6	69.4
沙特轻质 VGO	2.07	34.3	65.7
沙特重质 VGO	2.27	32.0	68.0
伊朗 VGO	1.46	30.8	69.2
胜利 VGO	0.92	19.5	80.5
辽河 VGO	0.26	19.2	80.8
中原 AR	0.78	26.9	73.1
塔里木 AR	0.97	28.9	71.1
俄罗斯 AR	1.19	30.3	69.7
阿曼 AR	1.50	26.0	74.0
伊朗 AR	2.18	29.8	70.2
沙特渣油	3.80	27.1	72.9
伊朗渣油	2.53	34.4	65.6
孤岛渣油	1.80	38.3	61.7
沙特 HAR	0.65	13.8	86.2
伊朗 HAR	0.41	14.6	85.4
孤岛 HAR	0.33	12.0	88.0

注：HAR—加氢常压渣油(下表同)。

表 7-108　催化裂化过程的硫分布　%

原料油	原料油硫含量	H_2S	汽油	LCO	油浆	焦炭
直馏油						
胜利 VGO	0.65	44.1	7.4	20.2	13.9	13.2
孤岛 VGO	1.11	48.2	7.5	18.1	12.4	12.9
沙特轻质 VGO	2.07	49.8	7.2	18.2	11.6	11.8
沙特重质 VGO	2.27	51.0	7.5	17.7	11.2	11.3
伊朗 VGO	1.46	49.5	6.2	19.5	14.1	10.7
中原 AR	0.78	45.9	3.4	19.4	13.6	17.4
塔里木 AR	0.97	48.5	3.8	13.6	14.0	19.7
俄罗斯 AR	1.19	53.8	2.7	12.4	14.8	15.1
阿曼 AR	1.50	53.3	3.2	13.6	11.4	17.9
非直馏油						
胜利 CGO	0.92	31.8	8.9	18.5	11.4	27.9
辽河 CGO	0.26	30.4	7.2	19.2	13.1	29.8
沙特 HAR	0.65	28.7	5.6	17.8	12.2	34.8
伊朗 HAR1	0.41	29.8	3.6	15.9	12.7	37.5
伊朗 HAR2	0.43	32.8	3.1	18.2	12.7	33.5
孤岛 HAR	0.33	24.6	4.2	16.8	21.3	32.5

表 7-108 的数据表明，由于非直馏油中的噻吩类硫所占比例较高，相对于直馏油来说其转化生成 H_2S 的比例会大幅度减少，仅为 25%~31%左右，而进入焦炭中的硫分布则显著提高，达到了 28%~37%，随着原料油加氢脱硫深度的提高，这种趋势更加明显。

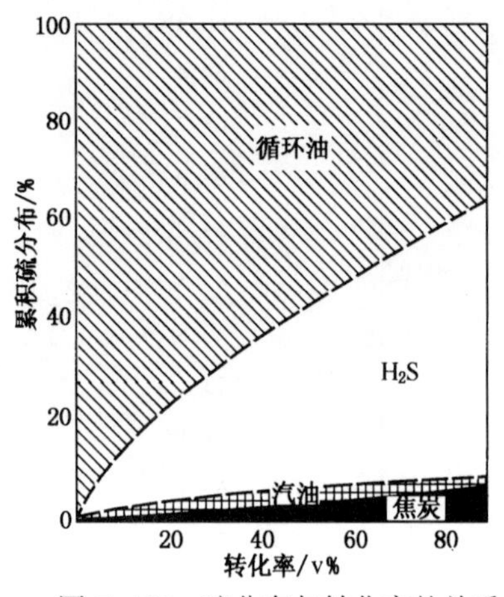

图 7-101　硫分布与转化率的关系

(4) 转化率对硫分布的影响

随着转化率的增加，H_2S 产率明显增高，分布在焦炭中的硫略有增加；而分布在循环油中的硫则明显减少。这是因为硫化物裂化反应速度较慢，而且部分较难裂化的噻吩类硫化物在较高的反应苛刻度下或回炼操作过程中，会进一步发生裂化反应和缩合反应所致。图 7-101 表明了转化率对硫分布有较大的影响。

2. 催化剂的类型和基质活性的影响

表 7-109 列出了四种不同类型的催化剂/基质体系，在固定原料性质和转化率条件下的裂化反应硫分布数据，表 7-110 列出了这四种催化剂在恒定转化率条件下汽油产品中硫化物的分布规律(Keyworth，1992)。由表 7-109 可以看出，催化剂类型和基质活性对裂化反应硫分布规律的影响不很显著。随着催化剂稀土含量的提高，晶胞常数的增大，对原料油中非噻吩类硫化物中的 C-S 键的裂化能力略有提高，使原料硫转化为 H_2S 的比例增加，而进入重油产品和焦炭中的硫分率降低。基质活性的提高也产生了相类似的效果，从表 7-110 可进一步看出，催化剂稀土含量提高，晶胞常数增大，使较难裂化的噻吩类硫化物的裂化深度提高，尤其是对具有较大取代基团的噻吩类化合物的裂化能力提高，使得 FCC 汽油产品中大取代基噻吩类化合物的含量减少。因此，在加工高硫原料时，可考虑采用稀土含量高，晶胞常数较大和基质活性较高的裂化催化剂。

表 7-109　催化剂性质对催化裂化过程硫分布规律的影响

催化剂类型	REY	REUSY	USY	USY-高活性载体
催化剂性质				
微反活性/%	62	72	71	64
沸石比表面/(m^2/g)	38	131	196	81
载体比表面/(m^2/g)	24	23	25	55
稀土含量/%	4.73	2.79	0.04	0.02
晶胞常数/nm	2.449	2.430	2.424	2.419
原料油转化率/%	49.0	47.1	45.1	47.3
硫分布/%				
H_2S	41.0	39.1	36.3	39.4
汽油(221℃)	4.5	4.5	4.8	4.7
LCO+HCO	53.0	55.5	56.7	54.1
焦炭	3.5	3.5	4.0	3.2
合计	102.0	102.6	101.8	101.4

表 7-110 催化裂化汽油中的类型硫分布
(原料：VGO，硫含量 2.67%，反应温度 521℃，转化率 70%)

催化剂类型	REY	REUSY	USY	USY-高活性载体
晶胞常数/nm	2.449	2.430	2.424	2.419
硫化物含量/(μg/g)				
总硫含量	2448	2461	2675	2678
硫醇	331	330	330	332
噻吩	130	130	125	126
甲基噻吩	310	315	330	328
四氢噻吩	32	38	34	36
乙基噻吩	351	349	401	402
丙基噻吩	252	251	291	297
丁基噻吩	297	297	355	329
苯并噻吩	745	751	809	828

3. 国内催化裂化生产装置硫分布数据概况

表 7-111 列出了国内 15 套 FCC 装置的产品分布和硫分布数据，这些数据主要来自各炼油厂当时的生产标定报告。数据表明，国内这十几套 FCC 装置绝大多数加工残炭值为 3%~8%的重油，硫含量基本在 0.20%~0.80%的范围内，反应温度在 500~520℃之间，部分外甩油浆操作，追求最大轻质油产率和最低生焦率，转化率水平普遍维持在 65%~72%。在这种操作模式下，裂化气体中(主要是 H_2S)的硫占原料硫的 35%~50%，汽油产品中的硫占原料硫的 2%~9%，LCO 产品的硫分率普遍较高，可达 17%~33%，油浆的硫分率为 6%~18%，焦炭的硫分率随生焦率提高而增大，一般在 10%~20%之间。例如，TJ-3FCC 装置的生焦率高达 14.72%，其焦炭的硫分率达到 30%以上，而 MM3FCC 装置的进料为 SRHT 重油，虽然生焦率不高，但其焦炭的硫分率达到 32%以上，并且裂化气和汽油的硫分率较低。这些结果与前面叙述的普遍规律是一致的。

4. 再生烟气中 SO_x 的排放量与原料中的硫含量关系

焦炭中的硫含量直接关系到再生烟气中的 SO_x 的排放量，此排放量与焦炭中、原料中硫含量的关系见表 7-112，还可归纳出如下的近似关联式：

$$Y=2.03X^{0.81} \tag{7-229}$$

$$Z=850Y \tag{7-230}$$

式中 X——原料硫含量,%；

Y——焦炭中硫含量,%；

Z——烟气中 SO_x，μL/L。

随着各种环保法规的制定和实施，对炼油厂，特别是对催化裂化装置的 SO_x 排放量的限制越来越严格。控制再生烟气中 SO_x 排放的方法主要有催化裂化原料加氢处理、再生烟气处理和使用 SO_x 转移剂等技术措施，详见第三章和第九章。

表 7-111 FCC 装置产品分布及硫分布数据汇总表

装置名称		YS3	TJ3	CZ2	JN	WH	LL	JJ2	JM	CL2	GQ1	GQ3	FJ	MM3	ZH	ZH
原料性质	残炭/%	3.02	8.8	掺渣	掺渣	掺渣	中原 ATB	4.68	4.7	3.95	3.1	4.63	4.47	4.4	辽河 VGO	伊朗 VGO
	含硫量/%	0.22	0.23	0.49	0.50	0.51	0.47	0.84	0.58	0.64	0.1	0.2	0.68	0.65	0.42	0.37
产品分布/%																
硫化氢		0.08	0.11					0.36	0.31	0.27	0.04	0.1	0.28	0.17		
干气		3.24	5.72	5.93	6.16	5.04	4.51	4.21	5.6	5.4	3.4	3.43	5.6	4.59	6.81	5.19
液化气		10.36	12.67	6.38	10.06	12.75	12.79	15.54	14.8	17.79	14.39	16.64	18.67	11.65	11.96	13.82
汽油		45.08	34.34	44.94	40.60	45.59	47.82	41.13	44.97	39.18	43.15	43.25	37.55	44.75	42.09	40.39
LCO		30.2	21.81	31.92	28.77	20.74	20.83	24.17	22.3	24.09	30.22	24.32	24.91	24.41	26.15	28.51
油浆		4.23	7.19	4.20	4.33	6.94	4.17	6.22	3.8	6.98	2.54	3.56	6.13	6.35	6.63	6.24
焦炭		7.03	14.72	6.36	8.93	8.14	9.08	8.08	7.88	6.16	5.92	8.35	6.49	7.74	5.96	5.39
合计		100.22	95.56	98.73	98.85	99.20	99.30	99.71	99.66	99.87	99.66	99.65	99.93	99.66	99.60	99.54
转化率/%		65.6	71.0	63.88	66.90	72.32	75.0	69.6	73.9	68.9	67.2	72.1	68.7	66.0	67.22	62.25
产品硫分布/%																
裂化气		34.23	45.01	42.93	47.68	49.83	49.71	40.34	50.31	39.71	37.65	44.82	38.76	24.62	48.22	47.53
汽油		6.15	3.88	7.82	8.75	5.17	5.96	3.62	2.48	3.31	3.45	8.24	2.15	1.24	4.41	4.58
LCO		28.83	17.07	28.92	23.02	17.01	18.17	18.42	20.38	24.47	33.24	24.32	23.81	21.41	23.04	26.20
油浆		7.31	7.82	8.57	6.49	11.07	8.07	13.33	8.71	18.65	6.60	5.93	16.83	14.46	12.16	10.89
焦炭		18.85	30.72	9.49	12.91	15.49	17.38	20.87	19.70	15.88	16.58	21.47	16.70	32.75	11.43	10.34
合计		95.36	104.50	98.73	98.85	99.20	99.30	96.58	101.56	102.01	97.52	104.78	98.25	94.47	99.60	99.54

表 7-112 进料及焦炭中的硫含量、烟气中 SO_x 量

原料硫含量/%	焦炭硫含量/%	烟气中 SO_x 的量/(μL/L)
0.08	0.29	240
0.10	0.27	195
0.11	0.32	230
0.21	0.49	470
0.40	1.00	850
0.70	1.60	1000
0.85	1.90	1550
1.00	2.00	1850
3.1	4.0	3400

四、氮平衡

在催化裂化工艺过程中，原料油中的氮化物以不同的形式转化并分布到裂化产物中，对产品质量和环境造成一定影响。采用氮平衡的方法可以预估烟气中 NO_x 的排放量，NH_3 的产率和液体产品的氮含量，以及为了满足产品规格要求所需的精制深度(或原料油脱氮深度)和为了满足环保要求所需采取的相应措施等。

1. 原料氮在催化裂化产物中的分布

我国某些工业催化裂化装置的氮分布数据列于表 7-113。表 7-113 中数据说明原料氮约有 10%~30%进入液体产物，而大部分进入了水、气、焦中。在含硫污水中主要含有氨氮[以 $(NH_4)_2S$ 形式]和少量的氰化物；焦炭中的氮化物则是再生烟气中 NO_x 的主要来源。

表 7-113 原料氮在催化裂化产物中的分布

原料油名称	催化剂	原料氮/%	氮分布/%(对原料氮)					
			液体产物				水、气、焦	
			汽油	LCO	澄清油	小计	小计	气体中
管输(VGO/VR)	Octcat-D	0.30	1.7	7.3	18.3	27.3	72.7	—
大庆/印尼等(VGO/AR)	Y-15	0.21	—	9.5	14.3	23.8	76.2	—
大庆 VGO	偏 Y-15	0.07	2.9	20.0	—	22.9	77.1	—
长庆(VGO/AR)	—	0.20	~1.0	9.4	—	10.4	89.6	—
胜利(VGO)	ZC-7000	0.17	①	①	①	30.5	69.5	—
中原(VGO/VR)	CC20-D	0.28	①	①	①	11.9	88.1	—

① 没有细分汽油、LCO 和澄清油的氮分布。

(1) 原料油性质的影响

Peters 等(1995;1998)、Zhao 等(1997)和 Occelli 等(1998)采用减压馏分油为原料,在中型提升管装置(称为 DCR)上进行了比较全面的氮平衡研究,表 7-114 列出了两种不同氮含量原料的产率数据以及氮平衡数据;表 7-115 列出了采用 Ar/O_2 混合气体再生时的氮平衡数据;进一步估算 NH_3 的产率后,所得的氮平衡数据列于表 7-116。

表 7-114　DRC 装置氮平衡试验数据 FCC 装置产品的氮分布

原　料	中等氮含量		高氮含量	
	产物分布	占原料氮/%	产物分布	占原料氮/%
原料中氮含量/%	0.13		0.32	
剂油比	6.8		7.0	
转化率/%	66.5		57.4	
H_2/%	0.08		0.18	
C_1~C_4/%	13.9		12.2	
C_5^+汽油/%	49.05	1.5	40.3	2.0
LCO/%	17.9	6.3	22.3	12.0
重油/%	15.6	26.7	20.3	27.5
液体产品中氮总量		34.5		41.5
未经切割的液体产品氮总量①		43.0		47.4
焦炭产率/%	3.26	36.0	4.1	41
再生烟气中 NO 含量/(μg/g)	100	4	190	3

① 未经切割的产品单独测量。

表 7-115　DRC 装置氮平衡试验数据

[采用 Ar/O_2混合气体再生(未用助燃剂)]

原　料	中等氮含量		高氮含量	
	产物分布	占原料氮/%	产物分布	占原料氮/%
氮含量/%	0.13		0.32	
剂油比	8.0		7.7	
转化率/%	73.9		59.8	
H_2/%	0.1		0.12	
C_1~C_4/%	18.1		13.2	3.0
C_5^+汽油/%	51.6		40.2	3.6
LCO/%	15.5		22.6	12.0
重油/%	10.6		19.4	31.5
液体产品中氮总量①		47.4		50.1
焦炭产率/%	3.68	35	4.26	—
再生烟气中 NO 含量/(μg/g)	62	2.6	211	2.7
再生烟气中 N_2含量/(μg/g)	450	38	1250	32.7
氮平衡总量/%		88.0		85.6

① 未经切割的产品单独测量。

表 7-116　提升管装置的氮平衡数据

项　目	原料 A(氮含量 0.13%)		原料 B(氮含量 0.13%)	
	产率	占原料氮/%	产率	占原料氮/%
剂油比	8		7.7	
转化率/%	73.9		59.8	
H_2~C_4/%			13.2	

续表

项 目	原料 A(氮含量 0.13%)		原料 B(氮含量 0.13%)	
	产率	占原料氮/%	产率	占原料氮/%
NH_3/水	18.1	3.0[①]		3.0[①]
液体产品/%	77.8	47.4	82.2	50.1
C_5^+汽油/%	51.7		40.2	
LCO/%	15.5		22.6	
重油/%	10.6		19.4	
NH_3/水		5.0[①]		5.0[①]
焦炭/%	3.7		4.3	
总物料平衡	99.6		99.7	
烟气中的 NO/(μg/g)	82	2.6	211	2.7
烟气中的 N_2/(μg/g)	450	38.0	1250	32.7
总氮回收率/%		96.0		93.5

① 由几种不同试验估计值。

从上述 VGO 原料油的氮平衡数据可以看出:以有机氮形式存在于液体产品中的氮约占原料氮的 40%~50%,并且在重馏分油中较为富集;约有 35%~40%的氮转化到焦炭中,焦炭中的氮在催化剂的再生过程中转化为 N_2 和 NO_x,主要是 N_2(原料中约有 32%~38%的氮转化为分子氮),仅约 3%左右的原料氮转化为 NO_x;此外,原料氮在反应过程中可转化成氨气和少量氰化物,用滴定的方法可测定由液体产品中分离出来的水中铵,用 0.1N HCl 水溶液吸收方法测定裂解气中的氨,这部分氮约占原料氮的比例分别为 5%和 3%。由于试验中采用了 Ar/O_2 混合气体进行再生,整个装置的氮都来自于原料,而且总氮回收率达到了 93%~96%,因此氮平衡数据较为可靠。

Green 等(1994;1996;1999)进行了以重油为原料的氮平衡试验研究。由于重质油品的氮含量较高而氮类型也更为复杂,因此 RFCCU 的氮分布与馏分油 FCC 的氮分布存在明显的差异,其生成的氨很少,一般可以忽略;液体产品中的氮占原料氮的 5%~25%;焦炭中氮占原料氮的比例超过 80%,这一方面是焦炭产率增加所致,而另一方面是由于重油中大分子的氮化物更容易缩合而富集在焦炭中。

(2) 催化剂类型的影响

Scherzer 等(1986;1988b)测定了氮化物在液体产品和待生催化剂中的分布。采用六种不同的催化剂,考察了不同的转化率和原料油氮含量,对产品中氮分布的影响,结果如图 7-102 和图 7-103 所示。

试验结果表明,催化剂的类型对氮分布的规律影响很小,但仍然存在如下规律:

① 在转化率固定时,原料油氮含量增加,则液体产品中的氮含量增加。

② 在原料油氮含量不变时,液体产品中的氮含量随转化率的增加而降低。

③ 不论什么催化剂,也不管原料油氮含量的高低,液体产品中回收氮的百分比总是随转化率的增加而降低,见图 7-103。

④ 质谱分析数据表明,液体产品中的氮化物大部分集中在澄清油和 LCO 中。中型试验得到的馏分油中的氮分布(以液体中的总氮为基准)为:汽油约占 3%;LCO 约占 17%;澄清油约占 80%。

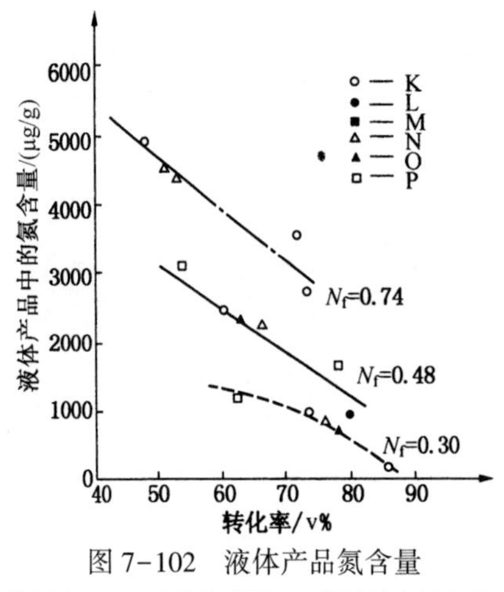

图 7-102　液体产品氮含量

①催化剂在 788℃下蒸汽减活 5h；②原料中氮含量 N_f，%

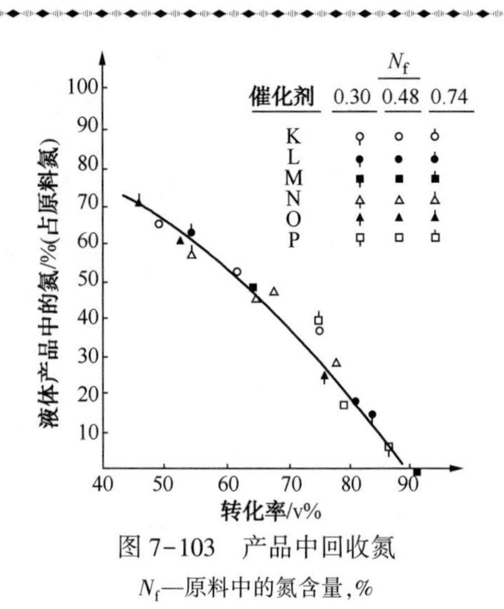

图 7-103　产品中回收氮

N_f—原料中的氮含量，%

⑤ 待生催化剂上的氮含量远少于相应液体产品中的氮含量，它是焦炭的组成部分。例如图 7-102 中的催化剂 K，在转化率为 74%时，液体产品中的氮含量 1100μg/g（原料油中的氮含量 3000μg/g），而待生剂上氮含量只有 190μg/g。将此折算到焦炭中氮含量，则相当高（可能从百分之一到百分之几）。待生剂上的氮含量，随着原料油氮含量的增加而增加，随着转化率的提高而下降。依据待生剂和液体产品中的氮分布，可以估算出 NH_3的产率（但要扣除含硫污水中少量氰化物的量）。

2. 产物中的氮化物

（1）液体产品中的氮化物类型

范志明等（1998）用溶剂抽提及色谱-质谱法对 FCC 汽油中碱性氮化物的分布和氮含量作了考察。不同 FCC 原料的汽油中碱性氮化物种类和分布大致相同，主要由苯胺和吡啶类组成，其中苯胺类碱性氮化物占 90%以上。

李树人等（1984）研究发现，LCO 中的碱性氮化物主要是苯胺类和喹啉类，非碱性氮化物主要是吲哚类和咔唑类。碱性氮化物中苯胺类约占 60%，喹啉类约占 40%。苯胺类占总氮的 9%～13%，喹啉类占总氮的 5.5%～10%，咔唑类占总氮的 45%～58.7%，吲哚类占总氮的 22%～30%。

Dorbon 等（1989）研究了四种不同的轻循环油，发现其中的氮化物分布相似，碱性氮化物是苯胺及 C_1～C_4烷基苯胺，非碱性氮化物为吲哚、C_1～C_4烷基吲哚、咔唑及 C_1～C_3烷基咔唑。

轻循环油中的吲哚类和咔唑类可能是由原料中的苯并咔唑类和二苯并咔唑类不完全裂化产生的，而所有的含氮杂环化合物裂化都可产生苯胺类化合物。轻循环油中存在大量的异构体，说明由较重的氮化物裂化生成较轻的氮化物是没有选择性的。氮杂多环（如二苯并喹啉类）全部裂化，或者根本没有发生过裂化反应，而是以碱性氮化物的形式存在于催化剂的酸性中心上。

（2）焦炭中的氮化物类型

尽管分析手段不断进步，但对焦炭组成的表征仍极具挑战性，这是由于一是焦炭分子绝大部分是非挥发性的，组成极其复杂；二是焦炭分子强烈吸附在催化剂表面上，用传统的萃取方法难以分离；三是催化剂表面焦炭含量低（<1%），对分析灵敏度要求较高。Qian 等（1997）采

用 XPS、NMR 以及 SFE/MS 技术对 FCC 焦炭的组成和结构进行了研究。XPS 分析表明,焦炭中含有两种类型的含氮分子,即极性氮和非极性氮。极性氮很有可能与焦炭中的电负性原子(如 S 和 O)相邻,或与催化剂表面受电子中心(如酸中心)相邻。SFE/MS 分析发现:氮化物尤其是碱性氮化物和酰胺类是 FCC 焦炭的主要前身物之一,从 SFE 可萃取的 FCC 焦炭分子中鉴定出的氮化物主要是酰胺类、咔唑类、苯并吖啶类和二苯并吖啶类。Qian 等还研究表明,对于同一原料,焦炭产率增加,焦炭中极性氮含量增加,非极性氮含量降低,催化剂表面的炭氮比降低。大多数含氮分子在裂化的初级阶段就转化为焦炭,随着转化率提高,烃焦相对与氮焦的浓度增加,非极性氮焦逐步转化为极性氮焦,焦炭的相对分子质量增大,芳香性增强,与催化剂表面结合更加紧密。

(3) 污水和裂解气中的氮化物

原料氮在反应过程中转化成的氨气和少量氰化物,进入了含硫污水和裂解气体中,并且主要进入了污水中。随着原料油的变重,在污水中排出的硫、氮化合物都将显著增加,渣油催化裂化与馏分油催化裂化相比,原料中硫增加 1~2 倍,氮却增加 4~12 倍。随着原料油变重,含硫污水中硫化物增加 1~2.5 倍,挥发酚增加 1.5~4.5 倍,氨氮增加 2.6 倍,COD 增加 1~2.3 倍,而装置排放的污水量通常要增加 1~2 倍,详见表 7-117 和表 7-118。因此,在渣油催化裂化中更应注意环保问题。

表 7-117　不同馏分油、渣油中的硫、氮含量

原　油	原　料	S/%	N/%
大　庆	馏分油	0.05	0.04
	常压重油	0.16	0.38
任　丘	馏分油	0.21	0.05
	常压重油	0.40	0.49
	减压重油	0.47	0.59
中　原	馏分油	0.35	0.04
	常压重油	0.93	0.53
鲁宁管输	馏分油	0.47	0.14
	减压渣油	1.23	0.70
中原管输	常压重油	0.59	0.20

表 7-118　不同原料含硫污水水质情况

原　油	FCC 原料	污水来源	污水水质/(mg/L)				
			硫	酚	氰	氨氮	COD
大　庆	馏分油	分馏塔顶	669	193			3022
	常压重油	混合污水	1762	480			6561
任　丘	馏分油	分馏塔顶	1057	156			2944
	常压重油/减渣=4/1	分馏塔顶	2127	851			9556
鲁宁管输	馏分油	混合污水	716	260	3.3	353	2253
	掺减渣 19.6%	混合污水	2380	662	8.7	1281	7200
	掺减渣 27.8%	混合污水	2520	650		1334	7500
中原管输	常压重油	分馏塔顶	3487	800	1.6		34305
		富气水洗水	14688	674	0.6		42885

催化裂化过程中的氮分布概况和原料油、产物中的氮化物已归纳在表 7-119 中。

表 7-119　氮分布及原料油、产物中的氮化物

项　目	氮化物类型	氮分布/%
催化裂化原料	烷基喹啉类、烷基苯并喹啉类、烷基氮杂芘类、烷基苯并吖啶类及烷基四氢二苯并喹啉类等;非碱性氮化物主要为咔唑、烷基咔唑类和烷基苯并咔唑类、二苯并咔唑类	100
气体产物	NH_3	2~3
液体产物		~50
FCC 汽油	碱氮化物主要是苯胺类、吡啶类	1~2
FCC 轻循环油	碱氮化物主要是苯胺类和喹啉类,非碱氮化合物主要是吲哚类和咔唑类	5~15
重油		20~40
污水	氨氮(还有微量氰化物)	~5
焦炭	酰胺类、咔唑类、苯并吖啶类、二苯并吖啶类	~40

3. 再生烟气中 NO_x 浓度

再生烟气中的 SO_x 和 NO_x 都是大气环境的严重污染物,通常 NO_x 的排放量低于 SO_x 的排放量,再生烟气中的 NO_x 浓度范围一般是 100~500μg/Nm³。在催化裂化原料重质化的同时,环保要求也越来越严格,因此降低 FCC 产品的氮含量和再生烟气中 NO_x 的排放量,也成为炼油厂所面临的重要任务之一。再生烟气中 NO_x 的排放与控制,详见第八章和第九章有关内容。

第六节　反应器工艺与工程

一、热效应

(一) 裂化反应热

催化裂化的热效应(系指裂化反应热、焦炭的吸附热等)在热平衡中起着很重要的作用。裂化反应热的大小不仅受到裂化深度(与分子的断链和膨胀程度有关)的影响,而且和催化剂及原料油性质有很大的关系。

1. 典型催化裂化反应热数据

在催化裂化过程反应中,凡是裂化反应(包括断链、脱烷基、脱氢等),即摩尔数增加(体积膨胀)的反应皆为吸热反应;摩尔数减少的缩合反应以及氢转移、烷基转移、异构化和环化等反应均为放热反应。虽然存在缩合反应、氢转移等放热反应,但主要反应是吸热的裂化反应,因此总的反应热效应仍然是吸热的。

反应热的经典计算方法是依据原料和产物的生成热、键能数据,此外还可以依据形成正碳离子的能量数据来确定。由生成热数据计算所得的典型反应热列于表 7-120(Fenske,1971)。

表 7-120　几种典型化学反应的热效应(按生成热计算)

反应类别	化　学　反　应	反应热/(kJ/mol)
裂化反应	$n\text{-}C_{10} \longrightarrow n\text{-}C_7 + C_3^=$	+82.1
	$n\text{-}C_{10} \longrightarrow n\text{-}C_6 + C_4^=$	+75.8
	$n\text{-}C_{16} \longrightarrow n\text{-}C_{12} + C_4^=$	+83.3

续表

反应类别	化学反应	反应热/(kJ/mol)
裂化反应	$n\text{-}C_{20} \longrightarrow n\text{-}C_{16} + C_4^{=}$	+82.9
	$n\text{-}C_{20} \longrightarrow n\text{-}C_{12} + C_8^{=}$	+81.6
	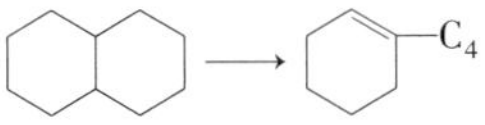 $\longrightarrow$ —C_4	+80.4
	 —C_4 $\longrightarrow$ $+C_4^{=}$	+87.5
	 —C_{16} $\longrightarrow$ $+C_{16}^{=}$	+90.0
	 —C_3 $\longrightarrow$ $+C_3^{=}$	+95.5
异构化反应	$n\text{-}C_5 \longrightarrow i\text{-}C_5{}'s$	-30.6~-6.3
	$n\text{-}C_6 \longrightarrow i\text{-}C_6{}'s$	-18.4~-4.6
	$n\text{-}C_6^{=}{}'s \longrightarrow i\text{-}C_6{}'s$	-27.2~-6.3
	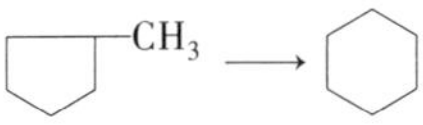 —CH_3 $\longrightarrow$	-17.2
环化反应	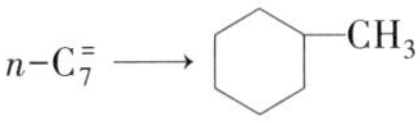 $n\text{-}C_7^{=} \longrightarrow$ —CH_3	-93.4
	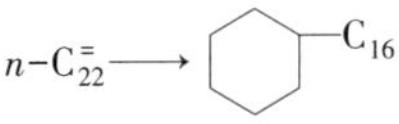 $n\text{-}C_{22}^{=} \longrightarrow$ —C_{16}	-96.3
脱氢反应	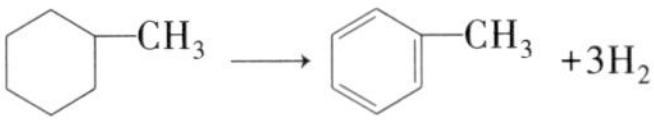 —CH_3 $\longrightarrow$ —CH_3 $+3H_2$	-205.2
氢转移反应	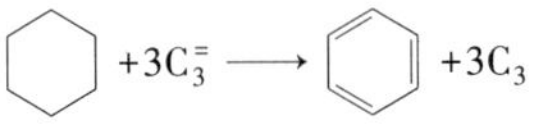 $+3C_3^{=} \longrightarrow$ $+3C_3$	-167.1
	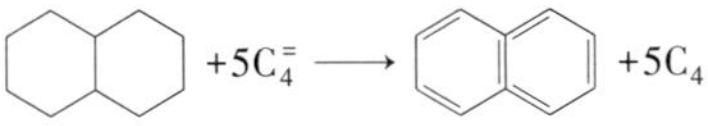 $+5C_4^{=} \longrightarrow$ $+5C_4$	-296.0

注:反应热基准为25℃,气相(理想状态)。

现以正己烷和异己烷裂解为例,形成正碳离子的能量数据如下:

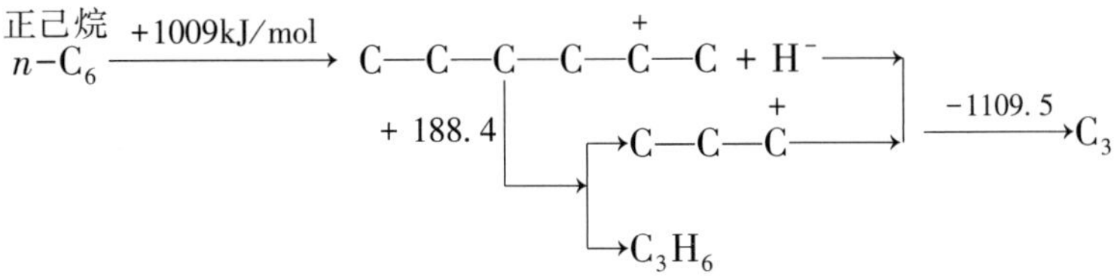

正己烷 $n\text{-}C_6 \xrightarrow{+1009\text{kJ/mol}} C—C—C—C—\overset{+}{C}—C + H^-$

$+188.4 \longrightarrow C—C—\overset{+}{C}$; $\longrightarrow C_3H_6$

$\xrightarrow{-1109.5} C_3$

反应热 = 1009+188.4−1109.5 = 87.9kJ/mol

异己烷 $n\text{-}C_6$ —(+954.6kJ/mol)→ $C-C-C-\overset{+}{C}(C)-C + H^-$ —(−1174.4)→ C_2；经 +297.3 → $C-\overset{+}{C}$ 及 $i-C_4H_8$

反应热 = 954.6+297.3−1174.4 = 77.5kJ/mol

依据键能数据计算的典型反应热如下，其中基础的键能数据列于表7-121（南京大学化工系，1978）。

表7-121 几种典型键的键能

键的类别		键能[①]/(kJ/mol)	键的类别	键能[①]/(kJ·mol)
C—C		345.8	H—H	436.3
C═C		614.6	H—C	413.2
C—O		358.0	H—O	463.1
C—N		304.8	H—N	391.5
C—S		272.1	H—S	347.5
芳环共振能[②]	苯环	175.9		
	萘环	314.0		

① 键能基准为25℃、气态，指平均值。

② 共振能是比照烯烃键增加的能量。

（1）典型裂化反应

烷烃（大相对分子质量） ⟶ 烷烃（小相对分子质量） + 烯烃

键类别	键数变化	键能变化(kJ/mol)
C—C	−2	+345.8×2 = +691.6
C═C	+1	−614.6×1 = −614.6
		反应热 = +77.0

（2）典型异构化反应

可看作为仲碳原子键能与叔碳原子键能引起的差别。例如正己烷异构化的反应热，可按—CH_3在正戊烷分子上取代时的不同位置能量差别来计算：

$$C-C-C-\overset{2}{C}-\overset{2}{C}-C \longrightarrow C-C-\overset{2}{C}-\overset{2}{C}(C)-C$$

取代为2-甲基戊烷	A = 2, B = 2	−28.5	kJ/mol
取代为正己烷	A = 1, B = 2	−21.8	kJ/mol
		−)	
	反应热 =	−6.7	kJ/mol

（3）典型脱氢反应

首先，以烷烃脱氢产生烯烃为例：

烷烃⟶烯烃+H_2

键类别	键数变化	键能变化	(kJ/mol)
C—C	-1	+345.8×1=	+345.8
C=C	+1	-614.6×1=	-614.6
C—H	-2	+413.2×2=	+826.4
H—H	+1	-436.3×1=	-436.3
		反应热=	+121.3

其次,以 环己烷 ⟶ 苯 +3H_2 为例:

该反应有三个烷烃键脱氢生成三个烯烃键,按上例的数据其反应热为3×121. 3=363. 9kJ/mol;但该反应同时也产生了一个苯环,所增加的共振键能为175. 9kJ/mol。因此该反应的净反应热为363. 9-175. 9=+188. 0kJ/mol。

(4) 典型氢转移反应

可以按照环烷烃脱氢和烯烃加氢的综合效果来计算氢转移反应的热效应。例如:

$$\text{环己烷}+3C_3^{=} \longrightarrow \text{苯}+3C_3$$

反应类别	键能变化(kJ/mol)
环己烷脱氢	=+188.0
丙烯加氢	3×(-121.3) =-363.9
	反应热=-175.9

由键能数据可知越靠近分子中间的键,其键能越小(但相差不多),因此比较容易从中间断键,所需的反应热也略少。此外,低相对分子质量的烃和高相对分子质量的烃,按β裂解方式裂化掉一个C—C键所需的热量几乎是相等的,但按每kg计算的能量是随原料相对分子质量的减少而增加的。这些规律可从表7-120中的数据清楚地看出。

反应热的温度效应并不大,下面列举几类反应在499℃时的反应热,与在16℃时的差值($\Delta H_{499}-\Delta H_{16}$)如下:

反应类别	化学反应	$(\Delta H_{499}-\Delta H_{16})$/(kJ/mol)
裂化反应	$nC_{12} \longrightarrow n\text{-}C_8+C_4^{=}$	4.0
	苯基—C_4 ⟶ 苯 +$C_4^{=}$	3.8
氢转移反应	1,3-二甲基环己烷(CH_3, CH_3) +3$C_6^{=}$ ⟶ 间二甲苯(CH_3, CH_3) +3C_6	2.1
环化反应	$C_8^{=}$ ⟶ 环己基—C_2	0.75

由上面三种经典方法计算出的反应热数据,互相能很好地吻合;而反应热的温度效应又很小。因此可以归纳出在通常催化裂化各类反应中,所需反应热的大致范围列于表 7-122。

表 7-122 典型反应热的范围

反应类别	反应热/(kJ/mol)	基准
裂 化	~+83(75~90)	每净增摩尔数
异构化	~-15(5~25)	每反应摩尔数
环 化	~-92(90~95)	每反应摩尔数
脱氢(环烷烃)	~+66(62~70)	每摩尔氢
氢转移	~-57(54~60)	每摩尔氢

2. 影响裂化反应热的主要因素

(1) 裂化深度

主要用分子的断链和膨胀程度来衡量。摩尔数增加的多少对同种原料来说,它标志着裂化程度的深浅。对于不同馏分的原料(如蜡油与渣油相比),说明在相同工艺条件下的断链程度。摩尔数增加越多,断链程度越大,因而反应热就越高,它们近似成直线关系。

(2) 原料油性质

原料油性质不同,各类反应进行的程度也会不同,所需的反应热就会变化。特别是采用渣油原料时,由于催化剂上重金属污染严重,脱氢反应较多,摩尔数增加程度较大;但另一方面缩合生焦放热反应却大为增加。此外,大相对分子质量的渣油分子裂化成汽油、轻循环油和裂化气等产品时,摩尔数增多程度比馏分油要大。所以,原料油性质对反应热的影响是比较复杂的。

(3) 催化剂性质

从历史演变过程来看,当老的工业装置把无定形催化剂改成沸石催化剂后,由于氢转移反应增加,从而使裂化反应热减少;但对生产高辛烷值汽油的超稳沸石催化剂来说,由于氢转移反应被抑制,从而使裂化反应热又增加。典型的演变趋势列于表 7-123。从表 7-123 可看出:裂化热的变化范围较大,为 185~630kJ/kg,相当于传递给提升管热量的 15%~40%,如图 7-104 所示(Mauleon,1985)。

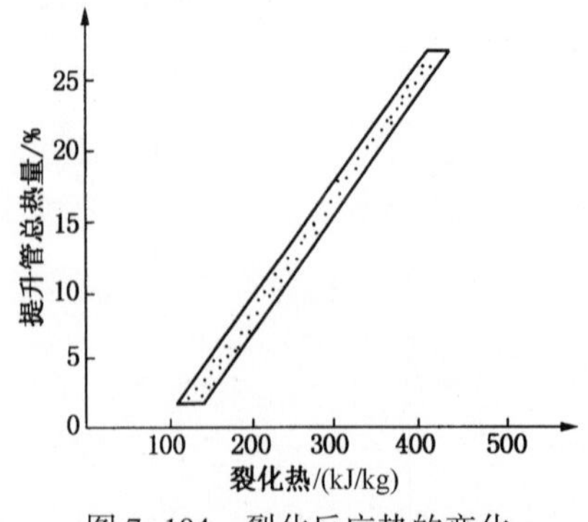

图 7-104 裂化反应热的变化

表 7-123 裂化反应热的演变

催化剂	裂化热(对新鲜原料)/(kJ/kg)
低铝无定形	630
高铝无定形	560
早期沸石	465
HY 型	370
稀土交换 Y 型	185
部分稀土交换 Y 型	325
超稳定沸石	420

注:根据工业装置的试验结果。

当催化剂中沸石含量增加时,氢转移反应较为激烈,而稀土交换更增强了这一反应。这种双分子反应在邻近的两个铝原子间发生,放热量很大,因而大大降低了总的吸热反应热。

采用超稳沸石和其他技术，可以大幅度增加沸石骨架的 SiO_2/Al_2O_3，以使铝原子靠近的机会尽量减少，且减少稀土交换，就可抑制双分子的氢转移反应和降低焦炭产率，同时提高催化汽油的辛烷值。超稳沸石将提高 SiO_2/Al_2O_3(摩尔比)，甚至达到 8.0 左右，而把稀土交换量限制在理论交换量的 5%以下(Rajagopalan，1985)。

当采用超稳沸石催化剂时，由于炭差降低和裂化反应热升高两种影响同时存在，因而使再生温度下降(Mauleon，1985)。为了重新建立热平衡，可以加大催化剂的循环量(此时提升管中催化剂的总体活性增加，但焦炭产率也有所增加)，或者提高原料预热温度(有利于降低焦炭产率)，由于热平衡得到改善，渣油掺炼量可进一步增加。因此，催化剂的类型对重油催化裂化热平衡的影响是很大的。

随着对催化汽油中烯烃含量的限制越来越严格，催化裂化装置又使用氢转移活性较高的裂化催化剂，例如增加催化剂中稀土的含量或采用 REY 型沸石催化剂，有的还增强了催化剂的异构化和芳构化能力(以弥补辛烷值的下降)，从而使裂化反应热有所降低。

(4) 工艺类型的影响

从常规的 FCC 工艺发展到低碳烯烃的家族工艺(如 DCC、MGG 等)，其裂化反应热则大幅度上升(金文琳，1994)。FCC 工艺的反应热为 209~378kJ/kg 原料，DCC 工艺的反应热为 419~670kJ/kg 原料，CPP 工艺更高，达到 1100kJ/kg 原料(含回炼组分的反应热效应，折合成单位进料)。随着 MIP 工艺技术的广泛使用，催化汽油中的烯烃含量大幅度地下降，因而裂化反应热又呈现下降的趋势，如某厂液化气收率为 22.4%的 MIP-CGP 装置，其反应热为 200kJ/kg 原料，MIP 工艺的反应热一般为 167~335kJ/kg 原料。

3. 裂化反应热的测定方法和计算方法

经典的反应热计算方法虽然比较精确可靠，但在复杂的催化裂化过程中各类反应的比例很难确定，而要得到完整的生成热数据也是做不到的。因此，在工程设计和生产中采用比较实用的测定方法和计算方法。

(1) 热平衡法

它是通过工业装置热平衡的计算，来确定裂化反应所吸收的热量。首先计算出焦炭燃烧的总热量，然后减去所有其他的热量，最后所剩的热量被定为裂化反应所吸收的热量。这种基本测量技术的准确性，取决于焦炭燃烧热测量的准确性和装置热平衡数据的可靠性。由于各项原始数据的累积误差，常会较严重地影响热平衡法的准确性，但该法仍是一种有参考价值的基本方法。

(2) 产品分析法

该方法是由 Dart 等(1949)提出的，从理论上对每个产品给定一个燃烧热。由热力学原理可知化学反应的热效应为：

$$\Delta H_{反} = (Q_{燃})_{反} - (Q_{燃})_{产} \tag{7-231}$$

但这必须测准物料平衡和原料、产品的组成数据，而确定燃烧热的准确可靠数据也是很困难的。后来进行了改进(Leuenberger，1987)，使用了 API 数据手册中的相互关系，从 API 度和特性因数 K 值等来确定有关液体产品的燃烧热值。

我国石油大学和郑州工学院用热量计分别测定了催化裂化原料油及其产品(汽油、LCO)的燃烧热，并把燃烧热与油品的性质和组成进行关联，得到了如表 7-124 所列的恒压燃烧热关联式(陈俊武，2005)。虽然试验原料油的范围还不够全面，但仍有一定的参考价值。

表 7-124 恒压燃烧热关联式

油　品	恒压燃烧热(Q_P)关联式/(kJ/kg)
馏分油	$Q_p=51881.3-18282.1\times\rho_1+1.45854\times M+914.546\times(C/H)-985.466\times N$
渣　油	$Q_P=-57335.8+989.375\times C+755.856\times H+1384.53\times N+3394.34\times S-1326.98/\rho_2+29811.26\times\dfrac{1}{M}$
催化汽油、柴油	$Q_P=\dfrac{5540.16-3202.15T^{1/3}}{(0.9942\rho_3+0.009181)^2}+\dfrac{26666.79+4900.95T^{1/3}}{0.9942\rho_3+0.009181}-10231.03$

注：表中符号 ρ 为密度，$\rho_1=\rho_{50}$，$\rho_2=\rho_{100}$，$\rho_3=\rho_{20}$；M 为相对分子质量；C/H 为碳氢元素质量比；C、H、S、N 为碳、氢、硫、氮各元素的含量,%；T 为中平均沸点,℃。

(3) 经验关联式

第一种方法对工业数据的分析很有用处，第二种方法对实验室和工业上的数据分析都适用，经验关联式是基于工业装置的实测结果而建立的。计算裂化反应热 Q_R经验公式主要有：

① 催化焦基准关联方法：

$$Q_R(\text{kJ/kg 新鲜原料})=9127.2K\cdot C_{cat} \tag{7-232}$$

式中，C_{cat}为催化焦,%；K 为反应温度校正系数。

$$K=-2.1818+6.2388\times10^{-3}T \tag{7-233}$$

由公式(7-232)可看出：反应热与催化焦成正比；随着温度 T(℃)的增高，反应热增大。由于转化率越高，催化焦越多，因此在一定程度上反映了裂化深度。但是，对于不同性质的原料油和催化剂来说，由于生焦倾向不同，当催化焦相同时，反应热不一定相同。因此该法的可靠性值得研究。

② 二参数关联式(Edmister，1973)：

$$\begin{aligned}Q_R(\text{kJ/kg})=&-4.66L_g+88.17H_g-41.52M_g+190.94O_g\\&+151.01A_g+(2.2K+46093W-2219.6)P_g\end{aligned} \tag{7-234}$$

式中，L_g为生成的气体和液体；H_g为生成的氢；M_g为生成的 CH_4；O_g为生成的单烯烃；A_g为生成的芳烃；P_g为生成的 C—H 缩合物；K 为 C—H 缩合物的生成热，kJ/kg；W 为 C—H 缩合物中的氢含量,%；前五项生成物的单位是 kmol，最后一项的单位是 kg。该式也是经验式，是在较低转化率范围内取得的，实用性有限。

③ 分子膨胀法((Leuenberger，1987)：

该法是用原料和产品的平均相对分子质量作为关联参数的。

$$Q_R(\text{kJ/kg})=\frac{E_R(M_c-M_p)}{M_cM_p} \tag{7-235}$$

式中，M_c和 M_p分别为原料和产品的平均相对分子质量；E_R为不同工艺过程和进料类型的常数。某模拟软件中所采用的 E_R值为 81550。式(7-235)可以改写为：

$$Q_R=E_R(\frac{M_c}{M_p}-1)/M_c=E_R(r-1)/M_c \tag{7-236}$$

式中，r 为分子膨胀系数，$r=M_c/M_p$=裂化产物摩尔数/新鲜进料摩尔数。

由式(7-236)可清楚地看出：该法所计算的反应热大小与 r 的变化成直线关系，转化率越高，裂化产物分子数越多(平均相对分子质量越小)，则所需的反应热越大。所以，该方法的实质是依据裂化反应程度的大小来关联 Q_R 的；而且对不同的工艺过程和进料类型，常数 E_R 可作较大幅度地调整，因此该方法有一定的适应性。但是，在复杂的催化裂化反应体系中，除了裂化反应外，还存在一定程度的缩合、氢转移等放热反应。所以不同原料达到同一转化深度时，由于原料相对分子质量及产品分布不同，反应热也会不同，例如采用渣油原料时，缩合反应增加会影响反应热。

当使用不同的催化剂时，因产品选择性不同其反应热亦有所差异，例如采用超稳沸石催化剂时，由于有效地抑制了氢转移反应，总的反应热大为增加，E_R 应增大。因此，要较准确地确定 E_R 的数值有一定的难度，该方法的应用受到一定的限制。刘百强等(许友好，2013)对多套 FCC 装置标定数据进行处理，得到了 E_R 与催化剂类型之间的关系，两者之间的关系列于表 7-125，同时与液化气中的丁烯与总碳四比值进行了关联，其表达式如下：

$$E_R = 88.89\frac{C_4^=}{C_4} + 3.58 \tag{7-237}$$

表 7-125 催化剂类型与 E_R 之间的关系

催化剂类型	REY	REHY	USY	USY+ZSM-5
E_R/(MJ/kmol)	45	50	57	65

(二) 吸附热与脱附热

在工业催化裂化装置中，还没有较为准确的催化剂流量测定仪器，催化剂循环量(或剂油比)皆由反应-再生热平衡计算得出。而吸附热和脱附热的数据对此项计算的准确性起着关键的作用。对于催化剂在反应与再生过程中，是焦炭吸附、脱附还是水吸附、脱附的问题，多年来一直存在着不同的看法。如 Dart 等(1949)属于后者，有的公司则用水的吸附热与催化剂循环量进行关联(林世雄，1989)。

但是，在裂化反应后焦炭被吸附在催化剂上是客观事实，通常认为采用焦炭的脱附热来计算更为合理。Grace Davison 公司采用的焦炭脱附热数值为 3373.0kJ/kg 焦炭，约占焦炭燃烧热的 8%；而 Esso 公司认为应占 11.5%左右。林世雄等(1989)用热重法考察了催化剂吸水、脱水现象，实验结果表明：在工业反应器和再生器之间，催化剂吸水-脱水量很小，其热效应约占再生热效应的 0.78%(实际应更小)，因此在计算催化剂再生热效应时此项可以忽略。

林世雄等还用热分析方法直接测定附在催化剂上的焦炭(结焦剂)和游离焦炭(从结焦剂上剥离下来的焦炭)的燃烧热效应，发现两者之间存在着一个差值，计算出焦炭脱附热为 2350kJ/kg 焦炭，其值约占游离焦炭燃烧(完全燃烧)热效应的 6.3%。而且游离焦炭的燃烧热效应与 Dart 用热量计测定的纯稠环芳烃的燃烧热效应相符，这些结果比较支持存在焦炭脱附热的观点。

总之，焦炭吸附热效应与焦炭产率成正比。从数值大小来看，吸附热远远大于重烃的汽化潜热(约 209kJ/kg 重烃)，因此可以看成是一种化学吸附过程，催化剂性质不同对该数值的大小也会有影响。要能比较准确地确定焦炭吸附、脱附热的合理范围(或者提出关联式)，尚需进一步的研究。

二、温度分布

在催化裂化装置运转过程中，经常用提升管出口温度来说明装置的操作情况，并且去关联产率和反应动力学。然而出口温度只是代表提升管上一个点的情况，由于催化裂化是较强的吸热反应，在绝热的情况下提升管底部的混合温度将明显高于出口。图 7-105 是某中型 FCC 装置提升管典型温度分布图(Yen，1985)。从图 7-105 可看出，底部的温度与出口温度之差至少有 55℃。工业装置的测定表明，80%以上的总转化反应是在提升管下半部完成的，这意味着提升管底部的温度事实上是更为重要的。图 7-106 为所测定的工业提升管管壁表面温度变化曲线。从图 7-106 可以看出：提升管的温度变化非常陡，这是由于渣油催化裂化采用了良好的雾化喷嘴和高的再生剂温度，十分有利于原料油的汽化。热平衡计算表明，原料油约在 1/4s 的时间内全部汽化，见图 7-106 中曲线转折点。

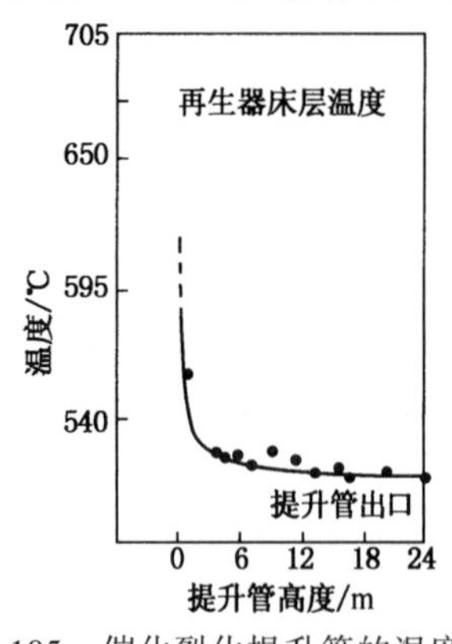

图 7-105　催化裂化提升管的温度分布

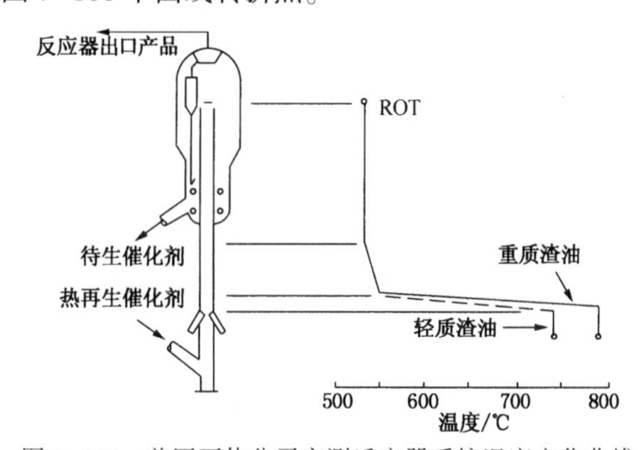

图 7-106　美国石伟公司实测反应器系统温度变化曲线

提升管底部“混合温度”的定义是催化剂与汽化原料达到平衡(而不反应)的理论温度。由于催化裂化为净吸热反应，故混合温度将高于终端出口温度。Gates 等(1979)认为，在没有明显反应就达到热平衡时，提升管入口的混合温度可以表示为：

$$T_o = \frac{C_p^o T_{o,0} + R_c C_p^c T_{c,0} + R_w C_p^w T_{w,0}}{C_p^o + R_C C_p^c + R_w C_p^w} \tag{7-238}$$

式中　C_p^0——单位质量原料油的比热容，kJ/(kg · K)；

C_p^c——催化剂的比热容，kJ/(kg · K)；

C_p^w——水蒸气的比热容，kJ/(kg · K)；

R_c——剂油比；

R_w——水蒸气与油流率之比；

$T_{o,0}$——原料油的入口温度，K；

$T_{c,0}$——再生剂的入口温度，K；

$T_{w,0}$——水蒸气的入口温度，K。

“混合温度”也可用下列经验公式估算：

$$混合温度(℃)=提升管出口温度(℃)+\frac{裂化热(kJ/kg)}{10} \tag{7-239}$$

按照表 7-113 所列的裂化反应热数值计算，超稳沸石催化剂的混合温度至少比稀土交换沸

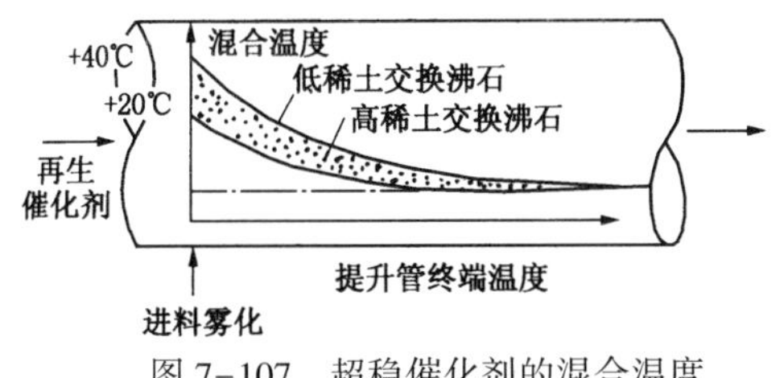

图 7-107　超稳催化剂的混合温度

石催化剂的高 20℃，这有利于原料汽化和高沸点组分的相对分子质量降低。此外，按照 Arrhenius 定律，这相当于裂化反应速度提高 4 倍。这两种催化剂的混合温度和温度分布曲线见图 7-107。

实际上，下面的平均裂化温度的定义在设计中可以作比较之用(Mauleon，1985)：

$$T_{平均}=1/3(混合温度)+2/3(提升管出口温度) \tag{7-240}$$

因此，尽管超稳沸石平衡催化剂活性较低，但在工业装置上操作时，由于平均裂化温度较高，剂油比也高，所以其动态活性比较良好，转化率比预期的高。较高的混合温度和较低的炭差，使超稳沸石催化剂非常适合于重油催化裂化。此外，由于 SiO_2/Al_2O_3(摩尔比)提高和混合温度上升，所以系统内催化剂不易因吸附极性化合物(如氮和多环芳烃等)而失活。

工业装置上如何能测准反应器底部的"混合温度"是很困难的。根据底部物料的热平衡(不发生反应时)或上述经验公式的计算，即使是稀土交换沸石催化剂，其底部混合温度也要比反应器出口温度高 20℃以上。但是工业装置上观察到的温差一般不超过 20℃，这主要是由于很难找到具有代表性的测温点。因为再生催化剂一旦与油气接触，除了传热外立即会发生裂化反应，并伴随着吸热和降温，所以要测得理论上的"混合温度"是很困难的。

再生器床层温度是关联催化裂化反应动力学、产品产率和性质的一个重要参数(Yen，1985)。提升管底部的混合温度与再生剂温度直接有关，适当提高再生温度可加速进料的汽化和雾化。Mauleon 等(1987)认为提高混合温度可增强热冲击力，以使不稳定的重质烃分子(特别是胶质、沥青质等)断裂，并改善进料的汽化状况，从而减少生焦。因此，希望混合温度接近最好是高于进料的虚拟临界温度，此临界温度至少满足进料中重组分的汽化温度，为剂-气接触创造良好的条件。从实际运转经验来看，过高的再生温度虽然能够降低焦炭产率，但干气产率大幅度增加。采用再生剂冷却技术可明显降低干气产率，但再生催化剂温度要控制在适当的水平，也就是说剂油比要控制在一定的范围内，尤其对于加工胶质、沥青质含量高的重质油。

然而，在绝热的情况下混合温度的增加，将会使提升管出口温度升高，从而促进有害的和非选择性的裂化反应，产生大量气体。为了解决这个问题，提升管出口温度以及混合温度都必须各自独立地调节，这是用控制混合温度(简称 MTC 技术)来实现的。

混合温度控制是通过采用适当的液态馏分，例如回炼油(或芳烃抽出物、焦化馏分油等)在新鲜原料喷射区的下游进行循环来实现的。这样就划分成两个区域，如图 7-108 和图 7-109 所示。上游区：具有混合温度高、剂油比高、接触时间很短的特点；下游区：反应在较常规的和较温和的催化裂化条件下进行。

显然，此时提升管出口温度是由控制通过再生滑阀的热再生催化剂循环量来维持的。在原料喷射进入之后的某个适当位置的混合温度，可由液体循环来调节。

当提高液体循环量时，由于循环油的汽化和裂化将导致下游催化剂的较大冷却。为了维持所希望的提升管出口温度，可开大再生滑阀来提高催化剂循环量，这样就可以不依赖提升管出口温度而独立地调节并提高混合温度。与此同时，剂油比将升高，而炭差和再生器温度趋于下降。采用混合温度控制(即具有合适的进料喷射系统)，可以在提高混合温度的同时维持甚至降低提升管出口温度。总之，最佳催化剂温度、预定的催化剂循环量以及所希望的催化裂化反应，均可以独立调节。

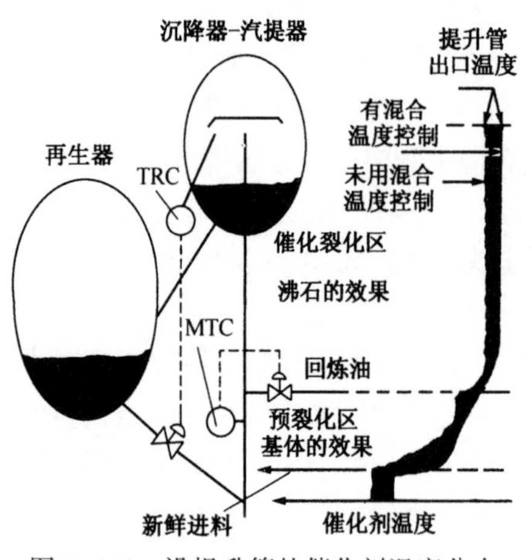

图 7-108　沿提升管的催化剂温度分布

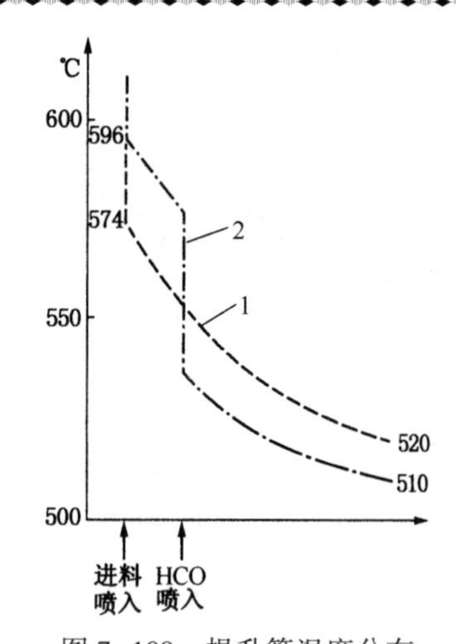

图 7-109　提升管温度分布

1—无 MTC；2—有 MTC；

上游进料喷注，提升管温度等于催化剂温度；

下游指示的温度为催化剂+油的平均温度

由于 MTC 提供了原料喷射区能够在较高温度下操作的可能性，从而促进了原料油的充分汽化。如图 7-110 所示(Heinrich，1998)，当采用 MTC 后混合温度由 565℃上升到 585℃时，原料油的汽化率则由 79.5%增加到 94%，此时提升管的出口温度反而由 530℃降到了 520℃；如果循环油的量增加到原料的 25%时，提升管的出口温度甚至可以降低 15℃。由于减少了过度裂化，不仅实现了提高转化率的目的，而且还增加了液化气和轻汽油的产率。

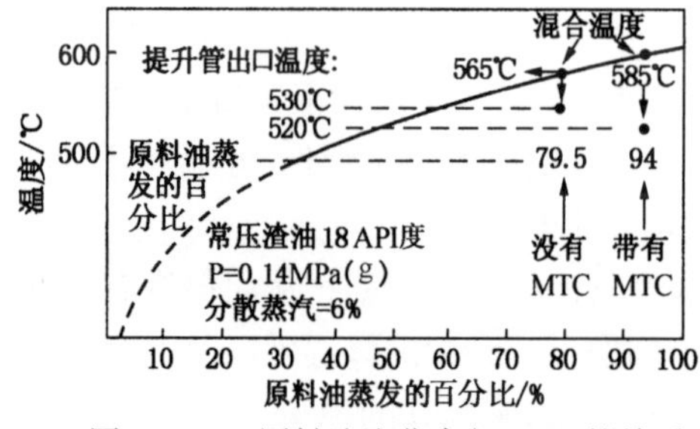

图 7-110　原料油汽化率与 MTC 的关系

冷却是通过液体烃类的汽化来实现的。当采用芳香基的重质石脑油时，由于其基本上是惰性的，在提升管中额外生成的焦炭是很少的；如果装置的热平衡不处于卡边状态，则还可以采用轻循环油(LCO)或重循环油(HCO)。MTC 是促进重质原料油汽化的简捷而又灵活的手段，它不需要增添多少硬件设备，因此也更为可靠。

混合温度控制最主要的目的是独立地控制温度。然而，也可把它看作是类似于再生器的蒸汽取热盘管或外取热器，它可以控制最佳再生温度和调节进料温度。用循环油吸收的热量可在分馏部分回收(产生蒸汽、预热和重沸)。

由于循环油的取热作用，FCC 装置加工原料油的残炭值可以允许更高，例如表 7-126 所列的那样，采用了 MTC 技术后，原料油康氏残炭(CCR)的限定值得到了提高。

表 7-126　原料 CCR 的限定值

系　　统	CCR 限定值/%	系　　统	CCR 限定值/%
单段再生		两段再生	
完全燃烧	2.5	基准	6.0
部分再生	3.5	带有 MTC	7.0
部分燃烧+MTC	4.0	带有催化剂取热器	无
带有催化剂取热器	无		

在提升管上部注入反应终止剂，目的是使重油催化裂化在较高的反应温度(当提升管出口温度不变时中部温度可升高5℃)、较大的剂油比(增加0.4~0.5)和较短的反应时间下进行，可以减少二次反应和氢转移反应。在某催化裂化装置使用过催化裂化粗汽油、直馏汽油、催化裂化LCO和炼油厂轻污油等作为终止剂。运转结果表明：采用催化裂化粗汽油较为适宜，汽油和液化气产率比不用终止剂时各增加1~2个百分点，LCO和油浆产率各下降1~2个百分点，焦炭产率不变，而液化气和汽油中烯烃略有增加。

三、热裂化反应及其影响

(一) 热裂化反应的动力学特征

对于绝大多数烃类，当反应温度小于450℃时，其热裂化速度是较低的；当温度超过600℃时，所有烃类(除CH_4外)的热裂化速度都是很高的(Avidan，1990a；Liguras，1989a)。Greensfelder等(1945b；1949)得到了某些正构烷烃和烯烃在500℃下的热裂化速度常数，列于表7-127。

表7-127　500℃下的热裂化速度常数

碳原子数	k_{TP} ①	k_{TO} ②	碳原子数	k_{TP} ①	k_{TO} ②
1	0.000000	0.000000	14	0.002700	0.008360
2	0.000001	0.000001	15	0.003300	0.009880
3	0.000060	0.000180	16	0.004000	0.013150
4	0.000120	0.000340	17	0.004400	0.014670
5	0.000220	0.000660	18	0.004700	0.016730
6	0.000370	0.000980	19	0.005000	0.018760
7	0.000500	0.001475	20	0.005500	0.020000
8	0.000700	0.002100	21	0.005950	0.022310
9	0.000900	0.002755	22	0.006200	0.025190
10	0.001100	0.003545	23	0.006680	0.029580
11	0.001400	0.004365	24	0.007070	0.032870
12	0.001800	0.006000	25	0.007500	0.036350
13	0.002200	0.006760			

①k_{TP}—正构烷烃的热裂化速度常数，s^{-1}。

②k_{TO}—烯烃的热裂化速度常数，s^{-1}。

由表7-127可清楚看出，随着烃类相对分子质量的增加(即沸点升高)，热裂化速度也增加，并且烯烃的热裂化速度明显高于同碳数的正构烷烃。

Chen等(1986)得到了美国中部大陆馏分油(Mid-Continent gas oil)的热裂化速度常数，如图7-111所示。热裂化属于非催化的自由基反应，其活化能远比催化裂化高，因此反应温度越高，热裂化反应越显著。

(二) 热裂化程度的判据

Mauleon等(1987)认为采用“$(C_1+C_2)/i\text{-}C_4$”比值可以比较好地区分催化裂化和热裂化反应。$(C_1+C_2)/i\text{-}C_4$比值低于0.6时，以催化裂化反应为主；在0.6~1.2时，介于催化裂化和热裂化之间；但大于1.2较多时，热裂化就比较严重。$(C_1+C_2)/i\text{-}C_4$比值与催化裂化汽油的异构化程度有很好的对应关系，因为只有真正的正碳离子催化裂化，才有明显的侧链产品。因此，可以用图 7-112 来说明热裂化与催化裂化的相对程度。

Mauleon 等(1987)认为衡量热裂化程度的另一个指标是丁二烯含量，它与($<C_2/i-C_4$)比值有很好的对应性。随着提升管顶部温度的提高，C_4馏分中丁二烯的含量将急剧上升，当该温度由 520℃提高到 540℃时(对常规的旋分器)，丁二烯的含量可由 4000μg/g 左右上升到 10000μg/g 左右。此外，可以采用 $C_4/(C_3+C_4)$比值作为指标，当该比值在 0.5 左右时，意味着热裂化为主；而在 0.65~0.70 时，则以催化裂化为主。

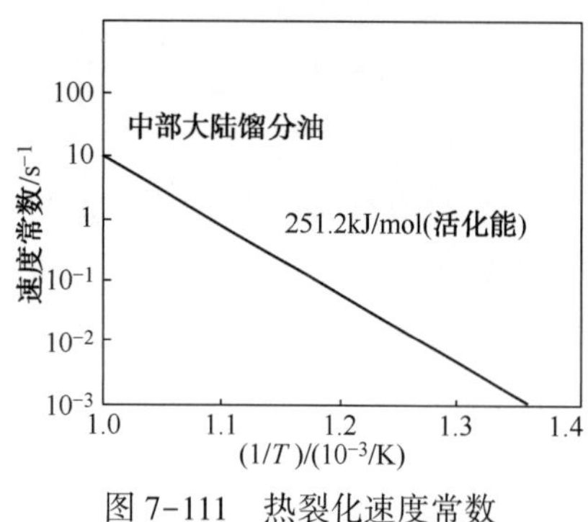

图 7-111　热裂化速度常数

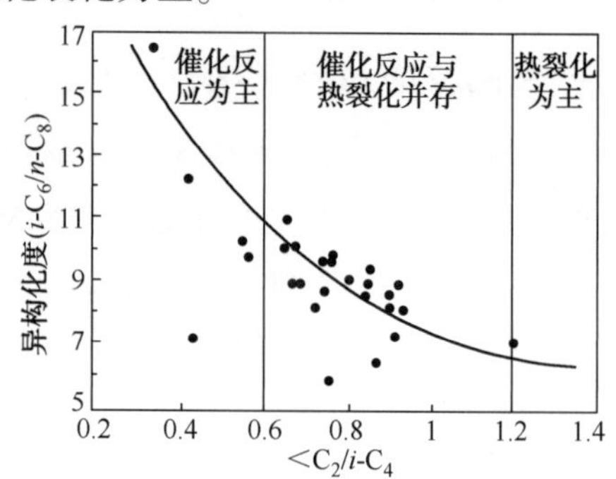

图 7-112　汽油异构化度与$<C_2/i-C_4$比值的关系

(实验室试验数据)

(三) 影响提升管反应器中热裂化程度的主要因素

在提升管反应器中存在的热裂化反应，会导致焦炭和干气的增加，并降低了液体产品的产率和质量。热裂化程度的主要影响因素有：

① 反应温度；

② 油气停留时间；

③ 原料油性质，包括 K 值、沸程、结构族组成、金属和硫、氮含量；

④ 催化剂类型和剂油比；

⑤ 稀相催化剂浓度等。

提升管反应器中热裂化现象是普遍存在的。

入口区——再生催化剂温度较高，首先要实现重油分子的汽化，如果油气不能迅速与再生催化剂混合均匀，则会加剧热裂化程度。因此，最好采用预提升段，并改善雾化效果，使原料油迅速汽化并与再生催化剂均匀混合，从而变成真正的催化过程。

但在重油催化裂化中，由于较大的油气分子很难进入沸石内部中进行催化裂化，而通过热裂化的作用可将其打成碎片(或自由基)，然后再进入沸石内部进行催化裂化。因此在这点意义上，热裂化反应是有一定好处的。

提升区——油气的轴向返混和催化剂的径向不均匀分布都会加剧热裂化程度。采用高的剂油比和较高的线速度可减少热裂化程度。此外，提高平衡催化剂的活性水平可以提高(催化裂化/热裂化)的比值。但以间断方式大量加入新鲜剂会造成高的(C_1+C_2)产率，这是由于新鲜催化剂活性过高，而用好的平衡剂则无此现象，因此新鲜剂应均匀连续地加入。

出口区——该区仍有较高的温度，提升管出口 500℃左右，而油气进入分馏塔时仍可达 460℃左右。特别是油气在 460~500℃下要经过较长的停留时间(10~20s 左右，有些甚至更长)，因此其热裂化倾向相对要严重些。停工检修时常发现大油气管线内有结焦，重油裂化时结焦更多，也证明了这个问题。

（四）出口区的热裂化

影响出口区热裂化程度的最主要因素是温度和停留时间。20 世纪 50 年代国外某石油公司就用热反应速率因数(FH)和当量时间 θ 来估算反应器稀相区的热转化率，见式(7-241)和图 7-113(王宗祥，1977)。

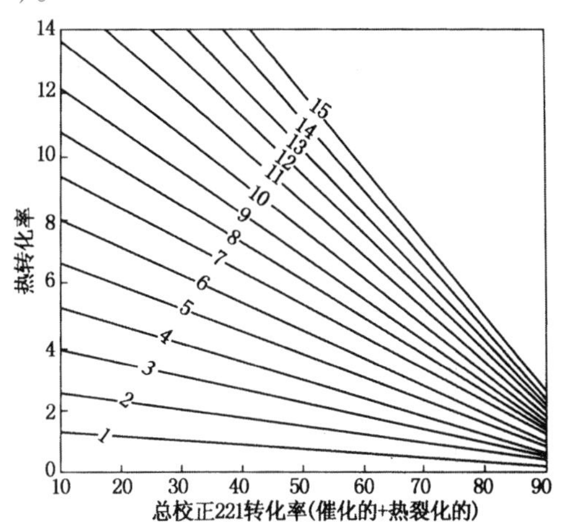

图 7-113　热转化率与总校正 221 转化率的关系

热转化率 =（100−总转化率）($2.718^{0.0142\theta}-1.0$)；等值线为在 538℃时的当量时间 θ，s

热反应速率因数的关联式为：

$$\lg F_{H}=14.59315-\frac{11836.7}{T} \tag{7-241}$$

估算步骤为：由反应温度按式(7-241)算出热反应速率因数，然后用此因数乘真实的稀相接触时间，求得在 538℃时的当量时间，再由图 7-113 估算出热转化率。

Mobil 公司的 Avidan 等(1990b)在开发紧接式旋分系统时，着重考察了热裂化反应的不良影响。其试验温度为 510~566℃，结果如图 7-114 所示。由图 7-114 可看出：随着温度的提高和相对油气停留时间的增长，轻油收率(G+D)减少，而重燃料油(HFO)和裂化气产率均呈上升趋势，并且裂化气中含有数量可观的甲烷和乙烷。

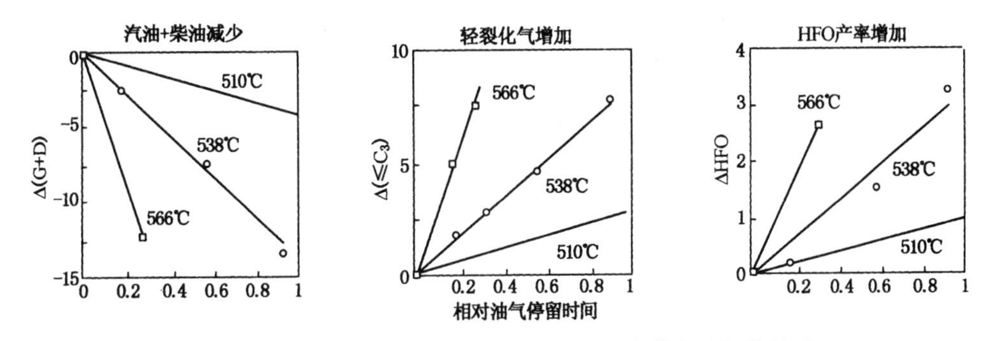

图 7-114　热裂化程度与反应温度、相对油气停留时间的关系

由于热裂化反应的活化能(约为 251.2MJ/kmol)比催化裂化的活化能(小于 62.8MJ/kmol)大得多，因此热裂化反应对温度的升高要敏感得多。在短接触时间 FCC 提升管反应器中，二次热裂化反应对甲烷、乙烷产率的贡献超过了 50%。此外，随着提升管出口温度的

升高，C_4馏分中的丁二烯含量也明显增加，如图 7-115 所示。但采用紧接式旋分系统可使丁二烯含量大为减少，说明旋分系统的改进，将显著减小热裂化的程度。C_4馏分中丁二烯含量的增高，将会使下游烷基化装置的酸耗量增加。丁二烯的含量不仅取决于温度和油气在出口区的停留时间，而且和原料油的性质也有较大的关系，即原料的特性因数 K 越低，则丁二烯的含量就越高。

因此，从动力学的观点来看，出口区的设计中除了采用快速分离设备外，还应尽量缩减沉降器的稀相空间体积。例如 Nieskens 等(1990)阐述了渣油催化裂化装置提升管出口至分馏塔之间的停留时间缩短到数秒钟，甚至只有 3s，设置一个很小的热壁反应器，在提升管水平段的末端装上一种可缩式旋流旋分器，如图 7-116 所示。这种组合方式除了具有压降小效率高的优点外，还消除了整个内部的死区。后一种因素加上热损失小(因容器表面积小)，在加工重质渣油时，可使焦块形成的风险大为降低。这种反应器设计的改进，能显著降低油气在高温下停留的时间，有效地防止过度的二次裂化反应。

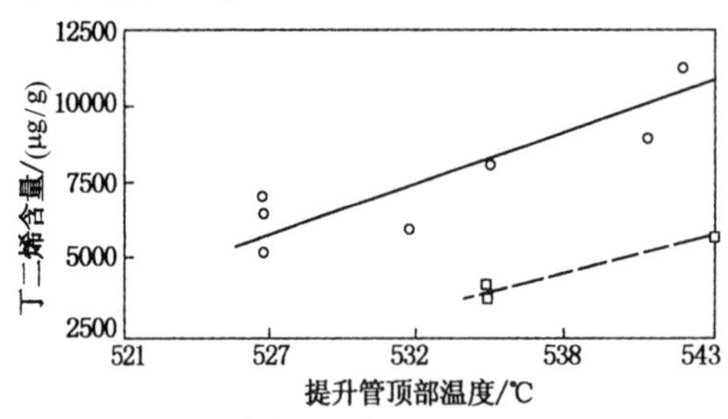

图 7-115　C_4馏分中丁二烯含量与反应温度的关系

○—开口式旋风分离器；□—紧接式旋风分离系统

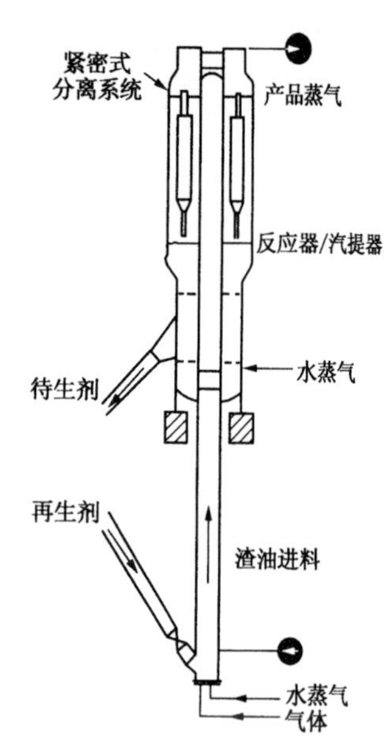

图 7-116　紧密式分离系统示意图

(五) 反应、分馏系统和油气管线的结焦

热裂化反应的另一不良后果是反应设备和管线内的结焦。早在采用无定形催化剂进行 VGO 裂化时，即发现反应油气在稀相区停留时间如果过长(>10s)，就容易在某些低温部位或死区部位结焦，甚至形成很大的焦块，为此设计了防焦板，并采用通入防焦蒸汽等措施。当采用沸石催化剂和快速分离设施以及外集气室后，若以 VGO 为原料，设备结焦问题不明显，但是掺炼渣油后，结焦又成为一个突出的问题。根据对国内 FCC 装置反应分馏系统结焦情况的调查(毛树梅，1997)，易结焦的部位主要集中在以下几处：

① 提升管进料喷嘴对面管壁上方的 1~3m 处一般容易结焦；

② 绝大部分装置的反应器拱顶和内集气室外壁及盲区易结焦；

③ 反应油气管线的结焦，在原料越来越重的装置中较普遍而又十分严重；

④ 分馏塔底及油浆循环系统的结焦，有的装置还比较严重。

综合分析引起设备内部结焦的主要因素，有以下几点：

① 原料油的性质——原料油变重，高沸点组分增加时，一小部分高沸点液滴未能充分汽化而成为液雾，被带出提升管反应器，在其下游部位(如反应器拱顶盲区)沉积而结焦，已发现油浆中 C_7不溶物与结焦趋势有关系，5%的沥青质含量被认为是上限。

② 原料油的雾化——原料油喷嘴的结构对于保证良好的雾化至关重要，详见下面喷嘴部分的论述。雾化良好的原料油，即使其沸点很高，也易于在短时间内汽化和裂化，不让有未汽化的液滴带出提升管。此外提升管下段的预提升对于原料油的雾化也有直接关系。

③ 催化剂的类型——催化剂的氢转移活性对于产生高沸点的不饱和烃与芳烃有直接关系，这些产物能够聚合生成结焦前身物。低稀土超稳沸石在减轻结焦方面无疑好于REY沸石，而基质的活性对于渣油组分的裂化也十分重要，低活性基质催化剂处理渣油原料时，结焦倾向增加。

④ 反应条件和反应深度——高的反应温度会使结焦速度加快；低的反应深度会使反应油气中高沸点组分增加，露点上升，也增加了结焦倾向。

⑤ 设备条件——设备的低温部位(保温不好或散热多的部位)和死区(油气和析出的液滴停留时间过长)均容易结焦。

四、提升管反应器

(一) 提升管反应器主要特点

早期的流化催化裂化装置均采用床层反应器，使用无定形硅铝微球催化剂。后来曾经发展过管式反应器，但由于催化剂活性低，管式反应器转化率很低，因此无法取代床层裂化反应器。随着高活性、高选择性沸石催化剂的出现，促进了提升管催化裂化工艺的发展，相继开发了高低并列式和同轴式催化裂化装置。与此同时，除少数装置由床层反应器改成提升管反应器外，大多数床层反应器在原有基础上进行了改造，包括掺混或全部采用沸石催化剂，实现床层反应的零料位或低料位操作，从而增加轻油产率和原料处理量。与床层裂化比较，提升管反应的主要特点如下：

1. 提升管裂化具有更好的选择性

提升管反应器油气和催化剂接近平推流，减少了返混；而沸石催化剂活性很高，可使反应时间大为缩短，同时出口通常设置了快速分离装置。这样就明显减少了二次反应，改善了产品分布，减少了焦炭和干气的产率，增加了轻质油收率，说明提升管裂化更适合处理重质原料油。此外，由于减少了二次反应(特别是氢转移反应)，可使液化气中的烯烃含量增加，有利于进一步综合利用。

2. 提升管裂化具有更高的效率

由于采用了高活性的沸石催化剂，大大提高了反应强度，因此提升管裂化的重时空速可以高得多，裂化反应可在很短时间(2~4s)内完成，而沉降器仅作为分离催化剂的容器。此外，由于回炼比的降低，并采用快速分离技术和提高操作压力等措施，在不改动沉降器和旋风分离器的情况下，采用提升管反应器可以大幅度提高处理能力，一般较床层裂化可提高30%以上。

3. 提升管裂化具有较好的弹性和灵活性

提升管反应器具有较好的操作弹性，处理量可在较大范围内变化，调节自如。例如，国内有的装置在进料量为设计处理量的50%以下时，仍能正常生产，产品收率可维持在较高水平。此外，提升管反应器可以通过反应温度、催化剂性质等条件的变化，实现不同的生产方案，以多生产汽油、轻循环油或液化气。其灵活性还体现在可以使用性质各异的原料，从馏分很宽的VGO到某些渣油均可作为提升管反应器的原料，并得到较好的产品收率。

4. 提升管裂化的产品质量优于床层裂化

提升管裂化所得的汽、柴油安定性均比床层裂化好，轻循环油的十六烷值也有所提高，而汽油辛烷值变化不大或稍有下降(一般下降1~3个单位)，但诱导期明显提高。此外，汽油、轻循环油的溴价均有所下降。

但是，上述情况并不能说明所有的床层反应都应改为提升管反应。只要各种操作参数选择合理，床层裂化仍可得到较好的产品收率，特别是要求装置的轻循环油与汽油比值较大时，可采用中等活性的催化剂和较缓和的反应条件。虽然采用无定形硅铝的床层裂化不如采用沸石催化剂的提升管裂化，但是当床层裂化采用中等活性催化剂时(零料位或低料位操作)，情况则明显改善。通常当催化剂的影响相当时，在汽油生产方案中，提升管所显示的优越性较大；而在多产轻油(汽油+轻循环油)的方案中，则床层反应与提升管反应差别不大。

(二) 提升管下部的混合区

油、剂入口的混合区是油和催化剂混合、汽化和开始加速的重要区域(Mauleon，1985；Strother，1972a；1972b)。为了降低混合区的热裂化程度和充分发挥沸石催化剂的固有活性，良好的设计必须使催化剂和油在起始接触点上就充分地混合。此外，在油气和催化剂并流通过垂直提升管时，应使原料尽可能均匀分布，且尽量接近平推流以减少返混。在重油催化裂化中，油、剂的均匀混合和快速汽化是更为重要的。

1. 催化剂的进入方式

再生剂进入提升管的方式有两种形式。

① 下流式斜管(称为Y型斜管)：它是依靠催化剂的自身重力向下流动(属于密相下流)，阀前的蓄压大。但其转弯较大，提升管要长一些(在重油催化裂化中可设置预提升段)。

② 上流式斜管(称J型斜管，见图7-128)：它与再生立管的夹角为45°向上倾斜，管内催化剂的流动状态与U型管上升段相似，在斜管内少量充气进行松动，催化剂呈密相流化状态，再依靠两端的压差，造成输送的推动力。斜管内密度较大(一般为500~550kg/m^3)，再生线路的阻力比下流式斜管大0.02~0.03MPa，从而降低了再生线路的推动力；但J型斜管较紧凑，可降低提升管长度和再生器框架高度(以600kt/a装置为例，可缩短提升管长度6~7m，减少再生器框架高度约3.0m)。对高压再生的装置来讲，可降低反应压力，减少油气分压。

2. 初始接触区

提升管的初始接触区主要是由催化剂调节段和进料分布段组成(Cabrera，1990)，如图7-117所示，其主要作用是使进料与热催化剂接触时能够迅速汽化。通常采用提升介质来预先加速催化剂的流动，这样可使催化剂与进料混合所需的时间和垂直距离最短。在催化剂流动达到稳定状态处注入进料，由于在喷入位置上消除了速度梯度，就能使整个提升管横截面上保持恒定的剂油比，并使返混最小。预提升气体可使催化剂得到预加速、预流化，改善了催化剂的分布状况，有利于雾化油滴和催化剂的均匀接触、快速混合。

预提升气体还可调节催化剂的停留时间，降低油气分压，钝化催化剂表面的重金属。总之，对于降低生焦率和提高轻质油收率是有利的。但采用水蒸气时在一定程度上会使高温再生剂发生水热失活，因此用量必须加以限制。也可以采用轻烃(炼厂干气、段间压缩富气及回炼 C_4等)作为预提升介质。

(1) 干气预提升技术

再生催化剂流到提升管底部时，先与轻质烃和水蒸气的混合物接触。这样不仅钝化了催化剂上的重金属，而且降低了入口催化剂的密度，从而有利于油、剂的充分接触汽化和减少生焦。据报道，处理量为2.0Mt/a的重油催化裂化装置注入不含 C_3、C_4的干气约100t/d，此时，实际注水量不大于4%，注气量小于2%。

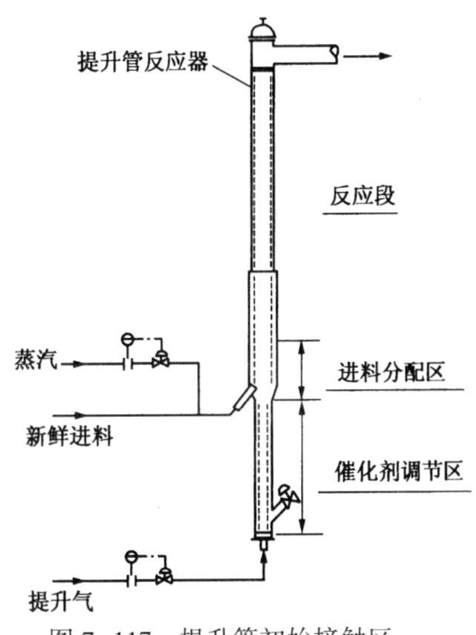

图7-117　提升管初始接触区

Carmen 等(1982；1983)、Laurence 等(1981；1983)和Roby等(1981)采用含有少量 C_3的干气作为预提升气，在选定的反应条件，使污染金属还原成游离金属引起活化，产生了“选择性炭化”的条件。游离金属的活性中心很明显地与轻质烃(如 CH_4)反应并在金属上炭化，使这些活性中心上覆盖一层炭，从而阻止其与原料油接触。而小于 C_3的轻质烃不会影响到催化剂的酸性中心。另一种解释则认为是“还原积聚”，即NiO或 Ni_2O_3被 H_2还原成金属镍后，容易积聚在一起而减少金属活性中心数，起到了钝化作用。此外，V_2O_5被还原成 V_2O_3或偏钒酸后，也会失去破坏作用。

在小型实验装置上，分别在593℃和760℃下，用甲烷与载有5000μg/g Ni的催化剂接触5min，所达到的钝化效果列于表7-128，其氢气产率明显下降。此外，还发现用吸收水蒸气后的湿甲烷(或其他湿轻质烃)钝化，则效果更佳，经反应后待生催化剂的碳含量约减少20%左右。在500~760℃范围内，钝化效果随钝化温度的升高而增加。因此，在两器之间设置钝化区(如预提升段)，比向反应器通入轻质烃钝化的效果好。

表7-128　用甲烷在两种温度下钝化结果

项　　目	钝化温度		
	593℃	593℃	760℃
催化剂碳含量/%			
试验前/试验后	0.18/1.67	0.22/1.61	0.28/1.49
原料转化率/%			
<232℃	78.5	77.2	80.3
>C_5汽油	55.2	50.9	54.4
焦炭/%	4.9	4.5	4.0
H_2/(Nm^3/m^3)	43.82	54.46	31.92

注：未用甲烷钝化时产氢率为71.28~89.10Nm^3/m^3。

Ashland石油公司(1987)等也采用了类似的干气钝化技术。其干气中要求氢含量大于10v%，最好为20v%~35v%；C_3含量小于10v%，最好为0~6v%。在反应前先用水蒸气和干气将热再生催化剂(约704~760℃)形成一种悬浮体，此悬浮体的停留时间为几分之一到0.5s。在此钝化区中希望催化剂上的含碳量不超过 0.2%(再生催化剂含碳量 0.05%~0.1%)。

干气预提升改善产品分布的主要机理是含氢干气有利于降低生焦。裂化反应中由于脱氢或烯烃裂化会生成共轭二烯烃(如丁二烯):

$$C—C—C═C \rightleftharpoons C═C—C═C+H_2$$

二烯烃进一步缩合成焦炭而沉积在催化剂上。在金属污染的条件下，上述反应加速。但如果系统中有较多 H_2存在，则反应向左逆转，抑制共轭二烯烃的生成，阻止了生成焦炭的反应，同时增强了其他正碳离子反应，产生更多有价值产品。此外，如果采用富气钝化，则由于 C_3以上烃类含量较多，与高温催化剂接触后易于裂化结焦，降低了催化剂的活性和选择性，其结果对比见图 7-118 和图 7-119。

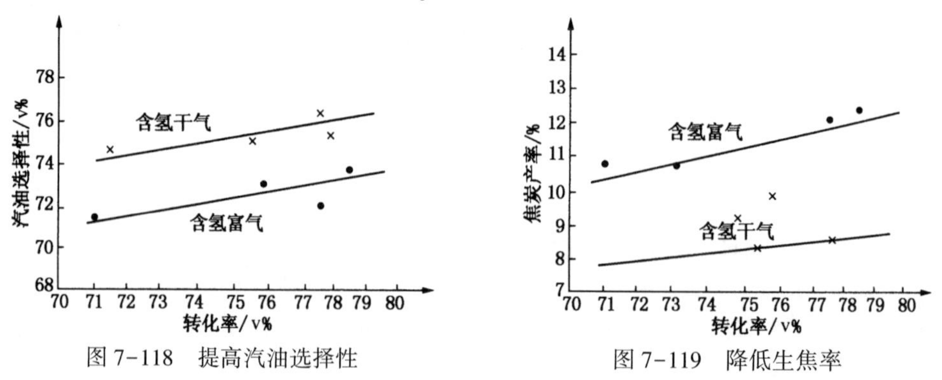

图 7-118 提高汽油选择性　　　图 7-119 降低生焦率

由图 7-118 和 7-119 可看出，采用含氢干气钝化比采用含氢富气好，其焦炭产率可降低 3 个百分点(大约由 11%减少至 8%)，汽油选择性也明显好。干气预提升降低生焦的条件是温度至少 704℃，H_2才能活化，再生剂的含碳量在 0.15%以下，钝化在 1s 内完成。

通常认为再生剂温度超过 716℃，催化剂上重金属含量高于 3000μg/g 的装置，采用干气钝化技术可得到较大效益。UOP 石油公司在 1988 年有两套工业装置采用，其中一套装置在同样的进料和操作条件下，可使再生温度降低 17℃；另一套装置在加工大量渣油的情况下，可使再生温度降低 28℃，这相当于液体收率提高 0.5v%~0.8v%，气体产率下降 0.6%~0.8%。随后约有 20 套装置采用该项技术。而国内的催化裂化装置也采用干气作为预提升介质，表 7-129 列出了国内三个炼油厂采用该项技术前后的物料平衡数据。该项技术不仅能对催化剂上的重金属起到一定的钝化作用，而且可使产品分布有所改善，例如轻质油收率提高，干气、焦炭产率下降。此外，由于可减少水蒸气的用量，因而降低了能耗和污水的排放量。

表 7-129 采用干气预提升技术前后的物料平衡

项目	炼油厂 A		炼油厂 B		炼油厂 C	
	前	后	前	后	前	后
干气/%	3.00	2.56	—	—	6.60	5.98
液化气/%	12.05	11.55	8.87	9.21	9.82	9.51
汽油/%	47.43	50.02	48.43	49.45	40.08	39.24
LCO/%	24.29	22.78	32.66	-32.37	30.17	31.74
油浆/%	3.11	3.11	—	—	4.03	5.04

续表

项　目	炼油厂 A		炼油厂 B		炼油厂 C	
	前	后	前	后	前	后
焦炭/%	9.43	9.23	—		8.8	8.52
损失/%	0.69	0.25	—	—	0.5	—
汽油+LCO/%	71.72	72.80	81.09	81.82	70.25	70.98
液化气+汽油+LCO/%	83.77	84.35	89.96	91.03	80.07	80.49

(2) 预提升段的结构

预提升段主要功能是用气体将再生斜管来的再生催化剂提升到一定高度，使其密度分布与大小最佳地满足进料段油雾与催化剂流充分均匀接触的要求。根据冷模试验(表观气速 U_g =4.3m/s)的结果(范怡平，1999a；1999b)，将实测的轴向压力梯度 dp/dz、截面平均空隙率 ε、局部空隙率 ε、颗粒速度 U_p 等的分布规律示于图 7-120。

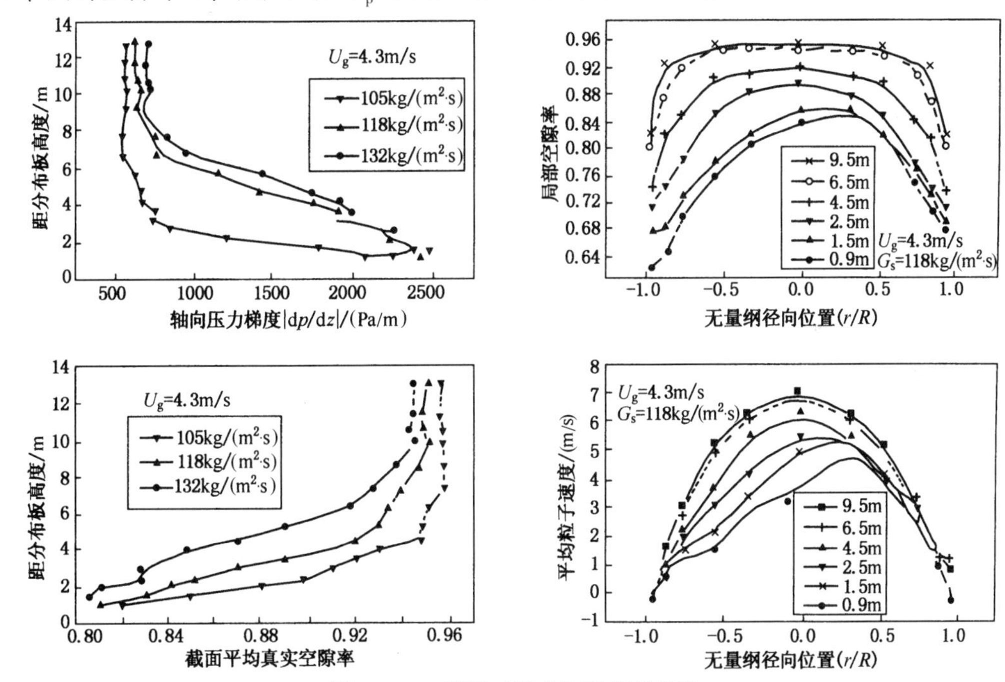

图 7-120　预提升段内两相流动参数

由该图可知预提升段内气固流动特征可分成三个区段来表征：

① 进口混合加速段——再生催化剂进入提升管后形成相当明显的偏流与返混，空隙率及颗粒速度的不均匀性分布很严重，表观滑落系数很大，不适宜在此段内喷入油雾，此段高度约在 2.5~4m 之间。

② 均匀加速段——空隙率与颗粒速度在径向上分布开始呈现轴对称结构，颗粒仍处于加速状态，表观滑落系数已变小。

③ 充分发展段——颗粒群已呈很稳定的边壁浓、中心稀的典型环核结构，环与核的分界点大约在 r/R=±(0.6~0.85)间变化；截面平均空隙率已不随轴向高度的升高而变化，大约在 0.93~0.96 之间。从喷嘴油雾进入提升管后与催化剂接触的要求来看，充分发展段的平均空隙率已偏高，所以喷嘴安装的最适宜位置应选在均匀加速段的中下部为好。

催化剂的预加速还可减少其返混程度(进料段)。在以往的设计中，再生催化剂以速度很小的密相床状态进入提升管，然后靠原料的汽化部分和雾化、提升蒸汽等来进行加速。由于催化剂颗粒加速缓慢，容易产生严重的返混现象。这样就会出现沿提升管壁向下流动的密相，以及提升管中心仍保持向上流动的稀相，见图 7-121(a)，并将加剧截面上原料油汽化和催化剂冷却的不均匀程度，而导致过分的油气热裂化。因此，原料油的雾化最好在已加速的催化剂平推流(密度约 300~400kg/m^3)中进行，见图 7-121(b)。高温再生剂先经预提升加速，然后与原料油接触，可使催化剂的返混降到最低限度并减少副反应。特别是这种安排降低了催化剂在雾化区的停留时间，且有利于气-液-固三相的均匀混合，因而降低了焦炭和干气产率，有利于轻质油品的生产，并能削弱某些重金属的脱氢作用，仅仅采用了这种进料雾化方式就能把炭差降低 0.05~0.2 个百分点(Ashland 石油公司，1987)。这些措施已在催化裂化，特别是重油进料时的设计中广泛应用，认为能有助于油、剂的有效混合，从而增加转化率和提高选择性。Total 公司改进的进料分散系统见图 7-122。

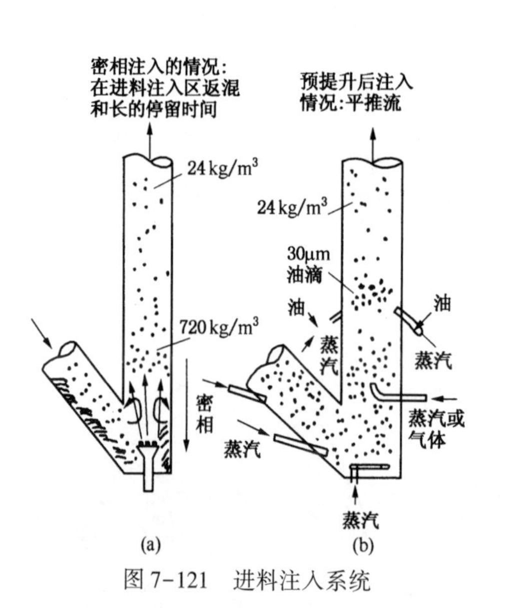

图 7-121 进料注入系统

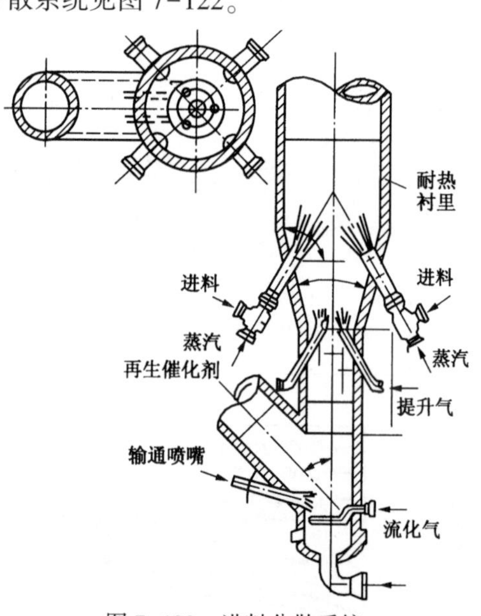

图 7-122 进料分散系统

(3) 预提升段的结构改进

① 再生斜管的 Y 型结构。

工业上的预提升段基本上有两类：一类是将喷嘴位置适当提高，即所谓的直筒式预提升，见图 7-121)；另一类是适当缩径的结构，见图 7-122。在再生剂进入提升管的 Y 型斜管结构中，由于再生催化剂从侧面进入预提升段后，受到水平力和预提升蒸汽向上作用力的作用，其合力是使催化剂向斜上方运动，碰撞壁面继而反射，形成“S”型运动轨迹。从图 7-123 可以看出：由于气固两相之间的动量传递，这种偏流现象会随着运动距离增大而减弱，达到一定高度后消失，恢复为催化剂在提升管中心稀边壁密的定常态分布状态，边界层十分明显，见图 7-124(刘献玲，2001a)。原料油经喷嘴雾化后往往进入提升管中心催化剂密度较小的区域，在该区域由于催化剂提供的热量不足，使原料油不能充分汽化和裂解，从而影响目的产品收率，尤其是设备结焦相应增加。在提升管边壁区域由于催化剂提供过度的热量会使原料过裂化，从而增加干气和焦炭产率。

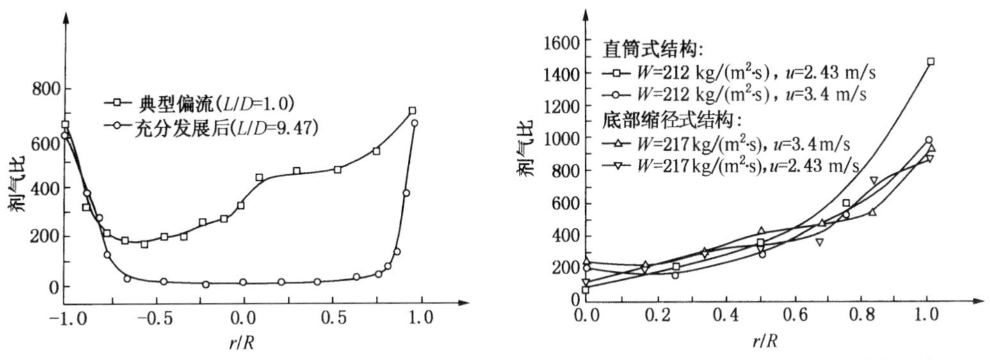

图 7-123　筒式预提升段剂气比径向分布　　图 7-124　直筒式与底部缩径预提升结构剂气比对比

UOP 公司曾采用提升介质喷头(32 个嘴子的莲蓬头)对提升管底部进行局部的改造，见图 7-125(郭毅葳，2002)。这一喷头可以通过提升蒸汽或干气，也可以从此处打入循环汽油，以达到减少汽油中烯烃含量、增产液化气的目的。

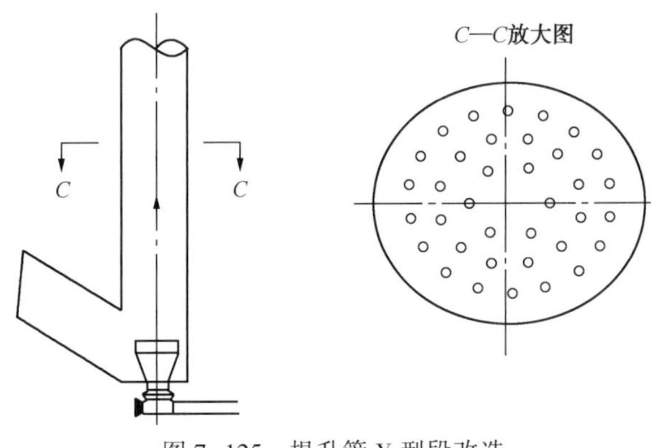

图 7-125　提升管 Y 型段改造

为了消除斜管下料产生的振动，在提升管与斜管的连接处设置一个发送罐，如图 7-126 所示，使预提升蒸汽与立管下料不冲撞，即将 P_0 与 P_2 分开。在缓冲罐底部设置流化风，P_2 由流化风控制，避免了预提升蒸汽向立管的上窜和立管下料的不稳定性发生。由于 P_2 可以控制，这样进入提升管的颗粒流率可以调节，提高了操作弹性。同时，在提升管入口处是均匀进料消除了偏流，若采用缩口结构，高速气流形成了低压区，易于卷吸催化剂颗粒均匀地进入提升管，可以明显提高催化剂循环颗粒流率。

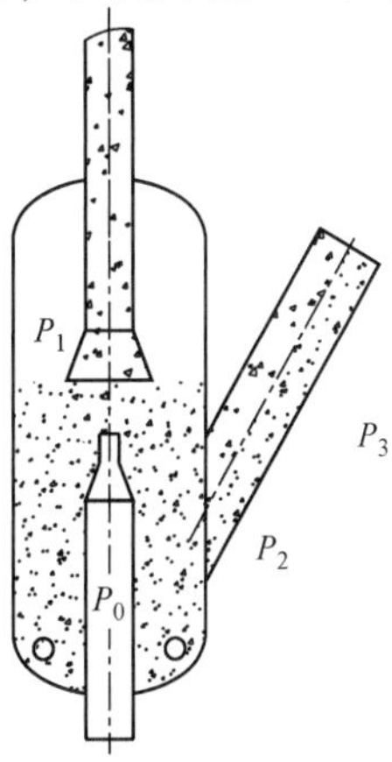

刘献玲等(2001a)对预提升段的结构进行了改进，开发出套筒式预提升器，如图 7-127a 所示。套筒式预提升器在预提升管底部增设了扩大段，以利于形成一个密相流化床来改善催化剂的流化，扩大段中设内输送管。催化剂经再生斜管进入扩大段后有足够的缓冲空间，在流化蒸汽作用下得到充分流化，从而减少了侧面进料形成的偏流，而扩大段内的催化剂在抽力作用下全部进入内输送管，并形成催化剂流束，强行射入提升管中心区域；而流化蒸汽通过内输送管与提升管形成的环隙向上流动，进一步向提升管边壁补汽，强迫催化剂向提升管中心流动，

图 7-126　提升管与立管连接的发送罐结构

与原料油接触进行反应；同时在喷嘴高速射流的作用下，使得催化剂整体上向提升管中心聚集。这样可以提高催化剂的循环量(约 20%)，同时减少了再生斜管压力、密度波动、振动和边壁效应等因素带来的不良影响。测试结果表明：这种预提升结构的剂气比分布比直筒式或底部缩径式结构要平缓许多，中心区和边壁区密度趋于均匀，如图 7-127b 所示。因此，在该区域上方布置喷嘴，能有效地改善喷嘴区内油、剂之间的接触，改善裂化反应的选择性。

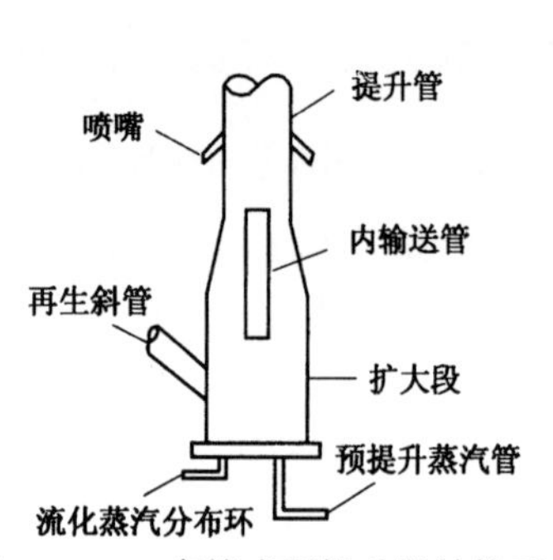

图 7-127a　套筒式预提升器结构示意

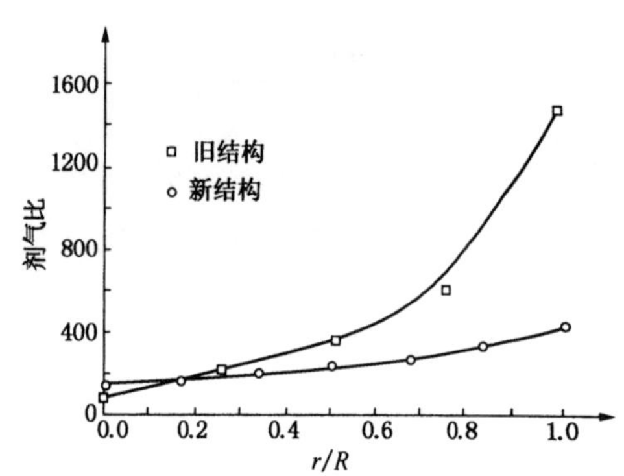

图 7-127b　新旧结构剂气比分布比较

一个典型的设计尺寸是预提升段外径 1700mm，内设直径 600mm 套筒，由支架焊接在器壁上。预提升蒸汽在套筒内注入，流量为 1t/h，速度大约为 6m/s。预提升段底部有 500kg/h 的流化蒸汽，蒸汽线速 0. 07m/s。催化剂由再生下料斜管进入预提升段，由预提升蒸汽通过套筒输送到反应区。由于套筒直径 600mm，提升速度较高，催化剂得到的加速防止了因流速低造成的催化剂流动不稳定和返混，使剂油接触更加均匀，缩短了催化剂在喷嘴反应区的停留时间，减少了不必要的二次反应。因套筒在提升管的中心，催化剂从套筒中喷出后，基本消除了边壁效应。套筒外是一个密度为 500～600kg/m^3 的密相床层，再生催化剂首先进入这个床层，这样可以避免预提升蒸汽和催化剂下料的直接接触，防止蒸汽对再生斜管下料的影响。另外，床层的存在也增强了整套系统抗干扰的能力，该区域流化速度介于催化剂的最大流化速度和临界流化速度之间，既保证了催化剂的正常流化，又能防止催化剂从套筒外进入反应区。

套筒式预提升器已在国内数套催化裂化装置上应用，表 7-130 列出了某催化裂化装置采用套筒式预提升管前后的产品分布变化(马达，2000；刘献玲，2001b；党飞鹏，2002；刘翠云，2007)。

表 7-130　改造前后产品分布变化　　%

项　目	干气	液化气	汽油	LCO	油浆	焦炭	损失	轻油收率	总液体收率
改造前	6. 5	8. 5	44. 0	31. 6	3. 5	5. 5	0. 4	75. 6	84. 1
改造后	6. 0	9. 0	47. 0	29. 2	3. 4	5. 0	0. 4	76. 2	85. 2

② 再生斜管的 J 型结构。

在再生剂进入提升管的 J 型结构中，由于 J 型弯管的转弯处到原料油喷入区之间的距离太短，因而在喷嘴平面处得不到均匀的催化剂分布。实质上在进入提升管的长斜管中，由于重力和惯性的原因，气-固混合物的密度分布曲线是不均匀的，这在冷模和 J 型弯管的 γ 扫描中可清楚地观察到。虽然可以设想在沿 J 型弯管和转向垂直的拐弯处喷入气体(或水蒸气)，来促进催化剂的均匀分布，但实际上弯管中的不均匀流动仍然得不到很好的纠正。

Barthod 等(1999)以更精确的计算流体动力学(Computational Fluid Dynamics，简称 CFD)的程序来描述反应器内的流体-固体流动特性，从而进一步改善提升管反应器结构来改善催化剂和原料油的接触。某 FCC 装置安装了增强催化剂和原料油混合的逆流原料喷入系统(Counter Current Feed Injection，简称 CCFI)，以及新型的提升管终端设备和汽提器内构件，其结构如图 7-128 所示。这些改造措施使 FCCU 的转化率提高了 6%，其中油浆的产率明显下降，而增加了 LPG 和轻汽油的选择性。

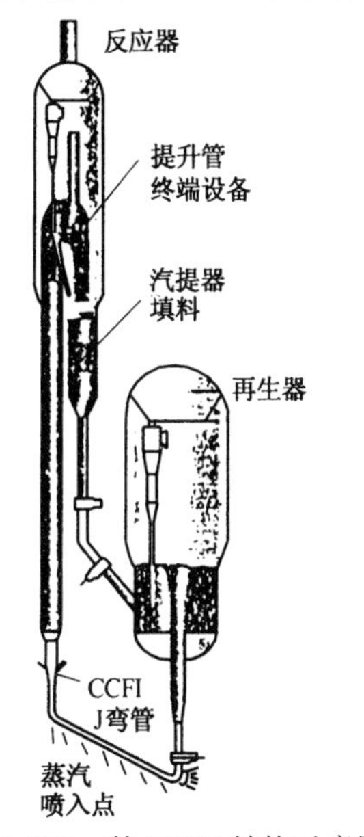

图 7-128 某 FCCU 结构示意图

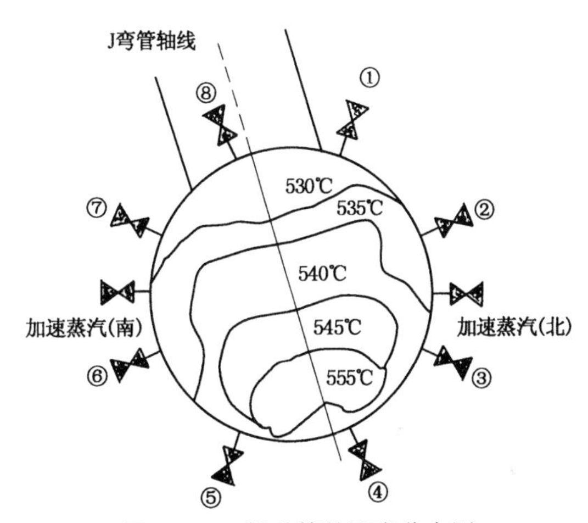

图 7-129 提升管的温度分布图

CFD 计算结果表明：提升管喷嘴区上方油剂混合温度的径向分布在沿 J 型弯管的轴线方向上是不对称的，如图 7-129 所示。最热和最冷点之间的温度差达 25℃，拐弯的外侧(如喷嘴④处)比内侧(如喷嘴⑧处)的温度要高得多。如果关闭进料喷嘴⑦和⑧，则温度分布就变得对称了，而最热和最冷点之间的温差从 25℃下降到 11℃，其产品的选择性也得到了明显的改善，改善结果列于表 7-131。这说明催化剂流动的不对称性，在关闭了两个进料喷嘴后得到纠正，从而改善了装置的操作性能。

表 7-131 优化温度后的效果①

产　品	$H_2\sim C_2$	LPG	汽油	转化率
绝对变化值/百分点	-0.32	-0.35	+0.90	+0.20

① 关闭喷嘴⑦和⑧。

J 型弯管中催化剂和气体的流动是很复杂的。采用精确的 J 型弯管几何结构(但按 1∶3 缩小)进行 CFD 模拟，并对催化剂的分布照相以弄清楚催化剂流动中产生的种种离析现象，同时提供能够改善喷嘴区下方催化剂分布的设计方案。研究表明：在 J 型弯管底部的第一个拐弯处，气体和固体就趋于分离，这是由于重力和惯性对较重的催化剂颗粒作用更大。这样产生的气泡就会沿着斜管的上部管壁向上运动，从而扰乱进料喷嘴区。由 J 型弯管向上的这种扰动，经过提升管的底部传播到进料喷嘴区的距离约有 3m。

虽然在原有的J型弯管上也设置了许多蒸汽注入点，来抵消重力的作用并减缓下部催化剂的脱气作用，但是由于注入蒸汽的流率不足够高，因此催化剂还不能形成均匀的流动。图7-130显示了进料喷嘴平面上空隙率的时间平均径向分布模拟曲线，在现有结构的提升管底部拐弯处的外侧上方，其空隙率为48%，远低于横截面平均值(约60%)，说明催化剂在该区域的密度是很高的。对注入蒸汽的流率和分配进行了各种改进试验，并结合CFD的模拟结果，得到了改进原料喷嘴前蒸汽的注入形式可以有效地改善催化剂流动状况。设计了新的蒸汽注入点，以优化在最低蒸汽注入量时的效果，这些再分配蒸汽注入点是设置在弯管的外侧，它处在拐弯处到原料喷嘴之间的提升管底部管段。图7-130也显示了改进设计的效果，模拟的空隙率分布要均匀得多，当采用蒸汽流率仅为1.0t/h时(低于进料流量的0.5%)，整个提升管横截面上催化剂密度分布的变化降到了10%以内。

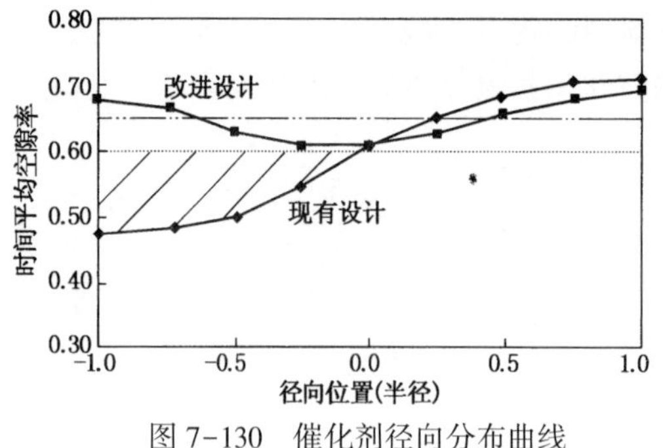

图7-130　催化剂径向分布曲线

(三) 提升区

1. 提升管进料混合段内气固两相流动特征

进料混合段的主要功能是保证喷入的油雾与催化剂实现充分均匀的接触，而后以尽量接近平推流的形态向上流动，完成所需的裂化反应。汪申等(2000)用冷模实验装置(提升管内径186mm，高14m)研究了进料混合段内两相流动的特征。当预提升气速 $U_r=3.28m/s$，喷嘴射出速度 $U_1=62.5m/s$ 时，几个不同截面上的实测混合相密度 ρ_m 和喷嘴气相相对特征浓度 c 的分布特征见图7-131。实验结果表明，进料混合段按其气固流动特征可分成4个区段：

① 来流进入段(在喷嘴下约0.2m的范围内)——受下游喷嘴高速射流的诱导，使原来预提升的均匀加速段内接近环-核结构形态发生很大畸变，中心密度变大，颗粒速度变小；边壁密度下降，对油、剂的接触是有利的。

② 主射流影响段(喷嘴入口以上约0.4m截面)——油雾射流进入提升管后，受上游气固两相流的干扰，发生向边壁的偏转，近壁处诱导出了一小股二次流，从而形成了中心和边壁处密度均较高，而且相近，都在200~300kg/m³之间，整个截面的密度分布相当均匀，有利于油剂两相的接触。只是射入的油雾浓度分布尚不佳，在中心处($r/R=0\sim0.32$范围内)偏低，又会不利于油剂两相接触。即：颗粒浓度分布与油雾浓度分布还不匹配，尚需改进。

③ 二次流影响段(喷嘴以上约0.4~0.7m截面间)——主射流已到达提升管中心，边壁处二次流已“长大”，催化剂开始形成边壁密、中心稀的形态，油雾浓度却呈边壁稀、中心浓的形态，两者更不匹配，也应改进。

④ 充分混合段(喷嘴以上约0.7~1.2m截面间)——主射流与二次流逐步融合，气相与油雾相的浓度和速度分布逐步接近于单相流的湍流形态，颗粒相则逐步形成典型的环-核结构形态。这与预提升段的充分发展段内情况十分相似，只是此处由于喷嘴气量的进入，会使两相速度都大幅度提高，而截面平均密度则明显降低。

从这些结果可认为：①第一层进料位置应选在离再生催化剂进入口约4m以上(进入了均匀加速区)；②随后各层进料之间距离一般应在1.5m以上；③进料喷嘴的安置方式及进

料段结构还不能使催化剂与油雾的分布相互匹配好，有待改进；④进料混合流动结束后，仍无法达到理想的“平推流”，而是典型的环-核流动形态，催化剂的平均返混率约在20%~30%(气相返混则很少)，都需设法改进。

2. 提升区内气固两相的分布

Gates等(1979)对提升管中的流体力学进行了概括，如图7-132所示。工业提升管中气固两相并流向上的流动，并非是真正的理想平推流。不仅在轴向存在着滑落现象，而且气固两相在径向上的分布也是不均匀的。当采用轴向单喷嘴或线速过高时，这种不良的径向分布将会加剧。Saxton等(1970)在半工业装置上取得了提升管内固体颗粒分布的有趣数据，如图7-133所示。由图7-133中的数字可看出：提升管横截面上催化剂颗粒的偏流现象比较严重，沿管壁局部催化剂的密度过高，而立管中心线处的密度最低，并发现立管中心的气体速度可以超过截面上平均速度两倍多。Schuurmans(1980)采用γ-射线技术(放射源为137Cs)，测定了提升管中催化剂密度的径向分布，得到了与上述结果类似的分布曲线。

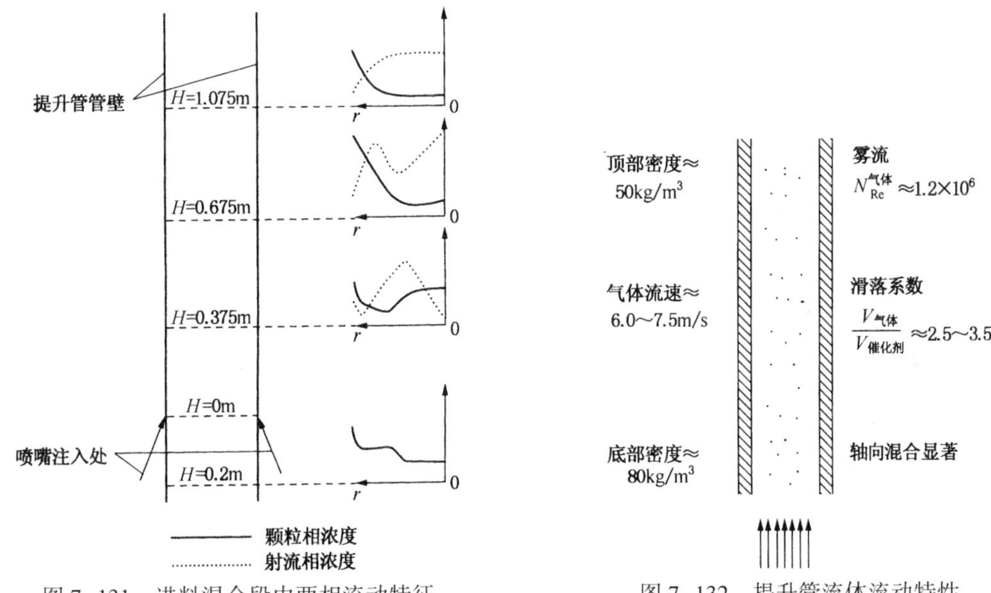

图7-131　进料混合段内两相流动特征

图7-132　提升管流体流动特性

由图7-134仍可看到，在高气速的中心部位，催化剂的密度较低(接近40kg/m³)，而沿管壁则要高得多(达100kg/m³左右，甚至更高)，从而发生过度裂化。因此Schuurmans等(1980)建议在提升管中设置重新分配构件(例如环状物)，来改善气固接触。

密度分布图的形成过程是分散物在两大因素作用下的结果，这两大因素是湍流脉冲和颗粒旋转，它们是截面上流体混合相，在一定速度范围内颗粒相互碰撞和与器壁碰撞时所发生的。北京石油设计院等(陈俊武，2005)采用光导纤维技术分别在冷模试验设备和生产装置上对密度分布进行了测定。结果表明：提升管内轴向密度上小下大，而径向密度分布与喷嘴结构和位置有关。在工业提升管上，大致由喷嘴以上相对高度$H/D=10$为界，下部为喷嘴控制区，平均密度大，波动也较大；上部为自然分布区，边壁密度大而中心密度小，大体呈抛物面形。

径向上颗粒密度的不均匀分配，将造成提升管中实际的剂油比局部过高或局部过低，这将影响到转化率并使二次反应增加(汽油产率下降)。Ford(1978a)的数据表明：多喷嘴能明显改善油、剂的接触，并减小滑落系数，如图 7-131 所示，而使转化率增加 2 个体积百分点，汽油增加 2 个体积百分点。

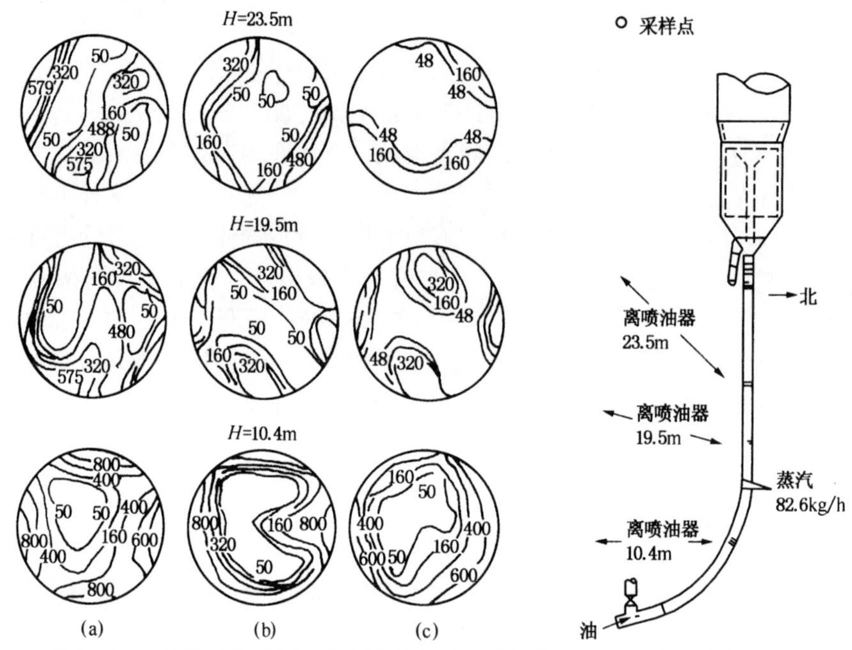

图 7-133　并流式提升管反应器从原料入口处起横截面上颗粒浓度典型分布

图中数字为流体中催化剂浓度，kg/m^3；

(a)单喷嘴；(b)双喷嘴；(c)三喷嘴

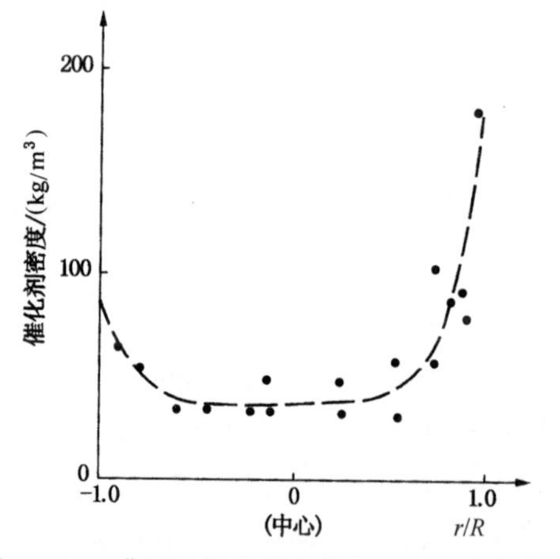

图 7-134　典型的提升管中催化剂密度径向分布

图 7-133、图 7-135 均表明采用多喷嘴能显著改善截面上催化剂分布的均匀性。而且随着高度的增加，除了颗粒分布的均匀性逐步得到改善外，流体中颗粒的平均密度也有所减少。因此，除了前面谈到的设置预提升气体外，最好采用多喷嘴变仰角的设计，以增加交点数目。

提升管中催化剂和油气向上流动的不均匀性，会对产品分布产生不良的影响。例如，局部的剂油比过低(通常在中心处)将使转化率下降和热裂化程度加剧；而局部的剂油比过高(通常在管壁处)将使二次反应增加。又如存在的局部油、气返混，也会使不良的二次裂化增多。此外，催化剂在提升管中的停留时间也不尽然相同。但这些不均匀性也并非是致命的。现以催化剂的停留时间(t_C)的不均匀性为例，假设某提升管中油气的平均停留时间为 2.67s，而催化剂的滑落系数为 3.0，则平均的 t_C 为 8s。按式(7-101)可得到出口处催化剂的相对活性为 0.39。但催化剂颗粒的停留时间并非都是均等的 8s，而是有 1/3 的颗粒为 12s，另外 2/3 的颗粒为 6s。则可由式(7-101)计算得到出口处这两种催化剂颗粒的相对活性分别为 0.32 和 0.44。虽然两者相对值差得较多，但比起初始活性(1.0)来说，这种差别并不大，而且按两种颗粒质量计算的平均相对活性为 0.40 来看，和上述 t_C 全为 8s 时的 0.39 相差无几。总

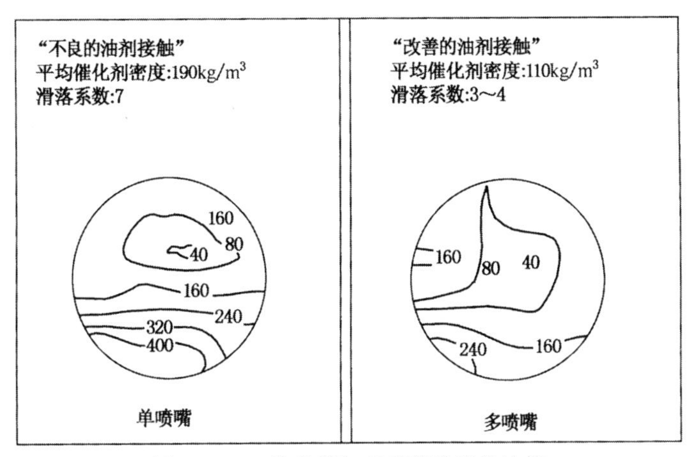

图 7-135　单喷嘴和多喷嘴效果的比较

的来看，这种不均匀性对平均活性的影响并不大，然而这种不均匀性和局部油气返混对选择性的影响要大一些。

Avidan 等(1990a)研究了由于存在接触时间分布，而偏离平推流所带来的影响。如果假设某个一级反应网络的反应速率矩阵为 j，则平推流反应器出口处的组成为：

$$C_j = A_{j0} + \sum A_{jn} e^{-\lambda_n \tau} \tag{7-242}$$

式中　A_{jn}——由原料油组成决定的常数；

λ_n——速率矩阵的本征值；

τ——与空速有关的时间常数。

而对于任意流动的绝热反应器来说，其出口组成可采用类似的方式表示：

$$C_j = A_{j0} + \sum A_{jn} \hat{\psi}(\lambda_n t) \tag{7-243}$$

式中的函数 $\hat{\psi}(\lambda_n t)$ 为接触时间分布函数 $\hat{\psi}(t)$ 的 Laplace 变换。该式可以定量地说明偏离平推流的程度。

由于不同的油气分子在催化剂表面的吸附和脱附是有选择性的，因此吸附在催化剂中的油气分子的停留时间，将比气相中油气分子的停留时间长得多。而这种差别在固定床和固定流化床中，比在提升管反应器中大得多。由于提升管横截面上催化剂密度的不均匀性，以及催化剂的滑落和油气的返混等，将使函数 $\hat{\psi}(t)$ 在一定程度上偏离平推流，从而导致产品产率的损失。减少颗粒尺寸(即降低颗粒内部的扩散阻力)，将有助于改善 $\hat{\psi}(t)$ 函数。但要建立比较实用的反应器模型仍存在许多困难。

在关联模型和集总模型的推导中，一般采用理想平推流的假设，这是对难以描述的反应器模型的一种简化。因此，在实际工业应用中必须引入装置因数，从模型的整体上加以修正，以使产率分布的计算值符合实测值。由于反应器中油气的流动基本上仍为平推流，偏离理想状态并不太远，所以用引入装置因数的校正办法，往往还是有效的。

为了改善轴向密度分布，减少滑落和返混，并缩短喷嘴控制区，可考虑提升管下部缩径或者扩展喷射流束的夹角。此外，适当高的油气线速不仅减少了提升管下部催化剂的藏量，而且还能改善滑落等偏离理想平推流的现象。滑落系数对提升管中催化剂的停留时间 t_C 和催化剂藏量有较大影响。在工业提升管中，催化剂的平均滑落系数通常为 2~4 左右(Ford, 1978b；Griffith, 1986)。

由于滑落系数所确定的催化剂停留时间 t_c 是计算失活函数 $\phi(t_c)$ 的一个重要参数，它将直接影响动力学模型的产率计算。Griffith 等(1986)采用 Weekman 的集总动力学模型，预测了 t_c 变化对反应结果的影响，计算结果列于表 7-132。由表 7-132 可看出，催化剂停留时间 t_c 从 5.4s 降到 3s 时，增加剂油比以使焦炭产率维持在恒定值(5.3%)，从而降低了再生器温度。此外，由于提升管中催化剂的滑落系数减少，而使催化剂的有效活性和转化率上升。总之，减少催化剂的滑落系数和缩短催化剂停留时间对裂化反应是有利的。

表 7-132　改变催化剂在提升管中的停留时间对反应结果的影响

项　目	基　准	改　变	项　目	基　准	改　变
反应器温度/℃	510	510	有效活性	65	68
再生器温度/℃	704	690	重时空速/h^{-1}	110	185
催化剂停留时间/s	5.4	3.0	转化率/%	69	71.0
剂油比	6.0	6.5	焦炭产率/%	5.3	5.3
试验微反活性/%	70	70			

在数学模型的推导中，对油气的流动也是假设为理想平推流的。但在工业提升管中不可避免地会存在一定程度的油气返混，而催化剂的滑落将加剧这种现象。Gates 等(1979)采用三集总模型(Weekman, 1970)，分析了油气轴向返混对转化率等的影响。假定反应器为等温而无失活，则油气轴向返混对转化率的影响，可按类似于三集总动力学方程式[见式(7-83a)]的形式写出：

$$\frac{dY_1}{dX} = -\frac{K_0}{S}Y_1^2 + E_x\frac{d^2Y_1}{dX^2} \tag{7-244}$$

它比原来的方程式多了一项。符号 E_x 是反应器扩散系数(即在第五章中已讨论过的油气轴向扩散系数)，它在 0.02~0.10 范围内(Pavlica, 1970)。因为 E_x 的数值小，式(7-244)的简单迭代求解是可能的：

$$Y_1 = \frac{1}{1+(K_0/S)(1-2E_x\xi)Y_1^0} \tag{7-245}$$

式中，$\xi = 1-Y_1 \approx \dfrac{K_0/S}{1+K_0/S}$ =大致的反应程度；

$Y_1^0 = (1+E_xK_0/S)^{-1}$ =修正的进口浓度以计算轴向扩散。

近似的答案肯定了轴向返混会降低反应的程度，并且在较高转化率时其影响较大。用相似的方法可计算轴向扩散对汽油生成速率的影响，其解是复杂的指数积分，它表示出轴向扩散也会使最大汽油产率降低。

可以近似地认为最大汽油产率仍然主要取决于速率常数之比。当轴向扩散不可忽略时，用下式代替原来的 r_2，则图 7-19 仍可近似使用。

$$r'_2 = \frac{K_2}{K_1}\left(1+\frac{2E_xK_0}{S}-\frac{E_xK_2}{S}\right) \tag{7-246}$$

因为 K_2 总是小于 $2K_0$，所以轴向扩散的影响是使最大汽油产率降低。

（四）提升管出口急冷

除了尽量缩短反应产物在高温下的停留时间外，采用提升管出口系统的急冷终止技术，也是减轻热裂化反应影响的有效措施。随着催化裂化原料的重质化，常规的提升管反应器采用高温、短反应时间和大剂油比的反应条件，以提高反应苛刻度，保证足够的转化率；此外，为降低再生催化剂含碳量，采用较高的再生温度，从而使提升管出口温度进一步提高。提升管出口温度已突破520℃，甚至高达540℃。

虽然，在提升管下部的混合区内高温是必要的，但是由于绝大部分的催化裂化反应已经在提升管中下部完成，如果上部继续维持高温将会发生较多的二次裂化反应，而不利于优化产品分布。此外，从提升管出口经沉降器、油气管线到催化分馏塔，反应油气一般要经过15~20s左右的停留时间，如果持续处于较高的温度下，则二次裂化和热裂化反应较为严重。这不仅影响到汽油、轻循环油的产率，还会使油品的质量变差，并且使反应沉降器及油气管线结焦加重，影响装置长周期运行。因此提升管上部和沉降器稀相区的高温都是不必要的，国内外许多炼油厂都对急冷终止技术进行了研究，并积累了丰富的实践经验。急冷终止剂注入的部位主要有以下两种。

1. 提升管上部的急冷技术

急冷终止剂可采用自产的粗汽油，也可以是需要回炼的不合格汽油、柴循环油馏分；注入部位可在提升管上部或者在水平段。国内许多催化裂化装置在提升部上部注入急冷终止剂，运行效果表现为：当提升管出口温度不变时，提升管中、下部的温度可以提高5~20℃；此时转化率提高，油浆外甩量降低，汽柴油产率增加，干气和液化气产率得到了控制，装置的经济效益明显提高。

Kellogg公司设计的提升管急冷技术是在进料喷嘴以后通过专有的急冷油喷嘴打入一部分急冷油来控制提升管剂油混合区的温度，工业装置应用表明，在保持相同的提升管出口温度时，采用急冷技术后提升管剂油混合段的温度提高了27.8~41.7℃，对反应选择性的影响如表7-133和表7-134所列。

表7-133　用石脑油对提升管急冷的工业结果

项　目	装置A	装置B	项　目	装置A	装置B
收率变化/百分点			汽油	+1.8	+2.4
$C_2^=$	-0.1	0	轻循环油	-0.5	-2.8
$C_3^=$	-0.9	-0.4	焦炭	+0.7	+0.7
$C_4^=$	+0.6	+0.4	转化率	+2.7	+2.9

表7-134　提升管急冷的工业试验结果

项　目	用石脑油急冷	用原料油急冷	项　目	用石脑油急冷	用原料油急冷
收率变化/百分点			汽油辛烷值变化		
汽油	+0.3	+1.5	RON	+1.0	+0.1
油浆	-1.5	-3.5	MON	+0.5	+0.2

2. 提升管后急冷技术

提升管后急冷技术是在油气与催化剂初级分离后尽快地注入急冷剂，降低裂化产物的温度，其效果是干气产率相对下降 5%～20%，汽油产率(对原料)增加 0.3～2.0 体积百分点(Letzsch，1996)。较为典型的 Amoco 公司的急冷技术是将急冷设备安装在油气管线上，用来自分馏塔的 LCO 作急冷剂，通过分散喷嘴将急冷剂直接注入油气管线内的裂化产物中(Quinn，1995)。急冷技术通常与快分技术一起作用，其急冷点选在粗旋风分离器出口，即催化剂与产物油气初级分离之后。对于提升管末端已有高效旋风分离器的装置，安装提升管后急冷设备的投资很少，三种不同类型旋分器的急冷点示意图见图 7-136。

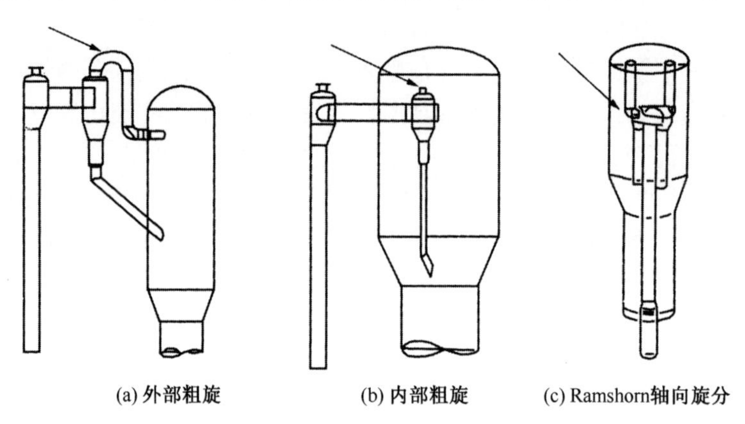

图 7-136　三种带有提升管后急冷的反应系统

由于催化剂经粗旋分离后油气中所含催化剂已很少，因此在稀相中主要发生非选择性的热裂化反应，常用的热裂化反应表达式为：

$$\text{热裂化产物} \approx (\text{时间}) \cdot [\exp(-E/RT)] \tag{7-247}$$

若热裂化反应的活化能采用 233.3MJ/kmol，则按表达式(7-247)可得出：稀相温度每下降 14℃、28℃、42℃时，稀相温中热裂化产物下降的幅度分别为 50%、75%、88%。工业试验结果表明，稀相降温 25℃时，燃料气产率降低 0.4 个百分点，汽油产率增加 0.6 个体积百分点。而提升管出口温度越高，急冷效果越好，即汽油增产多，气体产量更少，如表 7-135所列。

表 7-135　急冷技术的作用

项　目	提升管出口温度/℃		
	524	538	552
急冷降温 14℃			
C_2^-/百分点	-0.4	-0.7	-1.1
汽油/体积百分点	+0.5	+0.8	+1.3
急冷降温 28℃			
C_2^-/百分点	-0.6	-1.1	-1.7
汽油/体积百分点	+0.7	+1.3	+2.0
急冷降温 42℃			
C_2^-/百分点	-0.7	-1.3	-2.0
汽油/体积百分点	+0.8	+1.5	+2.3

注：稀相停留时间为 15s。

Amoco公司的稀相急冷技术已在多套工业装置上应用，表7-136列出其中三套FCC装置应用效果。从表7-136可看出，干气产率(对原料)最多可减少1个百分点，汽油产率可增加1体积百分点以上；而且，由于热裂化反应产生的丁二烯和戊二烯可以减少约50%，FCC汽油的氧化安定性也得以改善。另外，急冷技术还可减少富气7%，对于富气压缩机能力约束的FCC装置来讲，可相应提高处理量7%，即250万t/a的FCCU将增加处理量为17.5万t/a。

表7-136　提升管后急冷应用情况

项　　目	A	B	C
反应温度/℃	538	538	546
急冷温度/℃	不用	28	28
C_2^-/%	4.5	3.4	4.2
C_3/%	12.2	12.2	13.0
C_4/%	17.1	17.1	17.9
汽油/v%	56.6	58.0	57.9
LCO/v%	19.7	19.7	18.4
DCO/v%	3.0	3.0	2.8
转化率/v%	77.3	77.3	78.8
焦炭/%	5.6	5.6	5.7
体积收率/v%	108.6	110.0	110.0
RON	93.4	93.4	93.9
富气/v%	基准	-7	基准

但是，采用急冷技术应注意几个问题：首先由于冷凝的发生，易导致反应器内过量生焦，因此要建立适当的操作规范使该类情况不发生；第二个应关注的是选用合适急冷剂，使质量流量增高的情况下体积流量不改变甚至有所降低；第三是注意调节分馏塔的循环取热负荷，尽量减少对分馏塔的影响。由于干气产量减少，使流过很多塔板的体积流量减小，避免了液泛的发生。

3. 反应器出口油气急冷

常规催化裂化装置的反应器油气经大油气管线直接送至分馏塔底部、进入分馏塔进行分离。对于多产低碳烯烃的催化裂化家族工艺，尤其是催化热裂解(CPP)工艺，反应温度比常规催化裂化工艺高得多，反应油气与催化剂分离后温度仍然较高，容易在下游的沉降器稀相空间内和大油气管线内发生热裂化反应，导致生成焦炭和干气。因此为了保证装置安全、稳定、长周期生产，必须及时终止热裂化反应。

终止热裂化反应的手段主要有两个：一是降低油气温度，使油气温度降低至热裂化反应可忽略的程度；二是缩短油气在高温环境中的停留时间，包括在沉降器稀相空间内和大油气管线内的停留时间，迅速引入分馏塔脱过热段进行降温。

如果在沉降器稀相空间内降温，可以采用喷入汽油、轻循环油或水等轻质急冷剂，利用急冷剂汽化和升温吸热迅速降低反应油气的温度，但旋风分离器负荷急剧增加，并且汽化的轻质急冷剂带入分馏系统的热量温位较低，热量利用不合理。因此，在紧临反应沉降器出口进行油气急冷是必要的和合理的，急冷剂可以采用轻循环油、原料油、回炼油或油浆。在设计油气急冷器时，必须保证急冷剂与高温油气充分接触，避免高温油气局部过热或急冷剂流动不均匀、产生死角，避免局部出现热裂化反应导致结焦。

对于采用提升管加床层结构的反应器，油气在沉降器稀相空间中的停留时间比纯提升管及在提升管出口设置粗旋或快速分离器结构的停留时间要长得多。只有缩短高温油气在沉降器稀相空间内的停留时间，才能有效控制热裂化反应，这需要开发新型结构。

（五）反应时间以及提升管的高度和直径

反应时间是指油气在提升管内的停留时间，是 FCC 工艺过程中的一个关键操作参数，对裂化反应的深度和选择性影响很大，在设计中应该合理地选择或者进行优化。图 7-137 表示常规提升管中反应时间与转化率、产品产率的关系（Venuto，1978）。

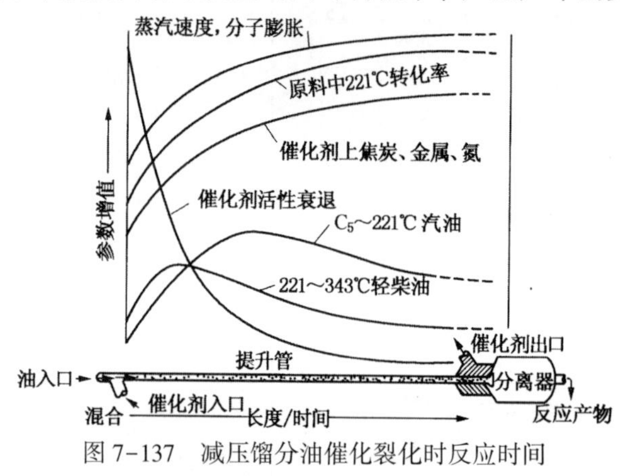

图 7-137　减压馏分油催化裂化时反应时间对产品分布变化趋势的影响

使用高活性沸石催化剂的最有效之点是能采用短的油-剂接触时间，通常在提升管中只要停留几秒（1~4s），就可以达到所需要的转化率。在短接触时间下，由于减少了汽油二次裂化的机会，汽油产率的选择性可达到最大，焦炭产率也减少了。由图 7-137 可看出，汽油和 LCO 选择性的最高点是发生在接触时间较短之处，这一点对高温操作更为重要。Vermillion（1974）沿某工业提升管的垂直方向进行了一系列采样分析。分析结果表明，只要 2s 油剂接触时间，转化率就可达 60%以上。

在重油催化裂化中，采用高温短接触时间的操作方式更为重要，因为这有利于减少焦炭产率。从反应动力学的观点来看，由于 $Eo>Eg>Ec$（分别为原料油裂化、汽油裂化和生焦反应的活化能），当提高反应温度时总的反应速度会有较大的提高，但汽油裂化的反应速度加快较多，原料油裂化为汽油的反应次之，而原料油缩合生焦的反应速度增加得最少。此外，高反应温度时氢转移反应速度比裂化反应速度低得多，这也有利于减少焦炭的生成和提高汽油辛烷值。但反应温度也不宜过高，否则将加剧二次裂化和热裂化倾向，国外 FCC 装置普遍采用的反应温度通常在 520℃左右。为了避免过度的二次裂化反应，在提高反应温度的同时，必须降低油剂接触时间。一些重油催化裂化装置的接触时间已减少到 2s 左右。对于不同工艺要求、不同原料油和催化剂性质来说，高温-短接触时间之间应该有一种优化的匹配关系。

反应时间不是一个孤立的变量，它和催化剂的活性、再生催化剂含碳量、剂油比、反应温度和原料油性质等，共同决定着转化率和产品分布。会发生多大程度的汽油、LCO 二次裂化反应，也不单纯取决于反应时间，还需要和反应温度、催化剂活性等其他变量一起进行综合分析。最好是能采用某些动力学模型来进行优化，因此孤立地谈反应时间应为若干秒是不适当的，但是根据生产方案的不同，可以推荐一个大致的范围。

由于汽油方案宜采用高温短接触时间，而 LCO 方案则以采用较低的反应温度为好。因此，催化裂化装置以汽油方案为主时，反应时间可按 2~3s 设计；当以轻循环油方案为主时，反应时间一般为 3~4s。总之，反应时间是提升管设计的最主要参数，反应时间过短会导致单程转化率降低，回炼比增加；而反应时间延长，则会使转化率过高，汽油产率下降，液化气中烯烃饱和，从而致使丙烯、丁烯产率下降。

提升管反应器的直径和高度与反应时间直接有关。因此，当确定了合适的反应时间并选择了适宜的操作线速后，就能计算出提升管的直径和高度(李松年，1988)。

适当提高提升管的操作线速，可以消除或缩短提升管下部的高密度区，有利于改善气-固接触情况和提高汽油、LCO 收率。但由于装置总高度和设备磨损的限制，也不能过分提高提升管的操作线速。提升管的入口线速一般为 4~7m/s，出口为 12~18m/s。

对工业 FCC 装置，提升管的结构和尺寸已固定，因此反应时间不是可任意调节的主变量。当生产方案、原料油性质和催化剂一定时，一般是通过反应温度来调节转化率，反应时间只是一个从变参数。若要较大幅度地减少反应时间，可采用加入惰性介质的方法。例如，某 FCC 装置负荷低，反应时间过长，可采用干气回炼的办法，使反应时间减少了 0.6s 左右，轻油收率提高了 1.24%。又如，另一套 FCC 装置在掺炼渣油试验中，采取了提高喷嘴的进料量、增设快速分离器和加大蒸汽量等措施，使油气停留时间大幅度下降，见表 7-137。从表 7-137 可看出，当反应时间从 3.46s 降至 2.60s 后，轻油收率增加 1.32%，焦炭产率下降 0.42%。

表 7-137　某 FCC 装置的操作数据

项　　目	1984 年标定数据			1983 年标定数据
停留时间/s	2.60	3.05	3.46	4.00
渣油掺炼比/%	7.30	7.55	7.40	2.50
汽油收率/%	52.02	52.22	48.32	44.78
LCO 收率/%	30.2	29.85	32.58	33.22
焦炭收率/%	5.42	5.31	5.84	6.49
轻质油收率/%	82.22	82.07	80.90	78.00
使用的催化剂	CRC-1	CRC-1	CRC-1	Y15-Y9

根据提升管各种进料的性质，采用不同高度的多点进料方式可以增加装置的灵活性。从反应动力学和热力学观点来说，沸程不同、族组成不同的进料，应该从不同标高处喷入提升管进行裂化，国内外许多装置均设有 2~3 排喷嘴，用来调节和优化反应时间或分别处理不同的进料。但有的装置由于重质油黏度大不易雾化或喷嘴效果较差，也会导致分段进料效果不好；而有的装置则以分段进料效果好。例如 Johnson 等(1993)介绍了一种增加轻质烯烃产率的方法，它是将部分进料喷入提升管中部某个点，以使下部进料区的条件有利于高烯烃产率：即高的混合区温度、高的剂油比，在高温短接触情况下实现高的转比率。当提升管出口温度已达最高时(如受材质的限制)，这种方法特别有效。在某工业 FCC 装置中将难裂化的高氮组分和易裂化的低氮组分分开进料(此时易裂化组分实际上是作为急冷介质)，与常规方法相比，所得效果是明显的：$<C_4$的产率净增 1.4%(主要是增加 C_3~C_4馏分的烯烃)；而异构烯烃的浓度增加了约 15%。

Krishna 等(1994)报道了分段进料在中型 FCC 装置和工业 FCC 装置上的试验结果。总的趋势是液化气产率增加，汽油产率下降但辛烷值上升，干气和丁二烯产率变化不大。分段进料的效果随进料量的分配比例以及两段喷嘴的间距而异。如果原料中含有难裂化的组分，可单独作为下段进料。以上诸方案间存在着优化条件，要经过对比选定。

(六) 组合式的提升管反应器

常规等直径的提升管反应器自20世纪70年代替代密相流化床反应器，同时伴随着沸石催化剂代替无定形硅铝催化剂。但随着加工原料油日趋复杂、产品产率和性质不断变化，需要在不同的反应环境下方可实现这些目标，除开发不同类型的催化剂外，采用多种组合式反应器也是一种较为有效的技术措施。组合式反应器是以常规等直径的提升管为核心，采用与其他类型流化床按并联或/和串联方式进行组合，形成了提升管+密相流化床、提升管+快速流化床、双提升管、双提升管+密相流化或快速流化床等型式。

(1) 串联的提升管与密相流化床

串联的提升管与密相流化床作为生产低碳烯烃的DCC、CPP工艺的反应器而得到应用，提升管反应(第一反应器)以裂化反应为主，采用较高的反应温度和剂油比，较短的反应(停留)时间，在其出口油气和催化剂不分离，进入流化床(第二反应器)，反应时间及深度由床层的料位控制，目的是为了使在提升管裂化反应已积炭的中等活性催化剂与反应油气继续接触，达到多产丙烯、乙烯的目的，反应床层重时空速为2~4h^{-1}，实际上是大大提高了催化剂的停留时间。

(2) 串联的提升管与快速流化床

串联的提升管与快速流化床作为多产异构烷烃的MIP工艺的反应器而得到应用。提升管(第一反应区)以裂化反应为主，采用较高的反应温度、较短的反应(停留)时间，以多产烯烃产物，在其出口油气和催化剂不分离，进入快速流化床(第二反应区)，其重时空速为15~30h^{-1}，并通过待生催化剂循环斜管补充活性较低的待生催化剂，降低该区的反应温度，同时增加其直径以降低油气和催化剂的流速，来满足重时空速要求。在第二反应区里，以增加氢转移和异构化反应，在二次裂化和氢转移双重反应的作用下，汽油中的烯烃转化为丙烯和异构烷烃，使汽油中的烯烃大幅度下降，而汽油的辛烷值保持不变或略有增加。

(3) 并联两段提升管

并联两段提升管作为FDFCC、两段提升管、催化汽油辅助反应器改质降烯烃工艺的反应器而得到应用，其特点是：采用两根提升管，新鲜原料进一根提升管，回炼的组分进另一根提升管，采用了选择性裂化。由于回炼组分可是汽油、回炼油、油浆或其组合，进第二提升管，反应温度、剂油比、注汽量、催化剂活性等可以独立于以裂化为主的第一提升管，直到提升管出口的剂气分离设施，也是各自独立的粗旋或快分。

(4) 并联双提升管与流化床串联

改进的CPP工艺第一提升管进料为新鲜原料油和回炼裂解重油，提升管出口温度600~620℃；第二提升管进料装置自产的C_4和轻裂解石脑油馏分，采用分段进料方式，提升管出口温度670℃；第三反应器为床层，第一、第二提升管的反应产物及汽提蒸汽、催化剂一起进入第三反应器，床层的重时空速为2~4h^{-1}。第一提升管是内提升管，以最大量生产轻裂解石脑油为目的，为床层反应提供原料，第二提升管是外提升管，第二提升管出口油气、催化剂不分离，直接引入第三反应器，借助第二提升管将热催化剂输送至第三反应器床层，为床层反应创造适宜的反应条件，以最大量生产丙烯。

MCP工艺第一提升管进料为新鲜原料油和回炼油馏分，提升管出口温度525~535℃，剂油比为8~10；第二提升管进料装置自产的轻汽油馏分和C_4组分，采用分段进料方式，提升管出口温度540~550℃，剂油比为10~20；第三反应器为流化床，第二提升管的反应产物进入第三反应器，第三反应器相当于第二提升管的扩径段，床层的重时空速为 10～15h^{-1}，没有外来的催化剂引入，也没有其他的产品油气混合进来。第一提升管是外提升管，以最大量生产汽油为目的，在提升管出口设置粗旋风分离器，主反应的油气直接去分馏塔，床层反应目的是使回炼的汽油馏分经第二提升管后进一步多产丙烯。

五、提升管出口快速分离

快速分离一直是改进反应器设计的重要目标之一，提升管出口区的快速分离装置主要有两个作用：

① 尽快使油气在离开提升管后，迅速和催化剂分离，避免过度的二次裂化和氢转移等反应，以提高目的产品产率和质量。

② 尽量减少催化剂随油气带出，降低旋风分离器入口的颗粒浓度，以降低催化剂的单耗。

提升管终端设备(Riser Termination Device，简称 RTD)的主要形式有：早期的利用惯性分离原理的伞帽、倒 L 型或 T 型弯头、末端为半圆形挡板的“象鼻式”快速分离器，后来改进的蝶型快速分离器和弹射式(又称为“敞口式”)快速分离器以及粗旋风分离器等，它们的结构和效率已在本书第五章中叙述(Murcia，1979；Klaus，1986；Miller，1995；McCarthy，1997)。为了实现油气和催化剂的快速分离，同时缩短油气(包括料腿中被催化剂夹带的油气)在沉降器内的停留时间，以减少二次催化裂化反应和热裂化反应对目的产品收率的影响。国内外一些公司开发出各种形式的分离系统，在此作简要论述如下。

1. UOP 公司的 RTD 技术

UOP 公司曾考虑过全封闭式的直连分离系统，让提升管出口的所有油气和催化剂都流进旋风分离器，在工程设计上要采取保证向几组旋风分离器均匀分配的措施(弹射式以分配气体为主，较易实现)，而且旋风器要设两级(弹射式只需单级)。此系统对压力波动比较敏感，操作上潜在的不安全因素多(如大量催化剂跑入分馏塔)，因而难以推广。以后开发了一种不定式分离系统(Suspended Catalyst Separation System)，提升管末端仍有局部敞口，但与旋风分离器直连，迫使所有(或大部)油气和催化剂都进入旋风分离器。这种形式把封闭系统的目的产品产率高和敞口系统的可操作性能好的优点结合起来，于 1991 年实现工业应用。另一种封闭的敞口式提升管出口分离系统是用一个封闭罩把弹射的催化剂回收并预汽提，可使料腿中催化剂夹带的烃气明显减少，见图 7-138(Kauff，1992)。以上四种分离系统的对比列于表 7-138。

表 7-138 四种分离系统的比较

形 式	弹射分离式	全封闭式	不定式	封闭的敞口式
接近平推流程度	基准	+	+	++
干气产率	基准	-	-	--
催化剂上碳差	基准	-	-	--
可操作性能				
开工时	++	基准	+	+
操作异常时	++	基准	+	+

UOP 公司用示踪气体比较了早期的快分结构和接近平推流分离系统的油气停留时间分

布，见图 7-139。从图 7-139 可以看出，后者的停留时间有明显改善，从而减少热裂化的程度。

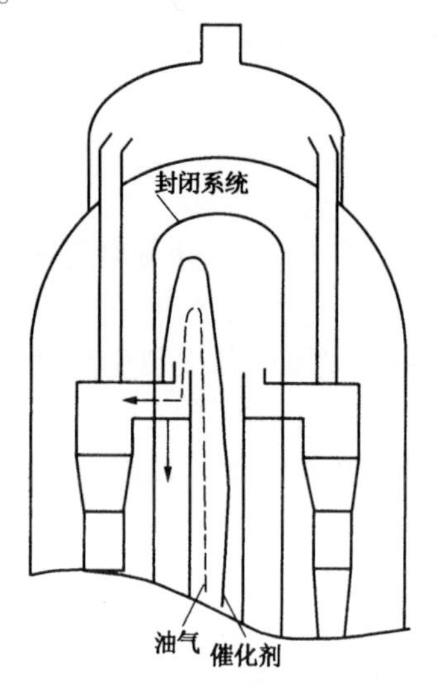

图 7-138　UOP 封闭的敞口式提升管系统

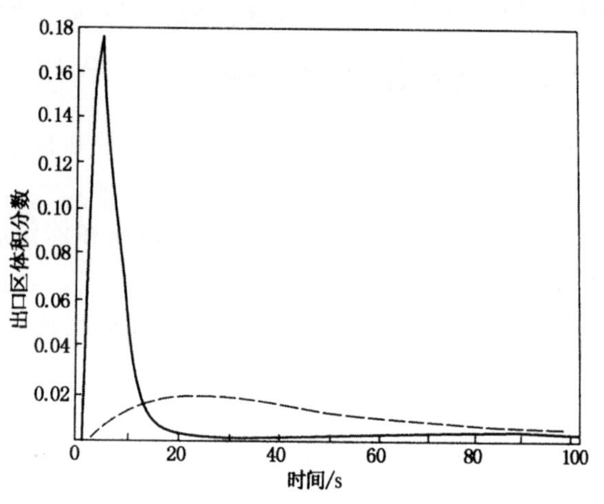

图 7-139　出口区停留时间分布
—平推流提升管和直连式旋分器；
---常规 T 型弯头快速分离器

使用旋风分离器时，总会有一部分产物油气从旋风分离器中逸出，与催化剂一起经旋风分离器料腿进入反应器(通常约占总反应油气的 5%～6%)。为了减少产物油气的二次裂解，必须采用汽提方法将它们从催化剂和反应器环境中分离出来。要对向下流动的催化剂进行有效的汽提，催化剂向下的流动速率必须比催化剂乳化相中气泡的上升速率小，才有利于产物蒸气从催化剂相中逸出并很快离开系统。因此 UOP 公司将研究集中在把流向料腿的催化剂变成缓慢移动的密相，使汽提过程能够有效进行。这一努力导致了旋涡室分离技术的产生。这项技术有两种应用形式，一种应用于带外提升管的小型叠置反应器，这种设计称为 VDS 分离系统(Vortex Disengager Stripper)；另一种应用于具有内提升管的较大型并列装置，这种设计称为 VSS 分离系统(Vortex Separation System)，两种旋涡式分离器结构在第五章已论述，分别见图 5-224 和图 5-226(Couch，2004；Ismail，1992，Schnaith，1995；Miller，2000b)。

VDS 快分的特点是在粗旋下部加了一台预汽提器，它能减缓催化剂流动并使其成为密相；预汽提蒸汽从催化剂密相下面的旋涡室底部注入，粗旋升气管与顶旋入口相联(中间脱开一个环形空间，可允许汽提气进入)；而 VSS 是在提升管出口端上由几个弯成一定角度的弯臂，将油剂混合物以旋流形式喷出。这几个离心臂产生了必要的离心力，使从离心臂流出的反应油气与催化剂一起沿切向进入涡流室，在涡流室内侧呈螺旋状旋转运动，在不同的离心力作用下，催化剂迅速落入密相床层中，而反应油气在汽提蒸汽的推动下迅速反向经涡流室顶部的升气管直接进入 4 组单级旋风分庙器中，涡流室内物流流动状态如图 7-140 所示。此旋流头外又罩一个封闭罩，下面也有汽提蒸气(有两级汽提)，罩的升气管则与顶旋相连。VDS 和 VSS 的另一个重要特点是汽提出的烃和从汽提器出来的蒸汽直接向上，通过旋涡室与向下的待生剂逆向接触，起到快速预汽提分离待生剂的作用，其对催化剂的分离效率大于 95%，只有约 5%的催化剂进入了旋风分离器，而对烃的分离效率可达 94%～99.7%，从而降低了干气和焦炭的产率。

VDS 系统与传统的 T 形快分离相比，汽油产率提高约 4.0 个百分点，转化率提高了 2.0 个百分点，而干气产率下降了 0.5 个百分点，碳差只有原来的 84%。VSS 快分技术可将油气停留时间从原来的 10~20s 缩短到 2~3s，首套 VSS 系统于 1995 年在加拿大 CCRL 炼油厂催化裂化装置上投入运行，与密闭式直连旋分系统相比，汽油产率提高 1.0 个百分点，且改造费用不高，效益显著。国内也有几套催化裂化装置采用了 VSS 快分技术，并取得了良好的效果(郭毅葳，2002；肖佐华，2001；赵振辉，2001)。其主要特点为：

① 缩短了催化剂与反应油气的接触时间，减少了二次裂化反应。并可降低油浆的固含量。

② 高效的汽提技术，降低了干气及焦炭的产率。特别是设置的预汽提蒸汽，对减少生焦很有利。

③ 产品分布得到改善，除焦炭产率明显下降外，轻质油收率和柴汽比均有所提高。

2. Mobil 公司的 RTD 技术

Mobil 石油公司曾在工业装置上对开口式粗旋运转情况进行过气体示踪试验，证明由于设备内压力高于沉降器压力，粗旋建立不起有效的料封，油气容易通过料腿进入沉降器。高温油气的总返混率高达 40%以上，而沉降器的体积又较大，致使油气的平均停留时间过长(可达 30s)。这样，非选择性的热裂化反应(在接近提升管顶部温度下发生)将加剧，有用产品产率的下降可达 4%，干气产率也随之增加。

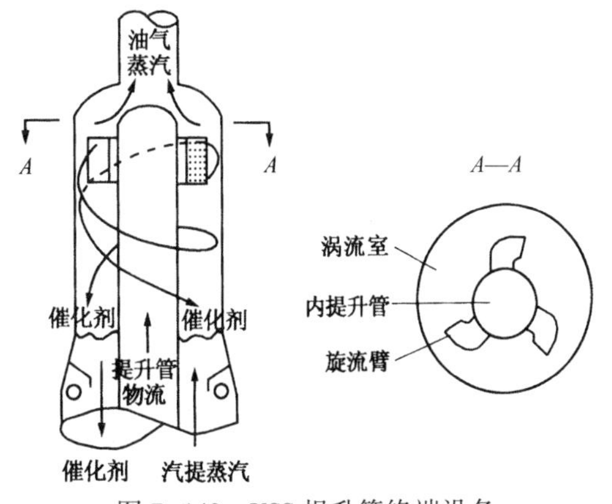

图 7-140 VSS 提升管终端设备

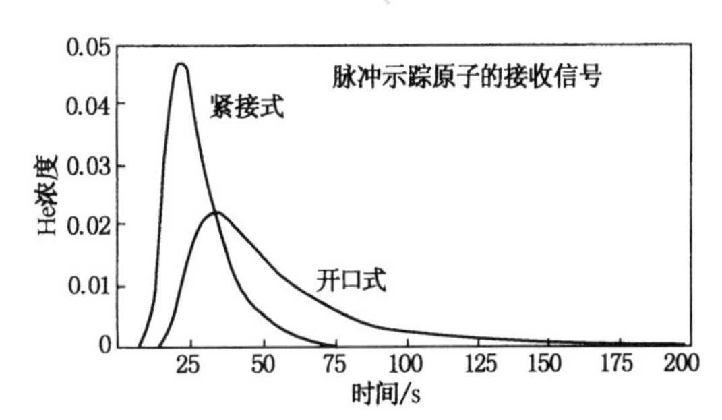

图 7-141 工业装置用氦示踪得到的停留时间分布

Mobil 石油公司开发的紧接式旋风分离系统是将粗旋与后面的一级旋分器直接相连(Johnson，1993；Klaus，1986；Anthony，1986；James，1990；John，1986；Avidan，1990b)。油气返混率估计仅 6%，油气停留时间大为缩短，用脉冲示踪原子测出的停留时间分布如图 7-141 所示。系统结构见示意图 7-142。由图 7-142a 可看出，粗旋的油气出口，通过导管直接插入一级旋分器的入口管。两管之间采用填料块或金属隔条进行对中，见图 7-142b，并留出环形缝隙以使汽提段来的油气和水蒸气能够通过。此环形缝隙的面积可按气体线速 1.5~30m/s 来计算。

该系统还显著地减少了由提升管顶部到一级旋分器入口的空间。良好的设计和精确操作可以防止固体颗粒带入分馏塔。此系统已在 8 套装置中采用，工业应用结果表明，汽油收率可增加 1.3~1.7 个体积百分点，而干气产率下降 0.9~1.0 个百分点。如果维持干气产率不变，则可提高裂化苛刻度(提升管顶部温度可提高约 17℃)，增加轻油收率和汽油辛烷值，并降低不希望的热裂化副产物——丁二烯 50%以上，见图 7-115，从而改善了烷基化装置的进料性质。此外，也可以在气压机负荷的限度内，增加 ZSM-5 的用量以增产轻质烯烃产品。

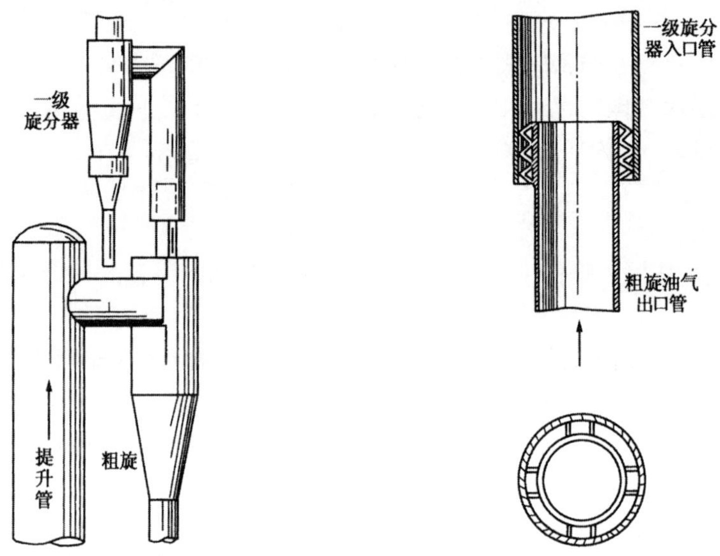

图 7-142a　紧接式旋风分离系统　　　　图 7-142b　连接部位示意图

3. S&W 公司的 RTD 技术

S&W 公司提出了一个减少油气在沉降器内停留时间的设计方案(Long，1993)，此分离系统已在数套工业装置中实施，并进行了 RMS 和放射性示踪试验。试验结果表明：在沉降器内的平均停留时间可缩短到 3.9s。由于催化剂和油气的快速分离，有效地限制了热裂化反应。此分离系统是装在提升管出口端的一组轴流式旋风分离器，外形类似羊角取名为 Ramshorn 分离器。该系统具有压降低、分离效率高、安装尺寸紧凑和回收的催化剂颗粒可以预汽提等特点，并且当操作不正常时，固体颗粒不会被携带到分馏塔(Letzsch，1994)。Ramshorn 分离器也称为轴向旋风分离器(Axial Cyclones)，分离效率在 98%以上，其结构如图 5-222 所示(Letzsch，1996)。同紧接式旋分器相比，其优点是气体分离更快、压力降更小，提升管顶端可活动，能避免催化剂带入主分馏塔，而且操作方便。这种系统可较大程度降低油气在提升管后的停留时间，见表 7-139。同位素示踪表明：Ramshorn 分离器中油气的停留时间约为 0.7s，在工业上应用后汽油收率可增加 1.0~2.0 个体积百分点，而干气相对产率可下降 10%~25%。

表 7-139　不同终端技术的油气停留时间　　s

项　目	稀　相	分离器和后部管线	总时间
老系统	12~45	3~6	15~51
新系统	0~3	4~6	4~9

4. 其他国外技术

巴西 Petrobras 公司开发出一种先进的分离系统(称为 PASS)。PASS 系统能够避免产品在分离系统中了过度裂化，并且大量减少向汽提段夹带油气(Chang，1999)。以往待生剂焦炭的氢含量为 6%~8%，而安装了 PASS 系统后，根据放射性示踪物的测定，其焦炭的氢含量仅为 4.5%~5.5%。在某催化裂化装置使用后的效果列于表 7-140，其转化率提高了 4.1

个百分点，并增加了汽油和液化气的产率。

表 7-140　采用 PASS 分离系统的效果

产品/%	干气	液化气	汽油	焦炭	转化率
原有分离系统	基准	基准	基准	基准	基准
PASS 分离系统	基准+0.3	基准+2.4	基准+1.9	基准-0.5	基准+4.1

水平式旋风分离器也是国外公司开发的快分设备之一(Verhoeven，1987)。小型实验装置上，其分离效率可达 99.99%。图 7-143 中 51 是窄槽形催化剂排出口，21 是旋流稳定器。从提升管来的物料在旋分器 7 内产生旋流，催化剂迅速从排出槽 51 经三角形扁槽 15 和排气管 17 落入汽提段。旋流从左向右，遇右端的旋流稳定器后返回；形成直径较小的二次旋流，最后从出口 13 排出。这种旋分器的优点是压降较小、体积较小、快分效率较高，对固体物的容耐能力高，而且对汽提返混的容耐性也很高，并可望沉降器稀相容积大大缩小。

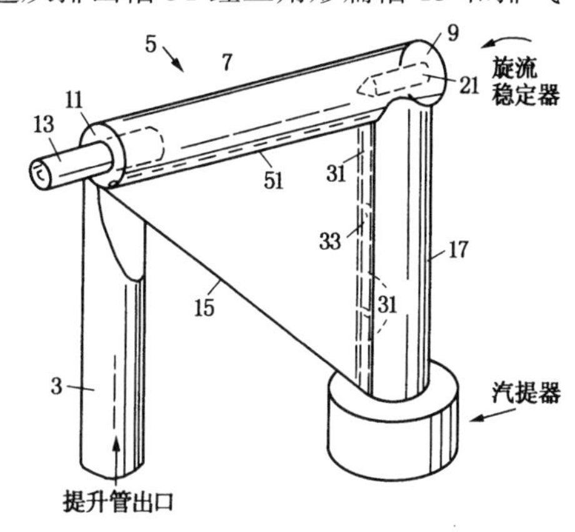

图 7-143　水平式旋风分离器

此外，Texaco/Lummus 开发的直连双集气室旋风分离器组是另一种高效旋风分离器。它是将旋风分离器经由集气室直接连到油气管线上来实现油气分离，根据 LaJero 炼油公司报道，RFCC 装置采用这种旋风分离器后，干气的摩尔分数降低了约 30%，液体收率有所增加(Amini，1997)。

5. 石油大学的 RTD 技术

石油大学开发出旋流式快分系统(称为 VQS)，其结构如图 5-227 所示(汪申，2000；曹占友，1996；1997a；1997b；1999)。VQS 主要特点在于解决了油气向下返混的问题，又提高了分离效率，实现了“三快”的要求：即气固快速高效分离(效率等于或高于 99%)；油气快速引出(平均停留时间小于 5s)；催化剂及时高效汽提(尽量减少待生剂上 H/C)。此外，VQS 系统还有压力降小、操作灵活、弹性大等特点，已在国内多套工业 FCC 装置上应用。

VQS 系统由导流管、封闭罩、旋流快分头、预汽提段等四部分组成(卢春喜，2002)。对于采用内提升管的大型 FCC 装置，其总体结构比 FSC 更为简单。在提升管出口采用多个(3~5)旋臂构成的旋流快分头，在旋流头的外面增设封闭罩，封闭罩下部增设 3~5 层预汽提挡板构成预汽提段，封闭罩上部采用承插式导流管与顶旋直联，由此构成 VQS 系统，其主要构成有：

① 带有独特挡板结构的预汽提器，它的关键是带有裙边及开孔的人字挡板，在一定尺寸匹配条件下，可以确保挡板上形成催化剂的薄层流动，且与汽提气形成十字交叉流，尽量避免密相床中的大气泡流动，以提高剂和气两相间的接触效果，从而大大提高汽提效率。

② 预汽提器内独特设计的挡板结构及旋流头和封闭罩尺寸的优化匹配设计，可使旋流头在其下部有汽提气上升的情况下仍可保持 98.5%以上的高效。

③ 在封闭罩及顶旋入口间实现灵活多样的开式直联方式。可视装置不同情况，选用承插式或紧接式结构。这样即可保证全部油气以不到 4s 的时间快速引入顶旋，又克服了直联

方式操作弹性小的弊病。

旋流快分头可实现气固快速分离，封闭罩下部预汽提段可实现分离后催化剂的快速预汽提，封闭罩上部的承插式导流管可实现分离后油气的快速引出。因此 VQS 系统可在同一设备上同时实现反应后油气和催化剂快速分离、分离后催化剂的快速预汽提和分离后油气的快速引出的“三快”组合。

VQS 系统在国内某 RFCC 装置上进行了应用(李来生，2002)，使用前后的产率分布数据对比列于表 7-141。使用结果表明：在掺渣率略有上升(达 38.27%)，而其他工艺条件基本相同的情况下，产率分布明显得到改善(也包括了喷嘴改造的部分贡献)，即干气收下降 0.51 个百分点(5.09%→4.58%)；轻油收率增加 1.20 个百分点(66.92%→68.12%)；轻质油液体收率增加 1.10%；而焦炭产率也略有下降，约为 0.56 个百分点。

表 7-141　产率分布对比数据

项　　目	改造前标定	改造后标定	项　　目	改造前标定	改造后标定
掺渣率/%	36.58	38.27	油浆	5.72	5.69
产率分布/%			焦炭	7.97	7.41
干气	5.09	4.58	损失	0.70	0.70
液化气	13.60	13.50	轻油收率/%	66.92	68.12
汽油	39.15	39.57	轻质油液体收率/%	80.52	81.62
LCO	27.77	28.55	转化率/%	66.51	65.76

六、进料喷嘴

进料喷嘴是催化裂化装置最关键的设备之一，对催化裂化装置生产的影响非常广泛，包括目标产品收率、提升管压差变化、油浆固含量等。进料喷嘴的设计虽然允许实际操作在一定的范围内发生变化，但这种变化也是有限的，并且也要分析具体是哪些变化，如原料油品种、进料温度、雾化蒸汽量等。因此，实际操作尽量要与设计因素接近。进料喷嘴需要关注以下问题：

(1) 喷出液滴粒径

雾化效果主要是指喷出的油滴的粒径范围，与催化剂接触时，与催化剂的粒径越接近越好，接触充分，其传热汽化、反应就越充分。到目前为止，国内外还没有一套切实可行的定量计算两相流的雾化理论，只是对影响雾化效果的各种因素进行定性地分析、对比。喷出的粒径在实验室里可以用多普勒粒子分析仪(由激光发生器、光纤驱动器、光束发射器、光束接受器、光电倍增器、信号分析及数字处理系统组成)进行分析与测试。从冷态实验结果来看，单个处理量 20t/h(实验介质为空气、水)的喷嘴雾化粒径约为 57～62μm，30t/h 喷嘴雾化粒径约为 60～65μm，喷嘴放大到 40t/h 后，雾化粒度为 63～70μm，在喷嘴单个处理量增加的情况下，其粒径是增加的，雾化效果变差，因此，在开发大型化喷嘴时，需要采用新型结构和理念，在喷出线速不增加的情况下，以增强其雾化效果。基于此理念，在装置规模确定时，如果提升管空间允许的情况下，尽量采用多组、单个处理量小的喷嘴，以提高整体雾化效果。此外，喷出液滴粒度与油品的黏度及表面张力有关。喷出液滴粒度范围越窄，与其催化剂(一般为 0～120μm)的接触就越均一。

采用良好的进料分布和汽化系统对获得好的产率分布是很重要的。原料油越重其黏度就越大，雾化成较小的油滴也越难，若不能完全而又快速地汽化，将会增加焦炭产率。汽化应在1/4s内完成。否则，由于催化剂被急冷，其表面温度已接近反应器出口温度，此时剩余未汽化的进料将变成“液焦”(液态焦炭)。欲在1/4s内完成汽化，需要进料与再生催化剂之间极快速地进行传热，这就要求油滴尺寸尽可能地减小。此外还要求催化剂颗粒被迅速地加速，并与油滴剧烈地混合，表7-142说明了雾化油滴尺寸与汽化速度的关系(Mauleon，1985)。

表7-142　原料雾化(喷嘴出口速度50m/s)

雾化油滴大小/μm	500	100	30
油滴的相对数量	1	125	4630
每个催化剂颗粒的油滴数	0.001	0.11	4
蒸发时间/μs			
50%蒸发时	220	11	4
90%蒸发时	400	20	8

从表7-142可以看出，当油滴减小时，每个催化剂颗粒接触的油滴数会大大增加，这一条件极大地提高了热传递效率。Dean等(1982b)的研究表明，油滴与热催化剂之间的传热速率随油滴尺寸的减小而呈指数规律上升。催化剂颗粒将会很快冷却，而降低了热裂化程度。雾化较细的油滴可以很快地闪蒸，并与催化剂剧烈地混合，最终改善了产率分布，特别是降低了干气和焦炭产率。

Total公司认为雾化油滴为60μm时，只要4~5个催化剂颗粒便可将其汽化，而对于250μm的油滴，则要求上千个颗粒，见图7-144。Kellogg公司则认为应当根据碰撞几率，给出雾化油滴的最优尺寸。

莫伟坚等(1991a；1991b)采用大庆常压渣油，在下行式反应试验系统的蒸发段中，模拟了原料油的雾化蒸发过程。研究表明影响汽化率的最主要因素之一是油滴的尺寸，原料油雾化作用的实质就是提供更快的汽化速度。计算结果表明，蒸发段中原料油的汽化率与油滴的初始平均直径SMD_0呈指数关系，见图7-145，其表达式如下：

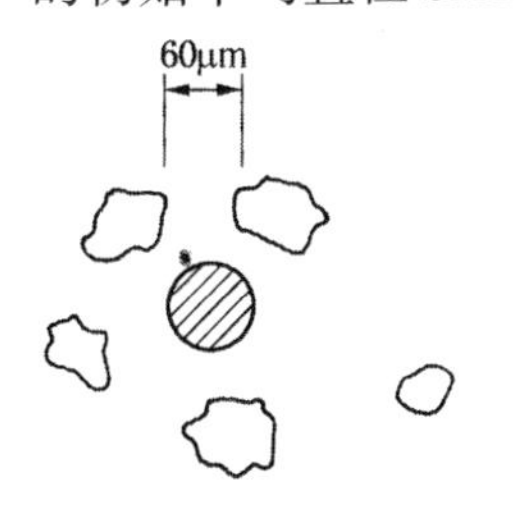

质量=1.0(基准)
催化剂颗粒交互作用数，~$4\frac{1}{2}$
颗粒数：9539×10^9个/m^3
面积：108990m^2/m^3

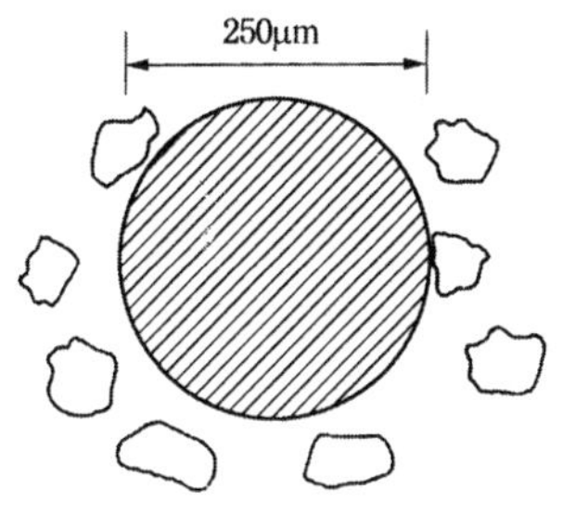

质量=72
催化剂颗粒交互作用数：325
颗粒数：132.3×10^9个/m^3
面积：25030m^2/m^3

图7-144　进料液滴尺寸的影响

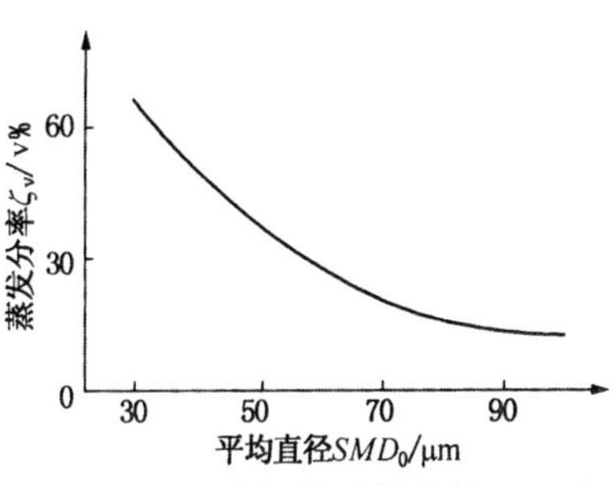

图7-145　油滴初始平均直径SMD_0与蒸发分率ζ_v的关系

大庆常压渣油：$T=500℃$；$T_{vapor}=400℃$；$T_{oil,0}=270℃$；油滴尺寸分布参数$n_0=1.73\sim1.75$

回归方程：$\zeta_v(\%)=1.352\exp(-0.02538SMD_0)$

$$\zeta_v(\%) = a \cdot \exp(-K_v \cdot SMD_0) \tag{7-248}$$

式中　a，K_v——大于零的常数。

影响生焦率的因素是多种的，入口区原料油的汽化率是其中的一个重要因素。研究表明，油滴在蒸发段中的汽化率 ζ_v 对焦炭选择性及裂化深度有较显著的影响，增大原料油的汽化率将有利于降低焦炭产率和提高裂化反应宏观速度。

与热催化剂接触时，原料油吸入到催化剂微孔中的推动力是毛细管压力 P_c：

$$P_c = \frac{2\sigma\cos\theta}{r_S} \tag{7-249}$$

式中　σ——原料油的表面张力；

θ——接触角；

r_s——催化剂微孔的半径。

原料油如果吸渗到催化剂微孔中，则其蒸气压力会下降，有以下近似关系：

$$P_V = P_V^0 \exp\left[-P_c\left(\frac{M}{\rho_F RT}\right)\right] \tag{7-250}$$

式中　M，ρ_F——原料油的相对分子质量和密度；

T——催化剂温度；

P_V，P_V^0——分别为原料油在微孔中的蒸气压和饱和蒸气压。

由式(7-250)及试验结果证实，如果渣油以液相形式进入催化剂微孔中，则会造成孔内的渣油难以蒸发或难以完全汽化，化学反应将在液相进行，致使焦炭和气体产率较高。川村等(陈俊武，2005)曾采用电子扫描显微镜观察渣油裂化时焦炭的形成过程，指出焦炭形成的一个主要原因是热缩合反应，焦炭的“前身”首先是在液相中形成的。因此，原料油以气相状态与催化剂接触是比较理想的。此外，式(7-250)及试验结果还表明，提高催化剂温度(或油、剂混合温度)将会促进原料油的汽化，从而有利于降低生焦率和提高轻质油收率。

(2) 喷射液层流量分布

喷射液层流量分布直接影响到原料与催化剂的接触和反应。两者不均匀的接触，会造成反应产物中焦炭和干气产率增加，待生催化剂上焦炭分布不均匀，甚至造成提升管内结焦。因此，喷射液层流量分布是评定喷嘴性能的关键指标之一。在气、液喷出的扇形液面中，或多或少总存在一些中间液层薄、两侧厚的“中空”现象，这主要是由于在喷口前的喷射管管壁上产生聚合的“边壁效应”引起的，因此，在设备结构允许的情况下，采用较大的喷射角，以减少喷口前的管壁“截流”。

(3) 喷射冲量(ρu^2)

原料油、雾化蒸汽经喷口喷出之后，其对催化剂会产生较大的冲击力，可以用喷射冲量(ρu^2)来表征这种因素。过高的喷射冲量会造成催化剂破碎严重，从而会增加反应系统细粉的产生，油浆固含量增加。一般的，ρu^2取 70000~87000Pa，实际上，此值与喷头(喷孔)的压差有关，实际无法测得，但喷头设计压差已降低到 0.8~1.0MPa。

通常以喷出线速作为评价目标，如≯60m/s，没有考虑压力因素，因为喷出后提升管的背压相差较大。例如催化热裂解(CPP)装置为 0.18MPa(g)，重油催化裂化装置为 0.275MPa(g)，即使喷嘴压差、雾化蒸汽量相同，喷口前压力是不同的，其总密度也相差较大，喷射冲量(ρu^2)是不同的。

要获得良好的雾化效果，喷嘴系统的设计是至关重要的。20 世纪 70 年代初期，Kellogg 公司在其设计中已应用了多进料喷嘴，如图 7-146 所示。多喷嘴系统对重油催化裂化更为重要，通常采用 4~8 个，而馏分油进料时只用 1~2 个喷嘴。由图 7-146 可看出，使用多进料喷嘴可以达到更好的油-剂接触，而充分的进料和高温再生剂接触会降低热裂化反应。

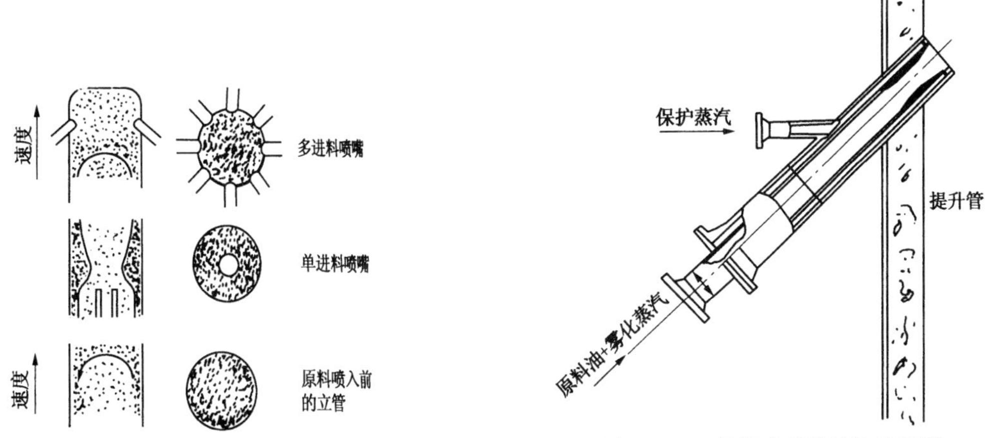

图 7-146　在立管和进料喷射区域中催化剂的流动形式　　图 7-147　喉管式喷嘴结构示意图

采用沿圆周多喷嘴布置时，喷嘴应成偶数沿圆周等距离布置，并两两对应以使分布均匀。同时各喷嘴的接管也应对称布置，避免各喷嘴由于接管不对称而造成压降的差异。

除了采用多喷嘴系统外，国内外的许多研究工作都在致力于改善喷嘴的雾化效果。早期采用 VGO 原料对于喷嘴的设计未给以足够重视，一般均使蒸汽(用量仅为进料量的 0.5%左右)与油在管内混合，流速一般在 20m/s 以下，喷口尺寸与管径相同，这样喷出的液滴直径在 1~2mm 左右，且形状很不规则。采用多个喷嘴时管径为 50~80mm，而采用位于提升管底部的单喷嘴，管径达 200~250mm。后来在喷嘴内部设置冲击板，喷口设螺旋结构，可使液滴直径降低到 100~300μm，这样的液滴在提升管内行程达到 10m 才能全部汽化。

由于要求入口区油、剂迅速均匀地混合，并使烃类迅速蒸发汽化，因此必须使喷嘴具有良好的雾化作用，以便有助于充分利用催化剂的高活性，在高温短接触条件下改善产品分布。随着重油催化裂化的发展，国内外对进料喷嘴结构的改进都十分重视。在我国催化裂化装置掺炼渣油的初期，首先采用了低压降喉管式喷嘴，如图 7-147 所示。这种喷嘴改善了原料油的雾化效果(雾化粒径可达 110μm 左右)，基本上解决了重油结焦问题。与直管式喷嘴相比，其焦炭产率可下降约 0.5%，轻质油收率增加约 1.0%。为了减少振动，其喷射速度一般限制在 90m/s 左右。后来还使用过多孔 Y 型喷嘴。

国内不少设计、研究单位一直致力于高效雾化喷嘴的开发，例如洛阳石化工程公司的 LPC 新型喷嘴，中国科学院力学所研制的 KH 型喷嘴(陈志坚，1990)，中国石化工程建设有限公司、西北工业大学等研制的 BWJ 型喷嘴(金桂兰，2000)以及 CCK 强化混合多级雾化喷嘴等(寇栓虎，2002)，中国石油大学(北京)和洛阳森德石化工程有限公司联合开发的 CS 喷嘴(范怡平，2011a；2011b)以及洛阳德明石化设备有限公司开发的 DM 型喷嘴(曹朝辉，2014)等。此外，国内开发的还有 HW 型、BX-II 型等靶式喷嘴。这些喷嘴均取得了良好的工业应用效果，可明显地降低生焦率和增加轻油收率(郑洪文，2009)。

1. LPC 喷嘴

LPC 新型喷嘴是一种鸭嘴单孔型喷嘴。其雾化原理是利用蒸汽冲击动能和气体可膨胀、压缩的做功能力，通过特殊的内部结构，使蒸汽对原料油进行直接冲击破碎，并经过多次变化的两相流速度差对原料油进行卷吸、拉膜，达到破坏油表面张力，进而细化、雾化。LPC型喷嘴雾化效果理想：油滴粒径小、粒度均匀，平均雾化粒径约60μm左右，喷射雾化角稳定；而且能耗低，馏分油进料时蒸汽用量为2%，重油进料时蒸汽用量约为5%。喷嘴压降为0.3MPa时就获得良好的雾化效果，因此可采用炼厂通用的1MPa蒸汽作为雾化剂，喷射速度约70m/s，该喷嘴的出口呈扁平形，雾化流股呈薄扇形喷出，在提升管横截面上覆盖面积大，油气与催化剂接触充分、均匀，能明显减少干气和焦炭产率，提高目的产品收率。此外，该喷嘴还具有操作弹性大(正常量±30%)、操作稳定及结构简单的优点。LPC系列喷嘴已开发到V型，推广应用以Ⅲ型为主，其结构示意图见图7-148。

2. KH型喷嘴

KH型喷嘴是一种混合式双喉管喷嘴。运用气喷雾化原理，其原料油从侧面进入混合腔，雾化蒸汽通过第一喉道加速到超音速进入混合腔冲击液体，利用汽液速度差进行第一次雾化；第一喉道处采用最佳马赫数M的超音速蒸汽喷管，达到既能获得最微细的雾化颗粒，又能使激波损失、沿程速度损失等尽量减小。然后，气液混合流通过第二喉道再次加速，并产生较大的速度差(气体速度相对快得多)，在气液速度差产生的气动压力作用下，液滴发生第二次雾化之后喷出，其喷头采用二维喷管，能符合催化剂颗粒在提升管内的分布规律。该喷嘴具有良好的雾化效果，平均雾化粒径接近催化剂粒径；其操作弹性大、能耗低，而且蒸汽用量小(馏分油可取1%~1.2%，渣油取2%~3%)。其新型的SKH-4喷嘴结构见图7-149。

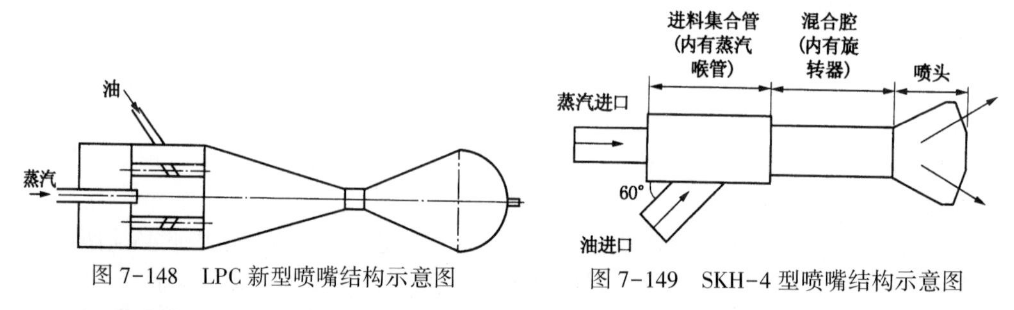

图7-148　LPC新型喷嘴结构示意图

图7-149　SKH-4型喷嘴结构示意图

3. BWJ型喷嘴

BWJ型喷嘴是一种双流体的液体离心式喷嘴，其核心部分是汽液两相旋流器。原料油从混合室侧面进入，雾化蒸汽沿轴线进入混合室，混合腔内的气液两相液体在一定压力作用下进入涡流的螺旋通道，快速回旋剧烈掺混，使液体的黏度和表面张力下降，在离心力作用下液体被展成薄膜，在与气体介质的作用下实现第一次破碎雾化。之后，汽液两相雾流再通过加速段和稳定段形成汽液两相稳定的雾化流，在半球形喷头内进一步加速经扁槽外喷口喷出，实现第二次雾化。

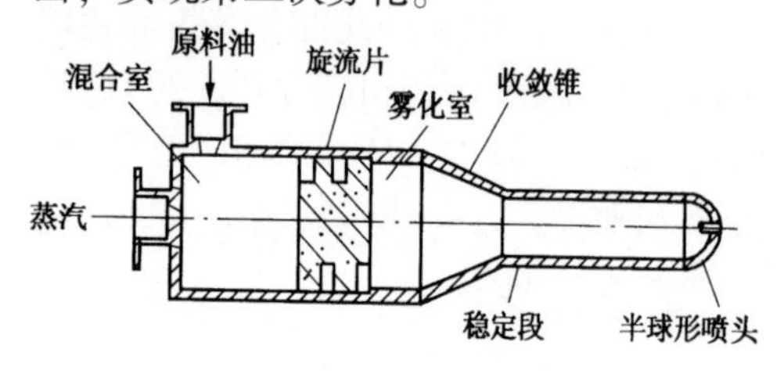

图7-150a　BWJ-Ⅱ型喷嘴结构示意图

该喷嘴的雾化效果好，平均雾化粒径(*SMD*)约为60μm，与催化剂粒径相当。该喷嘴呈薄扇形，喷射雾化角理想，覆盖面适宜；同时喷嘴压降较低，在压降为0.3~0.4MPa时即可获得良好的雾化效果，并且该喷嘴有较大的操作弹性。BWJ-Ⅱ型喷嘴结构见图7-150a。

BWJ-Ⅲ型喷嘴，是在Ⅱ型的基础上，在侧向增加了二次蒸汽，使得原料油、蒸汽经过旋流器剧烈掺混之后，再以二次蒸汽雾化、混合，进入喷射管，如图7-150b所示。

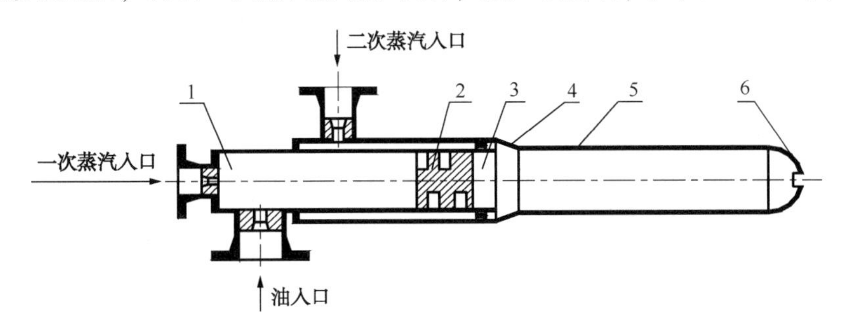

图7-150b　BWJ-Ⅲ型喷嘴结构示意图

1—混合室；2—旋流器；3—雾化室；4—锥体；5—喷射管；6—喷头

BWJ-Ⅳ型喷嘴，是在Ⅱ型、Ⅲ型应用的基础上开发的单个大处理量(>35t/h 以上)的喷嘴，如图7-150c所示，其主要特征为：

① 原料油、蒸汽分两路进口，原料油轴向进，蒸汽侧向进，从而减少外围的配管与控制的复杂程度。蒸汽自侧向进入喷嘴后，与原料油分三处混合、雾化：第一处进入混合室；第二处进入旋流器之后、喷射管之前；第三处进入喷头之前的环隙，各处蒸汽量的分配由开孔面积确定。第三处蒸汽减少了喷头的边壁聚集问题。

② 采用内外嵌套组合式旋流器，如旋流器+旋流片两组合，两旋流器两组合，两旋流器+旋流片两组合，两组合根据旋流器旋流顺、逆方向，会有六种形式。

③ 喷孔结构：采用长双槽互击喷头，喷出面积为“带式”球面面积。

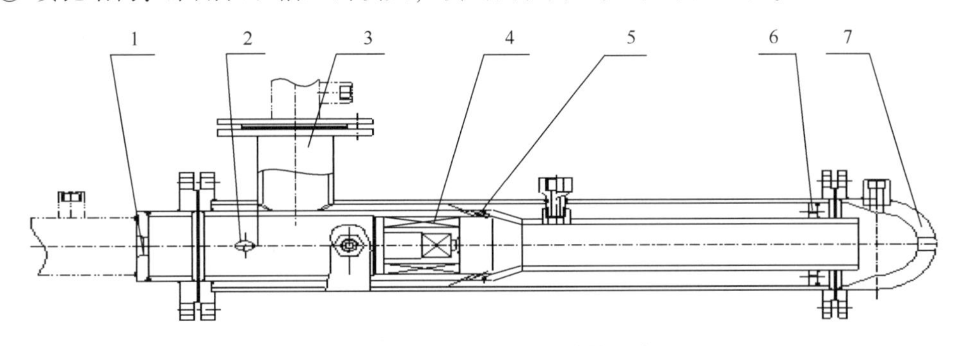

图7-150c　BWJ-Ⅳ型喷嘴结构示意图

1—原料油入口；2—一段进汽口；3—蒸汽入口；4—旋流器；5—二段进汽口；6—三段进汽口；7—喷头

4. CS型喷嘴

CS喷嘴设置两路雾化蒸汽入口，一路原料油入口；喷嘴喷口的上部设置一股“屏幕蒸汽”，如图7-151所示。CS喷嘴在设计过程中注重喷嘴内外三个“矢量”的优化。在喷嘴外部，从优化提升管内油-剂流动、混合效果的角度出发，须对两个“矢量”进行优化：一是喷嘴出口射流速度应控制在65~70m/s，二是在喷口上部设置“屏幕蒸汽”并使以一定的角度和速度喷入提升管来调控提升管内流场。而在喷嘴内部，采用多级雾化技术，对各级雾化蒸汽进行“矢量优化”，调节各级雾化蒸汽的速度和喷出角度获得最佳雾化效果。喷嘴形状为扁型，也就是说喷出的原料为扇面状，所以对喷嘴安装角度不做严格要求，同时由于流速较低即减轻了对喷嘴对面的提升管壁的冲蚀。CS 喷嘴沿程压力降小于 0.4MPa；雾化粒径与催化剂粒径相匹配，约为 58~60μm。加工馏分油蒸汽用量低于 3%，处理重油蒸汽用量低于 5%。操作弹性大，可处理掺渣率 100%的工况，在 60%~130%设计处理量条件下稳定操作。

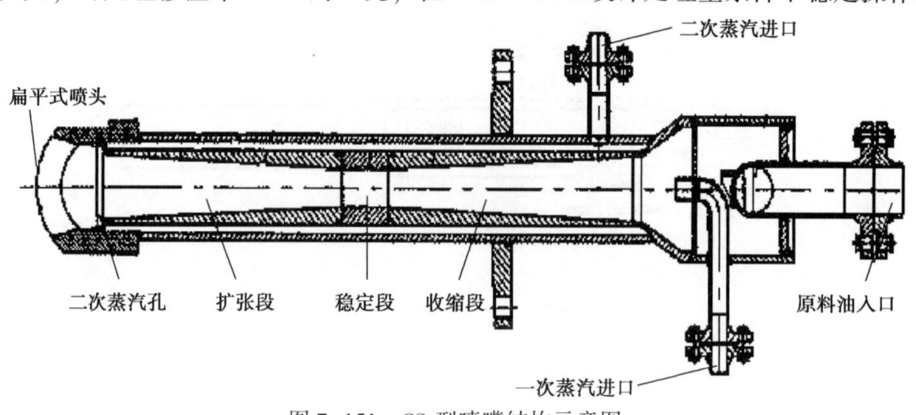

图 7-151　CS 型喷嘴结构示意图

5. DM 型喷嘴

DM 型喷嘴采用多孔式喷头，一部分油雾直接喷向喷嘴上方的二次流区域[见图 7-152(a)]，能够显著改善喷嘴上方催化剂密度偏大的现象，使提升管进料气化段的催化剂浓度分布和油雾浓度分布相匹配。从提升管上方俯视，每个喷孔喷出的油雾交错排布，使油雾都能够与新鲜催化剂接触[见图 7-152(b)]。喷嘴的雾化过程是原料油和雾化蒸汽以较低的压降流入混合腔内，两相流的压降集中释放，发生第一次雾化；气液两相流从喷孔中喷出后，雾滴与催化剂颗粒接触，再次发生雾化[见图 7-152(b)]。DM 型喷嘴结构见图 7-152(c)。

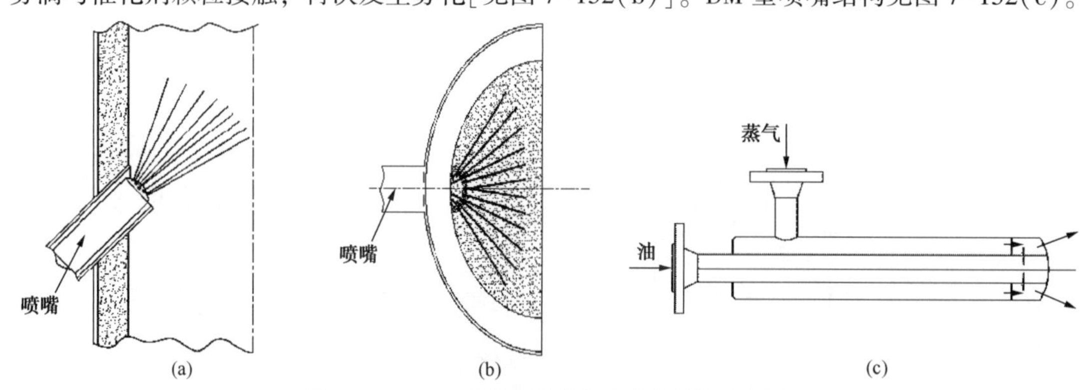

图 7-152　DM 喷嘴喷雾形状及喷嘴结构示意图

6. 国外公司开发的喷嘴

S&W 公司靶式喷嘴的雾化机理是令高速的油流喷向一固定的靶子，产生冲击而迅速形成稳定的环状雾流。同时高速的雾化介质在垂直方向对油流产生冲击，并对周边液膜卷吸、破碎，因此具有较好的雾化效果。但该喷嘴压降较高，原料油和蒸汽的操作压力均需在 1.3~1.4MPa以上。例如某炼油厂的 FCC 装置雾化系统由原来的多管喷嘴系统改为靶式喷嘴(Long, 1993)，在转化率提高 8.5%的情况下，焦炭产率不变，而汽油收率增高 5.1v%；随后 S&W 公司开发的喷嘴结构见图 7-153，其效果见表 7-143(Warren, 2001; Letzsch, 2004)。

表 7-143 催化裂化原料雾化喷嘴的最新效果

喷嘴形式	老式喷嘴	新式喷嘴	最新喷嘴
干气产率/%	4.44	3.10	2.75
汽油产率/v%	55.1	61.3	63.4
总液收/v%	107.1	110.0	112.2
反应器温度/℃	538	535	523

Kellogg 和 Mobil 公司在 90 年代共同开发了一种改进的雾化喷嘴 ATOMAX-1，它可以利用中压蒸汽的能量来雾化液体进料，产生一种良好的平面扇形喷嘴，而不需要成本较高的原料油提压操作(Johnson，1993)。1997 年 KBR 和 Mobil 公司在原有的基础上又联合开发了新型的雾化喷嘴 ATOMAX-2，如图 7-154a 所示(Miller，2000a)，它具有更好的雾化效果和提升管横截面的覆盖效果，其平均雾化粒径比原来的减小 42%。原料油沿轴线进入喷嘴的内管，中压雾化蒸汽通过内管壁上的小孔垂直喷入油流，然后进入扩径段，这样就能在尽可能小的原料油侧压降(比原来的小 10%~15%)下形成良好的雾化；此外，该喷嘴的顶部为独特的多孔眼结构，它可以使喷入提升管的油雾形成最佳的形状，其雾化角约 100°(原有的约为 65°)，在油雾区内各处形成的雾滴尺寸更为均匀，而其他型式的喷嘴在提升管中形成的雾滴，往往是中心大、边缘小。

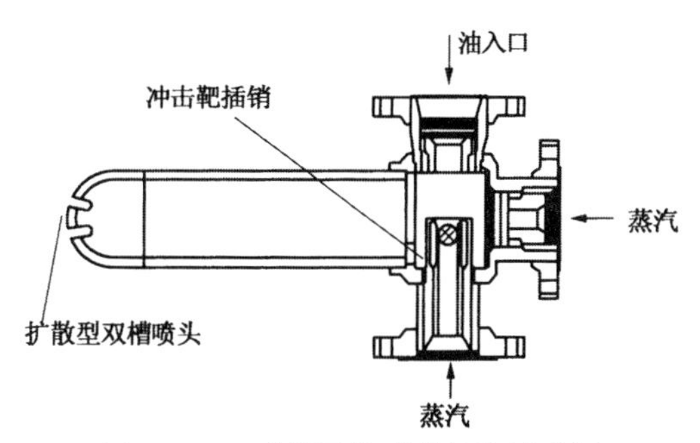

图 7-153 进料雾化喷嘴结构示意图

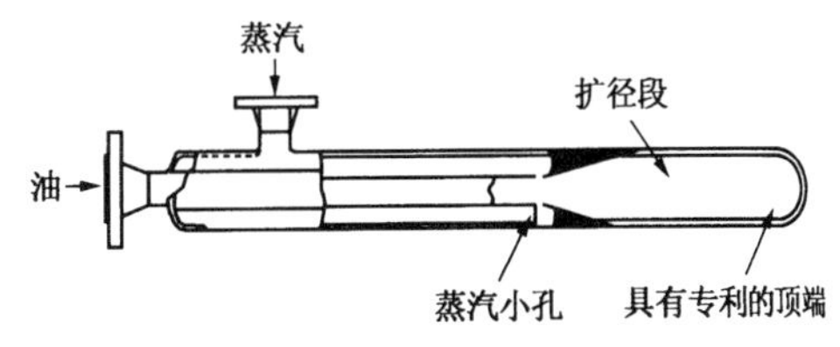

- 具有多年使用的机械可靠性
- 对提升管横截面覆盖范围最佳
- 优良的原料油雾化性能
- 已有 10 套装置在运行

图 7-154a ATOMAX-2 喷嘴结构示意图

图 7-154b 表明了液体体积流通量的分布，由于相邻喷嘴油雾区的边缘重叠，所以 ATOMAX-2 喷嘴与原有的喷嘴相比，具有更为均匀的油雾分布。工业应用结果表明：在应用 ATOMAX-2 喷嘴后，与原有喷嘴相比其汽油产率增加了 1.6v%；尽管转化率增加了 1.35%，但其干气产率明显下降，见表 7-144；由于催化剂上 Δ 焦的减少(-0.04)，而使再生器的温度下降 12℃，因此增加了剂油比。这些结果充分显示了该喷嘴的优良性能。

UOP 公司的 Optimix 喷嘴为另一种先进喷嘴，如图 7-155a 所示(Couch，2004)。Optimix 喷嘴包括三个雾化段，这不仅有效利用了能量，而且还可使雾滴的再合并降到最低的程度。原料油先经由一个内部轴向油管进入喷嘴，蒸汽经环绕内油管的环形蒸汽室进入喷嘴。第一段雾化是在内油管出口处产生内部锥形油喷雾；第二段雾化是油雾与环形蒸汽室喷出蒸汽的剪切及混合；第三段雾化是油和蒸汽混合物穿出

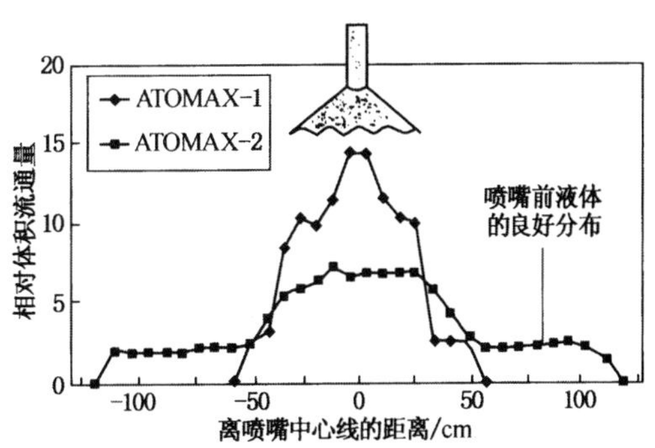

图 7-154b 油雾区截面的体积流通量

喷嘴盖板上的孔眼时，油滴在连续蒸汽相中的分散。盖板上的孔眼设计成可使油料形成由极细小分散油滴组成的扁平扇形喷雾。这种油雾进入中等密度、经预加速的催化剂中后，产生均匀的油、剂混合物。Optimix 喷嘴采用了独特的喷嘴安装方式，如图 7-155b 所示(Wolschlag，2010)，这种安装方式使得提升管内的催化剂密度分布和油气浓度分布匹配更佳。与常规的原料油喷嘴相比，采用了这种喷嘴后装置干气收率下降，通常转化率增加 1.0~2.0 个体积百分点，汽油产率增加 0.7~1.5 个体积百分点。

表 7-144　ATOMAX-2 喷嘴的工业试验数据

产　品	转化率/v%	汽油/v%	LPG/v%	干气/%	Δ焦(质量比)	焦炭产率/%
Δ产率	+1.35	+1.58	+0.49	-0.33	-0.04	+0.04

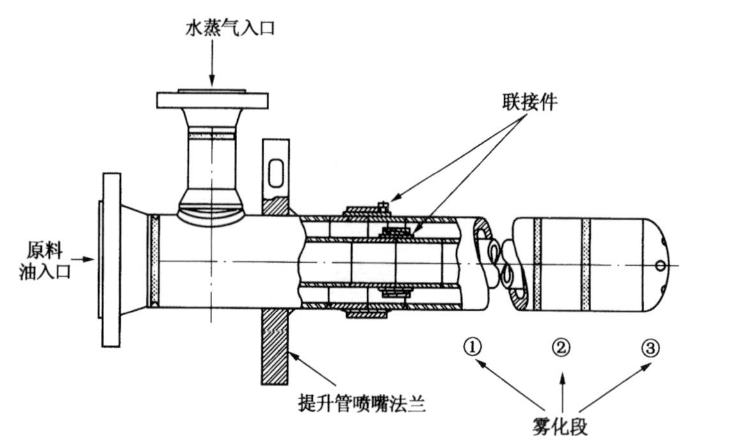

图 7-155a　Optimix 喷嘴结构示意图

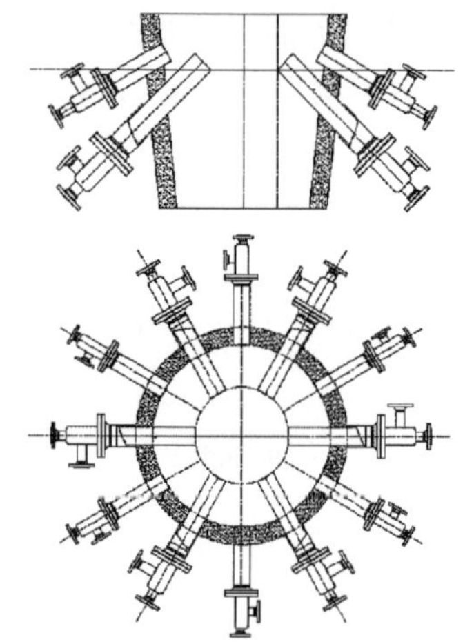
图 7-155b　Optimix 喷嘴安装示意图

在 Optimix 喷嘴的设计中，首先改善了喷嘴头的抗磨蚀性能，使其使用寿命达到 5~10 年；此外，在内喷油枪和外套筒上还采用了“DUR O LOK™”联接件，如果喷头寿命到期需要更换，或者因工艺变化(如处理量变化、原料油性质变化等)需要更新喷嘴时，则不必更换整个喷嘴，而只需更换前部喷嘴头，或者是内喷油枪和喷嘴头，这样既方便又省钱。

国际壳牌研究有限公司的喷嘴是一种预膜式喷嘴，其结构如图 7-156 所示(陈岳孟，2004)。原料油从喷嘴内的环形通道整流后，加速展薄成极薄的油膜，油膜在喷嘴出口处与挡板碰撞，发生机械式雾化，蒸汽从中心进气管的顶端小孔中高速喷出，与预膜后的油雾混合，再次发生雾化。该型喷嘴充分利用油压进行雾化，能耗超低，即使在蒸汽供应中断的情况下，也能正常运行，抗事故能力强。

Lummus 公司的 Micro-Jet 油膜型喷嘴也是一种性能优越的喷嘴，见图 7-157(a)，它能在低油侧压降(0.3MPa)的情况下使原料达到预期的雾化效果，它利用分散介质的能量将原料油剪切成稀薄状油膜；雾化发生在喷嘴盖附近，形成扁平扇形喷雾，见图 7-157(b)，能与催化剂均匀接触，因而使油料再次凝结的可能性降到最小程度。Star Enterprise 的 Port Arthur 炼油厂在装置改进时采用了这种喷嘴后，装置干气产率明显下降，约为 1 个百分点，汽油收率有所提高，约为 2 个百分点(Glendining，1996)。

其他类型的喷嘴有巴西 Petrobras 公司的 Ultramist 喷嘴，其特点优化了对超音速蒸汽的使用，能在低压降的情况下，产生极细小的油雾，从而改善了油剂的接触，减少了热裂化

(Chang，1999)。ERECO 公司提出了喉管面积可调式喷嘴(Sabottke，1991)，其新颖性在于利用插入喉管内的可调节行程的芯件来灵活地改变喉管面积，从而改变雾化油滴的粒径大小和分布，进而改变反应的转化率和焦炭选择性，在保持剂油比和反应温度不变的前提下，通过在线调节保持装置的碳平衡和热平衡，增加了一个操作控制的自由度，有助于在线的优化控制。此外，美国某常压渣油裂化装置，采用了一种提升筒(Lift Pot)的新型进料喷嘴，插入安装在提升管下部，见图 7-158(Frank，1986)。图中 44 为进料入口，46 为雾化蒸汽入口，管 46 套在管 44 外面，组成一个气动雾化喷嘴筒，共有 6 个喷嘴。58 是与整个喷嘴设备联接的提升管壁。提升管上游来的高温催化剂从 76 向上流动，在喷嘴出口处受雾化油料喷射的抽力影响，以水平方向高达 3m/s 的流速向提升管中心流动，使油、剂充分混合。图 7-159 为国外某公司带扩张管分布催化剂的进料系统(Tai-Sheng，1986)，高温催化剂流入提升管后分成两股与进料混合。从喷嘴附近进入扩张管的催化剂占总剂量的 1/3 左右，其余 2/3 从扩张管腰部的开孔进入提升管，并与上游来的物料汇合。这样可使烃原料与催化剂在初始接触时温度不致超高，压力不会波动，减少高温裂化和生焦反应，提高产品收率，适用于加工各种原料油。

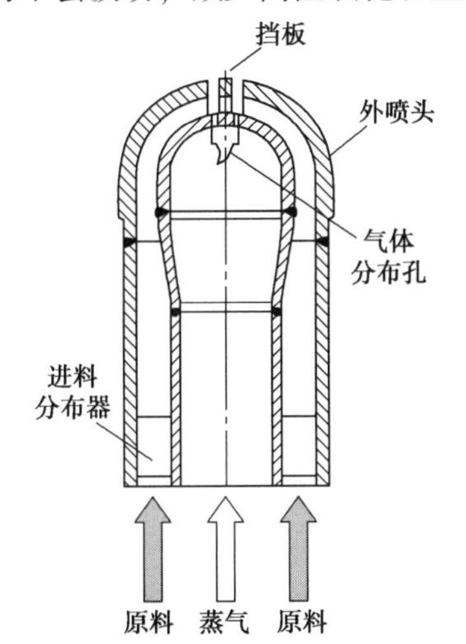

图 7-156　壳牌公司喷嘴结构示意图

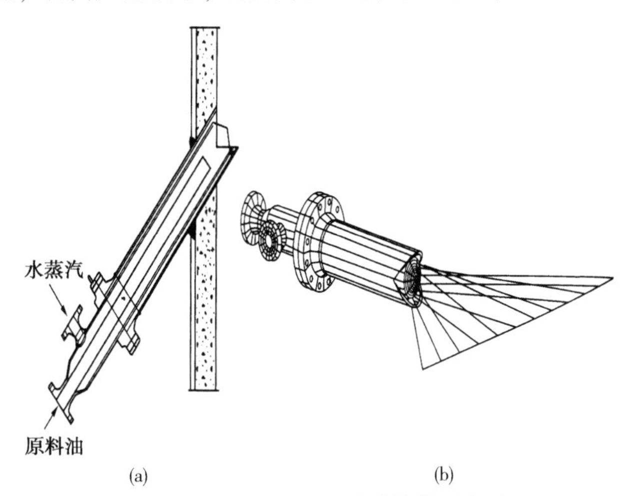

图 7-157　Micro-Jet 喷嘴结构示意图

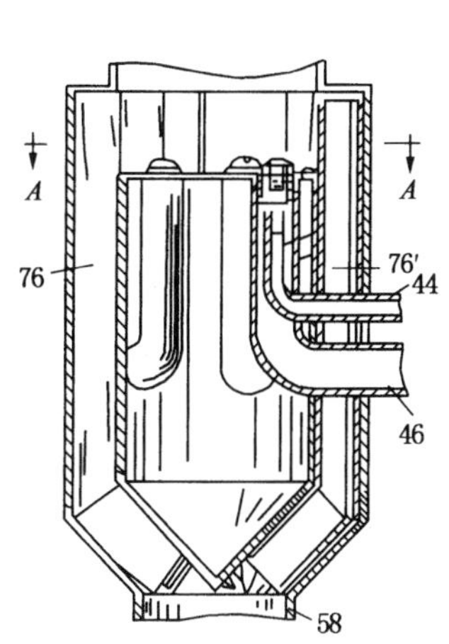

图 7-158　提升筒式进料喷嘴

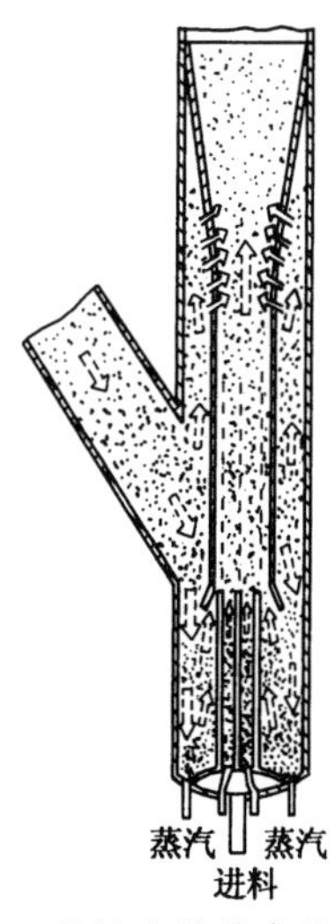

图 7-159　带扩张管分布的进料系统

七、汽提段

反应产物中的一部分轻组分不可避免地被待生催化剂带入再生器，随焦炭一起烧掉。待生催化剂携带轻组分的多少可由焦炭中的 H/C 比值大小反映出来，H/C 比值大说明汽提效率低，夹带的轻组分多，则物料衡算中的轻组分量减少，焦炭产率就会相应增加，此时有必要改进汽提段的操作或结构。而焦炭中的 H/C 比值可间接地通过再生烟气组成来计算出。进入汽提段的催化剂颗粒之间和颗粒的孔隙内充满着油气，这部分油气对催化剂的质量分率可按下式计算：

$$W_G = 1.2\times10^5 \frac{M_G P}{T}\left(\frac{1}{\rho_B} - \frac{1}{\rho_S}\right) \tag{7-251}$$

式中　W_G——催化剂夹带的油气占催化剂的质量分率，kg/1000kg 催化剂；

M_G——提升管出口油气的平均相对分子质量；

T——汽提段入口温度，K；

P——汽提段入口压力，MPa(a)；

ρ_B——汽提段催化剂的床层密度，kg/m^3；

ρ_S——催化剂的骨架密度，kg/m^3。

汽提的目的就是用水蒸气把这些油气置换出来。这些油气中约 75%是催化剂颗粒之间的空隙所夹带的油气，约 25%是颗粒内部的空隙所夹带的油气。在一般操作条件下，当汽提段床层密度 ρ_B 为 500kg/m^{3}时，油气约为 1%。如果颗粒与颗粒之间空隙内的油气被置换出来，而颗粒内部空隙的油气未置换，则油气约为 0.25%，数量仍相当可观。由于汽提不完全所增加的焦炭占新鲜原料的产率和汽提效率之间有如下的关系：

$$C_S = (1+R_F)\times R_c \times \frac{W_G}{10^3}\times(100-E_S) \tag{7-252}$$

式中　C_S——由于汽提不完全所增加的焦炭产率,%；

R_F——回炼比；

R_c——剂油比；

E_S——汽提效率,%。

C_S可根据装置的热平衡情况决定。如果焦炭产率不能满足装置热平衡的需要，则可适当减少汽提蒸汽量，使 C_S保持一定的数值。如果装置热平衡能够满足需要，再生器的烧焦能力已成为限制装置处理能力提高的控制因素时，则应该增加汽提蒸汽量，提高汽提效率，尽量减少 C_S。要使 C_S在 1%以内，一般需要 E_S在 90%以上。

待生催化剂的有效汽提可以降低进入再生器的焦炭量，主要表现在焦炭中的氢含量降低，从而降低再生器温度。Exxon 公司研究结果表明，如从催化剂上汽提出全部可汽提的油气，可使焦炭量减少 20%~40%。因为氢的燃烧热值高，因此降低焦炭中的氢含量可以降低烧焦温度，同时生成水少，从而减少催化剂的水热失活。另一方面，提高了理想产品收率，减少损失。

（一）汽提过程中待生剂上焦炭组成的变化

1. 焦炭的石墨化过程

待生剂带到汽提段的烃类物质，包括沉积在待生剂上的焦炭以及孔隙中吸附的和催化剂颗粒间夹带的油气。通常夹带的油气中约有 3/4 存在于催化剂颗粒间的空隙中，约有 1/4 存在于颗粒微孔内部并较难汽提。在汽提段中不仅油气要进一步裂化、脱烷基和发生缩合反应，而且待生剂上焦炭组成也会发生变化。Turlier 等(1994)指出在馏分油(VGO)催化裂化时，沉积在分子筛催化剂中焦炭的组成，有较大部分是带烷基侧链的多环芳烃(约 3~7 个芳香环)，如图 2-92 所示。

Magnoux 等(1989)在待生催化剂上发现了预石墨化的碳，它的比例主要取决于提升管的温度和催化剂的停留时间。在提升管出口温度为 505℃时，它比较软。Turlier 等(1994)发现当提升管出口温度为 530℃时，其比例可达到 50%；但在汽提 15min 后该比例上升到 90%。这证明在待生剂上的焦炭是有化学反应活性的，即便焦炭是瞬间形成的，它也具有反应性。由于焦炭本身的裂解反应，其一部分能够转变为气态产物，并进入催化剂孔结构内。在某种意义上可以说汽提器是焦炭产率的“调节器”，由于待生剂在汽提器中的停留时间达数十秒钟到几分钟，因此焦炭的数量和化学组成会发生变化。Gerritsen 等(1991)发现在 500℃的温度下，当汽提时间由 10s 增加到 200s 时，待生剂上的焦炭含量则从 1.5%下降到 0.7%。在焦炭石墨化的过程中其氢含量也明显下降。

2.“化学汽提”作用

Bernard 等(1998)在微反装置(MAT)上进行了馏分油催化裂化的待生催化剂汽提试验，汽提时间为 1~15min。试验表明：用氮气吹扫催化剂床层内和催化剂中夹带的油气，在 1min 的时间内就能够比较完全，而后出现的就是“化学汽提”(即焦炭本身的裂解)；经过“化学汽提”，焦炭转化成轻质产品(较大一部分是干气)的数值最大可达 10%~20%；而干气中各组分产率的变化幅度依次为 $H_2>CH_4>C_2H_6$，乙烯的变化幅度很小。试验结果见图 7-160。

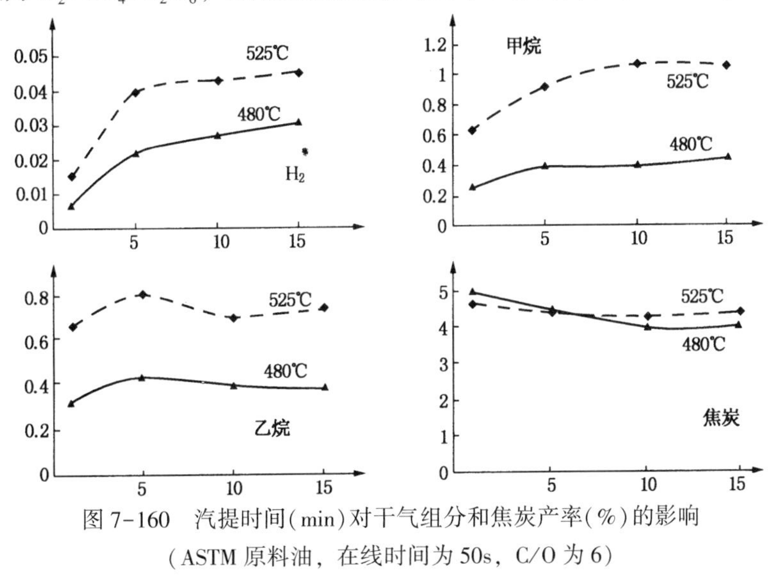

图 7-160　汽提时间(min)对干气组分和焦炭产率(%)的影响

(ASTM 原料油，在线时间为 50s，C/O 为 6)

由于脱氢反应和脱烷基反应，在汽提过程中随着焦炭的减少，H/C(原子比)必然明显下降，在经过充分汽提后 H/C(原子比)可以达到 0.4。实际上在大型的汽提器中催化剂的停留时间超过 2~3min 的并不多，但正如图 7-160 所示的那样，“化学汽提”在汽提的初始数分钟内是比较强烈的，因此对工业汽提器来说，“化学汽提”这种现象是比较重要的。研究还表明热裂化反应和焦炭的化学汽提是生成干气的主要原因，因此对于给定的催化剂和原料油而言，焦炭经过充分汽提所得到的干气产率，并不主要取决于温度，而主要是取决于焦炭产率。

此外，催化剂上的 Ni 和 V 等重金属对“化学汽提”也有相当的影响。由于 Ni 的存在，使得催化剂上初始焦炭的芳构化程度更高，这样“化学汽提”就要难一些。但是，在汽提过程中 Ni 的存在造成了 H_2产率的急剧增加，而这对焦炭产率下降的影响很小。V 对化学汽提的影响程度是中等的。研究表明，由于重金属影响产生的干气，是焦炭“化学汽提”的重要组成部分，这种富含氢的干气对下游的压缩系统是有害的。

3.“可溶性焦”与“非可溶性焦”

Cerqueira 等(Baptista，2004)认为 FCC 催化剂上焦炭的形成有以下六种机理：附加焦、热裂化焦、化学吸附焦、初始裂化焦、氢转移焦和金属污染焦。但不管焦炭生成的机理是什么，借助于某种有机溶剂(如 CH_2Cl_2)都可以将催化剂上的总焦炭分成两个部分：可溶性的和非可溶性的。分子筛孔道中的焦炭分子，由于它们的低挥发性和空间位阻，在汽提时大部分是不能被脱除的；而在氧化铝孔道中的可溶性焦炭分子则是比较容易脱除的。此外，在高温和水蒸气的作用下，这类可溶性焦炭分子会发生变化，它们能够缩合而生成不可溶性焦炭分子，也会通过脱烷基和裂化反应而生成一些轻质产品。

在 FCC 中型试验中，Cerqueira 等将汽提段内催化剂样品中的焦炭物质分成了三个部分：

① 可溶性焦炭Ⅰ：在 40℃下，直接用 CH_2Cl_2溶剂进行 Soxhlet 抽提 6h 后得到的；

② 可溶性焦炭Ⅱ：然后催化剂再用 HF 处理，并经 CH_2Cl_2溶剂抽提得到的；

③ 非可溶性焦炭：不溶于 CH_2Cl_2的部分。

显然，可溶件焦炭Ⅰ是最容易被汽提的，而非可溶性焦炭是最难被汽提的。Cerqueira 等(Baptista，2004)采用了三种不同的试验原料：石蜡基常渣(低密度)、混合蜡油(VGO+CGO)和重质常渣(高密度)，其待生催化剂的焦炭中所含可溶性焦炭Ⅰ的比例分别为约10%、6%、2%。由于干气和液化气范围的化合物易于从催化剂结构中脱附，而较重的化合物难于回收，因此在汽提阶段回收的主要产物最可能的就是石脑油馏分范围的化合物。在中型试验中当剂油比为 8 时，石蜡基常渣的石脑油产率比其他原料要多 15%左右，因此其可汽提物质的数量较高(相应的可溶性焦炭Ⅰ的比例也较高)，这表明继续改善汽提器的效率仍然是有益的。

在中型试验的范围内，还观察到随着催化剂上焦炭含量的增加，催化剂结构中的可溶性焦炭Ⅱ的相对数量则随之减少，详见图 7-161。此外，非可溶性焦炭的相对数量是和原料油的残炭值(RCR)直接相关的，详见图 7-162。由于重质常渣的残炭值和沥青质含量最高，因此其非可溶性焦炭的相对数量超过了 80%。这也说明表征为残炭值的那些重烃化合物，在催化裂化的工艺条件下就是生成非可溶性焦炭的前身物。

Cerqueira 等(Baptista，2004)在 Petrobras 公司的一套小型工业 FCC 装置上，详细考察了汽提器的蒸汽流量对“可溶性焦炭”和“非可溶性焦炭”相对数量的影响。在汽提器的不同部位设置了两个催化剂和油气的取样口，一个正好在第一块挡板的上方，另一个在底部水蒸气喷入口下方 60cm 处。当以石蜡基常渣为原料时，采用的两个不同的操作条件见表 7-145 所示，其中条件 2 的汽提器蒸汽流量(212kg/h)约为条件 1 的 3 倍。在两个采样点所取油气中的烃类分布见表 7-146，其数据表明汽提器底部油气中的干气、液化气的数量较多，H_2/干气的比值也有所上升，而馏分为石脑油及更重烃类的数量明显下降，这些都说明汽提过程中发生了化学反应：重质烃类由于发生裂化反应生成较轻的烃类，或者由于缩合反应产生焦炭和气体。此外，试验数据还表明汽提器的顶部和底部之间回收了约8%~17%的产物。

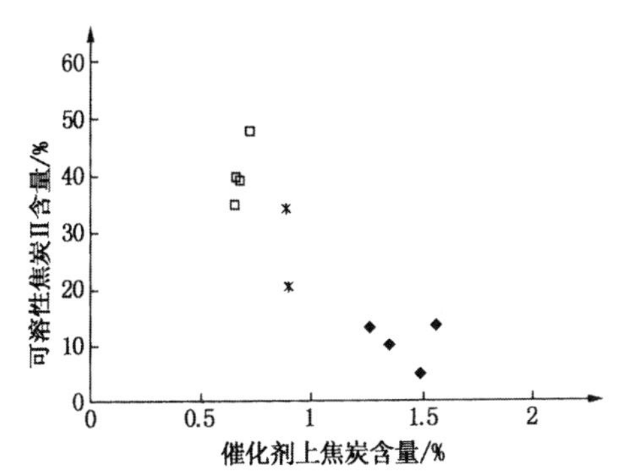

图7-161　可溶性焦炭Ⅱ与催化剂上焦炭含量的关系

□—混合蜡油；◆—重质常渣；*—石蜡基常渣

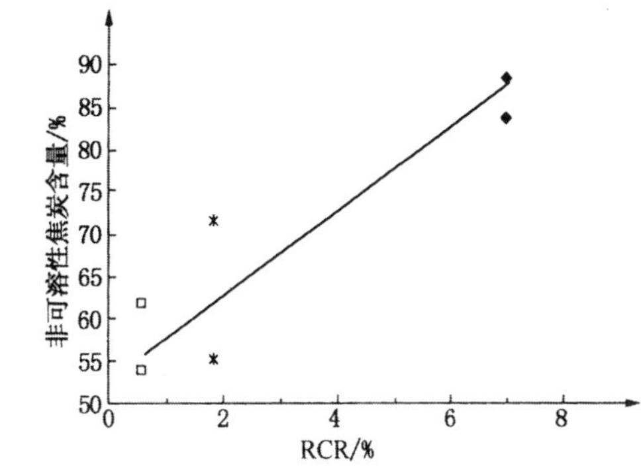

图7-162　非可溶性焦炭与残炭值(RCR)的关系

□—混合蜡油；◆—重质常渣；*—石蜡基常渣

表7-145　主要的工艺操作参数

工艺条件	条件1	条件2	工艺条件	条件1	条件2
原料油流量/(m^3/d)	522	521	剂油比	5	5
原料油预热温度/℃	315	310	预提升蒸汽流量/(kg/h)	750	750
再生器密相温度/℃	706	709	汽提蒸汽流量/(kg/h)	70	212
反应器温度/℃	516	516			

表7-146　汽提器顶部和底部油气中烃类的分布

产率/%	操作条件1		操作条件2	
	顶部	底部	顶部	底部
氢气	0.25	1.35	0.14	1.04
干气	7.16	36.44	4.03	23.50
液化气	41.53	48.24	25.18	61.47
石脑油	38.86	11.00	56.16	14.16
LCO	8.30	0.41	8.30	0.62
油浆	4.15	0.14	6.33	0.25

另一方面，由采样器收集的催化剂上的焦炭含量数据见表7-147；焦炭物质的详细分类数据见表7-148。数据表明两种不同的工艺条件下，催化剂上的焦炭含量差别较大，汽提蒸汽流量越大，焦炭含量就越低；而且顶部样品的焦炭含量和可溶性焦炭Ⅰ的比例，均高于底部样品。其中，可溶性焦炭Ⅰ的下降幅度很大，说明其最容易被汽提。此外，当汽提蒸汽流量由70kg/h增加到212kg/h时，样品中的可溶性焦炭Ⅰ的比例均下降约50%。在汽提器底部样品中的非可溶性焦炭的比例总是比较高的，特别是在高汽提蒸汽流量时。

表7-147　汽提器顶部和底部催化剂上的焦炭含量　%

样　品	操作条件1	操作条件2
顶　部	4.71	2.07
底　部	1.42	1.04

表 7-148 焦炭物质的分类

焦炭分类	操作条件 1		操作条件 2	
	顶部	底部	顶部	底部
可溶性焦炭Ⅰ	80.53	19.11	40.56	10.59
可溶性焦炭Ⅱ	6.94	23.18	23.05	22.59
非可溶性焦炭	12.53	57.70	36.39	66.82

（二）影响汽提效果的主要因素

FCC 催化剂汽提器的作用是要从进入再生器的待生剂上脱除掉吸附的和夹带的烃类。该过程是在密相流化床中实现的，其催化剂(处于乳化相)和水蒸气逆流接触。汽提实质上是一个脱附过程，汽提段的性能与汽提蒸汽用量、催化剂循环量、待生剂的停留时间、操作温度和压力，以及汽提段的结构设计等因素有关。

通常，平均孔径大、表面积小的催化剂容易被汽提。循环催化剂从反应器携带到再生器的油气越多，则剂油比焦越大；此外，夹带到汽提段的油气还会进一步二次裂化，增加了催化焦。因此，改善汽提效果是降低焦炭产率的一个重要手段，除了汽提段的结构改进外，其他主要的影响因素如下。

1. 蒸汽用量

增加蒸汽用量实质上是提高水蒸气对油气的摩尔比；同时，因蒸汽流速的提高，还改善了催化剂与蒸汽的接触。综合效果是更有利于吸附油气的脱吸，提高了汽提效率。但是超过最优的蒸汽用量后获利就很少。最优蒸汽用量也不是孤立的，必须与其他操作条件(如温度、压力、催化剂循环量等)以及汽提段结构等匹配。Cabrera 等(1990)介绍了 UOP 公司装置的汽提蒸汽用量为 0.8～3.5kg/1000kg 催化剂，如采用新的挡板设计可降低蒸汽耗量(陈俊武，2005)。通常，较理想的汽提蒸汽用量为 2～3kg/1000kg 催化剂，超出此范围收效并不大，但不应小于 1kg/1000kg 催化剂。当采用重油进料时，蒸汽用量要大得多(甚至可达 4～5kg/1000kg催化剂)。此外，较大的汽提蒸汽用量对 SO_x 转移催化剂是有利的。

汽提效果可以用催化剂上焦炭的氢含量来衡量。根据实测和计算的数据，Kliesch 等(陈俊武，2005)认为附加焦、催化焦和污染焦的氢含量很低，约 4%左右，这与高稠环芳烃的氢含量相当；但汽提段剂油比焦的氢含量较高，可达 12%～14%，接近新鲜进料的氢含量。

依据再生器的氧平衡，由烟气中的 O_2、CO 和 CO_2 含量，可计算出再生器中燃烧物的氢含量，从而预测汽提段剂油比焦的产率，同时可衡量汽提段的效率。但分析测量上或主风流量上的任何误差，均会加大焦炭氢含量计算的误差，因此必须随时检查其合理性。图 7-163 表明国外某工业装置中，汽提蒸汽用量对焦炭氢含量的影响(Upson，1982)。

2. 操作温度

提高反应温度则汽提段的温度也随之提高，有利于油气从催化剂表面上脱附，待生剂的氢碳比将明显下降，说明汽提段的效果变好。洛阳炼油试验厂在用 CRC-1 催化剂进行大庆常渣催化裂化试验时，曾考察了反应温度对焦炭氢碳比的影响，并说明了这种变化趋势。试验结果见图 7-164。此外，将一部分经脱气处理的高温再生催化剂直接引入汽提段，来提高汽提段的温度以强化汽提，也可以提高汽提效果。除了通过引入部分再生催化剂提高汽提段温度以外，可采用中压蒸汽(高温)或经过热的低压蒸汽作为汽提介质。

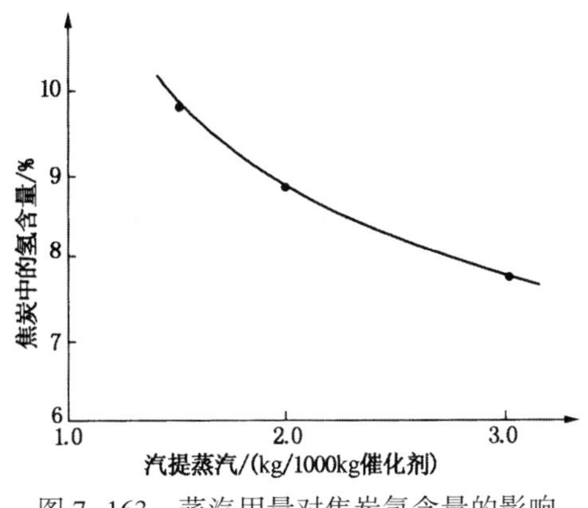

图 7-163　蒸汽用量对焦炭氢含量的影响

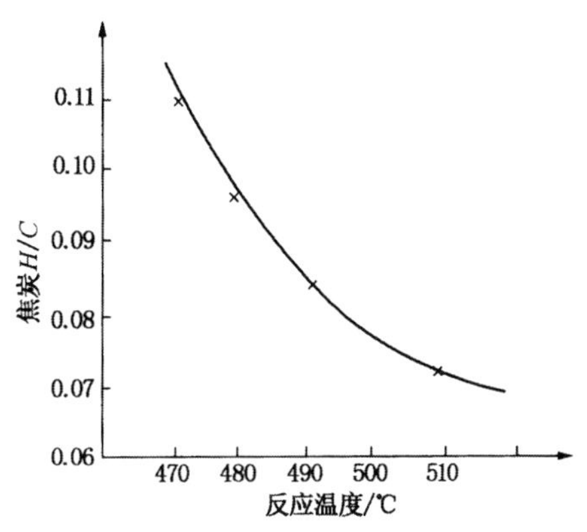

图 7-164　反应温度对焦炭氢碳比的影响

3. 原料油性质

原料油的性质对待生催化剂上焦炭的氢含量也有一定的影响。Cerqueira 等采用三种不同的试验原料进行中型试验，试验所得到的焦炭的氢含量与剂油比的关系见图 7-165（Baptista，2004）。如果剂油比越高，则在汽提器中要脱除的烃类数量就越大，从而降低了汽提效果，造成较高的焦炭氢含量，因此必须在剂油比相等时来比较不同原料的影响。由于是采用相同的催化剂和操作条件，因此数据具有可比性。结果表明：与混合蜡油相比，以石蜡基常渣为原料时，其焦炭氢含量较低(5.5%左右)。而以重质常渣为原料时，由于采用的催化剂不同，其焦炭氢含量的数据比较分散。总之，原料油的性质对汽提效率和焦炭性质有一定的影响。

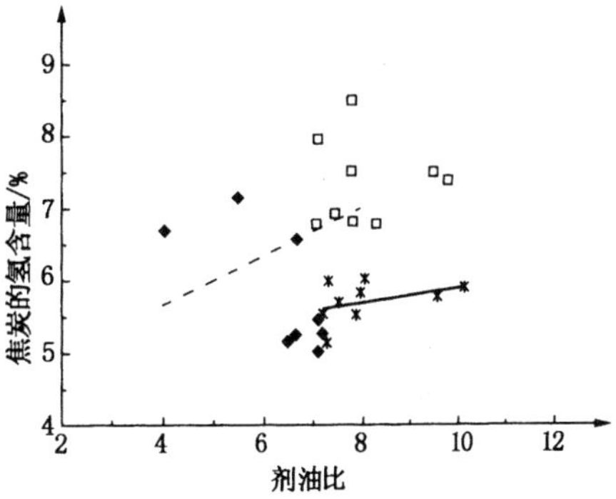

图 7-165　焦炭的氢含量与剂油比的关系
□—混合蜡油；◆—重质常渣；*—石蜡基常渣

4. 催化剂物化性质

FCC 催化剂的孔结构对汽提器的效率有较大的影响，具有较大开孔结构的催化剂能提供良好的烃类扩散性能，而使带入再生器的烃类较少。Grace Davison 公司较广泛地试验了裂化催化剂物化性质对烃类汽提效果的影响，其结果见表 7-149。平均孔径大而表面积小的催化剂，确实有利于增加汽提效果。某些石油公司把平衡催化剂的表面积作为优化汽提蒸汽用量的一个重要参数，Ketjen 公司还推荐了一组经验数据，列于表 7-150。而 Akzo Nobel 公司则提出了一种“易接近指数”(Accessibility Index)，该指数越大则塔底油的转化率越高，并且在催化剂的汽提过程中烃类也越易于脱附(Baptista，2004)。在重油催化裂化装置中最好采用高“易接近指数”的催化剂。

表 7-149　催化剂物化性质对烃类汽提效果的影响

比表面积/(m^2/g)	439	389	105
孔体积/(mL/g)	0.89	1.8	1.14
平均孔径/nm	7.2	18.4	43.6
汽提温度	1min 后未汽提掉的炭/%(对原料)		
482℃	17.3	17.7	6.4
532℃	2.0	1.7	1.3
汽提温度	15min 后未汽提掉的炭/%(对原料)		
482℃	1.5	1.3	1.1
532℃	1.7	0.9	0.8

表 7-150 平衡剂表面积对蒸汽用量的影响

表面积/(m^2/g)	蒸汽用量/(kg/1000kg)	表面积/(m^2/g)	蒸汽用量/(kg/1000kg)
60	2	140	4
100	3	180	5

(三) 汽提效率

催化剂颗粒间和颗粒孔隙内的油气在汽提段的高温下停留时间长达 1min 以上，催化二次反应和热裂化反应持续进行，生成富含氢气和甲烷的气体，同时产生焦炭。在汽提段上部和气体出口处装设特制的带有过滤网的采样器可以采集汽提后的油气样品，其典型组成见表 7-151。

表 7-151 待生催化剂汽提产物分析

例 号	1	2	3
汽提蒸汽用量/(kg/1000kg)	1. 56	2. 52	4. 68
采样点压力/MPa	0. 17	0. 18	0. 18
温度/℃	513	507	510
样品组成/%(mol)			
水	60. 7	63. 6	74. 0
油	1. 3	1. 1	0. 1
油气	38. 1	35. 3	26. 0
凝缩油			
相对分子质量	188. 8	189. 6	198. 0
烃类/%	97. 6	98. 0	97. 6
碳/%	88. 7	89. 4	90. 2
油气			
相对分子质量	19. 3	19. 0	17. 1
烃类/%	95. 8	96. 0	95. 2
碳/%	73. 8	73. 7	72. 0
甲烷/%(mol)	63. 9	62. 1	78. 0
氢/%(mol)	15. 7	18. 5	10. 8

出口汽提蒸汽中油气含量随汽提蒸汽用量的增加而减少，如图 7-166 所示；待生催化剂带出的可汽提炭也随汽提蒸汽用量的增大而下降，如图 7-167 所示。两图上有关各点均是采用无定形催化剂时工业装置的实测结果。

进入汽提段的催化剂夹带的油气量的理论值可用式(7-251)计算。如不计进入汽提段入口处催化剂夹带的水蒸气，则进入汽提段的油气与水蒸气的摩尔比率为：

$$\alpha = \frac{W_G M_S}{W_S M_G} = 2.16 \times 10^6 \frac{P}{T \cdot W_S}\left(\frac{1}{\rho_B} - \frac{1}{\rho_S}\right) \tag{7-253}$$

式中 α——油气和蒸汽摩尔比率，mol/mol；

W_S——汽提蒸汽用量，kg/1000kg 催化剂；

M_S——水蒸气相对分子质量，等于 18。

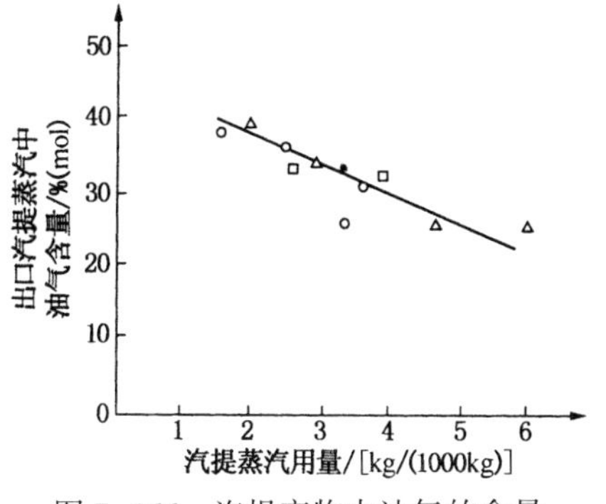

图 7-166　汽提产物中油气的含量

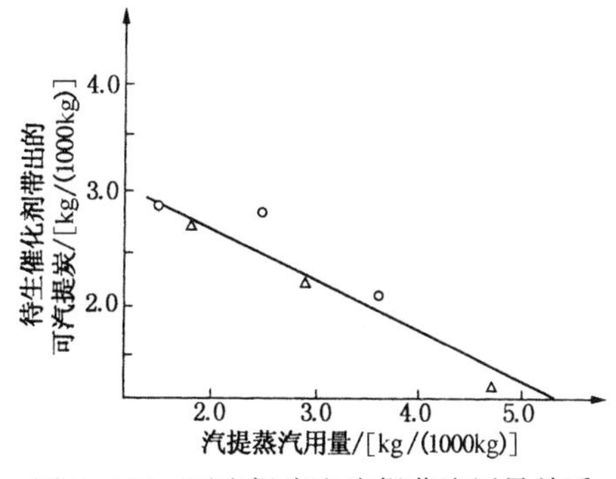

图 7-167　可汽提炭和汽提蒸汽用量关系

应用物料传递单元的概念可得出汽提效率的计算式：

$$E_S = 100\left(\frac{1 - \alpha^N}{1 - \alpha^{N+1}}\right) \tag{7-254}$$

式中　E_S——汽提效率,%；

N——理论传递单元数(NTU)。

汽提段的传递单元高度(HTU)因结构形式不同而有差异，一般范围列于表 7-152。夹带的油气中约有 75%是在催化剂颗粒之间的空隙中，约有 25%是在颗粒内部的空隙中。在一般的操作条件下，汽提段床层密度 ρ_B 为 500kg/m^{3}时，W_G约为 10kg/1000kg 催化剂左右。由于汽提不完全所增加的焦炭占新鲜原料的产率，与汽提效率之间有如下的关系：

$$C_S = (1+R_F) \times R_C \times \frac{W_G}{1000} \times (100-E_S) \tag{7-255}$$

式中　C_S——由于汽提不完全所增加的焦炭产率,%；

R_C——剂油比；

R_F——回炼比；

E_S——汽提效率,%。

C_S可根据装置的热平衡情况决定。如再生器的烧焦能力成为控制因素时，则应增加汽提蒸汽量以提高汽提效率，尽量减少 C_S。要使 C_S在 1%以内，一般需要 E_S在 90%以上。

（四）汽提段的结构

在汽提器内只有向上流动的汽提蒸汽才能起到汽提油气的作用，向下流动的汽提蒸汽对油气汽提是没有贡献的。在单段汽提器中，汽提蒸汽均在汽提器底部通入，希望汽提蒸汽全部向上流动，与向下流动的催化剂逆流接触，进行传质、传热，汽提蒸汽经过汽提器的全长度，与催化剂的接触时间最长。但实际上汽提器是一个鼓泡床，其表观气体线速在 0.2m/s 左右，颗粒质量流率为 40～60kg/(m^2·s)，

表 7-152　不同汽提段结构的 HTU

汽提段形式	挡板形式	HTU/m
环形	人字	3.0～3.5
隔板式	碟-环	2.6～3.2
	无	4.0～4.5
底部圆筒形	人字	2.7～3.5
	碟-环	2.7～3.0
	无	3.5～4.5
外部圆筒形	碟-环	2.6～2.8

汽提段颗粒密度按 500~700 kg/m³，则催化剂流动速度约 0.06~0.12 m/s，催化剂夹带气体的能力是很弱的。汽提后的待生催化剂在进入待生立管入口锥体后，由于截面急剧减小，催化剂加速，密度降低，若立管颗粒密度按 300~500 kg/m³，催化剂颗粒质量流率取 400~600 kg/(m²·s)，则催化剂的流速约 0.8~2m/s，催化剂夹带气体的能力剧增。在待生立管的入口端对催化剂有一种抽吸作用，使部分汽提蒸汽被待生催化剂携带进入待生立管，而未向上流动，未起到汽提油气的作用，因此，单段汽提器的汽提效率比较低。采用简单的汽提段结构的工业装置的焦炭氢含量(按烟气分析计算)常常在 8%以上，说明焦炭中的可汽提焦较多。提高汽提器汽提效率有两个途径，即设置内构件和优化工艺条件，改善汽提段内气固两相间的传质。随着重油催化裂化技术的发展和能量利用率的改善，从装置热平衡角度来看，尽可能地降低装置生焦量，尤其焦炭中的可汽提焦，因此汽提段的结构改进一直处于持续发展中。

1. 延长待生剂在段内的停留时间

进入汽提段的待生剂所携带的油气分两种：一种是催化剂颗粒间、空隙内易于汽提的夹带油气，另一种是催化剂微孔内吸附的油气，该类油气比较难于汽提，需要较长的汽提时间。UOP 公司在 20 世纪 80 年代中期就加长了汽提段，以延长催化剂在汽提段内的停留时间，促使更多的吸附重烃生成轻质产品和焦炭，从而减少了进入再生器物料的氢含量，如图 7-168 所示(Kauff，1992)。除了加长汽提段外，还可以通过增加汽提段的长径比、改变待生剂的流动路线等办法来增加停留时间。Kellogg 公司设计的汽提段内催化剂的停留时间可达 4~5min。

2. 采用两段汽提或多段汽提

采用两段或多段汽提也是一种延长待生剂停留时间的措施。Walters 等(1986)和 Pierre 等(1986)推荐采用两段或多段短接触汽提工艺，来提高置换效率，如图 7-169 所示。Mobil 公司的 Hartley 等(1991)提出用两个叠置的汽提段，下段浸没在同轴式催化裂化装置再生器的密相床中，利用器壁传热(这时下段为多管式以增大传热面积)或掺入部分高温再生催化剂(这时下段为一个立式圆筒)的办法，使下段的温度比上段高 30~55℃，高温汽提对分解焦炭中的烃非常有利，可以降低焦炭中氢含量，减少再生空气量，降低烟气中的蒸汽分压，缓解催化剂的水热失活。两段汽提的水蒸气用量虽略高于一段汽提，但综合效果还是有利的。Kellogg 等公司也开发出结构较为简单的上下叠置的两段汽提结构。当蒸汽用量为 2.5kg/t 时，焦炭中的氢含量为 5.5%~6.0%。Shell 公司的 Nieskens(1990)在设计中也采用逆流和错流的分段汽提，并利用内部提升管的管子本身支撑汽提挡板，在单一容器中就能达到分段汽提所要求的效果。S&W 公司的 Glendining 等(1996)提出的两段汽提器是在常规的挡板汽提器(第二段)前，于分离器的固体出口处设置了蒸汽盘管，作为第一汽提段。放射性示踪试验表明由分离器带出的蒸汽量极少，而 RMS(Reaction Mix Sampling)试验证明了其汽提效率很高。

Shell 公司在渣油 FCC 装置设计中，采用旋分汽提器作为第一段(也叫快速预汽提)，迅速将分离出来的催化剂中的烃类汽提出来；第二汽提段的设计，可使催化剂中的剩余烃类高效地解吸和置换出来，如图 7-170 所示。Mobil 公司的 Avidan 等(1990b)在设计中也采用了类似的旋分汽提器，将汽提蒸汽引入了旋风分离器，其结构见图 7-171。

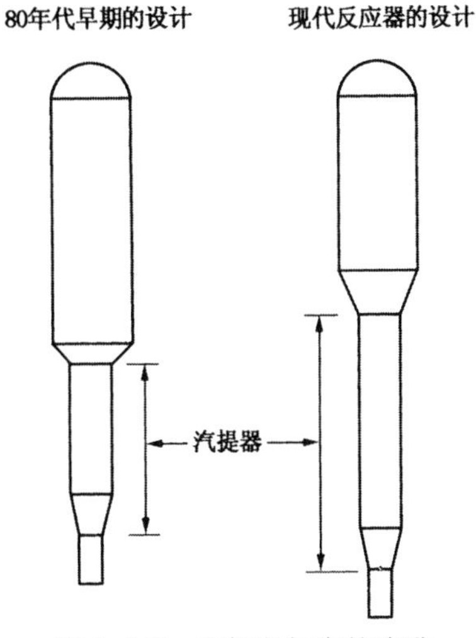

图 7-168 汽提段长度的改进

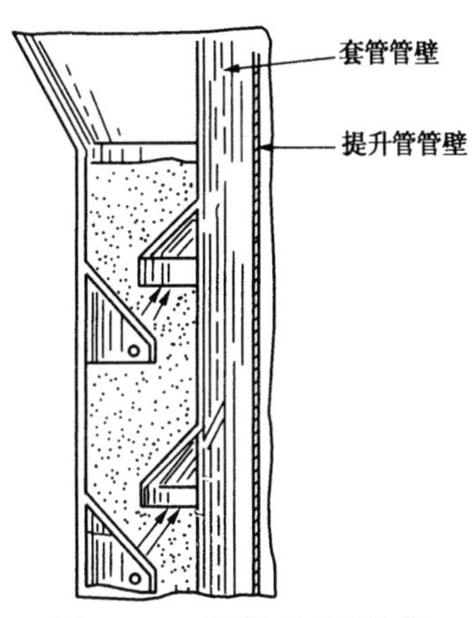

图 7-169 两段或多段汽提

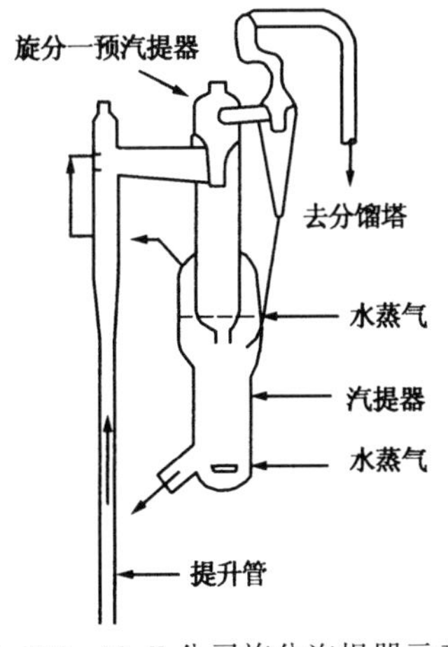

图 7-170 Shell 公司旋分汽提器示意图

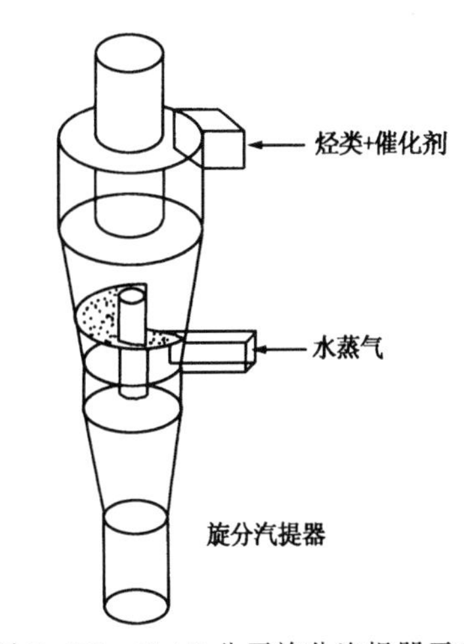

图 7-171 Mobil 公司旋分汽提器示意图

3. 提高汽提段挡板的效率

为了防止待生催化剂走短路，一般采用的预防措施是使用挡板，挡板的形式有斜板式、碟-环式和人字型挡板等。为适应催化裂化原料劣质化，改善汽提段挡板的汽提效率，对于重油催化裂化装置，汽提器内件以新型盘环形挡板取代人字形挡板；而对于蜡油催化裂化装置，考虑到沉降器结焦较少或不结焦，已有部分装置汽提段内件采用了新型格栅填料。格栅填料在本节后部介绍，此处介绍盘环形挡板。

(1) UOP 公司 Couch 等(2004)开发了 AF™汽提器技术，采用了一种新型高效挡板，如图 7-172 所示(Ismail，1991)。新型高效挡板是对传统多层阵伞型隔板结构的改进，在每层伞下缘新加一圈高约 0.3m 的裙板，沿不同高度开三排小孔，自上而下孔径逐渐加大，使汽提蒸汽从最下一层裙板穿孔而过，形成多股射流，与待生催化剂接触，蒸汽从下到上顺序通过各层裙板，而待生催化剂从上到下通过阵伞与裙板间的环形通道，这样就实现了多段逆流接触，增加了理论传递单元数目，可以少用汽提蒸汽达到高的汽提效率。据称一个 2Mt/a 的催化裂化装置，其汽提段直径 3m，有 4 层外周阵伞，3 层中心阵伞，采用常规结构每吨待生剂用汽提蒸汽 1.7~2.5kg，而采用此新结构后，蒸汽用量可减少到 0.7kg(甚至 0.5kg)。我国某炼油厂的 RFCC 装置也采用了类似的高效汽提挡板，如图 7-173 所示，有效地减少了进入再生器的重烃，经过计算其炭差实际降低了约 0.095，从而减少了生焦量(郭毅葳，2002)。此外，还开发了 AF 格栅式和填料式汽提器内构件，例如 UOP 公司提出了一种多层格栅结构，每层格栅像车辐条一样布置，每根辐条上开有窗口，目的是加强气固交换，但结构太复杂而不便应用(Zinke，1996)。

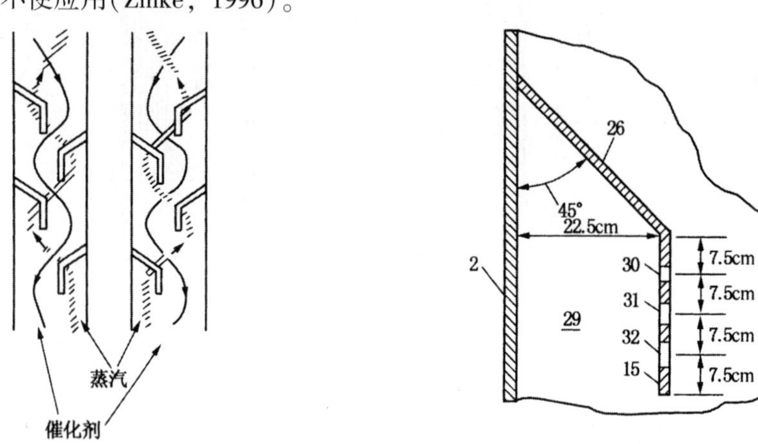

图 7-172　汽提段内部结构的改进使气-固趋向逆流接触

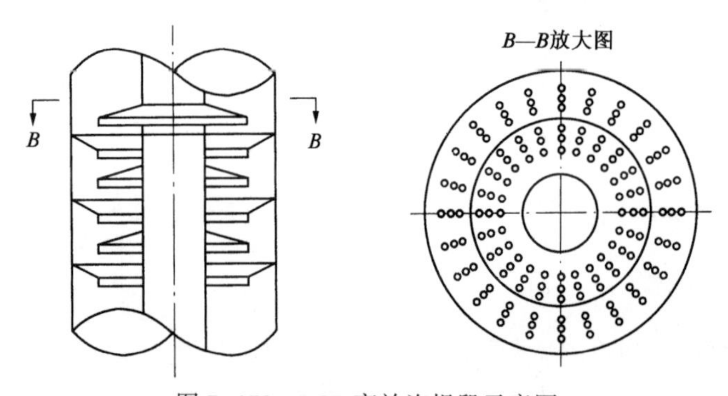

图 7-173　UOP 高效汽提段示意图

(2) Mobil 公司也在致力于改进挡板结构，为了对向下流动的催化剂有旋转导流作用，在内外环挡板上附加了许多三角形旋转板(叶片)(Senior，1999)。特别是 KBR 公司和 Mobil 公司还联合开发了新型的“Dyna Flux™”汽提器专利技术，它不仅增加了催化剂的停留时间，还改善了催化剂在汽提器内的流动分布状态(McCarthy，1997)。与常规的技术相比，它可以显著地减少未汽提的烃类(最多时可以减少 80%)；并且在低蒸汽用量时，可使焦炭的含氢量小于 6%。该项技术由两个部分组成：Flux Tubes™挡板和 Lateral Mixing Elememts™技术。

① Flux Tubes 挡板。

这种“流通量管式挡板”可以减轻高催化剂流通量时的脉冲影响。冷模试验表明：当汽提器中催化剂的表观质量流通量超过某一个临界值后，汽提效率会急剧下降；此时汽提器中催化剂的密度也迅速降低。这种现象如图 7-174 所示。其原因是当达到“临界流通量”后，汽提蒸汽的正常流型遭到了破坏，造成大量的汽提蒸汽被待生剂夹带向下流动，进入再生器。KBR 公司设计的“Flux Tube baffles”，即便在很高的流通量下，也能获得很好的汽提效率，其采用的流通量可以较多地超出普通挡板的“临界流通量”。图 7-175 表明了该挡板与其他两种普通挡板的对比。

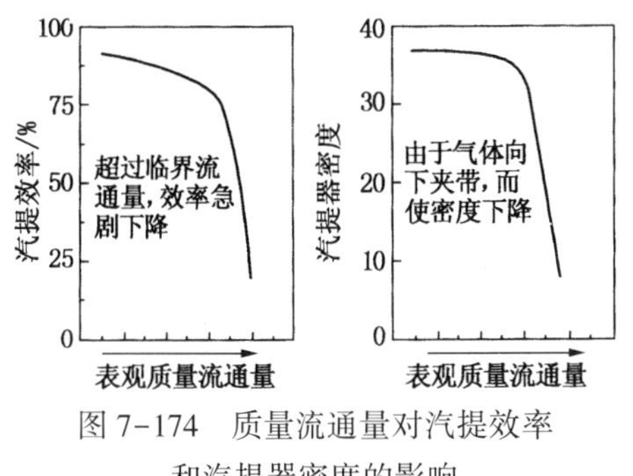

图 7-174　质量流通量对汽提效率和汽提器密度的影响

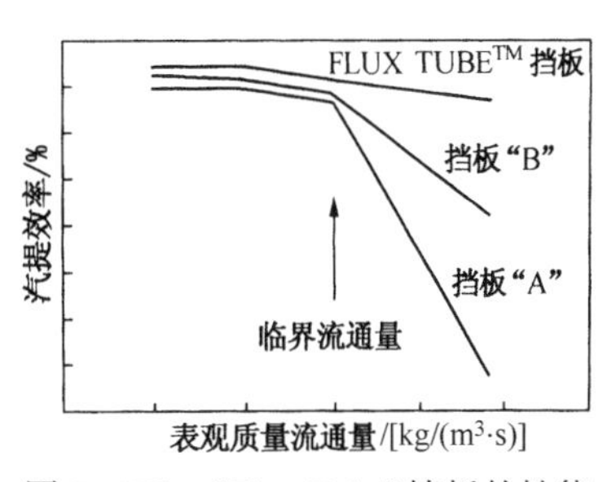

图 7-175　“Flux Tube”挡板的性能

“Flux Tube baffles”技术在 Paulsboro 炼油厂催化裂化装置上使用的效果列于表 7-153。从表 7-153 可看出，使用该技术后汽提效率大为提高，由待生催化剂夹带进入再生器的烃由原来的 10%~15%(占总焦炭)下降到 3%~5%；再生器温度下降了 16.7℃。此外，平衡催化剂的活性增加了近 3 个单位，装置的实际转化率增加了 1.2 个百分点。

表 7-153　采用“Flux Tubes”前后汽提器性能比较

项　目	采用前	采用后
烃类蒸气/%(占总焦炭)	10~15	3~5
相对汽提器效率	69~78	89~93
进入反应器的蒸汽/%	35~50	68~78
进入再生器的蒸汽/%	50~65	22~32
再生温度/℃	740.6	723.9

② lateral Mixing Elements™技术。

这种“横向混合单元”(简称 LME 技术)可以改善汽提蒸汽和催化剂的混合效果，并增加待生催化剂的平均停留时间。Mobil 公司用 γ 射线扫描和放射性示踪等诊断技术，证明了在大型工业汽提器中催化剂分布的不均匀性，即便是设计良好而又操作正常的汽提器中，也存在催化剂的沟流和短路现象，特别是在环状的汽提器中更严重些。催化剂走短路不仅显著降低了停留时间，而且还将大量的潜在可汽提烃类夹带到再生器中。“LME 技术”能够使催化剂横向通过汽提器，而与汽提蒸汽很好地混合，这样既阻止了催化剂走短路，又能充分地利用汽提器的体积，从而延长了平均停留时间。工业数据表明在使用了“Flux Tubes”后，再采用该技术，催化剂上的碳差(Delta Carbon)又下降了 6%，说明两者结合效果较好。

(3) 国内洛阳石化工程公司也一直致力于新型挡板结构的开发，张振千等(2001；2013)在盘环形挡板和其裙边上进行了许多结构改进，如在盘环挡板的下缘加高约 0.3m 的裙板，并在裙板和盘面上开设小孔，形成多股射流与待生催化剂接触，从上到下形成了多股逆流接触，可以减少汽提蒸汽，同时，为提高气固接触空间，在内外环挡板上增设大孔结构，增加汽提器内固相催化剂的填充率，加大气固接触面积以提高气固接触效率。图 7-176 为新型盘环挡板式汽提器结构。在汽提器内设置两段汽提蒸汽，每段之间设置高效环形挡板，构成组合式汽提器，以减小汽固返混，提高传质效率。在新型汽提器中，一部分催化剂通过较大的挡板环隙向下流动，另一部分催化剂则通过开孔进入挡板下方，与上升的汽提蒸汽逆流接触。由挡板上的孔流下来的催化剂填充了几乎整个挡板下方区域，实现了气固的充分接触，固相催化剂填充率为95%~98%，比不开孔结构提高了30%以上。冷模试验表明，这种挡板比普通盘环式挡板的汽提效率有大幅度提高，见图7-177；工业应用结果表明，汽提器流化稳定、运转正常，焦炭中氢质量分数降低到6%~8%(刘希民，2001)。

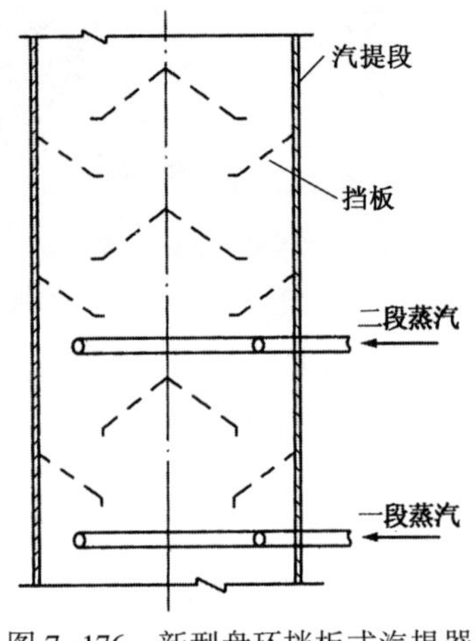

图7-176　新型盘环挡板式汽提器

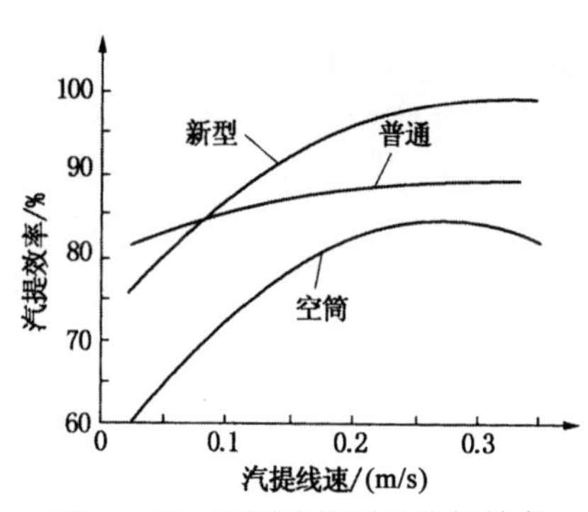

图7-177　不同汽提器的汽提效率

张振千等(2006)在汽提器内用间隔距离较大的挡板分割汽提器，形成一种多级串联式汽提器。挡板分区后可以减少各区内气固的返混，每个分区内部设置高效汽提构件提高传质效率，构成组合式高效汽提器，从而实现对油气的高效汽提，如图7-178所示。张永民等(2004)将气液环流原理应用于汽提器开发，通过颗粒的环流实现气固之间的多次高效接触。与常用的盘环形汽提结构相比，可减少48%的可汽提焦炭量，还具有结构简单的特点，0.8Mt/a重油催化裂化装置的工业应用表明焦炭收率降低1.45%，汽提蒸汽用量降低0.36t/h(李鹏，2009)。

4. 采用新型的汽提器内构件

催化剂和汽提蒸汽的均匀分布是提高汽提器效率的重要措施之一。早期的汽提蒸汽分布器都是处于挡板下方，使得蒸汽在挡板下方积聚成大气泡，直到其内部压力大到使蒸汽从挡板周围逸出为止，因此蒸汽与催化剂的接触效果较差。此后汽提蒸汽分布器的设计已借鉴了再生器主风分布器的设计思路：用小孔引入蒸汽而产生小气泡，使之与催化剂产生满意的接触。对比不同内构件的汽提器，空筒型、普通盘环式、新型盘环挡板式、格栅填料式，在相同的汽提线速下冷态对比实验表明：空筒型汽提效率最低，普通盘环式汽提器的汽提效率为85%左右，新型盘环挡板式汽提器的汽提效率达到96%，格栅填料汽提器的汽提效率最高达97.4%。说明内构件具有均匀流化、破碎气泡、减少返混、延长停留时间的作用，使催化剂颗粒在汽提器内和汽提蒸汽得到了充分接触和均匀的分配，提高了汽提效率(张振千，2013)。

格栅填料式汽提器的结构如图7-179所示。在汽提器内放置两层以上格栅填料内件，每层填料用支架支撑于器壁，底部通入汽提蒸汽。催化剂从上向下流动，经过填料内件分布后，均匀向下流动与上升的汽提蒸汽逆流接触进行油气介质的置换。格栅填料具有均匀流化、破碎气泡、减少返混、延长停留时间的作用，催化剂颗粒在汽提器内和汽提介质得到了充分接触和均匀的分配。工业应用结果表明，格栅填料式汽提器流化稳定、运转正常，焦炭中氢质量分数降低到4%~7%。正是格栅填料式汽提器具有较高的汽提效率，早期的环形挡板也被类似于格栅或规整填料的内构件所取代。例如Total公司采用多层波纹板填料作为汽提段内构件，每层填料由多个波纹板组成，各层之间留有空域(Senegas，1998)。特别是Koch-G1itsch公司Richard等(2001)基于并流混合(Co-current mixing)原理，开发了一种称为“KFBE™”的新型结构填料技术(Structured packing technology)，它是用类似填料的网格构件将床层均分成多个小流动单元，气固在每个单元内进行交换，从而促进流化床中气体和气-固“乳化相”之间的充分接触方面，具有很高的效率。“KFBE”内构件的应用能够使整个汽提段都处于均匀一致的流化状态，而不存在催化剂的滞留区、不存在床层密度的变动，即催化剂乳化相的向下移动是很稳定的，没有明显的汽提气或催化剂乳化相的返混。在催化剂流通量和(汽提气/催化剂)比的整个试验范围内，都能够保持稳定的流化状态和得到非常好的汽提效率。“KFBE”的单元结构是一种中间带有相互斜交叉网眼的板状格栅，这些钢板的放置方位是要与汽提器的轴线构成一定的角度，如图7-180所示。另一种对比的内构件叫“SMV”，其单元结构是一种直立排放的波纹钢片，如图7-181所示。在结构填料高度为1.9m的中型实验装置(直径为0.66m)中，两种内构件在总汽提效率方面的对比见图7-182。结果表明“SMV”型的内构件的总汽提效率达80%~85%左右；而“KFBE”型内构件可达90%以上，其中“KFBE”ⅡA型甚至达到95%以上。

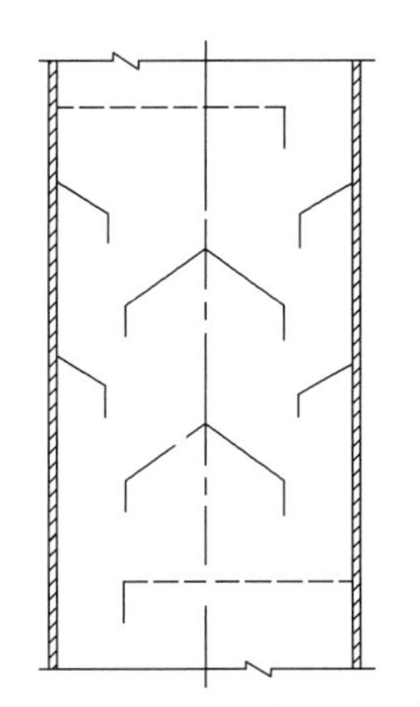

图7-178　多级组合式汽提器

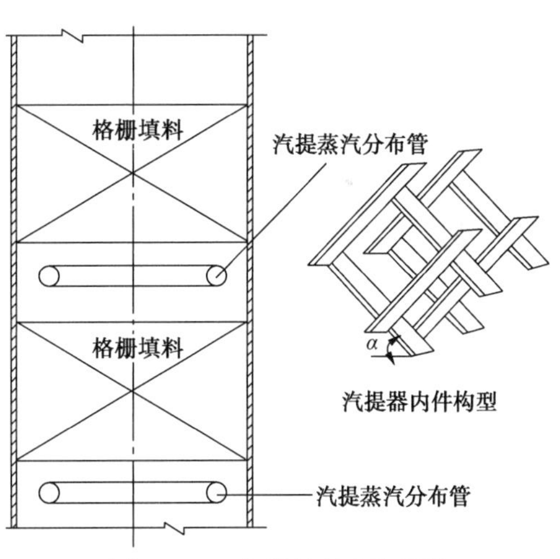

图7-179　格栅填料式汽提器

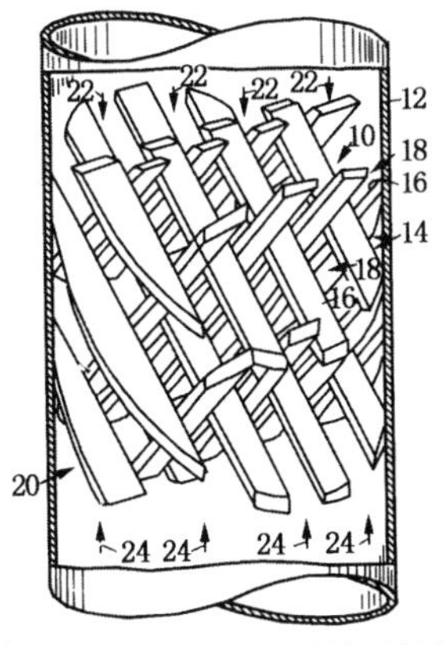

图7-180　“KFBE”型单元结构

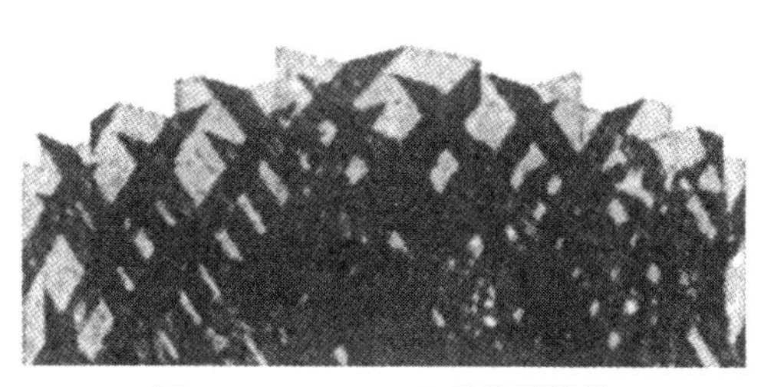

图7-181　“SMV”型单元结构

"KFBE"技术的首次工业应用是在 Total Fina Elf 公司 Antwep 炼油厂(比利时)的 10 kt/a FCC 装置上。采用了五层新型"KFBE"结构填料，总的充填高度为 1.9m。选用的结构材料为 12CrMo910 钢，设计允许的使用温度为 565℃；材料厚度为 5mm，以保证足够的机械强度，该厂采用新型"KFBE"填料的汽提器结构见图 7-183。

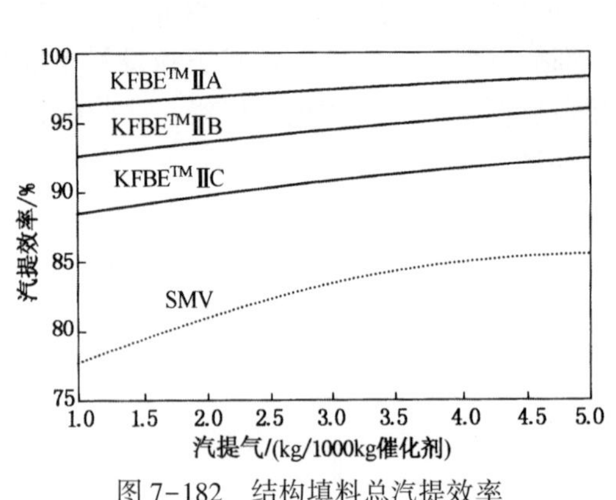

图 7-182　结构填料总汽提效率

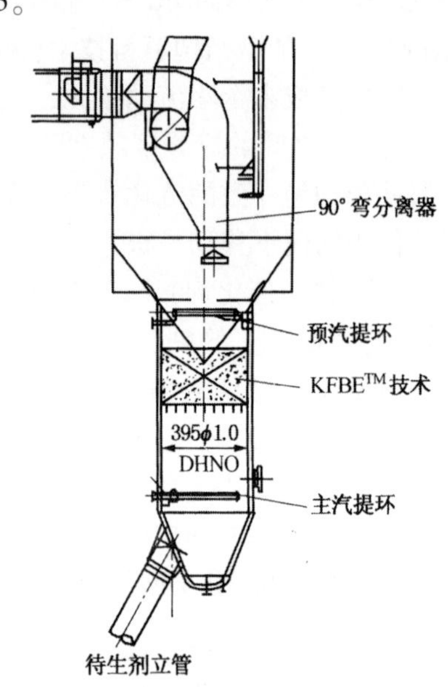

图 7-183　装填"KFBE"汽提器的结构示意图

由于"KFBE"技术将并流混合原理和结构填料设计结合在一起，消除了催化剂滞留和大水蒸气团阻塞的现象。与常规的汽提器相比，其具有更高的汽提效率和较少的蒸汽用量；有效体积可以增加 15%~60%，相应延长了催化剂的停留时间。"KFBE"可以使整个汽提器中维持尽可能低的乳化速度，与常规的汽提器相比，其"有限表面积乳化速度"可以减少 80%；由于减少了水蒸气的阻塞和增加了床层密度，而使水蒸气的向下夹带减到了最小。此外，汽提蒸汽和乳化相的返混现象实际上也得以消失，焦炭中的氢含量由原来的 7%降到 6%。由于"KFBE"技术为催化剂的循环提供了更为稳定的环境，因此改善了该 FCC 装置的可操作性。

Cerqueira 等(Baptista，2004)也介绍了使用 Koch-G1itsch 公司开发的结构填料(KFBE)的效果。在中型试验装置上，采用了三种汽提器内构件：常规挡板、改良挡板和结构填料，图 7-184 表明了在不同内构件的情况下，转化率与再生器取热量的关系。再生器的取热量对催化剂的循环量有直接的影响，当装置处于热平衡模式(取热量 $Q=0$kJ/h)时，与常规的碟-环型挡板相比，用结构填料和改良挡板为内构件，可以得到较高的转化率(高出了 3 个百分点)；随着取热量的增加催化剂的循环量也逐步增高，与常规的挡板相比，结构填料在转化率上仍能保持已有的优势，但改良挡板则失去了原有的优势，在性能上逐渐类似于常规的挡板。此时，数据表明在使用结构填料的情况下，其再生器密相温度要比其他两种情况低 10℃左右。图 7-185 还表示了在不同的内构件情况下，LPG 产率与转化率的关系，数据表明不同的内构件对装置的产品产率和选择性是有影响的。在同一转化率时，虽然对 LPG 和汽油产率之和几乎没有影响，但采用结构填料将有利于增加 LPG 的产率，并且不会增加干气的产率。这也解释了当采用结构填料时，由于显著地增加了催化剂的停留时间，而使汽油馏分继续发生裂化反应。

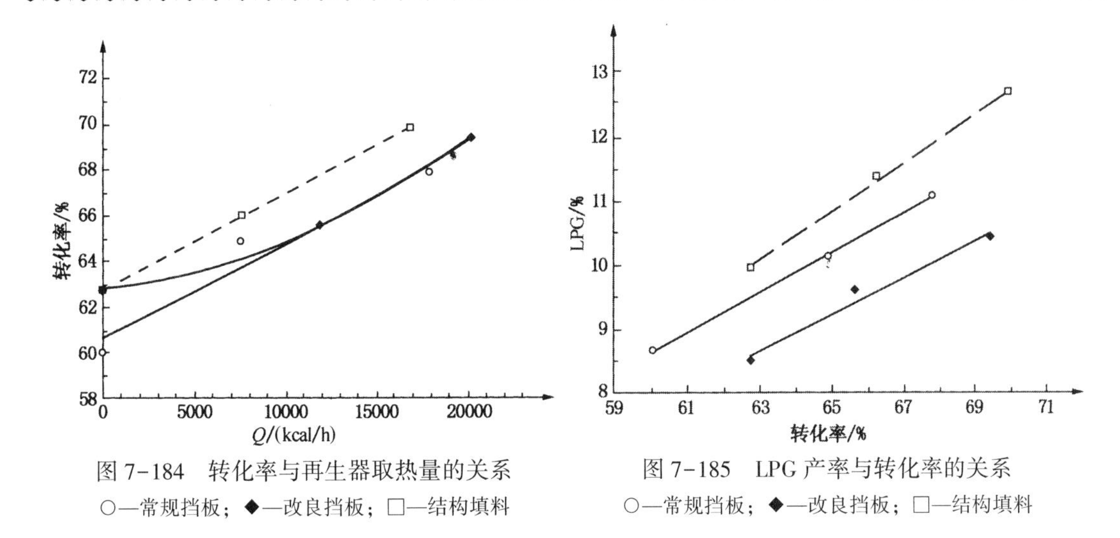

图 7-184　转化率与再生器取热量的关系

○—常规挡板；◆—改良挡板；□—结构填料

图 7-185　LPG 产率与转化率的关系

○—常规挡板；◆—改良挡板；□—结构填料

吴雷等(2009)在传统的汽提段的基础上，开发一种新型的“封闭、整流双功能”高效汽提器结构：对传统汽提段的汽提挡板进行“密封”，构成壁环管，汽提挡板由壁环管和伞型汽提蒸汽环管组成，壁环管和伞型汽提蒸汽环管间隔排列，表面均是45°倾斜的板面结构，既提供催化剂与蒸汽的接触面，又使喷出的蒸汽与催化剂快速接触，使催化剂颗粒内的油气烃分子被汽提出来。间隔排列的壁环管和伞型汽提蒸汽环管改变了汽提蒸汽在汽提段内的流动通道，减少在传统汽挡板存在的蒸汽短路，同时对汽提段内的催化剂向下呈 S 型流动起到导向作用，使催化剂和蒸汽真正做到错流接触。每个汽提蒸汽环管均通入蒸汽，在其上部两侧的壁面上开孔。从上至下，汽提蒸汽量依次增多，由限流孔板控制，如图 7-186 所示。在宏观上，新型结构的高效汽提段催化剂的流动更趋细致，创造出更多的接触面，蒸汽在较高流动推动力下与催化剂接触，分布更均匀，加大了扩散传质推动力，催化剂颗粒间和颗粒内的油气烃分子被汽提、置换出来，使汽提效率大大提高。

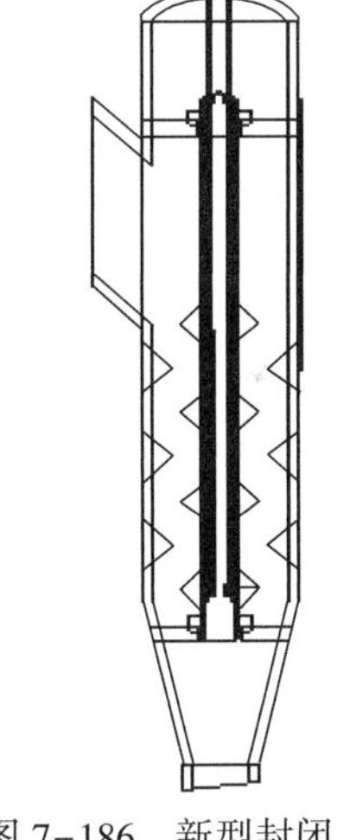

图 7-186　新型封闭、整流双功能汽提器结构

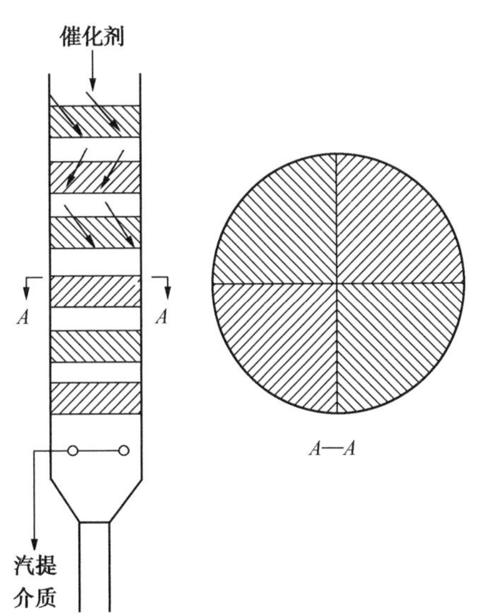

图 7-187　新型填料式汽提器及内构件结构

计海涛等(2007)提出了一种高效导向板式填料汽提器，如图 7-187 所示，该种结构提高汽提空间有效利用率，较常规的挡板结构实际流通面积增加，增加停留时间，并且起到破汽泡的作用，汽提效率提高 10~15 个百分点。采用结构填料将显著地改善水蒸气与催化剂乳化相的分布和接触，填料能起到破气泡的作用，从而明显提高了汽提效率；此外，由于充分利用了设备的横截面和体积，因而显著增加了汽提器的能力和催化剂的停留时间。

八、防结焦技术集成

当装置处于稳定生产运行时，结焦对装置的危害不易显现。一旦外界或装置自身因素导致操作波动，譬如反应系统温度压力变化，进料量变化或切断进料，此时由于焦块的膨胀系数与钢材和衬里的差异(焦炭与钢构件变化方向随温度变化相同，但膨胀系数差 50% ~60%，而焦炭与衬里变化方向随温度变化正好相反，温度升高焦炭膨胀，而衬里收缩)，从而使焦块离开原依附的构件或衬里而脱落。一般情况是原依附在沉降器内件的焦块脱落后，通过汽提段落入待生斜管或待生滑阀节流锥上方，或堵塞待生斜管或卡住待生滑阀，妨碍催化剂输送，此时无论如何改变工艺操作参数也无济于事，只有停工卸料清焦。依附在沉降器顶旋升气管外壁的焦块脱落就会掉进料腿或卡住翼阀影响沉降器催化剂回收，大量催化剂进入分馏塔，油浆固体含量徒增威胁设备运行安全，无奈也只能停工处理。分馏系统结焦一般是堵塞设备管线，导致油浆不能正常循环，必须停工清焦。结焦的最大危害是制约了装置的运行周期，从而影响加工量和经济效益。我国催化裂化装置约有 60%非计划停工是由装置结焦所致。装置结焦部位有提升管区、沉降器及旋风分离器系统、反应油气管线和分馏塔油浆循环系统。不同的部位结焦，其机理和成因也不完全相同(徐惠，1999b；张红星，2002；王文清，2003；李文杰，2003；叶晓东，2003；李鹏，2003；翟伟，2003)。

(一) 结焦部位和结焦物组成

1. 结焦部位与焦块的危害

(1) 提升管进料喷嘴处内壁结焦

喷嘴上方的内部管壁处常出现结焦，焦块外面为油焦、内部为硬质焦，有时分层。此处焦块中的催化剂含量较高，一般为灰黑色。严重结焦会造成提升管内径变细，提升管压降升高，从而影响催化剂循环量，有时被迫降低处理量甚至停产。随着高效进料喷嘴的应用，雾化效果的改善，此处结焦已基本控制。

(2) 粗旋内筒和料腿

粗旋结焦基本为内筒和料腿结焦，焦层黏附在内筒和料腿内壁，导致内径逐渐缩小，有可能将料腿完全堵塞。焦层外面为软焦，内部为硬焦。料腿结焦初期造成油浆固体含量增高，容易导致分馏系统结焦；后期沉降器大量跑剂，油浆固体含量超高，油浆系统循环困难，装置被迫切断进料。此处焦块中的催化剂含量较高，一般为灰黑色。

(3) 顶旋内筒、料腿和翼阀处

顶旋内筒和料腿内壁结焦，结焦少时料腿内径因焦块附着变细；结焦多时料腿基本堵塞。顶旋料腿翼阀阀板处结焦，造成阀板开关不灵活，多为硬焦。

有些装置顶旋料腿靠近料腿出口内部没有衬里、料腿出口有固定开口的斜板(防止催化剂直接冲刷沉降器内壁)。由于斜板与料腿出口间隙较小，当没有衬里的料腿内壁结焦达到一定程度后，遇到装置切断进料，沉降器内部温度下降时，这部分焦块因与金属的膨胀系数不同，很容易脱落堵在料腿出口，当装置恢复进料时导致沉降器跑催化剂，严重时被迫切断进料。

(4) 顶旋升气管外壁

顶旋升气管外壁是一个比较容易结焦的场所，结焦量一般不大，但危害较大。焦块呈月牙状黏附在升气管的外壁上。一般为硬焦，催化剂含量低，质地硬脆、黑亮。此处结焦遇到生产波动，容易发生焦块脱落，堵塞料腿或翼阀，给生产带来较大威胁。

(5) 待生滑阀上斜管处结焦

待生滑阀上斜管结焦比较少见，主要是待生滑阀斜管保温衬里内壁上结焦。焦块为硬焦，含锑(金属钝化剂主要成分)，催化剂含量较高，一般为灰黑色。焦块较大时脱落，比较危险。

(6) 沉降器内壁及沉降器内部构件

沉降器内壁和沉降器内部构件上结焦较为常见，主要集中在穹顶、内集气室外壁与盲区及沉降器内壁；内提升管上部外壁、粗旋外壁、顶旋肩部料腿外壁、翼阀护罩料腿拉筋上部，顶旋升气管外壁。沉降器内部都有结焦，焦块少时沉降器内壁上薄薄一层焦粉；结焦多时沉降器内壁上焦层可达400mm，凡是能够挂焦的的地方均容易结焦。焦块质地较硬，难以清除。当沉降器内部发生较大的温差变化时，这些焦块容易断裂、脱落，堵塞待生斜管入口，导致待生催化剂循环量下降或中断。沉降器稀相段上部焦块一般为黑色发亮，催化剂含量较少；越往下越靠近汽提段催化剂含量越高。

(7) 沉降器内集气室

沉降器集气室内壁结焦较少，一般情况下不影响生产，基本为焦粉形态。有些装置经过VSS和VQS改造之后，沉降器集气室出现大量结焦影响生产，结焦为黑亮焦块。

(8) 沉降器出口到分馏塔入口的油气管线(转油线)

沉降器出口到分馏塔入口的油气管线内壁有厚薄不等的结焦，常见的有100~150mm，最厚处达250mm。结焦基本为黑亮硬焦，层状分布，当焦层结到一定厚度后，因油气流速增加，结焦程度一般不再发展。可采用提高油气速速来缓解油气管线内壁结焦。

(9) 分馏塔油浆系统

油浆系统结焦是指分馏塔底结焦和油浆循环线及油浆换热器结焦。一般为碎焦和油焦。轻则导致油浆循环量降低，严重时装置被迫切断进料。焦块呈灰色或灰黑色，催化剂含量较高。

2. 结焦物形态和组成

由于催化裂化反应和分馏系统的操作条件及设备构造不同，不同部位的结焦物也不尽相同。根据焦块的分布区域、外观、组成与粒度，大致将焦块分为软焦、中等硬焦与硬焦三类，影响结焦物软硬程度的主要因素是重油液滴和催化剂在结焦时的流动状态。不同流动状态的重油液滴和催化剂的结合方式有差别，在器壁上的黏附形式不同，导致了结焦物中催化剂含量不同，结焦物的软硬程度不同。

(1) 软焦

外观呈黑灰色，由粉状物黏结组成，结构松散易粉碎(一般分布在油气流动速度比较低或相对静止区域。重油液滴和催化剂颗粒以自由沉降或以自由扩散方式沉积在器壁表面上，重油液滴和催化剂颗粒交错层叠，松散地堆积在一起，有时重油液滴包裹着催化剂颗粒或夹在堆积的催化剂颗粒之间。当这些液滴发生脱氢缩合反应形成结焦后，结焦物中含有较多的催化剂颗粒和空隙，结构疏松，称为扩散型结焦。软焦组成中灰分较多(66%~70%)含碳30%左右，灰分颗粒较细，0~20μm颗粒几乎是100%，0~10μm颗粒占50%左右。装置切断进料后易导致软焦形成。

(2) 中等硬焦

外观呈灰黑色，断面有许多孔洞，比较致密坚硬大多黏附在器壁气体流速较低的区域沉降器内壁、粗旋外壁、顶旋拉杆外壁，中等硬焦灰分比较多，一般在50%以上，灰分的粒度更细，0~10μm的细粉比软焦更多

(3) 硬焦

外观黑而发亮，表面光滑，并有流动和冲刷的痕迹，结构致密，质地坚硬，敲击有清脆的声音。硬焦主要产生在油气速度较高、速度梯度变化较大、催化剂的浓度较低的区域。由于油气流动速度高，油气和颗粒扩散能力强，向壁面的附着力增大，当油气流速足够大时(例如40m/s以上)油气对器壁的冲刷力大于催化剂颗粒与液滴向器壁的附着力就可以抑制结焦发生。硬焦主要出现在反应油气管线内壁、顶旋升气管外壁等油气流动速度高的区域。硬焦块组成中灰分少(约30%)，含碳量多(60%以上)，灰分几乎全是0~10μm的微细颗粒。

焦块的组成和灰分中催化剂颗粒的粒度分布分别列于表7-154和表7-155。从表7-154可以看出，焦块基本由碳、氢两种元素和催化剂组成，扣除灰分后，其氢含量不足4%，远低于裂化反应所生成的焦炭中的氢含量(约为7%~8%)。此外，转油线内焦块碳含量较高而灰分低，说明这类焦是在低浓度催化剂情况下油气高度缩合炭化形成的，与转油线内环境非常相符；而喷嘴上部和沉降器内(稀相段下部)，由于催化剂浓度较高，故此处焦块的催化剂含量高。灰分主要由铝和硅两种元素组成，而这两种元素基本就是催化剂的主要成分，因此可以说灰分就是催化剂的颗粒。灰分典型成分是硅(以SO_2计)约为45.0%、铝(以Al_2O_3计)约为47.3%、铁(以Fe_2O_3计)约为2.47%和钙(以CaO计)约为0.55%(邹滢1997；钮根林，2002)。从表7-155可以看出，软焦—中等焦—硬焦组成的变化规律是灰分逐渐减少、0~10μm的细颗粒逐渐增加，焦块中氢含量逐渐降低。这与发生结焦部位流场的状态是紧密相关的。

表7-154　不同部位焦块硬度、组成

采样位置	焦块硬度	组成/%					H/C
		灰分	C	H	S	N	(焦块中氢含量)
C装置沉降器设备孔附近	软焦	70.42	27.48	1.12	0.26	0.20	0.0407(3.9%)
S装置沉降器内死区部位	软焦	66.04	33.96	—	—	—	—
Q装置喷嘴上部	中	63.16	33.42	0.89	0.57	0.71	0.027(2.42%)
L装置沉降器器壁1#	中	57.54	37.95	1.41	0.35	0.22	0.0372(3.6%)
L装置沉降器器壁2#	中	45.93	52.07	1.36	0.28	0.34	0.0261(2.5%)
L装置粗旋外壁	中	52.96	42.66	1.03	0.93	<0.2	0.0241(2.4%)
L装置粗旋料腿外壁	中	72.12	27.6	0.9	1.16	0.22	0.0326(3.2%)
C装置顶旋升气管外壁	硬	30.4	69.6	—	—	—	—
S装置升气管外壁	硬	43.0	57.0	—	—	—	—
C装置集气室	硬	37.28	62.72	—	—	—	—
L装置转油线内壁	硬	30.4	66.12	1.03	0.82	0.49	0.0156(1.5%)
Q装置转油线内壁	硬	18.0	73.55	2.78	3.85	0.37	0.0377(3.4%)

表 7-155　灰分中催化剂颗粒的粒度分布

采样位置	焦块硬度	粒度分布/μm						中位粒径/μm
		0~10	10~20	20~30	30~50	50~70	70~100	
C 装置沉降器设备孔附近	软焦	51.32	39.47	7.96	1.19	0.05	0.01	21.66
L 装置沉降器器壁	中	82.67	9.87	6.7	0.75	0.01	0	23.13
L 装置粗旋外壁	中	60.59	28.08	10.32	1	0.01	0	21.45
L 装置粗旋料腿外壁	中	9.83	41.14	42.16	6.76	0.1	0	24.68
S 装置顶旋升气管外壁	硬	99.95	0.05	0	0	0	0	3.482
B 装置顶旋升气管外壁	硬	99.97	0.03	0	0	0	0	3.294
F 装置顶旋升气管外壁	硬	99.98	0.02	0	0	0	0	2.675
C 装置集气室内壁	硬	99.85	0.14	0.01	0	0	0	4.684
L 厂转油线内壁	硬	99.89	0.09	0.02	0	0	0	3.92

从不同部位结焦物形态来看，硬焦基本分布在油气管线(转油线)、顶旋升气管外壁、沉降器稀相段的设备表面上，其中转油线和顶旋升气管外壁结焦物均是黑色发亮的焦块，这与该区域催化剂浓度低有关；而沉降器稀相段上部设备上表面的焦块为黑色发亮，越往下越靠近汽提段的区域，焦块颜色越灰，催化剂含量越高。而提升管内的结焦、粗旋顶旋料腿内的结焦以及油浆系统的焦块基本为灰色或灰黑色。有时在硬质焦块外部包裹着软焦，这些软焦基本是停工时新结的焦。影响焦块软硬程度的主要原因是催化剂含量及焦块生成的时间。一般软焦结构松散，催化剂含量高；而硬焦结构致密，催化剂含量低。结焦物生成后，在系统高温环境下发生缩合反应越长，结焦物越高度炭化，软焦就变成硬焦；而结焦物生成后在高温环境下存在时间短，缩合反应不彻底，结焦物没有高度炭化时一般为软焦。从焦块的颜色上看，黑色发亮的焦块一般是含碳量高、高度炭化的焦块；焦块中催化剂含量高时一般呈灰色或灰黑色。黑色发亮的焦块都是硬焦；而灰色或灰黑色的焦块有软焦，也有硬焦。软焦一般是形成不久的新焦，而硬焦则是形成时间较长、在高温状态下高度炭化后的焦块。因此根据焦块的形态一般能够分辨出结焦的新旧。

(二) 结焦机理及原因分析

结焦是一系列的物理变化和化学反应的综合结果，是以物理过程开始而以化学过程结束的全过程。结焦的原因是油气重组分在一定条件下冷凝成液滴，而液滴经生成长大、黏附聚集、结焦反应和结焦体的发展等过程。油气中重组分冷凝为液相，液相的热缩合反应是结焦的内因，气固混合物的流动状态、传热与传质环境是结焦的外因。油气重组分的来源及冷凝既与原料性质又与裂化反应条件(温度、压力)紧密相关。下面对不同部位结焦机理及原因进行分析。

(1) 提升管

提升管进料喷嘴上方结焦与进料性质、喷嘴形式、雾化效果、进料段温度、油剂接触的流动状态等有关。进料与热再生催化剂如不能在最短时间内混合均匀，或经喷嘴后未能完全雾化，都会造成部分原料不能迅速闪蒸汽化，没有汽化的组分基本上是没有转化的。此外，催化剂的滑落和剂油比的局部增高，都影响热催化剂对进料油的传热，产生涡流和滞留区都会增加催化剂上积炭和提升管壁局部挂焦。虽然采用了各种性能较好的雾化喷嘴，但重组分经喷嘴雾化与高温催化剂接触后，仍有一部分未能汽化，催化剂黏附了这种剩余的“未汽化油”即形成“湿”催化剂，如果它们黏附在提升管喷嘴对面器壁上或沉积在沉降器和旋风分离器的死区内，就会形成“液焦”，并最终缩合成固体焦炭。试验研究结果表明：在0.3MPa、600℃及7%(对原料)蒸汽条件下，大庆常压渣油的平衡汽化率约为55%。换句话说，在此条件下大庆常压渣油中，沸点大于500℃的部分(相当于减压渣油)的汽化率约为40%~50%，未汽化的液相部分占相当大的比例(徐春明，1997)。从对工业装置沿提升管高度不同部位的采样分析，可计算出未汽化组分约占进料的11.4%。沿提升管高度的催化剂碳含量见表7-156。

表7-156　催化剂碳含量与提升管高度的关系

距进料喷嘴高度/m	1	3.3	6.1	29.4
碳含量/%	2.71	1.01	1.18	1.39

注：再生催化剂的碳含量为0.01%。

距喷嘴1m处碳含量高并非都是反应生成的焦炭，相当大部分实际是未能汽化的原料重组分。随着反应的进行，这些未汽化的重组分液滴一部分覆盖在催化剂的颗粒表面上生成焦炭，因而表7-156中催化剂上碳含量后来出现了先小后大的现象。在提升管内原料油经喷嘴雾化后形成了气、液、固三相混合物向上移动，化学反应与传热继续进行，工业提升管在进料喷嘴后29.02m处(相当于提升管出口)采样采出的液体中汽柴油产率为42%，重油产率为27%，说明在提升管内催化裂化反应还没有结束(蓝兴英，2007)。

重油喷在催化剂表面时不能完全汽化，部分以液相形式存在，原料越重，其汽化程度越低。沾有液相油的催化剂，被称为“湿催化剂”，而且催化剂上的未汽化油越多，称之为“湿度越大”。如果“湿催化剂”黏附在喷嘴上方的器壁，或者未汽化油“穿透”催化剂层碰撞到对面器壁上时，在高温作用下就会缩合生成焦炭。

提升管内结焦一般出现在原料雾化喷嘴上方1~2.5m处，大小厚度不等的焦块黏附在提升管壁。提升管壁的结焦不是对侧喷嘴所致(因为喷嘴喷出的油滴很难穿透提升管内催化剂流)，而是同侧喷嘴在其上方产生的二次流所致。由于二次流的作用，沾有未汽化油滴的湿催化剂回流至提升管边壁并黏附于其上形成结焦的前期物，并且不断缩合形成焦块。提升管进料段内的流场比较复杂，当喷嘴原料射流进入提升管之后，射流将分成两股：一股是原料射流的主流，另一股则是在主流和提升管管壁之间的二次流。这个二次流与提升管管壁很接近，随着轴向位置的提高，这个二次流不断卷吸周围的油气和催化剂，逐渐发展、扩大，并最终与主流汇合。二次流在发展、扩大的过程中，大量的颗粒产生横向流动，既增加了颗粒间的返混而有利于传热，也增加了停留时间，带油的颗粒群移动到器壁，黏附是导致喷嘴上部结焦的主要原因。

尽管提升管内油气携带的催化剂有滑落有返混，但总体是向上运动的，油气油滴与催化剂在快速向上运动中不断进行化学反应、传递热量与增加汽化率，提升管内随着流速增加流型变化，二次流的影响也逐渐消失，所以在提升管中上部不再出现结焦。近年来由于雾化喷嘴技术的进步，进料段流化质量的改善，提升管内结焦已基本得到控制。

(2) 沉降器及旋分器系统

沉降器内汽提段顶料面以上稀相空间庞大，内构件多，流速低，而旋分器入口以上到拱顶的广大空间更是油气流动盲区。在此积聚的油气接触到较低温度的器壁时，油气中未汽化的雾状油滴和反应产物中重组分达到其露点，凝析出来的高沸点组分很容易黏附在器壁表面形成“焦核”，并逐渐长大炭化结焦，严重者焦块似塔林，几乎占据全部空间(季根忠，2002；罗强，2003)。反应油气经快分后大部分催化剂被分出，少量催化剂与大部分油气进入沉降器稀相，稀相催化剂浓度一般仅 3~4kg/m^3，而低速上升的油气在沉降器内通常要停留 20~30s，甚至更长，因而热裂化反应增多。例如，对减压渣油中饱和烃、芳烃、胶质、沥青质的热反应速率进行测定，胜利减压渣油的速率峰值在 360~423℃，大庆减压渣油在 444~496℃，连最难裂化的沥青质也在温度 357℃~478℃发生剧烈分解，生成挥发物及焦炭，产生更多二烯烃。油气中烯烃和二烯烃等不饱和烃的含量增加，与芳烃进行芳构化、缩合、氢转移等反应，生成高分子聚合物，最终缩合成焦炭。停留时间越长，热反应越多，结焦也越严重。另外，当加工含重金属进料时，镍的脱氢活性对脱氢缩合反应会起催化作用，从而加速焦炭的形成。

旋风分离器内的结焦常发生在旋风分离器升气管外壁的局部区域，焦块一般呈月牙形粘贴在升气管外壁 0°—90°—180°（以入口处为 0°）的部位，见图 7-188。对旋分器排气管外壁结焦的分析认为，油气携带催化剂进入旋分器，在离心力的作用下，大颗粒催化剂易被抛向筒壁，小颗粒催化剂则在内圈，由于径向离心力 $F_s \propto D_p^3$(D_p为粒径)，而微粒在气流中的阻力 $F_r \propto D_p \cdot \mu$($\mu$ 为气体黏度)。贴近排气管外壁的流道内圈会聚集较多 D_p较小的颗粒，F_s也小。而油气黏度随温度上升而增大，反应油气黏度约为 0.007mPa·s，离心力的减小和阻力的增大，排气管外壁形成相对滞流层。魏耀东等(2000)对蜗壳式旋风分离器环形空间流场的研究也表明，在蜗壳结构的约束和进口气流的绕流与内部环流的交汇作用下，流场是非轴对称的。切向速度在 0°—90—180°区间形成了增速区，其余是降速区，如图 7-189 所示。从最大切向速度点向内至升气管壁，切向速度急剧下降，在升气管外壁附近区域形成一个低速的“滞流层”。轴向速度在环形空间上部较大的范围内是上行的，上行的轴向速度与向内的径向速度构成了环形空间的二次涡，产生了旋转的顶灰环，使得部分细小颗粒被输送到升气管外壁表面的“滞流层”内，或黏附在升气管表面，或下行至升气管管口逃逸，如图 7-189 所示。

环形空间的静压分布由外向内逐渐降低，但沿轴向的变化不大，沿环向的变化较大。0°~180°区间环向静压逐渐降低，在 180°位置达到最低，而后沿环向又逐渐上升，在“滞流层”内的静压和升气管外壁表面的静压，与环形空间的静压分布形式类似，在 180°位置达到最低。这种压力分布使 0°—90°—180°区间的附面层呈顺压力梯度，180°以后区间呈逆压力梯度。附面层的这种结构对黏附性颗粒在升气管外表面的黏结和沉积有很大影响，即 0°—90°—180°区间，流体平稳地滞流减速向下流动，直至停止流动，这很适于催化剂颗粒和重组分的液滴的沉积和积累。催化剂颗粒

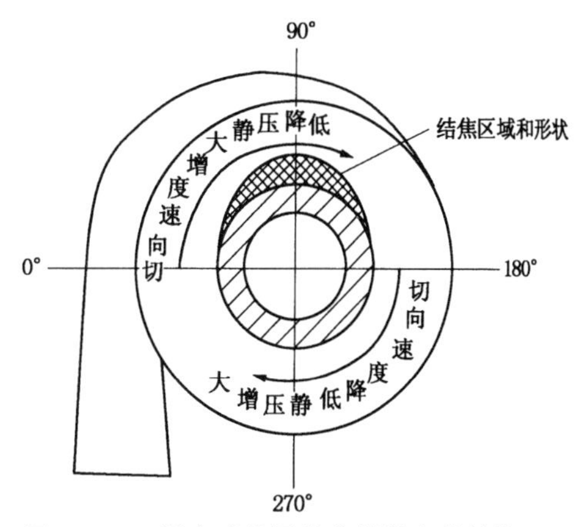

图 7-188　蜗壳式旋风分离器的上部结构

(特别是细粉颗粒)和重组分的液滴在二次涡和扩散的作用下，被输送到排气管的外壁处并沉积于此，实际生产也证明这是主要的结焦部位。此外，如果进料中的高沸点组分增加，操作温度偏低造成催化剂颗粒表面“湿润”程度增加等，都可使催化剂颗粒和重组分沉积在升

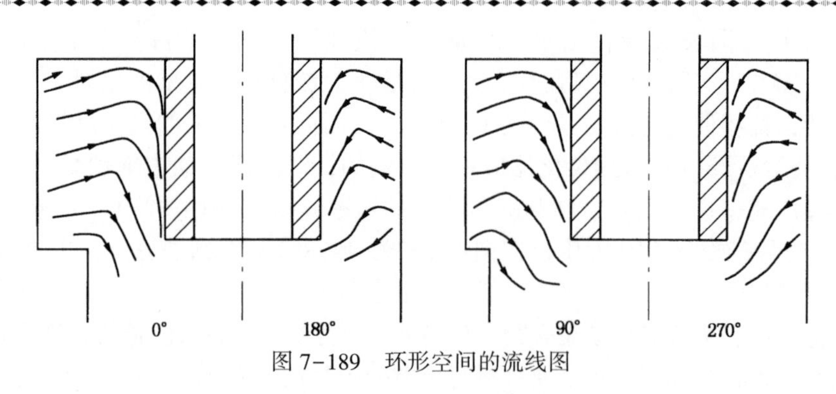

图 7-189　环形空间的流线图

气管外表面的倾向增大，造成旋风分离器升气管外壁结焦。而 180°以后的分离区却没有这一特点，所以不适于颗粒或液滴的沉积。因此结焦炭一般发生在升气管外壁 0°—90°—180°部位。

当进入旋风分离器的催化剂负荷比较小时，对升气管外壁结焦层的冲刷力小，会使结焦不断长大发展。初步形成的结焦占据了环形的有效空间，使得切向速度进一步增大，顺压力区的压力梯度也进一步扩大，气流在升气管外壁的倾角更小，结焦进一步加剧增厚。内部的软焦变硬，如此层层叠叠增长，最后在旋风分离器升气管外壁形成月牙状粘贴焦块。

这种结焦的危害性很大，有些装置还由于操作波动焦块掉下堵塞料腿，造成顶旋风分离器失效，或卡在翼阀处造成装置停工。如果油气从提升管出口分出催化剂，再低速上升经 7~8m 的沉降空间进入二级旋分器，催化剂负荷较小，绝大部分催化剂又在一级旋分器中被分离掉。进入二级旋分器的催化剂负荷极小，对壁面的结焦层冲刷力减弱，在料腿中催化剂质量流率很小，停留时间过长，所以两级旋分器的二级排气管外壁及灰斗下部、料腿入口、翼阀等处也很容易结焦。当进料中高沸点组分增加或由于波动时的低温操作，会造成催化剂颗粒表面"湿润"程度增加，将使得结焦倾向增大。

（3）沉降器至分馏塔反应油气管线

邹滢等(1997)曾对反应油气管道内的焦块进行元素分析，结果表明焦块中催化剂粉末和无机盐大概占 18%~21%，还有一些硫、氮等元素。但含量最高的是碳和氢，约达 74%~76%，并且碳和氢的比例约为 100∶3，说明油气管道内的焦块是一种高度炭化的焦炭。

FCC 反应油气包括从干气到回炼油、油浆的全部物质，其中含有大量的重芳烃、胶质、沥青质等重组分，这些物质在高温下会发生缩合反应，是生焦的潜在物质。烃类的热转化性能差别较大，饱和烃在高温下按自由基反应，大分子裂解成小分子，反应产物一般不含芳环结构，饱和烃生成焦炭可能性很小。对胜利渣油中饱和烃组分热裂化的研究表明，在温度 440℃以下反应产物中苯溶解物含量为零。芳烃中的轻、重组分的热转化性能也有较大差别：轻芳烃热转化时芳环很难裂开，只是侧链断裂生成气体，其本身因含芳环数少，而成为液体产物随气体挥发流出，不易缩合生成焦炭；而重芳烃一般含有三环以上的结构，芳环难裂开，断侧链后易缩合成稠环结构，生成焦炭前身物，最后变成焦炭。

胶质、沥青质是比重芳烃更重的组分，含有五个以上芳环的稠环芳烃，其热转化主要是缩合脱氢，形成焦炭前身物最后生成焦炭。对大庆渣油各组分热反应动力学的研究表明，芳烃在 435~518℃，胶质在 407~487℃的温度范围内发生剧烈的热分解反应，生成挥发产物和焦炭。回炼油和油浆中重芳烃、胶质、沥青质已经历了催化裂化反应，其组成较轻，而芳香度更高，失去侧链的稠环更易缩合。重芳烃、胶质、沥青质发生缩合反应后，先生成具有极性的焦炭前身物，为大分子胶状物的中间相，再吸收油气中类似的稠环芳烃分子，逐渐长大后生成焦炭。因此，油气管壁一旦有焦炭前身物生成就会加快生焦速率。油气管道壁温较低，油气中重组分冷凝挂壁处于层流状态，在高温下长时间停留，焦炭越结越多。此外，由于存在热裂化反应，在反应油气中含有烯烃和二烯烃，进行芳构化反应，生成大分子多环芳烃，再聚合脱氢缩合生成焦炭。因此，重芳烃、胶质、沥青质的脱氢缩合反应和二烯烃的聚合反应是反应油气管道结焦的内在原因。同时，管道金属材料铁、镍、铬也是这些反应的催化剂。

当提升管出口快分型式(如三叶快分)改为粗旋与单级顶旋紧密联接后，沉降器顶部结焦有所减轻，而油气管道结焦则有加重的趋势，即结焦部位后移。出现这种现象的原因是采用粗旋与顶旋紧密联接或直联，油气在沉降器内停留时间缩短，热裂化反应减少，沉降器顶及旋分器结焦减少，单级顶旋的催化剂质量流率增加，减轻了原二级旋分器易结焦的状况。而油气中的重组分及未汽化油滴，在油气管道较长时间停留和管壁较低温度下，照样冷凝析出焦炭(周忠国，2003)。此外，油气中夹带的催化剂粉末和无机物颗粒虽然数量很小，但易在低流速部位沉积，这些颗粒作为成焦中心很容易与重芳烃、胶质、沥青质等发生缩合反应，其生成的极性大分子胶状聚合物互相黏结，再吸附油气中类似的其他大分子，逐渐长大并沉降在油气管线的管壁上，随时间的推移在高温下最终形成焦炭。

(4) 分馏塔底及油浆循环系统

导致油浆系统结焦的因素是多方面的，其中油浆的化学组成及其性质、分馏塔底温度、停留时间、催化剂含量及流动状态、管道流速、换热设备管道及阀门选用及操作控制等是主要原因(毛树梅，1997；周康，2002)。石油大学用齐鲁、燕山、金陵等炼油厂的 FCC 油浆在实验室进行 350~410℃的热结垢试验，考察反应温度、停留时间和脱除催化剂、加阻垢剂及对贫芳组分、富芳组分分别进行了热反应实验。

从试验数据看出，FCC 油浆中沥青质、胶质含量达到 11%~13%，这些物质是油浆系统结焦的主要因素。在液相烃类热反应过程中，随着温度升高系统中相当于溶剂组分的溶解能力下降，溶质组分容易从溶液中分离出来，使得第二液相容易形成。另外，由于体系温度高，被活化的组分增加，使得缩合反应加剧，最终导致结焦。对原料的热反应产物用正庚烷、甲苯抽提的实验证明：随着热反应时间的增加，正庚烷不溶物和甲苯不溶物增加。用齐鲁石化公司炼厂 FCC 油浆抽提出的贫芳组分和富芳组分分别在 400℃下热反应 2h，得到正庚烷不溶物分别为 0.68%和 6.54%，正庚烷不溶物-甲苯可溶物 0.49%和 6.18%，甲苯不溶物 0.19%和 0.35%。富芳组分体系中的正庚烷不溶物为贫芳组分的 10 倍，这说明是热反应过程中的芳烃缩合而生成焦炭。热反应温度和反应时间明显影响油浆反应产物的组分产率。温度越高，时间越长，生成的甲苯不溶物越多，系统结垢越严重。总之，油浆中芳烃缩合是导致系统结垢的根本原因。

(三) 改善和防止结焦的措施

首先，要选择好重油催化裂化的工艺和合适的工艺条件，主要有如下几方面。

1. 控制好原料油的质量

原料油越重，残炭含量越高，则结焦倾向越严重。一般作为 FCCU 直接进料的限制条件为：残炭含量小于 8%~10%；镍和钒的含量小于 25~30μg/g；氢含量大于 11.8%~12.0%。

否则需要经过预处理才能作为 FCCU 的进料，因此要选用合适的掺渣率。

2. 选择合适的催化剂

RFCC 催化剂的性能要求为：重油裂化能力强，焦炭选择性好，抗镍、钒、钠、氮等污染，良好的汽提性能及水热稳定性等。这就要选择大孔径、低比表面积、小晶胞常数、沸石与基质的活性比例适当、大金属容量、动态活性高的 USY 催化剂。

3. 提高单程转化率，采用排油浆生产方案

采用较高的单程转化率(如适当长的提升管停留时间)，可以增加高沸点组分的转化深度。此外，采用适当排油浆的生产方案可以控制油浆的质量，以减轻结焦倾向；同时也改善了提升管总进料的质量。

4. 根据反应深度选择适宜的操作条件

控制反应温度，保持较大剂油比，低再生剂含碳，高进料段温度；开好干气、蒸汽预提升；适宜的进料雾化蒸汽量和汽提蒸汽量，保证原料油和催化剂的良好接触；提升管注终止剂，保持适宜的提升管反应停留时间等。此外，还要减少波动，加强平稳操作。同时，要特别重视对不同的易结焦部位加强防焦措施，主要有以下几个部位：

(1) 部位Ⅰ——提升管区

① 要有合理的预提升段，改进预提升段设计和操作。进料喷嘴前设置预提升段，加速并整流热催化剂对进料油的传热，可防止剂油比局部过高和减少涡流，促使剂油均匀混合汽化与反应，改善反应，减少结焦。预提升段一般应达到下列条件：

(a) 预提升段线速应保持 1.5～3.0m/s，以使催化剂均匀向上形成活塞流，减少催化剂扰动与滑落。

(b) 预提升段催化剂密度保持 300～480kg/m^3(S&W 公司设计为 380kg/m^3)，以防止液滴“穿透”催化剂层，在对面提升管壁结焦，并防止因严重的返混涡流而加剧滞留区的结焦反应。

(c) 预提升介质一般使用干气(干气中 C_3^- 含量应小于 10v%，最好小于 6v%，H_2 含量大于 10v%，最好 20v%～35v%)或干气、蒸汽混合。

(d) 预提升段长度一般 5～8m。

② 要有好的进料段。进料段是剂油接触的主要反应区域，是装置的关键部位。优良的进料段设计和合理的操作条件可得到更多的目的产物和减少结焦。

(a) 良好的喷嘴形式与布置。在 RFCC 中进料油的良好雾化与分布至关重要，国内常用的新型喷嘴均有较好的效果。实际使用表明，喷嘴前后进料段温差从 40～50℃(老式喷嘴)增加到 100～150℃，产品分布改善，总液体产率提高 0.2～1.8 个百分点，干气产率降低 0.4～1.8个百分点，焦炭产率降低 0～2.0 个百分点。

(b) 合适的雾化蒸汽量。对 RFCCU 约为进料量的 5%。常规馏分油 FCCU 约为 2%～3%。国内几种喷嘴的平均雾化蒸汽量在 2%～5%左右时，就可使雾化油滴的直径达 60μm 左右，此时只要 4～5 个催化剂颗粒便可将其汽化。适当增加雾化蒸汽量对减轻反应系统的结焦是有好处的。

(c) 合理的布置。喷嘴布置应遵循偶数对称布置原则，以防上偏流，使喷射物流能在提升管轴线交汇，避免喷向管壁而结焦，如 KH 型每组两两对称喷嘴有不同的交角，沿提升管轴线可有 3 个交汇点。此外，喷嘴的出口速度也要适中，以免原料油喷射到对面管壁而结

焦。不管装置规模大小，尽量至少选用4组喷嘴。喷嘴较多，比如多于8个，分两层布置时，上、下层与竖直方向安装角度不同，并且安装方位相互错开。

(d) 原料油与焦化馏分油、脱沥青油、回炼油、油浆喷嘴分别分层布置。进料位置的选择要根据不同的原料油和催化剂及生产方案来进行。许多装置采用新鲜原料与回炼油混合进料。国外一些公司开发了分开进料和分路进料技术。Kellogg和Mobil公司合作开发的分开进料效果见表7-157。

表7-157　分开进料的效果

项　　目	常规催化裂化	分开进料
进料量/(m^3/d)	3240	3240
提升管出口温度/℃	523	523
转化率变化/%	基准	+3.0
产率变化/%		
油浆	基准	-3.4
汽油+轻循环油	基准	+1.8
C_4	基准	+1.4
异构烯烃	基准	+1.5

(e) 开停工操作应对称喷嘴同时缓慢调节，避免只开(闭)对称中的一个喷嘴，而使对面管壁结焦。

(f) 尽量提高进料段温度。原料油的预热温度和雾化蒸汽的过热程度有较大影响，此外输送到喷嘴前的再生剂应保持较高温度，能使再生剂与进料的混合温度高于进料的虚拟临界温度，使之瞬间接触传热后能最大限度汽化并反应。再生催化剂温度、原料预热温度、雾化蒸汽量和操作压力是达到进料完全汽化所需要的四大操作参数。

(g) 保持适宜的操作苛刻度、较高的反应温度和较低的反应压力能使高分子烃尽可能多汽化。掺炼重油的装置因原料的相对分子质量增大、相对密度上升、特性因数K值下降，而要达到高转化率，经常提高反应温度，必然会提高焦炭产率，结焦倾向加剧。因此过高的反应温度和苛刻操作，不利于长周期运转。

③ 混合温度控制(MTC)及急冷技术。对于加工更重的催化原料，采用混合温度控制技术可以有效改进原料油的汽化，减少未汽化油的生成，并相应减少焦炭产率。MTC技术将提升管分成两个反应区，前区混合温度高、剂油比大、剂油接触时间短，后区在常规催化裂化反应条件下进行，加工原料较轻时使用该技术可降低提升管出口温度防止过裂化。在保持塔底油产率的前提下，可提高汽油、轻循环油产率，为控制反应苛刻度提供更大的操作灵活性。原料较重时，可增加催化剂循环量，提高剂油混合区温度，可降低油浆产率。

国内、外应用终止剂急冷技术已有较成熟的经验，使用终止剂后，除提高进料段混合温度外，能保持出口温度，增大剂油比，缩短反应时间，抑制二次反应发生，提高液体产率，改善产品分布，还能增大后部线速，稀释和降低油气相对分子质量，降低未汽化、未反应的高沸点烃的油气分压，减轻提升管出口、沉降器及分馏塔后部系统结焦。

(2) 部位Ⅱ——沉降器及旋分系统

① 汽提段。随着原料油变重，为了减少可汽提焦，日益重视汽提段的设计和操作改进。当前普遍的做法是延长汽提段停留时间，改进汽提挡板，挡板死区开孔使蒸汽与催化剂有充分错流和逆流接触。每组挡板除有足够流通面积(热态下)，还应保证催化剂和蒸汽有良好的折流分布，此外还可设置两段或多段汽提。采用新型的内件结构，如导向板式填料，起到破气泡的作用，增加剂、气接触；采用封闭、整流双功能高效汽提器，减少盲区，增长流道。此外，提高汽提蒸汽温度，对减缓结焦也是有利的。

② 沉降器拱顶和集气室顶。适当提高原料油温度或再生剂温度，有利于减少未汽化油。并且防焦蒸汽采用350℃以上的中压蒸汽，适当增加防焦蒸汽量，使之在沉降器顶形成“汽垫”是有好处的。对于大直径的反应器拱顶采用3个或3个以上的放空口，使得烘衬里时升温均匀，也可采用椭圆形拱顶。另外，还可降低重组分的油气分压，帮助重质烃类在较低温度下汽化。

③ 缩短提升管出口快分至顶旋分器入口距离，使油气在沉降器空间停留时间从20~30s缩短到3s以下，尽量选用新型的快分技术。

④ 沉降器顶旋分器。提升管出口快分紧接或直联单级顶旋分器后，可使顶旋催化剂质量流率增加4~8倍，大大缩短了催化剂在料腿中的停留时间。同时增加了旋分器流道的固粒冲刷，减轻排气管外壁挂焦和锥体段出口和料腿的结焦。

⑤适当提高沉降器壳体温度，加强保温减少热损失，主要是冷壁部位尤其是外集气室部位。要注意选择好衬里材料和结构型式，并加强施工与维修。沉降器温度对结焦影响很大，特别是开工初期沉降器温度较低，喷油前要尽可能升高反应器顶的温度至550~600℃，避免开工初期由于重组分冷凝结焦而形成结焦中心。

⑥ 平稳操作减少波动对减轻沉降器结焦尤为重要。沉降器内空间大、散热面广、盲区多，遇有切断进料、闷床等事故就容易发生结焦。

（3）部位Ⅲ——沉降器至分馏塔油气管线

① 适当提高线速，RFCCU反应油气管道流速为35~45m/s，并尽量缩短油气管道长度，停留时间不大于2s。

② 加强保温减少热损失。保持反应油气过热气相状态，尤其注重对大法兰等管件的保温，减小结焦。

③ 沉降器出口采用大曲率半径弯管，分馏塔入口采用小曲率半径弯管，在满足热补偿条件时尽量少采用管段弯曲的∩型补偿。

④ 减少水平管段。入分馏塔前水平管道尽量缩短，且设计成向塔入口有适宜坡度，以减少凝析液相的积聚碳化。

⑤ 可考虑添加合适的阻焦剂来减轻大油气管线的结焦(周忠国，2003)，在原料油中的加入量一般为50~100μg/g。

⑥ 注意检查和清焦。在反应油气管道上适当增加人孔，停工检查结焦情况。

4. 部位Ⅳ—分馏塔底和油浆循环系统

① 控制好分馏塔底温度。一般控制在330~350℃，常规FCC按上限操作，RFCC接近下限操作。

② 控制塔底油浆停留时间。一般小于5min，保持油浆适宜循环量。根据原料油和操作方案定出最小油浆循环量。

③ 控制油浆相对密度在1.08g/cm^3。根据装置特点，摸索出参考油浆密度来调整油浆外甩量和掺渣量、回炼量，以避免严重结焦。

④ 分馏塔底使用搅拌，避免催化剂和焦块沉积(徐惠，1999b)，可连接蒸汽、回炼油、油浆三种介质，根据需要分别通入，将塔底物料搅拌起来，对避免塔底结焦效果很好。

⑤ 分馏塔底加阻焦过滤。国内许多装置已将原设计的过滤器加粗加高，高度一般从原来的0.5~0.8m，加高到了1.3~1.6m，上沿间隙也应适当缩小。

⑥ 使用合适的阻垢剂。防止和清除油浆系统结垢阻塞，加阻垢剂是行之有效的措施。好的阻垢剂具有优良的分散性和增溶性，能阻止催化剂粉末、腐蚀产物、盐类等的聚集和沉积；具有抗氧化能力，阻断自由基链反应和脱氢缩合的能力；具有钝化金属离子的作用，使油浆中的金属离子失去对聚合反应的催化作用；此外，阻垢剂还具有抗腐蚀和表面改性功能。一般在油浆系统中加入150~200μg/g阻垢剂就能收到较好的效果。

⑦ 油浆循环系统保持较高的流速，一般应大于1.3m/s。

⑧ 减少油浆中催化剂含量可有效防止或延缓油浆系统结焦。石油大学曾试验将脱去催化剂的油浆，在温度350℃下反应7h，正庚烷不溶物基本不变。沉降器应采用高效新型旋分器并提高维修质量。

⑨ 回炼油、油浆脱除富芳组分是减少油浆系统结焦的有效途径之一，抽出富芳组分可综合利用、增加效益，贫芳组分返回装置回炼。

⑩ RFCCU应保持一定的油浆外甩量。适当将油浆中浓缩的多环芳烃和催化剂排出系统，对保持装置热平衡和防止结焦，减少生焦均有好处。一般油浆外甩量应控制在3%~5%或稍多一些。

⑪ 油浆循环系统中换热冷却设备、管道及阀门等选用应谨慎，要考虑结焦和催化剂沉积的问题。三通调节阀副线开度过大或过小，会使主线或副线结焦。现在不少装置取消三通调节阀或副线加手阀，使用∪型管油浆换热器或蛇管、盘管式水箱冷却器，但检查、清扫困难。

⑫ 优化操作。反应深度的变化，直接影响油浆组成，应控制好油浆密度、黏度，调节外甩量，调节好上下返塔油浆量及油浆循环量，控制好塔底液面，都是保证分馏塔安全生产、防止结焦的极重要操作。

5. 严格规范装置开停工程序

结焦比较严重的沉降器内堆积的焦层是一圈一圈的或一层一层的，其圈(层)数与装置因事故切断恢复进料的次数基本吻合，这正好说明结焦与装置开停工(含事故处理)的条件是紧密相关的。一般情况是，开工中反再升温结束两器切断直至反应赶空气与分馏联通的过程，沉降器系统温度均为低压微过热蒸汽温度(<300℃)，建立两器催化剂循环后沉降器温度升高，提升管喷油前压力基本稳定，但沉降器稀相温度却比提升管出口低15~25℃，这是因为汽提段上升蒸汽与热催化剂夹带至沉降器稀相的气体难以将沉降器稀相加热到与提升管出口相同的温度。通常习惯于将提升管出口温度作为喷油温度控制点，此时重组分油气就很容易在低温部位冷凝成液滴导致结焦。建议重油催化裂化装置开工或重新组织进料宜先喷轻油(或汽油)待温度稳定后再切换重质原料比较稳妥。停工或因事故切断进料，亦应保持沉降器稀相温度的低限值，如不能保证催化剂在两器间正常循环，则应将沉降器内催化剂转至再生器，严格规范装置开停工程序是防止结焦不可忽略的关键环节。

参考文献

Ashland石油公司.1987.在提升管反应器中最初采用干气体作提升气体的渣油裂化方法:中国,ZL85106455[P].

白跃华,高金森,李盛昌,等.2004.催化裂化汽油辅助提升管降烯烃技术的工业应用[J].石油炼制与化工,35(10):17-21.

布志捷.1998.提高重油催化裂化掺渣比例若干技术问题的探讨[J].石油炼制与化工,29(3):10-15.
蔡昕霞,朱明华,朱泽霖,等.1995.重质石油中含氮化合物的形态及分布分析Ⅰ[J].华东理工大学学报,21(3):369-380.
曹汉昌.1984.流化催化裂化转化率和焦炭产率的预测[J].石油炼制,15(7):21-23.
曹汉昌,郝希仁,张韩.2000.催化裂化工艺计算与技术分析[M].北京:石油工业出版社.
曹占友,时铭显.1996.催化裂化提升管末端旋流式快速分离系统的研究[J].石油炼制与化工,27(10):10-13.
曹占友,时铭显.1997a.旋流式快速分离系统的气体流场分析和性能计算[J].石油炼制与化工,28(1):10-15.
曹占友,卢春喜,时铭显.1997b.新型汽提式粗旋风分离系统的研究[J].石油炼制与化工,28(3):47-51.
曹占友,卢春喜,时铭显.1999.催化裂化提升管出口旋流式快速分离系统[J].炼油设计,29(3):14-18.
曹朝辉.2014.一种催化裂化装置及其进料喷嘴:中国,ZL201420181600.8[P].
陈俊武.1982.石油炼制过程碳氢组成的变化及其合理利用[J].石油学报,3(2):90-102.
陈俊武,曹汉昌.1990.石油在加工中的组成变化与过程氢平衡[J].炼油设计,20(6):1-10
陈俊武,曹汉昌.1992a.残炭前身化合物的结构及其在炼油过程中的作用[J].炼油设计,22(1):1-11
陈俊武.1992b.加氢过程中的结构组成变化和化学氢耗[J].炼油设计,22(3):1-9
陈俊武,曹汉昌.1993a.炼油过程中重质油结构转化宏观规律的探讨:I.原料和产品的化学结构及其氢含量[J].石油学报:石油加工,9(4):1-11.
陈俊武,曹汉昌.1993b.重质油在加工过程中的化学结构变化及轻质化[J].石油学报:石油加工,9(4):12-20.
陈俊武,曹汉昌.1994a.催化裂化过程中物料化学结构组成变化规律的探讨(下)[J].石油炼制与化工,25(10):34-40.
陈俊武,曹汉昌.1994b.催化裂化过程中物料化学结构组成变化规律的探讨(上)[J].石油炼制与化工,25(9):1-7.
陈俊武,曹汉昌.1994c.重质油在加工过程中的化学结构变化及其轻质化[J].炼油设计,24(6):1-9.
陈俊武.2005.催化裂化工艺与工程[M].2 版.北京:中国石化出版社.
陈小博,孙金鹏,沈本贤,等.2012.碱性氮化物对 USY 和 ZSM-5 型催化裂化催化剂催化性能的影响[J].中国石油大学学报:自然科学版,36:164-174.
陈岳孟.2004.进料喷嘴组件:中国,ZL200480037727.1[P].
陈志坚.1990.催化裂化装置新型进料喷嘴的研究及工业应用.石油炼制,21(1):30-36.
陈祖庇,张久顺,钟乐燊,等.2002.MGD 工艺技术的特点[J].石油炼制与化工,33(3):21-25.
党飞鹏,张宏伟,汤官俊,等.2002.再生线路改造及新型预提升器在重油催化裂化装置的应用[J].炼油设计,32(6):10-13.
邓任生,刘腾飞,魏飞,等.2001.提升管和下行床在催化裂化过程中的比较[J].化学反应工程与工艺,17(3):238-243.
邓先梁,沙颖逊,陈香生,等.1987.催化裂化集总动力学模型的研究——催化剂的失活因子 β,γ 和汽油裂化速度常数的求取[J].石油炼制,18(5):35-41。
邓先梁,沙颖逊.1994.渣油催化裂化反应动力学模型的研究[J].石油炼制与化工,25(9):35-39.
丁福臣,周志军,李兴,等.2001.催化裂化五集总动力学模型参数估计方法[J].炼油设计,31(4):52-55.
杜国盛,吴秀章,杨宝康.2000.催化裂化装置以提高掺渣率为目标的技术改造[J].炼油设计,30(3):24-29.
范怡平,晁忠喜,卢春喜,等.1999a.催化裂化提升管预提升段气固两相流动特性的研究[J].石油炼制与化工,30(9):43-47
范怡平,卢春喜.1999b.提升管预提升段内颗粒径向密度分布的特点[J].石油炼制与化工,30(11):56-59.
范怡平,鄂承林,卢春喜,等.2011a.矢量优化技术在 FCC 进料喷嘴开发中的应用:(I)“外部矢量”的优化[J].炼油技术与工程,41(4):28-33.
范怡平,鄂承林,卢春喜,等.2011b.矢量优化技术在 FCC 进料喷嘴开发中的应用:(II)喷嘴“内部矢量”的优化

[J].炼油技术与工程,41(5):29-34.
范志明,柯明.1998.催化裂化汽油中硫醇性硫和碱性氮化物分布规律的考察[J].石油大学学报:自然科学版,22(5):86-89.
冯新国,吴峰,刘一笑,等.2000.催化裂化装置先进控制系统的设计与实施[J].炼油设计,30(2):28-31.
傅晓钦,田松柏,侯栓弟.2007.蓬莱和苏丹高酸原油中的石油酸结构组成研究[J].石油与天然气化工,36(6):507-510
甘俊,张正义,何秀云,等.2000.辛烷值系列裂化催化剂的性能及工业应用[J].炼油设计,30(12):37-39.
高金森,徐春明,杨光华,等.1998.提升管反应器气固两相流动反应模型及数值模拟:Ⅰ.气固两相流动反应模型的建立[J].石油学报:石油加工,14(1):27-33.
高金森,徐春明,杨光华,等.2000.催化裂化提升管反应器气液固3相流动反应的数值模拟Ⅳ.原料液雾油滴粒径变化的数值模拟[J].石油学报:石油加工,16(1):26-30
高金森,徐春明,卢春喜,等.2005.滨州石化催化裂化汽油辅助提升管改质降烯烃技术工业化[J].炼油技术与工程,35(6):8-10.
郭锦标.2000.MPC在重油催化裂化过程中的应用[J].炼油设计,30(2):32-36.
郭毅葳,王玉林,张剑波.2002.采用UOP催化裂化技术加工大港常压重油[J].石油炼制与化工,33(12):9-13.
侯海青,黄风林.2000.重油催化裂化装置掺渣率的技术经济分析[J].炼油设计,30(6):13-15.
黄太清,杨光华.1992.裂化催化剂芳烃生焦物化模型的研究[D].北京:中国石油大学.
黄晓华,王浩,肖云鹏,等.2002.先进控制技术在催化裂化装置上的应用[J].炼油设计,32(8):46-49.
霍永清,王亚民,汪燮卿.1993.多产液化气和高辛烷值汽油MGG工艺技术[J].石油炼制与化工,24(6):41-51.
胡尧良,王石更.2000.重油催化裂化装置的掺渣率对全厂效益的影响[J].炼油设计,30(3):19-23.
胡勇仁,彭永强,张执刚,等.2001.催化裂化多产液化气和柴油技术在广石化的工业应用[J].石油炼制与化工,32(12):16-20.
计海涛,朱丙田,龙军,等.2007.新型填料式汽提器的开发及实验研究[J].石油炼制与化工,38(6):62-65.
季根忠,朱红旗.2002.催化裂化装置反应系统结焦原因探讨[J].炼油设计,32(6):6-9.
季宁秀,严正泽,朱钟敏,等.1986.碱性氮化物对分子筛裂化催化剂失活动力学函数的考察[J].华东化工学院学报,12(5):553-559.
蒋福康,汪燮卿.1997.催化裂化增产柴油的研究[J].石油炼制与化工,28(8):9-13.
金桂兰.2000.几种重油催化裂化进料高效雾化喷嘴的分析比较[J].石油化工设备技术,21(4):4-6.
金文琳.1994.DCC及MGG产品分离过程的研究与开发[J].石油炼制与化工,25(8):7-14.
康飚,王维东,郭锦标.1989.催化裂化反应集总动力学模型的应用:(2)优化荆门炼油厂催化裂化装置的工艺条件[J].石油炼制,20(9):7-10.
康飚,王庆元,康庆山,等.2002.福建炼化公司催化裂化装置应用MGD技术的工业试验[J].石油炼制与化工,33(2):19-23.
寇栓虎,冯和平,刘德烈.2002.CCK型催化裂化进料喷嘴及其工业应用[J].石油炼制与化工,33(2):7-10.
蓝兴英,徐春明,于国庆,等.2007.工业重油催化裂化汽提段在线取样研究[J].石油炼制与化工,38(8):51-54.
李炳辉,王光埙,杨光华.1987.渣油裂化催化剂上焦炭的沉积与分布[D].东营:华东石油学院.
李来生,余伟胜,蔡智.2002.应用旋流式快分技术改造重油催化裂化装置[J].石油炼制与化工,33(11):22-26.
李松年,林骥,唐士炽,等.1988.催化裂化掺炼渣油的数学模型与操作优化[J].石油炼制,19(5):52-60.
李文杰.2000.催化裂化装置实时先进控制设计的几个问题[J].炼油设计,30(2):24-27.
李文杰,吴雷,杨启业.2003.减少催化裂化装置结焦的若干措施[J].炼油技术与工程,33(9):9-12
李鹏.2003.催化裂化装置结焦问题的探讨[J].石油炼制与化工,34(4):31-34.
李鹏,刘梦溪,韩守知,等.2009.锥盘-环流组合式汽提器在扬子石化公司重油催化裂化装置上的应用[J].石化技术与应用,27(1):32-35.

李树人,李韫珍.1984.气相色谱/微库仑法研究催化柴油及其加氢生成油中氮化物类型和分布[J].石油学报,5(3):117-125.

李再婷,蒋福康.1989.催化裂解制取气体烯烃[J].石油炼制,20(7):31-34.

李志强.1999.我国渣油深加工技术的新进展——减压渣油催化裂化工艺技术的应用[J].石油炼制与化工,30(1):7-11.

刘翠云,冯伟,张玉清,等.2007.提升管反应器新型预提升结构开发[J].炼油技术与工程,37(9):24-27.

刘怀元.1998.MIO 技术的工业应用[J].石油炼制与化工,29(8):10-13.

刘舜华,李再婷.1985.催化裂化澄清油的裂化性能[J].石油炼制,16(3):27-32.

刘献玲.2001a.催化裂化提升管新型预提升器的开发[J].炼油设计,31(9):31-35.

刘献玲,雷世远,陈志,等.2001b.新型预提升器在催化裂化装置上的工业应用[J].石油炼制与化工,32(3):5-7.

刘现峰,孟凡东,彭飞,等.2002.催化裂化先进控制工艺计算模型的开发[J].石油炼制与化工,33(2):43-47.

刘希民,房殿军,董庆华,等.2001.催化裂化装置汽提段改造[J].炼油设计,31(2):33-34.

刘垚,吴秀章,杨宝康.2001.大庆减压渣油催化裂化技术[J].石油炼制与化工,32(8):6-10.

刘忠杰,李希宏,张国才,等.1998.催化裂化多产柴油工业试验[J].石油炼制与化工,29(3):5-9.

林世雄,王光埙,贾宽和,等.1982.裂化催化剂上焦炭的形成与催化剂再生反应动力学研究[J].石油学报,(S1):93-102.

林世雄等.1989.石油炼制工程[M].2 版.北京:石油工业出版社.

龙军,毛安国,田松柏等.2011.高酸原油直接催化脱酸裂化成套技术开发和工业应用[J].石油炼制与化工,42(3):1~6

罗强,赵宇鹏,高生.2003.催化裂化沉降器结焦的原因及对策[J].炼油技术与工程,33(6):1-5.

罗雄麟,袁璞,林世雄.1998.催化裂化装置动态机理模型[J].石油学报:石油加工,14(1):34-40.

罗雄麟,左信,袁璞.1999.催化裂化装置动态机理模型的应用——反应控制策略分析[J].石油学报:石油加工,15(6):75-79.

卢春喜,徐桂明,卢水根,等.2002.用于催化裂化的预汽提式提升管末端快分系统的研究及工业应用[J].石油炼制与化工,33(1):33-37.

卢治财,张玉润,周春晖.1997.催化裂化优化控制国内外概况[J].石油炼制与化工,28(2):47-51.

马达,霍拥军,王文婷.2000.催化裂化反应提升管新型预提升段的工业应用[J].炼油设计,30(6):24-26.

毛树梅.1997.FCCU 反应分馏系统结焦调查报告[J].催化裂化,16(4):1-13.

毛信军,翁惠新,朱忠敏,等.1985.催化裂化集总动力学模型的研究 III.轻燃料油原料和产物的分析及动力学常数的测定[J].石油学报:石油加工,1(4):11-18.

孟繁东,陈俊武,刘大壮.1989.渣油催化裂化结焦失活规律的研究[D].郑州:郑州工学院.

莫伟坚,林世雄,王光损.1991a.下行式中型实验装置中大庆常压渣油的催化裂化初期过程动力学:Ⅰ.实验装置和实验结果[J].石油学报:石油加工,7(2):1-7.

莫伟坚,林世雄,王光埙,等.1991b.下行式中型装置中大庆常压渣油催化裂化初期的过程动力学:Ⅱ.试验结果的分析和讨论[J].石油学报:石油加工,7(3):8-15.

南京大学化工系.1998.有机化学(上册)[M].北京:人民教育出版社.

钮根林,杨朝合,王瑜,等.2002.重油催化裂化装置结焦原因分析及抑制措施[J].中国石油大学学报:自然科学版,26(1):79-82.

潘仁南,蒋福康,李再婷.1992.催化裂解(Ⅱ型)制取异丁烯和异戊烯的研究[J].石油炼制,23(11):22-26.

秦瑞岐,魏寿彭.1992.计算机辅助催化裂化生产过程优化的现状与展望[J].石油炼制,23(1):1-8.

裘俊红,胡上序.1995a.催化裂化过程动态模型及仿真:Ⅰ.过程动态模型[J].石油炼制与化工,26(2):7-11.

裘俊红,胡上序.1995b.催化裂化过程动态模型及仿真:Ⅱ.过程动态仿真[J].石油炼制与化工,26(3):36-39.

任杰,翁惠新,刘馥英.1994.催化裂化反应八集总动力学模型的初步研究[J].石油学报:石油加工,10(1):1-7.

任杰.1996a.蜡油催化裂化反应生焦动力学模型的研究[J].石油学报:石油加工,12(3):74-80.
任杰.1996b.渣油催化裂化反应生焦动力学模型的研究[J].石油学报:石油加工,12(3):81-87.
任杰.1997.渣油催化裂化生焦反应集总动力学模型的研究[J].石油学报:石油加工,13(3):58-64.
山红红,张建芳.1997.两段提升管催化裂化技术研究[J].石油大学学报:自然科学版,21(4):55-57.
沙颖逊,陈香生,刘继绪,等.1985.催化裂化集总动力学模型的研究:Ⅰ.物理模型的确立[J].石油学报:石油加工,1(1):3-15.
沙颖逊,邓先梁.1987.催化裂化集总力学模型的初步工业验证[J].石油炼制,18(5):42-48.
沙颖逊,孟凡东,阎遂宁,等.1997.催化裂化反应再生系统模拟优化软件的研究和应用[J].石油炼制与化工,28(9):52-58.
沙颖逊,崔中强,王龙延,等.1995.重油直接裂解制乙烯的 HCC 工艺[J].石油炼制与化工,26(6):9-14.
沙颖逊,崔中强,王明党,等.2000a.重油直接裂解制乙烯技术的开发[J].炼油设计,30(1):16-18.
沙颖逊,崔中强.2000b.重油直接裂解制乙烯的 LCM-5 催化剂研究[J].石油炼制与化工,31(1):29-32.
史济群,李砾.1986.CRC-1 分子筛裂化催化剂结焦后孔分布变化[J].石油大学学报:自然科学版,10(4):59-67.
汤海涛,陈俊武,刘大壮.1987.共 Y-15 裂化催化剂结焦动力学的研究[D].郑州:郑州工学院.
汤海涛,凌珑.1998.催化裂化过程中硫转化规律的研究[J].催化裂化,17(2):17-23.
汤海涛,沙颖逊.1999a.重质油在加工过程中结构基团转化规律的实验验证[J].炼油设计,29(11):24-31.
汤海涛,凌珑,王龙延.1999b.含硫原油加工过程中的硫转化规律[J].炼油设计,29(8):9-15.
汤海涛,王龙延,王国良,等.2003.灵活多效催化裂化工艺技术的工业试验[J].炼油技术与工程,33(3):15-18.
田松柏,傅晓钦,汪燮卿,等.2005.一种加工高酸值原油的方法:中国,ZL200510051243.9[P].
汪燮卿,蒋福康.1994.论重质油生产气体烯烃几种技术的特点及前景[J].石油炼制与化工,25(7):1-8.
汪燮卿,舒兴田.2014.重质油裂解制轻烯烃[M].北京:中国石化出版社.
汪申,时铭显.2000.我国催化裂化提升管反应系统设备技术的进展[J].石油化工动态,8(5):46-50.
王国良,刘金龙,王文柯.2000.降低催化裂化汽油烯烃含量的中型试验研究[J].炼油设计,30(9):1-4.
王克庭,骆晨钟,邵惠鹤.1998.催化裂化装置反应再生系统动态过程模型的建立与仿真[J].炼油设计,28(2):63-67.
王立行.2000.石油化工过程先进控制技术的现状与发展趋势[J].炼油设计,32(2):6-11.
王顺生,毛信军,翁惠新,等.1988.催化裂化动力学模型的建立及其应用[J].华东理工大学学报,4(3):18-27.
王文清,王昕昶,刘国海.2003.重油催化裂化装置结焦的原因及对策[J].炼油技术与工程,33(3):39-41.
王龙延,王国良,刘为民.1997.石蜡基减压渣油直接催化裂化工艺的实践与探讨[J].石油炼制与化工,28(10):1-7.
王宗祥.1977.石油催化裂化化工反应动力学问题分析[J].大庆石油学院学报,1(2):69-114.
魏晓丽,王巍,张久顺.2003.催化裂化汽油在催化剂下裂化生焦的研究[J].石油炼制与化工,34(6):5-9.
魏耀东,燕辉,时铭显.2000.重油催化裂化装置沉降器顶旋风分离器升气管外壁结焦原因的流动分析[J].石油炼制与化工,31(12):33-36
吴峰,孟凡东,闫遂宁.2000.催化裂化装置在线工艺计算模型及软件的开发[J].炼油设计,30(2):18-23.
吴雷,余龙红,闫涛,等.2009.一种待生催化剂或再生催化剂的汽提方法:中国,ZL200910163079.9[P].
肖佐华,夏银厚.2001.催化裂化装置 UOP 技术改造[J].炼油设计,31(6):19-22.
谢朝钢,潘仁南.1994.重油催化热裂解制取乙烯和丙烯的研究[J].石油炼制与化工,25(6):30-34.
谢朝钢,施文元,蒋福康,等.1995.Ⅱ型催化裂解制取异丁烯和异戊烯的研究及其工业应用[J].石油炼制与化工,26(5):1-6.
谢朝钢,施文元,许友好,等.1996.大庆蜡油掺渣油催化裂解技术的工业应用[J].石油炼制与化工,27(7):7-11.
谢朝钢.2000.催化热裂解生产乙烯技术的研究及反应机理的探讨[J].石油炼制与化工,31(7):40-44.
谢朝钢,汪燮卿,郭志雄,等.2001.催化热裂解(CPP)制取烯烃技术的开发及其工业试验[J].石油炼制与化工,

32(12):7-10.
徐春明,吕亮功,唐清林,等.1997.工业提升管在线取样及反应历程分析[J].中国石油大学学报:自然科学版,21(2):72-75.
徐惠.1999a.催化裂化装置的氢平衡[J].石油炼制与化工,30(12):56-58.
徐惠.1999b.防止催化裂化分馏塔底结焦的新措施[J].炼油设计,29(12):20-22.
徐世泰,关新虎.2000.催化裂化装置先进控制策略及应用[J].石油炼制与化工,31(6):36-40.
许国虎.2001.催化裂化装置吸收稳定系统先进控制中软仪表的开发[J].炼油设计,31(3):19-21.
许友好,张久顺,龙军.2001.生产清洁汽油组分的催化裂化新工艺 MIP[J].石油炼制与化工,32(8):1-5.
许友好,张久顺,徐惠,等.2003.多产异构烷烃的催化裂化工艺的工业应用[J].石油炼制与化工,34(11):1-6.
许友好,张久顺,马建国,等.2004.生产清洁汽油组分并增产丙烯的催化裂化工艺[J].石油炼制与化工,35(9):1-4.
许友好,戴立顺,龙军,等.2011.多产轻质油的 FGO 选择性加氢工艺和选择性催化裂化工艺集成技术(IHCC)的研究[J].石油炼制与化工,42(3):7-12.
许友好.2013.催化裂化化学与工艺[M].北京:科学出版社.
杨浔英,郑嘉惠.1999.重油催化裂化装置原料构成优化技术方案探讨[J].炼油设计,29(10):27-32.
杨勇刚,罗勇.2000.DCC-Ⅱ型工艺的工业应用和生产的灵活性[J].石油炼制与化工,31(4):1-7.
叶晓东,徐武清,刘静翔.2003.不同结构的重油催化裂化装置结焦的原因分析及防止措施[J].石油炼制与化工,34(2):21-25.
伊红亮,施至诚,李才英,等.2002.催化热裂解工艺专用催化剂 CEP-1 的研制开发及工业应用[J].石油炼制与化工,33(3):38-42.
余本德,施至诚,许友好,等.1995.CRP-1 裂解催化剂工业应用及 15 万 t/a 催化裂解装置开工运转[J].石油炼制与化工,6(5):7-13.
余祥麟.1998a.大庆重油催化裂化多产柴油的研究[J].石油炼制与化工,29(3):1-4.
余祥麟,刘守军,张美超,等.1998b.大庆蜡油掺炼渣油催化裂化多产柴油的工业开发[J].石油炼制与化工,29(4):13-16.
于道永.2002.催化裂化过程中含氮化合物转化规律的研究[D].山东:石油大学理学院.
翟伟,温传忠,柴剑锋.2003.控制设备结焦确保重油催化裂化装置长周期运行[J].石油炼制与化工,34(8):32-35.
赵振辉,叶晓东,徐武清.2001.用 UOP 技术改造催化裂化装置[J].石油炼制与化工,32(6):17-20.
张国才.2001.焦化汽油的催化裂化改质[J].石油炼制与化工,32(4):5-9.
张红星.2002.减压渣油催化裂化装置防止结焦的技术措施及效果[J].炼油设计,32(11):4-6.
张久顺.1999.提高催化裂化柴油产率的常用措施[J].炼油设计,29(11):7-10.
张立新.1981.催化裂化反应器和再生器设计中若干问题的探讨[J].石油学报,2(1):111-121.
张瑞驰.2001.催化裂化操作参数对降低汽油烯烃含量的影响[J].石油炼制与化工,32(6):11-16.
张永民,卢春喜,时铭显.2004.催化裂化新型环流汽提器的大型冷模实验[J].高校化学工程学报,18(3):377-380.
张振千.2001.催化裂化新型汽提器的开发与应用[J].炼油设计,31(11):30-33.
张振千,田耕.2006.FCC 待生催化剂多级组合式汽提器的开发[J].炼油技术与工程,36(9):12-16.
张振千,田耕,李国智.2013.新型催化裂化汽提技术[J].炼油技术与工程,43(1):31-35.
张执刚,谢朝钢,施至诚,等.2001.催化热裂解制取乙烯和丙烯的工艺研究[J].石油炼制与化工,32(5):21-24.
郑洪文,闫涛.2009.CS-Ⅱ型重油催化裂化进料喷嘴的工业应用[J].炼油技术与工程,39(5):37-39.
郑铁年.1996.催化裂解技术及其应用前景[J].石油炼制与化工,27(6):37-41.
郑万有,邓先梁.1989.催化裂化反应集点动力学模型的应用(I):优化锦西炼油厂催化裂化装置的工艺条[J].石油炼制,20(8):8-12.
郑远扬,高少立,袁璞.1986a.催化裂化装置的动态模型:Ⅰ.提升管反应器的动态模型和动力学参数的估计

[J].石油炼制,17(2):23-30.

郑远扬,高少立.1986b.催化裂化装置的动态模型:Ⅲ.提升管反应器的集中参数模型[J].石油炼制,17(4):67-71.

郑远扬,高少立.1986c.催化裂化装置的动态模型:Ⅲ.两段再生器的动态模型和动力学参数估计[J].石油炼制,17(5):45-49.

钟乐燊,霍永清,王均华,等.1995.常压渣油多产液化气和汽油(ARGG)工艺技术[J].石油炼制与化工,26(6):15-19.

钟孝湘,陈家林,范中碧.1992.催化裂化原料及催化剂的分析[J].石油炼制,23(6):36-44.

周婉华,杨启业.1996.40 万 t/a 催化裂解工程设计的开发和应用[J].石油炼制与化工,27(7):12-17.

周康.2002.重油催化裂化装置分馏系统结焦的控制对策[J].炼油设计,32(11):11-15

周忠国,许金山,李林波,等.2003.催化裂化大油气管线阻焦剂的研究与开发[J].炼油技术与工程,33(3):31-34.

周密,朱明华,朱泽霖,等.1996.重质石油中含氮化合物的形态及分布分析Ⅴ[J].华东理工大学学报,22(3):342-348.

周伯敏,郑文奎,吴少峰.1991.催化裂化过程控制和优化策略[J].石油炼制,22(10):14-19.

朱开宏,毛信军,翁惠新,等.1985.催化裂化集总动力学模型的研究:Ⅱ.实验方案的计算机事前模拟[J].石油学报:石油加工,1(3):47-56.

祝良富,石啸涛.1996.40 万 t/a 催化裂解装置的试运行及标定[J].石油炼制与化工,27(9):7-12.

邹滢,欧阳福生.1997.试论催化裂化装置转油线结焦的原因[J].石油炼制与化工,28(5):43-46.

Abbot J,Wojciechowski B W.1988.The effect of temperature on the product distribution and kinetic of reactions of n-hexadecane on HY zeolite[J].Journal of Catalysis,109(2):274-283.

Aebel A,Huang Z,Rinard I H,et al.1995a.Dynamic and control of fluidized catalytic crackers:1.Modeling of the current generation of FCC's[J].Industrial & Engineering Chemistry Research,34(4):1228-1243.

Aebel A,Rinard I H,Shinna R,et al.1995b.Dynamics and control of fluidized catalytic crackers:2.Multiple steady states and instabilities[J].Industrial & Engineering Chemistry Research,34(9):3014-3026.

Amini R,Glendinning R J,McQuiston H L.1997.Heavy oil cracker revamp improves unit operation and profitability[C]//NPRA Annual Meeting,AM-97-12.San Antoio,Texas.

Ancheyta-Juárez J,López-Isunza F,Aguilar-Rodríguez E.1998.Correlations for predicting the effect of feedstock properties on catalytic cracking kinetic parameters[J].Industrial & Engineering Chemistry Research,37(12):4637-4640.

Anthony Y,Frederick J.1986.Closed FCC cyclone system:US,4588558[P].

Applcby W G,Gibson J W,Good G M.1962.Coke formation in catalytic cracking[J].Industrial and Engineering Chemistry Process Design and Development,1(2):102-110.

Aris R,Gavalas G R.1966.Theory of reactions in continuous mixtures[J].Philosophical Transactions of the Royal Society of London:Series A,Mathematical and Physical Sciences,260(1112):351-393.

Aris R.1968.Prolegomena to the rational analysis of systems of chemical reactions:II.Some addenda[J].Archive for Rational Mechanics and Analysis,27(5):356-364.

Ashok S,Alan R,Michael F.1992.Expedient method for altering the yield distribution from fluid catalytic cracking units:US,5098554[P].

Avidan A A,Shinnar R.1990a.Development of catalytic cracking technology:A lesson in chemical reactor design[J].Industrial & Engineering Chemistry Research,29(6):931-942.

Avidan A A,Krambeck F J,Owen H,et al.1990b.FCC closed-cyclone system[J].Oil& Gas J,88(13):56-62.

Balakotaiah V,Luss D.1982.Structure of the steady-state solutions of lumped-parameter chemically reacting systems

[J].Chem Eng Sci,37(11):1611-1623.

Baptista C,Bonfadini P,Gilbert W R.2000.Correlation of feedstock chemical properties,conversion and coke yield in heavy atmospheric residue cracking[C]//NPRA Annual Meeting,AM-00-23.San Antonio,TX.

Baptista C,Cerqueira H S,Fusco J M,et al.2004.What happensin the FCC unit strippers[C]//NPRA Annual Meeting,AM-04-53.San Antonio,TX.

Barthod D,Del Pozo M,Mirgain C.1999.CFD-aided design improves FCC performance[J].Oil & gas J,97(14):66-69.

Beekman J W,Froment G F.1979.Catalyst deactivation by active site coverage and pore blockage[J].Industrial & Engineering Chemistry Fundamentals,18(3):245-256.

Beekman J W,Froment G F.1980.Catalyst deactivation by site coverage and pore blockage:Finite rate of growth of the carbonaceous deposit[J].Chemical Engineering Science,35(4):805-815.

Benjamin G,Solomon J,Donald N,et al.1976.Simulation of catalytic cracking process:US,3960707[P].

Benjamin G,Solomon J,Donald N,et al.1980.Simulation of catalytic cracking process:US,4187548[P].

Bernard J R,Rivault P,Nevicato D,et al.1998.Fluidcracking catalysts[M].New York:Marcel Dekker Inc.

Best D A,Pachovsky R A,Wojciechowski B W.1971.Diffusion effects in catalytic gas oil cracking[J].The Canadian Journal of Chemical Engineering,49(6):809-812.

Best D A,Wojciechowski B W.1977.The catalytic cracking of cumene:The kinetics of the dealkylation reaction[J].Journal of Catalysis,47(3):343-357.

Bibby D M,Milestone N B,Patterson J E,et al.1986.Coke formation in zeolite ZSM-5[J].Journal of Catalysis,97(2):493-502.

Bilous O,Amundson N R.1955.Chemical reactor stability and sensitivity[J].AIChE Journal,1(4):513-521.

Blanding F H.1953.Reactionrates in catalytic cracking of petroleum[J].Industrial & Engineering Chemistry,45(6):1186-1197.

BromleyJ A,Ward T J.1981.Fluidized catalytic catalytic cracker control,A structural analysis approach[J].Industrial and Engineering Chemistry Process Design and Development,20(1):74-81.

Bruch H W.1988.NPRA Q & A-1:Refiners focus on catalysts[J].Oil & Gas J,86(8):46-55.

Butt J B.1972.Catalyst deactivation[J].Advanced in Chem Series,109(Chem React Eng,Int Symp 1st):259-496.

Cabrera Carlos A,Knepper Daniel.1990.Advanced reactor design for FCC units[C]//NPRA Annual Meeting,AM-90-39.San Antonio,Texas.

Caeiro G,Magnoux P,Lopes J M,et al.2005.Deactivating effect of quinoline during the methylcyclohexane -transformation over H-USY zeolite[J].Applied Catalysis A:General,292:189-199.

Caeiro G,Magnoux P,Lopes J M,et al.2006.Kinetic modeling of the methylcyclohexane transformation over H-USY:Deactivating effect of coke and nitrogen basic compounds[J].Journal of Molecular Catalysis A:Chemical,249(1-2):149-157.

Caeiro G,Lopes J M,Magnoux P,et al.2007a.A FT-IR study of deactivation phenomena during methylcyclo -hexane-transformation on H-USY zeolites:Nitrogen poisoning,coke formation,andacidity - activity correlations[J].Journal of Catalysis,249(2):234-243.

Caeiro G,Costa A F,Cerqueira H S,et al.2007b.Nitrogen poisoning effect on the catalytic cracking of gasoil[J].Applied Catalysis,A:General,320:8-15.

Campagna R J,Krishna A S,Yanik S J.1983.Research and development directed at resid cracking[J].Oil & Gas J,81(44):128-134.

Campbell D M,Klein M T.1997.Construction of a molecular representation of a complex feedstock by Monte Carlo and quadrature methods[J].Applied Catalysis A:General,160(1):41-54.

Carmen, John C.1982.Passivation of metal contaminants on cracking catalyst: US, 4364848[P].

Carmen, John C.1983.Passivation of metal contaminants on cracking catalyst: US, 4382015[P].

Chamagna R J, Bricklemeyer B A, Bodnar W M, et al.1989.FCC reactor effluent sampling a valuable tool for FCC unit optimization[C]//NPRA Annual Meeting, AM-89-52.San Francisco, CA.

Chang F W, Fitzgerald T J, Park J Y.1977.A simple method for determining the reaction rate constants of monomolecular reaction systems from experimental data[J].Ind Eng Chem Pro Des Dev, 16(1): 59-63.

Chang T.1999.Petrobras implements $29 million refining-technology program[J].Oil & Gas J, 97(12): 63-70.

Chapin L, Letzsch W S, Swaty T E.1998.Petrochemical options from Deep Catalytic Cracking and the FCCU[C]// NPRA Annual Meeting, AM-98-44.San Francisco, CA.

Chen N Y, Lucki S J.1986.Nonregenerative catalytic cracking of gas oils[J].Industrial & Engineering Chemistry Process Design and Development, 25(3): 814-820.

Christensen G, Apelian M R, Hickey K J, et al.1999.Future directions in modeling the FCC process: An emphasison product quality[J].Chemical Engineering Science, 54(13): 2753-2764.

Corella J, Asua J M.1981.Kinetics and mechanism of deactivation by fouling of a silica-alumina catalyst in the gaseous phase dehydration of isoamyl alcohol[J].The Canadian Journal of Chemical Engineering, 59(4): 506-510.

Corella J, Asua J M.1982.Kinetic equations of mechanistic type with nonseparable variables for catalyst deactivation by coke.Models and data analysis methods[J].Industrial & Engineering Chemistry Process Design and Development, 21(1): 55-61.

Corella J, Bilbao R, Molina J A, et al.1985a.Variation with time of the mechanism, observable order, and activation energy of catalyst deactivation by coke in the FCC process[J].Industrial & Engineering Chemistry Process Design and Development, 24(3): 625-636.

Corella J, Aznar M P, Bilbao J.1985b.Kinetics of inseparable variables in catalyst deactivation due to blockage of active centers by coke produced by a parallel reaction: mechanism and method of data analysis[J].International Chemical Engineering, 25(2): 275-282.

Corella J, Fernandez A, Vidal J M.1986.Pilot plant for the fluid catalytic cracking process: Determination of the kinetic parameters of deactivation of the catalyst[J].Industrial & Engineering Chemistry Product Research and Development, 25(4): 554-562.

Corma A, Fornes V, Monton J B, et al.1987.Catalyticcracking of alkanes on large pore, high SiO_2/Al_2O_3 zeolites in the presence of basic nitrogen compounds.Influenceof catalyst structure and composition in the activityand selectivity [J].Ind Eng Chem Res, 26(5): 882-886.

Couch K A, Seibert K D, Opdorp P V.2004.Controlling FCC yields and emissions - UOP technology for a changing environment[C]//NPRA Annual Meeting, AM-04-45.San Antonio, Texas.

Cutler C R, J Eakens R W, Koepke J, et al.1993.A signle multivariable controller to an FCC unit[C]//NPRA Annual Meeting, AM-93-48.San Antonio, Texas.

Dart J C, Oblad A G.1949.Heat of cracking and regeneration incatalytic cracking[J].Chemical Engineering Progress, 45(2): 110-118.

Dean R R, Mauleon J L, Letzsch W S.1982a.Newresid cracker: 1.Resid puts FCC process in new perspective[J].Oil & Gas J.80(40): 75-80.

Dean R R, Mauleon J L, Letzsch W S.1982b.New resid cracker: 2.Total introduces new FCC process[J].Oil & Gas J, 80(41): 168; 173-174; 176.

Dean R R, Letzsch W S, Mauleon J L.1983.Method for catalytically converting residual oils: US, 4415438[P].

De Pauw R P, Froment G F.1975.Deactivation of a platinum reforming catalyst in a tubular reactor[J].Chem Eng Sci, 30(8): 789-801.

Dewachtere N V, Santaella F, Froment G F.1999.Application of a single-event kinetic model in the simulation of an industrial riser reactor for the catalytic cracking of vacuum gas oil[J].Chem Eng Sci, 54(15):3653-3660.

Dorbon M, Bernasconi C.1989.Nitrogen compounds in light cycle oils: identification and consequences of ageing[J]. Fuel, 68(8):1067-1074.

Dumez F J, Froment G F. 1976. Dehydrogenation of 1-butene into butadiene. Kinetics, catalyst coking, and reactor design[J].Industrial & Engineering Chemistry Process Design and Development, 15(2):291-301.

Edmister W C.1973.Applied hydrocarbon thermodynamics.51.Heats of chemical reaction[J].Hydrocarbon Processing, 52(7):123-129.

Edwards W M, Kim H N.1988.Multiple steady states in FCC unit operations[J].Chem Eng Sci, 43(8):1825-1830.

Eisenbach D, Gallei E.1979.Infrared spectroscopic investigations relating to coke formation on zeolites: I.Adsorption of hexene-1 and n-hexane on zeolites of type Y[J].Journal of Catalysis, 56(3):377-389.

Elnashaie S S, El-Hennawi I M.1979.Multiplicity of the steady state in fluidized bed reactors: IV. Fluid catalytic cracking (FCC)[J].Chem Eng Sci, 34(9):1113-1121.

Elnashaie S S, Elbialy S H.1980.Multiplicity of steady states in fluidized bed reactors: V: The effect of catalyst decay [J].Chem Eng Sci, 35(6):1357-1365.

Elnashaie S S, Elshishini S S.1993.Digital simulation of industrial fluid catalytic cracking units: IV.Dynamic behaviour [J].Chem Eng Sci, 48(3):567-583.

Elshishini S, Elnashaie S.1990a.Digital simulation of industrial fluid catalytic cracking units: Bifurcation and its implications[J].Chem Eng Sci, 45(2):553-559.

Elshishini S, Elnashaie S.1990b.Digital simulation of industrial fluid catalytic cracking units: II.Effect of charge stock composition on bifurcation and gasoline yield[J].Chem Eng Sci, 45(9):2959-2964.

Farr W W, Aris R.1986."Yet who would have thought the old man to have had so much blood in him?"—Reflections on the multiplicity of steady states of the stirred tank reactor[J].Chem Eng Sci, 41(6):1385-1402.

Feng W, Vynckier E, Froment G F. 1993. Single event kinetics of catalytic cracking[J]. Industrial & Engineering Chemistry Research, 32(12):2997-3005.

Fenske M R.1971.Technical data book: Petroleum refining[M].Washington D C.

Fisher I P.1986.Residuum catalytic cracking: influence of diluents on the yield of coke[J].Fuel, 65(4):473-479.

Fisher I P.1987.Residuum catalytic cracking: effect of composition of vacuum tower bottoms on yield structure[J].Fuel, 66(9):1192-1199.

Ford W D, Dsouza G J, Murphy J R, et al.1978a.Session on recent developments in hydrocracking and catalytic cracking[J].Proceedings of American Petroleum Institute, 57:421.

Ford W D, Dsouza G J, Murphy J R.1978b.FCC advances merged in new design[J].Oil & gasJ, 76(21):63-69.

Frank W.1986.Method for mixing of fluidized solids and fluids: US, 4575414[P].

Froment G F, Bischoff K B.1961.Non-steady state behaviour of fixed bed catalytic reactors due to catalyst fouling[J]. Chemical Engineering Science, 16(3-4):189-201.

Froment G F, Bischoff K B.1962.Kinetic data and product distributions from fixed bed catalytic reactors subject to catalyst fouling[J].Chemical Engineering Science, 17(2):105-114.

Froment G F, Bischoff K B, 1979.Chemical reactor analysis and design[M].New York: John Wiley & Sons.

Froment G F.1980.A quantitative approach of catalyst deactivation by coke formation[J].Studies in Surface Science and Catalysis, 6(Catal.Deact.):1-19.

Frycek G J, Butt J B.1984.Poisoning effects in temperature-increased fixed-bed reactor operation.a comparison of experimental results and model simulation[G]. ACS symposium series. Oxford University Press, 237 (Chem Catal React Model):375-391.

Fu A, Hunt D, Bonilla J A. 1998. Deep catalytic cracking plant produces propylene in Thailand[J]. Oil & Gas J, 96(2):49-53.

Fu C M, Schaffer A M. 1985. Effect of nitrogen compounds oncracking catalysts[J]. Ind Eng Chem Prod Res Dev, 24(1):68-75.

Gary J H, Handwerk G E. 1975. Petroleum refining technology and economics[M]. New York: Marcel Dekkey Inc:100-108.

Gates B C, Katzer J R, Schuit G C A. 1979. Chemistry of catalytic processes[M]. New York: McGraw-Hill.

Gerritsen L A, Winjgards H N, Verwoert J, et al. 1991. Akzo Catalyst Symposium Fluid Catalystic Cracking. Scheveningen:123.

Glendining R J, Chan T Y, Fochtman C D. 1996. Recent advances in FCC technology maximize unit profitability[C]// NPRA Annual Meeting, AM-96-25. Washington D C.

Golikeri S V, Luss D. 1972. Analysis of activation energy of grouped parallel reactions[J]. AIChE Journal, 18(2):277-282.

Golikeri S V, Luss D. 1974. Aggregation of many coupled consecutive first orderreactions[J]. Chemical Engineering Science, 29(3):845-855.

Gonzalez-Valasco J R, Gutierrez-Ortiz M A, Gutierrez-Ortiz J I, et al. 1984. Space-time policy in deactivating isothermal catalyst beds[J]. Chemical Engineering Science, 39(3):615-618.

Good G M, Voge H H, Greensfelder B S. 1947. Catalyticcracking of pure hydrocarbons[J]. Industrial & Engineering Chemistry, 39(8):1032-1036.

Green J B, Zagula E J, Reynold J W. et al. 1994. Relating feedstock composition to product slate and composition in Catalytic Cracking: 1. bench scale experiments with liquid chromatographic fractions from Wilmington, CA, >650F resid[J]. Energy & Fuels, 8(4):856-867.

Green J B, Zagula E J, Reynold J W. et al. 1996. Relating feedstock composition to product slate and composition in Catalytic Cracking: 2. feedstocks derived from Brass River, a high-quality Nigerian crude[J]. Energy& Fuels, 10(2):450-462.

Green J B, Zagula E J, Grigsby R D, et al. 1999. Relating feedstock composition to product slate and composition in catalytic cracking: 5. feedstocks derived from Lagomedio, a Venezuelan crude[J]. Energy & fuels, 13(3):655-666.

Greensfelder B S, Voge H H. 1945a. Catalyticcracking of pure hydrocarbons[J]. Industrial & Engineering Chemistry, 37(6):514-520.

Greensfelder B S, Voge H H. 1945b. Catalyticcracking of pure hydrocarbons[J]. Industrial & Engineering Chemistry, 37(11):1038-1043.

Greensfelder B S, Voge H H, Good G M. 1945c. Catalytic cracking of pure hydrocarbons[J]. Industrial & Engineering Chemistry, 37(12):1168-1176.

Greensfelder B S, Voge H H, Good G M. 1949. Catalytic andthermal cracking of pure hydrocarbons: mechanisms of reaction[J]. Industrial & Engineering Chemistry, 41(11):2573-2584.

Griffith C. 1986. Catalyst interaction in an FCCU[C]//NPRA Annual Meeting, AM-86-44. Los Angeles, CA.

Gross B, Nace D M, Voltz S E. 1974. Application of a kinetic model for comparison of catalytic cracking in a fixed bed microreactor and a fluidized dense bed[J]. Industrial & Engineering Chemistry Process Design and Development, 13(3):199-203.

Haldeman R G, Botty M C. 1959. On the nature of the carbon deposit of cracking catalysts[J]. The Journal of Physical Chemistry, 63(4):489-496.

Hall J W, Rase H F. 1963. Carbonaceous deposits on silica-alumina catalyst[J]. Industrial & Engineering Chemistry Process Design and Development, 2(1):25-30.

Hatcher Jr W J.1985.Cracking catalyst deactivation models[J].Industrial & Engineering Chemistry Product Research and Development,24(1):10-15.

Hartley,Edward J,Paul B.1976.Denitrogenating and upgrading of high nitrogen containing hydrocarbon stocks with low molecular weight carbon-hydrogen fragment contributors:US,3974063[P].

Hartley,Paul H.1991.Process and apparatus for hot catalyst stripping in a bubbling bed catalyst regenerator:US,5032252[P].

Heinrich G,Wambergue S.1998.Quality FCC products from increasingly dirty feeds[J].Petroleum Technology Quarterly:39-50.

Hemler C L,Vermillon W L.1973.New jobs for FCC[J].Oil & Gas J,71(45):95-99.

Hemler C L,Upson L L.1998.Maximize propylene production[R].The EuropeanRefining Technology Conference.Berlin.

Hightower J W,Emmett P H.1965.Catalyticcracking of *n*-Hexadecane:IV.The formation and behavior of aromatics over a Silica-Alumina catalyst[J].Journal of the American Chemical Society,87(5):939-949.

Ho T C,Katritzky A R,Cato S J.1992.Effect of nitrogencompounds on cracking catalysts[J].Ind Eng Chem Res,31(7):1589-1597.

Huling G P,McKinney J D,Readal T C.1975.Feed-sulfur distribution in FCC product[J].Oil & Gas J,73(20):73-79.

Hutchinson P.1970.Lumping of mixtures with many parallel first order reactions[J].The Chemical Engineering Journal,1(2):129-136.

Ismail B.1991.FCC stripping method:US,5015363[P].

Ismail B.1992.Disengager stripper:US,5158669[P].

Iscol L.1970.The dynamics and stability of a fluid catalytic cracker[C].Proceedings of the Automatic Control Conference.602-607.

Jacob S M,Gross B,Voltz S E,et al.1976.A lumping and reaction scheme for catalytic cracking[J].AIChE Journal,22(4):701-713.

James H,Hartley,Klaus W.1990.Closed cyclone FCC catalyst separation apparatus:US,4909993.

John K F,Herbert S P,Edward P J.1986.Quenched catalytic cracking process.EP0180355(A2).

John T M,Pachenkov G M,Wojciechowski B W.1974.Coke and Deactivation in Catalytic Cracking[J].Advances in Chemistry Series,133:422-431.

John T M,Wojciechowski B W.1975a.Effect of reaction temperature on product distribution in the catalytic cracking of a neutral distiliate[J].Journal of Catalysis,37(2):348-357.

John T M,Wojciechowski B W.1975b.On identifying the primary and secondary products of the catalytic cracking of neutral distillates[J].Journal of Catalysis,37(2):240-250.

Johnson T E,Avidan A A.1993.FCC design for maximum olefin production[C]//NPRA Annual Meeting,AM-93-05.San Antonio,Texas.

Kane L.1992.About the advanced control handbook[J].Hydrocabon Processing,71(9):101-155.

Kauff D A,Hedrick B W.1992.FCC process technology for the 1990's[C]//NPRA Annual Meeting,AM-92-06.New Orleans,Louisiana.

Kemp R R D,Wojciechowski B W.1974.The kinetics of mixed feed reactions[J].Industrial & Engineering Chemistry Fundamentals,13(4):332-336.

Keyworth D A,Reid T A,Asim M Y,et al.1992.Offsetting the cost of lower sulfuringasoline[C]//NPRA AnnualMeeting,AM-92-17.New Orleans,Louisiana.

Klaus W.1986.Closed cyclone FCC system with provisions for surge capacity:US,4581205[P].

Kovarik F S, Butt J B.1982.Reactor optimization in the presence of catalyst decay[J].Catalysis Reviews Science and Engineering, 24(4):441-502.

Kraemer D W, Sedran U, de Lasa H I.1990.Catalytic cracking kinetics in a novel riser simulator[J].Chemical Engineering Science, 45(8):2447-2452.

Krishna A S, Skocpol R C, English A R, et al.1994.Split feed injection: Another tool for increasing FCC light olefin yields and gasoline octanes[C]//NPRA Annual Meeting, AM-94-45.Washington DC.

Kuo J C W, Wei J.1969.Lumping analysis in monomolecular reaction systems.Analysis of approximately lumpable system[J].Industrial & EngineeringChemistry Fundamentals, 8(1):124-133.

Kurihara H.1967.Optimal control of fluid catalytic cracking processes[D].Massachusetts Institute of Technology.

Kunii D, Levenspiel O.1969.Fluidization Engineering[M].New York: Wiley.

Lance D Silverman, Steven Winkler, Jack A, et al.1986.Matrix effects in catalytic cracking[C]//NPRA Annual Meeting, AM-86-62.Los Angeles CA.

Landeghem F V, Nevicato D, Pitault I, et al.1996.Fluid catalytic cracking: modeling of an industrial riser[J].Applied Catalysis A: General, 138(2):381-405.

Langner B E.1980.Reactions of olefins on zeolites: The change of the product distribution with time on stream in the reaction of butene-1 on calcined NaNH4-Y[J].Journal of Catalysis, 65(2):416-427.

Larocca M, Ng S H, de Lasa H. 1990. Fast catalytic cracking of heavy gas oils: modeling coke deactivation[J]. Industrial & Engineering Chemistry Research.29(2):171-180.

Lau Y K, Saluja P P S, Kebarle P, et al.1978.Gas-phase basicities of *N*-methyl substituted 1,8-diaminona -phthalenes and related compounds[J].Journal of the American Chemical Society, 100(23):7328-7333.

Laurence O, StevenI.1981.Gaseous passivation of metal contaminants on cracking catalyst: US, 4268416[P].

Laurence O, StevenI.1983.Passivation of metal contaminants on cracking catalyst: US, 4404090[P].

Lee H H, Butt J B. 1982. Heterogeneous catalytic reactors undergoing chemical deactivation: Part I. Deactivation kinetics and pellet effectiveness[J].AIChE Journal, 28(3):405-410.

Lee W, Kugelman A M.1973.Number of steady-state operating points and local stability of open-loop fluid catalytic cracker[J].Industrial & Engineering Chemistry Process Design and Development, 12(2):197-204.

Lee W, Weekman V W.1976.Advanced control practice in the chemical process industry: A view from industry[J]. AIChE Journal, 22(1):27-38.

Levenspiel O.1972.Experimental search for a simple rate equation to describe deactivating porous catalyst particles [J].Journal of Catalysis, 25(2):265-272.

Lee L S, Chen Y W, Huang T N, et al.1989.Four lump kinetic model for fluid catalytic cracking process[J].The Canadian Journal of Chemical Engineering, 67(4):615-619.

Letzsch W S, Murcia A A, Ross J L.1994.Revamping old FCCUs with 1994 technology[C]//NPRA Annual Meeting, AM-94-56.Washington D C.

Letzsch W S, Dharia D J, Wallendorf W H, et al.1996.FCC Modifications and their Impact on Yeilds and Economics [C]//NPRA AnnualMeeting, AM-96-44.Washington D C.

Letzsch W S, Lauritzen J.2004.Converting Resid in the Fluid Cat Cracker[C]//NPRA Annual Meeting, AM-04-31. San Antonio, Texas.

Leuenberger E L, Wilbert L J.1987.Octane catalysts raise heat of cracking, reduce coke make[J].Oil & Gas J, 85 (21):38-41.

Levinter M E, Panchenkov G M, Tanatarov M A.1967.Diffusion factors in coke formation on a silica-alumina catalyst [J].Int Chem Eng, 7(1):23-27.

Liguras D K, Allen D T.1989a.Structural models for catalytic cracking: 1.Model compound reactions[J].Industrial &

Engineering Chemistry Research,28(6):665-673.

Liguras D K,Allen D T.1989b.Structural models for catalytic cracking:2.Reactions of simulated oil mixtures[J].Industrial & Engineering Chemistry Research,28(6):674-683.

Lin C C,Park S W,Hatcher Jr W J.1983.Zeolite catalyst deactivation by coking[J].Industrial & Engineering Chemistry Process Design and Development,22(4):609-614.

Long S L,Johnson A R,Dharia D J.1993.Advances in Residual Oil FCC[C]//NPRA Annual Meeting,AM-93-50. San Antonio,Texas.

Luss D,Amundson N R.1968.Stability of batch catalytic fluidized beds[J].AIChE Journal,14(2):211-221.

Luss D,Hutchinson P.1971.Lumping of mixtures with many parallel N-th order reactions[J].The Chemical Engineering Journal,2(3):172-178.

Luss D,Golikeri S V.1975.Grouping of many species each consumed by two parallel first-order reactions[J].AIChE Journal,21(5):865-872.

Magee J S,Ritter R E,Wallace D N,et al.1980.FCC feed composition affects catalyst octane performance[J].Oil & Gas J,78(31):63-67.

Magnoux P,Guisnet M,Mignard S,et al.1989.Coking,aging,and regeneration of zeolites:VIII.Nature of coke formed on hydrogen offretite during n-heptane cracking:Mode of formation[J].Journal of Catalysis,117(2):495-502.

Mario L,Edward J.1988.Process for cracking nitrogen-containing feedstocks:US,4731174[P].

Marquardt D W.1963.An algorithm for least-squares estimation of nonlinear parameters[J].Journal of the Society for Industrial & Applied Mathematics,11(2):431-441.

Masai M,et al.1983.Catalyst Deactivation[M].New York:Marcel Dekkey Inc.

Mauleon J L,Courcelle J C.1985.FCC heat balance critical for heavy fuels[J].Oil & Gas J,83(42):64-70.

Mauleon J L,Sigaud J B.1987.Mix temperature control enhances FCC flexibility in use of wider range of feeds[J].Oil & Gas J,85(8):52-55.

Maxted E B.1951.The poisoning of metallic catalysts[J].Advances inCatalysis,2:129-178.

McCarthy S J,Raterman M F,Smalley C G,et al.1997.FCC Technology Upgrades:A Commercial Example[C]//NPRA Annual Meeting,AM-97-10.San Antonio,Texas.

McDonald G W G,Harkins B L.1987.Maximizing FCC profits by process optimization[C]//NPRA AnnualMeeting,AM-87-56.Washington D C.

Michelsen M L,Villadsen J.1972.Diffusion and reaction on spherical catalyst pellets:steady state-and local stability analysis[J].Chemical Engineering Science,27(4):751-762.

Michael Meot-Ner.1979.Ion thermochemistry of low-volatility compounds in the gas phase:2.Intrinsic basicities and hydrogen-bonded dimers of nitrogen heterocyclics and nucleic bases[J].Journal of the American Chemical Society,101(9):2396-2403.

Miller S J,Hsieh C R,Keuhler C W,et al.1994.OCTAMAX:A new process for improved FCCprofitability[C]//NPRA Annual Meeting,AM-94-58.Washington D C.

Miller R B,Johnson T E,Santner C R,et al.1995.FCC reactor product-catalyst separation ten years of commercial experience with closed cyclones[C]//NPRA Annual Meeting,AM-95-37.San Francisco,CA.

Miller R,Yang Y L,Gbordzoe E,et al.2000a.New Developments in FCC feed Injection and stripping technologies[C]//NPRA Annual Meeting,AM-00-08.San Antonio,Texas.

Miller B,Warmann J,Copeland A,et al.2000b.Effective FCCrevamp management leads to substantial benefits[C]//NPRA Annual Meeting,AM-00-24.San Antonio,Texas.

Mills G A,Boedeker E R,Oblad A G.1950.Chemicalcharacterization of catalysts:I.Poisoning of cracking catalysts by nitrogen compounds and potassium ion[J].Journal of the American Chemical Society,72(4):1554-1560.

Mott R W, Roberie T, Zhao X J. 1998. Suppressing FCC gasoline olefinicity while managing light olefins production [C]//NPRA Annual Meeting, AM-98-11. San Francisco, CA.

Murcia A A, Soudek M, Quinn G P, et al. 1979. Add Flexibility to FCC's[J]. Hydrocarbon Processing, 58(9): 131-135.

Nace D M. 1969. Catalytic cracking over crystalline aluminosilicates: I. Instantaneous rate measurements for hexadecane cracking[J]. Industrial & Engineering Chemistry Product Research and Development, 8(1): 24-31.

Nace D M. 1970. Catalyticcracking over crystalline aluminosilicates. Microreactor study of gas oil cracking[J]. Industrial & Engineering Chemistry Product Research and Development, 9(2): 203-209.

Nace D M, Voltz S E, Weekman Jr V W. 1971. Application of a kinetic model for catalytic cracking. Effects of charge stocks[J]. Industrial & Engineering Chemistry Process Design and Development, 10(4): 530-538.

Nam I S, Kittrell J R. 1984. Use of catalyst coke content in deactivation modeling[J]. Industrial & Engineering Chemistry Process Design and Development, 23(2): 237-242.

Nelson W L. 1985. Petroleum refinery engineerng[M]. 4th ed. New York: McGraw-Hill.

Neurock M, Libanati C, Nigam A, et al. 1990. Monte Carlo simulation of complex reaction systems: Molecular structure and reactivity in modeling heavy oils[J]. Chemical Engineering Science, 45(8): 2083-2088.

Nieskens M, Khouw F H H, Borley M J H, et al. 1990. Shell's resid FCC technology reflects evolutionary development [J]. Oil & Gas J, 88(24): 37-44.

Niccum P K, Miller, R B, Claude A M, et al. 1998. Catalytic cracking of hydrocarbons over modified ZSM-5[C]// NPRA Annual Meeting, AM-98-18. San Francisco, CA.

Niccum P K, Gilbert M F, Tallman M J, et al. 2001. Future refinery—FCC's role in refinery/petrochemical integration [C]//NPRA Annual Meeting, AM-01-61. New Orleans, Louisiana.

Nocca J L, Cosyns J, Debuisschert Q, et al. 2000. The domino interaction of refinery processes for gasoline quality attainment[C]//NPRA Annual Meeting, AM-00-61. San Antonio, Texas.

Occelli M L, O'Connor P. 1998. Fluidcracking catalysts[M]. CRC Press: 259-278.

Oliverira L L, Biscaia Jr E C. 1989. Catalytic cracking kinetic models. Parameter estimation and model evaluation[J]. Industrial & Engineering Chemistry Research, 28(3): 264-271.

Ozawa Y, Bischoff K B. 1968. Coke formation kinetics on silica-alumina catalyst: Basic experimental data[J]. Industrial & Engineering Chemistry Process Design and Development, 7(1): 67-71.

Ozawa Y. 1973. The structure of a lumpable monomolecular system for reversible chemical reactions[J]. Industrial & Engineering Chemistry Fundamentals, 12(2): 191-196.

Pachovsky R A, Wojciechowski B W. 1973. Effects of diffusion resistance on gasoline selectivity in catalytic cracking [J]. AIChE Journal, 19(6): 1121-1125.

Pachovsky R A, Wojciechowski B W. 1975a. Effects of charge stock composition on the kinetic parameters in catalytic cracking[J]. The Canadian Journal of Chemical Engineering, 53(3): 308-312.

Pachovsky R A, Wojciechowski B W. 1975b. Temperature effects on conversion in the catalytic cracking of a dewaxed neutral distillate[J]. Journal of Catalysis, 37(1): 120-126.

Pachovsky R A, Wojciechowski B W. 1978. Effects of temperature and charge stock composition on the kinetics of catalyst decay[J]. The Canadian Journal of Chemical Engineering, 56(5): 595-598.

Paraskos J A, Shah Y T, McKinney J D, et al. 1976. A kinematic model for catalytic cracking in a transfer line reactor [J]. Industrial & Engineering Chemistry Process Design and Development, 15(1): 165-169.

Pavlica R T, Olson J H. 1970. Unified design method for continuous-contact mass transfer operations[J]. Industrial & Engineering Chemistry, 62(12): 45-58.

Peters A W, Zhao X, Weatherbee G D. 1995. The origin of NO_x in the FCCU regenerator[C]//NPRA Annual Meeting,

AM-95-59.San Francisco,CA.

Peters A W,Zhao X,Yaluris G,et al.1998.Catalytic NO_x control strategies for the FCCU[C]//NPRA Annual Meeting,AM-98-43.San Francisco,CA.

Pierce W L,Souther R P,Kaufman T G,et al.1972.Innovation in flexicracking[J].Hydrocarbon Processing,51(5):92-97.

Pierre G,Christian B.1986.Process and apparatus for catalytic fluidized cracking.EP0171330[P].

Plank C J,Nace D M.1955.Coke formation and its relationship to cumene cracking[J].Industrial & Engineering Chemistry,47(11):2374-2379.

Pope A E,Ng S H.1990.Evaluation of deasphalted heavy oil residues as catalytic cracking feed using a riser kinetic model[J].Fuel,69(5):539-546.

Poutsma M L.1976.Zeolitechemistry and catalysis[G].ACS monograph.Ed by Rabo J A.Washington D C:Am Chem Soc,171:437.

Prater C D,Silvestri A J,Wei J.1967.On the structure and analysis of complex systems of first-order chemical reactions containing irreversible steps-I general properties[J].Chem Eng Sci,22(12):1587-1606.

Qian K,Tomczak D C,Rakiewicz E F,et al.1997.Cokeformation in the fluid catalytic cracking process by combined analytical techniques[J].Energe & Fuels,11(3):596-601.

Quann R J,Jaffe S B.1992.Structure-oriented lumping:describing the chemistry of complex hydrocarbon mixtures[J].Industrial & Engineering Chemistry Research,31(11):2483-2497.

Quann R J,Jaffe S B.1996.Building useful models of complex reaction systems in petroleum refining[J].Chemical Engineering Science,51(10):1615-1635.

Quinn G P,Silverman M A.1995.FCC reactor product-catalyst separation ten years of commercial experience with closed cyclones[C]//NPRA Annual Meeting,AM-95-38.San Francisco,CA.

Rajagopalan K,Peters A W.1985.Influence of zeolite structure on coke selectivity during fluid catalytic cracking[J].Preprints-American Chemical Society.Division of Petroleum Chemistry,30(3):538-543.

Ramser J H,Hill P B.1958.Physicalstructure of silica-alumina catalysts[J].Industrial & Engineering Chemistry,50(1):117-124.

Reif H E,Kress R F,Smith J S.1961.How feeds effect catalytic cracking yields[J].Petroleum Refiner,40(5):237-244.

Rhemann H,Schwarz G,Bafgwell T A,et al.1989.On-line FCCUadvanced control and optimization[J].Hydrocarbon Processing,68(6):64-71.

Richard R.2001.Apparatus for contacting of gases and solids in fluidized beds:US,6224833[J].

Roby,Gordon F.1981.Passivation of cracking catalysts:US,4280896[P].

Rollman L D.1971.Catalytic hydrogenation of model nitrogen,sulfur,and oxygen compounds[J].Journal of Catalysis,46(3):243-252.

Romero A,Bilbao J,González-Velasco J R.1981.Analysis of the temperature-time sequences for deactivating isothermal catalyst beds[J].Chemical Engineering Science,36(5):797-802.

Rowlands G,Konuk A,Kleinschrodt F.1991.FCCU advanced controls increase feed rate and column stability[J].Oil & Gas J,89(47):64-70.

Sabottke C Y.1991.Process and apparatus for controlling a fluid catalytic craking unit.EP0444859(A1)[P].

Satterfield C N,Colton C K,Pitcher W H.1973.Restricted diffusion in liquids within fine pores[J].AIChE Journal,19(3):628-635.

Sapre A V,Leib T M,Ocelli M L.1991.Fluid catalytic cracking II:Concepts in catalyst design[G].ACS Symposium Series.Washington D C:American Chemical Society,452:144-164.

Saxton A L, Worlcy A C.1970.Modern catalytic-cracking design[J].Oil & Gas J, 68(20):82-99.

Scherzer J, McArthur D P.1986.Tests show effects of nitrogen compounds on commercial fluid cat cracking catalysts [J].Oil & Gas J, 84(43):76-82.

Scherzer Julius.1988a.Process for the catalytic cracking of feedstocks containing high levels of nitrogen.EP0292114 [P].

Scherzer J, McArthur D P. 1988b. Catalytic cracking of high-nitrogen petroleum feedstocks: effect of catalyst composition and properties[J].Ind Eng Chem Res, 27(9):1571-1576.

Schnaith M W, Gilbert A T, Lomas D A et al.1995.Advances in FCC reactor technology[C]//NPRA Annual Meeting, AM-95-36.San Fransco, CA.

Schuurmans H J A. 1980. Measurements in a commercial catalytic cracking unit [J]. Industrial & Engineering Chemistry Process Design and Development, 19(2):267-271.

Seko H, Tone S, Otake T.1982.Criterion for stability of steady states and its prediction in a fluid catalytic cracker[J]. Journal of Chemical Engineering of Japan, 15(4):305-310.

Senegas M, Patureaux T, Selem P, et al.1998.Process and apparatus for stripping fluidized solids and use thereof in a fluid cracking process.USP5,716,585.

Senior R C, Smalley C G, Holtan T P.1999.FCC unit catalyst stripper: US, 5910240[P].

Sha Y.1991.Deactivation by coke in residuum catalytic cracking[J].Studies in Surface Science and Catalysis, 68 (Catal Deact):327-331.

Shah Y T, Huling G P, Paraskos J A, et al.1977.A kinematic model for an adiabatic transfer line catalytic cracking reactor[J].Industrial & Engineering Chemistry Process Design and Development, 16(1):89-94.

Silvestri A J, Prater C D, Wei J.1968.On the structure and analysis of complex systems of first-order chemical reactions containing irreversible steps: Ⅱ.Projection properties of the characteristic vectors[J].Chemical Engineering Science, 23(10):1191-1200.

Silvestri A J, Prater C D, Wei J.1970.On the structure and analysis of complex systems of first-order chemical reactions containing irreversible steps: Ⅲ.Determination of the rate constants[J].Chemical Engineering Science, 25 (3):407-424.

Silverman L D, Winkler S, Tiethof J A, et al.1986.Matrix effects in catalytic cracking[C]//NPRA Annual Meeting, AM-86-62.Washington, D C.

Smith R B.1959.Kinetic analysis of naphtha reforming with platinum catalyst[J].Chem Eng Prog, 55(6):76-80.

Strother C W, Vermilli W L, Conner A J.1972a.Riser cracking gives advantages[J].Hydrocarbon Processing, 51(5): 89-92.

Strother C W, Vermillion W L, Conner A J.1972b, FCC getting boost from all-riser cracking[J].Oil & Gas J, 70 (20):102-103.

Suarez W, Cheng W C, Rajagopalan K, et al.1990.Estimation of hydrogen transfer rates over zeolite catalysts[J]. Chemical Engineering Science, 45(8):2581-2588.

Szepe S, Levenspiel O.1971.Proceedings of thefourth European symposium on chemical reaction engineering[C].Brussels, 1968.London: Pegamon Press.

Tai-Sheng, Chang-Kuei.1986.Feed mixing technique for fluidized catalytic cracking of hydrocarbon oil: US, 4578183 [P].

Theologos K N, Markatos N C.1993.Advanced modeling of fluid catalytic cracking riser-type reactors[J].AIChE Journal, 39(6):1007-1017.

Thomas C L.1944.Hydrocarbon reactions in the presence of cracking catalysts: II.Hydrogen transfer[J].Journal of the American Chemical Society, 66(9):1586-1589.

Turlier P, Forissier M, Rivault P, et al.1994.Fluidcatalytic cracking: III.Materials and processes[G].ACS Symposium Series.Washington D C, 571: 98-109.

Upson L, Dalin I, Wichers R.1982.Heatbalance - the key to cat cracking[C].Katalistiks 3rd Fluid Catalytic Cracking Symposium.

Upson L L, Hemler C L, Lomas D A.1993.Unit design and operational control: impact on product yields and product quality[J].Studies in Surface Science and Catalysis, 76(Fluid Catalytic Cracking: Science and Technology): 385-440.

Valeri F.1987.New methods for evaluating your FCC[C].8th Annual Fluid Catalytic Cracking Symposium.Buadapest, 1: 1-6.

Van der Gaag F, Adriaansens R, Bekkum H, et al.1989.The formation of 2,6-lutidine from acetone, methanol and ammonia over zeolite ZSM-5[J].Stud Surf Sci Catal, 52: 283-293.

Van Hook W A, Emmett P H.1962.Tracerstudies with Carbon-14: I.Some of the secondary reactions occurring during the catalytic cracking of n-Hexadecane over a silica-alumina catalyst[J].Journal of the American Chemical Society, 84(23): 4410-4421.

Venuto P B, Hamilton L A, Landis P S.1966.Organic reactions catalyzed by crystalline aluminosilicates: II.Alkylation reactions: Mechanistic and aging considerations[J].Journal of Catalysis, 5(3): 484-493.

Venuto P B, Landis P S.1968.Organic catalysis over crystalline aluminosilicates[J].Advances in Catalysis, 18: 259-371.

Venuto P B.1977.Catalysis inorganic synthesis[M].Ed by Smith G V.New York: Academic Press.

Venuto P B, Habib T.1978.Catalyst-feedstock-engineering interactions in fluid catalytic cracking[J].Catalysis Reviews Science and Engineering, 18(1): 1-15.

Verhoeven L M.1987.Method of mounting refined contact surfaces on a substrate and substrate provided with such contact surfaces.EP0250045(A1)[P].

Vermillion W L.1974.Modern FCC design: Evolution and revolution[C].Belgium Petr Inst Conference.Antwerp, Belgium.

Viland C K.1957.Symposium on Nitrogen Compounds in Petroleum.ACS, Petro Div Prepr, 2(4): A-41.

Viner M R, Wojciechowski B W.1982.The chemistry of catalyst poisoning and the time on stream theory[J].The Canadian Journal of Chemical Engineering, 60(1): 127-135.

Voge H H, Good G M, Greensfelder B S.1951.Catalyticcracking of pure compounds and petroleum fractions[C].3rd World Petroleum Congress.Hague, 4: 124.

Voge H H.1958.Catalysis[M].Ed by Emmett P H.New York: Reinhold.

Voltz S E, Nace D M, Weekman Jr V W.1971.Application of a kinetic model for catalytic cracking.Some correlations of rate constants[J].Ind Eng Chem Pro Des Dev, 10(4): 538-541.

Voltz S E, Nace D M, Jacob S M, et al.1972.Application of akinetic model for catalytic cracking: III.Some effects of nitrogen poisoning and recycle[J].Ind Eng Chem Pro Des Dev, 11(2): 261-265.

Voorhies Jr A.1945.Carbon formation in catalytic cracking[J].Industrial & Engineering Chemistry, 37(4): 318-322.

Walsh D E, Rollmann L D.1977.Radiotracer experiments on carbon formation in zeolites[J].Journal of Catalysis, 49(3): 369-375.

Walters Paul W, Benslay Roger M.1986.Vented riser.EP0175301[P].

Warren S, Letzsch. 2001. Advanced fluid cracking technologies [C]//NPRA Annual Meeting, AM - 01 - 65. New Orleans, Louisiana.

Wei J, Prater C D.1962.The structure and analysis of complex reaction systems[J].Adv Catal, 13(203): 202-392.

Wei J, Prater C D.1963.A new approach to first-order chemical reaction systems[J].AIChE Journal, 9(1): 77-81.

Wei J, Kuo J C W.1969.Lumping analysis in monomolecular reaction systems.Analysis of the exactly lumpable system [J].Industrial & Engineering chemistry fundamentals, 8(1):114-123.

Weekman Jr V W.1968a.A model of catalytic cracking conversion in fixed, moving, and fluid-bed reactors[J].Ind Eng Chem Prod Res Dev, 7(1):90-95.

Weekman Jr V W.1968b.Optimum operation-regeneration cycles for fixed-bed catalytic cracking[J].Industrial & Engineering Chemistry Process Design and Development, 7(2):252-256.

Weekman Jr V W.1969.Kinetics and dynamics of catalytic cracking selectivity in fixed-bed reactors[J].Industrial & Engineering Chemistry Process Design and Development, 8(3):385-391.

Weekman Jr V W, Nace D M.1970.Kinetics of catalytic cracking selectivity in fixed, moving, and fluid bed reactors [J].AIChE Journal, 16(3):397-404.

Weekman Jr V W.1974a.Industrialprocess models-state of the art[J].Advances in Chemistry Series, 148(Chem React Eng Rev, Int Symp, 3rd, 1974):98-131.

Weekman Jr V W.1974b.Laboratory reactors and their limitations[J].AIChE Journal, 20(5):833-840.

Weekman Jr V W.1979.Lumps, models and kinetic in practice[J].AIChE monograph series, 75(11):29.

Weisz P B, Goodwin R B.1966.Combustion of carbonaceous deposits within porous catalyst particles:II.Intrinsic burning rate[J].Journal of Catalysis, 6(2):227-236.

Wening R W, McKay D L, White M G.1983.The effects of feed properties on resid cracking yields[J].Am Chem Soc, Div Pet Chem, Prepr(United States), 28(4):909-919.

Wollaston E G, Haflin W J, Ford W D, et al.1975a.What influences cat cracking[J].Hydrocarbon Processing, 54(9):93-100.

Wollaston E G, Haflin W J, Ford W D, et al.1975b.FCC model valuable operating tool[J].Oil & Gas J, 73(38):87-94.

Wojciechowski B W. 1968. A theoretical treatment of catalyst decay [J]. The Canadian Journal of Chemical Engineering, 46(1):48-52.

Wojciechowski B W.1974.The kinetic foundations and the practical application of the time on stream theory of catalyst decay[J].Catalysis Reviews Science and Engineering, 9(1):79-113.

Wojciechowski B W, Corma A.1986.Catalytic cracking: catalysts, chemistry, and kinetics[M].New York: Marcel Dekker.

Wolschlag L M, Couch K A.2010.Upgrade FFC performance—Part 1: New ceramic feed distributor offers ultimate erosion protection[J].Hydrocarbon Processing, 89(9):57-58; 60; 62-65.

Yen L C, Wrench R E.1984a.Advanced computer modeling for optimal FCC design[C].The Katalistiks 5th Ann FCC Symp.Vienna, Austria.

Yen L C, Wrench R E.1984b.Advanced computer modeling for optimal HOC design[C].Ketjen's FCC Seminar.Houston, Texas.

Yen L C, Wrench R E, Kuo C M.1985.FCCU regenerator temperature effects evaluated[J].Oil & Gas J, 83(37):87-92.

Zhao X, Peters A W, Weatherbee G W.1997.Nitrogen chemistry and NO_x control in a Fluid Catalytic Cracking regenerator[J].Industrial & Engineering Chemistry Research, 36(11):4535-4542.

Zenz F A, Othmer D F.1965.Fluidization and fluid particle system[M].New York: Reinhold Publishing Company.

Zinke R J.1996.FCC stripper with spoke arrangement for bi-directional catalyst stripping: US, 5549814[P].

第八章　结焦催化剂的再生

第一节　结焦催化剂颗粒的再生模型

一、气体-颗粒反应的一般模型

结焦催化剂的再生过程，从反应动力学角度属气体-固体颗粒非催化反应。欲研究这一过程，需对焦炭的性质以及焦炭在催化剂表面上存在的状态，即在催化剂内分布的情况有一基本的了解。有关内容前面有关章节已有叙述，本章只对再生过程，即用空气烧除焦炭过程的基本规律进行研究。

所谓气-固非催化反应，是指气体和固体间发生的化学反应，但这里固体对反应不起催化作用，而是一种反应物。在催化剂的再生过程中，催化剂本身对再生反应并不起催化作用，所以再生反应属于这一类。气-固非催化反应分两种情况：一种情况是在反应过程中固体颗粒的粒径逐渐减小，最后颗粒消失，反应结束。炭粒的燃烧就属这种情况。另一种情况是在反应过程中固体粒子的粒径基本不变，当固体颗粒内可反应物较少而惰性物较多时，即属这种情况。结焦催化剂上焦炭含量很少，催化剂本身不起反应，而是一种惰性物，再生催化剂颗粒和待生催化剂颗粒的粒径可看作相等，所以催化剂的再生属于第二种情况。Yagi等(1955)和Levenspiel(1972)提出，气-固非催化反应，和气-固催化反应一样，包括下面几个步骤：

① 气体通过颗粒周围的气膜扩散到颗粒的外表面；

② 气体在颗粒内的扩散；

③ 气体在颗粒内固体反应物表面上进行反应，生成产物，这一步骤包括气体反应物的吸附及产物的脱附；

④ 产物从颗粒内向外扩散到颗粒外表面；

⑤ 产物从颗粒外表面通过气膜扩散到气体主流中。

催化剂的再生为不可逆反应。对不可逆反应，在动力学的处理中可不考虑上述第④、⑤两步骤，而只考虑前三步骤，即反应物的气膜扩散、颗粒内扩散和表面反应。

在颗粒内发生的过程也有两种情况。第一种情况是反应速度较慢，而扩散速度较快，气体反应物可以扩散到颗粒内任何部位，在整个颗粒内都同时有化学反应发生，这就是整体反应模型。第二种情况是，反应速度较快，而扩散阻力较大，即气体反应物的扩散供不上反应的消耗，气体反应物分子不能扩散到颗粒的内部，反应不能在整个颗粒内进行。开始时反应只在颗粒外缘进行，外缘的固体反应物反应后剩下惰性物，或叫灰层，这样，固体颗粒外边由一层灰层包围，内部有一个尚未反应的“核”，气体反应物通过灰层向内部的“核”表面扩散，反应只在这个“核”的表面上发生，“核”内则没有化学反应发生，随着反应的进行，“核”逐渐缩小，直至消失，反应终止，这就是得到广泛应用的缩核模型。

从上面的叙述中可以看出，气-固非催化反应的研究是以一个作为反应物的固体颗粒当作研究对象。这样，全部过程是处在非定常状态中，反应速度是随时间变化的，这和气-固催化反应不同，一个固体颗粒，相当于一个微小的间歇式反应器。

在动力学的处理上，对整体反应模型可仿照均相反应的处理方法，即把固体反应物在颗粒内的浓度作为参数，以该浓度随时间的变化表示该反应的速度方程。

对缩核反应模型，是研究一个颗粒反应完毕所需的时间，采用的方法是分别考察气膜扩散、内扩散和表面反应三个步骤分别控制时所需的时间。这里所说的控制，是指全部阻力集中在某一步骤，这一步骤的速度决定全部过程的速度，下面分别介绍一下 Levenspiel(1972)提出的计算方法。

1. 气膜扩散控制

气膜扩散控制是气体分子从主流中向颗粒外表面的扩散速度很慢，供不上消耗的需要量，这样颗粒外表面处气体反应物的浓度趋近于0(对不可逆反应)，如图8-1所示。

若反应式以下式表示：

$$A(\text{气体}) + bB(\text{固体}) \rightarrow \text{产物} \quad (8-1)$$

则速度方程可写成：

$$-\frac{1}{S}\frac{dN_B}{d\tau} = bk_g(C_{Ag} - C_{As})$$

$$= bk_g C_{Ag} = \text{常数} \quad (8-2)$$

从式(8-2)可计算出整个颗粒反应完毕所需的时间 τ'_G

$$\tau'_G = \frac{\rho_B R}{3bk_g C_{Ag}} \quad (8-3)$$

固体反应物 B 的转化率 x 随时间 τ 的变化为：

$$x = 1 - \left(\frac{r_c}{R}\right)^3 = \tau/\tau'_G \quad (8-4)$$

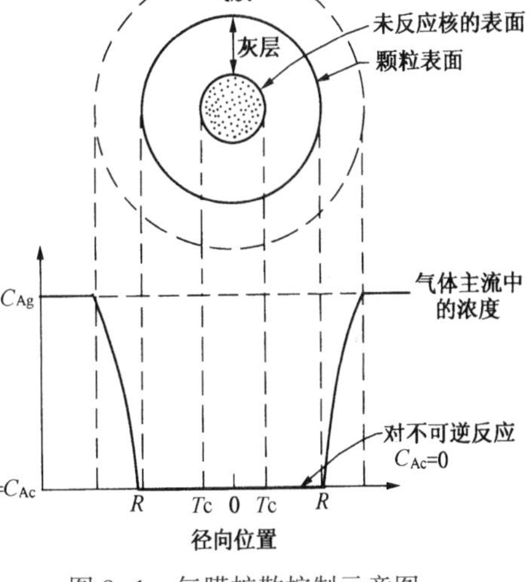

图8-1　气膜扩散控制示意图

2. 灰层扩散控制

灰层扩散控制是指阻力集中在灰层扩散，此时气膜两侧气体反应物的浓度几乎相等，而未反应的核表面处接近于0，如图8-2所示。

灰层扩散控制时，固体颗粒反应完毕所需的时间 τ'_i 为：

$$\tau'_i = \frac{\rho_B R^2}{6bD_e C_{Ag}} \quad (8-5)$$

固体反应物的转化率 x 随时间的变化为：

$$\frac{\tau}{\tau'_i} = 1 - 3(1 - x)^{2/3} + 2(1 - x) \quad (8-6)$$

3. 化学反应控制

当气膜扩散和灰层扩散阻力都很小时，颗粒内未反应核表面处气体反应物的浓度近似等于气体主流中的浓度，如图8-3所示。

在这种情况下，反应完毕所需的时间 τ'_r 为：

$$\tau_r' = \frac{\rho_B R}{b k_s C_{Ag}} \tag{8-7}$$

$$-\frac{1}{4\pi r_c^2}\frac{dN_B}{d\tau} = b k_s C_{Ag} \tag{8-8}$$

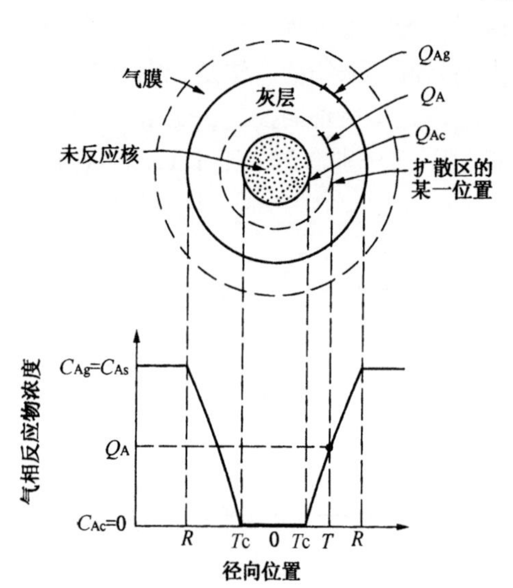

图 8-2　灰层扩散控制示意图

Q_{AS}—A 组分通过颗粒外表面的通量(向内+,向外-)；

Q_A—A 组分通过任意半径 r 表面的通量；

Q_{AC}—A 组分通过反应表面的通量

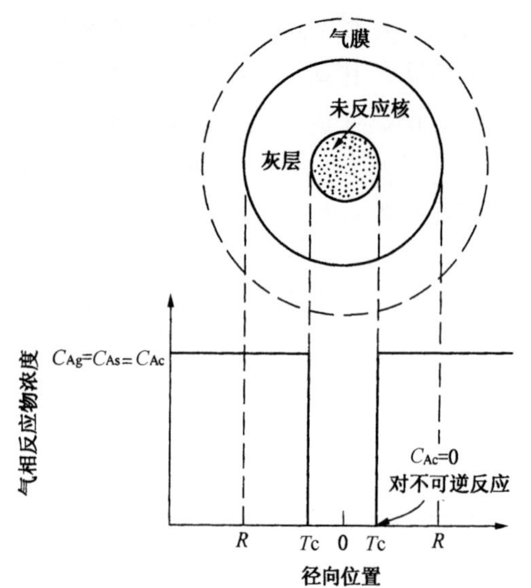

图 8-3　化学反应控制示意图

转化率 x 随时间的变化为：

$$\frac{\tau}{\tau_r'} = 1 - (1 - x)^{1/3} \tag{8-9}$$

以上是对三个过程单独考虑的情况，实际上在反应的不同阶段三种阻力的大小是变化的。对颗粒粒径不变的反应，气膜扩散阻力在反应过程中保持不变；化学反应的阻力随着未反应核的缩小而增加；灰层扩散的阻力在反应刚开始时因为灰层尚未形成，所以没有阻力，但随着灰层的变厚，灰层扩散阻力变得越来越大。同时考虑三种阻力时，在任一反应阶段，即未反应核半径 r_c 为任何值($0 \leqslant r_c \leqslant R$)时，反应速度式为：

$$-\frac{1}{S}\frac{dN_B}{d\tau} = \frac{bC_A}{\underset{(\text{气膜})}{\dfrac{1}{k_g}} + \underset{(\text{灰层})}{\dfrac{R(R - r_c)}{r_e D_e}} + \underset{(\text{反应})}{\dfrac{R^2}{r_c^2 k_s}}} \tag{8-10}$$

上式右侧分母中的三项即为三项阻力之比值，该式清楚地说明了随着 r_c 的减小，各项阻力的变化情况。

在满足以下两个条件的情况下，总的反应时间等于三步所需时间之和：

① 三步的速度均与气体反应物的浓度一次方成正比；

② 三个过程串联进行，即膜扩散、灰层扩散和化学反应这三步骤依次进行。这里要特

别指出，气体反应物分子在灰层中扩散时没有化学反应发生，化学反应只在未反应核的表面上进行。

对催化剂的再生，第一个条件能满足，缩核模型满足第二个条件，所以可用下列公式：

$$\tau'_{T}=\tau'_{G}+\tau'_{i}+\tau'_{r} \tag{8-11}$$

上式的物理意义是：当三种阻力都存在时，一个颗粒反应完毕所需的时间（τ'_T）为气膜扩散、灰层扩散和化学反应各项单独存在时，即各步骤单独控制时所需时间的总和。

同样，达到任一转化率 x 所需的时间 τ_T 为：

$$\tau_{T}=\tau_{G}+\tau_{i}+\tau_{r} \tag{8-12}$$

这里要注意，实际上总的反应时间和各步骤所进行的时间是相同的。式(8-11)和式(8-12)中各步骤的时间是当该步骤起控制作用时所需的时间，并不是实际的时间。

考察和比较三个步骤阻力的大小有两种方法。第一种方法是考察反应在某一阶段时瞬间阻力，即用前述式(8-10)。另一种方法是，比较从反应开始到某一转化率，各项阻力的比例，这可用 τ_G、τ_i 和 τ_r（或 τ'）的相对大小来表示，利用前面 τ' 的计算公式可进行这种比较，归纳于表 8-1。

表 8-1　三种控制条件的反应时间

控制步骤	τ'	动力学式	$\tau'_G:\tau'_i:\tau'_r$
气膜扩散	$\frac{\rho_B R}{3bk_g C_{Ag}}$	$x=\frac{\tau}{\tau'_G}$	$\frac{1}{3k_g}$
灰层扩散	$\frac{\rho_B R^2}{6bD_e C_{Ag}}$	$1-3(1-x)^{2/3}+2(1-x)=\frac{\tau}{\tau'_i}$	$\frac{R}{6D_e}$
表面反应	$\frac{\rho_B R}{bk_s C_{Ag}}$	$1-(1-x)^{1/3}=\frac{\tau}{\tau'_r}$	$\frac{1}{k_s}$

从表 8-1 最后一栏三种阻力的相对值可清楚地表明，除传质系数 k_g、有效扩散系数 D_e 和表面反应速度常数 k_s（这些性质在一定的反应条件下都是定数）外，主要影响因素是颗粒的粒径。因此，不同粒径的催化剂的动力学模型将有很大差异，小球催化剂和微球催化剂粒径相差数十倍甚至上百倍，其再生动力学模型必然不同。

二、催化剂颗粒的烧焦炭模型

Аделъсон 等(1962)用式(8-12)形式的动力学式对小球催化剂的再生进行了研究，取得了较好的结果。实验时焦炭转化率控制在 70%，分别计算化学反应、内扩散和外扩散所需时间，并与实际时间作对比，结果列于表 8-2。

表 8-2　不同再生温度下 τ'_r、τ'_i 和 τ'_G 的计算值

再生温度/℃	空气流量/[空气体积/(催化剂体积·h)]	τ'_r/min	τ'_i/min	τ'_G/min	τ'_T(计算)	τ'_T(实际)
453	1500	98.1	5.7	4.2	109.0	109.0
471	1500	55.1	5.7	4.2	65.0	65.0
504	1500	18.4	5.5	4.1	28.0	28.0
556	200	4.8	5.4	31.5	41.7	39.5
600	200	1.6	5.2	31.2	38.0	36.2
615	1500	1.1	5.0	4.0	10.1	9.0
645	200	0.6	5.0	30.8	36.4	34.0
660	1500	0.4	4.8	4.0	9.2	8.2

表 8-2 说明式(8-12)可以描述催化剂再生的全过程，也可以看出以下一些规律：

① 化学反应所需时间随温度的升高急剧减小，与空气流量无关；

② 外扩散所需时间随空气量的增大而减小，温度稍有影响，但不大；

③ 内扩散的时间随温度的升高略有减小，但其影响远小于对化学反应的影响，且与气体流量无关。

以上数据是对一定粒径的小球催化剂、焦炭转化率为 70%时的数据。当改变粒径，甚至改变转化率时，三个步骤所需时间的比例将会发生变化，就是说再生的控制区将随催化剂的粒度、工艺条件(主要是温度和空气流速)以及焦炭的转化深度等因素的改变而改变。下面对气膜扩散、颗粒内的化学反应与扩散问题分别加以讨论。

(一) 气膜扩散

气膜扩散对气-固反应不利，使反应达不到本来可以达到的速度，因此应该尽量克服。工业生产上气膜扩散控制的过程极少，对催化剂的再生也应采用合理的操作条件，尽量减小气膜阻力。

Панченков 等 (1951) 研究了空气流量(即气膜扩散)对小球催化剂再生速度的影响，如图 8-4 所示。从图 8-4 可以看出：对于一定的再生温度，必须保持一定的空气流量才能克服气膜的阻力。

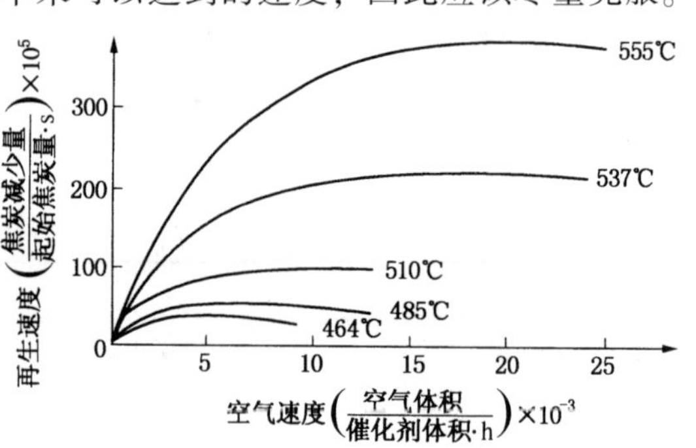

图 8-4　空气流量对再生速度的影响

影响气膜扩散速度的因素是传质系数 k_g，可通过传质因子(J_D)或 Sh 数与其他参数关联，传质因子和 Sh 数的定义为：

$$J_D = \left(\frac{k_g}{u_g}\right)\left(\frac{\mu_g}{\rho_g D}\right)^{2/3} = Sh \cdot Re^{-1} \cdot Sc^{-1/3} \tag{8-13}$$

$$Sh = \frac{k_g d_p}{D} \tag{8-14}$$

有关的关联式有很多，其中一些列于表 8-3。

表 8-3　关于传质系数的若干关联式

关联式	使用范围	文献	关联式	使用范围	文献
$\varepsilon J_D = 0.357(d_p G_g/\mu_g)^{-0.359} = 0.357Re^{-0.359}$	$3<Re<2000$	(Petrovice, 1968; Hill, 1977)	$Sh=2.0+0.6Sc^{1/3}Re^{1/2}$		(Ranz, 1952; Levenspiel, 1972)
$J_D=5.7(Re')^{-0.78}$	$1<Re'<30$	(Chu, 1953; Hill, 1977)	$\frac{k_g}{u_g}\varepsilon_B\left(\frac{\mu_g}{\rho_g D}\right)^{2/3} = (0.6\pm0.1)\left(\frac{d_p u_g \rho_g}{\mu_g}\right)^{-0.43}$	$0.6<\frac{\mu_g}{\rho_g d_p}<2000$ $0.43<\varepsilon<0.75$	(Beek, 1971; 陈甘棠, 1981)
$J_D=1.77(Re')^{-0.44}$	$30<Re'<10^4$	(Chu, 1953; Hill, 1977)			
$J_D=\frac{1}{(Re')^{0.4}-1.5}$	$100<Re'<7000$	(Riccetti, 1961; Hill, 1977)			

注：$Re'=\frac{d_p G_g}{\mu_g(1-\varepsilon)}$

对裂化催化剂的再生，$d_p=(20\sim150)\times10^{-6}$m，$\rho_g=0.6\sim1.0$kg/m^3，$\mu_g=4\times10^{-5}$Pa·s，$u_g=0.5\sim1.2$m/s，$D_{O_2-N_2}$和$D_{O_2-CO_2}$可根据有关公式计算。$k_g$的近似值约为5~6m/s，计算出的气膜阻力很小，气膜两侧浓度差比气流主流中的浓度低几个数量级（Hughes，1971）。

从再生反应的活化能也可看出，气膜扩散阻力很小。活化能的大小反映温度对反应速度影响的大小，温度对气膜扩散速度的影响可从传质系数的关联式来分析，其中分子扩散系数是一个重要参数，而分子扩散的活化能是很小的。分子扩散系数与绝对温度T的3/2次方成正比，可计算出气体分子扩散的活化能E_m为：

$$E_m=\frac{3}{2}R_gT \tag{8-15}$$

用上式计算出的活化能比再生的实测活化能小一个数量级。

气膜扩散的阻力一般容易克服，保证足够大的气体流速度以提高传质系数即可。

(二) 催化剂颗粒内的烧焦模型

在催化剂颗粒以内，再生过程的模型就决定于内扩散和化学反应二者速度的对比，正如表8-1所表明，催化剂的粒径将起重大影响。表8-4所列的试验结果也证明了这一点。表8-4列出了小球催化剂(用于移动床)和微球催化剂(用于流化床)在各种温度下的相对烧焦速度（刘伟，1995）。

表8-4　小球催化剂和微球催化剂再生速度对比

温　度/℃	相对再生速度		
	微　　球	小　　球	速度比值
425	0.4	0.4	1.0
480	2.3	1.1	2.09
540	11	1.8	6.11
600	48	2.5	19.2
650	160	2.8	57.1
700	340	2.9	117.2

表8-4数据表明，在低温(425℃)时，再生反应的本征速度很慢，这时扩散的影响很小，小球和微球两者再生速度相近。随着温度的升高，再生的本征速度提高很快，颗粒内扩散阻力相对增大，两者再生速度差距不断加大，这正是由于粒径的加大，内扩散阻力变大的结果。再从两者再生速度的比值来看，随着温度的升高，比值迅速变大，这也证明对小球催化剂是扩散控制，而微球催化剂是化学反应控制。决定控制区的因素是温度和颗粒的粒径，不同粒径的催化剂不同温度下的控制区可近似用图8-5表示(石油工业部第二炼油设计研究院，1983)。从图8-5可以看出，粒径越大，开始发生扩散控制的温度越低，这是不言而喻的。

Weisz等(1963)用不同粒径的催化剂作再生实验，得出图8-6的结果。从图8-6可以看出，在整个实验温度范围内，对小粒(粉末)催化剂均为化学反应控制，而对大粒(小球)催化剂在470℃以下为化学反应控制，470~650℃内扩散阻力开始发生明显影响，高于625℃以后完全由内扩散控制，这与图8-5所示的情形大体是一致的。同时，Weisz等(1963)将不同温度下部分再生的小球催化剂拍出照片，如图8-7所示。图8-7十分清楚地表明，小球催化剂在450℃时内扩散已有影响，但不大；随着温度的升高，内控散的影响急剧增大，到625℃时已明显地符合缩核模型的内扩散控制。

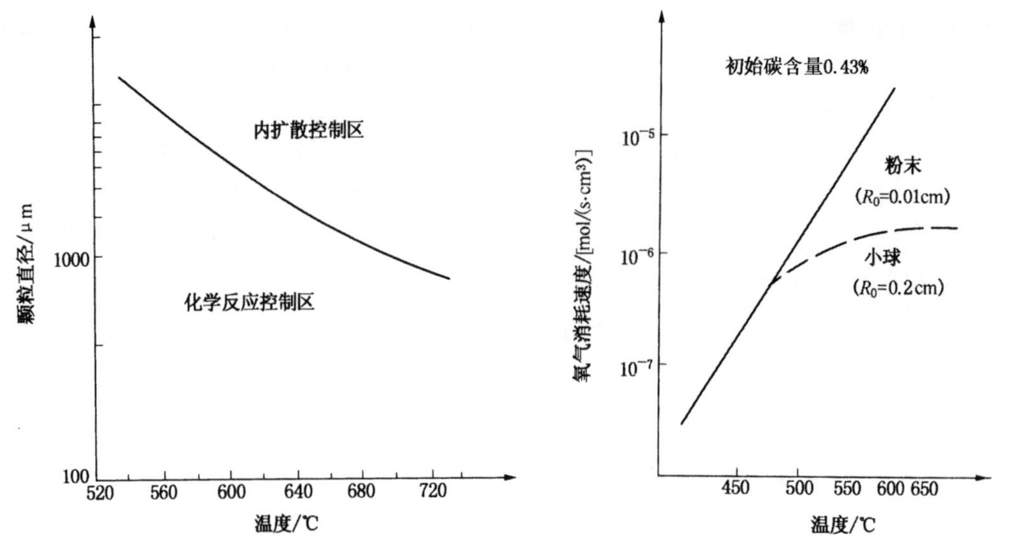

图 8-5　催化剂再生的控制区　　　　图 8-6　不同粒径催化剂的再生速度

用不同含碳量和不同粒径的小球催化剂，在 700℃ 下进行再生实验，结果如图 8-8 所示。图中的 y 为焦炭剩余百分比，即式(8-6)中的 $1-x$，加以换算可知上图中的直线完全与式(8-6)相符，说明在该实验条件下的再生过程是在缩核模型的灰层扩散控制区。

从 Weisz 的实验和照片可以看出，小球催化剂在工业再生条件下，烧焦过程是缩核模型灰层扩散控制的一个典型例子。对于微球催化剂，因为粒径很小，内扩散的阻力很小，实际结果也说明对微球催化剂起控制作用的是化学反应。

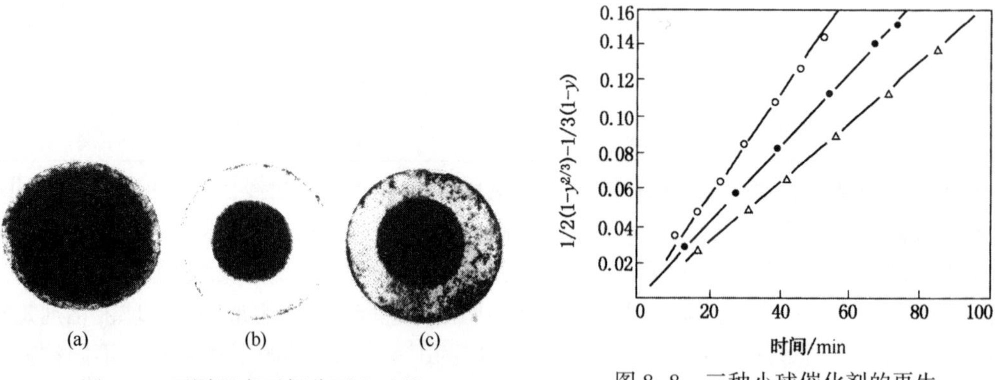

图 8-7　不同温度下部分再生后的小球催化剂的照片

(a)450℃；(b)515℃；(c)625℃

图 8-8　三种小球催化剂的再生

对化学反应控制的烧焦过程也有不同的处理方法，按缩核模型中的化学反应控制是一种方法，而 Hughes 等(1971)则提出一种表面反应模型。这种模型的出发点是：焦炭在催化剂表面不是连续地分布，而是以小焦炭颗粒的形式附着在催化剂表面上，再生反应在焦炭颗粒的表面上进行。这样再生速度方程为：

$$-\frac{dN_B}{d\tau}=k_d P_{O_2} S \qquad (8-16)$$

假定焦炭粒子的密度不随时间变化，则：

$$\frac{S}{S_0}=\left(\frac{N_B}{N_{B_0}}\right)^{2/3} \tag{8-17}$$

（下标 0 表示时间为零），可得：

$$-\frac{dN_B}{d\tau}=k_d\left(\frac{S_0}{N_{B_0}}\right)P_{O_2}N_{B_0}^{1/3}N_B^{2/3} \tag{8-18}$$

令 $k'_s=k_d(S_0/N_{B_0})$，且 $N_B=N_{B_0}(1-x)$，可得：

$$\frac{dx}{d\tau}=k'_sP_{O_2}(1-x)^{2/3} \tag{8-19}$$

上式积分可得：

$$\tau=\frac{3}{k'_sP_{O_2}}[1-(1-x)^{1/3}] \tag{8-20}$$

式(8-20)与缩核模型化学反应控制的公式，即式(8-9)实际上是相同的。这是完全可以理解的，由于焦炭本身是颗粒状，反应在焦炭颗粒表面上进行，焦炭颗粒逐渐减小，这样焦炭颗粒本身就是一个没有灰层的缩核模型，这样，再生过程就按照无灰层形成的反应控制的缩核模型进行。

另外一种方法是按整体反应模型处理，因为微球催化剂粒径很小，可以设想，再生反应在整个颗粒内同时发生，这样动力学便可用简单的幂次方程表示，最简单的就是一级反应（对碳和氧均为一级）。

$$-\frac{dN_B}{d\tau}=k'P_{O_2}N_B \tag{8-21}$$

$$\tau=\frac{1}{k'P_{O_2}}\ln\left(\frac{1}{1-x}\right) \tag{8-22}$$

现将缩核模型(反应控制)、表面反应和一级反应的动力学式列于表 8-5，进行对比。

表 8-5 三种模型的动力学式

模型	动力学式	公式编号	模型	动力学式	公式编号
反应控制的缩核模型	$\frac{\tau}{\tau'}=1-(1-x)^{1/3}$	式(8-9)	一级反应	$\tau=\frac{1}{k'P_{O_2}}\ln\left(\frac{1}{1-x}\right)$	式(8-22)
表面反应	$\tau=\frac{3}{k'_sP_{O_2}}[1-(1-x)^{1/3}]$	式(8-20)			

缩核模型(反应控制)和表面反应实际上是同一模型的不同表达方式，所得动力学方程实际是相同的。对于一级反应也不难看出，与其他两个模型颇为相近，其差别即为 $1-(1-x)^{1/3}$ 和 $\ln\left(\frac{1}{1-x}\right)$ 的差别，进一步分析可以看出二者差别不大，如表 8-6 所列（在表中 $\ln\left(\frac{1}{1-x}\right)$ 和 $1-(1-x)^{1/3}$ 分别以 τ_{I} 和 τ_{II} 代表）。

表 8-6 中数据表明，x 从 0.1 到 0.9 范围内，$\ln\left(\frac{1}{1-x}\right)$ 和 $1-(1-x)^{1/3}$ 的数值比变化不大，在 x 范围较小时该比值接近于常数，这说明这两种模型虽然不同，但计算结果相当接

近。Hughes 对同一套实验数据分别用表面反应模型和一级反应模型处理，都得到较好的结果，如图 8-9 所示。图中纵坐标为 $k_s' P_{O_2}\tau$（对表面反应）和 $k' P_{O_2}\tau$（对一级反应）。

表 8-6 表面反应和一级反应的比较

x	0.1	0.2	0.3	0.4	0.5	0.6	0.7	0.8	0.9
τ_{I}	0.105	0.223	0.357	0.511	0.693	0.916	1.204	1.609	2.303
τ_{II}	0.035	0.072	0.111	0.157	0.206	0.263	0.331	0.415	0.536
$\tau_{\mathrm{I}}/\tau_{\mathrm{II}}$	3	3.10	3.21	3.25	3.36	3.48	3.63	3.88	4.29

表 8-6 和图 8-9 实际上说明了同一个问题，即这两个模型在处理实验数据时是接近的。实际上表面反应模型相当于 2/3 级反应[见式(8-19)]，和一级反应已接近。

这两个模型物理意义上的区别在于一级反应模型是认为所有的焦炭分子都能与氧分子接触，而不仅仅是表面上的分子，这就是假定焦炭颗粒是多孔的，氧分子能进入焦炭颗粒内与里面的焦炭分子反应。

归纳起来，微球催化剂的再生内扩散阻力很小，为化学反应控制，可用缩核模型的化学反应控制动力学方程[式(8-9)，或式(8-20)]，也可用整体反应模型一级反应的动力学式[式(8-22)]，为简便起见可用后者。

解新安等(2001a；2001b)认为结焦催化剂中的焦炭分为多孔和无孔两类，烧焦过程也分两步进行，即附着在粒子外围的多孔焦炭首先发生燃烧反应，当粒子外部多孔物质完全气化燃烧后，粒子内的焦炭才能开始燃烧，并且按未反应核收缩模型进行。基于这样修正的颗粒-粒子模型导出了数学方程和求解方法。

(三) 焦炭中氢的燃烧模型

焦炭中含有一定量的氢，关于氢的燃烧速度，直观感觉会比碳燃烧得快。实验结果表明，确实如此。早年 Hagerbaumer 等(1947)和 Dart 等(1949)都分别考察了氢和碳的相对燃烧速度，分别得出图 8-10 和图 8-11 所示的结果。Hagerbaumer 和 Dart 只是表明氢的燃烧速度明显地高于碳。Massoth(1967)、Hughes(1984)和 Ramachandran 等(1975)则分别提出了氢的燃烧模型，如图 8-12 所示。图 8-12 中的颗粒为焦炭(注意，不是催化剂颗粒，而是焦炭看作颗粒形状)。由于氢燃烧速度比碳快，焦炭粒子外层中的氢先烧完而剩下"碳"，而中心部分为"焦"。因此 Massoth 认为，氢的燃烧速度取决于氧穿过"碳"层的扩散速度，氧扩散到"焦"核表面上立即进行反应，得出公式如下：

$$k_0\tau = \frac{3}{2}\left[1 - (1 - x_{\mathrm{H}})^{2/3}\right] - \int_0^{x_{\mathrm{H}}}(1 - x_{\mathrm{c}})^{-1/3}\mathrm{d}x_{\mathrm{H}} \qquad (8-23)$$

Hughes 也认为氢在"焦核"表面上进行反应，而反应速度为：$r_{\mathrm{H}} = k_{\mathrm{H}}y$，$k_{\mathrm{H}}$ 为氢燃烧的速度常数，反应对氢为零级。"碳"的反应在外边的"碳"层中进行，反应速度为 $r_{\mathrm{c}} = k_{\mathrm{c}}Cy$。

对焦炭的燃烧，Soterchos 等(1983)是把焦炭分成两部分，分别考虑其燃烧速度，一部分为石墨，其反应速度按石墨计算，另一部分当作直链烃，以 CH_2 表示。当假定后者燃烧速度为前者 5 倍时，计算结果与实验结果吻合较好。

氢的燃烧速度比碳快得多，对再生速度不是控制因素，但对热量的计算却有重要影响。例如 Shettigar 等(1972)测量了含碳量为 1%的催化剂颗粒再生时的温升，结果发现在反应初期温升达 15℃，这样大的温升如只考虑碳的燃烧是不可能的，只有同时考虑氢的燃烧，并用图 8-12 的模型，假定氢燃烧速度为碳的 5 倍，才能与实验结果吻合。

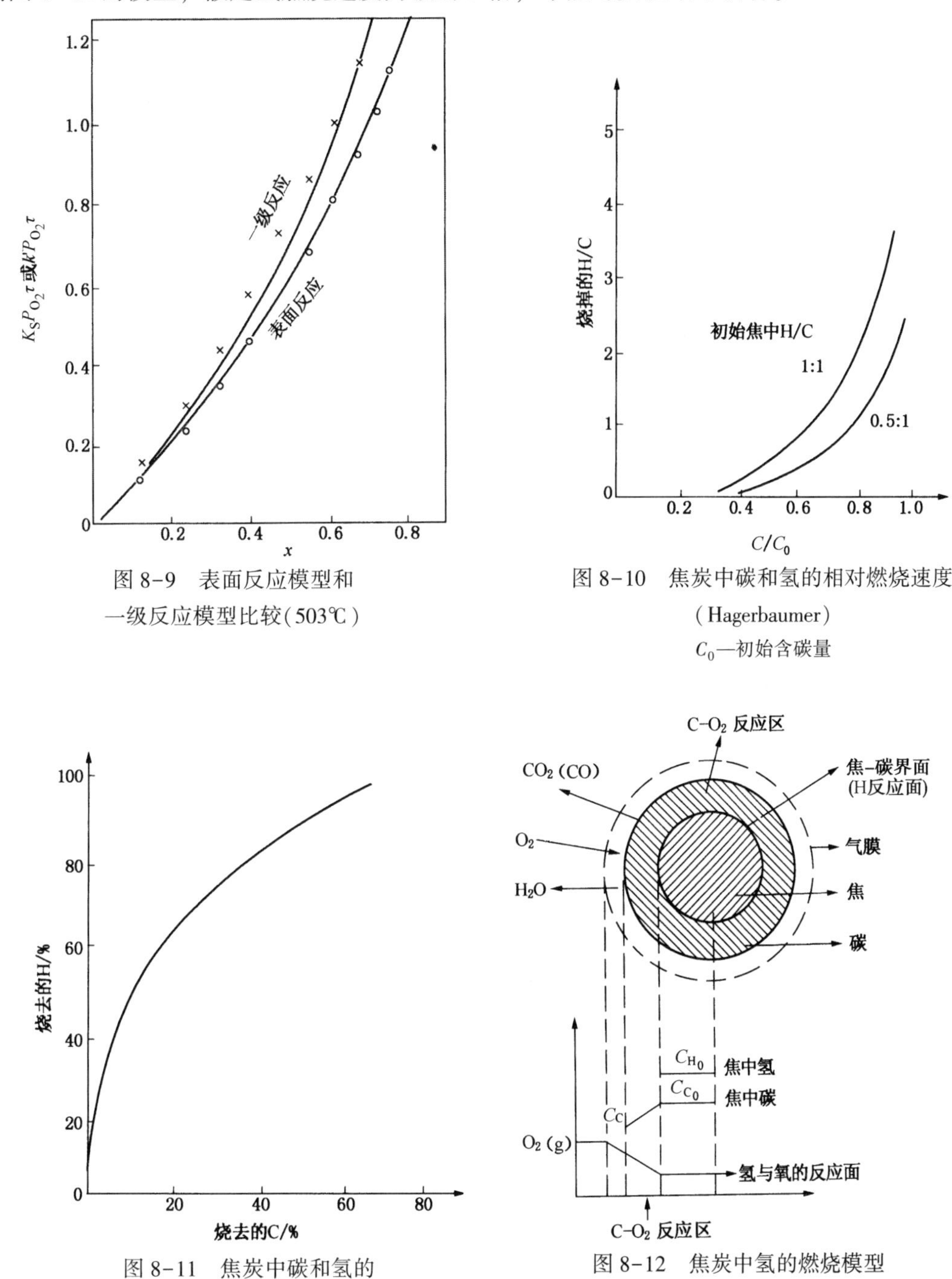

图 8-9　表面反应模型和一级反应模型比较（503℃）

图 8-10　焦炭中碳和氢的相对燃烧速度（Hagerbaumer）
C_0—初始含碳量

图 8-11　焦炭中碳和氢的相对燃烧速度（Dart）

图 8-12　焦炭中氢的燃烧模型
C_{H_0} 和 C_{C_0} 分别表示氢和碳的起始含量

三、效率因子、Thiele 模数和 Weisz 模数

前面指出，对微球催化剂的再生，使用整体反应模型较好，即氧分子能扩散到催化剂颗粒内任何部位，和所有的焦炭分子同时发生接触，进行反应，反应区是整个颗粒体积。这样

说并不意味着在整个颗粒内各部位氧的浓度都一样，实际上靠近外边的氧浓度总比颗粒中心氧的浓度高，因此在颗粒内各部位反应速度并不是完全相同的。当化学反应速度很快，而氧扩散速度较慢时，则在催化剂颗粒内也会造成较大的氧的浓度梯度，当氧的浓度梯度很大时也会造成内扩散控制。但是，整个反应模型中所说的内扩散控制和缩核模型中的内扩散(即灰层扩散)控制的物理意义不同。后者认为气体在灰层中扩散的路程不发生化学反应，在灰层中是单一的物理扩散过程；而前者则是认为氧分子从外边向颗粒里面扩散时同时与焦炭发生化学反应，在这里扩散和化学反应同时发生。氧浓度的梯度并非完全由扩散造成，因为化学反应消耗了一部分氧。在这种情况下内扩散和化学反应不能分开，因此不能像缩核模型那样用“扩散控制所需时间和反应控制所需时间”作为总的时间，也不能用两者所需时间分别代表扩散和反应的阻力。因此，对整体反应模型，内扩散阻力的大小需要用另一种方法来表示，这就是效率因子。

由于内扩散，气体反应物在颗粒里面的浓度低于颗粒周围的浓度，因此颗粒内实际反应速度降低。效率因子的物理意义和定义就是实际反应速度与没有内扩散阻力时的反应速度之比：

$$\eta = \frac{r_{实际}}{r_{无内扩散}} \tag{8-24}$$

对一级不可逆反应(对气体反应物而言)，经理论推导，效率因子 η 等于：

$$\eta = \frac{\tanh M_T}{M_T} \tag{8-25}$$

$$M_T = L\sqrt{\frac{k_v}{D_e}}$$

$$L = \frac{V_P}{S} = \frac{R}{3}$$

式中 M_T——Thiele 模数，无因次。

效率因子 η 和 Thiele 模数 M_T的关系可绘制成图 8-13(Levenspiel ，1972)。

从该图中可看出，当 $M_T<0.5$ 时，$\eta\approx1$；当 M_T较大，例如 $M_T>5$ 时，$\eta\approx\frac{1}{M_T}$。

这时需要特别指出，效率因子、Thiele 模数等都是研究气-固催化反应时提出和应用的，而催化剂的再生为气-固非催化反应，此时的固体是不断消耗的反应物，而不是起催化作用而不消耗的催化剂。在气-固催化反应中着眼组分是气体反应物，而再生着眼的却是焦炭，二者有很大不同，所以研究再生反应的效率因子，要根据再生过程的特点应用这些概念，下面说明要注意的几个问题。

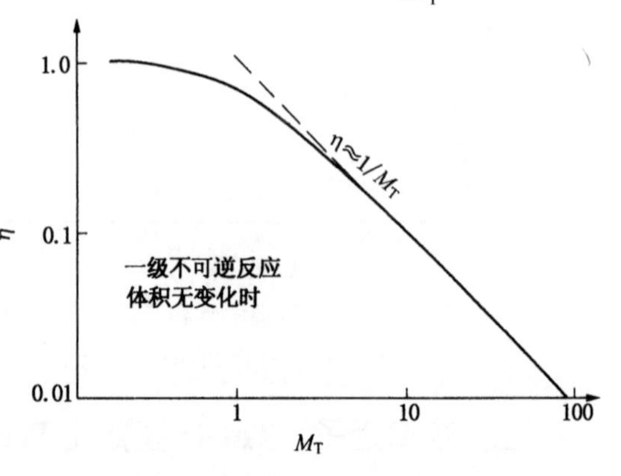

图 8-13 催化剂的效率因子 η 与 M_T 的关系曲线

① 再生动力学方程需从以焦炭为着眼组分改为以氧为着眼组分。例如烧碳动力学常用

下式：

$$-\frac{dC}{d\tau}=k'P_{O_2}C \quad (8-26)$$

在计算效率因子时，需将上式改成以下形式：

$$-\frac{dN_{O_2}}{V_p d\tau}=k_v y' \quad (8-27)$$

② 式(8-27)左侧的意义是，单位时间内单位颗粒体积内消耗的氧的摩尔数，这种耗氧速度当然与催化剂上焦炭含量有关，而在再生过程中焦炭含量是不断减少的，因此上式中的 k_v随焦炭量的减少不断变小，而不是常数，当计算 k_v时应选焦炭含量最大时，即选催化剂的初始焦炭含量，因为这时耗氧速度最快，出现内扩散控制的可能性最大，可以想象，在再生末期，焦炭含量很少，化学反应消耗的氧很少，不可能出现内扩散控制。另外还要考虑氢燃烧消耗的氧。

③ 式(8-27)的右端需用氧的浓度表示，而不能用分压。这里也要说明，再生反应对氧为一级，所以可以用式(8-26)。

④ 从式(8-26)改为式(8-27)需要假定再生的化学反应计量系数，碳燃烧时生成的 CO 和 CO_2比例决定该计量系数，为简化计，可假定全部生成 CO_2，这样反应前后气体分子数不变，对效率因子的计算可以简化。

对于有效扩散系数的求取最直接的方法就是通过实验测定(Smith，1970)。若进行理论计算则涉及气体在多孔介质中的传递机理，所涉及的问题较多。Mason 等(1969)和 Storvick 等(1967)提出“尘气”模型，把传递形式分为层流流动和扩散两种，总的通量为层流通量与扩散通量之和；而扩散则包括正常的分子扩散和 Knudsen 扩散，两种扩散结合在一起相当于电路上的串联。如果略去层流流动的传递(带来的误差不大)，则气体在孔中的扩散可简单视为上述两种扩散的串联，这样可得一综合扩散系数 D_c；综合扩散系数可用下式计算：

$$D_c=\frac{1}{(1-\alpha y_A)/D_{A-B}+1/(D_K)_A} \quad (8-28)$$

式中，$\alpha=1+N_B/N_A$，N_A 和 N_B 分别为 A 和 B 的扩散通量，在等分子扩散时，$N_A=-N_B$，所以式(8-28)变成

$$D_c=\frac{1}{\dfrac{1}{D_{A-B}}+\dfrac{1}{(D_K)_A}} \quad (8-29)$$

所谓 Knudsen 扩散是指催化剂孔径小于扩散分子的平均自由程，扩散的阻力是由于气体分子和孔壁的碰撞，而不是分子之间的碰撞。分子扩散系数和 Knudsen 扩散系数的计算方法在一般有关教科书中都可找到，这里不作介绍。

有效扩散系数 D_e可用下式计算：

$$D_e=D_c\frac{\varepsilon_p}{\phi} \quad (8-30)$$

有效扩散系数与综合扩散系数的上述关系，其物理意义是：①对催化剂颗粒能进行扩散的地方只有孔隙部分，固体占的部分当然不能扩散，所以需乘以孔隙率；②由于催化剂内孔道十分曲折复杂，因而增加扩散阻力，使实际扩散速度减小，因此需加一个数值大于 1 的曲

折因子 ϕ。曲折因子由实验测定。

在催化剂孔内，分子扩散占的比重较小，起主要作用的是 Knudsen 扩散。除分子扩散和 Knudsen 扩散外，还有一种“构型扩散”、是在很小的孔径中(例如沸石的内孔)，这种扩散与分子的构型有关，随着分子结构的不同，扩散系数变化范围很大，这方面的机理还不十分清楚。

Effron 等(1964)用文献所列的一组数据计算出氧在多孔石墨中的有效扩散系数为 $2\times10^{-6}\sim2\times10^{-7}m^2/s$；另一套数据的扩散介质由 CO_2 换为 O_2，在 520℃和常压下，D_e 值为 $1\times10^{-7}m^2/s$。Weisz 等(1963)测出氧在半径为 0.2cm 的硅铝小球催化剂中的 D_e 为 $5\times10^{-7}m^2/s$(在再生温度下)。有关裂化催化剂的有效扩散系数列于表 8-7。

表 8-7　几种裂化催化剂的有效扩散系数

催　化　剂	ϕ	$D_e/(10^{-7}m^2/s)$	催　化　剂	ϕ	$D_e/(10^{-7}m^2/s)$
高密度硅铝催化剂	7.4~8.7	0.6~17.5	工业硅铝催化剂	2.1~2.5	6.1~9.6
低密度硅铝催化剂	1.6~4.7	3.0~4.2	工业白土催化剂	1.2~2	29~42

以 CRC-1 催化剂为例，根据 CRC-1 催化剂的再生动力学常数 k'[式(8-26)]，计算出在 700℃、含碳量 1.5%时，$k_v=60s^{-1}$。CRC-1 的有效扩散系数目前尚无实测数据，如取表 8-7 中的最低值，$D_e=1\times10^{-7}m^2/s$。催化剂粒径取 100μm，可计算出 $M_T\approx0.37$，由图 8-13 查得 $\eta\approx1$。对于小球催化剂，粒径加大按 50 倍计，则 $M_T\approx0.37\times50\approx19$，查图得 $\eta<0.1$ (对小球催化剂不宜用整体反应模型，不能用效率因子说明内扩散的阻力，这里只是作不严格的对比)。

从以上可以看出，利用 Thiele 模数需进行一系列换算，使用起来很不方便，而 Weisz 模数则可直接应用。无因次的 Weisz 模数(M_W)的定义为

$$M_W=\frac{r_AL^2}{D_ey'} \tag{8-31a}$$

式中　r_A——实测的气体反应物消耗速度，即单位催化剂体积、单位时间内气体反应物消耗的摩尔数。

Weisz 模数的优点是不需要本征动力学常数而用实测的反应速度。Weisz 模数是由 Thiele 模数推演而得：

$$M_W=\frac{r_AL^2}{D_ey'}=\eta M_T^2 \tag{8-31b}$$

因为效率因子 η 与 Theile 模数的函数关系已知，所以 Weisz 模数与效率因子间也有一定的函数关系，如图 8-14(Levenspiel，1979)。所以根据实测的反应速度、催化剂粒径、有效扩散系数、气体反应物浓度可直接计算 Weisz 模数，再用图 8-14 即可求得效率因子。Weisz 模数也可作为判断内扩散阻力大小的依据，即 $M_W<1$ 内扩散阻力可忽略；$M_W>1$ 内扩散阻力较大，这就是判断再生内扩散阻力大小常用的方法。在前面的例子里 M_W 数值很小，远小于 1，可见内扩散阻力很小。

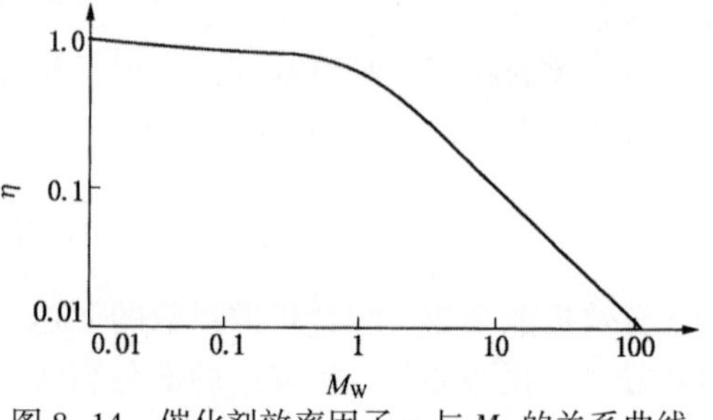

图 8-14　催化剂效率因子 η 与 M_W 的关系曲线

目前判断内扩散阻力大小的主要困难是缺

少有效扩散系数的可靠数据，尤其是沸石催化剂，孔内的扩散机理相当复杂，仅靠理论计算，比较困难，所以有待于进行这方面的基础研究。

第二节　催化剂再生动力学

一、焦炭燃烧的化学反应

焦炭中主要元素是碳和氢。在燃烧过程中氢被氧化成水，碳则被氧化为 CO 和 CO_2。关于碳氧化的初次产物有三种观点（Лавров，1976）：一是 CO，二是 CO_2（Langmuir，1955；Lambert，1976），但多数学者（Лавров，1976；Панченков，1952；Arthur，1951；Tone，1972；Ford，1977）认为同时生成 CO 和 CO_2。根据 Ford 等（1977）和 Tone 等（1972）提出的模型，焦炭燃烧反应可表示为：

$$\text{焦炭} + O_2 \longrightarrow \begin{cases} CO \longrightarrow CO_2 \\ CO_2 \\ H_2O \end{cases} \tag{8-32}$$

其中 $CO \rightarrow CO_2$部分为纯气相反应，但在 560℃以下该反应速度很慢，部分为固体存在下的气-固催化反应。其余反应均为气固反应。另外还有

$$CO_2 + C \rightleftharpoons 2CO \tag{8-33}$$

$$C + H_2O \longrightarrow CO + H_2 \tag{8-34}$$

以上两个反应速度在正常再生温度下都很慢，在 Tone 等（1972）的实验条件下前一反应并未发生，而 Wen 等（1979）的数据表明后一反应的速度大约比碳氧化反应低四个数量级。

除此以外，焦炭中还有少量杂原子例如硫、氮的燃烧。

二、焦炭中碳的燃烧动力学和机理

焦炭中碳的燃烧是再生中最主要的反应。研究再生动力学，最主要的是研究碳的燃烧动力学，同时也要研究其机理。

从上节得知，对裂化催化剂的再生，在不同的情况下可用不同的模型，都可得到较好的结果。但是对流化床用的微球催化剂，由于催化剂粒径很小，颗粒内的扩散可认为阻力很小，因此可以应用整体反应模型，即认为氧能进入催化剂的整个体积，在整个体积内同时进行反应。这样焦炭中碳的燃烧动力学可以采用简单的幂数形式的方程式表示：

$$-\frac{dC}{d\tau} = k'_C P_{O_2}^m C^n \tag{8-35}$$

式中　k'_C——烧碳的反应速度常数。

如果按一级反应考虑，$m=n=1$，这样上式变为：

$$-\frac{dC}{d\tau} = k'_C P_{O_2} C \tag{8-36}$$

如果在反应过程中氧分压保持一定（例如在空气中烧焦而空气量大量过剩时），可以认为氧分压固定，即 $P_{O_2}=21.3\text{kPa}$，则可将 P_{O_2}和 k'_C 合并为 k_C，这样上式化为：

$$-\frac{dC}{d\tau} = k_C C \tag{8-37}$$

积分后可得：

$$C = C_{C_0}e^{-k_C\tau} = C_{C_0}\exp(-k'_C P_{O_2}\tau) \quad (8-38)$$

式(8-38)即为再生时，催化剂上含碳量随时间变化的情况(P_{O_2}为常数)。

这时的化学反应式为：

$$C(焦炭中) \xrightarrow{+O_2} CO + CO_2 \quad (8-39)$$

这样的动力学式比较简单，便于应用。

但是，碳和氧反应时，实际上 CO 和 CO_2并非一次形成，严格的动力学式也非式(8-36)那样简单。碳和氧反应首先生成某种中间氧化物，中间含氧物再一步反应才放出一氧化碳和二氧化碳(王光埙，1984；周力行，1986；Соляр，1986)。中间氧化物的生成可以从许多方面证明，例如：

① 在再生反应刚开始时，催化剂样品的质量不是立刻减少，而是先增加，然后才逐渐减少，说明并不是立刻放出氧化产物，而是氧先吸附在焦炭上形成某种中间物，然后再进行二次反应。Панченков 等(1952)的实验表明，碳氧化时质量增加。在不同温度时增加的速度不同，温度愈低，增加速度愈慢，但增加的数量变大，如图 8-15 和图 8-16 所示(Панченков，1952)。Gulbransen 等(1952)研究了人造石墨在 425~575℃间的氧化，用高灵敏度的微量天平在高真空下称重，发现有 18~48μg/cm²的表面氧化物生成，只有当加热到 810~950℃时才能将其脱除。Massoth(1967)用石英弹簧天平对含碳约 7%的 150mg 催化剂进行氧化，得到如图 8-17 的吸附氧量与残留碳分离的关系曲线。

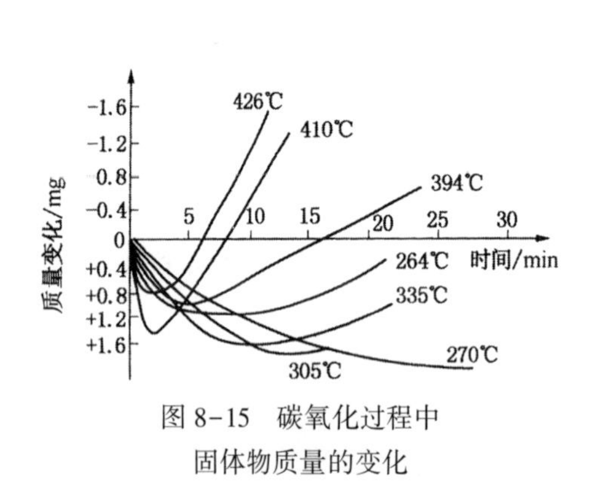

图 8-15　碳氧化过程中固体物质量的变化

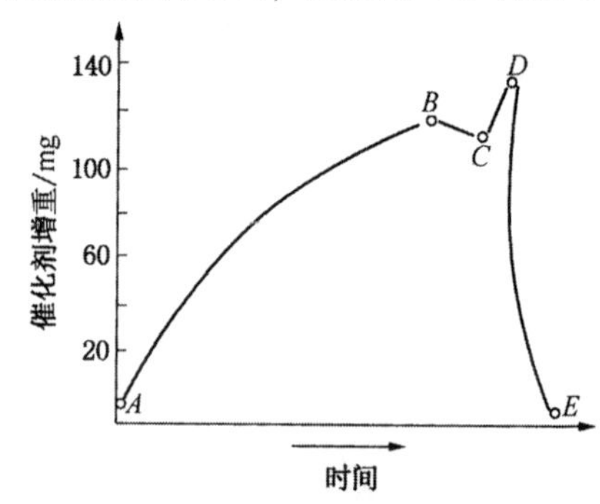

图 8-16　催化剂结焦及再生过程中的增重

500℃，沸石催化剂；AB—裂化；BC—吹 N_2；CD—生成 C_yO_x；DE—再生

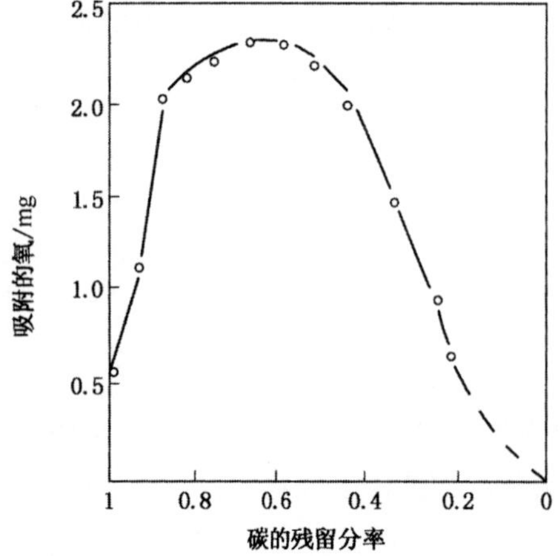

图 8-17　催化剂上氧量与残留碳的关系

② 在装有含焦催化剂的反应器内通入空气进行再生时，开始时反应器内的焦炭量最多(因此时焦炭尚未脱除)，氧化产物(CO 和 CO_2)应该放出的最多，但实际情况并非如此，反应刚开始时，反应产物放出速度并不是最快，而是经一段时间后放出速度才达最大，然后逐渐减慢。用脉冲法烧焦，即给结焦催化剂一个脉冲氧，观察反应产物放出情况，发现产物放出

峰远非脉冲峰，而是拖有长尾，说明中间物保留在催化剂上，放出一氧化碳和二氧化碳。此外再生时在某瞬间作氧的衡算，发现输入氧与输出氧不平衡，说明在催化剂上氧量有时积累，有时减少(Соляр，1986)。典型的氧化产物瞬间和累计放出曲线，如图 8-18 和图 8-19 所示(莫伟坚，1986；彭春兰，1987)。

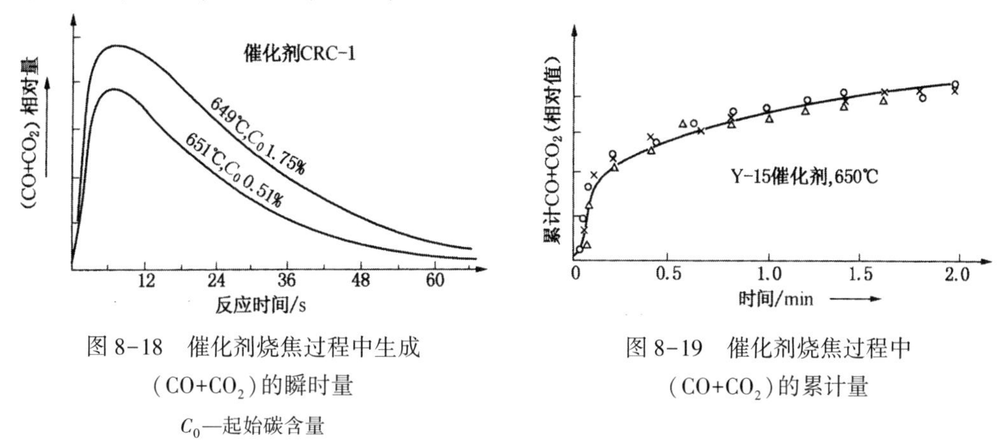

图 8-18　催化剂烧焦过程中生成($CO+CO_2$)的瞬时量

C_0—起始碳含量

图 8-19　催化剂烧焦过程中($CO+CO_2$)的累计量

中间氧化物是比较稳定的，例如用石墨氧化所得的氧化物在 575℃和 1.3×10^{-4}Pa（10^{-6} mmHg)的真空下几天内都不分解，只有加热到 800℃以上才分解生成 CO 气体。Golbransen 等(1952)为此提出了以下的反应过程：

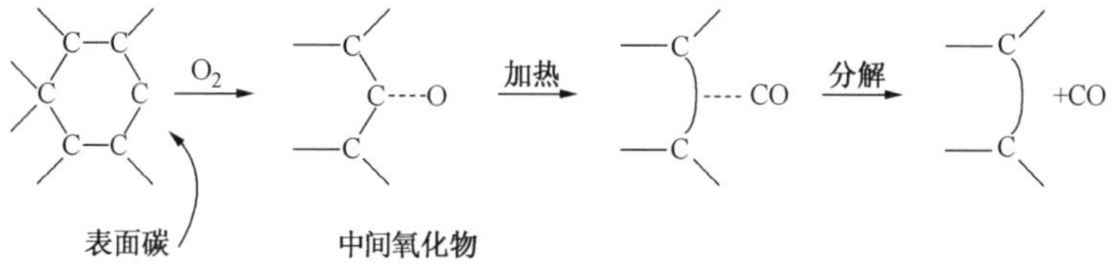

表面碳 $\xrightarrow{O_2}$ 中间氧化物 $\xrightarrow{加热}$ ---- CO $\xrightarrow{分解}$ +CO　(8 - 40)

Effron 等(1964)在进一步研究了石墨在 420~530℃时表面氧化物生成与分解过程，提出了包括中间氧化物生成，进一步氧化分别生成 CO 和 CO_2以及 CO_2置换出 CO 等四个步骤在内的反应机理。各步骤的反应速度式分别为：

$$r_1 = k_1 {P_{O_2}}^{0.5} \tag{8 - 41}$$

$$r_2 = k_2 Q \tag{8 - 42}$$

$$r_3 = k_3 Q^2 \tag{8 - 43}$$

$$r_4 = k_4 P_{CO} - k_4 P_{CO_2}(1 - Q) \tag{8 - 44}$$

总的反应速度式则为

$$r_C \approx \frac{k_1^2 \cdot k_3}{k_2^2} P_{O_2} + k_1 {P_{O_2}}^{0.5}\left(1 + \frac{k_4 P_{CO}}{k_2}\right) \tag{8 - 45}$$

以上 k_1、k_2、k_3、k_4分别为四个步骤的反应速度常数；P_{CO}、P_{CO_2}、P_{O_2}分别为三种气体组分的分压；Q 为中间氧化物的浓度。

关于中间氧化物的组成和近似结构，Massoth(1967)按实验数据估算为 $C_{3.7}O$，Соляр 的实验式为 C_4O，与按六元稠环的碳原子排列中每一个表层(外围)碳原子与一个氧原子结合构成 C_4O 的假定基本吻合，但目前尚难做出定论(Соляр，1986)。为了简化起见，姑且以 C_yO_x的化学分子式代表，则考虑生成中间氧化产物的简化反应式可表示如下：

$$C(焦炭中) \xrightarrow[k_1]{+O_2} C_yO_x \xrightarrow[k_2]{+O_2} CO + CO_2 \qquad (8-46)$$

其中第二步，可能包括两个反应，一是中间含氧物的进一步氧化，放出 CO 和 CO_2，另一反应是中间含氧物进行热分解，也放出 CO 和 CO_2。这里作简化处理，当作一个反应，反应速度常数以 k_2 表示。根据这一机理，碳的燃烧不是一个简单反应，而是一串连反应。

三、催化剂上碳燃烧的研究情况简述

关于催化剂再生中碳的燃烧过程，从 20 世纪 40 年代到 90 年代一直处于持续研究中，其中主要的有：Hagerbaumer 等(1947)、Dart 等(1949)、Панченков 等(1951)、Панченков 等(1952)、Johnson 等(1955)、Алиев 等(1956a；1956b)、Pansing(1956)、Добьчин 等(1959a；1959b)、Адельсон 等(1960；1962)、Weisz 等(1963；1966a；1966b)、Massoth(1967)、Hughes(1984)、Ramachandran 等(1975)、Shettiger 等(1972)、Tone 等(1972)、Hano 等(1975)、ЗейнаΛов(1978)、林世雄等(1982a；1982b)、Wang (1986)、莫伟坚(1986)、彭春兰(1987)、王光埙(1984)、Morley 等 (1987)、刘伟等(1995；1998)、徐春明等(1996)。他们做实验的设备和条件概括为表 8-8。

表 8-8 有关再生(烧碳)反应动力学的研究实验条件

研究者	设备	温度/℃	气速	碳含量/%	催化剂
Hagerbaumer (1947)	ϕ13mm 反应器，移动床催化剂分三段再生	400~620	1~16h^{-1}(体)	<6	白土 2.5~4mm
Dart(1949)	ϕ32mm × 610mm 固定床	455~649	9~12m/s 使催化剂悬浮	0.83 ~ 2.75 再生至 0.01	白土小球 2.4~4mm
Панченков(1951)	石英弹簧秤，精度2×10^{-4}g	380~600	—	<5	硅铝小球 1~4mm
Johnson(1955)	ϕ50mm × 500mm，流化床	510~566	0.06m/s	0.25~0.35	多种硅铝，硅镁催化剂
Алиев (195a；1956b)	固定流化床，ϕ30mm×1000mm	525~600	0.05m/s	<2	硅铝催化剂 0.75~2.8mm
Pansing(1956)	ϕ250mm × 1520mm，流化床	518~579	0.03~0.18m/s		合成硅铝 45~79μm
Добычин (1959a；1959b)	弹簧秤，精度 2 × 10^{-5}g	500~600	0.028 ~ 0.092 m/s	<3	硅铝 2.9~3.7mm
Адеλъсон (1960；1962)		453~660	200 ~ 1500h^{-1}(体)	2	硅铝小球 3.3mm
Weisz(1963)	在 3cm^2 面积上放 50~200mg 催化剂	450~600	比耗氧速度在两个数量级	3 及 7~20	白土，硅铝，硅镁 200 目
Massoth(1967)	微量天平	425~480			微球催化剂压片，破碎至 10~20 目
Hughes(1971)	ϕ25mm 下流式	492~455	150 ~ 300cm^3/min	<5	硅铝 0.12~1.68mm

续表

研究者	设　　备	温度/℃	气　速	含碳量/%	催化剂
Tone(1972)	φ10mm×325mm 流化床，微分床、积分床催化剂量，0.4～0.5/0.5～3g；气量，60～80/123 cm^3STP/min	467～560	0.03～0.09m/min		硅铝 150～170 目
Hano(1975)	φ10mm	400～570	100～700cm^3/min	<0.08	各种金属交换的 Y 型沸石 0.59～0.84mm
Зейналов(1978)	无梯度振动流化床	580～670	0.015m/s	1.67～1.99	无定形及沸石催化剂 0.07～0.63mm
林世雄(1982a；1982b)	φ8mm 微分(对氧)反应器下流式	550～750	气体大量过剩	0.05～2.5	各种微球催化剂
DeLasa(1987)	空气脉冲法	650～700			沸石催化剂
刘伟(1995；1998)	微型固定床反应器	595～765		1.24～2.05	3 种沸石和超稳沸石催化剂
徐春明(1996)	脉冲法微分反应器	630～750		0.25～0.72	多种沸石催化剂

以上作者提出的动力学式可用下式概括：

$$r = k \cdot f_1(T) \cdot f_2(P_{O_2}) \cdot f_3(C) \cdot f_4(P_W) \tag{8-47}$$

$f_2(P_{O_2})$代表氧分压的影响，一般认为是一级，只有个别作者，例如 Haldeman 等(1959)认为是 0.75 级，Лавров 等(1976)则认为氧浓度高时为一级，氧浓度低时为零级，一般采用一级。

$f_3(C)$涉及碳浓度的影响，不同作者得的结论不尽相同。Hagerbaumer 提出 C_0和 C/C_{C_0}两项函数(C 为碳含量，C_{C_0}为初始碳含量)。Dart 和 Алиев 分别对小球及微球催化剂用同样的处理数据的方法，均认为对碳的反应级数为 2。Johnson 认为在碳含量为 0.3%时为 1 级。Pansing、Hano、Tone 等均按一级考虑。Weisz 的实验结果是，碳含量低时为一级；超过 7%时发生偏差。Mickley 等(1965)也得出类似结论。Metcalfe(1967)认为反应级数与初始碳含量有关，根据实验结果得出下式：

$$\frac{d(C/C_{C_0})}{d\tau} = \alpha\left(\frac{C}{C_{C_0}}\right)^{(C_{C_0}+1/C_{C_0})} \tag{8-48}$$

从式(8-48)来看，初始碳含量较高时，反应级数接近于 1；碳含量在 1%左右时，反应级数接近于 2。

以上作者的结论，对碳的反应级数不完全一致，这可能与催化剂碳含量、实验方法及精确度等有关。认为是二级反应的代表作者是 Dart 和 Алиев，他们实验用的反应器对碳含量为积分反应器，数据处理用微分法，根据曲线的斜率确定反应速度及级数，可能有一定误差。Weisz 和 Micklay 的结论完全可以理解，碳含量过高时，氧分子不能同所有碳原子接触，因而偏离一级。石油大学杨光华等对多种催化剂的再生进行了广泛的研究，结果表明，对微球催化剂在生产上的一般含碳量范围内，对碳的浓度可取为 1 级。可以说目前已普遍采用 1 级。

$f_4(H_2O)$表示水蒸气的作用，只有个别作者作了研究，Johnson 等(1955)提出以下公式：

$$CBI = 65.8P_{O_2}(k_1 + 144P_W k_2)C^n \cdot f(T) \tag{8-49}$$

式中 P_W——水蒸气分压，MPa；

n——常数，$n=1$。

k_1、k_2分别为氧及氧-蒸气的反应速度常数，作者得出两个速度常数如图 8-20 所示。图中两条直线斜率相同，说明两个反应的活化能相同，均为171.67kJ/mol。

Macatypoз 等(1987)认为在没有氧的情况下，680℃以前只靠水蒸气的作用，实际上没有氧化产物放出。但是在含氧气体中加入水蒸气则会加快焦炭的燃烧，例如在 490℃下在含氧气体中加入 2.5v%的水蒸气会使碳的氧化速度提高一倍。进一步增加水蒸气量这种作用不变，随着温度的升高水蒸气的这种作用减少，到 600℃以上这种作用可以不考虑。以上两种报道有相似之处，也有不同之处。遗憾的是600℃以上水蒸气的影响未见其他报道，这是值得进一步研究的问题。

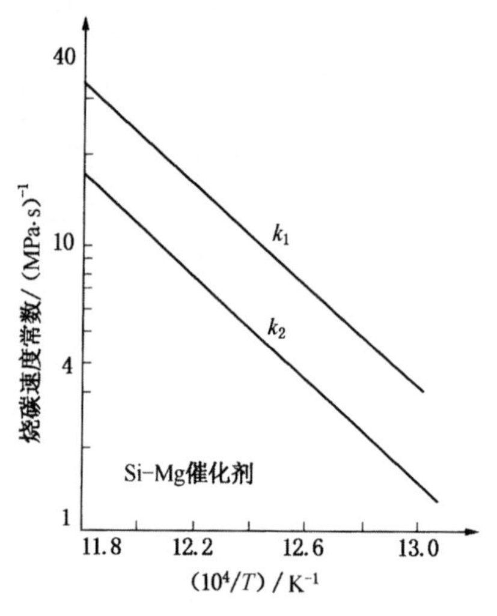

图 8-20 水蒸气存在下的烧碳速度常数

$f_1(T)$是表示再生温度的影响，主要差异在活化能上，不同作者得到的数据出入较大，见表 8-9。活化能之所以有这种大的差别，除了焦炭的性质不同而使活化能有所差别以外，主要原因是传递过程的影响，而且主要是扩散的影响。按照整体反应模型效率因子的概念，表观活化能与效率因子的关系如下式：

$$\frac{E'}{E} = 1 + \frac{1}{2} \cdot \frac{d\ln\eta}{d\ln M_T} \tag{8-50}$$

表 8-9 再生(烧碳)反应活化能

作者	温度范围/℃	活化能/(kJ/kmol)	文献	作者	温度范围/℃	活化能/(kJ/kmol)	文献
Massoth	<480	169400	(Massoth，1967)	Аделъсон	450~500	121800	(АделъCOM，1960)
Hughes	420~544	134000	(Hughes，1971)	Аделъсон	500~550	74500	(АделъCOM，1960)
Weisz	450~600	157400	(Weisz，1966a)	Аделъсон	550~600	62400	(АделъCOM，1960)
Hano	400~570	109700	(Hano，1975)	Аделъсон	600~650	54500	(АделъCOM，1960)
Johnson	450~600	171700	(Johnson，1955)	Аделъсон	650~700	41300	(АделъCOM，1960)
Аделъсон	450~500	146600	(АделъCOM，1962)	Доъычин	600~650	54400	(ДобыIчин Д И，1959b)(外扩散控制)
Dart	450~650	111400	(Dart，1949)	石油大学	600~750	161200	(Wang，1986)
Алиев	525~600	123100	(Алиев，1956a)	Parvinian	430~550	150700	(陈俊武，2005)
Pansing	520~580	146600	(Pansing，1956)	Lasa	650~700	125000	(Marley，1987)

对吸热反应和等温反应，$d\ln\eta/d\ln M_T$的值在 0~-1 之间，如图 8-13 所示。这样，实测的表观活化能变动在 0.5E 与 1.0E 之间，这一点可以解释大多数数据，即大多数数据相差在 1 倍之内。对少数活化能过低的情况，已不能使用整体反应模型，或者处于外扩散控制区，或者处在缩核模型的灰层扩散控制区。在这两种情况下，表观活化能将很小，因这时温

度对速度的影响主要通过扩散系数，而扩散的活化能数值很小，对正常的分子(气体)扩散活化能为 $E_m = \frac{3}{2}R_g T$（式 8-15），而对 Knudsen 扩散的活化能则为 $\frac{1}{2}R_g T$，在一般再生温度下，其活化能比再生反应的本征活化能小得多。表 8-9 中 Добычин 的实验是在外扩散控制区。Адслъсон 的数据(Аделъсон ，1960)表明，温度越高，活化能越小，这说明反应温度越高，相对内扩散阻力越大，越接近灰层扩散控制(催化剂粒径为 2.5~5mm)。根据 Weisz 等(1963)的实验，小球催化剂的再生在 625℃时已进入灰层扩散控制区，Адельсон 得到的活化能很低，两位作者的结果是一致的。所以，从表 8-9 可以看出，裂化催化剂再生(烧焦)的本征活化能约为 145~170kJ/mol。

Адельсон 在同样的实验装置上考察了焦炭的燃烧活化能，所用焦炭粒径为 35~100 目，含灰分 2%~3%，含氢 0.64%，测得活化能为 212.7kJ/mol(Алиев，1957)，大于催化剂再生(烧碳)的活化能。这可能表明催化剂上的焦炭与一般的性质不同，这方面还很少研究。

Зейналов 等(1978)和 Добычин 等(1959a；1959b)把催化剂上的焦炭分为两部分：一部分在外表面，一部分在细孔内，认为不同部位的焦炭燃烧的规律有所不同。外部的焦炭先燃烧，随着再生深度的增加，再生速度明显降低，且温度的影响减小。Зейналов 给出了三种再生深度 q(即转化率)时的烧碳强度 CBI，对应的转化率 q 值为：

$CBI_{(1)}$ 对应于 $21<q_1<36$(无定形催化剂)

$21<q_1<41$(沸石催化剂)

$CBI_{(2)}$ 对应于 $36<q_2<85$(无定形催化剂)

$41<q_2<88$(沸石催化剂)

$CBI_{(3)}$ 对应于 $85<q_3<100$(无定形催化剂)

$88<q_3<100$(沸石催化剂)

对于含碳量为 1.67%~1.99%的催化剂，在 580℃下进行再生，得到了不同再生深度时的烧碳强度，如表 8-10 所列。

表 8-10 两种催化剂不同再生深度时的烧碳强度 *CBI*

粒径/mm	$CBI_{(1)}$	$CBI_{(2)}$	$CBI_{(3)}$
	无定形催化剂		
0.07	4400	2300	370
0.126	4500	2300	350
0.28	4400	2200	320
0.63	4500	2200	250
	沸石催化剂		
0.07	3200	1600	250
0.126	3200	1550	240
0.28	3200	1500	190
0.63	3200	1500	150

从表 8-10 可以看出，不同粒径的催化剂，第一、二阶段烧碳速度相同，但到第三阶段表现出差别，粒径越大，烧碳速度越慢，说明内扩散阻力随粒径的加大而加大。从表 8-10 还可以看出，对粒径在 100μm 左右以下的催化剂，不同粒径的催化剂的三个阶段再生速度相同，

说明内扩散的阻力可忽略；沸石催化剂的再生性能和无定形催化剂相近，再生速度稍低。

对不同牌号的催化剂的再生性能，Johnson 进行了比较，根据式(8-49)，在固定的条件下(温度为537℃，氧气分压为6.59×10^{-3}MPa，水蒸气分压为2.07×10^{-2}MPa，催化剂含碳量为0.3%)的烧碳速度定义为比燃烧速度(SBR)，其表达式为式(8-51)。按式(8-51)可计算出几种催化剂的烧碳强度，列于表8-11。

$$SBR = CBI/P_{O_2} = k_1 + k_2 P_W \tag{8-51}$$

表8-11 几种催化剂的烧碳强度

催化剂	烧碳强度		催化剂	烧碳强度	
	新鲜催化剂	老化催化剂		新鲜催化剂	老化催化剂
白土	30~35	59	硅铝 A	39	—
抗硫白土催化剂	28	20~25	硅铝 B	40	35
硅铝	29~46	23~32			

从表8-11可以看出，不同催化剂的再生性能各有不同，即使同一催化剂经历不同，其再生性能也会有变化，这可能是催化剂再生反应的一个特点。关于这个问题，各个作者用不同催化剂得出不同结果，已经说明了这一点。所谓“焦炭”并不是具有一定物理、化学性质的化合物，不同催化剂上的焦炭燃烧性能有所不同是完全可以理解的。不过，Weisz 比较了硅铝、硅镁和白土催化剂，认为这几种催化剂再生性能相同(Weisz，1966a)。Weisz 用烧掉85%的碳所需时间计算反应速度常数，这种利用一个实验点计算一个速度常数的方法未免太简单，准确性不会很高。

关于生焦的原料对烧碳速度的影响，也有不同的看法。Weisz 等(1966a)比较了粗柴油、石脑油、异丙苯等原料，认为这些原料所结的焦燃烧速度相同。Hano 比较了邻二甲苯、异丙苯、环己烯、甲基环己烷和己烷，认为燃烧速度相同。而贾宽和等(1987)比较了工业装置上渣油生成的焦和实验室用异丙苯生成的焦的再生速度，发现前者的再生速度明显高于后者。

有这样一种观点，即认为焦炭中碳的燃烧速度和石墨相同，持这种观点的有代表性的作者是 Amundson 等(Soterchos，1983)和 Weisz(1966a)。Weisz 得出的催化剂再生(烧碳)速度常数(在空气中再生)$k=4 \times 10^7 \exp[-157400/(R_g T)]$，而从 Gulbransen 等(1952)的石墨氧化速度换算得的速度常数 $k=3 \times 10^7 \exp[-153600/(R_g T)]$[1]，两者十分接近。不过催化剂的再生千差万别，能否都用石墨的燃烧来代表，尚难以下结论。

石油大学对裂化催化剂再生动力学进行了研究。所用反应器为石英管，对氧为微分床(空气大量过剩，再生过程中氧分压不变)，用灵敏度高、响应快的热导法检测燃烧生成物，使再生温度提高到750℃以上，填补了文献上缺少高温下再生数据的不足，并采用脉冲法解决了烧氢动力学研究的困难。

热导池检测的再生产物CO_2浓度变化情况如图8-18所示。从该图中曲线可看出，再生反应开始一段时间内，CO_2浓度随着时间增加而上升，达到一个最高值后逐渐下降，这是串连反应的特征。反应开始时碳和氧形成的中间化合物积累，CO_2放出量很少，经过一段时间

[1] Weisz 的换算有误。由 Gulbransen 的数据换算的 k 应为 $1.4 \times 10^7 \exp[-153600/(R_g T)]$。实验用的石墨的表面粗糙系数为354，可能部分表面未发挥作用。作为粗略估算，仍可认为与 Weisz 的数据相近。

后，催化剂上中间含氧化合物浓度达到一个最大值，CO_2放出速度也达到最大值，之后，中间含氧化合物浓度逐渐减小，CO_2放出速度也逐渐减小。

处理数据的方法有两种。第一种方法是按简单反应动力学处理：

$$-\frac{dC}{d\tau}=k'_C P_{O_2} C \tag{8-52}$$

取曲线中CO_2最大浓度以后（即τ_{max}以后），进行回归，因在实验过程中氧分压不变，将$k'_C P_{O_2}$改为k_C，回归得到的速度常数即为k_C，再根据实际氧分压可计算出k'_C。

经验证明，τ_{max}以后的曲线符合一级反应。用这种方法得到的结果（以Y-5沸石催化剂为例）与文献上若干作者的结果示于图8-21。

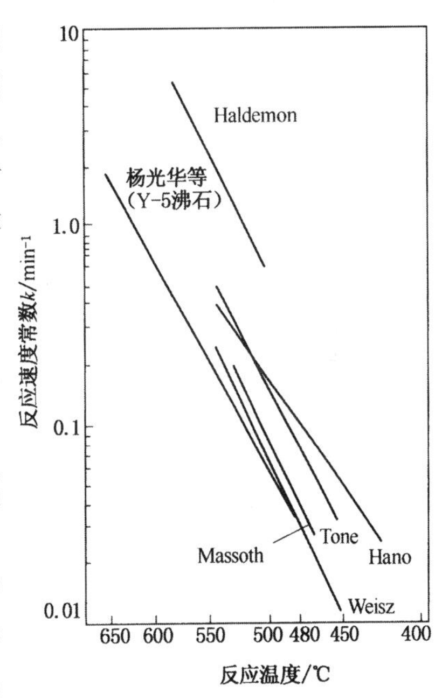

图8-21　若干作者发表的几种催化剂的再生（烧碳）速度常数（在空气中）

第二种方法是按串连反应处理，其反应步骤如下：

$$C(\text{焦炭中})\xrightarrow[k_1]{+O_2}C_yO_x\xrightarrow[k_2]{+O_2}CO+O_2 \tag{8-53}$$

用序贯法进行模型识别和确定速度常数k_1和k_2。

对于CRC-1催化剂，简单反应的k'_C和串连反应的k'_1与k'_2分别为：

$$k'_C=2.74\times10^9\exp[-161100/(R_gT)] \tag{8-53a}$$

$$k'_1=1.12\times10^{10}\exp[-171600/(R_gT)] \tag{8-53b}$$

$$k'_2=3.78\times10^3\exp[-44800/(R_gT)] \tag{8-53c}$$

徐春明等（1996）对多种国内生产的裂化催化剂的烧碳动力学进行了较为系统的研究。除了将裂化催化剂分为三类（REY、REHY、REUSY）分别测定外，还对几种多产低碳烯烃的催化剂进行了考察，所得到的不同催化剂的动力学参数列于表8-12。

表8-12　若干国产催化剂的烧碳动力学参数

催化剂类型或牌号	活化能(E)/(kJ/mol)	指前因子(A)/MPa^{-1}	催化剂类型或牌号	活化能(E)/(kJ/mol)	指前因子(A)/MPa^{-1}
REY	142.1	1.963×10^8	ZCM-7	101.7	1.164×10^8
REHY	94	5.172×10^5	CHP-1	143.0	1.842×10^{10}
LREUSY，CRP	142.8	3.070×10^8	CHP-30	123.2	1.724×10^9
LC-7	101.6	5.846×10^5	RMG	106.8	1.607×10^{11}
Octacat	77.8	5.924×10^6			

串连反应虽然较为真实地反映了烧碳过程，但处理不方便，所以普遍采用一级反应模型。这种简单反应模型应用于常规一段再生一般不会带来大的误差；但对于两段再生，由于k_1、k_2差别较大，如果仍然采用简单反应模型，则显然是不合适的，因而应采用串联反应模型为好。

不含沸石的由高岭土制成的所谓“热载体”催化活性很低，结的焦炭应该与一般催化剂上的焦炭不同，前者主要是热裂化结的焦。热载体再生（烧碳）的动力学常数为$k'_C=5.17\times10^8\exp[-145900/(R_gT)]$。与一般催化剂并没有很大的差别，但是热载体的再生有一个特点，就是经水热老化处理后再生速度加快(陈俊武，2005)。

催化剂的再生(烧碳)虽是复杂反应(串连反应)，但却可用简单反应代替，这在理论上有矛盾，一般讲这是不可能的。下面对这个问题进行一些讨论(贾宽和，1990)。

对再生的烧碳反应：

$$\mathrm{C(焦炭中)} \xrightarrow[k_1]{+O_2} C_yO_x \xrightarrow[k_2]{+O_2} CO+CO_2 \tag{8-53}$$

以 A 代表焦炭中的碳，以 R 代表中间氧化物、S 代表 CO 和 CO_2，上式可改写成：

$$A \xrightarrow{+O_2} R \xrightarrow{+O_2} S \tag{8-54}$$

动力学式为：

$$-\frac{dA}{d\tau} = k'_1 P_{O_2} A = k_1 A \tag{8-54a}$$

$$\frac{dR}{d\tau} = k'_1 P_{O_2} A - k'_2 P_{O_2} R = k_1 A - k_2 R \tag{8-54b}$$

$$\frac{dS}{d\tau} = k'_2 P_{O_2} R = k_2 R \tag{8-54c}$$

$$(P_{O_2} = 常数)$$

简单反应不考虑中间氧化物，只考虑碳和产物 $CO+CO_2$，动力学式为：

$$-\frac{dA^*}{d\tau} = k'_C P_{O_2} A^* = k_C A^* = \frac{dS}{d\tau} \tag{8-55}$$

式中，A^* 为催化剂上的碳，包括未反应的碳和中间氧化物中的碳。所以上式可写成：

$$-\frac{d(A+R)}{d\tau} = \frac{dS}{d\tau} = k_C(A+R) \tag{8-56}$$

从式(8-54)和式(8-56)得：

$$\frac{k_C}{k_2} = \frac{R}{A+R} \tag{8-57}$$

上式中 k_2 是客观存在的一个常数，而 k_C 则是简单反应简化使用的一个常数。上式的物理意义是：只有$\frac{R}{A+R}$的值为常数时，k_C 才能成为常数；换言之，如果$\frac{R}{A+R}$值保持为常数则可使用简单反应，否则将有较大误差。

根据串连反应的动力学公式，可得出：

$$\frac{R}{A+R} = \frac{\beta e^{-k_1\tau} - \beta e^{-k_2\tau}}{(\beta+1)e^{-k_1\tau} - \beta e^{-k_2\tau}} \tag{8-58}$$

$$\beta = \frac{k_1}{k_2 - k_1} \quad (k_2 > k_1) \tag{8-59}$$

以 CRC-1 为例，作出不同温度下，$\frac{R}{A+R}$

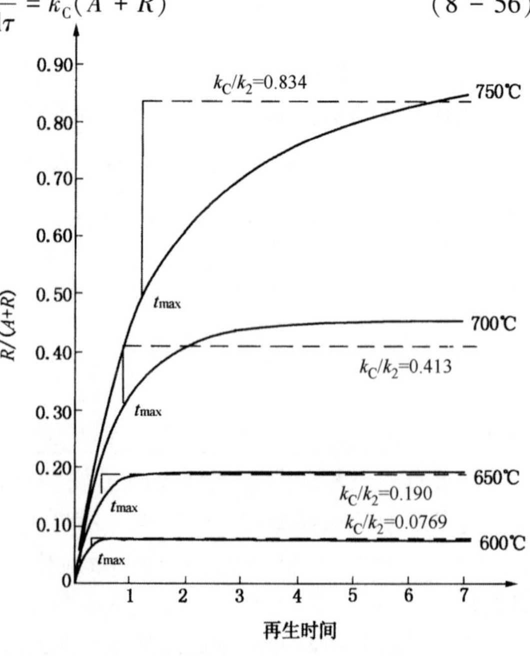

图 8-22 $\frac{R}{A+R}$值随再生时间的变化

值随再生时间的变化如图 8-22 所示。图中实线为$\frac{R}{A+R}$的比值，虚线为回归的 k_C 和 k_2 的比值。图 8-22 表明，在 650℃以下$\frac{R}{A+R}$很快达到一个稳定值，而且与回归的 k_C/k_2 值十分相近，700℃时有一定偏差，750℃时偏差较大。

从以上分析可以得出这样的结论：催化剂的再生是个串连反应，可用简单反应代替。这里有两个条件：①未反应的碳和中间氧化物中的碳都在催化剂上，二者不可分，可以合并在一起，用催化剂含碳量表示(实际上中间含氧化合物的含量很难测定，按串连反应很难计算)。②在再生过程中，在一定的温度下，$\frac{R}{A+R}$值可接近于常数。带来的误差，不难看出，有两方面，一是反应初期不能用简单反应，二是$\frac{R}{A+R}$值偏离稳定值的程度。

四、金属对烧碳速度的影响

研究金属类型和含量对催化剂再生的影响的目的有两方面：一是寻找能提高再生速度的金属，二是考察裂化原料中所含金属对再生速度的影响。

Weisz 等(1966a)考察铬对硅铝催化剂再生(烧碳)速度的影响，发现 0.15%Cr 可使速度提高 3 倍。后来 Бризгали(1981)和 Ремизов(1977)用不同方法在沸石催化剂中加入铬得到相似结果，前苏联已将加铬的催化剂用于工业装置。Hano 等(1975)用铝、镁、钴、铬、铜、镉等对 Y 型沸石进行离子交换，然后考察不同金属对再生速度的影响。结果表明，铜有突出的加快再生速度的作用，而用铬交换的再生速度最慢，用铝、钴、镁、镉交换者居中。对已制成的稀土沸石催化剂再浸泡上附加的稀土可加快焦炭的燃烧速度(Csicsery，1979)。在沸石催化剂中加入氧化锶(SrO_2)可以加快再生速度，加入量为 0.2%时效果最佳，再生速度可提高 2~3 倍(Nadirov，1982)。

Тихановская 等(Масатуроз，1987)采用的方法是考察在烧除一定百分比焦炭时，不同的金属所需的时间。试验结果表明，加快再生速度较大的是铬、钒、锂等，如图 8-23 和图 8-24 所示。同时进一步考察金属对中间含氧物的生成和分解的影响，得到金属的作用主要是加快中间含氧物的生成。

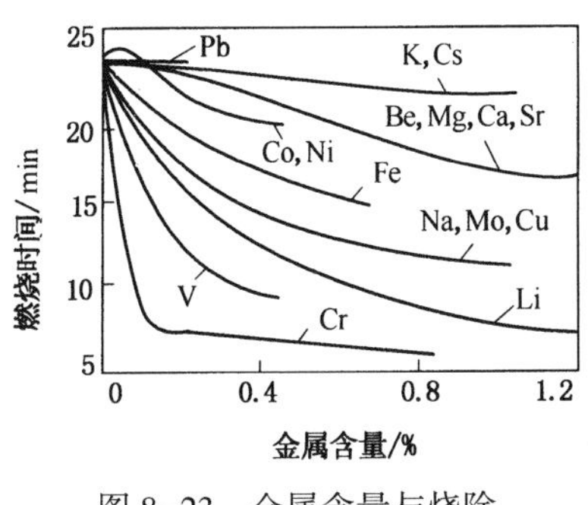

图 8-23　金属含量与烧除50%碳所需时间的关系

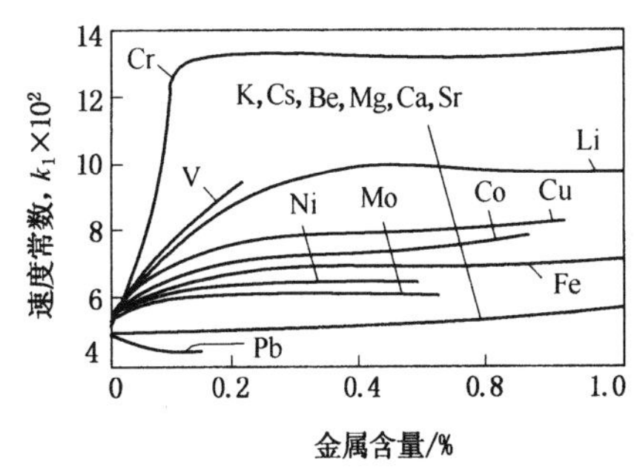

图 8-24　碳氧络合物生成速度与金属含量的关系

金属能够成为氧的转移体，它按下列方式交替地用氧使金属离子 X 氧化成中间离子

(XO_r)，再用碳使其还原而使燃烧加速。

$$2X + rO_2 \longrightarrow 2(XO_r) \quad (8-60)$$

$$2(XO_r) + rC \longrightarrow rCO_2 + 2X \quad (8-61)$$

徐懋等(1987)考察了金属对 CRC-1 催化剂再生的影响。试验结果表明，催化剂被金属污染后，再生动力学模型不变，仍可用一级动力学方程描述，这样便可以用再生反应速度常数来比较再生速度的快慢。铜能大大加快速度，在含铜 5000μg/g 时，650℃的再生速度常数增加一倍；铁和钒的影响不显著，而镍和钠则稍有减慢作用。上述含铜的结焦剂所剥离的游离焦，却和未污染的催化剂有着相同的速度常数。

综上所述，关于金属的影响，仍缺乏一致的普遍结论，这可能说明这个问题比较复杂，甚至某微小差异也可能发生影响，需要更加精确地研究。虽然加入某种金属可以加快再生速度，但这一方法尚未被广泛应用，这可能有两方面的原因，一是这些金属对催化剂的裂化性能，例如活性和选择性必须无害；二是这些金属加快再生的性能常常是不稳定的(Weisz, 1966a)，即这种作用不能持久。理想的催化剂应该是既有良好的裂化性能，同时也应有良好的再生性能。

五、焦炭中氢的燃烧

关于焦炭中氢燃烧的研究远不及对碳燃烧的研究，严格的烧氢动力学方程甚少提出。Hashimato 等(1983)和 Tone 等(1972)提出的动力学方程式，分别见式(8-62)和式(8-63)。其中式(8-63)的试验条件是 400~510℃，$C'_h \approx 3\times10^{-5}$。

$$r_h = 4.57 \times 10^7 \exp[-141000/(R_g T)] C_h P_{O_2} \quad (8-62)$$

$$r'_h = 6.557 \times 10^5 \exp[-76200/(R_g T)] C'_h P_{O_2} \quad (8-63)$$

以上两式得出的氢燃烧速度均比碳燃烧速度低，与 Ford 等(1977)研究结果出入过大，Ford 等认为氢燃烧速度高于碳燃烧速度 5~10 倍，从而可靠性不足。准确地测定氢的燃烧速度有技术上的困难，这是由于氢的燃烧产物水蒸气在催化剂以及从反应器到检测器的管线内吸附，因此检测器不能真实地反应烧氢反应的进程。王光埙等(Wang, 1986; 彭春生, 1986; 王光埙, 1984)基于烧氢反应是一级反应的特点，采用脉冲法烧氢克服了上述困难，从而得到烧氢反应动力学方程，其方程式如下：

$$\text{H(焦炭中)} \xrightarrow[k'_H]{+O_2} H_2O \quad (8-64)$$

$$-\frac{d[H]}{d\tau} = k'_H P_{O_2}[H] = k_H[H] \ (P_{O_2}\text{ 为常数}) \quad (8-65)$$

对于 CRC-1 催化剂，当 $T<700$℃时

$$k'_H = 4.2 \times 10^9 \exp[-1581600/(R_g T)] \quad (8-66)$$

当 $T>700$℃时

$$k'_H = (1 - a e^{-b/T})\{4.2 \times 10^9 \exp[-158160/(R_g T)]\} \quad (8-67)$$

$$a = 2.67 \times 10^{30}, \quad b = 73.4 \times 10^3$$

CRC-1 催化剂的烧碳速度常数(k'_C)和烧氢速度常数(k'_H)的比较见表 8-13，转化速度见图 8-25。

表 8-13　CRC-1 催化剂 k_C 和 k_H 的比较

项　　目	温度/℃			
	600	650	700	750
k'_C	3.83	12.8	37.5	99.3
k'_H	9.20	29.8	85.7	181
k'_H/k'_C	2.40	2.33	2.29	1.82

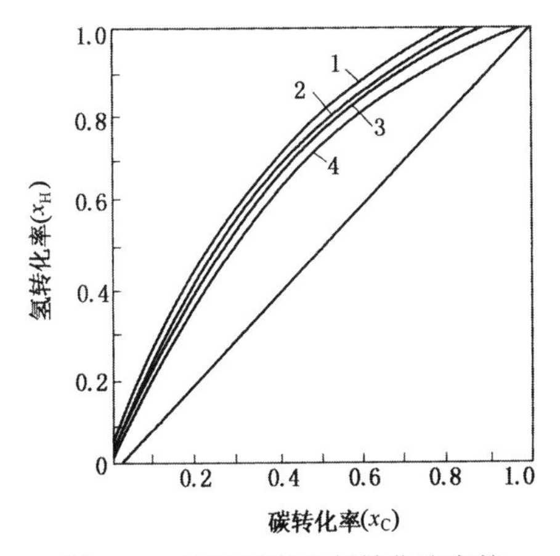

图 8-25　再生时碳和氢转化速度的比较(CRC-1 催化剂)
1—再生温度 600℃；2—再生温度 700℃；3—再生温度 730℃；4—再生温度 750℃

从表 8-13 和图 8-25 可以看出：氢的燃烧速度比碳快得多，烧氢反应的活化能比烧碳反应稍低，所以 k'_H/k'_C 随温度升高而降低。由于烧氢速度比烧碳快，当碳转化 80%时，氢已基本烧完。图 8-25 碳氢变化趋势与图 8-11 相近，而图 8-11 的温度是在 600℃以下。某两段再生装置的多次标定数据提供了这样的结果，当碳燃烧率在 70%～80%时，氢燃烧率为 90%～97%。应该指出工业装置只是用烟气组成分析通过元素平衡计算焦中氢含量，误差较大，准确的动力学数据很难验证。

徐春明等(1996)对几种国内生产的催化剂的烧氢动力学反应速度常数进行了测定，其动力学参数列于表8-14。

表 8-14　若干国产催化剂的烧氢动力学参数

催化剂类型或牌号	活化能(E)/(kJ/mol)	指前因子(A)/MPa^{-1}	催化剂类型或牌号	活化能(E)/(kJ/mol)	指前因子(A)/MPa^{-1}
LC-7	130	8.977×10^9	CHP-1	116.2	1.837×10^9
Octacat	96.9	2.330×10^8	CHP-30	132.2	1.828×10^{10}
ZCM-7	98.1	2.555×10^8	RMG	112.3	1.148×10^9

六、焦炭中氮的燃烧

待生催化剂上的氮在再生过程中可转化为 NO、N_2、N_2O、NO_2、HCN 和 NH_3。从流化床煤燃烧过程的研究结果来看，焦炭中的氮必须经过一些中间产物才能够转化成 NO_x 或 N_2。对于煤中的氮，Wojkowicz 等(1993)认为 HCN 和 NH_3 是 NO_x 形成的中间产物；而 Kelkar 等(2002)则进一步展示了 FCC 再生器内 NO_x 的生成和分解的反应网络，见图 8-26。

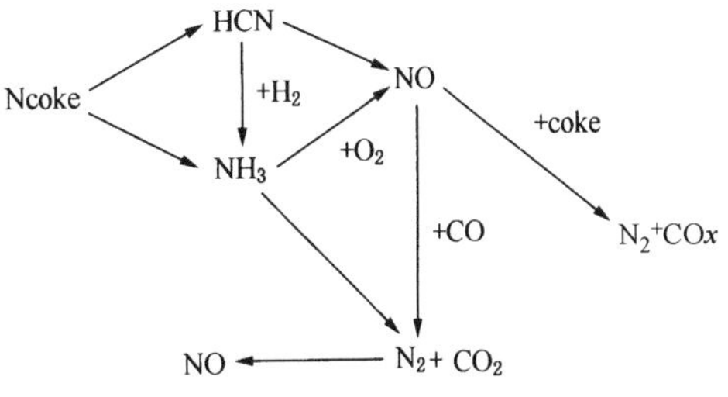

图 8-26　FCC 再生器内 NO_x 的生成和分解的反应网络图

失活加氢催化剂的再生也遵循这一机理，其焦炭或原料中氮的类型，对生成 HCN、NH_3、N_2 的选择性有强烈影响，例如吡咯氮生成 HCN 的产率要高于吡啶氮生成 HCN 的产率。而 FCC 催化剂再生过程中氮的转化也可能经过相同的路径，FCC 原料中的胺基类化合物很容易被吸附在催化剂上经转化进入焦炭，胺基类化合物中的氮首先转化成胺基类中间产物，然后再进一步转化。在提升管中胺基类化合物可以被裂解掉一部分，并以氨的形式释放到物流中。在过剩氧的再生条件下，特别是在催化剂和金属的参与下，绝大部分的HCN和NH_3氧化为NO和N_2O，而NO和N_2O又进一步还原或分解生成N_2。在部分燃烧的条件下，将预期有较多相对数量的NH_3和HCN存在，如果下游有CO锅炉则会进一步转化成NO和N_2，因此工艺和操作条件对HCN、NH_3和N_2的选择性也有很大影响。

Grace Davison公司使用DCR装置将待生催化剂在含有氧5%的氦中再生。当温度上升时，用质谱仪测定CO、CO_2和NO，这种程序升温氧化试验(TPO)的结果见图8-27(Peters，1995)。从图8-27可以看出：碳燃烧成CO_2和CO的温度比氮燃烧生成NO要低50℃。通过对实验的观察可知：NO的量大约为总碳量的1%，这与直接测定催化剂上总碳吻合得相当好，这说明催化剂上所有的氮都生成NO。在实验中，当催化剂被加热到550℃，且保持20min时可以看出，第一阶段大部分碳被燃烧成CO_2而很少NO生成；在第二阶段大量NO生成，很少生成CO_2。碳和氮被燃烧也是顺序的，首先是碳，然后是氮。结果是随着再生催化剂上的碳含量减少，剩余焦炭中氮含量上升。在大量出现NO前还分别测出了HCN和N_2O的峰，这表明HCN是参与再生化学反应的中间产物之一。

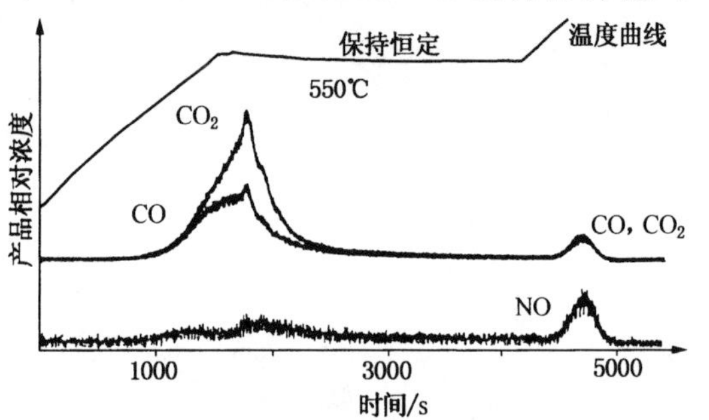

图8-27　待生催化剂在DCR装置上进行的TPO实验结果

此后Grace Davison公司用再生实验装置(RTU)研究了再生过程碳和氮化合物的燃烧情况(Alan，1998)。在不用CO助燃剂时的燃烧产物见图8-28，使用助燃剂时的燃烧产物见图8-29。前者HCN于665℃达到峰值且浓度大，N_2O于704℃达到峰值但浓度小，NO在更高温度下碳大量燃烧后方才出现；而后者生成的HCN浓度很低，NO出现的温度也较无助燃剂时低。同时试验过程未测NH_3和N_2的浓度。

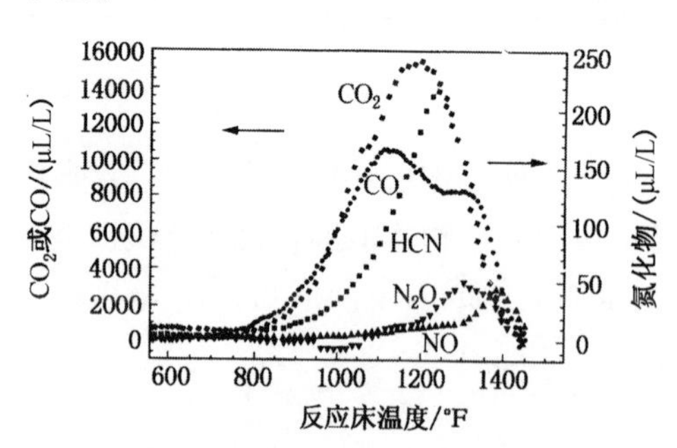

图8-28　待生催化剂在RTU装置燃烧实验

(无CO助燃剂，加热速度16°F/min)

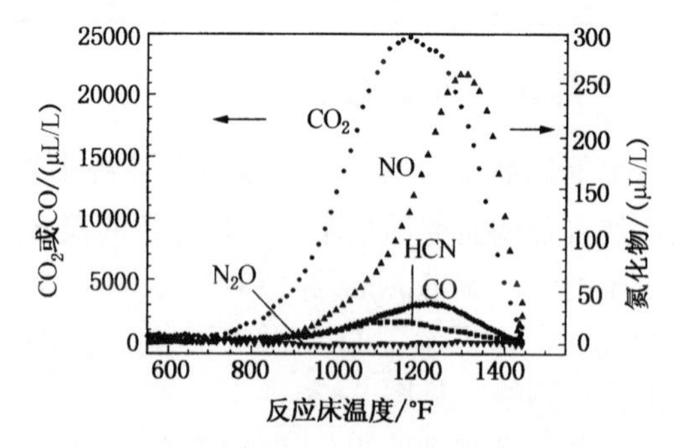

图8-29　待生催化剂在RTU装置燃烧实验

(有CO助燃剂，加热速度16°F/min)

在实验室模拟再生焦炭氧化成NO仅仅是在碳大量燃烧生成CO或CO_2之后，这意味着焦炭中的氮氧化合物一开始就氧化成NO。而从氮平衡的数据可知：焦炭中大部分氮最后生成的是N_2(约90%)而不是NO，因此必然有一步发生了还原反应。在再生器中的还原剂有：

未再生催化剂上的炭、CO 或者是其他的还原剂(如 NH_3 等)。当用待生催化剂与含 NO 的气流反应(732℃)时，有 1.5mol 的 C 与 2.2mol 的 NO 发生了反应，下列两种反应都可能发生：

$$2C + 2NO \longrightarrow 2CO + N_2 \tag{8-68}$$

$$C + 2NO \longrightarrow CO_2 + N_2 \tag{8-69}$$

并且随着待生催化剂上碳含量的降低，NO 的转化率也随之下降，由于再生器中碳的存在总是和 CO 的存在有联系的，因此 NO 由 CO 还原生成 N_2 也是 NO 消失的重要途径之一。当使用 CO 燃烧促进剂时，由于再生器中 CO 的浓度减少，因此 NO 的排放量就会明显增加。

由上述分析可以推断影响再生烟气中 NO_x 排放量的主要因素有催化裂化进料的氮含量、CO 助燃剂的使用、过剩氧含量等。下面进一步加以说明。

① 高氮含量的催化裂化进料会产生高氮含量的焦炭，从而引起再生烟气中 NO_x 排放量增加，图 8-30 数据来自于工业 FCC 装置和 DCR 中试装置。虽然原料油中的氮不会以相同的方式转化成 NO，但在同一套装置中原料的氮含量越高，通常产生的 NO 肯定越多。

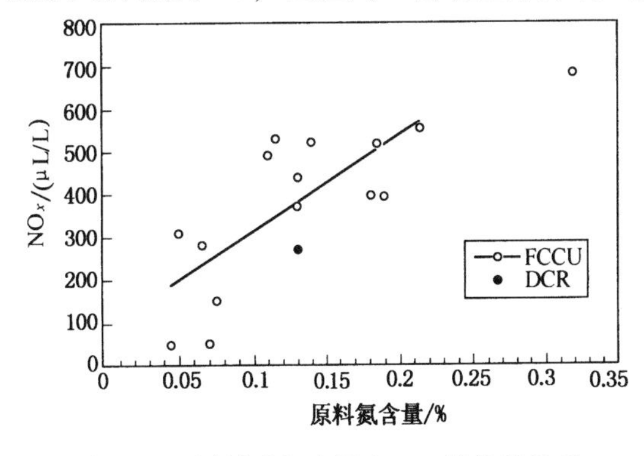

图 8-30　原料油氮含量和 NO_x 排放的关系

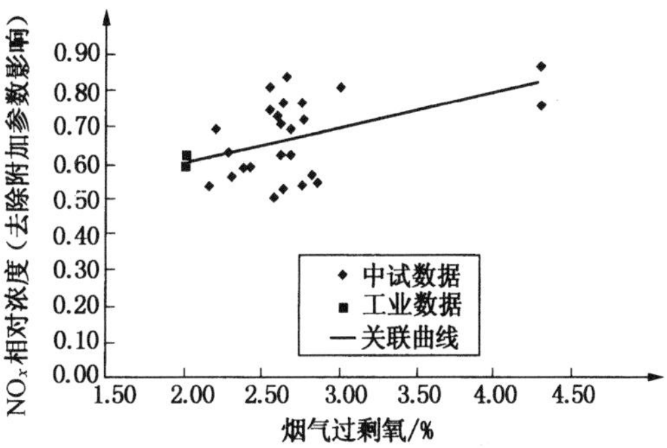

图 8-31　烟气过剩氧和 NO_x 排放的关系

② 同部分燃烧方式进行对比，由于完全燃烧减少了再生器中还原剂(即焦炭、CO 和 NH_3 等)的数量，因此会有更多的 NO_x 排出；另一个相关的影响因素则是再生器中的过剩氧含量，在较高的过剩氧浓度中，由于再生器中存在的还原剂容易被氧化，因此再生烟气中 NO_x 的排放量就会增加。在工业 FCC 装置中过剩氧含量与 NO_x 排放浓度的关系见图 8-31。表 8-15 还列出了 DCR 中试装置中完全燃烧和部分燃烧时 NO 排放量的对比数据。

表 8-15　在完全燃烧和部分燃烧时 NO 和 CO 的排放量

(原料油中为等碳含量、预热温度 150℃、反应器温度 521℃、再生器温度 704℃)

再生方式	部分燃烧	完全燃烧	再生方式	部分燃烧	完全燃烧
转化率/%	62.2	74.2	焦炭	4.07	5.00
剂油比	6.5	6.7	烟气组成/%		
产率/%			CO_2	6.03	8.08
H_2	0.14	0.15	O_2	0	1.44
$C_1 \sim C_4$	15.8	14.5	CO	1.93	0.02
C_5^+ 汽油	49.1	51.4	NO/(μL/L)	20	85
LCO	17.1	15.2			

③ 助燃剂的使用会减少再生器稀相和密相中 CO 等还原剂的数量，从而引起 NO_x 排放量的增加，这种现象已从大量的催化裂化装置和中型试验中明显地观察到。由于助燃剂的加入

能很快地加速氧化反应，而产生一些局部过热点，但由此认为部分 NO 生成是由局部高温引起的，这是不可靠的。正如前面热力学平衡计算的那样，即使再生温度达到 930℃时(过剩氧含量为 1v%)，反应平衡时的 NO 也不会超过 50μL/L，因此在工业装置的再生温度下，N_2 的热氧化方向不是朝着 NO 的生成，而是朝着 NO 的减少方向。所以使用助燃剂引起的 NO_x 排放量的增加，是由 CO 等还原剂的数量减少引起的。在中型试验中，采用了含氮和不含氮的两种原料，在添加了助燃剂的试验中发现，当使用不含氮原料时，再生烟气中的 NO 排放量并不增加。这个结果进一步证明了空气中 N_2 的热氧化与再生烟气中 NO_x 无关。

在再生器中增加焦炭和其他还原剂存在的数量，可以采用降低氧含量或者是按部分燃烧操作，这些都有助于减少 NO_x 的排放，而使 NO 更多地转化成 N_2。然而，如果在密相床层中缺乏足够的氧，那样会影响中间含氮化合物(如 NH_3、HCN)的氧化反应。在低温部分燃烧操作中，再生器中热力学平衡的 NH_3 浓度可超过 1%，如果下游有 CO 锅炉，则这些中间含氮化合物就会转化成 NO_x，其数量相当可观。因此，为了控制 NO_x 的排放，在采用部分燃烧操作时所用的策略将有别于完全燃烧操作。

由于 CO 助燃剂的加入会降低再生器中还原剂——CO 和焦炭的浓度(特别是在密相中)，而还原剂能够使 NO 还原成为氮，因此，添加 CO 助燃剂对烟气中 NO 数量的影响很大。在 DCR 中试装置上以中等含氮原料试验时，如加入 0.5%的助燃剂，则烟气中 NO 的浓度将增加 2~3 倍，尤其是在添加助燃剂之后的最初 2h 最为明显。为了控制烟气中 NO_x 的排放，最好不要过度使用 CO 助燃剂，或者使用不增加 NO_x 排放的新型 CO 助燃剂。

④ 脱 SO_x 助剂对 NO_x 排放的影响。在含有无机还原性组分(例如二氧化铈)的催化剂颗粒上，NO 能够被还原成 N_2。因此在脱 SO_x 添加剂(例如 Desox)的颗粒上，也能将 NO 还原成 N_2。由 DCR 中试结果表明，加入 0.5%的 Desox(含 12.5%的二氧化铈)后，烟气中 NO 浓度大约下降了 20%。此外，工业装置上的试验表明：加入 1%的 Desox 添加剂，NO 量能够下降 30%~40%。

⑤ 脱 NO_x 助剂对 NO_x 排放的影响。Grace Davison 公司开发的控制 NO_x 生成的助剂(Denox)以及铂助燃剂，当原料含氮 650μg/g(总氮)，CO 完全燃烧，过剩氧保持 1.5%，Denox 加入量占催化剂藏量 0.6%时，NO_x 的排放量减少 55%，即由 155~165μL/L 降低到 70μL/L。另一种控制 NO_x 生成的助剂工业试用表明，NO_x 的排放量可降低 75%，即由 225μL/L 降低到 50μL/L。

⑥ 富氧再生能够减少 NO_x 的排放量(Limback，2000)。因为在分布板区，富氧的气体加速了碳和氮的氧化速度，而在上部密相区由于氮浓度减少，CO 浓度增加而促进 NO_x 的还原反应，如图 8-32 所示。硫转移催化剂在富氧再生的情况下，对 NO_x 的增加和减少不起任何作用。当然，这一结论尚待进一步证实。

⑦ 再生器内部结构的影响。如果能在再生器催化剂床层的顶部保持较高浓度的还原性物质，可以减少烟气中 NO_x 的排放。采用逆流形式的再生器设计可使含碳待生剂分布在催化剂床层的顶部表层，由于 CO 或催化剂上焦炭的作用，显著降低烟气中 NO_x 的排放。

根据 Kellogg 公司报道，利用其实现逆流再生的待生催化剂分布器改造已有的 FCC 装置，某高低并列式装置加工氮含量 3000μL/L 的原料，改造前 NO_x 约为 150μL/L，改造后降至 20~50μL/L(随过剩氧含量和原料氮含量而异)；某超正流型装置加工氮含量 500~1500μL/L 的原料，改造前 NO_x 约为 100~300μL/L，改造后降至 50μL/L 以下(Miller,

2004)。UOP 公司将 8 套高效再生器和 15 套鼓泡床再生器烟气 NO_x 含量作对比，后者均低于 40μL/L，前者则在 50~180μL/L 之间变动(Couch，2004)。几种床型的 NO_x 排放对比见图 8-33。

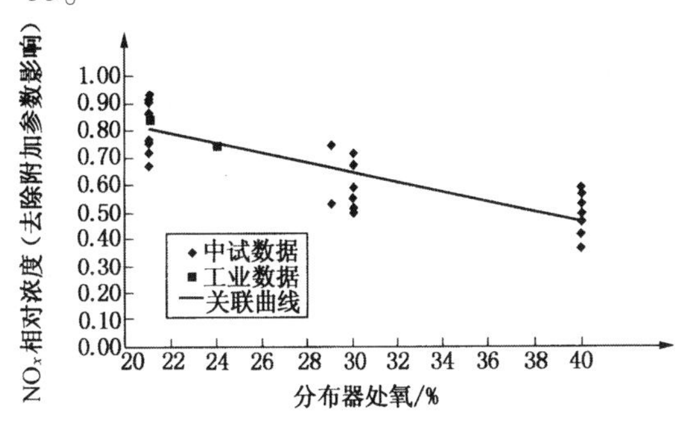

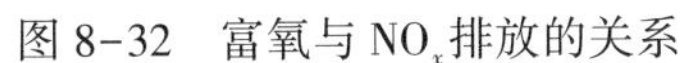
图 8-32　富氧与 NO_x 排放的关系

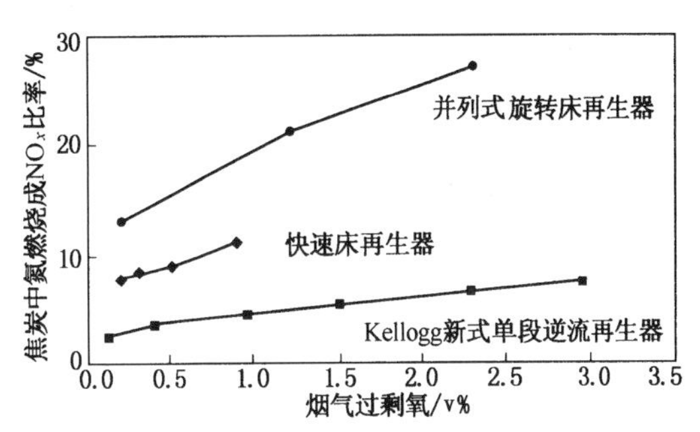

图 8-33　再生器内部结构对 NO_x 排放的影响

七、焦炭中硫的燃烧

关于焦炭中硫的燃烧速度和机理，只有很少的文献报道。下面介绍三组数据，列于表 8-16 (Масатуроз，1987)。

表 8-16　焦炭中硫的燃烧

催化剂上焦炭中硫含量/%	原　料　Ⅰ		原料Ⅱ
	未经加氢精制	经加氢精制	
再生前	0.90	0.82	0.96
再生后	0.018	0.0064	0.065

关于硫的燃烧速度，Масатуроз 等(1987)认为：当焦炭中碳和氢均已燃烧完时，硫只燃烧了 35%，这种情况只有当硫或硫的氧化产物在催化剂表面上形成抗氧化的化合物时才有可能出现。实际上硫的燃烧比碳快，碳和硫相对燃烧速度列于表 8-17。国内某催化裂化装置采用硫含量 0.68%~0.80%的掺渣油原料裂化，得到待生催化剂上碳含量为 1.01%，硫含量为 0.45%~0.62%；经一段再生后，其碳含量为 0.27%，硫含量为 0.085%~0.10%。以上两组数据都说明硫的燃烧速度比碳快。

表 8-17　硫和碳燃烧速度比较

项　　目	催化剂碳含量/%	催化剂上硫含量/(μg/g)	项　　目	催化剂碳含量/%	催化剂上硫含量/(μg/g)
待生剂	1.20	115	再生剂	0.61	4

加氢精制催化剂再生时，硫和碳的燃烧速度如图 8-34 所示。图 8-34 也表明，硫的燃烧速度比碳快。

焦炭中硫燃烧的产物有 SO_2 和 SO_3，总称为 SO_x。其中 SO_2 系一次生成，进一步催化氧化为 SO_3。再生条件下后者生成较少，一般为 SO_x 的 10%~20%。烟气中 SO_3 的热力学平衡分率见图 8-35。

八、烧焦中一氧化碳的生成和一氧化碳的均相氧化

关于碳和氧反应的一次产物究竟是 CO 还是 CO_2 曾有不同看法，一般认为一次产物中

CO 和 CO_2 都有，即碳和氧反应时，同时生成 CO 和 CO_2。Arthur 考察了初次生成的 CO/CO_2 比值(Arthur，1951)，认为该比值是温度的函数：

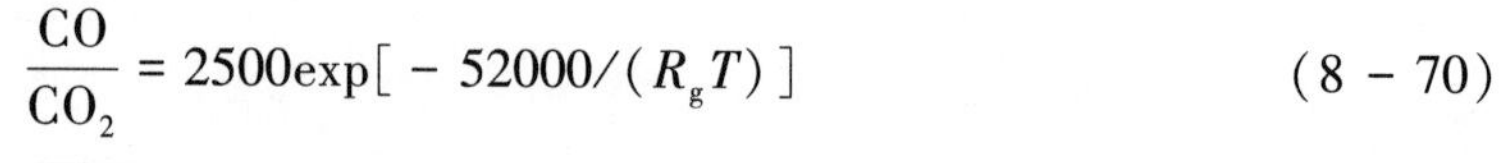

$$\frac{CO}{CO_2} = 2500\exp[-52000/(R_g T)] \tag{8-70}$$

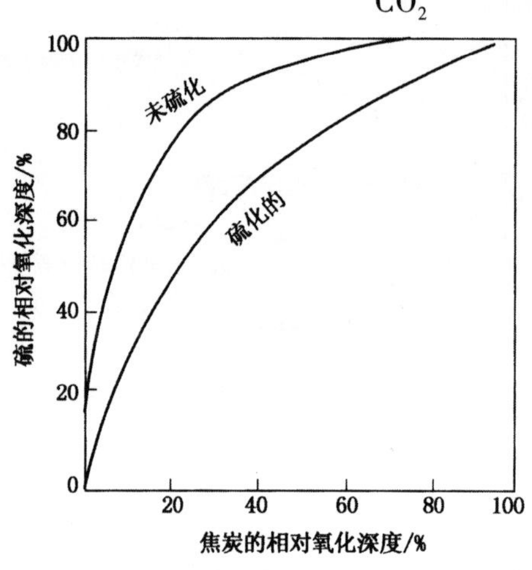

图 8-34　钴-钼催化剂再生时碳和硫的相对燃烧速度

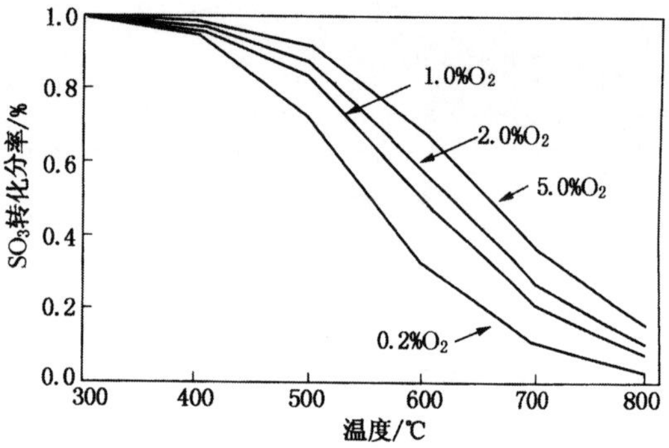

图 8-35　再生烟气中热力学平衡分率

如果生成 CO 和 CO_2 两个反应的级数相同，则上述比值即为该两个反应速度常数之比，两个反应活化能之差($E_{CO}-E_{CO_2}$)为 52000kJ/kmol，可见温度越高该比值越大，即越有利于生成 CO。

一次反应生成的 CO 的比例对再生器的操作和装置的热平衡很重要，因为 C→CO_2 比 C→CO 的反应放出的热量之比是在两倍以上（傅献彩，1963）。有关三个反应的平衡常数见表 8-18(Шишаков，1957)。

表 8-18　平衡常数方程式

反　　应	平衡常数 K	平衡常数方程式	$\lg K$(T=1000K 时)
$C+O_2 \rightleftharpoons CO_2$	$\frac{[CO_2]}{[O_2]}$	$\lg K=\frac{20582.8}{T}-0.302\lg T+1.43\times10^{-4}T-2.4\times10^{-8}T^2+0.622$	20.42
$2C+O_2 \rightleftharpoons 2CO$	$\frac{[CO]^2}{[O_2]}$	$\lg K=\frac{11635.1}{T}+2.1656\lg T-9.4\times10^{-4}T+8.76\times10^{-7}T^2+3.394$	20.67
$2CO+O_2 \rightleftharpoons 2CO_2$	$\frac{[CO_2]^2}{[CO]^2[O_2]}$	$\lg K=\frac{29530.5}{T}-2.769\lg T+1.225\times10^{-3}T-1.356\times10^{-7}T^2-2.15$	20.16

由表 8-18 可见，上述反应在再生温度下平衡常数甚大，可以认为反应进行完全。为此，必须从动力学角度而不是从化学平衡角度研究 CO 生成的比率。但是催化剂表面生成的 CO 在催化剂和床层的气体空隙中都可以被氧化，使离开床层的 CO 减少。测准原生的 CO/CO_2 比值必须扣除空隙中 CO 的氧化率，也就是要在 CO 均相和非均相氧化动力学的基础上进行研究，无疑增加了工作难度并降低了精确度。徐春明(1988)研究表明：CO_2/CO 比值与

再生温度关联较好，活化能差值 ΔE 在 $(34 \sim 37) \times 10^3$ kJ/kmol 之间，如图 8-36 所示。此值比 Arthur 的数值高出一倍以上。此后徐春明等(1996)又对三种超稳沸石催化剂的原生 CO_2/CO 比值做了研究，详细结果列于表 8-19。从表 8-19 可以看出：不同类型催化剂的比值有所差异，并随再生温度升高而降低。此外，该比值与烧焦时间、催化剂碳含量以及氧浓度无关。

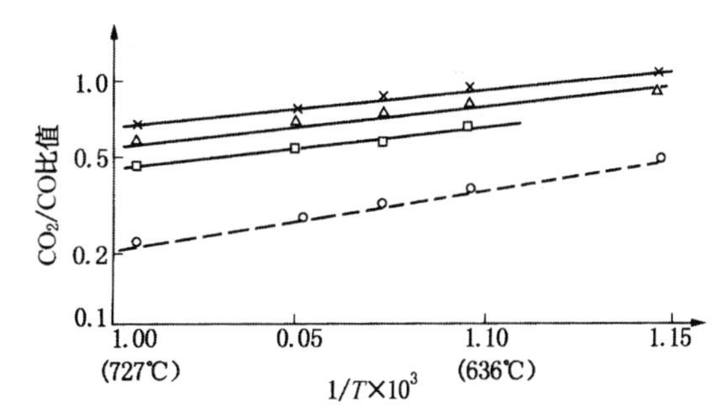

图 8-36　再生烟气中 CO_2/CO 比值

×—CRC 催化剂；□—Y-9 催化剂；

△—Si-Al 催化剂；○—Arthur 数据

表 8-19　不同再生温度下的原生 CO_2/CO 比值

催化剂牌号	611℃	631℃	651℃	671℃	691℃	731℃
Octacat	0.56	0.54	0.54	0.50	0.43	0.40
ZCM-7	0.74	0.68	0.60	0.55	0.52	0.50
RMG	0.76	0.70	0.69	0.56	0.53	0.47

根据 Tone 等(1972)提出的 $k_1(C \longrightarrow CO)$ 和 $k_2(C \longrightarrow CO_2)$ 的速度常数方程，可推导出：

$$\frac{CO}{CO_2} = \frac{k_1}{k_2} = 3849\exp[-45200/(R_g T)] \quad (8-71)$$

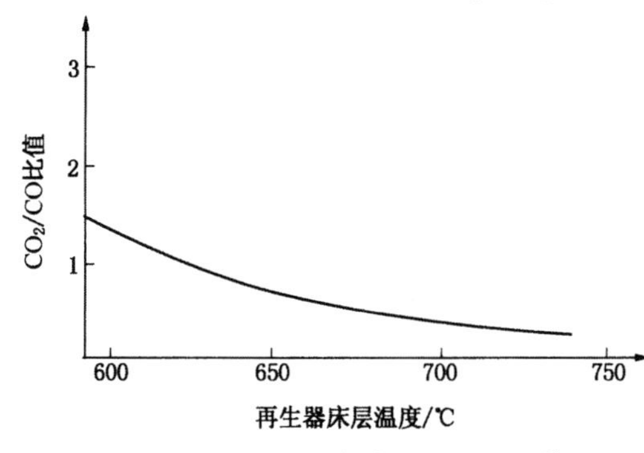

图 8-37　再生烟气中 CO_2/CO 比值

从式(8-71)可以看出，其活化能差值大于 Arthur 比值，500℃时相差约 3 倍，温度低时差别更大。

Ford 等(1976)提出的 O_2 浓度接近于 0 时平衡的 CO_2/CO 比值，见图 8-37。

刘伟等(1995；1998)报道的 Y-15 催化剂原生 CO_2/CO 比值，可用下式表示：

$$CO_2/CO = 9.32 \times 10^{-2}\exp[13000/(R_g T)] \quad (8-72)$$

对 CO 的燃烧反应虽然已经进行了许多研究，但对其详细规律还不十分清楚。其反应机理普遍认为是自由基链式反应，但对反应的历程还无统一的看法。对于干燥状态 CO 的燃烧，链的引发最大可能是按下式进行(Glassman，1977)：

$$CO + O_2 \longrightarrow CO_2 + O \quad (8-73)$$

对进一步的反应，Lewis 等(1951)认为链的分支是以生成臭氧为中间物，其反应式如下：

$$O + O_2 + M \longrightarrow O_3 + M \quad (8-74)$$

(M 为第三体，惰性分子)

$$O_3 + CO \longrightarrow CO_2 + 2O \quad (8-75)$$

而 Gordon 等(1955)提出另一种链的分支反应，其反应式如下：

$$CO + O \longrightarrow CO_2^*（激发态的 CO_2） \quad (8-76)$$

$$CO_2^* + O_2 \longrightarrow CO_2 + 2O \tag{8-77}$$

Brokaw 提出的机理为：

$$CO + O_2 \longrightarrow CO_2 + O \tag{8-73}$$

$$CO + O + M \longrightarrow CO_2 + M \tag{8-78}$$

$$O + O + M \longrightarrow O_2 + M \tag{8-79}$$

少量 H_2、水蒸气会大大影响 $CO—O_2$的反应动力学，例如 20μg/g 的氢可以改变 CO 的反应机理，而干燥无水的 CO 在 700℃以下，实际上不与氧起作用(Glassman，1977)。因为“干度”不同时会有不同的结果，从而增加了测定动力学规律的难度。H_2O 的作用可表示如下(Glassman，1977)：

$$CO + O_2 \longrightarrow CO_2 + O \tag{8-73}$$

$$O + H_2O \longrightarrow 2OH \tag{8-80}$$

$$OH + CO \longrightarrow CO_2 + H \tag{8-81}$$

$$H + O_2 \longrightarrow OH + O \tag{8-82}$$

如果有 H_2，则还有以下反应：

$$O + H_2 \longrightarrow OH + H \tag{8-83}$$

$$OH + H_2 \longrightarrow H_2O + H \tag{8-84}$$

在干 CO 氧化时，温度低于爆燃区域的反应主要在表面上进行，活化能约为 125～146kJ/kmol；而在高于爆燃区域时，在 H_2或 H_2O 存在下，反应则属于气相反应。

在以自由基为机理的氧化反应中，一定条件下引发的链分支反应会使反应温度剧增，从而形成爆燃或爆炸。由于自由基的猝灭方式不同，CO 氧化反应有三个爆燃限。在爆燃区以外的是发光区(慢氧化反应区)，反应区和爆燃区的分界，如图 8-38 所示。

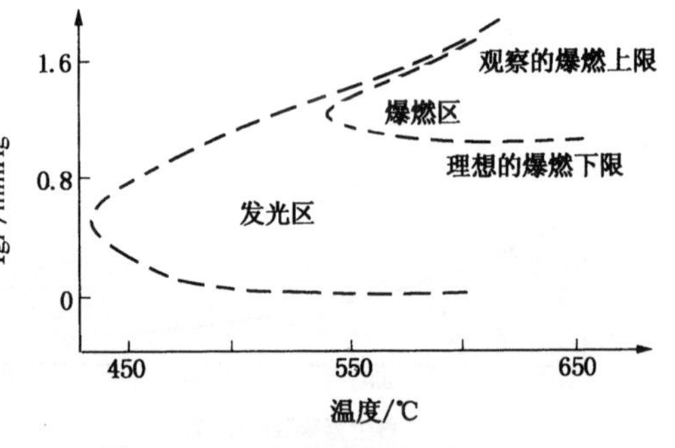

图 8-38　一氧化碳氧化区域图

当反应压力低于某一值时，传递物(自由基)在反应器壁上的消毁速率会大到与自由基生成速率相等，这时就不会出现自由基的猛烈增殖(爆燃)，这就是第一爆燃限。此压力限与反应器尺寸以及器壁材质有关(Hadman，1932)，通常只有 10kPa 以下。加入惰性气可降低此值，而增加氧气浓度可扩大爆燃区域(Hadman，1932)。微量氢的存在也能改变爆燃限(Glassman，1977)。当压力增大使自由基之间或与其他分子碰撞机会加大，从而增加了自由基在气相的消毁速率。当压力大到消毁率与增殖率相等时，爆燃即终止，这就是第二爆燃限。反应器材质对此值影响不大。但如反应器表面积与体积比增加时，该限向高温区移动(Dickens，1964)。CO/O_2比值和含氢物质会改变爆燃区，此区内的反应活化能在 40～∞ kJ/kmol 之间，很难定量确定，此外在低的爆燃发生前有一个大约 1.3s 的诱导期(Burgoyne，1954)。当压力高于第二爆燃限以上时(至少大于 0.1MPa)，由于反应热量不能及时导出而引起温度骤升，相应地加快反应速度，这时也会发生爆燃，即存在一个第三爆燃限或热爆燃限(Glassman，1977)。在低于第一爆燃限的区域，存在一个 CO 氧化反应速率较低并可用常规动力学测定的慢反应区，此区内反应器壁对反应级数有较大的影响，氢气和水蒸气也影响动力学的规律。氧浓度的影响比较复杂，一些实验结果相互矛盾。

具体针对催化裂化再生器更为复杂的环境条件，含 CO 烟气与催化剂颗粒共存，催化剂颗粒除了金属可能产生的催化作用外，颗粒表面积是否也有类似于反应器壁的作用有待研究，此外水蒸气的存在和氧浓度的变化所起的作用也很复杂，有关这方面的报道不多，推荐的动力学方程也有很大出入。Weisz 等(1966b)在研究硅铝小球催化剂再生反应时，利用测得的扩散模数 ϕ，并以 Arthur 比值为基准，几经推算得出了 CO 氧化速度常数，由于其活化能高(117000kJ/kmol)，从而得出的结论为：相对于烧碳反应，700℃以下 CO 的均相氧化反应(没有催化反应时)是无足轻重的。De Lasa 等(Errazu，1979)也持相同的观点。Ford 等(1977)指出：如果不存在金属对 CO 的催化作用，均相氧化反应只有在 650℃以上才变得重要。Upson 等(1986)也认为如果不用 CO 助燃剂，在温度低于 700℃的再生器密相床中，CO 的均相氧化反应进行得很慢，但在稀相段却进行得相当快。Rheaume 等(1976a)在研究沸石催化剂再生的基础上，估计在 629~796℃范围内，CO 均相氧化的速率约为烧碳速率的 5 倍，即两者具有相同的活化能。他的另一实验是在 649℃时，CO 氧化 85%，需 5s，而在同样条件下碳的氧化需 300s(Rheaume，1976b)。

由上可知，即使在慢反应区，CO 氧化的机理和动力学也是十分复杂的，有待进一步深入的研究。但 CO 氧化动力学方程式可概括表示为：

$$r_{CO} = f[y_{CO}, y_{O_2}, y_{H_2O}, P/(R_g T), E/(R_g T) \cdots] \quad (8-85)$$

式中，r 为反应速率[kmol/(m^3 · s)]；y_i 为各组分(CO，O_2，H_2O 等)的摩尔分率；P 为总压(MPa)。多数可用幂函数表示，即：

$$r = A \cdot \exp[-E/(R_g T)] \cdot y_{CO}^a \cdot y^b O_2 \cdot y_{H_2O}^c \cdot [P/(R_g T)]^{(a+b+c)} \quad (8-86)$$

现将已发表的动力学方程式❶列于表 8-20，并用图 8-39 示出，以资对比。

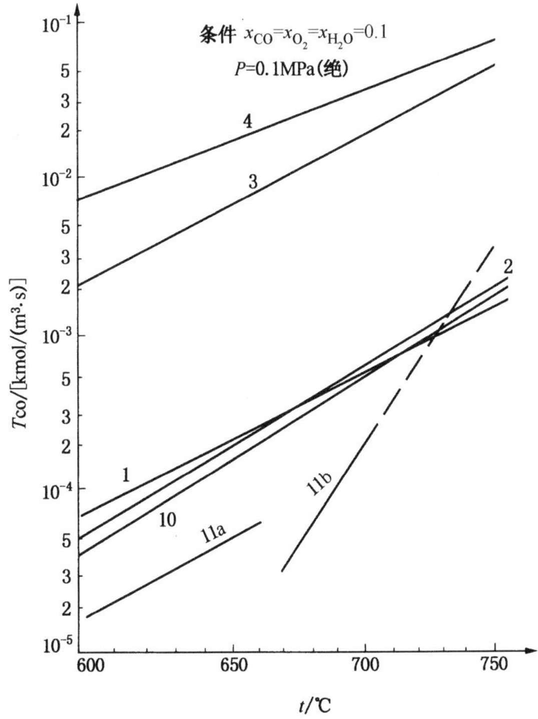

图 8-39　几种 CO 氧化动力学公式的比较

图中序号与表 8-20 的序号一致

Morley 等(1987；1988)在 650~700℃温度范围内，用脉冲微型反应器对裂化催化剂再生时 CO 均相反应进行了研究，推荐了如下的速率方程式：

$$r = \frac{-k'_n C_{CO} C_{O_2}}{1 + k_n (C_{CO} + C_{CO_2})^2} \quad (8-87)$$

式中　$k'_n = 6.9\times10^5 \exp[-56000/(R_g T)]$；

$k_n = 2\times10^6$。

❶统一采用 SI 制单位，对原发表之有关常数做了相应改动。

表 8-20　不同作者发表的 CO 均相氧化动力学方程式

序号	作　者	A [kmol/(m³·s)] (m³/kmol)$^{(a+b+c)}$	E/ (kJ/kmol)	a	b	c	备　注
1	Rheaume(1976a)	1.49×10^{8}	1.59×10^{5}	1	0	0	由作者数据推算
2	Weisz(1966b)	2.15×10^{10}	1.98×10^{5}	1	0	0	由作者数据推算
3	Dryer(1973)	2.24×10^{12}	1.68×10^{5}	1	0.25	0.5	
4	Howard(1975)	1.30×10^{11}	1.26×10^{5}	1	0.5	0.5	
5	Strinivas(1980)	1.43×10^{14}	1.25×10^{5}	1	1	0	
6	Field(1967)	1.1×10^{14}	6.70×10^{3}	1	0.3	0.5	
7	Tone(1972)	4.003	5.78×10^{3}	1	0	0	用 P 项代 [$P/(R'_gT)$]，且 r 以 kg 催化剂计
8	Krishna(1985)	未公布	6.3×10^{3}	1	0.5	0	
9	Hottel(1965)	3×10^{10}	6.7×10^{4}	1	①	0.5	
10	洛阳石化工程公司	1.18×10^{14}	2.15×10^{5}	1	0.5	0.5	
11	魏飞(1988)						
	a. 低温段	4.86×10^{7}	1.68×10^{5}	0.53	0.35	—	$t<660$℃
	b. 高温段	5.48×10^{24}	5.32×10^{5}	0.90	0.217	②	$t=660\sim720$℃

① $y_{O_2}^{b}$ 项改为 $[1.75y_{O_2}/(1+24.7y_{O_2})]\times[P/(R'_gT)]^{1.8}$。

② $y_{H_2O}^{c}$ 项改为 $[0.18+\exp(-80y_{H_2O})]^{-1.971}$。

由图 8-39 比较结果可知，不同学者提出的均相 CO 氧化动力学公式差别很大，竟没有一个能够准确地预测工业装置的结果，这是由于动力学的研究都是在小型固定床上进行的，与工业装置再生器的操作差别很大，加上流化床等复杂因素所造成的。

九、一氧化碳非均相催化氧化

在一氧化碳均相燃烧的动力学研究中已发现反应器壁对反应速率有影响，那么，在工业再生器内大量催化剂为均相燃烧提供了很大的固体表面，其影响程度是必须重视的，可能伴随有相当程度的非均相催化反应。徐春明等(1988)对此进行了考察，在 600~680℃，0.1~0.2MPa，分别采用了石英砂、微球催化剂(几种牌号)的新鲜剂和老化剂，以及金属污染的催化剂进行氧化试验，并与空白试验对比。发现各种固体物质均明显地提高氧化速率，尤其在低温区(640℃)提高的倍数达 4~16 倍，在高温区也增大 5~9 倍。老化的催化剂随牌号不同，与新鲜剂相比有增有减。

被重金属污染的催化剂比未污染的明显增加，其中 Cu>Fe>Ni>Na，有关数据见图 8-40 和图 8-41。为了互相比较，r 和 k 都以单位质量催化剂为基准，参见表 8-21。

Weisz 的实验，1500μg/g 的 Cr 可使 Si-Al 剂的 CO 燃烧速率提高 10~100 倍，可见重金属的影响也是不可忽视的(Weisz，1966b)。但自从以 Pt 为活性组分的助燃剂得到广泛应用之后，关于这方面的动力学研究很少报道。Errazu 等(1979)对 Davison 公司载铂催化剂(牌号 CCZ)进行了研究，得到的结论为 CCZ 对 CO 相对氧化活性为常规沸石剂的 40 倍。Krishna (1985)在开发再生器反应模型中，对 CO 的催化燃烧采用和均相燃烧相同的表达式，对 CO

为一级，对 O_2 为 0.5 级，未给出速度常数，只是列出活化能 $E=29000kJ/kmol$。

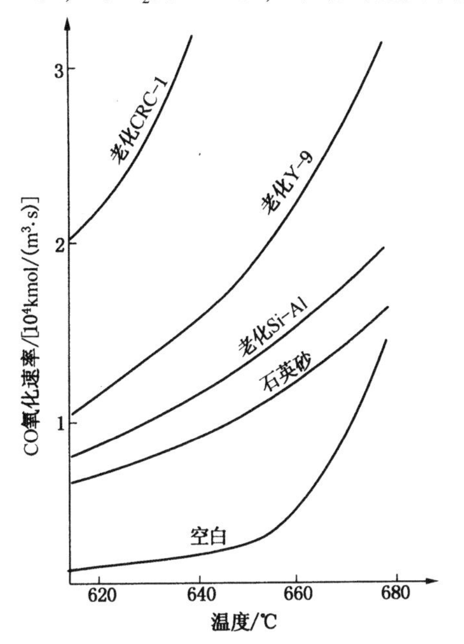

图 8-40　在不同催化剂上 CO 氧化的速度

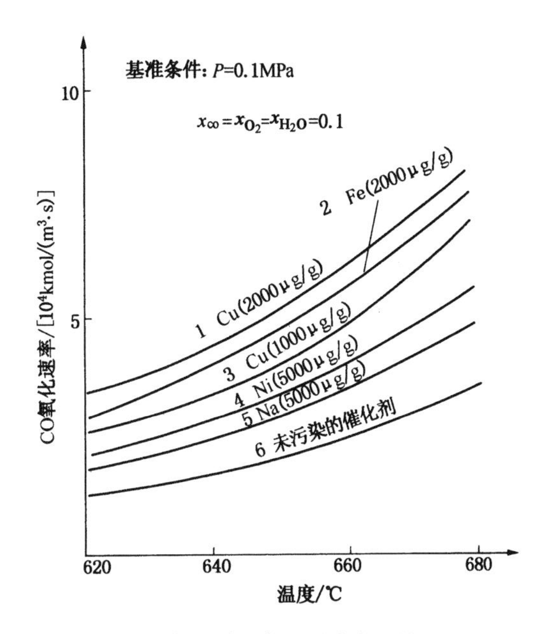

图 8-41　在不同污染金属浓度下的 CRC-1 催化剂上 CO 氧化速度(所有催化剂均经水热处理)

表 8-21　裂化催化剂上的 CO 氧化速度常数

固体物	速度常数 $k=A\cdot\exp[-E/(RT)]$		固体物	速度常数 $k=A\cdot\exp[-E/(RT)]$	
	A/[kmol/(kg·s)]	$E\times10^3$/[kJ/kmol]		A/[kmol/(kg·s)]	$E\times10^3$/[kJ/kmol]
石英砂	1.74×10^4	106.36	老化 Y-9	9.58×10^5	126.59
新鲜 Si-Al	2.30×10^7	155.37	新鲜 CRC-1	6.12×10^8	165.57
老化 Si-Al	7.69×10^4	110.18	老化 CRC-1	3.82×10^6	139.34
新鲜 Y-9	3.93×10^6	138.76			

注：老化条件均为 730℃，100%H_2O，4h。

石油化工科学研究院曾经模拟了再生烟气在 ϕ35mm×1385mm 的稀相提升管(绝热状态)中的 CO 燃烧试验，得出了表 8-22 所示的结果。从表 8-22 可以看出：起始温度在 680℃左右时，2s 内 CO 可以基本烧净(许友好，2013)。用式(8-87)的形式，取 $a=1$，$b=c=0.5$ 核算的 k 值比图 8-39 中任一数值都高，这可以用催化剂的影响解释。

表 8-22　催化剂存在下 CO 在管道中燃烧试验数据

编　号	起始温度/℃	CO 浓度/v%	O_2 浓度/v%	反应时间/s	气固比/(m^3/t)
1	677~740	8.0~0	6.0~1.2	1.70	50.0
2	677~738	7.5~0.6	5.9~2.8	2.18	59.4
3	685~745	7.8~0	6.4~1.7	1.56	

注：压力为 0.24MPa。

郑州工学院刘现峰等(1991)用微型固定床积分反应器(装剂量 0.04~0.1g)在掺有 Pt 助

燃剂的裂化催化剂存在下，对含 CO 气体催化氧化本征动力学做了系统的研究。实验条件是 600~720℃，常压，起始 CO 浓度 4%~21%，氧浓度 4%~19%，Pt 含量 0.1~2μg/g，气体空速 10~35mL/(g·s)，CO 转化率 16%~78%，得出如下的反应速率表达式：

$$r''_{CO} = k_{CO} \cdot P_{CO} \cdot P_{O_2}^{1/2} \tag{8-88}$$

$$k_{CO} = 2.19 \times 10^6 \exp[-56180/(R_g T)] \cdot C_{Pt} \cdot \eta_{Pt} \tag{8-89}$$

应该指出，式(8-89)是用新鲜助燃剂得出的速度常数。经与工业装置采集的平衡催化剂比较，发现氧化活性比按上述公式计算值低几倍至十几倍不等，说明在再生器的水热环境下已有很大程度的失活。此外，平衡剂的铂含量较按新鲜催化剂和助燃剂平均日补充量所计算的数值明显低，说明助燃剂的颗粒形状(不规则粉状)和机械强度均不理想，流失速度较催化剂快。另外，在实际使用中，再生器的环境条件(如含有 SO_x 等毒物)也会在一定程度下抑制助燃剂的活性，这些因素使有关动力学计算中要结合实际情况选取适当的修正系数。

催化剂上焦炭的燃烧过程看起来似乎比较简单，实际上也并非简单，其燃烧规律认识仍然还不够完全(林世雄，1982a；1982b；史济群，1987；陶润丰，1985)。例如，对于同一催化剂，未经老化时活性高，结焦快，再生速度也快；老化以后，结焦慢，再生也慢。纯沸石裂化活性很高，其烧焦速度也快。但也有相反的结果，如白土，经老化后再生速度反而加快(Johnson，1955)。即使如此，烧焦动力学已有了一定的理论基础和较丰富的实验室研究成果，需要密切结合工业装置的实践，对其适当地简化，并增补一些经验数据进行完善和充实，然后应用到再生器的反应工程中去。

第三节　流化床烧焦

一、再生器模型分类

在流化床内焦炭的燃烧并非均属化学动力学控制，而在很大程度上受到床层内气体交换和物质传递的限制。所以不能单纯由化学动力学表达，而必须结合流化工程来解决，建立符合工业流化床的反应工程数学模型。研究流化床再生器数学模型的目的，是想不经过中间试验，只根据实验室或中试的研究结果，来外推工业规模再生器的性能，从而比较科学地解决流化床再生器的放大问题。

均相模型是最早的再生器数学模型，建立于 20 世纪 50 年代，这类模型把流化床看作一个拟均相系统，利用工业装置所能提供的数据，设法用简单的公式作出关联。由于这类模型没有反映再生器中的实际情况，计算结果误差太大，只能在一定范围内使用。随之又产生了两相模型和气泡模型。但是，气泡现象并非流化床三个主要区域——分布板区、鼓泡区和稀相区的共同现象，不能指望用气泡概念建立再生器的整体数学模型，因此发展了分区模型。20 世纪 70 年代发展了快速床再生器后，又出现了多种快速床再生器模型，这些再生器数学模型列于表 8-23。

表 8-23　再生器数学模型

项　目	常规再生器		循环床再生器	
	区　别	模型与作者	区　别	模型与作者
一　区	密相区	Exxon，Kellogg UOP，Pansing(Pansing，1956) 曹汉昌(曹汉昌，1983)	快速床区	Dutta
二　区	密相区 稀相区	Amoco(Ford，1977)， De Lasa(陈俊武，1989)	浓相区 稀相区	
	分布板区 密相区	Errazu(1979)		
三　区	输送线区，密相区 稀相区	Gulf(Shaffer，1990)	浓相区，稀相区 第二密相区	
四　区	分布板影响区，密相区，稀相区，旋分器和集气密区	Profimatics(Martin，1985)	预提升管区，快速床区，稀相管区，第二密相区	魏飞(1990)

下面将再生器数学模型分为经验模型、机理模型以及常规再生器分区模型和快速床模型分别予以讨论，最后介绍一氧化碳燃烧模型。

二、经验模型

早期的经验模型把流化床看成一个拟均相系统(Dart，1949)，当时美国的一些石油公司都采用这一类数学模型。模型的假定条件是：

① 烧氢速度比烧碳速度快得多，忽略了烧氢反应；

② 忽略了稀相烧焦的作用；

③ 流化床为一个高密度的密相床，催化剂完全返混，床层温度均匀，不需热量衡算；

④ 化学反应计量为简单不可逆反应

$$\nu_C C + \nu_{O_2} O_2 = \nu_{CO} CO + \nu_{CO_2} CO_2 \tag{8-90}$$

⑤ 气体在床层内呈平推流流动。

按化学计量式得出之物料衡算式为：

$$\frac{v_{O_2}}{v_C} \cdot \frac{F_s dC}{12} = \frac{F_N}{3600} dy_{O_2} \tag{8-91}$$

反应速率方程

$$-\frac{dC}{d\tau} = -\frac{dC}{\dfrac{1000 dW_s}{F_s}} = k'_C C P_{O_2} = k'_C C P y \tag{8-92}$$

按假定条件 $C=C_R$(再生催化剂含碳量,%)，则得

$$F_s dC = -1000 k'_C C_R P y dW_s \tag{8-93}$$

因而可得出模型关联式：

$$\frac{F_s(C_s - C_R)}{1000W_s} = k'_C C_R P \frac{0.21 - y_{01}}{\ln \frac{0.21}{y_{01}}} \tag{8-94}$$

k'_C 为反应速度常数

$$k'_C = A\exp\left(\frac{-E}{R_g T}\right) \tag{8-95}$$

如果催化剂不完全返混，并令 $C=nC_R^m$，还考虑到装置不同和单位换算(包括 n)而乘以校正系数 ϕ，则式(8-94)可改写为：

$$CBI = \frac{3.6F_s(C_s - C_R)}{W_s} = \phi \cdot A\exp\left(-\frac{E}{RT}\right) \cdot C_R^m \cdot P \cdot \frac{0.21 - y_{O_2}}{\ln \frac{0.21}{y_{O_2}}} \tag{8-96}$$

式中　CBI——烧碳强度，kg/(t · h)。

上式系经验模型通式，不同作者及研究部门采用的参数值见表 8-24。

表 8-24　不同作者采用的参数值

作者或研究机构	E	m	$\phi \cdot A$	作者或研究机构	E	m	$\phi \cdot A$
Weisz	157400	1	6.86×10^{13}	X-2	85400	1	3.09×10^{9}
X-1	111300	0.7	9.53×10^{10}				

McKetta(Zandona, 1980)也提出了一个再生器经验模型：

$$W_s = \frac{F''_g \times \rho_p \times T\left[1 - \ln \frac{y_{O_2}}{0.21}\right]}{25200Pk_C C_R} \tag{8-97}$$

式中的 k_C 参见图 8-42。

上式适用于床层线速 0.47~0.85m/s，改为工程通用形式，可近似用式(8-98)：

$$CBI = 4.86 \times 10^7 \times \frac{k_C P(0.21 - y_{O_2})}{b\rho_p T\ln \frac{0.21}{y_{O_2}}} \times C_R \times A \tag{8-98}$$

式中 A 为干烟气与干空气的摩尔比，近似值可取 1，b 为每摩尔碳消耗的氧摩尔数。

Luckenbach 等(Wilson, 1997)提出的烧碳经验模型是：

$$W = 26.3F'_G T\ln(0.21/y_{O_2})/(PkC_R) \tag{8-99}$$

$$k = 0.8286\exp(0.0216t) \tag{8-99a}$$

改为工程通用形式，可得：

$$CBI = 73.28PkC_R(0.21 - y_{O_2})/[bT\ln(0.21/y_{O_2})] \tag{8-100}$$

按上述的各经验模型，在 P_{O_2}=0.02MPa、C_R=0.25 时，不同温度下的 CBI 值对比见图 8-43(注意 McKetta 的 CBI 值已放大一倍)。可以看出，在 610℃以上单纯按化学动力学计算的 CBI 值均较高，但在该温度区由于湍流床氧传递阻力逐渐成为控制因素，采用式(8-98)计算较切合实际。

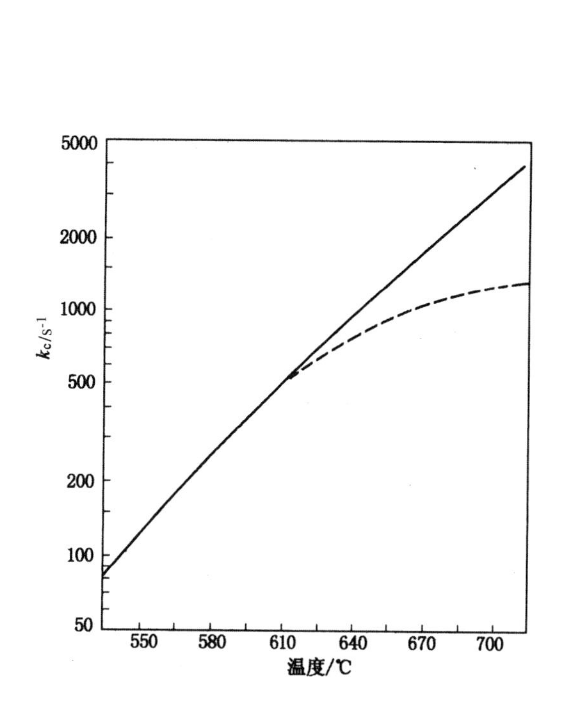

图 8-42　式 8-98 的反应速度常数

注：虚线表示在高温下偏离动力学控制

（P_{O_2}=0.2，C_R=0.25）

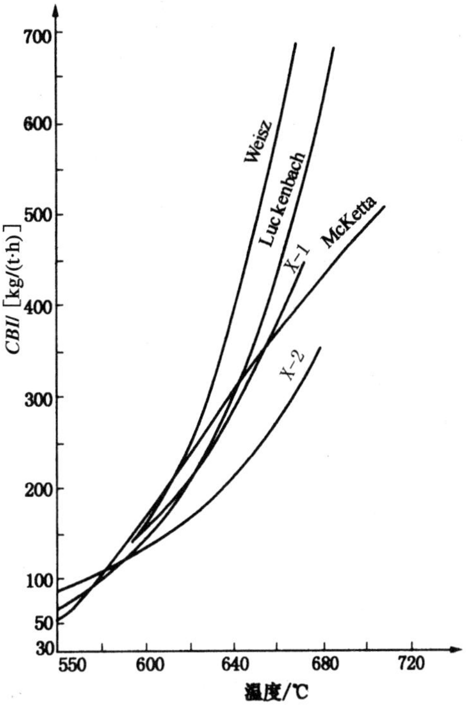

图 8-43　经验模型的烧碳强度比较

三、机理模型

机理模型可以分为两个层次，本段介绍属于第一层次的流动模型(基于停留时间分布)和氧传递模型(基于泡相向乳化相传递)。

常规再生器(不包括快速床再生器)的密相区藏量占再生器总藏量的60%~80%，大部分焦炭在密相区中烧掉。因此除一些分区模型外，大部分模型都是针对密相区，一般密相区有两种床型，即鼓泡床和湍动床。本段所述的停留时间分布(RTD)模型以及传递模型均指这两种床型。

(一) 停留时间分布模型

在实验室的固定床或固定式流化床反应器中，反应器内所有催化剂颗粒的反应时间都是相同的，并且很容易直接测量得到。但是在工业流化床再生器中，各催化剂颗粒在再生器中的停留时间是不一致的，而是存在一个停留时间分布函数，如果把固体颗粒通过再生器的流动看作是完全返混流动，则按连续搅拌反应器(CSTR)计算的理想状态，停留时间分布可用函数式(8-101)来表示。

$$E(\tau)=\frac{1}{\bar{\tau}}\exp(-\tau/\bar{\tau}) \qquad (8-101)$$

见图 8-44 的实线 2，其中 $\bar{\tau}$ 为颗粒的平均停留时间，而 $E(\tau)\mathrm{d}\tau$ 表示停留时间为 τ 至 τ

$+d\tau$ 的那部分颗粒的数量占总固体颗粒量的分率。

对于一级的烧碳反应 $C/C_s = e^{-k\tau}$。由于通过再生器时，各部分催化剂在再生器内的停留时间 τ 各不相同(在 0～∞ 之间)，因此，即使在进入再生器时所有催化剂颗粒上的碳含量 C_s 都一样，但是在再生后催化剂颗粒上的残留含碳量 C 是各不相同的。工业装置的再生催化剂含碳量实际上只是一个宏观的平均值。

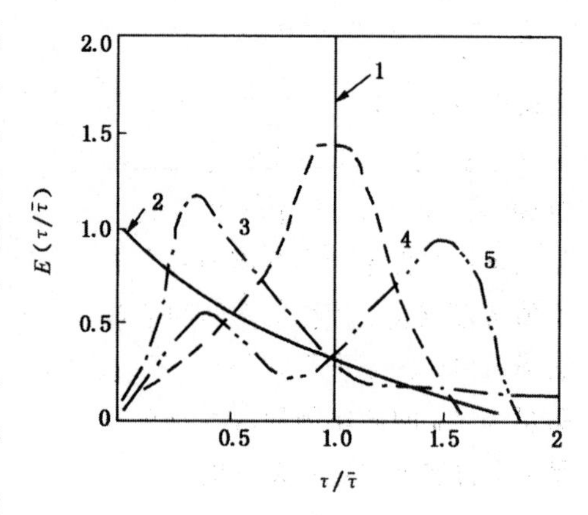

图 8-44　用脉冲法测得的停留时间分布密度曲线的形状

1—平推流；2—全混流；3—存在死区；4—不存在死区；5—存在短路

对于非完全再生过程，烧碳反应对碳含量可看作是一级反应，则在稳定状态下，由催化剂平均停留时间 $\bar{\tau}$ 计算的烧碳量或由停留分布出发计算的烧碳量在数值上是相同的，简要证明如下：

(1) 按平均停留时间计算

$$-\frac{dC}{d\tau} = k\bar{C} \qquad (8-102)$$

$$-\frac{dW_C}{Wd\tau} = \frac{kW_C}{W_S} \qquad (8-103)$$

因此，经平均停留时间 $\bar{\tau}$ 后，烧碳量

$$-\Delta W_C = kW_C\bar{\tau} \qquad (8-104)$$

(2) 按停留时间分布计算

令 W_{ic} 为停留时间 τ_i 的那部分催化剂上的碳量，而停留时间为 τ_i 的催化剂占总催化剂量的分率则为 $E(\tau_i)d\tau$

$$\Sigma W_{iC} = W_C \qquad (8-105)$$

$$W_{iC} = W_C E(\tau_i)d\tau \qquad (8-106)$$

又因

$$-\frac{dW_{iC}}{d\tau} = kW_{iC} \qquad (8-107)$$

所以 i 部分催化剂的烧碳量为 $kW_{iC}\tau_i$，由此得总烧碳量

$$-\Delta W_C = \int_0^{\infty} kW_C\tau_i E(\tau_i)d\tau \qquad (8-108)$$

在完全返混时由定义

$$\int_0^{\infty} \tau E(\tau_i)d\tau = \bar{\tau} \qquad (8-109)$$

所以

$$-\Delta W_C = kW_C\bar{\tau} \qquad (8-110)$$

由此可见，两种方法计算得的烧碳量是相同的，这个结论只有在再生反应是一级反应时才成立。

宏观地看，催化剂在再生器中停留 τ 时间后，烧去焦炭量 ΔW，再生剂的平均含碳量降至 C_R。但微观地看，各部分催化剂在再生器中的停留时间各不相同，通过再生器烧去的总

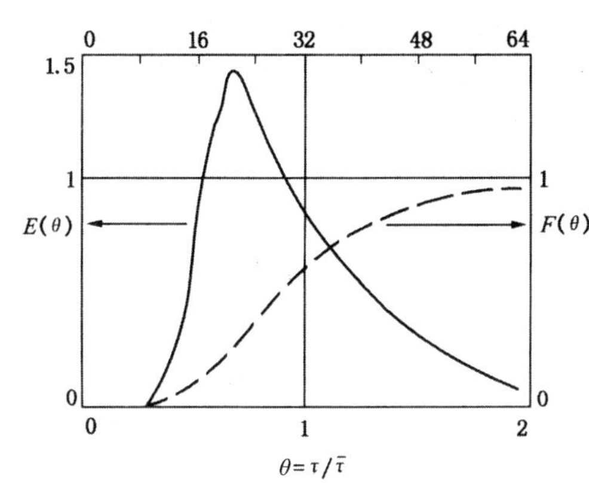

图 8-45　工业再生器的停留时间分布图

碳量虽也是 ΔW，但再生剂的含碳量各不相同，只是其平均值等于 C_R。由于催化剂的活性、选择性与其焦炭含量之间并不是线性关系，因此，平均含碳量为 C_R 的催化剂的活性及选择性与碳含量都是 C_R 的催化剂是有差别的。完全返混是一种理想状态，在实际操作中，总是存在着短路、死区和内循环现象，因而会偏离图 8-44 的曲线 2(见虚线 3、4、5)。图 8-45 系工业再生器的停留时间分布图(Storvick，1967)。

考虑到碳燃烧时产生的中间氧化物以及 600℃ 以下水蒸气对碳燃烧速度的影响，因此，在烧碳反应中宜考虑串联反应模型。

$$\begin{array}{l} C \xrightarrow[k_3]{O_2(\text{水蒸气存在})} CO \overset{(A)}{+} CO_2 \\ \quad \big\downarrow \xrightarrow[k_1]{O_2} \overset{(B)}{C_yO_x} \xrightarrow[k_2]{} CO + CO_2 \end{array} \tag{8-111}$$

以上三个反应对反应物一方 C、C_yO_x 和 O_2 均按一级反应考虑，并用 C 代表碳、B 代表 C_yO_x、A 代表($CO+CO_2$)，它们的浓度分别为 C、B 和 A。由本章第二节可知对于CRC-1催化剂 $k'_1=1.12\times10^{10}\exp[-171600/(R_gT)]$，$k'_2=3.78\times10^3\exp[-44800/(R_gT)]$，并取 $k_0=k_1+k_3$ 又 $k_3=k'_3P_{H_2O}$，取 $k_0=k'_0P_{O_2}$，$k_1=k'_1P_{O_2}$，$k_2=k'_2P_{O_2}$，P_{O_2} 为流化床乳化相中氧分压与催化剂表面氧分压的差值，则有：

$$\frac{dC}{d\tau}=-k_0C \tag{8-112}$$

$$\frac{dB}{d\tau}=k_1C-k_2B \tag{8-113}$$

$$\frac{dA}{d\tau}=k_2B+(k_0-k_1)C \tag{8-114}$$

联解式(8-114)、式(8-112)和式(8-113)得：

$$\frac{A}{C_s}=1-\frac{B_0}{C_s}e^{-k_2\tau}-\left(\frac{k_1k_2}{k_0(k_2-k_0)}+\frac{k_0-k_1}{k_0}\right)e^{-k_0\tau}+\frac{k_1}{k_2-k_0}e^{-k_2\tau} \tag{8-115}$$

由于过程中总的碳的摩尔数不变，故

$$C_R=C_s+B_0-A \tag{8-116}$$

式中　C_R——包括碳和 C_yO_x 中的碳。

由式(8-116)可得：

$$\frac{C_R}{C_s}=1+\frac{B_0}{C_s}-\frac{A}{C_s} \tag{8-117}$$

若催化剂颗粒为平推流，则将式(8-115)代入式(8-117)化简可得：

$$\frac{C_R}{C_s}=\frac{B_0}{C_s}+\frac{B_0}{C_s}e^{-k_2\tau}+\left[\frac{k_1k_2+(k_0-k_1)(k_2-k_1)}{k_0(k_2-k_1)}\right]e^{-k_0\tau}-\frac{k_1}{k_2-k_0}e^{-k_2\tau} \tag{8-118}$$

当 $B_0=0$ 时，式(8-118)可写成：

$$\frac{C_R}{C_s}=\left[\frac{k_1k_2+(k_0-k_1)(k_2-k_1)}{k_0(k_2-k_1)}\right]e^{-k_0\tau}-\frac{k_1}{k_2-k_0}e^{-k_2\tau} \tag{8-118a}$$

当 $B_0=0$，$k_0=k_1$ 时，式(8-118)可写成：

$$\frac{C_R}{C_s}=\frac{k_1k_2}{k_1(k_2-k_1)}e^{-k_0\tau}-\frac{k_1}{k_2-k_1}e^{-k_2\tau} \tag{8-118b}$$

若固体为全返混，则应考虑停留时间分布，则由式(8-116)可得：

$$\frac{C_R}{C_s}=\int_0^\infty\left(1+\frac{B_0}{C_s}-\frac{A}{C_s}\right)\frac{1}{\bar{\tau}}e^{\frac{\tau}{\bar{\tau}}}d\tau \tag{8-119}$$

将式(8-115)代入式(8-119)并进行积分可得：

$$\frac{C_R}{C_s}=\frac{B_0}{C_s}+\frac{B_0}{C_s}\left(\frac{1}{1+k_2\bar{\tau}}\right)+\frac{1+k_1\bar{\tau}+k_2\bar{\tau}}{(1+k_0\bar{\tau})(1+k_2\bar{\tau})} \tag{8-120}$$

若 $B_0=0$，则式(8-120)成为：

$$\frac{C_R}{C_s}=\frac{1+k_1\bar{\tau}+k_2\bar{\tau}}{(1+k_0\bar{\tau})(1+k_2\bar{\tau})} \tag{8-121a}$$

当 $B_0=0$，$k_0=k_1$ 时：

$$\frac{C_R}{C_s}=\frac{1+k_1\bar{\tau}+k_2\bar{\tau}}{(1+k_1\bar{\tau})(1+k_2\bar{\tau})} \tag{8-121b}$$

已知 C_R 和停留时间 $\bar{\tau}$，则可按下式换算成 CBI：

$$CBI=\frac{10(C_s-C_R)3600}{\bar{\tau}}=\frac{36000(C_s-C_R)}{\bar{\tau}} \tag{8-122}$$

从前面的两种流型分析可知，即使采用同一化学计量式和动力学速度方程，但 C_R、C_yO_x 将差别很大，见表 8-25。

表 8-25　两种流型的动力学烧焦效果对比

($C_s=1.2$，氧分压 0.005MPa)

烧焦温度/℃	气固均为平推流(式 8-118)				气体为平推流 固体全返混式(8-120) $\bar{\tau}=60$s	
	$\bar{\tau}=60$s		$\bar{\tau}=120$s			
	C_R	CBI	C_R	CBI	C_R	CBI
580	1.126	44.5	1.016	55	1.120	48
620	0.973	136	0.711	147	0.985	129
660	0.654	328	0.278	277	0.763	262
680	0.447	452	0.115	326	0.642	335
700	0.253	568	0.036	349	0.528	403
720	0.113	652	0.004	360	0.431	461

由表 8-25 可知，气、固均为平推流时，再生催化剂含碳量低，再生效率高。表 8-25 虽然是按理想情况计算的，再生器内气-固流动情况要复杂得多，但还是可以看出其变化趋向。

（二）传递模型

流化床中催化剂上的烧焦过程也可以分为五步：

① 在鼓泡床和湍流床中，反应物从气泡相传递到乳化相。在快速床中，反应物也要由气相传递到浓相密集体；

② 催化剂表面的气膜扩散和颗粒内扩散；

③ 化学反应；

④ 反应产物的颗粒内扩散和气膜扩散；

⑤ 反应产物从乳化相（或浓相密集体）传递到气泡相（气体连续相）。

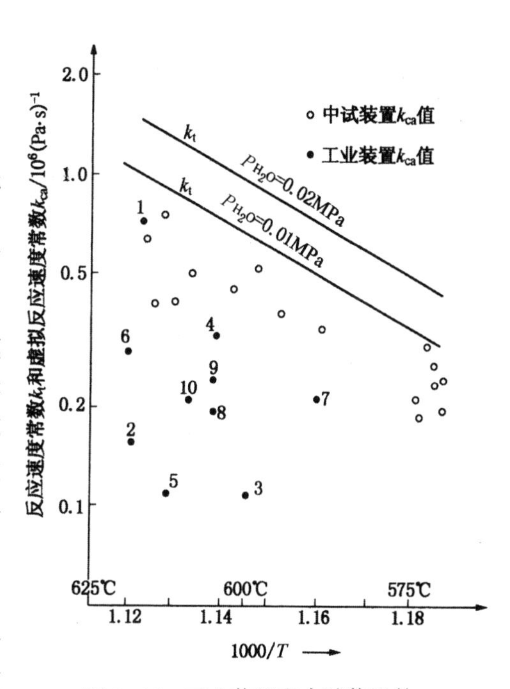

图 8-46　工业装置和中试装置的虚拟反应速度常数

图中黑点序号见表 8-26；T，单位为 K

在讨论再生器两相反应工程模型之前，首先要大致了解烧碳化学动力学是否处于控制地位。如果相面传递阻力较大，或者流化床颗粒混合不好，存在着死区或短路，那么化学动力学就不占主要地位。可以将工业烧焦数据按反应速率公式进行核算，求出虚拟的动力学速度常数 k_{ca} 值，然后按实际操作条件计算出动力学速度常数 k_t，那么 k_{ca}/k_t 值就成为估计动力学控制程度的判据。如果此值接近于 1，则说明动力学控制；如果远低于 1，则表明非动力学控制。Van Deemter 等（1980）对表 8-26 所列的 10 套工业数据进行核算，得出的 k_t 和 k_{ca} 值，标绘于图 8-46，并与中试装置数据进行对比。从图 8-46 可以看出，中试装置设备直径小，流化状态和混合条件较好，因而大多数 k_{ca} 值与 P_{H_2O} =0.01 时的 k_t 值接近；而工业装置 k_{ca} 值比 k_t 值低很多，且彼此差别较大，究其原因，不外乎传质与颗粒混合问题。此外还应指出，对于化学反应来说，不同作者发表的也有很大的出入。现将国内若干工业数据和动力学计算值列于表 8-27 和表 8-28。从表 8-27 和表 8-28 可以看出：采用林世雄等（1982a）早期的动力学式计算值普遍比 Weisz 等（1966a）的动力学式计算值低。在 600℃以下的低温区域，林世雄等（1982a）的动力学式计算出的大部分烧碳强度与实测数据出入不大，但在 640℃以上的高温区域，则按动力学式计算的结果要比工业装置的实测数据高得多，而且温度越高差别越大。

表 8-26　常规低温再生的工业数据与 k_{ca}/k_t 值

编号	再生器密相床直径/m	密相床高度/m	气体线速/(m/s)	温度/℃	压力/MPa	烟气氧含量/v%	再生剂碳含量/%	烧碳强度/[kg/(t·h)]	k_{ca}/k_t 计算值
1	18	8	1.0	618	0.22	0.2~0.6	0.20	75	0.70
2	12	4	0.6	601	0.15	0.6	0.85	34	0.14
3	12	4	0.6	621	0.15	0.5	0.67	37	0.12
4	6	9	0.8	606	0.22	0.6~1.0	0.25	38	0.40
5	10	10	0.8	618	0.22	0.3~0.7	0.80	27	0.10

续表

编号	再生器密相床直径/m	密相床高度/m	气体线速/(m/s)	温度/℃	压力/MPa	烟气氧含量/v%	再生剂碳含量/%	烧碳强度/[kg/(t·h]	k_{ca}/k_t 计算值
6	12	4.5	0.6	621	0.17	0.3	0.38	31	0.23
7	4.5	4.5	0.6	590	0.21	0.5~1.2	0.65	56	0.37
8	12	4.5	0.5	607	0.17	0.2	0.58	26	0.20
9	12	4.5	0.5	607	0.14	0.9~1.1	0.31	25	0.30
10	12	4.5	0.5	613	0.14	0.4	0.35	20	0.20

注：计算 k_{ca} 值的假定条件，气体为平推流，催化剂为全返混；编号 1 因高径比较大须按出入口平均碳含量计算。

表 8-27　硅铝催化剂工业装置数据和化学动力学式计算的烧碳强度(*CBI*)差别

项　　目	1	2	3	4	5	6	7	8	9
再生器压力/MPa	0.169	0.174	0.175	0.2	0.25	0.18	0.17	0.18	0.18
再生器出口氧含量/v%	1.69	1.77	1.69	5.2	1.86	0.52	6.45	2.95	3.66
再生催化剂碳含量/%	0.79	0.73	0.76	0.34	0.27	0.47	0.25	0.35	0.21
密相温度/℃	583	583	583	590	640	600	548	567	580
实测 *CBI*/[kg/(t·h)]	168.2	161.3	162.1	77.7	95.5	49.3	37.4	42.5	38.7
林世雄公式的 *CBI*/[kg/(t·h)]	124.2	119.6	123.4	109.9	225.2	83.9	27.1	48.1	42.5
误差/%	-26	-26	-24	+41	+136	+70	-28	+13	+10
Weisz 公式的 *CBI*/[kg/(t·h)]	176.4	169.9	175.4	158.8	365.2	124.2	35.2	65.6	59.9
误差/%	+5	+5	+8	+104.4	+282.4	+152	-6	+54	+55

表 8-28　沸石催化剂工业装置数据和化学动力学式计算的烧碳强度(*CBI*)差别

项　　目	1	2	3	4	5	6	7
再生器压力/MPa	0.206	0.208	0.18	0.27	0.179	0.154	0.16
再生器出口氧含量/v%	0.895	0.74	0.345	1.79	1.42	3.4	3.2
再生催化剂碳含量/%	0.18	0.17	0.2	0.2	0.44	0.15	0.22
密相温度/℃	670	670	604	675	591	690	701
实测 *CBI*/[kg/(t·h)]	83.4	83.6	59.3	93.9	55.5	38	54
林世雄公式的 *CBI*/[kg/(t·h)]	181.2	164.2	69	355.5	83.5	411.7	739.3
误差/%	+117	+96	+16	+279	+51	+983	+1269
Weisz 公式的 *CBI*/[kg/(t·h)]	312.7	283.6	103.1	620.2	121	739.8	1357.1
误差/%	+275	+239	+74	+560	+118	+1847	+2413.0

为了进一步验证某些经验公式，选用了 20 世纪 90 年代中期 8 套国内工业数据，分别计算其$(CBI)_K$值以及按 Mc Ketta 公式计算的$(CBI)_{MK}$值(Mcketta，1980)。发现$(CBI)_{MK}$值仍然比实测 *CBI* 高很多。参见表 8-29。

表 8-29　实测烧碳强度和按 McKetta 方法计算的烧碳强度对比

项　　目	1	2	3	4	5	6	7	8
催化剂类型	REUSY	REY	REUSY	REY	REHY	REY	REHY	REUSY
烟气 CO/CO_2	0.71	0.42	0.51	0	0.02	0	0.02	0
密相气速(u_g)/(m/s)	0.54	0.60	1.10	0.59	0.59	0.82	1.03	1.03
顶部压力(P)/MPa	0.25	0.28	0.27	0.27	0.18	0.25	0.21	0.24
密相温度(t)/℃	634	646	644	676	687	675	712	710
干烟气氧含量(y_{O_2})/%	0.60	0.66	0.60	4.6	2.5	3.4	3.4	3.9
平均氧压(ΔP)/MPa	0.014	0.016	0.015	0.029	0.016	0.024	0.020	0.024

续表

项　目	1	2	3	4	5	6	7	8
再生剂碳含量(C_R)/%	0.44	0.30	0.33	0.15	0.17	0.20	0.13	0.11
密相密度(ρ_b)/(kg/m^3)	558	410	247	414	266	261	203	431
ρ_m/(kg/m^3)	830	810	850	810	800	800	882	850
CBI/[kg/(t·h)]	57.8	81.2	192	61.7	73.0	84.3	93.8	132
消碳动力学速度常数(k''_c)/[10^3kg/(t·h)]	66.5	59.6	81.7	107.3	143.6	105.3	193.6	287.1
CBI_K/[kg/(t·h)]	409	286	404	467	391	505	503	758
CBI_K/CBI	7.1	3.5	2.1	7.6	5.4	6.0	5.4	5.7
CBI_{MK}/[kg/(t·h)]	251	189	192	261	202	248	230	184
CBI_{MK}/CBI	4.3	2.3	1.0	4.2	2.8	2.9	2.5	1.4

造成上述差别的原因，就在于工业装置的数据是化学动力学因素和传质因素以及流动状态因素等综合影响的结果。因为温度对化学反应速度的影响很大，而对传质速度的影响则很小。当温度降低后，化学反应速度减慢，和传质速度相比，化学反应速度起了较显著的控制作用。当温度升高后，化学反应速度迅速增加，而传质速度则基本上没有大的变化，因而在高温时，传质速度起了显著的控制作用，表(8-29)中有的操作气速很低，使传质速度过低，因而实际的烧碳速度远远低于按化学动力学式计算的结果。前面已指出，对于颗粒平均直径约60μm的微球催化剂来说，在催化裂化装置可能的操作条件范围内，无论是气膜扩散阻力还是内扩散阻力，影响都很小，可以忽略不计。因此，起控制作用的传质速度实际就是指反应物从气泡相传递到乳化相的速度。

从表8-27、表8-28还可看出，在较低再生温度下，特别是600℃以下时，有的动力学式的计算结果比实测还低，造成这一结果的原因显然是由于低温下水蒸气的存在加快了烧碳速度，而一般动力学式均未考虑这一因素。

在流化床再生器中，超过临界流化速度的气体均以气泡形式通过床层，密相床层可以分为两相或三相，即乳化相、气晕相和气泡相。气泡相基本上不含固体，反应主要在乳化相中进行。对于催化裂化装置来说，临界流化速度的数值很低，约0.001m/s，只有操作线速的1/1000左右，因而绝大部分气体均以气泡方式通过床层，氧气必须经由气泡相到乳化相的传递后，才能和催化剂上的焦炭发生反应。流化床传质阻力的存在，是造成工业装置再生数据和实验室测定数据之间产生差异的主要原因。

如果密相床采用三相模型，则反应物从气泡相传递到乳化相的催化剂处的速度，可以采用气泡相与乳化相间之交换系数来衡量，其计算方法见第五章。其交换系数按单位气泡体积为[式(5-506)]：

$$(k_{be})_b = [(k_{be})_b^{-1} + (k_{ce})_{b-1}]^{-1} \quad (8-123)$$

上式计算出来的气体交换系数若看成是交换纯氧，则可按下式换算成每吨催化剂传递的氧气量 $(k_{be})'''_b$ [kmol O_2/(t cat·MPa O_2·h)]

$$(k_{be})'''_b = 4.68 \times 10^5 (k_{be})_b \times \left(\frac{1000}{\rho_f} - \frac{1000}{\rho_{mf}}\right) / T \quad (8-124)$$

也可按下式换算成每吨催化剂的烧碳量$(k_{be})''_b$[kg C/(t cat·MPa O_2·h)]

$$(k_{be})''_b = (k_{be})'''_b \Big/ \left(\frac{2+\alpha_1}{24(1+\alpha_1)} + \frac{\beta_2}{4.032} \right) \quad (8-125)$$

由前面的讨论可知，无论何种流型的动力学烧焦，或气体交换量折算之烧焦炭量均大于实际烧焦量。这是因为前面讨论的是极端情况或理想情况，在实际操作中氧的浓度并非100%，而且氧气穿过气泡和气晕，需要有推动力。另外，气膜扩散阻力和内扩散阻力虽然很小，但也需要一定的推动力，因而总的推动力应为：

$$\Delta P = \Delta P_1 + \Delta P_2 \quad (8-126)$$

$$CBI = f_1(k_{be})''_b \cdot \Delta P_1 = f_2 k''_c \cdot C_R \cdot \Delta P_2 \quad (8-127)$$

$$CBI = [(f_1(k_{be})''_b)^{-1} + (f_2 k''_c \cdot C_R)^{-1}]^{-1} \Delta P \quad (8-128)$$

式中，f_1和f_2为校正因数，因装置不同而异。

当传递速率是控制条件时，由于ΔP_2很小，$\Delta P = \Delta P_1$，故式(8-128)可简化为

$$CBI = f_1[(k_{be})''_b]^{-1} \Delta P \quad (8-129)$$

进行计算时，可假定CBI及f_1值，由式(8-129)算出ΔP_1，然后将再生器进出口平均氧分压减ΔP_1后，选取第二节有关计算k'_c的公式及f_2值代入式(8-128)或式(8-129)算出CBI。如果假定的CBI与计算出的CBI误差较大，则进行迭代计算，直至误差很小为止。

从公式(8-128)可得到理论计算的CBI数值。表8-30列出21世纪初期8套工业装置的标定数据，首先用式(5-127)计算气泡直径，再用式(5-506)计算氧从气泡到乳化相的交换速度系数$(k_{be})''_b$。假设f_1和f_2均为1，就可得出按氧传递速度控制的CBI_M，然后与化学动力学控制的CBI_T一起算出理论的CBI数值。从表8-30列出的CBI_T/CBI比值仍然偏离1.0较多，说明其中不少参数，例如气泡直径很难借助实验室的关联式求取，f_1和f_2也不好给定，即使如床密度这样的数据，也存在较大估算误差。由于多项数据的测量迭加误差以及采用化学动力学速度常数的不准确会积累成更大误差。因此还要做大量工作，设法找出内在规律，才能求得进一步的实际应用。

表8-30 实测烧碳强度和按氧传递速度计算的烧碳强度对比

项　目	1	2	3	4	5	6	7	8
密相气速(u_g)/(m/s)	0.63	0.91	0.96	0.62	0.65	0.86	0.88	1.13
顶部压力(P)/MPa	0.26	0.26	0.24	0.28	0.25	0.31	0.29	0.28
密相藏量(W)/t	194	60	48	89	128	90	175	141
密相温度(t)/℃	636	646	676	698	683	673	678	660
干烟气氧含量(y_{O_2})/%	0.3	0.4	0.2	1.4	1.0	1.3	0.2	0.4
平均氧压(ΔP)/MPa	0.013	0.013	0.011	0.023	0.020	0.022	0.018	0.019
再生剂碳含量(C_R)/%	0.37	0.55	0.30	0.08	0.05	0.08	0.06	0.15
密相密度(ρ_f)/(kg/m^3)	443	323	319	393	295	350	250	390
CBI/[kg/(t·h)]	67.5	131	107	86	70	112	99	103
消碳动力学速度常数(k''_c)/[10^{3}kg/(t·h)]	74	84.5	153	220	175	146	159	102
CBI_K	353	622	495	405	178	256	172	222
CBI_K/CBI	5.2	4.7	4.6	4.7	2.5	2.3	1.7	2.2
ρ_{mf}/(kg/m^3)	750		870	820	830	788	720	

(三) 简化模型

这类模型的特点是以两相模型为基础，对氧传递速度采用了简化的关联式，避开了直接

使用气泡直径的参数。Pansing 等(1956)对每天处理 0.3m^{3}的连续式流化床的再生速度进行了考察，再生器直径为 250mm。假定反应对碳和氧都是一级，气体为平推流，催化剂全返混，并将密相床分为气泡相和乳化相，计算了氧气从气泡相到乳化相的传递速度$(k_{be})''$，推导出反应速度公式，并通过实验求出有关参数模型的主要公式是：

$$-\frac{PC_R}{S_C \ln f}=\frac{C_R}{(k_{be})''}+\frac{100}{k''_C} \tag{8-130}$$

$$(k_{be})''=G_s^3/(0.126d_p^{1.5})$$

式中　S_C——空速，kmol/(kg·h)；

$(k_{be})''$——氧气传递速度常数；

d_p——催化剂颗粒直径，μm；

k''_C——反应速度常数，kmol/(kg·MPa·h)；

f——未反应的氧分率。

Pansing 的模型中，虽然没有关联进气泡的有关参数，但该模型的假设是以两相理论为基础的，因此也属于两相模型。但该模型中的一些待定参数是用中型装置的数据确定的。虽然流化床线速只有 0.2m/s，但分布器的气泡直径很小，传递速度仍很大。又由于该模型的氧气传递速度只关联了催化剂粒径和气体质量流速，没有关联进气泡直径，加上工业上的再生器气体分布不均匀，催化剂烧焦也不会均匀，因此这个模型不能在工业上应用。

曹汉昌(1983)曾以 Pansing 模型为基础，建立了一个只考虑密相的简化再生器数学模型，并用国内工业装置数据，关联出了氧气传递速度常数，模型的主要公式是：

$$CBI=\frac{(k_{be})''}{(k_{be})''+k''C_R}k''PyC_R \tag{8-131}$$

$$(k_{be})''=0.69\left(1-\frac{L_{mf}}{L_f}\right)T^{1.5}u_g^{-0.8} \tag{8-132}$$

式中　y——按进出口计算的对数平均值。

模型的检验结果在-5%~-26%之间(k''采用 Weisz 的公式)。

上述模型只适用于再生温度 584~664℃，再生催化剂碳含量 0.17%~0.56%。

张立新提出的简化模型的基本假定是：

① 催化剂在流化床再生器中处于全返混状态，密相和稀相各点的催化剂碳含量等于再生催化剂含碳量；

② 密相床层中分为气泡相和乳化相，超过临界流化速度的气体均以气泡方式通过床层；

③ 密相床层中各点温度恒定，稀相则相对于密相有一温升；

④ 稀相催化剂的烧碳为化学反应控制，可按化学动力学式计算稀相的烧碳速度；

⑤ 密相床层中的反应在乳化相进行，气泡相内不进行反应。乳化相的烧碳速度按化学动力学式计算。乳化相中的氧浓度是化学反应消耗的氧量和由气泡相向乳化相传递的氧量相平衡的结果。

⑥ 氢在密相床层中基本烧尽，稀相只进行烧碳反应。

其主要关联式为：

(1) 密相

$$(CBI)_{d} = \frac{100k''f(C)(k_{be})''}{k''f(C)B + (k_{be})''}Py \tag{8-133}$$

y 为 y_{o1}、y_{o2}的对数平均值。

$$k'' = 3.16 \times 10^{10}\exp[-134000/(R_{g}T)] \tag{8-134}$$

$$f(C) = C_{R} \qquad C_{R} \geqslant 0.2 \tag{8-135a}$$

$$f(C) = C_{R}(2.42C_{R} + 0.516) \qquad C_{R} < 0.2 \tag{8-135b}$$

$$(k_{be})'' = 1.11 \times 10^{10} \frac{\frac{1}{\rho_{f}} - \frac{1}{\rho_{mf}}}{d_{p}^{2} \cdot \rho_{f}^{0.8}} \tag{8-136}$$

上式 d_{p} 单位为 μm，$(k_{be})''$的单位是 $m^{3}/(t \cdot MPa \cdot h)$。

$$B = \frac{22.4}{12} \times \frac{1}{\alpha_{1} + 1} + \frac{22.4}{24} \times \frac{\alpha_{1}}{\alpha_{1} + 1} \tag{8-137}$$

乳化相中反应消耗的氧应和烟气氧浓度的变化符合物料平衡关系，有：

$$(CBI)_{d} \times B \times W_{d} + \frac{\beta_{2}}{1 + \beta_{2}} \times CBR \times \frac{22.4}{24} = \frac{2730}{T} \times P \times F'_{G}(y_{O_{1}} - y_{O_{2}}) \tag{8-138}$$

(2) 稀相

反应消耗的氧量应符合烟气氧浓度变化的物料平衡关系：

$$(CBI)_{L}BW_{L} = \frac{2730}{T}PF'_{G}[(y_{O_{1}})_{L} - (y_{O_{2}})_{L}] \tag{8-139}$$

$$(CBI)_{L} = k''f(C)Py_{L} \tag{8-140}$$

在再生温度 548~701℃，床层线速 0.21~1.2m/s，床层密度 113~506kg/m³ 比较宽的范围内，模型计算结果和 16 组实测数据误差绝对值的平均值为 8.4%。但 C_{R} 值在 0.15%~0.79%。

四、常规再生器分区模型

前面所介绍的一些模型，无论是经验模型和机理模型，除张立新的模型外，都没有将再生器分成区域(如密相区、稀相区和分布板区等)，而是笼统地作为一个区域，并且都按密相区处理，准确度不高。因此开发了一些再生器的分区模型，如表 8-23 所列，现将主要的一些分区模型介绍如下。

(一) 拟均相二区模型(Ford，1977)

20 世纪 70 年代后期 Amoco 公司开发的模型也属于拟均相模型，但将流化床分成稀相、密相两个区，并且假定：

① 流化床分为孔隙率一定的高密度密相区和低密度的稀相区；

② 气体为平推流，固体在密相床全返混；

③ 烧氢速度为烧碳速度的 5~10 倍；

④ 化学计量式为平行串连反应。

这一模型虽然仍是拟均相模型，但是考虑了稀相的作用。可是待定参数规律性仍很差，验证困难，而且误差较大，其再生器出口烟气氧含量的计算与实测值相比，误差高达-70%

~+35.7%。

（二）两相两区（密相区、稀相区）模型

De Lasa 模型是流化催化裂化再生器两相模型的代表，它考虑了稀相中由于气泡在床层表面破裂喷溅，催化剂夹带到稀相空间，在稀相中继续反应这样一个重要因素。该模型的特点是：

（1）密相和稀相的反应均采用平行反应模型

$$CH_2 + O_2 \begin{cases} \rightarrow CO + H_2O \\ \rightarrow CO_2 + H_2O \end{cases} \quad （密相） \tag{8-141}$$

$$C + O_2 \begin{cases} \rightarrow CO \\ \rightarrow CO_2 \end{cases} \quad （稀相） \tag{8-142}$$

并采用 Weisz 的动力学公式（参见本章第二节）

（2）密相的假设采用了一般两相模型的假定条件

① 超过临界流化速度所需的气体，均以气泡形式通过床层；

② 气泡中的反应可忽略不计；

③ 乳化相的行为近似 CSTR 模型；

④ 床层内无温度梯度。

（3）稀相区的假定是

① 稀相密度，即夹带量，由气泡破裂造成；

② 气体与催化剂固体颗粒均为平推流流动模型；

③ 进入稀相温度为密相区温度。

1. 物料衡算

包括氧平衡及碳平衡。

（1）氧平衡

密相气泡相氧平衡，主要依靠扩散的错流量使氧浓度变化：

$$-\frac{dy}{d\tau} = \frac{F''_g}{V_b}(y - y_\infty) \quad 0 \leqslant \tau \leqslant \tau_R \tag{8-143}$$

乳化相：

$$F_{mf}(y - y_\infty) + \frac{N_b F''_g \rho_g}{\tau_R M_g}\int_0^{\tau_R}(y - y_\infty)d\tau = 10 k_a y_\infty CW \tag{8-144}$$

式中　$k_a = (k_b + 1.5k_L)/M_C$；

$k_b = k_c \Big/ \left(1 + \dfrac{1}{\alpha_1}\right)$；

$k_L = k_c/(1 + \alpha_1)$。

稀相区：

$$N_0 F_T \frac{dy}{dL} = k_a \left\{ \sum_{i=1}^{n} (1 - \varepsilon)_i^{\uparrow} C_i^{\uparrow} + \sum_{i=1}^{n} (1 - \varepsilon)_i^{\downarrow} C_i^{\downarrow} \right\} y A_T \rho_p / 100 \tag{8-145}$$

（2）碳平衡

密相：

$$(F_s C_{C0} + F_{se}^{\uparrow} C_{Ce}^{\uparrow} + F_{sH}^{\downarrow} C_{CH}^{\downarrow}) - (F_s C + F_{sH}^{\uparrow} C) = 1000 k_c y_{\infty} WC \tag{8-146}$$

上标：↑——催化剂向上流动；

↓——催化剂向下流动。

下标：i——离散催化剂的尺寸范围；

e——出口相；

0——入口；

H——密相床表面。

稀相：分两种粒子① $d_{pi}^{\uparrow} < d_{pc}$ （临界粒径）　(8-146a)

② $d_{pi}^{\downarrow} > d_{pc}$　(8-146b)

对 d_{pi}，其反应速度 $r_i = k_i y C_i / 100$　(8-147)

因而有

$$-F_{si}^{\uparrow} \frac{dC_i^{\uparrow}}{dL} = 100 r_i^{\uparrow} A_T (1-\varepsilon)_i^{\uparrow} \rho_p \qquad 当\ d_p = d_{pi}^{\uparrow} \tag{8-148a}$$

$$-F_{si}^{\downarrow} \frac{dC_i^{\downarrow}}{dL} = 100 r_i^{\downarrow} A_T (1-\varepsilon)_i^{\downarrow} \rho_p \qquad 当\ d_p = d_{pi}^{\downarrow} \tag{8-148b}$$

2. 热平衡

对再生器的总的热平衡：

$$F_s C_{ps} T_0 - F_g C_{pg} T_0 - F_s C_{ps} T_e - F_g C_{pg} T_e = \frac{\Delta H_{RT} F_s C_s x_C}{M_C} \tag{8-149}$$

对稀相空间：

$$\begin{aligned} & -\frac{d}{dL}\left[C_{ps}\left(\Sigma F_{si}^{\uparrow} T_i^{\uparrow} - \Sigma F_{si}^{\downarrow} T_i^{\downarrow}\right) + F_g C_{pg} T_g\right] \\ & = \frac{\Delta H_{RT} A_T \rho_p}{M_c}\left[\sum_{i=1}^{n} r_i^{\uparrow}(1-\varepsilon)_i^{\uparrow} + \sum r_i^{\downarrow}(1-\varepsilon)_i^{\downarrow}\right] \end{aligned} \tag{8-150}$$

联解式(8-147)、式(8-148)和式(8-150)消去 y_{∞} 可得

$$C = \frac{-b \pm \sqrt{b^2 - 4ac}}{2a} \tag{8-151}$$

式中　$a = 1000 k_a W_s (F_s + F_{sH\uparrow})$

$b = (F_s + F_{sH}^{\uparrow}) B + y_{01} B k_c W_s - 1000 k_a W C_s (F_s + F_{se\uparrow} \alpha_3 + F_{sH}^{\downarrow} \beta_3)$

$c = -(F_s + F_{se\uparrow} \alpha_3 + F_{sH\downarrow} \beta_3) C_s B$

$a_3 = C_{ce}^{\uparrow} / C_s$

$\beta_3 = C_{cH}^{\downarrow} / C_s$

$B = F_{mf} + F_{T2}\left[1 - \exp\left(-\frac{F''_g T_R}{V_b}\right)\right]$

$F_{T2} = F_T N_0 - F_{mf}$

DeLasa 模型是稀密二区反应模型。该模型：

① 采用密相简单两相模型，没有描述气泡行为，只用 L_f、L_{mf} 及 u_g、u_{mf} 等来确定床层的

平均气泡直径，再以气泡直径说明交换系数值，因此密相反应模型不限于鼓泡床，对湍流床也应当适用。

② 采用密相稀相二区反应，与实际情况比较接近，能表述稀相反应情况，特别是建立了稀相中碳平衡，使稀相反应温度与反应速度的精确度提高。

这个模型存在如下问题：

① 模型假定密相气体也是全返混，并对某工业装置进行核算，比较符合，这是因为该装置气体线速较低，只有 0.44~0.51m/s，而烧碳强度也仅 35~40kg/(t·h)。若用该模型采用的动力学式，并令气体为全返混，对若干工业装置的标定数据进行计算，其结果列于表 8-31。由表 8-31 可知，动力学式计算出来的烧碳强度都远小于实测值，这显然是不合理的，因而，假设气体为全返混不符合实际情况。

表 8-31　气体全返混时的动力学式烧碳强度计算结果　　kg/(t·h)

	1	2	3	4	5	6
实测 *CBI*	168.2	161.3	162.1	77.7	95.9	49.3
动力学式计算 *CBI*(Weisz 公式)	39	39	37	72	85	12

② 把粒径分为向上运动的粒径和向下运动的粒径，建立这样的流动模型仍然是一个难题，需要进一步探讨稀相区夹带颗粒的规律。

由于该模型存在上述一系列问题，因而不便使用。

(三) 两相两区(分布板区和密相区)模型

Errazu 等(1979)提出分布板区及密相区的乳化相和气泡相的模型，如图 8-47 所示。该模型的假定条件为：

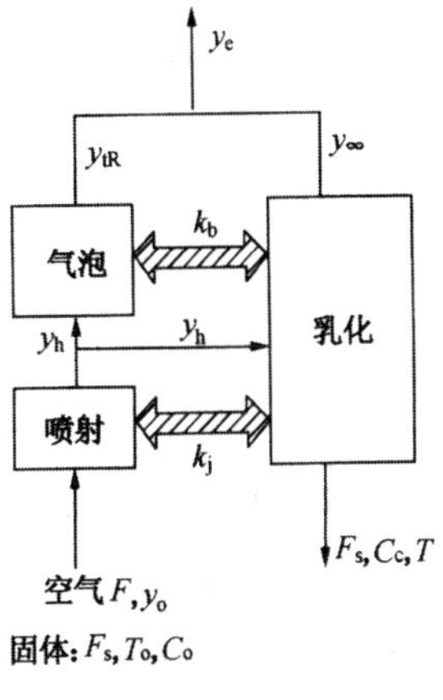

① 气体以射流形式通过分布板区，超过临界流化速度所需的气体以后，以气泡形式通过床层，因此形成气泡相与乳化相两相；

② 分布板区为平推流模型，气泡相和乳化相为完全返混模型；

③ 假定气泡与喷射流含粒子很少，可以忽略其化学反应；

④ 动力学方程采用 Weisz 公式(Weisz，1966a)；

⑤ 所有不同化学组分的传质系数假定其相同；

⑥ 热平衡以绝热过程操作对待，乳化相温差可以忽略。

图 8-47　Errazu 模型示意图

该模型认为分布板上有一段距离为分布板区，超越分布板后，才生成气泡。分布板区有以下特点：

① 分布板区内反应的气体浓度最高；

② 气泡尚未形成；

③ 湍流十分激烈。

化学计量式与 De Lasa 模型相同。

1. 物料衡算

(1) 氧平衡

氧平衡分为分布板区、气泡相和乳化相。分布板区忽略喷射流中含有粒子可得出(设 a_j 为射流的比表面积，l/m；A_j=射流面积)

$$-\frac{dy}{dL}=\frac{k_j a_j A_j}{M_g F_T}(y-y_\infty)\quad 0<L<L_j \tag{8-152}$$

气泡相：

$$-\frac{dy}{d\tau}=(k_{be})(y-y_\infty)\quad 0<\tau<\tau_R \tag{8-153}$$

乳化相：

$$F_{mf}(y_h-y_\infty)+\frac{N_0 k_j a_j A_j}{M_C}\int_0^{\tau_R}(y-y_\infty)d\tau+\frac{N_b(k_{be})V_b\rho_g}{\tau_R M_g}\int_0^{\tau_R}(y-y_\infty)d\tau$$

$$=\frac{k_b+1.5k_L}{100M_C}y_\infty\rho_p(1-\varepsilon)V_c\overline{C} \tag{8-154}$$

积分式(8–157)和式(8–158)可得出：

$$y_n=y_\infty+(y_e-y_\infty)\exp\left(-\frac{k_j a_j A_j L_j}{F_T M_g}\right) \tag{8-155}$$

$$y_{tR}=y_\infty+(y_e-y_\infty)\exp\left(-\frac{k_j a_j A_t L_j}{F_T M_g}\right)\exp(-k_{be}\tau_R) \tag{8-156}$$

（2）碳平衡

$$F_s(C_s-C_R)=k_c y_\infty C_R\rho_p(1-\varepsilon)V_e \tag{8-157}$$

2. 热平衡

$$(F_s C_{ps}+\rho_g F_g C_{pG})(T_o-T_e)=\left(\Delta H_{R1}+\frac{\alpha_1}{1+\alpha_1}\Delta H_{R2}\right)\frac{F_s C_s x_C}{M_C} \tag{8-158}$$

经整理可得到：

$$C=\frac{-b\pm(b^2-4ac)^{0.5}}{2a} \tag{8-159}$$

式中 $a=\dfrac{1000(k_b+1.5k_c)W_sF_s}{M_C}$；

$b=1000y_{O_1}A_1kW_s+F_sA_1-\dfrac{10(k_b+1.5k_L)}{M_C}WF_sC_s$；

$c=-F_sC_sA_1$。

其中，$A_1=F_{mf}+F_{T_2}[1-\exp(-\alpha_4)+\exp(-\alpha_4)(1-\exp(-k_{be}\tau_R))]$

$\alpha_4=\dfrac{k_j a_j A_j L_j}{F_T M_g}$；$F_{T_2}=F_T N_0-F_{mf}$。

（四）两相三区模型

1984年海湾公司 Krishna 等(1985)提出拟均相三区模型，将再生器分成输送线、密相和稀相三个区，如图8–48所示。该模型的假设如下：

① 在待生催化剂输送管线中，焦炭的燃烧量可忽略不计；

② 床层中的气体为平推流，并与床层处于热平衡状态；

③ 床层催化剂全返混，温度和含碳量均一；

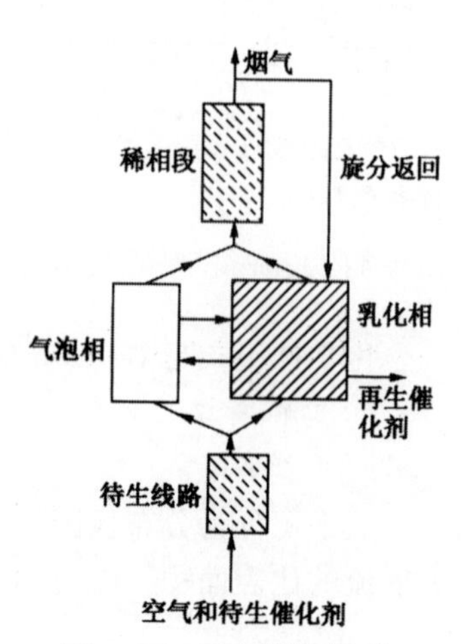

图8–48 再生器的模型

④ 对于60μm的催化剂颗粒，其焦炭燃烧过程是动力学控制；
⑤ 从气相到催化剂相的传质阻力可以忽略不计；
⑥ 烟气进入稀相段的温度与再生器密相床温度相同；
⑦ 稀相段中燃烧的碳可忽略不计；
⑧ 所有携带到稀相段的催化剂，都全部经由旋风分离器返回床层。

模型的化学计量式为：

$$CH_{x_1}(s)+\left[\frac{\alpha_1+2}{2(\alpha_1+1)}+\frac{x_1}{4}\right]O_2(g)\longrightarrow\frac{\alpha_1}{\alpha_1+1}CO(g)+\frac{1}{\alpha_1+1}CO_2(g)+\frac{x_1}{2}H_2O(g) \tag{8-160}$$

$$2CO(g)+O_2(g)\longrightarrow 2CO_2(g) \tag{8-161}$$

反应速度为：

$$r_C=A_C\exp[-E_C/(RT)]CP_{O_2} \tag{8-162}$$

$$r_{CO}=2A_{CO}\exp[-E_{CO}/(RT)]P_{O_2}^{0.5}P_{CO}(\text{均相}) \tag{8-163}$$

$$r'_{CO}=2A'_{CO}\exp[-E'_{CO}/(RT)]P_{O_2}^{0.5}P_{CO}(\text{非均相}) \tag{8-164}$$

物料平衡和能量平衡为：

1. 气相

(1) 密相物料平衡

$$\frac{dF_{O_2}}{dL}=-A_T\left[\frac{x_1}{4}+\frac{\alpha_1+2}{2\alpha_1+2}\frac{R_CF_{O_2}}{F''_g}+R_AF_{CO}F_{O_2}^{0.5}/(F''_g)^{1.5}\right] \tag{8-165}$$

$$\frac{dF_{CO}}{dL}=A_T\left[\frac{\alpha_1}{\alpha_1+1}\frac{R_CF_{O_2}}{F''_g}-2R_AF_{CO}F_{O_2}^{0.5}/(F''_g)^{1.5}\right] \tag{8-166}$$

$$\frac{dF_{CO_2}}{dL}=A_T\left[\frac{\alpha_1}{\alpha_1+1}\frac{R_CF_{O_2}}{F''_g}+2R_AF_{CO}F_{O_2}^{0.5}/(F''_g)^{1.5}\right] \tag{8-167}$$

$$\frac{dF_{H_2O}}{dL}=A_T\left[\frac{nx_1}{2}R_CF_{O_2}/(F''_g)\right] \tag{8-168}$$

$$\frac{dF_{N_2}}{dL}=0 \tag{8-169}$$

(2) 密相能量平衡

$$\frac{dt}{dL}=0 \tag{8-170}$$

(3) 稀相物料平衡

$$\frac{dF_{O_2}}{dL}=A_T[-R_AF_{CO}F_{O_2}^{0.5}/(F''_g)^{1.5}] \tag{8-171}$$

$$\frac{dF_{CO}}{dL}=A_T[-2R_AR_{CO}F_{O_2}^{0.5}/(F''_g)^{1.5}] \tag{8-172}$$

$$\frac{dF_{CO_2}}{dL}=A_T[2R_AF_{CO}F_{O_2}^{0.5}/(F''_g)^{1.5}] \tag{8-173}$$

$$\frac{\mathrm{d}F_{N_2}}{\mathrm{d}L}=0 \tag{8-174}$$

（4）稀相能量平衡

$$\left[(F_{\mathrm{Ent}}C_{\mathrm{pe}})+\left(\sum_i F_{\mathrm{i}}\frac{\mathrm{d}H_{\mathrm{i}}}{\mathrm{d}t}\right)\right]\frac{\mathrm{d}t}{\mathrm{d}L}=A_{\mathrm{T}}\left[\left(\Delta H_{\mathrm{CO}}\frac{\mathrm{d}F_{\mathrm{CO}}}{\mathrm{d}L}\right)-\left(\frac{F_{\mathrm{s}}\Delta H_{\mathrm{s}}}{\overline{V}}\right)-\left(\frac{\Delta H_{\mathrm{L}}}{\overline{V}}\right)\right] \tag{8-175}$$

2. 催化剂相

（1）密相碳平衡

$$F_{\mathrm{s}}Cx_{\mathrm{C}}=(k'CP_{O_2})W'_{\mathrm{s}} \tag{8-176}$$

$$\frac{x_{\mathrm{C}}}{1-x_{\mathrm{C}}}=\frac{A_{\mathrm{C}}\exp[-E_{\mathrm{C}}/(RT)]P_{O_2}}{WHSV} \tag{8-177}$$

式中　R_{A} 和 R_{C}——反应参数。

$$R_{\mathrm{A}}=(RT)^{1.5}\varepsilon A_{\mathrm{A0}}\exp[-E_{\mathrm{CO}}/(RT)]+\rho_{\mathrm{f}}A'_{\mathrm{A0}}\exp[-E'_{\mathrm{CO}}/(RT)] \tag{8-178}$$

$$R_{\mathrm{C}}=RT(1-\varepsilon)A_{\mathrm{C}}\exp[-E_{\mathrm{C}}/(RT)]C\rho_{\mathrm{p}}/12.01 \tag{8-179}$$

（2）密相能量平衡

$$F_{\mathrm{coke}}\Delta H_{\mathrm{coke}}=F_{\mathrm{cat}}C_{\mathrm{ps}}(t_2-t_1)+F_{\mathrm{coke}}C_{\mathrm{pe}}(t_2-t_1)+F_{\mathrm{air}}\Delta H_{\mathrm{air}}-F_{\mathrm{Ent}}C_{\mathrm{ps}}(t_3-t_2)+F_{\mathrm{rs}}\Delta H_{\mathrm{rs}}+F_{\mathrm{ss}}\Delta H_{\mathrm{ss}} \tag{8-180}$$

3. 采用的常数和计算公式

$$C_{\mathrm{ps}}=1.19\mathrm{kJ/(kg\cdot K)}$$

$$C_{\mathrm{pe}}=1.67\mathrm{kJ/(kg\cdot K)}$$

$$d_{\mathrm{p}}=6\times10^{-5}\mathrm{m}$$

$$E_{\mathrm{CO}}/R=15.000\mathrm{K}$$

$$E'_{\mathrm{CO}}/R=7.000\mathrm{K}$$

$$E_{\mathrm{B}}/R=6.240\mathrm{K}$$

$$E_{\mathrm{C}}/R=18.888\mathrm{K}$$

$$\alpha_1=A_{\mathrm{B0}}\exp[-E_{\mathrm{B}}/(RT)](\mathrm{CO/CO_2})_{原生}$$

$$\rho_{\mathrm{p}}=1778\mathrm{kg/m^3}$$

催化剂的夹带量及 TDH 采用 Ewell 公式，见第五章。

海湾公司已经把上述再生器和反应器模型组合起来，曾用于模拟海湾公司所有工业催化裂化装置的性能。该模型的主要特点是：具有把通用操作条件和产品产率同具体装置结合起来进行比较的功能。

但是该模型存在的缺点是：假定在密相流化床中的烧碳反应是动力学控制，而且从气相到催化剂的传质阻力可以忽略不计，这点与实际情况不符，请参见本节的传递模型。

（五）稀相区

前面介绍的一些再生器数学模型，大部分都只考虑了密相烧焦，忽略了稀相的烧焦作用，把稀相只看成分离夹带催化剂的区域。有的模型虽然考虑了稀相的作用，但也只将其作为燃烧 CO 的后燃区，例如海湾公司的模型。只有 De Lasa 和张立新的模型考虑了烧碳作用。但 De Lasa 的流动模型过于复杂，应用困难。下面就稀相的两个问题进行讨论。

1. 关于稀相藏量

根据不同装置的实测，例 1：在稀相流速为 0.65～0.89m/s 时，其稀相催化剂藏量占总藏量的 20%～30%；例 2：在稀相流速为 0.82～0.84m/s 时，其稀相藏量占总藏量的 35%；例 3：在稀相流速为 0.46～0.48m/s 时，其稀相藏量占总藏量的 21%～24%。因此，稀相的藏量占再生器藏量可按上列数值估算。但应指出，稀相与密相床层高度对上述比例有较大影响。

2. 关于烧碳

在再生器稀相中没有气泡相和乳化相，氧气传递阻力很小，可以看成是化学反应速度控制，而且气、固都可看成是平推流，这是有利方面。另一方面，稀相的催化剂碳含量很少，氧气浓度很低，若按气体速度 0.7m/s、平均氧浓度 3%、平均碳含量 0.15%、再生器压力 0.2MPa，采用 CRC-1 的动力学方程进行估算，则在 600℃、650℃和 700℃温度时，其烧碳量见表 8-32。

表 8-32　稀相烧碳量估计

项　　目	600℃	650℃	700℃
烧碳强度/[kg/(t·h)]	13.5	43.5	127.5
稀相每平方米烧碳量/(kg/h)	6.75	21.8	63.8
从催化剂烧掉的碳量/%	5.35×10^{-3}	1.73×10^{-2}	5.06×10^{-2}

注：再生器稀密相总压差 20kPa，稀相压差 5kPa，稀相藏量 0.5t/m²，稀相平均催化剂携带量 126t/(m²·h)。

由表 8-32 的估算可知，稀相在催化剂再生过程中烧碳量很小，仅占催化剂的万分之几，因此，对全部再生器的烧碳量影响很小，由此可知，很多模型忽略稀相的烧碳作用，仍能有足够的准确度的原因所在。稀相中固相存在着滑落与返混，空隙率沿径向、轴向存在不同的分布，因而也存在密度、温度、碳浓度、氧分压的分布，情况比较复杂。采用简化模型，这样虽然误差较大，但从整个再生器来说，这种误差还是很小的。因此，假定：

① 稀相烧碳为化学反应动力学控制；

② 气体为平推流；

③ 稀相床不考虑烧氢。但由于继续烧碳和一氧化碳，温度逐渐上升，但将其沿轴向分成若干段后，每一段的催化剂视同完全返混，温度均匀。含碳的催化剂粒子从微观上看有自下面上来的含碳高的粒子，也有从上面沉降下来含碳低的粒子，但从宏观上可看成是碳浓度均一的颗粒。把各个段叠置起来就能计算出轴向的密度、温度、氧浓度和碳浓度的分布。

各段的催化剂藏量可按第五章介绍的密度沿轴向的分布规律逐段积分得出，例如第 n 段的藏量是：

$$W_{sn}=\frac{\int_{L_n}^{L_{n+1}}E_s\exp[a(L_{TD}-L)]\mathrm{d}L}{L_{n+1}-L_n}V_n$$

$$=\frac{E_sV_n}{a(L_{n+1}-L_n)}\{\exp[a(L_{TD}-L_n)]-\exp[a(L_{TD}-L_{n+1})]\} \qquad (8-181)$$

对于每段要做出碳和一氧化碳燃烧动力学的计算，据此做出碳平衡、氧平衡和热平衡，求出该段上部即气体出口处的碳浓度、氧浓度和温度。

（六）分布板区

对于已有的密相区数学模型，绝大多数都没有考虑分布板区的效应，但不少研究者指出分布板区对于反应器的行为起着重要作用，通常在距分布板 25mm 距离内有剧烈的转化，特别是对大床层与快反应。Behie 等(1970)指出分布板射流的气体交换系数是床层内气泡的 50 倍。因此，其烧碳反应为动力学控制，分布板区的流化状态及传质情况，见第五章。

五、快速床模型

快速流态化是 20 世纪 70 年代以来发展很快的技术，这种技术在国内外流化催化裂化再生中得到了广泛使用。快速流化床(烧焦罐)的特点是细粉催化剂在高于其自由沉降速度下操作，强化了气-固的接触，克服了细粉在鼓泡床中传递速率低的缺点，大幅度提高了烧焦效率。由于快速床内存在的絮状粒子团迅速形成与破碎更新，构成了固相的滑落与返混，以及空隙率沿径向、轴向存在不同分布的特征，因而床内沿轴向存在密度分布、温度分布、碳氢浓度分布、氧分压分布和 CO/CO_2 比值分布等。密度沿径向分布明显，特别是底部的高密度区和加速区。气相的返混较小，可近似地按平推流处理。

烧焦罐实际操作达到的烧碳强度为 400～650kg/(t・h)。因而可以看出，快速床此时已是化学反应动力学控制。但是从烧焦罐再生器的轴向温度分布和催化剂含碳分布判断，和理想的平推流模型有相当程度的偏离。

（一）基于固体轴向返混的模型

结合工业烧焦罐的实际情况建立反应工程模型比较复杂，这是因为烧焦罐的流速比实验室的快速床低，底部存在相当程度的返混，因而不能按理想的平推流流动模型去描述。另一方面，烧焦罐内气体和固体并流向上并从顶部导出，这又比接近全返混流的一般的湍流床好得多，当然也不能用全返混的流动模型去处理。比较恰当的还是用扩散流动模型，即第五章介绍过的那样，采用一个轴向有效扩散系数来表征一维的返混。首先不考虑气体的返混(因为烧焦空气流量比返混固体夹带的气体量大得多，至于气体本身的分子扩散更可忽略不计)，只以固体粒子的返混为对象。气相中氧浓度沿轴向的变化按平推流处理，针对固体中碳浓度 C 的变化作如下假定：

① 沿着与流体流动方向垂直的每一截面上，径向浓度均一；

② 在每一截面上和沿流体流动方向，流体速度和扩散系数恒定不变；

③ 催化剂中碳浓度只是流体流动距离 L(即烧焦罐高度位置)的连续函数；

④ 催化剂的烧碳速度与其碳浓度成正比，即符合一般反应规律，并且认为反应过程为动力学控制。

扩散流动模型结合化学反应动力学可写成如下形式(Chen，1994)

$$\frac{1}{Pe}\cdot\frac{d^2x_C}{dz_x^2}-\frac{dx_C}{dz_x}-k'\tau C_0(1-x_C)P_{O_2}=0 \tag{8-182}$$

边界条件为：

$$z_x=0\quad u_sC_0=u_s(C)+0-D_z\left(\frac{dC}{dz_x}\right)+0 \tag{8-183}$$

$$z_x=1,\quad \left(\frac{dC}{dz_x}\right)_{L_x}=0 \tag{8-184}$$

并且

$$C_x = C_s(1 - x_C) \tag{8-185}$$

$$z_x = \frac{L}{L_x} = \frac{L}{u_s \tau} \tag{8-186}$$

式(8-182)的解析解：

$$\frac{C}{C_o} = 1 - x_C = \frac{4a \cdot \exp\left(\frac{Pe}{2}\right)}{(1+\alpha)^2 \exp\left(\frac{\alpha}{2} \cdot Pe\right) - (1-\alpha)^2 \exp\left(-\frac{\alpha}{2} \cdot Pe\right)} \tag{8-187}$$

$$\alpha = \sqrt{1 + 4k'\tau\left(\frac{1}{Pe}\right) \times P_{O_2}} \tag{8-187a}$$

上式是按等温的条件解出的，实际上 k' 和 D_z 都是温度的函数，尤其 k' 对温度更为敏感。较好的工业烧焦罐由于固体返混的结果使轴向最大温差只有 20～30℃，其中浓相区差值更小，这个区间 k' 值变化约一倍，可以取平均值而不致引起较大误差。这样在取对数平均的氧分压值和平均温度下的 k'_C 值，不计算相间传递阻力的前提下，可以用式(8-187)计算烧焦罐下段浓相区的碳转化率。然后用下式计算该区的平均烧碳强度。

$$CBI = 3.6 \times 10^4 \frac{C_s x_C}{\tau} \tag{8-188}$$

例如，已知转化率 $x_C = 0.8$，$k_C = 0.08$ 反算 τ 时，可得到表 8-33 的计算结果。

表 8-33　扩散模型计算结果举例

Pe_s	0.01	0.25	1	4	16	100
τ	49	41	33	26	21	20
CBI	587	702	872	1107	1371	1440

从表 8-33 可以看出，对于不同 Pe(固体的 Pe_s)值，CBI 变化范围很大，在低 Pe 值，即接近全返混状态下，CBI 很小；在接近平推流时，CBI 很大。烧焦罐的操作虽然距平推流尚有一定距离，但它确比全混流的湍流床烧焦效果大有提高。

(二) 基于气体及固体轴扩散的模型

既考虑固体返混，也考虑气体返混的情况，即分别采用两个 Pe 数——Pe_s 和 Pe_g 来表征固体和气体的返混，这就可以用扩散公式建立氧在轴向的浓度分布，而不必做出对数平均浓度的假设。另外还采用表征热量返混的一个特殊 Pe 数——Pe_t 来计算轴向的温度分布。虽然 Pe_s 和 Pe_g 密切联系，但是在未找出具体关系以前，各自按独立准数对待，求解较为方便。把烧焦罐整体按上述的三个准数，另外增加三项基本假设，就可以建立一个比较全面的模型(魏飞，1990)。假设条件是：

① 任何一点的气相与固相都处在热平衡状态，两相间温差为零；

② 烧焦罐中轴向密度分布用文献发表并经过工业验证的参数式进行关联；

③ 有关流态化的物性参数，如气体和固体的密度、黏度、流速和颗粒平均直径视为恒定。

这样的模型可以用下述物料及热量平衡方程式来表达。

(1) 催化剂的碳平衡

$$\frac{1}{Pe} \cdot \frac{d^2 C}{dz_x^2} - \frac{dC}{dz_x} - r_C \tau_s = 0 \tag{8-189}$$

边界条件为:

$$z_x = 0,\ \frac{dC}{dz_x} - Pe_s \cdot C + Pe_s \cdot C_{CO} = 0 \tag{8-190a}$$

$$z_x = 1,\quad \frac{dC}{dz_x} = 0 \tag{8-190b}$$

(2) 催化剂的氧平衡

$$\frac{1}{Pe} \cdot \frac{d^2 C_H}{dz_x^2} - \frac{dC_H}{dz_x} - r_H \tau_s = 0 \tag{8-191}$$

边界条件为:

$$z_x = 0,\ \frac{dC_H}{dz_x} - Pe_s \cdot C_H + Pe_s \cdot C_{HO} = 0 \tag{8-192a}$$

$$z_x = 1,\quad \frac{dC_H}{dz_x} = 0 \tag{8-192b}$$

(3) 气体中的氧平衡

$$\frac{1}{Pe_g} \cdot \frac{d^2 y'}{dz_x^2} - \frac{dy'}{dz_x} - r_O \cdot \tau_g = 0 \tag{8-193}$$

边界条件为:

$$z_x = 0,\ \frac{dy'}{dz_x} - Pe_g \cdot y' + Pe_g \cdot y'_{01} = 0 \tag{8-194a}$$

$$z_x = 1,\ \frac{dy'}{dz_x} = 0 \tag{8-194b}$$

(4) 烧焦罐的热量平衡

$$\frac{1}{Pe_t} \cdot \frac{d^2 t}{dz_x^2} - \frac{dt}{dz_x} - \left(\frac{r_\tau \cdot Q_L}{C_{ps}\rho_p}\right)\tau_s = 0 \tag{8-195}$$

边界条件为:

$$z_x = 0,\ \frac{dt}{dz_x} - Pe_t \cdot t + Pe_t \cdot t_0 = 0 \tag{8-195a}$$

$$z_x = 1,\quad \frac{dt}{dz_x} = 0 \tag{8-195b}$$

有关反应速度的定义是:

$$r_C = \frac{dC}{d\tau} = k' C P_{O_2} \tag{8-196}$$

$$r_H = \frac{dC_H}{d\tau} = k' C_H P_{O_2} \tag{8-197}$$

$$r_O = r_{CO_2} + \frac{r_{CO}}{2} + \frac{r_W}{2} \tag{8-198}$$

$$r_{CO_2} = \frac{r_C \rho_p \beta_1}{12(1+\beta_1)} + r_{CO} \qquad (8-199)$$

$$r_{CO} = \frac{r_C \rho_p}{12(1+y')} - r'_{CO} \qquad (8-200)$$

$$r_W = r_H \frac{\rho_p}{2} \qquad (8-201)$$

$$r_T = \frac{(12 r_{CO_2} \Delta H_{R_2} + 12 r_{CO} \Delta H_{R_1} + r_W \Delta H_W)}{100} \qquad (8-202)$$

采用工业烧焦罐的实测数据、轴向密度关联式和有关动力学式，可对上述的弱偶联非线性二阶常微分方程组进行数值解，并对模型常数(三个 *Pe* 数和有关动力学的装置因数)估值，重新计算可得轴向的C，CO_2，O_2浓度和温度分布。计算值和实测值对比列于表8-34，可认为模型有一定的精确度，估算的Pe数可供参考，但该准数与装置结构以及操作条件的关系尚待进一步研究。

表8-34　烧焦罐扩散模型的参数估值和计算结果①

轴向高度/m	碳含量②/%		氧浓度/v%		CO_2浓度/v%		温度/℃	
	计算	实测	计算	实测	计算	实测	计算	实测
0.90	0.149	0.152	8.7	9.8	8.2	8.6	679.1	
1.19	0.140		8.3		8.6		681.4	682.4
2.90	0.104	0.122	6.3	3.0	10.1	12.0	690.8	
4.90	0.080	0.098	5.1	5.5	11.1	9.2	696.8	695.0
6.90	0.065	0.058	4.4	4.3	11.8	10.7	700.3	
9.70	0.055	0.043	4.0	4.1	12.1	12.2	702.3	703.0

① *Pe*数估值：$Pe_s=10$；$Pe_g=4$；$Pe_t=5.1$；

操作条件：烧焦罐线速1.26m/s；

烧焦强度431.8kg/(t·h)；数据核算：催化剂循环强度23.8kg/(m^2·s)。

② 返混后的碳含量，烧焦罐入口催化剂碳含量实测值为0.37。

(三) 简化的核算模型

前面叙述的两种方法需要较多的模型参数，难以应用。现介绍一种简易的核算方法，通过对已有工业装置的数据进行核算，可以找出一些规律。

简化思路是分别计算烧焦罐顶部和底部的碳含量和动力学速度常数，取其乘积的均值，然后与顶部、底部的平均氧分压一起计算 *CBI*。具体步骤是：

(1) 烧焦罐顶部碳浓度(C_{R1},%)

一般二密相通入的空气量不大于主风量的10%，因而C_{R1}可按下式求取

$$C_{R1} \leqslant C_R + \frac{0.1(C_S - C_R)}{R+1} \qquad (8-203)$$

式中　C_S——待生催化剂含碳量,%；

R——再生催化剂循环量与待生催化剂循环量之比。R一般为1~3，准确数值尚难测定。若令C_S为1，C_R为0.1，$R=1$时，则按式(8-203)计算得$C_{R1}=0.15$；若$R=3$，则计算

得 $C_{R1}=0.125$，故若取 $R=1.5$，则计算误差不超过10%，因而取 $R=1.5$。

（2）烧焦罐底部的碳浓度 C_{R2}

已知烧焦罐顶、烧焦罐底 T_{R1}、T_{R2}，则可用热平衡计算出 C_{R2}，以100kg催化剂为基准，则有

$$\left[100C_{PC}+B\left(\frac{C_S+RC_R}{R+1}-C_{R1}\right)C_{pf}\right](T_{R1}-T_{R2})=(C_{R2}-C_{R1})H_C \qquad (8-204)$$

式中　C_{PC}——催化剂比热容，kJ/(kg·℃)，取1.1；

B——空气量，m^3/kg碳，取12；

C_{pf}——气体比热容，kJ/(m^3·℃)，取1.4；

H_C——碳的燃烧热，kJ/kg，取32700。

将各常数代入，化简可得

$$C_{R2}=C_{R1}+\frac{\left[110+16.9\left(\frac{C_S+RC_R}{R+1}-C_{R1}\right)\right](T_{R1}-T_{R2})}{32700} \qquad (8-205)$$

（3）烧焦罐顶部氧浓度(O_{R1})

可假定 O_{R1} 近似等于再生器出口氧浓度。

（4）烧焦罐的$(CBI)_K$

将整个烧焦罐氧浓度按进口(0.21)和顶部 O_{R1} 对数平均，然后分别计算顶部和底部的$(CBI)_T$、$(CBI)_B$

$$(CBI)_T=(K'_r)_T\cdot C_{R1}\cdot\frac{0.21-O_{R1}}{\ln\frac{0.21}{O_{R1}}} \qquad (8-206)$$

$$(CBI)_B=(K'_r)_B\cdot C_{R2}\cdot\frac{0.21-O_{R1}}{\ln\frac{0.21}{O_{R1}}} \qquad (8-207)$$

式中$(K'_r)_T$和$(K'_r)_B$分别代表烧焦罐顶部和底部的反应速度常数，计算表明，$(CBI)_T$和$(CBI)_B$之值相近，故烧焦罐的$(CBI)_K$为

$$(CBI)_K=\frac{(CBI)_T+(CBI)_B}{2} \qquad (8-208)$$

选取若干工业装置烧焦罐的操作参数列于表8-35，按上述方法计算的结果列于表8-36，然后绘制动力学控制因数$(CBI)_R/(CBI)_K$和气体速度 u_g 关联曲线，见图8-49。虽然在 u_g 为0.8~1.7m/s的区间控制因数和气体速度未必是直线关系，但可看出控制因数随气体速度的增加而上升，最高达到0.7左右，远超过湍动床再生器的水平。

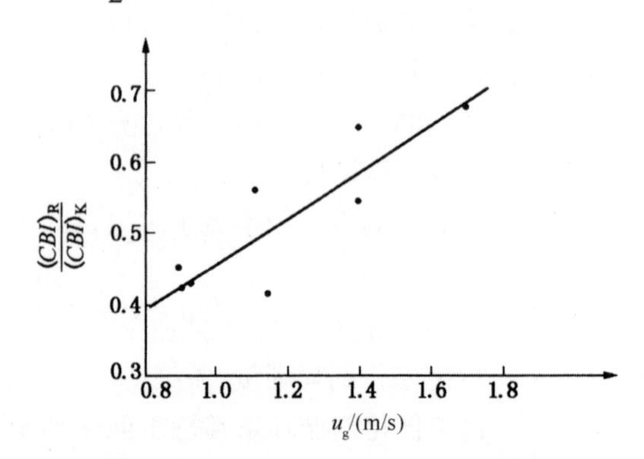

图8-49　$(CBI)_R/(CBI)_K$与 u_g 的关系

表 8-35 若干工业装置烧焦罐的操作参数

参数＼序号	1	2	3	4	5	6	7	8
P/MPa(a)	0.222	0.235	0.217	0.228	0.20	0.332	0.321	0.20
T_{R1}/℃	682	670	680	690	690	681	710	706
T_{R2}/℃	642	658	656	660	670	660	663	692
y_{O_2}/v%	1.8	1.8	2.5	3.0	4.0	3.2	2.2	2.2
u_g/(m/s)	0.900	0.905	0.934	1.13	1.148	1.40	1.40	1.50
C_S/%	1.09	1.20	1.40	1.15	1.20	1.12	1.12	0.90
C_R/%	0.09	0.24	0.150	0.12	0.23	0.106	0.11	0.10
$(CBI)_R$/[kg/(t·h)]	188	313	280	405	486	557	651	631

表 8-36 若干烧焦罐的核算结果

参数＼序号	1	2	3	4	5	6	7	8
$(CBI)_1$/[kg/(h·t)]	428	771	687	746	1209	855	1265	926
$(CBI)_2$/[kg/(h·t)]	407	704	620	701	1133	863	1117	939
$(CBI)_K$/[kg/(h·t)]	418	738	654	724	1171	859	1191	933
$(CBI)_R$/[kg/(h·t)]	188	313	280	405	486	557	651	631
$(CBI)_R/(CBI)_K$	0.450	0.424	0.428	0.559	0.415	0.648	0.547	0.676
u_g/(m/s)	0.900	0.905	0.934	1.130	1.148	1.400	1.400	1.500

六、一氧化碳燃烧模型

在前面各段介绍的流化床再生器模型中重点谈到了消碳反应，而实际伴随着这个反应进行的还有一氧化碳的氧化反应。本章第二节已经对一氧化碳的均相氧化动力学和非均相氧化动力学分别加以叙述，这里要结合再生器的结构和流化床类型的特点论述动力学式的具体应用。

(一) 无助燃剂的一氧化碳燃烧

1. 密相床的一氧化碳燃烧

按照通常采用的两相模型，CO 燃烧可以同时在两相中进行。取截面积为 $1m^2$，高度为 dL 的密相床计算 CO 和 O_2的物料变化如下：

$$u_g f dy_{CO} = \frac{1.868(1+\beta_1)}{1+\alpha_1} r_C dW'_o - r_b^{CO}\varepsilon_b dL - r_b^{CO} dW'_o \tag{8-209}$$

$$-u_g f dy_{O_2} = \frac{(3.736+1.868\alpha_1)(1+\beta_1)}{2+2\alpha_1} r_C dW'_o + \frac{r_b^{CO}}{L}\varepsilon_b dL + \frac{r_e^{CO}}{2}\varepsilon_b dW'_o \tag{8-210}$$

式中，f 为气体体积从工作状态换算为标准状态的系数。

若选用 CRC-1 催化剂动力学反应速率，则可按第二节有关公式计算[r_C用式(8-53a)，r_b^{CO}用式(8-86)，r_e^{CO}用表 8-21 中有关公式]。虽然烧氢反应在烧焦中对于单一颗粒是先行反应，但在全返混的床层中轴向的烧氢与消碳可视为同步进行。气泡相中的 CO 和 O_2浓度与主气流相同，乳化相中则由于传递阻力使氧浓度低于气泡相，CO 浓度高于气泡相，具体数值要按相间气体交换速率公式计算。

在颗粒内部孔隙中的 CO 燃烧可忽略。

通常无助燃剂的 CO 燃烧速率较慢，在密相床内的转化率一般低于 40%，因而可用简化的积分式计算 CO 燃烧量：

$$B_{CO} = \bar{r}_b^{CO} V_b + \bar{r}_e^{CO} W_s' \tag{8-211}$$

此时计算 $\bar{r}$ 的 CO、O_2和 H_2O 浓度均使用床层出入口的平均值。

2. 稀相床的一氧化碳燃烧

稀相床的 CO 燃烧计算式与密相床的计算式[式(8-209)和式(8-210)]相似，但由于不存在两相，且催化剂浓度很低，可以忽略它的非均相催化作用，此外，当再生剂含碳量低时，消碳反应也可不计，这样条件下得出了简化表达式：

$$-u_g C dy_{CO} = r^{CO} dL \tag{8-212}$$

与密相床不同的另一点是稀相的温度有一轴向梯度。常规再生时，烟气中氧浓度很低(一般小于 0.5%)，这时 CO 燃烧速度很慢，因而轴向温差不超过 25℃，有时因热损失甚至成为负值。这时采用平均温度，式(8-212)可用积分式表示。

$$-u_g C \Delta y_{CO} = \bar{r}^{CO} L \tag{8-213}$$

值得提出的是再生器稀相空间很大，气流沿截面分布并不均匀，因此在低氧浓度时的氧浓度分布也不均一，使用动力学式计算 r 值时，对数平均氧浓度应乘以一个折减系数。

采用高温完全燃烧技术(HTR)时稀相的温升可达 50~80℃，轴向反应速度常数的变化达几十倍甚至百倍，而 CO 浓度可从百分之几降到十万分之几，因此仍需用微分式计算。而且热平衡式涉及到稀相的饱和携带量、密度分布和藏量等敏感因素，必须结合经验数据确定。

3. 快速床的一氧化碳燃烧

以烧焦罐为代表的快速床内两相(浓相和稀相)之间的气体传递阻力很小，气流中 CO 和 O_2浓度较高，温度条件(底部 670℃以上，顶部约 700℃)和水蒸气分压也很有利，还有催化剂的加速作用，因而 CO 燃烧速度很快，用式(8-87)计算得出的数值一般在 $30m^3/(m^3 \cdot h)$以上，当床层密度平均为 $50kg/m^3$，烧碳强度为 600kg/(t · h)时，在截面气流分布均匀、气固接触良好的前提下，烧碳生成的 CO 可以基本烧完。详细计算可按前面介绍过的烧焦罐扩散模型进行。

在旋风分离器、集气室和烟气管线内部的 CO 燃烧通称为二次燃烧或尾燃。这个区域内除第一旋分器外，气体中夹带的固体粒子很少，固体粒子作为热阱的作用大大减弱，只要 CO 燃烧达到一定的比率就会使烟气温度骤升，采用常规低温再生时，有时可升高 400℃(相当于 5%CO 被氧化)，无疑对设备会造成损伤，对操作也是不利的。常规再生时由于烟气中 CO 浓度较高，防止二次燃烧主要是控制氧含量不超过一个上限值。

采用 CO 完全燃烧的操作一般温度较高，而且烟气中氧浓度也在 1.5%以上，防止二次燃烧主要是限制 CO 浓度，为此要求绝大部分 CO 在密相床内烧掉，稀相温升不宜超过 20℃(采用稀相燃烧专门技术 HTR 工艺可达 50~80℃)。这时密相床的 CO 燃烧计算是十分关键的。

二次燃烧的机理还不十分清楚，它不属于 CO 的爆燃，因为在常压下的爆燃温度都在

720℃以上，在再生器压力下此值更高，但工业应用表明：600℃以下就可以发生二次燃烧。它也不属于均相氧化反应，因为按大部分动力学式计算的反应速率不可能达到在1s(第二级旋风分离器内)时间内温升150~400℃。个别作者的动力学速率较高，但用于再生器稀相计算CO燃烧量又远大于实际数值，为此二次燃烧的反应模型还难以建立。

(二) 有助燃剂的CO燃烧

1. 密相床

采用两相模型时，在700℃以下的温度区由于催化燃烧比较快，因而可忽略均相(即气泡相)中的燃烧。并令CO的生成和催化燃烧的化学计量式为：

$$C + \frac{3}{2}O_2 \xrightarrow{k'_C} CO + CO_2 \qquad (8-214)$$

$$CO + \frac{1}{2}O_2 \xrightarrow[k'_{CO}]{Cat} CO_2 \qquad (8-215)$$

式(8-214)的动力学方程可用下式表示：

$$\left(-\frac{dC}{d\tau}\right)_C = k'_C P'_{O_2} C_R \qquad (8-216)$$

气泡相到乳化相的氧气折合成消碳的传递量为：

$$\left(-\frac{dC}{d\tau}\right)_{O_2} = a(k_{be})'(P_{O_2} - P'_{O_2}) \qquad (8-217)$$

在燃烧过程中，由于有助燃剂存在，CO反应生成CO_2的速度很快，故氧平衡过程中，氧气按全部生成CO_2考虑，则可得出

$$k_O = (k_{be})_b'' k'' C_R / [(k_{be})_b'' + k'' C_R] \qquad (8-218)$$

若F'''_g为空气流量m^3/h，则再生器任一截面的氧平衡为：

$$-F'''_g dy = k_O C_R P y dW_S = k_O C_R A \rho_f P y dL \qquad (8-219)$$

因烧氢速度很快，起始氧浓度y_{O1}按烧去全部氢后的氧浓度计，积分式(8-219)得：

$$y = y_{O1}\exp(-NL) \qquad (8-220)$$

乳相氧分压可用下式计算：

$$y_e = y_{O1}\beta\exp(-NL) \qquad (8-221)$$

对再生器任一截面的CO做物料衡算，CO的催化燃烧动力学按式(8-88)。令乳相气体的CO分压为y_{coe}，并假定CO从乳相到泡相的传递(交换)系数$(k_{be})''_b$与氧等值。

$$F'''_g dy_{CO}/dW_S = k_O C_R P y_\alpha - 2880 k_{CO} P^{1.5} y_{coe} y_e^{0.5} = (k_{be})''_b P(y_{coe} - y_{CO}) \qquad (8-222)$$

将后两等式中y_{coe}表达为y_{CO}的函数式，代入前两等式中。给出五个组合参数并简化后得出以下微分方程式：

$$dy_{CO}/dL = Ny_{O1}\alpha\exp(-NL) - [Qy_{O1}^{0.5}\beta^{0.5}\exp(-NL/2)][Ny_{O1}\alpha\exp(-NL) + My_{CO}]/[Qy_{O1}^{0.5}\beta^{0.5}\exp(-NL/2) + M] \qquad (8-223)$$

其中，

$$M = (k_{be})_b'' A\rho_f P / F'''_g \qquad N = k_O C_R A \rho_f P / F'''_g$$

$$Q = 2880 k_{CO} A \rho_f P^{1.5} / F'''_g$$

$$\alpha = \alpha_1/(\alpha_1 + 1) \qquad \beta = k_O/(k'' C_R)$$

该微分式概括为以下函数式：

$$dy_{CO}/dL = f_1(L) - f_2(L, y_{CO,L}) \quad (8-224)$$

$$y_{CO,L} = \int_0^L (dy_{CO}/dL)dL \quad 边界条件 L=0, y_{CO}=0 \quad (8-225)$$

CO本征动力学常数k_{CO}应用于工业装置时，应作一些修正，原因是：

① 实验室很难模拟工业装置中的失活条件，因而难以预测平衡助燃剂的活性；

② 流化床内气体及助燃剂的不均匀分布，带来的氧气传递不均匀；

③ 再生器内CO边产生边燃烧，与实验室CO燃烧情况差别很大。

用工业实测数据核算得知，包括平衡剂氧化活性系数在内的k_{CO}综合修正系数为0.06～0.1。某装置再生温度为664℃，压力为0.266MPa，稀相流速为0.842m/s，则按式(8-223)求出的CO、CO_2、O_2在密相床分布状况见图8-50。出口处的三种组分浓度分率分别为0.017、0.142和0.019。与再生器出口的实测出0.001、0.163和0.010相比，可以看出大约有1.6%的CO在稀相氧化，导致了一定的稀相温升。这在通常工业装置补充助燃剂不多，Pt在平衡剂上1μg/g左右时是符合实际的。如果提高平衡剂上的Pt浓度和有效活性，则从式(8-223)计算的密相出口CO浓度可低于0.2%，稀相区由于热损失而产生温降的效应。

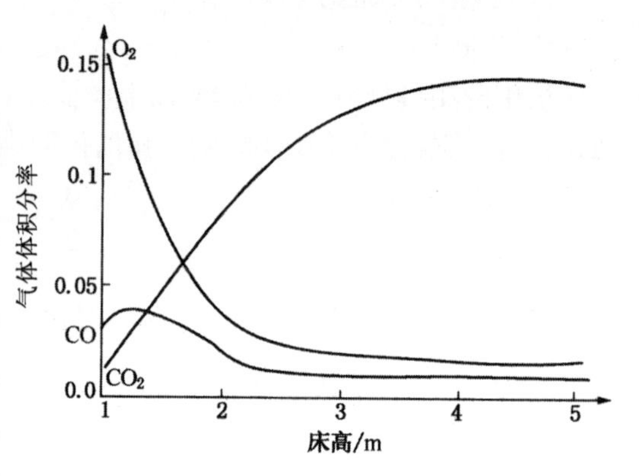

图8-50　密相床CO催化燃烧时的气体浓度分布

2. 稀相床

稀相床的催化剂浓度很小，因此CO的燃烧应以非催化均相燃烧为主，对此，目前还很少有人涉及这一问题。为了简化起见，稀相的CO燃烧，可只考虑均相燃烧。

3. 快速床

快速床也有利于CO的非均相燃烧，采用助燃剂使产生的CO实现完全燃烧必须在670℃以上进行，并要求适当的铂浓度或氧分压。

第四节　催化剂再生工艺

在工业再生器内实现催化剂的烧焦可由于催化剂和烧焦空气的流程不同(单段或两段，并流，错流或逆流)、流化床类型不同(湍流床、快速床或输送床)、一氧化碳的燃烧程度不同(部分燃烧或完全燃烧)以及工艺条件不同(温度、床层流速、氧浓度等)而组合成多种多样的再生方式。目标是要达到：

① 较低的再生催化剂含碳量，一般为0.05%～0.10%，较好的则低于0.05%。据Davison公司1994年对美国和加拿大的239套催化裂化装置的调查(陈俊武，2005)，达到上述指标的分别占31%和29%；2012年，中石化54套装置中，达到上述指标的分别占27.8%和61.1%。

② 较高的燃烧强度，以再生器内有效藏量为准，一般低值为100kg(碳)/[t(催化剂藏量)·h]，高者可达250kg/(t·h)。如果按装置的原料油日处理能力需要的系统催化剂总藏

量计算，则其高低值分别为28kg(催化剂)/[t(原料油)·d]和15kg/(t·d)。

③ 催化剂的减活环境和磨损条件比较缓和，在合理的置换速率下[例如0.4～0.5kg(催化剂)/t(原料)或系统催化剂总藏量的1.5%～3%]能维持足够的平衡剂活性(例如微反活性为65～70)。

④ 操作调节的灵活性，包括循环量调节、温度调节、取热量调节和尾燃防止，以适应处理量和原料性质在一定范围内的变化；

⑤ 经济的合理性，能耗较低而投资效益较好；

⑥ 能满足环境保护对污染物排放的有效规定。

各类组合的再生器的若干工艺指标见表8-37(侯祥麟，1991)。本节将就各种再生方式分别介绍。

表8-37　各种组合再生方式的主要指标

类　别	形　式	CO_2/CO(体积比)	烧碳强度/[kg/(t·h)]	再生催化剂碳含量/%
单段再生	常规再生	1～1.3	80～100	0.05～0.20
	CO助燃再生	3～200	80～120	0.05～0.20
两段再生	单器两段再生	1.5～200	150～200	0.05～0.10
	两器两段再生	2～150	80～120	0.03～0.05
	两器两段逆流再生	3～5	60～80	0.03～0.05
快速床再生	前置烧焦罐再生	50～200	150～320	0.05～0.20
	后置烧焦罐再生	3～200	60～250	0.05～0.20
	烧焦罐—湍流床串联再生	50～200	100～350	0.05～0.10

一、单段再生

单段再生就是使用一个流化床再生器一次完成催化剂的烧焦过程。工艺比较简单，设备也不复杂，因而一开始就在工业上应用。尽管多年来在工艺条件、设备结构和催化剂类型等方面已有了很多变化，但迄今为止这种再生方式仍被广泛地采用。

(一) 工艺条件与烧焦效率

1. 再生温度

温度是再生工艺条件的首要因素。再生温度的逐步提高经过了三个时期：早期20多年由于使用的无定形硅铝催化剂稳定性较差，再生温度通常为590～620℃；中期的10多年由于采用了沸石催化剂，温度达到650～700℃；后来随着催化剂水热稳定性的改善，温度又提高到700～730℃，个别情况下高达760℃。

通过热平衡计算不难看出：除了带床层取热设施的渣油催化裂化再生器外，再生温度是催化裂化诸多操作参数中的一个非独立变量。它不像反应温度那样在一定范围内可以任意调节，而是随反应温度和催化剂结焦量而变动。有人为此把再生温度形象地比喻为装置的“体温计”。

对于自身处于热平衡的装置(即不从床层取热或使用燃烧油供热)，再生温度与反应温度的差值Δt(两器温差)和待生催化剂碳含量(%)与再生催化剂碳含量(%)的差值ΔC(两剂碳差)之间如第五章所介绍过的存在着近似线性关系。

$$\Delta t = K \cdot \Delta C \tag{8-226}$$

ΔC数值的高低主要由反应器内生焦动力学所决定。K值主要是再生烟气中CO_2/CO和过剩空气率的函数，同时在一定程度上受待生催化剂汽提效果和催化剂比热的影响。早期的无定形硅铝催化剂活性很低，经过几分钟的反应时间ΔC值只有0.5%~0.6%。当时使用一氧化碳不完全燃烧技术，K值较低，以致Δt只有110~130℃。在较低的再生温度下烧焦效果很差，再生剂含碳量0.4%~0.8%。60年代后期高活性的沸石得到推广应用，催化剂在提升管反应器内只经历6~10s，ΔC即达到0.7%~0.9%，与此对应的Δt为150~200℃。这个时期的再生温度较早期提高了60~80℃，烧碳反应速率加快5~8倍，再生催化剂含碳量降低到0.1%~0.2%，为发挥沸石的活性创造了条件。

以后由于采用CO完全燃烧技术，再生温度进一步上升，再生剂含碳量可以降到0.1%以下，催化剂的使用活性也由此增多1.5~4个微活指数。

虽然烧碳反应动力学的温度效应十分显著，但流化床的烧碳速率还受温度效应很小的氧传递速率的制约，因而不能指望仅靠提高再生温度去改进再生效果。况且高温下催化剂受到较严重的水热失活影响，单段再生的密相床温很少超过730℃。

不同时期反映出温度影响的典型工业数据见表8-38。该表中的烧碳强度均按不完全燃烧(CO_2/CO为1~1.2)条件时再生器总藏量计算的，其中稀相藏量约占20%~25%。稀相的温度一般比密相高15~30℃，稀相的颗粒分散状态有利于氧传递，所以包括稀相在内的烧碳强度有时高于单纯按密相条件计算的数值。

表8-38　温度对烧焦的影响

例　　号	1	2	3	4
催化剂类型	无定形	沸石	沸石	沸石
再生压力/MPa(a)	0.18	0.22	0.22	0.21
密相温度/℃	600	604	665	670
烟气氧含量/v%	0.9	0.8	0.8	0.7
再生剂碳含量/%	0.61	0.41	0.19	0.17
烧碳强度/[kg/(t·h)]	100	118	92	84
密相气速/(m/s)	0.76	0.78	1.17	1.15

2. 再生压力

压力是再生工艺条件的又一关键参数，烧碳动力学对氧为一级反应，即消碳速度和氧分压成正比。流化床中氧从气泡相到乳化相的传递速率也与氧分压成正比，因此整个密相床的烧碳强度与氧分压呈线性关系。

氧浓度在流化床中的轴向分布大体属于平推流的模型，如碳在再生床层分布按全返混状态考虑，那么消碳反应的平均氧分压可按床层入口和出口处的对数平均值计算。

工业装置通常只分析烟气中的氧浓度(干基)，而不易取得密相床出口的数据。出口氧浓度受操作平稳度的要求和经济运行的条件被限制在一定范围内。当采用常规再生时，为了防止一氧化碳尾燃，当密相床温为600℃时，烟气氧含量一般为1%~2%(干基)，床温为670℃时为0.2%~0.5%(干基)。

入口氧浓度即空气中的氧浓度为21%，但个别炼厂附近如有大型空分装置能提供副产品氧气，可以把它混入空气中成为富氧。这样就在不改变原有风机负荷，也不改变再生器床

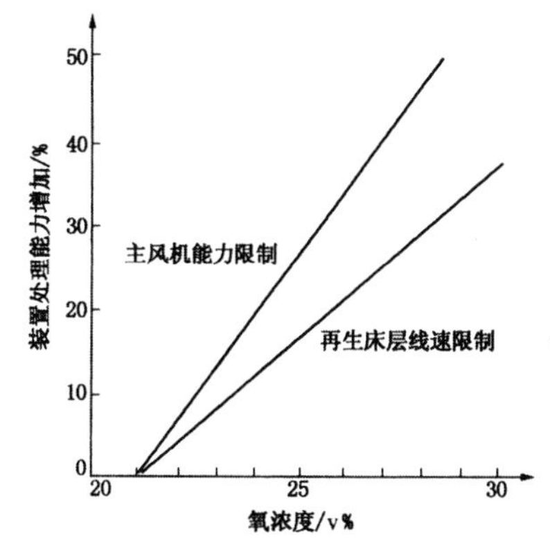

图 8-51　富氧再生的限制条件

层气体流速的前提下，得以提高已有催化裂化装置的处理能力。或者在主风机供风能力受到季节性变化的影响下，保持装置的处理能力。以配成25%氧浓度的富氧空气为例，在主风量不变时装置处理能力约提高19%~26%，参见图8-51。超过30%氧浓度将使催化剂表面温度过高，不宜采用。

国内某装置采用了向主风中加入氧气的富氧再生技术，解决主风机能力不足。当烧焦空气氧含量提高到24.4v%时，烧焦能力增加21%，使装置掺炼减压渣油的比例从57%提高到85%(杨宝康，2000)。有关操作数据见表8-39。

表 8-39　富氧再生操作条件

项　目	1	2	3	项　目	1	2	3
新鲜原料量/(t/d)	2318	2227	2406	烧焦气体氧含量/%	20.5	22.3	24.4
掺减渣率/%	57.1	72.6	85.1	烧焦量/(t/h)	8.95	9.00	10.85
再生压力/MPa	0.17	0.17	0.17	烟气氧含量/%	1.0		2.0
再生密相温度/℃	661	665	673				

富氧再生很少用于新建装置，而主要用于已有装置改造。既可用工厂附近的副产低纯度氧气，也可使用变压吸附设备生产氧气。

反映不同时期压力变化的工业数据见表8-40。

表 8-40　压力对烧焦的影响

例　号	1	2	3	4
催化剂类型	无定形	无定形	沸石	沸石
再生压力/MPa(a)	0.13	0.18	0.23	0.33
密相温度/℃	596	584	637	704
烟气氧含量/v%	0.7	0.6	0.5	2.1
再生剂碳含量/%	0.50	0.51	0.18	0.05
烧碳强度/[kg/(t·h)]	38	51	56	82

3. 床层流速

烧焦空气通过催化剂床层的流速对再生效率起重要作用。这是因为反应物之一——空气中的氧必须从流化床的气泡相不断输送到乳化相，才能与另一反应物——沉积在催化剂颗粒上的焦炭接触。在气-固流化床进行的非均相反应的特点是大量气体以气泡形式通过床层的时间只需几秒，而催化剂的停留时间却达几分钟，为此要求尽可能高的氧传递速度。理论和实践均证明提高表观气体流速是一有效手段。早期的再生器采用0.2~0.3m/s的气速，烧碳强度为20~40kg/(t·h)，一个ϕ12m的再生器的烧焦能力只有4t/h，显然太低。

此后微球催化剂的应用明显改善了床层流态化条件，气速增至0.6m/s，达到鼓泡床的上限，烧碳强度达到100kg/(t·h)左右[$t=590$℃，$P=0.27$MPa(a)，$C_R=0.7$]。50年代中期经过进一步工作，提出了“高流速再生”的新技术，即流速在已有的0.6m/s的基础上再增加一倍，烧碳强度大约也加大一倍。流速若进一步提高到1.3m/s以上，如果使用的催化剂堆积密度较小，床层膨胀将迅速加大，密相床层密度相应降低，烧碳强度虽然增加，但床层单位容积的烧碳能力反而下降，抵消了高线速的优越性。若使用堆积密度较大的催化剂，线速可高达 2m/s，床层密度可保持在 160kg/m^{3}左右。

从表 8-41 列举的几组工业数据可以看出，其他操作参数大体接近时，床层气速的提高同时带来烧碳强度的增大。表中所用催化剂均是小堆积密度的 3A 剂。

表 8-41　气速对烧焦的影响

例　　号	1	2	3	4
再生压力/MPa(a)	0.18	0.18	0.20	0.17
密相温度/℃	595	588	582	583
密相气速/(m/s)	0.56	0.80	1.06	1.15
密相密度/(kg/m^3)				126
烟气氧含量/v%	1.8	1.9	1.6	1.9
再生剂碳含量/%	0.49	0.46	0.70	0.79
烧碳强度/[kg/(m^3·t)]	64	73	97	173

(二) 燃烧产物

单段再生的燃烧产物由碳、氢、硫、氮四种元素的氧化物构成，它们的组成随再生方式有所差别。有关燃烧动力学已在本章第二节叙述。这里只介绍再生器内部碳氧化物的组成变化。从空气分布器向上，氧逐渐消耗，CO 和 CO_2同步增加。如为常规再生方式，两者单调地上升，O_2在密相基本消耗掉；若是完全再生方式，待生催化剂从密相上方的催化剂分布器逆流向下与空气接触时，浓度在密相会出现一个峰值。剩余 CO 在稀相继续燃烧，根据燃烧情况剩余可达0.01%~0.2%，过剩 O_2为 1%~2%甚至更高。密相内 CO 浓度因助燃剂的催化氧化作用和对 NO 还原作用有所差别。如采用富氧再生，密相下部氧消耗更快，CO 产生更多。4 种工况的再生器内轴向 CO 和 O_2浓度分布见图 8-52(Limback，2000)。

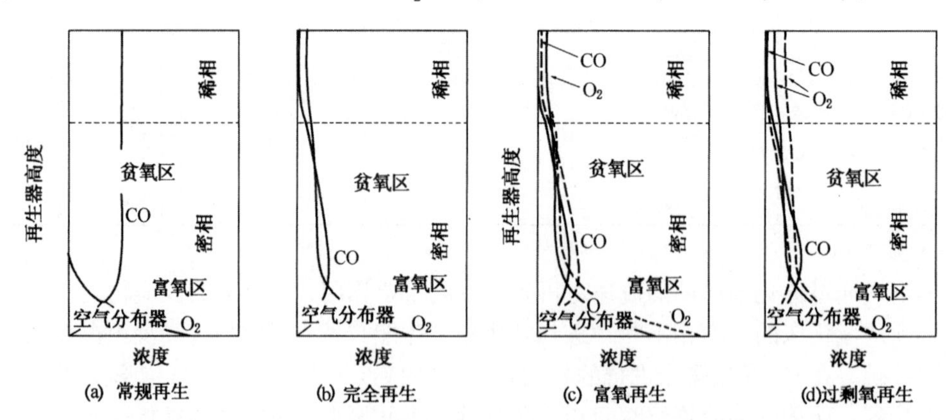

图 8-52　再生器内轴向 CO 和 O_2 浓度分布

注：虚线表示并流再生工况

(三) 一氧化碳的燃烧

1. 常规再生情况

大量工业数据(表 8-42)表明常规再生在 590~670℃进行，其烟气中 CO_2/CO 一般为 1.0~1.3，少数可达到 2.0。从本章第二节得知，在消碳反应中原生的 CO_2/CO 是催化剂类型和温度的函数，一般为 0.7~0.9。原生的 CO 在催化剂颗粒内部孔隙和外部空间与氧相遇就发生均相氧化反应，使 CO_2/CO 上升。CO 的氧化程度遵循均相氧化动力学规律并伴随着催化剂上进行的非均相反应，总的反应程度可达 20%~40%，除了动力学的有关因素外，空气在再生剂内分布的均匀程度以及催化剂上 Fe、Ni 等金属的沉积也起着较大作用。

再生器的稀相空间体积很大，离开密相床的含有 CO 和 O_2的烟气在稀相区的停留时间在 10s 以上，因而还继续进行 CO 的氧化反应。稀相中催化剂的浓度一般为 4~20kg/m^3，据此计算催化剂的热容量约为烟气的 3~15 倍，因而烟气夹带的催化剂可以成为 CO 燃烧释放出来的巨大热量的热阱，减少了稀相区的温升。有关此项温升的数据见表 8-43。

表 8-42 常规再生的烟气组成

例　号	1	2	3	4	5	6	7	8
再生温度/℃	673	573	600	581	610	660	665	668
烟气组成/v%								
CO_2	11.04	9.4	8.9	11.0	10.6	11.0	12.0	10.8
CO		7.6	7.6	6.2	6.9	8.4	10.0	8.5
O_2	0.33	0.8	0.9	1.4	0.3	0.5	0.8	0.4
CO_2/CO	1.57	1.23	1.17	1.79	1.54	1.31	1.20	1.27
稀相气速/(m/s)	0.47	0.72	0.80	0.49	0.34	0.52	0.48	0.48
催化剂	USY	3A	3A	3A	ZCM-7	沸石	MZ3	SRNY

表 8-43 稀相温升与一氧化碳燃烧率的关系

一氧化碳燃烧率/%（对烟气体积）	0.25	0.50	1.0	2.0
烟气中催化剂浓度/(kg/m^3)	稀相温升/℃			
10	2	4	8	16
8	2.5	5	10	20
6	3	6	13	26
4	4.5	9	18	35

在 600℃左右的常规再生时，稀相温升并不显著，约在几度到十几度的范围内。当再生温度 650~670℃时，稀相区的 CO 燃烧十分迅速，尽管氧浓度已经很低(<1%)，但仍有 15℃以上甚至 35℃的温升，因此必须注意控制烟气的氧含量。

烟气从稀相区进入旋风分离器，在烟气离开第一级旋风分离器之后，催化剂浓度降低到 0.1kg/m^{3}以下，热阱作用不复存在。此处如果烟气中氧含量超过某一上限数值(一般是烟气温度的函数)，一氧化碳的燃烧就会失去控制，使温度大幅度上升，反过来又加速 CO 的燃烧速率，最终将烟气中的氧全部耗尽，温升可以高达 400℃(相当于 5%CO 和 2.5%O_2发生反应)。这一现象通称尾燃或二次燃烧，轻者造成操作波动，重者导致设备损坏。

工业再生器直径很大，空气分布很难非常均匀，稀相区的氧浓度分布和温度分布也不均匀，往往是含氧较多的一、二个一级旋风分离器出口处首先超温，随后引发全面的尾燃。为此常规再生必须严格控制烟气的氧含量，要留有一定的安全系数。根据操作经验总结的氧含量安全区如图 8-53 所示(石油工业部第二炼油设计研究院，1983)。

氧含量的控制手段：在 600℃左右再生时可用在线氧分析仪表直接指示，据此进行主风量的调节。在 670℃左右再生时，由于氧含量过低，分析仪表难以适应，改用稀、密相温差

(即稀相温升)直接对主风量微调，可以间接地把氧含量控制在百分之一以下的水平。

2. 使用助燃剂再生情况

20世纪70年代中期以铂为活性组分的CO助燃剂开始在工业上应用，早期曾采用过液体助燃剂，但不久即被固体细粒子助燃剂或把活性组分复合在催化剂上的助燃型催化剂所取代(详见本书第三章)。铂的催化作用使CO燃烧由均相反应为主转为非均相催化反应，其反应速率至少增加两个数量级。根据装置热平衡条件和再生器内构件材质情况，既可采用助燃剂实现CO的完全燃烧，残留于烟气中的CO含量少于0.2%，即其氧化率98%以上，也可实现CO的部分燃烧，使其氧化率控制在一定范围，例如50%~70%。初始使用助燃剂时，逐步增加向再生器供应的空气量，可以观察到密相温度和稀相温度的变化，如图8-54所示(Upson，1982)。一部分CO在密相中燃烧，还有一部分在稀相燃烧，加大了稀密相温差。例如当烟气中CO从5%降到了3%时，密相温升为16℃，稀相温升为31℃，稀密相温差增大15℃。图8-55(Upson，1986)是根据工业装置使用不同浓度的助燃剂时得到的稀密相温差和烟气中CO含量的关系，应指出这时烟气中过剩氧很少。如空气量增加直到烟气中CO下降到0.1%以下时，稀密相温差迅速下降，过剩氧上升，实际是部分过量空气对再生烟气产生了冷却作用。

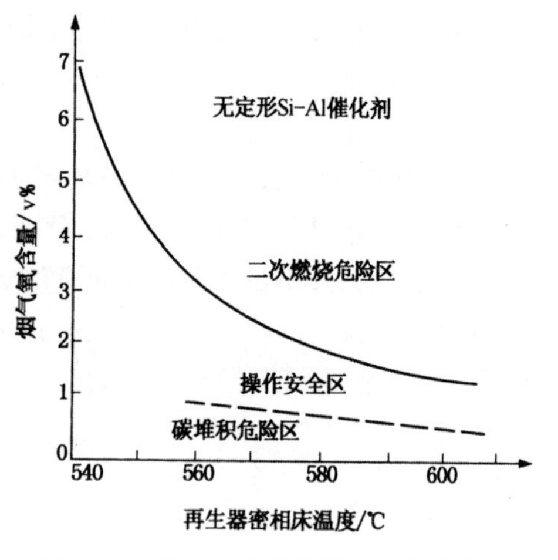

图8-53　防止二次燃烧的操作安全区

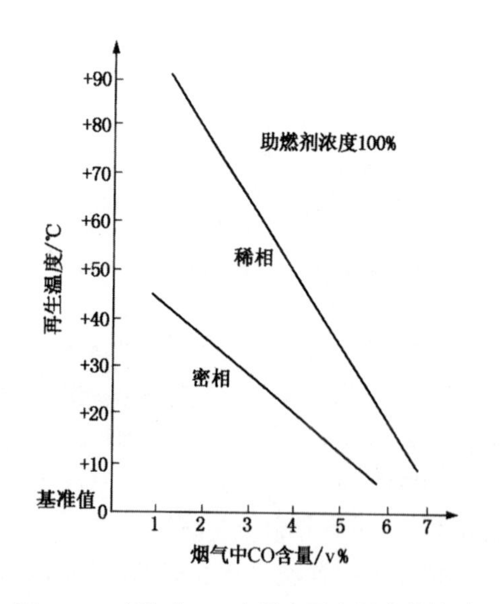

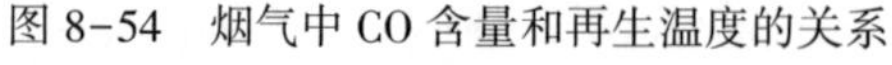
图8-54　烟气中CO含量和再生温度的关系

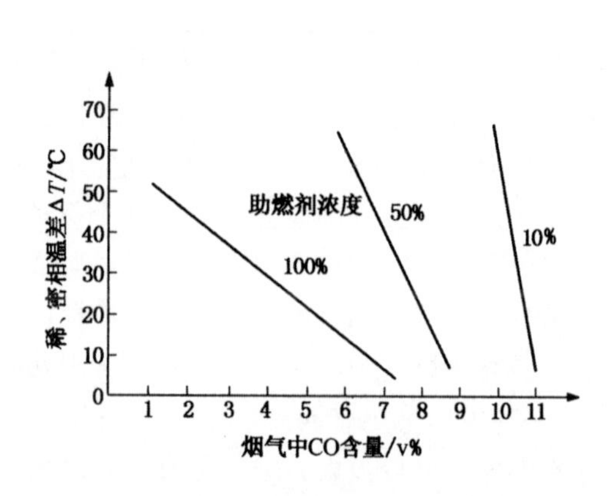

图8-55　稀、密相温差和烟气中CO含量的关系

说明：100%表示充分发挥助燃剂时的浓度

表8-44列出了某工业装置开始试用助燃剂时，在部分燃烧阶段的主要操作数据(陈俊武，2005)。

表 8-44 CO 部分燃烧的工业数据

项目	加助燃剂前	加助燃剂后	项目	加助燃剂前	加助燃剂后
再生器密相床温度/℃	608	630	再生烟气组成/v%		
再生器稀相温度/℃	644	700	CO_2	11.0	14.5
再生剂碳含量/%	0.46	0.30	CO	8.8	3.5
			O_2	0.4	0.5

有些装置根据其具体情况只能立足于部分燃烧条件时，主要的控制指标是再生温度，而调节手段是烧焦空气量。这时 CO 为 2%~6%，氧小于 0.5%。再生温度和 CO 含量大体呈相反方向变化。例如 677℃时，若 CO 含量为 2%，在 650℃时，就可能为 5%~6%。由于再生温度不很高，平均氧浓度又低，所以再生催化剂含碳量稍高，一般为 0.15%~0.2%；如温度为 732℃，碳含量可低至 0.05%。

在 CO 部分燃烧条件下，助燃剂的有效浓度需要在适当范围内，如保持 CO 含量为 5%，高的助燃剂浓度导致氧含量下降，反过来对消碳反应速率产生不利的影响，其结果是再生剂含碳较高为 0.3%，而助燃剂浓度低时，C_R值为 0.2%。

还可举出一个实例，某装置原先按 CO 完全燃烧方式操作，再生温度过高(密相 700℃，稀相 730℃)，催化剂不能适应，损耗过大。其后改为 CO 部分燃烧，降低了烧焦空气量，实现贫氧方式操作，这时再生温度下降了 20~30℃，催化剂损耗明显减少，助燃剂用量随之减少，计算的铂浓度约为 2μg/g。这时烟气的 CO 为 1.5%~2%，O_2为 0.6%。再生催化剂碳含量从原先的 0.2%上升为 0.3%。

通过模拟计算，在反应温度、进料预热温度和回炼比不变的情况下，考虑到可变参数间的相互作用，可得出实现不同程度的 CO 部分氧化的有关操作数据(Upson，1986)，详见表 8-45。

表 8-45 CO 部分燃烧的模拟计算结果

方 案 号	基准	1	2	3	4	5
剂油比	5.3	5.2	5.2	5.3	5.3	3.9
转化率/%	60.2	59.8	59.3	58.3	57.5	60.5
焦炭产率/%	4.9	4.8	4.7	4.6	4.4	4.5
再生密相床温度/℃	675	678	679	675	676	736
再生剂碳含量/%	0.43	0.36	0.31	0.32	0.29	0.10
平衡剂活性	73	72	71	70	69	73
烟气组成/v%						
CO_2	13.6	14.0	14.3	14.8	15.4	16.2
CO	6.8	6.0	5.3	4.5	3.5	2.5
O_2	0.2	0.3	0.5	0.55	0.6	0.4

采用助燃剂实行 CO 完全燃烧时，允许烟气中氧含量在 1v%以上，有时达 2v%~3v%。对氧含量上限没有严格的控制要求，不象常规再生时必须装设在线氧分析仪。但是从节能角度还是要让过剩氧保持在适度范围。要注意到常规再生每千克焦耗空气 9~9.5m^3，而完全燃烧再生为 11.5~12.5m^3。

助燃剂实现 CO 完全燃烧使再生剂含碳明显降低。当再生温度为 720℃以上时，C_R值一般小于 0.05%，最低者达 0.02%；680~690℃时 C_R值在 0.05%~0.1%；670~680℃时，C_R

值为 0.15%~0.2%。

使用助燃剂完全燃烧也使烟气中 CO 浓度明显下降。下降程度与再生温度、氧浓度、助燃剂用量、床层内空气和催化剂分布以及再生器具体结构有关。据报道当 O_2=1v%时，CO<500μL/L。较好的例子是 O_2=0.5%，CO<50μL/L；较差的例子是 O_2=7%，CO<100μL/L。

CO 的完全燃烧可在较宽的温度区间进行。有的使用无定形催化剂的装置在 590℃再生温度时实现了 CO 完全燃烧，但是使用沸石催化剂的装置，再生温度一般较高。有关工业装置的操作数据列于表 8-46。

表 8-46　采用助燃剂实现 CO 完全燃烧的工业数据

例　　号	1	2	3	4	5
再生器密相温度/℃	604	640	720	680	680
再生器稀相温度/℃	608	670	750	700	670
再生剂碳含量/%	0.22	0.19	0.05	0.10	0.20
烟气中 CO 含量/v%	0.4	0.2	0.006	0.5	0.8
烟气中 O_2 含量/v%	3.8	4.4	3.6	3.4	0.8
烧碳强度/[kg/(t·h)]	69	163	95	249	187

CO 燃烧会大幅度增加向再生器的供热，程度不同地使热平衡要求的再生温度升高。高的再生温度引起剂油比的降低，对裂化反应转化率不利；但是再生温度高也使再生催化剂碳含量低，从而提高了催化剂的使用活性，有利于提高转化率。两方面的综合效果保证了转化率不低于原有水平。此外低剂油比可以减少焦炭产率，相应地增多轻油产率，经济效益十分显著。两个工业装置使用助燃剂前后的操作数据对比列于表 8-47。

表 8-47　工业装置使用助燃剂前后对比

例　　号	1		2		3	
加助燃剂时间	前	后	前	后	前	后
回炼比	1.24	1.21	1.6	1.0	0.71	0.67
剂油比	4.0	3.2	4.0	3.6	4.86	4.29
转化率/%	72.4	76.1	64.9	67.9	75.1	71.4
焦炭产率/%	7.2	6.2	5.9	4.6	5.1	4.4
再生器密相床温/℃	616	657	580	614	640	642
再生器稀相床温/℃	633	677	575	620	661	659
待生催化剂碳含量/%	1.03	0.90	1.52	0.72	0.79	0.61
再生催化剂碳含量/%	0.38	0.15	0.57	0.32	0.31	0.15
烟气组成/v%						
CO_2	10.2	13.8	10.5	15.5	8.8	14
CO	9.1	0.15	7.0	0.2	9.5	0
O_2	0.7	4.0	0.7	2.2	1.2	5

CO 完全燃烧条件下再生器稀相与密相温度差与 CO 在密相燃烧程度有关，即与过剩氧浓度、温度、助燃剂浓度和烧碳强度以及待生催化剂分配方式有关。高者可达 30℃以上，低者温差在 10℃以内，甚至由于稀相器壁散热大而成为负值。助燃剂中有效组分 Pt 在系统催化剂中的浓度是决定 CO 在床层燃烧速度和燃烧程度的一个关键要素。但是还要与助燃剂的平衡活性结合起来。当首先加入大批的新鲜助燃剂，使常规再生转为助燃再生时，加入

Pt0.1μg/g 即可启燃，0.2~0.3μg/g 就使 CO 部分燃烧，0.3~0.5μg/g 则可达到完全燃烧。但在连续的生产过程中助燃剂的活性组分不断受到高温和水蒸气作用，结炭以及其他环境条件的影响而减活，还由于机械粉碎以及随同催化剂带出而流失。为此需要保持一定的平衡浓度。根据不同装置的实践，活性平衡状态的 Pt 浓度应在 1.5~5μg/g 之间(视其他操作参数而异)。

重油催化裂化使用含 Sb 的重金属钝化剂时，Pt 的活性受到不利影响，平衡浓度或补充量要增大 20%，个别情况达 50%。原料油性质也有某些影响，例如富芳烃的原料比烷烃原料需要较小的助燃组分浓度。

工业上的助燃剂有两种基本类型：一种是单独使用的助燃剂，另一种是带有助燃组分的裂化催化剂。从理论上分析，后者的助燃组分比较均匀地分散在裂化催化剂的粒子上，比单独使用的助燃剂一个粒子平均与 20~100 个催化剂粒子混合，在流化床中发挥的效率要高很多，可以使再生器轴向和径向的温度分布更均匀，使用起来也简便。但考虑到工业装置原料和操作条件的多变性，使用单独的助燃剂可不受裂化催化剂补充速率的制约，在调节手段上多了一个自由度，在有些情况下更为经济，因而得到更广泛的采用。当前助燃催化剂只用于原料性质很稳定，且只采用完全再生的场合。

国内曾使用过粉状氧化铝载体的助燃剂，颗粒形状不规则，细粉多，强度低(磨损指数>6%/h)，流失速率快，因而单耗高。以后改用与裂化催化剂形状和强度相似的微球形助燃剂，情况大为改善，在某工业装置上的对比试验表明：按该高强度微球形助燃剂加入量与催化剂补充量计算的平衡催化剂上铂含量为 1.36μg/g，即相当于使用粉状助燃剂计算铂含量的一半时，CO 氧化活性基本相同，换句话说，新的助燃剂在系统中保留度明显提高。经过长期试用三种不同铂含量的 5 号助燃剂结果表明比过去使用的粉状 3 号助燃剂可节省 30%~55%的铂。有关助燃剂的介绍见本书第三章。

除了铂助燃剂以外，我国还生产了钯助燃剂。其氧化活性虽不如铂剂，补充量约高一倍，但价格只是铂助燃剂的三分之一，还是合算的。钯剂还有一个特点，即使氮化合物催化燃烧生成 NO_x 的速率远比铂剂为低，经加工含氮较高的胜利油的工业装置上试用，再生烟气中 NO_x 量明显减少。对比数据见表 8-48。

表 8-48　各种助燃剂效果比较表

装　置	1			2	
使用助燃剂	1~5 号铂剂	RC 铂剂	RC 钯剂	2 号铂剂	RC 钯剂
CO_2/v%	14	15	15	16.2	16.0
CO/v%	0	0	0		
/(μL/L)				600	~100
NO_x/(mg/L)		0.050	0.024		
/(μL/L)				999	<100

3. 一氧化碳高温完全燃烧

20 世纪 70 年代初，当一氧化碳助燃剂尚未出现时，国外一些公司开发了几种在高温下使一氧化碳完全燃烧的技术(Horechy，1975；Hartley，1975；Benjamin，1977；Castagnos，1977；Bunn，1977)，简称 HTR 技术(High Temperature Regeneration)。其中代表性的有 Amoco 公司的超再生技术，简称 UCR(Ultra Cat Regeneration)，可用较小的投资对已有的再生器进行改造(Avidan, 1990)。几年内连续改造了几十套装置。Kellogg 公司把它的正流 F 型装置和 HTR 技术结合，一度号称 Ultra Orthoflow 工艺。

HTR 技术采取的措施是向再生器床层送入超过完全燃烧所需的空气量，让密相床出口的 CO 与 O_2在稀相空间燃烧完全，释放出来的大量燃烧热被循环于稀相、密相间作为热载体的催化剂带回密相床。

Mobil 公司完全再生专利的特点是在稀相中部设一局部的高湍流区，待生催化剂首先进入密相床的上界面，由密相带往稀相的烟气和催化剂在经过局部高湍流区时，由于继续得到新鲜空气，CO 得到燃烧。在此湍流区上面的温度为 700~815℃，到稀相的催化剂除经一、二级旋风分离器返回密相床层外，其余部分沿斜挡板周边向下流回密相床。挡板的角度应大于催化剂的休止角。由稀相返回密相床的催化剂约为催化剂循环量的 0.3~4 倍，示意图见图 8-56。Mobil 公司完全再生所用的催化剂中也加入了可以促进 CO 燃烧的物质，早在 1953 年该公司就已在移动床催化剂中加入 Cr_2O_3以促进 CO 燃烧。

Amoco 公司完全再生的特点是在稀、密相之间补充新鲜空气，使 CO 在稀相燃烧，见图 8-57，燃烧温度同样是用催化剂控制。CO 燃烧热的 80%以上被催化剂吸收。这部分吸收 CO 燃烧热的催化剂可采用提高密相线速或用一个或几个喷射器或其他提升系统，将密相的催化剂送往稀相床，温度控制在 620~760℃，最好 680℃。稀相温度通常在 650~815℃，最好控制在 705~760℃。为了避免稀相温度过高，再生器顶部设有级间蒸汽、稀相喷蒸汽、集气室外部蒸汽。

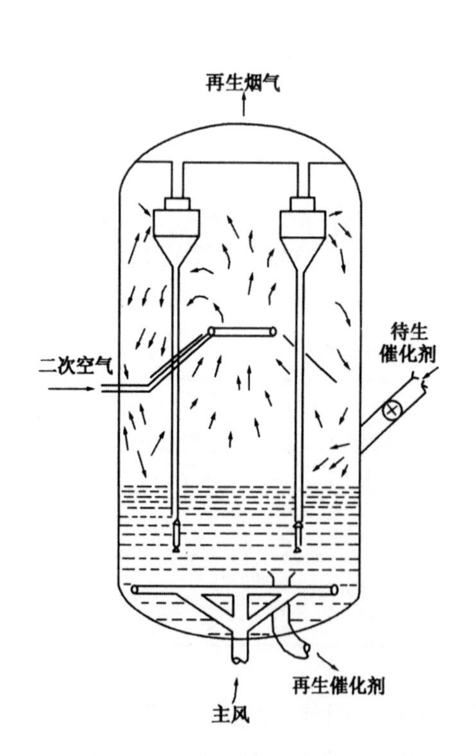

图 8-56　Mobil 公司完全再生示意图

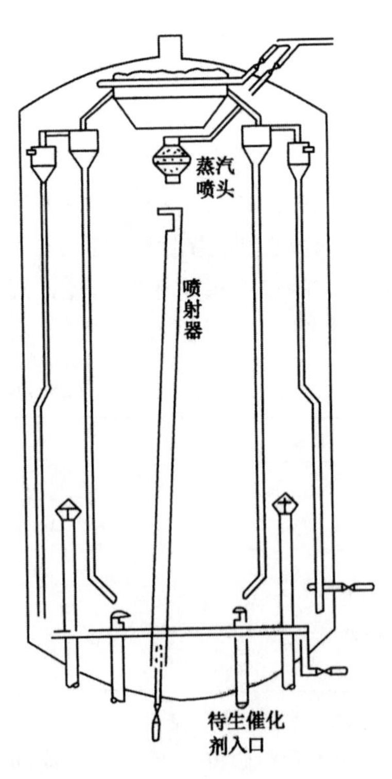

图 8-57　Amoco 公司完全再生示意图

Amoco 公司发表的工业试验数据见表 8-49，其显著特点是稀相温度比密相高 50～60℃。新建的 UCR 装置一般密相和稀相温度分别为 704 和 760℃。多数 HTR 装置密相温度为 715～720℃。个别改造的老装置密相温度可低于 620℃。

高温再生烟气中过剩氧一般在 1%以上，考虑到床层的空气分布不会十分均匀，最好保持在 1.5%～2.0%，密相床出口处氧含量约在 3%～4%。氧含量必须认真控制，否则操作一旦发生波动，CO 助燃剂会突然中止，出现“熄火”(Flame out)情况。由此看来高温燃烧的稳定性比助燃剂燃烧为差，为此有些采用了 HTR 技术的工业装置也经常补充少量助燃剂以策安全。

高温再生的再生剂含碳通常低于 0.05%，比用助燃剂略好(再生温度高时两者对比差值为 0.02%～0.05%，温度低时差值可达 0.2%)(Dean，1982)。根据专利说明书，UCR 技术的烟气中 CO 含量与密相床温度和稀相出口烟气氧含量有关，见表 8-50(Horechy，1975)。

从表 8-49 和表 8-50 可以看出，在密相床温度 660℃以上，氧含量高于 1.0%的条件下，CO 含量低于 500μL/L，而当温度在 700℃以上，氧含量高于 1.2%时，烟气中 CO 含量低于 100μL/L。UCR 装置设计值一般为 50μL/L。高温再生的催化剂平均停留时间为 2.3～2.5min。

通过模拟计算，高温再生与助燃剂再生的工艺数据对比见表 8-51。

表 8-49 高温再生工业试验数据

项目	例 1		例 2		例 3	
	前	后	前	后	前	后
密相温度/℃	651	659	631	669	651	681
稀相温度/℃	654	749	615	747	641	753
待生剂碳含量/%	1.18	0.85	1.00	0.77	0.97	0.80
再生剂碳含量/%	0.37	0.05	0.35	0.04	0.22	0.03
烟气组成/v%						
CO_2	10.6	16.0	10.0	16.4	10.6	16.0
CO	9.4	0	9.6	0.5	9.0	0.2
O_2	0.4	1.70	0.4	1.0	0.7	2.1

表 8-50 高温再生烟气中一氧化碳含量

密相温度/℃	氧含量/v%	CO 含量/(μL/L)	密相温度/℃	氧含量/v%	CO 含量/(μL/L)
702	0.55～1.18	2400～2700	699	2.60～2.90	36～20
697	2.40～2.43	100～70	706	3.20～3.00	17～8

表 8-51 高温再生与助燃剂再生数据对比

项目	高温再生	助燃剂再生	项目	高温再生	助燃剂再生
密相温度/℃	688	698	稀相床出口烟气组成/v%		
稀相温度/℃	744	698	CO_2	16.5	16.9
密相气速/(m/s)	0.85	0.73	CO	0.08	0.1
再生剂碳含量/%	0.079	0.054	O_2	1.0	0.5
密相床出口烟气组成/v%			烧碳强度/[kg/(t·h)]	100	80
CO_2	8.2	16.6	稀相燃烧热占烧焦总放热的比例/%	51.4	0.9
CO	7.8	0.4			
O_2	4.8	0.6			

（四）设备结构与烧焦效率

待生催化剂导入再生器内的方式以及颗粒在床层内的分布情况决定了催化剂的流动模型（RTD 曲线或返混程度），空气分布器的结构决定了气体与颗粒的接触效率。以上两者均影响烧焦效率，在工艺条件相同时有时烧碳强度彼此相差一倍以上，但设备结构在这方面的具体影响程度目前尚不能用某些参数进行关联，而主要依靠专有的设计技术来实现。例如在同轴式两器构型中，待生催化剂立管通过再生器中心，催化剂经塞阀节流后转入套筒上行，在密相床上部用特殊的分配槽均匀撒落入床层，创造了与烧焦空气逆流接触的条件。虽然床内返混影响纯逆流方式的实现，但无疑比侧面进入要好许多。因此同轴式再生器的再生效果较好，再生剂碳含量可达 0.05%以下。表 8-52 列举了我国两套装置的操作数据。注意其中 B 套曾在低的烟气氧含量下，即接近常规再生方式操作，再生剂碳含量仍可维持在 0.05%，而装置处理能力可提高 20%左右，解决了主风机能力不足的矛盾（韩剑敏，2000）。

表 8-52　同轴式单段再生操作数据

装置代号	A	B	
再生方式	CO 完全燃烧	CO 完全燃烧	CO 不完全燃烧
新鲜原料量/(t/h)	172	168	183
烧焦量/(t/h)	14.3	16.3	18.5
再生压力/MPa(g)	0.24	0.18	0.18
再生密相温度/℃	692	679	662
再生稀相温度/℃	706	694	670
再生器催化剂藏量/t	127	165	185
烧碳强度/[kg/(t·h)]	105	92	93
再生器密相气速/(m/s)	1.02	0.92	0.85
再生器密相密度/(kg/m^3)	255	220	276
再生催化剂碳含量/%	0.03	0.05	0.04
再生烟气 CO_2 含量/v%	13.2	15.4	16.8
再生烟气 CO 含量/v%	0	0.3	1.6
再生烟气 O_2 含量/v%	6.2	3.1	0.2

Kellogg Brown & Root 公司通过 1.5m 直径的冷模实验设备，用荧光示踪技术观察颗粒就地混合，用氦示踪观察气体混合，用光导纤维测局部颗粒速度，系统研究了正流式流化床的返混状况。对比床内设置横向挡板与不设挡板的差别，发现增加挡板可使返混量减少 81%，并且可用两级串联的 CSTR 模型模拟。实验还发现稀相颗粒携带量减少 57%，归结为挡板使床面破裂的气泡直径减少所致。所用挡板开孔率约 90%，颗粒畅通无阻，突然停风与再启动时均无异状。以上构成 KBR 公司 RegenMax 再生技术的依据（Miller，1999）。该公司按处理残炭值 5%的原料计算正流单段再生（CO 完全燃烧）改用 RegenMax 技术（CO 部分燃烧）的好处是：保持再生剂碳含量 0.05%前提下，再生器直径减少 11%，烧焦空气减少 22%、催化剂藏量下降 5%，新鲜催化剂补充量下降 10%，NO 排放量减少 50%，并可不用催化剂冷却器。对于已有的一套加工原料的残炭为 3%的装置，要求将残炭提高到 5%，并保持处理能力和主风机能力不变时，采用此技术可满足上述条件，而再生剂碳含量从<0.05%下降到<0.02%。若仍维持原设备结构，则再生剂碳含量将高达 0.2%，相当于微反活性下降 4 单位之多。我国尝试用 2 层格栅组成的隔板放置于同轴式再生器床层中部，取得了降低再生剂碳含量的效果（Han，2000）。工业数据列于表 8-53。

表 8-53　采用隔板的单段再生数据

情　　况	无隔板	有隔板	有隔板
再生方式	CO 部分燃烧	CO 部分燃烧	CO 部分燃烧
新鲜原料量/(t/h)	9.2	9.2	10.0
烧焦量/(kg/h)	910	926	997
再生压力/MPa(g)	0.14	0.14	0.14
再生密相温度/℃	688	689	690
再生器催化剂藏量/t	9.5	9.6	9.6
再生器烧焦强度/[kg/(t·h)]	96	96	104
再生器密相气速/(m/s)	0.70	0.65	0.70
再生器密相上层密度/(kg/m^3)	100	150	160
再生器密相下层密度/(kg/m^3)	260	280	270
再生催化剂碳含量/%	0.22	0.18	0.14
再生烟气 CO_2 含量/v%	16.0	14.9	15.4
再生烟气 CO 含量/v%	0.8	2.8	3.0
再生烟气 O_2 含量/v%	3.0	1.8	1.2

二、两段再生

为了充分发挥催化剂的活性，再生催化剂碳含量要求低于 0.1%。对于一段再生方式，实现这个要求较为困难，其不利因素主要是单段流态化床层返混严重，催化剂在整个床层的平均含碳量接近再生剂含碳量的数值，按照动力学式，烧碳速率和催化剂碳含量成正比，亦即 C_R值为 0.05%时其烧碳速率只有 C_R值为 0.1%时的一半。随着对单段再生技术的不断完善，通过改进待生催化剂分配和主风形成逆流接触、提高氧传质速度、降低床层的返混影响等措施，在不完全再生或再生温度较低时也可将再生催化剂碳含量降到 0.1%以下。两段再生方式则是使再生依次在两个流化床中进行。第一段床层的平均碳含量高于 C_R，因而烧碳强度大。从第一段排出的半再生催化剂进入平均碳含量低的第二段床层，该段烟气中水气分压较低，可以允许在 750℃甚至更高的温度下烧焦以达到稍高的烧碳强度。因此两段的综合烧焦效果优于单段再生。

（一）单器错流两段再生

美国 Kellogg 公司在 1971 年首先提出了用一块垂直挡板把一个再生器密相床分隔成两个床层并分别通入烧焦空气的单器错流两段再生技术（Pfeiffer，1971），其简化流程如图 8-58 所示。

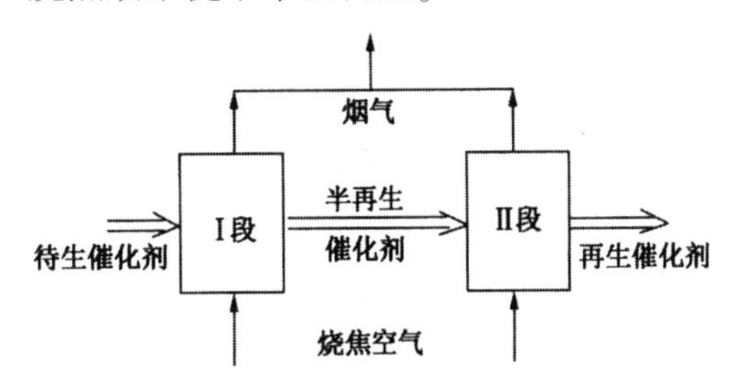

图 8-58　单器错流两段再生物流简图

推荐的操作条件：Ⅰ段密相床 593~691℃，Ⅱ段密相床 621~718℃，烟气氧含量 0.1%~1%，床层气速 0.61~1.37m/s。

几种不同烧焦负荷分配的两段再生方案的计算数据见表 8-54。表中共同的条件是：再生压力 0.11MPa(g)，离开床层的烟气氧含量 0.3v%，待生剂和再生剂碳差 0.8%，待生催化剂入口和再生催化剂出口温度分别是 510℃和 677℃，常规再生方式。主方案 A、B、C 的再生剂碳含量分别为 0.05%、0.10%和 0.25%，副方案 a、b 的床层气速分别为 0.76 和 1.37m/s。表中数据说明了三点情况：①若要求再生剂碳含量≥0.25%，两段再生反而不如单段再生；②若再生催化剂碳含量低于 0.25%，则随着 C_R 值的降低，两段再生效果更为明显。当Ⅰ段烧碳比例达到 80%~85%或Ⅱ段藏量比例在 20%~25%时达到最佳值。采用高的气速则更有利，可使总藏量比单段再生少 30%~40%；③催化剂总停留时间随总藏量的下降而减少，视气速高低在 3~6min 之间。更重要的是，催化剂在Ⅱ段(高温段)的停留时间大为缩短，只及单段再生的 1/5，十分有利于保持催化剂的活性。

表 8-54　两段再生方案比较

项　目	方案号	两　段					单段
第一段烧碳比例/%		1/6	1/3	1/2	2/3	5/6	
第一段密相床温度/℃		538	566	593	621	649	677
第一段藏量比例(占总藏量)/%	A_a	20.6	31.2	41.9	50.3	76.5	100
	A_b	23.0	32.3	40.6	52.7	73.3	100
	B_a	—	—	49.7	63.8	81.0	100
	B_b	—	—	51.9	63.4	80.0	100
	C_a	—	—	54.1	67.6	83.2	100
	C_b	—	—	61.1	70.8	83.9	100
总藏量比值(对单段再生比值)	A_a	1.05	0.97	0.86	0.76	0.71	1.00
	A_b	1.08	0.98	0.84	0.71	0.62	1.00
	B_a			0.99	0.92	0.88	1.00
	B_b			1.04	0.91	0.84	1.00
	C_a			1.09	1.03	0.99	1.00
	C_b			1.29	1.14	1.04	1.00
总烧焦时间/min	A_a	9.53	8.80	7.82	6.92	6.45	9.09
	A_b	7.25	6.59	5.64	4.72	4.18	6.70
	B_a			6.22	5.73	5.50	6.25
	B_b			4.04	3.53	3.25	3.88
	C_a			4.99	4.71	4.54	4.58
	C_b			2.82	2.52	2.27	2.19

按照方案 A 绘制的Ⅰ段烧碳比例和两段总藏量与单段藏量比值的关系曲线见图 8-59(Pfeiffer，1971)。当藏量和催化剂出入口碳差不变时，两段再生对再生剂碳含量的影响见图 8-60(Whittington，1972)。从两图可以直观地看出两段再生的优越性。

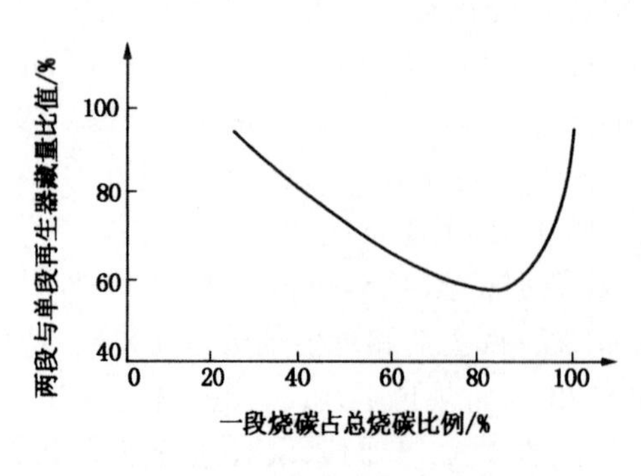

图 8-59　两段再生的藏量

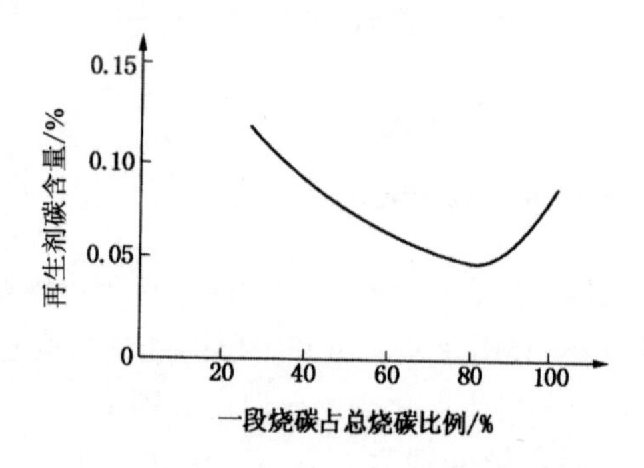

图 8-60　两段再生的再生剂碳含量

应用烧碳动力学的简化计算式可以定量地估计达到同一 C_R 时单段和两段再生的差别。令 F_s 表示催化剂循环量(t/h)；C_s、C_{sR}、C_R 分别表示待生催化剂、半再生催化剂和再生催化剂含碳量(%)；w、$w_Ⅰ$、$w_Ⅱ$ 分别表示单段、两段之第一段和第二段密相床层藏量(t)；k、$k_Ⅰ$、$k_Ⅱ$ 分别表示在单段、两段中第一段和第二段的温度下的烧碳动力学速度常数[(MPa·h)$^{-1}$]；P_{O_2}、$(P_{O_2})_Ⅰ$、$(P_{O_2})_Ⅱ$ 分别表示单段、两段中的第一段和第二段的平均氧分压(MPa)，$x_Ⅰ$ 表示第一段烧碳比例(分率)。

单段再生时：

$$F_s(C_s - C_R) = kP_{O_2}C_Rw \tag{8-227}$$

两段再生时：

$$F_s(C_s - C_{sR}) = k_Ⅰ(P_{O_2})_Ⅰ C_{SR}w_Ⅰ \tag{8-228}$$

$$F_s(C_{sR} - C_R) = k_Ⅱ(P_{O_2})_Ⅱ C_Rw_Ⅱ \tag{8-229}$$

由此得出：

$$w_Ⅰ + w_Ⅱ = F_s\left[\frac{C_s - C_{sR}}{k_Ⅰ(P_{O_2})_Ⅰ C_{sR}} + \frac{C_{sR} - C_R}{k_Ⅱ(P_{O_2})_Ⅱ C_R}\right] \tag{8-230}$$

$$w = F_s\left(\frac{C_s - C_R}{kP_{O_2}C_R}\right) \tag{8-231}$$

一般条件下：$P_{O_2}=(P_{O_2})_Ⅰ=(P_{O_2})_Ⅱ$　$k_Ⅰ C_{sR}>k_Ⅱ C_R$，此时 $w_Ⅰ+w_Ⅱ<w$，令 $C_s-C_R=\Delta C$，$(C_s-C_{sR})/\Delta C=x_Ⅰ$，则

$$w_Ⅰ + w_Ⅱ = F_s\left[\frac{x_Ⅰ\Delta C}{k_Ⅰ(P_{O_2})_Ⅰ(C_s - x_Ⅰ\Delta C)} + \frac{(1 - x_Ⅰ)\Delta C}{k_Ⅱ(P_{O_2})_Ⅱ C_R}\right] \tag{8-232}$$

求 $d(w_Ⅰ+w_Ⅱ)/dx_Ⅰ=0$ 时的 $x_Ⅰ$ 值即为 $w_Ⅰ+w_Ⅱ$ 值最小时的第Ⅰ段烧碳比例。

$$(x_Ⅰ)_{opt} = \left[C_s - \sqrt{C_sC_R\frac{k_Ⅱ}{k_Ⅰ}\cdot\frac{(P_{O_2})_Ⅱ}{(P_{O_2})_Ⅰ}}\right]\frac{1}{\Delta C} \tag{8-233}$$

从上式可看出 C_R、ΔC、$k_Ⅱ/k_Ⅰ$ 和 $(P_{O_2})_Ⅱ/(P_{O_2})_Ⅰ$ 均对第一段最佳烧碳比例产生影响。应该指出上式并不是很精确，首先是完全按化学动力学控制考虑，忽视了流化床内气体传递的阻力，其次是忽视了简单动力学式在第Ⅱ段高温条件下产生的误差(参见本章第二节)。

某装置的早期两段再生器典型操作数据列于表 8-55。

表 8-55　不同助燃剂的单器两段再生

项　　目	Ⅰ段	Ⅱ段	综　合	项　　目	Ⅰ段	Ⅱ段	综　合
密相温度/℃	648	673		烟气组成/v%			(再生器出口)
				CO_2	9.0	9.8	10.6
密相气速/(m/s)	0.58	0.35		CO	9.9	8.2	9.0
				O_2	2.4	4.8	1.2
烧焦比例/%	82	18	100	烧碳强度/[kg/(t·h)]	226	97	183

注：其他数据：$P=0.22$MPa(a)；$C_s=1.65\%$；$C_{sR}=0.48\%$；$C_R=0.20\%$。

自从推广了 CO 助燃剂后，同样也在两段再生的装置上应用，也得到了较好的效果，其典型数据列于表 8-56。应指出这种操作方式不仅要考虑两段烧碳负荷分配，还要满足两段对一氧化碳的完全燃烧。特别在第Ⅰ段，当供风量低于某一数值时烟气中氧含量过低，对

CO 燃烧不利，因而床层出口烟气中含有一定浓度的 CO，与第Ⅱ段富氧烟气在稀相混合燃烧，导致局部温度过高。所以对第Ⅰ段供风要有一个调节范围，并使其烟气中氧浓度不致过低，根据工业实践，第Ⅰ段产生的 CO 在稀相中燃烧可以控制在容许程度内。

表 8-56　使用助燃剂的单器两段再生

项　目	Ⅰ段	Ⅱ段	综　合	项　目	Ⅰ段	Ⅱ段	综　合
密相温度/℃	682	688		烟气组成/v%			
密相藏量/t	12.00	2.4	14.4	CO_2	13.0		12.6
稀相藏量/t			4.6	O_2	5.8		4.0
密相气速/(m/s)	1.34	0.89		烧碳强度/[kg/(t·h)]			184

注：其他数据：P=0.28MPa(a)；C_s=1.23；C_R=0.04。

(二) 单器逆流两段再生

从化学动力学角度分析错流两段再生可以发现，不论烧焦气体中氧浓度的高低，都可以与床层中不同碳浓度的催化剂接触，彼此相差 10 倍的氧浓度和碳浓度使局部的烧碳强度相差上百倍；在动力学速率过高的区域不可避免地受到氧传递速度的影响，无法发挥应有的优势。逆流两段(或多段)再生则使高氧含量的气体只和低碳含量的催化剂相遇，低氧含量的气体则同高碳含量的催化剂接触，化学动力学速度比较均一，有利于提高总的再生效果。并且这种流程最终只排出一股烟气，不存在某些错流两段再生装置产生两股烟气需要分别处理或在混合时防止尾燃的问题。逆流两段再生简化流程如图 8-61 所示。

前苏联学者 Орочко(1957)在六段串联逆流再生器内对平均粒径 0.3mm、碳含量 0.96%～1.72%的无定形裂化催化剂进行实验，再生温度为 600℃。实验结果表明：再生程度为 60%时，逆流再生较之单段再生可以缩短再生时间 84.6%，而再生程度为 95%时可以缩短 91.3%的时间，如图 8-62 所示。再生时间的大幅度缩短即意味着烧碳强度的成倍增大。基于这些数据，曾经考虑了在大型工业装置上实行四段逆流再生的方案。初步的设计条件是：待生催化剂碳含量 1.5%，再生催化剂碳含量 0.5%，各段密相床层高 1.3m，床层密度 500kg/m³，气速 0.7m/s，其他条件列于表 8-57。

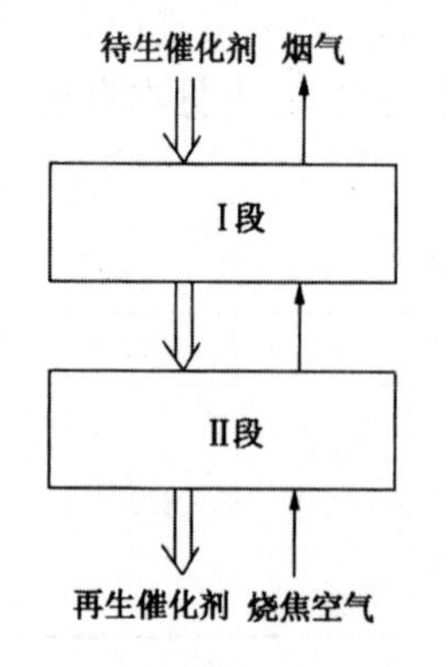

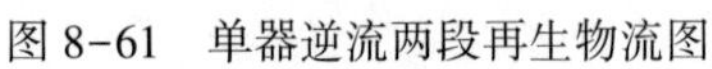
图 8-61　单器逆流两段再生物流图

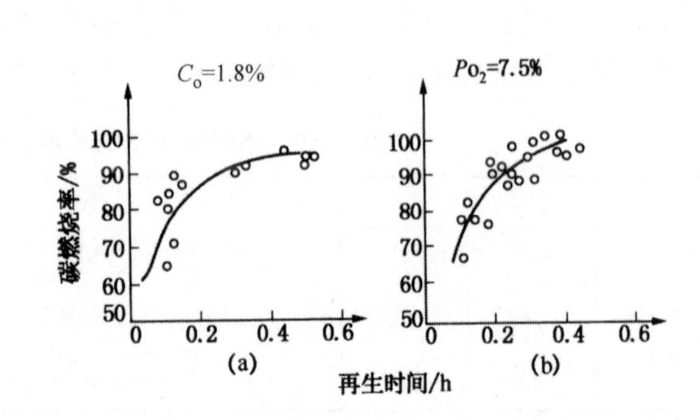

图 8-62　一段再生和六段逆流再生对比

(a) 一段再生；(b) 六段逆流再生

此后前苏联设计运行了单器两段逆流的工业再生器，三种型号的再生器简要结构示于图 8-63、图 8-64 和图 8-65(Фоджсева，1982)。

表 8-57　四段逆流再生设计工艺条件

段号	出口温度/℃	出口含碳/%	平均氧含量/v%	段号	出口温度/℃	出口含碳/%	平均氧含量/v%
Ⅰ	448	1.48	1.0	Ⅲ	590	1.01	3.3
Ⅱ	488	1.39	1.3	Ⅳ	650	0.50	10.7

注：总烧焦时间 6~7min，综合烧碳强度 83kg/(t·h)。

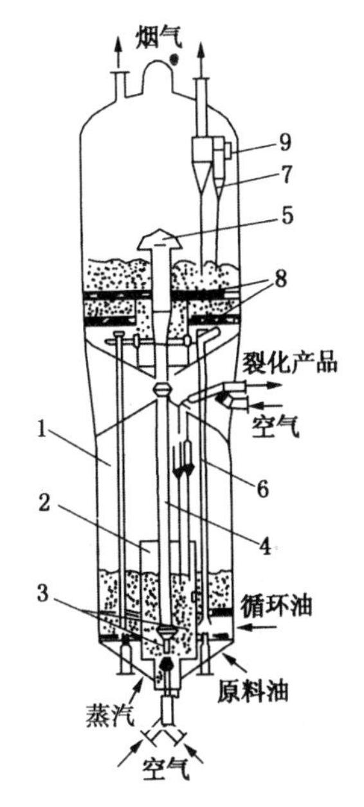

图 8-63　前苏联 ГК 型装置反应-再生部分简图

1—反应器；2—汽提段；3—调节阀；4—待生催化剂输送管；5—分布板；6—再生催化剂压力立管；7—旋风分离器；8—主风分布板；9—再生器

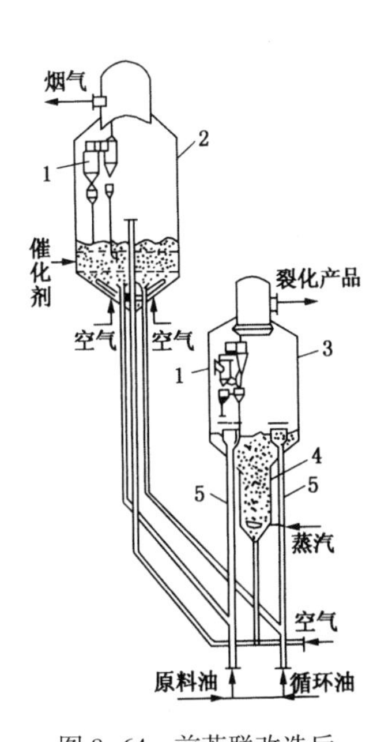

图 8-64　前苏联改造后的 1-A/1M 装置反应-再生部分简图

1—旋风分离器；2—再生器；3—反应-沉降器；4—汽提段；5—提升管反应器

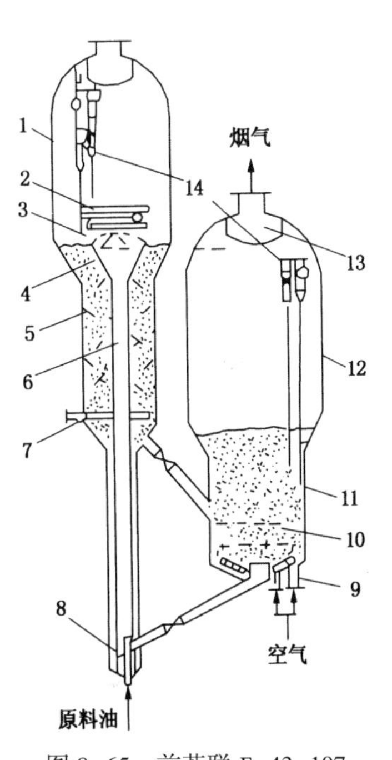

图 8-65　前苏联 Г-43-107 装置反应-再生部分简图

1—反应器沉降段；2—强化流化床段；3—分布板；4—过渡锥体；5—汽提段；6—提升管反应器；7—水蒸气集合管；8—喷射器；9—空气分配器；10—水平分层开孔隔板；11—流化床层段；12—再生器；13—集气室；14—旋风分离器

前苏联在一套 1-A/1M 装置上，按多段逆流流程对再生器进行了改造，改造前后的指标列于表 8-58(Рыбоков，1979)。从表 8-58 可以看出，在改造前催化剂床层温度限于 590~600℃范围(由于 CO 在再生器的稀相有尾燃的危险)，分段隔开能使流化床下部温度提高到 620~630℃。这时上部温度不超过 585℃，保证了再生器上部能可靠地防止 CO 尾燃，焦炭烧除量可增加 10%~20%。由于降低了流化床层的总高度和密度，再生器中催化剂体积减少 0.6~0.8 倍，烧碳强度增加一倍，再生催化剂碳含量由 0.4%~0.5%降至 0.13%~0.2%。从表 8-58 的数据中未能看出单个再生器两段逆流再生工艺的优越性，甚至还不如单段再生装置。初步分析是这种逆流再生采用的气体速度较低，床层密度较大，导致氧传递阻力大，化学动力学未起控制作用；而且段间距小，气体夹带的固体较多，估计段间有一定程度的固体返混，难以实现理想的逆流接触。

表 8-58　改建前后 1-A/1M 装置再生器操作指标

项　　目	改建前	改建后	项　　目	改建前	改建后
烧焦量/(t/h)	3.4~3.7	4.0~4.3	密相床高/m		
温度/℃			密相		5.3~6.2
密相床	585~600		下部密相		3.0~3.5
下部密相床		620~630	上部密相		1.7~1.8
上部密相床		540~585	再生器藏量/t	270~300	530~540
稀相	560~580	525~575	催化剂循环量/(t/h)	575~600	530~540
主风量/($10^3m^3/h$)	37~40	42~44	烟气组成/v%		
催化剂密度/(kg/m^3)			CO_2	7.5~8.7	10.1~11
			O_2	2.5~6.5	2.5~4.5
密相	500~600		CO	4.2~6.0	3.5~5.2
下部密相		370~380	再生催化剂碳含量/%	0.4~0.5	0.13~0.2
上部密相		375~390	烧碳强度/[kg/(t·h)]	12~14	23~25

有关逆流再生的报道还有 Kellogg 公司的上下叠置式，如图 8-66 所示(Pfeiffer，1972)，以及英荷壳牌公司的 Stanlow 装置，如图 8-67 所示(Nieskens，1990)。后者可实现 CO 的不完全燃烧，并得到含碳量很低的再生催化剂。

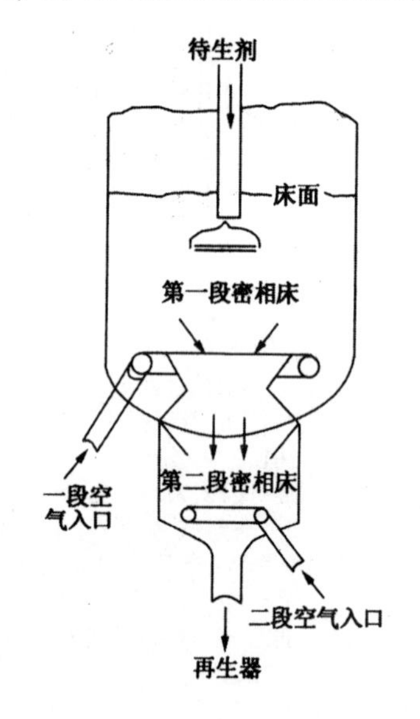

图 8-66　Kellogg 公司上下叠置式再生器

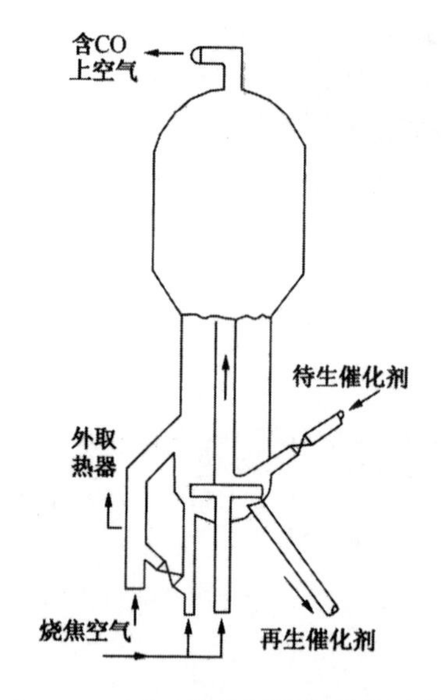

图 8-67　Stanlow 炼油厂催化裂化再生器

(三) 双器两段错流再生

双器两段再生是结合一种新的渣油催化裂化工艺一并提出的(Dean，1982)。它主要的目的是给提升管反应器提供温度很高(750℃以上)，碳含量低(<0.05%)的再生催化剂，给雾化良好的渣油油滴创造迅速气化的条件，从而减少焦炭产率。反应部分详见本书第七章。它的再生部分是首先在第一再生器内用常规再生办法将催化剂部分再生，然后进入第二再生器在高温下完全再生。第二再生器内气体中水气浓度低，水热减活不严重，可允许更高的再生温度。三类双器两段错流再生工艺区别列于表 8-59。

第Ⅰ类又称无取热设施的双器两段再生(侯祥麟，1991)。两器均采用湍流床，第一再生器用常规再生，密相温度为 650~670℃，稀相温度大体相同。第二再生器为高温热再生，密相温度700~750℃，稀相温度一般高于密相温度50~70℃，其温差随密相温度升高而减少。两器的烧碳比例根据热平衡条件调节。例如焦炭产率为6%(对原料油)时，第一段烧碳比例约为60%，当焦炭产率为7.5%时，上述比例要提高到80%以上。

表8-59　不同类型的双器两段错流再生

类　型	床层取热设施	是否用助燃剂	CO燃烧方式		两器烟气流向
			第Ⅰ段	第Ⅱ段	
Ⅰ	无	否	部分	完全	分流
Ⅱ	有	否	部分	完全	分流或合流
Ⅲ	有	是	完全	完全	合流

这类再生方式使装置具有如下优点：①再生效果好，再生催化剂含碳量低于0.05%；②两器分别在不同的温度和水气分压下再生，催化剂的减活条件较为缓和；③两段排出的烟气分别回收热能，免除了烟气管线和下游设备的后燃问题。不足之处有：①因焦炭产率被限定在7.5%以内，对高残炭的原料适应性较差，原料的质量波动容易造成第二段超温；②两段在不同的压力下操作，压差为0.04MPa(同轴式布置方案)或0.02MPa(并列式布置方案)，加上两段烟气中CO和O_2含量的差别，两股烟气不能混合进入烟气轮机回收能量；③两个再生器的综合烧碳强度只有100kg/(t·h)左右，设备体积庞大，投资贵。有关技术经济评价见本章第五节。

第Ⅰ类装置典型的反应-再生流程见图8-68和图8-69，代表性操作数据列于表8-60(侯祥麟，1991)。

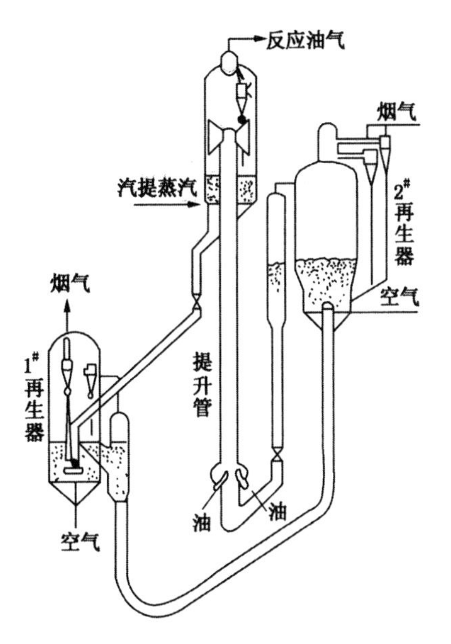

图8-68　并列式双器两段再生的反应-再生部分简图

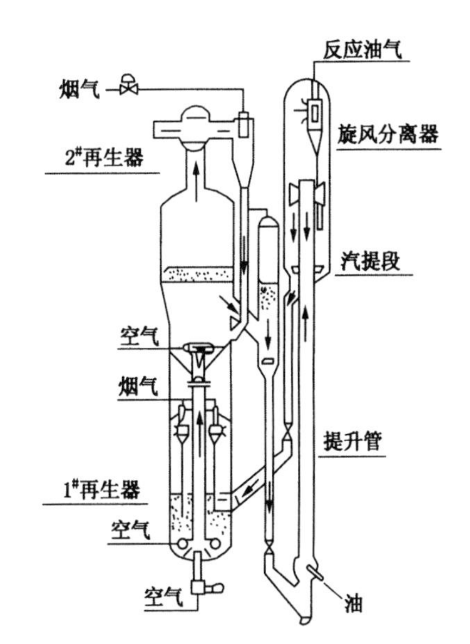

图8-69　同轴式双器两段再生的反应-再生部分简图

第Ⅱ类工艺又称"有取热设施的双器两段再生"，是在第Ⅰ类工艺基础上的改进。由于在第一再生器设置了床层取热设施，可以灵活地调节取热负荷，可以适应6%~10%的焦炭产率，对不同性质和掺炼渣油比例的原料均可处理，操作弹性较大。在烟气能量回收方面考虑了把第二再生器的烟气与蒸汽换热降温(蒸汽过热)后与第一再生器的烟气混合，控制合流气体温度不超过580℃，可以避免CO燃烧，然后经第三级旋风分离器进入烟气轮机回收压力能的方案，有利于降低装置能耗。这种类型的装置典型的反应-再生流程见图8-70，代表性操作数据列于表8-61(侯祥麟，1991)。

表8-60　无取热设施的双器两段再生工业数据

项　目	第一再生器	第二再生器	项　目	第一再生器	第二再生器
顶部压力/MPa(a)	0.37	0.31	烟气组成/v%		
密相床温度/℃	686	697	CO_2	12.2	12.2
稀相温度/℃	671	753	CO	7.4	—
密相床密度/(kg/m³)	370	642	O_2	0.2	8.6
			出口催化剂碳含量/%	0.24	0.03
密相床气速/(m/s)	0.89	0.55	烧碳强度/[kg/(t·h)]	144	40

表8-61　有取热设施的双器两段再生工业数据

项　目	第一再生器	第二再生器	项　目	第一再生器	第二再生器
顶部压力/MPa(a)	0.37	0.37	CO	8.3	0
密相床温度/℃	660	712	O_2	0.5	3.0
稀相温度/℃	663	752	入口催化剂碳含量/%	1.54	0.25
密相床气速/(m/s)	0.72	0.75	出口催化剂碳含量/%	0.25	0.10
烟气组成/v%			烧碳强度/[kg/(t·h)]	82	61
CO_2	10.6	15.9			

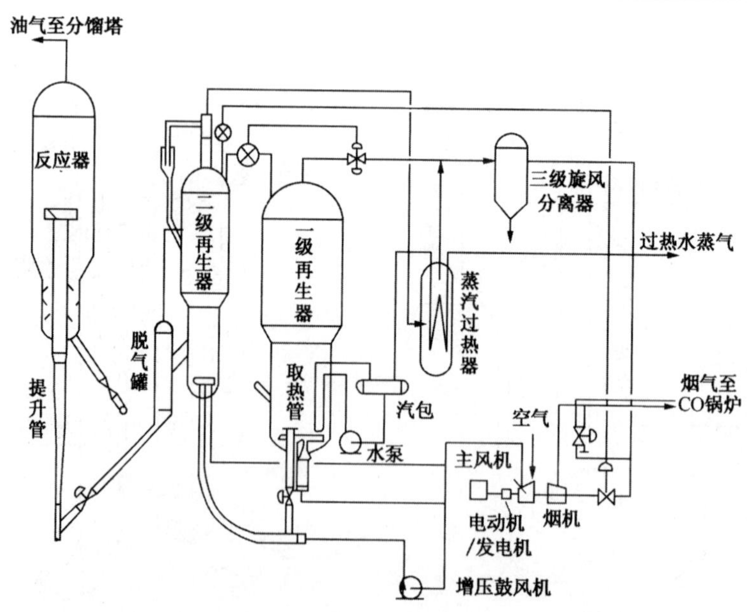

图8-70　有取热设施的双器两段再生流程简图

从第Ⅱ类工艺派生的一种流程在国内已用于几套大型装置。该流程除具有第一再生器采用CO部分燃烧(常规再生)而第二再生器采用CO完全燃烧的共同特点外，第二再生器在床型方面因采用快速床-湍流床串联再生(详见本章第三节)取代单纯的湍动床结构而独具特色。虽然结构趋于复杂，投资稍大，但消除了后者的严重二次燃烧，并且提高了烧焦强度，总体说来对于大型装置较为有利。两个再生器的烧碳比例在一定范围内调节灵活，适应于不同焦炭产率与取热负荷的需要。现选两套装置的标定数据列于表 8-62(张韩，2000；梁先耀，2000)。

表 8-62　有取热设施的双器两段再生新流程工业数据

项　目	A 装置		B 装置	项　目	A 装置		B 装置
新鲜原料量/(t/h)	288.3	256.9	132.6	第二再生器一密相催化剂藏量/t		10	5.3
残炭/%	4.6	4.6	4.4	第二再生器二密相催化剂藏量/t	31	22	9.9
烧焦量/(kg/h)	22.6	20.4	12.3	第一再生器烧焦强度/[kg/(t·h)]		124	118
烧焦比例(一再：二再)	74：26		81：19	第二再生器烧焦强度/[kg/(t·h)]		176	130
第一再生器顶部压力/MPa(g)	0.198	0.207		待生催化剂碳含量/%		1.15	
第二再生器顶部压力/MPa(g)	0.187	0.192		再生催化剂碳含量/%	0.02	0.05	0.03
第一再生密相温度/℃	667	656	654	第一再生器烟气 O_2 含量/%		0.9	0.2
第二再生密相温度/℃	722	721	694	第二再生器烟气 O_2 含量/%		2.7	8.2
第一再生器催化剂藏量/t	135	125	84.8	外取热器负荷/MW	22.6	14.48	14.5

第Ⅱ类工艺中两个再生器烟气合流的工艺在国内已应用于工业装置(刘辉，2000)。烟气的工艺流程见图 8-71。这种旨在回收全部烟气压力能的技术可弥补两段再生能耗偏大的缺点，但也带来较复杂的操作控制问题。关键在于保持混合烟气中 CO 含量不超过 3%，这样 CO 燃烧后烟气温度不致过高(低于 950℃)。为此应控制第一再生器的烧焦比例，同时调整该器的再生条件，使 CO/CO_2 低于 0.6，第二再生器烟气含氧宜较高，以保证 CO 燃烧完全。两个再生器等压操作和高温取热炉的负荷控制(保持烟机入口温度)都是重要环节。总之，这项创新技术已实现工业化，但仍需在工艺、设备和操作方面继续完善和提高。有关操作数据列于表 8-63。

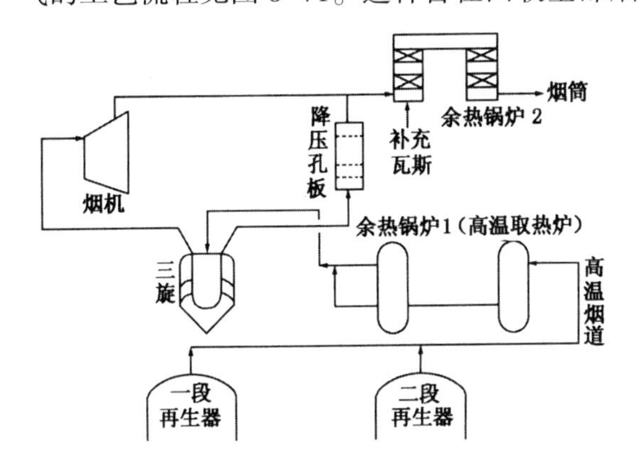

图 8-71　两段再生烟气合流工艺流程

表 8-63　两段再生烟气合流工艺操作数据

项　目	数　据	项　目		数　据
新鲜原料量/(t/h)	151.8	第二再生器密相温度/℃		710
渣油掺炼率/%	40.3	第二再生器烟气量/($10^3m^3/h$)		48.6
焦炭产率/%	9.0	混合烟气温度/℃		688
烧焦量/(kg/h)	13.6	高温取热炉入口温度/℃		912
烧焦比例(一再：二再)	78：22	高温取热炉出口温度/℃		720
第一再生器顶压力/MPa(g)	0.26	高温取热炉蒸汽温度/℃		248
第一再生器密相温度/℃	684	高温取热炉蒸气产量/(t/h)		20.4
第一再生器烟气量/($10^3m^3/h$)	111.5	三旋入口烟气组成/%	CO_2	17.4
第一再生器烟气 CO/CO_2	0.59		CO	0.2
第二再生器顶压力/MPa(g)	0.25		O_2	0.4

第Ⅲ类工艺是在第Ⅱ类的基础上做了改进，采用CO助燃剂使两个再生器的烟气直接汇合进行压力能回收。因烟气不必预先冷却，烟机回收功率较第Ⅱ类流程约增多10%。

这类工艺的操作控制要点是保持第一再生器的烟气氧含量不要过低(例如≮1%)，以免CO燃烧不完全引起合流烟气的尾燃超温。助燃剂的浓度也不宜过低，以保证密相床内CO的燃烧。半再生催化剂碳含量视第一再生器的结构特点和温度条件而异，但一般在0.15%~0.25%之间，也就是说第一再生器的烧碳比例达到85%~95%，此比值决定于CO燃烧条件和热平衡条件，调节的自由度较小。但不同原料的焦炭产率和第Ⅱ类工艺一样，仍可通过第一再生器的取热负荷进行调节。这种类型的装置代表性操作数据列于表8-64。

表8-64　有取热设施的双器两段再生

项　　目	第一再生器	第二再生器	项　　目	第一再生器	第二再生器
顶部压力/MPa(a)	0.34	0.30	烟气组成/v%		
			CO_2	14.0	12.7
密相床温度/℃	696	717	CO	1.0	1.0
稀相床温度/℃	705	720	O_2	3.7	4.8
			入口催化剂碳含量/%	1.18	0.34
密相床密度/(kg/m³)	354	324	出口催化剂碳含量/%	0.34	0.10
密相床气速/(m/s)	1.23	0.34	烧碳强度/[kg/(t·h)]	127	41

前述的三类双器两段再生工艺设计中有两个主要问题：

一是压力平衡问题，它取决于两个再生器的布置(同轴或并列；第一再生器也可以与反应沉降器同轴或并列)。两器的压力不宜相差过大，否则不利于全部烟气的压力能回收。还要注意半再生催化剂的输送方式，靠增压机输送或靠主风节流都会增大能耗。

二是烧碳负荷分配问题，它受到热平衡条件的制约。如前所述，对于第Ⅰ类工艺其烧碳比例主要取决于焦炭产率，要注意到比例的变动将对空气的分布和分布器的操作弹性(主要是第二再生器)带来影响，有时不得不在第二再生器通入过量空气，增加能耗，并降低装置处理能力。第Ⅱ类工艺的烧碳比例主要根据半再生催化剂和再生催化剂的碳差计算，此数值一般宜在0.25%~0.30%，此时两个再生器间的温差为60~75℃(经取热器冷却后的催化剂返回一再时)，或低于60℃(冷却后的催化剂进入二再时)。第Ⅲ类工艺的烧碳比例则按半再生催化剂碳含量0.2%~0.25%计算。三类工艺综合起来对比列于表8-65。

表8-65　双器两段再生的总碳差和各段取热比例

类　　别	焦产率范围/%	ΔC范围/百分点	第一再生器烧碳比例①/%	
			ΔC=1.8百分点	ΔC=1.2百分点
Ⅰ	6.0~7.5	1.0~1.2	—	80
Ⅱ	6~10	1.0~1.8	80~85	75~80
Ⅲ	6~10	1.0~1.8	85~90	80~85

① 对第Ⅲ类，C_R=0.05%。

(四) 双器逆流两段再生

UOP公司和Ashland公司20世纪70年代末期共同开发成功的简称为“RCC”的处理渣油的催化裂化工艺，包括了双器两段逆流的两段再生技术。有关流程简图见图8-72（Myers，1981；Shaffer，1990；Zandona，1980）。

待生催化剂从斜管流入位于上方的第一再生器的密相床层，利用第二再生器顶排出的含氧2.5v%~3.0v%的烟气和进入分布器的补充空气烧去大部分焦炭，一部分半再生催化剂经

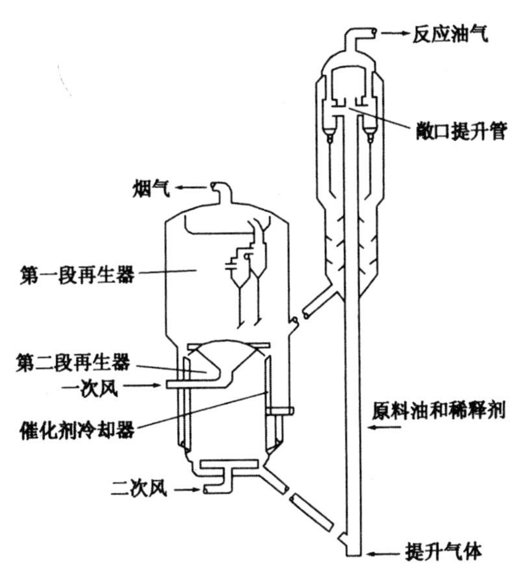

图 8-72 RCC 工艺反应-再生部分简图

外取热器，另一部分直接流入位于下方的第二再生器，利用新鲜空气进行烧焦，得到 C_R<0.05%的再生催化剂。第二再生器顶部夹带一部分催化剂的烟气进入第一再生器。通过调节外取热器负荷和向两个再生器的供风比例，可以灵活地调节第一段的烧碳比例在60%~80%，烟气中的 CO_2/CO 比值为3~6，以达到热平衡的要求。

这一技术的特点是：①产焦率在6%~12%范围内的原料都能适应；②用逆流再生方式把第一段的CO部分燃烧和第二段的CO完全燃烧，把第一段含碳高的催化剂与含氧低的空气，第二段含碳低的催化剂和含氧高的空气优化组合，提高了再生效果，降低了再生催化剂碳含量；③两个再生器只排出一股含有CO，但 O_2 甚低的烟气，消除了两股烟气合流产生尾燃的威胁，而且能量利用效果很好；④第二再生器不设旋风分离器，烟气携带的再生催化剂返混入第一再生器的密相床层；⑤沉降器位置很高，器顶部一般高出地面70m以上，投资较大。RCC再生技术的工艺数据列于表8-66a(Myers，1981)。但实际工业装置再生器两段密相床温度相差还不到10℃，且均达700℃以上。

表 8-66a RCC 逆流两段再生工艺数据

项 目	第一再生器	第二再生器	项 目	第一再生器	第二再生器
顶部压力/MPa(a)	0.21	0.25	烟气组成/v%		
密相床温度/℃	693	729	CO_2	11.9	16.5
入口催化剂碳含量/%	1.5		CO	4.0	0
出口催化剂碳含量/%	0.41	0.05	O_2	0.2	2.5

我国设计的重叠式双器逆流两段再生装置在工艺流程方面和上述工艺类似，在设备内部结构上有所不同。操作实践表明两个再生器烧焦空气流量分配，也就是烧焦比例十分关键，它取决于具体的工程设计。第二再生器烟气流过大孔分布板要产生足够压降，才能“托起”第一再生器的全部藏量，不然会造成不稳定的条件。第二再生器烟气携带的催化剂不宜过多，否则将使第一再生器床层碳含量降低，影响烧焦强度；此外携带的催化剂还把大量热量带入，改变了两个再生器的热平衡工况，使两器温度趋同，不利于分别优化。现将重叠式逆流两段再生装置的典型操作数据列于表8-66b(李炎生，1999)。

表 8-66b 重叠式逆流两段再生操作数据

项 目	第一段	第二段	项 目	第一段	第二段
再生器顶部压力/MPa(a)	0.395	0.432	CO	5.60	
密相床温度/℃	680	680	O_2	0.60	
稀相温度/℃	660	710	催化剂碳含量/%		
主风量/(m^3/h)	156000	144000	入口	1.20	0.3
再生器催化剂藏量/t	180	110	出口	0.3	0.02
烟气组成/v%			烧焦强度/[kg/(t·h)]	102	65
CO_2	13.5				

我国自行开发的名为 ROCC-VA 型重油催化裂化技术在构型方面的特点是全同轴式布置，自上而下依次是沉降器、第一再生器和第二再生器，见图 8-73(Zhang，1997)。布局紧凑，不仅两器占地面积小，而且沉降器顶切线标高只有 58m，与国外典型的两段逆流再生装置相比，总高度降低约 15m。第一再生器采用常规再生，第二再生器采用完全再生方式。后者的烧焦比例很低，设备直径小，但稀相区直径扩大以减少催化剂携带。催化剂自上而下全用立管输送，循环通畅。建成的 1Mt/a 装置运行正常，在 80%负荷时，再生剂碳含量只有 0.02%。

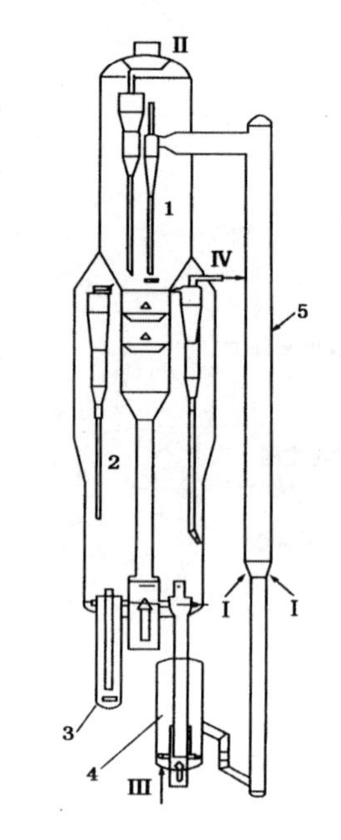

图 8-73　ROCC-VA 型逆流两器再生简图

1—沉降器；2——一级再生器；3—催化剂冷却器；4—二级再生器；5—提升管反应器；Ⅰ—反应器进料；Ⅱ—反应油气；Ⅲ—烧焦空气；Ⅳ—再生烟气

三、循环床再生

湍流床的气泡相与乳化相间的传递阻力对于烧碳强度影响较大。即使床层气速高达 1.2m/s，传递阻力仍使按动力学计算的烧碳速度减少约三分之一。湍流床又属于典型的返混床，本章第三节已经阐明全返混床的停留时间分布函数使整个床层的平均碳浓度等于出口的再生催化剂含碳量，而烧碳反应速度与碳浓度成正比关系，再生程度愈深，烧碳强度就愈低，从而增加了再生器的催化剂藏量和设备尺寸，成为湍流床再生的限制因素。

如果把气速提高到 1.2m/s 以上，而且使气体和催化剂向上同向流动，从上部将两种物流导出，使催化剂被气体带出的量和进入量相等，这就过渡到流态化域图中的快速床区域(详见本书第五章第四节)。原先存在于乳化相的催化剂颗粒被分散到气流中，构成絮状物的颗粒团变为分散相，而烧焦气体转为连续相。这种情况十分有利于氧的传递，使反应过程基本受化学动力学限制，从而强化了烧碳过程和一氧化碳燃烧过程。

在 1.5~1.8m/s 气速下形成的快速流化床在床层下部和边壁处仍有一定程度的固体返混，但床层的上部和中心部分接近于平推流形式，轴向存在着明显的温度差和碳浓度差。这就允许我们用平推流结合返混床的假设来处理其反应工程问题。

早在 20 世纪 40 年代初期第一套流化催化裂化工业装置(Ⅰ型)即采用了平推流式再生器，由于当时的工艺、设备和催化剂条件很不完善，不久即改为密相返混床的型式(Ⅱ型)。20 世纪 70 年代初，美国 UOP 公司对比了平推流烧焦和全返混床烧焦(CSTR 模型)，发现两者烧焦时间相差达 9 倍，见图 8-74 和图 8-75。平推流烧焦时间和再生温度(按恒温计算)及再生压力的关系示于表 8-67。

表 8-67　平推流烧焦时间和温度、压力的关系　　s

温度/℃	压力/MPa(g)					
	0.070	0.105	0.140	0.175	0.210	0.245
621	114	93	80	70	63	57
649	67	55	47	42	37	33
677	40	33	28	25	23	20

注：① 烧焦空气为平推流，氧浓度从 21%降到 2%；② 全部恒温条件；③ 烧焦时间 s。

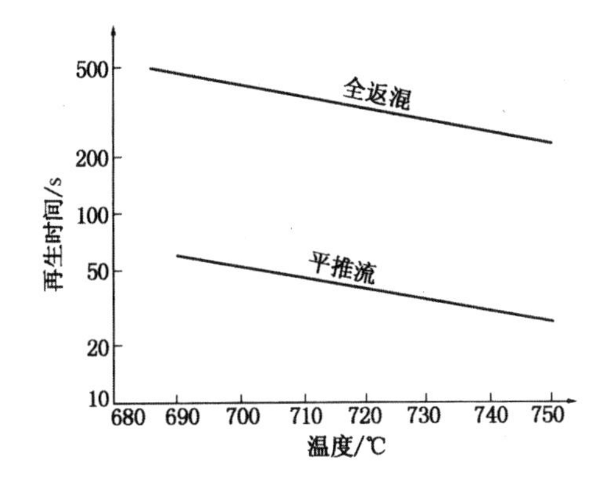

图 8-74 平推流和全返混烧焦时间对比
再生压力和氧浓度恒定；
待生催化剂碳含量 0.8%；
再生催化剂碳含量 0.02%

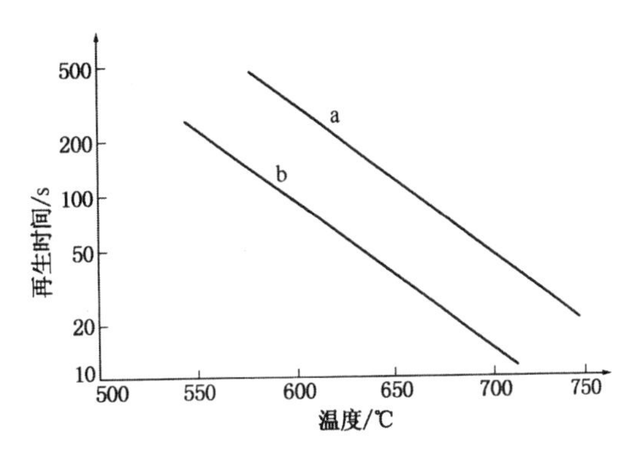

图 8-75 平推流恒温烧焦的再生时间
再生压力和氧浓度恒定；a—待生剂碳含量 0.85%，
再生剂碳含量 0.05%；b—待生剂碳含量 1.10%；
再生剂碳含量，0.30%

平推流烧焦能够大幅度缩短烧焦时间，减少再生器藏量从而缓和催化剂的失活条件。此外还使操作的灵敏度加大，从失常状态可以较快地恢复到正常状态。

由此 UOP 公司提出了区别于常规再生的高效再生概念，专利上发表的再生器形式见图 8-76(Kralicek，1975)，其要点可概括为：①待生催化剂和烧焦空气的流型为近似的平推流；②空气分布尽量均匀，以防止氧和一氧化碳从床层短路；③做到一氧化碳、氧和催化剂的紧密接触，在快速床内实现 CO 的完全燃烧，防止在下游尾燃超温。

（一）循环床再生的设备和工艺条件

从 1974 年起在工业装置上实现循环床高效再生，其再生器结构形式与常规再生器迥然不同，主要构成：①通称为烧焦罐的快速流化床的烧焦反应器(第一密相床)；②再生催化剂和烟气并流向上的稀相输送管；③气体和催化剂初步分离的粗旋风分离器系统；④作为缓冲容器兼进行最终烧焦的第二密相床；⑤再生催化剂循环到烧焦罐的循环管线，详见图 8-77。该工艺已取消了图 8-76 的再生催化剂汽提而增加了再生催化剂的循环管线。

烧焦罐是实现高效再生的核心设备，气速必须满足过渡到快速床的流态化条件。此外，良好的气-固接触和工艺参数(温度、氧分压、密度、碳含量等)都是十分关键的。

首要是温度条件，烧焦罐的入口(底部)温度决定于两种物流(催化剂和烧焦空气)的混合温度和罐内的返混程度。前者如果只考虑待生催化剂(500℃左右)和空气(150~200℃)，则混合温度只有 450℃，加上返混固体也很难超过 600℃。这样低的温度从烧碳动力学角度看实在过低，无从实现高烧碳强度的高效再生。针对这一情况，采取了把一部分再生催化剂作为热载体与待生催化剂在烧焦罐入口处混合升温的措施，可把烧焦罐底部的起始温度提高 50~80℃，达到 660~680℃，满足了高效再生起始温度的要求。

烧焦罐底部有一段固体颗粒加速区和返混区，在这部分中尽管存在一定程度的返混，但烧碳强度很大。沿轴线向上是稀相区，由于近似的平推流流动，存在着轴向含碳量和温度梯度。

烧焦罐出口温度一般高于入口温度 20~30℃。对于无取热设施的装置一般低于第二密相床温度 10~20℃；在有取热设施的装置中，根据取热设施的流程，烧焦罐出口温度可以比第二密相床温度略高。若最高再生温度限制在 720℃以下，则烧焦罐出口温度为 700~720℃。

图 8-78 为某炼油厂烧焦罐出口温度与催化剂碳含量的实测数据(赵伟凡，1983)。当出口温度小于 640℃时，再生催化剂碳含量在 0.7%以上；660～670℃时，降到 0.25%左右；690～700℃时，降到 0.15%。但是烧焦罐的温度沿催化剂与烟气流动方向变化，故存在轴向温度分布，但是待生催化剂和循环的再生催化剂的充分混合是重要的。实际上两种催化剂在相隔 180°的方位流入烧焦罐底部，靠分布器喷出的流化风进行混合，典型的工业装置实测温度分布数据见表 8-68 和图 8-79。可以从靠器壁处沿圆周的热电偶记录数据看出从底部到顶部的轴向存在最大为 20℃的温差，其中靠待生催化剂入口一侧温度较低。虽然温度分布不十分均匀，但是烧碳强度还是很高的。

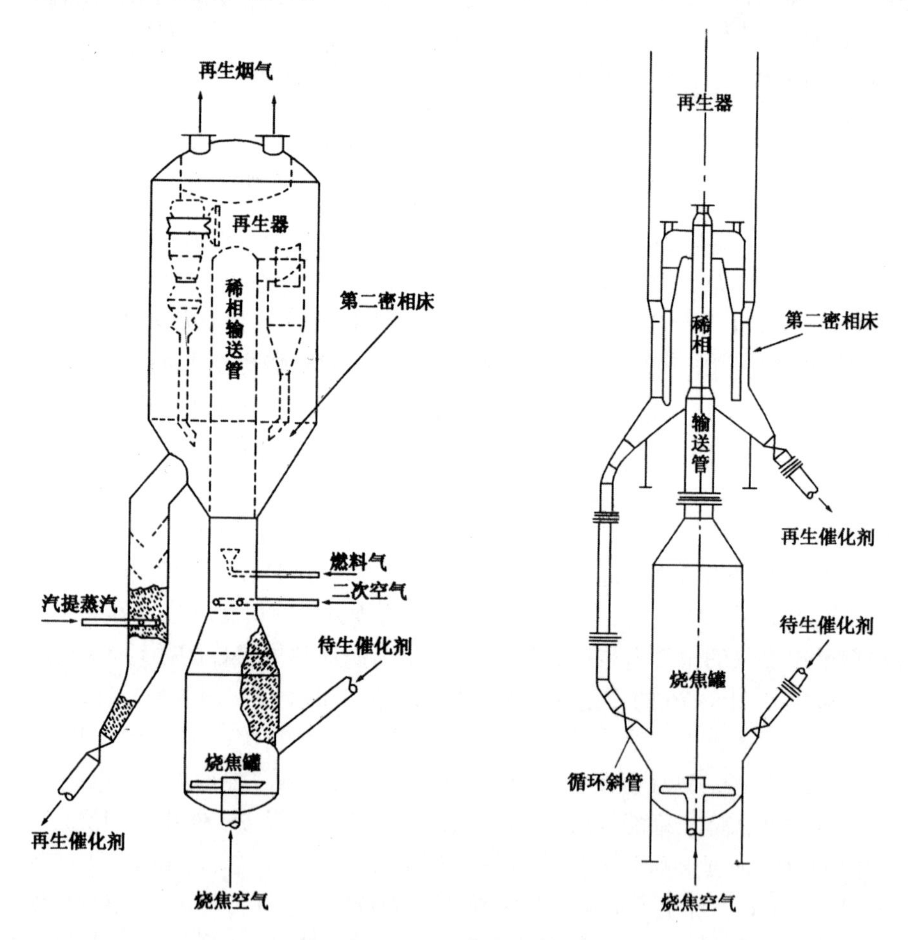

图 8-76　UOP 公司高效再生示意图　　　图 8-77　工业化的循环再生简图

表 8-68　烧焦罐温度分布　　℃

轴向位置	相对标高/m	沿圆周位置			
		1	2	3	4
顶部	9.72		702		702
上	6.82	699		697	
中	3.10		694		699
下	0.14	685	697	700	688

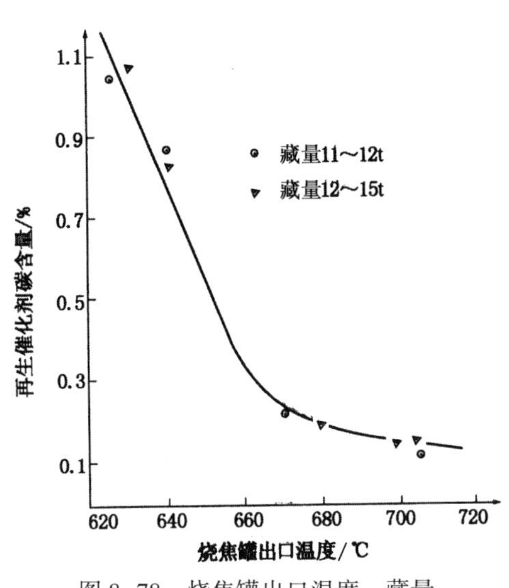

图 8-78　烧焦罐出口温度、藏量和催化剂碳含量的关系

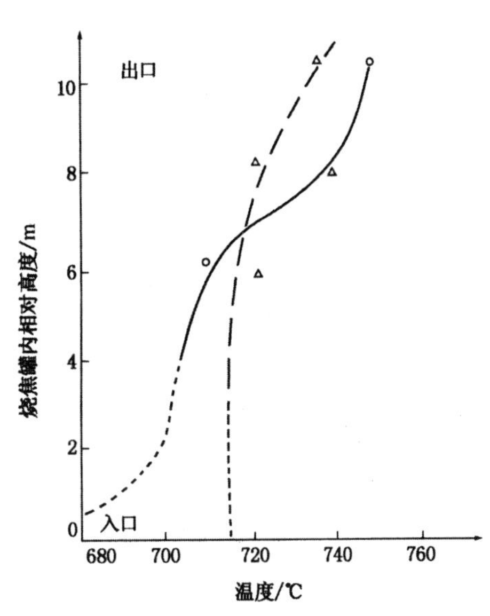

图 8-79　烧焦罐内温度分布

——待生催化剂入口侧；

·······循环再生催化剂入口侧

为了使两股催化剂混合均匀，曾经在烧焦罐下方设置一段长约 8~10m 的预混合管，在 6~8m/s 的高速空气流下使之混合均匀，同时在管内也烧去一部分焦炭。预混合管在 600~630℃左右的温度而且藏量过小的情况下，只能减轻烧焦罐负荷的 10%~20%。但是预混合管增加了再生器框架高度和工程投资，因此要结合具体条件决定是否采用。

氧含量对焦炭燃烧的影响与常规再生器基本相同。常规再生器在不加 CO 助燃剂操作时，氧含量的提高受到再生器二次燃烧的制约，不可能提得过高，烧焦推动力受到限制。烧焦罐中气体和固体以相同方向流动，返混程度比湍流床小。出口氧含量一般可达 3%~5%以上，烧焦罐处于高氧条件下操作，使烧碳速率提高。

烧焦罐中催化剂藏量对焦炭燃烧的影响与常规再生有一定差异。常规再生器中催化剂藏量的变化，对焦炭燃烧的速率和再生催化剂含碳量有明显的影响。而烧焦罐中催化剂藏量在一定范围内变化对烧焦效率影响不大，见图 8-78。

循环床再生器内催化剂总停留时间约为 75~85s，其中烧焦罐中停留时间约 35~40s(占总停留时间的 40%~50%)，稀相管停留时间 2~3s(占总停留时间的 3%~4%)，第二密相床停留时间 35~45s(占总停留时间的 45%~55%)。由此可见，由于烧焦罐再生器的烧碳强度高，所需催化剂藏量少，在再生器中停留时间短，仅为常规再生器的三分之一左右。

影响烧碳强度的另一个重要因素是气体速度，在温度换算为 677℃的情况下，某装置不同烧焦罐气体线速时的折算烧碳强度见图 8-80。

从图 8-80 可以看到，随着烧焦罐中气体速度的增加，烧碳强度亦增加。气体速度在 1.5m/s 时，烧碳强度接近 460kg/(t·h)；气体速度达 1.7m/s 时，烧碳强度达到 500kg/(t·h)。

烧焦罐、稀相管和第二密相床中催化剂含碳量的分布情况见图 8-81。由图 8-81 可见，烧焦罐下部的密相区烧焦效率最高，烧去的碳量占总碳量的 70%以上，烧焦罐的其余部分只烧去总碳量的 20%左右。烧焦罐烧碳量约为总碳量的 90%~95%。稀相管和第二密相床均有一定的烧焦作用，二者总的烧碳量约为总碳量的 5%~10%。

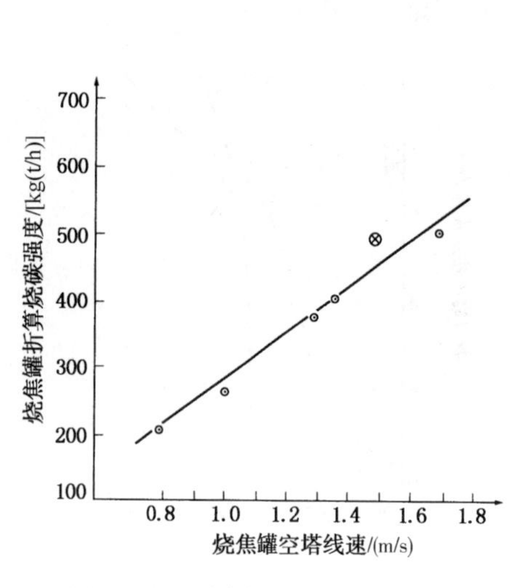

图 8-80　不同线速下的烧碳强度

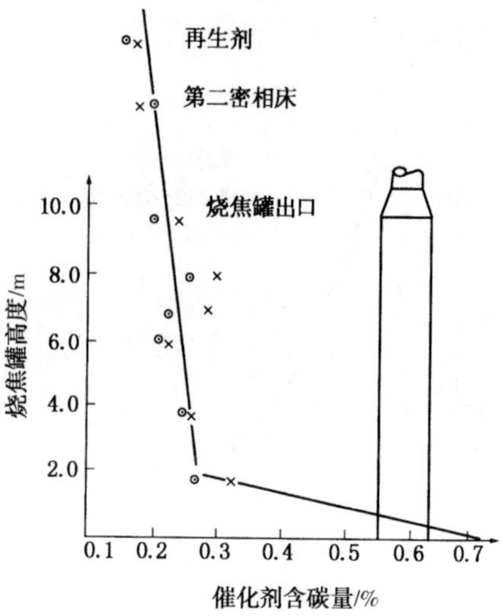

图 8-81　循环再生器催化剂碳含量分布

从本书第五章的数据得知，烧焦罐的平均密度为 40～70kg/m³，稀相区只有 20～25kg/m³，密相区 70～120kg/m³，比常规湍流床低很多，如果按催化剂质量计算的烧碳强度为450～700kg/(t·h)，那么按罐体积计算的烧碳强度不过 30～50kg/(t·m³)，和常规高速湍流床不相上下。为此，烧焦罐的密度(或藏量)不宜过低，尤其当要求再生剂碳含量低时密度宜较高(增加循环再生剂流量)。但是平均密度也不可过高，否则流型改变为高速湍流床，烧碳强度下降。在一定气速下，烧焦罐的密度主要和固气比有关，而固气比 $r_{S/G}$ 又和循环再生催化剂与待生催化剂的比值 R 存在下述关系：

$$r_{S/G} = A(1 + R)/\Delta C \tag{8-234}$$

式中，A 值与焦炭中氢含量、烧焦罐烧碳比例以及其出口烟气氧含量有关，一般为 6～7。固气比的上限决定了循环比的上限(当碳差 ΔC 不变时)。

我国曾引进 UOP 公司高效再生技术对某套装置做了改造，其烧焦罐稀相区和密相区的密度分别达到 56kg/m³和 136kg/m³(通过增加再生剂循环量实现)，再生效果较好，但烧碳强度偏低，如表 8-69 第 3 例所列（刘铁山，2000)。

表 8-69　循环床再生工业数据

例　　号	1	2	3	例　　号	1	2	3
再生器顶压力/MPa(a)	0.26	0.27	0.25	CO		0.4	0
烧焦罐顶温度/℃		692	700	O_2	6.8	2.2	3.5
烧焦罐底温度/℃	719	682	690	待生剂碳含量/%		0.83	0.72
第二密相床温度/℃	668	705	715	再生剂碳含量/%	0.05	0.06	0.06
烧焦罐气速/(m/s)	1.5	1.5	1.2	烧碳强度/[kg/(t·h)]			
再生烟气组成/v%				烧焦罐	322	519	168
CO_2		16.2		再生器综合	121	156	58

从表 8-69 可以看出，我国设计的循环床再生技术的特点是综合烧碳强度高，尤其按烧焦罐计算的烧碳强度更高，见例 1 和例 2。

烧焦罐内还进行着氢和一氧化碳的燃烧，它们的燃烧速率一样得到强化。应着重提出的是 CO 的均相燃烧在 700℃以下时很难进行完全。早期单纯按热法完全燃烧的高效再生装置在实际操作中会遇到温度低，CO 燃烧差，反过来又影响温度提高的恶性循环。而经常使用燃烧油并非良策，所以加入 CO 助燃剂有利于平稳生产。

烧焦罐出口的稀相管内发生一氧化碳和碳的进一步燃烧。有的专利文献提出在管内通入燃烧气帮助 CO 的均相燃烧，但工业实践上很少实施。

第二密相床主要作为再生器与反应器之间的缓冲容器，同时也是烧焦罐在工况变化或藏量波动时的缓冲容器，因而需要一定的藏量。它的结构要求能容纳包括粗旋风分离器在内的整个再生器旋风分离系统的料腿，还有催化剂的排出口，截面积较大，按最低料面高度计算的藏量也不小，大体占再生器总藏量的 50%～60%。在这个床层一般只通入总烧焦用空气的 10%～12%，床层气速只有 0. 15～0. 25m/s，属于典型的鼓泡床，烧碳强度只有 30～50kg/(t・h)。

UOP 公司技术规定在第二密相床内只通入空气总量的 2%，床线速约 0. 03m/s，密度达 650kg/m^3。

由以上设备构成的循环床高效再生系统烧焦负荷的 90%以上由烧焦罐负担。因烧焦罐的烧碳强度很大，所以整个再生器的综合烧碳强度为 200～320kg/(t・h)，再生催化剂含碳 0. 1%左右。馏分油催化裂化的循环床高效再生典型工业数据见表 8-69 中的例 1。

渣油催化裂化采用循环床再生要设置取热设施。有两种取热方式：一是从第二密相床引出的一部分高温催化剂经由外取热器冷却后与循环催化剂一起进入烧焦罐下部；二是把冷却后的催化剂返回第二密相床。第一种方式在保持烧焦罐底部温度不变时的固气比较大，第二种方式第二密相床温度低于烧焦罐出口温度。有关热平衡和温度分布的讨论参见第六章。应指出，当取热负荷适中，采用第二种方式第二密相床温度低于烧焦罐出口温度 10～20℃时，有利于催化剂的活性保持。但如取热负荷过大，造成第二密相床温度过低或烧焦罐出口温度过高时，则不如第一种方式有利。

渣油催化裂化的循环床再生典型工业数据见表 8-69 中的例 2。

（二）快速床串联再生

对循环床高效再生，由于第二密相床烧焦效率低，再生器综合烧碳强度只有烧焦罐数值的 40%～50%。针对这个问题提出了改进第二密相床的方向：提高床层气速，降低床密度，减少氧传递阻力。但是床面积不可能减少，烧焦空气流量受烧焦比例限制又不可能成倍增加。唯一可行的方案是把烧焦罐出口的烟气全部引入第二密相床，气速就能达到 1. 5～2m/s。

从反应工程角度分析这一工艺的特点：

① 第二密相床从鼓泡床变成快速床的浓相区，气相和颗粒团间的气体交换系数较鼓泡床增大 2～3 倍。虽然出入口的平均氧分压只及循环床的一半左右，但氧气传递能力仍可成倍增加。

② 全部烧焦空气(除去引入外取热器之外)都进入烧焦罐，可使其轴向各处的氧分压高于循环床再生的烧焦罐，尤其在其出口处氧分压的加大，使这个低碳低氧的动力学速率的瓶颈部位得到改善，烧焦罐的平均烧碳强度得以提高；或者在烧碳强度不变的条件下降低再生催化剂碳含量。

③ 综合烧碳强度的增加给 CO 的完全燃烧带来某些问题，为此要保持适当的床层温度或者足够的助燃剂浓度。

其他特点主要有：

① 第二密相床流化较好，有利于再生催化剂的循环与输送，能适应全部采用大堆积密度催化剂的条件。

② 第二密相床水气分压与常规再生相同，但大大高于循环床再生的第二密相床。为了防止催化剂的水热减活，应根据其水热稳定性决定其最高床层温度。鉴于这一工艺的第二密相床藏量和稀相区藏量只有同等规模的常规再生器的 30%～50%，且可从此床层取热，所以可维持略高于烧焦罐的床温。

我国开发成功的快速床串联再生工艺成功应用于多套大中型催化裂化装置，简图参见图 1-44，有关工业操作数据列于表 8-70。

表 8-70　快速床串联再生工业数据

项　目	快速床串联再生	常规快速床	项　目	快速床串联再生	常规快速床
再生压力/MPa(a)	0.34	0.34	烧碳强度/[kg/(t·h)]	338	126
再生温度/℃			烟气组成/v%		
一段底部	690		CO_2	13.7	15.9
一段顶部	716	692	CO	0.04	0
二段床层	727	701	O_2	4.7	2.7
表观床层线速/(m/s)			待生催化剂碳含量/%	1.2	0.76
一段	1.58	1.64	再生催化剂碳含量/%	0.05	0.04
二段	2.11	0.82			

从表 8-70 看出，快速床串联再生的效果好于常规快速床；再生温度高时烧碳强度比单器湍流床高一倍左右，温度低时和带逆流结构的同轴单器接近。

常规快速床或快速床串联再生不仅可以单独使用，还可以作为放置在单器湍流床后面的第二级再生器应用。这一情况适合于既有装置的扩能改造，也适合大烧焦负荷的新装置设计。表 8-71 的前两例属改造装置，而例 3 则属新设计装置。

表 8-71　快速床串联再生作为第二级再生器

例　号	1	2	3	例　号	1	2	3
二级再生器顶压力/MPa(a)	0.24	0.23	0.29	再生烟气组成/v%			
二级再生器烧焦百分比/%	39.8	25.3	25.9	CO_2	11.0	12.5	18.0
				CO	0.2	0	0
烧焦罐顶温度/℃	696	679	696	O_2	8.0	7.5	2.7
第二高速床温度/℃	694	681	721	第二级入口半再生剂碳含量/%	0.48		0.36
烧焦罐气速/(m/s)			1.77	再生剂碳含量/%	0.06	0.07	0.05
				烧碳强度/[kg/(t·h)]			
烧焦罐藏量/t	19.7	18.0		烧焦罐	178	185	
第二高速床藏量/t	35.9	22.9	22.2	第二级再生器综合	63	82	172

（三）输送管再生

如果把目前烧焦罐的气速再提高一倍，达到 3m/s 左右，就进入完全的快速床区。

预期径向密度分布更为均匀，气-固接触更好，可以做到烧碳速率由反应动力学控制。Texaco公司为其下行式提升管反应器技术配套提出的管式再生器数据如下（Bunn，1985）：

催化剂流量：待生催化剂 22t/h

循环再生催化剂 21.0t/h

空气量：139t/h

气速：3.05m/s

管底部催化剂入口温度：620℃

管内催化剂平均密度：24.1kg/m^3

催化剂停留时间：20s

再生器尺寸：ϕ3.96m×45.7m

按以上数据估计的平均烧碳强度约760kg/(t·h)，再生催化剂含碳量可能为0.1%以上。

这种形式的再生尚未见有工业装置的报道，上述数据有待实践检验。

我国结合DCC技术的开发，设计出提升管式再生器。利用待生催化剂温度高的有利条件，同时采用多点进风方式，使再生过程在提升管内得到强化；辅之以上部的密相床进一步烧焦，即可完成全部再生过程。有关流程示意图见图8-82。典型操作数据见表8-72(Zhang，1997)。

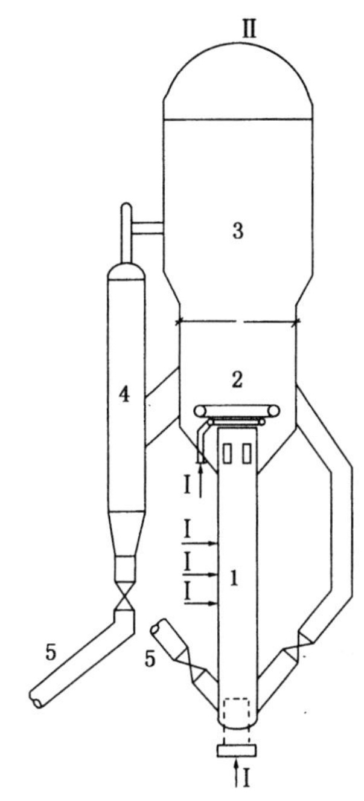

图8-82　提升管式再生器流程示意图

1—提升管再生器；2—湍流床；3—再生器稀相；4—脱气罐；5—催化剂循环线

Ⅰ—烧焦空气；Ⅱ—再生烟气

表8-72　提升管式再生器典型操作数据

项　目	数　据	项　目	数　据
再生器顶部压力/MPa(a)	0.20	烧焦空气流量/(m^3/min)	
提升管底部温度/℃	631~614	提升管底部	377~438
提升管中部温度/℃	639~642	提升管中部	100~101
提升管顶部温度/℃	647~651	提升管中部	110~112
湍流床温度/℃	700~701	湍流床	299~305
待生催化剂碳含量/%	0.91~0.96	再生催化剂碳含量/%	~0.05

快速床、输送管和湍流床再生还可派生多种组合形式，多数适用于已有湍流床再生器的改造。例如，对于高低并列式反应器-再生器构型，可采用增加一个循环床再生器(含烧焦罐和第二密相床)作为第二段再生设备的方法；也可以把原来的提升管-沉降器改造为输送管-湍流床再生器作为第二段再生设备，另增加一个新的提升管-沉降器的方法(陈俊武，2005)。大直径的湍流床或鼓泡床再生器也可在中部增加一个套筒作为烧焦罐，剩余的环形空间作为第二密相床(Chen，1994；Рыбоков，1979)，这一方法较适用于同轴式反应器-再生器构型。

第五节　催化剂再生工程和技术评价

一、再生器的工程特点

为了满足再生的工艺条件，达到预期的再生效果，并保证催化剂的顺利循环，减少催化剂的降活和消耗，工业再生器的结构和材质应具备某些特点，而且随再生方式的不同而有一些差异。

(一) 再生器筒体

再生器壳体是一个或两个大型压力容器。再生器内部操作压力根据反应器压力和反应-再生系统的压力平衡条件(详见本书第五章)确定，一般在 0.07~0.3MPa(g)之间。再生器内操作温度一般在 680~730℃，不正常时会超过 750℃。整个压力容器外壳按冷壁设计，材质为优质碳钢或低合金钢，内壁衬双层或单层的以非金属材料为主的耐热耐磨衬里，总厚度为 100~150mm。考虑露点腐蚀，外壁表面温度为 150~200℃。去衬里后的容器直径按不同部位的设计气体流速计算。上半段稀相区的气体流速下限为 0.45m/s，以防止在稀相区停留时间过长而发生 CO 尾燃；上限是为了防止烟气夹带催化剂过大而增加催化剂的损耗。采用大堆积密度催化剂时，线速为 0.9m/s；而对于低堆积密度催化剂时，线速一般在 0.7m/s 左右。具体的直径还要结合旋风分离器的布置确定。国外最大的直径达 16.8m(装置能力 8.5Mt/a)。图 8-83 为单段再生器简图。

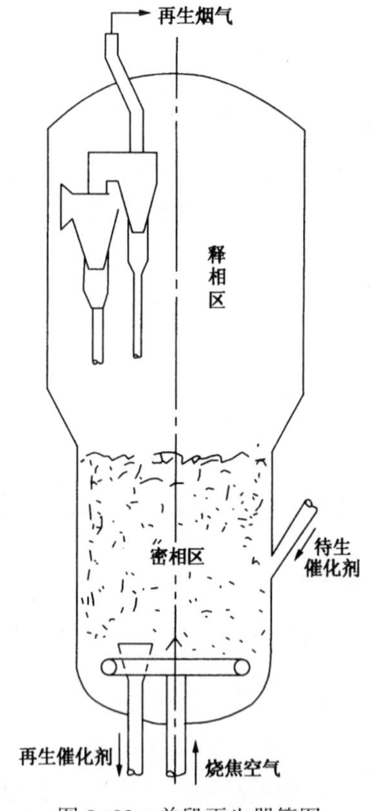

图 8-83　单段再生器简图

再生器下半段密相区的气体流速与稀相区基本相同的通常称为低流速再生器，其筒体上下部直径相等。采用 1.0~1.5m/s 气速的通常称为高流速再生器，其筒体直径上大下小，故又称大小筒式再生器。两区直径的改变靠倾斜角不少于 45°的过渡段完成，这段衬里部位的磨蚀较为严重。

再生器内的催化剂藏量中有效藏量是指那些处于烧焦环境中的稀相区和密相区的藏量。它们的具体数值可从本章第三节介绍过的反应工程数学模型计算。通常计算烧焦能力只考虑密相区藏量。从密相区的藏量及催化剂平均密度得出密相区的有效体积，进而得出床层高度。密相区气体流速高，从反应工程学角度固然可使藏量减少，但从流态化工程角度却使平均密度大幅度下降，其结果是床层体积增大，床高上升，因此气速的选择有一合理的范围。

无效藏量包括：①溢流管、淹流管、立管、料腿内部的催化剂；②气体分布器下部死区的催化剂。以上两项对容器荷重的计算是不可少的。还应指出，在开停工或发生事故时反应器(含汽提段)的全部藏量会转移到再生器内，为此也要考虑这一负荷。

密相区的催化剂床层高度一般在6~8m之间，它应保证旋风分离器料腿出口处有足够的料封，有些装置利用空气把待生催化剂(或半再生催化剂)输送到再生器床层内，其进口上方也需料封。

密相区的床层压差要和气体分布器的压差协调一致(详见本书第五章)，以保持气流分布均匀和床层的稳定性。

再生器上半段高度由两部分构成：①一级旋风分离器入口中心线以下部分应大于TDH(旋分器壳体截面积较大，使稀相气流截面积减少，故这部分的高度不应计入TDH内)；②入口中心线以上部分由旋风分离器结构尺寸及安装方式决定。再生器下半段的高度也由两部分构成：①密相床层高度；②气体分布器及其下面空间的高度(由气流分配以及分布器支撑结构决定)。

两段床层再生器局部结构见图8-84，其俯视结构见图8-85(Pfeiffer，1971)。其下部装有垂直的弧形隔板3将再生器分为4和6两部分，6部分可以是圆形、椭圆形或方形。隔板上设有溢流堰8，此堰尽可能远离催化剂入口管18和出口管23。催化剂通过再生器底部或侧面进入一段4。再生催化剂出口管23上部有一翻边24，位于二段6底部。空气通过入口管29引进到空气分布器26和27。隔板和再生器壁的联接方式很关键，要避免焊缝开裂。隔板变形会造成两段之间催化剂的短路。封闭的椭圆形隔板没有上述缺陷。两段间催化剂的流通靠隔板顶部的槽口溢流。因对再生效果改进不大，此种结构已不再采用。

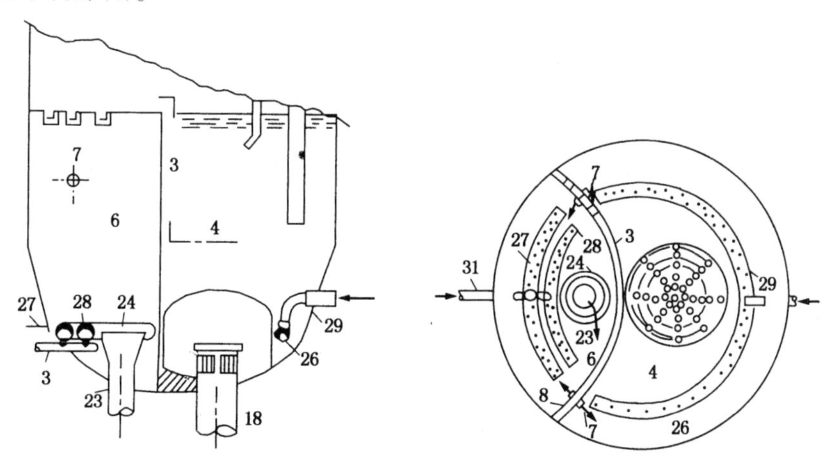

图8-84　单器两段再生器局部结构　　图8-85　单器两段再生俯视结构图

另一类再生器是循环床式的。其中作为快速床的烧焦罐为一立式圆筒容器，直径2~6m，高8~12m，近期最大直径9.2m，最大高度约20m，内有耐热耐磨衬里。罐体下部侧面有两个对称的待生催化剂和循环再生催化剂进口，管口向下倾斜35°~45°。另一种形式是在烧焦罐底部设一根长6~8m的垂直预混合管，两种催化剂进口位于该管下部。

不带预混合管的烧焦罐底部有树枝形或环形空气分布器；带预混合管的则空气分布器位

于管底，而在烧焦罐底设耐磨的分布板或分布管(一般为内有衬里的十字形管)，使空气和催化剂的混合气流在罐内分布均匀。

烧焦罐顶部有垂直的导出管，长约 8~10m。如烧焦罐位于再生器一侧，也可用折叠式引出管从水平方向伸入再生器中心，管端与几组粗旋风分离器连接。粗旋风分离器的入口流速一般在 15m/s，回收效率 90%~95%。

第二密相床占据烧焦罐出口引出管和再生器内壁所形成的环形空间，底部有环状空气分布器。器壁对称的两侧有再生催化剂的出口，其一去反应器的提升管，另一则循环到烧焦罐入口。以上的结构称为外循环管式循环床。另一种结构是在第二密相床内装几个溢流/淹流漏斗，下面有底部带翼阀的料腿插入烧焦罐下部，靠第一密相床的料位自动调节循环再生剂的流量，这种形式称为内溢流管式。它省掉了外循环管和一个大口径滑阀，但多占了烧焦罐的内部空间。两种循环床再生器结构分别如图 8-86 和图 8-87 所示。

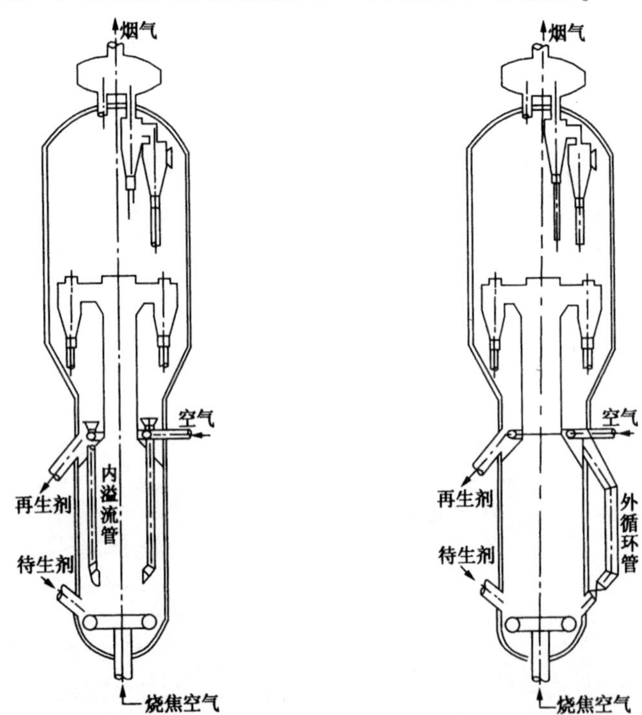

图 8-86 带内溢流管的循环床再生器 图 8-87 带外循环管的循环床再生器

(二) 空气分布器

关于流化床中气体分布器的作用、压力降计算以及和床层稳定性的关系已在本书第五章中讨论过了，此处着重介绍工业应用的分布器的结构特点。

密相床底部设置的空气分布器有多种类型(Glasgow，1985)。早期使用过平板形或拱形的分布板，如图 8-88 和图 8-89 所示。它们广泛用于Ⅲ型装置空气和催化剂两相混合气流的分布，存在着孔的磨蚀问题和均匀布风问题。以后催化剂采用密相输送直接进入分布器上方，分布器只有空气通过，磨蚀大为减轻。这时多采用碟形的板式分布器，如图 8-90 所示，开孔直径为 16~25mm，孔数 10~20 个/m^2，根据再生器内部结构做出合理的布孔。在

7～14kPa 的压降下，可以使床层保持良好的分布。但直径 5m 以上的分布板在长时间的高温下往往因蠕变而变形，致使空气分布变差，而且检修难度较大。Exxon 公司为此做了改进，经工业试验证实新设计的平板分布器明显减少了由于热应力和机械应力引起的不规则变形，保证了长周期操作的可靠性。据称采用这种具有数千个小孔的大直径分布板比只有几百个喷口的管式分布器在空气分布上更为均匀，为 Flexi-Cracking 的高流速再生器达到 0.03%的再生催化剂含碳量起到重要作用。近年来，我国分布板技术也在逐步改进，一些厂的使用效果不错，最大分布板直径达到 9.1m。

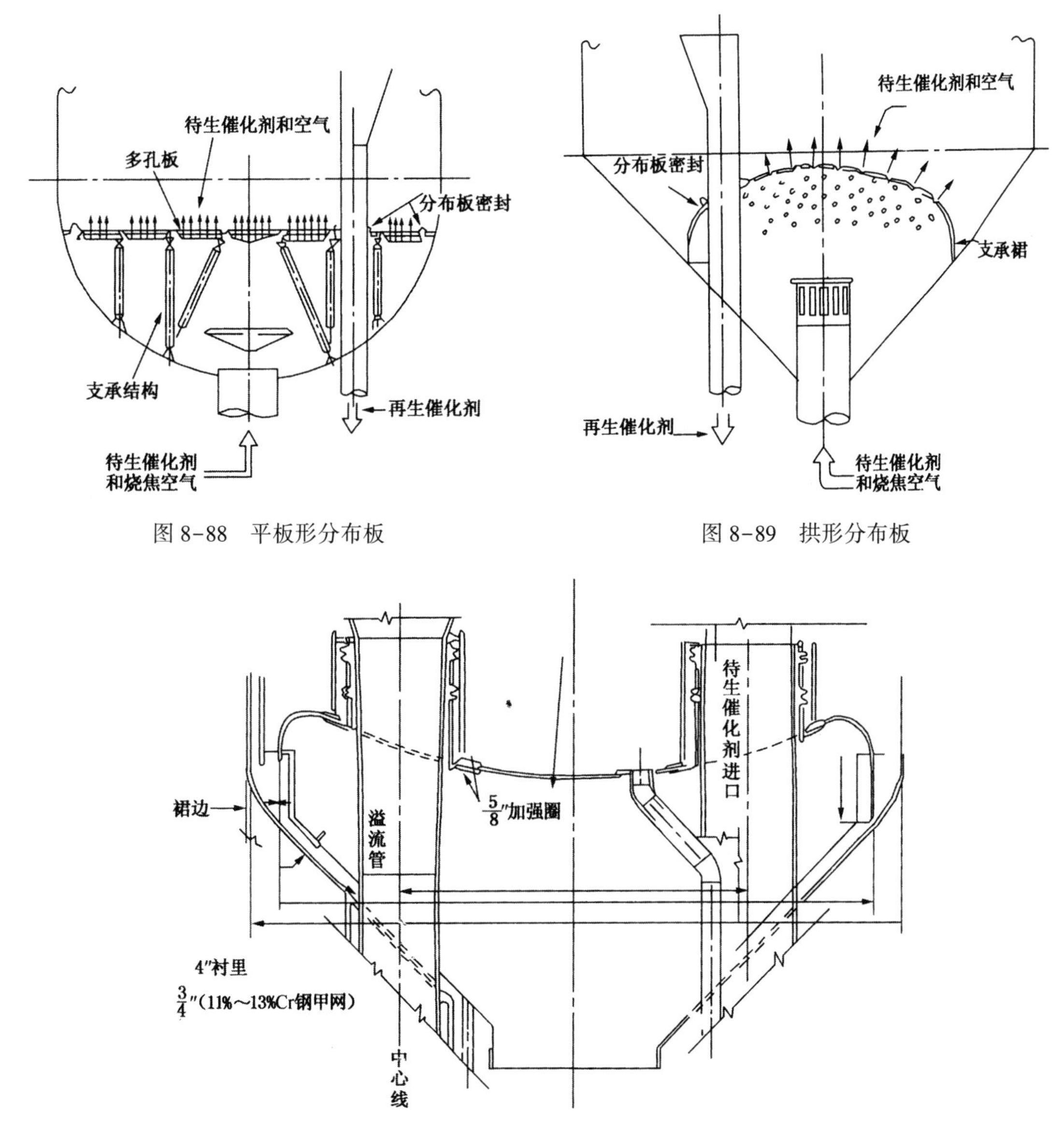

图 8-88　平板形分布板

图 8-89　拱形分布板

图 8-90　碟形分布板

管式分布器也曾发展过多种形式，早期为气-固两相流动设计的立式多分支型。这种形式比板式布风均匀且无需密封结构和另外的支承结构，但仍存在磨蚀的问题。后来为分布空气设计出平面树枝形(见图 8-91)和分布环形(见图 8-92)。平面树枝形可以分组和分段供风，可根据内件情况在截面装置合理布孔(一般是中心较密，外周较稀)，无需密封结构和另外的支承结构。分布管采用 S30409 不锈钢材质，外面衬 20mm 厚的隔热衬里，使金属温度≯450℃，减少热应力与变形，减少催化剂对分布器的腐蚀。支管两侧均有空气喷嘴斜向下方，其流量由限流孔板分配。喷嘴产生的射流汇合后由支管间隙上升进入密相床，实现了二次分配。在具体设计中要考虑防止催化剂下降而产生磨蚀，这就要采用适当的间隙流速。

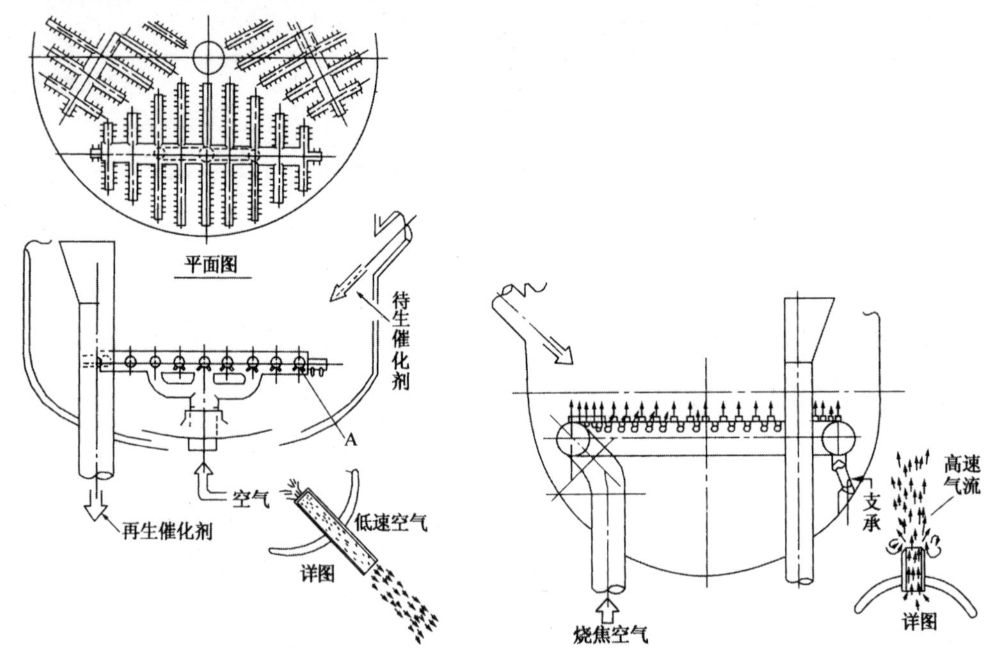

图 8-91　树枝环分布管　　　　图 8-92　环形分布管

Briens 等(1980)对板式分布器上发生固体倒流的因素作了研究，发现产生初始气泡时的压力脉动是主要的。采用气泡破碎器可以大幅度地减少颗粒的倒流。

环形分布器一般由一或两个同心布置的供风圆环作为分配总管，环上按不同方位和角度装设了数目众多的斜向上方的喷嘴，视其位置采用不同的口径(7~22mm)和喷口速度(10~70m/s)。各喷嘴的流量分别用不同的限流孔板控制，喷嘴数目 10~20 个/m^2。这种类型的分布器上开孔的尺寸、数目、方向和角度都必须仔细计算才能保证良好的分布而且有强化的射流效果。缺点是制造、安装和检修均困难，造价高昂，操作弹性较小，要求压降不低于 10kPa。

循环床再生器的空气分布器分为两组，大部分空气(85%~90%)进入烧焦罐下部的树枝形管式分布器，其余少部分空气进入第二密相床的带有朝下喷嘴的环形分布器，视床径大小可采用一个或两个圆环。因第二密相床风量小，喷嘴直径宜小，以保证单位面积上有足够的流化风，防止局部流化不良而影响催化剂的正常循环或旋风分离器料腿的正常排料。

对于采用预提升管的烧焦罐，气体分布器内有催化剂和空气共同流动，应特别注意采用防磨蚀的材料、结构形式和适中的流速。

我国催化裂化新装置设计或老装置改造时绝大多数采用分布管，它的优点是结构简单，节省金属，操作中不易变形且维修方便。典型的分布管操作数据列于表 8-73。

表 8-73　典型的分布管操作数据

项　目	1	2	3	4	5
主风量/(m^3/min)	2240	2580	2940	4900	7492
分布管下温度/℃	680	550	550	550	550
喷嘴速度/(m/s)	55	45	67	48	43
分布管压力降/kPa	10	7	14	8	7
床层压力降/kPa	40	15.4	24	15.4	18.5
阻力系数	2.2	2.2	2.2	2.2	2.2

（三）气-固分离设施

为了将进入稀相区上方被烟气携带的催化剂回收下来，再生器内部设有以旋风分离器为主体的气-固分离设施。关于这部分的主要类型和工作性能已在本书第五章中介绍，这里重点叙述该设施在再生器内部的布置与安装特点。

从高的回收效率以及便于从装卸孔通过出发，单个旋风分离器的直径很少超过 1.5m。为此工业规模的再生器内都要设置多组并联的旋风分离器，最多的达到 20 组以上。因为入口固体浓度高达每立方米数千克，必须采用两级串联才能保证催化剂的损耗符合要求。如此众多的旋风分离器占据了再生器稀相区上部的很大空间，合理的布置和安装就成为再生器设计的一个重要课题。

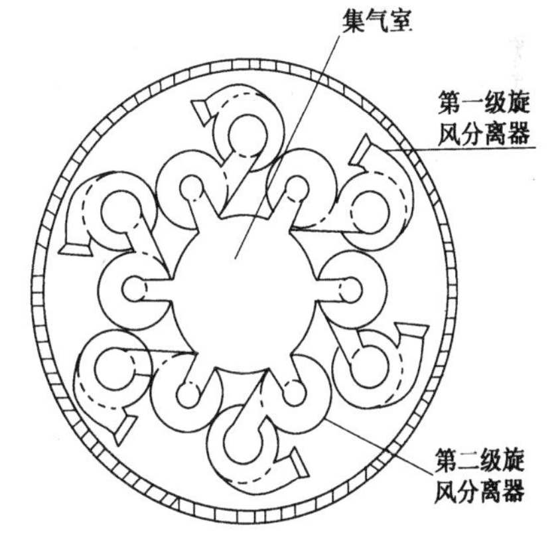

图 8-93　再生器内旋风分离器平面布置

第一级旋风分离器一般靠近再生器内壁沿圆周布置，各个入口朝向同一圆周方位，使气流沿顺时针或逆时针的切线方向进入。各第二级旋风分离器也按圆周方向布置在第一级的内侧，典型的平面布置如图 8-93 所示。

第二级旋风分离器的出口管汇集到再生器内部的内集气室或外部的外集气管。前者占据空间小，重量轻，但集气室承受的荷载较大，不宜在较高温度(>700℃)下长期工作。内集气室有几种基本形式。老式的直径较大，其封头承受了全部第二级旋风分离器的重量，如图 8-94 所示。第一级旋风分离器则吊挂在集气室外的再生器封头部。往往由于吊挂设计不周，热膨胀得不到充分的平衡，在高温下集气室会发生永久性变形，甚至旋风分离器升气管与集气室连接处的焊缝开裂。

Emtrol 公司设计的一种内集气室采用梁架式悬挂系统。采用较小直径的集气室(相对于再生器而言)，将第二级旋风分离器升气管与集气管侧壁连接。最下部的侧壁辐射出多根“A”形水平梁组件，其另一端通过连接件和吊耳与再生器顶封头连接。两级旋风分离器都吊挂在 A 形梁上，如图 8-95 所示。正确设计绞链的倾角，即能在各种温度条件下保持梁的水平度，从而使热膨胀差值全部得到平衡。有关该悬挂结构与其他类型的对比论述可参阅有关文献（Glasgow，1985）。

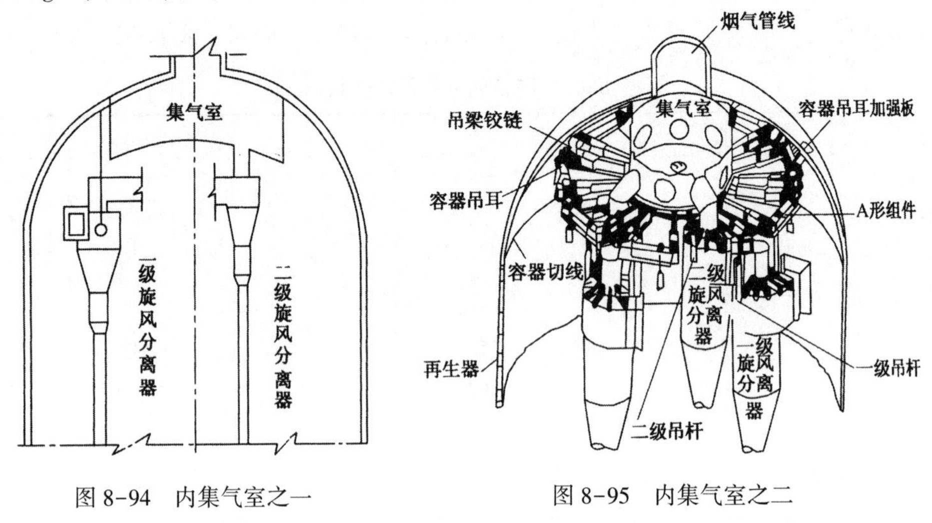

图 8-94　内集气室之一　　　图 8-95　内集气室之二

国内设计的两器旋风分离器系统也大多采用内集气室结构，一级旋风分离器吊在顶封头的一旋吊座上，二级旋风分离器则直接焊接在内集气室的筒壁上，如图 8-96 所示：其中一级旋风分离器吊杆可以向任一方向转动一个小角度，用于平衡一、二旋之间的水平热膨胀量，内集气室与顶封头焊接点标高与一旋吊座内吊杆下面螺母的底面标高相同，用于平衡一、二级旋风分离器垂直方向上的热膨胀量。

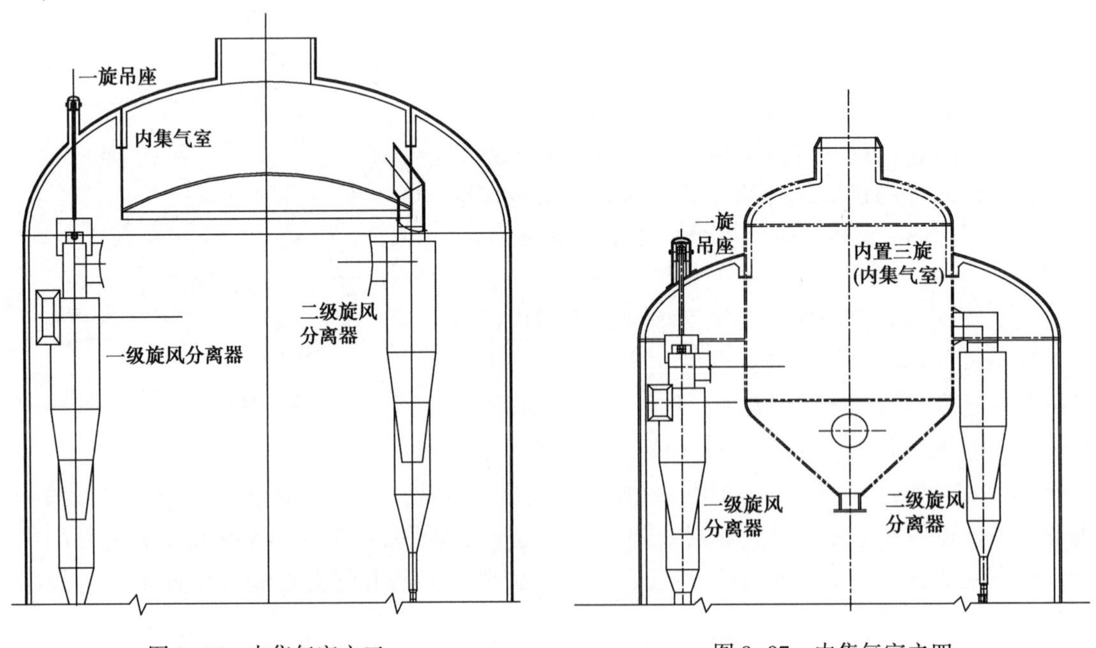

图 8-96　内集气室之三　　　图 8-97　内集气室之四

2005 年，LPEC 也曾进行过内集气室内放置立式分离单管的实验及研究，其特点就是相当于将三级旋风分离器置于反应器或再生器中心，内集气室筒体充当三旋内吊筒，节约了投资及占地，如图 8-97 所示。

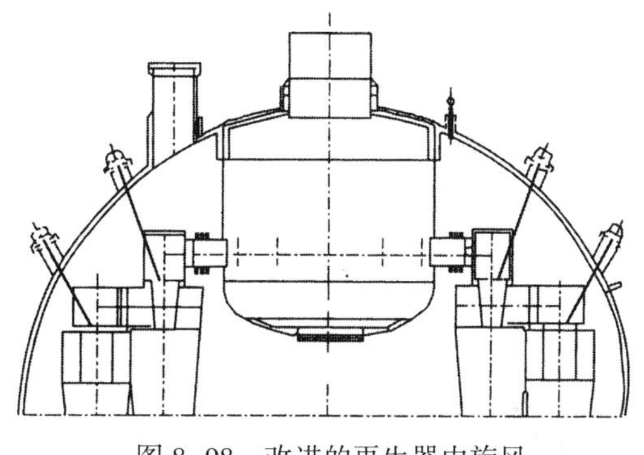

图 8-98 改进的再生器内旋风分离吊挂和连接系统

Shell 公司设计的旋风分离器吊挂并与内集气室连接系统也有特色(Dries，2000)。它考虑到再生器顶部由于不均匀超温导致的热膨胀所产生的疲劳应力，在结构上采取措施，使发生裂缝引起的停工次数大为下降，保证了装置 3~4 年的长周期运行。参见图 8-98。

外集气室是设置在再生器封头上面的一个高温容器，它可以做成一个单一的扁平容器，也可做成环状集合管，第二级旋风分离器升气管伸出再生器封头与之连接。这种集气室简化了旋风分离器的悬挂系统，整体受力较好。同轴式再生器因有汽提段穿过封头，只能采用外集气室结构。

两器再生的第二段再生器操作温度很高，内部不能装设旋风分离器，因而在再生器外布置了具有冷壁结构的单级高效旋风分离器，催化剂从料腿下部经斜管返回再生器密相床。

循环床再生器的烧焦罐出口管周围设有粗旋风分离器，效率 90%左右，其高径比较小，而且属正压操作(内压高于外压)，料腿也较短。

各个旋风分离器的灰斗以下均有长度不等的料腿垂直插入密相床层，出口处设有伞帽或翼阀，该处要与气体分布器保持一定距离(≮1.2m)并且埋入床层一定距离(≮2m)。不设翼阀或伞帽的一级料腿与气体分布器距离应等于料腿直径(热态)。料腿之间在不同高度的平面位置上要用连杆加固以保持整体稳定性。

Shell 公司曾设计置于再生器内的多管式分离器(STS)取代通常的两级旋风分离器，如图 8-99 所示(Nieskens，1990)。

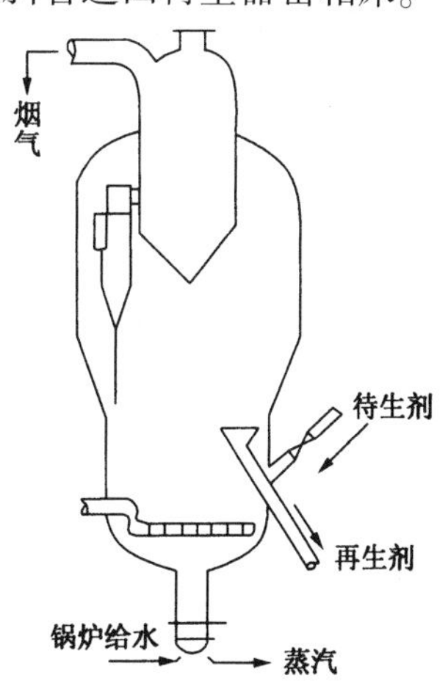

图 8-99 带有多管式分离器的再生器简图

(四) 催化剂的进出

催化剂进出结构随再生器的本身结构以及与反应器的相互关系有所差别。

对于并列式反应器-再生器类型(包括高低并列和同高并列两类)，催化剂进出再生器的方式有三种：①上进下出式：进料位置在密相区上方，对于高低并列式装置，待生催化剂从汽提段底部经由向下倾斜 30°~35°角的斜管从侧壁开口处进入再生器，也可延伸进再生器内，利用带槽口的分配器将催化剂分布到密相床上部，见图 8-100，再生剂一般从密相床下部的淹流口引出，淹流口也可设置在空气分布器下方，周围有松动空气，再生剂从再生器底部引出；②下进上出式：待生催化剂从斜管进入密相区下部的侧壁开口处(高低并列式)，或经密相提升管由再生器底部垂直引入分布板上方(同高并列式)，再生催化剂或从再生器内的直立喇叭形内溢流管向下引出，或从再生器侧壁的外溢流口引出(外面设脱气罐)；③旋转床式：待生催化剂经斜管并与器壁圆周呈切线方向进入密相床下部，利用其动能使之大体沿再生器中轴线旋转一周，然后从距进料口旋转相反方向约 90°角处的淹流口排出。以上三种形式的催化剂的停留时间分布函数不同，因而烧焦效果也不同。根据实践判断，以上进下出且进口有分配设施的最好，下进上出者较差。旋转床式当床层气速在 0.4m/s 以下时，沿旋转方向有较明显的温度梯度和碳含量梯度，说明了催化剂停留时间分布优于全返混床，但线速低带来的不利因素，并不能明显改善烧焦效果。而且由于圆截面的四个象限烧焦量不同，分布器布孔规律难以掌握，容易在稀相局部区域产生较严重的 CO 燃烧，引起超温。

对于同轴式装置，待生催化剂从垂直的立管下来，经塞阀调节后从中心套筒折向上方，再沿套筒口的外缘分配到密相床中上部，固体分布较均匀，如图 8-101 所示。再生催化剂从密相床下部的淹流口引出。对于两个同轴布置的再生器，第一再生器位于下方，待生催化剂从侧壁引入，半再生催化剂经底部中心的淹流口由中空塞阀调节流量，然后用增压输送风经垂直立管从底部中心处进入第二再生器，终于密相床分布器上方。再生催化剂则从侧壁的外溢流口经脱气罐去再生立管。

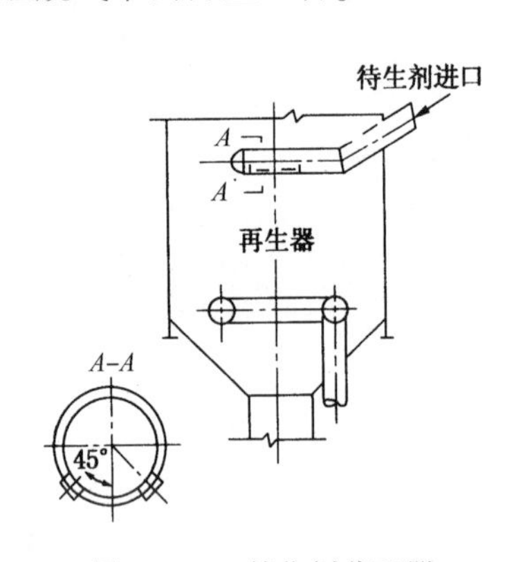

图 8-100　催化剂分配器

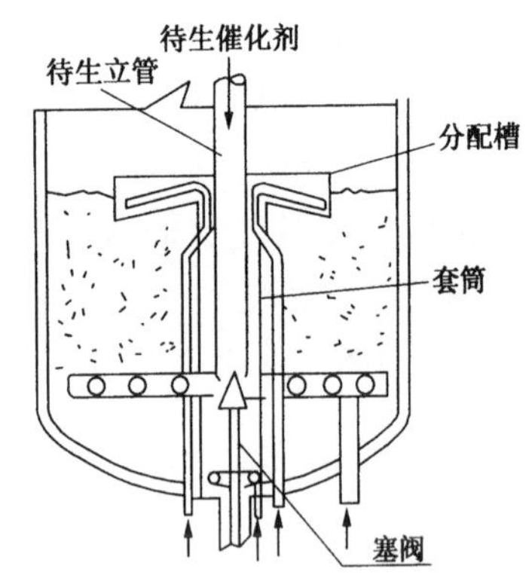

图 8-101　同轴式再生器内的催化剂分配器

RCC 逆流两段再生为同轴式布置，第一再生器与第二再生器均为湍流床，前者与常规单段再生相似，半再生剂经外溢流管进入第二再生器。第二再生器不设旋风分离系统，稀相段上方烟气连同饱和携带的催化剂从两个再生器连接部的多个圆形通道进入第一再生器底部分布器的周围，然后与补充流化风混合进入密相床层。

循环床再生器的待生催化剂入口位于烧焦罐下部侧壁上或在预提升管下部的一侧。该处标高较低，因而反应器和再生器大体为同高并列式。再生催化剂从位置较高的第二密相床下部侧面引出到再生立管。

快速床-湍流床串联再生时，两器采用并列式布置。待生催化剂进入快速床下部并随主风一起通过大孔分布板进入二密相，然后由二密相侧面引出。

综上所述，催化剂的引进和排出要根据两器总体布置和再生流程的安排而定，但是在大直径设备中，应结合烧焦反应工程的要求尽量做到固体分配均匀。同时要精心设计进料口、溢流口、淹流口和出料斗等，以保证足够的循环量和灵活的调节范围。

（五）再生器取热设施

为了维持反应-再生系统的热平衡，在某些情况下要设置取热设施。从再生器床层取走一定的热量，工业上应用了内取热和外取热两类设施。取出的热量多半用于产生不同压力等级的饱和蒸汽，也有的用于将蒸汽过热。

内取热设施又称床层冷却盘管，有强制循环式和自然循环式两种形式。

强制循环式有水平布置和垂直布置两种形式，如图 8-102 和图 8-103 所示。管径通常为 *DN*80mm 或 *DN*100mm，材质 Cr5Mo 或 1Cr18Ni9Ti，在靠近器壁处成排布置。水平管两圈为 1 组，垂直管 1~6 根为 1 组。管内水气比 8~14，水流速视蒸发压力不同为 2~4m/s，应避免水气分层流动引起管周壁温度的波动产生疲劳应力，这一点对水平布置的要求比垂直布置更为苛刻。两种布置形式在总传热系数上略有差别，水平管全部浸没在密相床层中，因而比部分位于稀相的垂直管略高(15%~20%)。垂直管束只需在上端用吊架固定，而水平管却要求沿圆周多处采用合金材料的托架，费用较高。

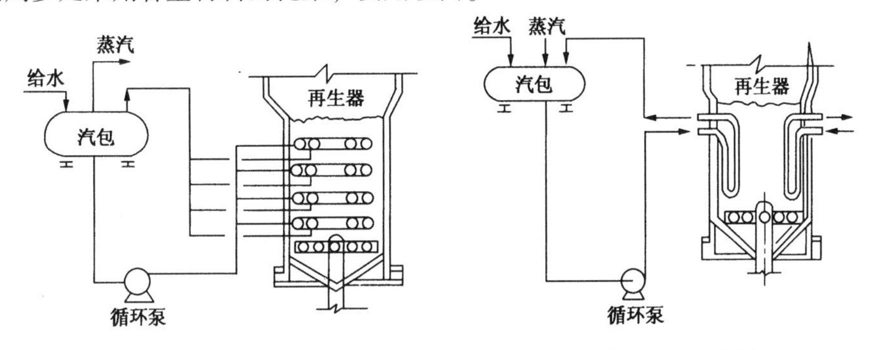

图 8-102　水平盘管式内取热器　　图 8-103　垂直盘管式内取热器之一(强制循环)

采用自然循环的蒸发取热管通常为 *DN* 250mm 或 *DN* 300mm 的带翅片套管，在靠近器壁处垂直布置，布置在密相床层中，材质 Cr5Mo 或 15CrMo。管内水汽比根据蒸发压力不同一般为 20~50，水循环采用自然循环，循环流速 1~3m/s，如图 8-104 所示。

过热取热管管径通常为 *DN* 80mm 或 *DN* 100mm，可采用水平和垂直布置两种方式，材质 Cr5Mo，一般布置在密相床层中。

内取热设施的取热能力由于面积固定，虽然床层温度、床层密度和气体流速可能带来少许变动，但基本是变化不大的，没有可操作调节的手段，因而只适用于原料组成和产品收率变化范围很小的场合。

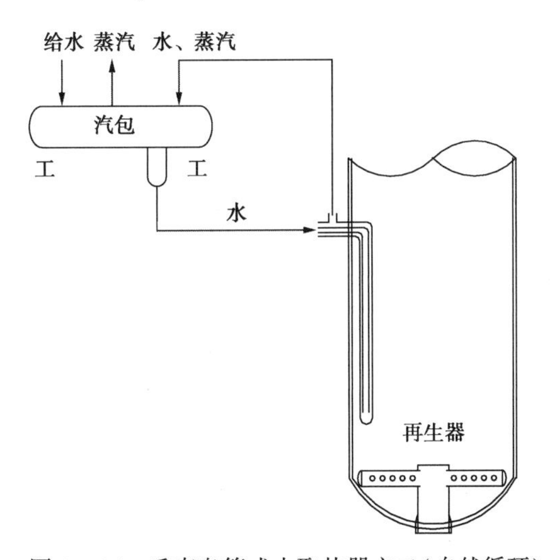

图 8-104　垂直盘管式内取热器之二(自然循环)

外取热设施是在再生器筒体外部设置催化剂冷却器(又称外取热器)，从再生器密相床层引出部分热催化剂，经冷却器温度降低 100~200℃，然后返回再生器的原有床层或者另外的床层(例如快速床或第二再生器密相床)，实质上是从再生器床层间接取出热量的方式。这种外部取热的方式可采取调节催化剂通过流率的方法改变冷却负荷，其操作弹性可在 0~100%之间变动，这就使再生温度成为一个独立调节变量，以适合不同条件下反应系统热平衡的需求。虽然外取热设施比内取热设施的设备稍多，占地略大和相对投资较大，但适用范围很广，目前已基本取代了内取热设施。

工业应用的外取热器最大直径达 3.5m，单台最大冷却负荷约为 87.2MW。根据装置处理能力和冷却负荷，再生器周围或下方可配置 1~4 台外取热器。

催化剂冷却器系统的催化剂流动和空气流动形式、汽包水循环形式以及取热管束的结构形式等多种多样，下面只能扼要介绍。至于各种催化剂冷却器在不同类型的再生系统中的配置方式和优缺点比较可参阅专文（张福诒，1993）。

催化剂和空气的流动形式有五种。

① 催化剂自上而下通过冷却器的密相床层，流化空气以 0.3~0.5m/s 的表观流速自下而上穿过鼓泡床的密相区和稀相区，夹带了少量催化剂的气体从冷却器上部的排气管返回再生器的稀相区或者快速床上部。这种冷却器又称催化剂下行式冷却器（赖周平 1990；Johnson，1991），它的催化剂循环量靠出口管线上的滑阀调节，密相料面高度则靠热催化剂进口管线上的滑阀调节。

② 热催化剂进入冷却器的底部，输送空气以 1.0~1.5m/s 的表观流速携带催化剂自下而上经过冷却器内部，然后经顶部出口管线返回再生器的密相床层或快速床的中、上部。器内催化剂密度一般为 100~200kg/m^3，流动属于快速床范畴。这种冷却器又称催化剂上行式冷却器（张福诒，1990；焦风岐，1991）。催化剂循环由入口管线上的滑阀调节。

③ 进入冷却器底部的热催化剂和输送空气一起以 4.5~7.6m/s 的表观流速自下而上通过冷却器管束的管内，催化剂密度一般低于 50kg/m^3，属于稀相输送流动形式，催化剂和空气从冷却器上部引出返回密相床层。这种类型的冷却器为 20 世纪 40 年代所开发，其传热系数只有 100~200W/(m^2·K)（Wilson，1985），比前面介绍过的两种冷却器明显为低，现在已不再使用。

④ 热催化剂从再生器底部或下部的较大直径的连通管进入下方的卧置式或立式冷却器的壳体内，用少量流化空气保持床内的流态化并使空气夹带冷却的催化剂自下而上经同一连通管返回再生器的密相床（史济群，1987），或者大部分空气经过冷却器顶的隔板与大量冷催化剂分开后通过另一根排气管去再生器稀相区（Fertig，1990）。这种催化剂冷却器又称返混式冷却器，其特点是催化剂的循环不用滑阀调节，而由流化空气的流量改变颗粒的轴向分散流动，取热负荷也可在 0~100%范围内变动。冷却器与再生器布置紧凑，占地省。不足之处是传热系数较低，因此一般与其他形式（催化剂流通式）合用，前者用于细调，后者用于粗调。

⑤ 催化剂进入冷却器的方式与第 4 种相似，但在返混密相床内设有开口向下的提升管，引入提升空气将大部分冷却后的催化剂经提升管返回再生器密相床。这种冷却器又称气控内循环式冷却器（张福诒，1990；李占宝，1992）。这一类型的传热系数高于第 4 种，催化剂循环量和热负荷主要靠改变提升空气量调节，比前三种形式省去了滑阀。或从外取热器底部或侧面引出，经外部提升管返回再生器密相床，这种冷却器称之为气控外循环式冷却器。

五种类型的催化剂冷却器系统的示意图分别见图 8-105 至图 8-112。在相同热负荷时五种形式的比较见表 8-74。

在配置催化剂冷却器时一定要认真计算催化剂线路和空气线路的压力分布和压力平衡。一般要保证足够的推动力，增压鼓风机往往是必要的。

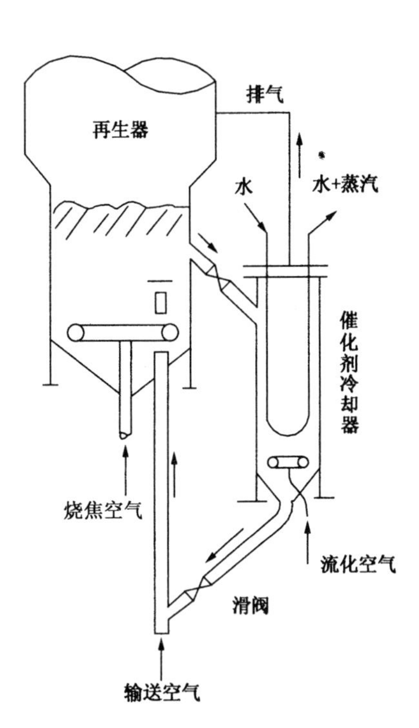

图 8-105　下行式催化剂冷却器之一

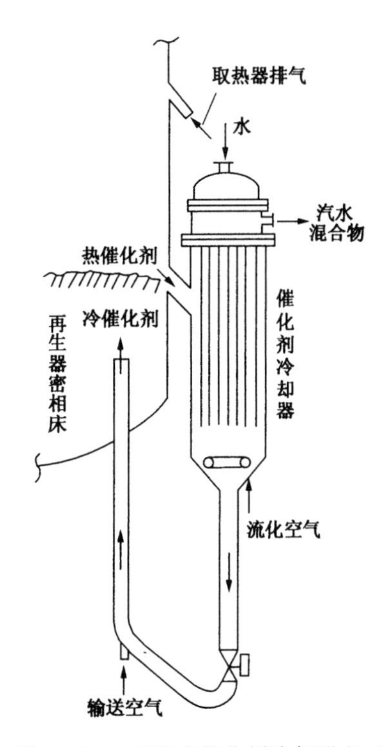

图 8-106　下行式催化剂冷却器之二

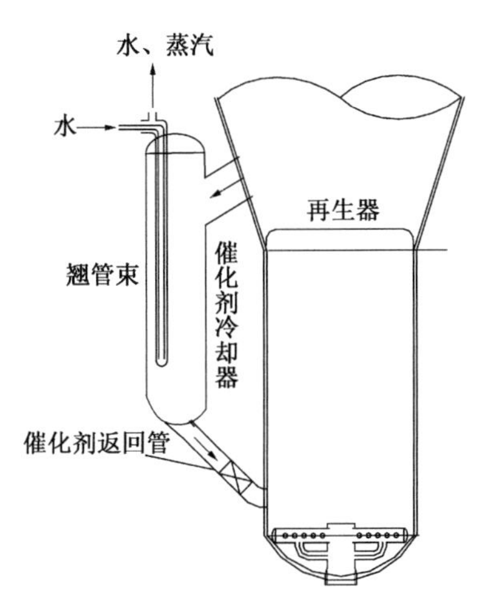

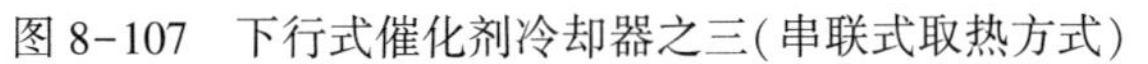
图 8-107　下行式催化剂冷却器之三(串联式取热方式)

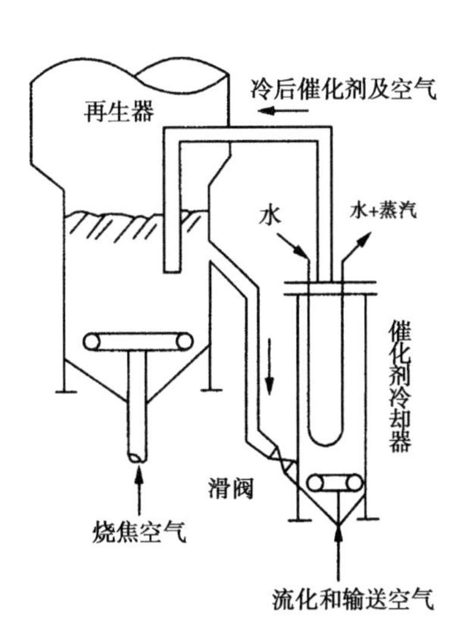

图 8-108　上行式催化剂冷却器

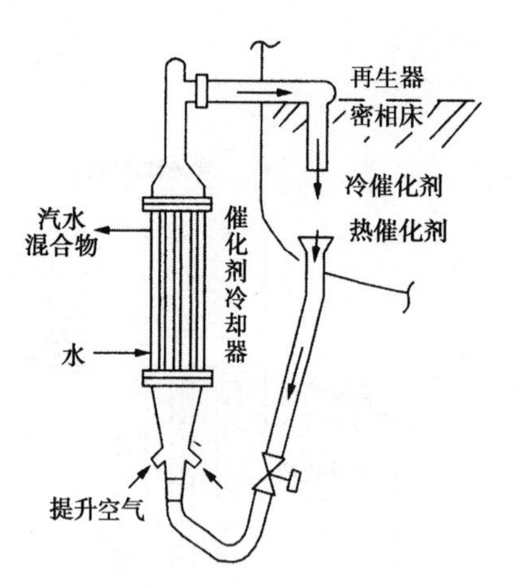

图 8-109　稀相输送式催化剂冷却器

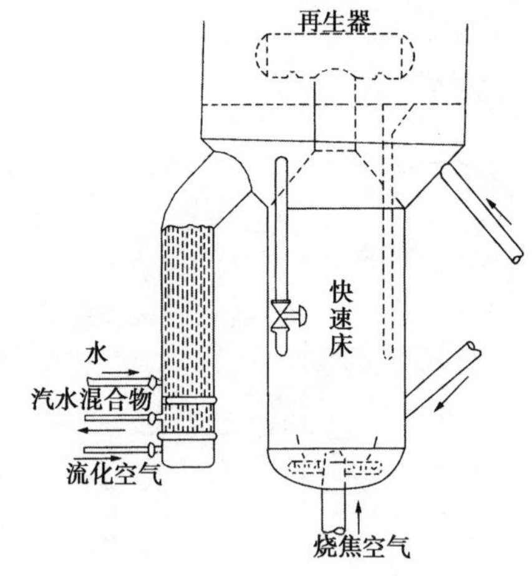

图 8-110　返混式催化剂冷却器

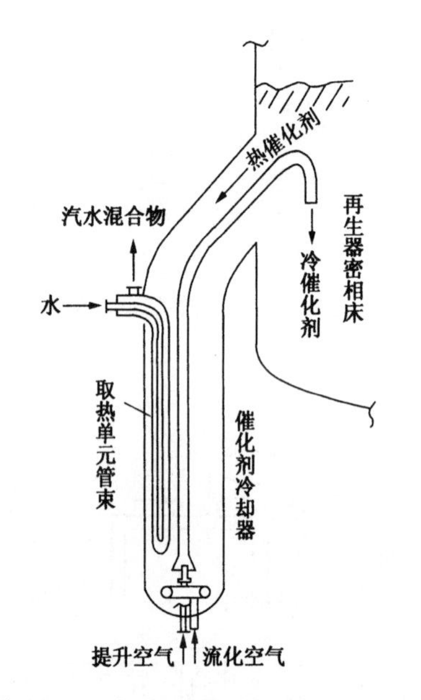

图 8-111　气控内循环式催化剂冷却器

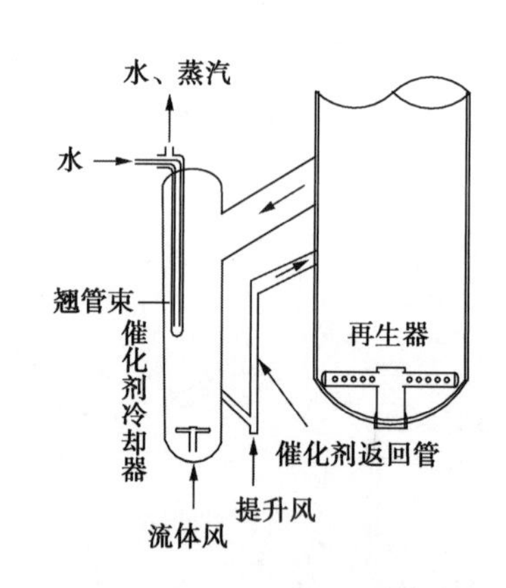

图 8-112　气控外循环催化剂冷却器

表 8-74　五种催化剂冷却器对比

项　　目	1	2	3	4	5
传热系数	++++	+++	+	++	+++
催化剂冷却前后温降	++	+++	++	+	++
流化空气及器内输送空气总量①	++②	+++	++++	+	+++
调节滑阀个数	2 或 1	1	1	0	0
冷却器直径(相对值)	+++	++	+++	++++	+++

①不含器外输送空气；②需要器外输送空气。

外取热器的管束也有多种类型。Kellogg 公司 20 世纪 40 年代设计的典型列管式

(Johnson, 1991)采用外径 38.1mm、长 6.7m 的管子 988 根，管内空气流速达到 7.6m/s，最大取热负荷 30MW，管间为中压沸腾水，管板很厚，外壳要装庞大的膨胀节(Danziger, 1963)，设备结构复杂，而且管子入口端及催化剂出口变径处磨蚀严重，操作周期只有 3~4 个月。虽然缺点很多，但在当时已用于 22 套工业装置上，对维持高焦炭产率下的热平衡起了一定作用。此后开发的各种外取热器均采用管程通过水、汽混合物的方式。管束有以下几种结构类型：

① 垂直蛇管式——4~8 根管子为一组，每根长 6~8m。这种形式因不断改变流向，要求水、汽两相流动条件严格。

② 水平盘管式——上、下分为多组，结构与再生器内取热盘管相似，也存在同样的不利因素。这种类型为 Kellogg 公司在 20 世纪 60 年代开发(Harper, 1961)，现已淘汰。

③ 垂直列管上下联箱式——每个管束单元由给水管、集水管箱、蒸发管和集汽管箱组成，如图 8-113 所示。这种类型的水力学性能较好，但结构较复杂。

④ 双管板的套管列管式——早期设计的结构(Wilson, 1985)的上管板为给水管箱之管板，水自上而下从管板进入各根套管的内管，再从管端反转至环形间隙，汽水混合物自下而上汇入上下管板间的联箱流出冷却器进入蒸汽包。热催化剂从壳体上方进入冷却器管束外部，容易直接冲击管束引起磨蚀和振动，也会造成管束外横截面上催化剂和松动空气的分布不均。改进后的结构是将管板与管束一起反转 180°，下管板成为给水管板，水流自下而上，汽水混合物则自上而下，见图 8-114。这种改进能保证良好的气体和催化剂的截面分布，已成为 UOP 公司和 Ashland 公司的专用技术(Danziger, 1963)，Kellogg 公司也有类似的技术(Johnson, 1991)。

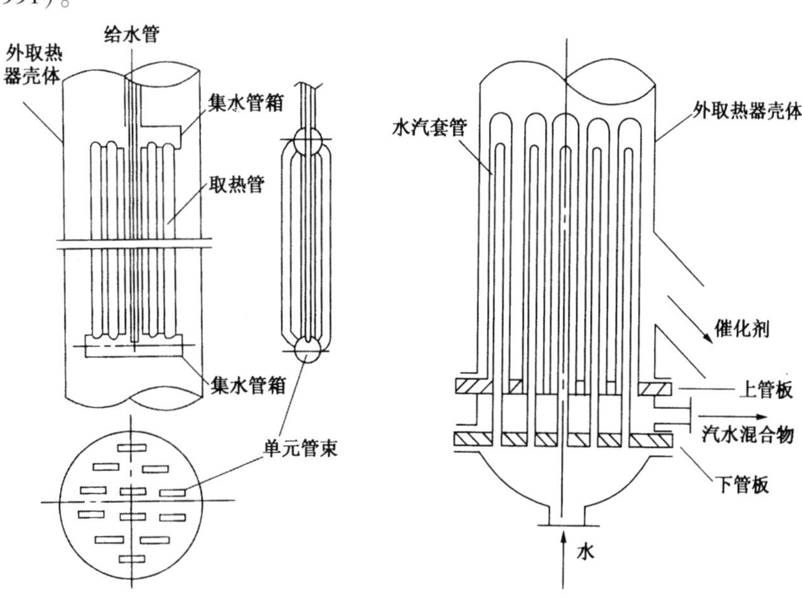

图 8-113　上下联箱式管束　　图 8-114　双管板套管式管束

双管板式冷却器本体的安装要求高，对外部接管则相对简单。应指出列管中任何一根管子一旦泄漏，整台冷却器就不能正常运行。随着经验的积累，泄漏事故明显减少，随后 3 年中新建的 14 台采用 UOP 公司技术的冷却器中只发生过 1 次(Danziger, 1963)。

⑤ 带多分支蒸发管的单元套管式—每根套管作为一个单元，水自上而下进入内套管，汽水混合物再自下而上从外套管的环隙以及多根分支的蒸发管内上升，如图 8-115 所示(焦风岐，1991)。

每个单元都设有可切断的阀组，这种类型的水力学条件及安全性能均比第 4 种好；但是因焊缝过多，使用中磨蚀穿孔的机会也多。

⑥ 带翅片的单元套管式——与上述第 5 种的区别是用纵向钎焊翅片代替了多分支的蒸发管，如图 8-116 所示(张福诒，1990)。这种类型的翅化比约 3.5，比光管传热强度提高 50%以上，可达到与第 5 种相当的热流强度，而且焊缝抗磨蚀能力明显增强。

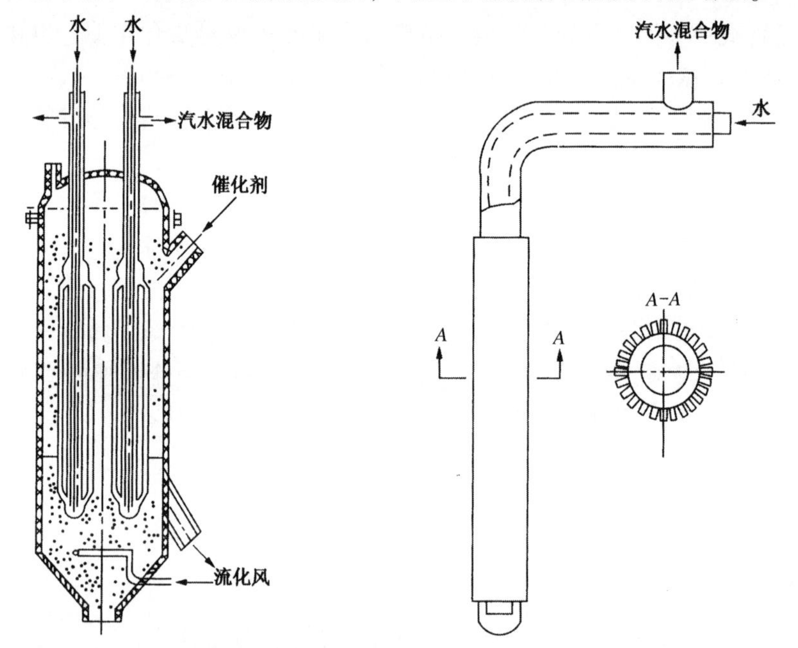

图 8-115　带分支管的单元套管式管束　　图 8-116　带翅片的单元套管式管束

上述的第 5、6 种管束结构均系中国开发的技术。

二、几种再生技术的综合评价

前面介绍了各种类型的再生技术，它们包括了不同的再生段数，不同的流态化床型，不同的催化剂和空气/烟气的相对流动方式和不同的一氧化碳燃烧程度/方式的组合。在设备构型上又可划分为单器或双器，同轴或并列(再生器与反应沉降器之间和两个再生器之间)布置形式。在取热方式上又可分为自身热平衡式和床层取热式两类，后者进一步分为床内取热、床外取热和床层间取热等形式。在这些多种多样的再生形式中，究竟如何相互比较，做出综合评价以定取舍无疑是个十分复杂的技术经济课题。首先必须对各种工艺的特点充分了解，包括各自的优点或缺点，以及主要工艺指标(参见表 8-37)和经济指标；其次就要结合工程项目的具体情况，例如处理能力、烧焦负荷、催化剂品种、要求的平衡活性、催化剂补充量以及再生催化剂碳含量，项目是新建还是扩建、改建，对占地面积和设备高度有无限制，是否考虑利用既有的主风机或气压机，对再生烟气能量利用的程度，电网的容量及中压蒸汽参数和其价格及供需平衡情况，还有对烟气排放的环保要求等等，这里不逐一列举。所以具体情况不同，得出的答案也不同，各个工程项目的比较基础很少完全相同，因此做出的评价往往也是相对的，而不是绝对的肯定或否定。

（一）工艺评价

工艺评价的主要内容是考核有关的再生工艺能否达到使结焦的催化剂恢复到裂化反应要求的活性标准。直接的判别标准是再生催化剂含碳量，间接的标准则是催化剂的平衡活性，以下分别就这两个标准进行讨论。

1. 再生催化剂含碳量

不同类型的催化剂对再生催化剂含碳量的要求相差很大。早期的无定形催化剂 C_R 值一般在0.4%~0.8%范围内即可，中期的沸石催化剂一般在0.1%~0.2%，大体上每0.1%相当于微活性3~4个单位。近期广泛使用的超稳型沸石催化剂要求 C_R 值进一步降到0.05%~0.1%，以适应催化剂本身活性较低的条件。

前面已经介绍过了保证低的 C_R 值的再生操作条件有温度、压力、藏量和催化剂品种等，其中主要的是温度。要使 $C_R \leqslant 0.1\%$，温度不应低于700℃，不然烧碳强度过小，需要过多的藏量。要使 $C_R \leqslant 0.05\%$，温度要不低于730℃，而且烟气含氧要≥3v%，不然烧碳强度将低于100kg/(t·h)，甚至达到40~50kg/(t·h)，也导致藏量过大。因此单器一段再生要靠待生催化剂和烧焦空气的均匀分布才能进一步降低 C_R 值(Orthoflow 型式或 Flexicracking 型式)。考虑到不少工业催化剂在730℃以上的水热稳定性差，如果要求 $C_R \ngtr 0.05\%$，一般要采用特殊的待生剂进入方式和分配结构或者两段再生工艺，让少部分的催化剂藏量处在第二段的高温下(该段烟气中水蒸气量少，水热失活相对减轻)，第二段烧碳强度虽较低，但可以从第一段的高的烧碳强度得到补偿。

循环床再生工艺的再生剂碳含量 C_R 值一般为0.1%左右，这时快速床出口温度700℃。如果提高温度，或者降低平均烧碳强度，可以得到更低的 C_R。

2. 催化剂的平衡活性

再生器内催化剂量占装置的系统总藏量的70%以上，温度高达700℃以上，水蒸气分压在20~30kPa，这样的条件促使催化剂的失活，可以认为反应-再生系统催化剂的永久失活主要取决于再生器的工艺条件。根据第三章的介绍，当催化剂的水热稳定性和失活速度不变时，催化剂的平衡活性和新鲜催化剂的补充率或置换率有关。而当催化剂单耗不变时，系统总藏量越大，置换率就越小，平衡活性也越低。换句话说，再生器藏量越大，平衡活性也越低，因此再生器的烧碳强度不宜过低。如果单纯靠提高温度来增加烧碳强度又受到一定限制，因为提高温度同时也加快了催化剂的失活速度。如前所述，对于单段再生这个温度上限约为730℃，对于两段再生的第二段温度可适当提高。评价各种再生工艺的一项指标就是在固定的 C_R 值和固定的催化剂品种和单耗的情况下比较平衡活性的高低。国内外的工业实践说明，当 C_R 值在0.10%~0.15%时，平衡活性可维持在65~70的水平，这时催化剂单耗约为0.4kg/t，置换率约1%~2%。

当加工高金属渣油时，为了保持平衡剂上的重金属含量而允许较高的置换率，因而平衡活性也较高，为此考虑使用含重金属不高的商品平衡剂进行置换，保持适当的平衡活性。

（二）工程评价

1. 催化剂单耗

除了因原料油重金属含量高而必须增大催化剂用量之外，一般催化剂单耗取决于保持催化剂活性所必需的补充率。但是在某些情况下，由于催化剂的粉碎和磨损程度较大而造成催化剂单耗过大的情况，这就与再生器的工艺设计和工程设计发生联系。近年来普遍采用了高效旋风分离器，>20μm 的细粉回收效率很高，那些单纯由于磨损和粉碎形成的单耗就成为催化剂损失的主项，有的装置低到 0.2kg/t，而有的高达 1.5kg/t，当催化剂耐磨强度不变时，再生器的温度条件决定了催化剂的热崩程度，而再生器内各部位的线速和与催化剂流动有关的结构形式主要决定了催化剂的磨损程度。对此本书第三章已有阐述，这里强调说明的是不同类型的再生器产生的磨损条件不同，因此催化剂的单耗就成为一项评价指标。

2. 装置能耗

首先再生器的烧焦供风是装置的一个主要耗能项目。在一定的烧焦负荷下，其耗能数值随再生的操作参数(压力)、操作方式(CO 燃烧程度)以及主风机的效率而异，而烟气中可以回收的压力能又随再生的操作参数(压力、温度)和烟气能量回收方案以及烟气轮机的效率而异，两者之差即净耗能可因再生工艺的不同而在较大范围内变化。其次，再生器的床层取热方式以及烟气的化学能利用方式也和再生工艺密切相关，加上蒸汽参数的选择以及蒸汽在装置内的合理利用，也直接影响着装置能耗。因此在可比的基础上的装置能耗指标是衡量再生工艺水平的又一项评价指标。

3. 操作的弹性、平稳度和复杂性

再生部分的工艺和工程设计体现了生产操作的一系列特点，例如对不同焦炭产率和烧碳负荷的弹性和对不同堆积密度催化剂的适应性因工艺不同而各有差异，例如快速床对不同堆积密度的催化剂、后置烧焦罐对不同烧焦比例和不取热的两段再生对不同产焦率的适应性都较差。在操作平稳度方面主要是对压力平衡和固体输送变化的适应性，例如同轴式反应-再生器布置压差较大和抗倒流能力较强。在操作复杂性方面涉及控制回路的多少和事故出现的频率等，例如两器两段再生比单器复杂得多，两段再生中第一段采用 CO 完全燃烧比不完全燃烧复杂得多，单器控制 CO 燃烧比例(部分燃烧)比常规再生较复杂等。

4. 环境保护

不同的再生工艺产生的再生烟气中 CO、NO_x、SO_x的浓度和排放量互不相同，从环境保护角度要做出评价。

(三) 经济评价

再生工艺过程是催化裂化的一个组成部分，它和其他部分，尤其是反应部分有着密切关系，单独对再生部分做出经济评价较为困难。但是再生系统包括一系列的设备、仪表和管线，投资可观，平时消耗的动力和能够回收的能量也为数巨大，这些都可以进行计算，互相比较。经济评价的重点是投资和加工成本两项，在此基础上针对不同方案可以以某一方案为基准做出相对的简单回收期和内部收益率的对比。

1. 投资

工程投资应包括以下内容：

① 再生器本体；

② 主风机-烟气轮机组；

③ 床层取热设施；

④ 主风和烟气管线系统和第三级旋风分离器(含烟囱)；

⑤ 烟气余热回收设施(含 CO 燃烧炉、CO 锅炉和余热锅炉)；

⑥ 开工燃烧炉；

⑦ 新鲜、平衡催化剂罐和开工用平衡催化剂。

以上应包括各有关专业的工程投资，为了便于对不同规模进行比较，可以按元/(t 焦·h)的单位进行折算。

2. 加工费用

加工费用应由以下内容组成：

① 动力费用——包括主风机，CO 锅炉或余热锅炉耗用动力、烟机冷却用蒸汽、烟气降温用凝结水和 CO 燃烧炉或锅炉的辅助燃料；

② 能量回收价格(扣除)——包括烟气轮机回收动力以及余热锅炉和床层取热设施回收蒸汽的价格；

③ 各部的化学除盐水除垢剂和冷却水费用；

④ CO 助燃剂费用；

⑤ 催化剂费用(以某一方案为基准保持一定的平衡活性所需催化剂补充量的差额)；

⑥ 维修费用；

⑦ 折旧费用。

为了相互比较，加工费用也可以按元/(t 焦·h)的单位进行折算。

(四) 具体对比举例

1. 单段再生和两段再生

Miller 等(1996)比较了单段再生、双器错流两段再生(SW 公司形式)和双器逆流两段再生(RCC 形式)，他们通过模型做了渣油催化裂化装置(1.6Mt/a，原料残炭 8%，钒含量 17μg/g)再生部分模拟计算，得出表 8-75 的结果。

表 8-75 不同类型再生器的模拟计算结果

<table>
<tr><th>再生器形式</th><th>单 段</th><th>单 段</th><th>两段错流</th><th>两段错流</th><th>两段逆流</th><th>两段逆流</th></tr>
<tr><td>级别</td><td>单级</td><td>单级</td><td>第一级</td><td>第二级</td><td>第一级</td><td>第二级</td></tr>
<tr><td>CO 燃烧方式</td><td>部分</td><td>完全</td><td>部分</td><td>完全</td><td>部分</td><td>完全</td></tr>
<tr><td>密相温度/℃</td><td>717</td><td>718</td><td>711</td><td>720</td><td>707</td><td>718</td></tr>
<tr><td>待生剂碳含量/%</td><td>1.78</td><td>1.63</td><td>1.62</td><td>0.20</td><td>1.64</td><td>0.66</td></tr>
<tr><td>再生剂碳含量/%</td><td>0.18</td><td>0.03</td><td>0.20</td><td>0.02</td><td>0.66</td><td>0.04</td></tr>
<tr><td>催化剂碳差/%</td><td>1.60</td><td>1.60</td><td>1.42</td><td>0.18</td><td>0.98</td><td>0.62</td></tr>
<tr><td>催化剂藏量/t</td><td>135</td><td>135</td><td>72</td><td>63</td><td>90</td><td>45</td></tr>
<tr><td>取热负荷/MW</td><td>57.0</td><td>73.0</td><td>—</td><td>62.8</td><td>—</td><td>52.6</td></tr>
<tr><td>烟气组成/v% CO</td><td>4.2</td><td>0.0</td><td colspan="2">2.6</td><td>6.8</td><td>0.0</td></tr>
<tr><td>CO_2</td><td>13.1</td><td>15.3</td><td colspan="2">14.1</td><td>11.2</td><td>15.0</td></tr>
<tr><td>O_2</td><td>0.0</td><td>0.9</td><td colspan="2">0.0</td><td>0.0</td><td>1.1</td></tr>
<tr><td>CO_2/CO</td><td>3.1</td><td>∞</td><td colspan="2">5.4</td><td>1.6</td><td>∞</td></tr>
<tr><td>平衡剂活性/%</td><td>68</td><td>68</td><td colspan="2">68</td><td colspan="2">68</td></tr>
<tr><td>平衡剂钒含量/(μg/g)</td><td>7617</td><td>6947</td><td colspan="2">7408</td><td colspan="2">7037</td></tr>
<tr><td>新鲜剂单耗/(kg/t)</td><td>0.22</td><td>0.25</td><td colspan="2">0.23</td><td colspan="2">0.24</td></tr>
</table>

除了该表所列数据之外，作者们讨论了几个因素的影响：①催化剂钒含量高时，由于钒酸 $VO(OH)_3$的流动性使催化剂活性受到破坏。温度高于 678℃、氧含量高于 1%时钒酸容易产生。水蒸气有利于钒酸产生，即使在第二段再生器也如此。②再生剂碳含量不必追求过低，较多的碳有助于减轻钒的毒害，见图 8-117，而对高沸石含量的催化剂活性影响不大，

见图 8-118。③再生烟气 NO 含量不仅和过剩氧含量有关，不同形式再生器的差别也很明显，见图 8-33。

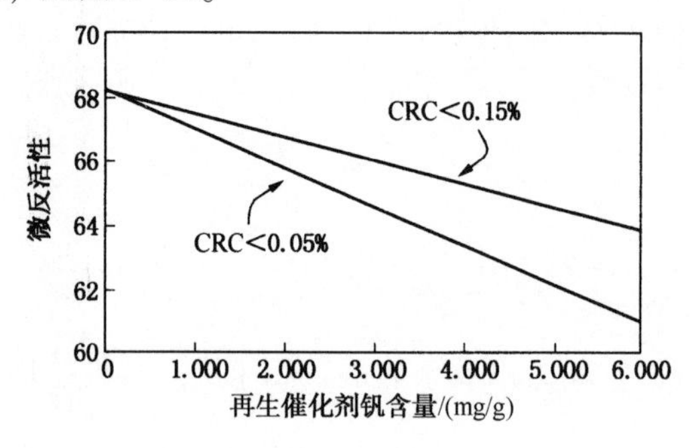

图 8-117　催化剂碳含量与钒含量对活性的影响

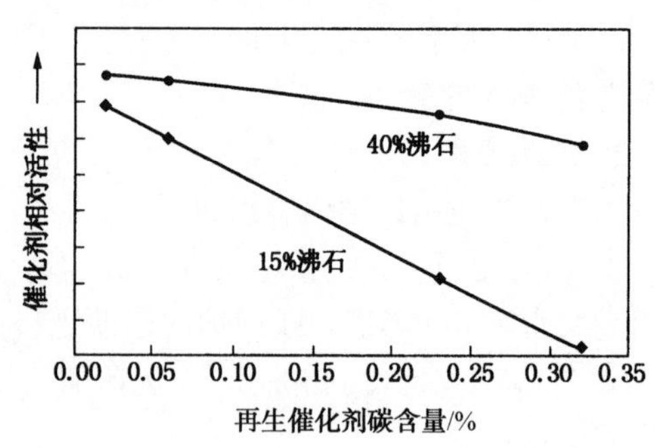

图 8-118　催化剂碳含量与沸石含量对活性的影响

2. 湍流床再生和快速床再生

Mobil 公司曾就湍流床和快速床再生器的优缺点进行比较，得出对比(Sapre，1990)见表 8-76。

表 8-76　湍流床和快速床再生比较

项　　目	老　　式	老　　式	新　　式	循环床
床型特点	浅床“旋转床”	深床“横流床”	气固分布改善	烧焦罐型
起始年代	1960	1970	1980~1990	1970
流化域	FFB	FFB	FFB	CFB
气固接触方式	逆流旋转	逆流横向	逆流	稀相并流
床内效率/%				
Van Deemter	20~40	20~40	70	70
Mobil	25	35	45	75
稀密相温差/℃	30~120	30~120	<10	<10
催化剂藏量*	2.5	1.5	1.0	2.0
新鲜剂补充量*	2.0	1.5	1.0	1.0
可靠性指数*	0.5	0.6	1.0	0.5
投资*	1.7	1.0	1.0	2.0
NO_x 排放量*	5	5	1	1.5

注：* 相对值(新式=1)。

3. 单段完全再生和逆流两段再生

郝希仁(陈俊武，2005)从工程设计出发，根据国内经验，对两种类型做了对比，主要项目见表 8-77。

表 8-77　单段完全再生和逆流两段再生比较

项　　目	A. 单段完全再生	B. 逆流两段再生
建设投资	基准	相当或略低
操作费用	基准	较高
操作性能	相对容易	调控参数多，较复杂
完全性	好	较差，会发生尾燃及碳堆积

续表

项　　目	A. 单段完全再生	B. 逆流两段再生
环保问题	少	有
催化剂稳定性的环境条件	抗钒性能较差	抗钒性能较好
CO 助燃剂应用	需要	不需要
能耗	基准	较大
CO 燃烧炉或余热炉补燃	不需要	需要
装置扩建	相对容易	较难
综合经济评价	较好	稍差

有关细节补充如下：①设备和投资比较：以 A 方案为基准，B 方案主风机组小约 20%，再生器直径小，但总高多约 25m，重量少约 10%～20%，提升管长增约 20m，沉降器基础高度增约 20m，取热器负荷小，余热回收负荷大，总占地大，反应再生部分投资相当或略低。②运行费用比较：以 A 方案为基准，B 方案烟气流量小约 20%，但由于再生器催化剂藏量多约 20%，床层压降大，烟机入口烟气压力低 0.02～0.03MPa，导致烟机回收功率减少约 15%。而且 B 方案总体运行费用高。③环保问题主要是 B 方案采用硫转移助剂的环境条件差(氧分压过低)。④国内两套同为 1.4Mt/a 但分别采用 A、B 方案的 RFCC 装置，1999 年单位能耗分别为 2.73MJ/kg 和 3.37MJ/kg，加工费分别为 75 元/t 和 117 元/t(B 方案加工负荷低也是不利因素)。

4. 双器错流两段再生和双器逆流两段再生

李炎生(1999)将某厂加工同一渣油原料的两套不同再生类型装置的操作数据做了比较，详见表 8-78。

表 8-78　错流两段再生和逆流两段再生操作数据

项　　目		错流两段再生		逆流两段再生	
再生器		第一再生器	第二再生器	第一再生器	第二再生器
顶部压力/MPa		0.170	0.100	0.146	0.177
密相温度/℃		651	718	694	697
稀相温度/℃		640	788	657	717
床层密度/(kg/m^3)		287	356	548	385
床层线速/(m/s)		1.10	0.88	0.61	0.75
催化剂藏量/t		37	30	70	60
入口催化剂碳含量/%		1.10	0.42	0.95	0.30
出口催化剂碳含量/%		0.42	0.06	0.30	0.06
烟气组成/v%	CO_2	12.2	15.6	13.8	14.0
	CO	6.2	0	5.0	0.4
	O_2	0.6	4.5	0.6	6.6
烧碳强度/[kg/(t·h)]		192	60	50	46
内部催化剂循环比		0		0.66	
催化剂型号		CHZ-2，CHZ-3		CHZ-2，CHZ-3	
平衡催化剂活性		60		62	
新鲜催化剂置换速率/(%/d)		0.0167		0.0106	

作者认为逆流两段再生由于床层线速低，且存在大量催化剂内循环，导致烧碳强度较

低。但因操作条件相对缓和，催化剂失活速度慢。逆流两段再生只产生一股烟气，能量回收流程比较简单。

闫少春(2002)指出重叠式逆流两段再生还具有占地面积小，大的反应器和再生器高度差有利于压力平衡以及提升管分段进料和终止剂技术的实施以及烟气系统的简化等特点。

5. 逆流两段再生和快速床再生

万俊国等(2002)从某炼油厂的两套不同再生型式(逆流两段再生和快速床再生)装置加工相近原料的实践经验比较得出：两者都有烧焦效率高和操作灵活的优点，但又各具特点。前者适应性强、弹性大、抗事故能力强，在防止二次燃烧、减少催化剂水热失活和降低耗风量方面都远比后者优越；但前者由于催化剂藏量大，再生设备大，致使在催化剂置换率和开停工时间方面又相对处于劣势。

6. 两器两段再生

Long 等（1993)对无取热设施的两器两段再生进行了技术经济评价，并与常规单段再生进行了技术经济比较，结果见表 8-79。两器两段再生有如下的优点：

① 由于焦炭中 90%以上的氢在低再生温度的第一段再生器烧掉，因而减少了催化剂的水热失活；

② 钒在氧化(富氧)条件下对催化剂的毒害远大于还原(富 CO)条件下的危害，因而在两器两段再生装置中，即使催化剂上的钒含量由 2400μg/g 上升至 7480μg/g，汽油产率也仅由 48%下降至 45.3%；

③ 不设催化剂取热器，降低了投资；

④ 第一段再生为不完全再生，所需主风量较小；

⑤ 催化剂藏量小；

⑥ 虽设两个再生器，但都较小，钢材和衬里材料也仅多 10%。

表 8-79　无取热设施的两器两段再生与单段再生比较

(装置处理量 1500kt/a，焦炭产率 7.5%，再生温度 730℃)

项　　目	双器两段再生		单段再生器
	一　段	二　段	
再生压力/MPa	0.212	0.125	0.222
主风量/(m^3/min)	142	670	2490
气体线速/(m/s)	0.76	0.76	0.76
直径/m	6.9	4.1/5.3	8.8
高度/m	15.9	12.2	15.9
床层高度/m	3.4	4.6	4.6
催化剂藏量/t	90	50	210
钢材及衬里重量/t	310	245	500
烟气中氧含量/v%	0	2	2
取热器负荷/MW	0	0	5.3×10^4

符　号　表

A——指前因子，1/(MPa · s)

A'——指前因子，kg/(t · MPa · h)

A_{CO}——CO均相氧化速度常数的指前因子，$kmol/(m^3 \cdot MPa^{1.5} \cdot s)$

A'_{CO}——CO非均相氧化速度常数的指前因子，$kmol/(kg \cdot MPa^{1.5} \cdot s)$

A_C——焦炭燃烧速度常数的指前因子，$1/(MPa \cdot s)$

A_T——容器(管线)的横截面积，m^2

A_t——分布板(射流)面积，m^2

b——每原子碳消耗氧分子数

$C, C_{C_0}, \overline{C}$——催化剂任一点、起始点和平均含碳量,%

C_{Ce}, C_{CH}——乳化相、密相床催化剂含碳量,%

C_R, C_s——再生、待生催化剂含碳量,%

C_{Ag}, C_{As}——气体反应物A在主气流中、在颗粒外表面处的含量，mol/m^3

C_h——催化剂氢含量，$kmol/m^3$

C'_h——催化剂氢含量，kmol/kg

C_H——催化剂上任一起始点含氢量,%

C_{Pt}——催化剂上铂浓度，μg/g

C_{pc}, C_{pg}, C_{ps}——焦炭、气体和催化剂的比热容，kJ/(kg·℃)

CBI——烧碳强度，kg/(t·h)

$(CBI)_d$——密相烧碳强度，kg/(t·h)

$(CBI)_L$——稀相烧碳强度，kg/(t·h)

CBR——烧焦量，kg/h

D——气体分子扩散系数，m^2/s

D_{A-B}——A组分在A、B二元系统中的分子扩散系数，m^2/s

D_c——综合扩散系数，m^2/s

D_e——气体在颗粒内的有效扩散系数，m^2/s

D_k——Kundsen扩散系数，m^2/s

D_s——固体颗粒扩散系数，m^2/s

D_H——分离高度，m

d_0——孔直径，m

d_b——气泡直径，m

d_p——催化剂颗粒直径，m

d_T——容器(或管线)直径，m

E——活化能，kJ/kmol

E'——实测的表观活化能，kJ/kmol

E_{CO}——CO氧化速度活化能，kJ/kmol(均相)

E'_{CO}——CO氧化速度活化能，kJ/kmol(非均相)

E_C——焦炭燃烧速度的活化能，kJ/kmol

E_m——气体分子扩散的活化能，kg/kmol

E_s——气体饱和夹带量，kg/m^3

$F_{CO}, F_{CO_2}, F_{O_2}, F_{N_2}, F_i$——CO，$CO_2$，$O_2$，$N_2$和组分$i$的流量，kmol/s

F_{coke}、F_{Ent}、F_{rs}、F_{ss}、F_{sL}——焦炭、催化剂夹带、总蒸汽、汽提蒸汽和稀相喷水量，kg/s

F_g——气体流量，kg/s

F'_g——气体流量，m^3/h

F''_g——气体流量，m^3/s

F'''_g——气体流量，Nm^3/h

F_{mf}——起始流化所需之气体流率，kmol/s

F_N——气体流量，kmol/h

F_{OT}——气体过孔体积流量，m^3/s

F_q——气泡相对乳化相的气体流量，m^3/s

F_s——固体流量，kg/s

F'_s——固体流量，kg/h

F_T——单孔空气流量，kmol/s

G_s——固体表观质量速度，$kg/(m^2 \cdot s)$

G_g——气体表观质量速度，$kg/(m^2 \cdot s)$

$\Delta H_{air}, \Delta H_{coke}, \Delta H_{RS}, \Delta H_{SS}, \Delta H_L, \Delta H_S$——燃烧空气热焓变化、焦炭净燃烧热、再生器内蒸汽、汽提蒸汽热焓变化、稀相热损失、稀相喷水热焓的变化，kJ/kg

ΔH_{CO}——CO 的反应热，kJ/kgmol

ΔH_{R1}——CO 的生成热，kJ/kmol

ΔH_{R2}——CO_2 的生成热，kJ/kmol

ΔH_{RT}——以碳为基准的 $CO+CO_2$ 综合生成热，kJ/kmol

ΔH_W——H_2O 的生成热，kJ/kmol

k——反应速度常数，1/s

k'——反应速度常数，$1/(MPa \cdot s)$

k''——反应速度常数，$kg/(t \cdot MPa \cdot h)$

k_{bc}——气泡相与气晕相的气体交换系数，1/s

k_{be}——气泡相与乳化相的气体交换系数，1/s

k_{ce}——气晕相与乳化相的气体交换系数，1/s

$(k_{bc})'$——气泡相与气晕相的气体交换系数，$1/(MPa \cdot s)$

$(k_{be})'$——气泡相与乳化相的气体交换系数，$1/(MPa \cdot s)$

$(k_{ce})'$——气晕相与乳化相的气体交换系数，$1/(MPa \cdot s)$

$(k_{bc})''$——气泡相与气晕相的气体交换系数，$kg/(t \cdot MPa \cdot h)$

$(k_{be})''$——气泡相与乳化相的气体交换系数，$kg/(t \cdot MPa \cdot h)$

$(k_{ce})''$——气晕相与乳化相的气体交换系数，$kg/(t \cdot MPa \cdot h)$

k_{CO}——CO 反应速度常数，$kg/(t \cdot MPa^{1.5} \cdot s)$

k_d——表面反应速度常数，$1/(m^2 \cdot MPa \cdot s)$

k_g——气膜传质系数，m/s

k_j——喷射流与乳化相的传质系数，$kg/(m^2 \cdot s)$

k_n——CO 反应速度常数，$m^6/(kmol \cdot s)^2$

k'_n——CO 反应速度常数，$m^3/(kmol \cdot s)$

k_O——氧的扩散速度常数，1/s

k_s——未反应核外表面积为基准的反应速度常数，m/s

k_v——以催化剂颗粒体积为基准、以氧为反应组分反应速度常数，1/s

L——长(高)度或固体粒子流动距离，m

L_f——密相床高，m

L_j——分布板区高，m

L_L——稀相床高，m

L_{mf}——起始流化床高，m

L_n, L_{n+1}——第 n，$n+1$ 段与密相床面距离，m

L_T——与分布板距离，m

L_{TD}——输送分离高度，m

L_x——烧焦罐浓相区内流化固体粒子出入口距离，m

M_C——焦炭相对分子质量

M_g——气体相对分子质量

M_T——Thiele 模数

M_W——Weisz 模数

N_A, N_{O_2}——空气和氧的摩尔数

N_B——固体反应物焦炭的摩尔数

N_b——床层中气泡数目

N_0——分布板孔数

P——压力，MPa

$P_{CO}, P_{O_2}, P'_{O_2}$——CO、$O_2$ 和催化剂表面上的氧分压，MPa

P_W, P_{H_2O}——水蒸气分压，MPa

ΔP_1——从气泡相传递到乳化相的推动力，MPa

ΔP_2——气膜扩散和内扩散的推动力，MPa

Pe_s——固体流动 Peclet 数

Q_L——烧焦罐的热损失，kJ/(m^2 · s)

R_c——未反应“核”的半径，m

R_e——Reynolds 数

R_g——气体常数(8.306)，kJ/(kmol · K)

R'_g——气体常数(0.0082)，MPa · m^3/(kmol · K)

r_c——未反应“核”的半径，m

r_C——烧碳反应速率，s^{-1}

r_H——烧氢反应速率，s^{-1}

r_O——氧反应速率，s^{-1}

r_A——实测的气体反应物消耗速度，kmol/(m^3 · s)

r_h——烧氢反应速率，kmol/(m^2 · s)

r_{CO_2}——CO_2 生成速率，kmol/(m^3 · s)

r_{CO}——CO 生成速率，kmol/(m^3 · s)

r'_{CO}——CO 氧化速率，kmol/(m^3 · s)

r_W——水生成速率，kmol/(m^3 · s)

r''_{CO}——CO 氧化速率，kg/(t · s)

r'''_{CO}——CO 氧化速率，kmol/(kg · s)

r'_h——氢燃烧反应速度，kmol/(kg · s)

$r^{CO}, r_b^{CO}, r_e^{CO}$——CO 在稀相、气泡相和乳化相的反应速率，$Nm^3$/($m^3$ · s)

$\bar{r}^{CO}$，$\bar{r}_b^{CO}$，$\bar{r}_e^{CO}$——CO 在稀相、气泡相和乳化相的平均反应速率(标)，Nm^3/(m^3 · s)

r_T——烧焦反应放热速率，kJ/(m^3 · s)

S——面积，m^2

S_c——Schmidt 数

Sh——Sherwood 数

T——温度，K

t——温度,℃

t_1——反应温度,℃

t_2——再生温度,℃

t_3——旋风分离器入口温度,℃

u_b——气泡速度，m/s

u_g——气体速度，m/s

u_0——孔速，m/s

u_s——固体粒子平均流速，m/s

V——体积，m^3

V_b——气泡相体积，m^3

V_e——乳化相体积，m^3

V_p——催化剂颗粒体积，m^3

W_C——再生器催化剂上总碳量，kg

W_d——密相藏量，t

W'_L——稀相藏量，t

W'_o——藏量，kg/m

W_s——藏量，t

W'_s——藏量，kg

$WHSV$——重时空速，h^{-1}

x, x_C, x_H——转化率、碳和氢的转化率

y——氧气体积分率

y'——氧气浓度，mol/m^3

y_{O_1}——进口气体氧气体积分率

y'_{O_1}——进口气体氧气浓度，mol/m^3

y_{O_2}——出口气体氧气体积分率

y_A——气体 A 的体积分率

y_b——气泡相的氧气体积分率

y_{CO}——CO 的体积分率

y_{CO_2}——CO_2 的体积分率

y_h——高度为 h 时的氧气体积分率

y_L——稀相氧气体积分率

y_{τ_R}——气泡停留时间为 τ_R 时氧气分率

y_∞——乳化相的氧气体积分率

$(y_{O1})_L$——稀相进口氧气体积分率

$(y_{O2})_L$——稀相出口氧气体积分率

α_1——CO/CO_2(摩尔比)

β_1——H/C(原子比)

β_2——H/C(质量比)

η——效率因子

η_{Pt}——铂剂相对活性

ε——孔隙率

ε_b——气泡相气体占密相床的体积分率

ε_p——颗粒的孔隙率

μ_g——气体粘度，Pa·s

ρ_B——单位固体体积内反应物的摩尔数，mol/m^3

ρ_f——床层内催化剂密度，kg/m^3

ρ_g——气体密度，kg/m^3

ρ_{mf}——起始流化密度，kg/m^3

ρ_p——催化剂颗粒密度，kg/m^3

τ——时间，s

τ'——反应完毕所需的时间，s

τ_g——气体到达烧焦罐 L_x 处的时间，s

τ_G,τ_i,τ_r——气膜控制，内扩散控制和反应控制所需的时间，s

τ'_G,τ'_i,τ'_r——气膜控制，内扩散控制和反应控制全部反应完毕所需时间，s

τ_R——气泡停留时间

τ_s——固体停留时间，s

$\bar{\tau}$——平均反应时间，s

ϕ——曲折因子

θ——无因次再生时间

参 考 文 献

曹汉昌.1983.催化裂化再生器烧焦强度的计算[J].石油炼制,4(5):55-58.

陈甘棠.1981.化学反应工程[M].北京:化学工业出版社.

陈俊武,王正则,耿凌云,等.1989.流化床催化剂的两段氧化再生方法:中国,ZL89109293.5[P].

陈俊武.2005.催化裂化工艺与工程[M].2 版.北京:中国石化出版社.

傅献彩,陈懿.1963.物理化学(上册)[M].北京:人民教育出版社.

韩剑敏.2000.新型同轴单器单段逆流再生重油催化裂化装置的运行及技术分析[J].炼油设计,30(9):17-20.

侯祥麟.1991.中国炼油技术[M].北京:中国石化出版社.

焦风岐,张立新,陈礼,等.1991.气-固流化床取热单元.中国专利,ZL91227483.2.

贾宽和,徐懋,杨光华.1987.裂化催化剂再生动力学几个问题的讨论[J].华东石油学院学报:自然科学版,11(4):74-83.

贾宽和.1990.裂化催化剂再生动力学简单反应模型与串连反应模型的关系及其误差[J].石油大学学报:自然科学版,14(2):85-92.

赖周平,刘弘彦,杨启业,等.1990.外取热器:中国,ZL90101048.0[P].

梁先耀,李志军.2000.ROCC-Ⅳ型渣油催化裂化装置的运行及其改进[J].炼油设计,30(11):15-19.

李占宝,皮运鹏,陈道一,等.1992.气控外循环式催化剂冷却器:中国,ZL92101532.1[P].

林世雄,王光埙,贾宽和,等.1982a.裂化催化剂上焦碳的形成与催化剂再生反应动力学研究[J].石油学报:增刊,93-102.

林世雄,王光埙,贾宽和,等.1982b.炼油催化剂上焦碳的形成与裂化催化剂的再生[J].华东石油学院学报:自然科学版,(1):63-81.

刘辉,张钧.2000.新型高温烟气取热技术的开发及在重油催化裂化装置上的应用[J].石油炼制与化工,31

(2):58-62.
刘铁山.2000.UOP 公司循环床再生技术在装置改造中的应用[J].炼油设计,30(9):9-11.
刘伟,李志林,赵修仁.1995.结焦 Y-15 催化剂再生过程的动力学研究[J].石油学报:石油加工,11(3):36-41.
刘伟,李志林,赵修仁.1998.结焦 CRC-1 催化剂再生过程的动力学[J].石油学报:石油加工,14(3):47-49.
刘现峰.1991.一氧化碳在 Pt/Al_2O_3 助燃剂上氧化动力学研究及助燃剂失活因子测定[D].郑州:郑州工学院.
李炎生.1999.双器并流与逆流催化裂化装置再生工艺技术的比较[J].炼油设计,29(6):1-11.
莫伟坚,林世雄,杨光华.1986.裂化催化剂高温再生时焦炭中碳燃烧动力学:Ⅰ.实验方法及设备的建立和实验结果[J].石油学报:石油加工,2(2):13-20.
彭春兰,王光埙,杨光华.1987.裂化催化剂高温再生时焦炭中氢的燃烧动力学[J].石油学报:石油加工,3(1):17-26.
石油工业部第二炼油设计研究院.1983.催化裂化工艺设计[M].北京:石油工业出版社.
史济群,黄太清,相光华.1987.水热老化过程中裂化催化剂物性及烧焦性能变化规律的研究[J].高校化学工程学报,2(1):81-88.
陶润丰.1985.热分析方法研究催化裂化催化剂的再生性能[J].石油炼制,16(8):31-37.
万俊国,刘焕章,张蓉生.2002.采用不同再生工艺的两套重油催化裂化装置运行效果比较[J].炼油设计,32(9):1-3.
王光埙,林世雄,杨光华.1984.裂化催化剂再生过程中的消碳动力学和机理[J].华东石油学院学报:自然科学版,8(3):268-274.
魏飞,林世雄,杨光华.1988.CO 气相慢氧化动力学研究[J].石油大学学报:自然科学版,12(4-5):110-116.
魏飞.1990.工业催化裂化高效再生器的分析与模拟[D].北京:石油大学.
解新安,华贲,陈清林,等.2001a.催化裂化结焦催化剂烧焦再生模型的研究(I):烧焦再生物理模型的建立[J].炼油设计,31(4):40-43.
解新安,梁仁.2001b.催化裂化结焦催化剂烧焦再生模型的研究(Ⅱ):烧焦再生数学模型的建立[J].炼油设计,31(5):37-41.
徐春明.1988.裂化催化剂再生过程中 CO 的生成和氧化[D].北京:石油大学.
徐春明,罗雄麟,林世雄.1996.几种新型裂化催化剂再生动力学的研究[J].炼油设计,26(6):54-57.
徐懋,贾宽和,杨光华.1987.污染金属及水热处理对裂化催化剂 CRC-1 再生动力学的影响[J].石油炼制,18(10):51-58.
许友好.2013.催化裂化化学与工艺[M].北京:科学出版社.
闫少春.2002.重油催化裂化重叠式两段再生技术[J].石油炼制与化工,33(8):7-9.
杨宝康,吴秀章.2000.采用富氧再生工艺提高催化裂化再生器烧焦能力[J].石油炼制与化工,31(8):8-11.
张福诒,李占宝,皮运鹏,等.1990.气控内循环式催化剂冷却器:中国,ZL90103413.4[P].
张福诒.1993.催化裂化装置催化剂冷却器工艺设计问题的探讨[J].炼油设计,23(1):18-25.
张韩,郭振庭,张立新.2000.2Mt/a 重油催化裂化装置的设计与运行[J].炼油设计,30(11):6-9.
赵伟凡.1983.流化催化裂化高效再生工艺的探讨[J].石油炼制,14(6):32-43.
周力行.1986.燃烧理论和化学流体力学[M].北京:科学普及出版社.
Alan W P, Zhao X J, Yaluris G. 1998. Catalytic NO_x control strategies for the FCCU[C]//NPRA Annual Meeting, AM-98-43. San Francisco, California.
Arthur J R. 1951. Reactions between carbon andoxygen[J]. Transactions of the Faraday Society, 47: 164-178.
Avidan A A, Krambeck F J, Owen H, et al. 1990. FCC closed-cyclonesystem[J]. Oil & Gas J, 88(13):56-63.
Beek W J.1971. Mass transfer in fluidized beds[M]//Fluidization. Ed by Davidson J F, Harrison D: 431-470.
Behie L A, Bergougnou M A, Baker C G J, et al.1970. Jet momentum dissipation at a grid of a large gas fluidized bed[J]. The Canadian Journal of Chemical Engineering, 48(2): 158-161.

Benjamin G, Hartley O. 1977.System for regenerating fluidizable catalyst particles:US,4057397[P].

Briens C, Bergougnou M A, Baker C G J. 1980. Grid leakage (weeping, dumping, particle backflow) in gas fluidized beds: the effect of bed height, grid thickness, wave breakers, cone-shaped grid holes and pressure dropfluctuations[M]//Fluidization. Springer US: 413-420.

Bunn Jr D P, Jones H B, MacLean J P, et al.1977. Fluidized catalytic crackingregeneration process: US, 4051069 [P].

Bunn Jr D P, Niccum P K. 1985. Catalytic cracking system;US,4514285[P].

Burgoyne J H, Hirsch H. 1954.The combustion of methane at hightemperatures[J]. Proceedings of the Royal Society of London:Series A, Mathematical and Physical Sciences, 227(1168): 73-93.

Castagnos Jr L F, Pratt R E.1977.Fluidized catalytic cracking regeneration process:US,4062759[P].

Chen J W, Can H C, Liu T J. 1994.Advance in Chemical Engineering,Vol 20[M]. Academic Press.

Chu J C, Kalil J, Wetteroth W A. 1953. Mass transfer in a fluidized bed[J]. Chemical Engineering Progress, 49 (3): 141-149.

Couch K A, Seibert K D, Van Opdorp P. 2004. Controlling FCC yields and emissions: UOPtechnology for a changing environment[C]//NPRA Annual meeting, AM-04-45.San Antonio, Texas.

Csicsery S M. 1979. Hydrocarbon conversion with crackingcatalyst having co-combustion promoters lanthanum and iron:US,4137151.

Danziger W J. 1963. Heat transfer to fluidized gas-solids mixtures in vertical transport[J]. Industrial & Engineering Chemistry Process Design and Development, 2(4): 269-276.

Dart J C, Savage R T, Kirkbride C G. 1949.Regeneration characteristics of clay cracking catalyst[J].Chemical Engineering Progress, 45:102-110.

Dean R R, Mauleon J L, Letzsch W S. 1982. New resid cracker:1.Resid puts FCC process in new perspective[J]. Oil & Gas J, 80(40): 75-80.

Dickens P G, Dove J E, Linnett J W. 1964. Explosion limits of the dry carbon monoxide+oxygenreaction[J]. Transactions of the Faraday Society, 60(495): 539-552.

Dries H, Patel M, van Dijk N. 2000. New advances in third-stageseparators[J]. World Refining, 10(8): 30-34.

Dryer F L, Glassman I. 1973. High-temperature oxidation of CO and CH_4[C]//Symposium (International) on combustion. Elsevier, 14(1): 987-1003.

Effron E, Hoelscher H E. 1964. Graphite oxidation at low temperature[J]. AIChE Journal, 10(3): 388-392.

Errazu A F, DeLasa H I, Sarti F. 1979. Fluidized-bed catalytic cracking regenerator model-grid effects[J]. Canadian Journal of Chemical Engineering, 57(2): 191-197.

Fertig D J, Schmidt M F. 1990. Simplified method of fabricating lightly doped drain insulated gate field effect transistors:US,4923824[P].

Field M A, Gill D W, Morgan B B, et al. 1967.Combustion of pulverized fuel[C]//British Coal Utilization Research Association. Surrey, England.

Ford W D, Reineman R C, Vasalos I A, et al.1976. Modeling catalytic cracking regenerators[C]//NPRA Annual Meeting, AM-76-29. Washington DC.

Ford W D, Reineman R C, Vasalos I A,et al.1977. Operating cat crackers for maximum profit[J]. Chemical Engineering Progress, 73(4): 92-96.

Glasgow P E, Thweat W T. 1985. NPRA Refinery and Petrochemical Plant Maintenance Conference. MC-85-6.

Glassman I. 1977.Combustion[M]. New York: Academic Press.

Gordon A S, Knipe R H. 1955. The explosive reaction of carbon monoxide and oxygen at the second explosion limit in quartz vessels[J]. The Journal of Physical Chemistry, 59(11): 1160-1165.

Gulbransen E A, Andrew K. 1952. Reactions of artificial graphite-kinetics of oxidation of artificial graphite at temperatures of 425 to 575℃.andpressures of 0.15 to 9.8 cmof mercury of oxygen[J]. Industrial & Engineering Chemistry, 44(5): 1034-1038.

Hadman G, Thompson H W, Hinshelwood C N.1932.The explosive oxidation of carbon monoxide at lower pressures [J]. Proceedings of the Royal Society of London: Series A, Containing Papers of a Mathematical and Physical Character, 138(835): 297-311.

Hagerbaumer W A, LeeR.1947.Combustion of coke deposit on synthetic bead catalyst[J].Petroleum Refiner, 26(6): 551-556.

Haldeman R G, Botty M C. 1959. On the nature of the carbon deposit of crackingcatalysts[J]. The Journal of Physical Chemistry, 63(4): 489-496.

Han M X, Zhao J P, Gao X, et al. 2000. Development of catalyst regeneration in a single regenerator with multi-staged cyclones[J].China Petroleum Processing & Petrochemical Technology, (3): 29-33.

Hano T, Nakashio F, Kusunoki K. 1975. The burning rate of coke deposited on zeolitecatalyst[J]. Journal of Chemical Engineering of Japan, 8(2): 127-130.

Harper K A. 1961. Regeneration of synthetic silica-alumina catalysts, especially for hydrocarbon conversion: US, 2970117[P].

Hartley O.1975. Method for regenerating catalyst in a fluidized bed with a restricted high turbulence region in the dispersed phase: US, 3903016[P].

Hashimato K, TakataniK, Iwasa H, et al.1983. A multiple-reaction model for burning regeneration of coked catalysts [J]. The Chemical Engineering Journal, 27(3): 177-186.

Hill C G. 1977. An introduction to chemical engineering kinetics & reactordesign[M]. New York: John Wiley & Sons.

Horechy Jr C J, Fahrig R J, Shields Jr R J, et al.1975. Fluid catalytic cracking process with substantially complete combustion of carbon monoxide during regeneration of catalyst: US, 3909392.

Hottel H C, Williams G C, Nerheim N M, et al. 1965. Kinetic studies in stirred reactors: combustion of carbon monoxide and propane[C]//Symposium (International) on Combustion. Elsevier, 10(1): 111-121.

Howard J B, Williams G C, Fine D H. 1975. Kinetics of carbon monoxide oxidation in postflame gases[C]//Symposium (International) on Combustion. Elsevier, 14(1): 975-986.

Hughes R, Shettigar U R. 1971. Regeneration of silica-alumina catalyst particles[J]. Journal of Applied Chemistry and Biotechnology, 21(2): 35-38.

Hughes R.1984. Deactivation ofcatalysts[M]. London: Academic Press.

Johnson T E.1991. Improve regenerator heat removal[J]. Hydrocarbon Processing, 70(11): 55-57.

Johnson M F L, Mayland H C. 1955. Carbon burning rates of cracking catalyst in the fluidizedstate[J]. Industrial & Engineering Chemistry, 47(1): 127-132.

Kelkar C P, Stockwell D M, Winkler W S, et al. 2002. New additive technologies for reduced FCC emissions[C]// NPRA Annual Meeting, AM-02-56. San Antonio, Texas.

Kralicek J, Kubanek V, Kondelikova J. 1975. Method of anionic polymerization and copolymerization of lactam of ω: US, 3919175[P].

KrishnaA S, Parkin E S. 1985. Modeling the regenerator in commercial fluid catalytic cracking units[J]. Chemical Engineering Progress, 81(4): 57-62.

Kunii D, LevenspielO.1969.Fluidization engineering[M].New York: JohnWiley& Sons.

Lambert J D.1976.The oxidation of carbon[J].Transactions of the Faraday Society, 32: 452-462.

Langmuir I. 1955. Chemical reactions at low pressures [J]. Journal of the American Chemical Society, 37: 1139-1167.

Levenspiel O. 1972.Chemical reaction engineering[M].New York: John Wiley & Sons.

Levenspiel O. 1979.The chemical reactoromnibook[M]. Corvallis: OSU book stores.

Lewis B, Von Elbe G. 1951. Combustion, flames and explosions of gases[M]. New York: Academic Press.

Limback K, Tamhankar S, Ganguly S, et al. 2000. Oxygen enrichment to reduce NO_x emissions[J]. Petroleum Technology, Quarterly: 73-78.

Long S L, JohnsonA R, Dharia D J. 1993. Advances in residual oil FCC[C]//NPRA Annual Meeting, AM-93-50. San Antonio, Texas.

Martin G D, Mahoney J D, Kliesch H C.1985. Rigorous simulation used to determine FCC computer control strategies [C]. Sixth Annual Fluid Catalytic Symposium. Munich, Germany: 21-23.

Mason E A, Evans R B. 1969.Graham′s laws: Simple demonstrations of gases in motion: Part I, Theory[J]. Journal of Chemical Education, 46(6): 358-364.

Massoth F E. 1967. Oxidation of coked silica-alumina catalyst[J]. Industrial & Engineering Chemistry Process Design and Development, 6(2): 200-207.

McKetta J J. 1980.Encyclopedia of Chemical Processing and design[M]. CRC Press.

Metcalfe T B. 1967. Kinetics of coke combustionin catalyst regeneration[J].British Chemical Engineering, 12(3): 388-389.

Mickley H S, Nestor J W, Gould L A. 1965. A kinetic study of the regeneration of a dehydrogenationcatalyst[J]. The Canadian Journal of Chemical Engineering, 43(2): 61-68.

Miller R B, Johnson T E, Santner C R, et al. 1996. Comparison between single and two-stage FCC regenerators [C]//NPRA Annual Meeting, AM-96-48.Washington DC.

Miller R B, Yang Y L,Johnson T E, et al. 1999.Regen Max™ technology: staged combustion in a single regenerator [C]//NPRA Annual Meeting, AM-99-14. San Antonio, Texas.

Miller R B, Gbordzoe E, Yang Y. 2004. Solutions for reducing NO_x and particulate emissions from FCC regenerators [C]//NPRA Annual Meeting, AM-04-23. San Antonio, Texas.

Morley K, De Lasa H I. 1987. On the determination of kinetic parameters for the regeneration of crackingcatalyst[J]. The Canadian Journal of Chemical Engineering, 65(5): 773-777.

Morley K, De Lasa H I. 1988. Regeneration of cracking catalyst influence of the homogeneous CO postcombustionreaction[J]. The Canadian Journal of Chemical Engineering, 66(3): 428-432.

Myers G D, Busch L E. 1981. Carbo-metallic oil conversion with controlled CO/CO_2 ratio in regeneration: US, 4299687[P].

Nadirov Nadir K, Postnov Viktor V, Zhuginisov Ondasyn Zh, et al. 1982. Catalyst for cracking oil fractions:前苏联, SUP899115[P].

Nieskens M, Khouw F H H, Borley M J H, et al.1990. Shell′s resid FCC technology reflects evolutionarydevelopment [J]. Oil & Gas J, 88(24):37-44.

Pansing W F. 1956. Regenaration of fluidized crackingcatalysts[J] . AIChE Journal, 2(1): 71-74.

Peters A W, Zhao X J, Weatherbee G D.1995.The origin of NO_x in the FCCU regenerator[C]//NPRA Annual Meeting, AM-95-59. Washington D C.

Petrovice L J, Thodos G. 1968. Mass transfer in flow of gases through packed beds. Low Reynolds numberregion[J]. Industrial & Engineering Chemistry Fundamentals, 7(2): 274-280.

Pfeiffer RW, Garrett L W Jr. 1971. Staged fluidized catalyst regeneration process:US,3563911[P].

Pfeiffer R W, Wickham H P.1972. Staged fluidized solids contacting process in oxidation regeneration of catalysts: US,3661800[P].

Ramachandran P A, Rashid M H, Hughes R. 1975. A model for coke oxidation from catalyst pellets in the initial burningperiod[J]. Chemical Engineering Science, 30(11): 1391-1398.

Ranz W E, Marshall W R.1952. Evaporation fromdrops[J]. Chemical Engineering Progress, 48(3): 141-146.

Rheaume L, Ritter R, Blazek J J, et al. 1976a. New FCC catalysts cut energy and increase activity[J]. Oil & Gas J, 74(20):103-110.

Rheaume L, Ritter R E, Blazek Sr J J, et al. 1976b.Controlled CO emissions from fluid catalytic cracking units- theoretical and commercial aspects[J].Proceeding of American Petroleum Institute Research Project, 55: 891-929.

Riccetti R E, Thodos G.1961.Mass transfer in the flow of gases through fluidizedbeds[J]. AIChE Journal, 7(3): 442-444.

Sapre A V, Leib T M, Anderson D H. 1990. FCC regenerator flowmodel[J]. Chemical Engineering Science, 45(8): 2203-2209.

Shaffer JrA G, Hemeler C L. 1990. Proven route for residue conversion: a commercial FCC update[C]//NPRA Annual Meeting, AM-90-14.San Antonio,Texas.

Shettigar U R, Hughes R. 1972. Temperature profile measurements during the regeneration of a coked catalystpellet [J]. The Chemical Engineering Journal, 4(3): 208-214.

SmithJM. 1970.Chemical Engineering Kinetics[M]. New York: McGraw-Hill.

Soterchos S V, Mon E, Amundson N R.1983. Combustion of coke deposits in a catalyst pellet[J]. Chemical Engineering Science, 38(1): 55-68.

Strinivas B, Amundson N R.1980. Intraparticle effects in char combustion steady state analysis[J]. The Canadian Journal of Chemical Engineering, 58(4): 476-484.

Storvick T S, Mason E A. 1967. Determination of diffusion coefficients from viscosity measurements: Effect of higher chapman—enskog approximations[J]. TheJournal of Chemical Physics, 45(10): 3752-3754.

Tone S, Miura S, Otake T. 1972. Kinetics of oxidation of coke on silica-aluminacatalysts[J]. Bulletin of The Japan Petroleum Institute, 14(1): 76-82.

Upson L L, Dalin I, Wichers R. 1982. Heat balance—the key to catalytic cracking[C]//Katalistiks3rd Fluid Catalytic Cracking Symposium. Amsterdam, the Netherlands.

Upson L L, Van der Zwan H. 1986.What to look for in Octane Catalyst[C]//Katalistiks 7th Annual FCC Symposium. Amsterdam, the Netherlands.

Van Deemter J J. 1980. Mixing patterns in large-scale fluidized beds[J].Chemical Engineering Science, 35(1): 69-89.

Wang G, Lin S, Mo W, et al. 1986. Kinetics of combustion of carbon and hydrogen in carbonaceous deposits on zeolite-type crackingcatalysts[J]. Industrial & Engineering Chemistry Process Design and Development,25(3): 626-630.

Weisz P B, Goodwin R D. 1963. Combustion of carbonaceous deposits within porous catalyst particles:I. Diffusion-controlled kinetics[J]. Journal of Catalysis, 2(5):397-404.

Weisz P B, Goodwin R B. 1966a. Combustion of carbonaceous deposits within porous catalyst particles: II.Intrinsic burning rate[J]. Journal of Catalysis, 6(2): 227-236.

Weisz P B. 1966b. Combustion of carbonaceous deposits within porous catalyst particles: III. The CO_2/ CO product ratio[J]. Journal of Catalysis, 6(3): 425-430.

Wen C Y, Dutta S. 1979. Rates of coal pyrolysis and gasificationreactions[J]. Coal Conversion Technology, (1): 57-170.

Whittington E L, Murphy J R, Lutz I H.1972. Striking advances show up in modern FCC design[J]. Oil & Gas J,70(44):49-54.

Wilson J W, Wrench R E, Yen L C. 1985. Improving flexibility of resid cracking[J]. Chemical Engineering Progress, 81(7): 33-40.

Wilson J W. 1997.Fluid Catalytic Cracking Technology and Operations[M]. PennWell Books.

Wojkowicz M A, Pels J R, Moulijn J A. 1993. Combustion of coal as a source of N_2O emission[J]. Fuel Processing Technology, 34(1): 1-71.

Yagi S, Kunii D. 1955. Studies on combustion of carbon particles in flames andfluidized beds[C]//5th Symposium (international) on Combustion. Elsevier, 5(1): 231-244.

Zandona O J, Busch L E, Hettinger Jr W P, et al. 1980. Heavy oil project pushed at complex refinery[J]. Oil & Gas J, 80(12).

Zhang L X, Yang Q Y, Chen J W. 1997. Development of resid fluid catalytic cracking technology in China[G]// Advances of Refining Technology in China.Beijing:China Petrochemical Press: 39-47.

Адельсон С В, Зайтова А Я. 1962. Основные закономерностиокисления коксонаповерхности алюмосиликатного шарикового катализатора[J]. Химия и технология топлив и масел, (1): 25.

Адельсон С В, Зайтова А Я. 1960.Труды баш научио-исследовательского института по переработке нефти, Вып Ⅲ.

Алиев В С, Алътман Н Е, Касимова Н П. 1956a.Азеръ Нефт Хоз, (10): 27.

Алиев В С, Алътман Н Е, Касимова Н П. 1956b.Азеръ Нефт Хоз, (11): 303.

Алиев В С, Алытман Н Б, Касимова Н П. 1957.Азеръ Нефт Хоз, (6).

Бризгалин Л В. 1981.Хим Технол Топ и Масел, (2): 12.

Зейиалов Р П.1978.Хим Технол Топ и Масел, (3): 26.

Лавров Н В.1975.Физико-химиеские основы горения и газификации топлнва[M].(卢喜先,等译.1976.燃料燃烧和气化的物理化学基础[M].北京:科学出版社.)

Лобьгчин Л И, Кливанова Ц М.1959a. ЖХФ: 869.

Лобьгчин Л И, Кливанова Ц М.1959b. ЖХФ: 1023.

Масагутов Р М, Морозов Б Ф, Кутепов Б И. 1987. Регенерация катализаторов в нефтепереработке и нефтехимии[M]. Москва: Издательство Химия.

Орочко Д И, Мелик Ахназаров Г Ф, Бояринов Г Н.1957. Хим Технол Топ и Масел, (12):1.

Панченков Г М, Голованов Н В. 1952. Кинетика регенерации алюмосиликатных катализаторов. О механизме реакцииокисления《кокса》на алюмосиликатных катализаторах[J]. Изв АН СССР, ОТН, (3).

Панченков Г М, Голованов Н В. 1951.Иэв АН СССР, ОТН, (10).

Ремизов В Г.1977. Хим Технол Топ и Масел, (9): 38.

Рыбоков П Н.1979. Нефтепереработка и Нефтехимйя, 7(30).

Соляр Б З, и др.1986. Хим Технол Топ и Масел, (12).

Хаджиев С Н, Суворов Ю П, Зиновьев В Р. 1982. Крекинг нефтяных фракций на цеолитсодержащих катализаторах[M]. Москва: Издательство Химия.

Щищаков Н В.1957.可燃气体生产原理[M].天津大学无机化学教研组译.北京:高等教育出版社.

第九章　催化裂化装置节能与环境保护

第一节　环境污染状况及其危害

一、环境污染问题日趋严重

自然环境是人类生存、生活和生产所必需的自然条件和自然资源的总称，即阳光、气候、空气、水、土壤以及一切自然现象等自然因素的总和，是直接或间接影响到人类一切自然形成的物质和能量及自然现象的总体。人类从自然环境中获取物质和能量，创造了人类需要的物体和财富，同时也将污染还给环境，造成对环境的污染和生态系统的破坏，从而产生了环境问题。环境问题表现为森林植被破坏，水土严重流失，沙漠化扩大，珍稀物种加速灭绝，大气污染日益严重，温室效应加剧，大气臭氧层破坏，水污染加剧，垃圾成灾，自然灾害频繁发生。在诸多的环境问题中，大气污染是一个十分严重的问题。按照国际标准化组织(ISO)的定义，大气污染通常是指由于人类活动或自然过程引起某些物质进入大气中，呈现出足够的浓度，达到足够的时间，并因此危害了人体的舒适、健康环境的现象。随着现代工业和交通运输的发展，向大气中持续排放的物质数量越来越多，种类越来越复杂，引起大气成分发生急剧的变化，对人类健康、动植物生长以及气象气候产生危害，已产生极端的大气污染事件。1952 年 12 月伦敦上空受强冷空气控制，形成逆温层，大雾弥漫，连续 4 天烟雾笼罩，二氧化硫(SO_2)浓度高达 3.5mg/m^3，颗粒物质高达 4.5mg/m^3，成千上万市民胸部憋闷，咳嗽呕吐，心血管、呼吸系统疾病迅速上升，4 天内死亡 4000 多人，2 月内死亡 12000 多人，造成震惊世界的“伦敦硫酸烟雾事件”。1955 年洛杉矶出现“光化学烟雾事件”，由于汽车排气造成大气中臭氧严重超标，造成大批森林枯黄死亡，成千上万人得红眼病，呼吸系统疾病迅速上升，65 岁以上老人几天内死亡 4000 多人。1972 年德国施瓦兹瓦鲁特等地因酸雨污染导致枞树枯损。这些典型的大气污染事件表明，大气污染与人类对能源(包括煤、石油、天然气等)的利用有着密切的关系。发电、取暖、生活、工业加工、交通运输等都和能源的应用与转化分不开，在能源转化过程中伴随着大量“三废”(废气、废水、固体废弃物)排出，造成对大气环境的污染(何强，1994；徐宝东，2012)。

汽车已成为人类最重要的运输工具和代步工具，2010 年全球汽车保有量约为 10 亿辆，到 2015 年，将增至 11.2 亿辆左右。汽车提高了社会的生产效率，改善了人们的生活质量，同时随着汽车保有量的增加，消耗大量能源，加剧了能源危机，发动机燃烧后排出的废气也严重污染了大气环境，尤其是人口稠密、交通发达的大城市的空气质量。据统计，美国环境空气中的主要污染物，约 66%的一氧化碳(CO)、48%的氮氧化合物(NO_x)和 40%的碳氢化合物(HC)来自汽车尾气排放。

我国是大气污染最严重的国家之一。1995 年 SO_2 排放量为 13.96Mt，居世界第一，1997 年排放量高达 23.46Mt。由于减排力度的加大，2000 年前后 SO_2 排放量略有减少，但从 2003

年开始又逐年上升，2005 年高达 25.49Mt，2010 年为 22.68Mt，预计 2020 年将高达 35.00Mt，而我国大气中 SO_2环境容量仅为 12.00Mt(以国家空气二级标准 SO_2浓度来计算)，两者相差甚远。与此同时，NO_x 排放量的持续增加，2000 年我国 NO_x 排放量为 11.70Mt，2007 年为 17.98Mt，2010 年达到 22.736Mt，预测到 2020 年将增加到 26.60~29.70Mt(彭会清，2003；徐宝东，2012)。随着国民经济迅猛发展、工业化和城镇化步伐加快，我国的 CO_2排放总量逐年增加，2010 年我国的 CO_2排放总量已达到 83.3 亿 t，占全球 CO_2排放总量的 1/4，预计不远的将来超过 100 亿 t，占全球 CO_2排放总量的 1/3。虽然目前我国 85%的 CO_2排放是由燃煤造成的，但交通运输等部门以石油消费为主的能源消耗的持续增加，很可能带来 CO_2排放的持续增加，导致我国未来 CO_2减排压力相当大。

我国汽车工业发展极其迅速，1998 年全国汽车保有量只有 1400 万辆，到 2011 年 8 月底机动车保有量达到 2.19 亿辆，其中汽车保有量突破 1 亿辆，预计 2015 年底机动车保有量将达到 3.1 亿辆，其中汽车保有量突破 1.6 亿辆。因此，对车用燃料需求急剧增加，至 2020 年总需求量将达到 420Mt，其中汽油 140Mt 以上，是 2010 年的 2 倍。尤其汽油消费量快速增加，年增长率约为 9%，2005 年国内汽油消费量为 48.36Mt/a，2010 年为 67.20Mt/a，2014 年为 92.75Mt/a，而同期原油加工量的增长速度约为 4%(曹湘洪，2012)。我国 2011 年原油加工量超过 406Mt，居世界第二位，但人均石油产品消费量却只有发达国家的 19.4%，汽油消费量更低，只有 13.2%。因此，石油消费量仍有较大的增加空间，由此带来的汽车尾气污染物排放量大幅度上升。目前我国城市大气污染已相当严重，全国 325 个城市 2012 年空气中 SO_2、NO_2和 PM10 平均浓度分别为 0.032mg/m^3、0.028mg/m^{3}和 0.076mg/m^3。基于环境空气质量标准(GB 3095—2012)对 SO_2、NO_2和 PM10 进行评价，城市空气质量达标比例仅为 40.9%。2000 ~2008 年期间北京市大气主要污染物 SO_2浓度为 0.071 ~0.036mg/m^3、NO_2浓度为 0.076 ~0.049mg/m^3、CO 浓度为 2.7 ~1.4mg/m^{3}和可吸入颗粒物浓度为 0.166 ~0.122mg/m^3。只有 CO 浓度优于一级空气标准，而可吸入颗粒物污染一直未达到国家二级空气标准。总悬浮颗粒物污染是一直困扰像北京这样特大城市环境质量的首要问题，从 2000 年到 2010 年，北京市大气中总悬浮颗粒物平均质量浓度变化不大或者说略有减少，但是不同尺度的粒子浓度却发生着重要的变化，直径大于 2μm 的粗粒子明显减少，减少约 10%左右；而直径 0.1 ~2μm 的积聚模型粒子却明显增多，增多达 15%以上。大气中细粒子的增加，是一种极为严重的大气污染现象，这意味着北京市的大气污染正在发生着重大变化，也暗示着全国其他特大城市的大气污染正在发生着重大变化，这种变化导致严重的雾霾天气明显地增加，问题是非常严重的。广州、上海等城市 HC、NO_x浓度也严重超标，并且已发现光化学烟雾。

二、排放污染物的组成及其来源

1. 排放污染物的组成

空气是多种气体的混合物，其组成可分为恒定的、可变的和不定的三部分。正常空气是由 20.95v%氧、78.09v%氮、0.93v%氩和微量成分如氖、氦、氪、氙等稀有气体所组成的，这是恒定的组分。可变的组分是指空气中的二氧化碳和水蒸气，通常情况下二氧化碳含量为 0.02v%~0.04v%，水蒸气含量为 4v%以下，这部分组成在空气中的含量是随季节和气象的变化以及人们的生活和生产活动而发生变化的，上述两部分气体构成清洁空气。空气中不定部分主要来源：一是自然界火山爆发、地震、森林火灾、大风刮起沙尘等自然现象形成的硫氧化物、氮氧化物、硫化氢、尘埃等；二是由于人类活动如工业生产和汽车排出废气、人类取暖、生活而燃烧燃料以及垃圾废弃物的焚烧等人为因素造成大气中增加的有害气体。一般来说，前者是局部和暂时性污染，而后者是空气中不定组分的最主要来源，与人类利用能源方式密切相关。由于人口过分集中于城市，使得局部空气中的污染物浓度大大提高，而且不容易被稀释和扩散到广大的地区环境中去，使局部地区的大气污染变得十分突出。

2. *污染物的来源*

污染物按其存在的形式可分为固体污染源和流动污染源，这种分法有利于分析和研究污染物在大气中的运动和扩散现象。固体污染源是指位置固定，如发电、炼钢、炼油等工业生产场所、人类食用和取暖等生活性活动以及矿业废物、工业废物、城市垃圾、农业废物等固体废弃物焚烧和处理的地方。流动污染源主要是指位置可以移动，如汽车、铁路、飞机等交通工具在移动过程中排放出大量废气，造成对环境污染。

各种污染物的排放分担率也是一个十分重要并且特别复杂的问题。只能通过大量细致的调查研究和科学的分析，方能全面确定各种污染源所排放的各种污染物的总量及其所占的比例(分担率)，从而制订出合理治理对策。西方发达国家早在20世纪已进行了详细的调查和研究，例如，美国1971年大气污染物来源分类统计列于表9-1。从表9-1可以看出，大气污染与能源利用、工业和交通运输事业的发展密切相关，城市大气中CO的77.3%、HC(碳氢化物)的55.3%、NO_x(氮氧化物)的50.9%、悬浮微粒的3.7%来自汽车排放，说明CO、HC、NO_x的主要污染源是来自汽车尾气的排放。

表9-1 1971年美国大气污染物的排放量与比例(质量以Mt计)

发生源	悬浮微粒		SO_x		NO_x		CO		HC		总量	
	质量	%	质量	%	质量	%	质量	%	质量	%	质量	%
燃料燃烧	6.5	24.1	26.3	80.7	10.2	46.4	1.0	1.0	0.3	1.1	44.3	21.3
工业生产	13.6	50.4	5.1	15.6	0.2	0.9	11.4	11.4	5.6	21.0	35.9	17.2
交通运输	1.0	3.7	1.0	3.1	11.2	50.9	77.5	77.3	14.7	55.3	105.4	50.6
固体物质处理	0.7	2.6	0.1	0.3	0.2	0.9	3.8	3.8	1.0	3.8	5.8	2.8
其他	5.2	19.2	0.1	0.3	0.2	0.9	6.5	6.5	5.0	18.8	17.0	8.1
总计	27.0	100.0	32.6	100.0	22.0	100.0	100.2	100.0	26.6	100.0	208.4	100.0

美国环境保护署(EPA)公布的1992年各种污染物排放分担率，其中汽车尾气中NO_x、HC、CO排放分担率分别占所有污染物的44%、36%和63%，高速公路上的车辆尾气排放占主要部分，见图9-1。相对于表9-1，汽车尾气中NO_x、HC排放分担率有明显的下降。

污染物的来源与燃料类型密切相关，煤、石油、天然气等化石燃料的燃烧均会产生SO_2、NO_x和颗粒等污染物的排放，其中煤燃烧产生的污染最为严重，属不清洁能源，而石油、天然气等经脱硫处理后燃烧产生的污染较轻，属于清洁能源。世界发达国家的能源结构中的煤的比例已下降到22.4%，天然气已达到25.5%。而我国能源结构中的煤始终占主导地位，1949年，我国原煤产量为32.0Mt，原油产量只有0.12Mt，天然气产量只有7.0Mm^3，到1998年，我国原煤产量为1.295Bt，原油产量已达161.00Mt，天然气产量已达23.33Bm^3，此时，原煤在我国能源结构中的比例仍然高达70%，并且较长时期不会发生根本性的变化。以煤为主的能源结构中，不仅意味能源效率低下，而且带来严重的环境污染。

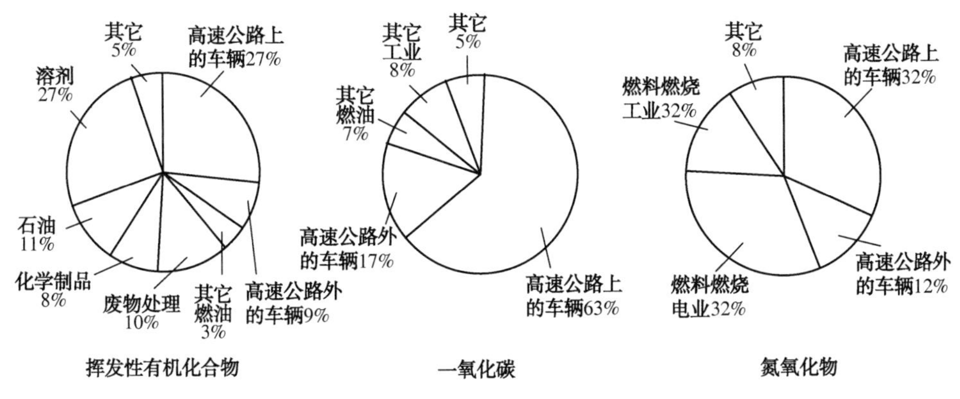

图 9-1　1992 年美国排放污染物分担率(EPA)

三、排放污染物的危害

排放污染物有 CO、HC、SO_x、NO_x 和微粒等有害物质，这些有害物质严重危害人体健康和生态环境(杨贻清，2001；程义斌 2003)。此外，排放的 CO_2 虽对人体健康无害，但会造成温室效应，对大气环境有严重影响(戴树桂，1996；李勤，1998；蔡风田，1999)。

(一) 对人体健康和生态环境的影响

1. 一氧化碳(CO)

CO 是燃料烃在局部缺氧或低温条件下不完全燃烧的产物。它是一种无色无味的窒息性有毒气体，由呼吸道进入人体血液后，和血液中有输氧能力的血红素蛋白(Hb)的亲和力比氧气和 Hb 的亲和力大 200~300 倍，因而 CO 能很快和 Hb 结合形成碳氧血红素蛋白(CO-Hb)，使血液的输氧能力大大降低，使心脏、头脑等重要器官严重缺氧，引起头晕、恶心、头痛等症状，轻度会使中枢神经系统受损，慢性中毒，严重时会使心血管工作困难，直至死亡。CO 也会使人慢性中毒，主要表现为中枢神经受损，记忆力衰退等。为保护人类不受 CO 的毒害，将 24h 内吸收 CO 的含量限制在 5μg/g 以内。CO 和 Hb 结合是可逆的，如果吸入低含量 CO 后，置于新鲜空气中或进入高压氧舱，已经与 Hb 结合的 CO 会被分离出来，通过呼吸系统排出体外。不同含量的 CO 对人体健康的影响见表 9-2。

表 9-2　不同含量的 CO 对人体健康的影响

CO 含量/(μg/g)	对人体健康的影响
5~10	对呼吸道患者有影响
30	人滞留 8h，视力及神经机能出现障碍，血液中 CO-Hb=5%
40	人滞留 8h，出现气喘
120	1h 接触，中毒，血液中 CO-Hb>10%
250	2h 接触，头痛，血液中 CO-Hb=40%
500	2h 接触，剧烈头痛、眼花、虚脱
3000	30min 即死亡

2. 碳氢化合物(HC)

HC 包括未燃和未完全燃烧的燃油、润滑油及其裂解产物和部分氧化物，如苯、醛、酮、烯、多环芳香族碳氢化合物等 200 多种复杂成分。苯是无色气体，但有特殊气味，对人体健康危害极大，可引起食欲不振、体重减轻、易倦、头晕、头痛、呕吐、失眠、黏膜出血等症状，也可引起血液变化，红血球减少，导致贫血甚至白血病。应当引起特别注意的是多环芳香烃，如苯并芘及硝基烯，虽然含量很低，却是致癌物质。当甲醛、丙烯醛等醛类气体含量超过1.0μg/g时，就会对眼、呼吸道和皮肤有强刺激作用；含量超过25.0μg/g时，会引起头晕、呕心、红白球减少、贫血；超过1000.0μg/g时，会急性中毒。总之，人体吸入较多HC时会破坏造血机能，造成贫血或神经衰弱，并降低肺对传染病的抵抗力。HC是引起光化学烟雾的重要物质，尤其是其中的不饱和物和NO_x在大气环境中受强烈太阳光紫外线照射后，还会发生复杂的光化学反应，产生O_3、甲醛、丙烯醛、过氧酰基硝酸盐(PAN)等，是一种强刺激性有害气体的二次污染物，呈现浅蓝色光化学烟雾。由一次污染物和二次污染物的混合物所形成的烟雾污染现象，称为光化学烟雾。光化学烟雾具有强氧化性，对人体和生态系统的危害都很大，而且很难消除。光化学烟雾中的O_3是强氧化剂，能使植物变黑直至枯死，能使橡胶开裂。O_3有特别的臭味，其嗅觉阀值为0.02μg/g。与含$O_3$1.0μg/g的空气接触1h时会引起气喘、慢性中毒；与含$O_3$50.0μg/g的空气接触30min时，就能使人致死。不同含量的O_3对人体健康的影响列于表9-3。

表9-3　不同含量的O_3对人体健康的影响

O_3含量/(μg/g)	对人体健康的影响	O_3含量/(μg/g)	对人体健康的影响
0.02	开始嗅到臭味	1	1h会引起气喘，2h就感到头痛
0.2	1h就感到胸紧	5~10	全身痛、麻痹引起肺气肿
0.2~0.5	3~6h视力下降	50	30min即死亡

3. 硫氧化物(SO_x)

SO_x主要是硫化物燃烧过程中产生的二氧化硫(SO_2)。SO_2是无色强刺激性气体，当SO_2在大气中达到一定浓度时，就会对生态环境造成较大的危害。人体吸入浓度较高的SO_2时，会发生急性支气管炎、哮喘等症状，有时会引起窒息。SO_2易溶于人体的体液和其他黏性液中，长期暴露在低浓度SO_2环境中易引起上呼吸道感染、慢性支气管炎、肺气肿等多种疾病，会造成慢性中毒，嗅觉和味觉减退。SO_2排入大气后，在高浓度SO_2的影响下，植物叶片表面会产生坏死斑，或者枯萎脱落；在低浓度SO_2的影响下，植物的生长受到影响，造成产量下降。SO_2容易氧化成SO_3，SO_3被水吸收而生成硫酸并形成酸雨和酸雾，或生成的硫酸盐颗粒物，再与大气中的颗粒物混合形成硫酸烟雾。与光化学烟雾不同，硫酸烟雾是一种还原性烟雾。大气中的SO_2等酸性污染物对工农业生产的危害十分严重，腐蚀纸品，尤其古文物、纺织品、皮革制品等使之破碎，污染湖泊、地下水和森林等使之丧失应有的功能，还会使金属的防锈涂料变质而降低保护作用，工业材料、设备和建筑设施发生腐蚀而破坏，同时，给精密仪器安装调试和使用带来不利的影响。据统计，发达国家每年因金属腐蚀造成的损失远大于水灾、风灾、火灾、地震造成的损失总和，且金属腐蚀直接威胁到工业设施、生活设施和交通设施的安全。从经济角度来看，这些酸性污染物对工业生产的危害就是增加了生产的费用，提高了成本，缩短了产品的使用寿命。

4. 氮氧化物(NO_x)

NO_x是氮化物或氮气燃烧过程形成的多种氮氧化物(如NO、NO_2、N_2O_3、N_2O_5等)。燃烧过程排放的NO_x中95%以上是NO，其次是NO_2，约占5%。NO是无色无味气体，只有轻度刺激性，毒性不大，高浓度时会造成人与动物中枢神经有轻度障碍。但NO在空气中很容易被氧化成NO_2，NO_2是一种棕红色强刺激性的有毒气体，影响呼吸系统，造成支气管炎、肺炎和肺部疾病。当NO_2含量为0.1μg/g时即可嗅到；1.0~4.0μg/g时就感到恶臭。NO_2对人体健康的影响列于表9-4。NO_2吸入人体后，和血液中的血红蛋白Hb结合，成为变性血红蛋白，使血液输氧能力下降，对心脏、肝、肾都会有影响。与SO_2一样，NO_2是产生酸雨的主要成分，能够形成酸雨和酸雾，而酸雨和酸雾破坏植被、造成土壤酸化、使农业减产等。NO_2和碳氢化合物受强烈的太阳紫外线照射后产生光化学烟雾，刺激人的眼、鼻、气管和肺等器官。NO_2较易扩散，遇水易溶解：

$$3NO_2 + H_2O \longrightarrow 2HNO_3 + NO$$

故其累积浓度不会过高。NO_2的存在会消耗地面附近大气中的臭氧，导致臭氧层的减少，臭氧层对人类防止紫外线辐射的保护能力减弱，从而增加了人类患皮肤癌的发病率。

表9-4　不同含量的NO_2对人体健康的影响

NO_2含量/(μg/g)	对人体健康的影响	NO_2含量/(μg/g)	对人体健康的影响
1	闻到臭味	80	3min感到胸痛、恶心
5	闻到强臭味	100~150	在30~60min内因肺水肿而死亡
10~15	10min眼、鼻、呼吸道受到刺激	250	很快死亡
50	1min内人呼吸困难		

5. 微粒

微粒(简称PM)分为可吸入颗粒物(简称为PM10)和细颗粒物(简称为PM2.5)，PM10指环境空气中空气动力学当量直径小于等于10μm的颗粒物，PM2.5指环境空气中空气动力学当量直径小于等于2.5μm的颗粒物。直径0.1~2μm的积聚模态粒子的细微颗粒可作为一种载体，会吸附着许多微生物气溶胶以及病毒细菌类，对人体极为有害。实验证明这种粒子在人的肺泡中被人吸收的速度很快，因而对人体的危害是所有常规大气污染物质中最为严重的一种；其次，对于可见光而言，这种尺度的粒子单个粒子的消光效应最大，这种粒子的增多，必将造成城市的大气能见度降低，出现雾霾天气。

PM大多是由有机物质凝聚而成的颗粒物，或由有机物质吸附在颗粒表面而形成的颗粒物。PM中含有许多致癌物质，并能同大气中的O_3、NO_x等相互作用，形成二次污染物。PM有些可以看见，有些看不见，影响视线，并造成慢性气管炎和肺气肿。PM对人体健康的危害和微粒的大小及其组成有关，PM越细小(小于PM2.5)，悬浮在空气中的时间越长，进入人体肺部后停滞在肺部及支气管中的比例越大，危害越大，小于0.1μm的微粒能在空气中作随机运动，进入肺部并附在肺细胞的组织中，有些还会被血液吸收。0.1~0.5μm微粒能深入肺部并黏附在肺叶表面的黏液中，随后会被绒毛所清除。大于5μm的微粒常在鼻处受阻，不能深入呼吸道，大于10μm的微粒可排除体外。微粒除对人体呼吸系统有害外，由于颗粒存在孔隙而能黏附SO_2、未燃HC、NO_2等有毒物质或苯并芘等致癌物质，因而对人体健康造成更大危害。由于柴油机的微粒直径大多小于0.3μm，而且数量比汽油机高出30~60倍，成分更为复杂，因而柴油机排出的微粒危害更大。

燃烧有铅汽油的发动机排出的污染物中有铅化物微粒，它是汽油抗爆剂四乙基铅[$Pb(C_2H_5)_4$]的燃烧产物，铅化物微粒的直径一般小于0.2μm，会悬浮在空气中，而较大的颗粒会散落到地面上。铅化物在人体中累积速度比排除快，对人体尤其是孕妇和婴幼儿的健康有极大危害，人体吸收铅后会出现头昏、头痛、全身无力、失眠、记忆力减退等症状。铅化物细微粒通过肺部、消化器官、皮肤等途径在人体内沉积，妨碍血液中红血球的生长，对骨骼、中枢神经系统和造血系统有损害。血液中铅含量超过 0.01~0.06mg/100mL 时，将引起贫血、牙齿变黑、肝功能不正常等慢性中毒症状，提高心血管、肾炎的发病率；铅含量超过 0.08mg/100mL 时，会出现四肢麻痹、腹痛直至死亡等典型铅中毒症状。铅化物对儿童的危害尤为严重，它会严重损坏儿童的神经系统和智力的发育，当铅含量每提高 0.01mg/100mL，儿童智力将下降 7%。铅还会使催化转化器中催化剂“中毒”失活，影响其使用寿命。我国在 2000 年 7 月 1 日起全面禁止使用有铅汽油。

6. 酸雨

从 1872 年英国科学家 Smith 首先在工业城市发现了酸雨，到 1972 年德国施瓦兹瓦鲁特等地发生枞树枯损，尤里希提出了酸雨学说。酸雨通常指 pH 值低于 5.6 的降水，酸雨(或称为酸沉降)是大气中的污染物 SO_x 和 NO_x 经过氧化形成硫酸和硝酸，随降水下落所形成的，由人为和天然排放所引起的。天然源一般是全球分布的，而人为排放的 SO_x 和 NO_x 都具有地区性分布特征。联合国环境规划署(UNEP)估算指出，天然硫排放量占全球硫排放总量的 50%，而局部地区人为排放量占该地区总排放量的 90%以上，天然排放量仅占 4%，其余的 6%来自其他地区。因此，对于局部地区，控制人为的 SO_x 和 NO_x 排放非常重要。

酸雨对水生生态系统、农业生态系统、建筑物和材料以及人体健康等方面均有危害。酸雨对人体健康的危害是间接的和潜在的，酸雨可以通过食物链使汞和铅等有毒重金属进入人体，诱发老年痴呆症和癌症。如果长期生活在有酸沉降物的环境中，会诱使身体产生更多的氧化酶，导致动脉硬化等疾病的发生。酸雨也会对农业生产造成很大危害，当污染物浓度不高时，会对植物产生慢性危害，使植物叶片褪绿，或者表面上看不见什么危害症状，但植物的生理机能已受到了影响，造成植物产量下降，品质变坏；当污染物浓度很高时，会对植物产生急性危害，使植物叶表面产生伤斑，或者直接使叶枯萎脱落。酸雨可以直接影响植物的正常生长，又可以通过渗入土壤及进入水体，引起土壤和水体酸化、有毒成分溶出，从而对动植物和水生生物产生毒害，严重的酸雨会使大片森林和农作物毁坏。酸雨会降低水的 pH 值，水的 pH 值降低可改变微生物的组成和代谢活性，毒害藻类、浮游动物、软体动物、鱼等，同时使水体可溶性金属含量提高，从而对摄取食物的鸟类和哺乳动物造成食物短缺和有害金属中毒，可能导致这些动物绝迹。

(二)对大气环境的影响

1. 温室效应

CO_2在大气中比例只有万分之几，不但对人体无害，而且对人类来说，几乎和氧气有同等重要作用，提高 CO_2浓度可增强植物的光合作用。但到今天，CO_2已成为大气污染物质，在有可能引起气候变化的各种大气污染物质中，CO_2具有重大的作用。这是因为从地球上由化石燃料燃烧所排放出大量 CO_2到大气中，同时，植被和土地的破坏使大自然吸收 CO_2的能力减弱，两者叠加影响导致约有 50% 的 CO_2留在大气中，使大气中 CO_2浓度逐年增加。由于大气中 CO_2含量增加太快，而 CO_2能吸收来自地面的长波辐射，从而使近地面层空气温度增高，这种现象称为“温室效应”。温室气体是指大气中 CO_2、水蒸气、CH_4、N_2O、氯氟烃(CFC_s)和 O_3 等气体。CO_2是最主要的温室气体，具有排放量大、在大气中生命周期长等特点。

太阳射出的短波辐射透过大气层射入地面而使地表温度提高，与此同时，地球表面又能放出长波辐射(红外线)，它大部分被这些温室气体所吸收，有少量会逸出到宇宙空间，吸收的热能大部分反射到地面，使地球表面能维持在 15℃左右的平均温度(若没有这部分辐射回来的热能，地球表面温度将为-18℃左右)，当这部分温室气体数量不变化时，地球犹如有一个玻璃罩在上空，维持在一个平衡温度上，如图 9-2(a)所示。但当温室气体数量增加时就打破了这个平衡，地球将变暖，这就是温室效应，如图 9-2(b)所示。

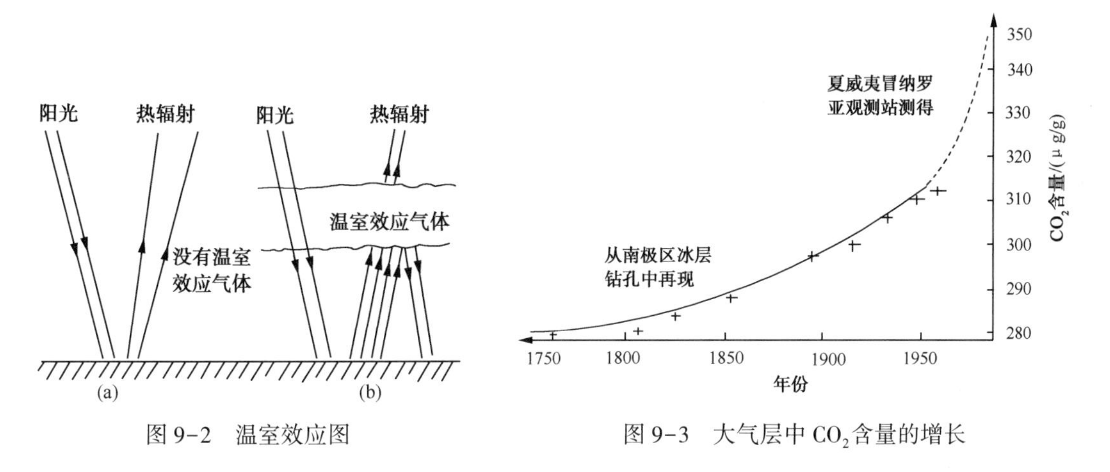

图 9-2 温室效应图

图 9-3 大气层中 CO_2 含量的增长

瑞典科学家斯万提·阿累纽斯在 1896 年曾发出警告，随着大气中 CO_2 气体的增加，地球温度将变暖，如果大气中 CO_2 含量增加一倍，地球表面温度将提高 4~6℃，并首次提出“温室效应”概念。在 19 世纪初，大气中 CO_2 含量约为 290μg/g，据美国夏威夷的冒纳罗亚观测站测得 1985 年 CO_2 含量为 315μg/g，大气中 CO_2 浓度变化见图 9-3。按目前增长速率，2050 年将达到工业革命前大气 CO_2 浓度的两倍，那时地球表面平均温度将上升 1.5~5.5℃，海平面将上升 0.5~1.5m，这将对降雨、风暴、植物生长等与人类活动密切相关的气象现象产生明显的影响。

对温室效应的影响程度不仅和温室气体在大气中的浓度有关，而且和温室气体在大气中停留时间(寿命)有密切关系。各种温室气体的浓度、寿命、分担率和致暖势列于表 9-5。致暖势是评定温室气体对气候影响的指标值，它是一个温室气体对气候变化的影响和 CO_2 对气候变化影响的比值。尽管 CFC-11($CFCl_3$)和 CFC-12(CF_2Cl_2)在大气中含量极低，但年递增为 5%左右，增长极快。由于这两种物质致暖势高达 14000 和 17000，且寿命长，若不加控制，很快将会成为第二大温室气体。

表 9-5 各种温室气体的特征值

温室气体	含量/(μg/g)	浓度增长率/%	寿命/a	分担率/%	致暖势
CO_2	354	0.5	50~200	55	1
CH_4	1.7	1.1	11	15	32
N_2O	0.3	0.3	150	6	150
CFC-11	0.0002	5	75	17	14000
CFC-12	0.00032	5	111		17000

2. 臭氧层破坏

地球的大气圈在靠近地面 0~12km 的高度是对流层，大气污染主要发生在这一层，CO_2 也在此层，对人类生活的影响最大，对流层中臭氧浓度不高，但浓度在增长，此层的臭氧是污染物质，对植物与人体健康都有影响。位于对流层之上高度为 12~55km 是气流平稳的平流层(同温层)，在平流层中，特别是在 20~35km 范围内臭氧层集中，构成臭氧层，太阳辐射透过大气层射向地面时，臭氧层几乎全部吸收了太阳辐射中波长 300nm 以下的紫外线，它主要是一部分较高能量的 UV-B(波长为 290~320nm)和全部高能量的 VA-C(波长为 40~290nm)的紫外线，保护了地球上的生命免遭短波辐射紫外线的伤害，因而臭氧层构成了一层天然屏障。如果在此高层大气中含有 CFC_s(氟氯烃)类、NO_x和 HC 等污染物，这些污染物会使臭氧大量分解，导致“臭氧洞”形成。1984 年英国科学家发现南极上空出现臭氧空洞，其面积相当于美国本土，北半球地区臭氧层估计减少了 1.7%~3%。当臭氧浓度每减少 1%时，辐射到地面上的强紫外线数量就会增加 2%，则人体皮肤癌变率会增加 2%，同时，人体免疫力功能会受损，白内障等眼病会增加。此外，植物减产，水中动植物遭到破坏，且光化学烟雾增加(艾伦·米勒，1989)。

3. 对局部天气和气候的影响

向大气中排放的大量烟尘微粒，微粒物使空气变得非常浑浊，出现雾霾天气，大气能见度降低，减少到达地面的太阳光辐射量。据观测统计，在烟雾不散的日子里，太阳光直接照射到地面的量比没有烟雾的日子减少近 40%。大气污染严重的城市，天天如此，就会导致人和动植物因缺乏阳光而生长发育处于不良状态。排放到大气中的颗粒物大部分具有水汽凝结核或冻结核的作用，这些微粒能吸附大气中的水汽使之凝成水滴或冰晶，从而改变了该地区原有降水(雨、雪)的情况。在离大工业城市不远的下风向地区，降水量比四周其他地区要多，这种现象在气象学中称为“拉波特效应”。如果微粒中央夹带着酸性污染物，那么在下风地区就可能受到酸雨的侵袭。在大工业城市上空，由于有大量废热排放到空中，因此，近地面空气的温度比四周郊区要高一些，这种现象在气象学中称为“热岛效应”。

四、环境空气质量标准日趋严格

为了控制和改善大气质量，创造清洁的环境，保护人民群众身体健康，防止生态破坏，国家环保部于 20 世纪 80 年代制订了环境空气质量标准(GB 3095—1982)，1996 年 10 月 1 日，环保部公布了环境空气质量标准(GB 3095—1996)。2012 年的 2 月 29 日，国家环保部发布了环境空气质量标准(GB 3095—2012)，于 2016 年 1 月 1 日起在全国实施。GB 3095—2012 规定的环境空气污染物基本项目和其他项目浓度限值列于表 9-6，相对于 GB 3095—1996，增设了 PM2.5 浓度限值和臭氧 8h 平均浓度限值，调低了 PM10、二氧化氮、铅等浓度限值，调整了环境空气功能区分类，将三类区并入二类区。环境空气质量功能区分为两类：一类是自然保护区、林区、风景名胜和其他需要特殊保护的地区；二类是为城镇规划中确定的居住区、商业交通居民混合区、文化区、一般工业区和农村地区。实施 GB 3095—2012 标准将意味着至少 2/3 的环境空气质量不达标城市需要进行治理，相应地会促进对工业生产过程污染源的治理力度以及交通运输工具的尾气排放物控制力度，从而加速我国产业结构调整步伐，孵化出更多的绿色生产技术及产品。GB 3095—2012 标准不仅仅是环境空气质量标准，更是我国能源利用与开发指南。石油产品生产、石油产品质量规范修改和石油化工技术开发也是以 GB 3095—2012 标准为指南。

我国正处于经济发展高速增加时期，对不可再生能源的使用占了总能源的 90%以上，而所有不可再生能源的消费必然意味着碳排放量和其他污染物的排放量增加，从而对环境产生污染。为了延长我国的不可再生能源的使用期限，实现可持续发展战略，必须减少一次性能源的使用(即走节能型道路)，更重要的是大力发展清洁能源，提高清洁能源在能源消耗总值中的比例。走节能型道路可以减少二氧化碳的排放，实现减排的目标。从石油加工和利用角度来看，节能途径包括石油加工过程能量消耗最小化和石油产品使用效率最大化两个方面。本章正是从两个方面论述催化裂化装置的节能与减排，本章第二节主要论述催化裂化装置运转过程中的能量消耗分布以及节能措施，第三、四节主要论述催化裂化装置污染物排放的治理，第五节主要论述催化裂化装置主要产品汽油和柴油在车用燃料中的作用、对车用燃料规格的影响以及高效利用，第六节主要论述催化裂化装置腐蚀及其防治措施，实际上也是防治催化裂化装置污染物排放。

表 9–6　环境空气污染物基本项目和其他项目浓度限值

污染物名称	平均时间	浓度限值		单位
		一级标准	二级标准	
基本项目				
二氧化硫(SO_2)	年平均	20	60	μg/m³(标准状态)
	24h 平均	50	150	
	1h 平均	150	500	
氮氧化物(NO_2)	年平均	40	40	
	24h 平均	80	80	
	1h 平均	200	200	
一氧化碳(CO)	24h 平均	4	4	μg/m³(标准状态)
	1h 平均	10	10	
臭氧(O_3)	日最大 8h 平均	100	160	μg/m³(标准状态)
	1h 平均	160	200	
颗粒物(粒径≤10μm)	年平均	40	70	
	24h 平均	50	150	
颗粒物(粒径≤2. 5μm)	年平均	15	35	
	24h 平均	35	75	
其他项目				
总悬浮颗粒物(TSP)	年平均	80	200	μg/m³(标准状态)
	24h 平均	120	300	
氮氧化物(NO_x)	年平均	50	50	
	24h 平均	100	100	
	1h 平均	250	250	
铅(Pb)	年平均	0. 5	0. 5	
	季平均	1	1	
苯并[a]芘 (BaP)	年平均	0. 001	0. 001	
	24h 平均	0. 0025	0. 0025	
参考项目				
镉(Cd)	年平均	0. 005	0. 005	μg/m³(标准状态)
汞(Hg)	年平均	0. 05	0. 05	
砷(As)	年平均	0. 006	0. 006	
六价铬[Cr(Ⅵ)]	年平均	0. 000025	0. 000025	
氟化物(F)	日平均	7	7	
	1h 平均	20	20	
	月平均	1. 8	3. 0	μg/(dm²·d)
	植物生长季平均	1. 2	2. 0	

第二节　能量消耗及节能

一、概述

催化裂化装置的用能过程是不可逆过程，输入能量中一部分以反应热的形式进入产品，另外大部分转化为高于环境温度的低温位热能，因回收利用不经济而排入环境，这两部分能量构成了催化裂化装置的能耗。影响催化裂化装置能耗的因素很多，是管理、技术和经济诸多因素的综合体现。

美国20世纪60年代催化裂化装置平均能耗为4200~5300MJ/t(以原料为基准，下同)，20世纪70年代初由于能源危机的冲击，能源价格暴涨，促使节能技术不断进步。到1982年美国催化裂化装置的平均能耗为3100MJ/t(Rhees，1960)，这期间主要发展了CO助燃剂、CO锅炉、余热锅炉、烟气轮机、沸石催化剂、低温热利用以及能量优化匹配技术等。到20世纪80年代初期，美国新建装置的最低能耗约为2100MJ/t。有烟气轮机的装置一般能耗为2500~2700MJ/t，其他装置一般为2950~3350MJ/t，但是重油催化裂化装置仍较高，比馏分油催化裂化装置高400~600MJ/t。

我国1965年投产的第一套催化裂化装置能耗高达6280MJ/t。此后由于节能技术的进步，1987年全国平均能耗达到2999MJ/t的较好水平。但由于掺炼渣油比例的增加，1991年全国平均能耗又回升到3237MJ/t。随着采用更多的节能措施、提高催化裂化装置的运行管理水平以及改善原料的性质，能耗逐步降低，目前全国平均能耗已达到2200MJ/t的水平。我国催化裂化装置自1978年以来平均能耗列于表9-7。

表9-7　我国催化裂化装置自1978年到2012年的平均能耗　MJ/t

年份	综合能耗	烧焦能耗	燃料能耗	年份	综合能耗	烧焦能耗	燃料能耗
1978	4621	2362	837	1992	3018	2428	83
1980	4089	2295	525	1994	2992		
1982	3440	2034	376	2002	2970		
1987	2999	1664	325	2007	2480		
1989	3075	1731	321	2012	2234		

追求低能耗必然增加装置的投资，影响经济效益。节能是降低消耗和提高经济效益的手段，不是追求的目的，目的应该是追求经济效益最大化。

二、装置用能过程和特点

(一) 用能过程

催化裂化装置的用能同其他炼油过程用能一样，可以归纳为能量的转换和传输、能量的工艺利用和能量的回收利用三个环节。炼油装置能量平衡见图9-4。

1. 能量的转换和传输环节

供入体系的总能量(E_P)包括燃料化学能、电能、蒸汽的压力能和热能等，具体包括再生器燃烧的焦炭和燃烧油、加热炉的燃料气和燃料油、热进料(超过规定温度部分的热量)、输入蒸汽、供入电力等能量。通过再生器、加热炉、锅炉、机泵、大型机组等设备转换，一

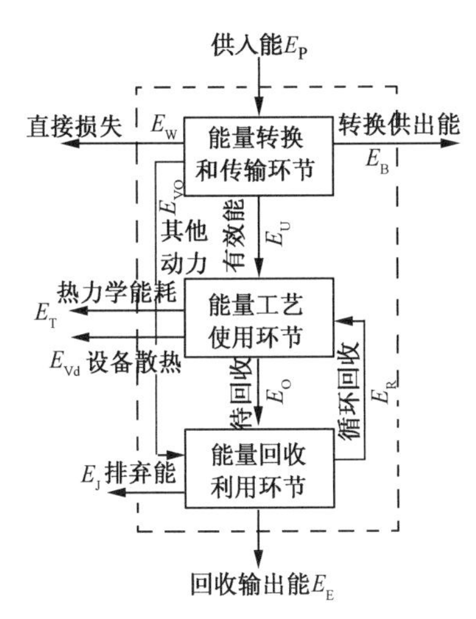

图 9-4　炼油装置能量平衡

部分有效地供给工艺使用环节所需要的能量(E_U)，其形式为热能、机械能等；一部分能量(E_B)直接输出到装置外；一部分其他动力能(E_{VO})输送到能量回收利用环节；同时还有一部分能量(E_W)直接损失。直接损失的能量(E_W)包括再生烟气和加热炉排烟的热量损失、动力及流体输送机械的效率损失、电能的无效功损失等。

2. 能量的工艺利用环节

供入工艺利用环节的能量除了转换和传输环节有效供入的能量(E_U)外，还包括回收利用环节回收的能量(E_R)，这些能量通过参与各单元过程(反应、分馏、吸收等)完成其工艺过程。本环节中热力学能耗(E_T)(如反应热)转移到产品中，是不可回收的。扣除设备散热(E_{VD})，剩余部分为待回收能(E_O)。

3. 能量的回收利用环节

供入回收利用环节的能量包括能量工艺利用环节提供的待回收能(E_O)和能量转换和传输环节提供的其他动力能(E_{VO})。此环节回收的能量包括：回收循环能(E_R)，用于工艺利用环节；回收输出能(E_E)，用于体系外以及进入能量转换和传输环节；未回收的能量(E_J)以散热、冷却、物流排弃等方式排入环境。排弃能(E_J)指换热过程中的散热损失和能量利用过程中能级不断降低、回收不经济的低温热等，包括装置内部经空气冷却器、循环水冷却器取走的热量以及直接排放到大气(如烟气)的能量。

催化裂化装置用能过程的三个环节是密切联系、相互影响的，其中减少总供入能(E_P)是降低装置能耗的基础，提高待回收能(E_O)的回收率是降低装置能耗的关键。

(二) 用能特点

下面分别论述催化裂化装置的用能特点，并对过程用能进行剖析。

(1) 总输入能多

催化裂化反应在高温、气相条件下进行，原料升温、汽化和反应需供入大量能量。再生烧焦用空气和产物气体分离均在压力下进行，大量气体加压要供入大量能量。

(2) 需要高能级的输入能

基于上述原因，催化裂化输入能的能级要求高，需要大量高能级的燃料和动力。

(3) 能量自给率高

催化裂化过程虽然用能的数量多、质量高，但反应过程生成的焦炭、烧焦产生的高温高压烟气、余热发生的蒸汽都可作为自用能量。目前多数催化裂化装置的焦炭燃烧能量高于装置能耗，焦炭燃烧放出热量转换为蒸汽和电力可以基本满足装置内部蒸汽和主风机耗电的需求。对焦炭燃烧放出热量的充分合理利用是装置合理用能的关键因素。

(4) 蒸汽用量大且分散

蒸汽能耗在装置能耗中占有很大比重，而且用汽点多。蒸汽用量既涉及技术，也与管理有关，是合理用能的重点之一。

(5) 可回收利用能数量大、质量高

催化裂化装置有高温高压烟气压力能、再生器高温余热、再生烟气显热和化学能、高于

300℃的油品显热，充分合理回收这些能量，对降低装置能耗有极大意义。

(6) 低温热多

高能级的能量输入装置后，大量转化为低于120℃的低温热。低温热中相当大的部分不能够回收利用，并且需要冷却介质冷却，是构成能耗的主要因素之一。低温热量的充分合理利用对降低装置能耗有显著作用。

(7) 反应热随催化剂和工艺而异，而且变化很大

从历史上来看，当无定形催化剂改成沸石催化剂后，反应热减少，但用超稳沸石催化剂后反应热又重新上升。典型的反应热是：低铝无定形催化剂为630kJ/kg；高铝无定形催化剂为560kJ/kg；早期沸石催化剂为465kJ/kg；HY型沸石催化剂为370kJ/kg；稀土交换Y型沸石催化剂为185kJ/kg；部分稀土交换Y型沸石催化剂为325kJ/kg；超稳沸石催化剂为420kJ/kg。不同工艺方案的反应热也不同，如常规催化裂化工艺的反应热大部分为209～378kJ/kg，MIP工艺的反应热为167～335kJ/kg，DCC工艺的反应热为419～670kJ/kg。关于反应热的论述参见第七章。

三、装置过程用能剖析

从能量平衡观点分析，装置运行过程中，无法回收而排弃的热量及散失于周围环境的热量、能量转换中的损失和反应热共同构成装置能耗。下面从反应-再生过程、分馏过程、吸收稳定过程三部分进行分析。

(一) 反应-再生过程

1. 焦炭能量的利用

焦炭能量利用的部分包括：焦炭燃烧供给反应系统的热量，再生器取热器发生蒸汽和过热蒸汽的热量，烟气轮机做功的能量，余热锅炉产汽及过热蒸汽和预热水的能量。焦炭能量未利用的部分包括：最终排入大气的烟气的能量，排入大气的烟气中一氧化碳的能量，再生器系统的设备散热量等。焦炭能量利用部分之和折合成一次能源的量与焦炭燃烧热量的比值为焦炭的能量利用率，先进装置的焦炭利用率可达90%以上，即焦炭产率增加一个百分点，反应-再生系统的能耗增加应小于42MJ/t。

一氧化碳完全燃烧程度对反应再生系统能耗的影响非常可观，排烟中一氧化碳含量每增加1%(对烟气)，反应-再生系统的能耗约增加42MJ/t。

余热锅炉排烟温度对焦炭能量利用率有相当大的影响，排烟温度每降低10℃，焦炭能量利用率提高0.5%。

表9-8列出五种烟气能量利用方案的数据。

表9-8　不同方案的烟气能量利用率

方案		Ⅰ	Ⅱ	Ⅲ	Ⅳ	Ⅳ
方案条件	再生压力(表)/MPa	0.2	0.08	0.08	0.08	0.08
	再生温度/℃	700	610	610	610	610
	一氧化碳燃烧	完全	完全	不完全	不完全	不完全
	余热锅炉	有	有	一氧化碳锅炉	无	无
	烟气轮机	有	无	无	无	无
焦炭能量利用率/%		93.68	79.68	82.33	60.67	44.42

2. 主风压力能的回收利用

影响主风压力能回收利用的因素有：主风机出口到烟气轮机入口的压降、烟气轮机入口温度、烟气轮机的效率、从三旋临界喷嘴和烟气轮机旁路泄漏的烟气量、主风机和烟气轮机是否处于额定高效率运行工况等。

若以主风机和烟气轮机效率均为85%计，操作参数与主风机动力回收率关系见表9-9(陈俊武，1982)。选择合理时，主风机动力回收率可大于100%。

表9-9 操作参数与主风机动力回收率的关系 %

烟气温度/℃	烟气压力/kPa				
	240	200	160	120	80
700	129.8	127.6	123.2	114.7	98.0
670	125.8	123.7	119.4	111.1	95.0
640	121.8	119.8	115.6	107.6	91.9
610	117.8	115.8	111.8	104.1	88.9

3. 反应-再生系统用汽能耗

催化裂化装置蒸汽主要消耗在反应-再生系统。主要的工艺用汽包括进料雾化蒸汽、汽提蒸汽、防焦蒸汽、预提升蒸汽以及反吹和松动蒸汽等。一般吹扫用汽量约为25~35kg/t(原料)；雾化蒸汽对馏分油裂化为0.5%~1%(对原料)，对重油裂化为5%~10%；汽提蒸汽为3~5kg/t(循环催化剂)；轻循环油汽提蒸汽约为3kg/t(轻循环油+贫吸收油)。有烟气轮机的装置，烟气轮机用汽量约为10~25kg/t(原料)。馏分油催化裂化装置总用汽量约100kg/t；重油催化裂化装置总用汽量可以高达200kg/t，其能耗达300~600MJ/t。

工艺用汽的热能在工艺过程中利用的比例较低。进入反应系统的蒸汽在分馏塔顶的冷却系统被冷凝，进入再生系统的蒸汽最终排入大气。优化工艺用汽是降低蒸汽消耗的主要手段。一方面可以采用高效设备以降低工艺用汽，如高效喷嘴可将喷嘴雾化蒸汽比例降至2.5%左右，高效汽提段可将汽提蒸汽降至3kg/t以下；另一方面加强管理、合理优化流程也可有效地减少工艺用汽，如催化裂化轻循环油进加氢装置则可停用轻循环油汽提塔的汽提蒸汽。

4. 反应热

由于反应热计入装置能耗，重油催化裂化的反应热理论上应略高于馏分油，对能耗稍有影响。

反应热的大小与工艺方案有关，如与常规催化裂化工艺相比，MIP工艺的反应热降低，导致装置的能耗降低(许友好，2011；鲁维民，2010)。

5. 散热损失

散热损失是不可避免的，主要受保温厚度设计、装置规模及保温工程质量的影响。大型装置的散热能耗一般约为250~420MJ/t，小型装置则大得多。重油催化裂化的高温设备和管线散热表面比馏分油装置大，散热损失也大。

6. 回炼

回炼油回炼时，需要从再生器得到高温热量使回炼油汽化，但气相回炼油的热量在分馏塔内通过油浆和中段循环回流可以大部分回收，主要能耗是泵的动力消耗。

泵的动力消耗在能耗中所占比例不大，一般约为80~120MJ/t。主要影响因素是回炼比，回炼比每增加0.1，装置能耗将增加2.5~3.3MJ/t。但泵消耗的是高能级的电能，过大的消耗往往是无谓地消耗在调节阀及阀门的节流上，精心的设计可使泵的动力消耗降到 80MJ/t 左右。

汽油回炼或注入水等冷却介质时，同样需要再生器提供高温热量，但这部分介质的气相热量在分馏塔内只能回收很少部分，大部分需要在分馏塔顶用空气冷却器或循环水冷却器冷却冷凝，因此回炼汽油或注水将显著增加装置的能耗。

综上分析，反应-再生部分能耗可用下式计算：

$$E_1 = \left[\left(1 - \frac{\eta_A}{100}\right) \times (100 y_C q_C + D q_T) + Q_R + Q_H \left(\frac{100 - \eta_H}{\eta_H}\right) + Q_L\right] \qquad (9-1)$$

式中　E_1——反应部分能耗，MJ/t；

η_A——焦炭能量利用率,%；

y_C——焦炭产率,%；

q_C——焦炭低热值，MJ/kg；

D——燃烧油量，kg/t(原料)；

q_T——燃料油低热值，MJ/kg；

Q_R——反应热，MJ/t(原料)；

Q_H——加热炉有效热负荷，MJ/t(原料)；

η_H——加热炉效率,%；

Q_L——反应-再生部分散热，MJ/t(原料)。

（二）分馏过程

反应油气的热量主要由分馏系统回收，分馏系统的能耗主要由冷凝冷却所需要的热量构成，还包括散热、蒸汽、冷却介质及泵的动力消耗。分馏塔回收的热量越多，需要用塔顶空气冷却器或水冷却器冷却的热量就越少，能耗也越低。

这里只研究冷凝冷却热量。中段以上的热量主要是产品收率的函数，而且温度较低(陈俊武，1982)。塔顶油气温度一般低于 130℃，其热量约为 335~460MJ/t；顶循环回流温度为 80~165℃，其热量约为 210~250MJ/t。轻循环油抽出温度为 200~230℃，其带出热量取决于轻循环油收率和再吸收油量。上述三部分热量中有一部分的回收经济性较差，如塔顶油气和轻循环油低温段热量，这是构成分馏部分能耗的主要部分。一般分馏部分能耗为 540~760MJ/t。

中段及循环油浆的热量全部可以回收，粗略认为不构成分馏部分的能耗。中段回流取热量与产品收率关系较小，基本上是回炼比的函数，其数量大致为(322+222e)MJ/t(e 为回炼比)。油浆循环取热量主要受反应温度、回炼比和油浆产率的影响。

降低分馏塔的压降以及塔顶油气系统的压降，在反应器顶压力不变的情况下，能够提高富气压缩机入口压力，降低富气压缩机的能耗。因此应尽量减少冷回流的用量，用顶循环回流控制塔顶温度。

通常的油浆系统设计为循环油浆和产品油浆共用一台油浆泵，由于循环油浆需要大流量、小扬程的泵，而产品油浆需要小流量、大扬程的泵。设置成两台泵不仅可降低油浆中催化剂对泵和管线的磨蚀，还可降低能耗。某炼油企业通过分别设置油浆泵和产品油浆泵，节约电能 331kW/h，降低能耗 7.995MJ/t(田文君，2013)。

对于空气冷却、循环水冷却、机泵等通用设备，也采用高效设备或提高效率来降低能耗。

(三) 富气压缩和吸收稳定过程

此部分的能耗主要包括气体压缩机的动力消耗、压缩富气的冷凝冷却、稳定塔顶产物的冷凝冷却及稳定汽油的冷却。一些装置解吸塔塔底重沸器采用蒸汽加热，消耗的蒸汽也构成该部分的能耗，影响这部分能耗的主要因素是干气和液态烃的收率。

影响富气压缩机能耗的主要因素是气体产率、压缩比和气体压缩机驱动动力的选择。其中采用背压汽轮机的能耗最低，采用凝汽汽轮机的能耗最高。早期，由于压缩比较高，气体压缩机功率消耗约为65kW · h/t(富气)；后来由于入口压力提高及改为二段压缩，气体压缩机功率消耗降至45kW · h/t(富气)。采用凝汽汽轮机、电动机和背压汽轮机的耗能比大约为0.62∶0.33∶0.12。压缩富气的冷凝冷却能耗主要决定于气体的产率，尤其是液态烃产率。

解吸塔的进料方式有冷进料、热进料、冷热双股进料、中间加热(重沸器)等四种流程，其中“中间加热(重沸器)”流程的能耗最低，因为该流程避免了过多的解吸气在吸收塔和解析塔之间循环、减少了吸收冷却能耗和解析加热能耗，同时用稳定汽油的余热作为中间加热重沸器的热源，减少解吸塔塔底重沸器的热量消耗。

稳定塔的能耗主要决定于液态烃产率及稳定塔的回流比。采用高效塔盘和低操作压力能够降低回流比，从而降低能耗。稳定汽油换热后温度、汽油产率及吸收塔补充吸收剂用量也对能耗有一定影响。

各种因素对该部分的影响关系列于表9-10(陈俊武，1982)。

表9-10　气压机不同驱动方式对吸收稳定能耗的影响　MJ/t

驱动方式	补充吸收剂占汽油分率	产品收率/%					
		气体15，汽油55			气体13，汽油44		
		回炼比					
		1	2	3	1	2	3
凝汽汽轮机	0.0	751.1	798.8	846.2	691.2	734.8	778.3
	0.2	776.7	824.4	871.7	714.7	758.4	818.5
	0.4	802.6	850.3	897.6	738.1	781.7	825.2
电动机	0.0	567.3	615.0	662.4	521.3	564.8	608.3
	0.2	592.9	640.6	687.9	544.7	587.8	631.8
	0.4	618.8	666.5	713.8	568.1	611.7	655.2
背压汽轮机	0.0	381.0	428.7	476.0	348.3	391.9	435.4
	0.2	406.5	454.3	501.6	371.8	415.3	458.9
	0.4	432.5	480.2	527.5	395.2	438.8	482.3

可以看出，对能耗影响最大的是富气压缩机的驱动动力，其次是产品收率和回流比，补充吸收剂用量也有一定影响。

综上分析，催化裂化装置的能耗要降低，最主要的途径一是减少总输入能，二要提高转化效率，三是减少排弃能量。若有条件供出部分低温热，能耗降到1900MJ/t是有可能的(陈俊武，1982)。

四、装置用能评价及基准能耗

一个装置用能合理性的评价是个复杂问题，不同装置之间由于所处环境和条件差别很大而缺乏共同基础(毛树梅，1981)。条件各不相同，对比的基准是不统一的，对实际能耗进行直接比较是不科学的。

基准能耗作为评价装置用能水平的一种方法，其计算所依据的基础条件是特别选定的，不针对某个具体装置而确定。因此没有任何一套具体的装置与基准能耗的条件一致，但摒弃了所有不可比因素，使装置间的能耗对比具有共同基础。

将计算的基准能耗与实际能耗相比较，可以找出该装置的节能潜力。采用“能耗因素”即实际能耗与基准能耗的比值评价装置能量利用水平相对比较合理。

基准能耗的计算不是传统的输入与输出能量之差加上消耗的方法，而是基于能量平衡原理，以装置用能中不能回收的排弃能量和原料与产品化学焓差的和来确定，其中也包括所用能量在转化过程中的损失。

基准能耗已为国外许多大的石油公司作为评价能量利用的方法，基准能耗还可以作为新设计装置的参考性指标，用于计算能耗因素、分析用能情况及节能潜力(陈尧焕，2011)。

(一) 基准能耗计算的基础条件

1. 基础条件设定

(1) 再生烟气中一氧化碳与二氧化碳的体积比为0，过剩氧含量为2%(干基，分子分数)。

(2) 焦炭中碳与氢的质量比为7/93。

(3) 不设加热炉，原料加热全部按换热考虑。

(4) 主风机出口至烟气轮机入口压降按0.09MPa考虑，沉降器顶至富气压缩机入口压降按0.08MPa考虑。

(5) 干气以气态、40℃出装置，而液态烃、汽油、LCO、HCO和油浆均以液态，对应的温度为40℃、40℃、60℃、90℃和90℃出装置。

(6) 余热锅炉的排烟温度以180℃计。

(7) 主风机组按主风机—烟机—电动机三机组配置，主风机为轴流式风机。若烟机回收动力不足以驱动主风机时以电力补足；若回收率大于1时，也以电力计入基准能耗。

(8) 工艺用汽等级为1.0MPa，扫线、伴热、抽空、采暖及其他间断用汽不计入基准能耗。

(9) 分馏塔采用塔顶循环回流，不采用冷回流。另设一中、二中及循环油浆四个循环回流取热。

(10) 分馏塔顶油气大于等于90℃部分的热量按低温热回收考虑，低于90℃部分的热量按冷却考虑。其余物流中大于等于100℃部分的热量按低温热回收考虑，低于100℃部分的热量按冷却考虑。

(11) 分馏塔顶油气、压缩富气、补充吸收剂及稳定塔顶油气均按冷却至40℃考虑。

(12) 富气压缩机为带中间冷却器的两段离心式压缩机，采用3.5MPa蒸汽为动力的背压汽轮机，排汽压力为1.0MPa。

(13) 干气中C_3^+组分的体积分数按小于1%考虑，液态烃中C_5^+组分的体积分数按小于1%考虑，C_2^-组分的体积分数按不大于0.5%考虑。稳定塔按深度稳定考虑，汽油中C_4^-组分的质量分数按不大于1%考虑。

(14) 泵均以电力驱动考虑。

(15) 冷却方式均以水冷考虑，水的温升为10℃。

(16) 余热锅炉按不补燃料考虑。

(17) 回炼汽油为装置自产的粗汽油。如果回炼汽油为来自装置外的粗汽油，要求在粗汽油泵出口分出同样流量的粗汽油返至装置外。

(18) 预提升介质为蒸汽，不考虑干气作为预提升介质。

2. 基础条件说明

(1) 不同原料的焓值差别较大，但焓差则差别不大，计算主要涉及焓差，无需校正。

(2) 一氧化碳的化学能已计入基准能耗，其燃烧方式和能量利用方式不影响基准能耗。

(3) 基准能耗计算方法与原料进装置的温度无关，原料进装置温度仅影响余热回收利用，对总的基准能耗没有影响。

(4) 装置向外供出的能量不论何种形式，均以热量直接利用计算，不考虑转化。

(5) 由于催化裂化装置可利用热量的平均温度较高，气象条件对散热损失的影响较小，所以气象条件对基准能耗的影响不予校正。

(二) 基准能耗的计算方法

每个装置根据其原料、产品收率、动力机械配置等情况计算基准能耗。

1. 原始数据

(1) 混合原料性质(包括原料密度、残炭、相对分子质量或恩氏蒸馏50%点馏出温度)；

(2) 产品收率(包括干气、液态烃、汽油、轻循环油、重循环油、油浆、焦炭)；

(3) 回炼比；

(4) 原料雾化蒸汽比例；

(5) 主风机出口压力；

(6) 富气压缩机出口压力；

(7) 反应压力；

(8) 装置焦炭产率设计值；

(9) 装置设计时的公称处理量；

(10) 装置实际处理量；

(11) 终止剂或回炼汽油量。

2. 基准能耗计算方法及步骤

基准能耗(E_B)由11个子项构成，计算公式如下：

$$E_B = \sum_{i=1}^{11} E_i \tag{9-2}$$

式中$E_1 \sim E_{11}$分别见下述内容。

(1) 化学焓差能耗(E_1)

$$E_1 = C_R \frac{M_C - M_P}{M_C M_P} \tag{9-3}$$

式中 E_1——化学焓差能耗，MJ/t；

C_R——与原料性质有关的系数，kJ/mol；

M_C——原料平均相对分子质量；

M_P——产品平均相对分子质量。

其中各参数的计算方法如下：

① 与原料性质有关的系数(C_R)。

$$C_R = 58066D + 957C - 6539 \quad (9-4)$$

式中　D——原料相对密度，指 $d_{15.6}^{15.6}$；

C——原料残炭,%。

② 原料平均相对分子质量(M_C)。

若有原料平均相对分子质量的数据，按实际数据输入；若无按下式估算：

$$M_C = 42.97\exp(2.10 \times 10^{-4}T - 7.79D + 2.09 \times 10^{-3}T \cdot D)T^{1.26} \times D^{4.98} \quad (9-5)$$

式中　T——原料馏出50%时的温度(T_{50})，K。

③ 产品平均相对分子质量(M_P)。

对任何装置，规定产品的相对分子质量相同。具体为：干气17，液态烃50，汽油100，轻循环油200，油浆及重循环油350。则产品的平均相对分子质量为：

$$M_P = \frac{y_H + y_{LO} + y_G + y_L + y_F}{2.86 \times 10^{-3}y_H + 5 \times 10^{-3}y_{LO} + 0.01y_G + 0.02y_L + 5.88 \times 10^{-3}y_F} \quad (9-6)$$

式中　y_F——干气产率,%。

y_L——液化气产率,%；

y_G——汽油产率,%；

y_{LO}——轻柴循环油产率,%；

y_H——油浆及重循环油产率,%。

(2) 再生烟气排烟能耗(E_2)

$$E_2 = 24.8y_C \quad (9-7)$$

式中　E_2——再生烟气排烟能耗，MJ/t

y_C——焦炭产率,%。

(3) 工艺排弃能耗(E_3)

工艺排弃能包括：分馏塔塔顶油气从90℃至40℃的冷凝冷却热量；顶循环从100℃至80℃的冷却热量；轻循环油从100℃至60℃的冷却热量；贫吸收油从100℃至40℃的冷却热量；重循环油和产品油浆从100℃至90℃的冷却热量；富气压缩机中间冷却器的冷却热量；压缩富气的冷凝冷却热量；吸收中段油的冷却热量；稳定塔塔顶液态烃的冷凝冷却热量；稳定汽油和补充吸收剂从100℃至40℃的冷却热量。基于多种处理量和多种生产方案的数据拟合得到：

$$E_3 = 42.97y_F + 17.66y_L + 6.42y_G + 1.46y_{LO} + 0.19y_H - 91.81 \quad (9-8)$$

式中　E_3——工艺排弃能耗，MJ/t

y_F——干气产率,%。

y_L——液化气产率,%；

y_G——汽油产率,%；

y_{LO}——轻循环油产率,%；

y_H——油浆及重循环油产率,%。

(4) 主风机能耗(E_4)

主风机能耗为主风机组的用电消耗(发电状态下此数为负值)减主风温升增加的显热。

具体规定为：空气中水汽的分子分数为2%；主风机入口压力0.1MPa(a)、入口温度25℃、效率取90%；主风机出口至烟气轮机入口的压降按0.09MPa考虑；烟气轮机出口压力为0.108MPa(a)，烟气轮机的单级效率取78%。

主风温升由两部分组成：一部分是按空气绝热压缩计算得到的温升，另一部分是按主风机功率损失量的50%加热主风引起的温升。

主风机能耗是主风机出口压力和装置焦炭产率的函数，且与焦炭产率呈线性关系。在主风机出口压力为0.23~0.45MPa(a)的范围内，拟合得到的关系式为：

$$E_4 = (207.86P_1 - 0.32)\ y_C(2.43 + 16.09P_1^2 - 13.03P_1) - 0.133y_C(432P_1 + 11.7) + Ne \tag{9-9}$$

式中　E_4——主风机能耗，MJ/t；

P_1——主风机出口压力，MPa(a)；

y_C——焦炭产率,%；

Ne——增压机能耗，MJ/t。无增压机$Ne=0$，有增压机时按增压机实际耗功计算：

$$Ne = 3.6\frac{N}{W} \tag{9-10}$$

式中　Ne——增压机能耗，MJ/t；

N——增压机实际耗功，kW；

W——装置实际处理量，t/h。

(5) 富气压缩机能耗(E_5)

根据计算得到富气压缩机轴功率，折算出消耗的中压蒸汽量，计算富气压缩机能耗。

$$E_5 = (2.16P_2 + 3)[2.46 - 4.55(P_3 - 0.08)](y_F + y_L) \tag{9-11}$$

式中　E_5——富气压缩机能耗，MJ/t；

P_2——富气压缩机出口压力，MPa(a)；

P_3——反应压力，MPa(a)；

y_F——干气产率,%；

y_L——液态烃产率,%。

(6) 工艺用蒸汽能耗(E_6)

在装置蒸汽消耗中，雾化蒸汽和汽提蒸汽是进料量和回炼比的函数，其余蒸汽消耗设定仅为进料量的函数，即对基准能耗为定值。

$$E_6 = 279 + 31.82a(1 + R_1) \tag{9-12}$$

式中　E_6——工艺用蒸汽能耗，MJ/t；

a——雾化蒸汽比例；

R_1——回炼比。

(7) 泵及其他用电能耗(E_7)

泵和其他用电(包括余热锅炉、机组辅助系统、仪表、照明等用电)采用典型装置的统计数据，折合成每吨进料的用电平均值。由于冷却全部按水冷方式考虑，空冷器风机的用电不包括在内。

$$E_7 = 50$$

式中　E_7——泵及其他用电能耗，MJ/t。

(8) 散热能耗(E_8)

设定散热能耗仅与原设计的焦炭产率和设计处理量有关。再生器及烟气系统散热损失按3.256W/m^2、反应沉降器系统按1.977W/m^{2}计算。

$$E_8 = 5.76y_C - 0.58q + 396.9 \tag{9-13}$$

式中 E_8——散热能耗,MJ/t

y_C——装置原设计焦炭产率,%;

q——装置原设计的处理量(新鲜原料进料量),t/h。

(9) 冷却介质能耗(E_9)

指工艺排弃能全部用水冷方式所消耗的冷却介质的能耗。

$$E_9 = 10.9y_F + 1.54y_L + 0.55y_G + 0.12y_{LO} + 0.018y_H - 16.3 \tag{9-14}$$

式中 E_9——冷却介质能耗,MJ/t

y_F——干气产率,%。

y_L——液化气产率,%;

y_G——汽油产率,%;

y_{LO}——轻循环油产率,%;

y_H——油浆及重循环油产率,%。

(10) 终止剂或回炼汽油能耗(E_{10})

终止剂或回炼汽油自提升管出口温度至300℃范围内的显热,在分馏塔内可由油浆和二中取热发生中压蒸汽,该段热量不计入能耗。自300℃至90℃的显热和部分相变焓可以作为低温热回收。而自40℃至300℃的显热和相变焓可以发生中压蒸汽,因此以发生的中压蒸汽量作为能耗,减去回收的低温热即为终止剂或回炼汽油的能耗。

$$E_{10} = 1549R_2 \tag{9-15}$$

式中 E_{10}——终止剂或回炼汽油能耗,MJ/t

R_2——终止剂或回炼汽油回炼比(对新鲜进料量)。

(11) 其他能耗(E_{11})

上述能耗以外的计入其他能耗,采用统计数据。

$$E_{11} = 45\ \text{MJ/t}$$

3. 基准能耗的校正

在装置负荷与设计能力相差较多时,需对计算所得到的基准能耗进行近似校正。

$$E_C = \frac{E_2 + E_4 + E_6 + E_8 + E_9 + E_{11} + L(E_1 + E_3 + E_5 + E_7 + E_{10})}{L} \tag{9-16}$$

式中 E_C——近似的校正后的能耗,MJ/t;

L——装置负荷,%。

(三) 基准能耗的应用

1. 能耗因素

由于各个装置的具体条件差别较大,用能耗的绝对值对各装置进行比较是不合适的。因此,用能耗因数E_F来评价各装置的能量利用水平,可比性相对要强一些。

$$E_F = \frac{E}{E_C} \tag{9-17}$$

式中 E_F——能耗因数；

E_C——计算的基准能耗，MJ/t；

E——装置的实际能耗，MJ/t。

E_F值越大，表示装置实际能耗与基准能耗的差距越大，能量利用水平越低，节能潜力越大；E_F值越接近 1，表示能量利用水平越高。在设计完善的装置，E_F值小于 1 也是可能的。

2. 基准能耗与实际能耗子项的比较

对装置进行标定后，可以分别得到装置基准能耗和实际能耗的各子项数据。对比该数据可以确定节能潜力所在之处。表 9-11 为某催化裂化装置的具体数据。

表 9-11 某装置实际能耗与基准能耗的差距分析 MJ/t

项目	计算基准能耗	标定核算能耗	差值	项目	计算基准能耗	标定核算能耗	差值
E_1	423.84	418.68	-5.16	E_8	341.58	350.00	8.42
E_2	206.34	251.05	44.71	E_9	74.18	64.64	-9.54
E_3	654.77	695.31	40.61	E_{10}	5.82	5.82	0.00
E_4	-330.97	-119.40	211.57	E_{11}	45.00	45.00	0.00
E_5	168.81	262.57	93.76	E_B	2079.60	2563.65	484.05
E_6	440.24	538.99	98.75	E_F	1.233		
E_7	50.00	51.00	1.00				

对表 9-11 的数据逐项分析如下：

① 再生烟气排烟能耗 E_2。排烟温度为 218.8℃，较基准温度高。

② 工艺排弃能耗 E_3。装置的低温热回收比较充分，分馏塔顶换热至 70℃，顶循换热至 95℃，稳定汽油换热至 62℃，排弃能耗较基准能耗少，轻循环油换热至 99℃，和基准能耗相当，一中段油采用循环水后冷，而基准能耗为全回收。综合以上几项，总的工艺排弃能较基准能耗少，但是实际能耗计算中回收的低温热按 60%可利用计，另有 40%计入排弃能，因此总和较排弃能稍高。

③ 主风机能耗 E_4。主风机出口至烟机入口压降为 0.117MPa，比基准压降大。烟机回收功率减少。

④ 富气压缩机能耗 E_5。配置为汽轮机-电动/发电机-气压机，标定期间装置产中压蒸汽压力为 2.1MPa(a)，富气压缩机耗电 2700kW，实际能耗较基准能耗高。

⑤ 蒸汽能耗 E_6。解吸塔底采用低压蒸汽作为热源，总的蒸汽消耗量加大。

⑥ 冷却介质能耗 E_9。低温热回收比较充分，循环水耗量降低，冷却介质能耗有所下降。

从上述分析可以看出，烟气排烟能耗、工艺排弃能耗、主风机和蒸汽能耗是该装置能耗较高的主要原因。此外装置发生了大量的中压蒸汽，除了部分供富气压缩机外，其余在装置内通过减温减压器成为低压蒸汽，蒸汽没有逐级利用也是能耗高的主要原因之一。

五、合理用能的若干问题

催化裂化过程的能耗除化学反应热移入产品外，其他能量都通过不同途径散失于周围环境之中，减少这部分热量就是节能。鉴于经济原因，散失热量和排弃热量是不可避免的，只有设法减少其排弃和散失。

（一）先进的工艺技术是节能的前提

节能是工艺的一部分，工艺的先进能够带来巨大的节能效果。例如，对于再生系统，最大限度降低主风机出口至烟气轮机入口的压降，提高烟气轮机入口温度，能够使得烟气轮机-主风机-电动发电机的三机组处于发电状态；对于反应系统，先进的工艺技术（如高效雾化和汽提技术、提升管出口快速分离技术）以及优化的操作条件能够降低焦炭和干气的产率。降低焦炭能够减少烟气排放的能量，降低干气能够减少富气压缩机和吸收稳定系统的能耗。

（二）催化剂和助剂

催化剂和助剂对降低生焦、提高转化率和目的产品收率起着决定性的作用，也影响构成能耗的反应热，同时通过对干气和氢气产率的影响，也会影响装置能耗。催化剂对单程转化率的影响，则会通过回炼比的变化而影响能耗，催化剂的孔结构和孔径则通过影响汽提效果而影响能耗。

选择催化剂一般很少考虑其对能耗的影响，但催化剂确实通过上述途径在影响着能耗。

（三）高效用能设备

采用高效设备有明显的、直接的节能效果。例如高效雾化喷嘴和汽提段不仅能够降低焦炭和干气的产率，而且能够减少蒸汽的消耗；节能电机、高效率的机泵以及变频调速技术能使耗电量减少；高效塔盘能够降低吸收稳定系统补充吸收剂的用量和稳定塔的回流量。而烟气轮机的效率则是机组能否发电的关键。

（四）能量利用的优化匹配

催化裂化装置能够提供较多高品位的能量，在回收过程中应尽量将其转化为高品位的能量形式进行利用。例如再生烟气首先驱动烟气轮机，油浆取热器、外取热器和余热锅炉应产生中压甚至次高压蒸汽，蒸汽轮机使用中压蒸汽驱动富气压缩机后，其背压的低压蒸汽用于工艺耗汽。油浆应先加热蒸馏装置的进料，以代替高等级的燃料等。

能量回收在节能中的作用不可低估，优化匹配用能则可以更充分、更有效地利用能量。

（五）低温热利用

低温热是指温度低于130℃的热量，催化裂化装置的低温热约0.84~1.26GJ/t左右，数量相当大，其利用程度对装置能耗影响举足轻重。但催化裂化装置本身对低温热的消纳能力很低，其利用取决于外部系统能否提供热阱。主要的回收措施如下：

1. 原级利用

原级利用指按温位及热量进行换热匹配直接回收利用，利用途径有：

① 用作气体分馏装置、轻烃回收装置重沸器的热源。

② 预热各种工业用水，节约蒸汽，包括新鲜水、软化水、锅炉和蒸汽发生器给水等。

③ 通过建立热媒水系统，将分散的低温热集中于热媒水系统内，用作管线伴热、罐区维持温度、取暖等。

2. 升级利用

（1）热泵

热泵是以消耗一部分高质能（机械能、电能等）或高温位热能的代价，通过热力循环，把能量由低温位物体转移到高温位物体的能量利用装置。热泵分为压缩式热泵和吸收式热泵。其中吸收式热泵利用温度较低的低温热本身的能量，提升一部分低温热的温度，从而得到更高温度的热源，提高了部分余热的品位。

如炼油企业中有大量温度100~120℃的油品，这些油品携带的低温热能因为温度较低，难以使用只能被循环水冷却排放。如果采用吸收式热泵，将油品携带的低温热中的一部分温度提升20~30℃，就能得到温度达到120~150℃的热源，从而满足胺液再生重沸器、气体分馏装置丙烷塔重沸器等热阱的需求，替代蒸汽，实现节能。

(2) 制冷

低温热制冷主要是吸收式制冷，属于吸收式热泵。采用吸收制冷机组替代压缩制冷和蒸汽喷射制冷系统，减少电力消耗。常用的工质有氨-水溶液和水-溴化锂溶液。

溴化锂吸收式制冷以低温余热为热源，溴化锂溶液为吸收剂，水为制冷剂制取冷量。该冷量不仅可用于调节气温，减少空调电耗，更可用于生产装置工艺气体的进一步冷却。如某炼油企业用催化裂化稳定汽油余热为热源，用溴化锂吸收制冷机制取冷媒水，用冷媒水降低吸收塔操作温度，更多地回收丙烯、液化气等高附加值产品，效益非常可观。

(3) 发电

低温热可用于低温发电，详见本节第七部分。

六、能量回收设备

催化裂化再生烟气中的物理能、化学能和机械能蕴藏量很大，作为工业装置必须充分考虑到对它们的回收利用。同样地，分馏塔上部物流的低温热资源也很充分，合理回收利用也成为近年来节能的一项课题。因此，自从催化裂化工业装置出现以后，陆续研究、开发和设计制造了多种类型的能量回收专用设备，成为装置的重要组成部分。下面将简要地就有关设备的特点、技术指标和工艺参数作介绍，至于涉及设备结构、材质等专业问题则不在本书范围之内，读者可参阅有关专门文献。

(一) CO锅炉

早期的催化剂再生采用CO不完全燃烧方式，再生烟气中CO体积分数为6%~10%，其化学热约占焦炭燃烧热的1/6~1/3。经过研制，第一台CO锅炉于1953年投入生产(Campbell，1954)，并在新建装置上得到推广应用。

从20世纪70年代中期开始，由于再生器内CO燃烧技术的推广，再生烟气中CO含量极低，因此新装置内不再建CO锅炉；而老装置改用在再生器内燃烧CO的技术后，也把CO锅炉用作余热锅炉，或根据炼厂蒸汽平衡要求使用辅助燃料来运行。

由于CO的燃烧热偏低，烟气中CO燃烧后理论火焰温度很少超过900℃，但为了维持CO的稳定燃烧，要求炉膛温度保持在970℃以上，为此须加入辅助燃料(燃料油或燃料气)，其量根据烟气中CO含量而定，但一般不少于20%(按热值计算)。

CO锅炉的燃烧室热强度约为400kW/m^2，比一般锅炉低，因此燃烧室体积庞大、占地多。第一台CO锅炉的燃烧室内无蒸发管束，以后虽设置了水冷壁，但主要蒸发负荷均在对流室，加上省煤器和空气预热器部分，整个炉体体积很大。第一台锅炉(产汽140t/h)占地达120m^2(未计水封、出入口管线和风机)，高20m。后来设计的圆筒炉，占地可省40%。

CO锅炉一般设计产汽压力4.5~5MPa，单台最大产汽量为220t/h(卢鹏飞，1986)，国产为65t/h。蒸汽可在炉内过热到400℃左右。蒸汽也可在再生器床层内过热，例如第一台CO锅炉将过热段(饱和蒸汽中混入40t/h凝结水)放在再生器密相床内，立式管束总面积558m^2，平均热强度82kW/m^2，传热系数410W/(m^2·K)。

CO 锅炉出口温度根据烟气中 SO_x 含量等确定。炉内可按微正压操作，过剩空气约 20%(烟气与空气均匀混合是关键)。由于催化剂细粉沉降，往往在开工后期炉出口烟气温度较高，且炉内阻力加大。

20 世纪 80 年代重油催化裂化装置(如 RCC 工艺、SW/RFCC 工艺)在建设时即采用 CO 锅炉。针对 CO 含量不高的情况，设计了专门的 CO 燃烧炉，炉出口烟气与另一股烟气(例如 SW/RFCC 工艺的第二段再生烟气)混合进入余热锅炉。LPEC 设计的 CO 燃烧炉是卧式的，炉膛中部温度为 840℃，炉后部温度约 960℃，当烟气中 CO 含量为 5%时，辅助燃料只需 15%。与 CO 锅炉-余热锅炉结合的方案相比，CO 锅炉方案的设备结构简单，操作调节方便，适合于中等规模的装置。

(二) 余热锅炉

余热锅炉是回收再生烟气的物理热(显热)产生蒸汽的设备。早期由于能源价格低，再生烟气只经过立式单管程换热器等简单设备将烟气冷却到 250℃左右，以满足静电除尘器的要求。烟气以 30~50m/s 的流速通过管程；水在壳程中蒸发，汇集到上部汽包发生 1.2MPa 的蒸汽。自从出现了 CO 锅炉后，这种简易的余热锅炉就不再建设了。70 年代采用再生器内 CO 完全燃烧技术之后，同时在能源价格上涨的推动下，完善的烟气余热锅炉已成为催化裂化装置的一个重要节能设备。

余热锅炉可将烟气温度从 630~700℃(有烟气轮机时为 520~550℃)冷却到 170~230℃(视 SO_x 露点温度而异)。国内制造的余热锅炉多数按产生 3.8MPa、320~420℃的中压蒸汽设计。具体的蒸汽产生与过热方案往往不是从余热锅炉本身考虑，而是从全装置的热力系统综合考虑。因此，有的余热锅炉承担发生饱和蒸汽的任务，有的却承担装置内副产的全部同压力等级蒸汽的过热任务，还有的只负责把水加热到汽化温度并把饱和蒸汽过热而不设蒸发段，它们的共同之处是都设有省煤器。

由于有烟气轮机的装置的烟气进口温度不够高，过热段的传热平均温差不到 100℃，传热系数也只有 45~60W/(m^2·K)，因而该段的传热面积很大。为了改善这一状况，有的余热锅炉外部加设一个小的蒸汽过热炉，使用辅助燃料；有的则把过热段放入再生器的床层内以取得很高的热流强度。以上各方案都存在不同工况下如何控制好过热温度的问题。蒸发段常用上下汽包胀接的对流管束，汽、水自然循环。省煤器则是与联箱焊接的多排管束，由于其传热平均温差低，所需加热面积一般和蒸发段相当。烟气在炉内流速一般为 15~20m/s。

余热锅炉的基本形式有立式和卧式两种。前者烟气自上而下或自下而上流动，后者则是水平方向流动；前者结构虽比后者复杂，但在炉体受热膨胀、保证炉墙密封性和排出积灰(催化剂细粉)方面比后者有利。

(三) 烟气轮机

再生高温烟气带走的能量约占全装置能耗的四分之一，为了降低此能耗，国外在 20 世纪 50 年代初期就开始了烟气轮机和三级旋风分离器的试验开发工作。1963 年国外有三套再生烟气动力回收工业机组投用(Randall，1985)，1978 年我国第一套具有自主知识产权的烟气轮机投入运行。目前我国有 160 余台烟气轮机正在运行(卢鹏飞，2008)，功率从最初的约 2000kW 到目前的 33000kW，涉及的装置处理量从 30kt/a 到 350kt/a，使用数量及使用普遍性在世界范围内名列前茅。

随着催化裂化技术的发展，装置处理量不断提高，尤其是渣油催化裂化的开发，有的装置再生烟气量(标准状态)已超过7000m³/min。两段再生与高温再生技术的发展，使再生催化剂碳含量降到0.05%以下，烟气中一氧化碳含量接近于零，再生器顶部温度达730℃以上，再生器压力(绝)提高到0.39MPa左右，烟气进烟气轮机的技术参数不断提高，见表9-12。在高压比、高温度与高负荷下，设置烟机回收能量的重要性与必要性越来越突出。有的装置烟气的能量除满足主风机动力需求外，还能输出电力，回收功率可达130%以上。

表9-12　催化裂化工艺技术参数的变化

项　　目	同高并列式	提升管式	两段再生与高温再生
再生器顶压力/MPa	0.22~0.25	0.24~0.28	0.36
烟机入口压力/MPa	0.2~0.205	0.22~0.26	0.32
再生器顶温度/℃	620~650	660~700	710~750
烟机入口温度/℃	590~620	620~650	690
再生器烟气总热焓/(kJ/kg)	753	795	867
再生催化剂含碳量/%	0.2~0.3	0.12~0.2	<0.05
产生轴功率的焓降/(kJ/kg)	155	205	268

世界上制造烟气轮机的主要有Dresser Rand(原名Ingesoll Rand)、Elliott、MAN Turbo(GHH并入其中)、CONMEC等公司和我国的几家制造厂。过去主要制造单级烟气轮机，工艺参数提高后，烟气焓降高于240kJ/kg，超出了单级烟气轮机叶片所承受的焓降，使效率下降，因而20世纪80年代出现了两级或多级烟气轮机。

烟气轮机动力回收机组的合理选择和配置，对确保催化裂化装置长周期平稳操作以及取得较好的节能及经济效果有关，目前主要有下列几种配置方式。

1. 同轴机组配置

烟气轮机机组一般采用同轴方式，即把烟气轮机、主风机、汽轮机、齿轮箱和电动机/发电机的各轴端用联轴器串联在一起，成为一起旋转的机组。同轴机组的驱动方式有四种。

(1) 汽轮机组辅助驱动

为保证烟气轮机不起作用时仍能维持装置正常操作，所选汽轮机的输出功率应能满足主风机所需功率。当烟气轮机的输出功率除满足主风机所需功率外还有过剩时，一部分烟气必须通向旁路，不得进入烟气轮机，以免机组超速。这不但造成经常的动力损失和汽轮机长期低负荷下运行，而且还会给旁路阀带来冲蚀问题。如果烟气轮机所产生的功率小于主风机所需功率，则用汽轮机补充一部分功率。这种配置投资较省，但烟气轮机输出功率和主风机所需功率之比(简称回收率)较低。

(2) 电动机/发电机辅助驱动

这种配置方案与汽轮机辅助驱动方案的不同点是用电动机代替汽轮机辅助驱动。电动机额定功率应满足启动主风机所需功率，一般为主风机额定功率的60%~100%。这种类型比汽轮机组回收率高，烟气轮机如有过剩功率可用来发电，但电动机/发电机不论在耗电还是发电状态，在低功率时效率甚低。又由于电动机/发电机只能在低速下运行，而烟气轮机和主风机要获得较高的效率，又需在较高转速下运行，因此必须配置大功率齿轮箱。

(3) 汽轮机和电动机/发电机辅助驱动

这种配置的特点是将主风机的启动负荷分配到汽轮机和电动机/发电机上。汽轮机的功率选择应能在装置开工时驱动整个机组，其额定功率大约为主风机所需功率的40%~70%，电动机/发电机的功率一般为主风机所需功率的30%~45%。

(4) 汽轮机辅助驱动并带发电机

在某些情况下，为了满足炼油厂本身部分的电力需要，可考虑采用这种连续发出最大限度电力的动力回收机组配置方案。所选汽轮机的功率足够大，满足机组启动的需要。在装置正常操作时，引入装置自产的中压蒸汽使该汽轮机仍连续在设计负荷或稍低负荷下运行，所输出的功率加烟气轮机的剩余功率供机组发电机发电。由于汽轮机不像大多数动力回收机组那样空负荷运行，整个机组均处在高效率区运行，可提高机械设备利用率。

2. 分轴机组配置

分轴机组一般是主风机由汽轮机或电动机驱动，烟气轮机单独驱动发电机。其特点如下：

① 烟气发电机组与主风机组互不影响，装置运行可靠。

② 选用同步发电机可改善电力系统功率因数。

③ 相当于多一个自备电源。

④ 烟机和主风机不受同一转速限制，能在最佳转速下运行，效率均能提高。

图 9-5 为催化裂化装置烟气轮机动力回收系统的典型工艺流程。热烟气从再生器进入三级旋风分离器，在除去烟气中绝大部分催化剂颗粒后进入烟气轮机。烟气通过烟气轮机做功，做功后温度降低 120~180℃，进入 CO 锅炉或余热锅炉回收剩余的热量。

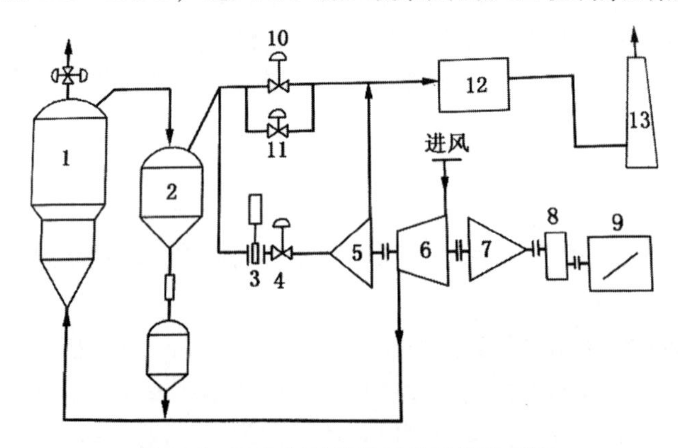

图 9-5　再生烟气能量回收系统流程图

1—再生器；2—三级旋风分离器；3—闸阀；4—调节蝶阀；5—烟气轮机；6—轴流风机；7—汽轮机；8—变速箱；9—电动机/发电机；10—主旁路阀；11—小旁路阀；12—余热锅炉；13—烟囱

(四) 低温热发电

催化裂化等炼油装置存在大量的低温余热，可用于轻烃装置的重沸器热源、预热各种工业用水以节约蒸汽、通过热媒水换热用于油罐维温或冬季采暖等，也可通过热泵、吸收制冷机升级利用。

由于受生产负荷、外界环境温度、工艺生产方案、设备类型等因素的制约，低温热源存在不确定性，即低温热总量有波动、低温热源的温度(热源的品质)也波动。而且低温热阱也不稳定，同样受季节变化(如采暖、伴热等)、工艺参数、保温工艺等因素的影响。热源和热阱始终波动变化，造成低温热能回收难以遵循“温度逐级匹配”的原则。采用低温热能发电，不仅可以消纳波动，而且可以将低温热能直接转化成高品质的电能。在大量低温热过剩、难以找到适宜回收渠道时，发电是一种有效途径。

低温热发电技术主要包括有机工质朗肯循环(Organic Rankine Cycle)和 Kalina 循环(Kalina Cycle)。

有机工质朗肯循环是以低沸点有机物为循环工质，有机工质单独在封闭系统中循环流动。有机工质在热交换器中从低温热流体中获得热量后变为蒸汽，蒸汽进入汽轮机做功带动发电机转动发电，从汽轮机排出的乏汽在冷凝器中冷却为液体，然后由泵加压进入热交换器，完成一个封闭的循环。有机工质主要为碳氢化合物及其含氟、氯物质。

Kalina 循环以氨水二元混合物作为循环工质，实际上是带吸收耦合的混合工质朗肯循环。氨水在热交换器中从低温热流体中获得热量后进入分离器分成富氨蒸汽和贫氨溶液，富氨蒸汽进入汽轮机做功带动发电机转动发电，贫氨溶液经换热冷却和节流阀降压后和汽轮机排出的乏汽混合，进入吸收器并冷凝，由泵加压进入热交换器，完成一个循环过程(Mlcak，1996)，其流程示意见图 9-6。

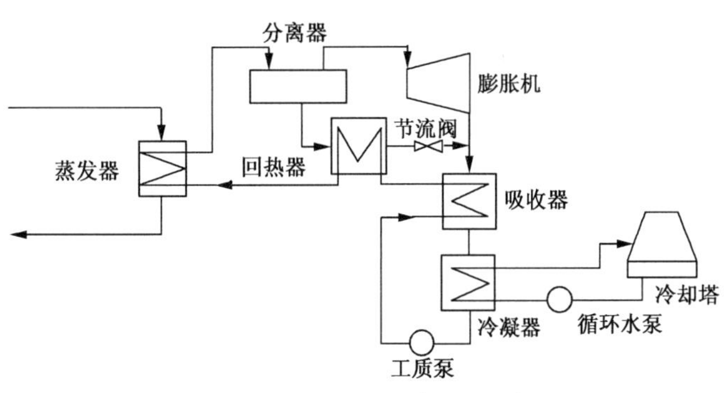

图 9-6 Kalina 循环系统流程示意图

图 9-7 为炼油企业低温热单热源朗肯循环发电原则流程示意图。由于炼油企业中的低温热大多为油品冷却负荷，故温差不可能很大，工质的传热性能将直接影响整个系统的投资。如催化裂化装置分馏塔循环回流的冷却负荷用于发电时，正丁烷蒸气用水冷凝时的传热系数一般为 700~950kW/(m^2·K)，而水蒸气则为 2300~3000kW/(m^2·K)，其差别是很大的。在选择工质时，除考虑其热力学性质和传热性能外，还要着重考虑安全操作问题。

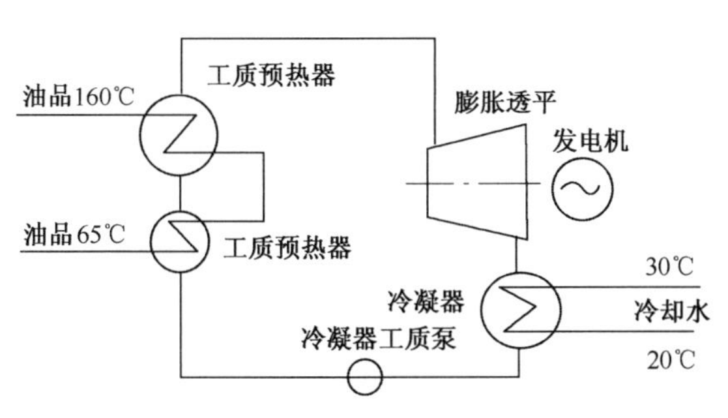

图 9-7 炼油企业低温热单热源朗肯循环发电原则流程示意图

低温热发电的温度低、压力低，循环热效率比较低，因而要求换热设备传热效率高。当热源温度低于 120℃时，系统热效率只有 5%~10%。对于一般规模的低温热源，投资偿还期将达 20 年；对于较大规模的低温热源(大于 105GJ/h)，投资偿还期极限可达 5 年(洛阳设计研究院，1984)。

有机工质朗肯循环和 Kalina 循环发电技术可以实现较低温度下的低温热发电，在国外得到推广。由于该技术能够灵活调整发电量，即热阱量可以灵活控制，因此可以解决炼油企业热阱不足且变化较大的问题。

我国炼油行业主要用以水为工质的朗肯循环技术发电。1983 年我国某炼油企业一个以水为工质的朗肯循环油品低温余热发电机组投入运转(黄泽盛，1983；廖家祺，2000)，回收催化裂化和延迟焦化两套装置 8 处低温热总计 33.1MW。44.5℃的水换热至 124.2℃，经二次扩容、二次闪蒸后的蒸汽经汽轮机背压发电 2035.5kW，其中催化裂化装置提供约

1600kW，扩容后的75℃热水向全厂供热 10.2MW，该系统投资回收年限为 3 年(杨林生，1987)。2010 年投产的我国某炼油企业将催化裂化等装置来的 110℃热媒水和从全厂回收来的凝结水进行二级闪蒸。一级热媒水和一级凝结水闪蒸产生的蒸汽作为汽轮机的一级进汽，二级热媒水和二级凝结水闪蒸产生的蒸汽作为汽轮机的二级进汽，汽轮机可发电 26.4MW(孙惠山，2009)。

第三节　催化裂化装置对环境污染的影响及防治措施

一、催化裂化装置对环境污染的影响

催化裂化装置气体污染主要来源于再生器烧焦时产生的烟气，其中有些装置的 CO 约占 6v%～10v%，这种烟气需在 CO 锅炉中烧掉 CO，以防止污染大气，同时回收热量。大多数装置采用 CO 助燃剂在装置内将烟气中的 CO 烧掉，使烟气中的 CO 量降至 0.05v%～0.2v%。再生烟气中的 SO_x 含量与原料含硫量存在相关性，原料中 10%～25%的硫沉积在焦炭中，在再生过程中约 90%以上转化为 SO_2、约 10%以下转化为 SO_3。原料硫含量与烟气中 SO_2 含量之间的关系列于表 9-13(马伯文，2003)。

表 9-13　原料硫含量与烟气中 SO_2 含量之间的关系

原料硫含量/%	0.10	0.20	0.40	1.00	3.10
烟气中 SO_2 含量/(μg/g)	185	470	850	1850	3400

再生烟气中的 NO_x 排放量决定于原料中的总氮量和再生工艺类型，一般 FCC 再生烟气中 NO_x 的量为 40～500μL/L。对于 CO_2/CO 为 1 的传统再生器，含量为 50～100μL/L。使用助燃剂时，一般要升高 10～30μL/L。对于使用硫转移催化剂一般要增加 500μL/L。NO_x 除了在再生烟气中生成外，在 CO 锅炉或 CO 燃烧炉内也会产生。FCC 再生烟气还携带有大量催化剂粉尘，如直接排空将严重污染大气。一般来说，从再生器出来的烟气中含催化剂浓度约为 0.8～1.5g/Nm^3，经三级旋风分离器处理后的烟气，出口的催化剂浓度约为 0.2g/Nm^3。

美国环境保护局(EPA)于 1984 年对催化裂化装置制定了污染源执行标准(NPSS)规定，控制排放设施的允许 SO_x 含量上限为 300μL/L，或脱除效率 90%(取宽限)，无控制设施者允许每燃烧 1000kg 焦炭排放 98kg SO_2(大约为 250～300μL/L)或原料硫含量不大于 0.3%。美国 EPA 在 1984 年 NPSS 规定的基础上，根据 1990 年的清洁空气法，1998 年提出了属于第Ⅱ类污染物的 MACTⅡ标准，已于 2002 年 5 月开始实施，关于再生烟气中颗粒物的限制为每烧焦 1000kg 允许排放 1kg，对无机金属物(Sb、Ni 等)，以 Ni 为例，允许排放量0.013kg/h，以上两条任取其一，更为先进指标为每烧焦 1000kg 允许排放 0.5kg。随着我国经济快速发展，原油对外依存度已达 60%，从而加工含硫原油比例快速增加。例如，2010 年中国石化加工的含硫/高硫原油 126.40Mt，占到原油加工总量的 59%(孙丽丽，2010)，当年 FCC 装置 SO_x 总排放量为 44.9kt，再生烟气中 SO_2浓度为 30～2700mg/Nm^3，平均为 824 mg/Nm^3。FCC 装置再生烟气是炼油企业主要大气污染源，特别是加工含硫/高硫原油，污染物浓度随着原料中的硫含量增加而增加，外排再生烟气中 SO_2浓度较高(张德义，2003；杨德凤，2001)。目前，国家制定了《石油炼制工业污染物排放标准(征求意见稿)》，对 FCC 再生烟气排放的污染物提出规定，自2011年7月1日起至2014年6月30日止现有企业和自2011年7月1日起新建企业NO_x标准限值由400mg/Nm^{3}降低到200mg/Nm^3；SO_2浓度从修订前的850mg/Nm^{3}降低到新标准的400 mg/Nm^3，对敏感地区要求降低到200 mg/Nm^3。随着国家环保标准的日趋严格，FCC再生烟气中的SO_x、NO_x、颗粒物和CO等污染物排放控制成为环境污染治理的热点(刘忠生，1999；柯晓明，1999；杨秀霞2001)。因此，FCC再生烟气必须进行脱硫脱硝处理，才能使SO_x、NO_x、颗粒物和CO等污染物浓度达到排放要求。

二、烟气脱硫脱硝技术

(一) 脱硫技术

控制和降低FCC再生烟气SO_x排放主要途径有原料种类选择、原料加氢脱硫、烟气脱硫和SO_x转移助剂，这些技术途径优劣列于表9-14。

表9-14 降低FCC再生烟气SO_x排放的技术途径

项目	技术介绍	备　　注
原料种类选择	通过选取轻质低硫的原油作为原料，控制原料中的硫含量，以减少烟气中硫化物的排放	受原油性质和二次加工装置类型及能力影响，有条件的企业可以考虑。但选择余地不大，而且全球原油向偏重方向发展，硫含量越来越高
原料加氢脱硫	通过加氢处理可脱除原料中的部分硫和氮，不但增加了催化裂化原料油的氢含量，而且可以降低重金属和残炭含量	即使经过预处理后，原料硫降低到一般程度也难以满足更严格的再生烟气排放标准。倘要使焦炭中硫含量降至0.5%以下，原料中硫含量则要在0.2%以下，将会带来设备和催化剂投资大幅度增加，预处理装置的运行费用上升等问题
烟气脱硫	通过将烟气中的SO_x以吸收、中和的方法，将烟气中的SO_x脱除，以实现达标排放的要求	该技术需要较多的投资和较多的操作费用，但该技术是降低烟气中SO_x的最后一道防线，也是最稳定的一个方法。烟气洗涤脱硫的脱除效率是最高的，而且达到了同时除尘的目的，在国内外普遍应用
SO_x转移助剂	SO_x转移助剂掺和在催化剂内，在反应器和再生器内循环。在再生器内，SO_x转移助剂和SO_3发生反应，在转移剂表面形成稳定的金属硫酸盐。在提升管反应器的还原气氛中，硫酸盐中的硫以H_2S的形式释放出来，作为硫黄回收装置的原料，进行硫的回收	该方法是最便宜的方法，不需要新的投资，但该方法也存在着只脱硫不除尘的弊病。由于环保的要求，对烟气中的含尘量也有要求，需增加烟气静电除尘设施等。研究表明，在原料油中硫含量在0.12%~0.5%范围时较为合适，而硫含量超过0.5%时没有较大的优势

尽管烟气脱硫技术存在着投资和操作费用过高问题，但这种技术途径具有脱除效率高、适用范围广等优点，因而得到了广泛应用。烟气脱硫技术(Flue Gas Desulfurization，FGD)在国外已发展多年，开发出200多种方法，其中不超过20种实现了工业化应用(蒋文举，2012；徐宝东，2012)。按脱硫产物是否回收分为抛弃法和再生回收法两大类，前者得到的脱硫产物未进行回收或无法回收，直接排放；后者得到的脱硫产物以硫酸、硫黄或硫铵等形式加以回收。按脱硫过程及产物的干湿形态分为湿法、半干法和干法三大类。

湿法烟气脱硫技术是以水溶液或浆液作为脱硫剂，生成的脱硫产物存在于水溶液或浆液中，产物为湿态。典型的湿法脱硫技术主要有：石灰石(石灰)-石膏法、氨法、双碱法、氧化镁法、亚硫酸钠循环吸收法(Wellman Lord，简称 W-L 法)、柠檬酸钠法、磷铵复肥法(PAFP)、海水脱硫等。燃煤工业锅炉烟气脱硫技术主要采用石灰石-石膏湿法脱硫技术，日本拥有 FGD 装置 1800 余套，95%采用此方法，而美国 92%以上采用此方法。干法主要有炉膛干粉喷射脱硫法、高能电子活化氧化法、荷电干粉喷射脱硫法(CDSI)。干法烟气脱硫工艺使用干粉作吸收剂，加入的吸收脱硫剂为干态，脱硫产物也为干态，具有无污水废酸排出、设备腐蚀小、烟气在净化过程中无明显温降、烟囱排气易扩散等优点。由于干法吸附剂是固体粉末或粒状物，吸附反应仅在固体表面进行，而内部反应时间长，要求具备大型吸附塔并使用大量吸附剂，造成吸附剂再生装置庞大，设备费用过高，从而脱硫费用较高，且不易得到 90%以上的脱硫率，这是干法的缺点。半干法烟气脱硫技术则使用湿吸收剂但做成干粉使用，以雾化的乳状吸收剂与烟气中的 SO_2反应，反应在气、液、固三相中进行，同时利用烟气自身的热量蒸发吸收液的水分，使最终产物为干粉状。典型的半干法脱硫技术为旋转喷雾干燥法(SDA)法和循环流化床(CFB)烟气脱硫工艺等，既具有湿法脱硫反应速度快、脱硫效率高的优点，又具有干法无污水废酸排出、脱硫后产物易于处理的好处，但存在着自动化要求比较高，吸收剂的用量难以控制，吸收剂利用效率低，消耗量比较大，吸收效率有待于提高等问题(蒋文举，2012；徐宝东，2012)。

湿法烟气脱硫工艺按吸收剂是否回收分为非再生湿法洗涤(抛弃法)工艺和再生湿法洗涤(回收法)。抛弃法即是将脱硫过程中形成的液体、固体产物废弃，需要连续不断地加入新鲜吸收剂的烟气脱硫方法。相对于再生湿法洗涤，抛弃法的优势在于一次性投资低，装置流程简单可靠，脱硫除尘同步完成，SO_2吨处理成本及能耗均较低。而抛弃法的主要缺点在于产生二次污染量较大。回收法的最大优势在于可将 SO_2进行回收和资源化利用，同时可大大减少液体、固体废弃物的排放量。相对于抛弃法，回收法为了不污染吸收剂，烟气的冷却除尘和溶剂脱硫一般要分开进行，同时还要考虑脱除溶剂中累积的热稳定盐，并且由于增加再生系统，相应地投资费用要高得多，同时流程更为复杂，装置能耗也相对较高。从经济角度考虑，当烟气中 SO_2浓度较低时，采用抛弃法较为经济；当烟气中 SO_2浓度较高时，由于可以回收 SO_2，因而采用回收法长期运行成本更低。据统计，1998 年全球电力行业采用烟气脱硫技术，86.8%是抛弃法，10.9%是干法，2.3%是回收法。无论采取何种烟气脱硫技术，其脱硫的反应化学基础是利用 SO_2既有氧化性，又有还原性，同时较多的盐类和碱类对其有吸附作用。在各种烟气脱硫技术中，SO_2将发生下列几种类型的反应中一种或几种：

(1) 与水和碱的反应

SO_2溶解于水的同时生成 H_2SO_3，此反应是可逆反应，只能存在于稀释的水溶液中，温度上升时反应向左移动。

$$SO_2 + H_2O \rightleftharpoons H_2SO_3 \tag{9-18}$$

SO_2不仅与可溶性碱及弱酸盐在水溶液中最容易反应，而且与难溶性碱和弱酸盐如 $Ca(OH)_2$、$CaCO_3$、$Mg(OH)_2$易于反应，此时首先生成亚硫酸盐，随后亚硫酸盐被碱中和。当碱过量时生成亚硫酸盐；SO_2过量时生成亚硫酸氢盐，如与 NaOH 反应：

$$2NaOH + SO_2 \longrightarrow Na_2SO_3 + H_2O \tag{9-19}$$

$$Na_2SO_3 + SO_2 + H_2O \longrightarrow 2Na_2HSO_3 \tag{9-20}$$

亚硫酸(H_2SO_3)和亚硫酸盐(Na_2SO_3)不稳定，能被空气中的氧逐渐氧化为硫酸(H_2SO_4)

和硫酸盐(Na_2SO_4)。

(2) 与氧化剂反应

气态 SO_2直接同 O_2生成 SO_3的反应进行得很慢，可利用催化剂加速此反应，在水介质中 SO_2经催化剂的作用被氧化得相当快，并生成 H_2SO_4。强氧化剂为 O_3、H_2O_2、HNO_3等。

$$SO_2 + 1/2\ O_2 + H_2O \longrightarrow H_2SO_4 \tag{9-21}$$

(3) 与还原剂的反应

在各种还原剂的作用下，可以还原成元素硫或 H_2S，常用的还原剂为氢气、CO、CH_4、碳(C)和金属(Me)，其发生化学反应如下：

$$SO_2 + 2H_2 \longrightarrow S + 2H_2O \tag{9-22}$$

$$SO_2 + 3H_2 \longrightarrow H_2S + 2H_2O \tag{9-23}$$

$$SO_2 + 2CO \longrightarrow S + 2CO_2 \tag{9-24}$$

$$2SO_2 + CH_4 \longrightarrow 2S + CO_2 + 2H_2O \tag{9-25}$$

$$SO_2 + C \longrightarrow S + CO_2 \tag{9-26}$$

$$SO_2 + 3Me \longrightarrow MeS + 2MeO \tag{9-27}$$

国内外锅炉烟气脱硫除尘治理技术应用较为广泛，技术成熟。由于 FCC 再生烟气与锅炉烟气特性有一定差异，因此锅炉烟气脱硫除尘技术尚不能直接应用于 FCC 再生烟气治理。FCC 再生烟气与锅炉烟气差异一是再生烟气排放量较小，且烟气中 SO_2总量及浓度较低，但受焦炭产率及其硫含量、再生器操作方式和催化剂类型等因素的影响，浓度波动反而较大；二是再生烟气含尘量高，特别是在装置流化失常时含量更高，烟气含尘量波动大，“吹灰”时再生烟气中含尘量可达 25g/Nm^3，且烟尘主要是催化剂细粉，硬度大，烟气治理装置的材料和设备的选择需特殊考虑。此外，在治理 FCC 再生烟气时，需考虑对上游设备运行情况的影响，如对催化裂化装置本身和余热锅炉的影响，就是说烟气脱硫设施的连续运行周期应与 FCC 装置相一致，达到 3 年以上，且运转期间不能出现短暂的停车。

FCC 再生烟气脱硫技术的选择首先必须满足国家污染物排放标准的要求，对于脱硫效率低于 90%的干法及半干法，其应用将受到限制；其次要考虑控制潜在的二次污染，例如吸收剂的制造、调配及熟化过程对周围环境的影响以及易获得性和易使用性，脱硫副产品无害化处置的可能性及其可利用性等等。此外，作为脱硫装置的长期使用者，要考虑工艺和设备的成熟程度，特别在防止腐蚀、结垢、堵塞等方面的技术手段，还要考虑烟气脱硫装置的投资和运行费用、装置占地的大小以及其他因素对催化裂化装置运行状况和烟气处理系统的影响。采用回收法时，则根据脱硫副产品的销售情况来确定。国外成熟 FCC 再生烟气处理技术均为湿式洗涤工艺，湿法洗涤技术分为非再生湿法洗涤(抛弃法)工艺和再生湿法洗涤(回收法)工艺两类。非再生湿法洗涤工艺是以 NaOH、$Mg(OH)_2$、Na_2CO_3、石灰水等水溶液作为吸收剂对再生烟气进行洗涤，吸收脱除烟气中的 SO_2，生成亚硫酸盐，吸收剂不再生。已工业化非再生湿法洗涤工艺有 DuPont-BELCO 公司的 EDV(Electro-dynamic venturei)技术和 ExxonMobil 公司的 WGS(Wet gas gcrubbing)技术，均使用碱性吸收剂(洗涤液)，在脱除 SO_x过程中需要消耗大量吸收剂，产生大量废水。还有国外开发的 VSS 湿法洗涤技术、动力波逆喷塔烟气脱硫技术和国内开发的双循环新型湍冲文丘里除尘脱硫技术。

EDV 湿法洗涤技术自 1994 年开始工业应用以来，已显示出其优异的操作性和可靠性，迄今国外已超过 80 套催化裂化装置、国内 20 多套催化裂化装置已采用或即将采用 EDV 湿法洗涤技术，最大的能力为 5Mt/a。EDV 系统是由烟气洗涤系统和排液处理系统两部分所组成的，关键设备为洗涤塔，洗涤塔内结构简单，系统压降小，除尘效率高，能耗较低，装置操作弹性大，可以在 50%~110%负荷下有效运行。洗涤塔采用模块化设计，内部结构近似空塔，即使出现操作工况波动，也不会产生堵塞情况。洗涤塔内部沿烟气流动方向依次分为急冷区、吸收区、滤清模块、水珠分离器和烟囱，其结构和洗涤工艺原则流程分别见图 9-8 和图 9-9(Weaver，2013)。吸收剂为 NaOH 或 $Mg(OH)_2$，SO_2脱除效率≥95%。EDV 湿法洗涤技术详细论述见本章第 4 节。

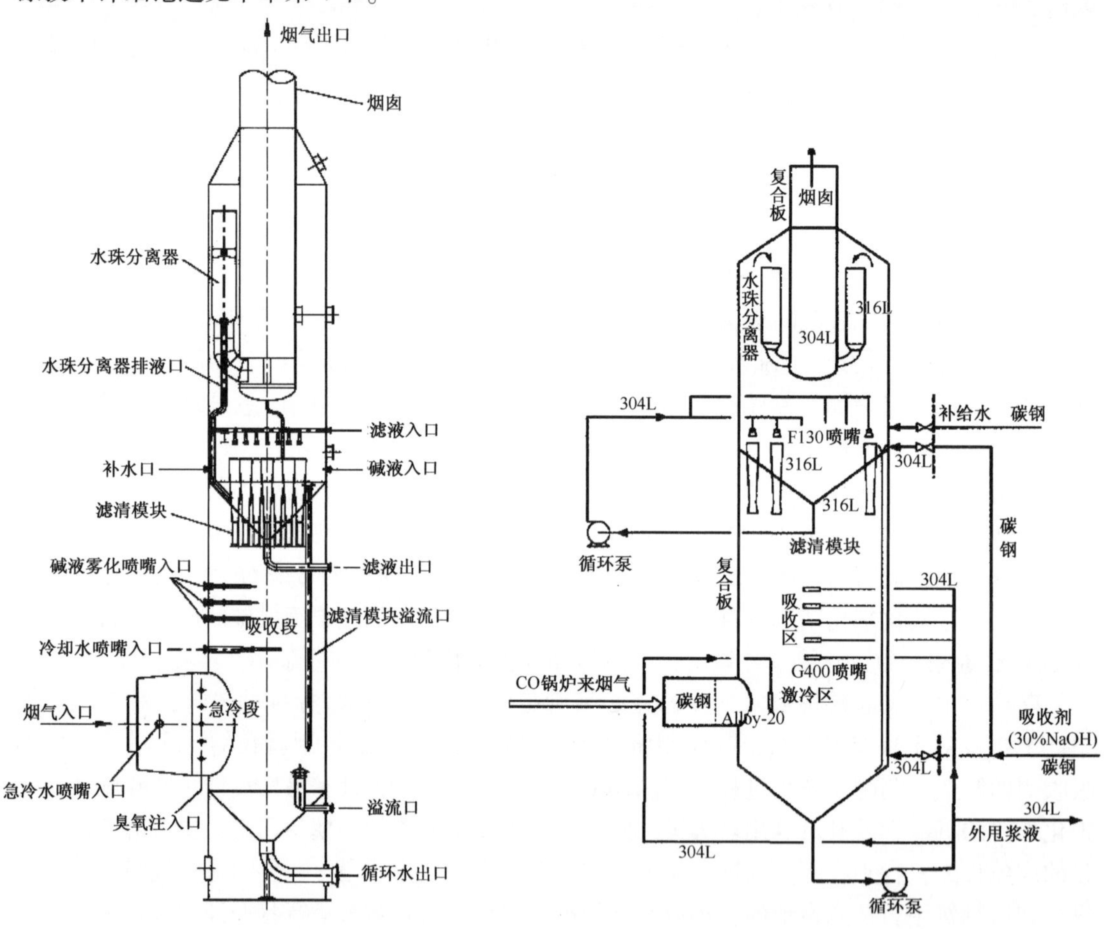

图 9-8　EDV 洗涤塔结构示意图　　　　图 9-9　EDV 洗涤工艺原则流程

WGS 湿法洗涤技术是 ExxonMobil 公司 20 世纪 70 年代开发的，1974 年首次进行工业应用。北美洲已建成 25 套 WGS 装置，其中美国 Baton Rouge 炼油厂两套 6.00Mt/a FCC 装置共用一套目前全球最大的 WGS 脱硫系统，中国台湾地区中油公司于 2002 年建成一套 WGS 装置，中国石油的炼油厂 FCC 装置上已应用或即将应用 WGS 脱硫系统。WGS 湿法洗涤系统是由湿式气体洗涤器(WGS)和净化处理单元(PTU)两部分所组成的(Cunic，1990)，关键设备为文丘里管和分离塔。早期采用喷射式文丘里管(JEV)，压降较大(10kPa)，以后改为高能式文丘里管(HEV)，压降较小(3~5kPa)，且效能更高。多股烟气经文丘里管喷水脱硫除尘后进入分离塔，脱硫烟气在分离塔内经丝网除雾后排入大气，分离塔内循环液注入苛性碱

(NaOH)或苏打碱性(Na_2CO_3)溶液作为吸收剂(洗涤液)以维持 pH 值，其洗涤原则流程和吸收原理见图 9-10。同 EDV 技术类似，WGS 技术可靠性较高、投资较低，而且稍作改动即可变为 WGS+技术，具有同时实现烟气脱硫和脱硝功能；其缺点同 EDV 技术相同，所排含盐污水难以处理。WGS 洗涤脱硫技术详细论述见本章第 4 节。

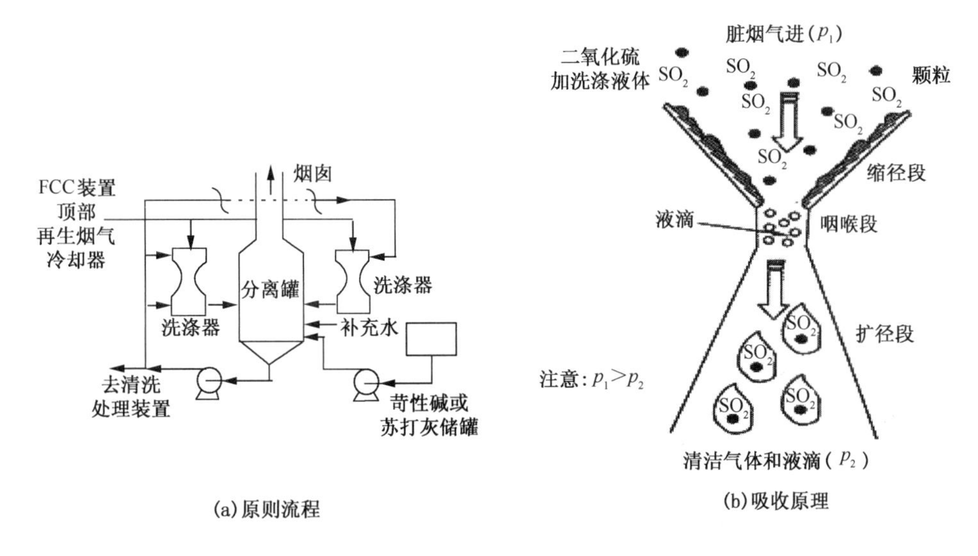

图 9-10 WGS 湿法洗涤原则流程和吸收原理

NORTON 工程公司(NEC)于 2001 年开发出 VSS 湿法洗涤工艺以处理 FCC 再生烟气。VSS 和 WGS 湿法洗涤工艺均采用文丘里管系统，前者只设有 1 个文丘里管，而后者则设有 2 个或 4 个文丘里管，因而 WGS 系统投资费用较大且操作复杂。VSS 湿法洗涤系统是由进气管道、文丘里管洗涤器、联接弯头、分离桶、烟囱和净化处理等部分组成的，其原则流程如图 9-11 所示，使用碱性溶液作为吸收剂。

烟气从进气管道出来之后，首先进入文丘里洗涤器，在此烟气和液体进行充分接触，除去烟气中的粉尘和 SO_x 等杂质。文丘里洗涤器有高能文丘里(HEV)和喷射式文丘里(JEV)两

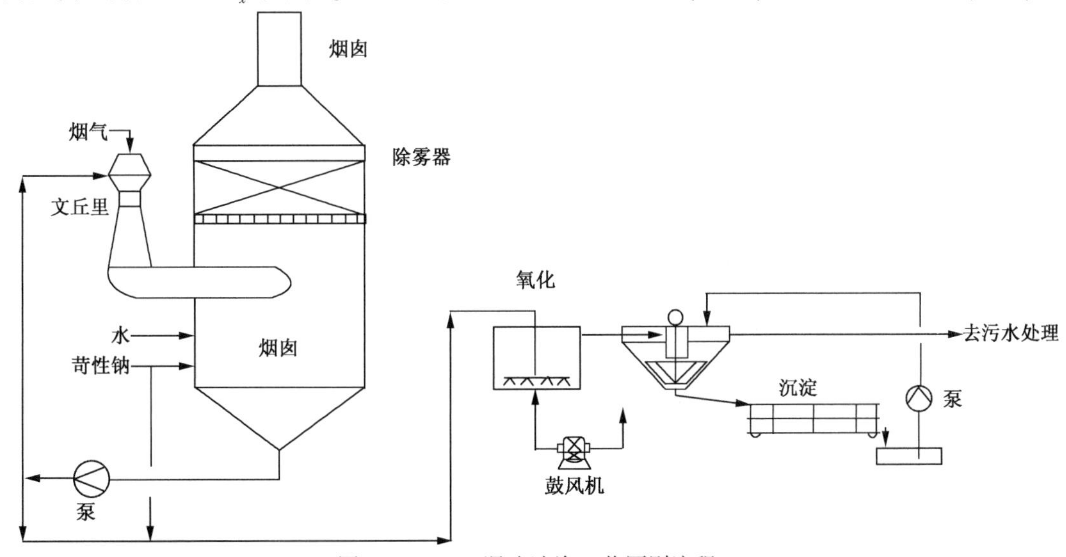

图 9-11 VSS 湿法洗涤工艺原则流程

种。烟气再经联接弯头进入分离桶，联接弯头是将向下流的气-液混合物输送到分离桶的装置。使用的是传统的“T”型溢流弯头，此联接弯头有助于液滴的凝结和合并，同时可以“缓冲”液滴撞击，降低对设备的腐蚀。离开联接弯头之后，气体进入分离桶。分离桶的主要作用是将干净气体从含有污染物的洗涤液中分离出来，它是一个包含部分内部器件的开放型容器，使液体回收最大化，同时降低了阻塞的可能性。分离桶的底部可以用来储存洗涤浆液，洗涤浆液的液位由补充水的流量控制。当 FCC 装置流化失常波动时，烟气中携带的粉末超标，分离桶中的洗涤浆液可以吸收所有的粉末，并保持系统正常运行。储存在分离桶底部的大量的洗涤液可以保证即使在补充水供应不足的情况下系统仍可以正常运行，或者保证在吸收剂(NaOH)供应出现异常或者烟气中硫含量激增的情况下，洗涤过程仍处于正常运行。当然分离桶中洗涤液液位要保持合理，从节省成本和增加系统稳定性两方面权衡考虑。分离桶的上部用来进行气-液分离，分离过程首先发生在进入分离桶的联接弯头部分，联接弯头进入分离桶的入口开在切线方向上，以通过离心力促进分离过程，入口处的速率确定既考虑可以保证良好的分离效率，又能最小化浆液的腐蚀作用；其次，经过分离桶入口后，旋转的气流和液体将会经过“烟囱托盘(Chimney tray)”，通过撞击烟囱托盘，将气体中的液滴除去，同时烟囱托盘可以消除气体气旋，使进入除雾栅格的气体能够均匀分布，从而提高系统可靠性和可操作性。最后，气液分离过程发生在规整填料，由于洗涤系统是一个非焦化过程，其结垢程度较低，通常不设清洗组件。如有特殊的要求时，也可以安装清洗组件。烟囱直接安装在分离桶的上方，根据洗涤液的氯化物含量，烟囱是由不锈钢或不锈钢包裹碳钢做成的。烟囱设计不带有任何的内部凸起部分，同时带有一个具有特殊出口冷凝物收集装置，用来减少冷凝夹带物和雨水进入烟囱。在某些天气寒冷或对审美要求较高的地点，某些组件如再加热和浆液冷却组件可以添加到系统中，用来防止结冰，减少可见烟柱。排出的洗涤液在澄清池中沉降，将其中催化剂颗粒沉淀，含有一定量液体的催化剂沉淀物经过滤脱水，固体物(催化剂)运出厂外填埋。澄清池分离的澄清液含有可溶解盐(主要是硫酸钠)，排到后处理设施(PTU)进行处理。从能耗、投资和运行成本来看，VSS 湿法洗涤技术比 EDV 具有明显的优势，而 EDV 湿法洗涤工艺在国内外有大量的应用业绩和丰富的运转经验。

DynaWave™动力波逆喷塔烟气脱硫技术是由美国 MECS 公司开发的，其工艺流程为将温度约200℃的 FCC 再生烟气直接从进料管的顶部进入动力波吸收塔，在进料管内部气液接触的位置持续不断地形成了一个强烈湍动的液膜泡沫区，利用泡沫区液体表面积大且迅速更新的特点，强化气液传质、传热过程，并将气体急冷至绝热饱和温度，SO_2也随之被吸收。当热的烟气进入进料管后，立即被自下而上的碱液急冷，温度降至 50~60℃，同时烟气中的催化剂粉尘也被洗涤下来，净化后的烟气通过捕沫器后排入烟囱。所收集的液体经循环泵返回动力波喷头，由它喷出的液体可以形成所需要的泡沫区。吸收剂为 NaOH，SO_2脱除效率≥95%。该技术特点具有操作简单、设备少，尾气的急冷、酸性气体和酸雾的脱除以及固体粉尘的脱除可在同一塔中完成，技术成熟可靠；由于采用大口径液体喷头设计，塔内无雾化、堵塞，运行稳定，系统控制简单；可以采用各种脱硫剂进行脱硫除尘，脱硫率在 95%以上；反应区/吸收区被限制在进料逆流喷塔中进行，减少了高等级合金钢的使用；在同一塔中将亚硫酸盐氧化为硫酸盐，减少了后续的处理设施数量；运行费用高，系统阻力降较大，需要增压风机(邵淑芬，2013)。

国内 FCC 再生烟气脱硫技术的研究相对来说起步较晚，但研究与开发相当迅速，已开发出几种非再生湿法洗涤工艺。中石化宁波工程公司和抚顺石油化工研究院联合开发出“双循环新型湍冲文丘里除尘脱硫技术”，采用了专有的文丘里组件和湍冲组件，以文丘里组件、湍冲组件以及高效双塔双循环烟气脱硫系统为核心，形成烟气分级处理、吸收液分级配置的烟气除尘脱硫工艺。该技术的基本原理是使两股气体或气液-颗粒或滴粒两相沿着同轴相向流动撞冲，由于惯性颗粒穿过撞击面渗向反向流，并来回做减幅振荡运动，结果为颗粒经历相向相对速度极高的条件并延长了在气流中停留的时间，这种方法对强化热、质传递过程非常有效。该技术关键是利用设计独特的喷头和合理的装置，从喷嘴口喷出的液体，由于在截面上不同位置而不同的自身旋转离心力的作用下，均匀呈辐射状扩散，由中向外封住逆喷塔筒体，并且使液体在微观上旋转翻腾，提高表面更新能力，同时与气体强烈湍冲接触，充分分散、乳化，有效地利用液相能量和气相能量，建立动态平衡的泡沫区。在泡沫区上游只有气体，没有液体；在泡沫区内，气体被分散在液体之中；在泡沫区下游，液体分散在气体之中，如图 9-12 所示。由于气体在泡沫区与极大的且迅速更新的液体表面湍冲接触，同时实现了颗粒捕集、反应吸收和气体急冷等作用，达到气体净化/处理的目的。该技术详细论述见本章第 4 节。

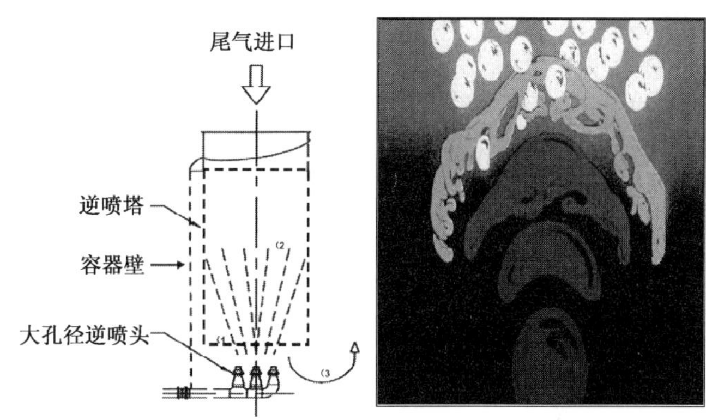

图 9-12　泡沫区的形成示意图

航天环境工程有限公司开发出一种 FCC 再生烟气脱硫技术，其流程为洗涤塔塔身下部设置烟气入口，塔身顶部设置烟气出口，塔身内自底部向上依次设置酸化段、气动脱硫段和除雾段等塔内件。酸化段由储液段及预处理喷淋段构成，预处理喷淋段由喷嘴和浆液管道组成且喷嘴分别安装在浆液管道的上部和下部。在酸化段和气动脱硫段之间的塔内壁上安装过烟管道和挡水板。气动脱硫段由气动脱硫单元并联组合段及布液层组成，在布液层上方的塔内壁上安装有过烟管道和挡水板。在该挡水板的上方为除雾段，包含与塔内壁相连的除雾器及除雾器冲洗段。该技术可以有效地克服除尘负荷过重、耗水量大的弊端，同时将酸化过程与脱硫过程有机地结合起来，是一种结构紧凑、运行高效的再生烟气脱硫技术。

中国石油大学(北京)提出了一种双循环文氏棒喷淋塔烟气脱硫除尘系统，在气液喷淋吸收塔内设置文丘里棒层，将文丘里棒与空塔喷淋技术有机结合，使文氏棒喷淋塔既具有喷淋空塔压降低(压降增加仅 100~200Pa)，也有填料塔气液分布好、鼓泡塔“液包气”传热传质推动力大、脱硫效率高的特点(孙国刚，2014)。文氏棒层实际上是在吸收塔内按一定间距排布、覆盖吸收塔横截面的圆棒或管排层。当烟气流经文丘里棒层时，一是使棒层后的烟气分布趋于均匀，使气液接触改善；二是通过棒层对喷淋下落液体的拦截和烟气举托，在棒层上表面形成高度湍动的液体薄层，使喷淋空塔中的“气包液”两相流态转变为“液包气”层的鼓泡传质，克服烟气“短路”，提高了脱硫除尘效率；同时由于气液流经文丘里棒层所产生的文丘里过流效应，强烈的气液湍动、冲刷，不但增加气液传质、提高吸收效果、降低操作液气比，还具有“自清洁”作用，显著降低吸收塔内结垢堵塞风险。在中海油某 FCC 装置上工业应用结果表明，当进口烟气中的 SO_2浓度在 1280mg/m^{3}左右时，在液气比约 1.2、脱硫塔压降不超过 1.2kPa 的条件下操作，出口烟气中 SO_2浓度为 18~90mg/m^3，烟气脱硫率 93.0%~98.5%；在达到同等脱硫率的情况下，脱硫浆液循环量明显低于其他湿法工艺(孙国刚，2014）。

可再生湿法洗涤工艺是采用可再生的吸收剂溶液对烟气中的 SO_2吸收，生成不稳定的盐类富吸收溶液，再对盐类富吸收溶液进行再生，再生后的吸收剂循环使用。再生释放出的 SO_2纯度大于 99%，既可作为炼油厂硫黄回收装置的原料生产硫黄，也可压缩后直接制成液体 SO_2产品。已工业化可再生湿法洗涤(回收法)工艺有 DuPont-BELCO 公司的 LABSORB 工艺和 Shell Global Solutions 公司的 CANSOLV 工艺，分别以无机缓冲液和有机缓冲液作为吸收剂。回收法烟气脱硫技术可通过吸收剂的再生和循环使用降低生产成本，减少废水排放(张德生，2014；汤红年，2012)。国内可再生湿法工艺有 LEPC 公司开发的 RASOC 脱硫技术和中石化燕山石化公司与北京七零一所合作开发的双碱法脱硫技术(DRG)。

LABSORB 工艺采用一种可再生的非有机药剂——磷酸钠溶液来吸收 SO_2，磷酸钠溶液在 EDV 洗涤器中循环，与烟气中 SO_2反应将其脱除，富含 SO_2的溶液送入再生系统再生。富含 SO_2的溶液先与再生后的贫溶液换热并用蒸汽进一步加热后送入双循环蒸发系统，通过两次加热、分离，蒸发后的水分和 SO_2再进入汽提塔，汽提塔顶设置冷凝装置，气体被冷凝液冷却，冷却后 SO_2浓度达到 90%，送到硫黄回收装置，汽提塔底排出的贫溶液返回洗涤系统。LABSORB 工艺的优点为烟气净化度高，溶剂为常规的化工原料($NaOH+H_2PO_4$)，价格便宜，热稳定性和化学稳定性好，年消耗量仅为开工用量的 2%。系统压降仅 180mmH_2O(1.77kPa)。缺点为流程较复杂，投资较高，操作较复杂。因 SO_2纯度仅为 90%，不能直接生产 SO_2成品，只能采用硫黄回收或生产硫酸的工艺处理，成本较高。与 EDV 工艺相比，该工艺操作费用低 35%，但投资为 EDV 工艺的 2.4 倍。

CANSOLV 再生脱硫工艺主要包括烟气预洗涤、吸收剂吸收 SO_2、吸收剂再生、吸收剂净化等单元，采用有机胺作为吸收剂，其工艺流程见图 9-13。自催化裂化装置来的高温再生烟气在预洗涤塔内与急冷水直接逆向接触，再生烟气被急冷并饱和，其中的大部分粉尘及部分强酸性气体被吸收。急冷水循环使用，少量急冷水作为废水排出，经沉降、中和处理后排入污水处理场集中处理或单独处理后排放。急冷后的烟气由吸收塔下部进入与贫胺液逆向接触，烟气中的 SO_2被胺液吸收，净化后的烟气由塔顶排入烟囱放空。吸收了 SO_2的富胺液由胺液泵打入贫富胺换热器与解吸后的贫胺液换热后，由再生塔上部进入，与再沸器产生的蒸汽逆向接触进

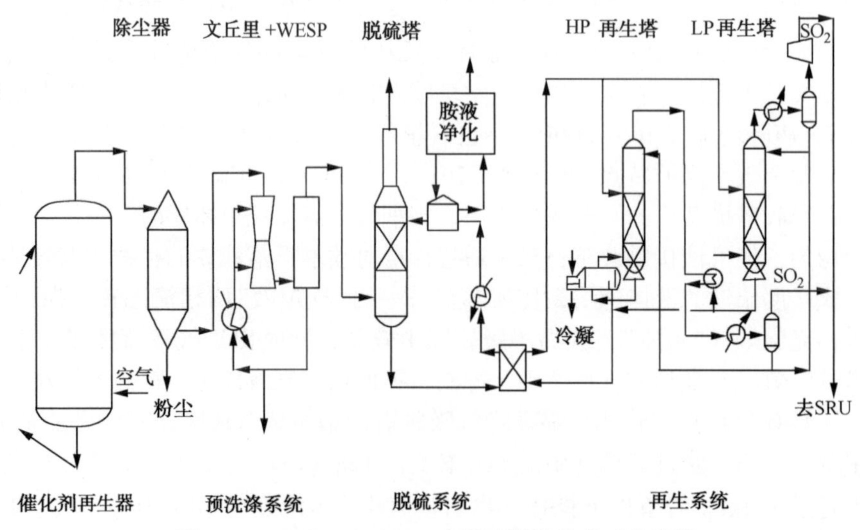

图 9-13 Shell-CANSOLV 有机胺脱硫技术工艺流程

行解吸再生。塔顶SO_2气体经冷却后进入汽液分离器，分离出的SO_2饱和气(干基纯度大于99.9%)送至硫黄回收装置生产硫黄；分离出的酸性液作为回流液经泵打回再生塔。塔底贫胺液经贫富胺换热器换热并进一步冷却后送至吸收塔循环使用。在贫胺液进吸收塔前，分流出少量的贫胺液送入胺液净化单元，对累积的颗粒物和热稳定性盐进行脱除。

CANSOLV工艺优点为烟气净化度高，溶剂热稳定性和化学稳定性好，年消耗量为开工用量的20%~30%，降低了运行费用。缺点为能耗较高，再生1t溶剂需要低压蒸汽200~300kg/h；系统压降大，对于固体含量在200mg/m^{3}的烟气，系统压降为550mmH_2O(5.40kPa)；投资较高。到目前为止，该工艺应用于FCC再生烟气脱硫的工程案例仅有两套，装置位于美国特拉华州炼油厂。

RASOC可再生湿法烟气脱硫技术是由中国石化洛阳石油化工工程公司开发的，采用专用LAS吸收剂，同时开发了与LAS吸收剂相适应的吸收-再生工艺，于2007年3月进行了再生烟气脱硫侧线试验，SO_2脱除率达95%以上。LAS吸收剂是一种特殊的双胺官能团的有机胺衍生物，具有吸附容量大、再生效果好、沸点高、蒸发损失小等特点。RASOC技术脱硫效率高、含盐污水排放少，尤其是不产生二次污染，可适用于FCC再生烟气脱硫及燃煤烟气净化处理。但由于工艺流程复杂、能耗高、投资大，一般适用于SO_2浓度较高(大于3000mg/m^3)烟气净化(汤红年，2012)。中国石化燕山分公司和北京七零一所合作开发的双碱法除尘脱硫工艺以石灰浆液作为主脱硫剂，钠碱反复循环利用。由于在吸收过程中以钠碱为吸收液，脱硫系统不会出现结垢等问题，运行安全可靠。由于钠碱吸收液和SO_2反应的速率比钙碱快很多，能在较小的液气比条件下，达到较高的SO_2脱除率。该工艺详细论述见本章第四节。

对于低硫烟气，采用EDV或WGS技术较为经济合理。当烟气中SO_x含量较高时，采用LABSORB溶液再生工艺或CANSOLV溶液再生工艺，进行碱液再生，获得可利用的较高纯度的SO_x气体。但石膏干燥处理过程较复杂，尤其烟气中SO_x含量高时，处理过程更复杂。几种湿法洗涤技术综合比较列于表9-15(张德生，2014)。

表9-15　湿法工艺技术综合比较

项　目	EDV	RASOC	LABSORB	CANSOLV
脱硫率/%	≥95	≥95	≥90	≥99
除尘率	满足要求	满足要求	满足要求	满足要求
吸收剂	碱性水溶液	有机胺衍生物	NaOH和H_3PO_4	有机胺
副产物及处理方式	可溶性废液氧化处理后COD≤600	≥95纯度SO_2送回收装置	≥90纯度SO_2送回收装置	≥99纯度SO_2送回收装置
烟气压降/kPa	<5	3~5	1.8~4.0	4.5
运转周期/a	>3	>3	>3	>3
化学药剂消耗量	大	较少	较少	较少
公用工程消耗	电耗大，SO_2浓度低时尤为突出	大	大	1t循环吸收剂消耗200~300kg低压蒸汽
当量操作费用/t(SO_2)	1	1	0.65	0.65~1.0
相对投资	1	1.8	2.4	2.0
烟气硫含量	低	高	高	高
工程业绩	超过100套	已完成工业侧线试验	约10套	2套FCC装置，25套其他装置

BELCO公司通过脱除成本分析对比，认为可依据以下三种情况选择不同的工艺流程：①焦炭硫含量低于0.5%，可采用预洗涤流程，只用少量苛性钠；②焦炭硫含量1%~3%时增设洗涤塔；③焦炭硫含量大于3%时，采用LABSORB流程（Gilman，1998）。BELCO估算的经济指标列于表9-16。

表9-16　几种EDV方案经济指标

项　目	NaOH法（不再生）	石灰法（不再生）	溶剂法（再生）
装置规模/（Mt/a）	3.75	2.95	3.75
原料硫含量/%	0.5	2.9	3.0
烧焦量/（t/h）	18.1	36.3	22.2
脱硫负荷/（kg/h）	679	795	1302
装置投资/百万美元	15.0	11.0	22.0
年直接操作费/百万美元（其中费用）	2.21（1.33）	3.26	1.76
每吨硫脱除成本/美元	1407	1209	408

（二）脱硝技术

待生催化剂上焦炭燃烧所产生的NO_x与其他燃料燃烧相同，在燃烧过程中生成的NO_x可分为三类：燃料型NO_x（fuel NO_x）、热力型NO_x（thermal NO_x）和瞬时型NO_x（prompt NO_x）。燃料型NO_x是燃料中固有的氮化物，经过复杂的化学反应所产生的氮氧化物；热力型NO_x是燃烧时空气中带进来的氮，在高温下与氧气反应生成的；瞬时型NO_x是空气中的N_2在火焰前沿的早期阶段，在碳氢化合物的参与影响下，经中间产物转化为NO_x。燃料燃烧时NO_x生成量主要影响因素为：燃料中氮化物的含量越高，“燃料型NO_x”生成就越多；火焰温度越高，“热力型NO_x”越易生成；燃烧区氧浓度越大，“燃料型NO_x”及“热力型NO_x”生成量都将增大；此外，NO_x的生成还与燃烧方式和燃烧装置形式有很大关系。三种类型NO_x对烟气中NO_x含量贡献量随燃烧温度的变化如图9-14所示。不同燃料燃烧时，三种类型NO_x量也不同，随着燃料中的氮含量增加，燃料型NO_x越来越占主要地位，煤燃烧时约75%~90%的NO_x来自燃料型NO_x。不同氮含量的燃料燃烧时，三种类型NO_x贡献率粗略对比如图9-15所示。

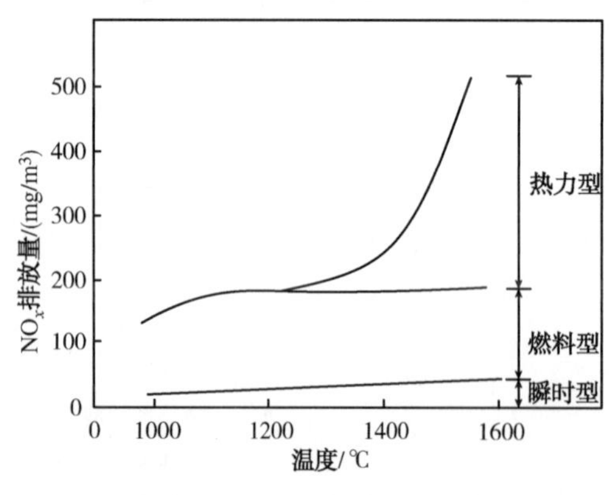

图9-14　燃烧过程中三种机制对NO_x排放的贡献

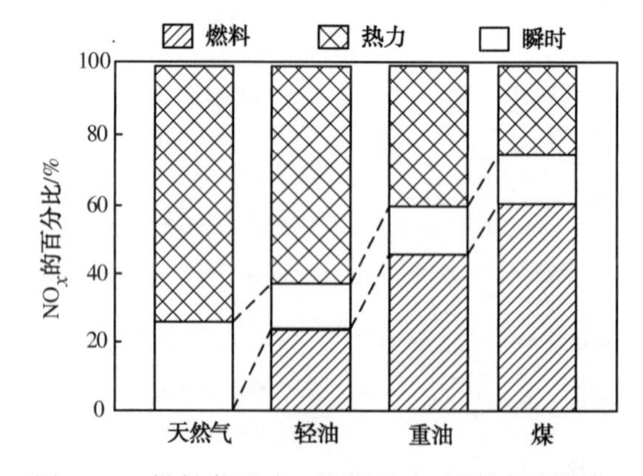

图9-15　燃料类型对三种类型NO_x贡献率的影响

对于催化裂化工艺，再生温度一般在700℃左右，CO锅炉的炉膛温度一般也仅有900℃左右，并非热力型NO_x生成的适宜温度。瞬时型NO_x的生成受温度影响较小，但其生成效率非常低，约在30g/GJ。因此，再生烟气中的NO_x主要来源于原料中的氮化物。原料中大约

50%的氮化物随待生催化剂进入再生器，进入再生器的氮大约有5%~20%被氧化成氮氧化物(大部分为NO)，其他转化为氮气。在待生催化剂烧焦时，大分子杂环化合物中的氮会转化为低相对分子质量的氮化物和一些自由基，如HCN、—CN、$—NH_2$等，然后又转化为NH_3，HCN和NH_3均为中间产物，在有氧气存在情况下，HCN和NH_3会被进一步氧化为氮气和氮氧化物。因此，在不完全再生情况下，烟气中会有HCN和NH_3存在，同时不完全再生存在的CO也促进氮氧化物进一步转化为氮气。较低的再生器密相床层温度不利于HCN和NH_3的转化。Pt基和非Pt基助燃剂均可以有效降低HCN的生成而将其转化为N_2或NO，HCN在Pt基助燃剂上主要转化为NO，而在非Pt基助燃剂上主要转化为N_2。再生烟气中NO_x量与再生方式、工艺参数(如过剩氧含量)以及CO焚烧炉燃烧状况和燃料气中的含氮化物关系密切，单段逆流再生器优于快速床再生器和旋转床再生器；在完全再生情况下，再生烟气中较多的过剩氧会产生相对较多的氮氧化物，但当烟气中的过剩氧含量超过一定量(一般为6%~7%)时，氮氧化物也不会再继续增加(胡敏，2014)。例如两套加工原料油性质相同的FCC装置，再生烟气中的NO_x浓度差别却很大，单段再生烟气中CO含量低、过剩氧含量高、密相床层温度低、CO助燃剂用量较多等因素，从而其烟气中NO_x含量高，其浓度为250~400 mg/Nm^3，而两段再生烟气中NO_x浓度为50mg/Nm^3以下。

通常，再生烟气中NO_x浓度约为100~1000mg/Nm^3，主要为NO和NO_2，其中NO约占NO_x总量的90%以上，而NO相对较稳定，因而NO脱除难度较大。脱除再生烟气中的NO_x，首先从催化裂化技术自身入手加以解决，其技术手段主要体现以下几方面：

① 烟气中NO_x含量的决定因素是原料中的氮含量，因此在合理的范围内降低原料中的氮含量可最有效地降低烟气中NO_x含量；

② 根据NO_x的反应机理可知，通过加注助剂可改变反应过程，因此使用助剂也是较好的降低氮氧化物措施；

③ 在能够满足生产要求情况下，要最小量地加入Pt基CO助燃剂；

④ 通过设计手段改善再生器床层烧焦状况也可以降低烟气中NO_x含量；

⑤ 优化和改进汽提段设计，使尽可能少的氮化物随待生催化剂进入再生器，也有利于降低烟气中的NO_x含量；

⑥ 再生器和余热锅炉需尽可能控制较低的过剩氧含量以降低烟气中的NO_x含量。

如果通过以上措施都无法降低烟气中的NO_x含量，可考虑采用烟气脱硝技术。烟气脱硝技术按照治理工艺分为干法和湿法，按照NO_x反应后产物分为还原法、氧化法和分解法，按照操作特点有气相反应法、液相吸收法、吸收法、液膜法和微生物法(蒋文举，2012)。

干法脱硝技术包括三类：第一类是选择性催化还原法、选择性非催化还原法和炽热碳还原法；第二类是电子束照射法和脉冲电晕等离子体法；第三类是低温常压等离子体分解法。选择性催化还原法(Selective Catalytic Reduction，SCR)是在催化剂的作用下，采用NH_3或尿素作为还原剂，喷入温度约300~420℃的烟气中，“有选择性”地与烟气中的NO_x反应，生成无毒无污染的N_2和H_2O。SCR的脱硝率可达90%以上，是众多脱硝技术中脱硝率最高的，已成为烟气脱硝比较成熟的主流技术。SCR工艺是由美国Engerhard公司于1959年提出专利构思，日本BHK公司则是最早研发SCR脱硝系统和催化剂的公司，1975年在日本Shimoneski电厂建立了第一个SCR系统的示范工程，其后SCR工艺得到了广泛应用(McRae，2004)。选择性非催化还原法(Selective Non-Catalytic Reduction，SNCR)是将含有NH_x基的还原剂喷入炉膛温度为800~1100℃的区域后，迅速热分解成NH_3和其他副产物，随后NH_3与烟气中的NO_x进行反应而生成N_2。还原剂常用氨或尿素，脱硝率为25%~40%，不需要使用催化剂。虽然SCR脱硝效率高，但占地面积大，投资和运行费用高；而SNCR占地面积小，工程造价低，将SCR/SNCR组合脱硝正好避免各自的缺点。

湿法脱硝法有碱液吸收法、酸吸收法，采用臭氧、高锰酸钾、ClO_2作为氧化剂的氧化吸收法、络合吸收法等工艺，还有液膜法和微生物法。湿法脱硝方法具有工艺及设备简单、投资少、能回收利用NO_x，缺点是净化效率不高，容易在溶液中形成硝酸或亚硝酸等污染物，而且费用较高。

无论采取何种烟气脱硝技术，其脱硝的反应化学基础是利用NO既有氧化性，又有还原性。利用氧化反应就是将NO转化为NO_2，用水吸收NO_2，再发生氧化反应，其反应式为：

$$2NO_2 + H_2O \rightleftharpoons HNO_3 + HNO_2 \tag{9-28}$$

HNO_2不稳定，受热立即分解：

$$3HNO_2 \rightleftharpoons HNO_3 + 2NO + HO_2 \tag{9-29}$$

有足够O_2存在时，NO又氧化为NO_2，被水吸收生成HNO_3。也可用Na_2CO_3、NaOH等吸收NO_2，例如：$2NO_2 + Na_2CO_3 \rightarrow NaNO_2 + NaNO_3 + CO_2\uparrow$

NO和NO_2均可在还原剂作用下，还原为N_2。还原剂为CH_4、NH_3、CO、H_2等，常用的还原剂为CH_4和NH_3，其发生化学反应如下：

$$CH_4 + 4NO_2 \longrightarrow 4NO + CO_2 + 2H_2O \tag{9-30}$$

$$CH_4 + 4NO \longrightarrow 2N_2 + CO_2 + 2H_2O \tag{9-31}$$

$$2NH_3 + 5NO_2 \longrightarrow 7NO + 3H_2O \tag{9-32}$$

$$4NH_3 + 6NO \longrightarrow 5N_2 + 6H_2O \tag{9-33}$$

在FCC再生烟气脱硝中已广泛应用的技术有臭氧氧化技术（LoTOx™）和选择性催化还原技术（SCR），而非选择性催化还原技术（SNCR）只能在再生器CO燃烧锅炉上使用，且CO燃烧锅炉温度处于SNCR技术要求的温度下限，也就是说，SNCR不是用于再生器CO燃烧锅炉脱硝的最佳技术（王刻文，2013）。BOC公司开发的LoTOx™（罗塔斯）技术意为低温氧化（Low Temperature Oxidation，LoTOx™），其工艺流程是将氧/臭氧混合气注入再生器烟道，注入的臭氧将不可溶的NO_x氧化成高价态的N_2O_3和N_2O_5，从而易溶于水，然后通过洗涤形成HNO_3，再用碱性水洗涤N_2O_5化合物成为硝酸盐，从洗涤塔中排出。臭氧由臭氧发生器直接生成，以喷嘴注入烟气中。由于LoTOx™技术是不用催化剂的低温氧化脱除烟气中的NO_x，因此，在LoTOx™工艺流程中不需像SNCR和SCR一样增高烟气的温度，同时不使用氨，从而避免了在下游热转换阶段出现硫酸铵/重硫酸铵的沉淀。LoTOx™技术可得到较高的NO_x脱除率，一般为70%~90%，甚至可达到95%，且在不同的NO_x浓度和NO、NO_2的比例下仍能保持较高的脱除率，这一点与SCR技术相当，而未与NO_x反应的O_3会在洗涤器内被除去，不存在类似SCR中氨气的泄漏问题。即使在SO_2和CO存在情况下，也不影响NO_x的去除。其缺点为臭氧发生是利用高压放电，将氧气转化为臭氧，其转化效率非常低。采用95%纯度的氧气作为原料，制得的产品中臭氧含量仅有10%左右，其余仍为氧气。理论上产生1kg臭氧约需0.8kW·h电能，实际上工业用臭氧发生器却消耗更多的电能，将部分过剩的电能转化为热能。为维持臭氧发生器温度，控制臭氧分解速度，需对臭氧发生器进行冷却，导致消耗更多的能量，造成运行成本较高，从而在一定程度上限制了臭氧法的应用。LoTOx™和SCR技术的反应化学、工艺流程和工业应用在本章第四节再作详细论述。

氧等离子注射技术(CONOx)将热氧喷枪置于再生器烟气出口烟道，喷枪注入经预热的氧气，以达到破坏CO和NO_x前驱物的作用，可降低再生烟气中的CO和NO_x含量。热氧喷枪射出的高速热氧含有高浓度自由基O、H和OH等，这些具有极高反应活性的自由基与烟气中的NH_3和HCN起反应，产生N_2，而不是生成NO_x，热氧喷枪的高速喷射导致氧气与烟气的快速剧烈混合和循环，有助于反应，也使氧气和烟气燃烧的高温产物在极短的时间和距离消散，见图9-16(胡敏，2014)。

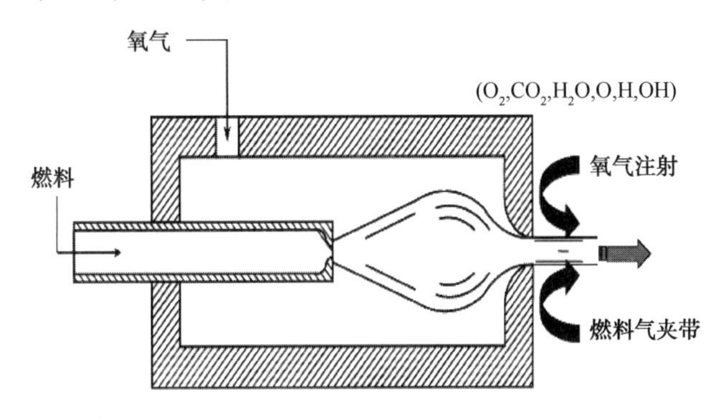

图9-16 $CONO_x$热氧喷枪示意图

选择FCC再生烟气脱硝工艺时，应综合考虑环保要求、能耗等多方面因素，并针对催化裂化装置的具体情况作出选择(尹卫萍，2012)。LoTOx™法、SCR法和CONOx法三种技术概略对比列于表9-17。在臭氧法与还原法烟气脱硝之间进行运行成本比较时，烟气中NO_x浓度高，NO_x中NO比例大，有利于选用还原法。SNCR法烟气脱硝运行成本较SCR法低，但SNCR法脱硝温度高，在催化裂化装置内仅CO锅炉炉膛温度可以满足温度下限要求，当催化裂化装置采用完全再生时，装置内无适宜的温度条件，SNCR法不宜使用。CONOx技术投资成本和操作费用低，占地要求小，对于老装置改动小，但只适用于不完全再生，并且NO_x脱除率只有40%~60%。对于高浓度NO_x再生烟气，需要配合其他技术才能达到排放要求。

表9-17 三种脱硝技术对比

技术方案	LoTOx™	SCR	CONOx
脱硝率	70%~90%	60%~90%	40%~60%
改造内容	臭氧发生器、洗涤塔激冷区的臭氧注射管及一些泵、管件、喷头等	新建脱硝剂制备储存站；改造蒸发段和省煤器部分锅炉本体烟道；在催化剂处需要增设吹灰器	橇装供气单元和CONOx喷枪
对锅炉运行经济性影响	对锅炉影响较小	系统压损有一定增加	可以降低CO锅炉燃料需求
对锅炉运行安全性影响	对锅炉安全性运行基本无影响	氨逃逸偏大时对省煤器易产生腐蚀、堵塞。要求改变尾部钢架结构，增加较大附加荷载	对锅炉安全性运行基本无影响

续表

技术方案	$LoTOx^{TM}$	SCR	CONOx
初期投资	很高	较高	低
运行费用	很高，其单台臭氧发生器耗电量达到 500kW 以上，冷却水耗达到 $200m^3/h$ 以上，需要纯氧。(15 元/$kgNO_x$)	较高，主要运行费用为还原剂、催化剂。(7.15 元/$kgNO_x$)	低
占地要求	很大	较大	很小
对环境的影响	含硝酸盐污水处理和排放。增加了废水中的总氮量	催化剂失活、氨逃逸	对环境无影响
适用范围	不完全再生和完全再生均适用	不完全再生和完全再生均适用	只适用于不完全再生

(三)烟气同时脱硫脱硝技术现状

烟气同时脱硫脱硝技术是将烟气脱硫、脱硝技术合并在同一工艺过程中以达到同时脱除烟气中 SO_x 和 NO_x，这样不但减少了装置数量，而且降低了成本，节省操作费用。脱硫脱硝一体化技术可分为联合脱硫脱硝(Combined SO_2/NO_x Removal)技术和同时脱硫脱硝(Simultaneous SO_2/NO_x Removal)技术(蒋文举，2012)。二者的差异在于能否只用一种反应器并在不添加 NH_3 的条件下直接达到脱除的目的。联合脱硫脱硝技术实质上还是将两种独立的脱除 SO_x 和 NO_x 工艺过程串联组合起来以实现同时脱除硫硝目的，而同时脱硫脱硝技术指在同一反应器内同时脱除硫氮，它比单独脱硫、脱氮节约成本 10%～30%。和烟气脱硫或脱硝技术一样，同时脱除硫氮技术也可分为湿法(Kobayashi，1977；岑超平，2005)、半干法、干法三类(利锋，2004；高巨宝，2006；Zawadzki，2007；谢国勇，2004)。脱硫脱硝一体化技术有活性炭吸附、固相吸附/再生、气固催化(WSA-SNOX，DESONOX、SNRB 和 CFB)、吸收剂喷射、氯酸氧化、脉冲电晕放电等等。SNOX(Sulfur and NO_x abatement)联合脱硫脱硝技术是由丹麦 Haldor Topsor 公司开发的，将烟气中 SO_2 氧化为 SO_3 后制成硫酸回收，并用选择性催化还原法去除 NO_x，可脱除 95%的 SO_2、90%的 NO_x 和几乎所有的颗粒物。WSA(Wet scrubbing additive for NO_x removal)-SNOX 技术是采用湿式洗涤脱除 NO_x，烟气先经过 SCR 反应器，NO_x 被氨气还原成 N_2，随后进入转换器，将 SO_2 催化氧化为 SO_3，在降膜冷凝后得到硫酸(蒋文举，2012)。

FCC 再生烟气同时脱硫脱氮技术有 EDV 或 WGS 湿法与 $LoTOx^{TM}$ 联合，或者 SCR 法与 EDV 或 WGS 联合。由于 $LoTOx^{TM}$ 技术甚至可以处理低于 148.9℃的烟气，在湿洗系统的饱和温度下操作非常有效，与 EDV 或 WGS 湿法脱硫技术组合，互不干扰且相得益彰，可以同时脱除烟气中的 NO_x、SO_x 和颗粒物，形成一套完整的烟气净化技术(Sexton，2004)，不仅适用于新建 FCC 装置，也可用于既有 EDV 系统的改造，能节约投资和操作费用。FCC 再生烟气同时脱硫脱氮技术在本章第四节再作详细论述。

国内中国石化工程建设公司(SEI)与 Lextran 公司合作开发的同时脱硫、脱硝、脱重金属的一体化再生烟气处理技术，采用独特分子结构的有机催化剂，使不稳定的 H_2SO_3 不发生可逆反应以实现稳定状态，同时再促进稳定的 H_2SO_3 与空气中的氧气进行正向氧化反应，生成稳定的 H_2SO_4，然后与有机催化剂自动分离。而分离出催化剂可以继续去捕捉并稳定下一个 H_2SO_3。分离开的 H_2SO_4 与脱硫塔浆液池的混合液(含有碱性溶液，如 $NH_3 \cdot H_2O$)进行酸碱中和，生成稳定的$(NH_4)_2SO_4$溶液。由此带来了两大好处：①有效解决了氧化问题，实现了先氧化后酸碱中和，保证了脱硫效率和副产品的品质；②由于有机催化剂中的脱硫有效分子片段数量数十倍于需要脱除的SO_2量，对硫含量高的烟气具有显著的脱除效果。脱NO_x原理与脱SO_x原理相类似，当加入强氧化剂时，NO转化为易溶于水的高价氮氧化物（如HNO_2），有机催化剂中的硫氧基团与HNO_2结合成稳定络合物，有效抑制了不稳定的HNO_2分解，减少NO再次释放，并促进HNO_2持续氧化生成HNO_3，随之即与催化剂分离。HNO_3与加入的碱性溶液（如$NH_3·H_2O$）进行酸碱中和反应，生成NH_4NO_3。专用的有机催化剂不仅具有对SO_2、NO等酸性气体的强烈捕捉能力，促进正向氧化反应，同时还对汞等重金属具有极强的物理吸附作用，可持续地对烟气中微量汞等重金属进行吸附、收集。当催化剂吸收重金属饱和后，可再进行在线分离（化学的方法进行洗涤，并回收重金属及有机催化剂）。重金属（汞、铅、铬等）的存在不影响有机催化剂的脱硫能力。

该工艺流程包括余热锅炉出口烟气系统、烟气电除尘系统、粉尘收集输送系统、烟气脱硫脱硝系统、脱硝氧化系统、循环吸收系统、氨水制备和供给系统、粉尘分离和有机催化剂回收系统、工艺水系统、化肥处理系统和控制系统等，其工艺流程见图9-17。脱硫塔（吸收塔）内设三层喷淋、塔顶设有二级除雾器，塔上配有直排烟囱，塔内装有机液体催化剂。SO_2、NO_x在吸收塔内通过催化剂的作用被氧化和脱除，硫铵和硝铵盐液也在吸收塔内生成。在吸收塔中，SO_x、NO_x和重金属可以同时脱除，得到的是硫酸铵和硝酸铵复合化肥。

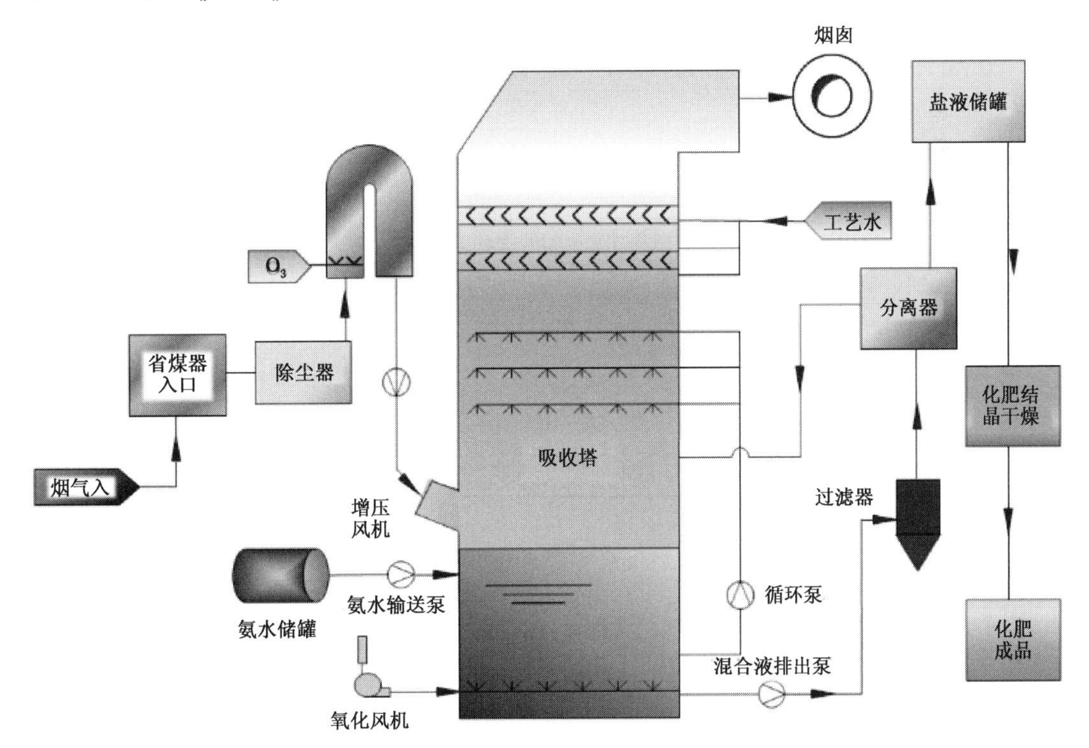

图9-17　脱硫、脱硝、脱重金属的一体化再生烟气处理技术工艺流程

三、粉尘治理

再生烟气的排放量较大，1. 40Mt/a FCC 装置的再生烟气排放量大约为 150000Nm^3/h，而 3. 50Mt/a FCC 装置的再生烟气排放量高达 500000Nm^3/h，催化剂在流化输送过程中因磨损而产生细颗粒物被再生烟气夹带排入大气中。因此，再生烟气是炼厂最主要的颗粒物排放源，排放的颗粒物占全厂颗粒物排放量的 60% ~70% 左右，颗粒物除了硅铝催化剂细粉以外，还有原料油中重金属(如镍和钒等)沉积其上，随颗粒物一起排放到大气中。排放的颗粒物基本上属于可吸入颗粒物，其中重金属颗粒物对人体健康危害更大，因此需要规定重金属的排放限值。再生烟气经一、二级旋风分离器回收大部分催化剂后，再经设在再生器外的第三级旋风分离器除去大粒径的颗粒物，以保护烟气轮机的叶片长周期运转，然后进入烟气能量回收系统，最后排放到大气中，此时再生烟气所夹带的颗粒物大部分属于细颗粒物，其中 70% 以上粒径小于 10μm，如表 9-18 所列(尹士武，2013)。

表 9-18　FCC 装置三旋除尘器后再生烟气粉尘各粒度浓度及分布

粒径(d_{50})/μm	P/%	浓度范围/(mg/m^3)	浓度均值/(mg/m^3)
1	5. 0~5. 5	5. 0~12. 1	9. 9
2. 5	17. 3~22. 8	20. 9~50. 3	37. 1
5	46. 1~47. 5	42. 3~101. 7	73. 95
10	54. 7~70. 9	65. 1~156. 4	116. 4
100	94. 4~99. 7	91. 5~219. 9	183. 2

随着国内有关细颗粒物排放标准的日趋严格，催化裂化装置再生烟气的颗粒物治理技术也面临着升级换代的要求。常规的再生烟气经第三级旋风分离除尘后排放的方法已不能适应日益严格的排放标准要求。国内再生烟气要求烟尘浓度排放限值为 120mg/m^3，处于较高的排放水平，难以满足未来排放要求。国外催化裂化再生烟气中颗粒物和重金属排放的限值列于表 9-19。2012 年中国石化 FCC 装置加工能力约为 70Mt/a，再生烟气排放量约为 7. 5 × 10^{6}Nm^3，烟尘量约为 650t，烟尘浓度 50~275mg/m^3，平均 89mg/m^3，烟尘平均排放浓度大于 100mg/m^{3}的装置占 52%(尹士武，2013)。

表 9-19　国外有关催化裂化再生烟气中颗粒物和重金属排放的限值

国家/组织	颗粒物/(mg/m^3)	Ni/(mg/m^3)	V/(mg/m^3)
Word Bank	50	2	
IFC	50	1	5
USA	0. 5 或 1. 0mg/kg 烧焦量(~37 或 75mg/m^3)新改扩或现有		
EU	50		
德国	<0. 5kg/h 150；>0. 5kg/h 50	1	5
奥地利	50	1	5

2013 年前国内的 FCC 再生烟气颗粒物治理主要是采用多级旋风除尘器，随着湿法洗涤脱硫除尘设备投入使用，再生烟气中颗粒物的排放将低于排放标准的限值。国外再生烟气颗粒物控制技术主要采用多级旋风除尘器、静电除尘器、反吹式陶瓷或烧结金属过滤器和湿法洗涤器，下面分别论述。

1. 多级旋风除尘器

在催化裂化反再系统中，设置一、二级旋风分离器，主要用来分离烟气与催化剂或油气与催化剂，主要形式详见第五章。第三级旋风分离器(TSS)的作用是将再生器顶部出来的高温烟气进一步净化，减少催化剂微粒对烟机的冲蚀磨损，延长烟机的操作寿命，同时减少颗粒物对大气的排放。第三级旋风分离器分为立管式和卧管式两种，分离单管是第三级旋风分离器的核心部分，其性能对分离效果具有决定性作用，分离单管有 EPVC 系列、VER 系列和 PDC 型、PSC 型、PST 型及蝶式等，详见第五章。经第三级旋风除尘器后烟气中颗粒物浓度一般为 50~100mg/Nm^3，大于 10μm 的催化剂颗粒基本除尽，同时可以确保烟机的操作寿命在 3 年以上。由于旋风分离器不能有效去除小粒径的颗粒物，去除效果一般在 75%左右，排放的颗粒物难以满足环境空气质量标准(GB 3095—2012)要求。

ExxonMobil 与 KBR 开发的 Cyclofines™第三级旋风分离器，采用常规的四级旋风除尘方案，去除效率达到 90%~91%，出口颗粒物浓度 10~20mg/Nm^3，对粒径大于 5 μm 的颗粒物捕集率达到 100%(Niccum，2002)。

2. 静电除尘器(ESP)

静电除尘器通常安装在烟气冷却系统和烟囱之间，适宜的温度范围为 200~400℃左右，由于较高的可靠性和投资的合理性，在催化裂化装置得到了广泛的应用。静电除尘器包括荷电、集尘和除尘三个过程，主要的设备有放电极、集尘板、电磁脉冲振打机构、高压变压器系统和收尘料斗或筒仓等。

静电除尘器用于催化裂化装置的原则流程见图 9-18。静电除尘器的操作过程先是利用放电电极对颗粒施加电荷，然后利用集尘板收集粉尘，最后卸料。因催化裂化催化剂电阻大，随着温度升高，颗粒更容易接受电荷，所以必须控制温度不低于 150℃，否则表面传导机制不利于接受电荷。烟气中 SO_x、NO_x以及水蒸气和氨分子很容易吸收电荷，因此通常在静电除尘器上游注入水或氨以提高除尘效率。静电除尘器的去除效率与烟气的停留时间，颗粒物的电阻系数、粒径、电场强度、烟气温度、水分含量等有关。收到集尘板上的颗粒物经振打靠重力掉入下面的料斗，再经重力、螺旋或气力输送系统运走。出于安全考虑，静电除尘器采取了一系列的安全措施，如箱体内正压保护、除尘器入口 CO 浓度和氧浓度的检测以及联锁切断电源的自动控制系统等。

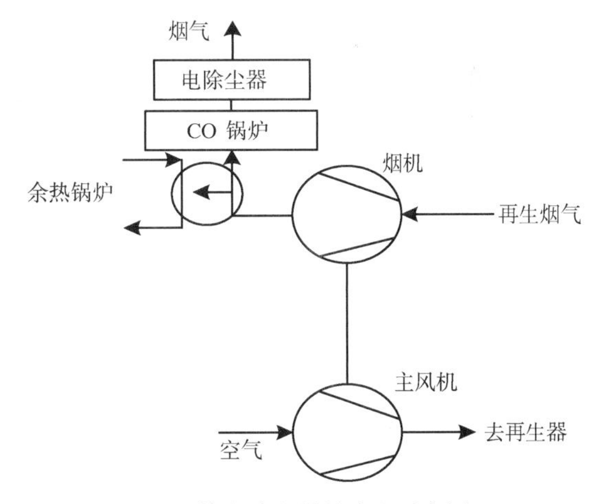

图 9-18 静电除尘器的流程示意图

静电除尘器产生较低的压降和电力消耗，去除效率通常大于 90%，颗粒物排放浓度可以达到 20~30mg/Nm^3，在 CO 锅炉吹灰的情况下也可达到低于 50mg/Nm^3，镍、锑、钒等总重金属的含量低于 1mg/Nm^3，镍的含量可降低到 0.3mg/Nm^3。欧洲 22 家炼油厂中有 17 套催化裂化装置采用了 Hamon 公司开发的 HiR 静电除尘技术，可满足再生烟气中颗粒物和重金属排放限值的要求(尹士武，2013)。

3. 反吹式陶瓷或烧结金属过滤器

反吹式陶瓷或烧结金属过滤器是一种更为复杂的系统，可以取得比三旋或静电除尘器更高的除尘效率，出口浓度可以达到1~10mg/m^3，能够有效地处理细颗粒物，并能适应开工或生产的波动工况，但一次投资较高。Pall 和 Bekaert 公司是全球领先的金属过滤介质的供应商，提供在线反吹的气固分离解决方案。在炼油行业主要应用于催化裂化装置的催化剂回收，安装于催化剂罐顶部或代替第四级旋风分离器。Bekaert 公司过滤器在中国石油某 FCC 装置应用结果表明，将过滤器安装在三旋出口与烟机之间，过滤器进口的颗粒物浓度为86~100mg/m^3，中位粒径2.37μm，出口颗粒物浓度为0.7~1.2mg/m^3，中位粒径0.75μm，去除效率为98.6%~99.18%，同时降低了对余热锅炉和烟机等下游设备的磨损。

反吹式陶瓷过滤器的投资费用与烟气温度和处理的气体量有关，当烟气温度低于450℃时，三级过滤器投资费用约为80美元/m^3；当烟气温度为450~750℃时，三级过滤器投资费用约为210美元/m^3，而四级过滤器的投资费用约为260美元/m^3。

4. 湿法洗涤器

湿法洗涤器的投资和操作费用均较高，废水需要处理。如果将烟气除尘和脱硫脱硝一体化处理，一般倾向于湿法除尘。湿法除尘的去除效率约90%~98%，颗粒物排放浓度在30~60mg/m^3。

为治理再生烟气的颗粒物污染，首先采用耐磨催化剂，对原料进行预加氢处理，其次采取末端治理技术，如多级旋风分离器、静电除尘器、反吹式过滤器和湿法洗涤器，可以选择一种或多种技术的组合应用。采用哪种技术应视具体情况加以分析，主要考虑因素有：烟气量、温度、烟气组成、颗粒物的粒径分布、排放标准、投资、占地等多个因素。静电除尘器和湿法洗涤器两种技术各种费用详细比较列于表9-20(Weaver，1999)。

表9-20　静电除尘器和湿法洗涤除尘经济对比(2.5Mt/a FCCU)　　千美元

项　目	静电除尘器	湿法除尘设施	项　目	静电除尘器	湿法除尘设施
投资	3500	4500	年污水处理费用	0	25
年投资回收费用	460	559	年固体处置费用	35	70
年电力与人工费用	70	57	年维修费用	70	90
年新鲜水费用	0	5	年总成本	635	839

四、水污染的防治

催化裂化所加工重质馏分油或渣油原料含有较多的硫化物、氮化物、氧化物和重金属，在催化反应过程中这些物质大部分转移到产品和催化剂中，部分随水、烟气和催化剂粉尘排放到周围环境中，造成污染。据调查，催化裂化装置加工每吨原料油排出污水0.2~0.6t。污水中含有较高浓度的硫化物、挥发酚、氰化物。这些污染物的污染源如下：

硫化物主要来自分馏塔顶油水分离器切水和富气洗涤水，有些液化气切水中含硫化物也很多，硫化物浓度为800~1500mg/L。加工每吨原料排出硫污染物总量为200g(胜利原油)。酚主要来自催化分馏塔顶油水分离器切水，酚的浓度大致为300~400mg/L。氰化物主要来自分馏塔顶油水分离器切水和富气洗涤水。每加工1t原料油，COD值约为1kg左右。分馏塔顶油水分离器切水及富气洗涤水占全装置COD值的60%以上。许多排污口的COD值都在

2000~4000mg/L 之间。国内某些装置的污染源和污染物量见表 9-21(石油工业部计划司,1985)。国外某加工含硫原油炼油厂的催化裂化装置的污水水质见表 9-22。

表 9-21 国内某些催化装置加工每吨原料油所排出的污染物量 g/t

项 目	污染源位置	原油种类		
		南阳油	胜利油	大庆-任丘混合油
油含量	分馏塔顶油水分离罐切水	2. 38	86. 85	0. 79
	气压机出口切水	0. 42	22. 4	0. 97
	液态烃罐切水	0. 08		0. 19
	汽油水洗水	22. 12	16. 03	0. 03
	机泵冷却水		31. 30	77. 45
硫化物	分馏塔顶油水分离罐切水	145. 13	93. 96	18. 77
	气压机出口切水	34. 29	97. 89	34. 96
	液态烃罐切水	16. 22		17. 46
	汽油水洗水	15. 04	0. 26	0. 0044
	机泵冷却水		0. 056	0. 17
挥发酚	分馏塔顶油水分离罐切水	14. 13	42. 11	25. 4
	气压机出口切水	5. 29	15. 78	2. 99
	液态烃罐切水	0. 65		0. 33
	汽油水洗水	35. 20	5. 46	0. 5
	机泵冷却水		0. 012	1. 21
氰化物	分馏塔顶油水分离罐切水	6. 15	2. 26	0. 91
	气压机出口切水	2. 80	3. 11	4. 35
	液态烃罐切水	0. 93		1. 51
	汽油水洗水	0. 95	0. 2533	0. 0086
	机泵冷却水		0. 00017	0. 0069
COD	分馏塔顶油水分离罐切水	339. 63	759. 78	105
	气压机出口切水	68. 46	327. 67	69. 91
	液态烃罐切水	24. 38		39. 6
	汽油水洗水	667. 83	215. 39	1. 50
	机泵冷却水		9. 35	14. 16
pH 值	分馏塔顶油水分离罐切水	8. 7	8. 6	8. 5
	气压机出口切水		7. 24	
	液态烃罐切水	8. 4		8. 3
	汽油水洗水	10. 75	8. 75	7. 0
	机泵冷却水	9. 1	8. 45	9. 1

表 9-22 国外催化裂化装置的含硫水水质

加工原料油	VGO	HTVGO	HTVGO	HTVGO	HTVGO +AR	HTVGO +AR/VR	HTAR
密度/(g/cm^3)	0. 8968	0. 8850	0. 8680	0. 8918	0. 8928	0. 9077	0. 8719
原料硫含量/%	0. 80	0. 23	0. 21	0. 10	0. 15	0. 82	0. 30

续表

加工原料油	VGO	HTVGO	HTVGO	HTVGO	HTVGO +AR	HTVGO +AR/VR	HTAR
污水量/(m^3/m^3)	0.086	0.081	0.10	0.10	0.091		
污水 pH 值	8.7	9.3		9.0	9.0		
硫含量/(μg/g)	2700	990	400	1400	1600	2000	400
氨含量/(μg/g)	1900	900	1000	1500	3000	800	3000
酚含量/(μg/g)	160	65	300	120	120	120	350
氰含量/(μg/g)	57	2	50	40	40	50	40

（一）含硫污水治理

含硫污水的治理，一般都是在密闭输送的前提下，按图 9-19 所示流程进行。

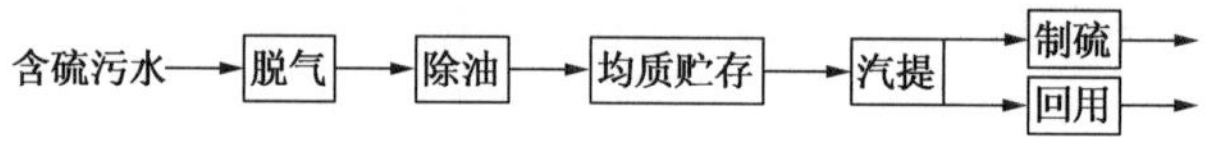

含硫污水→脱气→除油→均质贮存→汽提→制硫 / 回用

图 9-19　含硫污水治理原则流程

目前处理含硫污水的汽提工艺，主要有单塔常压汽提(图 9-20)、单塔加压汽提(图 9-21)、单塔有侧线加压汽提(图 9-22)和双塔加压汽提(图 9-23)等多种，其典型的操作参数见表 9-23(Goelzer，1993)。

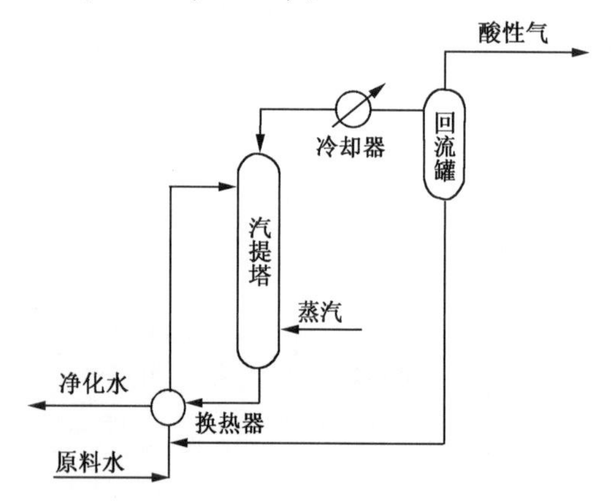

图 9-20　单塔常压汽提原则流程

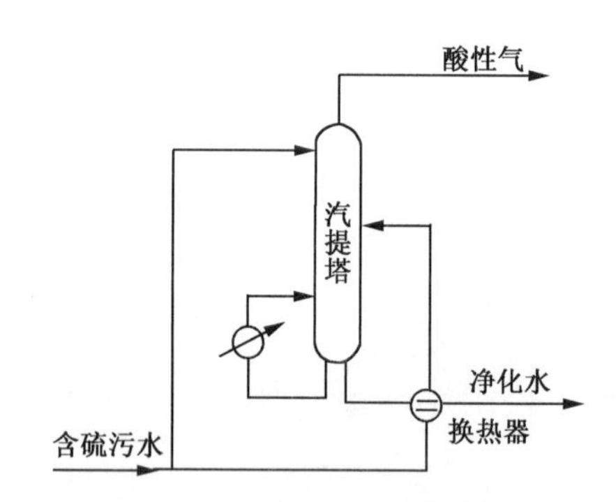

图 9-21　单塔加压汽提原则流程

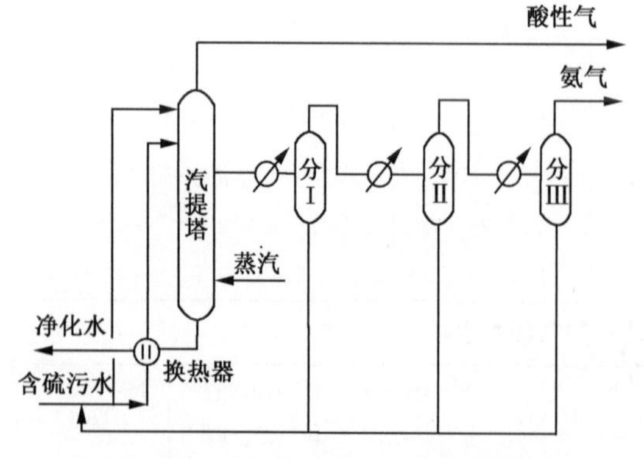

图 9-22　单塔有侧线汽提原则流程

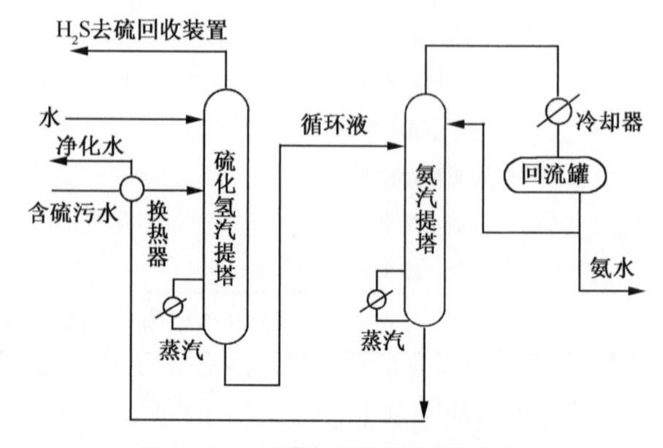

图 9-23　双塔加压汽提原则流程

表 9-23　汽提工艺典型操作参数

操作参数	单塔常压汽提	单塔加压汽提	单塔有侧线加压汽提	双塔加压汽提
汽提塔				
塔顶压力/MPa	0.05~0.06	0.3~0.4	0.4~0.5	
塔顶温度/℃	100~110	40~60	30~60	
硫化氢汽提塔				
塔顶压力/MPa				0.9~1.0
塔顶温度/℃				30~40
氨汽提塔				
塔顶压力/MPa				0.3~0.4
塔顶温度/℃				100~120
原料水/(mg/L)				
H_2S	1000~2000	2000~3000	1000~2600	1500~3000
NH_3	1000~2500	1000~1200	1000~4000	2000~4000
净化水/(mg/L)				
H_2S	20~100	100~150	30~60	10~80
NH_3	30~250	350~550	100~300	100~200
蒸汽耗量/(kg/t)	100~200	50~100	100~200	200~400

选择汽提工艺流程应根据含硫污水的水质、水量及回收产品的要求而定，一般可作如下选择：

① 对于氨含量低、无回收价值的含硫污水，如果炼油厂有硫回收装置，宜采用单塔汽提。常压汽提与加压汽提相比，前者汽提蒸汽用量增加，但净化水质较好，便于污水回用。

② 当污水中硫化氢、氨的含量为 1000~4000mg/L，而又需要回收氨时，宜采用单塔有侧线加压汽提。

③ 对于高浓度含硫污水可采用双塔加压汽提。

(二) 含酚、氰污水治理

含硫污水中除了 NH_3、H_2S 和 CO_2 等无机物外，还有酚、氰和环烷酸等有机物，后者的含量视原料油和催化剂性质而异，一般在 40~350mg/L 以内。当污水经蒸汽汽提后，上述有机物仍残留在废水中，在排入全厂污水处理场前，可以采用专门的污水预处理方法脱除。脱酚可采用 Exxon 公司和 Howe-Baker 公司开发的 Phenex 工艺，将高芳烃含量的催化裂化柴油和汽提后的含硫污水按生产比例经混合阀混合后进入电沉降器，在 30kV 左右的直流电场中分层，有 90%以上的酚和 50%以上的氰溶解于柴油中。该柴油馏分可直接作为 2 号燃料油或 6 号燃料油的调合组分；如用作柴油组分则要进一步加氢精制，含酚柴油贮罐要用惰性气保护。日本千叶炼油厂催化裂化装置油气分离器的排水中含酚约 33μg/g，为了减少污水处理场的负荷，保证净化水的酚含量在规定值内，该厂采用了含酚污水经单塔汽提后作为原油电脱盐注水的方法。污水中的酚在高压电场作用下分解，从而使进入污水处理场的酚含量只有 0~3μg/g，其流程及主要操作条件见图 9-24(刘海燕，1982)。

脱氰可采用 Dupont 公司开发的 Kastone 工艺。将脱酚污水与甲醛和双氧水按一定比例经孔板混合器混合均匀，再加入碱液使 pH 值为 10~11(通过在线 pH 计遥控)，在 50℃的条件下在氧化塔内反应约 20min，则排水中氰和酚均降低到 0.2μg/g 以内。

按照《石油炼制工业污染物排放标准》，石化企业从 2014 年 7 月 1 日，新建石化企业从 2011 年 7 月 1 日起，污水的排放量限值为 0.4m^3/t(原油)。对于国土开发密度已经较高，环境承载能力开始减弱，或者水环境容量较小、生态环境脆弱，容易发生严重水环境污染问题

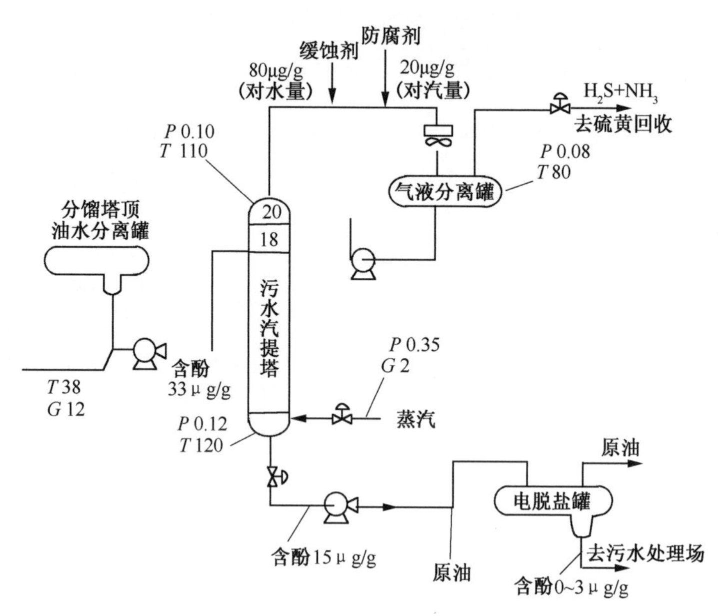

图 9-24　含酚污水处理流程

P—压力，MPa(g)；*T*—温度,℃；*G*—流量，t/h

而需要特别保护措施的地区，污水的排放量限值为 0.1m³/t。减少污水排放量一是通过污水回用，减少污水外排，经过深度处理的回用污水，主要用作循环水场的补充水和绿化用水；二是在海边建设的炼油厂，可利用海水作为冷却水，用来直接冷却或间接冷却工艺介质。水中污染物的排放浓度可选择合适污水处理工艺加以解决。

我国是淡水资源比较短缺的国家，人均占有水资源量仅为世界平均值的 1/4，因此炼油厂节约用水十分重要。对于大型炼厂应考虑如下主要节水措施：

① 增加污水回用量。一是将含油污水(有条件的还可以引入城市中水)处理后，用作循环水场的补充水和绿化用水；二是将加氢装置的酸性水和非加氢装置酸性水分别汽提，得到净化水作为工艺装置注水和化学药剂的配制用水。

② 减少循环水用量。采用上下游装置之间，考虑热料的进出；最大限度地使用空冷替代水冷，用热媒水回收装置余热等措施，降低循环水用量，也就减少了循环水场的补水。

③ 利用海水。建在海边的炼厂，可以考虑利用装置余热淡化海水，用来替代新鲜水；用海水直接或间接冷却(用海水冷却循环水)，以减少循环水的蒸发损失和浓盐水的排放。

④ 利用雨水。一般炼厂的地面大部分都得到了硬化，而且为应对事故还设有事故水池，这就为收集雨水创造了条件。清净雨水经简单处理，就可以直接应用。

⑤ 充分回收和利用蒸汽冷凝水。一般来说，汽轮机冷凝水比较干净，可直接送至除氧器，加以使用。工艺冷凝水可能含油、铁锈及其他杂质，需除油、除铁及其他杂质后，才能送至除氧器，加以使用。

(三) 碱渣治理

催化裂化液化气、汽油和柴油的精制，一般沿用碱洗的方法。某加工鲁宁管输油催化裂化装置排出的碱渣量及分析结果见表 9-24。由该表可知，碱渣中有害物质的浓度很高，是不允许直接进污水处理系统的，必须进行预处理。处理办法一般采用酸化、回收粗酚、中和，然后限流排放至污水处理场的流程。

表 9-24 催化裂化装置的碱渣分析

项　目	碱渣名称	碱渣量/(kg/t 原料)	油/(mg/L)	硫/(mg/L)	酚/(mg/L)	COD/(mg/L)	NaOH/%
馏分油 72t/h	液化气碱渣		411	1553	737	36000	6.27
	汽油碱渣		623	29080	101526	673000	15
	柴油碱渣		736	840	8125	87000	
	合计	0.85					
掺 19%～23% 的渣油原料共 120t/h	70 号汽油碱渣	0.28	3110	13400	33700	245000	15
	90 号汽油碱渣	1.02	1028	8200	68580	14800	15.37
	柴油碱渣	0.2	754	1400	6268	8000	9.8
	液化气碱渣	0.05					
	合计	1.55					

为了最大限度地降低有害物质的浓度，有的炼油厂还对酸性水进一步采用萃取、离心分离法处理，可使 COD 值由 8000～10000mg/L 降低到 1000～1500mg/L。处理后的酸性水经中和后限流排放到污水系统。废碱渣问题，归根结底是产品的精制工艺问题。随着产品加氢精制技术广泛地应用，就不存在着废碱渣问题。

第四节　典型 FCC 再生烟气脱硫脱硝技术及其工业应用

WGS(Wet Gas Scrubbing)和 EDV(Electro-Dynamic Venturei)湿法洗涤技术在国内外 FCC 再生烟气脱硫过程中得到了广泛应用，同时可以增加脱硝功能模块。湿法洗涤技术也是美国环保署认定最适合的 FCC 再生烟气净化技术(卢捍卫，1999)。国内在 FCC 再生烟气治理方面，2009 年开始采用 EDV5000@ 湿法洗涤技术，2011 年，开发出 DRG(Dynamic Regeneration Gypsum)技术，国内自主开发的 FCC 再生烟气除尘脱硫技术于 2013 年初投用。首套 WGS 湿法洗涤系统于 2013 年 11 月在中国石油某催化裂化装置上投用，并计划推广应用到中国石油其他 FCC 装置。到 2014 年底，国内大部分 FCC 装置均设置湿法洗涤系统以减少再生烟气中的污染物排放。

一、EDV 湿法洗涤脱硫技术特点及其应用

(一)EDV 湿法洗涤技术特点

再生烟气中 SO_2 的吸收和颗粒物的脱除从急冷区开始，水平急冷区设置多重水喷雾器使再生烟气在洗涤塔入口处急冷并饱和，随后烟气进入洗涤塔。洗涤塔的尺寸大小和塔内吸收洗涤喷嘴的数量取决于洗涤塔入口烟气流量、烟气中 SO_2 和粉尘浓度，以及排放烟气限值要求，一般液气比(吸收洗涤液与烟气量之比)控制在 5～6 之间。在洗涤塔入口处设置急冷喷嘴，仅在上游催化剂大量跑损时启动，以清除大颗粒和酸性气体，阻止这些物质进入吸收塔上部的滤清模块中，同时，保证了塔内不超温。吸收区内设有多层多个专用喷嘴，喷嘴喷射出直径约 70～80μm 的喷淋液滴，形成高密度的锥形水帘，提供足够的气液接触界面，与烟气错流运动以覆盖所有的烟气流，并将容器表面均匀地冲洗干净，从而实现最大量地吸收 SO_2 和脱除颗粒物。吸收段内部除了雾化喷头外，没有其他设备，即使当烟气上游系统出现

故障、大量催化剂被带入时，也不会出现堵塞问题。饱和烟气中的 SO_3 会在吸收塔下部形成酸雾，这些酸性小液滴粒径很小，难以在吸收区被捕捉。为提高对酸雾和小颗粒粉尘的脱除率，要求在洗涤塔上部增加滤清模块，滤清模块安装文氏管式过滤模块，以环状布置在洗涤塔上部。滤清模块每个单元顶部设置一个专利喷嘴，向下喷入文丘里管的扩张段中，从进口到出口的管径由小变大。采用滤清模块会使整个洗涤塔的压力降增加。为防止烟囱排放烟气携带大量水滴或产生浓雾，洗涤塔上部设置水珠分离器，用于进一步将烟气中的细微液滴脱除。脱除细微液滴后的清洁气体通过上部的烟囱排入大气。在 EDV 运转过程中，需向系统中补充水以弥补水分在急冷段的蒸发和被夹带走的损失。喷嘴在洗涤塔喷射情况与喷嘴结构示意图见图 9-25(Weaver，2013)。针对循环浆液中催化剂颗粒物的特性，独特的喷嘴设计是洗涤塔的关键，喷嘴材质通常采用耐磨的高铬合金，具有不堵塞、耐磨、耐腐蚀、能处理高浓度液浆的特点，能够满足长周期运行要求。

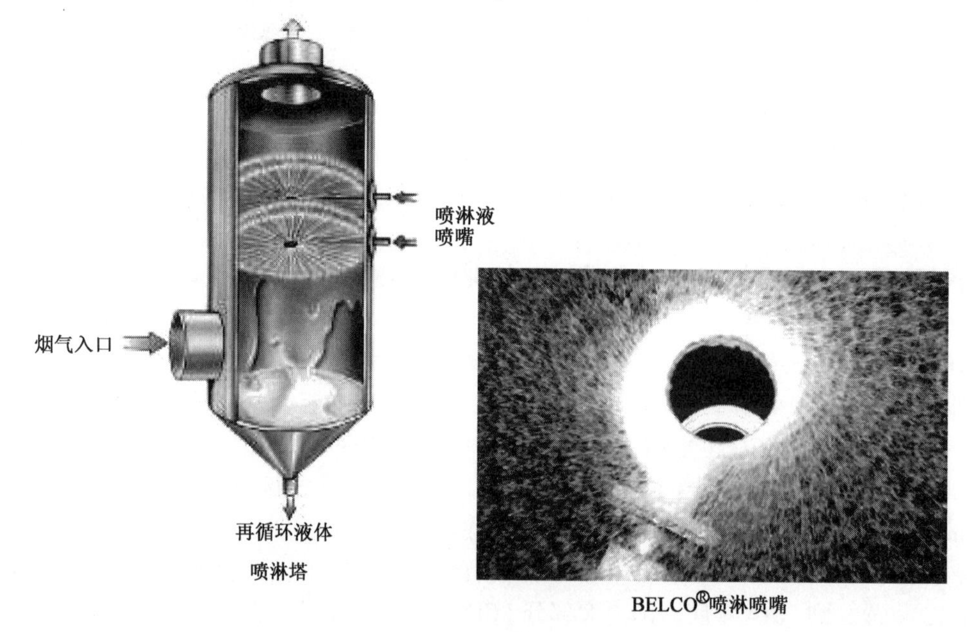

图 9-25 喷嘴在洗涤塔的喷射情况与喷嘴结构示意图

在每一滤清模块内，烟气首先加速(压缩降温)再减速(降压膨胀)，导致烟气中的水汽在催化剂细粉上和酸雾(酸雾中大部分是 H_2SO_4，由饱和烟气中的 SO_3 凝聚而成)上凝结，其大小和质量逐渐增大，转化成相对大的液滴(Weaver，2013)。这些液滴可以通过过滤模块出口的专利喷嘴去除。在过滤模块壁面上额外凝结的液滴使壁面维持洁净，同时发生在过滤模块内的凝聚作用会进一步增强颗粒物的脱除效果。喷嘴安装在过滤模块出口，这些喷嘴与烟气逆流喷射，提供了收集细粉和雾状物的途径，这些雾滴通过冷凝和聚集方式变大。这种设备具有独特的优点，能在压降非常小和无需会导致磨损或意外停车的内构件的情况下脱除细粉和酸雾，而且它对气体流量的波动也相对不敏感。

液滴分离器可以分离收集再生烟气所夹带的水滴，使烟气进入烟囱之前不含有这种水滴。液滴分离器(称作 Cyclolabs)为空心结构，内有螺旋导向片，一般采用带固定旋转叶轮的长管束，引导气体作螺旋状流动。当气体通过固定旋转叶轮时，会产生离心加速，导致游离液滴撞击在分离器壁面上，从而与气体分离，回收的水滴返到滤清模块段的积水槽，避免了烟囱结垢与腐蚀。收集的水循环用作过滤模块或喷淋塔中的烟气冲洗（Weaver，2013）。

为了增强 SO_2 的吸收效果，需要在洗涤液中添加 NaOH 或其他的碱性添加剂如碳酸钠、氢氧化镁以保持其为中性。在非炼油装置或极少数炼油装置中也使用石灰，但对运转周期为3~7 年的 FCC 装置，最好不使用石灰。对于以氢氧化镁为洗涤液的湿洗系统，集成在洗涤塔内的循环水箱设有一套空气注气口，空气注气口将空气打入到循环箱中来把亚硫酸镁（主要是悬浮的 $MgSO_3$ 和 $Mg(HSO_3)_2$ 固体物）氧化成硫酸镁。硫酸镁具有较好的溶解性，而亚硫酸镁的溶解性低并会在洗涤液中形成晶体，这些晶体会堵塞设备并极大地磨损设备。氧化用的空气是由洗涤塔风机提供的。

吸收液捕集到的污染物，包括悬浮的催化剂细粉和因吸收 SO_x 和 NO_x 而产生的溶解性亚硫酸盐/硫酸盐（$NaHSO_3$、Na_2SO_3 和 Na_2SO_4），需要被排放到洗涤塔循环之外以维持正常的平衡操作（Weaver，1999）。从洗涤器中排放的液体经澄清池分离其中的固体颗粒，然后在沉淀池中脱水生成浓缩的泥浆。不含悬浮固体的水从澄清池中溢流，进入一系列容器，并用空气在搅拌的条件下进行氧化，其反应列于式（9-45）。排放液中的亚硫酸盐转化为硫酸盐可以在外排之前减少化学耗氧量（COD）。进入污水系统洗涤液中若加入苛性钠，最终变成硫酸钠随废水排出；若加入石灰，最终变成石膏，经处置后作为副产品（制造水泥）。

（二）湿法洗涤过程反应化学

湿法洗涤过程基本原理是以 NaOH 溶液作为吸收剂，即以碱性物质与烟气中的 SO_2 溶于水反应生成的亚硫酸溶液进行酸碱中和反应，并通过调节 NaOH 加入量来调节循环液的 pH 值。吸收 SO_2 所需的水气比和喷嘴数量是依据入口 SO_2 浓度、排放要求和饱和气体的温度来决定。烟气中的 SO_2 与 H_2O 接触，生成 H_2SO_3，而 H_2SO_3 与 NaOH 反应生成 Na_2SO_3，Na_2SO_3 与 H_2SO_3 进一步反应生成 $NaHSO_3$，$NaHSO_3$ 又与 NaOH 反应加速生成亚硫酸钠，生成的亚硫酸钠一部分作为吸收剂循环使用，未使用的部分经空气强制氧化为硫酸钠，作为无害的硫酸钠水溶液排放。此外，还有其他反应，如三氧化硫、盐酸、氢氟酸与氢氧化钠反应，形成硫酸钠、氯化钠等混合物。澄清池的 pH 值通过 NaOH 注入量来控制，最佳在 7 左右。

（1）吸收原理

由于再生烟气中含有 SO_2，同时还含有大量的 CO_2，用 NaOH 溶液洗涤气体时，首先发生的 CO_2 与 NaOH 的反应，导致了吸收液的 pH 值降低，且脱硫效率很低。随着时间的延长，pH 值降至 7.6 以下时，发生吸收 SO_2 的反应。随着主要吸收剂 Na_2SO_3 的不断生成，SO_2 的脱除效率也不断升高，当吸收液中的 Na_2SO_3 全部转变成 $NaHSO_3$ 时，吸收反应将不再发生，此时 pH 值降至 4.4。但随着 SO_2 在溶液中进行物理溶解，pH 值仍继续下降，此时 SO_2 不发生吸附反应。因此，吸收液有效吸收 SO_2 的 pH 范围为 4.4~7.6，在实际吸收过程中，吸收液的 pH 值应控制在此范围内。

（2）吸收反应

烟气与喷嘴喷出的循环碱液在吸收塔内有效接触，循环碱液吸收大部分 SO_2，反应如下：

$$2SO_2 + H_2O \longrightarrow SO_2(l) + H_2O \text{（传质）} \quad (9-34)$$

$$2SO_2 + H_2O \longrightarrow H_2SO_3 \text{（溶解）} \quad (9-35)$$

$$SO_2 + H_2O \longrightarrow H^+ + HSO_3^- \text{（电离）} \quad (9-36)$$

$$H_2SO_3 \rightleftharpoons H^+ + HSO_3^-(\text{电离}) \tag{9-37}$$

(3)中和反应

吸收剂碱液保持一定的 pH 值，在吸收塔内发生中和反应，中和后的碱液在吸收塔内再循环，中和反应如下：

$$NaOH \longrightarrow Na^+ + OH^- \tag{9-38}$$

$$2NaOH + H_2SO_3 \longrightarrow Na_2SO_3 + 2H_2O \tag{9-39}$$

$$Na_2SO_3 + H_2O + SO_2(l) \longrightarrow 2NaHSO_3 \tag{9-40}$$

$$NaOH + NaHSO_3 \longrightarrow Na_2SO_3 + H_2O \tag{9-41}$$

$$Na^+ + HSO_3^- \longrightarrow NaHSO_3 \tag{9-42}$$

$$2Na^+ + CO_3^{2-} \longrightarrow Na_2CO_3 \tag{9-43}$$

$$2H^+ + CO_3^{2-} \longrightarrow H_2O + CO_2\uparrow \tag{9-44}$$

中和反应本身并不困难，吸收开始时主要生成 Na_2SO_3，而 Na_2SO_3具有脱硫能力，能继续从气体中吸收 SO_2转变成 $NaHSO_3$时，吸收反应将不再发生，因为 $NaHSO_3$不再具有吸收 SO_2的能力，而实际的吸收剂为 Na_2SO_3。

(4) 氧化反应

部分 HSO_3^-在洗涤塔吸收区被再生烟气中的氧所氧化，其他的 HSO_3^-在氧化塔中被空气完全氧化，反应如下：

$$HSO_3^- + 1/2O_2 \longrightarrow HSO_4^- \tag{9-45}$$

$$HSO_4^- \rightleftharpoons H^+ + SO_4^{2-} \tag{9-46}$$

(5)其他副反应

再生烟气中的其他污染物如 SO_3、HCl、HF 和灰尘都被循环浆液吸收和捕集。SO_3、HCl、HF 在悬浮液中发生反应如下：

$$SO_3 + H_2O \rightleftharpoons 2H^+ + SO_4^{2-} \tag{9-47}$$

$$Na^+ + HCl \rightleftharpoons NaCl + H^+ \tag{9-48}$$

$$Na^+ + HF \rightleftharpoons NaF + H^+ \tag{9-49}$$

脱硫反应是一个比较复杂的反应过程，其中有些副反应有利于反应的进程，有些会阻碍反应的发生，应予以重视。Al 主要来源于烟气中的催化剂，可溶解的 Al 在 F 离子浓度达到一定条件下，会形成氟化铝络合物(胶状絮凝物)。同时，从烟气中吸收溶解的氯化物，有时氯离子的浓度较高，会发生腐蚀，应予以重视。

(三)工艺参数对吸收 SO_2效率的影响

(1)pH 值的调节

EDV 湿法洗涤系统是利用 Na_2SO_3来吸收烟气中的 SO_2，如式(9-40)和式(9-42)所示，而 Na_2SO_3是在弱酸性下生成的，因此，操作时 pH 值一般是 6.8。提高 pH 值可以减少 SO_2的排放，但 pH 值不能超过 7.4，否则会导致烟气中的 CO_2被吸收，如式(9-43)所示，生成碳酸盐并积聚，堵塞液相管道。因此，pH 值控制和调节是十分关键的操作参数。

(2)增加气液接触

EDV 湿法洗涤系统采用了分段增加气液接触的方法以提高吸收 SO_2效率，因此设置多层喷嘴以增加气液接触。

(3)降低洗涤塔的操作温度

通常，洗涤塔的操作温度就是烟气的饱和温度，而饱和温度取决于系统入口温度。降低烟气进入洗涤塔的入口温度就会降低饱和温度，提高 SO_2的脱除效果，同时可以回收更多的热量。降低洗涤塔操作温度可采用对再生烟气进行间接冷却，或者在液体循环回路上增加冷却装置以降低循环液体的温度，从而降低洗涤塔的操作温度，并减少用于冷却烟气的液体，进而降低系统水的消耗。但由于催化剂细粉会进入湿法洗涤液中，冷却装置将会在高苛刻度下操作，要考虑冷却装置操作可靠性。提高吸附 SO_2效率方法及其优劣对比列于表 9-25。

表 9-25 提高吸附 SO_2效率方法及其优劣对比

方 法	提高 pH 值	提高液体/气体比	降低洗涤塔入口温度	间接冷却系统
相对费用	最小，但会增加腐蚀性	适中	根据具体情况决定	高
降 SO_2效果	根据具体情况决定	显著	适中	显著
优 点	不需要资本投入	相对简便	能量回收	减少水消耗量
需考虑的问题	pH 过高	泵和管线需要改造	温度过低时上游腐蚀	冷却装置操作可靠性

(四) EDV 湿法洗涤系统脱硫除尘技术工业应用

从 FCC 装置来的 200℃左右的再生烟气以水平方式经急冷区进入烟气洗涤塔。在急冷区，再生烟气与专有喷嘴所喷出的含有高浓度吸收剂的喷射液滴充分接触、冷却并达到饱和温度(69~71℃)，在冷却烟气的同时，部分 SO_2被吸收，大部分 SO_3和较大的颗粒(≥3μm)被除去。吸收剂喷出的方向几乎与烟气的流向成垂直方向，并延伸到塔壁，同时冲洗塔的内壁。吸收剂由塔壁流到塔底的循环水箱，通过循环泵返回洗涤塔内的喷嘴循环使用。循环水箱设在洗涤塔内的底部，也用来支撑上方的旋珠分离器和烟囱。在吸收区，作为吸收剂的碱液和工艺水分别送往洗涤塔，碱液进入洗涤塔后经循环泵和喷嘴循环喷淋，与从下而上的饱和烟气进行逆向接触，除去烟气中大部分的 SO_2和颗粒物。清除了大颗粒和酸性气体的饱和烟气进入吸收塔上部的滤清模块中，所携带的小颗粒粉尘和酸雾被滤清模块顶部喷嘴喷出的水帘捕捉而清除，细微液滴被水珠液滴分离器脱出，然后由上部的烟囱排入大气，而细微液滴汇集流到积水槽。循环洗涤液部分返回洗涤塔循环使用，另一部分被送到排液处理系统(PTU)中以降低悬浮颗粒和可溶物(如硫酸盐和亚硫酸盐及氯盐)。洗涤塔底排出的脱硫废水中含有悬浮固体状的催化剂细颗粒以及溶解态的亚硫酸盐和硫酸盐，在塔底排出的含盐污水进入 PTU 系统前混入一定浓度的絮凝剂，然后进入含盐污水澄清器，固体在澄清器沉淀，从底部排出经脱水或压滤机将固体浓缩为滤饼，固体运送出厂处理，液体返回澄清器。澄清器上部排出的清液进入氧化罐，由风机向氧化罐内通入空气，对污水进行氧化，使亚硫酸盐被氧化成硫酸盐以减少其化学需氧量(COD)。经氧化处理后的污水送至排水缓冲池，由排水泵送至纤维球过滤器、超精细纤维过滤器，使污水中悬浮物含量降至 20mg/L 以下。过滤后的水通过排水冷却器降温至 40℃后外排污水处理系统。EDV 湿法洗涤系统工艺原则流程见图 9-29。

国内首套 EDV5000® 湿法洗涤技术在某 FCC 装置运行结果表明，当入口烟气中 SO_2浓度为 750mg/Nm^{3}和粉尘浓度为 140mg/Nm^{3}时，经洗涤处理后，出口烟气中的 SO_2浓度可降低至 50mg/Nm^{3}以下，粉尘可降低至 15mg/Nm^{3}以下，FCC 装置能耗增加约为 5.44MJ/t(龚望欣，2011)。某 FCC 装置的 EDV 湿法洗涤系统运行结果表明，烟气 SO_2浓度和粉尘浓度远低于排放指标要求，外排废水各项指标满足排放标准要求，如表 9-26 所列。

表 9-26 EDV 湿法洗涤脱硫系统运行效果

项　目	入口	外排	设计值	排放指标
烟气				
烟气压力/Pa	1913	0		
烟气流量/(10^4m^3/h)	12.9	12.7		
烟气温度/℃	177	60		
烟气 SO_2浓度/(mg/m^3)	3282	32	≤350	≤550
粉尘浓度/(mg/m^3)	227	16	≤45	≤120
外排废水				
流量/(t/h)	11	11		
TSS/(mg/L)	2681	56		≤70
pH 值	6.5	8.2		6~9
COD/(mg/L)	5850	44		≤120

某加工高硫蜡油 1.7Mt/a FCC 装置采用 EDV5000 湿法洗涤技术，其操作条件和脱硫除尘效果列于表 9-27。从表 9-27 可以看出，对于硫含量较高的再生烟气，脱硫效果较佳，无脱硝效果。洗涤塔底、滤清模块、胀鼓过滤器进出口循环浆液性质列于表 9-28。

表 9-27 烟气脱硫除尘系统操作条件和烟气组成

吸收部分	数值	水处理部分及仪表分析	数值
吸收塔急冷区温度/℃	60	氧化风机出口温度/℃	77.7
烟气温度/℃	199.8	外排浆液 COD/%	146.8
滤清模块差压/kPa	1.99	浆液密度/(kg/m^3)	1091.7
至吸收塔 NaOH 溶液流量/(t/h)	5.396	入口烟气 SO_2浓度/(mg/m^3)	3396.8
至滤清模块 NaOH 溶液流量/(t/h)	0.019	入口烟气颗粒物浓度/(mg/m^3)	44.8
至滤清模块补充水流量/(t/h)	28.8	入口烟气 NO_x浓度/(mg/m^3)	178
净化烟气流量/(m^3/h)	209517	外排烟气 SO_2浓度/(mg/m^3)	29.3
至回收系统浆液流量/(t/h)	11.8	外排烟气颗粒物浓度/(mg/m^3)	28.7
碱液泵出口流量/(t/h)	6.06	外排烟气 NO_x浓度/(mg/m^3)	164.9
入口烟气流量/(m^3/h)	213223	外排烟气 O_2浓度/%	4.3

表 9-28 循环浆液性质

分析项目	洗涤塔底	滤清模块	胀鼓过滤器进口	胀鼓过滤器出口
pH	6.95	6.72	6.83	7.09
COD/(mg/L)	8980	2450	7160	7300
氯离子/(mg/L)	86.2	34.5	96.9	82.8
悬浮物/(mg/L)	1694	633.2	2777	1025

国内多套 FCC 装置采用 EDV5000©湿法洗涤系统处理再生烟气，均以烧碱溶液作为洗涤剂，通过外排一部分洗涤液控制循环浆液中的总悬浮固体量(TSS)、总溶解固体量(TDS)和 Cl^-浓度，同时补充新鲜水以平衡吸收过程中蒸发和排液的损失(岑奇顺，2011)。

(五) EDV 湿法洗涤系统存在问题及其解决对策

EDV 湿法洗涤系统经运转后，暴露出浆液循环泵的叶轮和洗涤塔喷嘴磨损、排液管线结垢和外部烟囱底部焊缝部位腐蚀穿孔等问题，下面对出现这些问题原因进行分析，并提出相应的对策以保证 EDV 技术长期平稳运转(潘全旺，2013)。

(1)增设 EDV 湿法洗涤系统对烟机和锅炉的影响

RFCC 装置锅炉出口烟气经高度 100m 的水泥烟囱直接排入大气，按正常排烟温度 230℃、大气温度30℃计，据此测算，烟囱底部负压约0.44 kPa，烟囱底部烟气的密度0.72kg/m^3，烟囱周围空气的密度1.165kg/m^3。增加烟气脱硫设施后，烟气排放流程延长，后路阻力降增大，烟机因背压提高而做功下降，锅炉风机出口及炉膛压力提高。当再生烟气全部并入EDV湿法洗涤脱硫系统，烟气脱硫装置的入口压力至少为1.5kPa，在入口压力达到1.5kPa时，炉膛压力要达到5kPa才能满足烟气完全并入的压力条件，而国内已有的FCC装置锅炉炉膛承压能力一般不大于3.5kPa，实际运行压力在2.0~2.5kPa。因此，已有的FCC装置在增加烟气脱硫设施的同时，必须对锅炉进行相应的改造或更新，以提高炉膛承压能力。这个不仅是EDV湿法洗涤系统存在的问题，所有烟气脱硫设施都存在这个问题。选择湿法洗涤技术时，在满足排放标准的同时，应优先考虑系统压力降小，从而有利于降低入口压力。

（2）洗涤单元设备磨损和腐蚀

受催化剂性质和再生条件影响，国内部分FCC装置再生烟气中的催化剂粉尘含量在1858~3236mg/L之间，是一般水平的2~3倍。由于烟气中粒径大于3μm催化剂粉尘几乎全部在洗涤段被脱除，洗涤段循环浆液中的固含量浓度高、粒径大，对设备磨损程度也大，洗涤段循环泵的叶片和口环的更新时间间隔约为半年。为控制下游滤清模块区循环浆液中催化剂粉尘粒径小于3μm，同时补充水量较大，使循环浆液中固含量较低，以降低对设备磨损程度，滤清模块循环泵叶片更新间隔时间约为2年。浆液中的催化剂粉尘对喷嘴的接触界面进行长时间的磨损，导致专有G400喷嘴厚度减薄，喷嘴流量逐渐增大，主要现象为循环泵出口压力下降且电机电流增大。滤清模块区配置有较多的F130喷嘴，这种喷嘴流通面积小，喷嘴前压力高，浆液会对喷嘴的喉部及其整个圆周产生磨损，甚至穿孔。

循环浆液中还含有大量对不锈钢(304或316L)腐蚀非常敏感的Cl^-。循环浆液中Cl^-浓度在110~365 mg/L之间，pH值在6.5~7.5控制指标范围内。循环浆液中的Cl^-来源于洗涤塔补充水、再生烟气和NaOH吸收剂。由于系统内Cl^-对304或316L钢材的腐蚀影响，若浆液中的Cl^-浓度超标造成净化污水中的Cl^-浓度及盐分较高，不能作为工艺用水，从而降低了水的循环倍率，增大系统排水量。

（3）硫酸雾对外部烟囱的腐蚀分析及对策

净化排放烟气中仍含有SO_3，其浓度约为2.0mg/m^3，烟气湿度为18.2%。排放烟气携带的小液滴中的亚硫酸及其盐在烟囱内极易被氧化为硫酸及硫酸盐。硫酸雾和小液滴在烟囱内壁与蒸汽凝结水形成一层pH值仅有4~5的稀酸液，该环境下若有Cl^-在烟囱内壁的凹槽内聚集，容易对不锈钢产生腐蚀。例如，某烟囱材质采用不锈钢(304L)复合板，投用一年后，外部烟囱底部焊缝部位自内而外出现腐蚀穿孔，导致装置被迫停工，改用耐蚀性更强的不锈钢316L。采用提高循环水pH值可以降低烟囱底部腐蚀，循环水的pH值从7调高到11，烟囱底部与洗涤塔连接缩径泄漏处的冷凝水pH值从3上升到7，补焊后的部位未发生泄漏。但又出现滤清模块循环泵入口堵塞现象，采样分析表明循环水中CO_3^{2-}质量浓度较pH值为9时出现大幅度上升，从110 mg/L上升至378 mg/L，这表明，随着pH值上升，更多的CO_2气体被吸收，从而产生碳酸盐沉淀物，堵塞泵入口过滤器。因此，pH值要控制在6.5~7.5指标范围内，既要防止腐蚀，又要防止CO_2气体的过量吸收。

（4）系统管线结垢情况及对策

为提高对硫酸雾的捕捉能力，滤清模块段循环浆液的pH值由6.5~7.5调为7.5~8.5。运行半年后，滤清模块循环泵入口管线出现严重的结垢堵塞现象，垢体主要为$CaCO_3$和催化剂细粉。这是因为洗涤液在碱性较强的情况下溶解烟气中的CO_2，从而加速滤清模块循环泵入口管线结垢。因此，浆液的pH值应严格控制在工艺指标(6.5~7.5)内，同时为防止洗涤塔内壁和循环管线结垢，要求工艺用水的硬度Ca^{2+}质量浓度不大于40 mg/L。

采用性价比较高的无机高分子聚合氯化铝(PAC)作为水处理单元的絮凝剂，经过工业应用验证，浓度10%的PAC用量仅需0.2g/L浆液就能达到良好的絮凝效果。外甩浆液在进入PTU单元之前已经与PAC充分混合，使浆液中粒径较小的催化剂细粉吸附生成容易沉淀的较大絮团。如果PAC用量过大会导致絮团的吸附性增强，当浆液在静止或低速时，这些絮团极易在循环浆液外甩管线内壁沉积出来而加速管线的腐蚀和结垢。因此，当外甩浆液量减少或停工时，应及时减少或停止加注絮凝剂。

在外甩浆液中预先注碱可消除氧化罐内亚硫酸氢盐引起的副反应，减轻PTU单元的设备腐蚀。管线脱落的四氟和PO内衬碎片、涂磷碎片、玻璃钢管线的内衬物堵塞浆液循环的喷嘴和滤清模块的喷嘴，应将部分管材更新为合金钢管线并在各泵入口增加过滤器以解决内衬物堵塞问题。

(5) 外排污水的COD值过高及对策

当氧化罐设计偏小和数量不够时，正常外排污水的COD值远大于100mg/L，采用了3个氧化罐，就不存在COD不合格的问题。或者采用更小的氧化风分布器孔径，生成较小气泡，达到更好氧化效果。

EDV湿法烟气洗涤技术采用分层式的烟气净化处理过程，其优势在于系统压力低、可靠性高、投资较低以及模块化与集成化。据测算，如果脱硫过程增加约0.5kPa压降，以2.0Mt/a催化裂化装置为例，将会导致烟气做功减少约60kW，按电费0.68元/(kW·h)计，由此导致的经济损失约40.8元/h。因此系统压力降小会产生较好的经济效益。洗涤塔内无动力设备且设备较少，烟气的急冷、酸性气体脱除以及固体粉尘的脱除可在同一塔中完成，不产生雾化和堵塞现象，确保脱硫设施长周期运行，能够满足催化裂化主体装置“三年一修”的运行周期要求，同时设置了停电等多种极端工况下的连锁自保措施，从而具有较高的可靠性。由于循环吸收液基本上维持中性，对设备材质要求不高，因而整个建设成本也相对较低。对于各种脱硫剂进行脱硫除尘，脱硫率均在95%以上，同时可嵌入脱硝模块，使脱硫脱氮在同一洗涤塔中完成。烟气下进上出，有利于烟道布置，氧化部分在塔外，便于维修，有较高的水气比和大量的喷水，可以承受催化裂化装置运行不正常状态。EDV湿法烟气洗涤技术的主要缺陷在于其所排放盐含量为10%的高浓度含盐污水难以处理，如直排将会对水体生态环境造成影响；如长期排放到炼油污水系统中，虽然浓盐水量不大，但增加可溶性盐含量的积累，影响炼油系统污水回用率。对于含盐污水，目前可采取的可靠处理方法为结晶处理，回收高纯度Na_2SO_4，但这样做会消耗大量蒸汽，导致该技术的能耗及处理成本大幅攀升。此外，氧化后处理装置是以连续自然沉淀+药剂沉淀及罗茨风机强制氧化为主，沉淀后的催化剂固体与液体排出外运，造成固体含水率高达50%以上，给拉运和卸废泥渣带来安全隐患。

EDV湿法洗涤脱硫系统运行成本相当高，如3.0Mt/a FCC催化裂化装置运行成本约在5000万元/a，相当于新建一套EDV湿法洗涤脱硫系统装置建设成本，其主要表现在电耗、水耗、脱硫剂费用3个方面。当EDV湿法洗涤系统未嵌入脱硝单元，再生烟气中NO_x排放物超标，如果再增加SCR或臭氧脱硝装置，其运行成本更高。

二、DRG 湿法洗涤脱硫除尘技术特点及其应用

FCC 装置采用 EDV5000©湿法洗涤技术，浓盐水排放成为需要加以解决的问题。为了降低浓盐水排放总量，开发出双碱法(Dynamic Regeneration Gypsum，简称 DRG)工艺脱硫除尘，DRG 技术是以再生的 NaOH 溶液为吸收剂，采用石灰乳对脱硫塔(洗涤塔)外排浆液进行再生，再生后生成的 NaOH 返回脱硫塔循环利用，而石灰乳生成 $CaSO_3$，在酸性环境沉降更快，沉降后的 $CaSO_3$再氧化形成石膏，从而实现了碱液再生循环使用。DRG 工艺技术特点如下：

①脱硫酸化塔是酸化塔和气动脱硫塔的组合，酸化塔是洗涤塔，选择性吸收 SO_2，避免过多的粉尘进入溶液中；而气动脱硫塔对超细粉尘具有良好的捕捉能力。

②脱硫系统最初以纯碱为脱硫剂，之后以石灰乳为再生剂，将脱硫系统外排溶液(主要成分是 Na_2SO_3和 NaOH 的水溶液)再生为脱硫剂(NaOH 溶液)。

③采用 NaOH 溶液为脱硫剂，与钙法脱硫相比，塔底浆液固含量低，可减缓对塔内构件的磨损，提高脱硫酸化塔运行可靠性，并延长脱硫系统的运行周期。

④设置酸化塔收集酸性溶液，为亚硫酸钙氧化与石膏生成提供酸性条件。

⑤NaOH、Na_2SO_3与钠盐在脱硫系统内循环使用，消耗量少。

⑥脱硫塔外排浆液在沉淀器沉淀，分离出催化剂粉尘后进行再生，有利于提高石膏品质。

DRG 技术吸收原理、吸收反应、中和反应和其他副反应与 EDV 湿法洗涤基本相同，其差别在于碱液再生反应，其主要反应式如下：

$$2NaHSO_3 + Ca(OH)_2 \longrightarrow Na_2SO_3 + CaSO_3 \cdot 1/2H_2O \downarrow + 3/2H_2O\ (l) \quad (9-50)$$

$$2Na_2SO_3 + 2Ca(OH)_2 + H_2O \longrightarrow 4NaOH + 2[CaSO_3 \cdot 1/2H_2O] \downarrow \quad (9-51)$$

$$Na_2SO_4 + Ca(OH)_2 + 2H_2O \longrightarrow 2NaOH + CaSO_4 \cdot 2H_2O \downarrow \quad (9-52)$$

在石灰浆液[$Ca(OH)_2$达到过饱和状态]中，$NaHSO_3$很快跟 $Ca(OH)_2$反应从而释放 Na^+，随后生成的 SO_3^{2-}继续跟 $Ca(OH)_2$反应，反应生成的亚硫酸钙以半水化合物($CaSO_3 \cdot 1/2H_2O$)的形式慢慢沉淀下来，从而使 Na^+得到再生，吸收液恢复对 SO_2吸收能力，进入塔内循环使用。因此，如何增加石灰石的溶解度和使生成的石膏尽快结晶，以降低石膏过饱和度是关键。强化再生反应的措施：①提高石灰的活性，选用纯度高的石灰，减少杂质；②细化石灰粒径，提高溶解速率；③降低 pH 值，增加石灰溶解度，提高石灰的利用率；④增加石灰在浆池中的停留时间；⑤增加石膏浆液的固体浓度，增加结晶附着面，控制石膏的相对饱和度；⑥提高氧气在浆液中的溶解度，减少 CO_2在液相中的溶解，强化再生反应。

将再生过程生成的半水亚硫酸钙 $CaSO_3 \cdot 1/2\ H_2O$ 氧化，可制成石膏 $CaSO_4 \cdot 2H_2O$，反应式如下：

$$2[CaSO_3 \cdot 1/2H_2O] + H_2O + O_2 \longrightarrow 2CaSO_4 \cdot 2\ H_2O \quad (9-53)$$

氧化反应是液相连续，气相离散。氧在水中的溶解度比较小，强化氧化反应的措施包括：①增加氧化反应空气的过量系数，增加氧浓度；②改善氧气的分布均匀性，减少气泡平均粒径，增加气液接触面积。

SO_3、HCl、HF 与悬浮液中的石灰石按以下反应式发生反应：

$$SO_3 + H_2O \longrightarrow 2H^+ + SO_4^{2-} \quad (9-54)$$

$$Ca(OH)_2 + 2HCl \rightleftharpoons CaCl_2 + 2H_2O \quad (9-55)$$

$$Ca(OH)_2 + 2HF \rightleftharpoons CaF_2 + 2H_2O \quad (9-56)$$

结垢堵塞在于 $CaSO_3 \cdot (1/2)H_2O$、$CaSO_4 \cdot 2H_2O$ 的饱和结晶，只要及时排除 $CaSO_3 \cdot (1/2)H_2O$、$CaSO_4 \cdot 2H_2O$，保持 $CaSO_3 \cdot (1/2)H_2O$、$CaSO_4 \cdot 2H_2O$ 不饱和，控制好 $Ca(HSO_3)_2$、$CaSO_3$的比例即可避免。

DRG 脱硫除尘工艺原则流程见图 9-26，由气动脱硫塔、NaOH 再生和石膏生成等部分组成。烟气降温后进入脱硫塔，沿着脱硫塔向上流动，与循环浆液充分接触，脱去烟气中的 SO_2和粉尘，SO_2与 NaOH 反应生成 Na_2SO_3。脱硫塔浆液进入沉淀分离，底部泥浆进入脱水单元，上清液进入 NaOH 再生系统，NaOH 再生系统首先在再生罐中添加石灰乳浆液，与 Na_2SO_3反应生成 NaOH 和亚硫酸钙，然后输入到浓缩罐中进行沉淀分离，上清液即为再生的 NaOH 溶液，再经软化罐得到合格 NaOH 溶液，返回到烟气脱硫塔，而底流为亚硫酸钙固体和溶液进入酸化罐，酸化系统通过酸化塔捕集 SO_2形成酸性溶液，用此酸性溶液对再生系统中产生的含有 $CaSO_3$的废渣进行酸化，最后进入氧化罐氧化生成石膏。由于烟气脱硫除尘塔工艺要求 Ca^{2+}浓度小于 200mg/L，因此，再生后的 NaOH 溶液要严格监测 Ca^{2+}浓度，合格 NaOH 溶液返回再生烟气脱硫塔。

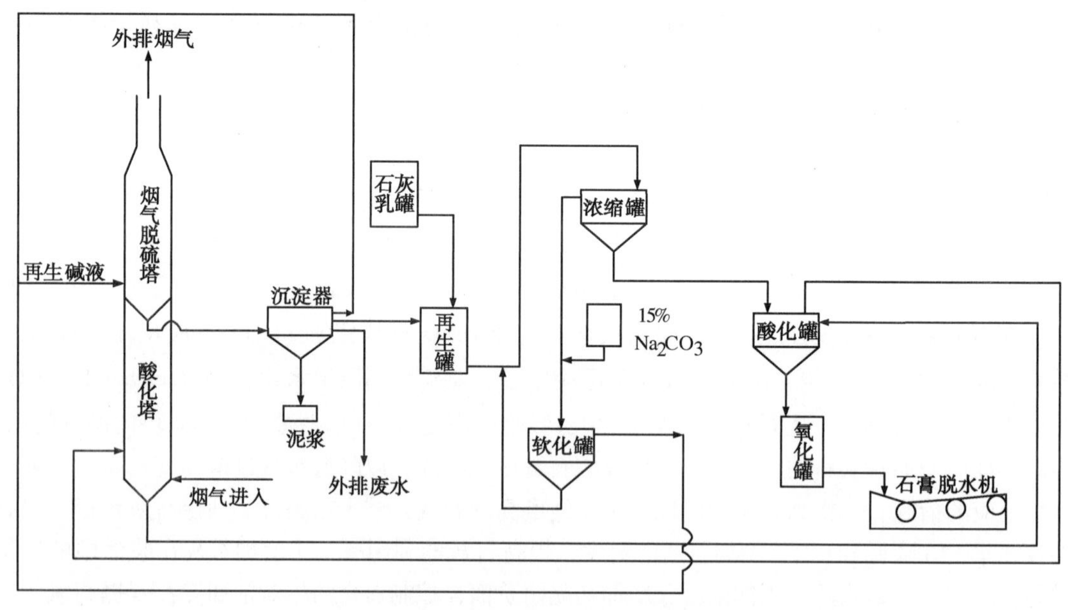

图 9-26　DRG 烟气脱硫除尘工艺原则流程

碱液再生、碱液除钙软化以及氧化均是 DRG 工艺的重要过程，为此，研究了 Ca^{2+}浓度、再生碱液浓度对外排浆液再生效果的影响，优化亚硫酸钙氧化过程工艺条件。

(1) 碱液再生

吸收烟气中的 SO_x，吸收液中含有 Na_2SO_3、$NaHSO_3$和 Na_2SO_4，使用石灰乳进行再生时，其反应化学见式(9-50)至式(9-52)。由于 $CaSO_4$在水中的溶解度远远大于 $CaSO_3$的溶解度，式(9-52)反应在再生过程中不易进行，若有相当量的 SO_3^{2-}或 OH^-存在时，Ca^{2+}浓度就非常低，$CaSO_4$不能沉淀出来，只有在低 OH^-条件，溶液中的 Ca^{2+}浓度保持在较高浓度条件下 $CaSO_4$才能析出(雷仲存，2001)。在 pH 为 7.2 时，对质量浓度(Na_2SO_3+Na_2SO_4)为

12%、6%的吸收液分别进行再生试验，试验结果列于表9-29。从表9-29可以看出，当总浓度一定时，随着Na_2SO_4比例的增大，再生液中的NaOH含量逐渐降低，沉积物中未反应的CaO逐渐增多，意味着CaO转化率在降低。

表9-29　总质量浓度为12%和6%的吸收液再生试验结果

检测项目	12%	6%	12%	6%	12%	6%	12%	6%	12%	6%
Na_2SO_3：Na_2SO_4	1：0		0.85：0.15		0.75：0.25		0.5：0.5		0.25：0.75	
Ca^{2+}浓度(以Ca^{2+}计)/(mg/L)	60.9	57.7	73.7	74.5	77.5	82.5	249.8	151.4	426.0	423.0
NaOH含量/%	2.49	1.75	2.28	1.56	1.99	1.42	1.39	1.03	0.84	0.61
试验后pH值	13.48	13.44	13.48	13.19	13.46	13.17	13.35	13.12	13.13	12.98

(2)再生碱液除钙软化

由于EDV湿法洗涤技术要求系统中Ca^{2+}的浓度须小于200mg/L，以防止系统生成$CaSO_3$沉淀，形成系统结垢，从而导致设备无法正常运行。因此，按排污量和补水量来确定再生液Ca^{2+}浓度不超过200mg/L。

从溶度积常数可以知，$Ksp_{(CaCO_3)} < Ksp_{(CaSO_3)} < Ksp_{(CaSO_4)}$。因此，采用投加$Na_2CO_3$，形成溶解度极小的$CaCO_3$实现软化除钙目的，即$Ca^{2+}+CO_3^{2-} \longrightarrow CaCO_3\downarrow$，从而保证再生液中$Ca^{2+}$浓度不超标。因此在再生系统增设软化过程，即投加$Na_2CO_3$。

(3)酸化反应

吸收液中SO_4^{2-}的累积和去除是双碱法的关键，再生反应得到的亚硫酸钙再进行氧化反应生成石膏，从而将SO_4^{2-}带出系统。亚硫酸钙在酸性条件下转变为亚硫酸氢钙而溶于溶液中，通过不断充氧曝气，将亚硫酸氢钙氧化成硫酸钙，加速沉降结晶，进而生成石膏。氧化反应主要为SO_3^{2-}、HSO_3^-和O_2的反应，当pH值为12.5时，$CaSO_3$的溶解度很低，溶液中仅含有微量的SO_3^{2-}，因此难于氧化；在pH值为7.55时，处于中性环境，$CaSO_3$氧化速率缓慢。但随着pH值的降低，处于酸性环境，$CaSO_3$的溶解速率加快，溶液中的SO_3^{2-}浓度比较高，当pH值为5.0时，2h内，68.6%SO_3^{2-}就被氧化为SO_4^{2-}；4h内，95.8% SO_3^{2-}就被氧化，6h内，100% SO_3^{2-}氧化完成。而当pH低于4时，有SO_2气体溢出。因此，弱酸性环境是氧化反应较佳的条件。

某FCC装置投用DRG脱硫除尘设施运转结果表明，烟气中的SO_2浓度为300~700mg/m³时，脱硫后SO_2浓度低于50mg/m³，烟气脱硫率可以达到92%以上；烟气粉尘含量约在200mg/m³，除尘后粉尘含量约为30mg/m³，粉尘脱除率大于75%，同时软化罐出水Ca^{2+}浓度基本稳定，再生碱液的Ca^{2+}浓度能够达到小于200mg/L的要求，再生碱液的pH值可达到13.5，并能够得到有效控制，可持续提供再生碱液。

三、WGS湿法洗涤技术特点及其应用

WGS湿法洗涤技术吸收原理与EDV技术基本相同，两者差异在于工艺流程和关键设备。WGS湿法洗涤系统的洗涤液由文丘里管喉部上部注入，通过文丘里管咽喉段时压力下降而形成雾化的液体，要求气液比(进口烟气体积与循环洗涤液体积比)在370~1400，CO锅炉出口烟气压力应大于10kPa。若CO锅炉出口烟气压力小于10kPa，文丘里管洗涤器只能是JEV洗涤器，采用较小的气液比，约为75~150。雾化的液体与烟气并流通过2或4个

文丘里管式洗涤器进行液/气接触，吸收烟气中的 SO_x 并转化为亚硫酸钠和硫酸钠，夹带的粉尘通过缓冲溶液进行洗涤。吸收过程发生在文丘里管湍流部分，洗涤液体在收缩段内壁形成一层薄膜，然后在咽喉段的入口处被剪切为细小液滴，由于相对速度差的存在，气体与液滴间发生惯性碰撞，催化剂颗粒在咽喉段被捕捉而进入缓冲溶液，SO_2 也因强烈的气液接触在咽喉段和扩张段转入液相。扩张段内同时发生液滴的聚合。夹带有大量液滴的烟气靠分离罐内的高效(效率 99.99%以上)分液设施分出，分离塔中的脱夹带设施(丝网除雾器)具有高效、低堵塞、低压力降的特点，将气体夹带的吸收剂液体脱除，净化后烟气通过分离器上部的烟囱排入大气。洗涤液在分离塔中得到初步净化，为保持系统中固体和溶解盐的浓度平衡，大部分洗涤液循环使用，同时补充碱液(NaOH)以维持 pH 值与新鲜水，多余的洗涤液送往排放水处理单元(PTU)，在澄清池中沉降，将其中催化剂颗粒沉淀，含有一定量液体的催化剂沉淀物经过滤脱水，固体物(催化剂)运出厂外填埋。澄清池分离的澄清液约含 5%的可溶解盐(主要是硫酸钠)，排到 PTU 单元，经过 pH 值调节混合器、氧化塔(含盐污水排放)，用空气氧化法降低其 COD，氧化处理后排液进入污水处理场进一步生化处理，其流程与 EDV 洗涤液处理单元流程基本相同。Exxon 公司将 WGS 技术授权由 Hamon 公司进行 PDP 设计，其 FCC 装置 WGS 湿法洗涤和净化工艺原则流程如图 9-27 所示。

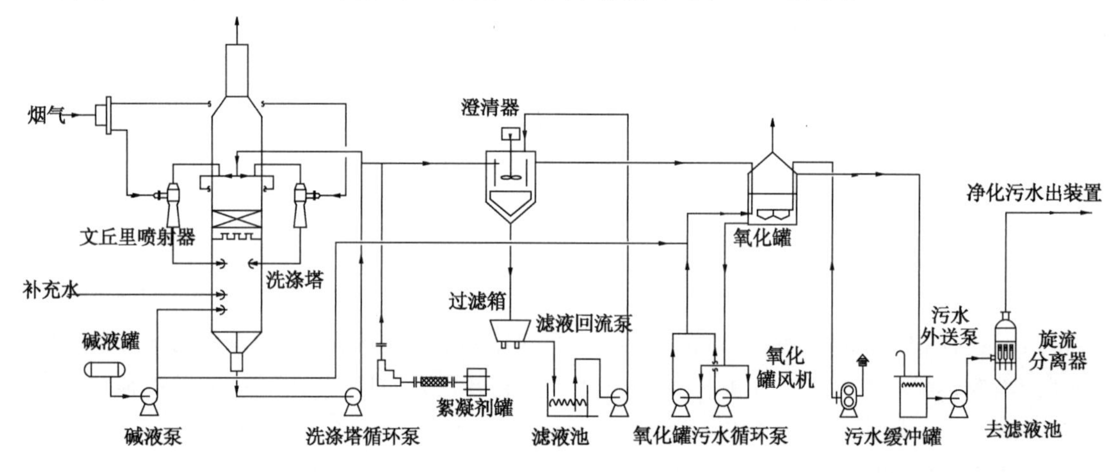

图 9-27　某 FCC 装置 WGS 湿法洗涤和净化工艺原则流程

WGS 湿法洗涤工艺规模在 180~1500Akm^3/h(工作状态体积流量)，WGS 设施占地面积较小(对 1.5~7.5Mt/a 装置为 150~500m^2)，可以将烟气中 SO_2 浓度从 50~1000μg/g 降到 7.5~61μg/g，以钠碱为吸收剂时 SO_x 和粉尘脱除率均可达 90%~95%或更高，但电耗、洗涤液消耗和水耗均较高(Cunic，1996)。为了满足清除烟气中 NO_x 的要求，WGS 湿法洗涤技术可以在洗涤塔内预留脱硝空间，此时 WGS 就变为 WGS$^+$ 技术，具有同时实现烟气脱硫和脱硝功能。WGS$^+$ 技术采用氧化法，采用强氧化剂($NaClO_2$ 或 NaClO)，氧化剂的费用较高，但操作简单、运行平稳。

四、脱除 NO_x 的 LoTOx^{TM} 技术及其应用

(一) 脱除 NO_x 的 LoTOx^{TM} 技术特点

LoTOx^{TM} 技术可以集成在湿法洗涤脱硫除尘系统中，利用臭氧将烟气中的 NO_x 氧化为水

溶性的N_2O_5并生成的HNO_3，随后经洗涤器的喷嘴洗涤脱除并被装置中的碱性物质中和。由于LoTO$_x$™技术较佳的操作温度是149℃，因此烟气无需再加热，能最大限度地从热烟气中回收热量。臭氧的消耗量是基于再生烟气中NO_x含量及最终排放标准所确定的。臭氧一旦与烟气混合，迅速与不可溶的NO和NO_2分子反应生成氧化态程度更高的氧化物如N_2O_5，几乎能脱除所有的NO_x。这些高价的氮氧化物具有高的溶解性，并与烟气流中的水蒸气迅速反应生成较稀的含氧酸如硝酸。臭氧与NO_x以较高的速率进行反应，使臭氧在CO和SO_x等其他化合物的存在下仍然高选择性地对NO_x进行处理。LoTOx™的工艺原则流程如图9-28所示(Weaver，2013)。

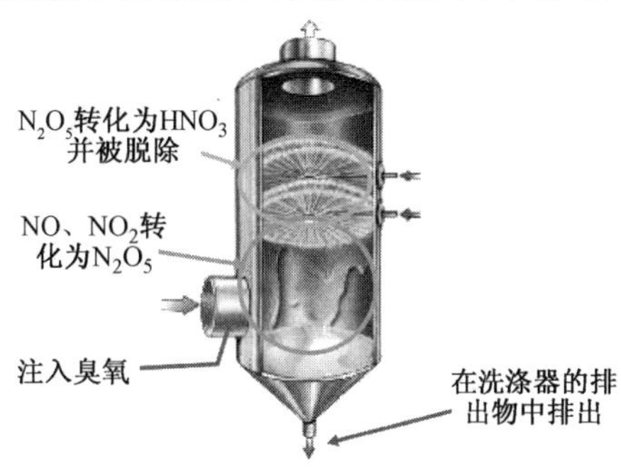

图9-28　LoTOx™工艺原则流程

(二)LoTOx™工艺过程反应化学

LoTOx™原理在于臭氧可以将难溶于水的NO氧化成易溶于水的NO_2、NO_3、N_2O_5等高价态氮氧化物。O_3氧化NO的反应机理涉及到12个基元反应或更多的基元反应(Young，2006；王智化，2007)，在实际脱硝过程中，烟气中的H_2O、N_2O和HNO_3也会参与反应，其过程主要发生以下化学反应：

$$NO + O_3 \longrightarrow NO_2 + O_2 \qquad (9-57)$$

$$2NO_2 + O_3 \longrightarrow N_2O_5 + O_2 \qquad (9-58)$$

$$N_2O_5 + H_2O \longrightarrow 2HNO_3 \qquad (9-59)$$

$$HNO_3 + NaOH \longrightarrow NaNO_3 + H_2O \qquad (9-60)$$

O_3对NO在理论上可以发生以下总括反应：

$$1.5O_3(g) + NO(g) + 0.5H_2O(l) \longrightarrow HNO_3(l) + 1.5O_2(g) \qquad (9-61)$$

N_2O_5是高溶解性气体，可以与水瞬时发生反应。因此N_2O_5很容易在SO_2之前被系统脱除，这是由于N_2O_5的溶解性至少是SO_2的100倍。与湿法洗涤系统一体化时，NO被O_3氧化为N_2O_5，与H_2O发生反应生成HNO_3，与NaOH发生反应生成$NaNO_3$和H_2O。此外，尽管O_3对SO_2的氧化效率较低，但O_3对溶于水的SO_2具有氧化作用，其氧化反应式如下：

$$O_3 + SO_2 \cdot H_2O(aq) \longrightarrow H_2SO_4 + O_2 \qquad (9-62)$$

$$O_3 + H_2SO_3^- \longrightarrow H_2SO_4^- + O_2 \qquad (9-63)$$

$$O_3 + SO_3^{2-} \longrightarrow SO_4^{2-} + O_2 \qquad (9-64)$$

如果O_3对SO_2的反应程度较高，一方面会促进SO_2在湿法洗涤中的吸收，但另一方面也会参与NO和O_3的反应，加速O_3的消耗。从降低能耗的角度出发，希望O_3和SO_2的反应程度越低越好。SO_2主要在湿法洗涤装置中脱除，在水相介质中生成亚硫酸盐或亚硫酸，而亚硫酸盐或亚硫酸也是除臭氧剂，使再生烟气中任何未反应的或过量的臭氧迅速被洗涤器中的水介质吸收，从而实现离开脱除系统烟气中的臭氧含量达到可忽略的程度。

(三)LoTOx™脱硝反应器在湿法洗涤塔中的安置方式

将LoTOx™脱硝反应器嵌入到现有的湿法洗涤脱除系统中的主要问题是是否存在足够的停留时间，保证臭氧能够与NO_x反应生成水溶性的N_2O_5，通常采用下列三种方法。

(1)增加现有洗涤塔空间

在急冷区和喷嘴所在区域之间增加所需要的空间用于安置喷嘴，为 LoTOx™ 反应提供适宜的温度区，同时也提供了一个不含过量水滴的区域(因为水滴过量会抑制 NO_x 反应)。同样，可以利用现有喷雾吸收 N_2O_5 并转化为硝酸。通常洗涤塔的高度需增加 6~15m，同时分离器的基础也要改造，且分离器的器壁需加固。

(2)在现有湿法洗涤塔上游设置 NO_x 反应器

在现有洗涤塔上游增设一个容器。烟气冷却之后进入容器，同时注入臭氧发生反应将 NO_x 转化成水溶性的 N_2O_5，然后再进入现有脱除系统的液体喷雾区脱除 N_2O_5。

(3)在现有湿法洗涤塔下游设置 NO_x 反应器

在已有湿法洗涤塔之后增加一个新的容器，用于脱除 NO_x，其主要优点是上游洗涤塔中的烟气性质不会发生变化，且新增的 NO_x 反应器可以增加对 SO_2 的脱除。同时，来自上游洗涤塔的吸收液中含有亚硫酸盐，流经 NO_x 反应器时脱除烟气中过量的臭氧。三种 LoTOx™ 反应器安置方式优劣对比列于表 9-30。

表 9-30　三种 LoTOx™ 反应器安置方式优劣对比

安置方式	改造现有容器	设在洗涤塔上游	设在洗涤塔下游
相对费用	最少	适中	低
降 NO_x 效果	极好	极好	极好
优　点	花费最少，不需要额外设计空间	现有液体喷淋用于吸收 NO_x/N_2O_5	对现有湿法洗涤器操作没有潜在影响
需考虑的问题	地基和容器的设计可能无法胜任	FCCU 和现有湿法洗涤器之间需要增加空间	新容器中需要适量的亚硫酸盐

(四)工艺参数对脱 NO_x 效率的影响

影响臭氧脱硝效率的工艺参数主要有 O_3/NO 摩尔比、反应温度、反应时间、吸收液性质等，这些工艺参数对脱 NO_x 效率都有不同程度的影响。

(1) O_3/NO 摩尔比

O_3/NO 摩尔比是指 O_3 与 NO 之间摩尔数的比值，它反映了臭氧量相对于 NO 量的高低。NO 的氧化率随 O_3/NO 的升高直线上升。在 $0.9 \leq O_3/NO < 1$ 的情况下，脱硝率可达到 85%以上，有的甚至几乎达到 100%。按反应式(9-57)，O_3 与 NO 完全反应的摩尔比理论值为 1，但在实际中，由于其他物质的干扰，可发生一系列其他反应，如式(9-58)至式(9-60)，使得 O_3 不能 100%与 NO 进行反应。

(2)反应温度和反应时间

由于臭氧的生存周期关系到脱硝效率的高低，臭氧对反应温度的敏感性具有重要意义。王智化等(2007)在对臭氧热分解特性的研究中发现：在 25℃时，臭氧的分解率只有 0.5%；在 150℃时，臭氧的分解率也不高；当温度高于 200℃时，分解率显著增加，随着温度增加到 250℃甚至更高时，臭氧分解速度明显加快。这些结果对研究臭氧在烟气中的生存时间及氧化反应时间具有重要意义。

在反应时间 1~3s、反应温度 50~60℃下有较高的脱硝效率，但随着温度升高，脱硝效率急剧下降；在反应时间 4s、反应温度 50~90℃下，能达到 90%的脱硝效率；在反应时间

5s、反应温度50~90℃下，脱硝效率在80%左右。因此适宜的反应时间应该不超过4s，再增加停留时间并不能增大NO的脱除率，这是因为关键反应的反应平衡在很短时间内即可达到，不需要较长的臭氧停留时间(刘志龙，2012)。随着反应温度升高，脱硝效率总体呈下降趋势；在反应温度50~100℃、反应时间1~5s时，脱硝效率都比较高，特别是反应时间4 s时，脱硝效率在90%左右，但当反应温度超过100℃后，脱硝效率有所降低。

(3)吸收液性质

利用臭氧将NO氧化为高价态的氮氧化物后，再用吸收液吸收。常用的吸收液有水、NaOH、$Ca(OH)_2$等碱液。不同的吸收剂产生的脱除效果会有一定的差异，采用水吸收尾气时，NO和SO_2的脱除效率分别达到86.27%和100%；采用Na_2S和NaOH溶液作为吸收剂，NO_x的去除率高达95%，SO_2去除率约100%，但存在吸收液消耗量大的问题。

(五)LoTOx™-EDV技术工业应用

当LoTOx™技术作为脱硝模块嵌入到EDV湿法洗涤系统中，形成了烟气脱硫脱硝一体化技术。烟气脱硫脱硝工艺流程与EDV湿法洗涤略有差异，需设置臭氧发生器、急冷区的臭氧注射管及洗涤塔上的一些泵、管件、喷头等，增加氧化区。烟气脱硫脱硝工艺是由烟气洗涤、碱粉注入、臭氧发生和废水处理4部分所组成的，洗涤塔分为烟气急冷区、氧化区、吸收区、滤清模块、气体分离器和烟囱等部分。

某FCC装置脱硫脱硝一体化工艺原则流程如图9-29所示。自余热回收系统来的含SO_2、NO_x及携带催化剂粉尘的高温再生烟气，通过烟道水平流入洗涤塔，立即被急冷水喷嘴喷出的雾化水急冷到饱和温度。饱和烟气在急冷区后部与喷入洗涤塔入口段的臭氧混合，水平进入洗涤塔氧化区，喷入的臭氧选择性将烟气中的NO_x(NO和NO_2)氧化为N_2O_5，同时N_2O_5与烟气中的水蒸气结合形成硝酸(HNO_3)。烟气中NO_x与O_3发生氧化反应时间大约是3s，臭氧注入喷嘴安装在急冷水喷头后。氧化后的烟气上升到吸收区，吸收区设有4层且每层有4个G400喷嘴，喷出的洗涤液用于吸收烟气中的硝酸、SO_2和粉尘，最下面1层为硝酸吸收喷嘴，上部3层为SO_x吸收喷嘴，循环洗涤液的pH值控制在7.0，洗涤液体的pH值通过添加30%左右的NaOH溶液加以控制。循环洗涤液通过循环泵送入喷嘴进行喷淋。气液两相密集接触发生中和反应生成硝酸盐，有效地除去HNO_3，完成NO_x脱除控制工艺的最后一步。气液两相的密集接触同样能够有效除去催化剂颗粒和吸收烟气中的SO_x。洗涤液与SO_2反应先生成亚硫酸氢盐，随后发生反应生成亚硫酸盐。洗涤塔中如有任何过量的O_3，都将亚硫酸氢盐和亚硫酸盐转成硫酸盐，从而使烟气中的NO_x、SO_x、颗粒物以及其他酸性气体均被吸收，同时洗涤塔再循环回路内需要维持至少3000μg/g的亚硫酸盐和亚硫酸氢盐，以便最大限度地降低烟囱中的O_3含量。如有必要，可添加亚硫酸氢盐，以维持这个最小量。烟气在离开吸收区后，已脱除烟气携带较大的颗粒，而携带微粒在滤清模块中脱除。滤清模块有38个单元，每个单元配有1个F130喷嘴，向下喷入文丘里管，收集微尘颗粒、SO_2和酸雾，喷淋过后的水沿四壁往下流到塔底循环罐。经滤清模块后的烟气进入由12个水珠分离器组成的单元，将剩余的水滴与烟气分离，水排入到水珠分离器的底部，而无水滴的烟气则进入烟囱。吸收区和滤清模块底部分别设有积液槽，通过控制向两个积液槽的注碱量控制洗涤液的pH值，通过补充水来维持积液槽的液位。净化烟气中的SO_2浓度可通过调整洗涤液循环量和洗涤液的pH值来实现。

洗涤塔底排出的含盐污水在进入废水处理单元前混入一定浓度的絮凝剂，然后进入含盐污水澄清器。澄清器上部排出的清液经胀鼓式过滤器分离浆液中的悬浮物后，进入三级串级氧化罐，在氧化罐底注入空气，在罐内采用曝气的方式将不稳定的亚硫酸盐氧化成硫酸盐；同时采用设计优化的空气分布器，使空气在罐内均匀分布，并在氧化罐中部增加搅拌器，实现气液充分接触；向每个罐内注碱，控制出口浆液的 pH 值，从而尽可能降低外排废水中的 COD 值。经氧化处理，含盐污水自流到含盐污水罐中，用含盐污水泵加压后送往含盐污水过滤器，进一步除去水中的催化剂悬浮物，经过处理的含盐污水外送至污水处理系统。澄清器底部的颗粒物经沉淀后排入泥浆过滤箱，滤出的水由滤液泵打回澄清器处理。

洗涤塔氧化区所用的臭氧均来自臭氧发生单元。氧气和氮气以一定的比例混合后进入到臭氧发生器中，产生体积分数 10%～12%的臭氧。富含臭氧的气体进入洗涤塔急冷区后部与烟气混合，对烟气中含有的 NO 进行氧化。臭氧发生器在产生臭氧的同时会释放出大量的热量，为了保证臭氧发生器能够长期稳定操作，设置了封闭的纯水冷却系统对臭氧发生器进行冷却。纯水经过泵加压后送往臭氧发生器进行冷却，升温后的纯水经过板式换热器被循环水冷却，冷却后再次经泵加压后返回臭氧发生器，从而完成一次封闭循环。

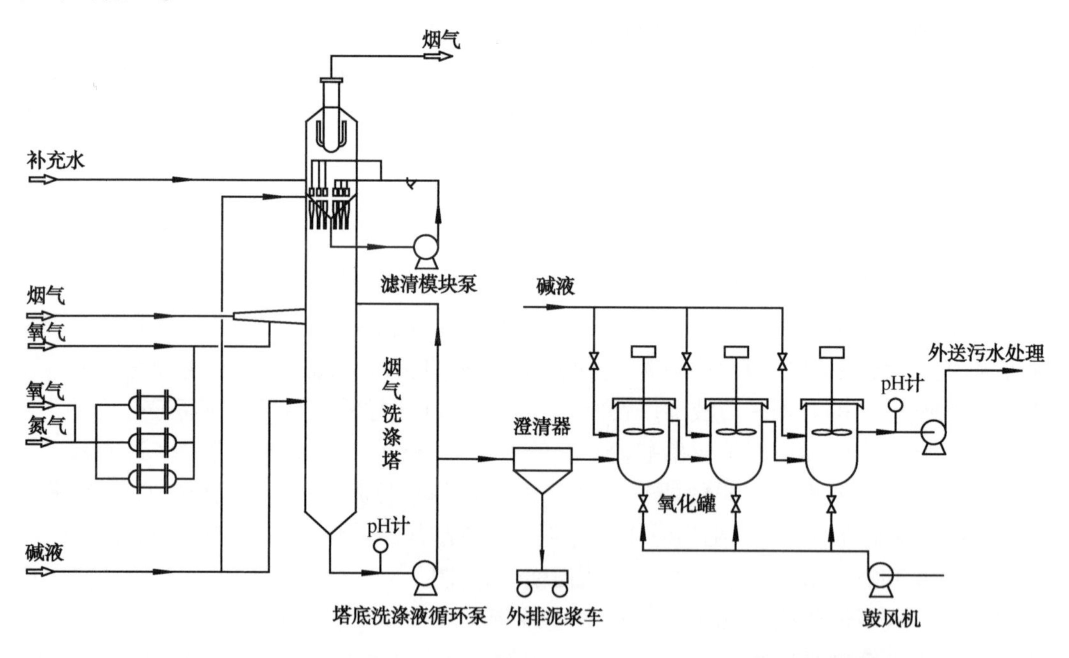

图 9-29　EDV5000® 湿法洗涤脱硫与 LoTOx™脱硝一体化工艺原则流程

某 3.5 Mt/a 催化裂化装置采用 EDV 湿法洗涤脱硫和 LoTOx™脱硝一体化技术，运转结果表明：烟气中 SO_2浓度从 553mg/m³下降到 29mg/m³；NO_x浓度从 215mg/m³下降到 29mg/m³；粉尘浓度从 152mg/m³下降到 25mg/m³，远低于国家排放标准。此外，洗涤系统压力降只有 1.5kPa，对 FCC 装置的余热回收和烟机系统影响极小，保证装置能量回收不损失，新鲜水消耗量为 60t/h，循环水量为 35t/h，电消耗量为 1027(kW·h)/h，臭氧消耗量为 45kg/h，30%NaOH 消耗量为 2.02t/h，絮凝剂消耗量为 1.4kg/h(陈忠基，2013)。

五、选择性催化还原法(SCR)技术及其应用

(一)SCR 技术特点

SCR 技术通常使用 V_2O_5-WO_3(MoO_3)/TiO_2整装填料型催化剂，在 250~427℃时，引入 NH_3并保持与 NO_x摩尔比等于 1 或略大于 1，使烟气中 NO 或 NO_2被 NH_3还原生成无毒无污染的 N_2和 H_2O。

在 SCR 工艺中，催化剂的投资约占整个 SCR 投资的 30%~40%。催化剂以 TiO_2为载体，主要活性成分为 V_2O_5-WO_3(MoO_3)等金属氧化物，具有较高的选择性，一般两年需要再生处理一次。此催化剂也是 SO_2 转化为 SO_3 的催化剂，为防止 SO_2被氧化为 SO_3，活性组分 V_2O_5的负载量很低，一般小于 1%，WO_3作为助催剂，主要用来提高催化剂的活性和稳定性，其负载量为 9%左右，MoO_3也能用作助催剂，其负载量为 6%左右。再生处理主要是将重金属从催化剂中溶出，恢复催化剂活性，再生处理会产生少量废水。催化剂为平行流道，这意味着烟气直接通过开口的通道，并平行接触催化剂表面，气体中的颗粒物被气流带走，NO_x靠紊流迁移和扩散，到达催化剂表面。平行流道式催化剂一般制成一个集束式单元结构。常用的催化剂形状是蜂窝状，具有强度高且易清理的特点，其断面尺寸一般为 150mm × 150mm，长度为 400~1000mm，几个单元可以叠合成一个组合体装入反应器中，反应器中一般装填 3 层催化剂。

SCR 反应器是由碳钢制塔体、烟气进出口、催化剂放置层、人孔门、导流叶片等部件所组成的，其结构如图 9-30 所示。反应器壳体采用板箱式结构，催化剂以单元模块形式叠放在若干层托架上，布置在反应器之中，同时要考虑良好的 NH_3/NO_x混合和速度的均匀分布，以保证脱硝效率。在进入第一层催化剂时，烟气应满足 NH_3/NO_x的最大偏差平均值为 ±5%，速度的最大偏差平均值为 ±15%，温度的最大偏差平均值为 ±10℃，烟气入射催化剂最大角度为 ±10°，因此烟道、氨喷射系统优化设计及合理布置烟道内导流板等整流装置十分关键。

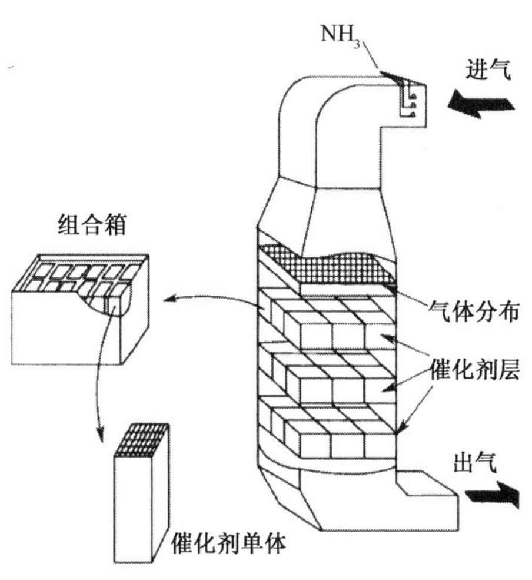

图 9-30 SCR 反应器基本结构

SCR 系统一般是由氨的储存系统、氨和空气的混合系统、氨喷入系统、反应器系统及监测控制系统等所组成的。液氨由槽车运送到液氨储罐，液氨储槽输出的液氨在雾化后与空气混合，通过喷氨格栅的喷嘴喷入烟道反应器。达到反应温度且与氨气充分混合的烟气经 SCR 反应器中的催化剂层，氨气与烟气中 NO_x在催化剂上发生催化还原反应，将 NO_x还原为 N_2和 H_2O，脱硝效率一般在 60%~90%之间，设备阻力在 0.5~0.7kPa 之间，其工艺原则流程如图 9-31 所示。

(二)SCR 法过程反应化学

在有氧情况下，NH_3与烟气中 NO_x在催化剂上发生气固反应，催化剂的活性位吸附的氨与气相中的 NO_x发生反应，生成 N_2和 H_2O，产物 N_2分子中一个原子 N 来自 NH_3，另一个来自于 NO_x，其还原反应式如下(Busca，1998)：

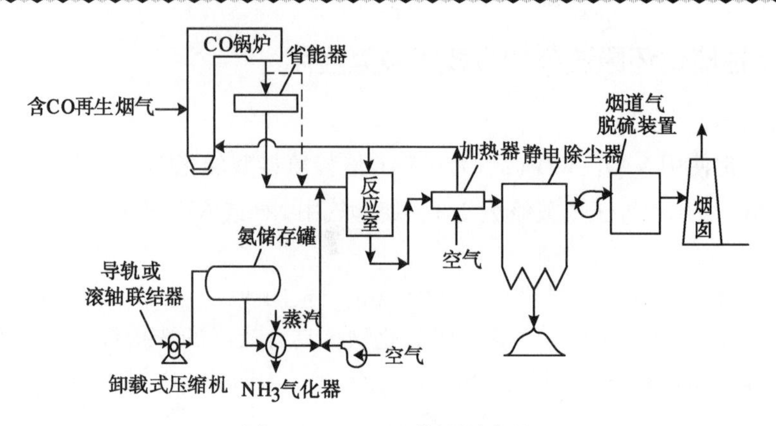

图 9-31　SCR 工艺原则流程

$$4NO + 4NH_3 + O_2 \longrightarrow 4N_2 + 6H_2O \qquad (9-65)$$

$$2NO_2 + 4NH_3 + O_2 \longrightarrow 3N_2 + 6H_2O \qquad (9-66)$$

在 NO/NH_3(摩尔比)接近 1，氧气所占比例较小时，式(9-65)是主要反应，即 N_2是主要产物，因此可用 N_2的产生率表示催化剂的选择性。对于选择性较高的催化剂，N_2的产生率应近似于 100%。此外 NO 和 NH_3还可以生成温室气体 N_2O，式(9-67)是不希望发生的反应：

$$4NO + 4NH_3 + 3O_2 \longrightarrow 4N_2O + 6H_2O \qquad (9-67)$$

当 $NO/NH_3<1$，除了式(9-67)外，NH_3还可以通过下述反应与氧气发生氧化反应：

$$2NH_3 + 3/2O_2 \longrightarrow N_2 + 3H_2O \qquad (9-68)$$

$$2NH_3 + 2O_2 \longrightarrow N_2O + 3H_2O \qquad (9-69)$$

$$2NH_3 + 5/2\ O_2 \longrightarrow 2NO + 3H_2O \qquad (9-70)$$

当 SO_2存在时，还发生下列副反应：

$$2SO_2 + O_2 \longrightarrow 2SO_3 \qquad (9-71)$$

$$NH_3 + SO_3 + H_2O \longrightarrow NH_4HSO_4 \qquad (9-72)$$

$$2NH_3 + SO_3 + H_2O \longrightarrow (NH_4)_2SO_4 \qquad (9-73)$$

(三)脱硝还原剂选择

脱硝还原剂主要有液氨、氨水和尿素三种。还原剂的选择非常重要，直接影响装置运行的操作费用。尿素法是先将尿素固体颗粒在容器中完全溶解，然后将溶液用泵送到水解槽中，通过热交换器将溶液加热至反应温度后与水反应生成氨气；尿素虽然价格较高，但是其运输安全性高，存储方便，存储设备安全要求低。氨水法是将 25%的含氨水溶液通过加热装置使其蒸发，形成氨气和水蒸气。25%氨水价格较高，且为有害液体，运输费用高，存储条件较苛刻。纯氨法是将液氨在蒸发器中加热成氨气，然后与稀释空气混合成氨气体积分数为 5%的混合气体后，送入烟气系统。纯液氨价格低廉，其对设备储存要求较高。三种脱硝剂使用性能比较列于表 9-31。由于国内对液氨储存的技术已经非常成熟，因此采用液氨作为吸收剂是最合理的选择。还原剂在 SCR 工艺系统中会产生 NH_3逃逸和泄漏，一般氨的逃逸量应控制在 3～5μg/g，此逃逸量对下游的空气预热器的安全运行和环境空气质量影响较小。

表 9-31 脱硝剂使用性能对比

项目	液氨	氨水	尿素
反应剂费用	便宜	较贵	最贵
运输费用	便宜	贵	便宜
安全性	有毒	有害	无害
存储条件	高压	常压	常压，干态
储存方式	液态	液态	微粒状
初投资费用	便宜	贵	贵
运行费用	便宜	贵	贵
设备安全要求	有法律规定	需要	基本上不需要

(四)工艺参数对脱硝效率的影响

工艺参数主要有反应温度、停留时间和 NH_3/NO_x(摩尔比)，选择合理的操作条件同样可以提高脱硝效率。

(1)反应温度

对于金属氧化物催化剂[$V_2O_5-WO_3(MoO_3)/TiO_2$]等而言，最佳的操作温度为 250~427℃。当温度低于最佳温度时，NO_x的反应速度降低，氨逃逸量增大；当温度高于最佳温度时，NO_2生成量增大，同时造成催化剂的烧结和失活。

(2)停留时间

在反应温度为 310℃，NH_3/NO_x(摩尔比)为 1 的条件下，停留时间与脱硝率的关系见图 9-32。最佳的停留时间为 200ms，当停留时间较短时，随着反应气体与催化剂的接触时间增大，有利于反应气的传递和反应，从而提高脱硝率；当停留时间过大时，由于 NH_3氧化反应开始发生而使脱硝率下降。

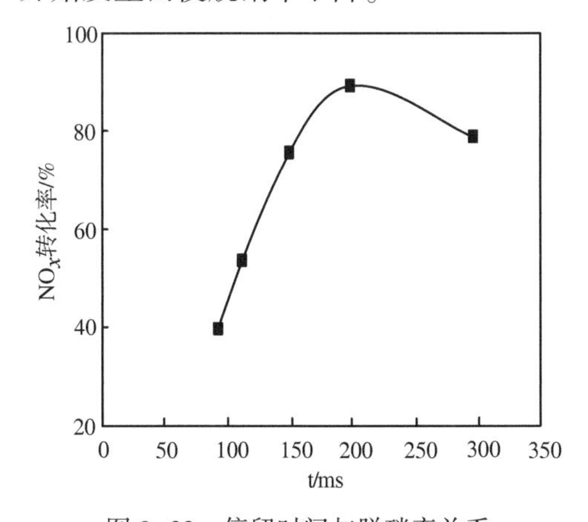

图 9-32 停留时间与脱硝率关系

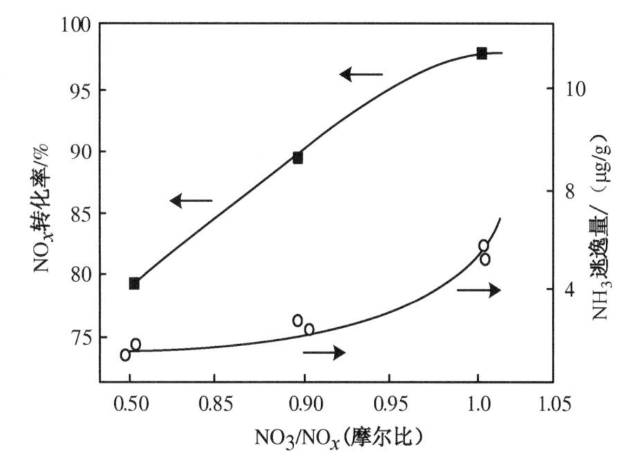

图 9-33 NH_3/NO_x(摩尔比)与脱硝率和 NH_3逃逸量的关系

(3)NH_3/NO_x(摩尔比)

按照式(9-65)，脱除 1mol NO 要消耗 1mol NH_3。动力学研究表明，当 NH_3/NO_x(摩尔比)<1 时，NO_x的脱除速率与 NH_3的浓度成正线性关系；当 NH_3/NO_x(摩尔比)≥1 时，NO_x的脱除速率与 NH_3的浓度基本没有关系，如图 9-33 所示。从图 9-33 可以看出，当 NH_3/NO_x(摩尔比)大约为 1.0 时，能达到 95%以上的 NO_x脱除率，并能使 NH_3的逃逸量控制在

5μg/g 以下。然而，随着催化剂在使用过程中的活性降低，NH_3的逃逸量也在慢慢增加。为减少对设备的腐蚀，一般需将 NH_3的逃逸量控制在 2μg/g 以下，此时，实际操作的 NH_3/NO_x(摩尔比)≤1。

(五)SCR 脱硝反应器安装位置选择

SCR 脱硝反应器的安装位置有高粉尘布置、低粉尘布置和尾部布置三种方式，如图 9-34 所示。采用高粉尘布置时，SCR 反应器位于锅炉省煤器和空气预热器之间，此时烟气温度在 300~400℃范围内，烟气不需加热可获得较高的 NO_x净化效果。但催化剂处于高粉尘烟气中，粉尘中的金属(K、Na、Ni、V)会污染催化剂使其中毒，同时粉尘磨损反应器，堵塞催化剂通道。有时此处烟气温度过高，会使催化剂烧结。对于 FCC 装置，SCR 反应器最好安装在 CO 余热锅炉蒸发段与省煤器之间，因为此区间的烟气温度刚好适合 SCR 脱硝还原反应，氨则喷射于蒸发段与 SCR 反应器之间烟道内的适当位置，使其与烟气混合后在反应器内与 NO_x反应。采用低粉尘布置时，SCR 反应器位于省煤器后的高温电除尘器和空气预热器之间，从而降低了烟气中的粉尘对催化剂的污染和反应器的磨损与堵塞，但电除尘器在 300~400℃之间难以长期正常运转。采用尾部布置时，SCR 反应器位于除尘器和烟气脱硫系统之后，催化剂不受粉尘和 SO_3等污染，但由于烟气温度较低，仅为 50~60℃，一般需要换热器或加热器等将烟气温度提高到催化剂的活性温度，从而增加了运转能耗。

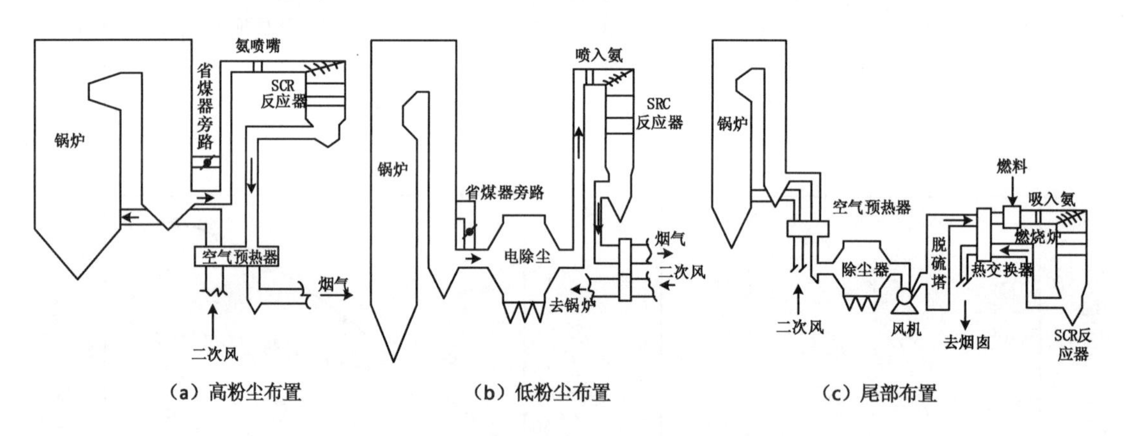

图 9-34　SCR 脱硝反应器的安装位置

(六)SCR 技术工业应用

某重油 FCC 装置采用国内开发的 SCR 技术，该技术充分利用余热锅炉的结构和剩余空间，让其起到“混合器”和“催化反应器”的作用。向锅炉内注氨，锅炉内换热管起到混合器的作用，节省了混合器，催化剂利用余热锅炉的剩余空间，放在余热锅炉内，使设备空间紧凑，节省了占地面积。再生烟气首先进入 CO 锅炉回收热量，依次经过水保护段、过热段、蒸发段、脱硝单元和省煤器后，再进入烟气除尘脱硫单元，其一体化工艺原则流程见图 9-35。

在 SCR 脱硝单元中，汽化的氨和稀释空气混合，通过喷氨格栅喷入 SCR 反应器上游的烟气中，充分混合后的还原剂和烟气在反应器中除去大部分 NO_x。反应器安装在锅炉蒸发段与省煤器之间，催化剂床层前后设置烟气转向导流设施，确保烟气通过床层。蒸汽吹灰器设

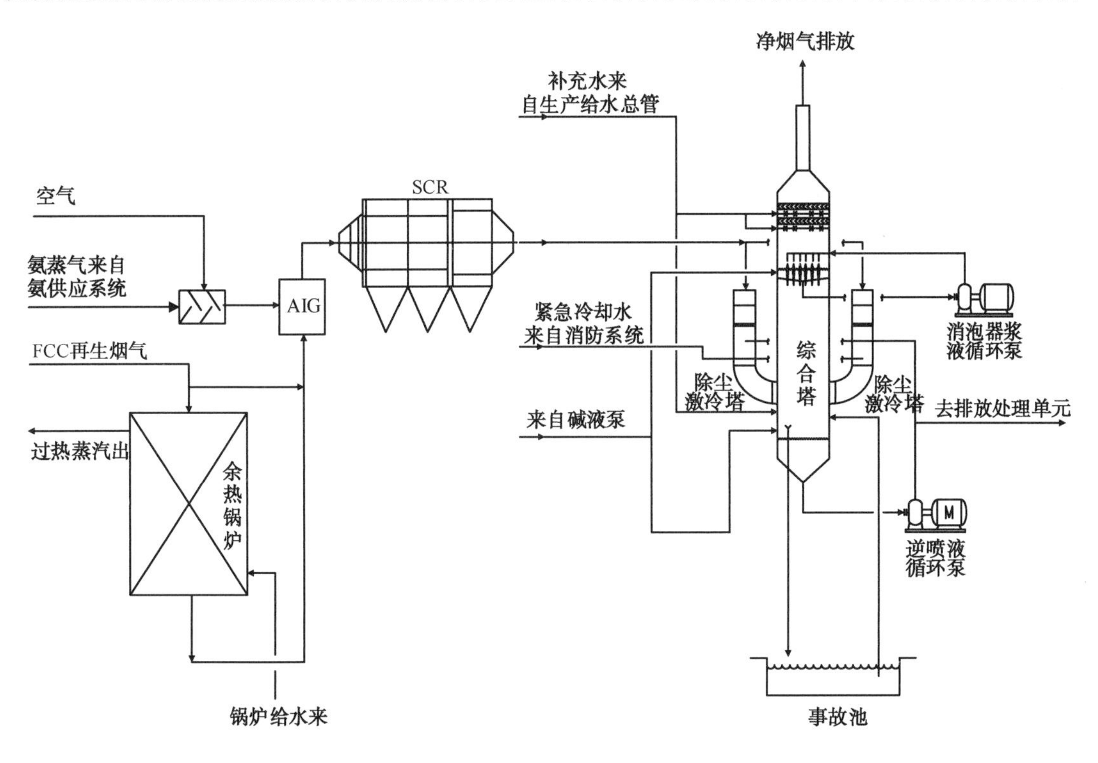

图 9-35　SCR 脱硝与湿法洗涤脱硫一体化工艺原则流程

置在每层催化剂的上方，保证催化剂的清洁和反应活性。可根据入口 NO_x浓度自动调整注氨量，生成物为 N_2，在一定范围内可使烟气中 NO_x浓度低于排放标准要求，并且氨逃逸量较小，无副反应发生，无二次污染。液氨的供应由液氨槽车运送，利用液氨卸料压缩机将液氨由槽车输入储氨罐内，用液氨泵将储槽中的液氨输送到液氨蒸发槽内蒸发为氨气，经氨气缓冲槽来控制一定的压力及流量，然后与稀释空气在混合器中混合均匀，再送到锅炉内 SCR 反应器。氨直接注入锅炉过热段，利用锅炉内的换热管束起到混合的作用，避开氨的爆炸极限 15%～28%。

来自锅炉脱硝后的烟气依次经过文氏格栅、逆喷湍冲段(急冷塔)、消泡器(综合塔)，与流体发生碰撞，完成湍冲洗涤、吸收等过程，温度降至饱和状态，同时去除烟气中大部分 SO_2、催化剂粉尘以及其他酸性气体，净化烟气经除雾器、捕沫器除去水雾，经烟囱排入大气。部分浆液与絮凝剂混合进入浆液缓冲池，由泵送入胀鼓式过滤器，颗粒物在胀鼓过滤器内分离，上清液进入氧化罐用空气氧化，同时补入少量 30% NaOH 调节其 pH 值，最后废水进入排液池而排出。胀鼓式过滤器浓浆液周期性排至浆液浓缩缓冲罐，然后排至真空带式过滤机，经抽滤脱水形成泥渣外运。采用胀鼓式过滤器+浓缩罐+真空带式脱水机工艺，将间歇性清泥变成连续产泥工艺，增加了浆液废水处理能力。该技术具有脱硫效率高、抗粉尘冲击能力强的特点，但由于双塔洗涤流程相对复杂，烟气系统压降和占地面积均较大。

该烟气脱硝除尘脱硫技术工业应用结果表明，外排烟气 NO_x浓度一直稳定在 $50mg/Nm^3$以下，NO_x脱除率为 70%～80%；入口烟气中的 SO_2含量在 $500～2500mg/Nm^3$范围内波动，而

外排烟气 SO_2 浓度均能控制在 50mg/Nm³以下，脱硫效率可维持在 98%以上；入口烟气粉尘浓度一直维持在 500~600mg/Nm³之间，而外排烟气粉尘浓度均能控制在 50mg/Nm³以下。锅炉炉膛压力为 9.5kPa，锅炉单元（含 SCR）总压降为 3kPa，其中 SCR 反应器总压降为 1.5kPa。脱硫单元总压降 4.2kPa，其中文氏格栅压降 0.8kPa，消泡器压降 0.82kPa，人形捕沫器压降 0.07kPa，圆通除雾器压降为 0.35kPa。随着注氨量增加，脱硝率可达 90%，但逃逸氨浓度可能达到 2.5mg/m³以上，此外，炉膛温度对脱硝率的影响表现为炉膛温度升高，烟气中 NO_x 浓度有增高。

由于 SCR 工艺采用氨为还原剂，而烟气中过剩氨浓度有利于 NO_x 的转化，但当烟气中 SO_3 浓度较高时，在一定温度下两者反应生成硫酸铵和硫酸氢铵，将以颗粒状态降低烟气透明度，或以黏稠酸性物状态沉积在设备上面，造成通道堵塞并损坏设备。此外还存在着不同程度的氨逃逸问题，会造成二次污染。以 2Mt/a FCC 装置为例，若采用 SCR 法脱硝，脱硝后烟气中夹带的 NH_3 约 0.75kg/h。这些 NH_3 会在湿法烟气脱硫时被洗涤下来，易导致烟气脱硫排水氨氮超标，产生二次污染问题。

第五节　车用燃料清洁化

石油从地下开采、石油输送、石油炼制、产品配送到最终客户使用的产品，其过程能量消耗比例大致为石油开采约占 7%、石油输送约占 2%、石油炼制约占 10%、产品配送约占 1%，而最终客户使用的石油产品作为燃料约占 80%。也就是说，80%以上的石油作为油品被燃烧掉，即污染物排放 80%以上是由油品燃烧所造成，远高于石油炼制过程所排放的污染物。由于车用汽油和柴油在石油燃料产品中占绝大部分，因此其质量规范高低不仅对环境污染有着重要影响，而且对改善其燃烧效率也起着重要作用。

一、车用燃料中的催化裂化汽油和轻循环油组分

1. 催化裂化汽油

车用汽油是多种组分调合而成的产品，直观地称为汽油池。按炼油厂装置来源，车用汽油调合组分可分为三类：第一类是直馏汽油；第二类是催化重整汽油、烷基化汽油、异构化汽油和含氧化合物等高辛烷值组分；第三类包括催化裂化汽油、加氢汽油和焦化汽油等重油加工产物。随着车用汽油质量规范日趋严格，车用汽油调合组分也会发生变化，例如，美国从 1986 年元旦开始限制车用汽油中的铅含量，铅含量最大允许值从 1.1g/L 降低到 0.026g/L 以下，到 1993 年全部使用无铅汽油。使用无铅汽油后，汽油调合组分中不再包括低辛烷值的直馏汽油和焦化汽油，而异构化油的比例大幅度增加，同时，催化裂化汽油、异构化油和重整汽油的辛烷值都有所提高，含氧化合物的调合量也有所增加。国内车用汽油组分变化也是如此，从 2000 年到 2015 年，随着国内车用汽油质量升级步伐加快，对烯烃、硫含量的限制值降低，催化汽油直接作为车用汽油组分的比例将不断地下降，这一点从 2005 年度和 2010 年度车用汽油调合组分的变化可以看出，在 2005 年的汽油调合组分中，催化裂化汽油的比例高达 74.7%，而重整汽油仅占 17.7%；为降低汽油中的硫含量，到 2010 年约有 31.4%的催化裂化汽油经过后精制处理，车用汽油调合组分中没有精制的催化裂化汽油的比例已经降低了 37.9%，而重整汽油组分的比例提高到 20.2%，MTBE 等高辛烷值组分有所增加，如表 9-32 所列。

表 9-32 车用汽油调合组分的变化

统计年份	汽油池的组成/%				
	催化裂化汽油	重整汽油	加氢汽油	MTBE	其他
2005 年	74.7	17.7	2.5	3.8	1.3
2010 年	37.9	20.2	31.5	4.9	5.6

早期各国的汽油标准中，除美国 ASTM 标准是以汽油的蒸发性(馏程、气液比、蒸气压)等级和抗爆指数(RON+MON)/2 划分汽油等级外，其他均以辛烷值(RON，MON)和铅含量划分无铅或含铅优质汽油和普通汽油。无铅优质汽油的 RON 均在 95.0 以上，含铅优质汽油的 RON 均在 97.0 以上，普通汽油 RON 一般为 90 左右。除此之外，车用汽油对汽油组成无特殊要求，因此，催化汽油无需处理就可以直接作为车用汽油组分。由于催化裂化汽油产量高、生产成本低且辛烷值较高，再加上我国早期炼油装置主要处理石蜡基大庆原油，因此，我国催化裂化技术得到迅速发展，造成我国车用汽油中的催化裂化汽油约占 80%。随着车用汽油质量规格不断提高，对车用汽油中的烯烃含量、芳烃及苯含量和硫含量限制日趋严格，催化裂化汽油难以直接作为车用汽油调合组分，必须进行预先处理，降低其烯烃含量、芳烃及苯含量和硫含量，方能调合到车用汽油池中。经过十几年努力，我国开发了多种技术途径可以实现催化汽油满足国 V 汽油规范要求，其中 MIP+S Zorb 技术途径是目前最具有竞争力的，国 V 车用汽油生产主要来自这一技术途径，详见第四章。

从 2010 年欧美等发达国家及我国各类汽油生产装置生产能力来看，我国催化裂化汽油平均值在 70%左右，比国外平均值高 18.4 个百分点，重整汽油低近 10 个百分点，烷基化油只占车用汽油池中的 1%(曹湘洪，2012)。因此，催化裂化汽油是我国车用汽油的主要调合组分，但必须降低催化裂化汽油中的烯烃和硫含量，以满足车用汽油质量规格要求，第四章已论述催化汽油后处理技术。同时，随着汽车工业的技术进步，对高辛烷值牌号的汽油需求量增大，对低辛烷值汽油的需求量在不断减少。为了满足高标号汽油的生产，就必须增加高辛烷值汽油组分，如重整汽油和 MTBE 等等。重整汽油的优点是其重组分辛烷值较高，轻组分辛烷值较低，正好弥补了催化裂化汽油重组分辛烷值低、轻组分辛烷值高的不足。除了苯含量和芳烃含量较高以外，重整汽油不含烯烃，硫含量极少，蒸气压较低，辛烷值很高，是一种优质的汽油调合组分。烷基化油不仅辛烷值很高，而且辛烷值敏感性低，蒸气压较低；烷基化油不含芳烃和烯烃，因此燃烧性能好，燃烧热值高，是一种理想的清洁汽油组分，同时可以调节汽油中间辛烷值。C_5/C_6异构化汽油也是一种不含烯烃和芳烃的高辛烷值并且辛烷值敏感性低的汽油组分；异构化汽油还有一个优点是能调节汽油的前端辛烷值，与重整汽油合用能使汽油的馏程有合理分布，从而改善发动机的启动性能。车用汽油中添加的含氧化合物主要有 MTBE、TAME、ETBE、DIPE 及甲醇、乙醇等。直馏汽油、加氢汽油和焦化汽油等因辛烷值低，很少直接作为车用汽油的调合组分。因此，通过调整各类汽油生产装置生产能力相对比例也是提高车用汽油质量技术途径之一。为此，中国石油和中国石化两大集团公司从 2000 年到 2010 年期间，建成多套催化重整装置，从而使我国催化裂化生产能力(按原油生产能力 100%计)从 35.7%降至 28.4%，降低 7.3 个百分点，催化重整由 6.2%上升至 9.5%，上升 3.3 个百分点(张德义，2012)。当然，重整汽油受制于芳烃体积含量和 50%点温度限制，MTBE 等醚类和醇类受制于氧含量和 50%点温度限制。

催化裂化汽油在各标号汽油中含量也有所不同，在 97#汽油中，催化裂化汽油含量较低，而在90#汽油中，催化裂化汽油含量较高。催化裂化汽油在各标号汽油中所占的粗略比例列于表 9-33。

表 9-33 催化裂化汽油在各标号汽油中所占的粗略比例

汽油标号	重整汽油/%	催化汽油/%	MTBE/%	精制石脑油/%
97#汽油	~30	~60	~10	
93#汽油	~20	~75	~5	
90#汽油	~15	~80		~5

2. 催化裂化轻循环油

早期国外车用柴油质量指标变化不大，一般十六烷值指标的范围为 40~50，硫含量多数控制在 0.5%以下，90%馏出点温度在 330~360℃之间。由于柴油汽车发展较快，对柴油的需求量明显地增加，为了增加柴油产量，采取了拓宽柴油馏分范围，提高终馏点的方法，同时由于直馏柴油的资源有限，被迫利用二次加工所得到的轻质油品，如轻循环油、焦化柴油。由于轻循环油、焦化柴油在柴油池中的比例逐渐增多，致使十六烷值下降，而芳烃含量上升。例如美国柴油中的芳烃含量从 1970 年的 20%上升到 1986 年的 27%左右，而十六烷值从 48.7 降低到 45.1。随着车用柴油质量规格不断提高，欧美国家柴油中直馏柴油调合比例达 60%~80%，美国柴油构成中的轻循环油低于 25%，欧盟国家的轻循环油低于 10%。我国早期炼油装置主要加工石蜡基大庆原油，其直馏柴油和二次加工的柴油质量均较优质，两者混兑就能满足车用柴油规格要求，与国外车用柴油质量相当。随着原油重质化和市场对轻质油品需求的快速增长，作为我国重油轻质化主要手段的催化裂化技术得到了广泛的应用，导致我国柴油池中轻循环油的比例较大，约在 30%以上，其他类型的柴油占 70%，其中直馏柴油所占比例约 50%，焦化柴油所占比例约 15%，而性质较好的加氢裂化柴油所占比例较低(邹劲松，2009)。由于国内各炼油企业的规模、原油性质以及装置构成等方面的不同，这个比例在不同企业中的差别较大，中国石化轻循环油所占的比例也超过 15%，而有的企业轻循环油所占比例超过了 30%，面临着较大的柴油质量升级难度(黄新露，2012)。为满足加工劣质原油和车用柴油质量升级的需要，柴油加氢精制能力从 2000 年至 2015 年逐步增加，对硫含量较高的直馏柴油进行了加氢脱硫处理，对部分轻循环油进行了加氢脱硫和加氢改质处理以提高十六烷值，同时脱除大部分硫化物，为柴油质量升级奠定了良好的基础，这一点从 2005 年和 2010 年轻柴油调合组分的变化可以看出，仅在轻柴油调合组分中，加氢精制的柴油比例增加了约 14.9 个百分点，而未精制的直馏柴油的比例降低了约 15.4 个百分点，如表 9-34 所列。随着对轻柴油硫含量限制值的降低，未精制的直馏柴油的比例将不断降低。轻循环油直接调合到轻柴油的比例约为 3%，大部分轻循环油通过加氢精制或加氢改质技术进行加工，生产低硫柴油调合组分，这部分内容第四章已论述。未来我国车用柴油在满足市场需求的同时，也应适应环保法规对柴油质量的要求，降低硫含量，控制柴油的密度范围和多环芳烃含量，提高十六烷值。

表 9-34 2005 年和 2010 年度轻柴油调合组分的变化

统计年份	柴油的组成/%				
	加氢精制柴油	直馏柴油	加氢裂化柴油	轻循环油	其他
2005	51.0	40.5	5.0	3.1	0.4
2010	66.1	25.1	5.1	3.2	0.5

二、汽油和柴油调合技术

1. 油品调合技术

油品的调合是由分子扩散、涡流扩散(或称湍流扩散)和主体对流扩散共同作用的液-液相系互相溶解的均相过程(丁绪淮，1983)。油品调合后的特性表现在与调合组分间的线性和非线性关系上，即表现在组分间有无加和效应的关系上。某一特征等于其中每个组分按其浓度比例叠加的称为线性调合，反之称为非线性调合(彭朴，1981)。调合后的数值高于线性估测值称为正偏差，低于线性估测值称为负偏差。之所以出现这种偏差，与油品的复杂化学组成有很大关系，一般在调合中大多属于非线性调合。

随着油品质量标准日趋严格，以及生物燃料得到应用，油品调合直接决定了油品的质量和成本，这是因为油品调合可以提高产品的质量等级以及稳定性，改善油品的使用性能，同时油品中各组分使用更加合理，有效地提高产品的收率及产量，从而获得较大的经济效益和社会效益。常用的调合方法可分油罐调合和管道调合。油罐调合通常使用泵循环喷嘴或机械搅拌，泵循环喷嘴油罐调合用泵不断地从罐内抽出部分油品，通过装在罐内的喷嘴射流混合，而机械搅拌就是通过对油品不断地搅拌以达到充分混合，适用于批量不大的成品油的调合。管道调合是将各个组分按预定比例同时送入总管和管道混合器进行均匀调合的方法。管道调合可使基础调合组分储存罐减少并可取消调合罐，成品油可随用随调，这样可节省成品油的非生产性储存，减少油罐容量，同时，可精确调整各组分的比例，准确定量加入添加剂，即避免质量不合格，又避免质量过剩，提高成品油质量一次达到指标，此外，减少中间分析，取消多次油泵转送和混合搅拌，从而节约时间，降低能耗。管道调合全部过程密闭操作，可减少油品氧化蒸发，降低损耗，适用于大批量的调合。

2. 车用汽油调合

早期各国车用汽油质量标准中，均以辛烷值来划分车用汽油质量的优劣。调合一般只控制辛烷值单一重要指标，使其达到规格标准的要求，而其余指标通常都是在组分油加工过程中采取适当的工艺和操作条件进行控制与调整。随着车用汽油质量标准迅速提高，车用汽油规格中除了有馏程、胶质、诱导期、硫含量、腐蚀、酸值、辛烷值、蒸气压等常规项目外，还对苯、烯烃、芳烃等有害物含量规定了限值，从而使汽油产品调合的难度显著加大。通常采用汽油产品管道调合技术，使用线性规划方法或非线性规划方法对汽油辛烷值、蒸气压等产品性质进行精确的调合计算，更加准确地反映出不同汽油组分之间的调合效应，满足汽油产品调合要求。例如某炼油企业汽油产品管道调合过程原则流程如图 9-36 所示，脱硫后的催化裂化汽油(如 S Zorb 汽油)、重整汽油、MTBE 和烷基化汽油等各种汽油组分，来自生产装置或者来自中间储罐，通过输送管线进入汽油调合装置，以一定的比例在调合头(静态混合器)中混合均匀，生产出满足一定质量规格的成品汽油。涉及的设施设备包括管道、静态混合器、组分罐、产品罐、添加剂罐以及泵、调节阀、流量计等。优化与控制系统是由底层控制系统(如 DCS 或 PLC)、上位机、配套调合软件等构成，具有生产过程自动化、调合比例可控制等功能，能够自动控制调合生产过程，生产规定数量和质量的成品汽油。在线质量分析系统是在汽油调合生产过程中，实时、准确地提供各种组分和产品的各项重要性质数值，例如汽油的 RON、MON、蒸气压、烯烃含量、芳烃含量、苯含量、氧含量、硫含量等，其中硫含量测定一般采用专用的 X 射线荧光或紫外荧光在线硫分析仪，而其他性质基本采用在线近红外(NIR)分析系统(侯芙生，2011)。

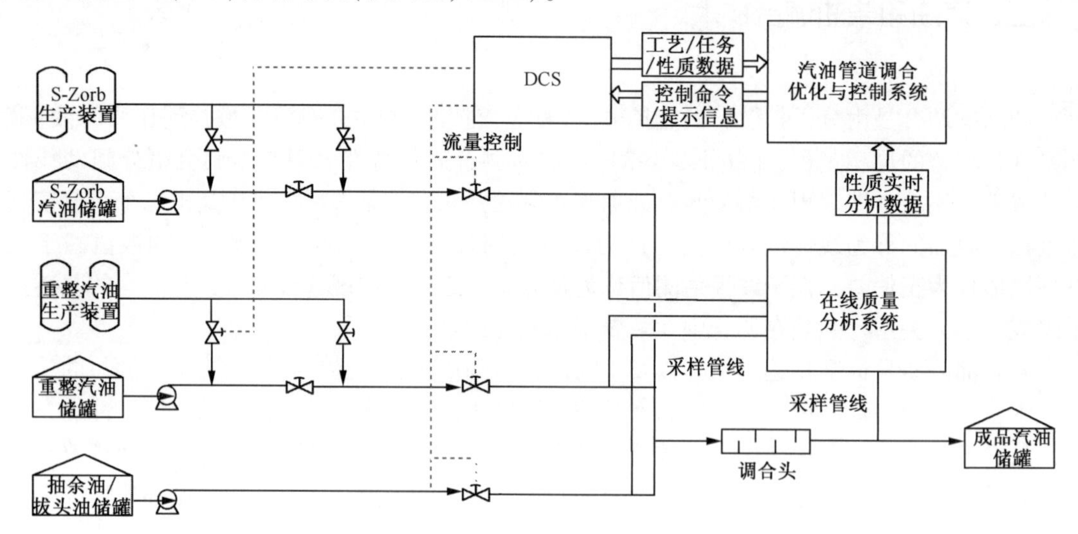

图 9-36　汽油管道调合系统原则流程

对于多种汽油组分调合的车用汽油，其燃烧的中间产物可能产生相互作用，既可能作为活化剂使预燃反应加速，也可能作为抑制剂使预燃反应变慢，结果车用汽油的调合辛烷值不再和其中所含组分的辛烷值成线性关系。这种在燃烧过程中相互作用的效应，一般和其敏感性(RON-MON)有关，烷烃和环烷烃的敏感性基本上为零，在调合时没有明显的相互作用，基本上是线性调合，如直馏汽油和烷基化汽油；而烯烃和芳烃则相反，表现为非线性调合，如催化汽油与重整汽油之间相互调合的组分改变，其调合辛烷值亦随之改变，即调合效应随之改变。直馏汽油、烷基化汽油、催化汽油与重整汽油的抗爆性和敏感性列于表 9-35(王幼慧，1986)。

表 9-35　汽油调合组分的抗爆性和敏感性

项　目	直馏汽油组分				催化裂化汽油组分				宽组分重整油		
	大庆	胜利	辽河	沙特	大庆	胜利	辽河	沙特	大庆	沙特	烷基化油
馏程/℃											
初馏点	51	49	59	94	31	37	37	31	59	51	37
10%	77	70	88	103	48	59	58	46	87	80	67
50%	101	94	102	116	90	96	108	99	126	122	102
90%	126	123	124	137	163	167	167	177	164	156	125
干点	140	142	154	160	191	194	185	205	212	187	138
MON	56.6	67.5	64.3	40.2	79.8	78.2	79	79.5	86	85.8	92
RON	57.6	69.9	68	40	90.1	87.1	90	91.4	97	95.5	95
(MON+RON)/2①	57.1	68.7	66.2	40.1	85	82.7	84.5	85.5	91.5	90.7	93.5
RON-MON②	1.0	2.4	3.7	0.2	10.3	8.9	11	11.9	11	9.7	3

① 汽油的抗爆性。

② 汽油的敏感性。

一般采用调合辛烷值来衡量在车用汽油中各调合组分间的调合效应，调合辛烷值大于组分净辛烷值时为正调合效应，反之，为负调合效应。在调合过程中，尽可能地提高调合正效应以提高经济效益。催化裂化汽油在其他汽油组分中的调合效应列于表 9-36(王幼慧，1986)，其中催化裂化汽油的 MON 为 78.2，RON 为 88.0。从表 9-36 可以看出，催化裂化汽油调入直馏汽油中，其 MON 调合辛烷值均大于净辛烷值，而 RON 则相反；将催化裂化汽油调入重整全馏分和重整重馏分中，两者的辛烷值均低于净辛烷值，而调入重整轻馏分中则均高于净辛烷值；调入烷基化油中，MON 小于净辛烷值，RON 与净辛烷值基本相同。

表 9-36　催化裂化汽油的调合效应

基础调合组分	催化汽油调入量/v%	0	20	40	60	80
		调合辛烷值				
直馏汽油	MON	56.6	82.6	84.6	83.1	80.2
	RON	57.6	82.1	85.4	87.6	87.9
宽馏分重整汽油	MON	86.4		75.4	76.9	77.5
	RON	98.1		83.6	83.9	84.2
轻质重整汽油	MON	68.8	86.3	84.8	81.3	78.8
	RON	72.2	93.7	92.2	89.7	88.2
重质重整汽油	MON	93.2		71.2	75.5	76.7
	RON	104.9		85.7	85.4	85.8
烷基化油	MON	91.7	74.2	74.7	77.4	77.3
	RON	94	87.5	88	87.5	86.8

车用汽油调合辛烷值不仅与汽油类型有关，同时与不同类型汽油馏分段有关。例如，大庆催化裂化汽油的辛烷值随馏程增加而降低，40%以前的各窄馏分的辛烷值均高于全馏分的辛烷值，而宽馏分重整生成油的辛烷值分布相反，辛烷值随馏程增加而升高。一般用$\triangle R_{100}$评价前部辛烷值优劣，即$\triangle R_{100}=R_{全馏分}-R_{<100℃馏分}$，如$\triangle R_{100}$负值，则表明前部辛烷值高，有利于低温启动和低速抗爆震。例如，大庆油的催化裂化汽油$\triangle R_{100}$为-4.5，催化重整生成油为+25.0。因此，通常将前部催化裂化汽油和重整后部馏分进行调合，以提高汽油的辛烷值。

MTBE 是高标号汽油的重要调合组分，除受到汽油氧含量限制外，还可能会泄漏对地下水源造成污染，已有国家限制甚至完全禁止 MTBE 作为组分参与汽油调合。MTBE 对直馏汽油、催化裂化汽油、重整汽油和烷基化油均有良好的调合效应，其调合辛烷值均高于它本身的净辛烷值(实测值 MON 101、RON 117)，尤以在直馏汽油和烷基化油中为最好，其一般 RON 调合辛烷值分别高达 133 和 130，MON 也分别达到 115 和 108；在催化裂化汽油和重整汽油中，MTBE 的调合抗爆指数分别为 112 和 113，高于它的净抗爆指数 109。在双组分调合汽油(催化裂化汽油和直馏汽油、催化裂化汽油和烷基化油、催化裂化汽油和重整汽油)中，MTBE 的调合辛烷值接近于其净辛烷值，而均低于在这些单组分汽油中的调合辛烷值。在三组分调合中，MTBE 对直馏汽油、催化裂化汽油和重整馏分，烷基化油、催化裂化汽油和重整馏分调合汽油辛烷值的影响大体相等，接近于 MTBE 的净辛烷值(冯湘生，1988)。

3. 柴油调合

我国柴油调合组分主要是直馏柴油和加氢柴油，还有少量的轻循环油或热加工柴油，如表 9-34 所列。柴油管道调合工艺与汽油管道调合工艺基本相同，可参考图 9-36。在实际生产调合控制过程中，柴油质量指标控制主要是十六烷值、硫含量、凝点、芳烃、多环芳烃和馏程等。硫含量、芳烃含量等性质在调合过程中呈现线性加成关系，而十六烷值、凝点、黏度等性质则呈现非线性关系。例如，大庆原油的直馏柴油与催化裂化轻循环油的十六烷指数和凝点的调合效应列于表 9-37。

表 9-37 大庆柴油馏分调合效应

油品名称	馏程/℃						凝点/℃	闪点/℃	十六烷指数
	初馏点	10%	50%	90%	95%	干点			
大庆直馏轻柴油	202	230	266	307	315	—	-5	89	65
	179	214	275	326	335	—	0	75	68
	162	190	282	341	347	350	6	63	71
	147	186	280	337	345	345	6	53	72
大庆催化裂化轻循环油	—	—	247	312	319	324	-12	74	40
	—	—	241	323	331	336	-5	63	43
	145	160	217	323	331	335	-6	43	41
	137	156	211	324	332	338	-6	39	41
调合柴油①	183	201	258	306	317	321	-8	82	53
	168	188	262	326	334	339	-6	68	57
	147	171	262	333	342	346	-3	52	60
	137	166	252	332	340	345	-3	50	59

① 大庆直馏轻柴油与大庆催化裂化轻循环油按 1∶1 调合的对应结果。

从表 9-37 可以看出，十六烷指数的调合效应接近于线性调合并均为正偏差。轻循环油与直馏柴油以 1∶1 调合，十六烷指数有所提高，凝点的调合则有明显的增效效应。如凝点为-3℃的直馏柴油与凝点为-6℃的轻循环油调合的凝点为-14℃，凝点为 0℃的直馏柴油与凝点为-5℃的轻循环油调合的凝点为-6℃等。

三、汽车排放污染物的生成机理

(一) 汽车排放污染物源

在汽车尾气排放物中，除了 CO_2 是导致全球"温室效应"的主要根源外，对空气质量影响的污染物主要有 CO、NO_x、SO_2、HC 和 PM(可吸入微粒或碳烟)，均是发动机在燃烧作功过程中产生的有害气体。汽车有三个排气污染源：一是汽车排气管的排气污染，主要是 CO、HC、NO_x、PM 等；二是曲轴箱的排气污染，主要是燃烧室的窜气，其成分和排气管排气相似；三是燃油箱和化油器的蒸发油气，主要是燃油蒸发的气体。CO 和未燃烧的 HC 来自燃料在汽油机和柴油机的不完全燃烧，VOC(蒸发物)来自燃油箱和化油器的汽油蒸发，NO_x 是空气中 N_2 和 O_2 在燃烧室高温高压下所生成的产物，压缩比越高，燃烧室温度越高，生成 NO_x 量越大，因此柴油机生成更多的 NO_x。SO_x 是汽油和柴油中的硫在燃烧室中氧化生成的。PM 来自燃料液相燃烧不完全的碳烟颗粒，或润滑油燃烧产生的含稠环芳烃的积炭颗粒，或燃料中硫生成的 SO_2、SO_3 和添加剂中的钙反应生成 $CaSO_4$ 颗粒。汽油机排气中 CO、HC 和 VOC 量比较多，而柴油机排气中的 NO_x、PM 比较多(崔心存，1991；朱崇基，1988)。

图 9-37 为一台不加排气催化器的汽油机在欧洲规范试验(ECE)中排气的平均成分。排气中比例最大的是来自不参与燃烧的空气中的 N_2(占体积分数的 70.3%)和完全燃烧的产物

(体积分数 8.2%的 H_2O 和 18.1%的 CO_2)，污染物只有 1%左右，主要有 CO、HC、NO_x。

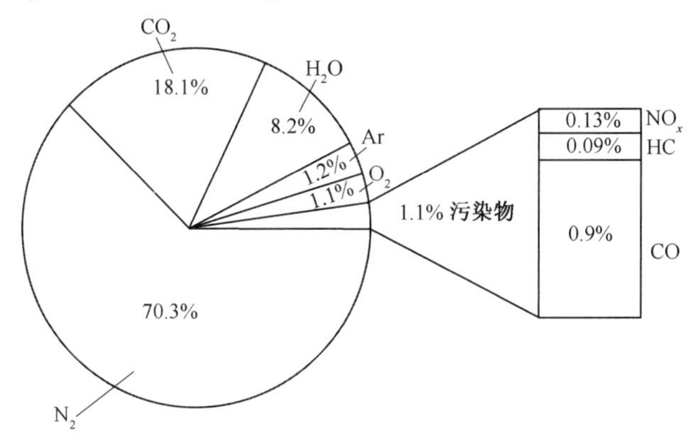

图 9-37　欧洲规范试验中汽油机排气的平均成分(质量分数)

汽车排放主要是和发动机的混合气形成、燃烧过程及燃烧结束后在排气过程中的化学反应有关，此外，还与燃油的蒸发性能等因素有关。由于汽油机和柴油机的燃烧特点不同，因而它们的污染物生成机理也不同。传统的汽油机压缩比一般在 7~10，汽油为 C_4~C_{11}的碳氢燃料，易挥发，化学稳定性好，着火温度高，不易自燃，需靠点火使其点燃，汽油机是燃油和空气在外部预制成比较均匀的混合气进入汽缸后，依靠火花塞点燃，形成火焰核心，化学反应加速，开始进行火焰传播。汽油机燃烧必须具备两个条件：一是混合气成分(空燃比)应处在可燃界限内，一般其空燃比在 10~19 之间；二是火花塞应具有足够的点火能量，最小点火能量为 40~120MJ)。汽油机空燃比的化学计量比为 14.7(即过量空气系数 $\phi_a=1$)，一般最经济混合气的空燃比在 15.4~16.2，最大功率的空燃比为 12.5~14。汽油机排放污染物与空燃比的变化关系如图 9-38 所示。从图 9-38 可以看出，对于较浓($\phi_a<1$)的混合气，由于燃烧不完全，排放的 CO 与 HC 浓度较高，在化学计量比附近，CO 与 HC 浓度下降；ϕ_a在 1.1~1.25 范围内 HC 最少，NO_x在稍稀处($\phi_a=1.1$ 左右)浓度最高，过稀和过浓混合气工作时 NO_x都急剧下降，过分稀时，由于出现失火，HC 排放增加。

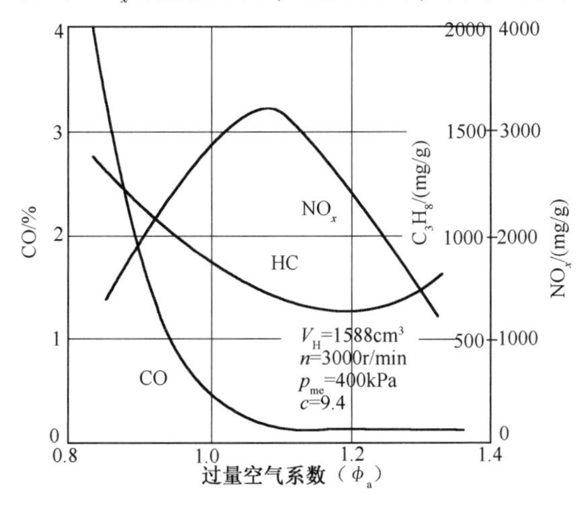

图 9-38　汽油机排气污染物的组成和发动机过量空气系数的关系

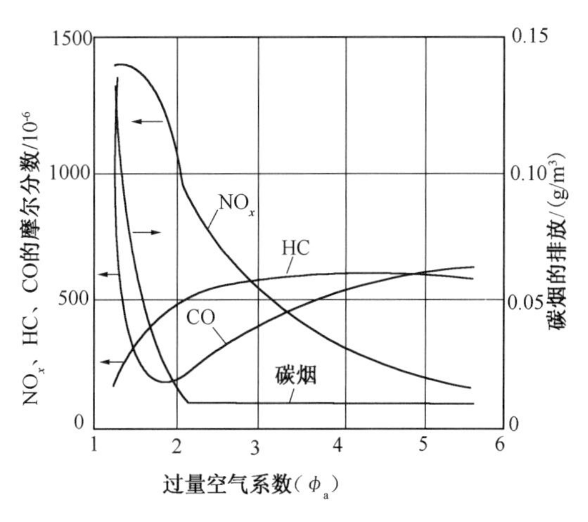

图 9-39　直喷式柴油机排气污染物的组成和发动机过量空气系数的关系

柴油为 C_{12} ~ C_{23} 的碳氢化合物，它不易挥发，着火温度低，化学稳定性差，因而易自燃。柴油机压缩比较汽油机高，一般为 14~23，柴油机靠压缩提高缸内混合气的温度，使其自燃。由于柴油机是在较短的时间内靠高压将柴油喷入汽缸，经过喷雾、蒸发、混合过程形成非均质的可燃混合气，当压缩达到自燃温度就会有多处着火而燃烧，燃烧时，仍有燃料正在连续喷射，继续进行喷雾、蒸发、混合过程，这是扩散燃烧的特点。虽然柴油机过量空气系数较大(一般 ϕ_a 在 2 以上)，但由于混合气形成和燃烧特点不同，碳烟等微粒污染物远比汽油机大几十倍，而 NO_x 的浓度与汽油机大致在同一数量级上，约少 50%左右，而 CO、HC 排放较少(胡逸民，1984)。表 9-38 所示为汽油机和柴油机排放污染物的比较，由该表可见，汽油机污染物主要是 CO、HC 和 NO_x，而柴油机污染物主要是微粒和 NO_x。

表 9-38　汽油机与柴油机排放污染物的比较

成　分	汽油机	柴油机	成　分	汽油机	柴油机
CO/%	0.1~6	0.05~0.50	NO_x/(μg/g)	2000~4000	700~2000
HC/(μg/g)	2000	200~1000	微粒/(g/m^3)	0.005	0.15~0.30

柴油机污染物与其空燃比的变化关系如图 9-39 所示。尽管柴油机混合气不均匀，会有局部过浓区，但由于过量空气系数较大，氧气较充分，能形成的 CO 在缸内进行氧化，因而 CO 一般较少，只是在接近冒烟界限时急剧增加，HC 也较少，当 ϕ_a 增加时，HC 浓度将随之上升。在 ϕ_a 稍大于 1 的区域，虽然总体是富氧燃烧，但由于混合不均匀，存在着局部高温缺氧区域，因而会产生大量碳烟，随着 ϕ_a 增大，碳烟浓度将快速下降。表 9-39 为汽油机和柴油机在不同运行工况下排放污染物的浓度。

表 9-39　不同运行工况下排放污染物的浓度

机型	运行工况	污染物排放浓度		
		CO/%	HC/(μg/g)	NO_x/(μg/g)
汽油机	怠速	2.0~8.0	300~2000	50~600
	加速 0→40km/h	0.7~5.0	300~600	1000~4000
	等速 40km/h	0.5~4.0	200~400	1500~3000
	减速 40→0km/h	1.5~4.5	1000~3000	5~50
柴油机	怠速	0~0.1	300~500	50~70
	加速 0→40km/h		200	800~1000
	等速 40km/h		90~150	200~1000
	减速 40→0km/h		300~400	30~50

1. CO 的生成

CO 的生成主要是和混合气的混合质量及其浓度有关。燃料燃烧时不可能全部生成 CO_2，会产生部分 CO，原因在于：一是燃油氧化不完全的中间产物，当氧气不充足时会产生 CO，混合气浓度大及混合气不均匀都会使排气中的 CO 增加；二是即使在混合燃烧时有足够的氧气，但由于发动机缸内温度很高，当温度超过 2000℃时，CO_2 会产生高温离解反应，温度愈高，离解反应愈剧烈，生成的 CO 愈多。此外，H_2O 在高温时也会分解成 H_2 和 O_2，H_2 参加燃烧反应，会使 CO_2 还原成 CO。

2. HC 的生成

发动机排气中的 HC，其成分极其复杂，有未参加燃烧的燃油碳氢化合物分子，有燃烧过程中高温分解和合成的中间产物和部分氧化物，如醛、烯及芳香族烃等，不完全燃烧产物以及润滑油的碳氢化物等成分，种类达 200 余种。排气中的碳氢化物与燃油种类有很大关系。图 9-40 为汽油机排气中 HC 的组成。

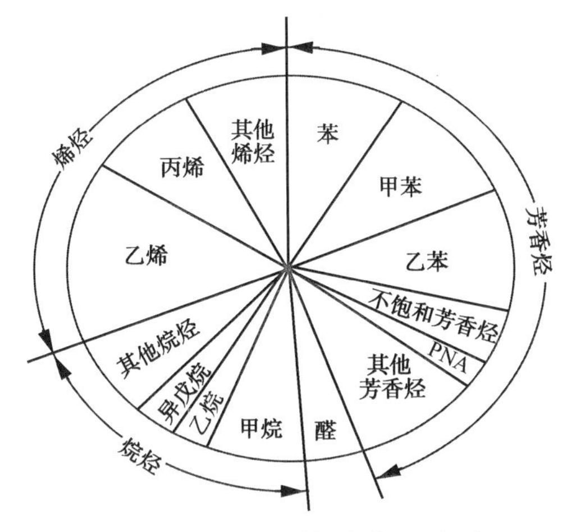

图 9-40 汽油机排气中的 HC 组成

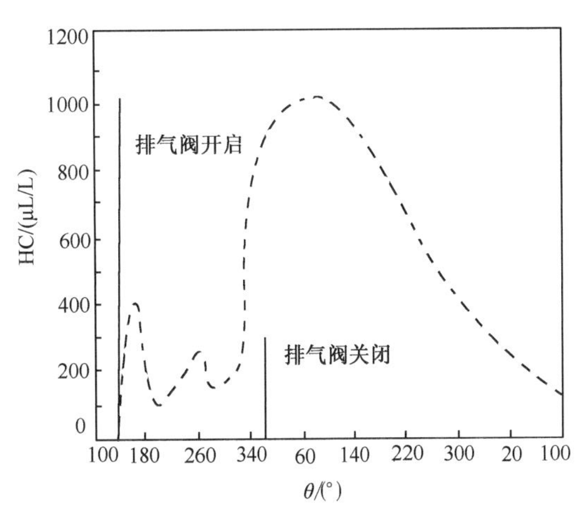

图 9-41 汽油机排气中未燃烃浓度随曲轴转角的变化($\phi=1.2$；$n=1200r/min$；$\varepsilon=7$)

由于混合气不均匀、燃烧室壁冷等原因造成部分燃油未来得及燃烧就被排放出去。图 9-41所示为某单缸汽油机排气过程中未燃 HC 浓度随曲轴转角的变化的测量结果。从图 9-41 可以看出，排气门打开后，出现未燃 HC 排放的第一峰值，这是缸内未燃 HC 排出汽缸，排气过程中未燃 HC 同时进行氧化反应，浓度有所降低。到排气将结束时，出现未燃 HC 的最大峰值，这时缸内压力急剧下降，未燃 HC 以旋涡形式卷出，然后排出汽缸。

柴油机由于是喷雾燃烧，混合气的形成和汽油机不同，缝隙中为空气，因而缝隙效应并不重要，这也是柴油机未燃 HC 比汽油机要低的主要原因。在柴油机中，喷雾质量、喷雾贯穿度、与空气的混合、喷注碰壁以及在燃烧室中的分布等因素对未燃 HC 的生成影响很大。喷嘴结构不合理，特别是针阀后压力室容积过大是形成未燃 HC 的重要原因。此外，窜机油、启动时不着火以及不正常喷射(如二次喷射)也是产生未燃 HC 的原因。在冷启动、怠速、低负荷等条件下，喷注中的大颗粒油滴来不及蒸发，严重的后燃也会造成未燃 HC 排放的增加。

3. NO_x 的生成

在发动机排放中，NO_x 是燃料在燃烧过程中产生的一种物质，主要是指 NO，随后 NO 在大气中逐渐和氧或臭氧结合形成 NO_2。NO 的生成主要取决于燃烧温度以及氧的浓度。当温度超过 2000℃时，氧分子分解成氧原子，它和氮分子化合生成 NO。高温是最重要的条件，即使氧气很充分，但燃烧温度不高，氧的分解速度也很慢，因而较少的 NO 生成。当燃烧进行得愈充分，燃烧温度愈高，NO 浓度愈高，这也就是 NO 浓度与油耗之间相互矛盾的原因。从燃油经济性观点看，就要求燃烧效率高，燃烧进行得完全，也就是要求燃烧速度快，并使燃烧放热集中在上止点附近，而这样燃烧温度必然很高，因而 NO 生成量也就愈多。NO 生成还和反应时间有关，如果燃气在高温和富氧的条件下逗留时间长，NO 的生成量必然增加，NO 的生成主要是在火焰峰面后面的已燃气体中。尽管 NO 生成反应是可逆反应，但 NO 在燃气中逆反应(分解反应)速度缓慢，所以一旦汽缸内形成 NO，除去 NO 就较困难，NO 就会“冻结”在一个非平衡的高浓度水平上被排气带出。

汽油机的 NO_2生成较少，NO_2/NO 只有 2%~5%，而柴油机的 NO_2/NO 可达 10%~30%。和汽油机相比，柴油机 NO 的最大值较低，且向富氧区偏移。在分隔式柴油机中，由于副燃料室缺氧，因而 NO 生成较少，燃气进入到过量空气系数较大的主燃烧室，由于新鲜空气的冷却，使燃烧温度降低，因而分隔式柴油机排气中的 NO 要比直喷式柴油机的低一倍左右。

4. PM 的生成

PM 是燃油燃烧时缺氧产生的一种物质，其中以柴油机最明显。因为柴油机采用压燃方式，柴油在高温高压下裂解更容易产生大量肉眼看得见的碳烟。柴油机微粒是指所有固态的碳基颗粒、液态的燃油与润滑油以及无机物(附聚在碳基颗粒表面上的 SO_2、NO_2、H_2SO_3、铅)等物质的总称。里卡多定义的微粒是：经空气稀释后的排气，在低于 51.7℃温度下，在涂有聚四氟乙烯的玻璃纤维滤纸上沉积的除水分以外的物质称为微粒。

(1) 微粒的基本组成

微粒除了由燃油燃烧产生之外，润滑油产生的微粒也占有相当部分。图 9-42 是一台美国加州 1988 年生产的重型柴油机排气中微粒成分的分解图。由图 9-42 可以看出，微粒可分成可溶性有机物与不可溶性有机物两部分，两部分比例大致为 39%和 61%。在可溶性有机物中，由润滑油产生的微粒占绝大部分，约占微粒总量的 29%。不可溶性有机物主要组成是干的碳烟颗粒，碳烟是燃烧不完全的产物，它占不可溶性有机物的 70.5%，占微粒总量的 43%。润滑油除产生可溶性有机物外，也产生不可溶性物质，来自润滑油的微粒总计占微粒总量的 34%，因此要重视降低柴油机润滑油的消耗。在不可溶性有机物中还有硫酸盐成分，因而要限制燃油中硫的含量，以降低微粒的排放。

柴油机排放的烟有白烟、蓝烟和黑烟。白烟和蓝烟是液态颗粒，而黑烟是固态颗粒。白烟是高沸点的未燃烃和水蒸气混合而成的液态颗粒，它的直径一般在 1.0μm 左右，主要是在冷启动时产生，温度低于 250℃。蓝烟主要是未燃烧的烃，有燃油和润滑油，以及燃烧中间产物，其颗粒较小，一般在 0.5μm 以下，蓝烟主要是在暖机时产生，温度在 250~650℃，当发动机温度提高后，蓝烟就会消失。黑烟是由碳烟颗粒所组成。未采取控制措施的柴油机排出的微粒是带有催化反应器的汽油机的 50~70 倍。

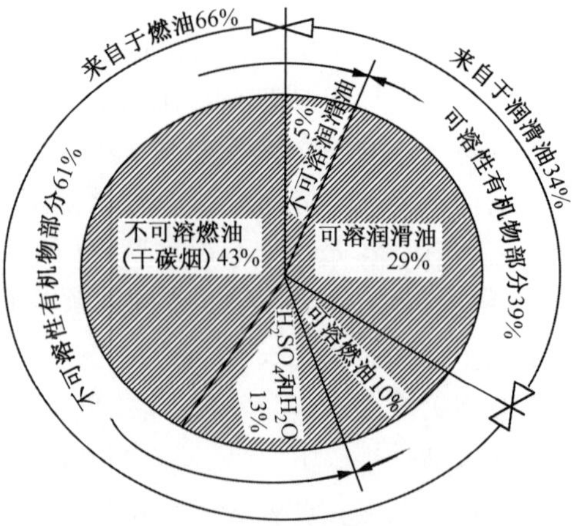

图 9-42 重型柴油机微粒分解图

(2) 碳烟的结构特征

碳烟初始颗粒是由大量碳原子和部分氢原子组成。碳烟颗粒的初生胚核是晶片，晶片有 100 个左右碳原子，由 2~10 层，甚至 20 层晶片叠起来成大小为 1.7~3nm 的晶粒。晶粒再聚集成直径约为 20~40nm 的近似球状的碳烟初始颗粒，碳烟初始颗粒由 10^3~10^4个晶粒组成。碳烟颗粒有很强的亲和力，它会不断聚集，颗粒变大，一直聚集到 1~10μm 的颗粒。初生的碳烟颗粒是表面积很大的疏松团状结构，它能吸附高相对分子质量的有机物。

(3) 碳烟的生成

燃料是碳氢化物 C_nH_m，其中氢原子要比碳原子多一倍多，碳烟初始颗粒中有 10^5~10^6 个碳原子及数量约为碳原子的 1/10 的氢原子。因此碳烟的生成必然经过高温热裂解、大量脱氢的过程而形成初始晶粒。

柴油在高压、高温(2000~2200℃)、局部缺氧的条件下，经过热裂解，复杂的碳氢化物逐步脱氢成为简单的碳氢化物(如乙炔或乙烯)，随后，分高温或低温两个途径，在大于1000℃高温情况下，经过聚合、环构化和进一步脱氢形成具有多环结构的不溶性碳烟成分，最后形成六方晶格的碳烟晶核；在低于1000℃时，经过环构化和氢化，也形成碳烟晶核。这种初生胚核经不断聚集、长大成为大的、甚至肉眼能见的碳烟微粒。微粒的形成过程如图9-43所示。

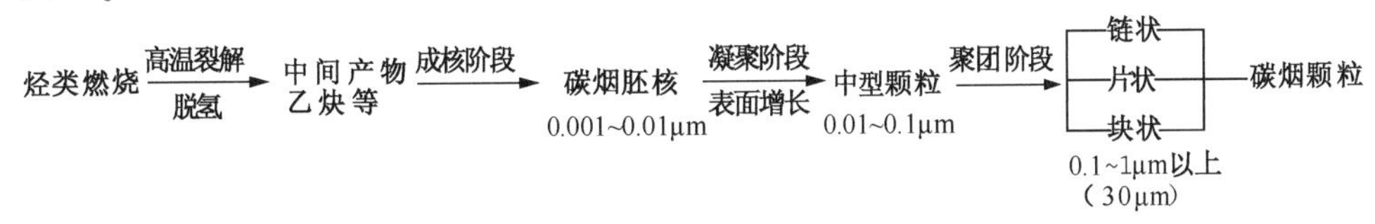

图 9-43　碳烟微粒形成过程

(4) 碳烟的氧化

燃烧过程中生成的碳烟是可燃的，其中很大一部分碳烟在燃烧的后续过程中会被烧掉(氧化)。碳烟的生成主要是在燃烧的初期和中期，而碳烟的氧化主要是在燃烧的中期和后期，如图9-44所示。从图9-44可以看出，碳烟浓度先是上升到一最大值，然后浓度下降，这表明碳烟的氧化反应加快，碳烟浓度急剧降低，因而柴油机排出缸外的碳烟生成速率是碳烟生成速率与碳烟氧化速率之差。

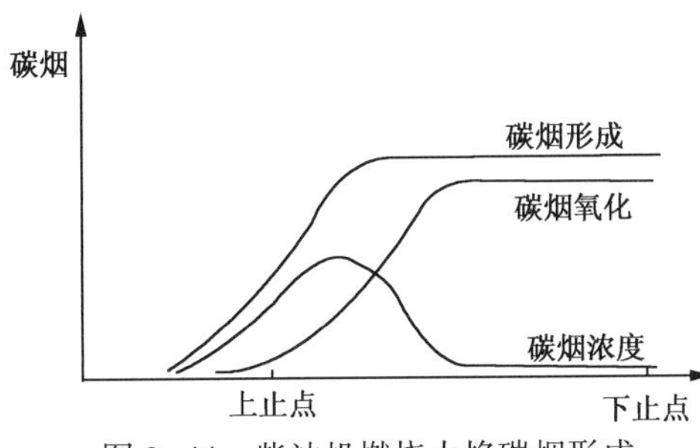

图 9-44　柴油机燃烧火焰碳烟形成与氧化随曲轴转角变化的关系

(二) 光化学烟雾

光化学烟雾产生的基本条件是大气中存在一定浓度的 HC 和 NO_x(一次有害污染物，对于大城市，尤其特大型城市，主要来自汽车尾气)。当 $HC/NO_x>3$ 时，在强烈的阳光照射诱发下，HC 和 NO_x 产生 O_3 和过氧酰基硝酸盐(PAN)组成的光化学烟雾，如式(9-74)所示。一般这种二次有害污染物常发生在夏秋之间，在污染物多、大气不流畅的大城市或盆地地区，而且在午后 2~3 点钟光化学烟雾浓度最高。

$$HC + NO_x \xrightarrow{\text{强阳光空气流动差}} O_3 + PAN \qquad (9-74)$$

光化学反应是一个十分复杂的过程。在 HC 存在时，HC 和 O、O_2、O_3 产生中间产物过氧烷基 RO_2，并与 NO 以极快的反应速度进行反应，从而抑制了消除 O_3 的反应，来不及消耗 O_3，因此使反应系统中 O_3 浓度增加。此外，有反应生成酰基根 RCO，从而产生过氧酰基硝酸盐(RCO_3NO_2)。

(三) 汽油机和柴油机污染物差异

点燃式与压燃式内燃机的排放水平都受本身结构设计和运转条件的影响，各自变化很大，所以很难简单地相互比较，但是大致的趋势还是可以看出来的。在目前发动机本身可以达到的技术水平下(不用排气后处理系统)，汽油机的三种气体污染物排放量都比柴油机高。汽油机的CO比排放量远远高于柴油机，尤其是在大负荷运行时，因为这时汽油机用浓混合气工作，导致CO排放量成倍增加。汽油机的HC排放也明显高于柴油机，主要因为汽油机的HC排放在很大程度上起源于多种因素。在NO_x排放方面，汽油机与柴油机大致在同一范围内，当然，在烟度和颗粒物排放方面，柴油机面临的问题较大，而汽油机基本上没有问题，所以无法定量比较。

汽油机为了满足日益严格的排放法规，广泛应用三元催化转化器，以同时降低CO、HC和NO_x三种主要污染物的排放。在这种情况下，正常运转工况发动机排出的污染物，通过催化转化器净化作用可下降90%以上，使车用汽油机总体排放特性大为改善。但在冷启动和暖机期间，由于催化剂温度不够高，催化净化作用会大打折扣。

柴油机的排放后处理技术不像汽油机那样成熟。采用氧化型催化转化器可以有效地降低柴油机CO、HC和PM中的SOF排放，但它对NO_x排放无能为力。通常使用尿素作为还原剂，在柴油机排放的富氧气氛中能把NO_x还原成N_2。除此以外，通过在排放系统中安装颗粒捕集器DPF亦能够有效地减少PM的排放。

综上所述，汽油机与柴油机相比，若不考虑排气后处理系统，在排放方面应认为各有千秋，难分伯仲。如果汽油机装有三元催化剂(当然必须对空燃比实行精确控制)，则排放性能要优于柴油机。柴油车尾气中的NO_x、PM、噪声均较高，PM颗粒物，尤其是PM2.5，其表面吸附着稠环芳烃，有致癌作用(Santana，2006)。Xu等(1982)从柴油发动机排气中检测出多种硝基多环芳烃，其中硝基芘属于潜在的致癌物质。柴油车排放尾气中的NO_x和PM是大型尤其特大型城市环境空气质量面临的最大问题，主要是PM10和PM2.5超标，部分城市出现灰霾天气，易引起呼吸系统疾病，同时两者对酸沉降有重要影响，且NO_x还能与碳氢化合物形成光化学污染。与其他排放源相比，柴油车尾气暴露强度大，排放物的吸入因子要高，长期暴露于柴油车排放的尾气中大约会使患肺癌的风险增加约40%，国外研究发现卡车司机患肺癌的几率要大大高于常人(Cooper，1996)。但柴油机本身技术正在突飞猛进地发展，随着后处理系统的不断完善，其与汽油机的排放差距正在日益缩小。

四、国内外汽车尾气排放标准

内燃机污染物的排放涉及到公众的身体健康和环境保护等长远利益，但往往与内燃机动力性、经济性以及制造厂的生产成本等短期目标和局部利益有一定矛盾。因此，内燃机的排放控制工作始终是各国政府和国际组织制订的一系列排放法规的指导和管制下开展的。20世纪50年代，二次大战后各国经济迅速发展，汽车产量和保有量迅猛增加，车用内燃机排放污染物的危害逐渐被发现和确认。美国、欧洲和日本等工业化国家从20世纪60年代开始先后颁布了各种各样的排放法规，先是限制CO和HC排放，后来扩大到NO_x，先管制车用汽油机，后覆盖柴油机，把烟度和微粒排放也包括进来，先是管制汽油机的怠速排放，后扩大到实际使用工况下的排放。同时，也逐步规定和完善法定的排放测试方法，随着技术的进步，不断严格排放限值(刘巽俊，2005)。目前全球主要有美国、欧洲和日本三大排放法规体系，其他国家主要仿效或直接采用欧美汽车尾气排放法规。

美国较为全面的汽车尾气排放法规主要是从Tier0开始，然后经历了Tier1和Tier2共三个阶段。美国联邦政府各州 1981~1993 年逐渐执行 Tier0 排放标准，1994~1998 年执行 Tier1 排放标准，1999~2003 年部分州执行国家低排放车辆标准(NLEV)。1999 年 12 月 21 日环境保护署(EPA)正式颁布了 Tier2 汽车尾气排放标准，要求在 2004~2009 年间逐步实施。加州由于汽车尾气造成的大气污染最为严重，一直以来单独执行比其他州更严格的排放标准。自 2004 年起，加州已开始实施 LEV Ⅱ标准。美国联邦轻型车和中负荷汽车排放标准(Tier2)列于表 9-40(何鸣元，2006)。美国从 1990 年前到 2004 年期间柴油机排放污染物已减少了 80%~90%，2007 年美国汽车排放标准对 NO_x、PM、NMHC 和甲醛限值进行修改，修改后限值分别为 0.2g/km、0.01g/km、0.14g/km 和 0.016g/km。EPA 要求 2010 年公路行驶的柴油卡车全部达到这一指标，从而排放污染物还将再降低 80%~90%，达到接近零排放水准。从 1970 年以后，通过改进发动机燃烧工况和安装尾气催化转化器等措施，汽车排出尾气质量明显改善，美国轻型汽车排放尾气污染物数量变化列于表 9-41。

表 9-40 美国联邦轻型车和中负荷汽车排放标准(Tier2) g/mile

项目	行驶 50000mile③				行驶 120000mile				
	NMOG①	CO	NO_x②	HCHO	NMOG①	CO	NO_x②	PM	HCHO
8	0.100	3.4	0.14	0.015	0.100	4.2	0.20	0.02	0.018
7	0.075	3.4	0.11	0.015	0.090	4.2	0.15	0.02	0.018
6	0.075	3.4	0.08	0.015	0.090	4.2	0.10	0.01	0.018
5	—	3.4	0.05	0.015	0.090	4.2	0.07	0.01	0.018
4	—	—	—	—	0.070	2.1	0.04	0.01	0.011
3	—	—	—	—	0.055	2.1	0.03	0.01	0.011
2	—	—	—	—	0.010	2.1	0.02	0.01	0.004
1	—	—	—	—	0.000	0.0	0.00	0.00	0.000

① 非甲烷有机气体。

② 汽车排放 NO_x 的标准为 0.07g/mile。

③ 1mile=1.609km。

表 9-41 美国轻型汽车排放尾气污染物数量 g/km

污染物	NMOG①	CO	NO_x	污染物	NMOG①	CO	NO_x
1960 年	5.9	46.7	2.3	1994 年(Ⅰ级标准)	0.16	2.1	0.24
1970 年	2.8	18.9	2.3	2004 年(Ⅱ级标准)	0.078	1.6	0.12
1980 年	0.8	8.3	1.7	加州低排放车标准	0.056	2.6	0.19

① 非甲烷有机气体。

欧洲汽车尾气排放立法紧随美国，尾气排放法规不断完善。欧洲标准是由欧洲经济委员会(ECE)的排放法规和欧共体(EEC)的排放法规共同加以实现的，欧共体(EEC)就是现在的欧盟(EU)。排放法规由 ECE 参与国自愿认可，排放指令在 EEC 或 EU 参与国强制实施的。自 1970 年颁布的 70/220/EEC 指令首次确定汽车排放限值到 1992 年，欧洲汽车排放法规已实施若干阶段，从 1992 年起开始实施欧Ⅰ排放标准(欧Ⅰ型式认证排放限值)，1996 年起开始实施欧Ⅱ排放标准(欧Ⅱ型式认证和生产一致性排放限值)、2000 年起开始实施欧Ⅲ排放标准(欧Ⅲ型式认证和生产一致性排放限值)，2005 年起开始实施欧Ⅳ排放标准(欧Ⅳ型式认证和生产一致性排放限值)。欧洲汽油车尾气排放标准(EU Ⅰ~EU Ⅳ)列于表 9-42(何鸣元，2006)。

表 9-42　欧洲轻型汽车尾气排放标准　g/km

汽车类型	标准等级	实施时间	CO	HC	HC+NO_x	NO_x
N1 <1250kg	EU I		2. 72	—	0. 97	—
N2 1250~1700kg	91/441/EEC	1992. 7. 1	5. 17	—	1. 40	—
N3 >1700kg	93/59/EEC	1993. 10. 1	6. 90	—	1. 70	—
N1 <1305kg	EU II		2. 2	—	0. 50	—
N2 1305~1760kg	94/12/EC	1996. 1. 1	4. 0	—	0. 65	—
N3 >1760kg	96/69/EC	1997. 1. 1	5. 0	—	0. 80	—
N1 <1305kg	EU III		2. 3	0. 20	—	0. 15
N2 1305~1760kg	98/69/EC	2000. 1. 1	4. 17	0. 25	—	0. 18
N3 >1760kg			5. 22	0. 29	—	0. 21
N1 <1305kg	EU IV		1. 0	0. 10	—	0. 08
N2 1305~1760kg	98/69/EC	2005. 1. 1	1. 81	0. 13	—	0. 10
N3 >1760kg			2. 27	0. 16	—	0. 11

欧洲汽油车尾气排放标准的计量是以汽车发动机单位行驶距离的排污量(g/km)计算，同时，欧洲排放标准将汽车分为总质量不超过 3500kg(轻型车)和总质量超过 3500kg(重型车)两类。在世界汽车排放标准中，欧洲标准的测试要求则相对于美国、日本的标准体系则更宽泛些，因而被多数发展中国家所采用。

2012 年 1 月 1 日起开始实施欧 V 排放标准(EUVa/OBD EUV)，2013 年 1 月 1 日起开始实施欧Ⅴ排放标准(EUVb/OBD EUV)，2014 年 1 月 1 日起开始实施欧Ⅴ排放标准(EUVb / OBD EUV^+)。表 9-43 列出了目前正在执行的欧Ⅴ阶段和未来欧Ⅵ阶段的轻型汽车排放限值，从表 9-43 可以看出，对目前正在执行的欧Ⅴ排放法规，增加了对直喷汽油颗粒物质量(PM)排放的限制，其限值与柴油车相同，除此之外，增加了对柴油车颗粒物数量(PN)限制的要求，在随后的欧 VI 阶段也对直喷汽油车的颗粒物数量进行了限制。

表 9-43　欧Ⅴ和欧Ⅵ阶段轻型汽车排放限值

排放法规	日期	CO	HC	HC+NO_x	NO_x	PM	PN
		g/km				mg/km	个/km
柴油车							
EU Vb	2011. 09	0. 50	—	0. 23	0. 18	5. 0[a]	6.0×10^{11}
EU VI	2014. 09	0. 50	—	0. 17	0. 08	5. 0[a]	6.0×10^{11}
汽油车							
EU V	2009. 09	1. 0	0. 10	—	0. 06	5. 0[a,b]	—
EU VI	2014. 09	1. 0	0. 10	—	0. 06	5. 0[a,b]	6.0×10^{11} [b]

注：a. 4. 5 mg/km(使用 PMP 测试方法)；b. 只适用直喷车。

与国外先进国家相比，我国汽车尾气排放法规起步较晚，20 世纪 80 年代后才开始采取先易后难、分阶段实施。具体实施大致分为三个阶段。第一阶段：1983 年颁布第一批机动车尾气污染控制排放标准，从控制汽油车和摩托车怠速排放的 CO、HC 浓度开始，而柴油车控制自由加速烟度和全负荷烟度，标志我国汽车尾气法规从无到有，逐步走向法制治理汽车尾气污染的道路；第二阶段：1989~1993 年相继颁布了《轻型汽车排气污染物排放标准》、《车用汽油机排气污染物排放标准》两个限值标准，初步形成了一套较为完善的尾气排放标准体系；第三阶段：2000 年起全国实施《汽车排放污染物限值及测试方法》(GB 14961－

1999)，仅等效于欧洲1993年生效的91/441/1EEC标准。由于我国的轿车车型大多从欧洲引进生产技术，因此我国汽车排放标准(简称国标)大体上也采用欧洲汽车排放标准体系(简称欧标)，并根据我国具体情况制定的国标，国标与欧标不完全一样。1999年7月颁布了《轻型汽车污染物排放限值及测量方法(中国Ⅰ阶段)》(GB 18352.1—2001)，GB 18352.1—2001标准等效采用欧盟93/59/EC指令，参照采用98/77/EC指令部分技术内容，等同于EU I(称为国I标准)，从2001年4月16日发布并实施；《轻型汽车污染物排放限值及测量方法(中国Ⅱ阶段)》(GB 18352.2—2001)标准等效采用欧盟96/69/EC指令，参照采用98/77/EC指令部分技术内容，等同于欧Ⅱ(称为国II标准)，从2004年7月1日起全国范围内开始实施，所有新定型轻型车必须符合标准要求，并停止对达到国I标准的轻型车的申报和核准；《轻型汽车污染物排放限值及测量方法(中国Ⅲ、Ⅳ阶段)》(GB 18352.3—2005)部分等同于欧Ⅲ(称为国Ⅲ标准)，于2007年实施，而北京于2005年12月30日实施；部分等同于欧Ⅳ(称为国Ⅳ标准)，于2010年实施，而北京于2008年3月1日实施。中国轻型汽车Ⅲ、Ⅳ阶段排放标准在污染物排放限值上与欧Ⅲ、欧Ⅳ标准完全相同，但在实验方法上作了一些改进，在法规格式上也与欧Ⅲ、欧Ⅳ标准有较大的差别。重型柴油车排放标准也是从GB 17691—2001演变到GB 17691—2005，排放标准不断收紧。《轻型汽车污染物排放标准》(GB 18352.2—2001(中国II阶段)和GB 18352.3—2005(中国Ⅲ、Ⅳ阶段)Ⅰ型试验排放限值列于表9-44。Ⅰ型试验指常温下冷启动后排气污染物排放试验；第一类车指包括驾驶员座位在内，座位数不超过六座，且最大总质量不超过2500kg M_1类汽车；第二类车指除第一类车以外的其他所有轻型汽车。

表9-44 轻型汽车国Ⅱ、Ⅲ、Ⅳ排放标准Ⅰ型试验排放限值

项目			基准质量(*RM*)/(kg)	一氧化碳(CO)		碳氢化合物(HC)		氮氧化物(NO_x)		碳氢化合物和氮氧化物($HC+NO_x$)		颗粒物(PM)
				L_1/(g/km)		L_2/(g/km)		L_3/(g/km)		(L_2+L_3)/(g/km)		L_4/(g/km)
阶段	类别	级别		汽油	柴油	汽油	柴油	汽油	柴油	汽油	柴油(非直喷/直喷)	柴油(非直喷/直喷)
Ⅱ	第一类车	—	全部	2.2	1	—	—	—	—	0.5	0.7/0.9	0.08/0.10
	第二类车	Ⅰ	*RM*≤1250	2.2	1	—	—	—	—	0.5	0.70/0.9	0.08/0.10
		Ⅱ	1250<*RM*≤1700	4	1.25	—	—	—	—	0.6	1.0/1.3	0.12/0.14
		Ⅲ	1700<*RM*	5	1.5	—	—	—	—	0.7	1.2/1.6	0.17/0.20
Ⅲ	第一类车	—	全部	2.3	0.64	0.2	—	0.15	0.5	—	0.56	0.05
	第二类车	Ⅰ	*RM*≤1305	2.3	0.64	0.2	—	0.15	0.5	—	0.56	0.05
		Ⅱ	1305<*RM*≤1760	4.17	0.8	0.25	—	0.18	0.65	—	0.72	0.07
		Ⅲ	1760<*RM*	5.22	0.95	0.29	—	0.21	0.78	—	0.86	0.1
Ⅳ	第一类车	—	全部	1	0.5	0.1	—	0.08	0.25	—	0.3	0.025
	第二类车	Ⅰ	*RM*≤1305	1	0.5	0.1	—	0.08	0.25	—	0.3	0.025
		Ⅱ	1305<*RM*≤1760	1.81	0.63	0.13	—	0.1	0.33	—	0.39	0.04
		Ⅲ	1760<*RM*	2.27	0.74	0.16	—	0.11	0.39	—	0.46	0.06

从表9-44可以看出，同第Ⅱ阶段相比，第Ⅲ阶段排放限值全面降低30%以上，以柴油车的CO排放限值为例，由1.0 g/km下降到0.5 g/km。第Ⅳ阶段排放限值，又在第Ⅲ阶段基础上下降一半。除排放限值提高外，Ⅰ型试验中，去掉原有发动机启动后允许的40 s暖机

时间，测试真正冷机启动时的各种排放限值；同时污染物 HC 和 NO_x 排放分别单独测量。在相同的条件下，轻型柴油车总的尾气排放量相对于汽油车而言要低一半之多，但柴油车尾气的 NO_x 和 PM 排放是汽油车的 3.6 倍多，即使是达到国 IV 标准的轻型柴油车，其 NO_x 和 PM 排放也仍超过国 III 标准汽油车的 1.8 倍(李兴虎，2011)。

随着对汽车污染物排放限值日趋严格，2009 年 9 月~2010 年 10 月，基于跟踪国外法规及技术的应用情况，开展了国Ⅴ标准的部分验证试验项目，并结合我国排放控制要求和技术发展实际情况，确定排放要求引用到欧Ⅴb，但不包含颗粒物数量测量要求；OBD 要求引用到欧$Ⅴ^+$，但不包含实际诊断频率(IUPR)的要求；国Ⅴ标准中不引入车载油气回收系统(ORVR)的相关要求。国Ⅴ排放标准适用于以点燃式发动机或压燃式发动机为动力、最大设计车速大于或等于 50km/h 的轻型汽车，轻型汽车的定义与 GB 18352.3—2005 相同。轻型汽车国Ⅴ排放标准Ⅰ型试验排放限值列于表 9-45。

表 9-45　轻型汽车国Ⅴ排放标准Ⅰ型试验排放限值

项目		基准质量(RM)/kg	CO		THC	NMHC	NO_x		$HC+NO_x$	PM	
			L_1/(μg/g)		L_2/(μg/g)	L_3/(μg/g)	L_4/(μg/g)		(L_2+L_4)/(μg/g)	L_5/(μg/g)	
类别	级别		PI	CI	PI	PI	PI	CI	CI	PI	CI
第一类车	—	全部	1000	500	100	68	60	180	230	4.5	4.5
第二类车	Ⅰ	RW≤1305	1000	500	100	68	60	180	230	4.5	4.5
	Ⅱ	1305<RW≤1760	1810	630	130	90	75	235	295	4.5	4.5
	Ⅲ	1760<RM	2270	740	160	108	82	280	350	4.5	4.5

注：PI=点燃式，CI=压燃式，点燃式 PM 质量限值仅适用于装直喷发动机的汽车。

从表 9-45 可以看出，与 GB 18352.3—2005 相比，增加了 NMHC 的测量要求，由于自然界中本身有 CH_4 的存在，因此控制汽车的 NMHC 排放能对环境产生更大的效益。由于汽车尾气排放中的 CH_4 相对较低，规定新的 NMHC 排放限值相当于对 THC 排放要求更严格。为了进一步控制对环境产生严重影响的 NO_x、PM，标准对这两项排放物进行了收严，特别是 PM 排放，与国 IV 标准相比降低了 80%。

实施汽车尾气排放标准，产生了巨大的社会效益。从全国范围内看，2012 年与 1980 年相比，我国机动车保有量增加 24 倍，排放总量增加 12 倍，并没有随着保有量的快速增长而线性增长，机动车排放总量得到一定程度的控制，这正是汽车排放标准及时制定和严格实施的结果。1980~2000 年，我国实施非常有限的汽车污染物排放控制，期间污染物排放量与汽车保有量基本上呈线性关系增长，而 2000 年以后污染物排放量增速明显减缓。

五、燃油组成对尾气排放的影响

车用燃料的质量对于汽车发动机的性能、效率、耐久性等都有着至关重要的影响：优质的车用燃料不仅是直接降低或消除某些污染物(如铅、苯、SO_x)必需的前提，也是许多汽车尾气排放重要控制技术实施的前提。改善燃料质量，优化燃料组成，是控制汽车尾气排放污染一个必不可少的重要环节，其前提条件是要实现车用燃料的绿色化。所谓车用燃料绿色化，就是借助于有效的技术方法，严格控制车用燃料中的化学成分，以最大限度地减少汽车尾气排放对人体和环境的影响。大量的研究表明，车用燃料的组成中对汽车尾气污染物排放量影响较大的主要是铅化物、硫化物、烯烃、芳烃等(何鸣元，2006)。

铅化物：铅化物作为抗爆剂加到车用汽油中后，一方面其燃烧后产物对人体的危害极大。另一方面，汽车安装尾气催化转化器净化排气时，铅化物会吸附在催化剂表面，造成催化剂的不可逆中毒，缩短其使用寿命，从而导致其他污染物的排放量大幅度增加。因此，车用汽油“无铅化”是控制汽油车尾气排放污染的第一步。

硫化物：硫化物影响大气质量主要体现在两个方面：一是油品中硫含量多，汽车尾气中SO_2的单位排放量增加，直接增加大气SO_2浓度；二是油品中硫化物燃烧后形成的SO_x会导致汽车尾气催化剂中毒，从而造成CO、NO_x和VOC排放量增加。

烯烃：烯烃的化学性质十分活泼，既影响油品的安定性，还会导致地面臭氧的生成等。燃烧过程中汽油中的烯烃易形成胶质和积炭，造成输油管路堵塞，影响发动机的效率，增加NO_x等污染物的排放并造成光化学烟雾。烯烃中的1，3-丁二烯是致癌物质，减少汽油中的烯烃含量就可以减少1，3-丁二烯的排放量。

芳烃：芳香烃类物质对人体的毒性较大，尤其是多环芳烃(PAH)。目前发现的四大类可疑致癌化学物质中，第一类就是以PHA为主的有机化合物。在各国的有机污染物控制名单中，这一类物质均被列为优先控制污染物。燃油中芳烃含量高，在燃烧不完全时会使汽车尾气排放物中的芳烃含量增加，并会增加CO、NO_x和VOC排放量。

燃油中有的化合物本身燃烧后不可避免地形成有害物质，比如硫化物、铅化物；有的化合物在泄漏或燃烧不充分时产生污染，比如芳烃、烯烃；有的化合物还能促进其他污染物的生成，比如硫化物、烯烃、芳烃及铅化物。汽油组分变化对尾气污染物排放的影响列于表9-46。从表9-46可以看出，优化燃油组成可以明显降低汽车排放污染物。

表9-46 汽油组分对尾气排放的影响(行车试验) g/(kW·h)

汽油组分变化	改变污染物排放量/%			
	HC	CO	NO_x	有害物
芳烃从45%降到20%	-6	-13	不明显	-28
烯烃从20%降到5%	-6	不明显	-6	不明显
硫含量从450μg/g降到50μg/g	-18	-19	-8	-10
加入15%的MTBE	-5	-11	不明显	不明显

汽油池中的硫含量危害较大，行车试验表明：硫含量从600μg/g降低到40μg/g时，污染物量降低46%~63%，其中150μg/g到40μg/g区间降低率较大。烯烃与芳烃均对发动机沉积物的生成及污染物排放有影响，但烯烃的MON较芳烃低，为了调制高标号汽油，不得不维持较高的芳烃含量，其实芳烃并非汽油的理想组分。同时，烃类在大气条件下与羟基(OH)反应形成臭氧，产生光化学烟雾。一些烃类在地面形成臭氧的光化学活性速率数值列于表9-47(Unzelman，1990)。1991年，EPA提出了初步复杂模型计算出VOC降低值与各参数关系，如表9-48所列。

不断降低排气中污染物的措施：对汽车发动机和尾气处理设备进行一系列改进，同时要求油品质量规格提高与之同步。汽油车排气污染物数量和油品化学成分密切关联，其定性关系见表9-49。

表 9-47　一些烃类在大气中与羟基的反应活性与蒸气压

化合物	羟基反应活性(k)/[$10^{12}cm^3$/(mol·s)]	调合蒸气压(Reid)/kPa	化合物	羟基反应活性(k)/[$10^{12}cm^3$/(mol·s)]	调合蒸气压(Reid)/kPa
正丁烷	2.7	414	1-戊烯	30.0	134
异戊烷	3.6	145	2-戊烯	68.0	106
正戊烷	5.0	110	2-甲基-1-丁烯	70.0	131
苯	1.3	20.7	2-甲基-2-丁烯	85.0	103
甲苯	6.4	3.5	1-己烯	36.0	41
间二甲苯	23.0	2.1	MTBE	2.6	62
1-丁烯	30.0	448	TAME	7.9	6.9~13.8
2-丁烯	65.0	345			

表 9-48　用复杂模型计算的 VOC 降低值

参数	前	后	差值	VOC 降低率/%
RVP/kPa	60.0	55.9	4.1	8.9
芳烃/v%	32	28	4	1.1
MTBE/v%	0	11	11	1.0
T_{90}/℃	166	160	6	1.8
硫含量/(μg/g)	339	239	100	2.0

表 9-49　汽油性质对排气污染物的相对影响

项目	硫含量	苯含量	芳烃含量	烯烃含量	氧含量	蒸气压	90%沸点
VOC	小	略	微	少	略	高	中
TOX	高	高	高	少	高	少	低
NO_x	高	略	微	少	略	略	小

有机毒物包括能致癌的苯、1,3-丁二烯、甲醛、乙醛和多环有机物(POM)。除苯有四种来源（和 VOC 相同)外，其余均为发动机内不完全燃烧的产物。EPA 的简单模型计算结果表明：苯是主要毒物，占总量的 72.5%。第 5 栏是把苯含量从基准值的 1.53v%降低到 1.0v%的效果，第 6 栏则是芳烃总量从基准值的 32v%降低到 25v%的效果。对比得出苯在排气中产生毒物的量为同样体积芳烃的 15~17 倍。换句话说，如把苯含量减少 0.1v%，则其影响可与增加总芳烃含量 1.5v%~1.7v%相抵消，详见表 9-50。

表 9-50　测试的和用简单模型计算的基准汽油的毒物排放量　mg/km

毒物	基准汽油(夏季)① RVP=600kPa	降低蒸气压 RVP=559kPa	再加含氧化合物 O_x=2%	再降苯含量至 1v%	再降芳烃含量至 25v%
苯					
排气	16.58	16.57	15.34	14.25	12.23
蒸发	2.31	1.96	1.79	1.17	1.17
行车损失	2.77	2.31	2.11	1.37	1.37
加油损失	0.26	0.25	0.21	0.21	0.21
小计	21.92	21.09	19.45	16.90	14.88
1,3-丁二烯	1.54	1.54	1.42	1.42	1.42

续表

毒物	基准汽油(夏季)[①] RVP=600kPa	降低蒸气压 RVP=559kPa	再加含氧化合物 $O_x=2\%$	再降苯含量至 1v%	再降芳烃含量至 25v%
甲醛	3.43	3.43	4.20	4.20	4.20
乙醛	2.44	2.44	2.44	2.44	2.44
POM	0.87	0.87	0.81	0.81	0.81
毒物总计	30.20	29.37	28.32	25.77	23.75
对照基准汽油的降低率	—	2.7	6.2	14.7	21.4

①基准汽油的性质：T_{90}，166℃；苯，153v%；芳烃，32v%；烯烃，9.2v%；S，339μg/g；$O_x=0$。

柴油发动机排气中的CO、SO_x，NO_x及未燃烧烃类和微颗粒物对环境产生的危害都与柴油的组成有关，其中硫和芳烃的含量影响最大。柴油的硫含量及芳烃含量与柴油发动机尾气中的NO_x和固体颗粒物密切相关。

六、车用燃料质量指标

车用燃料主要是指石油产品及替代燃料，主要成分为各类碳氢化合物，汽油含200多种、柴油含300多种碳氢分子。这些碳氢化合物和其他物质的含量决定了燃油的质量，同时也是影响汽车使用性能的关键因素。因此，了解车用燃料的性能指标及对汽车使用性能的影响、燃料的规格牌号、国内外燃油的水平和发展趋势以及环境保护对燃料的要求是十分必要的。

(一) 车用汽油性能指标

车用汽油质量对汽车的使用性能影响很大。随着汽车技术的发展，汽车对燃油质量的要求也越来越高，特别是汽车排放标准逐步严格后，汽车电喷技术和催化转化技术的普遍应用，汽油质量的高低就成为影响这些技术充分发挥效能的主要因素之一。车用汽油的主要性能指标为抗爆性、蒸发性、热值、氧化安定性、腐蚀性、清净性以及化学组分。

1. 抗爆性

汽油的抗爆性是指汽油在发动机汽缸中燃烧时，避免产生爆燃的能力，也就是抗自燃的能力，它是汽油的一项重要使用性能指标。汽油的抗爆性用辛烷值和抗爆指数表示，辛烷值越高，汽油的抗爆性越好。

汽油的辛烷值在实验室常用对比试验的方法测定。在一台专用可变压缩比的单缸试验发动机上，先用被测汽油做燃料，使发动机在一定的条件下运转，试验中逐步提高发动机的压缩比，直到试验发动机产生标准强度的爆震为止。然后，在该压缩比下换用由一定比例的异辛烷(一种抗爆燃烧能力很强的碳氢化合物，规定其辛烷值为100)和正庚烷(一种抗爆燃烧能力很弱的碳氢化合物，规定其辛烷值为0)混合而成的标准燃料，使发动机在相同的条件下运转，改变标准燃料中异辛烷和正庚烷的比例，直到单缸机也产生上述标准强度的爆震为止。此时标准燃料中异辛烷含量的百分率就是被测汽油的辛烷值。实验室辛烷值又分为研究法辛烷值RON和马达法辛烷值MON。两者均使用同一标准的四冲程单缸机测定，但测定时的条件不同，马达法的测定条件比较苛刻，发动机转速(900r/min)和混合气进气温度都较高，它能较好地反映汽油用于汽车在长途高速行驶、超车或上坡时的抗爆性。研究法测定的辛烷值转速较低(600r/min)，主要反映汽油用于城市运行汽车经常加速、低速行驶时的抗爆性。一般同一汽油的马达法辛烷值比研究法辛烷值低约 12 个单位。由此可见，在不同的燃烧条件下，汽油显示出不同的抗爆性。另一种辛烷值的测定法是道路行车法，它可以比较真实地反映出汽油在实际使用中的抗爆性，因此又被称为实际辛烷值。由于测试方法复杂，实际辛烷值用抗爆指数表示。抗爆指数等于 MON 和 RON 的平均值，即[1/2(MON+RON)]。我国原来用马达法辛烷值作为汽油的抗爆性指标，并以此划分汽油牌号，现在改用研究法辛烷值。美国从 1970 年开始用抗爆指数代替 RON 作为汽油的抗爆性指标。

2. 蒸发性

汽油从液体状态转变为气体状态的性质称为汽油的蒸发性。汽油能否在进气系统形成良好的可燃混合气，汽油的蒸发性能是主要因素。汽油的蒸发性用馏程和蒸气压表示。汽油的馏程就是通过加热测定蒸发出 10%、50%、90%馏分时的温度和终馏温度，又分别被称为 10%馏出温度、50%馏出温度、90%馏出温度和干点。

10%馏出温度与发动机冷启动性能有关。该温度低，表明汽油中所含轻质部分低温时容易蒸发，发动机易于冷启动。10%馏出温度与汽油机可能启动的最低气温见表 9-51。

表 9-51　汽油 10%馏出温度与汽油发动机可能启动的最低气温

可能启动的最低温度/℃	-29	-18	-7	-5	0	5	10	15	20
10%馏出温度/℃	36	53	71	88	98	107	115	122	128

50%馏出温度表明汽油的中间馏分蒸发性好坏。此温度低，汽油中间馏分就易于蒸发，发动机暖机性能、加速性能和工作稳定性都较好。美国 CaRFG3 车用汽油质量标准规定 50%馏出温度低于 100.5℃，而我国车用汽油质量标准规定 50%馏出温度低于 120℃。因此，未来我国车用汽油质量标准存在着降低此温度的要求。

90%馏出温度和干点用来判定汽油中难以蒸发的重质成分含量。此温度越低，表明汽油中重馏分含量越少，越有利于可燃混合气均匀分配到各缸，使燃烧更完全。重馏分汽油不易挥发，特别在冬季时，来不及蒸发燃烧的重馏分组分流到曲轴箱中会稀释润滑油，使润滑油性能变差。美国 CaRFG3 车用汽油质量标准规定 90%馏出温度低于 151.6℃，而我国车用汽油质量标准规定 90%馏出温度低于 190℃。

汽油的蒸发性并不是越强越好。夏季时，蒸发性太强，会导致发动机油路发生“气阻”现象。“气阻”是燃料供给系统中(油泵和油管)汽油产生蒸气过多，供油量不能满足发动机工作需要的现象。汽油的饱和蒸气压和 10%馏出温度对气阻有显著的影响。试验表明，汽油不产生气阻的最大饱和蒸气压与气温的关系见表 9-52。由表 9-52 可知，环境温度高的地区和季节应限制汽油的饱和蒸气压。

表 9-52　各种气温下不致引起气阻的汽油最大饱和蒸气压

气温/℃	10	16	22	28	33	38	44	49
最大饱和蒸气压/kPa	93.3	84.0	76.0	69.3	56.0	48.7	41.3	36.7

汽油的蒸气压太高会增加汽油的蒸发损失，不仅浪费了汽油，而且增加了对大气环境的污染。为减少汽油的蒸发损失，可在汽车上安装汽油蒸发吸收装置。此外，蒸气压太高的汽油，由于吸热蒸发快会导致化油器温度过低而结冰。

3. 化学组分

汽油的化学组分主要指烯烃、芳香烃和饱和烃的含量。汽油中的烯烃是不饱和烃类化合物，化学安定性很低，容易氧化缩聚生成胶质。但它的抗爆性较好，可提高汽油的辛烷值。芳香烃的化学安定性最好，很难氧化，自燃点高，抗爆性很好，是汽油的高能、高辛烷值成分。但芳香烃燃烧会生成致癌物质，随废气排放到大气中污染环境。饱和烃主要是指烷烃和环烷烃，常温下化学安定性较好，储存中不易氧化变质。烷烃分为正构烷烃和异构烷烃，前者在高温下易氧化，自燃点低，抗爆性差；后者自燃点高，是汽油的高辛烷值组分。环烷烃的燃烧性能介于正构烷烃和异构烷烃之间。

4. 其他性质

汽油在常温下和液态下的抗氧化能力称为氧化安定性，也可称为化学安定性，表示汽油氧化安定性的指标是实际胶质和诱导期。安定性差的汽油在储运、使用中经常因热、光等作用变黄、产生胶质。在发动机使用中胶质会堵塞油路并容易在气门、化油器量孔或电喷汽油发动机的喷嘴、燃烧室等处形成积炭，影响发动机正常运行和使用性能。

汽油中引起腐蚀的物质主要是硫化物、有机酸、水溶性酸和碱等。因此，汽油标准对汽油的硫含量、酸度、铜片腐蚀试验以及水溶性酸或碱都有严格规定。

汽油清净性用汽油含机械杂质和水分的多少表示。汽油中不应有机械杂质和水分。汽油的热值大约为44000kJ/kg。热值高的燃料动力性好。

(二) 车用柴油性能指标

柴油品质一般根据十六烷值、馏分、密度和低温性能进行确定。影响柴油机排放的主要参数是十六烷值、硫含量、燃油密度和多环芳烃含量。柴油的主要性能指标包括发火性、蒸发性、黏度、低温流动性、腐蚀性以及灰分、水、机械杂质等。

1. 轻柴油的发火性

燃料的发火性表示其自燃能力，当燃料到达一定温度不用点火自行着火燃烧时的温度称为自燃点。柴油的自燃发火性用十六烷值或十六烷指数表示。

十六烷值是在标准四冲程可变压缩比单缸柴油机上，用标准燃料比来测定的。标准燃料由两种碳氢化合物组成，一种是自燃点低、发火性非常好的正十六烷，将其十六烷值定为100；另一种是自燃点高、发火性很差的α-甲基萘，将它的十六烷值定为0。两种化合物按不同的体积混合，就可得到需要的标准燃料十六烷值。

十六烷指数是根据经验公式，用柴油的密度和沸点计算而得。我国十六烷指数的经验计算公式如下：

$$\text{十六烷指数}=-481.51+162.41\lg T_{50}/\rho_{20}$$

式中 T_{50}——轻柴油的沸点,℃；

ρ_{20}——轻柴油20℃时的密度，g/cm^3。

该公式仅适用于原油加工的直馏柴油和催化裂化轻循环油以及二者的混合物，不适用于烷基化柴油、加入十六烷值改进剂柴油、纯烃和煤合成柴油等。

十六烷值是柴油燃烧的一项重要质量指标，图9-45表明十六烷值与柴油机燃烧特性和燃油经济性的关系。十六烷值在40~60范围内，滞燃期明显缩短，燃烧压力变化平缓，发动机工作比较柔和。十六烷值过低，柴油在燃烧室中的滞燃期会延长，严重时会发生爆震，使发动机功率下降，机械磨损和油耗上升，同时对发动机冷启动、固体颗粒物的排放、NO_x的排放和燃烧噪声都有影响；十六烷值大于50以后，滞燃期的变化趋缓，继续提高十六烷值，当十六烷值太高时，柴油的热稳定性降低，会在高温高压的汽缸内形成大量不易完全燃烧的游离碳，导致后燃期延长，排放黑烟增加，发动机功率降低，油耗增加。

柴油的十六烷值与族组成密切相关，柴油中芳烃含量增加，其十六烷值降低(Lieder, 1993)。因此，未来车用柴油质量规范中应限制芳烃含量，尤其是多环芳烃含量以及硫含量，以降低排放气中的 NO_x 和 PM 含量。

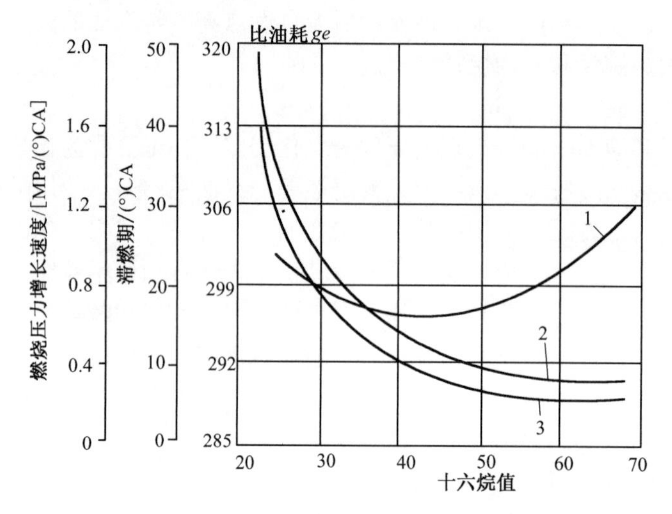

图 9-45　十六烷值与柴油机燃烧特性和燃油经济性的关系

1—比油耗；2—滞燃期；3—燃烧压力增加速度

柴油的十六烷值应与柴油机的结构相适应。选择柴油十六烷值的主要依据是柴油机转速。转速愈高，燃料在汽缸中燃烧的时间越短，同时对十六烷值的要求也越高。柴油十六烷值与发动机匹配的系数为：

$$\text{柴油最佳十六烷值} \approx 3.5\sqrt[3]{n}$$

柴油机转速 n 在 1500~3000r/min 之间，十六烷值范围最好是 45~55。

2. 蒸发性

柴油的蒸发性用馏程和 10%蒸发残留物表示。柴油的 50%体积馏出温度对柴油机的冷启动性影响较大，该温度低，柴油机易于启动，暖机期间动力性能好，我国柴油 50%馏出温度不高于 300℃。90%馏出温度低，10%蒸发残留物少，有利于改善柴油机的运行性能，减少机械磨损，降低燃料消耗。试验表明，90%馏出温度 300℃比 335℃的柴油，油耗降低 4%~7%。车用轻柴油不能含有 365℃以上的重馏分，否则后燃期长，排气黑烟高，会加剧柴油机的磨损。总体而言，与汽油相比，一般的柴油机工作性能受蒸发性的影响较小，可以使用馏分较宽的轻柴油，但直喷柴油机要求使用的柴油馏分较窄(200~300℃)。

3. 低温流动性

柴油的低温流动性是表征柴油在寒冷气候条件下的供油性能，主要指标有浊点、倾点、凝点、冷滤点等。浊点是柴油在冷却过程中开始析出石蜡时的温度。倾点是在规定的仪器和试验条件下使柴油冷却，当冷却到试管中的油倾斜 1min，油液面仍能流动的最低温度。凝点是柴油温度低到析出的石蜡结晶已经形成立体网状结构，失去了流动性时的温度。冷滤点是 20 世纪 70 年代中期开始采用的评价柴油低温流动性能指标，表示柴油低温时通过金属滤网的能力。即在规定的冷却条件下，柴油在 1.96kPa 抽力下，1min 通过缝隙宽度为 45μm 金属滤网的柴油体积少于20mL的最高温度，即为柴油的冷滤点。

对于低温流动性各国用的指标不同，美国用冷滤点，日本用倾点，我国用冷滤点和凝点，欧洲用冷滤点。柴油的低温流动性主要对柴油车低温使用性能有影响，低温流动性指标越低，说明柴油低温流动性越好。

4. 腐蚀性

车用柴油的腐蚀性用硫含量、酸度、铜片腐蚀等级指标表示。车用柴油的酸度太高，会使喷油器结焦，高压油泵柱磨损加大，燃烧室积炭增加，发动机功率下降。柴油中的硫经燃烧后生成的SO_2、SO_3和水蒸气会对排气系统造成高温气相腐蚀，排气温度越高，腐蚀越严重。此外，SO_2和SO_3与水反应生成腐蚀性的酸性物质，加速了汽缸套的腐蚀磨损。表9-53为不同硫含量对柴油机磨损的影响。

表9-53　柴油硫含量对发动机的磨损

试验方法	硫含量/%	活塞环失重/g	汽缸上部磨损/μm
500h台架试验	0.12	0.12	12
	0.34	0.35	19
	0.57	0.66	40
26000km汽车试验	0.12	1.37	76
	0.34	1.60	147
	0.57	3.20	343

5. 其他性质

柴油的黏度对供油量影响较大，黏度高的柴油冬季低温流动性差，给柴油机供油带来困难。黏度低的柴油，夏季气温高时供油系统的蒸发损失增加，而且太低黏度的柴油对高压油泵和喷油器的润滑油密封性差。柴油的黏度还影响喷射时的雾化质量。一般车用柴油黏度在20℃时大约$2mm^2/s$为宜。

柴油的安定性用实际胶质和10%蒸余物残炭等控制，直馏轻柴油的安定性很高，二次调合加工组分的柴油中烯烃和芳烃含量多，所以安定性较低。安定性低的柴油容易使发动机供油系统堵塞。

灰分指燃料燃烧后的残余矿物质数量。灰分是引起燃烧室积炭的主要因素，因此柴油的灰分越小越好。

柴油中的含水对其使用性能影响较大，它会使柴油自燃点升高，启动困难，引起发动机低温结冰等。机械杂质和水还会加剧发动机的磨损。

柴油的热值大约为42500kJ/kg。

七、车用燃料清洁化

1. 车用汽油

车用汽油质量标准大致经历了含铅汽油、无铅高辛烷值汽油、新配方汽油(RFG)等几个发展时期。与排放法规相类似，全球车用清洁汽油质量标准也分为美国、欧洲和日本三大质量标准体系。1998年6月3~5日，在比利时布鲁塞尔举行的第三届世界燃料会议上，由美国发动机制造商协会(EMA)、欧洲汽车制造商协会(ACEA)、欧洲汽车制造商联盟(Alliance)和日本汽车制造商协会(JAMA)发起组织的“世界燃料委员会”，代表全球汽车制造者提出了对汽车燃油的要求，称之为“世界燃油规范”，2002 年 12 月对其进行了修订。修订后世界燃油规范车用无铅汽油的主要质量指标列于表 9-54(廖健，2003)。

表 9-54　世界燃油规范车用无铅汽油主要质量指标

项目		Ⅰ类	Ⅱ类	Ⅲ类	Ⅳ类
硫/(μg/g)	≤	1000	200	30	无硫(5~10)
铅/(μg/L)	≤	0.013	不可检出	不可检出	不可检出
锰/(μg/L)	≤	—	不可检出	不可检出	不可检出
烯烃/v%	≤	—	20.0	10.0	10.0
芳烃/v%	≤	50.0	40.0	35.0	35.0
苯/v%	≤	5.0	2.5	1.0	1.0
氧/%	≤	2.7	2.7	2.7	2.7
RON91 RON	≥	91.0	91.0	91.0	91.0
MON	≥	82.0	82.5	82.5	82.5
RON95 RON	≥	95.0	95.0	95.0	95.0
MON	≥	85.0	85.0	85.0	85.0

随着我国汽车工业的迅速发展，车用燃料的消耗量将与日俱增，由此必将导致汽车尾气中污染物释放到大气中的总量越来越大。如果不从车用燃料源头来解决汽车尾气污染问题，那么城市大气污染问题就更为严重。为此，我国车用汽油质量标准日趋严格，汽油升级步伐很快，1993 年制定了无铅汽油标准(SH 0041—93)，2000 年 7 月 1 日起全国执行取消含铅汽油的 GB 17930—1999 新标准，至 2000 年底，全国汽油无铅率几达 99.97%，基本实现了汽油无铅化。国家质量技术监督局于 1999 年 12 月 28 日颁布的《车用无铅汽油》(GB 17930—1999)标准，规定了车用无铅汽油中的烯烃体积分数不大于 35%，芳烃体积分数不大于 40%，苯体积分数不大于 2.5%，硫质量分数不大于 0.08%，于 2003 年 7 月在全国全面实行；2006 年 12 月 6 日颁布了《车用汽油(国Ⅲ车用汽油)》(GB 17930—2006)标准，规定了车用汽油烯烃体积分数不大于 30%，苯体积分数不大于 1.0%，硫质量分数不大于 0.015%，芳烃体积分数不大于 40%，于 2010 年 1 月 1 日在全国全面实行；2011 年 5 月 12 日颁布了《车用汽油(国Ⅳ车用汽油)》(GB 17930—2011)标准，规定了车用汽油烯烃体积分数不大于 28%，硫含量不大于 50μg/g，芳烃与苯同前，于 2014 年 1 月 1 日在全国范围内实行；2013 年 5 月 12 日颁布了《车用汽油(国Ⅴ车用汽油)》(GB 17930—2013)标准，于 2018 年在全国范围内实行。国Ⅴ车用汽油除芳烃与苯含量同前外，烯烃体积分数由国Ⅳ不大于 28%降低到不大于 24%，考虑到锰对人体健康不利的潜在风险和对车辆排放控制系统的不利影响，将锰含量指标限值由国Ⅳ的 8mg/L 降低为 2mg/L，禁止人为加入含锰添加剂。为进一步提高汽车尾气净化系统能力，减少汽车污染物排放，将硫含量指标限值由国Ⅳ的 50μg/g 降为 10μg/g，降低了 80%。为防止冬季因蒸气压过低而影响汽车发动机冷启动性能，导致燃烧不充分、排放增加，冬季蒸气压下限由国Ⅳ的 42kPa 提高到 45kPa。为进一步降低汽油中挥发性有机物质的排放，减少大气污染，夏季蒸气压上限由国Ⅳ的 68kPa 降低为 65kPa，并规定广东、广西和海南全年执行夏季蒸气压。考虑到国Ⅴ车用汽油由于降硫、禁锰引起的辛烷值减少，以及我国高辛烷值资源不足的情况，将国Ⅴ车用汽油牌号由 90 号、93 号、97 号分别调整为 89 号、92 号、95 号，同时在标准附录中增加 98 号车用汽油的指标要求。为进一步保证车辆燃油经济性相对稳定，首次规定了密度指标，其值为 20℃时720~775kg/m^3。

此外北京、上海等城市先于全国其他地区实行更加严格的地方标准，其中北京于2012年5月31日起实施更加严格的车用汽油DB 11238—2012地方标准，进一步限定清洁汽油烯烃体积分数不得大于25%，且烯烃+芳烃体积分数不得大于60%，汽油硫含量不大于10μg/g；上海于2013年底开始实施沪V地方标准汽油，同样要求硫含量不大于10μg/g。我国车用汽油标准(GB 17930)主要指标演变列于表9-55。

表9-55　车用汽油标准(GB 17930)主要指标

项　目	GB 17930—1999	GB 17930—2006	GB 17930—2006	GB 17930—2011	GB17930—2013
排放标准	—	国Ⅱ	国Ⅲ	国Ⅳ	国Ⅴ
RON	90/93/97	90/93/97	90/93/97	90/93/97	89/92/95
硫含量/(μg/g)	<1000/800①	<500	<150	<50	<10
烯烃体积分数/%	—	<35	<30	<28	<24
芳烃体积分数/%	<40	<40	<40	<40	<40
苯体积分数/%	<2.5	<2.5	<1.0	<1.0	<1.0
氧质量分数/%	—	<2.7	<2.7	<2.7	<2.7
T_{50}/℃	<120	<120	<120	<120	<120
T_{90}/℃	<190	<190	<190	<190	<190
蒸气压/kPa	<85(冬)	45~85(冬)	<88(冬)	42~85(冬)	45~85(冬)
	<65(夏)	42~65(夏)	<72(夏)	40~68(夏)	40~65(夏)

① 北京、上海、广州先于全国实行不大于800μg/g硫含量要求。

2. 车用柴油

美国环保署(EPA)于1993年强制执行车用柴油允许的最高硫含量是500μg/g，芳烃含量<35v%，十六烷值指数>40。随后颁布了“Tier 2 emission program”，要求2004年柴油中的硫含量降至50μg/g，2006年硫含量降至15μg/g(Song，2003)。美国加州早在1993年就开始执行芳烃含量不超过10v%的柴油标准(Cooper，1996；Stanislaus，1994)。

欧盟(EU)在1993年到2009年期间不断升级车用柴油标准，对柴油硫含量、十六烷值的要求日益严格。1996年EU允许柴油的硫含量<500μg/g，十六烷值49；2000年硫含量降低到<350μg/g，十六烷值提高到51，同时限制总芳烃质量分数含量<11%；2005年硫含量降低到50<μg/g，十六烷值提高到>51；从2009年开始执行的欧Ⅴ标准中，要求柴油硫含量<10μg/g，多环芳烃质量分数降低到<11%，十六烷值>51(Calemma，2010；邵仲妮，2008；王朝伟，2008)。瑞典、芬兰和丹麦等国家通过广泛的税率刺激手段鼓励生产硫含量<5μg/g的超低硫城市车用柴油，瑞典从1991年开始执行的一级柴油标准，限制硫含量<10μg/g，芳烃体积分数<5%，十六烷值>50，是当时世界上最严格的清洁柴油标准(Cooper，1996；廖健，2005)，如表9-56所列，也是世界各国21世纪生产清洁柴油的参考标准。

表9-56　瑞典柴油质量标准规格

指　标		城市Ⅰ级	城市Ⅱ级	标准Ⅱ级
密度/(kg/m³)		800~820	800~820	800~840
硫质量分数/%	不大于	0.001	0.005	0.2
总芳烃体积分数/%	不大于	5	20	—
多环芳烃体积分数/%	不大于	0.02	0.1	—
十六烷值	不小于	50	47	48
T_{95}/℃	不大于	285	295	340

日本柴油质量标准升级的步伐很快，从 1997 年开始使用的清洁柴油硫含量<500μg/g，十六烷值>45；2000 年硫含量<500μg/g，十六烷值提高到>50；2005 年日本将柴油的硫含量控制在<50μg/g，在短短 5 年的时间里就将柴油的硫含量指标降低了 90%；2008 年进一步降低到<10μg/g(李大东，2004；方向晨，2006)。

1998 年 6 月 4 号，由美国、欧洲和日本的汽车制造商协会发起组织的世界燃料委员会提出了“世界燃料规范”建议，对燃料油的品质进行一系列规定。2000 年 4 月，世界燃料委员会修改并公布了“世界燃料规范”，对柴油的质量提出明确要求，如表 9-57 所列(冯秀芳，2006)，并建议世界各国参照此规范实施。

表 9-57　世界燃油规范中柴油质量的主要指标

排放标准		Ⅰ	Ⅱ	Ⅲ	Ⅳ
密度/(kg/m^3)		820~860	820~850	820~840	837~850
硫质量分数/%	不大于	0.5	0.03	0.003	0.001
总芳烃体积分数/%	不大于	—	25	15	15
多环芳烃体积分数/%	不大于	—	5	2	2
十六烷值	不小于	48	53	53	53
T_{95}/℃	不大于	370	355	340	340

车用柴油标准中规定的十六烷值指标限制值，主要与车用柴油调合组分的构成、各国炼油装置结构以及所加工原油的种类密切相关，欧盟标准要求车用柴油十六烷值不低于 51，而美国仅要求十六烷指数不低于 40，日本要求十六烷值不低于 45。美国和欧盟车用柴油调合组分的构成及各组分主要性质列于表 9-58(廖健，2005)。从表 9-58 可以看出，欧盟车用柴油调合组分中低十六烷值组分催化轻循环油和热裂化柴油含量均小于 10%。

表 9-58　美国和欧盟车用柴油调合组分的构成及各组分主要性质

调合组分	体积构成/%		芳烃体积分数/%	十六烷值
	美国	欧盟		
直馏柴油	40~100	70~90	20~40	42~54
催化裂化轻循环油	<25	<10	60~85	18~27
加氢裂化柴油	—	<10	8	>60
热裂化柴油	<20	<5	30~60	28~45

我国车用柴油标准开始于 20 世纪 60 年代。1964 年制定了第一个轻柴油国家标准《轻柴油》(GB 252—64)，其中硫的质量分数不大于 0.2%，实际胶质不大于 70mg/100mL，十六烷值提高到 50、45 和 43。1987 年我国轻柴油标准开始按照等级品划分，其中优等品硫的质量分数不大于 0.2%，一等品硫的质量分数不大于 0.5%，合格品硫质量分数不大于 1.0%。2000 年《轻柴油》(GB 252—2000)标准取消了等级品的划分，该标准相当于欧洲车用柴油标准 EN 590—93(欧Ⅰ排放标准对应的柴油质量标准)。标准规定硫含量不大于 0.2%，氧化安定性总不溶物不大于 2.5mg/100mL，比色不大于 3.5。国家质量技术监督局于 2001 年参照欧盟 EN 590—1998 制定了《车用柴油》(GB/T 19147—2003)标准(称国 II 标准)，主要技术指标类似欧 II 标准中的内容，并于 2003 年 10 月 1 日发布。我国几大城市对柴油质量标准提出了更为严格的要求，从 2006 年 1 月 1 日起，北京、上海、广州三大城市车用柴油质量标准参照执行《世界燃油规范》Ⅲ标准，分别发布了地方标准，如北京市地方标准 DB 11/239—

2007，上海市地方标准 DB 31/428—2009，广州市地方标准 DB 44/695—2009，北京从 2008 年 3 月 1 日率先对新增机动车执行国Ⅳ标准，在污染物排放限制上与欧Ⅳ标准完全相同(刘继华，2003；刘冀一，2003)。2009 年，国家质量技术监督局发布《车用柴油》(GB/T 19147—2009)标准(称国 III 标准)，要求 2010 年 1 月 1 日实施，国Ⅲ柴油标准中硫含量小于 350μg/g；5 号~-10 号柴油的十六烷值大于 49，-20 号的柴油十六烷值大于 46，-20 号~-50 号柴油的十六烷值大于 45，5 号~-10 号柴油 20℃密度为 0.810~0.850g/cm^3，-20 号~-50 号柴油密度为 0.790~0.840g/cm^3。我国车用柴油Ⅰ、Ⅱ、Ⅲ质量标准中的主要指标列于表 9-59(边思颖，2010)。

表 9-59 我国车用柴油质量标准中的主要指标

标准号		GB 252—2000	GB/T 1947—2003	GB/T 1947—2009
执行时间		2002	2003	2011
密度/(kg/m^3)		实测	816~856	810~850
硫质量分数/%	不大于	0.2	0. 05	0.035
总芳烃体积分数/%	不大于	—	35	11(多环芳烃)
十六烷值	不小于	45	49	49
T_{95}/℃	不大于	365	365	365

针对我国持续大范围雾霾天气，对控制机动车尾气排放提出了更高的要求，实施更加严格的柴油车尾气排放标准，国家质量技术监督局于 2013 年 2 月 7 日发布了国Ⅳ车用柴油标准(GB 19147—2013)，要求硫含量到 2015 年 1 月 1 日全部实现低于 50μg/g。与此同时，2011 年我国制定发布了《普通柴油》(GB 252—2011)标准，规定到 2013 年 6 月 30 日前柴油中硫含量降低到 350μg/g，此标准适用于三轮汽车、低速货车、拖拉机、内燃机车、工程机械、船舶和发电机组等压燃式发动机(鞠林青，2012)。我国国标柴油和欧标柴油的主要性质对比列于表 9-60。从表 9-60 可以看出，我国的柴油标准落后欧洲柴油标准 7 年以上。北京、上海和广州等城市制定了更为严格的车用柴油标准，主要体现在柴油的硫含量和十六烷值的要求上，发展趋势为低硫、低芳烃、低密度、高十六烷值的清洁柴油。

表 9-60 国标柴油与欧标柴油主要性质对比

项目		普通柴油(GB 252—2011)	车用柴油(GB 19147—2013)	EN 590-2004(欧洲Ⅳ/Ⅴ)
硫质量分数/%	不大于	0.2/0.035	0.005	0.005/0.001
十六烷值	不小于	45(40)	49/46/45	51/49/48/47
十六烷指数	不小于	43	46/46/43	46/46/43/43
密度(20℃)/(kg/m^3)		实测	810~850/790~840	820~845/800~845
多环芳烃质量分数/%	不大于	—	11	11

综上所述，国内车用燃料质量与发达国家车用燃料质量仍存在一定差距，尤其在硫含量上(龚慧明，2013)。实际上，控制汽车尾气污染是一个复杂的系统工程，改进汽车本身的排放性能是第一因素，使用清洁车用燃料是第二因素。例如，美国降低城市汽车排放污染物经历了机内净化、机外净化、燃料直喷电子点火和使用新配方汽油等四个阶段，在完成前三个措施后，才提出新配方汽油。此外油品在储存、运输、装卸和加油过程中还有一定数量的挥发逸散，同样造成大气污染。

八、改善发动机燃烧效率与节能减排

汽油、柴油等液体燃料具有性价比高、易获得、便于携带以及高能量密度的独有组合优势，将继续在交通运输领域中提供最多的消耗能源。预计从2010年至2040年间将增长38%，其中汽车用油是全球石油需求增长的主要动力，对能源需求和环境保护都形成巨大的压力，因此汽车节能减排是当务之急(汪燮卿，2014)。要实现汽车节能减排目标，一方面靠汽车工业技术进步和结构调整，另一方面也要有优质油品的保证。全球油品质量标准升级步伐在前面已论述，下面简要地论述汽车自身节能减排的技术进展。

从一款排量为2.5L、2005款Camry在市区工况下的能量损失分布图(见图9-46)可以看出，油品燃烧绝大部分的能量都消耗在动力系统即发动机上。因此提高和改善发动机的能量输出效率对高效利用油品和减少尾气污染物排放就变得十分重要(Bandivedekar，2008)。

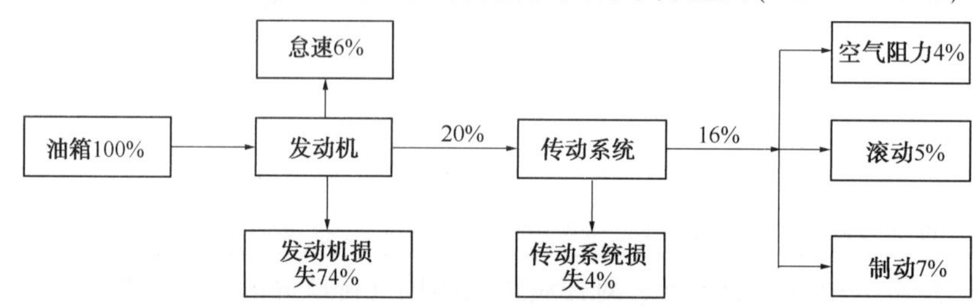

图9-46　市区工况下典型的能量损失分布图

在内燃机领域，围绕节能和减排两大主题，国内外就如何提高燃料的能量利用率开展了各种基础研究和应用技术研究。高性能、低消耗、少污染的机型不断开发出来，投向市场。稀燃技术、快速燃烧系统、分层进气系统、隔热发动机、新型增压技术的研究逐步得到应用。新材料、代用燃料、高性能润滑油的研究也广泛开展，并取得了引人瞩目的成绩。电子技术、信息技术在内燃机上的应用，使得内燃机的运行参数保持在最佳值，从而使内燃机功率、油耗、排放得到了最佳平衡。即使如此，燃油发动机汽车在占80%以上的道路条件下，仅利用了动力潜能的40%，在市区还会跌至25%，更为严重的是排放废气污染环境。为此，20世纪90年代以来，各种各样的电动汽车脱颖而出。但由于电池的能量密度与汽油相比相差上百倍，以及成本高等问题阻碍了电动汽车的应用。而混合动力汽车(Hybrid Electric Vehicle，简称HEV)是将成熟的燃油发动机技术与电动机技术集成化结合，作为汽车的动力装置，这是当代汽车工业为保护大气环境及提高能源利用的重大技术措施。混合动力汽车主要采取两方面的措施来节能，一是减小发动机排量，并保证其在最佳工况下运行，从而降低发动机在变工况下的燃油消耗率；二是通过发电回收减速和制动能量，以降低整车的能耗。与一般汽车相比，混合动力车燃油经济性提高一倍，CO_2排放大大降低；由于能量的回收和优化利用，发动机效率也可以提高一倍左右(曾科，2006；朱剑明，2010)。

现代汽油发动机的主要发展方向是改善汽油燃烧效率，从而实现节能和减排。汽油发动机节能技术主要包括减少泵气损失(多气门、顶置凸轮，可变气门正时，可变气门升程，无节气门，无凸轮轴进气)；减少发动机摩擦损失(滚子挺柱，低摩擦润滑剂)；发动机工作过程优化(提高压缩比，停缸技术，进气增压，燃油直接喷射，均质混合气压燃)。其中关键技术论述如下：

1. 缸内直喷技术

为改善汽油燃烧效率，汽油机的供油方式在不断地变迁，从化油器到进气道多点喷射(MPI)，再到先进的缸内直喷(GDI)。汽油缸内直喷(Gasoline Direct Injection，简称 GDI)是指汽油机采用与柴油机燃油喷射相同的方式将燃油通过安装在缸盖上的喷油器直接喷到缸内使之燃烧的一种新型燃油喷射技术(曾科，2006)。燃油喷到缸内时，可自由控制燃烧室内的燃油分布，利用优化设计的进气道和活塞顶部形成空气流动，实现混合气在缸内分层分布，由此可以获得在传统发动机中不可达到的稀空燃比(超过 40∶1)，实现超稀薄混合气稳定燃烧，从而实现降低汽油机燃油消耗率，特别是低负荷工况下的燃油消耗率，同时也能够实现较好的缸内排放净化效果。缸内直喷可采用立式吸气口、弯曲顶面活塞和高压旋转喷射器等 3 种方式。按车辆负荷选择不同的燃烧模式，在中小负荷区域采用分层稀燃，活塞运行到上止点附近即压缩行程末期喷油；通过对活塞顶部的特殊设计实现壁面引导喷射，在火花塞周围形成较浓的可燃混合气，与外部空气形成分层，以实现中小负荷下的分层稀燃，此时总体空燃比可以到达 25~50。足够的过量空气可在短时间内燃尽未燃碳氢，并有利于降低汽缸壁温度，减小热损失。此外，GDI 发动机在理论上不需要节气门，在低负荷下采用变质调节来控制发动机扭矩，无泵气损失；在高负荷区域，为了使发动机获得更好的动力性，喷油量必须控制在理论空燃比附近。在进气行程早期喷油，以便在点火时形成均匀混合气。早喷射的燃油蒸发吸热，使进气终点充量温度下降，有利于充量系数的提高，压缩比可提高到 11~12，并有利于抑制爆震的发生(蒋德明，2001)。

总之，GDI 发动机的燃油经济性可提高 30%~35%，同时瞬态工况改善、能快速启动(一般 1 个~2 个循环)，对启动加浓的要求降低和冷启动时 HC 和 CO 排放降低。采用缸内直喷技术对于汽油机的整体性能有很大提高，其综合了柴油机与汽油机两方面的优点，能达到与柴油机相当的燃油经济性。缸内直喷技术基本上代表了车用汽油机技术的发展方向。

2. 均质混合气压燃技术

均质充量压缩燃烧技术(Homogeneous Charge Compression Ignition，简称 HCCI)是指在燃烧过程中，均匀的空气与燃料混合气及残余废气被压缩点燃，燃烧在多点同步发生且无明显的火焰前锋，由于可以在稀薄混合气中进行燃烧，燃烧温度比较均匀，火焰温度低，NO_x和碳烟 PM 的形成能够被有效抑制，从而减轻了排气后处理的困难。

与预混燃烧和扩散燃烧相比，HCCI 燃烧方式因其均质压燃的特性，燃烧速度取决于燃料的化学特性，一般具有很高的燃烧放热速率，放热率接近奥托(Otto)循环；由于燃烧速率快，减小了热损失，循环热效率很高。相对于传统汽油机，HCCI 发动机无节流阀，无泵气损失，从而热损失小；采用稀燃的燃烧方式，压缩比较高。这些因素都有利于提高发动机的燃油经济性(Toshio，2004；申琳，2004)。

均质压燃能使汽油机的指示热效率达到甚至超过柴油机的水平。由于采用了压燃，混合气的空燃比不再受到混合气点燃和火焰传播的限制，内燃机的压缩比也不再受到爆震的限制。随着 HCCI 发动机冷启动着火困难、运行工况范围有限、着火时刻和燃烧速率不易控制等技术难点不断被攻克，HCCI 技术将在汽油机节能中发挥重要作用。

3. 减少摩擦损失

通过改进材料和优化活塞环设计，采用无凸轮轴驱动机构，使用合成机油等技术措施可减少摩擦损失，其中无凸轮气门驱动分为电磁式气门驱动和电液式气门驱动。采用电磁阀、电液阀替代凸轮轴，使得发动机省去了凸轮轴的重量，同时也消除凸轮与气门头部的摩擦而导致的功率损失；采用电磁气门机构或电液气门机构使发动机的气门正时和气门升程都将实现无级调节，而不需再通过改变凸轮轴的转角或型线来实现这种可变技术，并通过电脑的控制，电磁阀或电液阀可以根据实时工况对发动机气门的开启时间和升程进行调节，既可提高发动机的性能，又能改善发动机的燃油经济性。

4. 可变气门控制系统

可变气门控制系统可分为气门相位可变和气门升程可变，气门升程可变又包括凸轮型线切换和连续可变，以上两点被广泛认为是使用可变配气机构系统改善燃油经济性的方法。目前，大部分凸轮相位可变系统都是液压驱动的连续可变系统，根据技术发展趋势，把液压驱动改为电机驱动可改善燃油经济型，提高低温时的排放性能，提升发动机动力性能，电机驱动相对液压驱动来说响应速度更快，工作更加稳定，不受发动机转速和液压油温度的影响。

5. 停缸技术

停缸是指在发动机部分负荷时通过相关的机构、策略切断部分汽缸的供油或进排气，降低泵气损失，从而使工作缸运行在较高的高负荷区域，达到节油的目的；当急加速或爬坡需要加大动力时，又会启动所有汽缸，快速提升发动机的动力输出。

6. 进气增压

GDI 发动机提高了压缩比，从而有效地提高燃烧热效率同时降低爆震的概率，如果再配以增压，通过改善发动机进气，便可以使得发动机即便在较低的转速也能够输出相对而言更大的功率，从而有效提高发动机的能量密度。增压就是将空气预先压缩然后再供入汽缸，以提高空气密度、增加进气量、降低发动机的泵气损失的一项技术。由于进气量增加，可相应地增加循环供油量，从而可以增加发动机功率。我们知道，发动机是靠燃料在汽缸内燃烧做功来产生功率的，由于输入的燃料量受到吸入汽缸内空气量的限制，因此发动机所产生的功率也会受到限制，如果发动机的运行性能已处于最佳状态，再增加输出功率只能通过压缩更多的空气进入汽缸来增加燃料量，从而提高燃烧做功能力。增压方式分为机械增压和废气涡轮增压，其中废气涡轮增压被应用得最多。为获得更加优越的动力性能，可将两种增压方式结合起来使用，甚至采用多级增压。进气增压应用在汽油机上具有提高发动机升功率、低速扭矩性能和燃油经济性，同时降低有害气体排出量和机构比重量(kg/PS)等一系列优点。

7. 发动机余热利用

由于 GDI 发动机技术和混合动力汽车技术都已经相对成熟，利用以上技术大幅度提高能量利用率的空间已经十分有限。发动机余热利用仍有相当大的空间，这是因为发动机转变为有效功的热当量占燃料燃烧发热量(输入热量)的 30%~40%，冷却水散热占 20%~25%，尾气散热占 40%~45%。也就是说发动机只利用了燃料化学能的 1/3 左右，另外 2/3 左右的能量则通过发动机的冷却水散热和高温尾气排热而损失掉了，如果能将这两部分热量加以利用，必然会很大程度地提高发动机效率(Rajesh，2005；Diego，2006)。

温差发电技术就是利用发动机高温尾气与环境温度之间的温度差，通过半导体的温差电效应发出电功驱动用电器，达到回收发动机尾气能量的目的(张征，2004)。但利用排气温差发电技术能量转换效率很低，实际热电转换效率在 2.12%左右，最高也只有 10%左右。

发动机的余热可以用来取暖或者用来进行吸收式制冷(Atan，1998)，但余热的利用量非常有限。余热式采暖系统是通过在车厢内布置采暖加热盘管和新风加热盘管分别加热车厢内的循环空气及新鲜空气，以提高车厢空气温度和舒适性。其运行成本低，经济性好，加工简单，使用方便。但是，这种系统无法在发动机停止工作的时候使用，且在高寒地区使用时对换热元件要求较高。

德国宝马公司开发出汽油机内置蒸气机构“Turbo Steamer”，利用后接蒸气动力循环做功(曾科，2006；Douglas，2001)。在“Turbo Steamer”系统中，采用了高温和低温两个做功循环，工质分别是水和乙醇。在高温循环中，工质先通过蒸气发生器加热达到饱和状态，再通过过热器达到过热状态，从而具有较高的做功参数，再通过高温膨胀器实现做功输出，做功后乏气通过高温冷凝器将热量传给低温循环，并实现自身的冷凝，冷凝后的液体工质再通过泵返回蒸气发生器，从而完成了一个高温循环。在发动机后加装一套蒸气动力装置，成本肯定会有所提高，但这个系统的长期收益一定会高于成本的增加，在经济上是有实际意义的。

车用发动机的余热约占到燃料燃烧发热量的2/3，是一个尚未开发利用的巨大能量源。虽然发动机的余热可以通过取暖或者通过吸收式、吸附式制冷进行综合利用，但由于地区和季节的原因，取暖和制冷所利用的能量仅仅是发动机余热的很小一部分。采用后接蒸气动力循环余热利用方法与降低发动机有害排放物不矛盾，所采用的提高汽油机排温来提高蒸气动力循环热效率的措施还有利于降低发动机的排放。因此，研究发动机的后接蒸气动力循环将为大幅度提高汽油机的性能寻找一条新的途径(曾科，2006)。

与相同排量的汽油车相比，柴油车动力可提升30%~50%，同时，CO、HC和CO_2排量也低于汽油机。因此，柴油车已成为欧洲汽车市场的重要组成部分，其销售量已占汽车总销量的1/3以上。美国和日本等国也提出了汽车柴油化的发展战略。柴油机大体发展趋势为优化结构设计，减少摩擦与附件功率损失，提高机械效率；其次代用燃料使用，如常用的有植物油、天然气、醇类燃料、氢和燃料电池等二次能源，各种代用燃料均有降低环境污染的效果；此外，节能减排的柴油添加剂使用可改善燃料的燃烧性能。柴油机的燃油消耗率直接受到机械效率的影响，改善柴油机的燃烧效率主要技术措施如下：

1. 高压电控共轨技术

高压电控共轨式燃油喷射系统的出现，基本上改变了传统柴油机燃油喷射系统的组成和结构特征。高压电控共轨系统的最大特征就是燃油压力的形成和燃油量的计量在时间上、在系统中的部位和功能方面都是分开的。燃油压力的形成和燃油量的输送基本上与喷油过程无关，在低转速低负荷时仍能维持高的喷射压力，因此使得柴油机性能得到大幅度提高。特别是结合电控技术后，根据电控单元的指令控制每个喷油器，使得每个喷油器可按所要求的精确的喷油正式从共轨中“调出”具有所要求的精确压力和精确循环的燃油。改善了燃烧过程，提高了燃烧效率，降低了燃烧噪声和排放。这项技术已普遍在柴油车上使用。

2. 均质燃烧技术

在均质燃烧(Homogeneous charge compression ignition，简称HCCI)方式下，柴油和空气在燃烧开始前已充分混合，形成均质预混合气。混合气被活塞压缩并发生自燃，并呈分布均匀、稀混合的低温、快速燃烧，从根本上消除了产生NO_x的局部高温区和产生PM的过浓混合区，从而能大大降低NO_x和PM的排放。

3. NO_x排放控制技术

① AR(吸附还原催化剂)。在稀燃阶段将NO_x吸附储存起来，而在短暂的富燃阶段，NO_x释放并被排气中的HC还原。

② SCR催化转化器。它是一种剂量系统，系统将还原剂(尿素)导入排气中，混合后再经过催化，可减少NO_x的排放。

③ NSCR。它是在去氮催化器中，用碳氢化合物作还原剂，将废气中的NO_3还原。

④ 采用碳素纤维加载低电压技术。碳素纤维具有催化活性，能促进废气中的NO与C或HC进行氧化还原反应，随着电压的升高，可使NO_x排放明显降低。

4. 颗粒排放控制技术

① 颗粒捕捉器。颗粒(PM)是柴油机尾气主要成分之一，对人体的危害也非常大。颗粒捕捉器能够将尾气中的颗粒物过滤掉，可以达到90%以上的净化效果。

② 氧化催化器。氧化催化器是利用催化器中的催化剂来降低废气中的HC、CO和颗粒中的可溶有机成分的活化性能，使这些成分能与废气中的O_2在较低的温度下发生反应，从而降低柴油机的有害物质排放量。

5. 多气门技术

多气门发动机是指每一个汽缸的气门数目超过两个，即两个进气门和一个排气门的三气门式；两个进气门和两个排气门的四气门式；三个进气门和两个排气门的五气门式。气门布置在汽缸燃烧室中心两侧倾斜的位置上，是为了尽量扩大气门头的直径，加大气流通过面积，改善换气性能，形成一个火花塞位于中心的紧凑型燃烧室，有利于混合气的迅速燃烧，提高柴油机的经济性。

6. 增压中冷技术

增压就是增加进入柴油机汽缸内的空气密度，中冷则是将压缩后的空气的温度降低。最终是提高进入汽缸内的空气量，能够在不改变发动机排量的基础上提高柴油机输出功率，降低其升功率。

7. 轻质量设计技术

在柴油机设计上，由于轻质量技术的应用以及材料和制造水平的提高，使得柴油机的比质量也有所下降，由汽油机派生出来的柴油机总质量约为汽油机的110%。

随着柴油汽车尾气排放标准的不断升级，除完善缸内燃烧外，必须借助于后处理装置，从而柴油机后处理装置变得越来越复杂，越来越多的附加值集中在后处理装置上，其难度也越来越大。后处理装置的使用将严重影响柴油机的燃烧效率。柴油尾气后处理有两种主要的技术路线。一是EGR+DPF路线，即先通过EGR降低NO_x排放，然后再用DPF进行颗粒捕集，除去PM；二是SCR(选择性还原催化器)路线，核心过程为改进柴油机燃烧技术，先使颗粒物排放达标，同时考虑到与此同时会增加NO_x的排放，因此在排气管中安装SCR系统来降低NO_x的排放。与SCR技术相比，EGR+DPF技术对发动机的比油耗的负面影响要大，并且要依赖于贵金属，从而对燃油硫含量要求比较高，此外DPF技术的难点在于再生问题。而SCR系统对比油耗的负面影响最低，不依赖贵金属，对燃油含硫量的容忍度高。但SCR系统主要问题是水尿素液的储存，以及提供尿素的基础设施建设。此外SCR系统体积较大，需要较大空间安装(朱剑明，2010)。

柴油机燃烧室内高温富氧容易生成NO_x，而高温缺氧下又容易生成碳烟PM，因此柴油机排放的关键问题就是如何同时降低NO_x和PM的排放量。图9-47示出了传统柴油机、汽油机、HCCI以及低温燃烧(Low Temperature Combustion，简称LTC)的NO_x-PM生成图。图中右下方是NO_x高发区，与其对应的左上方是PM的高发区。从图9-47可以看出，不同的燃烧方式，其 NO_x-PM 排放处于不同的产生位置。传统柴油机燃烧方式，燃烧在喷油结束前就开始，混合气浓度在燃烧室内分布极不均匀，分布范围非常广，NO_x和 PM 排放量较高；汽油机由于属于预混合燃烧，混合气非常均匀，基本在理论当量比下燃烧，因而 PM 排放量很低，但 NO_x排放量较高；HCCI 燃烧方式可以将 NO_x和 PM 排放降到极低的值；低温燃烧 LTC 即使在浓混合气燃烧，当燃烧温度低于 1600K 时就几乎不生成 PM，因此可以大幅度降低 NO_x与 PM 排放量，NO_x和 PM 下降幅度在 70%左右，有些工况达到了 80%～90%，PM 有的点为 0，实现了无烟排放。此种燃烧方式比较适合柴油低挥发性燃料的燃烧。因此，柴油机可以采用低温燃烧技术将 NO_x和 PM 排放降低到非常低的值，以满足未来更严格的排放要求(朱剑明，2010)。

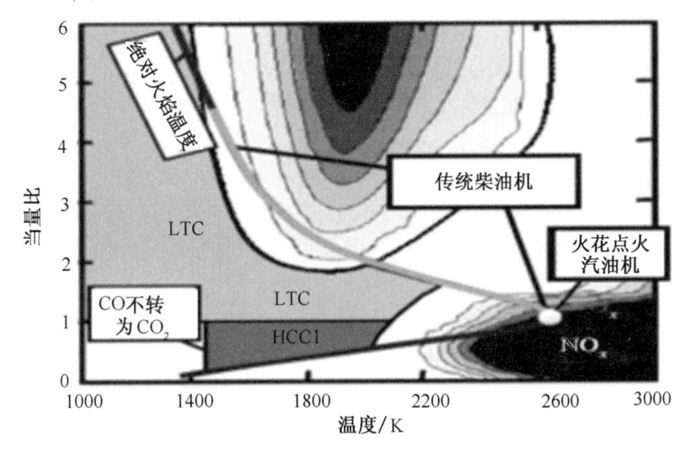

图 9-47　传统柴油机、汽油机、HCCI 以及 LTC 燃烧 NO_x-PM(soot)的 MAP 图

汽车节能技术得到重视并广泛应用，高效动力系统、轻量化技术、绿色轮胎和新能源汽车成为节能减排的重要手段。通过提高内燃机效率，采用汽油直喷发动机、涡轮增压器、先进变速器，采用轻质车用材料，以及通过使用热电发电机，能量转换从发动机余热发电等先进技术可以有效提高传统汽油的燃料经济性。预计到 2050 年，全球所有车辆的燃油经济性将提高 50%，并将减少 50%的 CO_2排放以及其他污染物排放(汪夔卿，2014)。随着我国汽车工业的快速发展，汽车已经成为石油消耗的主要领域。中国已经成为世界第一汽车产销大国，伴随着汽车产销量的大幅增长，我国的燃油消耗也不断加大，且尾气污染也越严重，因此高效率、低能耗、低排放发动机是汽车工业发展的趋势，也是中国汽车工业迫切而首要的选择。

第六节　催化裂化装置中的金属材料失效及其控制

一、金属材料失效形式及其危害

催化裂化装置的金属材料失效形式主要有两类：一是材料的腐蚀和磨损；二是高温环境下金属材料的机械性能丧失导致的破坏。其中材料的腐蚀主要指金属受周围介质的化学及电化学的作用(有时还伴有机械、物理或生物作用)而产生的破坏。自然界中只有极少数金属(例如金、铂等)能以游离状态存在，而大多数金属都以天然矿石或化合物的形式存在。因此，从热力学观点来看，金属的腐蚀是种不可逆的自然现象，关键在于如何预防和控制。

金属腐蚀的危害非常巨大，不仅造成经济上的巨大损失，还会引发燃烧、爆炸、人身伤亡和灾难性的环境污染等灾祸，造成严重的社会后果。英国和美国由腐蚀直接产生的经济损失分别占国民生产总值的 3.5%和 4.2%，大大地超过了由火灾、水灾(15 年平均值)、风灾和地震(50 年平均值)等自然灾害年损失的总和。腐蚀所造成的间接损失将数倍于其直接损失，世界上每年由于腐蚀而报废的金属设备和材料，相当于金属年产量的 20% ~40%。腐蚀还对安全和环境带来巨大威胁，国内外都曾发生过许多灾难性腐蚀事故，如飞机因某一零部件破裂而坠毁、油管因穿孔或裂缝而漏油引起着火爆炸等等。石油化工厂因腐蚀引发的事故也很多，例如管道和设备的腐蚀穿孔、泄漏造成环境污染，而爆炸、火灾及有毒气体(如氯、硫化氢、氰化氢)的泄漏容易造成人员伤亡。可以说，腐蚀问题已经成为石油化工厂健康安全环保管理者所面临的重大挑战。

高温环境下金属材料的机械性能的丧失主要因为在长时间的高温和外载荷作用下，金属的微观组织结构发生变化，导致材料的原有机械性能发生变化，主要包括碳素钢的高温石墨化、铁素体钢的 475℃脆化、奥氏体不锈钢 σ 相脆化、高温蠕变、热疲劳等。

二、催化裂化装置常见腐蚀种类

(一) 腐蚀机理

根据腐蚀的作用原理，腐蚀可分为化学腐蚀和电化学腐蚀，两者的区别是当电化学腐蚀发生时，金属表面存在隔离的阴极与阳极，有微小的电流存在于两极之间，单纯的化学腐蚀则不形成微电池。高温气体腐蚀(如高温氧化)属于化学腐蚀，但在高温腐蚀中也存在阴极和阳极区，也有电子和离子的流动。因此，化学腐蚀和电化学腐蚀有时也难以准确地区分，据此出现了另一种腐蚀分类：干腐蚀和湿腐蚀。湿腐蚀是指金属在水溶液中的腐蚀，是典型的电化学腐蚀，干腐蚀则是指在干气体(通常是在高温)或非水溶液中的腐蚀。

(二)按腐蚀破坏形态分类

金属腐蚀破坏形态可分为全面(均匀)腐蚀和局部腐蚀两类。全面腐蚀较均匀地发生在全部表面；而局部腐蚀只发生在局部，呈现出不同的形态，如点蚀、缝隙腐蚀、晶间腐蚀、应力腐蚀破坏、腐蚀疲劳、氢腐蚀、选择性腐蚀、磨损腐蚀、脱层腐蚀等，如图 9-48 所示(王巍，2001)。

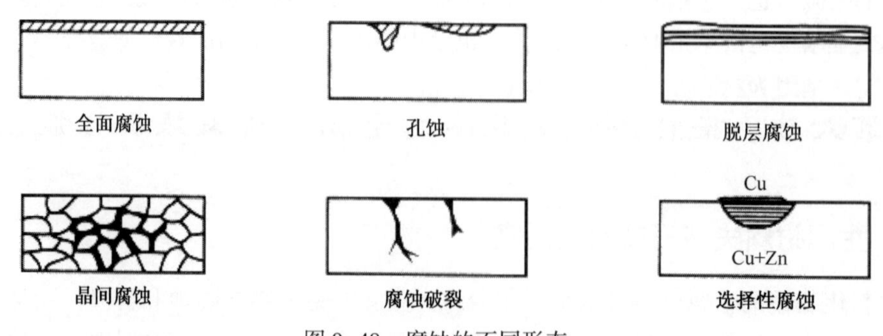

图 9-48　腐蚀的不同形态

1. 全面(均匀)腐蚀

金属表面的全部或局部较大范围内发生的腐蚀，腐蚀程度大致是均匀的。一般表面覆盖一层腐蚀产物膜，能使腐蚀减缓，高温氧化就是一个例子。又如易钝化的金属如不锈钢、钛、铝等在氧化环境中产生极薄的钝化膜，具有优良的保护性，使腐蚀实质上停止。铁在大气和水中产生的氧膜(锈)保护性很弱，一般全面腐蚀很严重。

2. 点蚀

点蚀属于局部腐蚀。点蚀常发生于易钝化的金属，如不锈钢、钛铝合金等。这些金属的表面大部分不腐蚀或腐蚀轻微，只在局部出现一些孔。蚀孔有大有小，一般蚀孔的表面直径等于或小于孔深，但也有坑状碟形浅孔，如图9-48所示，小而深的蚀孔可使金属板穿透，引起流体介质泄漏，造成火灾、爆炸等事故，因此，点蚀是破坏性和隐患最大的腐蚀形态之一。

以含氯离子溶液中氯离子导致奥氏体不锈钢的点蚀为例作进一步说明。一般情况下，由于金属表面覆盖强保护性的钝化膜可减缓腐蚀；但由于表面局部可能存在缺陷(非金属夹杂物、机械划痕等)，溶液中的活性离子(Cl^-，Br^-)使钝化膜出现局部破坏，这时局部暴露的金属成为电池的阳极，而周围大面积的保护膜成为阴极，阳极电流高度集中，使腐蚀迅速向内发展，形成蚀孔。蚀孔形成后，蚀孔外部被腐蚀产物阻塞，孔内、外液体的对流和扩散受到阻滞；孔内形成相对独立的闭塞区(也称闭塞电池)，蚀孔内的氧迅速耗尽，孔内只剩下金属去极化这一阳极反应，氧去极化这一阴极反应完全转移到蚀孔外侧进行；因此蚀孔内带正电的金属离子不断增加，为了保持电中性，带负电的活性离子Cl^-从孔外迁移入孔内，导致Cl^-浓度增大，金属离子水解产生H^+，蚀孔内pH值下降又促进了金属的腐蚀，反应过程如下：

$$M^+ + Cl^- + H_2O \rightarrow MOH + H^+ + Cl^-$$

闭塞区内的溶液组成(H^+、Cl^-)和区外迥然不同，点蚀各个阶段变化如图9-49所示。当闭塞区内pH值下降到某一临界值，腐蚀率突然上升，形成加速腐蚀，蚀孔内产生阴极放氢反应，蚀孔由闭塞区酸性电池控制。

蚀孔形成以后是否深入发展直至穿孔，由于影响因素复杂，难以预测。一般如果孔数少、电流集中，深入发展的可能性大；如孔数多又较浅，闭塞程度不大，危险性也较小。

3. 缝隙腐蚀

缝隙腐蚀是点蚀的一种特殊形态，发生在缝隙内(如焊、铆缝、换热管与管板孔间隙或沉积物下面的缝隙)，破坏形态为沟缝状，严重的可穿透。缝隙内是缺氧区，也处于闭塞状态，缝内pH值下降，浓度增大。腐蚀常有一段较长的孕育期。当缝内pH值下降到临界值后，与点蚀相似，也产生加速腐蚀，一般在含Cl^-的溶液中最易发生。

4. 晶间腐蚀

晶间腐蚀是因为晶界在一定条件下发生了化学成分和组织结构上的变化，导致其耐蚀性降低，这种现象称为晶间敏化；在特定的腐蚀环境中，腐蚀从表面沿晶粒边界向内发展。虽然外表面没有明显腐蚀迹象，但在晶界之间沉积有腐蚀产物，由晶相显微镜可看到晶界呈现网状腐蚀。严重的晶间腐蚀可使金属失去强度和延展性，甚至在载荷下发生碎裂。

不合理的受热过程或冷加工都可能使晶间发生敏化并导致晶间腐蚀，以奥氏体不锈钢的焊缝为例。焊接时焊缝两侧2~3mm处可被加热至400~910℃，在这个温度(敏化温度)下晶界的铬和碳形成Cr_3C_6，Cr从固溶体中沉淀出来，由于晶粒内部的Cr扩散到晶界很慢，晶界区就成了贫铬区，在适合的腐蚀溶液中就形成了“碳化铬晶粒(阴极)-贫铬区(阳极)”微电池，使得晶界被腐蚀。奥氏体不锈钢晶间腐蚀在工业中较常见，危害也最大。

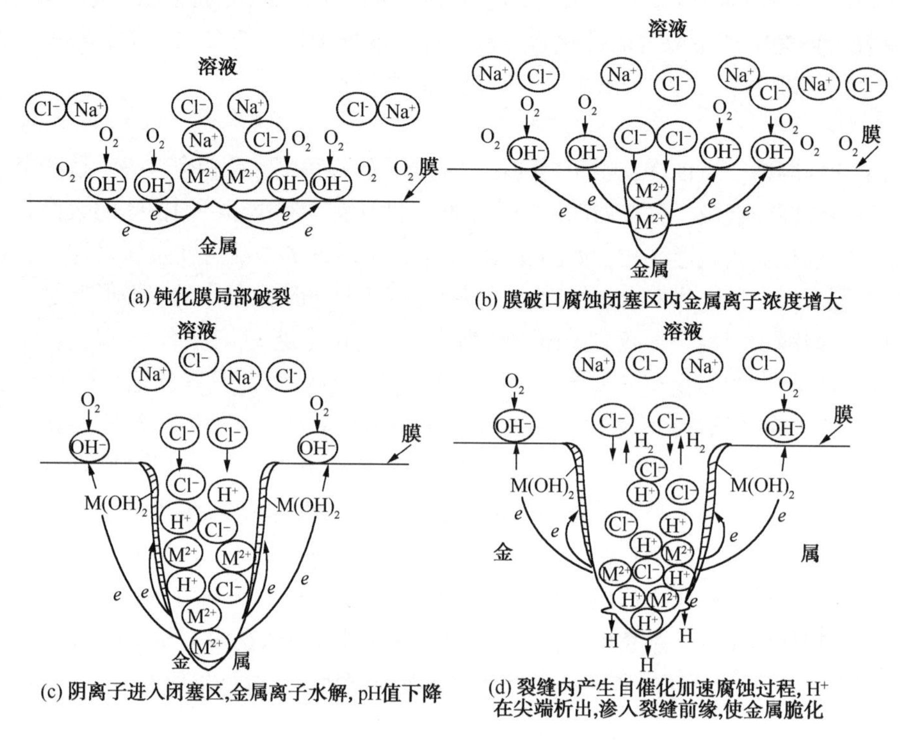
溶液
金属
膜
(a) 钝化膜局部破裂
(b) 膜破口腐蚀闭塞区内金属离子浓度增大
(c) 阴离子进入闭塞区,金属离子水解, pH值下降
(d) 裂缝内产生自催化加速腐蚀过程, H+在尖端析出,渗入裂缝前缘,使金属脆化

图 9-49　点蚀到穿孔的发展过程

5. 磨损腐蚀

磨损腐蚀实际上是腐蚀和磨损的共同结果，分为冲击腐蚀、空泡腐蚀和摩振腐蚀，冲击腐蚀是磨损腐蚀的主要形态，空泡腐蚀和摩振腐蚀是磨损腐蚀的一种特殊形态。而催化裂化装置设备常见的一般只有冲击和空泡腐蚀。

（1）冲击腐蚀

冲击腐蚀是指金属表面受高速流体和湍流状的流体冲击，同时遭到磨损和腐蚀的破坏。金属在高速流体冲击下，表面保护膜被破坏从而加速腐蚀。流体中含有固体颗粒会使磨损腐蚀更严重，其特征是呈现出局部性沟槽、波纹、圆孔和山谷形，有明显的方向性。冲击腐蚀多发生在流体改变方向的部位，如弯头、三通、旋风分离器、换热器、鼓风机以及容器内和入口管相对的部位。

（2）空泡腐蚀

空泡腐蚀(简称空蚀或汽蚀)是指在高速液体中产生的空泡使磨损腐蚀加剧的现象。由于液体的湍流或温度变化引起局部蒸气压波动导致气泡短时间内产生又破裂，破裂时产生的冲击波压力(可达 400MPa)使金属表面的保护膜破坏，引起塑性形变甚至撕裂金属本体；保护膜破裂处裸露金属被腐蚀后随即又重新生膜，这个过程会反复进行。泵叶轮和水力透平机等常产生空泡腐蚀。

6. 应力腐蚀开裂

材料在腐蚀和一定方向上的拉应力同时作用下产生开裂的现象称为应力腐蚀开裂。应力腐蚀开裂的基本特点如下：

① 应力腐蚀开裂属于脆性开裂，断口没有明显的塑性变形特征。裂纹由表及里发展，

开裂方向与主应力方向垂直，是一种局部腐蚀。

② 应力腐蚀开裂从断口形貌可看出裂纹扩展区和瞬时破裂区两部分，前者颜色较深，伴有腐蚀产物，后者颜色较浅且洁净。根据裂纹形态又可分为沿晶裂纹和穿晶裂纹。有时也有混合型裂纹，如主裂纹为沿晶型，支缝或尖端为穿晶型。

③ 引起应力腐蚀的应力必须是拉应力，极低的应力水平也可能导致应力腐蚀破坏。压力载荷引起的应力以及焊接、装配或热处理引起的残余应力都可成为拉应力来源。

应力腐蚀开裂是材料在特定环境出现的一种失效形式，具有一定的选择性，以不锈钢的应力腐蚀开裂最为常见，根据世界上大量腐蚀事件的统计结果，在不锈钢的湿态腐蚀破坏事故中，应力腐蚀开裂高达60%，居各类腐蚀破坏事故之冠。美国杜邦化学公司曾分析在4年中发生的金属管道和设备的685例破坏事故，有近60%是由于腐蚀引起，而在腐蚀造成的破坏中，应力腐蚀开裂占13.7%。

7. 腐蚀疲劳

金属受交变应力(应力方向周期性变化，也称周期应力)作用将产生疲劳破裂，腐蚀和交变应力共同作用引起的破裂称为腐蚀疲劳。使铁基材料发生疲劳破坏的最低临界值称为疲劳极限，低于疲劳极限的应力即使经历无限个周期变化也不能使材料发生疲劳；铝、镁等非铁基金属虽然没有疲劳极限，但抗疲劳性能随应力值的增加而降低。在腐蚀性介质的作用下，材料的抗疲劳能力大大下降，因而在较低的应力水平和较低的应力周期内也可能发生腐蚀疲劳破坏。

腐蚀疲劳最易发生在存在点蚀的环境中，这是因为蚀孔容易导致应力集中。腐蚀疲劳裂纹起源自蚀孔，周期性应力使保护膜发生破裂，裸露的金属被腐蚀，保护膜重新形成，如此不断往复；裂纹沿着与应力垂直的方向纵深发展，呈现出锯齿状并伴有分支裂纹，是典型的穿晶型裂纹。振动部件如泵轴和杆、油气井管、吊索，以及由温度变化产生周期性热应力的换热管和锅炉管等，都容易发生腐蚀疲劳。与应力腐蚀不同，腐蚀疲劳对环境没有选择性。

(三) 按腐蚀环境分类

催化裂化装置主要由反应和再生系统(含能量回收系统和高温烟气系统)、分馏系统和稳定吸收系统所构成，有些装置还有催化烟气处理单元。常用材料有碳钢、1-1/4 Cr低合金钢、5Cr合金钢、9Cr合金钢、12Cr不锈钢、300系列不锈钢、合金625镍基合金和非金属隔热耐磨衬里。

催化裂化装置所加工的原料油主要有减压蜡油、常压渣油、减压渣油和焦化蜡油等，其共同特点是重金属含量高并含有硫化物、环烷酸、氮化物、氯化物等物质，这些物质在催化裂化反应和催化剂再生过程中还会生成硫化物(H_2S、SO_2、SO_3)、小分子有机酸、CO_2、NH_3、氰化物、HCl等腐蚀性物质。这些原料和反应产物在一定的条件下对部分材料都有一定的腐蚀性；此外，还要考虑反应再生系统的高温环境和催化剂带来的影响。

催化裂化装置按腐蚀环境分类主要有：高温氧化、高温硫腐蚀、渗碳、连多硫酸应力腐蚀开裂、催化剂冲蚀、湿硫化氢的应力腐蚀开裂、铵盐腐蚀、碳酸盐应力腐蚀开裂、氯化物或氰化物应力腐蚀开裂等(孙家孔，1996)。

1. 高温氧化

在反应器、再生器和高温烟道系统中，氧气会使钢发生高温氧化反应。在高温条件下，O_2与钢表面的Fe发生化学反应生成Fe_2O_3和Fe_3O_4。这两种化合物组织致密，附着力强，阻碍了氧原子进一步向钢中扩散，对钢起着保护作用。随着温度升高，氧的扩散能力增强，Fe_2O_3和Fe_3O_4膜的阻隔能力相对下降，扩散到钢内的氧原子增多。这些氧原子与Fe生成另一种形式的氧化物——FeO。FeO结构疏松，附着力很弱，对氧原子几乎无阻隔作用，因而FeO层愈来愈厚，极易脱落，从而使Fe_3O_4和Fe_2O_3层也附着不牢，使钢暴露了新的金属表面，又开始了新一轮氧化反应，直至全部氧化完为止。

钢中的Cr含量越高，其耐高温氧化性越好。对于反应器和再生器的高温内件如旋风分离器、龟甲网及其非金属衬里锚固件，需要采用奥氏体(300系列)不锈钢。而设备和管道外壳主要通过隔热材料降低金属壁温来防止高温氧化的发生，因此非金属隔热材料的整体性能显得尤为关键。

2. 高温硫腐蚀

高温硫腐蚀主要指温度在240℃以上介质中的单质硫、硫化氢、硫醚、硫醇以及其他活性硫化物对钢的腐蚀。在高温条件下，活性硫与金属直接反应生成FeS，腐蚀速度主要取决于介质中活性硫的多少和介质温度。温度升高时，反应活性提高，部分非活性硫化物还会分解成活性硫化物，因此腐蚀性逐渐加剧。硫化氢在350~400℃时能分解出S和H_2，分解出来的元素S比H_2S的腐蚀性更强，同时，在这个温度下，低级硫醇也能与铁直接反应而产生腐蚀：

$$RCH_2CH_2SH + Fe \longrightarrow (RCH{=}CH_2) + FeS + H_2$$

当温度升高到375~425℃时，未分解的H_2S也能与铁直接反应：

$$Fe + H_2S \longrightarrow FeS + H_2$$

到430℃时腐蚀性达到最高值，到480℃时，H_2S分解接近完全，腐蚀开始下降。高温硫腐蚀开始时速度很快，一定时间后腐蚀速度会稳定下来，这是因为硫化铁的附着能力很强且致密，在金属表面生成了硫化亚铁保护膜，起到了阻滞腐蚀反应的作用。但介质的高流速会破坏保护膜从而加重腐蚀。

反应器、分馏塔，以及与之相连的温度高于240℃的油气管线、机泵和其他静设备均会发生高温硫腐蚀，其中以分馏塔的下部最为严重。

因为高温硫腐蚀是一种均匀腐蚀，腐蚀速率一般是可以预测的，因此其预防相对较为容易。选择含Cr的合金钢比碳钢有更好的耐腐蚀性能，采用合金钢防止高温硫化的实例如下：

① 采用Cr含量1%~5%的合金钢制造分馏塔的高温侧线馏分管线、塔底油浆管线和换热器管束；分馏塔的下部高温段则采用12Cr、18-8不锈钢作为内件或壳体的复层材料。

② 如果壳体采用隔热材料使金属器壁保持较低温度，同样能够达到防止硫腐蚀的效果。例如，冷壁反应器就是采用碳钢+内部隔热衬里的方案。

3. 高温渗碳

当温度足够高(一般高于593℃)时，金属能够从含碳气氛中吸收碳原子，导致金属内部碳含量增加。

渗碳会导致金属材料抗高温蠕变性能降低、常温下机械性能(尤其是韧性和延展性)的损失。300系列不锈钢由于有较高的铬和镍含量，因而比碳钢和低合金钢的抗渗碳能力强。

在反应器和再生器等高温部位可能发生高温渗碳。当渗碳严重并出现裂纹时，可采用超声波探伤(UT)技术加以检测、识别。

4. 连多硫酸应力腐蚀开裂

含硫介质中，高温硫腐蚀在金属表面生成的硫化物(主要是 FeS)，在装置停工期间与可能进入的氧气(空气)和水在设备表面生成连多硫酸($H_2S_xO_6$)。在连多硫酸和拉伸应力的共同作用下，300 系列不锈钢、合金 600、合金 800 等材料有可能发生连多硫酸应力腐蚀开裂(PASCC)。

催化裂化装置中再生器内部构件(耐热材料锚件及龟甲网，旋风分离器)、滑阀、300 系列不锈钢催化剂抽出接管、烟道气管线、膨胀节均有可能发生连多硫酸应力腐蚀开裂。

防止连多硫酸应力腐蚀开裂的措施之一是使用抗敏化能力强的低碳或者稳定型 300 系列不锈钢；二是在停工期间要采取措施防止连多硫酸的产生，要防止操作温度超过 370℃ 的 300 系列不锈钢(尤其膨胀节)在停工过程中出现冷凝水。

5. 催化剂颗粒对金属的冲蚀

催化剂冲蚀是流化催化裂化装置高温(干)段的最大问题，由于高速流体中固体催化剂颗粒的冲击和切削作用，使材料表面不断被破坏磨损。反应器和再生器壳体和内部构件(特别是旋风分离器)、催化剂输送管线、测温套管、滑阀、烟气系统和分馏塔塔底油浆系统均会发生催化剂冲蚀的破坏。

大部分受影响的设备和管道部件可以通过目测、超声波探伤测厚检查来发现，高流速区、流态紊乱和介质流向发生变化的区域更容易受到冲蚀的影响。控制这个问题的设计措施如下：

① 降低提升管和进料喷嘴等含催化剂介质的湍流，减少流体携带催化剂量；

② 采用耐冲蚀的非金属耐磨衬里或其他金属表面硬化处理技术；

③ 在烟气余热锅炉和分馏塔底油浆换热器的管束入口使用不锈钢管套。

6. 低温湿硫化氢腐蚀环境

碳钢、低合金钢等材料在湿 H_2S 环境中可能发生硫化氢应力腐蚀，通常发生在 60～90℃ 的温度范围内。低温湿 H_2S 应力腐蚀主要原因在于钢材和 H_2S 在水溶液中发生的电化学反应，反应原理如下：

阳极反应　$Fe-2e \longrightarrow Fe^{2+}$

$$Fe^{2+} + S^{2-} \longrightarrow FeS$$

$$Fe^{2+} + HS^- \longrightarrow FeS + H^+$$

阴极反应　$2H^+ + 2e \longrightarrow 2H \longrightarrow H_2$(部分 H 渗透到钢材中)

硫化氢在水溶液中离解出的氢离子得到电子后被还原成氢原子，氢原子间有很大的亲和力，容易在金属表面结合成氢分子。如果环境中存在硫化物、氰化物等物质，氢原子间的亲和力将被减弱，氢分子形成的反应被破坏，更多的氢以原子态渗入到金属的晶格中。湿硫化氢腐蚀可能引起以下几种破坏。

(1) 均匀腐蚀

H_2S 和铁生成的 FeS，在 pH 值大于 6 时，能覆盖在钢的表面，有较好的保护性能，腐蚀速率随着时间的推移而有所下降。但是，由于介质中 CN^- 的存在，使 FeS 保护膜溶解，生成络合离子 $Fe(CN)_6^{4-}$，其腐蚀反应式如下：

$$FeS + 6CN \longrightarrow Fe(CN)_6^{4-} + S^{2-}$$

$Fe(CN)_6^{4-}$ 与铁继续反应生成亚铁氰化亚铁：

$$2Fe + Fe(CN)_6^{4-} \longrightarrow Fe_2[Fe(CN)_6]\downarrow$$

亚铁氰化亚铁在水中为白色沉淀物，停工时被氧化而生成的亚铁氰化铁 $Fe_4[Fe(CN)_6]_3$，呈普鲁士蓝色。由于介质中 CN^- 会和亚铁离子生成络合离子 $Fe(CN)_6^{4-}$，并使 FeS 保护膜溶解，从而加重了 H_2S 均匀腐蚀。随着 CN^- 浓度的增加，腐蚀性也提高，当 CN^- 大于 500mg/L 时，促进腐蚀作用明显。

以 H_2S 和 CN^- 为主的均匀腐蚀多出现在吸收塔、解吸塔和稳定塔的顶部和中部，腐蚀形态以坑蚀为主。

（2）氢鼓泡

进入金属中的氢原子在钢材的非金属杂物、分层和其他不连续处易聚集形成氢分子。由于氢分子较大，难以从钢的组织内部逸出，就在局部形成氢气气穴并产生较高的内压；如果气穴形成于表面附近，金属表面将会产生局部变形的孔穴结构，此现象称为氢鼓泡（Hydrogen blistering，HB）。

（3）氢致开裂

如果进入金属内部的氢原子形成的氢气汇聚于钢材内部片状夹杂物（以硫化物为主）部位，在氢气压力的作用下，片状夹杂物的尖锐角部位会产生片状裂纹。随着裂纹数量的不断增加，相邻层面上的片状裂纹相互连接，形成平行于金属轧制方向的阶梯状的内部裂纹，这种现象称为氢致开裂（Hydrogen induced cracking，HIC）现象。HIC 的发生主要与钢中片状夹杂物和钢中偏析严重程度有关。

（4）硫化物应力腐蚀开裂

由于渗入钢内部的氢原子加大了材料的脆性，在外加拉应力或残余应力作用下，材料的局部缺陷在拉伸应力作用下导致的开裂，由于同时伴有 H_2S 腐蚀的作用，称为硫化物应力腐蚀开裂（Sulfides stress sorrosion cracking，SSCC）。随着钢材强度的提高，SSCC 越容易发生，此外低合金钢焊缝及其热影响区是硫化氢应力腐蚀开裂的高发区。

SSCC 可能在外加载荷很低的情况下发生，破坏可能在几小时至几年的时间范围内发生，往往事先无明显预兆。

（5）应力导向氢致开裂

氢气在夹杂物或缺陷处聚集形成的小裂在局部应力的作用下，沿着垂直于应力的方向（即钢板的壁厚方向）发展导致的开裂，称为应力导向氢致开裂（Strss orientated hydrogen induced cracking，SOHIC），也是应力腐蚀开裂（SCC）的一种特殊形式，其典型特征是裂纹沿“之”字形扩展。同 HIC 类似，SOHIC 对钢中的夹杂物比较敏感。

在以上 5 种腐蚀形态中，均匀腐蚀可能发生在所有碳钢材料场合；氢鼓泡（HB）、氢致开裂（HIC）容易出现在轧制低合金钢板材制造的设备壳体和钢板卷制管道中。无缝管、锻造和铸造产品较少出现；应力导向氢致开裂（SOHIC）和硫化物应力腐蚀开裂（SSCC）主要出现在焊缝及其热影响区，其中以应力腐蚀开裂最为常见。经验表明，当催化裂化装置原料油中的硫含量大于 0.5%，氮含量大于 0.1%，CN^- 量大于 200μg/g 时，在操作介质的总压力 ≥0.5MPa，H_2S 分压 ≥0.35kPa 且有水存在的条件下，就会发生较严重的应力腐蚀开裂。

在碱性环境（pH 值大于 7.5 时）中，氰化物不仅增加材料的均匀腐蚀，同时还能阻碍原子氢结合成分子氢，使金属晶格中吸入更多的原子氢，增加了碳钢、低合金钢发生上述其他 4 种破坏的可能性。

操作条件和钢材的结构也对应力腐蚀开裂产生影响。当温度升高时，氢的扩散速度虽然加快，但是向空气中的逸出量也增加，结果钢中的原子氢含量反而下降，渗氢最容易导致材料破坏的温度范围为5~40℃。

钢材的显微组织对H_2S应力腐蚀开裂敏感性有很大影响。其中马氏体组织的开裂敏感性最大，这是因为低合金的马氏体组织的点阵畸变较大，使氢的向外扩散阻力增加，加重了氢在钢中的积聚。如果对马氏体进行高温回火处理能将碳化物转变为细小的球状并均匀分布在铁素体组织中，则对抗硫化物腐蚀开裂非常有利；如果形成的是粗大的粒状与层状碳化物，则抗裂性最差。贝氏体组织也会使钢的抗裂性能变坏。此外，减少钢材的内部缺陷，提高其纯净度，对改善钢的抗裂性能也是很有利的。

催化裂化装置中的低温湿硫化氢腐蚀主要集中在分馏塔顶、气压机组系统、吸收稳定系统、LPG脱硫以及储罐系统。

7. NO_x-SO_x-H_2O露点腐蚀

催化原料中的含氮、含硫化合物在催化裂化反应过程中有一部分转化为焦炭沉积在催化剂上，在催化剂再生过程中，这些化合物会和氧反生成NO_x（NO、NO_2）和SO_x（SO_2、SO_3）。这些氧化物遇到H_2O会形成H_2SO_3、H_2SO_4、H_2NO_2、H_2NO_3等物质，形成腐蚀性很强的酸性腐蚀环境，局部区域介质的pH值可达1甚至更低。这种环境对碳钢具有强烈的腐蚀作用，对奥氏体不锈钢也容易产生点蚀、应力腐蚀开裂等破坏。

在冬季等较冷气候条件下，冷壁设计的反应器外壁温可能降至露点温度以下，如果烟气进入隔热层和金属外壳之间的缝隙，就会形成这种腐蚀环境，造成碳钢金属的腐蚀和衬里脱落。余热锅炉的省煤段也可能因为局部温度过低出现这种腐蚀环境。

另一个容易出现这一腐蚀环境的部位是膨胀节，容易引起波纹管出现点蚀或者应力腐蚀开裂。此外，催化烟气脱硫脱硝系统也是容易出现这种腐蚀环境的部分。

8. 铵盐腐蚀

催化裂化原料携带的氮化物在催化裂化反应过程中会生成NH_3，NH_3和HCl、H_2S反应生成NH_4Cl和NH_4HS，这两种铵盐结晶都很容易和水形成酸性环境，对结垢底层的金属产生严重腐蚀作用，其反应式如下：

$$NH_3 + HCl \longrightarrow NH_4Cl$$

$$NH_3 + H_2S \longrightarrow NH_4HS$$

NH_4Cl一般在150℃左右温度下结晶析出，NH_4HS一般在80℃左右温度下结晶析出。铵盐腐蚀对分馏塔顶和吸收稳定系统的影响尤为明显，不仅会对碳钢产生严重的垢下腐蚀，而且还会提高不锈钢产生点蚀穿孔的可能性。

三、高温环境下的材料破坏形式

催化裂化装置中由于高温作用导致材料有如下几种破坏形式。

1. 隔热材料的热应力损坏

由于热膨胀系数不同的原因，反应器系统和再生器系统中的隔热材料会在温度变化产生的热应力作用下出现开裂、锚件脱落，最终导致隔热材料从金属表面脱落的问题。

要减少隔热材料的热应力损坏就要根据工况选择合适的隔热材料，同时加强隔热层的锚固、灌浆、干燥、固化等施工过程的管理。在停工期间，可以对耐热材料损坏情况进行目测检查，在操作期间，一般可根据设备的金属表面温度(可通过温度计、红外分析仪或变色漆)判断隔热层的损坏情况。

2. 高温石墨化

当碳钢和0.5Mo钢等铁素体钢和珠光体钢暴露在高温环境时，金属中渗碳体在长时间高温作用下会分解成铁素体(铁)和石墨(碳)，这个过程称为石墨化。碳钢在温度超过425℃，碳-钼钢在温度超过455℃的环境下长时间使用会出现石墨化现象。反应器、旋风分离器和高温烟气管道等采用隔热衬里的部位，如果隔热衬里发生脱落并导致金属温度过高，则很可能发生高温石墨化。

3. 脆化

(1) σ 相脆化

铁素体、马氏体、奥氏体(Fe-Cr-Ni)和双相不锈钢暴露在538~954℃的温度范围时会产生 σ 相。σ 相实际上是一种坚硬的、脆性金属间化合物，它的存在严重降低材料的冲击韧性，同时也会降低材料在某些腐蚀环境中的抗腐蚀性。

σ 相在铁素体不锈钢、奥氏体不锈钢和双相不锈钢中的铁素体相中都很容易形成，在奥氏体相中 σ 相的形成比较慢。焊态和铸态的奥氏体不锈钢由于存在较多的铁素体，也能在短时间的加热过程(如焊接过程及热处理过程)形成 σ 相，因此焊接时要严格控制焊缝金属中的铁素体含量，一般认为低于8%为好。

催化裂化装置的反应和再生系统中的300系列不锈钢内构件、滑阀等高温部件有可能发生 σ 相脆化。

(2) 475℃脆化

当400系列不锈钢和双相不锈钢暴露在370~540℃的温度下时，会发生475℃脆化，但是含有较多铁素体的300系列不锈钢(尤其是焊件和铸件)也可能出现。由于475℃脆化可以在一个较短的时间内出现，因此高温环境中不能使用400系列不锈钢和双相不锈钢作为承压部件。

4. 高温蠕变

在高温下，即使外加应力低于金属的屈服强度，金属也会发生持续的永久变形，这种现象叫做蠕变。只有温度达到材料的蠕变温度范围内，材料才会发生蠕变；蠕变发生的速度和外加应力、金属温度有直接关系。在催化装置中，操作温度达到蠕变温度范围的金属部位，或者隔热层破损的冷壁设备和管道都可能发生高温蠕变。

5. 热疲劳

热疲劳是由于金属的温度变化产生的循环应力所致。在催化裂化装置中的反应混合物管线中，特别是斜接接缝处，很容易由于反应器的温度发生变化而产生热疲劳裂纹。为了降低热疲劳的风险，设计时尽量不采用容易产生应力集中的斜接结构。

四、关键设备和管线的材料失效及其预防措施

1. 反应再生系统

反应和再生系统是催化裂化装置核心部位。反应部分的关键设备有提升管反应器、沉降器内部构件、沉降器旋风分离器、反应混合物管线(塔顶管道)、催化剂输送管线和滑阀。再生部分的关键设备有再生器壳体、再生器内部构件、再生器旋风分离器、烟气管线和冷

却器。

反应再生系统的腐蚀主要表现为高温气体腐蚀、催化剂引起的磨蚀和冲蚀、热应力引起的焊缝开裂和热应力腐蚀疲劳等。表 9-61 列出了反应系统的关键设备所涉及的腐蚀类型，表 9-62 列出了再生系统的关键设备所涉及的腐蚀类型。

表 9-61　反应系统不同部位所涉及的腐蚀类型

腐蚀破坏类型	提升管反应器	沉降器内部构件	沉降器旋风分离器	反应混合物管线(塔顶管道)	催化剂输送管线	滑阀
催化剂冲蚀	√	√	√	√	√	√
耐热材料损坏	√	√	√		√	√
高温硫化	√	√	√	√		
高温渗碳	√	√	√			
蠕变	√		√			
蠕变致脆	√					
高温石墨化		√	√		√	
475℃高温致脆		√				
热疲劳				√		
热应力开裂					√	
σ 相致脆						√
连多硫酸应力腐蚀开裂						√

表 9-62　再生系统不同部位所涉及的腐蚀类型

腐蚀破坏类型	再生器壳体	再生器内部构件	再生器旋风分离器	烟道气管线和冷却器
催化剂冲蚀	√	√	√	√
耐热材料损坏	√	√	√	√
高温渗碳(部分燃烧)		√	√	√
蠕变	√		√	
高温氧化(完全燃烧)	√	√	√	√
高温石墨化		√		
σ 相致脆		√	√	√
连多硫酸应力腐蚀开裂		√	√	√
硝酸盐应力腐蚀开裂	√	√	√	√

(1)高温气体部位

催化反应油气的温度约 500℃，主要成分除了碳氢化合物外，还有 H_2S、CO_2、O_2和少量 HCN 等腐蚀性物质，此外，还有一定量的催化剂颗粒。催化剂再生烧焦时产生 700℃左右的高温烟气，主要成分为 CO_2、CO、O_2、N_2、SO_x、NO_x、水蒸气和催化剂颗粒，CO_2和 CO 来自焦炭燃烧产物。此外，为了将焦炭尽可能地完全燃烧，烟气中还有一定量的过剩 O_2存在，SO_x、NO_x则来自硫化物、氮化物和 N_2在催化剂的作用下和 O_2反应生成，而水蒸气来源于空气中的水蒸气、焦炭中的氢元素燃烧所生成的水蒸气和注入的水蒸气。在高温再生环境中，钢不仅会产生高温氧化反应，而且还会产生脱碳反应，其反应式如下：

$$Fe_3C + O_2 \longrightarrow 3Fe + CO_2$$

$$Fe_3C + CO_2 \longrightarrow 3Fe + 2CO$$

$$Fe_3C + H_2O \longrightarrow 3Fe + CO + H_2$$

$$Fe_3C + 2H_2 \longrightarrow 3Fe + CH_4$$

氧化和脱碳不断地进行，最终将使钢完全丧失金属的一切特征(包括强度)、发黑、龟裂、粉碎。如果隔热材料发生局部破坏或脱落导致局部金属过高，高温气体会使碳钢和低合金钢产生高温氧化、高温硫腐蚀(只限反应器)、渗碳或石墨化，出现局部裂纹、强度增高、韧性降低和金属光泽丧失等现象。奥氏体不锈钢内构件在高温作用会下产生 σ 相变，如果外加载荷过大可能导致蠕变疲劳开裂。

在选材上，反应器、再生器及其高温管道金属外壳主要靠隔热耐磨材料加以保护。反应器和再生器中暴露在高温气体下的材料要具有足够的耐高温硫腐蚀(只限反应器)、氧化、渗碳和催化剂冲蚀的能力，再生器内部构件大多采用 304H 不锈钢。此外，在设计时还要考虑因发生金相组织变化(σ 相变)而导致脆化、变形、内部开裂或过早失效破坏的可能性，以及材料因热膨胀、机械疲劳带来的破坏。

(2) 亚硫酸或硫酸的“露点”腐蚀

再生烟气中的 SO_2 和 SO_3 含量增加(如某装置烟气中的 SO_2 含量为 380mg/m^3)，遇水时就会生成亚硫酸或硫酸，和烟气中的氧(一般烟气中均含有 3%～5%的剩余氧)一起形成极具腐蚀性的酸性介质。尤其在停工期间，当烟气温度降温到露点以下时，在局部易于积水的地方积存下来，造成局部腐蚀。几套催化裂化装置烟气凝结水分析结果列于表 9-63。

表 9-63　烟气凝结水分析结果

厂　名	pH 值	Cl^-/(mg/L)	SO_4^{2-}/(mg/L)
JJ 炼油厂	2.68	4.52	832.4
SL 炼油厂	2	12.34	—
WH 石化厂	1～2	—	—

硫酸露点腐蚀环境对再生器、三旋及烟气管道外壳产生严重威胁，很多设备的壳体出现了焊缝裂纹，严重的再生器有数百条甚至上千条裂纹。这些裂纹大多发生在焊缝、熔合线或焊缝热影响区内，母材上的裂纹也多数经过保温钉焊点；大多数裂纹为穿透性裂缝，长度从 20mm 到 1m 多不等，导致高温烟气和催化剂外泄发生，对装置的安全、正常生产造成严重威胁。

另外，早期的再生催化剂滑阀阀体采用 304 不锈钢铸件或锻件，过流件表面衬耐磨衬里的结构。为了防止催化剂聚集在阀体中需要经常用水蒸气进行吹扫，假如阀体外面没有绝热材料保温，在阀门端部可能出现冷凝水并形成酸性环境，容易导致阀体发生应力腐蚀开裂。可以采用碳钢或低合金钢壳体并内衬隔热耐磨衬里结构，从而避免不锈钢滑阀阀体的开裂问题，同时也解决了铸造不锈钢阀体在高温环境下容易形成 σ 相脆化的问题。

硫酸露点腐蚀对膨胀节波纹管造成很大的威胁，因为波纹管很容易在局部集聚液体，具体见下文膨胀节部分。

(3) 催化剂引起的磨蚀和冲蚀

催化剂的磨蚀和冲蚀主要集中在提升管预提升蒸汽喷嘴、原料油喷嘴、主风分布管、提升管出口快速分离设施、烟气轮机叶片、烟气和油气管道上弯头及其他的滑阀阀板、热电偶套管、内取热管等部位(苏志文，2009)。

由于从喷嘴喷出的介质速度很快，在喷嘴出口处形成一个负压区并产生涡流，催化剂被吸进负压区并对金属产生磨蚀，主要表现为局部减薄甚至穿孔。

在提升管出口处，含有催化剂的油气线速度很高，高流速的催化剂对提升管出口快速分离设施产生磨损，越靠近出口，越容易产生冲蚀和磨蚀。

油气或烟气以15~25m/s的速度，夹带着催化剂进入旋风分离器并作向下螺旋运动。由于离心力的作用，催化剂颗粒被甩向外壁，在气流向下进入分离器锥段后，由于截面愈来愈小，流速愈来愈高，催化剂与器壁的撞击也愈强。如果分离器各部分的尺寸比例不合适，特别是灰斗长度比较短时，通过料腿下落的催化剂重新旋转，从而会加重对料腿的磨损，导致料腿快速磨损，甚至穿孔。

翼阀的阀板总是处于频繁开启或半开启状态，导致阀板和阀座始终处于被催化剂(尽管速度不高)冲刷的状态下，容易产生磨损；磨损沟槽的形状与阀口形状相似，而在流速或流量较大的部位，沟槽将更深一些。

塞阀的阀头和滑阀的阀板直接受到催化剂的冲刷而引起磨损，同时由于催化剂的密度较高，在阀板(头)的前方还存在涡流现象，并且催化剂的流动方向与阀板(头)处于垂直位置，因而磨蚀就较为严重。双动滑阀的阀板，由于起节流作用，它不仅受到烟气(带有催化剂)的冲刷，而且在阀板的前方还有"涡流"的影响，所以导轨也受到磨蚀。通常采用提高构件材料的硬度以提高其耐磨性，或者通入适量的蒸汽或工业风来改变催化剂流动状态，减少涡流或改变催化剂流向，从而减少磨蚀。

在反应油气或烟气管线中，反应油气或烟气携带的催化剂对反应油气或烟气管线上弯头内壁造成冲蚀，表现为均匀减薄，其形态大多是被冲蚀一侧的均匀减薄。冲蚀的程度主要取决于反应油气或烟气中催化剂的颗粒密度大小和携带量，也和隔热耐磨材料的质量和工艺操作条件有关。伸入设备内部的热电偶套管和其他仪表、工艺管线以及内取热管，如果处在与气流方向相同的位置，或低流速区，其冲蚀或磨蚀较轻，如果处于垂直方向，则其冲蚀或腐蚀较重。

高温再生烟气对后部能量回收系统的冲蚀或腐蚀尤为严重。来自再生器的高温烟气，虽然经过了两级旋风分离器将其所携带的催化剂颗粒的绝大部分分离下来，但是其中或多或少总含有一些催化剂。进入三级旋风分离器后，由于线速度很高(在分离单管入口处，速度高达60~80m/s)，所以分离单管的磨损是十分严重的，尤其是单管下端的卸料管。在烟气离开三级旋风分离器后，其中的粉尘浓度进一步降低(一般均在200mg/Nm^{3}以下)，但是由于三旋后部的双动滑阀及临界喷嘴有节流控制作用，由此而产生的涡流，使得受其影响的构件，如双动滑阀的阀板、阀座、导轨及临界流速喷嘴的喷孔板(此处线速更高)均有严重的冲蚀和腐蚀。当烟气进入烟气轮机后，叶片的速度很高，故烟机的叶片也是很容易产生磨蚀的部位，腐蚀形貌多为沟槽、裂纹、衬里脱落、局部减薄。

反应器和再生器大多采用冷壁设计，采用碳钢加隔热耐磨衬里的结构。为了使隔热耐磨层具有良好的耐冲蚀性和绝热性能，在沉降器壁可以采用龟甲网双层隔热耐磨衬里，双层衬里结构中紧贴器壁层是100mm左右厚的软质低密度的耐热材料，外层是以12Cr或304不锈钢龟甲网为骨架的一层25mm厚的硬质高密度的耐磨材料防止冲蚀。由于双层衬里费用高而且很难维护保养，因此，目前广泛采用的是较厚的浇铸成型的单层中等比重、中间密度的耐热材料。虽然这种衬里没有轻质绝热耐热材料那样高的绝热性能，也没有硬质高密度耐热材料那样高的耐冲蚀性能，但是总的说来，它确实是很有效的。如果沉降器采用热壁结构，外壳金属一般选用1-1/4Cr-1/2Mo低合金钢板，这是因为它具有优越的高温强度以及耐石墨化性能。

反应器内部构件，如旋风分离器和汽提段折流板等一般都是用碳钢制造的，但在有些部位能用12Cr不锈钢。通常碳钢旋风分离器和料腿内部采用硬质高密度耐热材料的耐冲蚀衬里防护，采用12Cr不锈钢龟甲网固定，由于温度高且热膨胀系数差别太大，在此不能使用304不锈钢龟甲网。

再生器一般采用碳素钢制作，为避免应力腐蚀开裂，筒体需进行焊后消除应力热处理。再生器衬里结构一般采用无龟甲网的单层隔热耐磨衬里(浇注料)。再生器内的旋风分离器内部用25mm厚的耐冲蚀耐热材料衬里防护，用304不锈钢龟甲网固定；也可采用“S-bar”锚件取代龟甲网，在弯曲表面更利于施工；当再生器的操作温度大于750℃时，以上内构件可采用06Cr25Ni20(309H)制作。由于多喷嘴空气分配器和环形空气分配器的格子板温度低于催化剂床层的温度，所以经常采用的是1Cr-1/2Mo至5Cr-1/2Mo低合金钢。格子板密封件一般采用13Cr(405不锈钢)制造，因其能适应格子板与壳体热膨胀的差异，在格子板上下维持一个压力降。催化剂立管上的膨胀节一般采用具有良好高温强度的300系列不锈钢或者镍基合金625(UNSN06625)制造。大部分再生器内部构件，如待生催化剂立管的外侧和里侧，以及环形空气分配器(假如使用的话)容易受到冲蚀，需要采用中等密度或用金属纤维增强的磷酸盐黏接的浇铸材料成型的25~50mm厚的衬里。

含催化剂的反应油气和烟气管道一般采用碳钢加内衬耐热材料衬里结构。常用的耐热材料是单层中等密度耐热材料，用不锈钢材质(304)的V形螺栓固定，当再生器的操作温度大于750℃时，V形螺栓也可采用06Cr25Ni20(309H)。冲蚀一般发生在弯头处等流向发生变化的部位和限流孔板以及滑阀的下游部位。需要注意的是，在使用能量回收透平时，透平机的入口管道通常采用无隔热耐磨衬里的300系列不锈钢，以免耐热材料脱落的颗粒进入透平。

(4) 热应力引起的焊缝开裂

热应力的产生主要来源于三种情况：构件本身各部分间的温差，具有不同热膨胀系数的异种钢焊接结构，结构设计不合理引起的热膨胀不协调。主风管与再生器壳体的连接处，不锈钢接管或内构件与设备壳体的连接焊缝，旋风分离器料腿拉杆及两端焊接固定的松动风、测压管等部位容易出现热应力导致的焊缝开裂；此外，反应混合物管线的斜接部位容易产生热应力疲劳开裂。

再生器的主风分布管内来自主风机的空气温度大都在150℃以下，管外是温度在650~750℃之间的再生催化剂。某些工况下(如停工时)，由于没有流化空气的作用，高温催化剂和分布管紧密接触，造成分布管壁温急剧升高，由于主风分布管(材质一般为300不锈钢)的传热能力差而且膨胀系数大，尤其容易在主风管与再生器壳体的连接处产生较大的局部应力，加上主风管和壳体之间角焊缝的焊接质量不易保证，容易导致焊缝开裂。

具有不同热膨胀系数的异种钢焊接接头的开裂多见于不锈钢接管或内构件与设备壳体的连接焊缝。因为在此处隔热衬里的质量是很难保证的，即使有衬里挡板，但由于气流在此要改变流向，很易因产生涡流而将衬里“淘空”，从而使焊缝两侧形成较大温差，使焊缝开裂。

要解决热应力引起的开裂问题，主要通过正确的选材和合理的结构设计加以解决。尽量避免不锈钢与碳钢壳体的直接相焊接。

(5) 不锈钢膨胀节的破坏

常见于奥氏体不锈钢材料的膨胀节波纹管，其破坏形式包括：①波纹管与筒节焊缝开裂；②波纹管穿孔；③波纹管鼓泡；④膨胀节结构件的蠕变变形和断裂。烟气中的 Cl^-、NO_x、SO_x 等与水蒸气结合形成腐蚀性很强的酸性物质对金属产生腐蚀，严重时引起穿孔。一旦形成腐蚀穿孔，渗入波纹管内的水等液相介质受热膨胀，极易使波纹管产生鼓泡变形。波纹管变形冷加工后没有充分进行固熔化热处理，或在敏化状态下的不锈钢很容易产生应力腐蚀开裂。

所以膨胀节要选用高合金材质以提高其高温性和抗腐蚀性。尤其是其中的关键零件—波纹管应采用 NS1402（UNS 8825）或 NS3306（UNS 6625）。

2. 分馏系统

分馏系统的腐蚀和材料失效主要包括分馏塔底的高温硫腐蚀和高温环烷酸腐蚀、分馏塔顶冷凝冷却系统与顶循环系统的低温湿硫化氢腐蚀和铵盐腐蚀以及油浆系统中的油浆蒸汽发生器管板应力腐蚀开裂和催化剂的磨蚀。分馏塔下段内壁和塔内件腐蚀减薄也十分明显，如分馏塔下部的人字挡板、底部的主梁和支梁因腐蚀减薄脱落严重等。

（1）高温硫腐蚀

当以馏分油作为原料时，其腐蚀性介质含量列于表 9-64。如采用渣油或掺炼部分渣油为原料时，由于腐蚀介质在渣油中的富集，原料中的硫、氮和酸值含量将成倍地增加（详见第四章），这样不仅对分馏系统，而且对后面的吸收稳定及能量回收系统腐蚀都会带来不利的影响。

表 9-64　馏分油腐蚀性介质含量

原油种类	硫质量分数/%	酸值/(mgKOH/g)	氮质量分数/%
大庆油	0.058~0.10	0.06(mgKOH/100mL)	0.05~0.06
辽河油	0.24	0.93	
南阳油	0.127~0.272	0.024	0.148~0.405
江汉油	1.35~2.63	0.10	0.448~0.367
胜利油	0.53~0.59	0.295~0.33	0.17
孤岛油	1.1~1.3	1.84~2.76	0.26

前面已论述，影响高温硫腐蚀的主要因素是油品中 H_2S 的含量。即使是硫含量相同的油品，因在加工过程中生成的 H_2S 量不同，其腐蚀性会出现很大的差异。油品加热后造成有机硫化物的分解，其 H_2S 含量可以提高 9 倍。因此，对油品腐蚀性强弱的衡量，一般均以 H_2S 含量为主要判断依据。分馏塔底部的操作温度达到 340℃左右，因此分馏塔下部塔盘、人字挡板和油浆系统管线等温度大于 240℃的高温部位，都存在着高温硫腐蚀，腐蚀形貌表现为均匀腐蚀或腐蚀坑。高温油气入口接管处温度相当高（480~540℃），高得足以使材料发生高温石墨化，曾在反应混合物管线中发生过疲劳开裂，特别在斜接部位。分馏塔塔底温度也相当高（340~370℃），受到流体（含有催化剂细末）的冲蚀和高温硫化氢的腐蚀。正常情况下，主分馏塔下部的冲蚀问题并不严重，但是，在下游油浆管道和泵设备中，高速流动区域的冲蚀问题会相当严重。

对碳素钢来说，腐蚀率最高可达到甚至超过 10mm/a。如果介质的流速较高，或因受阻而改变流向，产生涡流，或在气相介质中挟带少量分散的液滴时，则腐蚀将加剧。分馏塔壳体一般采用碳钢，在温度高于 285℃容易发生高温硫腐蚀的部位，采用不锈钢（可采用 13Cr

或 304L 不锈钢)衬里。温度较高处的塔盘，一般应采用 12 Cr 或 300 系列不锈钢，温度较低部分可以采用 12Cr 不锈钢或碳钢。为防止高温硫腐蚀，管道和阀门一般采用 Cr-Mo 钢，如 1 1/4Cr-0. 5Mo、5Cr-1/2Mo 或 9Cr-1Mo。

下游换热器壳体和换热管可采用 Cr-Mo 钢或 300 系列不锈钢。常常用表面硬化的合金或蒸汽扩散镀层增强压力排放阀和塔底泵的抗冲蚀能力。泵壳采用 5Cr-1/2Mo、9Cr-1Mo 或 12Cr 不锈钢。

(2) 分馏塔顶硫化物和碳酸盐应力腐蚀开裂

分馏塔顶主要是 $H_2S+CO_2+HCN+H_2O$ 型腐蚀环境。根据催化裂化装置运转经验，分馏塔顶管线腐蚀率相当大(多为 0. 4mm/a 左右)。H_2S 来自原料油中的溶解硫化氢和原料油中硫化物分解。H_2O 来自原料油中含有的水以及塔顶工艺防腐蚀注水。

分馏塔顶冷凝系统有 CO_2 和 H_2S，pH 大于 7. 5，碳钢主要存在硫化物和碳酸盐应力腐蚀开裂的危险，尤其在焊缝及其热影响区附近。开裂以穿晶裂纹为主，裂纹呈现出细密的网状分布，裂纹中充满氧化物。进行焊后消除应力热处理可有效降低碳酸盐应力腐蚀开裂的发生。氰化物(HCN)和氯离子的存在都会破坏硫化物保护膜，从而加重腐蚀程度。氢致开裂环境苛刻度与硫化氢浓度和冷凝水 pH 值的关系，如表 9-65 所列。当水的 pH 值小于 5. 5 或大于 9. 0 时，腐蚀环境最恶劣，碳钢材料发生开裂的几率最高，而水的 pH 值在 5. 5~7. 5 范围内开裂敏感性最低。

表 9-65 氢致开裂环境苛刻度

水的 pH 值	H_2S 浓度/(μg/g)			
	<50	50~1000	1000~10000	>10000
<5. 5	低	中	高	高
5. 5~7. 5	低	低	低	中
7. 6~8. 3	低	中	中	中
8. 4~8. 9	低	中	中①	高①
>9. 0	低	中	高①	高①

① 当有氰化物存在且 pH 值大于 8. 3 和 H_2S 浓度高于 1000μg/g 时，需将 SCC 敏感性增加一个类别。

分馏塔顶部 4~5 层塔盘以上的壳体及封头可采用碳钢+06Cr13(06Cr13Al)材料。塔顶气管道一般选用碳钢并适当增加腐蚀裕量，但是对经受过冷加工和焊接的部位要进行消除应力热处理，并控制硬度在 200HB 以下。此时工艺防腐非常重要，通过注水和缓蚀剂，稀释冷凝水中的硫化氢、氰化物、二氧化碳与氨盐等腐蚀物质，把 pH 值尽量控制在中性附近，把腐蚀降低到最小。

在塔顶系统注氨水是国内控制 pH 值的常用方法，但同时也是下游设备发生垢下腐蚀的主要原因(占设备破坏的 80%)，结垢中的 FeS 约占 70%~80%(崔新安，2001)，关于铵盐结晶腐蚀部分内容详见下文。因此注水是最可靠的防腐蚀方法，注入点应在分馏塔顶挥发线上和气压机出口分液罐前，最好设置在线 pH 值检测计与电感腐蚀探针进行腐蚀监测。

(3) 氨盐结晶腐蚀

氯化铵在 150℃左右温度下结晶析出，容易形成盐垢结晶沉积于降液槽下部，严重时堵塞溢流口造成淹塔；随着原油的重质化和劣质化，原油中氯含量呈现增加趋势，导致氯化铵的腐蚀越来越严重。NH_3 和 H_2S 形成的 NH_4HS 一般在塔顶冷换设备中结晶，严重影响设备的换热效率(关晓珍，2000)。即使在不含液相水的环境中，这两种铵盐结晶也易于吸收气相中的水蒸气而在垢下形成酸性环境，对底层的金属产生严重腐蚀作用。由于氰化物和氯离子对腐蚀产物有强烈的渗透和破坏作用，使铁锈和结垢变得疏松并剥落，大量地堆积在塔内，堵塞塔盘和换热管。检修发现，塔壁及塔盘上锈蚀物布满整个金属表面，并有一定厚度，除掉垢物后，金属表面布满密密麻麻、大小不一的蚀坑。

要防止铵盐腐蚀主要依靠工艺防腐，通过注水和缓蚀剂防治铵盐结晶，把 pH 值尽量控制在中性附近，同时要注意控制介质流速，具体可依参考 API581 等标准加以设定。

(4) 油浆蒸汽发生器管板应力腐蚀开裂

重油催化裂化装置的油浆蒸汽发生器管板与换热管焊接处及管板常出现大面积开裂，有些炼油厂使用不久就发生开裂。裂纹大多由壳程穿透至管板，表现为管板上的换热管焊缝开裂和管孔之间开裂。裂纹通常都集中在第一管程，此处正好是油浆进口处，温度最高，产生的温差应力也最大。分析认为，由于管板和管子多采用贴胀工艺，锅炉水在贴胀间隙中不断蒸发造成碱性物质浓缩，形成了以溶解氧为去极化剂的电化学腐蚀环境，在外加载荷、温差和焊接残余应力作用下形成了碱脆开裂，以沿晶开裂为主，此外管子的振动、温度变化引起的热疲劳也对开裂起到了促进作用。其他装置的蒸汽发生器也有同样的开裂现象。

防止蒸汽发生器管板应力腐蚀开裂，管头焊后消除应力热处理、控制胀管率的管子贴胀工艺以及开停工缓慢升降温是关键。此外，采用适当的结构设计，以降低管板和管束之间的应力也非常重要。

(5) 催化油浆的腐蚀和催化剂引起的磨蚀

分馏系统中油浆的腐蚀问题是比较明显的，因为温度较高，存在高温硫腐蚀问题，同时油浆中固体含量(催化剂)的磨蚀严重加快了腐蚀进程。在生产运行过程中，为了防止油浆系统的结焦，常要求油浆循环的线速不低于下限，所以油浆系统常出现磨蚀和冲蚀现象。在管线的弯头、泵预热线、阀门等部位更为严重，腐蚀形态多为局部减薄，严重时导致穿孔。催化剂的磨蚀严重加速了油浆管道的减薄。某一油浆管道的直管腐蚀速率在 0.3mm/a 左右，腐蚀类型主要为高温硫腐蚀，而弯头的腐蚀速率达到 0.5~0.6mm/a，有明显的冲蚀现象(许少民，2000)。

该部分的选材主要考虑耐高温硫腐蚀的材料，并通过增加腐蚀裕量来延长其耐磨寿命。

3. 吸收稳定系统

原料油中的硫化物在催化裂化的反应条件下分解出 H_2S，同时一些氮化物也以一定的比例存在于裂解产物中，其中约有 10%~15%转化成 NH_3，有 1%~2%的氮化物以 HCN 形式存在，在吸收稳定系统低温部位形成以低温 H_2S- HCN-H_2O-NH_3型腐蚀为主(崔新安，2001)的腐蚀环境。当再生器使用 CO 助燃剂时，稳定吸收系统中 HCN 含量大为降低，基本以 H_2S-H_2O-NH_3为主，这对降低整个系统的腐蚀都有很大帮助。腐蚀形态表现为均匀腐蚀与氢腐蚀，而氢腐蚀包括氢鼓泡(HB)、氢致开裂(HIC)、应力导向氢致开裂(SOHIC)和硫化物应力腐蚀开裂(SSCC)。

均匀腐蚀部位主要包括压缩机高压段的后冷却器和分液罐、吸收塔的塔壁(塔顶尤其严重)、塔顶换热器和解吸塔的塔底。壳体的腐蚀比内构件要严重得多，严重时需要更换整个塔体。从更换下的塔体和换热器来看，腐蚀产物主要以 FeS 为主。

氢鼓包开裂(HB)通常发生在吸收稳定系统的高压部位，如吸收塔各部分、稳定塔顶部等处(袁声明，2011)。氢致开裂腐蚀多发于解吸塔顶和解吸气空冷器至后冷器的管线弯头、解吸塔后冷器壳体、凝缩油沉降罐罐壁、吸收塔壁，腐蚀形貌表现为焊缝热影响区开裂与板材内部开裂。如果钢材内部有氢致裂纹(HIC)，就很容易产生硫化物应力腐蚀开裂(SSCC)。

吸收稳定系统的材料选择和分馏塔顶系统类似，吸收塔、解吸塔、再吸收塔的顶部塔盘以上及封头可采用碳钢+06Cr13(06Cr13Al)材料。塔顶气管道(腐蚀率为0.2mm/a)一般选用碳钢并适当增加腐蚀裕量，要进行焊后消除应力处理，将母材和焊缝的硬度控制在200HB以下。吸收塔底重沸器和稳定塔底重沸器的换热管束采用304L或316L材质。

4. 脱硫(胺液)系统的腐蚀问题

脱硫系统的溶剂本身没有腐蚀性，但是富液中的H_2S、CO_2、NH_3、氯化物、溶解氧等对碳钢材质具有腐蚀性，此外有机胺在氧化性物质(如溶解氧)的作用下生成的有机酸等物质也对碳钢等金属有腐蚀作用。腐蚀集中在碳钢材质的塔底重沸器管道的调节阀和弯头、重沸器的气液界面、再生塔顶冷凝系统。

可以采取以下措施减轻胺液系统的腐蚀：①使用缓蚀剂；②再生塔重沸器等高温部位采用304L、316L、2205双相钢；③对胺液系统采取N_2密封，防止空气中的氧气对胺液产生降解；④定期更换、过滤系统中的溶剂。

5. 催化裂化再生烟气脱硫脱硝系统

在正常运行工况下，再生烟气脱硫脱硝系统钢制设备的腐蚀率达1.25mm/a，个别部位甚至达5mm/a。设备的腐蚀不仅严重地影响再生烟气脱硫脱硝系统的稳定运行，而且增加了维修和运行成本。

再生烟气脱硫脱硝系统的吸收器、管道、阀门和烟囱等均不同程度地产生腐蚀，其中最严重的是吸收器。吸收器的腐蚀主要发生在进气区段、反应区段和烟气离开吸收器进入烟囱之前的区段。进气区段腐蚀的主要原因是此处有酸雾生成，此处的烟气温度为150℃左右，烟气中既有SO_2、SO_3、N_2O_3，又有大量的水蒸气，一旦温度降至SO_3/H_2O的露点就会有酸雾生成，酸雾在管壁上沉积造成腐蚀。净化烟气离开吸收器时的温度为54~60℃，吸收器出口到烟囱入口这一段的腐蚀状况随烟气温度和烟气组成的不同而异。由于吸收器出口安装的除雾器不可能全部脱除夹带的颗粒物和酸雾，所以这一区段的腐蚀有麻点腐蚀和裂缝腐蚀两种。

再生烟气脱硫脱硝系统中的吸收器对烟气中SO_2、SO_3的脱除率一般为90%以上，烟气中SO_2、SO_3与水蒸气反应生成的硫酸和亚硫酸，即使浓度很低也会造成局部腐蚀。许多研究结果表明，吸收器出口烟气中水蒸气接近饱和时，冷凝液中的硫酸含量均在5%以下。由于烟气中HCl分压很低，在吸收器出口到烟囱进口这一段管道中生成的盐酸浓度最高，可达到1%~3%(质量分数)。因此，最严重的腐蚀部位一般出现在烟气冷却部位、烟道以及烟囱部位，主要以NO_x-SO_x-H_2O露点腐蚀环境为主。尤其是烟气冷却部位，约150℃的烟气中的SO_2、SO_3、N_2O_3和水形成以HNO_3、HNO_2、H_2SO_4、H_2SO_3为主的酸雾，加之烟气中还存在O_2、O_3等氧化性介质，在较高的温度下表现出非常强的腐蚀性。经过净化的约60℃的烟气在烟道和烟囱中被冷却形成以H_2SO_4、H_2CO_3为主的酸性环境，也具有较强的腐蚀性。由于这些部位一般选用不锈钢和高Ni、Cr合金钢，主要以点蚀和裂缝腐蚀为主。

防腐蚀措施，烟气冷却部位一般选用高合金材料，如20合金、合金825、C276等。烟囱和烟道主要选用300系列不锈钢，但是要防止不锈钢表面被铁污染而产生腐蚀；也有使用碳钢加玻璃钢衬里的方案，但是玻璃钢衬里的设计寿命较短，对于长周期操作要求的场合则不太适用。

五、腐蚀实例

1. 烟气露点腐蚀导致外壳开裂

国内至今已发生过几十套催化裂化装置再生器、三旋及烟气管道出现了焊缝裂纹，严重的再生器有数百条甚至上千条裂纹。这些裂纹大多发生在焊缝、熔合线或焊缝热影响区内，发生于母材的裂纹亦多数经过保温钉焊点；大多数裂纹为穿透性裂缝，长度从 20mm 到 1m 多不等，并有高温烟气和催化剂外泄情况发生。D 重油催化裂化装置于 1997 年 7 月发现外循环管环焊缝有微裂纹，随后发现再生器筒体环焊缝、丁字焊缝及外取热器下料管母材处共有大小裂纹 31 处，至 1998 年裂纹达 249 处之多(孟继安，1999)。S 催化裂化装置于 1999 年检修中发现大量裂纹，这些裂纹大多发生在焊缝、熔合线或焊缝热影响区内，不少裂纹为穿透性裂纹，有的裂纹长达 4~5 m(付春辉，2010)。这是由于器壁温度低于烟气露点温度，在器壁形成含亚硫酸、硫酸、二氧化碳、HCN 和 NO_3^- 的冷凝液，在焊缝热影响区的残余应力作用下形成的沿晶开裂。

2. 内取热器奥氏体钢蒸发管易开裂

在内取热器的初期设计中，多使用 1Cr18Ni9Ti、Cr25Ni20 等奥氏体不锈钢，但投产不久(最短的仅投用 1 个月左右)即发生破坏而不得不停用，更换后情况仍然没有改善。LZ 炼油厂、LY 炼油厂、JJ 炼油厂等均先后在内取热蒸发管上使用过 1Cr18Ni9Ti 或 Cr25Ni20 管子，除 LZ 炼油厂的 Cr25Ni20 蒸发管外，其余各厂的管子大都在使用不长时间后，由于穿孔破坏而被迫停用、更换。石家庄炼油厂使用的 Cr5Mo 取热管，也在投用不长时间后，由于焊缝(奥氏体不锈钢焊条焊接)处发生破坏而被迫停用。绝大多数破坏点都处在管子的上部，远离焊缝，裂纹均呈环向，而且很密集，起裂点在内表面。

首先，水中的溶解氧、Cl^- 和 pH 值容易引起 18-8 型不锈钢应力腐蚀开裂(SCC)。其中融解氧起着关键的作用，当氧含量趋近于零时，即使 Cl^- 浓度达到或超过 1000μg/g，SCC 也不会产生，当氧浓度达到 0.15μg/g 时，0.01μg/g 的 Cl^- 也会引起 SCC；当给水的 pH 值在 8~10 之间时，破裂有减轻的趋势。另外在气液相界面处，溶解在水中的杂质，如 O_2、Cl^-、无机盐等会不断地浓缩、析出、结垢，局部的杂质浓度愈来愈大，不仅加剧了腐蚀性，还降低了管壁的导热系数，造成更高的温差应力，这种双重的不利影响大大加速了材料的破坏。饱和水的温度对腐蚀的影响也不可忽视，大多数破坏事例均发生在 177~260℃之间，超出这个温度范围，破坏事例少得多。这是因为再生器取热通常产生 1.0~4.0MPa 的蒸汽，这种压力下的饱和水温度正好处于这个危险温度区。

例如，早期的锅炉给水水质不稳定，pH 值偏低(一般均≤8)，杂质含量控制不严，尤其是水中的溶解氧含量偏高，Cl^- 控制不严，这些都对奥氏体不锈钢取热管构成了严重的威胁。取热器开工顺序也影响开裂倾向，早期的开工顺序是等再生器升温到或接近正常操作温度(约 700℃)时，才向取热管送水，这相当于对奥氏体不锈钢进行了一次敏化处理(中途停止供水也有类似作用)，从而严重增加了材料的开裂敏感性。在实际生产中，就不止一次出现过断水(所谓“干烧”)后又进水，管子随即破坏的实例。

其次，温差而引起的热应力是引起管子开裂的另一个原因。换热水汽化产生的小气泡容易聚集在管子顶部并形成更大的气泡或蒸汽层，在一定条件下可能形成一定的气相空间。这种气相空间能否稳定存在取决于液面的波动情况、水的流速和管子本身的结构(如垂直布置的蛇形管上部弯头的顶部，就极易形成一个稳定的蒸汽层)。由于蒸汽的导热性较差，奥氏体不锈钢的传热系数较低且线膨胀系数较大，因此在气相区的管壁温度可能会和液相区存在较大的温差并产生很高的热应力，严重时这个热应力值可能会接近或达到材料的屈服极限，从而萌生开裂。另外，由于气液界面处会在液流的作用下产生波动，因此该部位的管壁表面始终处于不断变化的干湿交替状态，从而在气液界面处产生交变热应力，导致金属材料发生热疲劳破坏。

距换热水管入口一定距离范围内容易出现换热管的热应力开裂，这个距离和热应力的大小、水的流速、压力、热负荷、汽化率、结垢情况、管径、管子的结构形式和材料的导热性能、线膨胀系数等因素有关。一般在 1~6m 范围内管子出现热破坏的情况最严重、数量最多。这是因为水在流动过程中不断被加热，并在一段时间，也就是流过一段距离后才开始汽化，这时管子的顶部容易形成气相空间；随着距离的增加，汽化率增加，气体的体积增加导致流速加快，搅动激烈，独立的气相空间难以形成，温差应力也就不复存在。产生的裂纹均为环向，这与气泡在管子顶部停留时轴向尺寸总是大于环向相关。

根据以上分析，内取热器中的奥氏体不锈钢破坏源自换热水杂质引起的 SCC，也有在热应力作用下引发的裂纹。从现有资料来看，SCC 是主要破坏形式，单一的热应力疲劳仅是个别的，有的裂纹中也存在有腐蚀疲劳的痕迹。SCC 裂纹的形貌，既有晶间开裂型，也有穿晶开裂型，也有兼具二者特征的混合型，而以晶间开裂型居多。在外取热器及过热蒸汽管上，目前尚未发现类似的破坏，是因为外取热器一般不采用奥氏体不锈钢。

3. 焊缝开裂泄漏

(1) 气压机冷却器发生焊缝腐蚀泄漏

某催化裂化装置两台气压机冷却器在 1999 年 10 月和 2000 年 9 月相继发生焊缝开裂而被迫更换(富气温度 40℃，压力 0.6MPa，H_2S 流通量 610kg/h，富气中 H_2S 质量浓度在 2%以上)。

(2) 稳定塔 LPG 冷却器发生焊缝腐蚀泄漏

某催化裂化装置 E2310/1、3 于 2000 年 10 月相继出现管板焊缝开裂，有的焊缝表面呈沟槽状腐蚀。清洗试压后发现焊缝有 10 处以上微裂纹。泄漏后高压侧含 H_2S 介质渗入循环水，导致循环水呈酸性。

4. 油浆换热器部位的腐蚀

某催化裂化装置油浆换热器自 1992 年投用以来，于 1996~1997 年期间先后 2 次发生壳体泄漏，2 次使用时间间隔不足半年。现场调查该换热器壳体发生泄漏部位位于管箱法兰与壳体连接焊缝附近偏下方的位置，经现场打磨后观察到轻微蚀坑，沿焊缝成条状，面积约 2cm^2。另有 4 条裂纹与环焊缝垂直，宽约 0.2cm，长约 40~60cm，其中 3 条贯穿焊缝并已将壳体裂穿。从该换热器壳体中取出沉积物经 X 光衍射分析，发现沉积物绝大部分是氯化物、水碱和亚铁酸盐。分析结果列于表 9-66。

表 9-66　沉积物化学成分　%

样品	NaCl	α-$NaFeO_2$	$Na_2CO_3 \cdot H_2O$	$ZnMn_2O_4$ (锌黑锰矿)	$Na_2Mg(CO_3)_2$ (碳酸镁石)
1#	40~45	25~30	10~12	5~10	2~3
2#	55~60	10~15	8~10	5~10	2~5

由于该换热器壳程为软化水，上部带蒸汽发生器，水中的盐在拐角、缝隙及沉积物下发

生高度浓缩，溶液呈碱性，导致碱脆。

通过对腐蚀原因的分析，采取了以下措施：①将壳体破裂部位彻底刨掉，刨时注意从裂纹两端往中间刨，刨前应进行探伤，以免周围微裂纹扩展，然后重新补焊；②在原焊缝周边，从外部包一圈宽200mm、$\delta=6$mm的钢带；③重新制作一个壳体，要求进行消除应力焊后热处理；④加强管理，在实际操作中明确要求，加强排污，并控制软化水指标中碱度不大于要求值，定期化验并把此项工作纳入经济责任制内进行考核。

5. 膨胀节腐蚀泄漏

膨胀节发生泄漏部位布满黄绿色和褐色垢样，垢样成分为46%的硫、5%的氯。经分析认为这是以连多硫酸应力腐蚀开裂为主的破坏。解决措施：正确选材，如UNS 6625或UNS 8825，并按操作规程执行停工程序。

6. 冷凝器壳体的氢鼓泡

某催化裂化装置稳定吸收解吸气后冷凝器壳体的腐蚀。该冷凝器使用不到一年便出现了氢鼓泡及开裂，如图9-50所示。材质为16Mn，气体入口温度45℃，出口温度40℃，压力1MPa，介质含H_2S 6%、CN^- 0.1%及少量水。原因在于工作环境中的H_2S、CN^-及少量水产生了湿H_2S腐蚀环境。

7. 某分馏塔发生大面积腐蚀

某分馏塔的油气分配盘、受液盘、抽出斗等部件腐蚀减薄严重，局部穿孔，甚至出现整条焊缝被腐蚀情况；部分塔盘腐蚀严重，第27、28层塔盘发生腐蚀溃烂，如图9-51所示。分析表明主要原因为NH_4Cl和NH_4HS结晶导致的垢下腐蚀。

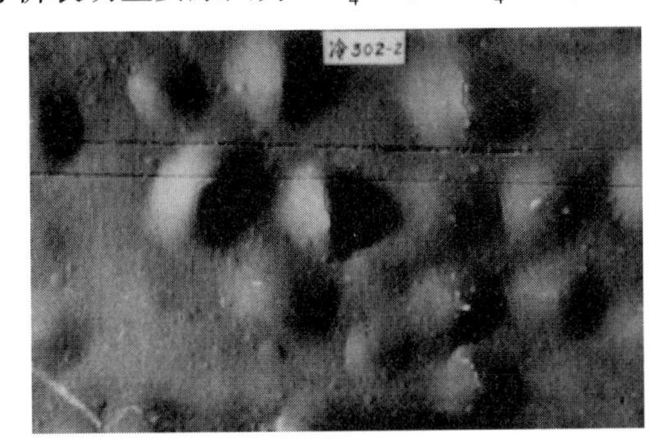

图9-50　冷凝器壳体内部密布的氢鼓泡

图9-51　分馏塔27、28层塔盘腐蚀

8. 烟气轮机叶片开裂

某烟气轮机叶片材质为GH738高温合金。在使用4000h后受到严重冲刷，被冲刷叶片经激光修复后再次投入使用，但在运行3000h后又发生故障被迫停机。经检查发现，一级动叶组经修复的叶片从叶身下部发生断裂，如图9-52所示。与该叶片紧邻的多片叶片也发生了严重的弯曲变形。经分析主要原因如下：①熔覆金属中的缺陷和焊接过程中形成的沿晶裂纹在交

图9-52　叶片断裂形貌

变应力作用下不断扩展，导致叶片产生沿晶脆性断裂；②金属中的混晶结构和沿着晶界析出的连续碳化物薄膜降低了叶片的强度和韧性，加速了裂纹的扩展速率。

9. 烟气轮机的低温腐蚀问题

当烟机长时间处于较低温度（小于400℃）时，这时在烟气量太小或蒸汽作用下，可能发生低温腐蚀现象，造成不锈钢的锈蚀、叶片涂层脱落，严重时会危及轮盘和叶片的基材，造成不必要的损失。腐蚀多数是由于低温下的硫和氯造成的。尤其烟机在停机或空负荷运转状态时，由于阀门密封不严，少量烟气泄漏到烟机里从而形成低温腐蚀。由于烟机入口通常采用蝶阀来控制烟机运行状态，但即使是采用高温密封蝶阀，在运行一两个周期后也会产生泄露。所以，烟机入口一定要设置闸阀并经常进行维护，以保证阀门的可靠工作。另外，从工艺操作上讲，一定要平稳操作，减少烟机的低温腐蚀状态。

10. 气压机组管道

气压机组管道介质为压缩富气，其主要成分为 $C_1 \sim C_5$ 轻组分烃、H_2O 及少量的 H_2S、HCl、NH_4等。压缩富气中 H_2S 含量为 2.4×10^3mg/L，NH_3的含量为 38×10^3mg/L，是主要的腐蚀性介质。管道材质为20#钢，工作环境温度为40~110℃，压力为0.1 ~1.2 MPa，pH 值为8~9。腐蚀开裂大多位于弯头、法兰、大小头的焊口处，分析认为主要是硫化物应力腐蚀开裂。腐蚀漏点附近有很多细小裂纹，腐蚀严重处的工作温度大约在30~70℃范围内，腐蚀部位如图9-53所示。

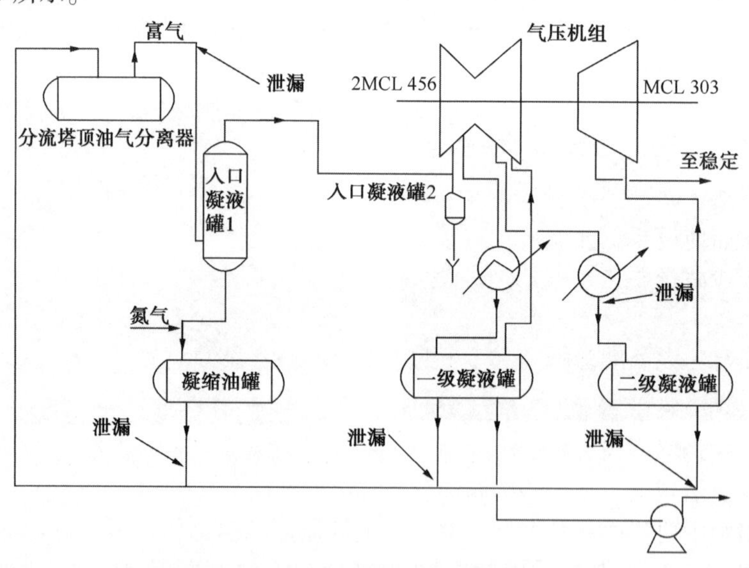

图9-53　气压机组系统流程及腐蚀点

一定温度范围内，随温度的升高，硫化物应力腐蚀破裂倾向减小（温度升高硫化氢溶解度减小）。研究结果表明，在 $H_2S + H_2O$ 体系中，碳钢和低合金钢对SSCC敏感性最大的温度范围为15~35℃，当机组系统工作温度大约在30~60℃范围内时，比较接近这一温度范围。此时，当硫化氢浓度大于20 mg/L时，就可能引起硫化氢应力腐蚀开裂，而此机组系统中 H_2S 浓度为 2.4×10^3mg/L，远高于20 mg/L。pH值越高，开裂敏感性越低，一般认为，pH值<6时，很容易发生开裂；6<pH值<9，开裂敏感性下降，但仍可能在短时间内发生开裂，此机组系统中pH值在8~9之间，即焊接接头处存在应力腐蚀开裂的环境中，与实际情

况极为吻合。解决措施为通过降低级间冷却水量将气压机出口温度由65℃提升至78℃，在焊接接头和有应力集中处镀金属保护层(如镀锌)防止硫化氢应力腐蚀，调整注氨量使机组系统的pH值大于9，脱离易于硫化氢腐蚀的pH环境，同时，在工艺条件允许的情况下选择合适缓蚀剂加入介质中，与介质中的硫化氢中和。

六、加工高酸值和含氯原料

1. 高酸值原料

高酸值原油大多属于重质低硫环烷基原油，其主要特点是密度高、酸值高、重金属含量高、胶质含量高、黏度较大，属于较难加工的一类原油。环烷酸是原油中各种有机酸的总称，在低温时，其腐蚀性很小，甚至看不出明显的腐蚀迹象；当温度超过220℃时，腐蚀逐渐加剧；当温度接近环烷酸的沸点270~280℃时，腐蚀最剧烈；超过这个温度，腐蚀有所减轻，但在350℃时，腐蚀又重新加剧；400℃以上，腐蚀又变得很微弱了(翁端，1997；孙家孔，1996；郭志军，2008；姚艾，2008)。环烷酸的腐蚀除受温度的影响外，还与流体的流速有关，流速增加，腐蚀也加剧，一般来说，环烷酸腐蚀的部位，都是涡流比较强烈或流速较高的部位，因此环烷酸的腐蚀，实际是腐蚀和“冲蚀”共同作用的结果。

高酸值原料的腐蚀机理为在常温下环烷酸是优良的表面活性剂，环烷酸在低温时腐蚀不强烈，一旦沸腾特别是在高温无水环境中腐蚀最强，其反应式如下：

$$2RCOOH + Fe \longrightarrow Fe(RCOO)_2 + H_2$$（注：“R”为环烷基）

在含硫条件下，环烷酸会进一步与FeS进行反应，加剧腐蚀，其反应式为：

$$2RCOOH + FeS \longrightarrow Fe(RCOO)_2 + H_2S$$

由于$Fe(RCOO)_2$是一种油溶性腐蚀产物，不易在金属表面形成保护膜，因此环烷酸腐蚀的金属表面清洁、光滑无垢。另外，由于高温硫腐蚀形成的FeS保护膜与环烷酸反应而失去保护作用，从而使设备腐蚀加剧。另外，环烷酸铁残渣虽不具有腐蚀性，但遇到硫化氢后会进一步反应生成硫化亚铁和环烷酸：

$$Fe(RCOO)_2 + H_2S \longrightarrow FeS + 2RCOOH$$

生成的硫化亚铁形成沉淀附着在金属表面，形成一定的保护膜。但是由于硫化亚铁的结晶体形态变化很大，且不稳定，极易发生转化，随其厚度增加，产物易开裂、剥落，因此金属硫化物形成的膜仍然不能对基体产生足够的保护。虽然这层膜不能完全阻止环烷酸与铁作用，但它的存在显然减缓了环烷酸的腐蚀，而释放的环烷酸又引起下游腐蚀，如此循环。

环烷酸的腐蚀主要集中在分馏塔下部。对于低流速部位，如人字挡板和下部几层塔盘，腐蚀速度(碳素钢)一般在0.5~1.5mm/a之间，而正对油气入口的塔壁，受到冲刷的影响，其腐蚀速度可达5mm/a以上。油气管线本身的腐蚀则较轻，一般均在0.5mm/a以下。有冲蚀部位，如弯头等，其腐蚀速度可达1mm/a左右。分馏塔的其他部位，腐蚀较轻。塔顶冷凝冷却系统，由于介质的pH值较高(一般均大于8)，所以腐蚀也不严重。

防止高酸原油腐蚀技术措施较为简单的方法就是将高酸值原油与低酸值原油进行混合加工，将酸值降到装置能够承受的临界点以下，从而使腐蚀降低到可以直接加工的水平，并不会增加原油加工费用，在有条件的情况下，这种方法可以作为首选方法对高酸值原油进行处理。但不同原油的混炼应当保持稳定的混合掺炼量，避免不同原油的量不稳定造成装置的波动。如短时加工原油酸值超过设防值，应及时采取相应防腐与生产监控措施，确保安全生产，并选择适当时机进行材质升级。控制高温硫腐蚀最好选用Cr质量分数大于5%的钢，它有较好的抗硫腐蚀作用。Al元素也能提高抗硫腐蚀的能力，低碳钢渗铝被认为可大大提高抗高温氧化和高温硫腐蚀能力。对于低温 $HCl-H_2S-H_2O$ 体系，可以在重要部位选用Ni-Cu合金和Ti合金等。湿 H_2S 体系的腐蚀可采用硫质量分数低的钢种，还可以采用不锈钢或不锈钢包覆来抵抗腐蚀。对于酸值较高的原油，还可通过注碱的方法中和其中的有机酸，降低设备的酸腐蚀，但由于所注的碱多为烧碱，虽降低环烷酸对设备的腐蚀，但对下游装置易造成其他不利影响，如造成重油催化和加氢重整装置催化剂中毒等，此方法的使用有一定的局限性。"一脱三注"的工艺防腐，此项工艺防腐措施主要应用在常减压装置三塔顶的低温湿硫化氢的腐蚀环境中，是一项应用较广且效果良好的防腐措施。"一脱三注"是指电脱盐、注水、注氨和注缓蚀剂。为提高"一脱三注"的防腐效果，应根据原油的变化、塔顶油气内 H_2S 和HCl含量的变化不断地优化操作，电脱盐效果的优劣、缓蚀剂选型的适宜性、塔顶冷凝水pH值控制范围的合理性是制约防腐效果的主要因素。对高温硫和酸腐蚀较重的设备可加注高温缓蚀剂，在设备表面形成保护膜，降低设备的腐蚀。

随着我国高硫、高酸值原油开采量的日益增多，石油加工过程中的硫化物以及环烷酸腐蚀问题变得越来越普遍。防止环烷酸腐蚀最常用最有效的措施是选择适当材质，并结合工艺防腐措施，可以收到良好效果。

2. 含氯原料

随着原油的重质化和劣质化，原油中氯含量呈现增加趋势，导致催化裂化原料中氯含量增加(一般要求原油中氯含量不大于2μg/g)。在催化裂化反应条件下，氯化物在高温催化剂上发生裂解反应生成HCl气体，如常一线直接引入提升管底部，在高温作用下，原料中的氯脱除率约为70%，主要生成高腐蚀的HCl气体，对重油转化率影响不大。HCl气体严重腐蚀催化裂化装置设备(樊秀菊，2009；刘可非，1994；李宗录，1995；高理华，2013)。对于分馏塔顶系统的换热器和空冷器，碳钢管束腐蚀发生在垢下，产生严重的垢下腐蚀；不锈钢管束腐蚀发生在钝化膜破坏的活性点处，产生孔蚀，发生穿孔。这是因为原料中所含的硫、氯等元素在一定条件下生成 H_2S 和HCl等气体，这些气体在环境温度较低、有冷凝水存在时，形成低温 $HCl-H_2S-H_2O$ 腐蚀环境，并且会加剧 H_2S 的腐蚀。由于腐蚀发生在盐垢沉积局部，随着腐蚀反应的进行，局部产生过多的正电荷，为了保持溶液的电中性，带负电的氯离子就不断迁移进来，结果使垢下的 $FeCl_2$ 浓度增加，又产生水解。由于不断进行迁移和水解，金属的腐蚀速度增加。HCl又可与FeS反应，导致FeS膜溶解并还原出 H_2S，因此当设备内含有硫时，腐蚀会进一步加剧。同时，在催化裂化过程中，催化裂化原料携带的氮化物会生成 NH_3，NH_3 和HCl反应生成 NH_4Cl，其分解温度为337.8℃，只要低于此温度就有 NH_4Cl 存在。分馏塔顶温度较低，塔顶循环回流返塔温度约85℃，低于水蒸气露点温度，塔顶循环回流在下流的过程中由于传热的不均匀，会有液相水出现，水迅速溶解气相中的 NH_4Cl 颗粒生成 NH_4Cl 水溶液。在下流的过程中，随着温度的升高，NH_4Cl 水溶液失水浓缩生成为一种黏性很强的半流体，与铁锈、催化剂粉末一起沉积附着在塔板及降液管处，堵塞降液管，使回流中断，造成冲塔。由于结盐析出沉积在分馏塔抽出口，造成汽油、轻柴油馏程发生重叠，轻柴油凝点及汽油干点严重不合格，甚至使轻柴油抽出量明显降低甚至无法抽出。

参考文献

艾伦·米勒,欧文·明特.1989.保护臭氧层的战略[M].刘秀茹,等译.北京:中国环境科学出版社.
边思颖,边钢月,张福琴.2010.炼油行业发展清洁燃料面临的形势分析[J].中外能源,15(7):73-79.
蔡风田.1999.汽车排放污染物控制实用技术[M].北京:人民交通出版社.
曹湘洪.2012.面向未来我国生产汽油的技术路线选择[J].石油炼制与化工,43(8):1-6.
岑超平,张德见,黄建洪.2005.基于尿素法的火电厂锅炉烟气脱硫脱氮技术[J].能源工程,(3):33-35.
岑奇顺,潘全旺.2011.EDV 湿法烟气洗涤净化技术的工业应用[J].石油化工安全环保技术,27(4):49-53.
陈忠基.2013.催化裂化烟气脱硫脱硝技术的应用[J].炼油技术与工程,43(9):48-51.
陈俊武,郝希仁.1982.催化裂化装置用能过程剖析-节能方向探讨[J].炼油设计,12(4):1.
陈尧焕.2011.炼油装置节能技术与实例分析[M].北京:中国石化出版社.68.
程义斌,金银龙,刘迎春.2003.汽车尾气对人体健康的危害[J].卫生研究,32(5):504-507.
崔心存,金国栋.1991.内燃机排气净化[M].武汉:华中理工大学出版社.
崔新安,贾鹏林.2001.高硫原油加工过程中的腐蚀与防护[J].石油化工腐蚀与防护,18(1):1-7.
戴树桂.1996.环境化学[M].北京:高等教育出版社.
丁绪淮,周理.1983.液体搅拌[M].北京:化学工业出版社.
樊秀菊.2009.原油中氯的危害来源及分布规律研究[J].现代化工,29(增刊):340-343.
方向晨,胡永康.2006.大力发展加氢技术满足油品质量升级要求[J].当代石油石化,(3):13-18.
冯湘生,杨怡生,王锡础.1988.含甲基叔丁基醚无铅汽油的应用[J].石油炼制,19(5):6-13.
冯秀芳,刘文勇,张文成,等.2006.国内外柴油加氢技术现状及发展趋势[J].化工科技市场,(10):8-11.
付春辉,司元祥.2010.催化裂化装置再生系统应力腐蚀开裂原因[J].石油化工腐蚀与防护,27(6):31-34.
高巨宝,樊越胜,邹峥,等.2006.活性炭烟气脱硫脱氮技术的现状[J].电力建设,27(2):66-68.
高理华.2013.氯化物对炼油装置的危害与控制[J].石化技术,20(1):41-46.
龚慧明.2013.中国汽柴油标准现状及改善油品质量面临的挑战[J].国际石油经济,5:53-57.
龚望欣,杜杰,贾振东,等.2011.EDV 湿法脱硫技术在催化裂化装置上的应用[J].石化技术,18(4):37-40.
关晓珍.2000.催化裂化系统设备腐蚀与防护[J].石油化工腐蚀与防护,17(4):26-28.
郭志军,陈东风,李亚军,等.2008.油气田高 H_2S、CO_2 和 Cl^- 环境下压力容器腐蚀机理研究进展[J].石油化工设备,37(5):53-58.
何鸣元.2006.石油炼制和基本有机化学品合成的绿色化学[M].北京:中国石化出版社.
何强,井文涌,等编著.1994.环境学导论[M].2 版.北京:清华大学出版社.
侯芙生.2011.中国炼油技术[M].3 版.北京:中国石化出版社.
黄新露,曾榕辉.2012.催化裂化柴油加工方案的探讨[J].中外能源,17(7):75-80.
黄泽盛.1983.长岭炼油厂低温电站情况介绍[J].石油炼制,(12):54-60.
胡敏.2014.催化烟气氮氧化物排放控制技术分析[J].炼油技术与工程,44(6):1-7.
胡逸民,李飞鹏编著.1984.内燃机废气净化[J].北京:中国铁道出版社.
蒋德明.2001.内燃机燃烧与排放学[M].西安:西安交通大学出版社.
蒋文举.2012.烟气脱硫脱硝技术手册[M].2 版.北京:化学工业出版社.
鞠林青.2012.千万吨级炼油厂柴油加工流程的优化[J].炼油技术与工程,42(3):42-45.
柯晓明.1999.控制催化裂化再生烟气中 SO_x 排放的技术[J].炼油设计,29(8):51-54.
雷仲存.2001.工业脱硫技术[M].北京:化学工业出版社.
李大东.2004.加氢处理工艺与工程.北京:中国石化出版社.
李勤.1998.现代内燃机排气污染物的测量与控制[M].北京:机械工业出版社.
李兴虎.2011.汽车环境污染与控制[M].北京:国防工业出版社.

李宗录.1995.氯化物对炼油二次加工过程的危害及治理措施探讨[J].齐鲁石油化工,4:273-276,301.
利锋.2004.电子束照射法脱硫脱氮技术工艺[J].环境保护科学,30(123):4-6.
鲁维民.2010. 重油催化裂化装置的能耗分析[J].石油炼制与化工,41(12):61-64.
卢捍卫.1999.NPRA 年会催化裂化论文综述[J].炼油设计,29(6):32-39.
卢鹏飞.1986.催化裂化烟气动力回收配置形式的新设想[J].石油化工设备技术,(1):12-17.
卢鹏飞,冀江,杨龙文.2008.中国催化裂化烟气轮机自主创新三十年的回顾[J].中外能源,13(S1):8-10.
洛阳设计研究院.1984.油品低温余热发电——供热工程设计介绍[J].炼油设计,14(1):42-58.
毛树梅.1981.催化裂化装置节能改造技术总结[J].石油炼制,12(5):1-10.
廖家祺,陈安民.2000 炼油厂低温热回收利用的途径及技术[J].炼油设计,30(9):60-62.
廖健,朱和,朱煜.2003.美欧清洁燃料规格历史沿革[J].当代石油化工,11(5):30-34.
廖健,单洪青,白雪松.2005.美欧日汽柴油标准分析及启示[J].化工技术经济,(7):27-36.
刘海燕,姜仲勤.1982.日本千叶炼油厂催化裂化装置简介[J].炼油设计,12(5):12-24.
刘可非,韩剑敏,叶晓东,等.1994.重油催化裂化分馏塔结盐分析与对策[J].石油炼制与化工,25(1):46-49.
刘继华,关明华,郇维方,等.2003.柴油深度加氢脱硫脱芳烃工艺技术的研究与开发[J].炼油技术与工程,(10):1-4.
刘冀一.2003.中国车用柴油现状、发展趋势及应对措施[J].石油商技,(6):1-6.
刘巽俊.2005.内燃机的排放与控制[M].北京:机械工业出版社.
刘志龙.2012.臭氧氧化法烟气脱硝初步研究[J].炼油技术与工程,42(9):23-25.
刘忠生,林大泉.1999.催化裂化装置排放的二氧化硫问题及对策[J].石油炼制与化工,30(3):44-48.
马伯文.2003.催化裂化装置技术问答[M].2 版.北京:中国石化出版社.
孟继安,高洪贵,张勇.1999.重油催化裂化装置再生器应力腐蚀开裂的修复[J].石油炼制与化工,30(3):39-43.
潘全旺.2013.FCC 湿法烟气脱硫装置运行问题及对策[J].炼油技术与工程,43(7):12-16.
彭会清,胡海祥,赵根成.2003.烟气中硫氧化物和氮氧化物控制技术综述[J].广西电力,26(4):64-68.
彭朴,陆婉珍.1981.汽油辛烷值和组成的关系[J].石油炼制,12(6):27-38.
邵仲妮.2008.世界车用柴油质量现状和发展趋势[J].炼油技术与工程,38(3):1-3.
邵淑芬.2013.催化裂化装置烟气脱硫技术的选择与应用.广东化工,40(16):120-121.
申琳,裴普成,樊林,等.2004. 在汽油机上实施 HCCI 的技术策略[J].内燃机工程,(3):44-47.
苏志文.2009.催化裂化装置反-再系统的高温腐蚀与防护[J].石油化工腐蚀与防护,26(4):30-32.
孙国刚,2014.催化裂化烟气脱硫除尘塔设备技术进展[R].石油化工设备维护检修技术交流会(第五届).大连.
孙惠山,李胜山,傅宗茂,等.2009.炼油厂低温余热利用与低温湿汽发电设计[J].化工进展,28(增刊):429-431.
孙丽丽.2010.清洁燃料技术的集成化工业应用[C]//第四届北京国际炼油技术进展技术交流论文集.北京:中国石化出版社.
孙家孔.1996.石油化工装置设备腐蚀与防护手册[M].北京:中国石化出版社.
石油工业部计划司.1985.炼油工业环境保护[M].北京:石油工业出版社.
汤红年.2012.几种催化裂化装置湿法烟气脱硫技术浅析[J].炼油技术与工程,42(3):1-5.
田文君,张磊,刘子杰,等.2013.3. 5Mt/a 重油催化裂化装置节能分析[J].能量利用,43(7):57-60.
王朝伟.2008.柴油和生物柴油发展趋势[J]石油商技,26(增刊):45-50.
王刻文,胡敏,郭宏永,等 2013 催化烟气脱硝工艺选择探讨[J].山东化工,42(10):213-217.
王巍,薛富津,潘小洁.2010.石油化工设备防腐蚀技术[M].北京:化学工业出版社.
王智化,周俊虎,温正诚.2007.利用臭氧同时脱硫脱过程中 NO 的氧化机理研究[J].浙江大学学报:工学版,41(5):765-769.

王幼慧.1986.我国汽油调合组分的特性[J].石油炼制,17(12):1-8.
汪燮卿,胡晓春.2014.汽车节能的困境与展望[C]//中国工程院化工、冶金与材料工程第十届学术会议论文集.北京:化学工业出版社.
翁端,张健.1997.硫腐蚀研究中的几个基本问题[J].石油化工腐蚀与防护,14(1):5-8.
谢国勇,刘振宇,刘有智,等.2004.用 CuO/γ-Al_2O_3催化剂同时脱除烟气中的 SO_2和 NO[J].催化学报,25(1):33-38.
许少民.2000.催化裂化装置设备腐蚀浅析[J].石油化工腐蚀与防护,17(3):30-31.
许友好,张久顺,龙军,等.2011.MIP 系列技术节能减排先进性分析[J].石油炼制与化工,42(4):6-9.
徐宝东.2012.烟气脱硫工艺手册[M].北京:化学工业出版社.
杨德凤,刘凯,张金锐,等.2001.从催化裂化烟气分析结果探讨再生设备的腐蚀开裂[J].石油炼制与化工,32(3):49-53.
杨贻清.2001.汽车尾气对人体健康的影响[J].现代医药卫生,17(1):78-78.
杨林生.1987.低温余热发电技术已在我国炼油厂应用[J].化工进展,(2):48-49.
杨秀霞,董家谋.2001.控制催化裂化烟气中硫化物排放的技术[J].石化技术,8(2):126-130.
姚艾.2008.石油化工设备在硫化氢环境中的腐蚀与防护[J].石油化工设备,37(5):96-97.
尹士武.2013.催化再生烟气颗粒物治理方案的探讨[C]//2013 年中国石油炼制技术大会论文集.北京:中国石化出版社.
尹卫萍.2012.催化裂化装置烟气脱硫脱氮技术的选择[J].石油化工技术与经济,28(5):42-46.
袁声明.2011.FCC 分馏和吸收稳定系统腐蚀与防护[J].中国石油和化工标准与质量,10:69-70.
曾科,高可,何茂刚.等.2006.提高车用发动机能量利用率研究进展.车用发动机,166(6):1~4.
张德生.2014.FCC 催化装置烟气脱硫技术方案分析[J].物流工程与技术,765(2):31-34.
张德义等.2003.含硫原油加工技术[M].北京:中国石化出版社.
张德义.2012.含硫含酸原油加工技术进展[J].炼油技术与工程,42(1):1-13.
张征,曾荚琴,司广树.2004.温差发电技术及其在汽车发动机排气余热利用中的应用[J].能源技术,25(3):120-123.
朱崇基等.1988.内燃机环境保护学[M].杭州:浙江大学出版社.
朱剑明,缪雪龙,彭代勇.等.2010.对我国内燃机节能减排技术路线的战略性思考[J].现代车用动力,138(2):1~12
邹劲松,毛加祥.2009.中国炼油业如何应对更加严格的油品质量要求[J].当代石油石化,17(4):14-18.
Atan R.1998. Heat recovery equipment (generator) in an automobile for an absorption air-conditioning system[C]. SAE Paper 980062.
Bandivedekar, et al.2008.On the Road in 2035. MIT Sloane Automotive Res Lab.
Busca G, Lietti L, Ramis G, et al. 1998. Chemical and mechanistic aspect of the selective catalytic reduction of NO by ammonia over oxide catalysts: a review[J]. Applied Catalysis B: Environmental, 18(1/2):1-36.
Calemma V, Giardino R, Ferrari M. 2010. Upgrading of LCO by partial hydrogenation of aromatics and ring opening of naphthenes over bi-functional catalysts[J]. Fuel Processing Technology, 91(7):770-776.
Campbell G F, Pennels N E.1954. Cracking unit a source of heat[J]. Petrol Proc, 9(3):352-358.
Cooper B H, Donnis B B L. 1996. Aromatic saturation of distillates: an overview[J]. Applied Catalysis A: General, 137(2):203-223.
Cunic J D.1990. Scrubbing-best demonstrated technology for FCC emission control[C]//NPRA Annual Meeting, AM-90-45. San Antonio, Texas.
Cunic J D, Feinberg A S. 1996.Innovations in FCCU wet gas scrubbing[C]//NPRA Annual Meeting, AM-96-47. Washington DC.

Diego A A, Timothy A S, Ryan Jeste. 2006. Theoretical analysis of waste heat recovery from an internal combustion engine in a hybrid vehicle[C]. SAE Paper 01-1605.

Douglas Crane, Greg Jackson, David Holloway. 2001. Towards Optimization of Automotive Waste Heat Recovery Using Thermoelectrics[C]. SAE Paper 01-1021.

Gilman K R, Vincent H B, Walker T F. 1998. The cost of controlling air emissions generated by FCCUs[C]//NPRA Annual Meeting, AM-98-15. SanFrancisco CA.

Goelzer A R, Ram S, Hernandez A, et al. 1993. Mobil-Badger technologies for benzene reduction in gasoline[C]//NPRA Annual Meeting, AM-93-19. San Antonio, TX.

Kobayashi H, Takezawa N, Niki T. 1977. Removal of nitrogen oxides with aqueochus solutions of inorganic and orgnic reagents[J]. Environmental Science & Technology, 11(2):190-192.

Lieder C A. 1993. Aromatics reduction and cetane improvement of diesel fuels[C]//NPRA Annual Meeting, AM-93-57. San Antonio, TX.

McRae E. 2004. Selective Catalytic Reduction: A proven technology for FCC NO_x removal[C]//NPRA Annual Meeting, AM-04-12. San Antonio, TX.

Mlcak H A. 1996. An introduction to the Kalina Cycle[C]//Proceedings of the International Joint Power Generation Conference, Vol 2. Power, 30: 765-776

Niccum P K, Gbordzoe E, Lang S. 2002. FCC flue gas emission control options[C]//NPRA Annual Meeting, AM-02-27, San Antonio, TX.

Rajesh Chellappan Iyer. Development of a vapor compression air conditioning system utilizing the waste heat potential of exhaust gases in automobiles[C]. SAE Paper 2005.01-3475.

Randall J R. 1985. Power recovery for fluid catalytic cracking units[J]. Chem Eng Prog, 81(2):21-27.

Rhees F H. 1960. Oil heads into it's best years. Oil & Gas J[J]. 58(1):129-132.

Santana R C, Malee P T D. 2006. Evaluation of different reaction strategies for the improvement of cetane number in diesel fuels[J]. Fuel, 85(5-6):643-656.

Sexton J. 2004. LoTOx™ technology demonstration at marathon ashland petroleum LLC's refinery in Texas City[C]//NPRA Annual Meeting, AM-04-09. San Antonio, TX.

Song C. 2003. An overview of new approaches to deep desulfurization for ultra-clean gasoline, diesel fuel and jet fuel [J]. Catalysis Today, 86(1-4):211-263.

Stanislaus A, Cooper B H. 1994. Aromatic hydrogenation catalysis: A review[J]. Catal Rev Sci Eng, 36(1):75-123.

Toshio Shudo. Influence of reformed gas composition on HCCI combustion of onboard methanol-reformed gases[C]. SAE Paper 2004.01-1908.

Weaver E H, Eagleson S T. 1999. FCCU particulate emissions control for the refinery mact II Standard-system design for the 21st century[C]//NPRA Annual Meeting, AM-99-18. San Francisco, CA.

Weaver E, Confuor N. 2013. FCCU wet scrubbing system modifications to reduce air emissions[C]//AFPM Annual Meeting, AM-13-16. San Antonio, Texas.

Unzelman G H. 1990. Maintaining product quality in a regulatory environment[C]//NPRA Annual Meeting, AM-90-31. San Antonio, Texas.

Xu X B, Nachtman J P, Jin Z L, et al. 1982. Isolation and identification of mutagenic nitro-PAH in diesel-exhaust particulates[J]. Analytica Chimica Acta, 136: 163-174.

Young S M, Heon-Ju Lee. 2006. Removal of sulfur dioxide and nitrogen oxides by using ozone injection and absorption-reduction technique[J]. Fuel Processing Technology, 87(7):591-597.

Zawadzki J, Wisniewski M. 2007. An infrared study of the behavior of SO_2 and NO_x over carbon and carbon-supported catalysts[J]. Catalysis Today, 119(4): 213-218.